RWE BAU-HANDBUCH

15. Ausgabe

www.rwe.de

RWE BAU-HANDBUCH

15. Ausgabe

Herausgeber und Verlag:
EW Medien und Kongresse GmbH
Frankfurt – Berlin – Essen

Die Erläuterungen, Anleitungen, Ratschläge und Empfehlungen in diesem Buch wurden von den Autoren nach bestem Wissen und Gewissen erarbeitet und sorgfältig geprüft. Die zum Zeitpunkt der Bearbeitung gültigen Vorschriften, Gesetze und Normen wurden berücksichtigt. Dennoch kann eine Garantie nicht übernommen werden. Jeder Anwender und Planer hat sich zu vergewissern, dass er – unabhängig vom Inhalt des Bau-Handbuchs – die jeweils aktuellen Verordnungen, Normen und anerkannten Regeln der Technik einhält. Eine Haftung der Autoren, des Verlags oder seiner Beauftragten für Personen-, Sach- oder Vermögensschäden ist ausgeschlossen.

Jedem Bau-Handbuch liegt eine CD-ROM mit dem Inhalt der Druckfassung sowie ergänzenden Informationen, u. a. mit dem Text der EnEV 2014, in Form von PDF-Dateien bei. Die Nutzung dieser elektronischen Fassung ist sowohl mit Windows- als auch mit Macintosh-Rechner möglich. Da die Lauffähigkeit der elektronischen Fassung eine Mindestausstattung des Rechners erfordert, kann für die Nutzbarkeit der CD-ROM im Einzelfall keine Gewähr übernommen werden. Die CD-ROM unterliegt ebenfalls den Regelungen des Urheberrechts und des Copyrights.

Das RWE Bau-Handbuch ist nach dem RdErl. des Kultusministeriums des Landes Nordrhein-Westfalen vom 16.1.1991 (GABl.NW. I S. 34) als global genehmigtes Lernmittel für entsprechende technische Fächer an Fachschulen und Fachhochschulen zu betrachten und zu bewerten.

15. Ausgabe 2015

Erstellt im Auftrag und mit Unterstützung von
RWE Vertrieb AG, Dortmund

Herausgeber und Verlag
EW Medien und Kongresse GmbH,
Frankfurt am Main

Redaktion und Koordination
Dr. Rolf Sweekhorst, Aachen

Produktion und Koordination
Norbert Kauderer, Frankfurt am Main
Tatjana Holzenhauer, Essen

Satz
Satz-Rechen-Zentrum, Berlin

Druck
Saarländische Druckerei & Verlag GmbH,
Saarwellingen

Copyright
EW Medien und Kongresse GmbH, Frankfurt am Main

Das Werk einschließlich aller seiner Teile ist urheberrechtlich geschützt. Jede Verwertung außerhalb der engen Grenzen des Urheberrechtsgesetzes ist ohne Zustimmung des Verlags unzulässig und strafbar. Das gilt vor allem für Vervielfältigungen in irgendeiner Form (Fotokopie, Mikrokopie oder ein anderes Verfahren), Übersetzungen und die Einspeicherung und Verarbeitung in elektronischen Systemen.

So erreichen Sie das Buch-Team von
EW Medien und Kongresse
EW Medien und Kongresse GmbH
Montebruchstraße 20
45219 Essen
Telefon   0 20 54.924-123
Telefax   0 20 54.924-159
E-Mail   vertrieb@ew-online.de
Internet   www.ew-online.de

ISBN 978-3-8022-1124-9

Vorwort zur 15. Ausgabe

Das RWE Bau-Handbuch bewährt sich seit 1973 als praxisorientiertes Standardwerk für energiesparende, funktionsgerechte Bau- und Haustechnik sowohl beim Neubau als auch bei der Modernisierung von Wohngebäuden. Fünfzehn aktualisierte Ausgaben und eine Gesamtauflage von mehr als 715 000 Exemplaren zeigen die hohe Akzeptanz, die das umfassende Werk (nicht nur) in der Fachwelt findet. Für Architekten, Bauplaner und alle relevanten Gewerke ist das RWE Bau-Handbuch ein Arbeitsbuch. In Schulen, Fachhochschulen, Hochschulen sowie für die Meister- und Technikerausbildung wird es als Lehrmittel eingesetzt. Es vermittelt die oft komplexen Inhalte in verständlicher Darstellung, sodass auch bauinteressierten Laien eine fachliche Orientierung ermöglicht wird. Mit 21 Hauptkapiteln und etwa 900 Grafiken und Tabellen ist das Handbuch ein informatives Nachschlagewerk für alle am Bau Beteiligten.

Detaillierte Inhaltsverzeichnisse, zahlreiche Querverweise und das umfangreiche Stichwortverzeichnis erleichtern den Zugang zu einer beeindruckenden Detail- und Wissensfülle. Die beiliegende CD-ROM enthält alle Texte, Bilder und Tabellen der Druckfassung sowie ergänzende Informationen, z. B. die aktuelle Fassung der Energieeinsparverordnung (EnEV) 2014. Farbig hervorgehobene Links und ausgefeilte Suchfunktionen erschließen den Inhalt auf effiziente Weise.

Wärmeschutz und Energieeffizienz sind heute wichtiger denn je. Das Bau-Handbuch versteht sich daher als Informationsdienstleister für energiesparendes Bauen und energiesparende Haustechnik. Mit der EnEV 2014 ist im Vergleich zur EnEV 2007 der Primärenergiebedarf für Neubauten bis auf die Hälfte zu verringern und der Wärmeschutz bei Umbauten und Sanierungen zu verdoppeln. Die energetischen Anforderungen steigen damit noch über das bisher gültige Niedrigenergiehaus-Niveau. Durch die EnEV 2014 werden die Anforderungen an Neubauten, die ab dem 1. Januar 2016 errichtet werden, noch einmal deutlich verschärft.

Mit dieser Entwicklung erlangt das Bau-Handbuch als Begleiter energiesparenden Bauens eine wachsende Bedeutung für die Planung und die mängelfreie Detailausführung energieeffizienter Wohngebäude. Die vorliegende Ausgabe behandelt unter Berücksichtigung der aktuellen Normung die vielfältigen Auswirkungen der EnEV auf die verschiedenen Teile des Gebäudes und dessen technische Ausstattung.

In älteren Gebäuden ist das Energiesparpotenzial besonders hoch, entsprechend ausführlich wird das Thema Wärmeschutz im Bestand in diesem Handbuch behandelt. Besonderes Augenmerk liegt dabei auf der korrekten baulichen Detailausführung, gilt es doch, Bauschäden durch Wärmebrücken oder Luftundichtheiten auf Dauer zu vermeiden.

Im **Bautechnischen Teil** werden Außenwände, Trennwände, Decken, Dächer und Fenster behandelt. Im Vordergrund stehen dabei die Grundlagen energiesparenden Bauens, die Einhaltung der EnEV-Vorgaben und die Eigenschaften von wärmedämmenden Baustoffen. Erfordernisse und Berechnungsverfahren des Wärme-, Schall- und Feuchteschutzes werden hier ebenso intensiv diskutiert wie die aktuellen Themen Luftdichtheit, Wärmebrücken und sommerlicher Wärmeschutz.

Im **Gebäudetechnischen Teil** geht es um die Themen Elektroinstallation, Warmwasserversorgung und Heizung, Wohnungslüftung, haustechnische Wärmedämm- und Schallschutzmaßnahmen, Innenraumbeleuchtung und solare Stromerzeugung. Brennwert-, Solar-, Wärmepumpentechnik und die Mini- bzw. Mikro-Kraft-Wärme-Kopplung spielen in den entsprechenden Kapiteln ebenso eine wichtige Rolle wie die jüngsten Änderungen im Erneuerbare-Energien-Gesetz (EEG) vom Sommer 2014. In den Ausführungen zu modernen Küchen und Hausarbeitsräumen sowie Bädern und WCs stehen Planung und Geräteausstattung der Hauswirtschafts- und Sanitärbereiche im Vordergrund.

Die 15. Ausgabe des RWE Bau-Handbuchs wird von der EW Medien und Kongresse GmbH, dem führenden Informationsanbieter der deutschen Energie- und Wasserwirtschaft, herausgegeben. Wir danken allen Beteiligten für ihr besonderes Engagement. Den Lesern wünschen wir einen hohen Informationsgewinn.

Im November 2014   Der Herausgeber

Autorenverzeichnis

In die 15. Ausgabe sind bewährte Inhalte früherer Ausgaben eingeflossen. Im Folgenden werden die Autoren genannt, die an der Bearbeitung der 14. und 15. Ausgabe beteiligt waren. Bezüglich davor liegender Ausgaben wird auf deren Autorenverzeichnisse verwiesen.

Kapitel	Autoren 14. Ausgabe	Autoren 15. Ausgabe
1 Grundlagen energiesparenden Bauens	Michael Balkowski	Michael Balkowski
2 Energieeinsparverordnung EnEV	Michael Balkowski	Michael Balkowski
3 Wärmedämmstoffe	Michael Balkowski	Michael Balkowski
4 Fassaden und Außenwände	Michael Balkowski	Michael Balkowski
5 Fenster und Außentüren	Randolf Rupp	Randolf Rupp
6 Dächer	Michael Balkowski	Michael Balkowski
7 Decken	Michael Balkowski	Michael Balkowski
8 Raum- und Gebäudetrennwände	Michael Balkowski	Michael Balkowski
9 Luftdichtheit der Gebäudehülle	Prof. Dr. Thomas Hartmann	Prof. Dr. Thomas Hartmann
10 Wärmebrücken	Michael Balkowski	Michael Balkowski
11 Bauphysik	Michael Balkowski	Michael Balkowski
12 Elektroinstallation	Hans Schultke	Michael Fuchs
13 Haustechnische Wärmedämm- und Schallschutzmaßnahmen	Wolfgang Waldschmidt	Wolfgang Waldschmidt
14 Wohnungslüftung und Wohnungsklimatisierung	Prof. Dr. Thomas Hartmann	Prof. Dr. Thomas Hartmann
15 Warmwasserversorgung, Elektrosysteme	Prof. Dr. Thomas Hartmann	Prof. Dr. Bernd Oschatz
16 Heizsysteme	Prof. Dr. Bernd Oschatz	Prof. Dr. Bernd Oschatz
17 Sonnenenergie		
– Solarwärmesysteme	Bernd-Rainer Kasper	Dr. Uwe Hartmann Bernd-Rainer Kasper Bernhard Weyres-Borchert
– Netzgekoppelte Photovoltaikanlagen	Dr. Uwe Hartmann	Dr. Uwe Hartmann Ralf Haselhuhn
18 Küche, Hausarbeitsraum und deren Geräteausstattung	Hildegard Schmitz-Plaskuda Claudia Oberascher	Elke Bittner Claudia Oberascher
19 Bad, Dusche und WC	Franz Werger	Franz Werger
20 Innenraumbeleuchtung	Prof. Dr. Paul Schmits-Reinecke	Prof. Dr. Paul Schmits-Reinecke
21 Gesetze, Verordnungen, Normen, Verbände	Anna-Linda Balkowski Michael Balkowski	Anna-Linda Balkowski Michael Balkowski
Koordination und Redaktion		
– Bautechnischer Teil	Dr. Bernd Dietrich	Dr. Rolf Sweekhorst
– Gebäudetechnischer Teil	Dr. Rolf Sweekhorst	Dr. Rolf Sweekhorst
Grafik	Anette Rickert	Anette Rickert Karina Scherbaum Dorette Wunderlich

Bautechnischer Teil

1 **Grundlagen energiesparenden Bauens**

2 **Energieeinsparverordnung EnEV**

3 **Wärmedämmstoffe**

4 **Fassaden und Außenwände**

5 **Fenster und Außentüren**

6 **Dächer**

7 **Decken**

8 **Raum- und Gebäudetrennwände**

9 **Luftdichtheit der Gebäudehülle**

10 **Wärmebrücken**

11 **Bauphysik**
Wärmeschutz im Winter/im Sommer
Feuchteschutz, Schallschutz
Bauproduktenormung, Baustoffkennwerte

Gebäudetechnischer Teil

12 **Elektroinstallation**

13 **Haustechnische Wärmedämm- und Schallschutzmaßnahmen**

14 **Wohnungslüftung und Wohnungsklimatisierung**

15 **Warmwasserversorgung, Elektrosysteme**

16 **Heizsysteme**
Wärmepumpenheizsysteme
Gas- und Ölheizsysteme
Elektroheizsysteme

17 **Sonnenenergie**
Solarwärmesysteme
Netzgekoppelte Photovoltaikanlagen

18 **Küche, Hausarbeitsraum und deren Geräteausstattung**

19 **Bad, Dusche und WC**

20 **Innenraumbeleuchtung**

21 **Gesetze, Verordnungen, Normen, Verbände**

Anhang
Stichwortverzeichnis
Hinweise zur CD-ROM

1 Grundlagen energiesparenden Bauens — Inhaltsübersicht

GRUNDLAGEN ENERGIESPARENDEN BAUENS

1	**Bedeutung energiesparenden Bauens** S. 1/2	**5**	**Energiesparendes Bauen beim Altbau** S. 1/20
2	**Gesetzliche Anforderungen und Empfehlungen dieses Handbuchs** S. 1/3	5.1	Gründe für die energiesparende Bauerneuerung
		5.2	Bestandsanalyse
3	**Hauptmerkmale energiesparenden Bauens** S. 1/4	5.3	Vorgehensweise bei der energiesparenden Bauerneuerung
3.1	Einflussgrößen auf den Heizenergieverbrauch	5.4	Wirtschaftliche Bewertung der energiesparenden Bauerneuerung
3.2	Gravierende Veränderung der Gebäude-Wärmebilanz		
3.3	Baulicher Wärmeschutz	**6**	**Hinweise auf Literatur und Arbeitsunterlagen** S. 1/26
3.4	Kompaktheit des Gebäudes		
3.5	Bedarfsgerechte und energiesparende Lüftung		
3.6	Passive Solarenergienutzung		
3.6.1	Bedeutung der Fensterorientierung		
3.6.2	Bedeutung der Wärmespeichermasse des Gebäudes		
3.6.3	Bedeutung der Gebäudeorientierung und -zonierung		
3.7	Effiziente Bereitstellung der Wärme		
3.7.1	Energiesparende Wärmeerzeugung		
3.7.2	Verlustarme Wärmespeicherung und -verteilung		
3.7.3	Energiesparende Regelung		
3.8	Einfluss des Nutzers auf den Energieverbrauch		
4	**Energiesparendes Bauen beim Neubau** S. 1/15		
4.1	Anforderungen der Energieeinsparverordnung		
4.2	Anforderungen bei Energiesparhäusern unterschiedlicher Begriffsdefinition		
4.2.1	Niedrigenergiehaus		
4.2.2	Effizienzhaus 70 (Effizienzhaus 55 bzw. 40)		
4.2.3	Passivhaus		
4.3	Mehrkosten von Energiesparhäusern		

GRUNDLAGEN ENERGIESPARENDEN BAUENS

1 Bedeutung energiesparenden Bauens

Energiesparendes Bauen umfasst

- die Verringerung des Wärmebedarfs von Gebäuden und
- die Bereitstellung der für den reduzierten Bedarf benötigten Wärme mit besonders energieeffizienten technischen Systemen.

Energiesparendes Bauen hat eine große Bedeutung für die Schonung der Energieressourcen, die Minderung der Emissionen und die Verringerung der Gefahr von Klimaveränderungen. Dies wird aus folgenden Zusammenhängen deutlich:

- Beim Energieverbrauch in Wohngebäuden spielt der Anteil der Wärmeenergie die entscheidende Rolle: 82 % des Endenergieverbrauchs privater Haushalte entfallen auf die Heizung und das Warmwasser, *Bild 1-1*. Der Anteil für Hausgeräte und Licht ist wesentlich geringer als vielfach vermutet.
- Auch bezogen auf den gesamten Energieverbrauch in Deutschland hat die für Heizzwecke in privaten Haushalten benötigte Energie einen erheblichen Anteil: Mit 21 % ist er fast so hoch wie der des gesamten Verkehrs, *Bild 1-2*.
- Im Vergleich zum Energiebedarf für die Industrie, den Verkehr und die Stromerzeugung besteht bei der Wärmeversorgung von Gebäuden ein relativ leicht zu erschließendes großes Einsparpotenzial: Zum Beispiel kann mit der Niedrigenergiebauweise entsprechend den Anforderungen der Energieeinsparverordnung – EnEV der Heizenergieverbrauch auf nahezu ein Viertel des durchschnittlichen Verbrauchs im älteren Wohnhausbestand verringert werden, *Bild 1-3*.
- Auch im Gebäudebestand kann durch die Kopplung von ohnehin notwendigen Instandhaltungsmaßnah-

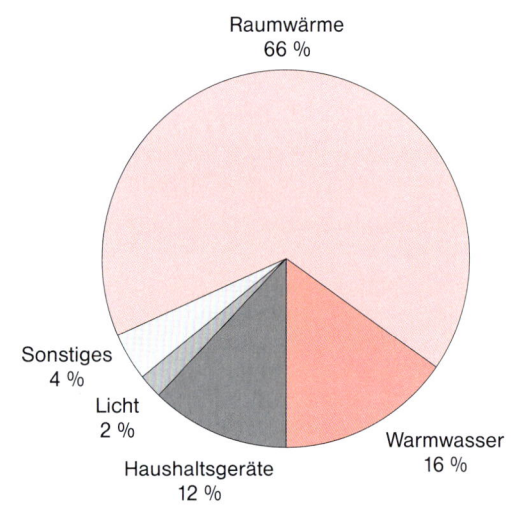

1-1 Anteil der Raumwärme- und Warmwasserbereitstellung am privaten Endenergieverbrauch der Haushalte (ohne Verkehr, Quelle: Umweltbundesamt)

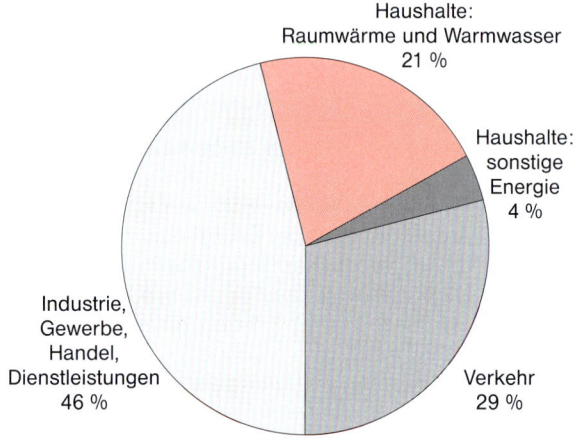

1-2 Aufteilung des gesamten Endenergieverbrauchs in Deutschland (Quelle: BMWI)

1 Grundlagen energiesparenden Bauens — Gesetzliche Anforderungen und Empfehlungen

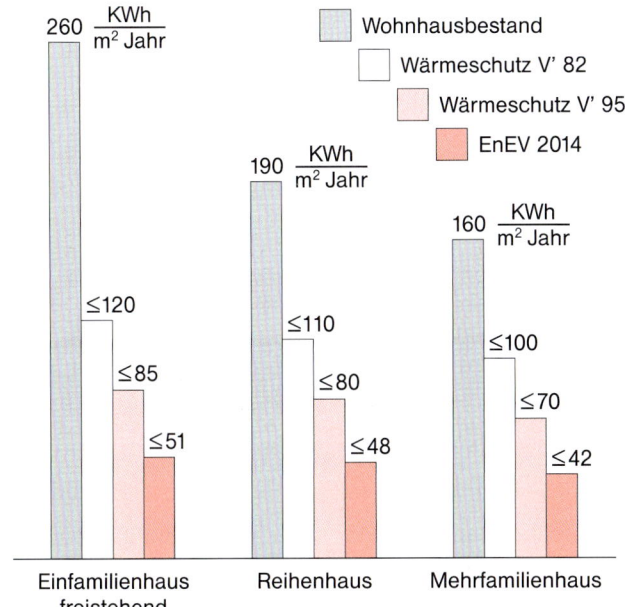

1-3 Jahres-Heizwärmeverbrauch von Wohnhäusern bei mittlerem Verhältnis von wärmeübertragender Umfassungsfläche A zu beheiztem Gebäudevolumen V_e

men mit einer Verbesserung des Wärmeschutzes und dem Einsatz effizienterer Wärmebereitstellungstechniken eine Senkung des Heizenergieverbrauchs auf das Niveau von Neubauten bei wirtschaftlich vertretbaren Kosten erzielt werden.

– Für die Nutzung dieses großen Einsparpotenzials stehen bewährte Baustoffe und ausgereifte Techniken zur Verfügung.

Außer der Bedeutung energiesparender Gebäude für die Schonung der Brennstoffreserven und der Umwelt bieten diese für ihre Eigner und Bewohner weitere Vorteile:

– **Wirtschaftliche Planungssicherheit**, da Belastungen durch weiter steigende Energiepreise deutlich geringer ausfallen und in den nächsten 15 bis 30 Jahren keine zusätzlichen Investitionen für eine Verbesserung der Anlagentechnik und des Wärmeschutzes aufgebracht werden müssen.

– **Kurze Amortisationszeiten** der Mehraufwendungen im Vergleich zu nachträglichen, viel aufwendigeren Verbesserungen.

– **Erhöhung des Gebäude-Marktwerts** durch Energiesparmaßnahmen, die über die aktuellen gesetzlichen Mindestanforderungen hinausgehen.

– **Verbesserter Wohnkomfort** durch
  • größere thermische Behaglichkeit aufgrund höherer raumseitiger Temperaturen der Außenbauteile während der Heizzeit,
  • sehr gute Raumlufthygiene bei Einsatz einer ventilatorgesteuerten Lüftung,
  • Vermeidung von Feuchteschäden (Schimmelbildung) dank reduzierter Wärmebrücken und geringerer Luftundichtheiten sowie bedarfsangepasster Lüftung.

Durch energiesparendes Bauen beim Neubau und bei der Modernisierung des Gebäudebestands können alle am Bau Beteiligten einen gewichtigen Beitrag zum Schutz unserer Umwelt und zur Erhöhung des Wohnwerts leisten.

2 Gesetzliche Anforderungen und Empfehlungen dieses Handbuchs

Der Gesetzgeber hat mit den Wärmeschutzverordnungen von 1978, 1984 und 1995 zunehmende Anforderungen an die Begrenzung des Wärmedurchgangs von Bauteilen und des Heizwärmebedarfs von Neubauten gestellt. Seit 1984 wurden zusätzliche Anforderungen bei baulichen Erweiterungen und Modernisierungsmaßnahmen an Außenbauteilen im Gebäudebestand erhoben. 1995 erfolgte eine erhebliche Verschärfung der Wärmeschutzverordnung; gleichzeitig begrenzte die Heizungsanlagenverordnung den Schadstoffausstoß bestehender und neuer Wärmeerzeuger.

1 Grundlagen energiesparenden Bauens

Hauptmerkmale energiesparenden Bauens

Am 1. Februar 2002 trat die Energieeinsparverordnung – EnEV in Kraft, die den energiesparenden Wärmeschutz in Verbindung mit einer energiesparenden Anlagentechnik für neu zu errichtende und bestehende Gebäude regelt, siehe Kap. 2. Energieeinsparverordnung – EnEV. Verschärfungen der Anforderungen an die Energieeinsparung folgten 2007, 2009 und 2014; für 2016 ist eine weitere Erhöhung der Anforderungen geplant. Aktuell sind die Anforderungen an den Wärmeschutz und die Anlagentechnik bereits höher als die des vor der EnEV 2009 geltenden Niedrigenergiestandards. Der maximal zulässige Jahres-Primärenergiebedarf für Heizung und Warmwasser liegt bei 60 bis 90 kWh je m^2 beheizter Nutzfläche.

Zur Veranschaulichung sei erwähnt, dass im Gebäudebestand der Primärenergieverbrauch für Heizung und Warmwasser zwischen 600 kWh/(m^2 Jahr) bei energetisch besonders sanierungsbedürftigen Altbauten und 30 kWh/(m^2 Jahr) beim Passivhaus liegt. Diese große Spanne macht einerseits das enorme Einsparpotenzial deutlich, andererseits wird ersichtlich, dass die Anforderungen der EnEV – als derzeit gültiger Mindeststandard für das energiesparende Bauen in Deutschland – dieses Potenzial zum großen Teil nutzt, aber noch eine weitere Verringerung des Energiebedarfs möglich ist.

Dieses Handbuch enthält deshalb eine Vielzahl praxisorientierter Hinweise zur Realisierung eines über die Anforderungen der EnEV hinausgehenden baulichen und technischen Energiestandards für den Einsatz energiesparender Haustechniken und die Nutzung erneuerbarer Energien.

3 Hauptmerkmale energiesparenden Bauens

3.1 Einflussgrößen auf den Heizenergieverbrauch

Der Heizenergieverbrauch eines Gebäudes wird durch eine Vielzahl von Einflüssen bei der gestalterischen sowie der bau- und anlagentechnischen Planung, bei der Bauausführung und bei der Gebäudenutzung bestimmt.

Wesentliche Einflussgrößen sind:

– Kompaktheit der Gebäudegestalt,
– Wärmeschutz der Gebäudehülle,
– Vermeidung von Wärmebrücken,
– Luftdichtheit der Gebäudehülle,
– Art und Weise der Lüftung,
– passive Sonnenenergienutzung durch Fenster und speicherfähige Massen der Innenbauteile,
– Zonierung des Gebäudes durch Nordorientierung der Räume mit zeitweise oder dauernd abgesenkter Innentemperatur,
– Energieeffizienz der Wärmeerzeugung,
– Verluste bei der Wärmespeicherung und -verteilung,
– Verhalten der Bewohner hinsichtlich Raumtemperaturen, Luftwechsel, Warmwasserverbrauch, passiver Solarenergienutzung, Größe der internen Wärmegewinne, Betriebsweise der Anlagentechnik.

In den folgenden Abschnitten werden die Hauptmerkmale energiesparenden Bauens durch Erläuterung wesentlicher Zusammenhänge bei den vorgenannten Einflussgrößen dargelegt; detaillierte Ausführungen finden sich in den betreffenden Fachkapiteln.

3.2 Gravierende Veränderung der Gebäude-Wärmebilanz

Energiesparendes Bauen führt zu einer einschneidenden Veränderung des Wärmehaushalts eines Gebäudes. Welche Ergebnisse erzielbar sind, zeigt in *Bild 1-4* die Gegenüberstellung der Jahres-Wärmebilanz eines durchschnittlichen Einfamilienhauses im Gebäudebestand mit der eines Niedrigenergie-Einfamilienhauses, dessen Heizwärmebedarf auf nahezu nur ein Fünftel reduziert ist. An den Wärmebilanzen werden folgende quantitative und qualitative Veränderungen deutlich:

1 Grundlagen energiesparenden Bauens

Hauptmerkmale energiesparenden Bauens

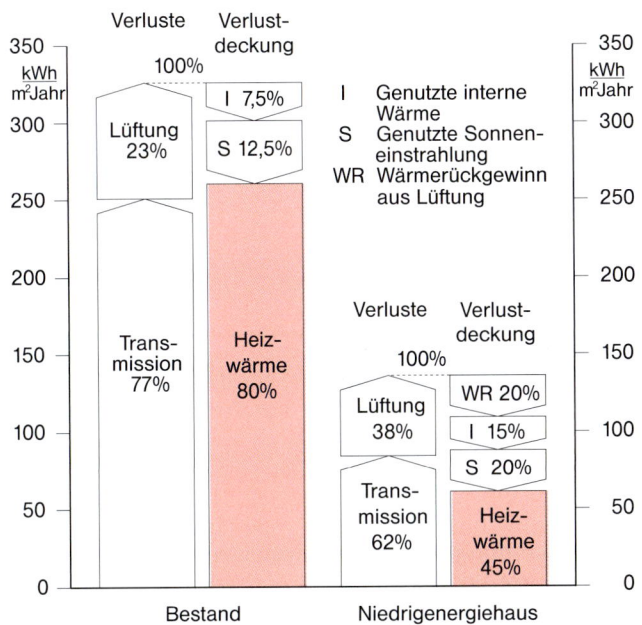

1-4 Jahres-Heizwärmebilanzen eines Einfamilienhauses im durchschnittlichen Bestand und eines Niedrigenergie-Einfamilienhauses

– Der **Transmissionswärmeverlust** konnte durch einen sehr guten Wärmeschutz der wärmeübertragenden Außenbauteile auf ein Drittel des Wertes des konventionellen Hauses gesenkt werden. **Der erhöhte Wärmeschutz der Außenbauteile stellt die wirksamste Maßnahme zur Senkung des Jahres-Heizwärmebedarfs dar.**

– Der **Lüftungswärmeverlust** wurde durch die Senkung des Luftaustauschs auf das hygienisch erforderliche Maß um ein Drittel verringert. Trotzdem ist sein prozentualer Anteil an den Gesamtverlusten deutlich gestiegen. Dadurch leistet Wärmerückgewinn aus der Abluft beim Niedrigenergiehaus einen quantitativ interessanten Beitrag zur Wärmeverlustdeckung.

– Die nutzbaren **Wärmegewinne** aus Sonnenstrahlung und aus der Wärmeabgabe von Personen/Geräten sind beim Niedrigenergiehaus geringer, weil in den Übergangsmonaten nur noch ein kleinerer Anteil dieser Gratiswärme zur Raumbeheizung genutzt werden kann. Ihre relative Bedeutung in der Wärmebilanz des Niedrigenergiehauses nimmt jedoch beträchtlich zu.

– Die **Heizungsanlage** braucht im Niedrigenergiehaus mit Lüftungswärmerückgewinnung nur noch weniger als die Hälfte der gesamten Wärmeverluste auszugleichen. Sie erlangt den Charakter einer „Ergänzungsheizung", die auf Änderungen der Raumtemperatur besonders schnell reagieren soll.

Fazit des Wärmebilanzvergleichs: Die wirkungsvollste Strategie energiesparenden Bauens ist die Optimierung des baulichen Wärmeschutzes zur Senkung der Transmissionswärmeverluste.

3.3 Baulicher Wärmeschutz

Der Wärmeschutz der Gebäudehülle ist für Jahrzehnte bei nur geringen Instandhaltungskosten gesichert; er ist die sicherste und nachhaltigste Maßnahme des energiesparenden Bauens. Diese Tatsache wird in der Energieeinsparverordnung berücksichtigt, indem außer dem maximal zulässigen Jahres-Primärenergiebedarf auch ein maximal zulässiger, auf die wärmeübertragende Umfassungsfläche bezogener Transmissionswärmeverlust nicht überschritten werden darf (Kapitel 2-5.3).

Der Transmissionswärmeverlust eines Bauteils wird durch den U-Wert, ein Kürzel für „Wärmedurchgangskoeffizient U", beschrieben. Der Wärmedurchgangskoeffizient U beschreibt den Wärmestrom in Watt, der bei einer Temperaturdifferenz von einem Grad (1 Kelvin) zwischen Innen- und Außenseite je m² Bauteilfläche hindurchgeht. Seine Einheit ist W/(m²K). Je kleiner der U-Wert, umso geringer sind die Wärmeverluste des Bauteils. Aus *Bild 1-5* ist zu entnehmen, wie anhand der U-Werte nach einer Faustregel der

U-Wert × 10 =	Liter Öl je m² Bauteilfläche und Jahr oder m³ Erdgas je m² Bauteilfläche und Jahr
Beispiele:	
Außenwand 24 cm dick, aus schwerem Mauerstein	U = 1,8 W/(m²K): 18 l Öl/(m² Jahr) oder 18 m³ Erdgas/(m² Jahr)
Außenwand 17,5 cm dick, aus schwerem Mauerstein mit 15 cm Wärmedämmung	U = 0,24 W/(m²K): 2,4 l Öl/(m² Jahr) oder 2,4 m³ Erdgas/(m² Jahr)

1-5 Faustregel für den Heizenergiebedarf je m² Bauteilfläche bei Außenwänden und Dächern

Jahres-Heizenergiebedarf für an Außenluft grenzende Bauteile errechnet werden kann.

In *Bild 1-6* ist der Wärmedurchgangskoeffizient U einer einschaligen Wand mit Wärmedämm-Verbundsystem in Abhängigkeit von der Dicke der Wärmedämmschicht aufgetragen. Die Darstellung macht die enorme Bedeutung von Wärmedämmung zur Senkung des Transmissionswärmeverlustes deutlich. Gegenüber der reinen Mauerschale, deren U-Wert 2,2 W/(m²K) beträgt, wird bei Wärmedämmdicken von 16 cm eine Verringerung der Wärmeverluste auf 10 % des ursprünglichen Wertes erreicht. Eine mit nur geringen zusätzlichen Investitionskosten verbundene Verdoppelung der Dämmschichtdicke von 10 cm auf 20 cm bei energiesparender Bauweise halbiert nahezu die Transmissionswärmeverluste der Außenwand. Eine weitere Verdoppelung der Dämmschichtdicke reduziert die Transmissionswärmeverluste bezogen auf den Ausgangswert dagegen nur noch um zusätzliche 25 %.

Eine wesentliche Voraussetzung für die Wirksamkeit der Wärmedämmung ist die **Luftdichtheit der Gebäudehülle**. Diese Thematik wird ausführlich im Kapitel 9 behandelt.

Unabdingbar beim energiesparenden Bauen ist weiterhin die **Vermeidung von Wärmebrücken** bzw. die Verminderung ihrer Wirksamkeit. Die Auswirkung von Wärmebrücken auf die Transmissionswärmeverluste sowie Konstruktionsbeispiele für ihre Minimierung werden in Kap. 10 beschrieben.

3.4 Kompaktheit des Gebäudes

Neben dem Wärmeschutz der einzelnen Bauteile hat die Größe der wärmeabgebenden Oberfläche eines Gebäudes einen sehr großen Einfluss auf den Heizwärmebedarf. Dies liegt daran, dass der Transmissionswärmeverlust proportional mit den Oberflächen der wärmeübertragenden Umfassungsbauteile zunimmt. Ein Gebäude kompakter Gestalt, das im Verhältnis zu seinem beheizten Bauwerksvolumen V_e eine kleine wärmeübertragende Umfassungsfläche A aufweist, hat geringe Transmissionswärmeverluste und ist somit energetisch besonders effizient. Außerdem sind niedrigere Baukosten zu erwarten. Deshalb ist das die Kompaktheit beschreibende A/V_e-Verhältnis eine wichtige Kenngröße für die energetische Bewertung von Gebäuden.

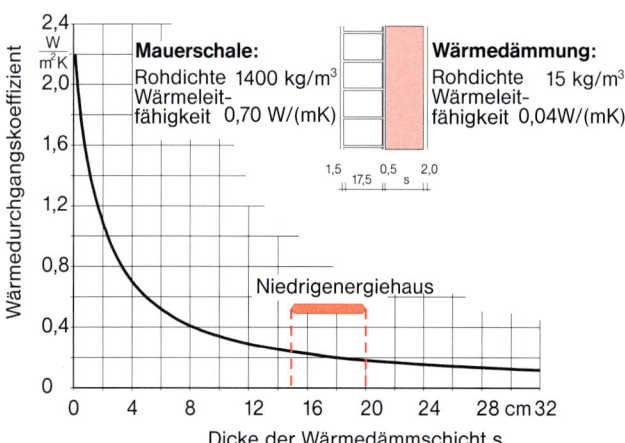

1-6 Wärmedurchgangskoeffizient U einer einschaligen Wand mit Wärmedämm-Verbundsystem

Bild 1-7 zeigt die üblichen Bereiche des A/V_e-Verhältnisses verschiedener Wohnhauskategorien. Dabei wurde der Bereich jeder Kategorie nach hoher, mittlerer und niedriger Kompaktheit der Gebäudegestalt unterteilt. Der Bereich mittlerer Kompaktheit umfasst etwa 50 %, die Bereiche hoher bzw. niedriger Kompaktheit jeweils etwa 25 % der Gebäude der jeweiligen Kategorie. Beispielsweise hat ein Mehrfamilienhaus mit vier Vollgeschossen und einem A/V_e-Wert von 0,60 m²/m³ eine geringe Kompaktheit. Gegenüber einem Wohnhaus der gleichen Kate-

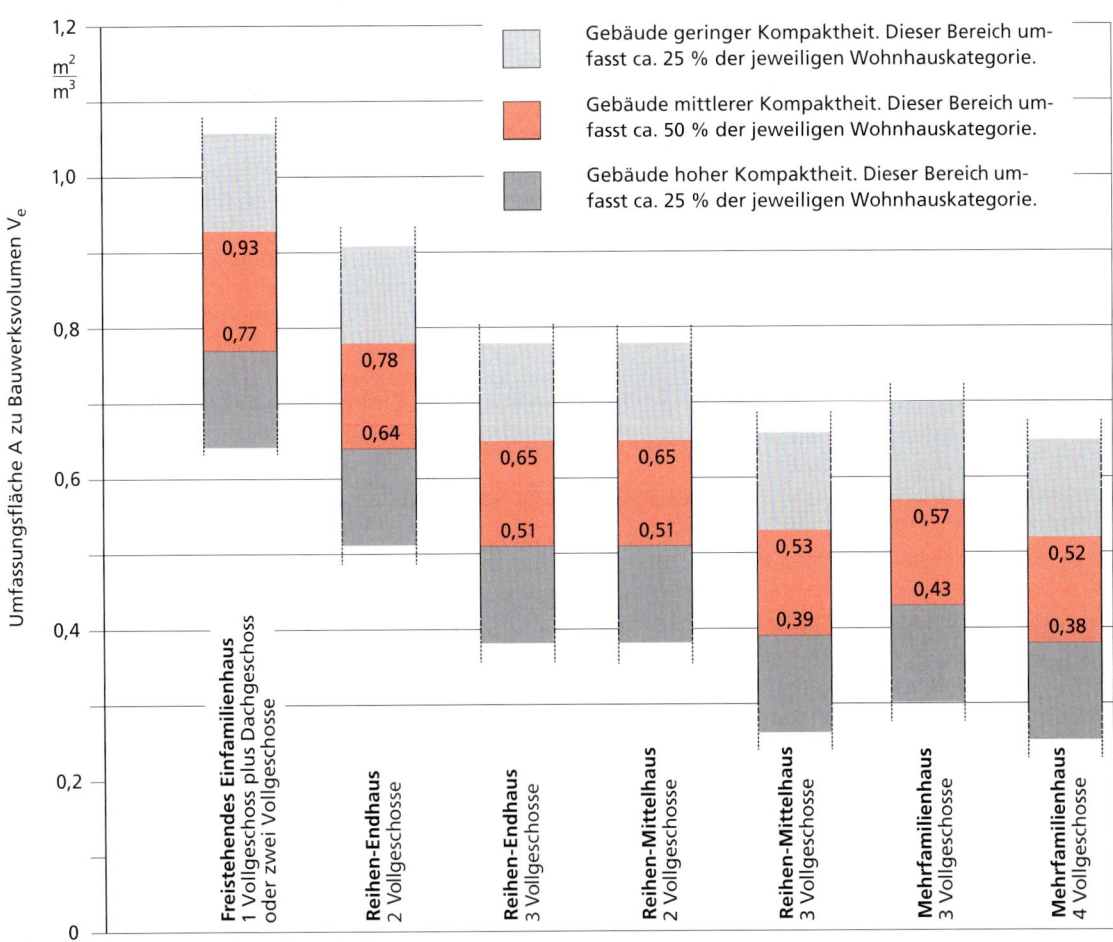

1-7 Bereiche des Verhältnisses A/V_e von Wohngebäuden

gorie mit einem A/V_e-Wert von 0,40 m²/m³, was mittlerer Kompaktheit entspricht, ist seine wärmeübertragende Umfassungsfläche um 50 % je m³ Bauwerksvolumen größer. Die Klassifizierung der A/V_e-Werte nach *Bild 1-7* ist ein nützliches Hilfsmittel, um die Kompaktheit eines Wohnhausentwurfs festzustellen und sein A/V_e-Verhältnis vergleichend zu bewerten.

Ein kompakter Baukörper bedeutet die Vermeidung kompliziert gegliederter Fassaden und Dächer, Erker, Vorsprünge, Einschnitte und spitzer Winkel. Kompaktheit des Baukörpers muss keineswegs zwangsläufig zu funktionellen und ästhetischen Einbußen führen. So bieten außerhalb des wärmegedämmten Baukörpers angegliederte Gestaltungselemente wie Dachüberstände, Sonnenschutzeinrichtungen, Balkone, Loggien, unbeheizte Glasanbauten, Fassaden- oder Dachbegrünungen vielfältige Möglichkeiten, ein energiesparendes Gebäude interessant zu gestalten.

3.5 Bedarfsgerechte und energiesparende Lüftung

Die Lüftung von Wohnungen ist aus hygienischen und gesundheitlichen Gründen sowie zur Begrenzung der Raumluftfeuchte erforderlich. Sie dient der Abfuhr nutzungsbedingter Gase und Geruchsstoffe, von Wasserdampf sowie von Emissionen aus Baustoffen und Wohnungsmaterialien.

Die DIN 4108-2 : 2013-2, die von den Bundesländern als baurechtlich verbindlich eingeführt ist, fordert die Sicherstellung eines auf das Raumvolumen bezogenen durchschnittlichen Luftwechsels während der Heizperiode von 0,5 h^{-1}, Kapitel 14-6.3. Dabei darf der Infiltrationsluftwechsel aufgrund von Luftundichtheiten von Außenbauteilen nicht angerechnet werden, da dieser bei ungünstiger Verteilung der Leckagen und austauscharmer Wetterlage nicht sicher zur bedarfsgerechten Lüftung der gesamten Wohnung beiträgt.

Für den energetischen Nachweis nach EnEV ist der Infiltrationsluftwechsel dagegen zusätzlich zu berücksichtigen. Hier gilt ein energetisch relevanter Leckageluftwechsel von 0,7 h^{-1} (ohne Nachweis der Luftdichtheit, Fensterlüftung) bis 0,55 h^{-1} (mit Nachweis der Luftdichtheit, Abluftanlage), Kapitel 2-7.2.1.2.

Die Fensterlüftung führt bei dauerhaft geöffneten bzw. gekippten Fenstern durch erhöhte Luftwechselraten zu großen Lüftungswärmeverlusten. Bei Niedrigenergiehäusern mit hohem Wärmeschutz und entsprechend niedrigen Transmissionswärmeverlusten kann sich hierdurch die Lüftung dominierend auf den Heizenergieverbrauch auswirken.

Die heutige Wohnsituation führt jedoch häufiger dazu, dass Wohnungen unzureichend belüftet werden: Weder bei Abwesenheit tagsüber noch nachts ist ein ausreichender Luftwechsel sichergestellt. Die Folge sind Feuchteschäden und Schimmelpilzwachstum. Ausführlich werden die Grenzen der sog. freien Lüftung durch Undichtheiten und Öffnen der Fenster in Kapitel 14-7 behandelt.

Eine zuverlässige Einstellung des Luftwechsels auf den Bedarf ist mittels Fenstern nicht möglich. Bedarfsangepasstes Belüften einer Wohnung erfordert ventilatorgesteuerte Lüftungseinrichtungen.

Ein einfaches, auch in Niedrigenergiehäusern bewährtes System für die bedarfsangepasste Lüftung ist das **ventilatorgesteuerte Abluftsystem**, bei dem ein Abluftventilator über Abluftkanäle die verbrauchte Luft aus Bad, WC und Küche absaugt. Die Frischluft strömt über spezielle, z. T. selbstregulierende Zuluftdurchlässe in den Außenwänden der Wohn- und Schlafräume nach. Diese Art der Luftführung hat in Räumen wie Wohn-, Kinder- und Schlafzimmer einen Luftwechsel zur Folge, der den mittleren Luftwechsel der Wohnung deutlich überschreitet. Über die Schaltung des Abluftventilators in verschiedene Leistungsstufen oder das Öffnen bzw. Schließen von Zuluftdurchlässen lässt sich jeder einzelne Raum, in den Zuluftdurchlässe eingebaut sind, verstärkt bzw. verringert mit Außenluft belüften. Voraussetzung für die regulierte Frischluftzufuhr ist eine gute Luftdichtheit der Gebäudehülle, Kapitel 9, damit die in Menge und Eintrittsort unkontrollierte Lüftung über Fugen weitgehend unterbleibt. Ventilatorgesteuerte Abluftsysteme erfordern verhältnismäßig geringe Investitions- und Betriebskosten und bieten einen beachtlichen Lüftungsstandard.

Einen zusätzlichen Beitrag zur Energieeinsparung ermöglicht die **Be- und Entlüftungsanlage mit Wärmerückgewinn**. Ein großer Teil der Wärme, die in der Abluft enthalten ist, wird hierbei auf die Frischluft übertragen und dadurch der Lüftungswärmebedarf verringert. Eine hohe Luftdichtheit der Gebäudehülle ist hier wichtige Voraussetzung für die energetische Effizienz der Lüftungsanlage, da für den Fugenluftwechsel die Wärmerückgewinnung nicht wirksam wird. In Kapitel 14-10 und 14-11 werden die vorgenannten Lüftungssysteme ausführlich behandelt.

3.6 Passive Solarenergienutzung

Am wichtigsten für die passive Solarenergienutzung sind zur Sonne hin orientierte Fenster bzw. Verglasungen. Direkte und diffuse Sonneneinstrahlung in Räume kann die Wärmeverluste eines Niedrigenergiehauses bis zu einem Drittel mit solaren Wärmegewinnen ausgleichen. Folgende Einflüsse spielen eine Rolle:

– Orientierung, Größe und Gesamtenergiedurchlassgrad der Fenster bzw. Verglasungen,
– Güte des Wärmeschutzes der transparenten und opaken Bauteile,
– Wärmespeicherfähigkeit der Bauteile,
– Anordnung der Räume unterschiedlicher Nutzung (Zonierung).

In den folgenden Abschnitten wird hierauf näher eingegangen.

Weitere Möglichkeiten zur passiven Solarenergienutzung sind unbeheizte Wintergärten, angebaute Glashäuser und transparente Wärmedämmungen.

Wintergärten und verglaste Vorbauten sind vom Wohnraum abgegrenzte bzw. der Außenwand des Gebäudes vorgelagerte Räume, die ohne Beheizung ein eigenes Klima entwickeln. Ihre Transparenz und die häufig großzügige Begrünung bieten eine naturnahe Atmosphäre mit im Vergleich zum Garten deutlich verlängerter Aufenthaltsmöglichkeit. Sie leisten jedoch nur einen geringen Beitrag zur Heizenergieeinsparung. Die Ziele energiesparenden Bauens werden sogar verfehlt, wenn Wintergärten oder Anlehnglashäuser mit Heizeinrichtungen ausgestattet werden, um sie ganzjährig wohnraumähnlich nutzen zu können oder Pflanzen überwintern zu lassen.

Mit **transparenter Wärmedämmung (TWD)** vor einer dunkel eingefärbten Außenwand lässt sich Solarenergie durch Erwärmung der Wand zeitlich verzögert im dahinter liegenden Raum nutzen, Kapitel 3-5, Kapitel 4-18. Neben den im Verhältnis zum Energiegewinn hohen zusätzlichen Investitionskosten ist auch die schwierige Regelbarkeit der Wärmezufuhr ein Grund dafür, dass TWD beim Bau energiesparender Wohngebäude kaum eingesetzt wird.

3.6.1 Bedeutung der Fensterorientierung

Für die Einstrahlung von Sonnenenergie in einen Raum ist die Größe und Himmelsorientierung der Verglasung sowie deren Gesamtenergiedurchlassgrad g maßgebend. Fenster weisen aber aufgrund ihres höheren Wärmedurchgangskoeffizienten U_w auch einen doppelt bis fünfmal so hohen Transmissionswärmeverlust wie gleich große opake wärmegedämmte Flächen auf. Maßgebend für eine Beurteilung der passiven Solarenergienutzung ist daher die Bilanz der Wärmegewinne und -verluste.

In *Bild 1-8* ist als Ergebnis einer solchen Bilanzierung der Jahresheizwärmebedarf eines Mittelraumes schwerer Bauweise für zwei unterschiedliche Wärmedurchgangskoeffizienten U_{AW} der Außenwand in Abhängigkeit vom Fensterflächenanteil dargestellt. Die Kurvenverläufe gelten für Wärmedurchgangskoeffizienten U_w der Fenster von 1,6 und 1,0 W/(m^{2}K) bei unterschiedlichen Orientierungen.

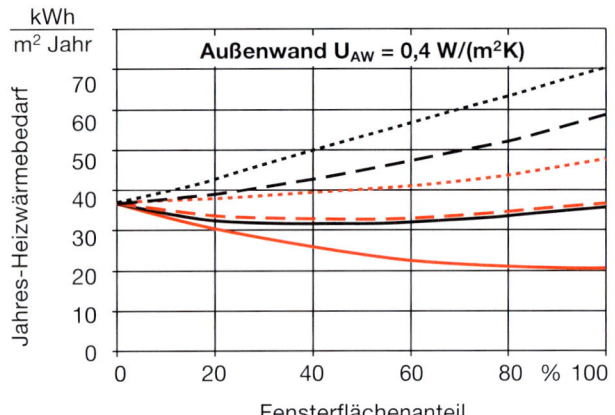

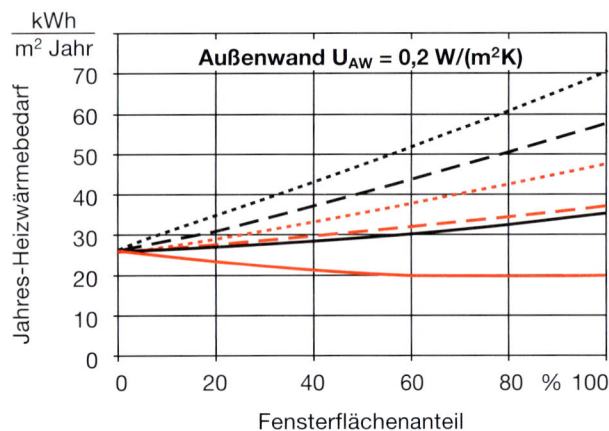

— $U_W = 1,6\ W/(m^2K)$, Süd   — $U_W = 1,0\ W/(m^2K)$, Süd
-- $U_W = 1,6\ W/(m^2K)$, Ost/West   -- $U_W = 1,0\ W/(m^2K)$, Ost/West
··· $U_W = 1,6\ W/(m^2K)$, Nord   ··· $U_W = 1,0\ W/(m^2K)$, Nord

1-8 Jahres-Heizwärmebedarf eines Wohnraums in Abhängigkeit vom Fensterflächenanteil an der Fassade für unterschiedliche Wärmedurchgangskoeffizienten der Außenwand und der Fenster sowie unterschiedliche Orientierungen der Fenster

Die Abmessungen des Raumes betragen 6 × 4 × 2,5 m in Fassadenbreite, Tiefe und Höhe.

Die Endpunkte der Kurvenverläufe werden links durch eine fensterlose Wand, rechts durch eine komplett verglaste Wand bestimmt. Ein Vergleich der Verläufe führt zu folgenden Ergebnissen:

– Die Wand mit der besseren Wärmedämmung (unteres Teilbild) weist bei gleichem Fensterflächenanteil und gleicher Verglasung – unabhängig von der Orientierung der Fassade – den niedrigeren Raumwärmebedarf auf. Ein besserer Wärmeschutz führt demnach zu größeren Heizenergieeinsparungen als ein höherer Fensterflächenanteil bei nur mäßiger Dämmung. **Wärmedämmung hat in unserem Klima Vorrang vor passiver Sonnenenergienutzung.**

– Bei sehr gutem Wärmeschutz der Wand tragen Fenster nur bei Südorientierung zu einer Senkung des Heizwärmebedarfs im Vergleich zur fensterlosen Wand durch passive Solarenergienutzung bei. Die Fenster müssen hierfür ebenfalls einen sehr guten Wärmeschutz (im Beispiel $U_w = 1,0\ W/(m^2K)$) aufweisen.

Mit dieser Anforderung an einen niedrigen U_w-Wert können auch sehr große südorientierte Fensterflächen ohne nachteilige Auswirkungen auf den Heizwärmebedarf eingesetzt werden; in der warmen Jahreszeit erfordern sie jedoch wirksame Maßnahmen für den sommerlichen Wärmeschutz, Kapitel 2-5.6; 11-10; 11-11.

– Ost- und Westfenster führen bei guten Dämmeigenschaften für Flächenanteile bis etwa 40 % zu keiner wesentlichen Verschlechterung der Energiebilanz. Hieraus lässt sich ableiten, dass auch Niedrigenergiehäuser mit größeren Fensterflächen nicht zwingend nach Süden orientiert werden müssen, Abschn. 3.6.3.

– Nordfensterflächen sollten im Hinblick auf die Energiebilanz der passiven Solarenergienutzung möglichst klein bemessen werden. Nach den Landesbauordnungen muss das Rohbaumaß der Fensteröffnungen in der Regel jedoch mindestens ein Achtel der Grundfläche des Raumes betragen. In DIN 5034-4 werden für Wohnräume noch größere Mindestfensterflächen empfohlen, um ein ausreichendes Tageslichtniveau und eine angemessene Sichtverbindung nach außen zu gewährleisten, Kapitel 20-4. Für nordorientierte Fenster gilt die Forderung nach geringen Wärmeverlusten (niedriger U_w-Wert) in besonderem Maße.

3.6.2 Bedeutung der Wärmespeichermasse des Gebäudes

Für die passive Sonnenenergienutzung ist ein hohes Wärmespeichervermögen der Innenbauteile sowie der raumseitigen Schichten der Außenbauteile von Vorteil:

- Zur Wärmespeicherung tragen insbesondere schwere raumseitige Bauteilschichten bis zu einer Tiefe von 8 bis 10 cm bei.
- Eine Überhitzung am Tag durch überschüssige Sonneneinstrahlung wird gedämpft und die gespeicherte Wärme am Abend und in der Nacht wieder abgegeben und zur Beheizung genutzt.
- Ein hohes Wärmespeichervermögen vergrößert den nutzbaren Anteil der eingestrahlten Sonnenenergie und verbessert durch die Dämpfung der Temperaturschwankungen den thermischen Komfort an Heiztagen und insbesondere an strahlungsreichen Sommertagen.
- Allerdings darf die Bedeutung des Wärmespeichervermögens für die Heizenergieeinsparung nicht überschätzt werden. Es kann nur die Wärmemenge aus der Speichermasse genutzt werden, die bei Temperaturen oberhalb der gewünschten minimalen Raumtemperatur aufgenommen wurde. Für die Sonnenenergienutzung wird die Wärmespeicherung umso wirksamer, je größere Schwankungen der Raumtemperatur man zulässt.
- Für das in Kapitel 2-9, *Bild 2-16* beschriebene Gebäude ist der Einfluss der wirksamen Wärmespeicherkapazität auf den Jahres-Heizwärmebedarf in *Bild 1-9* dargestellt. Die Verringerung des Wärmebedarfs zwischen leichter und schwerer Bauart beträgt nur maximal 8 %. **Im Vergleich zur Wärmedämmung eines Gebäudes spielt deren Speichermasse für die Höhe des Heizenergiebedarfs nur eine untergeordnete Rolle.**
- Eine bessere Nutzung eingestrahlter Sonnenenergie durch das Speichervermögen der Bauteile setzt eine Raumtemperaturregelung voraus, welche auf einen Temperaturanstieg mit einer raschen Verringerung der Heizleistung reagiert, Abschn. 3.7.3.
- Auch eine schwere Bauweise gewährleistet in der Heizperiode bei Abschaltung des Heizsystems eine ausreichende Raumtemperatur nur bis zu maximal 2 Tage.
- Bei Fensterflächenanteilen größer 30 % können Überhitzungen des Gebäudes in längeren sommerlichen Schönwetterperioden auch mit schwerer Bauweise nicht ohne den Einsatz eines Sonnenschutzes vermieden werden.

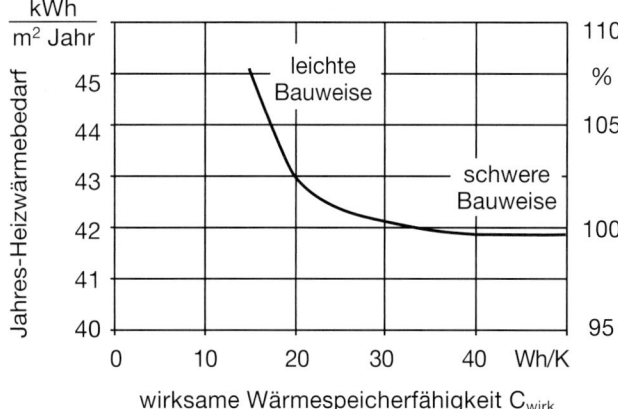

1-9 Einfluss des Wärmespeichervermögens des Gebäudes auf den Jahres-Heizwärmebedarf eines Einfamilienhauses

3.6.3 Bedeutung der Gebäudeorientierung und -zonierung

Aus *Bild 1-8* kann man entnehmen, dass die nach Süden orientierte Fassade den geringsten Jahres-Heizwärmebedarf und somit die größten passiven Solarenergiegewinne aufweist. Wenn es das Grundstück zulässt, sollte man das Gebäude daher mit seiner Hauptfront, das sind in der Regel das Wohnzimmer und andere Aufenthaltsräume mit einem hohen Fensterflächenanteil, nach Süden orientieren. Der aus *Bild 1-8* ersichtliche Unterschied des Heizwärmebedarfs zwischen Süd- und Nordorientierung eines Raumes ist bei Betrachtung des gesamten Gebäudes jedoch deutlich geringer, da ein Gebäude nicht nur Fenster auf einer Seite der Fassade aufweist.

In *Bild 1-10* ist wiederum für die in Kapitel 2-9, *Bild 2-16* beschriebene linke Doppelhaushälfte der Einfluss der Gebäudeorientierung auf den Jahres-Heizwärmebedarf dargestellt. Der Anstieg des Wärmebedarfs beträgt bei Abweichung der Hauptfassade von der Südorientierung maximal 13 %.

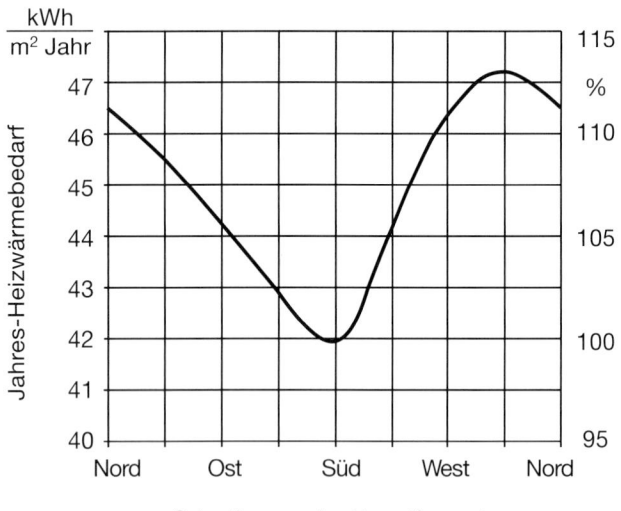

1-10 *Jahres-Heizwärmebedarf in Abhängigkeit von der Gebäudeorientierung für die linke Doppelhaushälfte nach Bild 2-16*

Wenn der Schnitt des Grundstücks, der Bebauungsplan, die Verschattung durch Nachbargebäude, die Aussicht in die Umgebung usw. eine Südorientierung nicht zulassen, bedeutet dies nicht zwangsläufig, dass der Energiebedarf des Gebäudes stark ansteigt. Bauteile mit hoher Wärmeschutzwirkung ermöglichen für Wohnhäuser beliebiger Lage das Einhalten des Niedrigenergie-Standards.

Eine **Zonierung des Gebäudes** ist sowohl im Hinblick auf die passive Solarenergienutzung und Vermeidung sommerlicher Überhitzungen als auch im Hinblick auf die Bündelung von nur selten oder mit niedrigerer Temperatur beheizten Räumen sinnvoll. Aus energetischer Sicht sollten die Grundrisse folgendermaßen geplant werden:

– Kellerersatzräume, Treppenhäuser, Windfänge sowie nur selten beheizte Räume, wie Hobbyraum oder Gästezimmer nach Norden,

– niedrig beheizte Räume wie Elternschlafzimmer und Küche nach Osten,

– Wohnzimmer, Kinderzimmer und andere Aufenthaltsräume nach Süden oder Westen.

Der Heizraum sollte möglichst im obersten Geschoss zentral im Gebäude eingeplant werden. Dies ermöglicht eine Nutzung der Wärmeverluste von Wärmeerzeuger und Speicher zur Beheizung der anliegenden Räume und reduziert die Wärmeverteilungsverluste der Heizungs- und Warmwasserleitungen. Weiterhin werden Kosten für die Abgasführung eingespart.

3.7 Effiziente Bereitstellung der Wärme

Die Energieeinsparverordnung bezieht in die energetische Bewertung von Gebäuden auch deren Wärmeversorgungstechnik ein. Die DIN V 4701-10 bzw. alternativ die DIN V 18599 ermöglicht die Ermittlung des Endenergiebedarfs (Öl, Gas, Strom) unter Berücksichtigung der Verluste der Energiebereitstellung im Gebäude. Zusätzlich wird der Primärenergiebedarf an erschöpflichen

Energieressourcen durch Berücksichtigung des Energieaufwandes für die Förderung, Umwandlung und den Transport der Energie außerhalb des Gebäudes bestimmt, Kapitel 2-2, Kapitel 2-7.4.

Ein Maß für die energetische Effizienz der Wärmeversorgung ist die sogenannte **Anlagenaufwandszahl** e_p, die das Verhältnis vom Gesamtaufwand an Primärenergie zum Nutzwärmebedarf für Heizung und Warmwasser beschreibt, Kapitel 2-2, *Bild 2-13*. Wesentlichen Einfluss auf die Effizienz der Wärmeversorgung haben die Verluste bei der Wärmeerzeugung, bei der Wärmespeicherung und Wärmeverteilung sowie bei der Regelung der Wärmebereitstellung. Die Einbeziehung regenerativer Energie erhöht die Effizienz der Wärmebereitstellung. Im Folgenden werden hierzu allgemeine Hinweise gegeben; detaillierte Informationen enthalten die Kapitel 16 und Kapitel 17.

3.7.1 Energiesparende Wärmeerzeugung

Die erforderliche Heizleistung ist bei Niedrigenergiehäusern im Vergleich zum durchschnittlichen Wohnhausbestand um etwa den Faktor 3 reduziert: Ein Einfamilienhaus benötigt meist weniger als 8 kW, ein Niedrigenergie-Mehrfamilienhaus weniger als 3 kW je Wohnung.

Bei Heizkesseln führt der Einsatz der **Brennwerttechnik** zu einer höheren Energieausnutzung. Dabei wird ein Teil des im Abgas enthaltenen Wasserdampfes kondensiert und die Kondensationswärme mit zur Heizwärmebedarfsdeckung verwendet. Ein Wärmeverteilsystem mit niedriger Rücklauftemperatur erhöht die Wasserdampfkondensation und den Energiegewinn.

Gas-Brennwertkessel arbeiten überwiegend mit **variabler Brennerleistung** (modulierender Betrieb), wodurch die Heizleistung des Wärmeerzeugers bis herab zu etwa 4 kW kontinuierlich an den momentanen Wärmebedarf angepasst werden kann und die Energieausnutzung im Teillastbetrieb zusätzlich gesteigert wird.

Der niedrige Heizleistungsbedarf für Niedrigenergiehäuser macht den Einsatz von **Elektro-Wärmepumpen** wirtschaftlich attraktiv. Durch Nutzung von Umweltwärme bestehen rund 75 % der bereitzustellenden Wärme für Heizung und Warmwasser aus regenerativer Energie; die restliche Wärme stammt aus der elektrischen Antriebsenergie. Dieser hohe Anteil an regenerativer Energie führt trotz der Primärenergiebewertung der Antriebsenergie dazu, dass Häuser mit Wärmepumpenheizung eine Anlagenaufwandszahl von nahezu 1 erreichen können (*Bild 2-13*) und damit eine besonders hohe energetische Effizienz der Wärmebereitstellung aufweisen. Diese günstige Bewertung erreichen Wärmepumpen z. B. bei der Nutzung von Erdreich als Wärmequelle in Verbindung mit einer Niedertemperatur-Fußbodenheizung.

Mit dem Einsatz von **Solarkollektoranlagen** können etwa 50 bis 60 % der für die Warmwasserbereitung benötigten Wärme aus Sonnenenergie bereitgestellt werden. Bezogen auf den gesamten Wärmebereitstellungsbedarf (Definition siehe *Bild 2-10*) eines Niedrigenergie-Einfamilienhauses entspricht das einem Anteil regenerativer Energie von rund 15 %. Dies erhöht die energetische Effizienz der Wärmebereitstellung. Allerdings liegt die Höhe des Beitrags in einem Bereich, der auch mit anderen Maßnahmen der Effizienzverbesserung, z. B. Verringerung der Wärmeverluste durch Installation der Heizungs- und Warmwasserbereitungsanlage und der Verteilleitungen innerhalb der thermischen Gebäudehülle, erreicht werden kann, Kapitel 17-10.3. Der Einsatz von Solarkollektoren sollte deshalb in ein Gesamtkonzept zur Effizienzverbesserung der Wärmeversorgungstechnik eingebunden werden.

Größere Solarkollektoranlagen für eine zusätzliche Unterstützung der Heizung erreichen wegen der ungünstigen Einstrahlungsverhältnisse der Heizperiode einen Deckungsanteil am Wärmebereitstellungsbedarf der Raumheizung von typischerweise nur ca. 10 %, wodurch der Anteil regenerativer Energie an der gesamten Wärmebereitstellung beim Niedrigenergiehaus auf 20 bis 25 % ansteigt. Die Einsparung an Endenergie und Primärenergie liegt in der gleichen Größenordnung.

3.7.2 Verlustarme Wärmespeicherung und -verteilung

Die Verluste der Speicherung und Verteilung der Wärme in der Heizungs- und Warmwasserbereitungsanlage können den Energiebedarf beträchtlich erhöhen. Folgende Maßnahmen tragen zur Minimierung solcher Verluste bei:

- Installation der Anlagentechnik innerhalb des wärmegedämmten Gebäudebereichs. Die Oberflächenverluste von Wärmeerzeuger, Speicher und Verteilleitungen tragen dann während der Heizperiode zur Beheizung der angrenzenden Wohnräume bei.
- Berücksichtigung kurzer Leitungswege für die Warmwasserversorgung bei der Grundrissplanung.
- Vermeidung langer Leitungen in Außenwänden.
- Vermeidung von Überdimensionierungen bei Speichern und Verteilleitungen.
- Dämmung der Leitungen mindestens nach den Anforderungen der EnEV, Kapitel 13-2.
- Betrieb der Heizung und Warmwasserversorgung mit möglichst niedrigen Temperaturen. Dies gilt insbesondere, wenn sich die Installation der Anlagen außerhalb der thermischen Gebäudehülle, d. h. im ungedämmten Keller, nicht vermeiden lässt.
- Vermeidung bzw. zumindest zeitliche Begrenzung der Zirkulation von Warmwasser.

3.7.3 Energiesparende Regelung

Durch Wärmegewinne aus eingestrahlter Sonnenenergie und wechselnde innere Wärmequellen (Wärmeabgabe der Personen und Geräte) ist der geringe Wärmebedarf von Niedrigenergiehäusern erheblichen Schwankungen unterworfen. Das heißt, die benötigte Heizleistung hängt nicht nur von der sich relativ langsam ändernden Außentemperatur ab, sondern in erheblichen Maße auch von den schnellen Veränderungen dieser Wärmegewinne. Die Heizung muss auf freie Wärme schnell reagieren, um unnötigen Energieverbrauch zu vermeiden. Folgende Maßnahmen tragen hierzu bei:

- Eine „mitdenkende" Regelung des Wärmeerzeugers, die das dynamische Temperaturverhalten des Gebäudes erfasst und die Heizwassertemperatur gleitend an den Bedarf anpasst sowie die Heizungsanlage vollständig abschaltet, wenn kein Wärmebedarf vorhanden ist.
- Thermostatventile mit hoher Regelgenauigkeit zur raumweisen Regelung/Abschaltung der Heizleistung.
- Massearme Heizkörper mit geringem Wasserinhalt, damit deren Wärmeabgabe nach Schließen des Heizwasserzulaufs schnell absinkt.
- Niedriges Temperaturniveau des Wärmeverteilsystems. Warmwasser-Fußbodenheizungen ermöglichen in Niedrigenergiehäusern Heizflächentemperaturen, die während des größten Teils der Heizperiode nur wenige Grad über der Raumtemperatur liegen. Hierdurch tritt ein Selbstregeleffekt der Wärmeabgabe ein, wenn durch freie Wärme die Raumtemperatur ansteigt.

3.8 Einfluss des Nutzers auf den Energieverbrauch

Die Bewohner üben einen erheblichen Einfluss auf den Heizenergieverbrauch aus. Beim Niedrigenergiehaus sind aufgrund des niedrigen rechnerischen Bedarfs die Nutzereinflüsse besonders groß. Es können Unterschiede im Verbrauch bis zu mehr als dem Dreifachen zustande kommen. Das Ziel eines niedrigen Heizenergieverbrauchs kann nicht allein mit energieeffizienter Bau- und Haustechnik erreicht werden, es erfordert von den Bewohnern auch ein energiesparendes Verhalten. Ein nutzungsabhängiger Einfluss auf die Höhe des Energieverbrauchs entsteht insbesondere durch:

- die **Höhe der Raumtemperatur**: Da im Niedrigenergiehaus eine Grundtemperierung bereits durch innere Wärmequellen und Sonneneinstrahlung erreicht wird, führt eine Anhebung der mittleren Raumlufttemperatur der Wohnung über 20 °C zu einem beträchtlichen zusätzlichen Heizenergieverbrauch von 10 bis 15 % je Grad.

- die **Höhe des Luftwechsels**: Eine Verdoppelung des Luftaustauschs über den aus hygienischen Gründen und zur Feuchteabfuhr erforderlichen Lüftungsbedarf hinaus erhöht ohne Wärmerückgewinn den Heizenergieverbrauch im Niedrigenergiehaus bis zu 50 %.

- die **Akzeptanz der Sonneneinstrahlung in Räume**: Wenn aus Gründen des Sichtschutzes, der Blendung oder der Vergilbung von Einrichtungsgegenständen die Sonneneinstrahlung in Räume durch Gardinen, Jalousien oder Rollläden verringert wird, vermindert dies die passive Solarenergienutzung.

- die **Einschränkung der Beheizung** bei längerer Abwesenheit bzw. Nichtnutzung von Räumen: Hilfreich ist hierbei die Möglichkeit der Fernbedienung der Heizanlage, um Einfluss auf deren Betrieb nehmen zu können.

- die **Höhe des Warmwasserverbrauchs**: Diese hängt ab von der Anzahl und dem Alter der Bewohner, deren Lebensgewohnheiten und Komfortansprüchen. Bei einer Verdoppelung des Warmwasser-Wärmebedarfs gegenüber dem standardisierten Bedarf lt. EnEV (25 statt 12,5 kWh/(m² Jahr)) erhöht sich der Jahresgesamtenergieverbrauch im Niedrigenergiehaus um 10 bis 20 %.

- die **Betriebsweise der Anlagentechnik**: Hierzu gehören insbesondere im Einfamilienhaus persönliche Einflussnahmen auf die Systemtemperaturen für Heizung und Warmwasser, die Heizungsabschaltung, die Warmwasserzirkulation und die Wartung der Anlage.

- die **verursachergerechte Erfassung und Abrechnung des Heizenergieverbrauchs**: In Häusern mit mehr als einer Wohnung motiviert dies zum sparsamen Umgang mit Energie.

4 Energiesparendes Bauen beim Neubau

4.1 Anforderungen der Energieeinsparverordnung

Der Mindeststandard für energiesparendes Bauen wird durch die Energieeinsparverordnung EnEV festgelegt. Diese fasst die früher gültige Wärmeschutzverordnung und die Heizungsanlagenverordnung zusammen und nennt die Normen, nach denen der Nachweis für die Einhaltung der Anforderungen zu führen ist. Im Kapitel 2 wird die EnEV ausführlich beschrieben.

Anforderungen für die Einhaltung einer hinreichenden Energieeinsparung nach EnEV werden bei neu zu errichtenden Gebäuden an den Jahres-Primärenergiebedarf Q_p'' sowie an den auf die wärmeübertragende Umfassungsfläche bezogenen Transmissionswärmeverlust H_T' gestellt (Kapitel 2-5, *Bild 2-5* und *Bild 2-6*).

Der Primärenergiebedarf berücksichtigt alle Einflussgrößen für den Energiebedarf des Neubaus wie Wärmedämmung, Wärmebrücken, Luftdichtheit, Lüftung, Sonnenenergie, Heizung, Warmwasserversorgung, Hilfsenergie, Art der eingesetzten Energieträger. Durch die Bilanzierung der energetischen Auswirkungen dieser Einflussgrößen könnte der geforderte Grenzwert des Jahres-Primärenergiebedarfs im Extremfall durch einen Mindestwärmeschutz nach DIN 4108-2 in Verbindung mit einem besonders effektiven Heizsystem eingehalten werden.

Diese wirtschaftlich und bauphysikalisch ungünstige Lösung verhindert die EnEV durch eine zusätzliche Anforderung an den auf die wärmeübertragende Umfassungsfläche bezogenen Transmissionswärmeverlust. Diese Anforderung entspricht einem nach oben begrenzten mittleren Wärmedurchgangskoeffizienten der Gebäudehülle. Mit den Novellierungen der EnEV in den Jahren 2007, 2009 und 2014 wurden die baulichen Anforderungen für den Neubau im Vergleich zur EnEV 2002 um etwa 40 % verschärft; ab 2016 werden die Anforderungen um weitere 25 % im Vergleich zur EnEV 2014 heraufgesetzt. Die heutigen Anforderungen an den auf die wärmeübertragende Umfassungsfläche bezogenen Transmissionswärmeverlust, d. h. an den Wärmeschutz des Gebäudes sind höher als die vor 2000 an Niedrigenergiehäuser gestellten Anforderungen. Aufgrund der knapper und teurer werdenden fossilen Brennstoffe und der notwendigen CO_2-Emissionsreduktionen ist es sinnvoll, den Wärmeschutz im Vergleich zur EnEV 2014 bereits jetzt weiter zu reduzieren. Im Folgenden wird auf die verschiedenen Varianten solcher verbesserter Energiesparhäuser eingegangen.

4.2 Anforderungen bei Energiesparhäusern unterschiedlicher Begriffsdefinition

Durch verschiedene Förderprogramme mit daran geknüpften erhöhten Anforderungen wurde bereits seit längerem eine über die gesetzlichen Mindestanforderungen hinausgehende energiesparende Bauweise und Anlagentechnik vorangebracht. Auch verschiedene Interessengruppen, z. B. von Ingenieuren, Versorgungsunternehmen, Bauträgern, haben standardisierte Anforderungsniveaus für energiesparende Gebäude entwickelt und hierfür eigene Begriffe geschaffen.

Für den Planer und den interessierten Bauherrn ist es schwierig, die Anforderungen für verschiedene Begriffe wie Niedrigenergiehaus, Niedrigstenergiehaus, Nullenergiehaus, 3- oder 6-Liter-Haus usw. zu unterscheiden und zu vergleichen.

Um einen Überblick zu verschaffen, sind in *Bild 1-12* die gängigsten Begriffe für Energiesparhäuser und deren Hauptmerkmale aufgelistet. Auch die für den Konformitätsnachweis anzuwendenden Rechenverfahren sind angegeben.

Nachfolgend werden die häufig verwendeten Begriffe Niedrigenergiehaus, Effizienzhaus und Passivhaus näher erläutert.

4.2.1 Niedrigenergiehaus

Der Niedrigenergiehaus-Standard wurde im letzten Jahrzehnt durch einen um 25 bis 30 % verminderten Heizenergiebedarf gegenüber den Anforderungen der WSVO '95 definiert. Bei den meisten Objekten der 90er-Jahre wurde dieses Ziel durch einen verbesserten Wärmeschutz der Gebäudehülle erreicht. Als Richtwerte für die Planung sind in *Bild 1-11* Wärmedurchgangskoeffizienten U angegeben, die bei Gebäuden einer mittleren bis

Bauteile	Wärmedurchgangskoeffizient U in W/(m²K)
Außenwände, die an Außenluft grenzen	0,20 ... 0,30
Außenwände, die an Erdreich grenzen	≤ 0,30
Dächer, Dachschrägen	≤ 0,15
Decken unter nicht ausgebauten Dachräumen	≤ 0,15
Kellerdecken und Decken gegen unbeheizte Räume	≤ 0,30
Wände gegen unbeheizte Räume	≤ 0,35
Fenster	≤ 1,30

1-11 Richtwerte der Wärmedurchgangskoeffizienten von Bauteilen für Niedrigenergiehäuser

hohen Kompaktheit den Niedrigenergiehaus-Standard, auch für die vor Jahren definierten Begriffe Niedrigenergiehaus (RAL) und Niedrigenergiehaus (HEA) erfüllen.

In manche Niedrigenergiehäuser wurden auch ventilatorgesteuerte Lüftungsanlagen eingebaut, die bei der Nachweisführung nach WSVO '95 durch einen verminderten Lüftungswärmebedarf berücksichtigt wurden und nach EnEV durch eine reduzierte Anlagenaufwandszahl den Jahresprimärenergiebedarf senken. Lüftungsanlagen minimieren bei korrekter Planung, Ausführung und Bedienung den Lüftungswärmebedarf bei gleichzeitiger Gewährleistung eines hygienisch notwendigen Luftwechsels, Kapitel 14.

Verbunden mit einer Lüftungsanlage ergeben sich erhöhte Anforderungen an die luftdichte Ausführung des Gebäudes. Nach EnEV und DIN 4108-7 darf bei 50 Pa Differenz-

1 Grundlagen energiesparenden Bauens — Energiesparendes Bauen beim Neubau

Begriff	Hauptanforderung an	Rechenverfahren	Grenzwert	Bemerkungen/ Nebenanforderungen
Niedrigenergiehaus (WSVO '95)	Heizwärmebedarf	Wärmeschutz-Verordnung '95 (WSVO '95)	25 bis 30 % unter $Q'_{H,\,max}$ der WSVO '95	Erreichbar durch erhöhten Wärmeschutz und/oder Lüftungsanlage
Niedrigenergiehaus (RAL)	Transmissionswärmeverlust	Energieeinsparverordnung (EnEV)	30 % unter dem $H'_{T,\,max}$ der EnEV	– Luftdichtheit $n_{50} \leq 1{,}0$ l/h – mech. Lüftungsanlage – effiziente Heizanlage – Überprüfung verlangt
Niedrigenergiehaus (HEA)	Primärenergiebedarf für Heizung und Warmwasser inkl. Hilfsenergie	Energieeinsparverordnung (EnEV)	15 % unter Wert $Q''_{p,\,max}$ der EnEV	Empfehlung: H'_T 30 % unter $H'_{T,\,max}$ der EnEV
Ultra-Niedrigenergiehaus, 3-Liter-Haus	Primärenergiebedarf für Heizung inkl. Hilfsenergie	DIN 4108-6, DIN 4701-10	Primärenergiebedarf ≤ 34 kWh/(m² Jahr)	34 kWh$_{Prim}$ entspricht dem Primärenergiebedarf von 3 Litern Heizöl
Effizienzhaus 70 (Effizienzhaus 55/40)	– Primärenergiebedarf für Heizung und Warmwasser inkl. Hilfsenergie – Spezifischer Transmissionswärmeverlust	Energieeinsparverordnung (EnEV)	70 % des Werts $Q_{p,\,ref}$ der EnEV (55 % bzw. 40 % von $Q_{p,\,ref}$) 85 % des Werts $H'_{T,\,ref}$ der EnEV (70 % bzw. 55 % von $H'_{T,\,ref}$)	Grenzwerte müssen zum Erhalt zinsgünstiger KfW-Kredite eingehalten werden
Passivhaus	Raumwärme-, Warmwasser-, Hilfsenergie-, Haushaltsstrom-, Primärenergiebedarf	Passivhaus-Projektierungs-Paket (PhPP)	Heizwärmebedarf $Q_h \leq 15$ kWh/(m² Jahr)	– Luftdichtheit $n_{50} \leq 0{,}6$ l/h – Abluft-Wärmerückgewinnung > 75 % – wärmebrückenfrei
Nullheizenergiehaus	Endenergiebedarf für Heizung und Warmwasser		keine fossilen Energieträger	– Heizung erfolgt mit Solarkollektoren und Saisonspeicher – Hilfsenergie ≤ 5 kWh/(m² Jahr)
Nullenergiehaus	Endenergiebedarf für Heizung, Warmwasser, Hilfsenergie, Haushaltstrom		keine fossilen Energieträger	– Heizung erfolgt mit Solarkollektoren und Saisonspeicher – Strom mit Photovoltaik

1-12 Begriffe für Energiesparhäuser unterschiedlichen Standards mit ihren wichtigsten Kenngrößen

druck ein Luftwechsel von 3,0 h⁻¹ bei Fensterlüftung und 1,5 h⁻¹ bei vorhandener Lüftungsanlage nicht überschritten werden. Empfohlen wird bei Gebäuden mit ventilatorgesteuerter Lüftung sogar eine Luftwechsel n_{50} von höchstens 1,0 je Stunde, Kapitel 9-3.3.

Diese Forderungen werden in der Praxis häufig nicht erreicht. Dies liegt sowohl an einer unvollständigen Detailplanung der Bauteilanschlüsse als auch an einer unfachgemäßen Bauausführung, da viele Baubeteiligte die Notwendigkeit der Luftdichtheit zur Energieeinsparung und Verhütung von Bauschäden immer noch nicht verinnerlicht haben.

Zur Sicherstellung eines guten Wärmeschutzes über die gesamte Gebäudehülle müssen bei Niedrigenergiehäusern Wärmebrücken vermieden bzw. in ihrer Wirkung weitestgehend gemindert werden. Auch dies erfordert eine sorgfältige Detailplanung durch den Architekten, erforderlichenfalls unter Hinzuziehung eines Bauphysikers, nicht zuletzt um Feuchte und Schimmelbefall durch den bei Wärmebrücken vorhandenen erhöhten Wärmeabfluss zu vermeiden, Kapitel 10.

Für eine energieeffiziente Heizung und Warmwasserbereitung empfiehlt sich der Einsatz eines Brennwertkessels, einer Wärmepumpe oder einer Holzpellet-Heizung in Verbindung mit einem Niedertemperatur-Wärmeverteilsystem, Kapitel 16. Die Anlagentechnik sollte zur Verringerung der Wärmeverluste innerhalb der wärmegedämmten Gebäudehülle untergebracht werden, siehe z. B. *Bild 2-18*.

Ob die Investition für die Erteilung eines RAL-Gütezeichens der Gütegemeinschaft NEH e.V. sinnvoll ist oder die Kosten für die Einschaltung eines Bauphysikers verwendet werden, der außerdem auch den Schall- und Feuchteschutz des Gebäudes optimiert und kontrolliert, muss der Bauherr entscheiden.

Die Anforderungen an das Niedrigenergiehaus nach RAL sind zum Teil höher als die an das Niedrigenergiehaus nach HEA. Bietet ein Bauträger oder Planer ein Niedrigenergiehaus an, sollte der Kaufinteressent sich immer erkundigen, welche Niedrigenergiehaus-Definition Grundlage der Werbeaussage ist.

4.2.2 Effizienzhaus 70 (Effizienzhaus 55 bzw. 40)

Die Kreditanstalt für Wiederaufbau, KfW, stellt zinsgünstige Kredite zur Verfügung, wenn der Jahresprimärenergiebedarf nicht mehr als 70 % des maximal zulässigem Werts nach EnEV beträgt. Der Jahres-Primärenergiebedarf Q_p'' ist nach der Energieeinsparverordnung zu ermitteln, siehe Kapitel 2-7.4. Von der KfW wird nicht vorgeschrieben, ob der Einfluss der Wärmebrücken auf den Wärmeschutz des Gebäudes nach Beiblatt 2 zur DIN 4108 oder durch Einzelberechnung zu reduzieren ist. Durch die Berechnung des Primärenergiebedarfs nach EnEV ist aber gewährleistet, dass eine Schwächung des Wärmeschutzes der Gebäudehülle korrekt berücksichtigt wird. Ebenso wirkt sich aus, ob die immer zu empfehlende Überprüfung der Luftdichtheit durch einen Blower-Door-Test vorgenommen wird oder nicht, Kapitel 2-7.4, Kapitel 9-2.

Die Anforderung an ein Effizienzhaus 70, 55 bzw. 40 sind daher erheblich strenger als die an ein Niedrigenergiehaus. Dies beruht auf der Feststellung, dass Investitionsmehrkosten der unter Abschn. 4.2.1 behandelten Niedrigenergiehäuser sich durch die eingesparten Energiekosten innerhalb deren Lebensdauer amortisieren. Der Staat unterstützt Bauherren mit dem KfW-Programm, um die Markteinführung von Gebäuden mit noch niedrigerem Energiebedarf und geringeren CO_2-Emissionen zu erleichtern, da diese ohne Förderung vorerst noch nicht wirtschaftlich sind.

4.2.3 Passivhaus

Aufgrund der Feststellung in Musterbauvorhaben, dass Nullheizenergie- oder Nullenergiehäuser bei unseren Klimaverhältnissen nur mit einem immensen technischen Aufwand und den damit verbundenen Investitionskosten realisierbar sind, wurde der Standard für Passivhäuser entwickelt. Sie haben nur noch einen sehr geringen

Heizwärmebedarf von unter 15 kWh/(m² Jahr) und erreichen – abhängig von Gebäudetyp und eingesetzter Anlagentechnik – einen Jahres-Primärenergiebedarf von 20 bis 40 kWh/(m² Jahr) für Heizung, Lüftung und Warmwasserversorgung.

Das Passivhaus basiert auf der grundlegenden Prämisse, dass durch die Berücksichtigung aller Hauptmerkmale energiesparenden Bauens, insbesondere einer sehr guten Wärmedämmung der Gebäudehülle und einer Lüftungsanlage mit hoch effizienter Wärmerückgewinnung, der verbleibende sehr geringe Heizwärmebedarf durch eine zusätzliche Erwärmung des Luftvolumenstroms der ohnehin vorhandenen Lüftungsanlage gedeckt werden kann. Die durch den Verzicht auf eine gesonderte Wärmeverteilungsanlage eingesparten Investitionskosten können zur Kompensation eines Teils der Mehrkosten für die zusätzliche Wärmedämmung und die aufwendigere Technik der Lüftungsanlage verwendet werden.

Das Anforderungsniveau an die Wärmedämmung der opaken Bauteile sowie der Fenster ist erheblich höher als bei Niedrigenergiehäusern, kann aber mit marktüblichen Produkten und Konstruktionen erreicht werden. Richtwerte für die Wärmedurchgangskoeffizienten der Außenbauteile sind *Bild 1-13* zu entnehmen.

Die Fenster erfordern einen wärmegedämmten Rahmen mit einer hocheffizienten 3-fach-Verglasung und einem wärmebrückenminimierten Randverbund, Kapitel 5-12. Die Verglasung muss bei einem niedrigen Wärmedurchgangskoeffizienten einen hohen Gesamtenergiedurchlassgrad aufweisen, um den Wärmebedarf des Gebäudes zu einem großen Teil über passive Solarenergienutzung zu decken.

Die wärmedämmende Hülle soll nahezu wärmebrückenfrei sein, d. h. der auf die Außenmaße bezogene Wärmebrückenverlustkoeffizient Ψ (Kapitel 10-4.3) darf nicht größer als 0,1 W/(mK) sein.

Die Lüftungsanlage muss eine hocheffiziente Abluftwärme-Rückgewinnung und einen niedrigen Stromverbrauch

Bauteile	Wärmedurchgangskoeffizient U in W/(m²K)
Außenwände, die an Außenluft grenzen	0,08 ... 0,15
Außenwände, die an Erdreich grenzen	≤ 0,15
Dächer, Dachschrägen	0,06 bis 0,15
Decken unter nicht ausgebauten Dachräumen	≤ 0,15
Kellerdecken und Decken gegen unbeheizte Räume	0,10 bis 0,15
Wände gegen unbeheizte Räume	≤ 0,15
Fenster	≤ 0,8

1-13 *Richtwerte der Wärmedurchgangskoeffizienten von Bauteilen für Passivhäuser*

haben; ihr Wärmerückgewinnungsgrad sollte mehr als 75 % betragen. Es empfiehlt sich, bei der Zuluft eine Vorerwärmung durch im Erdreich verlegte Lüftungskanäle einzuplanen. Dieser Erdreichwärmetauscher kann im Sommer auch zur Kühlung der Frischluft verwendet werden. Verbunden mit der hocheffizienten Lüftungsanlage ist die Sicherstellung einer besonders großen Luftdichtheit der Gebäudehülle mit einem maximal zulässigen Leckageluftwechsel n_{50} von 0,6 h^{-1} erforderlich.

Passivhäuser gewährleisten durch nahezu auf Raumlufttemperatur angehobene innere Oberflächentemperaturen und durch komfortable Lüftung ein sehr behagliches Raumklima bei minimalem Energieverbrauch. Architektonisch ist eine besonders kompakte Bauform zu beachten; Gestaltung, z. B. durch außerhalb der thermischen Hülle angebrachte Elemente, und Bauweise sind auch beim Passivhaus variabel.

4.3 Mehrkosten von Energiesparhäusern

Die Erstellungskosten identischer Gebäude variieren u. a. abhängig vom regionalen Standort des Gebäudes und der momentanen Auslastung der Baubetriebe in einer großen Bandbreite. Hinzu kommen stark unterschiedliche Baupreise von Häusern gleichen Energieverbrauchs, aber unterschiedlicher Baumaterialien. Weiterhin kann man z. B. unterschiedlicher Meinung sein, ob eine vergrößerte Fensterfläche nach Süden dem energiesparenden Bauen zuzurechnen ist oder als Gestaltungselement und als Wohnwertverbesserung in die Kostenbetrachtung nicht mit eingeht. Die nachfolgenden Angaben zu den relativen Mehrkosten verschiedener Energiesparhäuser, die auf der Abrechnung ausgeführter Gebäude beruhen, variieren deshalb innerhalb der genannten Prozentbereiche.

Die Mehrkosten für als Effizienzhaus 70 erstellte Mehrfamilienhäuser betragen 4 bis 8 %. Ein- und Zweifamilien-Effizienzhäuser 70 bzw. 55 erhöhen die Erstellungskosten um etwa 5 bis 12 %. Sie bewegen sich somit in dem Kostenrahmen, der üblicherweise für unterschiedliche Innenausstattungen der Häuser akzeptiert wird. **Die Mehrinvestitionen für Effizienzhäuser sollten daher von jedem Bauherrn erbracht werden, da die Energieeinsparung und die Reduktion der CO_2-Emissionen zusätzliche ca. 30 bis 45 % betragen und die Maßnahmen sich innerhalb der Lebensdauer solcher Häuser amortisieren.**

Die höheren Energiestandards von 3-Liter-Häusern und Passivhäusern haben Mehrkosten bei der Bauerstellung von 10 bis 20 % zur Folge. Diese Mehrkosten werden sich innerhalb der Nutzungsdauer nur bei besonders ungünstiger Entwicklung der Energiepreise amortisieren. Für die Umwelt wird bei derartigen Gebäuden jedoch eine immense Reduzierung der CO_2-Emissionen erreicht.

Null-Heizenergiehäuser erfordern aufgrund ihres großen Technikaufwands Mehrkosten von etwa 500 €/m² und sind daher aus rein wirtschaftlicher Sicht für den Bauherrn nur bedingt zu empfehlen.

5 Energiesparendes Bauen beim Altbau

5.1 Gründe für die energiesparende Bauerneuerung

Von den ca. 41 Mio. Wohnungen in Deutschland sind rund ³/₄ älter als 25 Jahre. Für diese Wohnungen wird mehr als 90 % der gesamten Heizenergie verbraucht. Der Zubau neuer, energieeffizienter Wohnungen beträgt jährlich kaum mehr als 1 %. Damit wird klar: Das größte Potenzial zur Senkung des Heizenergieverbrauchs liegt im Gebäudebestand, und nur durch umfangreiche Maßnahmen im Gebäudebestand kann die für Heizzwecke im Wohnungssektor benötigte Energie insgesamt gesenkt werden.

Der Gesetzgeber verpflichtet deshalb in der Energieeinsparverordnung die Hauseigentümer zu energiesparenden Maßnahmen, wenn Modernisierungs- oder Sanierungsarbeiten an den Außenbauteilen vorgenommen werden, siehe Kapitel 2-6.1. Bei besonders wirtschaftlichen Maßnahmen, wie der Dämmung der obersten Geschossdecke oder dem Ersatz alter, uneffizienter Heizkessel, werden die Hauseigentümer zur Nachrüstung verpflichtet, siehe Kapitel 2-6.2.

Im Rahmen der normalen Ersatz- und Erneuerungszyklen bei Gebäuden, z. B. beim Außenputz, bei den Fenstern, bei der Dacheindeckung, ist mit wirtschaftlich vertretbaren Mehrkosten von 20 bis 40 % zu den ohnehin anfallenden Sanierungsaufwendungen sogar eine über die Forderungen der EnEV hinausgehende Verbesserung des baulichen Wärmeschutzes möglich. Auch die thermische Wohnbehaglichkeit wird hierdurch zusätzlich gesteigert.

Bei den im Turnus von 12 bis 20 Jahren erforderlichen Erneuerungsmaßnahmen bei der Anlagentechnik kann durch Wahl besonders energieeffizienter Produkte der Energieverbrauch für Heizung und Warmwasser beträchtlich gesenkt werden. Gas-Brennwertgeräte ermöglichen häufig auch mit den vorhandenen Wärmeverteilungssystemen des Gebäudebestands eine zusätzliche Senkung der Verluste bei der Wärmeerzeugung, Kapitel 16.

Die alte Bausubstanz aus den Nachkriegsjahrzehnten wird inzwischen vielfach an die nächste Generation weitergegeben. Die damalige Grundrissgestaltung sowie die Bau- und Haustechnik entsprechen in keiner Weise den heutigen Anforderungen. In der Regel werden diese Gebäude weitgehend umgebaut, sodass auch Außenbauteile und technische Anlagen erneuert werden müssen. Bei derart umfangreichen Maßnahmen sollte ein Konzept für die Energieeinsparung Berücksichtigung finden. Mit vertretbaren Mehrkosten – vergleichbar mit den Mehraufwendungen für Effizienzhäuser beim Neubau – wird der energetisch sanierte Altbau den Anforderungen der nächsten Jahrzehnte gerecht. Für energieeffiziente Sanierungen stellt die KfW Kredite mit niedrigen Zinsen und Tilgungszuschüssen zur Verfügung.

5.2 Bestandsanalyse

Der Energiebedarf des Wohnungsbestands ist im Mittel mehr als doppelt so hoch wie heute vom Gesetzgeber beim Neubau zugelassen. Die *Bilder 1-14* und *1-15* zeigen den berechneten Jahres-Heizwärmebedarf eines Teils von mehreren Hundert Ein- und Mehrfamilienhäusern unterschiedlichen Baualters sowie verschiedener Gestalt und Nutzfläche, die vom Autor einer Bestandsanalyse unterzogen wurden. Aus *Bild 1-14* ist erkennbar, dass der spezifische Jahres-Heizwärmebedarf um einen Mittelwert von 260 kWh/(m² Jahr) stark variiert und eine Abhängigkeit von der Gebäudenutzfläche nicht klar festzustellen ist. In *Bild 1-15* wurde der Jahres-Heizwärmebedarf der gleichen Gebäude über deren A/V_e-Verhältnis aufgetragen. Die theoretisch zu erwartende Zunahme des Jahres-Heizwärmebedarfs mit steigendem A/V_e-Verhältnis ist zwar tendenziell vorhanden, verschiedene Gebäude fallen aber aus dem Trend heraus. Dies liegt daran, dass die Altbauten bereits in unterschiedlicher energetischer Qualität erstellt und zum Teil im Laufe der Zeit bereits durch unterschiedliche Maßnahmen energetisch verbessert wurden.

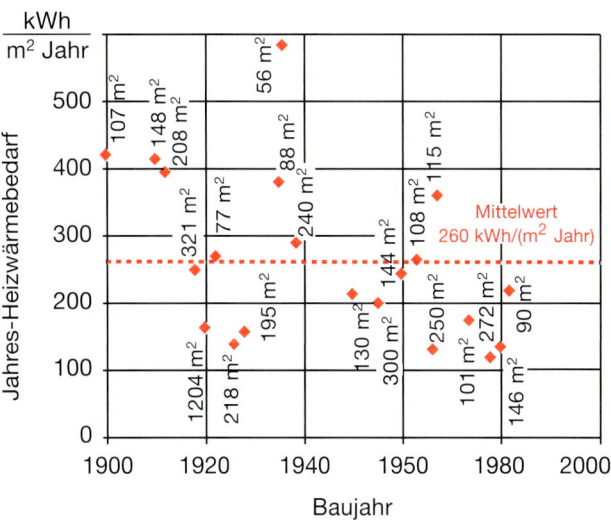

1-14 *Jahres-Heizwärmebedarf von Altbauten in Abhängigkeit vom Baualter*

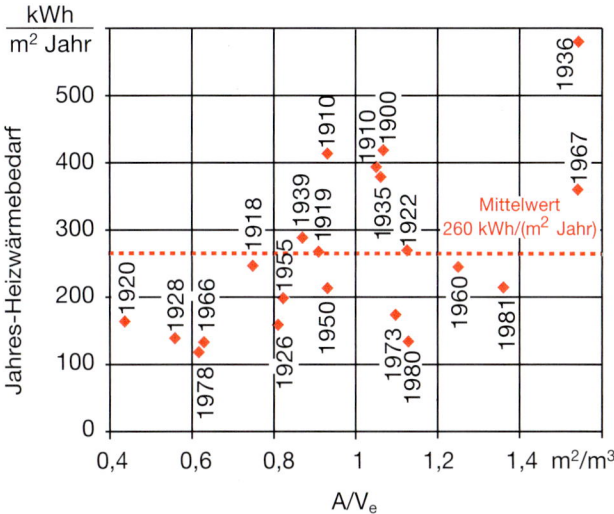

1-15 *Jahres-Heizwärmebedarf von Altbauten in Abhängigkeit vom A/V_e-Verhältnis*

Deshalb können allgemeine Empfehlungen zur Energieeinsparung über die in Abschn. 5.1 gegebenen Hinweise hinaus bei der Bauerneuerung nur eingeschränkt gegeben werden. Es empfiehlt sich, jedes Gebäude zunächst einer gründlichen Analyse zu unterziehen. Eine bloße Einstufung nach Gebäudetyp mit den technischen Kennwerten der Bauzeit ermöglicht zwar volkswirtschaftliche Hochrechnungen auf zukünftige Energieeinsparpotenziale, sie kann jedoch nicht Grundlage für das Energiesparkonzept eines konkreten Hauses sein.

Die Flächen der Einzelbauteile sollten orientierungsabhängig aufgenommen und die Bauteilaufbauten mit ihren Schichtdicken und Materialien festgestellt werden. Die energetisch relevanten Merkmale der Anlagentechnik, z. B. Bauart, Dimensionierung und Zustand der Wärmeerzeugungsanlage, Leitungsführung und Wärmeschutz der Verteilleitungen, Dimensionierung und Betriebstemperatur der Heizflächen, Höhe des bisherigen Energieverbrauchs, sind zu erfassen.

Mit diesen Angaben können zunächst die Wärmedurchgangskoeffizienten der Außenbauteile ermittelt werden. *Bild 1-16* zeigt die Bandbreite und Verteilung der U-Werte von untersuchten Gebäuden. Insbesondere bei den Fenstern ist erkennbar, dass Einfachverglasungen überwiegend bereits durch 2-Scheiben-Isoliergläser mit einem Wärmedurchgangskoeffizienten von ≤ 3,0 W/(m²K) ersetzt wurden. Auch Wände und Dächer wurden teilweise nachträglich, meist im Vergleich zu heutigen Anforderungen nur mäßig gedämmt.

Mit den Wärmedurchgangskoeffizienten und den aus Plänen oder vor Ort aufgenommenen Bauteilabmessungen wird der Jahres-Heizwärmebedarf ermittelt. Um den Einfluss der einzelnen Bauteile auf den gesamten Wärmeverlust der Gebäudehülle abschätzen zu können, empfiehlt sich die Ermittlung der anteiligen Wärmeverluste. In *Bild 1-17* ist die Verteilung der Transmissionswärmeverluste von vier Beispielgebäuden dargestellt. Auch hieran wird deutlich, dass jedes Gebäude mit seinen Abmessungen und Bauteilaufbauten aufzunehmen ist, um den Handlungsbedarf und die Auswirkungen einer

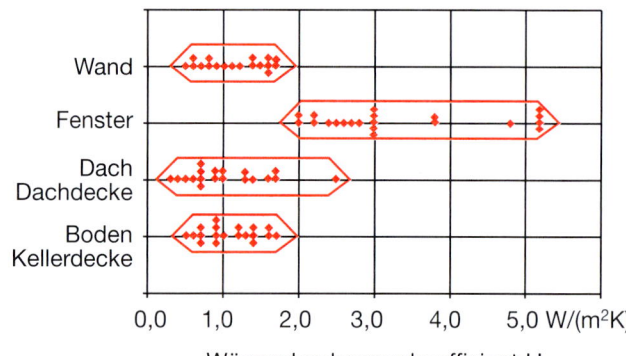

1-16 *Wärmedurchgangskoeffizienten von Außenbauteilen im Bestand*

energiesparenden Bauerneuerung konkret einschätzen zu können.

Anhand der energierelevanten Merkmale der vorhandenen Wärmeversorgungstechnik können auch hier die Prioritäten für den Sanierungsbedarf objektabhängig definiert werden. Mit den Berechnungsverfahren der DIN V 4701-10 zur energetischen Bewertung der Anlagentechnik, Kapitel 2-7, sind quantitative Bewertungen der Verbesserungspotenziale bei den Systemkomponenten möglich.

5.3 Vorgehensweise bei der energiesparenden Bauerneuerung

Auch Altbauten können mit entsprechendem bau- und anlagentechnischem Aufwand zu Energiesparhäusern gemäß *Bild 1-12* modernisiert werden. Aufgrund gegebener Einschränkungen in Teilbereichen der Altbausubstanz müssen die Wärmedämmschichten in anderen Bereichen dicker und/oder die anlagentechnische Erneuerung noch effizienter ausgeführt werden, um den gleichen Jahres-Primärenergiebedarf wie bei Neubauten zu erreichen.

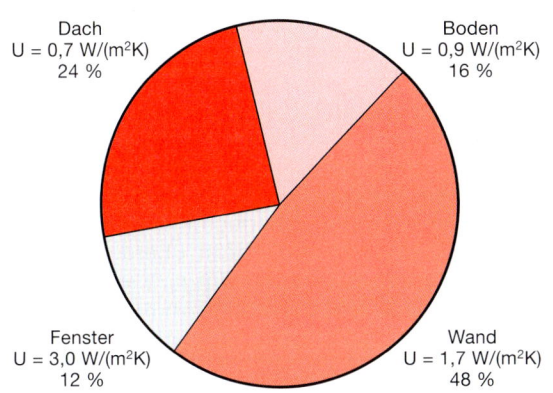

freistehendes Einfamilienhaus, 1967
$A/V_e = 1{,}55\ m^2/m^3$, $A_N = 115\ m^2$, $Q_h'' = 355\ kWh/(m^2\ Jahr)$

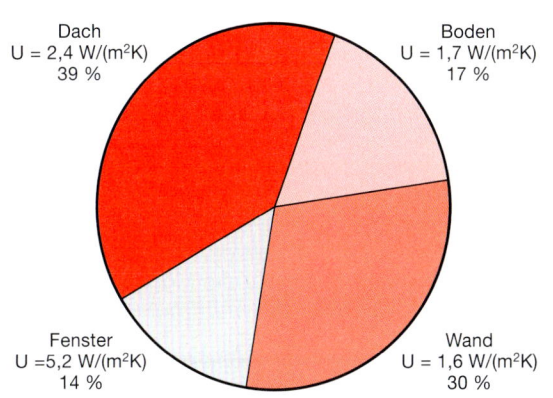

Reihenhaus, einseitig angebaut, 1910
$A/V_e = 0{,}97\ m^2/m^3$, $A_N = 148\ m^2$, $Q_h'' = 417\ kWh/(m^2\ Jahr)$

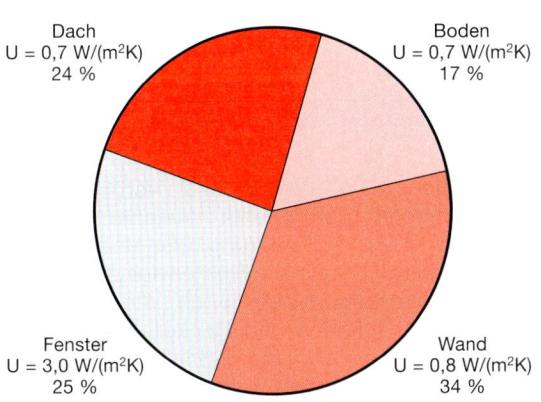

Reihenhaus, beidseitig angebaut, 1978
$A/V_e = 0{,}62\ m^2/m^3$, $A_N = 272\ m^2$, $Q_h'' = 111\ kWh/(m^2\ Jahr)$

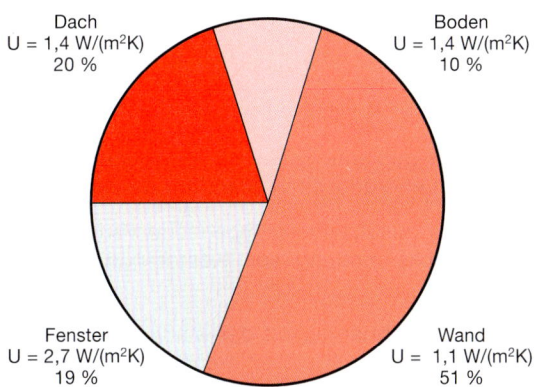

Mehrfamilienhaus, 1920
$A/V_e = 0{,}46\ m^2/m^3$, $A_N = 1204\ m^2$, $Q_h'' = 154\ kWh/(m^2\ Jahr)$

1-17 Anteiliger Transmissionswärmeverlust der Außenbauteile für 4 Beispielgebäude

Insbesondere bei denkmalgeschützten Gebäuden ist – neben der bei Altbauten energetisch teils ungünstigen Gebäudegestalt – eine Vielzahl von Einschränkungen vorhanden: z. B. die Fenstergröße, die Fassadenansicht, der Dachüberstand usw. Dadurch ist die Ausführung von baulichen Energiesparmaßnahmen nur eingeschränkt möglich. Bei denkmalgeschützten Gebäuden, aber auch bei anderen Gebäuden, an denen energiesparende Maßnahmen nicht mit wirtschaftlich vertretbarem Aufwand durchgeführt werden können, besteht die Möglichkeit, sich von den gesetzlichen Vorgaben der EnEV befreien zu lassen.

Zur Klärung der Rangfolge energetischer Sanierungsmaßnahmen bei einem bestehenden Gebäude empfiehlt sich folgende Vorgehensweise:

- Wärmedurchgangskoeffizienten der Außenbauteile bestimmen,
- anteilige Transmissionswärmeverluste der Bauteile ermitteln,
- Zustand der Heiz- und Warmwasserbereitungsanlage untersuchen und deren Verlustanteile überschlägig ermitteln,
- für ohnehin geplante Erneuerungsarbeiten den anzustrebenden energetischen Standard definieren,
- Konzept für zusätzliche energetische Verbesserungen unter Berücksichtigung von Kosten-Nutzen-Kriterien erarbeiten,
- gegenseitige Abhängigkeit der Maßnahmen beachten (z. B. neue Fenster in zu sanierender Außenwand),
- Möglichkeiten der Übernahme von Teilarbeiten in Eigenleistung prüfen.

Diese Analyse ermöglicht die Aufstellung einer Prioritätenliste. Zuerst sollten, um zusätzliche Folgeschäden zu vermeiden, sanierungsbedürftige Bauteile der Gebäudehülle instand gesetzt und mit einem auch zukünftigen Anforderungen genügenden Wärmeschutz ausgestattet werden. Wenn es der finanzielle Rahmen erlaubt, sind weitere Bauteile mit anteilig hohen Transmissionswärmeverlusten energetisch zu verbessern.

Nach Durchführung der baulichen Sanierungsmaßnahmen ist die überdimensionierte Heizungsanlage gegen eine an den verringerten Wärmebedarf angepasste Anlage mit hohem Nutzungsgrad auszutauschen. Falls eine Sanierung der Gebäudehülle noch nicht ansteht, ist der Austausch eines veralteten, meist überdimensionierten Kessels auch vorab sinnvoll, da eine spätere Verringerung des Wärmebedarfs sich bei modernen Kesseln mit variabler Brennerleistung nicht nachteilig auswirkt, Kapitel 16.

5.4 Wirtschaftliche Bewertung der energiesparenden Bauerneuerung

Der Bauherr ist bei der Bauerneuerung zur Einhaltung der in der Energieeinsparverordnung vorgegebenen maximalen Wärmedurchgangskoeffizienten entsprechend *Bild 2-7* verpflichtet. Darüber hinaus ist es ihm freigestellt, dickere Wärmedämmschichten zwecks weiterer Reduzierung der Wärmeverluste einzusetzen.

Aus wirtschaftlicher Sicht ist es immer sinnvoll und kostengünstig, eine energetische Verbesserung der Gebäudesubstanz mit ohnehin anstehenden Instandhaltungsarbeiten, einer Sanierung oder einer Modernisierung zu verbinden. Wenn die Kosten für die Baustelleneinrichtung, die Gerüstbauarbeiten, die Abnahme der Verkleidung von Wänden und Decken, den Neuverputz von Fassaden usw. den Instandhaltungskosten zugeschlagen werden, ergeben sich für die nachträglichen Wärmedämmmaßnahmen Mehrkosten gegenüber den ohnehin notwendigen Sanierungsaufwendungen in der Größenordnung von 10 bis 50 %.

Dies wird durch *Bild 1-18* bestätigt, in dem für die wichtigsten wärmeübertragenden Bauteile die Kosten der Instandhaltung und die Mehrkosten für einen wirtschaftlichen Wärmeschutz angegeben sind, der dem Neubaustandard entspricht.

1 Grundlagen energiesparenden Bauens — Energiesparendes Bauen beim Altbau

Wärmedämmmaßnahme	Dämmschichtdicke ($\lambda = 0{,}035$ W/(mK)) cm	Einfamilienhaus Instandhaltung	Einfamilienhaus Mehrkosten Wärmeschutz	Mehrfamilienhaus Instandhaltung	Mehrfamilienhaus Mehrkosten Wärmeschutz
Außenwand					
Vorhangfassade: Polystyrol(EPS)-/Mineralfaser(MF)-Dämmplatten, Hinterlüftung, Außenverkleidung	16	–	–	100 – 170	30 – 50
Wärmedämm-Verbundsystem (Thermohaut): EPS-/MF-Dämmplatten auf Altverputz, gewebearmierter Neuverputz	16	60 – 80	35 – 60	60 – 90	25 – 45
Innendämmung: EPS-/MF-Dämmplatten, Dampfsperre, Deckschicht	12	35 – 50	25 – 35	35 – 50	25 – 35
Kerndämmung: Einblasen von Dämmstoff in Luftschicht zweischaliger Außenwände	12	50 – 60	30 – 40	–	–
Keller					
Kellerdecke: Unterseite mit EPS-Dämmplatten bekleben	12	0	20 – 30	0	20 – 30
Keller dämmen: Wände beheizter und Decken kalter Räume mit EPS-Dämmplatten, Dampfsperre und Deckschicht versehen	12	15 – 20	25 – 35	15 – 20	25 – 35
Erdgeschoss-Fußboden erneuern: EPS-Trittschalldämmplatten, Wärmedämmplatten, schwimmender Estrich	12	20 – 40	15 – 25	30 – 40	15 – 25
Geneigtes Dach					
MF-Dämmstoff in Dachschrägen und Kehlbalken wind- und luftdicht einbauen, Aufdoppelung, Dampfsperre (bei Neueindeckung)	20	80 – 100	35 – 60	90 – 110	50 – 60
Dämmung MF zwischen und unter den Sparren, wind- und luftdicht, Dampfsperre (bei Ausbau oder neuer Innenverkleidung)	20	20 – 30	30 – 40	25 – 35	30 – 40
Zusatzdämmung MF in Schrägen und Kehlbalken (bei Neueindeckung)	12	70 – 90	30 – 40	80 – 100	20 – 25
Aufsparrendämmung PUR ($\lambda = 0{,}025$ W/mK) mit Dampfsperre und Holzschalung (bei Neueindeckung)	14	80 – 100	40 – 60	90 – 110	40 – 70
Obergeschossdecke					
Dachbodenfläche mit EPS-Dämmplatten belegen (begehbar)	20	0	25 – 35	0	30 – 40
Fenster	U in W/(m²K)				
Neue Fenster mit 3-Scheiben-Wärmeschutzverglasung	0,8	150 – 300	40 – 60	150 – 300	30 – 50
Ersatz vorhandener Isolierverglasung durch 2-Scheiben-Wärmeschutzverglasung	1,3	0	120 – 150	0	100 – 150

1-18 Maßnahmen für einen dem Neubau angepassten Wärmeschutz von wärmeübertragenden Bauteilen im Gebäudebestand

6 Hinweise auf Literatur und Arbeitsunterlagen

[1] Arbeitskreis kostengünstige Passivhäuser: Protokollbände. Passivhaus Institut (Hrsg.), Darmstadt (1997–2014), www.passiv.de.

[2] Balkowski, Michael: Handbuch der Bauerneuerung. Rudolf Müller Verlag, Köln (2008), ISBN 978-3-481-02499-4, www.rudolf-mueller.de.

[3] Balkowski, Michael: Dämmen im Dach nach EnEV 2014; Dimensionierung, Materialien, Ausführung. Bruderverlag, Köln (2014), ISBN 978-3-87104-211-9, www.rudolf-mueller.de.

[4] Bine Informationsdienst: Informationen und Literaturliste. www.bine.info.

[5] Feist, W.: Das Niedrigenergiehaus, Neuer Standard für energiebewusstes Bauen. C. F. Müller Verlag, Heidelberg (2007), ISBN-10: 378807728X, www.huethig.de.

[6] HEA: Handbuch Niedrigenergiehaus mit Energieeinsparverordnung EnEV. HEA e. V. beim VDEW (Hrsg.), Frankfurt (2003), ISBN 3-9808856-0-7.

[7] IWU: Wohnen in Passiv- und Niedrigenergiehäusern, Endbericht. Institut Wohnen und Umwelt GmbH, Darmstadt (2003), www.iwu.de.

[8] Rouvel, L.; Elsberger, M.: Gebäude und Beheizungsstruktur in Deutschland / Kosteneffizenz von Einsparpotenzialen. Lehrstuhl für Energiewirtschaft und Kraftwerkstechnik, Technische Universität München (1997), ISBN-3-89336-207.X.

[9] Schulze Darup, B.: Energieeffiziente Wohngebäude. TÜV Verlag, Köln (2008), ISBN-10: 3934595820, www.tuev-verlag.com.

[10] Horn, Gerrit: Passivhäuser in Holzbauweise. Bruderverlag Albert Bruder GmbH & Co. KG, Köln (2011), ISBN 978-3-87104-175-4, www.Fachmedien.de.

ENERGIEEINSPARVERORDNUNG – EnEV

1	**Einführung** S. 2/3	5.6	Anforderungen an Änderung, Ausbau und Erweiterung von Gebäuden mit einer Nutzfläche von mehr als 50 m²
2	**Die wesentlichen Neuerungen der EnEV 2014 im Überblick** S. 2/3	5.7	Anforderungen an den sommerlichen Wärmeschutz
2.1	Änderung des Anforderungsniveaus bei Wohngebäuden und Nichtwohngebäuden	**6**	**Anforderungen an bestehende Wohngebäude** S. 2/15
2.2	Nachrüstverpflichtungen für bestehende Wohn- und Nichtwohngebäude	6.1	Anforderungen bei Änderung von Außenbauteilen
2.3	Rücknahme der Außerbetriebnahme von Nachtstromspeicherheizungen	6.2	Nachrüstverpflichtungen bei Anlagen und Gebäuden
2.4	Regelungen zur Verbesserung des Vollzugs der Verordnung	6.3	Klimaanlagen
2.5	Anrechnung von Strom aus erneuerbaren Energien	**7**	**Berechnungsverfahren für den EnEV-Nachweis zu errichtender Wohngebäude** S. 2/19
3	**Inhalte und Normenverweise der EnEV** S. 2/4	7.1	Überblick über die Verfahren
4	**Systematik der EnEV im Überblick** S. 2/8	7.2	Berechnung des Heizwärmebedarfs zur energetischen Bewertung der Bautechnik
4.1	Erweiterung der Energiebilanz	7.2.1	Berechnungsbasis und wesentliche Einflussgrößen
4.2	Erweiterte Systematik der Anforderungen zur Energieeinsparung	7.2.1.1	Transmissionswärmeverluste der Wärmebrücken
4.3	Neue ganzheitliche Betrachtung bei der energetischen Gebäudeplanung	7.2.1.2	Luftdichtheit und Luftwechsel
4.4	Beschreibung der energetischen Effizienz mit Aufwandszahlen	7.2.1.3	Aneinanderreihung von Gebäuden
4.5	Dokumentierung des Energiebedarfs	7.2.2	Ausführliches Monatsbilanzverfahren
		7.3	Jahres-Warmwasserwärmebedarf
5	**Anforderungen an zu errichtende Wohngebäude** S. 2/10	7.4	Berechnung des End- und Primärenergiebedarfs
5.1	Konzept der Anforderungen	7.4.1	Berechnungssystematik
5.2	Hauptanforderung: Begrenzung des Jahres-Primärenergiebedarfs	7.4.2	Energetische Bewertung der Anlagentechnik mit dem Diagrammverfahren
5.3	Nebenanforderung: Begrenzung des spezifischen Transmissionswärmeverlusts	7.4.3	Energetische Bewertung der Anlagentechnik mit dem Tabellenverfahren
5.4	Ausnahmeregelungen bei den Anforderungen an Wohngebäude	7.4.4	Energetische Bewertung der Anlagentechnik mit dem detaillierten Verfahren
5.5	Anforderungen an Gebäude und Gebäudeerweiterungen mit geringer Nutzfläche	**8**	**Vorgehensweise beim EnEV-Nachweis** S. 2/31

9	**Auswirkungen unterschiedlicher Maßnahmen am Praxisbeispiel eines Wohngebäudes** S. 2/33	11.2	Pflichtangaben in Immobilienanzeigen
9.1	Bau- und Anlagentechnik des Referenzgebäudes	11.3	Aufbau und Inhalt des Energiebedarfsausweises
9.2	Energiebilanzierung des Referenzfalls	11.4	Ermittlung der Kennwerte für den Energiebedarfsausweis
9.3	Wärmeerzeugung und -verteilung außerhalb der wärmegedämmten Gebäudehülle	11.5	Ermittlung der Kennwerte für den Energieverbrauchsausweis
9.4	Einfluss des Wärmebrücken- und des Luftdichtheitsnachweises	11.6	Ausstellungsberechtigung für bestehende Gebäude
9.5	Auswirkungen der Wärmeerzeugungs- und Lüftungstechnik	11.7	Inkrafttreten
9.6	Besonderheiten bei Reihenhausbebauung	11.8	Energiebedarf und Energieverbrauch
10	**Anforderungen und Berechnungsverfahren der EnEV für Nichtwohngebäude** S. 2/40	11.9	Praxisbeispiel für unterschiedliche Ergebnisse des Energieausweises
10.1	Anforderungen an zu errichtende Nichtwohngebäude	11.9.1	Ergebnisvarianten beim Energiebedarfsausweis
10.2	Berechnungsverfahren der EnEV für Nichtwohngebäude	11.9.2	Ergebnisvarianten beim Energieverbrauchsausweis
10.2.1	Ausführliches Verfahren	**12**	**Auslegungsfragen zur EnEV** S. 2/58
10.2.2	Vereinfachtes Verfahren	12.1	Die Aufgaben der Fachkommission „Bautechnik"
10.3	Zonierung von Nichtwohngebäuden	12.2	Verfahren und Zeitpunkt der Luftdichtheitsprüfung
10.4	Energetische Inspektion von Klimaanlagen		
11	**Energieausweise** S. 2/44	**13**	**Hinweise auf Literatur und Arbeitsunterlagen** S. 2/59
11.1	Einführung		

Verordnung über energiesparenden Wärmeschutz und energiesparende Anlagentechnik bei Gebäuden (Energieeinsparverordnung – EnEV)

vom 24. Juli. 2007, zuletzt geändert durch Artikel 1 der Verordnung vom 18. November 2013

Der Text der Verordnung befindet sich nur auf der CD.

ENERGIEEINSPARVERORDNUNG – EnEV

1 Einführung

In der Bundesrepublik Deutschland wird durch das Beheizen von Gebäuden rund ein Drittel der gesamten CO_2-Emissionen verursacht. Im Wohngebäudesektor wurden, trotz einer Zunahme der Wohnfläche pro Person und der Anzahl der Haushalte, die CO_2-Emissionen durchschnittlich um 11,5 % gesenkt. Die bisherigen Maßnahmen reichen allerdings nicht aus, um die großen Ziele, die sich die Bundesregierung seit dem Jahr 2005 gesetzt hat, zu erfüllen: Verdopplung der Energieproduktivität (Wirtschaftsleistung dividiert durch Primärenergieeinsatz) von 1990 bis 2020, Erfüllung der Kyoto-Verpflichtungen zur CO_2-Minderung u. a. Wesentliche Elemente zur Umsetzung sind die Reduzierung des Energieverbrauchs im Gebäudebestand und die Verringerung des zusätzlichen Energiebedarfs von Neubauten. Unter Beachtung des gesetzlichen Grundsatzes der wirtschaftlichen Vertretbarkeit soll die Energieeinsparverordnung dazu beitragen, dass die energiepolitischen Ziele der Bundesregierung, insbesondere ein nahezu klimaneutraler Gebäudebestand bis zum Jahr 2050, erreicht werden.

Mit der Einführung der „Verordnung über energiesparenden Wärmeschutz und energiesparende Anlagentechnik bei Gebäuden" (Energieeinsparverordnung – EnEV) im Jahr 2002 wurden die bis zu diesem Zeitpunkt geltende Wärmeschutzverordnung und die Heizungsanlagenverordnung zusammengefasst und ihre Methodik sowie die Anforderungen weiterentwickelt. 2004 wurde eine Änderungsverordnung zur EnEV verabschiedet, die neben redaktionellen Klarstellungen und Verdeutlichungen den Bezug auf die Normen aktualisierte, an den Anforderungen aber nichts änderte.

Umfangreiche Erweiterungen beinhaltete die ab dem 1. Oktober 2007 geltende novellierte Energieeinsparverordnung, in die zusätzlich Anforderungen an zu errichtende Nichtwohngebäude aufgenommen sowie Energieausweise nunmehr auch für den Gebäudebestand verordnet wurden. Damit sollte in Verbindung mit Marktanreizprogrammen die Energieeffizienz im Gebäudebereich erhöht werden.

Die ab 1. Oktober 2009 gültige Energieeinsparverordnung (EnEV 2009) erhöhte die Anforderungen zur Senkung des Energiebedarfs von Wohn- und Nichtwohngebäuden bei Neubau und im Gebäudebestand um durchschnittlich 30 % im Vergleich zur EnEV 2007. Weiterhin wurden die Nachrüstverpflichtungen in Altbauten ausgeweitet und Regelungen zur Verbesserung des Vollzugs der EnEV erlassen.

Zur Umsetzung der Klimaziele der Bundesregierung wurde die EnEV 2014 nochmals novelliert, wobei die Anforderungen an Neubauten und Bestandsbauten nur in Details verändert wurden. Die Fassung von 2014 legt allerdings für Neubauten ab dem 1. Januar 2016 vorab erhöhte Anforderungen fest. **Bei der Planung von Maßnahmen wird daher empfohlen, die Anforderungen der EnEV bereits jetzt um 20 % bis 30 % zu unterschreiten, um auch für das nächste Jahrzehnt ein den künftigen Anforderungen entsprechendes, energieeffizientes Gebäude sicherzustellen.**

2 Die wesentlichen Neuerungen der EnEV 2014 im Überblick

Die am 1. Februar 2002 in Kraft getretene und in den Jahren 2004, 2007 und 2009 modifizierte Verordnung über energiesparenden Wärmeschutz und energiesparende Anlagentechnik bei Gebäuden (Energieeinsparverordnung – EnEV) hat sich in den letzten Jahren bewährt.

2.1 Änderung des Anforderungsniveaus bei Wohngebäuden und Nichtwohngebäuden

Die Obergrenze für den zulässigen Jahresprimärenergiebedarf wird bei zu errichtenden Wohn- und Nichtwohngebäuden ab dem 1. Januar 2016 um 25 % reduziert.

2.2 Nachrüstverpflichtungen für bestehende Wohn- und Nichtwohngebäude

Die Anforderung an die Wärmedämmung oberster nicht begehbarer Geschossdecken wurde modifiziert. Mit Einführung der EnEV 2014 müssen begehbare oberste Geschossdecken, die bisher nicht gedämmt waren, bis zum Jahresende 2015 wärmegedämmt werden, wenn sie nicht den Mindestwärmeschutz nach DIN 4108-2 einhalten.

2.3 Rücknahme der Außerbetriebnahme von Nachtstromspeicherheizungen

Die in der EnEV 2009 geforderte Außerbetriebnahme von Nachtstromspeicherheizungen in den nächsten 30 Jahren wurde mit Novellierung der EnEV 2014 wieder zurückgenommen. Nachtstromspeicherheizungen dürfen unbefristet betrieben werden.

2.4 Regelungen zur Verbesserung des Vollzugs der Verordnung

Wird bei Verkauf, Vermietung, Verpachtung oder Leasing einer Immobilie oder Wohnung eine Anzeige in kommerziellen Medien aufgegeben, muss die Immobilienanzeige die neu eingeführte Effizienzklasse, den Endenergiebedarf oder -verbrauch u. a. Angaben aus dem Energieausweis enthalten.

Im Rahmen der Einführungsverordnungen der Länder werden Ordnungsstrafen für vorsätzliche und leichtfertige Verstöße gegen Vorgaben der EnEV eingeführt. Weiterhin wird die Verwendung falscher Gebäudedaten bei der Ausstellung von Energieausweisen mit Ordnungsgeldern geahndet.

2.5 Anrechnung von Strom aus erneuerbaren Energien

Wird in zu errichtenden Gebäuden Strom aus erneuerbaren Energien eingesetzt, darf dieser Strom von dem berechneten Endenergiebedarf abzogen werden, soweit er im unmittelbaren räumlichen Zusammenhang zu dem Gebäude erzeugt wird und vorrangig in dem Gebäude unmittelbar nach Erzeugung oder – nach vorübergehender Speicherung – selbst genutzt wird. Der nicht genutzte Strom wird ins Netz gespeist und darf nicht bei der Berechnung in Ansatz gebracht werden.

Nur die entsprechend dem Rechenverfahren pauschal angesetzte Strommenge darf – unabhängig vom realen persönlichen Verbrauch – angerechnet werden.

3 Inhalte und Normenverweise der EnEV

Die Verordnung über energiesparenden Wärmeschutz und energiesparende Anlagentechnik bei Gebäuden (Energieeinsparverordnung – EnEV) gliedert sich in 7 Abschnitte mit insgesamt 30 Paragraphen und 11 Anlagen, in denen die Anforderungen für zu errichtende und bestehende Wohn- und Nichtwohngebäude sowie verbindliche Formulare für die Energieausweise festgelegt werden. Da die EnEV 2014 durch die vielen Inhalte sehr umfangreich ist, wird hier auf eine textliche Wiedergabe der Verordnung verzichtet; eine Inhaltsübersicht der verschiedenen Abschnitte ist dem *Bild 2-1* zu entnehmen. Die wesentlichen Inhalte für zu errichtende Gebäude sowie Gebäude im Bestand werden in den nachfolgenden Abschnitten erläutert. Weiterhin wird in Abschnitt 10 die Vorgehensweise bei der Energiebilanzierung von Nichtwohngebäuden dargestellt, die mit Inkrafttreten der EnEV 2009 auch für Wohngebäude angewendet werden kann.

Für eine intensive Beschäftigung mit der EnEV kann die Verordnung bei der Bundesanzeiger Verlagsges.mbH, Postfach 100534, 50445 Köln, www.bundesanzeiger-verlag.de bestellt werden.

Die EnEV beinhaltet nicht die Rechenverfahren zur Bestimmung der Kenngrößen, wie spezifischer Transmissionswärmeverlust, Jahres-Heizwärmebedarf, Jahres-Primärenergiebedarf u. a. Vielmehr nimmt sie Bezug auf

Abschnitt 1
Allgemeine Vorschriften
- § 1 Zweck und Anwendungsbereich
- § 2 Begriffsbestimmungen

Abschnitt 2
Zu errichtende Gebäude
- § 3 Anforderungen an Wohngebäude
- § 4 Anforderungen an Nichtwohngebäude
- § 5 Anrechnung von Strom aus erneuerbaren Energien
- § 6 Dichtheit, Mindestluftwechsel
- § 7 Mindestwärmeschutz, Wärmebrücken
- § 8 Anforderungen an kleine Gebäude und Gebäude aus Raumzellen

Abschnitt 3
Bestehende Gebäude und Anlagen
- § 9 Änderung, Erweiterung und Ausbau von Gebäuden
- § 10 Nachrüstung bei Anlagen und Gebäuden
- § 11 Aufrechterhaltung der energetischen Qualität
- § 12 Energetische Inspektion von Klimaanlagen

Abschnitt 4
Anlagen der Heizungs-, Kühl- und Raumlufttechnik sowie der Warmwasserversorgung
- § 13 Inbetriebnahme von Heizkesseln
- § 14 Verteilungseinrichtungen und Warmwasseranlagen
- § 15 Anlagen der Kühl- und Raumlufttechnik

Abschnitt 5
Energieausweise und Empfehlungen für die Verbesserung der Energieeffizienz
- § 16 Ausstellung und Verwendung von Energieausweisen
- § 16a Pflichtangaben in Immobilienanzeigen
- § 17 Grundsätze des Energieausweises
- § 18 Ausstellung auf der Grundlage des Energiebedarfs
- § 19 Ausstellung auf der Grundlage des Energieverbrauchs
- § 20 Empfehlungen für die Verbesserung der Energieeffizienz
- § 21 Ausstellungsberechtigung für bestehende Gebäude

Abschnitt 6
Gemeinsame Vorschriften, Ordnungswidrigkeiten
- § 22 Gemischt genutzte Gebäude
- § 23 Regeln der Technik
- § 24 Ausnahmen
- § 25 Befreiungen
- § 26 Verantwortliche
- § 26a Private Nachweise
- § 26b Aufgaben des bevollmächtigten Bezirksschornsteinfegers
- § 26c Registriernummern
- § 26d Stichprobenkontrollen von Energieausweisen und Inspektionsberichten über Klimaanlagen
- § 26e Nicht personenbezogene Ermittlung von Daten
- § 26f Erfahrungsbericht der Länder
- § 27 Ordnungswidrigkeiten

Abschnitt 7
Schlussvorschriften
- § 28 Allgemeine Übergangsvorschriften
- § 29 Übergangsvorschriften für Energieausweise und Aussteller
- § 30 Übergangsvorschrift über die vorläufige Wahrnehmung von Vollzugsaufgaben der Länder durch das Deutsche Institut für Bautechnik (DIBt, Berlin)

Anlagen
- Anlage 1 Anforderungen an Wohngebäude
- Anlage 2 Anforderungen an Nichtwohngebäude
- Anlage 3 Anforderungen bei Änderung von Außenbauteilen und bei Errichtung kleiner Gebäude; Randbedingungen und Maßgaben für die Bewertung bestehender Wohngebäude
- Anlage 4 Anforderungen an die Dichtheit des gesamten Gebäudes
- Anlage 4a Anforderungen an die Inbetriebnahme von Heizkesseln
- Anlage 5 Anforderungen an die Wärmedämmung von Rohrleitungen und Armaturen
- Anlage 6 Muster Energieausweis Wohngebäude
- Anlage 7 Muster Energieausweis Nichtwohngebäude
- Anlage 8 Muster Aushang Energieausweis auf der Grundlage des Energiebedarfs
- Anlage 9 Muster Aushang Energieausweis auf der Grundlage des Energieverbrauchs
- Anlage 10 Einteilung der Energieeffizienzklassen
- Anlage 11 Anforderungen an die Inhalte der Fortbildung

2-1 Inhaltsübersicht der Energieeinsparverordnung

nationale und internationale Normen und Regelwerke, siehe *Bild 2-1* für Wohngebäude, die teilweise erst als Vornorm vorliegen und in Zukunft ergänzt, überarbeitet oder ersetzt werden. Die Umsetzung der EnEV ist daher nicht auf einen Zeitraum angelegt. **Beim Nachweis entsprechend EnEV muss der Planer sicherstellen, dass die von ihm angewendeten Rechenverfahren und Kenngrößen „Stand der Technik" sind und die verwendete Software der aktuellen Fassung entspricht.**

Die auf den Normen entsprechend *Bild 2-2* basierenden Rechenverfahren für Wohngebäude können – ausgenommen DIN V 185999 – nicht für Nicht-Wohngebäude angewandt werden, weil sich beide in der Art der Nutzung wesentlich unterscheiden. Daher wurde für Nichtwohngebäude in den letzten Jahren in einem interdisziplinären Ausschuss des Deutschen Instituts für Normung e. V. (DIN) die Norm DIN V 18599 „Energetische Bewertung von Gebäuden" erarbeitet, ein Rechenverfahren zur Ermittlung und Bilanzie-

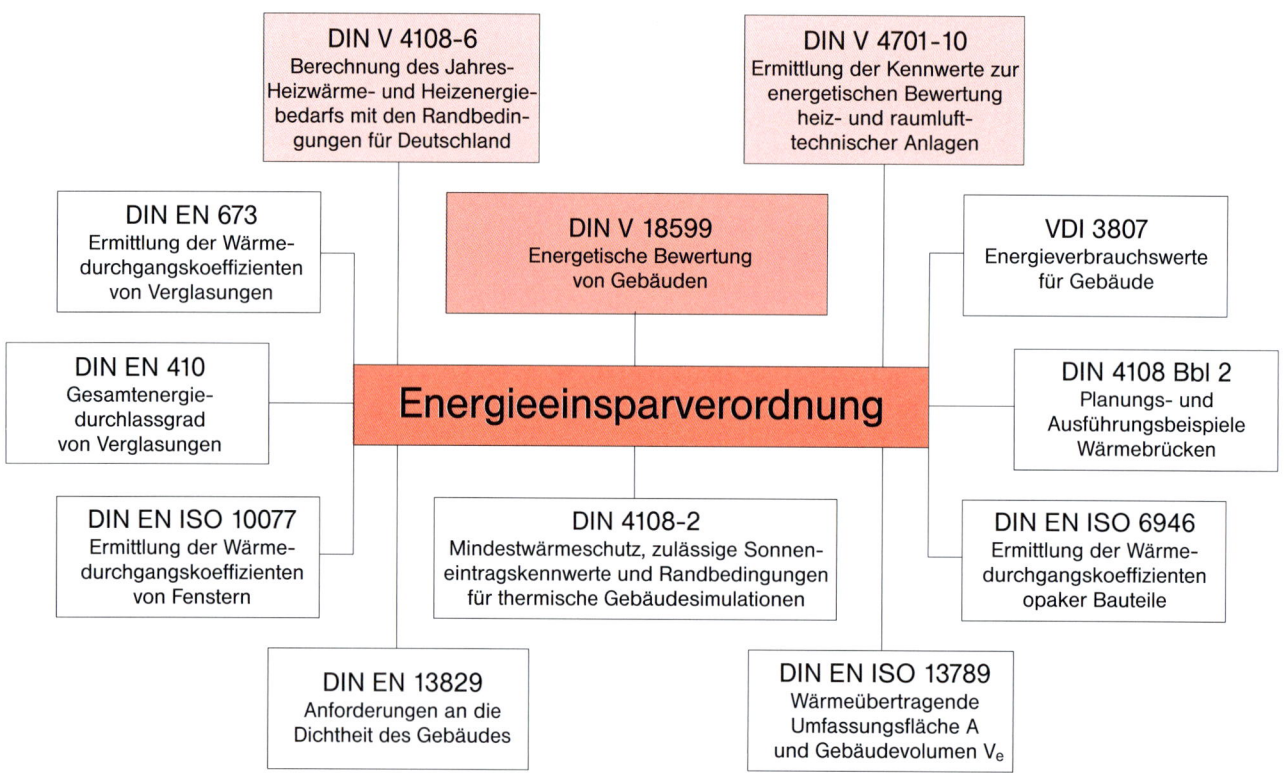

2-2   *Nationale und internationale Normen, die Berechnungsgrundlage der EnEV für Wohngebäude*

rung aller Energiemengen, die zur Beheizung, Warmwasserbereitung, raumlufttechnischen Konditionierung und Beleuchtung notwendig sind, *Bild 2-3*.

Dieses neue Rechenverfahren kann auch für Wohngebäude angewendet werden.

Bei komplexen Nichtwohngebäuden muss das Gebäude entsprechend der unterschiedlichen Nutzung der Gebäudeteile in Zonen aufgeteilt werden. Für jede Zone wird – unter in der Norm unabhängig vom tatsächlichen Nutzerverhalten und von lokalen Klimadaten festgelegten Randbedingungen – der Nutz-, End- und Primärener-

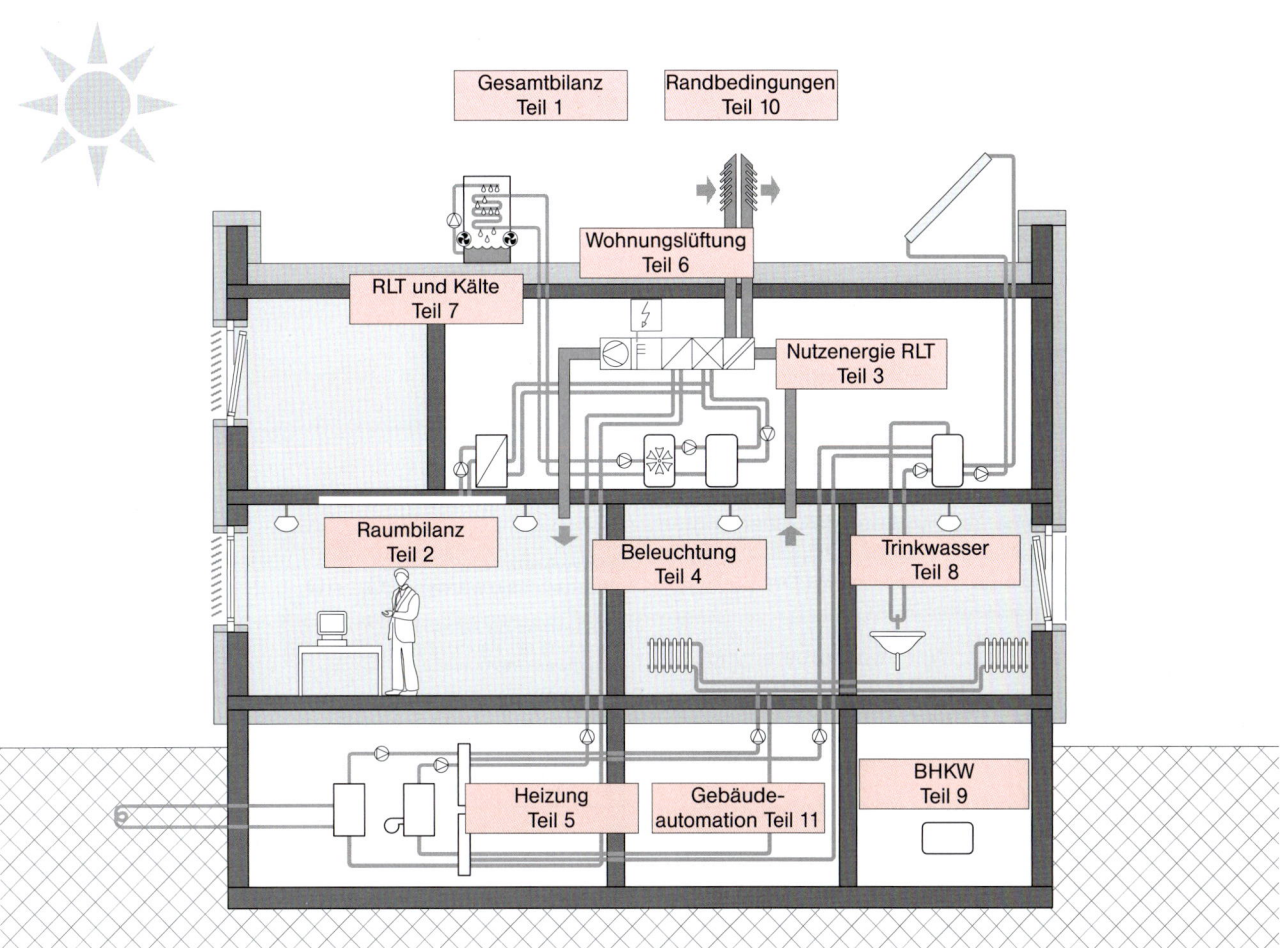

2-3   Übersicht über die Teile der DIN V 18599 zur energetischen Bewertung von Gebäuden

giebedarf berechnet. Wohngebäude können als Einzonenmodell entsprechend DIN V 18599 behandelt werden. Zur Bewertung des Energiebedarfs von zu errichtenden oder bestehenden Wohn- und Nichtwohngebäuden wird mit den konkreten geometrischen Abmessungen des Gebäudes und den in EnEV und DIN V 18599 festgelegten Nutzungsbedingungen der Energiebedarf eines „Referenzgebäudes" ermittelt und bewertet. Das Berechnungsverfahren wird im Abschnitt 10 in seinen Grundzügen beschrieben.

4 Systematik der EnEV im Überblick

4.1 Erweiterung der Energiebilanz

Mit der WSVO '95 wurde die Berechnung des Jahres-Heizwärmebedarfs durch Bilanzierung der Wärmeverluste infolge von Transmission und Lüftung sowie der nutzbaren internen und passiv-solaren Wärmegewinne eingeführt.

Die EnEV geht über den bloßen Nachweis des Heizwärmebedarfs hinaus, indem zusätzlich eine Berechnung des Jahres-Heizenergiebedarfs und des dafür benötigten Jahres-Primärenergiebedarfs verlangt wird, *Bild 2-4*. Im Vergleich zur WSVO '95 sind bei dieser erweiterten Bilanzierung zusätzlich zu berücksichtigen:

– der Wärmebedarf für die Warmwasserbereitung bei Wohngebäuden,

– die Verluste der Anlagentechnik bei der Wärmebereitstellung,

– der elektrische Hilfsenergiebedarf der Anlagentechnik (Pumpen, Brenner, Regler usw.),

– die energetischen Auswirkungen von mechanisch betriebenen Lüftungsanlagen,

– die anlagentechnisch genutzte regenerative Wärme (z. B. durch Wärmepumpen oder Solarkollektoren),

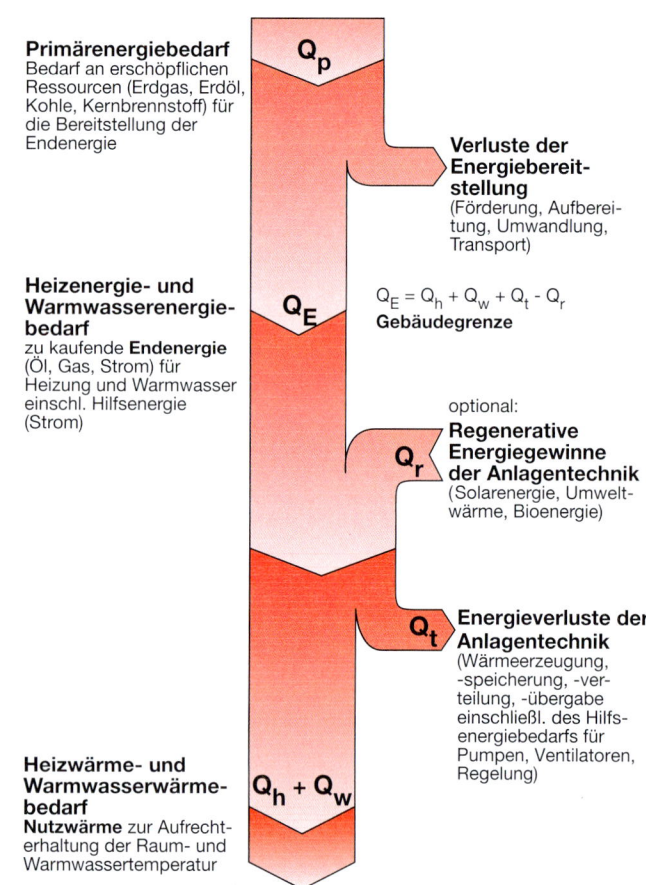

2-4 Systematik und Begriffe der Energiebilanzierung, dargestellt am schematischen Energieflussbild

- die Verluste, die außerhalb des Gebäudes für die Förderung, die Umwandlung und den Transport der zu liefernden Energie (Öl, Gas, Strom) auftreten.

Bei festinstallierten Klimaanlagen mit einer Nenn-Kälteleistung von mehr als 12 kW ist außerdem auch deren Energiebedarf zu berücksichtigen

4.2 Erweiterte Systematik der Anforderungen zur Energieeinsparung

Die WSVO '95 gab für Gebäude mit normalen Innentemperaturen Grenzwerte für den maximal zulässigen Jahres-Heizwärmebedarf vor (Ausführliches Verfahren). Alternativ durften für Wohngebäude mit bis zu zwei Vollgeschossen und nicht mehr als drei Wohneinheiten maximale Wärmedurchgangskoeffizienten der Bauteile nicht überschritten werden (Vereinfachtes Verfahren). **Die Hauptanforderung der EnEV besteht für alle zu errichtenden Gebäude mit normalen Innentemperaturen in der Begrenzung des maximal zulässigen Jahres-Primärenergiebedarfs.**

⇨ Hierdurch entsteht ein direkter Bezug zum Energieressourcenverbrauch eines Gebäudes.

Mit einer Nebenanforderung wird der spezifische, auf die wärmeübertragende Umfassungsfläche bezogene Transmissionswärmeverlust begrenzt.

⇨ Dieser entspricht physikalisch einem maximal zulässigen mittleren Wärmedurchgangskoeffizienten der Gebäudehülle. Mit dieser Anforderung soll sichergestellt werden, dass der bauliche Wärmeschutz nicht unter den mit der WSVO '95 erreichten Standard absinkt.

4.3 Neue ganzheitliche Betrachtung bei der energetischen Gebäudeplanung

Die EnEV berücksichtigt und bewertet durch die Erweiterung der Energiebilanz alle Wege zur Senkung des Energieverbrauchs bei Neubauten:

- den baulichen Wärmeschutz,
- die Effizienz der Anlagentechnik,
- die Nutzung regenerativer Wärme,
- die primärenergetische Effizienz der Wärmeversorgung.

Dies führt zu einer umfassenderen Denkweise bei der Planung der energetischen Aspekte eines Gebäudes:

- **Es kann weitgehend frei entschieden werden, durch welche Kombination von baulichen, anlagentechnischen und versorgungstechnischen Maßnahmen die vorgegebene Begrenzung des Primärenergiebedarfs erreicht wird.**
- Es werden verstärkte Anreize zur Realisierung einer besonders energiesparenden Anlagentechnik und zum Einsatz erneuerbarer Energien gegeben.
- **In Verbindung mit den regelnden Normen und PC-Programmen für den EnEV-Nachweis steht ein differenziertes Instrumentarium zur Verfügung, unter wirtschaftlichen Gesichtspunkten die günstigste Kombination von Gebäudegestaltung, Wärmeschutz, Wärmebereitstellungstechnik und Art der Energielieferung auszuwählen.**
- Darüber hinaus ermöglicht dieses Instrumentarium, Gebäude über die gesetzlich vorgegebenen Grenzwerte hinaus energetisch zu optimieren und qualifizierte Angaben über die zusätzliche Verringerung des Energiebedarfs zu machen.

Statt des früheren Denkens in Sparten fördert die EnEV eine gewerkeübergreifende Gesamtbetrachtung der energetischen Aspekte des Gebäudes, was zu zahlreichen Änderungen bei der Planung und Umsetzung führt. Ganzheitlich geplante Gebäude erreichen die Energiesparziele kostengünstiger.

4.4 Beschreibung der energetischen Effizienz mit Aufwandszahlen

In der Anlagentechnik ist es üblich, die energetische Effizienz eines Systems mit dem Wirkungsgrad (Verhältnis der abgegebenen zur aufgenommenen Leistung) oder dem Nutzungsgrad (Verhältnis der abgegebenen zur aufgenommenen Energie) zu beschreiben. Die EnEV führt als neue **Effizienzkennzeichnung** die sog. **Aufwandszahl e** ein.

⇨ Sie stellt das Verhältnis vom Aufwand an (nicht erneuerbarer) Energie zum energetischen Nutzen dar und entspricht somit dem Kehrwert des Nutzungsgrades (z. B.: Nutzungsgrad 0,5 entspricht Aufwandszahl 2).

Eine wichtige Kennzahl der EnEV ist die **primärenergiebezogene Anlagen-Aufwandszahl e_p:**

$$e_p = Q_p / (Q_h + Q_w)$$

Sie beschreibt das Verhältnis des Gesamtaufwands am Bedarf erschöpflicher Primärenergie Q_p (Erdgas, Erdöl, Kohle, Kernenergie) zum Nutzwärmebedarf für Heizung Q_h und Warmwasser Q_w, *Bild 2-4*. **Die Anlagen-Aufwandszahl e_p ermöglicht einen direkten, dimensionslosen Vergleich der Gesamteffizienz bzw. des relativen Aufwandes an Primärenergie unterschiedlicher Gebäude mit ihrer zugehörigen Technik und Energieversorgung.** Die Primärenergie-Aufwandszahl sollte unter Berücksichtigung wirtschaftlicher Erfordernisse möglichst klein sein. Je mehr sich e_p der Zahl 1 nähert, umso energieverlustärmer ist das System. Bei der Wärmeversorgung mit erneuerbaren Energien kann sogar eine Aufwandszahl kleiner als 1 erreicht werden, *Bild 2-13*.

4.5 Dokumentierung des Energiebedarfs

Für zu errichtende Gebäude und auch für bestehende Gebäude wird ein **Energieausweis** vorgeschrieben, in dem energiebezogene Merkmale des Gebäudes auf Basis des Energiebedarfs bzw. Energieverbrauchs anzugeben sind (ausführliche Erläuterung siehe Abschnitt 11).

Damit ergibt sich eine größere Transparenz bei der Bewertung der energetischen Qualität von Gebäuden inklusive derer Wärmeversorgungstechnik und eine zusätzliche Entscheidungshilfe für Käufer bzw. Mieter.

5 Anforderungen an zu errichtende Wohngebäude

5.1 Konzept der Anforderungen

Mit Inkrafttreten der EnEV 2009 wurde bei neu zu errichtenden Wohngebäuden der Höchstwert des Jahres-Primärenergiebedarfs – wie bisher bei Nichtwohngebäuden – durch ein Referenzgebäude gleicher Geometrie, Gebäudenutzfläche und Ausrichtung wie das zu errichtende Gebäude festgelegt. Für das Referenzgebäude werden die in *Bild 2-5* aufgelisteten bau- und anlagentechnischen Vorgaben zur Berechnung des höchstzulässigen Jahres-Primärenergiebedarfs gemacht. Weiterhin werden Anforderungen an den auf die wärmeübertragende Umfassungsfläche bezogenen Transmissionswärmeverlust gestellt. Die seit Einführung der WSVO´95 bestehende Abhängigkeit der Höchstwerte vom Verhältnis der wärmeübertragenden Umfassungsfläche zu dem davon eingeschlossenen Gebäudevolumen entfällt. Dies hat zur Folge, dass in Zukunft auch große und kompakte Gebäude, die bisher im Vergleich zu Einfamilienhäusern einen um 10 bis 40 % geringeren Wärmeschutz benötigten, einen vergleichbar hohen Wärmeschutz aufweisen werden.

Zu errichtende Wohngebäude sind so auszuführen, dass der Jahres-Primärenergiebedarf für Heizung, Warmwasserbereitung, Lüftung und Kühlung den zu berechnenden zulässigen Wert des Jahresprimärenergiebedarfs eines Referenzgebäudes gleicher Geometrie, Gebäudenutzfläche und Ausrichtung mit den in *Bild 2-5* angegebenen technischen Vorgaben nicht überschreitet. Der mit den Vorgaben des Referenzgebäudes ermittelte Primärenergiebedarf darf nicht überschritten werden. **Ab dem 1. Januar 2016 ist der nach Bild 2-5 ermittelte maximal zulässige Primärenergiebedarf um 25 % zu reduzieren. Ab diesem Stichtag darf auch der spezifische, auf die wärmeübertragende Umfassungsfläche bezogene Transmissionswärmeverlust eines zu errichtenden Wohngebäudes das 1,0-fache des entsprechenden Wertes des jeweiligen Referenzgebäudes nicht überschreiten.** Weiterhin müssen zu errichtende Wohn-

Zeile	Bauteil/System	Referenzausführung / Wert (Maßeinheit)	
		Eigenschaft (zu Zeilen 1.1 bis 3)	
1.1	Außenwand, Geschossdecke gegen Außenluft	Wärmedurchgangskoeffizient	$U = 0{,}28$ W/(m²·K)
1.2	Außenwand gegen Erdreich, Bodenplatte, Wände und Decken zu unbeheizten Räumen (außer solche nach Zeile 1.1)	Wärmedurchgangskoeffizient	$U = 0{,}35$ W/(m²·K)
1.3	Dach oberste Geschossdecke, Wände zu Abseiten	Wärmedurchgangskoeffizient	$U = 0{,}20$ W/(m²·K)
1.4	Fenster, Fenstertüren	Wärmedurchgangskoeffizient	$U_W = 1{,}30$ W/(m²·K)
		Gesamtenergiedurchlassgrad der Verglasung	$g\perp = 0{,}60$
1.5	Dachflächenfenster	Wärmedurchgangskoeffizient	$U_W = 1{,}40$ W/(m²·K)
		Gesamtenergiedurchlassgrad der Verglasung	$g\perp = 0{,}60$
1.6	Lichtkuppeln	Wärmedurchgangskoeffizient	$U_W = 2{,}70$ W/(m²·K)
		Gesamtenergiedurchlassgrad der Verglasung	$g\perp = 0{,}64$
1.7	Außentüren	Wärmedurchgangskoeffizient	$U = 1{,}80$ W/(m²·K)
2	Bauteile nach den Zeilen 1.1 bis 1.7	Wärmebrückenzuschlag	$\Delta U_{WB} = 0{,}05$ W/(m²·K)
3	Luftdichtheit der Gebäudehülle	Bemessungswert n_{50}	Bei Berechnung nach • DIN V 4108-6 : 2003-06 : mit Dichtheitsprüfung • DIN V 18599-2 : 2011-12 : nach Kategorie I
4	Sonnenschutzvorrichtung	keine Sonnenschutzvorrichtung	

Zeile	Bauteil/System	Referenzausführung / Wert (Maßeinheit)

5	Heizungsanlage	• Wärmeerzeugung durch Brennwertkessel (verbessert), Heizöl EL, Aufstellung:
		  – für Gebäude bis zu 500 m² Gebäudenutzfläche innerhalb der thermischen Hülle
		  – für Gebäude mit mehr als 500 m² Gebäudenutzfläche außerhalb der thermischen Hülle
		• Auslegungstemperatur 55/45 °C, zentrales Verteilsystem innerhalb der wärmeübertragenden Umfassungsfläche, innen liegende Stränge und Anbindeleitungen, Pumpe auf Bedarf ausgelegt (geregelt, Δp konstant), Rohrnetz hydraulisch abgeglichen, Wärmedämmung der Rohrleitungen nach Anlage 5
		• Wärmeübergabe mit freien statischen Heizflächen, Anordnung an normaler Außenwand, Thermostatventile mit Proportionalbereich 1 K

6	Anlage zur Warmwasserbereitung	• zentrale Warmwasserbereitung
		• gemeinsame Wärmebereitung mit Heizungsanlage nach Zeile 5
		• Solaranlage (Kombisystem mit Flachkollektor) entsprechend den Vorgaben nach DIN V 4701-10 : 2003-08 oder DIN V 18599-5 : 2011-12
		• Speicher, indirekt beheizt (stehend), gleiche Aufstellung wie Wärmeerzeuger, Auslegung nach DIN V 4701-10 : 2003-08 oder DIN V 18599-5 : 2011-12 als
		  – kleine Solaranlage bei A_N kleiner 500 m² (bivalenter Solarspeicher)
		  – große Solaranlage bei A_N größer gleich 500 m²
		• Verteilsystem innerhalb der wärmeübertragenden Umfassungsfläche, innen liegende Stränge gemeinsame Installationswand, Wärmedämmung der Rohrleitungen nach Anlage 5, mit Zirkulation, Pumpe auf Bedarf ausgelegt (geregelt, Δp konstant)

7	Kühlung	keine Kühlung
8	Lüftung	zentrale Abluftanlage, bedarfsgeführt mit geregeltem DC-Ventilator

2-5 Vorgaben zur Berechnung des Jahres-Primärenergiebedarfs des Referenz-Wohngebäudes gleicher Geometrie, Gebäudenutzfläche und Ausrichtung (EnEV 2014, Anhang 1, Tabelle 1)

gebäude so ausgeführt werden, dass der dem Gebäudetyp entsprechende Höchstwert des spezifischen, auf die wärmeübertragende Umfassungsfläche bezogenen Transmissionswärmeverlusts nach *Bild 2-6* nicht überschritten wird.

Für das zu errichtende Wohngebäude sind zunächst die zulässigen Höchstwerte des zugehörigen Referenzgebäudes zu berechnen. Danach ist die Berechnung für das zu errichtende Gebäude mit dessen gewählter bau- und anlagentechnischer Ausführung vorzunehmen, wobei im Ergebnis die für das Referenzgebäude ermittelten zulässigen Höchstwerte nicht überschritten werden dürfen.

Der Jahres-Primärenergiebedarf sowohl für das Referenzgebäude als auch für das zu errichtende Gebäude ist nach dem gleichen Verfahren entweder nach DIN V 18599 für Wohngebäude oder nach DIN V 4108-6 und DIN V 4701-10 zu berechnen.

5.2 Hauptanforderung: Begrenzung des Jahres-Primärenergiebedarfs

Die wesentlichste gesetzliche Anforderung der EnEV ist die Begrenzung des Jahres-Primärenergiebedarfs. In Anlage 1, Tabelle 1 der EnEV, *Bild 2-5*, werden Vorgaben für die Berechnung des höchstzulässigen Primärenergiebedarfs des Referenzgebäudes gleicher Kubatur und Bauteilflächen angegeben. Neben den bautechnischen Kennwerten aller Außenbauteile wird auch die Anlagentechnik detailliert festgelegt.

Die Heizungsanlage des Referenzgebäudes besteht aus einem Brennwertkessel mit verbesserter Anlagenaufwandszahl und Heizöl als Brennstoff. Bei der Warmwasserbereitung wird von einer zentralen Anlage, die mit der Heizungsanlage gekoppelt ist, ausgegangen. Unterstützt wird diese von einer thermischen Solaranlage in Verbindung mit einem Speicher. Eine zentrale Abluftanlage, die bedarfsgeführt betrieben wird, muss bei der Berechnung des Referenzgebäudes ebenfalls zugrunde gelegt werden.

Bezugsgröße für den Primärenergiebedarf ist bei Wohngebäuden die Gebäudenutzfläche A_N und bei Nichtwohngebäuden das beheizte Brutto-Gebäudevolumen V_e. Bei wohnungsüblichen Geschosshöhen von 2,50 bis 3,00 m ist die standardisierte Gebäudenutzfläche für Wohngebäude nach der Formel

$$A_N = 0{,}32 \cdot V_e \quad (A_N \text{ in } m^2)$$

zu ermitteln. Beträgt die Geschosshöhe h_G mehr als 3,00 m oder weniger als 2,50 m, ermittelt sich die Gebäudenutzfläche zu

$$A_N = \left(\frac{1}{h_G} - 0{,}04 \text{ m}^{-1}\right) \cdot V_e.$$

Die Gebäudenutzfläche stimmt in der Regel nicht mit der nach DIN 277-1 zu berechnenden Wohnfläche überein. Für Wohngebäude wird der Jahres-Primärenergiebedarf mit Q_p'' in kWh/(m² · a) gekennzeichnet.

5.3 Nebenanforderung: Begrenzung des spezifischen Transmissionswärmeverlusts

Neben der Begrenzung des Jahres-Primärenergiebedarfs wird durch eine Nebenanforderung zusätzlich der spezifische, auf die wärmeübertragende Umfassungsfläche bezogene Transmissionswärmeverlust durch höchstzulässige Werte begrenzt. *Bild 2-7* zeigt die Begrenzung für Wohngebäude.

Der spezifische Transmissionswärmeverlust ergibt sich aus der Summe der Transmissionswärmeverluste der Außenbauteile, dividiert durch die wärmeübertragende Umfassungsfläche A des Gebäudes. Dieses Verhältnis entspricht physikalisch einem mittleren Wärmedurchgangskoeffizienten der Gebäudehülle. Die Transmissionswärmeverluste der Außenbauteile werden aus den Wärmedurchgangskoeffizienten U der Außenbauteile, den auf die Außenmaße bezogenen Flächen und den Temperatur-Korrekturfaktoren nach DIN V 4108-06 Anhang D ermittelt. Bei der Berechnung der Wärmedurchgangskoeffizienten sind die **Bemessungswerte** der Baustoffe und Bauteile zu verwenden, Kapitel 11-28

Zeile	Gebäudetyp		Höchstwert des spezifischen Transmissionswärmeverlusts
1	Freistehendes Wohngebäude	mit $A_N \leq 350$ m²	$H'_T = 0{,}40$ W/(m²·K)
		mit $A_N > 350$ m²	$H'_T = 0{,}50$ W/(m²·K)
2	Einseitig angebautes Wohngebäude		$H'_T = 0{,}45$ W/(m²·K)
3	alle anderen Wohngebäude		$H'_T = 0{,}65$ W/(m²·K)
4	Erweiterungen und Ausbauten von Wohngebäuden gemäß § 9 Abs. 5		$H'_T = 0{,}65$ W/(m²·K)

2-6 Höchstwerte des spezifischen, auf die wärmeübertragende Umfassungsfläche bezogenen Transmissionswärmeverlusts (EnEV 2009, Anlage 1, Tabelle 2)

des Bau-Handbuchs. Die Außenmaße der wärmeübertragenden Bauteile und die gesamte wärmeübertragende Umfassungsfläche A des Gebäudes sind nach DIN EN ISO 13789 zu ermitteln.

Bei freistehenden Wohngebäuden mit einer Nutzfläche größer als 350 m² werden die Anforderungen an den baulichen Wärmeschutz reduziert; Gleiches gilt für ein- oder mehrseitig angebaute Häuser.

Die Nebenanforderung zur Begrenzung des Transmissionswärmeverlusts stellt sicher, dass der bauliche Wärmeschutz, der in der Wärmeschutzverordnung '95 festgelegt war, nicht verschlechtert wird. Somit ist auch bei besonders energieeffizienter Anlagentechnik und starker Nutzung erneuerbarer Energien ein guter baulicher Wärmeschutz des Gebäudes gewährleistet.

Im Gegensatz zur Heizungstechnik schafft der Wärmeschutz Fakten für Generationen. Beim Neubau kann ein erhöhter Wärmeschutz entsprechend dem baulichen Niedrigenergiestandard mit vertretbarem Mehraufwand zusätzliche Energieeinsparungen bis weit in die Zukunft sichern. Nach Fertigstellung des Gebäudes sind diese nur mit wesentlich höherem baulichen und finanziellen Aufwand zu erreichen. **Deshalb empfiehlt es sich, über die Anforderung der EnEV hinaus den baulichen Wärmeschutz weiter zu verbessern.**

5.4 Ausnahmeregelungen bei den Anforderungen an Wohngebäude

Für Wohngebäude, die überwiegend durch Heizsysteme beheizt werden, für die in DIN V 4701-10 oder anderen anerkannten Regeln der Technik keine Berechnungsverfahren angegeben sind, wird – abweichend von der früheren Festlegung der EnEV – die Unterschreitung des Höchstwertes des Jahres-Primärenergiebedarfs nachgewiesen, indem Komponenten angesetzt werden, die ähnliche energetische Eigenschaften wie die zu installierende Anlage aufweisen.

An Wohngebäude, die für eine Nutzungsdauer von weniger als vier Monaten jährlich oder für eine begrenzte jährliche Nutzungsdauer bestimmt sind, wenn der zu erwartende Energieverbrauch der Wohngebäude weniger als 25 % des zu erwartenden Energieverbrauchs bei ganzjähriger Nutzung beträgt, stellt die EnEV keine Anforderungen.

5.5 Anforderungen an Gebäude und Gebäudeerweiterungen mit geringer Nutzfläche

Für zu errichtende Gebäude sowie Anbauten oder Ausbauten bisher nicht zu Wohnzwecken genutzter Gebäudeteile um beheizte oder gekühlte Räume mit zusammenhängend mindestens 15 m² und höchstens 50 m² Nutzfläche muss der Nachweis für die Unterschreitung der Höchstwerte des Jahres-Primärenergiebedarfs nicht erbracht werden. Derartig kleine Gebäude oder Gebäudeteile erfüllen die Anforderungen der EnEV, wenn ihre Wärmedurchgangskoeffizienten die maximal zulässigen Höchstwerte nach Abschnitt 6.1 für die Änderung von Gebäuden nicht überschreiten. Weiterhin müssen die Anforderungen der EnEV an heizungstechnische Anlagen, Warmwasseranlagen sowie Klimaanlagen erfüllt werden, Abschnitt 4 der EnEV.

5.6 Anforderungen an Änderung, Ausbau und Erweiterung von Gebäuden mit einer Nutzfläche von mehr als 50 m²

Ist die hinzukommende zusammenhängende Nutzfläche größer als 50 Quadratmeter, sind außerdem die Anforderungen an den sommerlichen Wärmeschutz entsprechend DIN 4108-2 einzuhalten.

Wird bei Änderung, Ausbau und Erweiterung von Gebäuden mit einer Nutzfläche von mehr als 50 m² ein neuer Wärmeerzeuger eingebaut, sind die betroffenen Außenbauteile so zu ändern oder auszuführen, dass der neue Gebäudeteil die Vorschriften für zu errichtende Gebäude nach § 3 oder § 4 der EnEV einhält. Auch für Maßnahmen ab dem 1. Januar 2016 gelten – abweichend zu den Anforderungen für zu errichtende Gebäude (Neubauten), für die ab diesem Stichtag 25 % höhere Anforderungen gelten – diese Werte.

Hinsichtlich der Dichtheit der Gebäudehülle kann auch beim Referenzgebäude – durch die Durchführung eines Luftdichtheits-Tests nach Durchführung der Umbaumaßnahme – die Dichtheit des hinzukommenden Gebäudeteils in Ansatz gebracht werden.

5.7 Anforderungen an den sommerlichen Wärmeschutz

Die EnEV fordert in § 3 den Nachweis des energiesparenden sommerlichen Wärmeschutzes entsprechend DIN 4108-2. Darin werden **maximal zulässige Sonneneintragskennwerte** oder alternativ **maximal zulässige Übertemperatur-Gradstunden** vorgeschrieben, die ein behagliches Raumklima im Sommer – ohne den Einsatz von Klimaanlagen mit zusätzlichem Energiebedarf – sicherstellen.

Der Nachweis nach DIN 4108-2 ist für „kritische" Räume bzw. Raumbereiche durchzuführen, deren auf die Grundfläche bezogener Fensterflächenanteil – in Abhängigkeit von Neigung und Orientierung der Fenster – mehr als 7 bis 15 % beträgt, siehe Kapitel 11-11 des Bau-Handbuchs.

Ein behagliches sommerliches Raumklima lässt sich im Wohnungsbau am kostengünstigsten durch die Einplanung von Rollläden, die als Sicht- und Einbruchschutz von den Nutzern ohnehin gewünscht werden, realisieren. Insbesondere auch bei Dachflächenfenstern ist ein außen liegender Sonnenschutz erforderlich. Nach DIN 4108-2 kann bei Ein- und Zweifamilienhäusern dann auf den sommerlichen Wärmeschutznachweis verzichtet werden.

6 Anforderungen an bestehende Wohngebäude

Aufgrund gestiegener Energiepreise und der globalen Klimaschutzziele wurden die seit der EnEV 2002 unverändert bestehenden **Anforderungen an den Wärmeschutz beim Umbau und der Sanierung** von Gebäuden mit der EnEV 2009 **um im Mittel 30 % verschärft**. Nach wie vor bestehen erweiterte **Nachrüstverpflichtungen** bei alten Heizungsanlagen und obersten Geschoss-

Zeile	Bauteil	Maßnahme nach	Wohngebäude und Zonen von Nichtwohngebäuden mit Innentemperaturen ≥ 19 °C	Zonen von Nichtwohngebäuden mit Innentemperaturen von 12 bis < 19 °C
			Höchstwerte der Wärmedurchgangskoeffizienten U_{max}[1)]	
1	Außenwände	Nr. 1 Satz 1 und 2	0,24 W/(m²·K)	0,35 W/(m²·K)
2a	Außen liegende Fenster, Fenstertüren	Nr. 2a und b	1,30 W/(m²·K) [2)]	1,90 W/(m²·K) [2)]
2b	Dachflächenfenster	Nr. 2a und b	1,40 W/(m²·K) [2)]	1,90 W/(m²·K) [2)]
2c	Verglasungen	Nr. 2c	1,10 W/(m²·K) [3)]	keine Anforderung
2d	Vorhangfassaden	Nr. 6 Satz 1	1,50 W/(m²·K) [4)]	1,90 W/(m²·K) [4)]
2e	Glasdächer	Nr. 2a und c	2,00 W/(m²·K) [3)]	2,70 W/(m²·K) [3)]
2f	Fenstertüren mit Klapp-, Falt-, Schiebe- oder Hebemechanismus	Nr. 2a	1,60 W/(m²·K) [3)]	1,90 W/(m²·K) [3)]
3a	Außen liegende Fenster, Fenstertüren, Dachflächenfenster mit Sonderverglasungen	Nr. 2a und b	2,00 W/(m²·K) [2)]	2,80 W/(m²·K) [2)]
3b	Sonderverglasungen	Nr. 2c	1,60 W/(m²·K) [3)]	keine Anforderung
3c	Vorhangfassaden mit Sonderverglasungen	Nr. 6 Satz 2	2,30 W/(m²·K) [4)]	3,00 W/(m²·K) [4)]
4a	Dachflächen einschließlich Dachgauben, Wände gegen unbeheizten Dachraum (einschließlich Abseitenwänden), oberste Geschossdecken	Nr. 4.1	0,24 W/(m²·K)	0,35 W/(m²·K)
4b	Dachflächen mit Abdichtung	Nr. 4.2	0,20 W/(m²·K)	0,35 W/(m²·K)
5a	Wände gegen Erdreich oder unbeheizte Räume (mit Ausnahme von Dachräumen) sowie Decken nach unten gegen Erdreich oder unbeheizte Räume	Nr. 5a, b, d und e	0,30 W/(m²·K)	keine Anforderung
5b	Fußbodenaufbauten	Nr. 5c	0,50 W/(m²·K)	keine Anforderung
5c	Decken nach unten an Außenluft	Nr. 5a bis e	0,24 W/(m²·K)	0,35 W/(m²·K)

2-7 Höchstwerte des spezifischen, auf die wärmeübertragende Umfassungsfläche bezogenen Transmissionswärmeverlusts (EnEV 2009, Anlage 1, Tabelle 2)

decken. Vom Gesetzgeber wurden bei der **EnEV 2014 keine verschärften Wärmeschutzanforderungen beim Umbau und der Sanierung vorgenommen.**

6.1 Anforderungen bei Änderung von Außenbauteilen

Die EnEV gibt für Außenbauteile bestehender Gebäude, sofern solche Bauteile erstmalig eingebaut (z. B. zusätzliche Fenster), ersetzt oder erneuert werden, **maximale Werte der Wärmedurchgangskoeffizienten U** vor, *Bild 2-7*.

Ausgenommen davon sind kleinflächige Modernisierungsarbeiten. Die Anforderungen an die maximal zulässigen Wärmedurchgangskoeffizienten gelten nicht bei Änderung von Außenbauteilen, wenn die Fläche der geänderten Bauteile nicht mehr als 10 % der gesamten jeweiligen Bauteilfläche des Gebäudes betrifft.

Wird im unbeheizten **Keller** die Decke **zum beheizten Erdgeschoss** gedämmt bzw. beim beheizten Keller die Dämmung von außen angebracht, darf nach EnEV ein Wärmedurchgangskoeffizient von 0,3 W/(m²·K) nicht überschritten werden. Bei bisher ungedämmten Bauteilen aus Beton beträgt die Mindest-Dämmstoffdicke 8 cm bei Verwendung einer Wärmedämmung mit der Wärmeleitfähigkeit 0,025 W/(m · K) (beidseitig Aluminiumkaschiertes PUR, Phenolharz u. a.), bis zu 14 cm bei Verwendung einer Wärmedämmung der Wärmeleitfähigkeit 0,040 W/(m · K) (z. B. Polystyrol, Mineralfaser oder Schaumglas).

Bei **Ersatz der Verglasung** in noch intakten Fensterrahmen muss Wärmeschutzglas mit einem Bemessungswert des Wärmedurchgangskoeffizienten kleiner 1,3 W/(m² · K) verwendet werden.

Bei der **Erneuerung der Dachhaut** von Flachdächern sind die Anforderungen nach Zeile 4b in *Bild 2-7* einzuhalten, vorausgesetzt die neue Dachhaut stellt auch ohne den verbleibenden alten Dachaufbau eine eigenständig funktionsfähige Dachabdichtung dar. Wird aber nur zu Regenerierung einer mehrlagigen Bitumenabdichtung eine neue Lage Bitumenbahn aufgebracht, müssen die Anforderungen der EnEV an den Wärmeschutz nicht berücksichtigt werden.

Putzreparaturen mit zusätzlichen Farb- oder Putzbeschichtungen sind keine Putzerneuerungen im Sinne von Anlage 3 Nr. 1. e) EnEV, sondern Instandsetzungsmaßnahmen für den bestehenden Putz. Wird allerdings der Altputz abgeschlagen, sind die Anforderungen der EnEV entsprechend Zeile 1 in *Bild 2-7* – z. B. durch das Aufbringen eines Wärmedämmverbundsystems – einzuhalten.

Die folgenden **Ausnahmeregelungen** gelten, ohne dass ein gesonderter Befreiungsantrag entsprechend § 17 der EnEV gestellt werden muss:

– Die Höchstwerte der Wärmedurchgangskoeffizienten gelten nicht für Außenwände, die unter Einhaltung energiesparrechtlicher Vorschriften nach dem 31. Dezember 1983 errichtet oder erneuert worden sind. Werden Maßnahmen (außenseitige Verkleidung oder Putzerneuerung) ausgeführt und ist die Dämmschichtdicke im Rahmen dieser Maßnahmen aus technischen Gründen begrenzt, so gelten die Anforderungen als erfüllt, wenn die nach anerkannten Regeln der Technik höchstmögliche Dämmschichtdicke (bei einem Bemessungswert der Wärmeleitfähigkeit $\lambda = 0,035$ W/(m · K)) eingebaut wird. Werden Dämm-Materialien in Hohlräume eingeblasen oder Dämm-Materialien aus nachwachsenden Rohstoffen verwendet, ist ein Bemessungswert der Wärmeleitfähigkeit von $\lambda = 0,045$ W/(m · K) einzuhalten.

– Bei der Erneuerung von Außentüren darf der Wärmedurchgangskoeffizient maximal 1,8 W/(m² · K) betragen.

– Bei einer Zwischensparrendämmung im Steildach unter Beibehaltung einer vorhandenen innenseitigen Bekleidung gelten die Anforderungen als erfüllt, wenn die höchstmögliche Dämmstoffdicke bei einem Bemessungswert der Wärmeleitfähigkeit von 0,035 W/(m · K) eingebaut wird.

– Bei der Erneuerung des Fußbodenaufbaus im beheizten Raum sind die Anforderungen für Gebäude, die nach dem 31. Dezember 1983 errichtet wurden, erfüllt, wenn der neue Fußbodenaufbau mit der höchstmöglichen Dämmstoffdicke (Wärmeleitfähigkeit 0,035 W/(m · K)) ausgeführt wird, sodass keine Anpassung der Türhöhen notwendig ist. Gleiches gilt für die unterseitige Dämmung, wenn durch eine geringe Geschosshöhe im Keller dessen Nutzung bei hohen Dämmstoffdicken eingeschränkt wird.

Anstelle der Erfüllung von Bauteilanforderungen bei den Wärmedurchgangskoeffizienten nach *Bild 2-7* gilt die EnEV ebenfalls als erfüllt, wenn der Jahres-Primärenergiebedarf und der spezifische Transmissionswärmeverlust die für Neubauten geltenden Grenzwerte des Referenzgebäudes für den Neubau um nicht mehr als 40 % überschreiten. Das heißt, **bei Umbau oder Sanierung ist alternativ zum Bauteilnachweis auch ein Nachweis für das Gesamtgebäude möglich**, wie er für Neubauten gefordert wird, wobei im Vergleich zu diesen die Anforderungen reduziert sind.

Dieser erweiterte Nachweis ist insbesondere bei umfangreicheren energetischen Sanierungen sinnvoll. Weiterhin lassen sich durch örtliche Gegebenheiten vorhandene Zwänge (z. B. nicht ausreichende Fußbodenaufbauhöhe beim Boden gegen Erdreich), die eine Ausführung nach *Bild 2-7* nur mit unwirtschaftlichen Maßnahmen ermöglichen, durch zusätzliche Dämmung z. B. des Daches oder der Außenwände ausgleichen. Man muss aber immer darauf achten, dass trotz der reduzierten Anforderungen an den spezifischen Transmissionswärmeverlust der Mindestwärmeschutz nach DIN 4108-2 für jedes Einzelbauteil an jeder Stelle eingehalten wird.

Wenn die beheizte oder gekühlte Nutzfläche eines bestehenden Gebäudes bzw. bisher ungenutzten Gebäudebereichs um zusammenhängend mehr als 50 m² erweitert wird, muss für den neuen Gebäudeteil ein Nachweis wie für zu errichtende Gebäude geführt werden. Die Anforderungen an den auf die wärmeübertragende Umfassungsfläche bezogenen Transmissionswärmeverlust reduzieren sich nach *Bild 2-7* auf den Höchstwert von 0,65 W/(m² · K).

6.2 Nachrüstverpflichtungen bei Anlagen und Gebäuden

Unabhängig von den Anforderungen an die Verbesserung des Wärmeschutzes bei einer Sanierung oder Modernisierung entsprechend Abschnitt 6.1 fordert die EnEV eine Nachrüstung besonders wirtschaftlicher Maßnahmen bei Anlagen und Bauteilen innerhalb der nächsten Jahre. Ausgenommen von der Nachrüstungspflicht sind Eigentümer selbst genutzter Wohngebäude mit nicht mehr als 2 Wohnungen, die das Gebäude schon vor dem 1. Februar 2002 bewohnten. Wird die Immobilie allerdings verkauft, so muss der neue Eigentümer – auch wenn er das Gebäude selbst bewohnt – die geforderten Nachrüstungen innerhalb von 2 Jahren nach Erwerb bzw. zum Ablauf der in der EnEV genannten Fristen ausführen.

Die Nachrüstungsverpflichtung umfasst folgende Maßnahmen:

– Wenn die **oberste Geschossdecke** bisher nicht gedämmt ist und nicht die Anforderungen an den Mindestwärmeschutz nach DIN 4108-2 : 2013-02 erfüllt, muss sie – mit Ausnahme eines Eigentümerwechsels bei Ein- und Zweifamilienhäusern, der nach dem 1. Februar 2002 stattgefunden hat – von dem Eigentümer bis zum 31. Dezember 2015 so gedämmt werden, dass der Wärmedurchgangskoeffizient der Geschossdecke nicht größer als 0,24 W/(m² · K) ist. Dies entspricht einer Dämmstärke von 16 cm bei einer Wärmeleitfähigkeit von 0,04 W/(m² · K). Die Anforderungen der EnEV gelten auch als erfüllt, wenn anstatt der obersten Geschossdecke das darüberliegende, bisher ungedämmte Dach entsprechend gedämmt wird.

– **Heizkessel** mit Öl- oder Gasfeuerung, die vor dem 1. Oktober 1978 eingebaut oder aufgestellt wurden, dürfen nicht mehr betrieben werden. Die Frist ist verbindlich, auch wenn der Brenner nach dem 1. November 1996 eingebaut wurde oder bei der jährlichen Überprüfung nach Bundes-Immissionsschutz-Verordnung (BImSchV) die zulässigen Abgasverlustgrenzwerte nicht überschritten werden. Eigentümer von Gebäuden dürfen Heizkessel, die mit flüssigen oder gasförmigen Brennstoffen beschickt werden und vor dem 1. Januar 1985 eingebaut oder aufgestellt worden sind, ab 2015 nicht mehr betrieben werden. Heizkessel, die nach dem 1. Januar 1985 eingebaut oder aufgestellt worden sind, dürfen nach Ablauf von 30 Jahren nicht mehr betrieben werden. Ein Ersatz ist nicht erforderlich, wenn diese alten Kessel bereits Niedertemperatur-Heizkessel oder Brennwertkessel sind bzw. die Nennwärmeleistung weniger als 4 kW oder mehr als 400 kW beträgt.

– Wenn sich **Wärmeverteilungs- und Warmwasserleitungen**, Kälteverteilungs- und Kaltwasserleitungen sowie Armaturen in nicht beheizten Räumen befinden und zugänglich sind (dies ist üblicherweise bei einer Verteilung in unbeheizten Kellern der Fall), müssen die Eigentümer dafür sorgen, dass diese entsprechend der Tabelle in *Bild 2-8* wärmegedämmt werden. Dabei ist zu beachten, dass sich die angegebenen Mindestdicken – abweichend von früheren Verordnungen und Normen – auf den Innendurchmesser der Rohre beziehen, siehe auch Kapitel 13-2.3 des Bau-Handbuchs.

Wenn Wärmeverteilungs- und Warmwasserleitungen an Außenluft grenzen, z. B. bei Leitungsführung durch unbeheizte Garagen, sind diese mit dem Zweifachen der Mindestdicke nach *Bild 2-8* zu dämmen.

Zeile	Art der Leitungen/Armaturen	Mindestdicke der Dämmschicht[1]
1	Innendurchmesser bis 22 mm	20 mm
2	Innendurchmesser über 22 mm bis 35 mm	30 mm
3	Innendurchmesser über 35 mm bis 100 mm	gleich Innendurchmesser
4	Innendurchmesser über 100 mm	100 mm
5	Leitungen und Armaturen nach Zeilen 1 bis 4 in Wand- und Deckendurchbrüchen, im Kreuzungsbereich von Leitungen u. a.	die Hälfte der Mindestdicken nach Zeilen 1 bis 4
6	Wärmeverteilungsleitungen nach den Zeilen 1 bis 4, die nach dem 31. Januar 2002 in Bauteilen zwischen beheizten Räumen verschiedener Nutzer verlegt werden	die Hälfte der Mindestdicken nach Zeilen 1 bis 4
7	Leitungen nach Zeile 6 im Fußbodenaufbau	6 mm
8	Kälteverteilungs- und Kaltwasserleitungen sowie Armaturen von Raumlufttechnik- und Klimakältesystemen	6 mm

[1] Die Mindestdicke bezieht sich auf ein Dämmmaterial mit einer Wärmeleitfähigkeit von 0,035 W/(m · K). Wird Material einer anderen Wärmeleitfähigkeit verwendet, muss die Dämmschichtdicke so angepasst werden, dass keine Verkleinerung des Wärmedurchlasswiderstands auftritt.

2-1 Mindestdicken der Dämmschicht von Wärmeverteilungs- und Warmwasserleitungen sowie Armaturen in nicht beheizten Räumen

6.3 Klimaanlagen

In der EnEV 2007 wurden erstmals auch technische Anforderungen und Rechenvorschriften für den Energiebedarf von fest installierten Klimaanlagen in Wohngebäuden angegeben. Sie gelten allerdings erst bei einem Kältebedarf von mehr als 12 kW. Zum einen erhöht sich der Höchstwert des Jahres-Primärenergiebedarfs um einen Zuschlag in Abhängigkeit vom gekühlten Anteil der Gebäudenutzfläche, zum anderen wird der Energiebedarf der Kühlung durch einen – von der Art des fest installierten Klimageräts abhängigen – Zuschlag bei der Ermittlung des Jahres-Primärenergiebedarfs berücksichtigt. Beim Einbau von Klimaanlagen sowie bei der Erneuerung von Zentralgeräten müssen diese mit selbsttätig wirkenden Regelungseinrichtungen ausgestattet werden, bei denen getrennte Sollwerte für die Be- und Entfeuchtung eingestellt werden können. Weiterhin werden – wie bei Nichtwohngebäuden – Fristen für die energetische Inspektion von Klimaanlagen mit einem Kältebedarf von mehr als 12 kW vorgeschrieben, siehe Abschnitt 10.4.

7 Berechnungsverfahren für den EnEV-Nachweis zu errichtender Wohngebäude

7.1 Überblick über die Verfahren

Mit Inkrafttreten der EnEV 2009 sind zwei unterschiedliche Berechnungsverfahren für den EnEV-Nachweis von Wohngebäuden zulässig:

– das seit der ersten Energieeinsparverordnung 2002 eingeführte ausführliche Monatsbilanzverfahren, das auf den nationalen und internationalen Normen, insbesondere der DIN V 4108-6 und DIN V 4701-10 basiert und

- das Berechnungsverfahren nach DIN V 18599, das schon 2007 für die Berechnung von Nichtwohngebäuden eingeführt wurde.

Für beide Verfahren regelt die EnEV 2009 in der Anlage 1 die Randbedingungen zu den bautechnischen und anlagentechnischen Berechnungen. **Gebäude, die auch gekühlt werden, dürfen nur entsprechend DIN V 18599 bilanziert werden.**

Da das Rechenverfahren der DIN V 18599 sehr komplex ist und als Norm in 11 Teilen mehr als 800 Seiten umfasst, wird hier auf eine detaillierte Darstellung verzichtet und auf die Fachliteratur verwiesen; einige Details zum Berechnungsprinzip können dem Abschnitt 10 für Nichtwohngebäude entnommen werden.

Nachfolgend wird das seit 2002 zugelassene und weiterhin gültige Berechnungsverfahren für Wohngebäude im Detail dargestellt.

Ausgangsbasis für die Rechenvorschriften sind

- DIN V 4108-6 „Wärmeschutz und Energie-Einsparung in Gebäuden – Berechnung des Jahresheizwärme- und des Jahresheizenergiebedarfs" und

- DIN V 4701-10 „Energetische Bewertung heiz- und raumlufttechnischer Anlagen – Heizung, Trinkwassererwärmung, Lüftung".

Die Berechnungsalgorithmen dieser umfangreichen Normen sind im Detail sehr komplex und schwer überschaubar. Durch den Einsatz von PC-Nachweisprogrammen, die auch zusätzliche Rahmenbedingungen aus weiteren flankierenden Normen enthalten, wird die Berechnung und Nachweisführung wesentlich erleichtert.

Seit Einführung der EnEV 2009 ist nur noch das Monatsbilanzverfahren zulässig. Das vereinfachte Heizperiodenbilanzverfahren darf nicht mehr angewendet werden. *Bild 2-9/1 und Bild 2-9/2* vermitteln einen Überblick über das Verfahren und dessen Anwendung. In den folgenden Abschnitten finden sich hierzu weitere Erläuterungen.

	Jahres-Heizwärmebedarf Q_h, $q_h = Q_h/A_N$ **Monatsbilanzverfahren DIN V 4108-6**	
Methode	Bilanzierung der Wärmeverluste des Gebäudes infolge Transmission (Q_T) und Lüftung (Q_V) sowie der nutzbaren internen (Q_i) und solaren (Q_s) Wärmegewinne: $Q_h = Q_T + Q_V - \eta(Q_i + Q_s)$ η: Ausnutzungsgrad der Wärmegewinne	
Bilanzierungsbasis		Summe der monatlichen Bilanzen der Wärmeverluste und -gewinne. Variabler monatlicher Ausnutzungsgrad der Wärmegewinne.

	Jahres-Warmwasserwärmebedarf Q_w, $q_w = Q_w/A_N$
Wohngebäude	Standardisierter Bedarf $q_w = 12{,}5$ kWh/(m² · a), EnEV, Anlage 1, Abs. 2.2

2-9/1 Monatsbilanz – Berechnungsverfahren zur EnEV und dessen Anwendung im Überblick:
1. Wärmebedarfsberechnung

2 Energieeinsparverordnung
Berechnungsverfahren für den EnEV-Nachweis zu errichtender Wohngebäude

	Jahres-Heizenergiebedarf (Endenergiebedarf) Q_E, $q_E = Q_E/A_N$ Jahres-Primärenergiebedarf Q_p, $Q_p'' = Q_p/A_N$ DIN V 4701-10 Beiblatt 1		
Methode	Q_E: Bilanzerweiterung durch Berücksichtigung der Energieverluste und der Energiegewinne (regenerative Energie, Wärmerückgewinn) der Anlagentechnik sowie des elektrischen Hilfsenergiebedarfs. Q_p: Berücksichtigung der Vorkette der Energielieferung mit dem Primärenergiefaktor f_p: $Q_p = Q_E \cdot f_p$		
	Grafische Ermittlung	Rechnerische Ermittlung	
	Diagrammverfahren	**Tabellenverfahren**	**Detailliertes Verfahren**
Basis	Diagramme für vorgegebene Anlagen, aus denen in Abhängigkeit von der Nutzfläche A_N und dem Jahres-Heizwärmebedarf q_h der auf die Nutzfläche des Gebäudes bezogene Jahres-Primärenergiebedarf abgelesen werden kann. Aus einer Wertetabelle kann die zugehörige Anlagenaufwandszahl e_p abgelesen werden.	Berechnung des End- und Primärenergiebedarfs nach DIN V 4701-10, Abschnitt 4 aus Kennwerten der einzelnen Anlagenkomponenten mit Hilfe von Berechnungsblättern des Anhangs A oder zertifizierten PC-Programmen.	
		Kennwerte für Standard-Anlagenkomponenten aus Anhang C.1 bis C.4	Kennwerte für konkrete Anlagenkomponenten der Hersteller und ggf. einer gebäudespezifischen, nicht standardisierten Anlagenplanung.
Vorteile und Anwendung	Ergebnisse ohne Detailrechnung direkt verfügbar. Besonders geeignet für schnelle vergleichende Bewertungen in der Vorplanungsphase. Diagramme verfügbar für 78 Standard-Anlagen im Beiblatt 1 der DIN V 4701-10. Auch produktspezifische Diagramme der Hersteller werden bereitgestellt.	Im Vergleich zum Diagrammverfahren Variationsmöglichkeit der Anlagenkonfiguration. Größere Transparenz über die Auswirkungen einzelner anlagentechnischer Maßnahmen.	Berechnung von Nicht-Standardanlagen in einer detaillierten Ausführungsplanung mit besonders energieeffizienten Produkten.
Nachteile	Keine Variationsmöglichkeit der Anlagenkonfiguration. Den Diagrammen der Norm liegen Standard-Anlagenkomponenten mit höheren Bedarfsergebnissen zugrunde.	Kennwerte der Standard-Anlagenkomponenten der Norm orientieren sich am unteren energetischen Durchschnitt des Marktniveaus und führen zu höheren Bedarfsergebnissen.	Anlagendetails müssen bekannt sein. Hoher Berechnungsaufwand, wenn die Kennwerte aus Produkt- und Planungsdaten selbst ermittelt werden müssen.

2-9/2 Monatsbilanz – Berechnungsverfahren zur EnEV und dessen Anwendung im Überblick:
2. Endenergie- und Primärenergiebedarfsberechnung

7.2 Berechnung des Heizwärmebedarfs zur energetischen Bewertung der Bautechnik

7.2.1 Berechnungsbasis und wesentliche Einflussgrößen

Wie bei der WSVO '95 wird der Jahres-Heizwärmebedarf (Q_h) durch Bilanzierung der Wärmeverluste des Gebäudes infolge Transmission (Q_T) und Lüftung (Q_V) sowie der nutzbaren internen (Q_i) und solaren (Q_s) Wärmegewinne berechnet, siehe Gleichung in *Bild 2-9/1*. **Die EnEV detailliert die Bilanzierung durch**

– Berücksichtigung von Wärmebrücken bei der Ermittlung der Transmissionswärmeverluste, Abschnitt 7.2.1.1,

– Berücksichtigung eines um 0,1 h^{-1} niedrigeren Luftwechsels bei der Ermittlung der Lüftungswärmeverluste, wenn die luftdichte Ausführung der Gebäudehülle nachgewiesen wird, Abschnitt 7.2.1.2.

Bei der Berechnung der Transmissionswärmeverluste werden für die Wärmedurchgangskoeffizienten statt der in der Vergangenheit verwendeten k-Werte nach neuen europäischen Regeln zu bestimmende U-Werte verwendet, deren Größe sich geringfügig von den k-Werten unterscheidet.

Der Wärmebedarfsbilanzierung liegen normierte Randbedingungen hinsichtlich des Klimas (Referenzklima nach DIN V 18599-10 für die Region Potsdam) und der Nutzer (Innentemperaturen, Nachtabsenkung, Luftwechsel, nutzbare solare und interne Wärmegewinne) zugrunde, die nur bedingt Rückschlüsse auf den tatsächlichen Wärmeverbrauch ermöglichen, Abschnitt 11.7.

7.2.1.1 Transmissionswärmeverluste der Wärmebrücken

Bei Gebäuden mit hohem Wärmeschutz können die Wärmeverluste über Wärmebrücken einen hohen Anteil der Gesamt-Transmissionswärmeverluste erlangen; sie dürfen deshalb nicht mehr vernachlässigt werden.

Der Einfluss der Wärmebrücken auf den Jahres-Heizwärmebedarf kann nach DIN V 4108-6 in unterschiedlicher Detaillierung berücksichtigt werden:

– Werden bei der Planung die Wärmebrücken nicht im Detail dargestellt, wie dies bisher in der Regel bei der Vergabe einer schlüsselfertigen Bauausführung üblich ist, sind die Wärmebrücken durch einen pauschalen Zuschlag von $\Delta U_{WB} = 0{,}10$ W/(m$^2 \cdot$ K) auf den mittleren Wärmedurchgangskoeffizienten der gesamten wärmeübertragenden Umfassungsfläche zu berücksichtigen.

– Wenn vom Entwurfsverfasser die Wirkung der **Wärmebrücken entsprechend den Planungs- und Ausführungsbeispielen in DIN 4108 Bbl. 2** reduziert und dies im Detail dargestellt wird, erfolgt ein nur halb so hoher Zuschlag von $\Delta U_{WB} = 0{,}05$ W/(m$^2 \cdot$ K) auf den mittleren Wärmedurchgangskoeffizienten der gesamten wärmeübertragenden Umfassungsfläche. **Dieses Verfahren ist zu empfehlen, da auf diese Weise nicht nur der Energieverbrauch reduziert, sondern auch sichergestellt wird, dass bei üblicher Wohnungsnutzung keine Tauwasserschäden auftreten.**

– Weiterhin kann auch ein genauer Nachweis des Einflusses der Wärmebrücken nach DIN V 4108-6 in Verbindung mit weiteren anerkannten Regeln der Technik durchgeführt werden. Dieser Nachweis über längenbezogene Wärmedurchgangskoeffizienten Ψ, auch Wärmebrücken-Verlustkoeffizienten genannt, erfordert relativ viel Zeitaufwand, da u. a. die Länge jeder einzelnen Wärmebrücke erfasst werden muss, Kapitel 10-4.5 des Bau-Handbuchs. Er lässt sich wirtschaftlich nur bei der Planung von Energiespar- oder Passivhäusern vertreten.

Der Einfluss der Wärmebrücken darf für ein Gebäude nur einheitlich mit einem der drei vorgenannten Verfahren berücksichtigt werden. Kann ein Detail z. B. nicht nach DIN 4108 Bbl. 2 verbessert werden, weil es dort nicht dargestellt ist, muss für alle Wärmebrücken mit dem pauschalen Zuschlag von ΔU_{WB} = 0,10 W/(m² · K) gerechnet werden. Deshalb empfiehlt sich für diesen Fall trotz des größeren Planungsaufwands eine detaillierte Berechnung mittels längenbezogenen Wärmedurchgangskoeffizienten.

7.2.1.2 Luftdichtheit und Luftwechsel

Während in der WSVO '95 nur pauschal darauf hingewiesen wurde, dass die Gebäudehülle luftdicht auszuführen ist, ist heute durch die DIN 4108-7 deren Ausführung genormt, siehe Kapitel 9-3.2 des Bau-Handbuchs. Auch das Verfahren zur Überprüfung der Luftdichtheit mittels einer Blower-Door ist durch die DIN EN 13829 definiert, Abschnitt 12.2 und Kapitel 9-2 des Bau-Handbuchs. **Die EnEV schreibt keinen Luftdichtheitstest vor. Beim Einsatz mechanischer Lüftungsanlagen darf jedoch eine reduzierte Luftwechselrate bzw. ein Wärmerückgewinn nur angerechnet werden, wenn die Dichtheit des Gebäudes nachgewiesen wird.**

Beim Nachweis der Luftdichtheit mit dem Blower-Door-Test darf die volumenbezogene Luftdurchlässigkeit, das ist der gemessene Leckage-Luftwechsel n_{50} bei 50 Pa Druckdifferenz, einen Wert von

n_{50} = 3,0 h⁻¹   bei Gebäuden ohne raumlufttechnische Anlagen (Fensterlüftung) bzw.

n_{50} = 1,5 h⁻¹   bei Gebäuden mit raumlufttechnischen Anlagen

nicht überschreiten.

Für die Berechnung der Lüftungswärmeverluste sind laut DIN V 4108-6 folgende standardisierte Luftwechsel n als Mittelwerte der Heizperiode anzusetzen:

n = 0,7 h⁻¹   ohne Nachweis der Luftdichtheit,

n = 0,6 h⁻¹   mit Nachweis der Luftdichtheit bei Fensterlüftung (n_{50} ≤ 3,0 h⁻¹) und Lüftungsanlagen mit Wärmerückgewinn (n_{50} ≤ 1,5 h⁻¹),

n = 0,55 h⁻¹   mit Nachweis der Luftdichtheit bei Abluftanlagen (n_{50} ≤ 1,5 h⁻¹).

Der Wärmerückgewinn von Lüftungsanlagen wird beim EnEV-Nachweis nicht durch eine Verringerung der Lüftungswärmeverluste bzw. des Jahres-Heizwärmebedarfs berücksichtigt, sondern geht als Beitrag der Anlagentechnik in eine Verringerung des Jahres-Heizenergiebedarfs und der Anlagen-Aufwandszahl ein, Abschnitt 7.4.

Wie die Berechnungen an einem Beispielgebäude zeigen, Abschnitt 9, ist es durchaus sinnvoll, generell einen Luftdichtheitsnachweis durchführen zu lassen, da durch die Reduzierung des Luftwechsels zur Berechnung des Jahres-Heizwärmebedarfs um 0,1 h⁻¹ der Jahresprimärenergiebedarf um etwa 10 kWh/(m² · a) sinkt. Bei Gebäuden mit einer konventionellen Anlagentechnik können die Kosten für den Blower-Door-Test durch Einsparungen bei der Bau- und/oder Anlagentechnik mehr als ausgeglichen werden. Mit dem Test ist gleichzeitig die Überprüfung der handwerklichen Ausführung der luftdichten Gebäudehülle verbunden.

7.2.1.3 Aneinanderreihung von Gebäuden

Bei der Berechnung des Jahres-Heizwärmebedarfs von aneinander gereihten Gebäuden werden die Gebäudetrennwände zwischen Gebäuden mit normalen Innentemperaturen als nicht wärmedurchlässig angenommen. Die Gebäudetrennwand gehört somit nicht zur wärmeübertragenden Umfassungsfläche des Gebäudes. Werden Reihenhäuser von einem Bauträger gleichzeitig erstellt, darf beim EnEV-Nachweis die gesamte Gebäudezeile als ein Gebäude behandelt werden. Dies hat – bei Einhaltung des maximal zulässigen Jahres-Primärenergiebedarfs der gesamten Häuserzeile – für die Nutzer zur Folge, dass die Reihenendhäuser einen höheren tatsächlichen spezifischen Jahres-Primärenergiebedarf, der über dem maximal zulässigen Wert bei einem Nachweis für das Einzelgebäude liegt, aufweisen als die Mittelhäuser. Die Bauaufsichtsbehörde kann nach Ermessen davon abweichend den Nachweis für jedes einzelne Gebäude verlangen.

Ist nach Bebauungsplan eine Zeilenbebauung vorgeschrieben, die gleichzeitige Errichtung der Nachbarbebauung allerdings nicht sichergestellt, müssen die Trennwände wenigstens entsprechend dem Mindestwärmeschutz nach den anerkannten Regeln der Technik ausgeführt werden.

Bei Trennwänden zwischen Gebäuden unterschiedlicher Nutzung und somit unterschiedlicher Innentemperatur muss die Gebäudetrennwand bei der Berechnung des Jahres-Heizwärmebedarfs als wärmeübertragendes Bauteil berücksichtigt werden. Der geringere Wärmefluss gegenüber dem einer Außenwand wird durch den Temperatur-Korrekturfaktor bei der Berechnung berücksichtigt.

7.2.2 Ausführliches Monatsbilanzverfahren

Im Vergleich zu dem seit der Einführung der EnEV 2009 nicht mehr zulässigen Vereinfachten Verfahren, welches Wärmeverluste und -gewinne über die gesamte Heizperiode bilanziert, lässt sich mit dem Monatsbilanz-Verfahren nach DIN V 4108-6 das wärmetechnische Verhalten des Gebäudes detaillierter und somit realitätsnäher beschreiben. Der Jahres-Heizwärmebedarf wird aus der Summe der monatlichen Bilanzen der Wärmeverluste und -gewinne ermittelt.

Der Bilanzierung liegen monatliche Außentemperaturen und monatliche Sonneneinstrahlungen auf die unterschiedlich orientierten Gebäudeflächen entsprechend dem Referenzklima Deutschlands nach DIN V 4108-6, Tabelle D.5 zugrunde. Der monatliche Ausnutzungsgrad der internen und solaren Gewinne wird aus dem von der Schwere der Bauweise abhängigen Gewinn/Verlust-Verhältnis für den jeweiligen Monat bestimmt.

Das belüftete Nettovolumen V zur Berechnung der Lüftungswärmeverluste wird im Monatsbilanzverfahren aus dem Bruttovolumen nach folgenden Vorgaben ermittelt:

$V = 0{,}76 \cdot V_e$ für Wohngebäude bis zu 3 Vollgeschossen,

$V = 0{,}80 \cdot V_e$ für größere Wohngebäude.

Es ist aber auch zulässig, das exakte beheizte Luftvolumen über die Summierung der Nettovolumina aller Räume zu berechnen. Dies kann insbesondere bei kleineren Gebäuden zu einer Verringerung des Luftvolumens und der Lüftungswärmeverluste führen.

7.3 Jahres-Warmwasserwärmebedarf

Der Jahres-Warmwasserwärmebedarf ist der Nutzwärmeinhalt des jährlich an den Zapfstellen benötigten Warmwassers. Er wird durch Nutzereinflüsse, d. h. die Anzahl der zu versorgenden Personen und deren Verbrauchsgewohnheiten bestimmt. Dadurch kann seine Größe sehr unterschiedlich sein. Als durchschnittlicher Jahres-Warmwasserwärmebedarf in einem Mehrpersonenhaushalt gelten

400 kWh/(Person · Jahr)

entsprechend einem durchschnittlichen Warmwasserbedarf bei 50 °C Bezugstemperatur von rund

24 Liter/(Person · Tag)

Legt man als durchschnittliche Gebäudenutzfläche A_N je Person 32 m² zugrunde, so ergibt sich hieraus ein **durchschnittlicher Jahres-Nutzwärmebedarf für die Warmwasserbereitung von 12,5 kWh/(m² · Jahr). Diesen Betrag definiert die EnEV als pauschalen Jahres-Warmwasserwärmebedarf q_w für Wohngebäude.**

Bei einer Nutzfläche von 40 m² je Person, das ist die durchschnittlich verfügbare Wohnfläche in Deutschland, entspricht die pauschale Festlegung der EnEV allerdings einem Warmwasserbedarf von 30 Liter/(Person · Tag) bei 50 °C bzw. einem Jahres-Warmwasserwärmebedarf von 500 kWh/(Person · Jahr). Dieser hohe Bedarf liegt über dem tatsächlichen Durchschnittsverbrauch.

Mit der energetischen Berücksichtigung der Warmwasserversorgung wird der Tatsache Rechnung getragen, dass bei hohem Wärmeschutz des Gebäudes der Jahres-Warmwasserwärmebedarf im Verhältnis zum Heizwärmebedarf 15 bis 20 % beträgt. Beim End- und Primärenergiebedarf nimmt für zentrale Warmwasserversorgungssysteme diese anteilmäßige Bedeutung weiter zu, da die beträchtlichen ganzjährigen Wärmespeicher- und Verteilverluste der Warmwasserversorgung, die in der gleichen Größenordnung wie der Warmwasser-Nutzwärmebedarf liegen, den Energiebedarf stärker erhöhen als die Speicher- und Verteilverluste der Heizung (Bild 2-17).

7.4 Berechnung des End- und Primärenergiebedarfs

7.4.1 Berechnungssystematik

Die Berechnung des End- und Primärenergiebedarfs erfolgt auf Basis der DIN V 4701-10, in der die verschiedenen Verfahren zur energetischen Bewertung unterschiedlicher Techniken der Heizung, Warmwasserbereitung und Lüftung beschrieben sind. Der Berechnung liegt die im erweiterten Energieflussbild von Bild 2-10 schematisch dargestellte prinzipielle Systematik zugrunde.

Der zuvor für das Gebäude festgestellte Wärmebedarf Q_h und Q_w (Abschnitte 7.2 und 7.3) wird zum Teil durch die auf der linken Seite des Flussbildes angegebenen Wärmegewinne vermindert:

– $Q_{h,w}$, Heizwärmegutschrift der Warmwasserbereitung; das ist der Teil der Wärmeabgabe der Warmwasseranlage, der innerhalb der thermischen Gebäudehülle während der Heizperiode zur Raumerwärmung beiträgt,

– $Q_{h,l}$, Beitrag einer ggf. vorhandenen mechanischen Lüftung durch Wärmerückgewinn mit Wärmetauscher/ Wärmepumpe oder durch ein Zuluft-Heizregister,

– Q_r, Beitrag einer ggf. vorhandenen Anlage zur Nutzung regenerativer Wärmeenergie.

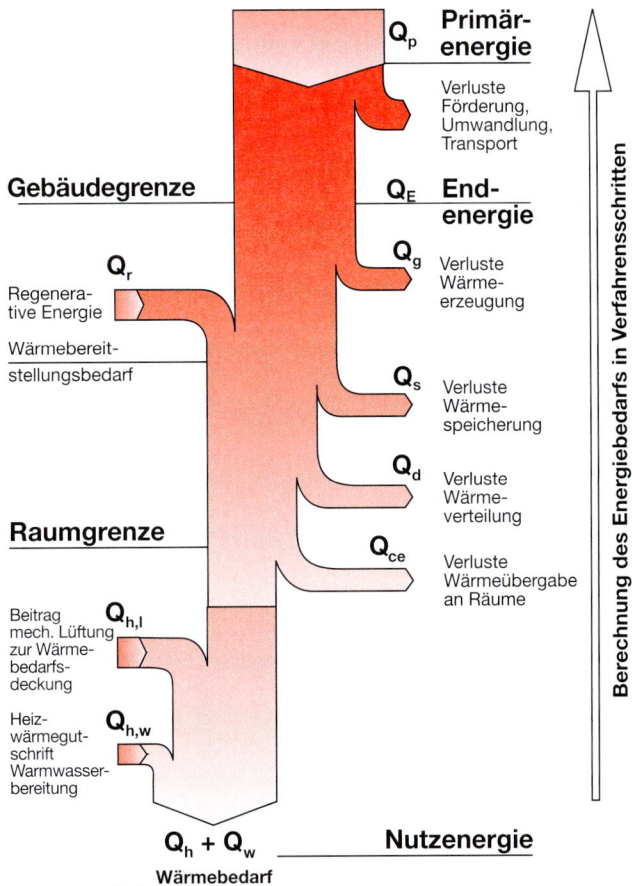

Energiebilanzgleichungen:

Endenergie $\quad Q_E = Q_h + Q_w + Q_t - Q_{h,w} - Q_{h,l} - Q_r$

Techn. Systemverluste $Q_t = Q_{ce} + Q_d + Q_s + Q_g$

Primärenergie $\quad Q_p = Q_E \cdot f_p$ (f_p: Primärenergiefaktor)

2-10 Schematisches Energieflussbild zur Berechnung des End- und Primärenergiebedarfs der Wärmebereitstellung (ohne elektrische Hilfsenergie)

Die auf der rechten Seite des Flussbildes angegebenen technischen Systemverluste Q_t der Anlagenkomponenten und die Verluste der Energiebereitstellung außerhalb des Gebäudes erhöhen den Energiebedarf. Die technischen Systemverluste Q_t setzen sich zusammen aus

- **Q_{ce}** (**c**ontrol **e**mission), Verluste infolge nicht idealer Raumtemperaturregelung (z. B. Thermostatventile begrenzter Regelgenauigkeit) und Verluste der Wärmeabgabe (z. B. aufgrund von Heizkörpern vor Außenwänden),
- **Q_d** (**d**istribution), Verluste der Wärmeverteilsysteme für Heizung, Warmwasser und Lüftung, die nicht zur Wärmebedarfsdeckung beitragen (z. B. Rohrleitungen im unbeheizten Gebäudebereich),
- **Q_s** (**s**torage), Verluste der Wärmespeicherung (z. B. Verluste eines Warmwasserspeichers außerhalb der Heizperiode oder im unbeheizten Gebäudebereich),
- **Q_g** (**g**eneration), Verluste der Wärmerzeugung, d. h. Betriebs-, Bereitschafts- und Regelungenauigkeitsverluste der/des Wärmeerzeuger/s (z. B. Heizkesselverluste).

Der Primärenergiebedarf Q_p ergibt sich aus dem Endenergiebedarf Q_E mit Hilfe des **Primärenergiefaktors f_p**:

$$Q_p = Q_E \cdot f_p.$$

Die Primärenergiefaktoren, *Bild 2-11*, quantifizieren die nicht erneuerbaren Verluste der Energielieferung außerhalb des Gebäudes (Förderung, Aufbereitung, Umwandlung, Transport).

Die **Berechnung der Anlagentechnik** erfolgt getrennt für die einzelnen Systeme **in der Reihenfolge Warmwasserbereitung, mechanische Lüftung, Heizung.** Hierdurch können die Wärmemengen der Warmwasserbereitung und Lüftung, die eine Gutschrift für die Heizung darstellen, berücksichtigt werden. Werden verschiedene Bereiche des Gebäudes mit unterschiedlicher Anlagentechnik versorgt (z. B. unterschiedliche Wärmeerzeuger für Warmwasser), so sind die Teilsysteme einzeln zu berechnen.

Wegen der Abhängigkeit vieler Kenngrößen von der Gebäudenutzfläche A_N erfolgt die **Berechnung** des Energiebedarfs nicht in absoluten Werten Q, sondern **in den flächenbezogenen Werten q*)**.

Die Berechnungsmethodik ist folgende:

Ausgehend vom Wärmebedarf wird der Energiebedarf in Verfahrensschritten, *Bild 2-10*, berechnet. Für den End-

---

*) Hinweis: In der DIN V 4701-10 werden die flächenbezogenen Energiemengen pro Jahr mit q bezeichnet. Die EnEV verwendet allerdings für den flächenbezogenen Primärenergiebedarf die Bezeichnung Q_p'', d. h. $q_p = Q_p''$.

Energieträger		Primärenergiefaktor f_p
Brennstoffe	Heizöl EL	1,1
	Erdgas H	1,1
	Flüssiggas	1,1
	Steinkohle	1,1
	Braunkohle	1,2
	Holz	0,2
Nah-/Fernwärme aus Kraft-Wärme-Kopplung (KWK)	fossiler Brennstoff	0,7
	erneuerbarer Brennstoff	0,0
Nah-/Fernwärme aus Heizwerken	fossiler Brennstoff	1,3
	erneuerbarer Brennstoff	0,1
Strom	Strom-Mix (bis 31.12.2015)	2,4
	Strom-Mix (ab 1.1.2016)	1,8
Umweltenergie	Solarenergie, Umgebungswärme	0,0

2-11 *Primärenergiefaktoren f_p nach DIN V 18599, Tabelle A.1*

energiebedarf q_E der Wärmebereitstellung gilt die **prinzipielle Bilanzierungsformel**

$$q_E = (q_h - q_{h,w} - q_{h,l} + q_{ce} + q_d + q_s) \cdot e_g.$$

Demnach werden die Wärmeverluste q_{ce}, q_d und q_s additiv zum Wärmebedarf q_h berücksichtigt (Verfahrensschritte 1 bis 3). Die Summe in der Klammer stellt den **Wärmebereitstellungsbedarf** der/des Wärmeerzeuger/s dar, siehe *Bild 2-10*. Die Verluste q_g der Wärmeerzeugung (Verfahrensschritt 4) werden nicht durch einen zusätzlichen Summanden, sondern durch Multiplikation der bereitzustellenden Wärme mit der **Erzeugeraufwandszahl** e_g erfasst, *Bild 2-14*. Sie ist das Verhältnis der dem Wärmeerzeuger zugeführten Endenergie zur bereitgestellten Wärme (Kehrwert des Erzeuger-Nutzungsgrades).

Bei Anlagen mit mehr als einem Wärmeerzeuger (z. B. Warmwasserbereitung mit Solaranlage plus Zusatzheizung) sind deren Anteile α_g an der Wärmebereitstellung mit der zugehörigen Erzeugeraufwandszahl zu multiplizieren und zur Ermittlung des gesamten Endenergiebedarfs der Wärmebereitstellung zu addieren.

Die **Nutzung regenerativer Energie Q_r** wird bei der Wärmeerzeugung durch eine Erzeugeraufwandszahl kleiner als 1 (Wärmepumpen), 0,2 (Holz als Brennstoff) bzw. 0 (Solaranlagen) für den Wärmebedarfs-Deckungsanteil des regenerativen Systems berücksichtigt. Der Endenergiebedarf verringert sich hierdurch entsprechend.

Der 5. Verfahrensschritt ist die **Berechnung des Primärenergiebedarfs der Wärmebereitstellung.** Hierzu wird der Endenergiebedarf mit dem Primärenergiefaktor des betreffenden Energieträgers multipliziert: $q_p = q_E \cdot f_p^*$) Bei mehr als einem Wärmeerzeuger sind deren Anteile an der Endenergiebereitstellung mit dem zugehörigen Primärenergiefaktor zu multiplizieren und daraus durch Addition der Gesamt-Primärenergiebedarf der Wärmebereitstellung zu ermitteln.

Die **Ermittlung des nutzflächenbezogenen elektrischen Hilfsenergiebedarfs q_{HE}** wird in einem parallelen Rechengang durchgeführt, bei dem die Hilfsenergien der einzelnen Prozessabschnitte addiert werden. Durch Multiplikation mit dem Primärenergiefaktor für Strom ergibt sich der primärenergetisch bewertete Hilfsenergiebedarf.

Der gesamte Jahres-Primärenergiebedarf q_p der Anlagentechnik kann nunmehr aus dem Primärenergiebedarf der Wärmebereitstellung und dem Primärenergiebedarf für Hilfsenergie zusammengefasst werden. Hieraus ergibt sich mit $e_p = q_p/(q_h + q_w)$ **die primärenergiebezogene Gesamt-Anlagenaufwandszahl e_p.** Sie ermöglicht einen dimensionslosen Vergleich der energetischen Effizienz der Wärmeversorgung von Gebäuden.

Der vorstehend gegebene methodische Überblick lässt bereits erkennen, dass die energetische Bewertung der Anlagentechnik recht komplex und im Detail nur für den Fachplaner durchschaubar ist. Wohngebäude, die in der Summe das größte Bauvolumen darstellen, werden meist mit deutlich geringerer Planungstiefe errichtet als andere beheizte Gebäude. DIN V 4701-10 enthält deshalb vereinfachte Verfahren, standardisierte Anlagenkennwerte und Berechnungsformblätter, die die Planung erheblich erleichtern und auch für den qualifizierten Handwerksmeister anwendbar sind. Im Folgenden wird hierauf näher eingegangen.

7.4.2 Energetische Bewertung der Anlagentechnik mit dem Diagrammverfahren

Für dieses einfachste Nachweisverfahren sind die Endergebnisse der energetischen Berechnungen von typischen kompletten Heizanlagen inkl. Warmwasserbereitung in Diagrammform dargestellt. Auch für Anlagenvarianten mit zusätzlicher mechanischer Lüftung bzw. solarer Warmwasserbereitung/Heizungsunterstützung liegen Diagramme vor. In Abhängigkeit des zuvor für das Gebäude ermittelten Jahres-Heizwärmebedarfs q_h und der beheizten Gebäude-Nutzfläche A_N kann der flächenbezogene Primärenergiebedarf q_p und der flächenbezo-

Niedertemperaturkessel
mit gebäudezentraler Trinkwassererwärmung

Heizung:	Übergabe:	Radiatoren mit Thermostatventil 1K
	Verteilung:	Max. Vorlauf-/Rücklauftemp. 70°C/55°C, horiz. Verteilung außerhalb der thermischen Hülle, vertikale Stränge innenliegend, geregelte Pumpe
	Erzeugung:	Niedertemperaturkessel außerhalb der thermischen Hülle
Warmwasser:	Speicherung:	indirekt beheizter Speicher außerhalb der thermischen Hülle
	Verteilung:	horizontale Verteilung außerhalb der thermischen Hülle, mit Zirkulation
	Erzeugung:	zentral, Niedertemperaturkessel

gene Endenergiebedarf $q_{WE,E}$ für die Wärmebereitstellung (Energieinhalt des Gas-, Öl-, Strombedarfs ohne Hilfsenergie) abgelesen werden (grafische Ermittlung). Die primärenergiebezogene Anlagen-Aufwandszahl e_p und der elektrische Hilfsenergiebedarf ergeben sich aus Tabellen in Abhängigkeit der Nutzfläche A_N.

Für 78 Standard-Anlagen sind diese Diagramme im Beiblatt 1 der DIN V 4701-10 enthalten. *Bild 2-12* zeigt ein Beispiel hiervon. Auch Hersteller, insbesondere von Wärmeerzeugern, veröffentlichen Diagramme, bei denen die normkonformen Kennwerte ihrer eigenen Produkte (z. B. Wärmeerzeuger-Aufwandszahl) in der Berechnung berücksichtigt wurden.

Vorteile des Diagrammverfahrens:

– Das Ergebnis der energetischen Anlagenbewertung ist auf kürzestem Wege und ohne Detailrechnung direkt verfügbar.

– Das Verfahren eignet sich für den öffentlich-rechtlichen EnEV-Nachweis, wenn die Anlagentechnik in der dem Diagramm zugrunde gelegten und somit vorgegebenen Konfiguration ausgeführt wird.

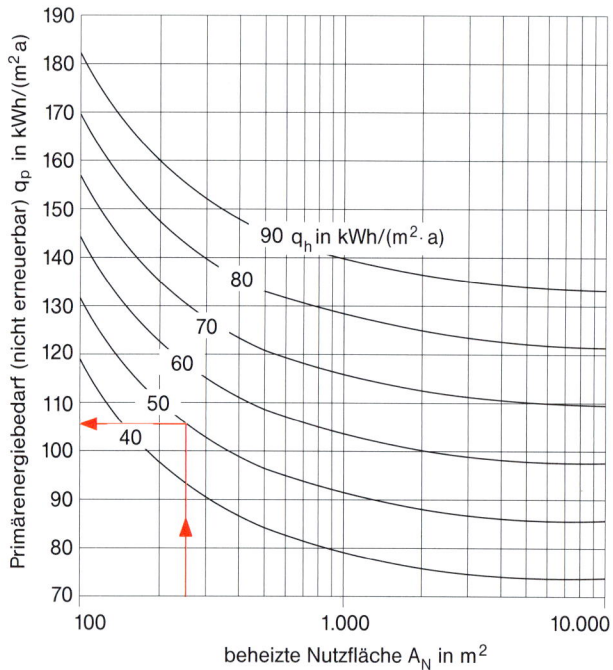

Nachteile des Diagrammverfahrens:

– Das Ergebnis gilt ausschließlich für die jeweils beschriebene Anlagenkonfiguration. Einzelne Systemparameter, wie Kennwerte der Komponenten, Verlegeart der Verteilleitungen oder Systemtemperatur können nicht verändert werden. Da nur eine begrenzte Anzahl von Diagrammen zur Verfügung steht, können nicht alle Varianten abgedeckt werden.

– Den Anlagenkonfigurationen der Norm liegen Standardkomponenten zugrunde, deren energetische Qualität dem unteren Marktdurchschnitt entspricht. Hierdurch ergeben sich höhere Aufwandszahlen und Bedarfswerte. Von den Herstellern werden deshalb nach Vorgaben der Norm eigene Diagramme mit den Kennwerten ihrer Produkte entwickelt.

2-12 Beispiel für ein Diagramm des flächenbezogenen Primärenergiebedarfs aus DIN V 4701-10, Beiblatt 1, in Abhängigkeit von der Gebäudenutzfläche A_N sowie mit dem Jahres-Heizwärmebedarf q_h als Parameter

– Da das Diagrammverfahren nur Endergebnisse der energetischen Bewertung ausweist, vermittelt es kein Verständnis über die Zusammenhänge des Zustandekommens dieser Ergebnisse. Lediglich durch Vergleich von Diagrammvarianten ähnlicher Anlagenkonfiguration (z. B. Wärmeerzeugung und -verteilung außerhalb/innerhalb der wärmegedämmten Gebäudehülle) können die Auswirkungen bestimmter Maßnahmen verglichen werden.

Bild 2-13 zeigt eine Zusammenstellung von Anlagen-Aufwandszahlen aus Tabellen des Beiblatts 1 der DIN V 4701-10. Sie gelten für Beispielgebäude mit Nutzflächen A_N von 150 und 500 m² bei einem Jahres-Heizwärmebedarf q_h von 60 kWh/(m² · a). Es wird deutlich, dass durch effizientere Techniken die Aufwandszahl erheblich reduziert werden und somit die primärenergiebezogene Effizenz der Wärmeversorgung eines Gebäudes deutlich verbessert werden kann. Besonders günstig schneidet die Erdreich/Wasser-Wärmepumpe ab, bei der durch Umweltwärmenutzung trotz der Primärenergiebewertung der elektrischen Antriebsenergie eine Aufwandszahl von kleiner als 1 erreicht wird.

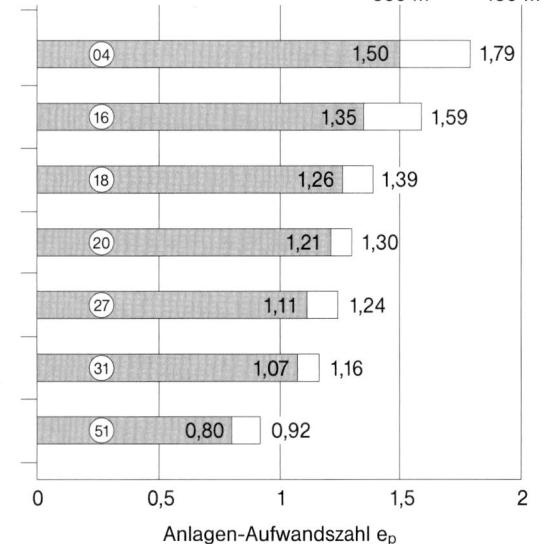

1) NT-Kessel + TW-Speicher außerhalb therm. Hülle, HK 70/55°C, mit Zirkulation, Fensterlüftung
2) wie 1), jedoch BW- statt NT-Kessel
3) wie 2), jedoch BW-Kessel + TW-Speicher innerhalb therm. Hülle
4) wie 3), jedoch ohne Zirkulation
5) wie 3), jedoch statt Fensterlüftung Lüftungsanlage mit 80% Wärmerückgewinn
6) wie 2), jedoch zusätzlich mit solarer Warmwasserbereitung
7) Erdreich/Wasser-Wärmepumpe + TW-Speicher außerhalb therm. Hülle, FBH 35/28°, ohne Zirkulation, Fensterlüftung

NT Niedertemperatur HK Heizkörper
BW Brennwert FBH Fußbodenheizung
TW Trinkwasser (04) Anlage Nr. 04 usw. im Beiblatt 1 zur DIN V 4701-10

2-13 Primärenergiebezogene Anlagen-Aufwandszahlen e_p von Anlagenvarianten aus dem Beiblatt 1 der DIN V 4701-10 für Beispielgebäude mit Nutzflächen A_N von 150 und 500 m² bei einem Jahres-Heizwärmebedarf q_h von 60 kWh/(m² · a)

Da die nutzflächenbezogenen Wärmeverluste mit zunehmender Größe der Nutzfläche A_N abnehmen, ergeben sich für die größere Nutzfläche niedrigere Aufwandszahlen.

7.4.3 Energetische Bewertung der Anlagentechnik mit dem Tabellenverfahren

Mit dem Tabellenverfahren der DIN V 4701-10 besteht die Möglichkeit, Anlagen, für die keine Diagramme aufbereitet sind, rechnerisch zu bewerten. Hierzu müssen die Kennwerte der einzelnen Systemkomponenten (Wärmeerzeuger, Wärmeverteil- und Wärmeabgabesystem, Komponenten der Warmwasserbereitung, Lüftung, Solartechnik) eingegeben und über die **Berechnungsblätter des Anhangs A** der Norm entsprechend der unter 7.4.1 beschriebenen Berechnungsmethodik miteinander verknüpft werden.

Der Anhang C.1 bis C.4 der DIN V 4701-10 enthält die **Kennwerte für Standardprodukte in Tabellenform.** Die Berechnung mit diesen Standard-Kennwerten wird „Tabellenverfahren" genannt. Die meisten der Kennwerte sind in Abhängigkeit von der beheizten Nutzfläche A_N angegeben. Hierdurch wird der Einfluss der Anlagengröße berücksichtigt. Die Berechnung erfolgt am zweckmäßigsten mit einem PC-Programm.

Bild 2-14 zeigt als Beispiel einen Auszug aus Tabellen zu standardisierten Aufwandszahlen e_g der Wärmeerzeugung.

Vorteile des Tabellenverfahrens:

– Im Vergleich zum Diagrammverfahren besteht die Möglichkeit einer Veränderung der Anlagenkonfiguration auf zusätzliche Varianten, die mit den Diagrammen nicht erfasst werden.

		Wärmeerzeuger-Aufwandszahl e_g									
		Heizkessel (außerhalb der wärmegedämmten Hülle)					Elektrowärmepumpe				Elektrowärme	Solaranlage
		Konstant-temperatur	Nieder-temperatur	Brennwert			Erdreich/Wasser		Abluft/Wasser			
Heiztemperaturen, °C		alle	alle	70/55	55/45	35/28	55/45	35/28	55/45	35/28	alle	alle
Heizung	A_N = 100 m²	1,38	1,15	1,03	1,00	0,95	0,27	0,23	0,30	0,24	1,0	0,0
	300 m²	1,27	1,12	1,01	0,98	0,95						
	1000 m²	1,20	1,10	0,99	0,97	0,94						
Warm-wasser-bereitung	A_N = 100 m²	1,82	1,21		1,17		0,27		0,25		1,0	0,0
	300 m²	1,56	1,17		1,13							
	1000 m²	1,36	1,14		1,10							

2-14 Aufwandszahlen e_g der Wärmeerzeugung/Tabellenwerte der DIN V 4701-10 (Auszug)

- Die einzelnen Schritte der Berechnung ermöglichen eine Beurteilung der energetischen Auswirkungen einzelner Komponenten oder Teilsysteme (z. B. Heizung, Warmwasserbereitung).

Nachteile des Tabellenverfahrens:

- Zur Bestimmung der Kennwerte müssen Details der Anlagentechnik bekannt sein.
- Die Standard-Kennwerte der Norm orientieren sich am unteren energetischen Durchschnitt des Marktniveaus. Wie beim Diagrammverfahren ergeben sich dadurch entsprechend höhere Aufwandszahlen und Energiebedarfswerte.

7.4.4 Energetische Bewertung der Anlagentechnik mit dem detaillierten Verfahren

Wegen der vorgenannten Nachteile empfiehlt sich bei Einsatz hochwertiger Anlagenkomponenten die Verwendung produktspezifischer Kennwerte, die von den Herstellern nach den Vorgaben der Norm zu ermitteln sind. Auch eine Kombination herstellerspezifischer Kennwerte für einzelne Komponenten mit den Normwerten anderer Anlagenteile ist zulässig. Für die Berechnung stehen wie beim Tabellenverfahren die Berechnungsblätter des Anhangs A der Norm zur Verfügung, die auch in den PC-Berechnungsprogrammen eingesetzt werden.

Das detaillierte Verfahren ermöglicht nach den Vorgaben des Abschnitts 5 der Norm auch die eigene Berechnung von Kennwerten aus zertifizierten Produktdaten oder die Berücksichtigung gebäudespezifischer Details der Anlagenplanung.

Durch die Anwendung des detaillierten Verfahrens für besonders energieeffiziente Anlagenkomponenten können die Ergebnisse für den Energiebedarfsausweis verbessert bzw. die Anforderungen mit weniger aufwendigen baulichen Maßnahmen erfüllt werden.

8 Vorgehensweise beim EnEV-Nachweis

Die EnEV stellt Anforderungen sowohl an die bautechnische als auch an die anlagentechnische Ausführung eines zu errichtenden Gebäudes. Die Anforderungen an die Bautechnik sind erfüllt, wenn der zulässige Höchstwert des spezifischen, auf die wärmeübertragende Umfassungsfläche bezogenen Transmissionswärmeverlusts $H_{T,max}'$ unterschritten wird, Bild 2-7. Der maximal zulässige Jahres-Primärenergiebedarf $Q_p''_{,max}$ des Referenzgebäudes legt die Mindestanforderung an die Anlagentechnik unter Berücksichtigung der vorhandenen Bautechnik fest. Daraus resultiert, dass beim EnEV-Nachweis neben dem in anderer Form schon in der WSVO '95 vorhandenen Nachweis des baulichen Wärmeschutzes ein zweiter Nachweis für die effiziente Bereitstellung des für das Gebäude notwendigen Wärmebedarfs für Heizung und Warmwasser erfolgen muss. Die Methodik des EnEV-Nachweises ist in Bild 2-15 dargestellt. Es unterteilt die Vorgehensweise – jeweils für Bau- und Anlagentechnik – in die Arbeitsschritte „planen", „ermitteln" und „nachweisen".

Nach Fertigstellung des Gebäudeentwurfs, aus dem die geometrischen Kenngrößen des Gebäudes ermittelt werden, muss das Konzept für den Wärmeschutz geplant werden. Bei der Dimensionierung sollte man sich an den Vorgaben des Referenzgebäudes orientieren, Bild 2-5. Neben den Wärmedurchgangskoeffizienten der Außenbauteile ist auch das Konzept für die Wärmebrückenreduzierung sowie die Luftdichtheit der Gebäudehülle festzulegen. Aus den Kennwerten wird der mittlere spezifische Wärmedurchgangskoeffizient der wärmeübertragenden Umfassungsfläche H_T' ermittelt und mit dem nach EnEV lt. Bild 2-7 vorgegebenen maximal zulässigen Wert $H_{T,max}'$ verglichen. Wird die Anforderung erfüllt, kann der Jahres-Heizwärmebedarf als Grundlage für den Nachweis des Jahres-Primärenergiebedarfs berechnet werden.

Im nächsten Planungsschritt ist das Konzept der Anlagentechnik festzulegen. Hierfür können nunmehr – ausgehend

Methodik des EnEV-Nachweises

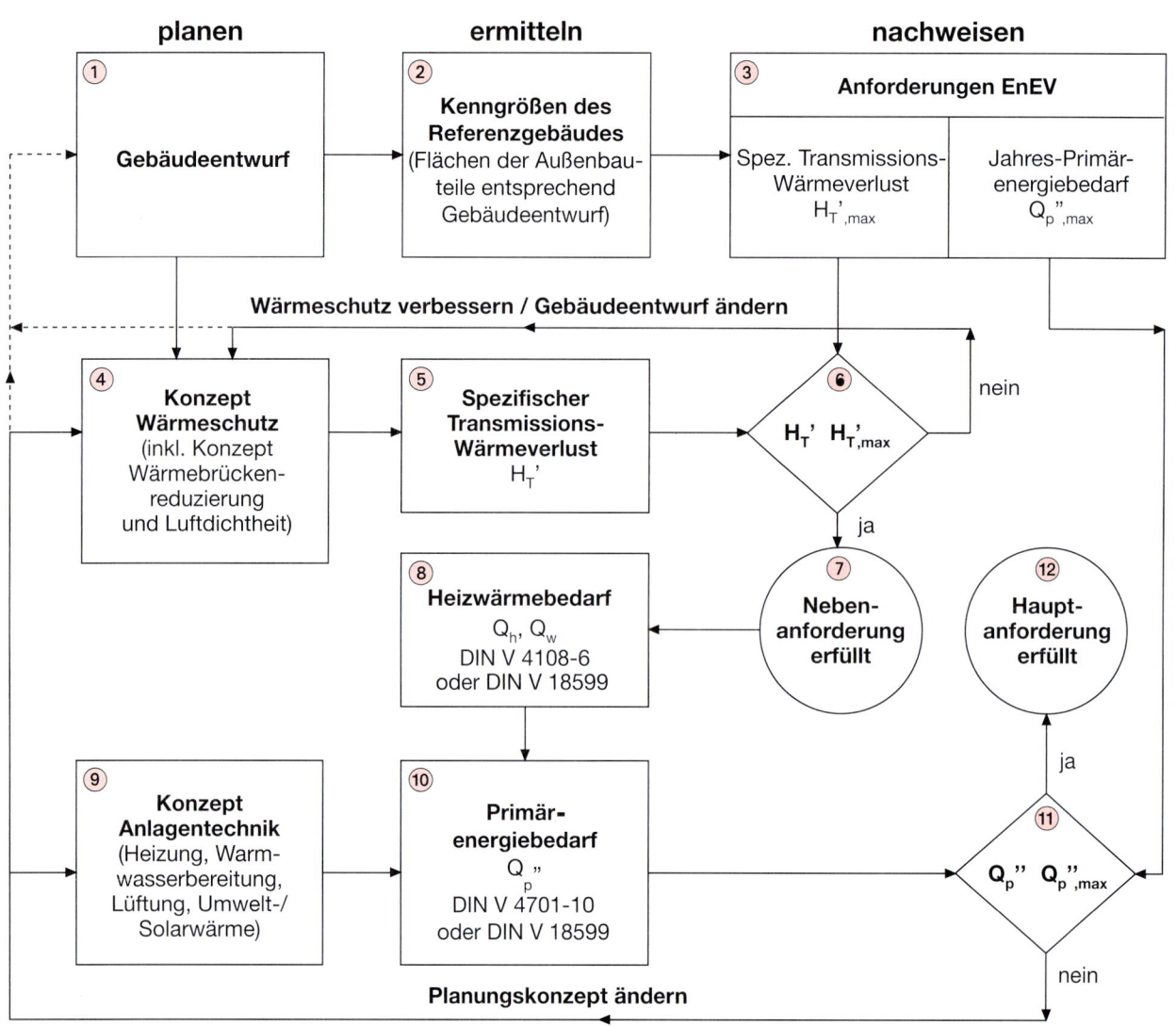

2-15 Schritte zur Erfüllung des EnEV-Nachweises

vom Jahres-Heizwärmebedarf – der Heizenergie-/Endenergiebedarf und der Jahres-Primärenergiebedarf für Heizung und Warmwasser nach DIN V 4701-10 oder DIN V 18599 ermittelt werden. Wird der in Abhängigkeit der Vorgaben des Referenzgebäudes ermittelte maximal zulässige Jahres-Primärenergiebedarf nicht überschritten, ist der EnEV-Nachweis erbracht; das geplante Gebäude erfüllt in Kombination von Gestaltung, Bau- und Anlagentechnik die Anforderungen der Energieeinsparverordnung.

Wird der zulässige Höchstwert für den Jahres-Primärenergiebedarf überschritten, muss das gesamte Planungskonzept des Gebäudes überdacht werden, da nicht nur durch eine effizientere Anlagentechnik, sondern auch durch eine Verbesserung des baulichen Wärmeschutzes oder durch Änderungen an der Gestaltung des Gebäudeentwurfs eine Verringerung des Jahres-Primärenergiebedarfs erreicht werden kann. Nach Festlegung der geplanten Änderungen muss erneut der Jahres-Primärenergiebedarf ermittelt und mit dem maximal zulässigen Wert verglichen werden, bis dieser unterschritten wird.

Falls der Primärenergiebedarf deutlich den maximal zulässigen Betrag unterschreitet und eine Kostenminimierung des Wärmeschutzes angestrebt wird, ist dieser zu reduzieren und anschließend erneut der Nachweis für die Einhaltung von $H_{T',max}$ zu führen.

Wird der geforderte Grenzwert $H_{T',max}$ nicht unterschritten, muss entweder der Gebäudeentwurf energetisch günstiger (z. B. durch Vermeidung von Vor- und Rücksprüngen in der Fassade) gestaltet werden oder der Wärmeschutz der Außenbauteile erhöht werden. Nach den Änderungen ist wiederum eine Berechnung des spezifischen Wärmedurchgangskoeffizienten H_T' durchzuführen und zu überprüfen, ob der maximal zulässige Wert nun unterschritten wird.

Nach jeder Korrektur bei der Ermittlung des spezifischen Wärmedurchgangskoeffizienten H_T' der wärmeübertragenden Umfassungsfläche muss anschließend wieder überprüft werden, ob der zulässige Höchstwert für den Jahres-Primärenergiebedarf nicht überschritten wird.

Die Praxis der letzten Jahrzehnte zeigt, dass über die Gestaltung und Bautechnik des Gebäudes meistens feste Vorstellungen beim Architekten und/oder Bauherrn vorliegen. Die Anforderungen an die Bautechnik haben sich seit der WSVO '95 bis zur EnEV 2014 allerdings erheblich erhöht. Durch die Vorgaben des Referenzgebäudes für die Außenbauteile sind Orientierungswerte vorhanden. Der Planer wird sich beim EnEV-Nachweis verstärkt mit Varianten bei der Auswahl und der Aufstellung der Anlagentechnik für Heizung und Warmwasser beschäftigen müssen. Ein Einblick in die große Bandbreite der Einflüsse durch die gewählte Anlagentechnik wird im Abschnitt 9 gegeben.

9 Auswirkungen unterschiedlicher Maßnahmen am Praxisbeispiel eines Wohngebäudes

Da durch die Energieeinsparverordnung sowohl die Bautechnik als auch die Anlagentechnik zum Heizen, Lüften und Warmwasserbereiten energetisch bewertet werden, gibt es eine Vielzahl von Möglichkeiten, die Anforderungen an den Jahres-Primärenergiebedarf zu erfüllen. Nachfolgend wird am Beispiel eines in *Bild 2-16* dargestellten Reihenendhauses aufgezeigt, welche Auswirkungen unterschiedliche Maßnahmen auf das Berechnungsergebnis haben.

9.1 Bau- und Anlagentechnik des Referenzgebäudes

Entsprechend den Vorgaben der EnEV 2014 *(Bild 2-5)* weisen die Außenbauteile des Referenzgebäudes folgende Wärmedurchgangskoeffizienten auf:

Kellerdecke	$U = 0{,}35$ W/(m² · K)
Dächer	$U = 0{,}20$ W/(m² · K)
Wände	$U = 0{,}28$ W/(m² · K)
Fenster, Fenstertüren	$U = 1{,}30$ W/(m² · K)
	Gesamtenergiedurchlassgrad $g = 0{,}60$

2 Energieeinsparverordnung Auswirkungen unterschiedlicher Maßnahmen am Praxisbeispiel eines Wohngebäudes

Nordansicht

Südansicht

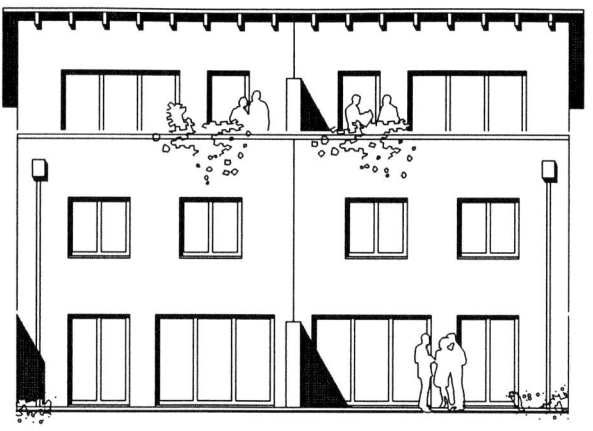

Schnitt

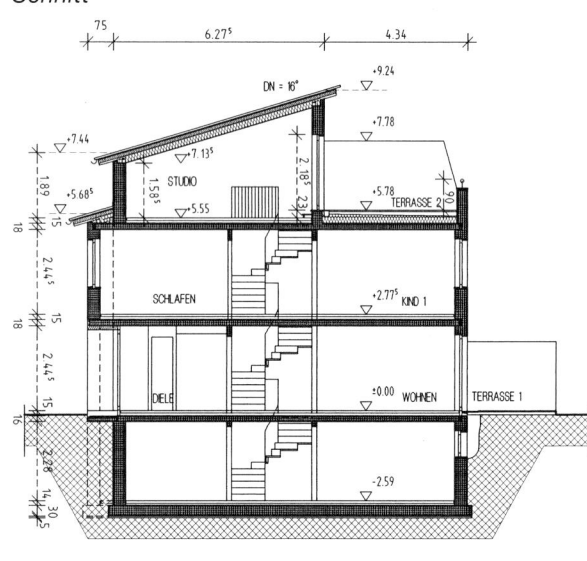

Das in Auftrag der Allbau AG in Essen vom Architekturbüro Trappmann Partner in Bielefeld entworfene Reihenhaus hat eine Grundfläche von 6,135 m × 10,615 m. Es ist unterkellert, hat 2 Vollgeschosse und ein ausgebautes Dachgeschoss mit Dachterrasse. Entsprechend EnEV hat das Gebäude folgende geometrischen Kennwerte:

– beheiztes Gebäudevolumen $V_e = 572\ m^3$

– Kompaktheit $A/V_e = 0{,}60\ m^{-1}$

– Nutzfläche $A_N = 183\ m^2$

Entsprechend der Ausführung des Referenzgebäudes erfolgt die Beheizung der Wohnräume über einen im beheizten Keller stehenden Öl-Brennwertkessel, Auslegungstemperatur 50/45 °C, mit beigestelltem, indirekt beheiztem zentralen Trinkwasserspeicher und Solaranlage. Die Wärmeübergabe erfolgt durch Radiatoren im Außenwandbereich mit Thermostatventilen von 1 K Regelgenauigkeit. Es ist eine zentrale Abluftanlage installiert, die bedarfsgeführt wird.

2-16 Beschreibung des untersuchten Doppel-/Reihenendhauses

2 Energieeinsparverordnung Auswirkungen unterschiedlicher Maßnahmen am Praxisbeispiel eines Wohngebäudes

In der praktischen Ausführung des Referenzgebäudes würden die Kellerdecke 10 cm und das Dach 18 cm Wärmedämmung mit einem Bemessungswert der Wärmeleitfähigkeit von 0,035 W/(m · K) aufweisen. Um einen Wärmedurchgangskoeffizienten U = 0,28 W/(m² · K) der Außenwände zu erreichen, könnten u. a. folgende Ausführungen gewählt werden:

- monolithisches Mauerwerk mit einer Dicke von 36,5 cm und einer Wärmeleitfähigkeit von 0,10 W/(m · K),
- 17,5 cm Kalksandstein-Mauerwerk mit einem Wärmedämmverbundsystem von 12 cm Dicke mit einem Wärmedämmstoff der Wärmeleitfähigkeit 0,035 W/(m · K),
- zweischaliges Mauerwerk (24 cm + 11,5 cm) mit einer Kerndämmung aus 10 cm Wärmedämmung der WLS 035; das tragende Mauerwerk muss einen Bemessungswert der Wärmeleitfähigkeit von höchstens 0,21 W/(m · K) aufweisen,
- Leichtbauweise mit 10 cm Wärmedämmung der WLS 035 zwischen den Holzständern und 4 cm Wärmedämmverbundsystem der Wärmeleitfähigkeit 0,035 W/(m · K).

Wärmeerzeugung und zentrale Warmwasserbereitung des Referenzgebäudes wurden entsprechend den Vorgaben der EnEV 2009 *(Bild 2-5)* wie folgt angenommen:

- Brennwertkessel (verbessert) mit Heizöl als Brennstoff und Aufstellung innerhalb der thermischen Hülle,
- Wärmeverteilung mit einer Auslegungstemperatur von 55/45 °C innerhalb der thermischen Hülle,
- Wärmeübergabe mit Heizkörpern und Thermostatventilen mit Proportionalbereich 1 K an den Außenwänden,
- zentrale Warmwasserbereitung in Kombination mit der Heizungsanlage,
- Solaranlage zur Warmwasserbereitung als Kombisystem mit Flachkollektor – die Kollektoren wären beim vorliegenden Gebäudeentwurf schräg vor die Südfassade zu installieren,
- indirekt beheizter Speicher innerhalb der thermischen Hülle,
- Verteilung des Warmwassers innerhalb der thermischen Hülle mit Zirkulation und einer geregelten, auf den Bedarf ausgelegten Pumpe,
- Wohnungslüftung mit zentraler Abluftanlage, die bedarfsgeführt mit einem geregelten DC-Ventilator betrieben wird.

Für das Beispielgebäude entsprechend *Bild 2-16* gilt nach *Bild 2-7* ein Höchstwert des spezifischen, auf die wärmeübertragende Umfassungsfläche bezogenen Transmissionswärmeverlustes $H_T'_{,max}$ von 0,45 W/(m² · K). Der zulässige Höchstwert des Jahres-Primärenergiebedarfs $Q_p''_{,max}$ für das Referenzgebäude ermittelt sich zu 75 kWh/(m² · a) unter Berücksichtigung der Heizwärmegutschriften der Wärmeerzeugung und der Warmwasserbereitung aufgrund deren Aufstellung innerhalb der thermischen Hülle und unter Berücksichtigung der Gutschrift der solaren Warmwasserbereitung.

9.2 Energiebilanzierung des Referenzfalls

Bild 2-17 zeigt für den Referenzfall des Beispielgebäudes die detaillierten Energiebilanzen der Heizung und Warmwasserbereitung sowie der elektrischen Hilfsenergie.

Die Ergebnisse lassen erkennen, dass moderne Brennwert-Heizungsanlagen mit niedriger Auslegungstemperatur nur noch geringe Wärmeverluste durch die Wärmeerzeugung, Speicherung, Übergabe und Verteilung aufweisen. Bei der zentralen Warmwasserbereitung bewirkt die thermische Solaranlage allerdings lediglich eine Kompensation der beträchtlichen Verluste.

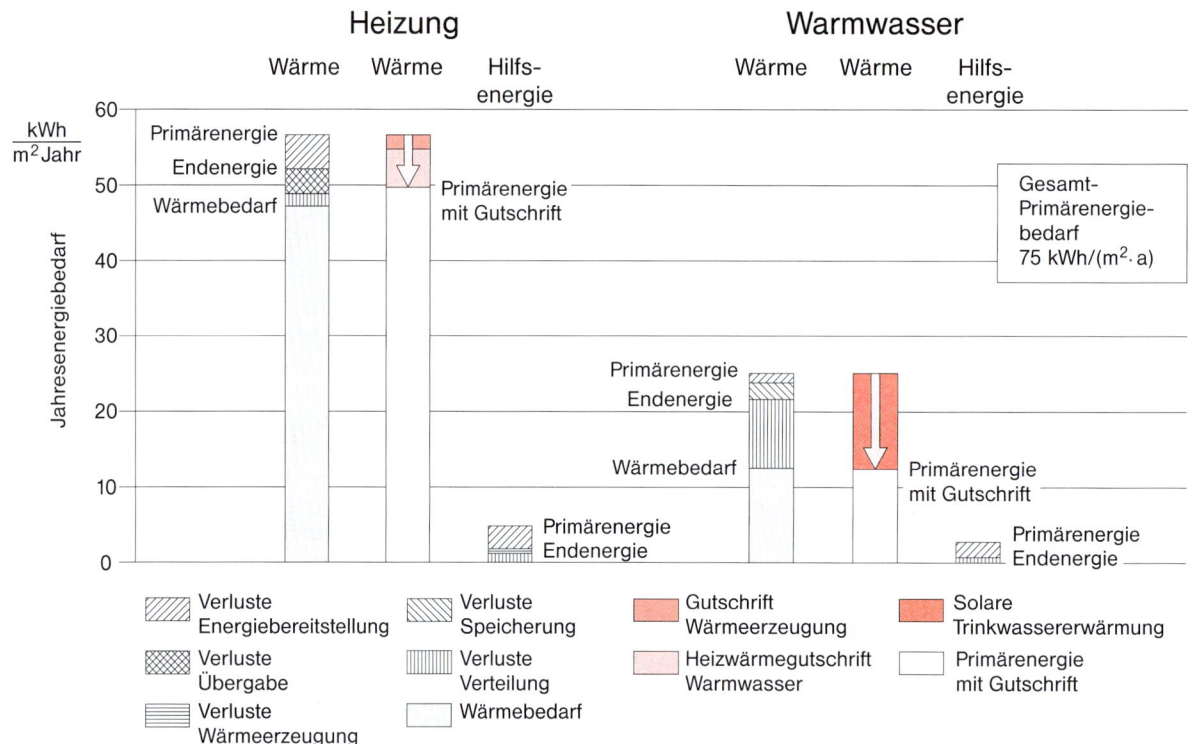

2-17 Detaillierte Energiebilanzierung für den Referenzfall (siehe Bild 2-18) des Beispielgebäudes

9.3 Wärmeerzeugung und -verteilung außerhalb der wärmegedämmten Gebäudehülle

Die Installation der Heizungs- und Warmwasserbereitungsanlage sowie deren Verteilung außerhalb des beheizten Gebäudevolumens im unbeheizten Keller führt zu einer erheblichen Zunahme der Verluste und damit verbunden des Jahres-Primärenergiebedarfs.

Diese zusätzlichen Verluste müssen durch eine Erhöhung der Wärmedämmung des Gebäudes ausgeglichen werden, sodass der zulässige Maximalwert des Primärenergiebedarfs von 75 kWh/(m² · a) wieder eingehalten wird. In Bild 2-18 sind die für Heizung und Warmwasser zusammengefassten Bilanzen der Wärmebereitstellung und des Hilfsenergiebedarfs der beiden anlagentechnischen Varianten einander gegenübergestellt. Der zulässige Heizwärmebedarf sinkt von 47 auf 39 kWh/(m² · a) und der spezifische Transmissionswärmeverlust H_T' von 0,45 auf 0,33. Die Verluste der Anlagentechnik verdreifachen sich somit bei Verlegung der Heizungsanlage in den ungeheizten Keller. Im Vergleich zum Referenzgebäude be-

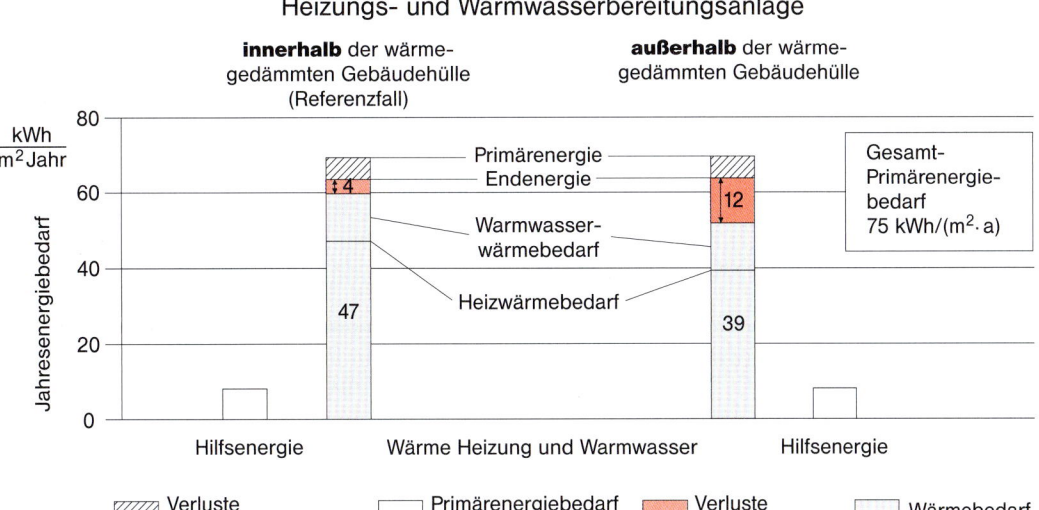

2-18 Auswirkung der Unterbringung der Heizungs- und Warmwasserbereitungsanlage auf den zulässigen Heizwärmebedarf

deutet dies, dass die Gebäudehülle einen um etwa 20 % höheren Wärmeschutz benötigt, um bei identischer Anlagentechnik die Anforderungen der EnEV zu erfüllen. **Es sollten daher – trotz der dicken Wärmedämmung von Kessel, Speicher und Leitungen moderner Heizungsanlagen – diese immer innerhalb der wärmegedämmten Gebäudehülle aufgestellt werden.**

9.4 Einfluss des Wärmebrücken- und des Luftdichtheitsnachweises

Die EnEV ermöglicht in Verbindung mit der DIN V 4108-6 bzw. der DIN V 18599 die unterschiedliche Detaillierung der Wärmebrücken mit ihrem Einfluss auf die Transmissionswärmeverluste. Weiterhin berücksichtigt sie bei einem Nachweis der Luftdichtheit mittels Blower-Door-Test eine Reduzierung der Lüftungswärmeverluste. Die Auswirkungen auf den Jahres-Primärenergiebedarf werden an dem Beispielgebäude unter Beibehaltung der in Bild 2-16 genannten Anlagentechnik des Referenzfalls aufgezeigt, Bild 2-19.

Nur beim Einsatz von Lüftungsanlagen sind in der Energieeinsparverordnung Luftdichtheitstests vorgeschrieben. Trotzdem empfiehlt sich grundsätzlich die Durchführung eines Blower-Door-Tests und die Sicherstellung der Luftdichtheit der Gebäudehülle ($n_{50} \leq 3{,}0$ h^{-1} bei Fensterlüftung, Abschnitt 7.2.1.2). Hierdurch wird bei der Berechnung der Lüftungswärmeverluste ein Luftwechsel von 0,6 h^{-1} statt 0,7 h^{-1} zugrunde gelegt. Der Jahres-Primärenergiebedarf erhöht sich bei einem Verzicht auf einen Blower-Door-Test gegenüber dem Referenzfall um etwa 11 % (Bild 2-19, Variante 4).

Ohne Nachweis der Reduzierung von Wärmebrücken (Wärmebrückenkorrekturwert $\Delta U_{WB} = 0{,}1$ W/(m² · K) statt

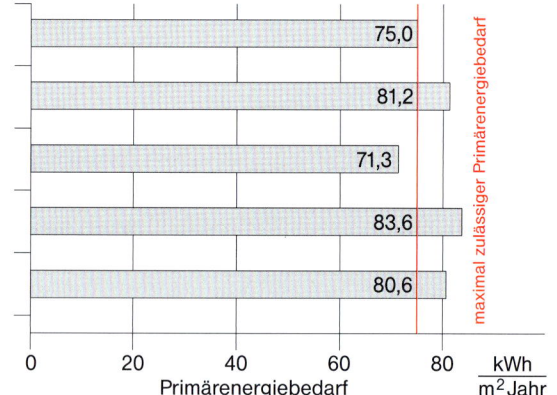

2-19 Einfluss des Wärmebrücken- und des Luftdichtheitsnachweises auf den Jahres Primärenergiebedarf

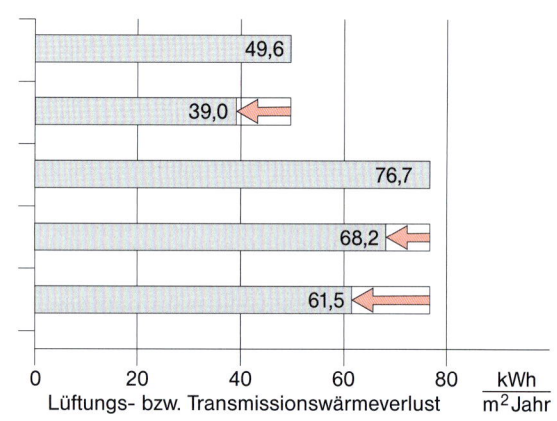

2-20 Einfluss des Luftdichtheits- und des Wärmebrückennachweises auf die Jahres-Wärmeverluste des Beispielgebäudes

0,05 W/(m² · K), Abschnitt 7.2.1.1) steigt der Jahres-Primärenergiebedarf (Variante 2) um 8 % gegenüber Variante 1 an, sodass er deutlich über dem maximal zulässigen Betrag liegt. Entsprechend muss der Wärmeschutz weiter verbessert oder eine effizientere Anlagentechnik gewählt werden.

Bei Minimierung der Wärmebrücken mit einem detaillierten Nachweis über die einzelnen längenbezogenen Wärmedurchgangskoeffizienten, auch Wärmebrückenverlustkoeffizienten genannt, auf ΔU = 0,02 W/(m² · K) liegt der Jahres-Primärenergiebedarf um 5 % unter dem maximal zulässigen Wert (Variante 3). Die Variante macht deutlich,

2 Energieeinsparverordnung Auswirkungen unterschiedlicher Maßnahmen am Praxisbeispiel eines Wohngebäudes

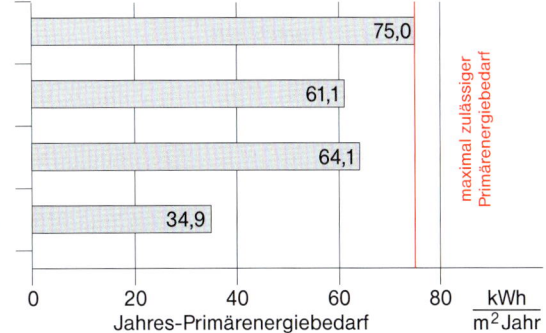

1) Referenzfall, Öl-Brennwertkessel mit gebäudezentraler Warmwasserbereitung und Solaranlage
2) Wie 1), zusätzlich Lüftungsanlage mit 80% Wärmerückgewinn
3) Erdreich-Sole-Wasser-Wärmepumpe mit kombinierter Warmwasserbereitung ohne Solaranlage
4) Holzpellet-Kessel mit kombinierter Warmwasserbereitung

2-21 Einfluss unterschiedlicher Anlagentechniken des Beispielgebäudes auf den Jahres-Primärenergiebedarf, Installation innerhalb der wärmegedämmten Gebäudehülle

dass durch einen detaillierten Wärmebrückennachweis der erhöhte Primärenergiebedarf durch den Verzicht auf einen Luftdichtheitstest in der Regel nicht kompensiert werden kann. In *Bild 2-20* erkennt man die deutliche Reduzierung der rechnerisch in Ansatz zu bringenden Wärmeverluste bei Durchführung eines detaillierten Wärmebrücken- und Luftdichtheitsnachweises.

9.5 Auswirkungen der Wärmeerzeugungs- und Lüftungstechnik

Ausgehend vom Referenzfall (*Bild 2-16, Bild 2-19* Variante 1) wird nunmehr für das Reihenendhaus unter Beibehaltung des hohen bautechnischen Wärmeschutzes aufgezeigt, wie sich unterschiedliche Anlagen zur Heizung, Warmwasserbereitung und Lüftung auf den berechneten Jahres-Primärenergiebedarf auswirken. *Bild 2-21* zeigt die Auswirkungen unterschiedlicher Systeme.

Mit dem Ersatz der zentralen Abluftanlage durch eine zentrale **Lüftungsanlage bei einem Wärmerückgewinn von 80 %** (Variante 2), reduziert sich der Jahres-Primärenergiebedarf um 19 % gegenüber der Referenzanlage.

Verzichtet man auf die thermische Solaranlage und investiert hingegen in den Einsatz einer **Erdreich-Sole-Wasser-Wärmepumpe** zur Heizung (Auslegungstemperatur 35/28 °C) und gebäudezentralen Wassererwärmung (Variante 3) wird eine Reduzierung des Jahres-Primärenergiebedarfs auf 85 % des Wertes des Referenzfalls erreicht. Eine Verringerung des Jahres-Primärenergiebedarfs um mehr als 50 % lässt sich durch den Einsatz eines **Holzpellet-Kessels** (Variante 4) im Referenzgebäude erreichen.

9.6 Besonderheiten bei Reihenhausbebauung

Bei Reihenhäusern ist es zulässig, den Nachweis für die Energieeinsparverordnung wahlweise für die Einzelgebäude oder für die gesamte Häuserzeile zu führen, Abschnitt 7.2.1.3. *Bild 2-22* zeigt im Vergleich zur separaten Betrachtung eines Reihenendhauses die Auswirkungen auf den maximal zulässigen Jahres-Primärenergiebedarf je Gebäude bei Ausführung der Berechnung für ein Mittelhaus, ein Doppelhaus sowie für Häuserzeilen aus 3 bzw. 5 Gebäuden.

Der berechnete maximal zulässige Jahres-Primärenergiebedarf ist bei Variante 2 kleiner, weil sich für das zugehörige Referenzgebäude bei den gleichen Anforderungen an die Wärmedurchgangskoeffizienten (*Bild 2-5*) aufgrund der geringeren Fassadenfläche des Mittelhauses

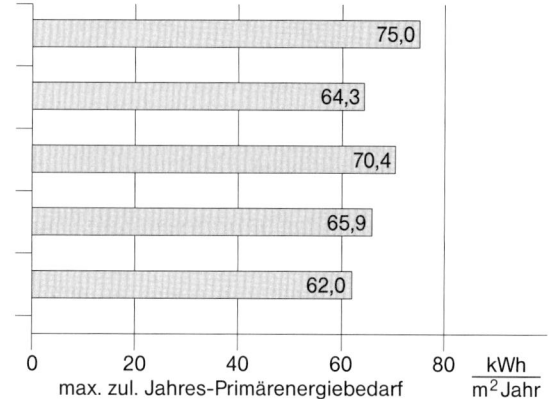

2-22 *Einfluss der Nachweisdurchführung auf den maximal zulässigen Jahres-Primärenergiebedarf des Reihenhaus-Beispielgebäudes*

ein niedrigerer Heizwärmebedarf ergibt. Bei den Varianten 3 bis 5 wirkt sich außerdem aus, dass DIN V 4701-10 mit größer werdender Gebäudenutzfläche geringere Wärmeerzeugungs-, Wärmespeicher- und Wärmeverteilverluste einer zentralen Heizung und Warmwasserbereitung zugrunde legt.

Der Käufer eines Reihenhauses sollte daher immer darauf achten, ob ein Einzelnachweis für sein Gebäude geführt wurde, da nur dann das Rechenergebnis dem tatsächlichen Bedarf seines Hauses und nicht dem Durchschnitt einer zentral beheizten gesamten Häuserzeile entspricht.

10 Anforderungen und Berechnungsverfahren der EnEV für Nichtwohngebäude

Die Anforderungen und Berechnungsververfahren für Wohngebäude, die nach ihrer Zweckbestimmung überwiegend dem Wohnen dienen, einschließlich Wohn-, Alten- und Pflegeheimen sowie ähnliche Einrichtungen, werden eingehend in den Abschnitten 5 bis 8 erläutert. Alle anderen beheizten Gebäude sind Nichtwohngebäude.

Die EnEV stellt an zu errichtende Nichtwohngebäude Anforderungen an den Jahres-Primärenergiebedarf und an den auf die wärmeübertragende Umfassungsfläche bezogenen Transmissionswärmeverlust. **Ab dem 1. Januar 2016 ist der entsprechend Anlage 2 der EnEV 2014 ermittelte maximal zulässige Primärenergiebedarf um 25 % zu reduzieren. Ab diesem Stichtag werden auch die Anforderungen an die Wärmedurchgangskoeffizienten der wärmeübertragenden Umfassungsfläche verschärft, siehe** *Bild 2-23*. Bei Änderung von Außenbauteilen an bestehenden Nichtwohngebäuden durch erstmaligen Einbau, Ersatz und Erneuerung werden die gleichen Anforderungen wie an Wohngebäude gestellt, siehe Abschnitt 6.1. Weiterhin gelten die gleichen Nachrüstverpflichtungen bei Anlagen und Gebäuden, die in Abschnitt 6.2 detailliert beschrieben werden. Im Folgenden werden die Anforderungen an zu errichtende Nichtwohngebäude erläutert.

10.1 Anforderungen an zu errichtende Nichtwohngebäude

Hauptanforderung an ein zu errichtendes Nichtwohngebäude ist der auf die Nettogrundfläche bezogene Höchstwert des Jahres-Primärenergiebedarfs eines Referenzgebäudes gleicher Geometrie, Nettogrundfläche, Ausrichtung und Nutzung wie des zu errichtenden Gebäudes. Die Unterteilung hinsichtlich der Nutzung sowie der verwendeten Berechnungsverfahren und Randbedingungen muss beim Referenzgebäude (Vorgaben entsprechend Anlage 2 der EnEV) mit der des zu errichtenden Gebäudes übereinstimmen. Bei der Unterteilung hinsichtlich der anlagentechnischen Ausstattung und der Tageslichtversorgung sind Unterschiede (Berechnungsverfahren und Kennwerte entsprechend DIN V 18599) zulässig, die durch die technische Ausführung des zu errichtenden Gebäudes bedingt sind. Die Bestimmung des Höchstwertes des Jahres-Primärenergiebedarfs ist unter Berücksichtigung aller beheizten und/oder gekühlten Teile eines Gebäudes wie folgt durchzuführen:

$$Q_p = Q_{p,h} + Q_{p,c} + Q_{p,m} + Q_{p,w} + Q_{p,l} + Q_{p,aux} \text{ in kWh/a}$$

Dabei bedeuten:

Q_p der Jahres-Primärenergiebedarf in kWh/a,

$Q_{p,h}$ der Jahres-Primärenergiebedarf für das Heizungssystem und die Heizfunktion der raumlufttechnischen Anlage in kWh/a,

Zeile	Bauteil	Anforderungsniveau	Höchstwerte der Wärmedurchgangskoeffizienten, bezogen auf den Mittelwert der jeweiligen Bauteile	
			Zonen mit Raum-Solltemperaturen im Heizfall ≥ 19 °C	Zonen mit Raum-Solltemperaturen im Heizfall von 12 bis < 19 °C
1	Opake Außenbauteile, soweit nicht in Bauteilen der Zeilen 3 und 4 enthalten	nach EnEV 2009	Ū = 0,35 W/(m²·K)	Ū = 0,50 W/(m²·K)
		für Neubauvorhaben bis zum 31. Dezember 2015	Ū = 0,35 W/(m²·K)	
		für Neubauvorhaben ab dem 1. Januar 2016	Ū = 0,28 W/(m²·K)	
2	Transparente Außenbauteile, soweit nicht in Bauteilen der Zeilen 3 und 4 enthalten	nach EnEV 2009	Ū = 1,90 W/(m²·K)	Ū = 2,80 W/(m²·K)
		für Neubauvorhaben bis zum 31. Dezember 2015	Ū = 1,90 W/(m²·K)	
		für Neubauvorhaben ab dem 1. Januar 2016	Ū = 1,50 W/(m²·K)	
3	Vorhangfassade	nach EnEV 2009	Ū = 1,90 W/(m²·K)	Ū = 3,00 W/(m²·K)
		für Neubauvorhaben bis zum 31. Dezember 2015	Ū = 1,90 W/(m²·K)	
		für Neubauvorhaben ab dem 1. Januar 2016	Ū = 1,50 W/(m²·K)	
4	Glasdächer, Lichtbänder, Lichtkuppeln	nach EnEV 2009	Ū = 3,10 W/(m²·K)	Ū = 3,10 W/(m²·K)
		für Neubauvorhaben bis zum 31. Dezember 2015	Ū = 3,10 W/(m²·K)	
		für Neubauvorhaben ab dem 1. Januar 2016	Ū = 2,50 W/(m²·K)	

2-23 Höchstwerte der Wärmedurchgangskoeffizienten der wärmeübertragenden Umfassungsfläche von Nichtwohngebäuden (EnEV 2014, Anlage 2, Tabelle 2)

$Q_{p,c}$ der Jahres-Primärenergiebedarf für das Kühlsystem und die Kühlfunktion der raumlufttechnischen Anlage in kWh/a,

$Q_{p,m}$ der Jahres-Primärenergiebedarf für die Dampfversorgung in kWh/a,

$Q_{p,w}$ der Jahres-Primärenergiebedarf für Warmwasser in kWh/a,

$Q_{p,l}$ der Jahres-Primärenergiebedarf für Beleuchtung in kWh/a,

$Q_{p,aux}$ der Jahres-Primärenergiebedarf für Hilfsenergien für das Heizungssystem und für die Heizfunktion der raumlufttechnischen Anlage, für die Befeuchtung, für die Warmwasserbereitung, für die Beleuchtung und für den Lufttransport in kWh/a.

Die Voraussetzungen und festgelegten Kennwerte, unter denen die verschiedenen Anteile des Jahres-Primärenergiebedarfs einbezogen werden, sind der Anlage 2 zur EnEV zu entnehmen. Als Randbedingungen zur Berechnung des Jahres-Primärenergiebedarfs sind die in den Tabellen 4 bis 8 der DIN V 18599-10:2007-02 angeführten Nutzungsrandbedingungen und Klimadaten zu verwenden.

Wie bei Wohngebäuden wird als Nebenanforderung der EnEV die Einhaltung eines Mindestwärmeschutzes der Gebäudehülle gefordert. Dieser wird durch den Höchstwert der Wärmedurchgangskoeffizienten der opaken und transparenten Außenbauteile, siehe *Bild 2-23*, beschrieben.

10.2 Berechnungsverfahren der EnEV für Nichtwohngebäude

10.2.1 Ausführliches Verfahren

Vor der energetischen Bilanzierung wird ein Gebäude in Zonen unterteilt. Dabei werden jeweils jene Bereiche eines Gebäudes zu einer Zone zusammengefasst, die durch gleiche Nutzung gekennzeichnet sind und keine bedeutenden Unterschiede hinsichtlich der Art der Konditionierung und anderer Zonenkriterien aufweisen. Im *Bild 2-24* werden einige Richtwerte der Nutzungsrand-

Nutzung	Jährliche Nutzungstage	Tägliche Betriebsstunden RLT	Raum-Solltemperatur Kühlung	Relative Abwesenheit	Nutzenergiebedarf Warmwasser
	d	h	°C	-	Wh/(m²·d)
Büro	250	13	24	0,3	30
Einzelhandel/ Kaufhaus	300	14	24	0	10
Klassenzimmer (Schule)	200	9	24	0,25	130
Hotelzimmer	365	24	24	0,25	350
Restaurant, Gaststätte	300	16	24	0	920

2-24 Richtwerte der Nutzungsrandbedingungen für Nichtwohngebäude (Auszug aus DIN V 18599)

bedingungen für Beispiele von Nichtwohngebäuden genannt, die verdeutlichen, welche Bedeutung die korrekte Zonierung und Nutzungsbestimmung bei der Energiebilanzierung von Nichtwohngebäuden hat. Das Vorgehen bei der Zonierung und die zugehörigen Zonenkriterien von Gebäuden werden in Abschnitt 10.3 beschrieben.

Der Nutzenergiebedarf (für Heizung, Kühlung, Be- und Entlüftung, Befeuchtung, Beleuchtung und Warmwasserversorgung) ist für jede Zone eines Gebäudes getrennt zu bestimmen. Im Falle der Heizung und Kühlung erfolgt dies in einem iterativen Verfahren durch Gegenüberstellung der Wärmequellen und Wärmesenken für die betreffende Gebäudezone.

Der ermittelte Nutzenergiebedarf je Zone wird – sofern mehrere Versorgungssysteme vorhanden sind – auf diese aufgeteilt. Zum Nutzenergiebedarf werden für alle Versorgungssysteme die technischen Verluste der Übergabe, Verteilung und Speicherung addiert. Es ergibt sich die Energiemenge, die vom Wärmeerzeuger bzw. den Wärmeerzeugern bereitzustellen ist. Anschließend erfolgt die Wärmeerzeugerbewertung; sie umfasst die Ermittlung von Verlusten der Wärmeerzeuger und gegebenenfalls die Berücksichtigung von regenerativen Energien.

Durch die Hinzufügung der Aufwendungen für elektrische Hilfsenergien erhält man die Endenergien und mit der primärenergetischen Bewertung der Endenergien die Jahresprimärenergie. Aus der Aufsummierung der Primärenergien der Zonen resultiert der Jahres-Primärenergiebedarf des Gebäudes, der bei Nichtwohngebäuden heizwertbezogen angegeben wird.

10.2.2 Vereinfachtes Verfahren

Für Bürogebäude, ggf. mit Verkaufseinrichtung, Gewerbebetriebe oder Gaststätten, Schulen, Kindergärten bzw. -tagesstätten und ähnliche Einrichtungen sowie für Hotels ohne Schwimmhalle, Sauna oder Wellnessbereich ist bei Einhaltung der nachfolgenden Bedingungen ein „Vereinfachtes Berechnungsverfahren" unter Verwendung eines Ein-Zonen-Modells zulässig:

– Die Summe der Nettogrundflächen aus der Hauptnutzung und den Verkehrsflächen des Gebäudes muss mehr als zwei Drittel der gesamten Nettogrundfläche betragen.

– Das Gebäude darf nur mit je einer Anlage zur Beheizung und Warmwasserbereitung ausgestattet sein.

– Das Gebäude darf nicht gekühlt werden bzw. nur ein Serverraum wird mit einem Gerät, dessen Kälteleistung 12 kW nicht übersteigt, gekühlt. Weiterhin dürfen Bürogebäude, in denen eine Verkaufseinrichtung, ein Gewerbebetrieb oder eine Gaststätte gekühlt wird und die Nettogrundfläche der gekühlten Räume jeweils 450 m² nicht übersteigt, als Ein-Zonen-Modell gerechnet werden.

– Die spezifische elektrische Bewertungsleistung der im Gebäude eingebauten Beleuchtung darf den Wert der Referenzbeleuchtungstechnik (direkte Beleuchtung mit verlustarmem Vorschaltgerät und stabförmiger Leuchtstofflampe) um nicht mehr als 10 von Hundert überschreiten.

– Das Gebäude darf außerhalb des Bereichs der Hauptnutzung keine raumlufttechnische Anlage aufweisen, bei der die spezifische Leistung der Ventilatoren größer als 1,5 kW/(m³/s) ist.

10.3 Zonierung von Nichtwohngebäuden

Das Ziel der Zonierung ist, jeweils jene Bereiche eines Gebäudes zu einer Zone zusammenzufassen, für die sich ähnliche spezifische Nutzenergiemengen ergeben, bzw. im Falle der Heizung oder Kühlung ähnliche Wärmequellen und Wärmesenken. Die Zonierung geht dazu von folgendem Grundprinzip aus: Das wichtigste Merkmal für eine Ähnlichkeit ist eine einheitliche Nutzung (z. B. Einzelbüros). Weicht die Nutzung zweier Räume deutlich voneinander ab (z. B. Einzelbüro, Hotelzimmer, Kantine), werden sie unterschiedlichen Zonen zugeordnet. Auch bei gleicher Nutzung, aber unterschiedlicher technischer Konditionierung (z. B. Einzelbüros mit und ohne Kühlung) handelt es sich um verschiedene Zonen. Weiterhin müssen Räume gleicher Nutzung und technischer Konditionierung in Zonen aufgeteilt werden, wenn ihre Wärmequellen bzw. Wärmesenken sehr unterschiedlich sind, wie es z. B. in Büroräumen mit Kühlung und sehr unterschiedlichen Fensterflächenanteilen der Fall ist.

Das Prinzip der Zonierung ist folglich ein Ausschlussprinzip mit dem Ziel, möglichst homogene Gebäudebereiche zusammenzufassen und anschließend zu bilanzieren. Der Energiebedarf des Gebäudes ergibt sich aus der Summe des Energiebedarfs aller Gebäudezonen. **Die Berechnung des Primärenergiebedarfs von bestehenden und zu errichtenden Nichtwohngebäuden benötigt daher – trotz der besten Software-Unterstützung – hoch qualifizierte und erfahrene Aussteller.** Dies wird in der EnEV berücksichtigt, indem sie den Kreis der Aussteller für Nichtwohngebäude im Vergleich zu Wohngebäuden erheblich einschränkt, siehe Abschnitt 11.5.

10.4 Energetische Inspektion von Klimaanlagen

Betreiber von in Gebäude eingebauten Klimaanlagen mit einer Nennleistung für den Kältebedarf von mehr als 12 kW müssen innerhalb der nachfolgend genannten Zeiträume energetische Inspektionen dieser Anlagen durchführen lassen:

- Die energetische Inspektion ist erstmals im zehnten Jahr nach der Inbetriebnahme oder der Erneuerung wesentlicher Bauteile, wie Wärmeübertrager, Ventilator oder Kältemaschine durchzuführen.
- Ist die Anlage am 1. Oktober 2007 mehr als 4 und bis zu 12 Jahre alt, muss die Inspektion innerhalb von 6 Jahren erfolgen.
- Bei über 12 Jahre alten Anlagen muss eine Inspektion innerhalb von 4 Jahren nach dem 1. Oktober 2007 erfolgen.
- Bei mehr als 20 Jahre alten Anlagen muss die Inspektion innerhalb von 2 Jahren ab dem 1. Oktober 2007 durchgeführt werden.

Die Inspektion umfasst Maßnahmen zur Prüfung der Komponenten, die den Wirkungsgrad der Anlage beeinflussen, und die Prüfung der Anlagendimensionierung im Verhältnis zum Kühlbedarf des Gebäudes. Die Inspektion darf nur von fachkundigen Personen durchgeführt werden. Dies sind insbesondere Absolventen von Universitäten, Hochschulen und Fachhochschulen in den Fachrichtungen Versorgungstechnik oder Technische Gebäudeausrüstung, siehe § 12 der EnEV.

Die inspizierende Person hat einen Inspektionsbericht mit den Ergebnissen der Inspektion und Ratschlägen in Form von kurz gefassten fachlichen Hinweisen für Maßnahmen zur kosteneffizienten Verbesserung der energetischen Eigenschaften der Anlage, für deren Austausch oder für Alternativlösungen zu erstellen. Vor Übergabe des Inspektionsberichts an den Betreiber hat die inspizierende Person die nach § 26c Absatz 2 der EnEV zugeteilte Registriernummer einzutragen.

11 Energieausweise

11.1 Einführung

Seit der Energieeinsparverordnung 2002 wird dem Bauherrn eines zu errichtenden Gebäudes oder bei wesentlichen Änderungen eines bestehenden Gebäudes die Verpflichtung auferlegt, die wesentlichen Ergebnisse der nach der Verordnung geforderten Berechnungen im sogenannten Energiebedarfsausweis zusammenfassend darzulegen. Mit Inkrafttreten der EnEV 2007 zum 1. Oktober 2007 wurde die Verpflichtung zur Erstellung von Energieausweisen auch auf zu errichtende Nichtwohngebäude sowie auf bestehende Gebäude, die verkauft, neuvermietet oder geleast werden, ausgedehnt. Der Aussteller hat den Energieausweis auf der Grundlage des berechneten Energiebedarfs oder des erfassten Energieverbrauchs des Gebäudes auszustellen. In Abhängigkeit von der Nutzung, der Anzahl der Wohnungen, der energetischen Modernisierung und des Baujahres des Gebäudes wird in der EnEV geregelt, ob ein Bedarfs- oder ein Verbrauchsausweis zu erstellen ist; in vielen Fällen besteht auch die Wahlfreiheit zwischen Bedarfs- und Verbrauchsausweis, *Bild 2-25*.

Der Energieausweis für zu errichtende Gebäude muss der nach Landesrecht zuständigen Behörde auf Verlangen vorgelegt werden. Er wird – abweichend vom Zeitpunkt der Vorlage des EnEV-Nachweises, der Teil des Bauantrags ist – nach Fertigstellung des Gebäudes ausgestellt, um eventuelle Abweichungen innerhalb der Bauphase zu berücksichtigen. Soll ein mit einem Gebäude bebautes Grundstück, ein grundstückgleiches Recht an einem bebauten Grundstück oder Wohnungs- oder Teileigentum verkauft werden, hat der Verkäufer dem potenziellen Käufer spätestens bei der Besichtigung des Objektes oder nachdem der potentielle Käufer dies verlangt hat, einen Energieausweis des Gebäudes zugänglich zu machen. Gleiches gilt bei der Vermietung, der Verpachtung oder beim Leasing eines Gebäudes, einer Wohnung oder einer sonstigen selbständigen Nutzungseinheit. Ausgenommen von der Pflicht zur Vorlage eines Energieausweises sind

2 Energieeinsparverordnung — Energieausweise

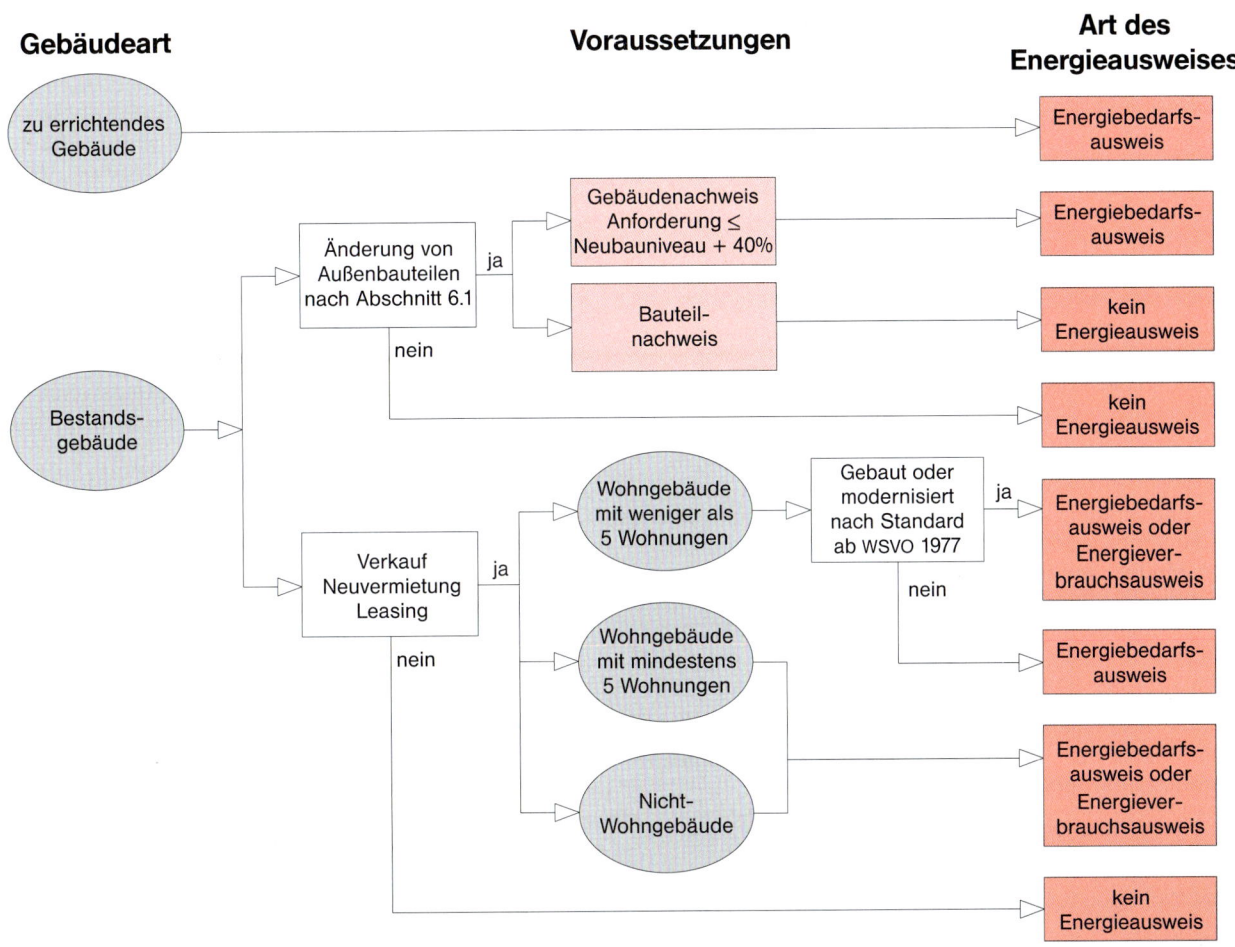

2-25 Kriterien für die Notwendigkeit und Art des Energieausweises

Baudenkmäler. Eine Verpflichtung zum gut sichtbaren Aushang des Energieausweises besteht für Gebäude mit mehr als 500 m² oder nach dem 8. Juli 2015 mehr als 250 m² Nutzfläche, in denen Behörden und sonstige Einrichtungen für eine große Anzahl von Menschen öffentliche Dienstleistungen erbringen. Alle Energieausweise haben eine Gültigkeitsdauer von 10 Jahren und müssen nach Ablauf der Gültigkeitsdauer spätestens bei Verkauf, Neuvermietung oder Leasing erneuert werden.

Wer einen Energieausweis ausstellt, hat für diesen Energieausweis bei der zuständigen Behörde (Deutsches Institut für Bautechnik DIBt) eine Registriernummer zu beantragen. Der Antrag ist grundsätzlich elektronisch zu stellen. Bei der Antragstellung sind Name und Anschrift der antragstellenden Person, das Bundesland und die Postleitzahl der Belegenheit des Gebäudes, das Ausstellungsdatum des Energieausweises anzugeben. Weiterhin muss angegeben werden, ob es sich um einen Energiebedarfs- oder Energieverbrauchsausweis, ob es sich um ein Wohn- oder Nichtwohngebäude sowie ob es sich um ein Neubau oder ein bestehendes Gebäude handelt. Die Registrierstelle teilt dem Antragsteller für jeden neu ausgestellten Inspektionsbericht oder Energieausweis eine Registriernummer zu. Das DIBt führt stichprobenhafte Kontrollen der Energieausweise durch.

11.2 Pflichtangaben in Immobilienanzeigen

Wird bei Verkauf, Vermietung, Verpachtung oder Leasing einer Immobilie oder Wohnung eine Anzeige in kommerziellen Medien aufgegeben, muss die Immobilienanzeige folgende Pflichtangaben aus dem Energieausweis enthalten:

– die Art des Energieausweises (Energiebedarfs- oder Energieverbrauchsausweis),

– die Werte für den Energiebedarf bzw. Energieverbrauch des Gebäudes,

– die wesentlichen Energieträger für die Beheizung des Gebäudes,

– bei Wohngebäuden das Baujahr des Gebäudes,

– bei Wohngebäuden die Energieeffizienzklasse,

– bei Nichtwohngebäuden sind die Werte für Energiebedarf bzw. Energieverbrauch jeweils getrennt für Wärme und Strom aufzuführen.

Liegen bereits Energieausweise vor, die nach dem 30. September 2007 und vor dem 1. Mai 2014 erstellt wurden, sind die darin enthaltenen Werte analog den Anforderungen bei neu erstellten Energieausweisen anzugeben.

11.3 Aufbau und Inhalt des Energiebedarfsausweises

Energieausweise müssen nach Inhalt und Aufbau den Mustern in den Anlagen 6 bis 9 der EnEV entsprechen und mindestens die dort für die jeweilige Ausweisart geforderten, nicht als freiwillig gekennzeichneten Angaben enthalten; sie sind vom Aussteller unter Angabe von Namen, Anschrift und Berufsbezeichnung zu unterschreiben. Der Energieausweis besteht aus 3 bis 4 Seiten und gliedert sich in

– Seite 1. **Allgemeine Daten** zum Gebäude, Art des Energieausweises (Bedarf oder Verbrauch), Aussteller, Hinweise zur Verwendung des Energieausweises *(Bild 2-26)*.

– Seite 2. Variante **Energiebedarfsausweis**: Berechneter Energiebedarf des Gebäudes als Bandtacho, bei zu errichtenden Gebäuden bzw. bei umfassender Modernisierung. Nachweis der Anforderungen der EnEV, sonstige Angaben zu alternativen Energieversorgungssystemen und zum Lüftungskonzept. Vergleichswerte verschiedener Baustandards zum Endenergiebedarf. Erläuterungen zum Berechnungsverfahren *(Bild 2-27)*.

– Seite 3. Variante **Energieverbrauchsausweis**: Ermittelter Energieverbrauchskennwert des Gebäudes als Bandtacho. Erfasster Verbrauch für Heizung und ggf. Warmwasser. Vergleichswerte verschiedener Baustandards zum Endenergiebedarf. Erläuterungen zum Verfahren *(Bild 2-28)*.

– Seite 4. **Erläuterungen zu den angegebenen Daten**: Energiebedarf, Primärenergiebedarf, Endenergiebedarf, Energetische Qualität der Gebäudehülle, Energieverbrauchskennwert, Hinweise für gemischt genutzte Gebäude *(Bild 2-29)*.

– Anlage (bei bestehenden Gebäuden). **Modernisierungsempfehlungen**: Empfehlungen von kostengünstigen Modernisierungsmaßnahmen. Freiwillige Angabe eines Variantenvergleichs *(Bild 2-30)*.

2 Energieeinsparverordnung — Energieausweise

ENERGIEAUSWEIS für Wohngebäude
gemäß den §§ 16 ff. Energieeinsparverordnung (EnEV) vom[1]

Gültig bis: _____ Registriernummer[2]: _____

Gebäude

Gebäudetyp	
Adresse	
Gebäudeteil	
Baujahr Gebäude[3]	
Baujahr Wärmeerzeuger[3,4]	
Anzahl Wohnungen	
Gebäudenutzfläche (A_N)	☐ nach § 19 EnEV aus der Wohnfläche ermittelt
Wesentliche Energieträger für Heizung und Warmwasser[3]	

Gebäudefoto (freiwillig)

Erneuerbare Energien	Art:		Verwendung:	
Art der Lüftung/Kühlung	☐ Fensterlüftung	☐ Lüftungsanlage mit Wärmerückgewinnung		☐ Anlage zur Kühlung
	☐ Schachtlüftung	☐ Lüftungsanlage ohne Wärmerückgewinnung		
Anlass der Ausstellung des Energieausweises	☐ Neubau	☐ Modernisierung (Änderung/Erweiterung)		☐ Sonstiges (freiwillig)
	☐ Vermietung/Verkauf			

Hinweise zu den Angaben über die energetische Qualität des Gebäudes

Die energetische Qualität eines Gebäudes kann durch die Berechnung des **Energiebedarfs** unter Annahme von standardisierten Randbedingungen oder durch die Auswertung des **Energieverbrauchs** ermittelt werden. Als Bezugsfläche dient die energetische Gebäudenutzfläche nach der EnEV, die sich in der Regel von den allgemeinen Wohnflächenangaben unterscheidet. Die angegebenen Vergleichswerte sollen überschlägige Vergleiche ermöglichen (**Erläuterungen – siehe Seite 5**). Teil des Energieausweises sind die Modernisierungsempfehlungen (Seite 4).

☐ Der Energieausweis wurde auf der Grundlage von Berechnungen des **Energiebedarfs** erstellt (Energiebedarfsausweis). Die Ergebnisse sind auf **Seite 2** dargestellt. Zusätzliche Informationen zum Verbrauch sind freiwillig.

☐ Der Energieausweis wurde auf der Grundlage von Auswertungen des **Energieverbrauchs** erstellt (Energieverbrauchsausweis). Die Ergebnisse sind auf **Seite 3** dargestellt.

Datenerhebung Bedarf/Verbrauch durch: ☐ Eigentümer   ☐ Aussteller

☐ Dem Energieausweis sind zusätzliche Informationen zur energetischen Qualität beigefügt (freiwillige Angabe).

Hinweise zur Verwendung des Energieausweises

Der Energieausweis dient lediglich der Information. Die Angaben im Energieausweis beziehen sich auf das gesamte Wohngebäude oder den oben bezeichneten Gebäudeteil. Der Energieausweis ist lediglich dafür gedacht, einen überschlägigen Vergleich von Gebäuden zu ermöglichen.

Aussteller

_____   _____
Datum   Unterschrift des Ausstellers

1) Datum der angewendeten EnEV, gegebenenfalls angewendeten Änderungsverordnung zur EnEV   2) Bei nicht rechtzeitiger Zuteilung der Registriernummer (§ 17 Absatz 4 Satz 4 und 5 EnEV) ist das Datum der Antragstellung einzutragen; die Registriernummer ist nach deren Eingang nachträglich einzusetzen.   3) Mehrfachangaben möglich   4) bei Wärmenetzen Baujahr der Übergabestation

2-26 Energieausweis für Wohngebäude, Seite 1 – Allgemeine Daten [8]

2 Energieeinsparverordnung — Energieausweise

ENERGIEAUSWEIS für Wohngebäude
gemäß den §§ 16 ff. Energieeinsparverordnung (EnEV) vom[1]

Berechneter Energiebedarf des Gebäudes Registriernummer[2]:

Energiebedarf

CO_2-Emissionen[3]   kg/(m²·a)

Endenergiebedarf dieses Gebäudes
kWh/(m²·a)

A+	A	B	C	D	E	F	G	H
0	25	50	75	100	125	150	175	200	225	>250

kWh/(m²·a)
Primärenergiebedarf dieses Gebäudes

Anforderungen gemäß EnEV[4]
Primärenergiebedarf
Ist-Wert   kWh/(m²·a)   Anforderungswert   kWh/(m²·a)
Energetische Qualität der Gebäudehülle H_T'
Ist-Wert   W/(m²·K)   Anforderungswert   W/(m²·K)
Sommerlicher Wärmeschutz (bei Neubau) ☐ eingehalten

Für Energiebedarfsberechnungen verwendetes Verfahren
☐ Verfahren nach DIN V 4108-6 und DIN V 4701-10
☐ Verfahren nach DIN V 18599
☐ Regelung nach § 3 Absatz 5 EnEV
☐ Vereinfachungen nach § 9 Absatz 2 EnEV

Endenergiebedarf dieses Gebäudes (Pflichtangaben in Immobilienanzeigen)   kWh/(m²·a)

Angaben zum EEWärmeG[5]

Nutzung erneuerbarer Energien zur Deckung des Wärme- und Kältebedarfs auf Grund des Erneuerbare-Energien-Wärmegesetzes (EEWärmeG)

Art: Deckungsanteil: %
      %
      %

Ersatzmaßnahmen[6]

Die Anforderungen des EEWärmeG werden durch die Ersatzmaßnahme nach § 7 Absatz 1 Nr. 2 EEWärmeG erfüllt.

☐ Die nach § 7 Absatz 1 Nr. 2 EEWärmeG verschärften Anforderungswerte der EnEV sind eingehalten.

☐ Die in Verbindung mit § 8 EEWärmeG um   %
   verschärften Anforderungswerte der EnEV sind eingehalten

Verschärfter Anforderungswert
Primärenergiebedarf   kWh/(m²·a)

Verschärfter Anforderungswert
für die energetische Qualität der
Gebäudehülle H_T' kWh/(m²·K)

Vergleichswerte Endenergie

A+	A	B	C	D	E	F	G	H
0	25	50	75	100	125	150	175	200	225	>250

Effizienzhaus 40 / MFH Neubau / EFH Neubau / EFH energetisch gut modernisiert / Durchschnitt Wohngebäudebestand / MFH energetisch nicht wesentlich modernisiert / EFH energetisch nicht wesentlich modernisiert [7]

Erläuterungen zum Verfahren

Die Energieeinsparverordnung lässt für die Berechnung des Energiebedarfs unterschiedliche Verfahren zu, die im Einzelfall zu unterschiedlichen Ergebnissen führen können. Insbesondere wegen standardisierter Randbedingungen erlauben die angegebenen Werte keine Rückschlüsse auf den tatsächlichen Energieverbrauch. Die ausgewiesenen Bedarfswerte der Skala sind spezifische Werte nach der EnEV pro Quadratmeter Gebäudenutzfläche (A_N), die im Allgemeinen größer ist als die Wohnfläche des Gebäudes.

1) siehe Fußnote 1 auf Seite 1 des Energieausweises 2) siehe Fußnote 2 auf Seite 1 des Energieausweises 3) freiwillige Angaben 4) nur bei Neubau sowie bei Modernisierung im Fall des § 16 Absatz 1 Satz 3 EnEV 5) nur bei Neubau 6) nur bei Neubau im Fall der Anwendung von § 7 Absatz 1 Nr. 2 EEWärmeG 7) EFH: Einfamilienhaus, MFH: Mehrfamilienhaus

2-27 Energieausweis für Wohngebäude, Seite 2 – Energiebedarfausweis [8]

2 Energieeinsparverordnung — Energieausweise

ENERGIEAUSWEIS für Wohngebäude
gemäß den §§ 16 ff. Energieeinsparverordnung (EnEV) vom[1]

Erfasster Energieverbrauch des Gebäudes   Registriernummer[2]:   ③

Energieverbrauch

Endenergiebedarf dieses Gebäudes
kWh/(m²·a)

A+	A	B	C	D	E	F	G	H
0	25	50	75	100	125	150	175	200	225	>250

kWh/(m²·a)
Primärenergiebedarf dieses Gebäudes

Endenergieverbrauch dieses Gebäudes (Pflichtangaben für Immobilienanzeigen)   kWh/(m²·a)

Verbrauchserfassung – Heizung und Warmwasser

Zeitraum von	bis	Energieträger[3]	Primärenergiefaktor	Energieverbrauch Wärme [kWh]	Anteil Warmwasser [kWh]	Anteil Heizung [kWh]	Klimafaktor

Vergleichswerte Endenergie

A+	A	B	C	D	E	F	G	H
0	25	50	75	100	125	150	175	200	225	>250

Effizienzhaus 40 / MFH Neubau / EFH Neubau / EFH energetisch gut modernisiert / Durchschnitt Wohngebäudebestand / MFH energetisch nicht wesentlich modernisiert / EFH energetisch nicht wesentlich modernisiert

Die modellhaft ermittelten Vergleichswerte beziehen sich auf Gebäude, in denen die Wärme für Heizung und Warmwasser durch Heizkessel im Gebäude bereitgestellt wird.

Soll ein Energieverbrauch eines mit Fern- oder Nahwärme beheizten Gebäudes verglichen werden, ist zu beachten, dass hier normalerweise ein um 15 bis 30% geringerer Energieverbrauch als bei vergleichbaren Gebäuden mit Kesselheizung zu erwarten ist.

[4]

Erläuterungen zum Verfahren

Das Verfahren zur Ermittlung des Energieverbrauchs ist durch die Energieeinsparverordnung vorgegeben. Die Werte der Skala sind spezifische Werte pro Quadratmeter Gebäudenutzfläche (A_N) nach der Energieeinsparverordnung, die im Allgemeinen größer ist als die Wohnfläche des Gebäudes. Der tatsächliche Energieverbrauch einer Wohnung oder eines Gebäudes weicht insbesondere wegen des Witterungseinflusses und sich ändern den Nutzerverhaltens vom angegebenen Energieverbrauch ab.

1) siehe Fußnote 1 auf Seite 1 des Energieausweises   2) siehe Fußnote 2 auf Seite 1 des Energieausweises   3) gegebenenfalls auch Leerstandszuschläge, Warmwasser- oder Kühlpauschale in kWh   4) EFH: Einfamilienhaus, MFH: Mehrfamilienhaus

2-28 Energieausweis für Wohngebäude, Seite 3 – Energieverbrauchausweis [8]

2-29 Energieausweis für Wohngebäude, Seite 4 – Modernisierungsempfehlungen [8]

ENERGIEAUSWEIS für Wohngebäude

gemäß den §§ 16 ff. Energieeinsparverordnung (EnEV) vom[1]

Erläuterungen

Angabe Gebäudeteil – Seite 1
Bei Wohngebäuden, die zu einem nicht unerheblichen Anteil zu anderen als Wohnzwecken genutzt werden, ist die Ausstellung des Energieausweises gemäß dem Muster nach Anlage 6 auf den Gebäudeteil zu beschränken, der getrennt als Wohngebäude zu behandeln ist (siehe im Einzelnen § 22 EnEV). Dies wird im Energieausweis durch die Angabe „Gebäudeteil" deutlich gemacht.

Erneuerbare Energien – Seite 1
Hier wird darüber informiert, wofür und in welcher Art erneuerbare Energien genutzt werden. Bei Neubauten enthält Seite 2 (Angaben zum EEWärmeG) dazu weitere Angaben.

Energiebedarf – Seite 2
Der Energiebedarf wird hier durch den Jahres-Primärenergiebedarf und den Endenergiebedarf dargestellt. Diese Angaben werden rechnerisch ermittelt. Die angegebenen Werte werden auf der Grundlage der Bauunterlagen bzw. gebäudebezogener Daten und unter Annahme von standardisierten Randbedingungen (z. B. standardisierte Klimadaten, definiertes Nutzerverhalten, standardisierte Innentemperatur und innere Wärmegewinne usw.) berechnet. So lässt sich die energetische Qualität des Gebäudes unabhängig vom Nutzerverhalten und von der Wetterlage beurteilen. Insbesondere wegen der standardisierten Randbedingungen erlauben die angegebenen Werte keine Rückschlüsse auf den tatsächlichen Energieverbrauch.

Primärenergiebedarf – Seite 2
Der Primärenergiebedarf bildet die Energieeffizienz des Gebäudes ab. Er berücksichtigt neben der Endenergie auch die sogenannte „Vorkette" (Erkundung, Gewinnung, Verteilung, Umwandlung) der jeweils eingesetzten Energieträger (z. B. Heizöl, Gas, Strom, erneuerbare Energien etc.). Ein kleiner Wert signalisiert einen geringen Bedarf und damit eine hohe Energieeffizienz sowie eine die Ressourcen und die Umwelt schonende Energienutzung. Zusätzlich können die mit dem Energiebedarf verbundenen CO_2-Emissionen des Gebäudes freiwillig angegeben werden.

Energetische Qualität der Gebäudehülle – Seite 2
Angegeben ist der spezifische, auf die wärmeübertragende Umfassungsfläche bezogene Transmissionswärmeverlust (Formelzeichen in der EnEV: H_T'). Er beschreibt die durchschnittliche energetische Qualität aller wärmeübertragenden Umfassungsflächen (Außenwände, Decken, Fenster etc.). Ein kleiner Wert signalisiert einen guten baulichen Wärmeschutz. Außerdem stellt die EnEV Anforderungen an den sommerlichen Wärmeschutz (Schutz vor Überhitzung) eines Gebäudes.

Endenergiebedarf – Seite 2
Der Endenergiebedarf gibt die nach technischen Regeln berechnete, jährlich benötigte Energiemenge für Heizung, Lüftung und Warmwasserbereitung an. Er wird unter Standardklima- und Standardnutzungsbedingungen errechnet und ist ein Indikator für die Energieeffizienz eines Gebäudes und seiner Anlagentechnik. Der Endenergiebedarf ist die Energiemenge, die dem Gebäude unter der Annahme von standardisierten Bedingungen und unter Berücksichtigung der Energieverluste zugeführt werden muss, damit die standardisierte Innentemperatur, der Warmwasserbedarf und die notwendige Lüftung sichergestellt werden können. Ein kleiner Wert signalisiert einen geringen Bedarf und damit eine hohe Energieeffizienz.

Angaben zum EEWärmeG – Seite 2
Nach dem EEWärmeG müssen Neubauten in bestimmtem Umfang erneuerbare Energien zur Deckung des Wärme- und Kältebedarfs nutzen. In dem Feld „Angaben zum EEWärmeG" sind die Art der eingesetzten erneuerbaren Energien und der prozentuale Anteil der Pflichterfüllung abzulesen. Das Feld „Ersatzmaßnahmen" wird ausgefüllt, wenn die Anforderungen des EEWärmeG teilweise oder vollständig durch Maßnahmen zur Einsparung von Energie erfüllt werden. Die Angaben dienen gegenüber der zuständigen Behörde als Nachweis des Umfangs der Pflichterfüllung durch die Ersatzmaßnahme und der Einhaltung der für das Gebäude geltenden verschärften Anforderungswerte der EnEV.

Endenergieverbrauch – Seite 3
Der Endenergieverbrauch wird hier für das Gebäude auf der Basis der Abrechnungen von Heiz- und Warmwasserkosten nach der Heizkostenverordnung oder auf Grund anderer geeigneter Verbrauchsdaten ermittelt. Dabei werden die Energieverbrauchsdaten des gesamten Gebäudes und der einzelnen Wohneinheiten zugrunde gelegt. Der erfasste Energieverbrauch für die Heizung wird anhand der konkreten örtlichen Wetterdaten und mithilfe von Klimafaktoren auf einen deutschlandweiten Mittelwert umgerechnet. So führt beispielsweise ein hoher Verbrauch in einem einzelnen harten Winter nicht zu einer schlechteren Beurteilung des Gebäudes. Der Endenergieverbrauch gibt Hinweise auf die energetische Qualität des Gebäudes und seiner Heizungsanlage. Ein kleiner Wert signalisiert einen geringen Verbrauch. Ein Rückschluss auf den künftig zu erwartenden Verbrauch ist jedoch nicht möglich; insbesondere können die Verbrauchsdaten einzelner Wohneinheiten stark differieren, weil sie von der Lage der Wohneinheiten im Gebäude, von der jeweiligen Nutzung und dem individuellen Verhalten der Bewohner abhängen. Im Fall längerer Leerstände wird hier für ein pauschaler Zuschlag rechnerisch bestimmt und in die Verbrauchserfassung einbezogen. Im Interesse der Vergleichbarkeit wird bei dezentralen, in der Regel elektrisch betriebenen Warmwasseranlagen der typische Verbrauch über ein Pauschale berücksichtigt; Gleiches gilt für den Verbrauch von eventuell vorhandenen Anlagen zur Raumkühlung. Ob und in wieweit die genannten Pauschalen in die Erfassung eingegangen sind, ist der Tabelle „Verbrauchserfassung" zu entnehmen.

Primärenergieverbrauch – Seite 3
Der Primärenergieverbrauch geht aus dem für das Gebäude ermittelten Endenergieverbrauch hervor. Wie der Primärenergiebedarf wird er mithilfe von Umrechnungsfaktoren ermittelt, die die Vorkette der jeweils eingesetzten Energieträger berücksichtigen.

Pflichtangaben für Immobilienanzeigen – Seite 2 und 3
Nach der EnEV besteht die Pflicht, in Immobilienanzeigen die in § 16a genannten Angaben zu machen. Die dafür erforderlichen Angaben sind dem Energieausweis zu entnehmen, je nach Ausweisart der Seite 2 oder 3.

Vergleichswerte – Seite 2 und 3
Die Vergleichswerte auf Endenergieebene sind modellhaft ermittelte Werte und sollen lediglich Anhaltspunkte für grobe Vergleiche der Werte dieses Gebäudes mit den Vergleichswerten anderer Gebäude sein. Es sind Bereiche angegeben, innerhalb derer ungefähr die Werte für die einzelnen Vergleichskategorien liegen.

[1] siehe Fußnote 1 auf Seite 1 des Energieausweises

2-30 Energieausweis für Wohngebäude, Anlage – Erläuterungen der Daten [8]

11.4 Ermittlung der Kennwerte für den Energiebedarfsausweis

Bei zu errichtenden Wohn- und Nichtwohngebäuden beinhaltet der Energiebedarfsausweis einen Auszug von Kennwerten, die im ohnehin für den Bauantrag notwendigen EnEV-Nachweis mit dem Diagramm-, Tabellenverfahren oder detaillierten Verfahren ermittelt werden. Nur wenn während der Bauphase energetisch relevante Änderungen gegenüber dem beim Bauantrag eingereichten EnEV-Nachweis erfolgten, muss nochmals mit den geänderten Werten gerechnet werden. Bei zu errichtenden Gebäuden muss die Ausstellung des Nachweises nach Fertigstellung des Gebäudes erfolgen; er ist somit auch ein Kontrollinstrument für die Einhaltung der energetischen Effizienz des Gebäudes.

Bei bestehenden Gebäuden wird entsprechend den in Abschnitt 7 für Wohngebäude und Abschnitt 10.2 für Nichtwohngebäude beschriebenen Rechenverfahren der Energiebedarf ermittelt. Die nutzungsspezifischen Daten wie Klimadaten, Warmwasserbedarf usw. sind vorgegebene Standardwerte und ermöglichen einen bundesweiten Vergleich des Energiebedarfs bestehender Gebäude. Die EnEV erlaubt bei nicht oder unvollständig vorhandenen Daten zur Bau- und Anlagentechnik von bestehenden Wohngebäuden, die fehlenden Daten entweder exakt zu ermitteln oder durch eine vereinfachte Daten-Ermittlung zu beschreiben.

Die **Regeln zur vereinfachten Datenaufnahme** wurden vom Bundesministerium für Verkehr, Bau und Stadtentwicklung bekannt gemacht [1, 2]. Hierbei ist mit abhängig vom Gebäudealter katalogisierten Wärmedurchgangskennwerten und Anlagen-Aufwandszahlen zu arbeiten. Eine ausführliche Zusammenfassung der Wärmedurchgangskoeffizienten von Außenbauteilen im Baubestand findet man in [3], eine Zusammenfassung der unterschiedlichen Qualitäten der Datenaufnahme in [4].

Auch bei bestehenden Nichtwohngebäuden ist eine vereinfachte Datenaufnahme zugelassen; es müssen allerdings wie bei zu errichtenden Gebäuden die Daten für jede Zone exakt ermittelt werden.

Im Unterschied zur vereinfachten Datenaufnahme sind die **Mindestanforderungen an eine korrekte Datenaufnahme**:

– Feststellung der beheizten Gebäudebereiche,
– Ermittlung der wärmeübertragenden Umfassungsfläche, die den beheizten Gebäudebereich umschließt,
– Feststellung aller unterschiedlichen Bauteilaufbauten von Wänden, Fenstern, Decken und Dächern der wärmeübertragenden Umfassungsfläche,
– Prüfung der Bestandspläne oder Aufmaß dieser Flächen in Handskizzen mit Differenzierung und Dokumentation unterschiedlicher Bauteilaufbauten,
– Ermittlung der Anlagentechnik für Heizung und Warmwasserbereitung mit Dokumentation von Baujahr, Leistung usw. der verschiedenen Komponenten,
– fotografische Dokumentation des untersuchten Gebäudes.

Auch wenn vom Auftraggeber Pläne sowie eine Baubeschreibung zur Verfügung gestellt werden, hat der Energieberater die Sorgfaltspflicht, diese Unterlagen vor Ort zu überprüfen. Die Erfahrung zeigt, dass Gebäude im Laufe der Jahrzehnte ihres Bestehens nicht nur um-, aus- und angebaut werden, sondern dass schon während der Bauphase die dem Bauantrag zugrunde liegenden Daten bezüglich Abmessungen und Baustoffen teilweise abgeändert werden.

Nur wenn bei der Ortsbesichtigung des Gebäudes sowohl das Aufmass als auch die Bauteilaufbauten ausreichend exakt ermittelt wurden, kann der Energieberater anschließend im Büro einen das Gebäude korrekt kennzeichnenden Endenergiebedarf für den Energiebedarfsausweis berechnen. **Die Qualifikation des Energieausweis-Ausstellers und die Qualität der Datenaufnahme bestimmen entscheidend die realitätsnahe Aussagekraft und die Kosten des Energieausweises.**

11.5 Ermittlung der Kennwerte für den Energieverbrauchsausweis

Energieverbrauchsausweise für bestehende Gebäude werden auf der Grundlage des erfassten Energieverbrauchs ausgestellt. Zur Ermittlung des Verbrauchskennwerts von Wohngebäuden und Nichtwohngebäuden hat das Bundesministerium für Verkehr, Bau und Stadtentwicklung Regeln bekannt gemacht, die die Witterungsbereinigung, das korrekte Erfassen von Leerständen sowie die zulässigen Vereinfachungen bei der Berechnung festschreiben [5, 6].

Zur Ermittlung von Energieverbrauchskennwerten sind gemäß EnEV Energieverbrauchsdaten zu verwenden, die

– im Rahmen der Abrechnung von Heizkosten nach der Heizkostenverordnung für das gesamte Gebäude für mindestens drei aufeinander folgende Abrechnungsperioden oder

– aufgrund anderer geeigneter Verbrauchsdaten, z. B. aus der Abrechnung des Energielieferanten für mindestens drei aufeinander folgende Abrechnungsperioden

vorliegen; hierbei muss die jüngste Abrechnungsperiode eingeschlossen sein.

Wohnungsähnliche Nutzungen (z. B. Praxisräume von Ärzten, Rechtsanwälten usw.) müssen wie Wohnungen behandelt werden. Die Verbrauchsdaten müssen für das gesamte Gebäude vorliegen. Liegen Verbrauchsdaten nicht für alle Wohnungen vor, darf aus diesen einzelnen Verbrauchsdaten nicht auf das gesamte Gebäude geschlossen werden.

Längere Leerstände müssen angemessen berücksichtigt werden. Bei teilweisem Leerstand über den gesamten Abrechnungszeitraum ist der ermittelte Energieverbrauchskennwert nur auf die Fläche der bewohnten und beheizten Wohnungen zu beziehen. Die abgerechnete Energiemenge wird in Endenergie umgerechnet, indem der verbrauchte Brennstoff mit dem Heizwert multipliziert wird.

Der witterungsunabhängige Anteil für die Warmwasserbereitung bei zentraler Versorgung muss entsprechend Heizkostenverordnung

– als Messwert oder

– als Rechenwert aus der erwärmten Menge Warmwasser angegeben oder

– als Pauschalwert mit 18 % aus dem Gesamtenergieverbrauch

herausgerechnet werden.

Ist im Fall dezentraler Warmwasserbereitung in Wohngebäuden der hierauf entfallende Verbrauch nicht bekannt, ist der Endenergieverbrauch um eine Pauschale von 20 Kilowattstunden pro Jahr und Quadratmeter Gebäudenutzfläche zu erhöhen. Im Fall der Kühlung von Raumluft in Wohngebäuden ist der für Heizung und Warmwasser ermittelte Endenergieverbrauch um eine Pauschale von 6 Kilowattstunden pro Jahr und Quadratmeter gekühlte Gebäudenutzfläche zu erhöhen.

Der Kennwert für den Energieverbrauchsausweis der Energieeinsparverordnung ist der spezifische Heizenergieverbauch. Er ist der auf die standardisierte Gebäudenutzfläche A_N bezogene witterungsabhängige Anteil der Heizenergie. Ist die Gebäudenutzfläche A_N (siehe Abschnitt 5.2) nicht bekannt, darf sie auf der Grundlage der Wohnfläche A_{WF} ermittelt werden:

– $A_N = A_{WF} \cdot 1{,}35$ für Ein- und Zweifamilienhäuser mit beheiztem Keller,

– $A_N = A_{WF} \cdot 1{,}2$ für alle sonstigen Wohngebäude.

Die Witterungsbereinigung (Umrechnung auf ein meteorologisch durchschnittliches Jahr) erfolgt für jede der drei Heizperioden auf der Grundlage der aufgezeichneten Wetterdaten des Deutschen Wetterdienstes anhand ausgewählter Wetterstationen. Das Gebäude wird über die Postleitzahl einer Wetterstation zugeordnet, anschließend wird der Heizenergieverbrauch auf den bundesdeutschen Klimamittelwert umgerechnet.

Bei Nichtwohngebäuden ist der Energieverbrauch für Heizung, Warmwasserbereitung, Kühlung, Lüftung und eingebaute Beleuchtung zu ermitteln und pro Jahr und Nettogrundfläche anzugeben. Als Vergleichswerte für die witterungsbereinigten Energieverbrauchskennwerte sind die in [6] angegebenen Vergleichswerte für den Heizenergieverbrauchskennwert und den Stromverbrauchskennwert entsprechend der Gebäudenutzung zu verwenden.

11.6 Ausstellungsberechtigung für bestehende Gebäude

Zur Ausstellung von Energieausweisen nebst Modernisierungsempfehlungen für **bestehende Wohngebäude und Nichtwohngebäude** sind berechtigt:

– Absolventen von Studiengängen an Universitäten, Hochschulen oder Fachhochschulen in den Fachrichtungen Architektur, Hochbau, Bauingenieurwesen, Technische Gebäudeausrüstung, Physik, Bauphysik, Maschinenbau und Elektrotechnik oder einer anderen technischen oder naturwissenschaftlichen Fachrichtung mit einem Ausbildungsschwerpunkt der eingangs genannten Fachrichtungen.

Ausschließlich zu Ausstellung von Energieausweisen für **bestehende Wohngebäude** sind zusätzlich folgende Berufsgruppen berechtigt:

– Handwerksmeister im Bau-, Ausbau- und anlagentechnischen Gewerbe oder Meister für das Schornsteinfegerwesen,
– Techniker, deren Ausbildungsschwerpunkt auch die Beurteilung der Gebäudehülle, die Beurteilung von Heizungs- und Warmwasserbereitungsanlagen oder die Beurteilung von Lüftungs- und Klimaanlagen umfasst.

Weitere Voraussetzung für die Ausstellungsberechtigung der vorgenannten Personengruppen ist:

– während des Studiums ein Ausbildungsschwerpunkt im Bereich des energiesparenden Bauens oder nach dem Studium eine mindestens zweijährige Berufserfahrung in wesentlichen bau- oder anlagentechnischen Tätigkeitsbereichen des Hochbaus,
– eine erfolgreiche Fortbildung im Bereich des energiesparenden Bauens entsprechend Anlage 11 der EnEV 2009,
– eine öffentliche Bestellung als vereidigter Sachverständiger für ein Sachgebiet im Bereich des energiesparenden Bauens oder in wesentlichen bau- oder anlagentechnischen Tätigkeitsbereichen des Hochbaus.

Weiterhin sind Personen, die nach den bauordnungsrechtlichen Vorschriften der Länder zur Unterzeichnung von bautechnischen Nachweisen des Wärmeschutzes oder der Energieeinsparung bei der Errichtung von Gebäuden berechtigt sind, auch zur Ausstellung von Energieausweisen bestehender Gebäude berechtigt.

Der sehr große zugelassene Personenkreis für die Ausstellung von Energieausweisen für Wohngebäude mit unterschiedlichster Ausbildung und Erfahrung führt – insbesondere bei Energiebedarfsausweisen – zu großen Qualitätsunterschieden. **Der Auftraggeber sollte daher die Qualifikation des Ausstellers durch die Anforderung von Referenzen prüfen.**

EnEV-Nachweise und Energiebedarfsausweise für zu errichtende Gebäude dürfen weiterhin nur die von den Bundesländern zugelassenen Personen (z. B. in NRW staatlich anerkannte Sachverständige für Schall- und Wärmeschutz) ausstellen.

11.7 Inkrafttreten

Die Energieeinsparverordnung 2014 tritt am 1. Mai 2014 in Kraft und löst die letztmalig 2009 geänderte EnEV ab.

11.8 Energiebedarf und Energieverbrauch

Ziel des Energieausweises ist es, dem Käufer oder Mieter eines Gebäudes die Möglichkeit zu geben, die energetische Qualität verschiedener Immobilien zu vergleichen.

Aufgrund der unter normierten Randbedingungen berechneten Ergebnisse darf jedoch nicht erwartet werden, dass der Endenergiebedarf – im Energiebedarfsausweis wird er inkl. Hilfsenergiebedarf angegeben – oder der Energieverbrauchskennwert – im Energieverbrauchsausweis wird er ohne Hilfsenergieverbrauch angegeben – dem tatsächlichen Energieverbrauch, z. B. von Erdgas, entspricht. **Als „Prognosewert" für den zu erwartenden jährlichen Heizenergieverbrauch ist der berechnete Energiebedarf bzw. Energieverbrauch des Gebäudes kaum geeignet. Die Angaben beziehen sich auf das Gebäude und sind nur bedingt auf einzelne Wohnungen oder Gebäudeteile übertragbar.**

Der Berechnung des Energiebedarfsausweises liegt ein synthetisches Klima eines mittleren deutschen Standorts, ein normiertes Nutzerverhalten und eine normierte Betriebsweise der Anlagentechnik zugrunde. Bereits durch den Klimaeinfluss des Standortes – in DIN 4108-6 Anhang A sind die Klimadaten für 15 Referenzregionen in Deutschland aufgeführt – variiert die Gradtagzahl der Heizperiode von −12 bis +42 % des in der EnEV vorgegebenen Wertes von 2900 Kd. Zusätzlich können jahresbedingt die Außenlufttemperaturen und die Sonneneinstrahlung erheblich von den Mittelwerten abweichen. Innentemperaturen, Luftwechsel, Warmwasserverbrauch, interne Wärmegewinne und die Betriebsweise der Anlagentechnik (z. B. Systemtemperaturen, Heizungsabschaltung, Warmwasserzirkulation, Wartung) hängen von den Bewohnern ab. **Allein durch diese Nutzereinflüsse kann sich der Energieverbrauch gleicher Häuser am gleichen Standort bis zum Faktor 3 unterscheiden**, obwohl sich bei statistischen Auswertungen zeigte, dass der Mittelwert einer größeren Anzahl von Ergebnissen gut mit dem Rechenwert übereinstimmt.

Der beim Energieverbrauchsausweis ermittelte Energieverbrauchskennwert beschreibt zwar den über drei vergangene Jahre ermittelten Energieverbrauch für den normierten Standort und für das klimaregulierte Jahr sehr genau; bei einer Änderung der Bewohnerstruktur kann sich dieser aber erheblich ändern. Der Verbrauch einer z. B. 80 m² großen Wohnung kann sich – je nach Belegung – bis zum Faktor 3 unterscheiden. Bewohnt eine alleinstehende berufstätige Person diese Wohnung, wird der erfasste Verbrauch erheblich geringer sein als bei der Belegung durch ein nicht berufstätiges Paar mit Kleinkind.

Erst durch zusätzliche Berechnungen, bei denen klima- und nutzerbedingte Korrekturen im Rechenverfahren berücksichtigt werden, ist es prinzipiell möglich, Bedarfs- und Verbrauchswerte besser in Übereinstimmung zu bringen.

11.9 Praxisbeispiel für unterschiedliche Ergebnisse des Energieausweises

Durch die für viele Gebäude zugelassene Wahlfreiheit zwischen Energieverbrauchs- und Energiebedarfsausweis *(Bild 2-25)* kann der Auftraggeber unter Einbeziehung der Beratung des potenziellen Ausstellers entscheiden, welche Art des Ausweises er ausstellen lassen möchte. Hat er sich für einen Energiebedarfsausweis entschieden, besteht die Möglichkeit, diesen mit unterschiedlicher Genauigkeit oder unter Berücksichtigung der vereinfachten Datenaufnahme auszustellen.

Um die Auswirkungen der Art des Energieausweises, der Detaillierung der Datenaufnahme und der Vereinfachungen im Berechnungsverfahren aufzuzeigen, wird nachfolgend am Beispiel eines kleinen Mehrfamilienhauses aufgezeigt, wie die Ergebnisse sich unterscheiden. Die angegebenen Daten basieren auf einem real existierenden, einseitig angebauten Wohngebäude, *Bild 2-31*, mit 4 Wohnungen von insgesamt 264,5 m² Wohnfläche, welches 1980 errichtet wurde.

Die Gebäude-Nutzfläche, ermittelt aus den Außenmaßen des Gebäudes (Abschnitt 5.2), beträgt 363 m².

Die Bauantragszeichnungen, die Baubeschreibung sowie die Verbrauchsdaten der Jahre 2002 bis 2006 sind Grundlagen der Berechnungen. Es handelt sich um ein

2-31 Ansichten und Schnitt des untersuchten Mehrfamilienhauses

massives Gebäude in Hanglage mit einer Wohnung im Souterrain, einer Wohnung pro Vollgeschoss und einer Wohnung im ausgebauten Dachgeschoss. Nach Baubeschreibung und Bestätigung durch einen der Eigentümer weist die Gebäudehülle folgende Wärmedämm-Qualitäten auf:

- Außenwand 4 cm Wärmedämmung,
- Fenster 2-Scheiben-Isolierglas in Holzrahmen,
- Dachschräge und Decke zum Spitzboden 9 cm Mineralfaserdämmung,
- Dämmung der Bodenplatte bzw. Kellerdecke nicht bekannt.

Die Beheizung erfolgt durch eine Heizungsanlage mit einem mit Gas betriebenen Brennwertkessel, geregelter Umwälzpumpe, automatischer Vorlauftemperaturregelung, die im Oktober 2004 installiert wurde. Bis zu dieser Neuinstallation wurde der Heizwärmebedarf durch einen Konstanttemperatur-Gaskessel mit manuell geregeltem Vorlauf, Baujahr 1980 gedeckt. Die Warmwasserversorgung erfolgt durch einen Elektro-Durchlauferhitzer in jeder Wohnung.

11.9.1 Ergebnisvarianten beim Energiebedarfsausweis

In *Bild 2-31* erkennt man, dass das Gebäude diverse Vor- und Rücksprünge (kleiner als 50 cm) sowie eine Dachgaube aufweist. In der vereinfachten Datenaufnahme werden die Vor- und Rücksprünge übermessen und durch einen Zuschlag von 5 % auf den spezifischen, auf die wärmeübertragende Umfassungsfläche bezogenen Transmissionswärmeverlust berücksichtigt. Die Dachgaube und der Abgang zum unbeheizten Keller werden durch pauschale Zuschläge bei der Ermittlung des Energiebedarfs eingerechnet. Mit den U-Werten der Außenbauteile der Baualtersklasse 1979 bis 1983 und der Erzeuger-Aufwandszahl der neuen Heizungsanlage aus der vereinfachten Datenaufnahme für den Energiebedarfsausweis ermittelt man die in Variante 1 des *Bildes 2-32* angegebenen Kennwerte.

Ermittelt man die Flächen der wärmeübertragenden Gebäudehülle exakt aus den Bestandsplänen und berücksichtigt die Wärmedurchgangskoeffizienten sowie die Anlagentechnik entsprechend der vereinfachten Datenaufnahme, verringert sich der Jahres-Primärenergiebedarf der Variante 2 um etwa 17 % gegenüber der Variante 1. Werden auch die Wärmedurchgangskoeffizienten der Außenbauteile entsprechend der Baubeschreibung exakt berechnet und die Anlagentechnik entsprechend DIN 4701 Beiblatt 1 berücksichtigt, Variante 3, ergibt sich eine Verringerung des Jahres-Primärenergiebedarfs um 21 % im Vergleich zur vereinfachten Datenaufnahme.

Das betrachtete Gebäude befindet sich – mit Ausnahme der neuen Heizungsanlage – im ursprünglichen Zustand. In der Praxis ist bei älteren Gebäuden im Rahmen von Instandhaltungsmaßnahmen häufig auch eine energetische Verbesserung der Gebäudehülle erfolgt. Werden diese Maßnahmen bei der Ausstellung des Energiebedarfsausweises nicht berücksichtigt, können die Abweichungen zwischen vereinfachter, von der Baualtersklasse abhängigen Datenaufnahme und exakter Ermittlung noch

Variante	Abmessungs-ermittlung	energetische Kennwert-ermittlung	H_T' in W/(m²·K)	Q_p'' in kWh/(m²·a)
1	vereinfachte Datenaufnahme	nach Baualtersklasse	1,19	202
2	exakte Gebäudeabmessungsdaten	nach Baualtersklasse	0,90	167
3	exakte Gebäudeabmessungsdaten	exakte Ermittlung	0,83	159

2-32 *Spezifischer Transmissionswärmeverlust H_T' und Jahres-Primärenergiebedarf Q_p'' für verschiedene Qualitäten der Datenerfassung*

größer sein. **Die Genauigkeit der Datenermittlung hat entscheidenden Einfluss auf den im Energiebedarfsausweis errechneten Energiebedarf.** Der höhere Arbeitsaufwand bei der Datenaufnahme und der Berechnung sowie die damit verbundenen höheren Kosten sind in der Regel aber eine gute Investition, da sich die Vermietbarkeit bzw. der Verkaufserlös durch den ausgewiesenen geringeren Energiebedarf erhöht.

11.9.2 Ergebnisvarianten beim Energieverbrauchsausweis

Für viele Anwendungsfälle kann alternativ zum Energiebedarfsausweis ein Energieverbrauchsausweis ausgestellt werden. Voraussetzung für eine korrekte Ermittlung ist, dass die Verbrauchsdaten für einen Zeitraum von mindestens 3 Jahren ohne Unterbrechungen vorliegen. Nach der Klimabereinigung des erfassten Verbrauchs in Abhängigkeit von Standort und Jahr ergibt sich unter Berücksichtigung von Nicht-Belegungszeiten der auf die Gebäude-Wohnfläche bezogene Energieverbrauchskennwert. Er entspricht, umgerechnet auf ein mittleres meteorologisches Jahr für Deutschland, dem gemessenen Verbrauch für die Beheizung des Gebäudes ohne Warmwasserversorgung und ohne elektrische Hilfsenergie für den Betrieb der Anlage. Die Daten von Energiebedarfsausweis (Primärenergie bezogen auf Nutzfläche) und Energieverbrauchsausweis (Endenergie bezogen auf Nutzfläche) können daher nicht miteinander verglichen werden. *Bild 2-33* zeigt den über jeweils 3 Jahre gemittelten Energieverbrauchskennwert des untersuchten Gebäudes. An den Werten ist deutlich der Einfluss der Verbrauchssenkung aufgrund des Ende 2004 erfolgten Austausches des Konstanttemperatur- durch einen Brennwertkessel zu erkennen.

12 Auslegungsfragen zur EnEV

12.1 Die Aufgaben der Fachkommission „Bautechnik"

Die Ausführung der Nachweise nach Energieeinsparverordnung wird durch den Verordnungstext sowie durch die Bezugnahme auf diverse Normen geregelt. In der praktischen Anwendung treten jedoch immer wieder Interpretationsfragen auf. Daher wurde eine Arbeitsgruppe unter Beteiligung von Vertretern des Bundesministeriums für Verkehr, Bau- und Wohnungswesen, der obersten Bauaufsichtsbehörden der Länder Nordrhein-Westfalen und Baden-Württemberg sowie des Deutschen Instituts für Bautechnik – DIBt eingerichtet. Deren Aufgabe ist es, in den Ländern zur Auslegung eingehende Anfragen zu beantworten. Die Entwürfe der Arbeitsgruppe werden anschließend in der Fachkommission „Bautechnik" der Bauministerkonferenz beraten und abschließend beschlossen, wodurch die bisher offene Auslegung verbindlich festgelegt wird. Die Beschlüsse werden in unregelmäßigen Abständen vom DIBt [7] veröffentlicht. Die wichtigsten, den Wohnungsbau betreffenden Auslegungen offener Fragen wurden bereits in die vorausstehenden Texte eingearbeitet.

Verbrauchsperiode (3 Jahre)	Energieverbrauchskennwert in kWh/(m² · a)
2002 bis 2004	133,5
2003 bis 2005	124,6
2004 bis 2006	122,0
2005 bis 2007	113,1

2-33 Verbrauchskennwerte des Beispielgebäudes für verschiedene Verbrauchsperioden

12.2 Verfahren und Zeitpunkt der Luftdichtheitsprüfung

Die luftdichte Ausführung der wärmeübertragenden Gebäudehülle, aber auch die Sicherstellung eines bestimmungsgemäßen Luftwechsels wird in EnEV § 5 verlangt. Wird eine Luftdichtheitsprüfung nach EnEV Anhang 4 Nr. 2 durchgeführt, so ist das Verfahren B der DIN EN 13 829 (Prüfung der Gebäudehülle) anzuwenden. Mit diesem Verfahren wird die Qualität der Gebäudehülle ohne die eingebauten haustechnischen Anlagen bewertet. Zur Messung sind folgende Vorbereitungen zu treffen:

- Fenster und Fenstertüren werden geschlossen,
- Zu- und Abluftdurchlässe von raumlufttechnischen Anlagen sowie Außenwanddurchlässe nach DIN 1946-6 werden geschlossen bzw. abgeklebt,
- raumseitige Öffnungen raumluftabhängiger Feuerstätten werden temporär abgedichtet,
- direkt ins Freie fördernde Dunstabzugshauben werden nicht abgeklebt,
- nicht geplante Leckagen oder speziellen Zwecken dienende Öffnungen, wie Briefkastenschlitze oder Katzenklappen, werden nicht abgedichtet.

Der Luftdichtheitsnachweis ist nach Beendigung aller die Luftdichtheitsebene tangierenden Arbeiten auszuführen.

13 Hinweise auf Literatur und Arbeitsunterlagen

[1] Bundesministerium für Verkehr, Bau und Stadtentwicklung: Bekanntmachung – der Regeln zur Datenaufnahme und Datenverwendung im Wohngebäudebestand, 30.07.2009, www.zukunft-haus.info

[2] Bundesministerium für Verkehr, Bau und Stadtentwicklung: Bekanntmachung – der Regeln zur Datenaufnahme und Datenverwendung im Nichtwohngebäudebestand, 30.07.2009, www.zukunft-haus.info

[3] Balkowski, Michael: Handbuch der Bauerneuerung. Verlagsgesellschaft Rudolf Müller GmbH & Co.KG, Köln (2008), ISBN 978-3-481-02499-4, www.rudolf-mueller.de

[4] Deutsche Energie-Agentur GmbH: Leitfaden Energieausweis für Wohngebäude; Teil 1 – Gebäudeaufnahme für Energiebedarfsausweise, Berlin (12.2009), ISBN 978-3-9812787-2-9

[5] Bundesministerium für Verkehr, Bau und Stadtentwicklung: Bekanntmachung – Regeln für Energieverbrauchskennwerte im Wohngebäudebestand, 30.07.2009, www.zukunft-haus.info

[6] Bundesministerium für Verkehr, Bau und Stadtentwicklung: Bekanntmachung – Regeln für Energieverbrauchskennwerte im Nichtwohngebäudebestand sowie Vergleichswerte für Nichtwohngebäude, 30.07.2009, www.zukunft-haus.info

[7] Auslegungsfragen zur Energieeinsparverordnung: Deutsches Institut für Bautechnik DIBt, Berlin, www.dibt.de

[8] Informationen zur Energieeinsparverordnung: www.enev-online.de, www.gre-online.de, www.zukunft-haus.info

[9] Online-Dienst mit Normensammlung zur Energieeinsparverordnung: www.enev-normen.de

[10] Volland, K.: Wärmeschutz und Energiebedarf nach EnEV 2014. Verlagsgesellschaft Rudolf Müller GmbH & Co.KG, Köln (2014), www.rudolf-mueller.de

[11] Schoch, T.: EnEV 2009 – Nichtwohnbau. Bauwerte Verlag (2009), ISBN 978-3-89932-136-4, www.bauwerk-verlag.de

[12] Balkowski, Michael: Dämmen im Dach nach EnEV 2014; Dimensionierung, Materialien, Ausführung. Bruderverlag, Köln (2014), ISBN 978-3-87104-211-9, www.rudolf-mueller.de

[13] Schoch, T.: EnEV 2014 und DIN V 18599, Beuth Verlag (2014), ISBN 3410221875

WÄRMEDÄMMSTOFFE

1	**Einführung** *S. 3/2*	
2	**Definition** *S. 3/2*	
3	**Kennzeichnung und Eigenschaften** *S. 3/2*	
3.1	Wärmeleitfähigkeit	
3.2	Anwendungstyp	
3.3	Baustoffklasse	
4	**Rohstoffe** *S. 3/6*	
4.1	Übersicht	
4.2	Ökologische Aspekte	
5	**Produkte und Produktdatenblätter** *S. 3/7*	
5.1	Herstellungs-/Lieferformen	
5.2	Hinweise zu den Datenblättern von Wärmedämmstoffen mit bauaufsichtlicher Zulassung	
5.3	Hinweise zu den Datenblättern von Transparenten Wärmedämmungen TWD	

WÄRMEDÄMMSTOFFE

1 Einführung

Um die in den vergangenen Jahren gestiegenen Anforderungen an den Wärmeschutz der Gebäudehülle (Kapitel 2) zu erfüllen, erhalten Konstruktionen mit einer zusätzlichen Wärmedämmschicht einen immer größeren Stellenwert im Bauwesen.

Die Wärmedämmwirkung der hierzu verwendeten Dämmstoffe beruht vor allem auf der geringen Wärmeleitfähigkeit von Luft, die so in den Poren eines Grundstoffes eingeschlossen ist, dass sie sich dort praktisch nicht mehr bewegen kann. Deshalb ist es möglich, Wärmedämmstoffe mit annähernd gleicher Wirksamkeit aus den unterschiedlichsten Grundstoffen herzustellen.

Den größten **Marktanteil** bei den Dämmstoffen haben Produkte aus **Mineralfasern** mit **55 %** und **Polystyrolhartschaum** mit **30 %** (GDI-Statistik 2005). Durch das gestiegene Umweltbewusstsein der Bevölkerung gewinnen aber auch sogenannte alternative oder **ökologische Produkte** wie Zellulose und Schafwolle zunehmend Marktanteile.

Der gesamte Marktanteil dieser Produkte beträgt etwa **4 %**. Dämmstoffe aus Zellulosefasern sind mit einem Anteil von unter 1 % am Gesamtdämmstoffmarkt Marktführer der sogenannten alternativen oder ökologischen Produkte.

Nach der Durchführung diverser Demonstrationsvorhaben sind seit zwei Jahrzehnten auch **transparente Wärmedämmstoffe** zur Wärmedämmung von massiven Außenwänden bzw. als transluzenter (durchscheinender) Ersatzstoff für Verglasungen marktreif verfügbar. Neben der wärmedämmenden Wirkung von im Material eingeschlossenen Luftporen oder vertikalen Luftschichten ermöglichen die transparenten Wärmedämmstoffe auch die Nutzung der Sonneneinstrahlung zur Reduzierung des Heizwärmebedarfs.

2 Definition

Nach DIN 4108 „Wärmeschutz im Hochbau", Kapitel 21-2, werden Materialien als Dämmstoffe bezeichnet, deren Wärmeleitfähigkeit kleiner oder gleich 0,10 W/(mK) ist. In den letzten Jahren wurden auch Wandbaustoffe entwickelt, deren Wärmeleitfähigkeiten ebenfalls unter diesem Grenzwert liegen. Derartige hoch wärmedämmende Steine werden im Kapitel 4 behandelt, da sie primär die Aufgabe der statischen Lastabtragung übernehmen. Das vorliegende Kapitel befasst sich ausschließlich mit Wärmedämmstoffen, die nur in Verbindung mit tragenden Bauteilen eingesetzt werden können.

Die besten am Markt vorhandenen Materialien weisen eine Wärmeleitfähigkeit von 0,020 W/(mK) auf. Die meisten im Bauwesen eingesetzten Dämmstoffe haben eine Wärmeleitfähigkeit unter 0,040 W/(mK) oder 0,035 W/(mK).

3 Kennzeichnung und Eigenschaften

Dämmstoffe dürfen nur dann eingesetzt werden, wenn sie bauaufsichtlich zugelassen sind. Hier gibt es für viele Dämmstofftypen Stoffnormen, die die Anforderungen an die Produkte festlegen. Gibt es keine Norm für ein Produkt, so muss dessen Eignung für eine bauaufsichtliche Zulassung beim Deutschen Institut für Bautechnik in Berlin nachgewiesen werden.

Zur Sicherstellung dieser Eigenschaften wird eine Güteüberwachung bei der Produktion vorgeschrieben.

Die Hersteller sind verpflichtet, ihre Produkte durch die folgenden Mindestangaben auf jeder Verpackungseinheit zu kennzeichnen:

– Wärmeleitfähigkeit,

– Anwendungstyp,

– Baustoffklasse,

- Hersteller,
- Güteüberwachungsstelle.

Wärmedämmstoffe ohne diese Mindestangaben und ohne bauaufsichtliche Zulassung dürfen im Bauwesen nicht eingesetzt werden. Da sie vereinzelt in Baumärkten trotzdem angeboten werden, sollten die vorgenannten Verpackungskennzeichnungen vom Käufer beachtet werden.

3.1 Wärmeleitfähigkeit

Die Wärmeleitfähigkeit λ von Wärmedämmstoffen ist im Wesentlichen abhängig von

- der Wärmeleitfähigkeit des Grundstoffs,
- der Anzahl, Anordnung und Größe der Poren,
- der Faserfeinheit und -orientierung,
- der Rohdichte,
- der Feuchtigkeit des Wärmedämmstoffs.

Die Wärmeleitfähigkeit eines Wärmedämmstoffs variiert in engen Grenzen in Abhängigkeit vom Hersteller, von der Produktionscharge und der Feuchtigkeit. Zur Vereinheitlichung wurden daher für jeden Wärmedämmstoff normierte Bemessungswerte der Wärmeleitfähigkeit λ eingeführt, die bei Berechnungen des Wärmeschutzes zu verwenden sind. Entsprechend den in Stufen von 0,005 W/(mK) angegebenen Bemessungswerten der Wärmeleitfähigkeit werden die Wärmedämmstoffe in Wärmeleitfähigkeitsstufen eingeteilt. Diese **Wärmeleitfähigkeitsstufen (WLS)** werden bei der Kennzeichnung des Materials auf dem Beipackzettel mit angegeben; „WLS 040" bedeutet z. B., dass das Material eine Wärmeleitfähigkeit von 0,040 W/(mK) besitzt. Eine Übersicht der Bemessungswerte der Wärmeleitfähigkeit der häufigsten Wärmedämmstoffe ist *Bild 3-1* zu entnehmen.

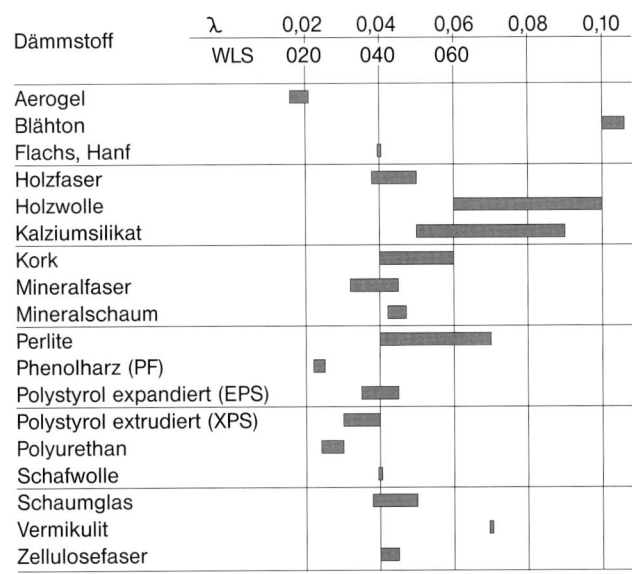

3-1 Bemessungswerte der Wärmeleitfähigkeit in W/(mK) und zugehörige Wärmeleitfähigkeitsstufen von Wärmedämmstoffen

3.2 Anwendungstyp

Die Anforderungen an den Wärmedämmstoff unterscheiden sich häufig nach seinem Einsatzgebiet. Bei der Dämmung von geneigten Dächern zwischen den Sparren werden beispielsweise keine Anforderungen an die Druckfestigkeit gestellt. Wird dagegen die Bodenplatte gedämmt, wird das Material durch den Estrich und die spätere Nutzung druckbeansprucht. Es wurden daher Kurzzeichen für den Anwendungstyp („**Typ-Kurzzeichen**") eingeführt, deren Bedeutung und Verwendung im Bauwerk *Bild 3-2* zu entnehmen sind. Eine weitere Differenzierung von Produkteigenschaften, wie Druckbelastbarkeit, Wasseraufnahme oder besondere schalltechnische Eigenschaften erfolgt durch die Beschreibung mit einem zusätzlichen Kurzzeichen entsprechend *Bild 3-4*. Die Kurzzeichen gemäß *Bild 3-2* und *3-4* sind ebenfalls auf der Verpackungseinheit anzugeben.

3 Wärmedämmstoffe

Kennzeichnung und Eigenschaften

An-wendungs-gebiet	Kurz-zeichen	Pikto-gramme	Anwendungsbeispiele
Decke, Dach	DAD		Außendämmung von Dach oder Decke, Dämmung unter Deckungen
	DAA		Außendämmung von Dach oder Decke, Dämmung unter Abdichtung
	DUK		Außendämmung des Daches, Umkehrdach
	DZ		Zwischensparrendämmung, nicht begehbare oberste Geschossdecke
	DI		Innendämmung der Decke (unterseitig) oder des Daches
	DEO		Innendämmung der Decke unter Estrich ohne Schallschutz-anforderung
	DES		Innendämmung der Decke unter Estrich mit Schallschutz-anforderung
Wand	WAB		Außendämmung hinter Bekleidung
	WAA		Außendämmung hinter Abdichtung
	WAP		Außendämmung unter Putz
	WZ		Kerndämmung
	WH		Dämmung von Holzrahmen- und Holztafelbauweise
	WI		Innendämmung
	WTH		Dämmung zwischen Haus-trennwänden mit Schallschutz-anforderung
	WTR		Dämmung von Raumtrenn-wänden

An-wendungs-gebiet	Kurz-zeichen	Pikto-gramme	Anwendungsbeispiele
Perimeter	PW		Außerhalb der Abdichtung liegende Dämmung von Wänden gegen Erdreich
	PB		Außerhalb der Abdichtung-liegende Dämmung unter der Bodenplatte gegen Erdreich

3-2 Typ-Kurzzeichen und Piktogramme zur Kennzeichnung der Anwendungsgebiete von Wärmedämmungen

Weiterhin dürfen in Bereichen lang anhaltender Feuchtig-keitsbelastung (Perimeterdämmung Kapitel 4-16.3, Um-kehrdach, Kapitel 6-5.3) nur für diesen Anwendungsfall zugelassene Wärmedämmstoffe eingesetzt werden.

3.3 Baustoffklasse

In der DIN 4102 „Brandverhalten von Baustoffen und Bauteilen" werden die Baustoffe bezüglich ihrer **Brenn-barkeit** klassifiziert. Man unterscheidet nichtbrennbare Materialien der **Baustoffklasse A** und brennbare Mate-rialien der **Baustoffklasse B**. Die weitere Differenzierung dieser Baustoffklassen beinhaltet *Bild 3-3*.

In den Landesbauordnungen sind die Brandschutzanfor-derungen für bauliche Anlagen festgelegt. Diese Anfor-

Baustoffklasse	Bedeutung
A1	Nichtbrennbare Baustoffe ohne brennbare Bestandteile
A2	Nichtbrennbare Baustoffe mit geringem Anteil brennbarer Bestandteile
B1	Schwer entflammbare Baustoffe
B2	Normal entflammbare Baustoffe
B3	Leicht entflammbare Baustoffe

3-3 Baustoffklassen

Produkteigenschaft	Kurz-zeichen	Beschreibung	Beispiele
Druckbelastbarkeit	dk	Keine Druckbelastbarkeit	Hohlraumdämmung, Zwischensparrendämmung
	dg	Geringe Druckbelastbarkeit	Wohn- und Bürobereich unter Estrich
	dm	Mittlere Druckbelastbarkeit	Nicht genutztes Dach mit Abdichtung
	dh	Hohe Druckbelastbarkeit	Genutzte Dachflächen, Terrassen
	ds	Sehr hohe Druckbelastbarkeit	Industrieböden, Parkdeck
	dx	Extrem hohe Druckbelastbarkeit	Hoch belastete Industrieböden, Parkdeck
Wasseraufnahme	wk	Keine Anforderungen an die Wasseraufnahme	Innendämmung im Wohn- und Bürobereich
	wf	Wasseraufnahme durch flüssiges Wasser	Außendämmung von Außenwänden und Dächern
	wd	Wasseraufnahme durch flüssiges Wasser und/oder Diffusion	Perimeterdämmung, Umkehrdach
Zugfestigkeit	zk	Keine Anforderungen an Zugfestigkeit	Hohlraumdämmung, Zwischensparrendämmung
	zg	Geringe Zugfestigkeit	Außendämmung der Wand hinter Bekleidung
	zh	Hohe Zugfestigkeit	Außendämmung der Wand unter Putz, Dach mit verklebter Abdichtung
Schalltechnische Eigenschaften	sk	Keine Anforderungen an schalltechnische Eigenschaften	Alle Anwendungen ohne schalltechnische Eigenschaften
	sg	Trittschalldämmung, geringe Zusammendrückbarkeit	Schwimmender Estrich, Haustrennwände
	sm	Trittschalldämmung, mittlere Zusammendrückbarkeit	
	sh	Trittschalldämmung, erhöhte Zusammendrückbarkeit	
Verformung	tk	Keine Anforderungen an die Verformung	Innendämmung
	tf	Dimensionsstabilität unter Feuchte und Temperatur	Außendämmung der Wand unter Putz, Dach mit Abdichtung
	tl	Verformung unter Last und Temperatur	Dach mit Abdichtung

3-4 Kurzzeichen zur Differenzierung von bestimmten Produkteigenschaften entsprechend DIN V 4108-10

derungen werden primär durch die Brennbarkeit der verwendeten Baustoffe bestimmt. Leichtentflammbare Baustoffe (Baustoffklasse B3), z. B. Papierzellulose, dürfen im Bauwesen nur verwendet werden, wenn sie werkseitig in Verbindung mit anderen Baustoffen mindestens zu normal entflammbaren Baustoffen (Baustoffklasse B2) verarbeitet wurden.

4 Rohstoffe

4.1 Übersicht

Die am Markt erhältlichen Wärmedämmstoffe haben die unterschiedlichsten Zusammensetzungen. **Es gibt nur wenige Produkte, die vollständig aus einem Rohstoff hergestellt sind**, wie zum Beispiel Perlite (Perlitgestein aus erstarrter Lavamasse). Die meisten Materialien benötigen zur Herstellung Zusätze wie Treibmittel oder Flammschutzmittel. Die in Bild 3-5 wiedergegebene Untergliederung der Dämmstoffe nach Rohstoffbasis basiert daher nur auf dem primären Rohstoff des Wärmedämmstoffs, der bis zu 30 % Zusätze aus anderen Rohstoffgruppen beinhalten kann.

Man unterscheidet **anorganische** und **organische Dämmstoffe**, wobei diese sich noch einmal in synthetische und natürliche Rohstoffe unterteilen lassen.

Neben den in Bild 3-5 angegebenen Dämmstoffen gibt es noch eine Vielzahl weiterer Materialien, die aber keinen relevanten Marktanteil haben und deshalb im Folgenden auch nicht betrachtet werden. Weiterhin wurden keine Materialien aufgenommen, die in Deutschland keine Zulassung des Instituts für Bautechnik in Berlin nachweisen können.

4.2 Ökologische Aspekte

Ökologie ist die Lehre von den Beziehungen des Menschen zu seiner Umwelt. Der Begriff „ökologischer Baustoff" hingegen ist nicht definiert. Die Bewertung von

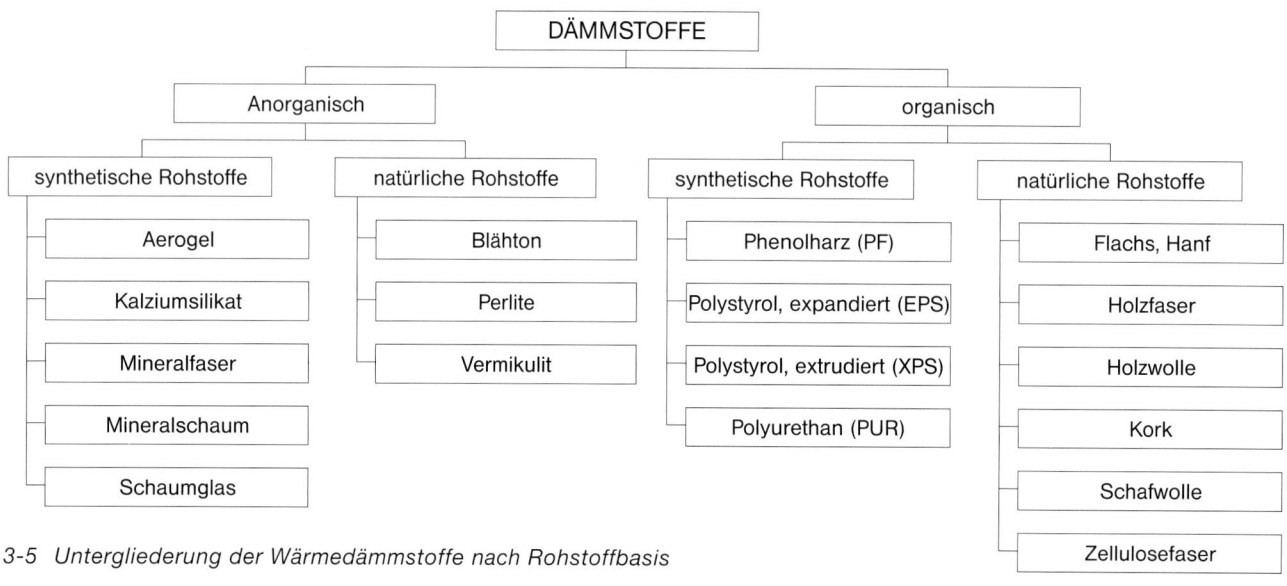

3-5 Untergliederung der Wärmedämmstoffe nach Rohstoffbasis

Wärmedämmstoffen muss deshalb anhand von einzelnen Kriterien vorgenommen werden, wobei ökologische Kriterien mitberücksichtigt werden sollten:

- Wärmedämmwirkung,
- bauphysikalische Eigenschaften,
- Verarbeitbarkeit,
- Haltbarkeit (Lebensdauer),
- Zusammensetzung der Grundstoffe,
- gesundheitliche Kriterien,
- Verfügbarkeit der Grundstoffe (Ressourcenschonung),
- Wiederverwertbarkeit (Recycling),
- Energieaufwand bei der Herstellung,
- Energieaufwand für den Transport zum Hersteller und Verarbeiter,
- Wirtschaftlichkeit.

Es gibt keine Regelwerke, welche die ökologische Qualität eines Wärmedämmstoffs beschreiben und festlegen. Die Bewertung der Wichtigkeit einzelner Anforderungen und die Gesamtbewertung bleibt daher jedem Anwender überlassen.

Vergleicht man den energetischen Aufwand (Primärenergieaufwand) für Herstellung, Transport und Einbau verschiedener Dämmstoffe mit der durch den Einsatz erzielbaren Heizenergieeinsparung, so amortisiert sich aus energetischer Sicht jeder Dämmstoff in spätestens zwei Jahren. **Es ist daher – unabhängig vom Material – ökologisch immer sinnvoll, das Gebäude gut wärmezudämmen.**

5 Produkte und Produktdatenblätter

5.1 Herstellungs-/Lieferformen

Wärmedämmstoffe werden im Hochbau als loses Material in Form von Granulat, Flocken oder Wolle und in zusammenhängenden Flächen als Platten, Matten und Filze angeboten. Die Form des Materials bestimmt neben dem bauphysikalischen Verhalten bezüglich Druck, Feuchtigkeitsresistenz, Wärmedämmwirkung u. a. die Einsatzmöglichkeiten des Wärmedämmstoffs im Hochbau.

Schüttungen der meist mineralischen Granulate werden zur Wärmedämmung von Flachdächern und Holzbalkendecken sowie zur Kerndämmung von Außenwänden verwendet. In Form von **Flocken** wird Zellulose auf der Baustelle angeliefert und zwischen zwei dichte Schalen eingeblasen. Gut geeignet ist die Einblasdämmung für die Dämmung von geneigten Dächern zwischen den Sparren und in Holzbalkendecken.

Dämmstoffwolle wird insbesondere zum Ausstopfen von Hohlräumen – z. B. zwischen Fensterrahmen und Mauerwerk – verwendet.

Starre **Platten** eignen sich zur Dämmung von Wänden sowie als Wärmedämmung unter druckbelasteten Decken oder Trittschalldämmung unter Estrichen. Die weicheren **Matten** werden bei der Zwischensparrendämmung im geneigten Dach und bei der Schall- und Wärmedämmung von leichten Wand- und Deckenkonstruktionen verwendet. Dünne **Filze** eignen sich zur Reduzierung des Trittschalls unter Trockenestrichen und zur wärme- und schalltechnischen Trennung von Bauteilen.

5.2 Hinweise zu den Datenblättern von Wärmedämmstoffen mit bauaufsichtlicher Zulassung

Nachfolgend werden auf 18 Datenblättern die **gebräuchlichsten Wärmedämmstoffe in alphabetischer Reihenfolge** dargestellt. Ein zusätzliches Datenblatt behandelt das Vakuumisolationspaneel. Im Textteil werden u. a. die Herstellung, die Zusammensetzung und spezielle Verarbeitungshinweise beschrieben.

Es folgen die bauphysikalischen Kennwerte. Dieses sind
- die Wärmeleitfähigkeit λ,
- die Baustoffklasse,

- die Rohdichte,
- die Wasserdampfdiffusionswiderstandszahl µ,
- die angebotenen Materialdicken bei Platten und Matten.

Bei dem angegebenen Materialpreis für 10 cm Dämmschichtdicke handelt es sich um einen Richtpreis inklusive Mehrwertsteuer. Mittels dieses Richtpreises können grobe Kalkulationen vorgenommen werden. Vor einer Bauausführung sollten jedoch immer konkrete Angebote eingeholt werden, da die Preise regional und in Abhängigkeit von Hersteller, Lieferanten und Bezugsmenge stark schwanken. Die angegebenen mittleren Richtpreise für eine Wärmedämmschicht mit einem Wärmedurchgangskoeffizienten $U = 0,4$ W/(m^{2}K) ermöglichen den Kostenvergleich der verschiedenen Dämmstoffe untereinander bei identischer Wärmedämmwirkung (Materialpreise ohne zusätzliche Verbundschichten).

Bei den Dämmstoffdicken für unterschiedliche Wärmedurchgangskoeffizienten U handelt es sich um Werte für den reinen Dämmstoff zuzüglich der inneren und äußeren Wärmeübergangswiderstände einer nicht hinterlüfteten Außenwand bzw. eines nicht hinterlüfteten Dachs. Bei der Berechnung des Wärmeschutzes etwa von Wand- oder Dachkonstruktionen ist zusätzlich zu berücksichtigen, dass sich durch statisch notwendige Grundkonstruktionen in der Dämmebene – wie z. B. Dachsparren in einem Dach mit Zwischensparrendämmung – eine Verringerung des Wärmeschutzes ergeben kann, während die Anbringung weiterer Bauteilschichten (z. B. Verkleidungen) eine leichte Erhöhung des Wärmeschutzes bewirkt. Aus den Dämmstoffdicken für verschiedene U-Werte lassen sich die notwendigen Konstruktionsdicken der Bauteile bei vorgegebener Wärmedämmwirkung abschätzen.

Wird der Wärmedämmstoff in unterschiedlichen Wärmeleitfähigkeitsstufen angeboten, so ist die Wärmeleitfähigkeit mit dem größten Marktanteil im Fettdruck dargestellt. Auf das Material dieser Wärmeleitfähigkeit beziehen sich dann Richtpreise und angegebene Dämmstoffdicken für verschiedene Wärmedurchgangskoeffizienten U.

Nachfolgend werden stichpunktartig die wichtigsten Anwendungsbereiche des jeweiligen Wärmedämmstoffs aufgelistet. In zwei Piktogrammen wird dargestellt, bei welchen Bauteilen im Massiv- bzw. Holzbau der betreffende Wärmedämmstoff eingesetzt werden kann. Es wird in dieser Darstellung nicht unterschieden, in welcher Ebene des Bauteils der Wärmedämmstoff liegt. Ist z. B. die Dachschräge fett hervorgehoben, so ist aus der Darstellung nicht ablesbar, ob das Material zur Dämmung unter, zwischen und bzw. oder auf den Sparren verwendet werden kann.

5.3 Hinweise zu den Datenblättern von Transparenten Wärmedämmungen TWD

Neben der Vielzahl opaker Wärmedämmstoffe gibt es auch transparente Wärmedämmstoffe. Die einfachsten TWD-Materialien sind **mehrschichtige transparente Stegplatten**. Effizienter bezüglich des energetischen Nutzens sind **Platten in Kapillarstruktur** aus verschiedenen Materialien (Polymethylmethacrylat – PMMA, Polycarbonat – PC, Glas). Die wichtigsten Kennwerte werden im Anschluss an die Datenblätter der opaken Dämmstoffe wiedergegeben. Konstruktive Details zur Anwendung dieser Materialien sind in Kapitel 4-18 dargestellt.

Neben den Stegplatten und den TWD-Kapillarplatten gibt es noch TWD-Wabenstrukturen und TWD-Material auf der Basis von Aerogelen. Bei Letzterem handelt es sich um eine mikroporöse Silikatstruktur, in der ca. 90 % Luft unbeweglich eingeschlossen ist.

Die Datenblätter Transparente Wärmedämmung enthalten abweichend von den anderen Datenblättern als Kennwert zur Beschreibung der passiven Solarenergienutzung den Gesamtenergiedurchlassgrad g, der in Kapitel 5-3.2 und 5-6.2 näher beschrieben wird.

3 Wärmedämmstoffe — Aerogel

Aerogel

Schüttungen und Platten aus Aerogel bestehen aus Silikat (Kieselsäure). Aufgrund der sehr feinen Struktur des Aerogels werden die Luftmoleküle fest eingeschlossen und können somit ihre kinetische Energie nicht untereinander weitergeben.

Aerogel weist mit einer Wärmeleitfähigkeit von etwa 0,020 W/(mK) eine etwa halb so kleine Wärmeleitfähigkeit im Vergleich zu herkömmlichen Wärmedämmstoffen auf. Die Schüttungen oder Platten sind wasserabweisend und diffusionsoffen.

Das Material eignet sich als Einblasdämmung von zweischaligen Wänden mit Luftschicht. Weiterhin gibt es Wärmedämm-Verbundsysteme oder Innendämmsysteme an Wand und Decke mit bauaufsichtlicher Zulassung, die eine hocheffiziente Wärmedämmung der Bauteile bei minimaler Schichtdicke ermöglichen.

Das Material entspricht aufgrund seiner vollständig mineralischen Zusammensetzung der Baustoffklasse A1. Durch brennbare Zuschlagstoffe oder Plattenabdeckungen kann es auch nur schwer entflammbar oder normal entflammbar sein.

Die bauphysikalische Unbedenklichkeit sollte bei der Verwendung als Innendämmung immer durch einen Nachweis mit einem hygrothermischen Simulationsprogramm sichergestellt werden.

Wärmeleitfähigkeit λ:	0,016–**0,018**–0,021 W/(mK)
Baustoffklasse:	A1, B1, B2
Rohdichte:	85 bis 150 kg/m³
Wasserdampfdiffusionswiderstandszahl μ:	2 bis 10
Materialdicke:	1 bis 5 cm
Materialpreis für 1,0 cm:	30,– bis 50,– €/m²
Materialpreis für $U = 0,25$ W/(m²K):	100,– bis 200,– €/m²

Dämmstoffdicke bei einem Wärmedurchgangskoeffizienten U von		
	0,5 W/(m²K):	3 cm
	0,4 W/(m²K):	4 cm
	0,3 W/(m²K):	6 cm
	0,2 W/(m²K):	9 cm

Anwendungsbereiche

Außenwand:	Kerndämmung (Einblasdämmung), Wärmedämm-Verbundsystem, Innendämmung
Dach:	–
Massivdecke:	unter der Kellerdecke, unter der obersten Geschossdecke
Perimeterdämmung:	–
Trennwand/-decke (Leichtbau):	–

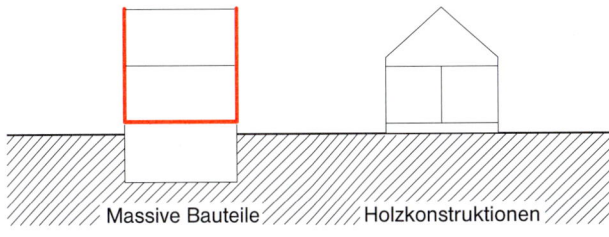

Blähton

Schüttungen aus Blähton bestehen aus expandiertem Ton, der aus einem Gemisch unterschiedlicher Mineralien zusammengesetzt ist.

Blähton hat mit einer Wärmeleitfähigkeit von 0,10 W/(mK) für einen Wärmedämmstoff eine vergleichsweise schlechte Wärmedämmwirkung.

Als Wärmedämmung unter Nassestrichen bzw. zwischen den Balken von Holzbalkendecken hat sich das Material seit Jahrzehnten bewährt.

Das Material entspricht aufgrund seiner vollständig mineralischen Zusammensetzung der Baustoffklasse A1.

Bei einer Rohdichte von 550 bis 1300 kg/m³ ergibt sich für Blähton-Schüttungen eine Schüttdichte von 300 bis 700 kg/m³.

Wärmeleitfähigkeit λ:	**0,10**–0,16 W/(mK)
Baustoffklasse:	A1 (nicht brennbar)
Rohdichte:	> 550 kg/m³
Wasserdampfdiffusionswiderstandszahl μ:	2 bis 8
Materialdicke:	–
Materialpreis für 10 cm:	ca. 10,– €/m²
Materialpreis für U = 0,25 W/(m²K):	ca. 40,– €/m²

Dämmstoffdicke bei einem Wärmedurchgangskoeffizienten U von		
	0,5 W/(m²K):	19 cm
	0,4 W/(m²K):	24 cm
	0,3 W/(m²K):	32 cm
	0,2 W/(m²K):	49 cm

Anwendungsbereiche

Außenwand:	–
Dach:	nicht belüftetes Flachdach
Massivdecke:	unter Estrich
Perimeterdämmung:	–
Trennwand/-decke (Leichtbau):	zwischen Balken von Holzdecken

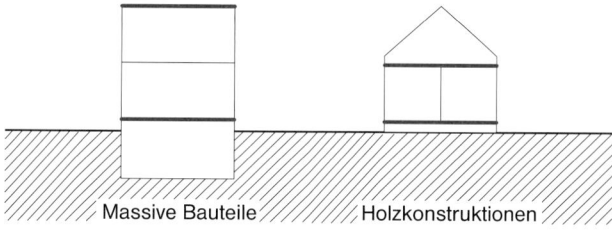

Massive Bauteile / Holzkonstruktionen

Flachs

Der Markt bietet **Matten, Platten und lose Stopfwolle** an, deren Grundstoff die Kurzfasern von Flachspflanzen sind. Durch Zugabe von Borverbindungen werden bezüglich **Brandschutz** und **Verrottungsresistenz** Kennwerte erreicht, die eine bauaufsichtliche Zulassung ermöglichen. Damit das Material in Matten oder Platten verfestigt werden kann, werden dünne Florschichten mit bis zu 10 % Kartoffelstärke miteinander verbunden.

Das Material hat gute wärmedämmende Eigenschaften und ist der Wärmeleitfähigkeitsgruppe WLG 040 zugeordnet.

Durch die Zugabe von Flammschutzmitteln wird die Baustoffklasse B2 erreicht.

Eingesetzt wird dieses Material bei der Dämmung geneigter Dächer, in der Innendämmung und in der Dämmung von Wänden und Decken im Holzbau.

Nahezu identisch sind die Lieferformen, technischen Kennwerte, Preise sowie Anwendungsgebiete von **Hanf** als Wärmedämmstoff.

Wärmeleitfähigkeit λ:	**0,04** W/(mK)
Baustoffklasse:	B2 (normal entflammbar)
Rohdichte:	30 bis 60 kg/m^3
Wasserdampfdiffusionswiderstandszahl μ:	1
Materialdicke:	3 bis 16 cm
Materialpreis für 10 cm:	ca. 20,– €/m^2
Materialpreis für $U = 0,25$ W/(m^{2}K):	ca. 30,– €/m^2

Dämmstoffdicke bei einem Wärmedurchgangskoeffizienten U von		
	0,5 W/(m^{2}K):	8 cm
	0,4 W/(m^{2}K):	10 cm
	0,3 W/(m^{2}K):	13 cm
	0,2 W/(m^{2}K):	20 cm

Anwendungsbereiche

Außenwand:	–
Dach:	geneigtes Dach über, unter und zwischen den Sparren
Massivdecke:	–
Perimeterdämmung:	–
Trennwand/-decke (Leichtbau):	zwischen den Holzständern bzw. Holzbalken

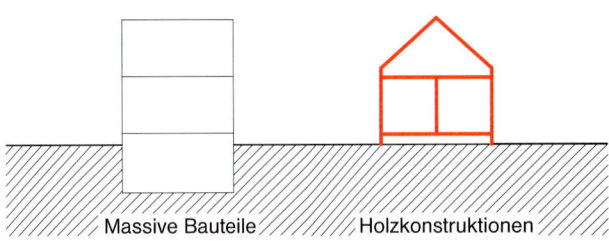

Massive Bauteile | Holzkonstruktionen

Holzfaser

Als Rohstoff wird **Restholz aus Sägewerken** verwendet. Es wird zu Hackschnitzeln zerkleinert und anschließend zerfasert. Unter Zugabe von Wasser wird ein Faserbrei hergestellt, aus dem durch Pressung und Trocknung **Platten** hergestellt werden. Eine Verbindung der einzelnen Fasern untereinander erfolgt in der Regel durch holzeigene Harze, eventuell unter Verwendung von etwa 2 % Paraffinemulsion zur Hydrophobierung.

Je nach Hersteller und Rohdichte werden Wärmeleitfähigkeiten von 0,038 bis 0,05 W/(mK) erreicht. Abhängig von der jeweiligen Wärmeleitfähigkeit hat der Dämmstoff eine gute bis mäßige Wärmedämmwirkung.

Der Dämmstoff erfüllt ohne weitere chemische Zusätze die Anforderungen der Baustoffklasse B2.

Die Wärmedämmung von Wänden kann durch Innendämmung oder von außen – auch bei hinterlüfteten Fassaden – mittels Holzweichfaserplatten verbessert werden. Zur Dämmung von geneigten Dächern und Flachdächern ist das Material ebenso verwendbar.

Für Unterdächer und hinterlüftete Außenwände müssen bituminierte Verbundplatten eingesetzt werden.

Auch alle Außen- und Innenbauteile im Holzbau können durch Holzweichfaserplatten wärme- und schalltechnisch den gesetzlichen Vorschriften entsprechend ausgeführt werden.

Durch die im Vergleich zu anderen Stoffen gleicher Wärmeleitfähigkeitsgruppe relativ **hohe Rohdichte** und **große spezifische Wärmekapazität** des Rohstoffs Holz lässt sich auch der sommerliche Wärmeschutz bei Leichtbauweise entscheidend verbessern.

Speziell modifizierte Platten mit einer dynamischen Steifigkeit von 30 bis 40 MN/m² sind als Trittschall-Dämmplatten für schwimmende Estriche erhältlich.

Wärmeleitfähigkeit λ:	0,038–**0,04**–0,05 W/(mK)
Baustoffklasse:	B2 (normal entflammbar)
Rohdichte:	110 bis 160 kg/m³
Wasserdampfdiffusionswiderstandszahl μ:	5
Materialdicke:	2 bis 20 cm
Materialpreis für 10 cm:	ca. 25,– €/m²
Materialpreis für $U = 0{,}25$ W/(m²K):	ca. 35,– €/m²

Dämmstoffdicke bei einem Wärmedurchgangskoeffizienten U von		
	0,5 W/(m²K):	8 cm
	0,4 W/(m²K):	10 cm
	0,3 W/(m²K):	13 cm
	0,2 W/(m²K):	20 cm

Anwendungsbereiche

Außenwand:	Innendämmung und hinterlüftete Außendämmung
Dach:	geneigtes Dach über, unter und zwischen den Sparren; Flachdach
Massivdecke:	Trittschalldämmung unter Estrich
Perimeterdämmung:	–
Trennwand/-decke (Leichtbau):	zwischen den Holzständern bzw. Holzbalken

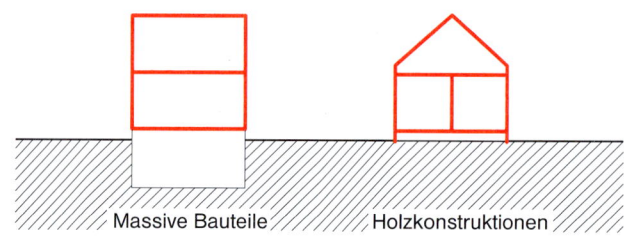

Massive Bauteile / Holzkonstruktionen

Holzwolle

Leichtbauplatten aus magnesit- oder zementgebundener Holzwolle werden seit Jahrzehnten im Bauwesen verwendet. Aufgrund der nur mäßigen Wärmedämmwirkung (gleiche Wärmeleitfähigkeit wie gutes Ziegel- oder Porenbetonmauerwerk) ist ihre Verwendung inzwischen stark rückläufig. Durch das mineralische Bindemittel wird dieser Dämmstoff schwer entflammbar, durch Zusatz von Bittersalz wird die Beständigkeit gegen Verrottung erreicht.

Mit einer Wärmeleitfähigkeit von 0,065 bis 0,09 W/(mK) weisen **Holzwolle-Leichtbauplatten** eine relativ schlechte Wärmedämmwirkung auf. Daher werden sie inzwischen vorwiegend als **Mehrschicht-Leichtbauplatten** im Verbund mit Polystyrol-, Polyurethan- oder Mineralfaserplatten eingesetzt.

Der Dämmstoff erfüllt aufgrund des verwendeten mineralischen Bindemittels die Anforderungen der Baustoffklasse B1; Mehrschicht-Leichtbauplatten mit Polystyrol oder Polyurethan werden der Baustoffklasse B2 (normal entflammbar) zugeordnet.

Bisherige Anwendungsbereiche der Holzwolle-Leichtbauplatten sind die Außenwanddämmung (Wärmedämm-Verbundsystem Kapitel 4-11.4), die **Dämmung von Wärmebrücken** im Bereich von Betonstützen und -stürzen sowie die Dämmung geneigter Dächer unter den Sparren.

Aufgrund ihrer schalldämmenden und auch schallabsorbierenden Eigenschaften werden Holzwolle-Leichtbauplatten auch zur Herstellung biegeweicher Vorsatzschalen (z. B. zur **Verbesserung der Luftschalldämmung** von Wänden) und abgehängter Akustikdecken (als Rasterdecken in Büro- oder Versammlungsräumen) eingesetzt.

Wärmeleitfähigkeit λ:	0,060–**0,09**–0,10 W/(mK)
Baustoffklasse:	B1 (schwer entflammbar)
Rohdichte:	360 bis 460 kg/m³
Wasserdampfdiffusionswiderstandszahl μ:	2 bis 5
Materialdicke:	1,5 bis 10 cm
Materialpreis für 10 cm:	ca. 25,– €/m²
Materialpreis für U = 0,4 W/(m²K):	ca. 60,– €/m²

Dämmstoffdicke bei einem Wärmedurchgangskoeffizienten U von		
	0,5 W/(m²K):	17 cm
	0,4 W/(m²K):	21 cm
	0,3 W/(m²K):	29 cm
	0,2 W/(m²K):	44 cm

Anwendungsbereiche

Außenwand:	Wärmedämm-Verbundsystem
Dach:	unter den Sparren
Massivdecke:	unter der Kellerdecke
Perimeterdämmung:	–
Trennwand/-decke (Leichtbau):	unter der Zwischendecke; als Trennwandbeplankung

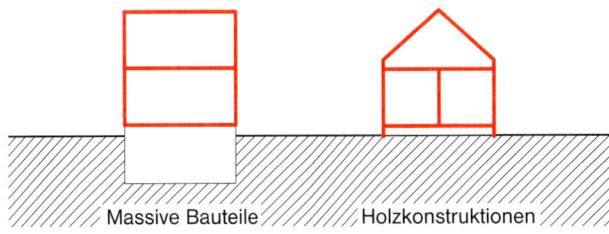
Massive Bauteile — Holzkonstruktionen

Kalziumsilikat

Wärmedämmplatten aus Kalziumsilikat sind **steife mineralische Platten**, deren Grundstoffe Kalk, Quarzsand und Wasser sind. Einige Anbieter geben Zellulose als Zuschlagstoff hinzu.

Bei einer Trockenrohdichte von 200 bis 300 kg/m³ erreichen sie mäßige Wärmeleitfähigkeiten von 0,05 bis 0,07 W/(mK).

Wegen der fast vollständig mineralischen Bestandteile entspricht der Dämmstoff der Baustoffklasse A2.

Aufgrund ihrer Materialstruktur von offenen Poren und Kapillaren haben die Platten ohne zusätzlichen Anstrich oder Beschichtung einen großen Wasseraufnahmekoeffizienten. Der unbehandelte und unbeschichtete Wärmedämmstoff kann deshalb zeitweise auftretende **Feuchtigkeit** gut **zwischenspeichern** und trocknet nach Abklingen der Feuchtigkeitsbelastung rasch wieder aus. Die chemische Zusammensetzung des Materials verhindert Schimmelpilzwachstum weitgehend.

Kalziumsilikat-Platten werden insbesondere zur **nachträglichen Wärmedämmung von Mauerwerk** raumseitig auf die Wände aufgebracht.

Wärmeleitfähigkeit λ:	0,05–**0,06**–0,09 W/(mK)
Baustoffklasse:	A1 bzw. A2 (nichtbrennbar)
Rohdichte:	200 bis 400 kg/m³
Wasserdampfdiffusionswiderstandszahl μ:	2 bis 6
Materialdicke:	2 bis 10 cm
Materialpreis für 10 cm:	ca. 80,– €/m²
Materialpreis für $U = 0{,}25$ W/(m²K):	ca. 180,– €/m²

Dämmstoffdicke bei einem Wärmedurchgangskoeffizienten U von		
	0,5 W/(m²K):	11 cm
	0,4 W/(m²K):	14 cm
	0,3 W/(m²K):	19 cm
	0,2 W/(m²K):	29 cm

Anwendungsbereiche

Außenwand:	Innendämmung, Wärmedämm-Verbundsystem
Dach:	–
Massivdecke:	–
Perimeterdämmung:	–
Trennwand/-decke (Leichtbau):	–

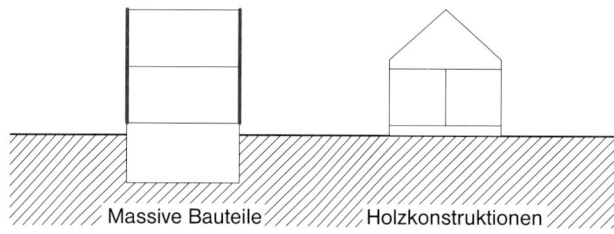

Kork

Kork in Form von **Schüttungen oder gepressten Platten** ist ein seit Jahrhunderten eingesetzter Wärmedämmstoff. Man unterscheidet Natur- oder Recyclingkorkschrot, expandiertes Korkschrot und Backkork.

Bei **Naturkorkschrot** wird die geschälte Rinde von Korkeichen, die in südlichen Ländern wachsen, zermahlen. **Recyclingkorkschrot** besteht aus zermahlenen Flaschenkorken. Bei **expandiertem Korkschrot** wird der geschrotete Naturkork mit Wasserdampf auf ein Mehrfaches seines Volumens ausgedehnt. **Backkork** wird als Block im Druckbehälter hergestellt, indem überhitzter Wasserdampf das Granulat bis auf das 10-fache des Ausgangsvolumens ausdehnt und die im Kork vorhandenen Naturharze das Granulat an der Oberfläche verbinden.

Mit einer Wärmeleitfähigkeit von 0,04 bis 0,06 W/(mK) weist er eine gute bis mäßige Wärmedämmwirkung auf. Hat das Material eine bauaufsichtliche Zulassung erhalten, so wird es der Baustoffklasse B2 zugeordnet; der Zusatz von Flammschutzmitteln ist hierzu nicht nötig.

Im Massivbau werden Korkplatten zur Innen-, Kern- und Außendämmung von Außenwänden angeboten. Es sind auch bauaufsichtlich zugelassene Wärmedämm-Verbundsysteme erhältlich. Aufgrund der Druckfestigkeit können Korkdämmplatten auch zur Wärme- und Trittschalldämmung unter Estrichen verwandt werden.

Im Holzbau ist die Dämmung mit Kork in Form von Platten oder als Schüttung für alle Außenbauteile, die nicht einer Feuchtigkeitsbelastung ausgesetzt sind, möglich.

Auch Trennwände als Metall- oder Holzständerwände können durch das Einstellen von Korkplatten mit einem ausreichenden Schall- und Wärmeschutz versehen werden.

Wärmeleitfähigkeit λ:	0,04/**0,045**–0,06 W/(mK)
Baustoffklasse:	B2 (normal entflammbar)
Rohdichte:	80 bis 220 kg/m³
Wasserdampfdiffusionswiderstandszahl μ:	5 bis 10
Materialdicke:	1 bis 30 cm
Materialpreis für 10 cm:	ca. 30,– €/m² (Platten)
Materialpreis für U = 0,25 W/(m²K):	ca. 50,– €/m² (Platten)

Dämmstoffdicke bei einem Wärmedurchgangskoeffizienten U von		
	0,5 W/(m²K):	9 cm
	0,4 W/(m²K):	11 cm
	0,3 W/(m²K):	15 cm
	0,2 W/(m²K):	22 cm

Anwendungsbereiche

Außenwand:	Innen-, Kern-, Außendämmung; Wärmedämm-Verbundsystem
Dach:	geneigtes Dach zwischen, unter und über den Sparren; Flachdach
Massivdecke:	Trittschalldämmung, unter Estrich
Perimeterdämmung:	–
Trennwand/-decke (Leichtbau):	als Schüttung zwischen den Holzständern und Holzbalken

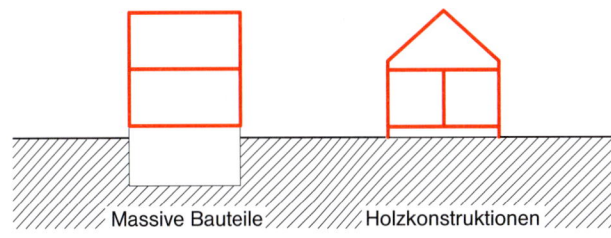
Massive Bauteile | Holzkonstruktionen

Mineralfaser

Platten, Matten, Einblas- oder Stopfwolle aus Mineralfasern (**Glas- oder Steinfasern**) machen mehr als 50 % des Dämmstoffeinsatzes in Deutschland aus. Sie bestehen zu mehr als 90 % aus mineralischen Rohstoffen wie Sand, Kalkstein, Glas usw. Als **Bindemittel** und zur Staubbindung werden Phenolformaldehydharz und Mineralöl zugesetzt.

Mit einer Wärmeleitfähigkeit von 0,032 bis 0,045 W/(mK) gehört das Material zu den gut wärmedämmenden Stoffen.

Mineralfaserdämmstoffe entsprechen wegen ihrer mineralischen Grundsubstanz bezüglich des Brandverhaltens der Baustoffklasse A1 oder A2.

Die Platten und Matten werden für besondere Anwendungsfälle auch mit verschiedenen **Kaschierungen** angeboten, die ihre Wärmeleitfähigkeit nicht beeinflussen. Das Brandverhalten kann sich aber verändern, sodass die kaschierten Mineralfaserprodukte teilweise dann der Baustoffklasse B1 oder B2 entsprechen.

Frei von Krebsverdacht, z. B. aufgrund von Staubentwicklung bei der Verarbeitung, sind diejenigen Mineralfaserprodukte, die einen **Kanzerogenitätsindex** (KI) von 40 einhalten oder überschreiten.

Die Einsatzgebiete von Mineralfasern im Massivbau sind vielfältig: Innen-, Kern- und Außendämmung von Außenwänden, als hinterlüftete Fassade sowie Wärmedämm-Verbundsysteme; alle Arten der Dämmung geneigter und flacher Dächer und als Wärme- oder Trittschalldämmung unter schwimmenden Estrichen.

Im Holz- und Ständerwerksbau werden Mineralfaserprodukte zur **Schall- und Wärmedämmung** aller Innen- und Außenbauteile eingesetzt.

Wärmeleitfähigkeit λ:	0,032–**0,035**–0,045 W/(mK)
Baustoffklasse:	A1 bzw. A2 (ohne Kaschierung)
Rohdichte:	15 bis 70 kg/m^3
Wasserdampfdiffusionswiderstandszahl μ:	1 bis 2
Materialdicke:	1,5 bis 24 cm
Materialpreis für 10 cm:	ca. 10,– bis 30,– €/m^2 (kaschierte Platten)
Materialpreis für $U = 0{,}25$ W/(m^{2}K):	ca. 15,– bis 40,– €/m^2 (kaschierte Platten)

Dämmstoffdicke bei einem Wärmedurchgangskoeffizienten U von		
	0,5 W/(m^{2}K):	7 cm
	0,4 W/(m^{2}K):	9 cm
	0,3 W/(m^{2}K):	12 cm
	0,2 W/(m^{2}K):	17 cm

Anwendungsbereiche

Außenwand:	Innen-, Kern-, Außendämmung; Wärmedämm-Verbundsystem
Dach:	geneigtes Dach über, unter und zwischen den Sparren; Flachdach
Massivdecke:	Trittschalldämmung, unter Estrich
Perimeterdämmung:	–
Trennwand/-decke (Leichtbau):	zwischen den Holz- oder Metallständern bzw. Holzbalken

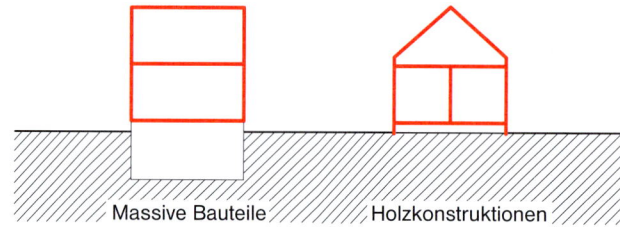

Massive Bauteile | Holzkonstruktionen

Mineralschaum

Wärmedämmplatten aus Mineralschaum sind **steife mineralische Platten**, deren Grundstoffe Calciumsilikat-Hydrate, Kalk, Sand, Zement, Wasser sowie Porenbildner sind.

Bei einer Trockenrohdichte von etwa 100 kg/m³ erreichen sie mäßige Wärmeleitfähigkeiten von 0,042 W/(mK) bis 0,047 W/(mK).

Wegen der vollständig mineralischen Bestandteile entspricht der Dämmstoff der Baustoffklasse A1.

Aufgrund ihrer Materialstruktur mit offenen Poren und Kapillaren haben die Platten ohne zusätzlichen Anstrich oder zusätzliche Beschichtung einen großen Wasseraufnahmekoeffizienten. Der unbehandelte und unbeschichtete Wärmedämmstoff kann deshalb zeitweise auftretende **Feuchtigkeit** gut **zwischenspeichern** und trocknet nach Abklingen der Feuchtigkeitsbelastung rasch wieder aus.

Die bauphysikalische Unbedenklichkeit sollte bei der Verwendung als Innendämmung immer durch einen Nachweis mit einem hygrothermischen Simulationsprogramm sichergestellt werden.

Wärmeleitfähigkeit λ:	**0,042**–0,047 W/(mK)
Baustoffklasse:	A1 (nichtbrennbar)
Rohdichte:	90 bis 120 kg/m³
Wasserdampfdiffusionswiderstandszahl μ:	2 bis 3
Materialdicke:	5 bis 30 cm
Materialpreis für 10 cm:	ca. 30,– €/m²
Materialpreis für $U = 0{,}25$ W/(m²K):	ca. 50,– €/m²

Dämmstoffdicke bei einem Wärmedurchgangskoeffizienten U von		
	0,5 W/(m²K):	8 cm
	0,4 W/(m²K):	10 cm
	0,3 W/(m²K):	14 cm
	0,2 W/(m²K):	20 cm

Anwendungsbereiche

Außenwand:	Innendämmung, Wärmedämm-Verbundsystem
Dach:	Flachdachdämmung, Aufsparrendämmung
Massivdecke:	Innendämmung
Perimeterdämmung:	–
Trennwand/-decke (Leichtbau):	–

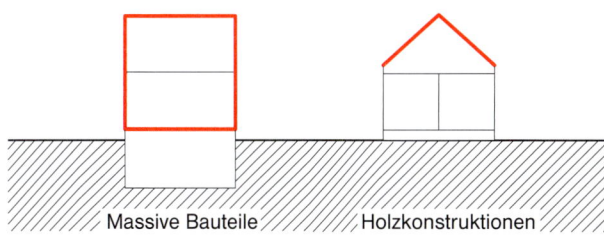
Massive Bauteile | Holzkonstruktionen

Perlite

Grundstoff der im Bauwesen eingesetzten Perlite ist Perlitgestein als erstarrte **Lavamasse**. Das darin eingeschlossene Wasser wird bei Temperaturen von über 1000 °C zu Wasserdampf und bläht das gemahlene Rohperlit auf das 15- bis 20fache seines Volumens auf.

Dieses Produkt kann ohne jegliche Zusätze z. B. als **Trockenschüttung** in Holzbalkendecken verwendet werden. Für andere Anwendungsfälle (bei möglicher Feuchteeinwirkung) wird das Rohprodukt durch Hydrophobierung (Wasserabweisendmachung) oder Bituminierung einsatzfähig.

Das Material weist mit einer Wärmeleitfähigkeit von 0,04 bis 0,07 W/(mK) eine gute bis mäßige Wärmedämmwirkung auf.

Als mineralisches Produkt ohne Zusätze entspricht es der Baustoffklasse A1, bei Zugabe von Bitumen o. Ä. der Baustoffklasse B2.

Perlite-Schüttungen werden im Massivbau zur Kerndämmung von Außenwänden, als Gefälledämmung von Flachdächern und unter schwimmenden Estrichen verwandt. Auch zur Dämmung von Holzbalkendecken eignen sich Perlite-Schüttungen.

Es werden auch **Perlite-Dämmplatten** angeboten, die aus expandiertem Perlitgestein unter Zugabe von Kunstharzen oder Bitumen als Bindemittel gepresst werden. Einige Hersteller mischen auch organische oder anorganische Fasern bei.

Perlite-Dämmplatten werden für alle Arten der Dämmung im geneigten Dach oder bei der Flachdachdämmung eingesetzt. Aufgrund der relativ hohen Druckfestigkeit werden die Platten auch unter Estrichen zur Bodendämmung verwendet.

Wärmeleitfähigkeit λ:	0,04–**0,05**–0,07 W/(mK)
Baustoffklasse:	A1 (ohne Zusätze)
Rohdichte:	150 bis 210 kg/m^3
Wasserdampfdiffusionswiderstandszahl μ:	3 bis 5
Materialdicke:	–
Materialpreis für 10 cm:	ca. 20,– €/m^2 (Schüttung)
Materialpreis für U = 0,25 W/(m^{2}K):	ca. 40,– €/m^2 (Schüttung)

Dämmstoffdicke bei einem Wärmedurchgangskoeffizienten U von		
	0,5 W/(m^{2}K):	10 cm
	0,4 W/(m^{2}K):	12 cm
	0,3 W/(m^{2}K):	16 cm
	0,2 W/(m^{2}K):	25 cm

Anwendungsbereiche

Außenwand:	Innen-, Kern-, Außendämmung; Wärmedämmverbundsystem
Dach:	geneigtes Dach über, unter und zwischen den Sparren; Flachdach
Massivdecke:	Trittschalldämmung unter Estrich
Perimeterdämmung:	–
Trennwand/-decke (Leichtbau):	zwischen den Holzbalken

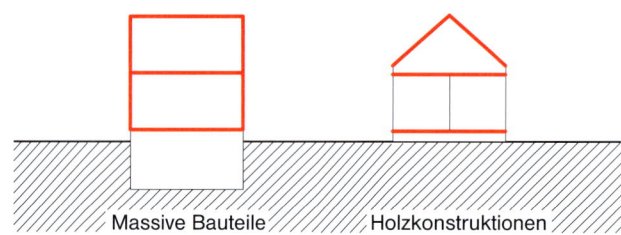

Massive Bauteile / Holzkonstruktionen

Phenolharz (PF)

Phenolharz-Schaumstoffe (PF) werden durch das Aufschäumen von flüssigen Phenol-Harz-Gemischen unter Zugabe eines Treibmittels hergestellt. Die Platten werden als block-, platten- oder bandgeschäumtes Material angeboten und sind in Abhängigkeit von ihrem Einsatzgebiet mit beidseitigen Beschichtungen aus Vlies versehen.

Der Dämmstoff besitzt mit einer Wärmeleitfähigkeit von 0,021 bis 0,025 W/(mK) eine **sehr gute Wärmedämmwirkung**. Aufgrund seiner duroplastischen Eigenschaften schmelzen **Phenolharz-Hartschaumplatten** nicht, sind schwer entflammbar und besitzen eine hohe Glutbeständigkeit; sie werden in die Baustoffklasse B1 eingestuft.

Die Platten müssen trocken gelagert und vor Witterungseinflüssen geschützt werden. Bauphysikalisch sind Platten mit umlaufendem Stufenfalz zu empfehlen.

Die Platten eignen sich zur Innen-, Kern- und Außendämmung von Wänden. Auch alle Arten der Dämmung von geneigten Dächern sowie belüftete und nicht belüftete Flachdachdämmungen können mit Phenolharz-Hartschaumplatten ausgeführt werden. Weiterhin eignen sich die Platten als Unterdeckendämmung und unter schwimmenden Estrichen. Wenn die Platten mit einer Blähperlit-Platte abgedeckt werden, können sie auch als Dämmung unter Gussasphaltestrichen eingesetzt werden.

Wärmeleitfähigkeit λ:	**0,021–0,022**–0,025 W/(mK)
Baustoffklasse:	B1 (schwer entflammbar)
Rohdichte:	30 bis 60 kg/m^3
Wasserdampfdiffusionswiderstandszahl μ:	30 bis 60
Materialdicke:	2 bis 18 cm
Materialpreis für 10 cm:	ca. 30,– €/m^2
Materialpreis für $U = 0,25$ W/(m^{2}K):	ca. 30,– €/m^2

Dämmstoffdicke bei einem Wärmedurchgangskoeffizienten U von		
	0,5 W/(m^{2}K):	4 cm
	0,4 W/(m^{2}K):	5 cm
	0,3 W/(m^{2}K):	7 cm
	0,2 W/(m^{2}K):	11 cm

Anwendungsbereiche

Außenwand:	Innen-, Kern-, Außendämmung; Wärmedämm-Verbundsystem
Dach:	geneigtes Dach über, unter und zwischen den Sparren; Flachdach
Massivdecke:	unter Estrich
Perimeterdämmung:	–
Trennwand/-decke (Leichtbau):	–

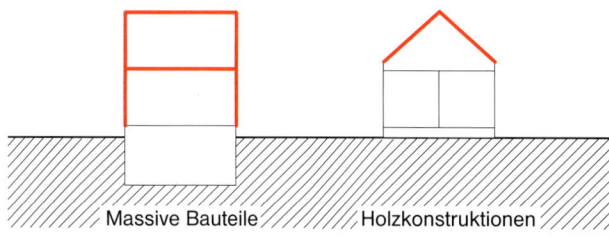
Massive Bauteile / Holzkonstruktionen

Polystyrol, expandiert (EPS)

Expandiertes Polystyrol (EPS), als Rohprodukt der bekannten weißen Dämmstoffplatten, entsteht durch die Polymerisation von Styrol unter Hinzufügung geringer Mengen des Treibmittels Pentan. Durch Vorschäumen, Zwischenlagern und Ausschäumen entstehen aus dem Rohmaterial **Polystyrol-Hartschaumplatten**. Die Platten werden am Markt als block-, platten- oder bandgeschäumtes Material auch unter dem Begriff **Styropor** angeboten.

Der Dämmstoff besitzt mit einer Wärmeleitfähigkeit von 0,032 bis 0,045 W/(mK) eine gute Wärmedämmwirkung. Polystyrol-Hartschaumplatten sind aufgrund ihrer Ausrüstung mit **Flammschutzmittel** (in der Regel Bromwasserstoff) als schwer entflammbares Material in die Baustoffklasse B1 einzustufen.

Um Schäden durch **Nachschwinden** zu vermeiden, sollte das Material vor der Verarbeitung ausreichend abgelagert sein und es sollten Fugen eingeplant werden. Bauphysikalisch sind Platten mit umlaufendem Falz und bei mehrlagigem Aufbau die Anordnung von versetzten Fugen zu empfehlen.

Die Platten eignen sich zur Innen-, Kern- und Außendämmung von Wänden. Auch alle Arten der Dämmung von geneigten Dächern sowie belüftete und nicht belüftete Flachdachdämmungen können mit EPS-Hartschaumplatten ausgeführt werden.

Es gibt auch modifizierte Dämmplatten, die sich für die Perimeterdämmung an Wänden eignen.

Durch die **Elastifizierung** der Platten mittels Be- und Entlastung in mechanischen Pressen lassen sich auch Platten geringer dynamischer Steifigkeit herstellen, die zur Trittschalldämmung und Dämmung zwischen Gebäudetrennwänden verwandt werden können.

Wärmeleitfähigkeit λ:	0,032–**0,035**–0,045 W/(mK)
Baustoffklasse:	B1 (schwer entflammbar)
Rohdichte:	10 bis 30 kg/m³
Wasserdampfdiffusionswiderstandszahl μ:	20 bis 100
Materialdicke:	1 bis 30 cm
Materialpreis für 10 cm:	ca. 10,– €/m²
Materialpreis für $U = 0,25$ W/(m²K):	ca. 15,– €/m²

Dämmstoffdicke bei einem Wärmedurchgangskoeffizienten U von		
	0,5 W/(m²K):	7 cm
	0,4 W/(m²K):	9 cm
	0,3 W/(m²K):	12 cm
	0,2 W/(m²K):	17 cm

Anwendungsbereiche

Außenwand:	Innen-, Kern-, Außendämmung; Wärmedämm-Verbundsystem
Dach:	geneigtes Dach über, unter und zwischen den Sparren; Flachdach
Massivdecke:	Trittschalldämmung, unter Estrich
Perimeterdämmung:	an Wand
Trennwand/-decke (Leichtbau):	–

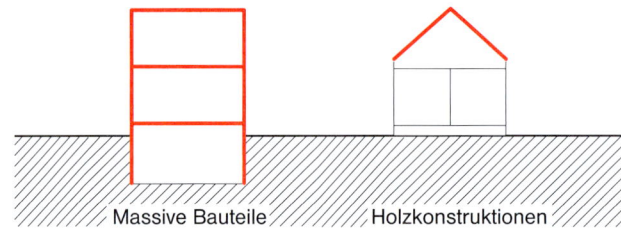

Massive Bauteile   Holzkonstruktionen

Polystyrol, extrudiert (XPS)

Geschmolzenes Polystyrol wird mit Kohlendioxid als Treibmittel aufgeschäumt. Zum Teil werden auch noch halogenisierte FCKW als Treibmittel eingesetzt. Der im Extrusionsverfahren hergestellte **Polystyrol-Extruderschaum** (XPS) besitzt eine durchgehend homogene und vollkommen **geschlossene Zellstruktur**.

Dies bedeutet, dass das Material **praktisch kein Wasser aufnimmt**, verrottungsfest ist und eine überdurchschnittliche Druckfestigkeit aufweist. Verbunden sind diese Eigenschaften mit einer sehr guten bis guten Wärmedämmwirkung von 0,030 bis 0,040 W/(mK).

Durch Zusatz von **Flammschutzmitteln** (meist bromierte Kohlenwasserstoffe) wird die Baustoffklasse B1 erreicht.

Das Material ist nicht UV-beständig und ist daher immer mit einer geeigneten Abdeckung zu versehen.

Wärmedämmplatten aus Polystyrol-Extruderschaum eignen sich aufgrund der Zellstruktur nicht nur für die Innen-, Kern- und Außendämmung von Außenwänden, sie ermöglichen auch die Wärmedämmung der Kellerwände bzw. der Bodenplatte von außen (**Perimeterdämmung**). Weiterhin wird das Material zur Aufsparrendämmung von geneigten Dächern und zur Flachdachdämmung eingesetzt. Aufgrund der Feuchtigkeitsunempfindlichkeit und Druckfestigkeit können diese Platten auch bei Umkehrdächern, d. h. bei Flachdächern mit der Wärmedämmung über der Abdichtungsebene, verwendet werden.

Platten mit höherer Rohdichte sind ausreichend druckfest, um für die Dämmung von Parkdecks eingesetzt zu werden.

Wärmeleitfähigkeit λ:	0,03–**0,035**–0,04 W/(mK)
Baustoffklasse:	B1 (schwer entflammbar)
Rohdichte:	30 bis 45 kg/m^3
Wasserdampfdiffusionswiderstandszahl μ:	80 bis 200
Materialdicke:	2 bis 18 cm
Materialpreis für 10 cm:	ca. 30,– €/m^2
Materialpreis für $U = 0{,}25$ W/(m^{2}K):	ca. 40,– €/m^2

Dämmstoffdicke bei einem Wärmedurchgangskoeffizienten U von		
	0,5 W/(m^{2}K):	7 cm
	0,4 W/(m^{2}K):	9 cm
	0,3 W/(m^{2}K):	12 cm
	0,2 W/(m^{2}K):	17 cm

Anwendungsbereiche

Außenwand:	Innen-, Kern-, Außendämmung; Wärmedämm-Verbundsystem
Dach:	geneigtes Dach über oder unter den Sparren; Flachdach, auch als Umkehrdach
Massivdecke:	unter der Bodenplatte
Perimeterdämmung:	an Wand und Boden
Trennwand/-decke (Leichtbau):	–

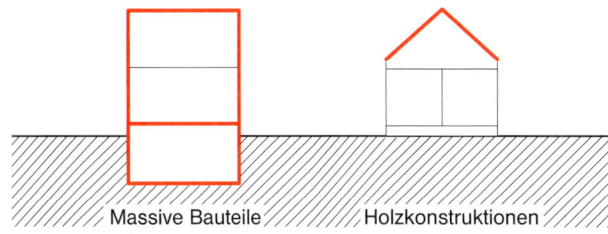
Massive Bauteile / Holzkonstruktionen

Polyurethan (PUR/PIR)

Dämmstoffe aus **Polyurethan-Hartschaum** werden mit Hilfe von Katalysatoren und Treibmittel (Pentan) aus dem Rohstoff Erdöl hergestellt. Durch eine chemische Reaktion mit großer Wärmeentwicklung geht die flüssige Grundsubstanz in Gasform über und man erhält nach dem Abkühlen erstarrten Polyurethanschaum.

Der Schaum ist in der Regel **geschlossenzellig**. Er hat duroplastischen Charakter und weist eine gute **Beständigkeit gegen Chemikalien und Lösungsmittel** auf.

Polyurethan-Hartschaum ist ein **Dämmmaterial mit sehr niedriger Wärmeleitfähigkeit**. Mit diffusionsdichten Deckschichten gehört es zur Wärmeleitfähigkeitsstufe WLS 025, ohne Deckschicht oder mit diffusionsoffenen Deckschichten zur WLS 030 bzw. WLS 035 und hat damit eine sehr gute Wärmedämmwirkung.

Polyurethan-Hartschäume lassen sich durch den Zusatz von Flammschutzmitteln, die meist aus Phosphorsäureestern bestehen, in den Baustoffklassen B1 und B2 herstellen.

Das Material ist gegen Pilze und Mikroben beständig und deshalb **verrottungs- und fäulnisfest**. Toxische Ausgasungen sind nicht bekannt.

PUR-Dämmplatten werden im Bauwesen insbesondere dann eingesetzt, wenn bei möglichst geringen Materialdicken ein hoher Wärmeschutz erreicht werden soll.

Das Material kann zur Innen-, Kern- und Außendämmung von Außenwänden – evtl. mit Kaschierung oder im Verbund mit Deckschichten – verwendet werden. Auch die Dämmung geneigter Dächer unter, zwischen oder über den Sparren sowie die Flachdachdämmung sind Einsatzmöglichkeiten von PUR-Hartschaumplatten. Weiterhin gibt es auch modifizierte Platten für Perimeterdämmung an Wänden und Böden.

Wärmeleitfähigkeit λ:	0,024–**0,030**–0,035 W/(mK)
Baustoffklasse:	B2
Rohdichte:	30 bis 50 kg/m³
Wasserdampfdiffusionswiderstandszahl μ:	40 bis 200
Materialdicke:	2 bis 30 cm
Materialpreis für 10 cm:	ca. 30,– €/m²
Materialpreis für U = 0,25 W/(m²K):	ca. 35,– €/m²

Dämmstoffdicke bei einem Wärmedurchgangskoeffizienten U von		
	0,5 W/(m²K):	6 cm
	0,4 W/(m²K):	7 cm
	0,3 W/(m²K):	10 cm
	0,2 W/(m²K):	15 cm

Anwendungsbereiche

Außenwand:	Innen-, Kern-, Außendämmung; Wärmedämm-Verbundsystem
Dach:	geneigtes Dach zwischen, unter und über den Sparren; Flachdach
Massivdecke:	unter Estrich und Rohdecke
Perimeterdämmung:	an Wänden und Böden
Trennwand/-decke (Leichtbau):	–

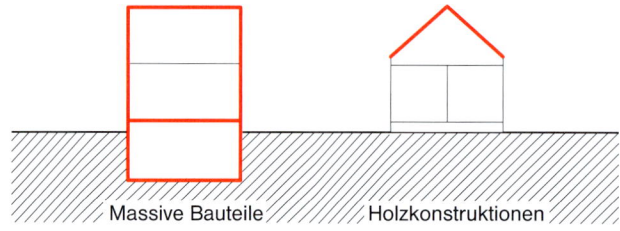
Massive Bauteile / Holzkonstruktionen

Schafwolle

Schafschurwolle und zum geringen Teil auch Recyclingwolle sind Grundstoffe für Schafwolldämmstoffe. Diesen werden teilweise Borate für den Flammschutz und chemische Mittel gegen den Schädlingsbefall zugesetzt.

Da Schafe oft mit Insektiziden behandelt werden, können Rückstände davon auch in der Wolle enthalten sein. Der Hersteller sollte die Rückstandsfreiheit seiner Ware garantieren können.

Mit einer Wärmeleitfähigkeit von 0,04 W/(mK) handelt es sich um ein gut wärmedämmendes Material.

Um die Baustoffklasse B2 zu erreichen, geben einige Hersteller ihrem Produkt Borate als Flammschutzmittel zu.

Neben der Dämmung von geneigten Dächern, Trennwänden, Zwischendecken und Fassaden eignet sich das Material auch zur Ausführung von Akustikdecken. **Schafwollplatten** haben einen hohen Schallabsorptionsgrad und weisen keine lungengängigen Fasern auf.

Die Zusammensetzung der zugelassenen Schafwollprodukte der verschiedenen Hersteller ist sehr unterschiedlich. Bei der Bewertung des Materials sollte der Anwender daher vom Hersteller die genaue Zusammensetzung unter Angabe der Art und des Anteils der Zusatzstoffe erfragen. Die unterschiedliche Zusammensetzung führt zu den großen Preisdifferenzen der verschiedenen Anbieter.

Wärmeleitfähigkeit λ:	**0,04** W/(mK)
Baustoffklasse:	B2 (normal entflammbar)
Rohdichte:	15 bis 70 kg/m^3
Wasserdampfdiffusionswiderstandszahl μ:	1 bis 5
Materialdicke:	3 bis 12 cm
Materialpreis für 10 cm:	ca. 25,– €/m^2
Materialpreis für U = 0,25 W/(m^{2}K):	ca. 40,– €/m^2

Dämmstoffdicke bei einem Wärmedurchgangskoeffizienten U von		
	0,5 W/(m^{2}K):	8 cm
	0,4 W/(m^{2}K):	10 cm
	0,3 W/(m^{2}K):	13 cm
	0,2 W/(m^{2}K):	20 cm

Anwendungsbereiche

Außenwand:	Innen- sowie hinterlüftete Außendämmung; zwischen den Holzständern
Dach:	geneigtes Dach zwischen und unter den Sparren
Massivdecke:	–
Perimeterdämmung:	–
Trennwand/-decke (Leichtbau):	zwischen den Ständern bzw. Balken

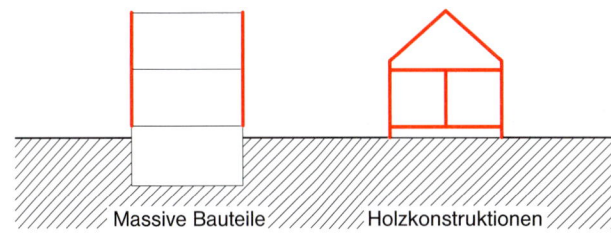
Massive Bauteile — Holzkonstruktionen

Schaumglas

Schaumglas entsteht durch Aufschäumen einer Glasschmelze unter Zusatz von Kohlenstoff als Treibmittel. Bei den für diesen Prozess notwendigen, sehr hohen Temperaturen bildet sich aufgrund der Freisetzung von Kohlendioxid eine Vielzahl kleiner Glaszellen, in denen das Gas hermetisch eingeschlossen bleibt. Dies führt dazu, dass Schaumglas **absolut dampfdicht und wasserdicht** ist.

Mit Wärmeleitfähigkeiten von 0,04 bis 0,06 W/(mK) weist Schaumglas eine gute bis mäßige Wärmedämmwirkung auf.

Als anorganisches Material ist Schaumglas unbrennbar und wird der Baustoffklasse A1 zugeordnet. Mit Papier oder Bitumen kaschierte **Schaumglasplatten** sind als normal entflammbarer Baustoff der Baustoffklasse B2 zugelassen.

Mit Werten von 400 bis 1700 kN/m² weist das Material eine **sehr hohe Druckfestigkeit** auf.

Aufgrund seiner Materialeigenschaften und seines relativ hohen Preises wird Schaumglas hauptsächlich zur Perimeterdämmung, zur Dämmung unter Estrich oder Bodenplatte sowie zur Flachdachdämmung verwendet. Auch bei besonderen Anforderungen an den Brandschutz sind unkaschierte Platten aus Schaumglas ein geeignetes Material zur Wärmedämmung.

Von der Industrie werden auch besonders druckfeste Platten in Steinmaßen und Breiten angeboten, die als **unterste Steinreihe bei Wänden** über unbeheizten Räumen oder Tordurchfahrten die Wärmebrückenwirkung minimieren.

Wärmeleitfähigkeit λ:	0,038–**0,04**–0,05 W/(mK)
Baustoffklasse:	A1 (ohne Kaschierung)
Rohdichte:	100 bis 165 kg/m³
Wasserdampfdiffusionswiderstandszahl μ:	dampfdicht
Materialdicke:	4 bis 13 cm
Materialpreis für 10 cm:	ca. 50,– €/m²
Materialpreis für U = 0,25 W/(m²K):	ca. 80,– €/m²

Dämmstoffdicke bei einem Wärmedurchgangskoeffizienten U von		
	0,5 W/(m²K):	8 cm
	0,4 W/(m²K):	10 cm
	0,3 W/(m²K):	13 cm
	0,2 W/(m²K):	20 cm

Anwendungsbereiche

Außenwand:	Innen-, Kern-, Außendämmung; Wärmedämmverbundsystem
Dach:	Flachdach
Massivdecke:	unter Estrich und Bodenplatte
Perimeterdämmung:	an Wand und Boden
Trennwand/-decke (Leichtbau):	–

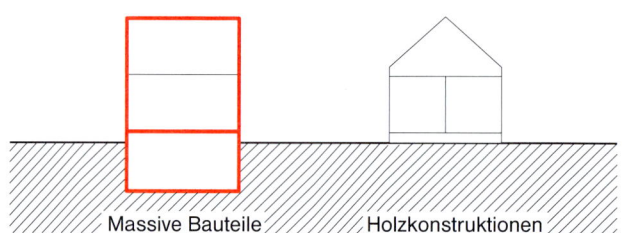

Massive Bauteile | Holzkonstruktionen

Vakuumisolationspaneel (VIP)

Das physikalische Prinzip der **Vakuumdämmung** wird bei der Herstellung von Vakuumisolationspaneelen angewandt. In einer luft- und diffusionsdichten Hülle wird unter Verwendung eines Füllmaterials als Abstandhalter Vakuum erzeugt. Damit werden **Wärmeleitfähigkeiten**, die etwa um den **Faktor 10 kleiner** sind **als bei herkömmlichen Wärmedämmstoffen**, erreicht.

Bei der Verwendung von VIP ist besonders darauf zu achten, dass

- die Hülle der Paneele nicht beschädigt wird,
- die Wirkung der Wärmebrücke im Randverbund der Hülle minimiert wird,
- Fugen und Durchdringungen der Vakuumisolationspaneele dauerhaft dampfdicht geschlossen sind.

Aufgrund der sehr guten Wärmedämmung der dünnen Paneele ist deren Einsatz insbesondere bei der wärmetechnischen Modernisierung des Gebäudebestands zu empfehlen, wenn der vorhandene Platz für die Verwendung herkömmlicher Baustoffe nicht ausreicht. Mit VIP ist z. B. eine **Außendämmung bei Grenzbebauung** oder bei Gebäuden mit geringem Dachüberstand möglich. Auch die Dämmung unter einer Fußbodenheizung lässt sich bei geringer Aufbauhöhe den heutigen Anforderungen entsprechend ausführen.

Im Neubau werden im Brüstungsbereich zwischen Glas- oder Aluminiumabdeckungen eingebettete Vakuumisolationspaneele eingesetzt, deren **Bauteildicke der Dicke der Verglasung entspricht**. Der Wärmedurchgangskoeffizient des opaken Brüstungselements beträgt bei einer Bauteildicke von 20 bis 30 mm nur ca. 0,25 W/(m²K).

Wärmeleitfähigkeit λ:	0,004–**0,006**–0,010 W/(mK)
Baustoffklasse:	A2
Rohdichte:	ca. 160 kg/m³
Wasserdampfdiffusionswiderstandszahl μ:	dampfdicht
Materialdicke:	2,0 bis 3,6 cm
Materialpreis für 2,0 bis 3,6 cm Dicke:	100,– bis 200,– €/m² (inklusive Abdeckung)
Materialpreis für U = 0,25 W/(m²K):	100,– bis 150,– €/m² (inklusive Abdeckung)

Dämmstoffdicke bei einem Wärmedurchgangskoeffizienten U von		
	0,29 W/(m²K):	2,0–2,6 cm
	0,26 W/(m²K):	2,2–2,8 cm
	0,23 W/(m²K):	2,6–3,0 cm
	0,18 W/(m²K):	2,8–3,6 cm

Anwendungsbereiche

Außenwand:	Innen-, Kern- und Außendämmung; Wärmedämmverbundsystem
Dach:	–
Massivdecke:	unter Estrich bei geringer Aufbauhöhe, insbesondere bei der Bauerneuerung
Perimeterdämmung:	–
Trennwand/-decke (Leichtbau):	–

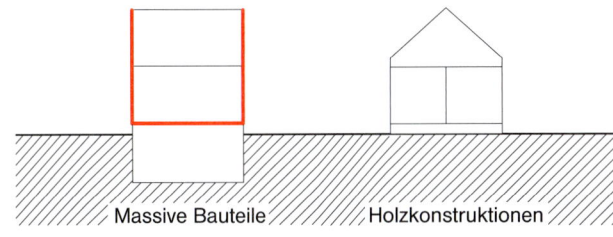
Massive Bauteile | Holzkonstruktionen

Vermikulit

Vermikulit, auch **Blähglimmer** genannt, wird aus natürlichem Glimmerschiefer hergestellt. Durch schockartiges Erhitzen wird das interkristalline Wasser zwischen den einzelnen Glimmerschichten ausgetrieben. Es entsteht ein **Granulat** mit dem etwa 20-fachen Volumen des Ausgangsstoffes.

Die wärmedämmenden Eigenschaften sind bei einer Wärmeleitfähigkeit von 0,07 W/(mK) nur mäßig.

Das mineralische Material ist nicht brennbar und in der Baustoffklasse A1 eingruppiert.

Eingesetzt wird es ohne Zuschlagstoffe als **Ausgleichsschüttung von Böden** bei der Altbausanierung. Bei der Montage ist darauf zu achten, dass sich das Material um ca. 5 % setzt. Ab 5 cm Schichtdicke muss das Material verdichtet werden.

In Verbindung mit einer druckverteilenden Platte kann es auch zur **Flachdachsanierung** eingesetzt werden. Dazu wird das Vermikulit-Granulat im Wärmeverfahren vom Hersteller mit Bitumen umhüllt. Das Material ist weiterhin rieselfähig, ergibt aber nach der Verdichtung einen kompakten Belag. Durch den Zusatz von Bitumen ist das Material normal entflammbar entsprechend der Baustoffklasse B2.

Wärmeleitfähigkeit λ:	**0,07** W/(mK)
Baustoffklasse:	A1 (ohne Zusätze)
Rohdichte:	70 bis 160 kg/m^3
Wasserdampfdiffusionswiderstandszahl μ:	2 bis 3
Materialdicke:	–
Materialpreis für 10 cm:	ca. 10,– €/m^2
Materialpreis für U = 0,25 W/(m^{2}K):	ca. 25,– €/m^2

Dämmstoffdicke bei einem Wärmedurchgangskoeffizienten U von		
	0,5 W/(m^{2}K):	13 cm
	0,4 W/(m^{2}K):	17 cm
	0,3 W/(m^{2}K):	23 cm
	0,2 W/(m^{2}K):	34 cm

Anwendungsbereiche

Außenwand:	–
Dach:	Flachdach
Massivdecke:	–
Perimeterdämmung:	–
Trennwand/-decke (Leichtbau):	als Ausgleichsschüttung in Decken

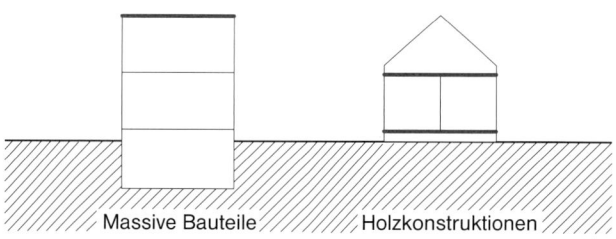

Massive Bauteile — Holzkonstruktionen

Zellulosefasern

Der im Bauwesen zugelassene **Zellulosedämmstoff** wird **aus Altpapier** von Tageszeitungen hergestellt. Das Rohmaterial wird zerfasert und gemahlen. Durch die Beimischung von 8–15 % Borsalzen und Borsäure als Brandschutzmittel und zum Schutz vor Schädlingsbefall erreicht das Material die Baustoffklasse B2. Alternativ werden von einigen Herstellern ca. 8 % Ammoniumpolyphosphat als Flammschutzmittel verwendet.

Zweifel über die gesundheitliche Unbedenklichkeit der verwendeten Borsalze und Borsäuren – insbesondere im Hinblick auf das Einatmen von oder den längeren Hautkontakt mit hiermit imprägnierten Teilchen – konnten bisher nicht endgültig ausgeräumt werden. Die **Entsorgung** von Altmaterial ist **ungeklärt**, da Borverbindungen zu den Wasser gefährdenden Stoffen gehören und eine Endlagerung auf der Deponie daher nicht problemlos möglich ist.

Mit einer Wärmeleitfähigkeit von 0,04 bis 0,05 W/(mK) weist der Dämmstoff gute bis mäßige wärmedämmende Eigenschaften auf.

Zum größten Teil wird das Material als **Einblasdämmung** bis zu einer Dicke von 300 mm in Dächern und Decken eingesetzt. Für die Wanddämmung werden die Zellulosefasern leicht angefeuchtet und auf die Beplankung angespritzt. Weiterhin werden von einigen Herstellern mit Hilfe von Stützfasern steife **Platten aus Zellulosefasern** angeboten.

Bei der Verarbeitung von Zellulosefasern ist geeigneter Atemschutz zu tragen, da die gesundheitliche Relevanz der hierbei freigesetzten Faserstäube bis heute nicht geklärt ist.

Wärmeleitfähigkeit λ:	**0,04**–0,045 W/(mK)
Baustoffklasse:	B2
Rohdichte:	30 bis 60 kg/m³
Wasserdampfdiffusionswiderstandszahl μ:	1 bis 2
Materialdicke:	–
Materialpreis für 10 cm:	ca. 10,– €/m² (Einblasmat.)
Materialpreis für U = 0,25 W/(m²K):	ca. 15,– €/m² (Einblasmat.)

Dämmstoffdicke bei einem Wärmedurchgangskoeffizienten U von		
	0,5 W/(m²K):	8 cm
	0,4 W/(m²K):	10 cm
	0,3 W/(m²K):	13 cm
	0,2 W/(m²K):	20 cm

Anwendungsbereiche

Außenwand:	zwischen den Holzständern
Dach:	geneigtes Dach zwischen den Sparren; leichtes Flachdach zwischen den Balken
Massivdecke:	–
Perimeterdämmung:	–
Trennwand/-decke (Leichtbau):	zwischen den Ständern bzw. Balken

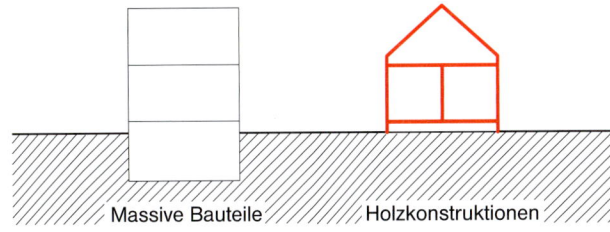
Massive Bauteile — Holzkonstruktionen

Transparente Wärmedämmung mit Kapillarstruktur

Transparente Wärmedämmung (TWD) besteht heute in der Regel aus **Kapillarplatten** mit einer Vielzahl senkrecht zur Oberfläche orientierter dünnwandiger Röhrchen. Die Röhrchen werden entweder aus Glas oder hochtransparentem Kunststoff (Polycarbonat oder PMMA) gefertigt. Den größten Marktanteil haben Kunststoffröhrchen, die durch Verschweißen der Schnittkanten zu einer Einheit verbunden werden. Die Röhrchendurchmesser betragen wenige Millimeter.

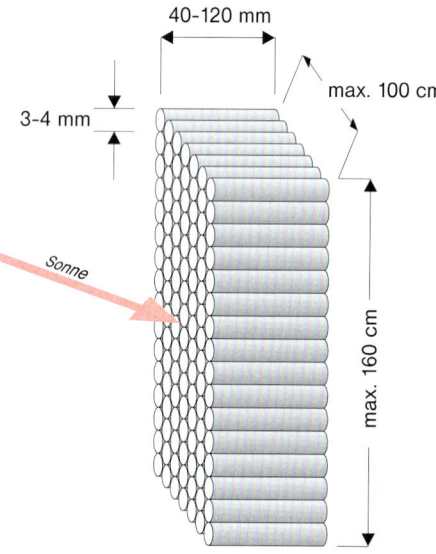

3-6 *Aufbau und Abmessungen von Transparenter Wärmedämmung mit Kapillarstruktur*

Die TWD-Kapillarstrukturen müssen vor Verschmutzung, Feuchtigkeit und mechanischer Beschädigung geschützt werden. Dieser **Schutz** wird **durch Glasscheiben** (Paneelbauweise) **oder durch** das Aufbringen von **lichtdurchlässigem Putz** (Wärmedämm-Verbundsystem) erreicht.

Die Röhrchen sind für die langwellige Wärmestrahlung (Wellenlänge 4–250 µm) weitgehend undurchlässig. Da der Röhrchendurchmesser wesentlich kleiner als die Länge ist, wird Luftbewegung verhindert. Die Röhrchen reduzieren daher gleichzeitig den Wärmetransport durch Konvektion und Strahlung.

Der Wärmedurchgangskoeffizient U verbessert sich mit zunehmender Dicke der Platte, während die hohe Durchlässigkeit für Solarstrahlung (Wellenlänge 0,3–3 µm), bedingt durch die nahezu verlustfreie Reflexion an den Röhrchenwänden, nur geringfügig abnimmt.

Wärmeleitfähigkeit λ:	ca. **0,10** W/(mK)
Gesamtenergiedurchlassgrad g (10 cm):	ca. 0,8 (mit Deckscheibe)
Rohdichte:	30 kg/m^3
Wasserdampfdiffusionswiderstandszahl μ:	1
Temperaturbeständigkeit:	bis 90 °C bei PMMA bis 120 °C bei Polycarbonat
UV-Beständigkeit:	sehr gut bei PMMA eingeschränkt bei PC
Materialdicke:	4 bis 12 cm
Materialpreis für 10 cm:	ca. 60,– €/m^2 (Kapillarplatten)

Anwendungsbereiche

Vor schweren Außenwänden zur passiven Solarenergiegewinnung.

Als transluzenter (durchscheinender) Ersatz für Verglasungen.

Transparente Wärmedämmung mit Stegplatten

Ein preiswertes System für transparente Wärmedämmung (TWD) ist die Anordnung von **zwei hintereinander liegenden Dreifach-Stegplatten**. Die transparenten Stegplatten aus Polycarbonat werden mittels Dichtungen in einen Kunststoffrahmen eingebaut und vor die schwarz beschichtete Wand montiert.

Zur Vermeidung von Überhitzungen im Sommer ist **kein gesonderter Sonnenschutz notwendig**, da die Stegplatten bei höher stehender Sonne einen Großteil der direkten Solareinstrahlung reflektieren.

Wärmeleitfähigkeit λ:	ca. **0,80** W/(mK)
Gesamtenergie-durchlassgrad (7 cm):	0,35 bis 0,55
Rohdichte:	–
Wasserdampfdiffusions-widerstandszahl μ:	3
Temperaturbeständigkeit:	bis 120 °C
UV-Beständigkeit:	gut durch Beschichtung
Materialdicke:	7 cm
Materialpreis für 7 cm:	ca. 40,– €/m²

Anwendungsbereiche

Vor schweren Außenwänden zur passiven Solarenergiegewinnung.

Als transluzenter (durchscheinender) Ersatz für Verglasungen.

3-7 Aufbau und Abmessungen von Transparenter Wärmedämmung aus Stegplatten

Bei einer Systemdicke von ca. 70 mm betragen die Standardgrößen der Module 100 cm × 100 cm, 100 cm × 275 cm bzw. 200 cm × 275 cm; es sind aber auch Sonderanfertigungen in 1-Meter-Rasterbreite und beliebiger Höhe möglich. Die Module sind witterungsstabil, UV-geschützt, hagelsicher und beständig gegen Schlag- und Stoßbelastung.

FASSADEN UND AUSSENWÄNDE

FASSADEN

1	**Einführung** S. 4/3	
2	**Gliederung der Fassade** S. 4/3	
3	**Farbgebung für die Fassade** S. 4/3	
4	**Beanspruchungen der Fassade** S. 4/3	
4.1	Gebäudelage und Beanspruchung der Fassade	
4.2	Schlagregen-Beanspruchungsgruppen der Fassade	
5	**Schalldämmung der Fassade** S. 4/6	

AUSSENWÄNDE

6	**Einführung** S. 4/8
7	**Anforderungen an Außenwände** S. 4/8
7.1	Anforderungen an den Wärmeschutz
7.2	Anforderungen an den Schallschutz
7.3	Anforderungen an die Luftdichtheit
8	**Materialien des Mauerwerkbaus** S. 4/10
8.1	Steine, Blöcke, Elemente
8.2	Mauermörtel
8.3	Außenputze
8.4	Mauerwerksabmessungen
9	**Übersicht und Kenndaten der Außenwandkonstruktionen** S. 4/13
9.1	Übersicht
9.2	Kenndaten der Außenwandkonstruktionen
10	**Übergangsbereiche tragender Außenwände aus massivem Mauerwerk** S. 4/22
10.1	Vorbemerkung
10.2	Anforderungen
11	**Außendämmung einschaliger tragender Außenwände** S. 4/29
11.1	Vorbemerkung
11.2	Einfluss auf die Schalldämmung
11.3	Luftdichtheit
11.4	Wärmedämmung mit Mehrschicht-Leichtbauplatten
11.5	Wärmedämm-Verbundsysteme
12	**Innendämmung einschaliger tragender Außenwände** S. 4/34
12.1	Vorbemerkung
12.2	Materialien
12.3	Einfluss auf den Feuchteschutz
12.4	Einfluss auf die Schalldämmung
12.5	Luftdichtheit
12.6	Vorteile der Innendämmung
12.7	Nachteile der Innendämmung
13	**Zweischalige Außenwände mit Wärmedämmschicht und Hinterlüftung** S. 4/37
13.1	Vorbemerkung
13.2	Schalldämmung
13.3	Luftdichtheit
13.4	Zweischalige Wände mit leichter Außenschale
13.5	Zweischalige Wände mit schwerer Außenschale
14	**Kerndämmung in schweren Wänden** S. 4/42
14.1	Vorbemerkung
14.2	Einzelheiten zum konstruktiven Aufbau
15	**Außenwände in Leichtbauweise** S. 4/43
15.1	Vorbemerkung
15.2	Einzelheiten zum konstruktiven Aufbau
16	**Außenwände gegen Erdreich** S. 4/46
16.1	Vorbemerkung

16.2	Belastung der Wände durch Erdfeuchtigkeit und Wasser
16.3	Außendämmung einer Wand gegen Erdreich
16.4	Innendämmung einer Wand gegen Erdreich

17 Verbesserung des Wärmeschutzes von Außenwänden im Bestand S. 4/48

17.1	Vorbemerkung
17.2	Übersicht alter Außenwandkonstruktionen
17.3	Anforderungen an den Wärmeschutz bei baulichen Änderungen bestehender Gebäude
17.4	Nachträgliche Wärmedämmung von Natursteinmauerwerk
17.5	Nachträgliche Wärmedämmung von Fachwerk
17.6	Nachträgliche Wärmedämmung von monolithischem Mauerwerk
17.7	Nachträgliche Wärmedämmung von massivem zweischaligen Mauerwerk mit Luftschicht
17.8	Verbesserung der Wärmedämmung von Mauerwerk mit einem vorhandenen Wärmedämm-Verbundsystem
17.9	Verbesserung der Wärmedämmung von Vorhangfassaden
17.10	Verbesserung der Wärmedämmung von Außenwänden in Holzrahmenbau
17.11	Auswirkungen nachträglicher Wärmedämmmaßnahmen vorhandener Außenwände

18 Transparente Wärmedämmung S. 4/57

18.1	Vorbemerkung
18.2	TWD als Solarwand
18.3	TWD als Tageslichtsystem
18.4	TWD-Glaspaneele
18.5	Transparentes Wärmedämm-Verbundsystem

19 Hinweise auf Literatur und Arbeitsunterlagen S. 4/61

FASSADEN UND AUSSENWÄNDE

FASSADEN

1 Einführung

Die Fassade besteht aus den Außenwänden sowie den damit verbundenen Bauteilen, insbesondere Fenstern und Verkleidungen. Sie vermittelt den äußeren Eindruck eines Gebäudes und wird daher vom Architekten besonders sorgfältig gestaltet. Form, Gliederung, Farbe und Material sind die wichtigsten Elemente der Fassadengestaltung. Fassaden können ein Gebäude in die Umgebung eingliedern oder aus ihr hervorheben. Zusätzlich zu dem hohen Anspruch an ihre Gestaltung muss jede Fassade den Belastungen durch die Witterung standhalten, denn eine weitere Aufgabe ist der Schutz des Gebäudes und seiner Bewohner. Dazu gehört beispielsweise die Abschirmung von Außenlärm genauso wie der Schutz der Innenräume sowie der wärmegedämmten und luftdichten Gebäudehülle (Kapitel 9) vor der Witterung.

2 Gliederung der Fassade

Die Gliederung der Südfassade soll für die in der Regel größere Anzahl großflächiger Fenster und die Gliederung der Nordfassade für die geringere Anzahl kleinerer Fenster ein ausgewogenes Flächenverhältnis ergeben. Durch Farbe und Material können z. B. horizontale Fensterbänder betont, durch gleichmäßige Putz- und Steinrasterflächen dagegen kann ein ruhiges Bild erreicht werden. Auch der Materialwechsel und eine eventuelle Teilbegrünung können gliedernd wirken.

Wichtig ist für alle Entscheidungen, dass die verwendeten Materialien den auftretenden Schlagregenbeanspruchungen und thermisch bedingten Belastungen durch Sonnenbestrahlung u. a. gewachsen sind.

3 Farbgebung für die Fassade

Hinsichtlich der Farbgebung besteht bei Putzen praktisch keine Beschränkung. Allerdings sollte beachtet werden, dass dunkelfarbige oder rauhe Oberflächen einen hohen Anteil der Sonnenstrahlung absorbieren und in Wärme umwandeln. Dadurch entsteht bei solchen Flächen eine erhebliche, thermisch bedingte Bewegung. Diese Bewegung lässt sich durch Wahl heller Fassadenoberflächen merklich verringern. Der Reflexionsgrad der Farbe wird durch den **Hellbezugswert** (HBW) beschrieben. Der Hellbezugswert gibt an, wie weit der Farbton vom Schwarz- (=0) bzw. Weißpunkt (=100) entfernt ist. Im Hinblick auf möglichst geringe thermische Bewegungen ist ein Hellbezugswert von mindestens 50 günstig. Leuchtende Farben müssen eine ausreichende UV-Beständigkeit aufweisen, da sich sonst Beschattungen auf Dauer durch Farbverschiebungen abzeichnen. Grundsätzlich sollten alle Fassadenflächen so beschaffen sein, dass sie durch Regen und Wind hinreichend gereinigt werden. Wesentlich ist auch die Anpassung der Farbgebung einer Fläche an die erwartete Lebensdauer. So ist z. B. eine modische Farbgebung für eine Metallkonstruktion mit einer Lebensdauer von 30 bis 60 Jahren nicht sehr zweckmäßig. Dagegen können bei einfachen Putzanstrichen mit einer Lebensdauer von 10 bis 25 Jahren durchaus gewagte Farbtöne gewählt werden.

4 Beanspruchungen der Fassade

Die Fassade wird durch die Witterung weniger beansprucht als das Dach. Allerdings ist die Beanspruchung von der Orientierung der Wand abhängig. Eine weitere besondere Beanspruchung der Wand entsteht durch die Unterbrechung der Wandscheibe mit Fenster- und Türöffnungen sowie durch den Materialwechsel bei Stürzen, Rollladenkästen, Deckeneinbindungen und Ringbalken.

Der **Niederschlag** als Regen beansprucht zwar die Westseite stark, andere Seiten (Nord oder Ost) dagegen nur wenig. Die Selbstreinigung durch Regenwasser ist daher je nach Fassadenausrichtung unterschiedlich.

An der Süd- bis Westseite sind die Fensteranschlüsse an das Mauerwerk und der Sockelbereich (Spritzwasser) besonders stark belastet. Der Unterhaltungsaufwand ist größer und die Fugenabdichtungen müssen hier in kürzeren Abständen erneuert werden.

Die Wasserbeanspruchung lässt sich durch einen größeren Dachüberstand und die fachgerechte Ausbildung von Wassertropfnasen an Fensterbänken und Abdeckungen verringern. Notwendig sind auch Fassadenoberflächen, die auf die Beanspruchungen abgestimmt sind. Putze, Vormauerungen und Verkleidungen müssen die wärmedämmende Schicht und die raumumhüllende Schale ausreichend schützen.

Die unterschiedliche thermische Bewegung einzelner Wandschichten und Bauteile ist ein viel zu wenig beachtetes Problem im Bauwesen. Die Einbindung von Materialien mit hohen Ausdehnungskoeffizienten (z. B. Metall und Kunststoff) in Materialien mit geringer thermischer Ausdehnung (Mauerwerk, Putz) führt zu Spannungen. Gerade an der Südseite werden große Fenster zwischen massive Wandscheiben eingebunden. Fehlen hier dauerelastische Anschlussfugen, sind Risse und Putzabplatzungen zu erwarten. Von solchen Schadstellen geht durch Schlagregeneinwirkung oft eine schnelle Fassadenzerstörung aus. Thermische Baubewegungen lassen sich durch eine auf der kalten Seite der Wand – also auf der Außenseite – angeordnete Wärmedämmschicht auf ein unkritisches Maß verringern. In diesem Fall führt eine Wärmedämmung zur Vermeidung von Bauschäden. Bei Altbauten lassen sich viele Bauschäden mit thermischen Ursachen nur durch eine Außendämmung sanieren.

Auch eine „gezielte" **Beschattung** kann die Fassadenerwärmung im Sommer erheblich verringern. Große Dachüberstände, Balkonplatten, vorgeschaltete Laubengänge, Laubbäume und Büsche sind dazu geeignet.

Die unterschiedlichen **Alterungsgeschwindigkeiten** der verschiedenen Fassadenmaterialien und -bauteile erschwert nicht nur Amortisationsberechnungen! Da bei Fassaden auch für die Sanierung einzelner Teile oder einzelner Verschmutzungsflächen ein Gerüst erforderlich ist, entstehen erhebliche Vorbereitungskosten für die durchzuführenden Arbeiten. Deshalb kann die Wahl einer teureren Fassade langfristig die preiswertere Lösung sein. Nachstehend sind Erfahrungswerte für die übliche **Zeitspanne der Lebensdauer** einiger Bauteile und Materialien genannt:

Außenwandputz (Kalkzementmörtel, Edelputz)	20 bis 50 Jahre
Brettverschalungen imprägniert	25 bis 40 Jahre
Fensterläden (Holz)	20 bis 30 Jahre
Gitter und Geländer (Eisen, verzinkt)	30 bis 60 Jahre
Fallrohre (Zinkblech)	20 bis 30 Jahre
Fallrohre (Kupferblech)	40 bis 100 Jahre
Außenanstrich auf Putz (Mineralfarbe)	10 bis 25 Jahre
Außenanstrich auf Holz (Ölfarbe)	5 bis 20 Jahre
Fenster (Weichholz)	30 bis 50 Jahre
Dichtungsmassen (Silikonkautschuk)	10 bis 15 Jahre
Dichtungsmassen (Acrylatdispersion)	10 bis 15 Jahre

4.1 Gebäudelage und Beanspruchung der Fassade

Die geschützte oder freie Lage eines Gebäudes hat einen erheblichen Einfluss auf die Beanspruchung der Fassade. Bei **freier Lage** kann im Sommer eine starke thermische Beanspruchung durch Sonneneinstrahlung und eine entsprechende Beanspruchung durch Schlagregen entstehen. Im Winter führt die Windbelastung bei undichten Gebäuden zu einem erheblichen unkontrollierten Luftwechsel durch Fugen und Leckagen in der Gebäudehülle. Das Belüften von Wohnräumen über teilgeöffnete Fenster hat einen überhöhten Luftwechsel zur Folge. Beides führt zu einem unnötig hohen Lüftungswärmeverlust und damit zu einem erhöhten Heizenergiebedarf (Erdgas, Heizöl, Strom etc.). Ein Vorteil der freien Lage ist der größere Selbstreinigungseffekt sowie die schnellere Austrocknung der Fassade, die eine Algen- und Moosbildung weitgehend verhindert.

In **geschützter Lage** ist der Windangriff am Gebäude geringer. Lüftungswärmeverluste durch Fugen- und Leckageluftwechsel sowie durch unkontrollierte Fensterlüftung sind entsprechend reduziert. Bedingt durch die gegenseitige Beschattung der Gebäude ist an den Heiztagen bei niedrigem winterlichen Sonnenstand ein geringerer Wärmegewinn durch Sonneneinstrahlung in die Wohnräume zu erwarten. Ein höherer Heizenergiebedarf gegenüber einem nicht verschatteten Gebäude ist die Folge.

4.2 Schlagregen-Beanspruchungsgruppen der Fassade

Regenwasser kann durch den Staudruck bei Wind über Spalte, Risse und andere Fehlstellen sowie durch Kapillarwirkung in tiefere Wandschichten gelangen. Die Durchfeuchtung einzelner Wandschichten, insbesondere der Wärmedämmschicht, erhöht den Wärmeverlust der Wand erheblich und beschleunigt die Alterung.

Entsprechend dem Standort des Gebäudes ist die Schlagregen-Beanspruchungsgruppe nach der Übersichtskarte in *Bild 4-1* zu bestimmen. Lokale Abweichungen können auftreten und sind im Einzelfall zu berücksichtigen. Die Schlagregenbeanspruchung der Außenbekleidung von Wänden wird entsprechend der zu erwartenden Belastung nach DIN 4108-3 in drei Beanspruchungsgruppen eingeteilt:

– **Beanspruchungsgruppe I / geringe Schlagregenbeanspruchung**

Gebäude in Gebieten mit Jahresniederschlagsmengen unter 600 mm sowie bei besonders windgeschützten Lagen in Gebieten mit größeren Niederschlagsmengen sind der Beanspruchungsgruppe I zuzuordnen. Geeignet sind Außenputze ohne Nachweis des Schlagregenschutzes oder einschaliges Sichtmauerwerk von mindestens 31 cm Dicke.

4-1 Übersichtskarte zur Schlagregenbeanspruchung in der Bundesrepublik Deutschland nach DIN 4108-3

– **Beanspruchungsgruppe II / mittlere Schlagregenbeanspruchung**

Die Anforderungen der Beanspruchungsgruppe II gelten für Gebäude in Gebieten mit Jahresniederschlagsmengen von 600 mm bis 800 mm sowie bei besonders windgeschützten Lagen in Gebieten mit größeren als diesen Niederschlagsmengen. Auch Hochhäuser und Häuser in exponierter Lage in Gebieten, die aufgrund der regionalen Regen- und Windverhältnisse einer geringen Schlagregenbeanspruchung zuzuordnen wären, müssen den Anforderungen der Beanspruchungsgruppe II genügen. Gefordert werden Außenputze, die wenigstens wasserhemmend sind. Zulässig sind außerdem einschaliges Sichtmauerwerk von mindestens 37,5 cm Dicke oder Außenwände mit im Dick- oder Dünnbett angemörtelten Fliesen oder Platten.

– **Beanspruchungsgruppe III / starke Schlagregenbeanspruchung**

Mit einer starken Beanspruchung durch Schlagregen ist in Gebieten mit Jahresniederschlagsmengen über 800 mm sowie in windreichen Gebieten mit geringeren Niederschlagsmengen (z. B. Küstengebiete, Mittel- und Hochgebirgslagen, Alpenvorland) zu rechnen. Weiterhin müssen Hochhäuser und Häuser in exponierten Lagen, die aufgrund der regionalen Regen- und Windverhältnisse einer mittleren Schlagregenbeanspruchung zuzuordnen wären, den höheren Anforderungen entsprechen. Hierfür werden Kunstharz- oder wasserabweisende Putze nach DIN 18558 gefordert, deren Eignung entsprechend DIN 18550 nachgewiesen ist. Weiterhin können zweischaliges Verblendmauerwerk mit und ohne Luftschicht, Wände mit hinterlüfteter Außenwandbekleidung, Holz-Leichtbauwände mit vorgesetzter Bekleidung oder mit 11,5 cm dicker Mauerwerks-Vorsatzschale – beide mit Luftschicht – eingesetzt werden.

Die Putzarten werden nach ihren Wasseraufnahmekoeffizienten w, nach ihren wasserdampfdiffusionsäquivalenten Luftschichtdicken s_d und nach dem Produkt aus beiden Größen eingeteilt (DIN 4108-3):

– **Wasserabweisend** sind Putze mit $w \leq 0{,}5$ kg/(m^{2}h^{0,5}), $s_d \leq 2{,}0$ m und $w \cdot s_d \leq 0{,}2$ kg/(mh^{0,5}). Solche Putze sind mehrlagig, wobei dem regenabweisenden Oberputz ein Hydrophobierungsmittel zugesetzt wird. Die Eignung wasserabweisender Putze muss nachgewiesen werden.

– **Wasserhemmend** sind Putze mit $0{,}5 < w < 2{,}0$ kg/(m^{2}h^{0,5}) und einer speziellen Zusammensetzung, die wasserhemmende Eigenschaften gewährleistet. Entsprechende Putzsysteme sind zweilagige Kalk- und Kalkzementmörtel mit einer mittleren Dicke von 20 mm und Kunststoffputze.

5 Schalldämmung der Fassade

Die Fassade – bestehend aus opaker Wand und transparentem Fenster – hat auch die Aufgabe, den Außenlärm zu dämmen.

Dazu muss die Fassade eine gewisse Schalldämmung aufweisen, für die in DIN 4109 je nach Außenlärmpegel Anforderungen genannt sind. Der maßgebliche Außenlärmpegel ist für ein betrachtetes Wohnhaus in Abhängigkeit von der Verkehrsbelastung zu ermitteln, Kapitel 11-25.3.2. Aus ihm ergibt sich das „**Erforderliche Schalldämm-Maß erf. R'$_{w,res}$**" der Fassade. Es beträgt in Wohngebieten meist 30 bis 35 dB. Wenn an eine Außenfassade erhöhte Schallschutzanforderungen gestellt werden, Kapitel 11-25, so ist das erforderliche Schalldämm-Maß erf. R'$_{w,res}$ um 5 dB zu erhöhen. Bei starker Verkehrsbelastung kann ein erforderliches Schalldämm-Maß der Fassade bis zu 50 dB notwendig sein.

Im Beiblatt 1 zu DIN 4109 sind sowohl für Außenwandkonstruktionen als auch für Fenster, wie sie im Wohnungsbau eingesetzt werden, „**Bewertete Schalldämm-Maße R'$_w$**" aufgeführt. Eine Fassade erfüllt die Anforderungen der DIN 4109, wenn ihr aus beiden Werten „**Resultierendes Schalldämm-Maß R'$_{w,res}$**" gleich oder größer als das erforderliche Schalldämm-Maß ist.

4 Fassaden und Außenwände — Schalldämmung der Fassade

Das bewertete Schalldämm-Maß R'_w einschaliger massiver Wände kann *Bild 4-4* entnommen werden, das bewertete Schalldämm-Maß R_w der Fenster ist wie in Kapitel 5-6.3 angegeben zu ermitteln. **Bei planerischen Entscheidungen ist zu beachten, dass das „Resultierende Schalldämm-Maß $R'_{w,res}$"** der Fassaden im Wesentlichen durch die Fenster bestimmt wird, weil diese in der Regel die wesentliche Schwachstelle in der Schalldämmung der Fassade darstellen, *Bild 4-2*.

Fenster		Resultierendes Schalldämm-Maß $R'_{w,res}$ der Fassade in dB bei Außenwänden mit einem bewerteten Schalldämm-Maß R'_w in dB von																		
bewertetes Schalldämm-Maß R'_w in dB	Fensterflächen-anteil in %	43	44	45	46	47	48	49	**50**	51	52	53	54	55	56	57	58	59	60	61	62
25	15	33	33	33	33	33	33	33	33	33	33	33	33	33	33	33	33	33	33	33	33
	20	32	32	32	32	32	32	32	32	32	32	32	32	32	32	32	32	32	32	32	32
	25	31	31	31	31	31	31	31	31	31	31	31	31	31	31	31	31	31	31	31	31
	30	30	30	30	30	30	30	30	30	30	30	30	30	30	30	30	30	30	30	30	30
30	15	37	37	37	38	38	38	38	38	38	38	38	38	38	38	38	38	38	38	38	38
	20	36	36	36	37	37	37	37	37	37	37	37	37	37	37	37	37	37	37	37	37
	25	35	35	36	36	36	36	36	36	36	36	36	36	36	36	36	36	36	36	36	36
	30	35	35	35	35	35	35	35	35	35	35	35	35	35	35	35	35	35	35	35	35
32	**15**	39	39	39	39	39	40	40	**40**	40	40	40	40	40	40	40	40	40	40	40	40
	20	38	38	38	38	38	39	39	39	39	39	39	39	39	39	39	39	39	39	39	39
	25	37	37	37	37	38	38	38	38	38	38	38	38	38	38	38	38	38	38	38	38
	30	36	37	37	37	37	37	37	37	37	37	37	37	37	37	37	37	37	37	37	37
35	15	40	41	41	42	42	42	42	42	43	43	43	43	43	43	43	43	43	43	43	43
	20	40	40	40	41	41	41	41	41	41	42	42	42	42	42	42	42	42	42	42	42
	25	39	40	40	40	40	40	40	40	41	41	41	41	41	41	41	41	41	41	41	41
	30	39	39	39	39	40	40	40	**40**	40	40	40	40	40	40	40	40	40	40	40	40
37	15	41	42	42	43	43	44	44	44	44	44	45	45	45	45	45	45	45	45	45	45
	20	41	41	42	42	42	43	43	43	43	43	44	44	44	44	44	44	44	44	44	44
	25	41	41	41	41	42	42	42	42	42	43	43	43	43	43	43	43	43	43	43	43
	30	40	41	41	41	41	41	42	42	42	42	42	42	42	42	42	42	42	42	42	42
40	15	42	43	44	44	45	45	46	46	47	47	47	48	48	48	48	48	48	48	48	48
	20	42	43	43	44	44	45	45	45	46	46	46	46	47	47	47	47	47	47	47	47
	25	42	43	43	43	44	44	45	45	45	45	46	46	46	46	46	46	46	46	46	46
	30	42	42	43	43	44	44	44	44	45	45	45	45	45	45	45	45	45	45	45	45

Beispiel: Für ein Gebäude an einer verkehrsreichen Straße mit einem erforderlichen Schalldämm-Maß der Fassade von 40 dB und einem Mauerwerk mit einem bewerteten Schalldämm-Maß von 50 dB ergibt sich:
Bei 15 % Fensterflächenanteil muss das bewertete Schalldämm-Maß des Fensters mindestens 32 dB, bei Fensterflächenanteilen bis 30 % mindestens 35 dB betragen.

4-2 Resultierendes Schalldämm-Maß $R'_{w,res}$ der Fassade für verschiedene Fensterflächenanteile und Schalldämm-Maße von Fenster und Wand

AUSSENWÄNDE

6 Einführung

Durch Außenwände entstehen 25 bis 40 % der jährlichen Transmissionswärmeverluste der Gebäudehülle. Im Gegensatz zu den Fenstern führt Sonneneinstrahlung bei Außenwänden – gemittelt über alle Orientierungen – nur zu einer Energieeinsparung von etwa 2 % der Transmissionswärmeverluste für helle und bis zu 5 % für dunkle Oberflächen. Daher ist eine deutliche Verringerung des Wärmeverlusts von Außenwänden nur durch einen verbesserten Wärmeschutz erreichbar. Eine Ausnahme bilden Außenwände mit transparenter Wärmedämmung, Abschnitt 18, die auch noch zusätzliche Wärmegewinne durch Sonneneinstrahlung ermöglichen.

Von den Anforderungen an eine Außenwand, die von der Tragfähigkeit über den Brandschutz bis zum Wärmeschutz reichen, wird nachstehend vorrangig der Wärme- und Feuchteschutz behandelt.

7 Anforderungen an Außenwände

7.1 Anforderungen an den Wärmeschutz

Die Energieeinsparverordnung (EnEV) stellt für neu zu errichtende Gebäude keine direkten Anforderungen an die Wärmedurchgangskoeffizienten der einzelnen Außenbauteile. Der **Nachweis eines energiesparenden Wärmeschutzes** für Wohngebäude erfolgt über den spezifischen, auf die gesamte wärmeübertragende Umfassungsfläche bezogenen Transmissionswärmeverlust H_T' des Gebäudes in Abhängigkeit von H_T' des Referenzgebäudes mit identischen Außenflächen bei festgelegten Wärmedurchgangskoeffizienten entsprechend Anlage 1 der EnEV 2014, Kapitel 2-5.3. Dieser entspricht physikalisch dem mittleren Wärmedurchgangskoeffizienten der Außenhülle des Gebäudes. Damit diese auf die gesamte Gebäudehülle bezogene Anforderung der EnEV durch eine bauphysikalisch und wirtschaftlich sinnvolle Abstimmung des Wärmeschutzes der verschiedenen Außenbauteile erfüllt wird, **empfiehlt es sich, für Außenwände von Wohngebäuden die in** *Bild 4-3* **angegebenen Richtwerte der Wärmedurchgangskoeffizienten U_{AW} einzuhalten.** Der Wert von 0,25 W/(m²K) sollte bei Gebäuden, deren wärmeübertragende Außenfläche im Verhältnis zum eingeschlossenen Bauwerksvolumen groß ist (z. B. frei stehende Einfamilienhäuser, Reihen-Endhäuser bei versetzter Bebauung), nicht überschritten werden. Für Reihen-Mittelhäuser oder Mehrfamilienhäuser ist in der Regel ein Wärmedurchgangskoeffizient der Außenwände von 0,30 W/(m²K) zur Einhaltung der Anforderung der EnEV an den Transmissionswärmeverlust H_T' ausreichend.

Unabhängig von der Einhaltung des maximal zulässigen Primärenergiebedarfs nach EnEV, Kapitel 2-5.2, sollten die angegebenen Richtwerte des Wärmedurchgangskoeffizienten U_{AW} – aufgrund der Lebensdauer der Gebäudehülle von mehr als 50 Jahren – aus wirtschaftlichen Gründen nicht überschritten werden. **Eine Erhöhung der Wärmedämmstoffdicke bei der Bauerstellung um einige Zentimeter erhöht die Gesamtkosten der Außenwand nur geringfügig.** Eine nachträgliche, durch weiter

	Gebäude nach Energieeinsparverordnung (EnEV)	Gebäude nach Passivhausstandard
Außenwände, die an Außenluft grenzen	$U_{AW} \leq 0{,}20 \ldots 0{,}30$ W/(m²K)	$U_{AW} \leq 0{,}08 \ldots 0{,}12$ W/(m²K)
Außenwände, die an Erdreich grenzen	$U_{AW} \leq 0{,}25 \ldots 0{,}35$ W/(m²K)	$U_{AW} \leq 0{,}15$ W/(m²K)

4-3 Empfohlene Richtwerte U_{AW} der Wärmedurchgangskoeffizienten von Außenwänden für Wohngebäude

gestiegene Energiekosten notwendige Verbesserung des Wärmeschutzes ist dagegen nur mit erheblichem bautechnischen Aufwand und entsprechenden Kosten realisierbar.

Der Passivhaus-Standard mit einem Jahresheizwärmebedarf von etwa 15 kWh/(m^2a), Kapitel 1-4.2.3, benötigt als zukunftweisender Standard erheblich besser wärmegedämmte Außenwände. Diese Bedingung wird von Außenwänden mit einem Wert des Wärmedurchgangskoeffizienten U_{AW} gleich oder kleiner 0,08 bis 0,12 W/(m^2K) in der Regel erfüllt, Bild 4-3. Außerdem sollte die Gebäudegestalt einer hohen Kompaktheit entsprechen; Vor- und Rücksprünge in der Fassade sind zu vermeiden.

7.2 Anforderungen an den Schallschutz

Die Außenwand als Teil der Fassade hat auch die Aufgabe, den Außenlärm zu dämpfen, Abschnitt 5.

Das bewertete Schalldämm-Maß R'_w einfach aufgebauter Wände kann der DIN 4109 unmittelbar entnommen werden. Für den Fall einer einschaligen Außenwand sind die entsprechenden Werte in Bild 4-4 wiedergegeben. Für mehrschichtige Wände ist das bewertete Schalldämm-Maß nach den Berechnungsverfahren aus DIN 4109 zu ermitteln. Im Regelfall kann für Wände aus zwei Mauerschalen mit einer Masse von 150 kg/m^2 oder mehr und durchgehender Trennfuge ein um 12 dB höheres Schalldämm-Maß R'_w gegenüber einer gleich schweren einschaligen Wand angesetzt werden.

7.3 Anforderungen an die Luftdichtheit

Die äußere Gebäudehülle ist nicht nur wärme- und schalldämmend, sondern auch luftdicht auszuführen, Kapitel 9. Dadurch werden unnötige Lüftungswärmeverluste vermieden, die sich sonst durch das unkontrollierte Ausströmen warmer Raumluft durch Undichtigkeiten der Gebäudehülle (Leckagen, undichte Fugen) ergeben würden. Deshalb schreibt die Energieeinsparverordnung die

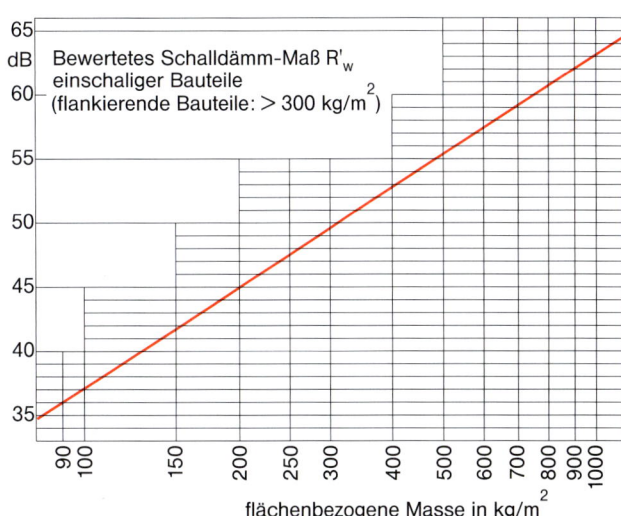

4-4 Bewertetes Schalldämm-Maß R'_w (Rechenwerte) von verputzten, einschaligen, biegesteifen Wänden und Decken in Abhängigkeit von der flächenbezogenen Masse

Realisierung einer dauerhaft luftundurchlässigen Schicht für die gesamte wärmeübertragende Umfassungsfläche des Gebäudes vor (Kapitel 2, § 6 EnEV).

In der DIN 4108-7 „Luftdichtheit von Bauteilen und Anschlüssen" werden folgende Grenzwerte für die bei 50 Pa Differenzdruck gemessene volumenbezogene Luftwechselrate n_{50} angegeben:

$n_{50} \leq 1,5\ h^{-1}$ bei Gebäuden mit raumlufttechnischen Anlagen,

$n_{50} \leq 3,0\ h^{-1}$ bei Gebäuden mit natürlicher Lüftung (Fensterlüftung).

Diese Grenzwerte werden auch von der EnEV (Anlage 4 Nr. 2) genannt, wenn für das Gebäude ein Nachweis der Luftdichtheit mit dem Blower-Door-Messverfahren erfolgt.

Bei massivem Mauerwerk wird die Luftdichtheit in der Regel mit einem durchgehenden Innenputz erreicht, bei Mauerwerk in Leichtbauweise muss sie durch den Einbau einer luftdichten Schicht sichergestellt werden. Die einfachste Möglichkeit hierzu besteht darin, die Dampfbremse (PE-Folie, armierte Baupappe u. a.) als luftdichte Schicht auszuführen. Dazu müssen die überlappenden Bahnen geeignet miteinander verklebt und die Anschlüsse am Rand des Bauteils ebenfalls dauerhaft luftdicht ausgeführt werden, Kapitel 9.

Sowohl im Massiv- als auch im Leichtbau ist die Luftdichtheit des Bauteils in der Fläche meist einfach herzustellen, kritisch sind dagegen in der Regel die Anschlüsse an andere Bauteile wie z. B. Fenster und Türen. Beispiele für die luftdichte Ausführung solcher Anschlüsse finden sich in Kapitel 9, Abschnitt 4.3.

8 Materialien des Mauerwerkbaus

Zur Herstellung von Mauerwerk werden Steine, Blöcke und Elemente (Platten) verwendet, die sich hinsichtlich des Materials, der Dichte, der Wärmeleitfähigkeit und Form erheblich unterscheiden. Die Rohdichte üblicher Mauersteine des Wohnungsbaus und die zugehörige Wärmeleitfähigkeit von Mauerwerk sind aus *Bild 4-5* zu ersehen. Aufgeführt sind in dieser Tabelle auch die Wärmedurchgangskoeffizienten U einer 36,5 cm dicken Außenwand. Durch einen Vergleich dieser Werte mit den Werten nach *Bild 4-3* wird ersichtlich, dass die Anforderungen der Energieeinsparverordnung auch mit einschaligem Mauerwerk sehr geringer Wärmeleitfähigkeit ohne Wärmedämmschicht zu erfüllen sind.

8.1 Steine, Blöcke, Elemente

Leichtziegel. Dem Ton werden Polystyrolschaumkugeln oder Sägespäne zugesetzt; die Masse wird geformt, getrocknet und gebrannt. Die dabei ausgebrannten Hohlräume bilden Luftporen, deren Anzahl die Rohdichte und Wärmeleitfähigkeit beeinflusst. Zur weiteren Verringerung der Wärmeleitfähigkeit werden vertikale Luftkammern ausgebildet, die mit Wärmedämmstoffen gefüllt sind. Es werden auch Fertigstürze, WU- und L-Steine hergestellt.

Porenbeton-Plansteine. Aus einer Mischung von gemahlenem Sand, Kalk, Zement, einem Porenbildner (z. B. Aluminiumpulver) und Wasser wird der Stein geformt und dampfgehärtet. Die Blocksteine haben eine fischgrätenartig aufgeraute, Planblöcke und Platten dagegen eine glatte Oberfläche. Durch Dosierung des Treibmittels werden Rohdichte und Wärmeleitfähigkeit gesteuert. Es werden auch Fertigstürze hergestellt.

Leichtbetonsteine. Ausgangsmaterial sind verschiedene Leichtzuschläge wie Naturbims, Blähglimmer, Hüttenbims, Blähton, Ziegelsplitt und Holzspäne. Als Bindemittel wird Zement verwendet. Wegen der Anfangsschwindung dürfen zur Mauerung nur ausreichend abgelagerte Steine verwendet werden. Gemauert wird grundsätzlich mit Leichtmörtel. Es werden auch U- und L-Steine hergestellt.

Kalksandsteine. Ausgangsmaterialien sind Kalk und Sand. Der geformte Stein wird dampfgehärtet. Die Schalldämmwirkung ist durch die hohe Dichte der Mauersteine sehr hoch. Bedingt durch die hohe Wärmeleitfähigkeit wird Außenmauerwerk aus Kalksandstein stets durch eine Wärmedämmschicht ergänzt. Es werden auch U-Steine hergestellt.

Leichtbetonelemente. Ausgangsmaterialien sind vorwiegend Blähton und Bims. Hergestellt werden bewehrte, raumhohe Elemente bzw. Platten. Um einen hinreichend hohen Wärmeschutz zu erreichen, sind Elemente geringer Wärmeleitfähigkeit und großer Wanddicke für den Mauerbau zu verwenden.

Bemessungswerte der Wärmeleitfähigkeit, wie sie in der DIN 4108 Teil 4 oder in Einzelzulassungen aufgeführt sind, gelten für Mauersteine bzw. Mauerwerk mit Normalfeuchte. Mauerwerk kann nach der Errichtung eine wesentlich höhere Feuchte aufweisen. Bis zur Austrocknung, die ein bis zwei Jahre dauern kann, treten erhöhte Wärmeverluste auf.

8.2 Mauermörtel

Die Bemessungswerte der Wärmeleitfähigkeit von Mauerwerk, wie sie z. B. in DIN 4108 Teil 4 genannt sind, berücksichtigen **Normalmörtel** bzw. **Leichtmauermörtel** und eine Mörtelschichtdicke der Lager- und Stoßfugen von in der Regel 10 mm. Da die verschiedenen Mörtelarten unterschiedliche Wärmeleitfähigkeiten aufweisen, kann durch Verwendung entsprechender Mörtel bzw. dünnerer Mörtelfugen eine Verbesserung des Wärmeschutzes erreicht werden. Aufgrund der erhöhten Anforderungen an den Wärmeschutz werden bei der Ausführung von monolithischem Mauerwerk zunehmend **Leichtmauermörtel** nach DIN 18580 eingesetzt. Leichtmauermörtel enthalten porige Zuschläge ohne Quarzsandzusatz. Sie werden durch ihre Wärmeleitfähigkeit

	Wärmeleitfähigkeit in W/(mK) (Wärmedurchgangskoeffizient in W/(m^{2}K) bei 36,5 cm Wanddicke)[1] bei Rohdichten von					
	900 kg/m^3	800 kg/m^3	700 kg/m^3	600 kg/m^3	500 kg/m^3	≤ 400 kg/m^3
Hochlochziegel mit Lochung A und B bei Verwendung von Normalmörtel (DIN 105-2)	0,42 (0,93)[1]	0,39 (0,87)	0,36 (0,82)	0,33 (0,76)		
Hochlochziegel HLzW und Wärmedämmziegel WDz bei Verwendung von Normalmörtel (DIN 105-100)	0,27 (0,64)	0,26 (0,62)	0,24 (0,58)	0,23 (0,56)		
Hochlochziegel mit Lochung A und B bei Verwendung von Leichtmörtel LM 21/LM 36 (DIN 105-2)	0,37 (0,84)	0,34 (0,78)	0,31 (0,72)	0,28 (0,66)		
Hochlochziegel HLzW und Wärmedämmziegel[2] WDz bei Verwendung von Leichtmörtel LM 21/LM 36	0,11 – 0,24 (0,28 – 0,58)	0,11 – 0,23 (0,28 – 0,56)	0,10 – 0,21 (0,26 – 0,51)	0,07 – 0,20 (0,19 – 0,49)		
Porenbeton-Plansteine (DIN 4165-100)		0,25 (0,60)	0,22 (0,54)	0,19 (0,47)	0,16 (0,40)	0,13 (0,33)
Porenbeton-Plansteine[2]			0,18 – 0,21 (0,45 – 0,51)	0,16 – 0,18 (0,40 – 0,45)	0,12 – 0,16 (0,31 – 0,40)	0,07 – 0,16 (0,19 – 0,40)
Vollblöcke aus Naturbims (DIN 18152-100)	0,30 (0,70)	0,27 (0,64)	0,25 (0,60)	0,22 (0,54)	0,20 (0,49)	
Vollblöcke aus Naturbims[2] unter Verwendung von Leichtmörtel LM 21/LM 36		0,16 – 0,27 (0,40 – 0,64)	0,14 – 0,24 (0,35 – 0,58)	0,14 – 0,21 (0,36 – 0,51)	0,10 – 0,18 (0,26 – 0,45)	0,09 (0,23)

[1] Die Klammerwerte sind Wärmedurchgangskoeffizienten U in W/(m^{2}K).   [2] Teilweise als Einzelzulassung des Deutschen Instituts für Bautechnik e. V., Berlin.

4-5 Bemessungswert der Wärmeleitfähigkeit von Mauerwerk unterschiedlicher Rohdichte sowie zugehörige Wärmedurchgangskoeffizienten U bei einer Wanddicke von 36,5 cm

gekennzeichnet. So steht LM 36 für Leichtmauermörtel mit einem für die Praxis maßgebenden Wert der Wärmeleitfähigkeit von 0,36 W/(mK) und LM 21 entsprechend für eine Wärmeleitfähigkeit von 0,21 W/(mK). Demgegenüber besitzt Zementmörtel (Normalmörtel, NM) mit 1,4 W/(mK) eine sehr hohe Wärmeleitfähigkeit. Auch bei Leichtmörtel beträgt die Mörtelschichtdicke der Lager- und Stoßfugen in der Regel 10 mm.

Bei besonders maßhaltigen Plansteinen reicht eine Klebefuge aus **Dünnbettmörtel** von etwa 2 mm Dicke aus. Bei bestimmten Steinen kann auf eine Verklebung ganz verzichtet werden. Die dadurch erzielte Verringerung der Wärmeleitfähigkeit des Mauerwerks beträgt 0,02 bis 0,05 W/(mK).

Durch eine besondere Ausbildung der Stoßfuge von Leichtziegeln und Bims-Blöcken kann die zur Vermauerung notwendige Mörtelmenge reduziert werden. Bei zusätzlicher Verzahnung der Steine in der Stoßfuge ist keine Vermörtelung der Stoßfuge erforderlich.

Handelt es sich nicht um Mauerwerk nach DIN 4108 Teil 4, so ist vom Lieferanten ein **Prüfzeugnis mit einer Einzelzulassung des Deutschen Instituts für Bautechnik e.V.**, Berlin, vorzulegen. In diesem Prüfzeugnis müssen der Hersteller, das Steinformat, die Steinausbildung (Verzahnung, Hohlräume usw.), die Steinrohdichte, der zu verwendende Mauermörtel u. a. angegeben sein. Nur bei einer Ausführung des Mauerwerks nach den Angaben im Prüfzeugnis kann mit der Wärmeleitfähigkeit aus diesem Zeugnis gerechnet werden.

Für Kellerwände von Wohngebäuden sind zementhaltige Mörtel vorgeschrieben. Gleiches gilt für Außenwanddicken unter 24 cm und eine Gebäudehöhe, die mehr als zwei Vollgeschosse umfasst.

8.3 Außenputze

Außenputze werden in der Regel in mindestens zwei Lagen (Unter- und Oberputz) auf das rohe Mauerwerk aufgebracht. Sie müssen selbstverständlich witterungsbeständig sein. Ohne besonderen Nachweis gelten Außenputze, wie sie in DIN 18 550 beschrieben sind, bei einer mittleren Gesamtdicke von 20 mm und mehr als wasserhemmend, Abschnitt 4.2.

Für **wasserabweisende Putze** müssen die Eigenschaften der Zusätze nachgewiesen werden. Bei Mauerwerk aus Leichtsteinen ist Leichtmörtel zu verwenden. Im Regelfall schreibt der Hersteller der Steine den zu verwendenden und vom gleichen Werk zu beziehenden Mörtel (Werkmörtel) vor.

Wärmedämmputze werden in der Regel als Unterputz in Verbindung mit einem wasserabweisenden Oberputz eingesetzt. Unter Verwendung von Zuschlägen niedriger Rohdichte werden dafür Putzmischungen mit einer Wärmeleitfähigkeit von 0,06 bis 0,2 W/(mK) hergestellt. Sie müssen mindestens 20 mm dick sein.

Neben mineralisch abbindenden Putzen werden **Kunstharzputze** als Oberputze mit organischen Bindemitteln hergestellt. Die Schichtdicke des Kunstharzputzes richtet sich nach der Korngröße des Größtkorns oder der gewünschten Oberflächenstruktur. Ihr Einsatz erfolgt vorwiegend in Verbindung mit Wärmedämm-Verbundsystemen, Abschnitt 11.5.

Die **Putze für Kellerwandmauerwerk** (unter Erdreich) müssen aus Mörteln mit hydraulischem (d. h. zementhaltigem) Bindemittel bestehen. Außenwandputze müssen bis 30 cm über Erdreich ausreichend wasserabweisend sein (DIN 18195 Teil 4). Unter Erdreich wird eine zusätzliche Abdichtung der Putzoberfläche erforderlich.

8.4 Mauerwerksabmessungen

Der Festlegung der Mauerlänge und -höhe sollte das Format der Mauersteine einschließlich der Fugendicke zugrunde gelegt werden. Das Normalformat (NF) beträgt 24 cm × 11,5 cm × 7,1 cm und das Fugenmaß 1 cm. Es werden auch Plansteine für Dünnbettmörtel angeboten, die eine Lagerfuge von 2 mm aufweisen. **Die Festlegung von Abmessungen im Steinmaß ist wirtschaftlich sinnvoll, um Zusatzarbeiten zu vermeiden!** Eine trotzdem notwendige Steinteilung muss durch Sägen erfolgen, damit der gleichmäßige Fugenanteil beibehalten werden kann.

Tragende Wände aus Mauersteinen haben Dicken von 11,5 cm, 15 cm, 17,5 cm, 20 cm, 24 cm, 30 cm, 36,5 cm und 49 cm (ohne Putz). Für Planblöcke und Betonscheiben betragen die Dicken 17,5 cm, 20 cm, 25 cm, 30 cm und 36,5 cm. Alle Wände sind im Regelfall beidseitig verputzt, wobei die Dicke des Innenputzes bei dem meist verwendeten Gipsputz 1 bis 1,5 cm beträgt (Außenputz, Abschnitt 8.3).

9 Übersicht und Kenndaten der Außenwandkonstruktionen

9.1 Übersicht

In den *Bildern 4-6* bis *4-14* sind häufig verwendete Außenwandkonstruktionen des Wohnungsbaus im schematischen Querschnitt dargestellt und ihre wichtigsten Eigenschaften beschrieben. Unterschieden wird zwischen ein- und zweischaligen Wänden, wobei z. B. eine einschalige Wand aus mehreren Schichten bestehen kann. So stellt Mauerwerk mit Wärmedämmung eine einschalige Wand mit zwei Schichten dar.

An die Übersicht der Außenwandkonstruktionen schließt sich die umfassende *Tabelle 4-15* an, die wichtige Kenndaten der in den *Bildern 4-6* bis *4-14* dargestellten Bauteile für unterschiedliche Wanddicken enthält.

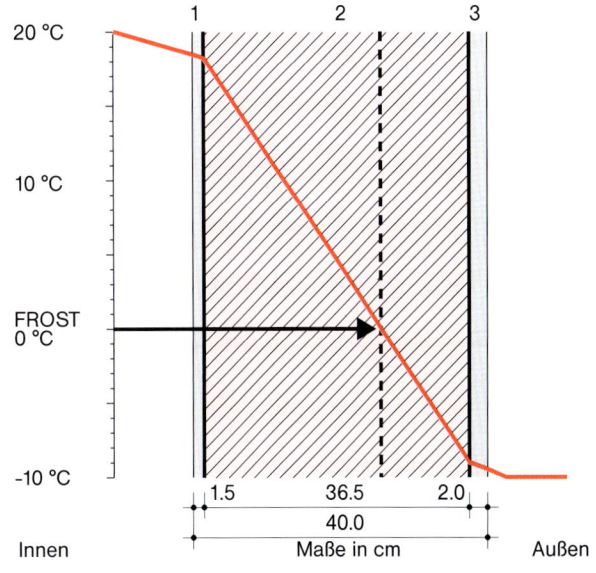

1 Innenputz
2 Leichtmauerwerk
3 Außenputz

4-6 Einschalige Wand aus massivem Mauerwerk

Mauerwerksart: Leichtmauerwerk

Eigenschaften: Guter winterlicher Wärmeschutz bei Wanddicken von 36,5 cm und mehr. Verbesserung des Wärmeschutzes durch Einsatz von Leichtmörtel, Steinen mit trockener Stoßfuge oder Planblöcken mit Dünnbettmörtelfuge, Abschnitt 8.2. Mittlerer sommerlicher Wärmeschutz; Verbesserung möglich durch schwere Innenbauteile. Starke thermische Bewegung im Mauerwerk; Verwendung angepasster Putze erforderlich. Bewehrungen im Übergangsbereich unterschiedlicher Putzuntergründe und Vermeidung von Mischmauerwerk verhindern Putzrisse. Guter Schlagregenschutz durch angepasste Putze. Ausgleich des winterlichen Tauwasseranfalls durch Verdunstung im Sommer. Es verbleibt kein Wasser im Bauteil.

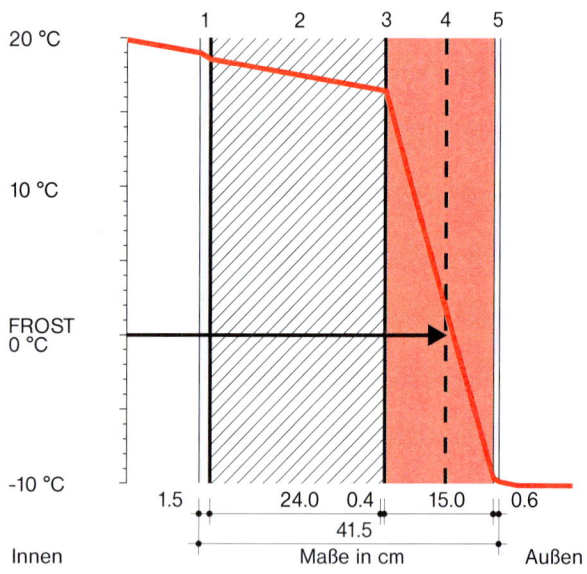

1. Innenputz
2. Leichtes bis schweres Mauerwerk
3. Ansetzkleber
4. Wärmedämmung
5. Armierte Beschichtung

4-7 Einschalige Wand mit Außendämmung

Mauerwerksart: Leichtes bis schweres Mauerwerk

Eigenschaften: Guter bis sehr guter Wärmeschutz im Winter bei Wärmedämmdicken von 15 cm und mehr. Mittlerer bis guter sommerlicher Wärmeschutz durch schweres tragendes Mauerwerk. Die geforderte Tragfähigkeit der Wand bestimmt die Dicke des Mauerwerks. Durch die Außendämmung werden Wärmebrücken in der Gebäudehülle weitgehend vermieden und das tragende Mauerwerk vor thermischen Bewegungen geschützt. Ausgleich des winterlichen Tauwasseranfalls in der Wärmedämmschicht durch Verdunstung im Sommer. Es verbleibt kein Wasser im Bauteil.

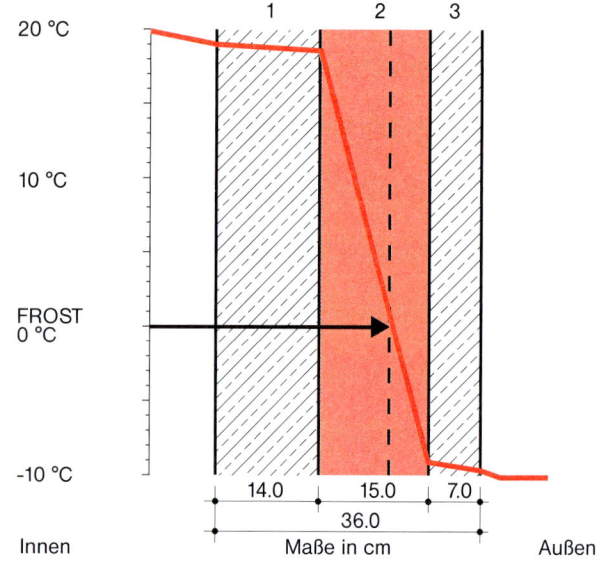

1. Stahlbeton
2. Wärmedämmung
3. Stahlbeton

4-8 Einschalige Wand mit Kerndämmung

Wandart: Sandwichelement aus Beton

Eigenschaften: Guter bis sehr guter Wärmeschutz im Winter bei Wärmedämmdicken von 15 cm und mehr. Mittlerer bis guter sommerlicher Wärmeschutz durch schwere Innenschale. Die Kerndämmung schützt die tragende, innere Wandbauplatte vor thermischer Bewegung. Die Außenverblendung muss durch Bewegungsfugen in kürzeren Abständen geteilt werden. Ausgleich des sehr geringen winterlichen Tauwasseranfalls in der Wärmedämmschicht durch Verdunstung im Sommer. Es verbleibt kein Wasser im Bauteil.

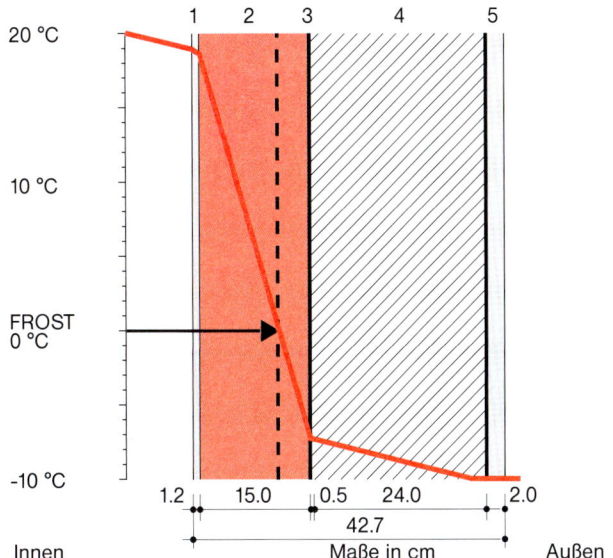

1 Gipskartonplatte
2 Wärmedämmung
3 Ansetzkleber
4 Leichtes bis schweres Mauerwerk
5 Außenputz

4-9 **Einschalige Wand mit Innendämmung**

Mauerwerksart: Leichtes bis schweres Mauerwerk

Eigenschaften: Guter bis sehr guter Wärmeschutz im Winter bei Wärmedämmdicken von 15 cm und mehr. Geringer sommerlicher Wärmeschutz durch kleine Wärmespeichermasse raumseitiger Bauteilschichten. Wärmebrücken an Decken und einbindenden Zwischenwänden sind nicht vermeidbar. Es muss mit starken thermischen Bewegungen im tragenden Mauerwerk gerechnet werden. Bei Einplanung einer ausreichend dampfbremsenden Wärmedämmschicht oder einer innen liegenden Dampfbremse erfolgt ein Ausgleich des winterlichen Tauwasseranfalls in der Wärmedämmschicht durch Verdunstung im Sommer. Es verbleibt kein Wasser im Bauteil.

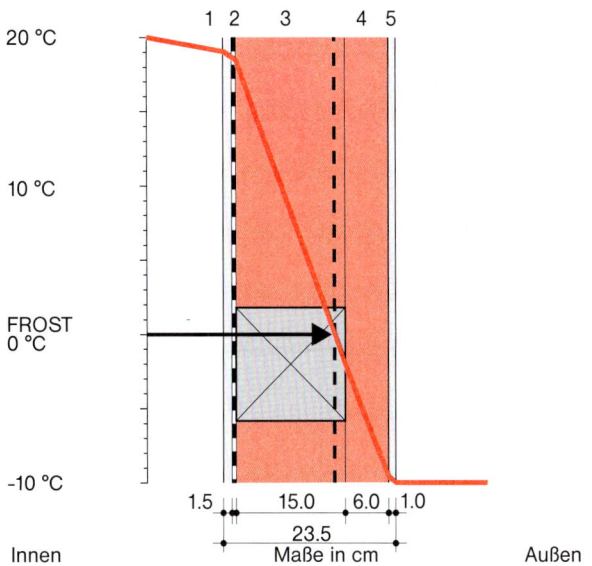

1 Gipskartonplatte
2 Dampfsperre
3 Gedämmte Holz-Rahmen-Konstruktion
4 Wärmedämmung
5 Armierte Beschichtung

4-10 **Einschalige Leichtbauwand**

Wandart: Rahmenkonstruktion

Eigenschaften: Guter bis sehr guter Wärmeschutz im Winter bei Wärmedämmdicken von 15 cm und mehr. Der sommerliche Wärmeschutz muss durch schwere Innenbauteile erreicht werden. Im Fertighausbau werden tragende Rahmen mit Ausfachungen ausgeführt. Die Wärmedämmung in den entstehenden Gefachen wird meist durch eine weitere Wärmedämmschicht auf der Außenseite des Tragrahmens ergänzt. Raumgewinn entsteht durch eine geringe Wanddicke. Die Dampfsperre wird durch geeignete Verklebung der einzelnen Bahnen und entsprechende Anschlüsse an andere Bauteile als Luftdichtung ausgeführt. Die Außenhaut kann aus großformatigen oder kleinschuppigen Elementen bestehen; ein vorgehängter und hinterlüfteter Bewitterungsschutz führt zur zweischaligen Leichtbauwand. Im Winter entsteht kein Tauwasseranfall.

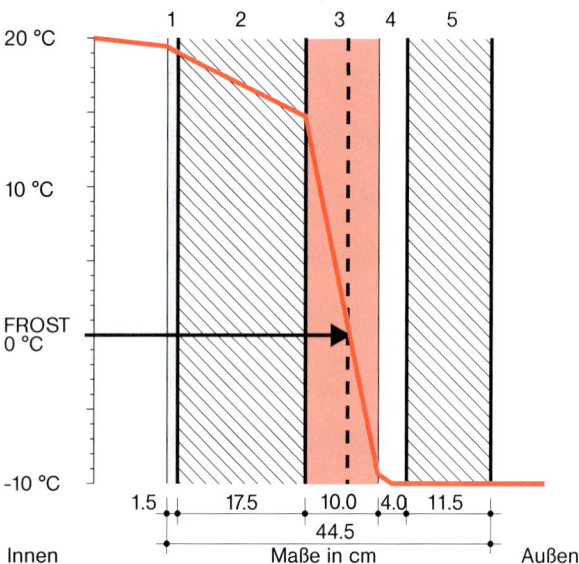
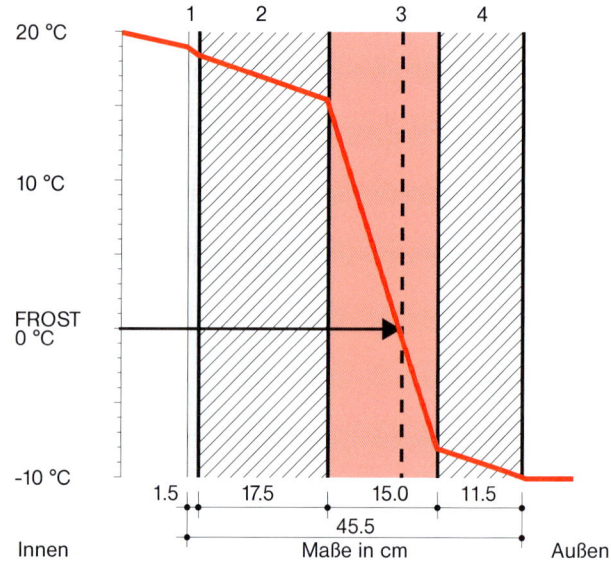

1 Innenputz
2 Leichtes bis schweres Mauerwerk
3 Wärmedämmung
4 Luftschicht
5 Außenschale

1 Innenputz
2 Leichtes bis schweres Mauerwerk
3 Wärmedämmung
4 Außenschale

4-11 **Zweischalige Wand mit Wärmedämmschicht, Hinterlüftung und schwerer Außenschale**

Mauerwerksart: Leichtes bis schweres Mauerwerk

Eigenschaften: Mittlerer bis guter Wärmeschutz im Winter, wenn leichtes Mauerwerk verwendet wird und die mögliche Wärmedämmdicke von bis zu 11 cm ausgeschöpft wird. Mittlerer bis guter sommerlicher Wärmeschutz in Abhängigkeit der Schwere der Innenschale. Der Abstand zwischen Innen- und Außenschale darf nach DIN 1053-1 höchstens 15 cm betragen. Die Wärmedämmung und die hinter der Außenschale notwendige durchgehende Luftschicht von mindestens 4 cm Dicke führen zu einem dicken Mauerwerkspaket. Das tragende Mauerwerk ist durch die Wärmedämmung vor thermischen Bewegungen geschützt. Die thermische Bewegung der Außenschale muss durch Dehnungsfugen u. a. aufgefangen werden. Im Winter fällt kein Tauwasser in der Wand an.

Bei leichter Außenschale kann eine dickere Wärmedämmschicht vorgesehen werden, Abschnitt 13.4.

4-12 **Zweischalige Wand mit Kerndämmung**

Wandart: Leichtes bis schweres Mauerwerk

Eigenschaften: Guter Wärmeschutz im Winter, wenn die mögliche Wärmedämmdicke von bis zu 15 cm ausgeschöpft wird. Mittlerer bis guter sommerlicher Wärmeschutz je nach Schwere des tragenden Mauerwerks (Verbesserung durch schwere Innenbauteile möglich). Die Wärmedämmung schützt die tragende innere Schale vor thermischer Bewegung. Die Außenschale muss in kurzen Abständen durch Dehnungsfugen geteilt werden. Ausgleich des winterlichen Tauwasseranfalls in der Wärmedämmschicht durch Verdunstung im Sommer. Es verbleibt kein Wasser im Bauteil.

4 Fassaden und Außenwände
Übersicht und Kenndaten der Außenwandkonstruktionen

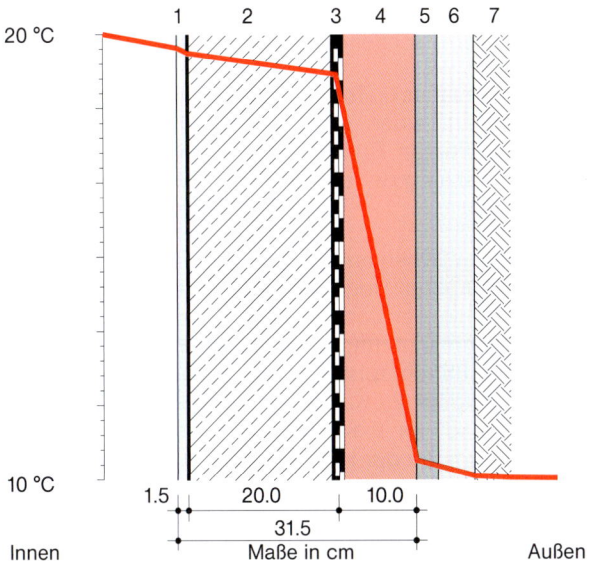

4-13 An Erdreich grenzende Wand mit Außendämmung

1 Innenputz
2 Stahlbeton
3 Außenwandabdichtung
4 Wärmedämmung
5 Drainschicht
6 Filterschicht
7 Erdreich

Wandart: Schweres Mauerwerk oder Stahlbeton

Eigenschaften: Guter bis sehr guter Wärmeschutz während des ganzen Jahres (Erdreichtemperatur ≈10 °C) bei Wärmedämmdicken von 10 cm und mehr. Das große Wärmespeichervermögen raumnaher Wandschichten trägt zur „Glättung" hoher sommerlicher Außentemperaturen in den Räumen bei. Bei außen liegender Wärmedämmung werden Wärmebrücken durch einbindende Decken und Wände vermieden. Sorgfältige Abdichtung der Wand gegen Eindringen von Feuchtigkeit ist erforderlich. Im Winter fällt kein Tauwasser in der Wand an, auch tritt im Sommer und Winter auf der Wandoberfläche kein Kondenswasser auf.

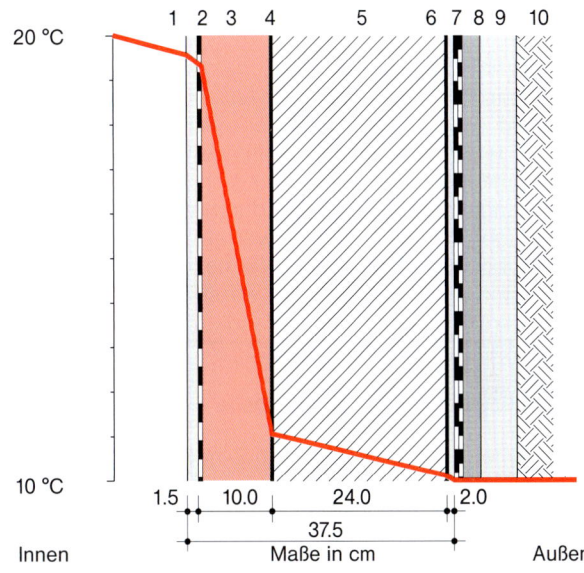

4-14 An Erdreich grenzende Wand mit Innendämmung

1 Innenputz
2 Dampfsperre
3 Wärmedämmung
4 Ansetzkleber
5 Mauerwerk
6 Zementputz
7 Außenwandabdichtung
8 Drainschicht
9 Filterschicht
10 Erdreich

Wandart: Schweres Mauerwerk oder Stahlbeton

Eigenschaften: Guter bis sehr guter Wärmeschutz während des ganzen Jahres (Erdreichtemperatur ≈10 °C) bei Wärmedämmdicken von 10 cm und mehr. Bei nur zeitweise beheizten Räumen im Kellerbereich ist die Innendämmung vorteilhaft: Sie führt zu kürzeren Aufheizzeiten als eine Außendämmung und ist bei nachträglicher Wärmedämmung kostengünstig und einfach ausführbar. Bei der Innendämmung von Wänden ist im Regelfall eine Dampfsperre erforderlich. Lediglich Dämmplatten mit hohem Wasserdampfdiffusionswiderstand können ohne Dampfsperre verlegt werden. Bei sorgfältig verlegter Dampfsperre fällt kein Tauwasser in der Wand an und im Sommer und Winter tritt auf der Wandoberfläche kein Kondenswasser auf.

9.2 Kenndaten der Außenwandkonstruktionen

In der Übersichtstabelle *Bild 4-15* werden die wichtigsten wärmetechnischen Kenndaten der Außenwände nach *Bild 4-6* bis *Bild 4-14* genannt. Für jede Außenwand wurde die Dicke derjenigen Wandschicht variiert, die für den Wärmeschutz maßgebend ist. Der sich ergebende Wärmedurchgangskoeffizient U kann durch Vergleich mit den Anforderungen nach *Bild 4-3* bewertet werden. Die weiteren Angaben wie Richtpreis, Wärmeverlust und Heizenergiekosten ermöglichen eine wirtschaftliche Bewertung der verschiedenen Außenwandkonstruktionen. Sie sind auf einen m² Wandfläche bezogen.

Die Hinweiszeichen ① bis ⑧ in *Tabelle 4-15* bedeuten:

① Bildnummer der Wandkonstruktion nach Abschnitt 9.1.

② Betrachtete Außenwand. Die Wandschicht, deren Dicke variiert wird, ist durch halbfetten Druck hervorgehoben.

③ Dicke der zu variierenden Schicht.

④ Gesamtdicke der Wand.
– Je dicker eine Außenwand ist, umso größer ist bei festgelegten Außenabmessungen des Gebäudes der Verlust an Wohnfläche.
– Je dicker eine Außenwand ist, umso größer ist bei festgelegter Wohnfläche die Außenabmessung des Gebäudes und damit der umbaute Raum.

⑤ Der Wärmedurchgangskoeffizient U ist die wichtigste Größe zur Beurteilung des winterlichen Wärmeschutzes einer Außenwand. Je kleiner U ist, umso geringer sind die Wärmeverluste.

⑥ Die Richtpreise beziehen sich auf einen m² Außenwandfläche ohne Berücksichtigung von Stürzen, Deckeneinbindungen usw. Die Bandbreite der Richtpreise begründet sich primär aus regionalen Preisunterschieden der Anbieter. Die Mehrkosten für dickere Dämmstoffstärken betragen dagegen nur wenige Euro pro m² und cm. Preisstand ist Herbst 2009. Die angegebenen Werte schließen die Mehrwertsteuer ein.

⑦ Der Wärmeverlust (Transmissionswärmeverlust) bezieht sich auf einen m² Außenwandfläche und den Gradtagzahlfaktor F_{Gt} = 66 nach DIN V 4108-6, der eine Abschätzung der spezifischen Wärmeverluste pro Jahr zulässt.

⑧ Den auf die Transmissionswärmeverluste bezogenen Heizenergiekosten liegt eine Bandbreite des Heizöl- bzw. Erdgaspreises von 0,50/1,00 Euro je Liter bzw. m³ und ein Jahresnutzungsgrad einer Gas- oder Ölheizung von 0,85 (entspricht einer Anlagenaufwandszahl von 1,3, Kapitel 2, Kapitel 16) zugrunde. Geringere Heizenergiekosten werden beim Einsatz einer Elektrowärmepumpe oder Holzpellet-Heizung erreicht, Kapitel 16.

4 Fassaden und Außenwände — Übersicht und Kenndaten der Außenwandkonstruktionen

① Bild Nr.	② Betrachtete Außenwand		③ Schichtdicke cm	④ Gesamtdicke cm	⑤ U-Wert W/(m²K)	⑥ Richtpreis[1] €/m²	⑦ Wärmeverluste kWh/(m² Jahr)	⑧ Heizenergiekosten €/(m² Jahr)
4-6	**Einschalige Wand aus massivem Mauerwerk**							
	Außenputz	2,0 cm	30	33,5	0,31	130	20	1,20/2,40
	Leichthochlochziegel 0,7 [2] **+ LM 21 (Z)** [3]		36,5	40,0	0,26	bis	17	1,01/2,02
	Innenputz	1,5 cm	49	52,5	0,20	200	13	0,78/1,55
	Außenputz	2,0 cm	30	33,5	0,45	120	30	1,75/3,49
	Leichthochlochziegel 0,7 + NM (Z) [4]		36,5	40,0	0,38	bis	25	1,48/2,95
	Innenputz	1,5 cm	49	52,5	0,29	180	19	1,13/2,25
	Außenputz	2,0 cm	30	33,5	0,45	120	30	1,76/3,53
	Porenbeton-Plansteine 0,4		36,5	40,0	0,38	bis	25	1,47/2,94
	Innenputz	1,5 cm				160		
	Außenputz	2,0 cm	24	27,5	0,45	130	30	1,76/3,53
	Porenbeton-Plansteine 0,4 (Z) [5]		30	33,5	0,37	bis	24	1,41/2,82
	Innenputz	1,5 cm	36,5	40,0	0,31	180	20	1,18/2,35
	Außenputz	2,0 cm	30	33,5	0,64	120	42	2,47/4,94
	Bims-Block 0,5		36,5	40,0	0,54	bis	36	2,12/4,24
	Innenputz	1,5 cm	49	52,5	0,41	160	27	1,59/3,18
	Außenputz	2,0 cm	24	27,5	0,55	130	36	2,12/4,24
	Bims-Block 0,5 (Z) [6]		30	33,5	0,45	bis	30	1,76/2,53
	Innenputz	1,5 cm	36,5	40,0	0,38	180	25	1,47/2,94
4-7	**Einschalige Wand mit Außendämmung**							
	Deckputz	1,0 cm	4	30,5	0,54	130	36	2,12/4,24
	Wärmedämmputz WLS 070 [7]		6	32,5	0,47	bis	31	1,82/3,65
	Leichthochlochziegel 0,7	24,0 cm	8	34,5	0,41	180	27	1,59/3,18
	Innenputz	1,5 cm	10	36,5	0,37		24	1,41/2,82
	Armierte Beschichtung	0,6 cm	8	28,0	0,42	140	28	1,65/3,29
	Polystyrol-Hartschaum WLS 040		10	30,0	0,35	bis	23	1,35/2,71
	Ansetzkleber	0,4 cm	12	32,0	0,29	200	19	1,13/2,25
	Kalksand-Steine 1,8	17,5 cm	15	35,0	0,24		16	0,94/1,88
	Innenputz	1,5 cm	20	40,0	0,19		13	0,78/1,55
	Armierte Beschichtung	1,0 cm	8	34,9	0,38	150	25	1,47/2,94
	Mineralfaser WLS 040		10	36,9	0,32	bis	21	1,24/2,47
	Ansetzkleber	0,4 cm	12	38,9	0,28	210	18	1,06/2,12
	Leichtbeton-Hohlblocksteine 1,2	24,0 cm	15	41,9	0,23		15	0,88/1,76
	Innenputz	1,5 cm	20	46,9	0,18		12	0,71/1,41
	Armierte Beschichtung	1,0 cm	4	30,9	0,46	150	30	1,76/3,53
	Holzfaser WLS 045		6	32,9	0,38	bis	25	1,47/2,94
	Ansetzkleber	0,4 cm	8	34,9	0,33	210	22	1,29/2,59
	Leichthochlochziegel 0,7	24,0 cm	10	36,9	0,29		19	1,13/2,25
	Innenputz	1,5 cm	15	41,9	0,22		15	0,88/1,76

Erläuterungen zu [1] bis [10] siehe Tabelle III.
Erläuterungen zu ① bis ⑧ siehe Text in Abschnitt 9.2.

4-15 Wärmetechnische Kenndaten, Preise und Heizenergiekosten wichtiger Außenwandkonstruktionen, Tabelle I

4 Fassaden und Außenwände — Übersicht und Kenndaten der Außenwandkonstruktionen

① Bild Nr.	② Betrachtete Außenwand		③ Schichtdicke cm	④ Gesamtdicke cm	⑤ U-Wert W/(m²K)	⑥ Richtpreis[1] €/m²	⑦ Wärmeverluste kWh/(m² Jahr)	⑧ Heizenergiekosten €/(m² Jahr)
4-8	**Einschalige Wand mit Kerndämmung**							
	Beton	7,0 cm	8	29,0	0,44	120	29	1,71/3,41
	Polystyrol-Hartschaum WLG 040		10	31,0	0,36	bis	24	1,41/2,82
	Beton	14,0 cm	12	33,0	0,31	180	20	1,20/2,40
			15	36,0	0,25		17	1,01/2,02
			20	41,0	0,19		13	0,78/1,55
4-9	**Einschalige Wand mit Innendämmung**							
	Außenputz	2,0 cm	8	35,7	0,38	120	25	1,47/2,94
	Leichtbeton-Hohlblocksteine 1,2	24,0 cm	10	37,7	0,32	bis	21	1,24/2,47
	Ansetzkleber	0,5 cm	12	39,7	0,27	160	18	1,06/2,12
	Polystyrol-Hartschaum WLG 040		15	42,7	0,23		15	0,88/1,76
	Gipskartonplatte	1,2 cm	20	47,7	0,18		12	0,71/1,41
4-10	**Einschalige Leichtbauwand**							
	Armierte Beschichtung	1,0 cm	4 + 15 [8]	21,5	0,21	140	14	0,82/1,65
	Polystyrol-Hartschaum WLG 040		6 + 15	23,5	0,19	bis	13	0,78/1,55
	Gedämmte Holz-Rahmenkonstruktion	15,0 cm	8 + 15	25,5	0,18	180	12	0,71/1,41
	Luftdichtung und Dampfbremse	0,03 cm						
	Innenbeplankung	1,5 cm						
	Vorhangfassade	4,0 cm	4 + 15 [8]	28,0	0,22	170	15	0,88/1,76
	Hinterlüftung	2,0 cm	6 + 15	30,0	0,20	bis	13	0,78/1,55
	Bitumen-Holzfaserplatte	2,0 cm	8 + 15	32,0	0,18	200	12	0,71/1,41
	Gedämmte Holz-Rahmenkonstruktion	15,0 cm						
	Zellulose WLG 045							
	Dampfbrems-/Konvektionsschutzpappe	0,05 cm						
	Gipskarton	1,0 cm						
4-11	**Zweischalige Wand mit Wärmedämmung und Luftschicht**							
	Kalksand-Vollsteine 2,0 [9]	11,5 cm	8	42,0	0,37	230	24	1,41/2,82
	Luftschicht	4,0 cm	10	44,0	0,31	bis	20	1,20/2,40
	Polystyrol-Hartschaum WLG 035					280		
	Kalksand-Lochsteine 1,8	17,5 cm						
	Innenputz	1,0 cm						
	Bekleidungsplatte [10]	0,5 cm	8	31,5	0,37	150	24	1,41/2,82
	Luftspalt bzw. Tragkonstruktion	4,0 cm	10	33,5	0,31	bis	20	1,20/2,40
	Mineralfaser WLG 035		12	35,5	0,26	200	17	1,01/2,02
	Beton	18,0 cm	15	38,5	0,21		14	0,82/1,65
	Innenputz	1,0 cm						
	Vormauerziegel 1,4 [9]	11,5 cm	8	42,0	0,27	240	18	1,06/2,12
	Luftschicht	4,0 cm	10	44,0	0,24	bis	16	0,94/1,88
	Mineralfaser WLG 035					300		
	Porenbeton-Plansteine 0,4	17,5 cm						
	Innenputz	1,0 cm						

Erläuterungen zu [1] bis [10] siehe Tabelle III.
Erläuterungen zu ① bis ⑧ siehe Text in Abschnitt 9.2.

4-15 Wärmetechnische Kenndaten, Preise und Heizenergiekosten wichtiger Außenwandkonstruktionen, Tabelle II

4 Fassaden und Außenwände — Übersicht und Kenndaten der Außenwandkonstruktionen

① Bild Nr.	② Betrachtete Außenwand		③ Schichtdicke cm	④ Gesamtdicke cm	⑤ U-Wert W/(m²K)	⑥ Richtpreis[1] €/m²	⑦ Wärmeverluste kWh/(m² Jahr)	⑧ Heizenergiekosten €/(m² Jahr)
4-12	*Zweischalige Wand mit Kerndämmung*							
	Vormauerziegel 1,4	11,5 cm	8	38,5	0,38	210	25	1,47/2,94
	Blähperlit WLG 045		10	40,5	0,33	bis	22	1,29/2,59
	Leichthochlochziegel 0,8	17,5 cm	12	42,5	0,29	250	19	1,13/2,25
	Innenputz	1,5 cm	15	45,5	0,24		16	0,94/1,88
	Kalksand-Vollstein 2,0	11,5 cm	8	38,5	0,36	200	24	1,41/2,82
	Polystyrol-Hartschaum WLG 035		10	40,5	0,30	bis	20	1,20/2,40
	Kalksand-Vollstein 1,8	17,5 cm	12	42,5	0,26	240	17	1,01/2,02
	Innenputz	1,5 cm	15	45,5	0,21		14	0,82/1,65
4-13	*An Erdreich grenzende Wand mit Außendämmung*							
	Polystyrol-Extruderschaum WLG 035		8	29,5	0,39	180	26	1,53/3,06
	Abdichtung		10	31,5	0,32	bis	21	1,24/2,47
	Beton	20,0 cm	12	33,5	0,27	250	18	1,06/2,12
	Innenputz	1,5 cm						
4-14	*An Erdreich grenzende Wand mit Innendämmung*							
	Abdichtung		8	35,5	0,41	170	27	1,59/3,18
	Zementputz	2,0 cm	10	37,5	0,34	bis	22	1,29/2,59
	Vollziegel 1,8	24,0 cm	12	39,5	0,29	230	19	1,13/2,25
	Mineralfaser WLG 040							
	Dampfsperre	0,03 cm						
	Putz und Putzträger	1,5 cm						

[1] Alle Preise mit Mehrwertsteuer.
[2] Rohdichteklasse (RDK) 0,7 entspricht einer Rohdichte von 651 bis 700 kg/m³.
[3] Mauerwerk mit Einzelzulassung des Deutschen Instituts für Bautechnik e. V., Berlin. Vorgeschrieben ist die Verwendung von Leichtmörtel LM 21.
Der für die Praxis maßgebende Wert der Wärmeleitfähigkeit des Mauerwerks beträgt 0,10 W/(mK).
[4] Mauerwerk mit Einzelzulassung des Deutschen Instituts für Bautechnik e. V., Berlin. Vorgeschrieben ist die Verwendung von Normalmörtel.
Der für die Praxis maßgebende Wert der Wärmeleitfähigkeit des Mauerwerks beträgt 0,15 W/(mK).
[5] Mauerwerk mit Einzelzulassung des Deutschen Instituts für Bautechnik e. V., Berlin.
Der für die Praxis maßgebende Wert der Wärmeleitfähigkeit des Mauerwerks beträgt 0,12 W/(mK).
[6] Mauerwerk mit Einzelzulassung des Deutschen Instituts für Bautechnik e. V., Berlin.
Der für die Praxis maßgebende Wert der Wärmeleitfähigkeit des Mauerwerks beträgt 0,15 W/(mK).
[7] Wärmeleitfähigkeitsgruppe 070 entspricht einer Wärmeleitfähigkeit von 0,070 W/(mK).
[8] Wärmedämmung in den Gefachen des Holzständerwerks.
[9] Zweischalige Außenwand mit schwerer Außenschale, Abschnitt 13.5.
[10] Zweischalige Außenwand mit leichter Außenschale, Abschnitt 13.4.

Erläuterungen zu ① bis ⑧ siehe Text in Abschnitt 9.2.

4-15 Wärmetechnische Kenndaten, Preise und Heizenergiekosten wichtiger Außenwandkonstruktionen, Tabelle III

10 Übergangsbereiche tragender Außenwände aus massivem Mauerwerk

10.1 Vorbemerkung

Jede tragende Außenwand hat Anforderungen an die Tragfähigkeit, den Wärme- und Schallschutz u. a. zu erfüllen. Sie lassen sich bei der „ungestörten" Außenwand, *Bilder 4-6* bis *4-14*, ohne Einschränkung einhalten. In den Übergangsbereichen, z. B. im Bereich der Einbindung von Decken sowie der Öffnungen für Fenster und Türen, können dagegen abgegrenzte Bauteilzonen entstehen, die einen erhöhten Wärmestrom an die äußere Umgebung ableiten und ungleichen thermischen Spannungen ausgesetzt sind. Diese Bereiche erhöhten Wärmeverluststroms (Wärmebrücken, Kapitel 10) vergrößern den Heizwärmeverbrauch eines Hauses um bis zu 15 %, wenn keine bautechnischen Maßnahmen zur Begrenzung des Wärmeverluststroms getroffen werden. Im Folgenden werden bau-, schall- und wärmetechnische Anforderungen an kritische Bauteilbereiche bei einschaligen Außenwänden aus massivem Mauerwerk *(Bild 4-6)* genannt und Maßnahmen aufgezeigt, die diesen Forderungen entsprechen.

10.2 Anforderungen

Im Bereich der Einbindung von Decken, Rollladenkästen und Fensterstürzen soll die Wärmedämmung der Außenbauteile nicht geringer sein als in der ungestörten Wand und die gesamte Außenfläche des Putzuntergrunds möglichst aus dem gleichen Steinmaterial bestehen. So werden Spannungen durch ungleiche thermische Bewegungen vermieden. In *Bild 4-18* wäre z. B. die L-Schale materialgleich mit dem verwendeten Mauerstein auszuführen. Weicht die Wärmeleitfähigkeit des Formsteins von dem hoch wärmedämmenden Mauerwerk ab, sollte zur Vermeidung von Spannungsrissen ein Putzträger (Armierung) die Bauteile überspannen. Wenn die Außenfläche von Mauerwerk wie in *Bild 4-20* durch eine Wärmedämmfläche unterbrochen wird, muss diese immer als Putzträger ausgebildet sein. Der Außenputz ist im Übergangsbereich der verschiedenen Materialien zu armieren. Die *Bilder 4-16* bis *4-28* zeigen für kritische Außenwandbereiche Maßnahmen zur Reduzierung von Wärmebrücken und Vermeidung von bautechnischen Fehlstellen auf.

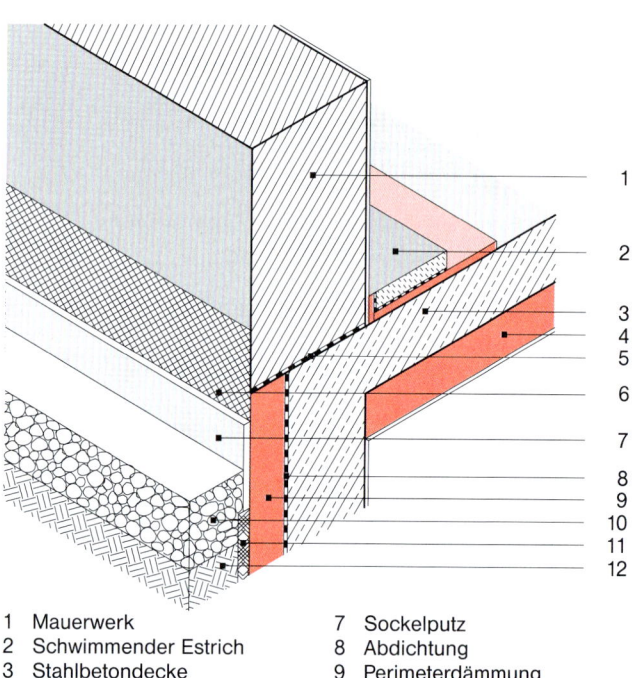

1 Mauerwerk	7 Sockelputz
2 Schwimmender Estrich	8 Abdichtung
3 Stahlbetondecke	9 Perimeterdämmung
4 Innendämmung	10 Rollkies
5 Mauersperrbahn	11 Drainageschicht
6 Armierung	12 Erdreich

4-16 Einschalige Wand aus massivem Mauerwerk – Sockelanschluss bei unbeheiztem Keller, Decke von unten gedämmt

Das Leichtziegel-Mauerwerk ragt in Dicke der Sockeldämmung des unbeheizten Kellers über die Betonwand des Kellers hinaus. Die mit einer Putzträgeroberfläche versehene Sockeldämmung sollte mindestens bis 50 cm unter die UK Kellerdecke geführt werden. Der Anschlussbereich von Sockeldämmung und Mauerwerk muss mit einer Gewebearmierung versehen werden.

4 Fassaden und Außenwände

Übergangsbereiche tragender Außenwände aus massivem Mauerwerk

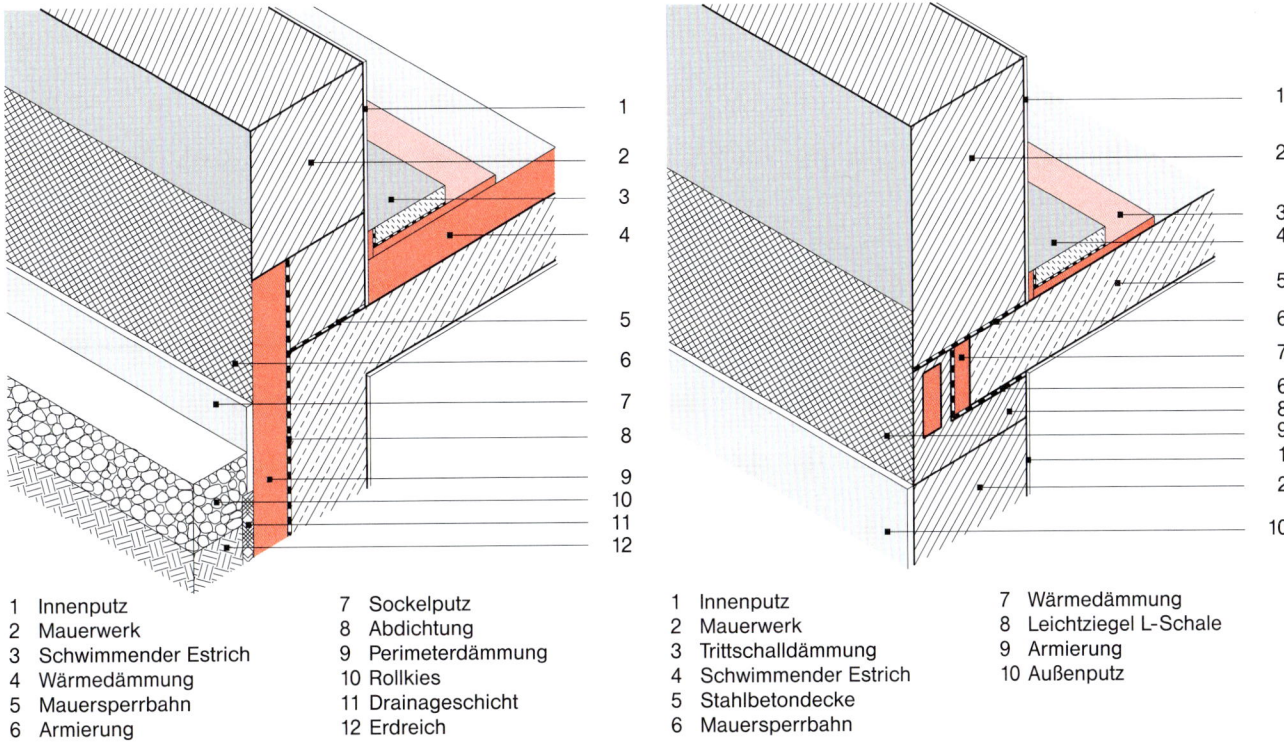

1 Innenputz
2 Mauerwerk
3 Schwimmender Estrich
4 Wärmedämmung
5 Mauersperrbahn
6 Armierung
7 Sockelputz
8 Abdichtung
9 Perimeterdämmung
10 Rollkies
11 Drainageschicht
12 Erdreich

4-17 Einschalige Wand aus massivem Mauerwerk – Sockelanschluss bei unbeheiztem Keller, Decke von oben gedämmt

1 Innenputz
2 Mauerwerk
3 Trittschalldämmung
4 Schwimmender Estrich
5 Stahlbetondecke
6 Mauersperrbahn
7 Wärmedämmung
8 Leichtziegel L-Schale
9 Armierung
10 Außenputz

4-18 Einschalige Wand aus massivem Mauerwerk – L-Schale als Deckenauflager

Betondecke und Außengelände befinden sich in gleicher Höhe. Daher muss die erste Reihe des Leichtziegel-Mauerwerks in Dicke der Sockeldämmung des unbeheizten Kellers ausgeklinkt werden. Die mit einer Putzträgeroberfläche versehene Sockeldämmung sollte mindestens bis 50 cm unter OK Gelände geführt werden. Der Anschlussbereich von Sockeldämmung und Mauerwerk muss mit einer Gewebearmierung versehen werden.

Die Leichtziegel-L-Schale, auf der die Decke aufliegt, ist zusätzlich wärmegedämmt. Dennoch erreicht dieser Bereich nicht die gleiche Wärmedämmwirkung wie ein 36,5 cm dickes hoch wärmedämmendes Leichtziegelmauerwerk. Die Formteile werden im Steinraster geliefert. Die Materialgleichheit von L-Schale und Mauerwerk verringert die thermischen Bewegungen im Putzuntergrund und damit thermische Spannungen im Putz.

4 Fassaden und Außenwände

Übergangsbereiche tragender Außenwände aus massivem Mauerwerk

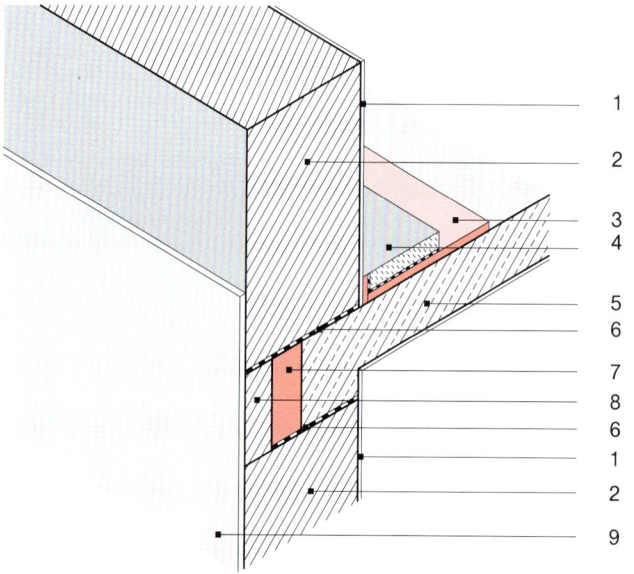

1 Innenputz
2 Mauerwerk
3 Trittschalldämmung
4 Schwimmender Estrich
5 Stahlbetondecke
6 Mauersperrbahn
7 Wärmedämmung
8 Deckenrandschale
9 Außenputz

4-19 *Einschalige Wand aus massivem Mauerwerk – Deckenabschluss mit Abstellstein*

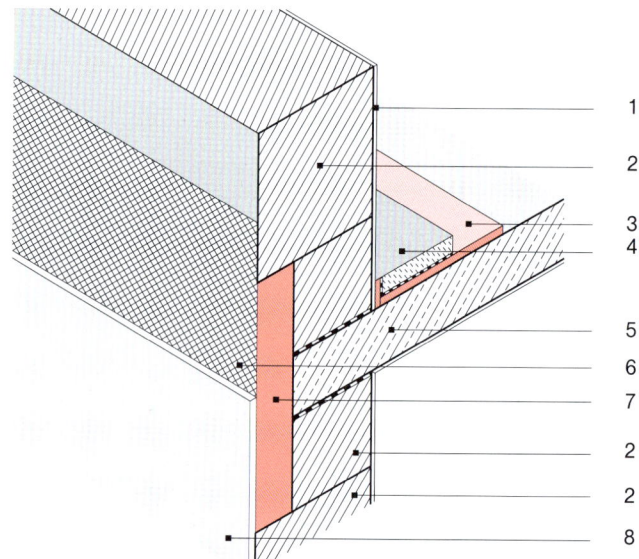

1 Innenputz
2 Mauerwerk
3 Trittschalldämmung
4 Schwimmender Estrich
5 Stahlbetondecke
6 Armierung
7 Wärmedämmung
8 Außenputz

4-20 *Einschalige Wand aus massivem Mauerwerk – Deckenabschluss mit anschließender Wärmedämmschicht*

Die zwischen Decke und Deckenrandschale angeordnete Wärmedämmung vermindert die Wirkung der durch die verringerte Mauerwerksdicke an dieser Stelle entstehenden Wärmebrücke. Die Materialgleichheit von Deckenrandschale und Mauerwerk verhindert ungleiche thermische Bewegungen im Putzuntergrund und damit thermische Spannungen im Putz. Der Deckenabschluss mit Abstellstein und Wärmedämmung wird als „verlorene Schalung" ausgeführt.

Die stirnseitige Wärmedämmung der Geschossdecke wird vor dem Betonieren der Decke in die Schalung eingelegt. Die mit einer Putzträgeroberfläche versehene Wärmedämmung erstreckt sich mindestens über die Deckendicke, sollte aber zur weiteren Reduzierung des Wärmebrückeneinflusses an die darüber und darunter liegende Steinlage übernommen werden. Bedingt durch den Materialwechsel im Putzuntergrund ist mit thermischen Spannungen im Putz zu rechnen. Daher muss der Putz hier zusätzlich armiert werden.

4 Fassaden und Außenwände

Übergangsbereiche tragender Außenwände aus massivem Mauerwerk

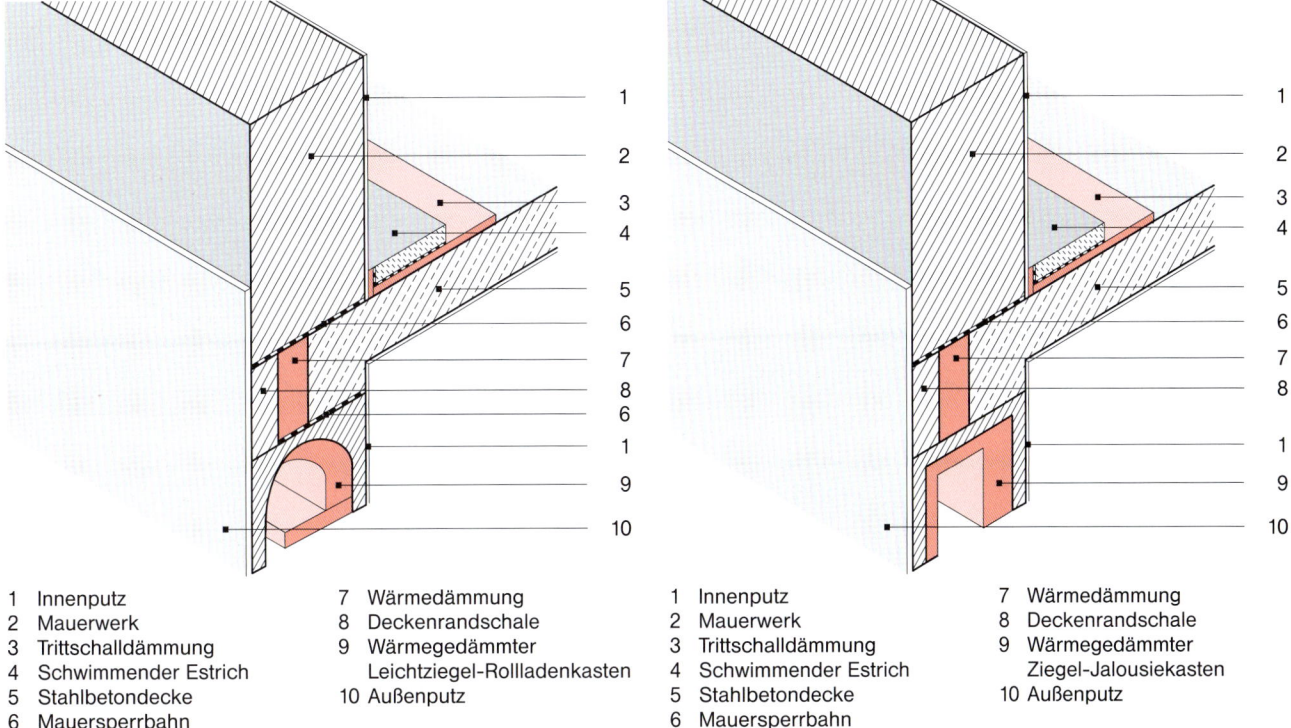

1 Innenputz
2 Mauerwerk
3 Trittschalldämmung
4 Schwimmender Estrich
5 Stahlbetondecke
6 Mauersperrbahn
7 Wärmedämmung
8 Deckenrandschale
9 Wärmegedämmter Leichtziegel-Rollladenkasten
10 Außenputz

4-21 Einschalige Wand aus massivem Mauerwerk – Wärmegedämmter Leichtziegel-Rollladenkasten

1 Innenputz
2 Mauerwerk
3 Trittschalldämmung
4 Schwimmender Estrich
5 Stahlbetondecke
6 Mauersperrbahn
7 Wärmedämmung
8 Deckenrandschale
9 Wärmegedämmter Ziegel-Jalousiekasten
10 Außenputz

4-22 Einschalige Wand aus massivem Mauerwerk – Wärmegedämmter Leichtziegel-Jalousiekasten

Der Leichtziegel-Rollladenkasten ist auf der Raumseite wärmegedämmt. Die Wärmeschutzwirkung des Rollladenkastens soll etwa der Wärmeschutzwirkung der ungestörten Wand entsprechen. Der zusätzlich erforderliche wärmegedämmte Rollladendeckel ist ggf. zusammen mit dem Fenster zu fertigen und einzubauen. Problematisch ist bei allen innen liegenden Rollladenkästen der erforderliche luftdichte Abschluss zum Gebäudeinneren.

Der Leichtziegel-Jalousiekasten ist auf der Raumseite wärmegedämmt und weist nahezu den gleichen Wärmedurchgangskoeffizienten auf wie die ungestörte Wand. Die Stahlbetondecke ist außenseitg mit einer Deckenrandschale wärmegedämmt. Um Risse durch thermische Spannungen zu verhindern, wird der Bereich Jalousiekasten-Deckenrandschale-Mauerwerk mit einer Gewebearmierung versehen.

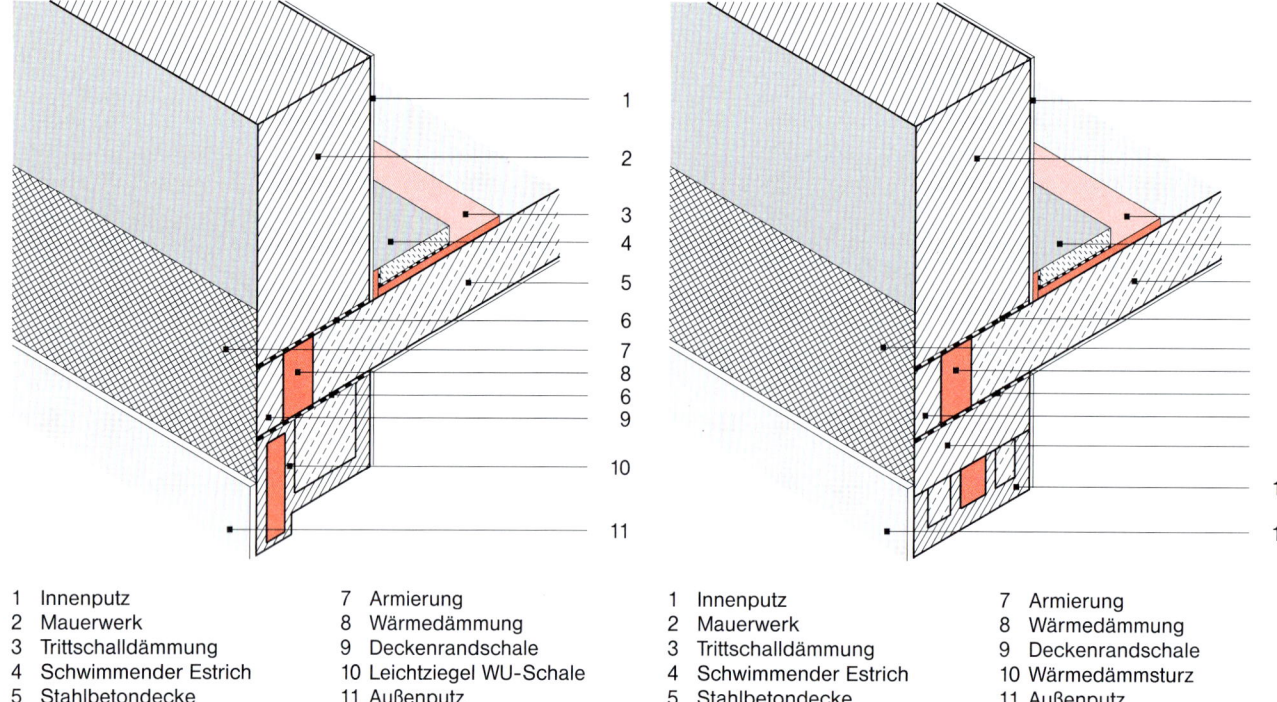

1 Innenputz
2 Mauerwerk
3 Trittschalldämmung
4 Schwimmender Estrich
5 Stahlbetondecke
6 Mauersperrbahn
7 Armierung
8 Wärmedämmung
9 Deckenrandschale
10 Leichtziegel WU-Schale
11 Außenputz

4-23 Einschalige Wand aus massivem Mauerwerk – Wärmegedämmter U-Stein als Fenstersturz mit Innen-Anschlag

1 Innenputz
2 Mauerwerk
3 Trittschalldämmung
4 Schwimmender Estrich
5 Stahlbetondecke
6 Mauersperrbahn
7 Armierung
8 Wärmedämmung
9 Deckenrandschale
10 Wärmedämmsturz
11 Außenputz

4-24 Einschalige Wand aus massivem Mauerwerk – Wärmedämmsturz mit Übermauerung

Der Fenstersturz ist als wärmegedämmte WU-Schale ausgebildet. In Verbindung mit Deckenrandschale und Wärmedämmung als „verlorene Schalung" erhält man eine Putzoberfläche aus gleichem Material. Wegen der unterschiedlichen Wärmeleitfähigkeiten wird eine Armierung der Übergänge empfohlen.

Der Fenstersturz besteht aus einem wärmegedämmten Fertigteilsturz. Die Stahlbetondecke erhält zur Wärmebrückenminimierung eine Deckenrandschale. Trotz Materialgleichheit von Fenstersturz und Mauerwerk und somit gleichmäßigem Untergrund für den Außenputz wird eine Armierung des Bereichs empfohlen.

4 Fassaden und Außenwände — Übergangsbereiche tragender Außenwände aus massivem Mauerwerk

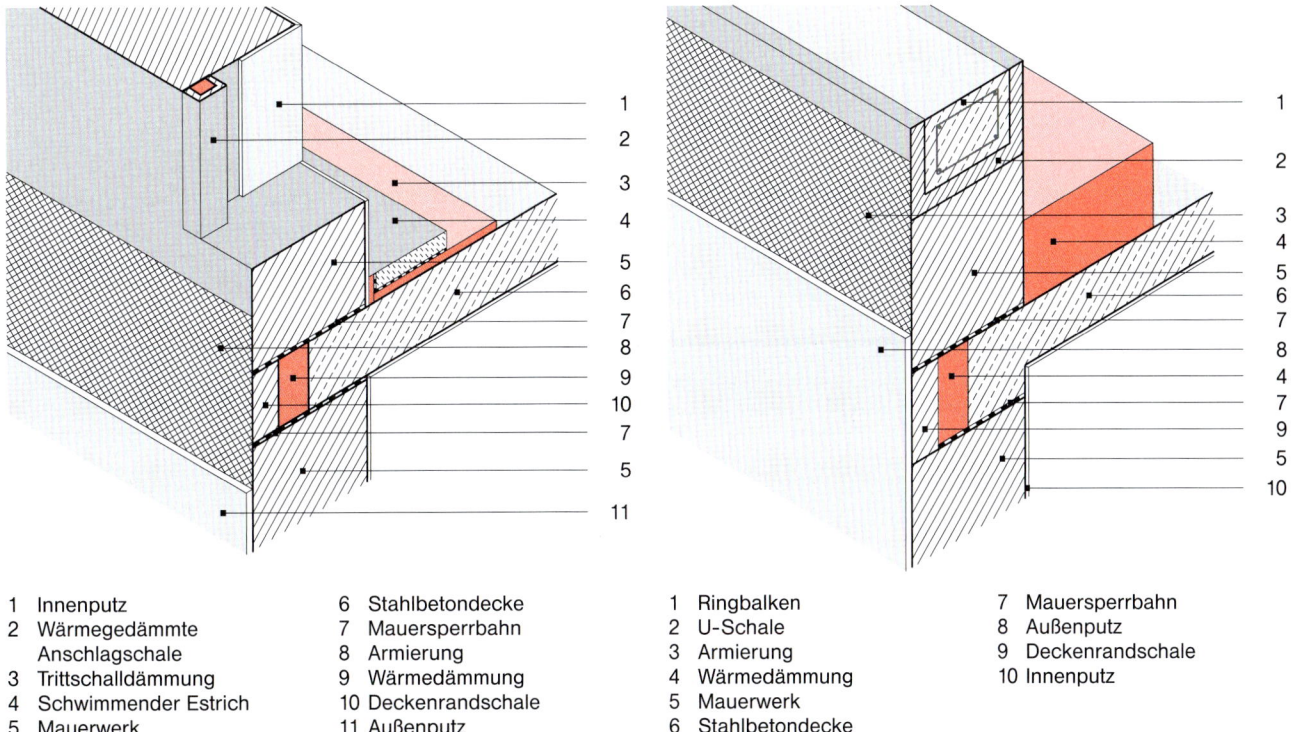

1	Innenputz	6	Stahlbetondecke
2	Wärmegedämmte Anschlagschale	7	Mauersperrbahn
3	Trittschalldämmung	8	Armierung
4	Schwimmender Estrich	9	Wärmedämmung
5	Mauerwerk	10	Deckenrandschale
		11	Außenputz

4-25 *Einschalige Wand aus massivem Mauerwerk – Fensterlaibung mit Anschlagschale*

1	Ringbalken	7	Mauersperrbahn
2	U-Schale	8	Außenputz
3	Armierung	9	Deckenrandschale
4	Wärmedämmung	10	Innenputz
5	Mauerwerk		
6	Stahlbetondecke		

4-26 *Einschalige Wand aus massivem Mauerwerk – Ringbalken bei nicht ausgebautem Dachraum*

Der Fensteranschluss mit Anschlag von innen wird durch eine wärmegedämmte Anschlagschale hergestellt. Der Anschlussbereich sollte – trotz Materialgleichheit – mit einer Gewebearmierung vor Rissbildung geschützt werden.

Im nicht ausgebauten Dachraum kann der Ringbalken aus einer ungedämmten U-Schale mit eingegossenem Beton sowie der statisch erforderlichen Armierung bestehen.

4 Fassaden und Außenwände

Übergangsbereiche tragender Außenwände aus massivem Mauerwerk

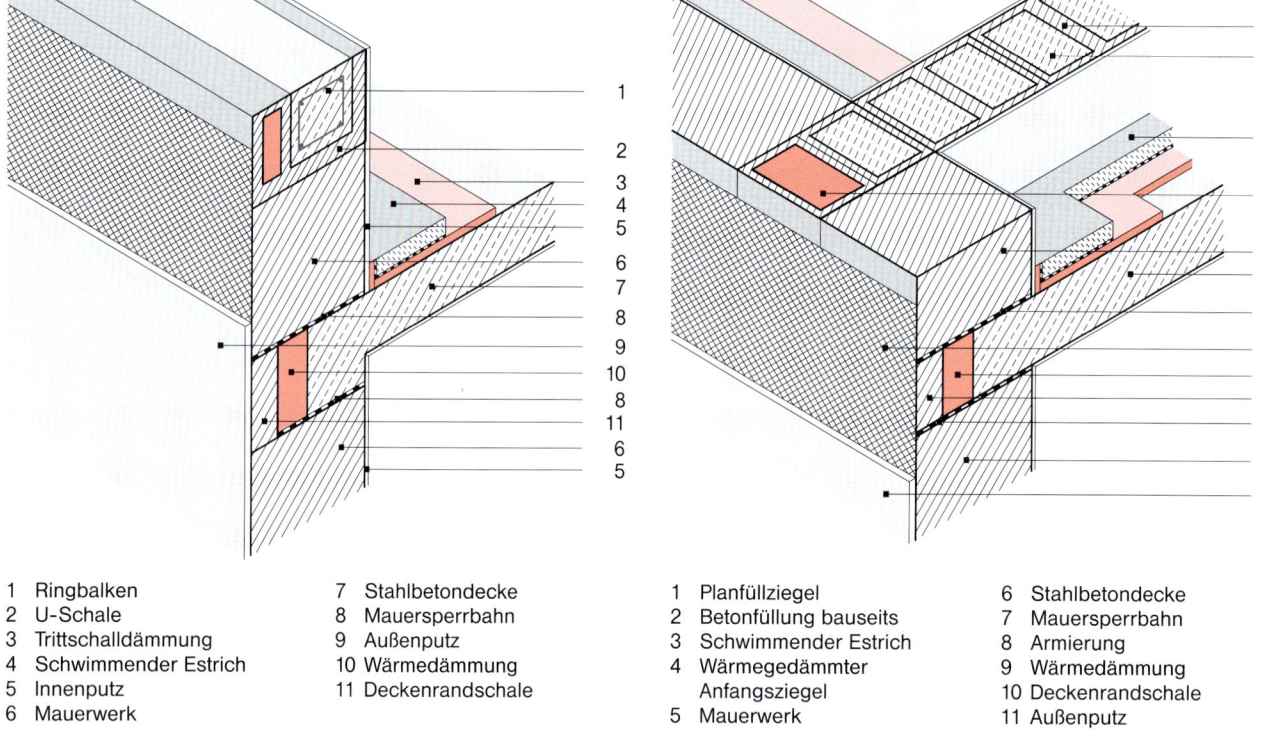

1 Ringbalken
2 U-Schale
3 Trittschalldämmung
4 Schwimmender Estrich
5 Innenputz
6 Mauerwerk
7 Stahlbetondecke
8 Mauersperrbahn
9 Außenputz
10 Wärmedämmung
11 Deckenrandschale

4-27 **Einschalige Wand aus massivem Mauerwerk – Wärmedämmung des Ringbalkens durch Einsatz eines U-Steins beim ausgebauten Dachgeschoss**

1 Planfüllziegel
2 Betonfüllung bauseits
3 Schwimmender Estrich
4 Wärmegedämmter Anfangsziegel
5 Mauerwerk
6 Stahlbetondecke
7 Mauersperrbahn
8 Armierung
9 Wärmedämmung
10 Deckenrandschale
11 Außenputz

4-28 **Einschalige Wand aus massivem Mauerwerk – Durchbindung von Wohnungstrennwänden mit gedämmten Anfangsziegel**

Bei dem beheizten Dachgeschoss erfolgt die Wärmedämmung des Ringbalkens durch eine wärmegedämmte U-Schale. Mit der U-Schale wird ein gleichmäßiger Steinuntergrund für den Außenputz erreicht. Dennoch sollte man zur Minimierung des Schadensrisikos einer Rissbildung den Bereich mit einer Armierung versehen. Die Dachdämmung ist an die Dämmschicht des Ringbalkens anzuschließen.

Wohnungstrennwände im Mehrfamilienhaus müssen auch im Bereich ihrer Einbindung ins Außenmauerwerk – bei Sicherstellung des Schallschutzes – den Wärmeschutzanforderungen genügen. Durch einen gedämmten Anfangsziegel an der Außenkante des Mauerwerks und mit Beton ausgegossene Ziegel der einbindenden Trennwand wird dies gewährleistet.

11 Außendämmung einschaliger tragender Außenwände

11.1 Vorbemerkung

Die innen liegende massive Schale übernimmt die tragende, die außen liegende Dämmschicht die Wärmeschutzfunktion, *Bild 4-7*. Die tragende Schicht sollte aus Material großer Rohdichte bestehen. Dadurch ergibt sich eine hohe Tragfähigkeit bzw. eine geringe notwendige Wanddicke. Außerdem wird eine gute Wärmespeicherfähigkeit erreicht und der Schallschutz verbessert. Besonders geeignet sind Materialien wie Beton und Kalksandstein.

Die außen liegende Wärmedämmung schützt die massive Schale vor thermischer Belastung und trägt den witterungsabweisenden Putz. Da zwischen Putz und Wärmedämmschicht bei Sonnenbestrahlung ein Wärmestau entstehen kann, der zu starken thermischen Spannungen führt, muss der Außenputz armiert sein.

11.2 Einfluss auf die Schalldämmung

Die Verbesserung der Wärmedämmung durch eine Außendämmung, bestehend aus Wärmedämmschicht und Putz als Witterungsschutz, beeinflusst die Schalldämmung der gesamten Außenwand. Je nach dynamischer Steifigkeit des Wärmedämmmaterials, der flächenbezogenen Masse des Putzes und der Verklebungsart der Wärmedämmung ergibt sich eine Verbesserung oder Verschlechterung des Schallschutzes um bis zu 4 bis 6 dB. Außendämmsysteme mit Wärmedämmmaterial geringer dynamischer Steifigkeit wie Mineralwolle oder elastifiziertes Polystyrol, dicken mineralischen Außenputzen und teilweiser (d. h. nicht vollflächiger) Verklebung der Dämmplatten führen zu einer Erhöhung des Schallschutzes.

Wenn aufgrund der Lage des Gebäudes Anforderungen an den Schallschutz bestehen, ist vom Planer ein entsprechendes Außendämmsystem auszuschreiben und vom ausführenden Unternehmer ein Nachweis über die Schalldämmung der gesamten Außenwand zu erbringen.

11.3 Luftdichtheit

Wie bei einschaligen und einschichtigen tragenden Außenwänden wird die Luftdichtheit auch bei außen gedämmten massiven Wänden in der Regel durch den Innenputz sichergestellt. Auf die luftdichte Ausführung der Anschlüsse an andere Bauteile ist zu achten, Abschnitt 7.3 bzw. Kapitel 9-4.3.

11.4 Wärmedämmung mit Mehrschicht-Leichtbauplatten

Mehrschicht-Leichtbauplatten bestehen aus zwei dünnen Holzwolle-Leichtbauplatten mit einer dazwischen liegenden Dämmschicht. Ihr Marktanteil ist nur noch gering. Die Kernschicht aus Polystyrol oder Mineralfaser bestimmt die Wärmedämmwirkung der Mehrschicht-Leichtbauplatten, *Bild 4-29*.

Mehrschicht-Leichtbauplatten dürfen zur Außenwanddämmung nur in Plattendicken ab 50 mm eingesetzt werden. Sie müssen beim Einbau lufttrocken sein – auf eine feuchtigkeitsgeschützte Lagerung ist zu achten. Die zulässige Einbauhöhe beginnt 30 cm über dem Gelände (DIN 18195 Teil 4).

Leichtbauplatten werden bei Betonbauten als verlorene Schalung anbetoniert. Insbesondere bei der Gebäudesanierung werden Mehrschicht-Leichtbauplatten auf massivem Mauerwerk angedübelt, wobei Unebenheiten des Untergrunds vorher auszugleichen sind. Der sofortige Spritzbewurf der Platten soll deren Wasseraufnahme unterbinden und dient als Haftverbesserung für den Unterputz.

11.5 Wärmedämm-Verbundsysteme

Die Komponenten eines Wärmedämm-Verbundsystems werden von dem jeweiligen Hersteller genau aufeinander abgestimmt. Eine Kombination der Komponenten verschiedener Systeme ist daher nicht zulässig. Die Bauausführung sollte erfahrenen Firmen übertragen werden.

Im Wesentlichen werden zwei verschiedene Gruppen von Wärmedämm-Verbundsystemen unterschieden.

– Bei der **ersten Gruppe** werden Hartschaumplatten mit Klebe- oder Spachtelmasse beschichtet und auf die zu dämmende Wand geklebt. Je nach Untergrund und Höhe des Gebäudes kann eine zusätzliche mechanische Befestigung mit Dübeln erforderlich sein. Die auf die Wärmedämmung aufzutragende Schicht besteht bei diesem System aus einer **Kunststoff-Spachtelmasse** mit eingebettetem Armierungsgewebe. Eine Putzschicht wählbarer Körnung und Struktur schließt das Verbundsystem ab.

– Bei der **zweiten Gruppe** können Hartschaum-, Kork-, Mineralschaum- oder Mineralfaserplatten zur Wärmedämmung verwendet werden. Auch Mineralfaserplatten werden auf die Wand geklebt, sie sind jedoch immer mit Dübeln zusätzlich zu befestigen. Kennzeichnend für dieses System ist die nun aufzutragende **mineralisch gebundene Spachtelmasse** mit eingebettetem Armierungsgewebe. Die Beschichtung schließt wieder mit einer Putzschicht ab.

Für das Verdübeln von Mineralfaserplatten ist bei Häusern über 8 m Höhe ein statischer Nachweis erforderlich und dem Bauantrag beizulegen. Ein solches System ist nicht brennbar (Baustoffklasse A2 nach DIN 4102) und für Gebäude beliebiger Höhe zugelassen. Wärmedämm-Verbundsysteme mit Polystyrol-Hartschaumplatten – sie sind schwer entflammbar (Baustoffklasse B1 nach DIN 4102) – dürfen bis zur Hochhausgrenze ($\leq$ 22 m) eingesetzt werden.

Bei jedem Verbundsystem ist als Armierung ein alkalibeständiges Glasseidengewebe mit einer Maschenweite von 5 mm in die Kunststoff- bzw. mineralisch gebundene Spachtelmasse einzulegen. Putzschichten hoch beanspruchter Flächen im Bereich von Hauseingängen u. a. können mit Panzergewebe oder Karbonfasern im Putz

Tragende Schale	Wärmedämmstoff		U-Wert der Gesamtwand in W/(m²K) bei einer Leichtbauplattendicke von			
	Material	Wärmeleitfähigkeit W/(mK)	7,5 cm	10 cm	12,5 cm	15 cm
24 cm Normalbeton (ρ = 2.400 kg/m³)	Mineralfaser Polystyrol-Hartschaum Polystyrol-Hartschaum	0,045 0,040 0,035	0,57 0,51 0,45	0,43 0,39 0,34	0,35 0,31 0,27	0,29 0,26 –
24 cm Kalksandstein-Mauerwerk (ρ = 1.200 kg/m³)	Mineralfaser Polystyrol-Hartschaum Polystyrol-Hartschaum	0,045 0,040 0,035	0,49 0,44 0,40	0,38 0,34 0,31	0,32 0,28 0,25	0,27 0,24 –
24 cm Ziegel-Mauerwerk (ρ = 1.600 kg/m³)	Mineralfaser Polystyrol-Hartschaum Polystyrol-Hartschaum	0,045 0,040 0,035	0,50 0,46 0,41	0,39 0,36 0,32	0,32 0,29 0,26	0,27 0,25 –
24 cm Hohlblock-Mauerwerk (ρ = 1.400 kg/m³)	Mineralfaser Polystyrol-Hartschaum Polystyrol-Hartschaum	0,045 0,040 0,035	0,53 0,47 0,43	0,41 0,36 0,33	0,33 0,30 0,27	0,28 0,25 –

4-29 Wärmedämmwirkung von Mehrschicht-Leichtbauplatten bei einschaligen tragenden Außenwänden

zusätzlich armiert werden. Um bei Sonnenbestrahlung eine übermäßige Erwärmung des Putzes auszuschließen, sollten helle Putzfarben mit einem Reflexionsvermögen für Sonnenstrahlung größer als 50 % bevorzugt werden, Abschnitt 3. Einige Hersteller bieten als äußeren Abschluss des Wärmedämm-Verbundsystems auch Flachverblender, eingefärbte Glaselemente und Profil-Gestaltungselemente an.

Bei Polystyrol-Hartschaumplatten führen Temperaturänderungen zu erheblichen Längenänderungen. Daher sind diese Platten an Materialien mit abweichenden Längenausdehnungskoeffizienten elastisch und auf Dauer fugendicht anzuschließen. Beispiele entsprechender Bauteile sind Betonplatten, Aluminiumfensterbänke u. a. Zum Vergleich seien einige Längenausdehnungskoeffizienten genannt:

Polystyrol-Hartschaum	0,07 bis 0,08	mm/mK
Stahl/Beton	0,01 bis 0,012	mm/mK
Aluminium	0,024	mm/mK
Hartholz	0,005	mm/mK

Die Wärmedämmwirkung von Verbundsystemen ist für unterschiedliche Dicken und Wärmeleitfähigkeiten der Dämmschicht aus *Bild 4-30* zu ersehen. Mit diesen Systemen ist der Wärmedämmstandard für Niedrigenergiehäuser preiswert erreichbar. Die *Bilder 4-31* bis *4-34* zeigen konstruktive Anschlussdetails.

Tragende Schale	Wärmeleitfähigkeit der Wärmedämmschicht W/(mK)	U-Wert der Gesamtwand in W/(m²K) bei einer Wärmedämmschichtdicke von					
		8 cm	10 cm	12 cm	14 cm	16 cm	20 cm
24 cm Normalbeton (ρ = 2.400 kg/m³)	0,045[1]	0,47	0,39	0,33	0,29	0,26	0,21
	0,040[2]	0,42	0,35	0,30	0,26	0,23	0,19
	0,035[3]	0,38	0,31	0,26	0,23	0,20	0,17
	0,030[4]	0,33	0,27	0,23	0,20	0,18	0,14
	0,025[5]	0,28	0,23	0,19	0,17	0,15	0,12
24 cm Kalksandstein-Mauerwerk RDK = 1,4 (ρ = 1.400 kg/m³)	0,045	0,41	0,35	0,30	0,26	0,24	0,20
	0,040	0,37	0,32	0,27	0,24	0,21	0,18
	0,035	0,34	0,28	0,24	0,21	0,19	0,16
	0,030	0,30	0,25	0,21	0,19	0,17	0,14
	0,025	0,26	0,21	0,18	0,16	0,14	0,12
17,5 cm Kalksandstein-Mauerwerk RDK = 2,0 (ρ = 2.000 kg/m³)	0,045	0,47	0,39	0,33	0,29	0,26	0,21
	0,040	0,42	0,35	0,30	0,26	0,23	0,19
	0,035	0,38	0,31	0,26	0,23	0,20	0,17
	0,030	0,33	0,27	0,23	0,20	0,18	0,14
	0,025	0,28	0,23	0,19	0,17	0,15	0,12
24 cm Hohlblock-Mauerwerk RDK = 1,4 (ρ = 1.400 kg/m³)	0,045	0,43	0,36	0,31	0,27	0,24	0,20
	0,040	0,39	0,33	0,28	0,25	0,22	0,18
	0,035	0,35	0,29	0,25	0,22	0,19	0,16
	0,030	0,31	0,26	0,22	0,19	0,17	0,14
	0,025	0,27	0,22	0,19	0,16	0,14	0,12

[1] Korkplatte
[2] Polystyrol-Hartschaumplatte, Holzfaser- oder Mineralfaserplatte
[3] Polystyrol-Hart- oder Extruderschaumplatte und Mineralfaserplatte
[4] Polyurethan-Hartschaumplatte
[5] Phenolharz-Hartschaumplatte

4-30 Wärmedämmwirkung von Wärmedämm-Verbundsystemen

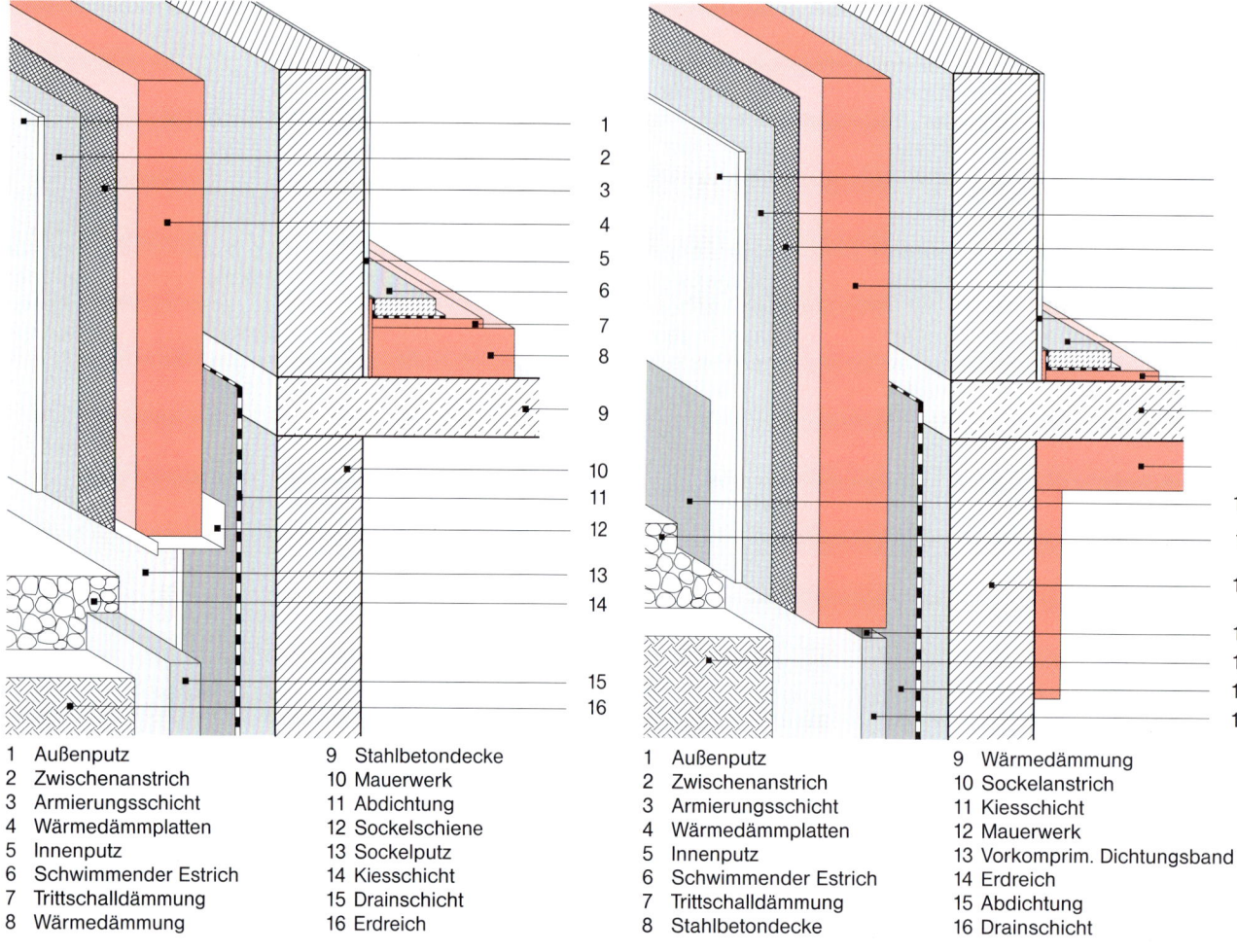

**4-31 Wärmedämm-Verbundsystem –
Abschluss des Systems an der Sockeloberkante**

1 Außenputz
2 Zwischenanstrich
3 Armierungsschicht
4 Wärmedämmplatten
5 Innenputz
6 Schwimmender Estrich
7 Trittschalldämmung
8 Wärmedämmung
9 Stahlbetondecke
10 Mauerwerk
11 Abdichtung
12 Sockelschiene
13 Sockelputz
14 Kiesschicht
15 Drainschicht
16 Erdreich

Das Verbundsystem überdeckt den Bereich der Einbindung der Kellerdecke um mindestens 50 cm. Durch die Überdeckung und die Wärmedämmung der Kellerdecke zum unbeheizten Keller wird die Wärmebrückenwirkung des Kellerdeckenanschlusses stark reduziert.

**4-32 Wärmedämm-Verbundsystem –
Abschluss des Systems im Erdreich**

1 Außenputz
2 Zwischenanstrich
3 Armierungsschicht
4 Wärmedämmplatten
5 Innenputz
6 Schwimmender Estrich
7 Trittschalldämmung
8 Stahlbetondecke
9 Wärmedämmung
10 Sockelanstrich
11 Kiesschicht
12 Mauerwerk
13 Vorkomprim. Dichtungsband
14 Erdreich
15 Abdichtung
16 Drainschicht

Durch die Überdeckung des Bereichs der Kellerdeckeneinbindung mit Sockeldämmplatten und durch die Wärmedämmung der Kellerdecke zum unbeheizten Keller wird eine Wärmebrückenwirkung weitestgehend vermieden.

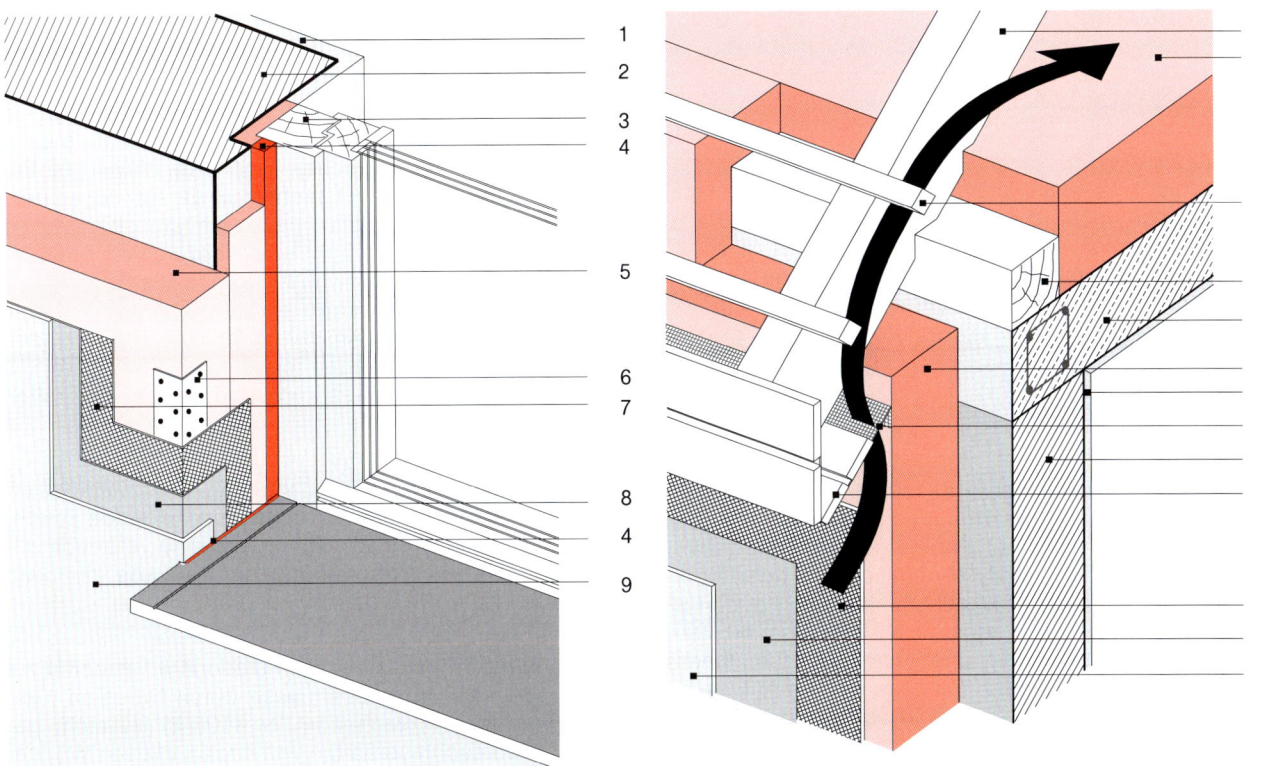

1 Innenputz	6 Eckschutzschiene
2 Mauerwerk	7 Armierung
3 Fensterrahmen	8 Zwischenanstrich
4 Fugendichtband	9 Außenputz
5 Fassadendämmplatten	

4-33 Wärmedämm-Verbundsystem – Anschluss der Fensterlaibung

Zum Ausgleich der unterschiedlichen thermischen Längenänderungen von Holz-Blendrahmen und Polystyrol-Hartschaumplatte wird das Fenster elastisch, z. B. mittels geeigneten Fugendichtbandes, angeschlossen. Ein Gleiches gilt auch für Fensterbänke. Nicht im Bild dargestellt ist die Ausführung des luftdichten Anschlusses Mauerwerk – Fensterblendrahmen auf der Fensterinnenseite.

1 Sparren	8 Lüftungsprofil
2 Wärmedämmung	9 Mauerwerk
3 Lattung	10 Traufabschluß
4 Pfette	11 Armierungsschicht
5 Stahlbetondecke	12 Zwischenanstrich
6 Wärmedämmplatten	13 Außenputz
7 Innenputz	

4-34 Wärmedämm-Verbundsystem – Traufabschluss

Der obere Abschluss des Außendämmsystems muss abgedeckt werden, um das Eindringen von Feuchtigkeit zu verhindern. Die Unterlüftung des Daches darf durch diesen Abschluss nicht eingeschränkt werden. Der lückenlose Anschluss der Außendämmung an die Dämmung der obersten Geschossdecke (bzw. der Dachschräge bei ausgebautem Dachgeschoss) reduziert die Wärmebrückenwirkung an dieser Stelle.

12 Innendämmung einschaliger tragender Außenwände

12.1 Vorbemerkung

Die Wärmeschutzwirkung einer bestimmten Wärmedämmschicht ist unabhängig davon, ob diese Schicht auf die innere oder die äußere Fläche der tragenden Schale aufgebracht wird. Aus anderen bauphysikalischen Gründen ist die Innendämmung jedoch weniger günstig. Sie ist vorwiegend für die nachträgliche Dämmung von Außenwänden von denkmalgeschützten Fassaden oder die Dämmung von Einzelräumen zu empfehlen.

12.2 Materialien

Neben den seit Jahrzehnten bekannten Materialien zur Innendämmung aus Polystyrol oder Mineralfasern sind in den letzten Jahren verstärkt kapillaraktive Wärmedämmstoffe – wie Kalziumsilikat, Mineralschaum oder Korkdämmlehm – auf den Markt gekommen, siehe auch Kapitel 3. Kapilaraktive Wärmedämmstoffe können Tauwasser kapillar aufnehmen und es schnell zum Innenraum transportieren, wo es – bei ausreichender Lüftung und Beheizung – von der Raumluft abtransportiert wird. Derartige Konstruktionen dürfen raumseitig nicht mit Tapeten oder Anstrichen versehen werden, die deren bauphysikalisches Verhalten verändern.

12.3 Einfluss auf den Feuchteschutz

Bei einer zu geringen Wärmedämmdicke (Wärmedämmtapete) unterschreiten die inneren Oberflächentemperaturen der Wand auch bei ausreichender Beheizung den Taupunkt. Bei Raumluftfeuchten von 50 % r. F. bis 60 % r. F. entsteht Kondensat, welches Schimmelbildung zur Folge hat.

Durch das Aufbringen einer sehr dicken Innendämmung wird das außen liegende tragende Mauerwerk raumseitig nicht mehr erwärmt, sodass durch thermische Spannungen Risse im Mauerwerk auftreten können, die dazu führen, dass die Schlagregendichtheit der Fassade nicht mehr gewährleistet ist.

Bei der Anwendung von Innendämmungen mittels einer Ständerwand und dazwischen liegendem diffusionsoffenen Wärmedämmstoff ist nicht nur darauf zu achten, dass eine richtig dimensionierte diffusionshemmende Schicht – früher als Dampfbremse bezeichnet – als innenseitiger Abschluss gewählt wird, um die Dampfdiffusion zu minimieren. Sichergestellt werden muss weiterhin auch deren luftdichter Anschluss an alle einbindenden Bauteile, damit keine warme feuchte Raumluft hinter die Wärmedämmung gelangen kann und dort an der kalten Außenwand kondensiert.

Alle Ausführungen mit Innendämmung sind allerdings erheblich anfälliger gegen von außen eindringende Feuchtigkeit durch Schlagregen; daher wird eine vorherige diffusionsoffene Hydrophobierung der Fassade dringend empfohlen.

Das bauaufsichtlich eingeführte stationäre Verfahren zur Berechnung der Tauwassermasse durch Diffusion (Glaser-Verfahren entsprechend DIN 4108-3) ist nicht geeignet, das Feuchteverhalten von kapillaraktiven Wärmedämmungen darzustellen. Hierzu sind instationäre Verfahren zur hygrothermischen Simulation (WUFI, ESTHER, DELPHIN, u. a.) entwickelt worden, die für eine Vielzahl von Aufbauten inzwischen validiert wurden.

12.4 Einfluss auf die Schalldämmung

Eine Innendämmung mit Gipskarton-Hartschaum-Verbundplatten führt zu einer Verschlechterung der Schalldämmung der Außenwand um bis zu 5 dB. Weiterhin wird durch die verstärkte Schalllängsleitung der wärmegedämmten Wände die Luftschalldämmung zwischen über- und nebeneinander liegenden Räumen – und Wohnungen – deutlich verringert.

Wenn die Innendämmung dagegen als biegeweiche Schale aus Gipskarton und Mineralfaserdämmstoff hergestellt wird, verbessert sich im Regelfall die Luftschalldämmung um 10 dB und mehr.

12.5 Luftdichtheit

Bei innen gedämmten Wänden ist es sinnvoll, die in der Regel ohnehin erforderliche diffusionshemmende Schicht durch geeignete Verklebung der einzelnen Bahnen und entsprechende Randanschlüsse als luftdichte Schicht auszuführen, Abschnitt 7.3. Die Anschlüsse an andere Bauteile müssen ebenfalls so geplant und ausgeführt werden, dass eine durchgehende luftdichte Schicht entsteht (siehe auch Kapitel 9).

12.6 Vorteile der Innendämmung

Es ist eine zusätzliche Dämmung von einzelnen Räumen eines Gebäudes, z. B. von Sauna- oder Kühlräumen, möglich. Wichtig ist eine Berechnung des Dampfdiffusionsverlaufs, um durch die zweckmäßige Anordnung und Bemessung der diffusionshemmenden Schicht (die als luftdichte Schicht ausgebildet werden muss, Kapitel 9) Kondensation von Wasserdampf in der Wand zu verhindern.

Innendämmung ist auch geeignet für unregelmäßig beheizte Räume wie Versammlungsräume. Sie trägt in Verbindung mit Luftheizsystemen zur raschen Raumerwärmung bei.

Außerdem stellt Innendämmung bei Gebäuden mit erhaltenswerter Fassade eine preisgünstige Methode zur nachträglichen Verbesserung des Wärmeschutzes dar, Abschnitt 17.

12.7 Nachteile der Innendämmung

Die tragende Mauerschale ist den wechselnden Außentemperaturen unmittelbar ausgesetzt und führt daher große thermische Bewegungen aus – Bewegungsfugen sind einzuplanen. Außerdem friert diese Schale im Winter durch, deshalb dürfen in der Außenwand keine Wasserleitungen verlegt werden. Im Bereich der Decken- und Zwischenwandeinbindungen entstehen Wärmebrücken, die durch eine zweckmäßige Anordnung von Dämmstoffstreifen zu entschärfen sind, *Bilder 4-35* bis *4-37*. Im Hinblick auf das sommerliche Raumklima wird durch die nicht mehr nutzbare Wärmespeichermasse der tragenden Mauerschale die temperaturausgleichende Wirkung der Wand reduziert.

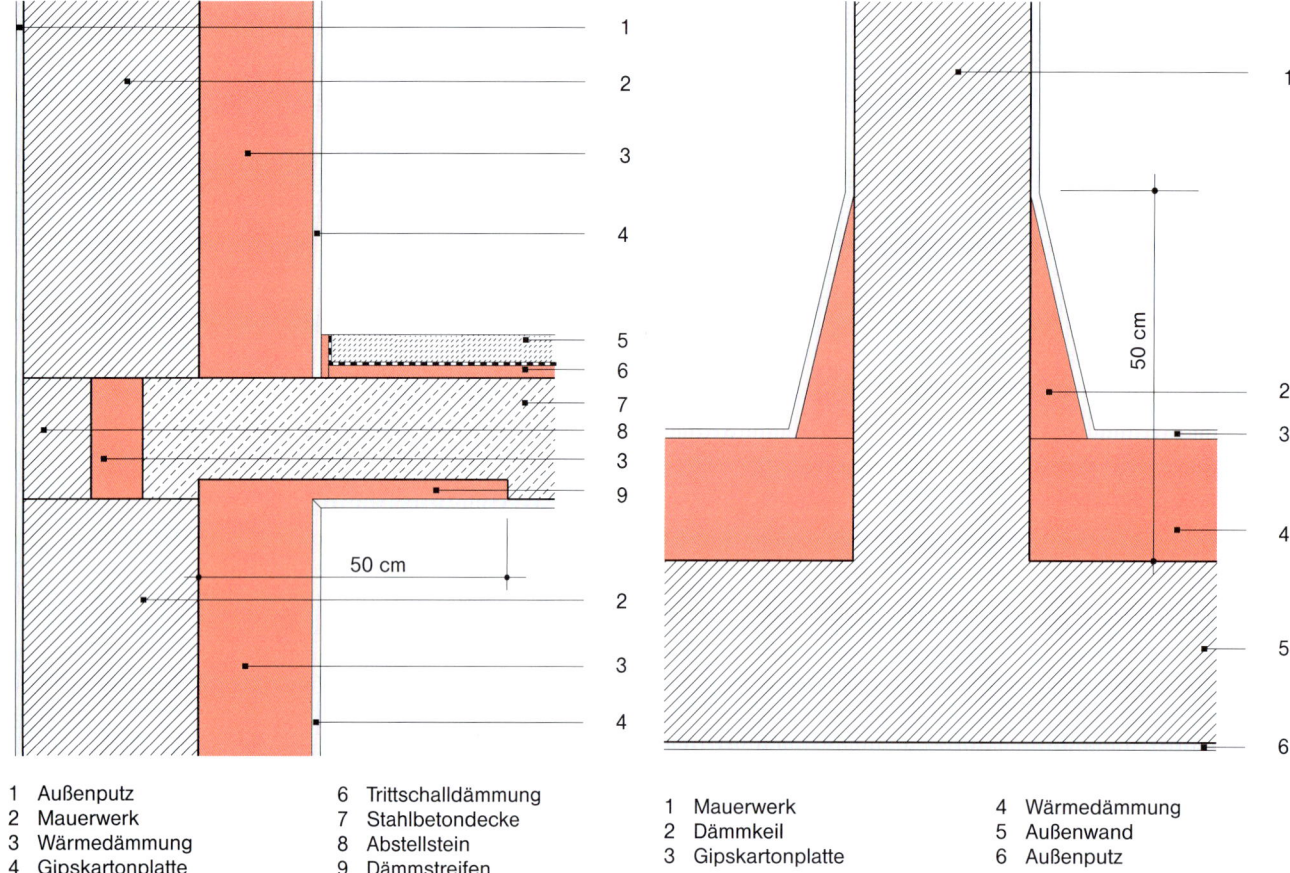

1	Außenputz	6	Trittschalldämmung
2	Mauerwerk	7	Stahlbetondecke
3	Wärmedämmung	8	Abstellstein
4	Gipskartonplatte	9	Dämmstreifen
5	Schwimmender Estrich		

1	Mauerwerk	4	Wärmedämmung
2	Dämmkeil	5	Außenwand
3	Gipskartonplatte	6	Außenputz

4-35 **Einschalige Wand mit Innendämmung – Lage der Dämmstreifen im Bereich der Deckeneinbindung**

Notwendig ist eine geschlossene Dämmung im Bereich des Stoßes von Decke und Außenwand. An der Unterseite der Decke soll ein Dämmstreifen (z. B. eine Mehrschicht-Leichtbauplatte) in den Deckenrand eingelegt werden. Bei nachträglicher Ausführung der Innendämmung sind Keilplatten mit der Unterseite des Deckenputzes zu verkleben.

4-36 **Einschalige Wand mit Innendämmung – Lage der Dämmung im Einbindebereich einer tragenden Innenwand**

Ein 50 cm breiter Wärmedämmputzstreifen oder eine Keilplatte aus Wärmedämmmaterial hebt die ungünstigen Auswirkungen der konstruktiven Wärmebrücke weitgehend auf.

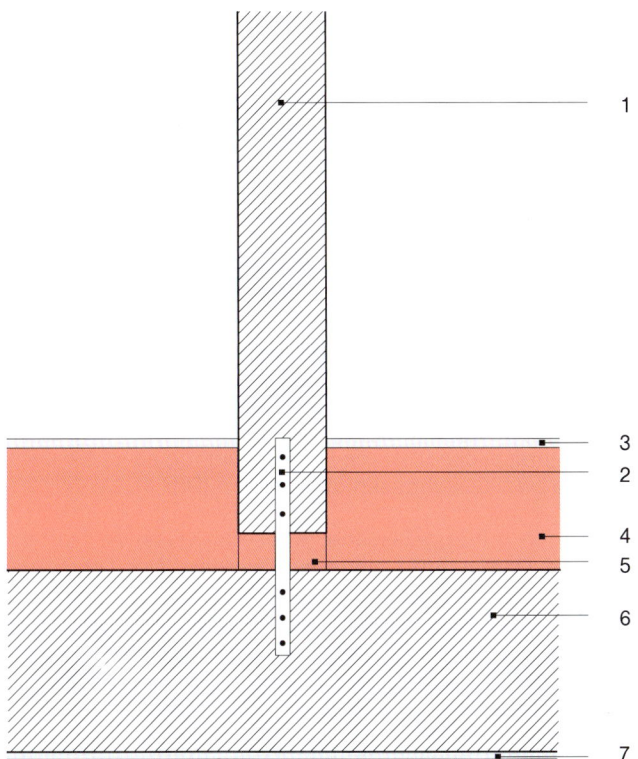

1 Mauerwerk, Innenwand
2 Ankereisen
3 Gipskartonplatte
4 Wärmedämmung
5 Dämmplatte
6 Mauerwerk, Außenwand
7 Außenputz

4-37 Einschalige Wand mit Innendämmung – Lage der Dämmung im Einbindebereich einer nichttragenden Innenwand

Nichttragende leichte massive Wände werden mit Ankereisen befestigt und durchgehend mit eingelegten Dämmplatten von der Außenwand getrennt.

13 Zweischalige Außenwände mit Wärmedämmschicht und Hinterlüftung

13.1 Vorbemerkung

Zweischalige Außenwände mit Wärmedämmschicht und Hinterlüftung bestehen aus der inneren tragenden Schale, der Wärmedämmschicht, dem von der Außenluft durchströmten Luftspalt und der äußeren Schale, *Bild 4-11*. Die innere tragende Schale – meist mittlerer bis schwerer Bauart – trägt mit ihrer Wärmespeicherfähigkeit zur Glättung der sommerlichen Raumtemperatur bei. Eine geschlossenporige Dämmschicht wirkt ausschließlich wärmedämmend, eine offenporige dagegen wärmedämmend und schallschluckend zugleich. Das Wärmedämmmaterial muss bei Gebäudehöhen bis zur Hochhausgrenze ($\leq$ 22 m) lediglich schwer entflammbar (Baustoffklasse B1) sein. Bei Gebäuden größerer Höhe muss das Dämmmaterial nichtbrennbar sein (Baustoffklasse A2 bzw. A1). Der durchströmte Luftspalt verhindert einen Feuchtetransport von der Wandaußenfläche in das Wandinnere. Die Außenschale kann leichter oder schwerer Bauart sein.

13.2 Schalldämmung

Eine leichte Außenverkleidung in Verbindung mit einer weich federnden Wärmedämmschicht stellt ein bautechnisch einfaches Schalldämm-System dar. Durch die zur Hinterlüftung notwendigen Fugen in der Außenschale wird die Wirkung aber teilweise wieder aufgehoben, sodass gegenüber der Schalldämmung der tragenden Wand die Schalldämmung des Gesamtsystems nur um 3 bis 5 dB erhöht ist.

Bei schweren Außenschalen wie Vormauerungen aus Ziegel oder Kalksandstein ergibt sich eine Verbesserung des Schalldämm-Maßes von 5 bis 8 dB gegenüber dem Schalldämm-Maß einer einschaligen Wand mit gleicher Gesamtmasse.

13.3 Luftdichtheit

Bei zweischaligem Mauerwerk mit massiver Innenschale wird die Luftdichtheit in der Regel durch den Innenputz erreicht. Wichtig ist die luftdichte Ausführung der Anschlüsse an andere Bauteile, Abschnitt 7.3 bzw. Kapitel 9-4.3.

13.4 Zweischalige Wände mit leichter Außenschale

Die Außenschale kann aus Zement-, Ziegel- oder Schieferplatten, eloxiertem Aluminiumblech oder lackiertem Stahlblech, Kunststoff oder Massivholz bestehen. Für kleinere Wohnhäuser mit ungleichmäßiger Unterbrechung der Wand durch Fensteröffnungen werden kleinformatige Platten ($\leq$ 0,4 m^2) verwendet. Diese Platten sind mittels Nut und Feder zu verbinden oder schuppenartig überdeckend zu verlegen. Nach den Landesbauordnungen sind leichte Außenschalen bei Gebäuden mit mehr als zwei Vollgeschossen genehmigungspflichtig.

Die Unterkonstruktionen für Außenschalen werden überwiegend aus Holz gefertigt. Eine solche Konstruktion besteht im Regelfall aus zwei Holzlagen, die waagerecht und senkrecht verlegt werden.

Der Wärmedämmstoff wird in die untere Lage so eingefügt, dass in senkrechter Richtung ein Luftspalt von mindestens 20 mm Dicke entsteht, *Bilder 4-38 bis 4-40*. Bei dieser Verlegeart verringert der Holzanteil die Wärmedämmwirkung gegenüber einer nicht unterbrochenen Dämmschicht um 5 bis 10 %. Jede Holzunterkonstruktion ist vor dem Einbau mit einem geeigneten Holzschutzmittel zu behandeln (DIN 68800). Für Außenschalen werden auch Unterkonstruktionen aus Metall angeboten. Alle vorerwähnten Unterkonstruktionen können auch mit Abstandshaltern an die Innenschale angeschlossen werden.

Die Einheit „Bekleidung, Unterkonstruktion, Wärmedämmung" kann bei Wohnhäusern mit höchstens zwei Geschossen normal entflammbar (Baustoffklasse B2) sein. Bei Reihenhäusern ist im Bereich der Haustrennwand zusätzlich ein 100 cm breiter Streifen aus nichtbrennbaren Baustoffen vorzusehen. Wohnhäuser, die drei bis fünf Geschosse umfassen, erfordern für die erwähnte Einheit schwer entflammbare Materialien (Baustoffklasse B1). Für Haustrennwände gilt das Gleiche wie für Reihenhäuser.

13.5 Zweischalige Wände mit schwerer Außenschale

Schwere Außenschalen werden als Sichtmauerwerk aus frostbeständigen Vormauersteinen oder als verputzte Mauerschalen ausgeführt. Eine Außenschale muss mindestens 11,5 cm dick sein, wenn sie in höchstens 12 m Höhe abgefangen wird. Steht die Außenschale mit einem Drittel ihrer Dicke über die Konsole hervor, so ist sie nach jeweils zwei Geschossen abzufangen (DIN 1053).

Es dürfen nur zugelassene, wasserabweisende plattenförmige Dämmstoffe eingebaut werden. Der lichte Abstand der Mauerwerksschale darf in der Regel 15 cm (bei Luftschichtankern mit einer bauaufsichtlichen Zulassung maximal 20 cm) nicht überschreiten (inkl. Luftspalt), wobei ein mindestens 4 cm dicker Luftspalt vorzusehen ist. Durch diese Vorgaben wird die maximal zulässige Wärmedämmdicke auf 11 cm bzw. 16 cm begrenzt. Soll eine dickere Wärmedämmschicht eingebaut werden, so ist zweischaliges Mauerwerk mit Kerndämmung auszuführen, für das besondere Anforderungen einzuhalten sind, Abschnitt 14. Der Luftspalt soll etwa 10 cm über Erdgleiche beginnen, *Bild 4-41*. Die Außenschale muss unten und oben mit Lüftungsöffnungen versehen werden. Diese Öffnungen sollen je 20 m^2 Fassadenfläche (Außenwand- und Fensterfläche) eine Querschnittsfläche von 150 cm^2 aufweisen.

Die Dicke der Innenschale kann unter besonderen Bedingungen nur 11,5 und 17,5 cm betragen (DIN 1053); ihr steht eine Regeldicke von 24 cm gegenüber. Bei den Schalendicken von 11,5 und 17,5 cm ergeben sich die verhältnismäßig geringen Gesamtwanddicken von 35,0 und 41,0 cm.

4 Fassaden und Außenwände

Zweischalige Außenwände mit Wärmedämmschicht und Hinterlüftung

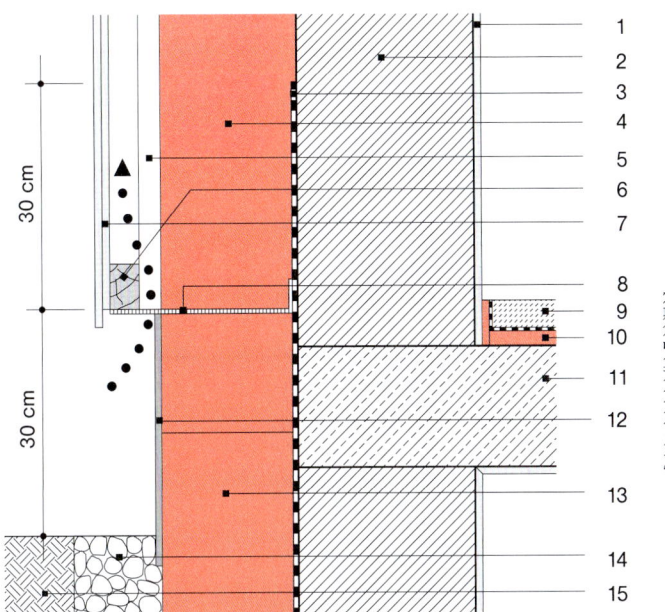

1 Innenputz
2 Mauerwerk
3 Abdichtung
4 Wärmedämmung
5 Lattung
6 Konterlattung
7 Außenschale
8 Insektenschutzgitter
9 Schwimmender Estrich
10 Trittschalldämmung
11 Stahlbetondecke
12 Stoßschutzabdeckung
13 Wärmedämmung, wasserabweisend
14 Kiesschicht
15 Erdreich

4-38 Zweischalige Wand mit leichter Außenschale – Ausbildung der Zuluftöffnung

Die Vorhangfassade darf erst 30 cm über dem Erdniveau beginnen. Bis zu dieser Höhe muss die Außenwandfläche gegen Spritzwasser abgedichtet und die Wärmedämmschicht ausreichend wasserabweisend sein. Die Dicke des Luftspalts muss im Öffnungsquerschnitt und innerhalb der Wand mindestens 20 mm betragen. Die Zuluftöffnung ist mit einem „Insektenschutzgitter" zu verschließen.

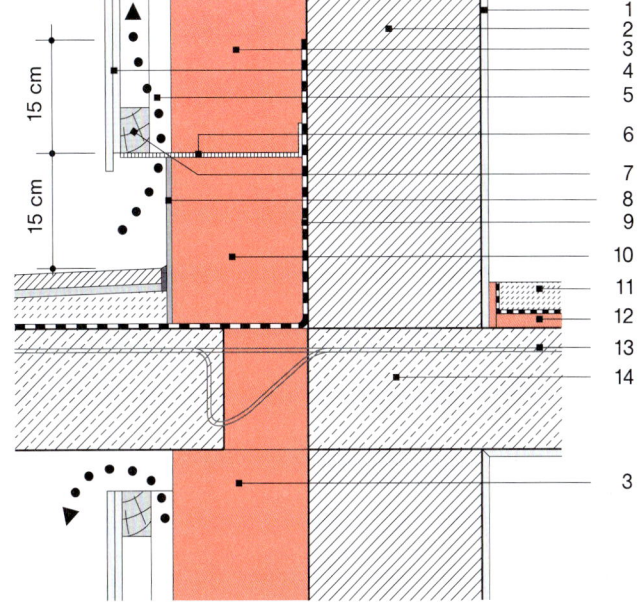

1 Innenputz
2 Mauerwerk
3 Wärmedämmung
4 Außenschale
5 Lattun
6 Insektenschutzgitter
7 Konterlattung
8 Stoßschutzabdeckung
9 Abdichtung
10 Wärmedämmung, wasserabweisend
11 Schwimmender Estrich
12 Trittschalldämmung
13 Isokorb
14 Stahlbetondecke

4-39 Zweischalige Wand mit leichter Außenschale – Ausbildung des Luftspalts im Bereich von Balkonplatten, Fenstern u. a.

Die im Luftspalt strömende Luft ist an Fenstern, Balkonplatten u. Ä. entweder umzuleiten oder über Entlüftungsöffnungen ins Freie zu führen. Über Balkonplatten, Terrassen u. Ä. muss die Abdichtung der Innenschale hinter der Bekleidung mindestens 15 cm hoch sein.

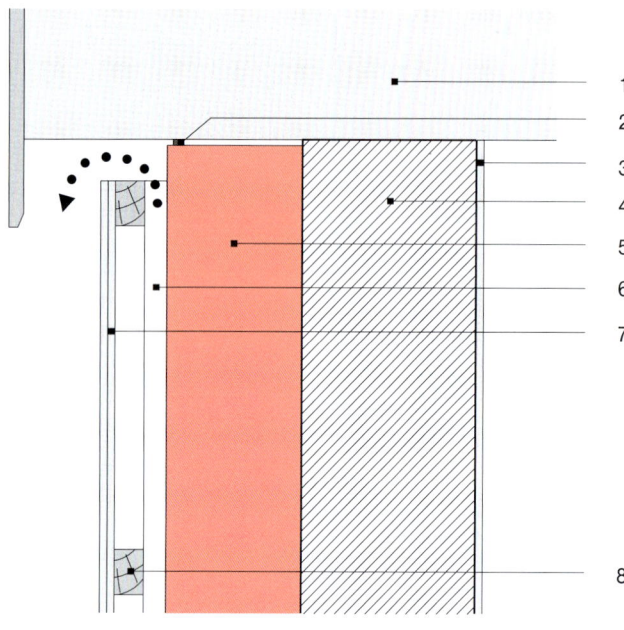
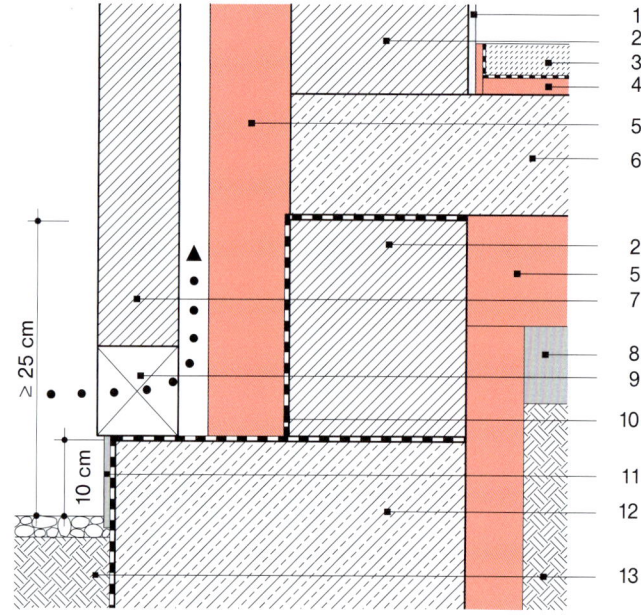

1 Dachaufbau
2 Vorkomprim. Dichtungsband
3 Innenputz
4 Mauerwerk
5 Wärmedämmung
6 Lattung
7 Außenschale
8 Konterlattung

1 Innenputz
2 Mauerwerk
3 Schwimmender Estrich
4 Trittschalldämmung
5 Wärmedämmung
6 Stahlbetondecke
7 Außenschale
8 Sauberkeitsschicht
9 Zuluftöffnung
10 Abdichtung
11 Stoßschutzabdeckung
12 Fundament
13 Erdreich

4-40 Zweischalige Wand mit leichter Außenschale – Ausbildung des Luftspalts im Abschlussbereich der Außenwand

Die im Luftspalt strömende Luft ist im Abschlussbereich der Außenwand entweder über Entlüftungsöffnungen ins Freie zu führen oder beim belüfteten Dach mit der Dachbelüftung zu verbinden.

Die *Bilder 4-41* und *4-42* zeigen konstruktive Details im Sockelbereich der Außenwand und *Bild 4-43* den Anschluss der Fensterlaibung.

4-41 Zweischalige Wand mit schwerer Außenschale – Ausbildung des Sockelbereichs bei Außenwandauflager über Erdgleiche

Um die Wärmedämmung und die innere Schale vor Spritzwasser zu schützen, soll die Unterkante der Zuluftöffnung etwa 10 cm über Erdreichniveau liegen. Die Abdichtung soll die Wärmedämmung und die beiden Schalen vor aufsteigender Feuchtigkeit schützen.

4 Fassaden und Außenwände

Zweischalige Außenwände mit Wärmedämmschicht und Hinterlüftung

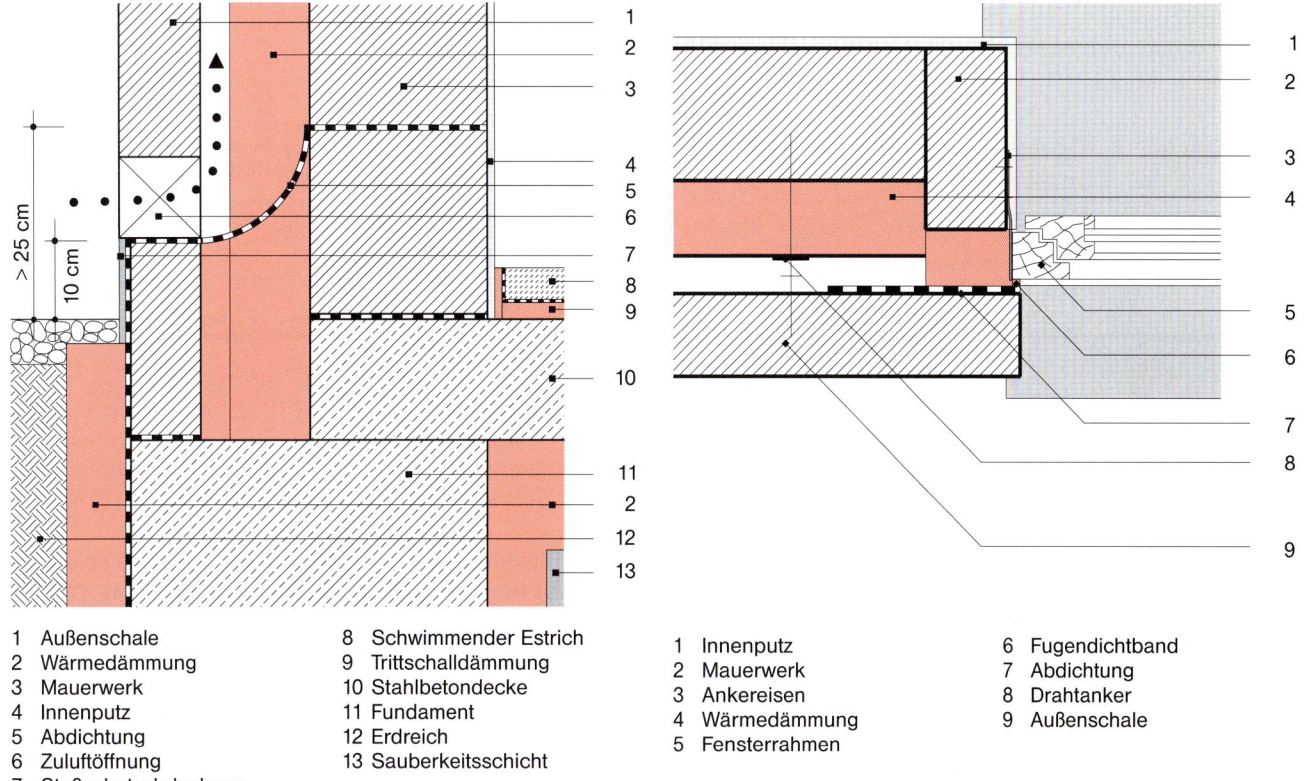

1 Außenschale
2 Wärmedämmung
3 Mauerwerk
4 Innenputz
5 Abdichtung
6 Zuluftöffnung
7 Stoßschutzabdeckung
8 Schwimmender Estrich
9 Trittschalldämmung
10 Stahlbetondecke
11 Fundament
12 Erdreich
13 Sauberkeitsschicht

4-42 Zweischalige Wand mit schwerer Außenschale – Ausbildung des Sockelbereichs bei Außenwandauflager unter Erdgleiche

1 Innenputz
2 Mauerwerk
3 Ankereisen
4 Wärmedämmung
5 Fensterrahmen
6 Fugendichtband
7 Abdichtung
8 Drahtanker
9 Außenschale

4-43 Zweischalige Wand mit schwerer Außenschale – Anschluss der Fensterlaibung

Wenn die Oberkante der Decke etwa in Geländehöhe liegt, ist der Spalt zwischen den beiden Schalen bis etwa 10 cm über Erdniveau mit Wärmedämmung zu verfüllen. Die Abdichtung soll die Wärmedämmung und die beiden Schalen vor aufsteigender Feuchtigkeit schützen. Die Unterkante der Zuluftöffnung soll wieder etwa 10 cm über Erdniveau liegen.

Das Fenster ist stets an die Dämmebene der Wand anzuschließen. Der Anschluss soll elastisch sein; auf eine lückenlose Verbindung von Dämmschicht und Fensterlaibung ist zu achten.

14 Kerndämmung in schweren Wänden

14.1 Vorbemerkung

Sichtmauerwerk und Sichtbeton werden häufig mit Kerndämmung ausgeführt, *Bild 4-12*. Tragende Außenwände mit Kerndämmung sollen den Anforderungen an zweischaliges Mauerwerk entsprechen (DIN 1053).

14.2 Einzelheiten zum konstruktiven Aufbau

Die Wärmedämmdicke darf in der Regel bis zu 15 cm betragen, *Bild 4-44* und *Bild 4-45*. Als Dämmmaterial werden Dämmstoffschüttungen oder -platten verwendet. Sie müssen wasserabweisend und für Kerndämmungen zugelassen sein.

Der jährliche Verlauf der Wasserdampfdiffusion sollte berechnet und ein Ausgleich winterlichen Tauwasseranfalls durch Verdunsten im Sommer nachgewiesen werden. Dies gilt vor allem bei Außenschalen aus Klinkern oder Beton, weil deren Wasserdampfdiffusionswiderstand sehr hoch ist. Günstig ist in dieser Hinsicht eine Innenschale (Tragwand) mit hohem und eine Außenschale (Verblendung) mit geringem Diffusionswiderstand.

Die Luftdichtheit wird bei Betoninnenschalen durch den Baustoff selbst gewährleistet, bei gemauerten massiven Innenschalen übernimmt diese Funktion in der Regel der Innenputz. In jedem Fall ist besonders auf die luftdichte Ausführung der Anschlüsse an andere Bauteile zu achten, Abschnitt 7.3 bzw. Kapitel 9-4.3.

Beispiele für die Wärmedämmwirkung schwerer Außenwände mit Kerndämmung sind aus *Bild 4-46* zu ersehen.

Die Schalldämmung von schweren Wänden mit Kerndämmung hat einen um 10 bis 12 dB höheren Wert als die einer monolithischen Wand gleicher Gesamtmasse.

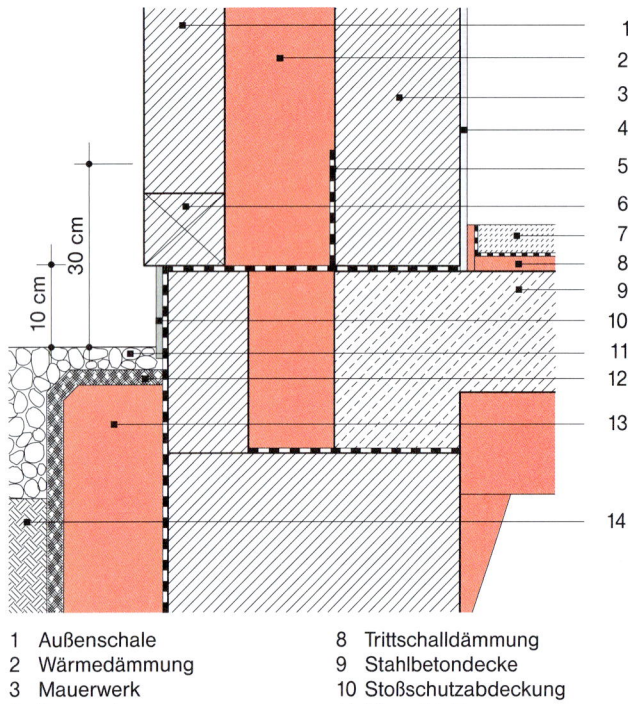

1 Außenschale
2 Wärmedämmung
3 Mauerwerk
4 Innenputz
5 Abdichtung
6 Entwässerungsfuge
7 Schwimmender Estrich
8 Trittschalldämmung
9 Stahlbetondecke
10 Stoßschutzabdeckung
11 Kiesschicht
12 Filterschicht
13 Drainschicht
14 Erdreich

4-44 Schwere Wand mit Kerndämmung – Entwässerung im Sockelanschluss

Im Sockelbereich muss aufsteigende Feuchte vermieden werden. Die horizontale Abdichtung wird daher auf der Decken-Oberkante bis zur Außenkante der Vormauerschale verlegt und dort mit der vertikalen Erdfeuchte-Abdichtung verbunden. Zusätzlich schützt eine ca. 30 cm hohe über der Kiesschicht liegende vertikale Abdichtung das Mauerwerk im Sockelbereich.

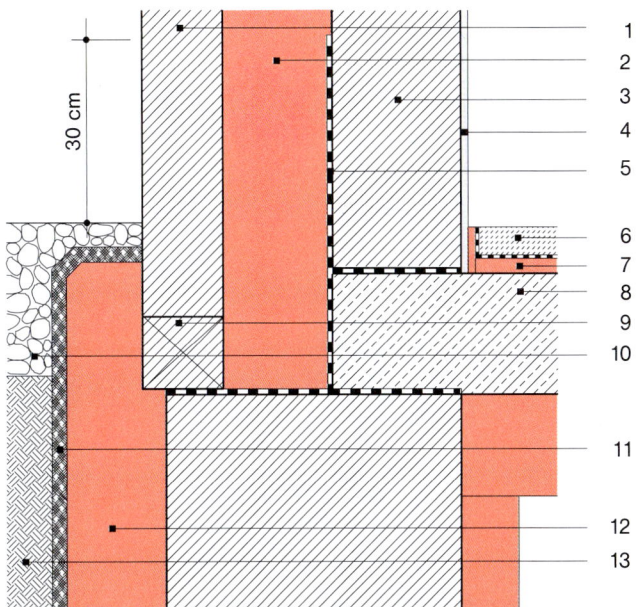

1 Außenschale
2 Wärmedämmung
3 Mauerwerk
4 Innenputz
5 Abdichtung
6 Schwimmender Estrich
7 Trittschalldämmung
8 Stahlbetondecke
9 Entwässerungsfuge
10 Kiesschicht
11 Filterschicht
12 Drainschicht
13 Erdreich

**4-45 Schwere Wand mit Kerndämmung –
Entwässerung in die Dränschicht**

Liegt die Oberkante des Gebäudes etwa in gleicher Höhe wie die Oberkante der Geschossdecke, erfolgt die Entwässerung in die Dränschicht. Durch die horizontale und vertikale Abdichtung wird von außen eindringende Feuchtigkeit verhindert.

15 Außenwände in Leichtbauweise

15.1 Vorbemerkung

Außenwände in Leichtbauweise werden vorwiegend im Fertigbau für ein- und zweigeschossige Wohnhäuser verwendet, *Bild 4-10*.

15.2 Einzelheiten zum konstruktiven Aufbau

Das Holzständerwerk bildet das statische Tragsystem der Wand. Zum Raum hin folgt die diffusionshemmende Schicht, deren Stöße mit geeignetem Klebeband dauerhaft luftdicht zu verkleben sind, eine Holzspanplatte und/oder eine Gipskartonplatte, *Bilder 4-47 bis 4-50*. Durch beidseitiges Beplanken des Tragsystems wird die Wand ausgesteift. Durch die Wärmebrückenwirkung der Holzständerkonstruktion weist die Wand eine um rund 20 % geringere Wärmeschutzwirkung auf, als sich bei der Berechnung ohne Berücksichtigung des Tragsystems ergeben würde.

Auf die äußere Spanplatte wird meist eine weitere Dämmschicht aufgebracht, die entweder unmittelbar mit einem Witterungsschutz *(Bild 4-47)* oder einer hinterlüfteten Außenschale *(Bild 4-50)* abschließt. Eine hinterlüftete Außenschale verbessert den Feuchtigkeitsaustrag aus der Wand.

Außenwände aus biegeweichen Schalen erreichen – je nach Bauart – ein bewertetes Schalldämm-Maß R'_w von 35 bis 50 dB. Als Beispiel sei auf die Außenwände nach *Bilder 4-47 bis 4-50* verwiesen, deren bewertetes Schalldämm-Maß R'_w etwa 42 dB beträgt.

Die Luftdichtheit von Außenwänden in Leichtbauweise wird durch eine innen liegende Luftdichtschicht erreicht. In der Regel muss hierzu keine weitere Schicht eingebaut werden. Meist kann die ohnehin vorhandene diffusionshemmende Folie oder Pappe durch geeignete Verklebungen der einzelnen Bahnen untereinander sowie durch entsprechende Randanschlüsse und Anschlüsse an an-

4 Fassaden und Außenwände — Außenwände in Leichtbauweise

Dicke der Kerndämmung	U-Wert der Gesamtwand in W/(m²K) bei einer Wärmeleitfähigkeit der Dämmung von			
	0,03 W/(mK) [1]	0,035 W/(mK) [1) 2)]	0,04 W/(mK) [2]	0,05 W/(mK) [3]
8 cm	0,30	0,34	0,38	0,45
10 cm	0,25	0,29	0,32	0,38
12 cm	0,22	0,25	0,28	0,33
15 cm	0,18	0,20	0,23	0,28

[1)] Polyurethan-Hartschaum, Polystyrol-Extruderschaum [2)] Polystyrol-Hartschaum, Mineralfaser [3)] Hydrophobierte Blähperliteschüttung

4-46 Wärmedämmwirkung einer schweren zweischaligen Kalksandsteinwand (RDK = 1,8) aus 17,5 cm dicker Innenschale und 11,5 cm dicker Außenschale

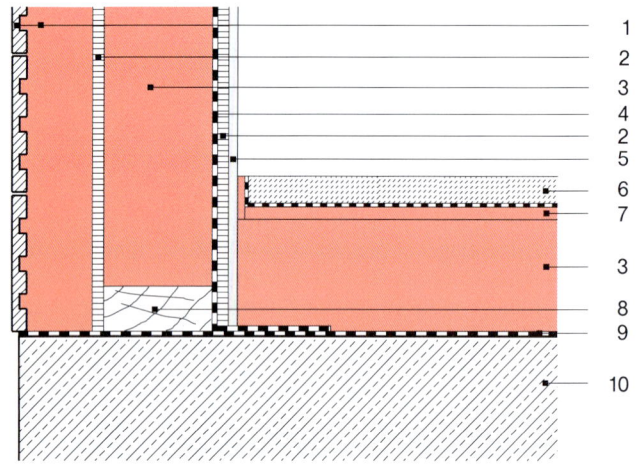

1 Keramikplatte auf Polystyrol-Hartschaumträger als Verbundelement
2 Spanplatte
3 Wärmedämmung
4 Folie (diffusionshemmend, luftdichtend)
5 Gipskartonplatte
6 Schwimmender Estrich
7 Trittschalldämmung
8 Holzständerwerk
9 Abdichtung
10 Stahlbetondecke

4-47 Holzständer-Leichtbauwand mit vorgehängten Keramikplatten als Witterungsschutz – Sockelanschluss

1 Keramikplatten auf Polystyrol-Hartschaumträger als Verbundelement
2 Holzspanplatten
3 Wärmedämmung
4 Trittschalldämmung
5 Gipskartonplatte
6 Holzständerwerk
7 Luftdichtung

4-48 Holzständer-Leichtbauwand mit vorgehängten Keramikplatten als Witterungsschutz – Anschluss der Geschossdecke

dere Bauteile als Luftdichtschicht ausgeführt werden, Abschnitt 7.3 bzw. Kapitel 9.

Die Wärmespeicherfähigkeit der Leichtbauwände ist gering. Im Hinblick auf ein angenehmes sommerliches Raumklima sollten zusätzlich schwere Innenbauteile eingesetzt werden, um insgesamt eine ausreichende Wärmespeicherfähigkeit zu erzielen. Vorteilhaft sind bei Leichtbauwänden die geringe Gesamtdicke der Wand und ihr geringes Gewicht bei hoher Wärmeschutzwirkung.

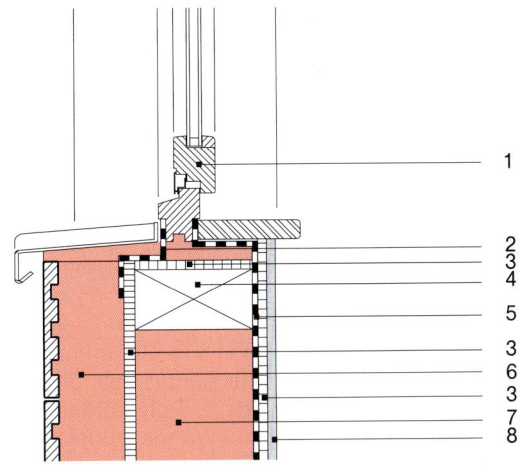

1 Holzfenster
2 Regen-/Winddichtung
3 Holzspanplatte
4 Holzständerwerk
5 Luftdichtung
6 Keramikplatten auf Polystyrol-Hartschaumträger als Verbundsystem
7 Wärmedämmung
8 Gipskartonplatte

4-49 *Holzständer-Leichtbauwand mit vorgehängten Keramikplatten als Witterungsschutz – Fensteranschluss*

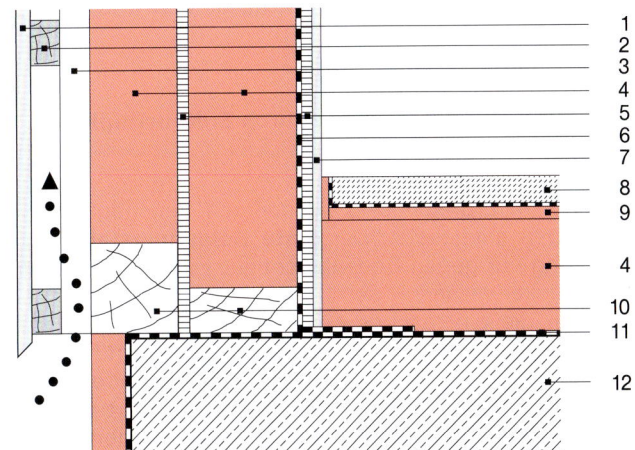

1 Außenschale
2 Lattung
3 Konterlattung
4 Wärmedämmung
5 Spanplatte
6 Luftdichtung
7 Gipskartonplatte
8 Schwimmender Estrich
9 Trittschalldämmung
10 Holzständerwerk
11 Abdichtung
12 Stahlbetondecke

4-50 *Holzständer-Leichtbauwand mit hinterlüfteter Außenschale – Sockelanschluss*

16 Außenwände gegen Erdreich

16.1 Vorbemerkung

Auch die Außenwände beheizter Räume, die an Erdreich grenzen, müssen einen guten Wärmeschutz aufweisen. Um die Anforderungen der Energieeinsparverordnung an den baulichen Wärmeschutz zu erfüllen und um Bauschäden durch raumseitiges Oberflächenkondensat zu vermeiden, sollten die in *Bild 4-3* genannten Richtwerte nicht überschritten werden. **Der Wärmedurchgangskoeffizient U sollte höchstens 0,35 W/(m²K) betragen.**

Auch die Außenwände gegen Erdreich müssen durch geeignete Maßnahmen luftdicht ausgeführt werden, Abschnitt 7.3.

16.2 Belastung der Wände durch Erdfeuchtigkeit und Wasser

Wände im Erdreich sind besonderen Feuchtigkeitsbelastungen ausgesetzt. Der **erste Belastungsfall** – Abdichtung nur gegen Bodenfeuchtigkeit und nichtstauendes Sickerwasser – setzt wasserdurchlässige Böden voraus, die ein rasches Absickern von Niederschlagswasser unter die Fundamentsohle in den Grundwasserbereich ermöglichen (DIN 18195 Teil 4). Wände in solchen Böden können ohne Dränage ausgeführt werden. Bei Hanglagen mit wasserdurchlässigen Böden ist für Außenwände der nachstehende zweite Belastungsfall maßgebend.

Der **zweite Belastungsfall** – Abdichtung gegen nicht drückendes Wasser – betrifft Wände in Böden geringer Wasserdurchlässigkeit, sog. bindige Böden (DIN 18195 Teil 5). Er umfasst außerdem Wände in Hanglagen mit wasserdurchlässigen Böden. Damit vor der Außenwand kein Wasserstau entsteht, ist ringförmig um das Gebäude eine Dränung anzulegen und das anfallende Wasser über ein Dränrohr z. B. in den Regenwasserkanal einzuleiten.

Der **dritte Belastungsfall** – Abdichtung gegen von außen drückendes Wasser und aufstauendes Sickerwasser – umfasst Wände, die im Grundwasserbereich liegen. Kennzeichnend für diesen Belastungsfall ist ein vom Stauwasser ausgehender Druck auf die Wand. Für solche Wände ist die wasserdruckhaltende Abdichtung bei nichtbindigen Böden bis 30 cm über den höchsten Grundwasserstand und bei bindigen Böden bis 30 cm über die geplante Geländeoberfläche zu führen. Weitere Einzelheiten sind DIN 18195 Teil 6 zu entnehmen. Mit der Ausführung von wasserdruckhaltenden Abdichtungen sollen nur erfahrene Fachfirmen beauftragt werden. Die Ausführung erfolgt in der Regel als „weiße Wanne" aus wasserundurchlässigem Beton. Sie kann aber auch durch nach DIN 18195-6 dimensionierte Bitumen- oder Kunststoff-Dichtungsbahnen erfolgen.

16.3 Außendämmung einer Wand gegen Erdreich

Die Außenseite der Wand muss gegen Erdfeuchtigkeit und Wasser abgedichtet sein. Als Abdichtung können Dichtungsmassen wie Heiß- und Kaltbitumen sowie verschiedene Bitumen- oder Kunststoff-Dichtungsbahnen verwendet werden. Auf die Abdichtung werden Dämmplatten, die oft mit einem Stufenfalz versehen sind, aufgeklebt. Das Institut für Bautechnik, Berlin, hat Platten aus extrudiertem Polystyrol, Polyurethan und Schaumglas für erdreichberührte Wände zugelassen. Sie sind auch als **„Perimeterdämmung"** bekannt.

Nach dem Verfüllen der Ausschachtung werden die Dämmplatten durch den Erddruck fest auf der Wand fixiert. Diese Wärmedämmplatten können in wasserdurchlässigen Böden (erster Belastungsfall, Abschnitt 16.2) unmittelbar an das Erdreich angelegt werden, *Bild 4-51*. Bei wenig wasserdurchlässigen Böden (zweiter Belastungsfall, Abschnitt 16.2) ist eine Sickerschicht vor der Wand bis zur Dränung vorzusehen, *Bild 4-52*.

4 Fassaden und Außenwände

Außenwände gegen Erdreich

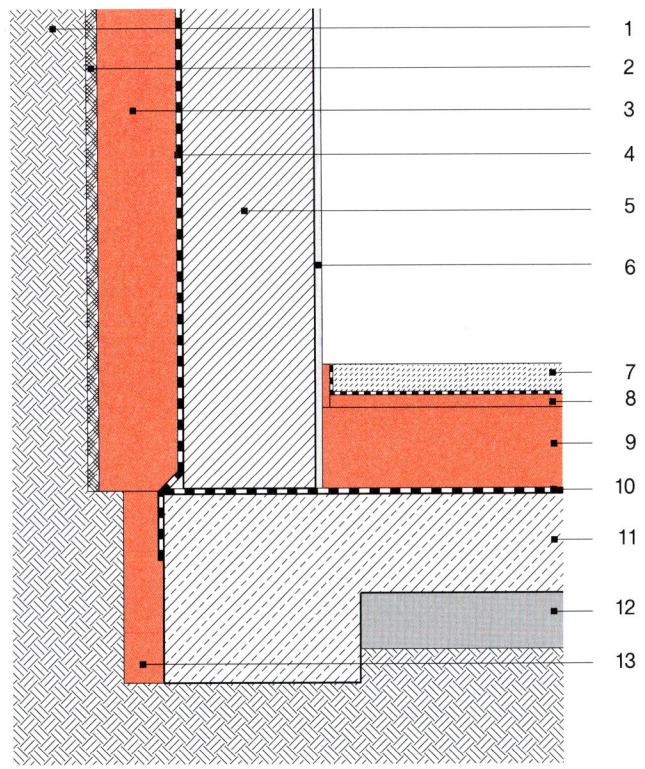

1 Erdreich	8 Trittschalldämmung
2 Filtermatte	9 Wärmedämmung
3 Perimeterdämmung	10 Abdichtung
4 Abdichtung	11 Stahlbeton
5 Mauerwerk	12 Sauberkeitsschicht
6 Innenputz	13 Wärmedämmung
7 Schwimmender Estrich	

1 Kiesschicht	9 Schwimmender Estrich
2 Drainmatte	10 Trittschalldämmung
3 Abdichtung	11 Wärmedämmung
4 Mauerwerk	12 Abdichtung
5 Wärmedämmung	13 Ringdrainage in Grobkies
6 Dampfsperre	14 Stahlbeton
7 Innenputz	15 Sauberkeitsschicht
8 Anschüttung (Sand)	16 Erdreich

4-51 Außenwand im Erdreich mit Außendämmung in wasserdurchlässigem Boden (erster Belastungsfall)

4-52 Außenwand im Erdreich mit Innendämmung – Dränung bei gering wasserdurchlässigem Boden (zweiter Belastungsfall)

16.4 Innendämmung einer Wand gegen Erdreich

Wohnräume und selten beheizte Räume im Kellerbereich können auch auf der Innenwandfläche wärmegedämmt werden. Räume mit Innendämmung sind verhältnismäßig schnell aufheizbar. Als Innendämmung können Dämmstoffplatten aus allen Materialien verwendet werden, sofern eine luftdicht anzuschließende diffusionshemmende Folie oder Pappe, Kapitel 9, zwischen Innenschicht (z. B. Putz oder Gipskartonplatte) und Wärmedämmschicht vorgesehen wird. Lediglich Dämmplatten mit hohem Wasserdampfdiffusionswiderstand können ohne Dampfsperre verlegt werden. Für Sauna- und Schwimmbadräume sollte ein rechnerischer Nachweis zur Verhinderung von Tauwasser durch Dampfdiffusion gefordert werden, der den Anforderungen nach DIN 4108 Teil 3 entspricht.

In allen Räumen unter Erdniveau, die nicht dauernd beheizt werden, sollten anstelle nicht feuchtebeständiger gipshaltiger Putzmörtel hydraulisch abbindende (d. h. zementhaltige) Mörtel verwendet werden.

17 Verbesserung des Wärmeschutzes von Außenwänden im Bestand

17.1 Vorbemerkung

Bei Wohngebäuden im Bestand findet man nicht nur monolithisches massives Mauerwerk vor, sondern auch zweischaliges Mauerwerk mit Luftschicht, Holzständer-, Holztafel- sowie Holzfachwerkwände, deren Ausfachungen aus Lehm und Stroh oder aus einem dünnen massiven Stein bestehen. Die verschiedenen Konstruktionen und Mauerwerksdicken können teilweise Bauperioden und/oder der Größe der Gebäude zugeordnet werden. Alle Außenwände, die vor 1978, dem Inkrafttreten der ersten Wärmeschutzverordnung errichtet und bisher energetisch nicht verbessert wurden, weisen im Vergleich zu den heutigen Anforderungen an den Wärmeschutz eine sehr schlechte Wärmedämmwirkung auf. Die Möglichkeiten einer nachträglichen Wärmedämmung sind teilweise beschränkt, wenn das Fassadenbild durch Auflagen des Denkmalschutzes nicht verändert werden darf.

17.2 Übersicht alter Außenwandkonstruktionen

Die nachstehende Zusammenfassung von Außenwänden im Bestand ermöglicht eine erste grobe Einschätzung des Wärmedurchgangskoeffizienten U in Abhängigkeit von der Konstruktion und der Baualtersklasse des Gebäudes, *Bild 4-53*. Wenn keine exakte Bauteilbeschreibung des Wandaufbaus vorliegt, können die angegebenen U-Werte nach [1] zur Einordnung des Ist-Zustands und zur Dimensionierung einer nachträglichen Wärmedämmung herangezogen werden.

Im Juli 1952 erschien die erste Ausgabe der DIN 4108 „Wärmeschutz im Hochbau" mit Mindestanforderungen an den Wärmeschutz. Für Außenwände wurden Höchstwerte des Wärmedurchgangskoeffizienten U von 1,78 bis 1,36 W/(m²K) genannt. Mit Einführung der ersten Wärmeschutzverordnung 1978 wurden weitergehende Anforderungen an den Wärmeschutz gestellt. Diese sind mit weiteren Novellierungen und der Einführung der Energiesparverordnung in den folgenden Jahrzehnten verschärft worden.

Wenn der Aufbau der Außenwand mit seinen Schichtdicken und Materialien bekannt ist, kann der Wärmedurchgangskoeffizient U entsprechend Abschnitt 9.2, *Bild 4-15* ermittelt werden. Näherungswerte des U-Werts lassen sich auch aus Grafiken als Funktion des Materials, der Bauteildicke und der Rohdichte ablesen, siehe [2].

17.3 Anforderungen an den Wärmeschutz bei baulichen Änderungen bestehender Gebäude

Die Energieeinsparverordnung (EnEV) fordert für bauliche Erweiterungen (Anbau, Ausbau, Aufstockung) mit einer zusammenhängenden Nutzfläche von mindestens 50 Quadratmetern den gleichen Wärmeschutzstandard

Baualtersklasse	Mauerstein bzw. Wandkonstruktion	Dicke der Außenwand cm	Wärmedurchgangs-koeffizient U W/m²·K
bis 1918	Naturstein	45 bis 70	1,7
	Fachwerk	10 bis 16	2,0
1919 bis 1948	Vollziegel (ein- und zweischalig)	25 bis 50	1,7
1949 bis 1968	Hochloch-Ziegel, Hohlblock-Leichtbausteine, u. a.	24 bis 36,5	1,4
	Kiesbeton mit HWL-Platte	20 bis 30	1,4
	Fertighaus (Holzkonstruktion)	14 bis 18	1,4
1969 bis 1978	Hochloch-Ziegel, Hohlblock-Leichtbausteine, u. a.	24 bis 36,5	1,0
	Mauerwerk mit Wärmedämm-Verbundsystem	24 bis 30	1,0
	Fertighaus (Holzkonstruktion)	14 bis 18	0,6
1979 bis 1983	Hochloch-Ziegel, Porenbeton, u. a.	24 bis 36,5	0,8
	Mauerwerk mit Wärmedämm-Verbundsystem	26 bis 32	0,8
	Fertighaus (Holzkonstruktion)	16 bis 20	0,5

4-53 Aufbau und Rechenwert des Wärmedurchgangskoeffizienten älterer Außenwandkonstruktionen

entsprechend dem Nachweis für neu zu errichtende Gebäude, Kapitel 2. Empfohlene Richtwerte für Außenwände zur Erfüllung der Anforderung entsprechen denen für das Gesamtgebäude in Bild 4-3.

Sofern Außenwände in kleineren Flächen ersetzt oder erstmalig eingebaut werden, gelten die Anforderungen an den Wärmedurchgangskoeffizienten nach Bild 4-54. Weiterhin werden Anforderungen an den Wärmeschutz nach Bild 4-54 gestellt, wenn die Außenwand durch einen neuen Außenputz, eine Bekleidung oder neue Wärmedämmschicht bautechnisch verändert wird. Diese Anforderung entfällt, wenn die Ersatz- oder Nachrüstmaßnahme weniger als 10 % der gesamten jeweiligen Bauteilfläche des Gebäudes umfasst. Hat eine vorhandene Außenwand einen U-Wert, der den maximal zulässigen Wert nach Bild 4-54 unterschreitet, so darf der U-Wert der ersetzten oder erneuerten Außenwand den Wärmedurchgangskoeffizienten U der ursprünglich vorhandenen Außenwand nicht überschreiten.

17.4 Nachträgliche Wärmedämmung von Natursteinmauerwerk

Natursteinmauerwerk besteht häufig aus reinem Sandstein oder einem Steingemisch (Mischmauerwerk). Bei der Verwendung von Bruchstein, der nur eine grobe Fugung zulässt, werden Wanddicken von 40 bis 70 cm angetroffen. Bei nahezu allen Außenwänden, die vor 1920 errichtet wurden, fehlt eine Horizontalabdichtung gegen aufsteigende Feuchtigkeit.

Für Mauerwerk, das an Außenluft grenzt, ist eine Außendämmung am günstigsten. Die hohe Wärmespeicherfähigkeit der Wand wird dadurch nicht beeinflusst; die langen Aufheiz- und Auskühlzeitspannen bleiben bestehen. Die Temperatur der inneren Wandoberfläche steigt durch die Wärmedämmung so weit an, dass im Winter kein Tauwasser mehr ausfällt.

	Energieeinsparverordnung (EnEV)	
	Außenwände, die an Außenluft grenzen	Außenwände, die an Erdreich grenzen
Ersatz, erstmaliger Einbau		$U_{AW, zul} \leq 0{,}30$
Außenseitige Bekleidungen oder Verschalungen		$U_{AW, zul} \leq 0{,}30$
Mauerwerks-Vorsatzschalen	$U_{AW, zul} \leq 0{,}24$	
Einbau von Wärmedämmung		$U_{AW, zul} \leq 0{,}30$
Erneuerung des Außenputzes bei bestehenden Wänden von Gebäuden Baujahr < 1984		
Erneuerung des Außenputzes bei bestehenden Wänden von Gebäuden Baujahr $\geq$ 1984	keine Anforderungen	
Zweischaliges Mauerwerk mit Hohlraum	Einblasdämmung mit $\lambda \leq 0{,}045$ W/mK	
Innenseitige Bekleidungen oder Verschalungen	$U_{AW, zul} \leq 0{,}24$	$U_{AW, zul} \leq 0{,}30$
Außenseitige Feuchtigkeitssperren oder Drainagen		$U_{AW, zul} \leq 0{,}30$

4-54 Zulässige Werte $U_{AW, zul}$ der Wärmedurchgangskoeffizienten in W/m²K für Außenwände bestehender Wohngebäude, die erstmalig eingebaut, ersetzt oder erneuert werden

Bei nicht unterkellerten Gebäuden, bei Gebäuden an Hanglagen und bei Gebäuden mit benutzten Kellern ist davon auszugehen, dass das Mauerwerk bis 50 cm über Erdreich stark durchfeuchtet ist und eine übernormale Baustofffeuchte bis 1,50 m Höhe reicht. Bei Mauerwerk mit durchgehenden Lagerfugen können zur Horizontalabdichtung Stahlbleche in die Fugen eingeschlagen werden, Bild 4-58. Auch durch Aufsägen einer Horizontalfuge, durch Injektion von Abdichtmasse sowie durch Unterfangen lassen sich Horizontalabdichtungen nachträglich herstellen. Eine zusätzliche senkrechte Abdichtung gegen das Erdreich ist in allen diesen Fällen erforderlich. Nach der Austrocknung kann dann eine Wärmedämmung aufgebracht werden.

Eine Entfeuchtung des Mauerwerks wird auch durch den raumseitigen Auftrag eines Sanier-Dämmputzes unterstützt. Diese Putze haben niedrige Wärmeleitfähigkeiten (0,07 bis 0,12 W/(mK)) und niedrige Wasserdampfdiffusionswiderstände. In dem Gewölbekeller, Bild 4-55, wird die Wandtemperatur durch den Dämmputz so weit erhöht, dass auf der Wand bei normalen Außentemperaturen kein Kondenswasser mehr anfällt. Durch eine geringe Belüftung des Kellers kann die von der Wand abgegebene dampfförmige Feuchtigkeit ausgetragen werden.

17.5 Nachträgliche Wärmedämmung von Fachwerk

Wenn das Fachwerk sichtbar bleiben soll, ist eine Innendämmung durchzuführen, Bild 4-56. Für eine Erneuerung der Ausfachung ist Material geringer Schwindung wie Leichtziegel u. Ä. zu verwenden. Die Randanschlüsse am Holzständerwerk sind besonders auf der Wetterseite wasserundurchlässig auszuführen.

Die raumseitige Wärmedämmschicht ist so zu bemessen, dass der massebezogene Feuchtegehalt des Holzes durch Wasserdampfdiffusion im Jahresverlauf um nicht mehr als 5 % ansteigt. Bei Eichenbalken von 14 bis 16 cm Dicke, wie sie in altem Fachwerk häufig anzutreffen sind, darf demnach der Tauwasseranfall an der Trennfläche zwischen raumseitiger Wärmedämmschicht und Fachwerk etwa 5 g je m² und Jahr nicht überschreiten. Dagegen sind zwischen Innendämmung und Ausfachung 1000 g je m² und Jahr zulässig (DIN 4108). **Damit das Fachwerk bei nachträglicher Wärmedämmung mit innen liegenden Dämmschichten nicht durch Tauwas-**

4 Fassaden und Außenwände — Verbesserung des Wärmeschutzes von Außenwänden im Bestand

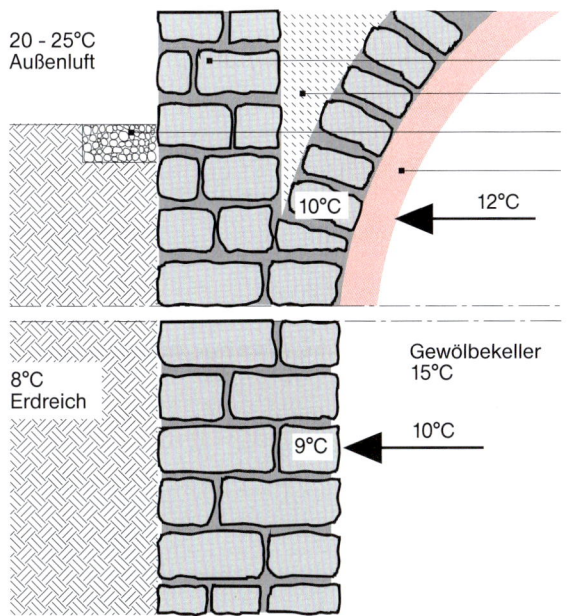

1 Natursteinmauerwerk
2 Auffüllung mit Leichtbeton
3 Kiesschicht
4 Wärmedämmputz

4-55 Nachträgliche Austrocknung einer Natursteinwand

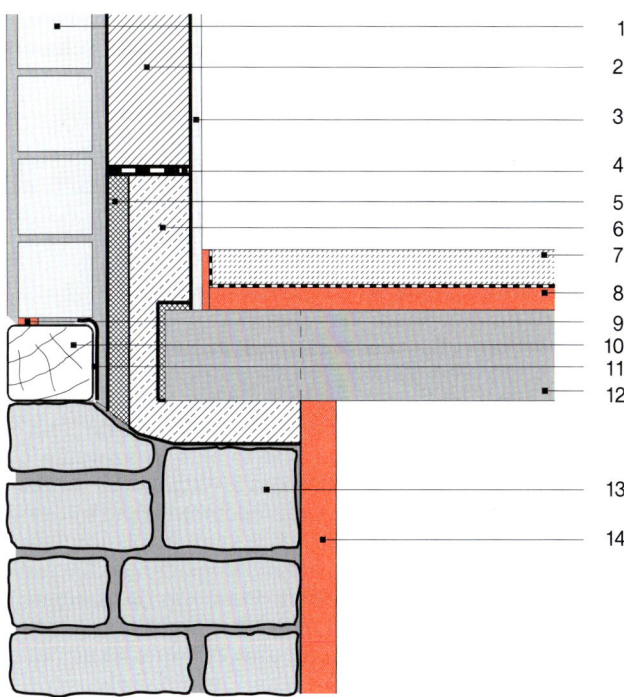

1 Gefachausmauerung
2 Leichtziegel
3 Innenputz
4 Abdichtung
5 Mehrschicht-Leichtbauplatte
6 Stahlbeton-Ringbalken
7 Schwimmender Estrich
8 Trittschalldämmung
9 Fugendichtband
10 Fachwerk
11 Ölpapier
12 Deckenbalken
13 Natursteinmauerwerk
14 Sanierwärmedämmputz

4-56 Altes Fachwerk mit nachträglich vorgesetzter Leichtziegelschale zur Verbesserung der Wärmedämmwirkung

Der Wärmedämmputz kann in Dicken von 30 bis 50 mm aufgebracht werden. Seine Wärmeleitfähigkeit ist mit 0,07 bis 0,12 W/(mK) niedrig. Durch die Trocknung der Wand sinkt die Wärmeleitfähigkeit des Mauerwerks um etwa 50 % auf den Normalwert.

Die 2 cm dicke Fuge zwischen der raumseitig vorgesetzten, 11,5 cm dicken, als mäßige Wärmedämmung wirkenden Leichtziegelschale und dem Fachwerk wird mit Trasskalkmörtel ausgegossen. Die Holzbalken sind mit Ölpapier abzudecken. Als vorgesetzte Innenschale scheiden alle wärmedämmenden Schichten mit geringem Wasserdampfdiffusionswiderstand aus.

seranfall zerstört wird, müssen Luftspalte mit stehender Luft zwischen Wärmedämmung und Fachwerk unbedingt vermieden werden.

Vorgesetzte Innenschalen zur Verbesserung der Wärmedämmung müssen einen hohen Wasserdampfdiffusionswiderstand aufweisen, vollflächig verklebt und luftdicht ausgeführt werden, *Bild 4-57*.

17.6 Nachträgliche Wärmedämmung von monolithischem Mauerwerk

Bevor eine vorhandene Wand aus monolithischem Mauerwerk von außen oder von innen wärmegedämmt wird, muss überprüft werden, dass keine aufsteigende Feuchtigkeit vorliegt und sowohl eine intakte horizontale als auch eine funktionsfähige vertikale Abdichtung vorhanden sind. Würde man eine durchfeuchtete Wand mit einer Wärmedämmung versehen, hätte dies zur Folge, dass aufgrund der verringerten Verdunstungsmenge durch die Wärmedämmplatten und den Putz die aufsteigende Feuchtigkeit zunimmt. Bei einer durchfeuchteten Wand müssen daher die horizontale und vertikale Abdichtung erneuert werden, *Bild 4-58*. Die Entscheidung, ob der Wärmeschutz der Außenwand durch eine Innen- oder Außendämmung erfolgen soll, ist objektbezogen zu treffen. Einzelheiten zur Planung können dem Abschnitt 11 (Außendämmung) und Abschnitt 12 (Innendämmung) entnommen werden. Weitere Details, insbesondere auch zur technischen Ausführung und Vorbereitung des alten Untergrunds, sind [2] zu entnehmen.

Zur Vermeidung von Schimmelschäden im Bereich der Fensterlaibungen wird empfohlen, immer die gesamte Fassade energetisch zu modernisieren, d. h. in einer Baumaßnahme die Fenster zu erneuern sowie ein Wärmedämmverbundsystem aufzubringen. In *Bild 4-59* sind die verschiedenen Anordnungsmöglichkeiten der neuen Fenster dargestellt. In Fall (A) ist das Fenster in der Wärmedämmebene angeordnet; dies ist die energetisch günstigste Lösung, führt aber zu höheren Kosten bei der Befestigung der Fensterrahmen am Mauerwerk durch

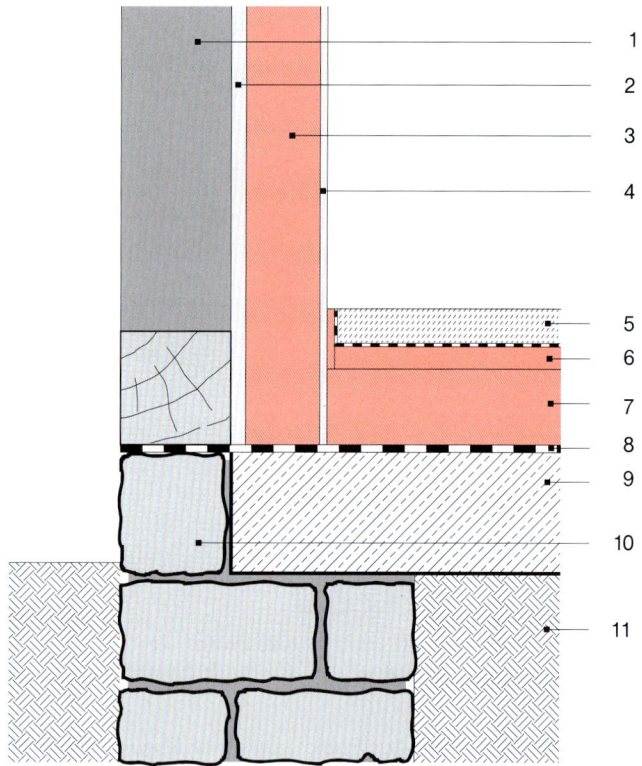

1 Fachwerk
2 Alter Innenputz
3 Wärmedämmung
4 Neuer Innenputz
5 Schwimmender Estrich
6 Trittschalldämmung
7 Wärmedämmung
8 Abdichtung
9 Stahlbetonbodenplatte
10 Natursteinsockel
11 Erdreich

*4-57 **Altes Fachwerk mit nachträglich aufgebrachter innenseitiger Wärmedämmschicht***

Die Wärmedämmschicht besteht aus Wärmedämmplatten hohen Wasserdampfdiffusionswiderstands (extrudierte Polystyrol-Hartschaumplatten), die vollflächig zu verkleben sind. Nicht verklebte Wärmedämmkonstruktionen sind selbst mit zusätzlicher Dampfsperre nicht geeignet, da die Anschlüsse an Decke und Zwischenwände nicht dampfdicht ausgeführt werden können.

4 Fassaden und Außenwände
Verbesserung des Wärmeschutzes von Außenwänden im Bestand

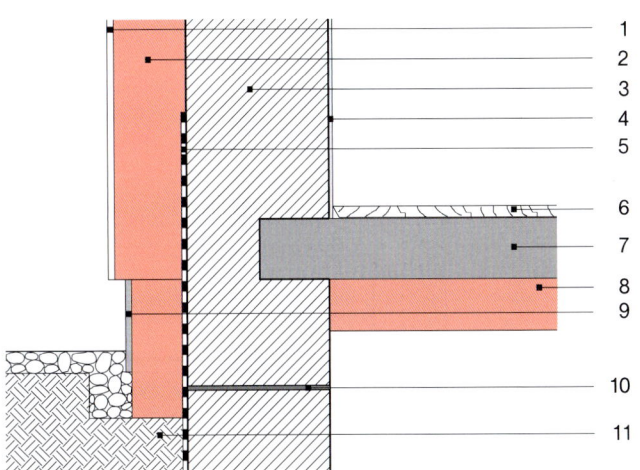

1 Außenputz
2 Wärmedämmung
3 Mauerwerk im Bestand
4 Innenputz
5 Abdichtung
6 Holzboden
7 Deckenbalken
8 Wärmedämmung
9 Stoßschutzabdeckung
10 Edelstahlblech oder gleichwertig
11 Erdreich

4-58 *Außendämmung einer monolithischen Außenwand nach Wiederherstellung der Feuchtigkeitsabdichtung*

Die aus dem Erdreich über den Kriechkeller aufsteigende Feuchtigkeit wird durch das horizontale Einrammen eines Edelstahlblechs sowie einer neuen vertikalen Abdichtung abgesperrt. Der Wohnraum im Erdgeschoss kann daher austrocknen und durch die Außendämmung wird ein behagliches Raumklima mit geringen Luftfeuchten und hohen Bauteiloberflächentemperaturen sichergestellt.

lastabtragende Anker. Der Fall (B) zeigt die Befestigung der Fenster mit der Außenkante bündig zum alten Außenputz der Außenwand. Bei dieser Lösung entfallen die Kosten für das Aussparen der Wärmedämmung (A) bzw. für die zusätzliche Wärmedämmung der Fensterlaibung (C). Bleibt das neue Fenster an gleicher Stelle wie das Fenster im Bestand, kann die alte innere Fensterbank beibehalten werden. Falls die alten Fenster bereits vorab erneuert worden sind, ist eine Laibungsdämmung wie im Fall (C) erforderlich.

17.7 Nachträgliche Wärmedämmung von massivem zweischaligen Mauerwerk mit Luftschicht

Bei zweischaligem Mauerwerk aus der ersten Hälfte des letzten Jahrhunderts sollen in der Regel die Vormauerschalen in ihrer Optik erhalten bleiben. Möchte man daher den Wärmeschutz der Außenwand verbessern, kann man entweder eine Innendämmung ausführen, die den Nachteil einer Wohnraumverkleinerung zur Folge hat, oder man füllt den vorhandenen Luftspalt mit Wärme-

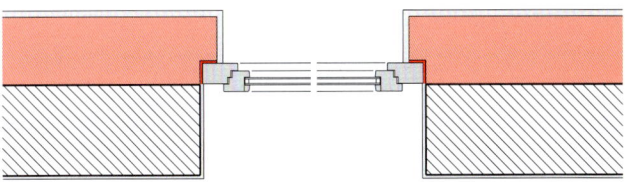

(A) Neue Fenster in der Wärmedämmebene

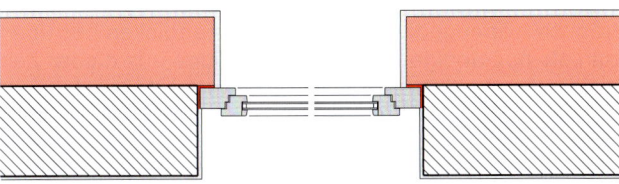

(B) Neue Fenster bündig mit altem Außenputz

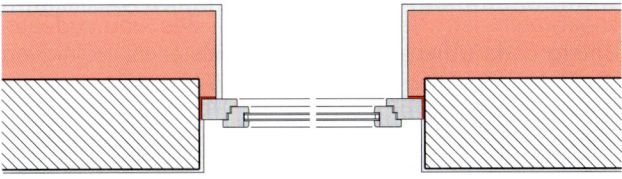

(C) Neue Fenster an alter Stelle, Außenwand mit Laibungsdämmung

4-59 *Anordnung neuer Fenster in Verbindung mit einem neuen Wärmedämmverbundsystem bei Außenwänden im Bestand*

dämmung. Die vorhandenen Luftschichtdicken betragen im Gebäudebestand etwa 6 bis 8 cm. Durch das Einblasen von Polystyrolpartikelschüttung, Glasgranulat oder Perlite lässt sich die Wärmedämmung des Mauerwerks erheblich verbessern, auch wenn das Erreichen des Neubauniveaus durch die begrenzte Luftspaltdicke nicht möglich ist, *Bild 4-60*. Vor Durchführung der Maßnahme sollten die Wände mit einer Wärmebildkamera analysiert werden, um sicherzustellen, dass keine bzw. nur kleinflächige Wärmebrücken durch Verbindungen zwischen den Mauerwerksschalen bestehen. Ist der Luftspalt z. B. durch Mörtelreste teilweise ausgefüllt, werden sich diese Stellen als Wandbereiche mit niedrigeren inneren Oberflächentemperaturen darstellen, daher schneller verschmutzen sowie eventuell Tauwasser aufweisen, das zur Schimmelbildung führt.

17.8 Verbesserung der Wärmedämmung von Mauerwerk mit einem vorhandenen Wärmedämm-Verbundsystem

Ab etwa 1970 wurden die ersten Gebäude mit einem Wärmedämmverbundsystem neu errichtet bzw. nachträglich wärmegedämmt. Die Dämmstoffdicken betrugen damals nur wenige Zentimeter. Gebäude aus dieser Zeit weisen heute teilweise sowohl optische Mängel durch abgezeichnete Telleranker, Verschmutzung und Veralgung als auch Baumängel durch Putzrisse und Putzabplatzungen auf. Daher besteht zurzeit ein großes Sanierungspotenzial bei diesen Fassaden, in dessen Rahmen gleichzeitig eine energetische Verbesserung der Fassade angebracht ist. Nach Vorbereitung des vorhandenen Untergrunds (Ausbesserung von Fehlstellen, Reinigung der Putzoberfläche, usw.) kann die Wärmedämmschicht auf eine Gesamtdicke von 14 bis 18 cm aufgedoppelt werden, ohne dass das alte Wärmedämmverbundsystem abgerissen und entsorgt werden muss; dabei sollte auch bei niedrigen Gebäuden neben der Verklebung eine zusätzliche mechanische Befestigung mit Tellerankern erfolgen, *Bild 4-61*.

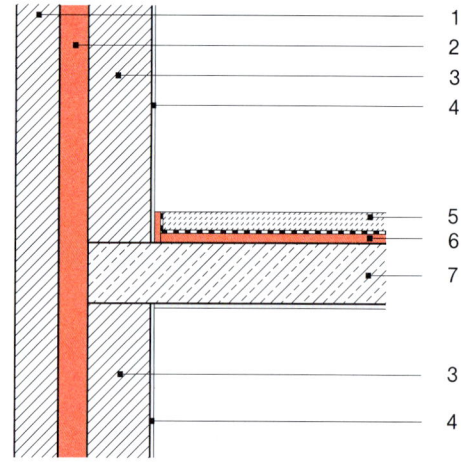

1 Vormauerschale im Bestand
2 Wärmedämmung
3 Mauerwerk im Bestand
4 Innenputz
5 Schwimmender Estrich
6 Trittschalldämmung
7 Stahlbetondecke

4-60 Zweischalige Wand im Bestand, Füllung des Luftspalts mit wärmedämmendem Material

Das Füllen des Hohlraums sollte nur von Fachunternehmen durchgeführt werden, um sicherzustellen, dass alle Bereiche mit Wärmedämmung verdichtet sind, sodass kein Nachsacken der Wärmedämmung erfolgt. Weiterhin ist dafür Sorge zu tragen, dass die Einblasöffnungen nach der Füllung wieder schlagregendicht geschlossen werden.

17.9 Verbesserung der Wärmedämmung von Vorhangfassaden

Viele Außenwände von Mehrfamilienhäusern im Bestand haben eine vorgehängte Verkleidung als Witterungsschutz mit dahinterliegender Wärmedämmung geringer Dicke. Bei derartigen Konstruktionen kann eine Verbesserung nur durch Abnehmen der Verkleidung und Demon-

4 Fassaden und Außenwände — Verbesserung des Wärmeschutzes von Außenwänden im Bestand

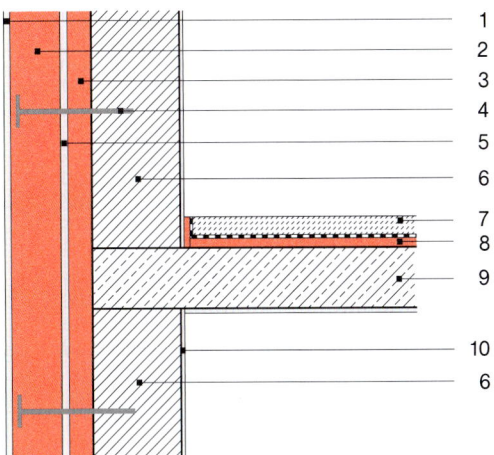

1 Außenputz
2 Wärmedämmung
3 Wärmedämmung im Bestand
4 Telleranker
5 Außenputz im Bestand
6 Mauerwerk im Bestand
7 Schwimmender Estrich
8 Trittschalldämmung
9 Stahlbetondecke
10 Innenputz

4-61 *Aufdopplung des vorhandenen Wärmedämmverbundsystems einer Außenwand*

führen und die innere Beplankung möglichst luftdicht herzustellen, siehe [2]. Falls keine neue luftdichtende und dampfbremsende innere Schicht sichergestellt werden kann, sollte die Wärmedämmung von außen mit einem diffusionsoffenen Aufbau erfolgen, *Bild 4-62*.

Nach dem ohnehin notwendigen Entfernen der äußeren Beplankung kann man erkennen, ob die Wärmedämmung in den Holzrahmen vollständig vorhanden ist. Füllt diese den Querschnitt des Holzrahmens nicht vollständig aus, sollte auch die alte Wärmedämmung entfernt und eine neue maßgenau eingepasst werden. Anschließend wird ein Wärmedämmverbundsystem aufgebracht.

tage der alten Tragkonstruktion erfolgen. Nach dem Anbringen geeigneter Fassadenplatten erfolgt die Montage der Fassadenverkleidung mit einer neuen Tragkonstruktion, um die notwendige Hinterlüftung sicherzustellen, siehe Abschnitt 13.

17.10 Verbesserung der Wärmedämmung von Außenwänden in Holzrahmenbau

Fertighäuser vor 1978 haben in der Regel nicht nur eine mäßige Wärmedämmung, oft sind sie an den Bauteilanschlüssen auch nicht luftdicht ausgeführt worden. Daher ist es sinnvoll, vor der Planung und Ausführung von Wärmedämmmaßnahmen einen Luftdichtheitstest durchzu-

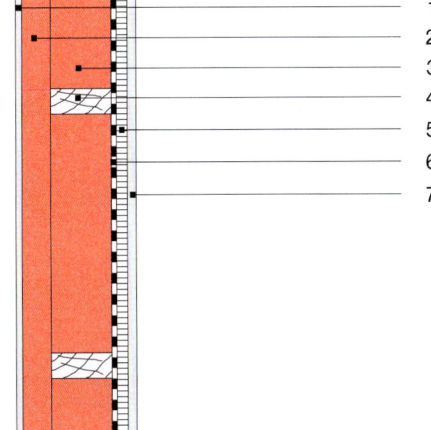

1 Außenputz
2 Wärmedämmung
3 Wärmedämmung im Bestand
4 Holzrahmen
5 Spanplatte
6 Luftdichtung
7 Gipskartonplatte

4-62 *Fertighauswand in Holzrahmenbau mit zusätzlich aufgebrachtem Wärmedämmverbundsystem*

4 Fassaden und Außenwände

Verbesserung des Wärmeschutzes von Außenwänden im Bestand

Vorhandene Außenwände		... mit verbessertem Wärmeschutz				
Mittlerer U-Wert	Jährliche Heizenergiekosten	Zusätzliche Dämmschicht[1]	Neuer mittlerer U-Wert	Jährliche Heizenergiekosten	Heizenergiekosteneinsparung[2] (bezogen auf die Wandfläche)	
W/(m² K)	€/(m² Jahr)	cm	W/(m² K)	€/(m² Jahr)	€/(m² Jahr)	%
2,0	7,80/15,60	10	0,33	1,30/2,60	6,50/13,00	83
		12	0,29	1,11/2,22	6,69/13,38	86
		15	0,24	0,92/1,84	6,88/13,76	88
		18	0,20	0,78/1,56	7,02/14,04	90
1,7	6,63/13,26	10	0,32	1,26/2,52	5,37/10,74	81
		12	0,28	1,09/2,18	5,54/11,08	84
		15	0,23	0,90/1,80	5,73/11,46	86
		18	0,20	0,77/1,54	5,86/11,72	88
1,4	5,46/10,92	10	0,31	1,21/2,42	4,25/8,50	78
		12	0,27	1,05/2,10	4,41/8,82	81
		15	0,22	0,87/1,74	4,59/9,18	84
		18	0,19	0,75/1,50	4,71/9,42	86
1,0	3,90/7,80	10	0,29	1,11/2,22	2,79/5,58	71
		12	0,25	0,98/1,96	2,93/5,86	75
		15	0,21	0,82/1,64	3,08/6,16	79
		18	0,18	0,71/1,42	3,19/6,38	82
0,8	3,12/6,24	10	0,27	1,04/2,08	2,08/4,16	67
		12	0,24	0,92/1,84	2,20/4,40	71
		15	0,20	0,78/1,56	2,34/4,68	75
		18	0,17	0,68/1,36	2,44/4,88	78
0,6	2,34/4,68	10	0,24	0,94/1,88	1,40/2,80	60
		12	0,21	0,84/1,68	1,50/3,00	64
		15	0,18	0,72/1,44	1,62/3,24	69
		18	0,16	0,63/1,26	1,71/3,42	73
0,5	1,95/3,90	10	0,22	0,87/1,74	1,08/2,16	56
		12	0,20	0,78/1,56	1,17/2,34	60
		15	0,17	0,68/1,36	1,27/2,54	65
		18	0,15	0,60/1,20	1,35/2,70	69

[1] Wärmeleitfähigkeit 0,04 W/mK

[2] Den auf die Transmissionswärmeverluste bezogenen Heizenergiekosten liegt ein Heizöl- bzw. Erdgaspreis von 0,50/1,00 € je Liter bzw. m³ sowie ein Jahresnutzungsgrad einer Gas- oder Ölheizung von 0,85 (entspricht Anlagenaufwandszahl von 1,3; Kapitel 2, Kapitel 16) zugrunde. Geringere Heizenergiekosten werden beim Einsatz einer Elektrowärmepumpe oder Holzpellet-Heizung erreicht, Kapitel 16.

4-63 Auswirkung des verbesserten Wärmeschutzes vorhandener Außenwände auf den Wärmedurchgangskoeffizienten U und die Heizenergiekosten

17.11 Auswirkungen nachträglicher Wärmedämmmaßnahmen vorhandener Außenwände

Die Tabelle in *Bild 4-63* bietet einen Überblick über die Auswirkungen der nachträglichen Wärmedämmung einer Außenwand. Die angegebenen U-Werte beziehen sich auf die Wandkonstruktionen der Baualtersklassen nach *Bild 4-53*. Den Angaben zur nachträglichen Wärmedämmung liegen Dämmstoffe mit einer Wärmeleitfähigkeit von 0,04 W/(mK) zugrunde. Die Anordnung auf der bauphysikalisch günstigsten Seite – das ist im Regelfall die Außenseite – wird vorausgesetzt. Bei Innendämmung kann der zusätzliche Einbau einer Dampfsperre erforderlich sein.

Den berechneten, auf die Transmissionswärmeverluste bezogenen Heizenergiekosten wurde ein Heizöl- bzw. Erdgaspreis von 0,50 bzw. 1,00 Euro je Liter bzw. m³ sowie ein Nutzungsgrad einer Gas- oder Ölheizung von 0,85 (entsprechend einer Anlagenaufwandszahl von 1,3) zugrunde gelegt. Wesentlich geringere Heizenergiekosten können beim Einsatz einer Elektro-Wärmepumpe, die Umweltwärme zur Heizwärmebereitstellung nutzt, und bei Holzpellet-Heizungen erreicht werden, Kapitel 16.

18 Transparente Wärmedämmung

18.1 Vorbemerkung

Unter dem Begriff „Transparente Wärmedämmung" (TWD) versteht man sowohl lichtdurchlässige Materialien mit guter Wärmedämmwirkung als auch das Funktionsprinzip, Sonnenenergie über eine transparent gedämmte Wand zu Heizzwecken zu nutzen. Die Beschreibung des TWD-Materials ist Kapitel 3-5.3 zu entnehmen.

18.2 TWD als Solarwand

Bei diesem System trifft die einfallende Solarstrahlung durch die Transparente Wärmedämmung auf eine schwarz gestrichene Absorberwand, *Bild 4-64*. Die Außenoberfläche der Wand erwärmt sich auf bis zu 60 bis 70 °C. Die Wärme wird von der Wand gespeichert und mit einem Zeitversatz von rund 6 bis 12 Stunden nach innen geleitet. Die raumseitige Oberfläche erwärmt sich auf bis zu 25 bis 30 °C und heizt die dahinter liegenden Räume bis zu zwei Tage lang. Durch die Pufferwirkung der Absorberwand sind die solaren Gewinne gut nutzbar, weil die tagsüber in der Wand gespeicherte Wärme erst abends dem Raum zugeführt wird. Zu dieser Tageszeit steigt der Heizwärmebedarf bei Wohnräumen meist an, weil die Außentemperatur sinkt und keine solaren Wärmegewinne mehr durch die Fenster erzielt werden.

Die Wände wirken nach Besonnung als Niedertemperatur-Strahlungsheizkörper. Die resultierenden erhöhten Wandtemperaturen können eine höhere Behaglichkeit und dadurch einen verbesserten Wohnkomfort im Ver-

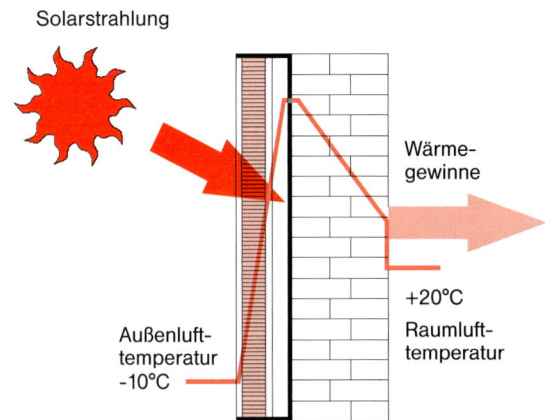

4-64 *Funktionsprinzip der Transparenten Wärmedämmung für die Raumerwärmung*

gleich zu konventionell gedämmten Wänden schaffen. Es sind allerdings auch Überheizungen möglich, denen durch zusätzliche Fensterlüftung entgegengewirkt werden kann.

Es werden bezogen auf die TWD-Fläche in der Jahresbilanz nicht nur Wärmeverluste vollständig vermieden, sondern darüber hinaus Energiegewinne von 50 bis 150 kWh pro m² TWD-Fläche und Jahr erreicht (entspricht 5 bis 15 l Heizöl). Für den in Bild 4-65 abgebildeten Modellraum würde sich eine Reduktion des Jahres-Heizwärmebedarfs von beispielsweise 50 kWh/(m²a) auf 15 kWh/(m²a) ergeben.

Um einen möglichst hohen Energieertrag durch die Transparente Wärmedämmung zu erreichen, sollten folgende Randbedingungen eingehalten werden:

– TWD-Flächen möglichst nach Süden orientieren. Bei 45° Abweichung aus der Südrichtung reduziert sich der Energieertrag um ca. 30 %.

– Keine Verschattung während der Heizperiode (z. B. durch umliegende Bebauung).

– Hohe Dichte der Absorberwand ($\geq$ 1400 kg/m³, Dicke 18 bis 30 cm), z. B. Kalksandstein oder Beton.

– Keine großflächige Möblierung der TWD-Wand, um die Wärmeabgabe an den Raum nicht zu behindern.

Um Überhitzung während der Sommermonate zu vermeiden, ist in der Regel ein Sonnenschutz notwendig.

18.3 TWD als Tageslichtsystem

TWD-Materialien bestehen aus Strukturen, die das Licht streuen oder umlenken. Dieser Effekt kann genutzt werden, um eine Verbesserung der Raumausleuchtung mit natürlichem Tageslicht zu erreichen. Die TWD wird hierbei ohne raumseitige Absorberwand als transluzente Fassadenfläche eingesetzt.

Typische Anwendungsfälle im Wohnungsbau sind Bereiche, bei denen keine Durchsicht notwendig ist, z. B. Treppenhäuser.

18.4 TWD-Glaspaneele

Glaspaneele mit TWD-Einlage schützen das TWD-Material beidseitig durch Glasscheiben vor der Witterung, Bild 4-66. Diese Bauform ermöglicht den Einsatz konventioneller Fassadenbautechnik.

Bei hermetisch verschlossenen Paneelen kann anstelle des transparenten Dämmmaterials auch Wärmeschutzgas eingefüllt und dadurch die Elementdicke bei gleicher Wärmedämmwirkung um ca. 50 % reduziert werden.

Ein wichtiger Vorteil der hermetischen Bauweise ist, dass weder Luftfeuchtigkeit noch Schmutz in das Element eindringen können. Die technischen Eigenschaften eines typischen TWD-Glaspaneels im Vergleich zu Wärmeschutzverglasungen sind in Bild 4-67 zusammengestellt.

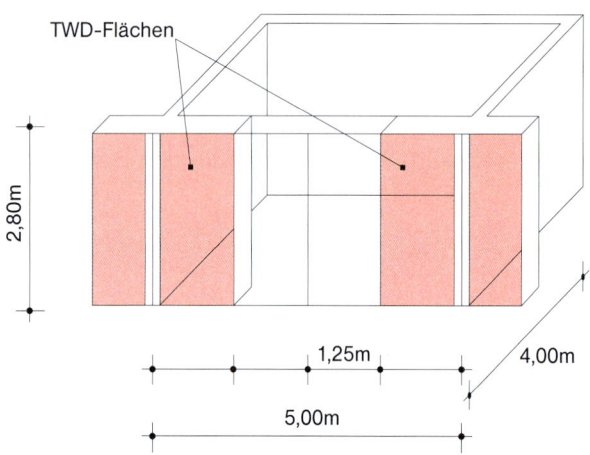

4-65 Fassade und Abmessungen eines Modellraums zur Demonstration der Wirkung von TWD

Technische Daten	TWD-Glaspaneel (ca. 50 mm)	2-Scheiben-Wärme- schutzglas	2-Scheiben-Wärme- und Schallschutzglas	3-Scheiben-Wärme- schutzglas
Wärmedurchgangskoeffizient U in $W/(m^2 K)$	0,82	1,1 bis 1,6	1,3 bis 2,1	0,6 bis 1,0
Gesamtenergiedurchlassgrad g	0,80	0,60	0,60	0,45 bis 0,60
Lichtdurchlässigkeit τ_L in %	70 bis 80	75	75	45 bis 60
Bewertetes Schalldämm-Maß R'_w in dB	30 bis 40	30 bis 32	34 bis 40	32 bis 35

4-67 Technische Daten des hermetisch verschlossenen TWD-Glaspaneels im Vergleich zu Wärmeschutzverglasungen

Übliche Abmessungen der hermetisch verschlossenen Paneele liegen im Bereich von 100 cm × 100 cm bis 120 cm × 250 cm. Davon abweichende Abmessungen und Glasdicken sind abhängig von den Einsatzbedingungen möglich. Aufgrund der hermetischen Versiegelung ist mit Aus- und Einbauchen der Scheiben zu rechnen (außen bis ca. ± 5 mm, innen bis ca. ± 10 mm).

Der Luftspalt zwischen Paneel und Absorberwand muss mindestens 2 cm betragen, um die Bewegung der inneren Scheibe zu ermöglichen und gleichzeitig ein wärmedämmendes Luftpolster zu erhalten, *Bild 4-68*. Zur Vermeidung von Wärmeverlusten sollte er elementweise abgedichtet sowie nach unten entwässert und belüftet werden.

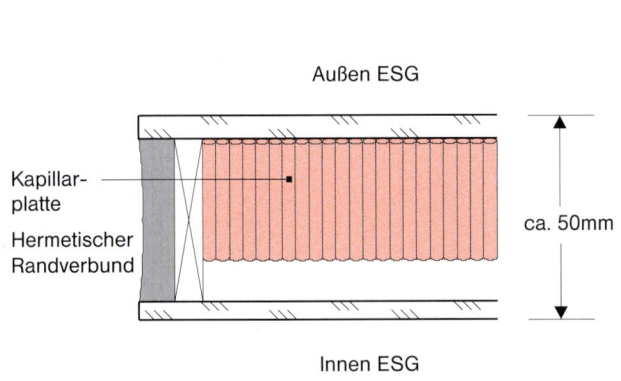

4-66 Aufbau eines hermetisch verschlossenen TWD-Glaspaneels

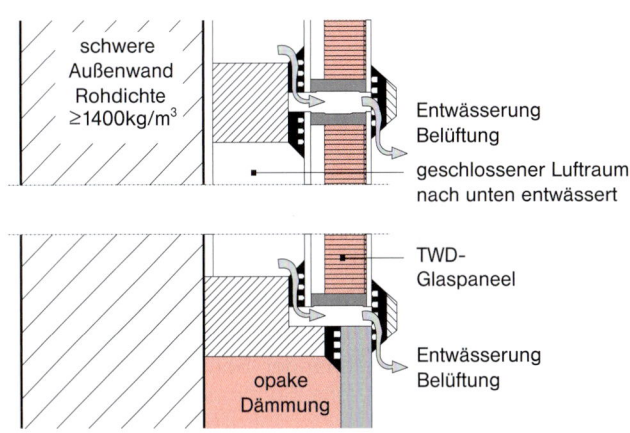

4-68 Einbauprinzip eines TWD-Glaspaneels

Zum Schutz vor Überhitzung im Sommer wird in der Regel ein wirksamer Sonnenschutz benötigt. Empfehlenswert sind außen liegende Sonnenschutzvorrichtungen.

Mit TWD-Glaspaneelen werden Energiegewinne von 50 bis 150 kWh je m² TWD-Fläche und Jahr erzielt.

Die Kosten für ein hermetisch verschlossenes TWD-Paneel betragen ca. 200 €/m². Zusätzlich muss mit Kosten von 150 bis 250 €/m² für Montage und Fassadenunterkonstruktion, sowie 150 €/m² für den Sonnenschutz gerechnet werden. Diese Kosten können gegenüber denen einer herkömmlichen Wand nicht durch die erzielte Energieeinsparung amortisiert werden.

18.5 Transparentes Wärmedämm-Verbundsystem

Beim Transparenten Wärmedämm-Verbundsystem wird die transparente Kapillarplatte mit einem schwarzen Absorberkleber direkt auf die Speicherwand geklebt, *Bild 4-69*. Auf eine Tragkonstruktion wie bei TWD-Paneelen kann daher verzichtet werden. Anstelle einer Glasscheibe wird zum Schutz vor der Witterung und vor mechanischer Beschädigung ein lichtdurchlässiger Putz auf der Basis von gebundenen, 1 bis 3 mm großen Glaskügelchen aufgebracht.

Gegenüber TWD-Glaspaneelen ist der Gesamtenergiedurchlassgrad bei diesem System ca. 30 % niedriger. Es besitzt jedoch eine Reihe von Vorteilen:

– Im Randbereich treten keine Wärmebrücken auf, da sich an die transparente unmittelbar die opake Wärmedämmung anschließt.
– Die Integration in eine Putzfassade ist leicht möglich.
– Durch den geringeren Gesamtenergiedurchlassgrad, besonders bei hoch stehender Sonne (im Sommer), kann in der Regel auf eine Sonnenschutzvorrichtung verzichtet werden.

Das Transparente Wärmedämm-Verbundsystem wird industriell vorgefertigt geliefert. Der transparente Putz ist bereits auf die Kapillarplatte aufgebracht, sodass vor Ort das TWD-Element nur noch mit dem Absorberkleber auf der Wand befestigt werden muss. Die Fuge zum opaken umliegenden Dämmsystem wird durch einen speziellen Füllschaum ausgespritzt und schließlich der opake Putz angeschlossen.

Um eine sichere Handhabung auf der Baustelle zu gewährleisten, sind die Elementgrößen auf 120 cm × 200 cm begrenzt. Neben verschiedenen rechtwinkligen Standardgrößen sind auch Sonderformen möglich. Als Schichtdicken sind 8, 10, 12 und 14 cm verfügbar.

Es werden Energiegewinne von 30 bis 120 kWh je m² TWD-Fläche und Jahr erzielt.

Die Kosten für das Transparente Wärmedämm-Verbundsystem betragen ohne Sonnenschutz ca. 150 bis 200 €/m².

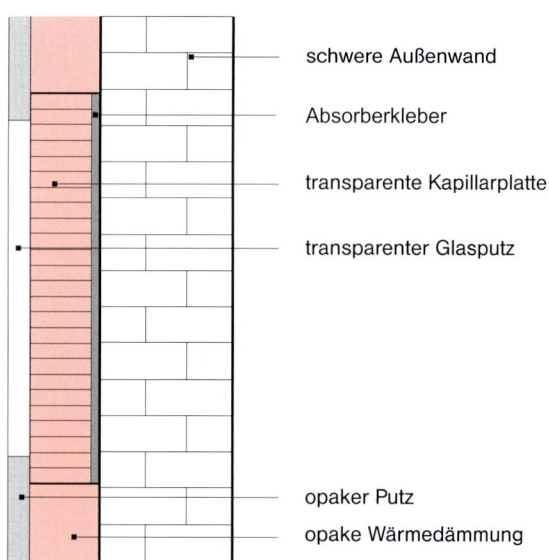

4-69 Aufbau des transparenten Wärmedämm-Verbundsystems

19 Hinweise auf Literatur und Arbeitsunterlagen

[1] Bundesministerium für Verkehr, Bau und Stadtentwicklung: Bekanntmachung der Regeln zur Datenaufnahme und Datenverwendung im Wohngebäudebestand, 30.07.2009, www.zukunft-haus.info

[2] Balkowski, Michael: Handbuch der Bauerneuerung. Verlagsgesellschaft Rudolf Müller GmbH & Co.KG, Köln (2008), ISBN-10: 3-481-02499-1, www.rudolf-mueller.de

[3] Gabriel, Ingo und Ladener, Heinz: Vom Altbau zum Niedrigenergie- und Passivhaus. Ökobuch Verlag und Versand (2008), ISBN 978-3-936896-32-9

[4] Heck, Friedrich: Energiekosten senken; Kosten und Nutzen von Wärmedämmmaßnahmen. Fraunhofer IRB Verlag (2007), ISBN 978-3-8167-7372-6

[5] Beinhauer, Peter: Standard-Detail-Sammlung; Verlagsgesellschaft Rudolf Müller GmbH & Co.KG, Köln (2014), ISBN 978-3-481-03018-6

[6] Institut für Bauforschung e. V. (IFB); Bauen im Bestand, Verlagsgesellschaft Rudolf Müller GmbH & Co.KG, Köln (2009), ISBN 978-3-481-02430-7

FENSTER UND AUSSENTÜREN

1	**Einführung** S. 5/2	6.2	Strahlungseigenschaften – Gesamtenergiedurchlassgrad und Lichttransmissionsgrad	
2	**Anforderungen an Fenster** S. 5/3			
2.1	Überblick	6.3	Bewertete Schalldämm-Maße R_w	
2.2	Wärmeschutz winterlich und sommerlich	7	**Richtpreise für Fenster** S. 5/35	
2.3	Wiederstandsfähigkeit gegen Windlast, Luftdurchlässigkeit und Schlagregendichtheit	8	**Leistungserklärung, CE-Zeichen, RAL-Gütezeichen** S. 5/35	
2.4	Fenstergröße			
2.5	Schutz gegen Außenlärm	9	**Temporärer Wärmeschutz** S. 5/37	
2.6	Lüftung und Luftwechsel	10	**Sonnenschutzvorrichtungen** S. 5/38	
2.7	Einbruchhemmung	11	**Rollläden und Rollladenkästen** S. 5/40	
2.8	Unfallschutz			
3	**Verglasungen** S. 5/13	12	**Neue Entwicklungen bei Fensterkonstruktionen** S. 5/41	
3.1	Anforderungen an Verglasungen			
3.2	Begriffe und Eigenschaften	13	**Türkonstruktionen** S. 5/43	
4	**Fensterkonstruktionen** S. 5/16	13.1	Anforderungen an Außentüren	
4.1	Anforderungen	13.2	Anforderungen an Innentüren	
4.2	Öffnungs- und Konstruktionsarten	14	**Hinweise auf Literatur und Arbeitsunterlagen** S. 5/49	
4.3	Holzfenster und Aluminium-Holzfenster			
4.4	Kunststofffenster und Aluminium-Kunststofffenster			
4.5	Aluminiumfenster			
4.6	Instandhaltung und Wartung			
5	**Anschluss des Fensterrahmens an den Baukörper** S. 5/22			
5.1	Allgemeines			
5.2	Anordnen von Fenstern in verschiedenen Wandaufbauten			
5.3	Befestigen von Fenstern			
5.4	Abdichten von Fenstern und Terrassentüren			
5.5	Beispiele für Anschlüsse			
6	**Bauphysikalische Kenngrößen für Fenster mit Verglasungen** S. 5/32			
6.1	Der Wärmedurchgangskoeffizient U nach Produktnorm			

FENSTER UND AUSSENTÜREN

1 Einführung

Fenster haben in einem Gebäude eine Vielzahl von Aufgaben gleichzeitig zu erfüllen. Sie stellen eine Sichtverbindung vom Raum nach außen her und ermöglichen eine Beleuchtung von Räumen mit Tageslicht. Außerdem schützen sie Räume vor Witterungs- und Umwelteinflüssen wie Regen, Wind, Kälte und Lärm, *Bild 5-1*. Fenster sind nach wie vor die wesentlichen Elemente für die Be- und Entlüftung von Aufenthaltsräumen, *Bild 5-2*. Neben den physikalischen und technischen Funktionen kommt Fenstern und Außentüren auch noch eine bedeutsame Gestaltungsaufgabe für das Gesamtaussehen einer Fassade oder eines Gebäudes zu.

Fenster weisen in der Regel höhere Wärmedurchgangskoeffizienten auf als Außenwände oder Dächer. Den vergleichsweise höheren Wärmeverlusten stehen jedoch durch Einstrahlung von Sonnenenergie Wärmegewinne gegenüber, die bei günstiger Orientierung der Fenster sogar zu einer positiven Energiebilanz führen können. *Bild 5-3* zeigt die Energieströme an einem Fenster und ihre Kenngrößen für Energiebilanzen.

Aufenthaltsräume müssen auch in ausreichendem Maße vor Außenlärm geschützt werden. Die Glas- und Fenstertechnik ermöglicht eine Anpassung der Schalldämmwerte an die örtlichen Gegebenheiten in einem breiten Spek-

Einwirkungen/Anforderungen		Regelwerke Fenster, Außentüren
– von der Außenseite	Regen, Wind	EN 12207 EN 12208 EN 12210 E DIN 18055 Eurocode 1
	Temperatur-/Feuchtewechsel Sonneneinstrahlung Schall (Außenlärm)	EN 13420 EN 12219 DIN 4109
	evtl. mechanischer Angriff bei Einbruch evtl. aggressive Umwelteinflüsse	EN 1627
– von der Raumseite	Raumlufttemperatur, Raumluftfeuchte	DIN 4108
– aus dem Bauwerk	Bauwerksbewegungen, Toleranzen	DIN 18202 DIN 18203, Teile 1 bis 3
– aus dem Bauteil	Längenänderungen, Formänderungen, Kräfte aus dem Eigengewicht	DIN 1055 Eurocode 1
– aus der Nutzung	Kräfte aus der Benutzung Stoßbelastungen Barrierefreiheit Absturzsicherung	EN 13115 EN 13049 DIN 18040, Teil 1 und 2 TRAV, DIN 18008-4, ETB-Richtlinie „Bauteile, die gegen Absturz sichern"

5-1 Übersicht der Einwirkungen auf Fenster und Außentüren mit wichtigen Regelwerken

5 Fenster und Außentüren

Anforderungen an Fenster

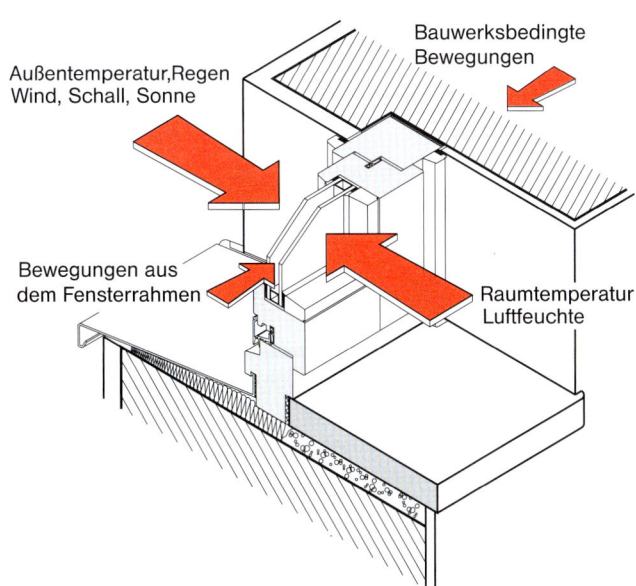

5-2 Beanspruchungen von Fenstern durch Umgebungseinflüsse

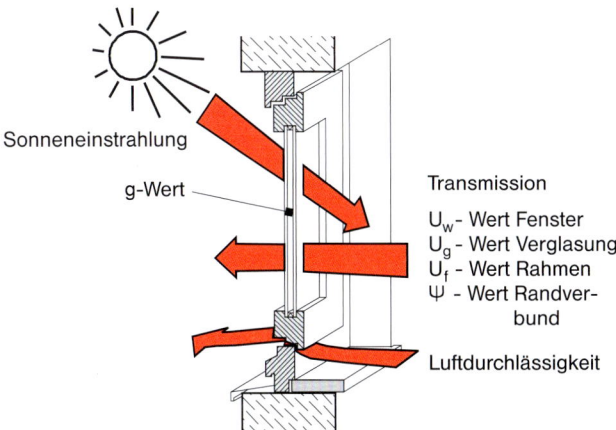

5-3 Energieströme an einem Fenster und ihre Kenngrößen für Energiebilanzen

trum. Wesentlich sind die bedarfsgerechte Planung und eine besondere Sorgfalt bei Ausführung und Montage.

Nachfolgend werden wesentliche Anforderungen an Fenster behandelt. Diesem Überblick folgen die Beschreibungen der Hauptkomponenten von Fenstern und Außentüren. Der Schwerpunkt liegt dabei jeweils auf der Darstellung der wärme- und schalltechnischen Kenngrößen.

2 Anforderungen an Fenster

2.1 Überblick

Seit dem 1.Juli 2013 legt die Bauproduktenrichtlinie die Bedingungen für das Inverkehrbringen von Bauprodukten in Europa fest und gilt unmittelbar in allen EU-Mitgliedsstaaten. Somit ist für jedes Bauprodukt, das von einer harmonisierten europäischen Norm erfasst ist oder für das eine Europäische Technische Bewertung ausgestellt wurde, eine Leistungserklärung abzugeben und eine CE-Kennzeichnung anzubringen.

Die harmonisierte europäische Produktnorm für Fenster und Außentüren ist: DIN EN 14351-1:2006+A1 : 2010 Fenster und Außentüren ohne Eigenschaften bezüglich Feuerschutz und/oder Rauchdichtheit.

Diese Produktnorm regelt materialunabhängig die Leistungsmerkmale von Fenstern und Außentüren, bzw. wie diese Leistungseigenschaften festzustellen und zu deklarieren sind, *Bild 5-4*.

2.2 Wärmeschutz winterlich und sommerlich

Die Energieeinsparverordnung (EnEV 2014) gilt für Gebäude, welche mit Hilfe von Energie beheizt oder gekühlt werden. Sie stellt für neu zu errichtende Gebäude keine

Ab-schnitt	Eigenschaft	Klassifizie-rungsnorm[a]	Prüf- oder Berechnungs-norm[a]	Prüfart[b]	Anzahl der Prüfkörper	Größe des Prüfkörpers	Direkter Anwendungsbereich (ähnliche Konstruktion vorausgesetzt, siehe 3.4)
4.2	Widerstands-fähigkeit gegen Windlast	EN 12210	EN 12211	Zerstörend	1	Nicht festgelegt	– 100 % der Rahmenbreite und -höhe des Prüfkörpers
4.3	Widerstands-fähigkeit gegen Schneelast	Angaben zur Ausfachung (Füllung)	Nationale Be-stimmungen und/oder Emp-fehlungen	Berechnung	–	Nicht festgelegt	– 100 % der Gesamtfläche des Prüfkörpers
4.4.1	Brandverhalten	EN 13501-1	Siehe EN 13501-1	Zerstörend	Siehe EN 13501-1 und Anhang H		
4.4.2	Schutz gegen Brand von außen	EN 13501-5	ENV 1187	Zerstörend	Siehe ENV 1187		
4.5	Schlagregen-dichtheit	EN 12208	EN 1027	Zerstörungs-frei	1	Nicht festgelegt	– 100 % bis + 50 % der Ge-samtfläche des Prüfkörpers
4.6	Gefährliche Sub-stanzen	Wie vorgeschrieben					
4.7	Stoßfestigkeit	EN 13049	EN 13049	Zerstörend	1 oder 2	Nicht festgelegt	> Gesamtfläche des Prüfkörpers
4.8	Tragfähigkeit von Sicherheits-einrichtungen	Schwellen-wert	EN 14609	Zerstörungs-frei	1	Nicht festgelegt	– 100 % der Gesamtfläche des Prüfkörpers
4.11	Schallschutz	Festgestellte Werte	EN ISO 140-3 EN ISO 717-1	Zerstörungs-frei oder tabellarische Werte	1 –	Siehe Anhang B	Siehe Anhang B
4.12	Wärmedurch-gangskoeffizient	Festgestellter Wert	EN ISO 10077-1: 2006, Tabelle F.1 oder Tabelle F.3, Anhang J	Tabellarische Werte	–	Nicht festgelegt	Alle Größen
			EN ISO 10077-1 EN ISO 10077-1 und EN ISO 10077-2	Berechnung	– –	1,23 (± 25 %) m × 1,48 (± 25 %) m oder 1,48 (+ 25 %) m × 2,18 (± 25 %) m	Gesamtfläche ≤ 2,3 m² [c,d] Gesamtfläche > 2,3 m² [c]
			EN ISO 12567-1 EN ISO 12567-2	Zerstörungs-frei	1 1	,23 (± 25 %) m × 1,48 (± 25 %) m oder 1,48 (+ 25 %) m × 2,18 (± 25 %) m	Gesamtfläche ≤ 2,3 m² [c,d] Gesamtfläche > 2,3 m² [c]
4.13	Strahlungs-eigenschaften (Ausfachung)[e]	Festgestellte Werte	EN 410 EN 13363-1 EN 13363-2	–	–	–	Alle Größen

Ab-schnitt	Eigenschaft	Klassifizie-rungsnorm[a]	Prüf- oder Berechnungs-norm[a]	Prüfart[b]	Anzahl der Prüfkörper	Größe des Prüfkörpers	Direkter Anwendungsbereich (ähnliche Konstruktion vorausgesetzt, siehe 3.4)
4.14	Luft-durchlässigkeit	EN 12207	EN 1026	Zerstörungs-frei	1	Nicht festgelegt	– 100 % bis 50 % der Gesamtfläche des Prüfkörpers
			Anhang I	Tabellarische Werte	–	Nicht festgelegt	Alle Größen
4.16	Bedienungs-kräfte[f]	EN 13115	EN 12046-1	Zerstörungs-frei	1	Nicht festgelegt	– 100 % der Gesamtfläche des Prüfkörpers
4.17	Mechanische Festigkeit	EN 13115	EN 12046-1 EN 14608 EN 14609	Zerstörend oder zerstörungs-frei (ergebnis-abhängig)	1	Nicht festgelegt	– 100 % der Gesamtfläche des Prüfkörpers
4.18	Lüftung	Festgestellte Werte	EN 13141-1	Zerstörungs-frei	1	Nicht festgelegt	Gleiche Konstruktion und Größe der Lüftungsvorrichtung
4.19	Durchschuss-hemmung	EN 1522	EN 1523	Zerstörend	1	Nicht festgelegt	g
4.20	Sprengwirkungs-hemmung	EN 13123-1 EN 13123-2	EN 13124-1 EN 13124-2	Zerstörend	1	Nicht festgelegt	g
4.21	Dauerfunktion	EN 12400	EN 1191	Zerstörend	1	Nicht festgelegt	– 100 % der Gesamtfläche des Prüfkörpers
4.22	Differenzklima-verhalten	EN 13420	EN 13420	Zerstörend	1	1,23 (± 25 %) m × 1,48 (– 25 %) m	Alle Größen
4.23	Einbruch-hemmung	EN 1627	EN 1628 EN 1629 EN 1630	Zerstörend	Siehe EN 1627	Nicht festgelegt	Siehe ENV 1627

[a] In einigen Fällen sind zusätzliche Informationen im entsprechenden Unterabschnitt angegeben, z. B. zu Verweisungen.
[b] Zerstörungsfreie Prüfung: Der Prüfkörper kann für eine weitere Prüfung verwendet werden.
  Zerstörende Prüfung: Der Prüfkörper kann nicht für eine weitere Prüfung verwendet werden.
[c] Wenn eine genaue Berechnung des Wärmeverlustes eines bestimmten Gebäudes gefordert wird, muss der Hersteller genaue und zutreffende, berechnete oder durch Prüfung ermittelte Werte der Wärmedurchgangskoeffizienten (Bemessungswerte) der entsprechenden Größe(n) zur Verfügung stellen.
[d] Unter der Voraussetzung, dass U_g (siehe EN 673) ≤ 1,9 W/(m² · K), wird „Gesamtfläche ≤ 2,3 m²[c,d]" durch „Alle Größen[c]" ersetzt.
[e] Gesamtenergiedurchlassgrad, g-Wert und Lichttransmissionsgrad.
[f] Nur handbetätigte Fenster.
[g] Bis entsprechende Normen und/oder Leitlinien aufgestellt werden, müssen die nicht ermittelten Bedingungen zwischen dem Hersteller und der Prüfstelle vereinbart werden.

5-4 Tabelle E.1 nach DIN EN 14351-1 zeigt die getrennte Ermittlung der Eigenschaften für Fenster

direkten Anforderungen an die Wärmedurchgangskoeffizienten der einzelnen Außenbauteile. Der Nachweis eines energiesparenden Wärmeschutzes für Wohngebäude erfolgt über die Berechnung des höchstzulässigen Jahres-Primärenergiebedarfs und den spezifischen, auf die gesamte wärmeübertragende Umfassungsfläche bezogenen Transmissionswärmeverlust H_T' des Gebäudes in Abhängigkeit vom H_T' des Referenzgebäudes mit identischen Außenflächen, dessen Wärmedurchgangskoeffizienten entsprechend Anlage 1 der EnEV 2014 festgelegt sind, Kapitel 2-5, *Bild 2-5*. Der Transmissionswärmeverlust H_T' entspricht physikalisch dem mittleren Wärmedurchgangskoeffizienten der Außenhülle des Gebäudes. Damit diese auf die gesamte Gebäudehülle bezogene Anforderung der EnEV durch eine bauphysikalisch und wirtschaftlich sinnvolle Abstimmung des Wärmeschutzes der verschiedenen Außenbauteile erfüllt wird, **empfiehlt es sich, für Fenster und Fenstertüren von Wohngebäuden und von Nicht-Wohngebäuden mit normaler Innentemperatur die in *Bild 2-5* angegebenen Richtwerte der Wärmedurchgangskoeffizienten U_w einzuhalten.**

Diese Werte sollten unabhängig von der Erfüllung der Anforderungen an den maximal zulässigen Primärenergiebedarf der EnEV, Kapitel 2-5.2, möglichst nicht überschritten werden. Niedrigere Wärmeverluste bedeuten zugleich höhere Innenflächentemperaturen an den Fenstern. Damit wird auch die thermische Behaglichkeit verbessert, da die Wärmeabstrahlung vom Körper zu den Fensteroberflächen hin verringert wird. Mit Inkrafttreten der EnEV 2016 zum 1. Januar 2016 wird der Jahresprimärenergiebedarf nochmals um 25 % vermindert.

Der Passivhaus-Standard mit einem Jahresheizwärmebedarf von etwa 15 kWh/(m²a), Kapitel 1-4.2.3, benötigt als zukunftweisender Standard noch erheblich besser wärmegedämmte Fenster. Diese Bedingung wird von Fenstern mit einem Wert des Wärmedurchgangskoeffizienten U_w gleich oder kleiner 0,8 W/(m²K) erfüllt, Abschn. 12.

Für bestehende Gebäude werden in der Energieeinsparverordnung beim erstmaligen Einbau, Ersatz und bei der Erneuerung von Fenstern, Fenstertüren und Verglasungen **Höchstwerte der Wärmedurchgangskoeffizienten** genannt. Bei Gebäuden mit normalen Innentemperaturen darf der Wärmedurchgangskoeffizient U_w von Fenstern und Fenstertüren maximal 1,3 W/(m²K) und der Wärmedurchgangskoeffizient U_g von Verglasungen max. 1,1 W/(m²K) betragen. Bei Verwendung von Sonderverglasungen sind höhere Werte $U_w \leq 2,0$ bzw. $U_g \leq 1,6$ W/(m²K) zulässig.

Von der EnEV wird für zu errichtende Wohngebäude in § 3 (4) der **Nachweis des energiesparenden sommerlichen Wärmeschutzes** entsprechend DIN 4108-2 : 2013-02 gefordert. Darin werden **maximal zulässige Sonneneintragskennwerte** vorgeschrieben, die ein behagliches Raumklima im Sommer – ohne den Einsatz von Klimaanlagen mit zusätzlichem Energiebedarf – sicherstellen.

Der Nachweis nach DIN 4108-2 ist für „kritische" Räume bzw. Raumbereiche durchzuführen, deren auf die Grundfläche bezogener Fensterflächenanteil – in Abhängigkeit von Neigung und Orientierung der Fenster – mehr als 7 bis 15 % beträgt, siehe Kapitel 11-11 des Bau-Handbuchs.

Ein wirksamer Sonnenschutz transparenter Außenbauteile kann durch die bauliche Gestaltung (z. B. auskragende Dächer, Balkone), mit Hilfe außen oder innen liegender Sonnenschutzvorrichtungen (z. B. Fensterläden, Rollläden, Jalousien, Markisen), oder mit Sonnenschutzgläsern erreicht werden. Bei Fassaden und Dachflächenfenstern ist bei Ost-, Süd- und Westorientierungen ein wirksamer Sonnenschutz wichtig.

2.3 Anforderungen an die Wiederstandsfähigkeit gegen Windlast, Luftdurchlässigkeit und Schlagregendichtheit

Fenster und Türen müssen u. a. Belastungen durch Wind und Regen aufnehmen.

Nach der Produktnorm DIN EN 14351-1 werden für diese Eigenschaften u. a. folgende Vorgaben gemacht:

Widerstandsfähigkeit gegen Windlast

Für Fenster und Außentüren ist der Einfluss der Windbelastung auf die Verformung von Pfosten, Riegeln und Haupttraggliedern und somit auf deren Dimensionierung nach DIN EN 12211 zu prüfen. Die Durchbiegung von Pfosten und Riegeln darf den Grenzwert von L/200, max. 15 mm nicht überschreiten. Die Klassifizierung erfolgt nach aufgebrachter Windlast P1 und der daraus resultierenden Verformung *Bild 5-5*.

Klasse	P1	P2[1)]	P3
0	nicht geprüft		
1	400	200	600
2	800	400	1200
3	1200	600	1800
4	1600	800	2400
5	2000	1000	3000
Exxxx[2)]	xxxx		

[1)] Dieser Druck muss 50-mal wiederholt werden.
[2)] Probekörper mit Beanspruchung durch Wind geprüft oberhalb Klasse 5, werden mit Exxxx klassifiziert, wenn xxxx der tatsächliche Prüfdruck P1 (z. B. 2350 etc.) ist.

Klasse	Relative frontale Durchbiegung
A	< l/150
B	< l/200
C	< l/300

Klasse für die Windlast	Relative frontale Durchbiegung		
	A	B	C
1	A1	B1	C1
2	A2	B2	C2
3	A3	B3	C3
4	A4	B4	C4
5	A5	B5	C5
Exxxx	Aexxxx	Bexxxx	Cexxxx

Anmerkung:
Bei der Klassifizierung der Widerstandsfähigkeit bei Wind bezieht sich die Ziffer auf die Klasse der Windlast – siehe Tabelle 1 – und der Buchstabe bezieht sich auf die relative frontale Durchbiegung, siehe Tabelle 2.

5-5 *Die Werte unter P2 stellen Druck-Sog-Wechsellasten dar mit 0,5 × P1. P3 ist eine „Sicherheitsprüfung" mit einer Belastung von 1,5 × P1 Pascale.*

Luftdurchlässigkeit

Die Luftdurchlässigkeit ergibt sich aus der Luftmenge, die durch einen geschlossenen und verriegelten Prüfkörper (Fenster, Fenstertür, Tür) infolge des Prüfdruckes hindurchgeht. Nach DIN EN 1026 sind zwei Prüfungen, eine mit Überdruck, die andere mit Unterdruck durchzuführen. Der gemessene Gesamtleckagestrom (m^3/h) wird durch die Fugenlänge des Prüfkörpers bzw. durch die Gesamtfläche des Prüfkörpers dividiert. Die in m^3/(hm) bzw. in m^3/(hm^2) ermittelten Werte der Luftdurchlässigkeit werden mit den Referenzluftdurchlässigkeiten nach DIN EN 12207 verglichen. Anschließend wird eine Klasse (1 bis 4, *Bild 5-6*) nach DIN EN 12207 festgelegt. Sie beschreibt die Luftdichtheitsqualität des Bauteils. Bei neu zu errichtenden Gebäuden müssen die Funktionsfugen von Fenstern und Fenstertüren nach DIN 4108 : 2013-02 mindestens der Klasse 2 (bei Gebäuden bis zu zwei Vollgeschossen) bzw. der Klasse 3 (bei Gebäuden mit mehr als zwei Vollgeschossen) nach DIN EN 12207 entsprechen. Bei Außentüren muss die Luftdurchlässigkeit der Funktionsfuge mindestens der Klasse 2 nach DIN EN 12207 entsprechen.

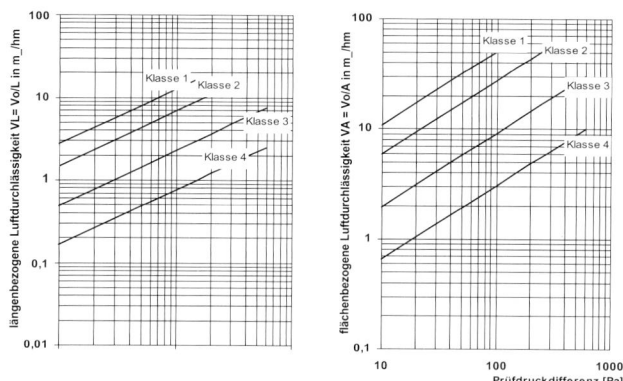

5-6 Die längen- und flächenbezogene Luftdichtigkeit eines Bauteils wird durch die Klasen 1 bis 4 festgelegt.

Prüfdruck	Klassifizierung	
P_{max} in Pa[a]	Prüfverfahren A	Prüfverfahren B
0	1A	1B
50	2A	2B
100	3A	3B
150	4A	4B
200	5A	5B
250	6A	6B
300	7A	7B
450	8A	–
600	9A	–
> 600	Exxx	–

1A bis 9A = Eignung für ungeschützte Einbaulage der Fenster
1B bis 7B = Eignung für geschützte Einbaulage der Fenster
0 Pa 15 min. Druckbeaufschlagung in Stufen von je 5 min.

5-7 Klassifizierung der Schlagregendichtigkeit nach DIN EN 12208

Schlagregendichtheit

Schlagregendichtheit ist nach DIN EN 1027 die Fähigkeit des Prüfkörpers, einen Wassereintritt in geschlossenem und verriegeltem Zustand unter den Prüfbedingungen bis zu einem Druck P_{max} (Grenze der Schlagregendichtheit) zu verhindern. Es gibt zwei Prüfverfahren für Elemente in ungeschützter Lage (Standardverfahren A) und für Elemente in geschützter Lage, z. B. durch Dachüberstand oder Vordach (Verfahren B). Die Klassifizierung erfolgt nach DIN EN 12208 (Bild 5-7), wobei Klassen für ungeschützten und geschützten Einbau zugeordnet werden. Im Normalfall wird eine Klassifizierung bei ungeschütztem Einbau (Klassen 1A bis 9A) vorgenommen, da der spätere Einbauort des Bauteils nicht immer ausreichend genau bekannt ist.

Die Klassen der erforderlichen Widerstandsfähigkeit gegen Windlast, Luftdurchlässigkeit und Schlagregendichtheit der Fenster und Türen müssen vom Planer entsprechend ihre Beanspruchungen nach den Vorgaben der DIN EN 1991-1-4/NA : 2012-12 angegeben werden. Dort kann der Winddruck nach folgenden Kriterien ermittelt werden:

- Windlastzone entsprechend der Windlastzonenkarte Bild 5-8/1,
- Geländekategorie, Bild 5-8/2,
- Windbeanspruchung entsprechend der Gebäudehöhe.

Für Gebäude bis 25 m Höhe können vereinfachte Böengeschwindigkeitsdrücke über die gesamte Bauwerkshöhe angesetzt werden. Mit diesem Verfahren können die anzusetzenden Windlasten bzw. die erforderliche Klassifizierung der Fenster aus dem Entwurf der DIN 18055 : 2013-07 entnommen werden, Bild 5-9.

Beispiel:
Windlastzone 2, Gebäudehöhe 15 m, Binnenland, Element im Randbereich ergibt folgende Anforderungen:

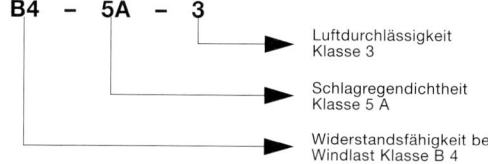

B4 – 5A – 3
→ Luftdurchlässigkeit Klasse 3
→ Schlagregendichtheit Klasse 5 A
→ Widerstandsfähigkeit bei Windlast Klasse B 4

5 Fenster und Außentüren — Anforderungen an Fenster

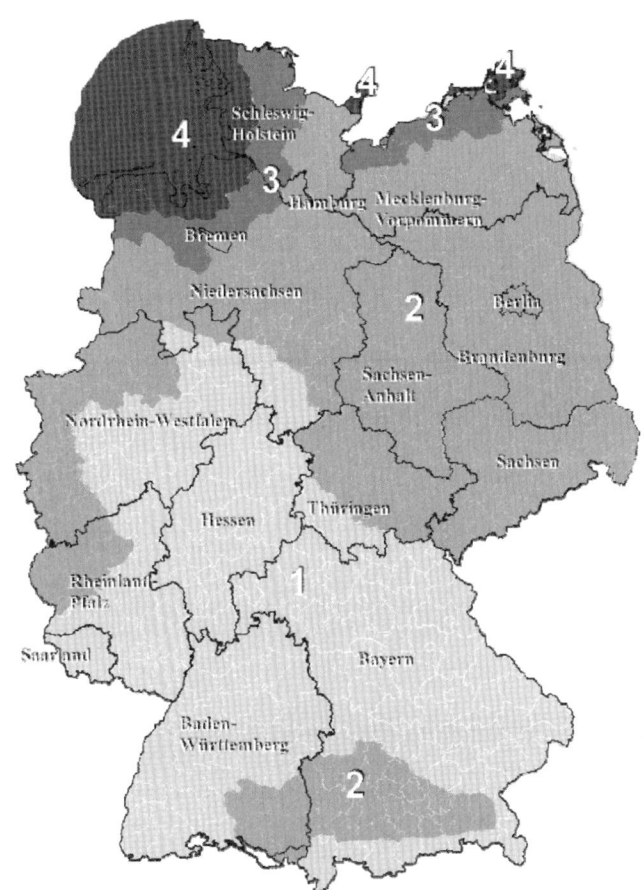

	Geländekategorie
I	Offene See; Seen mit mindestens 5 km freier Fläche in Windrichtung; glattes, flaches Land ohne Hindernisse
II	landwirtschaftlich genutztes Gelände mit Begrenzungshecken, einzelnen Gehöften, Häusern oder Bäumen
III	Vororte von Städten oder Industrie- und Gewerbeflächen; Wälder
IV	Stadtgebiete, bei denen mindestens 15 % der Fläche mit Gebäuden bebaut ist, deren mittlere Höhe 15 m überschreitet

5-8/2 Geländekategorie nach DIN EN 1991-1-4 : 2010-12

Charakteristische Werte der mittleren Windgeschwindigkeit und des zugehörigen Geschwindigkeitsdrucks:

Windzone	I	II	III	IV
v_m [m/s]	22,5	25,0	27,5	30,0
q_m [kN/m^2]	0,32	0,39	0,47	0,56

5-8/1 Windlastzonenkarte der Bundesrepublik Deutschland

2.4 Anforderungen an die Fenstergröße

Die Fenstergröße wird zunächst in der Hauptsache durch die Forderungen in den Landesbauordnungen bestimmt. Hier ist festgelegt, dass die lichten Maße der Fensteröffnungen von Aufenthaltsräumen mindestens 1/8 bis 1/10 der Raum-Grundfläche betragen. Weitere Einflussfaktoren sind die Raumnutzung, die Fassadengestaltung, die Gebäudelage, die Orientierung der Fenster, Verschattungen und die Raumgeometrie. Genauere Berechnungsmöglichkeiten für Fenstergrößen und Formate enthält DIN 5034, Kapitel 20-4.4. Dabei wird jeweils davon ausgegangen, dass eine ausreichende Beleuchtung mit Tageslicht sichergestellt ist. Fenstergrößen beeinflussen selbstverständlich auch die Energiebilanzen eines Gebäudes, Kapitel 1-3.6.

2.5 Anforderungen an den Schutz gegen Außenlärm

Der Schallschutz von Hochbauten wird in DIN 4109 behandelt, die Begriffe zur Kennzeichnung der Luftschall-

5 Fenster und Außentüren — Anforderungen an Fenster

Binnenland	Windzone 1						Windzone 2						Windzone 3						Windzone 4					
	0–10 m		> 10–18 m		> 18–25 m		0–10 m		> 10–18 m		> 18–25 m		0–10 m		> 10–18 m		> 18–25 m		0–10 m		> 10–18 m		> 18–25 m	
	Mitte	Rand	Mitte	Rand	Mitte	Rand	Mitte	Rand	Mitte	Rand	Mitte	Rand	Mitte	Rand	Mitte	Rand	Mitte	Rand	Mitte	Rand	Mitte	Rand	Mitte	Rand
Geschwindigkeitsdruck in kN/m² nach EN 1991-1	0,50	0,50	0,65	0,65	0,75	0,75	0,65	0,65	0,80	0,80	0,90	0,90	0,80	0,80	0,95	0,95	1,10	1,10	0,95	0,95	1,15	1,15	1,30	1,30
Windlast – Winddruck in kN/m² cpe,1 = 1,0/1,0	0,50	0,50	0,65	0,65	0,75	0,75	0,65	0,65	0,80	0,80	0,90	0,90	0,80	0,80	0,95	0,95	1,10	1,10	0,95	0,95	1,15	1,15	1,30	1,30
Windlast – Windsog in kN/m² cpe,1 = −1,1/−1,7	0,55	0,85	0,72	1,11	0,83	1,28	0,72	1,11	0,88	1,36	0,99	1,53	0,88	1,36	1,05	1,62	1,21	1,87	1,05	1,62	1,27	1,96	1,43	2,21
Widerstand gegen Windlast nach DIN EN 14351-1	B2	B3	B2	B3	B3	B4	B2	B3	B3	B4	B3	B4	B3	B4	B3	B5	B4	B5	B3	B5	B4	B5	B4	E 2210
Schlagregendichtheit nach DIN EN 14351-1	4A	4A	5A	5A	5A	5A	5A	5A	5A	5A	6A	6A	5A	5A	6A	6A	7A	7A	6A	6A	7A	7A	8A	8A
Luftdurchlässigkeit nach DIN EN 14351-1	2	2	2 (3)	2 (3)	2 (3)	3	2	2	2 (3)	3	2 (3)	3	2	3	2 (3)	3	3	3	2	3	3	3	3	4

Küste und Inseln der Ostsee	Windzone 2						Windzone 3						Windzone 4					
	0–10 m		> 10–18 m		> 18–25 m		0–10 m		> 10–18 m		> 18–25 m		0–10 m		> 10–18 m		> 18–25 m	
	Mitte	Rand	Mitte	Rand	Mitte	Rand	Mitte	Rand	Mitte	Rand	Mitte	Rand	Mitte	Rand	Mitte	Rand	Mitte	Rand
Geschwindigkeitsdruck in kN/m² nach EN 1991-1	0,85	0,85	1,00	1,00	1,10	1,10	1,05	1,05	1,20	1,20	1,30	1,30	1,25	1,25	1,40	1,40	1,55	1,55
Windlast – Winddruck in kN/m² cpe,1 = 1,0/1,0	0,85	0,85	1,00	1,00	1,10	1,10	1,05	1,05	1,20	1,20	1,30	1,30	1,25	1,25	1,40	1,40	1,55	1,55
Windlast – Windsog in kN/m² cpe,1 = −1,1/−1,7	0,94	1,45	1,10	1,70	1,21	1,87	1,16	1,79	1,32	2,04	1,43	2,21	1,38	2,13	1,54	2,38	1,71	2,64
Widerstand gegen Windlast nach DIN EN 14351-1	B3	B4	B3	B5	B4	B5	B3	B5	B4	B5	B4	B5	B4	E 2125	B4	E 2380	B5	E 2635
Schlagregendichtheit nach DIN EN 14351-1	6A	6A	6A	6A	7A	7A	7A	7A	7A	7A	8A	8A	8A	8A	8A	8A	8A	8A
Luftdurchlässigkeit nach DIN EN 14351-1	2	3	2 (3)	3	3	3	2	3	3	4	3	4	3	4	3	4	3	4

Küste der Nordsee	Windzone 4					
	0–10 m		> 10–18 m		> 18–25 m	
	Mitte	Rand	Mitte	Rand	Mitte	Rand
Geschwindigkeitsdruck in kN/m² nach EN 1991-1	1,25	1,25	1,40	1,40	1,55	1,55
Windlast – Winddruck in kN/m² cpe,1 = 1,0/1,0	1,25	1,25	1,40	1,40	1,55	1,55
Windlast – Windsog in kN/m² cpe,1 = −1,1/−1,7	1,38	2,13	1,54	2,38	1,71	2,635
Widerstand gegen Windlast nach DIN EN 14351-1	B4	E 2125	B4	E 2380	B5	E 2635
Schlagregendichtheit nach DIN EN 14351-1	8A	8A	8A	8A	8A	8A
Luftdurchlässigkeit nach DIN EN 14351-1	3	4	3	4	3	4

Inseln der Nordsee	Windzone 4					
	0–10 m		> 10–18 m		> 18–25 m	
	Mitte	Rand	Mitte	Rand	Mitte	Rand
Geschwindigkeitsdruck in kN/m² nach EN 1991-1	1,40	1,40				
Windlast – Winddruck in kN/m² cpe,1 = 1,0/1,0	1,40	1,40				
Windlast – Windsog in kN/m² cpe,1 = −1,1/−1,7	1,54	2,38	besondere Berechnung erforderlich		besondere Berechnung erforderlich	
Widerstand gegen Windlast nach DIN EN 14351-1	B4	E 2380				
Schlagregendichtheit nach DIN EN 14351-1	8A	8A				
Luftdurchlässigkeit nach DIN EN 14351-1	3	4				

Anmerkungen:

Bei der Luftdurchlässigkeit wurde in Klammern eine Klasse angegeben, wenn sich aus der EnEV-Anforderung eine höhere Klasse als aus der Berechnung ergibt.

Das bei cpe,1 angegebene Wertepaar bezieht sich jeweils auf die Gebäudemitte bzw. den Gebäuderand.

5-9 Festlegung der Beanspruchungsklassen für Fenster und Außentüren

dämmung von Bauteilen sind Kapitel 11-21 zu entnehmen. Fenster gehören zu den Außenbauteilen, bei denen zum Schutz gegen Außenlärm die Anforderungen an die Luftschalldämmung zu beachten sind, Kapitel 11-24.3 bis 24.6. Ausgehend vom maßgeblichen Außenlärmpegel wird das erforderliche resultierende Schalldämm-Maß aller Außenbauteile und daraus das erforderliche Schalldämm-Maß für die Außenwand und für das Fenster ermittelt, Kapitel 4-5, *Bild 4-2*. Wenn Zusatzeinrichtungen (Lüftungseinrichtungen, Rollladenkästen) im Fensterbereich angeordnet sind, muss die für das Fenster genannte Anforderung eines Fensters mit Zusatzeinrichtungen eingehalten werden.

2.6 Anforderungen an Lüftung und Luftwechsel

Trotz hoher Anforderungen an die Reduzierung von Lüftungswärmeverlusten muss dafür gesorgt werden, dass in Wohnungen hygienisch ausreichende Luftwechsel erreicht werden. Deshalb ist für neu zu errichtende bzw. modernisierende Gebäude ein Lüftungskonzept nach DIN 1946-6 : 2009-05 zu erstellen, Kapitel 14-4. Die Instandsetzung/Modernisierung eines bestehenden Gebäudes ist dann lüftungstechnisch relevant, wenn – ausgehend von einem für den Gebäudebestand anzusetzenden n_{50}-Wert von 4,5 h^{-1} – mehr als ein Drittel der vorhandenen Fenster ausgetauscht werden bzw. im Einfamilienhaus mehr als ein Drittel der Dachfläche abgedichtet werden.

Die Lüftung zum Feuchteschutz ist nutzerunabhängig sicherzustellen. Dabei ist die Infiltration der Gebäudehülle zu berücksichtigen. Reicht diese Infiltration nicht aus, so ist das benötigte Luftvolumen über Außenwandluftdurchlässe (ALD) sicherzustellen. Das kann durch Fensterfalzlüfter geschehen. Diese liegen verdeckt im Rahmen, sind somit kaum sichtbar und regeln den Luftvolumenstrom über die Winddruckanpassung.

2.7 Anforderungen an die Einbruchhemmung

Die Einbruchhemmung von Fenstern und Türen wird ständig bedeutungsvoller. Durch Maßnahmen an Füllungen (Verglasungen usw.), Rahmen, Beschlägen und bei der Montage lassen sich die Bauteile so widerstandsfähig gegen Einbruchversuche machen, dass sie während einer längeren Angriffszeit standhalten und kein Eindringen in den Raum zulassen. Da die Anforderungen ganz unterschiedlich sind, wurden für Fenster, Türen und Abschlüsse Widerstandsklassen geschaffen. DIN EN 1627 nennt in Tabelle NA.6 Kriterien für die Auswahl einer bestimmten Widerstandsklasse (RC 1 bis RC 6) nach Tätertyp, Täterverhalten, Risiko und gibt Einsatzempfehlungen, *Bild 5-10*.

5 Fenster und Außentüren — Anforderungen an Fenster

Widerstands-klasse	Erwarteter Tätertyp, mutmaßliches Täterverhalten	Empfohlener Einsatzort des einbruchhemmenden Bauteils		
		A Wohnobjekte	B Gewerbeobjekte, öffentliche Objekte	C Gewerbeobjekte, öffentliche Objekte (hohe Gefährdung)
RC 1 N	Bauteile der Widerstandsklasse RC 1 N weisen einen Grundschutz gegen Aufbruchversuche mit körperlicher Gewalt wie Gegentreten, Gegenspringen, Schulterwurf, Hochschieben und Herausreißen auf (vorwiegend Vandalismus). Bauteile der Widerstandsklasse RC 1 N weisen nur einen geringen Schutz gegen den Einsatz von Hebelwerkzeugen auf.	Wenn Einbruchhemmung gefordert wird, wird der Einsatz der Widerstandsklasse RC 1 N nur bei Bauteilen empfohlen, bei denen kein direkter Zugang (nicht ebenerdiger Zugang) möglich ist.		
RC 2 N	Der Gelegenheitstäter versucht, zusätzlich mit einfachen Werkzeugen wie Schraubendreher, Zange und Keile, das Bauteil aufzubrechen.	hohes Risiko a)	hohes Risiko a)	geringes Risiko
RC 2	Der Gelegenheitstäter versucht, zusätzlich mit einfachen Werkzeugen wie Schraubendreher, Zange und Keile, das Bauteil aufzubrechen.	hohes Risiko	hohes Risiko	geringes Risiko
RC 3	Der Täter versucht zusätzlich mit einem zweiten Schraubendreher und einem Kuhfuß das Bauteil aufzubrechen.	hohes Risiko	durchschnittliches Risiko	geringes Risiko
RC 4	Der erfahrene Täter setzt zusätzlich Sägewerkzeuge und Schlagwerkzeuge wie Schlagaxt, Stemmeisen, Hammer und Meißel sowie eine Akku-Bohrmaschine ein.	geringes Risiko	durchschnittliches Risiko	durchschnittliches Risiko
RC 5	Der erfahrene Täter setzt zusätzlich Elektrowerkzeuge wie z. B. Bohrmaschine, Stich- oder Säbelsäge und Winkelschleifer ein.	geringes Risiko	geringes Risiko	durchschnittliches Risiko
RC 6	Der erfahrene Täter setzt zusätzlich leistungsfähige Elektrowerkzeuge wie z. B. Bohrmaschine, Stich- oder Säbelsäge und Winkelschleifer ein.	geringes Risiko	geringes Risiko	hohes Risiko

a) Wenn Einbruchhemmung gefordert wird, wird der Einsatz der Widerstandsklasse RC 2 N nur bei Bauteilen empfohlen, bei denen kein direkter Angriff auf die eingesetzte Verglasung zu erwarten ist.

Anmerkung:

Diese Tabelle stellt lediglich eine ungefähre Orientierung dar. Fachkundige Beratung z. B. durch die örtlichen Beratungsstellen der Polizei ist unerlässlich. Die Abschätzung des Risikos sollte unter Berücksichtigung der Lage des Gebäudes (geschützt/ungeschützt), Nutzung und Sachwertinhalt auf eigene Verantwortung erfolgen. Bei hohem Risiko sollten zusätzlich geprüfte und zertifizierte Einbruchmeldeanlagen eingesetzt werden.

Bei der Auswahl von einbruchhemmenden Elementen der Widerstandsklassen 4 bis 6 ist anzumerken, dass bei der Auswahl solcher Elemente in Flucht- und Rettungswegen der Werkzeugeinsatz der Feuerwehr erschwert und deshalb zu berücksichtigen ist.

Außensteckdosen z. B. im Hausflur, im Garten oder im Bereich der Terrasse sollten spannungslos sein, um ihre Benutzung durch den Einbrecher zu verhindern.

☐ geringes Risiko   ▨ durchschnittliches Risiko   ■ hohes Risiko

5-10 Kriterien für die Auswahl von Widerstandsklassen nach Tätertyp, Täterverhalten und Risiko sowie Einsatzempfehlungen

2.8 Anforderungen an den Unfallschutz

In der Musterbauordnung (MBO) und den Landesbauordnungen sind die Anforderungen fixiert, die eine gefahrlose Reinigung von Fenstern und Türen sicherstellen sollen. Außerdem werden Mindesthöhen für Fensterbrüstungen festgelegt. Diese müssen bis zu einer Absturzhöhe von 12 m mindestens 80 cm und bei einer Absturzhöhe über 12 m mindestens 90 cm hoch sein (MBO § 38). Weitere Sicherheitsanforderungen betreffen die Verglasungen. Spezielle Sicherheitsanforderungen sind in der Arbeitsstättenverordnung sowie in den Bestimmungen der Unfallversicherungsverbände (z. B. für Schulen, Kindergärten, Krankenhäuser usw.) enthalten.

Des Weiteren sind die technischen Regeln für die Verwendung von linienförmig gelagerten Verglasungen (TRLV) und die technischen Regeln für die Verwendung von absturzsichernden Verglasungen (TRAV) zu beachten.

3 Verglasungen

3.1 Anforderungen an Verglasungen

Neben den gestalterischen Aspekten von Fenstern bzw. Verglasungen müssen auch die funktionalen Anforderungen dieser Bauteile im Vorfeld der Gebäudeplanung nutzungsbedingt festgelegt werden. Für Verglasungen betrifft dies u. a. den Sichtbezug nach Außen, die Innenraumbeleuchtung mit Tageslicht, den Schutz gegen Einwirkungen des Außenklimas, den Beitrag zur Energiegewinnung, Schutz gegen Lärm, Schutz gegen Feuer und je nach Anforderung einen entsprechenden Sicherheitsschutz.

3.2 Begriffe und Eigenschaften

Mehrscheiben-Isolierglas ist eine Verglasungseinheit aus zwei oder mehreren Glasplatten, die an den Rändern miteinander verbunden sind. Der Randverbund wird überwiegend durch Kleben mit organischen Dichtungsmassen hergestellt. Die somit hermetisch abgeschlossenen Scheibenzwischenräume (SZR) sind mit trockener Luft oder einem Spezialgas gefüllt. Zur Verbesserung der Eigenschaften hinsichtlich Wärme-, Schall- und Sonnenschutz sowie zur Angriffshemmung werden beschichtete Gläser, eingefärbte Gläser oder Verbundgläser verwendet, Scheibenzwischenräume vergrößert oder mit Spezialgas gefüllt.

Im üblichen Sprachgebrauch werden luftgefüllte Isolierverglasungen mit zwei unbeschichteten Scheiben als **Isolierverglasungen** bezeichnet. Handelt es sich dagegen um Einheiten mit verbesserten Eigenschaften, so spricht man z. B. von Wärmeschutz-, Schallschutz-, Sonnenschutz- oder Sicherheitsverglasungen. Die Funktionen können auch kombiniert werden. Die Eigenschaften müssen jedoch in jedem Fall präzise gefordert oder angegeben werden, da es eine nahezu unübersehbar große Zahl von Aufbauvarianten gibt.

Wärmeschutzverglasungen weisen Beschichtungen mit einem niedrigen Emissionsgrad für Wärmestrahlung auf. Außerdem werden die Scheibenzwischenräume vielfach mit Spezialgasen besonders niedriger Wärmeleitfähigkeit wie Argon und in Sonderfällen auch Krypton gefüllt. Die Beschichtungen bewirken eine hohe Durchlässigkeit für kurzwellige Sonnenstrahlung von außen und eine starke Reflexion der langwelligen Infrarot-Wärmestrahlung von innen. Beide Maßnahmen zusammen ermöglichen eine Verringerung der Transmissionswärmeverluste im Vergleich zu Isolierverglasungen, die nicht beschichtet und nur mit Luft gefüllt sind, auf weniger als die Hälfte, *Bild 5-11*.

Die Wärmeübertragung der Verglasung wird durch den **Wärmedurchgangskoeffizienten** U_g gekennzeichnet. Den Zusammenhang zwischen U_g-Wert, Beschichtung, Gasfüllung und Scheibenzwischenraum zeigt *Bild 5-12*.

Sonnenschutzverglasungen weisen Beschichtungen und/oder Einfärbungen auf. Die Beschichtungen werden so angeordnet, dass die Sonneneinstrahlung möglichst weit außen reflektiert wird. Die Einfärbungen bewirken eine

Verglasungsart	Aufbau* (Glasdicke, Scheibenzwischenraum), mm	U_g-Wert [W/m² K]	g-Wert [–]	τ_v [–]
1 V	4	5,8	0,90–0,85	0,90–0,88
2 IV	4/12/4	3,0–2,8	0,80–0,75	0,82–0,80
3 IV	4/12/4/12/4	2,1–1,8	0,70–0,55	0,75
DV**	4/20–100/4	2,8	0,76	0,82
DV**	4/20–100/4/12/4	2,0	0,70	0,75
2 WSV Luft	4/16/#4	1,40	0,62	0,80
2 WSV Argon	4/12/#4 4/15–16/#4 4/15–16/#4	1,30 1,10 1,00	0,62 0,63–0,62 0,60–0,48	0,80 0,80 0,78–0,70
2 WSV Krypton	4/10–12/#4 4/10/#4	1,00 0,90	0,62 0,50	0,80 0,71
3 WSV Argon	4/12/#4/12/#4 4#/10–12/4/10–12/#4 4/14–18/#4/14–18/#4 4#/12–14/4/12–14/#4 4#/14–16/4/14–16/#4 4#/16–18/4/16–18/#4	0,80 0,80 0,70–0,60 0,70 0,60 0,50	0,63–0,61 0,61–0,49 0,63–0,60 0,61–0,37 0,51–0,35 0,51–0,35	0,74–0,73 0,73–0,70 0,74–0,73 0,74–0,58 0,72–0,70 0,72–0,57
3 WSV Krypton	4/10/#4/10/#4 4#/8/4/8/#4 4/12/#4/12/#4 4#/8–10/4/8–10/#4 4#/10–12/4/10–12/#4 4#/12/4/12/#4	0,70 0,70 0,60 0,60 0,50 0,40	0,61 0,51–0,50 0,63–0,61 0,61–0,5 0,60–0,49 0,37–0,35	0,73 0,72 0,74–0,73 0,73–0,72 0,74–0,70 0,58–0,55

* von außen nach innen
** Verbund- oder Kastenfenster mit 2 Einfachscheiben bzw. mit 1 Einfachscheibe und 1 Isolierverglasung, U-Werte aus DIN 4108-4
IV = Isolierverglasung, DV = Doppelverglasung, WSV = Wärmeschutzverglasung, # = Lage der low-ε-Beschichtung

5-11 Bandbreiten thermischer und optische Kennwerte für Wärmeschutzverglasungen

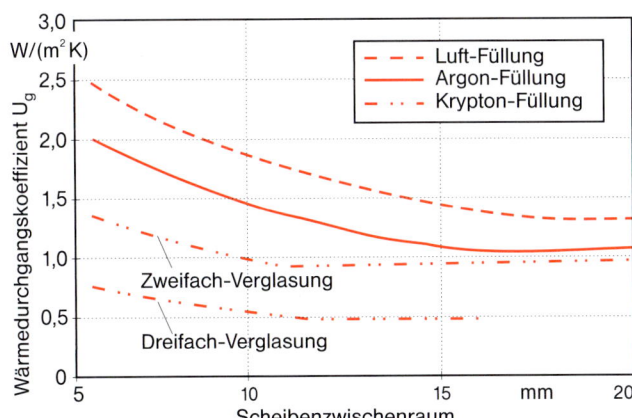

5-12 Wärmedurchgangskoeffizienten U_g von Mehrscheibenverglasungen mit Beschichtung (Emissionsgrad $\varepsilon_n = 0{,}05$) bei unterschiedlichen Gasfüllungen in Abhängigkeit vom Scheibenzwischenraum, nach DIN EN 673

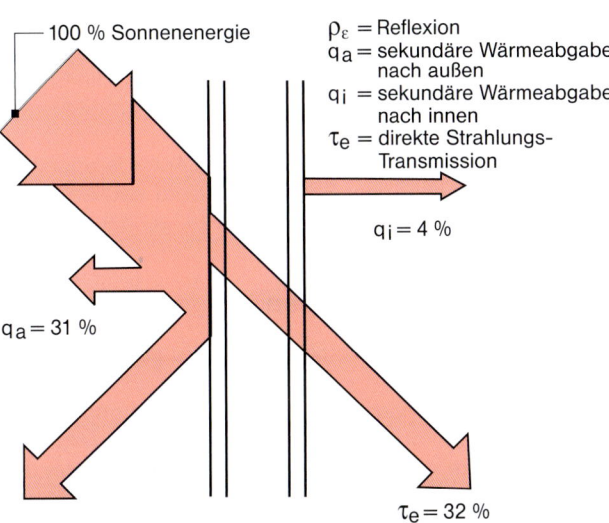

5-13 Veranschaulichung des Gesamtenergiedurchlassgrades g eines Sonnenschutzglases

Strahlungsabsorption. Durch Füllen der Scheibenzwischenräume mit Spezialgasen können in Verbindung mit den sog. low-ε-Beschichtungen auch sehr geringe Wärmedurchgangskoeffizienten erreicht werden. Die geringere Gesamtenergiedurchlässigkeit, ausgedrückt durch den **Gesamtenergiedurchlassgrad g** (Bild 5-13) führt jedoch zu geringeren solaren Wärmegewinnen während der Heizperiode.

Schallschutzverglasungen weisen je nach Anforderung einen asymmetrischen Aufbau der Einzelscheiben auf. Eine Erhöhung der Schalldämmwerte kann bis zu gewissen Grenzen auch durch eine Vergrößerung des SZR erreicht werden. Zusätzlich besteht die Möglichkeit, eine oder mehrere Scheiben des Isolierglases aus Verbund- bzw. Verbundsicherheitsglas herzustellen. Für diesen Verbund gibt es speziell für die Schalldämmung entwickelte Folien.

Die Schalldämmung wird durch das bewertete **Schalldämm-Maß R_w** gekennzeichnet, Kapitel 11-22.4

Die Eigenschaften der Wärme- und Schalldämmung können auch kombiniert werden, wobei in einigen Fällen mit gewissen Einschränkungen zu rechnen ist.

Sicherheitsverglasungen haben verschiedene Aufgaben zu erfüllen. Angriffshemmende Verglasungen bieten eine **aktive Sicherheit** vor Durchwurf (DIN EN 356), Durchbruch (DIN EN 356), Durchschuss (DIN EN 1063) und Sprengwirkung (DIN EN 13541). Sicherheitsverglasungen mit Verletzungsschutz bieten eine **passive Sicherheit** z. B. bei Türen, Windfängen, Trennwänden und Überkopfverglasungen. Hierzu werden **Einscheibensicherheitsgläser** (ESG) und **Verbundsicherheitsgläser** (VSG) verwendet. Der Einsatz solcher Gläser wird in den TRAV (Technische Regeln für die Verwendung von absturzsichernden Verglasungen) beschrieben. Einscheibensicherheitsglas ist ein vorgespanntes Glas, das bei Zerstörung in kleine, meist stumpfkantige Glaskrümel zerbricht.

Verbundsicherheitsglas besteht aus zwei oder mehreren Glasscheiben, die durch hochelastische Folien miteinander verbunden sind. Beim Bruch der Scheibe haften die Bruchstücke an der Folie. Glasscheiben mit Sicherheitseigenschaften können auch weiterbehandelt und mit anderen Glasscheiben kombiniert werden, um die Anforderungen an den Wärme-, Schall- oder Sonnenschutz zu erfüllen. Auch hier ist mit gewissen Einschränkungen zu rechnen.

4 Fensterkonstruktionen

4.1 Anforderungen

Fensterkonstruktionen müssen als multifunktionale Bauteile sämtliche nutzungsspezifischen Anforderungen ebenso wie die gestalterischen Aspekte der Gebäudehülle erfüllen. Hier gilt es bereits in der Entwurfsphase, Aspekte wie Art, Form, Teilung und Rahmenmaterial mit den erforderlichen Funktionsmerkmalen der Fensterkonstruktionen in Einklang zu bringen.

4.2 Öffnungs- und Konstruktionsarten

Bei der Festlegung der Öffnungsart eines Fensters sind neben der Lage des Fensters im Raum auch die Möglichkeiten der Raumbelüftung und Fensterreinigung zu beachten, *Bild 5-14*. Eine **fest stehende Verglasung** kann verwendet werden, wenn die Raumlüftung anderweitig sichergestellt und eine Fensterreinigung von außen möglich ist. **Drehflügel-Fenster** sind für eine Stoßlüftung gut, für eine Dauerlüftung nicht geeignet. Bei geöffnetem Fenster kann Regen eindringen. **Kippflügel-Fenster** sind zur Dauerlüftung gut geeignet und zur Stoßlüftung weitgehend ungeeignet. Die Reinigung des abzuklappenden Flügels kann schwierig sein. **Drehkippflügel-Fenster** verbinden die Vorteile des Dreh- und des Kippflügel-Fensters und werden deshalb im heutigen Wohnungsbau bevorzugt eingebaut. **Stulpfenster** bestehen aus zwei Flügeln ohne festen Pfosten. Jedes Stulpfenster hat einen Dreh-Kipp-Beschlag und einen Dreh-Beschlag oder einen Dreh-/Dreh-Beschlag. Im geöffneten Zustand be-

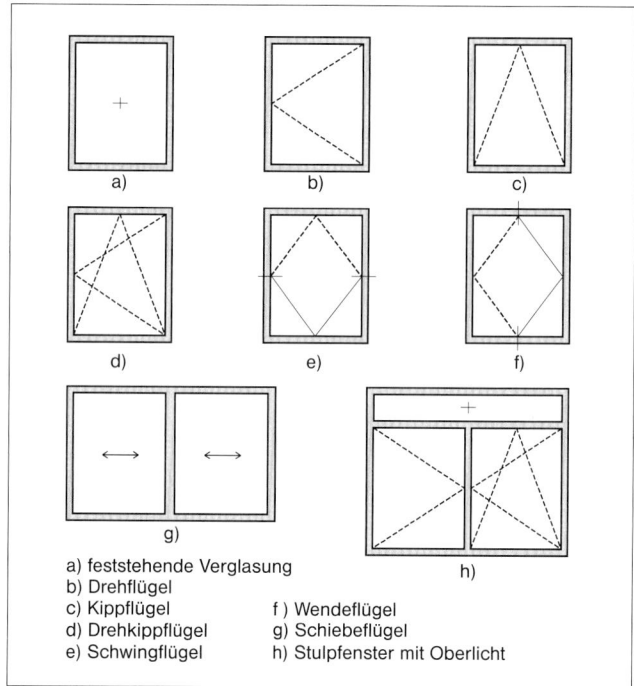

a) feststehende Verglasung
b) Drehflügel
c) Kippflügel
d) Drehkippflügel   f) Wendeflügel
e) Schwingflügel   g) Schiebeflügel
                    h) Stulpfenster mit Oberlicht

5-14 Öffnungsarten von Fenstern

findet sich, im Gegensatz zu einem Fenster mit festem Pfosten, in der Mitte kein störendes Profil.

Schwingflügel-Fenster haben einen um die horizontale Achse drehbaren Flügel und sind besonders für breite Fensteröffnungen geeignet. Bei Türen werden vielfach auch **Schiebekonstruktionen** eingesetzt, wobei es sich um Hebeschiebe-Türen oder um Parallelschiebekipp-Ausführungen handelt.

Je nach Anordnung der beweglichen Flügel werden Fensterkonstruktionen nach Einfach-, Verbund- oder Kastenfenstern unterschieden, *Bild 5-15*.

Einfachfenster haben einen Blendrahmen und einen Flügel mit zwei- oder dreischeibiger Verglasung. Bei **Ver-**

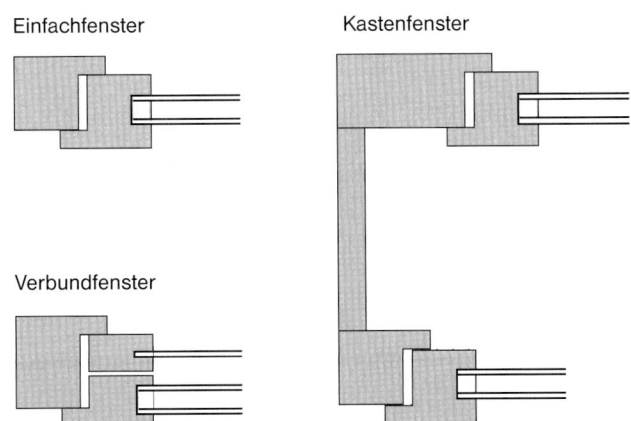

5-15 Konstruktionsarten von Fenstern

bundfenstern sind in einem Blendrahmen zwei Flügel eingebaut, die direkt hintereinander liegen und über einen weiteren Beschlag miteinander verbunden sind. Zur Fensterlüftung werden die beiden verbundenen Flügel gemeinsam, zu Reinigungszwecken einzeln geöffnet. Durch die Kombination von ein- und zweischeibigen Verglasungen können erhöhte Werte für den Wärme- und Schallschutz erreicht werden. **Kastenfenster** bestehen aus zwei Einfachfenstern, deren Blendrahmen durch ein umlaufendes, 10 bis 15 cm breites Futter (Kasten) miteinander verbunden sind. Die Flügel müssen nacheinander geöffnet werden. Wegen des großen Scheibenabstandes ist die Schalldämmung bei Kastenfenstern besonders hoch.

4.3 Holzfenster und Aluminium-Holzfenster

Holz ist ein altbewährter Werkstoff im Fensterbau. Hochwertige und fachgerecht hergestellte Holzfenster stehen Fenstern aus anderen Werkstoffen bezüglich Dichtigkeit und Dauerhaftigkeit nicht nach. Vorteile des Holzes sind günstige Wärmedämmeigenschaften, geringe Wärmedehnung und gute Bearbeitbarkeit. Als Nachteil ist die Notwendigkeit zur regelmäßigen Erneuerung des Anstriches anzusehen.

Für den Fensterbau sind nur ausgesuchte Hölzer zulässig. Die Anforderungen an die Qualität des Holzes sind in DIN EN 942 festgelegt. Beurteilt werden unter anderem Festigkeit, Stehvermögen, Schwund und Quellung, Bearbeitbarkeit, Trocknungsverhalten, Resistenz gegen Pilz- und Insektenbefall, Anstrichverträglichkeit, Aussehen, Witterungsbeständigkeit. Es wird unterschieden zwischen deckend zu streichenden und nicht deckend zu streichenden Fenstern. Die am häufigsten eingesetzten Holzarten sind bei Nadelhölzern Fichte, Kiefer, Lärche, Hemlock und Oregon Pine. Bei Laubhölzern sind Eiche, Dark Red Meranti und Sipo Mahagoni am gebräuchlichsten.

Profile und Mindestrahmendicken für Holzfenster sind in der DIN 68121 festgelegt. Alle außenseitigen Profilkanten sind zur Vermeidung von Anstrichschäden mit einem Radius von etwa 2 mm abzurunden. Damit Wasser abgeleitet wird, ist eine äußere Oberflächenneigung von mindestens 15° erforderlich, *Bild 5-16*.

Zum Schutz gegen Feuchtigkeit und UV-Strahlung ist ein geeigneter Anstrich erforderlich. Deckende Anstriche können in vielen Farben ausgeführt werden. Bei Lasuren sind Systeme mit ausreichender Pigmentierung anzuwenden. Die UV-Durchlässigkeit des fertigen Anstrichfilms darf nicht größer als 2,4 % sein. Die Schichtdicke des fertigen Anstriches muss auf den sichtbar bleibenden Flächen im Mittel bei Lasuren 80 µm und bei deckenden Anstrichen 100 µm Trockenschichtdicke besitzen. Bei den eingesetzten Beschichtungsmaterialien handelt es sich heute überwiegend um lösungsmittelfreie oder lösungsmittelarme Produkte.

Beim Reinigen darf der schützende Anstrich oder die Lasur nicht beschädigt werden. Daher sollten nur Schwamm und Leder, jedoch keine scheuernden und aggressiven Reinigungsmittel verwendet werden.

Recycling von Holzfenstern erfolgt durch spezialisierte Fachbetriebe, welche die Materialien wie Glas, Metall und Holz voneinander trennen und diese dem entsprechenden Wertstoffkreislauf zuführen.

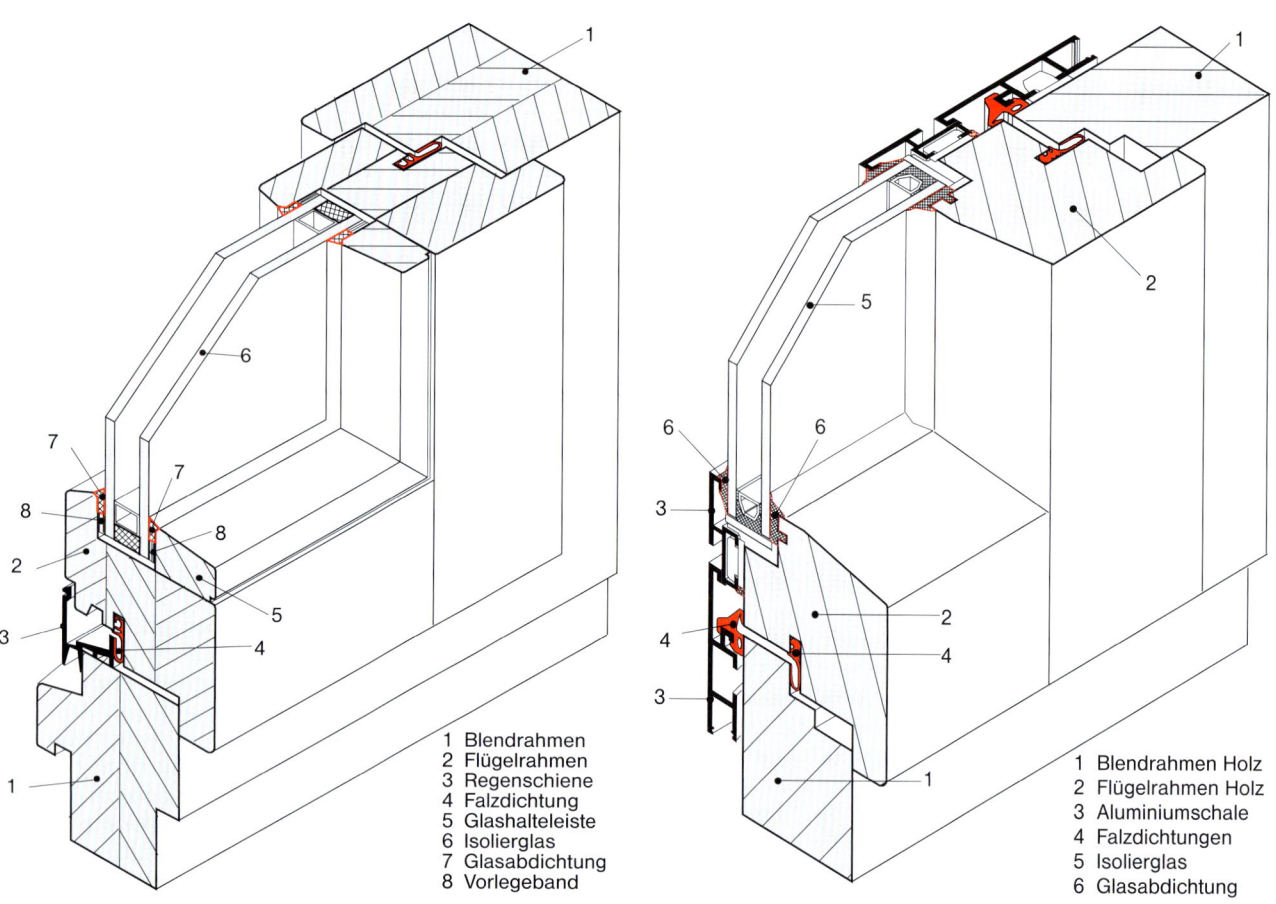

5-16 Holzfenster

1 Blendrahmen
2 Flügelrahmen
3 Regenschiene
4 Falzdichtung
5 Glashalteleiste
6 Isolierglas
7 Glasabdichtung
8 Vorlegeband

5-17 Aluminium-Holzfenster

1 Blendrahmen Holz
2 Flügelrahmen Holz
3 Aluminiumschale
4 Falzdichtungen
5 Isolierglas
6 Glasabdichtung

Holz aus Altfenstern ist nach dem Erneuerbaren-Energien-Gesetz ein CO_2-neutraler Energieträger, der in modernen Biomasse-Heizkraftwerken zur effizienten Strom- und Wärmeerzeugung eingesetzt werden kann.

Aluminium-Holzfenster (*Bild 5-17*) stellen eine gute Kombination und Ergänzung der beiden Rahmenwerkstoffe dar. Beim Aluminium-Holzfenster bestehen Blend- und Flügelrahmen jeweils aus einem innenseitigen Holzrahmen und einem außenseitigen Aluminiumrahmen. Bei diesem Fenster übernimmt der Holzrahmen die tragende Funktion und den Wärmeschutz und der Aluminiumrahmen die Aufgabe des Witterungsschutzes. Wegen der unterschiedlichen Wärmeausdehnung von Holz und Aluminium ist der Aluminiumrahmen gleitend auf dem Holzrahmen befestigt. Zwischen Holz- und Aluminiumrahmen muss ein ausreichender Abstand vorhanden sein, um Feuchteschäden zu vermeiden.

Das Glas kann entweder von innen mit Glashalteleisten aus Holz oder von außen mithilfe des abnehmbaren Aluminiumrahmens eingebaut werden.

Auch Dachflächenfenster stellen meistens Kombinationen von Holz und Aluminium oder Kunststoff dar. Es handelt sich dabei allerdings um spezielle Systemkonstruktionen, die nicht mit üblichen Aluminium-Holzfenstern oder Kunststofffenstern vergleichbar sind.

4.4 Kunststofffenster und Aluminium-Kunststofffenster

Kunststofffensterprofile unterliegen der Gütesicherung RAL-GZ 716.

Die Profile aus weichmacherfreiem, hochschlagzähem Hart-PVC (PVC-U) werden mittels Extrusionsverfahren hergestellt. Die erforderlichen Dichtungen aus Weich-PVC können im Coextrusionsverfahren (PCE-Dichtungen), werkseitig eingerollt (TPE-Dichtungen) oder nachträglich von Hand (EPDM-Dichtungen) an den Profilen angebracht werden. Eine Farbgestaltung der Kunststofffensterprofile kann mittels Folienkaschierung, coextrudierter PMMA-Schicht oder als Beschichtung mit entsprechenden Lacken erfolgen.

In der neuen RAL-GZ 716 wird die Gütesicherung auf das gesamte Kunststofffensterprofilsystem und die darin enthaltenen Komponenten ausgeweitet. Für das Gesamtsystem sind umfangreiche Zulassungsprüfungen erforderlich. Die gleichbleibende Qualität der Systemkomponenten wird durch eine anerkannte Prüfstelle überwacht und so sichergestellt. Fensterbaufirmen können sich nach RAL-GZ 695 fremdüberwachen lassen.

Die Profile werden vom Fensterhersteller zugeschnitten und mittels Schweißverfahren und/oder mechanischer Verbindungsmittel zu Blend- und Flügelrahmen zusammengesetzt. Zur Aussteifung von Kunststoffprofilen werden zuvor Profile aus verzinktem Stahl in entsprechende Kammern eingeschoben und mit den PVC-Profilen verschraubt, Bild 5-18. Zwischen Rahmen und Flügel eindringendes Wasser muss kontrolliert nach außen abgeleitet werden. Für die Abdichtung zwischen Rahmenprofilen und Verglasung werden elastische Dichtungsprofile verwendet. Die Leistungseigenschaften für Fenster regelt DIN EN 14351.

Kunststofffenster sind sehr witterungsbeständig und bedürfen nur einer geringen Wartung.

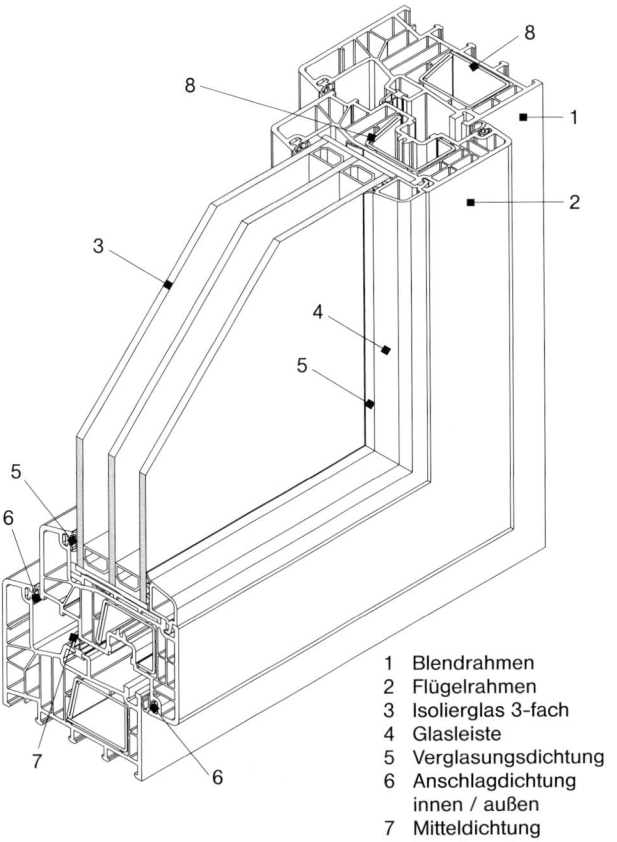

1 Blendrahmen
2 Flügelrahmen
3 Isolierglas 3-fach
4 Glasleiste
5 Verglasungsdichtung
6 Anschlagdichtung innen / außen
7 Mitteldichtung
8 Metallaussteifung

5-18 Kunststofffenster (profine)

Die PVC-Oberflächen können mit Wasser und einem im Haushalt üblichen Reiniger, keinesfalls jedoch mit Lösungs- oder Scheuermitteln gereinigt werden.

Kunststofffenster können zu über 95 % einer Wertstoffwiederverwertung zugeführt werden. Der Rewindo Fenster-Recycling-Service, ein Zusammenschluss von führenden deutschen Kunststoffprofilherstellern, organisiert über ein Sammelsystem die Verwertung ausgebauter Kunststofffenster. Diese werden in modernen Recyclinganlagen aufbereitet und das hochwertige, recycelte PVC-Granulat wird anschließend der Produktion von neuen Profilen zugeführt.

Aluminium-Kunststofffenster, bei denen Blend- und Flügelrahmen mit einer außenseitigen Aluminiumverkleidung ausgestattet sind, *Bild 5-43*, vereinigen Vorteile wie Wärmedämmung, Stabilität, Witterungsbeständigkeit, Pflegeleichtigkeit und Design auf bisher nicht gekannte Art und Weise.

4.5 Aluminiumfenster

Aluminium und Aluminiumlegierungen werden seit den 50er-Jahren beim Bau von Fenster-/Türrahmen und Fassaden eingesetzt. Als Vorteile des Werkstoffs Aluminium für Fensterprofile gelten die relativ hohe mechanische Festigkeit, die Möglichkeit attraktiver Oberflächengestaltung und die Möglichkeit des stofflichen Recyclings. Für einen geschlossenen Recyclingkreislauf hat die Branche den A/U/F e. V. gegründet. Zweck des A/U/F ist die nachhaltige Förderung der Entsorgung und Aufbereitung ausgebauter Bauelemente/Bauprofile von Fenstern, Türen und Fassaden aus Aluminium zum Zweck der Materialwiederverwendung. Darüber hinaus bezweckt der Verein die Förderung des Einsammelns fertigungsbedingter Profilreststücke und produktionsbedingter Spanreste sowie deren Aufbereitung und Wiederverwendung. Damit soll ein umweltgerechter und ressourcensparender Wertstoffkreislauf des Profilmaterials Aluminium gefördert werden. Nachteile von Aluminium sind die hohe Wärmeleitfähigkeit sowie der hohe Energieaufwand und Flächenverbrauch zur Gewinnung von Aluminium aus Bauxit. Aluminium-Fensterprofile werden aus Aluminiumknetlegierungen mittels Strangpressverfahren hergestellt.

Aluminiumfenster werden heute meist nur noch aus thermisch getrennten Aluminiumprofilen hergestellt. Bei diesen thermisch entkoppelten Rahmenkonstruktionen sind die äußere und innere Aluminiumschale des Rahmens

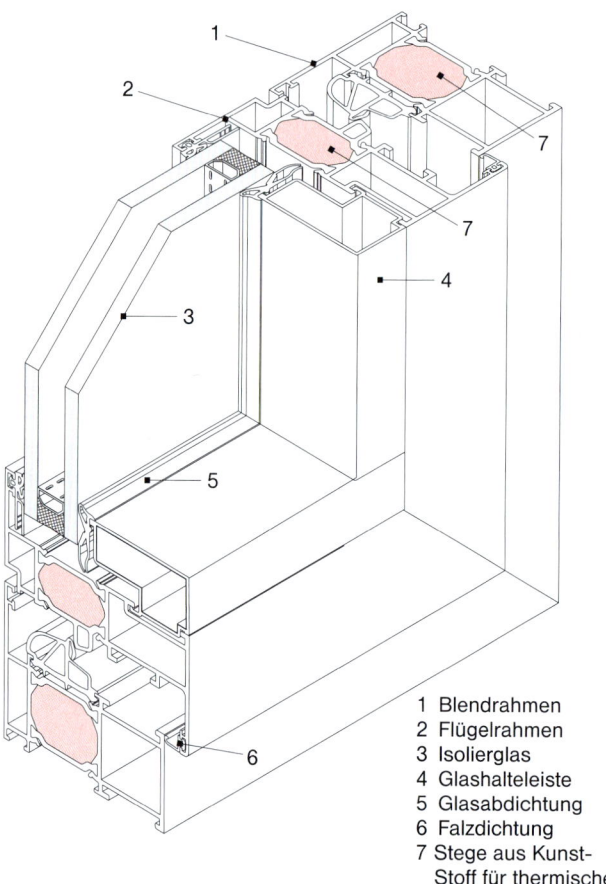

1 Blendrahmen
2 Flügelrahmen
3 Isolierglas
4 Glashalteleiste
5 Glasabdichtung
6 Falzdichtung
7 Stege aus Kunst-Stoff für thermische Trennung

5-19 Aluminiumfenster mit thermischer Trennung (Hueck)

durch Wärmedämmstege aus glasfaserverstärktem Polyamid und/oder durch einen Wärmedämmkern aus Polyurethan-Hartschaum schubfest miteinander verbunden (*Bild 5-19*). Zum Teil wird die Dämmzone zusätzlich mit Dämmschäumen ausgeschäumt.

Mitteldichtungssysteme weisen in der Regel eine bessere Wärmedämmung auf als Anschlagdichtungssysteme. Die Mitteldichtung wird meist als voluminöser Dichtungskörper zwischen Blendrahmen und Flügel eingesetzt. Die Wärmedämmung erreicht dennoch nicht das Niveau vergleichbarer Kunststofffenstersysteme.

Die Eckverbindungen werden mechanisch mittels Eckverbindern hergestellt und verklebt. Die Oberfläche der Profile kann mittels anodischer Oxidation – bei der die Farbwahl begrenzt ist – oder durch eine Kunststoff-Pulverlackbeschichtung geschützt und farblich gestaltet werden.

Die Verglasung von Aluminiumfenstern wird vorzugsweise mit Dichtprofilen aus EPDM, seltener auch mit Dichtstoffen durchgeführt. Bei Verglasungen mit dichtstofffreiem Falzraum müssen zum Dampfdruckausgleich Öffnungen vom Falzraum nach außen vorhanden sein.

Aluminium wird von alkalischen Baustoffen wie Beton und Mörtel angegriffen. Daher sollten eingebaute Aluminiumfenster durch eine Schutzfolie geschützt werden, die erst nach der Durchführung aller Anschlussarbeiten entfernt wird. Leicht verschmutzte Aluminiumoberflächen sind mit Wasser und einem im Haushalt üblichen Spülmittelzusatz zu reinigen. Bei stärkeren Verschmutzungen sind Spezialreinigungsmittel einzusetzen, die von Herstellern angeboten und empfohlen werden. Auf die Verwendung abrasiver Reinigungsmittel sollte verzichtet werden.

4.6 Instandhaltung und Wartung

Fenster bedürfen der laufenden Instandhaltung, z. B. durch regelmäßige Wartungen. Hiermit wird die Gebrauchstauglichkeit der Fenster erhalten. Aufwendige Instandhaltungsarbeiten und Instandsetzungen können durch Wartung vermieden werden. Am günstigsten ist es, bereits bei der Ausschreibung einen Wartungsvertrag einzubeziehen und Angebotspreise hierfür einzuholen. In die Instandhaltung sind folgende Fensterteile und Bereiche einzubeziehen: Beschläge, Rahmen, Dichtungen,

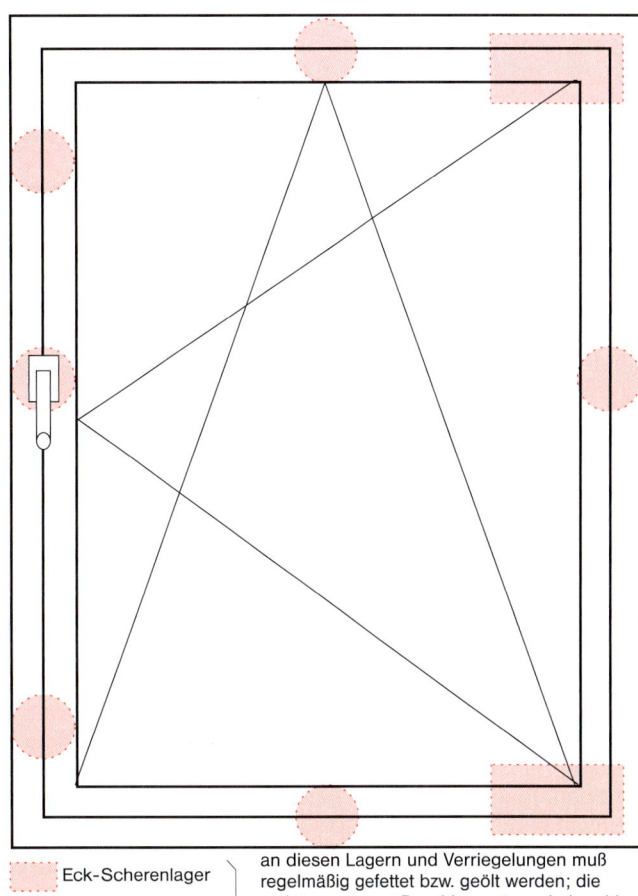

5-20 *Dreh-Kippfenster mit Ecklager, Scherenlager und Verriegelungen*

Verglasung, Oberfläche, Anschluss zum Baukörper, Zusatzteile, Sonstiges. Neben der allgemeinen Instandhaltung ist eine sicherheitsrelevante Instandhaltung durchzuführen. Hierbei festgestellte Mängel müssen in jedem Fall beseitigt werden.

Das regelmäßige Ölen und Fetten beweglicher Beschlagteile ist besonders wichtig. Beschläge neuerer Bauart haben außerdem vielfältige Einstellmöglichkeiten, mit denen Funktionsstörungen oftmals schnell behoben werden können. Der Auftragnehmer sollte deshalb dem Auftraggeber bzw. dem Bauherrn gut verständliche Wartungs- und Instandhaltungshinweise übergeben, damit einfache Nachstellarbeiten und regelmäßig erforderliche Wartungsmaßnahmen auch von dem Bewohner selbst ausgeführt werden können. Drehkipp-Fenster weisen meistens auf der Griff- und der Bandseite je 3 Verriegelungspunkte auf. Außerdem befinden sich oftmals oben und unten quer zusätzliche Mittelverriegelungen, *Bild 5-20*. An diesen Stellen, die regelmäßig gefettet (säurefreies Fett) bzw. geölt werden müssen, befinden sich auch die Möglichkeiten zur Nachjustierung.

5 Anschluss des Fensterrahmens an den Baukörper

5.1 Allgemeines

Fenster werden während der Nutzungszeit vielfältigen Belastungen ausgesetzt, die zu keiner Beeinträchtigung der Gebrauchstauglichkeit führen dürfen. Im Einbauzustand müssen Winddichtheit sowie Wärme- und Schalldämmung gewährleistet werden. Alle auf das Fenster einwirkenden Kräfte müssen sicher in den Baukörper abgeleitet werden. Außenseitig müssen die Schlagregendichtheit und eine ausreichende UV-Resistenz im Anschlussbereich vorhanden sein. Raumseitig muss der Anschluss dicht gegen Raumluft und Feuchte sein.

Um diese Anforderungen zu erfüllen, sollte der Anschluss des Fensterrahmens an den Baukörper in 3 Schritten geplant werden: Anordnen des Fensters im Wandaufbau, Befestigen des Fensters und Abdichten des Fensters innen und außen.

5.2 Anordnen von Fenstern in verschiedenen Wandaufbauten

Die **richtige Einbaulage** des Fensters in der Außenwand ist abhängig vom Wandaufbau, den Befestigungs- und Abdichtungsmöglichkeiten, dem Isothermenverlauf und den Anforderungen an die Gestaltung innen und außen.

Der Verringerung der Wärmebrückenwirkung und dem Isothermenverlauf, d. h. der Vermeidung von bauphysikalischen Fehlern, muss bei der Planung eine hohe Priorität gegeben werden. Seit der Einführung der EnEV 2002 wird zur Vermeidung von Schimmelpilzen im Bereich der Fensterlaibung (DIN 4108-2, Mindestanforderungen an den Wärmeschutz im Bereich von Wärmebrücken) der rechnerische Nachweis über den Temperaturfaktor f_{RSi} geführt (DIN EN ISO 10211-2). Die Mindestanforderung von $f_{RSi} \geq 0,70$ wird mit einer raumseitigen Oberflächentemperatur $\Theta_{Si} \geq 12,6$ °C erreicht.

Bei monolithischem Mauerwerk ist die Lage des Fensters etwa in Wandmitte am günstigsten. *Bild 5-21* zeigt, dass bei niedriger Wärmeleitfähigkeit des Mauerwerks und thermisch hochwertigem Rahmen zwar in jeder Lage die 12,6 °C überschritten werden. Bei Mauerwerk geringerer Wärmeleitfähigkeit erhöht sich jedoch die Tauwassergefahr an der inneren Fensterlaibung, wenn das Fenster weit nach außen angeordnet wird.

Bei Wandaufbauten mit Wärmedämmverbundsystemen kann das Fenster an die Dämmung mit ausreichender Überdeckung des Rahmens gesetzt werden, *Bild 5-22*. Wenn das Fenster in der Mitte des Mauerwerks angeordnet wird, ist die äußere Fensterlaibung ausreichend zu dämmen.

Bei zweischaligen Wandaufbauten oder Wandaufbauten mit Außendämmungen und hinterlüfteten Bekleidungen müssen die Fenster in der Ebene der Dämmschicht oder

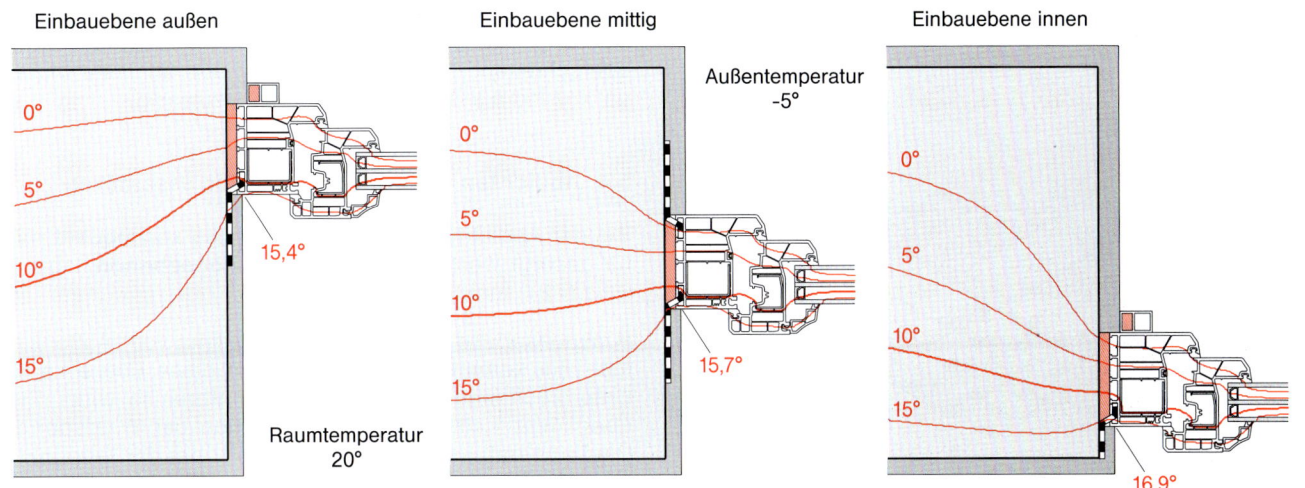

5-21 Monolithisches Mauerwerk mit niedriger Wärmeleitfähigkeit von 0,10 W/mK. Isothermenverlauf bei Einbau von Fenstern in verschiedenen Ebenen

mit ausreichender Überdeckung des Rahmens durch die Dämmung montiert werden, *Bild 5-23*.

Für das Funktionieren des Gesamtsystems Fenster/Wand ist außer der Einbaulage auch die **Breite der Anschlussfuge** von Bedeutung. Hierfür sind im Normalfall 10 bis 20 mm vorzusehen, damit einerseits ordnungsgemäße Abdichtungen möglich, andererseits ausreichende Abstände für Bewegungen vorhanden sind.

5.3 Befestigen von Fenstern

Fenster sind so zu befestigen, dass alle planmäßig auf das Fenster einwirkenden Kräfte sicher in den Baukörper übertragen werden. Die Kräfte in Fensterebene werden über **Tragklötze** in das Bauwerk abgeleitet. Sie dürfen nur auf Druck belastet werden. Auf die richtige Anordnung im Bereich von Ecken sowie Pfosten und Riegeln ist dabei

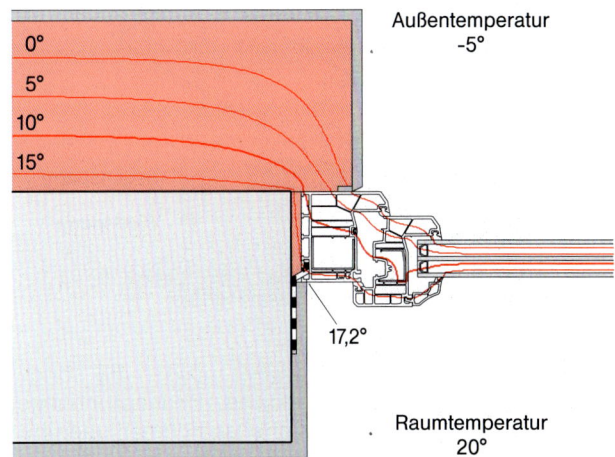

5-22 Wärmedämmverbundsystem, Fensterrahmen von Wärmedämmung überdeckt

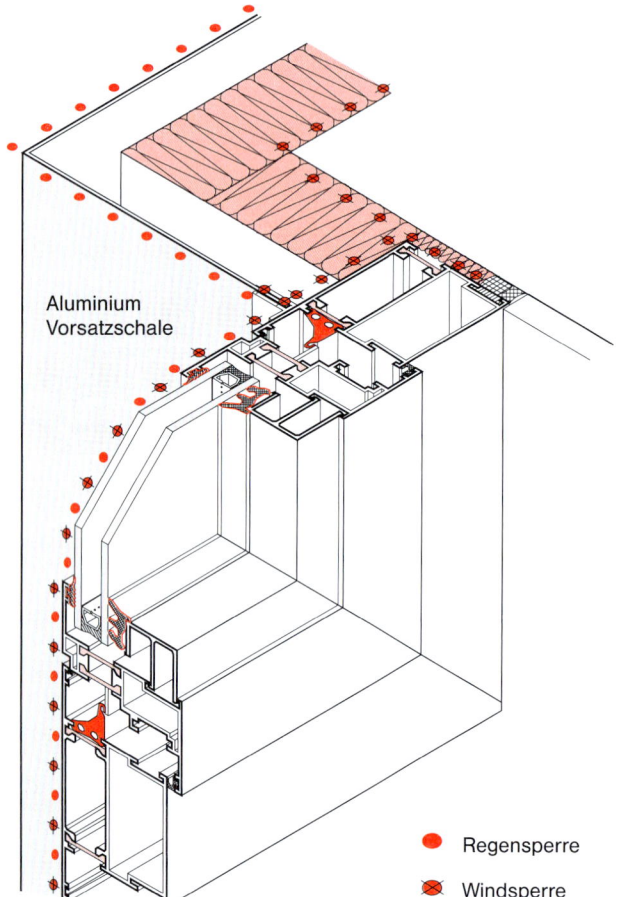

5-23 Zweistufiger Wetterschutz bei wärmegedämmter Außenwand mit leichter Vorsatzschale

Anker, Konsolen und Winkel zum Einsatz. Die Abstände dürfen 80 cm bzw. bei Kunststofffenstern 70 cm nicht überschreiten. Ortschäume, Kleber und ähnliche Materialien sind als Befestigungsmittel unzulässig.

5.4 Abdichten von Fenstern und Terrassentüren

Bei der Abdichtung von Fenstern muss konsequent dafür gesorgt werden, dass die **Funktionsebenen** 1 bis 3 (*Bild 5-24*) funktionsfähig sind.

Funktionsebene 1 trennt das Raumklima vom Außenklima. Hier kommt es darauf an, dass diese Ebene keine Unterbrechungen hat und als Dampfbremse wirkt. Sie übernimmt vielfach auch die Funktion der Windsperre. Die Temperatur in dieser Ebene muss über der Taupunkttemperatur auf der Raumseite liegen.

(1) Trennung von Raum- und Außenklima
(2) Funktionsbereich (z.B. Schall, Wärme)
(3) Wetterschutz durch Überdeckung ( ) oder stumpfen Stoß ( )

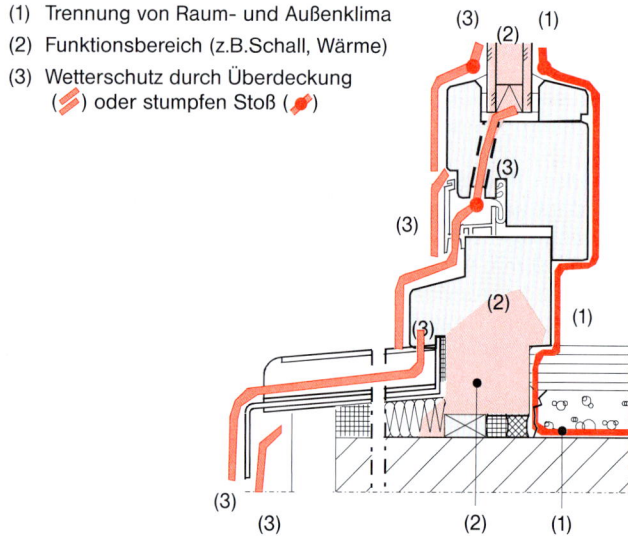

5-24 Funktions- und Abdichtungsebenen beim Fensteranschluss in der Außenwand

zu achten. Die **Befestigungsmittel** müssen die übrigen Kräfte (Windlast, Bedienungskräfte, Beanspruchungen durch geöffnete Flügel usw.) sicher aufnehmen und übertragen. Die Längenänderungen der Rahmen und gegebenenfalls die Verformungen des Baukörpers sind zu berücksichtigen. Üblicherweise kommen Dübel, Laschen,

Der Funktionsbereich 2 zwischen der raumseitigen Ebene 1 und der außenseitigen Wetterschutzebene 3 wird so ausgeführt, dass die Wärme- und Schalldämmung optimiert wird. Hierfür werden Dämmmaterialien wie Faserdämmstoffe, Schäume oder andere spezielle Füllmaterialien eingesetzt.

Funktionsbereich 3 sorgt für den Wetterschutz. In dieser Ebene können durchaus Unterbrechungen vorgesehen werden, wenn das altbewährte Prinzip der dachschindelartigen Überlappung eingehalten wird. Derartige Öffnungen dienen auch dazu, dass evtl. einmal in den Funktionsbereich 2 eindringende Feuchtigkeit wieder nach außen entweichen kann. Die Dampfdurchlässigkeit der Ebene 3 soll auf jeden Fall größer sein als die der Ebene 1.

Die **Abdichtung** auf der Raumseite in der Funktionsebene 1 und auf der Außenseite in der Funktionsebene 3 werden mit dauerelastischen Dichtstoffen, mit Dichtbändern, Dichtprofilen und Fugenbändern, Dichtfolien, Multifunktionsdichtungsbändern oder Bauabdichtungsbahnen vorgenommen. Die Materialien und Systeme müssen untereinander und mit den anderen Materialien im Anschlussbereich (Rahmen, Wand, Dach usw.) abgestimmt werden. Wichtig für die durchgängige Funktion der Abdichtung ist das **Aufbringen eines Glattstriches** in die Mauerwerksöffnung vor Einbau des Fensters, wodurch Mörtelfugen öffnungsbündig geschlossen werden. Für die dauerhafte Dichtungswirkung von Dichtstoffen ist auf Zweiflankenhaftung zu achten; eine Dreiflankenhaftung ist zu vermeiden. **Ein bloßes Ausschäumen der Fuge** zwischen Blendrahmen und Bauwerk **gewährleistet keine dauerhafte Abdichtung.** Aufgrund der thermischen Längenänderungen des Blendrahmens ist eine beständige Abdichtung zum Bauwerk nur mit dauerelastischen Materialien gewährleistet.

Bei der Montage und Abdichtung müssen auch die inneren und äußeren Fensterbänke sowie Rollladenkästen, Lüftungen, Sonnenschutzvorrichtungen und ähnliche Zusatzbauteile berücksichtigt werden.

Äußere Fensterbänke bestehen aus Naturstein, Betonwerkstein, keramischem Material, Klinker, Kunststoff, Leichtmetall oder Kupfer. Die Neigung muss ausreichend sein, um das Wasser abzuleiten. Die seitlichen An- und Abschlüsse müssen so ausgebildet werden, dass ein Eindringen von Wasser verhindert und die Längenänderungen, insbesondere bei Metallfensterbänken, berücksichtigt werden. Bei Metallfensterbänken ist auf die Ausbildung von Dehnstößen, die Befestigung und die Beschichtung mit Antidröhnmaterialien zu achten. Dehnstöße sind im Abstand von max. 3000 mm vorzusehen. Bei Ausladungen von ≥ 150 mm sind zusätzliche Befestigungen am Baukörper erforderlich. Antidröhnbeschichtungen sind zur Körperschalldämmung gemäß DIN 18360 Ziffer 0.2.6 zu vereinbaren und müssen mindestens der Brandschutzklasse B 2 entsprechen.

Innere Fensterbänke bestehen aus Marmor, Kunststein, Holz, Holzwerkstoffen oder Kunststoff. Die Fensterbänke müssen entweder ausreichend unterfüttert oder bei frei tragender Ausbildung ausreichend bemessen werden. Für die Anschlussausbildungen zwischen Fenstern und Fensterbänken gibt es vielfältige Lösungsvarianten mit Fälzen, Nuten sowie speziellen Aufnahme- und Dichtungsprofilen.

Spezielle Abdichtungsanforderungen ergeben sich bei **Balkon- und Terrassentüren**. Gemäß DIN 18195 muss die äußere Abdichtung in der Regel 15 cm über die Oberfläche eines Belages hochgezogen werden (*Bild 6-17*). Bei sehr geschützt liegenden Türen sind jedoch auch geringere Höhen möglich. Außerdem können die Höhen mithilfe von Entwässerungsrinnen, die vor der Tür angeordnet und mit Gitterrosten abgedeckt werden, verringert werden (*Bild 6-18*).

5.5 Beispiele für Anschlüsse

In den *Bildern 5-25* bis *5-30* sind Anschlüsse von Fensterrahmen an häufig verwendete Baukonstruktionen des Wohnungsbaus dargestellt. In der Übersichtstabelle

5 Fenster und Außentüren

Anschluss des Fensterrahmens an den Baukörper

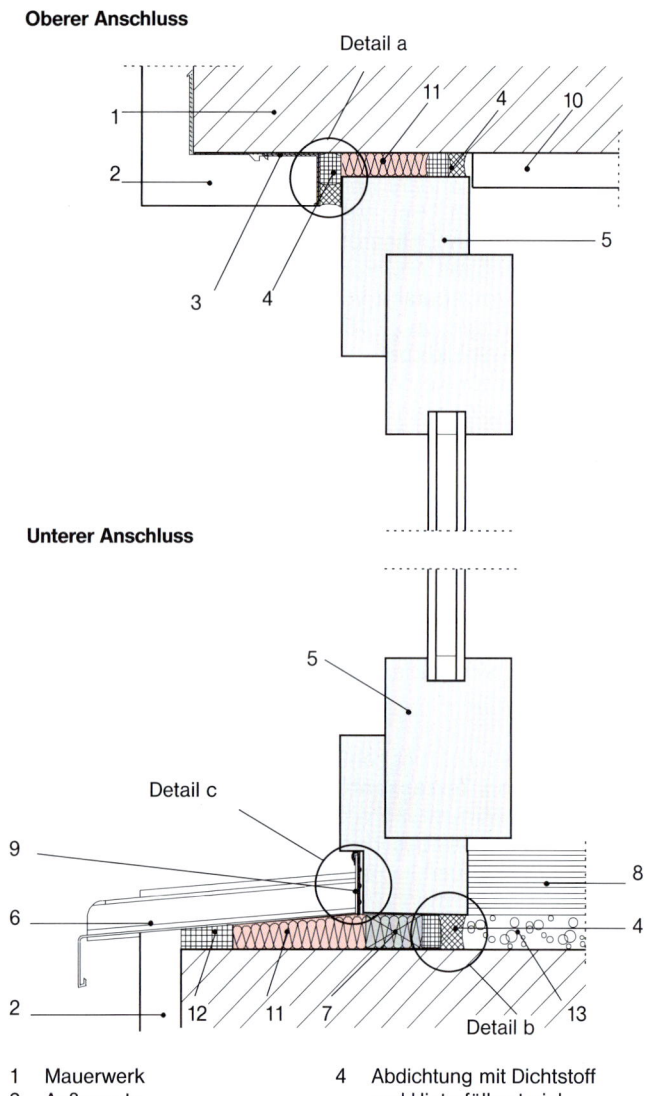
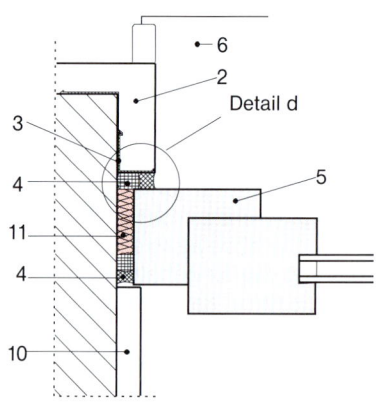
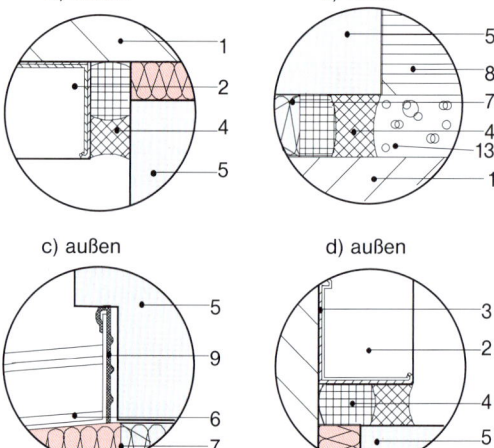

1 Mauerwerk	4 Abdichtung mit Dichtstoff und Hinterfüllmaterial	7 Tragklotz	11 Wärmedämmung
2 Außenputz		8 Innenfensterbank	12 Abdichtung mit vorkomprimiertem Dichtungsband
3 Putzanschlußprofil	5 Fensterrahmen	9 Dichtprofil	
	6 Außenfensterbank	10 Innenputz	13 Mörtelbett

5-25 Fensteranschluss an monolithisches Mauerwerk

5 Fenster und Außentüren

Anschluss des Fensterrahmens an den Baukörper

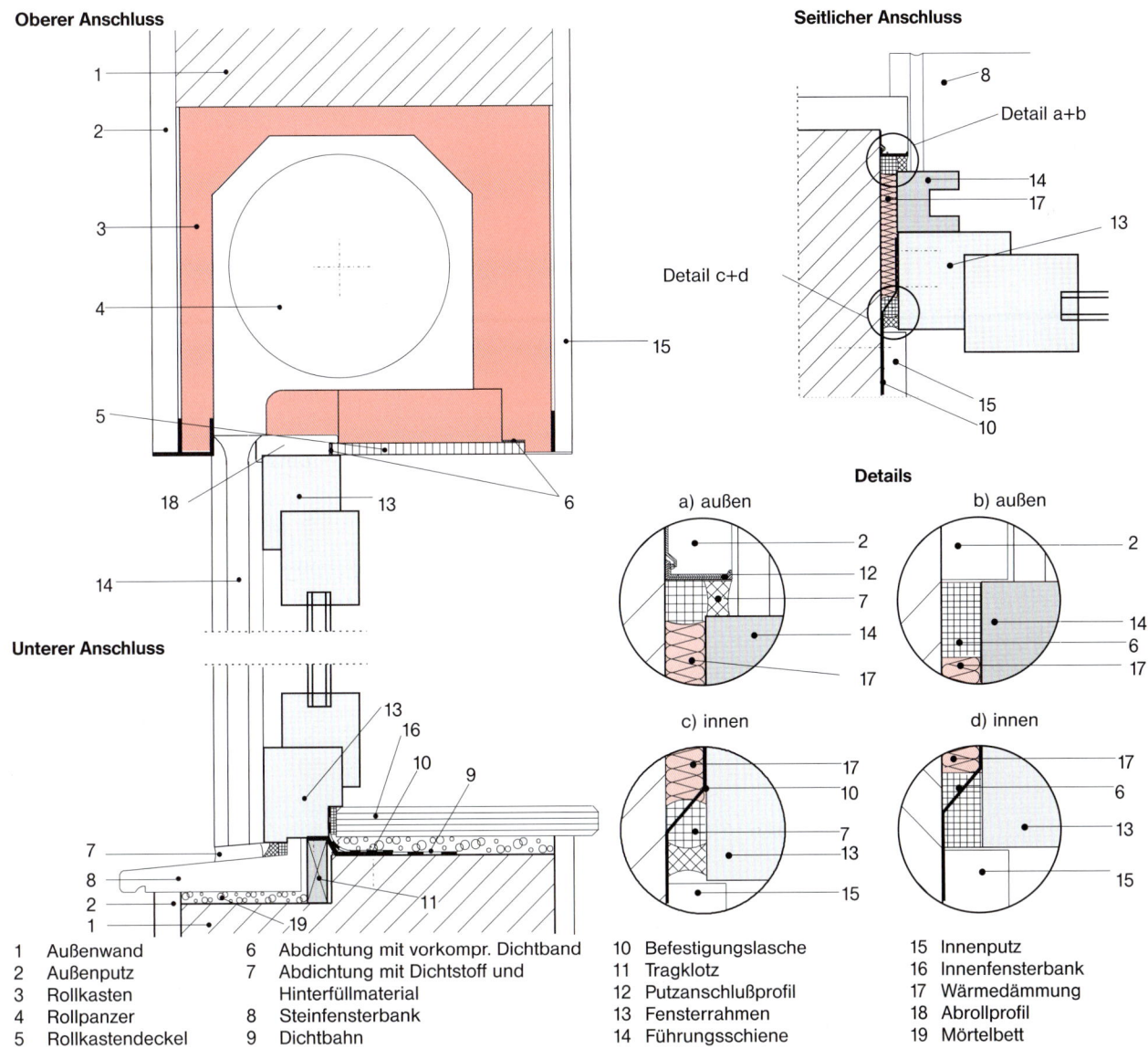

1	Außenwand	6	Abdichtung mit vorkompr. Dichtband	10	Befestigungslasche	15	Innenputz
2	Außenputz	7	Abdichtung mit Dichtstoff und Hinterfüllmaterial	11	Tragklotz	16	Innenfensterbank
3	Rollkasten			12	Putzanschlußprofil	17	Wärmedämmung
4	Rollpanzer	8	Steinfensterbank	13	Fensterrahmen	18	Abrollprofil
5	Rollkastendeckel	9	Dichtbahn	14	Führungsschiene	19	Mörtelbett

5-26 Fensteranschluss an monolithisches Mauerwerk mit Rollladenkasten

5 Fenster und Außentüren

Anschluss des Fensterrahmens an den Baukörper

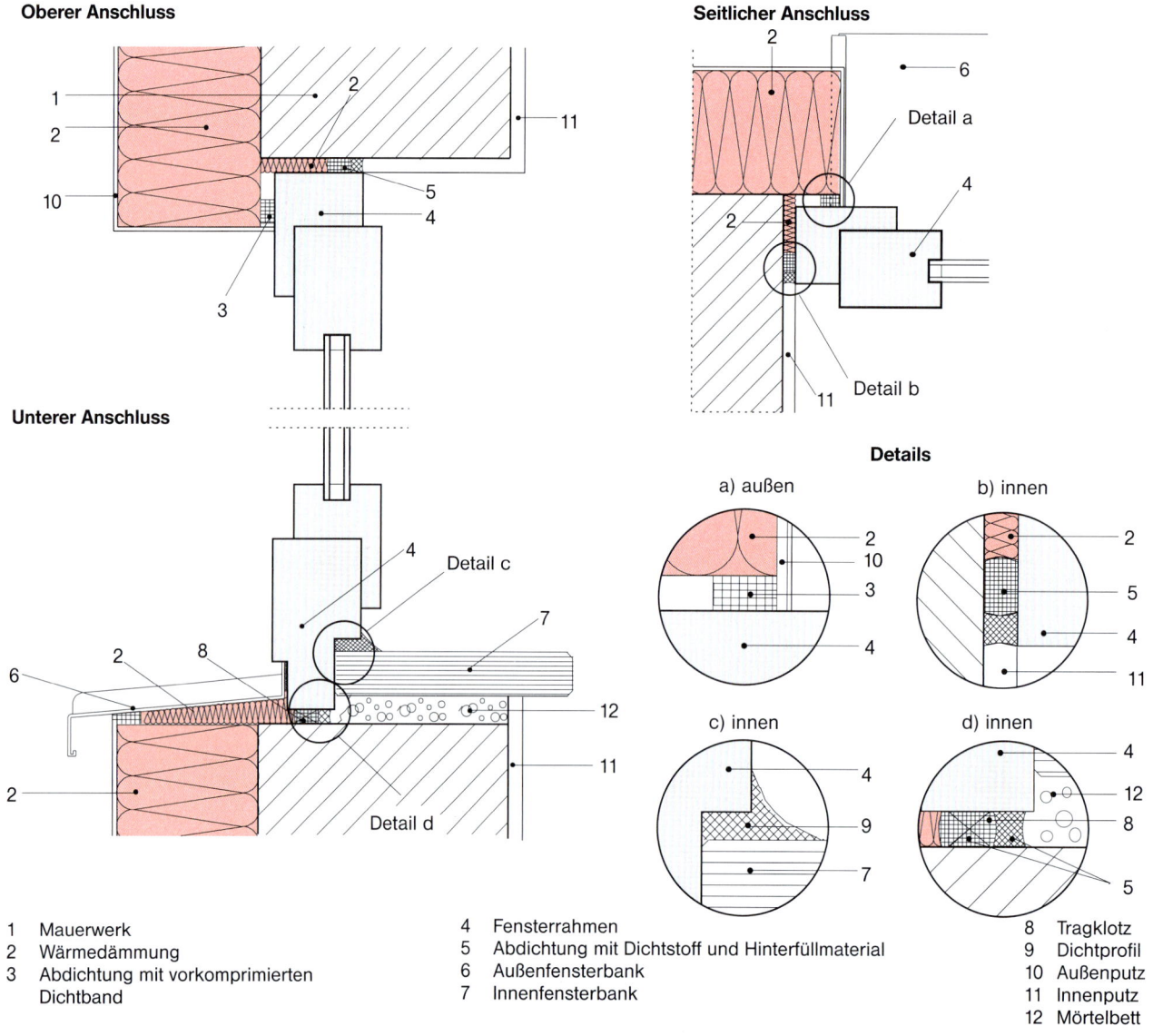

1 Mauerwerk
2 Wärmedämmung
3 Abdichtung mit vorkomprimierten Dichtband
4 Fensterrahmen
5 Abdichtung mit Dichtstoff und Hinterfüllmaterial
6 Außenfensterbank
7 Innenfensterbank
8 Tragklotz
9 Dichtprofil
10 Außenputz
11 Innenputz
12 Mörtelbett

5-27 Fensteranschluss an Mauerwerk mit Wärmedämmverbundsystem

5 Fenster und Außentüren

Anschluss des Fensterrahmens an den Baukörper

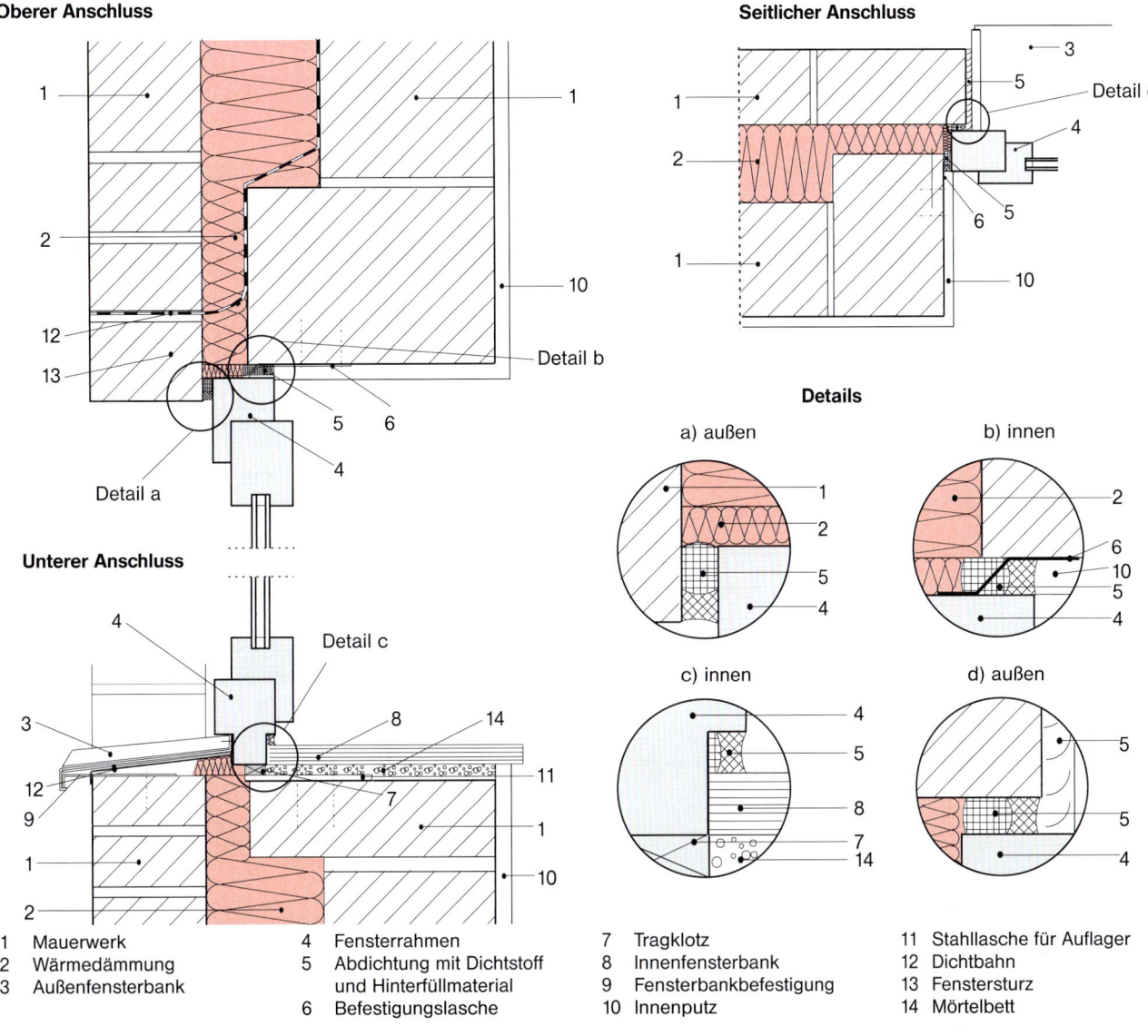

5-28 Fensteranschluss an zweischaliges Mauerwerk mit Wärmedämmung

5 Fenster und Außentüren

Anschluss des Fensterrahmens an den Baukörper

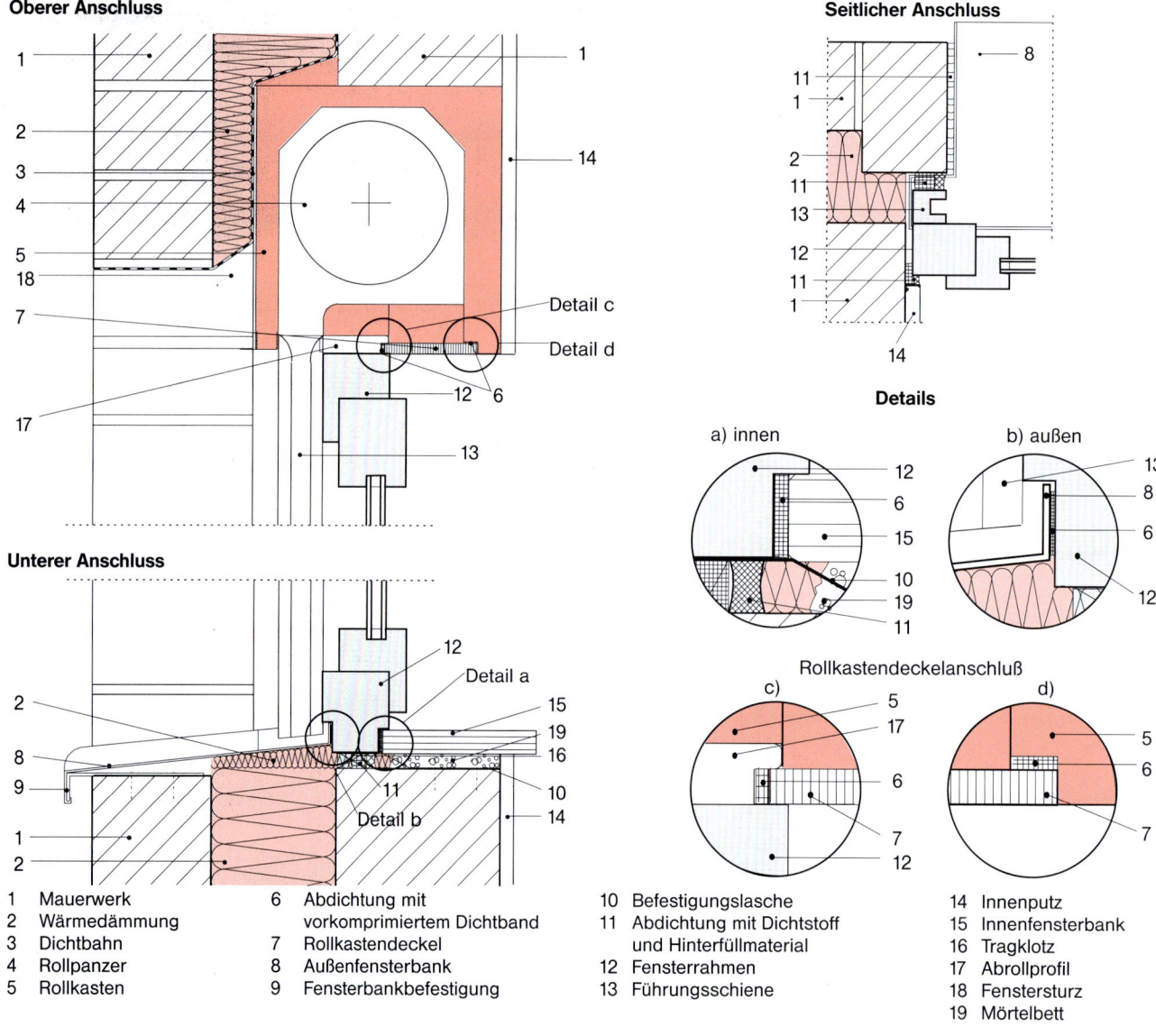

1 Mauerwerk	10 Befestigungslasche
2 Wärmedämmung	11 Abdichtung mit Dichtstoff und Hinterfüllmaterial
3 Dichtbahn	12 Fensterrahmen
4 Rollpanzer	13 Führungsschiene
5 Rollkasten	14 Innenputz
6 Abdichtung mit vorkomprimiertem Dichtband	15 Innenfensterbank
7 Rollkastendeckel	16 Tragklotz
8 Außenfensterbank	17 Abrollprofil
9 Fensterbankbefestigung	18 Fenstersturz
	19 Mörtelbett

5-29 Fensteranschluss an zweischaliges Mauerwerk mit Wärmedämmung und Rollladenkasten

5 Fenster und Außentüren

Anschluss des Fensterrahmens an den Baukörper

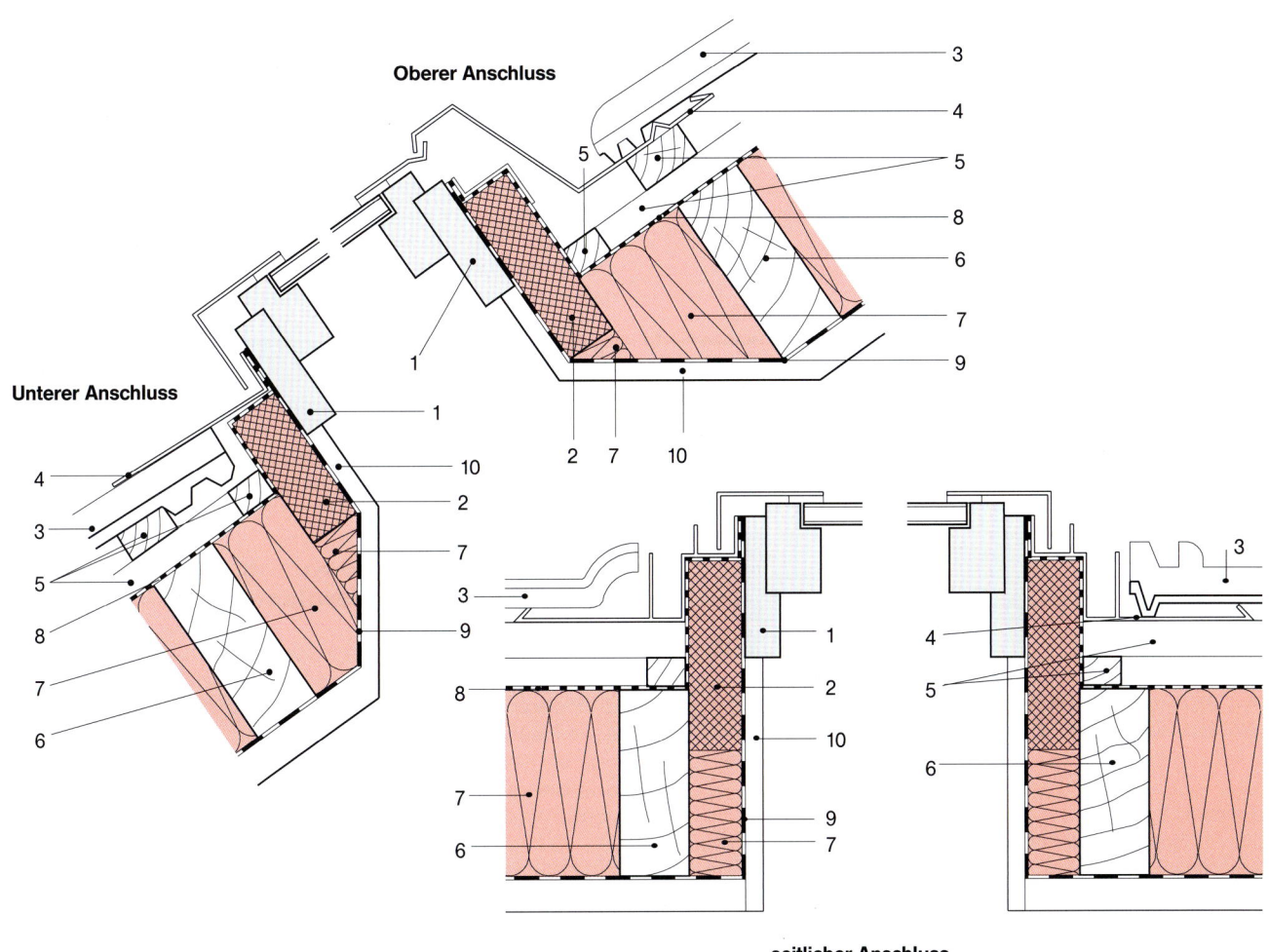

1	Fensterrahmen	4	Wasserleitblech	7	Wärmedämmung	10	Innenfutter
2	Dämmzarge	5	Lattung	8	Dichtbahn		
3	Dachdeckung	6	Wechsel	9	Dampfsperre		

5-30 Anschluss eines Dachflächenfensters

5/31

Bild 5-31 sind die wichtigsten Kenndaten der aneinander anzuschließenden Bauteile genannt. Es werden Anschlüsse an monolithisches Mauerwerk, Mauerwerk mit Wärmedämmverbundsystem, zweischaliges Mauerwerk mit Wärmedämmung, an außen liegende Fensterbänke aus unterschiedlichen Materialien und an Rollladenkästen gezeigt. Bei gleichem Außenwandaufbau werden Beispiele für das Abdichten mit unterschiedlichen Materialien und Systemen behandelt.

Bild-Nr.	Außenwand	Fenster	Fensterbank	Rollladenkasten
5-25	AW 1	FE	FB 1	–
5-26	AW 1	FE	FB 2	vorhanden
5-27	AW 2	FE	FB 3	–
5-28	AW 3	FE	FB 4	–
5-29	AW 3	FE	FB 4	vorhanden
5-30	Dachflächenfenster			

Außenwand:
AW 1: Mauerwerk monolithisch
AW 2: Mauerwerk mit Wärmedämmverbundsystem
AW 3: Mauerwerk zweischalig mit äußerer Vorsatzschale Wärmedämmung zwischen Vorsatzschale und tragendem Hintermauerwerk

Fenster:
FE   Einfachfenster mit Isolierverlasung

Fensterbank außen:
FB 1: Leichtmetall mit seitlicher Anschlussausbildung für Putzfassade
FB 2: Steinfensterbank
FB 3: Leichtmetall mit seitlicher Anschlussausbildung für Wärmedämmverbundsystem
FB 4: Leichtmetall mit seitlicher Anschlussausbildung für Abdichtung mit Vormauerschale

Rollladenkasten:
   In das Mauerwerk integrierter Kasten

5-31 Übersicht der Beispiele für Anschlüsse

Weitere Anschlussbeispiele sind in Kapitel 4, *Bilder 4-33, 4-43, 4-49, 4-59*, in Kapitel 6, *Bilder 6-17, 6-18* und in Kapitel 9, *Bilder 9-16* bis *9-19* dargestellt.

In *Bild 5-30* ist der Anschluss eines Dachflächenfensters in eine Dachfläche dargestellt. Im Anschlussbereich zum Dach wird eine **Dämmzarge** vorgesehen, um den Wärmedurchgang zu verringern und die Oberflächentemperaturen auf der Raumseite an den Rahmen anzuheben. Derartige Dämmzargen, die aus geeigneten Dämmstoffen, Kunststoffen oder auch Recyclingmaterial bestehen können, werden von verschiedenen Dachfensterherstellern als Zusatzbauteile angeboten.

Weitere Ausführungsbeispiele für den Anschluss verschiedener Fensterkonstruktionen an unterschiedlichste Außenwandkonstruktionen finden sich im Leitfaden zur Montage der RAL-Gütegemeinschaft Fenster und Haustüren e. V.

6 Bauphysikalische Kenngrößen für Fenster mit Verglasungen

Im Rahmen der Energieeinsparverordnung (EnEV) werden Anforderungen an den Wärmeschutz der Gebäude und deren Bauteile gestellt, welche über wärmetechnische Kennwerte angegeben werden, Kapitel 2. Die wichtigsten Kennwerte sind für verglaste Bauteile der U-Wert und der g-Wert, welche auf Basis europäisch vereinheitlichter Verfahren ermittelt werden.

Eine wichtige Kenngröße zur Beurteilung des Schallschutzes, besonders im Bereich des Wohnungsbaus ist das bewertete Schalldämm-Maß R_W.

6.1 Der Wärmedurchgangskoeffizient U nach Produktnorm

Fenster und Außentüren werden auf Basis der Produktnorm DIN EN 14351-1 mit dem CE-Zeichen gekennzeichnet. Darin werden der Nennwert des Wärmedurchgangskoeffizienten U_W oder U_D und die Strahlungseigenschaften angegeben.

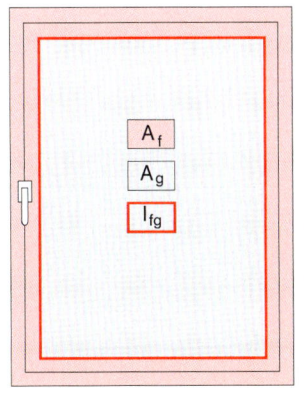

$$U_w = \frac{A_f \cdot U_f + A_g \cdot U_g + I_{fg} \cdot \Psi_{fg}}{A_f + A_g}$$

U_w Wärmedurchgangskoeffizient des gesamten Fensters
U_g Wärmedurchgangskoeffizient der Verglasung
U_f Wärmedurchgangskoeffizient des Rahmens
A_g Fläche der Verglasung
A_f Fläche des Rahmens
Ψ_{fg} Linearer Wärmedurchgangskoeffizient Rahmen-Glas
I_{fg} Länge des Randes Rahmen-Glas

5-32 Berechnung des Wärmedurchgangskoeffizienten eines Fensters nach DIN EN ISO 10077-1

Der Nennwert U_w des Wärmedurchgangskoeffizienten kann folgendermaßen ermittelt werden:
– durch Berechnung nach DIN EN 10077-1 : 2010-05 (Bild 5-32) erläutert den Berechnungsgang),
– aus Tabellen nach DIN EN 10077-1 : 2010-05 (Bild 5-34),
– durch Messung nach DIN EN ISO 12567-1 : 2012-10.

Der Wärmedurchgangskoeffizient (U_w) bei Fenstern mit Sprossen wird durch eine Erhöhung (ΔU_w) nach DIN EN 14351-1 ermittelt.

Die Erhöhung ist in Tabelle J.1 angegeben, Bild 5-33.

Bild	Beschreibung	ΔU_w W/(m² · k)
J.1	Befestigte Sprosse(n)	0,0
J.2	Einfache Kreuzsprosse im Mehrscheiben-Isolierglas	0,1
J.3	Mehrfach-Kreuzsprossen im Mehrscheiben-Isolierglas	0,2
J.4	Fenstersprosse	0,4

5-33 Erhöhung des Wärmedurchgangskoeffizienten bei Sprossenfenstern nach Bauart

6.2 Strahlungseigenschaften – Gesamtenergiedurchlassgrad und Lichttransmissionsgrad

Kenngrößen für die Berechnung des solaren Wärmegewinns nach DIN V 4108-6 und für den Nachweis des sommerlichen Wärmeschutzes nach DIN 4108-2 sind der Gesamtenergiedurchlassgrad (g-Wert) und der Lichttransmissionsgrad (τ_v-Wert). Diese Strahlungseigenschaften werden nach DIN EN 410 oder, sofern anwandbar, nach EN 13363 bestimmt. Hierbei handelt es sich um Produktkennwerte der Verglasung. Obwohl diese Werte zurzeit nur für Dachflächenfenster mandatiert sind, sollten sie auch für andere Verglasungen mit CE-Zeichen angegeben werden, da sie für die Berechnung des Energiebedarfs von Gebäuden erforderlich sind. Bei eventuellen Sonnenschutzvorrichtungen wird der g-Wert mit Abminderungsfaktoren Fc vereinfacht berechnet: $g_{total} = g \times Fc$, Kapitel 11.

6.3 Bewertete Schalldämm-Maße R_w

Der Bauteilkennwert (das bewertete Schalldämm-Maß R, Bild 5-36) entspricht dem Prüfergebnis einer Prüfung nach DIN EN ISO 10140-2 oder dem Tabellenwert nach DIN EN 14351-1, Anhang B, und wird in der CE-Kennzeichnung zusammen mit den Spektrum-Anpassungswerten C und C_{tr} erläutert. Das im CE-Zeichen erklärte bewertete Schalldämm-Maß kann zur Planung verwendet werden. Regelungen im Anhang B der Produktnorm sind jedoch zu beachten.

Die in Deutschland bauaufsichtlich eingeführte Norm DIN 4109 : 1989-11 – Schallschutz im Hochbau – Anforderungen und Nachweise, wird zurzeit grundlegend überarbeitet. Sie legt in ihrer jetzigen Form lediglich Mindestanforderungen an die schalldämmenden Bauteile fest. Einen erhöhten Schallschutz für mehr Komfort und Lebensqualität bzw. höhere Schallschutzstufen sollten im Vorfeld der Planung zum Beispiel nach der VDI-Richtlinie 4100 : 2012-10 – Schallschutz im Hochbau – Wohnungen – Beurteilung und Vorschläge für erhöhten Schallschutz, vertraglich geregelt werden.

Art der Verglasung	U_g	Wärmedurchgangskoeffizienten U_w für vertikale Fenster mit einem Flächenanteil des Rahmens von 30 % an der Gesamtfensterfläche und mit wärmetechnisch verbesserten Abstandhaltern und folgenden Werten für U_f											
		0,8	1,0	1,2	1,4	1,6	1,8	2,0	2,2	2,6	3,0	3,4	3,8	7,0
Einscheibenverglasung	5,7	4,2	4,3	4,4	4,4	4,5	4,5	4,6	4,7	4,8	4,9	5,0	5,1	6,1
Zweischeiben- oder Dreischeiben-Isolierverglasung	3,3	2,7	2,7	2,8	2,9	2,9	3,0	3,0	3,1	3,2	3,4	3,5	3,6	4,4
	3,2	2,6	2,7	2,7	2,8	2,8	2,9	3,0	3,0	3,2	3,3	3,4	3,5	4,4
	3,1	2,5	2,6	2,7	2,7	2,8	2,8	2,9	3,0	3,1	3,2	3,3	3,5	4,3
	3,0	2,5	2,5	2,6	2,6	2,7	2,8	2,8	2,9	3,0	3,1	3,3	3,4	4,2
	2,9	2,4	2,5	2,5	2,6	2,6	2,7	2,8	2,8	3,0	3,1	3,2	3,3	4,2
	2,8	2,3	2,4	2,4	2,5	2,6	2,6	2,7	2,8	2,9	3,0	3,1	3,2	4,1
	2,7	2,3	2,3	2,4	2,4	2,5	2,6	2,6	2,7	2,8	2,9	3,1	3,2	4,0
	2,6	2,2	2,2	2,3	2,4	2,4	2,5	2,5	2,6	2,6	2,9	3,0	3,1	3,9
	2,5	2,1	2,2	2,2	2,3	2,4	2,4	2,5	2,6	2,5	2,8	2,9	3,0	3,9
	2,4	2,0	2,1	2,2	2,2	2,3	2,3	2,4	2,5	2,5	2,7	2,8	3,0	3,8
	2,3	2,0	2,0	2,1	2,2	2,2	2,3	2,3	2,4	2,4	2,7	2,8	2,9	3,7
	2,2	1,9	2,0	2,0	2,1	2,1	2,2	2,3	2,3	2,3	2,6	2,7	2,8	3,7
	2,1	1,8	1,9	2,0	2,0	2,1	2,1	2,2	2,3	2,2	2,5	2,6	2,8	3,6
	2,0	1,8	1,8	1,9	2,0	2,0	2,1	2,1	2,3	2,4	2,5	2,6	2,7	3,6
	1,9	1,7	1,8	1,8	1,9	2,0	2,0	2,1	2,2	2,3	2,4	2,5	2,7	3,5
	1,8	1,6	1,7	1,8	1,8	1,9	1,9	2,0	2,1	2,2	2,4	2,5	2,6	3,5
	1,7	1,6	1,6	1,7	1,8	1,8	1,9	1,9	2,0	2,2	2,3	2,4	2,5	3,4
	1,6	1,5	1,6	1,6	1,7	1,7	1,8	1,9	2,0	2,1	2,2	2,3	2,5	3,3
	1,5	1,4	1,5	1,6	1,6	1,7	1,7	1,8	1,9	2,0	2,1	2,3	2,4	3,2
	1,4	1,4	1,4	1,5	1,5	1,6	1,7	1,7	1,8	2,0	2,1	2,2	2,3	3,2
	1,3	1,3	1,4	1,4	1,5	1,5	1,6	1,7	1,8	1,9	2,0	2,1	2,2	3,1
	1,2	1,2	1,3	1,3	1,4	1,5	1,5	1,6	1,7	1,8	1,9	2,1	2,2	3,0
	1,1	1,2	1,2	1,3	1,3	1,4	1,5	1,5	1,6	1,7	1,9	2,0	2,1	3,0
	1,0	1,1	1,1	1,2	1,3	1,3	1,4	1,4	1,6	1,7	1,8	1,9	2,0	2,9
	0,9	1,0	1,1	1,1	1,2	1,3	1,3	1,4	1,5	1,6	1,7	1,8	2,0	2,8
	0,8	0,9	1,0	1,1	1,1	1,2	1,2	1,3	1,4	1,5	1,7	1,8	1,9	2,8
	0,7	0,9	0,9	1,0	1,1	1,1	1,2	1,2	1,3	1,5	1,6	1,7	1,8	2,7
	0,6	0,8	0,9	0,9	1,0	1,0	1,1	1,2	1,3	1,4	1,5	1,6	1,8	2,6
	0,5	0,7	0,8	0,9	0,9	1,0	1,0	1,1	1,2	1,3	1,4	1,6	1,7	2,5

5-34 Tabelle F.3 aus DIN EN ISO 10077-1 : 2010-05 dient der Bestimmung des Wärmedurchgangskoeffizienten U_w; sie gilt für Gläser mit wärmetechnisch verbessertem Randverbund; Zwischenwerte dürfen linear interpoliert werden.

Isolierglaseinheit R_w[a]	Einfachfenster[b]		Einfach-Schiebefenster[c]	
	Fenster R_w	Anzahl der erforderlichen Dichtungen[d]	Fenster R_w	Anzahl der erforderlichen Dichtungen[d]
dB	dB		dB	
27	30	1	25	1
28	31	1	26	1
29	32	1	27	1
30	33	1	28	1
32	34	1	29	1
34	35	1	29	1
36	36	2	30	1
38	37	2	Nicht anwendbar	Nicht anwendbar
40	38	2	Nicht anwendbar	Nicht anwendbar

[a] Prüfung nach EN ISO 140-3 (Referenzverfahren) oder generische Daten nach EN 12758 oder EN 12354-3.
[b] Fest verglaste und zu öffnende (Klappflügel-/Drehflügel-/Kippflügel-, Schwingflügel-)Einfachfenster, die der Luftdurchlässigkeitsklasse 3 entsprechen; siehe 4.14.
[c] Einfach-Schiebefenster der Luftdurchlässigkeitsklasse 2; siehe 4.14.
[d] Nur zu öffnende Fenster.

5-35 *Schalldämmmaß R_w für Isolierglaseinheiten laut Tabelle B.1 in DIN EN 14351-1*

7 Richtpreise für Fenster

Preise für Fenster sind von vielen Einflüssen abhängig. In Bild 5-36 sind Preisspannen für ein Kunststofffenster, Größe 1,3 × 1,3 m, mit unterschiedlichen U_w- und $R_{w,P}$-Werten angegeben. Für andere Materialen sind entsprechende Zuschläge zu berücksichtigen.

	$U_w < 0,8$	$U_w = 1,0$	U_w 1,1–1,3
SSK2 bis 34 dB	460	370	280
SSK3 bis 39 dB	500	410	330
SSK4 bis 44 dB	600	510	430
SSK5 bis 49 dB	770	680	600
Andere Rahmenmaterialien: Zuschlag für Holz + 30 % Hoz-Alu + 60 % Alu + 100 %			

5-36 *Durchschnittlicher Marktpreis für PVC-Fenster weiß, 1,3 m × 1,3 m, in Euro inkl. MwSt., ohne Montage*

Bei größeren Mengen sind deutlich günstigere Preise möglich.

8 Leistungserklärung, CE-Zeichen, RAL-Gütezeichen

Während nach dem Inkrafttreten der EU-Bauproduktenverordnung (EU-BauPVO) das Inverkehrbringen von Bauprodukten, für die eine harmonisierte europäische Produktnorm vorliegt, in allen Mitgliedsstaaten der EU einheitlich geregelt ist, wird die Verwendbarkeit von Bauprodukten weiterhin weitgehend durch nationale Vorschriften, in Deutschland durch Landesbauordnungen, bestimmt.

Diese EU-BauPVO ist in wesentlichen Teilen zum 1. Juli 2013 in Kraft getreten und löste die bisherige EU-Bauprodukten-Richtlinie, die die CE-Kennzeichnung von Bauprodukten regelte, übergangslos ab.

Für Fenster und Außentüren ohne Eigenschaften bezüglich Feuerschutz und/oder Rauchdichtheit regelt die harmonisierte europäische Produktnorm EN 14351-1 europaweit und materialunabhängig die meisten Eigenschaften von Fenstern und Außentüren und legt für die sogenannten Wesentlichen Merkmale fest, wie deren Leistungseigenschaften bestimmt und ggf. in Leistungsstufen oder Leistungsklassen spezifiziert werden. Bestimmte Wesentliche Merkmale müssen vom Hersteller oder Importeur in einer Leistungserklärung (Declaration of Performance, DoP) spezifiziert, d. h. unter Angabe der nach der Produktnorm ermittelten Leistungseigenschaften erklärt werden. Mit der Erstellung der Leistungserklärung übernimmt der Hersteller die Verantwortung für die Konformität des Bauprodukts mit der erklärten Leistung. Eine Kopie der Leistungserklärung wird dem Abnehmer in gedruckter oder elektronischer Form oder als Verweis auf eine Website zur Verfügung gestellt.

Zusätzlich zu der Leistungserklärung muss der Hersteller von Fenstern und Außentüren für jedes in der harmonisierten europäischen Produktnorm geregelte Produkt eine CE-Kennzeichnung erstellen und mit dem Produkt an den Abnehmer weitergeben. In dieser CE-Kennzeichnung werden die in der Leistungserklärung spezifizierten Wesentlichen Merkmale nochmals mit ihren Leistungseigenschaften deklariert. Indem er die CE-Kennzeichnung anbringt oder anbringen lässt, übernimmt der Hersteller die Verantwortung für die Konformität des Bauprodukts mit dessen erklärter Leistung sowie für die Einhaltung aller geltenden Harmonisierungsrechtsvorschriften der EU.

Die in der Leistungserklärung aufzulistenden Wesentlichen Merkmale für Fenster – das sind nach der Norm auch Balkontüren und Hebe-/Schiebetüren – sind nach der harmonisierten europäische Produktnorm EN 14351-1:

- Widerstandsfähigkeit gegen Windlast,
- Schlagregendichtheit,
- gefährliche Substanzen,
- ggf. Tragfähigkeit von Sicherheitseinrichtungen,
- Schallschutz,
- Wärmedurchgangskoeffizient,
- Strahlungseigenschaften,
- Luftdurchlässigkeit.

Für Außentüren sind zusätzlich anzugeben:
- Höhe,
- Stoßfestigkeit (nur Glastüren mit Verletzungsgefahr),
- ggf. Fähigkeit zur Freigabe (nur abgeschlossene Türen in Fluchtwegen).

Für Dachflächenfenster sieht die EN 14351-1 abweichende Wesentliche Merkmale, insbesondere die Angabe bestimmter Brandschutzeigenschaften, vor.

Die Hersteller bzw. Importeure von Bauprodukten müssen nicht alle Wesentlichen Merkmale spezifizieren, sie können auch einzelne Leistungseigenschaften mit „npd" (no performance determined, keine Leistung festgestellt) deklarieren. Ist jedoch durch die vorgesehene Verwendung der Bauprodukte die Einhaltung bestimmter Leistungen für bestimmte Wesentlichen Merkmale vorgeschrieben – in Deutschland in der Regel die Widerstandsfähigkeit gegen Windlast, die Luftdurchlässigkeit und der Wärmedurchgangskoeffizient – oder sind bestimmte Leistungseigenschaften aus der Liste der Wesentlichen Merkmale z. B. in einer Ausschreibung oder einem Angebot angegeben oder gefordert worden, müssen diese Wesentlichen Merkmale auch in der Leistungserklärung und in der CE-Kennzeichnung spezifiziert werden.

Für Bauprodukte, für die noch keine harmonisierte europäische Produktnorm oder in Ausnahmefällen ein sog. Europäisches Bewertungsdokument vorliegt, kann keine Leistungserklärung erstellt werden und damit auch keine CE-Kennzeichnung erfolgen. Dieses ist z. Z. insbesondere für Brandschutzfenster, Brandschutztüren und Rollladenkästen der Fall.

Die Verwendbarkeit von Bauprodukten wird in der **Bauregelliste** des Deutschen Instituts für Bautechnik (DIBt), Berlin geregelt. In dieser Bauregelliste wird für eine Vielzahl von Bauprodukten angegeben, welche Verwendbarkeits- und Übereinstimmungsnachweise zu führen sind. Als äußeres Zeichen wird für Bauprodukte, für die eine harmonisierte europäische Produktnorm vorliegt, das CE-Kennzeichen, für bestimmte nicht harmonisierte Bauprodukte das Ü-Zeichen (Übereinstimmungs- bzw. Konformitätszeichen) verwendet, *Bild 5-37*.

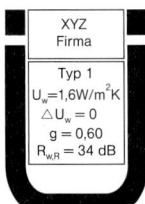  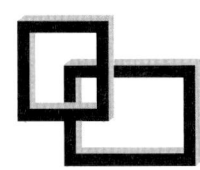

5-37 Beispiele für Übereinstimmungszeichen und RAL-Gütezeichen

Ein Beispiel für eine CE-Kennzeichnung zeigt *Bild 5-38*.

Gütezeichen werden, im Gegensatz zu Leistungserklärung und CE-Zeichen, nicht durch gesetzliche Regelungen gefordert. Die Fenster- und Türenhersteller, die ein **RAL-Gütezeichen** (RAL-GZ 695, Gütegemeinschaft Fenster und Türen, Frankfurt) erwerben wollen, dokumentieren damit die Einhaltung eines festgelegten Qualitätsstandards. Besonderer Wert wird dabei auf die Gleichmäßigkeit der Fertigungsqualität gelegt. Instrumente hierfür sind Kontrollen im Betrieb und Fremdüberwachungen durch das i.f.t. Rosenheim. Das Spektrum der Überprüfungen reicht dabei vom Wareneingang über die Fertigung bis zur Montage (siehe auch: RAL Gütegemeinschaft Fenster und Haustüren e. V.: *Leitfaden zur Planung und Ausführung der Montage von Fenstern und Haustüren für Neubau und Renovierung* vom März 2014). Die RAL-Gütesicherung erfasst zurzeit Fenster aus Holz, Aluminium-Holz, Aluminium und Kunststoff. Auch viele Hersteller von Haustüren, Innentüren und Mehrscheiben-Isoliergläsern unterziehen sich seit vielen Jahren der freiwilligen Qualitätskontrolle zum Erwerb und zur Führung des RAL-Gütezeichens. Für Kunststofffenstersysteme gilt zusätzlich die RAL-GZ 716 der Gütegemeinschaft Kunststoff-Fensterprofilsysteme, Bonn.

14

Mustermann Fensterbau GmbH
Türstraße 175, D-12345 Musterdorf
Deutschland

Produkt: Drehkippfenster, einflügig
Nr. der Leistungserklärung und eindeutiger Kenncode des Produkttyps: 2013-08-15/125

Fenster im Wohnungs- und Nichtwohnungsbau ohne Eigenschaften bezüglich Feuerschutz und/oder Rauchdichtheit

EN 14351-1 : 2006+A1:2010

Schlagregendichtheit:	9 A
Widerstandsfähigkeit gegen Windlast:	C5/B5
Tragfähigkeit der Sicherheitsvorrichtung:	350 N
Wärmedurchgangskoeffizient [W/(m²K)]	1.3
Gesamtenergiedurchlassgrad g:	0,55
Lichttransmissionsgrad τ_v:	0,75
Luftdurchlässigkeit:	4

Erstprüfungen durchgeführt und Klassifizierungsberichte erstellt durch ift Rosenheim NB-Nr. 0757

5-38 Beispiel einer CE-Kennzeichnung

9 Temporärer Wärmeschutz

Der Wärmeverlust über das Fenster lässt sich in den Nachtstunden durch zusätzliche Wärmeschutzvorrichtungen verringern. Die Schutzvorrichtungen können außen und zwischen den Verglasungen angebracht werden. Die Tabelle *Bild 5-39* nennt Wärmedurchgangskoeffizienten für Fenster mit Wärmeschutzvorrichtung. Der erste Wert U_{wS} ist bei betätigter Wärmeschutzvorrichtung anzusetzen. Der zweite Wert verweist auf den mittleren Wärmedurchgangskoeffizienten $U_{wS,m}$, der bei einer etwa 12-stündigen täglichen Einsatzdauer der Wärmeschutz-

ohne Abdeckung	außen angebrachte Abdeckung			zwischen Verglasungen
	Jalousieladen aus Holz	Rollladen aus Holz oder Kunststoff	Vollholzladen	Rollo
U_w	Wärmedurchgangskoeffizient $U_{wS}/U_{wS,m}$ in W/(m²/K)			
3,0	2,7/2,9	1,7/2,4	1,4/2,2	1,7
2,5	2,3/2,4	1,5/2,0	1,3/1,9	1,5
2,0	1,9/1,9	1,3/1,7	1,1/1,6	1,3
1,5	1,4/1,4	1,1/1,3	1,0/1,3	1,1
1,0	1,0/1,0	0,8/0,9	0,7/0,9	0,8

5-39 Wärmedurchgangskoeffizient von Fenstern und Wärmeschutzvorrichtung bei betätigter Wärmeschutzvorrichtung

10 Sonnenschutzvorrichtungen

Maßnahmen zum Sonnenschutz können einen Raum vor unerwünschter Erwärmung durch Sonneneinstrahlung schützen oder verhindern, dass die Nutzer durch Sonnenstrahlen geblendet werden. Vorrichtungen zum Sonnenschutz können auf der Außenseite oder Innenseite des Fensters und bei Verbund- bzw. Kastenfenstern zwischen den Verglasungen angebracht werden, *Bild 5-40*. Weitere Möglichkeiten sind der Einbau von Sonnenschutzgläsern oder das Aufbringen von Sonnenschutzfolien auf die vorhandene Verglasung. Eine Sonnenschutzvorrichtung soll den Raum jedoch nicht verdunkeln und dadurch das Einschalten der künstlichen Beleuchtung erforderlich machen.

Äußere Sonnenschutzvorrichtungen bewirken eine Beschattung des Fensters und verhindern, dass die Sonnenstrahlen in den Raum eindringen. Dadurch bieten sie von allen Sonnenschutzvorrichtungen den wirksamsten Schutz gegen Erwärmung des Raumes.

Zu den **starren äußeren Sonnenschutzvorrichtungen** gehören horizontale starre Lamellenblenden und massive Bauteile, z. B. auskragende Gesimse, Balkone, Loggien, Vordächer und dergleichen. Eine Sonnenschutzwirkung wird nur dann erreicht, wenn die Sonne hoch steht und der Vorsprung oberhalb des Fensters ausreichend groß ist.

Daher sind diese Vorrichtungen nur auf der Südseite eines Gebäudes während des Sommerhalbjahres wirksam. Starre Sonnenschutzvorrichtungen haben den Nachteil, dass sie keine Anpassung an wechselnde Einstrahlungs- und Lichtverhältnisse erlauben. Sie sind als einzige Maßnahme zum Sonnenschutz meist nicht ausreichend.

Zu den **beweglichen äußeren Sonnenschutzvorrichtungen** gehören Außenjalousien (Lamellenstores), Klappläden, Rollläden, Markisen und Markisoletten. Außenjalousien mit verstellbarem Lamellenwinkel können sehr gut an wechselnden Einstrahlungs- und Lichtverhältnissen angepasst werden und werden als der wirksamste Sonnenschutz angesehen. Markisen werden bevorzugt

vorrichtung zu erwarten ist. Der Wärmedurchgangskoeffizient $U_{wS,m}$ ist für die Berechnung des jährlichen Transmissionswärmebedarfs von Fenstern maßgebend, die mit temporären Wärmeschutzvorrichtungen ausgerüstet sind. Die Energieeinsparverordnung schließt allerdings bei der Berechnung des Jahresheizwärmebedarfs die Berücksichtigung des temporären Wärmeschutzes bisher aus.

Zu den außen angebrachten Wärmeschutzvorrichtungen zählen Rollläden, Dämm-Klappläden und Dämm-Schiebebeläden. Eine Verbesserung des Wärmeschutzes wird nur dann erreicht, wenn diese Vorrichtungen auch bei Windbelastung und Schlagregen in sich und in ihrer Andichtung an die Fassade dauerhaft dicht sind.

Vorrichtung	fehlend	innen liegend[6]		zwischen den Scheiben liegend[6]	außen liegend				
Bezeichnung	—	Innenrollo	Innenjalousie	Rollo zwischen den Scheiben	Blende, Vordach, Loggia, Balkon[5]	Außenjalousie	Außenrollo	Rollläden, Klappläden	Markise[5]
Abminderungsfaktor F_c	1,0	0,8 – 0,9[1] 0,7 – 0,8[2]	0,75	0,8 – 0,9[1] 0,7 – 0,8[2]	0,5	0,25	0,4 – 0,5	0,3	0,4[3] 0,5[4]

[1] normal [2] reflektierend [3] oben und seitlich ventiliert [4] allgemein
[5] In der Fußnote der DIN 4108-2 Tabelle 8 sind weitere Bedingungen in Abhängigkeit von der Himmelsrichtung genannt
[6] Für innen und zwischen den Scheiben liegende Sonnenschutzvorrichtungen ist eine genaue Ermittlung zu empfehlen, da sich je nach reflektierenden und absorbierenden Eigenschaften der Materialien erheblich günstigere Werte ergeben können

5-40 Sonnenschutzvorrichtungen und deren Abminderungsfaktoren F_c zur Reduzierung des Gesamtenergiedurchlassgrades g

über Fenstertüren angebracht und gleichzeitig zur Überdachung von Terrassen oder Balkonen verwendet. Rollläden, die unten ausstellbar sind oder größere Lichtschlitze zwischen den Stäben besitzen, sind ebenfalls als Sonnenschutz gut geeignet.

Bei **innenliegenden Sonnenschutzvorrichtungen** gelangen die Sonnenstrahlen durch die Verglasung zunächst in den Raum und werden anschließend von der Sonnenschutzvorrichtung teils reflektiert und teils absorbiert. Die absorbierte Strahlung wird in Wärme umgewandelt und dem Raum zugeführt. Diese Wärme kann im Sommer zu einer unerwünschten Temperaturerhöhung im Raum führen.

Im Winter und in der Übergangszeit trägt dieser Wärmegewinn zur Einsparung an Heizwärme bei. Zu den innen liegenden Sonnenschutzvorrichtungen gehören Innenrollos, Innenjalousien und Vorhänge. Diese sind beweglich, vergleichsweise preiswert und können auch nachträglich eingebaut werden.

Sonnenschutzgläser und Sonnenschutzfolien zählen zu den starren Sonnenschutzvorrichtungen. Ihre Funktionsweise wird in Abschnitt 3.2 erläutert.

Rollos zwischen Verglasungen werden gewöhnlich zum Schutz vor Wärmeverlusten und vor Sonneneinstrahlung verwendet.

Einen natürlichen Sonnenschutz für die unteren Geschosse eines Gebäudes können Bäume bieten, deren Blätter im Sommer ein Einfallen der Sonnenstrahlen verhindern. Laubbäume haben den Vorteil, dass im Winter die Sonnenstrahlen in den Raum eindringen können. Ein natürlicher Sonnenschutz erfordert eine sorgfältige Planung, wobei die sich jahreszeitlich ändernde Sonnenschutzwirkung der Bepflanzung zu berücksichtigen ist, und ist als einzige Sonnenschutzmaßnahme oft nicht ausreichend.

Bei Niedrigenergiegebäuden kommt dem sommerlichen Klima in den Wohnräumen eine wesentlich größere Bedeutung zu als das bei der bisherigen Bauweise mit vergleichsweise geringen Anforderungen an den Wärmeschutz der Fall war. Daher ist der **Planung des Sonnenschutzes** eine **wesentlich größere Bedeutung** beizumessen **als bisher**. Bei einem Neubau sollten Überlegungen zum Sonnenschutz fester Bestandteil der Entwurfsplanung sein. Sie können zu dem Ergebnis führen, dass durch gestalterische Maßnahmen die Aufwendungen für einen zusätzlichen Sonnenschutz erheblich reduziert oder sogar vermieden werden können.

In DIN 4108-2 sind Mindestanforderungen für den sommerlichen Wärmeschutz aufgeführt. **Das Nachweisverfahren für den sommerlichen Wärmeschutz wird in Kapitel 11-11 behandelt.**

11 Rollläden und Rollladenkästen

Rollläden haben vielfältige Funktionen, die vom Sichtschutz über den temporären Wärme- und Sonnenschutz bis zum verbesserten Einbruchschutz reichen. Die Möglichkeit, den Rollladenpanzer so zu integrieren, dass er im hochgezogenen Zustand unsichtbar bleibt, *Bild 5-41*, sowie die einfache Bedienungsmöglichkeit von innen sind positive Entscheidungskriterien für die Auswahl von Rollläden. Automatische Rollladenantriebe führen dazu, dass die genannten Vorteile heute sehr effektiv genutzt werden können.

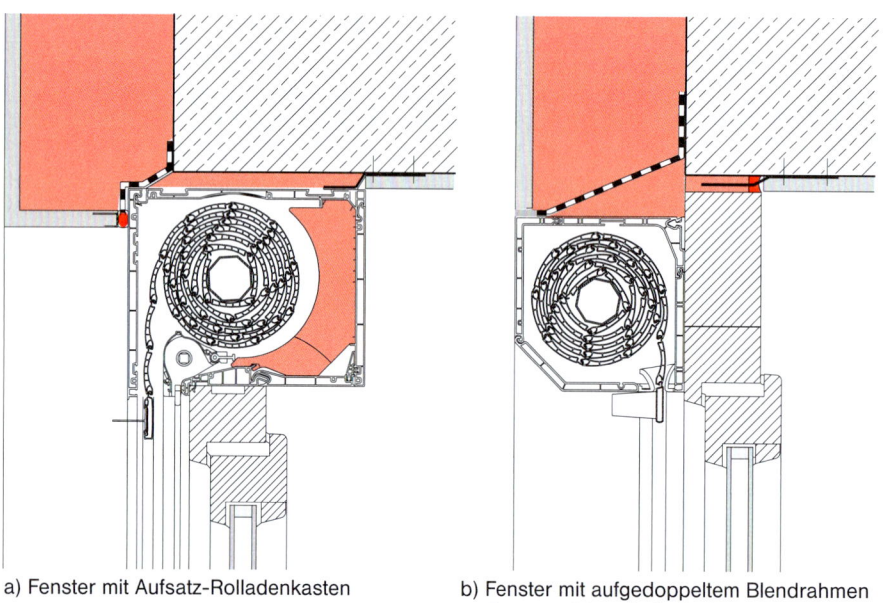
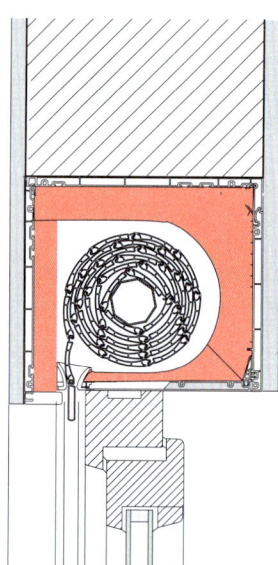

a) Fenster mit Aufsatz-Rolladenkasten
b) Fenster mit aufgedoppeltem Blendrahmen und vorgesetztem Rolladenkasten
c) Wärmegedämmter Rolladenkasten

5-41 Ausführungsbeispiele für Rollladenkästen

Rollläden werden in erster Linie zum **Sichtschutz**, insbesondere von Räumen im Parterre und von beleuchteten Räumen bei Dunkelheit eingebaut. Darüber hinaus bieten sie **Schutz vor der Wärme und Blendwirkung** von Sonnenstrahlen.

Die **Verbesserung des Wärmeschutzes** der Gesamtkonstruktion Fenster/Rollladen hängt vom U_w-Wert des Fensters und dem Wärmedurchlasswiderstand des Systems Rollladenpanzer/Luftschicht ab. Dabei spielt die Dichtheit des Anschlusses zwischen Rollladenpanzer und Umgebung die wichtigste Rolle. In der europäischen Norm DIN EN 10077 sind Dichtheitsklassen und Rechenwerte für die Wärmedurchlasswiderstände enthalten, sodass ein Wärmedurchgangskoeffizient für das Gesamtsystem Fenster/Rollladen ermittelt werden kann.

Der **Schallschutz** der Gesamtkonstruktion kann z. B. durch einen großen Abstand zwischen Fenster und Rollladenpanzer verbessert werden. Die Verbesserung kann bei 15 cm Abstand bis zu 10 dB betragen. Wichtig ist immer ein dichter Abschluss des Rollladenpanzers zur gesamten Umgebung. Ausführungsbeispiele für schalldämmende Rollladenkästen sind in DIN 4109 aufgeführt.

Ein **verbesserter Einbruchschutz** der Gesamtkonstruktion wird durch Lamellen aus Stahlblech oder mit Metallverstärkungen, durch Führungsschienen mit tiefen Führungen und festen Verankerungen sowie durch Sicherungsvorrichtungen gegen Hochschieben erreicht. Einbruchhemmende Rollläden werden in 6 Klassen angeboten, die in der Richtlinie „Einbruchhemmende Rollläden" des Bundesverbandes Rollladen + Sonnenschutz e. V., Kapitel 21-4.6, festgelegt sind.

Rollladenkästen benötigen nach der Bauregelliste des DIBt ein Übereinstimmungszeichen Ü, wenn sie als trennende Bauteile zwischen Innen- und Außenklima eingesetzt werden, *Bild 5-41 a* und *c*. Kästen, die außen vor dem Fenster angebracht werden, sind von dieser Regelung ausgenommen, *Bild 5-41 b*. In die Wand eingesetzte oder auf das Fenster aufgesetzte Rollladenkästen werden gemäß der Definition in DIN 4108-2 der Wand zugeordnet, *Bild 5-41 a* und *c*. Es sind allerdings auch getrennte Ermittlungen des Wärmebrückeneinflusses von Rollladenkästen möglich. Für die Kästen ist dann zusammen mit der Umgebung der lineare Wärmedurchgangskoeffizient ψ zu bestimmen. Näheres dazu in DIN 4108-2, Beiblatt 2 : 2006-03.

Der Wärmedurchgangskoeffizient U_{sb} muss bei Rollladenkästen ≤ 0,85 W/(m²K) und der Temperaturfaktor f_{Rsi} ≥ 0,70 betragen. Für den Deckel der Kästen muss ein Wärmedurchlasswiderstand R von ≥ 0,55 m²K/W eingehalten werden.

12 Neue Entwicklungen bei Fensterkonstruktionen

In den vergangenen Jahren ist die Entwicklung neuer Fenster überwiegend durch die Verbesserung der thermischen und energetischen Eigenschaften der Glas- und Rahmenkonstruktionen bestimmt worden. Mit **Dreifach-Wärmedämmgläsern** werden heute U_g-Werte deutlich unter 1,0 W/(m²K) erreicht. Entsprechende Gläser weisen zwei hoch wärmedämmende Beschichtungen im Scheibenzwischenraum auf sowie eine Edelgasfüllung beider Zwischenräume, vorzugsweise aus Argon oder Krypton. Weiteres Verbesserungspotenzial bei Wärmedämmgläsern bietet die Verwendung **thermisch optimierter Abstandhalter** – der sog. warmen Kante.

In der Erprobung befinden sich **Vakuum-Isolier-Gläser** (VIG), die aus zwei Scheiben bestehen, welche gegeneinander abgestützt werden und bei denen der Scheibenzwischenraum evakuiert ist. Hier sind U_g-Werte von 0,5 W/(m²K) bei geringerem Gewicht als mit Dreifach-Wärmedämmgläsern machbar, jedoch sind VIG noch nicht im großtechnologischen Maßstab verfügbar.

Bei den **Rahmenkonstruktionen** geht infolge erhöhter Wärmeschutzanforderungen der Trend hin zu bautieferen sowie modularen Systemen. Für Kunststofffenster sind Systeme mit z. B. 88 mm Bautiefe verfügbar, die modular je nach Anforderung auf einen U_f-Wert zwischen 1,0 W/(m²K)

5 Fenster und Außentüren — Neue Entwicklungen bei Fensterkonstruktionen

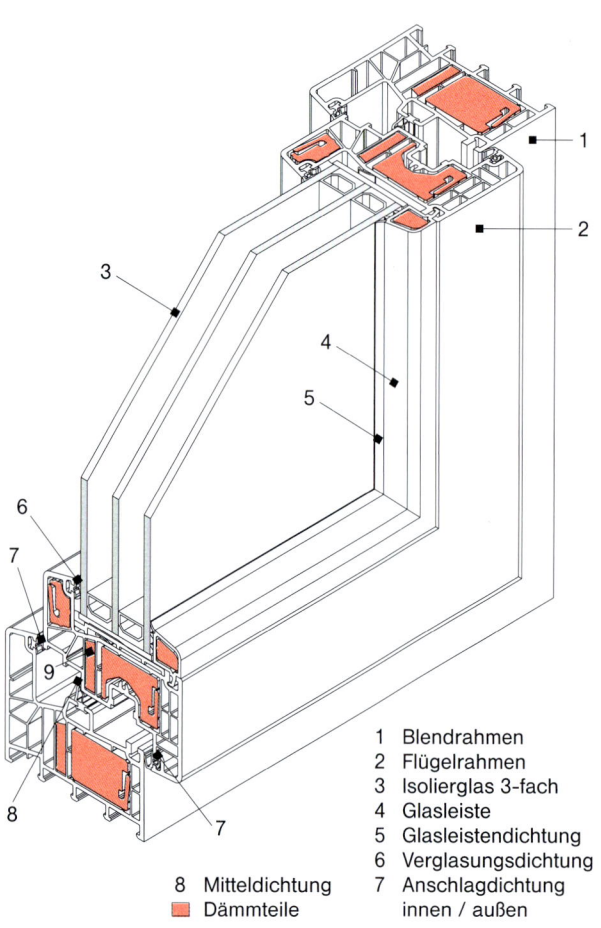

5-42 Passivhaus-Fenster mit Kunststoff-Rahmen und Dämmstoff-Einlagen (profine)

1 Blendrahmen
2 Flügelrahmen
3 Isolierglas 3-fach
4 Glasleiste
5 Glasleistendichtung
6 Verglasungsdichtung
7 Anschlagdichtung innen / außen
8 Mitteldichtung
■ Dämmteile

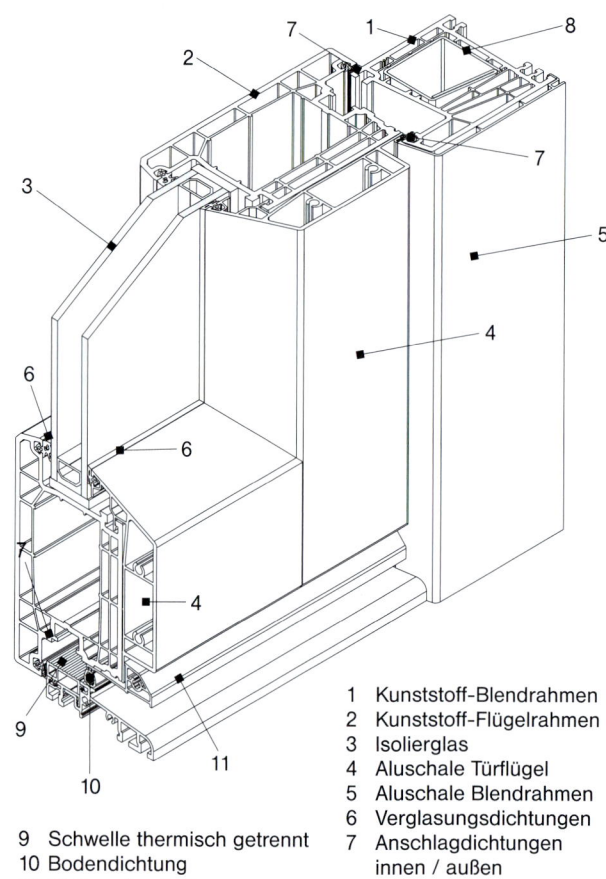

5-43 Kunststoff-Fenstertür mit außen liegender Aluminium-Deckschale (profine, AluFusion®)

1 Kunststoff-Blendrahmen
2 Kunststoff-Flügelrahmen
3 Isolierglas
4 Aluschale Türflügel
5 Aluschale Blendrahmen
6 Verglasungsdichtungen
7 Anschlagdichtungen innen / außen
8 Metallaussteifung
9 Schwelle thermisch getrennt
10 Bodendichtung
11 Wetterschenkel

und bis zu 0,8 W/(m²K) konfektioniert werden können. Erreicht wird dies z. B. durch Einlagen aus hoch wärmedämmenden Dämmstoffen und die Verklebung von Wärmeschutzverglasungen in die Flügelprofile, *Bild 5-42*. Durch die kraftschlüssige Verklebung des Glases mit dem Flügelrahmen kann zum Teil auf den üblicherweise zur Ausstei-

fung vorhandenen Stahl verzichtet werden, da das Glas diese Funktion mit übernimmt. Faserarmierte Kunststoff-Fenstersysteme bieten ebenfalls die Möglichkeit weitgehend auf den aussteifenden Stahl zu verzichten und damit die Wärmedämmung der Rahmenkonstruktion zu verbessern.

Bei Holzfenstern werden mehrschichtige Profile mit Dämmstoffeinlagen angeboten. Bei Aluminium stehen wärmegedämmte Profile mit U_f-Werten von unter 2,0 W/(m^2K) zur Verfügung. Auch hier kann über optionale modulare Systemkomponenten der Wärmedurchgangskoeffizient signifikant verbessert werden.

Die Modularität von modernen Fenstersystemen ist auch bei Statik und Design deutlich zu erkennen. So werden Kunststoff-Fenstersysteme angeboten, bei denen eine außenliegende Design-Aluminium-Deckschale gleichzeitig die Aussteifung und Stabilität des Fenstersystems bietet und damit die Vorzüge zweier Werkstoffe ideal miteinander kombiniert, *Bild 5-43*.

Durch die Entwicklungen in der Glas- und Rahmentechnik ist es möglich, für die nach der Energieeinsparverordnung 2009 geltende Anforderung von $U_w \leq 1,3$ W/(m^2K) für außenliegende Fenster und Fenstertüren bei erstmaligem Einbau, Ersatz und Erneuerung in Wohngebäuden mit Innentemperaturen $\geq 19°$ C ein großes Spektrum an Lösungsmöglichkeiten anzubieten.

Eine weitere **Entwicklungstendenz** bei Fensterkonstruktionen ist die zunehmende Gestaltung der Produkte im Hinblick auf Resourcenschonung und Nachhaltigkeit. Die Nachhaltigkeit von Holz ergibt sich aus dem nachwachsenden Rohstoff. Auf die Verwendung gefährdeter Tropenhölzer im Fensterbau wird üblicherweise verzichtet. Aluminium und Kunststoffe, die in Fensterkonstruktionen verwendet werden, können vollständig in geschlossenen Recyclingkreisläufen (Rewindo GmbH für Kunststofffenster, A/U/F e. V. für Aluminiumfenster) wiederverwendet werden und sind daher ebenfalls als nachhaltig zu bezeichnen. Die Produktqualität leidet bei Verwendung recyclierter Materialien in keinem Fall, d. h. Fensterkonstruktionen mit recyclierten Materialien erreichen im Allgemeinen die gleiche Produktqualität wie Produkte aus Rohstoffen im erstmaligem Einsatz.

Besondere Anforderungen an Verglasungen und Fenster ergeben sich, wenn das Niveau der gültigen Energieeinsparverordnung nochmals deutlich unterschritten werden soll. Dies ist insbesondere **bei Effizienzhäusern** oder **bei Passivhäusern** der Fall.

Das Passivhaus Institut PHI Darmstadt führt Produkt-Zertifizierungen für Passivhausfenster durch, wobei folgender U_w-Wert erreicht bzw. unterschritten werden muss:

$$U_w \leq 0,8 \text{ W/m}^2\text{K}$$

Die hierfür eingesetzten Verglasungen weisen in der Regel U_g-Werte von $\leq 0,7$ W/m²K auf. Die Wärmedurchgangskoeffizienten im Randbereich (ψ-Werte) werden durch thermisch verbesserte Abstandhalter und durch tiefere Einstände der Verglasungen in die Rahmen optimiert. Eine Komplettierung des Systems muss durch eine Anschlussausbildung zum Baukörper erfolgen, bei der die Wärmebrückenwirkung ebenfalls auf einen ψ-Wert von nahe 0 W/mK reduziert wird.

13 Türkonstruktionen

13.1 Anforderungen an Außentüren

Türkonstruktionen werden ähnlich wie Fensterkonstruktionen, vielfältigen Beanspruchungen ausgesetzt. Außerdem müssen sie in ihrer Gestaltung an die Gegebenheiten des Gebäudes und die jeweiligen Bedürfnisse angepasst werden, *Bild 5-44*. Außentüren schließen das Innenklima vom Außenklima eines Gebäudes ab und dienen hauptsächlich dem Durchgang von Personen. Außentüren unterliegen wie Fenster seit dem 1. Juli 2013 der Bauproduktenrichtlinie (Kapitel 21) und ihre Eigenschaften werden ebenso nach der Produktnorm DIN EN 14351-1 : 2006 +A1 : 2010 Fenster und Außentüren ohne Eigenschaften bezüglich Feuerschutz und/oder Rauchdichtheit geregelt, *Bild 5-46* (siehe Seite 5/45 und 5/46).

Die Energieeinsparverordnung 2014 legt für Außentüren in Neubauten keine maximal zulässigen **U_D-Werte** fest

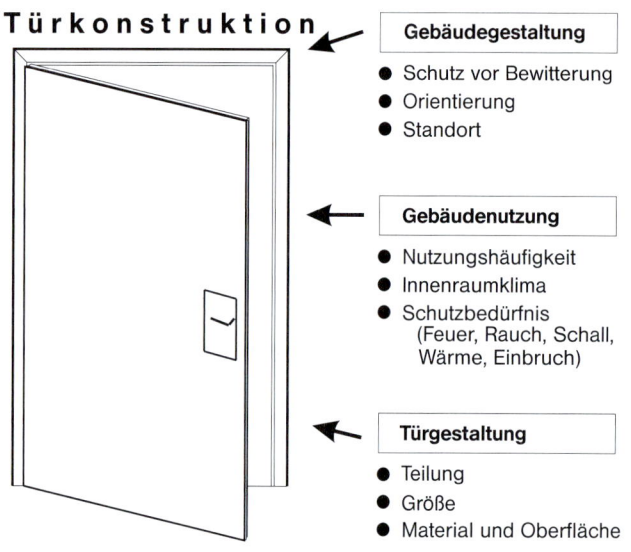

5-44 Einflüsse aus Gebäudegestaltung, Gebäudenutzung und Türgestaltung auf Türkonstruktionen

(**D**: engl. „door"). Für die Berechnung des zulässigen Jahres-Primärenergiebedarfs und des zulässigen Transmissionswärmeverlusts des Referenzgebäudes (Kapitel 2-5) ist ein U_D-Wert von 1,8 W/(m²K) zugrunde zu legen (*Bild 2-5*).

Die **Dichtheit von Außentüren** muss nach den Anforderungen der DIN 4108 : 2013-02 mindestens der Klasse 2 nach DIN EN 12207 entsprechen.

Die *Bilder 5-45* und *5-47* zeigen einige Prinzipien für die Abdichtungen im Bodenbereich und zwischen Zarge und Wand.

Türen müssen so konstruiert sein, dass sie u. a. angesichts der zu erwartenden Dauerfunktion sowie der zu erwartenden Differenzklimabelastung über einen angemessenen Nutzungszeitraum eine ausreichende Produktqualität gewährleisten. Die Dauerfunktionsprüfung ist nach EN 1191 durchzuführen. Die Ergebnisse müssen nach EN 12400 angegeben werden.

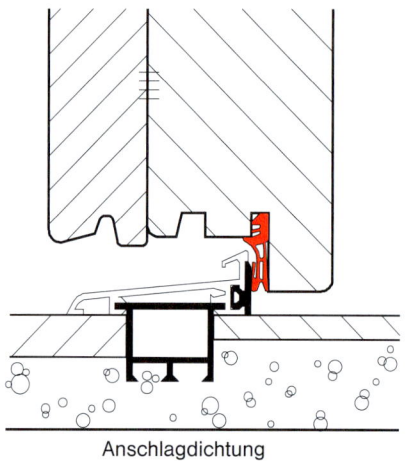
Anschlagdichtung

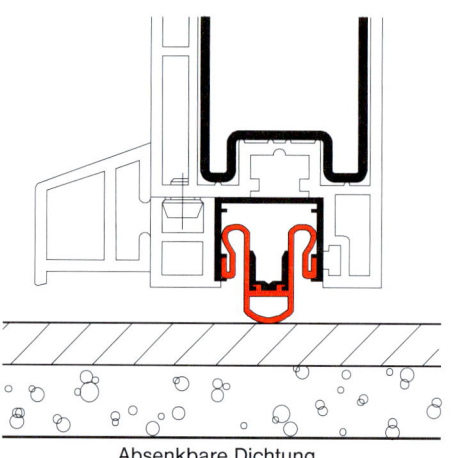
Absenkbare Dichtung

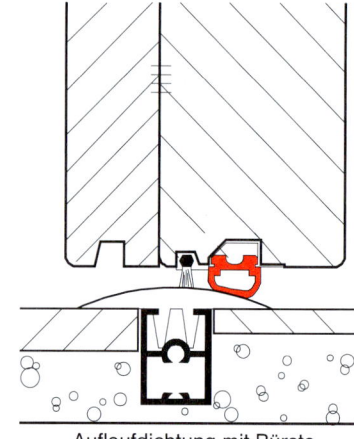
Auflaufdichtung mit Bürste

5-45 Bodendichtungen von Türen

Ab-schnitt	Eigenschaft	Klassi-fizierungs-norm[a]	Prüf- oder Be-rechnungsnorm[a]	Prüfart[b]	Anzahl der Prüf-körper	Größe des Prüfkörpers	Direkter Anwen-dungsbereich (ähnliche Kon-struktion voraus-gesetzt, siehe 3.4)
4.2	Widerstandsfähig-keit gegen Windlast	EN 12210	EN 12211	Zerstörend	1	Nicht festgelegt	– 100 % der Rah-menbreite und -hö-he des Prüfkörpers
4.5	Schlagregen-dichtheit	EN 12208	EN 1027	Zerstörungsfrei	1	Nicht festgelegt	– 100 % bis + 50 % der Gesamtfläche des Prüfkörpers
4.6	Gefährliche Substanzen	Wie vorgeschrieben					
4.7	Stoßfestigkeit	EN 13049	EN 13049	Zerstörend	1 oder 2	Nicht festgelegt	> Gesamtfläche des Prüfkörpers (Ausfachung)
4.8	Tragfähigkeit von Sicherheits-einrichtungen	Schwellen-wert	EN 948	Zerstörungsfrei	1	Nicht festgelegt	– 100 % der Ge-samtfläche des Prüfkörpers
4.9	Höhe und Breite	Festgestellte Werte					
4.10	Fähigkeit zur Freigabe	Siehe EN 179, EN 1125, EN 1935, prEN 13633 und prEN 13637					
4.11	Schallschutz	Festgestell-te Werte	EN ISO 140-3 EN ISO 717-1	Zerstörungsfrei	1	Mindestmaß etwa 0,9 m × 2,0 m	[c]
4.12	Wärmedurchgangs-koeffizient	Festgestell-te Werte	EN ISO 10077-1 oder EN ISO 10077-1 und EN ISO 10077-2	Berechnung	–	1,23 (± 25 %) m × 2,18 (± 25 %) m oder 2,00 (± 25 %) m × 2,18 (± 25 %) m	Gesamtfläche[d] ≤ 3,6 m²
							Gesamtfläche[d] > 3,6 m²
			EN ISO 12567-1	Zerstörungsfrei	1		Gesamtfläche[d] ≤ 3,6 m²
							Gesamtfläche[d] > 3,6 m²
4.13	Strahlungs-eigenschaften (Ausfachung)[e]	Festgestell-te Werte	EN 410 EN 13363-1 EN 13363-2	–	–	–	Alle Größen
4.14	Luftdurchlässigkeit	EN 12207	EN 1026	Zerstörungsfrei	1	Nicht festgelegt	[c]
			Anhang I	Tabellarische Werte	–		Alle Größen
4.16	Bedienungskräfte	EN 12217	EN 12046-2	Zerstörungsfrei	1	Nicht festgelegt	– 100 % der Ge-samtfläche des Prüfkörpers

Ab-schnitt	Eigenschaft	Klassi-fizierungs-norm[a]	Prüf- oder Be-rechnungsnorm[a]	Prüfart[b]	Anzahl der Prüf-körper	Größe des Prüfkörpers	Direkter Anwen-dungsbereich (ähnliche Kon-struktion voraus-gesetzt, siehe 3.4)
4.17	Mechanische Festigkeit	EN 1192	EN 947 EN 948 EN 949 EN 950	Zerstörend oder zerstörungsfrei (ergebnis-abhängig)	1	Nicht festgelegt	− 100 % der Ge-samtfläche des Prüfkörpers
4.18	Lüftung	Festgestell-te Werte	EN 13141-1	Zerstörungsfrei	1	Nicht festgelegt	Gleiche Konstruk-tion und Größe der Lüftungs-vorrichtung
4.19	Durchschuss-hemmung	EN 1522	EN 1523	Zerstörend	1	Nicht festgelegt	f
4.20	Sprengwirkungs-hemmung	EN 13123-1 EN 13123-2	EN 13124-1 EN 13124-2	Zerstörend	1	Nicht festgelegt	f
4.21	Dauerfunktion	EN 12400	EN 1191	Zerstörend	1	Nicht festgelegt	− 100 % der Ge-samtfläche des Prüfkörpers
4.22	Differenzklima-verhalten	EN 12219	EN 1121	Zerstörend oder zerstörungsfrei (ergebnis-abhängig)	1	1,23 (± 25 %) m × 2,18 (± 25 %) m	Alle Größen
4.23	Einbruchhemmung	EN 1627	EN 1628 EN 1629 EN 1630	Zerstörend	Siehe EN 1627	Nicht festgestellt	Siehe EN 1627

[a] In einigen Fällen sind zusätzliche Informationen im entsprechenden Unterabschnitt angegeben, z. B. zu Verweisungen.
[b] Zerstörungsfreie Prüfung: Der Prüfkörper kann für eine weitere Prüfung verwendet werden.
  Zerstörende Prüfung: Der Prüfkörper kann nicht für eine weitere Prüfung verwendet werden.
[c] Dichtung an vier Seiten: − 100 % bis + 50 % der Gesamtfläche des Prüfkörpers.
  Dichtung an drei Seiten: − 100 % der Gesamtfläche des Prüfkörpers.
[d] Wenn eine genaue Berechnung des Wärmeverlustes eines bestimmten Gebäudes gefordert wird, muss der Hersteller genaue und zutreffende, be-rechnete oder durch Prüfung ermittelte Werte des Wärmedurchgangskoeffizienten (Konstruktionswerte) der entsprechenden Größe(n) zur Verfü-gung stellen.
[e] Gesamtenergiedurchlassgrad, g-Wert und Lichttransmissionsgrad.
[f] Bis entsprechende Normen und/oder Leitlinien aufgestellt werden, müssen die nicht ermittelten Bedingungen zwischen dem Hersteller und der Prüfstelle vereinbart werden.

5-46 Getrennte Ermittlung der Eigenschaften von Außentüren

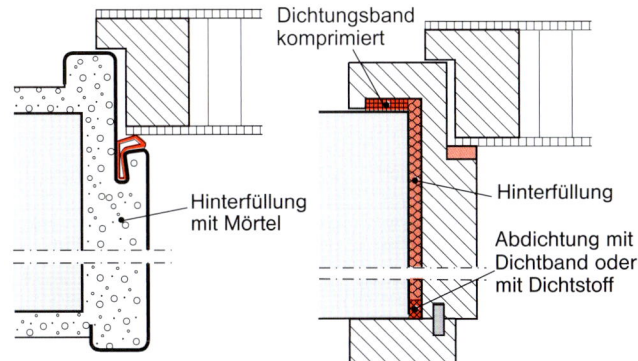

5-47 Hinterfüllungs- und Abdichtungsmaßnahmen an Türzargen

Für Haustüren im privaten Bereich empfiehlt die RAL- Gütesicherung eine Dauerfunktionsprüfung mit 100000 Zyklen, bzw. die Klasse 5. Im öffentlichen Bereich die Klasse 6, *Bild 5-48*.

Klasse	Mindest-anforderung	Anzahl der Zyklen	Beanspruchung	
			Fenster	Türen
0		–		
1		5 000	leicht	gelegentlich
2	Wohnungsbau	10 000	mittel	leicht
3	Gewerbe	20 000	stark	selten
4		50 000	–	mittel
5	Wohnungsbau	100 000	–	normal
6	Gewerbe	200 000	–	häufig
7	Sonder	500 000	–	stark
8		1 000 000	–	sehr oft

5-48 Mindestanforderungen hinsichtlich der Funktionsfähigkeit von Türen über einen angemessenen Nutzungszeitraum

Für das Differenzklimaverhalten muss der Planer die maximal zulässigen Verformungen der entsprechenden Klasse vorgeben. Die Klimaprüfung erfolgt nach EN 1121 und die Ergebnisse werden nach EN 12219 klassifiziert, *Bild 5-49*.

Prüfparameter	Klasse 1 (x), (mm)	Mindestanforderung* Klasse 2 (x), (mm)	Sonderanforderung Klasse 3 (x), (mm)
Verwindung, T	8,0	4,0	2,0
Längskrümmung, B	8,0	4,0	2,0
Querkrümmung, C	4,0	2,0	1,0
Lokale Ebenheit	0,4	0,3	0,2

x Prüfklima, das in DIN EN 1121 und/oder in DIN EN 1294 definiert ist
T endgültige Verwindung
B absolute Differenz zwischen endgültiger und anfänglicher Verwindung oder Längskrümmung oder die tatsächliche absolute endgültige Verwindung oder Längskrümmung, je nachdem, welche größer ist
C endgültige Querkrümmung
* für Laubengangtüren wird die Klasse 3, d. h. max. 2,0 mm Längskrümmung empfohlen

5-49 Miaximal zulässige Verformungen von Türen nach Anforderungsklassen

Die Innenraumnutzung und die Beheizung des Raumes unmittelbar vor der Türanlage bestimmen im Wesentlichen die **klimatische Belastung** der Tür auf der Innenraumseite. Hier hat sich in der Architektur in den vergangenen Jahren ein Wandel vollzogen. So war früher die Diele oder der Vorraum die Klimaschleuse zwischen Außenklima und Innenraumklima. Heute werden durch den Anstieg der Baukosten diese Bereiche immer mehr in den Wohnraum integriert.

Im Groben kann unterschieden werden in normale, erhöhte und extreme Beanspruchung der Tür. Wenn der Vorraum nicht beheizt und die Türanlage durch einen Windfang geschützt wird, liegt eine normale Beanspruchung vor. Bei einem beheizten Vorraum geht man von einer erhöhten Beanspruchung aus. Wird der Vorraum beheizt und der Heizkörper unmittelbar neben der Tür angeordnet oder eine Fußbodenheizung verwendet, liegt eine extreme Beanspruchung vor.

Die *Bilder 5-50* und *5-51* geben Informationen darüber, welche Merkmale bzw. Einschränkungen in Abhängigkeit der Beanspruchungen zu berücksichtigen sind. Bei extremen Belastungen von der Außen- und/oder Raumseite muss werkstoffabhängig entweder auf kritische Konstruktions- und Gestaltungselemente verzichtet oder für einen ausreichenden Schutz (z. B. Vordach) gesorgt werden.

13.2 Anforderungen an Innentüren

Bei Innentüren geht es in der Hauptsache um die Anforderungen an Verformungsstabilität und mechanische Belastbarkeit. Bestimmte Innentüren müssen auch Schutzfunktionen erfüllen, die teilweise allgemein verbindlich, teilweise jedoch auch speziell zu vereinbaren sind.

Für Innentüren aus Holz und Holzwerkstoffen enthalten die Güte- und Prüfbestimmungen RAL-RG 426 Einsatzempfehlungen entsprechend den **Klimaklassen I, II** und **III**. Die Wohnungsinnentüren gehören zur Klimaklasse I, während Wohnungsabschlusstüren der Klimaklasse III zu entsprechen haben.

Neben den Klimaklassen gibt es **4 weitere Klassen** (N, M, S, E) **für die mechanische Beanspruchung**. In Wohngebäuden unterliegen alle Innentüren einer normalen mechanischen Beanspruchung (Klasse N). Wohnungsabschlusstüren werden der Klasse S (hohe mechanische Beanspruchung) zugeordnet, Türen zu Schulräumen der Klasse E (extreme mechanische Beanspruchung). Die Einstufung der Türen in die Klassen erfolgt durch Prüfung nach Normen.

Bei den **Schutzfunktionen** von Innentüren geht es im Wohnungsbau hauptsächlich um den Schallschutz, den Wärmeschutz und die Einbruchhemmung. In selteneren Fällen kann auch eine Anforderung an den Brandschutz oder Rauchschutz gestellt werden.

Schallschutzanforderungen bestehen dann, wenn die Tür aus einem fremden Bereich (z. B. Flur oder Treppenraum) in eine Wohnung führt. In DIN 4109, Tabelle 3, und Beiblatt 2 zu DIN 4109, Tabelle 2, werden Werte des Schalldämm-Maßes $R_{w,R}$ gefordert, die für die betriebsfertig eingebauten Elemente gelten. Laborprüfungen müssen um 5 dB (Vorhaltemaß) über den geforderten $R_{w,R}$-Werten liegen.

Wenn Innentüren beheizte von unbeheizten Bereichen trennen, so werden für wärmeschutztechnische Berechnungen U_D-Werte benötigt (Abschnitt 13.1). Einbruchhemmende Eigenschaften müssen, soweit erforderlich, nach DIN EN 1627 festgelegt werden.

Der Entwurf der Produktnorm E DIN EN 14351-2 : 2014 06 (D) Fenster und Türen – Produktnorm, Leistungseigenschaften – Teil 2: Innentüren ohne Feuerschutz- und/oder Rauchdichtheitseigenschaften ist am 16. Mai 2014 erschienen. Bei Inkrafttreten dieser harmonisierten europäischen Produktnorm müssen dann auch für das Inverkehrbringen von Innentüren Leistungserklärungen und CE-Zeichen ausgestellt werden. Die Produktnorm E DIN EN 14351-2 regelt materialunabhängig die zu bestimmenden Leistungsmerkmale.

Beanspruchung	Konstruktionsmerkmale		
	Aluminium	Holz	Kunststoff
Erhöhte Nutzungshäufigkeit	Verstärkte Beschlagausführung	Verstärkte Beschlagausführung	Verstärkte Beschlagausführung
Normale klimatische Innenraumbelastung	Keine Einschränkungen	Keine Einschränkungen	Keine Einschränkungen
Erhöhte klimatische Innenraumbelastung	Verbessertes Verformungsverhalten durch – Profiloptimierung – größere Profiltiefe – verminderte thermische Trennung	Verbessertes Verformungsverhalten durch – größere Holzquerschnitte – geeignete Holzarten – Metallaussteifungen	Verbessertes Verformungsverhalten durch – Profiloptimierung – größere Profiltiefe – Optimierung der Verstärkungsprofile
Extreme klimatische Innenraumbelastung	Verbessertes Verformungsverhalten durch – Profiloptimierung – größere Profiltiefe – verminderte thermische Trennung	Kritisch auch bei Konstruktionen mit verbessertem Verformungsverhalten	Verbessertes Verformungsverhalten durch – Profiloptimierung – größere Profiltiefe – Optimierung der Verstärkungsprofile

5-50 Konstruktionsmerkmale von Türen aufgrund der Beanspruchung aus Gebäude- und Raumnutzung

Beanspruchung	Konstruktionsmerkmale		
	Aluminium	Holz	Kunststoff
Außenklima[1] (vollständiger Schutz gegen Schlagregen und direkte Sonneneinstrahlung)	Keine Einschränkungen		
Gemindertes Freiluftklima[1] (vereinzelte Schlagregenbelastung, keine direkte Sonneneinstrahlung)		Keine großflächigen Füllungen mit elastischen Abdichtungen Keine Kapillarfugen Keine schwellenlosen Bodendichtungen Große räumliche Trennung zwischen Wind- und Regensperre	
Gemindertes Freiluftklima[1] (vereinzelte Schlagregenbelastung, direkte Sonneneinstrahlung)	Keine PVC-Sandwichfüllungen mit dunklen Oberflächen	Einschränkungen wie vorher zuzüglich: Keine dunklen Oberflächen bei rissanfälligen Hölzern Keine Leimfugen in der Bewitterung Keine furnierten Oberflächen Verbessertes Verformungsverhalten	Keine PVC-Sandwichfüllungen mit dunklen Oberflächen Keine dunklen Oberflächen
Freiluftklima bei normaler und extremer direkter Bewitterung[1]	Kritisch auch bei ausgereiften Konstruktionen		

[1] Definition nach DIN 50010

5-51 Konstruktionsmerkmale von Türen aufgrund der Beanspruchung aus Außenklima und Freiluftklima

14 Hinweise auf Literatur und Arbeitsunterlagen

Normen, Leitfäden

Sämtliche Normen sind über den Beuth Verlag GmbH, Burggrafenstr. 6, 10787 Berlin zu beziehen. Nachfolgend werden nur einige für Fenster und Türen besonders wichtige Normen mit Nummer und Titel angegeben.

Die gesamte Normung ist wegen der Umstellung zu europäischen und internationalen Normen zurzeit in einem ständigen Wandel. Es ist deshalb erforderlich, die jeweils aktuellen Ausgaben beim Beuth-Verlag zu erfragen: www.beuth.de

[1] Leitfaden zur Montage: 2014-3. RAL-Gütegemeinschaft Fenster und Haustüren e. V.

[2] Kommentar zur DIN 14351-1 3. Auflage. Frauenhofer IRB Verlag.

[3] Energieeffiziente Fenster und Verglasungen 4. Auflage. BINE Informationsdienst – Frauenhofer IRB Verlag.

[4] RAL-GZ 716 : 2013-04 Kunststoff-Fensterprofilsysteme. Deutsches Institut für Gütesicherung und Kennzeichnung e. V.

[5] RAL-GZ 695 : 2010-05 Fenster und Türen. Deutsches Institut für Gütesicherung und Kennzeichnung e. V.

[6] Verordnung (EU) Nr. 305/2011 des Europäischen Parlaments und des Rates vom 9. März 2011 zur Festlegung harmonisierter Bedingungen für die Vermarktung von Bauprodukten (Bauproduktenverordnung).

[7] VDI 4100 : 2012-10 Schallschutz im Hochbau – Wohnungen – Beurteilung und Vorschläge für erhöhten Schallschutz.

[8] DIN EN 356 : 2000-02 Glas im Bauwesen – Sicherheitssonderverglasung – Prüfverfahren und Klasseneinteilung des Widerstandes gegen manuellen Angriff.

[9] DIN EN 410 : 2011-04 Glas im Bauwesen. Bestimmung der lichttechnischen und strahlungsphysikalischen Kenngrößen von Verglasungen.

[10] DIN EN 673 : 2011-04 Glas im Bauwesen. Bestimmung des Wärmedurchgangskoeffizienten, Berechnungsverfahren.

[11] DIN EN 1026 : 2011-04 Fenster und Türen. Luftdurchlässigkeit, Prüfverfahren.

[12] DIN EN 1027 : 2009-09 Fenster und Türen – Schlagregendichtheit – Prüfverfahren.

[13] DIN EN 1121 : 2009-09 Türen. Verhalten zwischen zwei unterschiedlichen Klimaten, Prüfverfahren.

[14] DIN EN 1627 : 2011-09 Fenster, Türen, Abschlüsse – Einbruchhemmung – Anforderungen und Klassifizierung.

[15] DIN 1946-6 : 2009-05 Raumlufttechnik – Teil 6: Lüftung von Wohnungen, Allgemeine Anforderungen, Anforderungen zur Bemessung, Ausführung und Kennzeichnung, Übergabe/Übernahme (Abnahme) und Instandhaltung.

[16] DIN EN 1991-1-1/NA : 2010-12. Nationaler Anhang – National festgelegte Parameter – Eurocode 1: Einwirkungen auf Tragwerke – Teil 1-1: Allgemeine Einwirkung auf Tragwerke – Wichten, Eigengewicht und Nutzlasten im Hochbau.

[17] DIN EN 1991-1-4/NA : 2010-12 Nationaler Anhang – National festgelegte Parameter – Eurocode 1: Einwirkungen auf Tragwerke – Teil 1–4: Allgemeine Einwirkungen – Windlasten.

[18] DIN EN 1991-1-5/NA : 2010-12 Nationaler Anhang – National festgelegte Parameter – Eurocode 1: Einwirkungen auf Tragwerke – Teil 1–5: Allgemeine Einwirkungen – Temperatureinwirkungen.

[19] DIN 4108-2 : 2013-02 Wärmeschutz und Energie-Einsparung in Gebäuden – Teil 2: Mindestanforderungen an den Wärmeschutz.

[20] DIN 4108-3 : 2001-07 Wärmeschutz und Energie-Einsparung in Gebäuden – Teil 3: Klimabedingter Feuchteschutz. Anforderungen, Berechnungsverfahren und Hinweise für Planung und Ausführung. DIN 4108-3. Berichtigung 1: 2002-4.

[21] DIN 4108-4 : 2013-02 Wärmeschutz und Energie-Einsparung in Gebäuden – Teil 4: Wärme- und feuchteschutztechnische Bemessungswerte. Berlin, Beuth Verlag GmbH.

[22] DIN 4108-6 : 2003-06 Wärmeschutz und Energie-Einsparung in Gebäuden – Teil 6: Berechnung des Jahresheizwärme- und des Jahresheizenergiebedarfs. DIN V 4108-6 Berichtigung 1: 2004-03 Berichtigungen zu DIN V 4108-6: 2003-06.

[23] DIN 4108-7 : 2011-01 Wärmeschutz und Energie-Einsparung in Gebäuden – Teil 7: Luftdichtheit von Gebäuden; Anforderungen, Planungs- und Ausführungsempfehlungen sowie -beispiele.

[24] DIN 4108 Beiblatt 2 : 2006-03 Wärmeschutz und Energie-Einsparung in Gebäuden – Wärmebrücken – Planungs- und Ausführungsbeispiele.

[25] DIN 4109 : 1989-11 Schallschutz im Hochbau – Anforderungen und Nachweise.

[26] E DIN 4109-1 : 2013-06 Schallschutz im Hochbau – Teil 1: Anforderungen an die Schalldämmung.

[27] E DIN 4109-2 : 2013-11 Schallschutz im Hochbau – Teil 2: Rechnerische Nachweise der Erfüllung der Anforderungen.

[28] DIN 4109 Beiblatt 1 : 2010-02 Schallschutz im Hochbau, Ausführungsbeispiele und Rechenverfahren; mit Änderungen A1 und A2.

[29] E DIN 4109-35 : 2013-06 Schallschutz im Hochbau – Teil 35: Eingangsdaten für den rechnerischen Nachweis des Schallschutzes (Bauteilkatalog) – Elemente, Fenster, Türen, Vorhangfassaden.

[30] DIN EN ISO 10077 : Wärmetechnisches Verhalten von Fenstern, Türen und Abschlüssen. Berechnung des Wärmedurchgangskoeffizienten.
2010-05 Teil 1: Allgemeines.
2012-06 Teil 2: Numerisches Verfahren für Rahmen.

[31] DIN EN ISO 10140 : 2012-05 Akustik – Messung der Schalldämmung von Bauteilen am Prüfstand – Teil 1: Anwendungsregeln für bestimmte Produkte (ISO 10140-1:2010 + Amd 1:2012).

[32] DIN EN ISO 10211 : 2008-04 Wärmebrücken im Hochbau – Wärmeströme und Oberflächentemperaturen – Detaillierte Berechnungen.

[33] DIN EN 12114 : 2000-04 Wärmetechnisches Verhalten von Gebäuden – Luftdurchlässigkeit von Bauteilen – Laborprüfverfahren.

[34] DIN EN 12207 : 2000-06 Fenster und Türen – Luftdurchlässigkeit – Klassifizierung.

[35] DIN EN 12208 : 2000-06 Fenster und Türen – Schlagregendichtheit – Klassifizierung.

[36] DIN EN 12210 : 2003-08 Fenster und Türen – Widerstandsfähigkeit bei Windlast – Klassifizierung.

[37] DIN EN 12219 : 2000-06 Türen – Klimaeinflüsse – Anforderungen und Klassifizierung.

[38] DIN EN 12354-3 : 2000-09 Bauakustik – Berechnung der akustischen Eigenschaften von Gebäuden aus den Bauteileigenschaften – Teil 3: Luftschalldämmung gegen Außenlärm.

[39] DIN EN 12400 : 2003-01 Fenster und Türen – Mechanische Beanspruchung – Anforderungen und Einteilung.

[40] DIN EN 12412 : Wärmetechnisches Verhalten von Fenstern, Türen und Abschlüssen – Bestimmung des Wärmedurchgangskoeffizienten mittels des Heizkastenverfahrens.
2003-11 Teil 2: Rahmen
2003-11 Teil 4: Rollladenkästen.

[41] DIN EN 12519 : 2004-06 Fenster und Türen – Terminologie.

[42] DIN EN 12524 : 2000-07 Baustoffe und -produkte – Wärme- und feuchteschutztechnische Eigenschaften – Tabellierte Bemessungswerte.

[43] DIN EN ISO 12567 : Wärmetechnisches Verhalten von Fenstern und Türen – Bestimmung des Wärmedurchgangskoeffizienten mittels des Heizkastenverfahrens.
2010-12 Teil 1: Komplette Fenster und Türen.
2006-03 Teil 2: Dachflächenfenster und andere auskragende Fenster.

[44] DIN EN 13049 : 2003-08 Fenster – Harter und weicher Stoß – Prüfverfahren. Sicherheitsanforderungen und Klassifizierung.

[45] DIN EN 13115 : 2001-11 Fenster – Klassifizierung mechanischer Eigenschaften – Vertikallasten, Verwindung und Bedienkräfte.

[46] DIN EN 13363: Sonnenschutzeinrichtungen in Kombination mit Verglasungen. Berechnung der Solarstrahlung und des Lichttransmissionsgrades.
2009-09 Teil 1: Vereinfachtes Verfahren – Berichtigung 1 2009-09.
2007-04 Teil 2: Detailliertes Berechnungsverfahren – Berichtigung 1 2007-04.

[47] DIN EN 13420 : 2011-07 Fenster – Differenzklima – Prüfverfahren.

[48] DIN EN ISO 13788 : 2013-05 Wärme- und feuchtetechnisches Verhalten von Bauteilen und Bauelementen – Raumseitige Oberflächentemperatur zur Vermeidung kritischer Oberflächenfeuchte und Tauwasserbildung im Bauteilinneren – Berechnungsverfahren.

[49] DIN EN 13829 : 2001-02 Wärmetechnisches Verhalten von Gebäuden – Bestimmung der Luftdurchlässigkeit von Gebäuden – Differenzdruckverfahren (ISO 9972: 1996, modifiziert).

[50] DIN EN 14351-1 : 2010-08 Fenster und Türen – Produktnorm, Leistungseigenschaften – Teil 1: Fenster und Außentüren ohne Eigenschaften bezüglich Feuerschutz und/oder Rauchdichtheit.

[51] DIN EN 14351-2 : 2014-06 (D) Fenster und Türen – Produktnorm, Leistungseigenschaften. Teil 1: Innentüren ohne Feuerschutz- und/oder Rauchdichtheitseigenschaften.

[52] DIN 18008-4 : 2013-07 Glas im Bauwesen – Bemessungs- und Konstruktionsregeln – Teil 4: Zusatzanforderungen an absturzsichernde Verglasungen.

[53] DIN 18040-1 : 2010-10 Barrierefreies Bauen – Planungsgrundlagen – Teil 1: Öffentlich zugängliche Gebäude.

[54] DIN 18040-2 : 2011-09 Barrierefreies Bauen – Planungsgrundlagen – Teil 2: Wohnungen.

[55] E DIN 18055 : 2013-07 Anforderungen und Empfehlungen an Fenster und Außentüren.

[56] DIN 18202 : 2013-04 Toleranzen im Hochbau – Bauwerke.

[57] DIN 18355 : 2012-09 VOB Vergabe- und Vertragsordnung für Bauleistungen – Teil C: Allgemeine Technische Vertragsbedingungen für Bauleistungen (ATV) – Tischlerarbeiten.

[58] DIN 18360 : 2012-09 VOB Vergabe- und Vertragsordnung für Bauleistungen – Teil C: Allgemeine Technische Vertragsbedingungen für Bauleistungen (ATV) – Metallbauarbeiten.

[59] DIN 18361 : 2012.09 VOB Vergabe- und Vertragsordnung für Bauleistungen – Teil C: Allgemeine Technische Vertragsbedingungen für Bauleistungen – Verglasungsarbeiten.

[60] DIN 18540 : 2006-12 Abdichten von Außenwandfugen im Hochbau mit Fugendichtstoffen.

[61] DIN 18542 : 2009-07 Abdichten von Außenwandfugen mit imprägnierten Fugendichtungsbändern aus Schaumkunststoff – Imprägnierte Fugendichtungsbänder – Anforderungen und Prüfung.

[62] Verordnung über energiesparenden Wärmeschutz und energiesparende Anlagentechnik bei Gebäuden (Energieeinsparverordnung – EnEV). EnEV 2014: Zweite Verordnung zur Änderung der Energieeinsparverordnung vom 18. November 2013.

[63] Technische Regeln für die Verwendung von absturzsichernden Verglasungen (TRAV) : 2003-01 Deutsches Institut für Bautechnik – DIBt.

[64] ETB-Richtlinie „Bauteile, die gegen Absturz sichern", Ausgabe 1985-06, Deutsches Institut für Bautechnik – DiBt.

[65] ift-Richtlinie MO-01/1 : 2007-01 Baukörperanschluss von Fenstern – Teil 1: Verfahren zur Ermittlung der Gebrauchstauglichkeit von Abdichtungssystemen. Institut für Fenstertechnik e. V., ift-Rosenheim.

[66] ift-Richtlinie MO-02/1 : 2014-01 (Schlussentwurf) Baukörperanschluss von Fenstern – Teil 2: Verfahren zur Ermittlung der Gebrauchstauglichkeit von Befestigungssystemen. Institut für Fenstertechnik e. V., ift-Rosenheim.

[67] ift-Richtlinie AB 02/1 : 2010-03. Luftdichtheit von Rollladenkästen – Anforderung und Prüfung. Institut für Fenstertechnik e. V., ift-Rosenheim.

[68] VFF-Merkblatt SCHALL.01 : 2010-09 Schallschutz mit Fenstern, Türen und Fassaden. VFF, Verband der Fenster- und Fassadenhersteller e. V., Frankfurt a. M.

[69] VFF-Merkblatt ES.05 : 2012-09 Lüftung von Wohngebäuden – Gesundheit, Schadenvermeidung und Energiesparen. VFF, Verband der Fenster- und Fassadenhersteller e. V., Frankfurt a. M.

[70] IVD-Merkblatt Nr. 9 : 2013-12 Spritzbare Dichtstoffe in der Anschlussfuge für Fenster und Außentüren – Grundlagen für die Ausführung. Industrieverband Dichtstoffe e. V. Düsseldorf: HS Public Relations Verlag und Werbung GmbH.

TRLV – Bekanntmachung, 2006-08 – Technische Regeln für die Verwendung von linienförmig gelagerten Verglasungen.

TRAV – Bekanntmachung, 2003-01 – Technische Regeln für die Verwendung von absturzsichernden Verglasungen.

Forschungsberichte, Merkblätter und Richtlinien

Von folgenden Instituten und Verbänden werden Forschungsberichte, Merkblätter und Richtlinien herausgegeben:

ift Rosenheim, Institut für Fenstertechnik GmbH, Theodor-Gietl-Str. 7–9, 83026 Rosenheim, www.ift-rosenheim.de

Institut des Glaserhandwerks für Verglasungstechnik und Fensterbau. An der Glasfachschule 6, 65589 Hadamar, www.glaserhandwerk.de

Verband der Fenster- und Fassadenhersteller e.V., Gütegemeinschaften Fenster e.V.
Walter-Kolb-Str. 1–7, 60594 Frankfurt/Main, www.window.de

IVD, Industrieverband Dichtstoffe e.V.
Merkblätter werden herausgegeben über HS Public Relations Verlag und Werbung GmbH, Düsseldorf.

DÄCHER

1	**Einführung** S. 6/2		6.4	Nachträgliche Wärmedämmung von geneigten Dächern
2	**Anforderungen** S. 6/2		6.4.1	Geneigtes Dach mit zusätzlicher Untersparrendämmung
2.1	Wärmeschutz			
2.2	Schallschutz		6.4.2	Geneigtes Dach mit neuer Zwischensparrendämmung
2.3	Luftdichtheit			
2.4	Brandschutz		6.4.3	Geneigtes Dach mit Aufsparrendämmung
2.5	Unfallschutz		6.5	Nachträgliche Wärmedämmung von Flachdächern
2.6	Einbruchschutz			
2.7	Wartung und Instandhaltung		6.5.1	Warmdach mit Zusatzdämmung und neuer Abdichtung
3	**Geneigte Dächer** S. 6/5		6.5.2	Flachdach mit aufgelegter Zusatzdämmung
3.1	Dachdeckung, Dachbelüftung und zusätzliche Maßnahmen zur Regensicherung		6.5.3	Belüftetes Flachdach (Kaltdach) mit Zusatzdämmung
3.2	Wärmedämmung und Belüftung geneigter Dächer		6.6	Auswirkungen nachträglicher Wärmedämm-Maßnahmen
3.3	Ausführungsbeispiele		**7**	**Hinweise auf Literatur und Arbeitsunterlagen** S. 6/32
3.3.1	Dämmung zwischen den Sparren			
3.3.2	Dämmung zwischen und über den Sparren			
3.3.3	Dämmung über den Sparren			
3.3.4	Dämmung zwischen und unter den Sparren			
3.3.5	Außen liegende Dämmung			
4	**Ausgebaute Dachgeschosse** S. 6/16			
4.1	Wichtige Planungshinweise			
4.2	Dachflächenfenster			
5	**Flachdächer** S. 6/17			
5.1	Belüftetes Flachdach			
5.2	Nicht belüftetes Flachdach			
5.3	Umkehrdach			
5.4	Dachterrassen			
5.5	Begrünte Dächer			
6	**Verbesserung des Wärmeschutzes von Dächern im Bestand** S. 6/25			
6.1	Vorbemerkung			
6.2	Übersicht alter Dachkonstruktionen			
6.3	Anforderungen an den Wärmeschutz bei baulichen Änderungen bestehender Gebäude			

DÄCHER

1 Einführung

Dächer haben in erster Linie die Aufgabe, Gebäude vor witterungsbedingten Einflüssen zu schützen. Für angrenzende Wohnräume ist insbesondere der Wärme- und Schallschutz dieser Bauteile bedeutsam.

Vom äußeren Erscheinungsbild her werden Dächer nach der Dachform unterschieden. Die bekanntesten Ausführungsformen sind in der Übersicht des *Bildes 6-1* aufgeführt. Im Wohnungsbau gibt es überwiegend „zusammengesetzte" Dächer; die Einzelelemente dieser Dächer entstammen den verschiedenen Grundformen nach *Bild 6-1*.

2 Anforderungen

2.1 Anforderungen an den Wärmeschutz

Die Energieeinsparverordnung (EnEV) stellt für neu zu errichtende Gebäude keine Anforderungen an die Wärmedurchgangskoeffizienten der einzelnen Außenbauteile. Der **Nachweis eines energiesparenden Wärmeschutzes** für Wohngebäude erfolgt über den spezifischen, auf die gesamte wärmeübertragende Umfassungsfläche bezogenen Transmissionswärmeverlust H_T' des Gebäudes in Abhängigkeit von H_T' des Referenzgebäudes mit identischen Außenflächen bei vorgegebenen Wärmedurchgangskoeffizienten entsprechend Anlage 1 der EnEV 2014, Kapitel 2-5.3. Dieser entspricht physikalisch dem mittleren Wärmedurchgangskoeffizienten der Außenhülle des Gebäudes. Damit diese auf die gesamte Gebäudehülle bezogene Anforderung der EnEV durch eine bauphysikalisch und wirtschaftlich sinnvolle Abstimmung des Wärmeschutzes der verschiedenen Außenbauteile erfüllt wird, **empfiehlt es sich, für Dachflächen von Wohngebäuden die in *Bild 6-2* angegebenen Richtwerte der Wärmedurchgangskoeffizienten U_D einzuhalten.** Der Wert von 0,15 W/(m²K) sollte bei Ge-

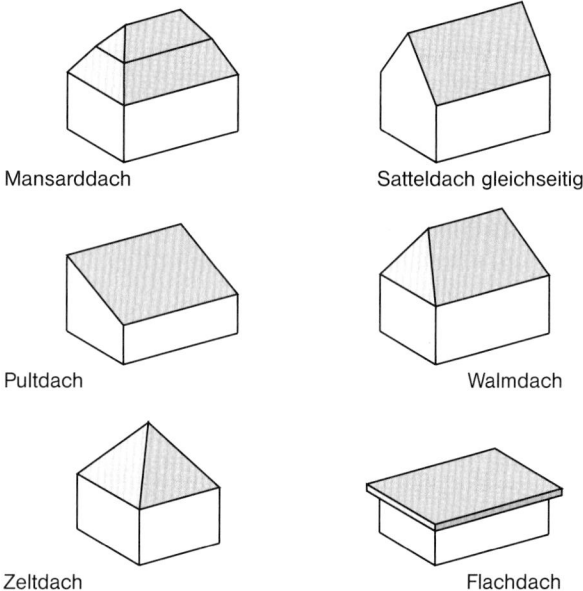

6-1 Übersicht Dachformen

bäuden, deren wärmeübertragende Außenfläche groß ist im Verhältnis zum eingeschlossenen Bauwerksvolumen (z. B. frei stehende Einfamilienhäuser, Reihen-Endhäuser bei versetzter Bebauung), nicht überschritten werden. Für Reihen-Mittelhäuser oder Mehrfamilienhäuser ist in der Regel ein Wärmedurchgangskoeffizient der Dachflächen von 0,20 W/(m²K) zur Einhaltung der Anforderung der EnEV an den Transmissionswärmeverlust H_T' ausreichend.

Unabhängig von der Einhaltung des maximal zulässigen Primärenergiebedarfs nach EnEV, Kapitel 2-5.2, sollten die angegebenen Richtwerte des Wärmedurchgangskoeffizienten U_D – aufgrund der Lebensdauer der Gebäudehülle von mehr als 50 Jahren – aus wirtschaftlichen Gründen nicht überschritten werden. Eine Erhöhung der

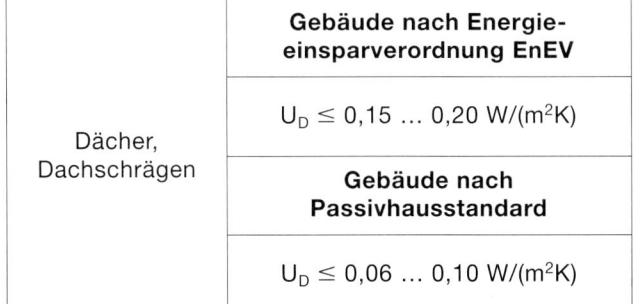

6-2 Empfohlene Richtwerte U_D der Wärmedurchgangs-koeffizienten von Dächern und Dachschrägen für Wohngebäude

Wärmedämmstoffdicke bei der Bauerstellung um einige Zentimeter erhöht die Gesamtkosten des Daches nur geringfügig. Eine nachträgliche, durch weiter gestiegene Energiekosten notwendige Verbesserung des Wärmeschutzes ist dagegen nur mit erheblichem bautechnischen Aufwand und entsprechenden Kosten realisierbar.

Der Passivhaus-Standard mit einem Jahresheizwärmebedarf von etwa 15 kWh/(m²a), Kapitel 1-4.2.3, benötigt als zukunftweisender Standard erheblich besser wärmegedämmte Dachflächen. Diese Bedingung wird von Dächern mit einem Wert des Wärmedurchgangskoeffizienten U_D gleich oder kleiner 0,06 bis 0,10 W/(m²K) in der Regel erfüllt, Bild 6-2. Außerdem sollte die Gebäudegestalt einer hohen Kompaktheit entsprechen; kleine Dachgauben und Dacheinschnitte sind zu vermeiden.

2.2 Anforderungen an den Schallschutz

Vorschriften über bauliche Maßnahmen zum Schutz gegen Außenlärm sind in der DIN 4109 enthalten und in Kapitel 11-24.3 erläutert. Die nach Lärmpegelbereichen abgestuften Anforderungen gelten in gleicher Weise für Außenwände mit Einbauten (Fenster, Türen), Dächer mit Einbauten und Dachdecken (Geschossdecken, die an nicht beheizbare Dachräume grenzen). Das **erforderliche Schalldämm-Maß $R'_{w,res}$ eines Daches mit Einbauten** wird durch die Schalldämmung von Dach und Fenstern sowie durch die Schallübertragung anschließender Trennwände bestimmt. Aus Bild 4-2 sind Kombinationen des Schalldämm-Maßes R_w für Fenster und R'_w für Außenwände zu entnehmen, die dem erforderlichen Schalldämm-Maß $R'_{w,res}$ eines betrachteten Daches plus Fenster entsprechen.

Beispiel: Ein Dach mit einem Fensterflächenanteil von 25 % erfordere nach Kapitel 11-25.3.3 ein Schalldämm-Maß $R'_{w,res}$ von 35 dB. Aus Bild 4-2 ist zu entnehmen, dass diese Anforderung durch eine Kombination von Fenstern des Schalldämm-Maßes R_w von 30 dB (Bild 5-13) und Dächern des Schalldämm-Maßes R'_w von 44 dB (Bild 6-11) erfüllbar ist.

Wie bei Wänden sind schwere Dächer bezüglich des Schallschutzes günstiger als leichte Konstruktionen. Bei Leichtbaudächern wird durch eine innere Beplankung mit Gipskartonplatten und die Verwendung geeigneter Dämmstoffe ein Schalldämm-Maß R'_w bis 40 dB erreicht; durch eine zusätzliche „schwere" Schicht, z. B. von Faserzementplatten ≥ 20 mm Dicke, luftdicht verlegt, steigt dieser Wert auf 45 dB an. Für eine massive Dachdecke ist bezüglich der Luftschalldämmung das gleiche Schalldämm-Maß R'_w anzusetzen wie für eine einschalige Wand gleicher flächenbezogener Masse, Bild 4-4.

Um die Schallübertragung im Anschlussbereich von Dach und Gebäude-Trennwand zu verringern, sollte der Hohlraum zwischen Dachlattung und Trennwand mit Mineralfaserplatten ausgelegt werden. Innerhalb der Wohnung sind für Trennwände, die keine Brandschutzmaßnahmen erfordern, auch andere Wärmedämmstoffe einsetzbar.

2.3 Anforderungen an die Luftdichtheit

Die äußere Gebäudehülle muss nicht nur wärme- und schalldämmend, sondern auch luftdicht ausgeführt werden. Die Energieeinsparverordnung schreibt die Realisierung einer luftdichten Schicht über der gesamten wärmeübertragenden Umfassungsfläche des Gebäudes vor (Kapitel 2-7.2.1.2, Kapitel 9-3.1), um unnötige Lüftungswärmeverluste zu vermeiden.

In der DIN 4108-7 „Luftdichtheit von Bauteilen und Anschlüssen" werden folgende Grenzwerte für die bei 50 Pa Differenzdruck gemessene volumenbezogene Luftdurchlässigkeit n_{50} angegeben:

$$n_{50} \leq \begin{cases} 1{,}5 \text{ h}^{-1} & \text{bei Gebäuden mit raumlufttechnischen Anlagen} \\ 3{,}0 \text{ h}^{-1} & \text{bei Gebäuden mit natürlicher Lüftung (Fensterlüftung)} \end{cases}$$

Diese Grenzwerte werden auch von der EnEV (Anlage 4 Nr. 2) genannt, wenn für das Gebäude ein Nachweis der Luftdichtheit mit dem Blower-Door-Messverfahren erfolgt. Eine luftdichte Gebäudehülle verhindert nicht nur unnötige Lüftungswärmeverluste, sie ist auch notwendig als Schutz vor Bauschäden durch Tauwasserbildung, Kapitel 9-1.1. Bei leichten Steil- und Flachdächern muss eine gesonderte Luftdichtschicht eingebaut werden. Hierzu wird die Dampfbremse (PE-Folie, armierte Baupappe u. a.) als Luftdichtschicht ausgeführt. Dazu müssen z. B. die Überlappungen der einzelnen Bahnen der Dampfbremsfolie oder -pappe geeignet miteinander verklebt werden. Außerdem sind die Anschlüsse an andere Bauteile (z. B. Giebelwand, Dachflächenfenster, Kamin, Dunstabzugsrohre usw.) ebenfalls luftdicht auszuführen. Die gesamte Luftdichtschicht mit allen notwendigen Anschlüssen muss bereits in der Planungsphase festgelegt und im Detail durchgeplant werden. Es sind Konstruktionen zu vermeiden, die nur mit sehr hohem Aufwand luftdicht ausgeführt werden können (z. B. Dachstühle mit sehr vielen konstruktionsbedingten Durchstoßungen der Luftdichtschicht). **Beispiele für die Lösung luftdichter Anschlüsse sind in Kapitel 9-4 zu finden.**

2.4 Anforderungen an den Brandschutz

Nach den Landesbauordnungen muss die Dachhaut gegen Flugfeuer und strahlende Wärme widerstandsfähig sein (harte Bedachung). Diesen Anforderungen entsprechen Bedachungen wie Ziegeldächer, Metalldächer, mehrlagig verlegte Dachbahnen, sonstige Bedachungen mit vollständig bedeckter, mindestens 5 cm dicker Kiesschüttung u. a. Lediglich bei frei stehenden Gebäuden bis zu zwei Vollgeschossen kann eine Dachhaut gestattet werden, die diesen Schutz nicht bietet (weiche Bedachung). Voraussetzung ist die Einhaltung von Mindestabständen zu benachbarten Gebäuden auf dem eigenen oder angrenzenden Grundstück.

Dachaufbauten, Dachvorsprünge, Dachgesimse und Oberlichter sind so anzuordnen und herzustellen, dass Feuer nicht auf andere Gebäudeteile oder Nachbargrundstücke übertragen werden kann. Ein Brand von Nachbargebäuden darf sich durch brennende Teile, die auf das eigene Dach fallen, nicht weiter ausbreiten können.

Die Brandschutzforderungen an Bedachungen sind in DIN 4102 Teil 7 geregelt. In Teil 4 dieser Norm sind brandschutztechnisch einwandfreie Dächer und Bedachungen klassifiziert.

2.5 Anforderungen an den Unfallschutz

In den Landesbauordnungen sind die folgenden Sicherheitsbestimmungen enthalten:

– **Dachterrassen** sind mit einem Schutzgeländer von mindestens 90 cm Höhe zu umwehren. Ab 12 m Absturzhöhe müssen die Schutzgeländer mindestens 1,10 m hoch sein.

– Bei Dächern **an Verkehrsflächen** und bei Dächern **über Eingängen** können Vorkehrungen zum Schutz gegen Herabfallen von Schnee, Eis und Dachteilen gefordert werden.

– Die beim Einfamilienhaus üblichen **Bodentreppen** sind im Dachraum durch ein Luken-Schutzgeländer zu sichern.

2.6 Anforderungen an den Einbruchschutz

Bei ein- und zweigeschossigen Häusern ist es für Einbrecher relativ einfach, auf das Dach zu gelangen. Offen stehende Dachfenster bieten sich förmlich zum Einsteigen an. Aber auch ein paar Dachziegel sind schnell abgedeckt und der Einbrecher gelangt vom nicht ausgebauten Dachboden über die Schiebetreppe in den Wohnbereich des Hauses. Der Zugang zum Speicher muss deshalb wie eine Außentür angesehen werden. Lukendeckel aus Holzwerkstoffen sind entsprechend zu verstärken. Vorteilhafter sind doppelwandige, feuerhemmende oder feuerbeständige Stahldeckel mit in den Deckenbeton eingegossenen Stahlzargen. Es dürfen nur wärmegedämmte und luftdichte Einschubtreppen eingesetzt werden, da diese den Abschluss zwischen beheiztem Wohnraum und unbeheiztem Dach bilden.

2.7 Anforderungen an die Wartung und Instandhaltung

Dächer sollen im Abstand von maximal fünf Jahren von einem Fachmann auf Mängel und Schäden untersucht werden; erforderliche Ausbesserungsarbeiten sind durchzuführen.

Besonders kritisch sind Flachdächer, bei denen die Durchfeuchtungsstelle meist nicht die Schadstelle ist. Bei Holzkonstruktionen ist besonders auf Insektenbefall zu achten; ggf. muss eine Nachimprägnierung durchgeführt werden.

3 Geneigte Dächer

Das geneigte Dach hat sich in unseren regenreichen Gebieten seit Jahrhunderten bewährt. Am bekanntesten ist die schuppenförmige Eindeckung als Biberschwanz- oder Dachpfannendeckung. Diese Einzelelemente sind vor allem in der Lage, Spannungen in der Dachhaut und Konstruktion durch Bewegungsmöglichkeiten in den Fugen auszugleichen. Die für verschiedene Dachneigungen bevorzugten Dachbeläge sind aus Bild 6-3 zu ersehen.

Mindest-dachneigung	Dachdeckung für ein geneigtes Dach
45°	Reetdeckung
40°	Mönch-/Nonnen-Deckung, Doppel- und Kronendeckung mit Biberschwanzziegeln
35°	Hohlpfannendeckung mit Aufschnittdeckung, Krempziegel- und Ziegeldeckung mit Seitenverfalzung
30°	Verschiebeziegeldeckung, Hohlpfannendeckung mit Pappdocken, Biberschwanzziegel in Doppel- und Kronendeckung, Schiefer-Spitzwinkeldeckung
25°	Einfache Altdeutsche Schieferdeckung, Schiefer-Schuppendeckung, Faserzementdachplatten, Falzpfannen/Falzziegel/Reformpfannen/ Kronenkremper
22°	Betondachsteindeckung, Flachdachziegeldeckung, Altdeutsche Schiefer-Doppeldeckung, Holzschindel-Deckung 3-lagig
20°	Bitumenrechteckschindeln über 10 m Dachtiefe
15°	Stahldachpfannen mit 10 cm Überdeckung, Faserzementdachplatten mit Unterkanten, Bitumenwellplatten über 10 m Dachtiefe
Dachdeckung für ein Flachdach	
10°	Stahldachpfannen mit 15 cm Überdeckung, Faserzement-Kurzwellplatten, Betondachsteine mit Unterkonstruktion, Bitumenwellplatten bis 10 m Dachtiefe
8°	Stahldachpfannen mit 20 cm Überdeckung und Dichtung
7°	Faserzementwellplatten mit Kitteinlage und Abstand Traufe–First ≤ 10 m verzinktes Stahlblech mit Stehfalz und genieteter Quernaht Zinkdächer mit Doppelstehfalzdichtung, Faserzement-Wellplatten mit Dichtung

6-3 Mindestdachneigungen für verschiedene Dachdeckungen

Der erforderliche **Wärmeschutz** kann beim geneigten Dach grundsätzlich auf zwei Arten erreicht werden:

1. **Dämmung der Dachschrägen**, sofern der Dachraum sofort oder später ausgebaut wird. Ausgebaute Dachgeschosse werden im Abschnitt 4 beschrieben.

2. **Dämmung der obersten Geschossdecke** beim nicht ausgebauten Dachgeschoss. Der nicht ausgebaute Dachraum erfüllt die Funktion eines thermischen Puffers zwischen den beheizten Räumen im obersten Geschoss und dem Außenklima.

Die **Luftschalldämmung** der meist leichten geneigten Dächer kann bei entsprechender Konstruktion wesentlich verbessert werden. Entsprechende Konstruktionshinweise sind z. B. im Beiblatt 1 zu DIN 4109, Tabellen 38 und 39, enthalten.

Außer im Bereich von Flughäfen sind an leichte Dächer keine besonderen Anforderungen bezüglich des Schallschutzes zu stellen. Sind eine innere Beplankung, eine fachgerecht ausgeführte luftdichte Schicht (Abschnitt 2.3) und eine lückenlose Dämmung vorhanden, sind Schalldämm-Maße von etwa 35 dB ohne besonderen Aufwand zu realisieren. Sind hingegen höhere Anforderungen an die Schalldämmung zu stellen, ist auch der äußere Abschluss des Dachaufbaus darauf abzustimmen. Geeignet sind z. B. Faserzementplatten auf Rauhspund oder Falzdachziegel. Mit derartigen Konstruktionen ist nach Beiblatt 1 zur DIN 4109 ein Schalldämm-Maß R'_w bis 45 dB zu erreichen, *Bild 6-4*.

Bei geneigten Dächern in Leichtbauweise wird die erforderliche **Luftdichtheit** durch die luftdichte Ausführung der Dampfsperre erreicht. Die Überlappungen der verwendeten Bahnen aus Folien, armierten Baupappen o. Ä. müssen luftdicht miteinander verklebt werden. Die Randanschlüsse an andere Bauteile sind luftdicht auszuführen. Die Luftdichtschicht kann auch aus der raumseitigen Bekleidung gebildet werden, wenn diese aus luftdichten Werkstoffen (z. B. Gipskarton-, Sperrholz-, Holzspan-

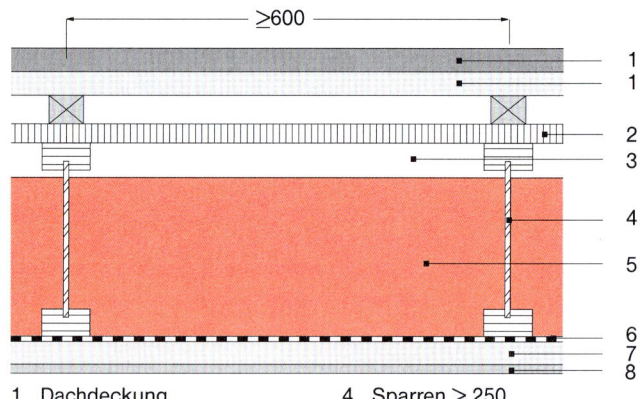

1 Dachdeckung auf Querlattung	4 Sparren > 250
2 Holzfaserplatte	5 Faserdämmstoff
3 Hohlraum belüftet oder unbelüftet	6 Luftdichtung
	7 Zwischenlattung
	8 Spanplatte oder Gipskartonplatte

6-4 Aufbau eines geneigten Leichtdaches mit einem Schalldämm-Maß R'_w von 45 dB (Rechenwert)

platten) besteht, die Stöße luftdicht verklebt und entsprechende Randanschlüsse ausgeführt werden, siehe Abschnitt 2.3.

Maßnahmen zum **Brandschutz** sind besonders bei begehbaren Dachräumen zu beachten, auch wenn sie nur untergeordneten Zwecken dienen. In Gebäuden mit mehr als zwei Vollgeschossen müssen die Geschosstreppen auch zum Dachraum führen. Die Tür vom Dachraum zum Treppenraum muss selbstschließend und feuerhemmend (T 30), in Gebäuden mit mehr als fünf Geschossen sogar feuerbeständig sein (T 90). In Einfamilienhäusern sind für den Zugang zum nicht ausgebauten Dachraum einschiebbare Treppen oder Leitern zulässig. In allen Dachräumen dürfen weder Brennstoffe noch brennbare Flüssigkeiten gelagert werden.

3.1 Dachdeckung, Dachbelüftung und zusätzliche Maßnahmen zur Regensicherung

Die Dachdeckung ist bei ausgebautem und nicht ausgebautem Dachgeschoss **im Regelfall zu unterlüften**. Durch das Belüften wird Kondenswasser auf der Deckungsunterseite sowie eingetriebener Regen oder Flugschnee abgetrocknet. Dies erhöht die Frostbeständigkeit der Dachziegel und verhindert das Faulen der Dachlattung.

Außerdem muss sichergestellt sein, dass keine Kondenswasserschäden in der Dachkonstruktionen aufgrund der Diffusion von Wasserdampf von der warmen Innenseite zur kalten Außenseite des Daches entstehen. Bei hoher Dampfdiffusionsdichtheit braucht der Raum oberhalb der Wärmedämmung nicht zwecks Dampfabfuhr belüftet zu werden (**nicht belüftetes Dach**). Andernfalls ist über der Wärmedämmung eine belüftete Luftschicht erforderlich (**belüftetes Dach**). Unabhängig hiervon sind, wie oben angegeben, Luftschichten unter der darüber befindlichen Dachdeckung auf jeden Fall zu belüften. Die Dampfdiffusionsdichtheit des Daches wird durch die diffusionsäquivalente Luftschichtdicke beschrieben, Kapitel 11-17, Abschnitt 3.2.

Für alle Ausführungen von Dächern kommen in den letzten Jahren auch feuchteadaptive Dampfbremsen zum Einsatz. Diese weisen im Winter einen höheren Wasserdampfdiffusionswiderstand auf als im Sommer, sodass im Winter in der Konstruktion anfallendes Kondensat im Sommer zum Rauminneren verdunsten kann. Da die Funktionsfähigkeit derartiger Konstruktionen stark von den einzelnen Schichten des Dachaufbaus abhängt, sollte immer ein gesonderter Nachweis durch einen Bauphysiker erfolgen.

Jeder Dachbelag für ein geneigtes Dach benötigt eine **Mindestdachneigung**, *Bild 6-3*, um regensicher zu sein. Wird vom Architekten eine Dachneigung vorgegeben, ist dadurch die Auswahl des Dachbelags begrenzt. **Zusätzliche Maßnahmen zur Regensicherung** sind notwendig bei Unterschreitung der Regeldachneigung und bei erhöhten Anforderungen durch

– konstruktive Besonderheiten,
– Nutzung des Dachgeschosses zu Wohnzwecken,
– besondere klimatische Verhältnisse,
– örtliche Bestimmungen.

Konstruktive Besonderheiten sind neben stark gegliederten Dachflächen und besonderen Dachformen auch Sparrenlängen über 10 m. Die **Nutzung** des Dachgeschosses **zu Wohnzwecken** erfordert zusätzliche Maßnahmen zur Regensicherung, die in Verbindung mit den Anforderungen an den Wärme-, Schall-, Feuchte- und Brandschutz konstruktiv umgesetzt werden müssen. **Erhöhte klimatische Anforderungen** ergeben sich u. a. in schnee- und windreichen Gebieten oder bei besonders exponierter Lage eines frei stehenden Gebäudes. Teilweise stellen auch die Landesbauordnungen, **bauaufsichtliche Vorschriften** sowie die Städte-, Kreis- und Gemeindeverordnungen zusätzliche Anforderungen an die Regendichtheit der Dachdeckung.

Abhängig von der Unterschreitung der Regeldachneigung und von der Anzahl der erhöhten Anforderungen bestehen die zusätzlichen Maßnahmen zur Regensicherung aus dem Einsatz von **Unterspannung, Unterdeckung** oder **Unterdach**. *Bild 6-6* nennt die zusätzlichen Maßnahmen für den am häufigsten verwendeten Dachbelag aus Dachsteinen oder Dachziegeln. Die Anforderungen bei anderen Dachbelägen sind dem Regelwerk des Deutschen Dachdeckerhandwerks (Kapitel 21-3) zu entnehmen.

Als **Unterspannung** werden in der Regel reißfeste Kunststofffolien (PE-Gitterfolien) verwendet. Mit einer Dicke von 0,2 mm erreichen sie eine diffusionsäquivalente Luftschichtdicke s_d (Kapitel 11-17) von ca. 2,5 m. Es gibt auch spezielle, besonders diffusionsoffene Unterspannbahnen mit der geringen diffusionsäquivalenten Luftschichtdicke von 0,8 bis 0,3 m. Wenn die Unterspann-

6 Dächer — Geneigte Dächer

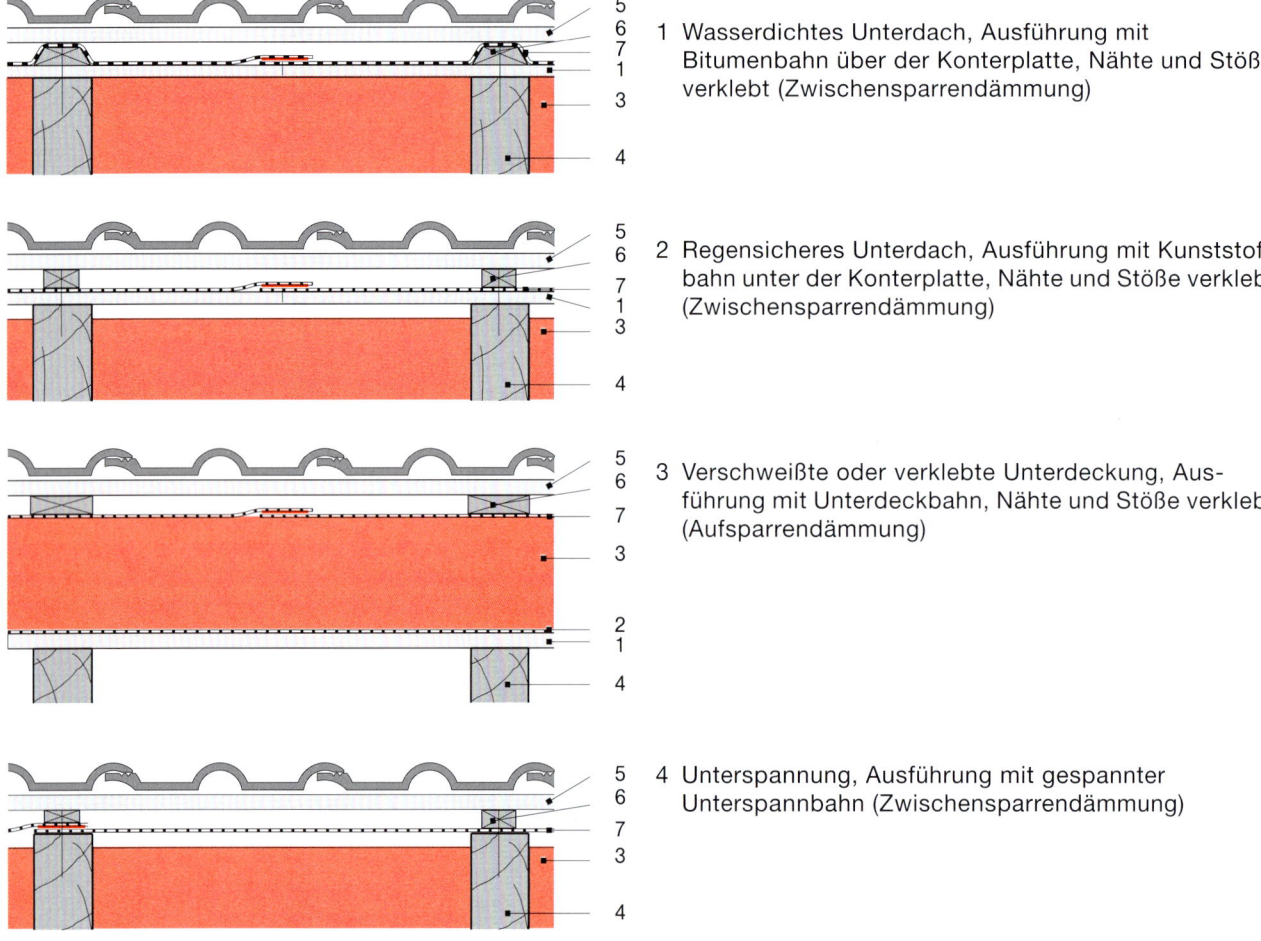

1 Wasserdichtes Unterdach, Ausführung mit Bitumenbahn über der Konterplatte, Nähte und Stöße verklebt (Zwischensparrendämmung)

2 Regensicheres Unterdach, Ausführung mit Kunststoffbahn unter der Konterplatte, Nähte und Stöße verklebt (Zwischensparrendämmung)

3 Verschweißte oder verklebte Unterdeckung, Ausführung mit Unterdeckbahn, Nähte und Stöße verklebt (Aufsparrendämmung)

4 Unterspannung, Ausführung mit gespannter Unterspannbahn (Zwischensparrendämmung)

1 Schalung
2 Dampfbremse/Luftdichtung
3 Wärmedämmung
4 Sparren
5 Dachlatte
6 Konterlattung
7 Dachbahn/Unterdeckbahn/Unterspannbahn
8 Randabschluß
9 Aufkantung

6-5 Detailausbildungen für Unterdächer, Unterdeckungen und Unterspannungen

6 Dächer

Geneigte Dächer

5 Ortgang beim wasserdichten Unterdach mit außen liegendem Sparren

6 Seitlicher Anschluss beim wasserdichten Unterdach

7 First beim regensicheren Unterdach

8 Ortgang bei Unterspannungen ohne außen liegenden Sparren

Dachneigung	Zusatzmaßnahmen			
	Keine erhöhte Anforderung	Eine erhöhte Anforderung	Zwei erhöhte Anforderungen	Drei erhöhte Anforderungen
≥ Regeldachneigung RDN	–	Unterspannung	Unterspannung	Überlappte oder verfalzte Unterdeckung
≥ (RDN – 6°)	Unterspannung	Unterspannung	Überlappte oder verfalzte Unterdeckung	Verschweißte oder verklebte Unterdeckung
≥ (RDN – 10°)	Regensicheres Unterdach	Regensicheres Unterdach	Regensicheres Unterdach	Wasserdichtes Unterdach
< (RDN – 10°)	Regensicheres Unterdach	Wasserdichtes Unterdach	Wasserdichtes Unterdach	Wasserdichtes Unterdach

6-6 Zusätzliche Maßnahmen zur Regensicherung bei Dachdeckungen aus Dachziegeln oder Dachsteinen in Abhängigkeit von der Dachneigung und der Anzahl der erhöhten Anforderungen (Nutzung – Konstruktion – klimatische Verhältnisse)

bahn eine größere diffusionsäquivalente Luftschichtdicke hat als das darunter liegende Wärmedämm- und Verkleidungspaket, ist die Unterspannbahn zu unterlüften, Abschnitt 3.2. Es wird dann je ein Belüftungsspalt über und unter der Unterspannbahn ausgeführt.

Zwischen Unterspannbahn und Dachlattung ist in der Regel immer eine Konterlattung anzuordnen. Dieser Bereich muss an Traufe und First mit der Außenluft verbunden werden. Bei zusätzlicher Unterlüftung der Unterspannbahn sind beide Belüftungsspalte am First zu vereinigen, *Bild 6-7*.

Unterdeckungen unterhalb der Konterlatte werden in Abhängigkeit vom Material verschweißt bzw. verklebt, überdeckt und genagelt oder sind lose überlappt bzw. miteinander verfalzt. Unterdeckplatten können aus Holz-Weichfaser, Holz-Hartfaser, Faserzement und anderen geeigneten Materialien bestehen. Unterdeckbahnen werden aus verschiedenen Bitumen- und Polymerbitumenbahnen sowie unterschiedlichen Kunststoffen, teilweise unter Verwendung von Trägereinlagen zur Verstärkung, hergestellt.

Zur Herstellung eines **Unterdachs** muss eine wasserdichte Fläche einschließlich aller Naht- und Stoßverbindungen sichergestellt sein. Wird ein wasserdichtes Unterdach gefordert, muss die Konterlattung in die wasserdichte Ebene integriert sein. Beim regensicheren Unterdach kann die Konterlattung oberhalb der wasserdichten Schicht liegen. Kunststoff-Dachbahnen, Kunststoff-Dichtungsbahnen oder Bitumen-/Polymerbitumen-Dachdichtungsbahnen und -Schweißbahnen können als wasserdichte Schicht mit verschweißten oder verklebten Nähten und Stößen angewendet werden.

Detailskizzen einiger Ausführungen von Unterdächern, Unterdeckungen und Unterspannungen sind aus *Bild 6-5* zu ersehen.

Bei nicht ausgebauten Dachgeschossen unter Satteldächern kann die **Be- und Entlüftung über Öffnungen**

6 Dächer — Geneigte Dächer

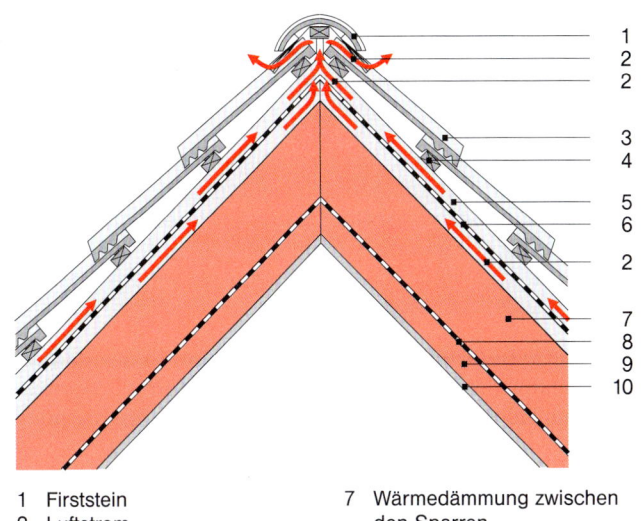

1 Firststein
2 Luftstrom
3 Dacheindeckung
4 Lattung
5 Konterlattung
6 Unterspannung
7 Wärmedämmung zwischen den Sparren
8 Dampfbremse
9 Wärmedämmung unter den Sparren
10 Gipskartonplatten

6-7 Dämmung zwischen den Sparren; belüftetes Dach mit Zusammenführung der beiden Lüftungsebenen am First

in den Giebelflächen erfolgen. Diese müssen eingeplant werden und dürfen vom Nutzer nicht verschlossen werden, da sonst in den Dachraum eindringende Luftfeuchte am Dachstuhl kondensieren kann, wodurch Feuchteschäden mit Schimmelbildung bis zur Zerstörung des Dachstuhls durch Schädlinge auftreten können.

Die notwendigen **Lüftungsquerschnitte an Traufe und First** werden für nicht belüftete und belüftete Dächer in Abschnitt 3.2 genannt. Die Entlüftung am First kann über Entlüftungsfirstkappen oder Entlüfterdachsteine erfolgen. Die Luftströmung muss auch an Gauben, Dachflächenfenstern, Kehlen und Graten gesichert sein.

Der **Luftstrom im Belüftungsquerschnitt** eines Daches kommt vor allem durch thermischen Auftrieb zustande.

Dieser Auftrieb ist umso stärker, je größer die Temperaturdifferenz zwischen Dacheindeckung bzw. Wärmedämmung und Spaltluft und je steiler das Dach ist. Dies bedeutet, dass bei geringer Dachneigung und hochwirksamer Wärmedämmschicht nur eine kleine Auftriebskraft entsteht. Bei solchen Dächern sollten deshalb größere Belüftungsquerschnitte zwecks Verringerung des Strömungswiderstands gewählt werden. Weiter ist zu beachten, dass in schneereichen Gegenden die üblichen Entlüftungsöffnungen am First bei hoher Schneelage überdeckt und dadurch unwirksam gemacht werden. Angaben zur Dachlüftung sind in DIN 4108 Teil 3 aufgeführt.

3.2 Wärmedämmung und Belüftung geneigter Dächer

Im Bereich des Dachgefälles können Wärmedämmschichten zwischen den Sparren, über den Sparren und unter den Sparren angeordnet werden. Bei den großen Wärmedämmdicken, wie sie heutzutage gefordert werden, sind auch „Mischlösungen" üblich, *Bilder 6-8* und *6-9*.

Bauphysikalisch werden sog. „belüftete" und „nicht belüftete" Dächer unterschieden. Bei beiden Konstruktionen ist eine Unterlüftung der Dachdeckung, *Bilder 6-7* bis *6-9*, in der Regel erforderlich.

Die **Innenbekleidung** eines wärmegedämmten Daches ist **luftundurchlässig** auszuführen, Abschnitt 2.3. Dadurch werden unnötige Lüftungswärmeverluste vermieden und Feuchteschäden verhindert, die durch das Ausströmen warmer Raumluft durch Undichtigkeiten und die dabei auftretende Tauwasserbildung in der Wärmedämmschicht entstehen. Gipskartonplatten mit elastisch verspachtelten An- und Abschlussfugen entsprechen dieser Forderung. Dagegen sind Innenverkleidungen mit trockenen, d. h. nicht verklebten stumpfen Stößen, Überlappungen oder Nut-und-Feder-Verbindungen nicht als luftundurchlässig zu betrachten. Hier sind zusätzliche Maßnahmen erforderlich, wie die Verlegung einer PE-Folie zwischen Wärmedämmung und Innenraumverschalung, Kapitel 9.4.

Bei **belüfteten Dachkonstruktionen** kann auf einen gesonderten Wasserdampfdiffusionsnachweis verzichtet werden, wenn die unterhalb des belüfteten Raumes angeordneten Bauteilschichten wie Wärmedämmung und Innenverkleidung in genügendem Maße eine Wasserdampfdiffusion von innen durch das Bauteil hindurch nach außen unterbinden, um die Entstehung von Tauwasser in der Dämmschicht zu verhindern. Hierzu muss die diffusionsäquivalente Luftschichtdicke s_d dieser Bauteilschichten insgesamt mindestens 2 m betragen. Zusätzlich fordert die DIN 4108-3 für belüftete Dächer mit einer Dachneigung ≥ 5° eine Dicke des freien Lüftungsquerschnitts über der Wärmedämmschicht von mindestens 20 mm. Die erforderliche Querschnittsfläche, inkl. an der Traufe, muss mindestens 2 ‰ der zugehörigen Dachfläche, mindestens jedoch 200 cm² je Meter Traufe betragen. Baustellenbedingte Ungenauigkeiten (z. B. das Aufgehen von Faserdämmstoffen) sind bei der Planung zu berücksichtigen.

Weiter ist zu beachten, dass sich die Mindestquerschnitte beim Einbau von Insektengittern auf die verbleibende freie Öffnung beziehen. Der Querschnitt der Entlüftungsöffnungen am First darf nicht weniger als 0,5 ‰ der gesamten geneigten Dachfläche betragen, mindestens jedoch 50 cm² je Meter Firstlänge.

Die **nicht belüfteten Dachkonstruktionen** werden im Gegensatz zum belüfteten Dach in ihrer Wärmedämmwirkung als Gesamtpaket bis zur Oberkante Unterspannung

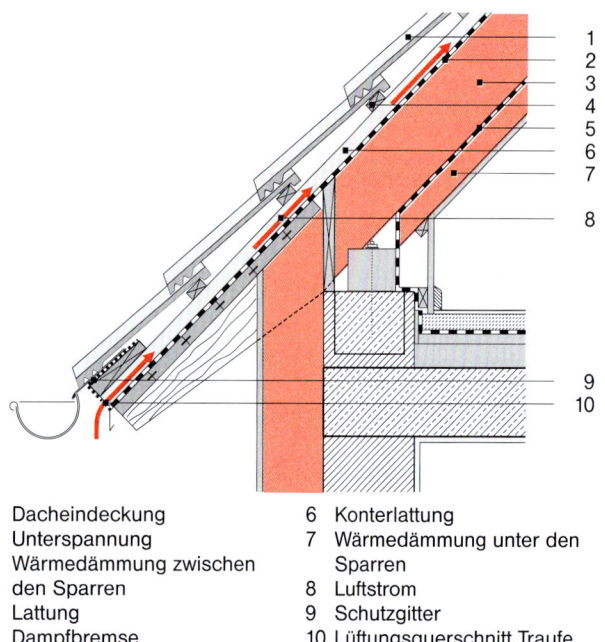

1 Dacheindeckung
2 Unterspannung
3 Wärmedämmung zwischen den Sparren
4 Lattung
5 Dampfbremse
6 Konterlattung
7 Wärmedämmung unter den Sparren
8 Luftstrom
9 Schutzgitter
10 Lüftungsquerschnitt Traufe

6-8 Dämmung unter und zwischen den Sparren; nicht belüftetes Dach mit Unterlüftung der Dacheindeckung; Traufdetail

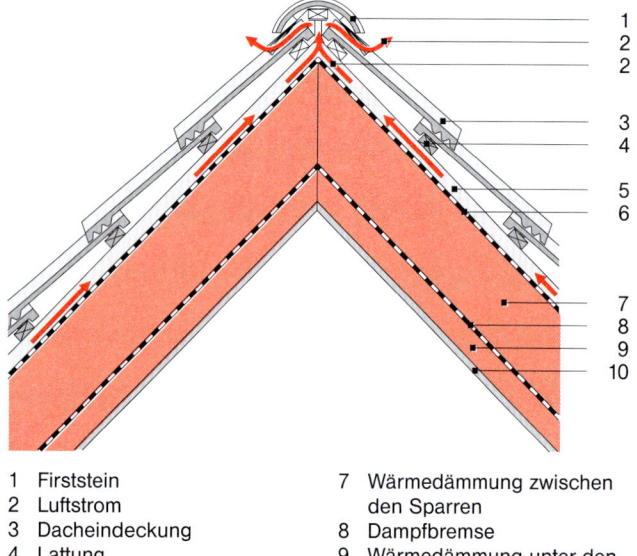

1 Firststein
2 Luftstrom
3 Dacheindeckung
4 Lattung
5 Konterlattung
6 Unterspannung
7 Wärmedämmung zwischen den Sparren
8 Dampfbremse
9 Wärmedämmung unter den Sparren
10 Gipskartonplatten

6-9 Dämmung unter und zwischen den Sparren; nicht belüftetes Dach mit Unterlüftung der Dacheindeckung; Firstdetail

oder Unterdeckung (z. B. Sparrenvolldämmung) bzw. Unterdach gerechnet. Kondensatbildung innerhalb des Dachpakets wird vermieden, wenn die wasserdampfbremsende Wirkung auf der warmen Paketseite größer ist als die entsprechende Wirkung der Unterspannung, Unterdeckung oder des Unterdachs auf der Kaltseite.

Bei nicht belüfteten Dächern ohne einen rechnerischen Nachweis der Dampfdiffusion nach DIN 4108-3 darf der Wärmedurchlasswiderstand der Bauteilschichten unterhalb der raumseitigen diffusionshemmenden Schicht 20 % des Gesamtwärmedurchlasswiderstands nicht übersteigen. Bei einer unterlüfteten Dachdeckung müssen die Bedingungen an die wasserdampfdiffusionsäquivalente Luftschichtdicke der außen- und raumseitig zur Wärmedämmschicht liegenden Schichten eingehalten werden, *Bild 6-10*.

Wird eine nicht belüftete Dachdeckung ausgeführt, muss raumseitig eine diffusionshemmende Schicht mit $s_{d,i} \geq 100$ m angebracht werden.

So stellt bei einer wasserdampfdurchlässigen Unterspannbahn mit $s_d \approx 0,3$ m eine innen angeordnete, 0,2 mm dicke PE-Folie und bei einer Unterspannbahn mit $s_d \approx 2,5$ m eine 0,3 mm dicke PE-Folie eine ausreichend wirksame Dampfbremse dar. Bei Wärmedämmschichten unter einem Unterdach oder unter dichten Blechdeckungen sind immer diffusionsdichte Schichten (Dampfsperren) auf der warmen Seite des Dachpakets anzuordnen. Dampfsperren sind beispielsweise Aluminiumfolien von mindestens 0,1 mm Dicke. Die sorgfältige Ausführung einer raumseitig zur Wärmedämmung angeordneten luftdichten Schicht ist auch bei nicht belüfteten Dachkonstruktionen zwingend erforderlich. Meist wird die Dampfbremse/-sperre mit luftdichten Verklebungen und Anschlüssen an andere Bauteile als Luftdichtschicht ausgebildet.

Diffusionshemmende oder diffusionsdichte Schichten müssen immer auf der warmen Seite der Wärmedämmschicht angeordnet werden. Sie werden mit luftdichten

Wasserdampfdiffusionsäquivalente Luftschichtdicke s_d in m	
der Schichten **oberhalb der Wärmedämmschicht** bis zur ersten belüfteten Luftschicht außenseitig $s_{d,e}$	der Schichten **unterhalb der Wärmedämmschicht** bis zur ersten belüfteten Luftschicht raumseitig $s_{d,i}$
$\leq 0,1$	$\geq 1,0$
$\leq 0,3$	$\geq 2,0$
$> 0,3$	$s_{d,i} \geq 6 \cdot s_{d,e}$

6-10 Zuordnung der wasserdampfdiffusionsäquivalenten Luftschichtdicken der außen- und raumseitig zur Wärmedämmschicht liegenden Schichten bei nicht belüfteten Dachkonstruktionen

Anschlüssen versehen und führen dadurch zur Luftundurchlässigkeit des Dachpakets eines Gebäudes. Für alle wärmegedämmten Dächer – außer den Regeldachkonstruktionen nach DIN 4108 – ist ein rechnerischer Nachweis der Unbedenklichkeit im Hinblick auf Wasserdampfdiffusion notwendig. Es gibt aber auch Wärmedämmsysteme, bei denen weder eine diffusionshemmende Schicht noch eine Unterspannbahn erforderlich sind. Es handelt sich dabei um Bauteilaufbauten mit hohem Wasserdampfdiffusionswiderstand, die über den Sparren verlegt werden (Aufsparrendämmung) und deren oberste Schicht die Wasserableitung übernimmt. Die Luftdichtheit muss aber auch bei diesen Systemen – insbesondere an den Elementstößen und Bauteilanschlüssen – durch entsprechende Maßnahmen sichergestellt werden.

Die erforderliche Unterlüftung des Dachbelags nach Abschnitt 3.1 ist aber unabhängig vom Schichtaufbau des wärmedämmenden Dachpakets und bei „belüfteten" sowie „nicht belüfteten" Dachkonstruktionen stets erforderlich.

3.3 Ausführungsbeispiele

Konstruktionsbeispiele für geneigte belüftete und nicht belüftete Dächer sind in *Bild 6-12* dargestellt. Die wichtigsten Daten dieser Aufbauten zeigt *Bild 6-11*. Die einzelnen Konstruktionen werden im Folgenden näher erläutert.

3.3.1 Dämmung zwischen den Sparren

Bei der Dämmung zwischen den Sparren, *Bild 6-12/1*, ergeben sich sehr viele Fugenanteile. Da Holzsparren quellen, schwinden und sich verziehen können, ist der Dämmstoff mit ausreichender Vorspannung einzupressen. Wird oberhalb der Sparren eine Schalung angebracht, kann in die Hohlräume zwischen die Sparren auch geeigneter Dämmstoff (z. B. Mineralfaser- oder Zelluloseflocken) eingeblasen werden. In jedem Fall wirken die Sparren bei der reinen Zwischensparrendämmung als mäßige Wärmebrücken. Der mittlere Wärmedurchgangskoeffizient für die gesamte Dachfläche berechnet sich entsprechend dem Rechenverfahren für Bauteile aus homogenen und inhomogenen Schichten; siehe *Bild 11-7* und *11-8*.

Bei einer vollen Ausnutzung der Sparrenhöhe (Vollsparrendämmung) entfällt die Durchlüftung zwischen Wärmedämmung und Unterspannung, Unterdeckung oder Unterdach. Es ist deshalb unerlässlich, die gesamte Dachuntersicht mit einer diffusionsdichten Schicht abzuschließen. Nach Verifizierung durch einen Nachweis können auch feuchteadaptive Dampfbremsen eingesetzt werden. Die einzelnen Bahnen der Folie sind mit geeigneten Klebebändern luftdicht zu verkleben und an andere Bauteile luftdicht anzuschließen. Vorteilhaft ist eine Unterspannbahn geringen Wasserdampfdiffusionswiderstandes.

Bei den empfohlenen Wärmedurchgangskoeffizienten entsprechend *Bild 6-2* ist eine ausschließliche Verlegung der Wärmedämmung zwischen den Sparren nur bei hohen Sparren möglich.

3.3.2 Dämmung zwischen und über den Sparren

Wenn die erforderliche Wärmedämmdicke die übliche Sparrenhöhe übersteigt, kann zusätzlich zur Wärmedämmung zwischen den Sparren eine Wärmedämmschicht über den Sparren verlegt werden, *Bild 6-12/2*. Diese

Dach	Wärmedämmdicke[1] in cm bei einem Wärmedurchgangskoeffizienten U von			Wärmespeicherfähigkeit	Schalldämm-Maß R'_w	Feuerwiderstandsklasse
Nr.	0,25 W/(m²K)	0,20 W/(m²K)	0,15 W/(m²K)		dB	
1[2]	17	21[3]	28[3]	gering	ca. 40	F 30
2[2]	14 + 2	14 + 6	14 + 13	gering	ca. 38	F 30
3	15	19	26	gering	ca. 37	(F 30)[4]
4[2]	10 + 6	10 + 10	10 + 17	gering	ca. 45	F 30
5[2]	16	20	28	hoch	ca. 50	F 120 bis F 180

[1] Wärmeleitfähigkeit 0,04 W/(mK)   [2] 15 % Holzanteil   [3] siehe Text   [4] mit Zusatzmaßnahmen

6-11 Geneigte belüftete und nicht belüftete Dächer, Schema-Isometrien

Geneigte Dächer

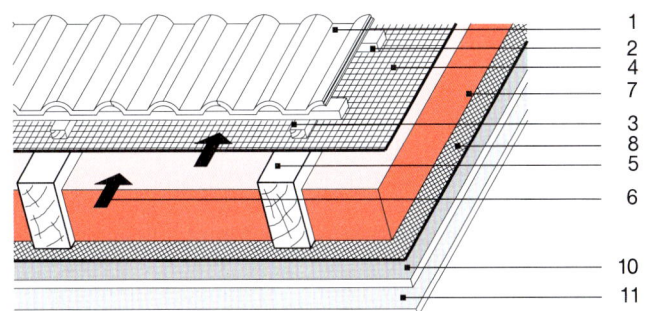

1 Geneigtes Dach mit Dämmung zwischen den Sparren, belüftet

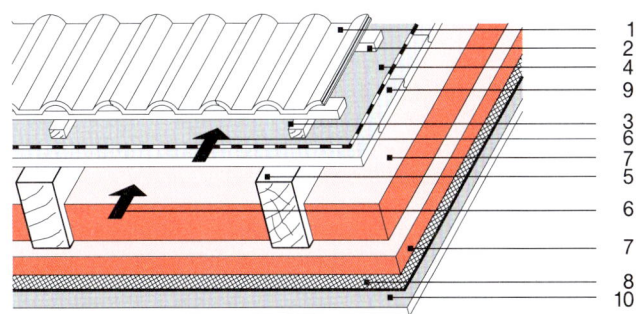

4 Geneigtes Dach mit Dämmung zwischen und unter den Sparren, belüftet

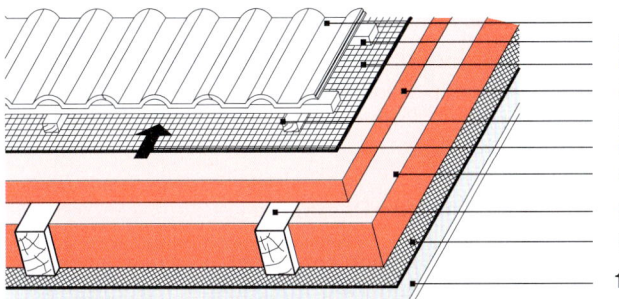

2 Geneigtes Dach mit Dämmung zwischen und über den Sparren, nicht belüftet

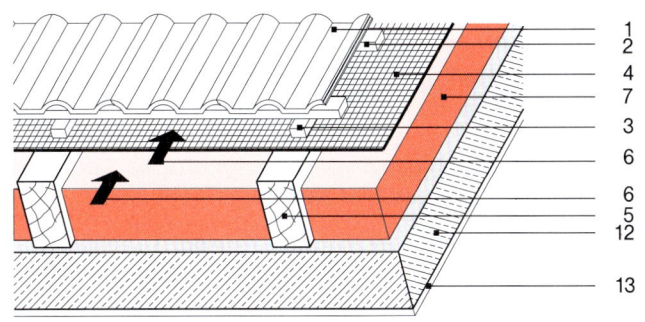

5 Geneigtes Massivdach mit außen liegender Dämmung, belüftet

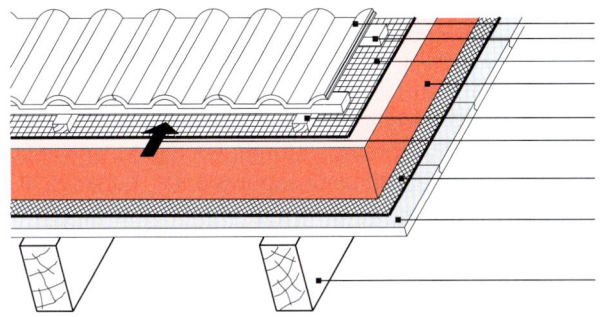

3 Geneigtes Dach mit Dämmung über den Sparren, nicht belüftet

6-12 Geneigte belüftete und nicht belüftete Dächer, Schema-Isometrien

1 Dacheindeckung (Ziegel, Betondachsteine)
2 Dachlatte
3 Konterlatte
4 Unterspannung/Unterdeckung/Unterdach
5 Dachsparren
6 Belüfteter Hohlraum, in der Dachfläche mind. 200 cm^2/m Traufe
7 Wärmedämmung
8 Dampfsperre/Luftdichtung
9 Holzschalung
10 Spanplatte oder dergleichen
11 Gipskartonplatte (GKF ≥ 12,5 mm)
12 Bewehrter Leichtbeton
13 Ggf. Innenputz

Wärmedämmschicht ist z. B. aus Hartschaumplatten mit Stufenfalz ausführbar; sie wird einschließlich der Konterlattung mit den Dachsparren vernagelt bzw. verschraubt und durch eine Traufbohle abgestützt.

Die beschriebene Verlegung der Wärmedämmung schränkt den verfügbaren Dachraum nicht ein.

3.3.3 Dämmung über den Sparren

Eine Dämmung über den Sparren, *Bild 6-12/3*, ist wärmebrückenfrei, besonders bei Verwendung von gefalzten Dämmplatten. Die darunter liegende Dachkonstruktion wird vor Wetter- und Temperatureinflüssen geschützt. Die auf die Sparren genagelte zusätzliche Holzschalung ist statisch wirksam (T-förmiger Querschnitt von Schalung und Sparren gilt als Windverband). Sie kann als Rauminnenschale gestaltet werden.

Der luftdichte Anschluss der diffusionshemmenden Folie an den Ringanker im Traufbereich ist äußerst schwierig herzustellen, weil dort alle Sparren die Luftdichtschicht durchdringen und diese Durchdringungen nur mit hohem Aufwand fachgerecht abgedichtet werden können. Dieses Anschlussproblem kann vermieden werden, indem die Sparren an der Traufkante enden. Die Folie wird bei dieser Konstruktion um die Sparrenköpfe herumgeführt und an den Ringanker luftdicht angeschlossen. Der Dachüberstand wird durch kurze Sparrenstücke (Aufschieblinge) realisiert, die oberhalb der diffusionshemmenden Schicht und Dachschalung auf die Sparren genagelt werden, *Bild 9-22*.

3.3.4 Dämmung zwischen und unter den Sparren

Die Verlegung der Wärmedämmung zwischen und unter den Sparren, *Bild 6-12/4*, bietet sich bei großen Wärmedämmdicken ebenfalls an. Es besteht bei dieser Ausführung auch die Möglichkeit, die diffusionshemmende Schicht zwischen den beiden Dämmschichten anzuordnen und so in der unteren Dämmschicht eine Installationsebene zu schaffen. Hierfür sollte eine Sparrenhöhe von 16 bis 20 cm gewählt werden, sodass die unter den Sparren liegende Wärmedämmschichtdicke nur etwa 20 % der Gesamtdicke beträgt. In den Sparrenraum können z. B. Mineralfaserplatten mit Vorspannung eingepresst und bei sparrenoberseitig bündiger Verlegung mit einer Unterspannbahn geringen Wasserdampfdiffusionswiderstandes – einer diffusionsoffenen Folie – abgedeckt werden. Auch die Verwendung von Einblasdämmstoff ist möglich, sofern der Sparrenzwischenraum, wie in *Bild 6-12/4* gezeigt, auch oben durch eine Schalung abgeschlossen ist. Eine unten liegende Wärmedämmschicht aus Hartschaum-Gipskartonverbundplatten lässt sich mit den Sparren vernageln.

Bei dem hier gezeigten Beispiel mit regendichtem Unterdach ist eine Belüftung über der Wärmedämmung erforderlich.

3.3.5 Außen liegende Dämmung

Das geneigte Massivdach entspricht in seinem Konstruktionsprinzip einer massiven Außenwand mit vorgehängter hinterlüfteter Schale, *Bild 6-12/5*. Die Massivschicht besteht aus bewehrtem Leichtbeton von etwa 20 cm Dicke. Der Wärmeschutz wird überwiegend durch die Dicke der Wärmedämmschicht bestimmt. Gegenüber Dächern leichter Bauart ergeben sich ein verbesserter Luftschallschutz und eine gute Wärmespeicherung. Die gute Wärmespeicherfähigkeit führt im Sommerhalbjahr zu ausgeglichenen Raumtemperaturen. Da das Massivdach eine ausreichende diffusionsäquivalente Luftschichtdicke aufweist, ist eine Belüftung unmittelbar über der Wärmedämmung nicht zwingend erforderlich.

4 Ausgebaute Dachgeschosse

4.1 Wichtige Planungshinweise

Der Ausbau von Dachgeschossen ist heute üblich. Häufig gewählte Dachkonstruktionen orientieren sich am Aufbau der Dächer 1, 2 und 4 aus *Bild 6-12* und *Bild 6-13*. Diese

Dachkonstruktionen sind Leichtbaukonstruktionen mit geringer Masse und geringer Wärmespeicherfähigkeit. Der **Schallschutz** solcher Bauteile ist niedrig und bei Innenwänden geringer Masse sind an Sommertagen ungünstig hohe Temperaturen in den Wohnräumen zu erwarten. Um das **sommerliche Raumklima** zu verbessern, sollten zwischen Dacheindeckung und Wärmedämmung hinreichend große Lüftungsquerschnitte geschaffen, die Giebelwände mit einer Außendämmung versehen und die Innenwände aus schweren Baustoffen ausgeführt werden. Eine weitere Verbesserung ist durch die nachstehend genannten Maßnahmen zu erreichen:

– Wahl einer Fensteranordnung, die während der kühlen Nachtzeit und am Morgen eine Querlüftung der Wohnräume ermöglicht,
– Einbau wirksamer Sonnenschutzeinrichtungen für die Fenster, insbesondere die Dachflächenfenster. Bei Dächern geringer Neigung sind auch die Dachflächenfenster nordorientierter Dachflächen mit Sonnenschutzeinrichtungen auszurüsten.

Vor dem Ausbau eines ungenutzten Dachraums sollte ein Baufachmann zu Rate gezogen werden. Er wird den Dachstuhl auf Schädlingsbefall prüfen, eine geeignete Dachkonstruktion vorschlagen, die statischen Bedingungen für den Einbau schwerer Zwischenwände klären und den dampfdiffusionstechnisch sicheren, luftdichten Aufbau ermitteln.

4.2 Dachflächenfenster

Diese liegenden Fenster werden in die geneigte Dachfläche eingebaut. Sie sind als Klappflügel- oder Schwingflügelfenster bzw. Horizontal-Schiebefenster ausgebildet.

Infolge der Schräglage hat das Dachflächenfenster einige Nachteile, z. B. erhöhte Schlagregenbelastung sowie Schneelasten, gegenüber dem senkrecht stehenden Fenster. Dagegen ist die gute Ausleuchtung des Dachraumes hervorzuheben. Zur Gewährleistung einer ausreichenden Durchlüftung sind zwei Fenster an gegenüberliegenden Dachseiten vorteilhafter als nur ein Fenster. In Dachräumen ist bekanntlich eine gute Durchlüftung besonders nach heißen Sommertagen wichtig.

5 Flachdächer

Flachdächer haben Neigungen von 0° bis 10°. Dächer mit Neigungen bis 5° werden als gefällelos betrachtet, da erfahrungsgemäß auf ihren Oberflächen mit Pfützen zu rechnen ist.

Bei Flachdächern kann die Entwässerung nach außen oder innen erfolgen. Die Außenentwässerung erfordert vorgehängte Rinnen und Fallrohre. Innere Ableitungen sind im Regelfall eisfrei. Der Rand von Flachdächern mit innen liegender Entwässerung wird als Aufkantung ausgeführt *(Bild 6-13)*, sodass keine Wasserschwalle vom Dach geweht werden können. Die Aufkantung am Dachrand soll bei einer Neigung

| bis | 5° | etwa 10 cm und |
| über | 5° | etwa 5 cm hoch |

sein. Der äußere senkrechte Schenkel der Dachrandabdeckung muss die Fassade überlappen und als Tropfnase mindestens 2 cm Abstand von der Fassade haben. Die Überlappung der Fassade soll bei einer Gebäudehöhe

bis	8 m	mindestens 5 cm,
über	8 bis 20 m	mindestens 8 cm und
über	20 m	mindestens 10 cm

betragen. Die Abdichtung der Dachfläche – sie leitet den Niederschlag ab – ist am Dachrandabschluss, an aufgehendem Mauerwerk, vor Türschwellen u. Ä. mindestens 15 cm hochzuführen, *Bild 6-17*.

Flachdächer werden als nicht belüftete oder einschalige Dächer und belüftete oder zweischalige Dächer ausgeführt.

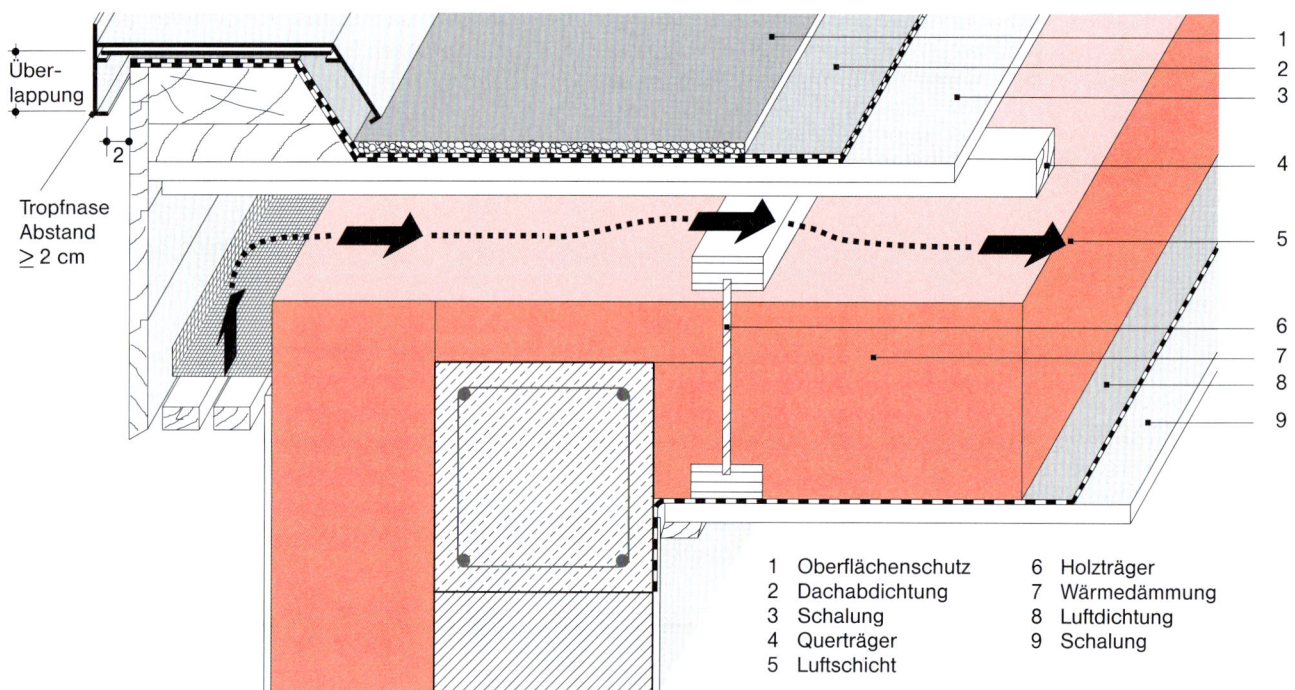

6-13 Randabschluss eines belüfteten Flachdachs leichter Deckenkonstruktion

1 Oberflächenschutz
2 Dachabdichtung
3 Schalung
4 Querträger
5 Luftschicht
6 Holzträger
7 Wärmedämmung
8 Luftdichtung
9 Schalung

5.1 Belüftetes Flachdach

Das belüftete Flachdach – auch zweischaliges Flachdach oder Kaltdach *(Bild 6-13)* genannt – besteht aus

1. der oberen Schale mit der Dachhaut,
2. dem belüfteten Hohlraum und
3. der unteren Schale mit der Wärmedämmung.

Die obere Schale mit der Dachhaut übernimmt beim belüfteten Flachdach vor allem den Wetterschutz. Der durchlüftete Hohlraum ist zur Abfuhr der Bau- und Nutzungsfeuchte erforderlich.

Die Durchlüftung des Hohlraums kommt im Wesentlichen durch Windwirkung zustande. Schwierigkeiten ergeben sich bei niedrigen Gebäuden (Bungalows), die im Windschatten höherer Bebauungen oder Baumkulissen liegen. Stehende Luft im Hohlraum und Kondenswasseranfall auf der unteren Fläche der oberen Schale kann die Folge sein. Um dies zu vermeiden, sollte die obere Schale einen gewissen Eigendämmwert besitzen. Eine dünne Dämmschicht, die in die Oberschale eingearbeitet wird, erfüllt diesen Zweck.

Für belüftete Flachdächer mit einer Dachneigung von ≥ 5° ist kein rechnerischer Nachweis des Tauwasser-

6 Dächer — Flachdächer

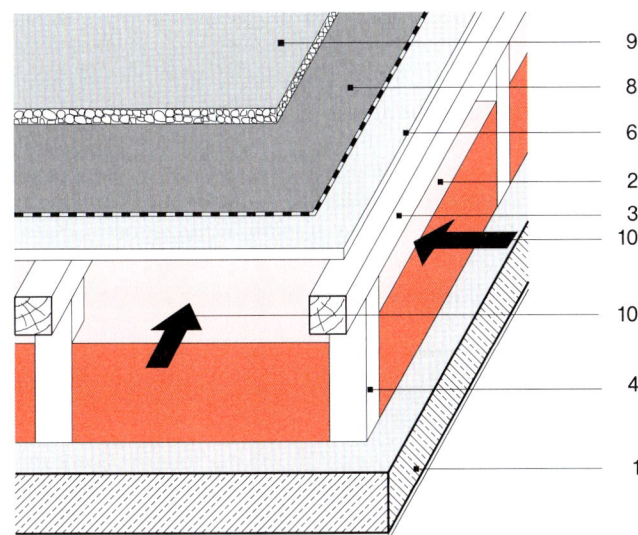

1 Holzunterkonstruktion auf Stahlbetondecke

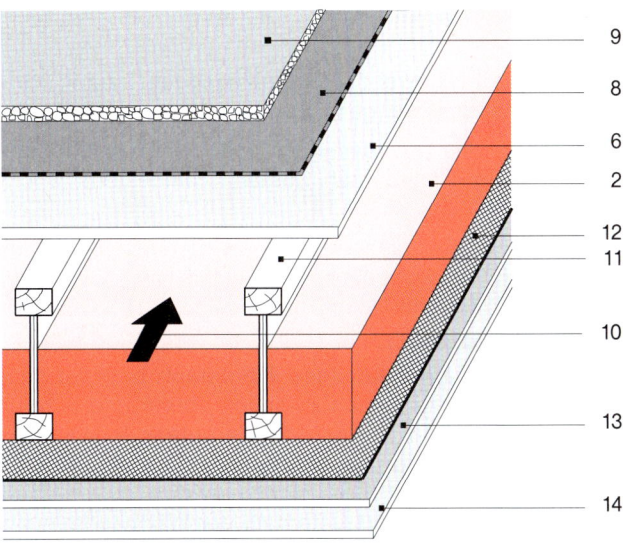

3 Leichte Holzkonstruktion

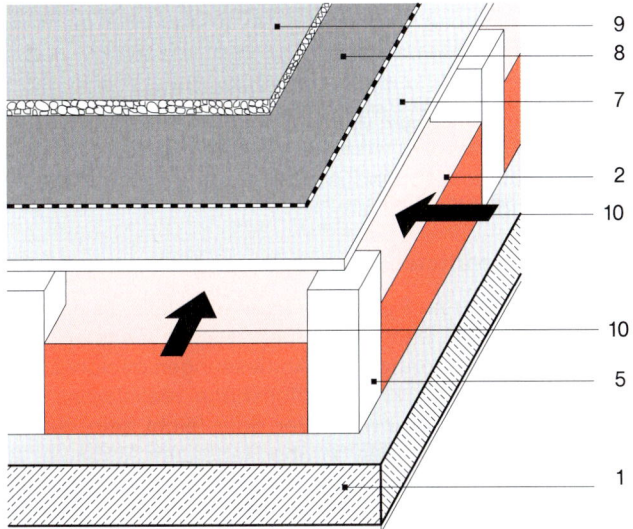

2 Einzelauflager auf Stahlbetondecke

1 Stahlbetondecke	8 Dachdichtung
2 Wärmedämmung	9 Kiesschüttung
3 Holzpfetten	10 Hohlraum, gut durchlüftet
4 Pfettenstützen	11 Dachbinder
5 Porenbetonwürfel	12 Dampfsperre/Luftdichtung
6 z. B. Dachspanplatte	13 Spanplatte
7 z. B. Faserzementplatte	14 Gipskartonplatte(GKF) ≥ 12,5 mm

Dach	Wärmedämmdicke[1] bei einem Wärmedurchgangskoeffizienten U von			Wärmespeicherfähigkeit	Schalldämm-Maß R'_w	Feuerwiderstandsklasse
Nr.	0,25 W/(m²K)	0,20 W/(m²K)	0,15 W/(m²K)		dB	
1	17 cm	22 cm	29 cm	hoch	ca. 56	F 180[2]
2	17 cm	22 cm	29 cm	hoch	ca. 56	F 180[2]
3	15 cm	19 cm	25 cm	gering	ca. 48	F 30

[1] Wärmeleitfähigkeit 0,04 W/(mK)   [2] bei Stahlbetondecken ≥ 150 mm

6-14 Belüftete Flachdächer, Aufbau und Kenndaten

anfalls erforderlich, wenn der freie Lüftungsquerschnitt
- an wenigstens zwei gegenüberliegenden Traufen mindestens je 2 ‰ der gesamten Dachfläche beträgt und
- innerhalb des Dachbereiches über der Wärmedämmschicht im eingebauten Zustand mindestens 2 cm hoch ist.

Für belüftete Flachdächer mit einer Dachneigung < 5° und einer diffusionshemmenden Schicht mit $s_d \geq 100$ m unter der Wärmedämmung ist ebenfalls kein rechnerischer Nachweis nach DIN 4108-3 erforderlich.

Beim **leichten zweischaligen Flachdach** befindet sich die tragende Konstruktion zwischen oberer und unterer Schale, *Bilder 6-13* und *6-14/3*. Die untere Schale trägt die Wärmedämmung. Die diffusionshemmende Schicht/Luftdichtung – sie ist beim leichten zweischaligen Dach unverzichtbar – ist stets unterhalb der Wärmedämmung anzuordnen.

Beim **schweren zweischaligen Flachdach** bildet die Massivdecke als untere Schale zugleich die tragende Konstruktion, *Bild 6-14/1/2*. Folgendes ist zu beachten:
- Bei Stahlbetondecken über 10 cm Dicke ist in der Regel keine zusätzliche diffusionshemmende Schicht erforderlich, Dachdurchdringungen (Entlüftungsrohre, Lichtkuppeln u. a.) müssen luftundurchlässig angeschlossen werden.
- Die Wärmedämmschicht ist immer über der schweren Unterkonstruktion anzuordnen und mit der Wärmedämmung der Außenwand zu verbinden.
- Dachdurchdringungen sind auch im Belüftungsraum mit einer Wärmedämmung zu versehen.

Weitere Hinweise zum belüfteten Flachdach *Bild 6-14*:

Die **Wärmedämmung** (2) darf von der durchströmenden Luft nicht angegriffen und allmählich abgetragen werden. Faserdämmstoffe müssen deshalb eine entsprechende Eigenfestigkeit aufweisen oder zusätzlich abgedeckt werden.

Beim Dach, *Bild 6-14/2*, sind als Oberschalen (7) auch armierte Leichtbeton-Fertigplatten wegen ihrer Dämmwirkung und (geringen) Wärmespeicherfähigkeit vorteilhaft.

Anstelle der **Dachdichtung** (8) in Bahnenform kann auf der Oberfläche eine Schicht aus Polyurethan-Hartschaum aufgespritzt werden. Diese wärmedämmende Schicht übernimmt zugleich die Funktion der Dachdichtung. Als oberer Abschluss ist eine Schutzschicht (Kiesschüttung, Anstrich) erforderlich.

Bei der **Durchlüftung** (10) sind die folgenden Hinweise zu beachten:
- Bei den Dächern 1 und 2 wird die Oberschale von einzeln stehenden Unterstützungen getragen, die eine Luftbewegung nach allen Richtungen ermöglichen.
- Beim Dach 3 ist die Durchlüftung nur in einer Richtung möglich. Hier sollte die Oberschale ein Mindestgefälle von 3° aufweisen, damit sich insbesondere der Lufthohlraum zur Abluftöffnung hin deutlich vergrößert. Eine gute Durchlüftung und eine leicht wärmedämmende Oberschale sind auch notwendig, damit sich die Unterschale (1 bzw. 13, 14) im Sommer nicht zu stark erwärmt, dadurch ausdehnt und Risse in der Fläche sowie Abrisse an den Auflagern erzeugt.

Beim Dach 3 muss die diffusionshemmende Schicht (12) umso wirkungsvoller sein, je geringer die Durchlüftung des Hohlraumes (10) und je dampfdichter die Oberschale samt Dachdichtung (8) ist.

5.2 Nicht belüftetes Flachdach

Das nicht belüftete Flachdach kann ebenfalls als schweres oder leichtes Dach ausgeführt werden. Es ist für beliebige Grundrissformen und Abmessungen geeignet und in relativ niedriger Konstruktionshöhe realisierbar. Die Unterkonstruktion kann schwer oder leicht sein, wobei die Tragfähigkeit auf den darüber liegenden Aufbau bzw. die spätere Nutzung (betretbar, begehbar, befahrbar) auszurichten ist. Ein nicht belüftetes Flachdach besteht im Regelfall von unten nach oben aus folgenden Schichten, *Bild 6-15*:

6 Dächer — Flachdächer

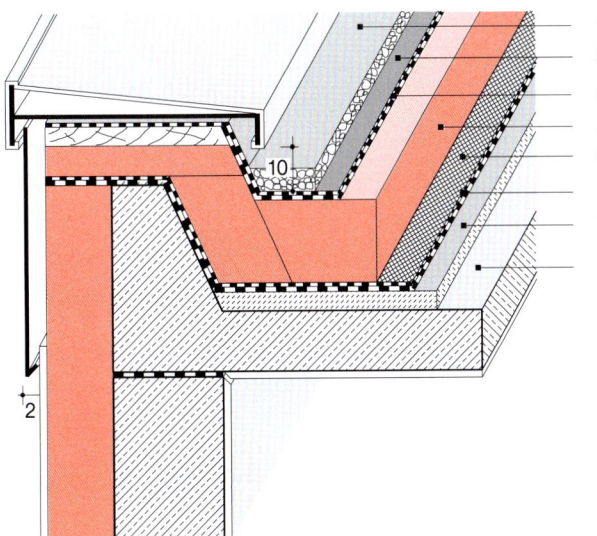

1 Oberflächenschutz
2 Dachabdichtung
3 Dampfdruckausgleichsschicht
4 Wärmedämmung
5 Diffusionshemmende Schicht
6 Ausgleichsschicht
7 Gefälleestrich
8 Stahlbetondecke

6-15 Randabschluss und Aufbau eines nicht belüfteten Flachdaches

1 Kiesschicht als **Oberflächenschutz** – sie soll die Einwirkung von UV-Strahlen verringern, die Abhebbarkeit des Dachbelags bei Stürmen herabsetzen usw.

2 **Dachabdichtung** zur Ableitung von Niederschlägen – sie kann aus mehrlagigen bituminösen Bahnen oder aus einlagigen Elastomerbahnen oder -planen bestehen. Die Verlegung erfolgt vollflächig oder streifenweise verklebt, mechanisch befestigt mit Dübeln oder lose verlegt mit Auflast.

3 **Dampfdruckausgleichsschicht** (meist ein spezielles Kunststoffvlies) – diese Schicht ermöglicht das Verteilen von Wasserdampf, der durch Verdunstung eingedrungener Baufeuchte örtlich konzentriert bei Erwärmung entstehen kann. Es wird eine Blasenbildung verhindert.

4 **Wärmedämmschicht** – diese Schicht kann auch aus konfektionierten Wärmedämmkeilen bestehen, falls die tragende Decke 8 kein Gefälle aufweist.

5 **Diffusionshemmende Schicht** – die diffusionshemmende Wirkung der Betondecke kann mit eingerechnet werden.

6 **Ausgleichsschicht**, z. B. Glasvlieslochbahn, zur Verringerung von Spannungsübertragung auf die diffusionshemmende Schicht.

7 **Gefälleestrich** auf der Decke.

8 **Tragende Decke** im Gefälle verlegt.

Die verwendeten Dämmplatten müssen eine ausreichende Druckfestigkeit aufweisen und mindestens der Baustoffklasse B2 entsprechen. Gefalzte Platten vermindern die Wärmeverluste im Stoßbereich, und beim Einsatz von Platten aus dampfdichtem Dämmstoff kann auf den Einbau einer Dampfsperre verzichtet werden. Eine Übersicht über Aufbau und Kenndaten nicht belüfteter Flachdächer vermittelt *Bild 6-16*.

5.3 Umkehrdach

Beim „umgekehrten Flachdach", kurz Umkehrdach genannt, liegt die **Wärmedämmschicht über der Dachhaut**, die zugleich diffusionshemmende Schicht ist, *Bild 6-16/2*. Die Dachhaut bleibt so vor extremen thermischen und mechanischen Einwirkungen geschützt; der wartungsfreie Bestand der Dachabdichtung wird wesentlich verlängert.

Beim Umkehrdach verursacht das Niederschlagswasser, das unter der Wärmedämmung abfließt, einen zusätzlichen Wärmeverlust. Dieser zusätzliche Wärmeverlust wird durch eine Erhöhung des Wärmedurchgangskoeffizienten des Daches um bis zu 0,05 W/(m²K) berücksichtigt. Genauere Angaben sind dem Zulassungsbescheid eines solchen Dachsystems zu entnehmen.

6 Dächer — Flachdächer

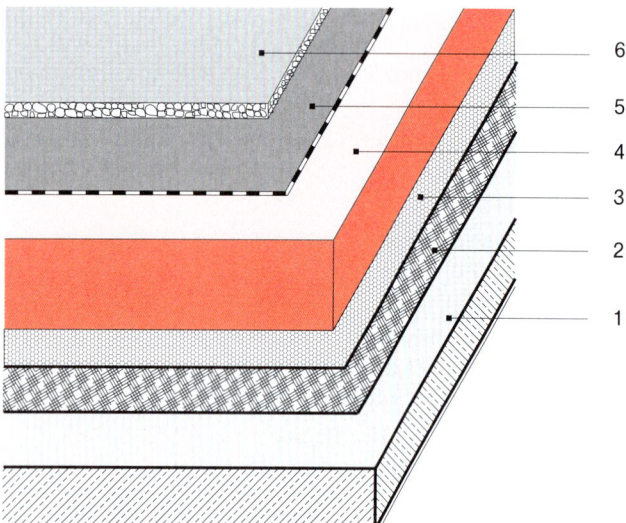

1 Schweres einschaliges Flachdach

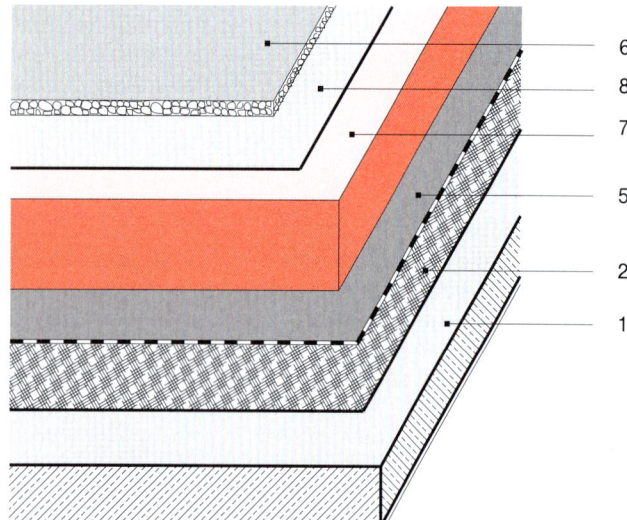

2 Umkehrdach auf Stahlbetondecke

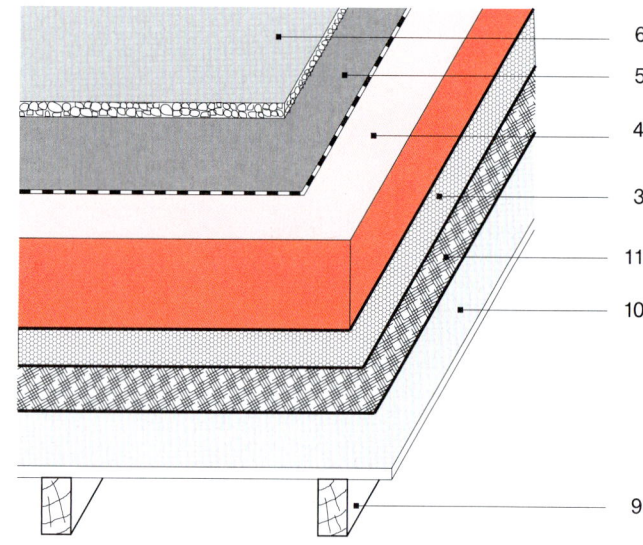

3 Leichtdach in Holzkonstruktion

1 Stahlbetondecke
2 Voranstrich und Glasvlies-Lochbahn
3 Dampfsperre
4 Wärmedämmung
5 Dachabdichtung (bei Dach 1 und 3 auf Dampfdruckausgleichsschicht verlegt)
6 Kiesschüttung
7 Dämmplatten aus extrudiertem Polystyrol-Hartschaum
8 Trennvlies bzw. Rieselschutz
9 Holzbalken
10 Dachspanplatten
11 Glasvlies-Lochbahn

Dach	Wärmedämmdicke[1] bei einem Wärmedurchgangskoeffizienten U von			Wärmespeicherfähigkeit	Schalldämm-Maß R'_w	Feuerwiderstandsklasse
Nr.	0,25 W/(m²K)	0,20 W/(m²K)	0,15 W/(m²K)		dB	
1	15 cm	19 cm	25 cm	hoch	ca. 55	F 180
2	20 cm[2]	25 cm[2]	29 cm[2]	hoch	ca. 55	F 180
3	15 cm	19 cm	25 cm	gering	ca. 38	F 30

[1] Wärmeleitfähigkeit 0,04 W/(mK)
[2] Unter Berücksichtigung einer Verschlechterung von U um 0,05 W/(m²K)

6-16 Nicht belüftete Flachdächer, Aufbau und Kenndaten

Es dürfen nur Dämmstoffe verwendet werden, deren Eignung durch eine bauaufsichtliche Zulassung nachgewiesen ist. Eine solche Zulassung besitzen u. a. extrudierte Polystyrol-Hartschaumplatten, die sich in der Praxis bewährt haben.

Die oben liegende Dämmschicht benötigt eine Schutzschicht gegen UV-Strahlung, Wind und Aufschwimmen. Diese drei Aufgaben übernimmt eine Kiesschüttung, deren Schütthöhe auf die Dicke der Dämmplatten abgestimmt sein muss.

Wird die Dämmschicht mit einem zugelassenen Vlies abgedeckt, kann die Kiesschüttung (gewaschenes Rundkorn, Durchmesser 16/32 mm) für alle Dämmdicken auf eine Höhe von 5 cm begrenzt werden. Der Randbereich ist mit Betonsteinplatten im Mindestformat 35/35/5 cm zu sichern.

5.4 Dachterrassen

Begehbare Flachdächer werden überwiegend als nicht belüftete Flachdächer ausgeführt und der Gehbelag auf einer Kiesschüttung oder auf Stelzlagern verlegt. In jedem Fall ist über der Abdichtung eine Schutzschicht erforderlich.

Die Abdichtung ist beim Anschluss an aufgehende Wände mindestens 15 cm über die Gehebene zu führen. Diese Abdichthöhe ist auch bei einer Terrassentür einzuhalten, *Bild 6-17*. Wenn keine ausreichende Abdichthöhe zur Verfügung steht (z. B. nachträglicher Anbau), kann durch den Einbau einer Kastenrinne die Entwässerungsebene vor der Tür abgesenkt werden, *Bild 6-18*. Terrassendächer haben immer zwei Entwässerungsebenen: die Ebene über dem Gehbelag und die Ebene über der Abdichtung.

Dachterrassen über Wohnräumen müssen den Anforderungen an den Wärme-, Luft- und Trittschallschutz entsprechen.

5.5 Begrünte Dächer

Mit begrünten Dächern – die ebenso als Flachdächer wie als geneigte Dächer ausgeführt werden können – lässt sich das Kleinklima um das Wohnhaus verbessern. Diese Grünflächen in der „zweiten Ebene" können aber aufgrund des eingeschränkten Bewuchses und der wesentlich geringeren Speichermöglichkeit von Niederschlagswasser nicht als Ersatz für Grünanlagen mit Erdkontakt angesehen werden.

Begrünte Dächer umfassen im Wesentlichen folgende Schichten, *Bild 6-19*:

Die **tragende Decke**; dazu eignen sich insbesondere massive Stahlbetonkonstruktionen.

Die **diffusionshemmende Schicht**, früher als **Dampfsperre** bezeichnet, deren äquivalente Luftschichtdicke (einschließlich der tragenden Dachkonstruktion gerechnet) höher sein muss als diejenige der Schichten über der Wärmedämmschicht. Der Dachaufbau muss also von innen nach außen offener in Bezug auf die Wasserdampfdiffusion werden, um sicherzustellen, dass Wasserdampf, der in die Wärmedämmschicht gelangt, auch genügend schnell nach außen diffundieren kann.

Die **Wärmedämmschicht**. Ihre Dicke ist unter Berücksichtigung der unteren Bauteilschichten so festzulegen, dass der angestrebte Wärmedämmstandard erreicht wird. Die über der Dachabdichtung liegenden feuchten Schichten verbessern den Wärmeschutz nur unerheblich; sie dürfen bei der Berechnung der Wärmedämmdicke nicht berücksichtigt werden.

Die **Abdichtung** kann aus Bitumen- oder Kunststoffbahnen bestehen. Eine ausreichende Festigkeit gegen Durchwurzelung ist durch ein Prüfzeugnis nachzuweisen. Polymere Kunststoff- und Kautschukbahnen mit einer Dicke von mindestens 1,2 mm gelten als wurzelfest, sofern die einzelnen Bahnen durch Verschweißen oder Vulkanisieren verbunden sind. Bitumenbahnen sind nicht wurzelfest. Sie erfordern die Abdeckung mit einer Wurzelschutzbahn.

6 Dächer — Flachdächer

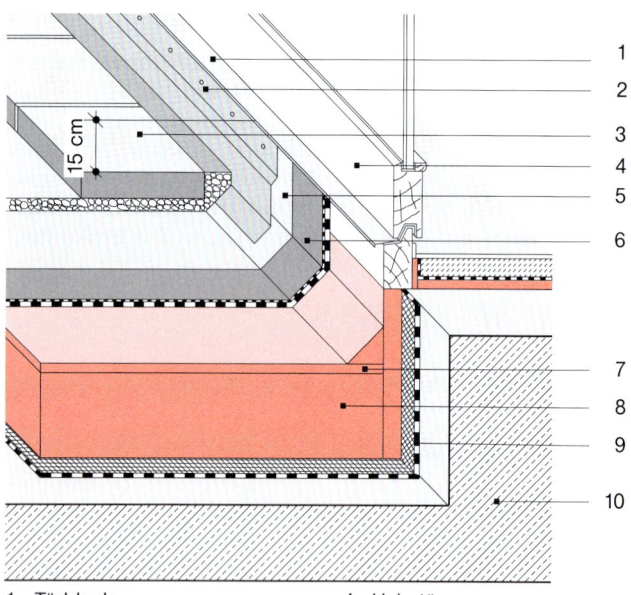

1 Türblech
2 Schutzblech
3 Betonsteinplatten in Splittbett
4 Hebetür
5 Schutzschicht

6-17 Anschluss der Dachdichtung an eine Terrassentür bei hinreichender Abdichthöhe

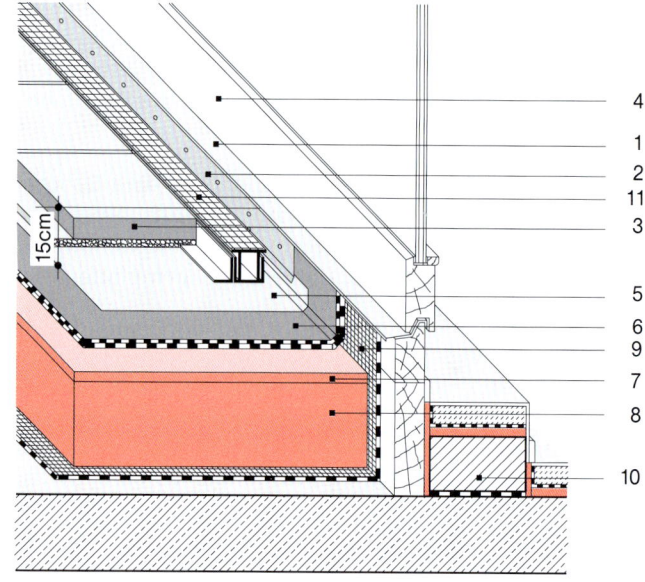

6 Abdichtung
7 Trittschalldämmung
8 Wärmedämmung
9 Diffusionshemmende Schicht
10 Innenstufe
11 Kastenrinne

6-18 Anschluss der Dachdichtung an eine Terrassentür bei unzureichender Abdichthöhe

Die **Schutzschicht** (Kunststofffolie mit Gewebeverstärkung) soll die Abdichtung gegen mechanische Beschädigungen bei gärtnerischen Arbeiten schützen. Falls die Abdichtung keinen hinreichenden Schutz gegen Durchwurzelung darstellt, übernimmt die Schutzschicht auch diese Funktion.

Die **Drainschicht** soll Überschusswasser aus Niederschlägen und künstlicher Bewässerung ableiten. Außerdem soll sie Wasser zum Ausgleich kürzerer Trockenperioden speichern.

Die **Vegetationsschicht** ist der eigentliche Pflanzennährboden. Verwendet werden pflegearme Kultur-Substrate, die wesentlich leichter sind als normaler Mutterboden. Die notwendige Schichtdicke beträgt:

2 bis 5 cm für eine dünne Vegetationsschicht aus Moosen und Steingartengewächsen,

5 bis 15 cm für Rasen, bodendeckende Stauden und einjährige Pflanzen,

15 bis 25 cm für Stauden und bodendeckende Gehölze.

Es empfiehlt sich, die Vegetationsschicht durch einen Plattenbelagstreifen von Wandanschlüssen zu trennen. Bei vorgehängten Fassaden ist ein Plattenstreifen unverzichtbar, um das Einwachsen von Pflanzen in die Fassade auszuschließen.

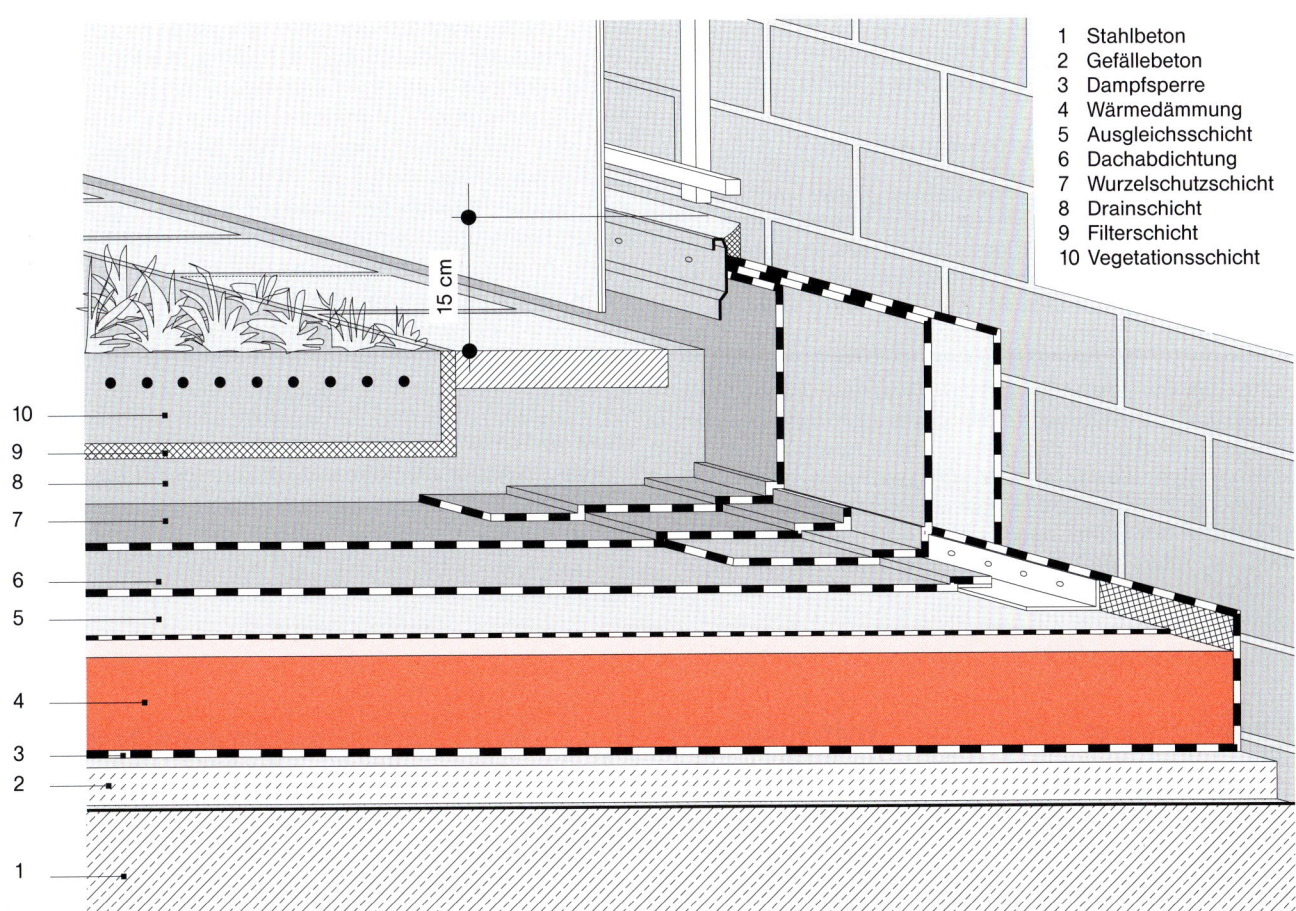

6-19 Begrünte Dachterrasse auf Stahlbetondecke

1 Stahlbeton
2 Gefällebeton
3 Dampfsperre
4 Wärmedämmung
5 Ausgleichsschicht
6 Dachabdichtung
7 Wurzelschutzschicht
8 Drainschicht
9 Filterschicht
10 Vegetationsschicht

6 Verbesserung des Wärmeschutzes von Dächern im Bestand

6.1 Vorbemerkung

Bei Wohngebäuden im Bestand findet man unterschiedliche Ausführungen von geneigten Dächern sowie leichte und schwere Flachdächer vor. Die verschiedenen Konstruktionen können teilweise Bauperioden und/oder der Größe der Gebäude zugeordnet werden. Alle Dächer, die vor 1978, dem Inkrafttreten der ersten Wärmeschutzverordnung, errichtet wurden, weisen im Vergleich zu den heutigen Anforderungen an den Wärmeschutz eine sehr schlechte Wärmedämmwirkung auf. In diesem Abschnitt werden Erläuterungen zur Bewertung des Bestands und den Modernisierungsmöglichkeiten gegeben. Ausführlichere Informationen sind [2] zu entnehmen.

6.2 Übersicht alter Dachkonstruktionen

Die nachstehende Zusammenfassung von Dächern im Bestand ermöglicht eine erste grobe Einschätzung des Wärmedurchgangskoeffizienten U in Abhängigkeit von der Baualtersklasse, vom Wärmedämm-Material und der Konstruktion des Gebäudes, *Bild* 6-20. Wenn keine exakte Bauteilbeschreibung des Dachaufbaus vorliegt, können nach [1] die hier angegebenen U-Werte zur Einordnung des Ist-Zustands und zur Dimensionierung einer nachträglichen Wärmedämmung herangezogen werden. Bei Gebäuden nach 1984 mit einem Wärmedurchgangskoeffizienten kleiner 0,4 W/(m²K) ist eine zusätzliche Wärmedämmung in der Regel unwirtschaftlich. Nur bei Umbauten oder einer neuen unter- oder oberseitigen Verkleidung muss die Wärmedämmung den Anforderungen der EnEV gerecht werden.

Im Juli 1952 erschien die erste Ausgabe der DIN 4108 „Wärmeschutz im Hochbau" mit Mindestanforderungen an den Wärmeschutz. Für Steil- und Flachdächer wurde als Höchstwert des Wärmedurchgangskoeffizienten U 1,36 W/(m²K) im Mittel genannt. Mit Einführung der ersten Wärmeschutzverordnung 1978 wurden weitergehende Anforderungen an den Wärmeschutz gestellt. Es wurde für Steil- und Flachdächer ein Höchstwert für den Wärmedurchgangskoeffizienten U von 0,45 W/(m²K) genannt. Die Anforderung wurde mit den Novellierungen 1984 und 1994 und der Einführung der Energieeinsparverordnung 2002 und deren Novellierungen stetig verschärft.

Wenn der Aufbau der Dachkonstruktion mit seinen Schichtdicken und Materialien bekannt ist, kann der Wärmedurchgangskoeffizient U entsprechend Kapitel 4-9.2, *Bild 4-15* ermittelt werden. Näherungswerte des U-Werts lassen sich auch aus Grafiken als Funktion des Materials, der Bauteildicke und der Rohdichte ablesen, siehe [2].

Baualtersklasse	Wärmedämm-Material	Wärmedurchgangskoeffizient U W/(m²K)	
		Massive Konstruktion	Holzkonstruktion
bis 1918	Torfplatten oder Schilfrohrmatten	2,1	2,6
1919 bis 1948		2,1	1,4
1949 bis 1968	Holzwolleleichtbauplatten oder Faserzementplatten	2,1	1,4
1969 bis 1978	Glasfasermatten, Polystyrolplatten u. a. (Dicke 4 bis 6 cm)	0,6	0,8
1979 bis 1983	Mineralwollematten, Polystyrolplatten u. a. (Dicke 6 bis 8 cm)	0,5	0,5

6-20 Wärmedämm-Materialien und Anhaltswerte der Wärmedurchgangskoeffizienten älterer Dachkonstruktionen

6.3 Anforderungen an den Wärmeschutz bei baulichen Änderungen bestehender Gebäude

Die Energieeinsparverordnung (EnEV) fordert für bauliche Erweiterungen (Anbau, Ausbau, Aufstockung) mit einer zusammenhängenden Nutzfläche von mindestens 50 Quadratmetern den gleichen Wärmeschutzstandard entsprechend dem Nachweis für neu zu errichtende Gebäude, Kapitel 2-5. Die Richtwerte für Dächer zur Erfüllung der Anforderung für das Gesamtgebäude sind Abschnitt 2.1 zu entnehmen.

Sofern Steil- und Flachdächer in kleineren Flächen ersetzt oder erstmalig eingebaut bzw. bisher ungenutzte Dachflächen kleiner 50 Quadratmeter ausgebaut werden, gelten die Anforderungen an den Wärmedurchgangskoeffizienten nach *Bild 6-21*. Weiterhin werden Anforderungen an den Wärmeschutz nach *Bild 6-21* gestellt, wenn das Dach durch eine neue Dachhaut, innen- oder außenseitige Bekleidung oder Verschalung sowie eine neue Wärmedämmschicht bautechnisch verändert wird.

Diese Anforderung entfällt, wenn die Ersatz- oder Erneuerungsmaßnahme weniger als 10 % der Gesamtfläche des Daches umfasst. Hat ein vorhandenes Dach einen Wärmedurchgangskoeffizienten U, der den maximal zulässigen Wert nach *Bild 6-21* unterschreitet, so darf der U-Wert des ersetzten oder erneuerten Daches den Wärmedurchgangskoeffizienten U des ursprünglich vorhandenen Daches nicht überschreiten.

6.4 Nachträgliche Wärmedämmung von geneigten Dächern

Ausgebaute, zu Wohnzwecken genutzte Dachräume im Bestand lassen sich – unter größtmöglicher Beibehaltung der Bausubstanz – auf folgende Weise gemäß den aktuellen Anforderungen der EnEV energetisch modernisieren (Abschnitte 6.4.1 bis 6.4.3):

- zusätzliche Wärmedämmschicht unterhalb der Sparren,
- ergänzte oder erneuerte Wärmedämmung zwischen den Sparren; hierbei kann das Einbringen der Wärmedämmung von innen oder von außen erfolgen,
- zusätzliche Wärmedämmung auf den Sparren unter Beibehaltung der inneren Beplankung der Wohnräume.

6.4.1 Geneigtes Dach mit zusätzlicher Untersparrendämmung

Die nachträgliche Wärmedämmung von innen unterhalb der Sparren, *Bild 6-22*, lässt eine erhebliche Verbesserung des winterlichen Wärmeschutzes zu. Eine merkliche Erhöhung der Wärmespeicherfähigkeit der Dachfläche wird jedoch nicht erreicht. Unerlässlich ist die diffusionshemmende Folie oder Pappe auf der innenseitigen Fläche der Wärmedämmschicht, die sorgfältigst zu verlegen ist und deren Bahnen durch Verkleben luftdicht zu verbinden und entsprechend an andere Bauteile anzuschließen sind.

Um Tauwasserschäden und Schimmelbildung zu vermeiden wird empfohlen, einen erfahrenen Bauphysiker bei der Planung hinzuzuziehen. Dieser legt unter Berücksichtigung der vorhandenen Konstruktion Materialien und Ausführungsdetails an den einbindenden Bauteilen fest, so dass bei Innendämmung eine auf Dauer schadensfreie Ausführung gewährleistet ist.

Energieeinsparverordnung, Anlage 3, Tab. 1	
Steildächer und Dachschrägen	$U_{AD,max} = 0{,}24$ W/(m^{2}K)
Flachdächer	$U_{AD,max} = 0{,}20$ W/(m^{2}K)

6-21 Höchstwerte $U_{AD,max}$ der Wärmedurchgangskoeffizienten für Steil- und Flachdächer bestehender Wohngebäude, die erstmalig eingebaut, ersetzt oder erneuert werden

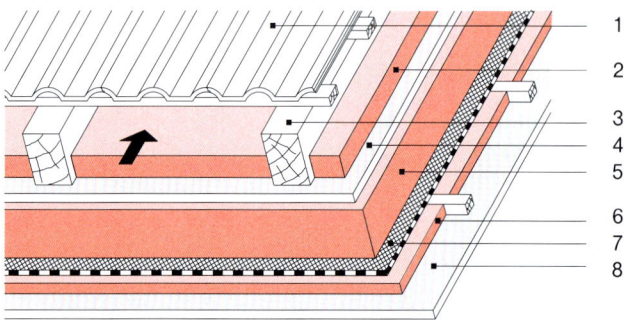

1 Dachziegel auf Lattung im Bestand
2 Wärmedämmung im Bestand
3 Dachsparren im Bestand
4 Faserzementplatte im Bestand
5 Wärmedämmung
6 Wärmedämmung zwischen den Traglatten
7 Diffusionshemmende Schicht
8 Gipskartonplatte

6-22 *Geneigtes Dach im Bestand mit nachträglicher Untersparrendämmung*

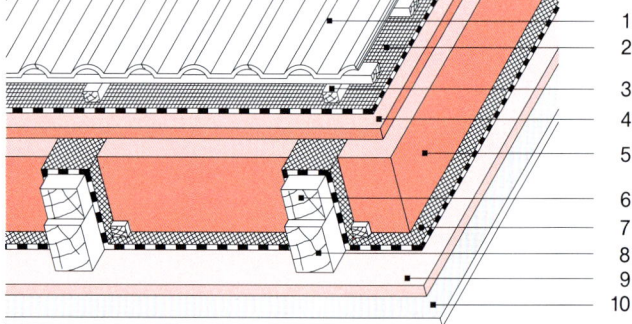

1 Dachziegel auf Lattung
2 Unterspannung
3 Konterlattung
4 Aufsparrendämmung
5 Wärmedämmung
6 Aufgedoppelter Sparren
7 Diffusionshemmende Schicht (Klimamembran)
8 Sparren im Bestand
9 Holzwolle-Leichtbauplatte im Bestand
10 Innenputz im Bestand

6-23 *Geneigtes Dach im Bestand mit nachträglicher Zwischensparrendämmung*

6.4.2 Geneigtes Dach mit neuer Zwischensparrendämmung

Ältere Dächer sind auf der Sparrenunterseite oft mit 25 mm dicken Holzwolle-Leichtbauplatten verkleidet. Der abschließende Verputz zeigt als Folge der Dachstuhlbewegung allerdings häufig Risse. Bei Gebäuden nach 1970 kamen auch Gipskartonplatten oder Profilbretter als Innenverkleidung zur Ausführung. Sofern diese Innenverkleidung in gutem Zustand und genügend tragfähig ist, kann die neue Dämmung auch von außen zwischen die Sparren eingelegt werden, wenn nach Abtragung der Dacheindeckung, Lattung und alter Wärmedämmung eine feuchteadaptive Folie luftdicht eingebaut wurde, *Bild 6-23*. Falls die vorhandene Sparrenhöhe für die entsprechend EnEV benötigte Dämmstoffdicke nicht ausreicht, müssen die Sparren aufgedoppelt und/oder eine zusätzliche Aufsparrendämmung aufgebracht werden. Auf einen ausreichenden Belüftungsspalt zwischen Dacheindeckung und Wärmedämmung ist zu achten. Das erforderliche Umdecken oder die Neudeckung des Daches bietet Gelegenheit, Schäden der Dachhaut zu beseitigen.

6.4.3 Geneigtes Dach mit Aufsparrendämmung

Durch die wärmebrückenfreie Konstruktion und die ausschließlich von außen durchführbare Montage stellt die Aufsparrendämmung bei der energetischen Bauerneuerung ein empfehlenswertes System dar, *Bild 6-24*. Da im Bestand nicht sichergestellt werden kann, dass eine diffusionshemmende und luftdicht ausgeführte innere Schicht vorhanden ist, muss – nach dem Entfernen der alten Dacheindeckung – zwingend eine diffusionshemmende Folie eingebaut werden, die an ihren Überlappungen, an Traufe und Ortgang sowie an den Dachgauben und allen Dachdurchdringungen luftdicht anzuschließen ist. Um die Höhe des Dachaufbaus auch bei den heutigen Anforderungen der EnEV aus architektonischer Sicht zu beschränken, werden Aufsparrensysteme aus hochwärmedämmenden Materialien, wie PUR und Phenolharz, empfohlen. Details zur Ausführung können u. a. dem „Handbuch der Bauerneuerung" [2] entnommen werden.

6.5 Nachträgliche Wärmedämmung von Flachdächern

Flachdächer stellen seit Jahrzehnten eine kostengünstige Alternative zum geneigten Dach dar. Das teilweise schlechte Image von Dachabdichtungen beruht in der Regel auf der falschen Auswahl der Materialien und deren nicht fachgemäßen Verarbeitung sowie der mangelhaften Wartung. Bei der Sanierung von Flachdächern ist daher in der Regel nicht das Aufstocken durch ein geneigtes Dach zu empfehlen, sondern eine energetische Verbesserung des Flachdachs unter Verwendung von qualitativ hochwertigen Produkten bei allen notwendigen Komponenten.

6.5.1 Warmdach mit Zusatzdämmung und neuer Abdichtung

Ist eine Erneuerung der Dachabdichtung notwendig und der darunter liegende Dachaufbau noch intakt, fordert die EnEV im Rahmen der Erneuerung der Abdichtung, die Wärmedämmung den heutigen oder auch zukünftigen Anforderungen anzupassen, *Bild 6-25*. Die alte Dachabdichtung muss vor dem Aufbringen der Zusatzdämmung entfernt bzw. perforiert werden, um Diffusionsschäden im Dachaufbau zu vermeiden. Für die Zusatzdämmung ist eine steife Platte zu verwenden, damit auch eine geeignete Unterlage zum Aufbringen der Dachabdichtung vorhanden ist.

6.5.2 Flachdach mit aufgelegter Zusatzdämmung

Ein vorhandenes, aber ungenügend wärmegedämmtes einschaliges Flachdach kann mit einem sog. Plusdach verbessert werden. Bei einer ausreichend hohen Aufkantung des vorhandenen Daches kann ein Umkehrdach (*Bild 6-26*) auf dem vorhandenen Aufbau ausgeführt werden. Vor dem Auflegen der Zusatzdämmung wird bei bituminierten Dachdichtungen ein zusätzlicher Bitumenanstrich empfohlen. Die Zusatzdämmung kann aus extrudierten Polystyrol-Hartschaumplatten mit oberseitiger Latex-Mörtelbeschichtung bestehen. Die Dämmplat-

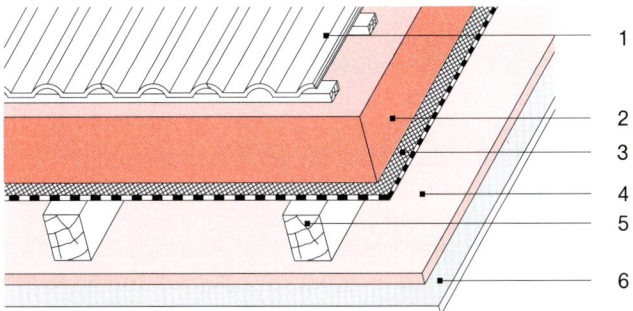

1 Dachziegel auf Lattung
2 Wärmedämmung kaschiert
3 Diffusionshemmende Schicht Luftdichtung
4 Holzwolle-Leichtbauplatte Im Bestand
5 Dachsparren im Bestand
6 Deckenputz im Bestand

6-24 Geneigtes Dach im Bestand mit Aufsparrendämmung

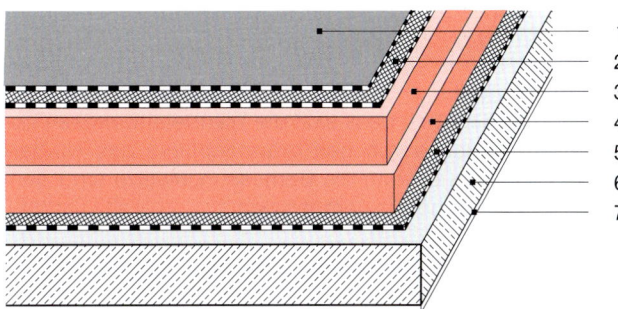

1 Dachabdichtung
2 Dampfdruckausgleichsschicht
3 Aufgedoppelte Wärmedämmung
4 Wärmedämmung im Bestand
5 Diffusionshemmende Schicht Im Bestand
6 Stahlbetondecke im Bestand
7 Innenputz im Bestand

6-25 Warmdach mit Zusatzdämmung und neuer Abdichtung

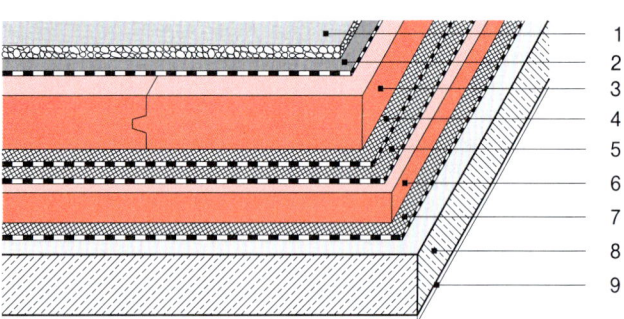

1	Kiesschüttung	6	Wärmedämmung im Bestand
2	Schutzschicht	7	Diffusionshemmende Schicht
3	Wärmedämmung	8	Stahlbetondecke im Bestand
4	Dachabdichtung für Umkehrdach	9	Innenputz im Bestand
5	Abdichtung im Bestand		

6-26 Warmdach mit Zusatzdämmung als Umkehrdach

1	Dachabdichtung	6	Aufgedoppelter Dachbalken
2	Dampfdruckausgleichsschicht	7	Dachbalken im Bestand
3	Brettschalung	8	Wärmedämmung im Bestand
4	Querbalken	9	Holzwolle-Leichtbauplatte im Bestand
5	Aufgedoppelte Wärmedämmung	10	Deckenputz im Bestand

6-27 Kaltdach mit Zusatzdämmung

ten mit Nut- und Federausbildung werden im Verband verlegt. Ihr besonderer Vorteil ist das geringe Flächengewicht von etwa 22 kg je m².

Bei der Ermittlung des Wärmedurchgangskoeffizienten ist darauf zu achten, dass sich die Wärmeleitfähigkeit der Zusatzdämmung durch den Wärmeabfluss des Niederschlagswassers erhöht; die Bemessungswerte sind dem Zulassungsbescheid zu entnehmen.

6.5.3 Belüftetes Flachdach (Kaltdach) mit Zusatzdämmung

Kaltdächer sind belüftete Flachdächer, bei denen die wärmedämmende Schicht von der vor Regen schützenden Abdichtung durch eine bewegte Luftschicht getrennt ist. Diese Konstruktionsart gibt es im Baubestand sowohl als schweres massives Flachdach als auch als leichte Holzkonstruktion, *Bild 6-27*.

Bei leichten Holzkonstruktionen – insbesondere wenn die tragende Konstruktion den Hohlraum für Wärmedämmung und Luftschicht festlegt – kann die Realisierung einer funktionsfähigen Dampf- und Luftsperre vom Innenraum aus erfolgen. Hierzu wird unter der vorhandenen inneren Beplankung eine PE-Folie oder diffusionshemmende Pappe befestigt, an Durchdringungen und Anschlüssen luftdicht angebracht und anschließend unter einer neuen Unterkonstruktion eine neue Gipskartonplatte oder andere Verkleidung aufgebracht. Die äußere Abdichtung und Abdeckung sind zu entfernen. Durch eine Aufdopplung der vorhandenen tragenden Balken oder Stelzen wird der Hohlraum von oben für die Aufnahme einer nach heutigen Anforderungen ausreichenden Dämmung erhöht. Anschließend erfolgt ein neuer Kaltdachaufbau aus einer Dachspanplatte oder Faserzementplatte mit Dachabdichtung und einer eventuellen Abdeckung aus Kiesschüttung.

6.6 Auswirkungen nachträglicher Wärmedämm-Maßnahmen

Die Tabelle in *Bild 6-28* gibt einen Überblick über die Auswirkungen der nachträglichen Wärmedämmung von Dächern. Die angegebenen U-Werte beziehen sich auf die Dachkonstruktionen der Baualtersklassen nach *Bild 6-20*. Den auf die Transmissionswärmeverluste bezogenen Heizenergiekosten liegt ein Heizöl- bzw. Erdgaspreis von 0,50/1,00 Euro je Liter bzw. m³ und ein Jahresnutzungsgrad einer Gas- oder Ölheizung von 0,85 zugrunde.

Dächer im Bestand		... mit verbessertem Wärmeschutz				
Mittlerer U-Wert	Jährliche Heizenergiekosten	Zusätzliche Dämmschicht[1]	Neuer mittlerer U-Wert	Jährliche Heizenergiekosten	Heizenergiekosteneinsparung[2] (bezogen auf die Dachfläche)	
W/(m² K)	€/(m² Jahr)	cm	W/(m² K)	€/(m² Jahr)	€/(m² Jahr)	%
2,6	10,14/20,28	10	0,35	1,35/2,70	8,79/17,58	87
		15	0,24	0,94/1,88	9,20/18,40	91
		20	0,19	0,72/1,44	9,42/18,84	93
		25	0,15	0,59/1,18	9,55/19,10	94
2,1	8,19/16,38	10	0,34	1,31/2,62	6,88/13,76	84
		15	0,24	0,92/1,84	7,27/14,54	89
		20	0,18	0,71/1,42	7,48/14,96	91
		25	0,15	0,58/1,16	7,61/15,22	93
1,4	5,46/10,92	10	0,31	1,21/2,42	4,25/8,50	78
		15	0,22	0,87/1,74	4,59/9,18	84
		20	0,18	0,68/1,36	4,78/9,56	88
		25	0,14	0,56/1,12	4,90/9,60	90
0,8	3,12/6,24	10	0,27	1,04/2,08	2,08/4,16	67
		15	0,20	0,78/1,56	2,34/4,68	75
		20	0,16	0,62/1,24	2,50/5,00	80
		25	0,13	0,52/1,04	2,60/5,20	83
0,6	2,34/4,68	10	0,24	0,94/1,88	1,40/2,80	60
		15	0,18	0,72/1,44	1,62/3,24	69
		20	0,15	0,59/1,18	1,76/3,52	75
		25	0,13	0,49/0,98	1,85/3,70	79
0,5	1,95/3,90	10	0,22	0,87/1,74	1,08/2,16	56
		15	0,17	0,68/1,36	1,27/2,54	65
		20	0,14	0,56/1,12	1,39//2,78	71
		25	0,12	0,47/0,94	1,48/2,96	76

[1] Wärmeleitfähigkeit 0,04 W/(mK)
[2] Den auf die Transmissionswärmeverluste bezogenen Heizenergiekosten liegt ein Heizöl- bzw. Erdgaspreis von 0,50 bzw. 1,00 € je Liter bzw. m³ sowie ein Jahresnutzungsgrad einer Gas- oder Ölheizung von 0,85 (entspricht Anlagenaufwandszahl von 1,3; Kapitel 2 und 16) zugrunde. Geringere Heizenergiekosten werden beim Einsatz einer Elektrowärmepumpe oder Holzpellet-Heizung erreicht.

6-28 Auswirkung des verbesserten Wärmeschutzes vorhandener Dächer auf den Wärmedurchgangskoeffizienten U und die Heizenergiekosten

7 Hinweise auf Literatur und Arbeitsunterlagen

[1] Bundesministerium für Verkehr, Bau und Stadtentwicklung: Bekanntmachung – der Regeln zur Datenaufnahme und Datenverwendung im Wohngebäudebestand, www.zukunft-haus.info

[2] Balkowski, Michael: Handbuch der Bauerneuerung. Verlagsgesellschaft Rudolf Müller GmbH & Co.KG, Köln (2008), ISBN 10: 3-481-02499-1, www.rudolf-mueller.de

[3] Hrsg. Zentralverband des Deutschen Dachdeckerhandwerks e. V.: Regeln für Dachdeckungen. Rudolf Müller Verlag, Köln (2009), ISBN 978-3-481-02630-1, fachmedien.dach@rudolf-mueller.de

[4] Hrsg. Zentralverband des Deutschen Dachdeckerhandwerks e. V.: Regeln für Abdichtungen. Rudolf Müller Verlag, Köln (2008), ISBN 978-3-481-02517-5, fachmedien.dach@rudolf-mueller.de

[5] Balkowski, Michael: Dämmen im Dach nach EnEV 2014; Dimensionierung, Materialien, Ausführung. Bruderverlag, Köln (2014), ISBN 978-3-87104-211-9, www.rudolf-mueller.de

[6] Beinhauer, Peter: Standard-Detail-Sammlung; Verlagsgesellschaft Rudolf Müller GmbH & Co.KG, Köln (2014), ISBN 978-3-481-03018-6

[7] Institut für Bauforschung e. V. (IFB); Bauen im Bestand, Verlagsgesellschaft Rudolf Müller GmbH & Co.KG, Köln (2009), ISBN 978-3-481-02430-7

7 Decken — Inhaltsübersicht

DECKEN

1	**Einführung** S. 7/2	
2	**Anforderungen** S. 7/2	
2.1	Wärmeschutz	
2.2	Schallschutz	
2.3	Luftdichtheit	
3	**Decken über Erdreich** S. 7/6	
3.1	Anordnung der Wärmedämmschichten	
3.2	Schallschutz	
3.3	Feuchteschutz	
4	**Kellerdecken** S. 7/8	
5	**Decken über Außenluft** S. 7/8	
6	**Geschosstrenndecken** S. 7/10	
6.1	Luftschalldämmung	
6.2	Trittschalldämmung	
6.3	Brandschutz	
6.4	Bodenbeläge	
6.5	Holzbalkendecken	
7	**Decken unter nicht ausgebauten Dachgeschossen** S. 7/17	
8	**Auskragende Decken** S. 7/19	
9	**Treppenräume** S. 7/21	
9.1	Einbindung der Treppenläufe	
9.2	Wärmedämmung zwischen Geschossdecke und Treppe	
9.3	Schallschutz	
9.4	Brandschutz	
10	**Bauliche Elemente der Fußbodenheizung** S. 7/24	
10.1	Anforderungen an den Wärmeschutz	
10.2	Heizestriche	
10.3	Wärmedämmschicht unterhalb des Estrichs	
10.4	Bodenbeläge	

11	**Abdichtung von Böden in Feuchträumen** S. 7/26	
11.1	Feuchtigkeitsbelastete Räume	
11.2	Voraussetzungen für die Abdichtung	
11.3	Abdichtungsstoffe	
11.4	Ausführung der Abdichtung	
11.5	Bodenbeläge mit Abdichtungsfunktion	
12	**Nachträgliche Verbesserung des Schallschutzes** S. 7/28	
12.1	Verbesserung des Trittschallschutzes	
12.2	Verbesserung der Luftschalldämmung	
12.3	Verbesserung der Schallabsorption	
13	**Verbesserung des Wärmeschutzes von Decken im Bestand** S. 7/29	
13.1	Vorbemerkung	
13.2	Übersicht alter Deckenkonstruktionen	
13.3	Anforderungen an den Wärmeschutz bei baulichen Änderungen bestehender Gebäude	
13.4	Nachträgliche Wärmedämmung von Kellerdecken	
13.5	Nachträgliche Wärmedämmung der Decke zum unbeheizten Dachraum	
13.6	Auswirkung zusätzlicher Wärmedämm-Maßnahmen	
14	**Hinweise auf Literatur und Arbeitsunterlagen** S. 7/34	

DECKEN

1 Einführung

Die Decken eines Gebäudes müssen ausreichend tragfähig und biegesteif sein. Zusätzlich sind an diese Bauteile in Abhängigkeit von ihrer Lage im Gebäude – Decke über Erdreich, Kellerdecke, Decke unter nicht ausgebautem Dachgeschoss u. a. – unterschiedliche Anforderungen an den Wärme-, Feuchte-, Schall- und Brandschutz sowie an die Luftdichtheit zu stellen.

In den nachstehenden Abschnitten werden alle Decken behandelt, die in Wohnhäusern üblicherweise anzutreffen sind. Auf den Wärmeschutz derjenigen Decken wird besonders eingegangen, die Wärme an Erdreich, unbeheizte Räume oder Außenluft übertragen. Außerdem werden die thermische Entkoppelung von Treppenpodest und Geschossdecke, bauliche Elemente der Fußbodenheizung, die Abdichtung von Böden in Feuchträumen und die nachträgliche Verbesserung des Wärme- und Schallschutzes vorhandener Decken behandelt.

2 Anforderungen

2.1 Anforderungen an den Wärmeschutz

Die Energieeinsparverordnung (EnEV) stellt für neu zu errichtende Gebäude keine Anforderungen an die Wärmedurchgangskoeffizienten der einzelnen Außenbauteile. Der **Nachweis eines energiesparenden Wärmeschutzes** für Wohngebäude erfolgt über den spezifischen, auf die gesamte wärmeübertragende Umfassungsfläche bezogenen Transmissionswärmeverlust H_T' des Gebäudes in Abhängigkeit von H_T' des Referenzgebäudes mit identischen Außenflächen bei vorgegebenen Wärmedurchgangskoeffizienten entsprechend Anlage 1 der EnEV 2014, Kapitel 2-5.3. Dieser entspricht physikalisch dem mittleren Wärmedurchgangskoeffizienten der Außenhülle des Gebäudes. Damit diese auf die gesamte Gebäudehülle bezogene Anforderung der EnEV durch eine bauphysikalisch und wirtschaftlich sinnvolle Abstimmung des Wärmeschutzes der verschiedenen Außenbauteile erfüllt wird, **empfiehlt es sich, für Decken von Wohngebäuden gegen Außenluft oder unbeheizte Räume die in** *Bild 7-1* **angegebenen Richtwerte der Wärmedurchgangskoeffizienten U einzuhalten**. Die niedrigeren der empfohlenen Richtwerte sollten bei Gebäuden, deren wärmeübertragende Außenfläche groß ist im Verhältnis zum eingeschlossenen Bauwerksvolumen (z. B. frei stehende Einfamilienhäuser, Reihen-Endhäuser bei versetzter Bebauung), nicht überschritten werden. Für Reihen-Mittelhäuser oder Mehrfamilienhäuser sind in der Regel die höheren Wärmedurchgangskoeffizienten der Deckenflächen zur Einhaltung der Anforderung der EnEV an den Transmissionswärmeverlust H_T' ausreichend.

	Gebäude nach Energieeinsparverordnung EnEV	Gebäude nach Passivhausstandard
Decken unter nicht ausgebauten Dachräumen und Decken, die Räume nach oben und unten gegen Außenluft abgrenzen	$U_D \leq 0{,}15 \ldots 0{,}20 \text{ W/(m}^2\text{K)}$	$U_D \leq 0{,}06 \ldots 0{,}10 \text{ W/(m}^2\text{K)}$
Kellerdecken und Decken gegen unbeheizte Räume sowie Decken, die an Erdreich grenzen	$U_G \leq 0{,}25 \ldots 0{,}35 \text{ W/(m}^2\text{K)}$	$U_G \leq 0{,}10 \ldots 0{,}15 \text{ W/(m}^2\text{K)}$

7-1 Empfohlene Richtwerte U der Wärmedurchgangskoeffizienten von Wohnungstrenndecken

Unabhängig von der Einhaltung des maximal zulässigen Primärenergiebedarfs nach EnEV, Kapitel 2-5.2, sollten die angegebenen Richtwerte des Wärmedurchgangskoeffizienten U – aufgrund der Lebensdauer der Gebäudehülle von mehr als 50 Jahren – aus wirtschaftlichen Gründen nicht überschritten werden. Eine Erhöhung der Wärmedämmstoffdicke bei der Bauerstellung um einige Zentimeter erhöht die Gesamtkosten nur geringfügig. Eine nachträgliche, durch weiter gestiegene Energiekosten notwendige Verbesserung des Wärmeschutzes ist dagegen nur mit erheblichem bautechnischen Aufwand und entsprechenden Kosten realisierbar.

Der Passivhaus-Standard mit einem Jahresheizwärmebedarf von etwa 15 kWh/(m²a), Kapitel 1-4.2.3, benötigt als zukunftweisender Standard erheblich besser wärmegedämmte Decken gegen Außenluft oder unbeheizte Räume. Diese Bedingung wird von Decken mit einem Wert des Wärmedurchgangskoeffizienten U_D gleich oder kleiner 0,10 W/(m²K) bzw. U_G gleich oder kleiner 0,15 W/(m²K) in der Regel erfüllt, *Bild 7-1*. Dabei sollte die Gebäudegestalt einer hohen Kompaktheit entsprechen.

2.2 Anforderungen an den Schallschutz

Die in fast allen Bundesländern bauaufsichtlich eingeführte Norm DIN 4109 „Schallschutz im Hochbau" nennt für den Luftschallschutz Mindestwerte des bewerteten Schalldämm-Maßes R'_w und maximal zulässige Werte für den bewerteten Norm-Trittschallpegel $L'_{n,w}$ von Decken. **Diese Werte sind zwischen fremden Wohnungen immer einzuhalten.** Obwohl diese Werte nicht als Anforderungen im eigenen Wohnbereich (Einfamilienhäuser) gestellt werden, wird aus Komfortgründen empfohlen, auch in Einfamilienhäusern Deckenkonstruktionen zu wählen, die diese Mindestanforderungen erfüllen.

Darüber hinaus sind im Beiblatt 2 zu DIN 4109 und in der Richtlinie VDI 4100 „Schallschutz im Hochbau – Wohnungen – Bewertung und Vorschläge für erhöhten Schallschutz" **Werte für einen erhöhten Schallschutz** angegeben. Diese Werte **müssen** jedoch **immer gesondert vereinbart werden.** In dem Entwurf der DIN 4109-1 „Schallschutz im Hochbau – Teil 1: Anforderungen an die Schalldämmung", Ausgabe Juni 2013, werden die Anforderungen an das bewertete Bauschalldämm-Maß *erf.* R'_w nicht erhöht; die Anforderungen an die Trittschalldämmung werden hingegen moderat verschärft.

Die VDI 4100 wurde im Oktober 2012 novelliert und stellt jetzt nachhallzeitbezogene Anforderungen an den Luft- und Trittschallschutz. Diese – von den Raumgrößen der benachbarten Räume abhängigen – Größen sind nicht mehr mit den Anforderungen der bei Drucklegung des Buches (Juni 2014) bauaufsichtlich eingeführten Norm DIN 4109 vergleichbar. **Daher werden in *Bild 7-2* und *Bild 7-3* die Werte der zurückgezogenen, inzwischen überarbeiteten VDI 4100 (Ausgabe August 2007) weiterhin angegeben, um einen Vergleich der unterschiedlichen Schallschutzanforderungen zu ermöglichen. Bei Bauverträgen muss immer angegeben werden, auf welche Norm bzw. VDI und auf welche Ausgabe sich das vereinbarte Schallschutzniveau bezieht.**

Weitere Informationen zum Entwurf der DIN 4109 (Ausgabe Juni 2013) und zur VDI 4100 (Ausgabe Oktober 2012) können *Kapitel 21* entnommen werden.

Die Mindestanforderungen und die Empfehlungen für erhöhten Schallschutz sind *Bild 7-2* und *Bild 7-3* zu entnehmen. Nach *Bild 7-2* ist beispielsweise für Wohnungstrenndecken von Mehrfamilienhäusern ein Mindestwert des Schalldämm-Maßes R'_w von 54 dB gefordert. Die VDI 4100 nennt für die Schallschutzstufen SSt II und SSt III die höheren Schalldämm-Maße von 57 und 60 dB. Entsprechendes gilt für den Trittschallschutz in *Bild 7-3*. Auch hier sind die Werte nach Beiblatt 2 zu DIN 4109, VDI 4100 und Entwurf DIN 4109-1 aufgeführt.

Die Einhaltung der Anforderungen an den Schallschutz kann in ausgeführten Bauwerken mit genormten Messverfahren geprüft werden. Zur Kontrolle der Luftschalldämmung wird das zu prüfende Bauteil mit einer normierten Schallquelle angeregt; zur Kontrolle der Trittschalldämmung wird die zu prüfende Decke mit einem Norm-Hammerwerk angeregt.

Weitere Erläuterungen zum bewerteten Schalldämm-Maß R'_w, zur bewerteten Schallpegeldifferenz $D_{nT,w}$, zum bewerteten Norm-Trittschallpegel $L'_{n,w}$ und zum bewerteten Standard-Trittschallpegel $L'_{n,w}$ finden sich in den Kapiteln 11-22.4 und 11-23.4.

2.3 Anforderungen an die Luftdichtheit

Zur Vermeidung unnötiger Lüftungswärmeverluste wird in der Energieeinsparverordnung (Kapitel 2) gefordert, dass die wärmeübertragende Umfassungsfläche des Gebäu-

Bauteil	Norm/Norm-Entwurf	Art der Anforderung bzw. Empfehlung[1]	Erforderliches bewertetes Schalldämm-Maß R'_w zum Schutz gegen Schallübertragung		
			aus einem fremden Wohnbereich im		innerhalb des eigenen Wohnbereichs
			Mehrfamilienhaus dB	Doppel- bzw. Reihenhaus dB	dB
Decken über Kellern, Hausfluren und Treppenräumen	DIN 4109 Beiblatt 2 zu DIN 4109 VDI 4100 – Schallschutzstufe I – Schallschutzstufe II – Schallschutzstufe III E DIN 4109-1	Mindestschallschutz Erhöhter Schallschutz Mindestschallschutz Erhöhter Schallschutz Erhöhter Schallschutz Mindestschallschutz	52 ≥ 55 52 57 60 52	– – – – – –	– – – – – –
Wohnungstrenndecken	DIN 4109 Beiblatt 2 zu DIN 4109 VDI 4100 – Schallschutzstufe I – Schallschutzstufe II – Schallschutzstufe III E DIN 4109-1	Mindestschallschutz Normaler/erhöhter Schallschutz Mindestschallschutz Erhöhter Schallschutz Erhöhter Schallschutz Mindestschallschutz	54 ≥ 55 54 57 60 54	– – – 63 68 –	– 50/≥ 55 – 55 55 –
Decken, deren untere Flächen an Außenluft grenzen	DIN 4109 Beiblatt 2 zu DIN 4109 VDI 4100 – Schallschutzstufe I – Schallschutzstufe II – Schallschutzstufe III E DIN 4109-1	Mindestschallschutz Erhöhter Schallschutz Mindestschallschutz Erhöhter Schallschutz Erhöhter Schallschutz Mindestschallschutz	55 – – – – 55	– – – – – –	– – – – – –
Decken unter **allgemein nutzbaren** Dachräumen (z. B. Trockenböden, Abstellräume)	DIN 4109 Beiblatt 2 zu DIN 4109 VDI 4100 – Schallschutzstufe I – Schallschutzstufe II – Schallschutzstufe III E DIN 4109-1	Mindestschallschutz Erhöhter Schallschutz Mindestschallschutz Erhöhter Schallschutz Erhöhter Schallschutz Mindestschallschutz	53 ≥ 55 53 57 60 53	– – – – – –	– – – – – –

[1] Alle Werte für erhöhten Schallschutz müssen ausdrücklich zwischen Entwurfsverfasser und Bauherrn vereinbart werden.

7-2 Werte für den Mindestschallschutz und den erhöhten Schallschutz zur Trittschalldämmung von Decken (Auszug aus DIN 4109 Beiblatt 2 zur DIN 4109, VDI 4100 und E DIN 4109-1)

7 Decken — Anforderungen an den Schallschutz

Bauteil	Norm/Norm-Entwurf	Art der Anforderung bzw. Empfehlung[1]	Maximal zulässiger bewerteter Norm-Trittschallpegel $L'_{n,w}$ zum Schutz gegen Schallübertragung aus einem fremden Wohnbereich im Mehrfamilienhaus dB	Doppel- bzw. Reihenhaus dB	innerhalb des eigenen Wohnbereichs dB
Decken über Kellern, Hausfluren und Treppenräumen	DIN 4109	Mindestschallschutz	53	48	–
	Beiblatt 2 zu DIN 4109	Erhöhter Schallschutz	≤ 46	≤ 38	–
	VDI 4100				
	– Schallschutzstufe I	Mindestschallschutz	53[2] (53)[3]	48	–
	– Schallschutzstufe II	Erhöhter Schallschutz	46[2] (53)[3]	41[2] (46)[3]	53
	– Schallschutzstufe III	Erhöhter Schallschutz	39[2] (46)[3]	34[2] (39)[3]	53
	E DIN 4109-1	Mindestschallschutz	50	–	–
Wohnungstrenn- decken	DIN 4109	Mindestschallschutz	53	48	–
	Beiblatt 2 zu DIN 4109	Normaler/erhöhter Schallschutz	≤ 46	≤ 38	56/≤ 46
	VDI 4100				
	– Schallschutzstufe I	Mindestschallschutz	53	48	56
	– Schallschutzstufe II	Erhöhter Schallschutz	46	41	53
	– Schallschutzstufe III	Erhöhter Schallschutz	39	34	53
	E DIN 4109-1	Mindestschallschutz	50	40	–
Decken, deren untere Flächen an Außenluft grenzen	DIN 4109	Mindestschallschutz	53	–	–
	Beiblatt 2 zu DIN 4109	Erhöhter Schallschutz	≤ 46	–	–
	VDI 4100				
	– Schallschutzstufe I	Mindestschallschutz	53[2] (53)[3]	–	–
	– Schallschutzstufe II	Erhöhter Schallschutz	46[2] (53)[3]	–	–
	– Schallschutzstufe III	Erhöhter Schallschutz	39[2] (46)[3]	–	–
	E DIN 4109-1	Mindestschallschutz	60	–	–
Decken unter **allgemein nutzbaren** Dachräumen (z. B. Trockenböden, Abstellräume)	DIN 4109	Mindestschallschutz	53	–	–
	Beiblatt 2 zu DIN 4109	Erhöhter Schallschutz	≤ 46	–	–
	VDI 4100				
	– Schallschutzstufe I	Mindestschallschutz	–	–	–
	– Schallschutzstufe II	Erhöhter Schallschutz	–	–	–
	– Schallschutzstufe III	Erhöhter Schallschutz	–	–	–
	E DIN 4109-1	Mindestschallschutz	50	–	–
Treppenläufe und -podeste	DIN 4109	Mindestschallschutz	58	53	–
	Beiblatt 2 zu DIN 4109	Erhöhter Schallschutz	≤ 46	≤ 46	≤ 53
	VDI 4100				
	– Schallschutzstufe I	Mindestschallschutz	58	53	–
	– Schallschutzstufe II	Erhöhter Schallschutz	53	46	46
	– Schallschutzstufe III	Erhöhter Schallschutz	46	39	46
	E DIN 4109-1	Mindestschallschutz	53	53	–

[1] Alle Werte für erhöhten Schallschutz müssen ausdrücklich zwischen Entwurfsverfasser und Bauherrn vereinbart werden.
[2] Dieser Wert gilt, wenn angrenzende Räume fremde Aufenthaltsräume sind.
[3] Dieser Wert gilt, wenn angrenzende Räume fremde Treppenräume sind.

7-3 Werte für den Mindestschallschutz und den erhöhten Schallschutz zur Trittschalldämmung von Decken (Auszug aus DIN 4109, Beiblatt 2 zur DIN 4109, VDI 4100 und E DIN 4109-1)

des luftdicht ausgeführt wird. Das bedeutet, dass auch Decken unter nicht ausgebauten Dachgeschossen sowie Decken, die das beheizte Gebäudeinnere gegen Außenluft, Erdreich oder unbeheizte Räume abgrenzen, luftdicht sein müssen. Im Mehrfamilienhaus muss jede einzelne Wohnung von einer luftdichten Hülle umgeben sein.

In DIN 4108-7 werden als Maß für die erforderliche Luftdichtheit Grenzwerte für die bei 50 Pa Differenzdruck gemessene volumenbezogene Luftdurchlässigkeit (Luftwechselrate) n_{50} festgelegt

$$n_{50} \leq \begin{cases} 1{,}5\ h^{-1} & \text{bei Gebäuden mit raumlufttechnischen Anlagen} \\ 3{,}0\ h^{-1} & \text{bei Gebäuden mit natürlicher Lüftung (Fensterlüftung)} \end{cases}$$

Die volumenbezogene Luftdurchlässigkeit n_{50} kann auf einfache Weise mit dem „Blower-Door-Verfahren" gemessen werden, Kapitel 9-2. Im Massivbau wird die Luftdichtheit von Decken in der Bauteilfläche in der Regel durch den Baustoff Beton erreicht. Bei Leichtbaudecken wird die Luftdichtschicht von einer Folie gebildet, deren einzelne Bahnen dauerhaft luftdicht verklebt werden. Wichtig ist in beiden Fällen die luftdichte Ausführung der Anschlüsse an andere Bauteile, Kapitel 9-4.

3 Decken über Erdreich

Bei nicht unterkellerten Gebäuden, beheizten Kellerräumen und bei Gebäuden in Hanglagen grenzt der untere Abschluss der betreffenden Räume direkt an Erdreich.

3.1 Anordnung der Wärmedämmschichten

Für die Berechnung der Wärmeschutzwirkung bzw. des Wärmedurchgangskoeffizienten U eines Deckenaufbaus werden alle Schichten ab Oberkante der Feuchtigkeitsabdichtung in Ansatz gebracht, *Bild 7-4*. Eine Ausnahme hiervon bilden Wärmedämmstoffe, die keine Feuchte aufnehmen (Polystyrol-Extruder-Hartschaum, Schaumglas u. a.). Diese Materialien können auch unter der Bodenplatte direkt über dem Erdreich verlegt, *Bild 7-5*, und daher in die Ermittlung des Wärmedurchgangskoeffizienten U mit einbezogen werden. Wärmedämmschichten im Feuchtebereich werden auch Perimeterdämmungen genannt.

Nach DIN 4108-2 darf der Wärmedurchlasswiderstand R an der wärmetechnisch ungünstigsten Stelle einer Decke – also im Bereich von Wärmebrücken – den Mindestwert von 0,90 $(m^2 K)/W$ nicht unterschreiten. Unter schwimmendem Estrich dürfen nur Wärmedämmmaterialien eingesetzt werden, die für diese Belastung (Druckfestigkeit) ausgelegt sind.

Wenn die obere Fläche der Rohdecke etwa in Geländehöhe liegt, ist auf der Außenfläche des Fundaments eine Wärmedämmschicht von mindestens 5 cm Dicke als Unterfrierschutz anzubringen, *Bild 7-4*. Hierfür sind Polystyrol-Extruder-Schaumplatten oder Schaumglasplatten zu verwenden. Bei der Ausführung von Sauna-, Schwimmbad- oder Kühlräumen sind die Wärmedämmung und der Feuchteschutz den erhöhten Anforderungen anzupassen. In *Bild 7-6* sind Werte des Wärmedurchgangskoeffizienten U für Decken über Erdreich aufgeführt.

3.2 Schallschutz

Als Maßnahme zur Trittschalldämmung – d. h. der Vermeidung von Körperschallübertragung zwischen fremden Räumen – muss ein schwimmender Estrich mit Randdämmstreifen ausgeführt werden, wie er auch bei einer Fußbodenheizung immer erforderlich ist, Abschnitt 10.

3.3 Feuchteschutz

In Abhängigkeit von Gelände- und Bodenart sind unterschiedliche Abdichtungsmaßnahmen gegen aufsteigende Feuchtigkeit vorzusehen. Bei nichtbindigem – d. h. wasserdurchlässigem – Boden (z. B. Sand) in ebenem Gelände ist lediglich eine Abdichtung gegen Bodenfeuchte einzuplanen. Bei Hanglage und bindigem Boden

(z. B. Lehm) sind eine Abdichtung und zusätzlich eine Drainage erforderlich. Bei Bauten im Grundwasser ist eine Abdichtung gegen drückendes Wasser unerlässlich. Die Abdichtung der Bodenplatte muss als Wanne ausgebildet und fugenlos mit der Wandabdichtung verbunden werden. Bei der Ausführung eines Geschosses als wasserundurchlässige Betonwanne ist zu beachten, dass Beton wasserdampfdurchlässig ist. Daher ist zwischen der Betonwanne und dem wärmedämmenden Estrichaufbau eine dampfsperrende Abdichtungsschicht anzuordnen.

Weitere Hinweise über Abdichtungen sind in DIN 18195 Teile 4 bis 6 und DIN 4095 enthalten.

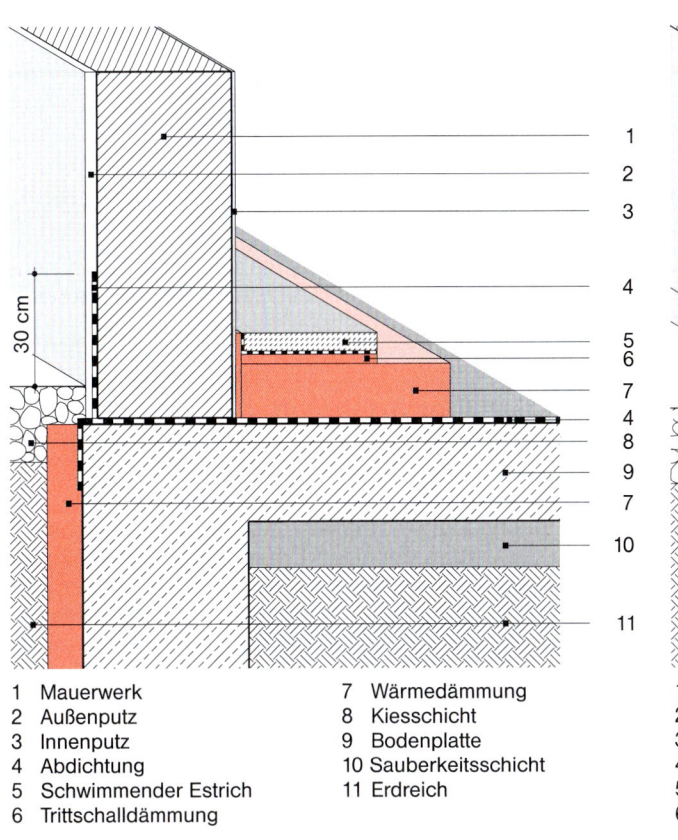

1 Mauerwerk
2 Außenputz
3 Innenputz
4 Abdichtung
5 Schwimmender Estrich
6 Trittschalldämmung
7 Wärmedämmung
8 Kiesschicht
9 Bodenplatte
10 Sauberkeitsschicht
11 Erdreich

7-4 Decke über Erdreich mit Wärme- und Trittschalldämmung über der Feuchtigkeitsabdichtung und zusätzlichem Unterfrierschutz auf der Außenfläche des Fundaments

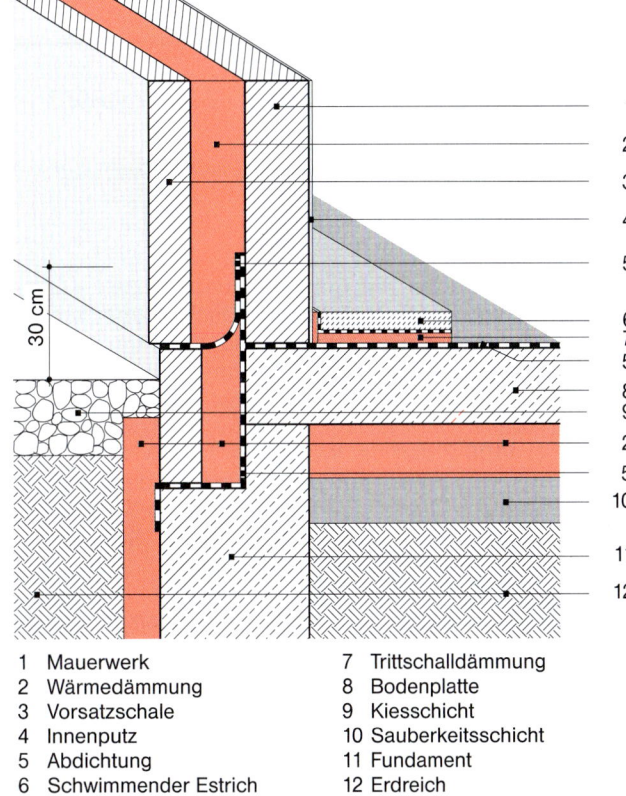

1 Mauerwerk
2 Wärmedämmung
3 Vorsatzschale
4 Innenputz
5 Abdichtung
6 Schwimmender Estrich
7 Trittschalldämmung
8 Bodenplatte
9 Kiesschicht
10 Sauberkeitsschicht
11 Fundament
12 Erdreich

7-5 Decke über Erdreich mit Perimeterdämmung unter der Feuchtigkeitsabdichtung

Bild-Nr.	Deckenaufbau von oben nach unten		Wärmedurchgangskoeffizient U in W/(m²K) bei einer Wärmedämmdicke von					
			0 cm	6 cm	8 cm	12 cm	16 cm	20 cm
7-4	Decke mit Wärmedämmung über der Abdichtung Estrich auf Folie Trittschalldämmung 45/40[1)] **Wärmedämmung WLG 035**[2)] Abdichtung	4,0 cm 4,0 cm	0,83	0,34	0,29	0,22	0,17	0,14
7-5	Decke mit Wärmedämmung unter der Abdichtung Estrich auf Folie Trittschalldämmung 45/40[1)] Stahlbetondecke Abdichtung **Wärmedämmung WLG 035**[2)]	4,0 cm 4,0 cm 16,0 cm	0,78	0,33	0,28	0,21	0,17	0,14

[1)] Dicke der Trittschalldämmung in geliefertem/eingebautem Zustand
[2)] Wärmeleitfähigkeit 0,035 W/(mK)

7-6 Wärmedurchgangskoeffizienten U von Decken über Erdreich

4 Kellerdecken

Nachfolgend werden Decken über unbeheizten Kellerräumen behandelt. Entsprechende Decken über Innenschwimmbädern, Saunaanlagen und Kühlräumen sind bezüglich des Wärme- und Feuchteschutzes an die erhöhten Anforderungen anzupassen.

Nach DIN 4108-2 darf der Wärmedurchlasswiderstand R im Bereich von Wärmebrücken – also an der ungünstigsten Stelle – einen Wert von 0,90 (m²K)/W nicht unterschreiten. Dies ist insbesondere bei Stahlbeton-Rippen- und Balkendecken zu beachten.

In die Berechnung des Wärmedurchgangskoeffizienten U_G einer Kellerdecke werden alle Bauteilschichten einbezogen. Die Wärmedämmung kann entweder zwischen Estrich und Deckenschale eingelegt, *Bild 7-7*, oder – in Einzelschichten geteilt – auf und unter dieser Schale angeordnet werden. Dazu werden bei Stahlbetondecken die Dämmplatten als verlorene Schalung eingelegt, *Bild 7-8*. Für Kellerdecken ist eine Trittschalldämmung zwar nicht gefordert, aber zu empfehlen, um die Schallübertragung zwischen nebeneinander liegenden Räumen zu verringern.

Aus *Bild 7-9* sind Werte des Wärmedurchgangskoeffizienten U_G für Decken über unbeheizten Räumen zu entnehmen.

5 Decken über Außenluft

Decken von auskragenden Geschossen (*Bild 7-10*), Decken über Tordurchfahrten (*Bild 7-11*) sowie Decken über offenen Garagen grenzen an Außenluft und müssen deshalb zusätzlich wärmegedämmt werden. Die Einplanung der zusätzlichen Dämmschichten bereitet Schwierigkeiten, da die sonstigen Decken des Geschosses bei gleichem Gehniveau nur eine geringe Dämmschichtdicke aufweisen. Es ist daher notwendig, die weiteren Dämmschichten unterhalb der Deckenschale anzubringen.

Nach DIN 4108-2 darf der Wärmedurchlasswiderstand R im wärmetechnisch ungünstigsten Bereich den Wert von 1,75 (m²K)/W nicht unterschreiten.

Aus *Bild 7-12* sind die Werte des Wärmedurchgangskoeffizienten U für Decken über Außenluft zu entnehmen.

7 Decken

Decken über Außenluft

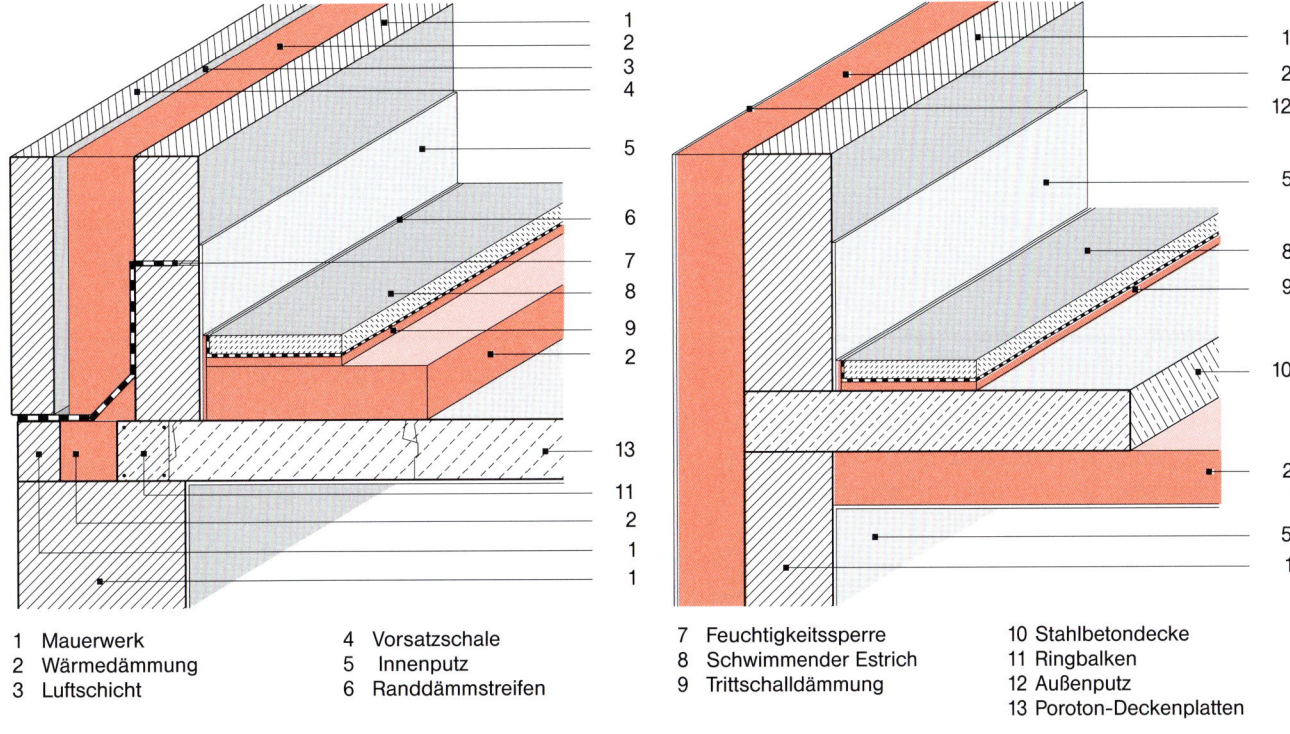

1 Mauerwerk
2 Wärmedämmung
3 Luftschicht
4 Vorsatzschale
5 Innenputz
6 Randdämmstreifen
7 Feuchtigkeitssperre
8 Schwimmender Estrich
9 Trittschalldämmung
10 Stahlbetondecke
11 Ringbalken
12 Außenputz
13 Poroton-Deckenplatten

7-7 Kellerdecke aus Porenbetonplatten mit aufliegender Trittschall- und Wärmedämmung

7-8 Ortbetonkellerdecke mit Trittschalldämmung und unterseitiger Wärmedämmung als verlorene Schalung

Bild-Nr.	Deckenaufbau von oben nach unten		Wärmedurchgangskoeffizient U in W/(m²K) bei einer Wärmedämmdicke von					
			0 cm	4 cm	6 cm	8 cm	12 cm	16 cm
7-7	Estrich auf Folie Trittschalldämmung 35/30[1] **Wärmedämmung WLS 030**[2] Porenbetondecke 0,7[3] Deckenputz	4,0 cm 3,0 cm 16,0 cm 1,5 cm	0,57	0,32	0,27	0,23	0,17	0,14
7-8	Estrich auf Folie Trittschalldämmung 45/40[1] Stahlbetondecke **Wärmedämmung WLS 040**[4] Deckenputz	4,0 cm 4,0 cm 16,0 cm 1,5 cm	0,67	0,40	0,33	0,29	0,22	0,18

[1] Dicke der Trittschalldämmung in geliefertem/eingebautem Zustand
[2] Wärmeleitfähigkeit 0,03 W/(mK)
[3] Rohdichte 700 kg/m³
[4] Wärmeleitfähigkeit 0,04 W/(mK)

7-9 Wärmedurchgangskoeffizienten U von Decken über unbeheizten Kellerräumen

7 Decken — Geschosstrenndecken

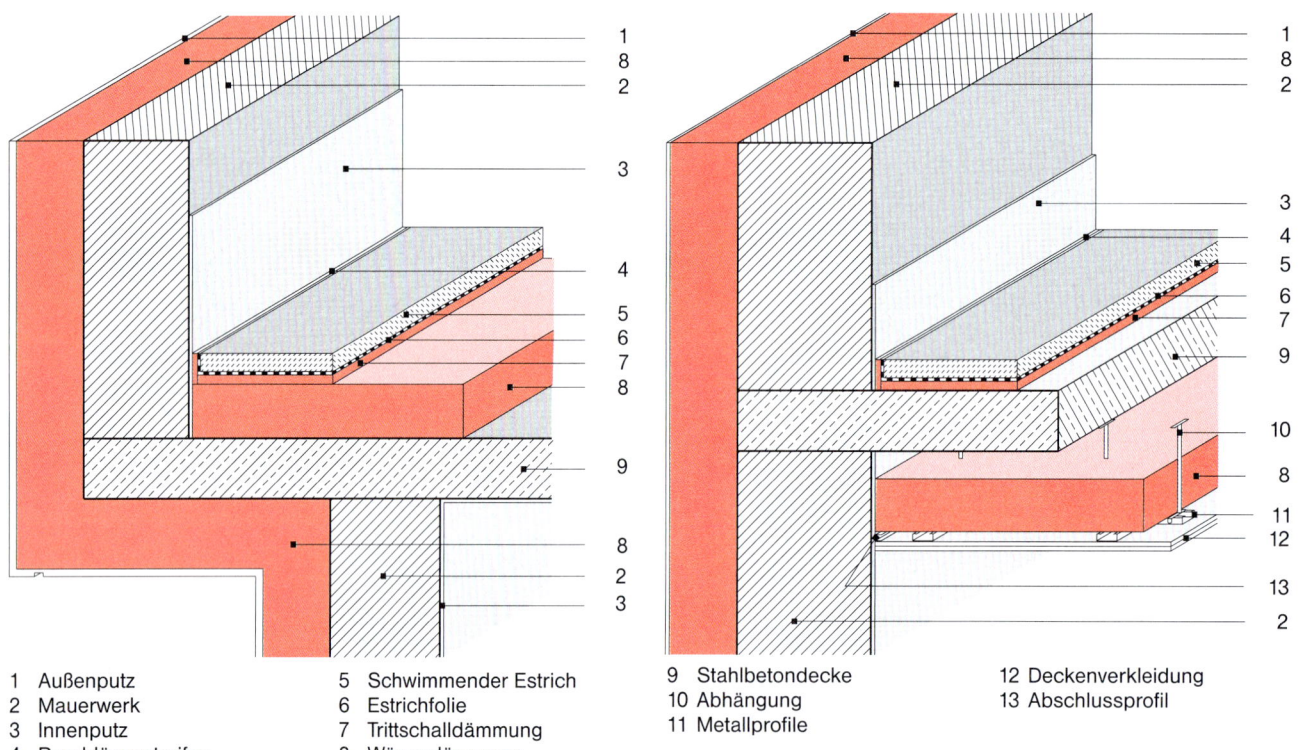

1 Außenputz
2 Mauerwerk
3 Innenputz
4 Randdämmstreifen
5 Schwimmender Estrich
6 Estrichfolie
7 Trittschalldämmung
8 Wärmedämmung

7-10 Auskragende Decke mit Außendämmung und Dämmung der Deckenkante

9 Stahlbetondecke
10 Abhängung
11 Metallprofile
12 Deckenverkleidung
13 Abschlussprofil

7-11 Zusätzliche Wärmedämmung als abgehängte Deckenkonstruktion über einer Tordurchfahrt

6 Geschosstrenndecken

Da sich Geschosstrenndecken in der Regel zwischen beheizten Wohnebenen befinden, reicht meist die Trittschalldämmung aus, um die Mindestanforderungen an den Wärmeschutz nach DIN 4108-2 einzuhalten. Diese fordert einen Mindestwert des Wärmedurchlasswiderstands von Wohnungstrenndecken von 0,35 (m^{2}K)/W.

6.1 Luftschalldämmung

Entscheidend für die Luftschalldämmung einer massiven Geschossdecke ist die flächenbezogene Masse der Rohdecke. Das Schalldämm-Maß R'_w einer Rohdecke kann der entsprechenden Tabelle für einschalige, massive Wände nach *Bild 4-4* entnommen werden. Der Einfluss schwimmender Estriche und Unterdecken auf das Schalldämm-Maß R'_w ist aus *Bild 7-13* zu ersehen.

7 Decken — Geschosstrenndecken

Deckenaufbau von oben nach unten		Wärmedurchgangskoeffizient U in W/(m²K) für eine Wärmedämmschichtdicke von							
		0 cm	8 cm	10 cm	12 cm	15 cm	18 cm	20 cm	25 cm
Estrich auf Folie Trittschalldämmung 25/20 [1] Wärmedämmung WLS 040/035/030 [2] Porenbetonplatte 0,8	4,0 cm 2,0 cm 20,0 cm	0,70	0,29/0,27/ 0,24	0,25/0,23/ 0,21	0,23/0,21/ 0,18	0,19/0,18/ 0,16	0,17/0,15/ 0,13	0,16/0,14/ 0,12	0,13/0,12/ 0,10
Estrich auf Folie Trittschalldämmung 25/20 Wärmedämmung WLS 040/035/030 Stahlbetonplatte	4,0 cm 2,0 cm 16,0 cm	1,23	0,36/0,32/ 0,29	0,30/0,27/ 0,24	0,26/0,24/ 0,21	0,22/0,20/ 0,17	0,19/0,17/ 0,15	0,17/0,15/ 0,13	0,14/0,13/ 0,11
Estrich auf Folie Trittschalldämmung 25/20 Wärmedämmung WLS 040/035/030 Aufbeton Stahlbeton-Hohldielen	4,0 cm 2,0 cm 5,0 cm 10,0 cm	1,10	0,34/0,31/ 0,28	0,29/0,27/ 0,24	0,26/0,23/ 0,20	0,21/0,19/ 0,17	0,18/0,17/ 0,14	0,17/0,15/ 0,13	0,14/0,12/ 0,11
Estrich auf Folie Trittschalldämmung 25/20 Wärmedämmung WLS 040/035/030 Aufbeton Stahlbeton-Rippendecke mit Deckenziegeln	4,0 cm 2,0 cm 5,0 cm 19,0 cm	1,00	0,33/0,30/ 0,27	0,29/0,26/ 0,23	0,25/0,23/ 0,20	0,21/0,19/ 0,17	0,18/0,16/ 0,14	0,17/0,15/ 0,13	0,14/0,12/ 0,11
Estrich auf Folie Trittschalldämmung 25/20 Stahlbeton-Rippendeckenplatte Wärmedämmung WLS 045/040/035, abgehängt	4,0 cm 2,0 cm 20,0 cm	1,02	0,36/0,34/ 0,31	0,31/0,29/ 0,26	0,27/0,25/ 0,23	0,23/0,21/ 0,19	0,20/0,18/ 0,16	0,18/0,17/ 0,15	0,15/0,14/ 0,12

[1] Dicke der Trittschalldämmung in geliefertem/eingebautem Zustand
[2] Wärmeleitfähigkeit 0,045/0,04/0,035/0,03 W/(mK)

7-12 Wärmedurchgangskoeffizienten U von Decken, die Wohnräume nach unten gegen Außenluft abgrenzen

6.2 Trittschalldämmung

Die Schwingungsanregung, die eine Decke beim Begehen der Bodenfläche oder dem Aufprallen von Gegenständen erfährt, führt an der Unterseite der Decke zu einer Schwingungsanregung der Luft. Dieser Luftschall wird als Trittschall bezeichnet. Er kann durch Mitschwingen der an die Decke angrenzenden Wände verstärkt werden (Schalllängsleitung).

Die Dämpfung der Schwingungen einer Decke wird z. B. durch einen schwimmenden Estrich erreicht. Ein schwimmender Estrich besteht aus einer starren, schweren Platte (z. B. Zementestrich) zum Ausgleich „punktförmiger" Belastungen und aus einer rückfedernden Unterlage zur Schwingungsdämpfung (z. B. Polystyrol-Hartschaum, Mineralfaserplatten Typkurzbezeichnung DES). Von den Umfassungswänden ist die Estrichschicht durch elastische Dämmstoffstreifen getrennt. Die Dicke der Trittschalldämmung beträgt im belasteten Zustand meist 20 mm. Zusätzliche Wärmedämmplatten haben keine trittschalldämmende Wirkung – sie können die Schallübertragung sogar erhöhen.

Der äquivalente bewertete Norm-Trittschallpegel von Massivdecken mit weich federndem Bodenbelag ergibt

Flächenbezogene Masse der Decke[3]	Bewertetes Schalldämm-Maß R'$_w$ [1) 2)]			
kg/m²	Einschalige Massivdecke, Estrich und Gehbelag unmittelbar aufgebracht	Einschalige Massivdecke mit schwimmendem Estrich[4]	Massivdecke mit Unterdecke[5], Gehbelag und Estrich unmittelbar aufgebracht	Massivdecke mit schwimmendem Estrich und Unterdecke[5]
500	55	59	59	62
450	54	58	58	61
400	53	57	57	60
350	51	56	56	59
300	49	55	55	58
250	47	53	53	56
200	44	51	51	54
150	41	49	49	52

[1] Zwischenwerte sind linear zu interpolieren.
[2] Gültig für flankierende Bauteile mit einer mittleren flächenbezogenen Masse m'$_{L, Mittel}$ von etwa 300 kg/m². Weitere Bedingungen für die Gültigkeit der Tabelle siehe Beiblatt 1 zur DIN 4109.
[3] Die Masse von aufgebrachten Verbundestrichen oder Estrichen auf Trennschicht und des unterseitigen Putzes ist zu berücksichtigen.
[4] Und andere schwimmend verlegte Deckenauflagen, z. B. schwimmend verlegte Holzfußböden, sofern sie ein Trittschallverbesserungsmaß $\Delta L_w \geq 24$ dB haben.
[5] Biegeweiche Unterdecke.

7-13 Bewertetes Schalldämm-Maß R'$_w$ von Massivdecken (Rechenwerte) nach Beiblatt 1 zur DIN 4109

sich aus DIN 4109, *Bild 7-14*. Das abzuziehende Trittschallverbesserungsmaß für schwimmende Estriche ohne und mit weich federnden Bodenbelägen ist in *Bild 7-15* zusammengestellt. Beispielhaft hat eine Stahlbetondecke von 14 cm Dicke mit einem Flächengewicht von etwa 320 kg/m² einen bewerteten Norm-Trittschallpegel von 77 dB. Mit einem schwimmenden Estrich, der ein Trittschallverbesserungsmaß von 24 dB entsprechend *Bild 7-15* besitzt, werden die baurechtlichen Mindestanforderungen der DIN 4109 (*Bild 7-4*) erfüllt! Es ist darauf zu achten, dass wegen der möglichen Austauschbarkeit von Bodenbelägen die Mindestanforderungen der DIN 4109 für Decken ohne weich federnde Beläge einzuhalten sind. Bei einem erhöhten Schallschutz nach Beiblatt 2 zu DIN 4109 bzw. Schallschutzstufe (SSt) II oder III der VDI 4100 dürfen dagegen Bodenbeläge angerechnet werden, wenn deren Trittschallverbesserungsmaß mit einem Prüfzeugnis nachgewiesen ist.

Im Neu- und Altbau werden oft Wasser- und Heizrohre einschließlich Rohrdämmung auf der Rohdecke verlegt. Um trotz dieser Einbauten einen wirksamen Trittschallschutz zu erreichen, wird eine „Ausgleichsschicht" in Höhe der Installationselemente geschaffen, *Bild 7-16*.

Deckenart	Flächenbezogene Masse[1] der Massivdecke ohne Auflage kg/m²	$L_{n,w,eq}$[2] dB	
		ohne Unterdecke	mit Unterdecke[3][4]
Massivdecken nach Beiblatt 1 zur DIN 4109, Tabelle 11	135	86	75
	160	85	74
	190	84	74
	225	82	73
	270	79	73
	320	77	72
	380	74	71
	450	71	69
	530	69	67

[1] Flächenbezogene Masse einschließlich eines etwaigen Verbundestrichs oder Estrichs auf Trennschicht und eines unmittelbar aufgebrachten Putzes.
[2] Zwischenwerte sind gradlinig zu interpolieren und auf ganze dB zu runden.
[3] Biegeweiche Unterdecke.
[4] Bei Verwendung von schwimmenden Estrichen mit mineralischen Bindemitteln sind die Tabellenwerte für $L_{n,w,eq}$ um 2 dB zu erhöhen.

7-14 Äquivalenter bewerteter Norm-Trittschallpegel $L_{n,w,eq}$ von Massivdecken (inkl. weich federndem Bodenbelag) in Gebäuden in Massivbauart ohne/mit biegeweicher Unterdecke (Rechenwerte) nach Beiblatt 1 zur DIN 4109

Über dieser Ausgleichsschicht kann nun eine durchgehende – an keiner Stelle unterbrochene – Trittschalldämmschicht verlegt werden. Bei der Planung eines schwimmenden Estrichs über Installationseinbauten ist von einer Konstruktionshöhe der Deckenauflage (Rohre mit Rohrdämmung, Trittschalldämmung und Estrichschicht) von mindestens 12 cm auszugehen, Bild 7-16.

Die Werte des in Bild 7-15 aufgeführten Trittschallverbesserungsmaßes ΔL_w werden nur dann erreicht, wenn der Randdämmstreifen zwischen Estrich und Wand ohne eine Unterbrechung verlegt ist. Es hat sich in der Praxis bewährt, den Randdämmstreifen beim Verlegen von Teppichböden erst vor dem Anbringen der Sockelleisten abzuschneiden. Beim Verlegen von Fliesen ist der Randdämmstreifen nach dem Verlegen der Bodenfliesen auf diese abzuknicken, der Fliesensockel anzukleben und Fliesen und Sockel starr zu verfugen. Der überstehende Randdämmstreifen soll erst unmittelbar vor dem elastischen Verfugen zwischen Sockel und Fliesen abgeschnitten werden. Dadurch wird ein Hinterlaufen des Randdämmstreifens mit Fugenmörtel ausgeschlossen.

Deckenauflagen; schwimmende Estriche	Trittschallverbesserungsmaß ΔL_w dB	
	mit hartem Bodenbelag	mit weich federndem Bodenbelag[1] $\Delta L_w \geq 20$ dB
Gussasphaltestriche nach DIN 18560 Teil 2 mit einer flächenbezogenen Masse m' $\geq$ 45 kg/m² auf Dämmschichten aus Dämmstoffen nach DIN 18164 Teil 2 oder DIN 18165 Teil 2 mit einer dynamischen Steifigkeit s' von höchstens		
50 MN/m³	20	20
40 MN/m³	22	22
30 MN/m³	24	24
20 MN/m³	26	26
15 MN/m³	27	29
10 MN/m³	29	32
Estriche nach DIN 18560 Teil 2 mit einer flächenbezogenen Masse m' $\geq$ 70 kg/m² auf Dämmschichten aus Dämmstoffen nach DIN 18164 Teil 2 oder DIN 18165 Teil 2 mit einer dynamischen Steifigkeit s' von höchstens		
50 MN/m³	22	23
40 MN/m³	24	25
30 MN/m³	26	27
20 MN/m³	28	30
15 MN/m³	29	33
10 MN/m³	30	34

[1] Weich federnde Bodenbeläge (z. B. Teppichböden) dürfen nur bei Wohnhäusern mit höchstens zwei Wohnungen oder beim Nachweis eines erhöhten Schallschutzes nach Beiblatt 2 zur DIN 4109 berücksichtigt werden.

7-15 Trittschallverbesserungsmaß ΔL_w von schwimmenden Estrichen auf Massivdecken (Rechenwerte) nach Beiblatt 1 zur DIN 4109

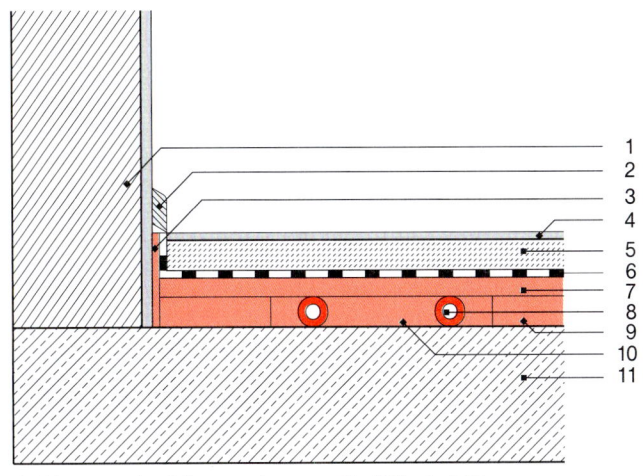

1 Mauerwerk mit Innenputz
2 Sockelleiste
3 Randdämmstreifen
4 Bodenbelag
5 Estrich
6 Estrichfolie
7 Trittschalldämmung
8 Installationsrohre
9 Ausgleichswärmedämmung
10 Ausgleichsschüttung
11 Stahlbetondecke

7-16 Massive Geschossdecke mit unterhalb des Estrichs verlegten Installationsrohren

6.3 Brandschutz

Für Decken ist eine feuerhemmende Bauart ausreichend, wenn das Gebäude höchstens fünf Geschosse hat. Verputzte Decken oder Holzbalkenkonstruktionen mit unterseitiger Verkleidung aus Gips- oder Zementfaserplatten erfüllen diese Anforderung. Decken aus Beton oder Betonfertigteilen sind feuerbeständig. Sie können auch für Gebäude eingesetzt werden, die mehr als fünf Geschosse aufweisen.

6.4 Bodenbeläge

Wenn an den Trittschallschutz von Trenndecken zwischen Wohnungen lediglich die Mindestanforderungen nach der Norm DIN 4109 gestellt werden, darf die schalldämmende Wirkung von weich federnden Bodenbelägen (z. B. Teppichböden, PVC-Beläge mit Filzunterlagen, Laminatböden mit Trittschalldämmung) beim Nachweis eines hinreichenden Schallschutzes nicht berücksichtigt werden. Dagegen ist deren Berücksichtigung bei erhöhtem Schallschutz nach Beiblatt 2 zu DIN 4109 und nach der VDI 4100 möglich.

Wenn ein weich federnder Bodenbelag von einer Massivdecke mit schwimmendem Estrich entfernt wird, kann sich der Trittschallpegel um bis zu 4 dB erhöhen. Eine Erhöhung bis 10 dB kann sich ergeben, wenn ein solcher Belag gegen einen Fliesenbelag ausgetauscht wird. Wegen der rechtlichen Problematik der Verschlechterung des Trittschalls im Mehrfamilienhaus empfiehlt sich in einem solchen Fall der nachträgliche Einsatz von Trittschall-Entkopplungsbahnen oder -platten. Die 3 bis 8 mm dicken Bahnen werden als entkoppelnde Zwischenschicht unter den Keramik- oder Natursteinbelag mit flexiblem Dünnbettmörtel verlegt und erreichen eine Trittschallminderung auf Estrich von 5 bis 10 dB.

Ein Bodenbelag hat auch bei guter Wärmedämmung der Decke einen erheblichen Einfluss auf die Empfindung „Fußwärme" oder „Fußkälte" von Menschen. Je geringer die Wärmeableitung eines Belags unter der aufgesetzten Fußfläche ist, umso „wärmer" wird ein Fußboden empfunden. Textilbeläge, Holzfußböden, Laminat, Korkparkett u. Ä. gelten als fußwarm, Fliesen- und Steinbeläge werden dagegen als kalt bewertet.

6.5 Holzbalkendecken

Bei Holzbalkendecken setzt eine hinreichende Luft- und Trittschalldämmung eine geringere Schallübertragung zwischen Fußbodenaufbau und Balken einerseits sowie zwischen Balken und Deckenverkleidung andererseits voraus. Außerdem sollten die anschließenden Wände eine mittlere flächenbezogene Masse von 300 kg/m² oder mehr aufweisen, um die „flankierende" Schallübertragung durch diese Bauteile ebenfalls zu begrenzen.

In *Bild 7-17* ist auf den Balken ein schwimmender Estrich aufgelegt und die unterseitige Deckenverkleidung über Federbügel oder Federschienen befestigt. Die Decke erreicht durch diese Maßnahmen ein Schalldämm-Maß R'_w von 57 dB und ohne weich federnden Bodenbelag (z. B. Teppichboden) einen Norm-Trittschallpegel $L'_{n,w}$ von 51 dB. Ein Vergleich dieser Werte mit *Bild 7-2* und *Bild 7-3* zeigt, dass diese Decke den Mindestanforderungen nach der Norm DIN 4109 entspricht.

Die Holzbalkendecke nach *Bild 7-18* weist einen besonderen schalldämmenden Fußbodenaufbau auf: Hier sind auf der gespundeten Spanplatte schwere, biegesteife Platten – mit offenen Fugen zwischen den Platten – verlegt. Mit dem nach oben abschließenden „schwimmenden" Aufbau (Trittschalldämmung, Spanplatte) wird ein Schalldämm-Maß R'_w von 55 dB und ohne weich federnden Bodenbelag ein Norm-Trittschallpegel $L'_{n,w}$ von 53 dB erreicht. Auch diese Werte entsprechen den Mindestanforderungen nach der Norm DIN 4109.

Die Schalldämmwerte der vorstehend beschriebenen Decken schließen die „flankierende" Schallübertragung angrenzender Massivwände mit einer flächenbezogenen Masse von 300 kg/m² ein. Bei Wänden geringer flächenbezogener Masse ist der Luft- und Trittschallschutz niedriger (Beiblatt 2 zur DIN 4109, Tabelle 14). Die aufgeführten Schalldämm-Maße sind in den Kapiteln 11-22.4 (R'_w) und 11-23.4 ($L'_{n,w}$) erläutert.

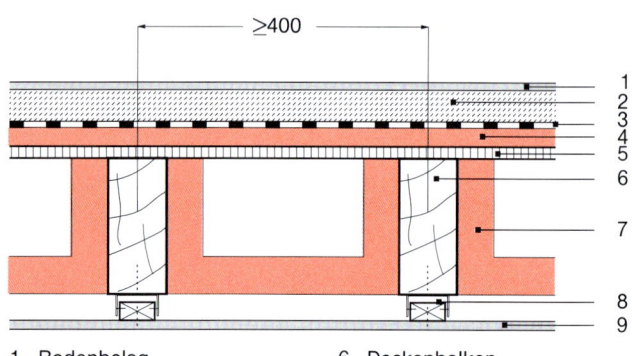

1 Bodenbelag
2 Estrich
3 Estrichfolie
4 Trittschalldämmung
5 Spanplatte
6 Deckenbalken
7 Dämmung
8 Unterkonstruktion
 Federbügel o. Federschiene
9 Gipskartonplatte

7-17 Holzbalkendecke ohne sichtbare Balken mit einem Schalldämm-Maß R'_w von 57 dB und einem Norm-Trittschallpegel $L'_{n,w}$ (ohne Bodenbelag) von 51 dB nach Beiblatt 1 zur DIN 4109

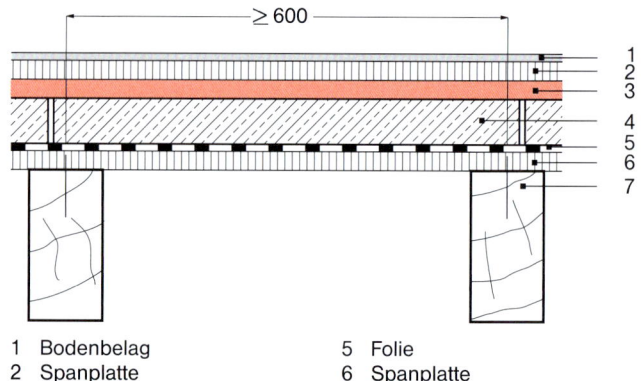

1 Bodenbelag
2 Spanplatte
3 Trittschalldämmung
4 Betonplatten oder -steine
5 Folie
6 Spanplatte
7 Holzbalken

7-18 Holzbalkendecke mit sichtbaren Balken und einem Schalldämm-Maß R'_w von 55 dB sowie einem Norm-Trittschallpegel $L'_{n,w}$ (ohne Bodenbelag) von 53 dB nach Beiblatt 1 zur DIN 4109

7 Decken unter nicht ausgebauten Dachgeschossen

Decken unter nicht ausgebauten und belüfteten Dachflächen werden bei geneigten Dächern wärmetechnisch so behandelt, als ob sie an Außenluft grenzen. Solche Decken sind beim nicht ausgebauten Dachgeschoss die oberste Geschossdecke, beim ausgebauten Dachgeschoss die Kehlbalkendecke oder Deckenstreifen hinter Abseiten. Besondere Anforderungen an den Schall- und Brandschutz dieser Bauteile werden nicht gestellt. Der Wärmedurchlasswiderstand R einer solchen Decke darf an der wärmetechnisch ungünstigsten Stelle einen Wert von 0,90 $(m^2K)/W$ nicht unterschreiten.

Bei der Wärmedämmung der obersten Geschossdecke ist Folgendes zu beachten:

– Bei schwerer Deckenschale soll die Wärmedämmschicht auf der Decke verlegt werden. Die Wärmespeicherfähigkeit der Deckenschale kann dann zur „Glättung" der Raumtemperatur der darunter liegenden Räume im Sommer genutzt werden.

– Die Wärmedämmschicht der Decke ist stets an die Wärmedämmschicht der Außenwand anzuschließen. Bei wärmedämmendem Mauerwerk muss die Wärmedämmung die Wandscheibe vollständig überdecken. Dies gilt auch für die Innenwände des darunter liegenden Wohngeschosses.

– Bei leichten Deckenkonstruktionen (z. B. Verbretterung unter der Balkenlage) ist eine Luft- und Dampfsperre einzuplanen, die an den umfassenden Wänden und Dachdurchdringungen luftdicht anschließt.

– Je nach Nutzung des Dachraums kann die Wärmedämmschicht offen liegen (keine Nutzung) oder mit einem Dielen- oder Estrichbelag abgedeckt werden (Abstellraum, Trocknungsraum für Wäsche u. a.), *Bild 7-19*.

– Der nicht ausgebaute Dachraum bildet zwischen Wohngeschoss und Außenatmosphäre eine thermische Pufferzone. Die Pufferzone verringert den Transmissionswärmeverlust der obersten Geschossdecke.

Die *Bilder 7-20* bis *7-23* zeigen Beispiele für den Aufbau und die Wärmedämmung von Decken unter nicht ausgebauten Dachgeschossen. Aus *Bild 7-24* ist für diese Decken der Wärmedurchgangskoeffizient U in Abhängigkeit von der Wärmedämmschichtdicke zu entnehmen.

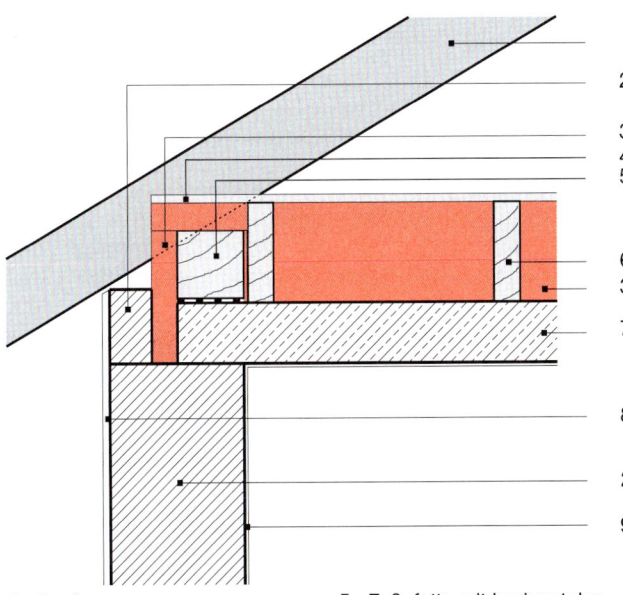

1 Dachsparren
2 Mauerwerk
3 Wärmedämmung
4 Holzfußboden (Dielen, Spanplatten)
5 Fußpfette mit horizontaler Abdichtung
6 Kantholz
7 Stahlbetondecke
8 Außenputz
9 Innenputz

7-19 Oberste Geschossdecke mit aufgelegter Dämmung

Decken unter nicht ausgebauten Dachgeschossen

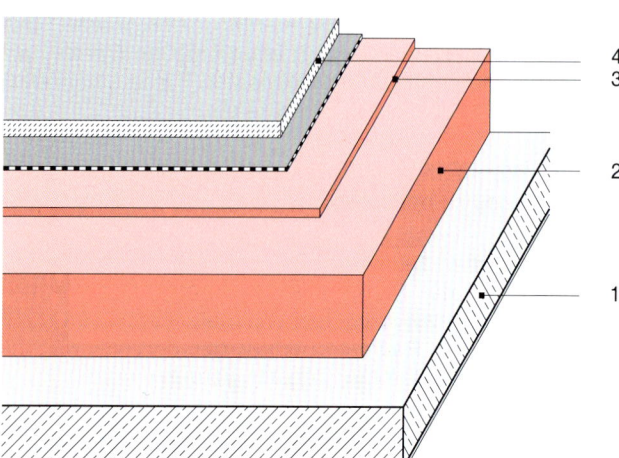

7-20 Ortbetondecke mit obenliegender Dämmung unter schwimmendem Estrich

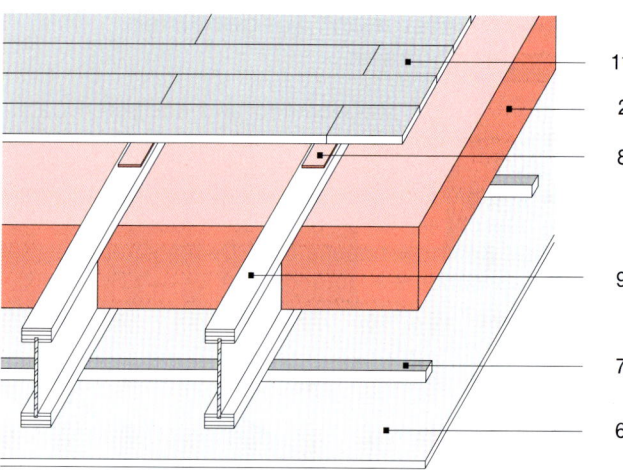

7-22 Holzbalkendecke, unterseitige Gipskartonplatte mit eingeschobener Wärmedämmung

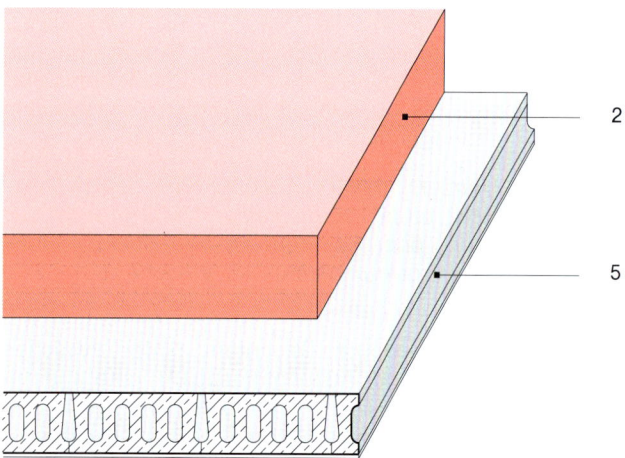

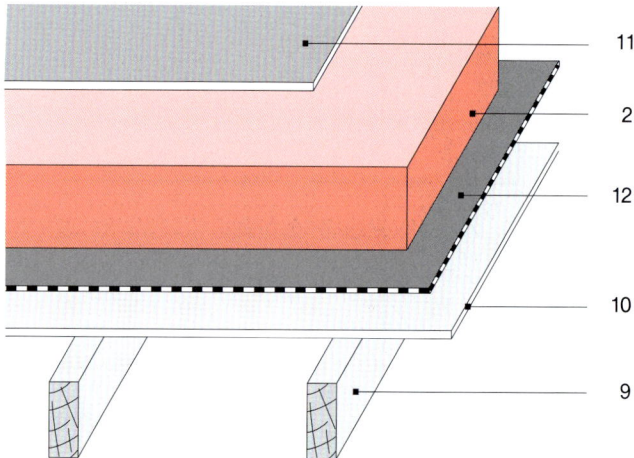

1 Ortbetondecke
2 Wärmedämmung
3 Trittschalldämmung
4 Schwimmender Estrich
5 Stahlbetonhohlbalkendecke
6 Gipskartonplatte
7 Unterkonstruktion
8 Schallentkopplung
9 Deckenbalken
10 Holzschalung
11 Fußboden
12 Dampfsperre

7-21 Betonfertigteildecke mit lose aufgelegter Wärmedämmung

7-23 Leichte Holzbalkendecke mit sichtbaren Balken, aufgelegter Wärmedämmung und oberseitiger Plattenabdeckung

Bild-Nr.	Deckenaufbau von oben nach unten		Wärmedurchgangskoeffizient U in W/(m²K) bei einer Wärmedämmschichtdicke von					
			12 cm	15 cm	18 cm	20 cm	22 cm	25 cm
7-20	Estrich auf Folie **Wärmedämmung WLS 040/035/030**[1)] Ortbetondecke[2)] Putzschicht	4,0 cm 16,0 cm 1,5 cm	0,30/0,27/ 0,23	0,24/0,21/ 0,18	0,21/0,19/ 0,16	0,19/0,17/ 0,14	0,17/0,15/ 0,13	0,15/0,13/ 0,11
7-21	**Wärmedämmung WLS 040/035/030** Betonfertigteildecke Putzschicht	 20,0 cm 1,5 cm	0,28/0,25/ 0,22	0,23/0,20/ 0,18	0,20/0,18/ 0,15	0,18/0,16/ 0,14	0,17/0,15/ 0,13	0,15/0,13/ 0,11
7-22	Verbretterung **Wärmedämmung WLS 045/040/035** Holzspanplatte Luftschicht Gipskartonplatte	2,0 cm 1,5 cm 4,0 cm 1,5 cm	0,23/0,27/ 0,24	0,24/0,22/ 0,20	0,21/0,19/ 0,17	0,20/0,18/ 0,16	0,18/0,16/ 0,14	0,16/0,14/ 0,12
7-23	Holzspanplatte **Wärmedämmung WLS 040/035/030** Holzspanplatte	1,5 cm 1,5 cm	0,29/0,26/ 0,22	0,24/0,21/ 0,18	0,20/0,18/ 0,15	0,18/0,16/ 0,14	0,17/0,15/ 0,13	0,15/0,13/ 0,11

[1)] Wärmeleitfähigkeit 0,04 W/(mK)
[2)] Rohdichte 2400 kg/m³

7-24 Wärmedurchgangskoeffizienten U von Decken unterhalb nicht ausgebauter Dachgeschosse

8 Auskragende Decken

Balkone, Loggien und Außentreppen können als Weiterführung der Geschossdecken mit gleichem Gehniveau betrachtet werden. Sobald eine Geschossdecke ohne Unterbrechung der massiven Schale als auskragende Decke in die Außenatmosphäre reicht, stellt sie während der Heizzeitspanne eine Kühlrippe dar, die einen großen Wärmeverlust verursacht (Wärmebrücke, Kapitel 10-2.2). Die auskragende Decke kühlt dann im Bereich der Durchdringung Wand und Decke so weit ab, dass sich Kondensat niederschlägt und Staub ablagert. Dies ist bei Zwischendecken in beiden angrenzenden Geschossen zu beobachten. **Auskragende Deckenplatten dürfen nicht mehr ausgeführt werden – Balkone, Loggien und Außentreppen sind stets thermisch von der Geschossdecke zu trennen.** Dazu werden u. a. folgende Techniken angewendet:

– Beidseitige Auflage der auskragenden Decke auf Wandscheiben mit gesonderten Fundamenten. Wärmedämmschicht zwischen auskragender Decke und Außenwand bzw. Geschossdecke, *Bild 7-25*;

– einseitige Auflage der auskragenden Decke auf der Außenwand und Abstützung an der Außenseite durch Stützen. Thermische Trennung der auskragenden Decke von der Außenwand durch Wärmedämmung;

– beidseitige Auflage der auskragenden Decke auf Konsolen. Thermische Trennung zur Außenwand durch Wärmedämmung, *Bild 7-26*;

– Einsatz eines wärmedämmenden Trägersystems aus Verankerungselementen und Wärmedämmung, *Bild 7-27*.

7 Decken — Auskragende Decken

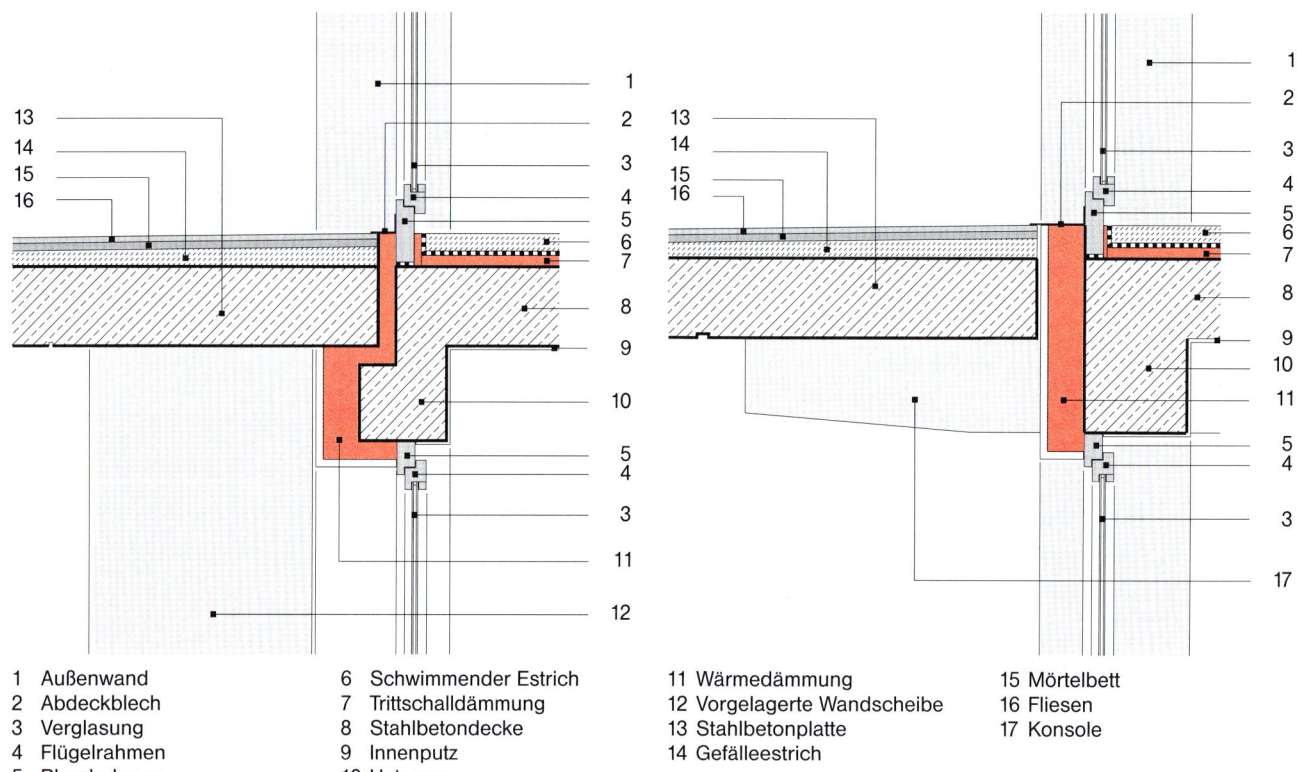

1 Außenwand	6 Schwimmender Estrich
2 Abdeckblech	7 Trittschalldämmung
3 Verglasung	8 Stahlbetondecke
4 Flügelrahmen	9 Innenputz
5 Blendrahmen	10 Unterzug

11 Wärmedämmung	15 Mörtelbett
12 Vorgelagerte Wandscheibe	16 Fliesen
13 Stahlbetonplatte	17 Konsole
14 Gefälleestrich	

7-25 Balkonplatte auf Wandscheiben mit gesonderten Fundamenten gelagert – Wärmedämmung zwischen auskragender Decke und Außenwand bzw. Geschossdecke

7-26 Balkonplatte mit Konsolenauflagern und thermischer Trennung von der Geschossdecke durch Wärmedämmung

7 Decken — Treppenräume

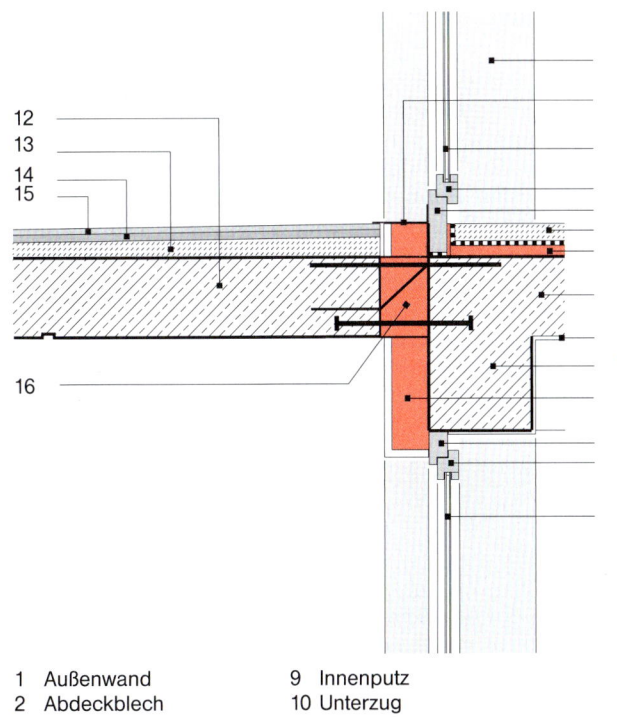

1 Außenwand
2 Abdeckblech
3 Verglasung
4 Flügelrahmen
5 Blendrahmen
6 Schwimmender Estrich
7 Trittschalldämmung
8 Stahlbetondecke
9 Innenputz
10 Unterzug
11 Wärmedämmung
12 Stahlbetonplatte
13 Gefälleestrich
14 Mörtelbett
15 Fliesen
16 Wärmedämmendes Trägersystem

7-27 Balkonplatte mit wärmedämmendem Trägersystem

9 Treppenräume

9.1 Einbindung der Treppenläufe

Bei Einfamilienhäusern sind die Treppenräume meist in den Wohnbereich integriert. Im Mehrfamilienhaus ist der Treppenraum dagegen ein eigener Bereich, durch den die Wohnungen untereinander und mit dem Hauseingang verbunden sind.

Die Geschossdecken werden z. B. als Podeste in den Treppenraum geführt. Die eigentliche Treppe – bei der Betontreppe als Rampe mit aufgesetzten Stufen ausgeführt – wird auf den Podesten elastisch gelagert, *Bild 7-29 oben*. Eine andere Möglichkeit ist das Auflagern von Treppenlauf mit Podesten auf Konsolleisten, *Bild 7-29 unten*.

9.2 Wärmedämmung zwischen Geschossdecke und Treppe

Die technischen Richtlinien und gesetzlichen Vorschriften enthalten keine Vorgaben zur Begrenzung des Wärmestroms, der über die Verbindung von Geschossdecke und Treppe in ein unbeheiztes Treppenhaus gelangt. Bei vielen Treppenräumen ist der Abschluss der Geschossdecke entweder als Podest, *Bild 7-29 oben*, oder als Konsolleiste, *Bild 7-29 unten*, ausgeführt und Treppenlauf bzw. -podest werden elastisch auf dem jeweiligen Deckenabschluss gelagert. Diese Lösungen sind für unbeheizte Treppenräume nicht geeignet, da aus den Wohnräumen ein erheblicher Wärmestrom in diese Räume geleitet würde.

Bei nicht beheiztem Treppenraum kann in die Trennwand ein spezielles Dämmelement mit Anschlussbewehrung in die Decke eingelegt werden, *Bild 7-28*. Das Dämmelement vermindert den Wärmestrom, wie er z. B. bei der Weiterführung der Geschosstrenndecke als Treppenpodest auftritt, *Bild 7-29 oben*, um etwa 70 %. Die bewehrten Dämmelemente sind für den Einsatz bei allen Wandkonstruktionen geeignet, die heute im Wohnungsbau üblich sind.

9.3 Schallschutz

Nach DIN 4109 dürfen Treppenläufe nicht mit den Treppenraumwänden verbunden werden. Diese Trennung soll die Trittschallübertragung in die Wohnräume ausschließen. Die Treppenläufe selbst sind, wie bereits erwähnt, auf den Podesten und Konsolleisten elastisch zu lagern. Die Luft- und Trittschallanregung kann durch weich federnde Gehbeläge verringert und die Luftschalldämpfung durch schallschluckende Auflagen auf den Deckenunterseiten verbessert werden. Anforderungen bzw. Empfehlungen zum Trittschallschutz von Treppenläufen und -podesten sind *Bild 7-3* zu entnehmen.

9.4 Brandschutz

In den Landesbauordnungen sind entsprechende Anforderungen an Treppen und Treppenräume festgelegt. Diese Bauteile und Räume werden als Rettungswege betrachtet. Bei Wohngebäuden mit mehr als zwei Vollgeschossen sind Treppen aus nicht brennbaren Baustoffen herzustellen. Die Treppenräume selbst müssen feuerbeständig sein und vorhandene Verkleidungen aus nicht brennbaren Materialien bestehen. Bei mehr als fünf Vollgeschossen sind auch die Treppen feuerbeständig auszuführen. Der obere Abschluss eines Treppenraums muss die gleichen Anforderungen an den Brandschutz erfüllen wie die Decke über dem letzten Vollgeschoss.

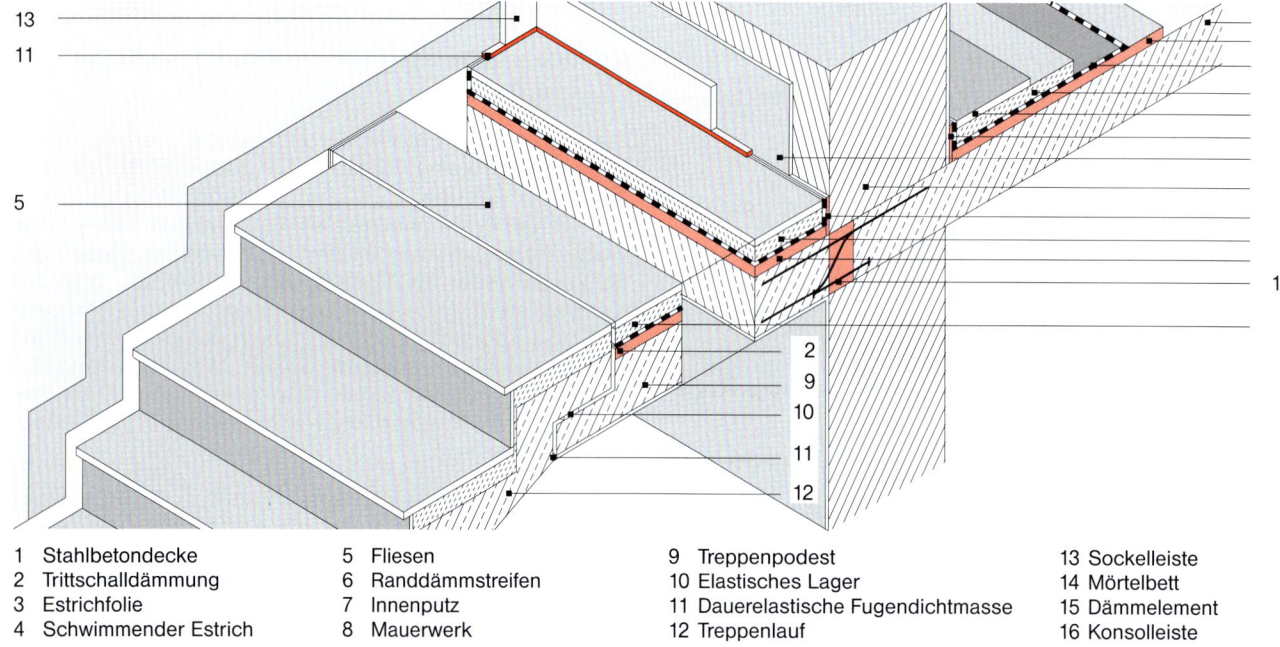

1 Stahlbetondecke	5 Fliesen	9 Treppenpodest	13 Sockelleiste
2 Trittschalldämmung	6 Randdämmstreifen	10 Elastisches Lager	14 Mörtelbett
3 Estrichfolie	7 Innenputz	11 Dauerelastische Fugendichtmasse	15 Dämmelement
4 Schwimmender Estrich	8 Mauerwerk	12 Treppenlauf	16 Konsolleiste

7-28 Treppenpodest und Geschossdecke sind mit dem bewehrten Wärmedämmelement vergossen. Der Wärmestrom von Geschossdecke zu Treppenpodest wird erheblich vermindert. Diese Lösung ist für nichtbeheizte Treppenhäuser geeignet.

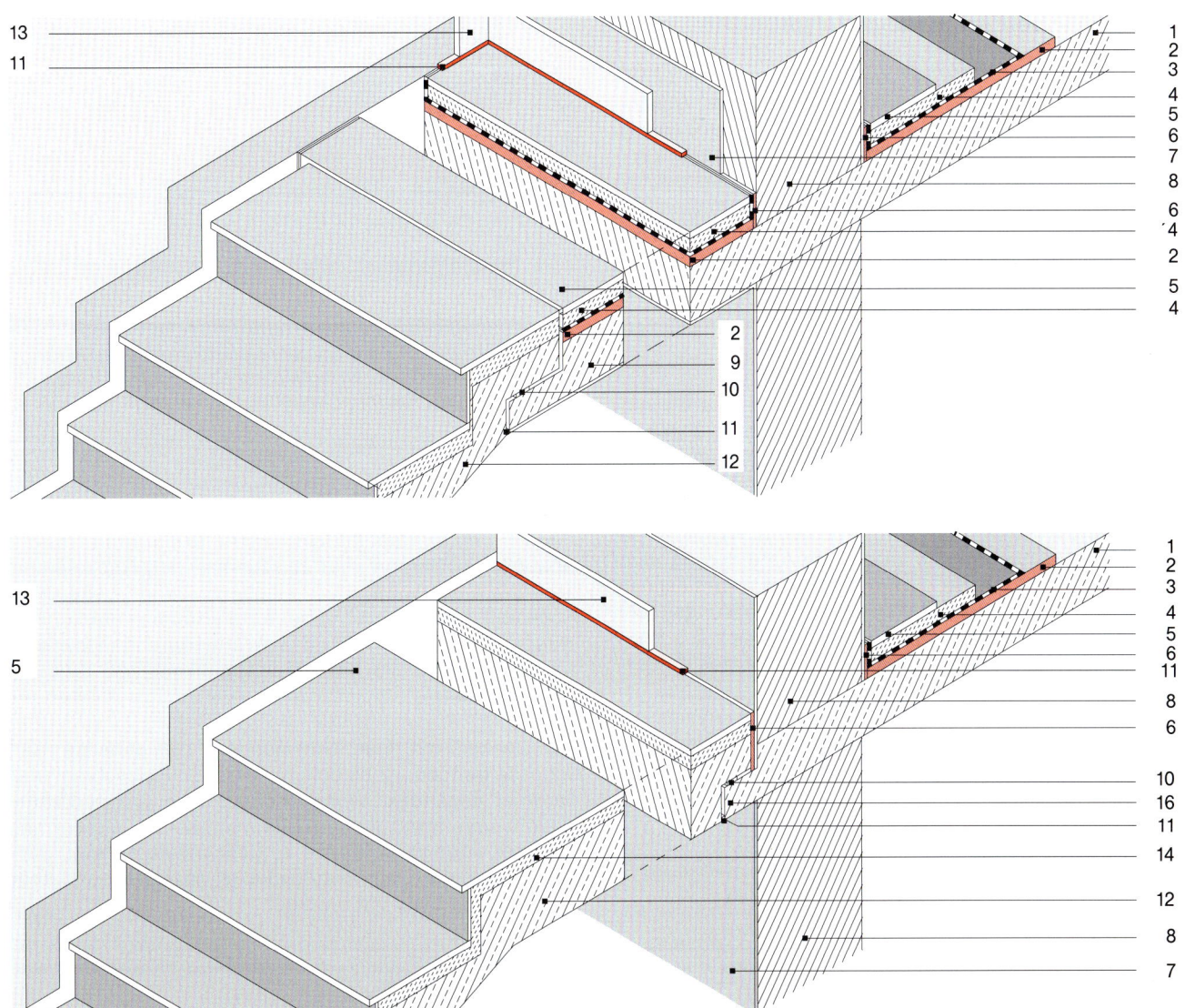

7-29 Abschluss der Geschossdecke zum Treppenraum als Podest (oben) und Konsolleiste (unten). Diese Lösungen sind nur für beheizte Treppenräume geeignet, da zwischen Geschossdecke und Treppenanschluss keine wirksame thermische Trennung besteht. Benennung siehe Bild 7-28.

10 Bauliche Elemente der Fußbodenheizung

Die nachstehenden Abschnitte behandeln im Wesentlichen die baulichen Elemente der Fußbodenheizung. Eine zusammenfassende Darstellung dieses Heizsystems, die sowohl die baulichen als auch die heiztechnischen Elemente umfasst, ist in Kapitel 16 enthalten. Der Aufbau einer Warmwasser-Fußbodenheizung ist aus *Bild 7-31* und *Bild 7-32* und der Aufbau einer Elektro-Fußbodenspeicherheizung aus Kapitel 16 zu ersehen.

10.1 Anforderungen an den Wärmeschutz

Die Wärmeschutzverordnung '95 verlangte eine Begrenzung des Wärmedurchgangs zwischen einer Flächenheizung und Bauteilschichten zur Außenluft, zum Erdreich oder zu Räumen mit wesentlich niedrigeren Temperaturen entsprechend einem maximalen Wärmedurchgangskoeffizienten von 0,35 W/(m²K). Von der Energieeinsparverordnung wird diese Anforderung nicht mehr gestellt. Es gilt hier die Begrenzung des spezifischen, auf die gesamte wärmeübertragende Umfassungsfläche bezogenen Transmissionswärmeverlusts nach § 3 EnEV und die Einhaltung des Mindestwärmeschutzes der einzelnen Bauteile nach DIN 4108-2 : 2013-2.

Von der DIN EN 1264-4 : 2009-11 werden darüber hinaus für Flächenheizungen in Gebäuden mit normalen Innen-

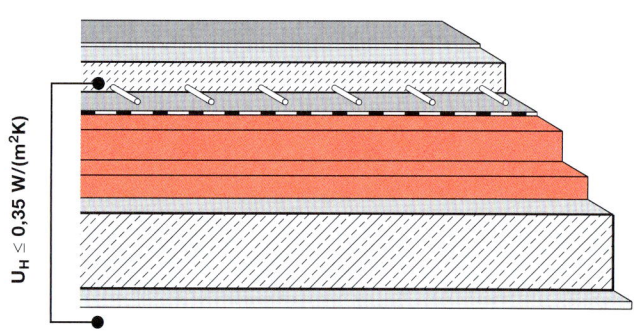

7-31 Fußbodenheizung / Empfehlung für die Wärmeschutzwirkung der Bauteilschichten zwischen Heizschicht und angrenzender Außenschicht (Erdreich, Außenluft, Raumluft unbeheizter Räume u. a.)

temperaturen Mindest-Wärmedurchlasswiderstände der Dämmschichten lt. *Bild 7-30* gefordert.

Unabhängig hiervon wird zur zusätzlichen Reduzierung der Wärmeverluste der Flächenheizung gegenüber Außenluft, Erdreich und unbeheizten Räumen empfohlen, entsprechend *Bild 7-31* den Wärmedurchgangskoeffizienten der Bauteilschichten auf maximal 0,35 W/(m²K) zu begrenzen.

Für Decken mit Flächenheizungen, die beheizte Geschosse trennen, ist es üblich, zwischen Heizschicht und darunter liegendem Wohngeschoss eine Wärmedämmschicht von etwa 3 cm Dicke vorzusehen. Sofern die darunter liegenden Räume eingeschränkt beheizt werden, sollte die Dämmstoffdicke je nach verwendetem Dämmstoff 4 bis 5 cm betragen.

10.2 Heizestriche

Der Estrich stellt bei einer Warmwasser- oder Elektro-Fußbodenheizung den eigentlichen Heizkörper dar. Er ist als schwimmender Estrich nach den Vorgaben der DIN

Unter der Fußbodenheizung	Wärmedurchlasswiderstand (m²K)/W
beheizter Raum	0,75
unbeheizter Raum oder Erdreich	1,25
Außenluft	2,0

7-30 Mindest-Wärmedurchlasswiderstände von Dämmschichten unter einer Fußbodenheizung nach DIN EN 1264-4 : 2007-11

18560-2 herzustellen. Die Estrichdicke beträgt bei der Warmwasser-Fußbodenheizung, je nach Lage und Dicke der Heizrohre, 45 bis 70 mm, Kapitel 16. Für Elektro-Fußbodenspeicherheizungen sind Estrichdicken von 80 bis 100 mm erforderlich. Bei Heizestrichen beträgt die zu erwartende größte thermische Längendehnung etwa 0,50 mm/m.

Um die thermischen Spannungen im Estrich zu begrenzen, soll die Fläche eines einzelnen Estrichfeldes 40 m² und die größte Seitenlänge eines Feldes 8 m nicht überschreiten. Das Verhältnis der Seiten sollte nicht größer als 2:1 sein. Bei größeren zusammenhängenden Flächen sind einzelne Felder zu planen und durch Dehnungsfugen voneinander zu trennen, Bild 7-32. Außerdem ist eine Trennung durch Randstreifen zwischen Estrich einerseits, angrenzenden Wänden, durchdringenden Bauteilen und Türdurchgängen andererseits erforderlich, Bild 7-33. Der Randstreifen muss mindestens bis zur Oberkante Estrich, bei Fliesen und Parkett sogar bis zur Oberkante des Bodenbelags reichen. Durch Dehnungsfugen und Randstreifen soll eine Bewegung der Estrichplatte in jede Richtung um bis zu 5 mm möglich sein. Über Gebäudetrennfugen sind stets Dehnungsfugen in gleicher Breite anzuordnen.

Um eine Rissbildung zu vermeiden und die erforderliche Austrocknung nach der Bauphase sicherzustellen, ist der Estrich vor dem Verlegen des Bodenbelags schrittweise aufzuheizen. Das Aufheizen soll bei Zementestrichen frühestens drei Wochen, bei Anhydritestrichen frühestens eine Woche nach Einbringen des Estrichs beginnen. Das erste Aufheizen beginnt mit einer Systemtemperatur von etwa 25 °C, die drei Tage beizubehalten ist. Danach wird die maximale Systemtemperatur eingestellt und mindestens vier Tage beibehalten. Bei Abschalten der Fußbodenheizung nach der Aufheizphase ist der Estrich vor Zugluft und zu schneller Abkühlung zu schützen.

Weitere Einzelheiten sind DIN 18560-2 zu entnehmen.

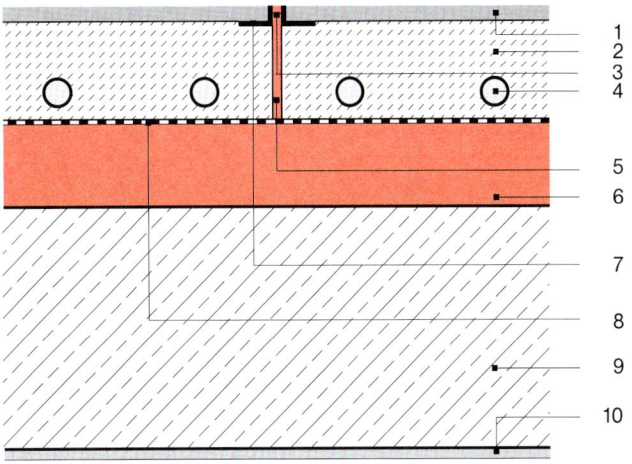

7-32 Warmwasser-Fußbodenheizung – Dehnungsfuge im schwimmenden Estrich

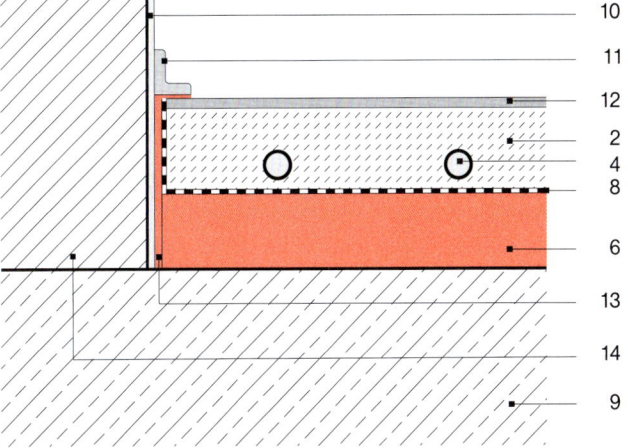

1 Bodenbelag (textil)
2 Estrich schwim.
3 Fuge dauerelast.
4 Heizrohr
5 Trennstreifen
6 Trittschalldämmung
7 Metallwinkel
8 Estrichfolie
9 Stahlbetondecke
10 Innenputz
11 Sockelleiste
12 Parkett
13 Randdämmstreifen
14 Mauerwerk

7-33 Warmwasser-Fußbodenheizung – Fuge zwischen Estrich und Wand

10.3 Wärmedämmschicht unterhalb des Estrichs

Bei Decken zwischen beheizten Geschossen mit Fußbodenheizung wird üblicherweise eine Wärmedämm- bzw. Trittschalldämmschicht von etwa 3 bis 5 cm Dicke vorgesehen. Grenzen Decken mit Fußbodenheizung an Außenluft, Erdreich oder Räume wesentlich niedrigerer Innentemperatur, so ergeben sich empfohlene Gesamtdämmschichtdicken von 14 bis 18 cm.

Unter der Auflast des Estrichs darf sich die Dicke beider Schichten um nicht mehr als 5 mm verringern. Die obere Wärmedämmschicht wird mit einer Polyäthylenfolie von mindestens 0,2 mm Dicke abgedeckt. Die Bahnen dieses Materials müssen sich um mindestens 8 cm überlappen. Sie sind am Rand bis über die Höhe des fertigen Fußbodenaufbaus hochzuführen. Die Abdeckung verhindert die Durchfeuchtung der Wärmedämmung beim Estricheintrag. Sie ist weder als diffusionshemmende Schicht noch als Abdichtung gegen Feuchtigkeit zu betrachten.

10.4 Bodenbeläge

Die Bodenbeläge über Fußbodenheizungen sollen einen niedrigen Wärmedurchlasswiderstand ($\leq 0,17$ (m^{2}K)/W) aufweisen. Textile Beläge müssen für die Verwendung in Verbindung mit einer Fußbodenheizung zugelassen sein. Für ihre Befestigung sind Klebstoffe mit einer Dauertemperaturfestigkeit von 50 °C zu verarbeiten. Weitere geeignete Bodenbeläge sind mineralische Fliesen und Platten, Platten und Bahnen aus PVC, Parkett u. a. In den Kapiteln 16-2.2 und 16-30.3 werden geeignete Bodenbeläge und Verlegeverfahren vorgestellt.

11 Abdichtung von Böden in Feuchträumen

11.1 Feuchtigkeitsbelastete Räume

Innerhalb einer Wohnung sind Bäder einer höheren Feuchtigkeitsbelastung ausgesetzt. In der Regel werden die Böden dieser Räume mit Fliesen oder Platten ausgelegt. Diese Beläge sind zwar feuchtigkeitsbeständig und wasserabweisend, bedingt durch die vorhandenen Mörtelfugen jedoch nicht wasserundurchlässig. Sie benötigen eine zusätzliche Abdichtung. Technische Regeln für die Abdichtung feuchtigkeitsbelasteter Räume von Wohnhäusern sind in der DIN 18195-5 mit enthalten.

11.2 Voraussetzungen für die Abdichtung

In der Regel besteht der Untergrund, auf dem eine Abdichtung aufgebracht werden kann, aus einem schwimmenden Zement- oder Gussasphalt-Estrich. Die Estrichplatte sollte frei von durchgehenden – d. h. von Oberfläche zu Oberfläche reichenden – Rissen sein. Die DIN 18195-5 setzt für die Abdichtung voraus, dass Risse bei normaler Bewegung einer Estrichplatte nicht breiter als 2 mm sind und der Höhenversatz der Risskanten höchstens 1 mm beträgt.

11.3 Abdichtungsstoffe

Als Abdichtung über einer Estrichplatte können Abdichtmassen durch Spachteln, Streichen, Rollen oder Spritzen aufgetragen werden. Als Abdichtmassen werden im Wohnungsbau vor allem Reaktionsharze (Erhärten durch chemische Reaktionen) und Kunstharz-Dispersionen (Erhärten durch Trocknen) eingesetzt. Diese Abdichtstoffe müssen eine Haftfestigkeit $\geq 0,5$ N/mm^2, eine Temperaturbeständigkeit von 10 bis 70 °C, eine hinreichende Alterungsbeständigkeit, Wasserundurchlässigkeit bis 1 bar u. a. aufweisen. Die Erfüllung dieser Anforderungen ist durch ein Prüfzeugnis zu belegen.

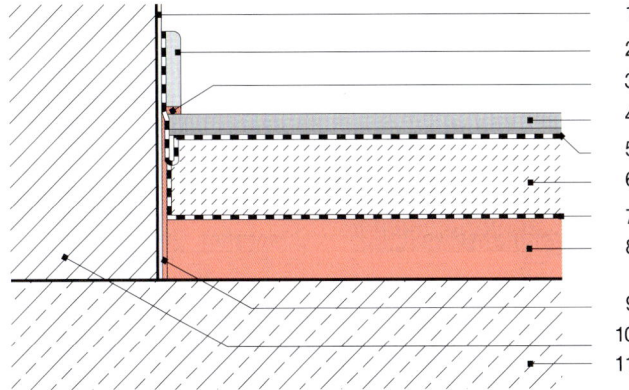

7-34 Wandanschluss der Abdichtung mit Schlaufe

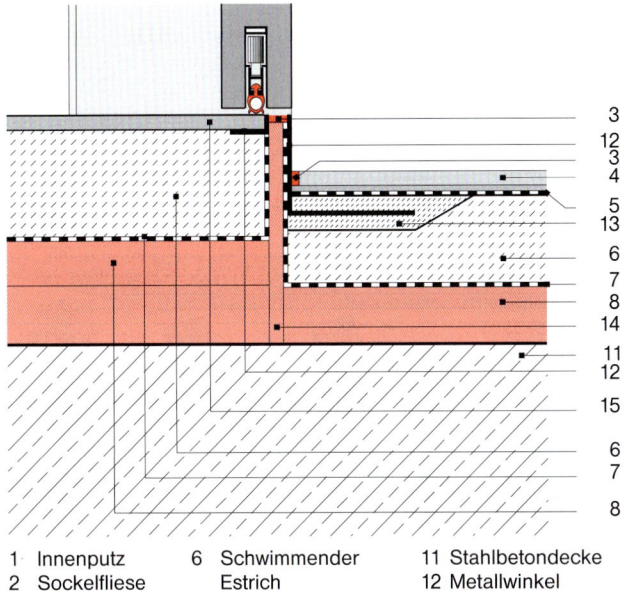

1 Innenputz	6 Schwimmender	11 Stahlbetondecke
2 Sockelfliese	Estrich	12 Metallwinkel
3 Fuge dauerelast.	7 Estrichfolie	13 Kunstharzmörtel
4 Fliesen mit	8 Trittschalldämmung	14 Trennstreifen
Dünnbettmörtel	9 Randdämmstreifen	15 Bodenbelag (textil)
5 Abdichtung	10 Mauerwerk	

7-35 Abschluss der Abdichtung an einer Türschwelle (Winkelabschluss)

11.4 Ausführung der Abdichtung

Die Abdichtmasse wird, wie erwähnt, durch Spachteln, Streichen, Rollen oder Spritzen aufgetragen. An Randfugen und Bewegungsfugen sind unter der Abdichtung Einlagen aus Vlies, Gewebe oder Folie zu verlegen. Diese Einlagen werden schlaufenförmig über Fugen geführt.

Dadurch sind sie vor Zerstörung durch Bewegungen der Bauteile geschützt. In dem dargestellten Wandanschluss von *Bild 7-34* muss die Abdichtung schlaufenförmig über die Wandanschlussfuge geführt werden. Die Flächenabdichtung sollte im Bad auch unter und hinter der Bade- oder Duschwanne weitergeführt werden. Für Durchdringungen der Flächendichtung durch Bodenabläufe u. a. sind Bauteile mit Flanschen einzusetzen. Jeder Flansch ist dann an die Abdichtung anzuschließen, die im Übergangsbereich als Einlage aus Vlies, Gewebe oder Folie ausgeführt wird. Im Bereich von Türschwellen erfolgt der Abschluss über einen Winkel, *Bild 7-35*. Die Abdichtung endet an Wänden 15 cm über der Bodenoberfläche und bei Duschen 20 cm oberhalb des Wasserauslasses.

Fliesen und Platten in Dünnbettverlegung bilden die Schutzschicht über der Abdichtung. Die verwendeten Dünnbettmörtel sind auf den Abdichtungsstoff abzustimmen. Über Bewegungsfugen im Untergrund (Estrich) sind auch im Bodenbelag Bewegungsfugen vorzusehen.

11.5 Bodenbeläge mit Abdichtungsfunktion

Strapazierbare Kunststoffbahnen, die zu einer durchgehenden Fläche verschweißt werden können, bilden Abdichtung und Bodenbelag in einem. Die Kunststoffbahnen sind an der Wand hochzuführen – der verschweißte Belag bildet dadurch eine Wanne. Um eine Verschlechterung der Trittschalldämmung durch die Überbrückung der Bodenrandfuge zu vermeiden, sind beim Anschluss des Belages an die Umfassungswände und Durchführungen besondere Vorkehrungen zu treffen.

12 Nachträgliche Verbesserung des Schallschutzes

12.1 Verbesserung des Trittschallschutzes

In Altbauten ist die Trittschalldämmung häufig unzureichend. Ursache ist die Verbundbauweise von Holzbalkendecken, bei der die Fußbodendielen direkt auf die Holzbalken aufgenagelt sind. Eine nachträgliche Verbesserung ist durch das lose Verlegen eines mehrschichtigen Belages oder bestimmter textiler Bodenbeläge möglich. In *Bild 7-36* sind verschiedene Beläge genannt, die zur Verbesserung des Trittschallschutzes von Holzbalkendecken geeignet sind. Die angegebenen Werte der Verbesserung des Trittschallschutzes stellen Anhaltswerte dar. Für die verschiedenen Deckenbauarten sind genauere Werte von den Herstellern entsprechender Beläge zu erfahren.

12.2 Verbesserung der Luftschalldämmung

Eine erhebliche Verbesserung der Luftschalldämmung von Decken lässt sich durch schwimmende Estriche erreichen. Dies sind Fußböden, deren lastverteilende Platten von der Massivdecke und den angrenzenden Wänden durch Dämmstoffe getrennt sind. Durch geeignet dimensionierte Unterdecken kann ebenfalls eine wesentliche Erhöhung der Luftschalldämmung bewirkt werden.

12.3 Verbesserung der Schallabsorption

Der Schall, der in einem Raum entsteht, wird an den Umfassungsflächen zum Teil reflektiert und zum Teil absorbiert. Der Schallabsorptionsgrad ist gleich dem Anteil der Schwingungsenergie einer Schallwelle, die bei einmaligem Auftreffen auf die Flächen absorbiert und letztlich in Wärme umgewandelt wird. Die Schallabsorption eines Raumes kann durch die Verkleidung seiner Umfassungsflächen mit geeigneten Materialien beeinflusst werden. In *Bild 7-37* sind verschiedene Deckenverkleidungen und deren Schallabsorptionsgrade für einige Frequenzen genannt.

Belagschicht von oben nach unten	Verlegeart	Anhaltswert für die Verbesserung des Trittschallschutzes
2 Lagen Gipskartonplatten 20 mm Polystyrol-Hartschaum auf Gipskarton verklebt	lose	4 bis 6 dB
Holzspanplatte, 19 bis 25 mm dick Mineralfaserplatten, 30/25 mm dick	lose	9 dB
Holzspanplatte, 19 bis 30 mm dick Mineralfaserplatten, 30/25 mm dick (auf die Beschwerungsplatten aufgeklebt) Beschwerungsplatten 25 kg/m² 50 kg/m² 75 kg/m² 100 kg/m²	lose	17 dB 22 dB 26 dB 31 dB
Schwimmender Zementstrich, 50 mm dick, Rohdichte 1120 kg/m³ Mineralfaserplatten, 30/25 mm dick		16 dB
Zweischichtiger Bahnenbelag auf Unterschichten aus Kork, Filz oder Kunststoffschaum		15 dB
Teppich-Nadelvlies		20 dB
Weich federnde Teppiche, evtl. mit Unterlage		25 dB
Besonders weich federnde und dicke Teppichbeläge		30 dB

7-36 Beläge zur nachträglichen Verbesserung des Trittschallschutzes von Holzbalkendecken und Anhaltswerte für ihre Wirksamkeit

Nr.	Deckenverkleidung	Schallabsorptionsgrad bei einer Frequenz von					
		125 Hz	250 Hz	500 Hz	1000 Hz	2000 Hz	4000 Hz
1	Mineralfaserplatten, 50 mm dick (100 kg/m^2)	0,3	0,6	1,0	1,0	1,0	1,0
2	Mineralfaserplatten, 20 mm dick mit Farboberfläche in Flockenstruktur	0,02	0,15	0,5	0,85	1,0	0,95
3	Gelochte Blechkassetten mit aufgelegtem Mineralfaserfilz, 20 mm dick; 300 mm Deckenabstand	0,3	0,7	0,7	0,9	0,95	0,95
4	Gelochte Gipskartonplatte mit Mineralfaserauflage; 100 mm Deckenabstand	0,3	0,7	1,0	0,8	0,65	0,6
5	Holzbretter mit 15 mm breiten Fugen und 20 mm Mineralfaserauflage 30 mm Deckenabstand 200 mm Deckenabstand	0,1 0,4	0,25 0,7	0,8 0,5	0,7 0,4	0,3 0,35	0,4 0,3
6	Teppichboden, 7 mm dick	0	0,05	0,1	0,3	0,5	0,6

7-37 Schallabsorptionsgrad verschiedener Deckenverkleidungen (nach Gösele)

13 Verbesserung des Wärmeschutzes von Decken im Bestand

13.1 Vorbemerkung

Bei Wohngebäuden im Bestand findet man unterschiedliche Ausführungen von Kellerdecken und Decken unter nicht ausgebauten Dachgeschossen vor, deren Wärmeschutz verbesserungswürdig ist. Die verschiedenen Konstruktionen können teilweise Bauperioden und/oder der Größe der Gebäude zugeordnet werden. Alle Dächer, die vor dem Inkrafttreten der ersten Wärmeschutzverordnung 1978 errichtet wurden, weisen im Vergleich zu den heutigen Anforderungen an den Wärmeschutz eine sehr schlechte Wärmedämmwirkung auf. In diesem Abschnitt werden Erläuterungen zur Bewertung des Bestands und den Modernisierungsmöglichkeiten gegeben. Ausführlichere Informationen sind [2] zu entnehmen.

13.2 Übersicht alter Deckenkonstruktionen

Die nachstehende Zusammenfassung von Decken im Bestand ermöglicht eine erste grobe Einschätzung des Wärmedurchgangskoeffizienten U in Abhängigkeit von der Baualtersklasse, der Deckenkonstruktion und der Konstruktion des Gebäudes, *Bild 7-38*. Wenn keine exakte Bauteilbeschreibung des Deckenaufbaus vorliegt, können nach [1] und [3] die hier angegebenen U-Werte zur Einordnung des Ist-Zustands und zur Dimensionierung einer nachträglichen Wärmedämmung herangezogen werden. Bei Gebäuden nach 1984 mit einem Wärmedurchgangskoeffizienten der Decken kleiner 0,5 W/m^{2}K ist eine zusätzliche Wärmedämmung in der Regel unwirtschaftlich. Nur bei Umbauten oder einer neuen unter- oder oberseitigen Verkleidung muss die Wärmedämmung den Anforderungen der EnEV gerecht werden.

Im Juli 1952 erschien die erste Ausgabe der DIN 4108 „Wärmeschutz im Hochbau" mit Mindestanforderungen an den Wärmeschutz. Für Kellerdecken wurde als Höchstwert des Wärmedurchgangskoeffizienten 1,19 W/(m^{2}K) und für Decken unter nicht ausgebauten Dachgeschossen 1,52 W/(m^{2}K) im Mittel genannt. Mit der Einführung der ersten Wärmeschutzverordnung 1978 wurden weitergehende Anforderungen an den Wärmeschutz gestellt. Es wurden für Kellerdecken ein Höchstwert für

Baualtersklasse	Decken-Konstruktion	Wärmedurchgangskoeffizient U W/m²·K	
		Massive Konstruktion	Holzkonstruktion
bis 1918	Kappengewölbe, Holzbalkendecke	2,1	1,0
1919 bis 1948	Kappengewölbe, Holzbalken-, Stahlstein-, Stahlbetonrippendecke	2,1	0,8
1949 bis 1968	Beton-, Rippen-, Stahlstein-, Holzbalkendecke	2,1	0,8
1969 bis 1978	Betondecke oder Holzbalkendecke mit Wärmedämmung (Dicke 4 bis 6 cm)	0,6	0,6
1979 bis 1983	Betondecke oder Holzbalkendecke mit Wärmedämmung (Dicke 6 bis 8 cm)	0,5	0,4

7-38 Aufbau älterer Deckenkonstruktionen und Anhaltswerte der Wärmedurchgangskoeffizienten

den Wärmedurchgangskoeffizienten U von 0,80 W/(m²K) und für oberste Geschossdecken U von 0,45 festgelegt. Die Anforderungen wurden mit den Novellierungen 1984 und 1994 und der Einführung der Energieeinsparverordnung 2002 stetig verschärft.

Wenn der Aufbau der Deckenkonstruktion mit seinen Schichtdicken und Materialien bekannt ist, kann der Wärmedurchgangskoeffizient entsprechend Kapitel 4-9.2, *Bild 4-15* ermittelt werden. Näherungswerte des U-Werts lassen sich auch aus Grafiken als Funktion des Materials, der Bauteildicke und der Rohdichte ablesen, siehe [2].

13.3 Anforderungen an den Wärmeschutz bei baulichen Änderungen bestehender Gebäude

Die Energieeinsparverordnung (Kapitel 2) fordert bei einer Erweiterung des beheizten Gebäudevolumens mit einer zusammenhängenden Nutzfläche von mindestens 50 m² für den neuen Gebäudeteil die Einhaltung der Vorschriften für zu errichtende Gebäude, Kapitel 2-5. Die Richtwerte für Decken zur Erfüllung der Anforderung für das Gesamtgebäude sind Abschnitt 2.1 zu entnehmen.

Sofern Decken bestehender Gebäude ersetzt, erneuert (wärmetechnisch nachgerüstet) oder erstmalig eingebaut werden, sind die maximalen Wärmedurchgangskoeffizienten nach *Bild 7-39* einzuhalten oder zu unterschreiten.

	Energieeinsparverordnung (Anhang 3 der EnEV)
Decken unter nicht ausgebauten Dachräumen und Decken, die Räume nach oben oder unten gegen Außenluft abgrenzen	$U_D \leq 0{,}24$ W/(m²K)
Kellerdecken und Decken gegen unbeheizte Räume sowie Decken, die an Erdreich grenzen, wenn Fußbodenaufbauten (Estriche) auf der beheizten Seite erstmals eingebracht oder erneuert werden.	$U_G \leq 0{,}50$ W/(m²K)
Decken gegen unbeheizte Räume, an denen auf der Kaltseite eine Deckenbekleidung angebracht wird	$U_G \leq 0{,}30$ W/(m²K)

7-39 Bestehende Wohngebäude / Höchstwerte der Wärmedurchgangskoeffizienten für erstmalig einzubauende, zu ersetzende und zu erneuernde Decken

Diese Anforderung entfällt, wenn die Ersatz- oder Nachrüstmaßnahme weniger als 10 % der Gesamtfläche der Decke umfasst. Hat eine vorhandene Decke einen Wärmedurchgangskoeffizienten U, der den maximal zulässigen Wert nach *Bild 7-39* unterschreitet, darf der U-Wert der ersetzten oder erneuerten Decke den U-Wert der ursprünglich vorhandenen Decke nicht überschreiten.

Die Energieeinsparverordnung schreibt vor, dass zugängliche oberste Geschossdecken beheizter Räume, die nicht die Anforderungen an den Mindestwärmeschutz nach DIN 4108-2 erfüllen, bis zum 31. Dezember 2015 dämmtechnisch verbessert werden müssen. Der Wärmedurchgangskoeffizient der Geschossdecke darf einen Wert von 0,24 W/(m2K) nicht überschreiten. Die Pflicht zur Wärmedämmung im Bestand gilt als erfüllt, wenn anstelle der obersten Geschossdecke das darüberliegende Dach entsprechend gedämmt ist oder den Anforderungen an den Mindestwärmeschutz nach DIN 4108-2 genügt.

13.4 Nachträgliche Wärmedämmung von Kellerdecken

Bei Geschossdecken zum unbeheizten Keller oder niedrig bzw. nur sporadisch beheizten Raum (Gästezimmer, Hobbyraum, o. Ä.) können die Anforderungen an den Wärmeschutz durch das nachträgliche Anbringen einer unterseitigen Wärmedämmung erreicht werden. Auch bei Garagendecken oder Decken über Durchfahrten ist die Wärmedämmung von unten eine wirtschaftliche Maßnahme zur Reduzierung der Heizwärmeverluste und zur Verbesserung der Behaglichkeit durch die Beseitigung der Fußkälte. Mit in der Aufzählung steigender Anforderung an die Optik und/oder den Luftschall- und Brandschutz bieten sich dafür folgende Ausführungen an:

– Ankleben und/oder Andübeln von steifen Wärmedämmplatten mit Tellerankern,
– wie oben, aber mit beschichteten Platten,
– wie oben und zusätzliche Putzschicht,
– abgehängte Decke mit beliebig gestalteter Oberfläche

und Dämmstoffauflage zur Verbesserung von Wärme-, Luftschall- und Brandschutz.

Als Wärmedämmung zur Befestigung direkt an der Unterseite der vorhandenen Decke eignen sich steife Wärmedämmplatten aus Polystyrol, Polyurethan, Mineralfaser, Holzfaser usw. Diese werden im Verbund bei glatten Deckenoberflächen mit einem Baukleber befestigt. Bei unebenen oder stark saugfähigen Untergründen muss zusätzlich eine Verdübelung mit Tellerankern erfolgen.

Um niedrige Oberflächentemperaturen und eventuellen Schimmelbefall zu vermeiden, muss im Bereich von einbindenden Wänden die verbleibende Wärmebrücke entschärft werden. *Bild 7-40* zeigt die Ausführung bei Einbindung der massiven Decke in eine monolithische Außenwand mit einem 30 bis 50 cm hohen Wärmedämmstreifen an der Wand von mindestens 6 cm Dicke; es kann auch ein optisch unauffälligerer Dämmkeil verwendet werden.

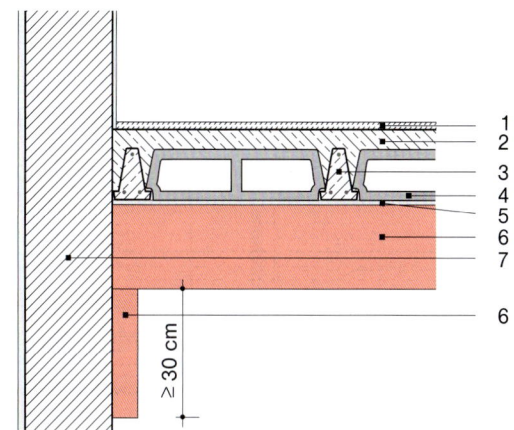

1 Gußasphaltestrich im Bestand
2 Ortbeton im Bestand
3 Stahlbetonrippen im Bestand
4 Füllkörper (Bims, Ziegel, u.a.) im Bestand
5 Deckenputz im Bestand
6 Wärmedämmung
7 Mauerwerk im Bestand

7-40 *Unterseitige Wärmedämmung einer massiven Kellerdecke*

13.5 Nachträgliche Wärmedämmung der Decke zum unbeheizten Dachraum

Eine technisch sehr einfache und somit auch sehr kostengünstige Maßnahme zur Verbesserung des Wärmeschutzes eines Gebäudes ist die Dämmung der obersten Geschossdecke. Als Materialien kommen nahezu alle Wärmedämmstoffe, unabhängig von ihrer Lieferform als Matten, Platten oder Schüttungen in Betracht. Entscheidend für die Materialwahl sind der vorhandene Untergrund und die eventuell geforderte Begehbarkeit zu Revisionszwecken.

Bei der Ausführung ist darauf zu achten, dass auch die Wärmebrücken in ihrer Wirkung minimiert werden. *Bild 7-41* zeigt drei typische Details:

– In Variante (a) bestand die oberste Geschossdecke nur aus der Tragkonstruktion und der unterseitigen Verkleidung bzw. es wurde der alte Deckenaufbau so weit zurückgebaut. Nach dem Einlegen einer diffusionshemmenden Folie (es empfiehlt sich die Verwendung einer feuchteadaptiven Dampfbremse), die gleichzeitig zur Herstellung der Luftdichtheit dient, kann der Raum zwischen den Balken gedämmt werden. Zur Minimierung der Wärmebrückenwirkung der Holzbalken wird zusätzlich durchgehend eine mindestens 6 cm dicke Wärmedämmschicht verlegt.

– Variante (b) stellt dar, wie die Wandköpfe der Zwischenwände im Dachraum zusätzlich gedämmt werden müssen, um Tauwasser im innenseitigen Eckbereich von Decke und Innenwand zu vermeiden.

– Bei Variante (c) ist im Baubestand eine oben und unten beplankte Decke vorhanden, die von Trennwänden, die bis zur Dachdeckung reichen, durchbrochen wird. Nach dem Auslegen und luftdichten Anschluss einer diffusionshemmenden Folie wird die Wärmedämmung aufgebracht. Zur Reduzierung der Wärmebrückenwirkung der durchgehenden massiven Wände müssen diese mindestens 30 cm in den Dachraum hinein wärmegedämmt werden.

a) Dämmung zwischen und auf den Balken

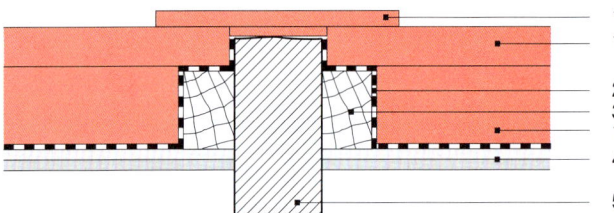

b) Dämmung der Wandköpfe von Zwischenwänden

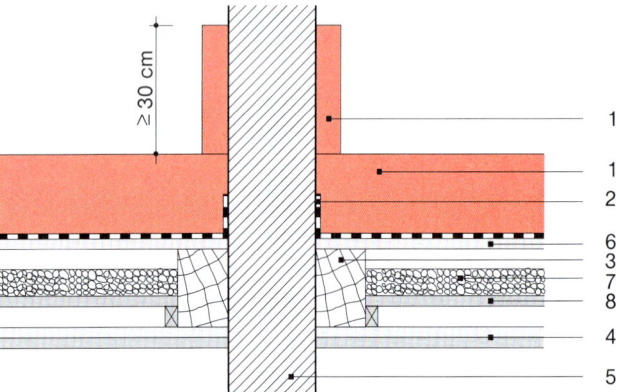

c) Dämmung auf der vorhandenen Decke mit Wärmedämmung der aufgehenden Zwischenwände im unbeheizten Bereich

1 Wärmedämmung
2 Diffusionshemmende Schicht, Luftdichtung
3 Deckenbalken im Bestand
4 Deckenputz im Bestand
5 Mauerwerk im Bestand
6 Dielenboden im Bestand
7 Deckenfüllung (Schlacke, Asche, Sand u.a.) im Bestand
8 Einschubdielen im Bestand

7-41 Detailausführungen bei der Wärmedämmung von obersten Geschossdecken zum unbeheizten Dachraum

7 Decken

Verbesserung des Wärmeschutzes von Decken im Bestand

Decken im Bestand		... mit verbessertem Wärmeschutz				
Mittlerer U-Wert	Jährliche Heizenergiekosten	Zusätzliche Dämmschicht[1]	Neuer mittlerer U-Wert	Jährliche Heizenergiekosten	Heizenergiekosteneinsparung[2] (bezogen auf die Deckenfläche)	
W/(m²K)	€/(m² Jahr)	cm	W/(m²K)	€/(m² Jahr)	€/(m² Jahr)	%
2,10	8,19/16,38	10	0,34	1,31	6,88/13,76	84%
		15	0,24	0,92	7,27/14,54	89%
		20	0,18	0,71	7,48/14,96	91%
		25	0,15	0,58	7,61/15,22	93%
1,00	3,90/7,80	10	0,29	1,11	2,79/5,58	71%
		15	0,21	0,82	3,08/6,16	79%
		20	0,17	0,65	3,25/6,50	83%
		25	0,14	0,54	3,36/6,72	86%
0,80	3,12/6,24	10	0,27	1,04	2,08/4,16	67%
		15	0,20	0,78	2,34/4,68	75%
		20	0,16	0,62	2,50/5,00	80%
		25	0,13	0,52	2,60/5,20	83%
0,60	2,34/4,68	10	0,24	0,94	1,40/2,80	60%
		15	0,18	0,72	1,62/3,24	69%
		20	0,15	0,59	1,76/3,52	75%
		25	0,13	0,49	1,85/3,70	79%
0,50	1,95/3,90	10	0,22	0,87	1,08/2,16	56%
		15	0,17	0,68	1,27/2,54	65%
		20	0,14	0,56	1,39/2,78	71%
		25	0,12	0,47	1,48/2,96	76%
0,40	1,56/3,12	10	0,20	0,78	0,78/1,56	50%
		15	0,16	0,62	0,94/1,88	60%
		20	0,13	0,52	1,04/2,08	67%
		25	0,11	0,45	1,11/2,22	71%

[1] Wärmeleitfähigkeit 0,04 W/mK)

[2] Den auf die Transmissionswärmeverluste bezogenen Heizenergiekosten liegt ein Heizöl- bzw. Erdgaspreis von 0,50/1,00 € je Liter bzw. m³ sowie ein Jahresnutzungsgrad einer Gas- oder Ölheizung von 0,85 (entspricht Anlagenaufwandszahl von 1,3; Kapitel 2, Kapitel 16) zugrunde. Geringere Heizenergiekosten werden beim Einsatz einer Elektrowärmepumpe oder Holzpellet-Heizung erreicht, Kapitel 16.

7-42 Auswirkung des verbesserten Wärmeschutzes vorhandener Decken auf den Wärmedurchgangskoeffizienten U und die Heizenergiekosten

13.6 Auswirkung zusätzlicher Wärmedämm-Maßnahmen

Die Tabelle in *Bild 7-42* gibt einen Überblick über die Wirkung der nachträglichen Wärmedämmung von Decken. Die angegebenen U-Werte beziehen sich auf die Deckenkonstruktionen der Baualtersklassen nach *Bild 7-38*. Den auf die Transmissionswärmeverluste bezogenen Heizenergiekosten liegt ein Heizöl- bzw. Erdgaspreis von 0,50/1,00 Euro je Liter bzw. m³ und ein Jahresnutzungsgrad einer Gas- oder Ölheizung von 0,85 zugrunde.

14 Hinweise auf Literatur und Arbeitsunterlagen

[1] Bundesministerium für Verkehr, Bau und Stadtentwicklung: Bekanntmachung der Regeln zur Datenaufnahme und Datenverwendung im Wohngebäudebestand, 30.07.2009, www.zukunft-haus.info

[2] Balkowski, Michael: Handbuch der Bauerneuerung. Verlagsgesellschaft Rudolf Müller GmbH & Co.KG, Köln (2008), ISBN-10: 3-481-02499-1, www.rudolf-mueller.de

[3] Institut für Bauforschung e. V.: U-Werte alter Bauteile. Fraunhofer IRB Verlag, Stuttgart (2005), ISBN 3-8167-6442-8, www.irb.fraunhofer.de

[4] Institut für Bauforschung e. V.: Atlas – Bauen im Bestand. Verlagsgesellschaft Rudolf Müller GmbH & Co.KG, Köln (2008), ISBN-10: 3-481-02356-1, www.rudolf-mueller.de

RAUM- UND GEBÄUDETRENNWÄNDE

1 **Einführung** S. 8/2

2 **Anforderungen** S. 8/2
2.1 Anforderungen
2.2 Anforderungen
2.3 Anforderungen
2.4 Anforderungen

3 **Wände innerhalb einer Wohnung** S. 8/5
3.1 Übersicht über die Anforderungen
3.2 Schalldämmung der Innenwände
3.3 Hinweise zur Ausführung von leichten Innenwänden

4 **Wohnungstrennwände** S. 8/6
4.1 Übersicht über die Anforderungen
4.2 Türen für Wohnungstrennwände

5 **Gebäudetrennwände** S. 8/10
5.1 Übersicht über die Anforderungen
5.2 Aufbau der Gebäudetrennwände

6 **Verbesserung des Wärmeschutzes von Raum- und Gebäudetrennwänden im Bestand** S. 8/13
6.1 Vorbemerkung
6.2 Übersicht alter Trennwände
6.3 Anforderungen an den Wärmeschutz bei baulichen Änderungen bestehender Gebäude
6.4 Nachträgliche Wärmedämmung von massiven Trennwänden durch eine Vormauerschale
6.5 Nachträgliche Wärmedämmung von massiven Trennwänden mit Trockenbaukonstruktionen
6.6 Auswirkung zusätzlicher Wärmedämm-Maßnahmen

7 **Hinweise auf Literatur und Arbeitsunterlagen** S. 8/18

RAUM- UND GEBÄUDETRENNWÄNDE

1 Einführung

Wände in einem Wohnhaus haben sehr unterschiedliche Aufgaben: Innerhalb einer Wohnung grenzen die **Innenwände** Wohnräume voneinander ab. Solche Wände können auch aus statischen Gründen erforderlich sein, um beispielsweise Deckenplatten zu tragen oder das Gebäude auszusteifen. Dementsprechend werden tragende und nicht tragende Innenwände unterschieden. **Wohnungstrennwände** trennen Wohnungen voneinander bzw. von Treppenräumen oder gewerblich genutzten Räumen. Schließlich haben die sog. **Gebäudetrennwände** die Aufgabe, aneinander gereihte Wohnhäuser bautechnisch voneinander abzuschließen. Wohnungstrennwände haben oft, Gebäudetrennwände stets tragende Funktion.

Die nachstehenden Abschnitte behandeln die Anforderungen an den Wärme-, Schall-, Brandschutz und die Luftdichtheit solcher Wände.

2 Anforderungen

2.1 Anforderungen an den Wärmeschutz

Bei den weitgehend gleichen Temperaturen in den Räumen einer Wohnung und den etwa gleichen Raumtemperaturen aneinander grenzender Wohnungen ist der Wärmeschutz der Innen- und Wohnungstrennwände von geringer Bedeutung. Deshalb sind **keine Maßnahmen zur Wärmedämmung von Wänden gegen andere Wohnungen oder beheizte Räume notwendig**.

Dagegen müssen Trennwände gegen unbeheizte Räume wie Treppenräume, Kellerräume, Lagerräume u. Ä. gegen Transmissionswärmeverluste **wärmegedämmt werden**, um den Jahresheizwärmebedarf auf ein wirtschaftliches Maß zu begrenzen. Die Energieeinsparverordnung (EnEV) stellt für neu zu errichtende Gebäude keine Anforderungen an die Wärmedurchgangskoeffizienten der einzelnen Außenbauteile. Der **Nachweis eines energiesparenden Wärmeschutzes** für Wohngebäude erfolgt über den spezifischen, auf die gesamte wärmeübertragende Umfassungsfläche bezogenen Transmissionswärmeverlust H_T' des Gebäudes in Abhängigkeit von H_T' des Referenzgebäudes mit identischen Außenflächen bei vorgegebenen Wärmedurchgangskoeffizienten entsprechend Anlage 1 der EnEV 2014, Kapitel 2-5.3. Dieser entspricht physikalisch dem mittleren Wärmedurchgangskoeffizienten der Außenhülle des Gebäudes. Damit diese auf die gesamte Gebäudehülle bezogene Anforderung der EnEV durch eine bauphysikalisch und wirtschaftlich sinnvolle Abstimmung des Wärmeschutzes der verschiedenen Außenbauteile erfüllt wird, **empfiehlt es sich, für Raumtrennwände gegen unbeheizte und nur zeitweise beheizte Räume von Wohngebäuden die in** Bild 8-1 **angegebenen Richtwerte der Wärmedurchgangskoeffizienten U_{iu} einzuhalten**.

Unabhängig von der Einhaltung des maximal zulässigen Primärenergiebedarfs nach EnEV, Kapitel 2-5.2, sollten die angegebenen Richtwerte des Wärmedurchgangskoeffizienten U_{iu} – aufgrund der Lebensdauer der Gebäudehülle von mehr als 50 Jahren – aus wirtschaftlichen Gründen nicht überschritten werden. Eine Erhöhung der Wärmedämmstoffdicke bei der Bauerstellung um einige Zentimeter erhöht die Gesamtkosten der Wände nur geringfügig. Eine nachträgliche, durch weiter gestiegene Energiekosten notwendige Verbesserung des Wärmeschutzes ist dagegen nur mit erheblichem bautechnischen Aufwand realisierbar und mit entsprechenden Kosten verbunden.

Der Passivhaus-Standard mit einem Jahresheizwärmebedarf von etwa 15 kWh/(m²a), Kapitel 1-4.2.3, benötigt als zukunftweisender Standard erheblich besser wärmegedämmte Raumtrennwände gegen unbeheizte oder nur zeitweise beheizte Räume. Diese Bedingung wird von Raumtrennwänden mit einem Wert des Wärmedurchgangs-

	Gebäude nach Energieeinsparverordnung (EnEV)	Gebäude nach Passivhausstandard
Raumtrennwände gegen unbeheizte Räume wie Treppenräume, Kellerräume und Lagerräume	$U_{iu} \leq 0{,}25 \ldots 0{,}35$ W/(m²K)	$U_{iu} \leq 0{,}15 \ldots 0{,}20$ W/(m²K)
Raumtrennwände gegen Räume mit zeitweise abgesenkter Temperatur (Wochenendabschaltung der Heizung u. Ä.)	$U_{iu} \leq 0{,}40 \ldots 0{,}60$ W/(m²K)	$U_{iu} \leq 0{,}15 \ldots 0{,}20$ W/(m²K)
Raumtrennwände gegen andere Wohnungen und sonstige beheizte Räume	keine Wärmedämmung notwendig	

8-1 Empfohlene Richtwerte U_{iu} der Wärmedurchgangskoeffizienten von Raumtrennwänden für Wohngebäude

koeffizienten U_{iu} gleich oder kleiner 0,15 bis 0,20 W/(m²K) in der Regel erfüllt, *Bild 8-1*.

2.2 Anforderungen an den Schallschutz

In der Richtlinie DIN 4109 sind Mindestanforderungen an den Luftschallschutz von Wänden in Wohnhäusern genannt. Diese Anforderungen betreffen Wohnungstrennwände, Treppenraumwände und Wände neben Hausfluren sowie Haustrennwände von Doppel- und Reihenhäusern, *Bild 8-2*. Ergänzend sind in *Bild 8-2* auch die Schallschutzanforderungen an die wichtigsten Einbauten von Innenwänden, nämlich Türen, aufgeführt. Die Mindestanforderungen nach der Norm DIN 4109 sind baurechtlich eingeführte Anforderungen, die stets einzuhalten sind.

Auch die Empfehlungen und Vorschläge für einen erhöhten Luftschallschutz, wie sie im Beiblatt 2 zur DIN 4109 (Ausgabe November 1989), der VDI 4100 (Ausgabe August 2007 mit den Schallschutzstufen I, II und III) sowie dem Entwurf der DIN 4109-1 (Ausgabe Juni 2013) genannt sind, können *Bild 8-2* entnommen werden. Weitere Hinweise zum erhöhten Schallschutz, der stets gesondert zwischen Entwurfsverfasser und Bauherrn bzw. Bauherrn und späterem Eigentümer zu vereinbaren ist, sind Kapitel 11-24.4 bis 11-25 zu entnehmen.

Die VDI 4100 wurde im Oktober 2012 novelliert und stellt jetzt nachhallzeitbezogene Anforderungen an den Luft- und Trittschallschutz. Diese – von den Raumgrößen der benachbarten Räume abhängigen Größen – sind nicht mehr mit den Anforderungen der bei Drucklegung des Buches (Juni 2014) bauaufsichtlich eingeführten Norm DIN 4109 vergleichbar. Daher werden in *Bild 8-2* die Werte der zurückgezogenen (Ausgabe August 2007), inzwischen überarbeiteten VDI 4100 weiterhin angegeben, um einen Vergleich der unterschiedlichen Schallschutzanforderungen zu ermöglichen. Bei Bauverträgen muss immer angegeben werden auf welche Norm bzw. VDI und auf welche Ausgabe sich das vereinbarte Schallschutzniveau bezieht.

Weitere Informationen zum Entwurf der DIN 4109 (Ausgabe Juni 2013) und zur VDI 4100 (Ausgabe Oktober 2012) können Kap. 21 entnommen werden.

Der Luftschallschutz wird durch das bewertete Schalldämm-Maß R'_w beschrieben, Kapitel 11-22.4, 11-25.6. Es schließt auch die Schallübertragung durch Wände und Decken ein, die an die betrachtete Wand angrenzen. Das erforderliche oder empfohlene Schalldämm-Maß R'_w nach *Bild 8-2* sollte gleich oder kleiner sein als das bewertete Schalldämm-Maß R'_w einer zu planenden oder einzubauenden Wand.

8 Raum- und Gebäudetrennwände — Anforderungen an den Schallschutz/Luftdichtheit

Bauteil	Norm/Norm-Entwurf	Art der Anforderung bzw. Empfehlung[1]	Erforderliches bewertetes Schalldämm-Maß R'_w zum Schutz gegen Schallübertragung		
			aus einem fremden Wohnbereich im		aus dem eigenen Wohnbereich
			Mehrfamilienhaus dB	Doppel- bzw. Reihenhaus dB	dB
Wohnungstrennwände	DIN 4109	Mindestschallschutz	53	–	–
	Beiblatt 2 zu DIN 4109	Erhöhter Schallschutz	≥ 55	–	–
	VDI 4100				
	– Schallschutzstufe I	Mindestschallschutz	53	53	–
	– Schallschutzstufe II	Erhöhter Schallschutz	56	63	–
	– Schallschutzstufe III	Erhöhter Schallschutz	59	68	–
	E DIN 4109-1	Mindestschallschutz	53	–	–
Treppenraumwände, Wände neben Hausfluren	DIN 4109	Mindestschallschutz	52	–	–
	Beiblatt 2 zu DIN 4109	Erhöhter Schallschutz	≥ 55	–	–
	VDI 4100				
	– Schallschutzstufe I	Mindestschallschutz	52	–	–
	– Schallschutzstufe II	Erhöhter Schallschutz	56	–	–
	– Schallschutzstufe III	Erhöhter Schallschutz	59	–	–
	E DIN 4109-1	Mindestschallschutz	53	–	–
Trennwände innerhalb einer Wohnung zwischen „lauten" und „leisen" Räumen, z. B. Wohn- und Kinderschlafzimmer	DIN 4109	Mindestschallschutz	–	–	–
	Beiblatt 2 zu DIN 4109	Normaler/erhöhter Schallschutz	–	–	40 / ≥ 47
	VDI 4100				
	– Schallschutzstufe I	Mindestschallschutz	–	–	–
	– Schallschutzstufe II	Erhöhter Schallschutz	–	–	> 40
	– Schallschutzstufe III	Erhöhter Schallschutz	–	–	> 40
	E DIN 4109-1	Mindestschallschutz	–	–	–
Haustrennwände	DIN 4109	Mindestschallschutz	–	57	–
	Beiblatt 2 zu DIN 4109	Erhöhter Schallschutz	–	≥ 67	–
	VDI 4100				
	– Schallschutzstufe I	Mindestschallschutz	–	57	–
	– Schallschutzstufe II	Erhöhter Schallschutz	–	63	–
	– Schallschutzstufe III	Erhöhter Schallschutz	–	68	–
	E DIN 4109-1	Mindestschallschutz	–	59 bzw. 62	–
Türen, die von Hausfluren oder Treppenräumen in Flure oder Dielen von Wohnungen führen	DIN 4109	Mindestschallschutz	27	–	–
	Beiblatt 2 zu DIN 4109	Erhöhter Schallschutz	≥ 37	–	–
	VDI 4100				
	– Schallschutzstufe I	Mindestschallschutz	27	–	–
	– Schallschutzstufe II	Erhöhter Schallschutz	32	–	–
	– Schallschutzstufe III	Erhöhter Schallschutz	37	–	–
	E DIN 4109-1	Mindestschallschutz	27	–	–
Türen, die von Hausfluren und Treppenräumen unmittelbar in Aufenthaltsräume von Wohnungen führen	DIN 4109	Mindestschallschutz	37	–	–
	Beiblatt 2 zu DIN 4109	Erhöhter Schallschutz	≥ 37	–	–
	VDI 4100				
	– Schallschutzstufe I	Mindestschallschutz	37	–	–
	– Schallschutzstufe II	Erhöhter Schallschutz	42	–	–
	– Schallschutzstufe III	Erhöhter Schallschutz	47	–	–
	E DIN 4109-1	Mindestschallschutz	37	–	–

[1] Alle Werte für erhöhten Schallschutz müssen ausdrücklich zwischen Entwurfsverfasser und Bauherrn vereinbart werden.

8-2 Werte für den Mindest-Schallschutz und den erhöhten Schallschutz zur Luftschalldämmumg von Wänden und Türen (Auszug aus DIN 4109, Beiblatt 2 zu DIN 4109, VDI 4100 und E DIN 4109-1)

2.3 Anforderungen an die Luftdichtheit

Die äußere Gebäudehülle ist nicht nur wärme- und schalldämmend, sondern auch luftdicht auszuführen, Kapitel 9. Dadurch werden unnötige Lüftungswärmeverluste vermieden, die sich sonst durch das unkontrollierte Ausströmen warmer Raumluft durch Undichtigkeiten der Gebäudehülle (Leckagen, undichte Fugen) ergeben würden. Deshalb schreibt die Energieeinsparverordnung die Realisierung einer luftdichten Schicht für die gesamte wärmeübertragende Umfassungsfläche des Gebäudes vor, Kapitel 2.

Trennwände, die an andere Gebäude oder an unbeheizte Gebäudeteile (z. B. Treppenräume, unbeheizte Kellerräume) grenzen, gehören zur wärmegedämmten Hülle und müssen daher luftdicht ausgeführt werden.

In DIN 4108-7 „Luftdichtheit von Bauteilen und Anschlüssen" werden folgende Grenzwerte für die bei 50 Pa Differenzdruck gemessene volumenbezogene Luftwechselrate n_{50} angegeben:

$$n_{50} \leq \begin{cases} 1{,}5\ h^{-1} & \text{bei Gebäuden mit raumlufttechnischen Anlagen} \\ 3{,}0\ h^{-1} & \text{bei Gebäuden mit natürlicher Lüftung (Fensterlüftung)} \end{cases}$$

Diese Grenzwerte werden auch von der EnEV (Anlage 4 Nr. 2) genannt, wenn für das Gebäude ein Nachweis der Luftdichtheit mit dem Blower-Door-Messverfahren erfolgt.

Bei massivem Mauerwerk wird die Luftdichtheit in der Regel mit einem durchgehenden Innenputz erreicht, bei Mauerwerk in Leichtbauweise muss sie durch den Einbau einer luftdichten Schicht sichergestellt werden. Die einfachste Möglichkeit hierzu besteht darin, die in der Regel ohnehin notwendige diffusionshemmende Schicht (PE-Folie, armierte Baupappe u. a.) als luftdichte Schicht auszuführen. Dazu müssen die überlappenden Bahnen geeignet miteinander verklebt und die Anschlüsse am Rand des Bauteils ebenfalls dauerhaft luftdicht ausgeführt werden, Kapitel 9-4.

Sowohl im Massiv- als auch im Leichtbau ist die Luftdichtheit des Bauteils in der Fläche meist einfach herzustellen, kritisch sind dagegen in der Regel die Anschlüsse an andere Bauteile, wie z. B. Türen. Beispiele für die luftdichte Ausführung solcher Anschlüsse finden sich in Kapitel 9-4.3.

2.4 Anforderungen an den Brandschutz

Wände von Gebäuden werden im Hinblick auf ihr Brandverhalten durch ihre **Feuerwiderstandsdauer** und weitere Eigenschaften gekennzeichnet. Eine Wand, die unter festgelegten Prüfbedingungen während einer Zeitspanne von 30 Minuten den Durchgang von Feuer verhindert, wird in die **Feuerwiderstandsklasse** F 30 eingruppiert. Entsprechendes gilt für die Feuerwiderstandsklassen F 60, 90, ... usw. Aus DIN 4102 Teil 4 ist die Eingruppierung zahlreicher Bauteile wie Wände, Decken, Dächer u. a. in die einzelnen Feuerwiderstandsklassen zu ersehen.

In den Landesbauordnungen ist festgelegt, welcher Feuerwiderstandsklasse und welcher **Baustoffklasse** (A umfasst nicht brennbare, B brennbare Baustoffe) die Wände eines Gebäudes angehören müssen. Nach der Bauordnung des Landes Nordrhein-Westfalen ist z. B. die Wohnungstrennwand eines Hauses geringer Höhe mit nicht mehr als zwei Wohnungen nach den Anforderungen der Feuerwiderstandsklasse F 30-B, eine Gebäudetrennwand dagegen nach denen der Klasse F 90-AB auszuführen.

3 Wände innerhalb einer Wohnung

3.1 Übersicht über die Anforderungen

An Wände innerhalb einer Wohnung werden keine Wärme- und Brandschutzanforderungen sowie keine Mindestanforderungen an den Schallschutz gestellt. Erfahrungsgemäß ist aber für Trennwände zwischen Räumen hoher Lufttemperatur (Schwimmbad- und

Saunaräume) und den Wohnräumen ein Wärmeschutz zu empfehlen. Entsprechendes gilt für Trennwände bei Räumen niedriger Temperatur (WC, gelegentlich genutzte Räume u. Ä.). Trennwände zwischen üblich beheizten Wohnräumen und Wohnräumen geringerer Temperatur sollen bei einer

Temperaturdifferenz ≥ 5 K
einen Wärmedurchgangskoeffizienten $U \leq 1,0$ W/(m²K)

sowie bei einer

Temperaturdifferenz ≥ 10 K
einen Wärmedurchgangskoeffizienten $U \leq 0,5$ W/(m²K)

aufweisen.

Entsprechendes gilt für den Schallschutz von Arbeitsräumen innerhalb einer Wohnung: Ihre Wände sollen den Schallschutzanforderungen für Wohnungstrennwände gegen andere Wohnungen entsprechen, Bild 8-2.

3.2 Schalldämmung der Innenwände

Obwohl an den Schallschutz von Wänden innerhalb von Wohnungen keine Mindestanforderungen gestellt werden, ist die Beachtung des Schalldämm-Maßes R'_w bei der Auswahl der Innenwandkonstruktionen für ein Wohnhaus zu empfehlen. Viele Innenwandkonstruktionen lassen nämlich bei geringen Mehrkosten einen erhöhten Schallschutz zu.

Im Beiblatt 2 zur DIN 4109 wird für Innenwände bei „normalem" Schallschutz ein Schalldämm-Maß R'_w von 40 dB und bei erhöhtem Schallschutz gleich oder größer 47 dB genannt. Schallschutzfachleute empfehlen, die Wände von Arbeitsräumen innerhalb einer Wohnung hinsichtlich des Schallschutzes wie Wohnungstrennwände auszuführen.

Räume mit erhöhtem Schallschutzbedarf innerhalb einer Wohnung erfordern auch Türen erhöhten Schallschutzes, Bild 8-2. Im Regelfall sollten Türen gewählt werden, deren bewertetes Schalldämm-Maß R'_w gleich oder größer 37 dB ist.

Für Innenwände leichter zweischaliger Bauart ist das bewertete Schalldämm-Maß R_w (ohne Berücksichtigung der Schallübertragung durch flankierende Bauteile und Nebenwege, Kapitel 11-22.4) aus Bild 8-3 zu entnehmen. Die für Metallständerwände angegebenen Schalldämm-Maße liegen aufgrund der Änderung A 1 zum Beiblatt 1 der DIN 4109 um 4 bis 6 dB niedriger als die ehemals im Beiblatt 1 enthaltenen Werte, da dort die Schalldämmung von Metallständerwänden zu hoch eingestuft war.

Bild 8-4 enthält die bewerteten Schalldämm-Maße R'_w (inkl. Schallübertragung durch flankierende Bauteile) für mittelschwere und schwere Trennwände einschaliger Bauart.

3.3 Hinweise zur Ausführung von leichten Innenwänden

Die Praxis zeigt, dass die nach DIN 4109 erreichbaren Schalldämm-Maße von Metallständerwänden in der Praxis häufig nicht erreicht werden. Dies liegt in der Regel an einer Bauausführung, die nicht entsprechend den Vorgaben der Hersteller erfolgte. Insbesondere auf die Anschlüsse an Boden, Decke und Wand ist zu achten, siehe Bilder 8-5 und 8-6. Auch die Montage von Elektroleerdosen (Hohlraumdosen) ist entscheidend für das in der Praxis resultierende Schalldämm-Maß der Innenwände. Sie dürfen nicht unmittelbar gegenüberliegend eingebaut werden. Sie müssen mit Gipsmörtel in Beplankungsdicke hinterfüllt werden (Bild 8-7) bzw. in Beplankungsdicke mit Gipskartonplatten umhaust werden (Bild 8-8).

4 Wohnungstrennwände

4.1 Übersicht über die Anforderungen

Bild 8-1 weist Empfehlungen für den Wärmeschutz und Bild 8-2 weist Anforderungen an den Schallschutz für Wohnungstrennwände aus. Die Anforderungen sind sowohl bei zu errichtenden Wohngebäuden als auch bei baulichen Erweiterungen (Anbau, Ausbau, Aufstockung) bestehender Wohngebäude einzuhalten. Als bauliche Er-

8 Raum- und Gebäudetrennwände — Wohnungstrennwände

Ausführungsbeispiele für Metallständerwände nach Änderung A 1 zum Beiblatt 1 der DIN 4109	s_B[1] mm	Wandprofil[2]	Mindestschalenabstand s mm	Mindestdämmschichtdicke s_D mm	R_w[3] dB	Ausführungsbeispiele für Holzständerwände nach Beiblatt 1 der DIN 4109	Anzahl der Lagen je Schicht[4]	Mindestschalenabstand s mm	Mindestdämmschichtdicke s_D mm	R_w[3] dB
	12,5	CW 50×0,6	50	40	39		1	60	40	38
		CW 75×0,6	75	40	39					
		CW 100×0,6	100	40	41		2			46
				60	42					
				80	43					
	2 × 12,5	CW 50×0,6	50	40	46		1	125	40	53
		CW 75×0,6	75	40	46					
				60	49					
		CW 100×0,6	100	40	47		2			60
				60	49					
				80	50					
	2 × 12,5	CW 50×0,6	105	80	58		2	200	80	65
		CW 100×0,6	205	80	59					

[1] Dicke einer Gipskartonplatte
[2] Kurzzeichen für das Wandprofil
[3] Bewertetes Schalldämm-Maß (Rechenwert); die Schallübertragung durch anschließende Wände und Decken (so genannte Flankenübertragung) ist in dieses Maß nicht einbezogen
[4] Anzahl der Gipskartonplatten o. Ä. je Schale; 12,5 oder 15 mm dick je Platte

8-3 Bewertete Schalldämm-Maße R_w der Luftschalldämmung für Metall- und Holzständerwände (Auszug aus Beiblatt 1 der DIN 4109, Tabellen 23 und 24)

weiterung gilt die Vergrößerung der beheizten Nutzfläche um zusammenhängend mindestens 50 Quadratmeter. Wohnungstrennwände gegen unbeheizte Räume (z. B. Treppenräume) gehören zur wärmeübertragenden Umfassungsfläche des Gebäudes und müssen daher luftdicht ausgeführt werden.

In *Bild 8-9* sind für die wichtigsten Einbausituationen das bewertete Schalldämm-Maß R'_w und der Wärmedurchgangskoeffizient U einschaliger Wohnungstrennwände ohne Wärmedämmung aufgeführt. Diese Wandkonstruktionen erfüllen die Mindestanforderungen an den Schallschutz nach *Bild 8-2* und den Wärmeschutz gegen andere Wohnungen und sonstige beheizte Räume. Die Empfehlungen für den Wärmedurchgangskoeffizienten U_{iu}, *Bild 8-1*, gegen unbeheizte Räume lassen sich dagegen mit diesen Konstruktionen nicht einhalten. **Wohnungstrennwände mit hinreichenden schall- und wärmetechnischen Eigenschaften müssen im Regelfall als mehrschichtige Wände ausgeführt werden**, *Bild 8-10*.

Sofern Wohnungstrennwände in bestehende Wohngebäude erstmalig eingebaut, ersetzt oder erneuert werden, wird die Einhaltung der Richtwerte des Wärmedurchgangskoeffizienten U_{iu} für zu errichtende Gebäude empfohlen, *Bild 8-1*. Der Wärmedurchgangskoeffizient einer Trennwand, die ersetzt oder erneuert werden soll, darf nicht größer als der ursprünglich vorhandene Wärmedurchgangskoeffizient U sein.

4.2 Türen für Wohnungstrennwände

Wohnungstrennwände sind nach der Landesbauordnung – je nach Höhe des Hauses und Anzahl der Wohnungen – für eine bestimmte Feuerwiderstandsdauer bzw. Feuerwiderstandsklasse auszulegen. Eine Ausnahme bilden in solchen

Aufbau		U-Wert W/(m²K)	Wärmespeichervermögen	Bewertetes Schalldämm-Maß R'_w dB
Gipsputz Hochlochziegel (HLZ) 1,4 [1)] Gipsputz	1,5 cm 17,5 cm 1,5 cm	1,5	mittel	ca. 48
Gipsputz Kalksandstein (KS) 1,8 Gipsputz	1,5 cm 11,5 cm 1,5 cm	2,4	mittel	ca. 46
Gipsputz Beton Gipsputz	1,5 cm 12,5 cm 1,5 cm	2,5	hoch	ca. 50
Spachtelputz Porenbeton-Planstein 0,6 Spachtelputz	0,8 cm 12,5 cm 0,8 cm	1,1	gering	ca. 35
Gipsbauplatte 0,9	10,0 cm	2,2	gering	ca. 35

[1)] Rohdichteklasse RDK 1,4 entspricht 1201 ≤ ρ ≤ 1400 kg/m³ usw.

8-4 Wärmedurchgangskoeffizient U, Wärmespeicherfähigkeit und bewertetes Schalldämm-Maß R'_w einschaliger massiver Innenwände

8 Raum- und Gebäudetrennwände — Wohnungstrennwände

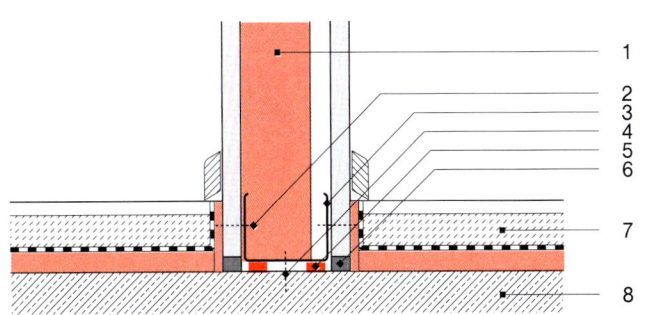

1 Wärmedämmung	5 Entkopplungsband
2 Schnellbauschraube	6 Füllmörtel
3 Ständerwandprofil	7 Schwimmender Estrich
4 Drehstiftdübel	8 Stahlbeton-Bodenplatte

8-5 Bodenanschluss einer einlagig beplankten Metallständerwand

1 Stahlbetondecke	5 Schnellbauschraube
2 Drehstiftdübel	6 Ständerwandprofil
3 Füllmörtel	7 Trockenbauplatte
4 Entkopplungsband	8 Wärmedämmung

8-6 Deckenanschluss einer einlagig beplankten Metallständerwand

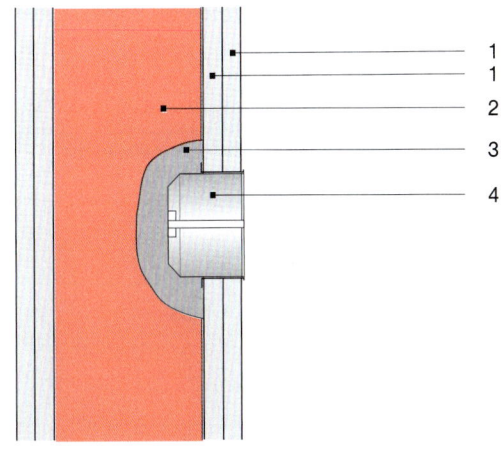

1 Trockenbauplatte	3 Mörtel in Beplankungsdicke
2 Wärmedämmung	4 Elektro-Hohlwanddose

8-7 Hinterfüllung der Elektroleerdose in einer zweilagig beplankten Metallständerwand mit Gipsmörtel

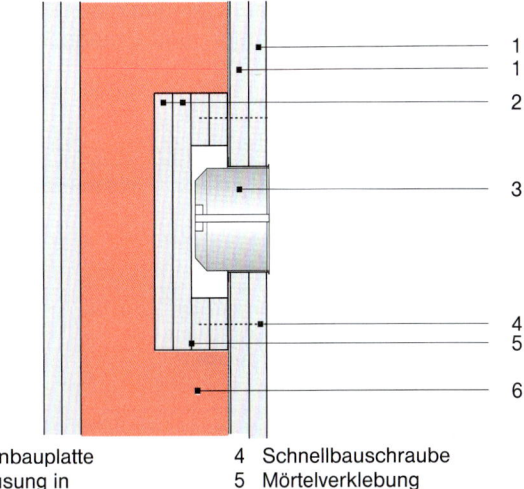

1 Trockenbauplatte	4 Schnellbauschraube
2 Umhausung in Beplankungsdicke	5 Mörtelverklebung
3 Elektro-Hohlwanddose	6 Wärmedämmung

8-8 Umhausung der Elektroleerdose in einer zweilagig beplankten Metallständerwand mit Gipskartonplatten

Wänden Türen zum Treppenhaus oder Flur: Sie müssen lediglich aus schwer entflammbarem Material bestehen und dicht schließen. Die geforderte „Luftundurchlässigkeit" ist auch im Hinblick auf den Wärme- und Schallschutz unerlässlich. Deshalb wird am Fußpunkt der Tür entweder ein **Schwellenanschlag** angeordnet oder eine **Fugenanpressdichtung** eingebaut, *Bild 5-46, Bild 9-18*.

Für Türen, die von einem Hausflur oder Treppenraum aus in Flure oder Dielen von Wohnungen führen, beträgt das erforderliche Mindest-Schalldämm-Maß R'_w 27 dB, *Bild 8-2*. Ein zwischen Bauherrn und Entwurfsverfasser zu vereinbarender erhöhter Schallschutz setzt nach VDI 4100 ein erforderliches Schalldämm-Maß R'_w gleich oder größer 32 dB voraus. Führt eine Tür z. B. vom Treppenraum aus direkt in einen Wohn- oder Arbeitsraum, so beträgt das empfohlene Schalldämm-Maß ebenfalls 32 dB oder mehr, *Bild 8-2*.

Auf dem Markt werden schalldämmende Türen angeboten, die diese Anforderungen und die zusätzlichen Anforderungen an den Wärme- und Brandschutz erfüllen.

Solche Türen sind, bedingt durch ihre Einbauart, gegen Aushebeln hinreichend gesichert und daher zusätzlich als einbrucherschwerend zu betrachten.

5 Gebäudetrennwände

5.1 Übersicht über die Anforderungen

An den Wärmeschutz der Trennwände aneinander gereihter Wohnhäuser werden keine Anforderungen gestellt, *Bild 8-1*. Weit gehend sind dagegen die Anforderungen an den Brand- und Schallschutz solcher Wände: Sie müssen bestimmten Feuerwiderstandsklassen entsprechen und ihr bewertetes Schalldämm-Maß R'_w muss mindestens 57 dB betragen, *Bild 8-2*. In *Bild 8-11* sind Wandkonstruktionen aufgeführt, die diese Anforderungen erfüllen. Da Gebäudetrennwände zur wärmeübertragenden Umfassungsfläche des Gebäudes gehören, müssen sie zudem luftdicht ausgeführt und luftdicht an andere Bauteile angeschlossen werden, Abschnitt 2.3.

Nr.	Wohnungstrennwände gegen	Steinrohdichteklasse[1)]	Rohwanddicke mm	Bewertetes Schalldämm-Maß R'_w dB	Wärmedurchgangskoeffizient U W/(m²K)
1	andere Wohnungen und sonstige beheizte Räume (z. B. beheizte Treppenräume)	0,8 1,2 1,4 1,8	490 365 300 240	53	0,59 1,04 1,32 1,67
2	Spiel- und ähnliche Gemeinschaftsräume	0,9 1,4 1,6 2,0	490 365 300 240	55	0,72 1,16 1,37 1,85

[1)] Rohdichteklasse RDK 1,2 entspricht $1001 \leq \rho \leq 1200$ kg/m³ usw.

8-9 Bewertetes Schalldämm-Maß R'_w und Wärmedurchgangskoeffizient U für Wohnungstrennwände aus einschaligem Mauerwerk unterschiedlicher Rohdichte und Dicke (Normalmörtel, beidseitige Putzschicht mit 20 kg/m²)

8 Raum- und Gebäudetrennwände — Gebäudetrennwände

Nr.	Wandaufbau ab Wohnraum		Gesamtdicke der Wand cm	Bewertetes Schalldämm-Maß R'_w dB	Wärmedurchgangs-koeffizient U W/(m²K)
1	Putz **Leichtbeton-Vollsteine 0,5**[1)] Wärmedämmschicht WLG 040[2)] Leichtbeton-Vollsteine 0,5 Putz	1,0 cm 11,5 cm / 17,5 cm 7,0 cm 11,5 cm 1,0 cm	32/38	52/56	0,36/0,34
2	Putz Leicht-Hochlochziegel 0,8 **Wärmedämmschicht WLG 040** Leicht-Hochlochziegel 0,8 Putz	1,0 cm 11,5 cm 5,0 cm / 8,0 cm 11,5 cm 1,0 cm	30/33	57	0,47/0,35
3	Putz **Hochlochziegel 1,4** Wärmedämmschicht WLG 040 Gipskartonplatte[3)]	1,0 cm 17,5 cm / 24,0 cm 6,0 cm 1,5 cm	26/32,5	52/55	0,47/0,44

[1)] Rohdichteklasse RDK 0,5 entspricht $401 \leq \rho \leq 500$ kg/m³ usw.
[2)] Wärmeleitfähigkeit 0,04 W/(mK)
[3)] Als biegeweiche Vorsatzschale nach Beiblatt 1 zu DIN 4109 auszuführen

8-10 Bewertetes Schalldämm-Maß R'_w und Wärmedurchgangskoeffizient U mehrschichtiger Wohnungstrennwände gegen Gebäudeteile mit wesentlich niedrigeren Temperaturen (unbeheizte Treppenräume, Flure u. Ä., Bild 8-2)

Steinrohdichte-klasse[1)]	Dicke der Mauerwerks-schalen (ohne Putz) mm	Flächenbezogene Masse der Einzelschale kg/m²	Bewertetes Schalldämm-Maß R'_w dB	Wärmedurchgangs-koeffizient U W/(m²K)
0,6	2 × 240	144	57	0,34
0,8	2 × 175	140		0,48
1,0	2 × 150	150		0,61
1,4	2 × 115	161		0,71
1,0	2 × 240	240	67	0,50
1,2	175 + 240	210 bzw. 288		0,56
1,4	2 × 175	245		0,63
1,8	115 + 175	207 bzw. 315		0,71
2,2	2 × 115	253		0,82

[1)] Rohdichteklasse RDK 0,6 entspricht $501 \leq \rho \leq 600$ kg/m³ usw.

8-11 Bewertetes Schalldämm-Maß R'_w und Wärmedurchgangskoeffizient U für zweischalige Gebäudetrennwände aus Mauerwerk (Normalmörtel, beidseitige Putzschicht von jeweils 10 mm Dicke mit 10 kg/m² Masse, Trennfugendicke 30 mm, mit Mineralfaserplatten ausgelegt)

8 Raum- und Gebäudetrennwände

Gebäudetrennwände

5.2 Aufbau der Gebäudetrennwände

Gebäudetrennwände werden als ein- und zweischalige Wände schwerer Bauart ausgeführt. Bei zweischaliger Bauweise müssen die flächenbezogene Masse jeder Schale einschließlich eines evtl. Putzes mindestens 150 kg/m² und die Dicke der Trennfuge mindestens 30 mm betragen. Wenn die Trennfuge mindestens 50 mm dick ist, kann die flächenbezogene Masse je Schale auf 100 kg/m² verringert werden. Die Trennfuge ist vollflächig mit mineralischen Faserdämmplatten des Typs WTH auszufüllen. Bei einer flächenbezogenen Masse je Schale von mindestens 200 kg/m² und einer Trennfuge ≥ 30 mm darf auf das Einlegen der Wärmedämmung verzichtet werden. Die Wärmeschutzwirkung einer Trennfuge ohne Einlage ist jedoch unzureichend: Im Stoßbereich von Trennwand und Außenwand sowie im Einbindebereich von Decken entstehen Wärmebrücken (Kapitel 10). Diese Wärmebrücken können zu einer Durchfeuchtung und Schädigung der Bausubstanz führen. **Um solche Schäden zu vermeiden, ist eine wärmedämmende Trennfugeneinlage dringend zu empfehlen.**

Eine Gebäudetrennfuge ist ohne Unterbrechung vom Fundament bis zur Dachhaut durchzuführen, *Bild 8-12*. Im Bereich der Deckeneinbindung ist die Ausbildung der Fuge durch eine druckausgleichende Schalung sicherzustellen. Zwischen den Deckenplatten und Mauerwerksschalen dürfen keine Mörtelstege entstehen. Die Gebäudetrennwand ist im Dachbereich als Brandwand abzuschließen.

Die Trennfuge ist auch ohne Versetzung bis in den Außenputz der Fassade zu führen, *Bild 8-13*. Dort wird sie mit einem Spezialprofil verschlossen, um das Eindringen von Niederschlagswasser auszuschließen.

Bei zweischaliger Wandkonstruktion muss auch die Verblendschale durch eine Trennfuge getrennt werden, *Bild 8-14*. Die Trennfuge schließt eine Flankenübertragung des Schalls aus und verhindert durch die Versetzung das Eindringen von Niederschlagswasser.

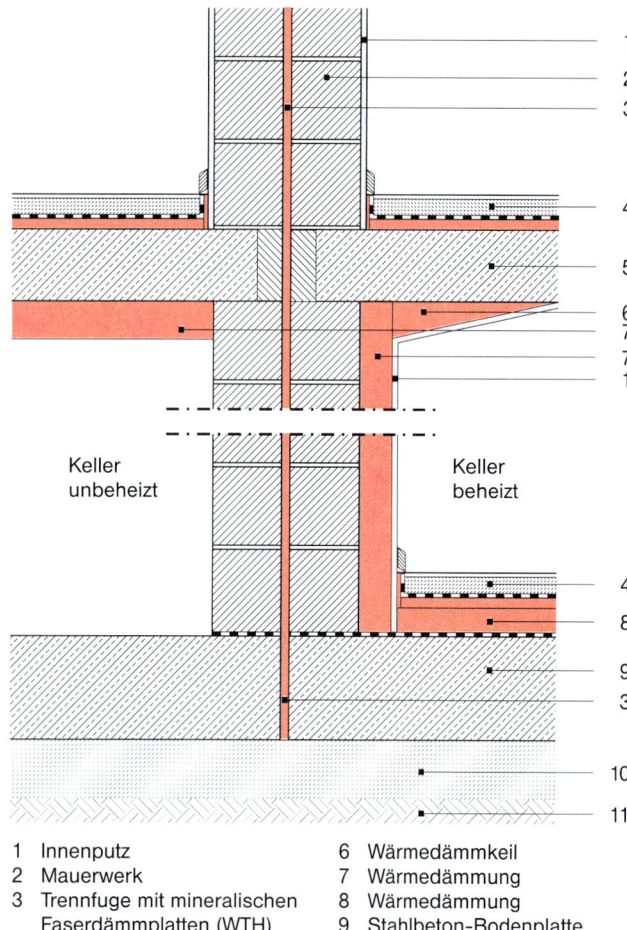

1 Innenputz
2 Mauerwerk
3 Trennfuge mit mineralischen Faserdämmplatten (WTH)
4 Schwimmender Estrich
5 Stahlbetondecke
6 Wärmedämmkeil
7 Wärmedämmung
8 Wärmedämmung
9 Stahlbeton-Bodenplatte
10 Sauberkeitsschicht
11 Erdreich

8-12 Die Trennfuge der Gebäudetrennwand ist vom Fundament bis in den Dachbereich zu führen

8 Raum- und Gebäudetrennwände

Verbesserung des Wärmeschutzes im Bestand

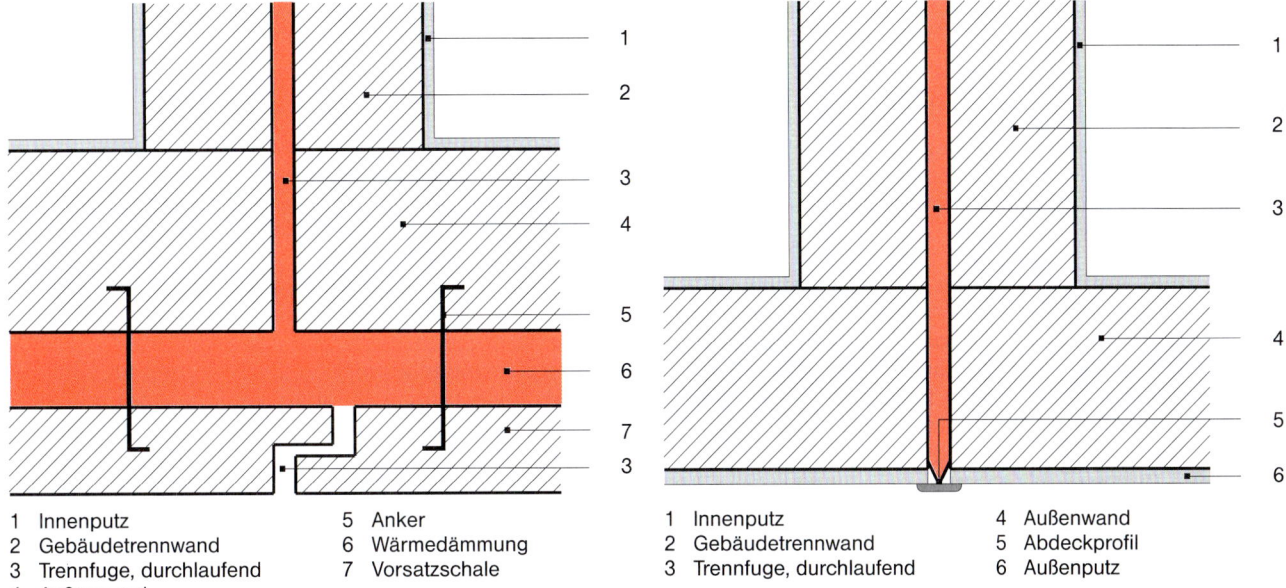

8-13 Die Trennfuge der Gebäudetrennwand ist in den Außenputz zu führen und dort mit einem Spezialprofil zu verschließen

1 Innenputz
2 Gebäudetrennwand
3 Trennfuge, durchlaufend
4 Außenwand
5 Anker
6 Wärmedämmung
7 Vorsatzschale

8-14 Auch die Verblendschale einer Außenwand ist im Bereich der Gebäudetrennwand durch eine Trennfuge zu unterbrechen

1 Innenputz
2 Gebäudetrennwand
3 Trennfuge, durchlaufend
4 Außenwand
5 Abdeckprofil
6 Außenputz

6 Verbesserung des Wärmeschutzes von Raum- und Gebäudetrennwänden im Bestand

6.1 Vorbemerkung

Bei Wohngebäuden im Bestand findet man unterschiedliche Ausführungen von Trennwänden, die an unbeheizte Räume im gleichen Gebäude oder in angebauten Gebäuden grenzen. Die verschiedenen Konstruktionen können teilweise Bauperioden und/oder der Größe der Gebäude zugeordnet werden. Alle Trennwände, die vor 1978, dem Inkrafttreten der ersten Wärmeschutzverordnung, errichtet wurden, weisen im Vergleich zu den heutigen Anforderungen an den Wärmeschutz von Trennwänden zu unbeheizten Räumen eine sehr schlechte Wärmedämmwirkung auf. In diesem Abschnitt werden Erläuterungen zur Bewertung des Bestands und den Modernisierungsmöglichkeiten gegeben. Ausführlichere Informationen sind [2] zu entnehmen.

6.2 Übersicht alter Trennwände

Die nachstehende Zusammenfassung von Trennwänden im Bestand ermöglicht eine erste grobe Einschätzung des Wärmedurchgangskoeffizienten U in Abhängigkeit von der Baualtersklasse sowie von Konstruktion und Dicke der Trennwand eines Gebäudes, Bild 8-15. Wenn keine exakte Bauteilbeschreibung des Wandaufbaus vorliegt, können nach [1] die hier angegebenen U-Werte zur

Einordnung des Ist-Zustands und zur Dimensionierung einer nachträglichen Wärmedämmung herangezogen werden. Bei nach 1984 errichteten Gebäuden mit einem Wärmedurchgangskoeffizienten der Trennwände gegen unbeheizte Räume kleiner 0,6 W/(m²K) ist eine zusätzliche Wärmedämmung in der Regel unwirtschaftlich. Nur bei Umbauten, Umnutzungen oder einer neuen Verkleidung muss die Wärmedämmung den Anforderungen der EnEV gerecht werden.

Im Juli 1952 erschien die erste Ausgabe der DIN 4108 „Wärmeschutz im Hochbau" mit Mindestanforderungen an den Wärmeschutz. Für Wohnungstrennwände und Treppenhauswände wurden Höchstwerte des Wärmedurchgangskoeffizienten U von 2,3 bis 1,9 W/(m²K) genannt. Mit Einführung der ersten Wärmeschutzverordnung 1978 wurden weitergehende Anforderungen an den Wärmeschutz gestellt. Diese sind mit weiteren Novellierungen und der Einführung der Energieeinsparverordnung in den folgenden Jahrzehnten verschärft worden.

Wenn der Aufbau der Trennwand mit seinen Schichtdicken und Materialien bekannt ist, kann der Wärmedurchgangskoeffizient U entsprechend Kapitel 4-9.2, *Bild 8-15* ermittelt werden. Näherungswerte des U-Werts lassen sich auch aus Grafiken als Funktion des Materials, der Bauteildicke und der Rohdichte ablesen, siehe [2].

6.3 Anforderungen an den Wärmeschutz bei baulichen Änderungen bestehender Gebäude

Die Energieeinsparverordnung (EnEV) fordert für bauliche Erweiterungen (Anbau, Ausbau, Aufstockung) mit einer zusammenhängenden Nutzfläche von mindestens 50 Quadratmetern den gleichen Wärmeschutzstandard entsprechend dem Nachweis für neu zu errichtende

Baualtersklasse	Mauerstein bzw. Wandkonstruktion	Dicke der Trennwand cm	Wärmedurchgangskoeffizient U W/(m²·K)
bis 1918	Naturstein	25 bis 70	1,7
	Fachwerk	10 bis 16	2,0
1919 bis 1948	Vollziegel (ein- und zweischalig)	25 bis 40	1,7
1949 bis 1968	Hochloch-Ziegel, Hohlblock-Leichtbausteine u. a.	11,5 bis 36,5	1,4
	Kiesbeton mit HWL-Platte	10 bis 30	1,4
	Fertighaus (Holzkonstruktion)	10 bis 18	1,4
1969 bis 1978	Hochloch-Ziegel, Hohlblock-Leichtbausteine u. a.	24 bis 36,5	1,0
	Mauerwerk mit biegeweicher Vorsatzschale	16 bis 20	1,0
	Fertighaus (Holzkonstruktion)	12 bis 18	0,6
1979 bis 1983	Hochloch-Ziegel, Porenbeton u. a.	24 bis 36,5	0,8
	Mauerwerk mit biegeweicher Vorsatzschale	26 bis 32	0,8
	Fertighaus (Holzkonstruktion)	12 bis 20	0,5

8-15 Aufbau und Rechenwert des Wärmedurchgangskoeffizienten älterer Trennwandkonstruktionen

Gebäude, Kapitel 2-5. Die Richtwerte für Trennwände zur Erfüllung der Anforderung für das Gesamtgebäude sind Abschnitt 2.1 zu entnehmen.

Sofern Trennwände zu unbeheizten Räumen in kleineren Flächen ersetzt oder erstmalig eingebaut werden, gelten die Anforderungen an den Wärmedurchgangskoeffizienten nach *Bild 8-16*. Weiterhin werden Anforderungen an den Wärmeschutz nach *Bild 8-16* gestellt, wenn die Trennwand durch eine innen- oder außenseitige Bekleidung oder Verschalung sowie eine neue Wärmedämmschicht bautechnisch verändert wird.

Diese Anforderung entfällt, wenn die Ersatz- oder Erneuerungsmaßnahme weniger als 10 % der Gesamtfläche der Trennwände gegen unbeheizte Räume umfasst. Hat eine vorhandene Trennwand einen Wärmedurchgangskoeffizienten U, der den maximal zulässigen Wert nach *Bild 8-16* unterschreitet, so darf der U-Wert der ersetzten oder erneuerten Trennwand den Wärmedurchgangskoeffizienten U der ursprünglich vorhandenen Trennwand nicht überschreiten.

6.4 Nachträgliche Wärmedämmung von massiven Trennwänden durch eine Vormauerschale

Die Wärmedämmwirkung von massivem Mauerwerk im Bestand ist im Vergleich zu heutigem Mauerwerk geringer Rohdichteklasse mäßig. Im Baubestand beträgt die Wärmeleitfähigkeit des Mauerwerks in der Regel 0,6 bis 1,2 W/(mK); auch bei 36,5 cm dickem Rohbaumauerwerk ist damit der Wärmeschutz für Trennwände zu nicht oder niedrig beheizten Räumen nach heutigen Anforderungen mangelhaft. Durch das Vorsetzen einer zweiten Mauerwerksschale mit Steinen einer Wärmeleitfähigkeit unter 0,1 W/(mK) lässt sich der Wärmedurchgangskoeffizient U erheblich reduzieren, siehe *Bild 8-17*.

Vor Durchführung der Maßnahme muss von einem Statiker geprüft werden, ob die zusätzlichen Lasten vom Gebäude aufgenommen werden können. Neben einer Verbesserung des Wärmeschutzes wird durch diese Maßnahme auch der Luftschallschutz verbessert.

Energieeinsparverordnung, Anlage 3, Tab. 1	
Trennwände gegen unbeheizte Räume	$U_{iu,max} = 0{,}30$ W/(m²·K)

8-16 Höchstwert $U_{iu,max}$ des Wärmedurchgangskoeffizienten für Trennwände zu unbeheizten Räumen bestehender Wohngebäude, die erstmalig eingebaut, ersetzt oder erneuert werden

	Wärmedurchgangskoeffizient U W/(m²K)								
... im Bestand	... mit neuer Vormauerschale								
Dicke der Vormauerschale cm	11,5			17,5			24,0		
Wärmeleitfähigkeit W/(mK)	0,08	0,10	0,12	0,08	0,10	0,12	0,08	0,10	0,12
2,5	0,54	0,65	0,74	0,39	0,47	0,54	0,29	0,36	0,42
2,0	0,52	0,61	0,69	0,37	0,44	0,51	0,29	0,34	0,40
1,5	0,48	0,55	0,62	0,35	0,41	0,47	0,27	0,33	0,38
1,0	0,41	0,47	0,51	0,31	0,36	0,41	0,25	0,29	0,33
0,5	0,29	0,32	0,34	0,24	0,27	0,29	0,20	0,23	0,25

8-17 Wärmedurchgangskoeffizient von Trennwänden zu unbeheizten Räumen mit nachträglicher massiver Vormauerschale

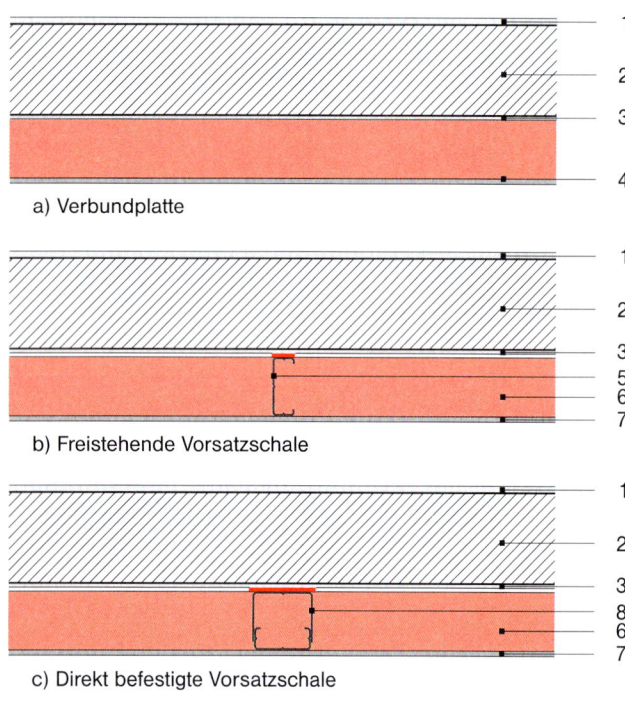

1 Putz im Bestand
2 Mauerwerk im Bestand
3 Innenputz im Bestand
4 Wärmedämm-Verbundplatte
5 CW-Profil mit Dämmstreifen
6 Wärmedämmung
7 Trockenputz (Gipskarton, Faserzement, u.a.)
8 Direktabhänger mit Dämmstreifen

8-18 Möglichkeiten der Verbesserung des Wärmeschutzes einer Trennwand mit Trockenputz

Als Wärmedämmstoffe können sowohl organische als auch anorganische Materialien eingesetzt werden. Erfolgt die energetische Ertüchtigung nicht an der Kaltseite, sondern im beheizten Raum, muss von einem Bauphysiker überprüft werden, ob Materialien und Dicken des gewählten Aufbaus in Verbindung mit der vorhandenen Trennwand nicht zu Schäden durch Wasserdampfdiffusion führen.

Bei Wohnungstrennwänden wird in der Regel nicht nur eine Verbesserung des Wärmeschutzes, sondern auch des Schallschutzes gewünscht.

In diesem Fall muss die Wärmedämmung aus weich federnden Dämmplatten, z. B. Mineralfaserplatten, bestehen und als biegeweiche Vorsatzschale ausgeführt werden (Beiblatt 1 zu DIN 4109, Tabellen 7 und 8). Sie verbessert dann auch die Schalldämmung der Wand. Bei massiven Wandschalen geringer flächenbezogener Masse ($\approx$ 200 kg/m^2) erhöht sich das bewertete Schalldämm-Maß R'_w um etwa 5 dB, bei höherer flächenbezogener Masse ($\approx$ 500 kg/m^2) um etwa 3 dB.

Wärmedämmschichten aus steifen Dämmplatten (Polystyrol-Hartschaumplatten, Kalziumsilikatplatten, Holzwolle-Leichtbauplatten u. a.) verschlechtern den Schallschutz der Wand und sind daher bei einer gewünschten Verbesserung von Wärme- und Schallschutz nicht geeignet.

6.6 Auswirkung zusätzlicher Wärmedämm-Maßnahmen

Bild 8-19 gibt einen Überblick über die Auswirkung der nachträglichen Wärmedämmung von Raumtrennwänden mit Trockenbaukonstruktionen. Die angegebenen U-Werte beziehen sich auf die Wandkonstruktionen der Baualtersklassen nach *Bild 8-15*. Den auf die Transmissionswärmeverluste bezogenen Heizenergiekosten liegt ein Heizöl- bzw. Erdgaspreis von 0,50/1,00 Euro je Liter bzw. m^3 und ein Jahresnutzungsgrad einer Gas- oder Ölheizung von 0,85 zugrunde.

6.5 Nachträgliche Wärmedämmung von massiven Trennwänden mit Trockenbaukonstruktionen

Eine kostengünstige Maßnahme zur Verbesserung des Wärmeschutzes von Trennwänden ist die Ausführung eines Trockenputzes mit Verbundplatten (a), freistehenden Vorsatzschalen (b) oder direkt befestigten Vorsatzschalen (c), siehe *Bild 8-18*.

8 Raum- und Gebäudetrennwände — Verbesserung des Wärmeschutzes im Bestand

Trennwände im Bestand		... mit verbessertem Wärmeschutz				
Mittlerer U-Wert	Jährliche Heizenergiekosten	Zusätzliche Dämmschicht[1]	Neuer mittlerer U-Wert	Jährliche Heizenergiekosten	Heizenergiekosteneinsparung[2] (bezogen auf die Wandfläche)	
W/(m²K)	€/(m² Jahr)	cm	W/(m²K)	€/(m² Jahr)	€/(m² Jahr)	%
2,00	6,24/12,48	8	0,40	1,25/2,50	4,99/9,98	80%
		10	0,33	1,04/2,08	5,20/10,40	83%
		12	0,29	0,89/1,78	5,35/10,70	86%
		14	0,25	0,78/1,56	5,46/10,92	88%
1,70	5,30/10,60	8	0,39	1,21/2,42	4,10/8,20	77%
		10	0,32	1,01/2,02	4,29/8,58	81%
		12	0,28	0,87/1,74	4,43/8,86	84%
		14	0,24	0,76/1,52	4,54/9,08	86%
1,40	4,37/8,74	8	0,37	1,15/2,30	3,22/6,44	74%
		10	0,31	0,97/1,94	3,40/6,80	78%
		12	0,27	0,84/1,68	3,53/7,06	81%
		14	0,24	0,74/1,48	3,63/7,26	83%
1,00	3,12/6,24	8	0,33	1,04/2,08	2,08/4,16	67%
		10	0,29	0,89/1,78	2,23/4,46	71%
		12	0,25	0,78/1,56	2,34/4,68	75%
		14	0,22	0,69/1,38	2,43/4,86	78%
0,80	2,50/5,00	8	0,31	0,96/1,92	1,54/3,08	62%
		10	0,27	0,83/1,66	1,66/3,32	67%
		12	0,24	0,73/1,46	1,76/3,52	71%
		14	0,21	0,66/1,32	1,84/3,68	74%
0,60	1,87/3,74	8	0,27	0,85/1,70	1,02/2,04	55%
		10	0,24	0,75/1,50	1,12/2,24	60%
		12	0,21	0,67/1,34	1,20/2,40	64%
		14	0,19	0,60/1,20	1,27/2,54	68%
0,50	1,56/3,12	8	0,25	0,78/1,56	0,78/1,56	50%
		10	0,22	0,69/1,38	0,87/1,74	56%
		12	0,20	0,62/1,24	0,94/1,88	60%
		14	0,18	0,57/1,14	0,99/1,98	64%

[1] Wärmeleitfähigkeit 0,04 W/(mK)
[2] Den auf die Transmissionswärmeverluste bezogenen Heizenergiekosten liegt ein Heizöl- bzw. Erdgaspreis von 0,50/1,00 € je Liter bzw. m³ sowie ein Jahresnutzungsgrad einer Gas- oder Ölheizung von 0,85 (entspricht Anlagenaufwandszahl von 1,3; Kapitel 2, Kapitel 16) zugrunde. Geringere Heizenergiekosten werden beim Einsatz einer Elektrowärmepumpe oder Holzpellet-Heizung erreicht, Kapitel 16.

8-19 Auswirkung des verbesserten Wärmeschutzes vorhandener Raumtrennwände auf den Wärmedurchgangskoeffizienten U und die Heizenergiekosten

7 Hinweise auf Literatur und Arbeitsunterlagen

[1] Bundesministerium für Verkehr, Bau und Stadtentwicklung: Bekanntmachung der Regeln zur Datenaufnahme und Datenverwendung im Wohngebäudebestand, 30.07.2009, www.zukunft-haus.info

[2] Balkowski, Michael: Handbuch der Bauerneuerung. Verlagsgesellschaft Rudolf Müller GmbH & Co.KG (2008), ISBN-10: 3-481-02499-1, www.rudolf-mueller.de

[3] Jochen Pfau, Karsten Tichelmann u. a.: Trockenbau Atlas. Verlagsgesellschaft Rudolf Müller GmbH & Co.KG (2014), ISBN 978-3-481-02544-1, www.baufachmedien.de

9 Luftdichtheit der Gebäudehülle

LUFTDICHTHEIT DER GEBÄUDEHÜLLE

1	**Bedeutung der Luftdichtheit** S. 9/2	
1.1	Vermeidung von Bauschäden	
1.2	Verringerung der Lüftungswärmeverluste	
1.3	Voraussetzung für die richtige Funktion von Abluftanlagen	
1.4	Größere Behaglichkeit	
1.5	Höherer Schallschutz	
1.6	Bessere Luftqualität	

2 Messung der Luftdurchlässigkeit und Begriffsdefinitionen S. 9/5
2.1 Messverfahren
2.2 Luftwechsel bei 50 Pascal Druckdifferenz
2.3 Infiltrationsluftwechsel während der Heizperiode
2.4 Luftdurchlässigkeit
2.5 Lokalisieren von Lecks
2.6 Geeigneter Messzeitpunkt
2.7 Gebäudevorbereitung
2.8 Messprotokoll nach DIN EN 13829
2.9 Preise für die Messung der Luftdurchlässigkeit
2.10 Dienstleisteradressen

3 Anforderungen an die Luftdichtheit S. 9/10
3.1 Anforderungen der Energieeinsparverordnung
3.2 Anforderungen der DIN 4108-7
3.3 Weitere Anforderungen und Empfehlungen
3.4 Vermeiden großer Einzellecks

4 Luftdichte Bauteile und Anschlüsse S. 9/12
4.1 Vorbemerkung
4.2 Luftdichtheitsschichten flächiger Bauteile
4.3 Anschlüsse zwischen Luftdichtheitsschichten verschiedener Bauteile
4.4 Luftdichte Anschlüsse von Durchdringungen

5 Empfehlungen für ein Luftdichtungskonzept S. 9/22

6 Hinweise auf Literatur und Arbeitsunterlagen S. 9/23

Anhang *Der Text des Anhangs befindet sich nur auf der CD-ROM*

1: **Produkte für die Luftdichtung** S. 9/25
2: **Protokoll einer Luftdurchlässigkeitsmessung** S. 9/29

LUFTDICHTHEIT DER GEBÄUDEHÜLLE

1 Bedeutung der Luftdichtheit

Mit der schrittweisen Verbesserung des baulichen Wärmeschutzes wurde der Anteil der Lüftungswärmeverluste an den gesamten Wärmeverlusten immer größer, *Bild 9-1*. Das Augenmerk der für die Energieeinsparverordnung (EnEV) zuständigen Fachleute richtet sich deshalb ebenso wie das von Energieberatern zunehmend darauf, auch die Lüftungswärmeverluste zu verringern. Neben technischen Lösungen (z. B. ventilatorgestützte Lüftung mit Wärmerückgewinnung) ist dabei eine dichtere Bauweise von Bedeutung. Aber auch unter Bausachverständigen gewinnt das Thema Luftdichtheit an Interesse, sind doch Fehler in der luftdichten Gebäudehülle immer wieder die Ursache für Schimmelschäden oder störende Zugluft und damit letztendlich auch Anlass zu gerichtlichen Auseinandersetzungen über Baumängel.

Welchen Stellenwert das Thema Luftdichtheit heute hat, zeigt sich nicht zuletzt an der Gründung des Fachverbandes Luftdichtheit im Bauwesen (FLiB) im Jahr 2000.

Seit der 13. Ausgabe wird das Thema Luftdichtheit im RWE BAU-HANDBUCH als eigenständiges Kapitel behandelt. Ausführlichere Darstellungen mit zusätzlichen Ausführungsdetails und Ausschreibungstexten für die zur Erstellung der Luftdichtheit erforderlichen Arbeiten der einzelnen Gewerke finden sich in der Broschüre „Luftdichtigkeit von Wohngebäuden" [3] und im FLiB-Handbuch „Gebäude-Luftdichtheit" [4].

Ein Luftaustausch in Gebäuden ist wegen der Raumlufthygiene und des Bautenschutzes zwingend notwendig. Nur so können Feuchte, Schadstoffe und Gerüche wirksam abgeführt werden. Feuchte gelangt u. a. durch Personen, durch Kochen, Duschen, Wäschewaschen und Pflanzen in die Raumluft. Ein Gefährdungspotenzial geht auch von Tabakrauch, Feinstaub, Ausdünstungen des Interieurs (sog. flüchtige organische Komponenten – VOC – z. B. aus Bodenbelägen und Möbeln) oder sogar als radioaktive Belastung vom Gas Radon aus. Auch biologische Schadstoffe wie Schimmelpilzsporen oder Hausstaubmilben tragen durch ein erhöhtes Allergierisiko zur Verschlechterung der Luftqualität bei.

Der Luftaustausch muss über geöffnete Fenster, Maßnahmen zur freien Lüftung oder durch ventilatorgestützte Lüftung erfolgen; die Fugen in der Gebäudehülle reichen normalerweise nicht aus. Nur bei extrem undichten Häusern kommt auch bei windstillem und mäßig kaltem

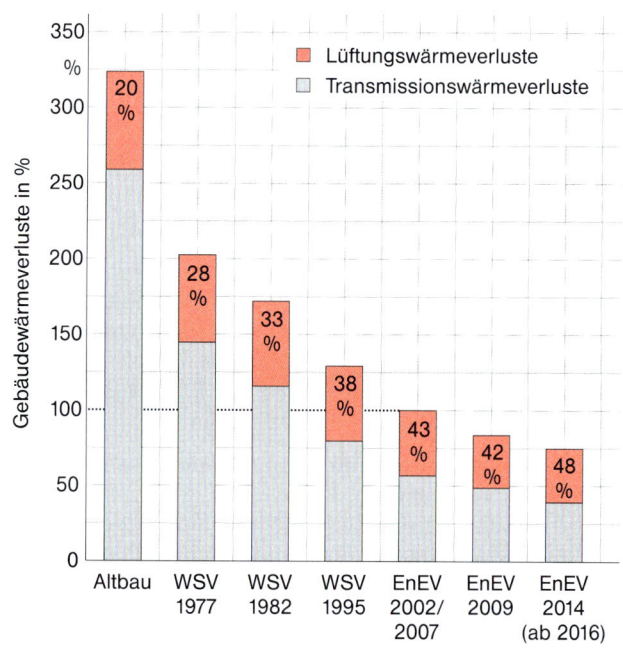

9-1 *Verringerung der Wärmeverluste und Zunahme des Anteils der Lüftungswärmeverluste eines Reihenhauses durch steigenden Wärmeschutz (ohne Lüftungswärmerückgewinn)*

Wetter allein durch Fugenlüftung der notwendige Luftaustausch zustande. Die Bewohner eines so undichten Hauses haben aber bei windigem Wetter unter erheblichen Zugerscheinungen zu leiden.

1.1 Vermeidung von Bauschäden

Ein häufig vorgetragenes Argument gegen das luftdichte Bauen ist die Behauptung, dadurch würden Schimmelschäden zunehmen. Tatsächlich nahmen in vielen sanierten Wohnhäusern die Schimmelschäden zu, nachdem undichte Fenster gegen dichte und Einzelöfen gegen Zentralheizungen ausgetauscht worden waren. Vor der Sanierung hatte der Kaminzug für eine ständige Luftabfuhr über Ofen und Schornstein nach außen gesorgt und die Außenluft konnte problemlos durch undichte Fensterfugen nachströmen. Kalte Zugluft wurde hingenommen oder durch den überdimensionierten und schlecht regelbaren Ofen kompensiert.

Wurde nach der Sanierung nicht durch eine ventilatorgestützte Lüftung oder häufigeres Öffnen der Fenster für einen wirksamen Luftaustausch gesorgt, stieg die Raumluftfeuchte auf Werte an, bei denen Kondensat und Schimmelbildung auf der Raumseite von Außenbauteilen möglich war – meist begünstigt durch gravierende Wärmebrücken. Ursache war also der für den schlechten baulichen Wärmeschutz zu geringe Luftaustausch.

Fugen in der Gebäudehülle sind keine Lösung – im Gegenteil, sie können zusätzliche Bauschäden zur Folge haben. Die Durchströmung der Fugen von innen nach außen kann in Abhängigkeit von Temperatur und Feuchte der Luft zu einem wesentlichen Feuchtetransport in die Wand führen. Kondensat und Schimmel können im Bereich dieser Fugen entstehen, *Bild 9-2*. Besonders gefährdet sind große Einzellecks im Dachbereich, wo wegen des thermischen Auftriebs Undichtigkeiten häufig von innen nach außen durchströmt werden.

Die Konsequenz muss also sein, dicht zu bauen und auf andere Weise für die Feuchtigkeitsabfuhr zu sorgen: durch Fensterlüftung oder eine ventilatorgestützte Lüftung.

9-2 Der Blick von unten zum Dachüberstand am Giebel zeigt Schimmelpilzbildung durch ausströmende feuchte Innenluft. Die Wärmedämmung liegt bei diesem Haus über den Sparren und die Luftdichtung ist am Ortgang durch die von innen nach außen durchlaufende Tragschalung unterbrochen (Lösungsmöglichkeit: Bild 9-23)

Luftströme durch Leckagen sind wesentlich häufiger der Grund für **feuchtebedingte Bauschäden durch Tauwasserausfall** in Bauteilen als die Wasserdampfdiffusion. Schon durch relativ kleine Leckagen kann nämlich sehr viel mehr Feuchtigkeit transportiert werden als durch Diffusion. Dies wird an einem Beispiel deutlich: Durch eine wärmegedämmte, ca. 120 m² große Dachfläche über einem ausgebauten Dachgeschoss werden

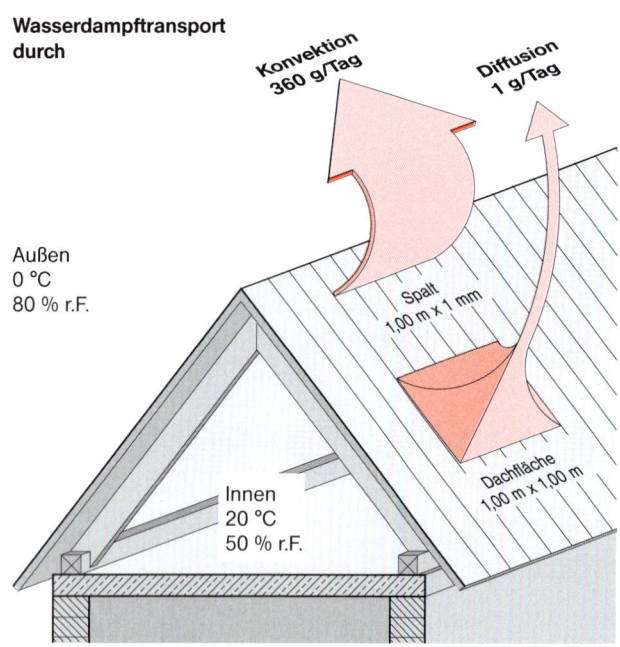

9-3 Vergleich des Wasserdampftransports durch Leckageluftstrom und Diffusion am Beispiel einer Dachhaut (diffusionsäquivalente Luftschichtdicke 10 m, Druckdifferenz 2 Pa [4])

nach einer Modellrechnung an einem Wintertag durch Diffusion 120 g Wasserdampf nach außen abgegeben, *Bild 9-3*. Entsteht in der ansonsten luftdichten Dachfläche durch unzureichende Abdichtung lediglich ein 1 mm breiter Spalt auf 1 m Länge, dann werden durch diese Leckage im gleichen Zeitraum durch die Luftströmung 360 g Wasserdampf transportiert, also etwa dreimal so viel wie durch Diffusion über die gesamte Dachfläche.

1.2 Verringerung der Lüftungswärmeverluste

Ein hygienischer Mindestluftwechsel ist notwendig, um Gerüche und vor allem Feuchtigkeit abzutransportieren. Die Undichtigkeiten eines mitteldichten Hauses (n_{50} = 2 bis 3 h^{-1}, Abschnitt 2.3) führen daher nicht zu einem erhöhten Heizenergieverbrauch, sofern die Nutzer bei bewusster Fensterlüftung weniger lüften als in einem dichten Haus.

Anders bei einem undichten Haus (n_{50} > 4 h^{-1}, Abschnitt 2.3): Bei windigem oder kaltem Wetter überschreitet der Fugenluftwechsel den Mindestluftwechsel erheblich und der Heizenergieverbrauch steigt an. Diese zusätzlichen Lüftungswärmeverluste werden weitgehend vermieden, sofern die Anforderungen der EnEV eingehalten werden (Abschnitt 3.1).

Besonders schädlich ist eine undichte Bauweise für den Heizenergieverbrauch in Häusern mit einer **Zu-/Abluftanlage mit Wärmerückgewinnung** (Kapitel 14-11). Luft, die durch Leckagen in das und aus dem Gebäude strömt, kann nicht zur Wärmerückgewinnung genutzt werden. Während bei Fensterlüftung eine mittlere Dichtheit ausreicht, müssen Häuser mit Wärmerückgewinnung sehr dicht sein, damit die Wärmerückgewinnung die erwartete Energieeinsparung erbringt (Abschnitt 3.1).

1.3 Voraussetzung für die richtige Funktion von Abluftanlagen

Ventilatorgestützte Abluftanlagen erzeugen einen leichten Unterdruck in der Wohnung (Kapitel 14-10). Dieser sorgt dafür, dass Außenluft durch die dafür vorgesehenen Außenluftdurchlässe in die Zulufträume (Wohn- und Schlafräume) nachströmt. Befinden sich Undichtigkeiten in den Ablufträumen oder der Überströmzone, dann strömt ein Teil der Außenluft dort ein. In den Zulufträumen wird dann nicht mehr der geplante Luftwechsel erreicht.

Obwohl also Gebäude mit Abluftanlagen wegen des Unterdrucks weniger anfällig gegenüber Undichtigkeiten sind, ist auch für diese Gebäude wegen der Luftverteilung zum einen und wegen des erhöhten Heizenergieverbrauchs bei hohen Windgeschwindigkeiten zum anderen eine luftdichte Gebäudehülle ausgesprochen sinnvoll.

1.4 Größere Behaglichkeit

Zugluft oder sogar eine unzureichende Beheizbarkeit bei windigem Wetter sind Ursache für eine eingeschränkte thermische Behaglichkeit. Die Ursache können größere Luftundichtigkeiten sein. Durch eine zumindest mittlere Dichtheit und das Vermeiden größerer Einzellecks im Aufenthaltsbereich lassen sich diese Mängel vermeiden.

1.5 Höherer Schallschutz

Wo Luft strömen kann, kann auch Schall übertragen werden. Für den Schutz vor Außenlärm ebenso wie für den Schallschutz zwischen benachbarten Wohnungen ist eine luftdichte Bauweise deshalb unerlässlich. Hinzu kommen muss natürlich eine ausreichende Schalldämmung der Außen- und Wohnungstrenn-Bauteile.

1.6 Bessere Luftqualität

Die luftdichte Hülle einer Wohnung verhindert, dass Luft

- aus anderen Wohnungen,
- aus dem Keller oder
- aus einem staubhaltigen Bauteil

in die Räume gelangt. Sie trägt deshalb in Verbindung mit einer gezielten ventilatorgestützten Lüftung oder gezieltem Fensteröffnen zu einer guten Luftqualität bei.

2 Messung der Luftdurchlässigkeit und Begriffsdefinitionen

2.1 Messverfahren

In der Baupraxis spielte in Deutschland das Problem der luftdichten Ausführung der Gebäudehülle früher nur eine untergeordnete Rolle. In Nordamerika und Skandinavien beschäftigte man sich dagegen im Zusammenhang mit der dort weit verbreiteten Holzleichtbauweise seit Ende der 70er-Jahre intensiv mit dieser Thematik. Dort wurde ein praxistaugliches Messverfahren für die Luftdurchlässigkeit entwickelt, das nun auch in Deutschland angewandt wird.

Seit Frühjahr 2001 ist das Verfahren durch die Norm DIN EN 13829 [2] in Europa standardisiert. Die wenigen in der Norm nicht geklärten Fragen regelt ein vom FLiB erarbeitetes Beiblatt zur DIN EN 13829.

Zur **Messung der Luftdurchlässigkeit** nach dem heute üblichen Differenzdruckverfahren (umgangssprachlich auch als „Blower-Door-Messung" bekannt) wird im Gebäudeinneren mit Hilfe eines drehzahlgeregelten Ventilators, der in einen Tür- oder Fensterrahmen eingebaut wird, eine definierte Druckdifferenz zur Außenluft erzeugt, *Bild 9-4*. Der vom Ventilator geförderte Volumenstrom ist dann genauso groß wie der Gesamtvolumenstrom durch alle Leckagen und damit ein Maß für die Luftdurchlässigkeit bzw. Luftdichtheit der Gebäudehülle. Er wird Leckagestrom genannt ($\dot{V}_{50}$).

2.2 Luftwechsel bei 50 Pascal Druckdifferenz

Die wichtigste Kenngröße zur Beschreibung der Luftundichtheit ist der **Luftwechsel bei 50 Pascal** (Pa), abgekürzt n_{50}. Sie ergibt sich durch Division des bei 50 Pa Druckdifferenz ermittelten Leckagestroms $\dot{V}_{50}$ durch das untersuchte Innenvolumen V des Gebäudes bzw. des jeweiligen abgeschlossenen Gebäudeteils (z. B. Wohnung).

$$n_{50} = \frac{\dot{V}_{50}}{V} \quad \frac{[m^3/h]}{[m^3]} = [h^{-1}]$$

Entsprechend DIN EN 13829 sollen sowohl eine Messung bei Unterdruck als auch eine Messung bei Überdruck durchgeführt werden. Der Leckagestrom $\dot{V}_{50}$ wird durch eine Mittelung der Ergebnisse für Unterdruck $\dot{V}_{-50}$ und für Überdruck $\dot{V}_{+50}$ bestimmt, *Bild 9-5*:

$$\dot{V}_{50} = \frac{\dot{V}_{-50} + \dot{V}_{+50}}{2}$$

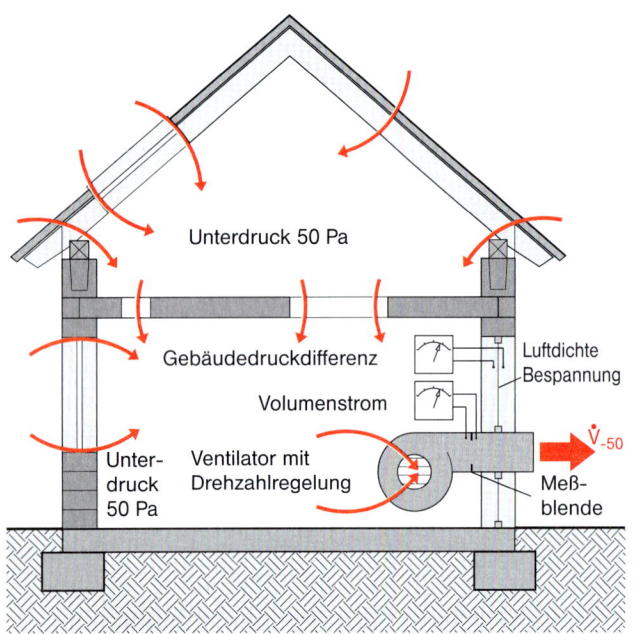

9-4 Prinzip der Messung der Luftdurchlässigkeit mit dem Differenzdruckverfahren
($\dot{V}_{-50}$: Leckagestrom bei 50 Pa Unterdruck)

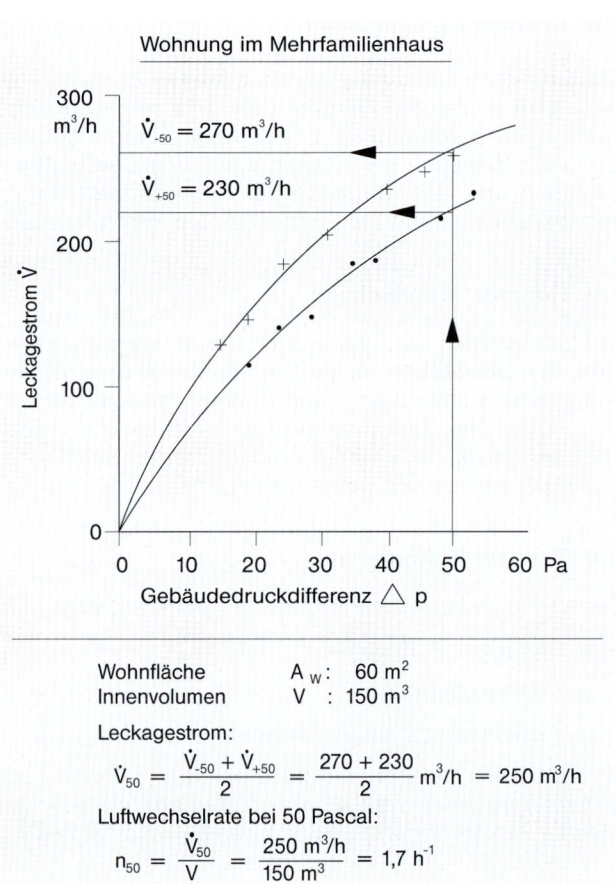

9-5 Beispiel für die Ermittlung des Luftwechsels bei 50 Pascal aus Messwerten für eine Wohnung in einem Mehrfamilienhaus

50 Pa Druckdifferenz entsprechen dem Staudruck des Windes bei einer Windgeschwindigkeit von 9 m/s (Windstärke 5 nach Beaufort-Skala: „Kleine Bäume beginnen zu schwanken"). Durch die Wahl dieser relativ hohen Druckdifferenz wird erreicht, dass die Messung durch übliche witterungsbedingte Druckunterschiede nicht gestört wird.

Außerdem können unter diesen Messbedingungen die Leckagen während der Messung leichter aufgespürt werden, weil die Strömungsgeschwindigkeiten größer sind als unter normalen Witterungsbedingungen. Eine Ortung der Leckagen ist dann meist mit den Fingern (zugluftempfindlich!) bzw. mit einem Luftgeschwindigkeitsmessgerät (Thermoanemometer) oder durch den Einsatz von Rauchröhrchen möglich. Bei kaltem Wetter und beheiztem Gebäude kann der Eintritt kalter Außenluft durch die Leckagen auch mithilfe einer Thermografiekamera sichtbar gemacht werden, Kapitel 10-5.3.

Mit heute verfügbarer Bautechnik (Abschnitt 4) werden **bei sehr dichten Gebäuden** für den Luftwechsel bei 50 Pa

Werte von n_{50} **weit unter 1 h⁻¹** erreicht. **Bei mitteldichten Gebäuden** liegt n_{50} bei **2 bis 3 h⁻¹**. **Undichte Gebäude** weisen n_{50}-Werte etwa **zwischen 4 h⁻¹ und 15 h⁻¹** auf.

2.3 Infiltrationsluftwechsel während der Heizperiode

Aus dem Luftwechsel n_{50} bei 50 Pa, der ein international vergleichbares Maß für die Luftdichtheit der Gebäudehülle darstellt, kann nach DIN EN ISO 13789 [10] näherungsweise der **Luftwechsel n** berechnet werden, der sich unter normalen Witterungsbedingungen **im Mittel über die Heizperiode** durch die Leckagen ergibt:

$$n = n_{50} \cdot e$$

Der **Windschutzkoeffizient e** nimmt je nach der hinsichtlich des Windschutzes charakterisierten Lage des Gebäudes (mit mehr als einer windexponierten Fassade) verschiedene Werte an:

$$e = \begin{cases} 0{,}10 & \text{keine Abschirmung} \\ 0{,}07 & \text{mäßige Abschirmung} \\ 0{,}04 & \text{starke Abschirmung} \end{cases}$$

Bei einem undichten Gebäude in freier Lage (e = 0,10) ergibt sich mit n_{50} = 4 bis 15 h⁻¹ ein mittlerer Infiltrationsluftwechsel n von 0,4 bis 1,5 h⁻¹, der mindestens so hoch ist wie der hygienisch notwendige Mindestluftwechsel von 0,4 bis 0,6 h⁻¹, Kapitel 14-4. An windreichen Tagen ist der Infiltrationsluftwechsel wesentlich höher als der Mittelwert, wodurch es zu unangenehmen Zugerscheinungen kommen kann. Andererseits wird der Infiltrationsluftwechsel an windstillen Tagen weit unterhalb des Mindestluftwechsels liegen; er reicht dann für eine den hygienischen Erfordernissen entsprechende Lüftung alleine keineswegs aus.

In DIN EN 15242 [11] und DIN 1946-6 [12] finden sich detailliertere Rechenverfahren zur Bestimmung des Infiltrationsluftwechsels.

2.4 Luftdurchlässigkeit

Teilt man den Leckagestrom durch die Hüllfläche des untersuchten Gebäudes oder Gebäudeteils A_E (Innenmaße über alles, einschließlich des Fußbodens im untersten Geschoss sowie der Trennflächen zu anderen Gebäudeteilen), dann erhält man die **Luftdurchlässigkeit q_{50}**, gemessen in m³/(m²h). Sie beschreibt die Qualität der luftdichten Gebäudehülle. Sie wird vor allem bei der Untersuchung großer Gebäude ermittelt, ist aber auch zur Beurteilung von einzelnen Bauteilen geeignet.

$$q_{50} = \frac{\dot{V}_{50}}{A_E} \quad \left[\frac{m^3/h}{m^2} = \frac{m^3}{m^2 h} \right]$$

2.5 Lokalisieren von Lecks

Bei 50 Pa Unterdruck im Gebäude werden leckverdächtige Stellen, also Fugen, Anschlüsse und Durchdringungen, mit einem Luftgeschwindigkeitsmessgerät (Thermoanemometer) abgesucht, *Bild 9-6*. Oft wird zunächst mit der Hand geprüft, ob Zugerscheinungen zu spüren sind.

Bei kaltem Wetter und beheiztem Gebäude kann auch eine Thermografiekamera zur Lecksuche eingesetzt werden. Wenn einströmende Kaltluft an Bauteiloberflächen entlangstreicht, kühlen diese ab und sind deshalb auf der Thermografieaufnahme zu erkennen, *Bild 9-7*.

In den seltenen Fällen, bei denen die Luftdichtung von außen zugänglich ist, kann bei Überdruck Nebel im Gebäude freigesetzt werden. Die Lecks werden dann von außen lokalisiert.

2.6 Geeigneter Messzeitpunkt

Die Messung sollte zu einem Zeitpunkt durchgeführt werden, zu dem die luftdichtende Bauteilschicht und insbesondere die Anschlüsse noch zugänglich sind. Das

9-6 Das Thermoanemometer zeigt die Geschwindigkeit der durch die Fuge einströmenden Luft in m/s an

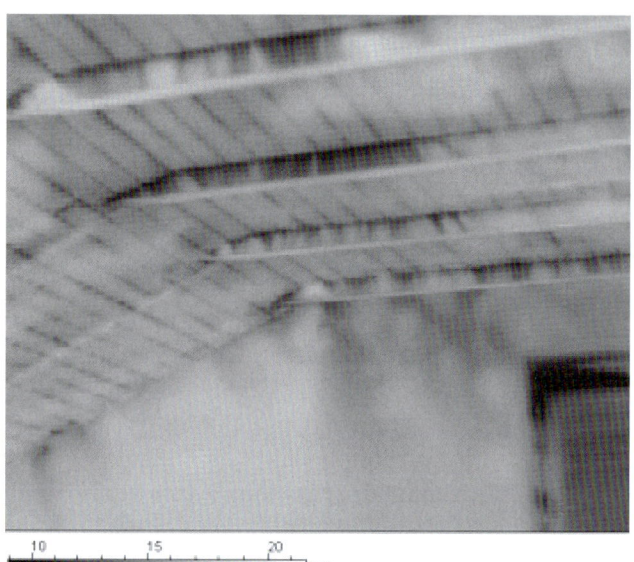

9-7 In der Dachfläche und in der Decke gegen den unbeheizten Spitzboden sind Randleistenmatten lose eingelegt. Bei Wind treten starke Zugerscheinungen auf. Für die Thermografieaufnahme wurde im Winter Unterdruck erzeugt.

heißt, dass z. B. die raumseitige Verkleidung im Dachbereich noch nicht angebracht sein sollte. Oft müssen bei diesem Bauzustand Teile der Luftdichtung, wie Öffnungen für Rohrdurchführungen u. a., provisorisch abgedichtet werden. Messungen bei diesem Bauzustand haben den Vorteil, dass Mängel leichter erkannt und mit vertretbarem Aufwand behoben werden können.

Nachweismessungen, z. B. im Rahmen der Energieeinsparverordnung, müssen laut DIN EN 13829 nach vollständiger Fertigstellung der Gebäudehülle erfolgen. Formal ist das auch einleuchtend, denn beim weiteren Ausbau nach einer vorgezogenen Messung kann sich die Luftdichtheit noch ändern. Insbesondere kann die Luftdichtung noch beschädigt werden oder es können undichte Bauteile (z. B. Kellertüren) an Stellen eingebaut werden, die für die vorgezogene Messung provisorisch abgedichtet waren.

Deshalb sollte ggf. nach Abschluss der Ausbauarbeiten eine zweite Messung ohne ausführliche Lecksuche durchgeführt werden. Die Ergebnisse dieser Messung sind dem Energiebedarfsausweis nach EnEV beizufügen.

2.7 Gebäudevorbereitung

Für Nachweismessungen im Rahmen der EnEV (ab 2014) wird das Gebäude gemäß DIN EN 13829, Verfahren B (Prüfung der Gebäudehülle), vorbereitet. Fenster, Außentüren, Kellertüren und Dachbodenluken werden geschlossen. Die Öffnungen der Luftkanäle von mechanischen Teilen der Lüftungsanlage werden abgeklebt, weil der Volumenstrom während der Nutzung durch den Ventilator bestimmt wird und nicht – wie bei der Dichtheitsprüfung – vom Druckunterschied an der Gebäudehülle. Die Außenluftdurchlässe von ventilatorgestützten Abluftanlagen werden geschlossen und abgedichtet. Auch ein Briefkastenschlitz in der Haustür oder ein undichter Kaminzug werden abgedichtet.

2.8 Messprotokoll nach DIN EN 13829

Die Randbedingungen und Ergebnisse der Messung der Luftdurchlässigkeit sind in einem Protokoll zu dokumentieren, das den detaillierten Vorgaben der DIN EN 13829 für die Durchführung der Luftdurchlässigkeitsmessung entspricht. Normgemäß enthält das Protokoll auch eine nachvollziehbare Berechnung des Innenvolumens.

Ein Prüfprotokoll ist als Beispiel auf der CD-ROM (Kapitel 9, Anhang 2, S. 9/29) enthalten.

2.9 Preise für die Messung der Luftdurchlässigkeit

Die Kosten für eine Luftdurchlässigkeitsmessung mit dem Differenzdruckverfahren hängen vom Umfang der Untersuchungen ab.

Bei einer **Basismessung** wird vom Messteam zunächst geprüft, ob das Gebäude für die Messung entsprechend vorbereitet wurde (z. B. Fenster geschlossen, Luftdurchlässe der Lüftungsanlage geschlossen bzw. abgeklebt, Siphon mit Wasser gefüllt, Feuerstätten außer Betrieb). Sodann werden die Leckageströme für Unter- und Überdruck gemessen und der Luftwechsel bei 50 Pascal berechnet. Außerdem werden große Leckagen in der Gebäudehülle geortet, die möglicherweise zu Bauschäden durch Tauwasserausfall oder anderen Problemen führen könnten. Messbedingungen und -ergebnisse werden in einem Protokoll schriftlich festgehalten.

Eine **erweiterte Messung** umfasst über den Umfang der Basismessung hinaus eine detaillierte Untersuchung der Leckageverteilung und erfordert daher einen größeren Aufwand. Sie ist vor allem dann zu empfehlen, wenn die Luftdurchlässigkeit der Gebäudehülle größer ist als geplant oder durch ein Regelwerk vorgegeben wird.

Anhaltswerte für die Messkosten bei einem Einfamilienhaus:
– **Basismessung:** ca. 500 €
  (ca. 2 Stunden vor Ort + Anreise + Auswertung)
– **erweiterte Messung:** ab ca. 750 €
  (ca. 2 bis 6 Stunden vor Ort + Anreise + Auswertung)

2.10 Dienstleisteradressen

Es gibt keine Regelung darüber, wer Luftdurchlässigkeitsmessungen durchführen darf. Einen Hinweis auf die Qualifikation der Messenden gibt jedoch ein Zertifikat des FLiB. Die Inhaber des Zertifikats haben in einer praktischen und theoretischen Prüfung nachgewiesen, dass sie einfache Messungen zum Dichtheitsnachweis nach EnEV (Basismessung) durchführen können. Zertifikate über die Befähigung zur Leckagesuche (erweiterte Messung), zur Beurteilung von Leckagen und zu Messungen mit mehreren Gebläsen gibt es bislang nicht.

In der Bundesrepublik können Adressen von Messteams bei folgenden Institutionen erfragt werden:

Fachverband Luftdichtheit im Bauwesen e. V. (FLiB)
Kekuléstraße 2-4
12489 Berlin
Tel. 0 30/63 92 53 94
Fax 0 30/63 92 53 96
www.flib.de

BlowerDoor GmbH
Zum Energie- und Umweltzentrum 1
31832 Springe-Eldagsen
Tel. 0 50 44/9 75 40
Fax 0 50 44/9 75 44
www.blowerdoor.de

3 Anforderungen an die Luftdichtheit

3.1 Anforderungen der Energieeinsparverordnung

Nach § 6 Absatz 1 der Energieeinsparverordnung sind „zu errichtende Gebäude so auszuführen, dass die wärmeübertragende Umfassungsfläche einschließlich der Fugen dauerhaft luftundurchlässig entsprechend den anerkannten Regeln der Technik abgedichtet ist".

Anforderungen an den nach DIN EN 13829 : 2001-02 zu messenden Luftwechsel n_{50} bei 50 Pa sind in Anlage 4 Nr. 2 der EnEV aufgeführt. Diese darf

„... bei Gebäuden

– ohne raumlufttechnische Anlagen $3\ h^{-1}$ und
– mit raumlufttechnischen Anlagen $1{,}5\ h^{-1}$

nicht überschreiten".

Alternativ kann bei größeren Gebäuden der Nachweis über die hüllflächenbezogene Luftdurchlässigkeit q_{50} erfolgen:

„... bei Gebäuden ... deren Luftvolumen 1500 m³ übersteigt

– ohne raumlufttechnische Anlagen $4{,}5\ m \cdot h^{-1}$

– mit raumlufttechnischen Anlagen $2{,}5\ m \cdot h^{-1}$

nicht überschreiten."

Die messtechnische Prüfung der Luftdichtheit ist vorgeschrieben, wenn die Wärmerückgewinnung oder ein regelungstechnisch verminderter Luftwechsel (eine sog. bedarfsgeführte Lüftung mit einer geeigneten Führungsgröße, z. B. Kohlendioxid oder Luftfeuchte) einer ventilatorgestützten Lüftungsanlage angerechnet werden soll (EnEV 2014, Anlage 1, 2.7 für Wohngebäude). Bei Gebäuden ohne ventilatorgestützte Lüftung darf im EnEV-Nachweis mit einem reduzierten Luftwechsel ($-0{,}1\ h^{-1}$) und einem daraus resultierenden niedrigeren Lüftungswärmeverlust gerechnet werden, sofern die Luftdichtheit durch eine Luftdichtheitsmessung nachgewiesen wird.

3.2 Anforderungen der DIN 4108-7

DIN 4108, Teil 7 „Luftdichtheit von Gebäuden" [13] beschreibt Anforderungen an die Luftdichtheit, gibt Planungs- und Ausführungsempfehlungen und zeigt Beispiele. Die Anforderungen der Norm an den Luftwechsel n_{50} bei 50 Pa wurden zwischen DIN und Bundesbauministerium abgestimmt, sodass sie mit den Werten der Energieeinsparverordnung übereinstimmen:

– ohne raumlufttechnische
  Anlagen $n_{50} \leq 3\ h^{-1}$ und

– mit raumlufttechnischen
  Anlagen $n_{50} \leq 1{,}5\ h^{-1}$.

Aus diesen Anforderungen ergibt sich, dass der über die Heizzeit gemittelte Infiltrationsluftwechsel n nach DIN EN ISO 13789 begrenzt wird:

– bei Gebäuden mit
  Fensterlüftung $n = 0{,}12 \ldots 0{,}3\ h^{-1}$ und

– bei Gebäuden mit
  ventilatorgestützter Lüftung $n = 0{,}06 \ldots 0{,}15\ h^{-1}$.

Die Bandbreite der Werte resultiert aus der unterschiedlichen Windgeschütztheit, Abschnitt 2.3.

Da heute in hochwärmegedämmten Gebäuden mit ventilatorgestützter Lüftung (z. B. Passivhäusern) bereits deutlich dichter gebaut wird, enthält DIN 4108-7 noch folgenden Hinweis:

„Insbesondere bei Lüftungsanlagen mit Wärmerückgewinnung ist eine Unterschreitung der Grenzwerte der EnEV … sinnvoll." (DIN 4108-7 : 2011-01, Abschnitt 4).

Im Sinne dieser Anmerkung enthält DIN 4108-7 zusätzlich noch eine detaillierte Tabelle mit empfohlenen n_{50}-Höchstwerten.

Freie Lüftung:

– Fensterlüftung oder Querlüftung mit ALD (nicht selbsttätig regelbar): $n_{50} \leq 3{,}0\ h^{-1}$

– Querlüftung mit ALD (selbsttätig regelbar) oder Schachtlüftung: $n_{50} \leq 1{,}5\ h^{-1}$

Ventilatorgestützte Lüftung:

– Abluftanlage: $n_{50} \leq 1{,}0\ h^{-1}$

– Zu-/Abluftanlage: $n_{50} \leq 1{,}0\ h^{-1}$

Zur Beurteilung der Gebäudehülle kann zusätzlich die hüllflächenbezogene Luftdurchlässigkeit q_{50} herangezogen werden (Abschnitt 2.4). Die Anforderung lautet:

– für Gebäude mit einem Innenvolumen von mehr als 1500 m³ $q_{50} \leq 3\ m^3/(m^2 h)$

Bei großen, kompakten Gebäuden können die Anforderungen an den Luftwechsel n_{50} bei 50 Pa auch bei relativ undichter Gebäudehülle erfüllt werden, weil das Volumen im Verhältnis zur Hüllfläche sehr groß ist.

3.3 Weitere Anforderungen und Empfehlungen

Empfohlen wird für Gebäude mit ventilatorgestützter Lüftung, dass der Luftwechsel n_{50} bei 50 Pa den Wert 1,0 je Stunde nicht überschreitet. Dies ist auch der Grenzwert für Häuser mit dem RAL-Gütezeichen Niedrigenergiebauweise. Für zertifizierte Passivhäuser akzeptiert das Passivhaus-Institut sogar nur Werte bis 0,6 je Stunde.

Wie wichtig die luftdichte Bauweise gerade bei Häusern mit Wärmerückgewinnung ist, kann vereinfacht an einem Beispiel gezeigt werden:

In *Bild 9-8* ist der Luftwechsel von drei unterschiedlich dichten Häusern mit einer Lüftungsanlage mit Wärmerückgewinnung dargestellt. Die Lüftungsanlage wird mit einem Luftwechsel von 0,4 h^{-1} betrieben (hygienisch wirksamer Luftwechsel). Durch die Wärmerückgewinnung (hier 80 %) wird nur ein Luftwechsel von $(1-0{,}8) \times 0{,}4\ h^{-1} = 0{,}08\ h^{-1}$ energetisch angerechnet.

Für den Nutzer wird analog zur EnEV ein Luftwechsel von 0,1 h^{-1} durch Fensteröffnen angenommen.

Für ein völlig dichtes Gebäude ergibt sich ein hygienisch wirksamer Gesamtluftwechsel von 0,5 h^{-1}, energetisch angerechnet und damit maßgeblich für den Lüftungswärmebedarf wird ein Luftwechsel von 0,18 h^{-1}.

Bei einem Haus, das gerade den RAL-Anforderungen genügt ($n_{50} = 1{,}0\ h^{-1}$), kommt bei mittlerer Windexponiertheit (e = 0,07) der Infiltrationsluftwechsel n nach DIN EN ISO 13789 dazu (Abschnitt 2.3):

$$n = 0{,}07 \cdot 1\ h^{-1} = 0{,}07\ h^{-1}.$$

Der energetisch angerechnete Luftwechsel und daraus resultierend der Lüftungswärmebedarf erhöht sich um 39 %.

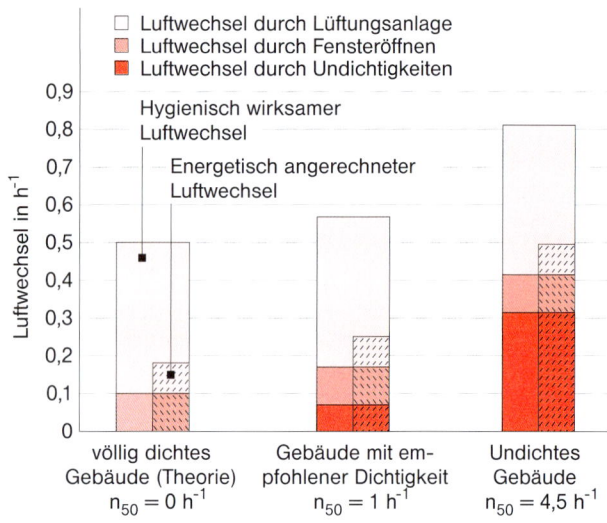

9-8 Hygienisch wirksamer und energetisch angerechneter Luftwechsel in unterschiedlich dichten Häusern mit einer Lüftungsanlage mit Wärmerückgewinnung

Beim undichten Haus rechts im Bild 9-8 (n_{50} = 4,5 h^{-1}) ergibt sich nach DIN EN ISO 13789 bei mäßiger Abschirmung ein mittlerer Infiltrationsluftwechsel

$$n = 0{,}07 \cdot 4{,}5 \text{ h}^{-1} = 0{,}32 \text{ h}^{-1}.$$

In diesem Fall erhöht sich der energetisch angerechnete Luftwechsel und damit der Lüftungswärmebedarf gegenüber dem (theoretisch) völlig dichten Gebäude um 178 % und gegenüber dem Gebäude mit empfohlener Dichtheit um 100 %.

3.4 Vermeiden großer Einzellecks

Um Zugerscheinungen und Schimmelschäden bei Durchströmung von Leckagen sicher zu verhindern, müssen große Einzellecks vermieden bzw. aufgespürt und abgedichtet werden. Diese inhaltlich begründete Forderung lässt sich formal auch aus der Energieeinsparverordnung ableiten, die eine Abdichtung „nach den anerkannten Regeln der Technik" fordert, Abschnitt 3.1.

4 Luftdichte Bauteile und Anschlüsse

4.1 Vorbemerkung

Zur Realisierung einer luftdichten Gebäudehülle wird eine Vielzahl von Materialien und Bautechniken angeboten. Unumgänglich ist dabei eine **sorgfältige Planung der** das beheizte Gebäudeinnere umschließenden luftdichten Hülle (**Luftdichtungshülle**) mit allen notwendigen Bauteilanschlüssen. Besondere Aufmerksamkeit muss außerdem auf eine **qualitativ hochwertige Bauausführung** auch hinsichtlich der Details sowie eine **wirksame Kontrolle** und **ggf. Nachbesserung** gelegt werden. In Mehrfamilienhäusern muss jede einzelne Wohnung ringsum durch eine Luftdichtheitsschicht umgeben werden, um Geruchs- und Schallübertragung von Wohnung zu Wohnung zu vermeiden.

4.2 Luftdichtheitsschichten flächiger Bauteile

Viele der heute eingesetzten Materialien wie beispielsweise die Putzschicht auf Mauerwerk (nicht jedoch unverputztes Mauerwerk!), Schichten aus Sperrholz, Span-, Hartfaser- oder Gipskartonplatten, Fenster und Türen sind in der Fläche schon hinreichend luftdicht, Bild 9-9. **Wichtig** sind hier die **Abdichtung von Stößen** zwischen den einzelnen Platten und die **luftdichte Ausführung des Anschlusses,** z. B. an Fenstern und Türen sowie Durchdringungen (Durchführung von Installationsrohren usw.).

Sollen Platten als raumseitige Bekleidung auch zur Luftdichtung herangezogen werden, muss sorgfältig geprüft werden, ob sich die Stöße und Anschlüsse überhaupt mit vertretbarem Aufwand lückenlos luftdicht ausführen lassen und ob sie bei den zu erwartenden Bauteilbewegungen auf Dauer dicht bleiben. Meist ist es

Material	Luftdurchlässigkeit in m³/(m²h) bei 50 Pa	Aufbau der Bauteilschicht	Luftdurchlässigkeit in m³/(m²h) bei 50 Pa
Schüttdämmstoff	275 – 1135	Faserdämm-Matten mit Alukaschierung, am Rand geheftet	10 – 25
Mineralwolle	13 – 150	PS-Hartschaumplatten zwischen den Sparren, nicht geklebt	> 40
Hartschaumplatte	0,0003 – 1,1	PS-Hartschaumplatten, Ränder verklebt	12
Korkplatte, expandiert, trocken	2,5		
Kokosfaser-/Holzwolleleichtbauplatte	950 – 6600	Zellulosefaser-Dämmstoff (75 kg/m³), Schichtdicke 16 cm	4 – 7,5
Holzweichfaserplatte	2 – 3,5		
bituminierte Holzfaserdämmplatte	1,1 – 2,3	Nut-Feder-Bretter	ca. 15
Pinienholz	0,00006	Holzpaneele aus MDF oder Spanplatten	8 – 17
Holz sonst	bis 0,0003	Gipskartonplatten, unverfugt	50
Hartfaserplatte	0,001 – 0,003	Akustikdecke	90 – 190
Sperrholz	0,004 – 0,02	PE-Folie, am Rand geheftet	4
Spanplatten, MDF	0,05 – 0,22	Mauerwerk, unverputzt	sehr undicht
Gipskartonplatte	0,002 – 0,03	verputztes Mauerwerk	wie Putz
Baupappe	0,01 – 3		
PE-Folie 0,1mm	0,0015	Für größere Flächen der Luftdichtheitsschicht sind nur Materialien geeignet, bei denen die flächenbezogene Luftdurchlässigkeit nicht höher als 0,1 m³/(m²h) ist.	
Bitumenpappe	0,008 – 0,02		
Unterspannbahn	1		
Ziegel, KS-Stein	0,001 – 0,05		
Porenbeton, Bimsbeton u. Ä.	0,06 – 0,35		
Kalk-Putz	0,02 – 0,6[1]	[1] Obergrenze gilt für alte Putze, die heute nicht mehr verwendet	
Kalk-Zement-Putz	0,002 – 0,05		
Zement-Putz	0,001 – 0,002		

9-9 Luftdurchlässigkeit von Materialien und Bauteilen

einfacher, nicht die raumseitige Bekleidung, sondern die dahinter angeordnete Dampfsperre als Luftdichtung zu verwenden.

Die **Luftdichtheitsschicht** darf nicht verwechselt werden mit einer außen auf der Wärmedämmung angebrachten **Winddichtung** (z. B. diffusionsoffene Unterspannbahn auf der Wärmedämmung eines Daches unterhalb der Dachziegel). Diese hat die Aufgabe, bei leicht durchströmbaren Dämmstoffen wie z. B. Mineralfasermatten eine Auskühlung des Dämmstoffes durch eindringende Außenluft zu verhindern, die ansonsten zu einer verminderten Wärmedämmwirkung der Schicht führen würde, *Bild 9-10*.

Die Luftdichtheitsschicht *Bild 9-11*, deren Lage für jedes Bauteil exakt bis ins Detail geplant werden muss, sollte raumseitig gesehen vor der Wärmedämmung liegen, um Tauwasserausfall in der Wärmedämmschicht zu vermeiden. Zu empfehlen ist dabei ein von innen nach außen diffusionsoffener werdender Konstruktionsaufbau des Bauteils, d. h. jede weiter außen liegende Schicht lässt Wasserdampf leichter passieren als die jeweils nach innen angrenzende. Bei Leichtbauteilen kann die innen

9 Luftdichtheit der Gebäudehülle

Luftdichte Bauteile und Anschlüsse

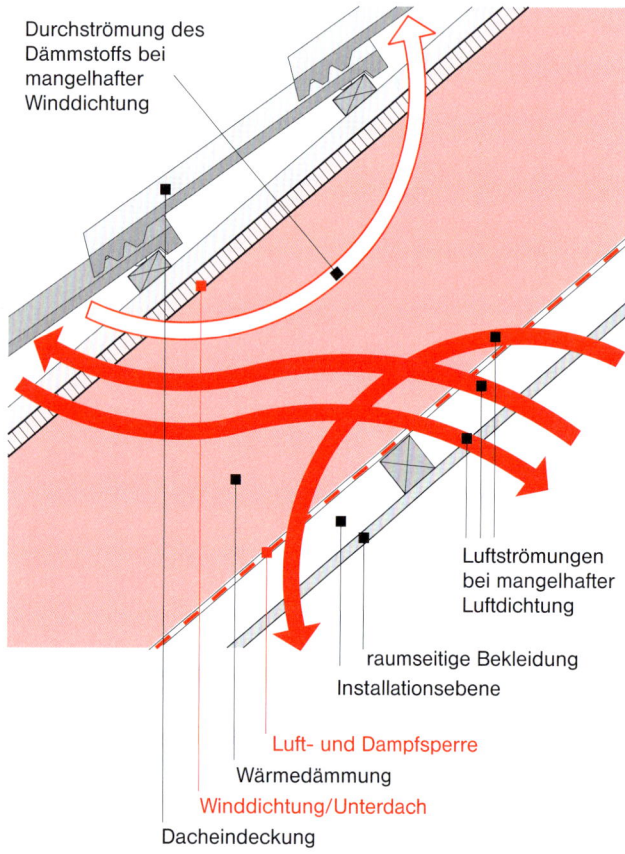

9-10 Wirkung von Luftdichtung und Winddichtung am Beispiel eines Dachaufbaus

Die wichtigsten Möglichkeiten zur Erstellung einer Luftdichtheitsschicht in der Fläche sind:

– ein **durchgehender Innenputz auf Mauerwerk** (auch an verdeckten Stellen!) beim Massivbau,

– geeignete **PE-Folie** (0,2 bis 0,3 mm dick), deren Überlappungen mit geeignetem einseitigem Acrylat-Klebeband abgeklebt werden, im Leichtbau, *Bild 9-12*, bzw. stattdessen

– geeignete **armierte Baupappe** mit Abdichtung der Überlappungen durch Baupappenkleber, *Bild 9-13*, oder

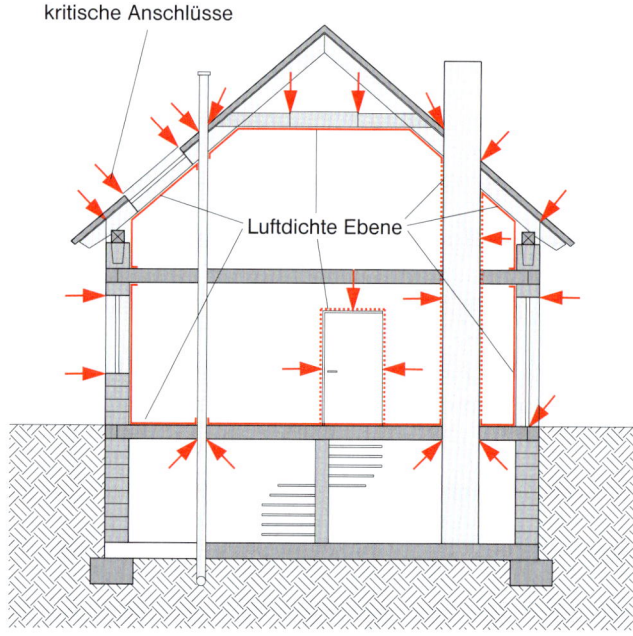

9-11 Luftdichtungshülle (Luftdichtheitsschicht) und hierfür zu planende und auszuführende Anschlüsse

angeordnete übliche diffusionshemmende Schicht (z. B. PE-Folie, armierte Baupappe) auch als Luftdichtheitsschicht ausgebildet werden. Dabei ist im Gegensatz zur Dampfbremsfunktion, für die kleine Leckagen tolerierbar sind, zur Erzielung der Luftdichtheit eine sorgfältige Abdichtung aller Überlappungen, Stöße und Anschlüsse nötig (Tackern von Folie reicht z. B. nicht aus, *Bild 9-9*).

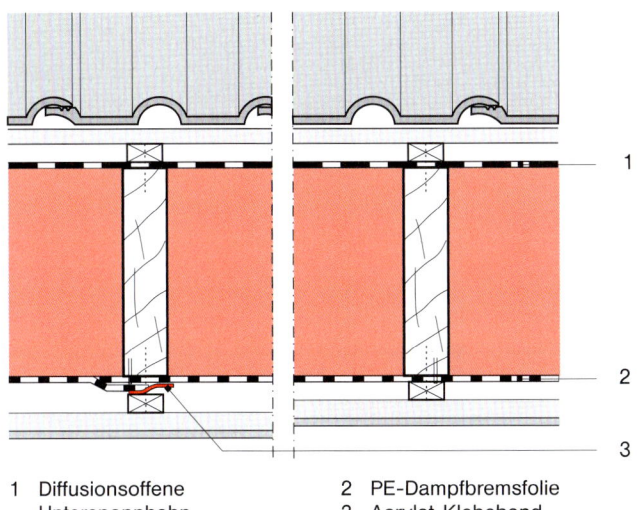

1 Diffusionsoffene Unterspannbahn
2 PE-Dampfbremsfolie
3 Acrylat-Klebeband

9-12 Erstellung einer Luftdichtheitsschicht in der Fläche mithilfe einer PE-Dampfbremsfolie am Beispiel eines geneigten Daches mit Zwischensparrendämmung

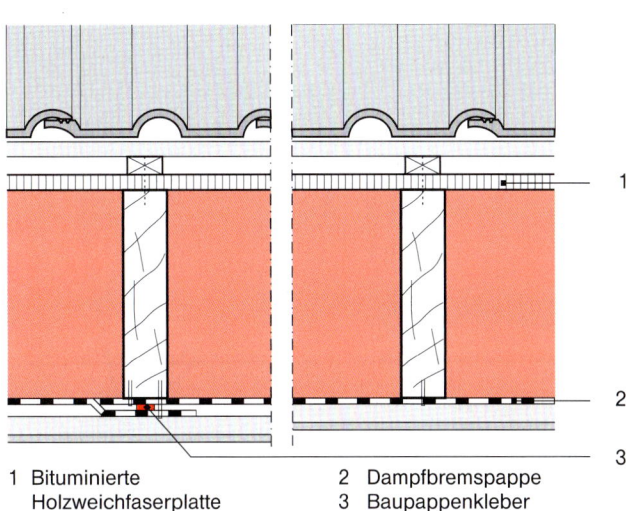

1 Bituminierte Holzweichfaserplatte
2 Dampfbremspappe
3 Baupappenkleber

9-13 Erstellung einer Luftdichtheitsschicht in der Fläche mithilfe einer armierten Dampfbremspappe am Beispiel eines geneigten Daches mit Zwischensparrendämmung

– geeignete **Bauplatten**, deren Stöße mit Baupappestreifen und Baupappenkleber abgedichtet werden, *Bild 9-14*.

Die Luftdichtung muss die Wohnung oder den beheizten Teil des Hauses vollständig umschließen – es dürfen keine Teilflächen vergessen werden. Wenn der Innenputz die Luftdichtung darstellt, dann muss auch und rechtzeitig in Bereichen verputzt werden, die später nicht mehr zugänglich sind: hinter Treppenläufen, in Installationsschächten und Vormauerungen *(Bild 9-15)* und im Bereich des Fußbodenaufbaus.

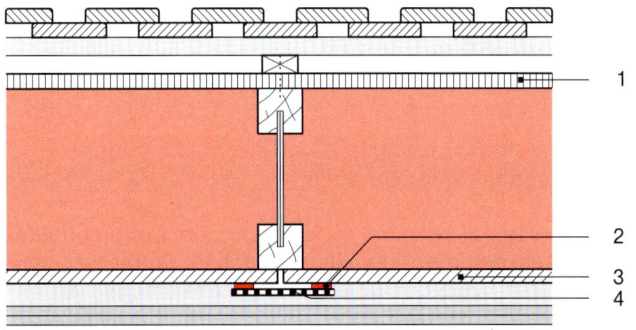

1 Bituminierte Holzweichfaserplatte
2 Baupappenkleber
3 OSB- oder Sperrholzplatte
4 Streifen Dampfbremspappe

9-14 Erstellung einer Luftdichtheitsschicht in der Fläche mithilfe von Spanplatten (OSB-Platten) oder Sperrholzplatten und Baupappestreifen am Beispiel einer Leichtbauaußenwand

9-15 Die Außenwand hinter der und seitlich von der Vorwandinstallation wurde verputzt, bevor mit der Sanitärinstallation begonnen wurde. Eine spätere Abdichtung der Vorwand wäre wegen der vielen Durchdringungen praktisch unmöglich.

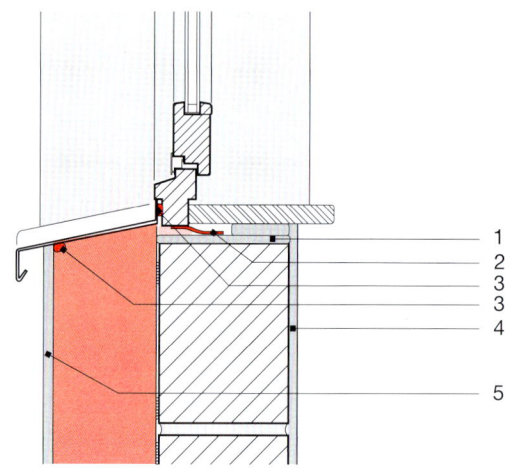

1 Glattstrich oder Putzlage
2 Zweiseitiges überputzbares Klebeband
3 Vorkomprimiertes Dichtungsband
4 Innenputz
5 Außenputz

9-16 Luftdichtungsanschluss des Fensterblendrahmens an eine massive Außenwand mithilfe eines zweiseitigen überputzbaren Klebebandes

4.3 Anschlüsse zwischen Luftdichtheitsschichten verschiedener Bauteile

In der Praxis bereiten meist nicht die Luftdichtheitsschichten der einzelnen Bauteilflächen Probleme, sondern deren vielfältige **linienförmige Anschlüsse an andere Bauteilflächen oder an andere Bauelemente**, also z. B. die Anschlüsse Wand–Decke bzw. Fußboden, Wand–Fensterblendrahmen, Wand bzw. Fußboden–Außentür, Wand bzw. Treppe–Kellertür, Giebelwand bzw. Drempelwand–Dachfläche, Dachfläche–Dachflächenfenster, Kehlbalkendecke–Dachluke usw., *Bild 9-11*. Einige Lösungsbeispiele für solche Anschlüsse werden in den *Bildern 9-16* bis *9-23* aufgezeigt.

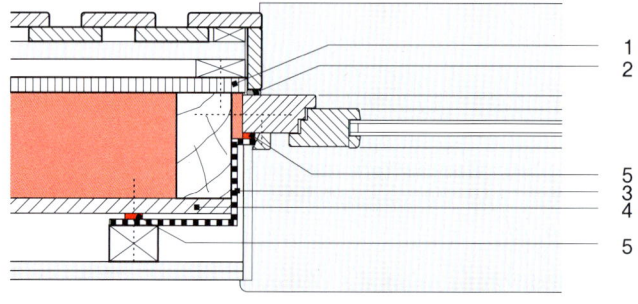

1 Bituminierte Holzweichfaserplatte
2 Vorkomprimiertes Dichtungsband
3 Streifen Dampfbremspappe
4 Sperrholzplatte
5 Baupappenkleber

9-17 Luftdichtungsanschluss des Fensterblendrahmens an eine Leichtbauaußenwand mit einem Streifen armierter Dampfbremspappe

9 Luftdichtheit der Gebäudehülle

Luftdichte Bauteile und Anschlüsse

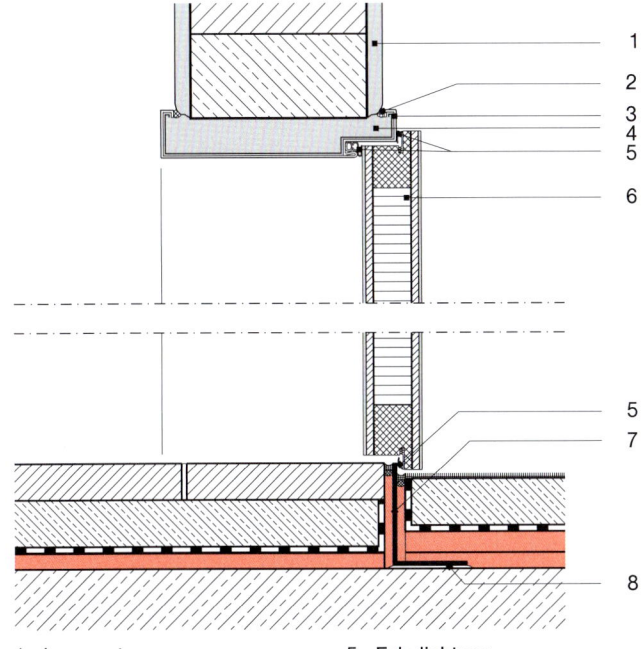

1 Innenputz
2 Silikon-Dichtmasse
3 Zarge
4 Vergussmörtel
5 Falzdichtung
6 Türblatt
7 Winkel
8 Mörtel

9-18 Luftdichtungsanschluss der Wohnungseingangstür an Fußboden und massive Wand (hier: beheizter Treppenraum)

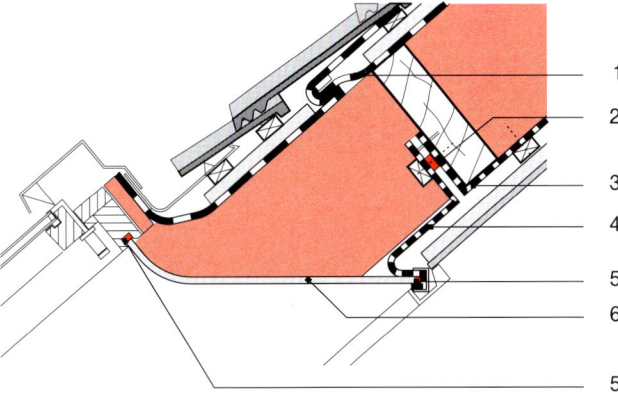

1 Diffusionsoffene Unterspannbahn
2 Butylkautschuk-Klebeband
3 Dampfbremsfolie
4 Folienkragen
5 Fugendichtband
6 Innenfutter

9-19 Luftdichtungsanschluss eines Dachflächenfensters an ein Schrägdach mit Zwischensparrendämmung durch ein dampfdichtes Innenfutter und eine Folienmanschette

9 Luftdichtheit der Gebäudehülle

Luftdichte Bauteile und Anschlüsse

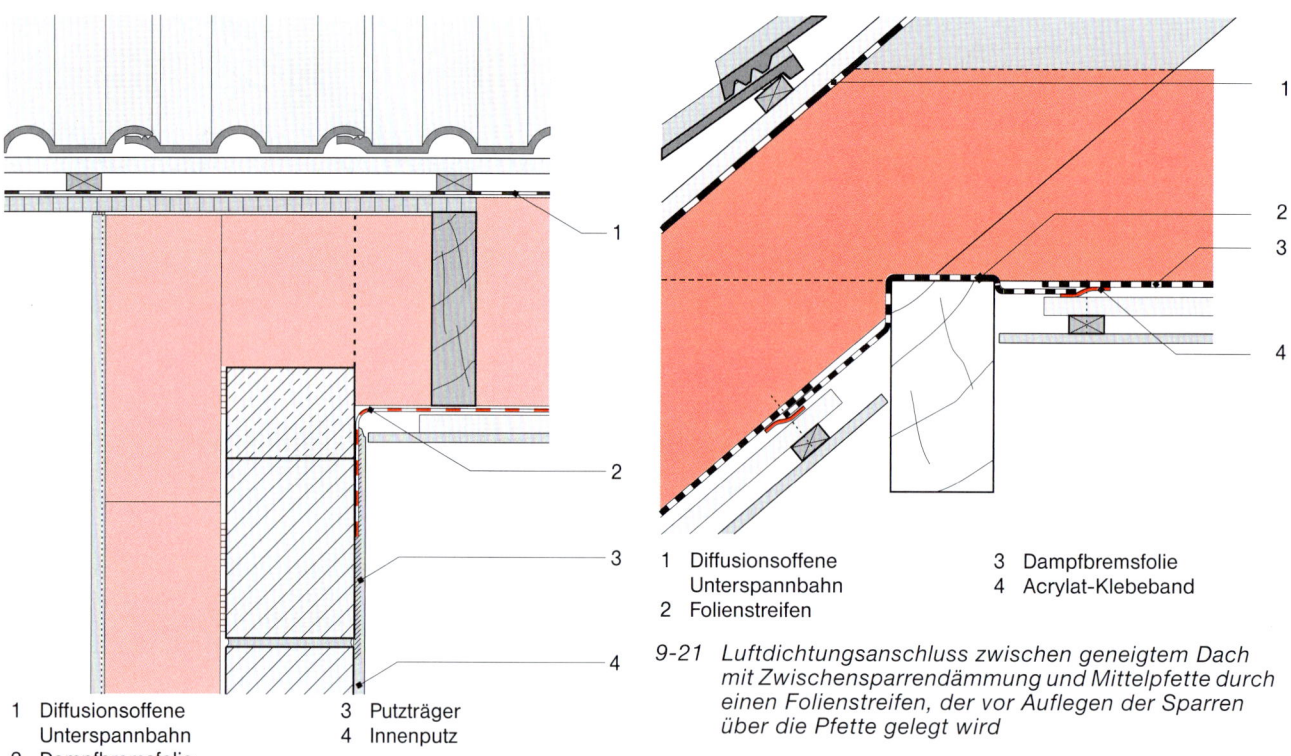

1 Diffusionsoffene Unterspannbahn
2 Dampfbremsfolie
3 Putzträger
4 Innenputz

9-20 Luftdichtungsanschluss zwischen geneigtem Dach mit Zwischensparrendämmung und Giebelwand durch Einputzen des Folienrandes

1 Diffusionsoffene Unterspannbahn
2 Folienstreifen
3 Dampfbremsfolie
4 Acrylat-Klebeband

9-21 Luftdichtungsanschluss zwischen geneigtem Dach mit Zwischensparrendämmung und Mittelpfette durch einen Folienstreifen, der vor Auflegen der Sparren über die Pfette gelegt wird

9 Luftdichtheit der Gebäudehülle

Luftdichte Bauteile und Anschlüsse

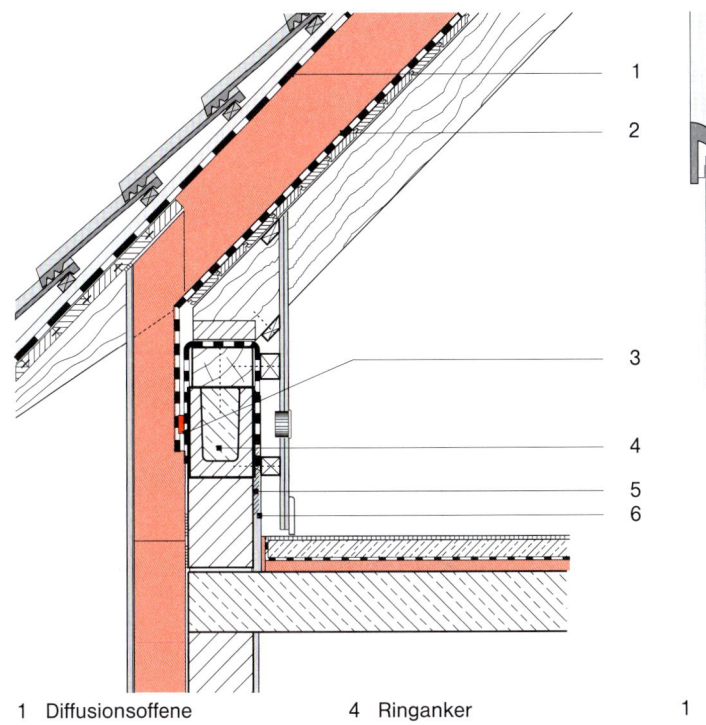

1 Diffusionsoffene Unterspannbahn
2 Dampfbremsfolie
3 Butylkautschuk-Klebeband
4 Ringanker
5 Putzträger
6 Innenputz bis zum Rohfußboden durchgezogen

9-22 Luftdichtungsanschluss zwischen geneigtem Dach mit Aufsparrendämmung und Innenputz im Traufbereich

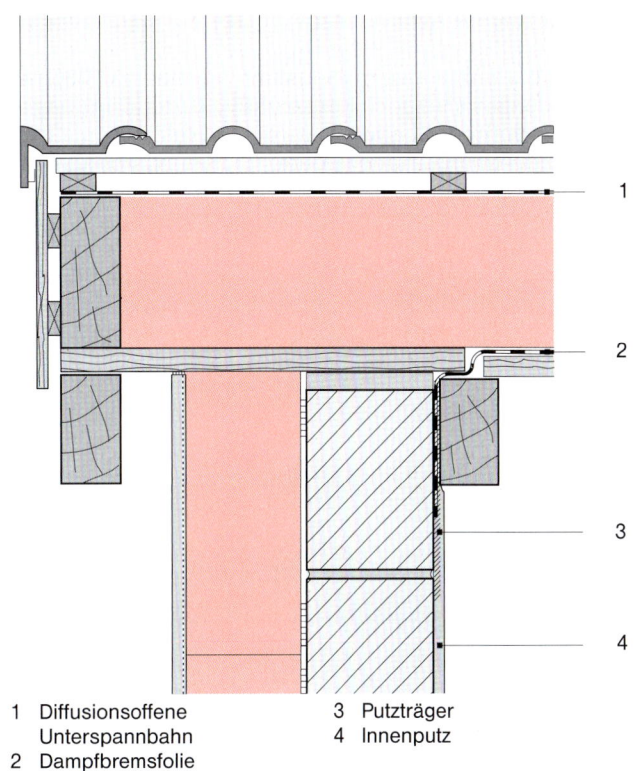

1 Diffusionsoffene Unterspannbahn
2 Dampfbremsfolie
3 Putzträger
4 Innenputz

9-23 Luftdichtungsanschluss zwischen geneigtem Dach mit Aufsparrendämmung und Giebelwand durch Einputzen des Folienrandes

9/19

4.4 Luftdichte Anschlüsse von Durchdringungen

Kritische Punkte bei der Ausführung einer luftdichten Gebäudehülle sind auch **konstruktive Durchdringungen der luftdichten Ebene**, z. B. durch Holzbalken, Sparren, Kamine, Installationsrohre, Entlüftungsrohre usw., *Bild 9-11*. Besser als eine nachträgliche Abdichtung ist in jedem Fall die **Vermeidung der Durchdringung** durch eine abgeänderte Konstruktion bereits in der Planungsphase. So lassen sich z. B. Durchdringungen an den Auflagern von Holzbalken auf massiven Außenwänden, die nur mit großem Aufwand abgedichtet werden können, in der Regel durch eine durchdringungsfreie Halterung mit Balkenschuhen ersetzen.

Beispiele für luftdichte Anschlüsse von Durchdringungen sind in den *Bildern 9-24* bis *9-27* dargestellt.

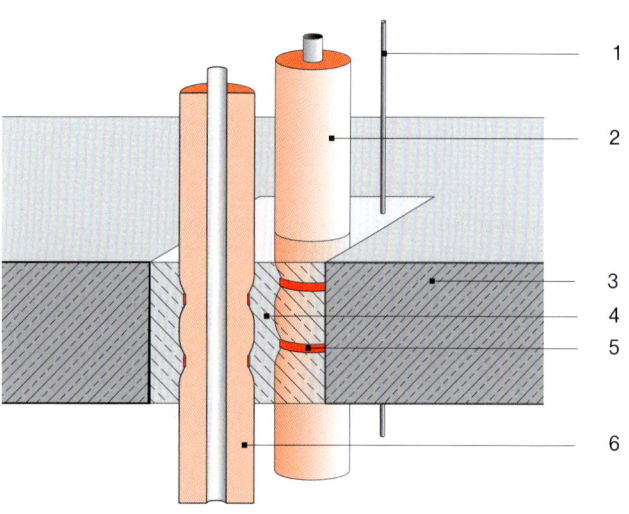

1 Elektroleitung
2 Leitungen nicht gebündelt verlegt
3 Stahlbeton
4 Feinkörniger Beton
5 Rohrdämmung mit Kabelbindern / Schellen zusammengeschnürt
6 Geschlossenzellige Schaumdämmung

9-24 Luftdichtungsanschluss der Installationsdurchführungen durch die Geschossdecke

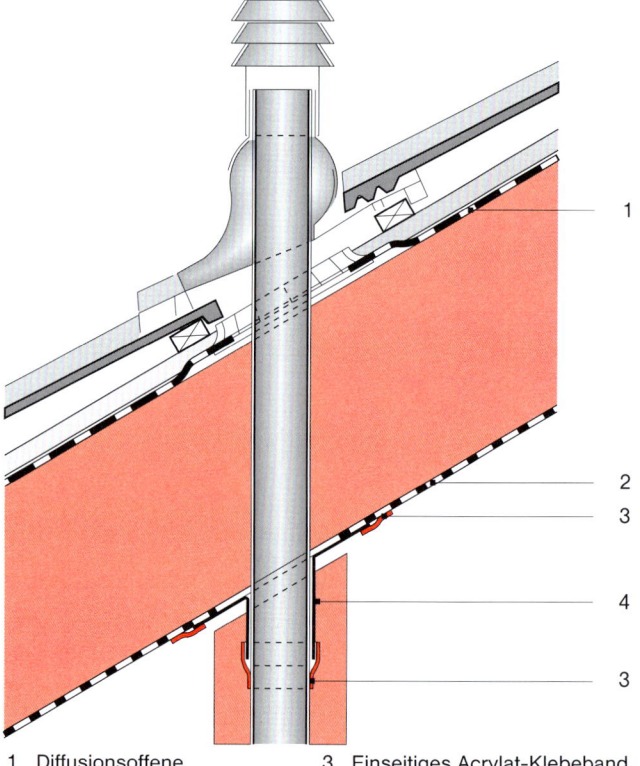

1 Diffusionsoffene Unterspannbahn
2 Dampfbremsfolie
3 Einseitiges Acrylat-Klebeband
4 Formteil Dunstrohreinfassung

9-25 Luftdichtungsanschluss zwischen Dunstrohr und geneigtem Dach mit Zwischensparrendämmung mithilfe eines Formteils „Dunstrohreinfassung"

9 Luftdichtheit der Gebäudehülle

Luftdichte Bauteile und Anschlüsse

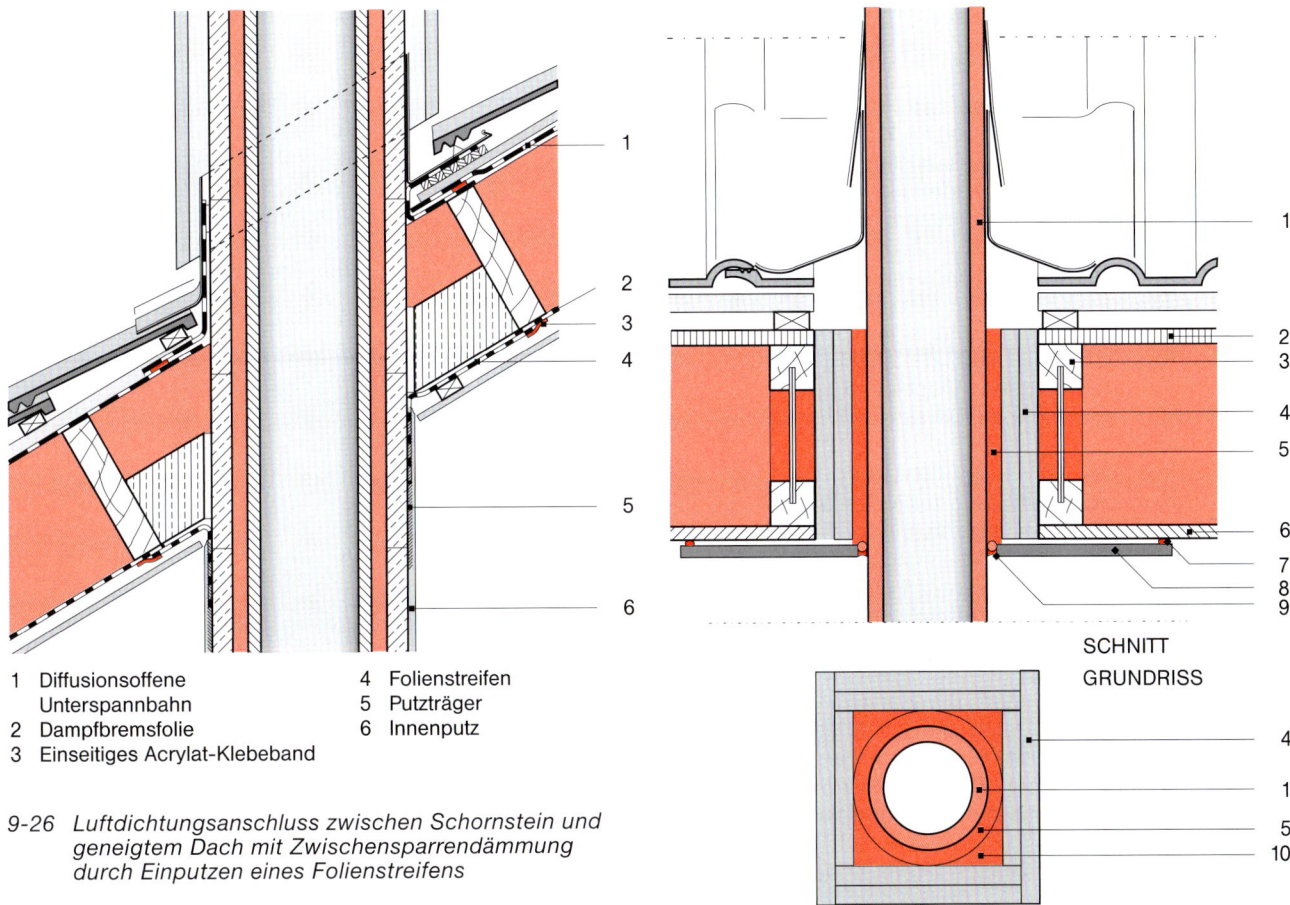

1 Diffusionsoffene Unterspannbahn
2 Dampfbremsfolie
3 Einseitiges Acrylat-Klebeband
4 Folienstreifen
5 Putzträger
6 Innenputz

9-26 Luftdichtungsanschluss zwischen Schornstein und geneigtem Dach mit Zwischensparrendämmung durch Einputzen eines Folienstreifens

1 Gedämmte Abgasleitung für Festbrennstoffe
2 DWD-Platte
3 TJI-Träger
4 2 x Promatect Brandschutz-Bauplatten (jeweils 2,5 cm)
5 Mineralwolle > 2cm > 1000° C
6 OSB-Platte
7 Luftdichtung mit Butylkautschukrundschnur
8 Promatect (Fa. Promat)
9 Luftdichtung mit HILTI-Brandschutzdichtmasse und Fugenhinterfüllung laut Hersteller
10 Mineralwolle > 1000° C

9-27 Luftdichtungsanschluss zwischen heißer Abgasleitung und Dach

5 Empfehlungen für ein Luftdichtungskonzept

Bereits in der **Planungsphase** sollten Bauherr und Architekt durch **Auswahl geeigneter Konstruktionen** die Weichen für eine einfache Realisierbarkeit der anzustrebenden luftdichten Gebäudehülle stellen. So sollten z. B. beim Dachstuhl Ausführungsvarianten verworfen werden, die zwangsläufig eine Vielzahl von Durchdringungen der Luftdichtheitsschicht mit sich brächten und nur mit aufwendiger manueller Detailarbeit abzudichten wären. Die Luftdichtheitsschicht ist vom Planer für jedes Bauteil hinsichtlich Lage und Materialien genau festzulegen. Für alle erforderlichen Anschlüsse sind Lösungen auszuarbeiten und wichtige Details in Zeichnungen zu dokumentieren.

In der **Ausschreibung** müssen für jedes Gewerk die zur Erstellung der Luftdichtheitsschicht erforderlichen Arbeiten und Materialien explizit im Leistungsverzeichnis aufgeführt werden. Abschnitt 6 enthält eine Zusammenstellung von Produkten für die Luftdichtung.

Bei der **Bauausführung** ist nicht nur eine sachkundige Bauleitung notwendig, auch die Handwerker sollten in Bedeutung und Realisierung der luftdichten Gebäudehülle eingewiesen werden. Die Arbeiten jedes Gewerkes sind jeweils auch im Hinblick auf die Ausführung der luftdichten Anschlüsse zu kontrollieren und abzunehmen.

In Häusern mit Lüftungsanlage und in anderen Häusern, bei denen von Seiten der an der Bauausführung Beteiligten noch wenig Erfahrungen mit der Luftdichtheit vorliegen, sollte zur **Qualitätskontrolle** eine **Messung der Luftdurchlässigkeit** von vornherein in den Bauablauf mit eingeplant werden. Diese sollte im Beisein der Handwerker zu einem Zeitpunkt stattfinden, an dem Fenster und Türen eingebaut und die Luftdichtheitsschicht schon fertiggestellt, aber noch zugänglich ist (also z. B. vor der raumseitigen Anbringung von Holzvertäfelungen usw.). Dadurch sind **Nachbesserungen** wesentlich einfacher möglich. Gegebenenfalls kann eine nochmalige Messung vereinbart werden, um die Qualität der Nachbesserung zu überprüfen.

Messungen für den EnEV-Dichtheitsnachweis dürfen laut DIN EN 13829 erst nach Fertigstellung der Gebäudehülle durchgeführt werden. Die vorstehend skizzierte Vorgehensweise – Luftdurchlässigkeitsmessungen bereits während der Bauphase – schließt unangenehme Überraschungen aus, wie sie sich bei einer erstmaligen Messung im Endzustand des Bauwerks ergeben können.

Anhang 1 „**Produkte für die Luftdichtung**" und
Anhang 2 „**Protokoll einer Luftdurchlässigkeitsmessung**" *befindet sich nur auf der CD-ROM*

6 Hinweise auf Literatur und Arbeitsunterlagen

[1] Energieeinsparverordnung. Verordnung über energiesparenden Wärmeschutz und energiesparende Anlagentechnik bei Gebäuden (EnEV). Berlin, 24. 7. 2007; 2. Verordnung zur Änderung der Energieeinsparverordnung. Berlin, 18. 11. 2013.

[2] DIN EN 13829: Bestimmung der Luftdurchlässigkeit von Gebäuden. Differenzdruckverfahren. Februar 2001.

[3] Zeller, J., Biasin, K.: Luftdichtigkeit von Wohngebäuden – Messung, Bewertung, Ausführungsdetails. VWEW Energieverlag, Frankfurt, 2002. ISBN 3-8022-0690-8.

[4] Fachverband Luftdichtheit im Bauwesen e. V. (FLiB). Gebäude-Luftdichtheit – Band 1. 2. Aktualisierte Auflage. Berlin, 2012.

[5] Eicke-Hennig, W.; Wagner-Kaul, A.; Großmann, U.: Planungshilfe Niedrigenergiehaus. Wärmeschutzmaßnahmen. Luftdichtheit. Institut Wohnen und Umwelt / Hessisches Ministerium für Umwelt, Energie, Jugend, Familie und Gesundheit (Hrsg.), Wiesbaden / Darmstadt, 1996.

[6] Sagelsdorff: Langzeit-Untersuchungen über Luftdurchlässigkeit und Luftwechsel eines Einfamilienhauses. Bauphysik 1982, Heft 2.

[7] Hauser, G.: Einfluss der Lüftungsform auf die Lüftungswärmeverluste von Gebäuden. Heizung, Lüftung, Haustechnik 30 (1979), Nr. 7.

[8] Gertis, K. A., Hauser, G.: Energieeinsparung durch Stoßlüftung? Heizung, Lüftung, Haustechnik 30 (1979), Nr. 3.

[9] ISO 9972: Wärmetechnisches Verhalten von Gebäuden – Bestimmung der Luftdurchlässigkeit von Gebäuden – Differenzdruckverfahren. Mai 2006.

[10] DIN EN ISO 13789: Wärmetechnisches Verhalten von Gebäuden – Spezifischer Transmissions- und Lüftungswärmedurchgangskoeffizient – Berechnungsverfahren. April 2008.

[11] DIN EN 15242: Berechnungsverfahren zur Bestimmung der Luftvolumenströme in Gebäuden einschließlich Infiltration. September 2007.

[12] DIN 1946-6: Raumlufttechnik – Lüftung von Wohnungen – Allgemeine Anforderungen, Anforderungen zur Bemessung, Ausführung und Kennzeichnung, Übergabe/Übernahme (Abnahme) und Instandhaltung. Mai 2009.

[13] DIN 4108-7: Wärmeschutz und Energie-Einsparung in Gebäuden – Luftdichtheit von Gebäuden, Anforderungen, Planungs- und Ausführungsempfehlungen sowie -beispiele. Januar 2011.

[14] Pohl, W.-H.; Horschler, S.; Pohl, R.: Wärmeschutz – Optimierte Details. Kalksandstein-Information GMBH + Co. KG (Hrsg.), Hannover, 1996.

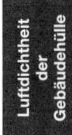

WÄRMEBRÜCKEN

1	**Einführung** S. 10/2
2	**Beispiele für einfache Wärmebrücken** S. 10/2
2.1	Außenwandecke
2.2	Balkonplatte
3	**Arten und Auswirkungen von Wärmebrücken** S. 10/4
3.1	Wärmebrückenarten
3.2	Auswirkungen von Wärmebrücken
4	**Berechnung von Wärmebrückenwirkungen** S. 10/6
4.1	Vorbemerkungen
4.2	minimale Oberflächentemperatur
4.3	Transmissionswärmeverluste durch Wärmebrücken
4.4	Anwendung von Wärmebrückenkatalogen
4.5	Transmissionswärmeverluste durch Wärmebrücken beim EnEV-Nachweis
4.6	Vorgehensweise und Beispiele zur Ermittlung des Wärmebrückenverlustkoeffizienten Ψ_a und der raumseitigen Oberflächentemperatur Q_{si}
5	**Wärmebrücken bei Wohngebäuden** S. 10/20
5.1	Wärmebrücken am Beispiel eines Einfamilienhauses
5.2	Häufige Problemstellen im Überblick
5.3	Ermittlung von Wärmebrücken durch Thermografie
6	**Vermeidung und Reduzierung von Wärmebrücken** S. 10/24
6.1	Anforderungen aus Normen und Verordnungen
6.2	Allgemeine Regeln zur Vermeidung von Wärmebrücken
7	**Beispiele zur Verringerung der Wirkung häufig auftretender Wärmebrücken** S. 10/25
7.1	Dachanschluss im Traufbereich
7.2	Dachanschluss der Giebelwand
7.3	Dachanschluss von Innenwänden
7.4	Anschluss eines Flachdaches mit Attikagesims
7.5	Anschluss einer Innenwand an eine innen gedämmte Außenwand
7.6	Geschossdeckenanschluss
7.7	Kellerdeckenanschluss an einen unbeheizten Keller
7.8	Anschluss einer massiven Außenwand an die Sohlplatte
7.9	Fensteranschluss an die Außenwand
7.10	Balkonanschluss
7.11	Treppenauflager
7.12	Vermeidung von Verarbeitungsfehlern
8	**Hinweise auf Literatur und Arbeitsunterlagen** S. 10/35

WÄRMEBRÜCKEN

1 Einführung

Wärmebrücken sind örtlich begrenzte wärmetechnische Schwachstellen in der wärmegedämmten Außenhülle eines Gebäudes. An solchen Stellen findet im Vergleich zu den umgebenden, wärmebrückenfreien („ungestörten") Bauteilflächen ein erhöhter Wärmefluss vom Gebäudeinneren nach außen statt.

Dies führt einerseits zu einem größeren Transmissionswärmeverlust und damit zu einem höheren **Heizenergieverbrauch**. In ungünstigen Fällen kann bei Niedrigenergiegebäuden durch Wärmebrücken der Transmissionswärmeverlust des Gebäudes um bis zu 50 % des ohne Wärmebrückenwirkungen berechneten Wertes steigen.

Andererseits bewirken Wärmebrücken in der Regel eine örtlich begrenzte raumseitige Abkühlung der Bauteile. Oft sinkt dadurch die Oberflächentemperatur so stark ab, dass der Taupunkt des in der Raumluft enthaltenen Wasserdampfes unterschritten wird und **Kondenswasser** ausfällt. Das kann zu Feuchteschäden und insbesondere gesundheitlich bedenklicher **Schimmelpilzbildung** führen und muss schon aus diesem Grund vermieden werden.

Auch Undichtigkeiten der luftdichten Gebäudehülle, Kapitel 9, können Wärmebrücken darstellen. Außerdem führen Leckagen, die in der Umgebung von Wärmebrücken auftreten, oft zu einer Verschärfung der Probleme. Tritt durch eine solche Leckage Luft in das Gebäude ein, erfolgt eine weitere Abkühlung im Bereich der Wärmebrücke. Wird die Leckage dagegen von innen nach außen durchströmt, so wird vermehrt feuchte, warme Raumluft in den Bereich der Wärmebrücke geleitet und führt dort zu verstärkter Tauwasserbildung.

Die Problematik von Wärmebrücken soll im Folgenden anhand von zwei Beispielen veranschaulicht werden.

2 Beispiele für einfache Wärmebrücken

2.1 Außenwandecke

Für eine Außenwandecke sind in *Bild 10-1* die Wärmestromlinien und der Temperaturverlauf (nach Berechnungen in [1]) in der Außenwand dargestellt. Die Wärmestromlinien geben Richtung und Größe des bei 20 °C

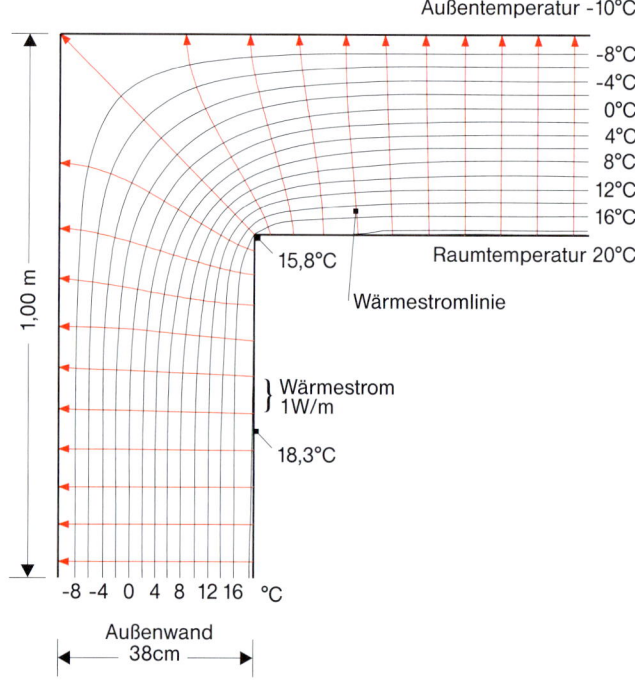

10-1 Wärmestromlinien und Temperaturverlauf in einer Außenwandecke („Außenecke") nach [1]; Wärmeleitfähigkeit des Mauerwerks: λ = 0,18 W/(mK)

Raumtemperatur und –10 °C Außentemperatur von innen nach außen fließenden Wärmestroms an. Durch jede Teilfläche, die durch zwei Wärmestromlinien und einen Wandabschnitt von 1 Meter Höhe begrenzt wird, fließt dabei ein Wärmestrom von 1 Watt. Jeder Wärmestromlinie kann deshalb ein Wärmestrom von 1 W pro Meter Außenwandhöhe zugeordnet werden.

Im wärmebrückenfreien Wandbereich, d. h. in einiger Entfernung von der Außenecke, verlaufen die Wärmestromlinien senkrecht durch die Wand und haben untereinander einen Abstand von 7,25 cm. Die Wärmestromdichte in diesem Bereich beträgt also – bezogen auf 1 Meter Außenwandhöhe – 1 W/(0,0725 m · 1 m) = 13,8 W/m². Abseits der Wärmebrücke gelten auch die Voraussetzungen, die eine einfache Berechnung des Wärmestroms über den Wärmedurchgangskoeffizienten U erlauben. Deshalb ergibt sich der Wert von 13,8 W/m² für die Wärmestromdichte hier auch aus der Multiplikation des U-Wertes der relativ gut wärmedämmenden Wand von 0,46 W/(m²K) mit der Temperaturdifferenz von 30 K zwischen innen und außen.

Im Bereich der Außenecke erhöht sich der Wärmestrom, weil jedem Abschnitt der Innenwand ein weit größerer Abschnitt der Außenwand gegenübersteht und somit zu einer größeren Abkühlung beiträgt. Deshalb rücken hier die Wärmestromlinien auf der Innenwand dichter zusammen. Die **Wärmebrückenwirkung** kommt hier also einzig und allein **durch die Geometrie der Außenwandecke** zustande, ohne dass beispielsweise eine Schwachstelle der Wärmedämmung vorliegt.

Im Bereich der Wärmebrücke sinkt die Temperatur der Oberfläche der Innenwand, die im wärmebrückenfreien Wandbereich 18,3 °C beträgt, auf 15,8 °C ab. Das bedeutet, dass bei einem Anstieg der Raumluftfeuchte auf 77 % hier Wasserdampf kondensieren würde. Da solch hohe Luftfeuchtigkeiten im Winter allenfalls in Bädern, aber in der Regel nicht in Wohnräumen auftreten, ist diese Gefahr in einem Wohnraum beim vorliegenden Wärmeschutz der Außenwand äußerst gering.

Schimmelpilze können jedoch bereits wachsen, wenn die relative Feuchte an der Wandoberfläche über längere Zeit mehr als 80 % beträgt, im Extremfall sogar schon ab 70 % [2]. Letzterer Wert würde an der betrachteten Außenwandecke schon bei 54 % Raumluftfeuchtigkeit erreicht, sodass hier unter ungünstigen Umständen bereits Schimmel auftreten könnte.

2.2 Balkonplatte

Während die soeben untersuchte Außenwandecke ein Beispiel für eine **geometrisch bedingte Wärmebrücke** darstellt, kommt die Wärmebrückenwirkung der in *Bild 10-2* gezeigten Balkonplatte auf andere Weise zustande. In dieser Konstruktion geht die Stahlbetondecke im Gebäudeinneren in die außen liegende Balkonplatte über. Dadurch entsteht in der relativ gut wärmedämmenden Wand – die Wärmeleitfähigkeit des Mauerwerks beträgt nur $\lambda = 0{,}18$ W/(mK) – über den Stahlbeton mit $\lambda = 2{,}1$ W/(mK) eine sehr gut wärmeleitende Verbindung von innen nach außen. Hier ist die **Wärmebrückenwirkung** also vor allem **materialbedingt**.

Im Bereich der Wärmebrücke erkennt man den erhöhten Wärmefluss sehr gut an den Wärmestromlinien, die hier wesentlich dichter gedrängt verlaufen.

In der Oberkante des darunter liegenden Raumes findet bei –10 °C Außentemperatur eine Abkühlung der Wandoberfläche auf 14,0 °C statt. Kondenswasser kann sich hier bilden, wenn die Raumluftfeuchte mehr als 69 % beträgt, was in Wohnräumen aber sehr selten der Fall ist. Schimmelpilzwachstum wäre jedoch bereits möglich, wenn die relative Feuchte der Raumluft für längere Zeit über 48 % läge, was auch in Wohnräumen relativ häufig vorkommt. Da in diesem Fall durch die Abkühlung der Raumluft die relative Feuchtigkeit im Bereich der Wärmebrücke auf über 70 % ansteigen würde, besteht hier unter ungünstigen Umständen eine akute Schimmelpilzgefahr.

Das hier zur Veranschaulichung der Wärmebrückenproblematik gewählte Beispiel einer durchgehenden auskragenden Balkonplatte entspricht wegen der starken

Wärmebrückenwirkung nicht mehr dem heutigen Stand der Bautechnik. Bei heute angewandten Konstruktionen wird eine thermische Trennung zwischen Innen- und Außenseite realisiert, Abschnitt 7.10, *Bild 10-26*, Kapitel 7-8, *Bilder 7-25* bis *7-27*.

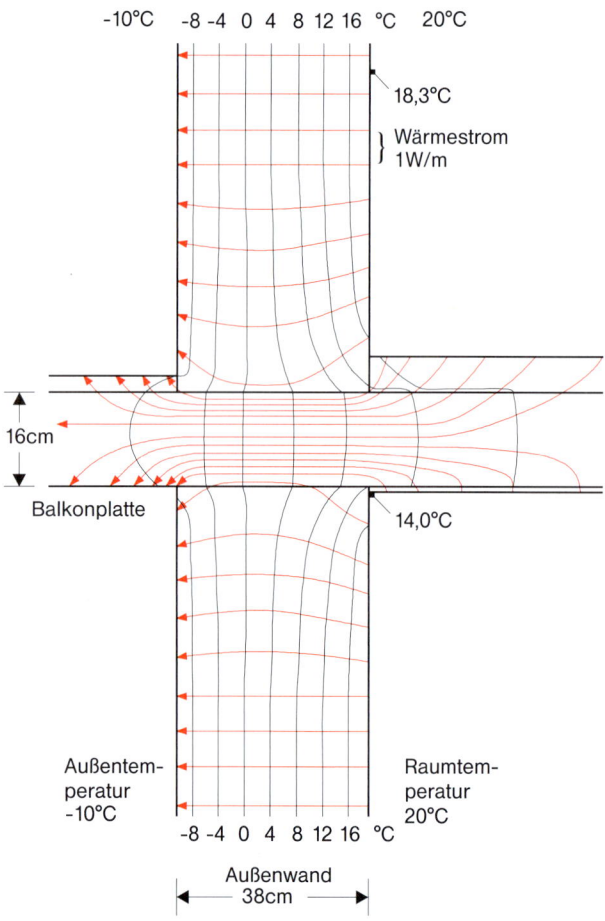

10-2 Wärmestromlinien und Temperaturverlauf im Anschlussbereich einer durchgehenden Balkonplatte (Stahlbeton) an die Außenwand nach [1]; Wärmeleitfähigkeit des Mauerwerks: $\lambda = 0{,}18$ W/(mK)

3 Arten und Auswirkungen von Wärmebrücken

3.1 Wärmebrückenarten

Wärmebrücken lassen sich hinsichtlich ihrer physikalischen Ursache unterscheiden in (*Bild 10-3*):

– geometrisch bedingte Wärmebrücken,

– materialbedingte (stofflich bedingte) Wärmebrücken,

– umgebungsbedingte Wärmebrücken und

– massestrombedingte Wärmebrücken.

Geometrisch bedingte Wärmebrücken treten immer dort auf, wo aufgrund der Geometrie eines Bauteils oder Anschlusses einer bestimmten Innenoberfläche eine größere wärmeabgebende Außenoberfläche gegenübersteht. Die Außenwandecke (Abschnitt 2.1, *Bild 10-1*) ist ein wichtiges Beispiel hierfür. Weitere Beispiele sind die (meist acht) dreidimensionalen Außenecken eines Gebäudes: der Dachfirst, Dachgauben oder -erker, Dachtraufe, Ortgang und die Bodenkanten im untersten beheizten Geschoss. Besonders gravierende geometrische Wärmebrücken ergeben sich dann, wenn Bauteile nach außen ragende spitze Winkel bilden. Solche Fälle sollten deshalb möglichst vermieden werden. Außerdem sollte besonderer Wert auf eine **möglichst kompakte Gebäudegestalt** der wärmegedämmten Hülle gelegt werden, **weil dadurch auch die geometrischen Wärmebrücken minimiert werden**. Ansonsten lassen sich rein geometrisch bedingte Wärmebrücken in vielen Fällen praktisch kaum umgehen. Bei bestimmten Wärmedämmtechniken, z. B. der außen liegenden Wanddämmung, werden geometrische Wärmebrücken allerdings weitgehend entschärft.

Material- bzw. stofflich bedingte Wärmebrücken werden dadurch verursacht, dass an manchen Stellen der wärmedämmenden Außenhülle aus konstruktiven Gründen relativ gut wärmeleitende Materialien zum Einsatz kommen oder die Dicke der Wärmedämmung verringert wird. Die Stahlbetondecke, die die Außenwand durchdringt und in die Balkonplatte übergeht, *Bild 10-2*, ist ein Beispiel für diesen Wärmebrückentyp. Stoffliche Wärmebrücken entstehen häufig bei Stabwerkskonstruktionen durch die tragenden Bauelemente, z. B. Holzbalken, Dachsparren sowie Beton- oder Stahlstützen. Fensterrahmen und deren Randanschlüsse, Sockelanschlüsse, schlecht gedämmte Fensterstürze und Rollladenkästen sind weitere Beispiele für stoffliche Wärmebrücken, die in diesen und vielen anderen Fällen oft in Verbindung mit geometrischen Wärmebrücken auftreten. **Stoffliche Wärmebrücken sollten schon in der Entwurfsphase berücksichtigt und durch die Wahl verbesserter Konstruktionen so weit wie möglich vermieden oder entschärft werden.**

Umgebungsbedingte Wärmebrücken entstehen durch Elemente sehr unterschiedlicher thermischer Eigenschaften, die in der Nähe von Außenbauteilen angeordnet sind. Das können beispielsweise vor der Wand angebrachte Heizkörper sein, die zu einer Erhöhung der Innenoberflächentemperatur und dadurch zu einem größeren Wärmestrom durch die Wand führen. Aber auch abgehängte Decken, Möbel und Gardinen, die Außenbauteile in gewisser Weise „bedecken", gehören in diese Kategorie. Besonders problematisch erweist sich in diesen Fällen der mangelhafte Luftaustausch an der bedeckten Wand- oder Deckenoberfläche mit der Raumluft. Dies hat ein Absinken der Temperatur an der Wandoberfläche mit der erhöhten Gefahr von Kondenswasser- bzw. Schimmelbildung zur Folge. Da umgebungsbedingte Wärmebrücken nicht unmittelbar von der Baukonstruktion bewirkt werden, rechnen manche Fachleute sie nicht zur Rubrik „Wärmebrücken" [3]. Auf jeden Fall erscheint es sinnvoll, ihre voraussehbaren Auswirkungen, wenn möglich, schon bei der Planung eines Gebäudes zu berücksichtigen.

Massestrombedingte Wärmebrücken treten dort auf, wo eine erhöhte Wärmeabfuhr über ein strömendes Medium erfolgt, also z. B. über eine in der Außenwand verlegte Wasserleitung. Auch die Luftströmung in einem Abwasserfallrohr mit Dachentlüftung sowie die Zufuhr kalter Außenluft durch Leckagen in der luftdichten Gebäudehülle, die zu einer Auskühlung angrenzender Bauteile führen, gehören zu dieser Art von Wärmebrücken. Massestrombedingte Abkühlungen durch Wasser- und Abwasserrohre spielen jedoch in der Praxis keine große Rolle, da schon aus Gründen des Frostschutzes die Verlegung dieser Leitungen in Außenwänden zu vermeiden ist. Luftströmungen durch Leckagen führen dagegen zu

a) Geometrisch bedingt
(Beispiel Außenecke)

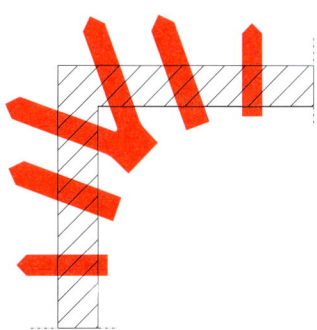

c) Umgebungsbedingt
(Beispiel Heizkörper vor Außenwand)

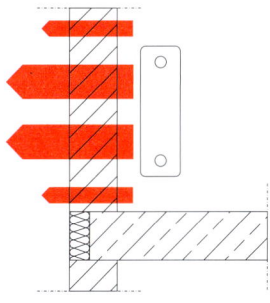

b) Materialbedingt
(Beispiel einbindende Betondecke ohne Stirndämmung)

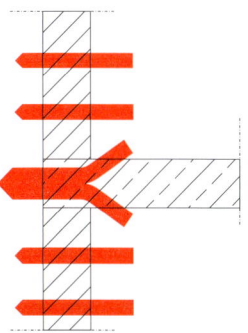

d) Massestrombedingt
(Beispiel Kaltwasserrohr in Außenwand)

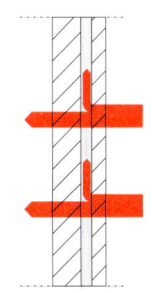

10-3 Arten von Wärmebrücken

vielfältigen Problemen, Kapitel 9-1, und sind deshalb durch sorgfältige Planung und Ausführung der luftdichten Gebäudehülle zu vermeiden, Kapitel 9-4.

In der Praxis ist vor allem die Vermeidung materialbedingter Wärmebrücken wichtig. Sie treten **häufig in Verbindung mit geometrischen Wärmebrücken** auf und sollten auf jeden Fall schon in der Planungsphase berücksichtigt und durch den Einsatz optimierter Konstruktionen so weit wie möglich entschärft werden. Da solche Wärmebrücken nicht selten durch ungenügende **Sorgfalt bei der Bauausführung** (z. B. durch lückenhafte Anbringung von Wärmedämmplatten) zustande kommen, ist auch hierauf besonderes Augenmerk zu richten.

3.2 Auswirkungen von Wärmebrücken

Wärmebrücken führen sowohl zu erhöhten Transmissionswärmeverlusten als auch zu örtlich niedrigeren Innenoberflächentemperaturen. Beides hat unangenehme Konsequenzen:

Erhöhte Transmissionswärmeverluste:

– **Höherer Jahres-Heizenergieverbrauch**, damit entstehen auch höhere Energiekosten (in extremen Fällen um bis zu 40 % mehr!).

– Die **Heizleistung** könnte im Extremfall an kalten Tagen **nicht mehr ausreichen**, da sie bis vor einigen Jahren ohne die Berücksichtigung von Wärmebrücken bemessen wurde. Seitdem DIN 4701-1 durch DIN EN 12831 ersetzt wurde, müssen Wärmebrücken auch bei der Heizlast berücksichtigt werden.

Örtlich niedrigere Innenoberflächentemperaturen:

– **Verminderung der thermischen Behaglichkeit**, wenn größere Flächen von der Abkühlung betroffen sind. Die Bewohner verspüren dies als „Zug", weil sich die Körperoberfläche durch erhöhten Strahlungswärmeentzug abkühlt. Als Gegenmaßnahme wird meist die Raumtemperatur erhöht, wodurch der Heizenergiebedarf wiederum deutlich ansteigt.

– **Wasserdampfkondensation** aus der Raumluft im Bereich der Wärmebrücke. Wenn ein Bauteil längere Zeit durchfeuchtet wird, verstärkt sich der Effekt oft, weil sich dadurch die Wärmeleitfähigkeit des Materials erhöht und die Wärmebrückenwirkung noch größer wird.

– **Schimmelpilzbildung** auf feuchten Oberflächen. Schon bei einem länger andauernden (abkühlungsbedingten!) örtlichen Anstieg der Raumluftfeuchte auf über 80 %, im Extremfall sogar schon ab 70 % [2], kann die Oberfläche durch Kapillarkondensation so viel Feuchte aufnehmen, dass Schimmelpilzwachstum möglich wird. Dies ist also der Fall, bevor die Luftfeuchte 100 % und damit den Taupunkt erreicht und Kondenswasser ausfällt. Da manche Schimmelpilze gesundheitsschädlich sind, liegt in diesem Fall ein bedenklicher Mangel an Wohnhygiene vor.

– **Bauschäden** (Zersetzungen, Ausblühungen, Abplatzungen usw.) können bei längerer Durchfeuchtung von Bauteilen auftreten.

– **Staubablagerungen** und damit verbundene Verschmutzungen/Nachdunkelungen der Oberflächen im Bereich von Wärmebrücken sind bereits dann zu beobachten, wenn noch kein Kondenswasser ausfällt. Durch die größere relative Feuchte der Luft in der Nähe der kühlen Wärmebrückenoberfläche schlägt sich vermehrt Staub aus der Luft nieder.

4 Berechnung von Wärmebrückenwirkungen

4.1 Vorbemerkungen

Zur quantitativen Beurteilung der Auswirkungen einer speziellen Wärmebrücke ist zum einen die minimale Oberflächentemperatur auf der Innenseite des Bauteils wichtig und zum anderen der zusätzliche Transmissionswärmeverlust, den die Wärmebrücke gegenüber einer ungestörten Bauteilfläche verursacht.

Bei einer wärmebrückenfreien, ebenen Bauteilfläche ist der Wärmefluss immer nur senkrecht zur Oberfläche gerichtet und kann auf einfache Weise mithilfe des Wärmedurchgangskoeffizienten U berechnet werden. Im Bereich von Wärmebrücken ist diese einfache eindimensionale, lineare Berechnungsmethode nicht mehr anwendbar, weil der Wärmestrom hier nicht mehr senkrecht zur Oberfläche, sondern in verschiedene Richtungen orientiert sein kann. Zur quantitativen Bewertung von zwei- bzw. dreidimensionalen Wärmebrücken muss deshalb die zwei- bzw. dreidimensionale Wärmeleitungs-Differenzialgleichung gelöst werden. Hierzu gibt es numerische Rechenprogramme, die nach der Methode der finiten Elemente arbeiten.

Die Anwendung solcher Programme ist wegen des hohen Einarbeitungsaufwandes bisher in der Regel Spezialisten vorbehalten geblieben. Zum praktischen Gebrauch sind jedoch die **Ergebnisse** systematischer Berechnungen für viele wichtige Wärmebrücken **in Wärmebrückenkatalogen veröffentlicht** worden (siehe z. B. [1], [2], [4], [5], [6]). Da von den Autoren verschiedene Berechnungsprogramme und Rahmenbedingungen (z. B. hinsichtlich des Wärmeübergangskoeffizienten R_{si} zwischen Raumluft und Bauteiloberfläche) verwendet werden, können gewisse Abweichungen in den Ergebnissen auftreten.

4.2 Berechnung der minimalen Oberflächentemperatur

In Wärmebrückenkatalogen wird die minimale Oberflächentemperatur $\Theta_{si,min}$ in unterschiedlicher Weise angegeben. Üblich ist z. B. der Bezug auf eine angenommene ungünstigste Außenlufttemperatur Θ_e von –10 °C oder –15 °C. Der unterschiedliche Bezugswert Θ_e ist bei Vergleichen zu berücksichtigen. Resultate für verschiedene Außenlufttemperaturen lassen sich jedoch ineinander umrechnen. Dies ist möglich, weil für jede Wärmebrücke die relative Abkühlung – bezogen auf die Temperaturdifferenz zwischen Raumlufttemperatur Θ_i und Außenlufttemperatur Θ_e – jeweils gleich bleibt, auch wenn Θ_i oder Θ_e verändert werden.

Deshalb wird in [4], [5], [6] auch kein spezielles $\Theta_{si,min}$ angegeben, sondern eine als Temperaturfaktor f_{Rsi} definierte, normierte minimale Oberflächentemperatur

$$f_{Rsi} = \frac{\Theta_{si} - \Theta_e}{\Theta_i - \Theta_e},$$

aus der sich für jede Kombination von Θ_i und Θ_e die gesuchte minimale Oberflächentemperatur errechnen lässt:

$$\Theta_{si,min} = \Theta_e + f_{Rsi} \cdot (\Theta_i - \Theta_e).$$

Im Beispiel eines Fensterlaibungsanschlusses an eine zweischalige Außenwand, *Bild 10-4,* tritt die minimale Oberflächentemperatur in der Laibungskante am Blendrahmen auf. Wird in der Fensterlaibung keine Wärmedämmung zwischen innerer und äußerer Mauerschale angebracht, so stellt diese Stelle eine massive Wärmebrücke mit einem Temperaturfaktor $f_{Rsi} = 0{,}65$ dar. Bei einer Außenlufttemperatur $\Theta_e = -10$ °C ergibt sich die minimale Oberflächentemperatur

$$\Theta_{si,min} = -10 \text{ °C} + 0{,}65 \cdot [20 \text{ °C} - (-10 \text{ °C})] = 9{,}5 \text{ °C}$$

und damit eine akute Kondenswasser- und Schimmelpilzgefahr. Diese wird schon durch eine 1 cm starke Dämmstofflage deutlich verringert. Durch diese Maßnahme steigt f_{Rsi} auf 0,74 und die minimale Oberflächentemperatur auf

$$\Theta_{si,min} = -10 \text{ °C} + 0{,}74 \cdot [20 \text{ °C} - (-10 \text{ °C})] = 12{,}2 \text{ °C}.$$

Zur Beurteilung der Gefahr von Kondenswasser- bzw. Schimmelpilzbildung kann das Diagramm *Bild 10-5* herangezogen werden. Es macht deutlich, bei welcher relativen Raumluftfeuchte für eine bestimmte, wärmebrückenbedingte Oberflächentemperatur $\Theta_{si,min}$ Kondenswasserausfall bzw. Schimmelpilzbildung möglich werden, Abschnitt 3.2. Für das in Abschnitt 2.2 betrachtete Beispiel der durchgehenden Balkonplatte mit einer minimalen Innenoberflächentemperatur von 14 °C liegt für 20 °C Raumlufttemperatur die Grenzfeuchte für Kondenswasserbildung bei ca. 69 % und für Schimmelpilzbildung

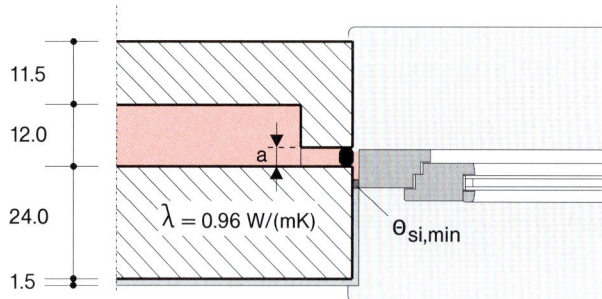

Dämmstoffdicke	Wärmebrücken-verlustkoeffizient	Temperaturfaktor
a	WBV	f_{Rsi}
cm	W/(mK)	-
0	0,48	0,65
1	0,26	0,74
2	0,19	0,76
4	0,14	0,78

10-4 Anwendung von Wärmebrückenkatalogen am Beispiel eines Fensterlaibungsanschlusses an zweischaliges Mauerwerk [4], [5]

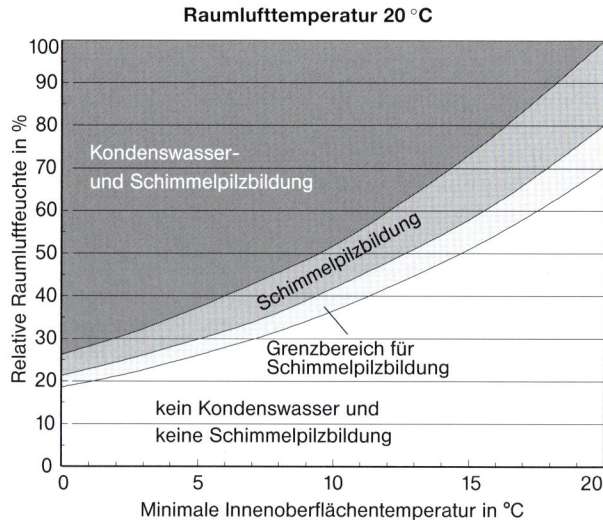

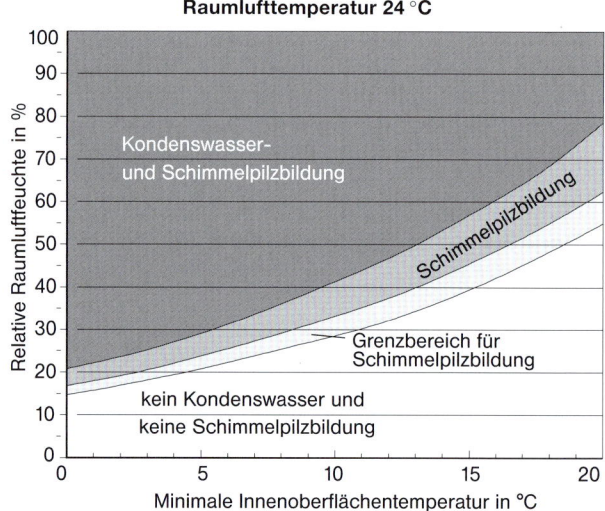

10-5 Grenzen der relativen Raumluftfeuchte für Kondenswasser- bzw. Schimmelpilzbildung in Abhängigkeit der minimalen Innenoberflächentemperaturen im Bereich von Wärmebrücken

bei ca. 48 %. Die Grafik für 24 °C Raumlufttemperatur in Bild 10-5 zeigt, dass sich die Probleme bei höheren Raumtemperaturen verschärfen, weil wärmere Luft bei gleicher relativer Feuchte – absolut gesehen – mehr Wasserdampf enthält. Hier wären nur noch maximal ca. 54 % relative Luftfeuchtigkeit zulässig, um Kondenswasser zu vermeiden, und bereits ab ca. 38 % relativer Feuchte könnten Schimmelpilze wachsen.

In DIN 4108-2 werden Mindestanforderungen an den Wärmeschutz im Bereich von Wärmebrücken gestellt, die das Risiko der Schimmelbildung minimieren. Wenn eine raumseitige Oberflächentemperatur von 12,6 °C bei –5 °C Außenluft-, +20 °C Raumluft-Temperatur sowie weiteren

Nebenbedingungen für den Nachweis, Abschnitt 4.6, nicht unterschritten wird, kann Schimmelbildung nicht auftreten. Eine gleichmäßige Beheizung und ausreichende Belüftung der Räume sowie eine weitgehend ungehinderte Luftzirkulation an den Außenwandoberflächen werden dabei vorausgesetzt.

4.3 Berechnung der Transmissionswärmeverluste durch Wärmebrücken

Die Wärmebrückenkataloge unterscheiden sich auch hinsichtlich der Art, in der die durch Wärmebrücken verursachten zusätzlichen Transmissionswärmeverluste angegeben werden. In [1] wird ein „Linienzuschlag" k_{Lin} und in [4], [5], [6] ein „Wärmebrückenverlustkoeffizient" WBV ermittelt. Beide Werte mit der Einheit W/(mK) haben dieselbe Bedeutung; sie bezeichnen den zusätzlichen Transmissionswärmeverlust $\dot{Q}_{T,WB}$ in Watt, bezogen auf 1 m Wärmebrückenlänge und 1 K Temperaturdifferenz zwischen innen und außen. Die für Nachweise nach der Energieeinsparverordnung verbindliche DIN V 4108-6 bzw. die DIN V 18599 bezeichnen diese Werte als **längenbezogene Wärmedurchgangskoeffizienten** Ψ. Damit gilt der Zusammenhang:

$$\begin{aligned}\dot{Q}_{T,WB} &= k_{Lin} \cdot l_{WB} \cdot (\Theta_i - \Theta_e) \\ &= WBV \cdot l_{WB} \cdot (\Theta_i - \Theta_e) \\ &= \Psi \cdot l_{WB} \cdot (\Theta_i - \Theta_e),\end{aligned}$$

wobei l_{WB} die Länge der Wärmebrücke ist. Der „zweidimensionale k-Wert-Zuschlag" aus [2] bezeichnet den Zuschlag eines gedachten Einmeterstreifens parallel zum Wärmebrückenverlauf und hat die Einheit W/(m²K). Er ist im Zahlenwert mit k_{Lin} WBV bzw. Ψ gleichzusetzen.

Im Beispiel (Bild 10-4) ergibt sich ohne Wärmedämmung im Laibungsanschluss von innerer und äußerer Mauerschale (a = 0 cm) der Wärmebrückenverlustkoeffizient WBV = 0,48 W/(mK). Für die linke und rechte Fensterlaibung zusammen erhält man bei einer Höhe von je 1,50 m durch die Wärmebrücken bei –10 °C Außenlufttemperatur einen zusätzlichen Transmissionswärmeverlust von

$$\dot{Q}_{T,WB} = 0{,}48\ \text{W/(mK)} \cdot 3\ \text{m} \cdot [20\ °C - (-10\ °C)] = 43{,}2\ \text{W}.$$

Da der Transmissionswärmeverlust von 1 m² Wandfläche mit einem U-Wert von 0,28 W/(m²K) bei –10 °C Außenlufttemperatur 8,4 W beträgt, entstehen durch die Wärmebrücke „Fensterlaibung" genauso große Wärmeverluste wie durch 5 m² Wandfläche. Empfehlenswert ist hier die Anbringung von mindestens 4 cm Dämmstoff zur Verringerung der Wärmebrückenwirkung. Dadurch sinkt der WBV-Wert auf 0,14 W/(mK) und der Transmissionswärmeverlust auf 12,6 W, was nur noch dem Verlust von 1,5 m² Wandfläche entspricht.

4.4 Anmerkungen zur Anwendung von Wärmebrückenkatalogen

Wichtig für die Anwendung von Wärmebrückenkatalogen ist der Hinweis, dass k_{Lin} bzw. WBV auf Gebäudeinnenmaße bezogen sind. Das bedeutet, dass zunächst der Transmissionswärmeverlust aller Gebäudeaußenflächen mit den Innenmaßen, also aus der Blickrichtung der Innenräume (d. h. ohne Stirnflächen von Wänden, Geschossdecken etc.) zu berechnen ist. Dann wird $\dot{Q}_{T,WB}$ mit der Innenabmessung l_{WB} der jeweiligen Wärmebrücke berechnet und addiert, um so den gesamten Transmissionswärmeverlust zu erhalten.

In der Praxis wird jedoch die Berechnung des Jahres-Heizwärmebedarfs mit den Außenmaßen der Gebäudehülle durchgeführt, weil diese wesentlich einfacher zu ermitteln sind. Diese Berechnungsweise ist auch Grundlage der DIN V 4108-6 bzw. DIN V 18599 und somit beim Nachweis nach der Energieeinsparverordnung, Kapitel 2, anzuwenden. Da eine Kalkulation mit Innenmaßen deutlich aufwendiger wäre, bietet es sich in vielen Fällen an, die Berechnung ganz mit Außenmaßen vorzunehmen und zu diesem Zweck vorab k_{Lin} bzw. WBV auf Außenmaßbezug (WBV_a) umzurechnen. Umrechnungsformeln hierzu werden in [4], [5] angegeben.

Nach Ablösung der DIN 4701 zur Berechnung der Gebäudeheizlast durch DIN EN 12831 in Verbindung mit dem nationalen Anhang DIN EN 12831 Beiblatt 1 werden auch bei der Heizlastberechnung die Außenmaße verwendet.

4.5 Transmissionswärmeverluste durch Wärmebrücken beim EnEV-Nachweis

Im Gegensatz zur WSVO '95, bei der die Transmissionswärmeverluste nur für die ungestörten Bauteile zu berechnen waren, verlangt die EnEV eine Berücksichtigung der Auswirkungen von Wärmebrücken. Dies kann in unterschiedlicher Detaillierung erfolgen, Kapitel 2-7.2.1.1. Die zusätzlichen Wärmeverluste werden durch einen **Zuschlag ΔU_{WB} zum mittleren Wärmedurchgangskoeffizienten U** der gesamten wärmeübertragenden Umfassungsfläche berücksichtigt.

Wenn **Wärmebrücken nicht im Detail dargestellt** werden, wird deren Auswirkung auf den Jahres-Heizwärmebedarf durch einen **pauschalen Zuschlag von $\Delta U_{WB} = 0,10$ W/(m²K)** auf den mittleren Wärmedurchgangskoeffizienten U angerechnet.

Wird die Wirkung der Wärmebrücken durch eine **Ausführung der Anschlussdetails entsprechend Beiblatt 2 zu DIN 4108** minimiert, werden die Wärmebrücken durch einen **pauschalen Zuschlag von $\Delta U_{WB} = 0,05$ W/(m²K)** berücksichtigt. Ein Auszug derartiger Lösungen wird im Abschnitt 7, *Bilder 10-20* bis *10-32*, dargestellt.

Der Einfluss auf den Jahres-Heizwärmebedarf kann auch detailliert mithilfe der auf die Außenmaße **längenbezogenen Wärmebrückenverlustkoeffizienten Ψ_e** errechnet werden. Diese Ergebnisse führen in der Regel nur noch zu **minimalen Zuschlägen** ΔU_{WB} auf den Wärmedurchgangskoeffizienten. Nach DIN 4108-6 müssen mindestens die folgenden Details rechnerisch berücksichtigt werden:

– Gebäudekanten,
– Fenster- und Türanschlüsse (umlaufend),
– Wand- und Deckeneinbindungen,
– Deckenauflager,
– wärmetechnisch entkoppelte Balkonplatten.

Der Zuschlag ΔU_{WB} errechnet sich mittels der Länge der Wärmebrücken l, deren längenbezogenen Wärmebrückenverlustkoeffizienten Ψ_e und der wärmetauschenden Hüllfläche des Gebäudes A zu:

$$\Delta U_{WB} = \Sigma\ (l \cdot \Psi_e) / A$$

Die auf die Außenmaße bezogenen Wärmebrückenverlustkoeffizienten der gängigsten Anschlussdetails können Wärmebrückenkatalogen oder PC-Programmen, die zumeist kostenfrei im Internet zu erhalten sind, entnommen werden. Beispiele der längenbezogenen Wärmebrückenverlustkoeffizienten Ψ_e von Anschlussdetails sind in *Bild 10-6* für monolithisches Mauerwerk [11], in *Bild 10-7* für außen gedämmtes Mauerwerk und in *Bild 10-8* für Mauerwerk mit Kerndämmung [12] zusammengestellt. Durch den Bezug auf die Außenmaße können auch negative Werte der Wärmebrückenverlustkoeffizienten zustande kommen, wenn die wärmeabgebende äußere Bezugsfläche deutlich größer ist als die innere Fläche im Bereich der Wärmebrücke.

Die Außenecken von Wänden weisen negative Wärmebrückenverlustkoeffizienten auf. Fensteranschlüsse dagegen haben trotz Rahmenüberdeckung mit Dämmstoff im Vergleich zu den Außenecken einen großen positiven bis geringfügig negativen Wärmebrückenverlustkoeffizienten. Die Deckenauflager bei monolithischem Mauerwerk führen trotz Stirndämmung zu erheblichen Wärmeverlusten, während bei Außen- oder Kerndämmung keine merkliche Wärmebrückenwirkung vorhanden ist. Die detaillierte Berücksichtigung der Wärmebrücken führt – vorausgesetzt es handelt sich um optimierte Detaillösungen – in der Regel nur zu einem geringfügigen Zuschlag ΔU_{WB} auf den mittleren Wärmedurchgangskoeffizienten.

Bauteil (Prinzipskizze)	Längenbezogener Wärmebrücken-verlustkoeffizient Ψ_e in W/(mK)		
	Sohlplatte beheizter Keller		
	Wärmeleit-fähigkeit λ in W/mK	Wanddicke s in mm	
		300 / 365 / 425	
	0,12	−0,060 / −0,054 / −0,051	
	0,16	−0,064 / −0,057 / −0,054	
	0,21	−0,069 / −0,061 / −0,057	
	Außenwandecke – außen		
	λ in W/mK	300 / 365 / 425	
	0,12	−0,184 / −0,182 / −0,180	
	0,16	−0,241 / −0,239 / −0,247	
	0,21	−0,308 / −0,308 / −0,308	
	Außenwandecke – innen		
	λ in W/mK	300 / 365 / 425	
	0,12	0,077 / 0,074 / 0,071	
	0,16	0,101 / 0,099 / 0,097	
	0,21	0,127 / 0,125 / 0,123	
	Fenster-Laibung mit Anschlag		
	λ in W/mK	300 / 365 / 425	
	0,12	0,046 / 0,058 / 0,082	
	0,16	0,028 / 0,042 / 0,070	
	0,21	0,006 / 0,022 / 0,054	
	Geschossdecke mit Stirndämmung		
	λ in W/mK	300 / 365 / 425	
	0,12	0,115 / 0,132 / 0,151	
	0,16	0,111 / 0,131 / 0,150	
	0,21	0,103 / 0,126 / 0,149	
	Ortgang mit U-Schale Dämmung zweilagig		
	λ in W/mK	300 / 365 / 425	
	0,12	−0,110 / −0,102 / −0,094	
	0,16	−0,126 / −0,112 / −0,102	
	0,21	−0,147 / −0,126 / −0,102	
	Traufe – Pfettendach Unbeheizter Dachraum		
	λ in W/mK	300 / 365 / 425	
	0,12	−0,165 / −0,144 / −0,130	
	0,16	−0,183 / −0,155 / −0,137	
	0,21	−0,205 / −0,170 / −0,148	
	Flachdach mit Attika		
	λ in W/mK	300 / 365 / 425	
	0,12	−0,113 / −0,106 / −0,101	
	0,16	−0,103 / −0,097 / −0,092	
	0,21	−0,086 / −0,080 / −0,076	

10-6 Wärmebrückenkatalog für monolithisches Mauerwerk; längenbezogene, auf die Außenmaße des Gebäudes bezogene Wärmebrückenverlustkoeffizienten Ψ_e zur Bestimmung des Zuschlags ΔU_{WB} auf den Wärmedurchgangskoeffizienten U nach [11]

10 Wärmebrücken — Berechnung von Wärmebrückenwirkungen

Bauteil (Prinzipskizze)	Längenbezogener Wärmebrückenverlustkoeffizient Ψ_e in W/(mK)		
Sohlplatte beheizter Keller			
Wärmeleitfähigkeit λ in W/mK	Dämmstoffdicke a in mm		
	80	100	120
0,99	0,141	0,150	0,157
0,33	0,056	0,064	0,068
0,27	0,040	0,047	0,051
Außenwandecke – außen			
Dämmstoffdicke a in mm	Mauerwerksdicke s in mm		
	115	175	240
80	−0,081	−0,094	−0,109
140	−0,069	−0,074	−0,081
200	−0,065	−0,067	−0,071
Außenwandecke – innen			
Dämmstoffdicke a in mm	Mauerwerksdicke s in mm		
	115	175	240
80	0,032	0,034	0,037
140	0,027	0,028	0,029
200	0,026	0,026	0,027
Fenster-Laibung Einbaulage Wandebene			
Dämmstoffdicke a in mm	Rahmenüberdeckung b in mm		
	0	20	40
80	0,050	0,019	−0,006
140	0,059	0,026	−0,002
200	0,066	0,031	0,002

Bauteil (Prinzipskizze)	Längenbezogener Wärmebrückenverlustkoeffizient Ψ_e in W/(mK)		
Geschossdecke			
Dämmstoffdicke a in mm	Wärmeleitfähigkeit λ in W/mK		
	0,035	0,040	0,050
80	0,000	−0,003	−0,006
120	0,004	0,003	0,002
160	0,005	0,005	0,004
Ortgang Zwischensparrendämmung			
Dämmstoffdicke a_2 in mm	Dämmstoffdicke a_1 in mm		
	200	240	280
80	−0,058	−0,076	−0,093
120	−0,033	−0,047	−0,059
160	−0,023	−0,033	−0,041
Traufe – Pfettendach Unbeheizter Dachraum			
Dämmstoffdicke a_2 in mm	Dämmstoffdicke a_1 in mm		
	160	200	240
80	−0,086	−0,089	−0,097
120	−0,075	−0,073	−0,076
160	−0,073	−0,067	−0,066
Flachdach mit Attika			
Dämmstoffdicke a_2 in mm	Dämmstoffdicke a_1 in mm		
	160	200	240
80	−0,058	−0,061	−0,068
120	−0,047	−0,043	−0,044
160	−0,044	−0,036	−0,033

10-7 Wärmebrückenkatalog für KS-Mauerwerk mit Außendämmung; längenbezogene, auf die Außenmaße des Gebäudes bezogene Wärmebrückenverlustkoeffizienten Ψ_e zur Bestimmung des Zuschlags ΔU_{WB} auf den Wärmedurchgangskoeffizienten U nach [12]

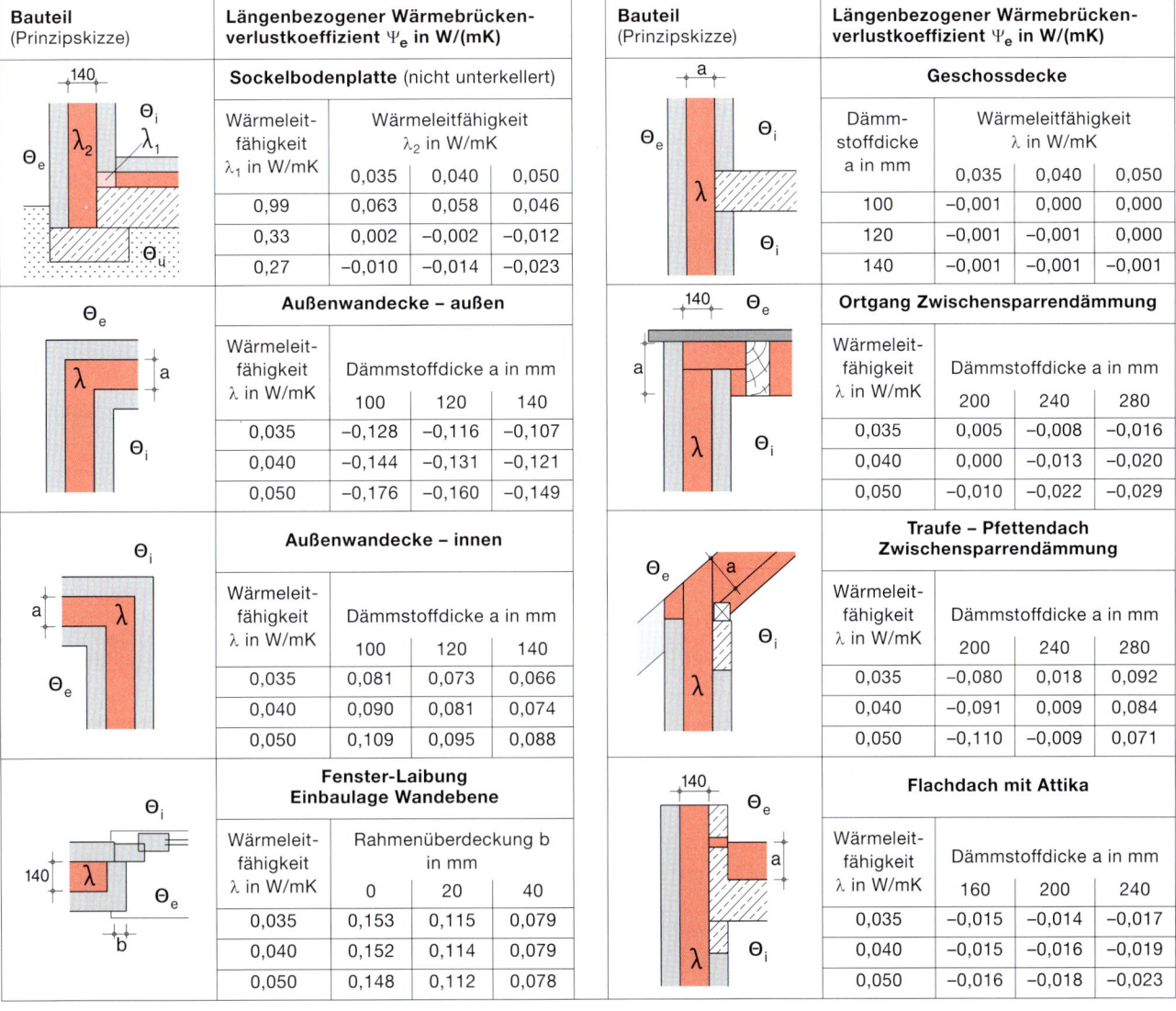

10-8 Wärmebrückenkatalog für KS-Mauerwerk mit Kerndämmung; längenbezogene, auf die Außenmaße des Gebäudes bezogene Wärmebrückenverlustkoeffizienten Ψ_e zur Bestimmung des Zuschlags ΔU_{WB} auf den Wärmedurchgangskoeffizienten U nach [12]

4.6 Vorgehensweise und Beispiele zur Ermittlung des Wärmebrückenverlustkoeffizienten Ψ_a und der raumseitigen Oberflächentemperatur Θ_{si}

Lassen sich die geplanten Ausführungsdetails beim Neubau weder den Beispielen der DIN 4108 Bbl. 2 zuordnen noch vorhandenen Wärmebrückenkatalogen entnehmen, müssen die außenmaßbezogenen Wärmebrückenverlustkoeffizienten Ψ_a nach DIN EN ISO 10211 mit einem Rechenprogramm ermittelt werden. Die Berechnung der raumseitigen Oberflächentemperatur Θ_{si} erfolgt dabei nach DIN 4108-2 im Zusammenhang mit weiteren anerkannten Regeln der Technik. Hierbei sind die in *Bild 10-9* angegebenen Randbedingungen den Berechnungen zugrunde zu legen.

Innentemperatur	Θ_i	20	°C
Außentemperatur	Θ_e	−5	°C
Keller-/Bodentemperatur/ unbeheizte Pufferzone	$\Theta_{c/g}$	10	°C
Übergangswiderstand außen	R_{se}	0,04	(m²·K)/W
Übergangswiderstand außen (hinterlüftet)	R_{se}	0,08	(m²·K)/W
Übergangswiderstand innen, aufwärts	$R_{si,o}$	0,10	(m²·K)/W
Übergangswiderstand innen, horizontal	$R_{si,h}$	0,13	(m²·K)/W
Übergangswiderstand innen, abwärts	$R_{si,u}$	0,17	(m²·K)/W
Übergangswiderstand Boden	R_{sg}	0,00	(m²·K)/W

10-9 Randbedingungen bei der Ermittlung des außenmaßbezogenen Wärmebrückenverlustkoeffizienten Ψ_a und der raumseitigen Oberflächentemperatur Θ_{si}

Nachfolgend werden die einzelnen Arbeitsschritte am Beispiel der Wärmebrücke Sockel, d. h. dem Anschluss einer Außenwand an die Bodenplatte, für ein Passivhaus in Holzständer-Leichtbauweise dargestellt[1]:

Arbeitsschritte:

1. Ermittlung der Wärmedurchgangskoeffizienten U der ungestörten Bauteile, die die Wärmebrücke bilden, *Bild 10-10*.
2. Maßgenaue Darstellung des Wärmebrückendetails mit einem CAD-System, *Bild 10-11*.
3. Zuordnung der Wärmeleitfähigkeiten der verschiedenen Materialien aus der Baustoffliste zu den einzelnen Bauteilschichten, *Bild 10-12*.
4. Zuordnung der Wärmeübergangswiderstände an den Bauteiloberflächen, *Bild 10-13*.
5. Festlegung von Außen- und Raumlufttemperatur, *Bild 10-13*.
6. Darstellung der Isothermen unter Berücksichtigung aller Randbedingungen, *Bild 10-14*.
7. Berechnung des außenmaßbezogenen Wärmebrückenverlustkoeffizienten Ψ_a und der raumseitigen Oberflächentemperatur Θ_{si}, eventuell unter Variation der Dämmstoffdicken und deren Wärmeleitfähigkeit, *Bild 10-13*.

In Abhängigkeit von der Komplexität des Wärmebrückendetails betragen die Kosten für die Berechnung etwa 100 bis 250 €. Bei 10 bis 20 verschiedenen Details pro Gebäude können die Kosten für eine detaillierte Berechnung bis zu 4000 € betragen.

Beim Bau von zertifizierten **Passivhäusern** ist die detaillierte Berechnung der Wärmebrücken zwingend, da eine wärmebrückenfreie Ausführung gefordert wird, die durch einen außenmaßbezogenen Wärmebrückenverlustkoeffizienten Ψ_a kleiner oder gleich 0,01 W/(m·K) für opake Bauteile nachgewiesen werden muss. Weiterhin ist

---

[1] Bei den zugehörigen *Bildern 10-10* bis *10-14* handelt es sich um die Original-Ausdrucke des Berechnungsprogramms.

10 Wärmebrücken — Berechnung von Wärmebrückenwirkungen

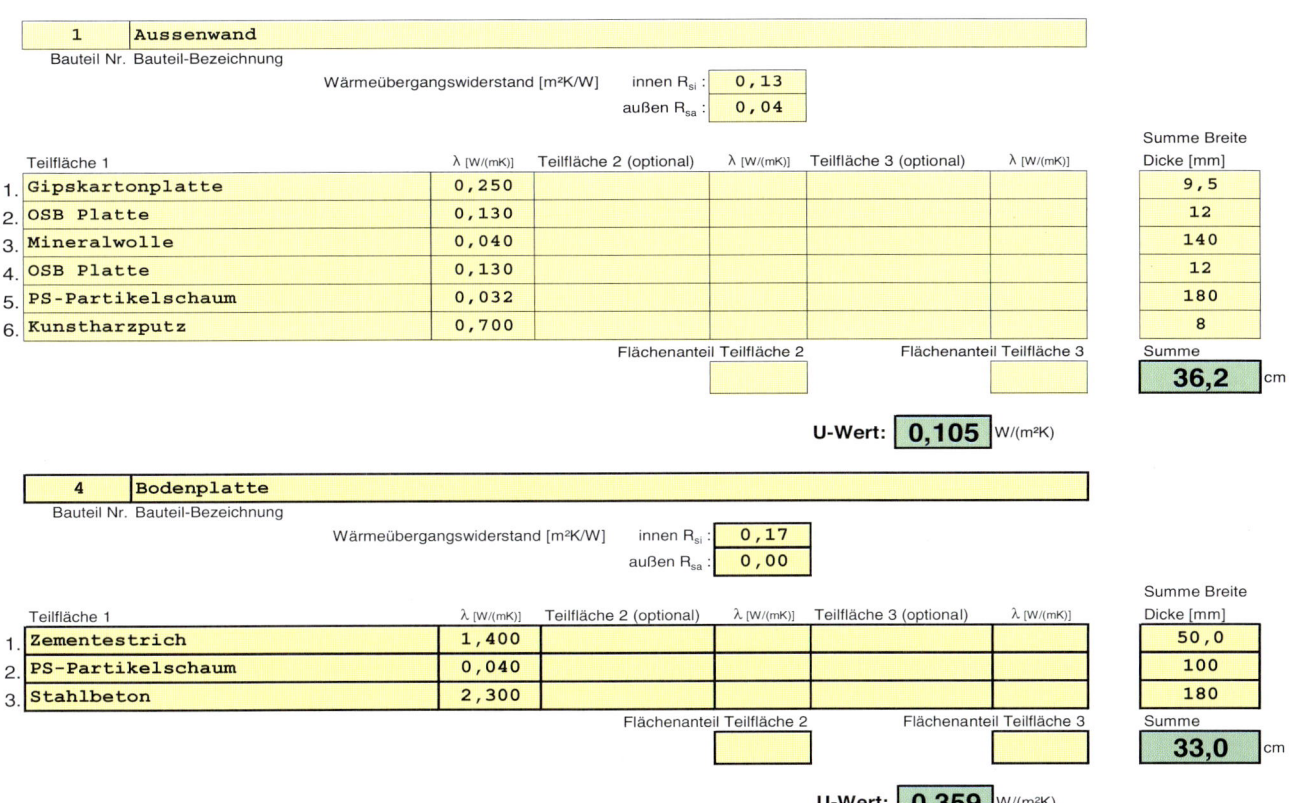

10-10 Ermittlung der Wärmedurchgangskoeffizienten der ungestörten Bauteile Außenwand und Bodenplatte

nachzuweisen, dass die raumseitigen Oberflächentemperaturen bei einer Außenlufttemperatur von –10 °C und einer Raumlufttemperatur von 20 °C an jeder Stelle 17 °C übersteigen. Gegenüber dem Standardnachweis entsprechend den Randbedingungen der DIN 4108-2 muss beim Nachweis eines Passivhauses mit 5 °C niedrigeren Außenlufttemperaturen gerechnet werden. Eine weitere Abweichung beim Passivhaus ist die Forderung, dass bei Holzständerwänden oder Steildächern nicht vom ungestörten Feld (Wärmedämmung) bei der Wärmebrückenberechnung auszugehen ist, sondern die Verschlechterung des U-Werts des ungestörten Bauteils durch Addition des linearen Wärmebrückenverlustkoeffizienten des störenden Anteils (Holz) berücksichtigt werden muss. Damit erhält man den regulären U-Wert, der dann die Grundlage der Wärmebrückenberechnungen aller Anschlüsse, geometrischen Wärmebrücken u. a. ist.

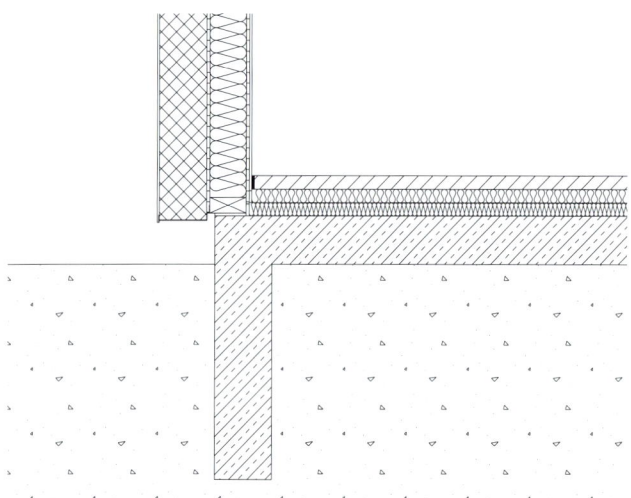

10-11 CAD-Zeichnung des Anschlusses Außenwand – Bodenplatte

10-12 Zuordnung der verschiedenen Materialien aus der Baustoffliste zu den einzelnen Bauteilschichten

Auch bei der **energetischen Sanierung von Gebäuden im Bestand** ist eine detaillierte Wärmebrückenberechnung oft sinnvoll und/oder notwendig, da die Detailausbildung beim sanierten Altbau in der Regel nicht den Beispielen der DIN 4108 Bbl. 2, die die wärmebrückenminimierte Detailausbildung für den Neubau darstellen, zugeordnet werden kann. In *Bild 10-15* ist die Wärmebrückenberechnung des Details einer durchgehenden Balkonplatte aus Beton mit einer Fenstertür oberhalb und einem nachträglich aufgebrachten Wärmedämmverbundsystem unterhalb dargestellt. Auf das „Einpacken" der Balkonplatte wollte man aus Kostengründen verzichten. Zu Recht wurden Bedenken angemeldet, ob die minimal zulässige Raumoberflächentemperatur den zulässigen Wert von 12,6 °C einhält. Die daraufhin in Auftrag gegebene Wärmebrückenberechnung ergab einen Wert von 11,4 °C. Erst durch das raumseitige Anbringen eines Dämmstoffkeils an Decke und Wand, *Bild 10-16*, wird die Wärmebrücke so weit entschärft, dass bei üblicher Wohnungsnutzung keine Feuchteschäden auftreten werden; die Oberflächentemperatur an der ungünstigsten Stelle beträgt jetzt 13,1 °C.

Werden im Rahmen einer umfassenden Sanierung zum **KfW-Effizienzhaus** 115 oder besser (Kapitel 1-4.2) zinsgünstige Kredite bzw. Zuschüsse beantragt, ist für das Gebäude ein Nachweis entsprechend EnEV zu erstellen. Dieser Nachweis wird von der KfW – insbesondere auch bezüglich des Wärmebrückennachweises – geprüft. Falls zur Berücksichtigung der Wärmebrücken nicht der pauschale Wert von U_{WB} gleich 0,10 W/(m²·K) angesetzt wird, muss ein Nachweis für die Wärmebrücken-Gleichwertigkeit zu den Detaillösungen entsprechend DIN 4108 Bbl. 2 erstellt werden. Auch hierzu werden – falls die Wärmebrückendetails nicht aktuellen Wärmebrückenkatalogen entnommen werden können – detaillierte Wärmebrückenberechnungen für das zu sanierende Objekt notwendig.

Detail:	KH_EnEV2009_01_AW-BP		
Anschluss	Sockelausbildung; Außenwand auf Bodenplatte		
Bezeichnung	Symbol	Wert	Einheit
Ausgangswerte			
Außentemperatur	Θ_e	-5	°C
Innentemperatur	Θ_i	20	°C
Bodentemperatur	Θ_g	10	°C
Übergangswiderstand außen	R_{se}	0,04	$(m^2K)/W$
Übergangswiderstand innen horizontal	$R_{si,h}$	0,13	$(m^2K)/W$
Übergangswiderstand innen abwärts	$R_{si,u}$	0,17	$(m^2K)/W$
Übergangswiderstand Boden	R_{sg}	0,00	$(m^2K)/W$
Wärmedurchgangskoeffizienten			
Außenwand	U_{AW}	0,105	$W/(m^2K)$
Bodenplatte	U_{BP}	0,359	$W/(m^2K)$
Ergebnisse			
Bezugstemperatur des Wärmedurchgangskoeffizienten	$\Delta\Theta$	25	K
Wärmeleitgruppe			
linearer Wärmedurchgangskoeffizient	Ψ_a	Fx = 0,35 -0,007 Fx = 0,5 -0,024 Fx = 0,6 -0,036 Fx = 1 -0,082	W/(mk)
minimale Innentemperatur	Θ_{min}	16,58	°C
dimensionales Temperaturdifferenzverhältnis	f_{Rsi}	0,86	–

10-13 Randbedingungen und Berechnungsergebnisse nach DIN EN ISO 10211

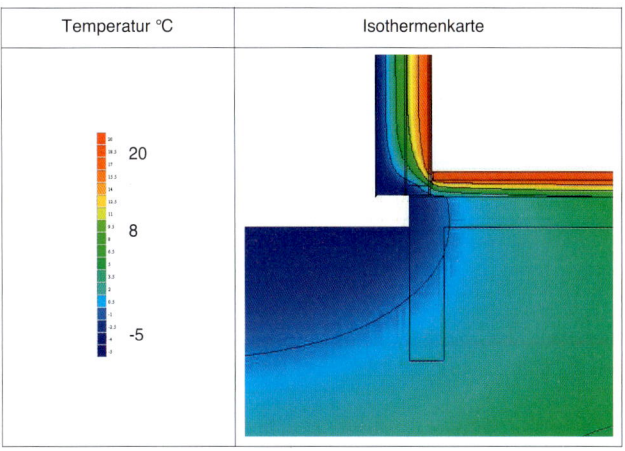

10-14 Darstellung der Isothermenkarte

10 Wärmebrücken — Berechnung von Wärmebrückenwirkungen

WB_01_AW-BAT

Anschluss Durchlaufende Balkonplatte – Balkontüranschluss
Variante 1
**Nachweis des Mindestwärmeschutzes nach DIN 4108-2
und Berechnung des linearen Wärmedurchgangskoeffizienten
(Wärmebrückenverlustkoeffizienten)**

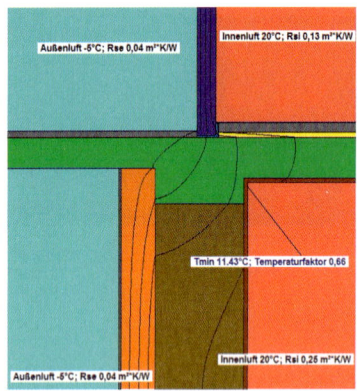

Systemskizze und Nachweis T_{min} und f-Wert

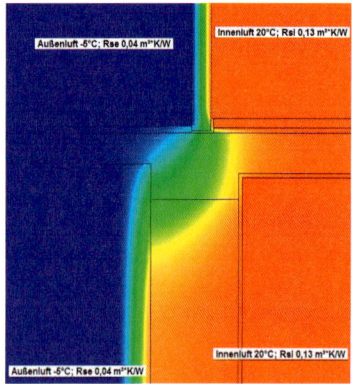

Psi-Wert Berechnung
Temperaturfelder und Randbedingungen

WBV-Berechnung
Hinweis: Alle Längen sind auf das Außenmaß bezogen!

Nr.	Bauteil	Faktor F	Q gesamt W/m	T differenz °C	U_{AW} / U_W W/(m²·K)	L_{AW} / L_W m	WBV (Ψ) W/(m·K)
1	Wand	1	49,002	25	0,219	1,000	1,741
2	Fenster	1		25	1,500	0,500	-0,750
3	Gesamt						0,991

Berechnung von ψ in W/(m·K) mit den Randbedingungen der DIN 4108-2 und Bbl 2

Ψ = 0,991 W/(m·K) T_{min} = 11,43 °C

Erstellt durch:
TRINITY CONSULTING
Schillerstrasse 10
31311 Uetze

Uetze, den 05.03.09
Dipl.-Ing. J. Balkowski
Mitglieds-Nr. 2386 der Ingenieurkammer Niedersachsen

Geprüft durch:
INSTITUT BAU ENERGIE UMWELT
Auf den Rotten 17
51789 Lindlar

Lindlar, den 05.03.09
Dipl.-Ing. M. Balkowski
Staatlich anerkannter Sachverständiger für
Schall- und Wärmeschutz

Stand 03/09

10-15 Nachweis des Mindestwärmeschutzes und Berechnung des außenmaßbezogenen Wärmebrückenverlustkoeffizienten Ψ_a einer durchgehenden Balkonplatte; **unzureichende Konstruktion**

10 Wärmebrücken   Berechnung von Wärmebrückenwirkungen

WB_01B_AW-BAT
Anschluss Durchlaufende Balkonplatte – Balkontüranschluss
Variante 2 mit Dämmkeil
Nachweis des Mindestwärmeschutzes nach DIN 4108-2 und Berechnung des linearen Wärmedurchgangskoeffizienten (Wärmebrückenverlustkoeffizienten)

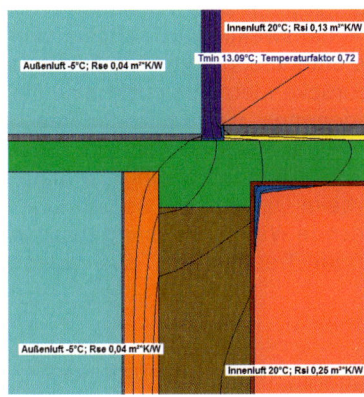
Systemskizze und Nachweis T_{min} und f-Wert

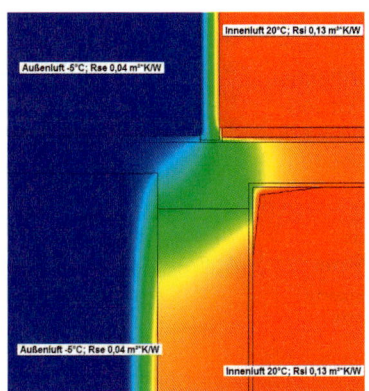
Psi-Wert Berechnung
Temperaturfelder und Randbedingungen

WBV-Berechnung
Hinweis: Alle Längen sind auf das Außenmaß bezogen!

Nr.	Bauteil	Faktor F	Q gesamt W/m	T differenz °C	U_{AW} / U_W W/(m²·K)	L_{AW} / L_W m	WBV (Ψ) W/(m·K)
1	Wand	1	44,091	25	0,219	1,000	1,545
2	Fenster	1		25	1,500	0,500	-0,750
3	Gesamt						0,795

Berechnung von Ψ in W/(m·K) mit den Randbedingungen der DIN 4108-2 und Bbl 2

Ψ = 0,795 W/(m·K) T_{min} = 13,09 °C

Erstellt durch:
TRINITY CONSULTING
Schillerstrasse 10
31311 Uetze

Uetze, den 05.03.09
Dipl.-Ing. J. Balkowski
Mitglieds-Nr. 2386 der Ingenieurkammer Niedersachsen

Geprüft durch:
INSTITUT BAU ENERGIE UMWELT
Auf den Rotten 17
51789 Lindlar

Lindlar, den 05.03.09
Dipl.-Ing. M. Balkowski
Staatlich anerkannter Sachverständiger für
Schall- und Wärmeschutz

Stand 03/09

10-16 *Nachweis des Mindestwärmeschutzes und Berechnung des außenmaßbezogenen Wärmebrückenverlustkoeffizienten Ψ_a einer durchgehenden Balkonplatte;* **optimierte Konstruktion**

5 Wärmebrücken bei Wohngebäuden

5.1 Wärmebrücken am Beispiel eines Einfamilienhauses

Zur Veranschaulichung der quantitativen Auswirkung von Wärmebrücken auf den Transmissionswärmeverlust sind in *Bild 10-17* und *Bild 10-18* Berechnungsergebnisse für das Beispiel eines zweigeschossigen Einfamilienhauses dargestellt. Das Wohnhaus mit ca. 138 m² Wohnfläche und einem A/V-Verhältnis von 0,83 m²/m³ hat eine Grundfläche von 8 m · 12 m, ist mit 24 cm starkem Mauerwerk der Wärmeleitfähigkeit λ = 0,56 W/(mK) mit 12 cm Außendämmung aufgebaut und mit 18 cm Dachdämmung, 8 cm Wärmedämmung zum unbeheizten Keller sowie Wärmeschutzverglasung versehen. Die resultierenden U-Werte der Außenbauteile sind *Bild 10-18* zu entnehmen. Das Haus hat einen Transmissionswärmeverlust der Bauteilflächen ohne Wärmebrücken von 59,0 kWh/(m²a).

Um eine Einschätzung der in der Praxis möglichen Bandbreite der Wärmebrückenauswirkung zu ermöglichen, wurden zwei Extremfälle untersucht. Im ersten Extremfall wurde für jedes Wärmebrückendetail bewusst eine sehr schlechte Lösung angenommen, wie sie in der Realität (hoffentlich!) nur sehr selten anzutreffen sein wird. Stichworte hierfür sind: fehlende Wärmedämmung der Mauerkrone am Ortgang und beim Dachanschluss von Innenwänden, keine durchgehende Wärmedämmung zwischen Außenwand und Dach im Traufbereich, auskragende

Wärmebrücke	Länge l_{WB}	Transmissionswärmeverlust $Q_{T,WB}$	
		sehr schlechte Lösung	optimierte Lösung
	m	kWh/(m²a)	kWh/(m²a)
Dachanschlüsse:			
– Ortgang	20	2,2	–0,6
– Traufe	24	6,3	0,4
– Innenwände	10	1,6	0,5
		10,1	0,3
Wandanschlüsse senkrecht:			
– Außenwandkanten	11	–0,85	–0,85
– Innenwandanschlüsse	14	–0,05	–0,05
		–0,90	–0,90
Decken-/Balkonanschlüsse:			
– Balkonplatte	5	0,7	0,1
– Geschossdecken	40	0,9	0,9
– Innenwände (zum Keller)	18	3,6	1,7
– Außenwände (zum Keller)	34	2,9	0,2
		8,1	2,9
Fenster-/Türanschlüsse:			
– Laibung	42	6,0	1,4
– Brüstung	13	0,8	–0,4
– Rollladenkasten	18	9,0	2,9
– Sturz	1	0,4	0,1
		16,2	4,0
Summe		**33,5**	**6,3**

10-17 Transmissionswärmeverluste durch Wärmebrücken am Beispiel eines Einfamilienhauses

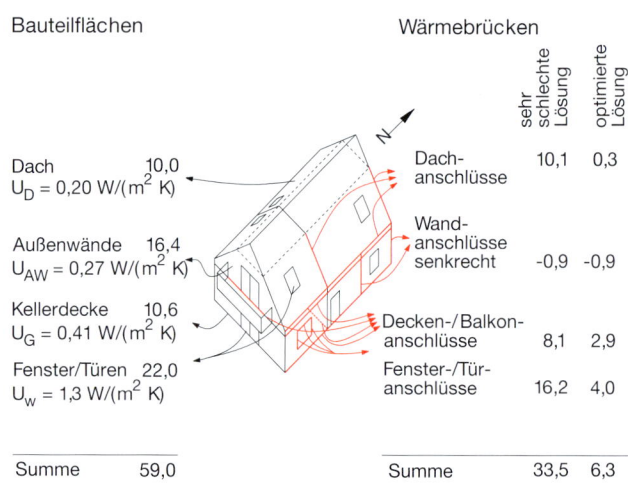

10-18 Auswirkung von Wärmebrücken auf den Transmissionswärmeverlust eines Einfamilienhauses

Balkonplatte aus Stahlbeton mit heute üblicher, aber nicht optimaler thermischer Trennung, Außen- und Innenwände nicht thermisch von der Kellerdecke isoliert, fehlender Anschluss der Wanddämmung an den Fensterrahmen, keine Wärmedämmung im Brüstungsbereich der Fenster sowie schlecht wärmegedämmte Rollladenkästen.

In diesem Grenzfall erreichen die Transmissionswärmeverluste der Wärmebrücken mit 33,5 kWh/(m²a) etwa 57 % des Wertes (59,0 kWh/(m²a)) der wärmeübertragenden Gebäudebauteile ohne Berücksichtigung von Wärmebrücken!

An diesem Beispiel wird deutlich, dass eine Verminderung der Wärmebrückenwirkungen dringend erforderlich ist. Eine optimierte Lösung der Wärmebrückendetails ergibt nur noch einen zusätzlichen Wärmeverlust von 6,3 kWh/(m²a), der den ohne Wärmebrücken berechneten Jahres-Heizwärmebedarf um lediglich 11 % erhöht.

Besonders große Verbesserungen können im Dachbereich durch eine lückenlose Wärmedämmung des Ortgang-, Trauf- und Innenwandanschlusses, bei der Balkonplatte und dem Wandanschluss an die Kellerdecke durch gute thermische Trennung (Balkon wird separat aufgeständert, Wände werden durch eine Steinschicht mit geringer Wärmeleitfähigkeit [λ = 0,12 W/(mK)] von der Kellerdecke thermisch getrennt) und bei den Fensteranschlüssen durch konsequent durchgehende Wärmedämmung erreicht werden.

In der Tabelle *Bild 10-17* fällt auf, dass manche Wärmebrücken nicht zu einem positiven, sondern zu einem negativen zusätzlichen Transmissionswärmeverlust führen. In diesen Fällen ergibt die Berechnung der Transmissionswärmeverluste der Außenflächen allein (ohne Wärmebrücke!) schon eine Überschätzung der Verluste. An den senkrechten Außenwandkanten lässt sich diese Situation veranschaulichen. Der Blick auf die Innenseite der Außenwand, *Bild 10-1*, zeigt eine in der Kante erhöhte Wärmestromdichte gegenüber der wärmebrückenfreien inneren Wandoberfläche. Anders stellt sich die Situation jedoch bei einer Betrachtung von außen dar. Durch die große Außenfläche im Bereich der Kante ist die Wärmestromdichte hier geringer als im wärmebrückenfreien Wandbereich. Die Ermittlung der Transmissionswärmeverluste aus den Außenflächen ohne Berücksichtigung der Wärmebrücke ergibt deshalb hier einen etwas zu hohen Wert.

5.2 Häufige Problemstellen im Überblick

Bei der Suche nach Wärmebrücken sollten keinesfalls nur die Schwachstellen im Übergang zwischen beheizten Innenräumen und Außenluft betrachtet werden. Diese Verbindungen sind zwar wegen der im Bereich von Wärmebrücken besonders niedrigen Innenoberflächentemperaturen oft die Ursache von Bauschäden. Wesentliche **Wärmeverluste** treten jedoch **auch an den Übergängen zwischen beheizten und temperierten Räumen** (z. B. unbeheizte Kellerräume oder unbeheiztes Dachgeschoss bzw. Spitzboden/Kniestock usw.) **sowie an den Übergängen zum Erdreich** auf. An diesen Stellen sind die Temperaturunterschiede zwar geringer als zwischen beheizten Räumen und Außenluft, allerdings gibt es hier oft Wärmebrücken beträchtlicher Längenausdehnung (z. B. Anschluss von Innenwänden an die Kellerdecke).

Problemstellen, an denen häufig Wärmebrücken auftreten und die deshalb bei der Planung und Bauausführung besonderes Augenmerk verdienen, sind am Beispiel eines Wohngebäudes in *Bild 10-19* dargestellt.

Die im Hinblick auf Wärmebrücken **kritischen Punkte treten im Allgemeinen dort auf, wo verschiedene Baumaterialien, Bauteile oder Bauweisen zusammentreffen oder wo die wärmegedämmte Gebäudehülle aus konstruktiven Gründen durchstoßen wird.**

Unterschiedliche Materialien treffen beispielsweise bei der Einbindung von Stahlbetongeschossdecken in Außenwände oder beim seitlichen und unteren Auflager einer massiven Kellertreppe sowie beim Anschluss von Pfeilern und Stützen zusammen.

Fensterlaibungen, -brüstungen und -stürze sowie Rollladenkästen sind Beispiele für Bauteile, die durch Anschlüsse mit anderen Bauteilen verbunden sind. Übergänge zwischen verschiedenen Bauweisen treten etwa beim Anschluss des Daches an eine massive Außenwand auf. Die wärmegedämmte Außenhülle wird oft zwangsläufig von verschiedenen Bauteilen wie Kaminen, Rohrdurchführungen oder Installationsschächten durchstoßen. In vielen anderen Fällen wie z. B. Balkonplatten, Vordächern, Erkerbodenplatten oder Eingangspodesten kann die Durchdringung eventuell durch Wahl einer anderen Konstruktionsart vermieden werden.

Eine wichtige und häufig vorkommende Wärmebrücke ist der Randbereich von Fenstern. Einerseits stellt der Glasrandverbund von Mehrscheibenverglasungen durch die üblicherweise eingesetzten Aluminium-Abstandhalter eine Wärmebrücke dar, zum anderen ist bei heute verfügbaren Verglasungsqualitäten mit U_g = 0,5 bis 1,8 W/(m^{2}K) häufig der Fensterrahmen mit U_f-Werten von etwa 1,6 W/(m^{2}K) die thermische Schwachstelle des Fensters. Wärmetechnisch wesentlich verbesserte Fensterrahmen (Kapitel 5-12) mit U_f-Werten bis herab zu 0,6 W/(m^{2}K) werden von einigen Firmen bereits auf dem Markt angeboten. Zertifizierte Passivhausfenster besitzen einen U_w-Wert $\leq$ 0,8 W/(m^{2}K) und sollten einschließlich der Einbauwärmebrücke den Wert von 0,85 W/(m^{2}K) nicht überschreiten.

Trotz sorgfältiger Planung können gravierende **Wärmebrücken** auch **durch unsachgemäße Bauausführung** zustande kommen. Problempunkte sind hierbei vor allem die fehlerhafte Erstellung von Anschlüssen zwischen verschiedenen Bauteilen sowie zwischen unterschiedlichen Wärmedämmschichten und außerdem die nicht korrekte Anbringung von Wärmedämmmaterialien. So sind beispielsweise oft Lücken in der Wärmedämmung die Folge, wenn Dämmstoffe schlecht befestigt werden, bei nicht ausreichender Verdichtung absacken oder aufgrund ungenauer Bearbeitung die Gefache von Ständerkonstruktionen nicht vollständig ausfüllen.

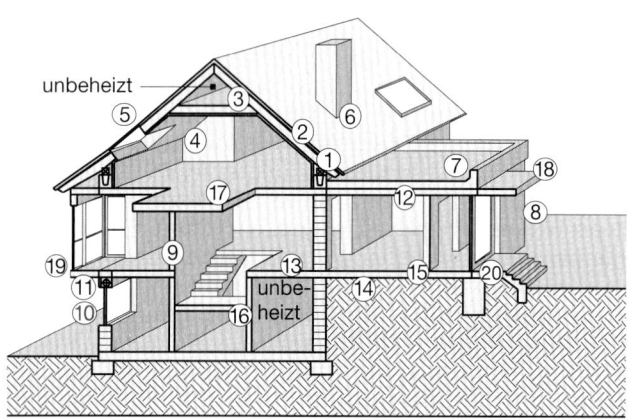

Dach
1 Traufe
2 Ortgang
3 Spitzboden
4 Innenwand
5 Dachflächenfenster
6 Kamin
7 Attika

Wände senkrecht
8 Außenecke
9 Innenwandanschluss

Fenster / Türen
10 Laibung, Sturz, Brüstung
11 Rollladenkasten

Decken- / Balkonanschlüsse etc.
12 Geschossdeckenauflager
13 Kellerdecke
14 Sohlplatte
15 Innenwand an Kellerdecke bzw. Sohlplatte
16 Treppenauflager
17 Balkonplatte
18 Vordach
19 Erkerbodenplatte
20 Eingangspodest

10-19 Beispiele wichtiger Wärmebrücken bei einem Wohngebäude

5.3 Ermittlung von Wärmebrücken durch Thermografie

Das Messverfahren der Thermografie ist eine sehr gut geeignete Methode, um Wärmebrücken an bestehenden Gebäuden aufzuspüren. Sie wird häufig eingesetzt, um die Ursachen von Bauschäden oder sonstigen Problemen zu lokalisieren, die auf Wärmebrücken zurückzuführen sein können.

Die Thermografieaufnahme mit einer Wärmebildkamera macht Temperaturunterschiede sichtbar. Bei einer Außenansicht eines beheizten Gebäudes heben sich dabei die Flächen und Bauteilanschlüsse ab, die wärmer sind als die umgebenden Flächen. Eine höhere Temperatur wird aber durch einen höheren Wärmestrom von innen nach außen bewirkt und ist deshalb ein Hinweis auf eine schlechtere Wärmedämmwirkung bzw. eine Wärmebrücke an der betreffenden Stelle.

Das Messverfahren beruht auf der Sichtbarmachung von Wärmestrahlung (Infrarotstrahlung). Heutzutage wird hierzu in der Regel eine elektronische Kamera eingesetzt. Der darzustellende Temperaturbereich und die Auflösung sind einstellbar und können an die jeweilige Situation angepasst werden. Das Ergebnis ist bei Schwarz-Weiß-Kameras ein Bild, in dem die Temperaturunterschiede durch Grauwerte dargestellt werden. Bei Farbkameras erhält man ein Falschfarbenbild, bei dem die unterschiedlichen Farben verschiedenen Temperaturen entsprechen.

Ein Beispiel einer Thermografieaufnahme eines Altbaus ist in *Bild 10-20* zu sehen. Abgesehen von den Fensterflächen zeichnen sich hier als Wärmebrücken (gelb/rot/weiß abgebildete, d. h. warme Außenflächen) deutlich die Heizkörpernischen unter den Fenstern, die Fensterstürze und Geschossdecken, die ausgemauerten Fenster sowie die Kellerdecke ab.

Bei der Durchführung der Thermografie muss die Außentemperatur deutlich niedriger liegen als die Raumtemperatur, damit ein hoher Wärmestrom von innen nach außen zustande kommt und dadurch möglichst große Temperaturunterschiede auf der Außenoberfläche des Gebäudes auftreten. Außerdem sollte das Gebäude mindestens seit einigen Tagen vorher schon beheizt sein, damit insbesondere die Wände gleichmäßig erwärmt sind. Thermografieaufnahmen werden bevorzugt nachts und in den frühen Morgenstunden durchgeführt, um eine Verfälschung des Ergebnisses durch die Infrarotstrahlung des Sonnenlichtes auszuschließen.

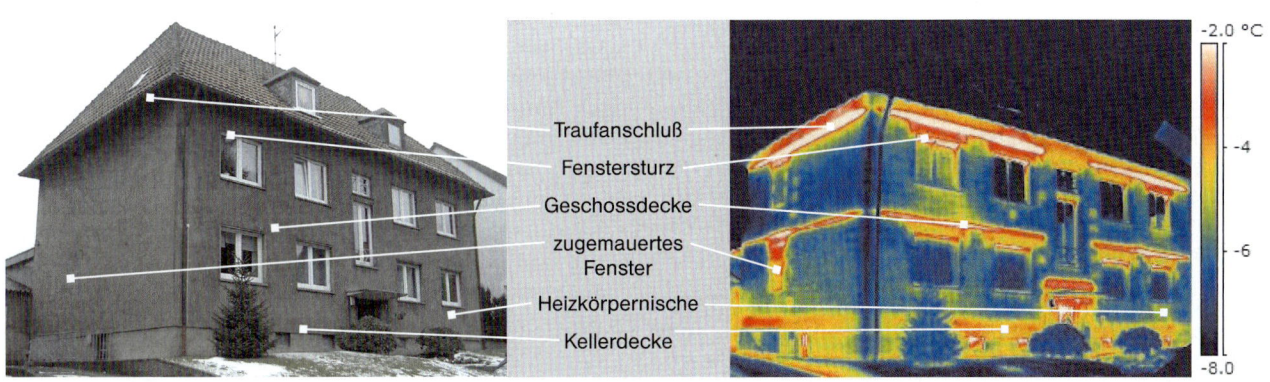

10-20 *Thermografieaufnahme eines Wohngebäudes (Altbau) mit deutlich erkennbaren Wärmebrücken (Quelle: Die-Energieberater.de)*

In manchen Fällen kann es sinnvoll sein, eine thermografische Untersuchung mit einer Messung der Luftdurchlässigkeit der Gebäudehülle („Blower-Door-Messung", Kapitel 9-2) zu verbinden. Durch die Thermografie können beispielsweise die Stellen an der Außenoberfläche sichtbar gemacht werden, an denen bei Überdruck warme Luft aus dem Gebäude ausströmt. Umgekehrt kann eine bei Unterdruck angefertigte Thermografieaufnahme z. B. der Innenseite einer Dachhaut die Leckagen deutlich machen, durch die in dieser Situation kalte Außenluft nach innen strömt, *Bild 9-7*.

Thermografische Untersuchungen werden meist von Sachverständigen für Schäden an Gebäuden und Bauphysikern durchgeführt. Adressen von Anbietern, die über die dazu nötige Ausrüstung verfügen, können im Internet recherchiert werden. Die Kosten für eine thermografische Untersuchung belaufen sich in der Regel auf etwa 300 bis 1000 € zuzüglich Kosten für die Anreise.

6 Vermeidung und Reduzierung von Wärmebrücken

6.1 Anforderungen aus Normen und Verordnungen

Wärmebrücken werden unter verschiedenen Aspekten in DIN 4108-2, DIN 4108 Bbl. 2, DIN EN ISO 10211 sowie in der Energieeinsparverordnung behandelt.

In DIN EN ISO 10211 werden die Berechnungsverfahren zur Ermittlung von Wärmeströmen und Oberflächentemperaturen im Bereich von Wärmebrücken dargestellt, die zur Erstellung von einschlägigen Rechenprogrammen benötigt werden. Diese Norm ist deshalb nur für die mit diesem Themenkreis befassten Spezialisten von Bedeutung.

DIN 4108-2 enthält **Anforderungen an den Mindestwärmeschutz von Bauteilen, die auch im Bereich von Wärmebrücken eingehalten werden müssen**. Ecken, an denen Außenbauteile mit gleichartigem Aufbau aneinander stoßen, gelten hierbei nicht als Wärmebrücken, wohingegen für Ecken von Außenbauteilen mit nicht gleichartigem Aufbau konstruktive Verbesserungen gefordert werden. Übliche Verbindungsmittel wie Nägel, Schrauben, Drahtanker und Mörtelfugen von Mauerwerk brauchen beim Nachweis des Mindestwärmeschutzes nicht berücksichtigt zu werden.

Die Anforderungen der DIN 4108-2 an den Mindestwärmeschutz geben **Mindestwerte der Wärmedurchlasswiderstände R für die „ungünstigste Stelle"** vor, die für verschiedene opake Außenbauteile unterschiedlich sind und von 1,75 m²K/W für Decken, die Aufenthaltsräume nach unten gegen Außenluft abgrenzen, bis zu mindestens 0,07 m²K/W für Wände zwischen fremd genutzten Räumen (z. B. Wohnungstrennwände) reichen. Die genannten Mindestwerte für Wärmedurchlasswiderstände R von Bauteilen liegen deutlich niedriger als die Wärmedurchlasswiderstände, die sich bei der Realisierung von Gebäuden, die der Energieeinsparverordnung entsprechen, für die wärmebrückenfreien Bauteilflächen in aller Regel ergeben werden. Deshalb können die Anforderungen aus DIN 4108-2 in den meisten Fällen leicht eingehalten werden, wenn im Bereich von Wärmebrücken der Wärmedämmstandard der wärmebrückenfreien Bauteilflächen auch nur annähernd erreicht wird. Es ist jedoch anzumerken, dass die **Erfüllung der Anforderungen noch keinerlei Gewähr dafür bietet, dass keine bauphysikalischen Probleme auftreten**.

Nach der **Energieeinsparverordnung**, § 7 Absatz (3), können Wärmebrücken entsprechend den Verfahren nach DIN 4108-6 bzw. DIN V 18599 in unterschiedlicher Detaillierung rechnerisch erfasst werden:

– Werden bei der Planung die Wärmebrücken nicht im Detail dargestellt, so werden ihre Auswirkungen mit einem pauschalen Zuschlag von $\Delta U_{WB} = 0{,}10$ W/(m²K) auf den mittleren Wärmedurchgangskoeffizienten der Außenbauteile berücksichtigt.

– Werden vom Planer die Details von Wärmebrücken dargestellt und deren Auswirkungen entsprechend DIN 4108 Bbl. 2 reduziert, erfolgt ein Zuschlag von $\Delta U_{WB} = 0{,}05$ W/(m²K). Entsprechen nicht alle Details des Gebäudes den Nebenbedingungen des Bbl. 2, muss mit dem pauschalen Wärmebrückenzuschlag von ΔU_{WB} = 0,10 W/(m^{2}K) gerechnet werden oder mit einer detaillierten Wärmebrückenberechnung die Gleichwertigkeit der Wärmebrückenreduzierung nachgewiesen werden.

– Eine exakte Berechnung der Wärmebrückenwirkung auf den Jahres-Heizwärmebedarf entsprechend dem im Abschnitt 4.5 beschriebenen Verfahren führt in der Regel zu noch niedrigeren Zuschlägen ΔU_{WB}.

6.2 Allgemeine Regeln zur Vermeidung von Wärmebrücken

Zur möglichst weitgehenden Vermeidung von Wärmebrücken ist oft die Vorstellung hilfreich, dass das Gebäude ringsum unterbrechungsfrei von der wärmegedämmten Hülle umgeben sein sollte. Auf dem Plan muss also in jeder beliebigen Schnittzeichnung mit einem Stift die gesamte wärmeübertragende Außenhaut umfahren werden können, ohne auf Stellen mit reduzierter oder fehlender Wärmedämmung zu stoßen.

In der Praxis lassen sich aus konstruktiven Gründen Wärmebrücken nie ganz vermeiden, da zum einen immer Kanten und Ecken mit geometrischer Wärmebrückenwirkung auftreten und zum anderen beispielsweise oft statisch notwendige Verbindungen realisiert werden müssen, bei denen tragende Teile aus gut wärmeleitenden Materialien die wärmegedämmte Hülle durchstoßen. Die letztgenannte Art von Wärmebrücken erlangt mit zunehmendem Wärmedämmstandard von Gebäuden eine immer größere Bedeutung im Hinblick auf erhöhte Transmissionswärmeverluste. Die Auswirkung geometrischer Wärmebrücken nimmt dagegen bei einer Erhöhung des Dämmstandards ab.

Ziel eines wärmebrückenoptimierten Bauens ist deshalb neben der Entschärfung geometrischer Wärmebrücken die weitestgehende Vermeidung „durchstoßender" Wärmebrücken. Hierauf richten sich auch die folgenden allgemeinen Empfehlungen zur Reduzierung von Wärmebrücken [7]:

– **Geometrieregel:**
Kanten mit möglichst stumpfem Winkel wählen.

– **Vermeidungsregel:**
Die wärmegedämmte Hülle nicht durchbrechen.

– **Durchstoßungsregel:**
Wenn eine Unterbrechung der Dämmschicht unvermeidbar ist, so sollte der Querschnitt der Durchstoßung möglichst klein gewählt werden und an dieser Stelle eine möglichst hohe Dämmwirkung angestrebt werden. Das kann beispielsweise durch Einsatz statisch ausreichend tragfähiger Materials mit geringer Wärmeleitfähigkeit oder von Sonderbauteilen erreicht werden, die statisch verbinden, aber thermisch trennen.

– **Anschlussregel:**
Dämmlagen müssen an Bauteilanschlüssen lückenlos und in der vollen Querschnittsfläche ineinander überführt werden.

7 Beispiele zur Verringerung der Wirkung häufig auftretender Wärmebrücken

Die in den *Bildern 10-21* bis *10-33* dargestellten Beispiele zeigen wärmetechnisch optimierte Lösungen für häufig auftretende problematische Anschlussstellen an Wohngebäuden. Bauphysikalisch notwendige Dichtschichten (Feuchte-, Luft- und Winddichtung) werden soweit möglich in den Zeichnungen skizziert. Um der Vielfalt der heute gängigen Bauarten Rechnung zu tragen, wurden bei der Auswahl der Beispiele unterschiedliche Außenwandkonstruktionen berücksichtigt (monolithisch, einschalig massiv mit Wärmedämm-Verbundsystem, zweischalig massiv mit Kerndämmung, Holzbauart). Für umfassende Übersichten über wärmebrückenoptimierte Anschlussdetails sei insbesondere auf die Literaturstellen [1], [4], [8], [9] verwiesen.

7.1 Dachanschluss im Traufbereich

Beim Dachanschluss im Traufbereich, *Bild 10-21*, ist ein möglichst vollflächiger Anschluss der Wärmedämmschichten von Dach und Außenwand wichtig. Bei monolithischen Außenwänden und Dachkonstruktionen mit Ringanker sollte eine außenseitige Dämmung des Ringankers vorgesehen und an die Dachdämmung angeschlossen werden. Bei nicht ausgebauten Dachgeschossen ist der Anschluss der Außenwanddämmung an die auf der Geschossdecke aufliegende Dämmschicht herzustellen.

7.2 Dachanschluss der Giebelwand

Der Dachanschluss der Giebelwand, *Bild 10-22*, sollte bei Massivbauweise so ausgeführt werden, dass eine Dämmschicht auf der Mauerkrone der Giebelwand angebracht und an die Dämmung der Außenwand und des Daches angeschlossen wird. Beim Rohbau muss darauf geachtet werden, dass die Giebelwand nicht bis zur Höhe der

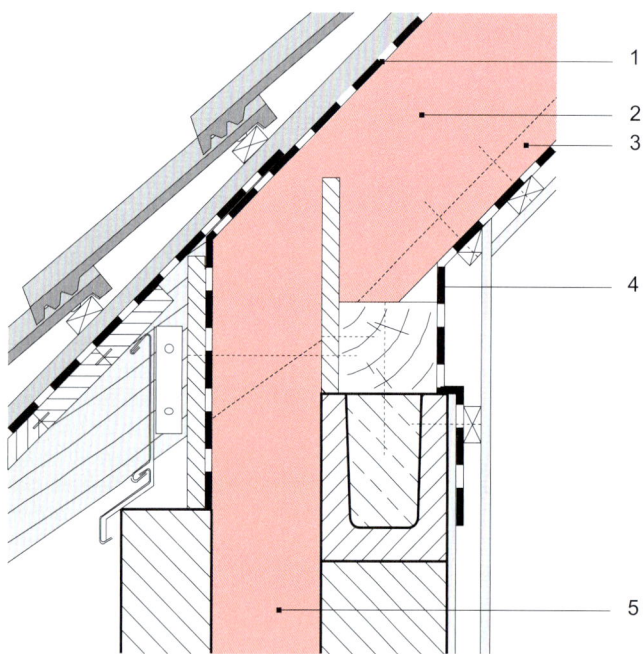
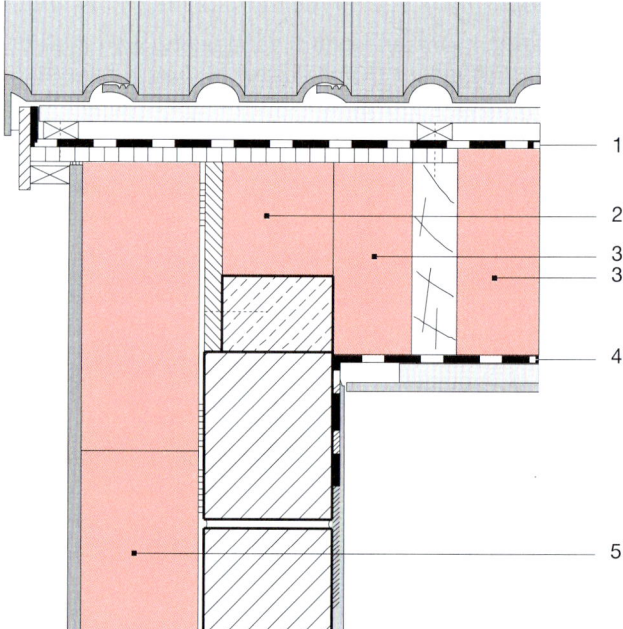

1 Winddichtung (Unterspannbahn)
2 Zwischensparrendämmung
3 Untersparrendämmung
4 Luftdichtung (Dampfsperre)
5 Außenwanddämmung (Kerndämmung)

10-21 Dachanschluss im Traufbereich bei einem Pfettendach mit Zwischen- und Untersparrendämmung an eine zweischalige Außenwand mit Kerndämmung

1 Winddichtung (Unterspannbahn)
2 Ortgangdämmung
3 Zwischensparrendämmung
4 Luftdichtung (PE-Folie)
5 Außenwanddämmung

10-22 Anschluss eines Daches mit Zwischensparrendämmung an eine Giebelwand mit Wärmedämm-Verbundsystem

Dacheindeckung hochgezogen wird, damit noch genügend Raum für die Wärmedämmung bleibt. Statt der Dämmschicht wird auf der Mauerkrone manchmal auch eine Steinschicht aus Material geringer Wärmeleitfähigkeit (z. B. λ = 0,12 W/(mK)) als oberste Lage aufgebracht. Die Wärmebrückenwirkung kann hierdurch aber nur abgemindert und nicht vermieden werden. Bei Wänden in Holzleichtbauweise wird die Dämmschicht des Holzbauteils mit der Dachdämmung verbunden.

7.3 Dachanschluss von Innenwänden

Für den Dachanschluss von Innenwänden, *Bild 10-23,* ergibt sich eine ähnliche Problematik wie für den Anschluss der Giebelwand. Die Innenwand sollte unterhalb der Ebene der Dachdämmung enden, damit die Wärmedämmung des Daches in unverminderter Dicke über die Innenwand hinweggeführt werden kann.

Bei der Zwischensparrendämmung wirken nicht nur die Anschlüsse, sondern in gewissem Umfang auch die Dachsparren als Wärmebrücken. Eine Verbesserung ist z. B. durch eine Kombination von Zwischen- und Untersparrendämmung möglich, weil die Sparren dabei raumseitig durch eine Dämmschichtlage abgedeckt werden. Eine andere Möglichkeit besteht in der Verwendung neuartiger Sparrenkonstruktionen, deren Wärmebrückenwirkung durch ihre Geometrie stark verringert ist. Es handelt sich dabei um sehr verwindungssteife, verleimte Doppel-T-Träger-Profile, deren Furnierschichtholzgurte durch einen schmalen Steg aus einer speziellen Spanplatte hoher Festigkeit miteinander verbunden sind, *Bild 10-23.*

7.4 Anschluss eines Flachdaches mit Attikagesims

Der wärmebrückenoptimierte Anschluss eines Flachdaches mit Attikagesims, *Bild 10-24,* erfordert die lückenlose Umhüllung der Attika mit Dämmmaterial ausreichender Dicke. Eine andere Möglichkeit besteht darin, das Attikagesims thermisch von der Stahlbetonplatte des Flachdaches zu trennen. Dies kann dadurch erfolgen, dass die erste Steinreihe der gemauerten Attika aus Material geringer Wärmeleitfähigkeit (z. B. λ = 0,12 W/(mK)) ausgeführt wird. Diese Steinreihe stellt dann die Verbindung zwischen Dach- und Außenwanddämmung her. Üblicherweise wird bei Flachdächern das Auflager auf der Außenwand als Gleitlager ausgebildet, das temperaturbedingte Längenänderungen der Stahlbetonplatte ausgleichen kann. Bei guter Wärmedämmung kann auf dieses Gleitlager oft verzichtet werden.

7.5 Anschluss einer Innenwand an eine innen gedämmte Außenwand

Beim Anschluss einer Innenwand an eine innen gedämmte Außenwand, *Bild 10-25,* entsteht zwangsläufig eine als Wärmebrücke wirksame Unterbrechung der Dämmung.

1 Winddichtung (diffusionsoffen) 3 Dämmung der Mauerkrone
2 Vollsparrendämmung 4 Luftdichtung

10-23 Anschluss eines Daches mit Zwischensparrendämmung an eine massive Innenwand

Durch eine zusätzliche Dämmschicht im Anschlussbereich der Innenwand wird die Wärmebrückenwirkung stark reduziert. In der Regel ist es hierzu ausreichend, die Innenwand auf einer Breite von ca. 50 cm zu dämmen. Zur allmählichen Angleichung an den ungedämmten Innenwandbereich sowie aus optischen Gründen empfiehlt sich die Verwendung keilförmigen Dämmmaterials. Auf die gleiche Weise kann das Wärmebrückenproblem beim

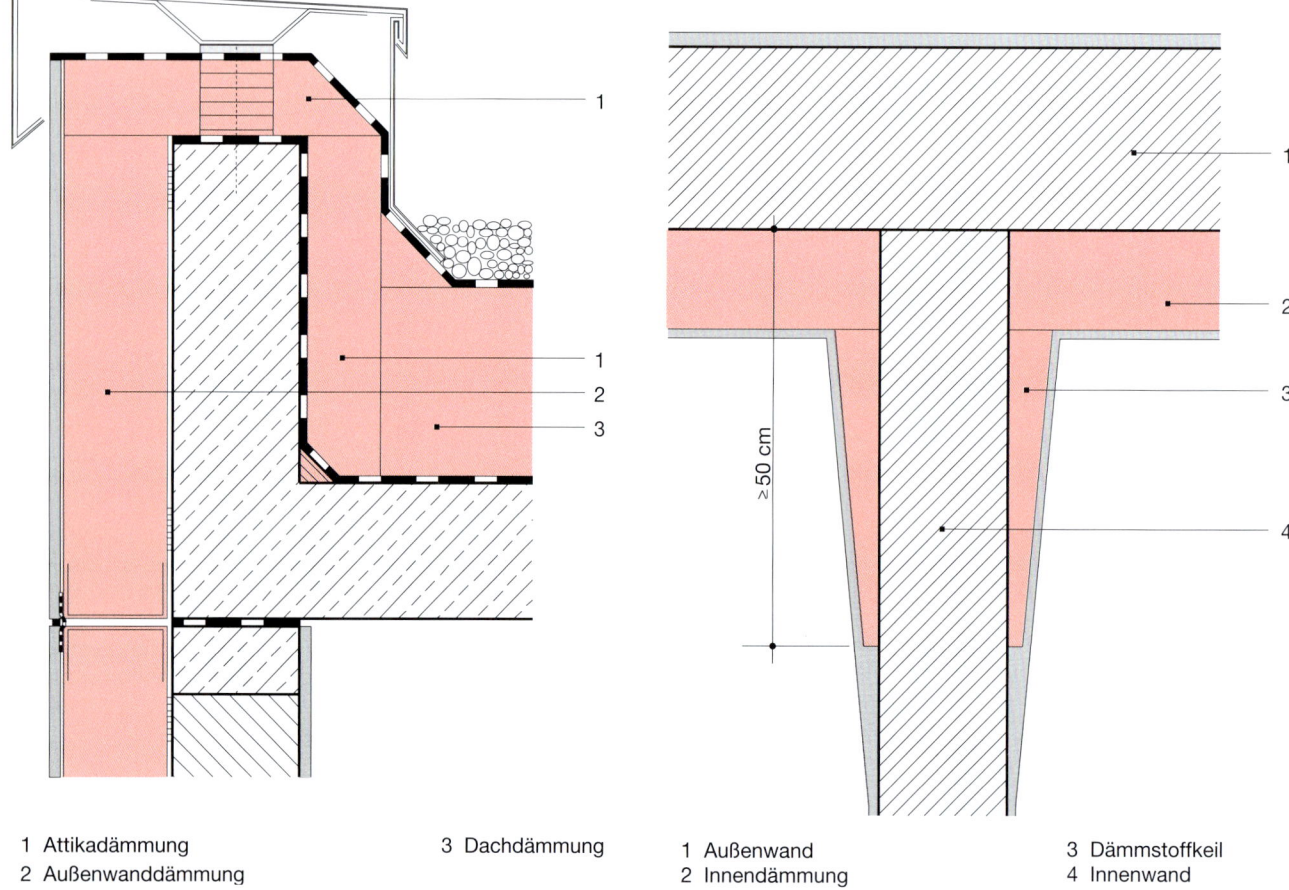

1 Attikadämmung
2 Außenwanddämmung
3 Dachdämmung

10-24 Anschluss eines Flachdaches mit Attikagesims an eine Außenwand mit Wärmedämm-Verbundsystem

1 Außenwand
2 Innendämmung
3 Dämmstoffkeil
4 Innenwand

10-25 Innenwandanschluss an eine Außenwand mit Innendämmung

10 Wärmebrücken — Beispiele zur Verringerung der Wirkung häufig auftretender Wärmebrücken

Anschluss einer Geschossdecke an eine Außenwand mit Innendämmung gelöst werden.

Innendämmungen werden meist bei der wärmetechnischen Sanierung von Altbauten eingesetzt, bei denen die Außenfassade z. B. aus Gründen des Denkmalschutzes nicht verändert werden darf. Ansonsten sollte, wenn möglich, einer Außendämmung der Vorzug gegeben werden, da Innendämmungen bei nicht exakter Ausführung leichter zu bauphysikalischen Problemen führen. Entsteht beispielsweise bei der Anbringung des Dämmstoffes eine kleine Lücke, so schlägt sich hier sehr leicht Kondenswasser nieder, da die hinter der Dämmung liegende Außenwand kalt ist.

7.6 Geschossdeckenanschluss

Der Geschossdeckenanschluss an eine monolithische Außenwand in *Bild 10-26* muss mit einer wärmedämmenden Schicht versehen werden, da sonst durch die gut wärmeleitende Stahlbetondecke und die verringerte Außenwanddicke eine unzulässig große Wärmebrücke entsteht. Dazu wird z. B. ein Dämmstreifen in die Schalung der Decke eingelegt. Wird außen noch Platz für eine Vormauerung gelassen, kann die Fassade durchgehend aus demselben Steinmaterial bestehen, was für die Putzhaftung günstig ist, *Bild 10-26*. Bei weiter außen aufgelagerter Decke ist der Dämmstreifen an der unverputzten Fassade sichtbar, und es muss durch geeignete Maßnahmen (z. B. Anbringen eines Putzträgers) für eine durchgehende Putzhaftung gesorgt werden.

7.7 Kellerdeckenanschluss an einen unbeheizten Keller

Der Kellerdeckenanschluss an einen unbeheizten Keller, *Bild 10-27*, muss so ausgeführt werden, dass die Dämmschicht der Außenwand in die Kellerdeckendämmung übergeht. Da die Außenwand auf der Kellerdecke kraftschlüssig aufliegen muss, durchstößt sie aber zwangsläufig die Dämmschicht. Selbst bei der in diesem Punkt günstigen Konstruktion einer Holzleichtbauwand, *Bild 10-27*, entsteht durch den auf der Kellerdecke aufliegenden Holzbalken eine Wärmebrücke. Durch eine außenseitige Dämmung der Stirnfläche der Kellerdecke wird diese aber entschärft. Dabei sollte diese Dämmschicht, die erdnah als Perimeterdämmung auszubilden ist, mindestens 30 cm bis 50 cm unter das Niveau der Kellerdecke fortgeführt sowie an die Außenwanddämmung angeschlossen werden. Bei massiven Außenwänden mit guter Wärmeleitfähigkeit würde sich die Wärmebrücke noch stärker auswirken. Hier kann die in *Bild 10-28* dargestellte Lösung angewendet werden.

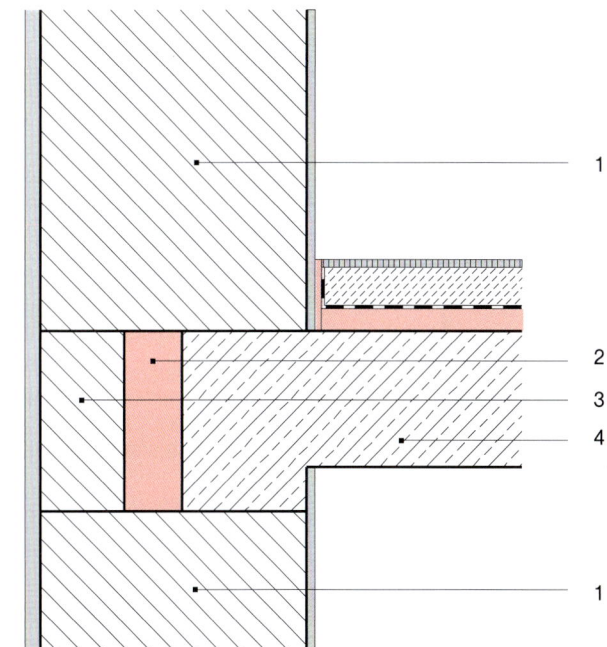

1 Mauerwerk mit geringer Wärmeleitfähigkeit
2 Wärmedämmung
3 Abstellstein
4 Stahlbetondecke

10-26 Anschluss einer Geschossdecke aus Stahlbeton an eine monolithische Außenwand

mauert wird. Hierzu eignen sich z. B. Gasbeton, Leichtziegel u. a. mit λ-Werten im Bereich von 0,12 bis 0,21 W/(mK), die eine relativ preiswerte Lösung darstellen. Diese Materialien sind allerdings nur begrenzt statisch belastbar. Für übliche Lasten im Wohnungsbau bis zu ca. drei Geschossen reicht die Tragfähigkeit aber in der Regel aus. Gut einsetzbar sind auch spezielle wärmedämmende Steine, die

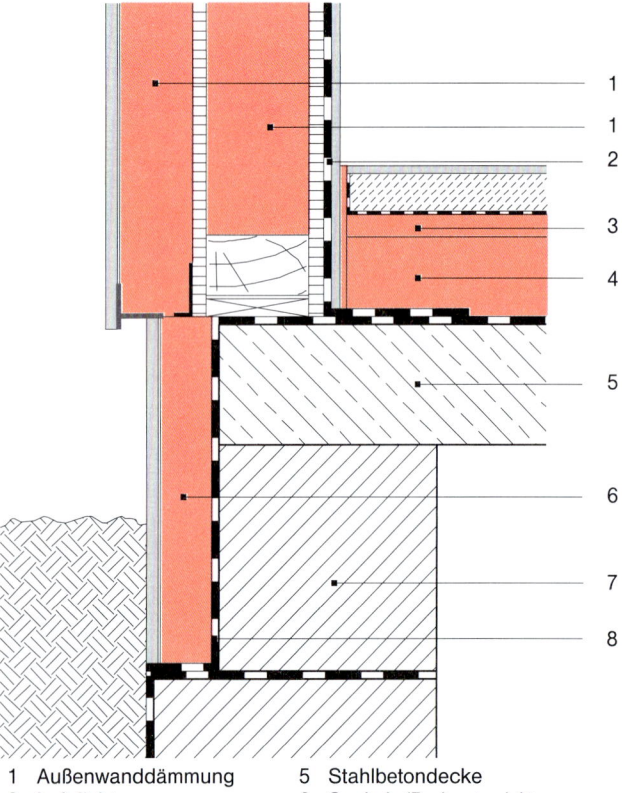

1 Außenwanddämmung
2 Luftdichtung
3 Trittschalldämmung
4 Kellerdeckendämmung
5 Stahlbetondecke
6 Sockel- (Perimeter-)dämmung
7 Mauerwerk
8 Abdichtung gegen Feuchtigkeit

10-27 Anschluss einer Kellerdecke (unbeheizter Keller) an eine Außenwand in Holzbauart

7.8 Anschluss einer massiven Außenwand an die Sohlplatte

Beim Anschluss einer massiven Außenwand an die Sohlplatte, *Bild 10-28*, kann eine Verringerung der Wärmebrückenwirkung dadurch erreicht werden, dass die erste Steinreihe aus Material geringer Wärmeleitfähigkeit ge-

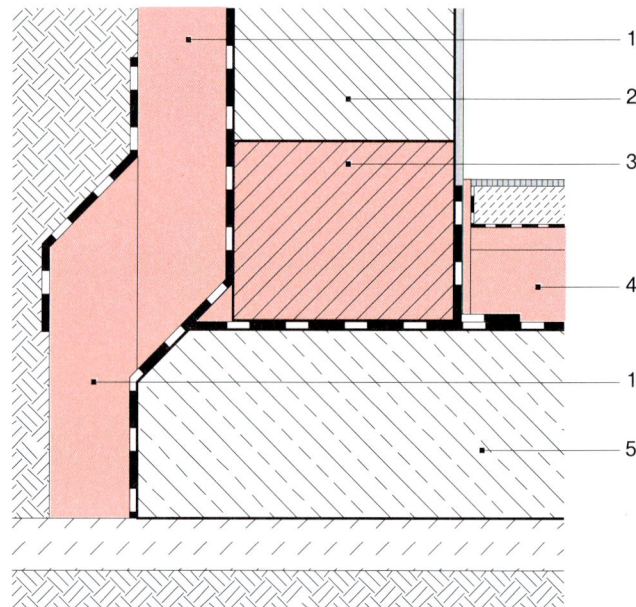

1 Perimeterdämmung
2 Mauerwerk
3 Wärmedämmelement
   (Wärmeleitfähigkeit ≤ 0,21W/(mK))
4 Wärmedämmung
5 Sohlplatte

10-28 Anschluss einer Sohlplatte an eine massive Außenwand; Wärmebrückenverringerung durch Steinreihe aus Material geringer Wärmeleitfähigkeit

durch die Kombination aus wärmedämmenden und druckbelastbaren Materialien eine deutliche Verringerung der Wärmebrückenwirkung ohne Einschränkung der Tragfähigkeit gewährleisten. Eine wärmetechnisch sehr gute Lösung aus statisch hoch belastbarem Material stellt auch der Einbau eines Streifens aus Schaumglas dar, dessen Kosten allerdings relativ hoch liegen. Mit $\lambda = 0{,}045$ W/(mK) ist die Wärmedämmwirkung dieses Bauteils praktisch ebenso gut wie die der üblicherweise eingesetzten Dämmstoffe.

Zu beachten ist, dass nicht nur der Anschluss der Außenwand an eine Sohlplatte oder die Geschossdecke zum unbeheizten Keller, sondern auch der entsprechende Innenwandanschluss eine erhebliche Wärmebrücke mit meist großer Länge darstellt. Es empfiehlt sich auch hier, die Wärmebrückenwirkung durch eine Steinreihe aus Material geringer Wärmeleitfähigkeit zu entschärfen. Dabei ist es von Vorteil, dasselbe Material für Außen- und Innenwandanschluss zu wählen. Zum einen wird dadurch der Bauablauf vereinfacht, zum anderen ist ein einheitlicher Konstruktionsaufbau vorteilhaft (z. B. zur Vermeidung von Rissbildung aufgrund unterschiedlicher Temperaturausdehnung verschiedener Materialien).

7.9 Fensteranschluss an die Außenwand

Beim **Anschluss der Fensterlaibung an die Außenwand**, *Bild 10-29*, sollte die Wanddämmung den Fensterblendrahmen überdecken. Bei üblichen Dämmstärken wird schon bei 3 bis 4 cm Überdeckung die Wärmebrückenwirkung stark verringert.

Der **Anschluss der Fensterbrüstung an die Außenwand**, *Bild 10-30*, kann durch eine Dämmschicht von mindestens 3 bis 4 cm Dicke unter der Fensterbank optimiert werden. Dadurch wird außerdem ein erwünschter Entdröhnungseffekt für die Fensterbank bei starkem Regenfall erreicht.

Auch **beim Außenwandanschluss des Fenstersturzes**, *Bild 10-31*, ist eine Überdeckung der Dämmschicht zur Reduzierung der Wärmebrückenwirkung wichtig.

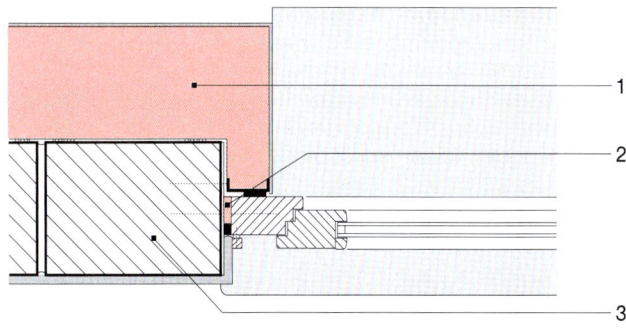

1 Außenwanddämmung   3 Mauerwerk
2 Wärmedämmung

10-29 *Anschluss der Fensterlaibung an eine Außenwand mit Wärmedämm-Verbundsystem*

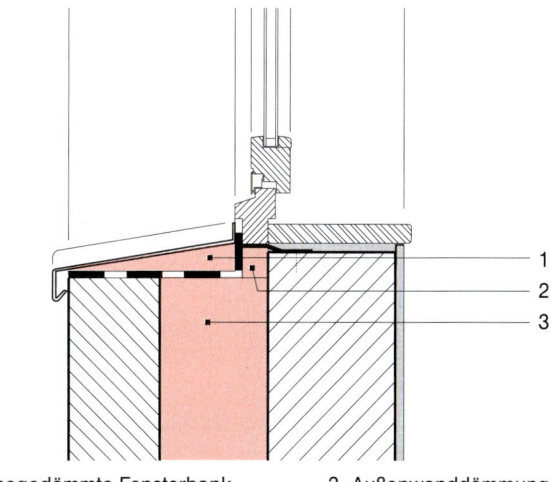

1 wärmegedämmte Fensterbank   3 Außenwanddämmung
2 Wärmedämmung   (Kerndämmung)

10-30 *Anschluss der Fensterbrüstung an eine Außenwand mit Kerndämmung*

Der **Außenwandanschluss eines Rollladenkastens** ist eine weitere thermische Schwachstelle in der Gebäudehülle, *Bild 10-32*. Heute übliche Rollladenkästen sind nur mit einer geringen Wärmedämmung ausgestattet, sodass eine erhebliche Wärmebrückenwirkung die Folge ist. Abhilfe kann eine zusätzliche Wärmedämmung der Innenseiten oder die Verwendung von hoch wärmegedämmten Fabrikaten (Beispiel in *Bild 10-32*) bringen. Auch der Einsatz von Minirollladenkästen mit Abmessungen von beispielsweise 13,5 cm × 13,5 cm, die außen auf der Dämmstoffplatte vor dem verlängerten Blendrahmen montiert werden, führt zu einer deutlichen Verbesserung.

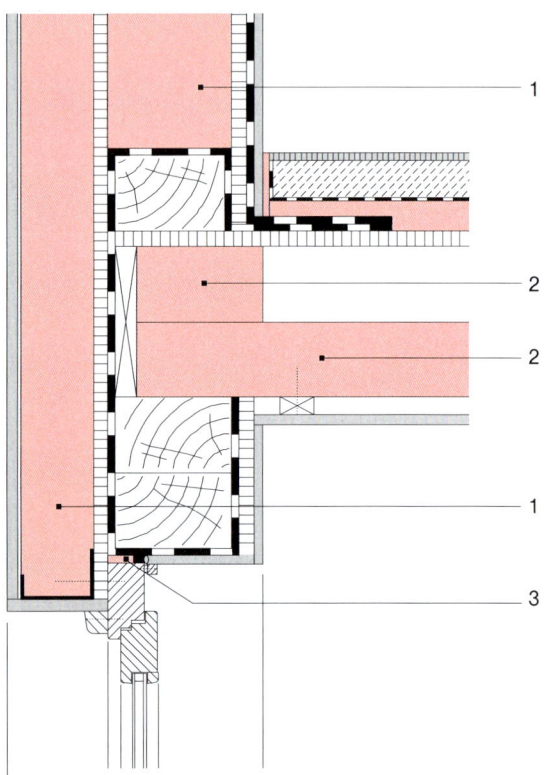
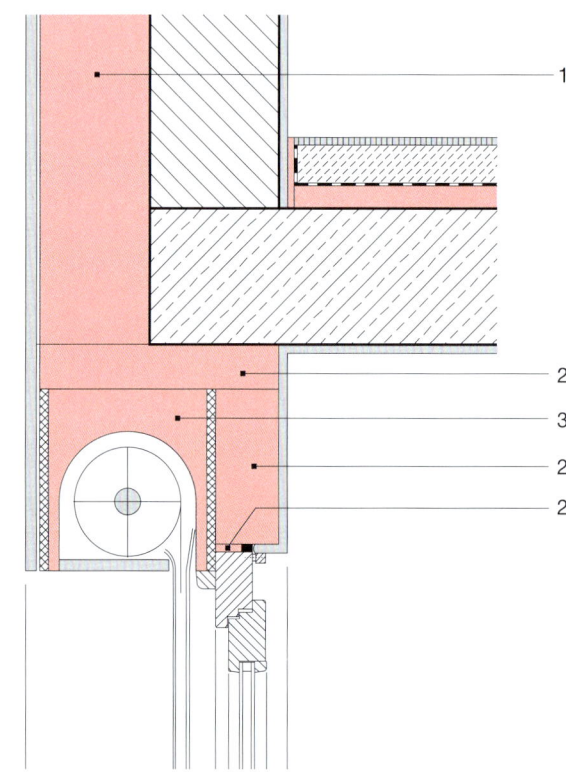

1 Außenwanddämmung 3 Wärmedämmung
2 Dämmung zwischen den Deckenbalken

10-31 Anschluss des Fenstersturzes an eine Außenwand in Holzbauart

1 Außenwanddämmung 3 Außenrollladenkasten, gedämmt
2 Wärmedämmung

10-32 Anschluss eines Fensters mit außen liegendem Rollladenkasten an eine Außenwand mit Wärmedämm-Verbundsystem

7.10 Balkonanschluss

Der Balkonanschluss ist wärmetechnisch problematisch, wenn eine auskragende Balkonplatte realisiert wird. Am ungünstigsten ist eine Balkonplatte aus Stahlbeton, die lückenlos in die Geschossdecke übergeht. Wegen der hohen Wärmeleitfähigkeit von Stahlbeton (λ = 2,1 W/(mK)) liegt hier eine starke Wärmebrücke vor. Üblich ist heute der Einsatz eines korbartigen Verbindungsteils aus Stahlstäben mit einer senkrecht eingelegten Platte aus Wärmedämmmaterial, *Bild 7-27*. Durch die Stahlkonstruktion, die auf der einen Seite in die Betonplatte und auf der anderen Seite in die Geschossdecke einbetoniert wird, wird die Last des Balkons auf die Geschossdecke übertragen. Das Wärmedämmmaterial sorgt für eine Verringerung der Wärmeverluste. Aufgrund der guten Wärmeleitfähigkeit der durchgehenden Stahlstäbe können die Wärmeverluste durch diese Variante gegenüber der durchbetonierten Ausführung jedoch nur etwa um die Hälfte reduziert werden.

Noch günstiger sind Lösungen, bei denen der Balkon auf Trägern (z. B. aus Stahl) gelagert wird, die an der Fassade befestigt werden. In diesem Fall wird der Balkon meist als Leichtbaukonstruktion realisiert. Es entstehen nur noch punktförmige Wärmebrücken an den Befestigungsstellen der Träger auf der Fassade.

Wärmetechnisch optimal sind Konstruktionen, die eine vollständige thermische Trennung des Balkons vom Gebäude ermöglichen. Hierbei wird der Balkon vor die wärmegedämmte Fassade gestellt, *Bild 10-33*, und auf einer separaten Tragkonstruktion (z. B. Wandscheiben, Betonstützen, Stahlträger auf separatem Fundament) gelagert. In diesem Fall entsteht praktisch keine Wärmebrückenwirkung mehr. Ausführungsbeispiele enthält Kapitel 7-8.

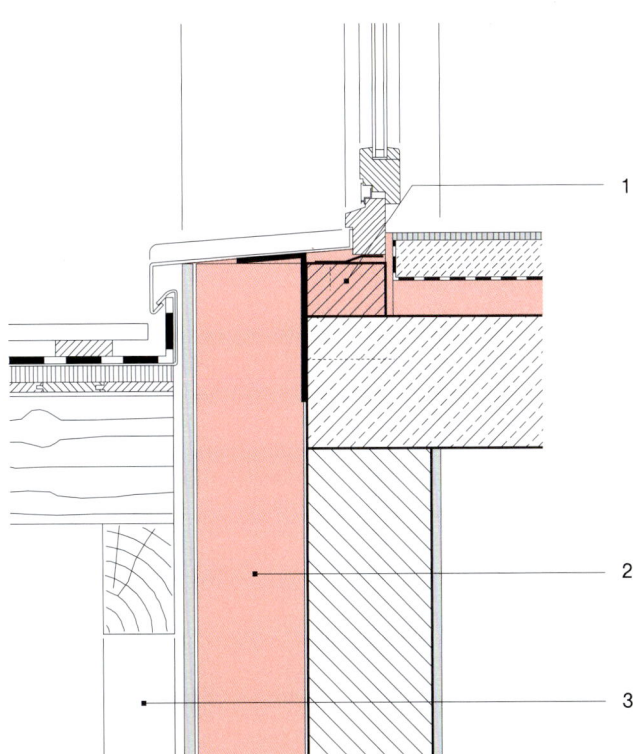

1 Druckfestes Wärmedämmelement   2 Außenwanddämmung
3 Tragkonstruktion für Balkon

10-33 Balkonanschluss (Balkon mit separater Tragkonstruktion vor die Wand gestellt) an eine Außenwand mit Wärmedämm-Verbundsystem

7.11 Treppenauflager

Zur Reduzierung von Wärmebrücken bei Treppenauflagern gibt es Spezialbauteile, die die Treppenlast übertragen können und gleichzeitig wärmedämmende Wirkung haben, Kapitel 7-9. Verschiedene dieser Elemente sind so konstruiert, dass auch die Schallübertragung verringert wird. Der seitliche Wärmeübergang zwischen Treppe und Wand kann durch Dämmstreifen vermindert werden, die z. B. bei Stahlbetontreppen in die Schalung eingelegt und anbetoniert werden.

7.12 Vermeidung von Verarbeitungsfehlern

Zwei Beispiele für **Wärmebrücken**, die **durch fehlerhaften Einbau von Dämmstoffen** zustande kommen, zeigt *Bild 10-34*. Nicht ausreichend befestigte Dämmplatten in hinterlüfteten Fassaden oder zweischaligen Außenwänden können verrutschen; durch die entstehenden Lücken findet ein erhöhter Wärmeabfluss statt, *Bild 10-34a*. Lücken zwischen Dämmplatten können auch durch unsauberes Verarbeiten und nachträgliches Schwinden von Dämmstoffen entstehen. Um solche Fehlstellen in der Wärmedämmung zu vermeiden, werden Dämmplatten oft mehrlagig verlegt, wobei die Stöße in den aufeinander liegenden Lagen versetzt anzuordnen sind. Eine gute Lösung stellt auch die Verwendung von Dämmplatten mit Stufenfalz dar.

Ein anderes Wärmebrückenproblem kann durch Schüttdämmstoff verursacht werden, der z. B. in zweischaliges Mauerwerk eingefüllt, *Bild 10-34b*, oder als Zwischensparrendämmung in den Hohlraum zwischen innerer und äußerer Dachverschalung eingeblasen wird. Der Dämmstoff kann im Laufe der Zeit absacken, wenn er bei der Einbringung nicht ausreichend verdichtet wurde. Dadurch ergeben sich Lücken in der Dämmschicht.

Eine weitere Fehlerquelle, die zu erheblichen zusätzlichen Wärmeverlusten führen kann, ist die **nicht sachgerechte Verarbeitung von Leichtmauerwerk mit Normalmörtel**. Die Mörtelfugen aus gut wärmeleitendem Normalmörtel bilden hier Wärmebrücken. Um die wärmedämmenden Eigenschaften von Leichtmauerwerk zu erhalten, ist deshalb unbedingt entsprechender Leichtmörtel einzusetzen.

Befestigungselemente in Außenwänden, z. B. durchgehende Stahlbolzen, können punktuelle Wärmebrücken darstellen. Es ist deshalb zu empfehlen, statt durchgehender Befestigungselemente nur teilweise von außen in die Wand eingreifende Ankerschrauben oder dergleichen zu verwenden. Dadurch wird die Wärmebrückenwirkung deutlich verringert. Bei Wärmedämmverbundsystemen können druckfeste Dämmelemente an den Stellen eingesetzt werden, an den Lampen, Vordächer usw. montiert werden sollen.

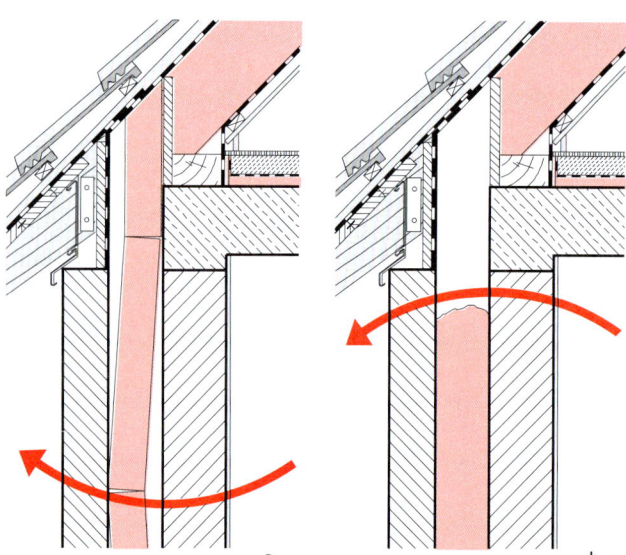

10-34 Wärmebrücken durch fehlerhaften Einbau von Dämmstoffen:
  a) verrutschte Dämmschichten bei hinterlüfteten Fassaden
  b) Absacken nicht ausreichend verdichteter Schüttdämmung in zweischaligem Mauerwerk

8 Hinweise auf Literatur und Arbeitsunterlagen

[1] Brunner, C.; Nänni, J.: Wärmebrückenkatalog, 2. Verbesserte Neubaudetails. Schweizerischer Ingenieur- und Architektenverein (Hrsg.), SIA-Dokumentation D 078, Zürich, 1992.

[2] Brunner, C.; Nänni, J.: Wärmebrückenkatalog, 1. Neubaudetails. Schweizerischer Ingenieur- und Architektenverein (Hrsg.), SIA-Dokumentation 99, Zürich, 1985.

[3] Lutz, P. u. a.: Lehrbuch der Bauphysik. Schall – Wärme – Feuchte – Licht – Brand – Klima. B. G. Teubner, Stuttgart, 2013.

[4] Hauser, G.; Schulze, H.; Stiegel, H.: Anschlussdetails von Niedrigenergiehäusern. Wärmetechnische Optimierung – Standardlösungen. IRB-Verlag, Stuttgart, 1996.

[5] Hauser, G.; Stiegel, H.: Wärmebrückenatlas für den Mauerwerksbau. 2. Auflage. Bauverlag GmbH, Wiesbaden und Berlin, 1996.

[6] Hauser, G.; Stiegel, H.: Wärmebrückenatlas für den Holzbau. Bauverlag GmbH, Wiesbaden, 1999.

[7] Feist, W.; Loga, T.: Wärmedämmung und Reduzierung von Wärmebrücken. Tagungsband der 1. Passivhaus-Tagung, Darmstadt, 1996.

[8] Heitmann, G.: Wärmebrückenvermeidung bei Niedrigenergie-Häusern. Niedrig-Energie-Institut, Detmold.

[9] Eicke-Hennig, W.; Wagner-Kaul, A.; Großmann, U.: Planungshilfe Niedrigenergiehaus. Wärmeschutzmaßnahmen. Luftdichtheit. Institut Wohnen und Umwelt / Hessisches Ministerium für Umwelt, Energie, Jugend, Familie und Gesundheit (Hrsg.), Wiesbaden / Darmstadt, 1997.

[10] Scharping, H.; Heitmann, G.; Michael, K.: Niedrigenergiehäuser in der Praxis. Verlag TÜV Rheinland, Köln, 1997.

[11] Wienerberger: Wärmebrücken-Details, Version 1.0, 01/2001.

[12] Hauser, G.; Stiegel, H.: Wärmebrückenkatalog Kalksandstein, Version 1.2, 2003.

[13] Stiegel, H.; Hauser G.: Wärmebrückenkatalog für Modernisierungs- und Sanierungsmaßnahmen zur Vermeidung von Schimmelpilzen. Fraunhofer IRB Verlag, 2006, ISBN 978-3-8167-6922-4.

[14] Tichelmann, K.; Ohl, R.: Wärmebrücken Atlas. Rudolf Müller Verlag, Köln, 2005, ISBN-10 3-481-02120-8.

11 Bauphysik — Inhaltsübersicht

BAUPHYSIK: WÄRMESCHUTZ IM WINTER, WÄRMESCHUTZ IM SOMMER, FEUCHTESCHUTZ, SCHALLSCHUTZ

BAUPRODUKTENORMUNG, BAUSTOFFKENNWERTE

1 Einführung S. 11/4

WÄRMESCHUTZ IM WINTER

2 Aufgaben des Wärmeschutzes S. 11/4

3 Arten des Wärmetransports S. 11/5
3.1 Vorbemerkung
3.2 Wärmetransport durch Wärmeleitung
3.3 Wärmetransport durch Wärmekonvektion
3.4 Wärmestrahlung
3.5 Wärmeübergang

4 Kenngrößen des Wärmeschutzes von Bauteilen S. 11/6
4.1 Vorbemerkung
4.2 Wärmeleitfähigkeit λ von Baustoffen
4.3 Wärmedurchlasswiderstand R von homogenen Baustoffschichten
4.4 Wärmeübergangswiderstände R_{si} und R_{se}
4.5 Wärmedurchlasswiderstand R_g von Luftschichten
4.6 Wärmedurchlasswiderstand R_u von unbeheizten Räumen
4.7 Wärmedurchgangswiderstand R_T eines Bauteils aus homogenen Schichten
4.8 Wärmedurchgangswiderstand R_T eines aus homogenen und inhomogenen Schichten zusammengesetzten Bauteils
4.9 Wärmedurchgangskoeffizient U von Bauteilen

5 Temperaturen von Bauteilen S. 11/16
5.1 Vorbemerkung
5.2 Rechnerische Ermittlung von Oberflächen- und Trennschichttemperaturen
5.3 Rechnerische Ermittlung von Oberflächen- und Trennschichttemperaturen am Beispiel einer Außenwand

6 Thermische Längenänderung von Bauteilen S. 11/19
6.1 Vorbemerkung
6.2 Thermischer Längenausdehnungskoeffizient α_t
6.3 Ermittlung des Abstandes von Bewegungsfugen
6.4 Dimensionierung von Bewegungsfugen
6.5 Beispiel

7 Wärmespeicherung S. 11/20

8 Wärmeableitung S. 11/21

9 Anforderungen an den winterlichen Wärmeschutz S. 11/22
9.1 Vorbemerkung
9.2 Mindestanforderungen an den Wärmeschutz wärmeübertragender Bauteile
9.3 Anforderungen an den Wärmeschutz nach der Energieeinsparverordnung
9.4 Ermittlung des Wärmebedarfs nach DIN EN 12831

10 Anforderungen an den sommerlichen Wärmeschutz S. 11/26

11 Nachweis des sommerlichen Wärmeschutzes S. 11/27
11.1 Ohne Nachweis zulässiger Fensterflächenanteil
11.2 Nachweis des Sonneneintragskennwerts bei Überschreitung des zulässigen Fensterflächenanteils

11.3	Beispiel für einen sommerlichen Wärmeschutznachweis durch Sonneneintragskennwerte	22.3	Schalldämm-Maß R' mit Nebenwegen
11.4	Nachweis des sommerlichen Wärmeschutzes durch thermische Gebäudesimulationen	22.4	Bewertetes Schalldämm-Maß R_w bzw. R'_w
		22.5	Resultierendes Schalldämm-Maß $R'_{w,res}$ zusammengesetzter Bauteile
		22.6	Hinweise und Beispiele

FEUCHTESCHUTZ

12	**Aufgaben des Feuchteschutzes** S. 11/33	23	**Kennzeichnende Größen für die Trittschalldämmung** S. 11/50
13	**Arten der Feuchtebeanspruchung von Bauteilen** S. 11/34	23.1	Vorbemerkung
		23.2	Messung des Trittschallpegels
14	**Neubaufeuchte** S. 11/34	23.3	Norm-Trittschallpegel L_n bzw. L'_n
15	**Luftfeuchtigkeit** S. 11/35	23.4	Bewerteter Norm-Trittschallpegel $L_{n,w}$ bzw. $L'_{n,w}$
16	**Tauwasserbildung auf der raumseitigen Oberfläche von Bauteilen** S. 11/36	23.5	Bewerteter Norm-Trittschallpegel $L_{n0,w}$ der massiven Standarddecke ohne Deckenauflage
17	**Wasserdampfdiffusion und Tauwasserbildung im Inneren von Bauteilen** S. 11/38	23.6	Trittschallminderung ΔL_w einer Deckenauflage
		23.7	Hinweise und Beispiele
18	**Niederschlagsfeuchtigkeit** S. 11/41	24	**Kennzeichnende Größen für die Schallabsorption** S. 11/54
18.1	Vorbemerkung	24.1	Vorbemerkung
18.2	Maßnahmen zur Ableitung von Wasser / Dachentwässerung	24.2	Schallabsorptionsgrad α_s
18.3	Schutz gegen Schlagregen	24.3	Äquivalente Schallabsorptionsfläche A eines Absorbers
19	**Schutz gegen Erdfeuchtigkeit** S. 11/43	24.4	Äquivalente Schallabsorptionsfläche A eines Raumes
19.1	Arten der Feuchtigkeitsbeanspruchung im Boden	24.5	Nachhallzeit T
19.2	Anforderungen an Bauwerksabdichtungen	24.6	Pegelminderung ΔL durch Schallabsorption
		24.7	Hinweise und Beispiele
20	**Hygrothermische Simulationsprogramme** S. 11/45	25	**Anforderungen an den Schallschutz** S. 11/57

SCHALLSCHUTZ

		25.1	Vorbemerkung
21	**Arten des Schallschutzes** S. 11/46	25.2	DIN 4109 / Anforderungen an die Luft- und Trittschalldämmung von Innenbauteilen
22	**Kennzeichnende Größen für die Luftschalldämmung** S. 11/46	25.3	DIN 4109 / Anforderungen an die Luftschalldämmung von Außenbauteilen
22.1	Vorbemerkung	25.3.1	Erforderliches resultierendes Schalldämm-Maß
22.2	Schalldämm-Maß R ohne Nebenwege	25.3.2	Ermittlung des maßgeblichen Außenlärmpegels
		25.3.3	Erforderliches resultierendes Schalldämm-Maß $R'_{w,res}$

25.3.4	Auswahl geeigneter Bauteile
25.4	Beiblatt 2 zu DIN 4109 / Vorschläge für normalen und erhöhten Schallschutz
25.5	VDI 4100 / Schallschutz von Wohnungen, Kriterien für Planung und Beurteilung
25.6	Entwurf DIN 4109-1: Schallschutz im Hochbau – Teil 1: Anforderungen

26 **Bemerkungen zur Vereinbarung eines erhöhten Schallschutzes** S. 11/63

27 **Auswirkungen der europäischen Normung auf die Planung des Schallschutzes** S. 11/63

28 **Literatur und Arbeitsunterlagen zum Schallschutz** S. 11/65

BAUPRODUKTENORMUNG, BAUSTOFFKENNWERTE

29 **Normung von Bauprodukten** S. 11/66
29.1	Europäische Bauproduktenrichtlinie
29.2	Nationale Regeln für Bauprodukte
29.3	Wärmeschutztechnische Bemessungswerte von Baustoffen
29.4	Wärmeschutztechnische Bemessungswerte von Fenstern, Fenstertüren sowie Rollläden
29.5	TGA-Anlagenkomponenten in der Bauregelliste
29.6	Hinweise für die Praxis

30 **Wärme- und feuchteschutztechnische Baustoffkennwerte** S. 11/68

BAUPHYSIK

1 Einführung

Die Bauphysik ist ein Arbeitsgebiet der Physik, das sich theoretisch und experimentell mit den physikalischen Eigenschaften von Baustoffen und Bauteilen, wie Wärmedämmstoffe, Abdichtungsstoffe sowie Wände, Dächer, Decken u. a. befasst. Sie schafft die fachliche Basis für Maßnahmen zum Schutz von Gebäuden und Bewohnern vor schädigenden Einflüssen durch die Umwelt und die Nutzung des Gebäudes. Die Hauptarbeitsgebiete sind:

– Wärmeschutz,
– Feuchteschutz,
– Schallschutz,
– Brandschutz.

Die drei Erstgenannten werden im Folgenden im Hinblick auf die bei der Bauantragsstellung und Bauausführung notwendigen Nachweise für Wohngebäude behandelt. Bei Gebäuden, die nicht zu Wohnzwecken genutzt werden, benötigt man aufgrund der differenzierten Nutzung und der in der Regel aufwendigen Bau- und Anlagentechnik noch weiterführende bauphysikalische Rechenverfahren und experimentelle Untersuchungsmethoden.

Viele bauphysikalischen Anforderungen werden durch Gesetze und Verordnungen geregelt, Kapitel 21-1. Zur Umsetzung dieser Anforderungen bei der Planung und Ausführung von Neubauten sowie bei baulichen Änderungen des Baubestands wurden Normen und Richtlinien geschaffen, die Berechnungsmethoden und einzuhaltende Grenzwerte enthalten, Abschnitt 11.6. Außerdem haben Verbände der Bauwirtschaft Merkblätter und Richtlinien herausgegeben, deren Einhaltung eine bautechnisch korrekte Planung und auf Dauer schadensfreie Ausführung gewährleisten, Abschnitt 11.7. Weitere Verbände, zu denen sich Hersteller von Baustoffen oder Baustoffgruppen zusammengeschlossen haben, haben Planungs- und Ausführungshinweise erarbeitet und beraten teilweise auch projektbezogen Bauherren, Planer und Bauausführende, Kapitel 21-4.

WÄRMESCHUTZ IM WINTER

2 Aufgaben des Wärmeschutzes

Der Wärmeschutz von Gebäuden ist sowohl für die Verminderung von winterlichen Wärmeverlusten und der damit verbundenen Heizkosten als auch für die Vermeidung sommerlicher Überhitzungen notwendig. Der bauliche Wärmeschutz wird durch die Gebäudegeometrie (A/V-Verhältnis, Kapitel 1-3.4) und die bautechnische Ausführung der das beheizte Gebäude umschließenden Flächen bestimmt, deren bauphysikalische Bewertung in den nachfolgenden Abschnitten beschrieben wird. Ein ausreichend bemessener winterlicher Wärmeschutz hat folgende günstige Auswirkungen auf die Nutzungsqualität und die Erhaltung eines Gebäudes:

– Er verringert den Energiebedarf für die Beheizung, senkt die Heizenergiekosten und ist aus Gründen der Ressourcen- und Umweltschonung unumgänglich.

– Er ermöglicht bei Begrenzung des Luftwechsels auf das hygienisch Notwendige ein behagliches Raumklima aufgrund der höheren inneren Oberflächentemperaturen der Außenbauteile.

– Er verhindert bei Planung und Ausführung nach den Regeln der Technik die Bildung von Oberflächenkondensat und unzulässig hohem Tauwasseranfall in den Außenbauteilen.

– Er verringert in Verbindung mit anderen baulichen Maßnahmen (Begrenzung des Sonneneintragskennwerts, Abschnitte 10 bis 12, speicherfähige Massen der Innenbauteile usw.) die Wahrscheinlichkeit sommerlicher Überhitzungen.

– Er vermeidet in Verbindung mit dem sommerlichen Sonnenschutz im Regelfall den Einsatz von Anlagen zur Raumluftkonditionierung und verringert somit die Erstellungs- und Betriebskosten des Gebäudes.

Anforderungen an den Wärmeschutz von beheizten Gebäuden, die stets eingehalten werden müssen, sind in DIN 4108, siehe Abschnitt 9, und in der Energieeinsparverordnung EnEV, siehe Kapitel 2-5.3 enthalten.

3 Arten des Wärmetransports

3.1 Vorbemerkung

Als Wärmetransport bezeichnet man die Übertragung von Wärme von einem Ort höherer Temperatur zu einem Ort niedrigerer Temperatur. Bei Gebäuden findet daher in der Heizperiode ein Wärmetransport von innen nach außen, in den Sommermonaten von außen nach innen statt. Es handelt sich um instationäre, d. h. zeitlich veränderliche Vorgänge, die nur mit sehr aufwendigen Berechnungen (Simulationsprogrammen) zu beschreiben sind. Für Wohngebäude üblicher Nutzung ist es aber ausreichend, die hier relativ langsam ablaufenden Wärmetransportvorgänge mittels stationärer mathematischer Modelle darzustellen, die in den nachfolgenden Kapiteln erläutert werden.

Wärme kann durch folgende Mechanismen transportiert werden:

– Wärmeleitung in festen Stoffen, unbewegten Gasen und Flüssigkeiten,

– Wärmekonvektion in Gasen und Flüssigkeiten,

– Wärmestrahlung bei strahlungsdurchlässigen Stoffen.

3.2 Wärmetransport durch Wärmeleitung

Wärmeleitung beruht auf dem Energietransport durch die ungeordnete Wärmebewegung der Atome und Moleküle. Werden zwei Körper unterschiedlicher Temperatur in Kontakt gebracht, geben die im Mittel schnelleren Teilchen des wärmeren Bereichs durch Stöße ihre höhere kinetische Energie an die im Mittel langsameren Teilchen des kälteren Bereichs ab. Auf gleiche Weise erfolgt die Wärmeleitung zwischen den verschieden warmen Orten eines Körpers.

Die Wärmeleitung ist abhängig von dem verwendeten Stoff, z. B. vom Steinmaterial einer monolithischen Außenwand. Sie wird durch die stoffspezifische physikalische Größe **Wärmeleitfähigkeit** λ gekennzeichnet, die die Fähigkeit des Stoffs zum Wärmetransport durch Wärmeleitung beschreibt, Abschnitt 28.

3.3 Wärmetransport durch Wärmekonvektion

Im Gegensatz zur Wärmeleitung ist die Wärmekonvektion mit einer Verlagerung von Materie in Gasen oder Flüssigkeiten verbunden. Die Moleküle führen ihren Energieinhalt dabei mit sich. Man unterscheidet

– freie bzw. natürliche Wärmekonvektion und

– erzwungene Wärmekonvektion.

Freie bzw. natürliche **Wärmekonvektion** kommt **durch Dichtedifferenzen** des frei beweglichen Wärmeträgers zustande. Wenn z. B. Raumluft an einem Heizkörper erwärmt wird, verringert sich ihre Dichte und eine aufwärts gerichtete Strömung erwärmter Luft entsteht.

Wird die Wärme mittels eines Massenstroms transportiert, der **durch Druckdifferenzen** zustande kommt, handelt es sich um eine **erzwungene Wärmekonvektion**. Ein Beispiel ist die Warmwasser-Zentralheizung, bei der die Heizwärme durch den mechanisch umgewälzten Heizwasserstrom vom Heizkessel zu den Heizkörpern transportiert wird. Auch der Lüftungswärmeverlust aufgrund des Fugenluftwechsels durch Druckunterschiede am Gebäude ist ein Beispiel für erzwungene Wärmekonvektion.

3.4 Wärmestrahlung

Die Wärmestrahlung (Wellenlänge 0,8 bis 300 · 10^{-6} m bzw. 0,8 bis 300 µm) ist als Wärmeübertragung infolge von Strahlung zwischen den Oberflächen fester Körper, die durch Luft, andere Gase oder Vakuum getrennt sind, definiert. Die von einem Körper emittierte Wärmestrahlung wird von dem anderen Körper teilweise absorbiert und in Wärme umgewandelt sowie teilweise reflektiert. Die entscheidende materialspezifische Größe der Wärmestrahlung ist der **Emissionsgrad** ε, der die Fähigkeit eines Körpers, Strahlung zu emittieren bzw. zu absorbieren, beschreibt. Er beträgt für die im Bauwesen vorkommenden Stoffe unabhängig von deren Farbe und Struktur etwa 0,9, d. h. 90 % der Wärmestrahlung eines ideal schwarzen Körpers. Nur unbeschichtete Metalle haben einen kleineren Emissionsgrad ε, der bis auf 0,03 bis 0,05 im polierten Zustand sinken kann. Bei Verglasungen wird durch spezielle transparente Beschichtungen mit niedrigem Emissionsgrad der Wärmetransport durch Strahlung zwischen den Scheiben minimiert.

Die Wärmestrahlung hat einen erheblichen Einfluss auf das **Behaglichkeitsempfinden** des Menschen. Ein guter Wärmeschutz der Außenbauteile führt zu nur minimal unter der Raumluft liegenden Temperaturen der inneren Raumumschließungsflächen und somit zu einem geringen Strahlungsaustausch mit den Personen im Raum.

3.5 Wärmeübergang

Findet ein Wärmeübergang zwischen Gasen oder Flüssigkeiten und der Oberfläche eines festen Körpers statt, sind die Wärmetransportmechanismen Konvektion und Wärmeleitung beteiligt. Beim Wärmeübergang zwischen nicht in direktem Kontakt stehenden Oberflächen kommt noch der Wärmetransport durch Strahlung hinzu. Der Wärmeübergang ist daher sowohl von den Temperaturen der im Strahlungsaustausch stehenden Oberflächen als auch von der Geschwindigkeit des beweglichen Mediums abhängig.

Im Bauwesen wird der Wärmeübergang zwischen Luft und der Oberfläche des Außenbauteils durch den flächenbezogenen **Wärmeübergangskoeffizienten h** (früher α) beschrieben. Für die stationären Berechnungen des Wärmeschutzes wird dessen Kehrwert für unterschiedliche Anwendungsfälle (Abschnitt 4.4) vorgegeben und als **Wärmeübergangswiderstand R** bezeichnet.

4 Kenngrößen des Wärmeschutzes von Bauteilen

4.1 Vorbemerkung

Der bauliche Wärmeschutz wird in erheblichem Maße durch die Transmissionswärmeverluste der wärmeübertragenden Bauteile bestimmt. Deren Zusammensetzung aus einzelnen Schichten unterschiedlicher Stoffe und Dicken bestimmt die Wärmedämmwirkung der Bauteile. Von untergeordneter, aber nicht zu vernachlässigender Bedeutung sind die Wärmeübergänge zwischen Innenluft und innerer Oberfläche des Bauteils sowie zwischen äußerer Oberfläche und der Außenluft. **Der gesamte Wärmedurchgang wird durch den Wärmedurchgangskoeffizienten U quantitativ erfasst**; er fasst die Wärmedämmwirkung der einzelnen Bauteilschichten sowie die Wärmeübergänge zusammen.

Zur Veranschaulichung der Begriffe und des Rechenganges zur Ermittlung des Wärmedurchgangskoeffizienten U und weiterer wärmetechnisch relevanter Kennwerte werden die einzelnen **Rechenschritte anhand eines konkreten Beispiels** dargestellt. Es handelt sich um eine Außenwand mit Innenputz und Wärmedämmverbundsystem folgenden Schichtaufbaus:

1. 0,015 m Gipsputz ohne Zuschlag
2. 0,240 m Kalksandsteinmauerwerk der Rohdichte ρ = 1800 kg/m^3

3. 0,140 m Polystyrolhartschaum der WLG 040
4. 0,010 m Kunstharzputz.

In *Bild 11-1* werden anhand der Schnittzeichnung des Rechenbeispiels die in den nachfolgenden Abschnitten behandelten Begriffe und deren Ermittlung veranschaulicht.

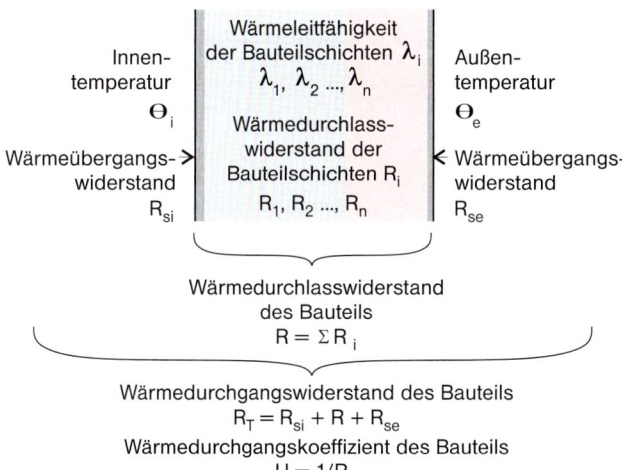

11-1 *Schematische Darstellung der Ermittlung des Wärmedurchgangskoeffizienten eines Bauteils*

4.2 Wärmeleitfähigkeit λ von Baustoffen

Die Wärmeleitfähigkeit λ gibt an, welcher Wärmestrom ϕ in Watt [W] durch eine Bauteilschicht d mit einer Fläche von 1 m² und einer Dicke von 1 Meter [m] bei einer Temperaturdifferenz ΔT von 1 Kelvin [K] übertragen wird. Sie hat die Einheit (W/m²)/(K/m) = W/(mK).

Die Wärmeleitfähigkeit ist im Wesentlichen abhängig von
- der Wärmeleitfähigkeit des Grundstoffs,
- der Anzahl, Anordnung und Größe der Poren,
- der Rohdichte,
- der Feuchtigkeit des Baustoffs.

Aufgrund der Vielzahl von Einflussparametern muss im Bauwesen bei Nennung der Wärmeleitfähigkeit mit angegeben werden, auf welcher Grundlage der Wert ermittelt wurde. Man unterscheidet bei der Ermittlung bzw. Verwendung von Werten der Wärmeleitfähigkeit λ die nachfolgenden Varianten:

- Mittels eines Plattengerätes wird entsprechend DIN 52612-2 im Labor der **Messwert der Wärmeleitfähigkeit** $\lambda_{10,tr}$ für 10 °C Mitteltemperatur im trockenen Zustand bestimmt.

- Durch Zuschläge zu diesem Messwert werden die Einflüsse der Temperatur, des Ausgleichsfeuchtegehalts sowie die Schwankungen der Stoffeigenschaften bei der Produktion und die Alterung der Produkte berücksichtigt. Man erhält den in DIN 4108-4 und DIN EN ISO 10456 angegebenen **Bemessungswert der Wärmeleitfähigkeit** λ. Darüber hinaus können abweichende Bemessungswerte auch nach bauaufsichtlichen Festlegungen (bauaufsichtliche Zulassungen) ermittelt werden. **Beim Nachweis der Mindestanforderungen an den Wärmeschutz nach DIN 4108-2 und beim Nachweis entsprechend der Energieeinsparverordnung EnEV müssen die Bemessungswerte oder bauaufsichtlich zugelassene Werte der Wärmeleitfähigkeit λ verwendet werden.**

Die Wärmeleitfähigkeit λ von Wärmedämmstoffen beträgt je nach Produkt 0,016 bis 0,10 W/(mK), von Mauerwerk etwa 0,10 bis 1,0 W/(mK) und von Stahl 60 W/(mK). Weitere Werte können den Tabellen in Abschnitt 29 entnommen werden. **Je kleiner die Wärmeleitfähigkeit ist, desto besser ist die Wärmeschutzwirkung des Baustoffs**.

4.3 Wärmedurchlasswiderstand R von homogenen Baustoffschichten

Die Wärmeschutzwirkung einer Bauteilschicht ohne Berücksichtigung der äußeren und inneren Wärmeübergangswiderstände wird durch deren **Wärmedurchlasswiderstand R** beschrieben, *Bild 11-1*. Man ermittelt ihn aus dem Quotienten der Dicke d [m] und der Wärmeleitfähigkeit λ [W/(mK)]:

$$R = d/\lambda$$

Der Wärmedurchlasswiderstand R hat die Einheit m²K/W.

Handelt es sich bei einem Bauteil um eine thermisch homogene Konstruktion, d. h. um eine Konstruktion aus mehreren Schichten jeweils konstanter Dicke mit gleich bleibenden thermischen Eigenschaften, ergibt sich der **Wärmedurchlasswiderstand des Bauteils** aus der Summe der Wärmedurchlasswiderstände der einzelnen Bauteilschichten:

$$R = R_1 + R_2 + R_3 + \ldots = d_1/\lambda_1 + d_2/\lambda_2 + d_3/\lambda_3 + \ldots$$

Für das in Abschnitt 4.1 beschriebene Rechenbeispiel einer Außenwand ergibt sich der Wärmedurchlasswiderstand nach *Bild 11-2*.

4.4 Wärmeübergangswiderstände R_{si} und R_{se}

Für ebene Oberflächen gelten die in *Bild 11-3* angegebenen **Bemessungswerte des inneren Wärmeübergangswiderstands R_{si}** und des **äußeren Wärmeübergangs R_{se}**. Die Werte unter „horizontal" gelten auch für Richtungen des Wärmestroms im Bereich +/–30° zur horizontalen Ebene. Hat das zu berechnende Bauteil eine nicht ebene Oberfläche oder liegen spezielle Randbedingungen wie erhöhte Raumlufttemperaturen oder starke Windgeschwindigkeiten vor, sind die Rechenverfahren zur Bestimmung des Wärmeübergangswiderstands entsprechend dem Anhang A der DIN EN ISO 6946 zu verwenden.

	Wärmeübergangswiderstand in m²K/W		
	Richtung des Wärmestroms		
	aufwärts	horizontal	abwärts
R_{si} (innen)	0,10	0,13	0,17
R_{se} (außen)	0,04	0,04	0,04

11-3 Wärmeübergangswiderstände in m²K/W für ebene Oberflächen

Schicht Nr.	Baustoff	Dicke d m	Wärmeleitfähigkeit λ W/(mK)	Wärmedurchlasswiderstand R = d/λ m²K/W	 m²K/W
1	Gipsputz	0,015	0,51	0,015 / 0,51	0,03
2	Kalksandstein	0,240	0,99	0,240 / 0,99	0,24
3	Polystyrol	0,140	0,04	0,140 / 0,04	3,50
4	Kunstharzputz	0,010	0,70	0,010 / 0,70	0,01
Bauteil		0,405			3,78

11-2 Ermittlung des Wärmedurchlasswiderstands R einer Außenwand

4.5 Wärmedurchlasswiderstand R_g von Luftschichten

Für den **Wärmedurchlasswiderstand R_g einer Luftschicht** werden im Bauwesen Tabellenwerte angegeben, siehe *Bilder 11-4* und *11-5*. Sie gelten für Luftschichten bis zu einer Dicke von 300 mm zwischen parallelen Flächen, zu denen der Wärmestrom senkrecht verläuft und die einen Emissionsgrad ε (siehe Abschnitt 3.4) von mindestens 0,8 aufweisen. Dies trifft für die im Bauwesen üblichen Stoffe mit Ausnahme metallbedampfter oder anderer wärmereflektierender Oberflächen zu. Die genannten Bemessungswerte des Wärmedurchlasswiderstands unter „horizontal" gelten auch für Richtungen des Wärmestroms im Bereich bis +/−30° zur horizontalen Ebene.

Dicke der Luftschicht in mm	Wärmedurchlasswiderstand R_g in m²K/W für ruhende Luftschichten*		
	Richtung des Wärmestroms		
	aufwärts	horizontal	abwärts
5	0,11	0,11	0,11
7	0,13	0,13	0,13
10	0,15	0,15	0,15
15	0,16	0,17	0,17
25	0,16	0,18	0,19
50	0,16	0,18	0,21
100	0,16	0,18	0,22
300	0,16	0,18	0,23

* Die Werte gelten für eine Luftschicht ohne oder mit kleinen Öffnungen zur Außenluft, wenn diese Öffnungen so angeordnet sind, dass ein Luftstrom durch die Schicht nicht möglich ist und die Öffnungen
– 500 mm² je m Länge für vertikale Luftschichten,
– 500 mm² je m² Oberfläche für horizontale Luftschichten
nicht überschreiten.
Zwischenwerte können mittels linearer Interpolation ermittelt werden.

11-4 Wärmedurchlasswiderstände von ruhenden Luftschichten

Dicke der Luftschicht in mm	Wärmedurchlasswiderstand R_g in m²K/W für schwach belüftete Luftschichten*		
	Richtung des Wärmestroms		
	aufwärts	horizontal	abwärts
5	0,05	0,05	0,05
7	0,06	0,06	0,06
10	0,07	0,07	0,07
15	0,08	0,08	0,08
25	0,08	0,09	0,09
50	0,08	0,09	0,10
100	0,08	0,09	0,11
300	0,08	0,09	0,11

* Schwach belüftet ist eine Luftschicht, wenn der Luftaustausch mit der Außenluft durch Öffnungen mit den folgenden Abmessungen begrenzt ist:
– über 500 mm² bis 1500 mm² je m Länge für vertikale Luftschichten,
– über 500 mm² bis 1500 mm² je m² Oberfläche für horizontale Luftschichten.
Wenn der Wärmedurchlasswiderstand der Bauteilschicht zwischen Luftschicht und Außenluft 0,15 m²K/W überschreitet, muss mit einem Höchstwert von 0,15 m²K/W für die Bauteilschicht gerechnet werden, da die Belüftung die Dämmwirkung der Bauteilschicht begrenzt.
Zwischenwerte können mittels linearer Interpolation ermittelt werden.

11-5 Wärmedurchlasswiderstände von schwach belüfteten Luftschichten

Man unterscheidet die Art der Luftschichten bezüglich ihres Wärmedurchlasswiderstands in

– ruhende Luftschichten (*Bild 11-4*),
– schwach belüftete Luftschichten (*Bild 11-5*) und
– stark belüftete Luftschichten.

Luftschichten mit Öffnungen größer 1500 mm² je m Länge für vertikale bzw. je m² Oberfläche für horizontale Luftschichten werden als **stark belüftete Luftschichten** bezeichnet. Bei der Ermittlung des Wärmedurchlasswiderstands werden die Luftschicht und alle Bauteilschichten zwischen ihr und der Außenluft nicht berücksichtigt. Der höhere Wärmeübergangswiderstand R_{se} an der stark belüfteten Luftschicht im Vergleich zu einer Außenoberfläche des Bauteils, die direkt an Außenluft grenzt, wird berücksichtigt, indem auch für R_{se} die Werte des inneren Wärmeübergangswiderstands R_{si} entsprechend *Bild 11-3* bei der Berechnung des Wärmedurchgangswiderstands, siehe Abschnitt 4.7, angesetzt werden.

4.6 Wärmedurchlasswiderstand R_u von unbeheizten Räumen

Wenn die äußere Umfassungsfläche eines unbeheizten Raumes nicht gedämmt ist, kann dessen Pufferwirkung vereinfacht durch eine homogene Schicht mit einem Wärmedurchlasswiderstand R_u berücksichtigt werden.

Bei einem nicht genutztem Steildach mit wärmegedämmter oberster Geschossdecke wird der **Dachraum** so betrachtet, als wäre er eine wärmetechnisch homogene Schicht mit einem Wärmedurchlasswiderstand R_u nach *Bild 11-6*. Der äußere Wärmeübergangswiderstand wird bei der Ermittlung des Wärmedurchgangskoeffizienten der Decke zusätzlich berücksichtigt.

Die **Pufferwirkung kleiner unbeheizter Räume** wie **Garagen, Lagerräume** und **Wintergärten** kann berücksichtigt werden indem der unbeheizte Raum zusammen mit seinen Außenbauteilen behandelt wird, als wäre er eine zusätzliche homogene Schicht. Der Wärmedurchlasswiderstand R_u ergibt sich nach:

$$R_u = 0{,}09 + A_i/A_e$$

unter der Bedingung, dass $R_u \leq 0{,}5$ m²K/W ist. Dabei ist A_i die Gesamtfläche aller Bauteile zwischen Innenraum und unbeheiztem Raum und A_e die Gesamtfläche aller Bauteile zwischen unbeheiztem Raum und Außenluft.

4.7 Wärmedurchgangswiderstand R_T eines Bauteils aus homogenen Schichten

Der **Wärmedurchgangswiderstand R_T** beschreibt den Widerstand eines ebenen Bauteils aus thermisch homogenen Schichten einschließlich seiner inneren und äußeren Wärmeübergangswiderstände, den es in Richtung des Wärmestroms aufweist, *Bild 11-1*. Das nachfolgend dargestellte Rechenverfahren für Bauteile aus homogenen Schichten nach DIN EN ISO 6946 entspricht dem früher gültigen Algorithmus nach DIN 4108-2. Der Wärmedurchgangswiderstand R_T berechnet sich für ein Bauteil aus n Schichten nach folgender Gleichung:

$$R_T = R_{si} + R_1 + R_2 + R_3 + \ldots R_n + R_{se}$$

	Beschreibung des Daches	Wärmedurchlasswiderstand R_u m²K/W
1	Ziegeldach ohne Pappe, Schalung oder Ähnlichem	0,06
2	Plattendach oder Ziegeldach mit Pappe oder Schalung oder Ähnlichem unter den Ziegeln	0,2
3	Wie 2, jedoch mit Aluminiumverkleidung oder einer anderen Oberfläche mit geringem Emissionsgrad an der Dachunterseite	0,3
4	Dach mit Schalung und Pappe	0,3

11-6 Wärmedurchlasswiderstand R_u von nicht genutzten Dachräumen

Dabei sind:

- R_{si} innerer Wärmeübergangswiderstand
- $R_1, R_2, R_3 \ldots R_n$ Bemessungswerte des Wärmedurchlasswiderstands der Schichten 1, 2, 3 bis n
- R_{se} äußerer Wärmeübergangswiderstand.

Für das in Abschnitt 4.1 beschriebene Rechenbeispiel einer Außenwand ergibt sich der Wärmedurchgangswiderstand aus den Wärmedurchlasswiderständen der Bauteilschichten nach Bild 11-2 und den Wärmeübergangswiderständen nach Bild 11-3 zu:

$R_T = R_{si} + R_1 + R_2 + R_3 + R_4 + R_{se}$

$R_T = (0{,}13 + 0{,}03 + 0{,}24 + 3{,}50 + 0{,}01 + 0{,}04)$ m²K/W

$R_T = 3{,}95$ m²K/W

4.8 Wärmedurchgangswiderstand R_T eines aus homogenen und inhomogenen Schichten zusammengesetzten Bauteils

In der Baupraxis treten nicht nur ebene Bauteile aus durchgehend homogenen Schichten auf, sondern – oft aus statischen Gründen – auch Bauteile, die sich aus immer wiederkehrenden Abschnitten unterschiedlichen Aufbaus zusammensetzen; z. B. eine Holzfachwerkwand mit Ausfachung oder ein geneigtes Dach mit Dämmung zwischen und unter den Sparren. Bisher wurde der Wärmedurchgangswiderstand des Gesamtbauteils entsprechend dem flächenmäßigen Anteil der Bauteilaufbauten der unterschiedlichen Abschnitte ermittelt. Mit Einführung der Energieeinsparverordnung EnEV muss die Berechnung nach dem in Bild 11-7 dargestellten Verfahren entsprechend DIN EN ISO 6946 erfolgen. Das führt zu einer höheren Genauigkeit. Dieses Verfahren gilt nicht für Dämmschichten, die eine Wärmebrücke aus Metall enthalten; hier muss ein genaueres Verfahren nach ISO 10211 zur Berechnung von Wärmebrücken im Hochbau angewandt werden.

Das in Bild 11-7 dargestellte Rechenverfahren wird in Bild 11-8 anhand eines Beispiels verdeutlicht. Das bearbeitete geneigte Dach mit Zwischen- und Untersparrendämmung gliedert sich, wie viele andere in der Praxis auftretende Fälle, in zwei sich wiederholende Abschnitte, die jeweils aus 3 für den Wärmeschutz relevanten Bauteilschichten bestehen. Der Bearbeitungs-Mehraufwand zur Ermittlung des Wärmedurchgangswiderstands R_T hält sich gegenüber dem früher gültigen Verfahren in Grenzen. Somit wird der Holzanteil von Leichtbau-Wand-, -Decken- und Dachelementen im Wärmedurchgangswiderstand R_T berücksichtigt. Bei der Bestimmung des Wärmebrückenzuschlags müssen daher nur noch zusätzliche Holzteile wie Fenstersturz und Bodenschwelle berücksichtigt werden.

4.9 Wärmedurchgangskoeffizient U von Bauteilen

Der **Wärmedurchgangskoeffizient U** gibt die Wärmemenge in Ws an, die im stationären Zustand bei einer Temperaturdifferenz von 1 K je Sekunde durch eine Bauteilfläche von 1 m² übertragen wird. Er entspricht dem Kehrwert des Wärmedurchgangswiderstands R_T, siehe Abschnitt 4.7 und 4.8, und ist somit abhängig von den Dicken und Materialien der Einzelschichten sowie den Wärmeübergängen an den Oberflächen des Bauteils. Er errechnet sich aus:

$U = 1/R_T = 1/(R_{si} + R_1 + R_2 + R_3 + \ldots R_n + R_{se})$

Der Wärmedurchgangskoeffizient U, in einigen Veröffentlichungen auch **U-Wert** genannt, wurde bis zur Einführung der verbindlichen Europäischen Norm im deutschsprachigen Raum als Wärmedurchgangskoeffizient k oder k-Wert bezeichnet.

Für die in diesem Kapitel dargestellten Beispiele ergibt sich der Wärmedurchgangskoeffizient U für die Außenwand zu:

$U = 1/(3{,}95$ m²K/W$) = 0{,}25$ W/(m²K)

und für das geneigte Dach zu

$U = 1/(6{,}00$ m²K/W$) = 0{,}17$ W/(m²K).

Ermittlung des Wärmedurchgangswiderstands R_T eines Bauteils aus
- **m Abschnitten mit den Flächenanteilen f_a, f_b ... f_q, die jeweils aus**
- **j Schichten d_1, d_2 ... d_n mit den Wärmeleitfähigkeiten λ_{mj} bestehen**

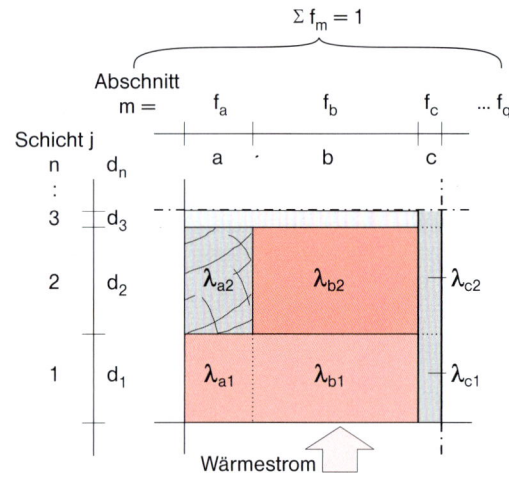

Oberer Grenzwert des Wärmedurchgangswiderstands R'_T

1	Berechnung des Wärmedurchgangswiderstands R_{Tm} jedes Flächenanteils aus der Summe der Wärmedurchlasswiderstände R_{mj} der Einzelschichten und der Wärmeübergangswiderstände R_{si} und R_{se} $R_{Tm} = R_{si} + \Sigma (d_{mj} / \lambda_{mj}) + R_{se} = R_{si} + \Sigma R_{mj} + R_{se}$
2	Berechnung des Kehrwerts des Wärmedurchgangswiderstands für das gesamte Bauteil $1/R'_T$ aus der Summe der mit den Flächenanteilen gewichteten Kehrwerte der Wärmedurchgangswiderstände R_{Tm} $1/R'_T = \Sigma (f_m / R_{Tm}) = f_a / R_{Ta} + f_b / R_{Tb} + ... + f_q / R_{Tq}$
3	Berechnung des oberen Grenzwerts des Wärmedurchgangswiderstands R'_T $R'_T = 1 /$ (Ergebnis der Zeile 2)

Unterer Grenzwert des Wärmedurchgangswiderstands R''_T

4	Berechnung des Wärmedurchlasswiderstands R_{mj} jeder Bauteilschicht eines jeden Flächenanteils $R_{mj} = d_{mj} / \lambda_{mj}$

11-7 Ermittlung des Wärmedurchgangswiderstands R_T eines Bauteils aus homogenen und inhomogenen Schichten

Fortsetzung siehe S. 11/13

5	Berechnung der Kehrwerte des Wärmedurchlasswiderstands für jede Bauteilschicht $1/R_j$ aus der Summe der mit den Flächenanteilen gewichteten Kehrwerte der Wärmedurchlasswiderstände R_{mj} $1/R_j = \Sigma (f_m / R_{mj}) = f_a / R_{aj} + f_b / R_{bj} + ... + f_q / R_{qj}$
6	Berechnung der Wärmedurchlasswiderstände R_j $R_j = 1 /$ (Ergebnis der Zeile 5)
7	Berechnung des unteren Grenzwerts des Wärmedurchgangswiderstands R''_T aus der Summe der mit den Flächenanteilen gewichteten Wärmedurchlasswiderstände R_j der Einzelschichten und der Wärmeübergangswiderstände R_{si} und R_{se} $R''_T = R_{si} + \Sigma R_j + R_{se} = R_{si} + R_1 + R_2 + ... + R_n + R_{se}$
Wärmedurchgangswiderstand R_T	
8	Berechnung des Wärmedurchgangswiderstands R_T aus dem arithmetischen Mittel des oberen und unteren Grenzwerts $R_T = (R'_T + R''_T) / 2$

11-7 Ermittlung des Wärmedurchgangswiderstands R_T eines Bauteils aus homogenen und inhomogenen Schichten
Fortsetzung von S. 11/12

Der Wärmedurchgangskoeffizient U muss gegebenenfalls mit Zuschlagwerten korrigiert werden, um folgende Einflüsse zu berücksichtigen:

- Luftspalt in Bauteilschicht, z. B. nicht dicht gestoßene Wärmedämmplatten,
- mechanische Befestigungselemente, die Bauteilschichten durchdringen, z. B. Mauerwerksanker bei zweischaligem Mauerwerk,
- Niederschlag auf Umkehrdächern, siehe Kapitel 6-5.3.

Wenn die Summe der **Korrekturen** kleiner als 3 % vom Wärmedurchgangskoeffizienten U ist, brauchen sie nicht berücksichtigt werden. Dies ist bei fachgerechter Planung und Ausführung von Wärmedämmung und Befestigungselementen in der Regel der Fall. Im Zweifelsfall kann eine exakte Berechnung entsprechend Anhang D der DIN ISO 6946 erfolgen. Die Korrekturen für Umkehrdächer können *Bild 11-16* entnommen werden.

Die bisher genannten Rechenalgorithmen bezogen sich auf Bauteile aus homogenen und inhomogenen Schichten, deren Grenzflächen alle parallel zueinander angeordnet sind. In der Baupraxis findet man auch **keilförmige Schichten**, z. B. die Gefälledämmung eines Flachdachs. In diesem Anwendungsfall muss die Dachfläche entsprechend dem Entwässerungsplan in Teilflächen unterschiedlicher Größe und Neigung aufgeteilt werden und der Wärmedurchgangskoeffizient U entsprechend dem Anhang C der DIN EN ISO 6946 unter Verwendung eines PC-Programms ermittelt werden. Die Bildung eines mittleren U-Wertes mit der mittleren Dämmstoffdicke ist nicht mehr zulässig, da die Mittelwertbildung parallel geschalteter unterschiedlich großer Wärmedurchgangswiderstände zu einem zu hohen resultierenden Widerstand führt und die Teilflächen mit geringerer Dämmung zu günstig bewertet werden.

Software-Entwickler und diverse Produkthersteller von Baustoffen bieten **Programme zur Ermittlung des Wärmedurchgangskoeffizienten U von Bauteilen** an, die eine schnelle Berechnung auch komplexer Bauteile ermöglichen. Eine Gewähr für die korrekte Berechnung wird im Allgemeinen ausgeschlossen, sodass der Anwender zumindest durch eine überschlägige Berechnung seine Ergebnisse auf Plausibilität überprüfen sollte.

Ermittlung des Wärmedurchgangswiderstands R_T eines geneigten Daches aus
- 2 Abschnitten mit den Flächenanteilen der Dachsparren f_a und der Felder f_b, die jeweils aus
- 3 Schichten d_{a1} bis d_{a3} und d_{b1} bis d_{b3} mit den Wärmeleitfähigkeiten λ_{a1} bis λ_{a3} und λ_{b1} bis λ_{b3} bestehen

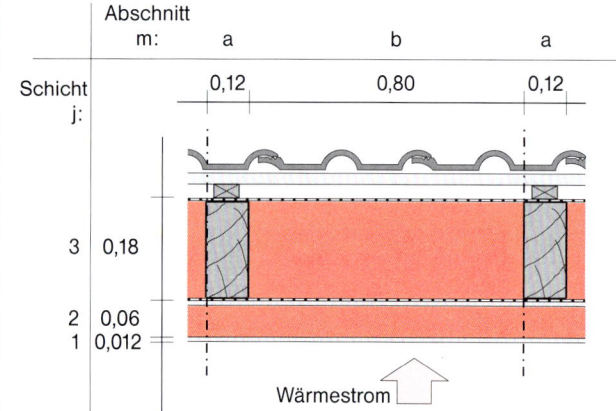

Abschnitt m	a			b		
Flächenanteil f_m	0,12 / (0,12 + 0,80) = 0,13			0,80 / (0,12 + 0,80) = 0,87		
Schicht j	1	2	3	1	2	3
d_{mj} in m	0,012	0,060	0,180	0,012	0,060	0,180
λ_{mj} in W(mK)	0,25	0,035	0,13	0,25	0,035	0,035
R_{mj} in m²K/W	0,05	1,71	1,38	0,05	1,71	5,14

Oberer Grenzwert des Wärmedurchgangswiderstands R'_T

1	Berechnung des Wärmedurchgangswiderstands R_{Ta} und R_{Tb} aus der Summe der Wärmedurchlasswiderstände R_{mj} der Einzelschichten und der Wärmeübergangswiderstände R_{si} = 0,10 m²K/W und R_{se} = 0,04 m²K/W $R_{Tm} = R_{si} + \Sigma (d_{mj} / \lambda_{mj}) + R_{se} = R_{si} + \Sigma R_{mj} + R_{se}$ $R_{Ta} = 0,10$ m²K/W + (0,05 + 1,71 + 1,38) m²K/W + 0,04 m²K/W = 3,28 m²K/W $R_{Tb} = 0,10$ m²K/W + (0,05 + 1,71 + 5,14) m²K/W + 0,04 m²K/W = 7,04 m²K/W
2	Berechnung des Kehrwerts des Wärmedurchgangswiderstands für das gesamte Bauteil $1/R'_T$ aus der Summe der mit den Flächenanteilen gewichteten Kehrwerte der Wärmedurchgangswiderstände R_{Ta} und R_{Tb} $1/R'_T = \Sigma (f_m / R_{Tm}) = f_a / R_{Ta} + f_b / R_{Tb}$ $1/R'_T = 0,13 / (3,28$ m²K/W$) + 0,87 / (7,04$ m²K/W$) = 0,16$ W/(m²K)

11-8 Ermittlung des Wärmedurchgangswiderstands R_T eines geneigten Daches mit Zwischen- und Untersparrendämmung
Fortsetzung siehe S. 11/15

3	Berechnung des oberen Grenzwerts des Wärmedurchgangswiderstands R'_T $R'_T = 1 / $ (Ergebnis der Zeile 2) $R'_T = 1 / 0{,}16$ W/(m²K) $= 6{,}25$ m²K/W
Unterer Grenzwert des Wärmedurchgangswiderstands R''_T	
4	Berechnung des Wärmedurchlasswiderstands R_{mj} jeder Bauteilschicht eines jeden Flächenanteils $R_{mj} = d_{mj} / \lambda_{mj}$ (siehe Tabelle unterhalb der Schnittzeichnung des Beispiels)
5	Berechnung der Kehrwerte des Wärmedurchlasswiderstands für jede Bauteilschicht $1/R_1$ bis $1/R_3$ aus der Summe der mit den Flächenanteilen gewichteten Kehrwerte der Wärmedurchlasswiderstände R_{mj} $1/R_j = \Sigma (f_m / R_{mj}) = f_a / R_{aj} + f_b / R_{bj} + \ldots + f_q / R_{qj}$ $1/R_1 = 0{,}13 / (0{,}05$ m²K/W$) + 0{,}87 / (0{,}05$ m²K/W$) = 20{,}00$ W/(m²K) $1/R_2 = 0{,}13 / (1{,}71$ m²K/W$) + 0{,}87 / (1{,}71$ m²K/W$) = 0{,}58$ W/(m²K) $1/R_3 = 0{,}13 / (1{,}38$ m²K/W$) + 0{,}87 / (5{,}14$ m²K/W$) = 0{,}26$ W/(m²K)
6	Berechnung der Wärmedurchlasswiderstände R_1 bis R_3 $R_j = 1 / $ (Ergebnisse der Zeile 5) $R_1 = 1 / 20{,}00$ W/(m²K) $= 0{,}05$ m²K/W $R_2 = 1 / 0{,}58$ W/(m²K) $= 1{,}71$ m²K/W $R_3 = 1 / 0{,}26$ W/(m²K) $= 3{,}85$ m²K/W
7	Berechnung des unteren Grenzwerts des Wärmedurchgangswiderstands R''_T aus der Summe der mit den Flächenanteilen gewichteten Wärmedurchlasswiderstände R_1 bis R_3 der Einzelschichten und der Wärmeübergangswiderstände $R_{si} = 0{,}10$ m²K/W und $R_{se} = 0{,}04$ m²K/W $R''_T = R_{si} + \Sigma R_j + R_{se} = R_{si} + R_1 + R_2 + R_3 + R_{se}$ $R''_T = (0{,}10 + 0{,}05 + 1{,}71 + 3{,}85 + 0{,}04)$ m²K/W $= 5{,}75$ m²K/W
Wärmedurchgangswiderstand R_T	
8	Berechnung des Wärmedurchgangswiderstands R_T aus dem arithmetischen Mittel des oberen und unteren Grenzwerts $R_T = (R'_T + R''_T) / 2$ $R_T = (6{,}25$ m²K/W $+ 5{,}75$ m²K/W$) / 2 = 6{,}00$ m²K/W

11-8 Ermittlung des Wärmedurchgangswiderstands R_T eines geneigten Daches mit Zwischen- und Untersparrendämmung
Fortsetzung von S. 11/14

5 Temperaturen von Bauteilen

5.1 Vorbemerkung

Neben der Raumlufttemperatur ist die **Oberflächentemperatur** der raumumschließenden Bauteile maßgeblich für das **Behaglichkeitsempfinden** der Personen im Raum. Kalte Oberflächen durch nicht ausreichend wärmegedämmte Außenbauteile beeinflussen das Behaglichkeitsempfinden negativ und können zu **Tauwasserbildung** auf der inneren Oberfläche der Bauteile mit Feuchteschäden und Schimmelbildung führen. Die Oberflächentemperatur bei der niedrigsten Außenlufttemperatur am Standort muss z. B. ermittelt werden, um die Einhaltung der minimal zulässigen Oberflächentemperatur entsprechend den Anforderungen der DIN 4108-2, siehe Abschnitt 16, zu überprüfen.

Die Temperaturen der Trennschichten mehrschichtiger Bauteile – die **Trennschichttemperaturen** – werden benötigt, um die Gefahr durch Tauwasserbildung im Inneren von Bauteilen abschätzen zu können, den Frostbereich des Schichtaufbaus zu ermitteln sowie die unterschiedliche Wärmeausdehnung der einzelnen Schichten zu berechnen.

5.2 Rechnerische Ermittlung von Oberflächen- und Trennschichttemperaturen

Für Bauteile aus homogenen Schichten lassen sich die Oberflächen- und Trennschichttemperaturen im stationären Zustand entsprechend der in *Bild 11-9* dargestellten Vorgehensweise ermitteln.

Der Rechengang gliedert sich – von links nach rechts in *Bild 11-9* betrachtet – in die Abschnitte

– Beschreibung der Schichten des Bauteils,
– Ermittlung der Wärmeübergangs- und Wärmedurchlasswiderstände aller Schichten sowie der Summe aller Widerstände, die dem Wärmedurchgangswiderstand entspricht,
– Ermittlung der Temperaturdifferenz jeder Schicht, deren Summe der Temperaturdifferenz zwischen Innen- und Außenluft entspricht,
– Ermittlung der Oberflächen- bzw. Grenzschichttemperatur.

5.3 Rechnerische Ermittlung von Oberflächen- und Trennschichttemperaturen am Beispiel einer Außenwand

Bei der in *Bild 11-10* dargestellten Außenwand handelt es sich um das in Abschnitt 4.1 beschriebene Beispiel einer einschaligen Wand mit Außendämmung. Die Raumlufttemperatur θ_i beträgt 20 °C und die Außenlufttemperatur im Winter θ_e –15 °C; die Temperaturdifferenz ΔT zwischen Außen- und Raumlufttemperatur beträgt somit 35 K.

In der Schnittzeichnung der Außenwand in *Bild 11-10* ist der Temperaturverlauf im Bauteil dargestellt. Hierzu wurden Oberflächen- und Trennschichttemperaturen eingetragen und geradlinig miteinander verbunden. So kann man an jeder Stelle im Bauteil die Temperatur ablesen und auch die Lage der Frostgrenze im Bauteil ermitteln.

Bauphysik: Wärmeschutz im Winter — Temperaturen von Bauteilen

Ermittlung der Oberflächen- und Trennschichttemperaturen θ_j für ein homogenes Bauteil aus n Baustoffschichten bei einer Innenlufttemperatur θ_i und einer Außenlufttemperatur θ_a

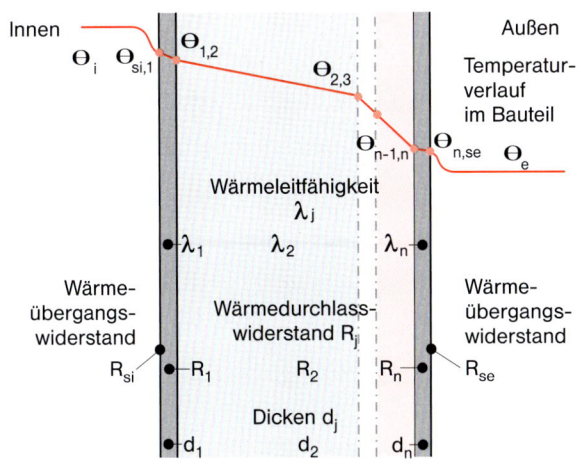

Luft-/Bauteilschicht Schicht	Dicke	Wärmeübergangs-/ Wärmedurchlasswiderstand	Temperaturdifferenz	Oberflächen-/ Trennschichttemperatur
Innen i		R_{si}	$\Delta T_{si} = \frac{R_{si}}{R_T} \cdot (\theta_i - \theta_a)$	θ_i
Schicht 1	d_1	$R_1 = d_1 / \lambda_1$	$\Delta T_1 = \frac{R_1}{R_T} \cdot (\theta_i - \theta_a)$	$\theta_{si,1} = \theta_i - \Delta T_{si}$
Schicht 2	d_2	$R_2 = d_2 / \lambda_2$	$\Delta T_2 = \frac{R_2}{R_T} \cdot (\theta_i - \theta_a)$	$\theta_{1,2} = \theta_{si,1} - \Delta T_1$
				$\theta_{2,3} = \theta_{1,2} - \Delta T_2$
			⋮	
Schicht n	d_n	$R_n = d_n / \lambda_n$	$\Delta T_n = \frac{R_n}{R_T} \cdot (\theta_i - \theta_a)$	$\theta_{n-1,n} = \theta_{n-2,n-1} - \Delta T_{n-1}$
Außen e		R_{se}	$\Delta T_{se} = \frac{R_{se}}{R_T} \cdot (\theta_i - \theta_a)$	$\theta_{n,se} = \theta_{n-1,n} - \Delta T_n$
				$\theta_e = \theta_{n,se} - \Delta T_{se}$
Summe		$R_T = R_{si} + \Sigma R_j + R_{se}$	$\Delta T = \Delta T_{si} + \Sigma \Delta T_j + \Delta T_{se}$	

11-9 Ermittlung der Oberflächen- und Trennschichttemperaturen θ_j für ein homogenes Bauteil

Ermittlung der Oberflächen- und Trennschichttemperaturen θ_j für eine Außenwand aus 4 Baustoffschichten bei einer Innenlufttemperatur von 20 °C und einer Außenlufttemperatur von –15 °C

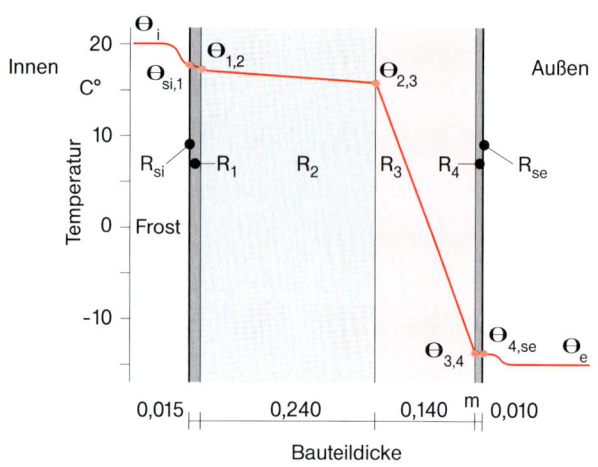

Luft-/Bauteilschicht Schicht	Dicke m	Wärmeübergangs-/ Wärmedurchlasswiderstand	Temperaturdifferenz	Oberflächen-/ Trennschichttemperatur
Innen i		$R_{si} = 0{,}13$ m²K/W	$\Delta T_{si} = \frac{0{,}13}{3{,}95} \cdot 35\ K = 1{,}2\ K$	$\theta_i = 20{,}0$ °C
Gipsputz	0,015	$R_1 = 0{,}015$ m / 0,51 W/(mK) = 0,03 m²K/W	$\Delta T_1 = \frac{0{,}03}{3{,}95} \cdot 35\ K = 0{,}2\ K$	$\theta_{si,1} = 20{,}0$ °C $- 1{,}2$ K $= 18{,}8$ °C
Kalksandstein	0,240	$R_2 = 0{,}240$ m / 0,99 W/(mK) = 0,24 m²K/W	$\Delta T_2 = \frac{0{,}24}{3{,}95} \cdot 35\ K = 2{,}1\ K$	$\theta_{1,2} = 18{,}8$ °C $- 0{,}2$ K $= 18{,}6$ °C
Polystyrol	0,140	$R_3 = 0{,}140$ m / 0,04 W/(mK) = 3,50 m²K/W	$\Delta T_3 = \frac{3{,}50}{3{,}95} \cdot 35\ K = 31{,}0\ K$	$\theta_{2,3} = 18{,}6$ °C $- 2{,}1$ K $= 16{,}5$ °C
Kunstharzputz	0,010	$R_4 = 0{,}010$ m / 0,70 W/(mK) = 0,01 m²K/W	$\Delta T_4 = \frac{0{,}01}{3{,}95} \cdot 35\ K = 0{,}1\ K$	$\theta_{3,4} = 16{,}5$ °C $- 31{,}0$ K $= -14{,}5$ °C
Außen e		$R_{se} = 0{,}04$ m²K/W	$\Delta T_{se} = \frac{0{,}04}{3{,}95} \cdot 35\ K = 0{,}4\ K$	$\theta_{4,se} = -14{,}5$ °C $- 0{,}1$ K $= -14{,}6$ °C
				$\theta_e = -14{,}6$ °C $- 0{,}4$ K $= -15{,}0$ °C
Summe		$R_T = R_{si} + \Sigma R_j + R_{se} = 3{,}95$ m²K/W	$\Delta T = \Delta T_{si} + \Sigma \Delta T_j + \Delta T_{se} = 35$ K	

11-10 Ermittlung der Oberflächen- und Trennschichttemperaturen θ_j für eine einschalige Außenwand mit Außendämmung

6 Thermische Längenänderung von Bauteilen

6.1 Vorbemerkung

Neben der Bauteilbewegung durch Quellung, Schwindung, Erschütterung und Setzung treten Bewegungen durch Temperaturänderungen der Bauteile auf. Bei Wärmezufuhr dehnen sich die Bauteile aus, bei Wärmeabgabe schrumpfen sie zusammen. Diese thermischen Längenänderungen werden durch gleitende Lagerung und Fugenteilung aufgefangen.

Mit Anschlussfugen wird die unterschiedliche Ausdehnung verschiedener, nebeneinander liegender Baustoffe aufgefangen. Bewegungsfugen sind bei großen, außen liegenden Bauteilen gleichen Baumaterials erforderlich, die infolge starker Sonneneinstrahlung hohen Temperaturdifferenzen an den Oberflächen ausgesetzt sind. Bei der Unterteilung von Flächen durch Bewegungsfugen in kleinere Einheiten gleichen sich deren Bewegungen in den Fugen aus.

Bauteil	Temperatur °C Sommer (Oberfläche)	Temperatur °C Winter (Luft)	maximale Temperaturdifferenz ΔT in K
Flachdach, freiliegend der Sonne ausgesetzt	+ 80	– 20	100
Stahlbetongesims an der Südseite, freiliegend	+ 60	– 20	80
Stahlbetongesims an der Nord-, West- und Ostseite	+ 30	– 20	50
Wand an der Südseite ohne Schattenwurf	+ 45	– 15	60
Bauteil im Inneren eines beheizten Gebäudes, auch Installationsleitungen	+ 30	± 0	30

11-11 Höchste und niedrigste Oberflächentemperatur für Bauteile unterschiedlicher Lage (nach K. Kleber)

6.2 Thermischer Längenausdehnungskoeffizient α_t

Die zu erwartende Spanne der thermischen Längenänderung eines Bauteils ist vom Ausdehnungskoeffizienten des Materials, vom Temperaturverlauf im Bauteil an einem heißen Sommertag und an einem kalten Wintertag und von der daraus abgeleiteten maximalen Temperaturdifferenz abhängig. Die maximale Temperaturdifferenz wird von der Lage des Bauteils innerhalb des Gebäudes, von seiner Besonnung oder Beschattung, von der Wärmeabsorption der unterschiedlich farbigen Oberfläche und von der unterschiedlich schnellen Wärmeableitung in den Untergrund (Wärmestau) beeinflusst, *Bild 11-11*. Der thermische Längenausdehnungskoeffizient α_t wird in mm/(m · K) angegeben. Er zeigt an, um wie viel mm sich ein Baustoff von 1 m Länge bei Erwärmung um 1 K ausdehnt oder bei Abkühlung um 1 K zusammenzieht. Werte für α_t nennt Tabelle *Bild 11-12*.

Baustoff	α_t in mm/(m · K)
Stahlbeton = B 120	0,010
Stahlbeton = B 160	0,012
Hochlochklinker, Vollziegel, Hochlochziegel	0,005
Leichtbeton-, Voll- und Hohlblocksteine	0,007
Porenbetonsteine	0,008
Kalksandsteine	0,008
Zementmörtel, Kalkmörtel	0,011
Gipsmörtel, Gipskartonplatten	0,025
Sperrholz	0,020
Faserzementplatten	0,012
Steinzeugfliesen	0,008–0,004
Polystyrol-Hartschaumplatte, Holzwolle-Leichtbauplatte	0,060–0,080
Polyurethan-Hartschaumplatte	0,150
Aluminium	0,024
Glas	0,008

11-12 Thermischer Längenausdehnungskoeffizient α_t verschiedener Baustoffe

6.3 Ermittlung des Abstandes von Bewegungsfugen

Der Abstand L der Bewegungsfugen kann mithilfe des Abstandsfaktors a und der maximalen Temperaturdifferenz ΔT *(Bild 11-11)* in der Mitte des Bauteils aus folgender Gleichung (nach Neufert) überschlägig ermittelt werden:

$$L = a/\Delta T.$$

Für den Abstandsfaktor a gilt

$$a = 10 \text{ mm}/\alpha_t.$$

Weitere auf der praktischen Erfahrung aufbauende Werte für den Abstand von Bewegungsfugen sind den Unterlagen der Baustoff- und Bausystem-Hersteller zu entnehmen.

6.4 Dimensionierung von Bewegungsfugen

Die Längenänderung der Bewegungsfuge Δl_{max} ist von der Bauteillänge l, der Temperaturdifferenz ΔT und dem Ausdehnungskoeffizienten α_t abhängig und wird nach folgender Gleichung berechnet:

$$\Delta l_{max} = \Delta T \cdot \alpha_t \cdot l$$

Die Temperaturdifferenz geht hierbei von der Bauzeittemperatur aus. Von der Bauzeittemperatur bis zur Wintertemperatur errechnet man die Kälteschrumpfung des Bauteils (Vergrößerung der Bewegungsfuge), während sich zur Sommertemperatur hin die Wärmeausdehnung des Bauteils (Verkleinerung der Bewegungsfuge) berechnet.

Die Bewegungsfugenbreite ist so auszulegen, dass die Dichtungsmassen oder Dichtungsbänder je nach Qualität mit Bewegungen von 10 bis max. 25 % der Fugenbreite belastet werden.

6.5 Beispiel

Bei einer 24 cm dicken Kalksandsteinwand beträgt die maximale Temperaturdifferenz in der Wandmitte 38 K. Hieraus errechnet sich ein Abstandsfaktor a von

$$a = 10 \text{ mm} / (0{,}008 \text{ mm}/(m \cdot K)) = 1250 \text{ m} \cdot K$$

und ein maximaler Bewegungsfugenabstand L von

$$L = 1250 \text{ (m} \cdot K) / 38 \text{ K} = 33 \text{ m}.$$

Zur Bemessung einer Bewegungsfuge für eine Wandlänge von 33 m wird von einer Bauzeittemperatur von 10 °C ausgegangen. Nach *Bild 11-11* beträgt die Wandoberflächentemperatur im Winter –15 °C und im Sommer 45 °C. Mit diesen Werten errechnen sich die folgenden Längenänderungen der Wand.

Kälteschrumpfung ab Bauzeitpunkt:

$$\Delta l_{Winter} = (10 \text{ °C} - (-15 \text{ °C})) \cdot 0{,}008 \text{ (mm}/(m \cdot K)) \cdot 33 \text{ m}$$
$$= 6{,}6 \text{ mm}$$

Wärmeausdehnung:

$$\Delta l_{Sommer} = (45 \text{ °C} - 10 \text{ °C}) \cdot 0{,}008 \text{ (mm}/(m \cdot K)) \cdot 33 \text{ m}$$
$$= 9{,}3 \text{ mm}$$

Die Ergebnisse der Berechnung sind in *Bild 11-13* grafisch dargestellt.

7 Wärmespeicherung

Das Wärmespeichervermögen eines Bauteils wird vom Baustoff der einzelnen Schichten bestimmt. Die Speicherfähigkeit eines Baustoffes ist abhängig von seiner Rohdichte ρ in kg/m³, *Bild 11-46*, und seiner spezifischen Wärmekapazität c_p, *Bild 11-14*.

Die in einem Bauteil gespeicherte wirksame Wärmemenge ist abhängig von der Temperaturdifferenz zwischen Bauteil und der umgebenden Luft und von der

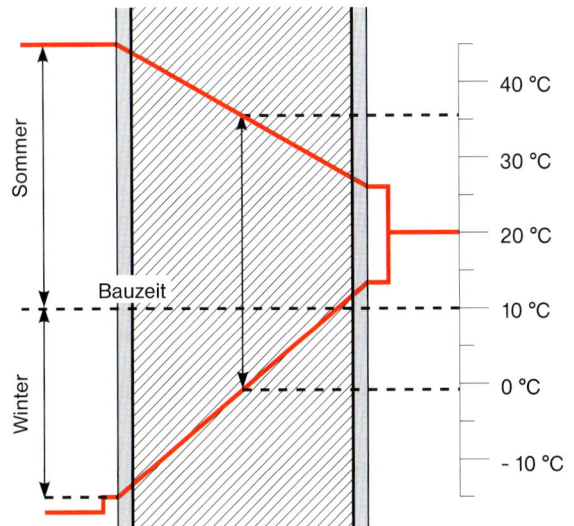

11-13 Temperaturspreizung einer einschaligen Außenwand

Zeile	Stoff	Spezifische Wärmekapazität c_p[1] J/(kg · K)
1	Anorganische Bau- und Dämmstoffe	900 bis 1100
2	Holz und Holzwerkstoffe	1500 bis 1700
3	Pflanzliche Fasern und Textilien	1300 bis 1600
4	Schaumkunststoffe und Kunststoffe	1400 bis 1500
5	Metalle	380 bis 880
6	Luft (ρ = 1,23 kg/m^3)	1008
7	Wasser	4190
8	Eis, Schnee	2000

[1] Diese Werte sind für spezielle Berechnungen der Wärmeleitung von Bauteilen bei instationären Randbedingungen zu verwenden.

11-14 Bemessungswerte der spezifischen Wärmekapazität verschiedener Stoffe (Auszug aus DIN EN 12524)

Wärmespeicherfähigkeit des Bauteils. Zur wirksamen speicherfähigen Masse eines Raumes tragen alle massiven innen liegenden Bauteile bei

– bis zu einer Schichtdicke von 10 cm bzw.
– bis zum Auftreten einer wärmedämmenden Schicht, falls die wärmespeichernde Schicht kleiner als 10 cm ist.

Eine hohe Wärmespeicherfähigkeit der Bauteile hat folgende Bedeutung:

– langsamere Raumerwärmung bei Aufheizung,
– Verzögerung der Abkühlung bei Unterbrechung der Beheizung,
– höhere Nutzung von passiven Solarenergiegewinnen und inneren Wärmequellen zur Raumbeheizung in der Heizzeit,
– geringere Erwärmung der Räume bei Sonneneinstrahlung im Sommer und bei hohen Außentemperaturen,
– Verwendung als Wärmespeicher, z. B. für Fußbodenheizung.

Wenn ein Raum dauernd mit nur kurzzeitigen Unterbrechungen genutzt wird, ist es günstig, die gut wärmedämmende Schicht an der äußeren Gebäudefläche anzuordnen.

Bei beheizbaren Räumen, die nur gelegentlich genutzt werden, sollten die wärmedämmenden Schichten innen und die wärmespeichernden Schichten außen liegen. Die Aufheizung des Raumes erfolgt umso schneller, je geringer die Wärmeleitfähigkeit der direkt an die Raumluft grenzenden Schicht ist.

8 Wärmeableitung

Mit Wärmeableitung wird der Wärmestrom bezeichnet, der dem menschlichen Körper beim Kontakt mit der i. A. kälteren Oberfläche eines Bauteils entzogen wird. Hiervon sind in erster Linie die Füße betroffen. In diesem

Zusammenhang wird von fußwarmen oder fußkalten Fußböden gesprochen. Bei der Beurteilung von Fußböden ist zu unterscheiden, ob der Fußboden mit nackten oder bekleideten Füßen begangen wird.

Beim nackten Fuß wird die Wärmeempfindung vornehmlich durch den Fußbodenbelag und die Oberflächentemperatur bestimmt. Als unangenehm wird eine hohe Wärmeableitung empfunden, wie sie bei fußkalten Fußbodenbelägen und niedrigen Oberflächentemperaturen auftritt. Fußbodenbeläge lassen sich in folgende Gruppen einteilen:

- besonders fußwarm: Teppichböden, Weichholzböden, Korklinoleum, PVC und Linoleum auf gut wärmegedämmten Fußböden,

- ausreichend fußwarm: Hartholzböden, Laminatböden, PVC und Linoleum auf weniger gut wärmegedämmten Fußböden,

- mäßig fußwarm: PVC und Linoleum direkt auf Zementestrich, Steinholz, Ziegelplatten, Mosaik auf Dämm-Mörtel,

- fußkalt: Fliesen, Natursteinplatten, Betonwerksteinplatten, Zementestrich.

In Räumen, die häufig barfuß begangen werden, sollten Fußbodenbeläge der Gruppe „besonders fußwarm" verwendet werden. Wenn für solche Räume fußkalte Fußbodenbeläge vorgesehen sind (Fliesen in Baderäumen), kann mit einer höheren Oberflächentemperatur, z. B. durch eine Fußbodenheizung, die Wärmeableitung verringert und ein angenehmes Wärmeempfinden erzeugt werden.

Beim bekleideten Fuß ist neben der Art der Fußbekleidung auch die Lufttemperatur in Fußbodennähe wichtig. Eine niedrige Lufttemperatur in Fußbodennähe verursacht Zugerscheinungen und kalte Füße. Schon bei leichter Fußbekleidung hat die Wärmeableitung des Fußbodens nur noch eine geringe Bedeutung.

9 Anforderungen an den winterlichen Wärmeschutz

9.1 Vorbemerkung

Der winterliche Wärmeschutz der Gebäudehülle hat die Aufgabe, auch bei niedrigen Außenlufttemperaturen ein für die Bewohner behagliches und hygienisches Raumklima sicherzustellen. Außerdem sind wärmedämmende Außenbauteile notwendig, damit die Baukonstruktion vor klimabedingten Feuchteeinwirkungen und deren Folgeschäden geschützt wird.

Entsprechende Mindestanforderungen an den Wärmedurchlasswiderstand der Außenbauteile und an den Wärmeschutz im Bereich von Wärmebrücken sowie Anforderungen an die Luftdichtheit sind in DIN 4108-2 „Wärmeschutz und Energie-Einsparung in Gebäuden" aufgeführt.

Ein weiteres Ziel des winterlichen Wärmeschutzes ist die Verringerung des Heizenergieverbrauchs der Gebäude und daraus resultierend die Ressourcenschonung sowie Umweltentlastung. In der Energieeinsparverordnung EnEV, Kapitel 2, sind die Anforderungen für zu erstellende Gebäude und für den Gebäudebestand festgelegt.

Die Ermittlung des Heizwärmebedarfs zur Auslegung der Heizungseinrichtung ist in DIN EN 12831 beschrieben.

9.2 Mindestanforderungen an den Wärmeschutz wärmeübertragender Bauteile

DIN 4108 „Wärmeschutz und Energie-Einsparung in Gebäuden" nennt nicht nur Mindestwerte für den Wärmedurchlasswiderstand von Bauteilen, siehe *Bild 11-15*, sie gibt auch weitere Planungsempfehlungen, um den Heizenergieverbrauch zu vermindern:

- Lage des Gebäudes in Bezug auf Möglichkeiten zur Verminderung des Windangriffs infolge von Nachbarbebauung, Bewuchs usw. optimieren,

Bauteile	Beschreibung	Wärmedurchlasswiderstand des Bauteils[b] R in m² · K/W
Wände beheizter Räume	gegen Außenluft, Erdreich, Tiefgaragen, nicht beheizte Räume (auch nicht beheizte Dachräume oder nicht beheizte Kellerräume außerhalb der wärmeübertragenden Umfassungsfläche)	1,2[c]
Dachschrägen beheizter Räume	gegen Außenluft	1,2
Decken beheizter Räume nach oben und Flachdächer		
	gegen Außenluft	1,2
	zu belüfteten Räumen zwischen Dachschrägen und Abseitenwänden bei ausgebauten Dachräumen	0,90
	zu nicht beheizten Räumen, zu bekriechbaren oder noch niedrigeren Räumen	0,90
	zu Räumen zwischen gedämmtem Dachschrägen und Abseitenwänden bei ausgebauten Dachräumen	0,35
Decken beheizter Räume nach unten		
	gegen Außenluft, gegen Tiefgarage, gegen Garagen (auch beheizte), Durchfahrten (auch verschließbare) und belüftete Kriechkeller[a]	1,75
	gegen nicht beheizten Kellerraum	
	unter Abschluss (z. B. Sohlplatte) von Aufenthaltsräumen unmittelbar an das Erdreich grenzend bis zu einer Raumtiefe von 5 m	0,90
	über einen nicht belüfteten Hohlraum, z. B. Kriechkeller, an das Erdreich grenzend	
Bauteile an Treppenräumen		
	Wände zwischen beheiztem Raum und direkt beheiztem Treppenraum, Wände zwischen beheiztem Raum und indirekt beheiztem Treppenraum, sofern die anderen Bauteile des Treppenraums die Anfordeungen der Tabelle 3 erfüllen	0,07
	Wände zwischen beheiztem Raum und indirekt beheiztem Treppenraum, wenn nicht alle anderen Bauteile des Treppenraums die Anforduengen der Tabelle 3 erfüllen	0,25
	oberer und unterer Abschluss eines beheizten oder indirekt beheizten Treppenraum	wie Bauteile beheizter Räume
Bauteile zwischen beheizten Räumen		
	Wohnungs- und Gebäudetrennwände zwischen beheizten Räumen	0,07
	Wohnungstrenndecken, Decken zwischen Räumen unterschiedlicher Nutzung	0,35

[a] Vermeidung von Fußkälte
[b] bei erdberührten Bauteilen: konstruktiver Wärmedurchlasswiderstand
[c] bei niedrig beheizten Räumen 0,55 m² · K/W

11-15 Mindestwerte für Wärmedurchlasswiderstände von Bauteilen nach DIN 4108-2

- Orientierung der Fenster zur Nutzung der Sonnenstrahlung in der Heizzeit optimieren,
- Gebäudeform und -gliederung kompakt ausführen mit dem Ziel, das Verhältnis „Wärmeübertragende Umfassungsfläche zum eingeschlossenen Volumen" zu minimieren,
- Wärmedämmung der Außenbauteile erhöhen,
- Wärmebrücken vermeiden,
- die Luftdichtheit der äußeren Umfassungsflächen zur Minimierung unkontrollierter Lüftungswärmeverluste sicherstellen, siehe Kapitel 9,
- Pufferräume, wie unbeheizte Glasvorbauten oder Windfänge an Gebäudeeingängen, planen,
- Trennwände und Trenndecken zu unbeheizten oder niedrig beheizten Räumen wärmedämmen,
- Einbau eines temporären Wärmeschutzes vor Fenstern (dicht schließende Fenster- oder Rollläden),
- Vermeidung der Anordnung von Trinkwasserrohrleitungen, Heizungsleitungen sowie Schornsteinen in Außenwänden,
- Hinabführung der Wärmedämmung in der Dachschräge von ausgebauten Dachräumen mit Abseitenwänden bis zum Dachfußpunkt.

Der Wärmeschutz von Bauteilen darf durch **Tauwasserbildung bzw. Niederschlagseinwirkung**, siehe Abschnitt 16, nicht unzulässig vermindert werden. Zur Vermeidung von Tauwasserbildung auf den Bauteiloberflächen und daraus folgendem Schimmelbefall müssen die **Mindestanforderungen an** den Wärmeschutz wärmeübertragender **Bauteile mit einer flächenbezogenen Gesamtmasse von mindestens 100 kg/m²** eingehalten werden.

Erhöhte Anforderungen gelten für Außenwände, Decken unter nicht ausgebauten Dachräumen und Dächern **bei einer flächenbezogenen Masse unter 100 kg/m²**; der zulässige Mindestwert des Wärmedurchlasswiderstands dieser Bauteile beträgt 1,75 m²K/W. Bei **Rahmen- und Skelettbauten** gilt der Mindestwert nur für den Gefachbereich, wobei der Mittelwert des Wärmedurchlasswiderstands für das Gesamtbauteil 1,0 m²K/W nicht unterschreiten darf. Gleiches gilt für **Rollladenkästen**. Für den Deckel von Rollladenkästen ist ein Wärmedurchlasswiderstand von mindestens 0,55 m²K/W einzuhalten.

Opake Ausfachungen von transparenten oder teiltransparenten Bauteilen – dazu zählen Vorhangfassaden, Posten-Riegel-Konstruktionen, Fenster, Fenstertüren u. a. – der wärmeübertragenden Umfassungsfläche müssen bei beheizten und niedrig beheizten Räumen einen Wärmedurchlasswiderstand von mindestens 1,2 m²K/W bzw. Wärmedurchgangskoeffizienten von höchstens 0,73 W/m²K aufweisen. Der Wärmedurchgangskoeffizient der zugehörigen Rahmen darf einen Wert von 2,9 W/m²K nicht überschreiten.

Transparente Teile der thermischen Hüllfläche sind mindestens mit 2-Scheiben-Isolierglas oder als Verbund- bzw. Kastenfenster auszuführen.

Der Mindestwärmeschutz der Bauteile muss an jeder Stelle vorhanden sein; hierzu gehören auch **Heizkörpernischen, Fensterstürze** usw.

Bei der Berechnung des Wärmedurchlasswiderstandes R von **Bauteilen mit Abdichtungen** dürfen nur die raumseitigen Schichten bis zur Bauwerksabdichtung bzw. der Dachabdichtung berücksichtigt werden. Ausgenommen davon sind die **Perimeterdämmung** (außen liegende Wärmedämmung erdberührter Bauteile) aus extrudiertem Polystyrol oder Schaumglas und Wärmedämmsysteme als **Umkehrdach**, siehe Kapitel 6-5.3.

Bei der Berechnung des Wärmedurchgangskoeffizienten eines Umkehrdaches ist der errechnete Wert um einen Zuschlag ΔU entsprechend *Bild 11-16* zu erhöhen.

Bei Gebäuden mit nicht ausgebauten Dachräumen, bei denen die **oberste Geschossdecke** mindestens einen Wärmeschutz nach *Bild 11-15* oder nach den erhöhten Anforderungen für leichte Bauteile aufweist, ist zur Erfül-

Anteil des Wärmedurchlasswiderstands raumseitig der Abdichtung am Gesamtwärmedurchlasswiderstand in %	Zuschlagswert ΔU W/(m²K)
unter 10	0,05
von 10 bis 50	0,03
über 50	0

11-16 Zuschlagswerte für Umkehrdächer nach DIN 4108-2

lung der Mindestanforderungen ein Wärmeschutz der Dächer nicht erforderlich.

Wärmebrücken können in ihrem thermischen Einflussbereich im Vergleich zum ungestörten Bauteil zu deutlich niedrigeren raumseitigen Oberflächentemperaturen und somit zu Tauwasser und Schimmelbildung führen. Daher ist auf konstruktive, formbedingte und stoffbedingte Wärmebrücken besonders zu achten. Mindestanforderungen und Ausführungshinweise sind Kapitel 10 zu entnehmen.

Bei der Bauausführung der wärmeübertragenden Umfassungsfläche des Gebäudes muss sichergestellt sein, dass alle Fugen nach dem Stand der Technik dauerhaft luftundurchlässig abgedichtet sind. Hinweise zu den Anforderungen an die **Luftdichtheit** der Außenbauteile, Ausführungsbeispiele sowie die Überprüfungsmethoden können Kapitel 9 entnommen werden.

9.3 Anforderungen an den Wärmeschutz nach der Energieeinsparverordnung

Die Energieeinsparverordnung (EnEV) stellt für neu zu errichtende Gebäude keine direkten Anforderungen an die Wärmedurchgangskoeffizienten der einzelnen Außenbauteile. Der **Nachweis eines energiesparenden Wärmeschutzes für Wohngebäude** erfolgt über den spezifischen, auf die gesamte wärmeübertragende Umfassungsfläche bezogenen Transmissionswärmeverlust H_T' des Gebäudes in Abhängigkeit von H_T' des Referenzgebäudes mit identischen Außenflächen bei festgelegten Wärmedurchgangskoeffizienten entsprechend Anlage 1 der EnEV 2014, Kapitel 2-5.3. Dieser entspricht physikalisch dem mittleren Wärmedurchgangskoeffizienten der Außenhülle des Gebäudes. Damit diese auf die gesamte Gebäudehülle bezogene Anforderung der EnEV durch eine bauphysikalisch und wirtschaftlich sinnvolle Abstimmung des Wärmeschutzes der verschiedenen Außenbauteile erfüllt wird, **empfiehlt es sich, für Bauteilflächen von Wohngebäuden die in den Kapiteln 4 bis 8 angegebenen Richtwerte der Wärmedurchgangskoeffizienten U einzuhalten.**

Unabhängig von der Einhaltung des maximal zulässigen Primärenergiebedarfs nach EnEV, Kapitel 2-5.2, sollten die angegebenen Richtwerte des Wärmedurchgangskoeffizienten U – aufgrund der Lebensdauer der Gebäudehülle von mehr als 50 Jahren – aus wirtschaftlichen Gründen nicht überschritten werden. Eine Erhöhung der Wärmedämmstoffdicke bei der Bauerstellung um einige Zentimeter erhöht die Gesamtkosten des Gebäudes nur geringfügig. Eine nachträgliche, durch weiter gestiegene Energiekosten notwendige Verbesserung des Wärmeschutzes ist dagegen nur mit erheblichem bautechnischen Aufwand und entsprechenden Kosten realisierbar.

9.4 Ermittlung des Wärmebedarfs nach DIN EN 12831

Die Regeln für die Berechnung des **Wärmebedarfs (Heizlast) eines Raumes** sind in DIN EN 12831 aufgeführt. Der ermittelte Wärmebedarf ist der Auslegung der Heizeinrichtung für den betreffenden Raum zugrunde zu legen. Außerdem gibt die Norm an, welcher Teilbetrag des Wärmebedarfs eines Raumes bei der Berechnung des **Wärmebedarfs des Gebäudes** zu berücksichtigen ist. Der Wärmebedarf des Gebäudes stellt den Ausgangswert für die Auslegung der sonstigen Teile der Heizanlage (Heizkessel, Rohrnetze, Umwälzpumpen) dar.

Wenn zwischen Auftraggeber und -nehmer keine besonderen Randbedingungen vereinbart wurden, sind zur Berechnung des Wärmebedarfs in der Norm verbindliche Ausgangswerte für Außen- und Innentemperaturen, Wärmeübergangswiderstände und weitere Kenngrößen genannt. Die gebäudespezifischen Ausgangswerte müssen dem Lageplan, den Grundrissen, Ansichten und Schnitten des Gebäudes sowie der Baubeschreibung entnommen werden. Ein differenziertes Berechnungsverfahren schreibt den Berechnungsgang im Einzelnen vor. Die Berechnungen selbst werden üblicherweise mit einem PC-Programm durchgeführt, was eine rasche und nachvollziehbare Ermittlung des Wärmebedarfs der einzelnen Räume und des Gebäudes ermöglicht.

WÄRMESCHUTZ IM SOMMER

10 Anforderungen an den sommerlichen Wärmeschutz

Um in Räumen im Sommer ohne den Einsatz von Klimaanlagen eine Überwärmung durch eingestrahlte Sonnenenergie zu vermeiden, stellt die Energieeinsparverordnung erhöhte Anforderungen an den sommerlichen Wärmeschutz. Der Nachweis eines energiesparenden sommerlichen Wärmeschutzes ist entsprechend DIN 4108-2 : 2013-02 zu führen. Darin werden bei Überschreiten bestimmter Fensterflächenanteile **maximal zulässige Sonneneintragskennwerte** vorgeschrieben, die ein behagliches Raumklima im Sommer sicherstellen sollen. Alternativ ist auch die **thermische Gebäudesimulation mit dem Nachweis der Unterschreitung von Übertemperaturgradstunden** zulässig.

Die im Sommer zu erwartende maximale Raumlufttemperatur ist abhängig insbesondere von

– der Größe und Orientierung der Fenster und anderer transparenter Außenbauteile,

– der Sonnenenergiedurchlässigkeit der transparenten Außenbauteile,

– dem Einsatz, der Qualität und dem Gebrauch von Sonnenschutzeinrichtungen,

– den speicherfähigen Massen der Innenbauteile,

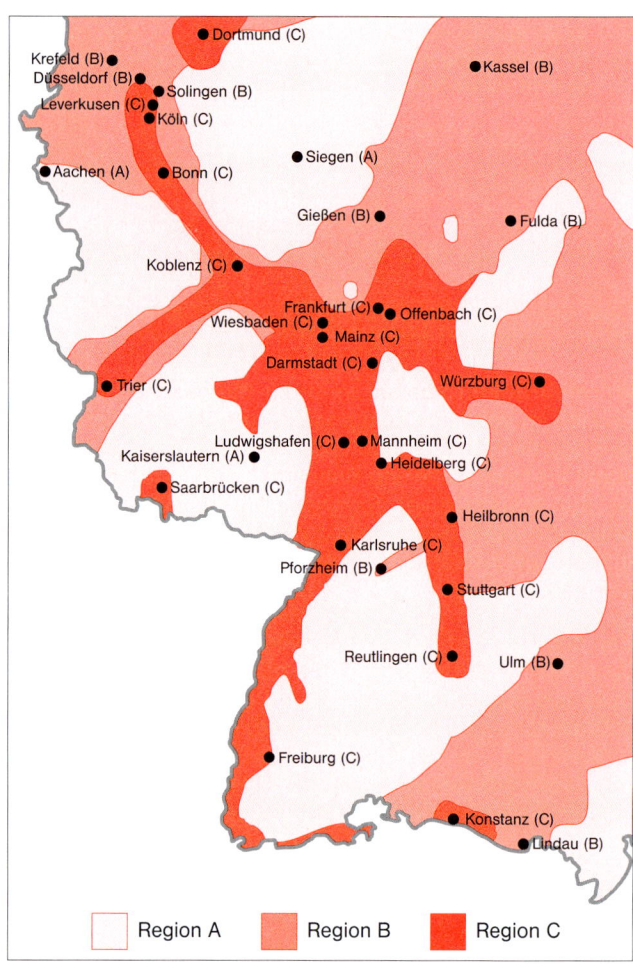

11-17 Auszug aus der Karte der Sommer-Klimaregionen nach DIN V 4108-2, die für den sommerlichen Wärmeschutznachweis gelten

– dem Gebrauch der Lüftung, die tags temperaturerhöhend, nachts temperatursenkend wirken kann,

– der Sommer-Klimaregion des Gebäudestandorts.

Aus den 15 Klimaregionen der DIN V 4108-6 werden in der DIN 4108-2 entsprechend *Bild 11-17* drei Sommer-Klimaregionen A, B und C gebildet. Die Regionalisierung der Karte beruht auf dem Zusammenwirken der Einflussgrößen Lufttemperatur und solare Einstrahlung und dem daraus resultierenden sommerlichen Wärmeverhalten eines Gebäudes. Lässt sich anhand von *Bild 11-17* keine eindeutige Zuordnung zur Klimaregion vornehmen, so ist immer der ungünstigere Wert anzusetzen; d. h. wenn das Bauvorhaben z. B. zwischen der Klimaregion A und B liegt, müssen die Anforderungen für die Klimaregion B eingehalten werden.

11 Nachweis des sommerlichen Wärmeschutzes

Der sommerliche Wärmeschutznachweis ist mindestens für den Raum zu führen, der im Rahmen des Nachweisverfahrens zu den höchsten Anforderungen an den sommerlichen Wärmeschutz führt.

11.1 Ohne Nachweis zulässiger Fensterflächenanteil

Wenn ein bestimmter Fensterflächenanteil nicht überschritten wird, kann auf den Nachweis verzichtet werden, *Bild 11-18*. Der Fensterflächenanteil F_{AG} wird in der DIN 4108-2 : 2013-02 auf die Grundfläche bezogen. Abhängig von der Orientierung und Neigung der Fenster beträgt der maximal zulässige Fensterflächenanteil 7 bis 15 %. Eine Differenzierung nach Sommer-Klimaregionen findet nicht statt.

Bei Wohngebäuden, deren Fenster in Ost-, Süd- und Westorientierung mit außen liegenden Sonnenschutzvorrichtungen mit einem Abminderungsfaktor $F_c \leq 0{,}30$ bei Glas mit $g > 0{,}40$ bzw. $F_c \leq 0{,}35$ bei Glas mit $g \leq 0{,}40$ ausgestattet werden *(Bild 11-19)*, ist ein Verzicht auf den sommerlichen Wärmeschutznachweis ebenfalls möglich.

Neigung der Fenster gegenüber der Horizontalen	Orientierung der Fenster[2]	Grundflächenbezogener Fensterflächenanteil f_{AG}[1] in %
über 60° bis 90°	Nord-West über Süd bis Nord-Ost	10
	alle anderen Nordorientierungen	15
von 0° bis 60°	alle Orientierungen	7

[1] Der Fensterflächenanteil f_{AG} ergibt sich aus dem Verhältnis der Fensterfläche zu der Grundfläche des betrachteten Raumes oder der Raumgruppe. Sind beim betrachteten Raum bzw. der Raumgruppe mehrere Fassaden oder z. B. Erker vorhanden, ist f_{AG} aus der Summe aller Fensterflächen zur Grundfläche zu berechnen.

[2] Sind beim betrachteten Raum mehrere Orientierungen mit Fenstern vorhanden, ist der kleinere Grenzwert für f_{AG} bestimmend.

11-18 Zulässige Werte des grundflächenbezogenen Fensterflächenanteils f_{AG}, unterhalb dessen nach DIN 4108-2 auf einen sommerlichen Wärmeschutznachweis verzichtet werden kann

Sonnenschutzvorrichtung[a]	F_c		
	$g \leq 0{,}40$ (Sonnenschutzglas) zweifach)	$g > 0{,}40$	
		dreifach	zweifach
Ohne Sonnenschutzvorrichtung	1,00	1,00	1,00
Innenliegend oder zwischen den Scheiben[b]			
weiß oder hoch reflektierende Oberflächen mit geringer Transparenz[c]	0,65	0,70	0,65
helle Farben oder geringe Transparenz[d]	0,75	0,80	0,75
dunkle Farbe oder höhere Transparenz	0,90	0,90	0,85
Außenliegend			
Fensterläden, Rollläden			
Fensterläden, Rollläden, ¾ geschlossen	0,35	0,30	0,30
Fensterläden, Rollläden, geschlossen[e]	0,15[e]	0,10[e]	0,10[e]
Jalousie und Raffstore, drehbare Lamellen			
Jalousie und Raffstore, drehbare Lamellen, 45° Lamellenstellung	0,30	0,25	0,25
Jalousie und Raffstore, drehbare Lamellen, 10° Lamellenstellung[e]	0,20[e]	0,15[e]	0,15[e]
Markise, parallel zur Verglasung[d]	0,30	0,25	0,25
Vordächer, Markisen allgemein, freistehende Lamellen[f]	0,55	0,50	0,50

[a] Die Sonnenschutzvorrichtung muss fest installiert sein. Übliche dekorative Vorhänge gelten nicht als Sonnenschutzvorrichtung.
[b] Für innen- und zwischen den Scheiben liegende Sonnenschutzvorrichtungen ist eine genaue Ermittlung zu empfehlen.
[c] Hoch reflektierende Oberflächen mit geringer Transparenz, Transparenz ≤ 10 %, Reflexion ≥ 60 %.
[d] Geringe Transparenz Transparenz < 15 %.
[e] F_c-Werte für geschlossenen Sonnenschutz dienen der Information und sollten für den Nachweis des sommerlichen Wärmeschutzes nicht verwendet werden. Ein geschlossener Sonnenschutz verdunkelt den dahinterliegenden Raum stark und kann zu einem erhöhten Energiebedarf für Kunstlicht führen, da nur ein sehr geringer bis kein Einfall des natürlichen Tageslichts vorhanden ist.
[f] Dabei muss sichergestellt sein, dass keine direkte Besonnung des Fensters erfolgt. Dies ist näherungsweise der Fall, wenn
— bei Südorientierung der Abdeckwinkel β ≥ 50° ist;
— bei Ost- und Westorientierung der Abdeckwinkel β ≥ 85° ist γ ≥ 115° ist.
Der F_c-Wert darf auch für beschattete Teilflächen des Fensters angesetzt werden. Dabei darf F_S nach DIN V 18599-2:2011-12, A.2, nicht angesetzt werden.
Zu den jeweiligen Orientierungen gehören Winkelbereiche von 22,5°. Bei Zwischenorientierungen ist der Abdeckwinkel β ≥ 80° erforderlich.

Vertikalschnitt durch Fassade

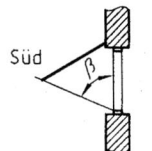

Süd

Horizontalschnitt durch Fassade

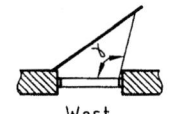 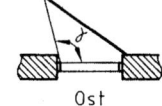

West   Ost

11-19 Anhaltswerte für Abminderungsfaktoren F_c von fest installierten Sonnenschutzvorrichtungen in Abhängigkeit vom Glaserzeugnis nach DIN 4108-2

11.2 Nachweis des Sonneneintragskennwerts bei Überschreitung des zulässigen Fensterflächenanteils

Für den sonst bei Überschreitung des zulässigen Fensterflächenanteils erforderlichen sommerlichen Wärmeschutznachweis muss der nach DIN 4108-2 : 2013-02 zu berechnende Sonneneintragskennwert S_{vor} unter dem zulässigen Sonneneintragskennwert S_{zul} liegen.

Der **Sonneneintragskennwert S_{vor}** für einen kritischen Raum bzw. einen Raumbereich ergibt sich aus den Fensterflächen, aus deren Energiedurchlassgraden einschließlich Sonnenschutz und aus der Raumgrundfläche nach der Gleichung

$$S_{vor} = \frac{\Sigma_j (A_{w,j} \cdot g_{total})}{A_G}$$

mit

$A_{w,j}$ Fensterfläche des j-ten Fensters in m^2

g_{total} Gesamtenergiedurchlassgrad der Verglasung einschließlich Sonnenschutz, berechnet nach DIN EN 13363-1 oder vereinfacht nach der Beziehung

$$g_{total} = g \cdot F_c$$

      g   Gesamtenergiedurchlassgrad der Verglasung

      F_c Abminderungsfaktor für Sonnenschutzvorrichtungen, *Bild 11-19*

A_G Nettogrundfläche des Raumes oder des Raumbereichs in m^2.

Der höchstens **zulässige Sonneneintragskennwert S_{zul}** ist nach der Gleichung

$$S_{zul} = \Sigma\, S_x$$

aus einer Summe von Kennwerten S_x zu berechnen, welche das Gebäude im Hinblick auf seine „Empfindlichkeit" gegen Sonnenenergieeintrag charakterisieren. Ein niedrigerer Wert von S_{zul} bedeutet eine größere Tendenz zur Überhitzung, sodass zusätzliche Sonnenschutzmaßnahmen erforderlich sind. Die einzelnen anteiligen Sonneneintragskennwerte S_x sind nach *Bild 11-20* abhängig von der Sommer-Klimaregion, der Schwere der Bauart, der Nachtlüftung sowie der Fensterneigung und -orientierung zu ermitteln.

Nach der Bestimmung von S_{vor} und S_{zul} muss für den sommerlichen Wärmeschutznachweis die Bedingung

$$S_{vor} \leq S_{zul}$$

erfüllt werden.

11.3 Beispiel für einen sommerlichen Wärmeschutznachweis durch Sonneneintragskennwerte

– Wohngebäude der Klimazone B

– Kritischer Raum: Wohnzimmer mit Fensterorientierungen nach Westen und Süden

Fensterfläche nach Süden   3,8 m^2

Fensterfläche nach Westen   10 m^2

Außenwandflächen (Außenmaße) A_{AW} = 40 m^2

Grundfläche des Wohnzimmers mit lichten Maßen A_G = 40 m^2

– Bauart: schwer mit einer wirksamen Wärmespeicherfähigkeit C_{wirk}/A_G > 130 Wh/(Km^2)

– Erhöhte Nachtlüftung mit n ≥ 2 h^{-1} möglich

– Fensterneigung: 90° gegenüber der Horizontalen

– Fensterkonstruktion: Rahmenanteil ca. 30 % Verglasung mit g-Wert = 0,6

Zusätzliche Sonnenschutzvorrichtung: keine

			Anteiliger Sonneneintragskennwert S_x					
Nutzung			Wohngebäude			Nichtwohngebäude		
Klimaregion[a]			A	B	C	A	B	C
S_1	**Nachtlüftung und Bauart**							
	Nachtlüftung	Bauart[b]						
	ohne	leicht	0,071	0,056	0,041	0,013	0,007	0,000
		mittel	0,080	0,067	0,054	0,020	0,013	0,006
		schwer	0,087	0,074	0,061	0,025	0,018	0,011
	erhöhte Nachtlüftung[c] mit $n \geq 2\,h^{-1}$	leicht	0,098	0,088	0,078	0,071	0,060	0,048
		mittel	0,114	0,103	0,092	0,089	0,081	0,072
		schwer	0,125	0,113	0,101	0,101	0,092	0,083
	hohe Nachtlüftung[d] mit $n \geq 5\,h^{-1}$	leicht	0,128	0,117	0,105	0,090	0,082	0,074
		mittel	0,160	0,152	0,143	0,135	0,124	0,113
		schwer	0,181	0,171	0,160	0,170	0,158	0,145
S_2	**Grundflächenbezogener Fensterflächenanteil f_{WG}[e]**							
	$S_2 = a - (b \cdot f_{WG})$	a	0,060			0,030		
		b	0,231			0,115		
S_3	**Sonnenschutzglas[f,i]**							
	Fenster mit Sonnenschutzglas[f] mit $g \leq 0{,}4$		0,03					
S_4	**Fensterneigung[g,i]**							
	$0° \leq$ Neigung $\leq 60°$ (gegenüber der Horizontalen)		$-0{,}035\,f_{neig}$					
S_5	**Orientierung[h,i]**							
	Nord-, Nordost- und Nordwest-orientierte Fenster soweit die Neigung gegenüber der Horizontalen $> 60°$ ist sowie Fenster, die dauernd vom Gebäude selbst verschattet sind		$+0{,}10\,f_{nord}$					
S_6	**Einsatz passiver Kühlung**							
		Bauart						
		leicht	0,02					
		mittel	0,04					
		schwer	0,06					

11-20 Anteilige Sonneneintragskennwerte S_x zur Bestimmung des zulässigen Höchstwerts des Sonneneintragskennwerts S_{zul}
Fortsetzung siehe S.11/31

a   Ermittlung der Klimaregion nach Bild 1.
b   Ohne Nachweis der wirksamen Wärmekapazität ist von leichter Bauart auszugehen, wenn keine der im Folgenden genannten Eigenschaften für mittlere oder schwere Bauart nachgewiesen sind. Vereinfachend kann von mittlerer Bauart ausgegangen werden, wenn folgende Eigenschaften vorliegen:
- Stahlbetondecke;
- massive Innen- und Außenbauteile (flächenanteilig gemittelte Rohdichte ≥ 600 kg/m^3);
- keine innenliegende Wärmedämmung an den Außenbauteilen;
- keine abgehängte oder thermisch abgedeckte Decke;
- keine hohen Räume (> 4,5 m) wie z. B. Turnhallen, Museen usw.

Von schwerer Bauart kann ausgegangen werden, wenn folgende Eigenschaften vorliegen:
- Stahlbetondecke;
- massive Innen- und Außenbauteile (flächenanteilig gemittelte Rohdichte ≥ 1 600 kg/m^3);
- keine innenliegende Wärmedämmung an den Außenbauteilen;
- keine abgehängte oder thermisch abgedeckte Decke;
- keine hohen Räume (> 4,5 m) wie z. B. Turnhallen, Museen usw.

Die wirksame Wärmekapazität darf auch nach DIN EN ISO 13786 (Periodendauer 1 d) für den betrachteten Raum bzw. Raumbereich bestimmt werden, um die Bauart einzuordnen; dabei ist folgende Einstufung vorzunehmen:
- leichte Bauart liegt vor, wenn $C_{wirk} / A_G < 50$ Wh/(K · m^2)
  Dabei ist
  C_{wirk} die wirksame Wärmekapazität;
  A_G die Nettogrundfläche.
- mittlere Bauart liegt vor, wenn 50 Wh/(K · m^2) ≤ C_{wirk} / A_G ≤ 130 Wh/(K · m^2);
- schwere Bauart liegt vor, wenn $C_{wirk} / A_G > 130$ Wh/(K · m^2).

c   Bei der Wohnnutzung kann in der Regel von der Möglichkeit zu erhöhter Nachtlüftung ausgegangen werden. Der Ansatz der erhöhten Nachtlüftung darf auch erfolgen, wenn eine Lüftungsanlage so ausgelegt wird, dass durch die Lüftungsanlage ein nächtlicher Luftwechsel von mindestens $n = 2$ h^{-1} sichergestellt wird.
d   Von hoher Nachtlüftung kann ausgegangen werden, wenn für den zu bewertenden Raum oder Raumbereich die Möglichkeit besteht, geschossübergreifende Nachtlüftung zu nutzen (z. B. über angeschlossenes Atrium, Treppenhaus oder Galerieebene). Der Ansatz der hohen Nachtlüftung darf auch erfolgen, wenn eine Lüftungsanlage so ausgelegt wird, dass durch die Lüftungsanlage ein nächtlicher Luftwechsel von mindestens $n = 5$ h^{-1} sichergestellt wird.
e $f_{WG} = A_W / A_G$
  Dabei ist
  A_W die Fensterfläche;
  A_G die Nettogrundfläche.
  Hinweis Die durch S_1 vorgegebenen anteiligen Sonneneintragskennwerte gelten für grundflächenbezogene Fensterflächenanteile von etwa 25 %. Durch den anteiligen Sonneneintragskennwert S_2 erfolgt eine Korrektur des S_1-Wertes in Abhängigkeit vom Fensterflächenanteil, wodurch die Anwendbarkeit des Verfahrens auf Räume mit grundflächenbezogenen Fensterflächenanteilen abweichend von 25 % gewährleistet wird. Für Fensterflächenanteile kleiner 25 % wird S_2 positiv, für Fensterflächenanteile größer 25 % wird S_2 negativ.
f   Als gleichwertige Maßnahme gilt eine Sonnenschutzvorrichtung, welche die diffuse Strahlung nutzerunabhängig permanent reduziert und hierdurch ein g_{tot} ≤ 0,4 erreicht wird. Bei Fensterflächen mit unterschiedlichem g_{tot} wird S_3 flächenanteilig gemittelt:
$S_3 = 0,03 · A_{W,gtot≤0,4} / A_{W,gesamt}$
  Dabei ist
  $A_{W,gtot≤0,4}$ die Fensterfläche mit g_{tot} ≤ 0,4;
  $A_{W,gesamt}$ die gesamte Fensterfläche.
g $f_{neig} = A_{W,neig} / A_{W,gesamt}$
  Dabei ist
  $A_{W,neig}$ die geneigte Fensterfläche;
  $A_{W,gesamt}$ die gesamte Fensterfläche.
h $f_{nord} = A_{W,nord} / A_{W,gesamt}$
  Dabei ist
  $A_{W,nord}$ die Nord-, Nordost- und Nordwest-orientierte Fensterfläche soweit die Neigung gegenüber der Horizontalen > 60° ist sowie Fensterflächen, die dauernd vom Gebäude selbst verschattet sind;
  $A_{W,gesamt}$ die gesamte Fensterfläche.
  Fenster, die dauernd vom Gebäude selbst verschattet werden: Werden für die Verschattung F_s-Werte nach DIN V 18599-2:2011-12 verwendet, so ist für jene Fenster $S_5 = 0$ zu setzen.
i   Gegebenenfalls flächenanteilig gemittelt zwischen der gesamten Fensterfläche und jener Fensterfläche, auf die diese Bedingung zutrifft.

11-20 Anteilige Sonneneintragskennwerte S_x zur Bestimmung des zulässigen Höchstwerts des Sonneneintragskennwerts S_{zul}
Fortsetzung von S. 11/30

Berechnung des zulässigen Sonneneintragskennwerts S_{zul}:

$S_{zul} = \sum S_x$

$S_{zul} = S_1 + S_2 + S_3 + S_4 + S_5 + S_6$

Sonneneintragskennwert für „Nachtlüftung und Bauart"
$S_1 = 0{,}113$

Sonneneintragskennwert für „grundflächenbezogener Fensterflächenanteil" $S_2 = 0{,}060 - (0{,}231 \cdot f_{WG})$
mit
$f_{WG} = (3{,}8 + 10{,}0) / 40 = 0{,}345$ ergibt sich

Sonneneintragskennwert für „grundflächenbezogener Fensterflächenanteil" $S_2 = 0{,}060 - (0{,}231 \cdot 0{,}345) = -0{,}020$

Sonneneintragskennwert für „Sonnenschutzglas" $S_3 = 0$

Sonneneintragskennwert für „Fensterneigung" $S_4 = 0$

Sonneneintragskennwert für „Orientierung" $S_5 = 0$

Sonneneintragskennwert für „Einsatz passiver Kühlung" $S_6 = 0$

$S_{zul} = 0{,}113 - 0{,}020 = 0{,}093$

Berechnung des tatsächlichen Sonneneintragskennwerts S_{vorh}:

$S_{vorh} = \dfrac{\sum_j (A_{w,j} \cdot g_{total})}{A_G}$

$S_{vorh} = \dfrac{13{,}8 \cdot 0{,}6}{40} = 0{,}207$

Die Forderung $S_{vorh} \leq S_{zul}$ ist nicht erfüllt, d. h. der sommerliche Wärmeschutz reicht nicht aus!

Die Fenster benötigen zusätzliche Sonnenschutzvorrichtungen, z. B. Rollläden.

Energiedurchlassgrad inkl. Rollläden: $g_{total} = g \cdot F_c$

$g = 0{,}6$ für Verglasung

Abminderungsfaktor für Rollläden nach *Bild 11-19*:
$F_c = 0{,}3$

$g_{total} = 0{,}6 \cdot 0{,}3 = 0{,}18$

Berechnung des Sonneneintragskennwerts mit Rollläden:

$S_{vorh} = \dfrac{13{,}8 \cdot 0{,}18}{40} = 0{,}062$

$S_{zul} = 0{,}093$

Die Forderung $S_{vorh} < S_{zul}$ ist mit Rollläden erfüllt!

11.4 Nachweis des sommerlichen Wärmeschutzes durch thermische Gebäudesimulationen

Alternativ zum beschriebenen Nachweis des sommerlichen Wärmeschutzes durch Sonneneintragskennwerte ermöglicht DIN 4108-2 : 2013-02 auch den Nachweis durch thermische Gebäudesimulationen. Aufgrund der Komplexität derartiger Programme und deren Kosten wird in der Praxis für Wohngebäude in der Regel das in *Abschnitt 11.2* beschriebene Verfahren angewendet werden.

Wenn allerdings Gebäude z. B. eine aktive Kühlung oder eine Doppelfassade aufweisen, kann das vereinfachte Rechenverfahren nicht mehr angewendet werden. Der kleinste Zeitschritt bei der dynamisch-thermischen Gebäudesimulation ist eine Stunde. Unter Berücksichtigung der in der Norm genannten Randbedingungen werden in einer Jahressimulation die Übertemperaturgradstunden in Abhängigkeit von der Sommer-Klimaregion ermittelt und mit den Anforderungswerten entsprechend *Bild 11-21* verglichen.

Eine unterschiedliche Festlegung des Bezugswertes der operativen Innentemperatur in Abhängigkeit von der Sommer-Klimaregion wurde wegen der Adaption des Menschen an das vorherrschende Außenklima vorgenommen. Insbesondere wegen der standardisierten Randbedingungen **erlauben die Berechnungsergebnisse nur bedingt Rückschlüsse auf die in der Praxis tatsächlich auftretenden Überschreitungshäufigkeiten.**

Sommer-Klimaregion	Bezugswert $\Theta_{b,op}$ der Innentemperatur °C	Anforderungswert Übertemperaturgradstunden	
		Wohngebäude	Nichtwohngebäude
A	25	1200	500
B	26		
C	27		

11-21 Zugrunde gelegte Bezugswerte der operativen Innentemperatur für die Sommer-Klimaregionen und Übertemperaturgradstunden-Anforderungswerte

FEUCHTESCHUTZ

12 Aufgaben des Feuchteschutzes

Der Feuchteschutz beinhaltet die Gesamtheit aller konstruktiven Maßnahmen zum Schutz von Bauwerken gegen Feuchtigkeit und Nässe. *Bild 11-22* zeigt anschaulich die unterschiedlichen Beanspruchungen eines Gebäudes durch Wasser in flüssigem, festem und gasförmigem Zustand.

Die Vermeidung von Feuchteschäden ist u. a. aus den folgenden Gründen notwendig:

- Durchfeuchtete Bauteile haben eine höhere Wärmeleitfähigkeit und vermindern somit den Wärmeschutz der Gebäudehülle.

- Niedrige innere Oberflächentemperaturen der Außenbauteile führen zu Tauwasser mit nachfolgender Schimmelbildung an den feuchten Bauteilen, beeinträchtigen dadurch die Hygiene und belasten den menschlichen Organismus.

- Feuchte Baustoffe führen zu einer Vielzahl das Material zerstörender chemischer, physikalischer und biologischer Prozesse, die die Haltbarkeit vermindern und die Standsicherheit gefährden können.

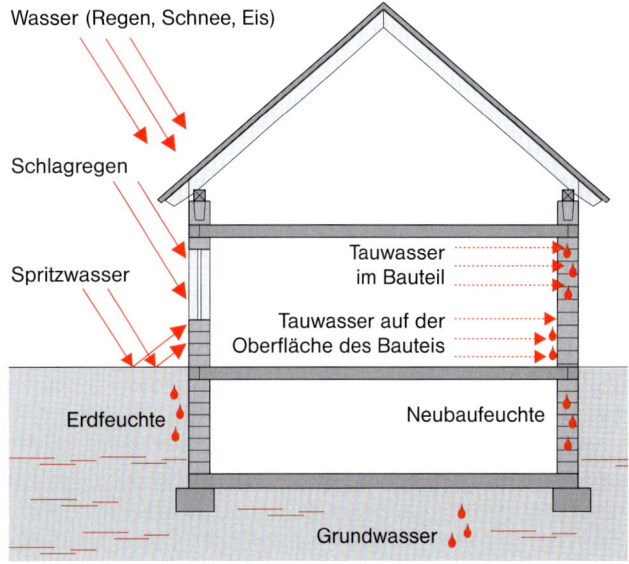

11-22 Beanspruchungen des Gebäudes durch Wasser

13 Arten der Feuchtebeanspruchung von Bauteilen

Bauphysikalisch unterscheidet man folgende Beanspruchungen eines Bauteils durch Feuchtigkeit:

- **Neubaufeuchte**, z. B. durch Anmachwasser von Beton oder Putz bzw. durch einen mangelhaften Regenschutz und Durchfeuchtung des Bauteils während der Bauausführung,
- **Tauwasserbildung an der raumseitigen Oberfläche von Bauteilen** durch hohe Luftfeuchtigkeit und/oder zu geringen Wärmeschutz des Bauteils,
- **Tauwasserbildung im Inneren eines Bauteils** durch bauphysikalisch ungünstige Schichtenfolge im Querschnitt des Bauteils,
- **Niederschlagsfeuchte** durch Regen, Schnee, Hagel, Schlagregen, Spritzwasser im Sockelbereich,
- **Bodenfeuchtigkeit**, die in Form von Erdfeuchte, Sickerwasser oder Grundwasser auf die Bauteile im Erdreich wirkt.

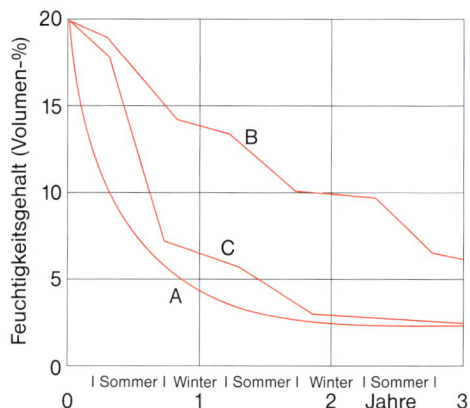

A: Außenwand beidseitig mit Kunststoffbeschichtung, nach außen und innen verdunstungsfähig, selten beregnet (Ostwand)
B: Außenwand (Nordwand), nach außen dicht abgesperrt, nur nach innen verdunstungsfähig
C: Nicht belüftetes Flachdach, nur nach innen verdunstungsfähig

11-23 Trocknungsverläufe von Porenbeton-Außenbauteilen (Quelle: Porenbeton Handbuch)

14 Neubaufeuchte

Während der Errichtung eines Gebäudes gelangt viel Wasser in den Baukörper, z. B. Anmachwasser im Beton, Estrich und Mörtel sowie Regenwasser. Diese **Neubaufeuchte** verringert sich – in Abhängigkeit von den verwendeten Baustoffen und ihrer Schichtenfolge, der Orientierung des Bauteils, des Gebäudestandorts usw. – im Laufe von 2 bis 5 Jahren bis zur **Ausgleichsfeuchte**, die innerhalb eines Jahres noch Schwankungen unterlegen ist. *Bild 11-23* zeigt als Beispiel das unterschiedliche Austrocknungsverhalten von Porenbeton-Außenbauteilen. Bei einem anfänglichen volumenbezogenen Feuchtegehalt von 20 % reduziert sich der Feuchtegehalt bis auf etwa 2 %.

Die Bemessungswerte der Wärmeleitfähigkeit, Abschnitt 4.2, beziehen sich auf einen Ausgleichsfeuchtegehalt der Baustoffe bei einer Temperatur von 23 °C und 80 % relativer Luftfeuchte.

Durch eine Vielzahl vom Baustoff und vom Klima abhängender Feuchtetransport- und Feuchtespeichervorgänge ist der Ausgleichsfeuchtegehalt von Baustoffen stark unterschiedlich, siehe *Bild 11-24*.

Baustoffe	Feuchtegehalt u kg/kg
Beton mit geschlossenem Gefüge mit porigen Zuschlägen	0,13
Leichtbeton mit haufwerkporigem Gefüge mit dichten Zuschlägen nach DIN 4226-100	0,03
Leichtbeton mit haufwerkporigem Gefüge mit porigen Zuschlägen nach DIN 4226-100	0,045
Gips, Anhydrit	0,02
Gussasphalt, Asphaltmastix	0
Holz, Sperrholz, Spanplatten, Holzfaserplatten, Schilfrohrplatten und -matten, organische Faserdämmstoffe	0,15
Pflanzliche Faserdämmstoffe aus Seegras, Holz-, Torf und Kokosfasern und sonstigen Fasern	0,15

11-24 Massebezogener Ausgleichsfeuchtegehalt von Baustoffen nach DIN V 4108-4

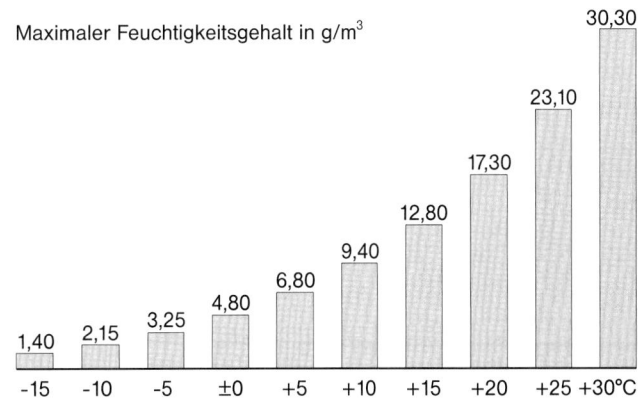

11-25 Maximal möglicher Wasserdampfgehalt der Luft in g/m³

15 Luftfeuchtigkeit

Luft enthält Wasser in Form von Wasserdampf. Der maximal mögliche Wasserdampfgehalt der Luft ist von der Lufttemperatur abhängig, *Bild 11-25,* siehe auch Kapitel 14-5. Wenn diese höchstmöglichen Wasserdampfmengen in der Luft vorhanden sind, ist die Luft mit Wasserdampf gesättigt.

Im Allgemeinen ist in der Luft nur ein Teil des höchstmöglichen Wasserdampfgehalts vorhanden. Das Verhältnis der vorhandenen Wasserdampfmenge zum maximal möglichen Wasserdampfgehalt wird als **relative Luftfeuchte** Φ bezeichnet und in Prozent angegeben,

Bild 11-26. Die relative Luftfeuchte steigt an durch Zufuhr von Wasserdampf oder durch Absinken der Lufttemperatur, also durch Verminderung der Wasserdampfaufnahmefähigkeit der Luft. Mit Wasserdampf gesättigte Luft hat eine relative Feuchte von 100 %. Bei weiterer Zufuhr von Wasserdampf oder bei weiterem Absinken der Lufttemperatur kondensiert Wasserdampf in Form von kleinen Tropfen (Nebel, Schwaden) aus.

Wie alle Gase erzeugt auch der in der Luft enthaltene Wasserdampf einen Druck, den **Wasserdampfdruck**. Der Wasserdampfdruck wird in Pa (Pascal) angegeben und ist – wie der Wasserdampfgehalt – von der Temperatur und relativen Feuchte der Luft abhängig, *Bild 11-27*. Der bei gegebener Temperatur und relativen Feuchte vorhandene Wasserdampfdruck wird als **Wasserdampfteildruck oder -partialdruck p**, der bei derselben Temperatur maximal mögliche Wasserdampfdruck (gesättigte Luft: Φ = 100 %) als **Wasserdampfsättigungsdruck p_s** bezeichnet. Das Verhältnis des Wasserdampfteildrucks zum Wasserdampfsättigungsdruck ist wiederum die relative Luftfeuchte Φ.

Luft-temperatur θ	relative Luftfeuchte Φ					
	100 %	90 %	80 %	70 %	60 %	50 %
20 °C	17,29	15,56	13,83	12,10	10,37	8,65
18 °C	15,37	13,84	12,30	10,76	9,22	7,69
16 °C	13,63	12,27	10,90	9,54	8,18	6,82
14 °C	12,07	10,87	9,66	8,45	7,24	6,04
12 °C	10,67	9,60	8,53	7,47	6,40	5,33
10 °C	9,41	8,46	7,52	6,58	5,64	4,70
8 °C	8,28	7,45	6,62	5,80	4,97	4,14
6 °C	7,26	6,54	5,81	5,08	4,36	3,63
4 °C	6,36	5,73	5,09	4,46	3,82	3,18
2 °C	5,56	5,00	4,45	3,89	3,34	2,78
0 °C	4,85	4,36	3,88	3,39	2,91	2,42
−2 °C	4,14	3,72	3,31	2,90	2,48	2,07
−4 °C	3,52	3,17	2,82	2,47	2,11	1,76
−6 °C	2,99	2,69	2,39	2,09	1,79	1,49
−8 °C	2,53	2,28	2,02	1,77	1,52	1,27
−10 °C	2,14	1,93	1,71	1,50	1,29	1,07
−12 °C	1,80	1,62	1,44	1,26	1,08	0,90
−14 °C	1,52	1,37	1,21	1,06	0,91	0,76
−16 °C	1,27	1,14	1,02	0,89	0,76	0,64
−18 °C	1,07	0,96	0,85	0,75	0,64	0,53
−20 °C	0,88	0,79	0,70	0,62	0,53	0,44

11-26 Wasserdampfgehalt der Luft in g/m³ für verschiedene Werte der Temperatur θ und relativen Feuchte Φ

Luft-temperatur θ	relative Luftfeuchte Φ				
	100 %	80 %	60 %	40 %	20 %
30 °C	4244	3395	2546	1698	849
28 °C	3781	3025	2269	1512	756
26 °C	3362	2690	2017	1345	672
24 °C	2985	2388	1791	1194	597
22 °C	2645	2116	1587	1058	529
20 °C	2340	1872	1404	936	468
18 °C	2065	1652	1239	826	413
16 °C	1818	1454	1091	727	364
14 °C	1599	1279	959	640	320
12 °C	1403	1122	842	561	281
10 °C	1228	982	737	491	246
8 °C	1073	858	644	429	215
6 °C	935	748	561	374	187
4 °C	813	650	488	325	163
2 °C	705	564	423	282	141
0 °C	611	489	367	244	122
−2 °C	517	414	310	207	103
−4 °C	437	350	262	175	87
−6 °C	386	309	232	154	77
−8 °C	310	248	186	124	62
−10 °C	260	208	156	104	52
−12 °C	217	174	130	87	43
−14 °C	181	145	109	72	36
−16 °C	150	120	90	60	30
−18 °C	125	100	75	50	25
−20 °C	103	82	62	41	21

11-27 Wasserdampfdruck p der Luft in Pa für verschiedene Werte der Temperatur θ und relativen Feuchte Φ

16 Tauwasserbildung auf der raumseitigen Oberfläche von Bauteilen

Bei Außenbauteilen mit schlechter Wärmedämmung (hohem Wärmedurchgangskoeffizienten U) besteht **bei niedriger Außentemperatur die Gefahr der Unterschreitung der Taupunkttemperatur** und damit der **Tauwasserbildung**. Die Taupunkttemperatur gibt an, ab welcher Temperatur die Luft mit Wasserdampf gesättigt ist und ein weiteres Abkühlen zum Ausfallen von Wasser führt.

Mithilfe der Temperatur und der relativen Feuchte der Raumluft kann die Taupunkttemperatur $θ_s$ bestimmt werden, Bild 11-28. Wenn die innere Oberflächentemperatur des Außenbauteils niedriger als die Taupunkttemperatur ist, kommt es zu Tauwasserbildung. Dies ist der Fall, wenn die Temperaturdifferenz zwischen Raumluft und innerer Wandoberfläche hoch ist. Am offensichtlichsten ist Tauwasserbildung als Beschlagen von schlecht wärmedämmenden Fensterscheiben bei niedrigen Außentemperaturen zu beobachten. Gefährlich ist Tauwasser-

11 Bauphysik: Feuchteschutz — Tauwasserbildung auf der raumseitigen Oberfläche von Bauteilen

Luft-tempe-ratur θ	Taupunkttemperatur θ_s* in °C bei einer relativen Luftfeuchte Φ von													
	30 %	35 %	40 %	45 %	50 %	55 %	60 %	65 %	70 %	75 %	80 %	85 %	90 %	95 %
30 °C	10,5	12,9	14,9	16,8	18,4	20,0	21,4	22,7	23,9	25,1	26,2	27,2	28,2	29,1
29 °C	9,7	12,0	14,0	15,9	17,5	19,0	20,4	21,7	23,0	24,1	25,2	26,2	27,2	28,1
28 °C	8,8	11,1	13,1	15,0	16,6	18,1	19,5	20,8	22,0	23,2	24,2	25,2	26,2	27,1
27 °C	8,0	10,2	12,2	14,1	15,7	17,2	18,6	19,9	21,1	22,2	23,3	24,3	25,2	26,1
26 °C	7,1	9,4	11,4	13,2	14,8	16,3	17,6	18,9	20,1	21,2	22,3	23,3	24,2	25,1
25 °C	6,2	8,5	10,5	12,2	13,9	15,3	16,7	18,0	19,1	20,3	21,3	22,3	23,3	24,1
24 °C	5,4	7,6	9,6	11,3	12,9	14,4	15,8	17,0	18,2	19,3	20,3	21,3	22,3	23,1
23 °C	4,5	6,7	8,7	10,4	12,0	13,5	14,8	16,1	17,2	18,3	19,4	20,3	21,3	22,2
22 °C	3,6	5,9	7,8	9,5	11,1	12,5	13,9	15,1	16,3	17,4	18,4	19,4	20,3	21,2
21 °C	2,8	5,0	6,9	8,6	10,2	11,6	12,9	14,2	15,3	16,4	17,4	18,4	19,3	20,2
20 °C	1,9	4,1	6,0	7,7	9,3	10,7	12,0	13,2	14,4	15,4	16,4	17,4	18,3	19,2
19 °C	1,0	3,2	5,1	6,8	8,3	9,8	11,1	12,3	13,4	14,5	15,5	16,4	17,3	18,2
18 °C	0,2	2,3	4,2	5,9	7,4	8,8	10,1	11,3	12,5	13,5	14,5	15,4	16,3	17,2
17 °C	−0,6	1,4	3,3	5,0	6,5	7,9	9,2	10,4	11,5	12,5	13,5	14,5	15,3	16,2
16 °C	−1,4	0,5	2,4	4,1	5,6	7,0	8,2	9,4	10,5	11,6	12,6	13,5	14,4	15,2
15 °C	−2,2	−0,3	1,5	3,2	4,7	6,1	7,3	8,5	9,6	10,6	11,6	12,5	13,4	14,2
14 °C	−2,9	−1,0	0,6	2,3	3,7	5,1	6,4	7,5	8,6	9,6	10,6	11,5	12,4	13,2
13 °C	−3,7	−1,9	−0,1	1,3	2,8	4,2	5,5	6,6	7,7	8,7	9,6	10,5	11,4	12,2
12 °C	−4,5	−2,6	−1,0	0,4	1,9	3,2	4,5	5,7	6,7	7,7	8,7	9,6	10,4	11,2
11 °C	−5,2	−3,4	−1,8	−0,4	1,0	2,3	3,5	4,7	5,8	6,7	7,7	8,6	9,4	10,2
10 °C	−6,0	−4,2	−2,6	−1,2	0,1	1,4	2,6	3,7	4,8	5,8	6,7	7,6	8,4	9,2

* Näherungsweise darf geradlinig interpoliert werden.

11-28 Taupunkttemperatur θ_s der Luft in °C für verschiedene Werte der Lufttemperatur θ und relativen Luftfeuchte Φ

bildung über einen längeren Zeitraum auf Anstrichen, Tapeten und Putz, da hierdurch **Schimmelbildungen** und **Ausblühungen** entstehen, die zu gesundheitlichen Problemen und zur Zerstörung des Materials führen.

Der erforderliche Wärmedurchlasswiderstand $R_{erf,\,min}$ eines ebenen Bauteils ohne Wärmebrücken zur Vermeidung von Tauwasserbildung an der Innenoberfläche wird wie folgt ermittelt:

$$R_{erf,\,min} = R_{si} \cdot \frac{\theta_i - \theta_e}{\theta_i - \theta_s} - (R_{si} + R_{se})$$

mit

R_{si} = innerer Wärmeübergangswiderstand in m²K/W
R_{se} = äußerer Wärmeübergangswiderstand in m²K/W
θ_i = Innenlufttemperatur in °C
θ_e = Außenlufttemperatur in °C
θ_s = Taupunkttemperatur der Innenluft in °C

Der entsprechende, zur Vermeidung von Oberflächentauwasser erforderliche Wärmedurchgangskoeffizient $U_{erf,\,max}$, in W/(m²K), errechnet sich zu:

$$U_{erf,\,max} = \frac{\theta_i - \theta_s}{R_{si} \cdot (\theta_i - \theta_e)}$$

Zur Verdeutlichung der Zusammenhänge dient nachfolgendes **Beispiel aus der Baupraxis**:

Der Mindestwert des Wärmedurchlasswiderstandes sowie der maximal zulässige Wärmedurchgangskoeffizient der Außenwände sollen für ein Wohngebäude (maximale Innenlufttemperatur 23 °C und maximale relative Luftfeuchte 85 %) bei einer Tiefsttemperatur im Winter von –16 °C ermittelt werden. Mit den Eingabedaten

R_{si} = 0,13 m²K/W
R_{se} = 0,04 m²K/W
θ_i = 23,0 °C
θ_e = –16,0 °C
θ_s = 20,3 °C

errechnen sich ein zur Tauwasserfreiheit notwendiger Wärmedurchlasswiderstand $R_{erf,\,min}$ von

$$R_{erf,\,min} \geq 0{,}13 \text{ m}^2\text{K/W} \cdot \frac{23{,}0\,°C - (-16{,}0\,°C)}{23{,}0\,°C - 20{,}3\,°C}$$
$$- (0{,}13 + 0{,}04) \text{ m}^2\text{K/W}$$

$$R_{erf,\,min} \geq 1{,}71 \text{ m}^2\text{K/W}$$

sowie ein entsprechender Wärmedurchgangskoeffizient von

$$U_{erf,\,max} \leq \frac{23\,°C - 20{,}3\,°C}{0{,}13 \text{ m}^2\text{K/W} \cdot (23\,°C - (-16\,°C))}$$

$$U_{erf,\,max} \leq 0{,}53 \text{ W/(m}^2\text{K)}$$

Um die Tauwasserfreiheit an der Innenoberfläche bei den zugrunde liegenden Klimabedingungen sicherzustellen, müssen die Außenwände daher höher wärmegedämmt werden, als von DIN 4108-2 zur Einhaltung des Mindestwärmeschutzes (R ≥ 1,2 m²K/W), siehe Abschnitt 9.2, vorgeschrieben.

Tauwasserbildung auf der inneren Oberfläche von Bauteilen kann durch ausreichenden Wärmeschutz vermieden werden. Für Räume mit normalen Werten von Lufttemperatur (18 °C bis 22 °C) und relativer Luftfeuchte (50 bis 70 %) werden in DIN 4108-2 Mindestwerte für den Wärmedurchlasswiderstand genannt, bei deren Einhaltung Schäden durch Tauwasserbildung auch im Bereich von Außenecken vermieden werden.

In den folgenden Fällen ist mit Tauwasserbildung auf der inneren Oberfläche von Bauteilen zu rechnen:

– bei unzureichendem Wärmeschutz,

– im Bereich von Wärmebrücken, siehe Kapitel 10-3.2,

– in Räumen mit hoher Luftfeuchtigkeit, z. B. in Bädern, Küchen, belegten und unzureichend belüfteten Schlafzimmern, Wohnräumen mit vielen Pflanzen,

– in Räumen mit niedriger Lufttemperatur, z. B. in Schlafzimmern.

17 Wasserdampfdiffusion und Tauwasserbildung im Inneren von Bauteilen

Als **Wasserdampfdiffusion** bezeichnet man die Eigenbewegung des Wasserdampfes durch Bau- und Dämmstoffe hindurch. Triebkraft für die Wasserdampfdiffusion sind unterschiedliche Wasserdampfdrücke p_i und p_e auf den beiden Seiten eines Bauteils. Der in der Luft enthaltene Wasserdampf wandert von der Seite des höheren Dampfdrucks in Richtung des Druckgefälles. Der Wasserdampfdruck ist von der Temperatur und der relativen Feuchte der Luft abhängig, *Bild 11-27*.

11 Bauphysik: Feuchteschutz — Wasserdampfdiffusion und Tauwasserbildung im Inneren von Bauteilen

Beispiel:

Für die drei Fälle in *Bild 11-29* ergeben sich die Wasserdampfdruckdifferenzen entsprechend folgender Tabelle:

Nr.	Luftzustand außen			Luftzustand innen			Wasserdampf-druckdifferenz[1] $(p_i - p_e)$
	Temp. °C	rel. Feuchte %	p_e Pa	Temp. °C	rel. Feuchte %	p_i Pa	Pa
①	−15	50	83	20	50	1170	1087
②	30	60	2546	20	60	1404	−1142
③	20	80	1872	20	50	1170	−702

[1] Wenn $(p_i - p_e) > 0$, wandert der Wasserdampf von innen nach außen.
Wenn $(p_i - p_e) < 0$, wandert der Wasserdampf von außen nach innen.

Im Vergleich zu Luft setzen Bauteile dem Wasserdampfdurchgang einen hohen Widerstand entgegen. Der Widerstand ist je nach Material und dessen Dicke unterschiedlich. Ein **Maß für die Dampfdurchlässigkeit** eines Baustoffes ist die **Wasserdampf-Diffusionswiderstandszahl** μ, Abschnitt 29. Diese Zahl ist eine dimensionslose Vergleichszahl und sagt aus, um wie viel der Widerstand eines Baustoffes größer ist als der Widerstand einer gleich dicken, ruhenden Luftschicht gleicher Temperatur ($\mu_{Luft} = 1$).

Ein **Maß für den Diffusionswiderstand**, den ein Bauteil dem Wasserdampfdruck entgegensetzt, erhält man durch Multiplikation von μ mit der Bauteildicke d in Meter. Dieses Produkt wird als **wasserdampfdiffusionsäquivalente Luftschichtdicke s_d** bezeichnet.

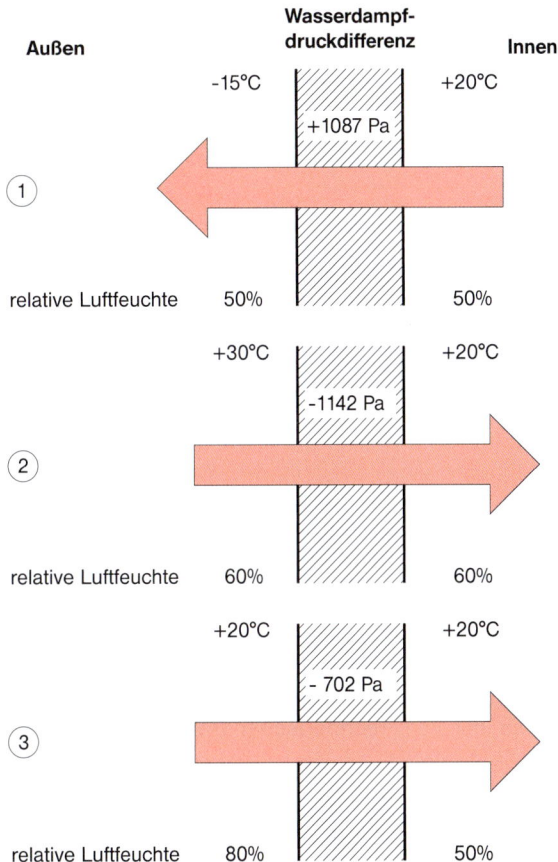

① Im Winter ist in der kalten Außenluft weniger Dampf enthalten als in der warmen Innenluft. Der Wasserdampf wandert dann von der warmen zur kalten Seite nach außen. Dabei kann ein Teil des Wasserdampfes im Bauteil kondensieren.

② Im Sommer kann wegen der umgekehrten Temperaturverhältnisse eine Dampfdiffusion von außen nach innen stattfinden.

③ Eine Wasserdampfwanderung tritt aber auch bei gleichen Temperaturen ein, wenn Unterschiede in der relativen Luftfeuchtigkeit vorhanden sind.

11-29 Wasserdampfwanderung (Diffusion)

Beispiel:

Aus der nachstehenden Tabelle ist die Ermittlung der wasserdampfdiffusionsäquivalenten Luftschichtdicke für verschiedene Baustoffe zu ersehen.

Baustoff	Diffusions-widerstandszahl μ	Bauteildicke d	wasserdampf-diffusions-äquivalente Luftschicht-dicke s_d
Stahlbeton	100	0,20 m	20,0 m
Mineralfaser	1	0,10 m	0,1 m
Bitumendachbahn	50 000	0,002 m	100,0 m

Tauwasserbildung tritt auf, wenn der Wasserdampfteildruck im Inneren eines Bauteils den Wasserdampfsättigungsdruck erreicht. Die Anforderungen im Zusammenhang mit **Tauwasserbildung im Inneren von Bauteilen** sind in **DIN 4108-3** aufgeführt. Laut Norm ist eine Tauwasserbildung im Inneren von Bauteilen unschädlich, wenn durch Erhöhung des Feuchtegehalts der Bau- und Dämmstoffe der Wärmeschutz und die Standsicherheit der Bauteile nicht gefährdet werden. Die Norm nennt Bauteile (Außenwände, nicht belüftete Dächer, belüftete Dächer), für die kein rechnerischer Nachweis des Tauwasserausfalls erforderlich ist.

Für nicht genannte Bauteile ist eine **Tauwasserberechnung nach DIN 4108-3 mit den wärme- und feuchteschutztechnischen Bemessungswerten der Baustoffe entsprechend DIN 4108-4** durchzuführen. Zur Berechnung des Tauwasserausfalls wird das „**Glaser-Verfahren**" verwendet. Für definierte Klimabedingungen wird der Temperaturverlauf im entsprechenden Bauteil errechnet, Abschnitt 5.2. Zu den Temperaturen an den Oberflächen und Trennschichten werden **Wasserdampfsättigungsdruck** und Wasserdampfteildruck ermittelt und der Verlauf der Wasserdampfdruckkurven über der wasserdampfdiffusionsäquivalenten Luftschichtdicke grafisch dargestellt. Anhand der Kurvenverläufe kann festgestellt werden, ob und in welchem Bereich des Bauteils Tauwasser anfällt. Weiterhin lassen sich die flächenbezogene Tauwassermasse $m_{W,T}$, die während der **Tauperiode** (Heizperiode) ausfällt, und die flächenbezogene Verdunstungsmasse $m_{W,V}$, die während der **Verdunstungsperiode** (Sommer) wieder aus dem Bauteil abgeführt werden kann, berechnen. Wenn die folgenden Bedingungen erfüllt werden, kann der gewählte Bauteilaufbau verwendet werden:

– Die Baustoffe, die mit Tauwasser in Berührung kommen, dürfen nicht geschädigt werden (z. B. durch Korrosion oder Pilzbefall).

– Das während der Tauperiode im Inneren des Bauteils anfallende Wasser muss während der Verdunstungsperiode wieder an die Umgebung abgegeben werden können ($m_{W,T} \leq m_{W,V}$).

– Bei Dach- und Wandkonstruktionen darf eine flächenbezogene Tauwassermasse $m_{W,T}$ von insgesamt 1,00 kg/m² nicht überschritten werden ($m_{W,T} \leq 1,00$ kg/m²).

– An kapillar nicht wasseraufnahmefähigen Schichten (z. B. Berührungsflächen von Faserdämmstoff- oder Luftschichten einerseits und Dampfsperr- oder Betonschichten andererseits) darf die flächenbezogene Tauwassermasse $m_{W,T}$ den Grenzwert 0,5 kg/m² nicht überschreiten ($m_{W,T} \leq 0,5$ kg/m²).

– Bei Holz ist eine Erhöhung des massebezogenen Feuchtegehalts um mehr als 5 %, bei Holzwerkstoffen um mehr als 3 % unzulässig (Holzwolle-Leichtbauplatten und Mehrschicht-Leichtbauplatten sind hiervon ausgenommen).

Das Rechenverfahren und seine Anwendung werden in der Norm umfassend und anhand von Beispielen erläutert. Es gibt anwenderfreundliche PC-Programme, mit denen Diffusionsberechnungen nach DIN 4108-4 für beliebige Bauteilaufbauten durchgeführt werden können.

Bei den heute üblichen mehrschichtigen Bauteilen kann **durch eine günstige Schichtenfolge Tauwasserausfall im Inneren von Bauteilen verhindert oder verringert** werden, **wenn die folgenden Hinweise beachtet werden:**

- Die Werte des Wärmedurchlasswiderstandes der Schichten sollten von innen nach außen zunehmen.
- Die s_d-Werte der Schichten sollten von innen nach außen abnehmen (wasserdampfdichtere Schicht auf der inneren, warmen Seite).

Günstig sind Bauteile mit außen liegender Wärmedämmung, da mit zunehmender Dämmschichtdicke die Bedeutung des Dampfdiffusionswiderstandes in den Hintergrund rückt.

Bei Bauteilen mit innen liegender Wärmedämmung sollten Dämmstoffe mit einer hohen Wasserdampf-Diffusionswiderstandszahl gewählt werden.

Durch den **Einbau von diffusionshemmenden oder diffusionsdichten Schichten auf der inneren, warmen Seite** können Bauteile vor eindringendem Wasserdampf geschützt werden. Dampfsperren sind praktisch völlig dampfdiffusionsdichte Schichten ($s_d \geq 1500$ m; z. B. Metallfolien). Dampfbremsen sind diffusionshemmende Schichten, die noch eine gewisse Dampfdiffusion zulassen (0,5 m < s_d < 1500 m; z. B. Kunststoff-Folien).

Wenn für die äußere Schicht eines Bauteils eine hohe dampfbremsende Wirkung erforderlich ist, kann Tauwasserbildung im Bauteil durch **Hinterlüften der äußeren Schicht** vermieden werden (z. B. zweischalige Außenwand mit Wärmedämmung und Hinterlüftung, belüftete Flachdächer).

In Kapitel 4 „Fassaden und Außenwände" und Kapitel 6 „Dächer" sind Bauteilaufbauten aufgeführt, die den Anforderungen an den Feuchteschutz genügen. Ferner enthalten diese Kapitel zahlreiche Hinweise zur Vermeidung von Feuchteschäden.

18 Niederschlagsfeuchtigkeit

18.1 Vorbemerkung

Dach und Fassade eines Gebäudes sind Feuchtigkeitsbelastungen infolge von Niederschlägen (Regen, Schnee, Hagel) ausgesetzt. Das auf dem Dach anfallende Niederschlagswasser ist mit einer Dachentwässerungsanlage aufzufangen, in den Abwasserkanal zu leiten oder zu versickern. Die Außenwände sind gegen Schlagregen durch Maßnahmen, die von der Belastung abhängig sind, zu schützen.

18.2 Maßnahmen zur Ableitung von Wasser / Dachentwässerung

Die Grundlagen zur Bemessung von **Dachentwässerungsanlagen** sind in der DIN 1986 aufgeführt. Querschnitt und Anzahl der Gullys und Regenfallrohre werden aus der Bemessungsregenspende, der zu entwässernden Dachfläche und einem Abflussbeiwert c, der von der Dachausbildung abhängig ist, ermittelt, *Bild 11-30*. Die Bemessungsregenspende gibt die für die Planung anzunehmende Niederschlagsmenge in Liter pro Sekunde und Hektar an; diese basiert auf der maximalen 5-Minuten-Regenspende in 5 Jahren des Gebäudestandorts. Regenwasserleitungen innerhalb und außerhalb von Gebäuden sind grundsätzlich mit einer Bemessungsregenspende von mindestens 300 l/(s · ha) entsprechend 108 l/h · m² bzw. einer Niederschlagsmenge von 108 mm/h zu bemessen. Der regionale Wert für die Bemessungsregenspende kann beim Deutschen Wetterdienst, Offenbach erfragt werden.

18.3 Schutz gegen Schlagregen

Regen, der unter Windeinwirkung auf eine senkrechte Wand auftrifft, wird als **Schlagregen** bezeichnet. Durch Kapillarwirkung kann das Regenwasser in Außenbauteile eindringen. Weiterhin kann Wasser infolge des Staudrucks bei Windanströmung durch Fugen und Risse in

Dachart	Dachflächen (> 3° Neigung)		Dachflächen (≤ 3° Neigung)		Kiesdächer und begrünte Dachflächen (Extensivbegrünung unter 10 cm Aufbaudicke)		begrünte Dachflächen (Intensivbegrünung und Extensivbegrünung ab 10 cm Aufbaudicke)	
Abflussbeiwert	c = 1		c = 0,8		c = 0,5		c = 0,3	
Bemessungsregenspende r l/(s · ha)	300	400	300	400	300	400	300	400
Nennweite DN der Fallrohre mm	Maximal anschließbare Dachfläche in m² je Regenfallrohr							
50	24	18	30	23	48	36	77	58
70	60	45	75	56	120	90	200	150
100	156	117	195	146	312	234	522	392
125	283	212	353	265	565	424	944	708
150	459	344	574	431	918	689	1533	1150
200	986	740	1233	924	1972	1479	3289	2467

11-30 *Maximal anschließbare Dachfläche in m² je Regenfallrohr in Abhängigkeit vom Abflussbeiwert c (Dachausbildung) und der Bemessungsregenspende r*

der Fassadenfläche in oder hinter die Konstruktion dringen.

Empfehlungen zum Schutz eines Gebäudes vor Schlagregen enthält DIN 4108-3. Die Beanspruchung von Gebäuden oder Gebäudeteilen durch Schlagregen wird durch drei Beanspruchungsgruppen definiert, bei denen die Gebäudehöhe sowie die örtlichen Niederschlagsmengen und Windverhältnisse berücksichtigt werden, *Bild 11-31*. Die Beanspruchungsgruppe der Schlagregenbelastung kann entsprechend dem Standort des Gebäudes *Bild 4-1* entnommen werden. In den meisten Gebieten der Bundesrepublik Deutschland beträgt der Jahresniederschlag 600 bis 800 mm. Im norddeutschen Tiefland sowie in den Mittel- und Hochgebirgen liegt er über 800 mm pro Jahr, im Rhein-Main-Gebiet und in den meisten östlichen Bundesländern unter 600 mm pro Jahr. Weiterhin enthält die Norm Beispiele für die Zuordnung von genormten Wandbauarten bzw. Fugenabdichtungsarten zu den Beanspruchungsgruppen, siehe Kapitel 4-4.2.

I – gering	II – mittel	III – stark
- Gebiete mit Jahresniederschlagsmenge < 600 mm - besonders windgeschütze Lagen auch in Gebieten mit größeren Niederschlagsmengen	- Gebiete mit Jahresniederschlagsmenge 600 bis 800 mm - windgeschützte Lagen auch in Gebieten mit größeren Niederschlagsmengen - Hochhäuser und Häuser in exponierter Lage in Gebieten, die der Gruppe I zuzuordnen wären	- Gebiete mit Jahresniederschlagsmenge > 800 mm - windreiche Gebiete auch mit geringer Niederschlagsmenge - Hochhäuser und Häuser in exponierter Lage in Gebieten, die der Gruppe II zuzuordnen wären

11-31 Beanspruchungsgruppen für Schlagregen

19 Schutz gegen Erdfeuchtigkeit

19.1 Arten der Feuchtigkeitsbeanspruchung im Boden

Bauteile im Erdreich sind besonderen Feuchtigkeitsbeanspruchungen ausgesetzt. Man unterscheidet zwischen folgenden Beanspruchungen:

- **Bodenfeuchtigkeit** ist immer im Erdreich vorhanden.
- **Kapillarwasser** wird durch Kapillarkräfte gehalten oder bewegt. Beispiele für Kapillarwasser sind aufsteigende Feuchte im Mauerwerk bei fehlender waagerechter Abdichtung oder nach innen wandernde Feuchte bei schlechter lotrechter Abdichtung im Erdreich.
- **Druckwasser** ist ein Sammelbegriff für Wasser, das einen hydrostatischen Druck auf eine Wand ausübt.
- **Grundwasser** ist unterirdisch stehendes oder fließendes Wasser, das einen Druck auf eine Wand ausüben kann.
- **Stauwasser** kann sich über weniger wasserdurchlässigen Erdschichten am Bauwerk zeitweilig geschlossen ansammeln und einen Druck auf die Wand ausüben.
- **Sickerwasser von außen** ist nicht stauendes Wasser. Es fließt über bauseits vorgegebene Fließwege ab (Dränage u. a.) bzw. versickert im Erdreich.
- **Sickerwasser von innen** ist durch Nutzung im Bauwerk auf Fußböden und Wandflächen auftretendes Wasser (z. B. Spritzwasser in Sanitär- und Nassräumen).

19.2 Anforderungen an Bauwerksabdichtungen

Anforderungen an Bauwerksabdichtungen, Prinzipien einer fachgerechten Anordnung und Vorgaben zur Ausführung von Abdichtungen sind in DIN 18195 aufgeführt. In der Norm werden drei Belastungsfälle behandelt.

Bild 11-32 gibt eine Übersicht über die maßgeblichen Normen zur Anwendung der verschiedenen Abdichtungsarten in Bezug auf die Wasserbeanspruchung und die Bodenart.

Abdichtungen gegen Bodenfeuchte und nicht stauendes Sickerwasser an Bodenplatten und Wänden setzen wasserdurchlässige Böden voraus, die ein rasches Absickern von Niederschlagswasser unter die Fundamentsohle in den Grundwasserbereich ermöglichen (DIN 18195-4). Wände in solchen Böden können ohne Dränage ausgeführt werden. Alle vom Erdreich berührten Außenwände sind gegen das Eindringen von Feuchtigkeit abzudichten. Die Abdichtung muss vom Fundamentabsatz bis 300 mm oberhalb der Oberkante des Geländes geführt werden. Außen- und Innenwände von Gebäuden sind durch mindestens eine waagrechte Abdichtung ge-

Bauteilart	Wasserart	Einbausituation			Art der Wassereinwirkung	Art der erforderlichen Abdichtung nach
erdberührte Wände und Bodenplatten oberhalb des Bemessungswasserstands	Kapillarwasser Haftwasser Sickerwasser	stark durchlässiger Boden $> 10^{-4}$ m/s			Bodenfeuchte und nichtstauendes Sickerwasser	DIN 18195-4
		wenig durchlässiger Boden $\leq 10^{-4}$ m/s	mit Dränung[1]			
			ohne Dränung[2]		aufstauendes Sickerwasser	Abschnitt 9 von DIN 18195-6:2011-12
waagrechte und geneigte Flächen im Freien und im Erdreich; Wand- und Bodenflächen in Nassräumen	Niederschlagswasser Sickerwasser Anstaubewässerung Brauchwasser	Balkone u. ä. Bauteile im Wohnungsbau Nassräume im Wohnungsbau			nichtdrückendes Wasser, mäßige Beanspruchung	Abschnitt 8.2 von DIN 18195-5:2011-12
		genutzte Dachflächen intensiv begrünte Dächer Nassräume (ausgenommen Wohnungsbau) Schwimmbäder			nichtdrückendes Wasser, hohe Beanspruchung	Abschnitt 8.3 von DIN 18195-5:2011-12
		nicht genutzte Dachflächen, frei bewittert, ohne feste Nutzschicht, einschließlich Extensivbegrünung			nichtdrückendes Wasser	DIN 18531
erdberührte Wände, Boden- und Deckenplatten unterhalb des Bemessungswasserstands	Grundwasser Hochwasser	jede Bodenart, Gebäudeart und Bauweise			drückendes Wasser von außen	Abschnitt 8 von DIN 18195-6:2011-12

11-32 Zuordnung der Abdichtungsarten nach DIN 18195 zu Wasserbeanspruchung und Bodenart

gen aufsteigende Feuchtigkeit zu schützen. Die vertikale Abdichtung muss so an die waagrechte Abdichtung herangeführt oder mit ihr verklebt werden, dass keine Feuchtigkeitsbrücken, insbesondere im Bereich von Putzflächen, entstehen können.

Höhere Anforderungen werden an Abdichtungen gegen **nicht drückendes Wasser** von horizontalen und geneigten Flächen im Freien und im Erdreich sowie von Wand- und Bodenflächen in Nassräumen gestellt. Die Ausführung der Abdichtung regelt DIN 18195-5. Nicht drückendes Wasser, d. h. Wasser in tropfbar flüssiger Form, ist Niederschlags-, Sicker- oder Brauchwasser, das auf die Abdichtung keinen oder nur einen geringfügigen hydrostatischen Druck ausübt. Die Abdichtung von waagrechten oder schwach geneigten Flächen ist an anschließenden, höher gehenden Bauteilen im Regelfall mindestens 150 mm hochzuführen.

Die höchsten Anforderungen werden an Abdichtungen von Bauwerken gegen von **außen drückendes Wasser** und **aufgestautes Sickerwasser** gestellt. Kennzeichnend für diesen Belastungsfall ist ein vom Stauwasser ausgehender hydrostatischer Druck auf das Bauteil.

Weitere Einzelheiten zur Ausführung von Abdichtungen gegen drückendes Wasser sind DIN 18195-6 zu entnehmen.

20 Hygrothermische Simulationsprogramme

Die getrennte Betrachtung von Wärme- und Feuchteverhalten von Bauteilen, die in der Norm DIN 4108 geregelt ist, führt teilweise zum Ausschluss von Bauteilaufbauten, die sich allerdings in der Praxis bewährt haben. Daher wurden in den letzten Jahren instationäre Verfahren zur hygrothermischen Simulation entwickelt, deren Rechenverfahren auf DIN EN 15026 basieren. Die bekanntesten Programme sind DELPHIN, ESTHER und WUFI.

Die Programme ermöglichen hygrothermische Simulationen von Bauteilen unter Berücksichtigung von Wärmetransport und Feuchtetransport im Bauteil, von standortspezifischen Klimadaten (Temperatur, Feuchte, Schlagregenbelastung, Sonneneinstrahlung, u. a.) und von der Verschattung des Gebäudes im Stundentakt über 365 Tage oder mehrere Jahre. Die Programme eignen sich z. B. zur Bestimmung von Austrocknungszeit der Baufeuchte von Neubauten oder umfangreichen Sanierungen, der Tauwassergefahr in Bauteilen, des Einflusses von Schlagregen auf Außenbauteile und des hygrothermischen Verhaltens von Dach- und Wandkonstruktionen, die nach dem Glaser-Verfahren der DIN 4108-3 nicht zulässig wären.

Problem und Risiko bei der Eingabe stellt das nur eingeschränkt vorhandene Datenmaterial der Stoffkennwerte, insbesondere der die unterschiedlichen Feuchteprozesse im Stoff beschreibenden Daten dar. Insbesondere bei der Sanierung ist es meistens nur möglich, alte Baustoffe durch die Kennwerte ähnlicher heute am Markt angebotener Materialien annähernd zu beschreiben. Die Berechnungen erfordern aufgrund ihrer komplexen Dateingabe daher besonderen Sachverstand des Nutzers.

Dennoch hat sich das Verfahren der hygrothermischen Simulation seit Jahren bewährt; dessen Ergebnisse wurden in diversen Feldversuchen inzwischen validiert. Nur mittels dieser Programme ist ein bauphysikalischer Nachweis der dauerhaften Tauglichkeit von kappilaraktiven Innendämmsystemen oder unbelüfteten Dächern mit feuchteadaptiver Dampfbremse möglich.

SCHALLSCHUTZ

21 Arten des Schallschutzes

Unter baulichem Schallschutz werden Maßnahmen verstanden, die die Schallübertragung von einer Schallquelle außerhalb oder innerhalb eines Gebäudes in einen Raum, in dem Ruhe gewünscht wird, verringern. Ein ausreichender Schallschutz soll Menschen Ruhe und Entspannung im eigenen häuslichen Bereich ermöglichen. Hierzu werden durch baurechtlich geltende Normen Mindestanforderungen an den Schallschutz gestellt und Kriterien für einen erhöhten Schallschutz genannt. Der bauliche Schallschutz gehört zu den wichtigsten Merkmalen für die Qualität eines Wohnhauses bzw. einer Wohnung.

Im Bereich des baulichen Schallschutzes wird unterschieden zwischen

- **Luftschalldämmung:** Darunter ist z. B. die Verringerung der Luftschallübertragung zwischen zwei aneinander grenzenden Wohnungen durch eine entsprechend ausgebildete Trennwand zu verstehen, *Bild 8-8*.
- **Trittschalldämmung:** Standardbeispiel für die Trittschalldämmung einer Decke ist der „schwimmende Estrich" auf einer Rohdecke. Er besteht aus einer Estrichplatte, die auf einer Trittschalldämmschicht aufliegt und durch elastische Randstreifen von der angrenzenden Wand schalltechnisch getrennt ist, *Bild 7-16*.
- **Schallabsorption:** Als Beispiel sei das Anbringen schallabsorbierender Platten an Wänden und Decken in Treppenhäusern und Gängen von Mehrfamilienhäusern genannt, *Bild 11-42*.

In den folgenden Abschnitten werden die kennzeichnenden Größen für die Luft- und Trittschalldämmung sowie die Schallabsorption erläutert. Den Erläuterungen folgen „Hinweise und Beispiele" für die Anwendung. Danach werden Mindestanforderungen an den Schallschutz und Vorschläge für erhöhten Schallschutz behandelt. Es folgen wichtige allgemeine Hinweise zum erhöhten Schallschutz, der stets ausdrücklich zwischen Bauherrn und Entwurfsverfasser zu vereinbaren ist.

Anmerkung: Die vorliegenden Ausführungen zum Schallschutz beziehen sich auf die bisher gültigen Regelungen der DIN 4109 : 1989-11 und der zugehörigen Beiblätter, da die aufgrund der europäischen Normung erforderliche Überarbeitung der DIN 4109 und die Erarbeitung eines neuen Bauteilkatalogs noch nicht so weit fortgeschritten sind, dass endgültige Ergebnisse hier schon berücksichtigt werden konnten. Auf die geplanten Veränderungen wird in Abschnitt 26 näher eingegangen.

22 Kennzeichnende Größen für die Luftschalldämmung

22.1 Vorbemerkung

In den Kapiteln 4 bis 8 werden Bauteilgruppen wie Außenwände, Fenster und Außentüren, Decken u. a. beschrieben. Dort werden zur Kennzeichnung der Luftschalldämmung die Schalldämm-Maße R_w und R'_w verwendet. Die nachstehende Erläuterung dieser Schalldämm-Maße – und der ihr vorangehenden schalltechnischen Größen – geht von den Definitionen im Anhang A der Norm DIN 4109 aus. Anschließend werden Beispiele zur Wirkung verschiedener Bautechniken auf die Luftschalldämmung genannt.

22.2 Schalldämm-Maß R ohne Nebenwege

Die **luftschalldämmende Eigenschaft eines Bauteils wird durch das Schalldämm-Maß R gekennzeichnet**. Die Einheit dieses Schalldämm-Maßes und der weiteren zu besprechenden Schalldämm-Maße ist das **Dezibel (Kurzzeichen dB)**.

Das Schalldämm-Maß R eines Bauteils wird im Prüfstand entsprechend den Vorgaben der Norm DIN EN ISO 140 ermittelt, *Bild 11-33*. Der Prüfstand ist so ausgelegt, dass der Schall nur durch das zu prüfende Bauteil und nicht über die daran angrenzenden bzw. „flankierenden" Bauteile übertragen wird.

Das Schalldämm-Maß R ist gleich der Schallpegeldifferenz zwischen Senderaum (Schallpegel L_1) und Empfangsraum (Schallpegel L_2) plus einem Korrekturwert, der die Fläche S des zu prüfenden Bauteils und die äquivalente Absorptionsfläche A (Abschnitt 23.4) im Empfangsraum berücksichtigt:

$$R = L_1 - L_2 + 10 \lg (S/A) \text{ in dB.}$$

Die Bestimmung des Schalldämm-Maßes R erfolgt innerhalb des „bauakustischen" Frequenzbereichs von 100 bis 3150 Hz. Das Schalldämm-Maß R eines Prüflings ist mit Terzbandfiltern bei den Mittenfrequenzen 100 Hz, 125 Hz, 160 Hz, ..., 2500 Hz, 3150 Hz zu messen und anzugeben. Aus *Bild 11-34* ist als Beispiel das Schalldämm-Maß R einer Kalksandsteinwand mit Wärmedämm-Verbundsystem zu ersehen.

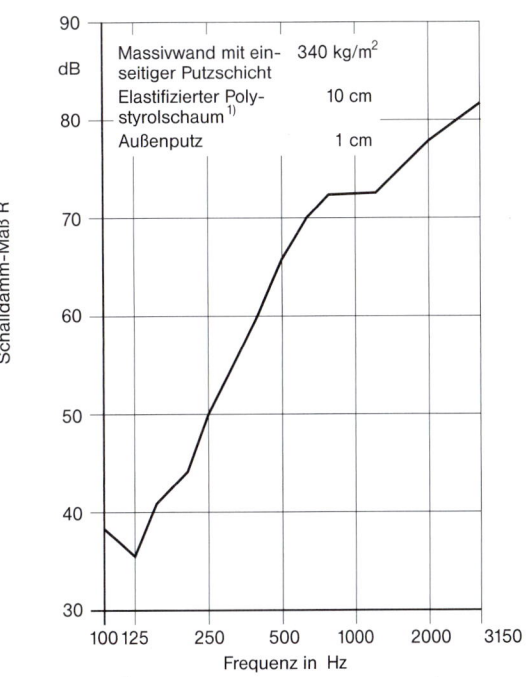

[1] Dynamische Steifigkeit s' ≤ 10 MN/m³

11-34 Schalldämm-Maß R einer Kalksandsteinwand mit Wärmedämm-Verbundsystem [7]

22.3 Schalldämm-Maß R' mit Nebenwegen

Das mit Apostroph gekennzeichnete **Schalldämm-Maß R' berücksichtigt** zusätzlich zur Schallübertragung durch das trennende Bauteil

- die Schallübertragung durch **„flankierende Bauteile"** wie Wände und Decken,
- die Schallübertragung durch weitere **„Nebenwege"** wie Undichtigkeiten, Kanäle, Schächte, Rohre u. a.

Das Schalldämm-Maß R' beschreibt somit die Schalldämmung, wie sie z. B. in einem Wohngebäude zwischen aneinander grenzenden Räumen besteht.

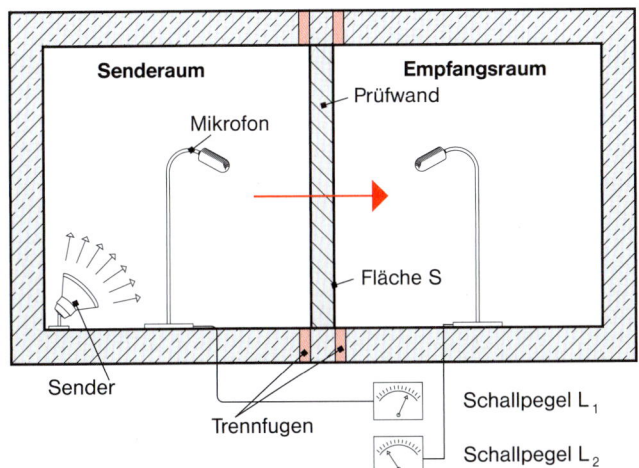

11-33 Schematische Darstellung eines Prüfstandes zur Ermittlung des Schalldämm-Maßes R einer Wand

Mit dem Schalldämm-Maß R' wird auch die Schalldämmung von Bauteilen gekennzeichnet, die in einem Prüfstand mit genormter „bauähnlicher Flankenübertragung" untersucht werden, *Bild 11-35*. Dieser in DIN EN ISO 140 genormten „bauähnlichen Flankenübertragung" liegen flankierende Bauteile mit einer mittleren flächenbezogenen Masse von etwa 450 kg/m² zugrunde. Unterschiedlich große Schallübertragung über flankierende Bauteile kann für das gleiche trennende Bauteil im Prüfstand und zwischen Räumen in Gebäuden zu verschiedenen Werten des Schalldämm-Maßes R' führen.

Zur Angabe des Schalldämm-Maßes R' gehören daher immer eindeutige Angaben zur Beschaffenheit der flankierenden Bauteile. Auch das Schalldämm-Maß R' eines Bauteils ist mit Terzbandfiltern bei den Mittenfrequenzen 100 Hz, 125 Hz, ..., 3150 Hz zu messen und anzugeben.

22.4 Bewertetes Schalldämm-Maß R_w bzw. R'_w

Das **bewertete Schalldämm-Maß R_w bzw. R'_w kennzeichnet die schalldämmenden Eigenschaften** eines trennenden Bauteils bzw. die Schalldämmung zwischen Räumen **durch einen einzigen Zahlenwert**. Zur Ermittlung dieses Wertes wird die Messkurve des Schalldämm-Maßes R bzw. R' nach dem Verfahren der Norm DIN EN ISO 717-1 mit der dort festgelegten Bezugskurve B, *Bild 11-36*, verglichen.

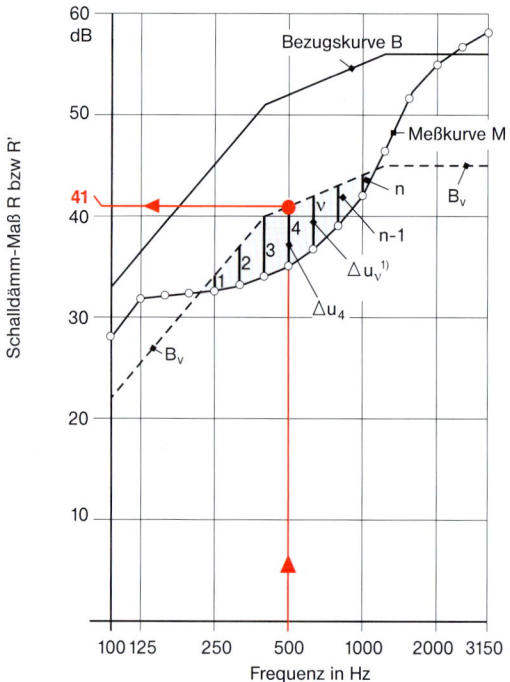

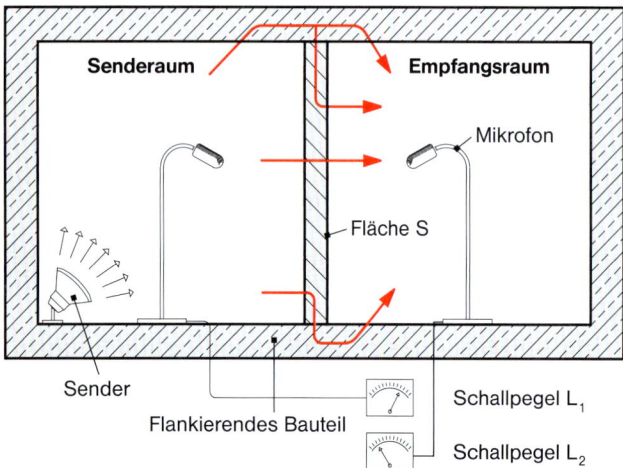

11-35 *Schematische Darstellung eines Prüfstandes mit „bauähnlicher Flankenübertragung" zur Ermittlung des Schalldämm-Maßes R' einer Wand*

11-36 *Bestimmung des bewerteten Schalldämm-Maßes R_w bzw. R'_w*

Die Kurve B wird zur Bewertung parallel zu sich selbst um jeweils 1 dB so weit verschoben, bis die Summe der Unterschreitungen ($\Delta u_1 + \Delta u_2 + ... + \Delta u_n$) geteilt durch die Anzahl aller Messfrequenzen (das sind 16) $\leq$ 2 dB ist, *Bild 11-36*.

$$\frac{1}{16} \sum_{\nu=1}^{n} \Delta u_\nu \leq 2 \text{ dB}$$

Der Ordinatenwert der verschobenen Bezugskurve B_v bei 500 Hz ist dann das bewertete Schalldämm-Maß R_w bzw. R'_w.

Weiterhin werden im Prüfzeugnis die **Spektrum-Anpassungswerte C und C_{tr}** für verschiedene Geräuschquellen angegeben. Wenn die Geräuschquellen bekannt sind, sollte der Spektrum-Anpassungswert bei der Bestimmung der Anforderungen berücksichtigt werden. Bei Wohnaktivitäten (Reden, Musik, Radio, TV) ist C und bei Straßenverkehrslärm C_{tr} zum Schalldämm-Maß zu addieren.

In Kapitel 5 „Fenster und Außentüren" ist für die betreffenden Bauteile stets das bewertete Schalldämm-Maß R_w aufgeführt, da die betreffenden Messungen immer in Prüfständen ohne „Flankenübertragung" durchgeführt werden.

Für die schalltechnische Kennzeichnung der weiteren Bauteilgruppen wie Außenwände, Dächer, Decken u. a., Kapitel 4, 6, 7 und 8, wird dagegen das bewertete Schalldämm-Maß R'_w verwendet, das bisher immer im Prüfstand mit „bauähnlicher Flankenübertragung" bestimmt wurde.

22.5 Resultierendes Schalldämm-Maß $R'_{w,res}$ zusammengesetzter Bauteile

Das **resultierende Schalldämm-Maß $R'_{w,res}$ beschreibt die Schallübertragung von Bauteilen, die aus mehreren Einzelbauteilen** verschiedener Schalldämmung **bestehen**. Beispiele sind Fassaden (Außenwand mit Fenstern, Rollladenkästen und Türen) oder Dächer mit Einbauten (z. B. Dachflächenfenster).

Das resultierende Schalldämm-Maß $R'_{w,res}$ wird im Regelfall aus den Werten der Schalldämm-Maße $R_{w,1}$, $R_{w,2}$, $R_{w,3}$ ... sowie der Flächen S_1, S_2, S_3 ... der Einzelbauteile rechnerisch ermittelt (Beiblatt 1 zu DIN 4109, Abschnitt 11).

22.6 Hinweise und Beispiele

Die Luftschalldämmung einschaliger massiver Wände hängt überwiegend von der flächenbezogenen Masse ab, *Bild 4-4*. **Bei einschaligen Wänden mit einer Masse über 85 kg/m² führt eine Verdoppelung der flächenbezogenen Masse überschlägig zu einer Erhöhung des Schalldämm-Maßes R'_w um etwa 8 dB.**

Zweischalige Massivwände, wie sie z. B als Trennwände für Reihen- oder Doppelhäuser ausgeführt werden, haben im Vergleich zu einer gleich schweren einschaligen Wand meist ein deutlich höheres Schalldämm-Maß, *Bild 8-7*. **Bei Wänden aus zwei Wandschalen mit einer flächenbezogenen Masse m' $\geq$ 150 kg/m² und durchgehender Trennfuge mit eingelegten Faserdämmplatten Typ WTH kann ein um 12 dB höheres Schalldämm-Maß R'_w angesetzt werden.**

Die hohe Schalldämmung zweischaliger Wände ist überwiegend von der flächenbezogenen Masse der einzelnen Schalen, deren Abstand, der Hohlraumfüllung und der mechanischen Verbindung der Schalen abhängig. Von besonderer Bedeutung ist eine schallbrückenfreie Ausführung der Trennfuge. Selbst kleine Schallbrücken im Bereich der Wände oder Betondecken können die Schalldämmung wesentlich verringern. Zweischalige Wände können auch aus einer Kombination von einer Massivwand und einer „biegeweichen Vorsatzschale" oder aus zwei leichten biegeweichen Schalen, die an einem geeigneten Ständerwerk befestigt sind, bestehen.

Wärmedämm-Verbundsysteme auf Massivwänden führen insbesondere bei vollflächiger Verklebung von steifen Dämmstoffplatten und einer Außenputzschicht geringer flächenbezogener Masse ($\leq$ 12 kg/m² bzw. $\leq$ 10 mm) zu einer Verringerung des Schalldämm-Maßes R'_w um bis zu

6 dB [7], [8]. Wird die Dämmschicht dagegen nur teilweise verklebt oder werden weiche Dämmstoffplatten (dynamische Steifigkeit s' $\leq$ 8 MN/m^3) aus elastifiziertem Polystyrol oder Mineralfasern und Putze höherer flächenbezogener Masse eingesetzt ($\geq$ 20 kg/m^2 bzw. $\geq$ 15 mm), dann kann sich auch eine Erhöhung des Schalldämm-Maßes R'_w ergeben. Für die Praxis ist aus bisherigen Ergebnissen [8] zu folgern, dass Wärmedämm-Verbundsysteme aus geeigneten Dämmplatten mit geringer dynamischer Steifigkeit (elastifiziertes Polystyrol oder Mineralfasern) und mit schweren Putzschichten keine Verminderung der Schalldämmung von Massivwänden erwarten lassen, sondern sogar eine deutliche Verbesserung. Allerdings ist das resultierende Schalldämm-Maß $R'_{w,res}$ einer Außenwand mit Fenstern in den meisten Fällen durch die Schalldämmung des Fensters bestimmt. Wenn das Schalldämm-Maß des Fensters mehr als 10 dB niedriger als das Schalldämm-Maß der Wand ist, hängt das resultierende Schalldämm-Maß $R'_{w,res}$ bei üblichen Fensterflächenanteilen der Fassade hauptsächlich von der Schalldämmung der Fenster ab.

In *Bild 11-37* sind die Tabellen für die einzelnen Bauteilgruppen wie Außenwände, Fenster und Außentüren, Decken u. a. aufgeführt, die Werte des bewerteten Schalldämm-Maßes R_w bzw. R'_w enthalten. Anforderungen für den Mindestschallschutz und Vorschläge für erhöhten Schallschutz dieser Bauteile sind den *Bildern 7-2* und *8-2* zu entnehmen.

23 Kennzeichnende Größen für die Trittschalldämmung

23.1 Vorbemerkung

Decken können durch Begehen, Haushaltgeräte (z. B. Waschmaschinen), aufprallende Gegenstände u. Ä. zu Körperschall angeregt werden, der sich über angrenzende Bauteile wie Decken und Wände im Gebäude sowohl horizontal als auch vertikal ausbreitet und als Luftschall in weiter entfernt liegenden Räumen eines Hauses zu hören ist.

Der durch Begehen von Decken entstehende Körperschall wird als Trittschall bezeichnet. **Die Verringerung der Übertragung von Trittschall durch bautechnische Maßnahmen wird Trittschalldämmung genannt.**

In Kapitel 7 „Decken" werden zur Kennzeichnung der Trittschalldämmung drei Größen verwendet:

– Der **bewertete Norm-Trittschallpegel** $L_{n,w}$ bzw. $L'_{n,w}$ beschreibt die Trittschalldämmung gebrauchsfertiger Decken, d. h. der Rohdecke einschließlich der Deckenauflage (z. B. schwimmender Estrich, Teppichboden).

– Der **äquivalente bewertete Norm-Trittschallpegel** $L_{n,w,eq}$ kennzeichnet das Trittschallverhalten von Rohdecken.

– Die **Trittschallminderung** ΔL (alte Bezeichnung: Trittschallverbesserungsmaß VM) schließlich beschreibt die trittschalldämmenden Eigenschaften von Deckenauflagen (z. B. schwimmender Estrich, Teppichboden).

Die nachstehende Erläuterung dieser Trittschall-Maße geht von den Definitionen im Anhang A der Norm DIN 4109 aus. Abschließend werden Beispiele verschiedener Konstruktionen zur Trittschalldämmung genannt.

23.2 Messung des Trittschallpegels

Messtechnisch lässt sich die Trittschalldämmung einer Decke folgendermaßen ermitteln: Die zu prüfende Decke wird mittels eines genormten Hammerwerks zu Körperschall angeregt, *Bild 11-38*. Der Luftschallpegel, der durch die Schallabstrahlung der Decke im darunter liegenden Raum entsteht, wird als Trittschallpegel bezeichnet. Er stellt ein Maß für die Trittschalldämmung dar. Dabei ist die Trittschalldämmung umso größer, je kleiner der Trittschallpegel im „Empfangsraum" ist.

Prüfstände für Laborprüfungen, Messverfahren und Auswertungsmethoden sind in DIN EN ISO 140, Teile 1–14, festgelegt.

Kapitel „4 Fassaden und Außenwände"	
4-2	Resultierendes Schalldämm-Maß $R'_{w,res}$ der Fassade für verschiedene Fensterflächenanteile und Schalldämm-Maße von Fenstern und Wand
4-4	Bewertetes Schalldämm-Maß R'_w (Rechenwerte) von verputzten, einschaligen, biegesteifen Wänden in Abhängigkeit von der flächenbezogenen Masse
Kapitel „5 Fenster und Außentüren"	
5-14	Bezeichnung, Aufbau und technische Kennwerte von Verglasungen
5-35	Richtpreise in Euro für Fenster 110 cm × 138 cm bei verschiedenen U_w- und $R_{w,R}$-Werten
5-36	Beispiele für Übereinstimmungszeichen und RAL-Gütezeichen
5-44	Übereinstimmungsnachweise nach der Bauregelliste für Fenster, Türen und Tore
Kapitel „6 Dächer"	
6-4	Aufbau eines geneigten Leichtdaches mit einem Schalldämm-Maß R'_w von 45 dB (Rechenwert)
6-9	Geneigte belüftete Dächer – Kenndaten der Dachkonstruktionen nach *Bild 6-10*
6-12	Belüftete Flachdächer – Aufbau und Kenndaten
6-14	Nicht belüftete Flachdächer – Aufbau und Kenndaten
Kapitel „7 Decken"	
7-13	Bewertetes Schalldämm-Maß R'_w von Massivdecken (Rechenwerte) nach Beiblatt 1 zu DIN 4109
7-17	Holzbalkendecke ohne sichtbare Balken mit einem Schalldämm-Maß R'_w von 57 dB und einem Norm-Trittschallpegel $L'_{n,w}$ von 51 dB (ohne Bodenbelag) nach Beiblatt 1 zu DIN 4109
7-18	Holzbalkendecke mit sichtbaren Balken und einem Schalldämm-Maß R'_w von 55 dB sowie einem Norm-Trittschallpegel $L'_{n,w}$ von 53 dB (ohne Bodenbelag) nach Beiblatt 1 zu DIN 4109
Kapitel „8 Raum- und Gebäudetrennwände"	
8-2	Werte für den Mindest-Schallschutz und den erhöhten Schallschutz zur Luftschalldämmung von Wänden und Türen
8-3	Bewertete Schalldämm-Maße R_w (Rechenwerte) für Metall- und Holzständerwände (Auszug aus Beiblatt 1 zu DIN 4109)
8-4	Wärmedurchgangskoeffizient U, Wärmespeicherfähigkeit und bewertetes Schalldämm-Maß R'_w (Rechenwerte) einschaliger massiver Innenwände
8-5	Bewertetes Schalldämm-Maß R'_w (Rechenwert) und Wärmedurchgangskoeffizient U für Wohnungstrennwände aus einschaligem Mauerwerk unterschiedlicher Rohdichte und Dicke (Normalmörtel, beidseitige Putzschicht mit 20 kg/m²)
8-6	Bewertetes Schalldämm-Maß R'_w (Rechenwert) und Wärmedurchgangskoeffizient U mehrschichtiger Wohnungstrennwände gegen Gebäudeteile mit wesentlich niedrigeren Innentemperaturen (unbeheizte Treppenräume, Flure u. a., *Bild 8-2*)
8-7	Bewertetes Schalldämm-Maß R'_w (Rechenwert) und Wärmedurchgangskoeffizient U für zweischalige Gebäudetrennwände aus Mauerwerk (Normalmörtel, beidseitige Putzschicht von jeweils 10 mm Dicke mit 10 kg/m² Masse, Trennfugendicke 30 mm, mit Mineralfaserplatten ausgelegt)

11-37 Verzeichnis der Tabellen und Bilder für die einzelnen Bauteilgruppen, die Werte des bewerteten Schalldämm-Maßes R_w bzw. R'_w enthalten

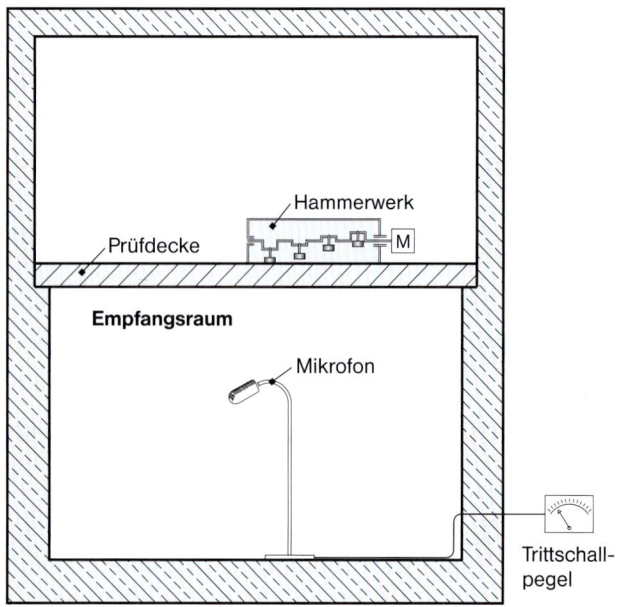

11-38 Schematische Darstellung eines Prüfstandes zur Ermittlung des Trittschallpegels einer Decke

23.3 Norm-Trittschallpegel L_n bzw. L'_n

Der Norm-Trittschallpegel L_n ist derjenige Trittschallpegel, der bei der Anregung einer Decke mit dem Norm-Hammerwerk im Empfangsraum eines Prüfstandes ohne Flankenübertragung gemessen und auf eine Absorptionsfläche A_o von 10 m² bezogen wird, *Bild 11-39* oben. Hat der Empfangsraum eine äquivalente Absorptionsfläche A und beträgt der Messwert bei dieser Absorptionsfläche L_T, so ergibt sich der Norm-Trittschallpegel L_n aus

$$L_n = L_T + 10 \lg \frac{A}{A_o} \text{ in dB.}$$

Er kennzeichnet die Trittschalldämmung einer Decke mit oder ohne Deckenauflage und ohne Schallübertragung über flankierende Bauteile.

Wenn der Norm-Trittschallpegel in einem Prüfstand mit festgelegter bauähnlicher Flankenübertragung oder in einem Gebäude gemessen wird, trägt er die **Bezeichnung L'_n**, *Bild 11-39* unten. Es gilt dann

$$L'_n = L'_T + 10 \lg \frac{A}{A_o} \text{ in dB.}$$

Der Norm-Trittschallpegel L_n bzw. L'_n ist mit Terzbandfiltern bei den Mittenfrequenzen 100 Hz, 125 Hz, ..., 2500 Hz und 3150 Hz zu messen und anzugeben, *Bild 11-40*, Messkurve M.

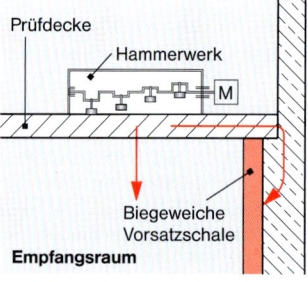

a. Messen des **Trittschallpegels L_n**; die biegeweiche Vorsatzschale schließt die Schallübertragung über die flankierenden Prüfstandswände in den Empfangsraum weitgehend aus.

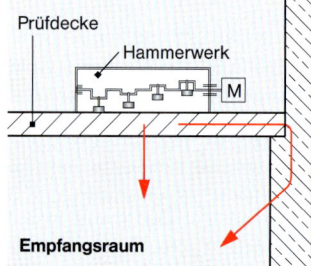

b. Messen des **Trittschallpegels L'_n**; die Schallübertragung über die Prüfstandswände führt zu einem „bauähnlichen" Trittschallpegel im Empfangsraum.

11-39 Schematische Darstellung der Schallübertragung in einem Prüfstand zur Ermittlung der Norm-Trittschallpegel L_n bzw. L'_n einer Decke

11 Bauphysik: Schallschutz — Kennzeichnende Größen für die Trittschalldämmung

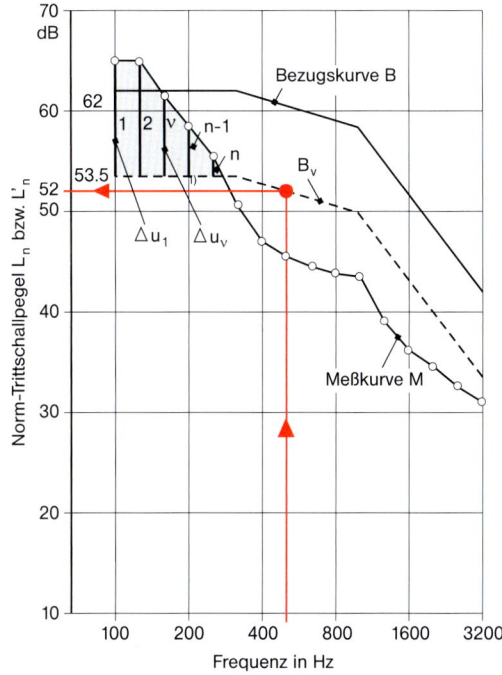

1) Δu_v ... Überschreitung der verschobenen Bezugskurve

11-40 Bestimmungen des bewerteten Norm-Trittschallpegels $L_{n,w}$ bzw. $L'_{n,w}$

23.4 Bewerteter Norm-Trittschallpegel $L_{n,w}$ bzw. $L'_{n,w}$

Der **bewertete** Norm-Trittschallpegel $L_{n,w}$ bzw. $L'_{n,w}$ kennzeichnet die Trittschalldämmung einer Decke durch einen einzigen Zahlenwert. Ihm liegen die Norm-Trittschallpegel L_n bzw. L'_n nach Abschnitt 23.3 zugrunde. Zur Ermittlung dieses Wertes wird die Messkurve des Norm-Trittschallpegels nach dem Verfahren der Norm DIN 52210-4 mit der dort festgelegten Bezugskurve B, *Bild 11-40*, verglichen. Die Bezugskurve B wird zur Bewertung parallel zu sich selbst um jeweils 1 dB so weit verschoben, bis die Summe der Überschreitungen

$(\Delta u_1 + \Delta u_2 + ... + \Delta u_n)$ geteilt durch die Anzahl aller Messfrequenzen (das sind 16) ≤ 2 dB ist, *Bild 11-36*.

$$\frac{1}{16} \sum_{v=1}^{n} \Delta u_v \leq 2 \text{ dB}$$

Der Ordinatenwert der verschobenen Bezugskurve B_v bei 500 Hz ist dann der bewertete Norm-Trittschallpegel $L_{n,w}$ bzw. $L'_{n,w}$.

Im bewerteten Norm-Trittschallpegel $L'_{n,w}$ ist die Schallübertragung über flankierende Bauteile eingeschlossen; dagegen ist im Norm-Trittschallpegel $L_{n,w}$ keine „Flankenübertragung" enthalten.

Bei beiden Messwerten werden im Prüfzeugnis noch die Spektrum-Anpassungswerte C_I für typische Gehgeräusche sowie $C_{I,\,50-2500}$ für den erweiterten Frequenzbereich angegeben.

23.5 Bewerteter Norm-Trittschallpegel $L_{n0,w}$ der massiven Standarddecke ohne Deckenauflage

Der Norm-Trittschallpegel $L_{n0,w}$ der massiven Standarddecke kennzeichnet das Trittschallverhalten einer Massivdecke ohne Deckenauflage durch einen einzigen Zahlenwert. Ihm liegen die Norm-Trittschallpegel L_n nach Abschnitt 23.3 und das Bewertungsverfahren nach Abschnitt 23.4 zugrunde.

Der bewertete Norm-Trittschallpegel $L_{n0,w}$ wird zur Berechnung des bewerteten Norm-Trittschallpegels $L_{n,w}$ von Decken mit Deckenauflage (z. B. schwimmender Estrich, Teppichboden) verwendet.

23.6 Trittschallminderung ΔL_w einer Deckenauflage

Die Trittschallminderung ΔL_w ist eine Einzahlangabe, welche die trittschalldämmenden Eigenschaften einer Deckenauflage (z. B. schwimmender Estrich, Teppichboden) kennzeichnet. Die Trittschallminderung ermöglicht somit den Vergleich verschiedener Deckenauflagen bezüglich ihrer trittschalldämmen-

den Wirkung und die Berechnung der Verringerung des Trittschallpegels einer Rohdecke durch eine Deckenauflage.

Der bewertete Norm-Trittschallpegel $L_{n,w}$ einer gebrauchsfertigen Decke ist gleich der Differenz des bewerteten Norm-Trittschallpegels $L_{n0,w}$ der Rohdecke und der Trittschallminderung ΔL_w der Deckenauflage:

$$L_{n,w} = L_{n0,w} - \Delta L_w.$$

Beim Nachweis des baulichen Schallschutzes von Wohngebäuden dürfen zur Erfüllung der Anforderungen an die Trittschalldämmung nach DIN 4109 (Mindestanforderungen) nur Deckenauflagen zugrunde gelegt werden, die feste Bestandteile eines Gebäudes sind (z. B. schwimmender Estrich). Austauschbare Deckenauflagen wie Teppichböden, PVC-Beläge mit Filzunterschicht u. Ä. dürfen nur bei Gebäuden mit nicht mehr als zwei Wohnungen bei der Planung bzw. dem Nachweis eines ausreichenden Schallschutzes berücksichtigt werden. Sie müssen mit ihrer Trittschallminderung ΔL_w gekennzeichnet sein und mit einer Werksbescheinigung nach DIN EN ISO 140-8 geliefert werden.

23.7 Hinweise und Beispiele

Die üblichen Massivdecken ohne Deckenauflage weisen eine geringe Trittschalldämmung auf. Aus *Bild 7-14* ist zu entnehmen, dass der bewertete Norm-Trittschallpegel $L_{n0,w}$ solcher Decken 69 bis 86 dB beträgt. Diese Werte sind vom erforderlichen Norm-Trittschallpegel $L'_{n,w}$, der nach DIN 4109, Tabelle 3, z. B. für Wohnungstrenndecken 53 dB beträgt, sehr weit entfernt.

Eine erhebliche Verbesserung der Trittschalldämmung von Massivdecken ist durch schwimmende Estriche möglich, *Bild 7-15*. Voraussetzung ist jedoch eine schallbrückenfreie Verlegung des Estrichs mit umlaufend eingelegten weich federnden Randstreifen, *Bild 7-33*. Bei sorgfältiger und schallbrückenfreier Verlegung ist die Trittschalldämmung des Estrichs vor allem von der dynamischen Steifigkeit (Federungsvermögen) der verwendeten Trittschalldämmplatten abhängig. Die dynamische Steifigkeit der heute verfügbaren Mineralfaser- und Hartschaum-Dämmplatten beträgt bei Dicken z. B. von 22/20 mm oder 25/20 mm meist weniger als 20 MN/m^3, was einer Trittschallminderung ΔL_w von 28 dB bis 30 dB entspricht *Bild 7-15*. Wenn der schwimmende Estrich zusätzlich mit einem weich federnden Bodenbelag, z. B. einem Teppichboden (Trittschallminderung $\Delta L_w \geq 20$ dB), belegt wird, steigt die gesamte Trittschallminderung der Decke mit schwimmendem Estrich und Teppichboden um bis zu 4 dB an, *Bild 7-15*.

Eine Verbesserung der Trittschalldämmung von Massivdecken ist auch durch biegeweiche Unterdecken möglich. Voraussetzung ist jedoch, dass die Trittschallübertragung nicht vorwiegend über die flankierenden Bauteile erfolgt (Beiblatt 1 zu DIN 4109, Abschnitt 2.6).

24 Kennzeichnende Größen für die Schallabsorption

24.1 Vorbemerkung

Treppenräume von Mehrfamilienhäusern mit überwiegend „schallharten" Begrenzungsflächen sind häufig sehr hallig. Beim Begehen und bei Unterhaltungen entsteht oft ein so hoher Luftschallpegel, dass die Verständigung zwischen Personen erschwert und der in anschließende Wohnungen übertragene Schall als störend empfunden wird. Solche die Verständlichkeit mindernden Luftschallpegel werden gelegentlich auch in größeren Gemeinschaftsräumen (Schwimmbadräume, Hauswirtschaftsräume mit Waschmaschinen, Trocknern u. a.) von Mehrfamilienhäusern angetroffen.

Eine der bautechnischen Möglichkeiten zur Senkung des Luftschallpegels besteht in der schallabsorbierenden Bekleidung von Begrenzungsflächen dieser Räume. Treffen Schallwellen auf solche absorbierende Flächen, so wird ein Teil der Schallenergie beim Reflexionsvorgang in Wärme umgewandelt, d. h. absorbiert.

In den nachfolgenden Abschnitten werden zwei Begriffe für Schallabsorber, der Schallabsorptionsgrad α_s und die äquivalente Schallabsorptionsfläche A erläutert. Ferner zwei Begriffe, welche die Schallabsorption in Räumen kennzeichnen, die Nachhallzeit T und die Pegelminderung ΔL durch Schallabsorption.

Die abschließenden Beispiele sollen einen Eindruck über die schallabsorbierenden Eigenschaften verschiedener Schallabsorber vermitteln.

24.2 Schallabsorptionsgrad α_s

Der Schallabsorptionsgrad α_s ist gleich dem Verhältnis von absorbierter zu auftreffender Schallenergie. Bei vollständiger Absorption ist der Schallabsorptionsgrad α_s gleich eins, bei vollständiger Reflexion gleich null.

Der Schallabsorptionsgrad eines Schallabsorbers ist frequenzabhängig. Er wird mit Terzbandfiltern bei den Mittenfrequenzen 100 Hz, 125 Hz, ..., 5000 Hz bestimmt. Für raumakustische Planungen ist die Kenntnis der frequenzabhängigen Absorptionsgrade erforderlich, *Bild 11-41*. Je nach Absorptionsspektrum wird in der Praxis zwischen Hoch-, Mittel- und Tieftonabsorbern unterschieden.

Anmerkung: Auch für den frequenzabhängigen Schallabsorptionsgrad α_s gibt es eine Einzahlangabe zur Bewertung der Schallabsorption von Absorbern, die in Gebäuden eingesetzt werden. Das Bewertungsverfahren für den bewerteten Schallabsorptionsgrad α_w ist in der Norm DIN EN ISO 11654 beschrieben, in der auch Schallabsorberklassen definiert sind. Hierauf wird nicht weiter eingegangen, da diese Norm in Deutschland praktisch nicht angewendet wird.

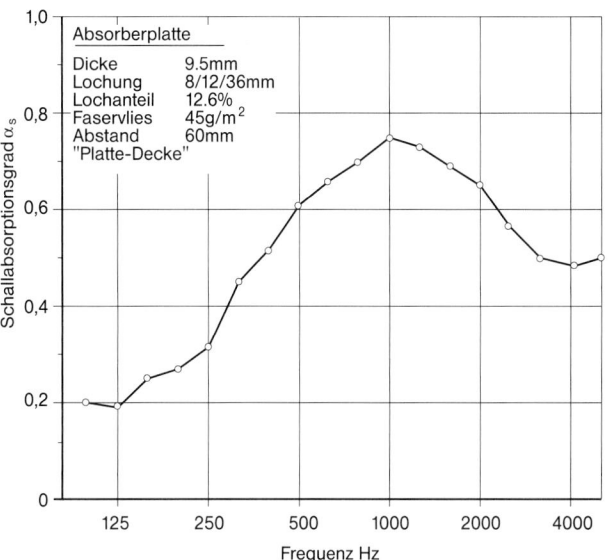

11-41 Frequenzabhängigkeit des Schallabsorptionsgrades eines schallschluckenden Verkleidungselements (Mitteltonabsorber)

24.3 Äquivalente Schallabsorptionsfläche A eines Absorbers

Die äquivalente Schallabsorptionsfläche A (mit dem Schallabsorptionsgrad $\alpha_s = 1$) ist gleich der Fläche S des betrachteten Absorbers multipliziert mit seinem Schallabsorptionsgrad α_s:

$$A = \alpha_s \cdot S.$$

Die äquivalente Schallabsorptionsfläche A absorbiert demnach die gleiche Schallenergie wie die Absorberfläche S mit dem Schallabsorptionsgrad α_s. Ein 10 m² großer Absorber mit dem Schallabsorptionsgrad $\alpha_s = 0,8$ hat demnach eine äquivalente Absorptionsfläche A = 8 m².

24.4 Äquivalente Schallabsorptionsfläche A eines Raumes

Die äquivalente Schallabsorptionsfläche A eines Raumes ist gleich der Summe seiner einzelnen äquivalenten Schallabsorptionsflächen $\alpha_{sv} \cdot S_v$:

$$A = \sum_{v=1}^{n} \alpha_{s,v} \cdot S_v.$$

In die Ermittlung der Schallabsorptionsfläche A eines Raumes sind auch die in ihm befindlichen Einrichtungen und Personen einzubeziehen.

24.5 Nachhallzeit T

Die Nachhallzeit T eines Raumes ist die Zeitspanne, in der der Schallpegel in einem Raum mit dem Volumen V und der Schallabsorptionsfläche A nach Abschalten der Schallquelle um 60 dB abnimmt.

$$T = 0{,}163 \cdot \frac{V}{A}$$

Die Nachhallzeit T ergibt sich in der Einheit s, wenn V in m^3 und A in m^2 eingesetzt wird.

24.6 Pegelminderung ΔL durch Schallabsorption

Die Pegelminderung ΔL durch Schallabsorption ist gleich der Minderung des Schallpegels, der sich in einem Raum mit der äquivalenten Schallabsorptionsfläche A_1 nach Vergrößerung dieser Fläche auf den Wert A_2 ergibt:

$$\Delta L = 10 \lg A_2/A_1 \text{ in dB.}$$

In dieser Gleichung können die äquivalenten Absorptionsflächen A_1 und A_2 durch die Nachhallzeiten T_1 und T_2 ersetzt werden.

Die Pegelminderung ist nur in größerem Abstand von der Schallquelle erreichbar, da in deren Nähe der Direktschall überwiegt.

24.7 Hinweise und Beispiele

In Treppen- oder großen Gemeinschaftsräumen von Mehrfamilienhäusern lässt sich der Schallpegel durch den Einbau von Schallabsorbern um etwa 3 bis 8 dB verringern. Eine größere Pegelminderung um beispielsweise 10 dB ist nur möglich, wenn der betrachtete Raum im ursprünglichen Zustand nur eine sehr kleine äquivalente Absorptionsfläche (dichter Wand- und Deckenputz, glatter Boden usw.) aufweist und diese vorhandene äquivalente Absorptionsfläche auf das Zehnfache vergrößert werden kann, *Bild 11-42*.

Schallabsorber müssen bezüglich ihres Absorptionsgrades auf den frequenzabhängigen Schallpegel der Schallquelle abgestimmt sein. Hohen Schallpegeln in störenden Frequenzbereichen müssen auch hohe Absorptionsgrade in den gleichen Bereichen entsprechen. Fachfirmen bieten „raumakustische Bekleidungen" mit hohen Absorptionsgraden im vorwiegend unteren, mittleren und hohen Frequenzbereich an, *Bild 11-41*. **Wenn es**

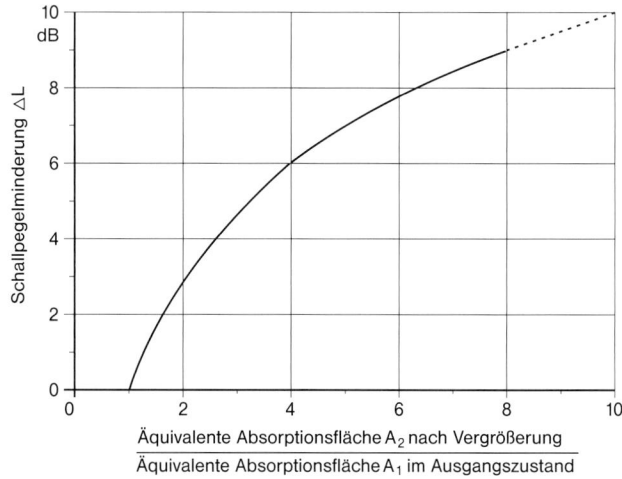

11-42 Minderung des Schallpegels in einem Raum durch Vergrößerung der äquivalenten Absorptionsfläche

in einem Raum auf gute Hörbarkeit ankommt, sollte die äquivalente Schallschluckfläche eine bestimmte Größe haben. **Soll dagegen der Schallpegel im Raum möglichst gering sein, dann ist eine möglichst große äquivalente Absorptionsfläche vorzusehen.**

Auch in Schächten mit Abwasserleitungen lässt sich der Luftschallpegel durch eine schallabsorbierende Auskleidung um 5 bis 10 dB vermindern. Dies führt zu einer entsprechend verringerten Schallübertragung in die angrenzenden Räume.

Bei schallabsorbierenden Bekleidungen von Wänden und Decken ist zu bedenken, dass durch die wärmedämmenden Eigenschaften der verwendeten Materialien Feuchtigkeitsprobleme entstehen können, wenn diese Bekleidungen nicht hinterlüftet oder raumseitig mit einer Dampfsperre versehen sind.

25 Anforderungen an den Schallschutz

25.1 Vorbemerkung

In der Norm **DIN 4109** : 1989-11 sind Anforderungen an den Schallschutz von Gebäuden festgelegt mit dem Ziel, Menschen in Aufenthaltsräumen vor unzumutbaren Belästigungen durch Schallübertragung zu schützen. Diese Norm wurde zusammen mit dem Beiblatt 1 in fast allen Bundesländern bauaufsichtlich eingeführt und ist damit geltendes Baurecht. **Die dort angegebenen Anforderungen sind Mindestanforderungen, die stets einzuhalten sind.**

Beiblatt 2 zu DIN 4109 : 1989-11 nennt **Vorschläge für einen erhöhten Schutz gegen Schallübertragung** aus einem fremden Wohn- und Arbeitsbereich. Außerdem sind in diesem Beiblatt Vorschläge für einen „normalen" und einen „erhöhten" Schallschutz für den eigenen Wohn- und Arbeitsbereich enthalten.

Die **Richtlinie VDI 4100** nennt Definitionen und zugehörige Kennwerte für **drei Schallschutzstufen** zur Planung und Bewertung des Schallschutzes von Wohnungen. Die Kennwerte der Schallschutzstufe I sind um etwa 3 dB höher als die Anforderungen der Norm DIN 4109. Die Schallschutzstufen II und III enthalten Empfehlungen für einen erhöhten Schallschutz, wobei in die Schallschutzstufe III auch Kennwerte für einen erhöhten Schutz gegen Außenlärm einbezogen sind. **Die zulässigen Werte für den Luft- und Trittschallschutz der VDI 4100 : 2012-10 sind nicht mehr direkt mit den Werten der noch aktuellen DIN 4109-1 : 1989-11 und auch nicht mit denen des Entwurfs E DIN 4109-1 : 2013-06 zu vergleichen, da sie raumbezogene Korrekturen berücksichtigen.**

Aus *Bild 11-43* ist eine vergleichende Bewertung der Anforderungen und Empfehlungen der zurückgezogenen VDI 4100 : 2007-08 und der bei Drucklegung noch bauaufsichtlich eingeführten DIN 4109 : 1989-11 zu entnehmen.

Als Resultat der Bemühungen, die Inhalte des Beiblattes 2 zu DIN 4109 und der Richtlinie VDI 4100 zusammenzuführen, erschien im Juni 2000 der **Entwurf DIN 4109-10 „Schallschutz im Hochbau, Teil 10: Vorschläge für einen erhöhten Schallschutz von Wohnungen"**. Im Zuge der Einspruchsverhandlungen wurde deutlich, dass zwischen den beteiligten interessierten Kreisen kein Konsens über die Inhalte erreicht werden konnte. Der Entwurf wurde daraufhin 2005 zurückgezogen. Der DIN-Ausschuss arbeitet daher an einer Novellierung der DIN 4109 und hat – nach mehreren anderen zurückgezogenen Entwürfen – im Juni 2013 den Teil 1 mit Anforderungen an den Mindestschallschutz als Entwurf vorgelegt; **Entwurf DIN 4109-1 „Schallschutz im Hochbau Teil 1: Anforderungen"**. Weitere Hinweise zur bei Drucklegung aktuellen VDI 4100 sind dem Abschnitt 25.5 zu entnehmen. Eine kurze Beschreibung der Änderungen im Entwurf der DIN 4109-1 vom Juni 2013 finden Sie im Abschnitt 25.6.

25.2 DIN 4109 / Anforderungen an die Luft- und Trittschalldämmung von Innenbauteilen

Die Anforderungen an die Luft- und Trittschalldämmung wichtiger Innenbauteile zwischen fremden schutzbedürftigen Räumen sind den *Bildern 7-2, 7-3* und *8-2* zu entnehmen. Sie stellen die bauaufsichtlich geforderten Mindestanforderungen dar.

Bei Erfüllung der Anforderungen nach DIN 4109 kann nicht erwartet werden, dass Geräusche aus benachbarten Räumen nicht mehr wahrgenommen werden. Vielmehr ergibt sich auch bei Einhaltung dieser Anforderungen die Notwendigkeit gegenseitiger Rücksichtnahme durch Vermeiden unnötigen Lärms.

25.3 DIN 4109 / Anforderungen an die Luftschalldämmung von Außenbauteilen

25.3.1 Erforderliches resultierendes Schalldämm-Maß

Die Norm DIN 4109 ermöglicht die Ermittlung des erforderlichen resultierenden Schalldämm-Maßes $R'_{w,res}$ für

Norm oder Richtlinie	Art der Anforderungen bzw. Empfehlungen		
	zum Schutz gegen Schallübertragung aus einem fremden Wohn- und Arbeitsbereich	zum Schutz gegen Außenlärm	zum Schutz gegen Schallübertragung im eigenen Wohn- und Arbeitsbereich
DIN 4109	Mindestschallschutz (geltendes Baurecht)	Mindestschallschutz (geltendes Baurecht)	keine Anforderungen
Beiblatt 2 zu DIN 4109	Erhöhter Schallschutz[1]	keine Empfehlungen	Normaler Schallschutz[1]
			Erhöhter Schallschutz[1]
VDI 4100 – Schallschutzstufe I	Mindestschallschutz nach DIN 4109	Mindestschallschutz nach DIN 4109	Normaler Schallschutz nach Beiblatt 2 zu DIN 4109[1]
– Schallschutzstufe II	Erhöhter Schallschutz[1]	Mindestschallschutz nach DIN 4109	Erhöhter Schallschutz nach Beiblatt 2 zu DIN 4109[1]
– Schallschutzstufe III	Erhöhter Schallschutz gegenüber Schallschutzstufe II[1]	Erhöhter Schallschutz gegenüber Schallschutzstufe II[1]	Gleicher Schallschutz wie bei Schallschutzstufe II[1]
E DIN 4109-10 – Schallschutzstufe I	Mindestschallschutz nach DIN 4109	Mindestschallschutz nach DIN 4109	kann bei Bedarf vereinbart werden
– Schallschutzstufe II	Erhöhter Schallschutz[1]	Mindestschallschutz nach DIN 4109	
– Schallschutzstufe III	Erhöhter Schallschutz gegenüber Schallschutzstufe II[1]	Erhöhter Schallschutz gegenüber Schallschutzstufe II[1]	

[1] Empfehlungen bzw. Vorschläge

11-43 Vergleichende Bewertung der Anforderungen und Empfehlungen für den baulichen Schallschutz

Außenbauteile zum Schutz gegen Außenlärm. Dabei kann ein Außenbauteil aus mehreren Bauteilen mit unterschiedlichen Schalldämm-Maßen und Flächen bestehen. Als Beispiel sei eine Außenwand mit Einbauten wie Fenster und Türen genannt.

Die Ermittlung des erforderlichen resultierenden Schalldämm-Maßes $R'_{w,res}$ setzt die Kenntnis des „maßgeblichen Außenlärmpegels" am Standort des betrachteten Wohnhauses voraus. Nachstehend wird die Ermittlung des maßgeblichen Außenlärmpegels und des erforderlichen resultierenden Schalldämm-Maßes $R'_{w,res}$ nach dem Verfahren der DIN 4109 in vereinfachter Form beschrieben.

25.3.2 Ermittlung des maßgeblichen Außenlärmpegels

Bei Verkehrslärm ist der maßgebliche Außenlärmpegel im Wesentlichen von der Verkehrsbelastung, dem Abstand von der Straße und der Art der Bebauung abhängig. Aus *Bild 11-44* ist der verkehrsbedingte Außenlärmpegel zu

	Verkehrs-belastung in Kfz je Tag	Verkehrsbedingter Außenlärmpegel in dB(A)				
		Entfernung Hausfassade / Straßenmitte				
		10 m	20 m	50 m	100 m	200 m
Autobahn und Autobahnzubringer	100.000	–	–	–	75	71
	10.000	–	75	70	65	61
Bundes- und Gemeindeverbindungs-straßen außerhalb des Ortsbereichs	50.000	–	–	–	70	66
	5.000	73	70	65	61	56
Hauptverkehrsstraßen in Städten und Gemeinden innerhalb des Ortsbereichs	20.000	–	–	67	63	58
	2.000	66	62	57	53	48
Wohn- und Wohnsammelstraßen in Städten, Gemeindestraßen	5.000	67	63	58	54	49
	500	57	53	48	44	39

Zuschlag
+ 3 dB(A), wenn das Haus an einer Straße mit beidseitig geschlossener Bauweise liegt
+ 2 dB(A), wenn die Straße eine Längsneigung von mehr als 2 % hat
+ 2 dB(A), wenn das Haus weniger als 100 m von einer ampelgeregelten Kreuzung oder Einmündung entfernt ist

Abschlag
- 5 dB(A) bei offener Bebauung und straßenabgewandter Gebäudeseite
-10 dB(A) bei geschlossener Bebauung und straßenabgewandter Gebäudeseite bzw. bei Innenhöfen

Der maßgebliche Außenlärmpegel ergibt sich aus dem verkehrsbedingten Außenlärmpegel unter Berücksichtigung der vorstehenden Zu- bzw. Abschläge.

11-44 Ermittlung von Anhaltswerten des maßgeblichen Außenlärmpegels vor Hausfassaden (Verfahren der DIN 4109 in vereinfachter Form)

ermitteln und um Zuschläge für Besonderheiten der Bebauung und der Straße zu ergänzen. Das Ergebnis stellt einen Orientierungswert für den maßgeblichen Außenlärmpegel dar.

Beispiel:

Verkehrsbedingter Außenlärmpegel einer Wohnsammelstraße mit einer Verkehrsbelastung von 5000 Kraftfahrzeugen je Tag bei 20 m Entfernung zwischen Hausfront und Straßenmitte	63 dB(A)
Abschlag für offene Bebauung und straßenabgewandte Gebäudeseite	5 dB(A)
Orientierungswert des maßgeblichen Außenlärmpegels	58 dB(A)

25.3.3 Erforderliches resultierendes Schalldämm-Maß $R'_{w,res}$

Bei bekanntem maßgeblichen Außenlärmpegel ist aus *Bild 11-45* das erforderliche resultierende Schalldämm-Maß R'_w für das gesamte Außenbauteil zu entnehmen. Je nach vorgesehenem Fensterflächenanteil der Fassade eines Raumes gehen aus *Bild 11-45* auch die erforderlichen Schalldämm-Maße R'_w, getrennt für Außenwand und Fenster, hervor. Die Kombination „Dach und Fenster" ist wie die Kombination „Außenwand und Fenster" zu behandeln.

Beispiel:

Maßgeblicher Außenlärmpegel nach Abschnitt 25.3.2	58 dB(A)
Erforderliches resultierendes Schalldämm-Maß R'_w für das gesamte Außenbauteil, *Bild 11-45*	30 dB
Fensterflächenanteil	40 %
Erforderliche Schalldämm-Maße R'_w für Außenwand/Fenster, Bild *11-45*	35/25 dB

25.3.4 Auswahl geeigneter Bauteile

Wenn das erforderliche Schalldämm-Maß R'_w getrennt für Außenwand und Fenster bzw. Dach und Fenster er-

Maßgeblicher Außenlärmpegel	erf. $R'_{w,res}$[1]	Erforderliche Schalldämm-Maße für Außenwand / Fenster in ... dB / ... dB bei folgenden Fensterflächenanteilen in %[2]					
dB(A)	dB	10 %	20 %	30 %	40 %	50 %	60 %
bis 60	30	30 / 25	30 / 25	35 / 25	35 / 25	50 / 25	30 / 30
61 bis 65	35	35 / 30 40 / 25	35 / 30	35 / 32 40 / 30	40 / 30	40 / 32 50 / 30	45 / 32
66 bis 70	40	40 / 32 45 / 30	40 / 35	45 / 35	45 / 35	40 / 37 60 / 35	40 / 37
71 bis 75	45	45 / 37 50 / 35	45 / 40 50 / 37	50 / 40	50 / 40	50 / 42 60 / 40	60 / 42
76 bis 80	50	55 / 40	55 / 42	55 / 45	55 / 45	60 / 45	–

[1] Erforderliches Schalldämm-Maß erf. $R'_{w,res}$ des gesamten Außenbauteils für Aufenthaltsräume von Wohnungen
[2] Wohngebäude mit einer Raumhöhe von etwa 2,50 m und Raumtiefe von 4,50 m und mehr. Für Außenwände ist das bewertete Schalldämm-Maß R'_w und für Fenster das bewertete Schalldämm-Maß R_w aufgeführt.

11-45 Erforderliche Schalldämm-Maße für Kombinationen von Außenwand/Fenster in Abhängigkeit vom maßgeblichen Außenlärmpegel (Verfahren der DIN 4109 in vereinfachter Form)

mittelt ist, können geeignete Bauteile aus den Tabellen der bautechnischen Kapitel ausgewählt werden. Eine Auflistung der entsprechenden Tabellen ist *Bild 11-37* zu entnehmen. Ein ausgewähltes Bauteil ist geeignet, wenn sein bewertetes Schalldämm-Maß (Rechenwert $R_{w,R}$ oder $R'_{w,R}$) gleich oder größer als das erforderliche Schalldämm-Maß nach *Bild 11-45* ist.

25.4 Beiblatt 2 zu DIN 4109 / Vorschläge für normalen und erhöhten Schallschutz

Die Empfehlungen nach Beiblatt 2 für eine erhöhte Luft- und Trittschalldämmung wichtiger Innenbauteile gegen Geräusche aus einem fremden Wohn- oder Arbeitsbereich sind den *Bildern 7-2, 7-3* und *8-2* zu entnehmen. Die Planung und Ausführung von Bauteilen erhöhten Schallschutzes, die auf diesen Empfehlungen beruht, ist zwischen Bauherrn und Entwurfsverfasser bzw. späterem Besitzer und Bauherrn ausdrücklich zu vereinbaren, Abschnitt 24.6.

Zusätzlich enthält das Beiblatt 2 auch Vorschläge zum Schutz gegen Schallübertragung im eigenen Wohnbereich, aufgeteilt nach „normalem" und „erhöhtem" Schallschutz, *Bilder 7-2, 7-3* und *8-2*. Vorschläge für einen erhöhten Schallschutz von Außenbauteilen sind in dem Beiblatt dagegen nicht enthalten.

25.5 VDI 4100 / Schallschutz von Wohnungen, Kriterien für Planung und Beurteilung

Die Richtlinie enthält ein dreistufiges Klassifizierungssystem für den Schallschutz von Wohnungen, sog. Schallschutzstufen siehe *Bild 11-46*.

Bei Einhaltung der Kennwerte der Schallschutzstufe II finden die Bewohner im Allgemeinen Ruhe und müssen bei üblichen Wohngegebenheiten ihre Verhaltensweise mit Rücksicht auf die Nachbarn nicht besonders einschränken.

Die Kennwerte der Schallschutzstufe III sind so festgelegt, dass die Bewohner ein hohes Maß an Ruhe

Art der Geräusch-emission	Wahrnehmung der Immission aus der Nachwohnung		
	SSt I	SSt II	SSt II
laute Sprache	undeutlich verstehbar	kaum verstehbar	im Allgemeinen nicht verstehbar
Sprache in normaler Sprechweise	im Allgemeinen nicht verstehbar	nicht verstehbar	nicht hörbar
laute Musik, laut eingestellte Rundfunk- und Fernsehgeräte	deutlich hörbar	noch hörbar	kaum hörbar
Musik in normaler Lautstärke	noch hörbar	kaum hörbar	nicht hörbar
spielende Kinder	hörbar	noch hörbar	kaum hörbar
Gehgeräusche	im Allgemeinen kaum störend	im Allgemeinen nicht störend	nicht störend

11-46 Wahrnehmung üblicher Geräusche aus Nachbarwohnungen und Zuordnung zu drei Schallschutzstufen (SSt) in Mehrfamilienhäusern

finden können. Normales Sprechen in Nachbarwohnungen ist nicht mehr hörbar und Geräusche von außen sind durch die höhere Schalldämmung der Außenbauteile ($R'_{w,res}$ nach DIN 4109 plus 5 dB) kaum wahrzunehmen. Die Werte der Schallschutzstufe III sind als Planungsgrundlage für Wohnungen zu empfehlen, die hinsichtlich ihrer Ausstattung gehobenen Komfortansprüchen entsprechen.

Mit der Ausgabe VDI 4100 : 2012-10 werden die Anforderungen an den Luft- und Trittschallschutz – abweichend von den Anforderungen der DIN 4109-1 – durch Nachhallzeit-bezogene Kennwerte beschrieben. Es ist somit eine raumweise Berechnung notwendig, da die ermittelten Werte und somit auch die Einhaltung der Anforderungen vom Raumvolumen abhängig sind.

Der in Wohngebäuden auf eine Nachhallzeit von $T_0 = 0{,}5$ s normierte Schallpegel L_{nT} errechnet sich zu:

$L_{nT} = L_n + 10 \cdot \lg(A_0 \cdot T_0 / 0{,}16 / V)$

mit

A_0 äquivalente Bezugs-Absorptionsfläche ($A_0 = 10$ m²) in m²

L_{nT} normierter Schalldruckpegel in dB

T_0 Bezugs-Nachhallzeit ($T_0 = 0{,}5$ s) in s

V Volumen des Raums in m³

Mit Hilfe einer Bezugskurve entsprechend DIN EN ISO 717 werden aus den normierten Schallpegeln die bewertete Standard-Schallpegeldifferenz $D_{nT,w}$ als Maß für den Luftschallschutz und $L'_{nT,w}$ als Maß für den Trittschallschutz ermittelt. Der Tabelle in *Bild 11-47* können die empfohlenen Schallschutzwerte in Mehrfamilienhäusern entnommen werden. Die VDI 4100 beinhaltet auch Empfehlungen für den Schallschutz in Einfamilien-Doppel- und Einfamilien-Reihenhäusern sowie innerhalb von Wohnungen und Einfamilienhäusern.

25.6 Entwurf DIN 4109-1: Schallschutz im Hochbau – Teil 1: Anforderungen

In der bei Drucklegung noch gültigen Ausgabe der DIN 4109 werden die Luftschalldämmung zwischen Wohnungen durch das bewertete Schalldämm-Maß R'_w und die Trittschalldämmung zwischen Wohnungen durch den bewerteten Norm-Trittschallpegel $L'_{n,w}$ festgelegt. Beide Kennwerte sind die wichtigsten Einflussgrößen für den Schallschutz; die Unterschiede des Schallschutzes können jedoch erheblich sein, je nachdem, ob es sich um kleine oder große Räume (siehe VDI 4100) oder um solche mit unterschiedlicher Geräuschentwicklung und Geräuschempfindlichkeit handelt. **Dennoch wurden im Entwurf DIN 4109-1 : 2013-06 – aufgrund vieler Einsprüche – wieder die bauteilbezogenen Größen „be-**

Schallschutzkriterium			Kennzeichnende akustische Größe in dB	SSt I	SSt II	SSt III
Luftschallschutz	Mehrfamilienhaus		$D_{nT,w}$	≥ 56	≥ 59	≥ 64
Luftschallschutz	Mehrfamilienhaus	Treppenraumwand mit Tür	$D_{nT,w}$	≥ 45	≥ 50	≥ 55
Trittschallschutz	Mehrfamilienhaus	Vertikal, horizontal oder diagonal	$L'_{nT,w}$	≤ 51	≤ 44	≤ 37
Gebäudetechnische Anlagen (einschließlich Wasserversorgungs- und Abwasseranlagen gemeinsam)	Mehrfamilienhaus	Vertikal, horizontal oder diagonal	$L_{AFmax,nT}$	≤ 30	≤ 27	≤ 24
Luftschallschutz gegen Außenlärm in schutzbedürftigen Räumen	Mehrfamilienhaus		Res.R'_w	siehe Regelungen in DIN 4109 : 1989-11 Abschnitt 5	siehe Regelungen in DIN 4109 : 1989-11 Abschnitt 5	siehe Regelungen in DIN 4109 : 1989-11 Abschnitt 5 + 5 dB

11-47 Empfohlene Schallschutzwerte der Schallschutzstufen (SSt) in Mehrfamilienhäusern

wertetes Bau-Schalldämm-Maß R'_w" und „bewerteter Norm-Trittschallpegel $L'_{n,w}$" mit teilweise überarbeiteten und verschärften Anforderungen zugrunde gelegt.

Die Anforderungen an den Luft- und Trittschallschutz entsprechend dem Entwurf DIN 4109-1 : 2013-06 werden in den *Bildern 7-2, 7-3* und *8-2* genannt.

26 Bemerkungen zur Vereinbarung eines erhöhten Schallschutzes

Sowohl in Beiblatt 2 zur DIN 4109 als auch in der Richtlinie VDI 4100 wird darauf hingewiesen, dass ein – gegenüber den Mindestanforderungen der DIN 4109 – erhöhter Schallschutz ausdrücklich zwischen Entwurfsverfasser und Bauherrn bzw. Bauherrn und späterem Eigentümer vereinbart werden muss. Diese Vereinbarungen müssen eindeutig sein, um spätere Auslegungsunsicherheiten und rechtliche Auseinandersetzungen zu vermeiden. Vereinbarungen über erhöhten Schallschutz müssen so früh wie möglich getroffen werden, da sie bereits bei der Planung und der Abfassung der Ausschreibungsverzeichnisse zu berücksichtigen sind. Durch Gerichte werden vielfach bereits Attribute wie „Komfort" oder „ruhige Wohnlage", die in Prospekten oder Anzeigen zu einem Bauprojekt genannt werden, als Zusicherung eines erhöhten Schallschutzes gewertet. Diese Wertung behalten Gerichte auch dann bei, wenn im Prospekt, in der Anzeige oder in der Baubeschreibung nur die Angabe „Schallschutz nach DIN 4109" aufgeführt wird.

Eine Wohnung kann nach der Richtlinie VDI 4100 nur dann in eine bestimmte Schallschutzstufe eingestuft werden, wenn der bauliche Schallschutz in allen Aufenthaltsräumen dieser Wohnung den Anforderungen der betreffenden Schallschutzstufe entspricht.

Nach der Richtlinie VDI 4100 setzt die Einstufung einer Wohnung in eine Schallschutzstufe auch das Einhalten der entsprechenden Kennwerte für den Schallschutz im eigenen Wohn- und Arbeitsbereich voraus, *Bilder 7-2, 7-3, 8-2* und *11-47*. Dieser Schallschutz kann besonders bei „offener" Grundrissgestaltung häufig nicht erreicht werden, dadurch werden insbesondere große und großzügig aufgeteilte Komfortwohnungen oft zu schlecht eingestuft. Aus diesem Grund wird empfohlen, nicht generell die Schallschutzstufen II oder III nach VDI 4100 zu vereinbaren, sondern die erhöhten Anforderungen für Luftschalldämmung, Trittschalldämmung (auch für Außenbereiche wie Terrassen, Balkone, Loggien u. Ä.), Dämmung gegen Außenlärm und die Anforderung hinsichtlich der Geräusche von Wasserinstallationen und sonstigen haustechnischen Anlagen einzeln festzulegen. Für die zahlenmäßige Festlegung bieten die Werte der Schallschutzstufen II und III in den *Bildern 7-2, 7-3, 8-2* und *11-47* eine gute Grundlage. Falls ein erhöhter Schallschutz für den eigenen Wohn- und Arbeitsbereich gewünscht wird, sollten die entsprechenden Vereinbarungen ebenfalls so früh wie möglich getroffen werden. In Zweifelsfällen sollte vorab mit einem Fachberater geklärt werden, inwieweit bei einem geplanten Grundriss und der vorgesehenen Bauweise Schallschutz im eigenen Bereich zu verwirklichen ist.

27 Auswirkungen der europäischen Normung auf die Planung des Schallschutzes

Die Realisierung des europäischen Binnenmarktes und der dafür geforderte freie Warenverkehr hat in den letzten Jahren erheblichen Einfluss auf die Normung im Bauwesen ausgeübt, insbesondere hinsichtlich der Normen für Bauprodukte, aber auch hinsichtlich der Einführung einheitlicher Prüfverfahren zur Bestimmung und Kennzeichnung der Eigenschaften und Leistungsfähigkeit von Bauprodukten und Gebäuden, Abschnitt 28. Davon sind auch etliche Prüfverfahren im Bereich der Bauakustik betroffen. Besonders zu erwähnen ist hier, dass die bisher in Deutschland im Zusammenhang mit DIN 4109 für die Bestimmung der Luft- und Trittschalldämmung von Bauteilen verwendeten Prüfstände „mit bauähnlicher Flankenübertragung" nach DIN 52210 nicht in die europäischen Prüfnormen der Reihen DIN EN ISO 140, die die Reihe DIN 52210 ersetzt hat, aufgenommen wurden. Seit nahezu zehn Jahren dürfen derartige Prüfungen nur noch in Prüfständen mit unterdrückter Flankenübertragung *(Bild 11-33)* durchgeführt werden. Die kennzeichnenden Größen für Bauteile sind daher künftig das bewertete Schalldämm-Maß R_w für die Luftschalldämmung und der bewertete Norm-Trittschallpegel $L_{n,w}$ für die Trittschalldämmung.

Für die Kennzeichnung der Schalldämmung in Gebäuden können das bewertete Bau-Schalldämm-Maß R'_w und der bewertete Norm-Trittschallpegel $L'_{n,w}$ oder – als Größen zur Kennzeichnung des Schallschutzes – die nachhallzeitbezogenen Größen bewertete Standard-Schallpegeldifferenz $D_{nT,w}$ und bewerteter Standard-Trittschallpegel $L'_{nT,w}$ verwendet werden.

Parallel zu den Prüfnormen wurden Normen zur Berechnung der Schalldämmung von Gebäuden aus den Schalldämm-Eigenschaften von Bauteilen erarbeitet, die die vorgenannten Größen R_w und $L_{n,w}$ der Bauteile als Eingangswerte benötigen. Diese Verfahren sind daher nicht mit den bisher nach DIN 4109 praktizierten Nachweisverfahren zur Planung des Schallschutzes kompatibel.

Da für die bisher in DIN 4109 und in Beiblatt 1 zu DIN 4109 angegebenen Nachweisverfahren jedoch die Größen R'_w und $L'_{n,w}$ – d. h. Werte, die in Prüfständen mit bauähnlicher Flankenübertragung *(Bild 11-35)* ermittelt wurden – benötigt werden, wurde vom NABau das Beiblatt 3 zu DIN 4109 herausgegeben, in dem Verfahren aufgeführt sind, nach denen – in bestimmten Grenzen – R'_w- und $L'_{n,w}$-Werte in R_w- und $L_{n,w}$-Werte umgerechnet werden können. Diese Verfahren, die auch umgekehrt angewendet werden können, sind jedoch als Übergangslösung anzusehen.

Um in Zukunft die oben erwähnten Europäischen Berechnungsnormen als Nachweisverfahren für den Schallschutz anwenden zu können, muss ein neuer Bauteilkatalog mit den R_w und $L_{n,w}$ für die üblichen Bauteile und Konstruktionen erarbeitet werden, der das Beiblatt 1 zu DIN 4109 ersetzt. **Insgesamt bedeutet dies jedoch, dass die derzeitige DIN 4109 komplett überarbeitet werden muss, um die neuen europäischen Rechenverfahren nach DIN EN 12354 sinnvoll anwenden zu können. Mit diesen Arbeiten ist bereits begonnen worden; Ergebnisse liegen – mit Stand Mai 2014 – bisher nur in Form des Entwurfs der DIN 4109-1 vor.**

Mit der Anwendung der neuen Rechenverfahren ist eine größere Planungssicherheit zu erwarten, da besonders die Einflüsse von Stoßstellen sowie die Schallübertragung über leichte, flankierende Bauteile besser als bisher berücksichtigt werden können. Die Vernachlässigung dieser – besonders bei leichten massiven Außenwänden mit hoher Wärmedämmung – bedeutenden Übertragungswege hat in der Vergangenheit häufig zu Bauschäden bezüglich der Schalldämmung geführt.

Ein europäisches Pendant zur DIN 4109 wird es aber auch in Zukunft nicht geben, da die Festlegung von Anforderungen an den Schallschutz in nationaler Verantwortung geschieht und – aufgrund unterschiedlicher Traditionen und Lebensweisen – hier kein Bedarf für eine europäische Anforderungsnorm besteht.

28 Literatur und Arbeitsunterlagen zum Schallschutz

[1] DIN 4109 : 1989-11, Schallschutz im Hochbau; Anforderungen und Nachweise

[2] Beiblatt 1 zur DIN 4109 : 1989-11, Schallschutz im Hochbau; Ausführungsbeispiele und Rechenverfahren

[3] Beiblatt 2 zur DIN 4109 : 1989-11, Schallschutz im Hochbau: Hinweise für Planung und Ausführung: Vorschläge für einen erhöhten Schallschutz: Empfehlungen für den Schallschutz im eigenen Arbeits- und Wohnbereich

[4] Beiblatt 3 zur DIN 4109 : 1996-6, Schallschutz im Hochbau; Berechnung von $R'_{w,R}$ für den Nachweis der Eignung nach DIN 4109 aus Werten des im Labor ermittelten Schalldämm-Maßes R'

[5] VDI 4100 : 2007-8, Schallschutz von Wohnungen; Kriterien für Planung und Beurteilung

[6] VDI 4100 : 2012-10, Schallschutz im Hochbau – Wohnungen – Beurteilung und Vorschläge für erhöhten Schallschutz

[7] Paulmann, Klaus: Neue Untersuchungen zur Luftschalldämmung von Wänden mit Wärmedämmverbundsystemen
Bauphysik 16 (1994), Heft 4

[8] Gösele, Schüle: Schall, Wärme, Feuchte, 10. Auflage Bauverlag GmbH, 1997

[9] E DIN 4109-1 : 2006-10, Schallschutz im Hochbau Teil 1: Anforderungen

[10] E DIN 4109-1 : 2013-06, Schallschutz im Hochbau Teil 1: Anforderungen

BAUPRODUKTENORMUNG, BAUSTOFFKENNWERTE

29 Normung von Bauprodukten

29.1 Europäische Bauproduktenrichtlinie

Mit der 1989 erschienenen **Bauproduktenrichtlinie** (Richtlinie 89/106/EWG) wurden erstmals **europäisch harmonisierte Anforderungen an Bauprodukte** festgelegt, wenn diese dauerhaft in ein Gebäude eingebaut werden und für den Nutzungszeitraum von Bedeutung sind. Ziel der Bauproduktenrichtlinie ist die Vereinheitlichung der technischen Anforderungen und der Kontrollverfahren, um einen ungehinderten europaweiten Handel von Bauprodukten zu gewährleisten.

Die Bauproduktenrichtlinie umfasst

- **harmonisierte Normen** (technische Vorschriften für Bauprodukte),
- **europäische technische Zulassungen** (Zulassungsverfahren für von Normen abweichende bzw. neuartige Bauprodukte) und
- **Konformitätsnachweise** (Überwachung der Produktion).

Nur wenn Baustoffe oder Bauprodukte eine europäische technische Zulassung mit dem dafür vergebenen **CE-Kennzeichen** aufweisen, können diese innerhalb Europas in den Verkehr gebracht werden. Es dürfen nur **gebrauchstaugliche Bauprodukte** in den Handel gelangen. Die wesentlichen Anforderungen an die Gebrauchstauglichkeit werden in der Bauproduktenrichtlinie geregelt. Hierzu gehören Anforderungen an die Gesundheit und den Umweltschutz sowie an den Wärme-, Schall- und Brandschutz.

In den europäischen harmonisierten Normen von Baustoffen und Bauprodukten werden Klassen bzw. Leistungsstufen für die unterschiedlichen Anforderungen festgelegt, die es der nationalen Gesetzgebung ermöglichen, z. B. die klimatischen Gegebenheiten oder unterschiedliche Schutzniveaus zu definieren. In Deutschland wurde das Deutsche Institut für Bautechnik (DIBt) in Berlin ermächtigt, die nach den harmonisierten Normen zugelassenen Bauprodukte mit CE-Kennzeichen entsprechend den nationalen Anforderungen in der **Bauregelliste B Teil 1** zusammenzufassen. Es handelt sich um **Nennwerte**, die noch nicht die nationalen Anforderungen aufgrund technischer, klimatischer oder sicherheitsrelevanter Besonderheiten berücksichtigen.

Als Mitglied der Europäischen Union ist Deutschland verpflichtet, die Anforderungen der Bauproduktenrichtlinie in nationales Recht umzusetzen. Dies hatte zur Folge, dass alle nationalen Normen für Baustoffe und Bauprodukte überarbeitet bzw. erneuert wurden.

29.2 Nationale Regeln für Bauprodukte

Die europäische Bauproduktenrichtlinie wird in Deutschland durch das **Bauproduktengesetz** umgesetzt. Hierin wird den Ländern die Verantwortung für die Einhaltung und Umsetzung der Bauproduktenrichtlinie übertragen. Wie bisher geschehen, wird der Einsatz von Bauprodukten in den **Landesbauordnungen** geregelt, die wiederum auf die in **Bauregelliste A Teil 1** zusammengefassten nationalen technischen Regeln für Bauprodukte bzw. auf die in Bauregelliste B Teil 1 aufgeführten harmonisierten technischen Regeln verweisen.

Bauprodukte dürfen für die Errichtung, Änderung und Instandhaltung nur dann verwendet werden, wenn

- sie entsprechend den in der Bauregelliste A genannten technischen Regeln hergestellt wurden (geregelte Bauprodukte) und das **Überwachungszeichen (Ü-Zeichen)** tragen,
- es sich um nicht geregelte Bauprodukte handelt, die eine allgemeine bauaufsichtliche Zulassung oder eine Zustimmung im Einzelfall erhalten haben,

– sie den Vorschriften des Bauproduktengesetzes bzw. der Umsetzungsgesetze anderer europäischer Länder entsprechen, das CE-Kennzeichen tragen und den in der Bauregelliste B festgelegten Klassen- bzw. Leistungsstufen entsprechen.

Bei öffentlich-rechtlichen Nachweisen wie dem EnEV-Nachweis dürfen nur **Bemessungswerte**, die die nationalen technischen Anforderungen erfüllen sowie Sicherheitszuschläge beinhalten, als Rechenwerte verwendet werden, siehe nachfolgende Ausführungen.

29.3 Wärmeschutztechnische Bemessungswerte von Baustoffen

DIN EN ISO 10456 definiert den wärmeschutztechnischen Bemessungswert als „Wert einer wärmeschutztechnischen Eigenschaft eines Baustoffs oder Bauprodukts unter bestimmten äußeren und inneren Bedingungen, die in Gebäuden als typisches Verhalten des Stoffs oder Produkts als Bestandteil eines Bauteils angesehen werden können". Es handelt sich somit um einen Kennwert, der die Eigenschaft eines Produkts unter üblichen Einbaubedingungen (Feuchte-, Temperatureinflüsse usw.) festlegt.

Bemessungswerte von häufig vorkommenden Baustoffen sind unter Abschnitt 30 zusammengefasst aufgelistet. Darüber hinaus können die Werte weiterer Produkte der DIN EN 12524 entnommen werden. Alle Bemessungswerte für Bauprodukte, die im Rahmen eines Übereinstimmungsnachweises nach Bauregelliste A Teil 1 bestimmt wurden oder eine nationale allgemeine bauaufsichtliche Zulassung aufweisen, dürfen darüber hinaus angewandt werden.

Die nationale **Normung der Wärmedämmstoffe** ist inzwischen abgeschlossen und baurechtlich eingeführt, sodass man für diese Produkte sowohl den Bemessungswert für Wärmedämmstoffe mit CE-Kennzeichen sowie zusätzlichem Ü-Kennzeichen aus Abschnitt 30 entnehmen kann.

Bei Wärmedämmstoffen, die nur ein CE-Kennzeichen aufweisen, muss der Nennwert der Wärmeleitfähigkeit mit dem Sicherheitsbeiwert von 1,2 multipliziert werden, um den Bemessungswert zu erhalten (Kategorie I in Spalte 5 von *Bild 11-48*). Bei Produkten, die einer Fremdüberwachung unterliegen, sind Nennwert und Bemessungswert identisch (Kategorie I in Spalte 6 von *Bild 11-48*). In den nächsten Jahren werden durch Anpassungsnormen derartige Differenzierungen auch für andere Baustoffgruppen erlassen werden.

29.4 Wärmeschutztechnische Bemessungswerte von Fenstern, Fenstertüren sowie Rollläden

Bei öffentlich-rechtlichen Nachweisen müssen die in DIN 4108-4 genannten Nennwerte des Wärmedurchgangskoeffizienten der aus Fensterrahmen und Verglasungen bestehenden Fenster und Fenstertüren durch Korrekturwerte zu Bemessungswerten umgerechnet werden, siehe auch Kapitel 5-6.1.

Bei der Ermittlung des Wärmedurchlasswiderstandes R von nichttragenden Rollladenkästen ist die „Richtlinie über Rollladenkästen – RokR – (2002-11)" anzuwenden, die auch Bestandteil der Bauregelliste A Teil 1 ist. Rollladenkästen nach dieser Richtlinie müssen mit dem Ü-Kennzeichen versehen sein. Für sie ist damit der Nachweis erbracht, dass sie der DIN 4108 Beiblatt 2 beim Wärmebrückennachweis nach EnEV entsprechen.

29.5 TGA-Anlagenkomponenten in der Bauregelliste

Nicht nur bei Baustoffen und Bauprodukten ist eine Anpassung der nationalen Normen an die harmonisierten europäischen Normen notwendig. Auch für die wichtigsten Komponenten von Heizungs-, Warmwasser- und Lüftungsanlagen sind mit dem CE-Kennzeichen zertifizierte Produkte mittels eines Übereinstimmungsnachweisverfahrens national zu ergänzen. Nur energetische Kennwerte von TGA-Anlagenkomponenten mit einem Ü-Kennzeichen dürfen in öffentlich-rechtlichen Nachweisen verwendet werden. Daher sind diese Kennwerte auch Bestandteil der Bauregelliste A.

29.6 Hinweise für die Praxis

Die europäischen harmonisierten Normen öffnen zwar durch eine vereinheitlichte Produktprüfung und CE-Kennzeichnung den Markt innerhalb Europas, garantieren allerdings nicht die Einhaltung weiterer nationaler Baustoffnormen und korrekter öffentlich-rechtlicher Nachweise.

Daher sollten nur Bemessungswerte aus den Normen DIN 4108-4, DIN EN 12524 sowie DIN EN ISO 10456, siehe Abschnitt 30, oder Produkte mit einem Ü-Kennzeichen bzw. mit einer Einzelzulassung verwendet werden. Lassen Sie sich von Anbietern – ob national oder international – schriftlich durch Prüfzeugnisse belegen, dass es sich bei den angegebenen Kennwerten um wärmeschutztechnische Bemessungswerte handelt, die bei einem öffentlich-rechtlichen Nachweis angewandt werden dürfen.

30 Wärme- und feuchteschutztechnische Baustoffkennwerte

In den folgenden Tabellen wurden für eine Vielzahl von Baustoffen die Bemessungswerte der Wärmeleitfähigkeit und die Richtwerte der Wasserdampf-Diffusionswiderstandszahl aus den Normen DIN 4108-4 und DIN EN ISO 10456 zusammengefasst. Damit steht dem Anwender eine arbeitserleichternde Gesamtübersicht für die Berechnung von Wärmedurchgangskoeffizienten, Wasserdampf-Diffusionswiderständen und für Tauwasserberechnungen zur Verfügung. Bemessungswerte für den inneren und äußeren Wärmeübergangswiderstand sind *Bild 11-3* zu entnehmen.

Wärme- und feuchteschutztechnische Baustoffkennwerte

Zeile	Stoff	Rohdichte [a][b] ρ kg/m³	Bemessungswert der Wärmeleitfähigkeit λ W/(m·K)	Richtwert der Wasserdampf-Diffusionswiderstandszahl [c] μ
1	**Putze, Mörtel und Estriche**			
1.1	**Putze**			
1.1.1	Putzmörtel aus Kalk, Kalkzement und hydraulischem Kalk	(1800)	1,0	15/35
1.1.2	Putzmörtel aus Kalkgips, Gips, Anhydrit und Kalkanhydrit	(1400)	0,70	10
1.1.3	Leichtputz	<1300	0,56	
1.1.4	Leichtputz	≤1000	0,38	15/20
1.1.5	Leichtputz	≤700	0,25	
1.1.6	Gipsputz ohne Zuschlag	(1200)	0,51	10
1.1.7	Wärmedämmputz nach DIN V 18550 Wärmeleitfähigkeitsgruppe 060 / 070 / 080 / 090 / 100	(≥200)	0,060 / 0,070 / 0,080 / 0,090 / 0,100	5/20
1.1.8	Kunstharzputz	(1100)	0,70	50/200
1.2	**Mauermörtel**			
1.2.1	Zementmörtel	(2000)	1,6	
1.2.2	Normalmörtel NM	(1800)	1,2	
1.2.3	Dünnbettmauermörtel	(1600)	1,0	15/35
1.2.4	Leichtmauermörtel nach DIN EN 1996-1, DIN EN 1996-2	≤1000	0,36	
1.2.5	Leichtmauermörtel nach DIN EN 1996-1, DIN EN 1996-2	≤700	0,21	
1.2.6	Leichtmauermörtel	250 / 400 / 700 / 1000 / 1500	0,10 / 0,14 / 0,25 / 0,38 / 0,69	5/20
1.3	**Estriche**			
1.3.1	Gussasphaltestrich	2300	0,90	praktisch dampfdicht
1.3.2	Zement-Estrich	(2000)	1,4	
1.3.3	Anhydrit-Estrich	(2100)	1,2	15/35
1.3.4	Magnesia-Estrich	1400 / 2300	0,47 / 0,70	

Zeile	Stoff	Rohdichte [a][b] ρ kg/m³	Bemessungswert der Wärmeleitfähigkeit λ W/(m·K)	Richtwert der Wasserdampf-Diffusionswiderstandszahl [c] μ
2	**Beton-Bauteile**			
2.1	**Beton** nach DIN EN 206-1	2000 / 2200 / 2400	1,35 / 1,65 / 2,00	60/100 / 70/120 / 80/130
	armiert (mit 1 % Stahl)	2300	2,3	80/130
	armiert (mit 2 % Stahl)	2400	2,5	80/130
2.2	**Leichtbeton und Stahlleichtbeton mit geschlossenem Gefüge** nach DIN EN 206-1 und DIN 1045-2, hergestellt unter Verwendung von Zuschlägen mit porigem Gefüge nach DIN 4226-2 ohne Quarzsandzusatz[d]	800 / 900 / 1000 / 1100 / 1200 / 1300 / 1400 / 1500 / 1600 / 1800 / 2000	0,39 / 0,44 / 0,49 / 0,55 / 0,62 / 0,70 / 0,79 / 0,89 / 1,0 / 1,15 / 1,35	70/150
2.3	**Dampfgehärteter Porenbeton** nach DIN 4223-1	350 / 400 / 450 / 500 / 550 / 600 / 650 / 700 / 750 / 800 / 900 / 1000	0,11 / 0,13 / 0,15 / 0,16 / 0,18 / 0,19 / 0,21 / 0,22 / 0,24 / 0,25 / 0,29 / 0,31	5/10
2.4	**Leichtbeton mit haufwerkporigem Gefüge**			
2.4.1	mit nichtporigen Zuschlägen nach DIN 4226-1, z. B. Kies	1600 / 1800 / 2000	0,81 / 1,1 / 1,4	3/10 / 5/10

11-48 Bemessungswerte der Wärmeleitfähigkeit und Richtwerte der Wasserdampf-Diffusionswiderstandszahlen (Auszüge aus DIN V 4108-4 und DIN EN ISO 10456)

Zeile	Stoff	Roh-dichte [a][b] ρ kg/m³	Bemessungswert der Wärmeleit-fähigkeit λ W/(m·K)	Richtwert der Wasser-dampf-Diffusions-widerstandszahl [c] μ
2.4.2	mit porigen Zuschlägen nach DIN 4226-2, ohne Quarzsandzusatz[d]	600 700 800 1000 1200 1400 1600 1800 2000	0,22 0,26 0,28 0,36 0,46 0,57 0,75 0,92 1,2	5/15
2.4.2.1	ausschließlich unter Verwendung von Naturbims	400 450 500 600 700 800 900 1000 1100 1200 1300	0,12 0,13 0,15 0,18 0,20 0,24 0,28 0,32 0,37 0,41 0,47	5/15
2.4.2.2	ausschließlich unter Verwendung von Blähton	400 500 600 700 800 900 1000 1100 1200 1300 1400 1500 1600 1700	0,13 0,16 0,19 0,23 0,26 0,30 0,35 0,39 0,44 0,50 0,55 0,60 0,68 0,76	5/15

Zeile	Stoff	Roh-dichte [a][b] ρ kg/m³	Bemessungswert der Wärmeleit-fähigkeit λ W/(m·K)	Richtwert der Wasser-dampf-Diffusions-widerstandszahl [c] μ
3	**Bauplatten**			
3.1	**Porenbeton-Bauplatten und Porenbeton-Planbauplatten**, unbewehrt nach DIN 4166			
3.1.1	Porenbeton-Bauplatten (Ppl) mit normaler Fugendicke und Mauermörtel, nach DIN EN 1996-1, DIN EN 1996-2 verlegt	400 500 600 700 800	0,20 0,22 0,24 0,27 0,29	5/10
3.1.2	Porenbeton-Planbauplatten (Pppl), dünnfugig verlegt	350 400 450 500 550 600 650 700 750 800	0,11 0,13 0,15 0,16 0,18 0,19 0,21 0,22 0,24 0,25	5/10
3.2	**Wandplatten aus Leichtbeton** nach DIN 18162	800 900 1000 1200 1400	0,29 0,32 0,37 0,47 0,58	5/10
3.3	**Wandbauplatten aus Gips** nach DIN EN 12859, auch mit Poren, Hohlräumen, Füllstoffen oder Zuschlägen	750 900 1000 1200	0,35 0,41 0,47 0,58	5/10
3.4	**Gipskartonplatten** nach DIN 18180	800	0,25	4/10

11-46 Bemessungswerte der Wärmeleitfähigkeit und Richtwerte der Wasserdampf-Diffusionswiderstandszahlen (Auszüge aus DIN V 4108-4 und DIN EN ISO 10456) (1. Fortsetzung)

Zeile	Stoff	Roh-dichte [a][b] ρ kg/m³	Bemessungswert der Wärmeleit-fähigkeit λ W/(m·K)	Richtwert der Wasser-dampf-Diffusions-widerstandszahl [c] μ
4	**Mauerwerk, einschließlich Mörtelfugen**			
4.1	**Mauerwerk aus Mauerziegeln** nach DIN V 105-100, DIN 105-5 und DIN 105-6 bzw. Mauerziegel nach DIN EN 771-1 in Verbindung mit DIN 20000-401		NM/DM[f]	
4.1.1	Vollklinker, Hochlochklinker, Keramikklinker	1800 2000 2200 2400	0,81 0,96 1,2 1,4	50/100
4.1.2	Vollziegel, Hochlochziegel, Füllziegel	1200 1400 1600 1800 2000 2200 2400	0,50 0,58 0,68 0,81 0,96 1,2 1,4	5/10
			LM21/LM36[f] / NM/DM[f]	
4.1.3	Hochlochziegel HLZA und HLZB nach DIN V 105-2, DIN V 105-100 bzw. LD-Ziegel nach DIN EN 771-1 in Verbindung mit DIN 20000-401	550 600 650 700 750 800 850 900 950 1000	0,27 / 0,32 ; 0,28 / 0,33 ; 0,30 / 0,35 ; 0,31 / 0,36 ; 0,33 / 0,38 ; 0,34 / 0,39 ; 0,36 / 0,41 ; 0,37 / 0,42 ; 0,38 / 0,44 ; 0,40 / 0,45	5/10
			LM21/LM36[f] / NM[f]	
4.1.4	Hochlochziegel HLzW und Wärme-dämmziegel WDz nach DIN V 105-100 bzw. LD-Ziegel nach DIN EN 771-1 in Verbindung mit DIN 20000-401, Sollmaß h ≥ 238 mm	550 600 650 700 750 800 850 900 950 1000	0,19 / 0,22 ; 0,20 / 0,23 ; 0,20 / 0,23 ; 0,21 / 0,24 ; 0,22 / 0,25 ; 0,23 / 0,26 ; 0,23 / 0,26 ; 0,24 / 0,27 ; 0,25 / 0,28 ; 0,26 / 0,29	5/10
4.2	**Mauerwerk aus Kalksandsteinen** nach DIN V 106	1000 1200 1400	0,50 0,56 0,70	5/10
	Mauerwerk aus Kalksandsteinen DIN EN 771-2 in Verbindung mit DIN 20000-402	1600 1800 2000 2200	0,79 0,99 1,1 1,3	15/25
4.3	**Mauerwerk aus Hüttensteinen** nach DIN 398	1000 1200 1400 600 1800 2000	0,47 0,52 0,58 0,64 0,70 0,76	70/100
4.4	**Mauerwerk aus Porenbeton-Plansteinen (PP)** nach DIN V 4165-100 bzw. DIN EN 771-4 in Verbindung mit DIN V 20000-404	350 400 450 500 550 600 650 700 750 800	0,11 0,13 0,15 0,16 0,18 0,19 0,21 0,22 0,24 0,25	5/10
4.5	**Mauerwerk aus Betonsteinen**			
4.5.1	Hohlblöcke (Hbl) nach DIN V 18151-100, Gruppe 1[e]	siehe unten	LM21[f] / LM36[f] / NM[f]	5/10

Steinbreite, in cm	Anzahl der Kammerreihen	ρ	LM21[f]	LM36[f]	NM[f]
17,5	2	450	0,20	0,21	0,24
20	2	500	0,22	0,23	0,26
24	2 – 4	550	0,23	0,24	0,27
30	3 – 5	600	0,24	0,25	0,29
36,5	4 – 6	650	0,26	0,27	0,30
42,5	6	700	0,28	0,29	0,32
49	6	800	0,31	0,32	0,35
		900	0,34	0,36	0,39
		1000			0,45
		1200			0,53
		1400			0,65
		1600			0,74

11-46 Bemessungswerte der Wärmeleitfähigkeit und Richtwerte der Wasserdampf-Diffusionswiderstands-zahlen (Auszüge aus DIN V 4108-4 und DIN EN ISO 10456) (2. Fortsetzung)

Zeile	Stoff	Rohdichte [a][b] ρ kg/m³	Bemessungswert der Wärmeleitfähigkeit λ W/(m·K) LM21[f]	LM36[f]	NM[f]	Richtwert der Wasserdampf-Diffusionswiderstandszahl [c] μ
4.5.2	Hohlblöcke (Hbl) nach DIN V 18151-100 und Hohlwandplatten nach DIN 18148 Gruppe 2 Steinbreite, in cm / Anzahl der Kammerreihen 11,5 / 1 15 / 1 17,5 / 1 30 / 2 36,5 / 3 42,5 / 5 49 / 5	450 500 550 600 650 700 800 900 1000 1200 1400 1600	0,22 0,24 0,26 0,27 0,29 0,30 0,34 0,37	0,23 0,25 0,27 0,28 0,30 0,32 0,36 0,40	0,28 0,30 0,31 0,32 0,34 0,36 0,41 0,46 0,52 0,60 0,72 0,76	5/10
4.5.3	Vollblöcke (Vbl, S-W) nach DIN V 18152-100	450 500 550 600 650 700 800 900 1000	0,14 0,15 0,16 0,17 0,18 0,19 0,21 0,25 0,28	0,16 0,17 0,18 0,19 0,20 0,21 0,23 0,26 0,29	0,18 0,20 0,21 0,22 0,23 0,25 0,27 0,30 0,32	5/10
4.5.4	Vollblöcke (Vbl) und Vbl-S nach DIN V 18152-100 aus Leichtbeton mit anderen leichten Zuschlägen als Naturbims und Blähton	450 500 550 600 650 700 800 900 1000 1200 1400	0,22 0,23 0,24 0,25 0,26 0,27 0,29 0,32 0,34	0,23 0,24 0,25 0,26 0,27 0,28 0,30 0,32 0,35	0,28 0,29 0,30 0,31 0,32 0,33 0,36 0,39 0,42 0,49 0,57	5/10
		1600 1800 2000			0,62 0,68 0,74	10/15

Zeile	Stoff	Rohdichte [a][b] ρ kg/m³	Bemessungswert der Wärmeleitfähigkeit λ W/(m·K) LM21[f]	LM36[f]	NM[f]	Richtwert der Wasserdampf-Diffusionswiderstandszahl [c] μ
4.5.5	Vollsteine (V) nach DIN V 18152-100	450 500 550 600 650 700 800 900 1000 1200 1400	0,21 0,22 0,23 0,24 0,25 0,27 0,30 0,33 0,36	0,22 0,23 0,25 0,26 0,27 0,29 0,32 0,35 0,38	0,31 0,32 0,33 0,34 0,35 0,37 0,40 0,43 0,46 0,54 0,63	5/10
		1600 1800 2000			0,74 0,87 0,99	10/15
4.5.6	Mauersteine nach DIN V 18153-100 aus Beton bzw. DIN EN 771-3 in Verbindung mit DIN V 20000-403	800 900 1000 1200			0,60 0,65 0,70 0,80	5/15
		1400 1600 1800 2000 2200 2400			0,90 1,0 1,1 1,3 1,6 2,0	20/30

11-46 Bemessungswerte der Wärmeleitfähigkeit und Richtwerte der Wasserdampf-Diffusionswiderstandszahlen (Auszüge aus DIN V 4108-4 und DIN EN ISO 10456) (3. Fortsetzung)

Zeile	Stoff	Roh-dichte [a][b] ρ kg/m³	Wärmeleitfähigkeit W/(m·K)			Richtwert der Wasser-dampf-Diffusions-widerstandszahl [c] μ
			Nenn-wert λ_D	Bemessungswert λ		
				Kategorie I ohne Fremdüber-wachung	Kategorie II mit Fremdüber-wachung	
5	**Wärmedämmstoffe**					
5.1	**Mineralwolle** (MW) nach DIN EN 13162		0,030 0,031 0,032 0,033 0,034 0,035 . . . 0,050	0,036 0,037 0,038 0,040 0,041 0,042 . . . 0,060	0,030 0,031 0,032 0,033 0,034 0,035 . . . 0,050	1
5.2	**Expandierter Polystyrol-schaum** (EPS) nach DIN EN 13163		0,030 0,031 0,032 0,033 0,034 0,035 . . . 0,050	0,036 0,037 0,038 0,040 0,041 0,042 . . . 0,060	0,030 0,031 0,032 0,033 0,034 0,035 . . . 0,050	20 bis 100
5.3	**Extrudierter Polystyrol-schaum** (XPS) nach DIN EN 13164		0,026 0,027 0,028 0,029 0,030 . . . 0,045	0,031 0,032 0,034 0,035 0,036 . . . 0,054	0,026 0,027 0,028 0,029 0,030 . . . 0,045	80 bis 250
5.4	**Polyurethan-Hartschaum** (PUR) nach DIN EN 13165		0,020 0,021 0,022 0,023 0,024 0,025 . . . 0,040	0,024 0,025 0,026 0,028 0,029 0,030 . . . 0,048	0,020 0,021 0,022 0,023 0,024 0,025 . . . 0,040	40 bis 200
5.5	**Phenolharz-Hartschaum** (PF) nach DIN EN 13166		0,020 0,021 0,022 0,023 0,024 0,025 . . . 0,035	0,024 0,025 0,026 0,028 0,029 0,030 . . . 0,042	0,020 0,021 0,022 0,023 0,024 0,025 . . . 0,035	10 bis 50
5.6	**Schaumglas** (CG) nach DIN EN 13167		0,038 0,039 0,040 . . . 0,055	0,046 0,047 0,048 . . . 0,066	0,038 0,039 0,040 . . . 0,055	praktisch dampf-dicht
5.7	**Holzwolleleichtbauplatten** nach DIN EN 13168					
5.7.1	Holzwolle-Platten (WW)		0,060 0,061 0,062 0,063 0,064 0,065 . . . 0,10	0,072 0,073 0,074 0,076 0,077 0,078 . . . 0,12	0,060 0,061 0,062 0,063 0,064 0,065 . . . 0,10	2/5
5.7.2	Holzwolle-Mehrschichtplatten nach DIN EN 13168 (WWC)					
	– mit expandiertem Polystyrol (EPS) nach DIN EN 13163		0,030 0,031 0,032 0,033 0,034 0,035 . . . 0,050	0,036 0,037 0,038 0,040 0,041 0,042 . . . 0,060	0,030 0,031 0,032 0,033 0,034 0,035 . . . 0,050	20 bis 50
	– mit Mineralwolle (MW) nach DIN EN 13162		0,030 0,031 0,032 0,033 0,034 0,035 . . . 0,050	0,036 0,037 0,038 0,040 0,041 0,042 . . . 0,060	0,030 0,031 0,032 0,033 0,034 0,035 . . . 0,050	1

11-46 Bemessungswerte der Wärmeleitfähigkeit und Richtwerte der Wasserdampf-Diffusionswiderstandszahlen (Auszüge aus DIN V 4108-4 und DIN EN ISO 10456) (4. Fortsetzung)

Zeile	Stoff	Rohdichte [a b] ρ kg/m³	Wärmeleitfähigkeit W/(m·K) Nennwert λ_D	Bemessungswert λ Kategorie I ohne Fremdüberwachung	Bemessungswert λ Kategorie II mit Fremdüberwachung	Richtwert der Wasserdampf-Diffusionswiderstandszahl [c] μ
	– mit Holzwolledeckschicht(en) nach DIN EN 13168		0,10 0,11 0,12 0,13 0,14	0,12 0,13 0,14 0,16 0,17	0,10 0,11 0,12 0,13 0,14	2/5
5.8	**Blähperlit** (EPB) nach DIN EN 13169		0,045 0,046 0,047 . . 0,065	0,054 0,055 0,056 . . 0,078	0,045 0,046 0,047 . . 0,065	5
5.9	**Expandierter Kork** (ICB) nach DIN EN 13170		0,040 0,041 0,042 0,043 0,044 0,045 . . 0,055	0,049 0,050 0,052 0,053 0,054 0,055 . . 0,067	0,040 0,041 0,042 0,043 0,044 0,045 . . 0,055	5/10
5.10	**Holzfaserdämmstoff** (WF) nach DIN EN 13171		0,032 0,033 0,034 0,035 0,036 0,037 0,038 0,039 0,040 . . 0,060	0,039 0,040 0,042 0,043 0,044 0,045 0,046 0,048 0,049 . . 0,073	0,032 0,033 0,034 0,035 0,036 0,037 0,038 0,039 0,040 . . 0,060	5
5.11	**Wärmedämmputz** nach DIN EN 998-1 der Kategorie T1 T1 T1 T1 T1 T2 T2 T2			0,120	0,060 0,070 0,080 0,090 0,100 0,120 0,140 0,160	5/20
				0,192		

Zeile	Stoff	Rohdichte [a b] ρ kg/m³	Bemessungswert der Wärmeleitfähigkeit λ W/(m·K)	Richtwert der Wasserdampf-Diffusionswiderstandszahl [c] μ
6	**Holz und Holzwerkstoffe**			
6.1	**Konstruktionsholz**[h]	450 500 700	0,12 0,13 0,18	20/50 20/50 50/200
6.2	**Holzwerkstoffe**			
6.2.1	Sperrholz	300 500 700 1000	0,09 0,13 0,17 0,24	50/150 70/200 90/220 110/250
6.2.2	Zementgebundene Spanplatte	1200	0,23	30/50
6.2.3	Spanplatte	300 600 900	0,10 0,14 0,18	10/50 15/50 20/50
6.2.4	OSB-Platten	650	0,13	30/50
6.2.5	Holzfaserplatte, einschließlich MDF	250 400 600 800	0,07 0,10 0,14 0,18	3/5 5/10 12/20 20/30
7	**Beläge, Abdichtstoffe und Abdichtungsbahnen**			
7.1	**Fußbodenbeläge**			
7.1.1	Gummi	1200	0,17	10000
7.1.2	Kunststoff	1700	0,25	10000
7.1.3	Unterlagen, poröser Gummi oder Kunststoff	270	0,10	10000
7.1.4	Filzunterlage	120	0,05	15/20
7.1.5	Wollunterlage	200	0,06	15/20
7.1.6	Korkunterlage	< 200	0,05	10/20
7.1.7	Korkfliesen	> 400	0,065	20/40
7.1.8	Teppich/Teppichböden	200	0,06	5
7.1.9	Linoleum	1200	0,17	800/1000
7.2	**Abdichtstoffe**			
7.2.1	Silikon ohne Füllstoff	1200	0,35	5000
7.2.2	Silikon mit Füllstoffen	1450	0,50	5000

11-46 Bemessungswerte der Wärmeleitfähigkeit und Richtwerte der Wasserdampf-Diffusionswiderstandszahlen (Auszüge aus DIN V 4108-4 und DIN EN ISO 10456) (5. Fortsetzung)

11 Bauproduktenormung, Baustoffkennwerte — Wärme- und feuchteschutztechnische Baustoffkennwerte

Zeile	Stoff	Rohdichte a b ρ kg/m³	Bemessungswert der Wärmeleitfähigkeit λ W/(m·K)	Richtwert der Wasserdampf-Diffusionswiderstandszahl c μ
7.2.3	Silikonschaum	750	0,12	100000
7.2.4	Urethan-/Polyurethanschaum (als wärmetechnische Trennung)	1300	0,21	60
7.2.5	Weichpolyvinylchlorid (PVC-P) mit 40 % Weichmacher	1200	0,14	100000
7.2.6	Elastomerschaum, flexibel	60 bis 80	0,05	10000
7.2.7	Polyurethanschaum (PU)	70	0,05	60
7.2.8	Polyethylenschaum	70	0,05	100
7.3	**Dachbahnen, Dachabdichtungsbahnen**			
7.3.1	Bitumendachbahn nach DIN EN 13707	(1200)	0,17	20000
7.3.2	Nackte Bitumenbahnen nach DIN 52129	(1200)	0,17	2000/20000
7.3.3	Glasvlies-Bitumendachbahnen nach DIN 52143	–	0,17	20000/60000
7.3.4	Kunststoff-Dachbahn nach DIN 16729 (ECB)	–	–	50000/75000 (2,0 K) 70000/90000
7.3.5	Kunststoff-Dachbahn nach DIN 16730 (PVC-P)	–	–	10000/30000
7.3.6	Kunststoff-Dachbahn nach DIN 16731 (PIB)	–	–	400000/1750000
7.4	**Folien**			
7.4.1	PTFE-Folien Dicke d ≥ 0,05 mm	–	–	10000
7.4.2	PA-Folie Dicke d ≥ 0,05 mm	–	–	50000
7.4.3	PP-Folie Dicke d ≥ 0,05 mm	–	–	1000
8	**Sonstige gebräuchliche Stoffe** [i]			
8.1	**Lose Schüttungen**, abgedeckt [j]			
8.1.1	– aus porigen Stoffen: Blähperlit Blähglimmer Korkschrot, expandiert Hüttenbims Blähton, Blähschiefer Bimskies Schaumlava	(≤ 100) (≤ 100) (≤ 200) (≤ 600) (≤ 400) (≤ 1000) (≤ 1200) (≤ 1500)	0,060 0,070 0,055 0,13 0,16 0,19 0,22 0,27	3
8.1.2	– aus Polystyrolschaumstoff-Partikeln	(15)	0,050	3
8.1.3	– aus Sand, Kies, Splitt (trocken)	(1800)	0,70	3

Zeile	Stoff	Rohdichte a b ρ kg/m³	Bemessungswert der Wärmeleitfähigkeit λ W/(m·K)	Richtwert der Wasserdampf-Diffusionswiderstandszahl c μ
8.2	**Fliesen**			
8.2.1	Ton	2000	1,0	30/40
8.2.2	Beton	2100	1,5	60/100
8.2.3	Keramik	2300	1,3	praktisch dampfdicht
8.3	**Glas**			
8.3.1	Natronglas (einschließlich Floatglas)	2500	1,0	praktisch dampfdicht
8.3.2	Quarzglas	2200	1,4	praktisch dampfdicht
8.4	**Natursteine**			
8.4.1	Kristalliner Naturstein	2800	3,5	10000
8.4.2	Sediment-Naturstein	2600	2,3	2/250
8.4.3	Leichter Sediment-Naturstein	1500	0,85	20/30
8.4.4	Poröses Gestein, z. B. Lava	1600	0,55	15/20
8.4.5	Basalt	2700 bis 3000	3,5	10000
8.4.6	Gneis	2400 bis 2700	3,5	10000
8.4.7	Granit	2500 bis 2700	2,8	10000
8.4.8	Marmor	2800	3,5	10000
8.4.9	Schiefer	2000 bis 2800	2,2	800/1000
8.4.10	Kalkstein, extraweich	1600	0,85	20/30
8.4.11	Kalkstein, weich	1800	1,1	25/40
8.4.12	Kalkstein, halbhart	2000	1,4	40/50
8.4.13	Kalkstein, hart	2200	1,7	150/200
8.4.14	Kalkstein, extrahart	2600	2,3	200/250
8.4.15	Sandstein (Quarzit)	2600	2,3	30/40
8.4.16	Naturbims	400	0,12	6/8
8.4.17	Kunststein	1750	1,3	40/50

11-46 *Bemessungswerte der Wärmeleitfähigkeit und Richtwerte der Wasserdampf-Diffusionswiderstandszahlen (Auszüge aus DIN V 4108-4 und DIN EN ISO 10456) (6. Fortsetzung)*

11 Bauproduktenormung, Baustoffkennwerte — Wärme- und feuchteschutztechnische Baustoffkennwerte

Zeile	Stoff	Rohdichte ^{a,b} ρ kg/m³	Bemessungswert der Wärmeleitfähigkeit λ W/(m·K)	Richtwert der Wasserdampf-Diffusions-widerstandszahl ^{c} μ
8.5	Lehmbaustoffe	500 600 700 800 900 1000 1200 1400 1600 1800 2000	0,14 0,17 0,21 0,25 0,30 0,35 0,47 0,59 0,73 0,91 1,1	5/10
8.6	**Böden, naturfeucht**			
8.6.1	Ton oder Schlick oder Schlamm	1200 bis 1800	1,5	50
8.6.2	Sand und Kies	1700 bis 2200	2,0	50
8.7	**Keramik und Glasmosaik**			
8.7.1	Keramik/Porzellan	2300	1,3	praktisch dampfdicht
8.7.2	Glasmosaik	2000	1,2	praktisch dampfdicht
8.8	**Metalle**			
8.8.1	Aluminiumlegierungen	2800	160	
8.8.2	Bronze	8700	65	
8.8.3	Messing	8400	120	
8.8.4	Kupfer	8900	380	
8.8.5	Gusseisen	7500	50	praktisch dampfdicht
8.8.6	Blei	11300	35	
8.8.7	Stahl	7800	50	
8.8.8	Nichtrostender Stahl	7900	17	
8.8.9	Zink	7200	110	
8.9	**Gummi**			
8.9.1	Naturkautschuk	910	0,13	10000
8.9.2	Neopren (Plychloropren)	1240	0,23	10000
8.9.3	Butylkautschuk (Isobutylenkautschuk), hart/heiß geschmolzen	1200	0,24	200000
8.9.4	Schaumgummi	60 bis 80	0,06	7000
8.9.5	Hartgummi (Ebonit), hart	1200	0,17	praktisch dampfdicht
8.9.6	Ethylen-Propylenedien, Monomer (EPDM)	1150	0,25	6000
8.9.7	Polyisobutylenkautschuk	930	0,20	10000
8.9.8	Polysulfid	1700	0,40	10000
8.9.9	Butadien	980	0,25	100000

^{a} Die in Klammern angegebenen Rohdichtewerte dienen nur zur Ermittlung der flächenbezogenen Masse, z. B. für den Nachweis des sommerlichen Wärmeschutzes.

^{b} Die bei den Steinen genannten Rohdichten entsprechen den Rohdichteklassen der zitierten Stoffnormen.

^{c} Es ist jeweils der für die Baukonstruktion ungünstigere Wert einzusetzen. Bezüglich der Anwendung der μ-Werte siehe DIN 4108-3.

^{d} Bei Quarzsand erhöhen sich die Bemessungswerte der Wärmeleitfähigkeit um 20 %.

^{e} Die Bemessungswerte der Wärmeleitfähigkeit sind bei Hohlblöcken mit Quarzsandzusatz für 2 K Hbl um 20 % und für 3 K Hbl bis 6 K Hbl um 15 % zu erhöhen.

^{f} Bezeichnung der Mörtelarten nach DIN 1053-1 : 1996-11:
  – NM – Normalmörtel;
  – LM21 – Leichtmörtel mit $\lambda = 0{,}21$ W/(m·K);
  – LM36 – Leichtmörtel mit $\lambda = 0{,}36$ W/(m·K);
  – DM – Dünnbettmörtel.

^{g} Berücksichtigung des Sicherheitsbeiwerts für zu erwartende Materialstreuungen des Nennwerts
  – Kategorie I gilt für die Produktion mit einer Fremdüberwachung nach DIN EN 13172 : 2001-10;
  – Kategorie II gilt für Produkte nach harmonisierten europäischen Normen, die nach der Bauregelliste eingeführt sind, aber keiner Fremdüberwachung unterliegen.

^{h} Die Rohdichte von Nutzholz und Holzfaserplattenprodukten ist die Gleichgewichtsdichte bei 20 °C und 65 % relativer Luftfeuchte.

^{i} Diese Stoffe sind hinsichtlich ihrer wärmeschutztechnischen Eigenschaften nicht genormt. Die angegebenen Wärmeleitfähigkeitswerte stellen obere Grenzwerte dar.

^{j} Die Dichte wird bei losen Schüttungen als Schüttdichte angegeben.

11-46 Bemessungswerte der Wärmeleitfähigkeit und Richtwerte der Wasserdampf-Diffusionswiderstandszahlen (Auszüge aus DIN V 4108-4 und DIN EN ISO 10456) (7. Fortsetzung)

12 Elektroinstallation — Inhaltsübersicht

ELEKTROINSTALLATION

1	**Einführung** S. 12/4	
2	**Antrag für den Anschluss des Bauobjektes an das Verteilungsnetz** S. 12/4	
2.1	Allgemeines	
2.2	Baustellenanschluss	
2.2.1	Antrag zum Erstellen eines Baustellenanschlusses	
2.2.2	Betriebsmittel für die Baustromversorgung	
2.2.3	Schutzmaßnahmen für die Baustromversorgung	
2.3	Antrag zum Erstellen eines Hausanschlusses	
3	**Die Planung der Elektroinstallation** S. 12/7	
3.1	Allgemeines	
3.2	Planungsgrundlagen	
3.2.1	VDE-Vorschriften	
3.2.2	DIN-Normen	
3.2.3	Technische Anschlussbedingungen (TAB)	
3.2.4	Sonstige technische Regeln	
3.2.5	Fachberichte, Fachbroschüren, Merkblätter	
3.2.6	Berücksichtigung von speziellen Versorgungsverträgen	
3.3	Planerstellung	
4	**Netzanschluss und Haus-Anschlusseinrichtungen** S. 12/11	
4.1	Allgemeines	
4.2	Anschlusseinrichtungen innerhalb von Gebäuden	
4.2.1	Hausanschlussraum	
4.2.2	Hausanschlusswand	
4.2.3	Hausanschlussnische	
4.2.4	Kabelhausanschluss	
5	**Fundamenterder und Potenzialausgleich** S. 12/16	
5.1	Fundamenterder oder Ringerder	
5.1.1	Werkstoff eines Fundamenterders	
5.1.2	Werkstoff eines Ringerders	
5.2	Ausführung des Fundamenterders bzw. Ringerders	
5.2.1	Fundamente aus unbewehrtem Beton	
5.2.2	Fundamente aus bewehrtem Beton	
5.2.3	Wannenabdichtungen	
5.2.4	Perimeterdämmung	
5.2.5	Verbindungen, Anschlussstellen	
5.2.6	Schutzpotenzialausgleich, Funktionspotenzialausgleich	
6	**Hauptstromversorgung, Zähl- und Messeinrichtungen** S. 12/23	
6.1	Hauptstromversorgung	
6.1.1	Allgemeines	
6.1.2	Bemessung der Hauptstromversorgung	
6.2	Mess- und Steuereinrichtungen, Zählerplätze	
6.2.1	Allgemeines	
6.2.2	Anordnung der Zählerschränke	
6.2.3	Ausführung der Zählerplätze	
6.2.4	Nischen für Zählerplätze	
7	**Stromkreise, Stromkreisverteiler und Schutzeinrichtungen** S. 12/31	
7.1	Stromkreise	
7.2	Stromkreisverteiler	
7.3	Überstrom-Schutzeinrichtungen	
7.4	Fehlerstrom-Schutzeinrichtungen (RCDs)	
8	**Elektroinstallation in Wohnungen** S. 12/36	
8.1	Allgemeines	
8.2	Ausstattungsumfang der Elektroinstallation	
8.3	Elektroinstallation in Küche, Kochnische	
8.4	Elektroinstallation im Hausarbeitsraum	
8.5	Elektroinstallation im Bad	
8.5.1	Ausstattung	
8.5.2	Schutzmaßnahmen	
8.6	Elektroinstallation im Wohnraum	
8.7	Elektroinstallation im Schlafraum	
8.8	Elektroinstallation im Flur	
8.9	Elektroinstallation im WC-Raum	

8.10	Elektroinstallation im Abstellraum	**11**	**Leitungsführung und Anordnung der Betriebsmittel, Installationszonen** S. *12/59*
8.11	Elektroinstallation im Hobbyraum		
8.12	Elektroinstallation im Boden- und Kellerraum (zur Wohnung gehörend)	**12**	**Leitungsmaterial, Verbindungsmaterial, Einbaugeräte** S. *12/61*
8.13	Elektroinstallation im Teilbereich Freisitz	12.1	Leitungsmaterial
8.14	Elektroinstallation in Einzelgaragen	12.1.1	Bauarten von Leitungen und Kabeln
8.15	Elektroinstallation von Elektroheizungen	12.1.2	Strombelastbarkeit und Überstromschutz
8.15.1	Einzel-Speicherheizung	12.1.3	Zulässiger Spannungsfall und maximale Leitungslänge
8.15.2	Fußboden-Teilspeicherheizung		
8.15.3	Direktheizungen	12.2	Verbindungsmaterial
8.15.4	Wärmepumpenheizung	12.3	Schalter, Steckdosen, sonstige Einbaugeräte
8.15.5	Wohnungslüftung mit Wärmerückgewinnung	**13**	**Kommunikationsanlagen** S. *12/71*
8.16	Energieeffizienz	13.1	Allgemeines
8.16.1	Verbrauchs- und Tarifvisualisierung	13.2	Informations- und Kommunikationsanlagen (IuK)
8.16.2	Sonnenschutz		
8.16.3	Heizung	13.3	Informations- und Kommunikationsanlagen für mehrere Teilnehmer
8.16.4	Beleuchtung		
8.16.5	Stand-by-Verluste	13.4	DSL und Netzwerkinstallationen
8.16.6	Luftdichte und wärmebrückenfreie Elektroinstallation	13.4.1	Allgemeines
		13.4.2	Voice over IP
8.16.7	Installation an gedämmten Außenfassaden	13.4.3	Nachrüstlösungen
		13.5	Hauskommunikationsanlagen
9	**Elektroinstallation in Gemeinschaftsanlagen, Anlagen im Freien** S. *12/54*	13.5.1	Klingel-, Türöffner-, Türsprechanlagen mit oder ohne Bildübertragung
9.1	Allgemeines	13.5.2	Gefahrenmeldeanlagen (GMA) für Brand (BMA), Einbruch (EMA) und Überfall (ÜMA)
9.2	Stromkreise		
9.3	Elektroinstallation im Boden- und Kellerraum (gemeinschaftlich genutzt)	**14**	**Rundfunk- und Kommunikationsanlagen (RuK)** S. *12/80*
9.4	Elektroinstallation im Boden- und Kellergang	14.1	Allgemeines
9.5	Elektroinstallation im Treppenraum	14.2	Installationsrohrnetz und Verteilnetz
9.6	Elektroinstallation in der Garage	14.3	Antennenanlagen
9.7	Elektroinstallation in Anlagen im Freien	14.4	Anzahl der Antennensteckdosen
10	**Installationsformen und Verlegemethoden** S. *12/57*	**15**	**Blitzschutz** S. *12/82*
10.1	Installationsformen	15.1	Allgemeines
10.2	Aufputz-Installation	15.2	Äußerer Blitzschutz
10.3	Unterputz-Installation	15.3	Blitzschutz-Potenzialausgleich
10.4	Rohr-Installation	15.4	Überspannungs-Schutzeinrichtungen
10.5	Kanal-Installation	15.5	Notwendigkeit des Überspannungsschutzes

12 Elektroinstallation Inhaltsübersicht

16	**Erneuerung der Elektroinstallation** *S. 12/85*	
16.1	Allgemeines	
16.2	Leitungsverlegung bei der Erneuerung	
16.2.1	Unterputzverlegung	
16.2.2	Verwendung von Elektro-Installationskanälen	
16.2.3	Nutzung vorhandener Schächte und Rohre	
16.3	Erneuerung von Hauptleitung und Stromkreisverteiler	
17	**Gebäudesystemtechnik** *S. 12/87*	
17.1	Allgemeines	
17.2	Grenzen der konventionellen Elektroinstallation	
17.3	Vorteile der Gebäudesystemtechnik	
17.4	Ausführung des Installations-BUS	
17.5	Vorbereitungen für eine zukünftige Nutzung der Gebäudesystemtechnik	
17.6	Powerline-EIB-Technik	
17.7	Funk-KNX-Technik	
18	**Prüfen elektrischer Anlagen** *S. 12/92*	
19	**Grafische Symbole für Schaltungsunterlagen (Schaltzeichen)** *S. 12/94*	

ELEKTROINSTALLATION

1 Einführung

Dieses Kapitel befasst sich mit der Planung und Ausführung der Elektroinstallation für Wohngebäude. Auf der Basis der einschlägigen Normen, Richtlinien und Sicherheitsvorschriften werden die Grundlagen und die unterschiedlichen Anforderungen für die Elektroinstallation in den verschiedenen Räumen von Wohnungen bzw. Gebäuden ausführlich behandelt: vom Baustellenanschluss über den Netz-(Haus-)anschluss, die Hauptstromversorgung, den Stromkreisverteiler bis zum Schalter bzw. der Steckdose.

Ebenso wird die Installation für Informations- und Kommunikationsanlagen (IuK), Rundfunk-Kommunikationsanlagen (RuK), Hauskommunikation sowie für Gefahrenmelde- und Überspannungs-/Blitzschutzanlagen beschrieben. Auch auf die Erneuerung der Elektroinstallation in bestehenden Gebäuden und das zukunftsorientierte Thema Gebäudesystemtechnik, u. a. zur Steigerung der Energieeffizienz, wird eingegangen.

Für den Wohnwert und die Energieeffizienz eines Gebäudes hat eine funktionsgerechte Elektroinstallation große Bedeutung. Dies erfordert eine frühzeitige Planung, bei der die Anforderungen zu berücksichtigen sind, die sich aus der Nutzung sowie der Art und Anzahl der später einzusetzenden Geräte ergeben.

Durch die immer größer werdende Zahl und Vielfalt von Elektrohausgeräten steigen die Anforderungen an den Ausstattungsumfang der Elektroinstallation. Deshalb nimmt neben der Beschreibung der Mindestausstattung nach DIN 18015-2, die vor allem für den Mietwohnungsbau angewendet wird, die Behandlung einer gehobenen Ausstattung nach RAL-RG 678 breiten Raum ein. Dieses Kapitel soll Anregungen und Hilfestellungen für eine gute Elektroinstallation geben.

2 Antrag für den Anschluss des Bauobjektes an das Verteilungsnetz

2.1 Allgemeines

Der Anschluss für das Gebäude, aber auch der für die Baustelle, sollte zum frühestmöglichen Zeitpunkt beantragt werden. Die Antragsformulare[1] für den Anschluss und für den späteren Zählereinbau erhält der Elektroinstallateur/Elektrotechniker[2] vom Netzbetreiber (NB). Viele NB stellen diese zum Download im Internet zur Verfügung. Der Antrag dient einerseits zur Anmeldung/Bestellung des Anschlusses an das Netz des NB, andererseits später als Fertigstellungsanzeige bzw. Inbetriebsetzungsantrag für den Zählereinbau. Auf dem Formular für die Bestellung muss aus rechtlichen Gründen der Bauherr und sofern er nicht Grundstückseigentümer ist, auch dieser unterschreiben. Bei der Fertigstellungsanzeige muss der eingetragene Elektroinstallateur unterschreiben, der mit seiner Unterschrift bestätigt, dass die Anlage ordnungsgemäß nach den allgemein anerkannten Regeln der Technik (VDE- und DIN-Normen) und den Technischen Anschlussbedingungen (TAB) des NB errichtet wurde.

2.2 Baustellenanschluss

2.2.1 Antrag zum Erstellen eines Baustellenanschlusses

Die Anforderungen an den Anschluss für eine Baustelle sind sehr unterschiedlich. Unabhängig von der bean-

---

[1] Viele Netzbetreiber (NB) verwenden den BDEW-Vordruck „Anmeldung zum Anschluss an das Niederspannungsnetz" oder akzeptieren diesen.

[2] Entsprechend den neuen Ausbildungsberufen heißt der bisherige Elektro-Installateur nun Elektrotechniker. In dieser Auflage des Bau-Handbuches wird trotzdem der über viele Jahre eingeprägte Begriff Elektroinstallateur verwendet.

spruchten Leistung ist dem Antrag ein Plan mit der Lage des Bauvorhabens (Kopie des Lageplanes) beizufügen. In dem Antrag sind auch die geplanten Anschlussleistungen (Maschinen, Geräte usw.) einzutragen, vor allem wenn größere Maschinen, z. B. ein Kran, zum Einsatz kommen. Bei solchen Maschinen müssen auch die Anlaufströme berücksichtigt werden. Da bei Baustellenanschlüssen die Errichtung des Anschlusses und die Zählermontage meist zum gleichen Zeitpunkt erfolgen, können die Anmeldung zum Netzanschluss und die Fertigstellungsanzeige/der Inbetriebsetzungsantrag meist zusammen beim NB eingereicht werden.

Darüber hinaus muss auch ein Stromlieferungsvertrag für den Baustellenstrom abgeschlossen werden.

2.2.2 Betriebsmittel für die Baustromversorgung

Die Bauleitung kann zwar erwarten, dass vom Elektroinstallateur und vom Bauunternehmer nur Bauanschlussschränke und Elektromaterialien in einwandfreier Ausführung entsprechend den VDE-Bestimmungen, Technischen Anschlussbedingungen und Unfallverhütungsvorschriften eingesetzt werden, im rauen Baubetrieb ist jedoch mit hohem Verschleiß zu rechnen. Daraus folgt eine besondere Aufsichtspflicht der Bauleitung. Sie muss wissen, dass der Baustrom-Anschlussschrank und der -Anschlussverteilerschrank DIN VDE 0660-501 entsprechen müssen und darüber hinaus die Technischen Anschlussbedingungen (TAB) des NB einzuhalten sind, *Bild 12-1*. Die Berufsgenossenschaft bietet wegen der besonderen Problematik Merkblätter für elektrische Anlagen auf Baustellen mit weitergehenden Festlegungen an.

Die kundeneigene Anschlussleitung vor der Messeinrichtung bis zum Anschlusspunkt des NB soll so kurz wie möglich sein, max. sind 30 m zulässig. Die Anschlussleitung darf keine lösbaren Zwischenverbindungen enthalten.

Obwohl diese Betriebsmittel nicht zum Anschluss gehören, wird hier darauf hingewiesen, dass für Wechselstromgeräte Schutzkontakt-Steckvorrichtungen – mind. spritzwassergeschützt und für erschwerte Bedingungen geeignet – einzusetzen sind, *Bild 12-2*. Für Drehstromverbrauchsmittel (z. B. Motoren) dürfen nur die international genormten Steckvorrichtungen nach DIN 49462/49463 verwendet werden, *Bild 12-3*. Alle Steckvorrichtungen müssen ein Isolierstoffgehäuse besitzen.

2.2.3 Schutzmaßnahmen für die Baustromversorgung

Entsprechend DIN VDE 0100-704 dürfen hinter Speisepunkten nur die Netzformen TT-System, TN-S-System oder IT-System mit Isolationsüberwachung angewendet werden. Im TT-System und TN-S-System müssen Stromkreise mit Steckdosen und fest angeschlossenen in der Hand gehaltenen elektrischen Verbrauchsmitteln mit einem Bemessungsstrom bis 32 A durch Fehlerstrom-Schutzeinrichtungen (RCDs) mit einem Bemessungsdifferenzstrom $I_{\Delta n} \leq 30$ mA geschützt werden. Für frequenzgesteuerte Betriebsmittel gelten besondere Festlegungen. Hier wird besonders auf allstromsensitive Fehlerstrom-Schutzeinrichtungen (Typ B) hingewiesen.

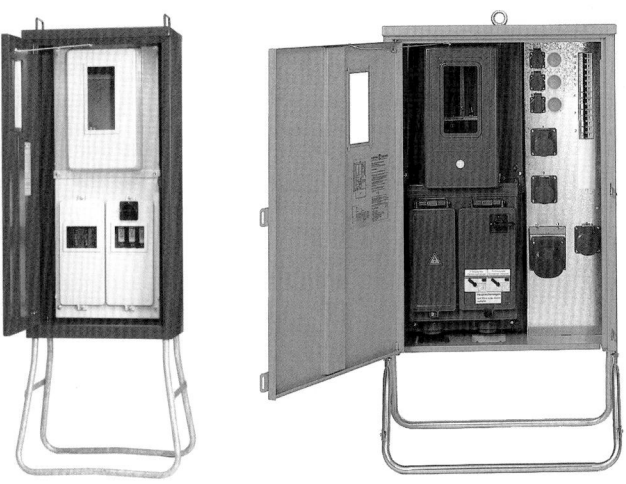

12-1 Baustellenanschluss (Anschluss- und Verteilerschrank)

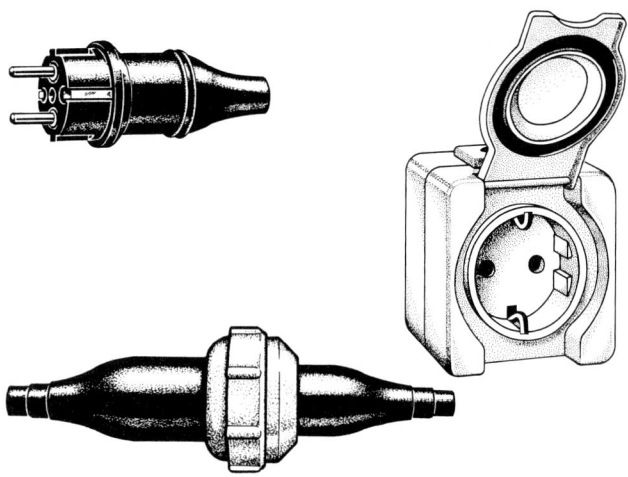

12-2 Spritz- und druckwassergeschützte Schutzkontakt-Steckvorrichtungen für erschwerte Bedingungen

Die Fehlerstrom-Schutzschalter der Baustromverteiler sind vor Inbetriebnahme der elektrischen Anlagen arbeitstäglich durch Drücken der Prüftaste auf Wirksamkeit zu überprüfen. Durch Betätigung der Prüftaste wird nicht die gesamte Schutzmaßnahme, sondern lediglich die Wirksamkeit (Funktion) des Fehlerstrom-Schutzschalters getestet.

12-3 CEE-Steckvorrichtungen nach DIN 49462/49463

2.3 Antrag zum Erstellen eines Hausanschlusses

Die meisten NB stellen auf Ihrer Homepage den Ablauf für die Anschlusserstellung dar. Dort finden sich auch die entsprechenden Formulare. Dennoch kann der erste Kontakt mit dem NB schriftlich, telefonisch oder per E-Mail erfolgen. Wegen der rechtsverbindlichen Unterschriften muss die Anmeldung bzw. der Auftrag zum Netzanschluss aber im Original nachgereicht werden.

Der Antrag enthält u. a. folgende Angaben:
– Umfang des Bauvorhabens (Anzahl der Wohneinheiten, Anzahl der Gewerbebetriebe),
– geplante elektrische Einrichtungen der Wohnungen[1] (z. B. elektrische Warmwasserversorgung in Küche und Bad),
– elektrische Ausrüstung vorgesehener Gewerbebetriebe (Leistungsbilanz).

Zusätzlich sind beizufügen:
– Lageplan des Bauvorhabens (z. B. Kopie aus dem Bauantrag),
– Geschosszeichnung mit der Lage des Hausanschlusses im Hausanschlussraum bzw. an der Hausanschlusswand oder in der Hausanschlussnische.

Bei größeren Objekten sind in Abstimmung mit dem NB ggf. der Standort und die Anforderungen der für die Stromversorgung erforderlichen Transformatorstation rechtzeitig festzulegen.

Auf der Grundlage des Lageplanes und nach der in Anspruch genommenen (beantragten) elektrischen Leistung ermittelt der NB den Anschlusspunkt und die Anschlusskosten für das Bauvorhaben.

Rechtzeitig ist die Fertigstellungsanzeige bzw. der Inbetriebsetzungsantrag – unterschrieben von einem beim NB in das Installateurverzeichnis/Elektrotechnikerverzeichnis eingetragenen Elektroinstallateur – einzureichen.

---

[1] Üblicherweise muss die gebräuchliche elektrische Ausstattung einer Wohnung nicht detailliert angegeben werden.

3 Die Planung der Elektroinstallation

3.1 Allgemeines

Man unterscheidet in der Wohnbebauung zwischen einer Planung für Mehrfamilienhäuser, bei der die Ausstattung einem mit dem Auftraggeber abgestimmten Standard entspricht, und einer Planung für ein Einfamilienhaus oder eine Eigentumswohnung, bei der individuelle Wünsche des Bauherrn zu berücksichtigen sind. **Die individuelle Planung der Elektroinstallation setzt eine abgeschlossene Konzeption der haustechnischen Anlagen und der Haushaltsgeräte mit größerem Leistungsbedarf voraus – was soll wo gemacht werden?** Einerseits sollten die schon vorhandenen bzw. gewünschten Elektrogeräte bekannt sein, andererseits muss vorausschauend die künftige Entwicklung berücksichtigt werden. Für die Geräte sollten Art, möglicher Standort, Anschlusswert und Betriebsweise ermittelt werden. Zudem müssen auch die Umgebungsverhältnisse der elektrischen Anlagen, z. B. Feuchtigkeit, Staub, trockene Räume, feuergefährdete Räume, berücksichtigt werden. Planungsziel muss sein, dass nicht nur alle jetzt vorgesehenen, sondern auch zukünftige Geräte der Haus- und Haushaltstechnik problemlos betrieben werden können. Eine gut geplante Elektroinstallation zeichnet sich durch einen unproblematischen, weitgehend standardisierten und wartungsarmen Aufbau aus. Mit ihr können Maßnahmen zur Steigerung der Energieeffizienz umgesetzt werden. Die so geplante Elektroinstallation ist für jedes Alter und jede Lebenssituation funktionell.

Für die Planung einer zweckmäßigen und zukunftsgerechten Elektroinstallation stehen dem Bauherrn und Architekten Ingenieurbüros für Elektrotechnik oder Haustechnik zur Verfügung. Auch Elektroinstallationsunternehmen haben ausreichende Erfahrung und verfügen zum Teil über eine eigene Planungsabteilung. Die Kenntnis der Normen und Bestimmungen sowie der TAB ist unerlässlich. Für besondere Anwendungen kann sogar eine Abstimmung mit dem zuständigen Netzbetreiber (NB) und ggf. dem Stromlieferanten erforderlich sein.

3.2 Planungsgrundlagen

Der Planung der Elektroinstallation sind folgende Regelwerke zugrunde zu legen:

3.2.1 VDE-Vorschriften

Bestandteile des Vorschriftenwerks des Verbandes der Elektrotechnik, Elektronik, Informationstechnik e. V. (VDE) sind neben der Satzung die

– VDE-Bestimmungen,

– VDE-Leitlinien,

– VDE-Vornormen,

– Beiblätter zu den vorgenannten Vorschriften,

– VDE-Anwendungsregeln.

In der täglichen Arbeit mit Vorschriften hat man auch mit DIN VDE-Normen zu tun. Die Arbeitsergebnisse der Deutschen Elektrotechnischen Kommission im DIN und VDE (DKE), die in ihrem Inhalt sicherheitstechnische Festlegungen enthalten, werden als DIN-Normen mit zusätzlicher VDE-Klassifikation, d. h. als DIN VDE-Normen herausgegeben. Europäische Normen mit Sicherheitsfestlegungen werden als DIN EN-Normen, internationale IEC-Normen werden als DIN IEC-Normen in das VDE-Vorschriftenwerk übernommen.

Die VDE-Vorschriften vermitteln Grundlagen für die sichere Ausführung der Elektroinstallation sowie für die sichere Herstellung von Elektrogeräten (z. B. Wassererwärmer) und Betriebsmitteln (Kabel, Leitungen, Sicherungen, Steckdosen, Schalter, usw.). Die Hersteller geben durch die Verwendung des VDE-Zeichens dem Anwender ihrer Betriebsmittel eine einfache Möglichkeit, sich zu vergewissern, dass die Betriebsmittel den Sicherheitsanforderungen der DIN VDE- und DIN-Normen entsprechen.

Das Forum Netztechnik/Netzbetrieb im VDE (FNN) ist zuständig für die Erarbeitung von VDE-Anwendungsregeln und technischen Hinweisen für den sicheren und zuverlässigen Betrieb der Übertragungs- und Verteilungsnetze (z B. Zählerplätze, Anschlussschränke im Freien oder Erzeugungsanlagen am Niederspannungsnetz).

Nach dem Energiewirtschaftsgesetz, aber auch nach der allgemeinen Rechtsprechung wird die Einhaltung der allgemein anerkannten Regeln der Technik vermutet, wenn bei Anlagen die technischen Regeln des Verbandes Deutscher Elektrotechniker eingehalten worden sind. Darüber hinaus repräsentieren auch die einschlägigen Normen, Vorschriften und Richtlinien der Europäischen Union den Stand der Technik.

Die **VDE-Zeichen**, *Bild 12-4*, sind international bekannte, weltweit geschützte und auch von ausländischen Prüfstellen anerkannte Prüfzeichen, die nur vom VDE-Prüf- und Zertifizierungsinstitut in Offenbach vergeben werden können. Diese VDE-Prüfungen beruhen auf den einschlägigen VDE-Vorschriften. Das VDE-Zeichen gibt eine umfassende Aussage über die Sicherheit eines elektrotechnischen Erzeugnisses hinsichtlich elektrischer, mechanischer, thermischer, toxischer und sonstiger Gefährdungspotenziale. Ein Produkt mit VDE-Zeichen entspricht neben den Anforderungen der VDE-Bestimmungen auch den Bestimmungen der Arbeitsschutz- und Unfallverhütungsvorschriften. Der Hersteller darf seine Produkte dann mit dem VDE-Zeichen kennzeichnen, wenn die VDE-Prüfstelle die Einhaltung der Sicherheitsbestimmungen überprüft hat. Zusätzlich wird die Fertigung von der VDE-Prüfstelle überwacht, wobei Stichproben für Nachprüfungen entnommen werden.

Neben den VDE-Zeichen gibt es die VDE-Register-Nummer für Gutachten mit Fertigungsüberwachung, *Bild 12-5*.

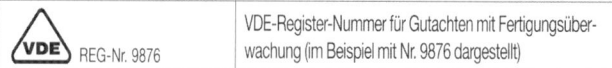

Zeichen	Benennung und Anwendung
	VDE-Register-Nummer für Gutachten mit Fertigungsüberwachung (im Beispiel mit Nr. 9876 dargestellt)

12-5 VDE-Register-Nummer

Fallen Betriebsmittel unter das Gerätesicherheitsgesetz, erhalten Sie nach einer Prüfung der elektrischen und mechanischen Sicherheit das **GS-Zeichen**. Das GS-Zeichen ist ein ausschließlich nationales Prüfzeichen. Mit dem GS-Zeichen bestätigen autorisierte Prüfstellen die Konformität eines Produktes mit dem Gerätesicherheitsgesetz. Das GS-Zeichen darf nur in Verbindung mit dem Zeichen der prüfenden Stelle verwendet werden. Die VDE-Prüfstelle erteilt ebenfalls das GS-Zeichen, stellt dem Inhaber aber frei, entweder das GS-Zeichen mit dem VDE-Zeichen oder das VDE-Zeichen alleine zu führen.

Das **CE-Kennzeichen** CE ist kein Prüfzeichen. Es ist ein Verwaltungskennzeichen und dokumentiert die Konformität des Produktes mit den geltenden EU-Richtlinien. Damit erklärt der Hersteller des Produktes eigenverantwortlich, dass Anforderungen europäischer Richtlinien erfüllt sind. Ohne CE-Kennzeichen darf innerhalb der

Zeichen	Benennung und Anwendung
VDE	VDE-Zeichen für Geräte als technische Arbeitsmittel im Sinne des Gerätesicherheitsgesetzes (GSG), Medizinprodukte im Sinne des Medizinproduktegesetzes (MPG), Einzelteile und Installationsmaterial
VDE GS	VDE-GS-Zeichen für Geräte als technische Arbeitsmittel im Sinne des GSG (wahlweise statt des VDE-Zeichens)
◁VDE▷	VDE-Kabelzeichen für Kabel und isolierte Leitungen sowie für Installationsrohre und -kanäle (Aufdruck oder Prägung)
	VDE-Kennfaden für Kabel und isolierte Leitungen
◁VDE▷ ◁HAR▷	VDE-HARmonisierungs-Kennzeichnung für Kabel und isolierte Leitungen nach harmonisierten Zertifizierungsverfahren (Aufdruck oder Prägung)
	VDE-HARmonisierungs-Kennzeichnung als Kennfaden
VDE EMV	VDE-EMV-Zeichen für Geräte, die den Normen für elektromagnetische Verträglichkeit entsprechen
10 VDE	ENEC-Zeichen des VDE für Erzeugnisse nach harmonisierten Zertifizierungsverfahren, z. Z. Leuchten, Leuchtenkomponenten, Energiesparlampen, Geräte der Informationstechnik, Transformatoren, Geräteschalter, elektrische Regel- und Steuergeräte, einige Arten von Kondensatoren und Funkentstörbauteilen; VDE-Zeichen freigestellt

12-4 VDE-Zeichen

Europäischen Union kein Produkt in Umlauf gebracht werden.

3.2.2 DIN-Normen

Normen sind nicht nur Mittel zur Standardisierung, Rationalisierung und Planungsvereinfachung. In ihnen werden auch Mindestanforderungen an den Gebrauchswert und Komfort einer Elektroinstallation festgelegt. Die wesentlichen, für die Planung wichtigen Normen mit Aussagen über die Elektroinstallation sind in

– DIN 18012 Haus-Anschlusseinrichtungen in Gebäuden,
– DIN 18013 Nischen für Zählerplätze (Elektrizitätszähler),
– DIN 18014 Fundamenterder,
– DIN 18015 Elektrische Anlagen in Wohngebäuden mit den Teilen 1 bis 5 (Teil 5 zz. im Entwurf)

enthalten.

Darüber hinaus sind auch reine Baunormen, z. B. DIN 4102, für die Planung einer Elektroinstallation von großer Wichtigkeit.

3.2.3 Technische Anschlussbedingungen (TAB)

Die NB sind durch die „Verordnung über Allgemeine Bedingungen für den Netzanschluss und dessen Nutzung für die Elektrizitätsversorgung in Niederspannung (Niederspannungsanschlussverordnung – NAV)" vom 1. November 2006 ermächtigt, Technische Anschlussbedingungen herauszugeben.

In den TAB werden die technischen Anforderungen an den Netzanschluss und andere elektrische Anlagenteile sowie an den Betrieb der elektrischen Anlage einschließlich der Erzeugungsanlage festgelegt. Sie sollen sicherstellen, dass störende Rückwirkungen auf andere Kundenanlagen sowie auf das Verteilungsnetz und Anlagen des NB vermieden werden.

Der Musterwortlaut der Technischen Anschlussbedingungen ist bundeseinheitlich, jedoch sind je nach Struktur und Verteilungssystem der einzelnen NB Änderungen oder Ergänzungen in einzelnen Punkten möglich.

3.2.4 Sonstige technische Regeln

Zusätzlich zu den VDE-Bestimmungen, DIN-Normen und Technischen Anschlussbedingungen gibt es weitere technische Regeln, die beachtet werden müssen. Dies sind insbesondere die Unfallverhütungsvorschriften der Berufsgenossenschaften mit den für die Elektroinstallation wichtigen Teilen BGV A1 „Allgemeine Vorschriften" und BGV A3 „Elektrische Anlagen und Betriebsmittel" sowie die jeweiligen Landes-Bauordnungen und Ministerialerlasse. Die Bau- bzw. Gewerbeaufsichtsämter geben Auskunft über die im konkreten Fall anzuwendenden Vorschriften bzw. Verordnungen und nehmen die Einordnung von Räumen und Gebäudeabschnitten hinsichtlich ihrer Gefährdung vor (z. B. feuergefährdete Räume, explosionsgefährdete Räume/Bereiche).

3.2.5 Fachberichte, Fachbroschüren, Merkblätter

Dem Planer einer Elektroanlage stehen zahlreiche Fachberichte, Fachbroschüren und Merkblätter, z. B. der HEA – Fachgemeinschaft für effiziente Energieanwendung e. V. (www.hea.de) und der Initiative Elektro+ (www.elektro-plus.com) zur Verfügung, mit denen er sich neutral über den jeweiligen Stand der Technik informieren kann, siehe Kapitel 21.

3.2.6 Berücksichtigung von speziellen Versorgungsverträgen

Versorgungsverträge für spezielle Produkte der Stromlieferanten (z. B. für Wärmepumpen, lastvariable Tarife) können individuelle Installationen erforderlich machen, die bei der Planung berücksichtigt werden müssen, z. B. Steuergeräte für das Lastmanagement.

3.3 Planerstellung

Mit genormten Symbolen nach DIN EN 60617, siehe Abschnitt 19, ist die Elektroinstallation in den Grundrissplan einzutragen, wobei zumeist nur die Anschlüsse, Schalter, Steckdosen und Standflächen der Elektrogeräte eingezeichnet werden.

Die Leitungsführungen werden meist nur dann eingezeichnet, wenn eine bestimmte Führung der Leitungen zwingend sein soll. Das gilt auch für Hausanschluss, Hauptleitung, Zählerplatz und Stromkreisverteiler.

Eine rechtzeitig geplante Elektroinstallation erspart mühselige und teure Bohr- und Fräsarbeiten im Nachgang. Auch darf aus statischen Gründen nicht immer durchgebohrt bzw. gefräst werden oder der Aufwand ist beträchtlich.

Folgende **Decken- und Wandaussparungen** sind zu berücksichtigen:

– Decken- und Wandöffnungen für die Hauptleitungsführung,

– Nischen für Zählerplätze und Stromkreisverteiler (Abschnitt 5.2.4 und Abschnitt 6),

– Decken- und Wandöffnungen für die Leitungsführung der Elektroanlagen, Informations- und Kommunikationsanlagen (IuK) sowie Rundfunk- und Kommunikationsanlagen (RuK).

Alle erforderlichen Durchbrüche und Nischen sind in den Bauplan einzuzeichnen und dem Bauunternehmer zu übergeben, der dann im Zuge der Bauarbeiten das Anlegen von Durchbrüchen und Nischen berücksichtigen kann.

Der Elektroinstallateur führt die Arbeiten nach den Ausführungsplänen aus. Nach Fertigstellung der Arbeiten hat er in der Regel Revisionspläne anzufertigen bzw. die vorhandenen Sollpläne auf den Ist-Stand zu bringen.

Für besonders kritische Installationswände sollten (z. B. in Küchen) Ausführungspläne mit vermaßten Anschlüssen angefertigt werden, wobei die einzelnen Anschlüsse (Dosen) der klaren Zuordnung wegen mit Nummern zu kennzeichnen sind, *Bild 12-6*.

Nach Erstellen der Pläne sind die Mengen an benötigtem Installationsmaterial zu ermitteln und die Leistungen zu beschreiben (Leistungsverzeichnis).

Mittels CAE-Programmen lassen sich – ausgehend von den Bauzeichnungen des Architekten – Elektroinstallationspläne als Übersichts-, Stromlauf-, Anschluss-, Wand- und Deckendurchbruchpläne in allen Maßstäben erstellen. Der Umfang des benötigten Installationsmaterials wird mit diesen Programmen automatisch ermittelt und in einem Leistungsverzeichnis zusammengestellt.

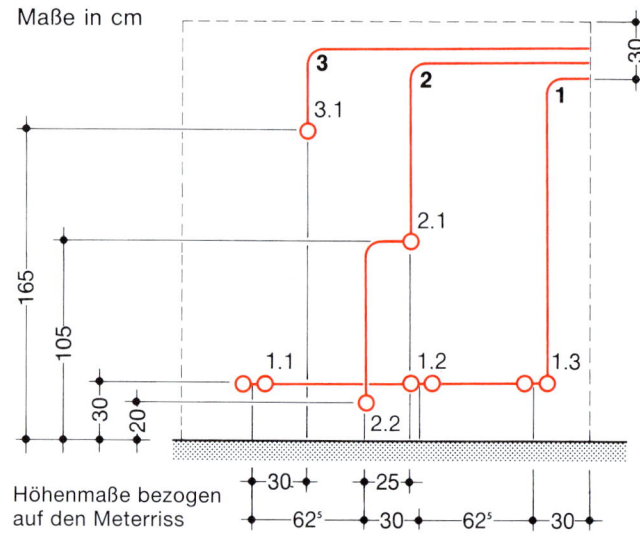

12-6 Maß-Installationsplan

4 Netzanschluss und Haus-Anschlusseinrichtungen

4.1 Allgemeines

Art, Zahl und Lage des Netzanschlusses/der Netzanschlüsse werden vom Netzbetreiber (NB) festgelegt. Dabei werden – soweit technisch möglich – die bei der Anmeldung dokumentierten Wünsche des Bauherrn berücksichtigt.

Jedes zu versorgende Gebäude/Grundstück soll grundsätzlich über einen eigenen Netzanschluss mit dem Niederspannungsnetz des NB verbunden sein. Werden auf einem Grundstück mehrere Hausanschlüsse errichtet, stellen Planer, Errichter sowie Betreiber der elektrischen Anlagen durch geeignete Maßnahmen sicher, dass eine eindeutige und dauerhafte elektrische Trennung der angeschlossenen Anlagen gegeben ist.

Es wird unterschieden nach Anschlusseinrichtungen für Gebäude und für Anlagen im Freien. Letztere werden in VDE-AR-N 4102 beschrieben, haben aber für Wohngebäude praktisch keine Bedeutung, sie werden deshalb hier nicht behandelt.

Nach internationaler Übereinkunft in DIN IEC 60038 stellt der NB eine Nennspannung bei Wechselspannung von 230 V mit einer Toleranz von ±10 % zur Verfügung, d. h. max. 253 V und mind. 207 V.

4.2 Anschlusseinrichtungen innerhalb von Gebäuden

Die Haus-Anschlusseinrichtungen innerhalb von Gebäuden sind gemäß DIN 18012 unterzubringen

– in Hausanschlussräumen, Abschnitt 4.2.1,
– an Hausanschlusswänden, Abschnitt 4.2.2 oder
– in Hausanschlussnischen, Abschnitt 4.2.3.

In Wohngebäuden ist die **Hausanschlussnische** für **nicht unterkellerte Einfamilienhäuser** vorgesehen. Die **Hausanschlusswand** ist geeignet für **Gebäude mit bis zu 5 Nutzungseinheiten**. In **Gebäuden mit mehr als 5 Nutzungseinheiten** ist ein **Hausanschlussraum** erforderlich, er kann aber auch schon in **Gebäuden mit bis zu 5 Nutzungseinheiten** sinngemäß angewendet werden.

Eine Nutzungseinheit kann eine Wohneinheit, eine Gewerbeeinheit oder eine Einheit für die Allgemeinversorgung (Anlage zur Versorgung des Anschlussnutzers nach NAV) sein. Beispiel: 3 Wohneinheiten, 1 Allgemeinbedarf und 2 Gewerbeeinheiten sind 6 Nutzungseinheiten.

Haus-Anschlusseinrichtungen können aber auch außerhalb von Gebäuden installiert werden. In diesem Fall werden sie in Abstimmung mit dem NB untergebracht

– in Haus- bzw. Zähleranschlusssäulen,
– an Gebäudeaußenwänden oder
– an anderen geeigneten Stellen.

Bei Nichtwohngebäuden kann nach DIN 18012 entweder die Hausanschlussnische, die Hausanschlusswand oder der Hausanschlussraum vorgesehen werden. Individuelle, mit den Ver- und Entsorgungsunternehmen abgestimmte Ausführungen sind im Bedarfsfall möglich.

In der Hausanschlussnische, an der Hausanschlusswand bzw. im Hausanschlussraum sollte nicht nur der elektrische Hausanschluss angebracht werden. Hier ist auch die Installation der übrigen Anschlusseinrichtungen des Gebäudes vorzusehen, z. B. für die

– Wasserversorgung,
– Entwässerung,
– Kommunikationsversorgung,
– Gasversorgung,
– Fernwärmeversorgung.

Folgende **allgemeine Anforderungen** sind in Bezug auf die Starkstromversorgung bei **Hausanschlussnische,**

Hausanschlusswand und **Hausanschlussraum** zu beachten:

- Eine Unterbringung in feuer- oder explosionsgefährdeten Räumen/Bereichen ist nicht zulässig.
- Die Anschlüsse sind so ausführen, dass erforderlichenfalls auch die Anschluss- und Betriebseinrichtungen aller Ver- und Entsorgungsträger untergebracht und gewartet werden können.
- Hausanschlusskästen und Hauptverteiler müssen frei zugänglich und sicher bedienbar sein.
- Bezüglich der Lage ist der Schallschutz nach DIN 4109 zu beachten.
- Es ist eine ausreichende Grundfläche vorzusehen, damit vor den Anschluss- und Betriebseinrichtungen eine freie Bedienungs- und Arbeitsfläche von mind. 1,20 m Tiefe vorhanden ist.
- Wände für Anschluss- und Betriebseinrichtungen müssen entsprechend den zu erwartenden mechanischen Belastungen ausgebildet sein und eine ebene Oberfläche aufweisen; die Mindestwanddicke beträgt 60 mm; die Montage der elektrischen Hausanschlusskabel und des Hausanschlusskastens hat auf einem nicht brennbaren Untergrund zu erfolgen.
- Die Frostfreiheit ist sicherzustellen; die Raumtemperatur darf 30 °C, die des Trinkwassers 25 °C nicht überschreiten.
- Eine ausreichende Möglichkeit für eine Be- und Entlüftung ist sicherzustellen.
- Hier sind die Anschlussstelle des Fundamenterders nach DIN 18014 und die Haupterdungsschiene (Potenzialausgleichsschiene) für den Schutzpotenzialausgleich anzuordnen.
- Zur Einführung der Leitungen in das Gebäude sind in der Gebäudeaußenwand die erforderlichen Schutzrohre vorzusehen. Art und Größe der Schutzrohre sind vom jeweiligen NB bzw. Ver- und Entsorgungsunternehmen festgelegt. Mehrsparten-Hauseinführungen haben sich bewährt.
- Eine ausreichende Beleuchtung ist sicherzustellen.
- Die Anforderungen des Brandschutzes entsprechend den Bauordnungen und den Leitungsanlagen-Richtlinien (LAR) des jeweiligen Bundeslandes sind zu berücksichtigen.

Bei unterirdischer Einführung der Anschlussleitungen durch die Keller-Außenwand sind die erforderlichen Tiefen unter Geländeoberfläche mit den jeweiligen Netzbetreibern/Versorgungsunternehmen abzustimmen. Zur Kosteneinsparung sollten die Anschlussleitungen in Koordination aller Versorgungsunternehmen verlegt werden.

4.2.1 Hausanschlussraum

Zusätzliche Anforderungen an Hausanschlussräume, *Bild 12-7*:

- Er muss über allgemein zugängliche Räume, z. B. Treppen, Kellergang oder direkt von außen erreichbar sein.
- Er darf nicht als Durchgang zu weiteren Räumen genutzt werden.
- Er muss an der Gebäudeaußenwand liegen, durch die die Anschlussleitungen geführt werden; Abweichungen sind nur erlaubt, wenn zwingende bauliche Gründe dagegenstehen und alle betroffenen Ver- und Entsorgungsunternehmen zustimmen.
- Die Anordnung der Anschluss- und Betriebseinrichtungen für die Strom- und Kommunikationsversorgung einerseits und für die Wasser-, Gas- und Fernwärmeversorgung andererseits kann bei kreuzungsfreier Verlegung und entsprechender Länge der Wand auch gemeinsam auf einer Wand erfolgen.
- Eine schaltbare, fest installierte Beleuchtung und eine Schutzkontaktsteckdose sind vorzusehen.
- Die Tür des Hausanschlussraums muss so groß sein, dass die Anschluss- und Betriebseinrichtungen eingebracht werden können.
- Der Raum muss mit einem Schild als „Hausanschlussraum" gekennzeichnet werden.

12 Elektroinstallation

Netzanschluss und Haus-Anschlusseinrichtungen

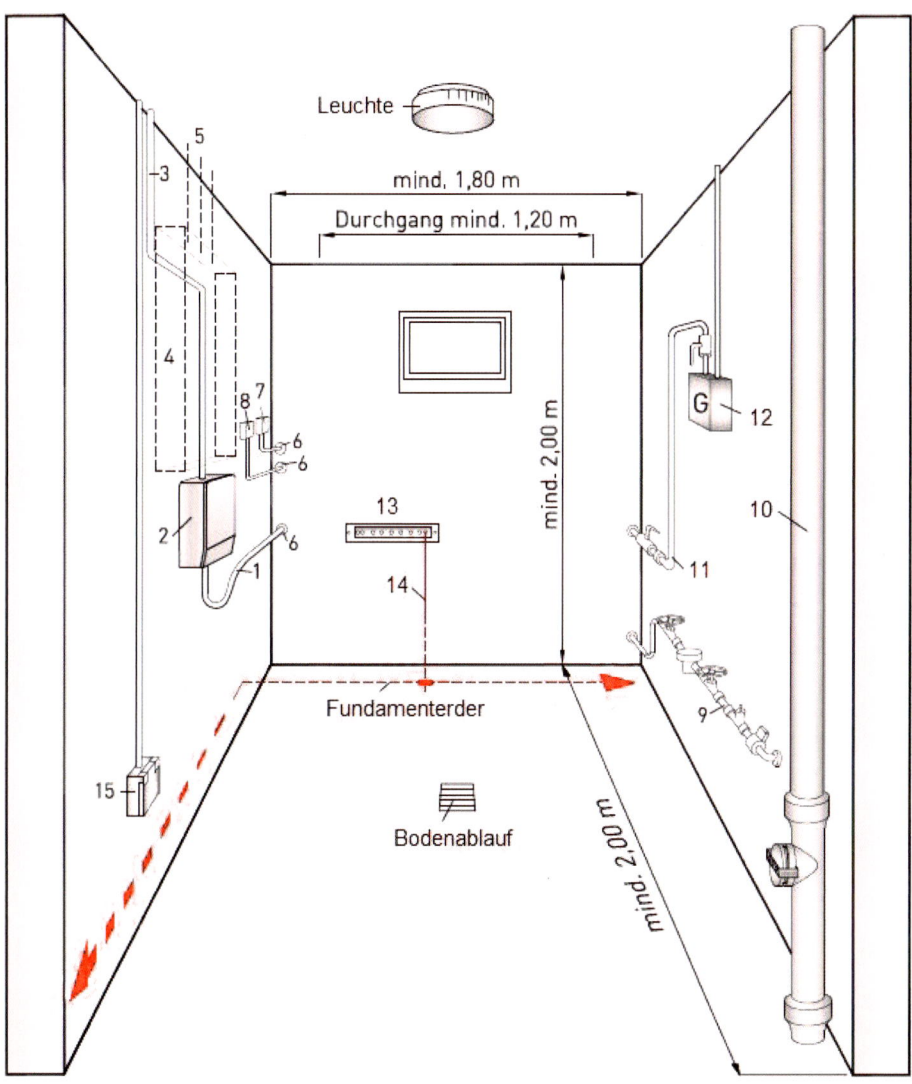

1 Hauseinführungsleitung für Strom
2 Starkstrom-Hausanschlusskasten mit Hausanschlusssicherungen
3 Starkstrom-Hauptleitung
4 ggf. Zählerplätze
5 Verbindungsleitungen zum Stromkreisverteiler
6 Hauseinführung
7 APL – Abschlusspunkt für Telekommunikationsanlage
8 HÜP – Hausübergabepunkt für Breitbandkommunikationsanlagen
9 Anschlussleitung für Trinkwasserversorgung mit Wasserzähler
10 Entwässerung
11 Anschlussleitung für Gasversorgung mit Hauptabsperreinrichtung zum Gasrohr
12 Gaszähler
13 Haupterdungsschiene (Potenzialausgleichsschiene)
14 Erdungsleiter
15 Schutzkontaktsteckdose

12-7 Hausanschlussraum nach DIN 18012 mit Haupterdungsschiene

– Die freie Durchgangshöhe unter Leitungen und Kanälen im Hausanschlussraum darf nicht geringer sein als 1,80 m.

4.2.2 Hausanschlusswand

Zusätzliche Anforderungen an Hausanschlusswände, *Bilder 12-8* und *12-9*:

– Der Raum muss über allgemein zugängliche Räume, z. B. Treppenraum, Kellergang, oder direkt von außen erreichbar sein.
– Die Hausanschlusswand muss in Verbindung mit einer Außenwand stehen, durch die die Anschlussleitungen geführt werden; hiervon darf nur abgewichen werden, wenn zwingende bauliche Gründe dagegenstehen und alle betroffenen NB bzw. Ver- und Entsorgungsunternehmen zustimmen.
– Die Raumhöhe muss mind. 2,00 m betragen.
– Hinter der Hauseinführung sind Hausanschlussleitungen kreuzungsfrei zu verlegen.
– Die freie Durchgangshöhe unter Leitungen und Kanälen im Bereich der Hausanschlusswand darf nicht geringer sein als 1,80 m.
– Die Länge der Hausanschlusswand richtet sich nach der Anzahl der vorgesehenen Anschlüsse, der Anzahl der zu versorgenden Nutzungseinheiten/Kundenanlagen und nach der Art und Größe der Betriebseinrichtungen, die an der Hausanschlusswand untergebracht

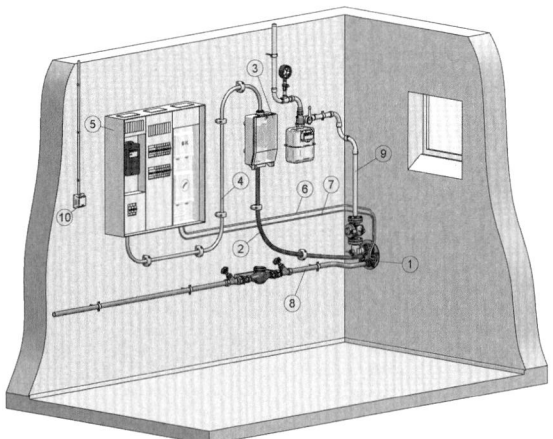

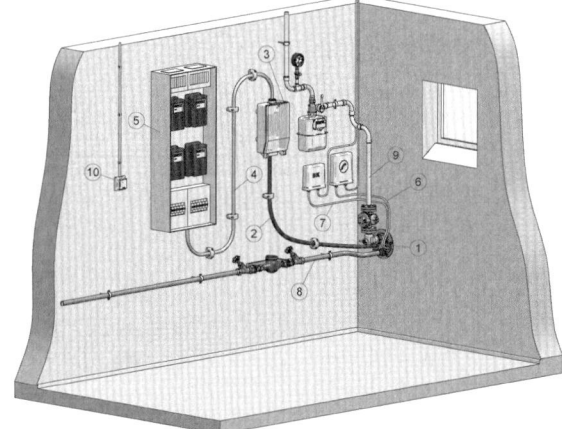

1 Mehrspartenhauseinführung
2 Starkstrom-Hausanschlusskabel
3 Starkstrom-Hausanschlusskasten mit Hausanschlusssicherungen
4 Starkstrom-Hauptleitung
5 Zählerschrank mit Tür

6 Telefon-Hauptleitung
7 Breitband-Hauptleitung
8 Anschlussleitung für Wasserversorgung mit Wasserzähler
9 Anschlussleitung für Gasversorgung mit Hauptabsperreinrichtung und Gaszähler
10 Schutzkontaktsteckdose

12-8 Hausanschlusswand – Ausführungsbeispiel für ein Einfamilienhaus mit den Sparten Gas, Kommunikation, Strom, Trinkwasser

12-9 Hausanschlusswand – Ausführungsbeispiel für ein Mehrfamilienhaus mit den Sparten Gas, Kommunikation, Strom, Trinkwasser

12 Elektroinstallation — Netzanschluss und Haus-Anschlusseinrichtungen

werden sollen; der Mindestplatzbedarf für Anschluss- und Betriebseinrichtungen ist mit den örtlichen NB und Versorgungsträgern abzustimmen.

4.2.3 Hausanschlussnische

Zusätzliche Anforderungen an Hausanschlussnischen, *Bild 12-10*:

- Die Größe der Hausanschlussnische wird bestimmt durch das Rohbau-Richtmaß der Öffnung einer gängigen Wohnungstür mit einer Breite von 875 mm und einer Höhe von 2000 mm; das Richtmaß der Tiefe beträgt mind. 250 mm.
- Die Hausanschlussnische sollte nicht mehr als 3,00 m von einer Außenwand entfernt sein.
- Die Einbringung der Schutzrohre (KG bzw. HT-Rohre sind nicht geeignet) zur Einführung und zum Auswechseln der Anschlussleitungen (vorgefertigte Unterflur-Anschlüsse) wird vom Kunden veranlasst; die Abdichtung des Kabels zum Rohr erfolgt hier ebenfalls im Auftrag des Kunden.
- Das Hausanschlusskabel ist innerhalb der Hausanschlussnische gegen mechanische Beschädigung zu schützen.
- Für die Weiterführung der Leitungen aus der Hausanschlussnische sind entsprechende Maßnahmen zu treffen (z. B. Schlitze, Installationsrohre, Kabelkanäle), es ist besonders auf die statischen Elemente (z. B. Stürze, Unterzüge) zu achten.
- Die Anschluss- und Betriebseinrichtungen für Strom, Gas, Wasser und Kommunikation in der Hausanschlussnische sind unter Berücksichtigung der Funktionsflächen anzuordnen; erforderliche Schutzrohre sind so zu verlegen, dass die Hausanschlussleitungen senkrecht in die Nische eingeführt werden können; die räumliche Anordnung der Schutzrohre ist mit dem jeweiligen NB/Versorgungsunternehmen abzustimmen; Mehrsparten-Hauseinführungen sind zulässig.
- Kaltwasserleitungen müssen zur Vermeidung der Schwitzwasserbildung entsprechend DIN 1988-2 gedämmt werden. Aufgrund der Größe der Hausanschlussnische ist ein Platzbedarf für Betriebsmittel wie z. B. Messeinrichtungen für Erzeugungsanlagen, Kommunikationsverteiler, Filteranlagen nicht gegeben.

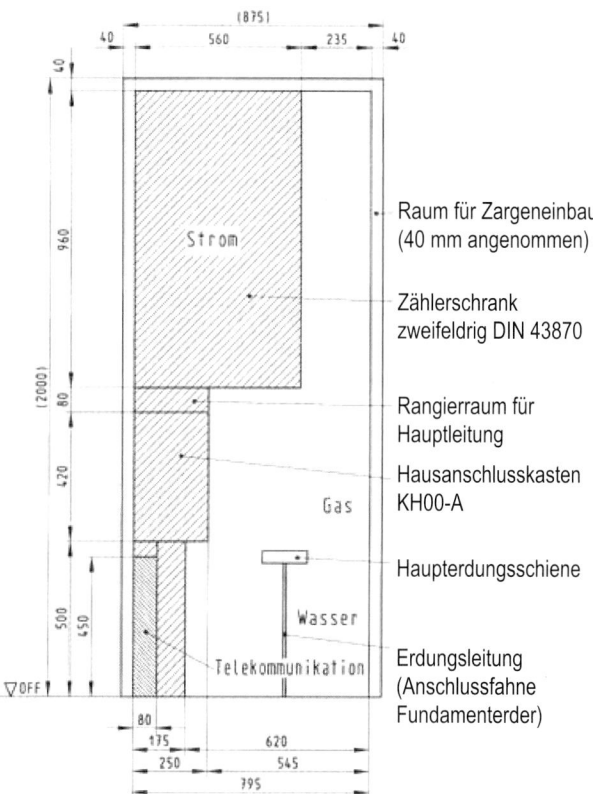

Nischenrichtmaße:

Breite	875 mm
bei Fernwärme:	1000 mm
Höhe	2000 mm
Tiefe mind.	250 mm

12-10 Hausanschlussnische – Funktionsflächen

4.2.4 Kabelhausanschluss

Zum Einführen der Kabel (Strom und Kommunikation) in das Gebäude sind in der Außenwand Schutzrohre entsprechend dem Durchmesser der Kabel vorzusehen. Die Rohrgröße stimmt der Planer mit den NB ab. Der Einbau ist vom Anschlussnehmer zu veranlassen. Die NB sorgen jeweils für einen wasserdichten Abschluss der Kabel im jeweiligen Schutzrohr der Hauseinführung.

Wünscht der Anschlussnehmer einen gas- oder druckwasserdichten Abschluss, ist dieser – in Abstimmung mit dem NB – von ihm selbst zu veranlassen. Besonderheiten sind vor der Bauausführung mit dem NB abzustimmen.

5 Fundamenterder und Potenzialausgleich

Zur technischen Gebäudeausrüstung gehört heute ein verzweigtes Netz leitfähiger elektrischer und nichtelektrischer Systeme. Sie sind teils getrennt, teils unmittelbar oder mittelbar miteinander verbunden. Deshalb können Fehler oder Mängel in einem elektrischen Leitungssystem ungünstige Auswirkungen auf andere leitfähige Systeme haben. Ein Schutzpotenzialausgleich kann beim Auftreten solcher Fehler vor allem Schutz gegen elektrischen Schlag bieten. Durch einen meist in das Gebäudefundament eingelegten Fundamenterder wird der Schutzpotenzialausgleich besonders wirksam gestaltet. Der Fundamenterder ist somit Bestandteil der elektrischen Anlage.

Nach DIN 18015-1 ist deshalb bei jedem Neubau ein Fundamenterder für das Gebäude und seine Installationen vorzusehen. Auch die TAB der Netzbetreiber (NB) fordern für Neubauten den Einbau eines Fundamenterders, um die Wirksamkeit des Schutzpotenzialausgleich zu verbessern.

Für die Ausführung des Schutzpotenzialausgleichs gelten DIN VDE 0100-410 und DIN VDE 0100-540. Die Ausführung des Fundamenterders hat nach DIN 18014 zu erfolgen.

Fundamenterder können darüber hinaus als Funktionserder für die Blitzschutzanlage, die Antennenanlage und die Kommunikationsanlage herangezogen werden. Für Blitzschutzsysteme sind jedoch zusätzliche Maßnahmen erforderlich. In Verbindung mit dem zusätzlichen Funktionspotenzialausgleichleiter bildet der Fundamenterder die Grundlage eines Funktionspotenzialausgleichs gemäß EMV-Anforderungen. Die Einbringung eines Fundamenterders ist daher unerlässlich.

5.1 Fundamenterder oder Ringerder

Bei einer Ausführung des Fundamentes mit einem erhöhten Erdübergangswiderstand, z. B. wenn eine schwarze oder weiße Wanne vorhanden ist oder bei einigen Ausführungsvarianten der Perimeterdämmung kann der Erder nicht in das Gebäudefundament gelegt werden. Diese Fälle werden später detailliert beschrieben. Wird der Erder unterhalb oder seitlich der Gebäudefundamente eingebracht, handelt es sich nach DIN 18014 um einen Ringerder, für den – bis auf das Material – die gleichen Anforderungen wie für den Fundamenterder gelten.

5.1.1 Werkstoff eines Fundamenterders

Bandstahl von mind. $30 \times 3,5$ mm, 25×4 mm oder Rundstahl von mind. 10 mm Durchmesser, verzinkt oder unverzinkt, sind geeignet. Die Anschlussfahnen müssen jedoch stets aus dauerhaft korrosionsgeschütztem Material bestehen, Abschnitt 5.2.5.

5.1.2 Werkstoff eines Ringerders

Wenn der Erder nicht im Gebäudefundament eingebracht werden kann, muss Rund- oder Bandmaterial aus korrosionsfestem Edelstahl (V4A, Werkstoffnummer 1.4571) verwendet werden. Rundmaterial muss mind. 10 mm Durchmesser haben. Bei Bandmaterial müssen die Abmessungen mind. $30 \times 3,5$ mm betragen.

5.2 Ausführung des Fundamenterders bzw. Ringerders

Der Fundamenterder ist als geschlossener Ring in die Fundamente der Außenmauern der Gebäude unterhalb der Isolierschicht zu legen, *Bild 12-11*. Bei einer Fundamentplatte muss die Anordnung entsprechend erfolgen, d. h. der Fundamenterder ist als geschlossener Ring im äußeren Bereich der Fundamentplatte, dort wo die Außenmauern erstellt werden, einzubringen.

Die Erderwirkung des Fundamenterders wird durch die Verbindung mit der Bewehrung in Abständen von max. 2 m wesentlich verbessert.

Als Verbindungen sind Schweiß-, Klemm- oder Pressverbindungen anzuwenden. Rödelverbindungen sind nicht ausreichend leitend. Würgeverbindungen sind unzulässig. Keilverbinder sollten nicht verwendet werden, wenn der Beton maschinell verdichtet wird (z. B. mittels Rüttler).

Der Fundamenterder darf nicht über Bewegungsfugen geführt werden. Deshalb ist bei Reihenhäusern – auch wegen der Eigentumsrechte der einzelnen Hausbesitzer – für jedes Haus ein separater Erder zu erstellen, *Bild 12-12*.

Eine Maschenweite von 20 × 20 m soll nicht überschritten werden. Diesem Anspruch ist besonders bei Gewerbebauten Rechnung zu tragen, *Bild 12-13*.

Der Fundamenterder als Ringerder wird ebenfalls als geschlossener Ring unterhalb bzw. seitlich der Gebäudefundamente erdfühlig eingebracht. Er ist im durchfeuchteten, frostfreien Bereich anzuordnen. Ein Abstand von 1 m zur Gebäudeaußenkante sollte, da meist ausreichend, eingehalten werden.

Durch die Art des Fundaments – unbewehrt oder bewehrt – ergeben sich unterschiedliche Einbringungen des Stahls.

5.2.1 Fundamente aus unbewehrtem Beton

Hier ist der Stahl so zu verlegen, dass er nach Einbringen des Betons allseits mind. 5 cm Betonüberdeckung hat, *Bild 12-14*. Dadurch ist er gegen Korrosion hinreichend geschützt und weist eine nahezu unbegrenzte Lebensdauer auf. Wird Bandstahl verwendet, ist dieser hochkant in das Fundament einzubringen, damit der Stahl wegen des erforderlichen Korrosionsschutzes allseits dicht von Beton umschlossen wird. Ragt der Fundamenterderstahl seitlich oder unten aus dem Fundament heraus, besteht dort eine unmittelbare Korrosionsgefahr.

Durch im Boden eingeschlagene Abstandhalter wird der Stahl so fixiert, dass er beim Einbringen des Betons seine ursprüngliche Stellung beibehält, also gegen seitliches

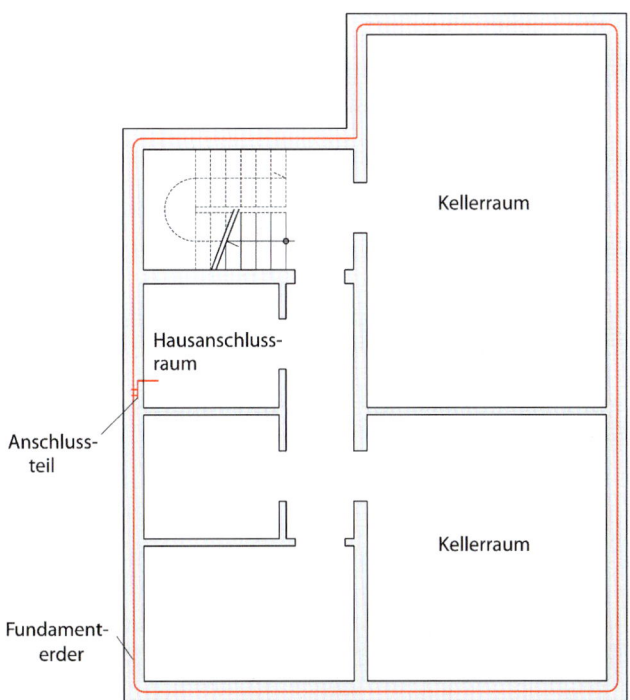

12-11 Anordnung des Fundamenterders in den Fundamenten bzw. der Fundamentplatte (Beispiel)

12 Elektroinstallation — Fundamenterder und Potenzialausgleich

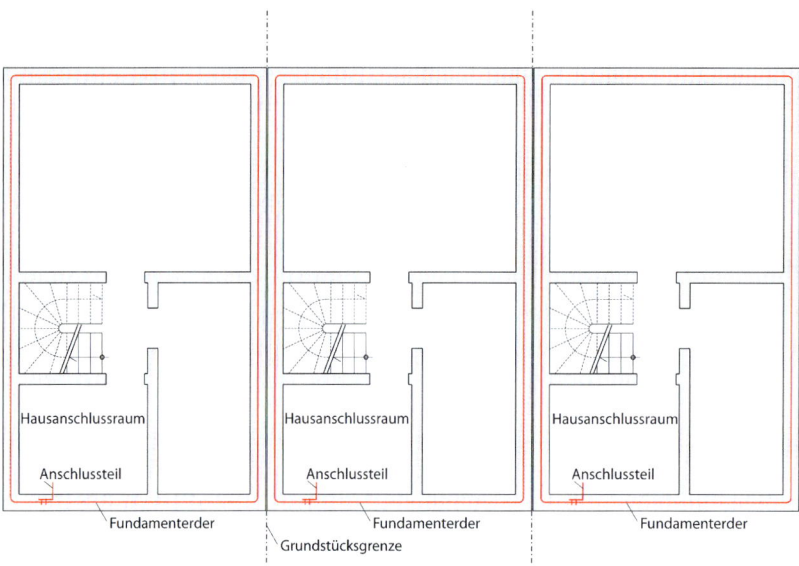

12-12 Anordnung des Fundamenterders bei Reihenhäusern (Beispiel)

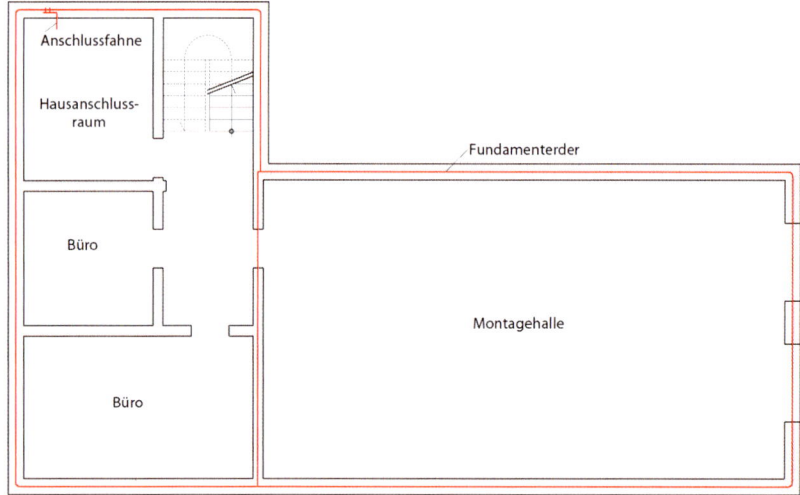

12-13 Anordnung des Fundamenterders in einem Gewerbebau (Beispiel)

12 Elektroinstallation — Fundamenterder und Potenzialausgleich

Verschieben und Absacken gesichert ist und die geforderte allseitige Betonüberdeckung von mind. 5 cm aufweist, *Bild 12-14*. Es gibt für die unterschiedlichen Bodenverhältnisse Abstandhalter in verschiedenen Längen.

Einige Ausführungen haben eine Sicherungsnase gegen unbeabsichtigtes Lösen des Bandstahls während der Betoneinbringung. Ein gängiges Beispiel zeigt *Bild 12-15*. Abstandhalter sollten in einem Abstand von 2 bis 3 m in die Fundamentsohle eingeschlagen werden. Je nach Bodenbeschaffenheit sind unter Umständen mehr Halter notwendig. Ein Ausweichen des Fundamenterderstahls beim maschinellen Einbringen des Betons muss durch den gewählten Abstand sicher vermieden werden.

5.2.2 Fundamente aus bewehrtem Beton

Der Fundamenterder ist auf der untersten Bewehrungslage anzuordnen. Er ist mit der Bewehrung in Abständen von etwa 2 m dauerhaft elektrisch leitend (z. B. durch Schraub-, Schweiß- oder Klemmverbindungen) zu verbinden, *Bild 12-16*. Durch die Lagefixierung ist die Forderung der allseitigen Umhüllung des Stahls mit min. 5 cm Betonüberdeckung ebenfalls gewährleistet.

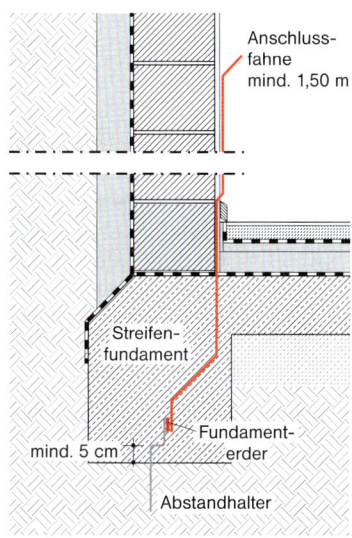

12-14 Anordnung Fundamenterder in unbewehrtem Beton bei Streifenfundamenten (Beispiel)

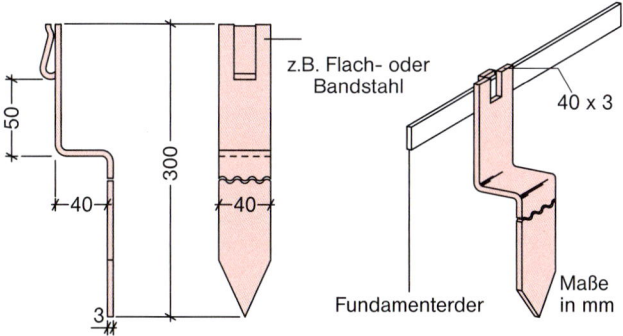

12-15 Beispiel eines Abstandhalters

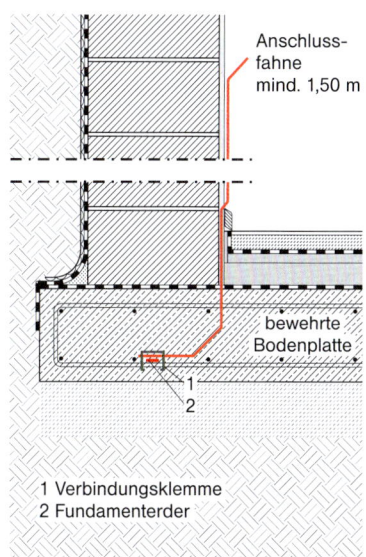

12-16 Anordnung Fundamenterder bei bewehrten Fundamentplatten (Beispiel)

12/19

5.2.3 Wannenabdichtungen

In der Bautechnik gibt es Verfahren, ein Gebäude bei hohem Grundwasserstand oder in Hanglage abzudichten. Bei der **„Schwarzen Wanne"** wird zum Beispiel mit mehrlagigen (schwarzen) Bitumenbahnen das Bauwerk abgedichtet. Die **„Weiße Wanne"** wird aus wasserundurchlässigem Beton hergestellt, es werden keine zusätzlichen Abdichtungsbahnen eingebracht. Eine weitere Variante ist die Abdichtung durch schlagzähe Kunststoffbahnen.

Wird ein Gebäude derart abgedichtet, ist die Erdfühligkeit des Fundamenterders stark eingeschränkt, die Fundamente haben einen erhöhten Erdübergangswiderstand. Daher ist der Fundamenterder als Ringerder zu errichten, *Bilder 12-17* und *12-18*.

Um eine Reduzierung elektromagnetischer Störungen zu erreichen, ist eine kombinierte Potenzialausgleichsanlage zu errichten. Hierzu ist zusätzlich zum Ringerder ein Fundamenterder als Funktionspotenzialausgleichsleiter in das Gebäudefundament einzubringen. Es gelten die gleichen Ausführungsbestimmungen wie für den Fundamenterder, *Bild 12-18*.

5.2.4 Perimeterdämmung

Auch bei der Perimeterdämmung besteht je nach Ausführung die Problematik der Einschränkung der Erdfühligkeit. Je nach Ausführung der Perimeterdämmung ergeben sich unterschiedliche Lösungen.

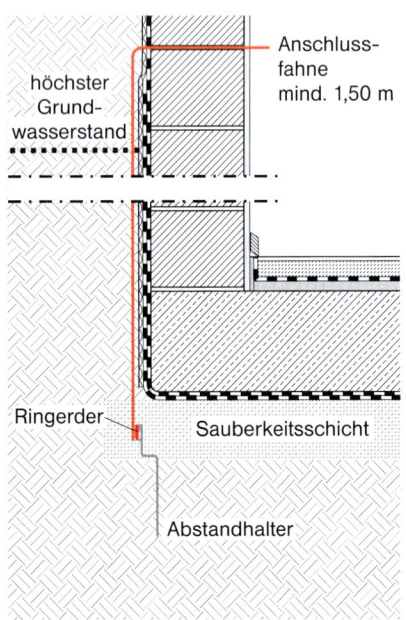

12-17 Beispiel für die Anordnung Fundamenterder bei Wannenabdichtungen (Beispiel schwarze Wanne)

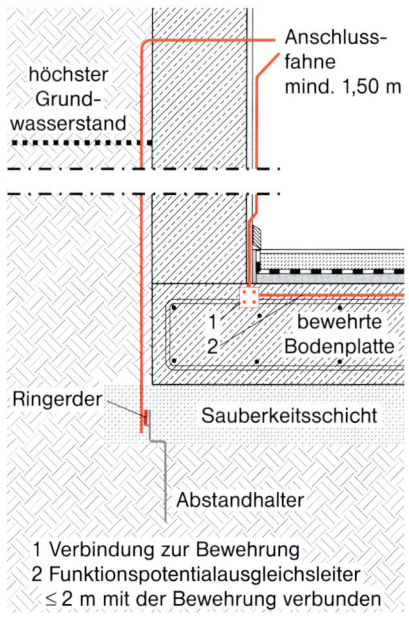

12-18 Beispiel für die Anordnung Fundamenterder bei Wannenabdichtungen (Beispiel weiße Wanne)

Wird die Perimeterdämmung nur an den Umfassungswänden verwendet, ist eine gewisse Erdfühligkeit für den Fundamenterder noch gegeben. Sind das Streifenfundament und die Umfassungswände an den Seiten mit einer Perimeterdämmung versehen, *Bilder 12-19* und *12-20*, wird der Ausbreitungswiderstand noch ausreichend niedrig sein. Der Fundamenterderstahl kann in das Streifenfundament eingebracht werden (wie bei „Ausführung des Fundamenterders im bewehrten Fundament" beschrieben). Bei einer Perimeterdämmung sowohl an den Umfassungswänden als auch unter der Bodenplatte ist die Erdfühligkeit nicht mehr gegeben. Deshalb ist der Erder als Ringerder, *Bild 12-21*, zu errichten. Als Erdermaterial ist korrosionsgeschützter Edelstahl (V4A, Werkstoffnummer 1.4571) zu verwenden. Hier ist ebenfalls eine kombinierte Potenzialausgleichsanlage zu errichten, *Bild 12-21*.

5.2.5 Verbindungen, Anschlussstellen

Gut leitende Verbindungen und Abzweige vom Band- bzw. Rundstahl können durch Schraub- oder Schweißverbindungen hergestellt werden. Bei Keilverbindern besteht die Gefahr des Lockerns der Verbindung durch mechanischen Verdichtung, z. B. mittels Rüttelflaschen.

Am Fundamenterder werden Anschlussstellen (Anschlussfahnen aus Band- oder Rundstahl bzw. Erdungsfestpunkte) angeschlossen. Diese werden bei Kabelanschlüssen bis in den Hausanschlussraum (DIN 18012) geführt bzw. dort angeordnet. Bei Freileitungsanschlüssen werden sie in der Nähe des Wasserhausanschlusses angeordnet. Erdungsfestpunkte eignen sich besonders für betonierte Wände. Für weitere Anschlüsse, z. B. von Blitzschutzanlagen, sind zusätzliche Anschlussstellen

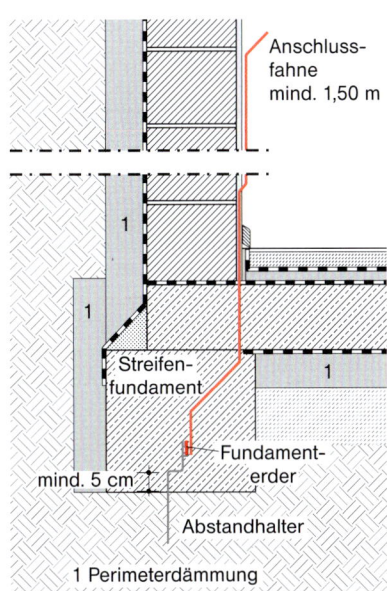

12-19 *Ausführung des Fundamenterders bei einseitiger Anordnung der Perimeterdämmung an einem Streifenfundament*

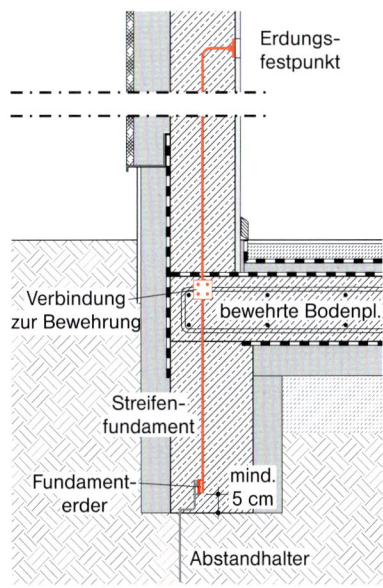

12-20 *Ausführung des Fundamenterders bei beidseitiger Anordnung der Perimeterdämmung an einem Streifenfundament*

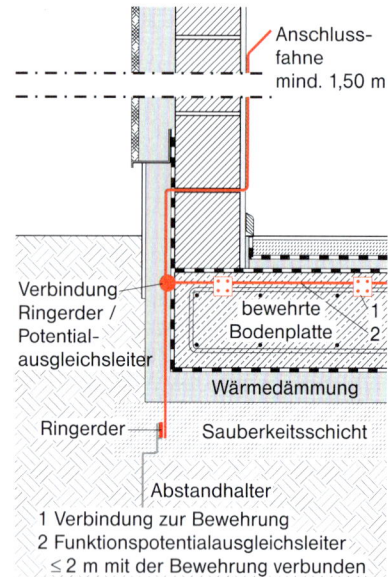

12-21 Ausführung eines Ringerders bei Anordnung der Perimeterdämmung seitlich und unterhalb der Fundamentplatte

auszuführen. Anschlussfahnen für Blitzschutzanlagen sind nach außen zu führen. Bei größeren Gebäuden sind weitere Anschlussstellen im Gebäudeinneren, z. B. zum Anschluss von Aufzugführungsschienen, Klimaanlagen oder Stahlkonstruktionen zweckmäßig.

Die Anschlussfahnen im Inneren des Gebäudes sollen ein freies Ende von mind. 1,50 m zum direkten Anschluss an die Haupterdungsschiene (Potenzialausgleichsschiene), *Bild 12-22*, haben.

Alle Anschlussfahnen sind unmittelbar nach dem Erstellen auffällig zu kennzeichnen, damit sie nicht während der Bauzeit versehentlich abgeschnitten werden.

Auch Anschlussfahnen aus verzinktem Stahl korrodieren unter Einfluss von Feuchtigkeit mitunter in kurzer Zeit. Deshalb sind sie aus verzinktem Stahl mit einer zusätzlichen Kunststoffummantelung oder aus nicht rostenden Edelstählen zu erstellen. Dies gilt für Anschlussfahnen nach innen und außen.

5.2.6 Schutzpotenzialausgleich, Funktionspotenzialausgleich

Die zum Anschluss von äußeren Blitzableitungen erforderlichen Anschlussfahnen dürfen in keinem Fall ohne zusätzliche Korrosionsschutzmaßnahmen aus dem Beton nach außen in das Erdreich herausgeführt werden. Da die Korrosionsgefahr für nach außen geführte Anschlussfahnen wegen der nicht zu verhindernden Feuchtigkeit groß ist, sollen die Anschlussfahnen aus verzinktem Stahl innerhalb der aufgehenden Wände aus Beton mit eingegossen oder im Mauerwerk mit zusätzlicher Kunststoffumhüllung geführt und erst oberhalb der Erdoberfläche nach außen geführt werden. Einzelheiten sind DIN VDE 0185 (derzeit Vornorm) zu entnehmen.

Der Fundamenterder wird über eine Anschlussfahne oder einen Erdungsfestpunkt mit der Haupterdungsschiene verbunden, *Bild 12-22*. Die zur Herstellung des Schutzpotenzialausgleichs notwendige Größe der Haupterdungsschiene (Anzahl der Klemmstellen) richtet sich nach den anzuschließenden Anlagen bzw. Anlagenteilen. Beispielsweise sind anzuschließen:

– Blitzschutzanlage,
– Überspannungsschutz,
– Heizungsrohre,
– PEN-Leiter bei Schutzmaßnahmen im TN-System,
– Schutzleiter PE bei Schutzmaßnahmen im TT-System,
– Kommunikationsanlagen,
– Antennenanlage,
– Gasrohre,
– Wasserrohre.

12 Elektroinstallation

Hauptstromversorgung, Zähl- und Messeinrichtungen

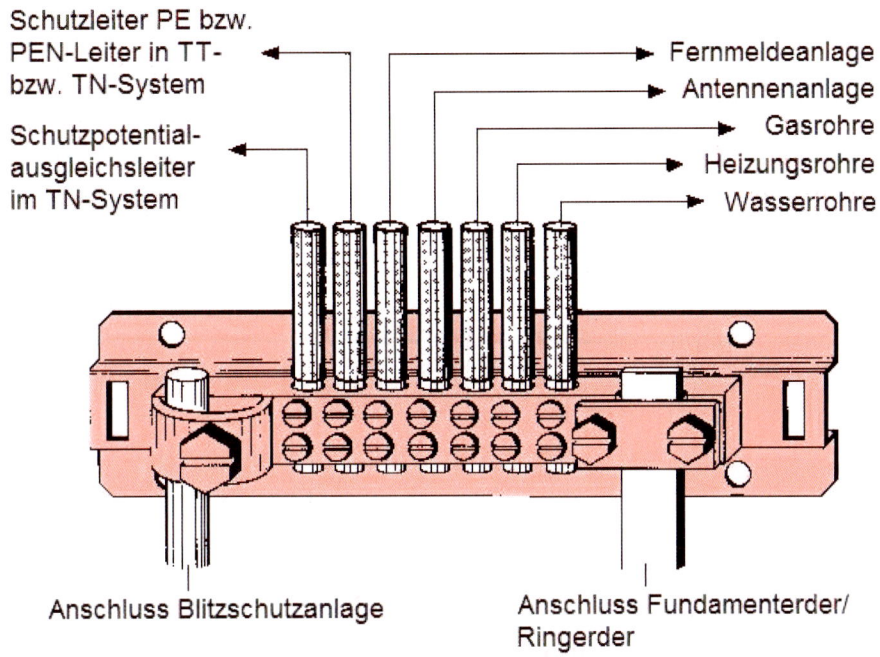

12-22 Haupterdungsschiene

Somit wird das Auftreten von gefährlichen Berührungsspannungen zwischen den immer umfangreicher werdenden Systemen vermieden.

6 Hauptstromversorgung, Zähl- und Messeinrichtungen

6.1 Hauptstromversorgung

6.1.1 Allgemeines

Hauptstromversorgungssysteme umfassen alle Hauptleitungen und Betriebsmittel nach der Übergabestelle des Netzbetreibers (NB), die nicht gemessene elektrische Energie führen. Sie sind grundsätzlich in allgemeinen, leicht zugänglichen Räumen, z. B. in Treppenräumen oder in Kellerfluren, anzuordnen. Hierbei sind jedoch unbedingt die bauordnungsrechtlichen Anforderungen des jeweiligen Bundeslandes zu berücksichtigen.

Bei mehreren Kundenanlagen an einem Hausanschluss ist das Hauptstromversorgungssystem als Strahlennetz aufzubauen. Den prinzipiellen Aufbau mit Hausanschluss, Zählerplätzen und Stromkreisverteilern zeigen *Bild 12-23* und *Bild 12-24*. Die zentrale Anordnung der Zählerplätze wird in *Bild 12-23* dargestellt. *Bild 12-24* und *Bild 12-25* zeigen die gruppenweise Anordnung mehrerer Zählerplätze in der Etage. Entsprechend Abschnitt 7 sind die Stromkreisverteiler innerhalb der Wohnungen anzuordnen.

12 Elektroinstallation — Hauptstromversorgung, Zähl- und Messeinrichtungen

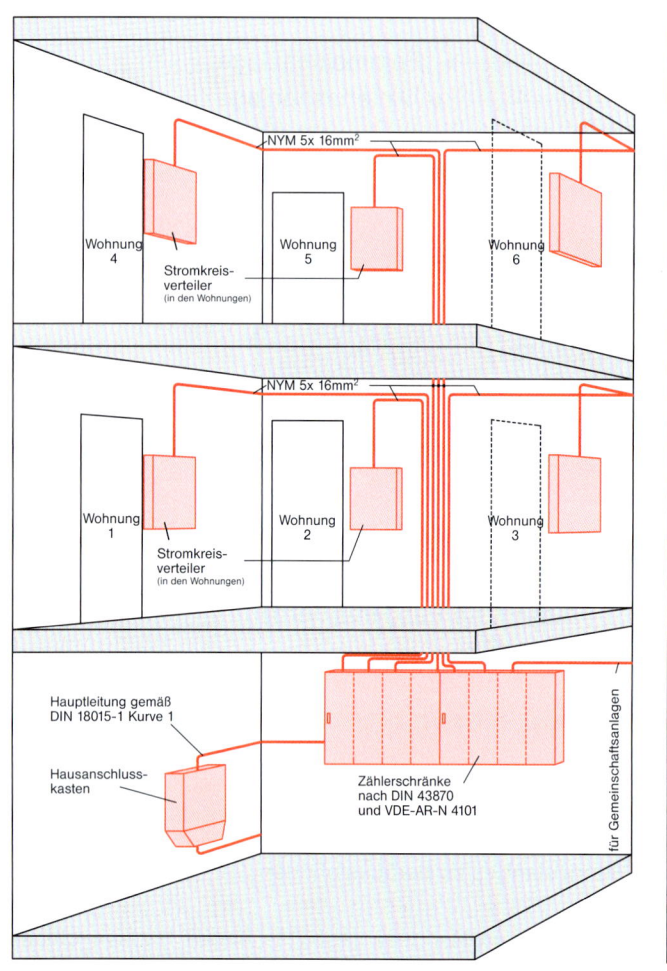

12-23 Hauptstromversorgung mit zentraler Anordnung der Zählerschränke (Prinzip)

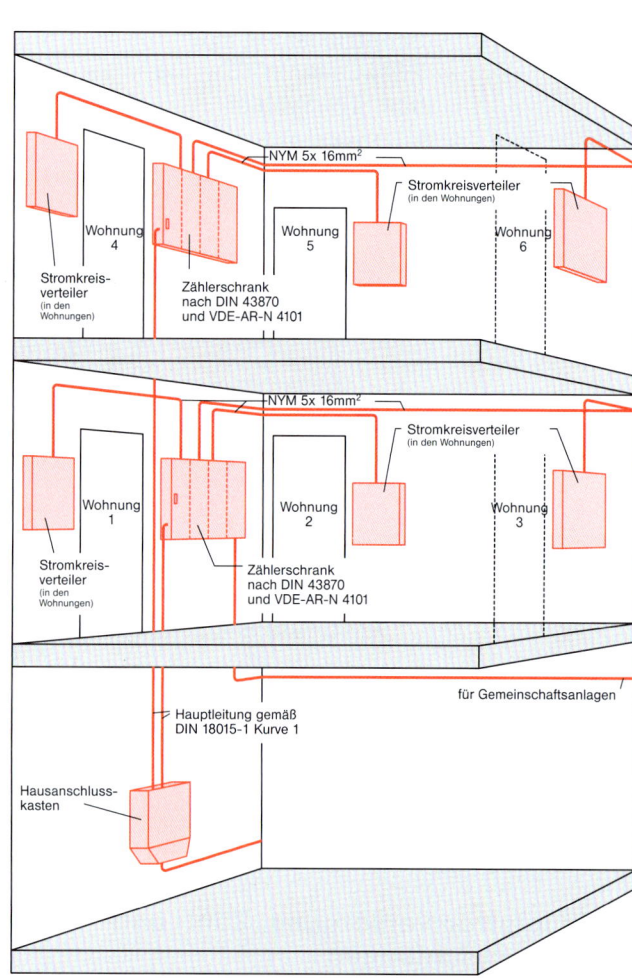

12-24 Hauptstromversorgung mit dezentraler Anordnung zusammengefasster Zählerschrankgruppen (Prinzip)

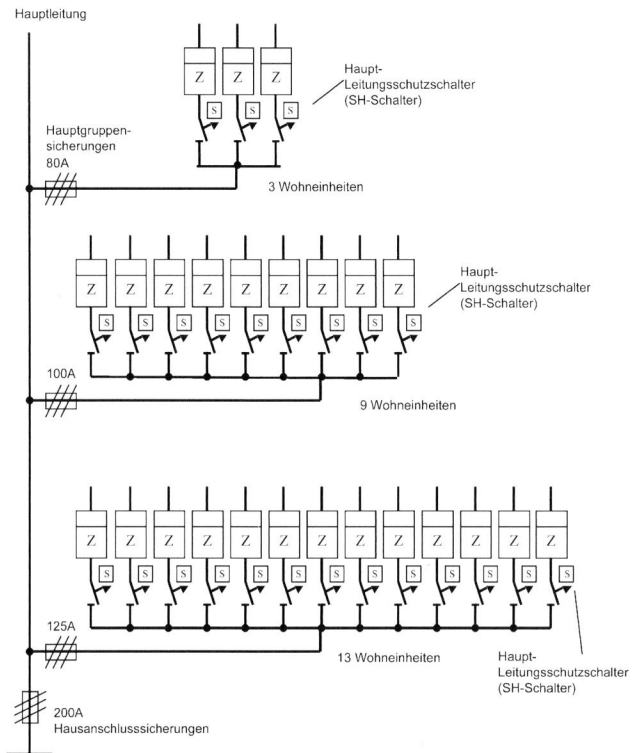

12-25 Beispiel der Zuordnung von Zählereinheiten zu den Hauptgruppensicherungen in einem größeren Mehrfamilienhaus

Im Hauptstromversorgungssystem dürfen nur Betriebsmittel eingebaut werden, die der Stromversorgung und der Freischaltung der Messeinrichtungen dienen.

Bei Neubauten ist aus Gründen der elektromagnetischen Verträglichkeit (EMV) im TN-System eine Aufteilung des PEN-Leiters ab dem Hausanschlusskasten vorzunehmen. Hierzu ist der PEN-Leiter mit der Erdungsanlage zu verbinden und in PE- und N-Leiter aufzuteilen. Die Aufteilung des PEN-Leiters kann dabei z. B. erfolgen:

- im Hausanschlusskasten oder,
- bei gemeinsamer Anordnung in einer Hausanschlussnische, auf einer Hausanschlusswand oder in einem Hausanschlussraum,
- in einem Hauptverteiler im Hauptstromversorgungssystem,
- im unteren Anschlussraum des Zählerschranks.

Hauptleitungen sind in Schächten, Rohren, Kanälen, auch unter Putz, jedoch nicht in Beton zu installieren. Lediglich im Kellergeschoss können sie auf Putz verlegt werden. Werden bei der Leitungsverlegung brandabschnittsbegrenzende Bauteile durchstoßen, ist auf die Einhaltung von Maßnahmen gegen Brände und Brandfolgen gemäß DIN VDE 0100-520 zu achten. Bei größeren Bauvorhaben können die Hauptleitungen auch als Stromschienensystem ausgelegt werden, *Bild 12-26*.

Bei Freileitungshausanschlüssen ist die Hauptleitung so auszuführen, dass die Anlage im Bedarfsfall später ohne weitere Maßnahmen auch über einen erdverlegten Kabelanschluss versorgt werden kann.

6.1.2 Bemessung der Hauptstromversorgung

Die elektrischen Anlagen nach dem Hausanschlusskasten sind für folgende Stoßkurzschlussströme auszulegen:

- 25 kA für das Hauptstromversorgungssystem zwischen Hausanschlusskasten und der letzten Überstrom-Schutzeinrichtung bzw. Hauptleitungsabzweigklemme vor der Zähl- und Messeinrichtung,
- 10 kA zwischen der letzten Überstrom-Schutzeinrichtung bzw. Hauptleitungsabzweigklemme vor der Zähl- und Messeinrichtung und dem Zähler.

In Wohngebäuden werden nach DIN 18015-1 die Hauptleitungen – Verbindungen zwischen Hausanschlusskasten und Messeinrichtungen – als Drehstromleitungen ausgeführt und so bemessen, dass ihnen zum Schutz bei Überlast Überstrom-Schutzeinrichtungen mit einem

Bemessungsstrom von mind. 63 A zugeordnet werden dürfen (*Bild 12-27*).

Querschnitt, Art und Anzahl der Hauptleitungen sind in Abhängigkeit von der Anzahl der anzuschließenden Wohnungen, dem zu erwartenden Elektrifizierungs- und Gleichzeitigkeitsgrad, *Bilder 12-28* und *12-29*, festzulegen. Als weiteres Dimensionierungskriterium für die Hauptleitungen ist sicherzustellen, dass bei der gegebenen Leitungslänge der entsprechend *Bild 12-30* zulässige Spannungsfall nicht überschritten wird. Grundsätzlich ist für Selektivität zwischen den Überstrom-Schutzeinrichtungen in der Kundenanlage und denjenigen im Hauptstromversorgungssystem sowie den Hausanschlusssicherungen zu sorgen.

Überstrom-Schutzeinrichtungen für Abzweige von den Hauptleitungen werden nicht in den Zählerschränken untergebracht, sondern in getrennten Gehäusen. Die Abzweigstelle wird so installiert, dass der Abstand von der Unterkante bis zum Fußboden nicht weniger als 0,30 m und nicht mehr als 1,50 m beträgt.

Die Leitung vom Zählerschrank bis zum Stromkreisverteiler ist nach DIN 18015-1 ebenfalls als Drehstromleitung auszuführen und so zu bemessen, dass zum Schutz bei Überlast Überstrom-Schutzeinrichtungen mit

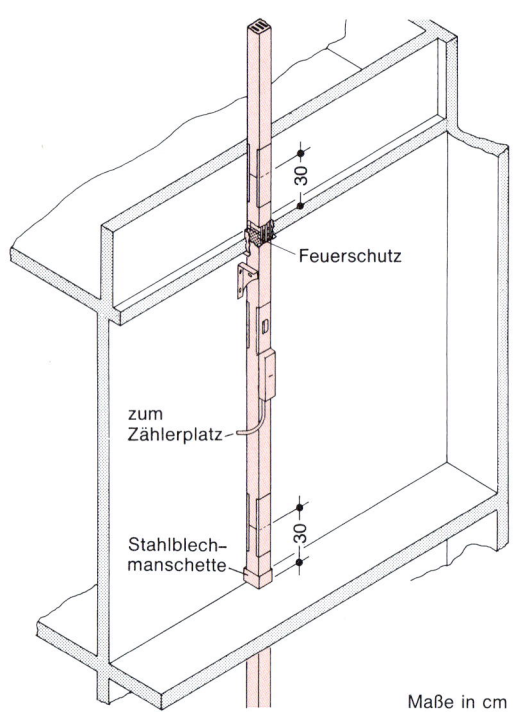

12-26 Hauptstromversorgungssystem mit Schienen für größere Bauvorhaben

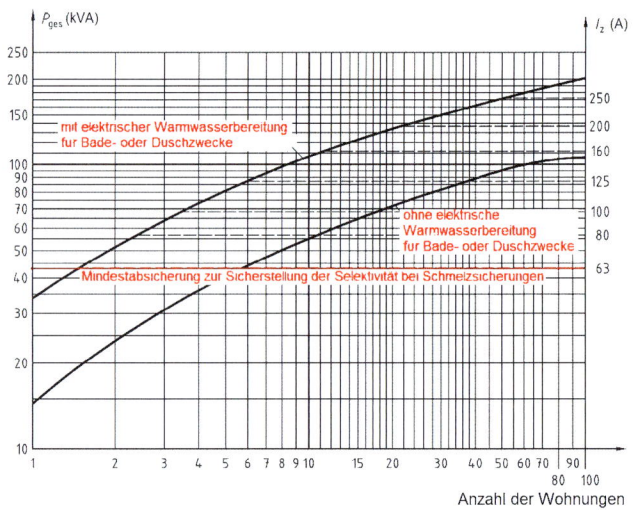

I_z mind. erforderliche Strombelastbarkeit
P_{ges} Leistung, die sich aus der erforderlichen Strombelastbarkeit und der Nennspannung ergibt
---   geeignete Bemessungsströme von zugeordneten Überstrom-Schutzeinrichtungen

12-27 Bemessungsgrundlage für Hauptleitungen in Wohnungen ohne Elektroheizung nach DIN 18015-1

Anzahl der angeschlossenen Wohnungen	Erforderliche Belastbarkeit des Kabels bzw. der Leitung in A
1	63
2	80
3	100
4 bis 6	125
7 bis 11	160
12 bis 22	200

12-28 *Erforderliche Belastbarkeit der Hauptleitungen für Anlagen ohne Elektroheizung mit elektrischer Warmwasserbereitung für Bade- und Duschzwecke (Kurve 1, DIN 18015-1)*

Anzahl der angeschlossenen Wohnungen	Erforderliche Belastbarkeit des Kabels bzw. der Leitung in A
1 bis 5	63
6 bis 10	80
11 bis 17	100
18 bis 37	125
38 bis 100	160

12-29 *Erforderliche Belastbarkeit der Hauptleitungen für Anlagen ohne Elektroheizung und ohne elektrische Warmwasserbereitung für Bade- und Duschzwecke (Kurve 2, DIN 18015-1)*

Leistungsbedarf	zulässiger Spannungsfall in %
bis 100 kVA	0,50
über 100 bis 250 kVA	1,00
über 250 bis 400 kVA	1,25
über 400 kVA	1,50

12-30 *Zulässiger Spannungsfall im Hauptstromversorgungssystem*

einem Bemessungsstrom von mind. 63 A zugeordnet werden können. Diese Überstrom-Schutzeinrichtungen sind in der Regel die selektiven Haupt-Leitungsschutzschalter im unteren Anschlussraum des Zählerschranks.

6.2 Mess- und Steuereinrichtungen, Zählerplätze

6.2.1 Allgemeines

Zählerplätze dienen zur Aufnahme der Mess- und Steuereinrichtungen. Für die Anordnung der Zählerplätze gelten die VDE-AR-N 4101 sowie die Technischen Anschlussbedingungen der NB. Danach werden Zähl- und Messrichtungen in Zählerschränken mit Türen untergebracht und müssen DIN 43870 und DIN VDE 0603 entsprechen. Elektrizitätszähler sind Messgeräte im Sinne des Eichgesetzes, daher sind alle Umgebungseinflüsse, die eine Beeinträchtigung der Messfunktion zur Folge haben, fernzuhalten.

6.2.2 Anordnung der Zählerschränke

Zählerschränke dürfen nur in Räumen und an Stellen montiert werden, die allgemein und leicht zugänglich sind. Beispiele für derartige Räume und Stellen sind Zählerräume, Hausanschlussnischen, Hausanschlusswände, Hausanschlussräume und mit Einschränkungen auch Treppenräume.

Die Zählerschränke/Zähler müssen frei zugänglich sein und ohne besondere Hilfsmittel gefahrlos abgelesen bzw. eingestellt werden können. Es ist für ausreichende Beleuchtung zu sorgen. Der Abstand vom Fußboden bis zur Mitte der Zähl- und Messeinrichtung darf nicht weniger als 0,80 m und nicht mehr als 1,80 m betragen, siehe auch DIN 18013 „Zählernischen". Vor dem Zählerschrank muss eine Bedienungs- und Arbeitsfläche mit einer Tiefe von mind. 1,20 m freigehalten werden.

Die Mess- und Steuereinrichtungen müssen gegen Feuchtigkeit, Verschmutzung, Erschütterung und mechanische Beschädigung geschützt sein. Deshalb werden

Zählerschränke nach DIN 43870 in der Schutzart IP 31 gefordert. Bei dieser Schutzart ist auch der Schutz bei abtropfendem Kondenswasser sichergestellt. Besteht unmittelbar für den Zählerschrank mehr als Tropfwassergefahr, ist die Schutzart IP 54 zu wählen. Inwieweit durch Wasserentnahmestellen, die sich ggf. in dem Raum befinden, eine höhere Schutzart als IP 31 erforderlich ist, muss im Einzelfall durch den Elektroinstallateur geklärt werden.

Zählerschränke dürfen nicht in Wohnungen von Mehrfamilienhäusern, über Treppenstufen, in Wohnräumen, Küchen, Toiletten, Bade-, Dusch- und Waschräumen sowie auf Speichern bzw. Dachböden vorgesehen werden.

In Räumen, deren Temperatur dauernd (nach DIN 18012 wird eine Dauer von mehr als 1 Stunde angenommen) 30 °C übersteigt, sowie in feuer- oder explosionsgefährdeten Räumen/Bereichen ist die Anordnung von Zählerplätzen unzulässig. Auf die Einhaltung der bauordnungsrechtlichen Anforderungen des jeweiligen Bundeslandes, z. B. Brandlasten, Rettungswege, muss unbedingt geachtet werden.

Der Verbrauch unterschiedlicher Verbrauchergruppen, vor allem in Mehrfamilienhäusern, wie Beleuchtung, Aufzüge, Heizungsanlagen, Verstärker, Hausschwimmbad usw., soll im Bedarfsfall gesondert gezählt werden. Das erfordert jeweils eigene Zählerplätze, was schon bei der Planung zu beachten ist.

Zählerplätze sind dauerhaft so zu kennzeichnen, dass die Zuordnung zu der jeweiligen Kundenanlage eindeutig ersichtlich ist.

6.2.3 Ausführung der Zählerplätze

Beim NB bzw. dem Messstellenbetreiber ist im Vorfeld zu erfragen, ob dieser Zähler mit klassischer Dreipunktbefestigung oder elektronische Haushaltszähler (eHZ), für die eine Befestigungs- und Kontaktiereinrichtung benötigt wird, einsetzt. Davon ist die Auswahl des Zählerschrankes abhängig. Eine Übersicht über Zählerfelder, Zählerplatz und deren Anordnung gibt *Bild 12-31*.

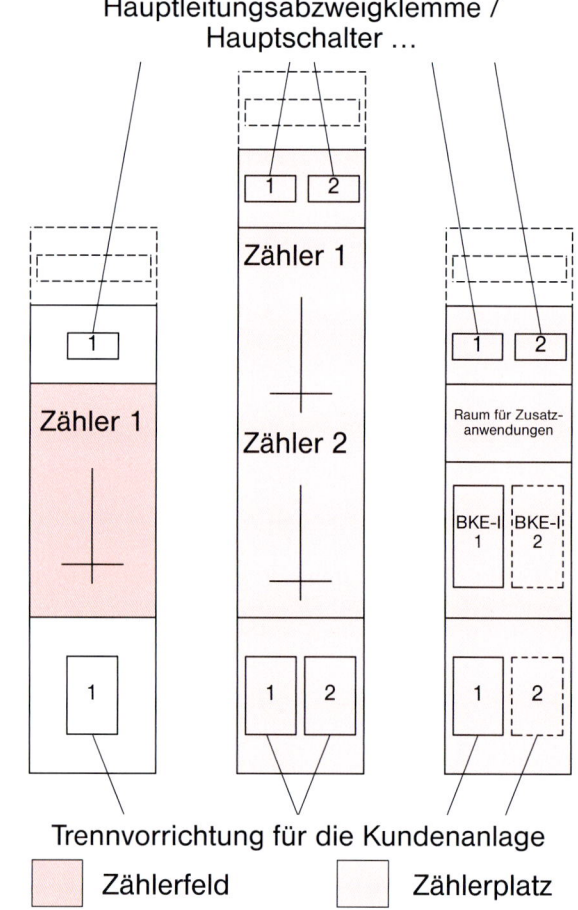

12-31 *Zählerfelder und Zählerplätze für konventionelle Zählerbefestigungen und solche für intergrierte Befestigungs- und Kontaktiereinrichtung (BKE-I)*

Die Zählerplatzflächen setzen sich nach DIN 43870 aus den Funktionsflächen zusammen:

- oberer Anschlussraum,
- Zählerfeld, mit Raum für Zusatzanwendungen (bei Zählerplätzen mit integrierter Befestigungs- und Kontaktiereinrichtung (BKE-I),
- unterer Anschlussraum.

Bild 12-31 zeigt die nach DIN 43870 möglichen Zählerplatzflächen.

Die Zählerplatzflächen haben eine Breite von 250 mm (1-feldig), 500 mm (2-feldig), 750 mm (3-feldig), 1000 mm (4-feldig) oder 1250 mm (5-feldig). Hierbei handelt es sich um Auswahlgrößen nach DIN 43870.

Bei der Höhe der Zählerplatzflächen wird unterschieden zwischen 900 mm, 1050 mm und für Zähler mit Dreipunktbefestigung auch 1200 mm und 1350 mm. Auch diese Höhen sind Auswahlgrößen. Die Aufteilung der Höhe der Zählerplatzflächen in Funktionsflächen ergibt, bedingt durch verschiedene Vorgaben, nur ganz bestimmte Ausführungsarten von Zählerplätzen, *Bild 12-32*. Auskünfte erteilt neben dem Hersteller auch der NB.

Der 150 bzw. 300 mm hohe obere Anschlussraum dient zur Aufnahme von Betriebsmitteln (z. B. Hauptleitungsabzweigklemme, Hauptschalter) bis max. 63 A für die Zuleitung zum Stromkreisverteiler, jedoch nicht als Stromkreisverteiler für Installationen nach DIN 18015-1 und DIN 18015-2. Bei einer Höhe des oberen Anschlussraumes von 300 mm können abweichend davon in diesem Raum Fehlerstrom-Schutzeinrichtungen, Leitungsschutzschalter und Kombinationen von beiden für bis zu drei Wechselstromkreise mit einer Absicherung von max. je 16 A für jede Kundenanlage installiert werden (z. B. für Kellerbeleuchtung, Waschmaschine).

Beim Einsatz von Zählerschränken mit BKE-I können je nach Bestückung zwei Zähler nebeneinander auf der Zählerfeldbreite von 250 mm untergebracht werden, *Bild 12-33*.

Aus Gründen der Erwärmung ist bei Ein- und Zwei-Kundenanlagen je Zählerfeld grundsätzlich nur ein eHZ zulässig. Ausnahmen sind bei Anlagen kleiner Leistung wie z. B. Wärmepumpen möglich. Wenn eine Summenleistung je Zählerplatz, bei einem oberen Anschlussraum von 300 mm, von 48 kVA nicht überschritten wird, kann ein zweiter eHZ auf dem gleichen Zählerfeld eingesetzt werden.

Bei Anlagen, die für eine Dauerstrombelastbarkeit ausgelegt werden wie z. B. Erzeugungsanlagen, Elektrospeicherheizungen oder Ladestationen für Elektrostraßenfahrzeuge kann der Zählerplatz nicht dauerhaft mit 63 A belastet werden. Bezüglich der maximalen Belastbarkeit gibt der Hersteller des Zählerplatzes Auskunft.

Bei Betriebsströmen von mehr als 63 A ist in jedem Fall Rücksprache mit dem NB notwendig, da dann häufig Wandlermessungen (halbindirekte Messungen) notwendig werden.

Sofern Stromkreisverteiler und Zählerplatz sowie ein Kommunikationsfeld für IuK- und RuK-Komponenten im gleichen Schrank untergebracht werden sollen, z. B. im

Höhe der Zählerplatzfläche	900	1 050	1 200	1 350
Höhe des oberen Anschlussraumes	150[1]	300[1]	150[1]	300[1]
Höhe des Zählerfeldes	450	450	750[2]	750[2]
Höhe des unteren Anschlussraumes	300	300	300	300

[1] Dient zur Aufnahme von Betriebsmitteln bis max. 63 A für die Zuleitung zum Stromkreisverteiler, jedoch nicht als Stromkreisverteiler für Installationen nach DIN 18015-1 und DIN 18015-2
[2] Zählerfeld für zwei Zähler bei Dreipunktbefestigung

12-32 Aufteilung der Höhe der Zählerplatzflächen in Funktionsflächen nach DIN 43870 (Maße in mm)

Zählerplatzhöhe	Anzahl eHZ									
	1	2	3	4	5	6	7	8	9	10
	Anzahl Zählerfelder									
900 mm	1	2	3	4	5	6	7	8	9	10
1050 mm	1	2	2	2	3	3	4	4	5	5

12-33 Anzahl der eHZ-Zähler in einem Zählerschrank mit integrierter Befestigungs- und Kontaktiereinrichtung (BKE-I) für eine Belastbarkeit von je 63 A

auf den Rastermaßen (Innenmaßen) auf und geben die nach außen notwendigen Abstände, Überdeckungen und max. Außenmaße an. Deshalb ist links und rechts jeweils die Hälfte des Gesamtwertes angegeben.

Im unteren Anschlussraum werden nach den VDE-AR-N 4101 für jedes Zählerfeld als Trennvorrichtungen für die Inbetriebsetzung der Kundenanlage laienbedienbare, sperr- und plombierbare Überstrom-Schutzeinrichtungen in der Regel als **Selektive Haupt-Leitungsschutzschalter** eingebaut.

6.2.4 Nischen für Zählerplätze

Die Unterbringung von Zählerschränken in der Ausführung Wandeinbau erfolgt in Nischen, Bilder 12-35 und 12-36. Eine Zählernische darf einen für die Wand geforderten

– Mindest-Brandschutz nach DIN 4102-2,

– Mindest-Wärmeschutz nach DIN 4108,

– Mindest-Schallschutz nach DIN 4109-2

Einfamilienhaus, ist für den Stromkreisverteiler ein eigener Platz von mind. 250 mm Breite rechts oder links neben dem Platz für den Zähler zu berücksichtigen. Für ein Kommunikationsfeld ist ebenfalls ein Platz von mindestens 250 mm vorzusehen, Bild 12-34.

Zählerschränke nach DIN 43870 werden in den Ausführungen Wandaufbau und Wandeinbau gefertigt. Den Aufbau des Zählerplatzes für Wandeinbau mit den Rastermaßen, Bild 12-32, und der max. Zählerplatzumhüllung zeigt Bild 12-35. Die Maßangaben der Norm bauen

sowie die Standfestigkeit der Wand nicht beeinträchtigen. Etwaige weitergehende bauaufsichtliche Anforderungen sind einzuhalten.

Die Größe einer Zählernische richtet sich nach der Anzahl und der Bestückung der darin unterzubringenden Zählerplätze. Ihre lichten Maße im fertigen Zustand entsprechen den Festlegungen in DIN 18013, Bild 12-35. Nach VDE-AR-N 4101 sowie DIN 18015-1 ist in Treppenräumen der Einbau von Zählerplätzen in Nischen nach DIN 18013 zu bevorzugen. Bei der Planung ist auf die Einhaltung der erforderlichen Rettungswegbreite zu achten, da der Zählerschrank trotz Einbau in die Nische nur teilweise versenkt ist, Bild 12-36. Hier sei besonders auf die Leitungsanlagen-Richtlinie (LAR) des jeweiligen Bundeslandes hingewiesen.

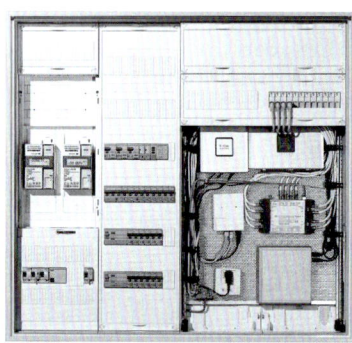

12-34 Zählerschrank mit selektiven Haupt-Leitungsschutzschaltern und eHZ, montiert auf integrierter Befestigungs- und Kontaktiereinrichtung, rechts mit Kommunikationsfeld

7 Stromkreise, Stromkreisverteiler und Schutzeinrichtungen

7.1 Stromkreise

DIN 18015-2, RAL-RG 678 sowie HEA-Ausstattungswerte tragen den gestiegenen Anforderungen Rechnung. *Bild 12-37* enthält die Anzahl der Stromkreise. Aufgeführt sind sowohl die notwendige Mindestanzahl der Stromkreise für Steckdosen und Beleuchtung gemäß DIN 18015-2 als auch die Anzahl für eine zu empfehlende gehobene Ausführung (Ausstattungswert 2 nach HEA/RAL), siehe auch Abschnitt 8.2. Ergeben sich aus der Tabelle weniger Stromkreise als Räume vorhanden sind, können auch mehrere Räume auf einen Stromkreis zusammengelegt werden, wobei sich untergeordnete Räume hierfür anbieten. Für Keller- und Bodenräume, die den Wohnungen zugeordnet sind, müssen zusätzliche Stromkreise vorgesehen werden.

Für alle in der Planung vorgesehenen besonderen Geräte (Verbrauchsmittel) mit einem Anschlusswert (*Bild 12-38*) von ca. 2 kW und mehr ist ein eigener Stromkreis anzuordnen, auch wenn sie über Steckdosen angeschlossen werden.

Gemeinschaftsanlagen, z. B. für Eingang, Treppenraum, Keller- und Bodenräume, sind ebenfalls nicht in *Bild 12-37* berücksichtigt. Die Anzahl der Stromkreise für diese Anlagen ist den betrieblichen und technischen Erfordernissen entsprechend zusätzlich vorzusehen (Abschnitt 9.2). Dies gilt auch für entsprechende Anlagen in Ein- und Zweifamilienhäusern.

Stromkreise für verschiedene Tarife in einer Anlage sind entweder in getrennten Stromkreisverteilern zu installieren oder innerhalb eines Stromkreisverteilers mind. durch Stege voneinander zu trennen und mit Abdeckungen zu versehen.

Anzahl der Zählerplätze nach DIN 43870[1]	Mindestmaße Nische			
	Breite b	Tiefe t teilversenkt	Tiefe t vollversenkt	Höhe $h^{2)}$
1	325	140	225	
2	575	140	225	975 1 125
3	825	140	225	1 275 oder 1 425
4	1 075	140	225	
5	1 325	140	225	

[1] Die Anzahl der Zähler, die auf einen Zählerplatz montiert werden kann, ist mit dem Elektroplaner abzustimmen
[2] In Abhängigkeit von der Bestückung des Zählerschrankes

12-35 Lichte Mindestmaße in mm (für b, h und t nach Bild 12-36) nach DIN 18013 für teilversenkte bzw. vollversenkte Zählerschränke

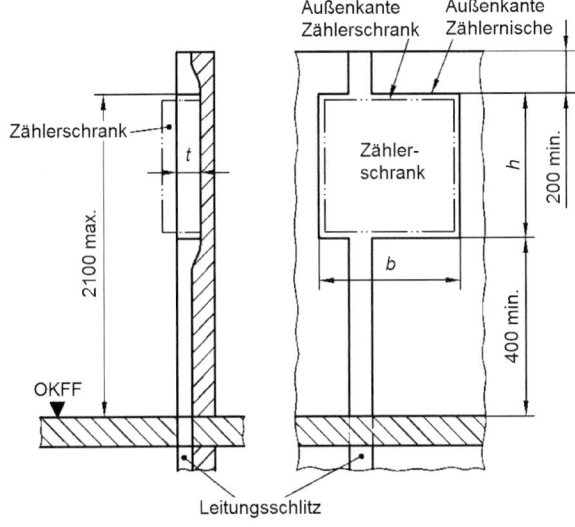

12-36 Zählernischen nach DIN 18013

12 Elektroinstallation — Stromkreise, Stromkreisverteiler und Schutzeinrichtungen

Mindestausstattung nach DIN 18015-2

Wohnfläche in m²	Anzahl der Stromkreise für Beleuchtung und Steckdosen	Gerätestromkreise für	
bis 50	3	Elektroherd	D
über 50 bis 75	4	Geschirrspülmaschine	W
		Mikrowellengerät	W
über 75 bis 100	5	Waschmaschine	W
über 100 bis 125	6	Wäschetrockner	W
		Bügelstation *)	W
über 125	7	Warmwassergerät **)	W

Empfohlene Ausstattung gemäß Ausstattungswert 2 nach HEA/RAL

Wohnfläche in m²	Anzahl der Stromkreise für Beleuchtung und Steckdosen	Gerätestromkreise für	
bis 50	4	Elektroherd	D
		Backofen	D
über 50 bis 75	5	Geschirrspülmaschine	W
		Mikrowellengerät	W
über 75 bis 100	6	Waschmaschine	W
über 100 bis 125	7	Wäschetrockner	W
		Bügelstation *)	W
über 125	8	Warmwassergerät **)	W

Den Räumen sind jeweils eigene Stromkreise zuzuordnen. Stromkreise für kleine Räume wie z. B. WC, Flur können zusammengefasst werden.

D = Drehstrom   W = Wechselstrom
*) Wenn ein Hausarbeitsraum vorhanden ist
**) Wenn die Warmwasserbereitung nicht auf andere Weise erfolgt

12-37 Anzahl der Stromkreise für Geräte, Beleuchtung und Steckdosen entsprechend den Entwürfen der neuen DIN 18015-2 (Mindestausstattung) und der neuen RAL-RG 678 (gehobene Ausstattung, Ausstattungswert 2)

Elektrogerät	Anschlusswert in kW	
	Wechselstrom	Drehstrom
Elektroherd		...14,5
Einbaukochmulde/-feld		...10,0
Einbaubackofen		... 6,6
Einbau-Modul Induktionskochstelle		... 3,7
Einbau-Modul Grillplatte		... 7,2
Einbau-Modul Grill	...3,4	
Einbau-Modul Fritteuse	...2,7	
Mikrowellengerät	...1,9	
Mikrowellengerät mit Grill	...3,4	
Mikrowellen-Kombinationsgerät	...3,5	
Einbau-Dampfgargerät	...2,5	... 5,1
Einbau-Geschirrerwärmer	...1,1	
Geschirrspülmaschine	...3,4	
Einbau-Kaffeeautomat	...2,7	
Kühlschrank	...0,2	
Gefriergerät	...0,2	
Kühl-Gefrierkombination	...0,2	
Dunstabzugshaube	...0,5	
Fritteuse	...2,7	
Toaster/Warmhalteplatte	...0,9	
Kaffee-, Tee-, Espressomaschine	...2,3	
Expresskocher	...3,0	
Waffeleisen	...1,4	
Brotbackautomat	...0,8	
Raclette, Wok, Barbecue, Fondue	...2,3	
Dampfgarer oder Reiskocher	...0,9	
Standküchenmaschine	...1,6	
Warmwasserspeicher 5 l/10 l/15 l	2,0	
Warmwasserspeicher 15 l/30 l		4,0
Warmwasserspeicher 50 l/150 l		6,0
Durchlauferhitzer		18/21/24/27
Elektro-Standspeicher 200 l/1000 l		2,0...18,0
Dampfbügeleisen	...2,7	
(Dampf-)Bügelstation	...3,5	
Waschmaschine	...2,3	7,5
Wäschetrockner	...3,5	
Staubsauger	...2,5	
Händetrockner	2,1	
Haartrockner	...2,3	
Rotlichtstrahler/Heimsonne	0,2...2,2	
Solarium	...2,8	4,0
Sauna	...3,5	4,5...18,0
Badestrahler	1,0...2,0	

12-38 Richtwerte für Anschlusswerte von Elektrogeräten (Auswahl)

7.2 Stromkreisverteiler

In Mehrfamilienhäusern sind nach DIN 18015-1 die Stromkreisverteiler dezentral in den einzelnen Wohnungen zu installieren. Innerhalb der Wohnung ist der Verteiler in der Nähe des Belastungsschwerpunktes, in der Regel im Flur anzuordnen. In der Praxis wird das in der Nähe von Küche, Hausarbeitsraum und Bad sein. Dadurch ergeben sich zwangsläufig kürzere Entfernungen bei den querschnittstarken Leitungen zu den Großgeräten.

Im Einfamilienhaus kommt die Unterbringung des Stromkreisverteilers zentral im Zählerverteilerschrank oder dezentral – z. B. in den einzelnen Geschossen – infrage. Bei der zentralen Anordnung im Zählerverteilerschrank können sich allerdings größere Längen für die Stromkreisleitungen ergeben.

Immer ist jedoch der **Spannungsfall** zu berücksichtigen. Er soll nach DIN 18015-1 in der elektrischen Anlage hinter der Messeinrichtung 3 % nicht überschreiten, *Bild 12-73*. Bei der Ermittlung der Leitungsquerschnitte ist zur Berücksichtigung des Spannungsfalls der Bemessungsstrom der vorgeschalteten Überstrom-Schutzeinrichtung einzusetzen.

Die Leitung vom Zählerplatz zum Stromkreisverteiler ist als Drehstromleitung für eine Belastung von mind. 63 A auszulegen, Abschnitt 6.1.2. Die Absicherung dieser Leitung muss unter Berücksichtigung der Selektivität zu vor- und nachgeschalteten Überstrom-Schutzeinrichtungen erfolgen.

Der Abstand vom Fußboden bis zur Mitte des Stromkreisverteilers sollte – wie beim Zählerplatz – nicht weniger als 0,80 m und nicht mehr als 1,80 m betragen, damit ein schneller Zugriff zu den Überstrom-Schutzeinrichtungen möglich ist.

Da in Stromkreisverteilern von Wohnungen heute auch Schaltgeräte wie Schütze, Relais, Schaltuhren und Logikmodule eingebaut werden, empfiehlt es sich, wegen des Schaltgeräusches Verteilungen nicht in Wände einzubauen, die an Schlafräume grenzen. Die Einhaltung der Anforderungen an Rückwände in Zählernischen hinsichtlich Schallschutz, Wärmeschutz und Brandschutz ist auch für Stromkreisverteiler erforderlich. Die **Größe der Stromkreisverteiler** richtet sich nach der Anzahl der abgehenden Stromkreise. Eine Entscheidungshilfe, ob für das Elektrogerät ein eigener Stromkreis installiert wird, ist in DIN 18015-2 gegeben. Darüber hinaus ist **für Elektrogeräte mit einem Anschlusswert von 2 kW WS und größer ein eigener Stromkreis zu empfehlen** (siehe auch *Bild 12-39*).

Nach den TAB muss der Stromkreisverteiler entsprechend DIN 18015-2 ausgerüstet sein. Das bedeutet für Mehrraumwohnungen mind. eine vierreihige Ausführung des Stromkreisverteilers. Entsprechend DIN 43871 „Installationskleinverteiler für Einbaugeräte bis 63 A" ergibt das 48 Teilungseinheiten. Für den Ausstattungsumfang 2 ist je nach Ausstattung und Größe der Wohnung ein entsprechend größerer Stromkreisverteiler vorzusehen. Dies gilt ebenfalls für die Ausstattungswerte plus, bei denen eine Anwendung von Gebäudesystemtechnik vorbereitet ist.

Die Abmessungen der Stromkreisverteiler richten sich nicht allein nach dem Volumen der einzubauenden Geräte. Zusätzlich müssen Reserveplätze sowie der Verdrahtungs- bzw. Anschlussraum berücksichtigt werden. Auch muss eine spätere Erweiterung der Anlage ohne weiteres möglich sein. Zudem muss bei der Größe die Abfuhr der Verlustwärme eingeplant werden. Nach DIN 43871 sind daher Mindestmaße für Installationskleinverteiler festgelegt.

7.3 Überstrom-Schutzeinrichtungen

Für den Schutz der Leitungen von Beleuchtungsstromkreisen und Stromkreisen mit Steckdosen sollen nach DIN 18015-1 **Leitungsschutzschalter** (LS-Schalter) vor-

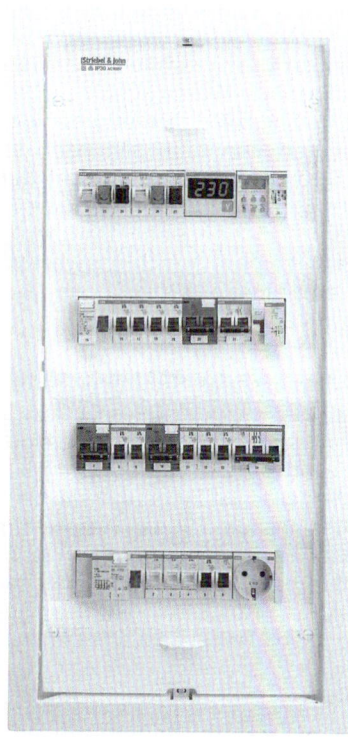

12-39 Beispiel eines Stromkreisverteilers

gesehen werden. Sie haben gegenüber Schmelzsicherungen große Vorteile:

- der Leitungsschutzschalter kann wieder eingeschaltet werden, wenn die Überlastung oder der Kurzschluss beseitigt ist,
- geringer Platzbedarf,
- keine Verschiebung der Auslösekennlinie durch häufige hohe Belastung,
- dreipolige LS-Schalter schalten auch bei einpoligem Überstrom dreipolig ab,
- er kann nicht, wie bei Schmelzsicherungen möglich, geflickt werden.

Deshalb sollten **Stromkreise in Wohnungen grundsätzlich mit Leitungsschutzschaltern** geschützt werden. Für Standardanwendungen kommen Leitungsschutzschalter mit der Auslösecharakteristik B zum Einsatz. Bei Verbrauchsmitteln mit höheren Einschaltströmen, z. B. Motoren, Transformatoren und Lampengruppen, empfiehlt sich der Einsatz von Leitungsschutzschaltern mit der Auslösecharakteristik C, bei der kurzzeitige Einschaltstromspitzen nicht zur Auslösung führen.

Auf dem Typschild der Leitungsschutzschalter ist neben dem Bemessungsstrom und der Auslösecharakteristik auch das Kurzschlussschaltvermögen angegeben, *Bild 12-40*. Nach dem Musterwortlaut der TAB 2007 werden 6 000 A und die Energiebegrenzungsklasse 3 gefordert. Zur Vorsicherung von Leitungsschutzschaltern eignet sich besonders der Selektive Haupt-Leitungsschutzschalter (SH-Schalter), z. B. nach TAB 2007 im unteren Anschlussraum des Zählerplatzes, mit einem Kurzschlussschaltvermögen von 25 000 A, siehe Abschnitt 6.2.3.

7.4 Fehlerstrom-Schutzeinrichtungen (RCDs)

Untersuchungen haben ergeben, dass Fehlerstrom-Schutzschalter mit Bemessungsfehlerströmen von 10 mA

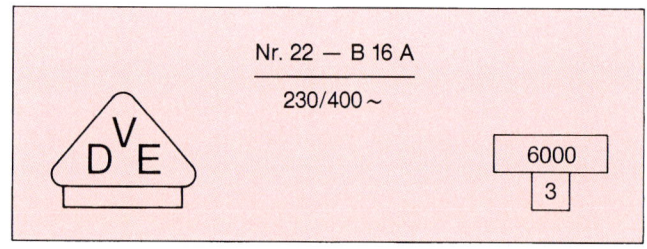

12-40 Aufschriften auf einem Leitungsschutzschalter

bis 300 mA auch als Schutz gegen Brände durch Erdfehlerströme wirken. Fehlerstrom-Schutzschalter mit größeren Nennfehlerströmen als 300 mA sollten nur in Ausnahmefällen eingesetzt werden.

In Deutschland sind Fehlerstrom-Schutzschalter des Typs A seit langem Standard in der Gebäudeinstallation. Fehlerstrom-Schutzschalter des Typs A lösen bei reinen Wechselströmen und auch bei pulsierenden Gleich-Fehlerströmen aus. Der Typ AC, der nur bei Wechsel-Fehlerströmen auslöst, ist nicht zugelassen.

Für Stromkreise mit allgemein zugänglichen Steckdosen bis 20 A sind nach DIN VDE 0100-410 für den zusätzlichen Schutz Fehlerstrom-Schutzschalter mit einem Bemessungsfehlerstrom von $I_{\Delta n} \leq 30$ mA in allen Netzsystemen vorgeschrieben. Diese Schutzschalter haben sich in Wechselstromsystemen als zusätzlicher Schutz beim Versagen des Basisschutzes (Schutz gegen direktes Berühren) und/oder von Vorkehrungen für den Fehlerschutz (Schutz bei indirektem Berühren) oder bei Sorglosigkeit durch Benutzer bewährt. Fehlerstrom-Schutzschalter mit $I_{\Delta n} \leq 30$ mA schützen vor der Gefahr des Herzkammerflimmerns, Fehlerstrom-Schutzschalter mit $I_{\Delta n} \leq 10$ mA schützen auch vor der Gefahr des Verkrampfens bzw. Hängenbleibens. Sie werden deshalb auch Personenschutzautomaten genannt.

Darüber hinaus sind Fehlerstrom-Schutzschalter mit einem Bemessungsfehlerstrom von $I_{\Delta n} \leq 30$ mA in Anlagen mit besonderen Umgebungsbedingungen, wie z. B. in Räumen mit Badewanne oder Dusche, überdachten Schwimmbecken (Schwimmhallen), Schwimmanlagen im Freien oder Anlagen im Freien vorgeschrieben.

Bei hohen Spannungsimpulsen, z. B. durch Gewitter, können herkömmliche Fehlerstrom-Schutzschalter auslösen, ohne dass ein Fehler in der Anlage besteht. Eine Abhilfe sind selektive oder kurzzeitverzögerte Fehlerstrom-Schutzschalter, mit $\boxed{K}$ gekennzeichnet. Selektive Fehlerstrom-Schutzschalter werden mit $\boxed{S}$ gekennzeichnet. Diese selektiven Fehlerstrom-Schutzschalter sitzen in Energieflussrichtung vor den normalen Fehlerstrom-Schutzschaltern und werden deshalb auch als Haupt-Fehlerstrom-Schutzschalter bezeichnet. Sie sprechen bei Stoßströmen bis zu 3000 A nicht an. Sie verhalten sich zu den nachgeschalteten Fehlerstrom-Schutzschaltern selektiv, d. h. sie lösen bei Fehlern in den Endstromkreisen nicht aus. Außerdem können sie gleichzeitig einen Beitrag zum Brandschutz liefern. Kurzzeitverzögerte Fehlerstrom-Schutzschalter werden zum Schutz der Endstromkreise eingesetzt.

Bei Frequenzumrichtern, Röntgengeräten u. Ä. können im Fehlerfall glatte Gleichfehlerströme auftreten. Diese glatten Gleichfehlerströme beeinträchtigen pulsstromsensitive Fehlerstrom-Schutzschalter in ihrem Auslöseverhalten. Deshalb sind für diese Verbrauchsmittel allstromsensitive Fehlerstrom-Schutzschalter des Typs B einzusetzen. Diesen allstromsensitiven Fehlerstrom-Schutzeinrichtungen darf keine (pulsstromsensitive) Standard-Fehlerstrom-Schutzeinrichtung vorgeschaltet sein.

In einer weiteren Anmerkung zur Realisierung des zusätzlichen Schutzes mit Fehlerstrom-Schutzeinrichtungen wird die Verwendung von netzspannungsunabhängigen Fehlerstrom-Schutzeinrichtungen (RCDs) mit eingebautem Überstromschutz (FI/LS-Schalter) empfohlen. Diese Schutzeinrichtungen ermöglichen Personen-, Brand- und Leitungsschutz in einem Gerät.

Grund für diese Empfehlung sind die zahlreichen Vorteile die sich durch die Anwendung von FI/LS-Schaltern ergeben:

- Erhöhte Betriebssicherheit und Anlagenverfügbarkeit: Bei einem FI/LS-Schalter je Stromkreis erfolgt keine Aufsummierung betriebsbedingter Ableitströme und im Fehlerfall wird nur der betroffene Stromkreis abgeschaltet. Damit wird auch die Forderung aus DIN VDE 0100-300 zur Stromkreisaufteilung erfüllt. Es sollen so Gefahren vermieden, Folgen von Fehlern begrenzt, die Kontrolle, Prüfung und Instandhaltung erleichtert und Gefahren berücksichtigt werden, die durch einen Fehler in nur einem Stromkreis entstehen können, z. B.

Ausfall der Beleuchtung. Auch die Planungsnorm DIN 18015-1 „Elektrische Anlagen in Wohngebäuden Teil 1: Planungsgrundlagen" fordert, die Zuordnung von Anschlussstellen für Verbrauchsmittel zu einem Stromkreis so vorzunehmen, dass durch das automatische Abschalten der entsprechenden Stromkreis-Schutzeinrichtung (z. B. Überstrom-Schutzeinrichtung, Fehlerstrom-Schutzeinrichtung) nur ein kleiner Teil der Kundenanlage abgeschaltet wird.

- Vereinfachte Planung: Keine Dimensionierung bezüglich Strombelastbarkeit notwendig, da sich der FI/LS-Schalter selbst vor Überlast schützt.
- Allpolige Abschaltung: Da im Gegensatz zum einpoligen LS-Schalter hier alle spannungsführenden Leiter (also auch der Neutralleiter) getrennt werden, vereinfacht sich die Fehlersuche.
- Zusätzlicher Schutz und Fehlerschutz im selben Gerät bei Einsatz eines FI/LS-Schalters mit $I_{\Delta n}$ von max. 30 mA am Anfang des zu schützenden Stromkreises.
- Isolationsmessung aller Leiter gegen Erde ohne Abklemmen des N-Leiters. DIN VDE 0100-718 fordert für jeden Stromkreis eine Isolationsmessung aller Leiter gegen Erde ohne Abklemmen des Neutralleiters. FI/LS-Schalter können geforderte Neutralleiter-Trennklemmen ersetzen.

8 Elektroinstallation in Wohnungen

8.1 Allgemeines

Die Elektroinstallation soll so angelegt sein, dass sie funktionell, sicher und komfortabel ist. Außerdem soll sie einen energieeffizienten Betrieb ermöglichen. Nachinstallationen dürfen sich nicht als zu kostspielig und Schmutz bereitend erweisen. Es soll auf verhältnismäßig einfache Weise möglich sein, eine spätere Veränderung in der Zweckbestimmung der Räume oder ihrer Möblierung zu erreichen.

Grundsätzlich sollen nachträgliche Änderungen, z. B. bedingt durch Nutzungsänderung und Erweiterung des Installationsvolumens, möglich sein. Dies kann z. B. durch ausreichend dimensionierte Installationsrohre oder Kanäle erreicht werden.

Bei der Planung von Installationsschächten und -kanälen empfiehlt sich bei Durchbrüchen durch brandabschnittsbegrenzende Bauteile, Verbindung mit der zuständigen Bauaufsichtsbehörde aufzunehmen. Erforderliche Schlitze, Aussparungen und Öffnungen sind bereits bei der Planung zu berücksichtigen. Die geforderte Standfestigkeit der Bauteile darf durch sie nicht beeinträchtigt und der Brand-, Schall- und Wärmeschutz sowie die Luftdichtigkeit (siehe Abschnitt 12.2) nicht unzulässig gemindert werden.

8.2 Ausstattungsumfang der Elektroinstallation

Der Grad einer guten Elektroinstallation wird besonders an der Zahl und der Anordnung der installierten Stromkreise, Steckdosen und Beleuchtungsauslässe gemessen. DIN 18015-2 : 2010-11 enthält nur die Mindestausstattung.

Darüber hinaus enthält RAL-RG 678, herausgegeben vom Deutschen Institut für Gütesicherung und Kennzeichnung e. V. (RAL), zwei weitere Ausstattungsstufen.

Danach werden Elektroinstallationen nach dem Ausstattungsumfang in die Ausstattungswerte 1 (★), 2 (★★) und 3 (★★★) unterteilt. Der **Ausstattungswert 1** entspricht DIN 18015-2. Der **Ausstattungswert 2** beschreibt den von Fachleuten empfohlenen Ausstattungsumfang für Wohnungen mit gehobenerem Wohnwert. Beim **Ausstattungswert 3** ist eine über den Ausstattungswert 2 hinausgehende Elektroinstallation festgeschrieben, die einen Maßstab für aufwendige Komfortwohnungen und -häuser darstellt. Diese drei Ausstattungswerte sind ebenfalls von der HEA beschrieben worden. Für die Planung einer Elektroinstallation mit einer Gebäudesystemtechnik sind mit der Erstellung der DIN 18015-4 bzw. der

RAL-RG 678 drei weitere Ausstattungswerte hinzukommen. Sie werden wie die bisherigen Ausstattungswerte und zusätzlich mit „plus" bezeichnet.

Somit liegen einheitliche Bewertungskriterien für die Elektroinstallation vor.

Für die Elektroinstallation einer Wohnung einschließlich der Verbindungsleitung zur Wohnung und des Anteils an der Zähleranlage sowie der Hauptleitung ergeben sich etwa folgende relative Kosten:

Ausstattungswert	Kosten
1 ★	100 %
2 ★★	125 %
3 ★★★	150 %

12-41 Kosten der 3 Ausstattungswerte

Dabei ist zu berücksichtigen, dass der Kostenanteil der Elektroinstallation an den Gesamtbaukosten nur etwa 4 % beträgt.

In den folgenden Abschnitten wird neben den Mindestanforderungen nach DIN 18015-2 als gehobener Ausstattungsumfang der Ausstattungswert 2 nach HEA/RAL beschrieben, der besonders zu empfehlen ist.

Ein Beispiel für die Elektroinstallation mit gehobenem Ausstattungsumfang gemäß Ausstattungswert 2 (★★) nach HEA/RAL zeigt der Übersichtsschaltplan in Bild 12-42. Der zugehörige Installationsplan ist in Bild 12-43 dargestellt, wobei nicht die Leitungsführungen eingezeichnet sind. Aussagen über die einzelnen Teilbereiche folgen in Abschnitt 8.3 bis 8.13.

Die Verteilung der erforderlichen Steckdosen und Anschlüsse für Beleuchtung auf die erforderlichen Stromkreise ist nach räumlichen, technischen und nach Sicherheitsanforderungen (siehe auch Abschnitte 8.3 bis 8.15 und 9) festzulegen. Bei Beleuchtungsanschlüssen ist zu bedenken, ob sie schaltbar sein müssen. Wenn ja, ist festzulegen, von wo sie zu schalten/dimmen sind.

Ein besonderes Augenmerk gilt den Anlagen im Freien, insbesondere den Steckdosen. Sie müssen gegen unbefugte Benutzung (Manipulation) gesichert sein. Dies wird erreicht, wenn entweder die Steckdosen von innen 2-polig geschaltet werden und man sie nur im Bedarfsfall einschaltet oder ihnen ein eigener Fehlerstrom-Schutzschalter zugeordnet wird. Haben Räume mehr als eine

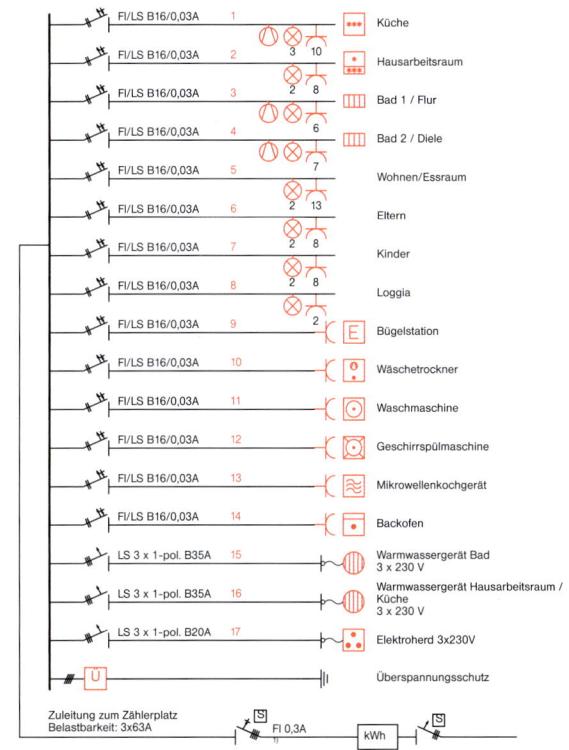

12-42 Übersichtsschaltplan für eine 94 m² große Wohnung mit gehobenem Ausstattungsumfang gemäß Ausstattungswert 2 (★★) nach HEA/RAL (Beispiel)

12 Elektroinstallation

Elektroinstallation in Wohnungen

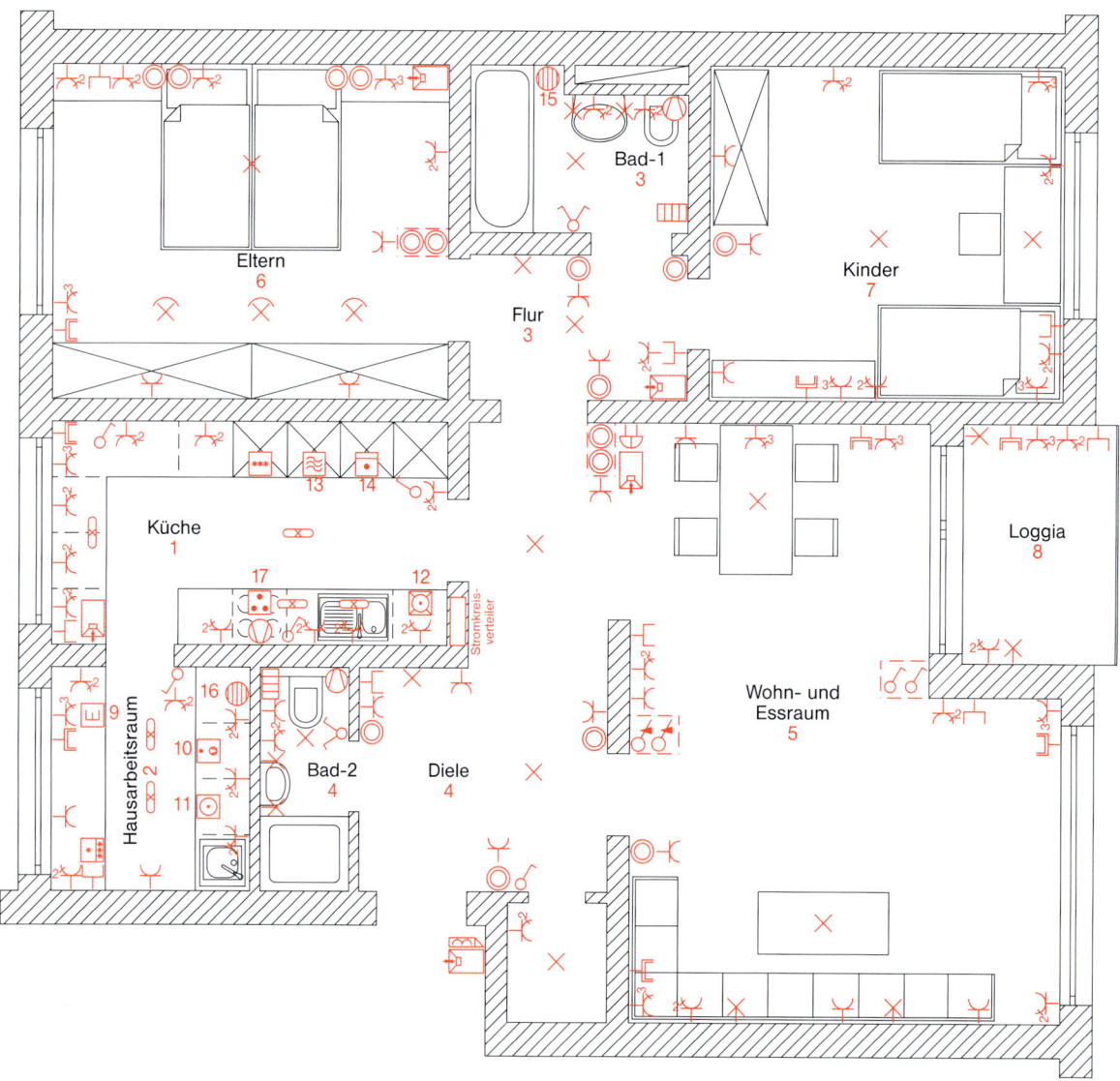

12-43 Beispiel eines Elektroinstallationsplanes für eine 94 m² große Wohnung mit gehobenem Ausstattungsumfang gemäß Ausstattungswert 2 (★★)

Tür, ist die Schaltmöglichkeit für mind. einen Beleuchtungsanschluss in der Regel von zwei oder mehreren Stellen aus vorzusehen. Dies gilt auch für interne Geschosstreppen.

8.3 Elektroinstallation in Küche, Kochnische

Der Ausstattungsumfang ergibt sich aus *Bild 12-44*. Für die Allgemeinbeleuchtung ist je nach Grundrissgestaltung ein Deckenanschluss in Ausschaltung (Installationsschalter als Ausschalter) in der Mitte des Raumes anzuordnen. Arbeitsflächen sollen möglichst schattenfrei beleuchtet sein. Daher ist zur Erreichung von schattenfreiem Licht in der Regel mind. ein weiterer Wandanschluss/eine weitere Steckdose in Ausschaltung zusätzlich für die Arbeitsfläche vorzusehen.

Der Ausstattungswert 2 nach HEA/RAL sieht in der Küche neben dem Deckenanschluss für Allgemeinbeleuchtung zwei weitere Wandanschlüsse/Steckdosen für die Beleuchtung vor.

Bei der **Mindestausstattung** sind in Küchen für Kleingeräte fünf Steckdosen, zuzüglich je eine für das Kühl- und das Gefriergerät anzuordnen. In Kochnischen sind drei Steckdosen, zuzüglich je eine für ein Kühl-/Gefriergerät zu installieren. Beim **Ausstattungswert 2** nach HEA/RAL sind in Küchen zehn, in Kochnischen vier Steckdosen erforderlich. Die Steckdosen für Kühl- und Gefriergeräte kommen hinzu. In Räumen mit Essecke ist beim Ausstattungswert 2 nach HEA/RAL die Anzahl der Anschlüsse für Beleuchtung und Steckdosen um jeweils eine zu erhöhen.

Für die Dunstabzugshaube ist ein Anschluss als Steckdose zu installieren, die ebenfalls zusätzlich zu der Anzahl der Steckdosen für Kleingeräte vorgesehen werden muss. Der Anschluss für ein Warmwassergerät ist notwendig, wenn die Warmwasserversorgung nicht auf andere Weise erfolgt.

In der Mindestausstattung nach DIN 18015-2 sind ein Drehstromanschluss für den Elektroherd und ein Wechselstromkreis für ein Mikrowellengerät vorgesehen. Die gehobene Ausstattung mit Ausstattungswert 2 nach HEA/RAL erfordert, neben den Anschlüssen für den Elektroherd (Kochfeld) und das Mikrowellengerät, noch zwei weitere Anschlüsse mit eigenem Stromkreis für einen Backofen (ggf. kombiniert mit Infrarotgrill) und einen Dampfgarer.

8.4 Elektroinstallation im Hausarbeitsraum

Der Ausstattungsumfang ergibt sich aus *Bild 12-45*. Für die Allgemeinbeleuchtung ist ein Deckenanschluss in Ausschaltung vorzusehen. Die Arbeitsflächen sollen möglichst schattenfrei beleuchtet sein. Deshalb ist beim gehobenen Ausstattungsumfang mit Ausstattungswert 2 nach HEA/RAL ein weiterer Anschluss erforderlich.

Die Anzahl der Steckdosen ist *Bild 12-45* zu entnehmen. Für Waschmaschine, Wäschetrockner und Bügelstation ist jeweils eine Steckdose mit eigenem Stromkreis, siehe *Bild 12-45*, notwendig.

Sofern kein Hausarbeitsraum vorhanden ist, sind die Anschlüsse für die Waschmaschine und den Wäschetrockner im Bad oder in einem anderen geeigneten Raum zu planen.

Ein Anschluss für ein Warmwassergerät ist erforderlich, wenn die Warmwasserversorgung nicht auf eine andere Weise erfolgt. Das Warmwassergerät versorgt im Beispiel neben dem Hausarbeitsraum auch Küche und Zweitbad (Dusche) mit Warmwasser.

Verbrauchsmittel	Anzahl der Anschlüsse		Anzahl der Steckdosen/ Anschlussdosen		Anzahl der Anschlüsse für besondere Verbrauchsmittel mit eigenem Stromkreis	
	DIN 18015-2	Ausstattungswert 2 nach HEA/RAL	DIN 18015-2	Ausstattungswert 2 nach HEA/RAL	DIN 18015-2	Ausstattungswert 2 nach HEA/RAL
Beleuchtung	2	3 [1)]				
Steckdosen für Kleingeräte, z. B. Warmhalteplatte, Allesschneider, Dosenöffner, Mixer, Entsafter, Brotröster, Folienschweißgerät, Kaffeemaschine, Kaffeemühle, Radio, Uhr, Eierkocher, Fritteuse, Wasserkocher, Waffeleisen, Toaster, Joghurtbereiter u. a.			5 [2) 4)]	10 [3) 4)]		
Stromversorgung für IuK				2		
Stromversorgung für RuK			3	3		
Kühl-/Gefriergerät			2 [5)]	2		
Dunstabzug, Lüfter [6)]	1	1				
Elektroherd					1 [7)]	1 [7)]
Backofen (ggf. kombiniert mit Infrarotgrill)						1 [7)]
Mikrowellengerät					1	1
Geschirrspülmaschine					1	1
Warmwassergerät [8)]					1	1

[1)] in Kochnischen: 2
[2)] in Kochnischen: 3
[3)] in Kochnischen: 4
[4)] Die den Arbeitsflächen zugeordneten Steckdosen sind mind. als Doppelsteckdosen vorzusehen. Diese Doppelsteckdosen gelten nach der Tabelle jeweils als eine Steckdose. In Küchen mit Essecken ist die Anzahl der Anschlüsse und Steckdosen jeweils um 1 zu erhöhen.
[5)] in Kochnischen: 1
[6)] Sofern eine Einzellüftung vorgesehen ist.
[7)] Drehstromanschluss
[8)] Falls die Warmwasserbereitung nicht auf andere Weise erfolgt.

12-44 Elektroinstallation in Küche, Kochnische: Anzahl der erforderlichen Anschlüsse, Steckdosen und Anschlüsse für besondere Verbrauchsmittel

12 Elektroinstallation

Elektroinstallation in Wohnungen

Verbrauchsmittel	Anzahl der Anschlüsse		Anzahl der Steckdosen/ Anschlussdosen		Anzahl der Anschlüsse für besondere Verbrauchsmittel mit eigenem Stromkreis	
	DIN 18015-2	Ausstattungswert 2 nach HEA/RAL	DIN 18015-2	Ausstattungswert 2 nach HEA/RAL	DIN 18015-2	Ausstattungswert 2 nach HEA/RAL
Beleuchtung	1	2				
Steckdosen für Kleingeräte, z. B. Bügeleisen, Einkochgerät, Nähmaschine			3[1]	8[1]		
Stromversorgung für IuK-Geräte				2		
Stromversorgung für RuK-Geräte				3		
Lüfter[2]			1	1		
Waschmaschine[3]					1	1
Wäschetrockner[3]					1	1
Warmwassergerät[4]					1	1

[1] Die den Arbeitsflächen zugeordneten Steckdosen sind mind. als Doppelsteckdosen vorzusehen. Diese Doppelsteckdosen gelten nach der Tabelle jeweils als eine Steckdose.
[2] Sofern eine Einzellüftung vorgesehen ist.
[3] Sofern nicht im Bad oder in einem anderen geeigneten Raum vorgesehen.
[4] Falls die Warmwasserbereitung nicht auf andere Weise erfolgt.

12-45 Elektroinstallation im Hausarbeitsraum: Anzahl der erforderlichen Anschlüsse, Steckdosen und Anschlüsse, Steckdosen und Anschlüsse für besondere Verbrauchsmittel

Bei erforderlicher Einzellüftung ist ein zusätzlicher Anschluss notwendig.

8.5 Elektroinstallation im Bad

Die DIN VDE-Normen verwenden hier den Begriff „Räume mit Badewanne oder Dusche".

8.5.1 Ausstattung

Der Ausstattungsumfang ergibt sich aus *Bild 12-46*. Für die Allgemeinbeleuchtung sind bei der Mindestausstattung nach DIN 18015-2 zwei Anschlüsse, beim Ausstattungswert 2 nach HEA/RAL sind drei Anschlüsse in Ausschaltung, einer davon als Wandanschluss für die Spiegelbeleuchtung, vorzusehen. Bei Leuchten mit Niedervolt-Halogenlampen, z. B. in abgehängten Decken, werden zwar mehr Leuchten verwendet, diese sind aber gemeinsam oder in Gruppen über einen Transformator oder ein elektronisches Netzteil an den 230-V-Anschlüssen angeschlossen.

Sofern kein Hausarbeitsraum vorhanden ist oder falls die Geräte nicht in einem anderen geeigneten Raum untergebracht werden können, sind die Anschlüsse für Waschmaschine und Wäschetrockner bei beiden Ausstattungsumfängen im Bad vorzusehen (Abschnitt 8.4).

Ein Warmwassergerät für das Bad ist erforderlich, wenn die Warmwasserversorgung nicht auf andere Weise erfolgt, z. B. zentral. Im Zweitbad des Beispiels wird die Warmwasserversorgung durch das Warmwassergerät im Hausarbeitsraum vorgenommen.

Verbrauchsmittel	Anzahl der Anschlüsse		Anzahl der Steckdosen/ Anschlussdosen		Anzahl der Anschlüsse für besondere Verbrauchsmittel mit eigenem Stromkreis	
	DIN 18015-2	Ausstattungswert 2 nach HEA/RAL	DIN 18015-2	Ausstattungswert 2 nach HEA/RAL	DIN 18015-2	Ausstattungswert 2 nach HEA/RAL
Beleuchtung	2	3				
Steckdosen für Kleingeräte, z. B. Trockenrasierer, Haartrockner, Frisierstab, UV-Strahler, Massageapparat, Munddusche, elektrische Zahnbürste, Handtuchtrockner, Heizgerät			2[2)]	4		
Lüfter[2)]			1	1		
Waschmaschine[3)]					1	1
Wäschetrockner[3)]					1	1
Heizgerät			1	1		
Warmwassergerät[4)]					1[5)]	1[5)]

[1)] Davon ist eine Steckdose in Kombination mit der Waschtischleuchte zulässig.
[2)] Sofern eine Einzellüftung vorgesehen ist; bei fensterlosen Bädern ist die Schaltung über die Allgemeinbeleuchtung mit Nachlauf vorzusehen.
[3)] In einer Wohnung nur einmal erforderlich und sofern nicht im Hausarbeitsraum oder in einem anderen geeigneten Raum untergebracht.
[4)] Falls die Warmwasserbereitung nicht auf andere Weise erfolgt.
[5)] Drehstromanschluss

12-46 Elektroinstallation im Bad: Anzahl der erforderlichen Anschlüsse, Steckdosen und Anschlüsse für besondere Verbrauchsmittel

Es müssen bei der Mindestausstattung mind. zwei Steckdosen vorhanden sein. Davon ist eine in Kombination mit der Waschtischleuchte mit eingebautem Ausschalter zulässig. Beim Ausstattungswert 2 nach HEA/RAL sind vier Steckdosen erforderlich.

Von der vorgenannten Anzahl Steckdosen ist eine für ein Heizgerät vorzusehen, auch dann, wenn eine Zentralheizung vorhanden ist. Das Heizgerät ist z. B. an kühlen Tagen außerhalb der Heizperiode nützlich. Ein eigener Stromkreis ist in aller Regel nicht notwendig, weil die Heizleistung meistens gering ist.

Sofern eine Einzellüftung vorzusehen ist, z. B. bei innenliegenden Bädern, ist ein Anschluss für einen Lüfter vorzusehen. Bei fensterlosen Bädern erfolgt die Schaltung über die Allgemeinbeleuchtung mit Nachlauf. Üblicherweise ist das Nachlaufglied im Lüfter integriert. Zur Feuchteabfuhr ist parallel hierzu die Schaltung des Lüfters über ein Hygrostatrelais zweckmäßig.

8.5.2 Schutzmaßnahmen

Steckdosen und Schalter dürfen wegen des Schutzes gegen elektrischen Schlag nach DIN VDE 0100-701 nur außerhalb der **(Schutz-)Bereiche 0, 1 und 2** angeordnet werden. Dies ist bereits bei der Grundrissgestaltung zu berücksichtigen, damit Steckdosen, z. B. für den elektrischen Rasierapparat, funktionsgerecht angebracht werden können. In *Bild 12-47* sind am Beispiel einer Badewanne die Schutzbereiche dargestellt, wenn eine Bade- oder Duschwanne z. B. aus emailliertem Stahl oder Acryl vorgesehen ist. Sind in einem Raum sowohl Bade- als auch Duschwanne vorgesehen, sind die Schutzbereiche jeweils einzuhalten. Die Bereiche grenzen ggf. aneinander oder überlappen sich. *Bild 12-48* zeigt die Bereiche bei Duschen ohne Wanne, z. B. bei bodenbündigem Ablauf.

Auch die Steckdosen-Stromkreise in Räumen mit Badewanne oder Dusche sind über einen oder mehrere Fehlerstrom-Schutzeinrichtungen (RCDs) mit einem Bemessungsdifferenzstrom $I_{\Delta n} \leq 30$ mA zu schützen. Ausgenommen sind Stromkreise

– mit Schutztrennung, die ein einzelnes Verbrauchsmittel versorgen,

– mit Schutzkleinspannung (SELV oder PELV),

– zur ausschließlichen Versorgung von Wassererwärmern.

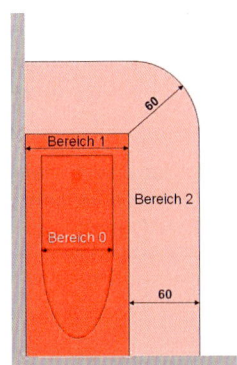 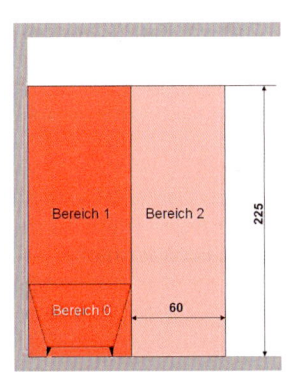 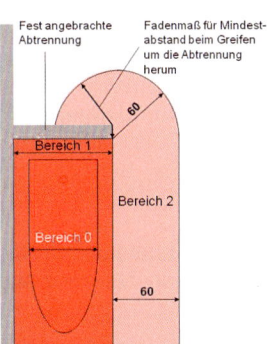 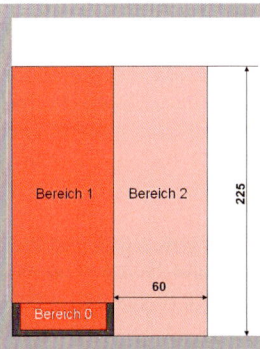

12-47 Schutzbereiche in Räumen mit Bade- oder Duschwanne aus emailliertem Stahlblech oder Acryl

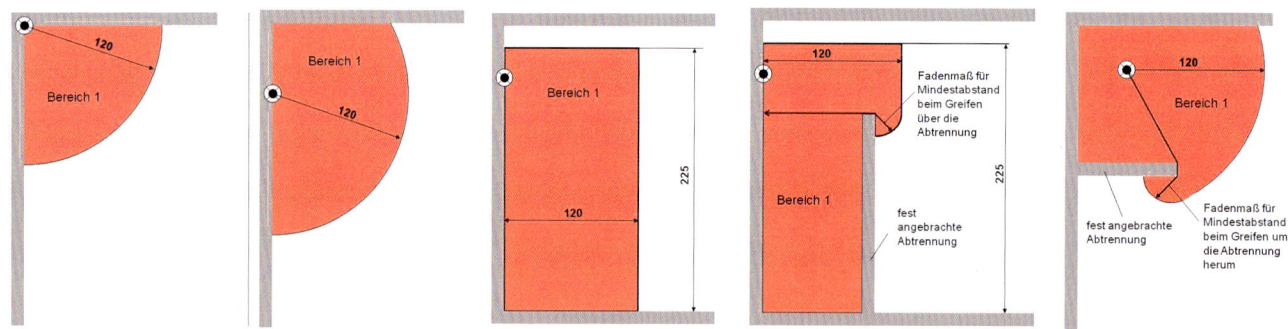

12-48 Schutzbereich 1 in Räumen mit Dusche mit Bodenablauf ohne emaillierte Stahlblech- oder Acrylwanne

Diese müssen nicht mit Fehlerstrom-Schutzeinrichtungen $I_{\Delta n} \leq 30$ mA geschützt werden.

Fremde leitfähige Teile, die in Räume mit Badewanne oder Dusche von außen eingeführt werden, sind in den **zusätzlichen örtlichen Potenzialausgleich**, *Bild 12-49*, einzubeziehen. Das sind die leitfähigen Teile für

– Frisch- und Abwasser,
– Heizungssysteme und Klimaanlagen,
– Gas.

Der zusätzliche Schutzpotenzialausgleich ergänzt den Schutzpotenzialausgleich über die Haupterdungsschiene (früher Hauptpotenzialausgleich) und ist nach den jetzigen DIN VDE-Bestimmungen für alle fremden leitfähigen Teile (Rohre) im Raum erforderlich. Der Mindestquerschnitt für den Potenzialausgleichsleiter beträgt 4 mm² Cu.

Metallene Bade- oder Duschwannen und kunststoffummantelte Rohre müssen nicht in den Schutzpotenzialausgleich einbezogen werden.

Der zusätzliche Schutzpotenzialausgleich wird vorzugsweise in der Nähe der Einführung der fremden leitfähigen Teile, innerhalb oder außerhalb der Räume mit Badewanne oder Dusche durchgeführt. Die durch den zusätzlichen Schutzpotenzialausgleich miteinander verbundenen leitfähigen Teile (Rohre) sind außerdem mit der Schutzleiterschiene im Stromkreisverteiler oder mit der Haupterdungsschiene über einen Schutzpotenzialausgleichsleiter zu verbinden, *Bild 12-49*. Die Verbindung zur Haupterdungsschiene wird wohl nur angewendet, wenn die Verbindung kürzer als zum Stromkreisverteiler ist und wenn der Schutzleiterquerschnitt im Verteiler nicht mind. 4 mm² Cu beträgt.

Der Schutzpotenzialausgleich verhindert eine Spannungsverschleppung, die sich z. B. infolge schadhaft gewordener Installationsleitungen über Baustähle und/oder Rohrleitungen innerhalb eines Hauses oder sogar über mehrere Wohnblöcke ausbreiten kann.

Der zusätzliche Schutzpotenzialausgleich ist immer herzustellen, ohne Rücksicht darauf, ob eine elektrische Einrichtung in Räumen mit Badewanne oder Dusche vorhanden ist oder nicht.

12 Elektroinstallation

Elektroinstallation in Wohnungen

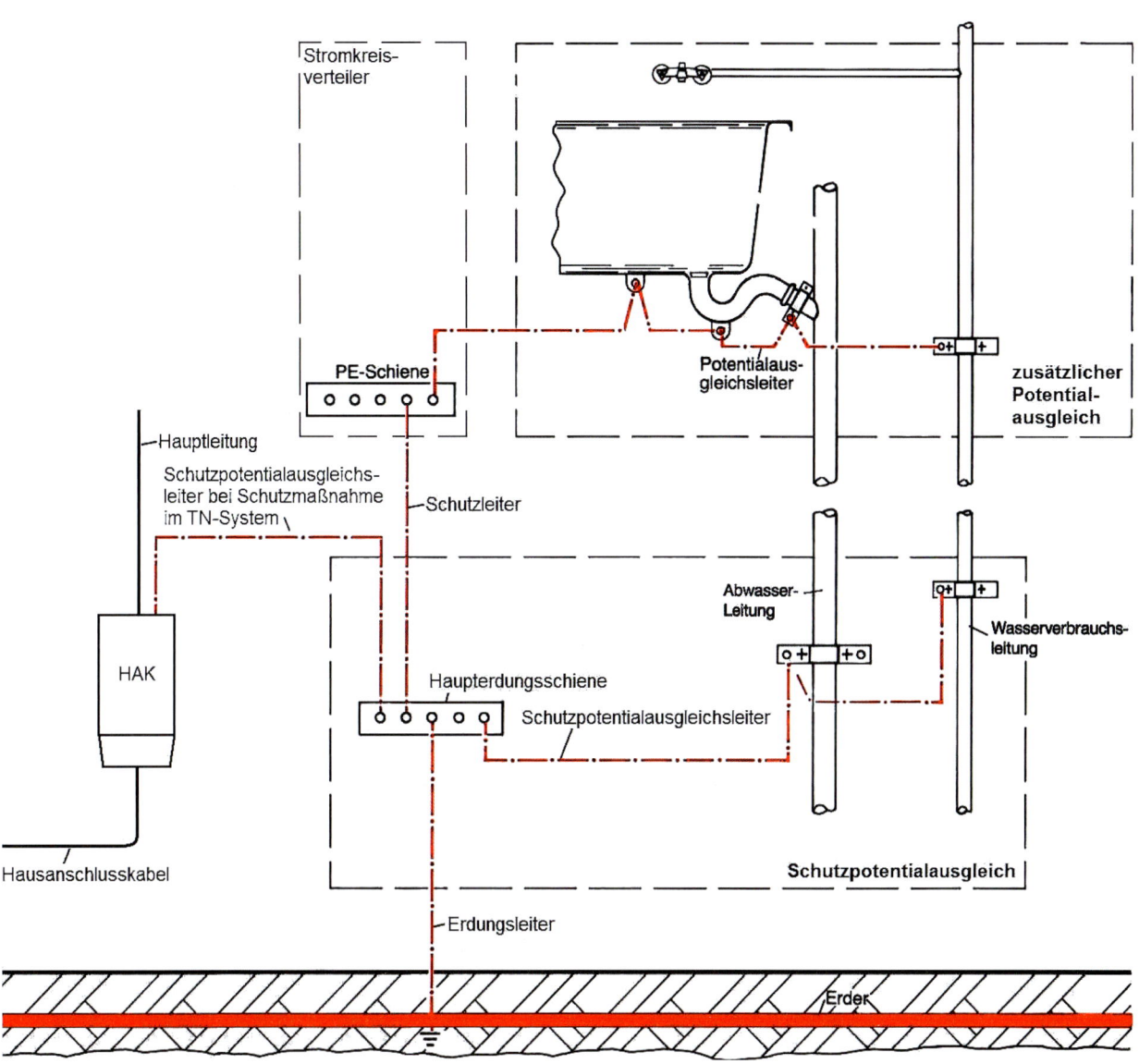

12-49 Zusätzlicher Schutzpotenzialausgleich im Bad

8.6 Elektroinstallation im Wohnraum

Wohnräume sind z. B. Wohnzimmer, Esszimmer und Diele. Die Anzahl der erforderlichen Steckdosen und Anschlüsse für Beleuchtung richtet sich nach der vorhandenen Wohnfläche, *Bild 12-50*, wobei eine nutzungsgerechte räumliche Verteilung erfolgen muss. Steckdosen, die neben Kommunikationssteckdosen für RuK angeordnet werden, sind als Dreifachsteckdosen vorzusehen.

Die Anordnung der Anschlüsse für die Beleuchtung im Wohnzimmer wird in der Regel nicht allein vom Beleuchtungszweck bestimmt, sondern auch von gestalterischen Gesichtspunkten. Somit können sowohl ein oder mehrere Deckenanschlüsse als auch Anschlüsse für dimmbare Leuchtenbänder und Wandleuchten mit Tastdimmern erforderlich werden.

In Räumen mit Essecke ist beim Ausstattungswert 2 die Anzahl der in *Bild 12-50* aufgeführten Anschlüsse und Steckdosen um jeweils eine zu erhöhen.

8.7 Elektroinstallation im Schlafraum

Schlafräume sind z. B. Elternschlafzimmer, Kinderzimmer, Gästezimmer. Auch hier richtet sich die Anzahl der erforderlichen Steckdosen und der Anschlüsse für Beleuchtung nach der vorhandenen Wohnfläche, *Bild 12-50*. Die nutzungsgerechte Verteilung ist zu beachten. Oft ist bei der Planung noch nicht abzusehen, welcher Raum später welche Funktion übernehmen soll. Mitunter werden Kinderzimmer und Elternschlafzimmer auch zu einem späteren Zeitpunkt in der Nutzung getauscht.

Die den Betten zugeordneten Steckdosen sind mind. als Doppelsteckdosen vorzusehen. Steckdosen, die neben

Verbrauchsmittel	Anzahl der Anschlüsse		Anzahl der Steckdosen/ Anschlussdosen		Anzahl der Steckdosen für die Stromversorgung von Kommunikationsgeräten				Anzahl der Anschlüsse für besondere Verbrauchsmittel mit eigenem Stromkreis	
	DIN 18015-2	Ausstattungswert 2 nach HEA/RAL	DIN 18015-2	Ausstattungswert 2 nach HEA/RAL	DIN 18015-2		Ausstattungswert 2 nach HEA/RAL		DIN 18015-2	Ausstattungswert 2 nach HEA/RAL
					IuK	RuK	IuK	RuK		
Beleuchtung und Steckdosen[1)] bei Fläche										
bis 12 m²	1	2	3	6	1	3	2	3		
über 12 bis 20 m²	2	2	4	8	1	3	2	6		
über 20 m²	2	3	5	11	1	3	6	4	9		

[1)] Die den Bettplätzen zugeordneten Steckdosen sind mindestens als Doppelsteckdosen, die neben Antennensteckdosen angeordneten Steckdosen sind als Dreifachsteckdosen vorzusehen. Diese Mehrfachsteckdosen gelten nach der Tabelle jeweils als eine Steckdose.

12-50 *Elektroinstallation in Wohn- und Schlafräumen: Anzahl der erforderlichen Anschlüsse, Steckdosen und Anschlüsse für besondere Verbrauchsmittel in Abhängigkeit von der Wohnfläche*

Kommunikationssteckdosen für RuK angeordnet werden, sind als Dreifachsteckdosen zu installieren.

In Schlafräumen ist in Raummitte ein Deckenanschluss vorzusehen, möglichst in Tastdimm- oder Wechselschaltung bzw. mit Fernschalter und Taster. Die Anordnung von weiteren Decken- oder Wandanschlüssen in Aus-schaltung oder Tastdimmschaltung, z. B. für eine Körperpflege-Zone, kann zweckmäßig sein (gehobener Ausstattungsumfang).

8.8 Elektroinstallation im Flur

Der Ausstattungsumfang ergibt sich aus *Bild 12-51*.

Die Anordnung der Decken- oder Wandanschlüsse in Aus-, Serien- oder Wechselschaltung richtet sich nach dem jeweiligen Grundriss. Ziel sollte sein, dass in Durchgangszonen Beleuchtungsschalter aus allen Gehrichtungen leicht erreichbar sind. Für Flure bis 3 m Länge reicht bei der Mindestausstattung ein Anschluss mit einer Schaltmöglichkeit. Alternativ ermöglicht die Verwendung von Präsenzmeldern einen effizienten Betrieb bei der Beleuchtung von Fluren. Beim Ausstattungswert 2 sind auch bei Flurlängen unter 3 m zwei Beleuchtungsanschlüsse erforderlich.

Die Beleuchtung von Fluren über 3 m Länge muss bei der Mindestausstattung von zwei Schaltstellen zu schalten sein. Beim Ausstattungswert 2 empfiehlt es sich, von den mind. zwei Anschlüssen wenigstens einen Anschluss von jeder Tür aus zu schalten. Hier ist die Verwendung von Präsenzmeldern, Fernschaltern und Tastern sinnvoll. Die Zahl der Steckdosen kann *Bild 12-51* entnommen werden.

8.9 Elektroinstallation im WC-Raum

Der Ausstattungsumfang ergibt sich aus *Bild 12-52*.

Für die Beleuchtung ist ein Anschluss zu installieren, der als Decken- oder Wandanschluss ausgeführt sein kann.

Verbrauchsmittel	Anzahl der Anschlüsse		Anzahl der Steckdosen/ Anschlussdosen		Anzahl der Anschlüsse für besondere Verbrauchsmittel mit eigenem Stromkreis	
	DIN 18015-2	Ausstattungswert 2 nach HEA/RAL	DIN 18015-2	Ausstattungswert 2 nach HEA/RAL	DIN 18015-2	Ausstattungswert 2 nach HEA/RAL
Flurlänge						
bis 3 m	1	2	1	2		
über 3 m	2[1]	2[1]	1	3		
Stromversorgung für LuK-Geräte			1	2		
[1] Von mind. zwei Stellen schaltbar.						

12-51 Elektroinstallation im Flur: Anzahl der erforderlichen Anschlüsse, Steckdosen und Anschlüsse für besondere Verbrauchsmittel

Verbrauchsmittel	Anzahl der Anschlüsse		Anzahl der Steckdosen/ Anschlussdosen		Anzahl der Anschlüsse für besondere Verbrauchsmittel mit eigenem Stromkreis	
	DIN 18015-2	Ausstattungswert 2 nach HEA/RAL	DIN 18015-2	Ausstattungswert 2 nach HEA/RAL	DIN 18015-2	Ausstattungswert 2 nach HEA/RAL
Beleuchtung	1	1				
Steckdosen für Kleingeräte, z. B. WC-Entlüfter, Händetrockner			1	2		
Lüfter [1]			1	1		
Warmwassergerät [2]						1

[1] Sofern eine Einzellüftung vorgesehen ist; bei fensterlosen WC ist die Schaltung über die Allgemeinbeleuchtung mit Nachlauf vorzusehen.
[2] Falls die Warmwasserbereitung nicht auf andere Weise erfolgt.

12-52 Elektroinstallation im WC-Raum: Anzahl der erforderlichen Anschlüsse, Steckdosen und Anschlüsse für besondere Verbrauchsmittel

Für Kleingeräte ist nach DIN 18015-2 eine Steckdose notwendig. Beim Ausstattungswert 2 sind zwei Steckdosen zu berücksichtigen. Sollte eine Einzellüftung erforderlich sein, z. B. bei innen liegenden WC-Räumen, so ist hierfür ein zusätzlicher Anschluss vorzusehen. Der Anschluss für ein Warmwassergerät ist dann zu installieren, wenn die Warmwasserversorgung nicht auf andere Weise erfolgt.

8.10 Elektroinstallation im Abstellraum

Der Ausstattungsumfang ergibt sich aus *Bild 12-53*.

Nach DIN 18015-2 sind in Abstellräumen ein Anschluss für Beleuchtung und eine Steckdose, beim Ausstattungswert 2 zwei Steckdosen vorzusehen.

8.11 Elektroinstallation im Hobbyraum

Der Ausstattungsumfang ergibt sich aus *Bild 12-54*.

Neben dem Beleuchtungsanschluss für die Allgemeinbeleuchtung ist ein weiterer Anschluss für eine Arbeitsplatzbeleuchtung empfehlenswert. Beim Ausstattungswert 2 muss dieser Anschluss immer vorhanden sein. Bei der Mindestausstattung sind für Steckdosen und Beleuchtung getrennte Stromkreise vorzusehen, d. h. die Beleuchtung und die Steckdosen sind auf zwei verschiedene vorhandene andere Stromkreise zu verteilen.

Es empfiehlt sich, beim Ausstattungswert 2 nach HEA/RAL für die Steckdosen einen eigenen Stromkreis vorzusehen, die Beleuchtung kann aber auf einen vorhandenen anderen Stromkreis gelegt werden. Eine der Steckdosen des Ausstattungswerts 2 sollte in Drehstromausführung mit eigenem Stromkreis installiert werden.

Verbrauchsmittel	Anzahl der Anschlüsse		Anzahl der Steckdosen/ Anschlussdosen		Anzahl der Anschlüsse für besondere Verbrauchsmittel mit eigenem Stromkreis	
	DIN 18015-2	Ausstattungswert 2 nach HEA/RAL	DIN 18015-2	Ausstattungswert 2 nach HEA/RAL	DIN 18015-2	Ausstattungswert 2 nach HEA/RAL
Beleuchtung	1	1				
Steckdosen für Kleingeräte, z. B. Ladegeräte, Weintemperierschrank			1	2		

12-53 Elektroinstallation im Abstellraum: Anzahl der erforderlichen Anschlüsse, Steckdosen und Anschlüsse für besondere Verbrauchsmittel

Verbrauchsmittel	Anzahl der Anschlüsse		Anzahl der Steckdosen/ Anschlussdosen		Anzahl der Anschlüsse für besondere Verbrauchsmittel mit eigenem Stromkreis	
	DIN 18015-2	Ausstattungswert 2 nach HEA/RAL	DIN 18015-2	Ausstattungswert 2 nach HEA/RAL	DIN 18015-2	Ausstattungswert 2 nach HEA/RAL
Beleuchtung	1	2				
Steckdosen für Kleingeräte, z. B. Bohrmaschine, Kreissäge, Stichsäge, Oberfräse, Lötkolben			3	6 [1]		
Stromversorgung für IuK-Geräte				2		
Stromversorgung für RuK-Geräte				3		

[1] Empfehlung: Eine Steckdose sollte in Drehstromausführung sein.

12-54 Elektroinstallation im Hobbyraum: Anzahl der erforderlichen Anschlüsse, Steckdosen und Anschlüsse für besondere Verbrauchsmittel

8.12 Elektroinstallation im Boden- und Kellerraum (zur Wohnung gehörend)

Der Ausstattungsumfang ergibt sich aus *Bild 12-55*, wobei die Anforderungen nicht für Boden- und Kellerräume gelten, die durch gitterartige Abtrennungen, z. B. Maschendraht, gebildet werden.

Je Raum sind mind. ein Anschluss für Beleuchtung sowie eine Steckdose bei der Mindestausstattung und zwei Steckdosen beim Ausstattungswert 2 nach HEA/RAL notwendig. Für diese den Wohnungen zugeordneten Boden- und Kellerräume sind zusätzliche, von der Wohnung unabhängige Stromkreise vorzusehen (Abschnitt 7).

8.13 Elektroinstallation im Teilbereich Freisitz

Unter Freisitz sind sowohl Loggia, Balkon als auch Terrasse zu verstehen.

Der Ausstattungsumfang ergibt sich aus *Bild 12-56*.

Bei der Mindestausstattung für Freisitze sind eine Steckdose und ein Beleuchtungsanschluss erforderlich. Der Ausstattungswert 2 enthält einen zusätzlichen Anschluss für Beleuchtung sowie eine zusätzliche Steckdose. Es empfiehlt sich, für ein Heizgerät, z. B. Infrarotstrahler, einen Anschluss mit eigenem Stromkreis vorzusehen. Ausführung der Elektroinstallation siehe Abschnitt 9.7.

Zu berücksichtigen ist, dass Steckdosen im Freien bei einem Bemessungsstrom bis 20 A und Steckdosen im Gebäude, in die voraussichtlich im Freien betriebene tragbare elektrische Betriebsmittel eingesteckt werden, in TN- oder TT-Systemen mit Fehlerstrom-Schutzeinrichtungen (RCDs) mit einem Bemessungsdifferenzstrom $I_{\Delta n} \leq 30$ mA geschützt werden müssen. Hier ist besonders an Steckdosen zu denken, die im Raum in der Nähe der Tür zum Freisitz (Terrassentür) angebracht sind. Siehe auch Abschnitt 8.2.

8.14 Elektroinstallation in Einzelgaragen

Sowohl in DIN 18015-2 als auch beim Ausstattungswert 2 werden für abschließbare Einzelgaragen keine Angaben gemacht. Mindestausstattung sollten eine Steckdose und ein Beleuchtungsanschluss sein. Die gehobene Ausstattung umfasst zwei Steckdosen und zwei Beleuchtungsanschlüsse, empfehlenswert ist ein eigener Stromkreis, *Bild 12-57*. Für Ladevorrichtungen für Elektrostraßenfahr-

Verbrauchsmittel	Anzahl der Anschlüsse		Anzahl der Steckdosen/ Anschlussdosen		Anzahl der Anschlüsse für besondere Verbrauchsmittel mit eigenem Stromkreis	
	DIN 18015-2	Ausstattungswert 2 nach HEA/RAL	DIN 18015-2	Ausstattungswert 2 nach HEA/RAL	DIN 18015-2	Ausstattungswert 2 nach HEA/RAL
Beleuchtung	1	1				
Steckdosen für Kleingeräte			1	2		

12-55 Elektroinstallation im Boden- und Kellerraum (zur Wohnung gehörend): Anzahl der erforderlichen Anschlüsse, Steckdosen und Anschlüsse für besondere Verbrauchsmittel

Verbrauchsmittel	Anzahl der Anschlüsse		Anzahl der Steckdosen/ Anschlussdosen		Anzahl der Anschlüsse für besondere Verbrauchsmittel mit eigenem Stromkreis	
	DIN 18015-2	Ausstattungswert 2 nach HEA/RAL	DIN 18015-2	Ausstattungswert 2 nach HEA/RAL	DIN 18015-2	Ausstattungswert 2 nach HEA/RAL
Beleuchtung	1	2				
Steckdosen für Kleingeräte, z. B. Toaster, Rasenmäher			1	2		
Stromversorgung für IuK-Geräte				2		
Stromversorgung für RuK-Geräte				3		
Infrarotstrahler						1[1)]

[1)] Empfehlung

12-56 Elektroinstallation im Teilbereich Freisitz: Anzahl der erforderlichen Anschlüsse, Steckdosen und Anschlüsse für besondere Verbrauchsmittel

Verbrauchsmittel	Anzahl der Anschlüsse		Anzahl der Steckdosen/ Anschlussdosen		Anzahl der Anschlüsse für besondere Verbrauchsmittel mit eigenem Stromkreis	
	Grundausstattung	gehobene Ausstattung	Grundausstattung	gehobene Ausstattung	Grundausstattung	gehobene Ausstattung
Beleuchtung	1	1				
Steckdosen für Kleingeräte, z. B. Ladegerät (nicht für Elektrostraßenfahrzeuge), Bohrmaschine, Handleuchte, Schweißgerät			1	2		

12-57 Elektroinstallation in abschließbaren Einzelgaragen: Empfehlungen für die Anzahl der Anschlüsse, Steckdosen und Anschlüsse für besondere Verbrauchsmittel

zeuge gelten die Anforderungen gemäß DIN VDE 0100-722. Es sollte ein Drehstromanschluss mit einer zulässigen Strombelastbarkeit von 32 A installiert werden. Zusätzlich sollte ein Installationsrohr für einen Netzwerkanschluss verlegt werden.

8.15 Elektroinstallation von Elektroheizungen

Bei der Elektroheizung sind verschiedene Systeme bekannt:

- Einzel-Speicherheizung,
- Fußboden-Teilspeicherheizung,
- Fußboden-Direktheizung,
- Direktheizungen,
- Wärmepumpenheizungen und
- Wohnungslüftung mit Wärmerückgewinnung.

Für die Elektroheizung sind eigene Stromkreise notwendig. Im Verteiler werden dafür die benötigten Installationselemente untergebracht, z. B. LS-Schalter, Sicherungen, Fehlerstrom-Schutzschalter, geräuscharme Schaltschütze, Aufladesteuerung, Relais, Einbauschalter, Kontrollleuchten.

8.15.1 Einzel-Speicherheizung

Die Elektroheizung, betrieben als Speicherheizung, erfordert entsprechende Steuer- und Regeleinrichtungen. Diese bestehen aus einer Aufladesteuerung mit Witterungsfühler, ggf. mit Zeitglied und einer Entladesteuerung. Die Aufladesteuerung sorgt für eine außentemperaturabhängige Aufladung der Speicherheizung während der Schwachlastzeit. Die Entladesteuerung dient der bedarfsgerechten Entladung der Elektroheizung am Tag.

Das Speicherheizgerät steht im zu beheizenden Wohnraum. Neben der Aufladeleitung sind Entladeleitung und Steuerleitung notwendig. Die Entladeleitung wird üblicherweise nicht vom Stromkreisverteiler direkt zum Speicherheizgerät, sondern erst zum Raumtemperaturregler geführt.

8.15.2 Fußboden-Teilspeicherheizung

Bei diesem System wird im Fußboden die Wärme erzeugt. Heizleiter werden im Nass- oder Trockenverfahren in den Fußboden der Räume eingelegt. Die Aufladeregler sitzen im Stromkreisverteiler. Im Fußboden selbst befindet sich ein temperaturabhängiger Widerstand. Ein hydraulischer Regler kann als Sicherheits-Temperaturbegrenzer eingebaut werden.

Wenn durch die Möblierung feststeht, dass es zu keinem großflächigen Wärmestau kommt, kann der Sicherheits-Temperaturbegrenzer entfallen. Fußbodenheizungen bieten durch ihre unsichtbare, platzsparende Anordnung hohen Wohnkomfort.

8.15.3 Direktheizungen

Hier kommen vor allem Konvektoren, Natursteinheizplatten, Fußboden-Direktheizungen und Deckenstrahlungsheizungen zum Einsatz.

Bei Fußboden-Direktheizungen werden Heizleiter im Nass- oder Trockenverfahren dicht unter der Estrichoberfläche eingelegt. Bewährt haben sich auch Systeme, bei denen die Heizmatten direkt auf dem Estrich im Klebemörtel der Bodenfliesen eingebracht werden. Gerade für Bäder bieten diese Systeme wegen der angenehmen Fußbodentemperatur eine Komfortlösung.

Direktheizungen bedürfen immer der vorherigen Zustimmung durch den Netzbetreiber (NB). Im Stromkreisverteiler müssen die entsprechenden Schütze und Relais vorgesehen werden. Der Installationsaufwand ist relativ gering. Die Wärmeerzeugung wird mit Raumtemperaturreglern bedarfsgerecht beeinflusst.

8.15.4 Wärmepumpenheizung

Wärmepumpen nutzen die in Grundwasser, Oberflächenwasser, Erdreich und Luft vorhandene Wärme, die unter Einsatz elektrischer Energie auf ein höheres Temperaturniveau gebracht wird. Die Verteilung der Wärme erfolgt über ein Niedertemperaturheizsystem (Fußboden- oder Wandheizung). Die NB fordern meist eine Beeinflussungsmöglichkeit durch die Rundsteueranlage, vor allem, wenn Wärmepumpen während belastungsstarker Zeiten des Netzes nicht betrieben werden dürfen (Sperrzeiten). Bei der Planung sind die TAB, hier „Bedingungen für den Anschluss an Wärmepumpen", zu beachten. Die Installationsanlage umfasst deshalb zwei Stromkreise, den Drehstromhauptkreis für die Wärmepumpe und einen Stromkreis für die Steuer- und Regeleinrichtungen, Umwälzpumpe o. Ä. Wärmepumpenheizungsanlagen werden außentemperaturabhängig gesteuert.

8.15.5 Wohnungslüftung mit Wärmerückgewinnung

Bei Einsatz einer Anlage zur Wohnungslüftung mit Wärmerückgewinnung wird in allen Räumen ständig die Luft erneuert. Verbrauchter Sauerstoff wird ersetzt, der CO_2-Anteil im Raum bleibt gering, Geruchs- und Schadstoffe werden abgeführt, hohe Raumluftfeuchte, ggf. mit der Folge der Feuchtebildung an Wänden und Decken bis hin zur Schimmelpilzbildung wird vermieden.

Durch den Wärmeübertrager wird ein großer Teil der in der Abluft enthaltenen Wärme vom Zuluftvolumenstrom aufgenommen, wodurch die Lüftungswärmeverluste deutlich reduziert werden. Durch Filterung kann die zugeführte Luft von Staub und Pollen gereinigt werden, und die Möglichkeit geschlossener Fenster senkt die Belästigung durch Straßenlärm.

Die Anschlusswerte für derartige Anlagen liegen in der Regel deutlich unter 2000 W, sodass im Allgemeinen ein Wechselstromanschluss mit 16 A ausreichend ist.

8.16 Energieeffizienz

Um Maßnahmen zur Steigerung der Energieeffizienz ausführen zu können, werden vielfach besondere Maßnahmen in der technischen Ausrüstung von Gebäuden notwendig. Dafür muss auch die Elektroinstallation entsprechend geplant und ausgeführt werden. Sollte der effiziente Betrieb mit einer Gebäudesystemtechnik realisiert oder vorgesehen werden, sind dem Planer/Errichter mit DIN 18015-4 bzw. der RAL-RG 678 mit den Ausstattungswerten plus Hilfestellungen an die Hand gegeben. Die Basis einer energieeffizienten Gebäudetechnik ist die Elektroinstallation.

8.16.1 Verbrauchs- und Tarifvisualisierung

Eine wichtige Voraussetzung ist beim Nutzer ein entsprechendes Bewusstsein zu schaffen. Dazu hilft, den Verbrauch sichtbar zu machen. Je nach Art der Signalübertragung zwischen den Verbrauchszählern (z. B. für Strom, Gas, Wasser, Wärme) und einer Visualisierungseinheit in der Wohnung sind ggf. eigene Leitungen erforderlich.

8.16.2 Sonnenschutz

Ein Sonnenschutz in Form von Jalousien, Markisen, Rollläden vermeidet eine Überhitzung der Räume. Eine ständige automatische Anpassung an die Witterungsverhältnisse erfordert eine entsprechende elektrische Steuerung. Dafür sind Leitungen vom jeweiligen elektrischen Antrieb zu den zugehörigen Bedien- und Automatisierungskomponenten (z. B. Windsensor, Zeitschaltuhr) für Einzel-, Gruppen- oder Zentralsteuerung notwendig.

8.16.3 Heizung

Mit Einzelraumtemperaturregelung ist es möglich, die Temperatur jedes Raumes an die individuelle Nutzung anzupassen. Leitungen von den Raumtemperaturreglern zu den elektrisch betätigten Ventilstellantrieben sowie zu den Fensterkontakten sind vorzusehen. So kann den Räumen nur die wirklich benötigte Heizenergie, abhängig von Raumbelegung und Tageszeit, zugeführt werden.

Wärmepumpenheizungsanlagen und Wohnungslüftung mit bzw. ohne Wärmerückgewinnung erhalten einen eigenen Anschluss. Der Verbrauch der Wärmepumpenheizungsanlagen wird ggf. über einen eigenen Zähler erfasst (siehe auch 8.15). Neben der Versorgungsleitung für das Wärmepumpenaggregat werden noch Leitungen zu den Hilfsaggregaten (z. B. Umwälzpumpen) und den Regeleinrichtungen benötigt.

8.16.4 Beleuchtung

Neben dem Einsatz von energiesparenden Lampen kann der Energieverbrauch auch durch entsprechende Schaltungen gesenkt werden. Wird in bestimmten Räumen die Beleuchtung nur gelegentlich genutzt, sollte eine automatische Abschaltung der Beleuchtung erfolgen.

Energiesparend ist auch eine bedarfsorientierte Schaltung, z. B. über Bewegungs- und Präsenzmelder, Dämmerungsschalter sowie Zeitschaltuhren, gegebenenfalls sonnenauf- und -untergangsgesteuert.

Für eine Orientierungsbeleuchtung sollten energiesparende Leuchtmittel eingesetzt werden.

8.16.5 Stand-by-Verluste

Zur Abschaltung von Verbrauchsmitteln mit „Stand-by"-Verlusten sollte in allen Räumen wenigstens eine Steckdose im Raum schaltbar ausgeführt werden. Alternativ kann die Möglichkeit der nachträglichen Änderung vorgesehen werden. Dies kann z. B. durch Leitungsinstallation mit Reserveadern oder in Installationsrohren erfolgen.

8.16.6 Luftdichte und wärmebrückenfreie Elektroinstallation

Die Energieeinsparverordnung (EnEV) beschreibt eine luftdichte und wärmebrückenfreie Gebäudehülle. Diese darf durch die Elektroinstallationen nicht unzulässig beeinträchtigt werden. Bei Installationen an der Gebäudehülle (Innen- und Außenseite) werden deshalb luftdichte Geräte- und Verteilerdosen eingesetzt (siehe auch 12.2). Erforderliche Installationsrohrverbindungen vom Rauminneren nach außen (z. B. für den Anschluss von außen liegenden Rollläden, Jalousien etc.) sind dabei nach Installationsabschluss luftdicht zu schließen.

Bei Durchdringung folienartiger luftdichter Schichten, auch Dampfsperren, sind die Durchdringungsöffnungen mit geeigneten Maßnahmen abzudichten. Die Anforderungen an eine luftdichte und wärmebrückenfreie Elektroinstallation sind im Entwurf von DIN 18015-5 enthalten.

8.16.7 Installation an gedämmten Außenfassaden

Bei Elektroinstallationen an gedämmten Außenfassaden ist darauf zu achten, dass die Dämmwirkung nicht unzulässig beeinträchtigt wird. Hierfür werden besondere Gerätedosen und Geräteträger verwendet.

9 Elektroinstallation in Gemeinschaftsanlagen, Anlagen im Freien

9.1 Allgemeines

Für die Ausführung der Installation gelten sinngemäß die Regeln nach DIN 18015. Von mehreren Parteien gemeinsam benutzte Anlagen sind:

– Beleuchtungsanlagen von Treppenräumen, Fluren, Kellern, Dachböden und Garagen,

– Anlagen zur Außen- und Wegebeleuchtung,

– Wasch- und Trockenanlage für die Hausgemeinschaft,

12 Elektroinstallation

Elektroinstallation in Gemeinschaftsanlagen, Anlagen im Freien

- elektrische Einrichtungen für die Antennen-, Kabel-, Satellitenanlage,
- elektrische Einrichtungen für Kommunikationsanlagen (Klingel-, Türöffner- und Haussprechanlagen),
- elektrische Einrichtungen für die Zentralheizung, einschließlich Umwälzpumpen,
- Pumpen (z. B. für Abwasser, Druckerhöhung),
- Aufzugsanlagen,
- gemeinschaftlich genutzte Anlagen in Aufenthalts- und Hobbyräumen,
- Anlagen für Schwimmbäder, Fitnessräume (z. B. Sauna, Dusche).

9.2 Stromkreise

Bei Gemeinschaftsanlagen ist im Regelfall entsprechend *Bild 12-58* je ein Wechselstrom- oder Drehstromkreis vorzusehen für:

1. Treppenraum- und Flurbeleuchtung (Schaltuhr, Zeitrelais, Bewegungsmelder),
2. Außenbeleuchtung,
3. Garagenbeleuchtung,
4. gemeinschaftlich benutzte Kellerräume, nicht über den Wohnungszähler laufende Wohnungs-Kellerräume,
5. Bodenräume,
6. Klingel-, Türöffner- und Haussprechanlage,
7. Außensteckdosen (für Rasenmäher, Heckenschere usw.),
8. Antennen-, Kabel-, Satellitenanlagen,
9. Pumpen (z. B. Druckerhöhungsanlage, Abwasserhebeanlage),
10. Zentralheizungsanlage, möglichst mit eigenem Stromkreisverteiler,
11. Waschanlage,
12. Trockenanlage,
13. Sauna, Dusche,
14. Schwimmbad,
15. Hobbyraum,
16. Aufzug.

} möglichst mit eigenem Stromkreisverteiler

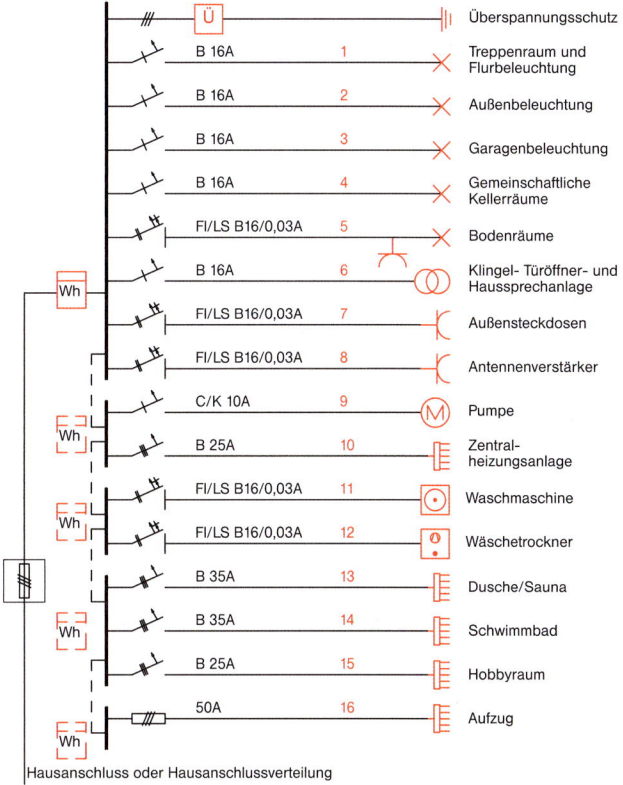

12-58 Beispiel eines Übersichtsschaltplanes für Gemeinschaftsanlagen (erforderliche selektive Haupt-Leitungsschutzschalter sind nicht dargestellt)

9.3 Elektroinstallation im Boden- und Kellerraum (gemeinschaftlich genutzt)

Der Ausstattungsumfang ergibt sich aus *Bild 12-59*.

Bewohnbare Räume im Kellergeschoss können wie Wohnräume installiert werden. Dagegen ist für unbeheizte und unbelüftete Kellerräume und solche, deren Fußböden, Wände oder Einrichtungen zu Reinigungszwecken abgespritzt werden, die Feuchtraum-Installation vorzusehen. Jedem Raumzugang ist eine Schaltstelle zuzuordnen. Räume bis 20 m² Nutzfläche erhalten in beiden Ausstattungsumfängen je einen Anschluss für Beleuchtung, Räume über 20 m² Nutzfläche je zwei Anschlüsse. Bei beiden Ausstattungsumfängen ist eine Steckdose erforderlich. Für den Antennenverstärker ist eine Steckdose vorzusehen.

9.4 Elektroinstallation im Boden- und Kellergang

Es ist ein Anschluss für Beleuchtung und eine Steckdose erforderlich, bei Gängen über 6 m Länge ein Anschluss und eine Steckdose je angefangene 6 m Ganglänge.

9.5 Elektroinstallation im Treppenraum

Treppenräume, einschließlich der Vorräume, sind in der Regel beheizt und/oder gut belüftet, sodass hier die Installation für trockene Räume zur Anwendung kommen kann. Treppenräume lassen sich gut in Beleuchtungsabschnitte unterteilen. Dabei ist besonders bei Schaltübergängen auf die richtige Anordnung der Schalter zu achten. Jeder Wohnungstür ist eine Schaltmöglichkeit für die Treppenraumbeleuchtung zuzuordnen. Auch hier bietet die Schaltung über Präsenzmelder eine gute Alternative zu herkömmlichen Schaltstellen.

9.6 Elektroinstallation in der Garage

Garagen können nach der Bauordnung als feuergefährdete Betriebsstätten gelten. Somit ist hier die Feuchtraum-Installation vorzusehen. Elektrische Einrichtungen, die mit explosiven Gasgemischen in Verbindung kommen können (z. B. Ventilatoren), müssen explosionsgeschützt ausgeführt sein. Im Einzelnen erteilt die jeweilige Baubehörde Auflagen, die zu erfüllen sind.

Verbrauchsmittel	Anzahl der Anschlüsse		Anzahl der Steckdosen/ Anschlussdosen		Anzahl der Anschlüsse für besondere Verbrauchsmittel mit eigenem Stromkreis	
	DIN 18015-2	Ausstattungswert 2 nach HEA/RAL	DIN 18015-2	Ausstattungswert 2 nach HEA/RAL	DIN 18015-2	Ausstattungswert 2 nach HEA/RAL
Beleuchtung	2[1]	2[1]				
Steckdosen für Kleingeräte			1	1		

[1] Für Räume bis 20 m² ist nur ein Anschluss erforderlich.

12-59 *Elektroinstallation im Boden- und Kellerraum (gemeinschaftlich genutzt): Anzahl der erforderlichen Anschlüsse, Steckdosen und Anschlüsse für besondere Verbrauchsmittel*

DIN 18015-2 macht zum Ausstattungsumfang von Großgaragen, z. B. Tiefgaragen, keine Aussage.

Bei Einzelgaragen, auch einzelnen Garagen eines Garagenkomplexes, ist der Ausstattungsumfang Abschnitt 8.14 zu entnehmen.

9.7 Elektroinstallation in Anlagen im Freien

Unter Anlagen im Freien sind Installationsanlagen auf Balkon, Loggia, Terrasse und im Garten zu verstehen. Als Betriebsmittel kommen am Gebäude angebrachte Schalter, Steckdosen und Leuchten, aber auch frei stehende Leuchten, Steckdosen und Verteilungen infrage.

Zu unterscheiden ist die geschützte Anlage im Freien (überdacht) und die ungeschützte Anlage im Freien (nicht überdacht). Der Übergang ist oft fließend, eine Aussage über die Schutzart ist objektbezogen zu klären.

Als Zuleitungen zu den Anlagen im Freien, z. B. auf Balkon, Terrasse usw., können Mantelleitungen verwendet werden. Da diese Leitungen allerdings nicht für die direkte Verlegung im Erdreich geeignet sind, dürfen sie bei kurzen Strecken in geschlossenen Rohren verlegt werden, siehe Abschnitt 13.1. Für längere Strecken und direkte Verlegung im Erdreich kann man nur Kabel, z. B. NYY, verwenden. Das Kabel muss unter Gehwegen und Fahrbahnen mind. 70 bis 80 cm und an anderen Stellen mind. 60 cm unter der Erdoberfläche verlegt werden.

Steckdosen im Freien für einen Bemessungsstrom bis 20 A und Steckdosen im Gebäude, in die voraussichtlich im Freien betriebene tragbare elektrische Betriebsmittel eingesteckt werden, sind in TN- oder TT-Systemen mit Fehlerstrom-Schutzeinrichtungen (RCDs) mit einem Bemessungsdifferenzstrom $I_{\Delta n} \leq 30$ mA zu schützen.

Der Ausstattungsumfang von Freisitzen (Balkon, Loggia, Terrasse) ist in Abschnitt 8.13 beschrieben.

10 Installationsformen und Verlegemethoden

10.1 Installationsformen

Für die Ausführung der Elektroinstallation gibt es verschiedene Möglichkeiten. Eine in der Praxis oft vorzufindende **Installation** ist die **mit Verbindungsdosen**. Diese Installation sieht an jedem Verzweigungspunkt eine Verbindungsdose vor, *Bild 12-60*. Alle Verbindungsdosen befinden sich in der Regel im oberen Bereich der Wände, z. B. 30 cm unterhalb der Decke. Bei Verbindungs-, Prüf- und Wartungsarbeiten ist zum Erreichen der Verbindungsdosen vielfach ein Aufschneiden der Tapeten erforderlich.

Bei der **Installation ohne Verbindungsdosen**, *Bild 12-61*, werden Schalterdosen mit zusätzlichem Verteilerraum eingesetzt, d. h. das Verzweigen und Verbinden der Leitungen erfolgt in den Geräte-Verbindungsdosen. Damit sind besondere Verbindungsdosen überflüssig. Der Vorteil dieser Installationsart liegt darin, dass jederzeit ohne Beschädigung der Tapete, nur durch Herausnehmen des Betriebsmittels (Schalter, Steckdose), die elektrische Anlage überprüft werden kann.

Darüber hinaus gibt es als weitere Installationsform die **Installation mit Zentral-Verteilerkästen**, *Bild 12-62*. Abgesehen von Sonderfällen ist diese Installationsart nur in Verwaltungsgebäuden, Krankenhäusern oder ähnlichen Gebäuden üblich. Hier wird von jedem Betriebsmittel (Schalter, Steckdose) oder von jedem Anschluss eine besondere Leitung zum zugehörigen Zentral-Verteilerkasten gelegt.

Die Kombination der vorgenannten Installationsformen ist ebenfalls möglich.

10.2 Aufputz-Installation

Elektrische Leitungen lassen sich sichtbar oder unsichtbar verlegen. Die Aufputz-Installation wird vorwiegend dort verwendet, wo die Sichtbarkeit der Leitungen nicht als störend gilt, z. B. in der Garage oder im Keller. Als

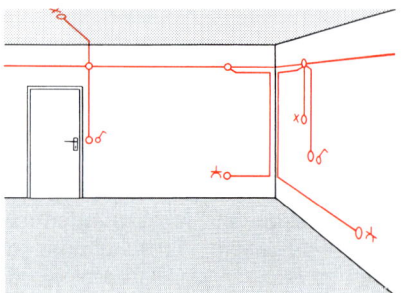

12-60 Installation mit Verbindungsdosen (Prinzipdarstellung)

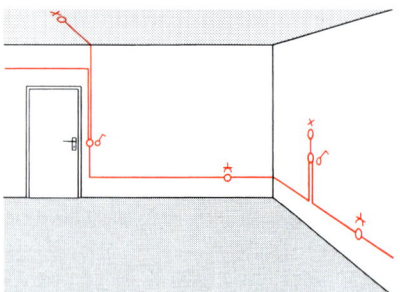

12-61 Installation mit Geräte-Verbindungsdosen (Prinzipdarstellung)

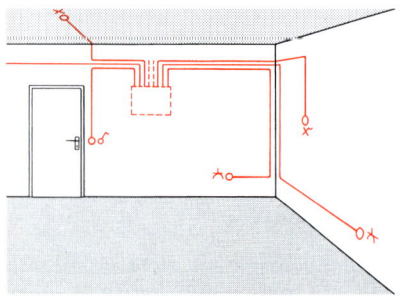

12-62 Installation mit zentralen Verteilerkästen (Prinzipdarstellung)

Leitung kommt vorwiegend die Mantelleitung NYM zur Anwendung, die entweder mit Schellen in starren Kunststoffrohren oder in Kunststoffkanälen (siehe Abschnitt 10.5) verlegt wird. Nach DIN 18015-1 ist die Aufputz-Installation nur für Räume, die nicht Wohnzwecken dienen, zulässig.

10.3 Unterputz-Installation

Unterputz-Leitungen sind vor allem in Wohnräumen üblich. Sie müssen unter Beachtung der Installationszonen, *Bilder 12-63* und *12-64*, horizontal und vertikal, aber niemals diagonal in den Wänden verlegt werden. Wo notwendig, können die Leitungen auch, ausgehend von den waagerechten Installationszonen, senkrecht verlegt werden. Durch die sichtbaren Bestandteile der Installation, z. B. Schalter, Steckdosen, Verbindungsdosen, ist so die ungefähre Lage der Leitungen zu erkennen. Durch Beachtung der Installationszonen wird verhindert, dass beim späteren Anbringen von Nägeln, Haken, Schrauben, z. B. beim Aufhängen von Bildern oder Hängeschränken, die Leitung beschädigt wird und dadurch Gefahren entstehen (Abschnitt 11). Die Unterputz-Installation wird ergänzt durch Verlegung der Leitungen unter, in und auf (Roh-)Decken.

10.4 Rohr-Installation

Bei dieser Installationsart wird zuerst das flexible Installationsrohr in vorher ausgefrästen Schlitzen verlegt. Nach Abschluss der Putzarbeiten werden einadrige Leitungen, z. B. H07V-U (früher: NYA), eingezogen. Allerdings ist auch das Einziehen von Mantelleitungen, z. B. NYM, möglich. Das Installationsrohr mit einadrigen Leitungen H07V-U ist nur auf oder unter Putz in trockenen Räumen zulässig, *Bild 12-69*.

Installationsrohre nach DIN EN 50086 (VDE 0605) mit mittlerer Druckfestigkeit können auf der Deckenschalung verlegt und mit in den Beton eingegossen werden. Nach der Rohbaufertigstellung wird die Leitung, z. B. NYM, eingezogen.

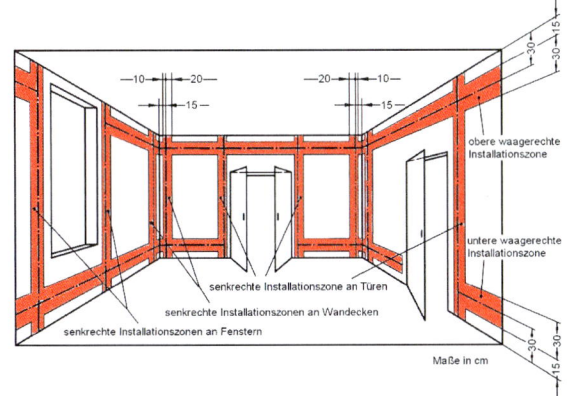

12-63 Installationszonen und Vorzugsmaße nach DIN 18015-3 für Räume ohne Arbeitsflächen vor den Wänden

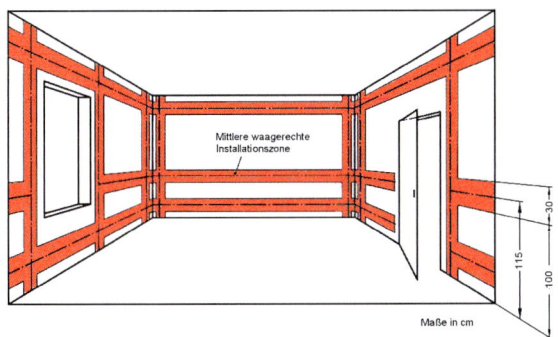

12-64 Installationszonen und Vorzugsmaße nach DIN 18015-3 für Räume mit Arbeitsflächen vor den Wänden, z. B. in Küchen

10.5 Kanal-Installation

Installationskanal-Systeme werden seit Jahren im Bürohausbau verwendet. Diese Systeme bieten sich aber auch für die Installation in Wohngebäuden an, z. B. um Leitungen größeren Querschnitts (Zuleitung vom Zählerplatz bis zum Stromkreisverteiler) zu führen. Dabei ist auf die Festlegungen bezüglich des Brandschutzes in den Leitungsanlagen-Richtlinien (LAR) des jeweiligen Bundeslandes besonders zu achten.

Eine Variante sind Sockelleistenkanäle, die vor allem für nachträgliche Verlegung geeignet sind, Abschnitt 16.2.

11 Leitungsführung und Anordnung der Betriebsmittel, Installationszonen

Im Wohnbereich sind Leitungen und Kabel von Starkstromanlagen – sofern sie nicht in Installationsrohren oder Elektro-Installationskanälen angeordnet werden – nach DIN 18015-1 grundsätzlich unter Putz, im Putz, in Wänden oder hinter Wandbekleidungen zu verlegen. In allen Räumen, die nicht Wohnzwecken dienen, sowie bei Nachinstallationen dürfen sie auch auf der Wandoberfläche verlegt werden.

Damit in Putz, unter Putz, in Wänden, hinter Wandbekleidungen unsichtbar verlegte Leitungen und Kabel möglichst nicht durch Schrauben, Nägel, Haken oder ähnlich beschädigt werden, z. B. beim Aufhängen von Bildern und Schränken oder bei der nachträglichen Holzvertäfelung von Wänden, wird in DIN 18015-3 die Anordnung von unsichtbar verlegten Leitungen und Kabeln auf bestimmte festgelegte Zonen beschränkt. Diese Einschränkung der Leitungsführung mindert auch die Gefahr der Beschädigung der elektrischen Leitungen und somit die Unfallgefahr und ggf. die Brandgefahr bei der späteren Montage anderer Leitungen.

Für die Unterbringung der elektrischen Leitungen und Kabel werden daher an den Wänden waagerechte und senkrechte **Installationszonen** vorgegeben, *Bilder 12-63* und *12-64*.

Für die Lage der Leitungen gibt es danach folgende Vorzugsmaße, die im Normalfall anzuwenden sind:

in waagerechten Installationszonen

- 30 cm unter der fertigen Deckenfläche,
- 30 cm über der fertigen Fußbodenfläche (OKF),
- 115 cm über der fertigen Fußbodenfläche (nur in Räumen mit Arbeitsflächen vor Wänden, z. B. Küche, Hausarbeitsraum),

in senkrechten Installationszonen

- 15 cm neben den Rohbaukanten bzw. -ecken.

Vorzugshöhe für die Anordnung von Schaltern ist 105 cm über OKF (Mitte des obersten Schalters). Damit Steckdosen und Schalter nicht durch Wand-Abschlussprofile an den Küchenschränken beeinträchtigt werden, sollen sie an Wänden über den Arbeitsflächen, z. B. von Küchen und Hausarbeitsräumen, in einer Vorzugshöhe von 115 cm über der fertigen Fußbodenfläche angeordnet werden.

Müssen Anschlüsse, Schalter und Steckdosen notwendigerweise außerhalb der Installationszonen angeordnet werden, sind sie mit senkrecht geführten Stichleitungen aus der nächstgelegenen waagerechten Installationszone zu versorgen.

Die Vorzugshöhe für Leitungen von 30 cm über der fertigen Fußbodenfläche bedeutet, dass bei gleicher Höhe für die Steckdosen die Leitungen nicht mittig, *Bild 12-67 a*, sondern versetzt in die Gerätedose eingeführt werden sollen, *Bild 12-67 b*, da bei mittiger Leitungsführung die Befestigungskrallen der Steckdosen sonst die Leitung beschädigen können. Es besteht auch die Möglichkeit, die Steckdosen mind. 33 cm über der fertigen Fußbodenfläche zu installieren, *Bild 12-67 c*.

Bei der Vorzugshöhe von 115 cm für Leitungen in Räumen mit Arbeitsflächen, z. B. Küchen und Hausarbeitsräumen, tritt durch die Anordnung der Schalter und Steckdosen in 115 cm Höhe dieses Problem nicht auf. Die Vorzugshöhe von 30 cm unterhalb der fertigen Deckenfläche ist gleichzeitig auch die Höhe der Verbindungsdosen. Falls dort Steckdosen, z. B. für Dunstabzugshauben, Kühl- und Gefriergeräte zu installieren sind, ist wie vorstehend ausgeführt zu verfahren.

Auch auf, in und unter Decken sind in DIN 18015-3 Installationszonen festgelegt. Diese Installationszonen sind 30 cm breit und haben aus statischen Gründen für den Estrich einen Wandabstand von 20 cm. Zur Koordination von Elektroleitungen einerseits mit Heizungs- und Wasserrohren andererseits auf der (Roh-)Decke sind entsprechende Verlegezonen in DIN 18015-3 beschrieben, *Bilder 12-65* und *12-66*. Deren Berücksichtigung stellt sicher, dass Rohre und Leitungen so angeordnet werden, dass ein fachgerechter Bodenaufbau (Estrich mit Dämmung) ohne Einschränkung der Festigkeit, des Schallschutzes und der Dämmung möglich ist. Die in sichtbaren Elektro-

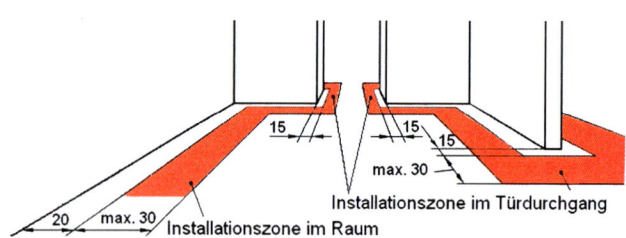

12-65 *Leitungsführung auf der Decke bei ausschließlich elektrischen Leitungen*

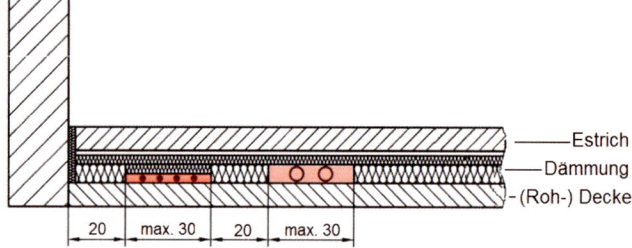

12-66 *Leitungsführung auf der Decke bei mehreren Gewerken*

12 Elektroinstallation

Leitungs-, Verbindungsmaterial, Einbaugeräte

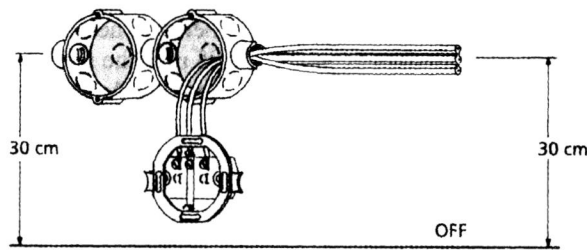

a) Befestigungskrallen können die Leitung beschädigen.

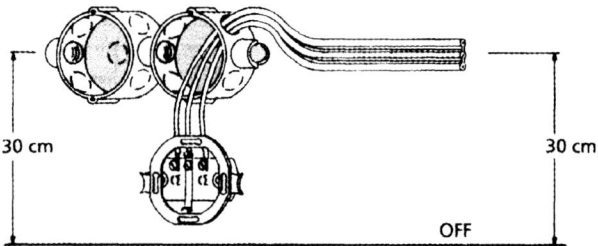

b) Durch Ändern der Leitungsführung in Dosennähe wird eine Leitungsbeschädigung weitgehend verhindert.

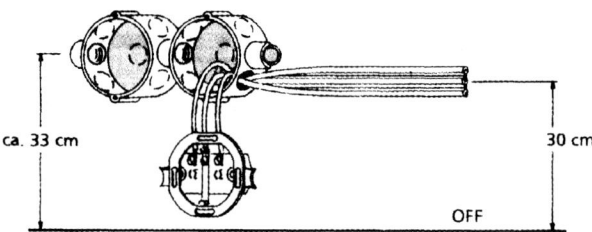

c) Durch Setzen der Gerätedose in etwa 33 cm Höhe und außermittige Einführung wird eine Leitungsbeschädigung weitgehend verhindert.

12-67 Leitungseinführung in Gerätedosen bzw. Geräte-Verbindungsdosen

Installationskanälen, z. B. auf Putz, auf Wänden, verlegten Leitungen und Kabel sind nach DIN 18015-3 nicht als unsichtbar verlegte Leitungen und Kabel anzusehen. Die Verlegung außerhalb der Installationszonen ist zulässig, z. B. in einem Sockelleisten-Elektroinstallationskanal.

Für sichtbar verlegte Leitungen, z. B. auf Putz, auf Wänden, gilt DIN 18015-3 nicht. Daher können in allen nicht Wohnzwecken dienenden Räumen, z. B. Keller- und Abstellräumen, und bei Nachinstallationen Kabel und Leitungen sowie Elektro-Installationsrohre und Elektro-Installationskanäle auch auf der Wandoberfläche, außerhalb der Installationszonen verlegt werden.

12 Leitungsmaterial, Verbindungsmaterial, Einbaugeräte

12.1 Leitungsmaterial

12.1.1 Bauarten von Leitungen und Kabeln

Der Leiter besteht bei Kabeln und Leitungen, die in Wohngebäuden verwendet werden, ausschließlich aus Kupfer. Wird der Leiter mit einer Isolierung versehen, spricht man von einer Ader. Eine oder mehrere Adern in einer zusätzlichen Umhüllung bezeichnet man als Leitung oder Kabel.

Leitungen oder Kabel für feste Verlegung haben in der Regel eindrähtige Leiter, mitunter sind sie auch mehrdrähtig oder auch feindrähtig, z. B. bei PVC-Aderleitungen. Für bewegliche Anschlüsse sind Leitungen mit fein- oder feinstdrähtigen Leitern erforderlich.

Die einzelnen Adern einer Leitung oder eines Kabels sind durch Aufdruck von Ziffern oder durch Einfärbung der Aderumhüllung gekennzeichnet. Für Wohngebäude werden überwiegend farblich gekennzeichnete Adern in Leitungen und Kabeln eingesetzt. Die farbliche Kennzeichnung ist in DIN VDE 0293-308 geregelt, *Bild 12-68.*

Anzahl der Adern	Farben der Adern
Kabel und Leitungen mit grün-gelber Ader	
3	grün-gelb, blau, braun
4	grün-gelb, braun, schwarz, grau
4[a)]	grün-gelb, blau, braun, schwarz
5	grün-gelb, blau, braun, schwarz, grau
Kabel und Leitungen ohne grün-gelbe Ader	
2	blau, braun
3	braun, schwarz, grau
3[a)]	blau, braun, schwarz
4	blau, braun, schwarz, grau
5	blau, braun, schwarz, grau, schwarz

[a)] nur für bestimmte Anwendungen

12-68 Farbkennzeichnung von Leitungsadern

Die grün-gelbe Ader ist ausnahmslos für den Schutzleiter reserviert. Als Neutralleiter darf nur eine blaue Ader verwendet werden. Die schwarzen, braunen und grauen Adern finden Verwendung als Außenleiter. Wird in der Leitung kein Neutralleiter benötigt, kann die blaue Ader auch anderweitig genutzt werden, z. B. für einen geschalteten Außenleiter.

Kunststoffaderleitungen haben um den Leiter eine Aderisolierung aus PVC. Die Leitung H07V-U hat eindrähtige Leiter, H07V-K hat feindrähtige Leiter. Den Aufbau und die Verlegung im Rohr zeigt *Bild 12-69 a*.

Bei der **Stegleitung** (NYIF bzw. NYIFY) befindet sich um einen eindrähtigen Leiter eine Aderisolierung aus PVC. Die einzelnen Adern sind mit einem Gummi- oder Kunststoffsteg zusammengefasst. Die Stegleitung ist flach und wird auf das Mauerwerk bzw. die Betonwand geklebt oder mit speziellen Nägeln mit Isolierscheibe genagelt, *Bild 12-69 b*.

Die **Mantelleitung** (NYM) hat um die eindrähtigen Leiter eine Aderisolierung aus PVC. Um die einzelnen Adern hat sie einen zusätzlichen, meist hellgrauen Kunststoffmantel als mechanischen Schutz, *Bild 12-69 c*. Wegen der Materialzusammensetzung dieses Mantels ist eine direkte Verlegung im Erdreich nicht zugelassen. Mantelleitungen dürfen nicht einer direkten Sonneneinstrahlung ausgesetzt werden.

Das **Kunststoffkabel** (z. B. NYY) ist ähnlich der Mantelleitung aufgebaut. Durch einen stärkeren und widerstandsfähigeren schwarzen Mantel ist dieses Kabel auch für die Verlegung im Erdreich zugelassen.

In *Bild 12-70* ist die Verwendung der wichtigsten Leitungen und Kabel angegeben.

Neben den vorher beschriebenen Leitungen und Kabeln für feste Verlegung, wie sie für die Elektroinstallation in Wohngebäuden verwendet werden, gibt es kunststoff- und gummiisolierte Leitungen für bewegliche Anschlüsse.

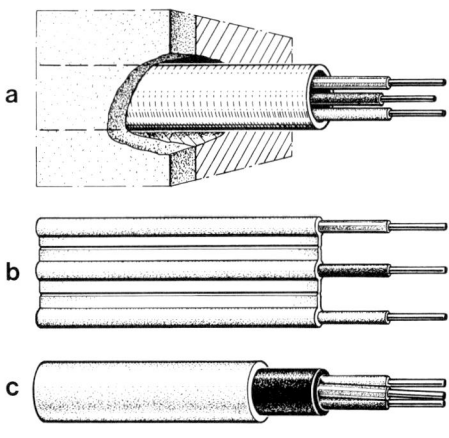

12-69 Leitungen
  a) Rohr-Installation mit H07V-U
  b) Stegleitung
  c) Mantelleitung

Typ	Verwendung (Anwendungsbereiche)
PVC-Aderleitung H07V-U	Diese Leitungen sind bestimmt für die Verlegung in trockenen Räumen: in Rohren auf, in und unter Putz sowie in geschlossenen Installationskanälen. Sie dürfen nicht verwendet werden für die direkte Verlegung auf Pritschen, Rinnen und Wannen. Sie dürfen als Schutz- und Potenzialausgleichsleiter auch direkt auf, in und unter Putz sowie auf Pritschen und dergleichen verwendet werden.
Stegleitung NYIF (mit Gummihülle) – NYIFY (mit Kunststoffhülle)	Diese Leitungen sind bestimmt für das Verlegen in oder unter Putz in trockenen Räumen. Da nur der Putz den notwendigen mechanischen Schutz gewährleistet, muss die Leitung in ihrem gesamten Verlauf vom Putz bedeckt sein. Die Verlegung hinter Gipskartonplatten ist nur zulässig, wenn die Platten mit Gipspflaster an der Wand befestigt werden. Stegleitungen sind in Ständerwänden nicht zugelassen.
Mantelleitung NYM	Diese Leitungen sind bestimmt zur Verlegung über, auf, in und unter Putz in trockenen, feuchten und nassen Räumen sowie im Mauerwerk und im Beton, ausgenommen für direkte Einbettung in Schüttel-, Rüttel- oder Stampfbeton. Diese Leitungen sind auch für die Verwendung im Freien geeignet, sofern sie vor direkter Sonneneinstrahlung geschützt sind.
NI 2 XY	Für Verlegearten wie NYM zulässig. Zusätzlich anwendbar im Rüttelbeton, die Leitung ist UV-beständig.
Kunststoffkabel NYY	Für Verlegung im Erdreich und im Wasser sowie in Innenräumen. Im Erdreich verlegte Kabel sollen mind. 0,6 m unter der Erdoberfläche verlegt werden und gegen die am Verlegungsort zu erwartenden mechanischen Einwirkungen geschützt werden.

12-70 Verwendung der gebräuchlichsten Leitungen und Kabel

Für besondere Anwendungen stehen z. B. wärmebeständige Leitungen zur Verfügung. Die Leitungen für bewegliche Anschlüsse haben fein- bzw. feinstdrähtige Leiter.

12.1.2 Strombelastbarkeit und Überstromschutz

In *Bild 12-71* und *Bild 12-72* sind auszugsweise die Tabellen für die Strombelastbarkeit von Kabeln und Leitungen für feste Verlegung in Gebäuden, Betriebstemperatur 70 °C, Umgebungstemperatur 25 °C, nach DIN VDE 298-4 (Tabelle A.1 und A.2) wiedergegeben. Die Verlegearten werden in den Tabellen durch kleine Zeichnungen erläutert.

In DIN VDE 0298-4 sind auch Tabellen für abweichende Umgebungstemperaturen, Häufung, Verlegung unter der Decke und für vieladrige Kabel und Leitungen enthalten. Dort sind auch die Verlegearten (Referenzverlegearten) umfangreich beschrieben. Hier sollen die Kurzbeschreibungen und kleinen Zeichnungen in den Tabellen ausreichen.

Damit die Leitung nicht überlastet wird, muss der Wert für den Bemessungsstrom der Überstrom-Schutzeinrichtung kleiner sein als der Wert für die Belastbarkeit der Leitung. Bei Leitungsschutzschaltern und Selektiven Haupt-Leitungsschutzschaltern kann aus den Tabellen, *Bilder 12-71* und *12-72*, der nächstkleinere Wert für den

Verlegeart[1] (Referenzverlegeart)	A1		A2		B1		B2	
	Verlegung in wärmegedämmten Wänden				Verlegung in Elektro-Installationsrohren			
	Aderleitungen im Elektro-Installationsrohr in einer wärmegedämmten Wand		Mehradrige Kabel oder mehradrige ummantelte Installationsleitungen in einem Elektro-Installationsrohr in einer wärmegedämmten Wand		Aderleitungen im Elektro-Installationsrohr auf einer Wand		Mehradrige Kabel oder mehradrige ummantelte Installationsleitungen in einem Elektro-Installationsrohr auf einer Wand	
Anzahl der belasteten Adern	2	3	2	3	2	3	2	3
Nennquerschnitt, Kupferleiter mm²	Belastbarkeit A							
1,5	16,5[1]	14,5	16,5[2]	14,0	18,5	16,5	17,5	16,0
2,5	21	19,0	19,5	18,5	25	22	24	21
4	28	25	27	24	34	30	32	29
6	36	33	34	31	43	38	40	36
10	49	45	46	41	60	53	55	49
10	–	–	–	–	–	–	–	50[3]
16	65	59	60	55	81	72	73	66
25	85	77	80	72	107	94	95	85
35	105	94	98	88	133	117	118	105
50	126	114	117	105	160	142	141	125
70	160	144	147	133	204	181	178	158
95	193	174	177	159	246	219	213	190
120	223	199	204	182	285	253	246	218
150	254	229	232	208	–	–	–	–
185	289	260	263	236	–	–	–	–
240	339	303	308	277	–	–	–	–
300	389	348	354	316	–	–	–	–

[1] In DIN VDE 0298-4 sind weitere Verlegearten beschrieben.
[2] Siehe DIN VDE 0298-4, Anhang C.
[3] Gilt nicht für Verlegung auf einer Holzwand.

12-71 Belastbarkeit von Kabeln und Leitungen für feste Verlegung in Gebäuden, Betriebstemperatur 70 °C, Umgebungstemperatur 25 °C; nach DIN VDE 298-4 (Tabelle A.1), Verlegearten A1, A2, B1 und B2

Elektroinstallation

Leitungs-, Verbindungsmaterial, Einbaugeräte

Verlegeart (Referenzverlegeart) [2]	C [4] Verlegung auf einer Wand		E Verlegung frei in Luft		F			G	
	Ein- oder mehradrige Kabel oder ein- oder mehradrige ummantelte Installationsleitungen		Mehradrige Kabel oder mehradrige ummantelte Installationsleitungen mit Abstand von mind. 0,3 × Durchmesser D zur Wand		Einadrige Kabel oder einadrige ummantelte Installationsleitungen mit Abstand von mind. 1 × Durchmesser D zur Wand				
					mit Berührung			mit Abstand D	
								horizontal	vertikal
Anzahl der belasteten Adern	2	3	2	3	2		3		
Nennquerschnitt, Kupferleiter mm²	Belastbarkeit A								
1,5	21	18,5	23	19,5	–	–	–	–	–
2,5	29	25	32	27	–	–	–	–	–
4	38	34	42	36	–	–	–	–	–
4	–	35 [3]	–	–	–	–	–	–	–
6	49	43	54	46	–	–	–	–	–
10	67	60	74	64	–	–	–	–	–
10	–	63 [3]	–	–	–	–	–	–	–
16	90	81	100	85	–	–	–	–	–
25	119	102	126	107	139	121	117	155	138
35	146	126	157	134	172	152	145	192	172
50	178	153	191	162	208	184	177	232	209
70	226	195	246	208	266	239	229	298	269
95	273	236	299	252	322	292	280	361	330
120	317	275	348	293	373	340	326	420	384
150	365	317	402	338	430	394	377	483	444
185	416	361	460	386	491	453	434	552	509
240	489	427	545	456	579	537	514	652	603
300	562	492	629	527	667	622	595	752	699
400	–	–	–	–	799	730	695	903	843
500	–	–	–	–	920	836	794	1041	975
630	–	–	–	–	1065	959	906	1206	1134

[1] Bei Kabeln mit konzentrischem Leiter gilt die Belastbarkeit für mehradrige Ausführungen. Weitere Belastbarkeiten für Kabel siehe auch DIN VDE 0276-603.
[2] In DIN VDE 0298-4 sind weitere Verlegearten beschrieben.
[3] Gilt nicht für Verlegung auf einer Holzwand.
[4] Gilt u. a. auch für ein- oder mehradrige Kabel oder ummantelte Installationsleitung direkt im Mauerwerk oder Beton mit einem spezifischen Wärmewiderstand von höchstens 2 K · m/W und für Stegleitung im und unter Putz.

12-72 Belastbarkeit[1] von Kabeln und Leitungen für feste Verlegung in Gebäuden, Betriebstemperatur 70 °C, Umgebungstemperatur 25 °C; nach DIN VDE 298-4 (Tabelle A.2), Verlegearten C, E, F und G

Bemessungsstrom ausgewählt werden. Dies ist möglich, da die Gerätebestimmungen an die Errichtungsbestimmungen angepasst sind. Im Gegensatz dazu haben Schmelzsicherungen ein breiteres Toleranzband, deshalb muss hier umgerechnet werden. In der Praxis muss daher bei Schmelzsicherungen der Bemessungsstrom um ca. 10 % kleiner gewählt werden, was etwa einer Stufe des Bemessungsstroms entspricht.

12.1.3 Zulässiger Spannungsfall und maximale Leitungslänge

Die max. mögliche Leitungslänge ergibt sich unter Berücksichtigung des zulässigen Spannungsfalls aus

Bemessungs-querschnitt mm² Cu	Überstrom-Schutz-einrichtung A	maximale Leitungslänge bei			
		Drehstrom ΔU = 2 % m	Drehstrom ΔU = 3 % m	Wechselstrom ΔU = 2 % m	Wechselstrom ΔU = 3 % m
1,5	10	37	55	18	28
	13	29	43	14	22
	16	23	34	11	17
	20	19	28	9	14
2,5	10	60	90	30	45
	16	37	56	19	28
	20	30	45	15	23
	25	24	36	12	18
4	16	59	88	29	44
	20	47	70	23	35
	25	37	56	19	28
	35	27	40	13	20
6	20	71	106	35	53
	25	57	85	28	43
	35	40	60	20	30
	40	35	53	18	27
10	25	95	142		
	35	67	101		
	40	59	89		
	50	47	71		
	63	37	56		

12-73 Maximale Länge für Stromkreisleitungen und -kabel nach DIN VDE 0100-520 Beiblatt 2 für einen Spannungsfall ΔU = 2 % bzw. 3 % in Abhängigkeit von der Absicherung

Bemessungs-querschnitt mm² Cu	Überstrom-Schutzeinrichtung A	maximale Leitungslänge bei Drehstrom ΔU = 0,5 % m
10	63	9
16	63	15
	80	12
25	63	23
	80	18
	100	15
35	63	32
	80	25
	100	20
	125	16
50	63	43
	80	34
	100	27
	125	22
	160	17

12-74 Maximale Länge für Hauptleitungen und -kabel nach DIN VDE 0100-520 Beiblatt 2 für einen Spannungsfall ΔU = 0,5 % in Abhängigkeit von der Überstrom-Schutzeinrichtung

Bild 12-73 und *Bild 12-74*. Die Angaben sind auf eine Bemessungsspannung von 230/400 V bezogen, wobei für die Leitungslängen die Werte von DIN VDE 0100-520, Beiblatt 2, zugrunde gelegt sind.

Für Hauptleitungen, also vom Hausanschluss bis zu den Zählerplätzen, ist nach den TAB bis 100 kVA ein Spannungsfall von 0,5 % zugelassen, deshalb wurden diese Werte entsprechend umgerechnet.

Vom Zählerplatz bis zu den Verbrauchsgeräten bzw. den Steckdosen ist nach DIN 18015-1 ein max. Spannungsfall von ΔU = 3 % einzuhalten. Deshalb muss auch der Spannungsfall auf den Verbindungsleitungen zwischen Zählerplatz und Stromkreisverteiler berücksichtigt werden. In der Praxis hat sich herausgestellt, dass hierfür max. 1 % möglich ist, sonst ergeben sich für die Stromkreisleitungen zu große Querschnitte. Daher enthält *Bild 12-73* Angaben für die max. Leitungslänge für

Stromkreisleitungen von ΔU = 2 %. Da bei Einfamilienhäusern Zählerplatz und Stromkreisverteiler häufig in einem gemeinsamen Schrank untergebracht werden, ist der Spannungsfall für diese Verbindungsleitung praktisch bedeutungslos, deshalb enthält *Bild 12-73* auch Werte von ΔU = 3 %.

In den Tabellen sind jeweils mehrere Werte für die Absicherung je Querschnitt angegeben. Die Ermittlung der max. möglichen Absicherung richtet sich nach der Verlegeart.

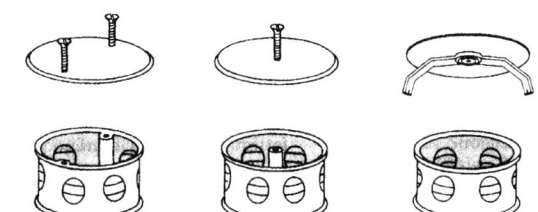

12-75 Verbindungsdose für Unterputz-Installation:
links und Mitte Ausführung mit Deckelbefestigungsschrauben nach DIN VDE 0606,
rechts Ausführung, die nicht DIN VDE 0606 entspricht

12.2 Verbindungsmaterial

Als Verbindungsmaterial dienen **Verbindungsdosen**, *Bild 12-75*, in runder, rechteckiger oder quadratischer Form in Unterputz-, Aufputz-, Hohlwand- und Betonbauausführung. Für die Unterputz- und Hohlwandinstallation stehen zusätzlich **Geräte-Verbindungsdosen**, *Bild 12-76* zur Verfügung. Das sind Dosen, die ein größeres Volumen haben und dadurch sowohl für das Einbauen von Schaltern oder Steckdosen als auch das Verbinden bzw. Abzweigen von Leitungen geeignet sind. **Gerätedosen**, *Bild 12-77*, haben keinen ausreichenden Klemmenraum und sind nur zur Aufnahme der Geräteeinsätze wie Schalter, Taster und Steckdosen geeignet.

12-76 Geräte-Verbindungsdosen für Unterputz-Installation zur Schnellmontage ohne Gips mit Nagelbefestigung (links), in „winddichter" Ausführung (Mitte) und mit extra geräumigem Klemmraum (rechts)

Bild 12-78 zeigt weitere Beispiele. In Stahlbeton ist das Einbetonieren von **Leuchten-Deckenverbindungsdosen** mit Deckenhaken sowie **Leuchten-Deckenanschlussdosen** mit Deckenhaken üblich.

Bei Anschlussstellen im Handbereich, an denen zeitweise durch wechselnde Möblierung keine Verbrauchsmittel (z. B. Leuchten) angeschlossen sind, muss auch bei nicht montierten Betriebsmitteln ein Schutz gegen direktes Berühren sichergestellt sein. Bei Unterputz- und Hohlwandinstallation kann dieser Schutz mit **Wandanschlussdosen**, siehe *Bild 12-78*, bei Aufputz-Installation mit Verbindungsdosen mit Deckeln erreicht werden.

 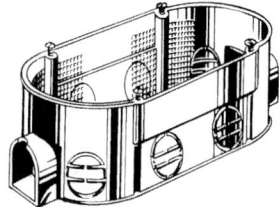

12-77 Gerätedosen für ein oder zwei Einsätze zur Unterputz-Installation

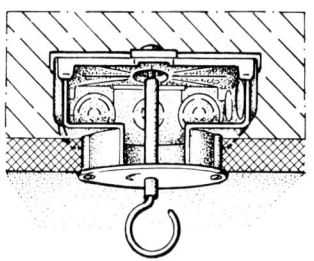 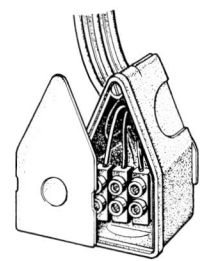 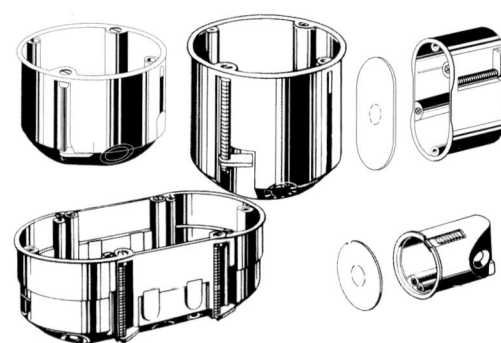

12-78 Weitere Beispiele für Verbindungsmaterial (von links nach rechts):
Leuchten-Deckenverbindungsdose zum Einbetonieren,
Leuchten-Wandanschlussdose für Unterputz-Installation,
Gerätedosen bzw. Geräte-Verbindungsdosen für Hohlwand-Installation,
Geräte-Verbindungsdose für Hohlwand-Installation,
Leuchtenanschlussdosen für Hohlwand-Installation

Bei Leichtbauwänden wird die Luftdichtheit der Gebäudehülle oft dadurch gestört, dass bei Verwendung von konventionellen **Hohlwanddosen** durch die Vorprägungen für Rohre und Leitungen Luft eindringen kann. Auf dem Markt sind „luftdichte" Hohlwanddosen verfügbar, die spezielle Abdichtungen haben. Diese Dosen werden ergänzt durch spezielle Dichtfolien zwischen Dosenrand und Beplankung.

12.3 Schalter, Steckdosen, sonstige Einbaugeräte

Die Auswahl der Schalter, Steckdosen und Geräte-Anschlussdosen richtet sich zunächst nach den Anwendungsorten, z. B. trockene oder feuchte Räume. In *Bild 12-79* sind die sich hieraus ergebenden Anforderungen zusammengestellt.

Schutzarten werden nach DIN EN 60529 (VDE 0470-1) durch Zahlen definiert und als IP-Code bezeichnet. Dabei gibt die erste Kennziffer den Berührungsschutz von Personen sowie den Betriebsmittelschutz gegen das Eindringen fester Fremdkörper, die zweite Kennziffer den Schutz gegen Eindringen von Wasser an. Je höher der Zahlenwert, desto höher die Schutzart. Soll bzgl. des Schutzes, z. B. Fremdkörperschutz oder Wasserschutz, keine Aussage getroffen werden, wird anstelle der Zahl ein X gesetzt. Demgegenüber gibt es nach DIN EN 60598 (VDE 0711-1) für Leuchten eine Kennzeichnung mit Symbolen. Hier werden die Schutzarten bezüglich des Schutzes gegen Wasser als abgedeckt, tropfwassergeschützt, regendicht, spritzwassergeschützt, strahlwassergeschützt, wasserdicht (abgedichtet), druckwasserdicht bezeichnet; als Schutz gegen Fremdkörper werden staubgeschützt und staubdicht genannt.

In Wohnungen sind im Allgemeinen nur Schalter und Steckdosen für trockene Räume notwendig. Für diesen Anwendungsbereich gibt es von den Herstellern Standard- und Flächen- bzw. Komfortprogramme, *Bild 12-80*, die sich durch die Gestaltung der Abdeckungen unterscheiden.

– Standardprogramme:
zeitlos, zweckmäßig und preiswert.

12 Elektroinstallation — Leitungs-, Verbindungsmaterial, Einbaugeräte

Raumart	Merkmale	Schalter, Steckdosen u. Ä. Benennung	Zeichen	= etwa IP
Küche, Hausarbeitsraum, WC, Flur in der Wohnung, Diele, Wohnzimmer, Kinderzimmer, Schlafzimmer, bewohnter Kellerraum, Treppenraum, Saunakabine (trocken)	trockener Raum	abgedeckt		IP 20
Bad und Dusche im Wohnbereich	Schutzart abhängig von jeweiligem Schutzbereich (siehe Abschnitt 8.5)	abgedeckt (außerhalb der Schutzbereiche 0, 1 und 2)		IP 20
Unbeheizter, unbelüfteter Keller, Waschküche	feuchter Raum	spritzwassergeschützt		IP 24
Dachboden	trockener Raum, mechanische Beanspruchung	spritzwassergeschützt		IP 24
Einzelgarage, Sammelgarage	feuchter Raum, mechanische Beanspruchung	spritzwassergeschützt		IP 24
Anlagen im Freien	Feuchtigkeit, mechanische Beanspruchung	spritzwassergeschützt		IP 24
Werkstatt	Staub, mechanische Beanspruchung	spritzwassergeschützt		IP 24
Heizungsraum *), Heizöllagerraum *)	trockener Raum	abgedeckt		IP 20
Dampfsauna, Schwimmhalle	feuchter, nasser Raum	spritzwassergeschützt strahlwassergeschützt		IP 24 IP 25

Raumart	Merkmale	Leuchten Benennung	Zeichen	= etwa IP	Verteiler
Küche, Hausarbeitsraum, WC, Wohn-, Schlaf-, Kinderzimmer, Saunakabine (trocken)	trockener Raum	abgedeckt		IP 20	
Flur in der Wohnung, Diele, Treppenraum, bewohnter Kellerraum	trockener Raum	abgedeckt		IP 20	IP 30
Bad und Dusche im Wohnbereich	Schutzart abhängig von jeweiligem Schutzbereich (siehe Abschnitt 8.5)	Schutzb. 3: abgedeckt Schutzb. 2: spritzwassergeschützt		IP 20 IP 44	
Unbeheizter, unbelüfteter Keller	feuchter Raum	tropfwassergeschützt	●	IP 21	IP 31
Waschküche	feuchter Raum	tropfwassergeschützt	●	IP 21	
Dachboden	trockener Raum, mechanische Beanspruchung	tropfwassergeschützt	●	IP 21	
Einzelgarage	feuchter Raum, mechanische Beanspruchung	tropfwassergeschützt	●	IP 21	
Sammelgarage	feuchter Raum, mechanische Beanspruchung	staub- und spritzwassergeschützt	●	IP 54	IP 54
Anlagen im Freien	Feuchtigkeit, mechanische Beanspruchung	regengeschützt	▣	IP 23	IP 54
Werkstatt	Staub, mechanische Beanspruchung	staub- und spritzwassergeschützt	●	IP 54	IP 54
Heizungsraum *), Heizöllagerraum *)	trockener Raum	abgedeckt		IP 20	IP 30
Dampfsauna, Schwimmhalle	feuchter, nasser Raum	tropfwassergeschützt strahlwassergeschützt	● ● ●	IP 21 IP 25	IP 31 IP 55

*) Die Bauordnung bzw. Feuerungsverordnung des jeweiligen Bundeslandes kann höhere Schutzarten erforderlich machen.

12-79 Beispiele für die Zuordnung der Schutzarten zu den einzelnen Räumen und Installationsgeräten

12-80 *Schalter eines Standardprogramms (links), Flächenprogramms (Mitte) und Komfortprogramms, z. B. mit Edelstahl-Oberfläche (rechts)*

– Komfortprogramme:
moderne Form und ausgefallenes Design. Nicht nur die Optik ist bestimmend, auch können funktionelle Details, z. B. eine permanente Beleuchtung, Vorteile wie besseres Erkennen des Schalters im Dunkeln bringen.

Die Programme sind in der Regel herstellerbezogen gegeneinander austauschbar. Eine nachträgliche Umrüstung eines Standardprogramms auf ein Komfortprogramm ist daher unter Verwendung der bisherigen Einsätze des Standardprogramms möglich. Einzelne Schalter und Steckdosen lassen sich zu Kombinationen zusammensetzen, *Bild 12-81*.

Weitere Betriebsmittel, z. B. Raumthermostat, Kurzzeitschaltuhr, Drehdimmer, Tastdimmer, sind in die Programme integriert, *Bild 12-82*, wobei zunehmend aufwendigere Elektronik eingesetzt wird. Herkömmliche Dimmer (Dimmen durch Drehen) werden durch Tast-Dimmer (Schalten durch kurzes Berühren, Dimmen durch längeres Berühren) und auch funkgesteuerte Komponenten ergänzt. Auch aufwendige Lichtszenen lassen sich abspeichern und aufrufen. Hinzu kommen weitere Steuerungen, z. B. Wind- und Sonnenautomatik für Markisen bzw. Rollläden.

Noch komplexere Schaltungs- und Automatisierungsaufgaben können mit Bussystemen realisiert werden, Abschnitt 17.

12-81 *Schalter-Steckdose-Kombination*

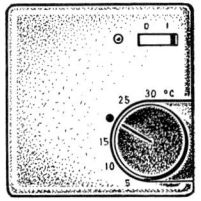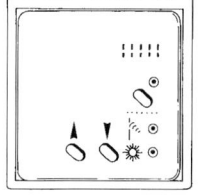

12-82 *Raumthermostat (links), Tastdimmer (Mitte) und Wind- und Sonnenautomatik für Markisen- bzw. Rollladenantriebe (rechts)*

12 Elektroinstallation — Kommunikationsanlagen

Bewegbare Großgeräte, z. B. Elektroherde, Einbaubacköfen, werden über Geräte-Anschlussdosen, *Bild 12-83*, angeschlossen.

Für feuchte und feuergefährdete Räume oder Räume, die erhöhten mechanischen Beanspruchungen ausgesetzt sind, gibt es besondere Schalter, Steckdosen und Verbindungsdosen, sowohl in Aufputz- als auch in Unterputz-Ausführung, *Bild 12-84*.

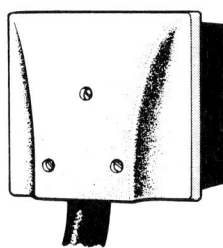
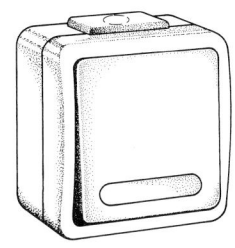

12-83 Geräte-Anschlussdose

12-84 Feuchtraumschalter Aufputz

13 Kommunikationsanlagen

13.1 Allgemeines

Zu den Kommunikationsanlagen im herkömmlichen Sinn in Wohngebäuden gehören:

- Kommunikationsanlagen für
  - Informations- und Kommunikationsanlagen (IuK), wie Telefon und Datenkommunikation,
  - Hauskommunikation,
- Ruf-, Such- und Signalanlagen,
- Lautsprecheranlagen,
- Gefahrenmeldeanlagen für Einbruch, Brand und Überfall,

- Rundfunk- und Kommunikationsanlagen (RuK); diese werden in Abschnitt 14 beschrieben

Starkstromleitungen und Kommunikationsleitungen dürfen nicht in einem gemeinsamen Installationsrohr geführt werden, weil Kommunikationsleitungen eine niedrigere Isolationseigenschaft haben. Bei paralleler Führung (Näherung) oder bei Kreuzung von nicht in Rohren verlegten Starkstrom- und Kommunikationsleitungen darf ein Schutzabstand von 10 mm nicht unterschritten werden; andernfalls ist ein Trennsteg erforderlich.

Die T-COM 731 TR 1 enthält Festlegungen für Telekommunikationsanlagen.

Für Informations- und Kommunikationsanlagen (IuK) sowie Rundfunk- und Kommunikationsanlagen (RuK) sind getrennte Installationsrohrnetze festgeschrieben. Die **Installationsrohre** können in flexibler oder nicht biegsamer (starrer) Ausführung aus Metall oder Kunststoff hergestellt sein, Abschnitt 10.4 und *Bild 12-69 a*.

Kombinierte Anschluss- und Verteilungseinrichtungen für Kommunikations- und Starkstromleitungen, z. B. für eine Kombination von Starkstrom-Steckdose und Telefon-Anschlussdose, können mit einer gemeinsamen Abdeckung versehen werden, wenn die Starkstrom-Einsätze (bei abgenommener Abdeckung) keinen Berührungsschutz haben. Der Abstand von Dosenmitte zu Dosenmitte beträgt bei getrennter Abdeckung mind. 8 cm. Zwischen beiden Dosen darf keine leitende Verbindung bestehen.

13.2 Informations- und Kommunikationsanlagen (IuK)

Zu den Kommunikationsanlagen im Sinne dieses Kapitels gehören alle Dienste, die über das Verteilungsnetz des Netzbetreibers (NB) übertragen werden, wie Telefon, ISDN und Internet (über Telefon, ISDN und DSL).

Nach DIN 18015-1 sind Kabel und Leitungen auswechselbar, z. B. in Installationsrohren zu führen, wenn sie nicht an der Wandoberfläche (Aufputz) verlegt werden. Die Rohre sind nach DIN 18015-3 anzuordnen, d. h. sie sind innerhalb der Installationszonen zu verlegen.

Installationsrohrsysteme sind auch dann bis in die Wohnungen zu verlegen, wenn zunächst noch keine Kommunikationsanschlüsse vorgesehen sind. Für jede Wohnung sollte an geeigneter Stelle Platz für einen Normverteiler zur Aufnahme des Abschlusspunktes des Zugangsnetzes vorgesehen werden.

Für die Montage der **(Tele-)Kommunikationsdosen** sind 60 mm tiefe Geräte-Verbindungsdosen, *Bild 12-76*, zu verwenden.

Die T-COM 731 TR 1[1]) beschreibt die einzelnen Bestandteile der Kommunikationseinrichtungen, *Bild 12-85*, und enthält hierzu folgende Aussagen:

– Abschlusspunkt des Zugangsnetzes (APL) allgemein zugänglich (z. B. nach DIN 18012 im Hausanschlussraum, an der Hausanschlusswand bzw. in der Hausanschlussnische) anordnen,

– Telekommunikations-(TK-)Abschlusseinrichtung (1. TAE) mit Passivem Prüfabschluss (PPA) in jeder Wohnung an möglichst zentraler Stelle platzieren,

– weitere TK-Anschlusseinrichtungen (TAE) nach Wohnungsgröße und Bedarf vorsehen, *Bild 12-86*,

– jeder TAE mind. zwei 230-V-Steckdosen zuordnen,

– vom APL zu jeder 1. TAE mind. zwei Doppeladern verlegen,

– zu jeder weiteren TAE mind. vier Doppeladern installieren.

Bild 12-85 zeigt die Bestandteile einer Informations- und Kommunikationsanlage.

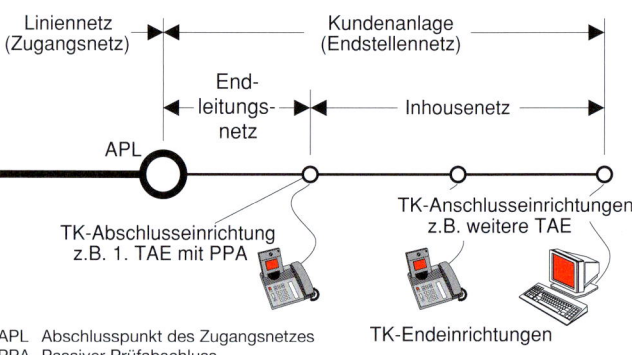

APL Abschlusspunkt des Zugangsnetzes
PPA Passiver Prüfabschluss
TAE Telekommunikationsanschlusseinheit

12-85 Die Bestandteile einer Telekommunikationsanlage

Ausstattung	Wohnbereich											
	Küche	Bad	Hausarbeitsraum	Wohnzimmer bis 20 m²	Wohnzimmer über 20 m²	Esszimmer	je Schlaf-, Kinder-, Gäste-, Arbeitszimmer bis 20 m²	je Schlaf-, Kinder-, Gäste-, Arbeitszimmer über 20 m²	Flur bis 3 m	Flur über 3 m	Freisitz	Hobbyraum
Anzahl der Anschlüsse für Telefon-/Daten (IuK)												
DIN 18015-2 bzw. RAL/HEA-Ausstattungswert 1 (*)				1		1	1		1			
RAL/HEA-Ausstattungswert 2 (**)	1	1	1	2	1	1	2	1	1		1	1
RAL/HEA-Ausstattungswert 3 (***)	1	1	1	2	1	1	2	1	1		1	1
Anzahl der Anschlüsse für Radio-/TV-/Daten (RuK)												
DIN 18015-2 bzw. RAL/HEA-Ausstattungswert 1 (*)				2		1	1					
RAL/HEA-Ausstattungswert 2 (**)	1		1	2	3	1	1				1	1
RAL/HEA-Ausstattungswert 3 (***)	1	1	1	2	3	1	2				1	1

12-86 Raumbezogene Anzahl der Anschlüsse für Telefon/Daten (IuK) entsprechend DIN 18015-2 und den Ausstattungswerten nach RAL-RG 678

---

[1]) T-COM 731 TR 1-Rohrnetze und andere verdeckte Führungen für Telekommunikationsanlagen in Gebäuden (Deutsche Telekom, November 2002).

In T-COM 731 TR 1 und DIN 18015-2 ist die Anzahl der Telekommunikationsanschlusseinheiten (TAE) entsprechend der Wohnfläche angegeben, *Bild 12-86*. Ein höherer Ausstattungswert nach HEA/RAL erfordert zusätzliche Anschlusseinheiten, *Bild 12-86*.

In DIN 18015-1 sind gleiche Rohrnetzanordnungen für Informations- und Kommunikationsanlagen und für Rundfunk- und Kommunikationsanlagen enthalten. Diese Rohrnetzanordnungen sind in *Bild 12-87* bis *Bild 12-89* dargestellt. Für das Rohrnetz sind folgende Mindestinnendurchmesser festgelegt:

– hoch- und niederführende Rohre mind. 32 mm,

– bei Gebäuden mit bis zu acht Wohnungen und bei sternförmiger Verteilung mind. 25 mm (wenn nicht länger als 15 m und nicht mehr als zwei Bögen),

– bei unterirdischer Einführung in das Haus ist ein Installationsrohr vom Kellergeschoss bis zum letzten zu versorgenden Geschoss, bei Dacheinführung sind zwei Installationsrohre bis in den Keller (Hausanschlussraum) mit einem Innendurchmesser von mind. 32 mm vorzusehen.

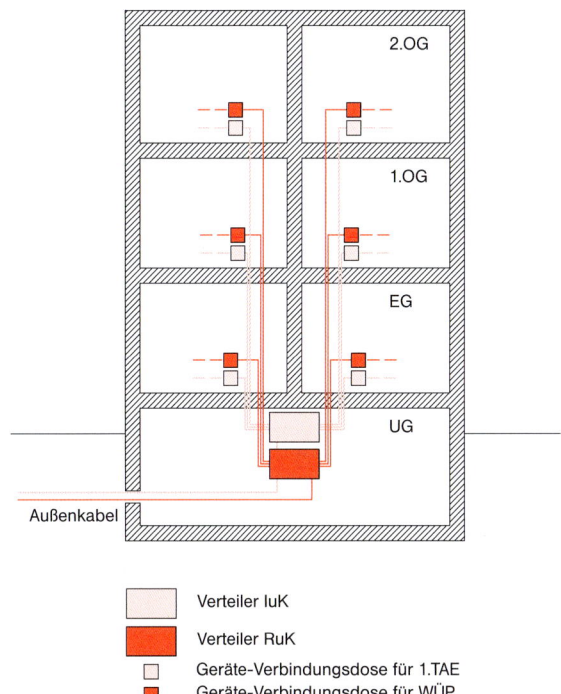

12-87 Beispiel für ein Sternnetz (sternförmige Rohrführung von einer zentralen Stelle zu den Wohnungen) nach DIN 18015-1

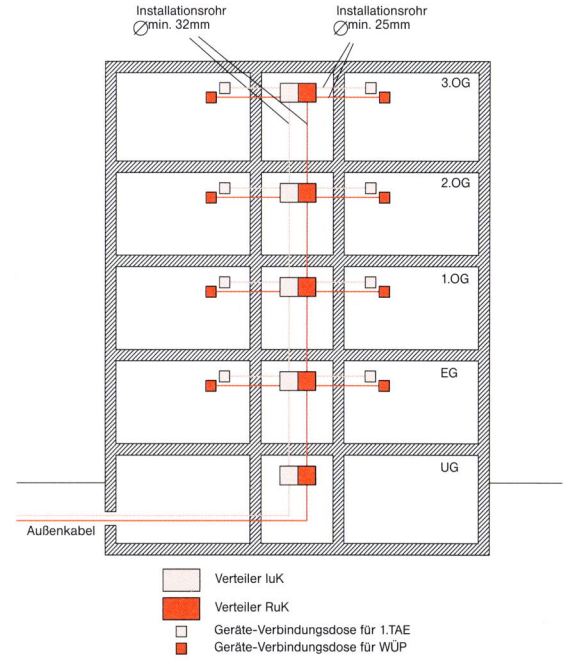

12-88 Beispiel für ein Etagensternnetz (sternförmige Rohrführung von einer Stammleitung zu den Wohnungen) nach DIN 18015-1

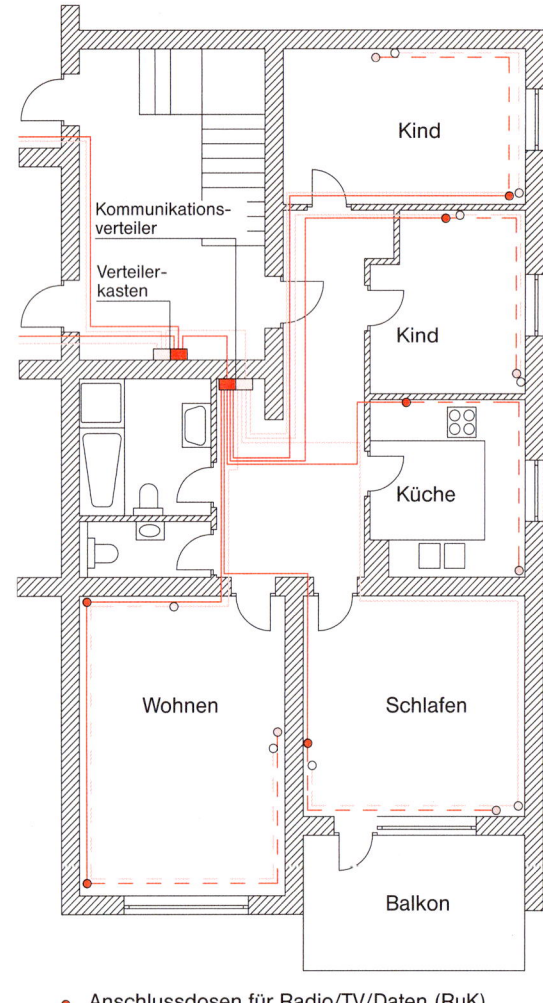

Die Bezeichnungen in den *Bildern 12-86* bis *12-88* entsprechen denen der Rohrnetze für Verteilanlagen für Radio/TV/Daten (RuK). Bei Rohrnetzen für Telefon/Daten (IuK) hat der zentrale Verteiler die Funktion des APL, die erste Dose in der Wohnung übernimmt die Funktion der 1. TAE.

Die Hoch- und Niederführung der Rohre muss in allgemeinen, zugänglichen Räumen, z. B. im Treppenraum, erfolgen.

In der Praxis sind neben dem Telefonapparat auch folgende Geräte von Bedeutung:

Anrufbeantworter, Telefaxgerät, Basisstation für schnurlose Telefone, Modem für den Zugang zum Internet. Der Anschluss dieser **analogen Kommunikation** erfolgt über **T**elekommunikations**a**nschluss**e**inheiten (TAE), *Bild 12-90*.

Mehr Möglichkeiten als die analoge Signalübertragung bietet das **ISDN**, die **digitale Kommunikation** mit ausschließlich digitaler Signalübertragung und Vermittlung. Hier werden **IAE-Steckdosen** und IAE-Stecker (**I**SDN- **A**nschluss**e**inheit, auch Westernstecker genannt) verwendet, *Bild 12-90*.

- ● Anschlussdosen für Radio/TV/Daten (RuK)
- ○ Anschlussdosen für Telefon/Daten (IuK)
- — zusätzliche Rohrinstallation empfohlen
- — zusätzliche Rohrinstallation empfohlen

12-89 Beispiel für ein Etagensternnetz innerhalb der Wohnung als Teil der Etage nach DIN 18015-1

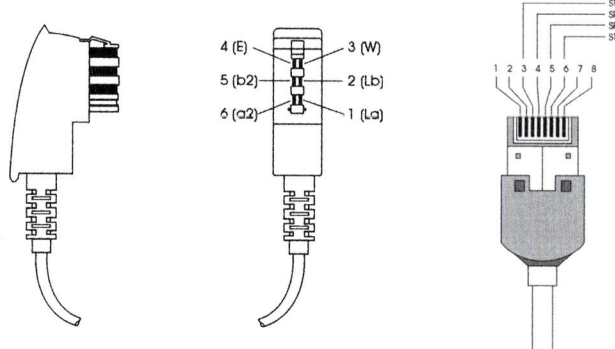

12-90 TAE-Stecker (links und Mitte) für analoge Signalübertragung und IAE-Stecker bzw. Westernstecker für digitale Signalübertragung (rechts)

13.3 Informations- und Kommunikationsanlagen für mehrere Teilnehmer

Für diese Anlagen gelten die Anforderungen wie in Abschnitt 13.2 beschrieben. Hierzu gehört auch die sog. **Faxweiche**, die ankommende Faxe direkt an das Telefaxgerät leitet, sodass das Telefon nicht klingelt. Durch Verwendung von **Telefonanlagen mit DECT-Standard** (Digital Enhanced Cordless Telecommunication), die komplett über Funk arbeiten und eine Leitungsinstallation überflüssig machen, können mehrere schnurlose Telefone angeschlossen werden. So können an jedem schnurlosen Telefon die ankommenden Gespräche entgegengenommen werden, auch intern kann miteinander telefoniert werden.

Analoge TK-Nebenstellenanlagen oder **ISDN-TK-Anlagen** mit einer bestimmten Anzahl von **analogen Abgängen** können in größeren Wohnungen, z. B. in Einfamilienhäusern, außerordentlich nützlich sein. Eine Türstation mit Türöffner an der Eingangstür kann in das System integriert werden. Das Sprechen mit dem Besucher an der Tür sowie das Öffnen der Tür kann vom Telefon aus erfolgen. Ist die Türstation mit einer Videokamera ausgestattet, kann der Eingang über einen Monitor eingesehen werden. An die Telefonzentrale lassen sich auch weitere Endgeräte wie Anrufbeantworter oder Fax anschließen. Die analogen und ISDN-TK-Anlagen können über ein Telefon oder einen PC programmiert werden. Hier lassen sich viele Merkmale, z. B. Amtsberechtigungen, Sperrung von bestimmten Rufnummern, Ruhe während der Nacht oder die Berechtigung zum Türöffnen einstellen.

Das Prinzip einer TK-Anlage zeigt beispielhaft *Bild 12-91*. An einem Amtsanschluss wird die TK-Nebenstellenanlage oder ISDN-TK-Anlage als Telefonzentrale angeschlossen. An die Telefonzentrale kann eine gerätespezifisch bestimmte Anzahl handelsüblicher Telefone angeschlossen werden, wobei auch die Basisstationen von schnurlosen Telefonen geeignet sind. Für interne und externe Gespräche wird ein und dasselbe Telefon benutzt.

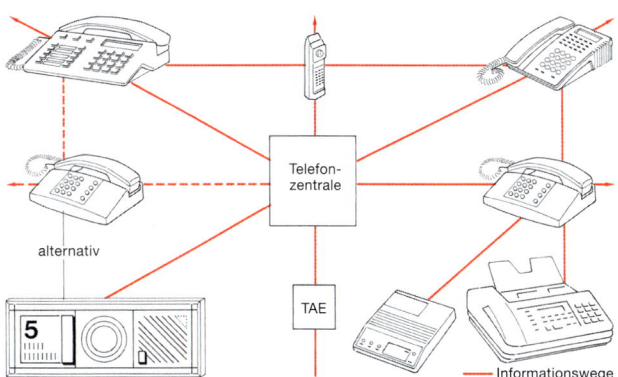

12-91 Prinzipieller Aufbau einer Telekommunikations-Nebenstellenanlage

13.4 DSL und Netzwerkinstallationen

13.4.1 Allgemeines

Der Breitbandzugang zum Internet mit hohen Datenübertragungsraten ist über **DSL** (Digital Subscriber Line) möglich. Bei DSL wird über einen sog. Splitter ein bei der Telefonie nicht genutzter Frequenzbereich für die Datenübertragung abgetrennt, deshalb können auch während der Datenübertragung Telefongespräche geführt oder Telefaxe übertragen werden. Internetzugang ist auch über das Breitbandkabel möglich, siehe Abschnitt 14.

Für die Datentechnik bestehen hohe Anforderungen an die Übertragungsqualität und Schirmung. Bei der Verkabelung ist auf normgerechten Aufbau zu achten. Die Verkabelungsstrecken und die Anschlussdosen sind in Kategorien bzw. Klassen eingeteilt. Die Anschlussdosen für ein oder zwei Endgeräte haben das RJ45-Stecksystem. Die Anschlussdosen für zwei Endgeräte benötigen zwei Leitungen. Die Leitungen müssen durchgängig geschirmt sein.

DSL bietet die Möglichkeit eines „schnellen" Internetzugangs mit deutlich höheren Datenraten als bei analogem Zugang oder mittels ISDN. Neben sichtlich schnellerem und komfortablem Arbeiten im Internet wird es damit auch möglich, mehrere PCs parallel und gleichzeitig im Internet angemeldet zu haben, da die verfügbaren Datenraten hierfür ausreichen. DSL ist ein eigenständiger Kommunikationskanal für das Internet. Kombinationen mit einem analogen oder ISDN-Anschluss sind nicht zwingend, Telefon und DSL sind gleichzeitig nutzbar.

Mehrere DSL-Varianten sind heute bekannt. Das gebräuchlichste Verfahren ist heute ADSL. Für Triple-Play wird **Very High Speed Digital Subscriber Line (VDSL)** benötigt. Damit sind Internetdaten, Internettelefonie als auch Fernsehprogramme (IPTV) in HDTV-Qualität zu übertragen. DSL ist bis heute noch nicht flächendeckend verfügbar. Bei den aktuell noch meist verwendeten Kupferleitungen bestehen Längenbegrenzungen, d. h. der Anschlusspunkt darf eine bestimmte Entfernung zur letzten Vermittlungsstelle nicht überschreiten. Vor der Einrichtung sollte die Realisierbarkeit durch den Anbieter überprüft werden.

Ab dem Modem sind Netzwerkkabel und -anschlussdosen (mind. Category 5) zu verwenden. Der Aufbau von Kommunikationsanlagen erfolgt in einem Installationsrohrsystem mit sternförmiger Struktur (siehe *Bilder 12-87* bis *12-89*). In diesen Lehrrohrsystemen können alternativ Leitungen für DSL-Anwendungen sowie die klassische Telefonie eingezogen werden.

Die zentral benötigten Komponenten für die Telefonie, das Internet sowie die Funktion des Netzwerkes werden an zentraler Stelle in Installationsverteilern installiert. Die benötigten Datennetzwerkkomponenten stehen für die Montage in diesen Verteilungen auch als Reiheneinbau-Geräte zur Verfügung. Sie können bei kleinen bis mittleren Anlagen Netzwerkschränke ersetzen.

Glasfaserleitungen werden in Privathäusern für die Netzwerkverkabelung bisher kaum verwendet. Vermehrte Bedeutung wird in der Zukunft Polymere-Optischen-Fasern (POF) zugerechnet. Dabei erfolgt die Datenübertragung über Licht, ähnlich wie bei Glasfaser, aber an den Enden werden keine Stecker benötigt. Aufgrund der robusteren Faser im Vergleich zu Glas ergibt sich eine einfache Montage und ein deutlich geringerer Installationsaufwand.

13.4.2 Voice over IP

Voice over IP (VoIP) ist eine Alternative zu bisher bekannten „klassischen" Verfahren der Telefonie (analog/ISDN). Dabei wird ein Telefongespräch innerhalb der Datennetzwerkstruktur, die in einer Anlage z. B. auch für die PC-Vernetzung genutzt wird, geführt. Endgeräte sind in der Regel Telefone mit Netzwerkanschluss, oder es wird ein PC im Netzwerk genutzt, der zum Telefonieren mit einem Hör-/Sprechset nachgerüstet wird.

13.4.3 Nachrüstlösungen

Für die Nachrüstung von Telefon- und Netzwerkanwendungen stehen verschiedene Technologien zur Verfügung. Diese nutzen bestehende Leitungsnetze (Mehrfachnutzung = Powerline oder line21®) oder übertragen ohne Leitungsanbindung per Funk (WLAN = Wireless LAN).

Leitungsgebundenen Systemen sollte möglichst der Vorzug gegeben werden. So können auch zukünftige Anwendungen aus dem Multimediabereich (z. B. IP-TV oder VoIP), die heute in Verbindung mit vielen DSL-Angeboten am Markt sind, ohne Einschränkungen genutzt werden. Mischstrukturen der unterschiedlichen Systeme sind dabei denkbar.

Bei Powerline wird das vorhandene 230-V-Leitungsnetz zur Datenübertragung mitgenutzt. Ähnlich der Funktechnologie setzt auch Powerline damit auf ein „offenes", nicht planbares Übertragungsmedium auf und ist somit nur begrenzt für den Aufbau von Netzwerken geeignet.

line21® nutzt eine ggf. vorhandene Telefonleitungsstruktur zusätzlich zur Datenübertragung. Spezielle Anschlusskomponenten (Anschlussdosen und Panel) erlauben dabei das Ein- und Auskoppeln von Daten parallel zu analogen Telefonsignalen.

POF-Lösungen bieten sich besonders in der Nachinstallation an. Die im Vergleich zu Kupferkabeln dünnen Polymere-Optischen-Fasern (max. 2,2 mm) können auch nachträglich in bestehende Installationsrohre eingezogen werden. Zudem sind Näherungen und Kreuzungen mit 230-V-Leitungen kein Problem, da kein elektrisches Potenzial übertragen wird.

13.5 Hauskommunikationsanlagen

13.5.1 Klingel-, Türöffner-, Türsprechanlagen mit oder ohne Bildübertragung

Der Umfang der Klingel-, Türöffner- und Türsprechanlagen richtet sich nach der Größe des Objekts.

Nach DIN 18015-2 ist für jede Wohnung eine Klingelanlage, für Gebäude mit mehr als zwei Wohnungen ist zusätzlich eine Türöffneranlage in Verbindung mit einer Türsprechanlage vorzusehen. Der Ausstattungswert 2 nach HEA/RAL sieht eine Klingel- und Türöffneranlage in Verbindung mit einer Türsprechanlage mit mehreren Wohnungssprechstellen auch im Ein- und Zweifamilienhaus vor.

In Mehrfamilienhäusern ist eine Kombination von Klingel-, Türöffner- und Türsprechanlage (auch mit Bildübertragung) zu empfehlen. Dabei können die Haustürklingeltaster mit den Namensschildern auf einer Platte mit dem Türlautsprecher vereinigt sein. Alternativ lassen sich die Klingeltaster mit Namensschildern auch in Kombination mit den Briefkästen anordnen. In beiden Fällen sind die Klingeltaster nach DIN 18015-1 ausreichend zu beleuchten.

Einfamilienhäuser auf großen Grundstücken können zusätzlich Torklingel-, Toröffner- und Torlautsprecheranlage erfordern. Den gestiegenen Sicherheitsansprüchen entsprechend ist die Bildübertragung von Videokameras zu speziellen Monitoren (Videoanlagen) zur Identifizierung der Besucher zweckmäßig.

Die Anforderungen an die erforderliche Installation bei Klingel-, Türöffner- und Türsprechanlagen mit oder ohne Bildübertragung können sehr unterschiedlich sein. Grundsätzlich muss unterschieden werden zwischen einer **konventionellen Installation** mit einer hohen Anzahl von Verbindungsleitungen und einer **Installation in Zweidraht-Bustechnik**, bei der nur zwei Verbindungsleitungen je Audio- und Videokanal zwischen den Komponenten erforderlich sind, *Bild 12-92*. Deshalb ist eine rechtzeitige Festlegung auf die gewünschte Installationsart sehr wichtig.

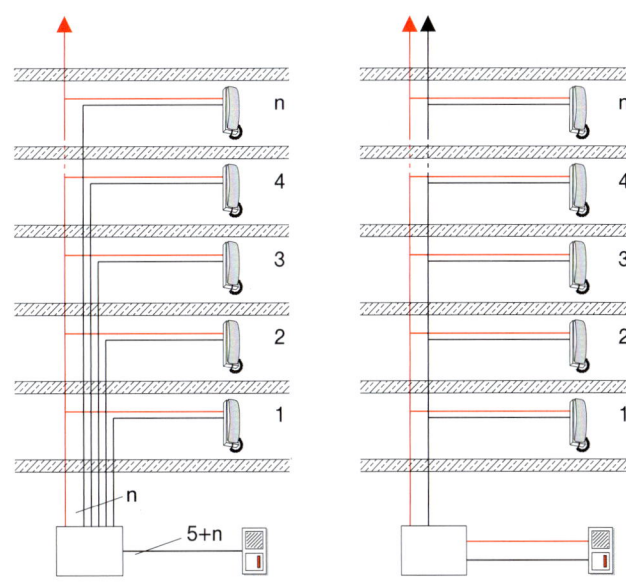

12-92 Vergleich von konventioneller Leitungsverlegung (links) und Zweidraht-Bustechnik (rechts)

Die Installation einer konventionellen Klingel-, Türöffner- und Türsprechanlage mit oder ohne Bildübertragung lässt sich in Installationsrohren unter Putz ausführen.

Als Leitungsmaterial stehen PVC-Schaltdraht YV, PVC-Klingelstegleitung I-FY, Kunststoffmantelleitung YR, Installations-Kunststoffkabel I-Y(St)Y sowie geschirmte BUS-Leitungen YCYM und für Verlegung in Erde Außen-Installationskabel A-2YF(L)2Y zur Verfügung. Je nach gewähltem System bzw. der Installationsart können für die Bildübertragung Koaxialkabel notwendig sein.

Grundsätzlich sollen die Leitungen getrennt von Wechselspannung führenden Starkstromleitungen verlegt werden, da sonst die Gefahr von Brummeinstreuung besteht. Wichtig ist auch die richtige Auswahl der Verteilerdosen und -kästen. Türsprechanlagen können als **Wechselsprech- oder Gegensprechanlagen** ausgeführt sein. Bei der Wechselsprechanlage kann abwechselnd nur eine Sprechrichtung übertragen werden. Die komfortablere Gegensprechanlage lässt stets einen Informationsfluss in beiden Richtungen zu und ist mittlerweile Standard.

Mit der Zweidraht-Bustechnik, *Bild 12-92*, können alle Funktionen einer Klingel-, Türöffner-, Türsprech- und Türfernsehanlage umgesetzt werden. Die Installation des Audiokanals kann in Stern-, Reihen- oder Baumstruktur, die des Videokanals in Reihenstruktur erfolgen. Als Leitungsmaterial werden im Allgemeinen Installations-Kunststoffkabel I-Y(St)Y bzw. Außen-Installationskabel A-2YF(L)2Y 2 × 2 × 0,8 mm empfohlen.

Eine Ankopplung an die Gebäudesystemtechnik, Abschnitt 17, ist möglich.

13.5.2 Gefahrenmeldeanlagen (GMA) für Brand (BMA), Einbruch (EMA) und Überfall (ÜMA)

Ziel der Gefahrenmeldeanlagen ist es, anstehende Gefahren so früh wie möglich zu erkennen und zu signalisieren:

– Brandmeldeanlagen (BMA) sind Anlagen, die Brände zu einem frühen Zeitpunkt erkennen und melden und/oder die zum direkten Hilferuf bei Brandgefahren dienen.

– Einbruchmeldeanlagen (EMA) sind Anlagen, die Gegenstände auf unbefugte Wegnahme sowie Flächen und Räume auf unbefugtes Eindringen automatisch überwachen.

– Überfallmeldeanlagen (ÜMA) sind Anlagen, die Personen den direkten Hilferuf bei Überfällen ermöglichen.

Gefahrenmeldeanlagen gewinnen immer mehr an Bedeutung. Auskünfte über geeignete Anlagen geben die Kriminalpolizei sowie der Gesamtverband der Deutschen Versicherungswirtschaft (GDV). Gefahrenmeldeanlagen sind auf das zu schützende Objekt speziell abzustimmen. Zur Projektierung und Montage sind erfahrene Firmen heranzuziehen. Gefahrenmeldeanlagen müssen DIN VDE 0833-1 entsprechen, für Brandmeldeanlagen ist zusätzlich DIN VDE 0833-2 heranzuziehen, für Einbruchmeldeanlagen und Überfallmeldeanlagen gilt zusätzlich DIN VDE 0833-3.

Bei Gefahrenmeldeanlagen wird das Ruhestromprinzip angewendet, bei dem die Meldekontakte im Normalzustand geschlossen sind und ein kleiner Stromfluss besteht. Wird der Stromfluss unterbrochen oder verändert, führt dies zum Alarm.

Wichtig ist es, dass bereits beim Bau des Hauses die Installation des Leitungsnetzes für die Gefahrenmeldeanlagen berücksichtigt wird.

In Wohngebäuden werden **Brandmeldeanlagen** zur internen Signalisierung verwendet. Eine Brandmeldung an eine öffentliche Brandmeldeanlage der Feuerwehr ist nicht vorgesehen, eine Auslösung, z. B. von Sprühwasser-Löschanlagen, ist jedoch möglich.

Innerhalb von Wohnungen werden meist optische **Rauchmelder** verwendet. Die Geräte verfügen über eine Batterie und sind nicht an ein Leitungsnetz gebunden.

Sie sollten aber über eine Leitung vernetzt werden, dann signalisieren auch die Geräte, die nicht angesprochen haben. Es sind auch Geräte auf dem Markt, die über Leitungen oder ein Funkmodul vernetzt werden können. Höherwertige Geräte verfügen über einen automatischen Selbsttest der gesamten Elektronik und zeigen den fälligen Batteriewechsel frühzeitig an.

Bei **Einbruchmeldeanlagen** für den Wohnbereich ist grundsätzlich zwischen Außenhaut- und Innenraumüberwachung zu unterscheiden.

Bei der **Außenhautüberwachung**, *Bild 12-93*, werden alle möglichen Einstiegsstellen elektrisch überwacht. Fenster und Glastüren müssen gegen unbefugtes Öffnen und Glasbruch überwacht werden. Für die Überwachung gegen Öffnen dienen Magnetkontakte (Reedkontakte), die mit einem Dauermagneten betätigt werden. Die Art der Fenster bestimmt die Montagestelle der Kontakte. Zur Sicherung gegen Glasbruch muss jede Scheibe eines Mehrscheibenfensters durch Erschütterungskontakte oder Glasbruchsensoren überwacht werden, die auf der Innenseite der Scheiben mit Spezialkleber befestigt sind.

Bei Haustüren dienen Riegelkontakte zusätzlich zur Verschlusskontrolle des Schlosses. Zum Scharfschalten der Einbruchmeldeanlage können diese Riegelkontakte genutzt werden, oder es werden Transponder zum berührungslosen Bedienen verwendet.

Wenngleich der Grundriss jeder Wohnung anders ist, lassen sich doch einige Leitlinien aufstellen. Am Beispiel in *Bild 12-94* wird eine Einbruchmeldeanlage mit Außenhautüberwachung gezeigt, die nachfolgend erläutert wird. Sämtliche Fenster dieser Wohnung sind mit Erschütterungs- und Magnetkontakten ausgerüstet und müssen daher bei eingeschalteter Anlage geschlossen sein. Das Wohnzimmer wird zusätzlich durch einen Passiv-Infrarotmelder überwacht. Auch die Diele – zentraler Durchgangsbereich – wird mit einem Passiv-Infrarotmelder als Fallensicherung geschützt. Die Eingangstür ist mit einem Blockschloss sowie einem Türriegelkontakt gesichert. Die Zentrale ist im gesicherten Bereich untergebracht. An der Eingangstür und im Schlafzimmer befinden sich Überfallmelder, die von Hand Alarm auslösen. Im Treppenraum oder auf dem Dach wird eine elektronische Kleinsirene mit Warnleuchte installiert, die bei Alarm die Nachbarn aufmerksam macht. Durch akustische bzw. optische Signale kann jederzeit der Schaltzustand der Anlage festgestellt werden. Die Anlage kann entweder von außen – über einen Transponder oder über einen Tür-Riegelkontakt – oder von innen – direkt an der Zentrale – ein- oder ausgeschaltet werden.

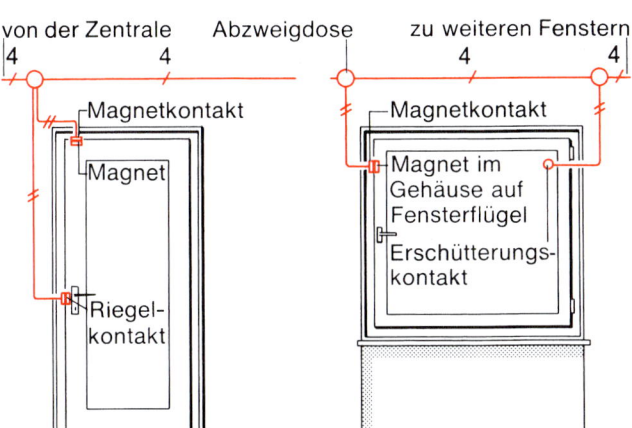

12-93 Sicherung einer Tür (links) mit Magnet- und Riegelkontakt bzw. eines Fensters (rechts) mit Magnetkontakt und Erschütterungsmelder

Die **Innenraumüberwachung** erfolgt mit Bewegungsmeldern zur Erfassung sich bewegender Täter. Bevorzugt ist sie bei Objekten anzuwenden, die nur bei Abwesenheit von Personen scharf geschaltet werden, sowie dort, wo aus baulichen Gründen eine lückenlose Außenhautüberwachung nicht möglich ist. Für die Innenraumüberwachung bieten sich Infrarot-, Mikrowellen- und Ultraschallmelder an. Für den Wohnbereich werden häufig

12 Elektroinstallation

passive Infrarotmelder eingesetzt, die auf Veränderung der Wärmestrahlung durch sich bewegende Personen reagieren.

Örtlicher Alarm wird am Tatort durch optische oder akustische Signale gegeben. Es besteht auch die Möglichkeit, den Alarm still – ohne dass es der „Störer" merkt – an eine externe Stelle wie Nachbarn, Wach- und Schließgesellschaften oder auch auf ein Mobiltelefon weiterzuleiten. Zur Stromversorgung sollten nach Möglichkeit zwei voneinander unabhängige Systeme, z. B. Netz und Batterie, verwendet werden, wobei sich die Batterie in aller Regel in der Zentrale befindet.

Einbruchmeldeanlagen zur Innenraumüberwachung mit Funkübertragung benötigen kaum Leitungen.

Überfallmeldeanlagen kommen in Wohngebäuden praktisch nur in Verbindung mit Einbruchmeldeanlagen vor.

14 Rundfunk- und Kommunikationsanlagen (RuK)

14.1 Allgemeines

Anlagen zum Empfangen, Verteilen und Übertragen von Radio/TV/Daten (RuK) sind nach den Normen der Reihe DIN EN 50083 (VDE 0855), DIN EN 50173, DIN EN 50174, DIN 18015 und den Bestimmungen des Kabelnetzbetreibers zu planen und zu errichten.

Rundfunk- und Kommunikationsanlagen (RuK) sind als Bestandteil der elektrischen Anlage von Wohngebäuden zu planen.

In Europa haben sich Programmanbieter, Gerätehersteller, Netzbetreiber (NB) und Behörden zusammengeschlossen, um das digitale Fernsehen (DVB = Digital Video Broadcasting) voranzutreiben. Die **Antennenanlagen** ermöglichen den Empfang von digitalen Radio- und Fernsehsignalen terrestrischer Sender (DVB-T) mit Zimmerantennen oder herkömmlichen Antennen. Die Verbreitung

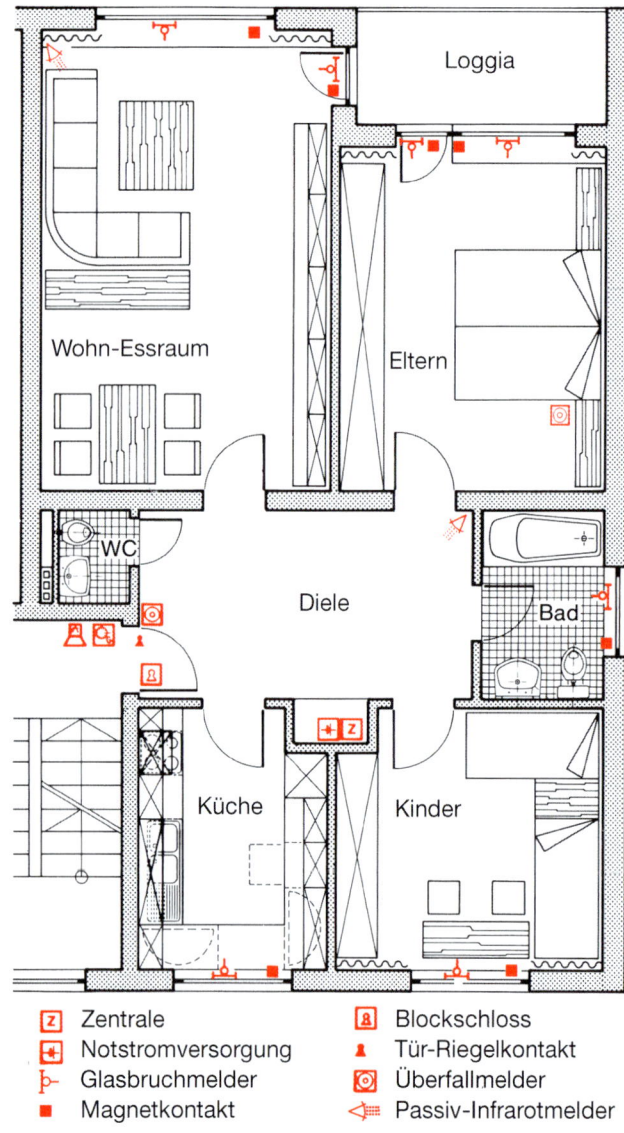

12-94 Prinzipdarstellung einer gesicherten Wohnung

analoger Fernsehsignale wurde in Deutschland eingestellt. Satellitensignale (auch digitale) können mit Parabolantennen (Satellitenschüsseln) empfangen werden. Digitaler Satellitenempfang wird als DVD-S bezeichnet.

Beim **Kabel-Anschluss** werden die Radio-TV-Datensignale nicht über die Antenne des Hauses empfangen, sondern über das Breitbandverteilnetz eines NB angeboten. Es werden sowohl analoge als auch digitale Signale (DVB-C) verbreitet. Darüber hinaus sind – regional unterschiedlich – über das digitale Breitbandkabelnetz Telefonie und Internetnutzung möglich.

Mit DVB-C ist die Übertragung von digitalen Mehrwertdiensten (z. B. Multimedia) über Kabelanschluss möglich. In der Regel ist das die digitale Verbreitung von Radio-TV-Datensignalen.

Das Angebot an digitalen Programmen übersteigt mittlerweile deutlich das analoge Angebot. Die überwiegende Zahl der neuen Fernsehgeräte und Rekorder kann mittlerweile die digitalen Signale direkt verarbeiten, sodass je Empfangsgerät kein Zusatzgerät (Set-Top-Box) mehr notwendig ist.

Bei vielen Anbietern (z. B. private Anbieter) können zahlreiche Programme nur nach Entschlüsselung durch eine SmartCard empfangen werden. Nachdem verschiedene Verschlüsselungsarten bestehen, sollte der Receiver mit einem Common-Interface (CI) ausgestattet sein, um für die unterschiedlichen Verschlüsselungen gerüstet zu sein.

Der Hausübergabepunkt (HÜP), der in der Regel im Keller eines Hauses installiert wird, ist die Verknüpfungsstelle zwischen dem Breitbandverteilnetz und der privaten Hausverteilanlage.

14.2 Installationsrohrnetz und Verteilnetz

Antennenleitungen müssen auswechselbar und gegen Beschädigung geschützt verlegt werden. Die direkte Verlegung im Putz ist nicht zulässig.

Die Ausführung der Rohrnetze für Rundfunk- und Kommunikationsanlagen (RuK) ist die gleiche wie bei Informations- und Kommunikationsanlagen, siehe Abschnitt 13.2. Diese Rohrnetze sind in *Bild 12-87* bis *Bild 12-89* dargestellt. Nach DIN 18015-1 sind mind. zwei Installationsrohre zwischen dem obersten Geschoss (Dachgeschoss) und dem untersten Geschoss (Kellergeschoss) mit einem Innendurchmesser von je mind. 32 mm vorzusehen. Für die Wohnungszuführung sind Installationsrohre mit mind. 25 mm erforderlich, *Bilder 12-87* bis *12-89*.

Damit ist die Möglichkeit zur Nutzung aller Empfangsarten:

– terrestrische Antenne,

– Satellitenantenne und

– Breitband-Kommunikationseinspeisung,

gegeben. Eine nachträgliche Erweiterung oder Umrüstung auf Breitbandkabel-Einspeisung wird dadurch wesentlich erleichtert.

Vom zentralen Verteilpunkt sind die Installationsrohre stern- bzw. etagensternförmig auszuführen, *Bilder 12-87* bis *12-89*. Außer den Rohren sind Verteilerkästen und Geräte-Verbindungsdosen vorzusehen. Etagensternnetze sind für Gebäude mit mehr als acht Wohneinheiten zu installieren.

Verteiler, Abzweiger und Verstärker des Netzes, die nicht zur Wohnungsverteilung gehören, sind in allgemein zugänglichen Räumen, z. B. Fluren, Kellergängen, Treppenräumen (ausgenommen Sicherheitstreppenräumen), anzuordnen.

Für die Verteilnetze ist der **Funktionspotenzialausgleich** herzustellen und mit der Haupterdungsschiene des Gebäudes nach DIN VDE 0100-410 zu verbinden, *Bild 12-22*.

Der Platz für Verstärkeranlagen soll erschütterungsfrei und trocken sein. Auf die Angabe des Herstellers über die zulässige Umgebungstemperatur ist wegen der elektronischen Bauteile zu achten. Für den Anschluss des

Antennenverstärkers ist ein eigener Stromkreis erforderlich.

Für die Montage von **Antennensteckdosen** sind 60 mm tiefe Geräte-Verbindungsdosen für Unterputz-Installation zu verwenden, *Bild 12-76*.

14.3 Antennenanlagen

Da empfangstechnische Bedingungen, wie Ausschaltung von Störquellen und Ähnliches, zu berücksichtigen sind, sollte man rechtzeitig eine Fachfirma mit der Planung und Errichtung der Antennenanlage (auch Satellitenantenne) beauftragen.

Der Zugang zu Schornsteinen oder Abluftgebläsen darf nicht durch Antennen behindert werden. Die Befestigung von Antennen an Schornsteinen sollte wegen der mechanischen Beanspruchung vermieden werden. Auf den erforderlichen Sicherheitsabstand zu Freileitungen ist zu achten.

An Befestigungspunkte für Antennenträger und Einführungen von Antennen- und Erdungsleitungen ist bereits bei der Gebäudeplanung zu denken. Dies gilt insbesondere für Flachdächer. Über dem Dach angeordnete Antennen sind in den Funktionspotenzialausgleich einzubeziehen und zu erden.

14.4 Anzahl der Antennensteckdosen

DIN 18015-2 sowie HEA/RAL legt die Anzahl der Steckdosen für Radio/TV/Daten nach der Nutzungsart der Räume fest, *Bild 12-86*.

15 Blitzschutz

15.1 Allgemeines

Gewitterüberspannungen lassen sich in zwei Gruppen einteilen:

– Überspannungen, die bei **Naheinschlägen** entstehen, das sind Blitzeinschläge in das Gebäude, z. B. in die Blitzschutzanlage;
– Überspannungswanderwellen, die über das Mittel- und Niederspannungsnetz laufen und durch **Ferneinschläge** in mehr oder weniger großer Entfernung vom Gebäude entstehen.

Bei Naheinschlägen fließen hohe Ströme über das Gebäude, die Brandgefahr und thermische Zerstörungen zur Folge haben. Zum anderen können in metallenen Systemen, die im Gebäude vorhanden sind, Überspannungen induziert werden.

Bei Ferneinschlägen breiten sich die Überspannungswanderwellen mit Lichtgeschwindigkeit aus. Durch Überschläge an den Netztransformatoren können auch Überspannungen aus dem Mittelspannungsnetz über das Niederspannungsnetz zu den Gebäuden gelangen. Die Überspannungen können einige 10 kV betragen. Dadurch wird die elektrische Festigkeit vieler Bauteile überschritten, was häufig zu deren Zerstörung führt.

Ein umfassender Blitzschutz besteht deshalb aus dem **Äußeren Blitzschutz**, der die hohen Blitzströme aus direkten Einschlägen kontrolliert ableitet, und dem **Inneren Blitzschutz**, der durch Blitzschutzpotenzialausgleich und Überspannungs-Schutzeinrichtungen die aktiven Leiter und die angeschlossenen Geräte einschließlich der elektronischen Bauteile schützt.

Für die Planung und die Ausführung der Blitzschutzanlage ist DIN EN 62305-x (VDE 0185-305-x) heranzuziehen. Bereits bei der Planung von Neubauten muss festgestellt werden, ob ein Gebäude eine Blitzschutzanlage erhalten soll.

15.2 Äußerer Blitzschutz

Der äußere Blitzschutz hat die Aufgabe, Blitzeinschläge einzufangen, den Blitzstrom zur Erde abzuleiten und in der Erde zu verteilen, ohne dass Schäden am Gebäude auftreten. Überschläge und für Personen gefährliche Berührungs- oder Schrittspannungen im Inneren des Gebäudes sollen ebenfalls verhindert werden.

Wohngebäude erhalten im Allgemeinen nur dann eine Blitzschutzanlage, wenn eine besondere Blitzgefährdung vorliegt. Das trifft zu für Hochhäuser, für Gebäude mit besonders großer Grundfläche oder in exponierter Lage, z. B. an einem Hang, auf einer Hügelkuppe oder auf einem Berg. Außerdem ist ein Blitzschutz in jedem Fall vorzusehen bei Gebäuden mit weicher Bedachung, z. B. Reetdach. Wird durch die Bauordnung des Landes oder durch eine besondere Verordnung eine Blitzschutzanlage nicht zwingend vorgeschrieben, liegt die Entscheidung über die Notwendigkeit einer Blitzschutzanlage im Ermessen der Bauaufsichtsbehörde, des Besitzers oder Betreibers. Im Zweifelsfall sollte der Bauherr einen Sachverständigen zurate ziehen.

Der äußere Blitzschutz mit **Auffangeinrichtung, Ableitungen und Erdungsanlage** schützt das Gebäude vor Schäden durch direkte Blitzeinschläge. Als Blitzschutzerder bietet sich in der Regel der Fundamenterder an, wenn die erforderlichen Anschlussfahnen für die Ableitungen nach außen geführt sind, *Bild 12-95* und Abschnitt 5.2.5. Zusätzliche Kosten für einen separaten Blitzschutzerder können dann eingespart werden.

Für die Ableitungen sollte aus wirtschaftlichen und architektonischen Gründen so weit wie möglich eine unsichtbare Verlegung vorgesehen werden, z. B. in Stahlbeton oder unter Putz. Die Zugänglichkeit der Messtrennstellen muss jedoch in jedem Fall sichergestellt sein.

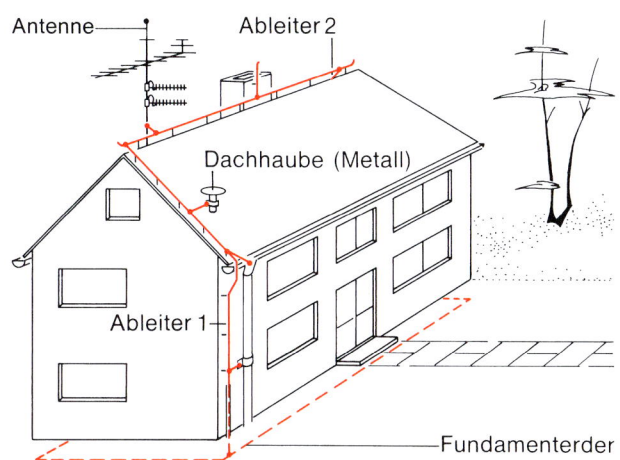

12-95 Äußere Blitzschutzanlage (Prinzip)

15.3 Blitzschutz-Potenzialausgleich

Der Blitzschutz-Potenzialausgleich, *Bild 12-96*, gehört zum Funktionspotenzialausgleich und beinhaltet alle zusätzlichen Maßnahmen gegen die Auswirkungen des Blitzstromes aus Nah- und Ferneinschlägen auf die

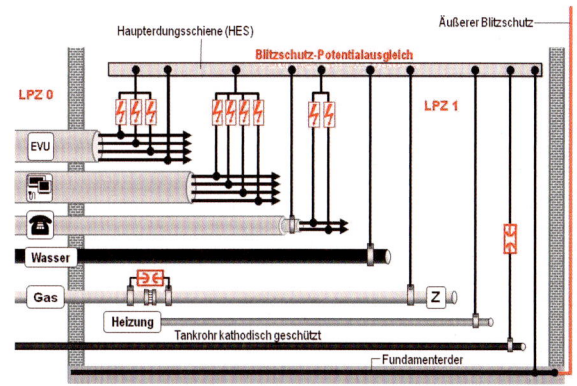

12-96 Funktionspotenzialausgleich für den Blitzschutz

metallenen Installationen und elektrischen Anlagen im Gebäude. Es werden alle leitfähigen Anlagenteile eines Gebäudes einbezogen, dazu gehören Metallkonstruktionen, Stahlbetonarmierungen, Bewehrungen, Rohrleitungen und auch alle aktiven Leiter von gebäudeüberschreitenden elektrischen Leitungen der Starkstromversorgung sowie Leitungen der Kommunikations- und Informationstechnik.

Das Einbeziehen der Leitungen in den Blitzschutz-Potenzialausgleich nach DIN EN 62305-x (VDE 0185-305-x) schützt nicht nur die elektrischen und elektronischen Anlagen. Es ist ein wesentlicher Bestandteil eines Gesamtkonzepts, das bei direktem Blitzeinschlag nicht nur das Gebäude vor Brand oder mechanischen Schäden bewahrt, sondern auch elektrische und elektronische Geräte in einem Gebäude zuverlässig schützt.

Außenantennenanlagen sind immer in eine Blitzschutzmaßnahme einzubeziehen, Abschnitt 14.

15.4 Überspannungs-Schutzeinrichtungen

Die Überspannungs-Schutzeinrichtungen sollen Überspannungen auf Werte unterhalb der Spannungsfestigkeit von Installation und zu schützenden Geräten begrenzen. Je nach den Anforderungen werden Überspannungs-Schutzeinrichtungen mit unterschiedlichen Leistungsmerkmalen (Schutzpegel, Ableitvermögen usw.) eingesetzt, *Bild 12-97*. Sind für ein System mehrere Überspannungs-Schutzeinrichtungen vorgesehen, sind diese aufeinander abzustimmen.

Während einer Überspannungsbeaufschlagung begrenzen die Schutzeinrichtungen die Spannung auf Werte unterhalb der geforderten Isolationsfestigkeit bzw. der Spannungsfestigkeit.

In einem solchen umfassenden Überspannungs-Schutzkonzept werden alle gefährdeten aktiven Leitungswege mit geeigneten Schutzeinrichtungen beschaltet und so in den Potenzialausgleich einbezogen. Somit können keine

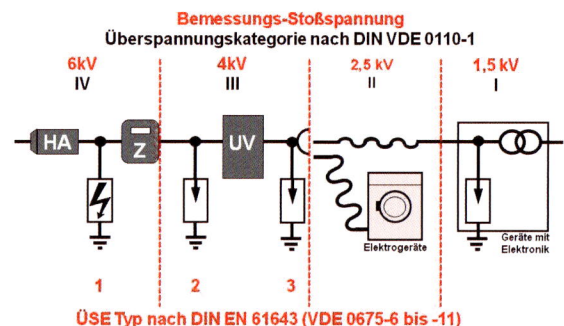

12-97 Überspannungskategorien und Typen der Überspannungs-Schutzeinrichtungen

gefährlichen Potenzialunterschiede mehr auftreten, die Anlage bzw. die angeschlossenen Geräte können nicht überbeansprucht werden. Nach Abklingen der Überspannung stehen alle Funktionen wieder zur Verfügung.

Entsprechend den unterschiedlichen Anforderungen, die als Überspannungskategorien definiert sind, werden Schutzeinrichtungen mit unterschiedlichen Anforderungsklassen eingesetzt. Je nach **Überspannungskategorie** werden die Überspannungs-Schutzeinrichtungen in die **Typklassen** 1, 2 und 3 eingeteilt.

Überspannungs-Schutzeinrichtungen der **Typklasse 1** werden zwischen Hausanschluss und Zählerplatz eingesetzt und als Blitzstromableiter bezeichnet. Sie sind so ausgelegt, dass sie die am Einbauort zu erwartenden Stoßstrombeanspruchungen ohne Zerstörung tragen können. Die Spannungsbegrenzung, auch Schutzpegel genannt, ist auf Werte unter 4 kV ausgelegt. Überspannungs-Schutzeinrichtungen der **Typklasse 2** begrenzen transiente Überspannungen auf einen für die Verbraucheranlage ungefährlichen Wert ($\leq 1{,}5$ kV).

Überspannungs-Schutzeinrichtungen der **Typklasse 3** werden in der fest verlegten Elektroinstallation bis hin zu den Steckdosen und Geräte-Anschlussdosen eingesetzt.

Der Schutzpegel zwischen aktiven Leitern und Erde liegt unter 1,5 kV. Überspannungs-Schutzeinrichtungen der Typklasse 3, die empfindliche Geräte schützen sollen, sind als Überspannungsschutz-Steckdosen, als Steckdosenleisten oder als Steckdosen mit Überspannungsschutz und als Einbaugeräte für den Stromkreisverteiler erhältlich. Steckdosenleisten und Steckdosenadapter gibt es mit integriertem Überspannungsschutz für das 230-V-Netz und für Datenkommunikation. Besonders bei diesen Überspannungs-Schutzeinrichtungen ist darauf zu achten, dass sie normenkonform sind.

15.5 Notwendigkeit des Überspannungsschutzes

Ein Überspannungsschutz ist erforderlich, wenn empfindliche elektronische Geräte genutzt werden und durch ferne Blitzeinschläge und/oder Überspannungen durch Schalthandlungen eine Bedrohung gegeben ist. Durch eine vereinfachte Risikoanalyse nach DIN VDE 0100-443, normativer Anhang B, kann ermittelt werden, ob diese Gefährdung vorliegt. Die Berechnung nach DIN VDE 0100-443 macht bei vielen Gebäuden einen Überspannungsschutz notwendig. Hinzu kommt, dass viele elektronische Endgeräte nur der Überspannungskategorie I nach DIN VDE 0100-443 entsprechen. Deshalb ist es in vielen Fällen notwendig, ÜSE vom Typ 2 bzw. Typ 3 einzubauen.

16 Erneuerung der Elektroinstallation

16.1 Allgemeines

In älteren Wohnungen können die heute gebräuchlichen Elektrogeräte oftmals nicht oder nur mit Einschränkungen angeschlossen werden, weil Installationsleitungen sowie die Anzahl der Steckdosen und Stromkreise nicht ausreichen. Somit ist oft eine Ergänzung der Elektroinstallation oder sogar eine Erneuerung erforderlich.

Die Planung einer Elektroinstallation im Altbau erfordert eine genaue Kenntnis der Räume bzw. Häuser mit ihrer vorhandenen Installation und der beabsichtigten Ausstattung.

Im Allgemeinen können beim Umbau zwei Wege beschritten werden:

– das Ergänzen und Erweitern der vorhandenen elektrischen Anlagen für den gerade anfallenden Bedarf;

– die generelle Renovierung, d. h. das Einbringen einer zukunftsgerechten neuen Elektroinstallation.

Der letztgenannte Weg kann in Etappen ausgeführt werden, indem zuerst – z. B. bei der Renovierung des Treppenhauses – Hauptleitungen, Zählerplätze und evtl. Stromkreisverteiler auf den notwendigen zukunftssicheren Stand gebracht werden. In weiteren Renovierungsabschnitten ist die Wohnungsinstallation zukunftsgerecht auszuführen.

Die Änderung/Erweiterung der Elektroinstallation in Altbauten unterliegt ebenfalls den TAB des Netzbetreibers, den VDE-Bestimmungen sowie dem sonstigen elektrotechnischen Regelwerk. Es ist deshalb unbedingt eine enge Zusammenarbeit zwischen dem Wohnungs- oder Hausinhaber, dem ausführenden Elektroinstallateur und dem Planer notwendig. Der NB ist nur einzubeziehen, wenn der Netz-(Haus-)anschluss oder die Zählanlage verändert werden sollen.

Gute Hilfe bieten der „Modernisierungsratgeber" und die Broschüre „Bestandsschutz" der Initiative Elektro+ (*www. elektro-plus.com*).

16.2 Leitungsverlegung bei der Erneuerung

16.2.1 Unterputzverlegung

Die Ergänzung kann mit Stegleitung, Mantelleitung oder mit Installationskanälen vorgenommen werden. Bei Stegleitungen ist darauf zu achten, dass keine brennbaren Teile gekreuzt werden. Die Mantelleitung NYM lässt sich unter Putz, im Putz und hinter Wandbekleidungen verlegen. Wird die Mantelleitung unter Putz, also unsichtbar, verlegt, sind bei der Leitungsführung die Installationszonen DIN 18015-3, *Bilder 12-63* bis *12-66*, zu beachten.

16.2.2 Verwendung von Elektro-Installationskanälen

Eine weitere Möglichkeit der nachträglichen Leitungsverlegung bietet sich mit dem Einsatz von Elektro-Installationskanälen. Es gibt sie in den vielfältigsten Formen und Abmessungen. Sie werden für reine Leitungsführung, aber auch für Leitungsführung und Geräteeinbau angeboten. Leitungsführungskanäle können z. B. für Hauptleitungen in Treppenräumen und -fluren verwendet werden.

Bei der Erneuerung können die Sockelleisten durch sog. **Sockelleisten-Installationskanäle** ersetzt werden, die die erforderlichen Leitungen aufnehmen und die Integration von Steckdosen, Kommunikationssteckdosen für IuK und RuK ermöglichen.

Elektro-Installationskanäle können z. B. auch unterhalb der Fensterbänke von Wand zu Wand, entlang Türzargen usw. eingesetzt werden. Andere Bauformen können in der Küche als Installations-Versorgungsschienen mit Steckdosen und Leitungsschutzschaltern Verwendung finden.

16.2.3 Nutzung vorhandener Schächte und Rohre

Vor dem Ergänzen und Erneuern elektrischer Installationsanlagen ist zu prüfen, ob bauliche Gegebenheiten wie Schächte, nicht mehr benutzte Rohre usw. für die Leitungsführung verwendet werden können. Auf die Reduzierung der zu übertragenden Leistung durch das Verlegen der Leitungen in Rohren ist zu achten.

Die in Kanälen hängenden Leitungen sind sorgfältig abzufangen, da sonst Kaltfluss des PVCs erfolgt, und die elektrischen Eigenschaften von Kabel oder Leitung nicht mehr gegeben sind. Die Längen sind begrenzt. Am einfachsten ist das Abfangen am Tragseil.

16.3 Erneuerung von Hauptleitung und Stromkreisverteiler

Stromkreisverteiler sitzen in alten Anlagen häufig noch auf Putz. Sie sollten durch neue Aufputz- oder noch besser durch Unterputzverteiler ersetzt werden, da die alten Verteiler durch nachträgliche Umbauarbeiten sicherheitstechnisch oft nicht mehr unbedenklich sind. Ist der Stromkreisverteiler noch in Ordnung, sollte geprüft werden, ob die Einbauten noch dem Stand der Technik entsprechen.

Alte Leitungsschutzschalter und Sicherungen sind oft breiter als die heutigen. Durch Austausch der alten Überstrom-Schutzeinrichtungen gegen neue Leitungsschutzschalter kann Platz für mehr Stromkreise geschaffen werden.

In Altbauten, in denen vielfach noch Hauptleitungen mit geringem Querschnitt und in nicht ausreichender Anzahl vorhanden sind, empfiehlt es sich, bei Modernisierung des Treppenraums auf jeden Fall die Hauptleitungen durch zeitgemäß dimensionierte Leitungen zu ersetzen.

17 Gebäudesystemtechnik

17.1 Allgemeines

Die Gebäudesystemtechnik regelt, überwacht, steuert und optimiert elektrische Funktionen und Anwendungen im Gebäude. Sie hat sich in Büro-, Verwaltungs- und Industriegebäuden seit Jahren bewährt. Auch in Wohngebäuden mit komfortabler Ausstattung wird die Gebäudesystemtechnik sinnvoll und wirtschaftlich eingesetzt, wenn viele Steuerungsaufgaben und Ähnliches mehr zu erfüllen sind. Die Anforderungen an eine Gebäudesystemtechnik sind in DIN 18015-4 sowie in RAL-RG 678 beschrieben. RAL/HEA geben mit den Austattungswerten *plus* ein neutrales Bewertungskriterium.

Mit dem einheitlichen, offenen und aufwärts kompatiblen **BUS-System KNX/EIB** kann eine Vielzahl von Produkten unterschiedlicher Hersteller eingesetzt werden. Nur von einem akkreditierten Prüflabor getestete und zertifizierte Produkte dürfen das KNX-Warenzeichen führen, *Bild 12-98*.

Ein weiterer Schritt ist der KNX-Standard, der den bisherigen EIB-Standard beinhaltet und eine einheitliche Plattform für die Integration der betroffenen Gewerke (z. B. Heizung, Lüftung, Sanitär, Markisen, Rollläden, Beleuchtung) geschaffen hat. EIB-Geräte können im KNX-Standard eingesetzt werden.

Die gewerkeübergreifende Kommunikation der Systemkomponenten untereinander kann über verschiedene Übertragungsmedien erfolgen:

– **Installationsbus Twisted Pair TP**
  Übertragung der Daten über ein verdrilltes Adernpaar. Die BUS-Leitungen dürfen beliebig verzweigt werden und benötigen keine Abschlusswiderstände.

– **Powerline EIB PL**
  Übertragung durch überlagerte Signale auf der 230-V-Leitung. Powerline EIB eignet sich für kleinere bis mittlere Anlagen. Empfohlen wird die genauer Beachtung der Herstellerangaben, Abschnitt 17.6.

– **KNX-Funk RF**
  Übertragung durch Funk als Ergänzung zu bestehenden Twisted Pair-Anlagen, aber auch eigenständig für kleinere bis mittlere Anlagen, Abschnitt 17.7.

17.2 Grenzen der konventionellen Elektroinstallation

Eine Vielzahl von elektrischen „Helfern" im täglichen Leben sind heutzutage sowohl im Wohnbereich als auch im beruflichen Bereich vorzufinden. Voraussetzung für das Betreiben all dieser Geräte ist eine qualitativ und quantitativ den Anforderungen entsprechende Elektroinstallation.

Während Elektrogeräte früher nur die Versorgung mit elektrischer Energie benötigten, besitzen sie heute oft, z. B. zur Steigerung der Energieeffizienz und des Komforts, „Sinnesorgane" (Sensoren) und Melder oder Stellglieder (Aktoren). Die Sensoren melden z. B. am Wintergarten eine zu starke Sonneneinstrahlung oder zu starken Wind und lassen die Markisen aus- bzw. einfahren. Sind Jalousien an den Fenstern vorhanden, muss deren Windsensor die Jalousiemotoren ansteuern. Zwangsläufig ergibt sich ein Leitungsnetz, weil die Signale des Sonnen- und Windsensors zu den Markisenantrieben und vom separaten Windsensor zu den Jalousiemotoren geführt werden müssen.

12-98 Warenzeichen der Konnex-Association, KNX

12 Elektroinstallation — Gebäudesystemtechnik

Neben dem elektrischen Energieversorgungsnetz sind Steuerleitungen zwischen einzelnen Bauteilen und Geräten erforderlich, z. B. für

- Heizungssteuerung,
- Lüftungssteuerung,
- Klimasteuerung,
- Einbruchmeldeanlage (Alarmanlage),
- Feuer- und Rauchmeldeanlage,
- Rollladensteuerung,
- Jalousiesteuerung,
- Markisensteuerung,
- zentrales Anzeigen von Gebäudedaten,
- Informationsübertragung an externe Dienste.

Diese Aufzählung ist nicht vollständig, zeigt aber den Trend an. So häufen sich auch in Wohngebäuden mit gehobener oder komfortabler Ausstattung die Leitungen.

Es sind mehrere Gründe, die den Wunsch nach solchen Anlagen wecken:

- Feuer- und Rauchmeldeanlagen sowie Einbruchmeldeanlagen bieten mehr Sicherheit,
- Heizungssteuerungen sparen Kosten,
- Rollladen-, Jalousie- und Beleuchtungssteuerungen erfüllen steigende Komfortwünsche und senken die Betriebskosten.

Der Einsatz jeweils separater Lösungen (Insellösungen) für die unterschiedlichen Aufgaben hat folgende nachteilige Auswirkungen:

- Insellösungen bedürfen einer sorgfältigen Vorplanung, weil spätere Änderungen nur mit erheblichem Aufwand möglich sind.
- Der Installationsaufwand für die verschiedenen Insellösungen ist hoch. Die Fülle der erforderlichen Installationsleitungen lässt sich mitunter nur schwer im Gebäude verwirklichen; das Fassungsvermögen ästhetisch vertretbarer Kabelkanäle und Installationsrohre ist schnell erschöpft, das Verlegen von Leitungen in und auf Wänden ist noch problematischer, die Brandlast im Gebäude wird erhöht.
- Bei der Nutzungsänderung oder Renovierung von Räumen ist das erforderliche Umverdrahten der Funktionsnetze oft schwierig und somit teuer.

Diese nachteiligen Aspekte führen dazu, dass Bauherren und Betreiber oft auf den Nutzen, den ihnen die Systeme im Hinblick auf Sicherheit, Kostensenkung und Komfort bieten können, verzichten.

Die Fülle von Leitungen, welche bei herkömmlicher Installation ausschließlich der Informationsübertragung dienen, nämlich Informationen, die von Sensoren ausgehen, und Informationen, die an Aktoren gerichtet sind, zeigt *Bild 12-99*. Das Installationsnetz für die Versorgung der Verbrauchsmittel mit elektrischer Energie ist dabei nicht berücksichtigt.

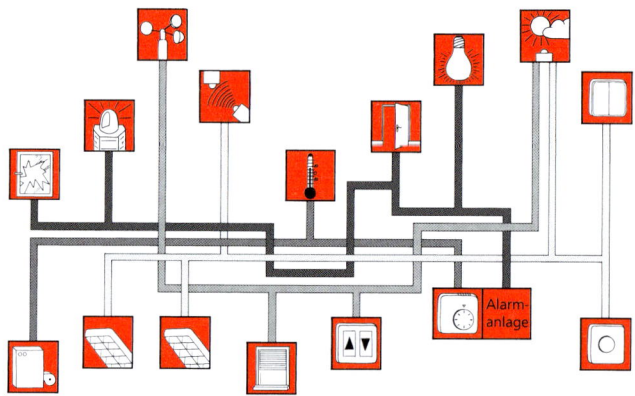

12-99 Leitungsnetze für die Informationen bei konventioneller Elektroinstallation (Insellösungen)

17.3 Vorteile der Gebäudesystemtechnik

Die Vielfalt der Leitungen für die Informationsübertragung ist aber gar nicht nötig. Um Informationen zu übertragen und auszutauschen, ist es weder erforderlich noch sinnvoll, für jede Funktion eigene Steuer- und Schaltleitungen zu verlegen. Hier ist ein System gefragt, das die bisherigen Insellösungen ersetzt und eine einfachere, flexiblere Planung sowie rationellere Verkabelung ermöglicht.

Für die Installation braucht man eine Gebäudesystemtechnik mit nur einem „Verkehrsweg", auf dem alle Informationen beliebig hin und her geschickt werden können. Diesen standardisierten Verkehrsweg bezeichnet man als Europäischen Installations-BUS (EIB).

Mit Infrarot-Fernbedienungen können entsprechende KNX-Geräte, z. B. Dimmer, angesteuert werden. Steuerbefehle können als KNX-Protokolle im System verarbeitet werden. Über geeignete Schnittstellen lassen sich KNX-Daten über das Internet oder ISDN auch zu weit entfernten Stellen übertragen.

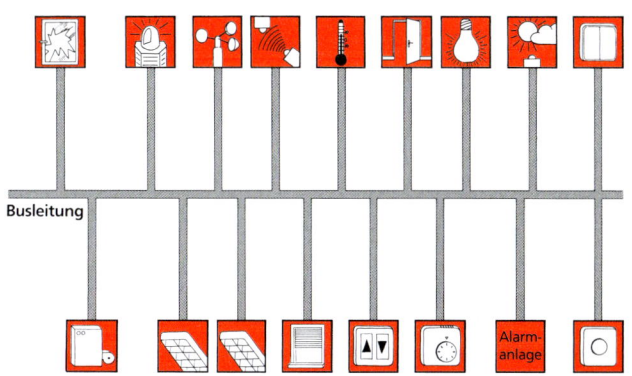

12-100 Informationsübertragung mit Informations-BUS

17.4 Ausführung des Installations-BUS

Das Übertragungsmedium ist hier ein verdrilltes Adernpaar (Twisted Pair). Gegenüber den Insellösungen, *Bild 12-99*, zeigt sich, dass der Leitungs- und Verdrahtungsaufwand für die Steuerung beim Installations-BUS, *Bild 12-100*, deutlich geringer ausfällt.

Der Installations-BUS wird zusätzlich zum Installationsnetz zur Versorgung mit elektrischer Energie verlegt, *Bild 12-101*.

Der Installations-BUS ermöglicht eine erhebliche Vereinfachung des 230-/400-V-Netzes. Die Energieversorgung führt nunmehr direkt zu den Verbrauchsmitteln, erfordert also keinen „Umweg" über das konventionelle Schaltmittel, z. B. Schalter, Thermostat, da die über den Installations-BUS ferngesteuerten Schaltmittel (Aktoren) jetzt

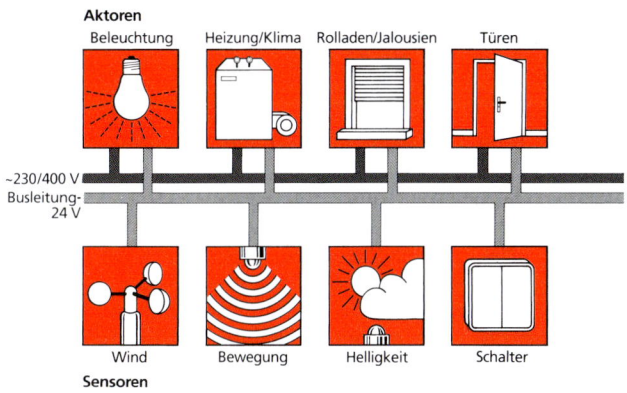

12-101 Gebäudesystemtechnik – Zusammenwirken von Installations-BUS und Starkstromversorgung

entweder direkt am Verbrauchsmittel oder im Stromkreisverteiler installiert werden können.

Der Installations-BUS kann beliebig in Linien-, Stern- oder Baumstruktur ausgeführt werden. Als BUS-Leitung ist eine abgeschirmte Leitung, z. B. eine Mantelleitung für Messen, Steuern, Regeln (MSR-Leitung) YCYM 2 × 2 × 0,8 mm (EIB-Ausführung mit 4 kV Prüfspannung) oder eine Fernmeldeleitung I-Y(St)Y 2 × 2 × 0,8 mm, zu verwenden. Benötigt werden davon nur zwei Adern. Die BUS-Leitung kann unter Putz, im Rohr, in Kanälen sowie auf Trassen verlegt werden. Die Leitungsführung der BUS-Leitung (4 kV Prüfspannung) kann unmittelbar parallel zu Starkstromleitungen des 230-/400 V-Netzes erfolgen.

Der Installations-BUS dient sowohl dem offenen Informationsaustausch zwischen frei adressierbaren Teilnehmern als auch der Versorgung der Sensoren und Aktoren mit Sicherheits-Kleinspannung 24 V DC, wobei jede BUS-Linie eine eigene Spannungsversorgung haben muss.

Von großem Vorteil ist, dass der Installations-BUS dezentral organisiert ist, also kein Umweg über eine Zentrale erforderlich ist. Die kleinste Installations-BUS-Einheit ist somit eine Linie mit daran angeschlossenen BUS-Teilnehmern, den Sensoren und Aktoren, Bild 12-102. Je BUS-Linie können bis zu 64 BUS-Teilnehmer betrieben werden.

Bei größeren Objekten können mehrere dieser Linien über Linienkoppler miteinander verbunden werden, Bild 12-103. Die Linienkoppler sind für den Einbau in Verteilern vorgesehen. Bis zu fünfzehn solcher BUS-Linien können über Linienkoppler zu einem Bereich zusammengefasst werden. In einem Bereich können somit 960 BUS-Teilnehmer (64 × 15) betrieben werden. Bei Bedarf kann die Linie mit einem Kontroller für zusätzliche

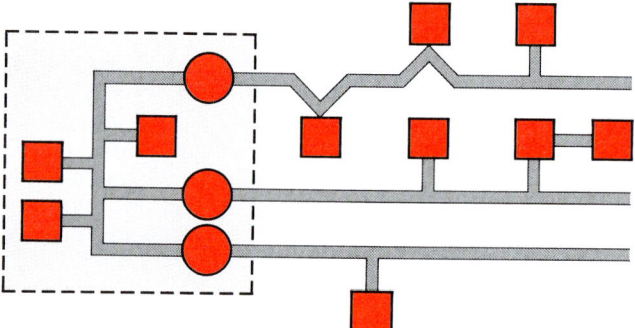

12-103 Mehrere Linien im Verteiler mit Linienkopplern ● verbunden

Funktionen ergänzt werden, Bild 12-104, z. B. für zeitgesteuerte Ereignisse, logische Verknüpfungen, Servicefunktionen oder die Protokollierung von Vorgängen.

Die BUS-Komponenten gibt es je nach Funktion und Installationsart für Unterputz-(UP)- oder Aufputz-(AP)-Montage, für den Einbau in bzw. den Anbau an Verbrauchsmittel bzw. Messwertaufnehmer sowie als Reiheneinbaugeräte zum Einbau in Verteiler, Bild 12-105.

Typische Aktoren und Sensoren in Unterputz-Ausführung sind: Schalter, Taster, Temperatur- und Bewegungssensoren, Infrarotempfänger, Anzeigeeinheiten, Bedientableaus, Kommunikationssteckdosen. Aktoren und Sen-

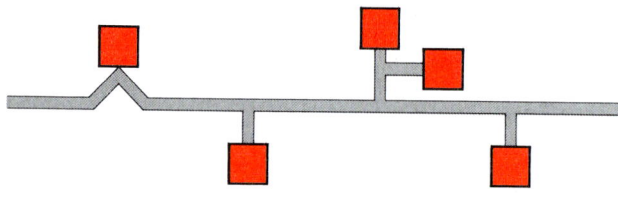

12-102 Linienaufbau mit BUS-Teilnehmern ■

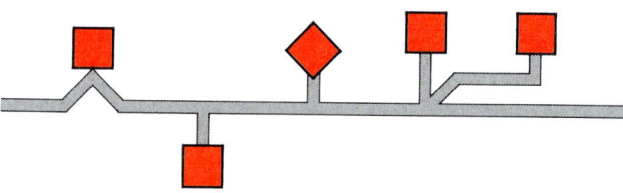

12-104 Linie mit Kontroller ◆ für zentrale Funktionen

12 Elektroinstallation — Gebäudesystemtechnik

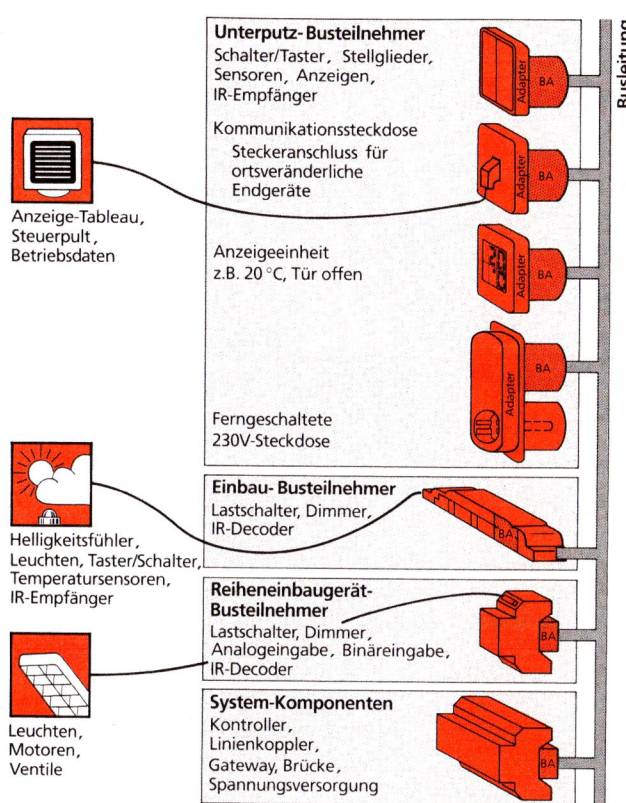

12-105 Verschiedene Ausführungen von BUS-Komponenten

BUS-Komponenten als Einbaugeräte bzw. Reiheneinbaugeräte bilden vorzugsweise eine konstruktive Einheit, sind also nicht modular aufgebaut. Als konstruktive Einheit werden sie über fest verlegte Leitungen, z. B. mit dem BUS-Ankoppler, sowie dem Aktor oder den Infrarot- bzw. Taster-Befehlseingängen verbunden.

Die Vorteile der Gebäudesystemtechnik können auch bei einer Sanierung, einem Umbau oder einer Erweiterung der Elektroinstallationsanlage genutzt werden. Hier empfiehlt sich besonders der Einsatz von BUS-Systemen, die ohne zusätzliche Leitungslegung auskommen. Je nach Anwendungsfall kann dies EIB-Powernet oder der KNX-Funk sein.

17.5 Vorbereitungen für eine zukünftige Nutzung der Gebäudesystemtechnik

Sollen die Vorteile der Gebäudesystemtechnik für die Anwendung von Funktionen wie Schalten, Steuern, Anzeigen, Melden, Überwachen und Messen zukünftig genutzt werden, empfiehlt es sich, in einem Neubau bereits vorbereitende Maßnahmen zu treffen. Der RAL/HEA Ausstattungswert 1 *plus* beschreibt die erforderlichen Maßnahmen. Die mit der Gebäudesystemtechnik zu betreibenden Einrichtungen und Komponenten sollten ausgewählt und in einem Plan erfasst werden.

Für Wohngebäude empfiehlt es sich, folgende Vorbereitungen zu bedenken:

– Installieren von BUS-Leitungen. In jeden Raum die BUS-Leitung z. B. in eine spezielle BUS-Geräte-Abzweigdose neben der Tür legen, die BUS-Leitung und eine 230-V-Leitung sollte auch dorthin weitergeführt werden, wo später Komponenten der Gebäudesystemtechnik installiert werden sollen, z. B. für Rollladenantriebe, Heizkörperventile oder für den späteren Anschluss von Fensterkontakten. Alternativ zur Installation von BUS-Leitungen können auch Installationsrohre entsprechend verlegt werden.

soren sind modular aufgebaut. Der BUS-Ankoppler und die Klemmen für die BUS-Leitung sind in der Unterputzdose untergebracht.

Das Bediengerät, z. B. Adapter mit Taster, wird direkt auf den BUS-Ankoppler aufgeschnappt. Eine Schutzkontaktsteckdose wird in Kombination mit einem BUS-Ankoppler fernschaltbar.

- Außerhalb des Gebäudes bzw. am Gebäude sollte man die BUS-Leitung ebenfalls berücksichtigen, z. B. für Außenbeleuchtung, Schreckbeleuchtung, später zu installierende Bewegungs- und Temperatursensoren, Wind- und Regenwächter oder Außenlichtsensoren.
- Die Stromkreisverteiler müssen größer dimensioniert werden, um nachträglich Installations-BUS-Geräte aufnehmen zu können, z. B. Steuergeräte, Eingabegeräte, Netzteil, Kontroller. Bei mehreren Verteilern sind diese mit einer BUS-Leitung miteinander zu verbinden.

17.6 Powerline-EIB-Technik

Bei Powerline EIB wird das vorhandene 230-/400-V-Installationsnetz außer zur Energieverteilung auch zur Übertragung von Informationen genutzt. Powerline bietet sich vor allem dort an, wo die nachträgliche Installation einer BUS-Leitung nicht gewünscht wird oder nicht möglich ist. Aus Sicht der Nachrichtentechnik ist das Installationsnetz ein offenes Netz, dessen Übertragungsverhalten, Impedanzen und aufgeprägte Störungen weitestgehend unbekannt sind. Deshalb müssen bestimmte Installationsregeln eingehalten werden, z. B.

- Das für Powerline genutzte Elektroinstallationsnetz ist über Bandsperren gegen das übrige Installationsnetz abzugrenzen.
- Es ist ein Phasenkoppler einzusetzen, der alle 3 Außenleiter nachrichtentechnisch verbindet.
- Innerhalb eines Powerline-Installationsnetzes können Leitungsschutzschalter und Fehlerstrom-Schutzschalter mit Nennströmen kleiner als 10 A nicht eingesetzt werden.

17.7 Funk-KNX-Technik

Hier erfolgt die Übertragung der Informationen über das Medium Funk. Das Verlegen von BUS-Leitungen ist nicht erforderlich. Die Sensoren und auch die Aktoren können batteriegespeist sein oder über das 230-V-Netz versorgt werden. Dadurch ist man nicht gebunden und kann Montageorte wählen, die bei leitungsgebundenen BUS-Systemen nicht oder nur schwer möglich sind, wie Glaswände, Sichtbetonwände oder Sichtmauerwerk. Wegen der besonderen KNX-Funktechnik ist bei geeigneten Anwendungen der Batteriewechsel erst nach fünf Jahren notwendig. Damit bietet sich der Funk-KNX hervorragend für den nachträglichen Einbau in bestehende Gebäude und die leitungsfreie Erweiterung von bestehenden Anlagen an.

18 Prüfen elektrischer Anlagen

Grundsätzlich ist jeder, der eine elektrische Anlage errichtet oder betreibt, nach geltendem Recht gehalten, dabei die notwendige Sorgfalt anzuwenden.

Nach dem Energiewirtschaftsgesetz müssen Anlagen zur Erzeugung, Fortleitung und Abgabe von Elektrizität dem in der Europäischen Gemeinschaft gegebenen Stand der Sicherheitstechnik entsprechen. Die Einhaltung des in der Europäischen Gemeinschaft gegebenen Standes der Sicherheitstechnik wird vermutet, wenn die Normen des Verbandes Deutscher Elektrotechniker (VDE) beachtet worden sind. Das Gleiche gilt für Normen einer vergleichbaren Stelle in der Europäischen Gemeinschaft, wenn sie den Richtlinien des Rates entsprechen. Durch diese Rechtsordnung ist also jeder Elektroinstallateur gesetzlich verpflichtet, bei der Installation alle in seinem Fachbereich geltenden handwerklichen Grundsätze und technischen Bestimmungen einzuhalten.

DIN VDE 0100 verpflichten den Errichter einer elektrischen Anlage, sich vor deren erstmaliger Inbetriebnahme von der einwandfreien Funktion der angewendeten Maßnahmen zum Schutz gegen elektrischen Schlag durch Prüfungen zu überzeugen. Die Prüfungen beinhalten das Besichtigen, Erproben und Messen aller für die Wirksamkeit der Schutzmaßnahmen notwendigen Anlagenteile. Aussagen über die erforderlichen Prüfungen enthält DIN

VDE 0100-600 „Prüfungen; Erstprüfungen". Die Prüfungen sind mit geeigneten Messgeräten durchzuführen, sie gehören zur Werkstattausrüstung des Elektroinstallateurs.

Die wichtigsten Messgrößen sind:

- Fehlerstrom, Fehlerspannung und Berührungsspannung,
- Isolationswiderstand,
- Schleifenimpedanz (Schleifenwiderstand),
- Widerstand von Erdungsleitern, Schutzleitern und Potenzialausgleichsleitern,
- Erdungswiderstand,
- Drehfeld.

Der Elektroinstallateur erstellt über die durchgeführten Maßnahmen ein Prüfprotokoll und einen Übergabebericht. Beide sind dem Anlagenbetreiber bzw. Hausbesitzer auszuhändigen.

Dokumentation Fundamenterder

Nach DIN 18014 ist über die Errichtung des Fundamenterders eine Dokumentation anzufertigen. In der Dokumentation sind das Ergebnis der Durchgangsmessung sowie die Ausführungspläne und ggf. Fotografien der Erdungsanlage einzutragen. Dokumentation, Ausführungspläne und Fotografien sind besonders dann notwendig, wenn der Fundamenterder bzw. Ringerder nicht vom ausführenden Elektroinstallateur eingebaut wurde.

Ein Formular für die Dokumentation steht auch im Internet unter www.elektro-plus.com zur Verfügung.

19 Grafische Symbole für Schaltungsunterlagen (Schaltzeichen)

Symbol	Bezeichnung
	Leiter, Leitung, Kabel
	Leiter, bewegbar
	Leiter, geschirmt
	Leiter im Erdreich, Erdkabel
	Leiter, oberirdisch Freileitung
	Kabelkanal, Trasse, Elektroinstallationsrohr
	Leiter auf Putz
	Leiter im Putz
	Leiter unter Putz
	Leitung oder Kabel, nicht angeschlossen
3×1,5Cu	Leitung mit 3 Kupferleitern 1,5 mm^2
3N∼50Hz 400V	Dreiphasen-Vierleitersyst. mit drei Außenleitern u. einem Neutralleiter, 50 Hz, 400 V
	Leiter in einem Kabel, 3 Leiter dargestellt
	Leitung mit 3 Leitern
	Leitung mit 3 Leitern, vereinfachte Darstellung
	Schutzleiter (PE)
	Neutralleiter (N), Mittelleiter (M)
	Neutralleiter mit Schutzfunktion (PEN)
	Drei Leiter, ein Neutralleiter, ein Schutzleiter
	Leitung, nach oben führend
	Leitung, nach unten führend
	Leitung, nach unten und oben führend
	Verbindung von Leitern
	Abzweig von Leitern (Form 1)
	Abzweig von Leitern (Form 2)
	Anschluss (z. B. Klemme) (Der Kreis darf ausgefüllt werden)

Symbol	Bezeichnung
	Anschlussdose, Verbindungsdose
	Abzweigdose, allgemein
	Dose, allgemein Leerdose, allgemein
	Stichdose
	Durchschleifdose
	Hausanschlusskasten, allgemein, dargestellt mit Leitung
	Verteiler, dargestellt mit 5 Anschlüssen
	Umrahmungslinie, Begrenzungslinie
	Schutzerde
	Primärzelle, Primärelement, Akkumulator
230/8 V	Transformator mit zwei Wicklungen
	Gleichrichter-Gerät
	Wechselstromrichter
U const	Spannungskonstanthalter
	Sicherung, allgemein
D II 10 A	Schraubsicherung, dargestellt 10 A, Typ D II, dreipolig
00 25 A	Niederspannungs-Hochleistungs-Sicherung (NH), dargestellt 25 A, Größe 00
	Sicherungstrennschalter
S	Selektiver Hauptleitungsschutzschalter
10 A	Schalter, dargestellt 10 A, dreipolig
4	Fehlerstrom-Schutzschalter, vierpolig
	Leitungsschutzschalter
3	Motorschutzschal., dreipol. mit therm. u. magnet. Auslösung, in einpol. Darstellung
	Kombinierter Fehlerstrom- und Leitungsschutzschalter (FI/LS) 1P+N
	Schalter, allgemein
	Schalter mit Kontrollleuchte

Symbol	Bezeichnung
	Ausschalter, einpolig Schalter 1/1
	Ausschalter, zweipolig Schalter 1/2
	Serienschalter, einpolig Schalter 5/1
	Wechselschalter, einpolig Schalter 6/1
	Kreuzschalter Schalter 7/1
	Schalter mit Zugschnur
	Zeitschalter, einpolig
	Taster
	Taster mit Leuchte
	Stromstoßrelais
	Näherungssensor
	Berührungssensor
	Näherungsschalter (Ausschalter)
	Berührungsschalter (Wechselschalter)
	Dimmer
	Steckdose, allgemein
	Schutzkontaktsteckdose
3/N/PE	Schutzkontaktsteckdose, dargestellt für Drehstrom, fünfpolig
	Schutzkontaktsteckdose, abschaltbar
	Schutzkontaktsteckdose, mit verriegeltem Schalter
3	Schutzkontaktsteckdose, dargestellt als Dreifachsteckdose
	Wahlweise Darstellung
	Steckdose mit Trenntrafo, z. B. für Rasierapparat
	Fernmeldesteckdose
	Antennensteckdose
Wh	Elektrizitätszähler Wattstundenzähler

12 Elektroinstallation

Grafische Symbole für Schaltungsunterlagen

Symbol	Bezeichnung
	Schaltuhr
	Zeitrelais
	Blinkrelais, dargestellt mit einer Blinkfrequenz von 5/min
	Tonfrequenz-Rundsteuerrelais
	Leuchte, allgemein
	Leuchtenanschluss, dargestellt mit Leitung
	Leuchtenanschluss auf Putz, dargestellt mit nach links führender Leitung
	Leuchte mit Schalter
	Leuchte mit veränderbarer Helligkeit
	Sicherheitsleuchte in Dauerschaltung
	Sicherheitsleuchte Notleuchte mit getrenntem Stromkreis
	Sicherheitsleuchte mit eingebauter Stromversorgung
	Scheinwerfer, allgemein
	Punktleuchte
	Flutlichtleuchte
	Leuchte, dargestellt mit zusätzlicher Sicherheitsleuchte in Dauerschaltung
	Leuchte, dargestellt mit zusätzl. Sicherheitsleuchte in Bereitschaftsschaltung
	Leuchte für Entladungslampe, allgemein
	Leuchte für Leuchtstofflampe, allgemein
	Leuchte mit 3 Leuchtstofflampen
	Leuchte mit 5 Leuchtstofflampen
	Vorschaltgerät für Entladungslampen
	Starter für Leuchtstofflampe
	Elektrogerät, allgemein
	Küchenmaschine
	Elektroherd, allgemein
	Mikrowellenherd
	Backofen
	Wärmeplatte
	Fritteuse
	Heißwasserspeicher
	Durchlauferhitzer
	Heißwassergerät
	Infrarotgrill
	Waschmaschine
	Wäschetrockner
	Geschirrspülmaschine
	Händetrockner, Haartrockner
	Heizelement
	Speicherheizgerät
	Infrarotstrahler
	Ventilator
	Klimagerät
	Kühlgerät, Tiefkühlgerät Anzahl der Sterne siehe DIN 8950-2
	Gefriergerät Anzahl der Sterne siehe DIN 8950-2
	Motor, allgemein
	Umformer
	Generator
	Stern-Dreieck-Schaltung
	Fernsprecher, allgemein
	Fernsprechgerät, halbamtsberechtigt
	Fernsprechgerät, amtsberechtigt
	Fernsprechgerät, fernberechtigt
	Fernsprecher für zwei oder mehr Amtsleitungen
	Wechselsprechstelle, z. B. Haus- oder Torsprechstelle
	Gegensprechstelle z. B. Haus- oder Torsprechstelle
	Lautsprecher, allgemein
	Mikrofon, allgemein
	Lautsprecher / Mikrofon
	Vermittlungszentrale, allgemein
	Wecker Klingel
	Schnarre Summer
	Gong Einschlagwecker
	Horn Hupe
	Sirene
	Leuchtmelder, allgemein
	Türöffner
	Zeiterfassungsgerät
	Brand-Druckknopf-Nebenmelder
	Temperaturmelder
	Schlüsselschalter Wächtermelder
	Erschütterungsmelder (Tresorpendel)
	Passierschloss für Schaltwege in Sicherheitsanlagen
	Rauchmelder, selbsttätig, lichtabhängiges Prinzip
	Brandmelder, selbsttätig
	Dämmerungsschalter
	Antenne, allgemein
	Verstärker, allgemein; Spitze des Dreiecks gibt die Verstärkungsrichtung an

12/95

13 Haustechnische Wärmedämm- und Schallschutzmaßnahmen

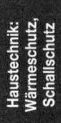

HAUSTECHNISCHE WÄRMEDÄMM- UND SCHALLSCHUTZMASSNAHMEN

1	**Einführung** S. 13/2	3.3.2	Maßnahmen für geräuscharme Sanitärinstallationen
2	**Wärmedämmung in der Haustechnik** S. 13/3	3.3.2.1	Wasserversorgungsanlagen
2.1	Einführung	3.3.2.2	Abwasserleitungen
2.1.1	Kaltwasserleitungen und Armaturen von Trinkwasserversorgungsanlagen	3.3.2.3	Installationsschächte
2.1.2	Leitungen und Armaturen von Heizwärme- und Trinkwarmwasserverteilungsanlagen	3.3.2.4	Sanitäreinrichtungen
		3.3.2.5	Vorwandinstallation
2.2	Anforderungen	3.4	Hinweise
2.2.1	Anforderungen an Kaltwasserleitungen und Armaturen von Trinkwasserversorgungsanlagen	3.5	Empfehlungen
		3.5.1	DEGA-Empfehlung 103
2.2.2	Anforderungen an Leitungen und Armaturen von Heizwärme- und Trinkwarmwasserverteilungsanlagen	**4**	**Links, Literatur, Normen, Gesetze, Verordnungen** S. 13/25
		4.1	Links
2.3	Maßnahmen	4.2	Literatur
2.4	Hinweise	4.3	Normen
3	**Schallschutz in der Haustechnik** S. 13/7	4.3.1	DIN-Normen
3.1	Einführung	4.3.2	VDI-Richtlinien
3.2	Anforderungen	4.4	Gesetze
3.2.1	Mindestanforderungen an die zulässigen Schalldruckpegel	4.5	Verordnungen
		4.6	Empfehlungen
3.2.2	Anforderungen an den Schallschutz im eigenen Wohnbereich		
3.2.3	Anforderungen an Armaturen und Geräte der Wasserinstallation		
3.2.4	Anforderungen an Wände mit Wasserinstallation		
3.2.5	Anforderungen an die Anordnung und den Betrieb von Armaturen		
3.3	Maßnahmen		
3.3.1	Verringerung von Luft- und Körperschallübertragung in schutzbedürftige Räume		
3.3.1.1	Geräuschentstehung und -übertragung		
3.3.1.2	Grundrissplanung		
3.3.1.3	Maßnahmen zur Luftschallminderung		
3.3.1.4	Maßnahmen zur Luftschalldämmung		
3.3.1.5	Maßnahmen zur Körperschalldämmung		

HAUSTECHNISCHE WÄRMEDÄMM- UND SCHALLSCHUTZMASSNAHMEN

1 Einführung

Eines der Grundbedürfnisse des Menschen ist – neben Geborgenheit und Gesundheit – Ruhe. Vor allem Ruhe in der eigenen Wohnung. Dies ist umso verständlicher als der Lärm um uns herum zunimmt. Und das nicht nur am Arbeitsplatz. Auch der Verkehr oder möglicherweise die Nachbarn sorgen für Verdruss und Unwohlsein, und von technischen Anlagen innerhalb eines Wohngebäudes können ebenfalls störende Geräusche ausgehen.

Zu diesen technischen Anlagen gehören u. a. Wasserversorgungs- und -entsorgungsanlagen, Heizungsanlagen, Lüftungs- und Klimaanlagen sowie Aufzugsanlagen (*Bild 13-1*).

Beim Einbau und bei der Montage solcher Anlagen geht es darum, dafür zu sorgen, dass im Betrieb keine störenden Geräusche von ihnen ausgehen bzw. deren Betrieb energiesparend (durch Verringerung der Wärmeverluste) erfolgt.

Daher muss die Planung dieser Anlagen durch Fachingenieure in enger Abstimmung mit den Architekten und den Bauausführenden geschehen.

Wenn erhöhte Anforderungen an den Schallschutz und Wärmeschutz gestellt werden, ist eine frühzeitige Absprache unter Nennung von Normen und Werten erforderlich. Alle notwendigen Angaben sind schriftlich zu vereinbaren. Die Ausführungspläne des Architekten enthalten dann alle notwendigen Angaben wie Einbauorte, Schlitze, Durchbrüche, Leitungsführungen, Anforderungen an Geräte usw.

Obgleich Wärmedämmung und Schallschutz beim ersten Ansehen scheinbar nichts miteinander zu tun haben, beeinflussen sie sich in vielen Fällen gegenseitig und ergänzen sich. Daher werden beide Maßnahmenbereiche hier gemeinsam behandelt (*Bild 13-2*).

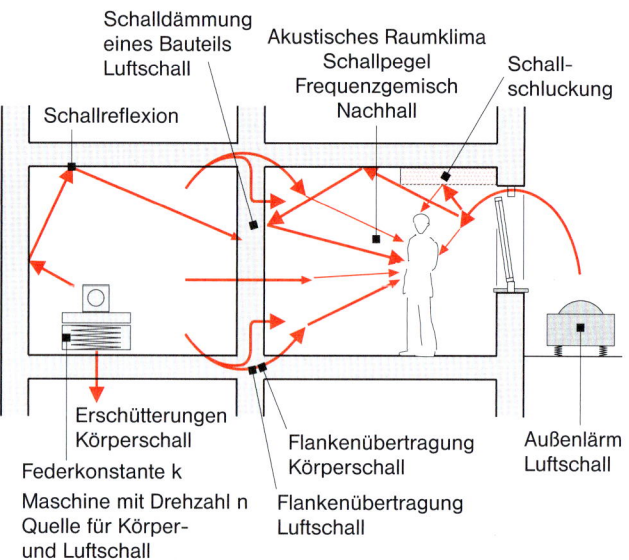

13-1 Schematische Darstellung der akustischen Belastungen in einem Wohngebäude

Die nachstehenden Abschnitte enthalten Ausführungen zur Verringerung der Wärmeverluste von Trinkwarmwasser- und Heizwärmeverteilungsanlagen. Weitere Abschnitte behandeln Anforderungen an den Schallschutz gegen Geräusche von Trinkwasserversorgungs- und Ab-

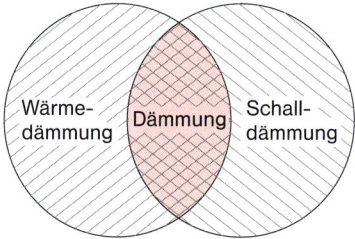

13-2 Gemeinsamkeiten und Unterschiede

13 Haustechnische Wärmedämm- und Schallschutzmaßnahmen — Wärmedämmung in der Haustechnik

wasserentsorgungsanlagen. Darüber hinaus werden Hinweise und Empfehlungen gegeben für Planung und Ausführung dieser Anlagen.

2 Wärmedämmung in der Haustechnik

2.1 Einführung

Die Wärmedämmung der Rohrleitungen von Trinkwasserversorgungs- und Heizwärmeverteilanlagen muss mehrere Aufgaben erfüllen:

- Verringerung der Wärmeverluste des in den Leitungen fließenden Wassers,
- Vermeidung von Körperschallübertragung auf den Baukörper,
- Schutz der Rohrleitungen vor Tauwasserbildung und Außenkorrosion,
- Aufnahme temperaturbedingter Längenänderungen.

Die zur Dämmung verwendeten Stoffe und Bauteile müssen für den jeweiligen Verwendungszweck geeignet sein.

2.1.1 Kaltwasserleitungen und Armaturen von Trinkwasserversorgungsanlagen

Kaltes Trinkwasser hat eine Temperatur um 8 bis 10 °C. Wird kaltes Trinkwasser in „nackten" Rohrleitungen durch Räume geführt, deren Raumlufttemperatur höher als die des kalten Trinkwassers ist, wird sich der in der Raumluft befindende Wasserdampf an den Wandungen der kälteren Trinkwasserleitungen niederschlagen und ausfällen. Das heißt, es werden sich Wassertropfen an den kalten Leitungen und Armaturen bilden: Tauwasserbildung („Schwitzwasser").

Dieses Tauwasser hat kurz- und langfristige Folgen. Kurzfristig: nasse Leitungen und Armaturen mit Rostgefahr sowie Wasserpfützen unter den Leitungen und Armaturen. Langfristig: Korrosionserscheinungen an Leitungen und Armaturen, unansehnlicher Boden, Ablagerungen.

2.1.2 Leitungen und Armaturen von Heizwärme- und Trinkwarmwasserverteilungsanlagen

Die Leitungen und Armaturen haben die Aufgabe, Wärme zu transportieren. Hier liegt der Fokus klar auf der Vermeidung von Wärmeverlusten. Alle Leitungen und Armaturen, die warmes Wasser führen und auf dem Transportweg Wärme verlieren würden, sind sorgfältig gegen Wärmeverluste zu schützen. Dies geschieht durch eine wirksame Wärmedämmung, die nach DIN 18421 auszuführen ist (*Bild 13-3 und 13-4*).

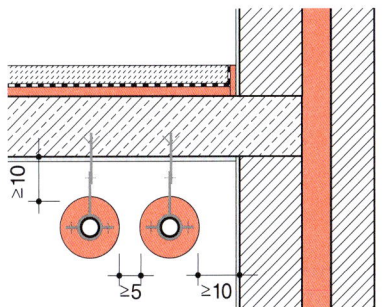

13-3 Wärmedämmung von abgehängten Rohrleitungen

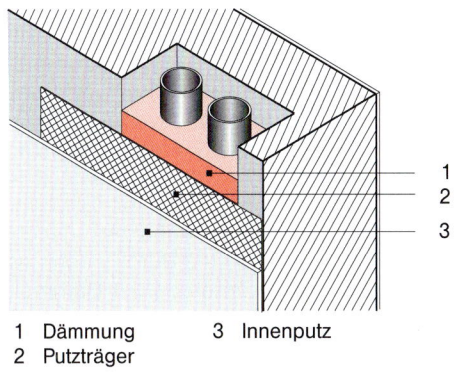

1 Dämmung 3 Innenputz
2 Putzträger

13-4 Wärmedämmung von Rohrleitungen in Wandschlitzen

Es bieten sich mehrere Möglichkeiten an:

- Aus Mineralfasern bestehende Dämmmatten, die einseitig auf Wellpappe oder Krepppapier versteppt sind, werden um die Rohre gewickelt und mit Bindedraht befestigt. Darüber wird ein mit Nesselbinden umwickelter Hartmantel aus einer Gipsmasse aufgebracht.
- Formstücke aus Schaumkunststoff, Mineralfasern oder Kork dienen der Wärmedämmung von Armaturen und Flanschverbindungen. Für gerade Rohrstücke benutzt man häufig 1 m lange Schaumstoff- oder Glaswatteschalen.

Die Dämmschichtdicke richtet sich nach dem verwendeten Dämmmaterial. Hieraus ergeben sich Mindestdämmschichtdicken, die nach der Anlage 5 der Energieeinsparverordnung (EnEV) zu bemessen sind.

2.2 Anforderungen

2.2.1 Anforderungen an Kaltwasserleitungen und Armaturen von Trinkwasserversorgungsanlagen

Kaltwasserleitungen sollen nicht an oder in Außenwänden verlegt werden, es sei denn, die Außenwände haben eine äußere Wärmedämmschicht von mindestens 8 cm Dicke und die Lufttemperatur sinkt in den anschließenden Räumen auch an kalten Tagen nicht unter 6 °C. In frostgefährdeten Bereichen schützt die Dämmung Wasserleitungen in Stillstandszeiten nicht gegen Einfrieren, sie kann lediglich das Einfrieren zeitlich verzögern.

Kaltwasserleitungen sind vor Erwärmung und gegen Tauwasserbildung zu schützen. Nach DIN 1988-200 Abschn. 10.2 muss eine Durchfeuchtung der Dämmstoffe wegen Verschlechterung der Dämmeigenschaften und Korrosionsgefahr für die Rohre verhindert werden. Dämmstoffe für Kaltwasserleitungen müssen daher eine äußere Dampfsperre haben oder aus geschlossen zelligen Schaumstoffen mit hohem Dampfdiffusionswiderstand (Wasserdampfdiffusionswiderstandszahl $\mu \geq 5500$) bestehen. Streifen oder Schläuche aus Wollfilz oder synthetischen Fasern sind daher ungeeignet.

Mindest-Dämmschichtdicken für Kaltwasserleitungen sind in DIN 1988-200 festgelegt (*Bild 13-5*). Bei Verlegung in beheizten Räumen sowie neben warmgehenden Rohrleitungen sind größere Mindest-Dämmschichtdicken erforderlich, um die Kaltwasserleitungen vor Erwärmung zu schützen.

2.2.2 Anforderungen an Leitungen und Armaturen von Heizwärme- und Trinkwarmwasserverteilungsanlagen

Nach § 10, § 14 und § 15 sowie Anhang 5 der Energieeinsparverordnung (EnEV 2014) ist die Wärmeabgabe von Heizwärmeverteilungs- und Trinkwarmwasserleitungen sowie deren Armaturen, die erstmalig eingebaut oder

Einbausituation	Dämmschichtdicke bei $\lambda = 0{,}040$ W/(m·K)*) mm
Rohrleitung frei verlegt, in nicht beheiztem Raum (z. B. Keller)	4
Rohrleitung frei verlegt, in beheiztem Raum	9
Rohrleitung im Kanal, ohne warmgehende Rohrleitungen	4
Rohrleitung im Kanal, neben warmgehenden Rohrleitungen	13
Rohrleitung im Mauerschlitz, Steigleitung	4
Rohrleitung in Wandaussparung, neben warmgehenden Rohrleitungen	13
Rohrleitung auf Betondecke	4
*) Für andere Wärmeleitfähigkeiten sind die Dämmschichtdicken, bezogen auf einen Durchmesser von d = 20 mm, entsprechend umzurechnen	

13-5 Mindest-Dämmschichtdicke für Kaltwasserleitungen nach DIN 1988 Teil 200

ersetzt werden, durch Wärmedämmung zu begrenzen. *Bild 13-6* fasst die Anforderungen an die Mindestdicken der Dämmschicht zusammen.

Bei Heizwärmeleitungen in beheizten Räumen oder in Bauteilen zwischen beheizten Räumen eines Nutzers werden keine Anforderungen an die Dämmschichtdicke gestellt. Dies gilt auch für Trinkwarmwasserleitungen bis 22 mm Innendurchmesser im beheizten Bereich eines Nutzers, sofern sie nicht in einen Zirkulationskreislauf einbezogen oder mit elektrischer Begleitheizung ausgestattet sind.

Leitungen nach Zeile 5 dürfen im unbeheizten Bereich wegen der beengten Platzverhältnisse von Durchbrüchen und Kreuzungen mit der halben Dämmschichtdicke versehen werden.

Die Anforderung der Zeile 6 in *Bild 13-6* gilt für Leitungen von Zentralheizungen, die in Schächten oder Wänden zwischen zwei Wohnungen verlegt sind.

Die Dämmschichtdicke von 6 mm der Zeile 7 gilt für Rohrleitungen aller Abmessungen, die im Fußbodenaufbau zwischen beheizten Räumen verlegt sind. Die Dämmung von Leitungen im Fußbodenaufbau in oder über unbeheizten Räumen (z. B. Decke über Kellerräumen) muss sowohl im Ein- als auch im Mehrfamilienhaus nach den Anforderungen der Zeilen 1 bis 4 ausgeführt werden.

Wenn sich in bestehenden Gebäuden Heizwärmeverteilungsleitungen und Armaturen in nicht beheizten Räumen befinden und zugänglich sind (z. B. in unbeheizten Kellerräumen), müssen diese seit dem 31. 12. 2006 ebenfalls entsprechend *Bild 13-6* wärmegedämmt werden.

Bei Heizwärmeverteilungs- und Trinkwarmwasserleitungen dürfen die Mindestdicken der Dämmschichten nach *Bild 13-6* insoweit vermindert werden, als eine gleichwertige Begrenzung der Wärmeabgabe auch bei anderen (z. B. unsymmetrischen) Rohrdämmstoffanordnungen und unter Berücksichtigung der Dämmwirkung der Leitungswände sichergestellt ist.

Zeile	Art der Leitungen/Armaturen	Mindestdicke der Dämmschicht, bezogen auf eine Wärmeleitfähigkeit von 0,035 W/(m · K)
1	Innendurchmesser bis 22 mm	20 mm
2	Innendurchmesser über 22 mm bis 35 mm	30 mm
3	Innendurchmesser über 35 mm bis 100 mm	gleich Innendurchmesser
4	Innendurchmesser über 100 mm	100 mm
5	Leitungen und Armaturen nach den Zeilen 1 bis 4 in Wand- und Deckendurchbrüchen, im Kreuzungsbereich von Leitungen, an Leitungsverbindungsstellen, bei zentralen Leitungsnetzverteilern	½ der Anforderungen der Zeilen 1 bis 4
6	Wärmeverteilungsanlagen nach den Zeilen 1 bis 4, die nach dem 31. Januar 2002 in Bauteilen zwischen beheizten Räumen verschiedener Nutzer verlegt werden	½ der Anforderungen der Zeilen 1 bis 4
7	Leitungen nach Zeile 6 im Fußbodenaufbau	6 mm
8	Kälteverteilungs- und Kaltwasserleitungen sowie Armaturen von Raumlufttechnik- und Klimakältesystemen	6 mm

13-6 Mindestdicken der Dämmschicht von Heizwärmeverteilungs- und Trinkwarmwasserleitungen sowie Armaturen nach EnEV, Anhang 5, Tabelle 1

Neu sind die Anforderungen an Kälteverteilungs- und Kaltwasserleitungen sowie Armaturen von Raumlufttechnik- und Klimakältesystemen. In Zeile 8 der Tabelle in *Bild 13-6* wird hier als Mindestdicke der Dämmschicht 6 mm angegeben.

In *Bild 13-7* sind Beispiele der Mindest-Dämmstoffdicken und die sich daraus ergebenden Durchmesser der Rohre einschließlich Dämmschicht für unterschiedliche Wärmeleitfähigkeiten des Dämmmaterials aufgeführt.

2.3 Maßnahmen

– Wärmetransport und Wärmeverlust

Heizungsrohrleitungen wie auch Trinkwarmwasserleitungen transportieren Wärme. Da die Umgebungstemperatur der Rohrleitungen in der Regel niedriger ist als die Temperatur des transportierten Wassers, wird laut dem Zweiten Hauptsatz der Thermodynamik Wärme an die Umgebung abgegeben, die dann am Ziel fehlt. Um die Wärmeverluste so gering wie möglich zu halten, sind Wärmedämm-Maßnahmen durchzuführen.

Wärmeverluste in Rohrleitungen werden hauptsächlich durch die Rohre selbst, aber auch durch deren Befestigungseinrichtungen und durch die eingebauten Armaturen verursacht.

Der Wärmeschutz von Heizungs-Rohrleitungen und Trinkwarmwasser-Rohrleitungen unterscheidet sich nicht. Zudem sind Wärmedämm-Maßnahmen gleichzeitig Schallschutz-Maßnahmen.

– Planung

Bei der Planung ist ausreichend Platz für die erforderlichen Wärmedämm-Maßnahmen vorzusehenden, insbesondere bei Rohrleitungskreuzungen, Wand- und Deckendurchbrüchen, Kanälen und Schächten.

– Wärmedämmstoffe

Wärmedämmstoffe sollen den Wärmeverlust auf ein zulässiges Maß begrenzen.

Als Wärmedämmstoffe sind hauptsächlich Matten, Formstücke und Halbschalen aus Mineralfasern (Glas- und Steinwolle) sowie Kunststoffummantelungen zum Aufziehen auf Rohre, Kunststoffhalbschalen und Kunststoffe zum Aufschäumen in Gebrauch.

Ein Hauptaugenmerk wird auf das Brandverhalten der Dämmstoffe gelegt.

– Was ist zu beachten:

– Mindestdicke der Dämmung bestimmen,

– Montageanweisungen der Herstellerfirmen beachten,

– immer nur am kalten Rohr arbeiten(!),

– Stöße auf Druck verlegen,

– erst Bögen, dann gerade Zwischenstücke einfügen.

Innendurch- messer/ Wanddicke	Wärmeleitfähigkeit λ des Wärmedämmmaterials							
	$\lambda = 0{,}030$ W/(m·K)		$\lambda = 0{,}035$ W/(m·K)		$\lambda = 0{,}040$ W/(m·K)		$\lambda = 0{,}045$ W/(m·K)	
mm	d[1] mm	D[2] mm	d[1] mm	D[2] mm	d[1] mm	D[2] mm	d[1] mm	D[2] mm
10/1	15	42	20	52	27	66	36	84
15/1	15	48	20	58	26	70	34	86
20/1	15	52	20	62	27	76	32	86
25/1,5	23	74	30	88	38	104	49	126
32/1,5	23	81	30	95	38	111	47	129
40/1,5	31	104	40	122	51	144	63	168

[1] Dämmschichtdicke [2] Durchmesser des Rohres mit Dämmschicht

13-7 Mindest-Dämmschichtdicke in nicht beheizten Räumen und Durchmesser gedämmter Heiz- und Warmwasserleitungen für verschiedene Werte der Wärmeleitfähigkeit der Dämmschicht

Noch einmal hier der **Hinweis**: Das Anbringen einer vorschriftsmäßigen Wärmedämmung ist nur möglich, wenn schon bei der Planung, erst recht bei der Montage der Rohrleitungen und Armaturen der entsprechende Platzbedarf vorgesehen wird.

Eine unkomplizierte und damit kostengünstige Dämmung setzt voraus, dass:

- die Rohrleitungen möglichst geradlinig geführt werden,
- die Armaturen gut zugänglich sind,
- die Dämmschichtdicken frühzeitig festgelegt werden,
- die Maße von Wanddicken, Wand- und Deckendurchbrüchen exakt angegeben werden,
- der Abstand der Rohre untereinander so gewählt wird, dass jedes Rohr in voller Dicke verkleidet werden kann,
- die Montagezeichnungen entsprechend gekennzeichnet werden.

Empfehlenswert ist während der Maßnahmendurchführung eine fachliche Betreuung durch geschultes Personal. Darüber hinaus kann auch von den Herstellerfirmen Unterstützung in Anspruch genommen werden.

2.4 Hinweise

Wie *Bild 13-7* zeigt, haben vorschriftsmäßig wärmegedämmte Rohrleitungen so große Durchmesser, dass sie unter Beachtung der in DIN 1053 – Rezeptmauerwerk – für Schlitze und Aussparungen gegebenen Anforderungen in waagerechten Mauerschlitzen nicht und in senkrechten Mauerschlitzen kaum noch untergebracht werden können. Dies gilt insbesondere auch dann, wenn senkrechte gedämmte Leitungen mit waagerechten ebenfalls gedämmten Leitungen gekreuzt werden müssen, selbst wenn im Kreuzungsbereich die Dämmung auf die zulässige Mindestdicke von 50 % reduziert wird.

3 Schallschutz in der Haustechnik

3.1 Einführung

Der Schallschutz in Gebäuden – besonders im Wohnungsbau – hat große Bedeutung für die Gesundheit und das Wohlbefinden der Menschen, die im eigenen Wohnbereich Ruhe und Entspannung suchen.

In DIN 4109 „Schallschutz im Hochbau" sind daher Anforderungen an den Schallschutz im Sinne von Mindestanforderungen mit dem Ziel festgelegt, Menschen in Aufenthaltsräumen vor unzumutbaren Belästigungen durch Schallübertragung zu schützen. Aus diesen Anforderungen lässt sich jedoch nicht folgern, dass Geräusche von außen oder aus benachbarten Räumen nicht mehr wahrgenommen werden.

Im Rahmen dieses Abschnitts wird der Schutz gegen Geräusche aus haustechnischen Anlagen behandelt. Zu den haustechnischen Anlagen gehören Ver- und Entsorgungsanlagen (z. B. Trinkwasser-, Abwasser- und Lüftungs- bzw. Klimaanlagen), Transportanlagen (z. B. Aufzüge) und fest eingebaute betriebstechnische Anlagen (z. B. Heizanlagen, Pumpen) sowie Gemeinschaftswaschanlagen, Sport- und Schwimmanlagen, Saunen, Garagenanlagen.

Ortsveränderliche Haushaltsgeräte wie z. B. Staubsauger, Waschmaschinen und Küchengeräte gehören nicht zu den haustechnischen Anlagen. Anforderungen im Sinne der DIN 4109 werden an diese Geräte nicht gestellt.

Die nachfolgenden Abschnitte beinhalten die Mindestanforderungen an den zulässigen Schalldruckpegel von Geräuschen aus haustechnischen Anlagen in schutzbedürftigen Räumen sowie zusätzliche Empfehlungen für erhöhten Schallschutz. Genannt werden auch die Anforderungen, die nach DIN 4109 zum Nachweis der schalltechnischen Eignung von Wasserinstallationen zu erfüllen sind. Darüber hinaus werden allgemeine Hinweise zur Verringerung des Luftschalldruckpegels in lauten Räumen und zur Vermeidung von Körperschallübertragung in

Gebäuden gegeben. Schließlich folgen einige Hinweise zum Schallschutz an – bezüglich der Störwirkung kritischen – Trinkwasserversorgungs- und Abwasseranlagen, die helfen sollen, weit verbreitete Fehler zu vermeiden.

3.2 Anforderungen

3.2.1 Mindestanforderungen an die zulässigen Schalldruckpegel von Geräuschen aus haustechnischen Anlagen

Als kennzeichnende Größe für die Lästigkeit und Störwirkung von Geräuschen wird hier der – zur Anpassung an die subjektive Empfindung des Gehörs mit der Frequenzbewertungskurve A bewertete – Schalldruckpegel verwendet.

Werte für Mindestanforderungen an den zulässigen Schalldruckpegel in schutzbedürftigen Räumen für Geräusche aus haustechnischen Anlagen und Gewerbebetrieben sind in der schon erwähnten DIN 4109 festgelegt. *Bild 13-8* enthält die zulässigen Schalldruckpegel für in fremde schutzbedürftige Räume übertragene Geräusche unterschiedlicher Geräuschquellen.

Entsprechend der Fußnote 1 in *Bild 13-8* sind einzelne, kurzzeitige Spitzen, die beim Betätigen der Armaturen und Geräte (z. B. Öffnen, Schließen, Umstellen, Unterbrechen) entstehen, nicht zu berücksichtigen; d. h. für diese Geräuschspitzen ist derzeit kein Grenzwert festgelegt. Auch Nutzergeräusche, wie z. B. das Aufstellen eines Zahnputzbechers auf eine Abstellplatte, hartes Schließen des WC-Deckels, Rutschen in der Badewanne usw. unterliegen nicht diesen Anforderungen.

Anmerkung: *Schalldruckpegel der Wasserinstallation über 30 dB(A) und der Geräuschspitzen über 35 dB(A) führen in der Praxis sehr häufig zu Störungen und Beschwerden bis hin zu gerichtlichen Auseinandersetzungen. Die Gerichte sehen derzeit in vielen Fällen einen Installations-Schalldruckpegel L_{In} gleich oder kleiner 30 dB(A) und Geräuschspitzen gleich oder kleiner* 35 dB(A) als allgemein anerkannte Regel der Technik und damit als geschuldeten Schallschutz an.

Neben den Anforderungen an den zulässigen Schalldruckpegel legt die DIN 4109 Anforderungen an die Luft- und Trittschalldämmung zwischen „besonders lauten" und „schutzbedürftigen" Räumen fest. Besonders laute Räume sind Räume mit lauten haustechnischen Anlagen oder Anlagenteilen, in denen der Schalldruckpegel häufig 75 dB(A) überschreitet. Schutzbedürftige Räume sind

Geräuschquelle	Zulässiger Schallpegel dB(A)	
	Wohn- und Schlafräume	Unterrichts- und Arbeitsräume
Wasserinstallationen (Wasserversorgungs- und Abwasseranlagen gemeinsam)	$\leq 30^{1), 2)}$	$\leq 35^{1)}$
Sonstige haustechnische Anlagen	$\leq 30^{3)}$	$\leq 35^{3)}$
Betriebe tagsüber von 6 bis 22 Uhr	≤ 35	$\leq 35^{3)}$
Betriebe nachts von 22 bis 6 Uhr	≤ 25	$\leq 35^{3)}$

[1] Einzelne, kurzzeitige Spitzen, die beim Betätigen der Armaturen und Geräte (Öffnen, Schließen, Umstellen, Unterbrechen u. Ä.) entstehen, sind zz. nicht zu berücksichtigen.

[2] Werkvertragliche Voraussetzungen zur Erfüllung des zulässigen Installations-Schallpegels:
 – Die Ausführungsunterlagen müssen die Anforderungen des Schallschutzes berücksichtigen, d. h. u. a., zu den Bauteilen müssen die erforderlichen Schallschutznachweise vorliegen.
 – Außerdem muss die verantwortliche Bauleitung benannt und zu einer Teilabnahme vor Verschließen bzw. Verkleiden der Installation hinzugezogen werden. Weiter gehende Details regelt das ZVSHK-Merkblatt „Schallschutz" (zu beziehen durch: Zentralverband Sanitär Heizung Klima (ZVSHK), Rathausallee 6, 53757 Sankt Augustin).

[3] Bei lüftungstechnischen Anlagen sind um 5 dB(A) höhere Werte zulässig, sofern es sich um Dauergeräusche ohne auffällige Einzeltöne handelt.

13-8 Mindestanforderungen nach DIN 4109/A1 : 2001-01, Werte für die zulässigen Schalldruckpegel in fremden schutzbedürftigen Räumen von Geräuschen aus haustechnischen Anlagen und Gewerbebetrieben

nach DIN 4109 Aufenthaltsräume, wie Wohnräume, Schlafräume, Unterrichtsräume, Praxisräume, Sitzungsräume.

In gemischt genutzten Gebäuden können auch Betriebsräume von Handwerks- und Gewerbebetrieben einschl. Verkaufsräumen, Gaststätten, Cafés, Imbissstuben zu den „besonders lauten" Räumen zählen. Nach dem jeweils zu erwartenden Schalldruckpegel werden unterschiedliche Anforderungen an die Luft- und Trittschalldämmung gestellt, auf die hier nicht näher eingegangen werden soll. Bei der Planung von gemischt genutzten Gebäuden sollte für Fragen des Schallschutzes unbedingt ein Fachmann für Bauakustik hinzugezogen werden.

3.2.2 Anforderungen an den Schallschutz im eigenen Wohnbereich

DIN 4109 und auch die Tabelle 4 aus DIN 4109/A1 : 2001-01 stellen keine (bauaufsichtlichen!) Anforderungen an den Schallschutz im eigenen Wohnbereich, z. B. im Einfamilienhaus oder in der eigenen Wohnung. Dies darf allerdings nicht zu dem Trugschluss führen, dass in diesen Fällen nichts für den Schallschutz getan werden muss.

Privatrechtlich kann in jedem Fall eine mängelfreie Leistung, deren Ausführung den allgemein anerkannten Regeln der Technik entspricht, verlangt werden. Dies erfordert, dass mindestens die üblichen Maßnahmen zur Körperschalldämmung von Leitungen und Sanitärgegenständen ausgeführt werden müssen.

Nach dem Entwurf DIN 4109-10 : 2000-06 kann auch für den eigenen Wohnbereich ein Schallschutz vereinbart werden. Die Kennwerte für den Schallschutz zwischen einzelnen Räumen innerhalb des eigenen Wohnbereichs betragen für

- Geräusche von Wasserinstallationen (Trinkwasserversorgungs- und Abwasseranlagen gemeinsam) L_{In} = 35 dB(A)
- Sonstige haustechnische Anlagen L_{Afmax} = 30 dB(A)

Auch hier sollten Nutzergeräusche durch Maßnahmen nach E DIN 4109-10 : 2000-6, A 3 auf die angegebenen Kennwerte gemindert werden.

Vor Vereinbarung eines Schallschutzes im eigenen Wohnbereich sollte jedoch sehr sorgfältig geprüft werden, ob sich die angegebenen Kennwerte bei der vorgesehenen Bauweise, dem geplanten Grundriss und den vorgesehenen Produkten realisieren lassen.

3.2.3 Anforderungen an Armaturen und Geräte der Wasserinstallation

In DIN 4109 Tabelle 6 (Bild 13-9) sind für Armaturen und Geräte der Wasserinstallation Armaturengruppen festgelegt, in die sie nach ihrem Geräuschverhalten, ausgedrückt durch den Armaturengeräuschpegel L_{ap} nach DIN EN ISO 3822, eingestuft werden.

DIN EN ISO 3822 beschreibt in den Teilen 1 bis 4 die Prüfung des Geräuschverhaltens von Armaturen und Geräten der Wasserinstallation. Bei diesem Messverfahren werden hauptsächlich die Fließgeräusche (auch in den Öffnungs- und Schließphasen) gemessen. Die beim Betätigen (Öffnen, Schließen, Umstellen, Unterbrechen u. a.) meist als Körperschall entstehenden kurzzeitigen Geräuschspitzen werden mit diesem Messverfahren derzeit nur teilweise oder nicht erfasst. Aus diesem Grund werden diese Geräusche derzeit auch bei den Anforderungen an die Installationsgeräusche in ausgeführten Bauten nicht berücksichtigt.

Für Auslaufarmaturen und die daran anzuschließenden Auslaufvorrichtungen (Strahlregler, Kugelgelenke, Rückflussverhinderer, Rohrbelüfter in Durchflussrichtung und Brausen) sowie Eckventile sind in DIN 4109 Tabelle 7 (Bild 13-10) Durchflussklassen mit maximalen Durchflüssen festgelegt. Die Einstufung in die jeweilige Durchflussklasse erfolgt bei den Armaturen nach den bei der Prüfung nach DIN EN ISO 3822 verwendeten, bei den Auslaufvorrichtungen nach den bei der Prüfung festgestellten Durchflüssen.

Armaturengruppe	Armaturengeräuschpegel L_{ap} [1]	
	Auslaufarmaturen, Geräteanschluss-Armaturen, Druckspüler, Spülkästen, Durchflusswassererwärmer; Durchgangsarmaturen wie Absperrventile, Eckventile, Rückflussverhinderer; Drosselarmaturen wie Vordrosseln, Eckventile; Druckminderer, Brausen	Auslaufvorrichtungen, die direkt an die Auslaufarmatur angeschlossen werden, wie Strahlregler, Durchflussbegrenzer, Kugelgelenke, Rohrbelüfter, Rückflussverhinderer
I	≤ 20 dB(A)	≤ 15 dB(A)
II	≤ 30 dB(A)	≤ 25 dB(A)

[1] Dieser nach DIN 52218 Teil 1 bis Teil 4 für den kennzeichnenden Fließdruck oder Durchfluss ermittelte Geräuschpegel darf bei den für die einzelnen Armaturen geltenden oberen Grenzen des Fließdrucks oder Durchflusses um bis zu 5 dB(A) überschritten werden.

13-9 Einstufung von Armaturen nach ihrem Geräuschpegel L_{ap} in Armaturengruppen (DIN 4109, Tabelle 6)

Die Prüfung von Armaturen und Geräten der Wasserinstallation sowie deren Einstufung nach Geräuschgruppe und Durchflussklasse erfolgt durch dafür anerkannte Prüfstellen. Armaturen, die die Anforderungen erfüllen, müssen mit einem Prüfzeichen, der Armaturengruppe und ggf. der Durchflussklasse sowie dem Herstellerkennzeichen versehen sein. Diese Kennzeichnung der Armatur muss dauerhaft und auch im eingebauten Zustand sichtbar oder leicht zugänglich sein.

Bei Armaturen mit mehreren Abgängen (z. B. Badewannenbatterien) sind die Durchflussklassen der einzelnen Abgänge hintereinander anzugeben, wobei der erste Buchstabe für den unteren Abgang (z. B. Badewannenauslauf), der zweite Buchstabe für den oberen Abgang (z. B. Brauseanschluss) gilt.

Beispielsweise bedeutet die Kennzeichnung einer Badewannenbatterie mit

P – IX 0000 / ICB:

Badewannenbatterie der Armaturengruppe **I** (L_{ap} ≤ 20 dBA)

mit Badewannenauslauf der Klasse **C** (Durchfluss V ≤ 0,5 l/s) und

mit Brauseanschluss der Klasse **B** (Durchfluss V ≤ 0,42 l/s).

Für Wasserinstallationen in Reihen-, Doppel- und Mehrfamilienhäusern dürfen nur geprüfte und mit einem Prüfzeichen versehene Armaturen verwendet werden. Die Verwendung von Armaturen ohne Prüfzeichen bleibt auf Einfamilienhäuser beschränkt, für die nach DIN 4109 keine Anforderungen an den Schallschutz im eigenen Wohn- und Arbeitsbereich bestehen und auch nicht zusätzlich vereinbart wurden.

Durch-fluss-klasse[1]	Maximaler Durch-fluss bei 0,3 MPa Fließdruck[1] l/s	Einsatzgebiete von Auslauf-armaturen entsprechender Durchflussklasse
Z	0,15	Handwaschbecken
A	0,25	Waschtische, Küchenspülen
B	0,42	Badewannen, Duschen
C	0,50	Badewannen
D	0,63	Badewannen

[1] DIN 4109

13-10 Durchflussklassen und maximaler Durchfluss zur Kennzeichnung der Auslaufarmaturen und daran anschließender Auslaufvorrichtungen (z. B. Strahlregler, Kugelgelenke, Brausen) von Wasserinstallationen (DIN 4109, Tabelle 7)

3.2.4 Anforderungen an Wände mit Wasserinstallation

Nach DIN 4109 müssen einschalige Wände, an oder in denen Armaturen oder Wasserinstallationen (einschließlich Abwasserleitungen) befestigt sind, eine flächenbezogene Masse von mindestens $m' \geq 220$ kg/m² haben.

Diese Anforderung wird beispielsweise von folgenden, mit Normalmörtel gemauerten und beidseitig 15 mm dick geputzten (je Seite 25 kg/m²) Wänden erfüllt:

Stein-/Wanddicke cm	Rohdichteklasse der Steine	flächenbezogene Masse der Wand kg/m²
11,5 / 14,5	1,6	227
17,5 / 20,5	1,0	225
24,0 / 27,0	0,7	225

Wände gleicher Dicken aus Steinen oder Blöcken einer niedrigeren Rohdichteklasse können die Anforderung ohne zusätzliche biegeweiche Vorsatzschale auf der Seite des schutzbedürftigen Raumes nicht erfüllen. Wände mit geringerer flächenbezogener Masse dürfen verwendet werden, wenn durch eine Eignungsprüfung nachgewiesen wird, dass sie sich hinsichtlich der Übertragung von Installationsgeräuschen nicht ungünstiger verhalten.

Soll eine Abwasserleitung in einem Schlitz einer Trennwand zu einem schutzbedürftigen Raum verlegt werden, muss die im Bereich des Leitungsschlitzes verbleibende Restwand die Anforderung von $m' \geq 220$ kg/m² erfüllen (Bild 13-12). Wegen der erforderlichen Gesamtwanddicke ist die Verlegung einer Abwasserleitung in einer Trennwand in der Praxis kaum möglich.

Zu bedenken ist ferner, dass der Leitungsschlitz auch die Luftschalldämmung der Trennwand verschlechtert, sodass zusätzlich überprüft werden muss, ob die diesbezügliche Anforderung an die Trennwand noch erfüllt wird. Im Normalfall ist deswegen die Verlegung einer Abwasserleitung in einer Wohnungstrennwand nicht möglich.

Die Aussage der DIN 4109, dass Abwasserleitungen nicht freiliegend an Wänden in (fremden!) schutzbedürftigen Räumen verlegt werden dürfen, sollte so selbstverständlich sein, dass sie keiner weiteren Erläuterung bedarf (Bild 13-11).

3.2.5 Anforderungen an die Anordnung und den Betrieb von Armaturen

Armaturen der Armaturengruppe I und zugehörige Wasserleitungen dürfen an Wänden mit einer flächenbezogenen Masse $m' \geq 220$ kg/m² angebracht werden (Bild 13-13).

Armaturen der Armaturengruppe II und zugehörige Wasserleitungen dürfen nicht an Wänden angebracht werden, die im selben Geschoss, in den Geschossen darüber und darunter an schutzbedürftige Räume grenzen. Armaturen der Armaturengruppe II und zugehörige Wasserleitungen dürfen außerdem nicht an Wänden angebracht werden, die auf vorgenannte Wände stoßen.

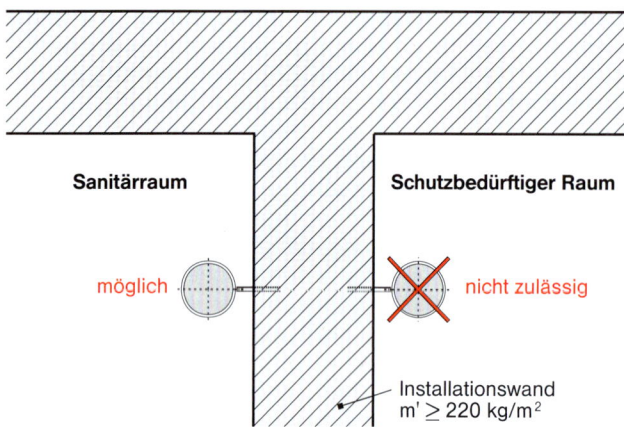 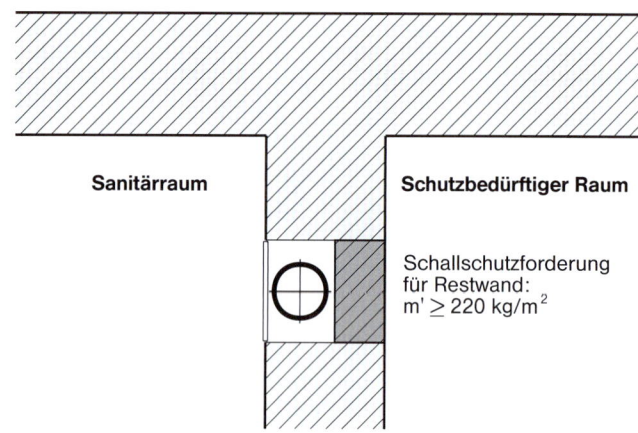

13-11 Wohnungstrennwand mit freiliegender Abwasserleitung [12]

13-12 Wohnungstrennwand mit Abwasserleitung im Wandschlitz [12]

Nach der DIN 4109 darf der Ruhedruck der Wasserversorgungsanlage vor den Armaturen nicht mehr als 5 bar betragen und muss ggf. bei höherem Druck durch Einbau von Druckminderern entsprechend verringert werden. Durchgangsarmaturen (z. B. Absperrventile, Eckventile, Vorabsperrventile bei bestimmten Armaturen und Geräten) müssen im Betrieb immer voll geöffnet sein und dürfen nicht zum Drosseln verwendet werden.

Beim Betrieb der Armaturen darf der für die Eingruppierung maßgebliche Durchfluss (entsprechend der gekennzeichneten Durchflussklasse) nicht überschritten werden. Auslaufvorrichtungen wie Strahlregler, Brausen und Durchflussbegrenzer müssen den Durchfluss durch die Armatur entsprechend begrenzen und dürfen keine höhere Durchflussklasse haben als der zugehörige Armaturenabgang. Eckventile vor Armaturen dürfen keiner niedrigeren Durchflussklasse angehören, als durch Armatur und Auslaufvorrichtung gegeben ist.

3.3 Maßnahmen

3.3.1 Verringerung von Luft- und Körperschallübertragung in schutzbedürftige Räume

3.3.1.1 Geräuschentstehung und -übertragung

Geräusche entstehen durch sich bewegende Teile (z. B. rotierende Teile) oder durch strömende Medien. Bei haustechnischen Anlagen können das rotierende Teile von Maschinen, Motoren, Pumpen, Ventilatoren und Aufzügen sowie Strömungen in Armaturen, Wasserversorgungs- und Abwasserleitungen, Lüftungskanälen usw. sein. Die Geräusche von Maschinen, Geräten oder Leitungen können die angrenzenden Bauteile im Aufstellungsraum entweder durch den erzeugten Luftschall (Luftschallanregung) oder – bei entsprechender starrer Verbindung – unmittelbar zu Schwingungen (Körperschall) anregen (Bild 13-14). Diese Schwingungen einer

Wand oder Decke werden mit nur geringer Schwächung weitergeleitet, auf starr angeschlossene andere Bauteile übertragen und in anderen Räumen wieder als Luftschall abgestrahlt. Die vorherrschende Art der Anregung bestimmt, welche Maßnahmen zur Verringerung der Schallübertragung erforderlich sind (Bild 13-15).

3.3.1.2 Grundrissplanung

Die Planung eines schalltechnisch günstigen Grundrisses ist ein wesentlicher Gesichtspunkt bei der Planung von Wohngebäuden mit gutem Schallschutz, der viel zu

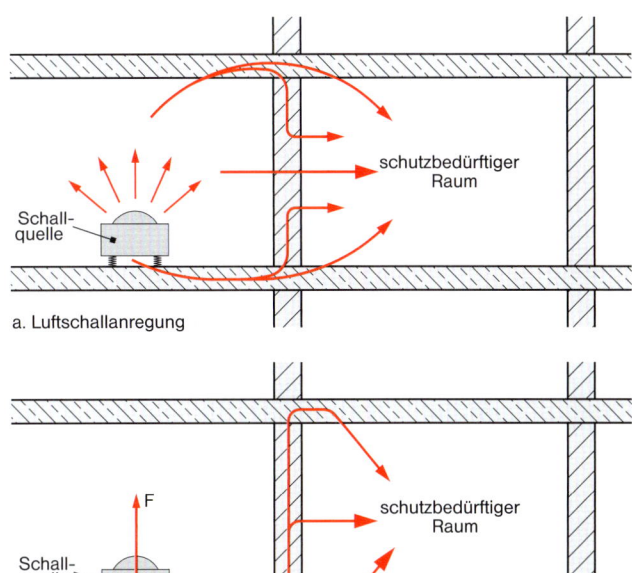

13-14 Schematische Darstellung der Luft- und Körperschallanregung von Bauteilen (Beiblatt 2 zu DIN 4109)

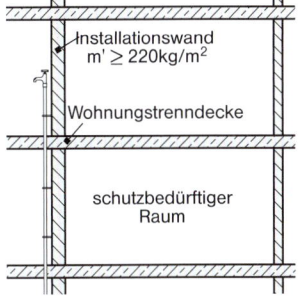

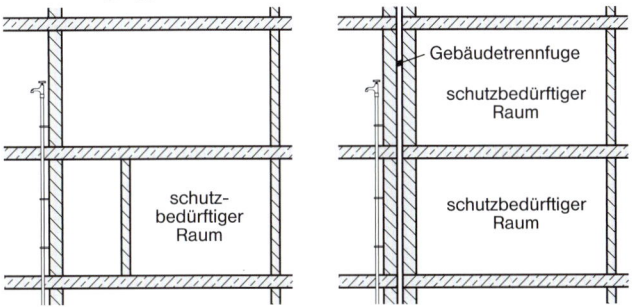

13-13 Zuordnung der Armaturengruppen zur Anordnung der schutzbedürftigen Räume (DIN 4109)

wenig beachtet wird. Dabei ist nicht nur die Lage des Gebäudes oder der Wohnungen in Bezug auf äußere Schallquellen (z. B. Straße, Garagenhof, Bahnlinie, Gewerbebetrieb usw.) zu beachten, vielmehr sind auch einige einfache Grundregeln für die Anordnung von Räumen innerhalb eines Gebäudes zu berücksichtigen:

- Konzentration der Schallquellen auf einen möglichst kleinen Bereich.
- Empfindliche Räume (Wohn- und Schlafräume) sollen
  - in möglichst großem Abstand davon

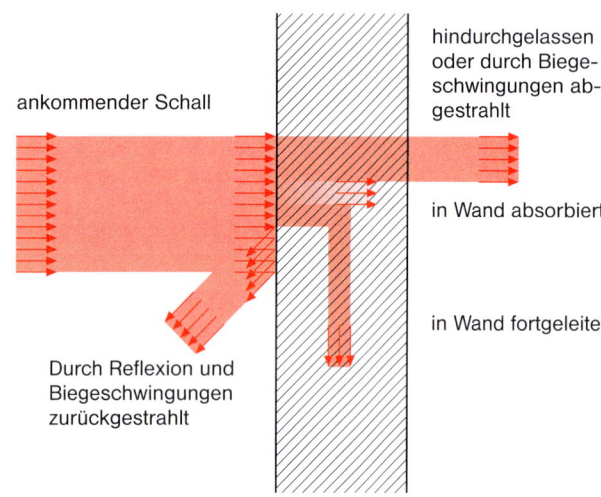

13-15 Durchgang der Schallenergie durch die Wand

- Rohrleitungen sollen nicht in Wohnungstrennwänden verlegt werden,
- Armaturen, Rohrleitungen und Sanitärgegenstände sollen nicht oder nur mit besonderen Maßnahmen an Wohnungstrennwänden, die an einen fremden schutzbedürftigen Raum grenzen, befestigt werden,
- Installationsschächte sollen nicht in oder durch schutzbedürftige Räume gelegt werden.

3.3.1.3 Maßnahmen zur Luftschallminderung

Der Schalldruckpegel in einem Raum kann entweder durch Kapselung der Schallquelle (z. B. Heizkesselbrenner, Pumpe, Aufzugsmaschine usw.) oder durch Anbringen von schallabsorbierendem Material (faserige oder

- ggf. unter „Zwischenschaltung" eines unempfindlichen Raumes (*Bild 13-16*)
- auf der ruhigen Seite des Gebäudes
- nicht unmittelbar neben dem Treppenhaus und
- möglichst nicht neben Bädern und Toiletten

angeordnet werden.

- Geschossdecken benachbarter Wohnungen sollen nicht in unterschiedlichen Höhen liegen.
- Günstig ist eine Grundrissanordnung, wenn an beiden Seiten der Wohnungstrennwand Küchen, Bäder und Toiletten, aber keine schutzbedürftigen Räume angrenzen.

Zur Minderung von Installationsgeräuschen, insbesondere der lästigen Geräusche aus Abwasserleitungen, sind hier folgende **Hinweise** für die Leitungsplanung von besonderer Bedeutung:

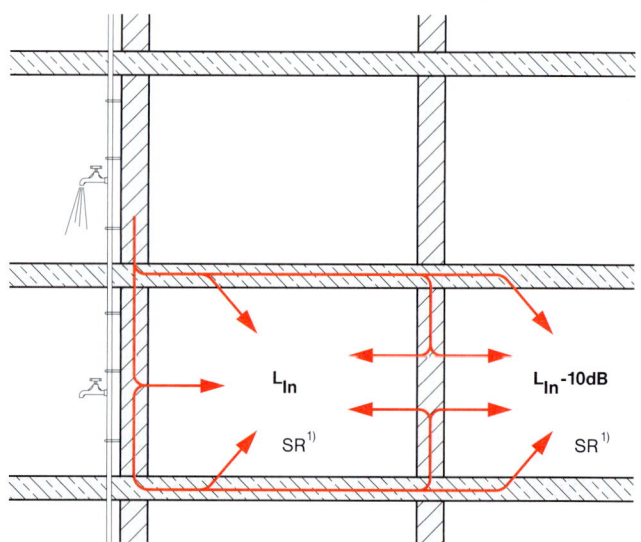

[1] Schutzbedürftiger Raum

13-16 Schallpegelminderung von Installationsgeräuschen durch zwischenliegenden nicht schutzbedürftigen Raum (Beiblatt 2 zu DIN 4109)

offenporige Platten) an Decke und Wänden vermindert werden. Mit Kapseln, bei denen auch notwendige Öffnungen für Kabel- oder Rohrdurchführungen sowie Lüftungskanäle in geeigneter Weise ausgeführt sind, lässt sich der Schalldruckpegel um etwa 20 dB(A) reduzieren. Die in einem Raum durch absorbierende Maßnahmen zu erzielende Minderung beträgt selten mehr als 5 dB(A) (siehe Kap. 11-24).

Bei Installationsschächten oder in größeren Lüftungskanälen ist die Auskleidung mit absorbierendem Material besonders zu empfehlen, da dadurch auch die Weiterleitung von Luftschall vermindert wird. Die Schalldruckpegelminderung im Schacht oder Kanal kann bis zu 10 dB(A) betragen.

3.3.1.4 Maßnahmen zur Luftschalldämmung

Werden die angrenzenden Bauteile vorwiegend durch den von der Schallquelle erzeugten Luftschall angeregt, sind Maßnahmen zur Verringerung der Luftschallübertragung erforderlich, d. h. die trennenden Bauteile zu benachbarten Räumen müssen eine hohe Luftschalldämmung haben. Dies kann man erreichen durch:

- schwere Ausführung der Bauteile,
- Vorsatzschalen an Wänden oder
- schwimmenden Estrich auf Decken und
- über die gesamte Haustiefe verlaufende Trennfugen.

Zum Erreichen einer hohen Schalldämmung zwischen Reihen- und Doppelhäusern sollte die Trennwand als zweischalige Massivwand mit durchgehender Trennfuge ausgeführt werden (*Bild 8-8* in diesem Buch). Die Trennfuge sollte dabei mindestens 4 cm breit und mit Mineralfaser-Trittschalldämmplatten nach DIN 18165 Teil 2 ausgefüllt sein.

Besondere Aufmerksamkeit ist beim Gießen der Betondecken erforderlich, um im Bereich der Trennfuge auch kleine starre Verbindungen – sogenannte Schallbrücken – zu vermeiden. Nähere Hinweise und Ausführungsbeispiele für zweischalige Trennwände enthält Beiblatt 1 zu DIN 4109.

3.3.1.5 Maßnahmen zur Körperschalldämmung

Bei vielen haustechnischen Anlagen überwiegt die Körperschallanregung von Bauteilen, an denen diese Anlagen und deren Teile befestigt oder mit denen diese verbunden sind. Im Gegensatz zum Luftschall erfolgt die Anregung nicht großflächig, sondern eher punktförmig. In diesen Fällen müssen die Körperschallanregung und die Körperschallübertragung verringert werden.

Folgende Maßnahmen zur Verringerung der Körperschallanregung und -übertragung sind möglich:

- Die unmittelbar angeregten Bauteile müssen möglichst schwer sein.

- Eine biegeweiche Vorsatzschale ist im schutzbedürftigen Raum anzubringen, wenn die unmittelbar durch Körperschall angeregte massive Wand leicht ist.

- An den Befestigungsstellen sind federnde Dämmschichten zwischen Schallquelle (z. B. Maschine, Gerät, Rohrleitung usw.) und Wand oder Decke einzubauen, d. h. die Maschine oder das Gerät muss „körperschallisoliert" eingebaut werden.

- Bei der Montage ist darauf zu achten, dass die elastischen Zwischenlagen durch die Befestigungsschrauben nicht so stark komprimiert werden, dass sie wie eine starre Verbindung wirken.

- Größere Maschinen und Geräte sind auf elastisch gelagerten Fundamentplatten zu befestigen.

- Gummikompensatoren sind bei Wasser führenden Rohrleitungen zwischenzuschalten.

- Rohrleitungen sind mit weich federnden Dämmstoffen zu ummanteln, sofern sie in Wänden oder Massivdecken verlegt werden.

3.3.2 Maßnahmen für geräuscharme Sanitärinstallationen

Geräusche von Sanitärinstallationen gehören – u. a. wegen ihres Informationsgehaltes – zu den lästigsten Geräuschen im Wohnbereich und führen am häufigsten zu Beschwerden über mangelhaften Schallschutz, meist in Verbindung mit Beschwerden über schlechten Trittschallschutz.

Planung und Ausführung der Wasserversorgungs- und Abwasseranlagen erfordern daher besondere Sorgfalt unter Heranziehung und Abstimmung aller daran beteiligten Gewerke. Die Verantwortlichen für die Planung des Grundrisses, Planung und Ausführung des Baukörpers, Planung und Ausführung haustechnischer Anlagen, Planung und Ausführung von Schallschutzmaßnahmen sowie für die Auswahl und Anordnung der geräuscherzeugenden Anlagen müssen gemeinsam um einen guten Schallschutz bemüht und ggf. bei mangelnder Erfahrung auch bereit sein, einen Fachmann für Bauakustik hinzuzuziehen.

Besondere Bedeutung für einen guten Schallschutz hat die Planung eines bauakustisch günstigen Grundrisses

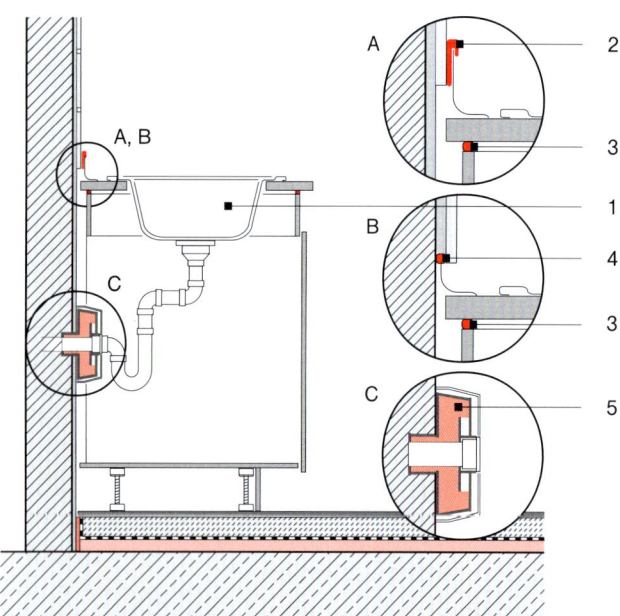

1 Küchenspüle einschließlich Ablaufarmatur
2 Stehbord mit Antidröhnbelag
3 Schaumkunststoff
4 Weichschaum-Kunststoff geschlossenporig
5 Wasserschalldämpfer mit alterungsbeständigem Synthesegummi

13-17 Schalldämmender Wandanschluss einer Küchenspüle

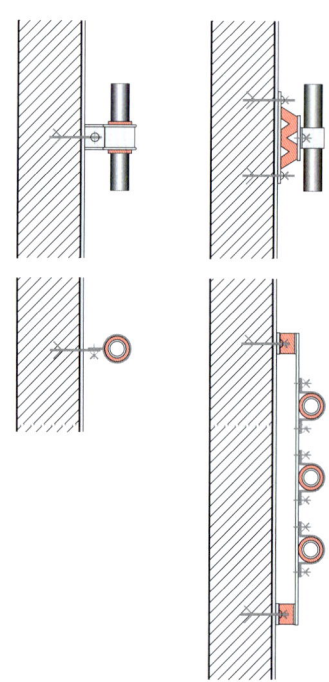

13-18 Befestigung mehrerer Rohre auf Befestigungsschiene und Gummi-Metallelementen

13 Haustechnische Wärmedämm- und Schallschutzmaßnahmen — Schallschutz in der Haustechnik

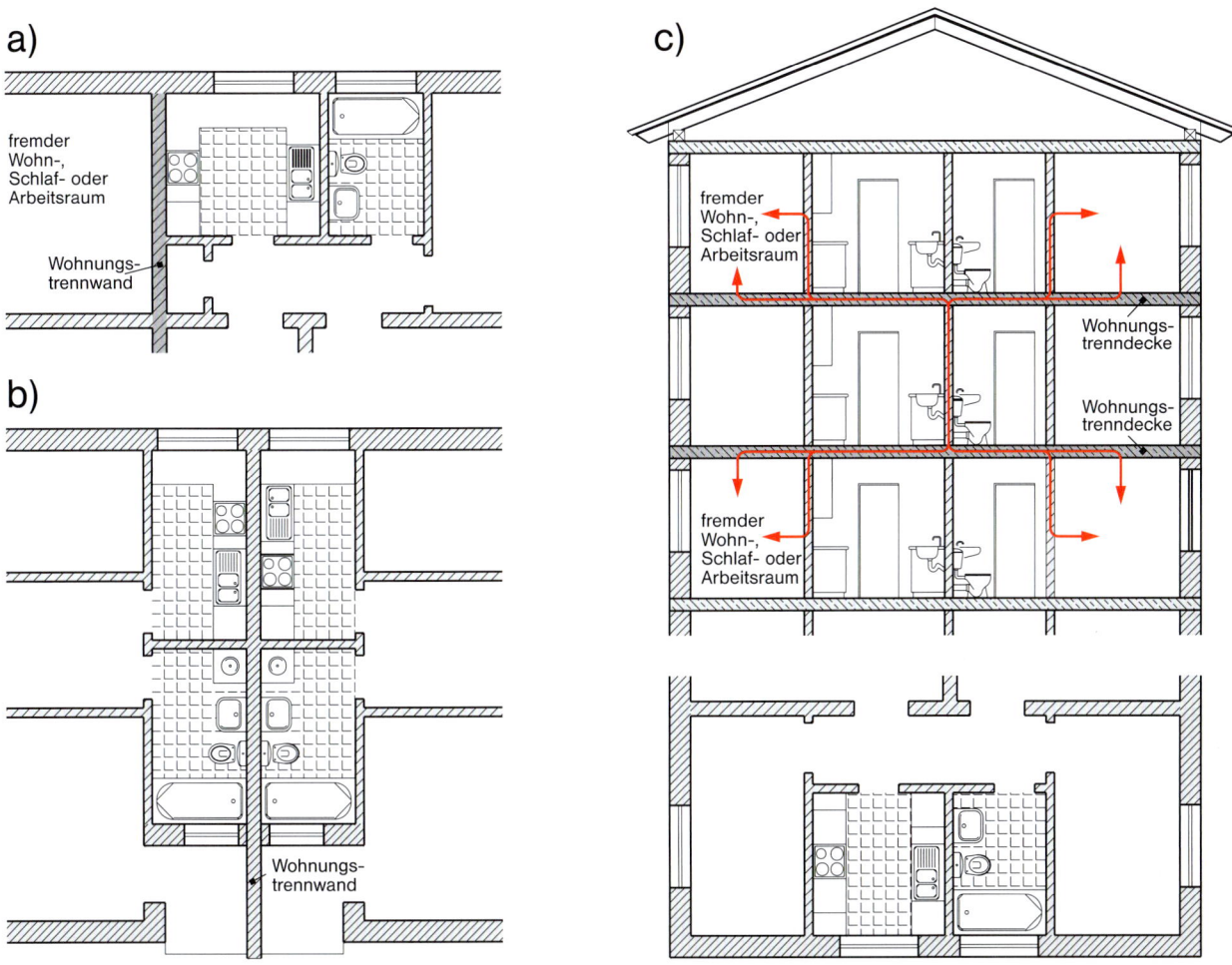

Eine bauakustisch günstige Grundrissanordnung liegt vor, wenn Armaturen, Geräte oder Rohrleitungen an Wänden befestigt werden, die nicht an einen fremden Wohn-, Schlaf- oder Arbeitsraum grenzen und die sich auch nicht unmittelbar über oder unter einem solchen Raum befinden.

a) Die Wasserinstallation ist nicht an der Wohnungstrennwand angebracht (und nicht an Wänden, die einen fremden Wohn-, Schlaf- oder Arbeitsraum begrenzen).

b) Die Wasserinstallation ist zwar an der Wohnungstrennwand angebracht, jedoch grenzen keine fremden Wohn-, Schlaf- oder Arbeitsräume an diese Wand.

c) Die Wasserinstallation ist nicht an einer Wand über einem fremden Wohn-, Schlaf- oder Arbeitsraum angebracht, sondern an der Zwischenwand von Bad und Küche.

13-19 Bauakustisch günstige Grundrissanordnungen (VDI 4100)

(*Bild 13-19*), weil damit vor allem die Übertragung der bei Benutzung der Sanitäreinrichtungen entstehenden Geräusche beeinflusst werden kann.

Die in den Abschnitten 3.2.2 bis 3.2.4 genannten Anforderungen müssen unbedingt berücksichtigt werden. Ferner ist zu beachten, dass die bisher übliche „Schlitzinstallation" wegen der geforderten Dämmung von Rohrleitungen praktisch nicht mehr ausführbar ist, Abschnitt 2.2 – aus Gründen des Schallschutzes eher ein Vor- als ein Nachteil. Die häufig anzutreffende Verlegung von Rohrleitungen auf der Rohdecke ist hinsichtlich des Schallschutzes ebenfalls bedenklich, da sie vielfach – im Zusammenhang mit zu gering geplanter Konstruktionshöhe und Ausführungsmängeln des schwimmenden Estrichs – die Ursache für schlechte Trittschalldämmung ist.

3.3.2.1 Wasserversorgungsanlagen

Geräusche aus der Wasserversorgungsanlage entstehen bei der Wasserentnahme hauptsächlich in den Querschnittsverengungen der Armaturen und nicht in den Rohrleitungen. Der dabei entstehende Wasser- und Körperschall wird durch die Rohrleitung und die darin enthaltene Wassersäule mit nur geringer Minderung weitergeleitet und von den Rohrleitungen auf Wände und Decken, an denen sie starr befestigt sind, übertragen. Die Abstrahlung in den benachbarten Raum ist umso geringer, je schwerer die Wand/Decke ist. Bei leichten Wänden kann die Abstrahlung durch eine biegeweiche Vorsatzschale im schutzbedürftigen Raum weiter verringert werden.

Zur Minderung der Körperschallübertragung sind die gedämmten Rohrleitungen mit isolierten Rohrschellen (weiche Gummieinlage, Begrenzung gegen zu starkes Anziehen) zu befestigen. Diese Maßnahme bleibt jedoch wirkungslos, wenn die Armatur fest mit der Wand verbunden wird oder andere Schallbrücken vorhanden sind.

Die in der Armatur entstehenden Geräusche sind vom Fließdruck und Durchfluss abhängig. Der Druck muss daher ggf. durch Druckminderer begrenzt werden. Er sollte so niedrig sein, dass alle Entnahmestellen noch ausreichend versorgt werden. Der Durchfluss wird bei Auslaufarmaturen mit Prüfzeichen durch Strahlregler mit passender Durchflussklasse begrenzt (Abschnitt 3.2.2).

Vielfach werden Wasserleitungen auf der Rohdecke bzw. in der Fußbodenkonstruktion verlegt. Bei dieser Verlegeart sind Probleme der Trittschalldämmung und der Schwächung des Estrichs zu bedenken. Die Ausführung des schwimmenden Estrichs nach DIN 18560 Teil 2 erfordert einen Höhenausgleich, durch den wieder eine ebene Oberfläche zur Aufnahme der Dämmschicht geschaffen wird. Die Ausgleichsschicht darf nicht aus Sand bestehen. Die erforderliche Konstruktionshöhe wird häufig nicht eingeplant, sodass Ersatzlösungen nötig sind. Eine in der Praxis oft mit Erfolg angewandte Lösung mit zweilagiger Dämmschicht zeigt Beispiel c in *Bild 13-20*. Die

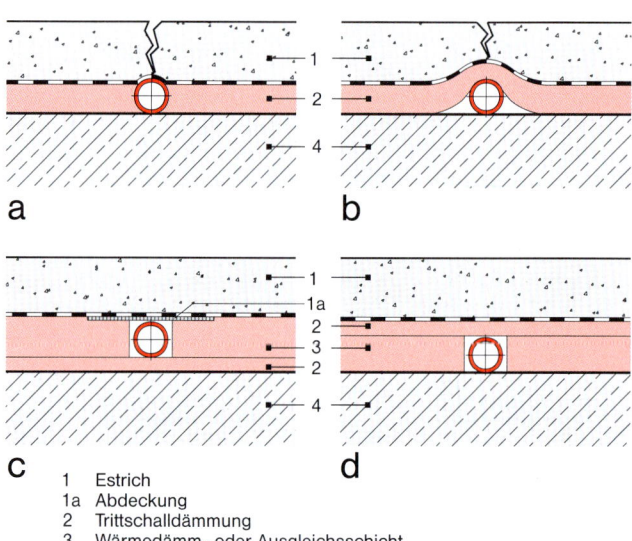

1	Estrich
1a	Abdeckung
2	Trittschalldämmung
3	Wärmedämm- oder Ausgleichsschicht
4	Geschoßdecke

Bei den Ausführungen a) und b) sind Risse im Estrich unvermeidbar.

13-20 Verlegung von Trinkwasserleitungen auf Geschossdecken

Verlegung der Leitung sollte gerade und parallel oder rechtwinklig zu einer Wand erfolgen, da sich die Dämmplatten an eine gebogene Leitung schlecht anpassen lassen und die Gefahr von Schallbrücken zwischen Estrich und Rohdecke entsteht.

3.3.2.2 Abwasserleitungen

Beim Wasserablauf – vor allem im Bereich der Anschlüsse an die Fallleitung – und bei Richtungsänderungen des Abwasserrohres auftretende Strömungsvorgänge regen dieses zu Schwingungen an, die auf Wände und Decken, an denen das Abwasserrohr befestigt ist, übertragen werden. Abwasserleitungen sollen an möglichst schweren Wänden (m' $\geq$ 220 kg/m^2) befestigt werden; auch in diesem Fall kann bei leichten Wänden die Abstrahlung durch eine biegeweiche Vorsatzschale im schutzbedürftigen Raum weiter verringert werden.

Abwasserleitungen müssen körperschallgedämmt verlegt werden. Starke Richtungsänderungen oder Achsverzüge (Etagenbögen) sind zu vermeiden. Leichte Abwasserrohre strahlen mehr Luftschall in die Umgebung ab als schwere. Die Verlegung von Abwasserleitungen in Wandschlitzen innerhalb von schutzbedürftigen Räumen sollte – auch in Einfamilienhäusern – unbedingt vermieden werden, da die Vermeidung von Körperschallbrücken in den meist engen Schlitzen problematisch ist.

Seit mehreren Jahren sind Abwasserleitungssysteme auf dem Markt, zu denen neben den Abwasserrohren auch entsprechende Formstücke, geeignete Befestigungsschellen und Verlegeanleitungen gehören. Als Rohrmaterialien werden schwere Zweischicht-Verbundsysteme aus Kunststoff verwendet oder es werden handelsübliche leichte Rohre und Formteile mit geeigneten Umhüllungen versehen, die die Schallabstrahlung verringern und körperschalldämmend gegen angrenzende Bauteile wirken. Eine gute Körperschallisolierung wird auch mit neuartigen zweiteiligen Befestigungsschellen erreicht, bei denen eine fest mit dem Rohr verbundene Fixierschelle mit einer elastischen Zwischenlage auf der an der Wand befestigten Stützschelle aufliegt (Bild 13-21). Die statische Last des Rohrsystems wird aufgenommen, ohne dass das Rohr starr mit der Wand verbunden ist. Die weiteren pro Stockwerk benötigten Schellen sind als „Losschellen" (ggf. über der Isolierschicht befestigt) auszuführen, sodass auch hier die Körperschallübertragung reduziert wird.

3.3.2.3 Installationsschächte

Da die Leitungen der Wasserversorgungs-, Abwasser- und Heizungsanlagen meist nicht in Wandschlitzen untergebracht werden können, müssen zur Aufnahme einer größeren Anzahl von Leitungen oder Leitungen größerer Querschnitte sowie Leitungsanordnungen mit Kreuzungen Installationsschächte vorgesehen werden. Gehen Installationsschächte über mehrere Brandabschnitte,

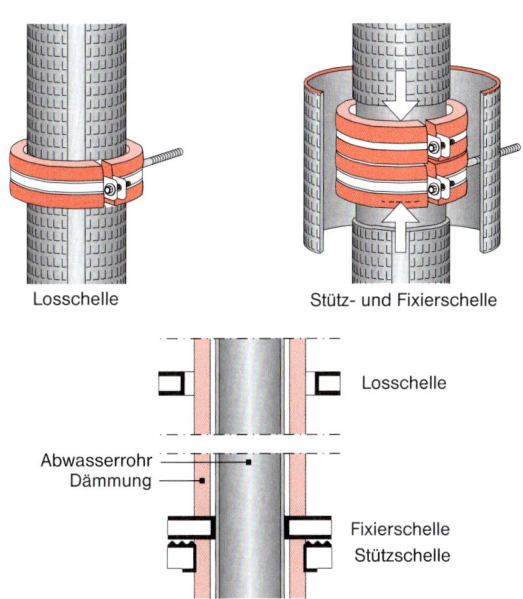

13-21 Körperschallgedämmte Befestigungssysteme für Abwasserrohre

müssen sie Anforderungen an den Brandschutz erfüllen, deren Höhe vom Inhalt und von der Geschosszahl des Gebäudes abhängt. Wegen der Anforderungen an die Luftschalldämmung und die Luftdichtheit von Wohnungstrenndecken ist eine Abschottung im Bereich der Decken erforderlich.

Bei Festlegung der Schachtabmessungen ist nicht nur der Platzbedarf der Leitungen mit Verbindungselementen, Befestigungssystem, Dämmung und Rohrkreuzungen, sondern auch ausreichender Platz für Montagearbeiten, Absorptionsmaterial und zur Vermeidung von Körperschallbrücken vorzusehen. Alle Rohrleitungen in den Installationsschächten müssen körperschallgedämmt befestigt und Schallbrücken zu den Schachtwänden vermieden werden (Bild 13-22).

Installationsschächte sollten nicht in schutzbedürftigen Räumen liegen, Teile von Wänden schutzbedürftiger Räume sein oder solche Wände bilden. Lässt sich dies nicht vermeiden, müssen hohe Anforderungen an die Schalldämmung und Dichtheit der Schachtwände gestellt werden. In Schächten mit Abwasserleitungen können Schalldruckpegel über 70 dB(A) auftreten. Um im angrenzenden schutzbedürftigen Raum einen Schalldruckpegel von 30 dB(A) einzuhalten, muss das bewertete Schalldämm-Maß der Schachtwände $R'_w \geq 40$ dB und die erforderliche flächenbezogene Masse dieser Wände $m' \geq 150$ kg/m^2 betragen. Bei Verwendung von Kunststoffrohren aus Zweischicht-Verbundmaterial und absorbierender Auskleidung im Schacht verringert sich der Schalldruckpegel um etwa 30 dB(A). Für die Schachtwände genügt dann z. B. eine Verkleidung mit Gipskartonplatten, sofern sie für den Brandschutz ausreichen.

Müssen nur wenige Leitungen in einem Schacht untergebracht werden, können die Durchlässe – angepasst an die tatsächliche Lage der Leitungen – vorteilhafter durch Kernbohrungen passender Größe hergestellt werden. Das problematische Schließen der Decken- und Wanddurchbrüche mit den erforderlichen Nacharbeiten kann dann entfallen.

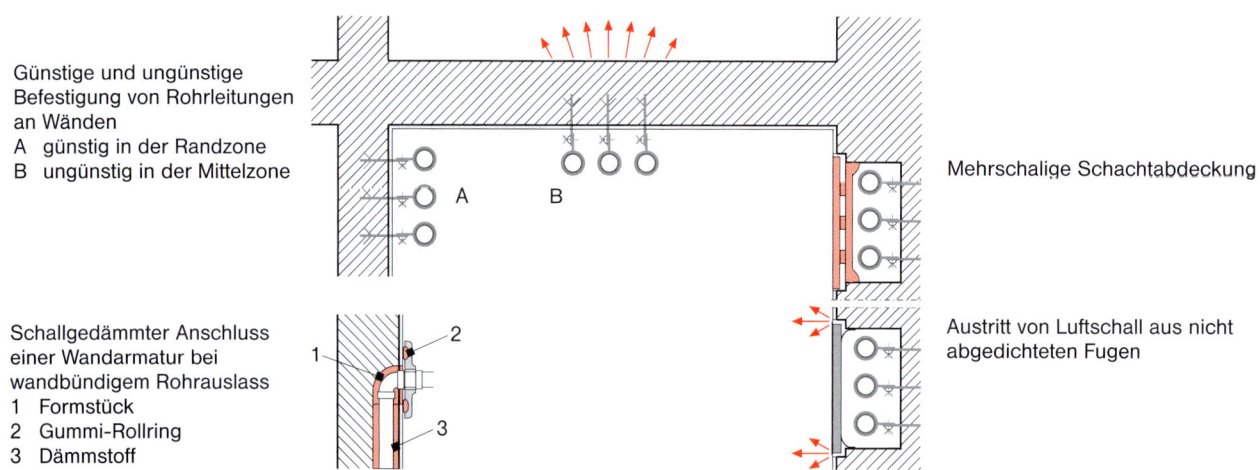

Günstige und ungünstige Befestigung von Rohrleitungen an Wänden
A günstig in der Randzone
B ungünstig in der Mittelzone

Mehrschalige Schachtabdeckung

Schallgedämmter Anschluss einer Wandarmatur bei wandbündigem Rohrauslass
1 Formstück
2 Gummi-Rollring
3 Dämmstoff

Austritt von Luftschall aus nicht abgedichteten Fugen

13-22 Günstige und ungünstige Befestigung von Rohrleitungen an Wänden

Falls der Schacht die Luftdichtungshülle des beheizten Gebäudevolumens, z. B. an der Kellerdecke, durchdringt, ist dort eine luftdichte und schallbrückenfreie Abschottung des Schachts erforderlich, bevor die Schachtwände geschlossen werden (Kap. 9-4.4 in diesem Buch).

3.3.2.4 Sanitäreinrichtungen

Beim Ein- und Auslaufen des Wassers und beim Benutzen von Waschbecken, Bade- und Duschwanne (Plätscher-, Prall- und Rutschgeräusche), des Klosetts sowie beim Abstellen von Gegenständen auf Ablagen wird Körperschall erzeugt und auf angrenzende Wände und Decken übertragen. Neben der Wahl eines bauakustisch günstigen Grundrisses (Abschnitt 3.3.1.2), sind folgende Maßnahmen zur Geräuschminderung möglich:

– Badewanne und Badewannenschürze körperschallgedämmt auflagern oder auf den schwimmenden Estrich stellen (*Bild 13-23*),

– Badewanne und Badewannenschürze von den Wänden trennen, die Fugen dauerelastisch (möglichst dünne Schichten) abdichten,

– auf dem Boden stehende Klosettbecken auf den schwimmenden Estrich stellen und nur darauf befestigen, keinesfalls Schrauben durch die Estrichplatte bis zur Rohdecke führen,

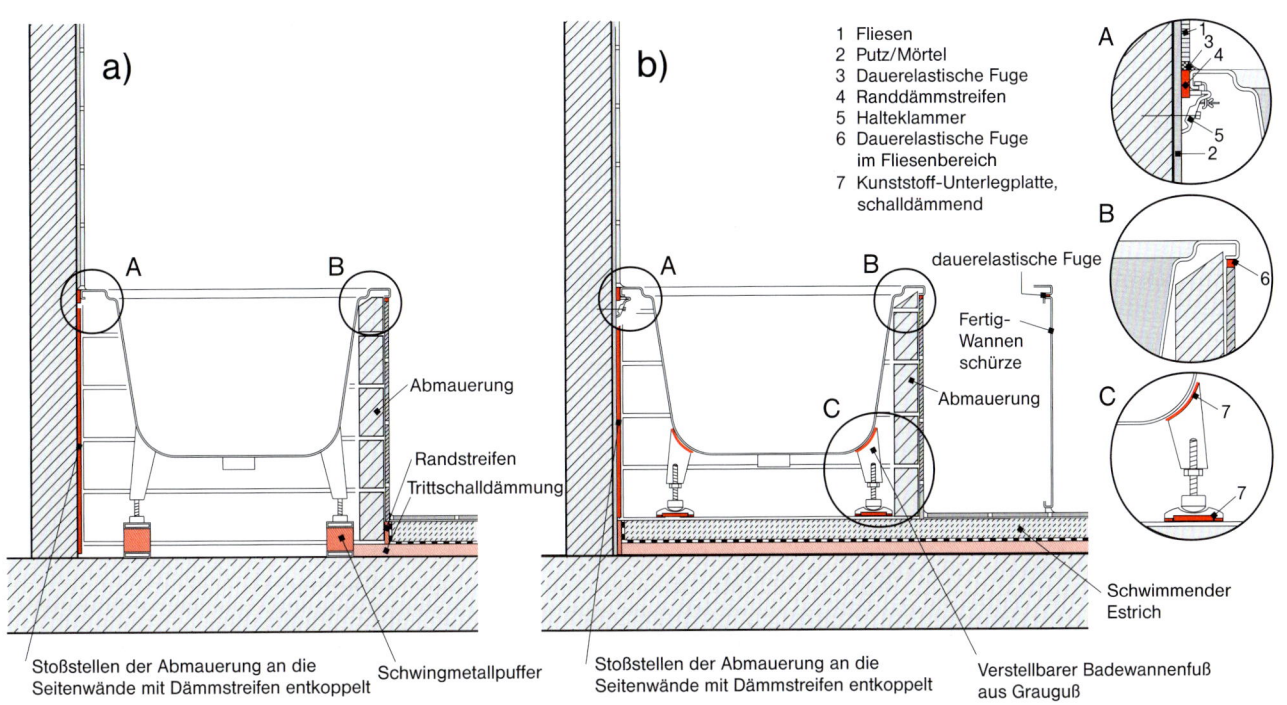

13-23 Körperschallgedämmte Aufstellung von Badewannen a) auf der Rohdecke, b) auf dem schwimmenden Estrich [12]

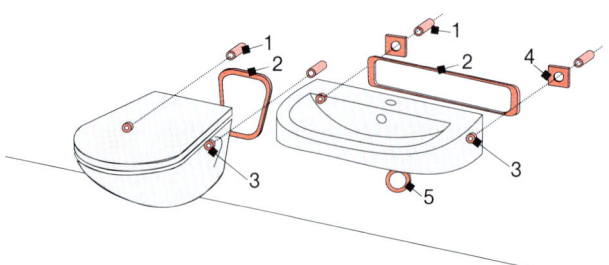

1 Schallschutzhülse
2 Schallschutzprofil, selbstklebend
3 Unterlegscheibe mit Schallschutzeinlage
4 Schallschutzscheibe
5 Schallschutzscheibe unter Eckventilrosette

13-24 Reduzierung von Benutzergeräuschen bei Ablageplatte, Waschtisch und WC

– wandhängende Sanitärgegenstände wie z. B. wandhängende Klosettbecken, Waschtische und Ablagen körperschallgedämmt befestigen.

Die Forderung nach körperschallgedämmter Befestigung steht oft im Widerspruch zur Forderung nach einer kraftschlüssigen und lastabtragenden Befestigung. Für Waschbecken, Ablagen, wandhängende Klosettbecken und Bidets gibt es Montagesätze, die bei richtiger Anwendung körperschalldämmend wirken. Damit kann die Übertragung sowohl betriebsbedingter Geräusche als auch der Nutzergeräusche vermindert werden (*Bild 13-24*). Wirkungsvollere und sichere Möglichkeiten bieten vorgefertigte Vorwand-Installationssysteme.

3.3.2.5 Vorwandinstallation

Die herkömmliche Unterputz-Installation in Aussparungen und Schlitzen von Wänden ist bei Beachtung der einschlägigen Normen und Vorschriften praktisch nicht mehr möglich. Als Lösung bietet sich die Vorwandinstallation an, mit der ein guter Schallschutz sowie geringe Wärmeverluste durch gute Wärmedämmung erreicht und zusätzlich das Mauerwerk geschont werden kann. Vorwandinstallation ist nicht nur bei Neubauten anwendbar, sie bietet auch sehr gute Möglichkeiten bei Altbausanierungen. Der als Argument gegen Vorwandinstallationen genannte größere Platzbedarf wird oft überbewertet und vielfach durch gut zu nutzende, großzügige Ablagemöglichkeiten kompensiert (*Bild 13-25*). Die Kosten der Vorwandinstallation sind gegenüber der konventionellen Schlitzinstallation nahezu gleich, wenn bei der Kalkulation auch alle nebenher anfallenden Bauleistungen berücksichtigt werden. Höheren Materialkosten stehen deutlich niedrigere Kosten für Lohn und Bauleistungen gegenüber. Dazu kommen größere Sicherheit hinsichtlich des Schallschutzes und weniger Reklamationen.

Für die Vorwandinstallation gibt es vier grundsätzliche Möglichkeiten:

1 Konventionelle Leitungsverlegung vor der Wand mit Ausmauerung oder Verkleidung,

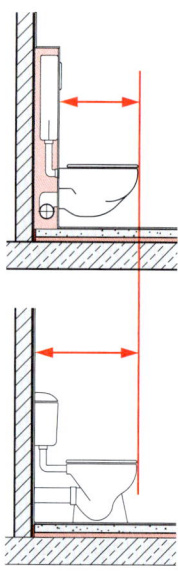

13-25 Vergleich der Ausladung einer bodenstehenden mit einer wandhängenden WC-Anlage

13 Haustechnische Wärmedämm- und Schallschutzmaßnahmen

Schallschutz in der Haustechnik

2 Leitungsverlegung vor der Wand mit Montageelementen und Vormauerung oder Verkleidung,

3 Leitungsverlegung vor der Wand mit vorgefertigten Installationselementen und Restausmauerung,

4 Vorwandinstallation mit Baukastensystemen, Leitungsverlegung vor der Wand mit Montageelementen, Trockenbauständern und Verkleidungen.

Alle Möglichkeiten ergeben einen guten Schallschutz, wenn die Leitungen sorgfältig körperschallgedämmt befestigt und Schallbrücken bei der Ausmauerung unbedingt vermieden werden. Die Gefahr von Schallbrücken ist bei den Systemen mit Verkleidung geringer als bei Systemen mit Ausmauerung. Die beiden in der Aufzählung letztgenannten Systeme haben den Vorteil, dass die Installations- bzw. Montageelemente nur an wenigen Punkten mit dem Baukörper verbunden sind und dort körperschalldämmende Maßnahmen gezielt getroffen werden können.

Die von mehreren Herstellern angebotenen Programme von Montageelementen enthalten jeweils ein umfangreiches Sortiment für alle gebräuchlichen Sanitärgegenstände (Waschbecken, Bidet, wandhängendes WC mit UP-Spülkasten, Urinal, Dusche und Badewanne). Dasselbe gilt auch für vorgefertigte Installationselemente, die als kompakte Elemente neben den passenden Befestigungen für die Sanitärgegenstände auch die Ver- und Entsorgung beinhalten können. Darüber hinaus werden in letzter Zeit auf dem Markt Komplettsysteme für die technische Installation in Sanitärräumen angeboten, die aus einem abgestimmten Produktsystem und einem EDV-gestützten Planungs- bzw. Dienstleistungssystem bestehen. Das Produktsystem beinhaltet alle Tragwerksbestandteile (Profile, Verbinder), Installationselemente,

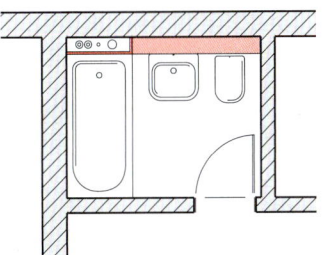

Installationsschacht hinter der Badewanne:
Typische Anordnung für übereinander liegende Bäder in Mehrfamlienhäusern.

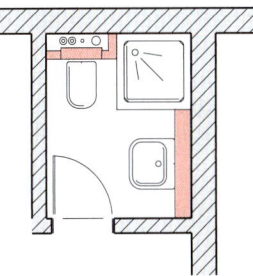

Kompakter Duschbadgrundriss: Das WC-Element wird mit Abstand von der Wand montiert und in die Schachtwand eingebaut. Die Ver- und Entsorgungsleitungen für den Waschtisch werden unter der Duschwanne durchgeführt.

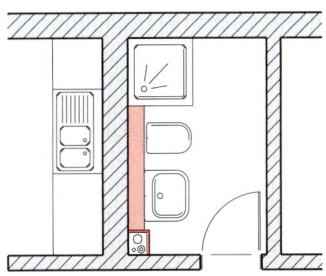

Installationsschacht in der Ecke: Auch die Küche wird von diesem Schacht aus ver- und entsorgt.

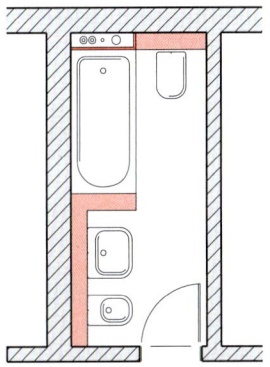

Typisches Modernisierungsbeispiel:
Die Anschlussleitungen für Waschtisch und Wandbidet werden über dem fertigen Fußboden unter der Badewanne verlegt.

13-26 Grundrissbeispiele mit Vorwandinstallation

Anschlüsse, Leitungen und Beplankungen, sodass die gesamte Installation aus einer Hand ermöglicht wird. Zum System gehört eine Dienstleistungs-Software, mit deren Hilfe komplette Sanitärräume geplant werden können, einschließlich Erstellung der Konstruktion, Materialermittlung und Kalkulation.

Alle Systeme der Vorwandinstallation ermöglichen eine freizügige Gestaltung der verschiedenen Grundrissvarianten (*Bild 13-26*).

3.4 Hinweise

In der DIN 4109 sind Anforderungen festgelegt, die das Schutzziel der Landesbauordnungen – Schutz vor Gesundheitsgefahren – erfüllen und daher unbedingt eingehalten werden müssen.

Bei einem größeren Schutzbedürfnis oder bei besonders geringem Hintergrundgeräusch und damit höherer Störwirkung der durch die Installation verursachten Geräusche kann ein über diese Anforderungen hinausgehender Schallschutz sinnvoll sein, um Belästigungen durch Schallübertragung weiter zu verringern. Vorschläge dazu enthalten Beiblatt 2 zu DIN 4109 und – in zwei zusätzlichen Stufen – VDI 4100 sowie der Entwurf DIN 4109-10 : 2000-06.

Alle drei Regelwerke enthalten Hinweise, dass die Vorschläge oder Kennwerte für einen erhöhten Schallschutz einer besonderen vertraglichen Vereinbarung zwischen dem Bauherrn, dem Entwurfsverfasser und den ausführenden Gewerken bedürfen und erst dadurch zu Anforderungen werden. Zur Vereinbarung des gewünschten Schallschutzes einzelner oder aller Bauteile sind allgemeine Formulierungen wie „erhöhter Schallschutz" oder die pauschale Festlegung einer höheren Schallschutzstufe (SSt II oder III) nach VDI 4100 oder E DIN 4109-10 : 2000-06 nicht zweckmäßig und ausreichend. Die Werte für die Schalldämmung sowie für die zulässigen Schalldruckpegel von Geräuschen aus haustechnischen Anlagen sollten konkret festgelegt werden, um spätere gerichtliche Auseinandersetzungen über den geschuldeten Schallschutz zu vermeiden.

Dies steht auch im Einklang mit einem Urteil des Bundesgerichtshofes (BGH) vom 14. Mai 1998 – VII ZR 184/97.

Hier heißt es:

„Welcher Luftschallschutz geschuldet ist, ist durch Auslegung des Vertrages zu ermitteln. Sind danach bestimmte Schalldämm-Maße ausdrücklich vereinbart oder jedenfalls mit der vertraglich geschuldeten Ausführung zu erreichen, ist die Werkleistung mangelhaft, wenn diese Werte nicht erreicht werden. Liegt eine derartige Vereinbarung nicht vor, ist die Werkleistung im Allgemeinen mangelhaft, wenn sie nicht den zur Zeit der Abnahme anerkannten Regeln der Technik als vertraglichen Mindeststandard entspricht."

Für die werkvertragliche Vereinbarung eines erhöhten Schallschutzes oder des Schallschutzes im eigenen Wohnbereich nach DIN 4109-10 wird daher dringend empfohlen, nicht nur die gewünschte Schallschutzstufe festzulegen, sondern zusätzlich die Kennwerte (d. h. die Werte für die Luft- und Trittschalldämmung sowie für die zulässigen Schalldruckpegel von Geräuschen aus haustechnischen Anlagen) als Zahlen aufzunehmen.

Wird ein erhöhter Schallschutz gewünscht, muss jeweils geklärt werden, ob erhöhte Anforderungen wegen sonstiger vorhandener Störgeräusche sinnvoll und mit vertretbarem Aufwand realisierbar sind. Dies gilt in besonderem Maße auch für die Vereinbarung von Schallschutz im eigenen Wohnbereich. Bei „offener" Grundrissgestaltung ist dies häufig nicht möglich.

Wird erhöhter Schallschutz vereinbart, muss dies bereits bei der Planung des Gebäudes berücksichtigt werden. Bei der Planung von Wohngebäuden mit erhöhtem Schallschutz – insbesondere bei Schallschutzstufe III – sollte unbedingt ein Fachmann für Bauakustik hinzugezogen werden. Bei der Ausführung ist dann auf eine enge Abstimmung der beteiligten Gewerke zu achten.

3.5 Empfehlungen

3.5.1 DEGA-Empfehlung 103

DEGA ist die Abkürzung für: Deutsche Gesellschaft für Akustik e. V. mit Sitz in Berlin. Die DEGA versteht sich als Dachverband der in Deutschland tätigen Akustiker.

Die DEGA-Empfehlung 103 definiert sieben Schallschutzklassen mit dem Ziel, Wohneinheiten nach der Güte ihres Schallschutzes zu bewerten. Dem Anwender sollen einfache Entscheidungskriterien an die Hand gegeben werden, die verbal beschrieben werden und daher verständlich sind.

Das mehrstufige Schallschutzkonzept mündet in einen Schallschutzausweis (ähnlich dem Energieausweis). Mit dem Schallschutzausweis wird den Planungsbeteiligten wie auch dem Nutzer eine einfache, verständliche und verbraucherorientierte Bewertung geschaffen.

4 Links, Literatur, Normen, Gesetze, Verordnungen

4.1 Links

www.wasserwaermeluft.de

www.waermepumpe.de (Leitfaden Schall)

www.dega-akustik.de

4.2 Literatur

- ZVSHK-Merkblatt und -Fachinformation Schallschutz (02/2003)
- Häupl, Peter: Bauphysik, Verlag Ernst & Sohn, Berlin, 2008
- Lohmeyer, Gottfried/Post, Matthias: Praktische Bauphysik, Vieweg+Teubner Verlag, 2013
- Recknagel, Sprenger, Schramek: Taschenbuch Heizung und Klimatechnik, R. Oldenbourg Verlag, München Wien, 2011
- Laasch/Laasch: Haustechnik, Vieweg+Teubner Verlag, 2013
- Willems, Schild, Stricker: Schallschutz: Bauakustik, Springer Vieweg, 2012

4.3 Normen (Es gilt die jeweils neueste Fassung!)

4.3.1 DIN-Normen

DIN 1053-1 : 1996-11	Rezept-Mauerwerk – Teil 1: Berechnung und Ausführung
DIN 1988	Technische Regeln für Trinkwasser-Installation (TRWI)
DIN 1988-200 : 2012-05	Teil 2: Planung, Bauteile, Apparate, Werkstoffe
DIN EN ISO 3822	Akustik – Prüfung des Geräuschverhaltens von Armaturen und Geräten der Wasserinstallation im Laboratorium – vier Teile –
DIN 4109 : 1989-11	Schallschutz im Hochbau; Anforderungen und Nachweise
DIN 4109	Beiblatt 1 : 1989-11 Ausführungsbeispiele und Rechenverfahren
DIN 4109	Beiblatt 2 : 1989-11 Hinweise für Planung und Ausführung; Vorschläge für einen erhöhten Schallschutz; Empfehlungen für den Schallschutz im eigenen Wohn- und Arbeitsbereich

DIN 4109	Beiblatt 3 : 1996-06 Berechnung von $R'_{W;R}$ für den Nachweis der Eignung nach DIN 4109 aus Werten des im Labor ermittelten Schalldämm-Maßes R_w	VDI 2566	Blatt 1 : 2011-04 Schallschutz bei Aufzugsanlagen mit Triebwerksraum
		VDI 2566	Blatt 2 : 2004-05 Schallschutz bei Aufzugsanlagen ohne Triebwerksraum
DIN 4109-1 : 2013-06	Schallschutz im Hochbau – Teil 1: Anforderungen	VDI 2715 : 2011-11	Lärmminderung an Warm- und Heißwasseranlagen
DIN E 4109-10 : 2000-06	Teil 10: zurückgezogen 2005-06	VDI 4100 : 2012-10	Schallschutz im Hochbau – Wohnungen – Beurteilung und Vorschläge für erhöhten Schallschutz
DIN 4109-11 : 2010-05	Teil 11: Nachweis des Schallschutzes; Güte- und Eignungsprüfung		
DIN 18421 : 2012-09	VOB Vergabe und Vertragsordnung für Bauleistungen – Teil C: Allgemeine Technische Vertragsbedingungen für Bauleistungen (ATV) – Dämm- und Brandschutzarbeiten an technischen Anlagen		
DIN 18 560-2 : 2009-09	Estriche im Bauwesen – Teil 2: Estriche und Heizestriche auf Dämmschichten (schwimmende Estriche)		
DIN 52 221: 2006-01	Bauakustische Prüfungen – Körperschallmessungen bei haustechnischen Anlagen		

4.4 Gesetze

- Grundgesetz
- Energieeinspargesetz
- Erneuerbare-Energien-Wärmegesetz (EEWärmeG)

4.5 Verordnungen

- Energieeinsparverordnung (EnEV)
- Landesbauordnung

4.6 Empfehlungen

- DEGA-Empfehlung 103 : 2009-03 (u. a. Schallschutzausweis)

4.3.2 VDI-Richtlinien

VDI 2055	Blatt 1 : 2008-09 Wärme- und Kälteschutz von betriebstechnischen Anlagen in der Industrie und in der Technischen Gebäudeausrüstung – Berechnungsgrundlagen

WOHNUNGSLÜFTUNG UND WOHNUNGSKLIMATISIERUNG

WOHNUNGSLÜFTUNG

1	**Einführung** *S. 14/3*	
2	**Aufgaben der Lüftung** *S. 14/3*	
2.1	Luftbelastungen	
2.2	Begrenzung Kohlendioxid-Gehalt	
2.3	Begrenzung Raumluftfeuchte	
2.4	Reduktion allergener Belastungen	
2.5	Sommerliche Wärmeabfuhr	
2.6	Sicherung hoher Raumluftqualität	
3	**Thermische Behaglichkeit** *S. 14/9*	
3.1	Definition	
3.2	Wärmehaushalt des Menschen	
3.3	Globale Bewertung	
3.4	Lokale Bewertung	
3.5	Summative Bewertung	
4	**Luftvolumenströme und Lüftungskonzept** *S. 14/14*	
5	**Zustandsänderungen der Luft** *S. 14/16*	
5.1	Grundlagen	
5.2	Lufterwärmung	
5.3	Wärmerückgewinnung aus der Abluft	
5.4	Luftkühlung	
5.5	Luftentfeuchtung	
5.6	Luftbefeuchtung	
6	**Verordnungen, Normen, Richtlinien** *S. 14/20*	
6.1	Musterbauordnung	
6.2	Musterfeuerungsverordnung	
6.3	DIN 4108-2: Mindestwärmeschutz	
6.4	DIN EN 13779	
6.5	DIN 1946-6: Wohnungslüftung	
6.6	DIN 18017-3: Lüftung fensterloser Sanitärräume	
6.7	DIN 4109: Mindestanforderungen Schallschutz	
6.8	Energieeinsparverordnung	
6.9	Weitere Normen und Richtlinien	
7	**Freie Lüftung** *S. 14/27*	
7.1	Funktionsprinzip	
7.2	Fugenlüftung	
7.3	Fensterlüftung	
7.4	Querlüftung mit Außenluftdurchlässen	
7.5	Schachtlüftung	
7.6	Zum Stand von Rechtsprechung und Technik	
7.7	Was war früher anders?	
8	**Grundlagen ventilatorgestützter Lüftung** *S. 14/32*	
8.1	Zentrale und dezentrale Lösungen	
8.2	Auslegung	
8.3	Schallschutz	
9	**Zuluftanlagen** *S. 14/37*	
10	**Abluftanlagen** *S. 14/38*	
10.1	Funktionsprinzip	
10.2	Anlagentypen	
10.3	Bauliche Randbedingungen	
10.4	Komponenten von Abluftanlagen	
10.4.1	Außenluftdurchlässe	
10.4.2	Überströmdurchlässe	
10.4.3	Ventilatoren	
10.4.4	Abluftdurchlässe	
10.4.5	Luftleitungen	
10.5	Abwärmenutzung mit Abluftanlagen	
10.6	Regelkonzepte für Abluftanlagen	
11	**Zu- und Abluftanlagen** *S. 14/49*	
11.1	Funktionsprinzip	
11.2	Anlagentypen	
11.2.1	Einzelraum-Lüftungsgeräte	
11.2.2	Wohnungszentrale Anlage	
11.2.3	Gebäudezentrale Anlage	
11.3	Bauliche Randbedingungen	

11.3.1	Luftdichtheit			
11.3.2	Aufstellungsort des Zentralgeräts		**WOHNUNGSKLIMATISIERUNG**	
11.4	Komponenten von Zu- und Abluftanlagen	**14**	**Einführung**	*S. 14/82*
11.4.1	Außenluftfilter			
11.4.2	Zentralgerät	**15**	**Luftkühlung**	*S. 14/83*
11.4.3	Zuluftdurchlässe	15.1	Funktionsprinzip	
11.4.4	Luftleitungen	15.2	Passive Luftkühlung	
11.5	Heizen und Kühlen mit der Lüftung	15.3	Aktive Luftkühlung	
11.5.1	Luftheizung			
11.5.2	Luftkühlung	**16**	**Raumklimageräte**	*S. 14/84*
11.6	Abwärmenutzung	16.1	Funktionsprinzip	
11.7	Nutzung regenerativer Energie	16.2	Mobile Raumklimageräte	
11.7.1	Technische Anforderungen	16.3	Fest installierte Raumklimageräte	
11.7.2	Energetische Aspekte für Auslegung und Betrieb	**17**	**Luftbefeuchter und -reiniger**	*S. 14/89*
11.8	Regelkonzepte für Zu-/Abluftanlagen	**18**	**Luftentfeuchter**	*S. 14/91*
12	**Energetische Aspekte** *S. 14/75*	**19**	**Hinweise auf Literatur und Arbeitsunterlagen**	*S. 14/92*
12.1	Lüftungswärmeverluste			
12.2	Hilfsenergiebedarf			
12.2.1	Mechanische Leistung im Lüftungssystem			
12.2.2	Elektrische Antriebsleistung			
12.3	Bewertung nach EnEV			
13	**Erfahrungen mit ventilatorgestützter Wohnungslüftung** *S. 14/81*			

WOHNUNGSLÜFTUNG UND WOHNUNGSKLIMATISIERUNG

WOHNUNGSLÜFTUNG

1 Einführung

Saubere Luft zum Atmen fördert die Gesundheit und steigert das Wohlbefinden des Menschen. Zur Begrenzung der Belastung der Außenluft durch Verkehr, Industrie und Heizungen macht der Gesetzgeber erhebliche Auflagen. Der Qualität der Innenraumluft und der Begrenzung von Schadstoffquellen in Wohnräumen wird hingegen noch relativ wenig Bedeutung beigemessen. Dabei halten sich die meisten Menschen 90 % ihrer Lebenszeit in Innenräumen auf. Die verstärkte Diskussion von Schimmelpilzschäden in Wohnungen in Verbindung mit gesundheitlichen Folgen, z. B. Allergien oder Erkältungskrankheiten, hat das Interesse für Raumklima und Raumluftqualität ansteigen lassen. Auch energetisch motivierte Entwicklungen wie die zunehmende Dichtheit von Gebäuden und der durch immer weiter verbesserten Wärmeschutz steigende Anteil der Lüftungswärmeverluste in Neubauten und nach Sanierungen haben dazu beigetragen, dem hygienisch notwendigen Luftwechsel und der Form der Lüftung von Wohnungen mehr Aufmerksamkeit zu schenken.

2 Aufgaben der Lüftung

2.1 Luftbelastungen

Die Lüftung einer Wohnung – ob freie oder ventilatorgestützte Lüftung – soll eine ausreichende Innenraum-Luftqualität für den Menschen sicherstellen. **Luftbelastungen in Innenräumen** entstehen u. a. durch:

– menschliche Stoffwechselprodukte (Wasserdampf, CO_2-Emissionen, Körpergeruchstoffe),
– Wasserdampf und Geruchstoffe aus haushaltsüblichen Tätigkeiten (Kochen, Körperhygiene, Wäschewaschen, ...), von Zimmerpflanzen und Haustieren,
– Haushaltsprodukte (Reinigungsmittel, Kosmetika),
– Einrichtungsgegenstände (Möbel, Teppiche, Teppichböden, Gardinen, ...),
– Staubentwicklung und mikrobiologische Belastungen (Keime, Pilzsporen, ...) aus Textilien sowie von Haustieren und Pflanzen,
– Baumaterialien, Holzschutzmittel, Lacke, Kleber, Hobbyprodukte,
– Verbrennungsprodukte im Tabakrauch und aus inneren Feuerstellen (Gasherde, offene Kamine, Öfen, ...),
– Radioaktivität (Radon) aus Erdreich und Baumaterialien.

Um die Innenraum-Luftqualität zu verbessern, sollten zunächst vermeidbare Schadstoffquellen eingedämmt oder eliminiert werden. Lokalisierbare Emissionen sollten gezielt abgeführt werden, z. B. durch Dunstabzugshauben in Küchen und die Entlüftung von Bädern. Nicht lokalisierbare, unvermeidbare Belastungen müssen ausreichend verdünnt werden, d. h. es muss ausreichend gelüftet werden.

Während der Heizperiode soll mit der Lüftung also vor allem ein hygienischer Raumluftzustand gesichert werden. In den Übergangsjahreszeiten und besonders im Sommer ist Lüftung jedoch auch zur Abfuhr überschüssiger Wärme notwendig, die andernfalls zu einer unangenehmen Überwärmung der Wohnräume führen würde.

2.2 Begrenzung Kohlendioxid-Gehalt

Der CO_2-Gehalt von Raumluft ist ein Maß für die vom menschlichen Stoffwechsel erzeugten Emissionen, dies wurde schon vor 150 Jahren von Pettenkofer erkannt [13]. Pettenkofer stellte fest, dass Personen bei CO_2-Konzentrationen von 0,1 Vol.-% mit der Raumluftqualität zufrieden, bei 0,2 % dagegen nicht mehr zufrieden waren. An anderer Stelle spricht er davon, dass eine Erhöhung der CO_2-Konzentration in Innenräumen um mehr als 0,1 % gegenüber außen durch gezielte Lüftung verhindert werden soll. Dies entspricht bei heutigen typischen Außenluftkonzentrationen um 0,04 % einem zulässigem Innenraumgrenzwert von 0,14 %. DIN EN 13779 (5) lässt heute in der ungünstigsten Kategorie der Raumluftqualität IDA 4 (Indoor Air, Klasse 1: hohe Raumluftqualität; Klasse 4: niedrige Raumluftqualität) eine CO_2-Konzentration von 0,16 Vol.-% (bei einer Außenluftkonzentration von 0,04 Vol.-%) zu. Wie *Bild 14-1* zeigt, reicht hierzu für einen Menschen im Schlaf ein Volumenstrom von 12 m^3/h aus, bei Hausarbeit 22 m^3/h, **im Mittel reichen** für eine wohnungsübliche Nutzung **18 m^3/h zur Begrenzung des Kohlendioxid-Gehalts**.

Kohlendioxid selbst ist bei dieser Konzentration physiologisch und toxikologisch noch völlig unbedenklich. Erst ab 1 % ist mit Beeinträchtigungen (Müdigkeit, Kopfschmerzen) zu rechnen [11]. Zur Sauerstoffversorgung des Menschen würde übrigens etwa schon ein Zehntel des Volumenstroms reichen, der zur Einhaltung des CO_2-Qualitätskriteriums notwendig ist [12].

Im Allgemeinen hängt die menschliche Abgabe von Geruchstoffen vom Grad der körperlichen Aktivität ab, weshalb Kohlendioxid auch ein geeigneter Indikator für geruchliche Luftbelastungen ist. Da Geruchstoffe, wie viele andere Stoffe auch, von Oberflächen gespeichert und zeitverzögert abgegeben werden, ist in Wohnungen eine durchgehende Lüftung auch bei zeitweiser Abwesenheit der Bewohner sinnvoll.

2.3 Begrenzung Raumluftfeuchte

Ein weiteres Stoffwechselprodukt des Menschen ist Wasserdampf. Neben dem durch den Menschen unmittelbar freigesetzten Wasserdampf gibt es jedoch auch weitere Quellen in Haushalten: Körperpflege, Kochen, Reinigungstätigkeiten, Wäschetrockner sowie Pflanzen und Haustiere. Nach neueren Untersuchungen beträgt die Wasserdampfemission in Abhängigkeit von den Lebensgewohnheiten pro Bewohner im Tagesmittel zwischen 70 und 160 g/h bzw. 1,7 bis 3,8 l/d, *Bild 14-2* [14]. Höhere Werte, wie sie in älterer Literatur oft angegeben werden, beruhen teils auf falschen Annahmen, teils auf heute nicht mehr üblichen Lebensgewohnheiten.

Luftfeuchte wird in zwei verschiedenen Skalen gemessen. Zum einen wird die **absolute Luftfeuchtigkeit** angegeben, beispielsweise in g Wasserdampf je kg trockene Luft, *Bild 14-3*, oder in g/m$^3_{Luft}$.

Die Aufnahmefähigkeit der Luft für Wasserdampf ist begrenzt: je kälter die Luft, desto geringer der mögliche Wasserdampfgehalt. So beträgt die absolute Sättigungsfeuchte bei 20 °C etwa 18 g/m^3, bei +10 °C knapp 10 g/m^3 und bei 0 °C nur noch 5 g/m^3. Bezieht man den Wasserdampfgehalt der Luft auf den maximal möglichen absoluten Wasserdampfgehalt bei gegebener Temperatur, erhält man die **relative Luftfeuchtigkeit** in %, *Bild 14-3*.

Für deutsche Klimabedingungen ist eine relativ feuchte Außenluft typisch, die absolute Feuchte der Außenluft als

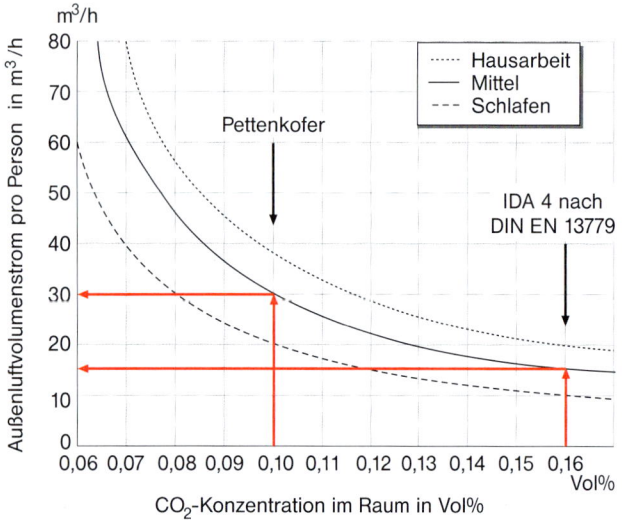

14-1 CO_2-Konzentration in Abhängigkeit von Tätigkeitsgrad und Lüftung bei vollständiger Luftdurchmischung im Raum

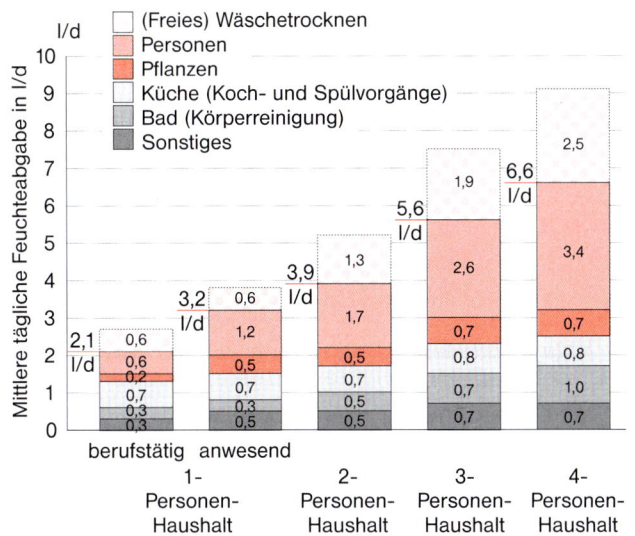

14-2 Beispielszenarien für die tägliche Feuchteabgabe bei üblichem Wohnverhalten

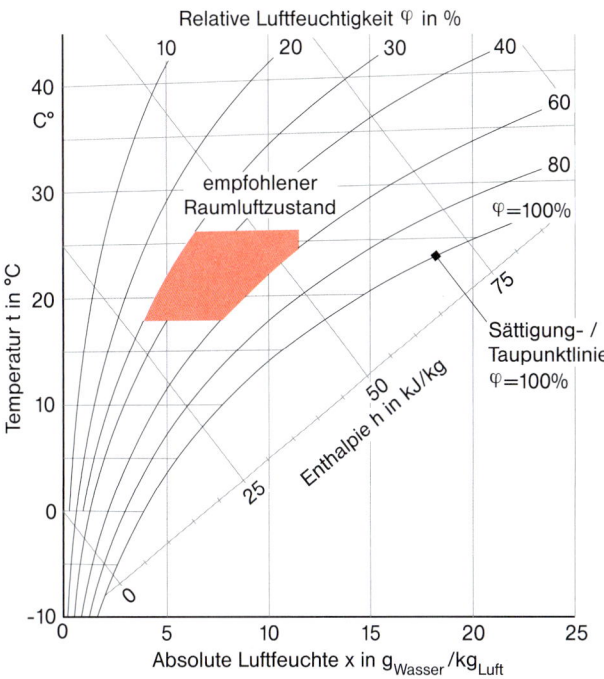

14-3 Zusammenhang zwischen Raumlufttemperatur sowie relativer und absoluter Luftfeuchte

Maß des Trocknungspotenzials hängt stark von der Außenlufttemperatur ab, *Bild 14-4*.

Für hygienische und bauphysikalische Fragestellungen maßgebend ist meist die relative Luftfeuchte. Aus physiologischen wie bauphysikalischen Gründen **sollte** der **Wasserdampfgehalt der Luft in Wohnungen** innerhalb einer Bandbreite **zwischen 30 und 60 % r. F. liegen**. Gelegentliche Unter- und Überschreitungen sind vertretbar. **Bei hohen Luftfeuchten bestehen Risiken von Schimmelpilzwachstum, starker Milbenvermehrung und Bauschäden aufgrund von Feuchte und Tauwasserbildung. Bei zu geringen Luftfeuchten trocknen Schleimhäute aus, elektrostatische Aufladungen und der Staubgehalt der Luft nehmen zu.**

Bei gegebener Feuchtelast hängt die resultierende Raumluftfeuchte vom Volumenstrom und dem Zustand der zugeführten Außenluft sowie der Raumtemperatur ab. Bei niedrigen Außentemperaturen im Winter sind wegen des großen Trocknungspotenzials geringere Luftvolumenströme als in der Übergangszeit oder im Sommer erforderlich.

Im kalten Winter kann die Luftfeuchte im Raum auf zu trockene Werte unter 30 % sinken. Hier ist eine reduzierte Lüftung sinnvoll und bei üblicher Nutzung mit überwiegend geringer körperlicher Aktivität aus Sicht der Raumluftqualität, *Bild 14-1*, durchaus zulässig. In der Übergangsjahreszeit dagegen sind höhere Luftvolumenströme erforderlich und werden zumeist durch die Nutzer auch durch verlängerte Lüftungszeiten realisiert, um die relative Raumluftfeuchte nicht zu stark ansteigen zu lassen.

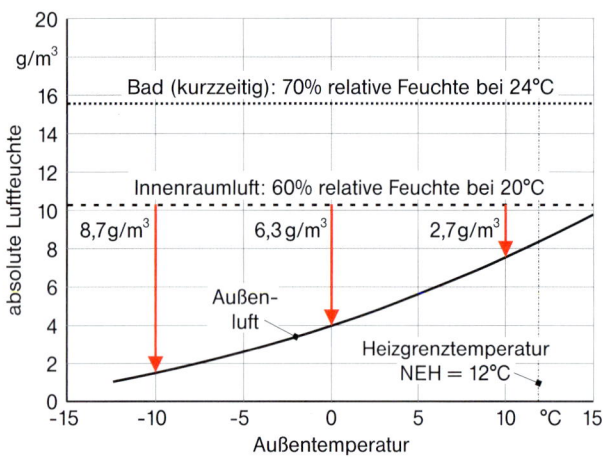

14-4 Absoluter Feuchtegehalt der Außenluft nach [15] sowie Feuchteabfuhrpotenzial durch Heizen und Lüften für wohnungsübliche Raumluftzustände

Günstig auf das Feuchteklima im Haus können sich Materialien auswirken, die Feuchteschwankungen puffern können. Bei erhöhter Luftfeuchte nehmen sie Feuchtigkeit aus der Luft auf und lagern sie in der Materialoberfläche an. Sinkt die Luftfeuchte später ab, geht die Feuchtigkeit wieder an die Raumluft über. Günstig sind hierfür z. B. offenporiges Holz oder Papiertapeten, Naturtextilien und Gipsputz. Wenig Pufferwirkung haben die meisten Kunststoffe, Beton oder manche Holzwerkstoffe wie Spanplatten.

Wesentlich für den ausgleichenden Effekt ist eine oberflächennahe Schicht von nur wenigen Millimetern Dicke. **Ohne wesentlichen Einfluss auf den Feuchtehaushalt ist die Wasserdampfdiffusion durch die Gebäudehülle.** Selbst bei diffusionsoffenen Konstruktionen kann sie nur einen verschwindend geringen Anteil der intern frei werdenden Feuchte abführen. Wichtig für ein gutes Feuchteklima in der Wohnung sind somit ein vernünftiges Nutzerverhalten, hoher Wärmeschutz, ausreichende Beheizung und gute Lüftung.

2.4 Reduktion allergener Belastungen

Belastungen von Innenräumen mit Schadstoffen und Allergenen führen bei Allergikern oft zu gesundheitlichen Beschwerden und erhöhen bei gesunden Menschen das Risiko einer allergischen Erkrankung. Die Symptome sind Augentränen, Niesreiz, Schnupfen, Husten, Atemnot, Hautjucken, Ekzeme und Gelenkschmerzen. Diese können zu chronischen Erkrankungen wie z. B. Asthma führen. Sie schränken damit die Lebensqualität ein und mindern die Arbeits- und Leistungsfähigkeit.

Die Hauptallergene in Innenräumen werden durch Hausstaubmilben, Schimmelpilze und Tiere produziert.

Auslöser für eine **Milbenallergie** ist der Kot der Hausstaubmilbe, der im Feinstaub über die Atemwege aufgenommen wird. Da Milben zu den natürlichen Bewohnern von Innenräumen gehören, löst nur eine übermäßig große Population allergische Reaktionen aus. Milben vermehren sich am besten bei einer relativen Luftfeuchtigkeit von 60 bis 70 % und einer Temperatur von 25 °C. Da Milben sich u. a. von Hautschuppen ernähren, kommen sie überwiegend in Matratzen und Polstermöbeln vor.

Die Milbenpopulation kann durch ausreichende Lüftung und Beheizung stark eingeschränkt werden, wenn die relative Luftfeuchte während einiger Wochen im Winter unter 40 % gehalten wird [16]. Unter diesen Bedingungen ist keine Vermehrung möglich. Voraussetzung ist natürlich, dass die niedrige Luftfeuchte sich auch auf die bevorzugten Aufenthaltsorte auswirken kann. So wird eine Matratze, die schlecht unterlüftet ist oder gar direkt auf einem kalten Fußboden liegt, trotz geringer Raumluftfeuchte nicht ausreichend abtrocknen. Gleiches gilt für Wärmebrücken, deren Innenoberflächen im Winter wesentlich kälter als die Raumluft sind. Wie schon in Abschnitt 2.3 dargelegt, liegt die zu einer bestimmten absoluten Feuchte gehörende relative Feuchte umso höher, je niedriger die Temperatur ist.

Auch **Schimmelpilze** benötigen zur Vermehrung ausreichend Feuchtigkeit. Dabei ist es nicht einmal erforderlich, dass Wasserdampf an den inneren Oberflächen der Außenbauteile kondensiert. Das Wachstum kann schon beginnen, wenn über mehrere Tage die relative Luftfeuchte an der Oberfläche über 80 % liegt. Begünstigt wird dies durch verschiedene Mechanismen:

- Raumseitige Abkühlung von Bauteilen aufgrund hoher Wärmeverluste durch schlechte Wärmedämmung oder im Bereich von Wärmebrücken, Kapitel 10;
- eingeschränkte Beheizung von Räumen, sodass sich während der Heizphase nur die Luft und nicht die langsamer reagierenden Bauteiloberflächen erwärmen;
- erhöhte innere Feuchtelasten;
- ungenügende Lüftung;
- ungenügende Erwärmung von raumseitigen Außenflächen wegen davor stehender Möblierung (Schrank, Polstermöbel etc.).

Das Schimmelpilzrisiko ist besonders hoch, wenn mehrere Kriterien zutreffen. So nimmt es nicht wunder, dass Schimmel häufig in niedriger beheizten Schlafzimmern auftritt (daneben natürlich auch in Sanitärräumen mit hohen Feuchtelasten). Besonders ungünstig ist es, wenn das Schlafzimmer nur indirekt über eine geöffnete Tür temperiert wird, da die zirkulierende Luft zusätzliche Feuchte ins Schlafzimmer transportiert, wobei der relative Feuchtegehalt der einströmenden Luft durch Abkühlung sogar noch ansteigt.

Die Nachteile und Gefahren durch Schimmel sind vielfältig:

- Schimmel zerstört Bausubstanz und Gegenstände;
- Schimmel setzt Pilzsporen in die Atemluft frei, die Allergene darstellen. Vorgeschädigte Personen können durch Schimmelpilze erkranken;
- mit Schimmelpilzen zusammen wachsen Organismen, die schlecht riechende Stoffwechselprodukte an die Luft abgeben.

Messungen in Wohnungen haben belegt, dass richtig betriebene und gewartete ventilatorgestützte Lüftungsanlagen zu einer Reduzierung der Allergene in der Raumluft führen. Neben der direkten Abfuhr der Allergene wird durch die Verringerung der Luftfeuchtigkeit die Population von Milben und Pilzen reduziert.

Eine ventilatorgestützte Lüftungsanlage kann zur Bekämpfung von Allergien nur dauerhaft wirksam sein, wenn sie ausreichend gewartet und gereinigt wird. Bei mangelhafter Wartung können auf Filtern und in der Anlage selber Pilze entstehen, die sogar zu einer zusätzlichen Verunreinigung der Raumluft führen können.

Die Belastung der Raumluft mit Tierallergenen kann durch den Verzicht auf Haustiere reduziert, aber nicht sicher vermieden werden, da auch ein Eintrag von außen möglich ist.

Weitere Auslöser von Allergien sind in der Außenluft vorhanden, z. B. **Pflanzenpollen**. Hier kann bei ventilatorgestützter Lüftung durch eine Filterung der Außenluft Linderung verschafft werden. Da Pollenallergiker schon auf Bruchstücke von Pollen reagieren, ist zur ausreichenden Abscheidung ein qualifiziertes Feinfilter mindestens der Stufe F7 [17] notwendig. Auch gasförmige Bestandteile der Außenluft können bei Bedarf in Sorptionsfiltern (z. B. Aktivkohle) abgeschieden werden.

Abschließend soll daran erinnert werden, dass **Vermeidung oder Minimierung schädlicher Emissionen** in Innenräumen unabhängig von der Art der Lüftung die Grundlage für gute Raumluftqualität bildet. Hier sind Planer und Handwerker aufgerufen, bei den eingesetzten Baumaterialien und Hilfsstoffen **emissionsarme Produkte** einzusetzen. Zuletzt entscheidet der Nutzer selbst durch Möblierung und Haushaltchemikalien, welchen Immissionen er sich aussetzt.

2.5 Sommerliche Wärmeabfuhr

Eine wichtige Rolle spielt die Lüftung auch zur sommerlichen Wärmeabfuhr aus Gebäuden. Es ist seit langem bekannt, dass die Außentemperatur einen großen Einfluss auf das Lüftungsverhalten der Bewohner hat. *Bild 14-5* zeigt an einem Beispiel, wie die Außentemperatur, aber auch Verkehrslärm sich auf das Fensteröffnen auswirken.

Das Verhaltensmuster ist bezüglich beider Einflüsse gleich: Es wird versucht, Komforteinbußen zu begrenzen. Bei niedrigen Temperaturen, bei denen offene Fenster mit Einbußen an thermischem Komfort verbunden sind, bleiben Fenster zunehmend geschlossen. Auch hohe Außenlärmpegel bewirken eine verringerte Öffnungshäufigkeit. Auffällig ist eine starke Zunahme der Öffnungshäufigkeit bei höheren Außentemperaturen. Hier wird gelüftet, um unkomfortable Raumtemperaturen zu vermeiden.

Übertemperaturen resultieren im Wohnungsbereich aus hohen Außentemperaturen und aus solaren Wärmeeinträgen; schlecht ausgeführte Wärmeverteilsysteme und Raumtemperaturregelungen sollen hier nicht betrachtet werden. Wohnungsübliche innere Wärmelasten können abhängig von der Bauschwere in der Regel auch im Sommer tagsüber in den Wärmekapazitäten des Gebäudes gespeichert werden. Durch Lüftung insbesondere in kühleren Nacht- und Morgenstunden ist eine Abfuhr überschüssiger Wärme möglich. **Für diese sommerliche Lüftung benötigt man 5- bis 10-fach höhere Luftwechsel im Vergleich zu den hygienisch bedingten Anforderungen im Winter**, *Bild 14-14*. Wohnungen müssen daher in ausreichendem Umfang mit Fenstern ausgestattet werden, die sich öffnen lassen. Soll auch die sommerliche Wärmeabfuhr mit ventilatorgestützter Lüftung erfolgen, sollte diese speziell dafür ausgelegt werden, was in aller Regel nur bedingt sinnvoll ist.

Die EnEV, Kapitel 2-5.6, legt in ihren Anforderungen an den sommerlichen Wärmeschutz großen Wert darauf, dass die Größe der Fensterflächen, deren Energiedurchlassgrad und Verschattungsvorrichtungen so bemessen werden, dass eine anlagentechnische Kühlung vermieden werden kann. Weiteres zum sommerlichen Wärmeschutz ist in Kapitel 11-10 und 11-11 sowie in [4] beschrieben.

2.6 Sicherung hoher Raumluftqualität

Neben den bisher diskutierten physikalisch messbaren Qualitätsindikatoren der Raumluft spielt natürlich das subjektive Empfinden eine wesentliche Rolle. Dieses ist bis heute messtechnisch nicht erfassbar. Fanger [18] schlug deshalb vor, die menschliche Wahrnehmung für die Bewertung heranzuziehen. Aus statistischen Untersuchungen mit einer großen Zahl von Probanden über die Zufriedenheit mit der Raumluftqualität wurden grundlegende Zusammenhänge zwischen der Anzahl unzufriedener Personen, dem Luftvolumenstrom und der Verunreinigungslast erarbeitet. Aus dem Zusammenhang zwischen der Anzahl Unzufriedener und der empfundenen Luftqualität in dezipol können **Luftqualitätsklassen** gebildet werden.

In *Bild 14-6* ist eine Bewertungsskala zusammen mit den Luftvolumenströmen dargestellt, die bei einer Standardlast von 1 olf (entspricht etwa der Verunreinigungslast

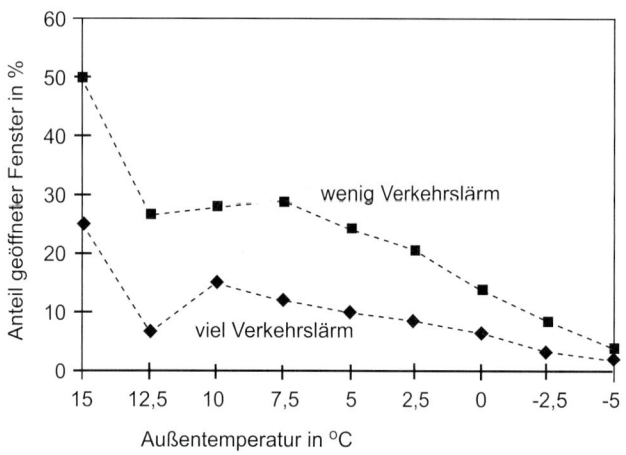

14-5 Anteil geöffneter Fenster in Abhängigkeit von der Außenlufttemperatur (Daten aus [28])

empfundene Luftqualität in dezipol (1 olf/(10 l/s)) = 1 olf/(36 m³/h))	unzufriedene Personen	Volumenstrom in m³/h
hoch	2,0	≤ 10 %	18
mittel	4,0	≤ 20 %	9
niedrig	6,0	≤ 30 %	6

14-6 Empfundene Luftqualität, Prozentsatz Unzufriedener und zugehöriger Volumenstrom bei einer Verunreinigungslast von 1 olf aus dem europäischen Audit [19]

einer Person bei wohnungsüblicher Aktivität) notwendig sind.

Berücksichtigt man, dass die Geruchsquellstärke des Menschen auch in einer sauberen Wohnung mit emissionsarmen Materialien nur etwa die Hälfte der gesamten Verunreinigungslast ausmacht, ergeben die Kriterien nach *Bild 14-6* in Verbindung mit den in Abschnitt 2.2 und 2.3 hergeleiteten Luftmengen zwischen 20 und 30 m³/h je Person eine Bewertung im Bereich mittlerer bis hoher Raumluftqualität. Dies deckt sich mit der Beurteilung der Raumluftqualität ventilatorgestützt gelüfteter Wohnungen seitens der Bewohner, wie sie z. B. für Passivhäuser in [20] dargestellt sind.

3 Thermische Behaglichkeit

3.1 Definition

Als thermisch behagliches Raumklima werden diejenigen Verhältnisse in der Aufenthaltszone eines Raumes (im Allgemeinen 0 bis 2 m über Fußboden und 0,5 bzw. 1 m vor Innen-/Außenwänden) bezeichnet, die durch die folgenden unbewussten Reaktionen und bewussten Wahrnehmungen gekennzeichnet sind:

– geringste thermoregulatorische Aufwendungen des Organismus zur Aufrechterhaltung der konstanten Körperkerntemperatur (reflektorische Reaktionen),

– anstrengungslose, unspürbare Wärmeabgabe,

– subjektive Empfindung des Wohlbehagens, d. h. neutrale Klimabewertung (nicht als warm oder kühl empfundene Umgebung).

Thermische Behaglichkeit wird erreicht durch Einhaltung von globalen Anforderungen für die gesamte Person und von lokalen bzw. partikulären Kriterien für einzelne Körperregionen. Thermisch behagliches Raumklima fördert das physische und psychische Wohlbefinden des Menschen. Es spielt eine große Rolle bei der Optimierung des Raumklimas an Arbeitsplätzen in Büros, Produktionsstätten und ähnlichen Räumen. Dabei sind Vorschriften einzuhalten und man ist bestrebt, eine möglichst große Zufriedenheit und damit eine hohe Produktivität bei den Mitarbeitern zu erreichen. Der thermischen Behaglichkeit in Wohnungen wird gegenwärtig noch nicht diese Bedeutung beigemessen, trotzdem ist jeder bemüht, in seinen Wohnräumen angenehme raumklimatische Zustände zu erreichen.

3.2 Wärmehaushalt des Menschen

Grundlage des menschlichen Wärmehaushalts ist eine ausgeglichene Wärmebilanz (Gleichheit von „Wärmeproduktion" und Wärmeabgabe). Relevante Größen, *Bild 14-7*, sind

– Aktivität des Menschen (Bruttoenergieumsatz),

– Kleidung des Menschen (äquivalenter Wärmeleitwiderstand) und

– Raumklimaparameter (Lufttemperatur, mittlere Oberflächentemperatur der Raumumschließungsflächen, Luftgeschwindigkeit, Luftfeuchte).

Der menschliche Körper hält in weiten Bereichen unabhängig von körperlicher Aktivität und vom Zustand der Umgebungsluft eine Körpertemperatur von ca. 37 °C aufrecht. Die Lebensfunktionen erfordern einen „Grundumsatz" an Energie, die letztlich in Form von sensibler und latenter Wärme an die Umgebung abgegeben wird.

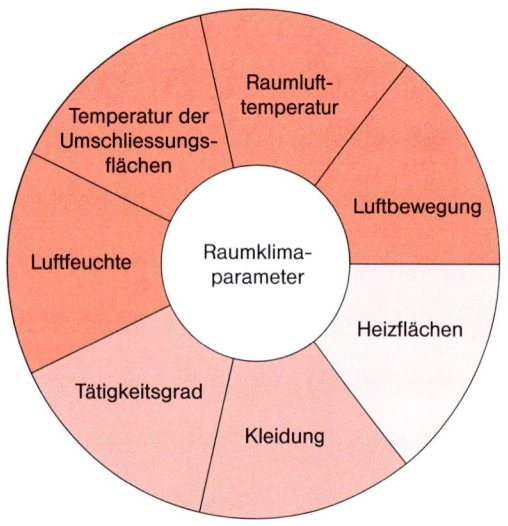

14-7 Einflussgrößen auf die Behaglichkeit

Wärmeabgabe steigt mit dem Grad der Aktivität. In *Bild 14-8* ist sie für unterschiedliche Tätigkeiten angegeben. Damit wird auch verständlich, dass je nach Aktivität unterschiedliche Raumtemperaturen als angenehm empfunden werden.

Die Art der Kleidung hat einen großen Einfluss auf die Wärmeabgabe des Menschen. Sie wirkt ähnlich wie die Wärmedämmschicht eines Gebäudes. Das unterschiedliche Behaglichkeitsempfinden verschiedener Personen in einem Raum ist oft auf die unterschiedliche Kleidung zurückzuführen.

Mit steigender Umgebungstemperatur und demzufolge geringerer Temperaturdifferenz zwischen Luft und Körperoberfläche wird die sensible Wärmeabgabe verringert. Daher muss mehr und mehr latente Wärme in Form von Wasserdampf abgeführt werden. Schließlich fängt der Mensch an zu schwitzen, *Bild 14-9*. Ab einer Umgebungstemperatur von ca. 35 °C erfolgt die Wärmeabgabe fast vollständig latent. Steigt bei hoher Umgebungstemperatur auch die relative Luftfeuchtigkeit stark an – wie an schwülen Sommertagen –, ist die Wärmeabfuhr erschwert und es tritt ein unbehagliches Gefühl auf. In diesem Fall reicht

(Sensible Wärme bedeutet hier direkte Wärmeabgabe an die Umgebung, latente Wärme ist die Energieabfuhr durch Wasserverdunstung.) Wasserdampf wird auch durch die Atmung an die Umgebungsluft abgegeben. Die

Tätigkeit (Beispiele)	Wärmeabgabe je Person (sensibel und latent)
entspannt sitzend	ca. 100 W
sitzende Tätigkeit wie Lesen und Schreiben	ca. 125 W
leichte Arbeit im Stehen, wie Einkaufen	ca. 170 W
mittelschwere handwerkliche Tätigkeit	ca. 210 W
schwere handwerkliche Tätigkeit	> 210 W

14-8 Wärmeabgabe je Person in Abhängigkeit vom Aktivitätsgrad [5]

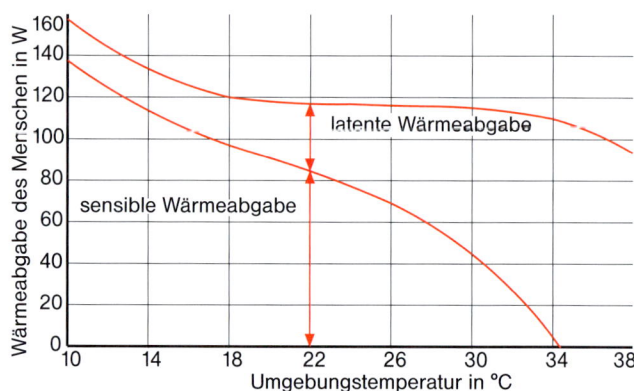

14-9 Wärmeabgabe (sensibel und latent) des Menschen in Abhängigkeit von der Umgebungstemperatur [22]

bereits eine Entfeuchtung der Luft aus, um behaglichere Raumluftzustände zu schaffen. Neben Klimaanlagen sind auch dezentrale Klimageräte in der Lage, die Raumluft zu entfeuchten, Abschnitt 16. Durch die unterschiedliche Art der Wärmeabgabe bei verschiedenen Temperaturen wird bei niedrigeren Umgebungstemperaturen eine höhere Luftfeuchtigkeit noch als behaglich empfunden als bei höheren, *Bild 14-10*.

3.3 Globale Bewertung

Der Wärmeaustausch des Körpers mit seiner Umgebung geschieht

– über Luftbewegung (konvektiv),
– über Strahlungswärmeaustausch mit den umgebenden Oberflächen.

Verschiedene Flächen eines Raumes haben meist unterschiedliche Oberflächentemperaturen und an verschiedenen Punkten im Raum wird auch eine unterschiedliche Lufttemperatur zu beobachten sein. Eine einfache Möglichkeit, das globale Behaglichkeitsempfinden in Räumen zu bewerten, stellt die operative Temperatur dar, die auch als Empfindungstemperatur bezeichnet wird. Sie kann bei geringen Luftgeschwindigkeiten im Raum (< 0,2 m/s) näherungsweise nach folgender Gleichung [22] berechnet werden:

$$\Theta_o = \frac{\Theta_a + \Theta_r}{2}$$

mit

Θ_o operative Temperatur,
Θ_a Lufttemperatur,
Θ_r Strahlungstemperatur.

Die Strahlungstemperatur in Raummitte lässt sich durch einen flächengewichteten Mittelwert der Oberflächentemperaturen der umschließenden Flächen berechnen. Messtechnisch kann die operative Temperatur z. B. mittels eines Globe-Thermometers erfasst werden. Befindet sich der betrachtete Aufenthaltspunkt nicht in Raummitte, sondern z. B. in der Nähe der Fenster, muss die niedrigere Oberflächentemperatur der näher liegenden Verglasung (im Vergleich zu den besser gedämmten Wandflächen) auch stärker gewichtet werden.

Die Auslegung von Heizungssystemen erfolgt nach DIN EN 12831 [23] und DIN EN 12831 Bbl. 1 [24], auch diese Normen beziehen sich auf die Empfindungstemperatur. Danach erfolgt beispielsweise für Wohn- und Schlaf-

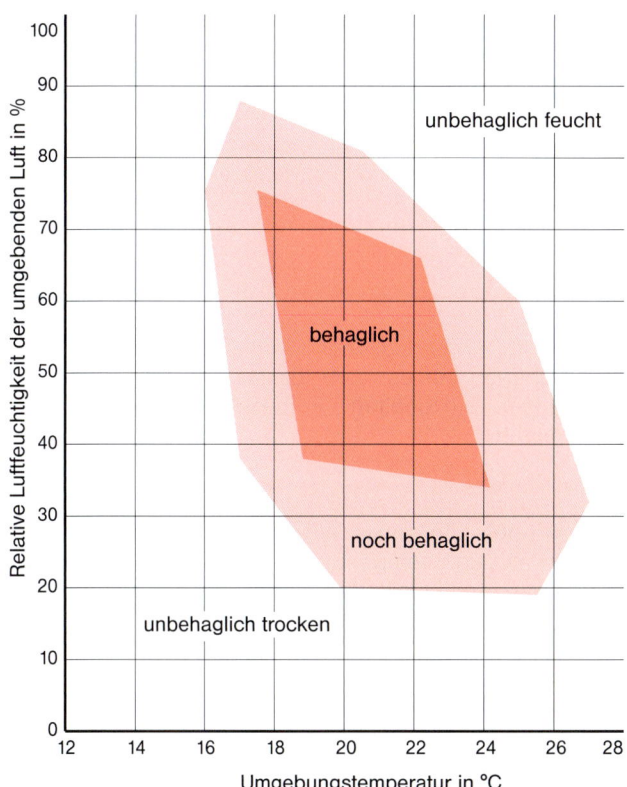

14-10 *Behaglichkeitsbereich in Abhängigkeit von Umgebungstemperatur und relativer Luftfeuchte*

räume die Auslegung der Heizflächen für eine Empfindungstemperatur von 20 °C.

Auf den Dänen Fanger geht ein weiterer, umfassender Ansatz der globalen Bewertung der thermischen Behaglichkeit zurück. Über gleichzeitig einzuhaltende grundlegende biophysikalische Bedingungen wird dabei ein Gleichungssystem formuliert, das für die relevanten Einflussgrößen (Aktivität, Kleidung, Raumklimaparameter) behagliche Wertekombinationen liefert.

Zur Beurteilung eines vorhandenen Raumklimas wurde der PMV-Wert (**P**redicted **M**ean **V**ote – zu erwartender Mittelwert der subjektiven Klimabewertung aller Raumnutzer) eingeführt und mit einer siebenwertigen biosensorischen Empfindungsskala bewertet (von „kalt" entspricht PMV = –3 bis „heiß" entspricht PMV = +3). Die behagliche Wertekombination aus Aktivität, Kleidung und Raumklimaparametern ist durch PMV = 0 („neutral") charakterisiert.

Bild 14-11 zeigt für den behaglichen Bereich von PMV –0,5 bis PMV +0,5, welche Kombinationen aus Luft- und Oberflächentemperaturen für eine sitzende Person mit Winterkleidung zulässig sind. An der diagonal verlaufenden Kennlinienschar des Wärmedurchgangskoeffizienten U lässt sich ablesen, welche Innenoberflächentemperatur ein Außenbauteil bei einer Außentemperatur von –10 °C hat. Je schlechter der Wärmeschutz, desto geringer ist die erreichte innere Oberflächentemperatur der Außenbauteile. Um bei tieferer Oberflächentemperatur noch in das Behaglichkeitsfeld zu gelangen, muss die Lufttemperatur höher liegen. Niedrigere Oberflächentemperaturen lassen sich aber nur in begrenztem Umfang durch höhere Lufttemperaturen ausgleichen, da mit steigender Lufttemperatur die relative Feuchte sinkt, was wiederum die Behaglichkeit beeinträchtigen kann.

3.4 Lokale Bewertung

Die Sicherung der globalen thermischen Behaglichkeit kann als notwendige, aber nicht als hinreichende Be-

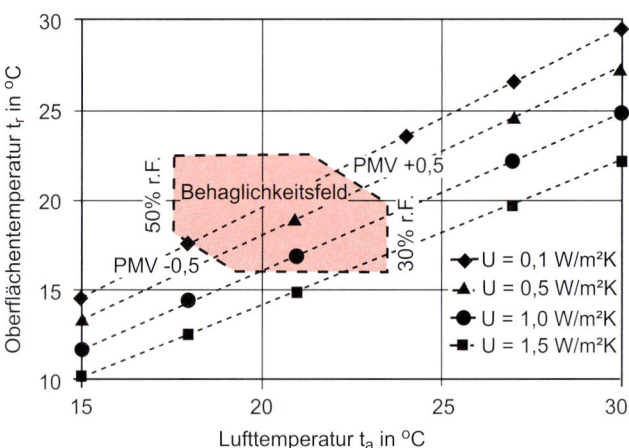

14-11 *Behaglichkeitsfeld für eine sitzende Person mit Winterkleidung abhängig von Lufttemperatur und Temperatur der raumseitigen Wandoberflächen. Außentemperatur –10 °C [39]*

dingung für ein behagliches Raumklima betrachtet werden. Daneben gilt es auch lokale bzw. partikuläre Anforderungen einzuhalten. Folgende Kenngrößen sind dabei wichtig:

Zugluftrisiko

Eine zu hohe konvektive Wärmeabgabe durch Luftströmungen an zugluftempfindlichen Körperbereichen ist zu verhindern. Nicht alle Körperteile sind gleich zugempfindlich. Besonders unangenehm werden kalte Luftströme im Bereich der Füße und des Nackens empfunden.

Strahlungsasymmetrie

Zu große Temperaturunterschiede zwischen einzelnen Oberflächen der Umschließungsflächen führen zu großen Unterschieden der lokalen Strahlungswärmeabgabe von der Oberfläche des Menschen und sind deshalb problematisch. Als unbehaglich wird beispielsweise ein Sitzplatz in der Nähe eines schlecht wärmegedämmten Fensters empfunden.

Oberflächentemperatur des Fußbodens

Zu hohe Oberflächentemperaturen des Fußbodens behindern die Wärmeabgabe der Füße und werden als unbehaglich empfunden. Das hat Konsequenzen für Fußbodenheizungen – die Einhaltung der thermischen Behaglichkeit bedingt eine maximal zulässige Oberflächentemperatur und begrenzt die Heizleistung.

Vertikaler Lufttemperaturunterschied

Temperaturunterschiede zwischen Kopf und Fuß (bei einer sitzenden Person zwischen 1,1 und 0,1 m über dem Fußboden) führen zu einer lokal unterschiedlichen Wärmeabgabe und können zur Unzufriedenheit mit dem thermischen Raumklima führen.

Schwülegrenze

Eine hohe Luftfeuchte durch hohe Feuchtelasten (z. B. in Hallenbädern oder Wäschereien) führt zu einer Behinderung der feuchten Wärmeabgabe (spürbare und nicht spürbare Transpiration bzw. Atmung) und schränkt damit die thermische Behaglichkeit ein.

3.5 Summative Bewertung

Von Richter [77] wird der interessante Versuch unternommen, globale und lokale thermische Behaglichkeit gemeinsam zu bewerten. Dazu wird das Kriterium der summativen thermischen Behaglichkeit eingeführt, *Bild 14-12*. Es gilt das Superpositionsprinzip, das ungünstigste Einzelkriterium entscheidet über die Gesamtbewertung. Eine Klassifizierung mit den Kategorien A, B und C orientiert sich dabei an der Definition des Umgebungsklimas aus [53].

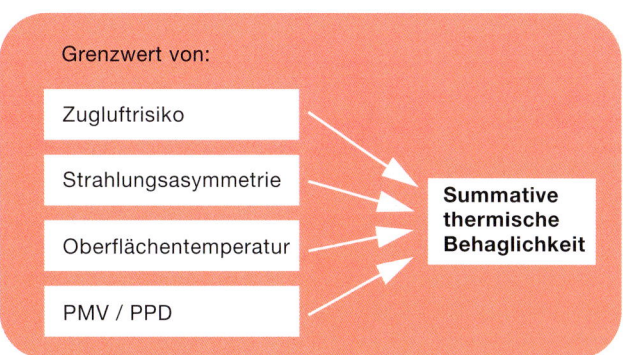

14-12 Grundprinzip der summativen thermischen Behaglichkeit

Wie empfinden wir Wärme und Kälte

Physiologisch erfolgt die Empfindung der thermischen Behaglichkeit über Temperaturfühler im Stammhirn und auf der Haut. „Zu warm" (Beginn des Schwitzens) empfindet man richtungsunabhängig. Es wird bei Überschreiten einer bestimmten Schwellentemperatur im Stammhirn ausgelöst. „Zu kalt" empfindet man insgesamt (Beginn des Frierens) oder örtlich bei Unterschreiten einer Schwellentemperatur auf einer Hautpartie. Die Schwellentemperaturen können bei verschiedenen Menschen unterschiedlich sein und ändern sich auch mit der täglichen Aktivitätskurve von Personen. Dies hat Folgen:

▶ Es gibt keinen thermischen Raumzustand, mit dem gleichzeitig alle Personen zufrieden sind. Als gut gilt das thermische Raumklima dann, wenn höchstens 10 % der Anwesenden unzufrieden sind.

▶ Hohe Strahlungswärmeverluste auf einer Seite des Körpers können weder durch hohe Strahlungswärmezufuhr von der anderen Seite noch durch erhöhte Lufttemperaturen ausgeglichen werden.

14-13 Konsequenzen der physiologisch unterschiedlichen Empfindungsmechanismen für Wärme und Kälte

4 Luftvolumenströme und Lüftungskonzept

In den Abschnitten 2.1 bis 2.6 wurde dargelegt, dass nach Pettenkofer für eine nach hygienischen Kriterien ausgelegte Wohnungslüftung **je Person während der Heizperiode ein Volumenstrom von 30 m³/h** typisch ist. **In kalten Winterperioden** kann der Volumenstrom auf **etwa 20 m³/h** reduziert werden, um einerseits zu trockene Raumluft zu verhindern und andererseits eine bezüglich CO_2-Kriterium und Gerüchen noch ausreichend gute Luftqualität zu gewährleisten. **In der Übergangsjahreszeit** außerhalb der Heizperiode kann zur Feuchteabfuhr aufgrund des geringeren Trocknungspotenzials der Außenluft ein erhöhter Volumenstrom (ca. 40 m³/h und Person) erforderlich sein. Im Sommer schließlich bestimmt die Wärmeabfuhr die Höhe der notwendigen Luftmengen. *Bild 14-14* erläutert, wie der erforderliche Volumenstrom aus den maßgeblichen Einflussgrößen berechnet werden kann.

Bezieht man den notwendigen Volumenstrom auf das Raumvolumen, erhält man als Resultat den **Luftwechsel**, *Bild 14-15*. Leitgrößen, Raumluftgrenzwerte, Quellstärken und Volumenströme sind primäre Bestimmungsgrößen. Der Luftwechsel ist eine hieraus abgeleitete Größe.

DIN 1946-6 [6], Abschnitt 6.5, geht von einem mittleren Volumenstrom von 30 m³/h je Person während der Heizperiode aus, lässt jedoch bei intensiver Nutzung eine Absenkung auf 20 m³/h je Person zu.

Neben der Raumluftfeuchte und der Geruchsbelastung/CO_2-Konzentration existieren eine Vielzahl weiterer möglicher Belastungen der Raumluftqualität. Dies sind u. a.

– Ausdünstungen aus Baustoffen und Möblierung,

– Staub u. a. aus Verbrennungsprozessen,

– Radon aus Baustoffen oder dem Erdreich.

Allgemeingültige Aussagen zum erforderlichen Luftvolumenstrom lassen sich deshalb nur schwer ableiten und können kaum empfehlenden Charakter haben.

In Wohnungen mit signifikanten Schadstoffemissionen kann nach dem Verfahren aus *Bild 14-15* auch der zur Einhaltung eines Grenzwerts notwendige Volumenstrom überschlägig bestimmt werden. In solchen Fällen sollten jedoch vorrangig Maßnahmen zur Reduktion der Schadstoffquellstärken berücksichtigt werden.

Die Frage „**Lüften, wie viel?**" lässt sich also folgendermaßen beantworten:

– Die Höhe des **hygienisch notwendigen Volumenstroms** für die Heizperiode kann mit Hilfe von Leitgrößen festgelegt werden, in Wohnungen sind dies im Allgemeinen Wasserdampf und Kohlendioxid. Hieraus ergibt sich als größte Anforderung im Regelfall die Abfuhr von Gerüchen mit Kohlendioxid als Indikator und einem Außenluftvolumenstrom in der Größenordnung von 30 m³/h je Person. Die Feuchteabfuhr erfordert bei durchschnittlicher Nutzung in der Heizperiode meist einen geringeren Luftvolumenstrom.

– Die Höhe des **hygienisch notwendigen Luftwechsels** hängt von der typischen Belegungsdichte ab. Wohnungen mit durchschnittlicher Belegungsdichte benötigen Luftwechsel von 0,4 h^{-1}, dichter belegte Wohnungen bis 0,7 h^{-1}. Ein typischer, allerdings etwas grober Wohnungs-Richtwert ist ein Luftwechsel von 0,5 h^{-1}.

– Zum **Schutz vor Feuchteschäden in Altbauten** (Vermeidung von Wasserdampfkondensation an Wärmebrücken) kann eine trockenere Raumluft und damit ein höherer Luftwechsel notwendig sein. Auch hier gilt allerdings der Grundsatz, dass zunächst die baulichen Möglichkeiten zur Vermeidung bzw. Entschärfung von Wärmebrücken ausgeschöpft werden sollten.

– Zur **Ablüftung von Wärmelasten** durch Nachtlüftung in sommerlichen Hitzeperioden ist im Vergleich zur hygieneorientierten Wohnungslüftung während der Heizperiode ein deutlich erhöhter Luftwechsel notwendig.

Die grundsätzlichen Überlegungen zur Notwendigkeit der Lüftung und zu den erforderlichen Luftvolumenströmen münden im **Lüftungskonzept nach DIN 1946-6** [5],

Überschlägige Bestimmung von Volumenströmen

Ausgangsgrößen bei der Lüftungsplanung sind die Quellstärke einer Emission $\dot{Q}_{quell}$, die schon vorhandene Konzentration in der Außenluft C_{Au} und der zulässige Innenraum-Grenzwert C_{Grenz}. Die Differenz zwischen Innenraumgrenzwert und Außenluftkonzentration ergibt die maximal zulässige Beladung. Der Quotient aus Quellstärke und zulässiger Beladung ergibt unter Berücksichtigung der Lüftungseffektivität ε_v den notwendigen Volumenstrom $\dot{V}$.

$$\dot{V} = \frac{\dot{Q}_{quell}}{(C_{grenz} - C_{Au}) \cdot \varepsilon_v}$$

Die Lüftungseffektivität ist im Normalfall nahe 1 (vollständige Durchmischung).

▶ **Beispiel 1**: Mit einer beispielhaften personenbezogenen Feuchtequellstärke von 90 g/h, einem Feuchtegehalt der Außenluft von 8 g/m³ (Übergangsjahreszeit) und einer zulässigen Innenraumkonzentration von 11 g/m³ ergibt sich eine zulässige maximale Beladung von (11−8) g/m³ = 3 g/m³. Der notwendige personenbezogene Volumenstrom ergibt sich aus 90 g/h : 3 g/m³ = 30 m³/h. Für den Winterfall ergibt sich bei einer Außenluftfeuchte von 4 g/m³ ein personenbezogener Volumenstrom zur Feuchteabfuhr von 13 m³/h.

▶ **Beispiel 2**: Mit einer personenbezogenen CO_2-Quellstärke von 0,0180 m³$_{CO_2}$/h, einem CO_2-Gehalt der Außenluft von 0,0004 m³$_{CO_2}$/m³$_{Luft}$ und einer zulässigen Innenraumkonzentration von 0,0010 m³$_{CO_2}$/m³$_{Luft}$ ergibt sich eine zulässige maximale Beladung von (0,0010−0,0004) m³$_{CO_2}$/m³$_{Luft}$ = 0,0006 m³$_{CO_2}$/m³$_{Luft}$. Der notwendige personenbezogene Volumenstrom ergibt sich als 0,0180 m³$_{CO_2}$/h : 0,0006 m³$_{CO_2}$/m³$_{Luft}$ = 30 m³$_{Luft}$/h.

Quellstärken und Beladungen können nicht nur stofflicher, sondern auch thermischer Art sein, z. B. der sommerliche Wärmeeintrag in die Wohnung.

▶ **Beispiel 3**: Man geht in Anlehnung an DIN 4108-2 [4] von einem Tagesmittel der Wärmelast von 6 W/m² aus. Soll dieser Wärmeeintrag durch verstärkte nächtliche Lüftung während 8 Stunden abgelüftet werden, ergibt dies eine Last von 24/8 × 6 W/m² = 18 W/m². Die zulässige thermische Beladung berechnet sich bei einer Temperaturdifferenz von z. B. 10 K mit der spezifischen Wärmekapazität der Luft zu 0,34 Wh/(m³K) × 10 K = 3,4 Wh/m³. Der notwendige Volumenstrom ergibt sich aus 18 W/m² / 3,4 Wh/m³ = 5,3 m³/(m²h).

14-14 Rechnerisches Verfahren zur überschlägigen Bestimmung des notwendigen Volumenstroms

Volumenstrom und Luftwechsel

Der Luftwechsel berechnet sich als Quotient von Volumenstrom im Raum und Raumvolumen. Er gibt an, welcher Volumenanteil der Raumluft je Stunde ausgetauscht wird, die Einheit ist 1/h oder h⁻¹.

▶ **Beispiel 1**: Bei etwa 30 m² Wohnfläche je Person in einem durchschnittlich belegten Reihenhaus beträgt das Raumvolumen je Person 30 m² × 2,5 m = 75 m³. Der zur Entfeuchtung in der Übergangsjahreszeit notwendige Luftwechsel beträgt dann 30 m³/h : 75 m³ = 0,4 h⁻¹, im Winterfall 0,2 h⁻¹, *Bild 14-13*.

▶ **Beispiel 2**: Bei etwa 18 m² Wohnfläche je Person in einer dicht belegten Wohnung beträgt das Raumvolumen je Person 18 m² × 2,5 m = 45 m³. Der Luftwechsel zur Entfeuchtung in der Übergangsjahreszeit beträgt dann 30 m³/h : 45 m³ = 0,7 h⁻¹, im Winterfall 0,3 h⁻¹.

▶ **Beispiel 3**: Bezüglich CO_2-Kriterium ergibt sich abhängig von der Belegungsdichte ein Luftwechsel von 0,4 h⁻¹ bzw. 0,7 h⁻¹.

▶ **Beispiel 4**: Zur sommerlichen Nachtkühlung braucht man bei einer Raumhöhe von 2,5 m unter den Randbedingungen nach *Bild 14-13* ein Luftwechsel von 5,3 m³/(m²h) / 2,5 m³/m² = 2,1 h⁻¹.

14-15 Zusammenhang zwischen Volumenstrom und Luftwechsel

siehe auch Abschnitt 6.5. Das Lüftungskonzept besteht aus 2 Stufen:

1. Überprüfung der Notwendigkeit von lüftungstechnischen Maßnahmen
2. Auswahl eines Lüftungssystems

Ein Lüftungskonzept nach DIN 1946-6 ist grundsätzlich zu erstellen für Neubauten und für zu modernisierende Gebäude mit lüftungstechnisch relevanten Änderungen. Als lüftungstechnisch relevante Änderungen gelten:

– im Einfamilienhaus: Austausch von mehr als einem Drittel der vorhandenen Fenster
  oder Abdichtung von mehr als einem Drittel der Dachfläche;

– im Mehrfamilienhaus: Austausch von mehr als einem Drittel der vorhandenen Fenster.

Für unsanierte Gebäude im Bestand ist nach DIN 1946-6 kein Lüftungskonzept erforderlich (Bestandsschutz).

Ist ein Lüftungskonzept erforderlich, ist im ersten Schritt zu prüfen, ob die Infiltration durch Undichtigkeiten (z. B. Fugen) ausreicht, um den Feuchteschutz zu gewährleisten bzw. die Entstehung von Schimmelpilz zu verhindern. Kann der Feuchteschutz nicht durch Infiltration erreicht werden, sind lüftungstechnische Maßnahmen erforderlich.

In einem zweiten Schritt ist dann als lüftungstechnische Maßnahme ein Lüftungssystem auszuwählen und zu planen. Dabei kann grundsätzlich zwischen den Systemen der freien und der ventilatorgestützten Lüftung gewählt werden, allerdings sind ggf. weitere Anforderungen, z. B. an Raumluftqualität, Energieeffizienz oder Schallschutz, zu beachten. Abhängig vom ausgewählten Lüftungssystem werden für die Planung bzw. Bemessung unterschiedliche Luftvolumenströme zugrunde gelegt. Während durch freie Lüftung im Regelfall nur reduzierte Anforderungen realisierbar sind (Auslegung für Lüftung zum Feuchteschutz oder für reduzierte Lüftung), lassen sich durch ventilatorgestützte Lüftung erhöhte Anforderungen (Auslegung für Nennlüftung oder optional für Intensivlüftung) verwirklichen, Abschnitt 6.5.

5 Zustandsänderungen der Luft

5.1 Grundlagen

Lüftung bewirkt neben der Veränderung der Luftzusammensetzung aufgrund des Austausches verbrauchter Raumluft durch frische Außenluft in der Regel auch eine Veränderung des Luftzustandes im Hinblick auf deren Temperatur und Feuchte. Auch durch technische Anlagen zur Heizung, Kühlung, Entfeuchtung oder Befeuchtung werden diese Zustandsgrößen der Luft verändert. **Das h-x-Diagramm von Mollier** ermöglicht es, diese Veränderungen quantitativ zu beschreiben. Für den interessierten Leser wird im Folgenden anhand einiger Beispiele die Anwendung des h-x-Diagramms erklärt. Diese vermitteln ein tieferes Verständnis für die physikalischen Vorgänge bei Zustandsänderungen feuchter Luft.

Im h-x-Diagramm, *Bilder 14-16* bis *14-21*, sind auf der Ordinate die Temperatur t der Luft in °C bzw. die Enthalpie h der Luft in kJ/kg und auf der Abzisse deren absolute Feuchtigkeit (Wassergehalt) x in g_{Wasser}/kg_{Luft} aufgetragen. Die gekrümmten Kurven stellen Linien konstanter

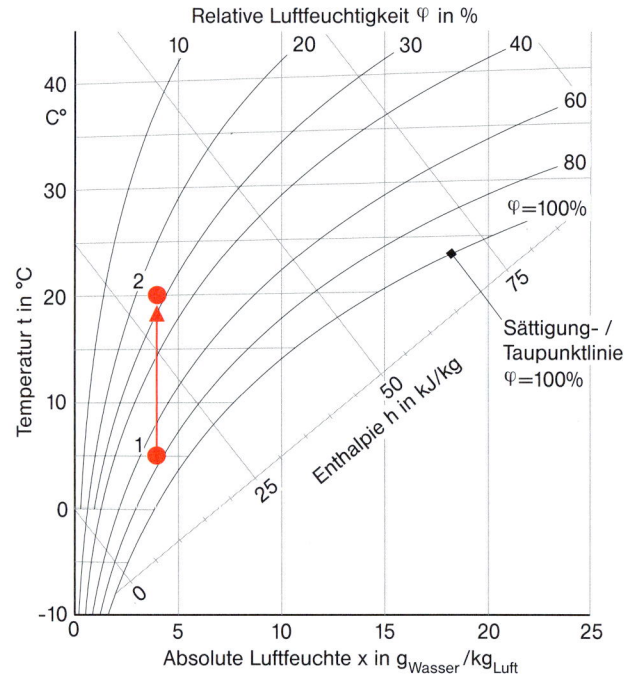

1: kalte Außenluft
2: Außenluft nach der Erwärmung durch die Heizung

14-16 h-x-Diagramm und Darstellung der Erwärmung von Luft

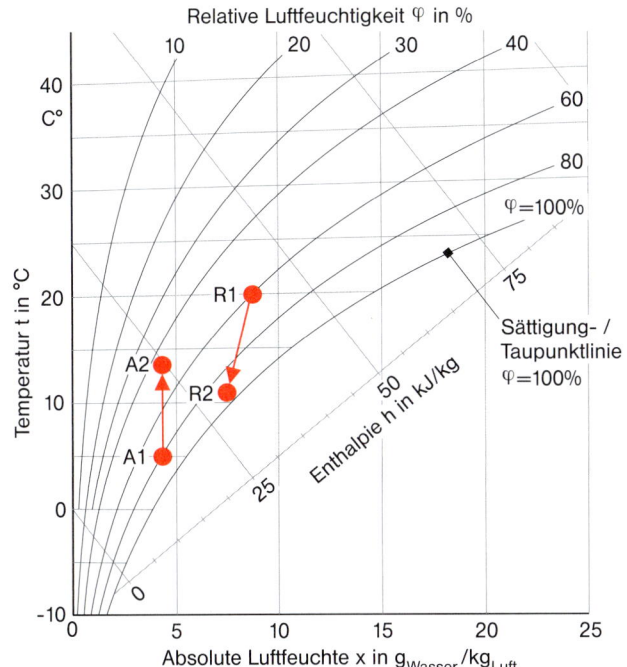

A1: kalte Außenluft
A2: Außenluft nach der Erwärmung durch die Wärmerückgewinnung
R1: Raumluft
R2: Raumluft nach Wärmeabgabe

14-17 Darstellung der rekuperativen Wärmerückgewinnung im h-x-Diagramm

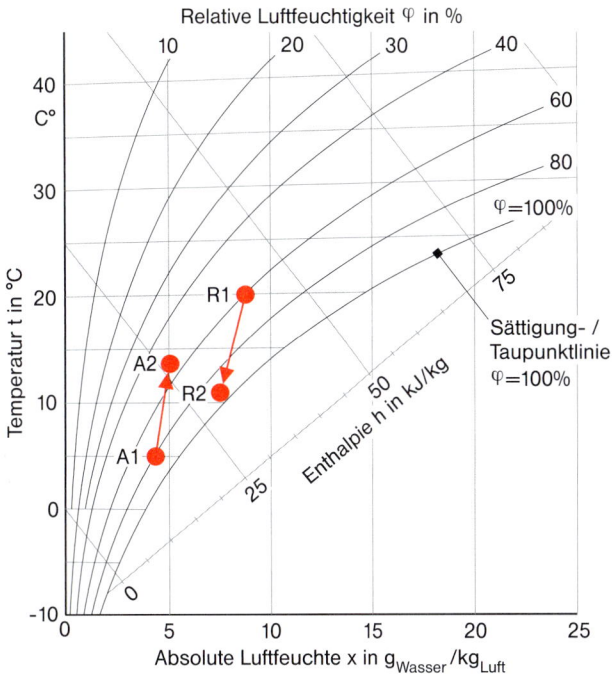

A1: kalte Außenluft
A2: Außenluft nach der Erwärmung durch die Wärmerückgewinnung
R1: Raumluft
R2: Raumluft nach Wärmeabgabe

14-18 Darstellung der regenerativen Wärmerückgewinnung im h-x-Diagramm

relativer Luftfeuchtigkeit φ in % dar. Die untere Grenzlinie φ = 100 % ist die **Sättigungslinie oder Taupunktlinie**, bei der die Luft nicht mehr in der Lage ist, zusätzliche Feuchtigkeit in Form von Wasserdampf aufzunehmen. Unterhalb der Sättigungslinie fällt Wasser in Form von Tropfen aus (Nebelgebiet). Die diagonal von links oben nach rechts unten verlaufenden Geraden sind **Linien konstanter Enthalpie h** in kJ/kg, d. h. Linien konstanten Energieinhaltes der Luft. Aus der Differenz der Enthalpien lässt sich ablesen, wie groß die benötigte bzw. freigesetzte Energie für eine konkrete Zustandsänderung ist.

5.2 Lufterwärmung

Bei Erwärmung der Luft, z. B. durch eine Heizfläche im Raum oder durch Nacherwärmung im Zuluftstrom einer Lüftungsanlage, Abschnitt 11.5.1, erhöht sich deren

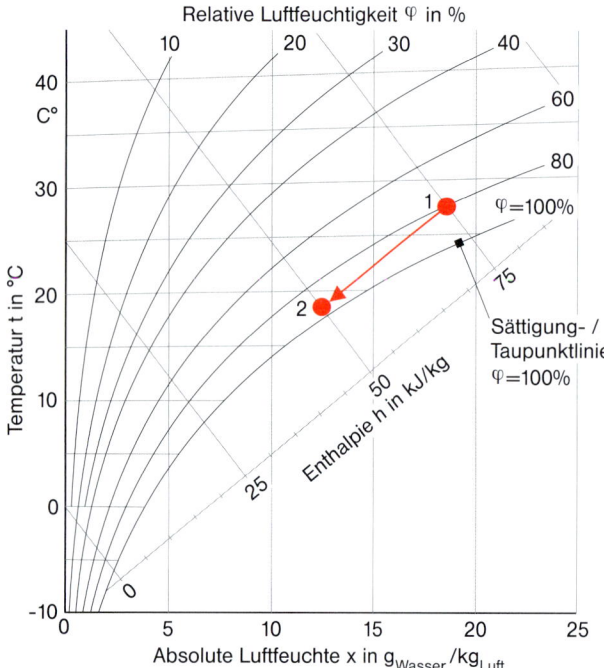

1: Raumluft
2: Raumluft nach der Kühlung bei gleichzeitiger Entfeuchtung beim Verlassen des Kühlgerätes

14-19 Darstellung der Luftkühlung im h-x-Diagramm

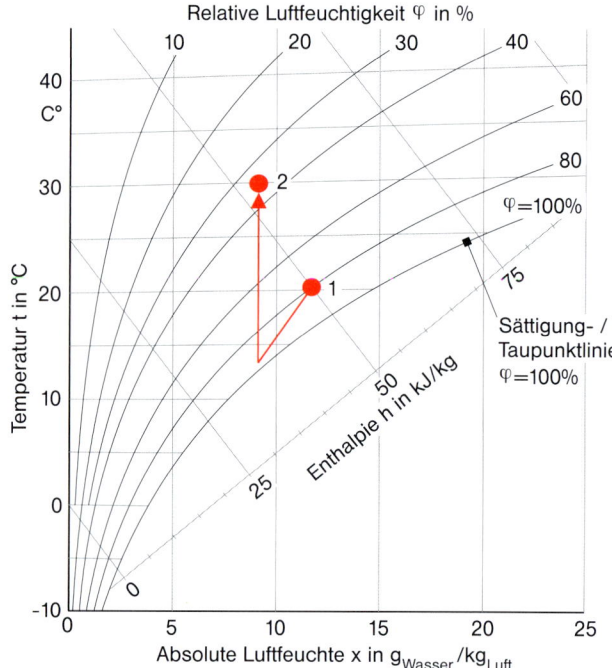

1: Raumluft (z.B. im Keller)
2: Raumluft nach der Entfeuchtung und anschließender Erwärmung beim Verlassen des Entfeuchtungsgerätes

14-20 Darstellung der Entfeuchtung und Nacherwärmung im h-x-Diagramm

Temperatur, *Bild 14-16*. Die absolute Feuchtigkeit bleibt unverändert; jedoch verringert sich die relative Feuchtigkeit. Beispiel: Erwärmung kalter Außenluft durch die Heizung im Winter nach dem Lüften.

5.3 Wärmerückgewinnung aus der Abluft

In Lüftungsanlagen besteht die Möglichkeit, die beiden Luftströme der Außenluft und der Abluft in einem Wärmeübertrager so aneinander vorbeizuführen, dass Wärme von dem wärmeren auf den kälteren Luftstrom übertragen wird, Abschnitt 11.4.2. Dies kann zum einen durch **rekuperative Wärmerückgewinnung** geschehen, *Bild 14-17*. Da hierbei keine Feuchteübertragung stattfindet, erfolgt die Temperaturerhöhung des kälteren Luftstroms bei konstanter absoluter Feuchte, wie bereits in Abschnitt 5.2 beschrieben. Der Abluftstrom kühlt sich ab und gelangt in vielen Fällen in die Nähe der Taupunktlinie, sodass Wasser durch Kondensation ausfällt, das im Wärmeübertrager abgeführt und nicht an den Zuluftstrom abgegeben wird. Die bei der Kondensation frei werdende Energie wird durch eine entsprechende zusätzliche Temperaturerhöhung auf den kälteren Außenluftstrom übertragen. Mit anderen Wärmeübertragern ist eine **regenerative Wärmerückgewinnung** möglich, bei der vom wärmeren Luftstrom sowohl Temperatur als auch Feuchtigkeit an den kälteren Luftstrom übertragen wird, *Bild 14-18*. Dabei findet im Prinzip kein Luftaustausch statt, sondern lediglich ein Stoffaustausch durch Feuchtigkeitsübertragung. Die absolute Luftfeuchtigkeit des kälteren Luftstroms wird erhöht, wodurch dessen relative Feuchtigkeit weniger absinkt als bei rekuperativer Wärmerückgewinnung.

5.4 Luftkühlung

Bei der Luftkühlung, *Bild 14-19* verläuft die Zustandsänderung im h-x-Diagramm zunächst senkrecht nach unten, d. h. die Lufttemperatur sinkt bei konstantem Wasserdampfgehalt der Luft. Hierbei nimmt die relative Feuchtigkeit zu. Da die Raumluft in der Regel bei warmen, feuchten Luftzuständen – nahe der Taupunktlinie – gekühlt wird, wird diese schnell erreicht. Bei einer weiteren Abkühlung vollzieht sich die Zustandsänderung entlang der Taupunktlinie. Dabei wird an den Kühlflächen des Luftkühlers Wasser ausgeschieden und die Luft wird entfeuchtet. Vereinfachend stellt man diesen Prozess im h-x-Diagramm oft als Gerade dar, *Bild 14-19*. Beispiel: Kühlung und Entfeuchtung der Raumluft durch dezentrale Raumklimageräte im Sommer. Für eine Kondensatabfuhr muss gesorgt werden, Abschnitt 15.

5.5 Luftentfeuchtung

Eine Entfeuchtung der Luft erfolgt wie unter Abschnitt 5.4 beschrieben. Je stärker entfeuchtet werden muss, umso tiefer sinkt auch die Temperatur der Luft ab. Wenn die Abkühlung unerwünscht ist, muss die Luft anschließend wieder erwärmt werden, *Bild 14-20*. Beispiel: Entfeuchtung von Kellerluft mit anschließender Erwärmung durch ein dezentrales Entfeuchtungsgerät, Abschnitt 18.

Entfällt die Nacherwärmung, steigt die relative Luftfeuchtigkeit bei Verminderung der absoluten Feuchtigkeit an.

5.6 Luftbefeuchtung

Bei einer Befeuchtung der Luft durch Verdunstung von Wasser ohne Zufuhr von Energie (Verdunstungsbefeuchter, Abschnitt 17) erfolgt die Zustandsänderung im h-x-Diagramm auf einer Linie konstanter Enthalpie, d. h. gleichen Energieinhalts (adiabate Befeuchtung), *Bild 14-21, Pfeil 1→2*. Die für die Verdunstung benötigte Energie wird

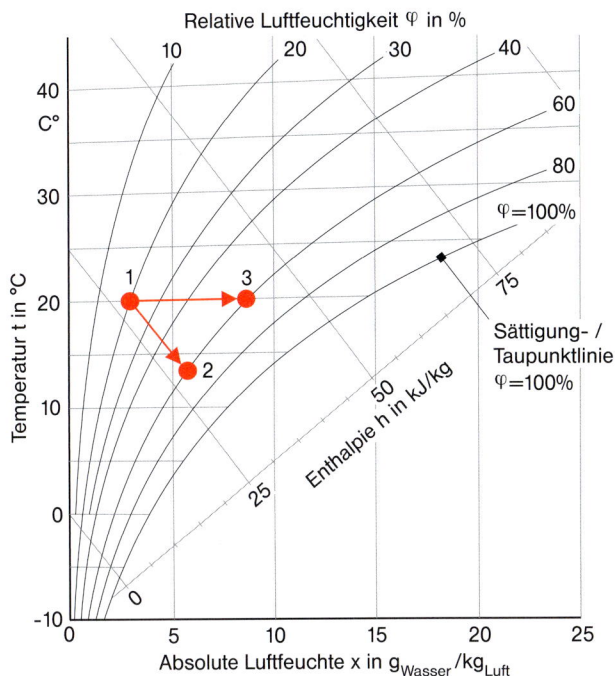

1: Raumluft
2: Raumluft nach der Befeuchtung mit Wasser
3: Raumluft nach der Befeuchtung mit Dampf

14-21 Darstellung der Luftbefeuchtung im h-x-Diagramm

der Luft durch eine Temperaturabsenkung entnommen. Um die Ausgangstemperatur wieder zu erzielen, muss die Luft anschließend nachgeheizt werden.

Bei einer Befeuchtung der Luft mit Wasserdampf (Dampfbefeuchter, Abschnitt 17) erfolgt die Zustandsänderung bei nahezu konstanter Temperatur, *Bild 14-21*, *Pfeil 1→3* (isotherme Befeuchtung). Die Enthalpieänderung im h-x-Diagramm entspricht der für die Verdampfung zugeführten Energie.

6 Verordnungen, Normen, Richtlinien

6.1 Musterbauordnung

Die Musterbauordnung des Bundes [1] bietet den gemeinsamen Rahmen für die Bauordnungen der Bundesländer.

Ausreichende Lüftungsmöglichkeit ist für alle bewohnten Räume eine unverzichtbare Voraussetzung. In der Musterbauordnung wird in § 47 für Aufenthaltsräume allgemein gefordert, dass diese ausreichend belüftet und mit Tageslicht belichtet werden können. Hierzu sind Fenster mit einem Rohbaumaß von mindestens einem Achtel der Netto-Grundfläche des Raumes gefordert. Funktionsräume in Wohnungen wie Küche, Bad und WC sind auch ohne Fenster zulässig, wenn eine wirksame Lüftung gewährleistet ist. Ansonsten ist für Wohnungen keine ventilatorgestützte Lüftung vorgeschrieben.

Bezüglich ventilatorgestützter Lüftungsanlagen wird in § 41 gefordert, dass diese den ordnungsgemäßen Betrieb von Feuerungsanlagen nicht beeinflussen dürfen.

6.2 Musterfeuerungsverordnung

Abgasanlagen raumluftabhängiger Feuerstätten sind auf einen Mindest-Förderdruck von 4 Pa ausgelegt. Entsteht durch Abluftventilatoren, z. B. einer Lüftungsanlage oder einer Dunstabzugshaube, ein höherer Unterdruck als 4 Pa im Raum, besteht die Gefahr, dass Abgase in den Raum austreten und Bewohner schwer schädigen können. Raumluftabhängige Feuerstätten dürfen in Wohnungen, aus denen Luft mit Hilfe von Ventilatoren abgesaugt wird, nur aufgestellt werden, wenn eine der folgenden Bedingungen erfüllt wird:

– Ein gleichzeitiger Betrieb wird durch Sicherheitseinrichtungen verhindert.

– Die Abgasabführung wird durch besondere Sicherheitseinrichtungen überwacht.

– Die Abgase und die Abluft werden gemeinsam abgeführt.

– Durch Bauart oder Bemessung der absaugenden Anlagen ist sichergestellt, dass kein gefährlicher Unterdruck entstehen kann.

Danach ergeben sich folgende Möglichkeiten einer gemeinsamen Installation von Feuerstätten und Wohnungslüftungsanlagen [3]:

– Die Feuerstätte ist als raumluft**un**abhängig geprüft und gekennzeichnet.

– Die Feuerstätte besitzt eine spezielle Zulassung für diese Anwendung.

– Feuerstätte und Lüftungsanlage sind gegeneinander verriegelt, sodass kein gleichzeitiger Betrieb möglich ist (wechselweiser Betrieb nach DIN 1946-6).

– Der Unterdruck an der Abgaseinführung in den Schornstein gegen den Aufstellraum ist messtechnisch überwacht. Im Störfall wirkt eine Sicherheitseinrichtung auf das Lüftungsgerät (gemeinsamer Betrieb nach DIN 1946-6).

Der Bundesverband des Schornsteinfegerhandwerks hat in Abstimmung mit Fachverbänden und Zulassungsstellen Beurteilungskriterien erarbeitet, die bis zum Erscheinen der technischen Regelwerke angewendet werden sollen. Danach sind im Wesentlichen folgende Kriterien einzuhalten:

- ausreichend dimensionierte und dicht geführte Luftzufuhr zum Verbrennungsraum,
- einfach belegte Abgasanlage mit rechnerischer Dimensionierung und dichtem Verbindungsstück zum Ofen,
- Dunstabzugshauben nur im Umluftbetrieb,
- Unterdruck der Lüftungsanlage im Aufstellraum bei planmäßigem Betrieb maximal 4 Pa.

Für balancierte Zu-/Abluftanlagen muss der Abluftventilator bei Störung des Zuluftventilators automatisch abschalten. Außerdem darf der Frostschutz des Wärmeübertragers nicht durch Abschalten des Zuluftventilators erfolgen, *Bild 14-22.* Hierfür gibt es Lösungen am Markt.

Für Abluftanlagen mit Außenluftdurchlässen in der Gebäudehülle ist es erforderlich, diese auf einen Druckabfall von maximal 4 Pa beim planmäßigen Volumenstrom auszulegen. Die Außenluftdurchlässe dürfen aus Sicherheitsgründen nicht weiter verschließbar sein.

6.3 DIN 4108-2: Mindestwärmeschutz

DIN 4108-2 „Wärmeschutz und Energieeinsparung von Gebäuden – Mindestanforderungen an den Wärmeschutz" [4] ist eine in den Bundesländern in der Regel baurechtlich eingeführte Norm. Sie ist damit für alle Bauvorhaben verbindlich und kann auch nicht durch privatrechtliche Vereinbarungen abbedungen werden. In der Fassung 2013-02 wird sie von der Energieeinsparverordnung (EnEV 2014) in Bezug genommen.

Abschnitt 4.2.3 von DIN 4108-2 : 2003-02 enthält Hinweise zu Luftdichtheit und Mindestluftwechsel. Hier wird gefordert, dass aus Gründen der Hygiene, der Begrenzung der Raumluftfeuchte und gegebenenfalls zur Zuführung von Verbrennungsluft auf ausreichenden Luftwechsel zu achten ist. Hinsichtlich der Größenordnung des Luftwechsels wird auf DIN FB 4108-8 [79] verwiesen. Eine inhaltliche Erläuterung dieser Feststellung wird in Kapitel 9-1 und in Abschnitt 7.2 vorgenommen.

Damit verpflichtet eine baurechtlich eingeführte Norm den Planer, sowohl Maßnahmen zur luftdichten Ausführung der Gebäudehülle als auch zur Sicherstellung einer hygienisch ausreichenden Luftwechselrate zu treffen! Forderungen dieser Norm sind nicht nur für Neubauten verbindlich, sondern auch bei Gebäudesanierungen zu beachten.

6.4 DIN EN 13779

DIN EN 13779 „Lüftung von Nichtwohngebäuden – Allgemeine Grundlagen und Anforderungen für Lüftungs- und Klimaanlagen und Raumkühlsysteme" (DIN EN 13779 : 2007-09) [5] gilt für die Planung und Ausführung von Lüftungs- und Klimaanlagen in Nichtwohngebäuden und ersetzt DIN 1946-2. Grundprinzip der Norm ist eine

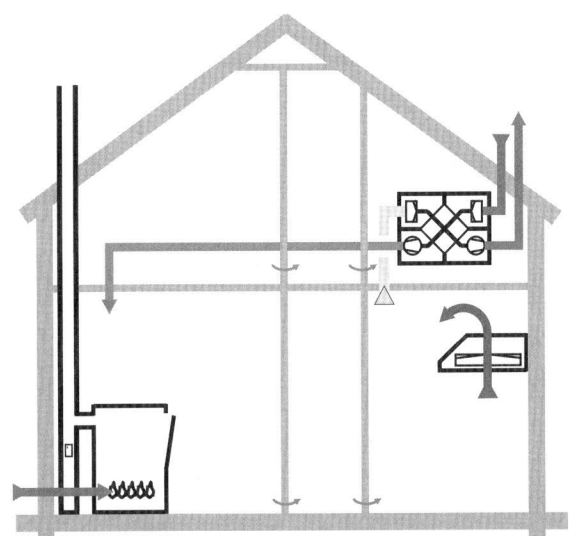

14-22 Beurteilungskriterien für den gemeinsamen Betrieb von Feuerstätte, Wohnungslüftung und Dunstabzugshaube [3]

Klassifizierung der Raumluftqualität (IDA 1 bis 4, IDA steht für Indoor Air Quality). Zwischen Planer und Bauherr ist zu vereinbaren, welche Klasse der Raumluftqualität mit der eingesetzten Lüftungs- bzw. Klimaanlage erreicht werden soll.

Obwohl DIN EN 13779 nicht für die Wohnungslüftung anzuwenden ist, enthält sie eine Reihe wichtiger und interessanter Hinweise, deren qualitative Kenntnis und Berücksichtigung sinngemäß auch für Wohnungen sinnvoll sein kann. So finden sich hier grundlegende Erläuterungen und Anforderungen bezüglich der Randbedingungen für die thermische Behaglichkeit von Personen, zum Schutz gegen Lärm, zu den Einflussfaktoren auf die Raumluftqualität und den technischen Anforderungen an Komponenten.

6.5 DIN 1946-6: Wohnungslüftung

DIN 1946-6 : 2009-05 [6] „Raumlufttechnik – Lüftung von Wohnungen; Allgemeine Anforderungen, Anforderungen zur Bemessung, Ausführung und Kennzeichnung, Übergabe/Übernahme (Abnahme) und Instandhaltung" beschreibt den Stand der Technik und ist von zentraler Bedeutung bei der Planung, der Ausführung und dem Betrieb von Lüftungskonzepten für Wohngebäude.

DIN 1946-6 gilt für die freie und für die ventilatorgestützte Lüftung von Wohnungen und gleichartig genutzten Raumgruppen. Als gleichartig genutzte Raumgruppen gelten wie bisher z. B. Raumgruppen in Altersheimen, in Hotels etc. Voraussetzungen sind eine vergleichbare Personendichte in den Räumen und vergleichbar ablaufende Prozesse wie in Wohnungen (Freisetzung von Feuchte und Schadstoffen).

Die Lüftungssysteme werden in der DIN 1946-6 nach dem Wirkprinzip systematisiert, *Bild 14-23*.

Eine wesentliche Neuerung der Normenfassung von 2009 stellt das Lüftungskonzept dar. Durch Infiltration sind der Volumenstrom zum Feuchteschutz und damit die Vermeidung von Feuchteschäden und Schimmelpilzbefall in aller Regel in Gebäuden im Bestand ohne umfassende, die Dichtheit maßgeblich beeinflussende Modernisierungsmaßnahmen, gegeben. Unter dieser Voraussetzung sind nach DIN 1946-6 wie bisher keine lüftungstechnischen Maßnahmen erforderlich. Eine lüftungstechnische Maßnahme wird dann erforderlich, wenn ein definierter minimaler Volumenstrom zum Feuchteschutz durch den im Mittel in der Heizperiode gegebenen Volumenstrom durch Infiltration nicht mehr sichergestellt werden kann. Dies ist im Regelfall nach Modernisierungsmaßnahmen, die die Dichtheit eines Gebäudes nachhaltig verbessern (z. B. kompletter Fensteraustausch), der Fall.

Volumenstrom zum Feuchteschutz > **Volumenstrom durch Infiltration**

$q_{V,ges,NE,FL}$ $\qquad$ $q_{V,Inf,wirk}$

Unberührt davon sind die Forderungen der DIN 18017-3 für fensterlose Räume einzuhalten und gegebenenfalls besondere Anforderungen aus Sicht der Hygiene (z. B. Allergiker), des Schallschutzes (z. B. im Bereich von Flughäfen) und der Energieeffizienz (z. B. im Rahmen von Förderprogrammen) zu beachten.

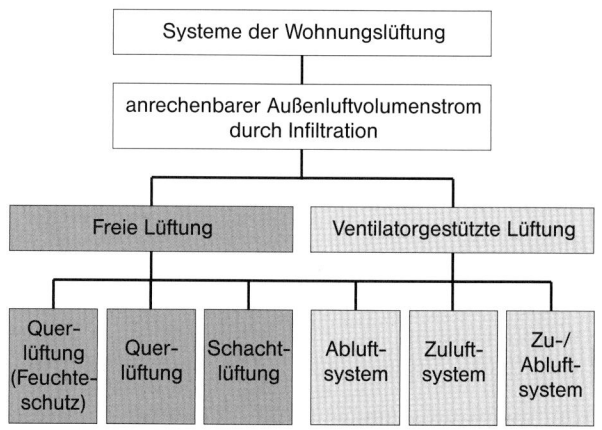

14-23 Lüftungssysteme nach DIN 1946-6

Bei der Festlegung von lüftungstechnischen Maßnahmen können alle Lüftungssysteme nach *Bild 14-23* zur Anwendung kommen, also sowohl Maßnahmen zur freien Lüftung als auch Maßnahmen zur ventilatorgestützten Lüftung.

Bei der Auswahl eines Lüftungssystems sind verschiedene Kriterien zu beachten. Zwingend sind brandschutztechnische und schalltechnische Anforderungen sowie Mindestanforderungen an die thermische Behaglichkeit einzuhalten. Auch die Realisierung der notwendigen Außenluftvolumenströme kann für einzelne Räume verpflichtend sein. Optionale Anforderungen bestehen hinsichtlich Energieeffizienz, Raumluftqualität/Lufthygiene und Schallschutz, aber auch zur Realisierung der verschiedenen Lüftungsstufen für die Nutzungseinheit. Werden durch Lüftungsgeräte bzw. Lüftungsanlagen bestimmte Kriterien erfüllt, kann dies nach DIN 1946-6 durch ein Labeling („E" für energieeffizient, „H" für hygienisch, „S" für schalloptimiert und „F" für den Betrieb mit Feuerstätten geeignet) deutlich gemacht werden.

In DIN 1946-6 sind die lüftungstechnisch und hygienisch/gesundheitlich notwendigen Außenluftvolumenströme bei normaler Nutzung beschrieben. Diese stellen die Lüftungsstufe Nennlüftung dar.

Die Lüftungsstufe **Nennlüftung** ist definiert als:

– notwendige Lüftung zur Gewährleistung der hygienischen Anforderungen sowie des Bautenschutzes bei Anwesenheit der Nutzer (Normalbetrieb).

In DIN 1946-6 werden drei weitere Lüftungsstufen beschrieben.

Die Lüftungsstufe **Intensivlüftung** ist definiert als:

– zeitweilig notwendige Lüftung mit erhöhtem Luftvolumenstrom zum Abbau von Lastspitzen (Lastbetrieb),

die Lüftungsstufe **Reduzierte Lüftung** ist definiert als:

– notwendige Lüftung zur Gewährleistung der hygienischen Mindestanforderungen sowie des Bautenschutzes (Feuchte) unter üblichen Nutzungsbedingungen bei teilweise reduzierten Feuchte- und Stofflasten, z. B. infolge zeitweiliger Abwesenheit der Nutzer und

die Lüftungsstufe **Lüftung zum Feuchteschutz** ist definiert als:

– notwendige Lüftung zur Gewährleistung des Bautenschutzes (Feuchte) unter üblichen Nutzungsbedingungen bei teilweise reduzierten Feuchtelasten, z. B. zeitweilige Abwesenheit der Nutzer und kein Wäschetrocknen in der Nutzungseinheit.

Während die Lüftungsstufen Nennlüftung, Intensivlüftung und Reduzierte Lüftung (allerdings mit anderen Bezeichnungen) bereits in der alten DIN 1946-6 enthalten waren, ist die Lüftungsstufe Lüftung zum Feuchteschutz neu aufgenommen worden. Damit soll eine geringe, dauernde Lüftung der Räume gewährleistet werden. Die notwendigen Außenluftvolumenströme werden abhängig von der beheizten Wohnfläche und bei der Lüftung zum Feuchteschutz zusätzlich abhängig vom Wärmeschutz festgelegt, *Bild 14-24*.

Aus dem für Nutzungseinheiten erforderlichen Außenluftvolumenstrom, der abhängig von der Nutzfläche und den vorhandenen Ablufträumen ermittelt wird, resultieren die Anforderungen an die Luftvolumenströme durch lüftungstechnische Maßnahmen (Lüftungssysteme):

$$q_{v,LtM} = q_{v,ges} - (q_{v,Inf,wirk} + q_{v,Fe,wirk})$$

mit

$q_{v,LtM}$ Luftvolumenstrom durch lüftungstechnische Maßnahmen (frei oder ventilatorgestützt, in m³/h)

$q_{v,ges}$ notwendiger Gesamt-Außenluftvolumenstrom (in m³/h)

$q_{v,Inf,wirk}$ wirksamer Luftvolumenstrom durch Infiltration (in m³/h)

$q_{v,Fe,wirk}$ wirksamer Luftvolumenstrom durch manuelles Fensteröffnen (in m³/h) (für die Auslegung von Lüftungssystemen gleich Null gesetzt)

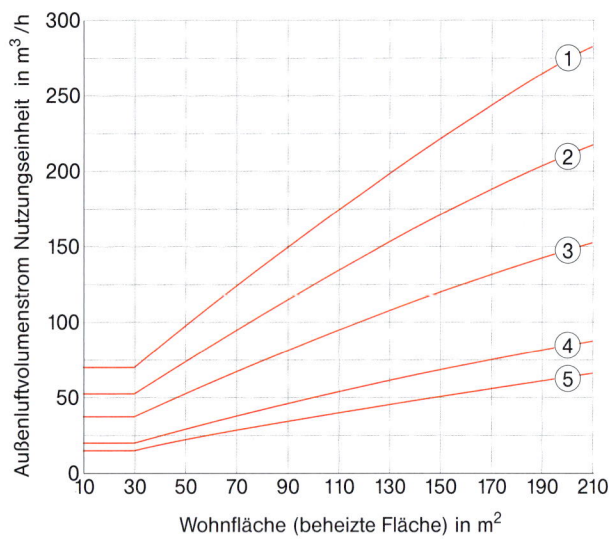

① Intensivlüftung
② Nennlüftung
③ Reduzierte Lüftung
④ Lüftung zum Feuchteschutz (Wärmeschutz niedrig, schlechter als WSVO 1995)
⑤ Lüftung zum Feuchteschutz (Wärmeschutz hoch, WSVO 1995 oder besser)

14-24 Notwendige Außenluftvolumenströme nach DIN 1946-6

Ergänzt wird die DIN 1946-6 durch 2 Beiblätter. Beiblatt 1 enthält 12 Beispiele für die Auslegung von Lüftungssystemen. Dabei werden alle wesentlichen Lüftungssysteme einschließlich von Kombinationen mit DIN 18017-3 behandelt. Beiblatt 1 enthält außerdem Rechenbeispiele für die Verknüpfung der Lüftungsauslegung mit der Heizlastberechnung nach DIN EN 12831. Beiblatt 2 „Lüftungskonzept" soll die Anwendung der Norm für Nicht-Lüftungstechniker vereinfachen, indem die Punkte „Notwendigkeit lüftungstechnischer Maßnahmen" und „Auswahl von Lüftungssystemen" separat und ausführlich beschrieben werden. Dazu werden u. a. zusätzliche Diagramme für eine graphische Lösung zur Verfügung gestellt. Weitere Beiblätter (u. a. Kellerlüftung und Wechselwirkung mit Feuerstätten) sind geplant.

6.6 DIN 18017-3: Lüftung fensterloser Sanitärräume

DIN 18017-3 regelt die Lüftung von Bädern und Toilettenräumen ohne Außenfenster.

Teil 3 in der Neufassung von September 2009 [10] regelt die Entlüftung mittels Ventilatoren. Auch andere Funktionsräume innerhalb von Wohnungen (z. B. Abstellräume, Küchen mit Fenstern) können nach dieser Norm entlüftet werden.

Der planmäßige Abluftvolumenstrom von 40 m^3/h orientiert sich an den in DIN 1946-6 zur Anlagenbemessung genannten Werten. Bei ganztägig durchgehendem Betrieb dürfen die genannten Werte in Zeiten geringen Luftbedarfs, jedoch nicht mehr als 12 Stunden pro Tag, um die Hälfte reduziert werden. Mit bedarfsgeführten Abluftanlagen muss ein Abluftvolumenstrom von 60 m^3/h realisierbar sein. Dieser darf allerdings

– in Zeiten geringen Luftbedarfs dauerhaft auf mindestens 15 m^3/h abgesenkt werden oder

– im regelmäßigen Intervallbetrieb im Tagesmittel 15 m^3/h nicht unterschreiten (maximale Abschaltdauer 1 Stunde) oder

– in Zeiten geringen Luftbedarfs bei normaler Nutzung und gutem Wärmeschutz (mindestens WSchVO 1995) auf 0 m^3/h reduziert werden, wenn nach dem Abschalten noch ein Luftvolumen von 15 m^3 abgeführt wird.

Die Anforderungen dieser baurechtlich verbindlichen Norm zur ventilatorgestützten Entlüftung sind durch die parallele Aktualisierung der Normen in der Regel gut vereinbar mit den Anforderungen an eine vollwertige Wohnungslüftung nach DIN 1946-6. Zu beachten ist allerdings, dass eine luftdichte Ausführung der Gebäudehülle entsprechend den Anforderungen der EnEV und DIN

4108-7 oder gar weitergehender Anforderungen wie an das Passivhaus, Kapitel 9-3 und *Bild 1-12*, nach DIN 18017-3 bzw. DIN 1946-6 eine sorgfältige Planung der Luftnachströmung und damit der Dimensionierung von Außenluftdurchlässen und Überströmdurchlässen erfordert, Abschnitt 10.4.1 und 10.4.2.

6.7 DIN 4109: Mindestanforderungen Schallschutz

DIN 4109 [7] regelt den baurechtlich eingeführten Mindeststandard im Schallschutz, siehe auch Kapitel 13-3. Für fremde schutzbedürftige Räume, wie Wohn- und Schlafräume, sind in Tabelle 4 [7] Werte der maximal zulässigen Schalldruckpegel für Geräusche aus haustechnischen Anlagen genannt, *Bild 13-8*. Danach sind bei durchgehend betriebenen lüftungstechnischen Anlagen ohne auffällige Einzeltöne Schalldruckpegel von maximal 35 dB(A) zulässig. Den Stand der Technik, der im Allgemeinen dem Bauherrn privatrechtlich geschuldet ist, beschreibt jedoch Beiblatt 2 zu DIN 4109 [9]. Hier wird bei Geräuschen aus haustechnischen Anlagen eine Verminderung der zulässigen Schalldruckpegel gegenüber den Mindestanforderungen der DIN 4109 um 5 dB(A) und mehr als wirkungsvolle Minderung bezeichnet. Genaue Werte sind im Einzelfall vertraglich zu vereinbaren. Nach vorliegenden Erfahrungen mit der Akzeptanz durch Nutzer ist dringend anzuraten, bei Wohnungslüftungsanlagen deutlich verbesserte Schallschutzstandards zu realisieren. Eine gute Grundlage hierfür sind die Klassifizierung und Kennwerte von VDI 4100 [41], siehe hierzu Abschnitt 8.3.

6.8 Energieeinsparverordnung

Die **Energieeinsparverordnung** (EnEV) [8] regelt die öffentlich-rechtlichen Anforderungen an energiesparendes Bauen. Der EnEV-Nachweis wird unter standardisierten Randbedingungen geführt. Eine allgemeine Beschreibung der EnEV enthält Kapitel 2.

Zu errichtende Gebäude sind nach EnEV § 6.2 so auszuführen, dass der erforderliche Mindestluftwechsel sichergestellt ist. Bezüglich der rechnerischen Berücksichtigung von Lüftungsanlagen in Wohnungen werden DIN V 4701-10 [40] in Verbindung mit DIN V 4108-6 [45] bzw. DIN V 18599 [78] in Bezug genommen.

Einsparungen durch Lüftungstechnik sind beim EnEV-Nachweis dann anrechenbar, wenn

– die Gebäudedichtheit messtechnisch nachgewiesen ist,

– der hygienisch erforderliche Luftwechsel erreicht wird,

– die Volumenströme je Nutzereinheit regelbar sind,

– die vorrangige Nutzung der rückgewonnenen Wärme vor der sonstigen Wärmebereitstellung gesichert ist.

Die Bilanzierung nach EnEV erfolgt unter Verweis auf Normen. Für Wohngebäude ist nach EnEV 2014 eine Berechnung nach DIN V 18599 oder alternativ nach DIN V 4108-6 und DIN V 4701-10 möglich, für Nichtwohngebäude ist DIN V 18599 verbindlich anzuwenden.

Geräte-Kennwerte für den Nachweis sind den allgemeinen bauaufsichtlichen Zulassungen der Produkte zu entnehmen oder nach allgemein anerkannten Regeln der Technik zu bestimmen. Wenn gerätespezifische Werte nicht bekannt sind, müssen die in den Normen enthaltenen Standardwerte eingesetzt werden.

In den Normen kann für Lüftungsanlagen

– die Wärmerückgewinnung durch Wärmeübertrager und/oder Wärmepumpen,

– die Bedarfsführung der Luftvolumenströme und

– die Luftheizung (z. B. mit Nachheizregister)

bilanziert werden.

Berücksichtigung finden auch die Wärmeverluste bei Übergabe, Verteilung, Speicherung und Erzeugung sowie der Hilfsenergiebedarf.

6.9 Weitere Normen und Richtlinien

Bauprodukte dürfen nur unter Einhaltung der baurechtlichen Regelungen, z. B. der Musterbauordnung [1], eingesetzt werden. Lüftungsgeräte sind in der **Bauregelliste B Teil 2** [32] geregelt und müssen nach aktueller Rechtslage ein CE-Zeichen tragen, Kapitel 11-29. Dieses deckt jedoch nicht die erforderlichen Eigenschaften bezüglich Hygiene, Gesundheit, Umweltschutz sowie Energieeinsparung und Wärmeschutz ab. Daher benötigen Lüftungsgeräte gegenwärtig zusätzlich eine bauaufsichtliche Zulassung. Diese enthält unter anderem auch die energetischen Kennwerte, wie sie für den öffentlich-rechtlich vorgeschriebenen Nachweis nach EnEV erforderlich sind, u. a. Wärmebereitstellungsgrad und elektrische Leistungsaufnahme. Darüber hinaus sind beispielsweise Druck-Volumenstrom-Kennlinien angegeben, die für eine energetisch optimierte Auslegung der Anlagen notwendig sind.

Üblicherweise liegen einer Vergabe von Bauleistungen die Regelungen der VOB [34] Teil C zugrunde. DIN 18379 [35] regelt hierin die allgemeinen technischen Vertragsbedingungen für raumlufttechnische Anlagen. **Prüfungen und Messungen an raumlufttechnischen Anlagen** sind bei der Anlagenübergabe entsprechend DIN EN 12599 [36] durchzuführen.

Die **Dichtheit von Luftkanalsystemen** ist in DIN EN 12237 [37] geregelt.

Die **Eigenschaften von Luftfiltern** sind in DIN EN 779 [17] geregelt, *Bild 14-25*. Es werden Grob- (G), Medium- (M) und Feinfilter (F) und dort jeweils verschiedene Abscheide- bzw. Wirkungsgrade unterschieden. Beide Merkmale beurteilen das Verhältnis der Teilchenkonzentrationen vor und nach dem Filter.

Brandschutztechnische Anforderungen regelt die „Bauaufsichtliche Richtlinie über brandschutztechnische Anforderungen an Lüftungsanlagen". Die aktuelle Muster-Richtlinie MLüAR stammt von 2010 und ist in einigen Bundesländern bauaufsichtlich eingeführt. Planungen sollten mit der lokalen Feuerwehr oder Sachverständigen abgestimmt werden.

Für Gebäude geringer Höhe und Wohngebäude mit nicht mehr als zwei Wohnungen sind in der Regel keine besonderen Anforderungen an den Brandschutz von Lüftungsanlagen zu beachten.

Sind Anforderungen an den Brandschutz zu erfüllen, müssen Lüftungsanlagen so ausgeführt werden, dass Feuer und Rauch nicht in andere Geschosse, Brandabschnitte, Treppenräume oder notwendige Flure übertragen werden können. Das gilt unter anderem auch für Mündungen von Außen- und Fortluftleitungen in Fassaden.

Wesentliche Elemente zur Herstellung des gesetzlich geforderten Brandschutzes sind feuerwiderstandsfähige Lüftungsleitungen, Brandschutzklappen, Brandschutzschotts und Brandschutzluftdurchlässe. Alle diese Elemente benötigen eine allgemeine bauaufsichtliche Zulassung und dürfen nur in Übereinstimmung mit ihrem Verwendbarkeitsnachweis eingebaut werden. Bei wartungspflichtigen brandschutztechnischen Einrichtungen

Charakteristikum		Mittlerer Abscheidegrad A_m in %	Mittlerer Wirkungsgrad E_m in %
Filtergruppe	Filterklasse	Klassengrenzen	
Grob (G)	G 1	$50 \leq A_m < 65$	–
	G 2	$65 \leq A_m < 80$	–
	G 3	$80 \leq A_m < 90$	–
	G 4	$A_m \geq 90$	–
Medium (M)	M 5	–	$40 \leq E_m < 60$
	M 6	–	$60 \leq E_m < 80$
Fein (F)	F 7	–	$80 \leq E_m < 90$
	F 8	–	$90 \leq E_m < 95$
	F 9	–	$E_m \geq 95$

14-25 Filterklassen und Wirksamkeit nach DIN EN 779

müssen Besitzer, Nutzer und gegebenenfalls Hausmeister mündlich und schriftlich hierauf hingewiesen werden.

7 Freie Lüftung

7.1 Funktionsprinzip

Traditionell erfolgt Lüftung über Fugen, Fenster und Schächte. Antreibende Kräfte für den Luftaustausch sind wetterbedingte Druckdifferenzen, verursacht durch Windkräfte oder Temperaturunterschiede zwischen innen und außen. Dies wird als freie Lüftung bezeichnet. In *Bild 14-26* sind beispielhaft Druckprofil und Luftströme dargestellt, die in einem Raum aufgrund einer Übertemperatur gegenüber außen entstehen.

Möglichkeiten und Grenzen der freien Lüftung werden in den folgenden Abschnitten dargestellt und kommentiert.

7.2 Fugenlüftung

Nach einer Untersuchung im österreichischen Gebäudebestand [28] bis zum Baujahr 1985 liegt der winterliche Fugen-Luftwechsel für Massivbauten mit gewarteten Holzfenstern (noch ohne Dichtungen) bei 0,3 h^{-1}; sind Fenster mit Dichtlippen vorhanden, beträgt der Luftwechsel durch Fugen im Mittel nur noch 0,15 h^{-1}. Bei gering gewarteten Fenstern ist der Luftwechsel mit 1 h^{-1} dagegen eher zu hoch und außerdem mit Zugluft und Diskomfort verbunden.

Der Luftwechsel über Fugen ist zudem stark von den Wetterbedingungen abhängig, wie *Bild 14-27* zeigt: In undichten Gebäuden ist der Luftwechsel bei stürmischem oder kaltem Wetter zu hoch, bei mäßig warmem oder windstillem Wetter zu gering.

Zufällig vorhandene Undichtheiten der Hülle sichern keine gleichmäßige Lüftung; gut dichte Raumbereiche werden systematisch zu wenig, undichte Bereiche aber zu stark durchlüftet. Wind und Wetter bestimmen, wie die Strömung innerhalb des Gebäudes verläuft. Für die Luftqualität ist es nicht förderlich, wenn Gerüche aus der Toilette oder Feuchte aus dem Badezimmer abhängig von der Windrichtung auch in Wohn- oder Schlafräume gelangen können.

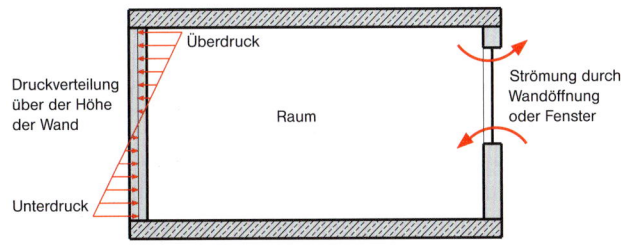

14-26 Druckverteilung und Luftströmung durch Fugen in einem erwärmten Raum im Winter

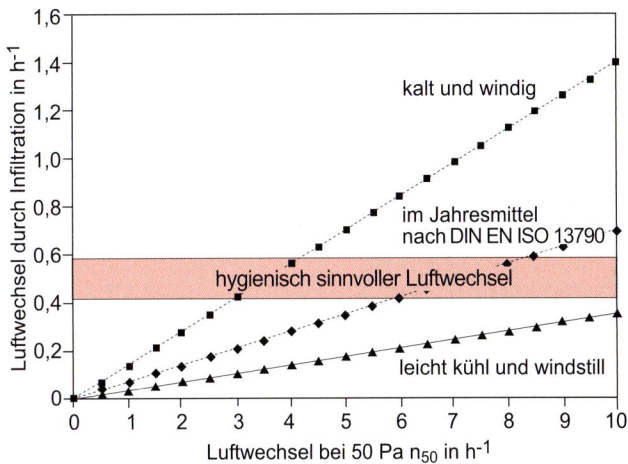

14-27 Variationsbreite des Infiltrations-Luftwechsels, abgeschätzt nach [27]

Nicht geplante und unkontrollierte Undichtigkeiten in der Gebäudehülle sind **darüber hinaus** in vielen Fällen verantwortlich für **Feuchteschäden in Bauteilen, Zugluft, schlechten Schallschutz und hohe Wärmeverluste**, Kapitel 9-1. Wegen der grundlegenden Wichtigkeit einer luftdichten Gebäudehülle wird schon lange, beispielsweise in der baurechtlich eingeführten DIN 4108-2 [26], eine luftdichte Bauausführung gefordert. Durchlässigkeits-Grenzwerte für Fensterfugen wurden schon in der Wärmeschutzverordnung von 1982 [25] eingeführt. Neubauten und Altbauten mit sanierten Fenstern sind damit heute üblicherweise so dicht, dass aktives Lüften durch Fensteröffnen notwendig ist, Abschnitt 7.3.

7.3 Fensterlüftung

Wie bei der Fugenlüftung bewirken die wetterbedingten Druckunterschiede am geöffneten Fenster den Luftaustausch; wegen der größeren Querschnitte sind die Luftwechsel jedoch höher. Die Höhe des Luftwechsels wird wesentlich auch von der Öffnungsart (Dreh- oder Kippstellung), der Stellung von Innentüren, der Anordnung der geöffneten Fenster (nur in einer Fassade oder in gegenüberliegenden Fassaden) sowie von der Stellung von Rollläden etc. bestimmt. *Bild 14-28* zeigt die daraus resultierende hohe Schwankungsbreite des Luftwechsels.

Fensterstellung	Luftwechsel je Stunde
Fenster und Tür geschlossen	0,1 bis 0,3
Fenster gekippt, Rollladen zu	0,3 bis 1,5
Fenster gekippt, keine Rollladen	0,8 bis 4,0
Fenster halb offen	0,5 bis 10
Fenster ganz offen	0,9 bis 15
gegenüberliegende Fenster und Zwischentüren ganz offen (Querlüftung)	bis 40

14-28 Gemessene Luftwechsel bei verschiedenen Fensterstellungen

Dauerhaft geöffnete Fenster sind mit hohen Lüftungswärmeverlusten verbunden, außerdem können sich Laibungsflächen der Fenster so weit abkühlen, dass es zu Feuchteanreicherung und Schimmelpilzwachstum kommen kann. Soweit unter den Fenstern montierte Heizkörper bei weiter wachsenden Lüftungswärmeverlusten die eintretende Außenluft nicht mehr ausreichend erwärmen können, kommt es zu Zuglufterscheinungen.

Wie sieht richtige Fensterlüftung konkret aus? Um im Resultat einen mindestens 0,5-fachen Luftwechsel pro Stunde zu erhalten, müssen in einer Wohnung möglichst regelmäßig die Fenster für 5 bis 15 Minuten (je nach Wetterverhältnissen) zur Querlüftung ganz geöffnet werden. Hier wird das **Dilemma der Fenster-Stoßlüftung** erkennbar:

– Wer hält sich an diese Lüftungsregel? Wer führt die Stoßlüftung tagsüber bei Abwesenheit der Bewohner durch? Auch dann muss gelüftet werden, weil z. B. Wasserdampf von Pflanzen und im Bad von nassen Wandoberflächen und Handtüchern fortwährend freigesetzt wird.

– Wie lüftet man nachts im Schlafzimmer? Eine Kipplüftung ist grundsätzlich geeignet, gleichmäßige Lasten durch die anwesenden Personen abzuführen, ist aber wegen Lärmbelästigungen und Zugerscheinungen nicht immer realisierbar.

– Die große Schwankungsbreite der Luftwechsel ergibt, dass **eine zuverlässige Einstellung auf den Bedarf mittels Fenster kaum möglich** ist.

Die **Notwendigkeit einer durchgehenden Lüftung** auch bei zeitweiliger Abwesenheit der Bewohner soll im Folgenden erläutert werden. Viele Stoffe (auch Feuchte und Gerüche) werden an Oberflächen gepuffert, sodass auch nach Verlassen des Raums weitere Lüftung notwendig ist, um die Puffer wieder zu entladen. Eine kontinuierliche Lüftung ist in diesem Fall hygienisch sinnvoll und auch energetisch optimal, wie *Bild 14-29* zeigt. Im Beispiel beträgt der zur Entfeuchtung eines Schlafzimmers im Tagesmittel notwendige rechnerische Mindestluftwechsel

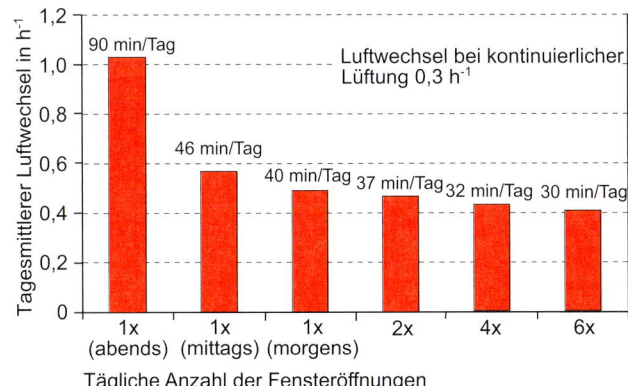

14-29 Notwendige tagesmittlere Luftwechsel zur Vermeidung von Schimmelpilzbefall in einem Schlafzimmer [14]

Fazit Fensterlüftung

▶ **Während der Heizperiode:** möglich, aber eher unkomfortabel; wird häufig nicht sorgfältig genug durchgeführt und führt daher oft entweder zu schlecht gelüfteten Wohnungen oder zu hohen Energieverlusten, beispielsweise durch dauerhaft gekippte Fenster.

▶ **Außerhalb der Heizperiode:** Die bevorzugte Lüftungsmethode, wenn keine Schallbelastungen von außen vorliegen, keine Fenster wegen Einbruchschutz geschlossen bleiben müssen oder andere Sonderanforderungen vorliegen.

Generell gilt: Auch wenn Lüftungsvorrichtungen eingesetzt werden, sollten Fenster als öffenbar ausgeführt sein. Drehkippbeschläge sind in der Regel sinnvoll, da gekippte Fenster im Sommer einen praktikablen Kompromiss zwischen notwendiger Lüftung sowie Wetterschutz und Zugangskontrolle darstellen.

14-30 Was Sie über Fensterlüftung wissen sollten

bei kontinuierlicher Lüftung 0,3 h⁻¹. Bei 6-maliger Stoßlüftung tagsüber steigt der notwendige mittlere Luftwechsel schon um ca. 30 % an. Die Feuchtigkeit hat mehr Zeit, tiefer in die Oberflächen einzudringen, und muss deshalb durch längeres Lüften wieder abgeführt werden. Bei nur einmaliger Lüftung am Morgen steigt der Luftwechsel auf 160 % und bei nur einmaliger Lüftung am Abend (maximale Eindringtiefe) auf über 300 % gegenüber kontinuierlicher Lüftung.

In *Bild 14-30* wird die Fensterlüftung zusammenfassend bewertet.

7.4 Querlüftung mit Außenluftdurchlässen

Im Gegensatz zu Leckagen in der Gebäudehülle werden **Außenluftdurchlässe zur Querlüftung** hinsichtlich ihrer Positionierung und Luftdurchlässigkeit sowie ihrer schalltechnischen Eigenschaften geplant. Sie können gereinigt, geregelt und bei Bedarf verschlossen werden.

Durch eine koordinierte Anordnung zusammen mit Heizkörpern kann die Zugluftgefahr gering gehalten werden. Nach DIN 1946-6 [6] kann mittels Querlüftung über regelgerecht dimensionierte Außenluftdurchlässe sowie die zugehörigen Überströmdurchlässe zwischen den Räumen einer Wohnung die baurechtliche Mindestanforderung an die Lüftung der Wohnung, Abschnitt 6.3, erfüllt werden.

Unbefriedigend bleiben die starke Abhängigkeit von den Wind- und Temperaturverhältnissen sowie die undefinierte Strömungsrichtung innerhalb der Wohnung. Zeitweise können sich Feuchte und Gerüche aus Küche, Bad und WC in die Wohnräume ausbreiten. Durch eine (in [6] empfohlene) Anordnung der Funktionsräume auf der windabgewandten Gebäudeseite wird nur die Häufigkeit solcher Zustände verringert. Außerdem unterliegt die Anordnung der Räume auch anderen Anforderungen wie Schallbelastung von außen oder Belichtung und Besonnung.

7.5 Schachtlüftung

Die **Schachtlüftung** wird für innen liegende Sanitärräume und Küchen angewandt. Die Art der Schächte und deren Einbringung waren in der zwischenzeitlich zurückgezogenen DIN 18017-1 festgelegt.

Für jeden zu entlüftenden Raum muss, da keine Ventilatoren eingesetzt werden, ein Abluftschacht vorhanden sein. Die Luftnachströmung kann mit Zuluftschächten oder Außenluftdurchlässen ermöglicht werden. Liegen Bad und Küche einer Wohnung nebeneinander, ist ein gemeinsamer Zuluft- bzw. Abluftschacht für beide ausreichend. Dieses System wird als **Kölner Lüftung** bezeichnet. *Bild 14-31* zeigt das Beispiel einer Schachtanordnung in einem Mehrfamilienhaus.

Die Lüftungswirkung einer Schachtlüftung wird maßgeblich durch den thermischen Auftrieb im Schacht und damit durch die Temperaturdifferenz zwischen Raum und Umgebung bestimmt. Folglich sind unter winterlichen Verhältnissen oft sehr hohe Luftvolumenströme, in der Übergangszeit und erst Recht im Sommer deutlich geringere Luftvolumenströme zu erwarten. Den baurechtlichen Mindestanforderungen, Abschnitt 6.3, genügt eine Schachtlüftung, wenn sie mit Außenluftdurchlässen in Wohn- und Aufenthaltsräumen sowie Überströmdurchlässen kombiniert wird. Die vertikalen Zuluftschächte entfallen dabei. Auch diese Systeme sind noch in größerem Umfang wetterabhängig [14].

Eine logische Weiterentwicklung der Schachtlüftung stellen ventilatorgestützte Abluftsysteme in Kombination mit Außenluftdurchlässen in Wohn- und Schlafräumen dar (ggf. auch als Hybridlösung), Abschnitt 10.

7.6 Zum Stand von Rechtsprechung und Technik

Welches **Verhaltensmuster der Bewohner** kann man bei der Planung von Lüftungskonzepten voraussetzen? Keinesfalls darf man ein mittleres Lüftungsverhalten berücksichtigen; dies hieße ja, in 50 % der Fälle unbefriedigende Lüftungsverhältnisse in Wohnungen zu akzeptieren. Prof. Panzhauser [28] fand in einer Untersuchung heraus, dass von den Bewohnern nur ein Beitrag von 0,2 Luftwechseln pro Stunde im Tagesmittel zu erwarten ist. Einen Schritt weiter geht die DIN 1946-6 [6]; bei der Auslegung von Lüftungssystemen wird dort kein Fensterluftwechsel angesetzt, Abschnitt 6.5.

Ein zweiter wichtiger Aspekt ist die **Beurteilung seitens der Rechtsprechung**, welches Lüftungsverhalten dem Bewohner zumutbar ist. In einem Urteil wird hierzu in Betracht gezogen, dass Mieter regelmäßig 10 bis 12 Stunden von der Wohnung abwesend sein können. Aus diesem Grund hält das OLG Frankfurt/Main nur ein Lüften morgens und abends für zumutbar [33]. Dies bedeutet aber, dass vom Mieter im Zweifelsfall nur ein geringer Lüftungsbeitrag zu erwarten ist.

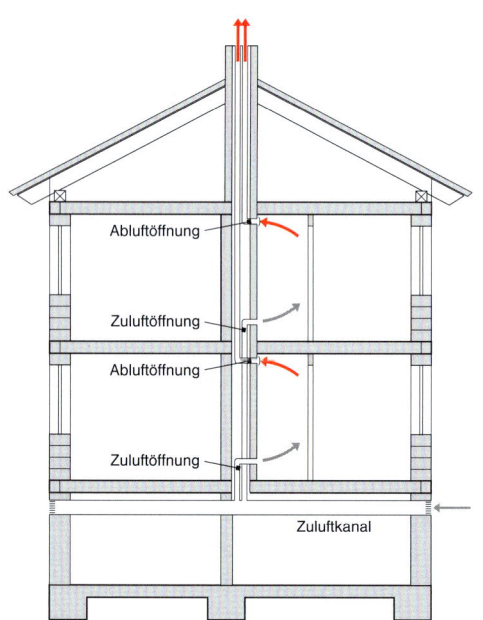

14-31 Einzelschachtanlage, System Kölner Lüftung

Welchen **Beitrag** kann die **Fugenlüftung** leisten? Die DIN 1946-6 lässt bei der Auslegung von Lüftungssystemen die Anrechnung der Infiltration zu. Die Ausführungen in Abschnitt 9 zeigen aber, dass deren Effekt in dichten Gebäuden sehr gering ausfällt.

Soll die Lüftung weitgehend unabhängig vom Nutzer und damit rechtssicher gewährleistet werden, bestehen dazu mehrere Möglichkeiten:

– Bemessung und Anordnung von Außendurchlässen zur Querlüftung oder in Verbindung mit Schachtlüftung entsprechend DIN 1946-6 unter Berücksichtigung der dort genannten Anforderungen an die Produkte;

– Planung und Ausführung ventilatorgestützter Lüftung, die den Anforderungen der DIN 1946-6 entsprechen;

– Einsatz automatisierter Vorrichtungen zur Fensterlüftung.

Werden bei Planung und Bauausführung von Neubauten und bei Sanierungen die notwendigen Maßnahmen für eine gesicherte Lüftung auch in Zukunft nicht beachtet, wird es in wachsender Zahl zu den bekannten Problemen kommen. Die Umsetzung der EnEV sowie die Bauausführung entsprechend den baurechtlich eingeführten Regeln im Wohnungsbau werden auch in Zukunft kaum seitens der Aufsichtbehörden kontrolliert werden. **Es ist jedoch wahrscheinlich, dass auf privatrechtlichem Weg Eigentümer, Planer und ausführende Firmen vermehrt in Haftung genommen werden**.

7.7 Was war früher anders?

In der Diskussion mit Bauherren und Architekten über Wohnungslüftung fällt ab und zu der Satz: „Früher, als die Gebäude noch nicht so dicht gebaut wurden, hatten wir mit der Luftqualität noch keine Probleme." Diese Behauptung wird in [29] ausführlich diskutiert und eindrucksvoll widerlegt. So wird über mangelnde Luftqualität in Lehmhütten, Wellblechhütten, Wohnungen Ende des 19. Jahrhunderts, „Kleinhäusern" der 30er-Jahre usw. berichtet. In allen Fällen konnte von dichter Bauweise keine Rede sein. Hier wird klar, dass selbst hohe Undichtheit eine dauerhaft gute Luftqualität nicht gewährleisten kann.

Richtig ist, dass im Zuge von Umbau und Sanierung von Altbauten Maßnahmen ausgeführt werden, welche die bauphysikalische Situation gegenüber früher ändern. Wenn dies im Planungsprozess nicht beachtet wird und die erforderlichen ergänzenden lüftungstechnischen Maßnahmen nicht durchgeführt werden, können tatsächlich Feuchteschäden und Schimmelpilzwachstum auftreten, die vor der Renovierung nicht zu beobachten waren.

Undicht eingebaute Türen und Holzfenster sorgten in Verbindung mit den Kaminen der Einzelofenheizung während der kalten Jahreszeit für eine Zwangslüftung (wie bei einer Schachtlüftung), *Bild 14-32*.

Die Feuchtequellen im Gebäude waren geringer: Waschen und Trocknen der Wäsche erfolgte außerhalb der Woh-

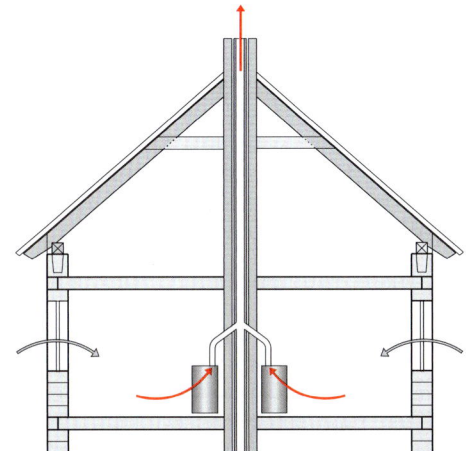

14-32 Schachtlüftung älterer Gebäude über undichte Fensterfugen in Verbindung mit den Abgaskaminen der Einzelraumöfen

nungen (Waschküche, Dachboden), Bäder und Duschen waren nicht vorhanden.

Die kältesten Oberflächen waren die Einfachverglasungen, an denen Wasserdampf sichtbar auskondensierte, in Sammelrillen aufgefangen und teilweise durch Bohrungen nach außen abgeleitet wurde.

Eine solche Wohnsituation entspricht jedoch nicht mehr heutigen Anforderungen. Neben fehlenden Bädern würde heute auch kein Mensch die Zugerscheinungen akzeptieren, die hier zwangsweise auftreten. **Werden die Gebäude auf herkömmliche Weise renoviert, entsteht folgende Situation:**

– Die Feuchtelast in den Wohnungen wird drastisch erhöht: Wäsche wird in der Wohnung gewaschen und getrocknet. Dachböden, die früher zum Wäschetrocknen dienten, werden im Zuge der Renovierung häufig in Wohnraum umgewandelt. Bäder befinden sich in der Wohnung.

– Dichte Fenster werden eingebaut und Einzelöfen werden durch eine immer häufiger raumluftunabhängig betriebene Zentralheizung ersetzt. Die Schachtlüftung (Kamin) sowie die Nachströmöffnungen der Außenluft (Fensterfugen) entfallen.

– Moderne Wärmeschutzverglasung hat wesentlich höhere innere Oberflächentemperaturen als eine Einscheibenverglasung. Oft liegen jetzt die kältesten Oberflächentemperaturen nicht mehr im Bereich der Scheiben, sondern im Bereich thermischer Schwachstellen der Außenwände oder hinter der Möblierung.

So werden durch eine Renovierung Nachteile (wie Zugerscheinungen) des alten Systems beseitigt, ohne darauf zu reagieren, dass dadurch auch Vorteile (z. B. Schachtlüftung, beschlagene Fenster als sichtbarer Hinweis) aufgegeben werden. Die Verantwortung liegt dann bei den Nutzern, durch bewusste Fensterlüftung den zur Entfeuchtung notwendigen Luftwechsel herzustellen. Selbst wenn die Bewohner mündlich und schriftlich darauf hingewiesen werden, ist bekannt, dass das in vielen Fällen nicht funktioniert und oft auch nicht funktionieren kann.

Dies äußert sich dann darin, dass kurze Zeit nach der Renovierung massive Probleme mit Schimmelpilz beklagt werden.

8 Grundlagen ventilatorgestützter Lüftung

8.1 Zentrale und dezentrale Lösungen

Ventilatorgestützte, zentrale Lüftungssysteme erzeugen eine Luftströmung von den Wohn- und Schlafräumen (**Zuluftzone**) hin zu den Feucht- und Funktionsräumen (**Abluftzone**), *Bild 14-33 oben*. Durch diese gerichtete Durchströmung der Räume, die natürlich nur innerhalb einer Nutzungseinheit stattfinden darf, wird eine effiziente Lüftung erreicht:

– Gerüche und Feuchtigkeit werden dort abgeführt, wo ihre Konzentration aufgrund der lokalen Entstehung am größten ist. Dies erfordert zur Abfuhr wesentlich geringere Luftmengen, als wenn sich die Stoffe zunächst in der Wohnung ausbreiten und vermischen.

– Da die Ablufträume bei diesem Konzept nicht mit kalter Außenluft gelüftet werden, steigt der Komfort (Bäder und WCs kühlen nicht aus) und sinkt die dort zu installierende Heizleistung.

– Für die Luftqualität in den Wohnräumen verbleiben damit als Belastungsquellen im Wesentlichen nur noch die Abgaben von sich dort aufhaltenden Personen, von Pflanzen und Einrichtungsgegenständen.

– Die hauptsächlichen Aufenthaltszonen (Wohnen, Kinder, Schlafen) werden direkt mit Außenluft bzw. Zuluft versorgt.

Nicht zuletzt kann der Luftwechsel durch die sog. Doppelnutzung der Luft (erst Lüftung der Wohn- und Aufenthaltsräume, dann Geruchs- und Feuchteabfuhr aus Funktionsräumen) verringert werden.

Dezentrale Lüftungskonzepte, bei denen jeder einzelne Raum einer Wohnung z. B. durch ein Einzelraumgerät be- und entlüftet wird, erfordern insgesamt einen höheren Außenluftvolumenstrom, da auch Räume, die sonst zur

Abluft- oder Überströmzone gehören, jetzt eine direkte Außenluftzufuhr benötigen, *Bild 14-33 unten*. Vor- und Nachteile sind abzuwägen: beispielsweise bessere raumweise Regelbarkeit der Volumenströme, stärkere Ausbreitung von Luftinhaltsstoffen innerhalb der Wohnung, erhöhter Geräuschpegel durch Ventilatoren in Wohn- und Schlafräumen. Die Anwendungsfälle der **Einzelraumlüftung**, Abschnitt 9, liegen insgesamt eher bei Nachrüstungen oder zur Problemlösung in Sonderfällen, in denen zentrale Lösungen nicht realisiert werden können.

Die **Planung einer zentralen Lüftungsanlage** beginnt damit, dass jeder zu lüftende Raum einer der drei Raumkategorien Zuluft-, Überström- oder Abluftzone zugeordnet wird. *Bild 14-34* zeigt die Zoneneinteilung einer Wohnung mit eingebauter Zu-/Abluftanlage mit Wärmerückgewinnung.

– Wohn- und Schlafräume bilden die **Zuluftzone**, der die Außenluft zugeführt wird.
– Der **Abluftzone** werden alle Räume mit spezifisch hoher Feuchte-, Geruchs- oder Schadstofffreisetzung zuge-

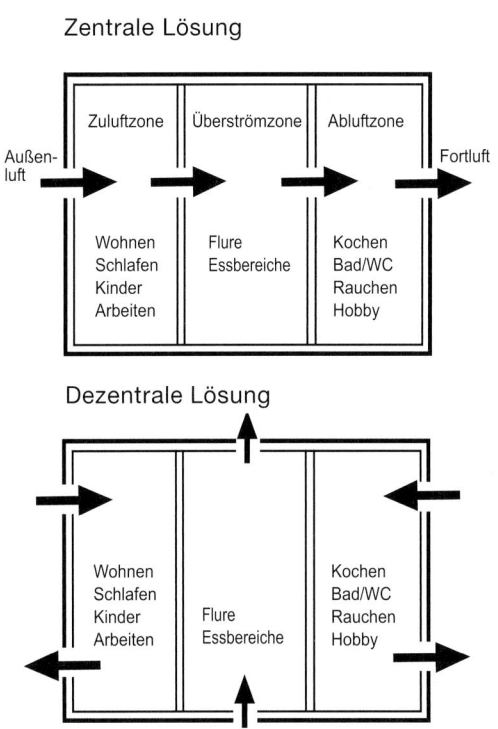

14-33 Luftströmung bei zentralen und dezentralen Lüftungssystemen

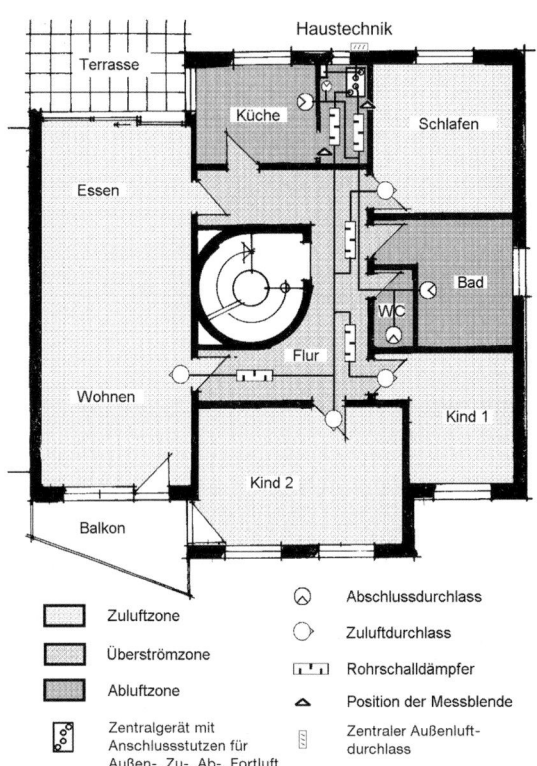

14-34 Zonierung und Installationsschema einer Etagenwohnung mit Zu-/Abluftanlage mit Wärmerückgewinnung

ordnet. Dies sind Küche, Bad, WC, aber z. B. auch Haustechnikräume.

- Flure sind häufig so gelegen, dass sie von der Luft auf dem Weg von der Zuluft- zur Abluftzone durchströmt werden. Diese Räume bilden die **Überströmzone**, die keine eigenen Außen-, Zu- oder Abluftdurchlässe haben. Überströmzonen dürfen nie Räume fremder Wohneinheiten verbinden.

In Einzelfällen müssen Vor- und Nachteile unterschiedlicher Raumgruppenzuordnung gegeneinander abgewogen werden.

Luftdicht **und** thermisch von der Wohnung abgetrennte Nebenräume mit Fenstern, z. B. selten genutzte Kellerräume, müssen nicht ventilatorgestützt gelüftet werden.

Der innere Luftstrom muss auch bei geschlossenen Türen funktionieren. Je nach Konstruktion und Ausführung haben Raumtrennwände und Türen unterschiedlich hohe Luftdurchlässigkeiten. Deshalb müssen in der Regel richtig dimensionierte **Überströmdurchlässe**, Abschnitt 10.4.2, eingebaut werden. Bekannt sind beispielsweise Überströmgitter in den Türen ventilatorgestützt entlüfteter fensterloser Bäder und Toiletten. Auch Schlitze an der Unterkante von Türblättern sowie Fugen zwischen Zarge und Wand wirken als Überströmöffnung.

8.2 Auslegung

Die Auslegung ventilatorgestützter Lüftungssysteme für Wohnungen erfolgt nach DIN 1946-6. Planungsgrundlage für lüftungstechnische Maßnahmen sind die Gesamt-Außenluftvolumenströme. Der Gesamt-Außenluftvolumenstrom für die Nennlüftung wird als Maximum aus den Anforderungen an die Nutzungseinheit bzw. Wohnung, *Bild 14-35*, und aus den Anforderungen an die Ablufträume, *Bild 14-36*, bestimmt.

Fläche der Nutzungseinheit A_{NE} (in m²)	30	50	70	90	110	130	150	170	190	210
Lüftung zum Feuchteschutz Wärmeschutz hoch $q_{v,ges,NE,FLH}$ (in m³/h)	15	25	30	35	40	45	50	55	60	65
Lüftung zum Feuchteschutz Wärmeschutz gering $q_{v,ges,NE,FLG}$ (in m³/h)	20	30	40	45	55	60	70	75	80	85
Reduzierte Lüftung $q_{v,ges,NE,RL}$ (in m³/h)	40	55	65	80	95	105	120	130	140	150
Nennlüftung $q_{v,ges,NE,NL}$ (in m³/h)	55	75	95	115	135	155	170	185	200	215
Intensivlüftung $q_{v,ges,NE,IL}$ (in m³/h)	70	100	125	150	175	200	220	245	265	285

14-35 Gesamt-Außenluftvolumenströme für Nutzungseinheiten nach DIN 1946-6 [6]

Aus dem Gesamt-Außenluftvolumenstrom können die Anforderungen an die Luftvolumenströme durch lüftungstechnische Maßnahmen bestimmt und damit Lüftungssysteme dimensioniert werden. Nach DIN 1946-6 wird dabei die Infiltration angerechnet, während kein aktives Fensteröffnen berücksichtigt wird ($q_{v,Fe,wirk} = 0$).

$$q_{v,LtM} = q_{v,ges} - (q_{v,Inf,wirk} + q_{v,Fe,wirk})$$

mit

$q_{v,LtM}$ Luftvolumenstrom durch lüftungstechnische Maßnahmen (in m³/h)

$q_{v,ges}$ Gesamt-Außenluftvolumenstrom (in m³/h)

$q_{v,Inf,wirk}$ wirksamer Luftvolumenstrom durch Infiltration (in m³/h)

$q_{v,Fe,wirk}$ wirksamer Luftvolumenstrom durch aktives Fensteröffnen (in m³/h)

Die Aufteilung der Luftvolumenströme auf die Zulufträume erfolgt unter Berücksichtigung der üblichen Intensität der Nutzung mit einem Aufteilungsfaktor nach *Bild 14-37*.

Weitere Hinweise zur Auslegung finden sich in der Fachliteratur, z. B. [43], [44] und [46].

8.3 Schallschutz

Zur Akzeptanz von Lüftungsanlagen ist ein gutes Schallschutzkonzept von hoher Bedeutung. Anlagen mit einem schalltechnischen Mindeststandard nach DIN 4109, Abschnitt 6.7, werden von einem Teil der Nutzer als störend empfunden. VDI 4100 [41] beschreibt anschaulich die Qualität dreier Schallschutzklassen, *Bild 14-38*.

Für Geräusche aus Lüftungsanlagen ist die Qualität von SSK III innerhalb des eigenen Wohnbereichs

Raumnutzung	Hausarbeitsraum WC Hobbyraum	Küche/Kochnische Bad mit/ohne WC Duschraum	Sauna Fitnessraum
Nennlüftung $q_{v,ges,R,ab}$ (in m³/h)	25	45	100

14-36 Gesamt-Abluftvolumenströme für einzelne Räume nach DIN 1946-6 [6]

Raumnutzung	Wohnzimmer	Schlafzimmer Kinderzimmer	Esszimmer Arbeitszimmer Gästezimmer
Aufteilungsfaktor $f_{R,zu}$	3 (±0,5)	2 (±1,0)	1,5 (±0,5)

14-37 Empfohlene Aufteilung der Zuluftvolumenströme für einzelne Räume nach DIN 1946-6 [6]

SSK I	Bewohner werden in Aufenthaltsräumen im Wesentlichen vor unzumutbaren Belästigungen durch Schallübertragung geschützt.
SSK II	Bewohner werden im Allgemeinen Ruhe finden.
SSK III	Bewohner können ein hohes Maß an Ruhe finden.

14-38 Beschreibung der Schallschutzklassen aus VDI 4100 [41]

empfehlenswert. Für Wohn- und Aufenthaltsräume bedeutet dies einen Schalldruckpegel der Lüftungsanlage im Raum von maximal 25 dB(A), in Funktionsräumen (z. B. Bad, WC) sind auch 30 dB(A) akzeptabel.

Bei Lüftungsanlagen müssen verschiedene Schallschutzaufgaben in Bezug auf

– Außenlärm,

– Ventilatorgeräusche (Luft- und Körperschall) und

– Schallübertragung zwischen Räumen

beachtet werden.

Die **Schalldämpfung von Außenlärm** kann bei Abluftanlagen beispielsweise über schalldämpfende Außenluftdurchlässe erreicht werden. Bei der Wahl schalldämpfender Außenluftdurchlässe ist darauf zu achten, dass die geforderte Schallschutzklasse des Bauteils (z. B. Fenster), in das der Außenluftdurchlass integriert wird, nicht herabgesetzt wird. Bei sehr hoher Schallbelastung von außen sollte der Einsatz einer Zu-/Abluftanlage erwogen werden. Dort wird die Schalldämpfung gegen außen durch die ohnehin im Kanalnetz zu integrierenden Rohrschalldämpfer erreicht.

Zur **Dämpfung der Schallabstrahlung des Ventilators** in die Kanäle werden im Kanalnetz **Rohrschalldämpfer** vorgesehen, *Bild 14-39*. Wie viele Schalldämpfer in welcher Qualität notwendig sind, kann vom Haustechnikplaner berechnet werden. Der Platzbedarf von Rohrschalldämpfern in nicht einsteckbarer Ausführung liegt über

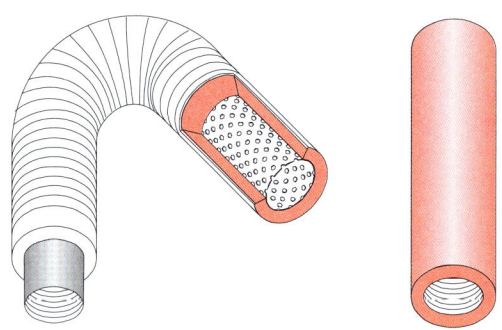

flexibler Rohrschalldämpfer   einsteckbarer Rohrschalldämpfer

14-39 Absorptionsschalldämpfer mit flexibler Metallummantelung oder als einsteckbare Ausführung

dem der Kanäle mit gleichem Innendurchmesser. Schalldämpfer für Wohnungslüftungsanlagen gibt es in runder und rechteckiger Bauform.

Durch **Wahl eines günstigen Aufstellorts** für die Lüfterbox oder das Zentralgerät bzw. durch entsprechende Maßnahmen am Aufstellort kann verhindert werden, dass die direkte Schallabstrahlung des Geräts in benachbarten Wohn- und Schlafräumen hörbar ist. Störende **Körperschallübertragung** kann durch flexible Verbindungen zum Kanalnetz und schwingungsdämpfende Aufstellung vermieden werden.

Nicht nur Ventilatoren, sondern auch **Luftkanäle und Luftdurchlässe** erzeugen Schall. Daher muss der Haustechnikplaner Luftdurchlässe auch unter dem **Aspekt geringer Eigenschallerzeugung** auswählen. **Höhere Luftgeschwindigkeiten als 3 m/s sollten**, zumindest in raumnahen Kanälen und Formteilen, **vermieden werden**.

Rohrschalldämpfer können, wo notwendig, auch eingesetzt werden, um die **Schallübertragung über Lüftungskanäle** zwischen Nachbarräumen (sog. Telefonieschall) zu reduzieren. Diese Maßnahme ist dann sinnvoll, wenn andere Bauteile wie Innentüren und -wände einen entsprechenden Schallschutzstandard aufweisen. Mit anderen Worten: Die Schallübertragung über die Kanäle darf nicht höher sein als die Schallübertragung aufgrund des Luftschallschutzes der raumtrennenden Bauteile.

9 Zuluftanlagen

Bei Zuluftanlagen wird Luft den Aufenthaltsräumen mit Ventilatoren zugeführt. Damit entsteht ein Überdruck in der Wohnung. Die Luft strömt durch die Überstromzone (Flur) in die Ablufträume (Küche, Bad, WC) und von dort über Luftdurchlässe (ALD) in der Gebäudefassade oder Abluftschächte ins Freie.

Zuluftanlagen können mit Einzelventilatoren in jedem Aufenthaltsraum, *Bild 14-40*, oder mit einem Zentralventilator in Verbindung mit Zuluftleitungen, *Bild 14-41*, ausgeführt werden.

Eine Wärmerückgewinnung aus der Abluft kann mit Zuluftanlagen wegen der freien Luftabströmung nicht realisiert werden. Möglich ist aber die Nutzung regenerativer Energie durch Zuluftvorwärmung, z. B. mit Solarluftkollektoren oder Erdreich-Luft-Wärmeübertragern.

Bauphysikalisch nicht unumstritten sind die Auswirkungen des Überdrucks auf die Feuchtesituation in den Außenwänden, wenn warme Raumluft bei der Durchströmung von Leckagen nach außen (Exfiltration) abgekühlt wird. Untersuchungen der Universität Kassel [79], [80] weisen jedoch darauf hin, dass der Abkühlung der Luft in den Leckagen die Erwärmung des Baukörpers im Fugenbereich entgegensteht. Sie kommen für kurze Strömungswege durch die Außenwand zu dem Schluss, dass die Erhöhung der Temperatur des Bauteils in Leckage-

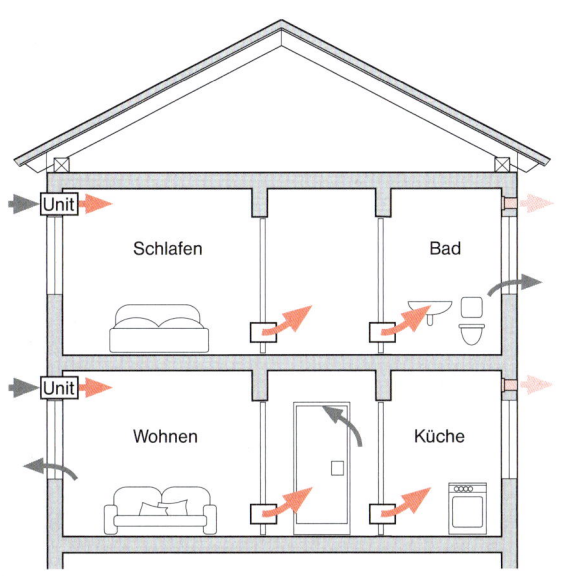

14-40 Schema einer Zuluftanlage mit dezentralen Zuluftventilatoren und Luftabströmung über ALD

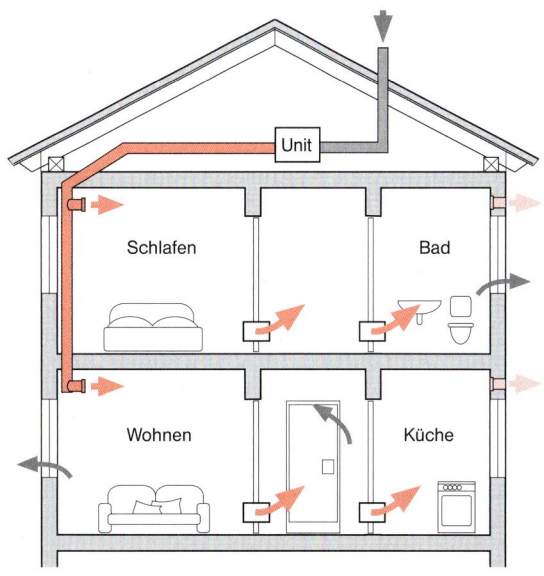

14-41 Schema einer Zuluftanlage mit zentralem Zuluftventilatoren und Luftabströmung über ALD

nähe mit einer Verbesserung der Feuchtesituation sowie mit einer Minimierung des Tauwasserrisikos im Leckagebereich einhergeht.

10 Abluftanlagen

10.1 Funktionsprinzip

Bei Abluftanlagen wird mit Hilfe eines Ventilators Luft aus Küche, Bad und WC (Abluftzone, Abschnitt 8.1) abgezogen und meist über das Dach ausgeblasen. Dies erzeugt einen Unterdruck in der Wohnung. Außenluft strömt über Durchlässe in Wänden oder Fenstern der Aufenthaltsräume (Zuluftzone) sowie über andere Undichtheiten der Gebäudehülle nach. Über Flure oder Treppenräume innerhalb der Wohneinheit gelangt die Luft in die Abluftzone.

Diese Art der ventilatorgestützten Lüftung lässt sich für unterschiedliche Wohnungstypen, vom Einfamilienhaus, *Bild 14-42*, bis hin zur Etagenwohnung im Mehrfamilienhaus, *Bild 14-43*, einsetzen.

Mittlere **Kosten für Abluftanlagen** liegen bei 15 €/m², bezogen auf eine Wohneinheit betragen sie 750 bis 2500 €. Mit Abluftanlagen lassen sich auch die Anforderungen an die Entlüftung fensterloser Sanitärräume [10] erfüllen.

10.2 Anlagentypen

Abluftsysteme können **wohnungsweise** ausgeführt werden. *Bild 14-42* zeigt eine Lösung für ein Einfamilienhaus oder ein Reihenhaus. Der Ventilator im Dach ist über ein kurzes Kanalnetz mit den Abluftventilen in den Funktionsräumen verbunden. Funktionsräume sind im Wohnungsbau in der Regel kompakt angeordnet, um den notwendigen Aufwand für Wasser- und Abwasserinstallationen gering zu halten. Der **Abluftkanal** kann in die sowieso vorhandene Installationstrasse integriert werden. **Schallgedämpfte Lüfterboxen** können auch in einem abgeschlossenen Nebenraum einer Wohnung betrieben werden. **Außenluftdurchlässe** (ALD) sind in Wohn- und Schlafräumen, möglichst in räumlicher Nähe der Raumheizflächen, vorzusehen. Ein Außenluftdurchlass in der Küche ist unnötig und nach DIN 1946-6 in aller Regel unzulässig. Treppenräume und Flure innerhalb der Wohneinheit bilden die Überströmzone, die keine eigenen Zu- oder Abluftdurchlässe erhält. Zwischen den Zonen sind **Überströmluftdurchlässe** vorzusehen.

Die **Einbindung** einer **Dunstabzugshaube** in die Lüftungsanlage ist zulässig, aber wenig empfehlenswert und

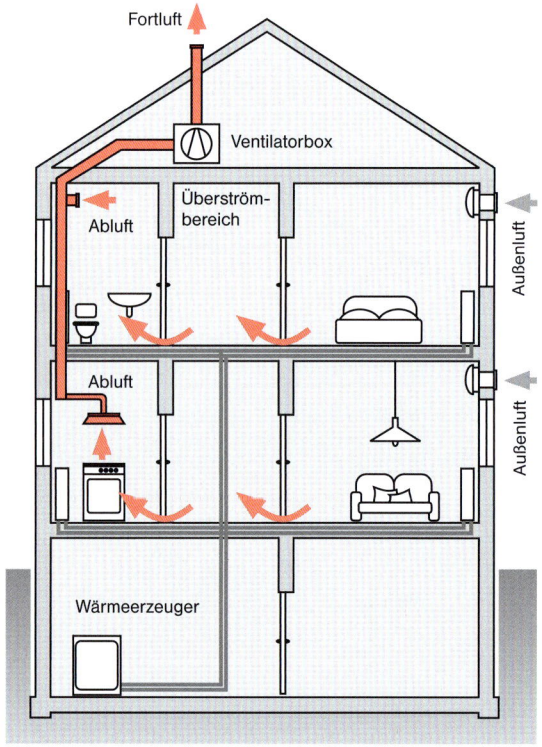

14-42 Schema einer wohnungsweisen Abluftanlage mit Außenluftdurchlässen

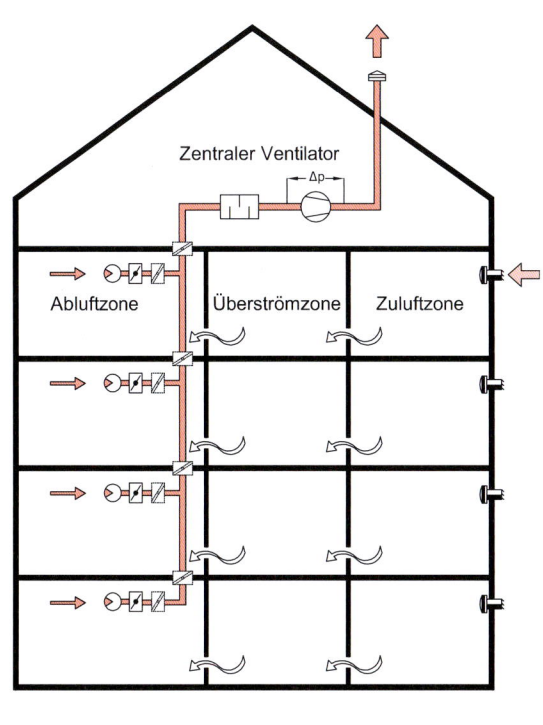

- ◉ Abluftdurchlass
- ▨ Regelklappe
- ▨ Brandschutzklappe
- ⬛ Außenluftdurchlass
- ⊖ Abluftventilator (zentral)
- ⊞ Rohrschalldämpfer

14-43 Schema einer zentralen Abluftanlage mit wohnungsweise regelbaren Volumenströmen

benötigt zuverlässige Fettfilter an der Haube und eine geeignete Regelung. Alternativ kann eine separate Ablufthaube mit eigenem Fortluftauslass über die Außenwand zusammen mit einem an den Abluftkanal angeschlossenen Abluftdurchlass (für die Grundlüftung der Küche) eingesetzt werden. Der Fortluftauslass für die Haube muss eine dicht schließende Rückschlagklappe haben. Der Volumenstrom der Haube muss mit den Außenluft- und Überströmluftdurchlässen der Wohneinheit abgestimmt werden. Eine weitere Alternative stellt eine **Umlufthaube** dar, die zusätzlich zum Fettfilter ein Adsorptionsfilter für Gerüche hat. Die Grundlüftung des Raums erfolgt auch hier über einen Abluftdurchlass der Lüftungsanlage.

Im **Geschosswohnungsbau** kann auch eine **zentrale** ventilatorgestützte **Abluftanlage** ausgeführt werden. Die Abluft übereinander liegender Wohnungen wird mit einem vertikalen Kanal erfasst und kann durch einen zentralen Abluftventilator meist im Dachbereich ins Freie gefördert werden, *Bild 14-43*. Statt eines Zentralventilators können auch Einzelventilatoren in jedem Abluftraum zum Einsatz kommen.

Für die Regelung der Abluftanlage kommen 3 Prinzipien in Betracht:

a) Die Regelung hält den Vordruck an der Saugseite des Lüfters konstant, durch Klappen oder verstellbare Abluftdurchlässe in den Wohnungen kann der Volumenstrom verstellt werden.

b) Drehzahlgeregelte Ventilatoren ermöglichen die stufenlose Anpassung der Luftvolumenströme nach einem Zeitprogramm oder bedarfsgeführt nach geeigneten Führungsgrößen.

c) Die Abluftanlage wird als Entlüftungssystem nach DIN 18017-3 [10] geregelt. Neben den unter a) und b) genannten Möglichkeiten ist auch eine Nachlaufschaltung zulässig, die in Zeiten geringen Luftbedarfs die Abführung von 15 m^3 Luft nach dem Abschalten des Lüftungsgerätes sicherstellt.

10.3 Bauliche Randbedingungen

Werden ventilatorgestützte Systeme zur Wohnungslüftung eingesetzt, ist eine **besonders gute Dichtheit der Gebäudehülle** sinnvoll. Nur dann kommen die hygienischen, energetischen und komfortsteigernden Eigenschaften zum Tragen. Aus diesem Grund werden an ventilatorgestützt gelüftete Gebäude im Rahmen der

EnEV besondere Anforderungen an die Dichtheit der Außenhülle gestellt. Dazu gehört auch die obligatorische Durchführung einer messtechnischen Dichtheitsprüfung, Kapitel 9-2.

Unkontrollierte Leckagen sind zufällig auf die Räume verteilt. Eine gleichmäßige Lüftung ist über Leckagen deshalb nicht gesichert. Leckagen in der Überström- und Abluftzone führen Außenluft im Kurzschluss an den Wohn- und Aufenthaltsräumen vorbei. *Bild 14-44* zeigt den Einfluss der Gebäudedichtheit auf die Lüftung. Bei einer Gebäudedichtheit am Grenzwert der EnEV mit n_{50} = 1,5 h^{-1} strömt weniger als 50 % der Außenluft über die Außenluftdurchlässe nach, eine gezielte Belüftung über Außenluftdurchlässe erfordert jedoch einen Anteil deutlich über 50 %. Dies wird erst bei einer Luftdurchlässigkeit $n_{50} \leq 1$ h^{-1} erreicht, gute Verhältnisse ergeben sich bei n_{50} = 0,5 h^{-1}, wo drei Viertel der Außenluft über die Durchlässe strömt.

Unterdruck im Gebäude verhindert, dass Luft exfiltriert wird. Alle Fugen werden im Winterfall mit kalter, trockener Luft von außen nach innen durchströmt. Die Höhe der Lüftungswärmeverluste wird von der abgesaugten Luftmenge bestimmt. Hierfür muss der Unterdruck im Gebäude jedoch mindestens so groß sein wie übliche wetterbedingte Stördrücke. Die **planmäßige Druckdifferenz über die Gebäudehülle sollte für eine Abluftanlage 8 Pa betragen**.

Die Abhängigkeit von winddruck- oder auftriebsbedingten Stördrücken ist bei der Auslegung von Abluftanlagen zu beachten. Mit der Gebäudehöhe nehmen die Winddruckdifferenzen vor allem im oberen Gebäudeteil zu. Dieser Effekt wird in DIN 1946-6 [6] bei der Dimensionierung der Außenluftdurchlässe berücksichtigt. Diese können in oberen Geschossen kleiner dimensioniert werden. Um einen zu großen Einfluss des thermischen Auftriebs auf die Wirksamkeit der Abluftanlage zu verhindern, sind luftdichte Wohnungstüren im mehrgeschossigen Wohnungsbau erforderlich, siehe [6].

Eine Anwendungsgrenze für Abluftanlagen ist der Schallschutz nach außen. Bei hohen Anforderungen sind Zu- und Abluftanlagen, Abschnitt 11, besser geeignet.

10.4 Komponenten von Abluftanlagen

10.4.1 Außenluftdurchlässe

Bei Abluftanlagen werden in dichten Gebäuden alle Räume der Zuluftzone mit Außenluftdurchlässen (ALD) ausgestattet. Sie sind letztlich bauphysikalisch und strömungstechnisch qualifizierte Öffnungen in der Gebäudehülle. *Bild 14-45* nennt die Anforderungen.

Bild 14-46 zeigt ein Beispiel für schallgedämmte Außenluftdurchlässe zum Wandeinbau. Je nach Anforderungen und Randbedingungen im speziellen Fall können Zu-

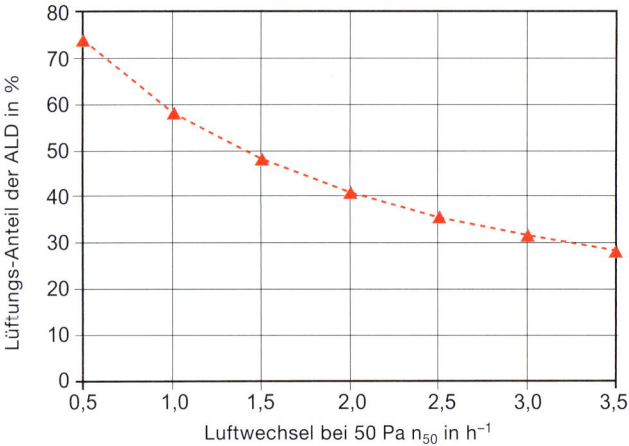

14-44 *Anteil der Außenluftdurchlässe (ALD) am von der Abluftanlage erzeugten Luftwechsel (0,5 h^{-1}) in Abhängigkeit von der Gebäudedichtheit (n_{50}, Luftwechsel bei 50 Pa, gemessen mit dichten Außenluftdurchlässen). Der Auslegungs-Differenzdruck der ALD beträgt 8 Pa.*

- ▶ Herstellerangabe zur Differenzdruck-Volumenstromkennlinie (Messung nach DIN EN 13141-1).
- ▶ Verschließbar nach Maßgabe der DIN 1946-6.
- ▶ Grobfilter gegen Schmutz und Insekten (beim Einbau höherwertiger Filter ist ein verringerter Luftstrom aufgrund des höheren Strömungswiderstands zu berücksichtigen).
- ▶ Vom Nutzer zur Regelung manuell verstellbar oder automatisch regelnd anhand einer geeigneten Führungsgröße (z. B. Feuchte der Innenluft; nur in Sonderfällen: Außentemperatur).
- ▶ Schlagregenschutz.
- ▶ Bei Bedarf Sturmsicherungsklappe und Luftstromrichter.
- ▶ Leicht vom Nutzer zu reinigen.
- ▶ Kondenswasserschutz an raumseitigen Flächen.
- ▶ Luftschallschutz entsprechend der äußeren Schallbelastung.

14-45 Anforderungen an Außenluftdurchlässe

behörteile hinzugenommen (**Luftstromrichter, Sturmsicherung**) oder auch einfachere Durchlässe (z. B. Schlitzdurchlass zum Einbau im Fensterrahmen oder Rollladenkasten) eingesetzt werden. Luftstromrichter begrenzen dabei die Austrittsrichtung der kalten Außenluft in den Raum, Sturmsicherungen begrenzen die Größe des eintretenden Volumenstroms.

Bild 14-47 zeigt einen Außenluftdurchlass mit Sturmsicherung, der oben in eine Aufdoppelung des Fensterrahmens eingebaut ist. In dieser Ausführung wurde der Durchlass bei der Sanierung eines 9-geschossigen Gebäudes eingebaut, dessen Zulufträume in die Hauptwindrichtungen orientiert sind.

Hinweise zum Einbau von Außenluftdurchlässen enthält *Bild 14-48*.

Es gibt auch **feuchte-, differenzdruck- oder temperaturgesteuerte Außenluftdurchlässe**, Abschnitt 10.6.

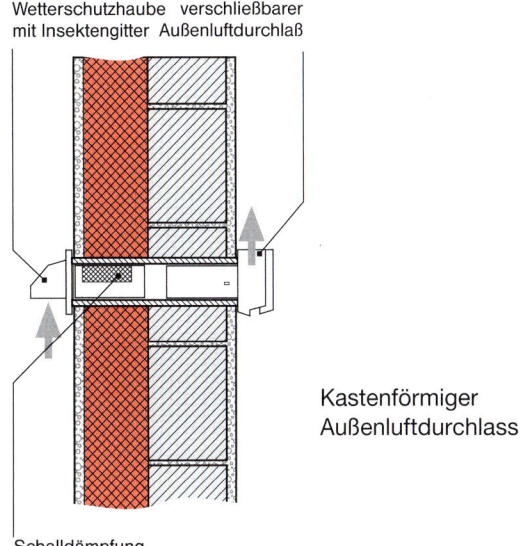

Kastenförmiger Außenluftdurchlass

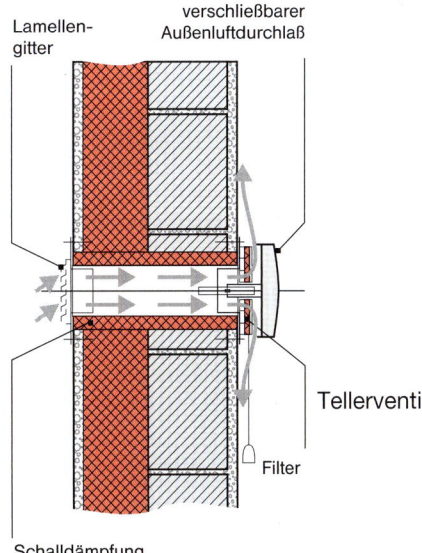

14-46 Beispiele für Außenluftdurchlässe zum Wandeinbau

14-47 Außenluftdurchlass im Fensterrahmen mit Sturmsicherung; die äußere Öffnung liegt hinter dem Rollladenpanzer

Variable ALD beeinflussen die Verteilung der nachströmenden Außenluft innerhalb der Wohnung; die vom Ventilator abgesaugte Luftmenge wird kaum beeinflusst. Temperaturgesteuerte Durchlässe, die bei kalter Außenluft den Luftstrom drosseln, sind auch geeignet, um den Stördruck durch thermischen Auftrieb teilweise zu kompensieren, wenn sie bei einem mehrgeschossigen Luftverbund im unteren Geschoss eingebaut werden,

während im Obergeschoss Durchlässe mit konstanter Öffnungsfläche eingesetzt sind.

10.4.2 Überströmdurchlässe

Da die Luftströmung zwischen den Räumen der Zuluft-, Überström- und Abluftzone nicht durch geschlossene Innentüren behindert werden darf, müssen alle Räume unverschließbare und richtig dimensionierte Überströmöffnungen haben. Dies können beispielsweise Überströmgitter in den Türen, Fugen zwischen Türzarge und Wand oder Schlitze unter Türblättern sein. Der **Druckverlust** sollte **in Räumen mit Außenluftdurchlässen nicht größer als 1,5 Pa** sein, da sonst die Außenluftverteilung auf die Räume wesentlich vom Öffnungszustand der Innentür beeinflusst wird. Bei türspaltähnlichen Öffnungen sollte eine Strömungsgeschwindigkeit von maximal 1,5 m/s eingehalten werden, bei kleinerer Dimensionierung oder komplexeren Geometrien muss der Druckverlust im Einzelfall näher bestimmt werden, *Bild 14-49*.

Gekürzte Türblätter stellen die einfachste Art der Überströmöffnung dar. Der Luftschallschutz sollte dem der Innentüren und Innenwände entsprechen. Bei normalen Zimmertüren ist von daher ein Spalt an der Unterkante des Türblatts bis 1 cm Höhe vertretbar. Ggf. zusammen mit einer entfernten Lippendichtung an der Oberkante der Tür reicht dies für einen Volumenstrom bis ca. 40 m³/h aus.

> ▶ Es gibt Außenluftdurchlässe zum Einbau in Wände, Fenster oder Rollladenkästen.
> ▶ Die kalte Außenluft darf nicht direkt in die Aufenthaltszone gelangen. Empfehlung zur Montageposition: in der Nähe des Heizkörpers, z. B. unter dem Fenster oder hinter den Heizkörper.
> ▶ Je nach Luftaustrittsrichtung der einzelnen Typen müssen Mindestabstände zur Fensterlaibung oder Möblierung eingehalten werden. Herstellerinformationen sind einzuholen und zu beachten.

14-48 Montagehinweise zu Außenluftdurchlässen

> ▶ Druckabfall (Grenzwert 1,5 Pa, hilfsweise: Strömungsgeschwindigkeit ≤ 1,5 m/s).
> ▶ Schallschutzniveau (dem sonstigen baulichen Schallschutzniveau angepasst).
> ▶ Zugluftfreiheit (im Bad im Stehbereich vor Dusche und Waschbecken).
> ▶ Kein Kurzschluss zu Zuluft- oder Abluftdurchlässen.

14-49 Anforderungen an Überströmdurchlässe

Werden Umfassungszargen aus Holzwerkstoffen eingebaut, kann auch eine **Überströmöffnung im Bereich der Türzargen** vorgesehen werden, *Bild 14-50*. Durch 2 cm höheren Einbau des Türsturzes und Ausfräsen der Rückseite der oberen Querteile der Türzargen entstehen nur geringe Kosten.

Bei höheren Volumenströmen (ab etwa 60 m³/h) empfiehlt sich der Einbau von **Lüftungsgittern** mit einem freien Querschnitt von 150 cm² (entspr. DIN 18017-3) in die Türblätter. Bei Badezimmern muss sichergestellt werden, dass im Stehbereich vor Dusche, Wanne oder Waschbecken keine Zugluftgefahr besteht.

Bei erhöhten schalltechnischen Anforderungen müssen spezielle Elemente beispielsweise in Wände, *Bild 14-51*, oder abgehängte Decken eingebaut werden.

14-51 *Schallgedämmter Überströmdurchlass oberhalb einer Tür in einer Leichtbauwand*

10.4.3 Ventilatoren

Eine zentrale Komponente ventilatorgestützter Lüftungsanlagen sind elektromotorisch angetriebene Ventilatoren. Diese ermöglichen eine wetterunabhängige und regelbare Lüftung von Wohnungen. Der Nutzer kann eingreifen, muss aber nicht wie bei der Fensterlüftung aktiv werden.

Für die Wohnungslüftung werden in der Regel **Radialventilatoren** eingesetzt, *Bild 14-52*. Die Luft wird dabei parallel zur Drehachse in der Mitte des Lüfterkäfigs angesaugt und durch die Lüfterschaufeln radial nach außen befördert. In einem Spiralgehäuse wird die Luft zum Fortluftstutzen des Ventilators geführt. Bei geringen Anforderungen an die Druckerhöhung werden teilweise **Axialventilatoren** eingesetzt; diese Bauform entspricht der eines Tischventilators.

Bei einer Abluftanlage wird die Luft mit dem Ventilator nach außen befördert. Mit sachgerechten Kanalnetzen und modernster Ventilatorentechnik ist nur ein geringer Stromeinsatz nötig. Die **elektrische Leistungsaufnahme** von Abluftanlagen soll weniger als 0,25 W bezogen auf einen Luftdurchsatz von 1 m³/h betragen, bei hocheffizienten Anlagen reichen 0,1 W, Abschnitt 12.2. Im Ein-

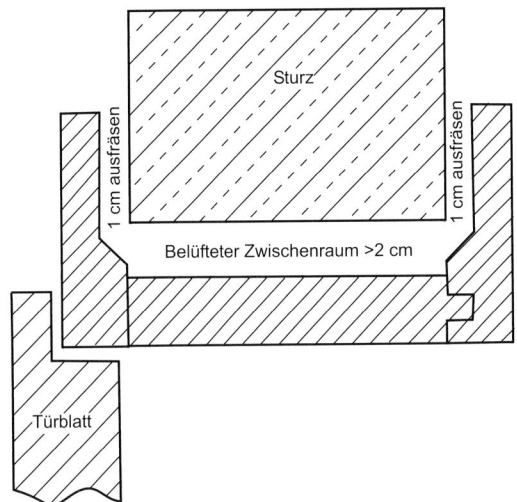

14-50 *Vertikalschnitt einer Türzarge mit oberseitigem Überströmdurchlass [46]*

14-52 Radialventilator mit geöffnetem Gehäuse

familienhaus reicht dann die elektrische Leistungsaufnahme vergleichbar einer kleinen Energiesparlampe zum Anlagenbetrieb aus. Im Geschosswohnungsbau können mit einer Leistung von 100 W mehr als 10 Wohnungen im Regelbetrieb entlüftet werden. Dies ermöglicht minimale Stromkosten, was Grundvoraussetzung für einen wirtschaftlichen Betrieb ist.

Bei Kleinlüftern, wie sie bei der Wohnungslüftung in Einfamilienhäusern und Wohnungen zum Einsatz kommen, können die für geringen Stromverbrauch notwendigen hohen Motor-Wirkungsgrade mit **elektronisch kommutierten Gleichstrommotoren** erreicht werden. Auch bei größeren Ventilatoren (mit über 1000 m³/h Förderleistung) sind vermehrt Ventilatoren mit Gleichstrommotoren am Markt verfügbar. Für größere Leistungen sind auch Wechselstrommotoren mit Frequenzumformern zur Drehzahl- bzw. Volumenstromregelung interessant. Vermehrt werden auch Ventilatoren mit integrierten Regelfunktionen eingesetzt (Konstantdruck- oder Konstantvolumenstromregelung), die verbesserte Anlagenkonzepte erlauben, Abschnitt 10.6.

Abluftventilatoren gibt es als Einzelraumlüfter zum Wandein- oder -aufbau, als Boxventilatoren zur Aufstellung im Gebäude und zur Aufdachmontage.

Abluftventilatoren sollten durch **Vorschalten eines Filters** gegen Verschmutzung geschützt werden. Ein Filterwechsel ist wesentlich kostengünstiger als eine Reinigung der Lüfter.

10.4.4 Abluftdurchlässe

Abluftdurchlässe sorgen für eine gesteuerte Absaugung der Luft aus den Funktionsräumen in den Abluftkanal. In *Bild 14-53* sind Kriterien für die Auswahl von Abluftdurchlässen zusammengefasst.

Bei der Anordnung von Abluftdurchlässen sind die Hinweise von *Bild 14-54* zu beachten.

Die gebräuchlichste Bauform sind Tellerventile, *Bild 14-55*.

Einige Hersteller bieten Abluftventile an, bei denen über Schnurzug, *Bild 14-56*, oder elektrisch zwei Ventilstellungen geschaltet werden können. Solche Ventile können bei zentralen Abluftanlagen mit konstantdruckgesteuertem Ventilator eingesetzt werden, um eine nutzerseitige Umschaltung zwischen verschiedenen Lüftungsstufen zu ermöglichen.

▶ Auslegung und Abgleich anhand einer Differenzdruck-Volumenstromkennlinie (Messung nach DIN EN 13141-2).
▶ Angaben über Schalldämpfung und Eigengeräuscherzeugung. Beim planmäßigen Volumenstrom soll das Eigengeräusch in Funktionsräumen unter 30 dB(A) liegen, in Wohnküchen unter 25 dB(A).
▶ Leicht montierbar/demontierbar und gut zu reinigen, Grobfilter gegen Fett und Flusen vorschaltbar.
▶ Die Luftdurchlässe müssen einstellbar sein. Für den hydraulischen Abgleich muss eine Messvorschrift vorhanden sein.

14-53 Anforderungen an Abluftdurchlässe

- Keine Kurzschlussströmung mit der Überströmöffnung (Lüftungskurzschluss).
- Nicht über Heizkörpern montieren (Wärmekurzschluss).
- Im Bereich von Duschkabinen Zugluftgefahr prüfen.
- In Räumen mit Wasserdampflasten Montage bevorzugt im oberen Bereich.

14-54 Hinweise zur Positionierung von Abluftdurchlässen

14-55 Abluft-Tellerventil

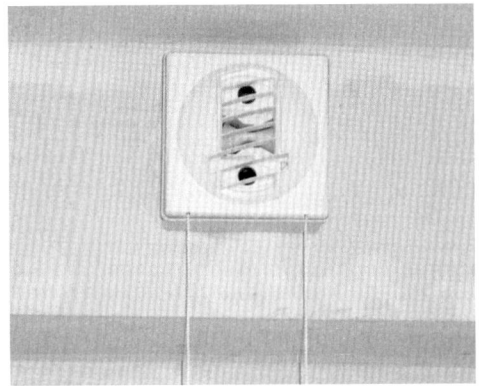

14-56 Durch Schnurzug verstellbares Abluftventil

Außerdem stehen **selbstregulierende Abluftventile** zur Verfügung, die weitgehend unabhängig von den Druckverhältnissen im Kanalnetz einen konstanten Abluftvolumenstrom sicherstellen. Bei Einsatz von **feuchtegesteuerten Abluftventilen** ist darauf zu achten, dass auch bei trockener Luft der hygienisch erforderliche Luftwechsel nicht unterschritten wird.

10.4.5 Luftleitungen

Die Luftleitungen oder Luftkanäle müssen sorgfältig geplant werden, da sie ähnlich wie Heizungs- und Sanitärinstallationen langfristig funktionstüchtig sein müssen. Elektrischer Leistungsbedarf der Ventilatoren, Lufthygiene und Geräuschpegel der Anlage hängen wesentlich vom Kanalnetz ab.

Luftkanäle müssen glattwandig und abriebfest sein [5] und möglichst kurz und geradlinig verlegt werden. **Die Führung von Luftkanälen hat Priorität gegenüber Wasser- und Heizrohren.** Meist gut geeignet sind runde **Wickelfalzrohre** aus verzinktem Stahlblech mit dazugehörigen Formteilen, Bild 14-57. **Flexible Aluminiumrohre** sollten möglichst wenig eingesetzt werden, dann jedoch nie gequetscht oder geknickt und nur auf kürzeren Strecken [5]. Gänzlich ungeeignet sind **Kunststoffspiralrohre**.

Flachkanäle mit geringeren Höhen können Problemlöser für den Verzug von Stichkanälen zu einzelnen Luftdurchlässen sein. Der Druckverlust ist jedoch größer als bei Rundkanälen gleichen Querschnitts. Verbindungen müssen mit strömungstechnisch optimierten Formteilen ausgeführt werden, Bild 14-58.

Luftkanäle müssen **luftdicht verlegt** werden; für Wohnungslüftungsanlagen ist Dichtheitsklasse A erforderlich [6], [37]. Sicher und verarbeitungsfreundlich sind in dieser Hinsicht Rohrsysteme mit Lippendichtungen an den Formteilen, Bild 14-57; ungedichtete Steckverbindungen müssen zusätzlich abgedichtet werden. Alle Verbindungen müssen generell mechanisch gesichert werden.

14-57 *Formteile aus Blech mit Lippendichtung zum Einsatz in Kanalnetzen aus Wickelfalzrohr (Lindab)*

Probleme mit der Energieeffizienz oder mit Eigenschallerzeugung durch Lüftungskanäle in Wohnungslüftungsanlagen werden vermieden, wenn die Kanäle auf **Luftgeschwindigkeiten unter 3 m/s** im planmäßigen Betrieb ausgelegt werden, die *Bilder 14-59* und *14-60* geben Kenndaten von Rund- und Breitkanälen an.

Bögen, Abzweige oder Funktionsteile haben bei Lüftungsanlagen einen hohen Einfluss auf den **Druckverlust**, der quadratisch mit der Strömungsgeschwindigkeit zunimmt, *Bild 14-61*. Bei höheren Geschwindigkeiten ist eine qualifizierte Planung unerlässlich. Auch sonstige Kanaleinbauteile wie Filter oder Fortluftauslässe müssen bezüglich Funktionalität, Wartung und Auswirkungen auf die Energieeffizienz sorgfältig ausgewählt werden.

Die Verlegungsmöglichkeiten für Kanäle sind vielfältig; es müssen jedoch gegebenenfalls Fragen der Statik und des Schall- und Brandschutzes mit beachtet werden. Die Installation erfolgt vorzugsweise

Soweit dies nicht von den Luftdurchlässen her möglich ist, sind für **Reinigung und Inspektion** spezielle Öffnungen vorzusehen. Befestigungen und Bauteildurchführungen müssen körperschallentkoppelt ausgeführt werden.

Maßnahmen zur Vermeidung von **Schallübertragung** zwischen Räumen sowie vom Ventilator zu Räumen sind in Abschnitt 8.3 zusammengefasst.

Abmessung in mm	Volumenstrom in m³/h	Druckabfall in Pa/m
110 × 54	64	2,1
220 × 54	128	1,7
224 × 112	271	0,9

14-59 *Kenndaten von Breitkanälen bei 3 m/s Luftgeschwindigkeit*

Durchmesser in mm	Volumenstrom in m³/h	Druckabfall in Pa/m
100	85	1,5
125	133	1,1
160	217	0,8
200	339	0,6

14-60 *Kenndaten von Rundkanälen bei 3 m/s Luftgeschwindigkeit*

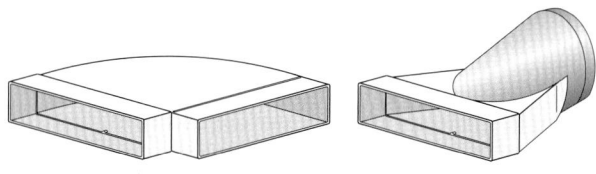

Flachkanal-Eckstück   Übergangsstück Flachkanal/Rohr

14-58 *Formteile für ein Flachkanalsystem*

	Druckabfall in Pa
Formteilbogen	2,3
Querschnittserweiterung (2 DN)	2,0
Querschnittsreduzierung (2 DN)	0,8
Messvorrichtung Volumenstrom	< 5,0
Fortluftdurchlass	< 10,0

14-61 Typische Druckabfälle strömungsgünstiger Bauteile bei 3 m/s Luftgeschwindigkeit

– in Schächten, Abhängungen oder Abseiten,
– integriert in Bauteile (Decke, Wand, Fußbodenaufbau).

Wichtig sind auch wärmetechnische Fragen. **Kanäle mit Raumtemperaturniveau sollten überwiegend innerhalb der thermischen Gebäudehülle geführt werden.** Außerhalb ist zumindest eine Schwitzwasserdämmung nötig, um Tauwasseranfall im Kanal zu vermeiden. Weiter gehende wärmetechnische Anforderungen bestehen bei Anlagen mit Wärmerückgewinnung, Abwärmenutzung und Heizfunktion, Abschnitt 11.4.4.

10.5 Abwärmenutzung mit Abluftanlagen

Die Nutzung der Wärme aus der Abluft für die Erwärmung der Zuluft ist bei Abluftanlagen nicht möglich. Möglich ist eine Abwärmenutzung für die Warmwasserversorgung oder zur Unterstützung des Heizsystems. Hierzu wird eine Abluft-Wasser-Wärmepumpe eingesetzt, deren Verdampfer sich im Abluftstrom befindet und die auf einen Trinkwasser- oder Heizungsspeicher arbeitet, *Bild 14-62*.

Diese Wärmepumpe erreicht eine gute Arbeitszahl, da sie gleichmäßig mit einer hohen Wärmequellentemperatur von ca. 20 °C arbeitet. Es werden auf dem Markt Kompaktgeräte angeboten, die Ventilator, Wärmepumpe und Speicher in einem Gehäuse vereinen, *Bild 14-63*. Die Leistung der Wärmepumpe reicht bei normgerechter

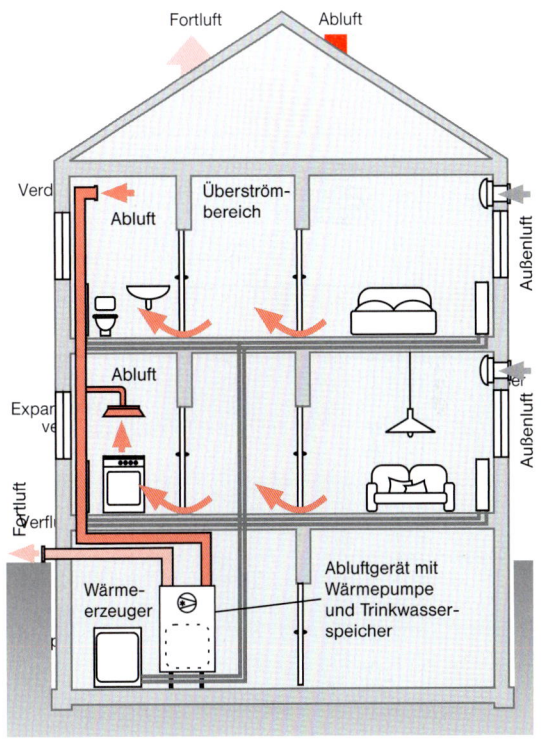

14-62 Schema einer Abluftanlage mit Abwärmenutzung per Wärmepumpe zur Trinkwassererwärmung

Auslegung grundsätzlich aus, um ganzjährig den Warmwasserbedarf im Wohnbereich sicherzustellen.

Für die Heizung muss bivalent ein zweiter Wärmeerzeuger eingesetzt werden. Dies kann z. B. eine Gastherme sein.

Eine andere Möglichkeit ist der Einsatz einer Elektro-Sole-Wärmepumpe für Raumheizung und Warmwasserbereitung. Die Sole mit einer Austrittstemperatur um 10 °C wird mittels eines Abluft-Wärmeübertragers an der 20-gradigen Abluft nacherwärmt, was die Arbeitszahl der

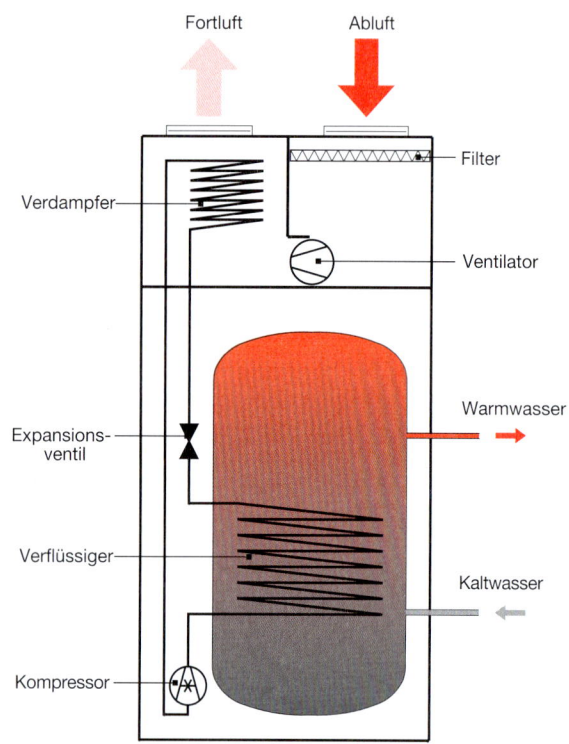

14-63 *Funktionsschema eines Abluftgeräts mit Wärmepumpe und Trinkwarmwasserspeicher*

Abschnitt 4 wurde dargestellt, wie die notwendigen Luftvolumenströme festgelegt und der auf das Wohnungsvolumen bezogene Luftwechsel abgeleitet werden kann. *Bild 14-64* fasst den empfohlenen Regelbereich unter üblichen Randbedingungen zusammen.

Der Luftdurchsatz in der Wohnung ist durch den vom Ventilator geförderten Luftvolumenstrom festgelegt. In der Heizperiode ist ein kontinuierlicher Betrieb sinnvoll, bei dem die Luftvolumenströme an die Nutzung angepasst werden können. Der Nutzer kann beispielsweise mittels eines Stufenschalters zwischen verschiedenen Volumenströmen, *Bild 14-65*, auswählen. Auch außerhalb der Heizperiode ist, selbst bei Wohnungen mit Fenstern in den Sanitärräumen, ein **durchgehender Betrieb zumindest in Nennlüftung empfehlenswert**, um Gerüche und Feuchte gezielt abzuführen. Bei hocheffizienten Anlagen liegt der Stromeinsatz bei 1 kWh/(m^2×a), der Sommerverbrauch beträgt etwa ein Drittel davon.

Eine weitere Regelungsmöglichkeit der Luftvolumenströme ist die Bedarfsführung nach einer geeigneten Führungsgröße. Dies ist beispielsweise durch den Einsatz von Feuchte- oder CO_2-Sensoren oder auch durch Bewegungsmelder möglich. Hierbei ist jedoch zu beachten, dass der Außenluftbedarf der Wohn- und Schlafräume auch bei trockener Luft im Bad nicht unterschritten wird. Bei Kälte bestimmt nicht die Feuchte, Abschnitt 2.3, sondern das CO_2-Kriterium, Abschnitt 2.2, die hygienisch notwendige Luftmenge.

Regelbereich Wohnungslüftungsanlage
Für den Nennbetrieb kann je Person in der Wohnung 30 m^3/h angesetzt werden. Um zu trockener Raumluft im kalten Winter vorzubeugen, kann für eine erhöhte Entfeuchtungsleistung in der Übergangszeit der Luftvolumenstrom angehoben werden. Geht man beispielhaft von einem Luftwechsel bei Nennlüftung von 0,5 h^{-1} aus, lässt DIN 1946-6 [6] einen Bereich von ca. 0,35 h^{-1} (Reduzierte Lüftung) bis ca. 0,65 h^{-1} (Intensivlüftung) zu.

14-64 *Empfohlener Regelbereich für Wohnungslüftungsanlagen bei üblichen Randbedingungen*

Wärmepumpe verbessert. Während der Stillstandszeiten des Kompressors kann die Abluftwärme zur Regeneration der Wärmequelle Erdreich genutzt werden.

Für Kombigeräte zur Warmwasserbereitung entstehen im Vergleich zur einfachen Abluftanlage, Abschnitt 10.1, Mehrkosten von ca. 3000 €.

10.6 Regelkonzepte für Abluftanlagen

Volumenströme von Lüftungsanlagen müssen mindestens je Nutzungseinheit (z. B. Wohnung) regelbar sein. In

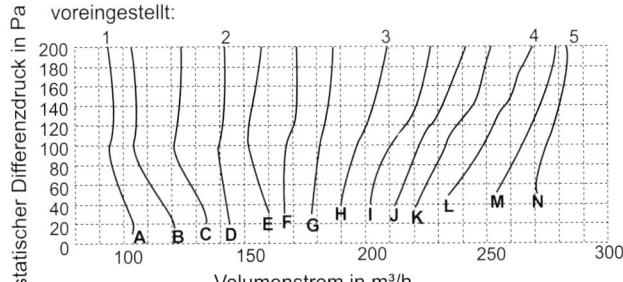

14-65 Druck-Volumenstrom-Kennlinienfeld einer Lüfterbox mit integrierter Konstantvolumenstromregelung. Von den möglichen Betriebsstufen A bis N (Beschriftung unten) werden die für eine konkrete Anlage benötigten ausgewählt, z. B. die Stufen 1 bis 5 (Beschriftung oben) [AEREX]

Von Vorteil sind **drehzahlgeregelte Gleichstrom-Ventilatoren**. Sie ermöglichen einen variablen Luftvolumenstrom und machen die Anlagen weitgehend unabhängig von Stördrücken.

Bei **Ventilatoren mit Konstantvolumenstromregelung** bleibt der voreinstellbare Luftvolumenstrom über einen großen Druckbereich weitgehend unabhängig von Stördrücken, Bild 14-65. Typische Anwendungsfälle sind Einfamilienhäuser und Mehrfamilienhäuser, in denen jede Wohnung mit einem eigenen Ventilator ausgestattet wird. Bisher wird die Verteilung der Luftvolumenströme auf die einzelnen Ablufträume einer Wohnung in der Regel fest eingestellt und kann vom Nutzer nicht geändert werden. Bei Ventilatoren mit Konstantvolumenstromregelung kann es dem Nutzer mittels verstellbarer Abluftdurchlässe, Bild 14-56, ermöglicht werden, je nach Bedarf Bad oder Küche stärker zu lüften, ohne dass der Gesamtvolumenstrom beeinflusst wird.

Für zentrale Lüfter, die mehrere Wohneinheiten belüften, ist eine **Konstantdrucksteuerung** in Verbindung mit verstellbaren Abluftdurchlässen eine geeignete Regelstrategie. Wird der Unterdruck auf der Saugseite des Ventilators konstant gehalten, kann der Nutzer durch veränderte Einstellung des Abluftdurchlasses den Volumenstrom nach seinem Bedarf anpassen, ohne dass sich Rückwirkungen auf die Luftvolumenströme der anderen Wohnungen ergeben.

Regelvorrichtungen in Außenluftdurchlässen beeinflussen im Wesentlichen die Luftverteilung zwischen den Räumen der Zuluftzone, der Einfluss auf die Höhe des Gesamt-Luftvolumenstromes in der Wohnung ist eher gering.

– Feuchtegeführte Außenluftdurchlässe vergrößern den Luftstrom in feuchteren Räumen. Es ist aber zu beachten, dass auch bei trockener Raumluft eine ausreichend große Mindestöffnung gesichert ist.

– Außentemperaturgeführte Außenluftdurchlässe verringern den freien Querschnitt bei tieferen Temperaturen. Eine Einsatzmöglichkeit ist in Abschnitt 10.4.1 dargestellt.

11 Zu- und Abluftanlagen

11.1 Funktionsprinzip

Bei Zu-/Abluftanlagen, Bild 14-66, wird die Abluft aus Funktionsräumen über einen Ventilator abgesaugt. Im Gegensatz zu Abluftanlagen, Abschnitt 10, wird auch die Außenluft ventilatorgestützt angesaugt und als Zuluft über ein Kanalnetz auf die Wohn- und Schlafräume (Zuluftzone, Abschnitt 8.1) verteilt. Flure und Treppenräume innerhalb der Wohneinheit gehören zur Überströmzone.

Wie bei Abluftanlagen erhöht die gerichtete Luftführung innerhalb der Wohnung die Wirksamkeit der Lüftung. Zu- und Abluftvolumenstrom sollen gleich groß, d. h. balanciert sein.

Zwischen warmer Abluft und kalter Außenluft findet eine Wärmeübertragung statt. Dies ermöglicht eine deutliche Verringerung der Lüftungswärmeverluste.

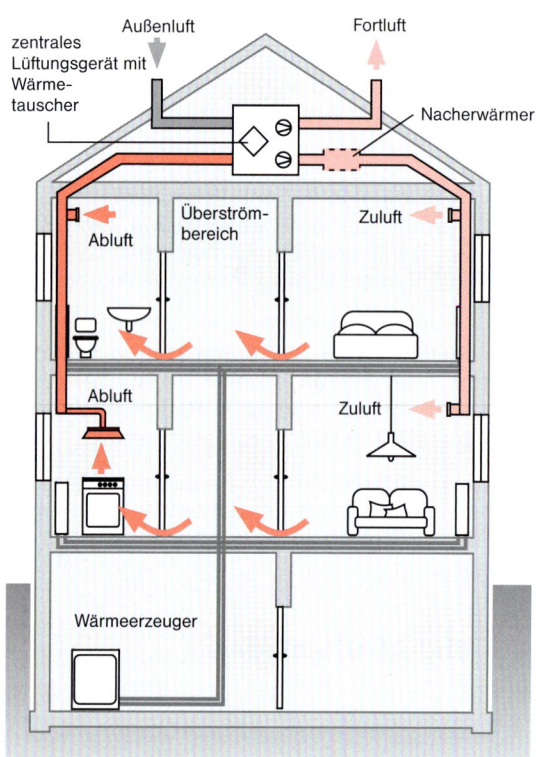

14-66 Schema einer zentralen Zu-/Abluftanlage mit Wärmerückgewinnung und optionaler Nacherwärmung der Zuluft

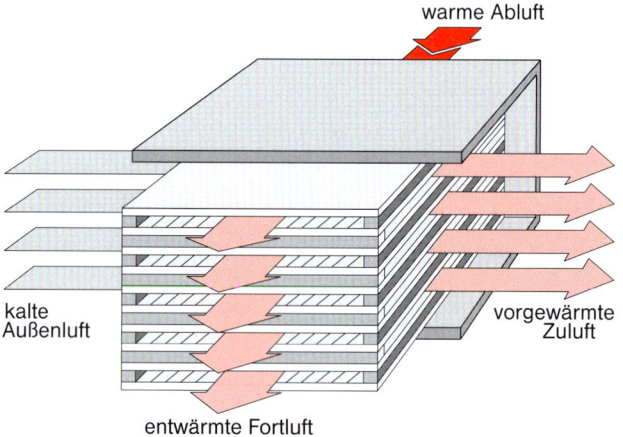

14-67 Kreuzstrom-Plattenwärmeübertrager

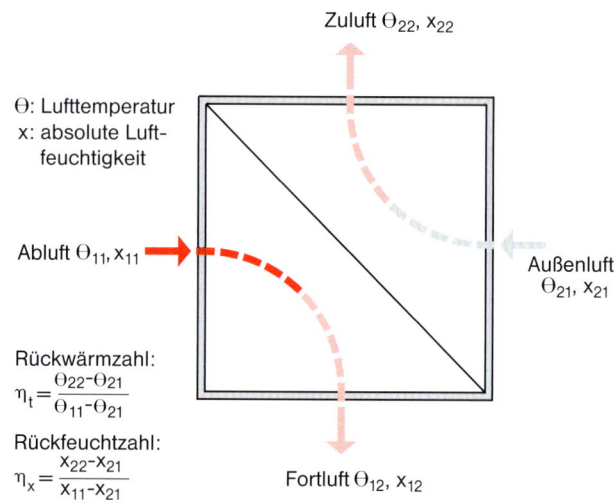

14-68 Prinzip der Wärmerückgewinnung durch Wärmeübertrager, Definition von Rückwärm- und Rückfeuchtzahl

Die häufigste Lösung ist ein **Plattenwärmeübertrager**. Der energetische Aufwand ist auf den Antrieb der Ventilatoren beschränkt. Ein Plattenwärmeübertrager, *Bild 14-67*, besteht aus der Anordnung paralleler dünner Platten. Nebeneinander liegende Plattenzwischenräume werden von warmer Abluft bzw. kalter Außenluft durchströmt. Durch Wärmeleitung über die Platten verringert sich die Temperaturdifferenz zwischen den beiden Luftströmen. Die **Rückwärmzahl** bzw. der Temperaturänderungsgrad, *Bild 14-68* und *Bild 14-69*, gibt als Kenngröße

Rückwärmzahl $\eta_t = \dfrac{\Theta_{zu} - \Theta_{au}}{\Theta_{ab} - \Theta_{au}}$

mit $\Theta_{au} = -10\ °C$ (Außenlufttemperatur im Winterfall)

$\Theta_{ab} = +20\ °C$ (Ablufttemperatur)

$\Theta_{zu} = +14\ °C$ (Zulufttemperatur nach dem Wärmeübertrager)

$\eta_t = \dfrac{14\ °C - (-10\ °C)}{20\ °C - (-10\ °C)} = \dfrac{24\ K}{30\ K}$

$\eta_t = 0{,}8 = 80\ \%$

14-69 Beispiel für Bestimmung der Rückwärmzahl

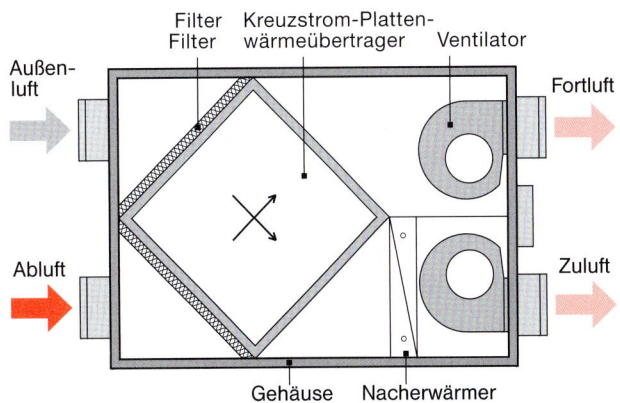

14-70 Schematische Darstellung des Zentralgeräts einer Wohnungslüftungsanlage mit Wärmerückgewinnung durch Plattenwärmeübertrager

des Wärmeübertragers an, zu welchem Prozentsatz der Temperaturausgleich stattfindet.

In der Wohnungslüftung kommen meist **Zentralgeräte**, *Bild 14-70*, zum Einsatz, in denen die beiden Ventilatoren, die Filter, der Wärmeübertrager und andere Hilfskomponenten zusammengefasst sind.

Die **Kosten für Wärmerückgewinnungsanlagen** liegen bei 50 €/m², zentrale Anlagen in großen Gebäuden sind in der Regel kostengünstiger, Anlagen in kleinen Wohneinheiten teurer. Auch mit Wärmerückgewinnungsanlagen lassen sich fensterlose Sanitärräume normgerecht [10] entlüften.

11.2 Anlagentypen

11.2.1 Einzelraum-Lüftungsgeräte

Einzelraum-Lüftungsgeräte werden in den einzelnen Räumen in der Außenwand bzw. im Fensterbereich angeordnet. Sie versorgen den Raum mit Zu- und Abluft und haben im Normalfall eine integrierte Wärmerückgewinnung. Innenliegende Sanitärräume können nicht mit diesen Geräten gelüftet werden. Diese müssen entweder mit einem einfachen Abluftsystem (mit zentralem oder dezentralen Ventilator/en) oder mit einer separaten Zu-/Abluftanlage mit Wärmerückgewinnung ausgestattet werden.

Hauptbestandteile eines **Einzelraum-Lüftungsgeräts mit Wärmerückgewinnung** sind zwei Ventilatoren, Wärmeübertrager und Filter. Den schematischen Aufbau eines solchen Geräts zeigt *Bild 14-71*. Bei dieser Bauart erreichen gute Geräte Rückwärmzahlen bis ca. 70 %.

Daneben gibt es sog. **Pendellüfter** mit nur einem Ventilator, der kurzzeitig wechselnd Außenluft in den Raum und Abluft nach außen bläst. Die Wärmerückgewinnung erfolgt regenerativ über Wärmespeichereinheiten, an denen die Luft vorbeiströmt. Pendellüfter müssen in der Wohnung paarweise im Gegentakt betrieben werden, sonst wird der geförderte Luftvolumenstrom über Undichtheiten der Gebäudehülle jeweils in- oder exfiltriert. Wichtig sind in diesem Fall auch die inneren Überströmöffnungen, Abschnitt 10.4.2. Mit guten Geräten lassen sich Rückwärmzahlen von ca. 80 % erreichen.

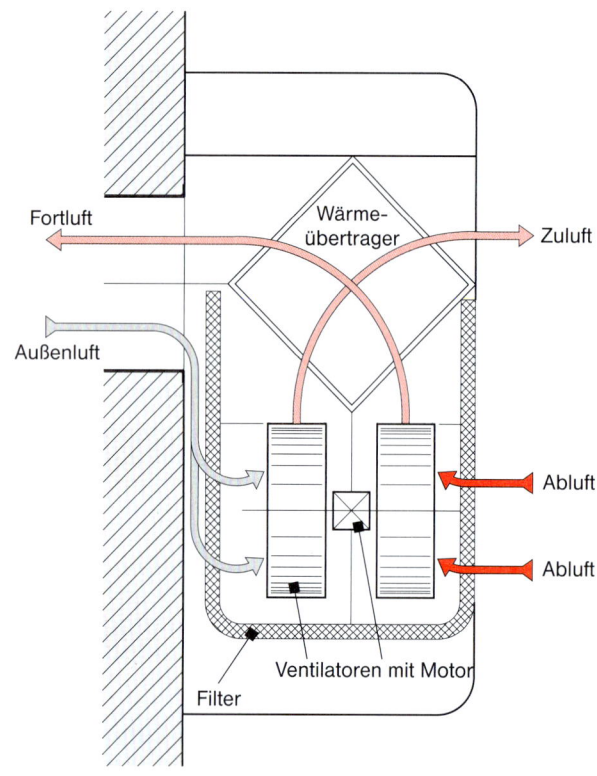

14-71 Schema eines Einzelraum-Lüftungsgeräts mit Wärmerückgewinnung

Besondere Beachtung verdient das **Eigengeräusch** dezentraler Geräte, die sich direkt in Aufenthalts- und Schlafräumen befinden. Ein ausreichend geringer Schalldruckpegel, Abschnitt 8.3, muss hier bei einem ausreichend hohen Volumenstrom, Abschnitt 4, eingehalten werden. Je höher die Außenlärmbelastung am Einsatzort ist, desto wichtiger ist auch die **Luftschalldämmung** des Geräts gegen die Übertragung von Außengeräuschen (Normschallpegeldifferenz). Es ist zu beachten, dass auch die Schallabstrahlung nach außen ausreichend gering ist.

Da die Luft nicht durch ein längeres Kanalnetz gedrückt werden muss, kann die elektrische Leistungsaufnahme gering sein. Gute Geräte benötigen unter 0,3 W/(m³/h).

Einzelraum-Lüftungsgeräte müssen luftdicht in die Fassaden eingebaut werden. Die **Abfuhr des** in den Geräten am Wärmeübertrager anfallenden **Tauwassers** muss sichergestellt sein.

Die **Gerätekosten** eines Einzelraum-Lüftungsgerätes mit Zubehör liegen bei 500 bis 1 000 EUR. Bei einer Vollausstattung der Wohnung einschließlich der Funktionsräume liegen die Systemkosten ähnlich hoch wie bei zentralen Zu-/Abluftanlagen, Abschnitt 11.2.2 und 11.2.3. Einzelraum-Lüftungsgeräte werden daher vorwiegend zur Nachrüstung einzelner Räume im Gebäudebestand eingesetzt, für die die Schaffung hygienischer Luftzustände und die Vermeidung von Feuchteschäden besonders dringlich ist.

11.2.2 Wohnungszentrale Anlage

Häufig ist der Einsatz von einem Lüftungsgerät je Wohneinheit, meist in Einfamilien- oder Reihenhäusern. Hier werden je nach Größe der Wohneinheit planmäßige Volumenströme zwischen 120 und 250 m³/h benötigt. Für diese Geräte ist eine allgemeine bauaufsichtliche Zulassung des Deutschen Instituts für Bautechnik (DIBt) erforderlich, Abschnitt 6.9.

Aufgrund der relativ geringen Geräuschentwicklung können Zentralgeräte, wie bereits für Abluftventilatoren beschrieben, in abgeschlossenen Nebenräumen einer Wohnung, im Keller oder Dachboden aufgestellt werden; Bild 14-34 zeigt die Situation für eine Etagenwohnung. Kompakte Zentralgeräte für kleine Einfamilienhäuser haben Abmessungen ab ca. 65 × 70 × 45 cm.

Das Abluftkanalnetz lässt sich in den Trassen der Sanitärinstallation unterbringen. Bild 14-34 zeigt eine schlanke Lösung für das Zuluftkanalnetz. Es wird oberhalb der abgehängten Decke von Funktionsräumen und Flur geführt, die Zulufträume selbst bleiben frei von

Kanälen. Dies ist möglich bei Einsatz von Weitwurfdüsen über den Zimmertüren, bei denen der Primärluftstrahl einige Meter weit entlang der Decke ins Zimmer hineinreicht. Kanäle können unter Berücksichtigung der statischen Anforderungen auch in Holz- und Massivdecken geführt werden. Mit Flachkanälen ist auch eine Verlegung im Fußbodenaufbau möglich. Näheres zu Kanalnetzen und Luftdurchlässen ist in Abschnitt 10.4.5, 11.4.3 und 11.4.4 dargestellt.

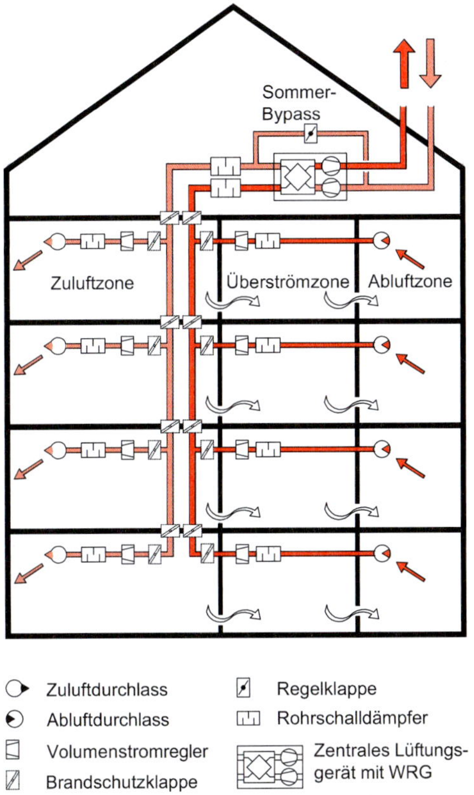

11.2.3 Gebäudezentrale Anlage

In Gebäuden mit mehreren Wohneinheiten kann auch eine gebäudezentrale Anlage installiert werden, die in der Regel etwas kostengünstiger ist. *Bild 14-72* zeigt das Schema einer zentralen Anlage. Die Lüftungszentrale steht in einem eigenen Brandabschnitt im Dach. Jede Wohneinheit ist brandschutz- und schalltechnisch von anderen Wohnungen getrennt. Gepaarte Volumenstromregler für Zu- und Abluft in jeder Wohnung erlauben eine wohnungsweise Regelbarkeit der Volumenströme. Je Wohnung können auch statt der Volumenstromregler zwei volumenstromgeregelte Kleinlüfter eingesetzt werden [48], man spricht in diesem Fall auch von semizentralen Anlagen.

Zentrale Anlagen für Volumenströme von mehreren hundert bis einigen tausend m³/h sind meist modular aus den verschiedenen Komponenten zusammengesetzt und werden ingenieurtechnisch dimensioniert; hier ist keine DIBt-Zulassung des Geräts erforderlich.

11.3 Bauliche Randbedingungen

11.3.1 Luftdichtheit

Die Dichtheit der Gebäudehülle hat bei Zu-/Abluftanlagen sehr große energetische Bedeutung. Luft, die über Undichtheiten der Gebäudehülle strömt, unterliegt nämlich keiner Wärmerückgewinnung. *Bild 14-73* zeigt die einzelnen Beiträge zum Lüftungswärmeverlust eines Gebäudes bezogen auf die Wohnfläche.

Bei einem Luftwechsel von 0,5 h^{-1} entstehen beispielhaft ohne Wärmerückgewinnung jährliche Lüftungswärmeverluste von 35 kWh/(m²×a). Mit einer Rückwärmzahl, Abschnitt 11.4.2, von 80 % reduzieren sie sich auf 20 %

14-72 Zentrale Zu-/Abluftanlage mit Wärmerückgewinnung, wohnungsweise regelbare Luftvolumenströme durch gepaarte Volumenstromregler. Die eingezeichneten Brandschutzklappen sind nur alternativ in den Geschossdecken oder den Wohnungsabzweigen zu montieren

Legende:
- ⊙ Zuluftdurchlass
- ⊙ Abluftdurchlass
- ▯ Volumenstromregler
- ▨ Brandschutzklappe
- ▨ Regelklappe
- ▭ Rohrschalldämpfer
- Zentrales Lüftungsgerät mit WRG

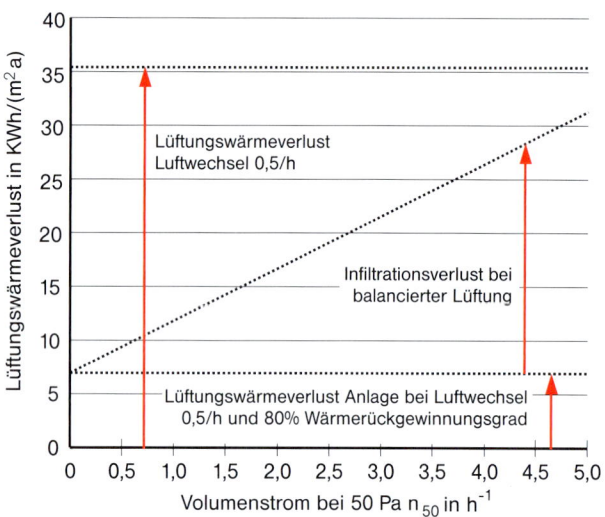

14-73 Jährlicher Lüftungswärmeverlust (Anlagenluftwechsel $0{,}5\ h^{-1}$) mit und ohne Wärmerückgewinnung sowie durch Infiltration als Funktion des Volumenstroms der Luftdurchlässigkeit n_{50} der Gebäudehülle

oder 7 kWh/(m²×a). Hinzu kommen jedoch die zusätzlichen Wärmeverluste durch Infiltration. Diese nehmen mit wachsender Luftdurchlässigkeit der Gebäudehülle (n_{50}) zu. Beim Grenzwert der EnEV für ventilatorgestützt gelüftete Gebäude ($n_{50} = 1{,}5\ h^{-1}$) sind die Infiltrationsverluste bereits gleich groß wie der Lüftungswärmeverlust der Anlage, beim Grenzwert für nicht ventilatorgestützt gelüftete Gebäude ($n_{50} = 3\ h^{-1}$) sogar doppelt so groß. Soll der Infiltrationsverlust auf 50 % des Anlagenverlusts begrenzt sein, darf die Luftdurchlässigkeit nur $n_{50} = 0{,}6\ h^{-1}$ betragen. Dies ist folgerichtig der Grenzwert der Luftdurchlässigkeit für Passivhäuser.

Die Lüftung der Wohnung ist bei Zu-/Abluftanlagen im Gegensatz zu Abluftanlagen stärker abhängig von der Dichtheit der Gebäude, da durch den balancierten Betrieb kein Unterdruck zur Kompensation von wind- und temperaturbedingten Störrdücken aufgeprägt werden kann. Die zentralen Außen- und Fortluftdurchlässe ermöglichen einen hohen Luftschallschutz nach außen. Bei Bedarf kann die Außenluft auch mit hochwertigen Filtern aufbereitet werden.

11.3.2 Aufstellungsort des Zentralgeräts

Aus energetischen Gründen sollte das Gerät möglichst innerhalb der thermischen Gebäudehülle stehen. Trotz Wärmedämmung können sonst die Wärmeverluste der Luftkanäle die Energieeffizienz deutlich schmälern. Beim EnEV-Nachweis müssen die Verluste von außerhalb der thermischen Hülle installierten Kanälen explizit berücksichtigt werden, wenn sie länger als 2 m und weniger als 50 mm dick gedämmt sind. Üblich ist die Aufstellung des Zentralgeräts im warmen Bereich. Dann besteht auch bezüglich Kondensatentwässerung keine Frostgefahr, wie dies z. B. bei Unterbringung im Spitzboden außerhalb der thermischen Gebäudehülle der Fall sein kann.

11.4 Komponenten von Zu- und Abluftanlagen

11.4.1 Außenluftfilter

Bei Zu-/Abluftanlagen mit Wärmerückgewinnung wird die Außenluft zentral angesaugt. Der Außenlufteinlass sollte so positioniert werden, dass eine negative Beeinflussung der Luftqualität der angesaugten Luft durch lokale Emissionsquellen (z. B. Fortluft, Rauchgas, aber auch verkehrsreiche Straßen) möglichst gering gehalten wird.

Im Allgemeinen ist Außenluft die Referenz für gute Luftqualität. Die primäre Aufgabe eines Außenluftfilters ist nicht die Verbesserung der Raumluftqualität, sondern die Sauberhaltung der Luftkanäle im Dauerbetrieb. Dass dadurch aber auch positive Effekte bezüglich der Raumluftqualität, z. B. durch Filterung von Pollen, erzielt werden können, zeigen Untersuchungen in Wohngebäuden mit Lüftungsanlagen [49], [50], [51].

Charakteristisch für alle Untersuchungen war, dass durch den Einsatz hochwertiger Außenluftfilter nicht nur der Eintrag von Staub aus der Außenluft verhindert wurde, sondern auch die Konzentration von Bakterien und Sporen in der Zuluft generell deutlich geringer als in der Außenluft war. Auch in der Raumluft der Gebäude lag die Konzentration der Pilzsporen immer deutlich unter der Außenluftkonzentration. Eine Ausnahme davon bilden Sommermessungen, wo aufgrund offen stehender Fenster die Reduktion durch die Filter nicht mehr im gleichen Umfang wirksam ist. Bakterien traten im Innenraum teilweise in höheren Konzentrationen als in der Außenluft auf. Sporen und insbesondere Bakterien in Innenräumen stammen jedoch hauptsächlich von Bewohnern und Haustieren, Grünpflanzen, Nahrungsmitteln etc. In keinem der zitierten Fälle wurde eine spezifische Belastung der Raumluft durch die Lüftungsanlage festgestellt. Die gemessenen Konzentrationen an Mikroorganismen lagen in allen Fällen im unteren bis mittleren Bereich, bezogen auf die Erfahrungswerte nach ECA 1993: Biological particles in Indoor Environment. EU, Brüssel.

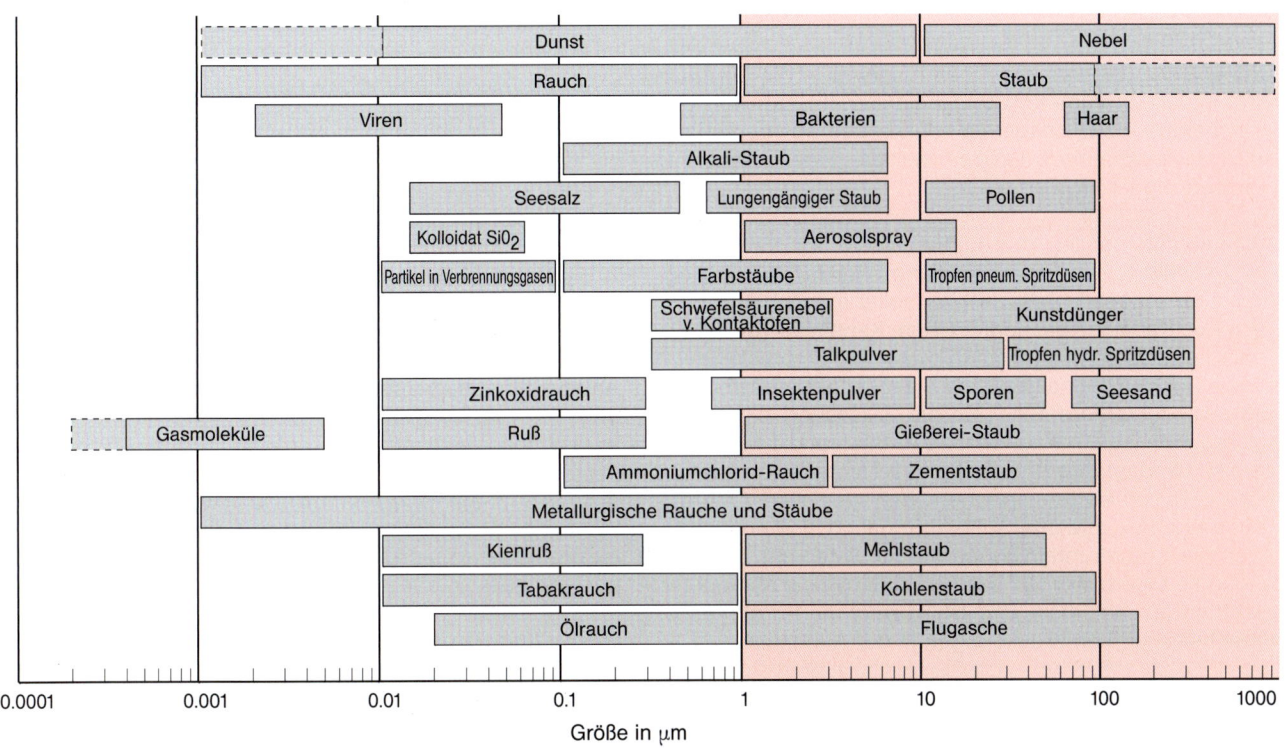

14-74 Größenverteilung von Verunreinigungen in der Außenluft [47]

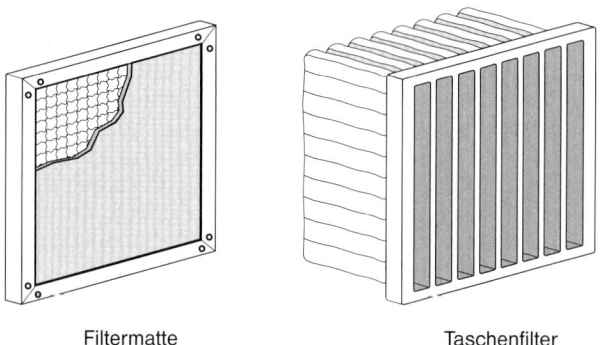

Filtermatte   Taschenfilter

14-75 Filterbauformen: Matten- und Taschenfilter

DIN EN 779 [38] teilt die Filter zunächst in die Gruppen Grob- (G), Medium- (M) und Feinfilter (F) ein. Je nach Abscheide- bzw. mittlerem Wirkungsgrad gegenüber Teilchen bestimmter Größe werden Filter weiter in Klassen eingeteilt, *Bild 14-25*.

Außenluftfilter sollen das Luftkanalnetz vor Verschmutzung schützen, weil eine Reinigung zwar technisch möglich, aber teuer ist. Das Luftfilter sollte möglichst am Anfang des Kanalnetzes montiert sein. Kanalteile vor der Filterstufe müssen reinigungsfähig sein [5]. Empfehlenswert für die Schmutzfreihaltung sind Filter der Klasse M5 bis F7 [38], Mindestanforderung für die Zulassung eines Lüftungsgeräts ist G3. Nach DIN 1946-6 [6] ist die Filterklasse M5 Mindestanforderung für die Hygiene-Kennzeichnung „H" von Lüftungsgeräten. Bei speziellen Anforderungen (z. B. schlechte Außenluftqualität, Pollenallergie, flüchtige Luftverunreinigungen) sind Filter mit entsprechenden Eigenschaften auszuwählen (Adsorptionsfilter, elektrostatische Filter). *Bild 14-74* zeigt die Durchmesser verschiedener Verunreinigungen in der Außenluft.

Bei der Dimensionierung von Filtern müssen auch Standzeiten bzw. notwendige Filterwechselintervalle beachtet werden. Filter sind in verschiedenen Bauformen erhältlich, die *Bilder 14-75* und *14-76* zeigen Beispiele. Sie können nur dann wirksam sein, wenn sie richtig ins Gesamtsystem integriert sind und regelmäßig gewartet bzw. ausgetauscht werden. Folgende Punkte sollten dabei beachtet werden:

– Hinter hochwertigen Filtern muss das Kanalnetz einschließlich Filtersitz dicht sein (mindestens Klasse A nach DIN EN 12237 [37]), um ungefilterte Nebenluftanteile zu minimieren.

– Jedes Filter stellt einen zusätzlichen Strömungswiderstand dar und vergrößert daher die notwendige elektrische Aufnahmeleistung des Lüfters. Filter müssen auch unter diesem Aspekt sorgfältig ausgewählt und dimensioniert werden. Knappe Dimensionierung (z. B. kleine Filterfläche) führt zu kurzen Standzeiten und verschlechtert die Energieeffizienz.

– Filtergehäuse und Ansaugöffnungen müssen so konstruiert und angeordnet sein, dass kein Regenwasser in das Filter eingetragen wird.

– Filter müssen regelmäßig getauscht oder gereinigt werden. Sie sind daher gut zugänglich zu montieren. In Wohnungslüftungsanlagen soll der **Filterwechsel** bzw. die **Filterreinigung mindestens halbjährlich** durchgeführt werden.

Der Filterwechsel verursacht in einer Wohnungslüftungsanlage jährliche Kosten zwischen 25 und 100 €.

11.4.2 Zentralgerät

Bei Wohnungslüftungsanlagen sind verschiedene Komponenten üblicherweise in einem Zentralgerät zusammengefasst. Den höchsten Platzbedarf hat hier der Wärmeübertrager.

Wärmeübertrager werden entsprechend ihrem Prinzip nach rekuperativen und regenerativen Wärmeübertragern unterschieden. In **rekuperativen Wärmeübertragern (Rekuperatoren)** werden die Luftströme in getrennten Kammern aneinander vorbeigeführt. Über die trennenden Flächen wird Energie von dem wärmeren auf

14-76 Druckverlustarmer Filterkasten mit Feinfilter F7, Bauform Kompaktfilter, in der Außenluftansaugung einer Wohnungslüftungsanlage

Zur Bewertung des Wirkungsgrades eines Wärmeübertragers werden die **Rückwärmzahl** η_t und die **Rückfeuchtzahl** η_x herangezogen, *Bild 14-68*. In einem Rekuperator ist die Rückfeuchtzahl immer gleich null. Ein Regenerator kann je nach verwendetem Material mehr oder weniger Feuchtigkeit übertragen.

In einem Wärmeübertrager können prinzipiell sowohl fühlbare (sensible) Wärme aufgrund der Temperaturänderung als auch latente Wärme aus dem Wasserdampf zurückgewonnen werden. Der Wirkungsgrad eines Wärmeübertragers ist ein Maß für den Rückgewinn sensibler und latenter Wärme. In einem Rekuperator wird latente Wärme genutzt, wenn der warme Abluftstrom vom kalten Außenluftstrom unter seinen Taupunkt abgekühlt wird, sodass Wasserdampf in der Abluft kondensiert. Die dabei frei werdende Kondensationswärme wird durch die Trennflächen des Wärmeübertragers in Form einer zusätzlichen Temperaturerhöhung an den Außenluftstrom übertragen. In einem Regenerator dagegen kann Latentwärme auch durch direkte Übertragung von Wasserdampf aus dem Abluftstrom in den Zuluftstrom zurückgewonnen werden.

In Wohnungslüftungsanlagen werden Rekuperatoren oft als **Kreuzstrom-Wärmeübertrager** ausgeführt, *Bild 14-67*. In mehreren spaltförmigen, durch Platten voneinander getrennten Kammern werden beide Luftströme im rechten Winkel aneinander vorbeigeführt. Wegen ihrer kompakten Bauweise und der konstruktiv einfachen Luftzu- und -abfuhr benötigen Kreuzstrom-Wärmeübertrager wenig Platz und sind daher kostengünstig. Die Rückwärmzahl eines Kreuzstrom-Wärmeübertragers erreicht bis zu 70 %.

Mit einem **Gegenstrom-Wärmeübertrager**, *Bild 14-77*, können dagegen Rückwärmzahlen von ca. 90 % erzielt werden, da das Gegenstromprinzip für die Wärmeübertragung physikalisch günstiger ist.

In Wohnungslüftungsanlagen werden auch sog. **Wärmerohre** (heat pipes) als rekuperative Wärmeübertrager eingesetzt, *Bild 14-78*. Dabei wird die Wärme in einem

den kälteren Luftstrom übertragen. **Regenerative Wärmeübertrager (Regeneratoren)** besitzen ein Speichermedium, in dem Energie des wärmeren Luftstroms gespeichert wird und das nacheinander von beiden Luftströmen durchströmt wird. Im Gegensatz zum Rekuperator findet in einem Regenerator auch Feuchtigkeitsaustausch statt.

Rohrbündel von dem wärmeren auf den kälteren Luftstrom übertragen. Der Wärmetransport in den Rohren erfolgt nach dem Heat-Pipe-Prinzip mit einem dampfförmigen Arbeitsmittel (Kältemittel). Das Wärmerohr wird mit einer leichten Neigung eingebaut. Im wärmeren Abluftstrom verdampft das Kältemittel und steigt nach oben in den Bereich des kälteren Zuluftstroms, wo es kondensiert. Durch die Schwerkraft fließt das Kondensat wieder zurück. Eine Kondensation der Feuchtigkeit im Abluftstrom führt auch hier zur Nutzung latenter Wärme ohne Feuchterückgewinn.

Regenerative Wärmeübertrager werden in Wohnungslüftungsanlagen häufig als **Rotationswärmeübertrager** ausgeführt, *Bild 14-79*. Eine langsam rotierende, aufgrund von Kapillaren luftdurchlässige Speichermasse wird in der einen Hälfte von der Außenluft, in der anderen von der Abluft durchströmt. Die vom Rotor im Abluftstrom aufgenommene und gespeicherte Wärme und Feuchtigkeit wird nach dessen Weiterdrehung auf den Zuluftstrom übertragen. Der Rotor kann als **Sorptionsregenerator** aus einem stark absorbierenden Medium aufgebaut sein und damit viel Feuchtigkeit zurückgewinnen. Bei **Kondensationsregeneratoren** schlägt sich dagegen die Feuchtigkeit in Form von Tröpfchen in den Kapillaren nieder. Ein Teil davon wird mit dem Zuluftstrom wieder herausgerissen. Hierbei kann weniger Feuchtigkeit zurückgewonnen werden. Regenerative Wärmeübertrager erreichen Rückwärmzahlen η_t bis zu 90 %. Die Rückfeuchtzahl η_x kann beim Sorptionsgenerator bis zu 0,7, beim Kondensationsgenerator bis zu 0,2 betragen. Der erreichbare Wirkungsgrad ist mit dem eines guten Rekuperators vergleichbar.

In dezentralen Lüftungsgeräten werden auch regenerative Wärmeübertrager als **Umschaltspeicher** eingesetzt. Das heißt, ein feststehender Speicher wird nacheinander mit dem Abluft- und dem Zuluftstrom in entgegengesetzter Richtung durchströmt (Abschnitt 9).

Außer dem Wärmeübertrager sind die **Ventilatoren** wesentliche Komponenten des Zentralgeräts. Sie kommen in Radialbauart, *Bild 14-52*, zum Einsatz. In Hinsicht

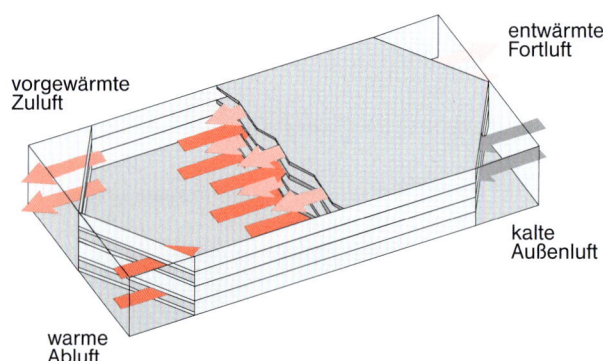

14-77 Gegenstrom-Plattenwärmeübertrager

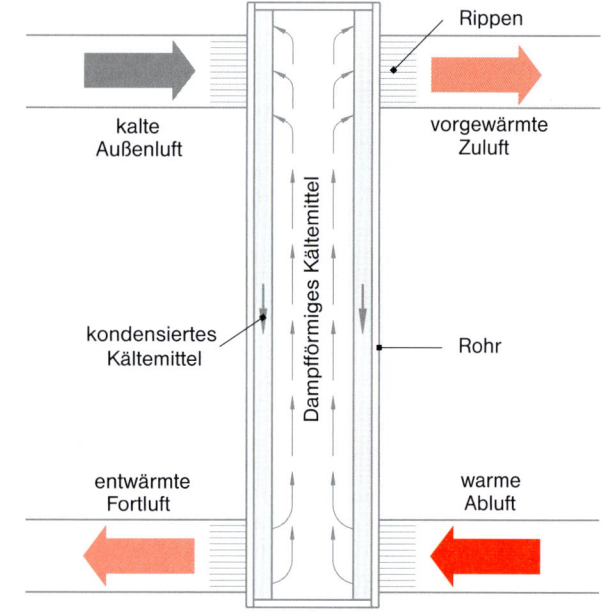

14-78 Wärmerohr-Wärmeübertrager

auf gute Regelbarkeit und geringen Stromeinsatz sollten bei Kleinlüftern elektronisch kommutierte Gleichstrommotoren eingesetzt werden, diese werden in der Literatur auch oft mit den Kürzeln EC oder DC bezeichnet. Für große Lüfterleistungen erreichen auch drehzahlgeregelte Asynchronmotoren gute Wirkungsgrade.

Zentralgeräte der Wohnungslüftung müssen für die bauaufsichtliche Zulassung mit einem **Abluftfilter** (mindestens G2) und einem **Außenluftfilter** (mindestens G3, Bild 14-25) ausgerüstet sein. Zur empfohlenen Filterqualität in der Außenluft siehe Abschnitt 11.4.1. Bei längeren Außenluftkanälen vor dem Zentralgerät sollte ein externes hochwertiges Filter möglichst weit frontständig eingebaut werden. Bei kurzen Außenluftkanälen kann das externe Filter entfallen, wenn der Einsatz eines hochwertigen Filters im Zentralgerät möglich ist.

Lüftungskurzschlüsse zwischen Aufstellraum und Gerät sowie zwischen den Luftströmen im Gerät bedeuten erhöhten Energieeinsatz und verschlechterte Luftqualität im Gebäude. Deshalb müssen Zentralgeräte außen und innen luftdicht sein. Im Rahmen der Messungen zur Zulassung wird die Luftdichtheit messtechnisch geprüft; es sind die maximal zulässigen Leckvolumenströme einzuhalten.

Das Gehäuse eines Zentralgeräts benötigt eine gute, **wärmebrückenarme Dämmung**, für passivhaustaugliche Geräte ist ein Wärmeverlust von maximal 5 W/K über die Oberfläche einzuhalten. Aus hygienischen Gründen muss das Gerät gut reinigbar sein.

Bei kalten Außentemperaturen fällt innerhalb des Plattenwärmeübertragers im Abluftstrom aufgrund dessen Abkühlung unter die Taupunkttemperatur **Kondenswasser** an, Bild 14-19. Das Gerät benötigt deshalb einen Kondenswasserablauf, der bei Außenaufstellung frostgeschützt sein muss. Der Ablauf soll frei über einen Siphon (Geruchsverschluss) erfolgen, praktisch ist oft die freie Einleitung in einen WC-Spülkasten.

Wenn Abluft auf Temperaturen gegen 0 °C abgekühlt wird, besteht die Gefahr, dass das Kondenswasser auf den kalten Plattenoberflächen gefriert. Durch die Volumenausdehnung des Eises würde der Abluftstrom gedrosselt und schließlich könnte der Wärmeübertrager zerstört werden. Geräte benötigen daher eine **Frostschutzautomatik**, wie sie auch in der Zulassung gefordert ist. Die Grenztemperatur ist abhängig vom Gerätetyp, in der Regel liegt sie bei Außenlufttemperaturen unter −3 °C, die bei deutschen Klimaverhältnissen nur relativ selten auftreten.

Den geringsten gerätetechnischen Frostschutzaufwand erfordert eine Abdrosselung oder Abschaltung des kalten Außenluftstroms. Bei hocheffizienter Wärmerückgewinnung, in luftdichten Gebäuden oder bei einer Luftheizung, Abschnitt 11.5, ist dies aber nicht sachgerecht. Der Frostschutz kann auch durch Vorerwärmung der Außenluft erfolgen, beispielsweise mittels eines elektrischen Heizregisters. Unter den Randbedingungen von DIN V 4701-10 [40] benötigt man jährlich je 1 m² Wohnfläche einen Nutzwärmeaufwand für den Frostschutz von 0,4 kWh. Dieser geringe Energieeinsatz erfordert einen korrekt eingestellten, genauen Thermostat mit geringer Regelhysterese. Wenn dies nicht gewährleistet ist, z. B. der Thermostat bereits bei einer Außenlufttemperatur von 3 °C einschaltet, entstehen erhebliche zusätzliche Wärmeverluste.

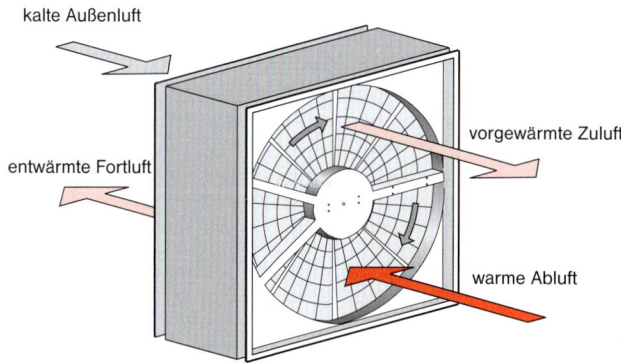

14-79 Kondensations-Rotationswärmeübertrager

Eine weitere Möglichkeit zur Frostfreihaltung ist der Einsatz von Erdwärme zur Außenluftvorwärmung mit Hilfe eines Erdreich-Luft-Wärmeübertragers oder eines Erdreich-Sole-Wärmeübertragers, Abschnitt 11.7.

Die **Rückwärmzahl**, Abschnitt 11.1, kennzeichnet nur die Güte des Plattenwärmeübertragers. Entscheidend für den Beitrag der Lüftungsanlage zur Reduzierung des Primärenergiebedarfs sind aber auch Dichtheit und Gehäusewärmedämmung des Zentralgeräts sowie der Hilfsenergiebedarf (Ventilatoren, Regelung). Für eine Gebäudeenergiebilanz, beispielsweise zum EnEV-Nachweis, wird daher der **Wärmebereitstellungsgrad** η'_{WRG} des kompletten Geräts herangezogen. Da bei der Labormessung auf dem Prüfstand jedoch nicht all diese Einflüsse bewertet werden können, muss der Gerätekennwert aus der Zulassung korrigiert werden. Für den Nachweis nach DIN V 4701-10 [40] erfolgt eine Verringerung um 9 %:

$$\eta'_{WRG, korrigiert} = 0{,}91 \cdot \eta'_{WRG, unkorrigiert}$$

Da diese pauschale Korrektur verschiedene Effekte vermengt, die nicht zwangsläufig gemeinsam auftreten müssen, lässt DIN V 18599 [78] in Teil 6 eine separate Korrektur von

- Frostschutzbetrieb,
- Wärmeverlusten des Lüftungsgerätes und
- Dichtheit des Lüftungsgerätes

zu.

Soweit im Zentralgerät keine Komponenten der Wärmeerzeugung (Wärmepumpe, Nachheizregister) integriert sind, ist eine Aufstellung außerhalb des beheizten Bereiches mit vergleichsweise geringen energetischen Nachteilen verbunden, wenn das Zentralgerät und die Zu- und Abluftleitungen über eine ausrechende Wärmedämmung (mindestens 40 mm mit WLS 045 nach DIN 1946-6 [6]) verfügen.

Ein **Nachheizen der Zuluft** zur Vermeidung von Zuglufterscheinungen ist nicht prinzipiell notwendig. Einfluss hierauf haben verschiedene Faktoren. Insbesondere bei hohen Wärmebereitstellungsgraden und einem Frostschutz durch Vorerwärmung fallen die Zulufttemperaturen nicht unter 16 °C. Zusätzlich erwärmt sich die Zuluft noch auf ihrem Weg vom Zentralgerät bis zum ersten Durchlass. Gute Zuluftdurchlässe haben stabile Strahlführungen auch noch bei einer Einströmtemperatur von 10 K unter Raumlufttemperatur, sodass auch ohne Nachheizung keine Zuglufterscheinungen auftreten.

Für einen **Sommerbetrieb** muss die Wärmerückgewinnung ausgeschaltet werden können. Dies kann mit einer Bypassklappe innerhalb oder außerhalb des Geräts erfolgen. Bei manchen Wohnungslüftungsgeräten kann auch der Plattenwärmeübertrager gegen eine Sommerkassette ausgetauscht werden, welche die Luftströme ohne Wärmeübertragung durchleitet.

Weitere Details zur energetischen Bewertung sind in Abschnitt 12 dargestellt.

11.4.3 Zuluftdurchlässe

Zuluftdurchlässe haben entscheidenden Einfluss auf die Qualität der Lüftung im Raum. Daher können nur Produkte mit qualifizierten technischen Kennwerten eingesetzt

---

▶ Auslegung und Abgleich anhand einer Differenzdruck-Volumenstromkennlinie (Messung nach DIN EN 13141-2).
▶ Der Raum muss vollständig und zugfrei durchlüftet werden: Herstellerangaben über die Ausbreitung der Strömung im Raum müssen vorliegen!
▶ Angaben über Schalldämpfung und Eigengeräuscherzeugung; beim planmäßigen Volumenstrom soll das Eigengeräusch in Wohnräumen unter 25 dB(A) liegen.
▶ Leicht montierbar/demontierbar und gut zu reinigen.
▶ Die Luftdurchlässe müssen einstellbar sein. Für den hydraulischen Abgleich muss eine Messvorschrift für den jeweiligen Luftdurchlass vorhanden sein.

14-80 Anforderungen an Zuluftdurchlässe

werden. *Bild 14-80* nennt wichtige Kriterien.

Bild 14-81 zeigt einen Auszug aus den technischen Unterlagen eines guten Zuluftdurchlasses: Die Strahlausbreitung im Raum und die Temperaturstabilität sowie die Zusammenhänge von Einstellmaß, Volumenstrom, Druckabfall und Eigengeräusch sind dargestellt. Weiterhin gibt es eine einfach handhabbare Messvorschrift zur Bestimmung des Volumenstroms am Luftauslass (hier nicht dargestellt). *Bild 14-82* zeigt ein Foto dieses Luftauslasses.

Durch Verstellen der Luftdurchlässe wird die Verteilung der Luftvolumenströme auf die einzelnen Räume eingestellt. Diese **Einregulierung** wird erleichtert, wenn der Druckverlust über den Luftdurchlass gegenüber dem Druckverlust im Kanalnetz ausreichend hoch ist.

– Am ungünstigsten Strang sollte als Ausgangswert von einem Druckverlust am Luftdurchlass von etwa 30 Pa ausgegangen werden.

– Die Luftdurchlässe sollten auf eine mittlere Einstellung ausgelegt werden, damit Spielraum für die Einregulierung bleibt.

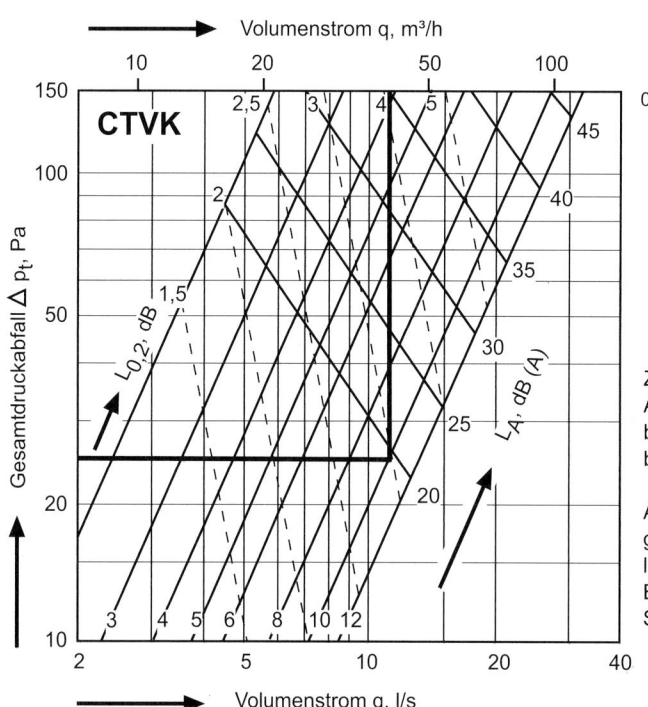
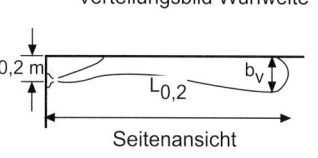
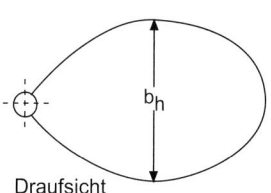

Strahlausbreitung
$b_v = 0{,}1 \times l_{0,2}$
$b_h = 0{,}6 \times l_{0,2}$
wo $l_{0,2} = 1{,}2 \times$ Zonenlänge

Zonenlänge = Wurfweite in m, bei 10 Kelvin Untertemperatur
Ausblasstrecke $l_{0,2}$ = Wurfweite in m
b_v = max. Strahlausbreitung in der Vertikalposition
b_h = Max. Strahlausbreitung in der Horizontalposition

Anm.: $l_{0,2}$, b_v, und b_h gelten bei einer Strahlkontur, wo die Luftgeschwindigkeit bei isothermer Luftzufuhr 0,2 m/s beträgt.
$l_{0,2}$ verringert sich je Kelvin Untertemperatur um ca 1,5%.
Bei einer Untertemperatur bis zu 12 Kelvin bleibt ein stabiles Strahlprofil erhalten

14-81 Beispiel für technische Kenndaten zu einem Zuluftdurchlass, Weitwurfdüse (ABB Fläkt)

14-82 Beispiel für eine Weitwurfdüse als Zuluftauslass, die bei wohnungsüblicher Raumtiefe an der Innenwand montiert werden kann

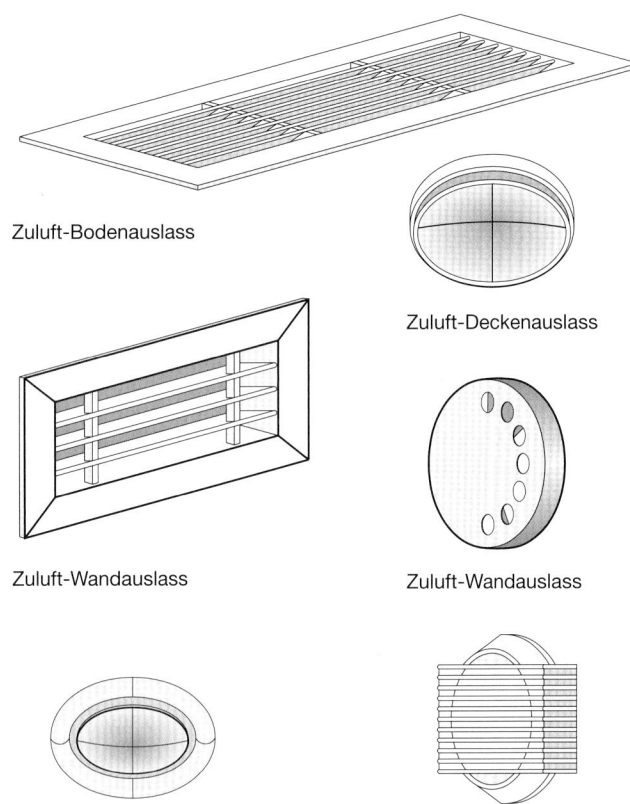

14-83 Beispiele von Luftdurchlässen für Wohnungslüftungsanlagen

Da Zuluftdurchlässe mit unterschiedlicher Strahlausbreitung verfügbar sind, kann die Montage sowohl in Nähe der Innen- als auch der Außenwand in Decke, Wand oder Boden erfolgen.

Bei **Weitwurfdüsen** verläuft der eingeblasene Primärstrahl einige Meter parallel zur Decke und mischt dabei die mehrfache Menge an Raumluft ein. Bei hohen Wärmebereitstellungsgraden des Zentralgeräts kann dann in Hinsicht auf raumklimatische Gründe ein Nachheizregister entfallen, Abschnitt 11.4.2. Bei Weitwurfdüsen können Zuluft- und Überströmdurchlass in derselben Wand montiert sein, ohne dass es zu Lüftungskurzschlüssen kommt. So muss das Kanalnetz selbst nicht in die Zulufträume hinein verlegt werden, *Bild 14-34*. Sonst sollten Zuluft- und Überströmdurchlass jedoch an gegenüberliegenden Wänden montiert sein, um eine vollständige Raumdurchlüftung zu erreichen. *Bild 14-83* zeigt Beispiele von Luftdurchlässen.

Bei Lufteintritt unmittelbar in die Aufenthaltszone, z. B. über Fußbodengitter oder drallarme Tellerventile, ist besonders sorgfältig zu prüfen, ob alle Kriterien an Zugluftfreiheit (Temperatur, Geschwindigkeit und Turbulenzgrad) dauerhaft eingehalten werden.

Hinweise zu Überström- und Abluftdurchlässen sind in Abschnitt 10.4 enthalten.

11.4.4 Luftleitungen

Grundlegende Anforderungen an Luftleitungen bzw. Luftkanäle sind in Abschnitt 10.4.5 dargestellt. Im Folgenden werden Hinweise zu besonderen Anforderungen gegeben, die bei Anlagen mit Abwärmenutzung, Abschnitt 10.5, Wärmerückgewinnung, Abschnitt 11.2, und Heiz- oder Kühlfunktionen, Abschnitt 11.5, zu beachten sind.

Abluft aus Wohnungen hat gegenüber der Außenluft im Allgemeinen eine höhere Temperatur und enthält mehr Feuchtigkeit. Im beheizten Bereichs eines Gebäudes hat der Abluftkanal im Wesentlichen die gleiche Temperatur wie die Umgebung, an Kanalstrecken im unbeheizten Bereich treten jedoch Wärmeverluste auf. *Bild 14-84* nennt die Wärmedurchgangskoeffizienten U_l je Meter Rundkanal. Die **Wärmeverluste** $q_{L,d}$ eines 1 m langen Abluftkanals im Dach außerhalb der thermischen Hülle berechnen sich nach DIN V 4701-10 [40] näherungsweise mit

$$q_{L,d} = U_l \cdot 66{,}6 \text{ kKh/a in kWh/ma}$$

Selbst stark gedämmte Kanäle mit U_l um 0,25 W/(mK) verursachen je Meter Transmissionswärmeverluste von ca. 16 kWh/a. Bis zum Ort der Abwärmenutzung (Aufstellort Plattenwärmeübertrager oder Wärmepumpe) soll der Abluftkanal also möglichst im beheizten Bereich verlaufen, Strecken im unbeheizten Bereich sollen kurz und gut wärmegedämmt sein.

Hinter der Abwärmenutzung ist der Fortluftkanal kalt (heizperiodenmittlerer Standardwert nach [40] 3,3 °C) und sollte möglichst im unbeheizten Bereich geführt werden. Kalte Kanäle im beheizten Bereich (auch Außenluftkanäle) sollen generell möglichst kurz und außerdem sehr gut wärmegedämmt sein. Zur **Verhinderung von Schwitzwasser** innerhalb der Wärmedämmung muss die Dämmung einschließlich Stößen und Anschlüssen diffusionsdicht ausgeführt sein.

Zuluftkanäle im beheizten Bereich, die im Sommer Kühlfunktionen übernehmen sollen, benötigen ebenfalls eine Schwitzwasserdämmung. Nur wenn die Kanaltemperaturen nicht wesentlich unter 20 °C absinken, kann diese entfallen.

Dämmdicke mm	Kanaldurchmesser			
	100 mm	125 mm	160 mm	200 mm
220	1,66	2,04	2,56	3,15
225	0,47	0,56	0,69	0,83
250	0,31	0,36	0,44	0,53
275	0,25	0,29	0,34	0,40
100	0,21	0,24	0,28	0,33

14-84 Längenbezogene Wärmedurchgangskoeffizienten (U_l-Wert) von Rundkanälen in W/(mK) bei verschiedenen Dämmdicken (Wärmeleitfähigkeit Dämmstoff 0,04 W/(mK))

Beheizte Zuluftkanäle zur Wärmeverteilung sollten wegen ihrer relativ großen Oberfläche trotz Wärmedämmung nur im beheizten Bereich verlegt werden. Bei längerer Kanalführung durch fremde Räume ist zu prüfen, ob wegen der Wärmeabgabe an die Fremdräume im Zielraum noch die geplante Wärmeleistung über die Zuluft bereitgestellt wird. Andererseits kann die Wärmeabgabe über Kanaloberflächen gezielt eingesetzt werden, um Ablufträume mit Wärme zu versorgen. Auch in diesem Fall ist eine wärmetechnische Berechnung notwendig. Eine Wärmeübertragung an Kalt- und Abwasserleitungen oder Fort- und Außenluftkanäle in gemeinsamen Schächten ist zu vermeiden.

11.5 Heizen und Kühlen mit der Lüftung

11.5.1 Luftheizung

Das Zuluftkanalnetz kann die Wohnräume nicht nur mit Außenluft versorgen, es kann auch zusätzlich als Verteilsystem für Wärme und Kälte eingesetzt werden. Hieraus resultierende Anforderungen an die Ausführung von Kanälen werden in Abschnitt 10.4.5 und 11.4.4 besprochen.

Eine Luftheizung ohne Umluft, die lediglich den aus hygienischen Gründen notwendigen Luftvolumenstrom nutzt, kann nur eine relativ geringe Heizleistung realisieren, da der Luftvolumenstrom insbesondere bei tiefen Außentemperaturen begrenzt ist. Geht man von einem Anlagen-Luftwechsel bei tiefen Außentemperaturen von 0,4 h^{-1} aus, so entspricht dies einem flächenbezogenen Volumenstrom $\dot{V}_a$ von etwa 1 m^3/h je 1 m^2 Wohnfläche.

Die Zulufttemperatur t_{Zu} ist aus hygienischen Gründen auf maximal 55 °C begrenzt, da oberhalb dieser Temperatur die Verschwelung von Hausstaub auf Oberflächen beginnt [52].

Durch eine Aufheizung der Zuluft auf t_{Raum} = 20 °C nach der Wärmerückgewinnung lassen sich die Lüftungswärmeverluste der ventilatorgestützten Lüftung ausgleichen. Die zusätzliche **Heizleistung $\dot{q}_a$ der Luftheizung** steht dann zur Deckung der Transmissions- und Infiltrationsverluste zur Verfügung:

$$\dot{q}_a = \dot{V}_a \cdot c_{p,L} \cdot (t_{Zu} - t_{Raum})$$

Bei Einsetzen der Zahlenwerte ergibt sich mit einer spezifischen Wärmekapazität der Luft $c_{p,L}$ = 0,34 Wh/(m^{3}K):

$$\dot{q}_a = 1 \text{ m}^3/\text{h} \cdot 0,34 \text{ Wh/(m}^3\text{K)} \cdot (55\text{ °C} - 20\text{ °C}) = 11,9 \text{ W/m}^2$$

eine maximale Heizleistung von 11,9 W/m^2. Im Heizlastauslegungsfall nach [54] können zur Deckung der Verluste noch 1,6 W/m^2 aus inneren Wärmequellen herangezogen werden. Die solaren Gewinne betragen in günstigen Fällen bis zu 5, in ungünstigen Fällen 0,5 W/m^2. **Eine Luftheizung kann also als alleiniges Wärmeverteilsystem in Wohngebäuden eingesetzt werden, in denen die flächenspezifischen Lasten aus Infiltration und Transmission maximal 14, in günstigen Fällen bis 18 W/m^2 betragen;** dieser Bereich ist in *Bild 14-85* hell unterlegt dargestellt. Bei Gebäuden mittlerer Kompaktheit (A/V$_e$) muss hierzu der spezifische Transmissionswärmeverlust H$_T'$ den Grenzwert der EnEV 2014 (bis 2015) um ca. 50 % unterschreiten. Bei weniger kompakten Häusern mit A/V$_e \geq$ 0,8 ist eine Unterschreitung bis zu 75 % notwendig. Zusätzlich sollte das Gebäude in jedem Fall sehr gut luftdicht sein (n$_{50} \leq$ 0,6 h^{-1}). **Dies entspricht praktisch den Anforderungen im Passivhausstandard.**

Neben der energetischen Bilanz sind auch **raumklimatische Anforderungen** zu beachten. Wird Warmluft unter der Decke eingebracht, muss die Aufenthaltszone erwärmt werden, ohne dass die aus Behaglichkeitsgründen maximal zulässige Strahlungsasymmetrie [53] überschritten wird.

Die Betrachtung sowohl der Heizlastbilanzen als auch des thermischen Komforts führen zum übereinstimmenden Resultat, dass hochwertige Wärmedämmung und luftdichte Bauweise zusammen mit einer Zu-/Abluftanlage notwendige Voraussetzungen sind, um eine Luftheizung ohne Umluft als alleiniges Wärmeverteilsystem einsetzen zu können.

Luftheizungen, die in thermisch schlechteren Baustandards eingesetzt werden, müssen aus Gründen der Heizlast und des Raumklimas anders konstruiert sein.

Die Wärme sollte aus raumklimatischen Gründen bevorzugt unten und im Bereich der Außenwände eingebracht werden. Hierzu werden in der Regel Flachkanäle im Fußbodenaufbau verlegt, der dazu höher ausgeführt werden muss, *Bild 14-86*.

Um größere Heizlasten abdecken zu können, sind höhere Luftvolumenströme notwendig. Je nach Baustandard sind hierzu **Luftwechsel von 2,5 h^{-1} und mehr erforderlich**. Da dies aus energetischen und feuchtetechnischen Gründen nicht durch erhöhten Außenluftwechsel erfolgen kann, wird ein zusätzlicher Umluftanteil eingesetzt. Dieser wird über ein Filter geführt, mit der Außenluft gemischt und aufgeheizt. Aus Funktionsräumen (Küche, Bad, WC, Hauswirtschaft) wird Abluft abgesaugt und über einen Plattenwärmeübertrager nach außen abgeführt. Der Außenluftvolumenstrom wird angesaugt und durch Wärmerückgewinnung vorgewärmt.

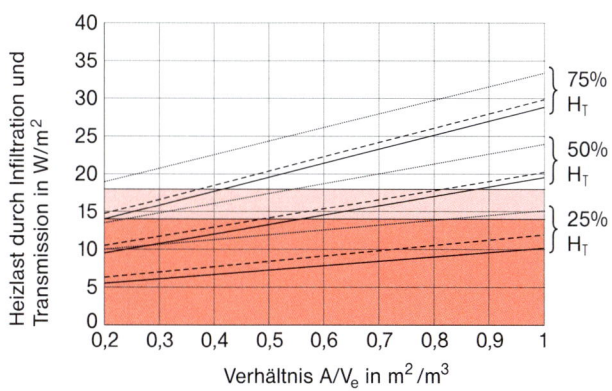

14-85 Flächenspezifische Heizlasten durch Transmission und Infiltration. Der Wärmedämmstandard ist in Bezug zum Grenzwert des spezifischen Transmissionswärmeverlusts H_T' nach EnEV dargestellt. Die Infiltrationslast ist als Funktion der Luftdichtheit n_{50} nach [54] berechnet. Die Kurvenscharen zu H_T' stellen die Summe aus Transmissions- und Infiltrationslast dar. Die Lastobergrenze einer Luftheizung ohne Umluft als alleiniges Wärmeverteilsystem liegt je nach passivem Solarbeitrag im hell unterlegten Bereich

Die Umluft kann entweder von jedem einzelnen Aufenthaltsraum abgeführt oder – wie es häufiger vorkommt – an einer zentralen Stelle, z. B. im Flur, abgesaugt werden. In diesem Fall sind in den einzelnen Räumen größere Überströmluftdurchlässe vorzusehen, die dann meist mit Schalldämpfern ausgestattet sind, *Bild 14-87*.

Das Zentralgerät einer Luftheizung enthält zusätzlich zu den Komponenten einer Zu-/Abluftanlage, Abschnitt 11.4.2, noch mindestens eine Mischkammer für Außenluft und Umluft sowie den Wärmeübertrager zur Einkopplung der Wärme des Wärmeerzeugers (Wärmepumpe, gas- oder ölgefeuerter Kessel o. Ä.). Dieser kann auch im Gerät integriert sein.

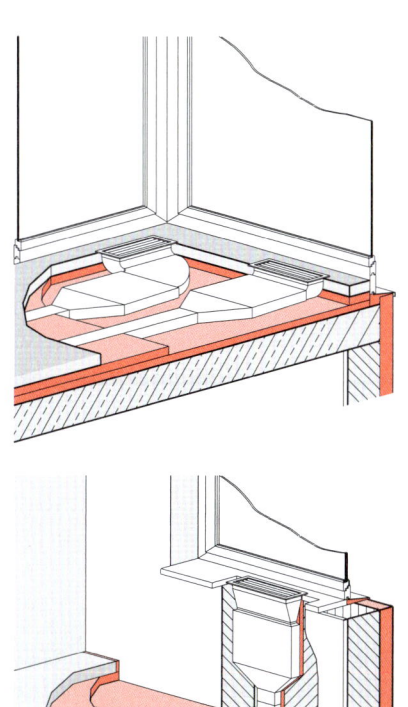

14-86 Zuluftdurchlässe einer Luftheizung mit Umluft

Die Auslegung der Luftkanäle und der Luftvolumenströme erfolgt nach der Heizlast für jeden einzelnen Raum. Dabei muss berücksichtigt werden, dass entlang der Luftkanäle bereits Wärme abgegeben wird. Die Regelung erfolgt durch die Einstellung einer Grundtemperatur am Gerät und durch eine überlagerte Einzelraumregelung, die mittels Luftklappen in den Kanälen oder an den Luftdurchlässen die Zuluftvolumenströme der Räume regu-

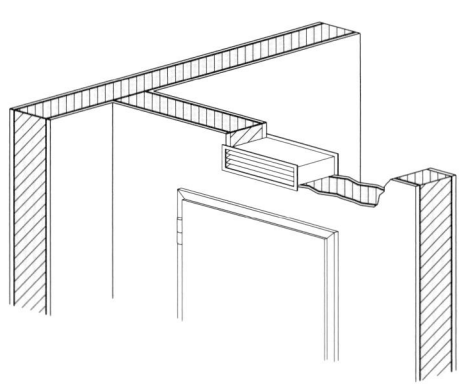 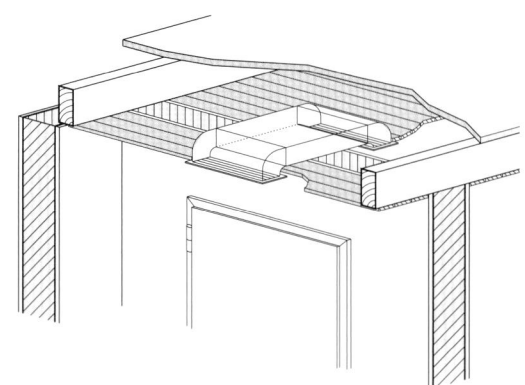

14-87 Überströmluftdurchlässe eines Luftheizungssystems in Wand und Decke

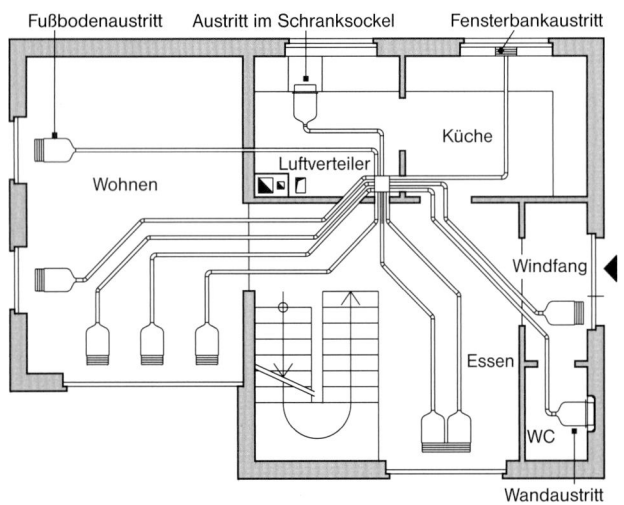

14-88 Überströmluftdurchlässe eines Luftheizungssystems in Wand und Decke

liert. Das Verhältnis Außenluft zu Umluft wird im Zentralgerät eingestellt.

Im Vergleich zu Zu-/Abluftanlagen haben bei Luftheizungen Maßnahmen für Schallschutz und Energieeffizienz noch verstärkte Wichtigkeit.

Die wärmeführenden Luftkanäle benötigen eine gute Wärmedämmung, Abschnitt 11.4.4, und sollen möglichst nur im beheizten Bereich geführt werden; bei Integration in Außenbauteile ist auf ausreichende Dämmung zur kalten Seite hin zu achten. Wie bei der Luftheizung ohne Umluft soll die maximale Lufttemperatur unter 55 °C liegen, um Staubverschwelung zu vermeiden.

Luftheizungen haben ein flinkes Regelverhalten, sind jedoch anlagentechnisch deutlich aufwendiger als eine Warmwasserheizung. Ablufträume benötigen oft Zusatzheizflächen oder zusätzliche Umluftdurchlässe, *Bild 14-88*; die Luftvolumenströme sind so einzuregeln, dass keine geruchsbelastete Luft aus Küche und WC in andere Räume übertritt.

Mit steigendem Luftwechsel steigt die Gefahr von Diskomfort (z. B. höherer Staubgehalt der Raumluft, Lüfter- und Strömungsgeräusche), Luftheizungen sollten deshalb nur in luftdichten Gebäuden mit gutem baulichen Wärmeschutz eingesetzt werden, um durch eine geringe Heizlast den Luftwechsel im komfortablen Bereich zu halten.

11.5.2 Luftkühlung

Wohngebäude benötigen bei richtiger Planung und vernünftigem Nutzerverhalten für gutes sommerliches Raumklima keine aktive Kühlung. DIN 4108-2 [4] nennt hierfür die wesentlichen Anforderungen.

Interne Wärmelasten in Wohnungen liegen im Mittel über 24 h zwischen 2 und 5 W/m²; sie sind so gering, dass sie tagsüber in ausreichendem Umfang in speicherfähigen Bauteilen abgepuffert werden können. Mit den über Fensterlüftung erzielbaren höheren Volumenströmen, Abschnitt 7.3, *Bild 14-28*, werden die Wärmespeicher über Nacht oder am frühen Morgen wieder entladen. Probleme entstehen erst, wenn die verstärkte Nachtlüftung nicht erfolgt oder wenn durch große Fensterflächen ohne ausreichenden Sonnenschutz hohe **solare Wärmelasten** ins Gebäude gelangen. Die EnEV schreibt aus diesem Grund für Gebäude mit höheren Fensterflächenanteilen einen Nachweis zur Einhaltung eines Mindeststandards vor, Kapitel 2-5.

Es ist zu beachten, dass **eine zur hygienischen Wohnungslüftung ausgelegte Anlage nur eine relativ geringe Kühlleistung erbringen kann.** Bei einem Volumenstrom von 150 m³/h und Stoffwerten der Luft von 0,34 Wh/(m³K) beträgt die Kühlkapazität rund 50 W/K. Setzt man für den Sommerfall eine Abkühlung des Außenluftstroms von ca. 8 K an, ergibt sich eine Kühlleistung von 400 W, siehe Abschnitt 15. In einem gut konzipierten Gebäude wirkt die Außenluftankühlung über Tag als angenehmes Komfort-Plus. **Die Auswirkungen ungünstiger Planung oder unangepassten Nutzerverhaltens können nur bedingt ausgeglichen werden.**

Höhere Kühlleistungen benötigen eine spezielle Auslegung der Anlage zu diesem Zweck, nämlich höhere Luftvolumenströme und/oder tiefere Lufttemperaturen. Zu beachten sind hierbei unter anderem Vermeidung von Zugerscheinungen an Luftdurchlässen, Schwitzwasserdämmung, Abschnitt 10.4.5, sowie Dimensionierung von Kanalnetz und Lüftern.

11.6 Abwärmenutzung

Die Abluft von Lüftungsanlagen kann als Wärmequelle für eine in das Lüftungsgerät der Abluft integrierte Wärmepumpe dienen, *Bild 14-89*. Diese Abluftwärmepumpe entzieht mit ihrem Verdampfer Wärme. Diese Wärme wird vom Verflüssiger zusammen mit der ebenfalls in Wärme umgewandelten elektrischen Antriebsenergie auf höherem Temperaturniveau an den Zuluftstrom abgegeben oder zur Heizung bzw. Trinkwassererwärmung genutzt.

Mit zunehmender Differenz zwischen den Temperaturniveaus am Verdampfer und Verflüssiger erhöht sich die elektrische Antriebsleistung, da stärker verdichtet werden muss. Der Quotient aus Wärmeabgabe am Verflüssiger zum Stromeinsatz des Kompressorantriebs wird als **Leistungszahl der Wärmepumpe** bezeichnet. Das Verhältnis der über ein Jahr bereitgestellten Wärme zu dem für den Antrieb des Verdichters, für Hilfsaggregate und für die Erschließung der Wärmequellen eingesetzten Strom wird **Jahresarbeitszahl** genannt. Je höher diese Zahl liegt, umso geringer ist der energetische Aufwand für die Nutzung der Umweltenergie und umso wirtschaftlicher ist der Betrieb der Wärmepumpe.

Bild 14-90 zeigt beispielhaft für eine Zu-/Abluftanlage mit Wärmeübertrager, Wärmepumpe und vorgeschalteten

Erdreich-Wärmeübertrager die Anteile der Wärmeleistung in Abhängigkeit von der Außentemperatur:

– Ein Plattenwärmeübertrager (WÜT) erhöht mit fallender Außentemperatur seine Wärmeleistung. Bei effizienter Auslegung erzielen Plattenwärmeübertrager im Bezug zum eingesetzten Lüfterstrom Jahresarbeitszahlen zwischen 10 und 20. Die Wärme kann jedoch im besten Fall knapp unterhalb des Temperaturniveaus der Abluft geliefert werden. Hiermit lässt sich der wesentliche Teil der durch die ventilatorgestützte Lüftung bedingten Lüftungswärmeverluste decken.

– Die Wärmeleistung einer Wärmepumpe (WP) sinkt mit fallender Außentemperatur, auch die Leistungszahl verschlechtert sich. Die Wärmepumpe liefert Wärme auf einem Temperaturniveau bis ca. 50 °C und kann zur Raumheizung und Warmwasserbereitung eingesetzt werden. Die Jahresarbeitszahlen der Wärmepumpe liegen bei sinnvoller Auslegung um 3,5. Durch die im Vergleich zur Außenluft höhere Temperatur und Feuchte der Fortluft verbessern sich die Arbeitsbedingungen der Wärmepumpe, allerdings ist die Leistung der Wärmequelle durch die Höhe des hygienisch notwendigen Volumenstroms begrenzt.

– Ein Erdreich-Außenluft-Wärmeübertrager (EWÜT) erhöht mit fallender Außentemperatur seine Wärmeleistung. Dabei nimmt der Temperaturhub im gewählten Beispiel um ca. 0,5 K/°C linear zu. Der Beitrag des EWÜT verringert allerdings die Leistung des Plattenwärmeübertragers. Der EWÜT ist im Beispiel so dimensioniert, dass ein frostfreier Luftaustritt bei –12 °C gegeben ist.

Die Komponenten Platten-, Erdreich-Außenluft-Wärmeübertrager und Wärmepumpe ergänzen sich gut: Der Plattenwärmeübertrager deckt beim luftdichten Gebäude nahezu den Lüftungswärmebedarf knapp unter Raumlufttemperaturniveau ab. Die Wärmepumpe liefert Wärme auf dem für die Warmwasserbereitung und Heizung (Transmissions- und Infiltrationswärmeverluste) benötigten höheren Temperaturniveau. Der Erdreich-Außenluft-Wärmeübertrager gewährleistet einen frostfreien Betrieb des Plattenwärmeübertragers und stabili-

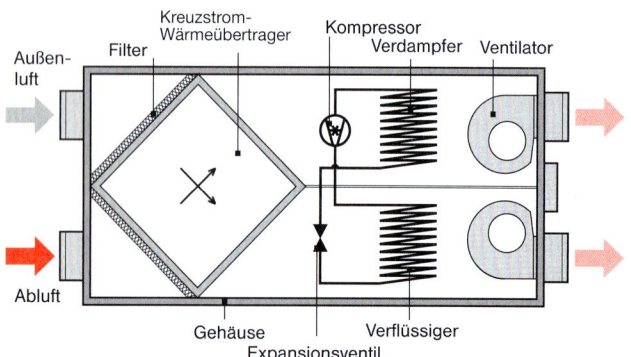

14-89 Schematische Darstellung eines Zentralgeräts mit Plattenwärmeübertrager und nachgeschalteter Abluft-Zuluft-Wärmepumpe

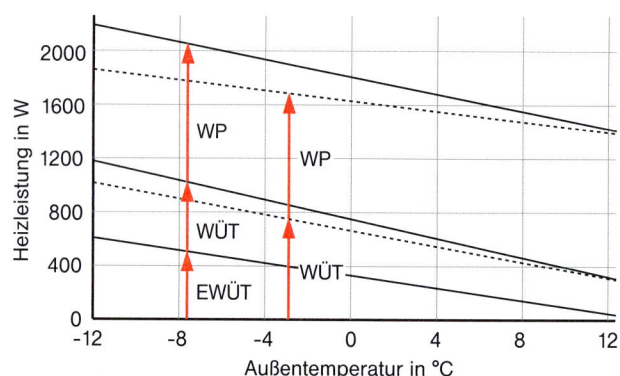

14-90 Schemadarstellung der Beiträge zur außentemperaturabhängigen Gesamtheizleistung von Plattenwärmeübertragern und nachgeschalteter Wärmepumpe ohne (unterbrochene Linien) und mit vorgeschaltetem Erdreich-Außenluft-Wärmeübertrager (durchgezogene Linien)

siert durch höhere Wärmequellentemperatur die Leistung der Wärmepumpe bei tiefen Außentemperaturen. Im Auslegefall ist eine um 15 % höhere WP-Leistung verfügbar.

Geräte, die eine Lüftung mit Plattenwärmeübertrager und eine Wärmepumpe zur Heizung und Warmwasserbereitung einschließlich des notwendigen Warmwasserspeichers enthalten, werden häufig als **Kompaktgeräte** bezeichnet.

Aufgrund des für die hygienische Wohnungslüftung benötigten relativ geringen Außenluftstroms von z. B. 150 m^3/h ist die Heizleistung des Kompaktgerätes ohne Einsatz eines zusätzlichen Wärmeerzeugers, *Bild 14-85*, bei niedrigen Außentemperaturen für heute übliche Baustandards zu gering.

Bild 14-91 zeigt ein Gebäude mit einer Kombination aus Kompaktgerät zur Luftheizung und Warmwasserbereitung sowie einem zusätzlichen Wärmeerzeuger mit einem angeschlossenen Flächenheizungssystem. Diese doppelte Installation für Wärmeerzeugung und Raumwärmeverteilung ist wegen der zusätzlichen Investitionskosten allerdings kostenintensiv. Auch energetisch führt der parallele Betrieb zweier Wärmeerzeuger und -verteilsystems zu höheren Aufwandszahlen.

Energetisch und funktionell ist es trotzdem durchaus sinnvoll, durch weitere Verbesserung des wärmetechnischen Baustandards (Dämmung und Dichtheit) die Heizlasten so weit abzusenken, dass sie über eine Luftheizung ohne Umluft abzudecken sind [60], Abschnitt 11.5.1.

Höhere Wärmepumpenheizleistungen bis über 3 kW werden erzielt, wenn der Fortluft aus der Wohnung vor dem Wärmepumpenverdampfer zusätzlich Außenluft beigemischt wird, die gegebenenfalls in einem Erdreich-Außenluft-Wärmeübertrager vorgewärmt werden kann. Werden derartige Geräte in Gebäuden mit höheren Heizlasten eingesetzt, als sie durch Luftheizung ohne Umluft abzudecken sind, sollten Typen gewählt werden, die über einen Anschluss für eine Pumpen-Warmwasserheizung verfügen.

Bei Einsatz von Lüftungswärmepumpen geringer Leistung muss zur ausreichenden Warmwasserversorgung bei Spitzenbedarf ein Zusatzheizstab im Speicher oder ein externer elektronisch geregelter Durchlauferhitzer (Kapitel 15-4.6) vorgesehen werden.

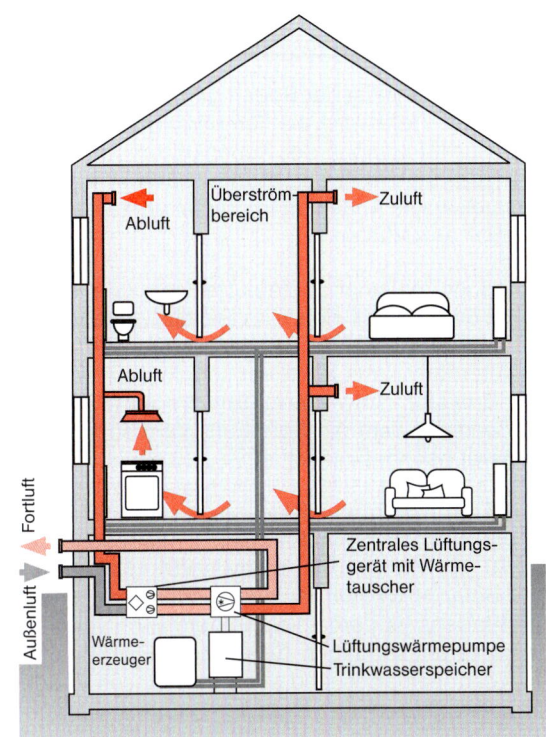

14-91 Schema einer zentralen Zu-/Abluftanlage mit Wärmerückgewinnung durch Wärmeübertrager und Wärmepumpe zur Erwärmung von Trinkwasser und Zuluft sowie einem zusätzlichen Wärmeerzeuger und Wärmeverteilsystem

Als Wärmeerzeuger für die Luftheizung und Warmwasserbereitung sind, statt der integrierten Wärmepumpe, auch externe Kessel für Gas, Öl, Holzpellets oder eine externe Sole-Wasser-Wärmepumpe einsetzbar. Die Wärme wird dann über einen Wasser-Luft-Wärmeübertrager auf die Zuluft übertragen. Kompaktgeräte sind in der Regel auch für einen optionalen Anschluss von Solarkollektoren vorbereitet.

11.7 Nutzung regenerativer Energie

11.7.1 Technische Anforderungen

Ab Tiefen unter 1 m ist der Boden ganzjährig frostfrei, mit zunehmender Tiefe wird die Temperatur immer weniger von den Schwankungen der Außenlufttemperatur beeinflusst. Dieses stabile Temperaturniveau lässt sich nutzen, um beispielsweise Außenluft im Winter vorzuwärmen und im Sommer anzukühlen.

In Verbindung mit einer Zu-/Abluftanlage kann hierzu die Außenluft direkt durch Rohre im Erdreich geleitet werden (**Erdreich-Außenluft-Wärmeübertrager, EWÜT**), *Bild 14-92*. Alternativ kann auch ein soledurchströmter horizontaler **Erdreich-Sole-Wärmeübertrager (ESWÜT)** eingesetzt werden, dem ein Sole-Luft-Wärmeübertrager im Zentralgerät nachgeschaltet ist.

Ein EWÜT ist eine raumlufttechnische Anlage, es gelten daher die einschlägigen Richtlinien, insbesondere DIN EN 13779 [5], DIN 1946-6 [6] sowie VDI 4640-4 [63]. Bei der AG Solar NRW [64] ist die Kurzfassung eines Planungsleitfadens [65] erhältlich, in dem auch vereinfachte Dimensionierungsangaben für kleinere EWÜT enthalten sind. Diesem Leitfaden sind auch Teile dieses Abschnitts entnommen.

Die **Außenluftansaugung** ist so zu platzieren, dass Außenluft möglichst guter Qualität angesaugt wird. Dazu ist sowohl ein ausreichender Abstand zum Erdboden als auch zu anderen Emissionsquellen (z. B. Fortluftauslass, Mülltonnen) notwendig. Zum Schutz des EWÜT ist an der Ansaugung nach [65] ein Vorfilter der Klasse G4 vorzusehen. DIN 1946-6 [6] fordert mindestens ein engmaschiges Insektenschutzgitter.

Ein EWÜT muss aus geeigneten Materialien bestehen und richtig verlegt werden, *Bild 14-93*. Hierzu gehört insbesondere die Verlegung mit gleichmäßigem Gefälle in Strömungsrichtung mit ≥ 1 % zu einem Tiefpunkt mit **Entwässerung**, damit zeitweise anfallendes Kondenswasser ablaufen und die Rohroberfläche über Nacht abtrocknen kann. Über mehrere Tage vorhandene Feuchtigkeit wäre immer ein hygienisches Risiko wegen möglichen Wachstums von Mikroorganismen. Die Verlegung ist zu überwachen, um eine bessere Verlegequalität bezüglich Gefälle und Dichtheit zu erreichen, als sie teilweise bei Entwässerungsleitungen in der Baupraxis erzielt wird.

Bei Verlegung neben einem unterkellerten Gebäude kann zum Keller hin entwässert werden. Sonst muss am Tiefpunkt ein Revisionsschacht gesetzt werden. Die Entwässerung am EWÜT soll über einen Siphon erfolgen. Bei Einleitung in das Abwassernetz ist ein freier Einlauf über einen Trichter mit nachfolgendem weiteren Siphon eine sinnvolle Lösung. Eine offene Entwässerung im

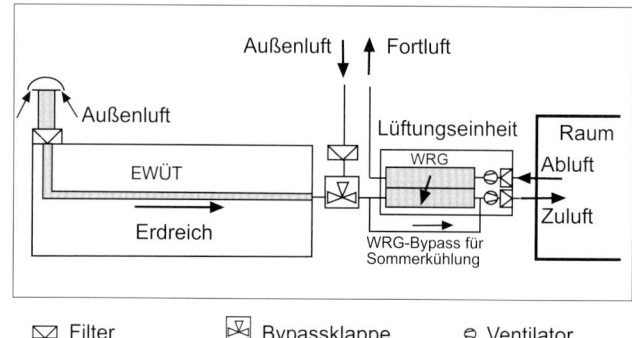

14-92 Prinzip der Luftführung einer Lüftungsanlage mit Wärmerückgewinnung und vorgeschaltetem Erdreich-Luft-Wärmeübertrager, nach [65]

Anforderungen an EWÜT
Material
▶ Korrosionssicher
▶ Keine Emission gesundheitsgefährdender Stoffe
▶ Kein Nährboden für Mikroorganismen
▶ Innen glattwandig und reinigbar
Verlegung
▶ In gleichmäßigem Gefälle, ≥ 1 % auf verdichtetem Untergrund (DIN 4124)
▶ Entwässerung an definiertem Tiefpunkt, in Wasserschutzgebieten keine Versickerung
▶ Dicht gegen Wasser und gegebenenfalls Radon
▶ Gegebenenfalls Revisionsschächte für Inspektion und Reinigung
Räumliche Anordnung
▶ Frei in Außenanlagen
▶ Im Arbeitsraum der Baugrube
▶ Unter der Bodenplatte

14-93 Anforderungen an Erdreich-Luft-Wärmeübertrager

Geeignete Rohrarten für EWÜT	
Weichmacherfreies PVC nach DIN 19534	Preiswert bis DN 500
PE nach DIN 8074, 8075 oder PP nach DIN 16962	Sehr gut, teuer
Kabelschutzrohre aus PE-HD nach DIN 19961	Preiswert bis DN 200
Betonrohre nach DIN 4032 und 4035	Für große Durchmesser

14-94 Geeignete Rohrarten für Erdreich-Luft-Wärmeübertrager (Auszug)

Schacht ist nur dann zulässig, wenn mit Sicherheit kein Grund- oder Schichtwasser auftreten kann, der Boden sickerfähig ist, der Wasserschutz dies zulässt [63] und kein radonbelasteter Standort vorliegt. Ansonsten muss ein geschlossener Schacht mit einer geeigneten Pumpe eingesetzt werden.

Mögliche **Rohrarten** sind in *Bild 14-94* aufgeführt. Für kleinere Rohrdurchmesser bietet eine Reihe von Firmen spezielle modulare Kunststoffkanäle für EWÜT einschließlich Zubehörteilen wie Entwässerungs- und Revisionsschächten, Außenluftfiltern, Hauseinführungen etc. an.

Die Ausführung des EWÜT kann als Einzel- und Doppelrohrsystem oder als Register erfolgen, *Bild 14-95*. Anlagen für kleinere Wohngebäude werden in der Regel als Einzelrohrsysteme ausgeführt. Bei Registern ist darauf zu achten, dass die einzelnen Teilstränge für Inspektion und Reinigung zugänglich sind. Bei Einzelrohren muss spätestens nach aufeinander folgenden Bögen von 180° plus 90° ein Revisionsschacht angeordnet werden.

Im Wohnungsbau stehen die Verringerung der Lüftungswärmeverluste und der Frostschutz für den Plattenwärmeübertrager im Vordergrund, Ankühlung der Außenluft im Sommer ist ein willkommener Nebeneffekt, Abschnitt 11.5.2. Für die Luftvorwärmung ist die **Verlegung** unter oder neben dem Gebäude vorteilhaft, weil hier das Erdreich weniger auskühlt. Eine Verlegung im Arbeitsraum der Baugrube oder unter der Bodenplatte spart Aushub ein, der sonst einen großen Kostenanteil ausmacht. Bei freien Flächen neben dem Gebäude sollen EWÜT zum Frostschutz von Plattenwärmeübertragern oder Haustechnik-Kompaktgeräten nach VDI 4640-4 [63] möglichst in 1,5 m Tiefe oder tiefer verlegt werden. *Bild 14-96* nennt Einflussfaktoren, die bei der Systemauslegung zu berücksichtigen sind.

11.7.2 Energetische Aspekte für Auslegung und Betrieb

Die energetischen Eigenschaften eines EWÜT lassen sich durch folgende Kenngrößen darstellen:

- Ein zulässiges Toleranzband der Austrittstemperaturen: Hier ist als Beispiel die für den Frostschutz eines nachgeschalteten Plattenwärmeübertragers zulässige minimale Austrittstemperatur zu berücksichtigen.
- Saisonaler Wärme- oder Kälteertrag $Q_{s,H/K}$ als Summe der in den Zeitabschnitten Δt_i der Saison mit dem jeweiligen Volumenstrom $\dot{V}_i$ erzielten Wärme- bzw. Kältearbeit:

$$Q_{s,H/K} = \Sigma_i Q_{i,H/K} = \dot{V}_i \cdot c_{p,L} \cdot \rho_L (t_{außen} - t_{Austritt}) \cdot \Delta t_i$$
[in kWh]

- Saisonale Arbeitszahl β_s als Verhältnis des Wärme- bzw. Kälteertrags $Q_{s,H/K}$ zur aufgewendeten elektrischen Antriebsarbeit W_{el}, Abschnitt 12.2.

Zu bestimmen sind für ein Bauprojekt sinnvolle Größen der Parameter Durchmesser, Länge sowie Verlegetiefe der Rohre. Dies im Detail auszuführen ist eine komplexe Aufgabe, die für kleine Anlagen aus Kostengründen nicht leistbar ist. Hier muss auf vereinfachte, überschlägige Berechnungen zurückgegriffen werden. VDI 4640-4 [63] enthält Angaben für erforderliche Rohrdurchmesser und Verlegelängen zum Erreichen der Frostfreiheit am Lüftungsgerät unter Beachtung der Bodeneigenschaften. Hinweise auf Auslegungsprogramme finden sich in [54] und [64].

Aufwand, Ertrag und Arbeitszahl hängen nicht zuletzt auch von der **Regelstrategie** ab. In *Bild 14-97* sind die Auswirkungen verschiedener Regelstrategien auf die saisonale Arbeitszahl im Heizfall dargestellt. Regelstrategie A stellt ein nur theoretisch erreichbares Optimum dar. Regelstrategie B entspricht dem Fall, dass der Luftstrom nur dann durch den EWÜT strömt, wenn die Erdreichtemperatur größer als die Außenlufttemperatur ist. Fall C schließlich bedeutet eine ständige Durchströmung des EWÜT.

Die dargestellten Arbeitszahlen sind insgesamt zu optimistisch. Zum einen fehlt der Lüfterstromanteil für Formteile und Einbauten im EWÜT. Zum anderen ist nicht berücksichtigt, dass der Wärmeertrag des nachfolgenden Plattenwärmeübertragers durch die wesentlich höhere

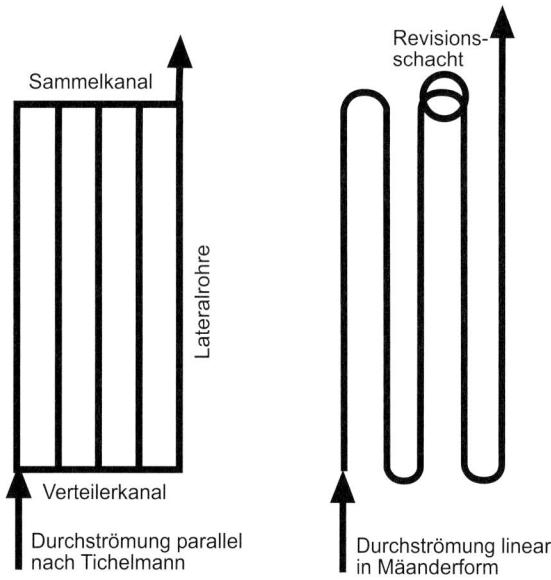

14-95 Bauformen von Erdreich-Luft-Wärmeübertrager

Einflussfaktoren zur Auslegung von EWÜT
Konstruktive Einflussgrößen
▶ Verlegetiefe, Verlegeart, Rohrmaterial
Erdreicheigenschaften
▶ Thermische Bodenkennwerte, Erdfeuchte
Klima
▶ Standort, Wetter, Grundwasserverhältnisse
Nutzungsvorgaben
▶ Volumenströme, Betriebszeiten, zulässige Temperaturtoleranzen

14-96 Einflussfaktoren auf die Systemauslegung von Erdreich-Luft-Wärmeübertragern

Lufteintrittstemperatur deutlich verringert ist. Dies führt größenordnungsmäßig zu einer Korrektur der Arbeitszahlen auf 50 % der dargestellten Werte.

Weiterhin ist zu berücksichtigen, dass wegen der zusätzlichen Investitionskosten für die Bypassklappe und das zweite Filtergehäuse kleinere Anlagen für einzelne Wohneinheiten meist ohne Bypass und ungeregelt betrieben werden. In diesem Fall verdoppelt sich der Lüfterstromaufwand ohne zusätzliche Erträge und die Arbeitszahl reduziert sich etwa um weitere 50 %.

Soll die **Jahresarbeitszahl** den Primärenergiefaktor für Strom ausgleichen, muss der EWÜT auf relativ niedrige Strömungsgeschwindigkeiten ausgelegt werden. DIN 1946-6 empfiehlt eine maximale Strömungsgeschwindigkeit von 3 m/s, VDI 4640-4 geht von maximal 4 m/s aus.

Eine grafische **Auslegehilfe** aus [65] ist in *Bild 14-98* dargestellt. Hier wird für den Fall mittleren Wetters und mittlerer Erdreicheigenschaften die für einen frostfreien Luftaustritt notwendige Mindest-Rohrlänge bei 1,5 m Verlegetiefe abgeschätzt. Beim Druckverlust sind nur glattwandige Rohre, jedoch keine Einbauten und Formteile berücksichtigt. Bei einem Volumenstrom von 200 bis 400 m^3/h (Einfamilienhaus bis 2-/3-Familienhaus) werden EWÜT in der Dimension DN 200 bei Verlegelängen zwischen 35 und 55 m ausgeführt.

Wie auch bei anderen Autoren [49], [50], [51] wurden im Rahmen des EWÜT-Verbundprojekts der AG Solar [64] keine hygienisch bedenklichen Auswirkungen der EWÜT festgestellt.

In den letzten Jahren wird zunehmend über den Einsatz von **soledurchströmten Erdreichwärmeübertragern (ESWÜT)** zur Vorwärmung und Vorkühlung von Außenluft berichtet [69]. Hier werden im Erdreich Sole-Leitungen als Flach- oder Grabenkollektoren ähnlich wie bei Wärmepumpenanlagen eingesetzt. Die Wärme wird über einen Sole-Luft-Wärmeübertrager auf den Außenluftstrom übertragen. Bei der Auslegung muss, wie beim EWÜT, der luftseitige Druckverlust unter Berücksichtigung des zusätzlichen Strombedarfs des Lüfters abgestimmt werden. Die Umwälzpumpe ist über eine Regelung nur im Bedarfsfall zu betreiben. Soll der ESWÜT zur sommerlichen Außenluftankühlung genutzt werden, ist auf eine schwitzwassersichere Ausführung der Wärmedämmung des Gehäuses und der Leitungen sowie auf einen Kondenswasserablauf am Gehäuse zu achten.

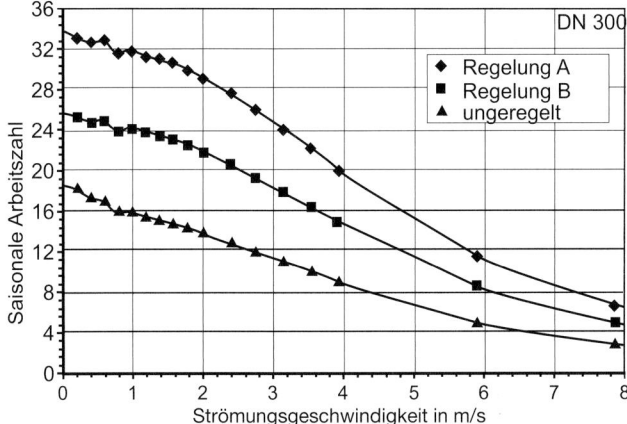

14-97 Einfluss der Strömungsgeschwindigkeit und der Regelstrategie auf das Betriebsergebnis [65]. Grundsätzlich sinkt die Arbeitszahl mit zunehmender Strömungsgeschwindigkeit stark ab.

Regelung A: theoretisches Optimum

Regelung B: Betrieb nur, wenn Außenlufttemperatur unter Erdreichtemperatur

ungeregelt: ständiger Betrieb

11.8 Regelkonzepte für Zu-/Abluftanlagen

Die grundlegenden Anforderungen an Regelkonzepte für Wohnungslüftungsanlagen sind in Abschnitt 10.6 dargestellt. Auch bei Zu-/Abluftanlagen in Wohnungen ist die **manuelle Stufenschaltung** ein bewährtes Grundkon-

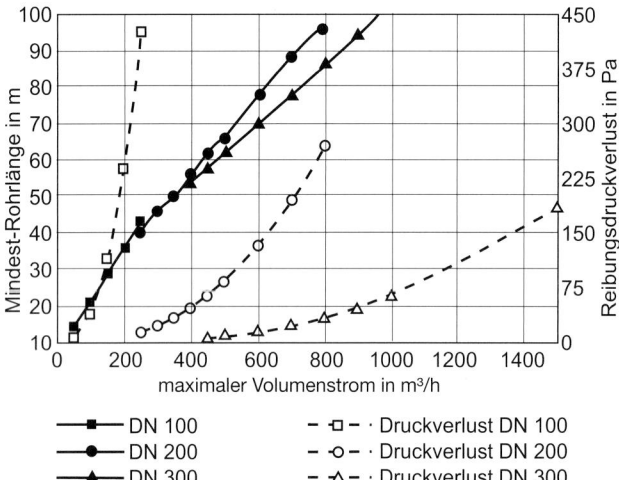

14-98 Diagramm zur überschlägigen Auslegung kleiner Erdreich-Luft-Wärmeübertrager (Luftstrom bis 1000 m³/h) nach [65]. Die Druckverluste sind an den gestrichelten Linien und der rechten Achse, die Rohrlängen an den durchgezogenen Linien und der linken Achse abzulesen.

zept. Bild 14-99 zeigt eine solche in der Wohnung an zentraler Stelle zu installierende Bedieneinheit.

Als sehr wichtige Aufgabe kommt bei Zu-/Abluftanlagen mit Wärmerückgewinnung die **Balance zwischen Abluft- und Zuluft** hinzu, da andernfalls die Lüftungswärmeverluste aufgrund erzwungener In- oder Exfiltration stark zunehmen, Abschnitt 12.1.

Eine Stufenschaltung mit balancierten Luftvolumenströmen kann **bei wohnungsweisen Zentralgeräten** mit Hilfe eines elektrischen Abgleichs beider Lüfter auf jeder Stufe erzielt werden. Der Einsatz geeigneter Paare von volumenstromgeregelten Lüftern, Bild 14-65, vereinfacht die Aufgabe stark. Beim Einsatz volumenstromgeregelter Lüfter kann zusätzlich eine variable Luftvolumenstromverteilung zwischen den Räumen einer Wohneinheit durch den Einsatz variabler Zuluft-/Abluftdurchlässe umgesetzt werden.

Bei zentralen **Lüftungsanlagen für mehrere Wohneinheiten**, Bild 14-72, kann die wohnungsweise Regelbarkeit zusammen mit balancierten Luftvolumenströmen durch Einsatz von Lüftern mit Konstantdruckregelung in Kombination mit gepaarten Volumenstromreglern je Wohneinheit erreicht werden. Die Volumenstromregler müssen speziell auf geringe Druckverluste und geringe Eigenschallerzeugung hin ausgelegt werden. Auch hier kann bei Bedarf durch variable Zuluft-/Abluftdurchlässe eine regelbare Luftmengenverteilung zwischen den Räumen erreicht werden.

Die Einsatzmöglichkeiten und Grenzen für eine **Feuchteregelung** der Luftvolumenströme in Wohnungen sind in Abschnitt 10.6 erläutert. Der Einsatz von zuverlässigen Luftqualitätssensoren scheitert für Wohnräume zurzeit oft noch an den hohen Kosten von mehreren 100 € je

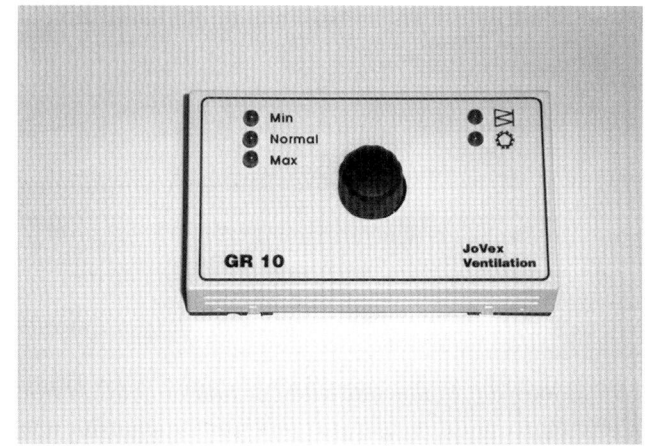

14-99 Dreistufenschalter für eine Zu-/Abluftanlage mit Anzeige für Filterwechsel und Frostschutzbetrieb

Sensoreinheit. Näheres zum Thema Luftqualitätsregelung ist über BINE [59] zu beziehen.

Die **Vor- und Nachteile** verschiedener Regelkonzepte **müssen abgewogen werden**:

– Viele Sensoren, Regler und Stellantriebe benötigen elektrische Energie, zusätzliche Regelklappen im Kanalnetz erzeugen höhere Druckverluste und damit höheren Stromverbrauch. Andererseits können aufgrund der verbesserten Regelmöglichkeiten der erforderliche Volumenstrom gesenkt und so Lüfterantriebsleistung und Lüftungswärmeverluste eingespart werden. Der elektrische Energieaufwand muss bilanziert und mit den erwarteten wärmeseitigen Energieeinsparungen verglichen werden.

– Zusätzliche Baukosten, höherer Aufwand beim Abgleich der Anlage und höhere Stromkosten müssen mit der zu erwartenden wärmeseitigen Betriebskosteneinsparung verglichen werden.

– Durch bedarfsgeführte Regelung der Lüftungsanlage wird vor allem eine Verbesserung der Raumluftqualität erreicht. Diese geht mit weniger Erkrankungen (z. B. Allergien, Erkältungen) der Bewohner einher. Eine Wirtschaftlichkeitsbetrachtung unter Berücksichtigung der vermiedenen Folgekosten im Gesundheitswesen findet bisher nicht statt.

Bei allen Wärmepumpen-Geräten, die Ab- oder Fortluft als Wärmequelle nutzen, muss der winterliche Wärmepumpenbetrieb auch bei niedrigen Volumenströmen gesichert sein, wie sie zur Vermeidung zu niedriger Raumluftfeuchten notwendig sind.

Bei **Einsatz zweier Heizsysteme** mit unterschiedlicher Effizienz, beispielsweise eine Luft-Luft-Wärmepumpe zur Deckung der Grundlast in Kombination mit einer elektrischen Nachheizung zur Spitzendeckung, hat es sich als äußerst wichtig erwiesen, dass beide Systeme von einer Regelung koordiniert werden. Nur so kann der Vorrang des besonders effizienten Grundsystems vor dem weniger effizienten Spitzenlastsystem sichergestellt werden.

12 Energetische Aspekte

12.1 Lüftungswärmeverluste

Beim Lüften wird Raumluft mit einem erhöhten Gehalt an Stoffen, wie sie in Wohnungen freigesetzt werden (z. B. Feuchte, Kohlendioxid, Geruchstoffe, aber auch flüchtige organische Substanzen (VOC)), nach außen abgeführt und durch in der Heizperiode kalte Außenluft ersetzt. Hierbei entstehen Wärmeverluste, die vom Heizungssystem gedeckt werden müssen.

Die Lüftungswärmeverluste eines Gebäudes hängen in unterschiedlicher Art und Weise von vielen Einflüssen ab, beispielsweise: Windgeschwindigkeit und -richtung, Temperaturdifferenz zwischen innen und außen, Gebäudeform, Größe und Anordnung von Lüftungsöffnungen und Leckagen, Lüftungsgewohnheiten der Nutzer sowie gegebenenfalls Einflüsse des ventilatorgestützten Lüftungssystems. Eine genaue rechnerische oder messtechnische Erfassung ist sehr aufwendig. Berechnungen werden daher üblicherweise unter Annahme mittlerer Luftwechsel durchgeführt, die für bestimmte Zeitabschnitte, z. B. Monate, konstant sind.

Die Berechnung von Lüftungswärmeverlusten zur Erstellung von Gebäudeenergiebilanzen erfolgt nach DIN V 4108-6 [45] und DIN V 4701-10 [40] oder alternativ nach DIN V 18599 [78]. Die Lüftungswärmeverluste Q_V berechnen sich danach mit der Formel

$$Q_V = H_V (\vartheta_i - \vartheta_e) \cdot t$$

aus

H_V spezifischer Lüftungswärmeverlust des Gebäudes in W/K,

ϑ_i Bilanz-Innentemperatur in °C,

ϑ_e durchschnittliche Außentemperatur in °C, über den Berechnungszeitraum,

t Länge des Berechnungszeitraums in h.

Der spezifische Lüftungswärmeverlust H_V berechnet sich aus dem Volumenstrom $\dot{V}$ und den Stoffwerten der Luft unter Normalbedingungen ($\rho_L\, c_{p,L} = 0{,}34$ Wh/(m³K)) als

$$H_V = \dot{V} \cdot \rho_L\, c_{p,L} = n \cdot V \cdot \rho_L\, c_{p,L}$$

Für den öffentlich-rechtlichen Nachweis wird das beheizte Luftvolumen V näherungsweise aus dem Bruttovolumen V_e des Gebäudes bestimmt.

Nach EnEV 2014 ist anzusetzen:

$V = 0{,}76\, V_e$ bei Gebäuden bis zu 3 Vollgeschossen,

$V = 0{,}80\, V_e$ in den übrigen Fällen.

Für genauere Berechnungen kann es aus den Innenmaßen der Räume bestimmt werden.

Als mittlerer Standard-Luftwechsel wird für nicht dichtheitsgeprüfte Gebäude ein Wert $n = 0{,}7\ \text{h}^{-1}$ vorgeschlagen, für dichtheitsgeprüfte Gebäude ($n_{50} \leq 3\ \text{h}^{-1}$) $n = 0{,}6\ \text{h}^{-1}$; für den EnEV-Nachweis sind diese Werte vorgegeben.

Bei einem Luftwechsel von $0{,}6\ \text{h}^{-1}$ für dichtheitsgeprüfte Gebäude betragen die wohnflächenbezogenen Lüftungswärmeverluste nach EnEV 2014 rund 35 kWh/(m²×a).

Bild 14-100 zeigt beispielhaft für ein Reihenhaus das Verhältnis von Lüftungs- zu Transmissionswärmeverlusten in Abhängigkeit vom Wärmeschutzniveau. Mit dem heutigen Neubaustandard erreichen Lüftungswärmeverluste in etwa die Größenordnung der Transmissionswärmeverluste. Weitere Verschärfungen der Anforderungen sollten auch die Reduzierung der Lüftungswärmeverluste in den Maßnahmenkatalog aufnehmen.

Bei ventilatorgestützten Lüftungssystemen setzt sich der Volumenstrom aus dem Anteil der freien Lüftung (Summe aus Infiltration und Fensterlüftung $\dot{V}_x$) und dem ventilatorgestützt geförderten Volumenstrom $\dot{V}_f$ zusammen:

$$\dot{V} = \dot{V}_f + \dot{V}_x$$

Findet bei der ventilatorgestützten Lüftung eine Luft-Luft-Wärmerückgewinnung statt, verringern sich die Lüftungswärmeverluste um den durch die Wärmerückgewinnung gelieferten Anteil entsprechend dem Wärmebereitstellungsgrad η'_{WRG}. Es gilt dann:

$$\dot{V} = \dot{V}_f \cdot (1 - \eta'_{WRG}) + \dot{V}_x$$

Für den Fall, dass die ventilatorgestützt geförderten Zu- ($\dot{V}_s$) und Abluftvolumenströme ($\dot{V}_e$), bezogen auf Nennbedingungen, nicht gleich groß sind (Disbalance), ist für $\dot{V}_f$ der größere von beiden anzusetzen.

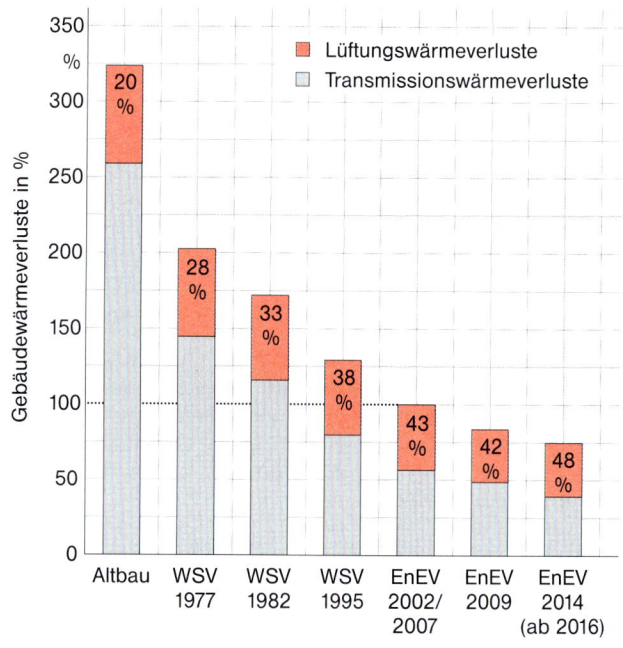

14-100 *Verringerung der Wärmeverluste und Zunahme des Anteils der Lüftungswärmeverluste eines Reihenhauses durch steigenden Wärmeschutz (ohne Lüftungswärmerückgewinn)*

Im Falle der Disbalance gibt es eine Rückwirkung auf den wetterabhängigen Infiltrationsvolumenstrom $\dot{V}_x$. Lage und Windexposition des Gebäudes drücken sich in den Windschutzkoeffizienten e und f aus, die Tabelle 4 aus DIN V 4108-6 : 2000-11 [45] entnommen werden können. Hiermit ergibt sich bei Disbalance:

Gleichung (1)
$$\dot{V}_x = \frac{V \cdot n_{50} \cdot e}{1 + \frac{f}{e} \cdot \left[\frac{\dot{V}_s - \dot{V}_e}{V \cdot n_{50}}\right]^2}$$

Mit der Beziehung

$$n = \dot{V}/V$$

als Verhältnis des Volumenstroms $\dot{V}$ und des beheizten Luftvolumens V lässt sich der energetisch wirksame Luftwechsel n eines Gebäudes mit Wärmerückgewinnung in folgender Art darstellen, wobei n_d die durch Disbalance erzeugte Luftwechselrate ist:

Gleichung (2)
$$n = n_f \cdot (1 - \eta'_{WRG}) + \frac{n_{50} \cdot e}{1 + \frac{f}{e} \cdot \left[\frac{n_d}{n_{50}}\right]^2}$$

Im lüftungstechnischen Modell nach [45] finden sich also die Einflussfaktoren Luftdichtheit der Gebäudehülle n_{50}, Windexposition e und f, ventilatorgestützt erzeugter Luftwechsel n_f und Disbalance der Lüftungsanlage n_d. Setzt man in Gleichung (2) die Disbalance $n_d = 0$, vereinfacht sie sich zu

$$n = n_f \cdot (1 - \eta'_{WRG}) + n_{50} \cdot e.$$

Dies führt zur Darstellung des Infiltrationsbeitrags zum Lüftungswärmeverlust des Gebäudes, siehe Abschnitt 11.3.1, *Bild 14-73*.

Der Einfluss der Disbalance auf die Lüftungswärmeverluste ist in *Bild 14-101* an einem Beispiel dargestellt. Der Gesamtluftwechsel wird nach Gleichung (2) berechnet. Der Wärmerückgewinnung am Plattenwärmeübertrager wird dabei der kleinere der beiden Luftströme zugeordnet, diese Lüftungswärmeverluste werden entsprechend dem Wärmebereitstellungsgrad verringert. Der disbalancierte, ventilatorgestützt geförderte Anteil wird vom Infiltrationsstrom nach Gleichung (1) abgezogen und ergibt den Lüftungswärmeverlust durch erzwungene Infiltration. Der Restbetrag ist die freie Infiltration. Beide Anteile gehen ohne Wärmerückgewinnung in die Bilanz ein. Eine detailliertere Herleitung ist in [70] enthalten. Bei unbalancierten Anteilen bis etwa 10 % verändern sich die Lüftungswärmeverluste des Gebäudes relativ wenig, da die Zunahme der erzwungenen Infiltration in etwa durch die Abnahme der freien Infiltration ausgeglichen wird. Bei weiter zunehmender Disbalance steigen die Lüftungswärmeverluste wesentlich schneller. Soll die Energieeinsparung durch Wärmerückgewinnung beim EnEV-Nachweis mit berücksichtigt werden, ist eine maximale Disbalance von 10 % zulässig.

Hohe Wärmebereitstellungsgrade verbessern nicht nur die Energieeffizienz, sondern auch die Wirtschaftlichkeit des Anlagenbetriebs durch erhöhte Heizenergieeinsparung, da die Stromkosten für den Lüfterbetrieb durch reduzierte Heizkosten erwirtschaftet werden müssen.

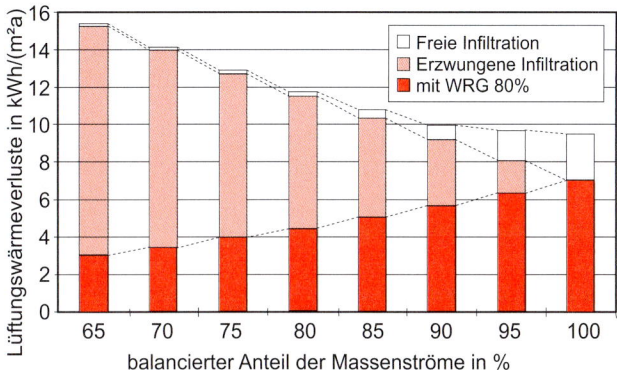

14-101 *Einfluss der Disbalance von Zu- und Abluftstrom auf die resultierenden Lüftungswärmeverluste des Gebäudes unter Passivhaus-Randbedingungen ($n_{50} = 0,5\ h^{-1}$, Wärmebereitstellungsgrad 80 %, Luftwechsel 0,5 h^{-1}) [46]*

12.2 Hilfsenergiebedarf

12.2.1 Mechanische Leistung im Lüftungssystem

Für den Transport der Luft durch das Luftkanalsystem muss ständig mechanische Energie zugeführt werden. Dies ist notwendig, um die Luft gegen die Reibungsverluste durch das Kanalnetz zu drücken. Die mechanische Leistung ist umso größer, je höher der geförderte Volumenstrom $\dot{V}$ und je höher die Druckverluste Δp im Kanalnetz und im Zentralgerät selbst sind:

$$P_{mech} = \dot{V} \cdot \Delta p$$

Erzeugt beispielsweise ein Erdreich-Luft-Wärmeübertrager bei einem Volumenstrom von 120 m³/h einen zusätzlichen Druckverlust von 30 Pa, beträgt die zusätzlich aufzubringende mechanische Leistung 1,0 Watt:

$$120 \text{ m}^3/\text{h} \cdot 30 \text{ Pa} / 3600 \text{ s/h} = 1{,}0 \text{ W}$$

Da die Größe des Volumenstroms unter hygienischen Kriterien festgelegt ist, bestimmt der Druckverlust im Kanal die Höhe der mechanischen Leistung. Wegen der im Allgemeinen quadratischen Zunahme des Druckverlusts mit der Strömungsgeschwindigkeit müssen Kanäle einen ausreichend großen Querschnitt haben. Bei Kanalnetzdurchmessern im Wohnungsbereich zwischen 100 und 160 mm soll die Strömungsgeschwindigkeit maximal 3 m/s betragen. Daneben ist natürlich eine kurze (spart auch Baukosten) und möglichst gerade Kanalführung vorteilhaft.

12.2.2 Elektrische Antriebsleistung

Die zum Lufttransport im Kanalnetz notwendige mechanische Leistung P_{mech} wird über Ventilatoren aus elektrischer Energie bereitgestellt. Je höher die notwendige mechanische Leistung und je schlechter der Wirkungsgrad η des Ventilators, desto größer ist die elektrische Leistungsaufnahme P_{el}.

$$P_{el} = \frac{P_{mech}}{\eta} = \frac{\dot{V} \cdot \Delta p}{\eta}$$

Der Wirkungsgrad hängt vom Betriebspunkt der Anlage (Volumenstrom und Druckerhöhung) ab. Der Betriebspunkt bestimmt sich als Schnittpunkt der Druck-Volumenstrom-Kennlinie des Kanalnetzes mit den Betriebskennlinien des Lüftungsgeräts. Betriebskennlinien und zugehörige Wirkungsgrade können aus dem Muscheldiagramm des für die Gerätezulassung beim DIBt erstellten Prüfberichts entnommen werden. Mit diesen Informationen können Leistungsaufnahme und Regelbereich vorausbestimmt und optimiert werden. Nähere Informationen können der Fachliteratur, z. B. [47], [71], entnommen werden.

Beträgt der Wirkungsgrad eines Ventilators beispielsweise 20 %, so erfordert eine mechanische Leistung im Kanal von 1 W eine elektrische Leistungsaufnahme von 1/0,2 = 5 Watt.

Die elektrische Leistungsaufnahme der Lüftungsanlage ist wichtig für Energieeffizienz und Wirtschaftlichkeit. Eine geeignete Kenngröße für die Energieeffizienz ist die spezifische elektrische Leistungsaufnahme: Die elektrische Antriebsleistung der Lüftungsanlage wird hierbei auf den in der Wohnung erzeugten Luftvolumenstrom bezogen.

Gute Wohnungslüftungsgeräte zusammen mit sachgerecht ausgelegten Kanalnetzen liegen unterhalb der in Bild 14-102 dargestellten Standardwerte nach EnEV 2014.

Einen wesentlichen Fortschritt bei der Reduktion des Hilfsenergiebedarfs bedeutete die Einführung elektro-

Spezifische elektrische Leistungsaufnahme in W/(m³/h)		
	Abluftanlage	Zu-/Abluftanlage mit Wärmerückgewinnung
AC-Ventilatoren	0,20	0,55
DC-Ventilatoren	0,10	0,40

14-102 Standardwerte der volumenstrombezogenen elektrischen Leistungsaufnahme von Wohnungslüftungsanlagen nach DIN V 18599 [78]

- ▶ Die Luftdichtheit der Gebäudehülle ist messtechnisch geprüft und bestätigt mit $n_{50} \leq 1{,}5\ h^{-1}$.
- ▶ Der hygienische Mindestluftwechsel ist sichergestellt.
- ▶ Die Kennwerte der Anlagen wurden nach anerkannten Regeln der Technik oder den allgemeinen bauaufsichtlichen Zulassungen ermittelt.
- ▶ Die rückgewonnene Wärme wird vorrangig vor Wärmebereitstellung aus dem Heizsystem genutzt.
- ▶ Die Volumenströme jeder Nutzeinheit sind durch die Nutzer beeinflussbar.

14-103 Anforderungen an Lüftungsanlagen zur Anrechenbarkeit im EnEV-Nachweis

nisch kommutierter Gleichstrommotoren, die im Leistungsbereich von Wohnungslüftungsanlagen erheblich verbesserte Wirkungsgrade und außerdem eine verbesserte Drehzahlregelbarkeit aufweisen. Diese Technik wird häufig mit den Kürzeln DC oder EC bezeichnet im Gegensatz zu den konventionellen Asynchronmotoren mit dem Kürzel AC.

Neben den Ventilatoren ist auch der Hilfsenergiebedarf der Regelung und eventuell eingesetzter Sensoren zu beachten. Insbesondere auch im Stand-by-Betrieb, bei ausgeschalteten Ventilatoren, muss die elektrische Leistungsaufnahme gering sein, für passivhaustaugliche Anlagen gilt ein Grenzwert von 1 Watt.

12.3 Bewertung nach EnEV

Die EnEV 2014 begrenzt als Hauptanforderung den Jahres-Primärenergiebedarf (Q_p) und als Nebenbedingung den auf die Hüllfläche bezogenen spezifischen Transmissionswärmeverlust (H_T') auf Basis eines Referenzgebäudeverfahrens. Die Berechnung der haustechnischen Anlagen zur Heizung, Lüftung und Warmwasserbereitung erfolgt nach DIN V 4701-10 [40], oder alternativ nach DIN V 18599 [78] Kapitel 2-7.4. Ausgehend vom Wärme-Nutzenergiebedarf werden der Endenergiebedarf, getrennt nach verschiedenen Energieträgern, sowie der Primärenergiebedarf berechnet. Diese Normen enthalten auch Berechnungsalgorithmen und Kennwerte zur Bewertung lüftungstechnischer Anlagen einschließlich der Funktionen Wärmerückgewinnung, Heizung und Kühlung von Gebäuden.

Der EnEV-Nachweis erfolgt unter festgelegten Randbedingungen und kann nicht zur Dimensionierung von Anlagenkomponenten oder Vorausberechnung des Energieverbrauchs, Kapitel 2-7, eingesetzt werden. Der ener-

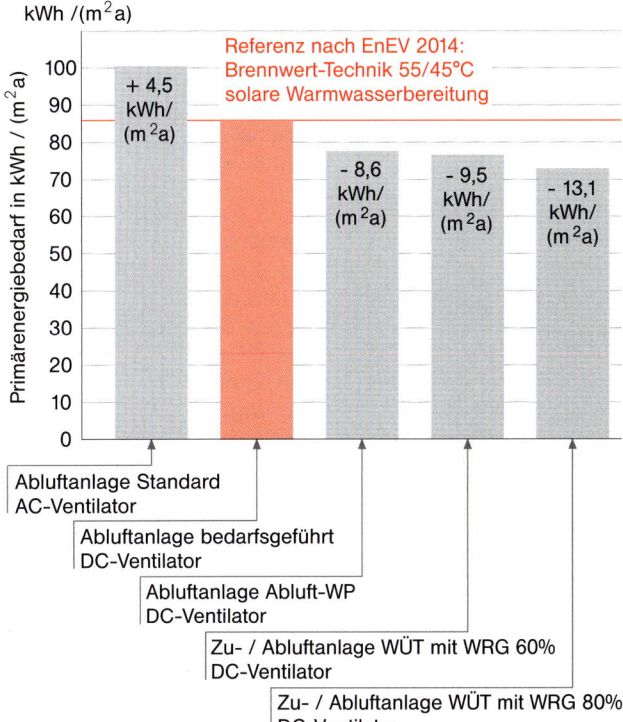

14-104 Einfluss verschiedener Lüftungssysteme auf den Primärenergiebedarf eines Wohngebäudes mit $A_N = 150\ m^2$; Bestimmung mit dem Referenzgebäudeverfahren nach EnEV 2009, in Verbindung mit DIN V 4701-10 [40]

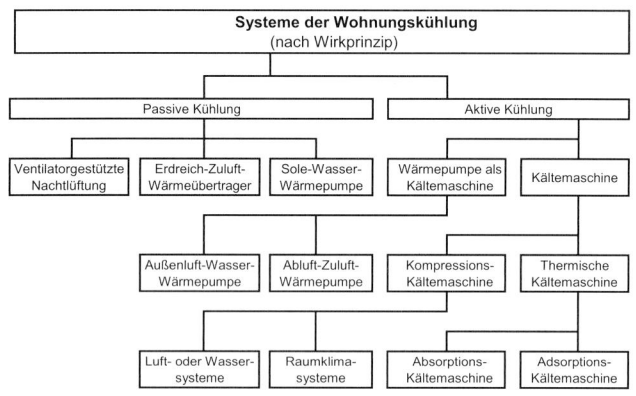

14-105 Wohnungskühlung nach DIN V 18599-6 – Systemübersicht der Kälteüberzeugung [78]

getische Deckungsanteil ventilatorgestützter Lüftungsanlagen darf beim EnEV-Nachweis nur dann berücksichtigt werden, wenn die in Bild 14-103 aufgezählten Anforderungen eingehalten sind.

Für den Nachweis stehen nach DIN V 4701-10 [75] drei verschiedene Verfahren zur Verfügung: das Diagrammverfahren, das Tabellenverfahren und ein detailliertes Berechnungsverfahren, Kapitel 2-7.

Das Diagrammverfahren ist eine grafische Umsetzung des Tabellenverfahrens; im Beiblatt 1 zur DIN V 4701-10 [75] sind die Ergebnisse der Bewertung von rund 100 verschiedenen Anlagenkombinationen dargestellt. Sie ermöglichen einen schnellen Vergleich unterschiedlicher Anlagenvarianten. In Bild 14-104 ist beispielhaft für ein Wohngebäude der Primärenergiebedarf für verschiedene Lüftungsanlagen nach EnEV 2014 (bis 2015) eingetragen.

Die Reduzierung des Primärenergiebedarfs durch Lüftungssysteme mit Wärmerückgewinnung beträgt gegenüber dem Referenzfall nach EnEV 2014 (bedarfsgeführte Abluftanlage mit DC-Ventilator) zwischen 8,6 und 13,1 kWh/(m²a), bzw. zwischen 10 und 15 %. Eine einfache Abluftanlage (ohne Bedarfsführung, AC-Ventilator) ist demgegenüber mit einem Mehrbedarf an Primärenergie von 4,5 kWh/(m²×a), bzw. + 5 % verbunden.

Ebenso wie die Wirtschaftlichkeit des Anlagenbetriebs, Abschnitt 12.2.2, wird die Primärenergiebilanz durch den Einsatz hocheffizienter Gerätetechnik verbessert. Die Lüftungstechnik erreicht dann ähnlich hohe Energie-Einsparpotenziale wie die Solartechnik, Kapitel 17-10.3, und Optimierungsmaßnahmen an der Anlagentechnik (Erzeuger, Speicher und Verteilung innerhalb der thermischen Hülle, Brennwertnutzung). **Eine integrale Planung von Gebäude, Lüftungsanlage und anderer Haustechnik ist damit eine wesentliche Voraussetzung für niedrige Investitionskosten, hohe Primärenergieeinsparung und wirtschaftlichen Betrieb.**

Technische Lösungen zur **sommerlichen Wohnungskühlung** werden zunehmend angeboten – oft in Verbindung mit konventionellen Heiz- oder Lüftungssystemen. Typische Lösungen stellen z. B. die Nutzung von Heizwärmepumpen als Kältemaschine, aber auch die passive Kühlung (u. a. Erdsonden, Erdreich-Luft-Wärmeübertrager, ventilatorgestützte Nachtlüftung) dar. Die in der Normenfassung 2011 neu in die DIN V 18599-6 aufgenommene Bilanzierung der Wohnungskühlung fokussiert auf diese Lösungen, bildet aber auch z. B. aus dem Bereich von Bürogebäuden bekannte Kühlsysteme, wie Kompressionskältemaschinen und Split-/Multisplitgeräte ab (Bilder 14-105 und 14-106).

Ein wesentlicher Unterschied der Wohnungskühlung im Vergleich mit der Kühlung im Nichtwohngebäude stellt die oft eingeschränkte Leistungsfähigkeit der Wohnungskühlsysteme (z. B. bei passiver Kühlung) dar. Um diese zu berücksichtigen, werden ein **Teilkühlfaktor $f_{c,part}$** und ein **Ankühlfaktor $f_{c,limit}$** eingeführt. Ersterer beschreibt den Fall, dass nicht die gesamte Nutzfläche eines Gebäudes gekühlt wird. Der Ankühlfaktor berücksichtigt, dass nicht alle Wohnungskühlsysteme für eine komplette Deckung des Nutzkältebedarfs ausgelegt werden. Dies kann sowohl durch eine Beschränkung bei der Kälteerzeugung (z. B. Erdreich-Luft-Wärmeübertrager oder

Kälteerzeugung	Kälteübergabe	Vollkühlung	Ankühlung
Passive Kühlung			
Sole-Wasser-Wärmepumpe	Flächenkühlung	X	X
	Heizkörper	-	X
	Ventilatorkonvektor	X	X
Ventilatorgestützte Nachtlüftung	Lüftungssystem	-	X
Erdreich-Zuluft-WÜT	Lüftungssystem	-	X
Wärmepumpen im Kältemaschinenbetrieb			
Außenluft-Wasser-Wärmepumpe	Flächenkühlung	X	X
	Heizkörper	-	X
	Ventilatorkonvektor	X	-
Abluft-Zuluft-Wärmepumpe	Lüftungssystem	-	X
Kältemaschinen			
Kompressions-Kältemaschine	Flächenkühlung	X	X
	Ventilatorkonvektor	X	-
Absorptions-Kältemaschine	Flächenkühlung	X	X
	Ventilatorkonvektor	X	-
Raumklimasysteme		X	-

14-106 Wohnungskühlung nach DIN V 18599-6 – Zusammenspiel von Erzeugung und Übergabe [78]

ventilatorgestützte Nachtlüftung) oder auch bei der Kälteübergabe bzw. -verteilung (z. B. Luftkühlsysteme oder Fußbodenkühlung) bedingt sein.

13 Erfahrungen mit ventilatorgestützter Wohnungslüftung

Durch Wärmerückgewinnung können die Lüftungswärmeverluste deutlich reduziert werden, allerdings nur, wenn die Gebäudehülle ausreichend dicht ist, der Nutzer die Anlage akzeptiert und weniger fensterlüftet sowie die Anlagen balanciert betrieben werden. Dass dieses theoretische Einsparpotenzial in der Praxis auch ausgeschöpft werden kann, zeigt sich am Beispiel mehrerer hundert detailliert untersuchter Wohneinheiten im Passivhaus- und Niedrigenergiehausstandard.

Wichtig ist, dass die Nutzer mit Komfort und Technik zufrieden sind. Dies lässt sich am Beispiel der Neubausiedlung Wiesbaden-Dotzheim zeigen. Dort wurden unter anderem 22 Passivhäuser (Zu-/Abluftanlagen mit Wärmerückgewinnung) und 24 Niedrigenergiehäuser (feuchtegeführte Abluftanlagen) errichtet: die „Energiesparsiedlung Lummerlund". In beiden Gruppen wurden die projektierten Heizenergieverbräuche eingehalten [73]. Die Wohnzufriedenheit ist sehr gut und insgesamt für PH und NEH höher als in konventionellen Referenzgebäuden kG der gleichen Siedlung ohne spezielles Energiesparkonzept, *Bild 14-107*. Im Laufe mehrerer Jahre verbesserte sich sogar noch die von Anfang an positive Einschätzung, dass das Wohnen im Energiesparhaus eine Komfort-Erweiterung und keine Einschränkung darstellt, *Bild 14-108*.

Gleichartige Resultate erbrachte auch die Untersuchung in der Passivhaussiedlung Schelmenäcker mit 52 Reihenhauseinheiten [57]. Hier empfinden 98 % der Haushalte die ventilatorgestützte Lüftungsanlage als Vorteil, 94 %

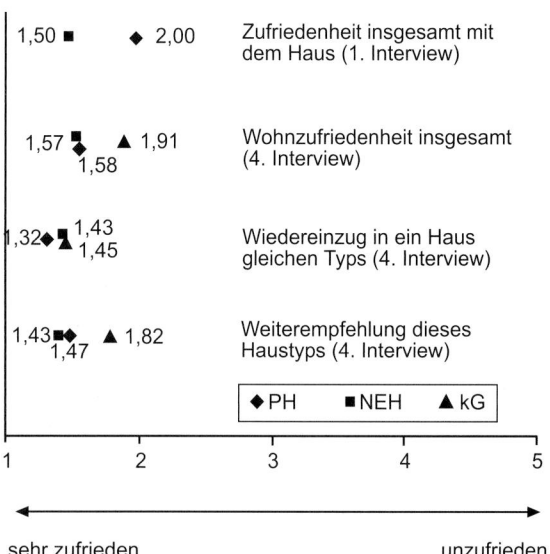

14-107 Energiesparsiedlung „Lummerlund" – Auswertung der Gesamtwohnzufriedenheit [72]

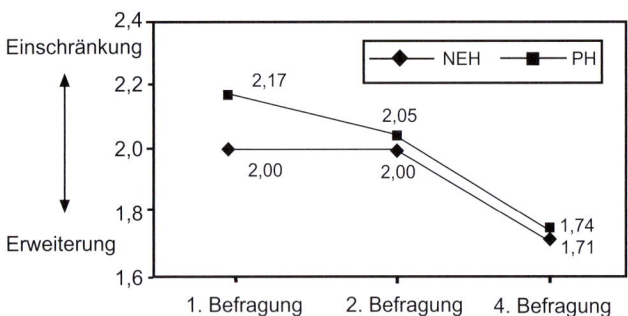

14-108 Energiesparsiedlung „Lummerlund" – Wohnen im Energiesparhaus: Komfort-Einschränkung oder Komfort-Erweiterung? Zeitliche Veränderung des Urteils im Laufe von 3 Jahren auf einer Skala von 1 bis 5 [72]

sind mit deren Funktion zufrieden, 96 % empfinden es als angenehm, dass die Fenster zur Lüftung in der Regel nicht geöffnet werden müssen, 84 % bezeichnen die Geräusche der Lüftungsanlage als nicht störend, 94 % würden dieses Haus wieder kaufen. Gleich lautende Aussagen sind inzwischen von einer Vielzahl von Passivhausprojekten bekannt bis hin zum sozialen Mietwohnungsbau [74].

Für die hohe Akzeptanz der Nutzer ist dabei nicht nur die geringe Heizkostenrechnung wichtig, sondern vor allem die Erfahrung des komfortableren Wohnens in Energiesparhäusern. Ein zentraler Baustein hierfür ist eine energieeffiziente und zuverlässige ventilatorgestützte Lüftung während der Heizperiode, die gehobenen Komfortansprüchen (z. B. bezüglich Geräuschniveau, Zugluftfreiheit, leichter Handhabbarkeit und störungsfreier Funktion) genügt. Dass es, vor allem aus der Anfangszeit der ventilatorgestützten Wohnungslüftungssysteme, auch negative Erfahrungen gibt, soll hier nicht verschwiegen werden. Die dort vorhandenen Mängel können heute bei sachgerechter Planung, Installation und Wartung der Anlagen vermieden werden. Zudem hat sich die Qualität der Produkte verbessert und ihre Vielfalt hat zugenommen. Anlagen auf dem Stand der Technik, wie er in den vorhergehenden Abschnitten skizziert wurde, erfüllen die Anforderungen bezüglich Energieeinsparung und Komfort auf einem beachtlichen Niveau.

WOHNUNGSKLIMATISIERUNG

14 Einführung

Unter Klimatisierung fasst man Funktionen der thermodynamischen Luftbehandlung (Heizen, Kühlen, Befeuchten, Entfeuchten), und der Lüftung (Luftaustausch, Luftreinigung) zusammen, *Bild 14-109*. Klimaanlagen werden überwiegend in Bürogebäuden und Veranstaltungsräumen eingesetzt. In neuen Wohngebäuden, die bauphysikalisch gut ausgeführt und mit einer Heizungs- und einer Lüftungsanlage ausgestattet sind, ist eine sommerliche Kühlung bzw. eine Be-/Entfeuchtung in aller Regel verzichtbar, könnte aber aus Sicht des erhöhten Wohnkomforts und einer verbesserten Raumluftqualität in die Überlegungen einbezogen werden. Auch bei bestehenden Gebäuden können Mängel in der Bauausführung eine sommerliche Überhitzung zur Folge haben und eine (nachträgliche) Kühlung erforderlich machen. Für die Wohnungskühlung stehen heute grundsätzlich folgende Möglichkeiten zur Diskussion:

- Flächenkühlung,
- Luftkühlung, Abschnitt 15,
- Raumklimageräte, Abschnitt 16.

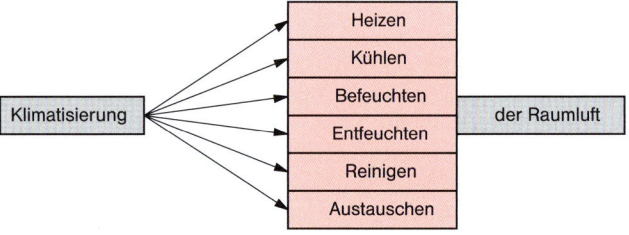

14-109 Funktionen der Klimatisierung

15 Luftkühlung

15.1 Funktionsprinzip

Grundsätzlich ist der Vermeidung von Kühllasten durch geeignete Maßnahmen, wie

- passive (Gebäudegeometrie) und aktive (Sonnenschutz) Verschattung oder
- Speichermassen im Gebäude

gegenüber einer Kühlung Priorität einzuräumen. Lässt sich die sommerliche Kühlung nicht vermeiden, sind folgende Optionen in Kombination mit ventilatorgestützter Lüftung denkbar:

- passive (freie) Kühlung,
- aktive (maschinelle) Kühlung.

Unter passiver bzw. freier Kühlung versteht man die Abführung von Wärmelasten ohne maschinelle Kälteerzeugung. Bei aktiver bzw. maschineller Kühlung kommt im Regelfall eine Kältemaschine zum Einsatz, auch eine Wärmepumpe kann durch Prozessumkehr als Kältemaschine arbeiten.

15.2 Passive Luftkühlung

Freie Luftkühlung lässt sich in Verbindung mit ventilatorgestützter Wohnungslüftung wie folgt realisieren:

- Nachtlüftung,
- Erdreich-Luft-Wärmeübertrager.

Die Nachtlüftung nutzt den Tagesgang der Außentemperatur, dessen Amplitude im Sommerfall nicht selten in den Bereich von 20 K ansteigt. Sinkt die Außentemperatur nachts unter die Raumtemperatur, kann durch den nächtlichen Betrieb der ventilatorgestützten Lüftung (unabhängig vom Lüftungssystem) ein Kühlpotenzial erschlossen werden. Nach *Bild 14-110* kann dieses Potenzial für eine achtstündige Lüftung pro Tag in Abhängigkeit von Temperaturdifferenz und Luftvolumenstrom abgeschätzt werden.

Eine sinnvolle Ergänzung zur sommerlichen Nachtlüftung kann der Einsatz von PCM (Phase Change Material) darstellen. PCM kennzeichnet das Prinzip der Latentwärmespeicherung: Wachsgetränkte und verkapselte Kunststoffkügelchen mit einem Schmelzpunkt im Temperaturbereich von 24 bis 26 °C sorgen durch Änderung des Aggregatzustandes für eine Vergleichmäßigung der Raumtemperatur unter sommerlichen Verhältnissen. Die Einsatzmöglichkeiten dieses PCM-Materials sind sehr vielfältig, marktverfügbar sind unter anderem Putze, Gipsbauplatten, Spanplatten und Spachtelmasse.

Mit einem Erdreich-Luft-Wärmeübertrager kann in zentralen Zu-/Abluftanlagen bei hohen Außentemperaturen die Zuluft einer Lüftungsanlage angekühlt werden. Die Abschätzung des Kühlpotenzials bei Auslegung nach VDI 4640-4 zeigt *Bild 14-111*. Aus hygienischer Sicht zu beachten ist ein evtl. Tauwasseranfall im Erdreich-Luft-Wärmeübertrager beim Kühlen der Außenluft. Die Verlegung des Wärmeübertragers muss unbedingt mit Gefälle, Abschnitt 11.7, erfolgen, um die Kondensatableitung sicher zu stellen und das Schimmelpilzrisiko im Wärmeübertrager zu minimieren.

Wichtig ist das Regelkonzept des Erdreich-Luft-Wärmeübertragers, welches die außentemperaturabhängige (alternativ: Temperaturdifferenz) Ansteuerung eines Beipasses integrieren sollte. Ziel muss die energetische Optimierung unter Berücksichtigung der realisierbaren Kühlleistung und des Hilfsenergieeinsatzes (höherer Druckverlust im Erdreich-Wärmeübertrager) sein.

15.3 Aktive Luftkühlung

Vorhandene Abluft-Zuluft-Wärmepumpen können grundsätzlich auch zur aktiven Luftkühlung im Kompressions-Kältemaschinenbetrieb, basierend auf dem Tausch von Verdampfer und Verflüssiger, eingesetzt werden. Die Kälteleistung ist durch das Potenzial der Wärmesenke, die Leistung der Wärmepumpe und die thermischen Verhältnisse bei der Kälteübergabe im Raum (z. B. Taupunkttemperatur) begrenzt. Das Potenzial der aktiven

Luftkühlung auf Basis einer Wohnungslüftungsanlage wird durch deren Dimensionierung begrenzt. Wird beispielsweise für ein Einfamilienhaus eine Lüftungsanlage mit einem Volumenstrom von 250 m³/h im Auslegungsfall konzipiert, beträgt die unter Beachtung der thermischen Behaglichkeit erzielbare Kälteleistung nur etwas mehr als 800 Watt (bei einer Temperaturspreizung des Kältemediums Luft von 10 K).

16 Raumklimageräte

16.1 Funktionsprinzip

Raumklimageräte sind dezentrale Einheiten, die in einem Raum die Luft kühlen und entfeuchten können. Sie arbeiten ausschließlich mit Umluft. Einige Geräte reinigen zusätzlich die Luft durch Staubfilterung. Weitere Geräte sind mit einer zusätzlichen Heizfunktion ausgestattet.

Das Heizen erfolgt in der Regel nach dem Wärmepumpenprinzip. Entsprechend der Definition aus *Bild 14-109* sind Raumklimageräte demnach nicht in der Lage, einen Raum vollständig zu klimatisieren. Oft können sie die Funktionen Reinigen, Luftaustausch und Heizen der Luft nicht ausführen, nie befeuchten, *Bild 14-112*.

Als Motivation zur Anschaffung eines Raumklimageräts wird die „Kühlung der Raumluft" an heißen Sommertagen genannt. Die tatsächliche Motivation ist die Schaffung eines behaglichen Raumluftzustandes. Dieser ist auch von der Raumluftfeuchte abhängig, siehe Abschnitt 3. In Deutschland treten an heißen Sommertagen häufig hohe Außenluftfeuchten und damit auch hohe Raumluftfeuchten auf. Da warme, feuchte Luft beim Abkühlen schnell an die Sättigungsgrenze stößt, wird die Raumluft bei der Kühlung durch ein Raumklimagerät gleichzeitig entfeuchtet, *Bild 14-19*. Das heißt, selbst wenn die Raumluft bei Betrieb eines Raumklimageräts nur um wenige Grad

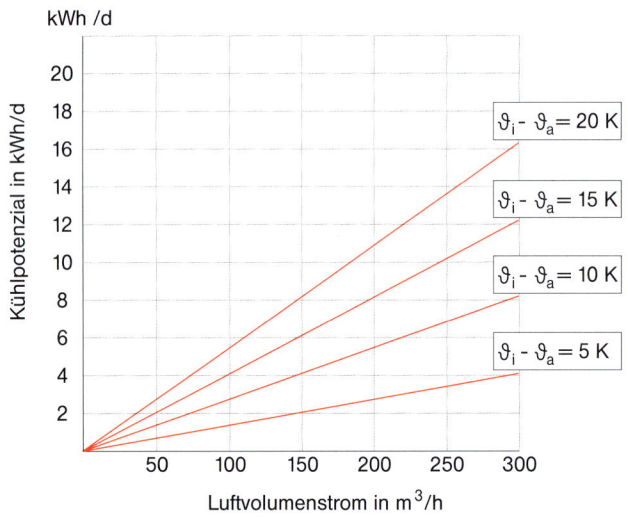

14-110 Abschätzung des Kühlpotenzials der sommerlichen Nachtlüftung
(Lüftung 8 h/d, Temperaturdifferenz innen – außen)

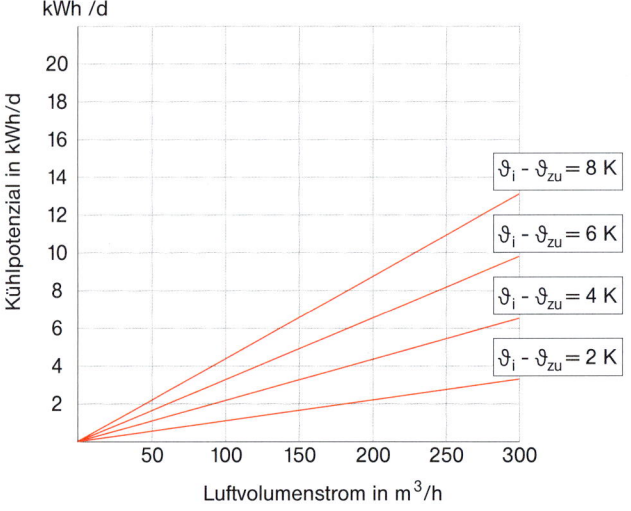

14-111 Abschätzung des Kühlpotenzials des Erdreich-Luft-Wärmeübertragers
(Lüftung 16 h/d, Temperaturdifferenz innen – Zuluft)

abgekühlt wird, verbessert sich die Behaglichkeit im Raum auch durch die Entfeuchtung.

Es ist nicht anzuraten, die Raumlufttemperatur durch ein Raumklimagerät zu stark gegenüber der Außenlufttemperatur abzusenken. Als Richtwert gilt, dass die Differenz Außenlufttemperatur–Raumlufttemperatur 5 bis 6 Kelvin nicht überschreiten sollte. Höhere Temperaturdifferenzen können zu gesundheitlichen Problemen führen und werden meist nicht als angenehm empfunden, weil die Menschen an Tagen mit hohen Außentemperaturen oft leichte Kleidung tragen. *Bild 14-10* zeigt die Bereiche der Umgebungslufttemperatur und -feuchte, bei denen der Mensch sich behaglich fühlt. Mit Rücksicht auf den Energieverbrauch sollten bei der Kühlung Temperaturen zwischen 24 und 26 °C und relative Luftfeuchten zwischen 40 und 60 % angestrebt werden. Zu starke Kühlung ist mit erhöhter Entfeuchtung verbunden, was zu unbehaglich trockener Raumluft führen kann.

Das Prinzip der Kühlung bei dezentralen Klimageräten ist das gleiche wie bei einem Kühlschrank. Während der Kühlschrank zur Kühlung seines Innenraumes Wärme an den ihn umgebenden Raum – z. B. die Küche – abgibt, braucht ein Raumklimagerät einen Anschluss zur Außenluft, um die Wärme abzuführen. *Bild 14-113* verdeutlicht schematisch den Aufbau. Am **Verdampfer**, der sich im zu kühlenden Raum befindet, wird der Raumluft Wärme entzogen, indem das Kältemittel verdampft. Unter Einsatz elektrischer Energie wird das dampfförmige Kältemittel mit einem **Verdichter** auf ein höheres Druckniveau gebracht. Dieses kondensiert wieder am **Verflüssiger**, der Wärme an die Umgebungsluft abgibt. Dieser muss sich entweder – wie im Bild dargestellt – außen befinden oder einen Anschluss zur Außenluft aufweisen. In einem Drosselorgan wird der Druck gesenkt, damit das Kältemittel durch Verdampfung wieder Wärme aus der Raumluft aufnehmen kann.

Das bei der Kühlung anfallende Kondensat wird in der Regel zunächst in einem Auffangbehälter gesammelt, der entweder entleert werden muss, oder das Kondensat

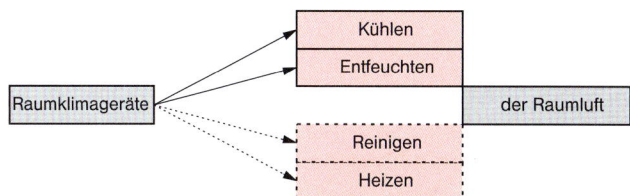

14-112 *Funktionen von Raumklimageräten*

wird mittels einer kleinen Pumpe im Luftstrom des Verflüssigers verteilt und gelangt so nach außen.

Raumklimageräte sind zu unterscheiden in kompakte Geräte und Splitgeräte. **Kompakte Raumklimageräte** vereinen alle Komponenten des Kältekreises in einem Gerät. Bei **Splitgeräten** ist der Verflüssiger, häufig zusammen mit dem Verdichter, als separates Außengerät ausgeführt. Innen- und Außengeräte sind durch Kältemittelleitungen miteinander verbunden.

Dezentrale Raumklimageräte werden zur Kühlung von Wohnräumen, Büros, Praxen, Gaststätten, Ladenlokalen und ähnlichen Räumen eingesetzt. Es werden fest installierte oder mobile Raumklimageräte angeboten. Sie können als Kompaktgerät oder als Splitgerät mit ausgelagertem Verflüssiger/Verdichter ausgelegt sein. Bei der Entscheidung für einen Gerätetyp ist zunächst wichtig, welche **Kühllast** in dem betreffenden Raum abzuführen ist. Eine genaue Rechenvorschrift für die Kühllast stellt die Richtlinie VDI 2078 dar. Für die meisten Anwendungsfälle ist eine so detaillierte Rechnung jedoch nicht notwendig. Einige Hersteller haben in ihren Beratungsunterlagen Formblätter zur vereinfachten Kühllastberechnung, die von jedem Laien in kurzer Zeit anzuwenden sind und deren Genauigkeit ausreichend ist. Als Anhaltswerte der Kühllast gelten für

Wohnräume:	70 W/m^2
Büroräume:	100 W/m^2
Geschäftsräume:	130 W/m^2

Schlecht wärmegedämmte Dächer und große **Fensterflächen** nach Süden oder Südwesten können die Kühllast stark erhöhen. Große Kühllasten ergeben sich bei nicht beschatteten Fensterflächen. **Vor der Anschaffung eines Klimageräts sollten zunächst alle Möglichkeiten zur Verschattung genutzt werden.** Am wirkungsvollsten ist eine Außenverschattung.

Weitere wichtige Auswahlkriterien sind:

– die Möglichkeiten zu baulichen Veränderungen in zu kühlenden Räumen für den Einsatz fest installierter Geräte;
– die gewünschte Variabilität (Einsatz in verschiedenen Räumen);
– die Toleranz gegenüber Geräuschbelastungen;
– die gewünschten Zusatzfunktionen (z. B. Heizen oder Filtern).

Eine Zusammenstellung der Auswahlkriterien für Raumklimageräte zeigt *Bild 14-114*.

Die **Geräusche von Klimageräten** konnten durch Einsatz von Rollkolben- statt Hubkolbenverdichtern und durch Optimierung der Lüfter deutlich reduziert werden. Trotzdem sind beim Einsatz von kompakten Geräten im Schlafzimmer für viele Nutzer die emittierten Geräusche während der Nacht zu hoch, sodass die Geräte nicht durchgehend betrieben werden können. Für eine bessere Nachtruhe kann jedoch schon eine Abkühlung und Entfeuchtung der Raumluft vor dem Zu-Bett-Gehen sorgen. Bei Splitgeräten mit dem Kältemittelverdichter im Außengerät sind die Geräusche geringer, da das Innengerät lediglich einen geräuscharmen Ventilator zur Umwälzung der Raumluft durch den Verdampfer enthält. Durch invertergesteuerten Teillastbetrieb werden Schallpegel bis herab zu 25 dB(A) erzielt. Auch die Außengeräte von Klimageräten sind bzgl. der Geräusche zulässigen Grenzwerten unterworfen. So dürfen die Schallpegel in 5 m Abstand vom Gerät nur noch 35 dB(A) betragen. Bei der Aufstellung des Geräts sollte darauf geachtet werden, dass Nachbarn nicht gestört werden können.

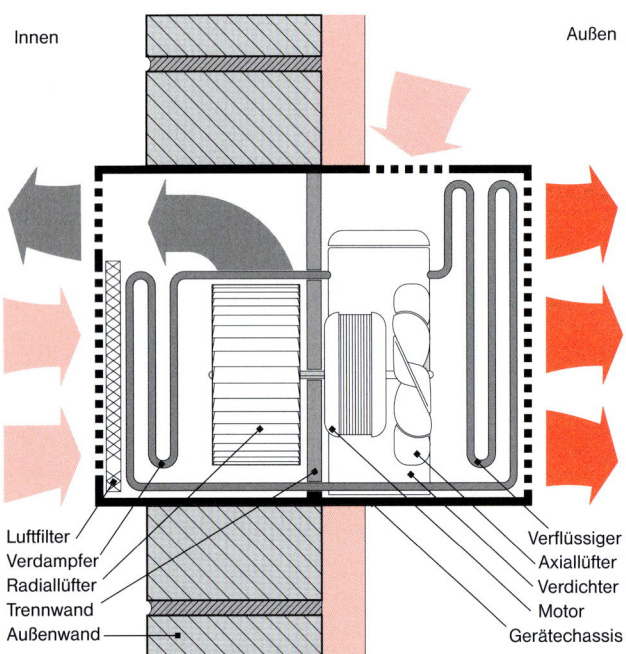

14-113 Aufbau eines Raumklimageräts

Wenn in der Übergangszeit nur die Beheizung dieses einzelnen Raumes gewünscht wird, ist der **Heizbetrieb mit dem Raumklimagerät** zu empfehlen. Durch die Umkehrung des Kältekreises zu einem Wärmepumpenkreis kann in der Übergangsjahreszeit mit einigen Gerätetypen energiesparend geheizt werden. So verringert sich die Betriebsdauer der Heizungsanlage, wenn diese bei Betrieb des Geräts abgeschaltet bleibt. Möglich ist auch die komplette Kühlung und Heizung eines Gebäudes mit sog. Multisplit-Klimageräten (eine Außeneinheit mit mehreren Inneneinheiten) die sogar das parallele Kühlen und Heizen in unterschiedlichen Räumen ermöglichen.

Raumklimageräte arbeiten ausschließlich mit Umluft. Wird diese über ein geeignetes Filter geleitet und dieses regelmäßig gewartet, führt der Betrieb zu einer Reinigung der Raumluft von Staub.

Die **Gerätekosten** liegen je nach Qualität und Kühlleistung zwischen 500 und 2000 €. Für fest installierte Anlagen müssen zusätzlich die Installationskosten berücksichtigt werden.

16.2 Mobile Raumklimageräte

Bei **kompakten mobilen Raumklimageräten** wird der Außenluftanschluss über einen oder zwei flexible Luftschläuche sichergestellt. Dies ermöglicht eine einfache, ortsvariable Aufstellung neben einem gekippten Fenster, durch das die Schläuche geführt werden, *Bild 14-115*. Beim Einschlauchgerät wird die Raumluft auf der Verflüssigerseite angesaugt, aufgewärmt und nach außen geblasen. Dafür strömt in gleicher Menge warme, feuchte Außenluft nach. Beim Zweischlauchgerät wird die aufzuwärmende Luft direkt von außen angesaugt. Bei gleicher Leistung verringert sich der gewünschte Kühleffekt eines Einschlauchgeräts aufgrund des Einströmens warmer Außenluft bis zu 50 %. Der Einsatz einer Lochblende in den Kippspalt des Fensters ist empfehlenswert. Günstiger sind zwei feste Wandanschlüsse, *Bild 14-115*, die außerhalb der Kühlperiode verschlossen werden müssen.

Mit einer Kälteleistung von ca. 2 kW eignen sich mobile Raumklimageräte zur Kühlung von Wohnräumen bis zu 30 m^2 Fläche. Die Installation ist sehr einfach und kann auch in Räumen erfolgen, in denen keine baulichen Veränderungen möglich sind. Wegen der kompakten Anordnung der Gerätekomponenten verursachen diese Geräte relativ hohe Geräusche.

Bei **mobilen Raumklimageräten als Splitgeräte** ist der wärmeabgebende Teil als Außengerät durch nur einen relativ dünnen flexiblen Schlauch mit dem Innengerät verbunden, *Bild 14-116*. Der Schlauch enthält die Kältemittel-Vor- und -Rücklaufleitungen und ein Stromkabel für den Lüfter des Außengeräts. Der Schlauch wird entweder durch ein geöffnetes Fenster oder einen festen Wandanschluss nach außen geführt. Das Außengerät kann auf dem Balkon oder der Terrasse aufgestellt oder mit einer vom Hersteller gelieferten Vorrichtung an der Außenwand aufgehängt werden. Sind die Leitungen durch ein Fenster geführt, kann das Gerät ortsvariabel eingesetzt werden.

	Einsatzbereich	Kühlleistung	elektrische Leistung	Wärmeabfuhr	Standort	Installation	bauliche Veränderungen	Heizmöglichkeit	Geräusche
Mobile, kompakte Raumklimageräte	Wohnräume bis 30 m^2	~ 2 kW	~ 0,85 kW	1 – 2 Schläuche durch Fenster oder Wand	flexibel	Laie	nicht notwendig	nein	hoch
Mobile Raumklimageräte als Splitgeräte	Wohnräume bis 40 m^2, auch größere Kühllasten	3–4 kW	1,2–1,4 kW	Kältemittelleitung durch Fenster oder Wand	flexibel	Laie	nicht notwendig	ja	niedrig
Fest installierte, kompakte Raumklimageräte	Ladenlokale, Gaststätten	2–7 kW	0,85–3,5 kW	am Gerät selber	fest	Fachmann	notwendig	nein	hoch
Fest installierte Raumklimageräte als Splitgeräte	große Privaträume, Büros, Ladenlokale, Gaststätten	2–7 kW	1–3,5 kW	fest installierte Kältemittelleitungen	fest	Fachmann	notwendig	ja	niedrig

14-114 Auswahlkriterien für Raumklimageräte

Mit einer Kälteleistung von 3 bis 4 kW eignen sich Splitgeräte für Wohnräume bis zu 40 m² auch mit größeren Kühllasten. Die Kältemittelleitungen werden durch Steckverbindungen an den Geräten befestigt. Damit ist eine Installation durch den Laien möglich. Bauliche Veränderungen sind nicht unbedingt notwendig. Die Verbindungen können jedoch nicht regelmäßig zum Transport des Geräts geöffnet werden, da jedes Mal etwas Kältemittel entweicht. Sie sollten nur zum jährlichen Auf- und Abbau des Geräts geöffnet werden. Einige Splitgeräte können auch nach Umschaltung des Kältekreises zum Heizen eingesetzt werden. Durch die Auslagerung des Verflüssigers sind die Geräusche im Raum etwas niedriger als bei einem Kompaktgerät.

16.3 Fest installierte Raumklimageräte

Fest installierte, kompakte Raumklimageräte werden als komplette Einheit in ein Fenster oder in einen Wanddurchbruch eingesetzt, *Bild 14-117*. Die Kälteleistung liegt zwischen 2 kW und 7 kW. Diese Geräte werden überwiegend in Ladenlokalen und Gaststätten eingesetzt. Die Installation bedarf baulicher Veränderungen an Wand oder Fenster und sollte durch einen Fachmann erfolgen.

Bei **fest installierten Raumklimageräten als Splitgeräte** ist der wärmeabgebende Verflüssiger als Außengerät durch ebenfalls fest installierte Kältemittelleitungen mit dem Innengerät verbunden. Besonders vorteilhaft ist die Möglichkeit, auch mehrere Innengeräte an ein Außengerät anzuschließen. Die Innengeräte können je nach Anwendungsfall sehr unterschiedlich ausgeführt sein. Es können Truhengeräte, die auf dem Boden stehen, *Bild 14-118*, oder wandhängende Geräte eingesetzt werden. Möglich ist auch die Integration in eine Kassettendecke. Diese Geräteart wird häufig in Ladenlokalen, Praxen und Gaststätten eingesetzt, eignet sich jedoch auch für große Privaträume. Die Kühlleistung beträgt 2 bis 7 kW pro

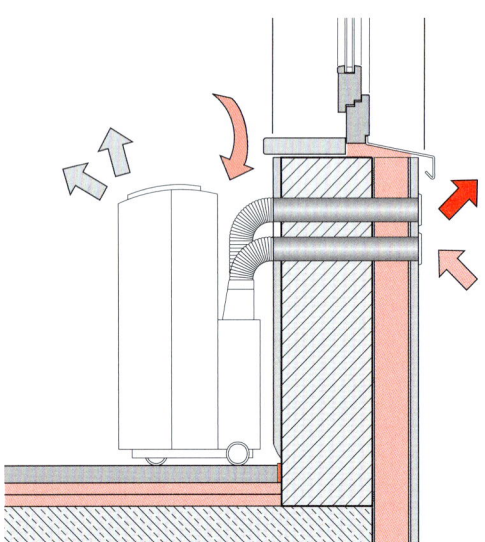
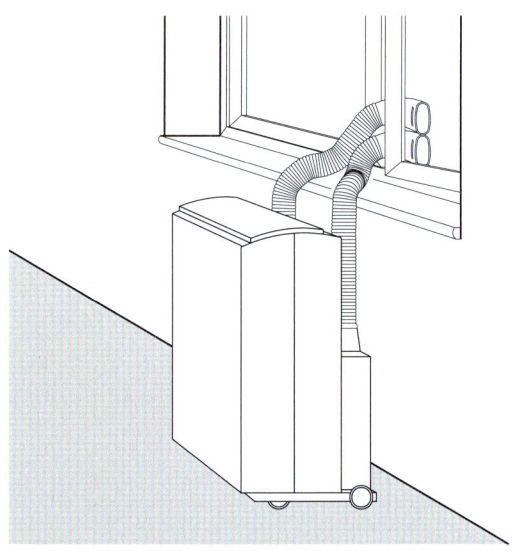

14-115 Mobiles, kompaktes Raumklimagerät mit Wärmeabfuhr durch Außenwand bzw. Fenster

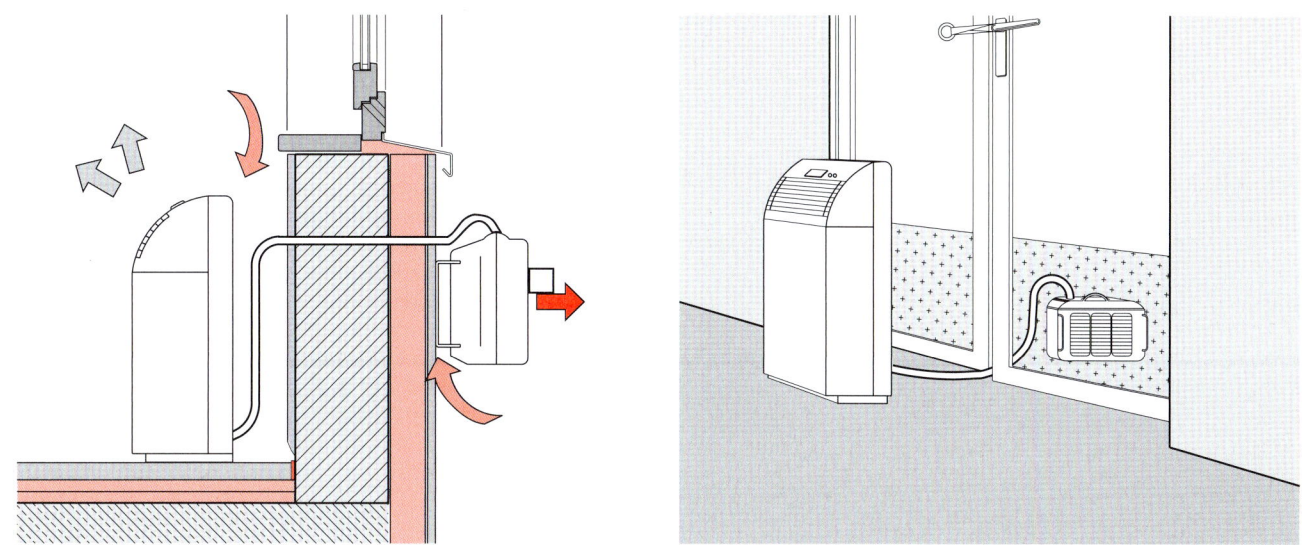

14-116 Mobiles Raumklimagerät als Splitgerät mit Wärmeabfuhr durch Außenwand bzw. -tür

Innengerät. Die Installation muss durch einen Fachmann erfolgen und bedingt bauliche Veränderungen. Der Kühlkreislauf kann bei einigen Geräten umgekehrt werden, sodass sie auch zum Heizen eingesetzt werden können. Die von den Geräten emittierten Geräusche sind relativ niedrig, wenn der Kühlmittelverdichter sich im Außengerät befindet und das Innengerät lediglich einen geräuscharmen, drehzahlgeregelten Ventilator für die Umwälzung der Raumluft enthält.

17 Luftbefeuchter und -reiniger

Zu trockene Luft vermindert die Behaglichkeit des Menschen und kann den natürlichen Schutz gegen Erkrankungen der Atemwege schwächen, Abschnitt 3. Außerdem trocknen Möbel und andere Einrichtungsgegenstände aus, sodass z. B. wertvolle Möbel oder Gemälde Schaden nehmen können.

Zu trockene Luft tritt in Wohnungen nicht grundsätzlich auf. In modernen, gut abgedichteten Häusern besteht eher das Problem, bei feuchtem Wetter in den Übergangszeiten einen ausreichenden Luftwechsel zur Abfuhr der in den Wohnungen frei werdenden Feuchtigkeit zu gewährleisten. In wenig luftdichten Häusern kann im Winter dagegen ein zu hoher Luftaustausch mit kalter und trockener Außenluft dazu führen, dass die Raumluft unangenehm trocken wird.

Auch in Räumen, in denen zur Abfuhr von Gerüchen und Schadstoffen ein erhöhter Luftwechsel angestrebt wird, kommt es bei niedrigen Außentemperaturen zu einer unangenehmen Absenkung der relativen Raumluftfeuchte. Bei einem luftdichten Wohnhaus mit ventilatorgestützter Lüftungsanlage kann an Tagen mit sehr niedriger Außentemperatur und trockener Außenluft die relative Raumluftfeuchtigkeit vorübergehend unter 30 % absinken. Um dies zu vermeiden, empfiehlt es sich, den Luftwechsel

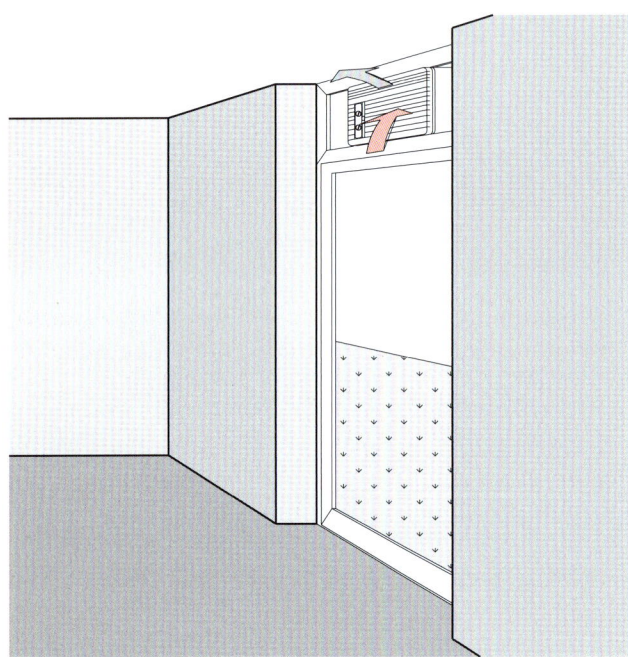

14-117 Fest installiertes kompaktes Raumklimagerät

sodass sich die Luft bei der Befeuchtung nicht abkühlt, *Bild 14-21*. Besonders vorteilhaft bei Dampfbefeuchtern sind die Keimfreiheit durch die Erhitzung, die Geruchlosigkeit und ein fast geräuschloser Betrieb.

Zerstäuber arbeiten nach dem Verdunstungsprinzip. Dabei wird die notwendige Energie zum Verdunsten des Wassers der Raumluft entzogen, die sich dabei abkühlt, *Bild 14-21*. Den erforderlichen Wärmeausgleich schafft das Heizsystem. Das Wasser wird in kleine Tröpfchen gespalten. Diese werden in der Raumluft verteilt, in der sie verdunsten. Neben mechanisch arbeitenden Zerstäubern gibt es auch Geräte, bei denen die Aufspaltung in Tröpfchen durch Ultraschall geschieht. Letztere sind geräuschärmer. Bei Zerstäubern ist unbedingt auf eine ausreichende Hygiene zu achten. Verbleibt das Wasser mehrere Tage im Gerät, wachsen dort Bakterien und Pilz-

der Lüftungsanlage zu verringern. Der reduzierte Luftaustausch sollte aber noch zur CO_2-Abfuhr ausreichen.

Ist die Verringerung des Luftwechsels aus anderen Gründen – z. B. Abfuhr von Schadstoffen – nicht erwünscht, kann ausnahmsweise ein dezentrales Gerät zur Befeuchtung der Luft eingesetzt werden.

Dezentrale Geräte zur Raumluftbefeuchtung sind von der Wirkungsweise her in drei verschiedene Typen zu unterscheiden: Verdampfer, Zerstäuber und Verdunster.

Verdampfer erhöhen die Luftfeuchte, wie das Wort schon sagt, durch das Verdampfen von Wasser, *Bild 14-119*. Dazu wird das Wasser mittels elektrischer Energie aufgeheizt. Diese Energie kommt dem Raum zugute,

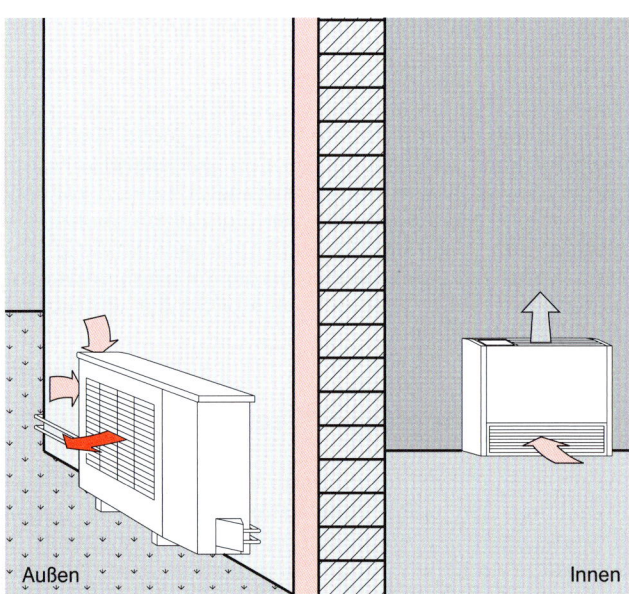

14-118 Fest installiertes Raumklimagerät als Splitgerät

sporen, die in der Raumluft verteilt werden. Aus diesem Grund muss das Wasser regelmäßig erneuert und das Gerät gereinigt werden. Durch das Versprühen der Tröpfchen im Raum kann es zu Niederschlag auf Einrichtungsgegenständen kommen.

Daneben gibt es auch reine **Verdunster**, bei denen sich das Wasser in einer durchtränkten Filtermatte befindet, durch die mit Hilfe eines Ventilators die Raumluft geführt und dabei befeuchtet wird, *Bild 14-120*. Auch hier muss aus hygienischen Gründen ein regelmäßiger Wasseraustausch und eine Reinigung des Geräts erfolgen. Bei diesem Verfahren besteht die Möglichkeit, die angesaugte Luft zu filtern und dabei von Partikeln zu reinigen. In einigen Fällen werden Aktivkohlefilter eingesetzt, die Gase und Gerüche aus der Luft entfernen.

Bei der Auswahl eines geeigneten Luftbefeuchters sollten die Aspekte

– Wartung,
– Energieverbrauch,
– Geräusche und
– Befeuchtungsleistung

berücksichtigt werden.

Als Anhaltswerte der Befeuchtungsleistung gelten:

Wohnungen: 10 g/(m² · h)
Büros: 20 g/(m² · h)

Einige Geräte, insbesondere mit hoher Befeuchtungsleistung für große Räume im Nichtwohnbereich, werden auch mit einem festen Wasseranschluss angeboten.

Bei Luftbefeuchtern nach dem Verdunsterprinzip wird zur weiteren Verbesserung der Raumluft in letzter Zeit vermehrt die **Funktion des Ionisierens der Luft** angeboten. Ionisierung bedeutet die positive oder negative elektrische Aufladung der Luftmoleküle. Diese tritt in der Außenluft durch natürliche Vorgänge wie Gewitter oder Wind auf und ist vermehrt in reiner Luft im Gebirge oder

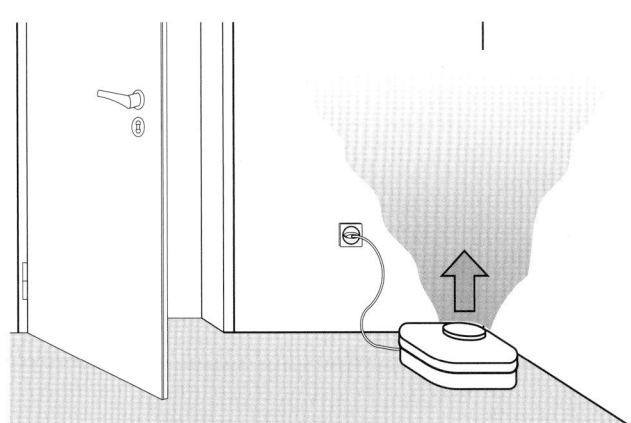

14-119 Luftbefeuchter nach dem Verdampferprinzip

wenig besiedelten Gebieten anzutreffen. In Ballungsgebieten mit einer hohen Luftverschmutzung ist die Ionisierung der Außenluft geringer. Der Anreicherung der Raumluft mit negativen Ionen wird eine gesundheitsfördernde Wirkung nachgesagt, die jedoch wissenschaftlich nicht nachgewiesen ist. Positiv ist, dass durch den Zusammenstoß ionisierter Luftmoleküle mit Staubpartikeln diese aufgeladen werden und sich anschließend zu sog. Clustern zusammenschließen. Diese fallen schneller zu Boden oder können im Luftfilter besser abgeschieden werden. Es kommt also zu einer wirksameren Entstaubung der Luft.

18 Luftentfeuchter

Auch für die Luftentfeuchtung gibt es in Wohnungen einige Anwendungsfälle. Zu überhöhter Luftfeuchtigkeit kann es im Sommer in erster Linie im Keller und in Waschküchen, Trockenräumen, Lagerräumen und Ferienhäusern kommen. Durch die Entfeuchtung der Luft werden Schäden wie feuchte Wände, Schimmel und Rost vermieden.

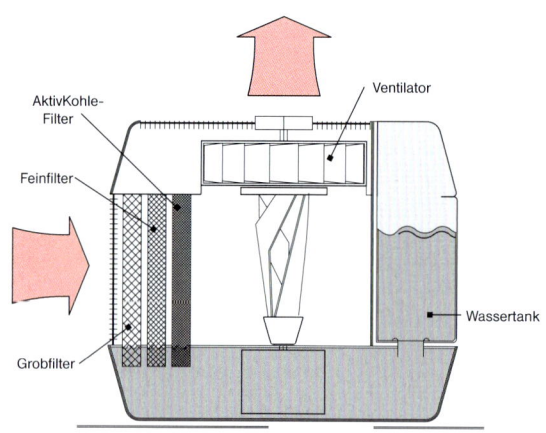

14-120 Luftbefeuchter nach dem Verdunsterprinzip mit Hilfe durchtränkter Filtermatten

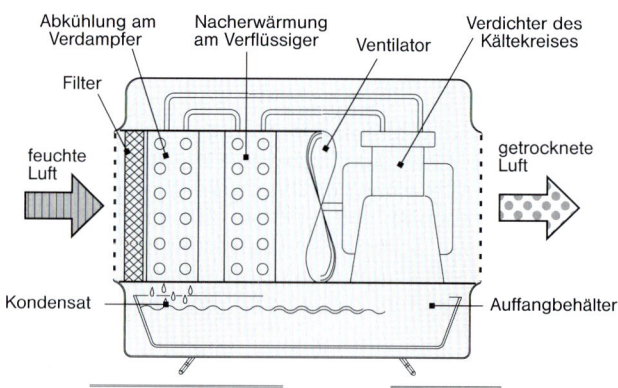

14-121 Luftentfeuchtungsgerät

Entfeuchtungsgeräte arbeiten wie Raumklimageräte mit Abkühlung der Luft im Gerät mittels eines Kältekreises, Bild 14-121. Die Luft wird in das Gerät gesaugt und zunächst am Verdampfer abgekühlt. Dabei fällt Feuchtigkeit am Verdampfer aus, die in einem Behälter gesammelt wird. Dieser ist entweder regelmäßig zu entleeren oder fest an eine Abwasserleitung anzuschließen. Die gekühlte, entfeuchtete Luft wird am Verflüssiger wieder aufgeheizt. Da die Verflüssigerseite keinen Außenluftanschluss hat, wird bei reinen Entfeuchtungsgeräten die Raumluft nicht gekühlt. Im Gegenteil führt die Kondensationsenergie des ausgefällten Wassers und die benötigte elektrische Energie zur Erwärmung des Raumes. Wird die angesaugte Luft über einen Filter geführt, lässt sich auch eine Reinigung der Raumluft von Staub erreichen. Diese Geräte können auch zur schnelleren Trocknung von Wäsche eingesetzt werden, wenn diese in einem kühlen Kellerraum aufgehängt wird.

19 Hinweise auf Literatur und Arbeitsunterlagen

[1] Musterbauordnung, November 2002, zuletzt geändert September 2012

[2] Musterfeuerungsverordnung, September 2007, zuletzt ergänzt August 2012

[3] Wazula, H.: Aufstellung von Feuerstätten in Verbindung mit raumlufttechnischen Anlagen. Schornsteinfegerhandwerk Nr. 8, August 2003

[4] DIN 4108-2 : 2013-02 Wärmeschutz und Energieeinsparung in Gebäuden – Mindestanforderungen an den Wärmeschutz

[5] DIN EN 13779 : 2007-09 Lüftung von Nichtwohngebäuden – Allgemeine Grundlagen und Anforderungen für Lüftungs- und Klimaanlagen und Raumkühlsysteme

[6] DIN 1946-6 : 2009-05 Raumlufttechnik – Lüftung von Wohnungen – Allgemeine Anforderungen, Anforderungen zur Bemessung, Ausführung und

Kennzeichnung, Übergabe/Übernahme (Abnahme) und Instandhaltung; Beiblatt 1 : 2012-09 Beispielrechnungen; Beiblatt 2 : 2013-03 Lüftungskonzept

[7] DIN 4109 : 1989-11 Schallschutz im Hochbau – Anforderungen und Nachweise

[8] Verordnung über energiesparenden Wärmeschutz und energiesparende Anlagentechnik bei Gebäuden (EnEV), November 2013

[9] Beiblatt 2 zu DIN 4109 Schallschutz im Hochbau – Hinweise zu Planung und Ausführung, Vorschläge für einen erhöhten Schallschutz, Empfehlungen für den Schallschutz im eigenen Wohn- und Arbeitsbereich; DIN 4109-Bbl. 2 : 1989-11

[10] DIN 18017-3 : 2009-09 Lüftung von Bädern und Toilettenräumen ohne Außenfenster mit Ventilatoren

[11] Janssen, J. E.: The Ashrae Ventilation Standard 62-1981 – A Status Report. In: Indoor Air 5. Swedish Council for Building Research, Stockholm 1984

[12] Krüger, W., Hausladen G.: Zum Problem der Wohnungslüftung. Heizung, Lüftung, Haustechnik (HLH) 30, 1979

[13] von Pettenkofer, Max: Über den Luftwechsel in Wohngebäuden. Literarisch-artistische Anstalt der J. G. Cottaschen Buchhandlung, München 1858

[14] Richter W.; Hartmann Th.; Kremonke, A; Reichel, D.: Gewährleistung einer guten Raumluftqualität bei weiterer Senkung der Lüftungswärmeverluste, Forschungsbericht im Auftrag des Bundesministeriums für Raumordnung, Bauwesen und Städtebau, Januar 1999

[15] DIN 4710 : 2003-01 Statistiken meteorologischer Daten zur Berechnung des Energiebedarfs von heiz- und raumlufttechnischen Anlagen in Deutschland

[16] Mansson, L.-G. (ed.): Demand Controlled Ventilating Systems Case Studies. Swedish Council for Building Research, Stockholm, D1 1993

[17] DIN EN 779 : 2012-10 Partikel-Luftfilter für die allgemeine Raumlufttechnik – Bestimmung der Filterleistung

[18] Fanger, P. O.: Introduction of the olf and decipol units to quantify air pollution perceived by human indoors and outdoors. Energy and Buildings, 1998, 1–6

[19] Clausen, G., Pejtersen, J., Bluyssen, P.: Final Research Manual of "European Audit Project to Optimize Indoor Air Quality and Energy Consumption in Office Buildings". Technical University of Denmark and TNO-Building and Construction Research, 1993

[20] Feist, W.: Tagungsband zur 7. Internationalen Passivhaustagung Hamburg 2003. Passivhausinstitut Darmstadt, 2003

[22] Recknagel, Sprenger, Schramek: Taschenbuch für Heizungs- + Klimatechnik. Oldenburg Verlag München, Wien, 2005/06

[23] DIN EN 12831 : 2003-08 Heizungsanlagen in Gebäuden – Verfahren zur Berechnung der Heizlast

[24] DIN EN 12831 Bbl1 : 2008-07 Heizsysteme in Gebäuden – Verfahren zur Berechnung der Norm – Heizlast – Nationaler Anhang NA

[25] Wärmeschutzverordnung vom 24. Februar 1982

[26] DIN 4108-2 : 2013-02 Wärmeschutz und Energie-Einsparung in Gebäuden – Mindestanforderungen an den Wärmeschutz

[27] DIN EN ISO 13790 : 2008-09 Energieeffizienz von Gebäuden – Berechnung des Energiebedarfs für Heizung und Kühlung

[28] Panzhauser, Fail, Heiduk, Ertl, Schwarz, Kaderle: Die Luftwechselzahlen in österreichischen Wohnungen. Techn. Universiät Wien im Auftrag des Österr. Bundesministeriums für Bauten und Technik (undatiert)

[29] Eicke-Hennig, W.: Wohnungslüftung, Feuchte und Schimmel in Wohnungen – ein neues Problem? Gesundheitsingenieur 121, 2000, Heft 2 (gi), S. 69 ff.

[30] Mansson, L.-G. (ed.): "Evaluation and Demonstration of Domestic Ventilation Systems – State of the Art". Swedish Council for Building Research Stockholm, 1995

[32] Deutsches Institut für Bautechnik e. V. (Hrsg.): Bauregelliste A, B und C; Mitteilungen – Deutsches Institut für Bautechnik 2002, Sonderheft 26

[33] Winzen, H.: Risiken bei unzureichender Be- und Entlüftung von Wohnungen, 1. Teil: Die Haftung des Vermieters. Airtec Nr. 1, März 2003, Verlag G. Kopf GmbH Waiblingen

[34] Vergabe- und Vertragsordnung von Bauleistungen, Ausgabe 2002. Beuth Verlag Berlin

[35] Allgemeine Technische Vertragsbedingungen für Bauleistungen, Raumlufttechnische Anlagen – DIN 18379 : 2006-10. Beuth Verlag Berlin

[36] DIN EN 12599 : 2013-01 Lüftung von Gebäuden – Prüf- und Messverfahren für die Übergabe raumlufttechnischer Anlagen

[37] DIN EN 12237 : 2003-07 Lüftung von Gebäuden – Luftleitungen – Festigkeit und Dichtheit von Luftleitungen mit rundem Querschnitt aus Blech

[38] DIN EN 779 : 2012-10 Partikel-Luftfilter für die allgemeine Raumlufttechnik – Bestimmung der Filterleistung

[39] Werner, J., Kirtschig, T.: Zuluftnachheizung als Heizwärmeverteilsystem; in Tagungsband zur 2. Passivhaustagung, Passivhausinstitut Darmstadt, 1998

[40] DIN V 4701-10 : 2003-08 Energetische Bewertung heiz- und raumlufttechnischer Anlagen

[41] VDI 4100 : 2012-10 Schallschutz im Hochbau – Wohnungen – Beurteilung und Vorschläge für erhöhten Schallschutz

[43] Feist, Borsch-Laaks, Werner, Loga, Ebel: Das Niedrigenergiehaus. Neuer Standard für energiebewusstes Bauen. C. F. Müller Verlag, Heidelberg 1998

[44] Werner, J., Laidig, M.: Gute Luft will geplant sein. Neue Lösungen zur hygienischen Wohnungslüftung. Impulsprogramm Hessen, Institut Wohnen und Umwelt, Darmstadt, www.impulsprogramm.de

[45] DIN V 4108-6 : 2003-06 Wärmeschutz und Energieeinsparung in Gebäuden – Berechnung des Jahresheizwärme- und des Jahresheizenergiebedarfs

[46] Werner, J., Laidig, M.: Grundlagen der Wohnungslüftung im Passivhaus; in Protokollband Nr. 17, Arbeitskreis kostengünstige Passivhäuser, Passivhausinstitut Darmstadt, 1999

[47] Arbeitskreis der Dozenten für Klimatechnik; Handbuch der Klimatechnik Band 1–3; Verlag C. F. Müller Karlsruhe 1988/89

[48] Otte, J.: Hocheffiziente, semizentrale Lüftungstechnik für den Geschosswohnungsbau; in Tagungsband zur 4. Passivhaustagung, Passivhausinstitut Darmstadt, 2000

[49] Schneiders, T.: Zur hygienischen Luftqualität in Wohngebäuden bei Konditionierung der Luft mittels Erdwärmetauscher. Bibliothek der TH Aachen, 1994

[50] Feist, W. (Hrsg.): Luftqualität im Passivhaus. Passivhaus-Bericht Nr. 10, Institut Wohnen und Umwelt, Darmstadt, 1995

[51] Flückiger, B., Wanner, H., Lüthy, P.: Mikrobielle Untersuchungen von Luftansaug-Erdregistern. ETH Zürich, IHA-UH-97-2

[52] Witthauer, J., Horn, H., Bischof, W.: Raumluftqualität – Belastung, Bewertung, Beeinflussung. C. F. Müller Verlag, Karlsruhe 1993

[53] DIN EN ISO 7730 : 2006-05 Ergonomie der thermischen Umgebung – Analytische Bestimmung und Interpretation der thermischen Behaglichkeit durch Berechnung des PMV- und des PPD-Indexes und Kriterien der lokalen thermische Behaglichkeit

[54] Feist, W.: PassivhausProjektierungsPaket 2003. Passivhausinstitut Darmstadt, www.passivhouse.de

[55] Feist, W.: PassivhausProjektierungsPaket und Vornorm DIN V 4108-6 : 2001. Effizientes Bauen 1/2002

[56] Kreditanstalt für Wiederaufbau: KfW-CO_2-Gebäudesanierungsprogramm, Maßnahmenpaket 6, www.KfW.de

[57] Reiß, J., Erhorn, H.: Messtechnische Validierung des Energiekonzeptes einer großtechnisch umgesetzten Passivhausentwicklung in Stuttgart-Feuerbach. IBP-Bericht WB 117/2003, Fraunhofer-Institut für Bauphysik, Stuttgart 2003

[59] BINE Informationsdienst, Fachinformationszentrum Karlsruhe, www.bine.fiz-karlsruhe.de

[60] Kaufmann, B., Feist, W.: Die Frischluftheizung hat sich bewährt. In: Steinmann, M. (Hrsg.).: Tagungsband zur 6. Europäischen Passivhaustagung 2002, Fachhochschule beider Basel, info@fhbb.ch

[61] Hübner, H., Hermelink, A.: Sozialer Mietwohnungsbau gemäß Passivhausstandard. In: Feist, W. (Hrsg.): Tagungsband zur 7. Internationalen Passivhaustagung 2003, Passivhausinstitut Darmstadt

[63] VDI 4640 Blatt 4 : 2004-09 Thermische Nutzung des Untergrundes – Direkte Nutzungen. VDI-Gesellschaft Energietechnik, Beuth Verlag Berlin

[64] AG Solar des Ministeriums für Schule, Wissenschaft und Forschung des Landes Nordrhein-Westfalen, www.ag-solar.de

[65] Dibowski, G., Wortmann, R.: Luft-Erdwärmetauscher – Teil 1 Systeme für Wohngebäude, www.ag-solar.de

[66] Hartmann, P.: Begriffe der Lüftungstechnik. Bd. 2 der Reihe „Energierelevante Luftströmungen in Gebäuden". Herausgegeben vom Bundesamt für Energiewirtschaft (BEW) und dem Verband Schweizerischer Heizungs- und Lüftungsfirmen (VSHL), Zürich 1994

[67] Schnieders, J.: Wirkung von Position und Art der Lüftungsöffnungen auf den Schadstoffabtransport. In: Feist, W. (Hrsg.): Protokollband Nr. 23 Arbeitskreis kostengünstige Passivhäuser, Passivhaus Institut Darmstadt 2003

[68] Recknagel, Sprenger, Schramek: Taschenbuch für Heizung und Klimatechnik. Oldenbourg Industrieverlag, München 2003

[69] Michael, K.: Erfahrungen mit soledurchströmten Erdwärmetauschern. In: Feist. W. (Hrsg.): Tagungsband zur 7. Internationalen Passivhaustagung, Passivhaus Institut Darmstadt 2003

[70] Werner, J., Müller, S.: Lüftungswärmebilanz von Gebäuden – Einfluss von Luftdichtheit, Wärmebereitstellungsgrad und Massenstrombalance. In: VDI-Bericht 1591, VDI Verlag Düsseldorf 2001

[71] Mürmann, H.: Wohnungslüftung. Verlag C. F. Müller, Karlsruhe 1994

[72] Ebel, W., Großklos, M., Loga, T.: Bewohnerverhalten in Passivhäusern. In: Steinmann, M. (Hrsg.).: Tagungsband zur 6. Europäischen Passivhaustagung 2002, Fachhochschule beider Basel, info@fhbb.ch

[73] Ebel, W., Großklos, M., Knissel, J. Loga, T.: Wohnen in Passiv- und Niedrigenergiehäusern. Eine vergleichende Analyse der Nutzerfaktoren am Beispiel der „Gartenhofsiedlung Lummerlund" in Wiesbaden-Dotzheim. Energieteil des Endberichts; Bauprojekt, messtechnische Auswertung, IWU Darmstadt 2003

[74] Hübner, H., Hermelink, A.: Sozialer Mietwohnungsbau gemäß Passivhausstandard. In: Feist, W. (Hrsg.): Tagungsband zur 7. Internationalen Passivhaustagung, Passivhausinstitut Darmstadt 2003

[75] DIN V 4701-10, Beiblatt 1 : 2007-02 Energetische Bewertung heiz- und raumlufttechnischer Anlagen – Heizung, Trinkwassererwärmung, Lüftung – Anlagenbeispiele

[76] Flade, A., Hallmann, S., Lohmann, G., Mack, B.: Die meisten würden erneut in ein Passivhaus ziehen. Die Wohnungswirtschaft 6/2003, S. 48 ff.

[77] Richter, W.: Handbuch der thermischen Behaglichkeit – Sommerlicher Kühlbetrieb, Bundesanstalt für Arbeitsschutz und Arbeitsmedizin (Hrsg.), Dortmund/Berlin/Dresden 2007

[78] DIN V 18599: Energetische Bewertung von Gebäuden – Berechnung des Nutz-, End- und Primärenergiebedarfs für Heizung, Kühlung, Lüftung, Trinkwarmwasser und Beleuchtung

Teil 1: Allgemeine Bilanzierungsverfahren, Begriffe, Zonierung und Bewertung der Energieträger (Vornorm 2011-12)

Teil 2: Nutzenergiebedarf für Heizen und Kühlen von Gebäudezonen (Vornorm 2011-12)

Teil 3: Nutzenergiebedarf für die energetische Luftaufbereitung (Vornorm 2011-12)

Teil 4: Nutz- und Endenergiebedarf für Beleuchtung (Vornorm 2011-12)

Teil 5: Endenergiebedarf von Heizsystemen (Vornorm 2011-12)

Teil 6: Endenergiebedarf von Lüftungsanlagen, Luftheizungsanlagen und Kühlsystemen für den Wohnungsbau (Vornorm 2011-12)

Teil 7: Endenergiebedarf von Raumlufttechnik- und Klimakältesystemen für den Nichtwohnungsbau (Vornorm 2011-12)

Teil 8: Nutz- und Endenergiebedarf von Warmwasserbereitungssystemen (Vornorm 2011-12)

Teil 9: End- und Primärenergiebedarf von stromproduzierenden Anlagen (Vornorm 2011-12)

Teil 10: Nutzungsrandbedingungen, Klimadaten (Vornorm 2011-12)

Teil 11: Gebäudeautomation (Vornorm 2011-12)

[79] DIN FB 4108-8 : 2010-09 Wärmeschutz und Energie-Einsparung in Gebäuden – Teil 8: Vermeidung von Schimmelpilzwachstum in Gebäuden

WARMWASSERVERSORGUNG: ELEKTROSYSTEME

1	**Wassererwärmung** S. 15/2		6.3	Einzelversorgung
2	**Warmwasserversorgung** S. 15/2		6.4	Betriebshinweise
2.1	Zentralversorgung		**7**	**Energiebedarf, Wirtschaftlichkeit** S. 15/25
2.2	Wohnungsversorgung		7.1	Energiebedarf
2.3	Einzelversorgung		7.2	Wirtschaftlichkeit

3 **Warmwasserbedarf und Warmwasserwärmebedarf** S. 15/3

4 **Elektro-Wassererwärmer** S. 15/4
4.1 Kochendwassergerät
4.2 Offener Warmwasserspeicher
4.3 Geschlossener Warmwasserspeicher
4.4 Zweikreisspeicher
4.5 Untertischspeicher, Übertischspeicher
4.6 Durchlauferhitzer
4.6.1 Hydraulischer Durchlauferhitzer
4.6.2 Elektronischer Durchlauferhitzer
4.6.3 Vergleich der Warmwasserbereitstellung von hydraulischen und elektronischen Durchlauferhitzern
4.6.4 Austausch hydraulischer Durchlauferhitzer durch elektronische Durchlauferhitzer
4.6.5 Anschlussleistung von Elektro-Durchlauferhitzern
4.6.6 Zusammenfassung der Vorteile von Elektro-Durchlauferhitzern
4.6.7 Kleindurchlauferhitzer
4.7 Elektro-Standspeicher
4.8 Wassererwärmung mit Wärmepumpen
4.9 Wassererwärmung mit Solarenergie

5 **Übersicht Armaturen** S. 15/18

6 **Planung und Ausführung von Warmwasserversorgungsanlagen** S. 15/19
6.1 Allgemeine Kriterien
6.2 Zentrale Versorgung

WARMWASSERVERSORGUNG: ELEKTROSYSTEME

1 Wassererwärmung

Neben der Raumheizung gehört die Warmwasserversorgung zu den wesentlichen Bestandteilen der technischen Gebäudeausrüstung. **Warmwasser ist dem Versorgungsnetz entnommenes und durch einen Wassererwärmer erwärmtes Trinkwasser.**

Warmes Wasser wird für viele Anwendungen in Haushalt, Gewerbe, Landwirtschaft und Industrie benötigt. Dabei ist für bestimmte Verwendungszwecke heißes oder kochendes Wasser erforderlich, z. B. für Heißgetränke wie Kaffee oder Tee. Andere Vorgänge werden wesentlich erleichtert, wenn sie mit warmem Wasser durchgeführt werden. Hierzu gehören Verfahrens- und Reinigungsvorgänge in verschiedenen Bereichen. Besondere Bedeutung hat die Warmwasserverwendung für Körperreinigung bzw. Körperpflege, Hygiene und Gesundheitspflege. Steigende Anforderungen auf diesem Sektor beeinflussen maßgeblich den Warmwasserverbrauch und technische Weiterentwicklungen bei Warmwasserversorgungssystemen.

Die **Warmwassertemperatur** beeinflusst die Wärmeverluste von Wassererwärmern und Rohrleitungen, in denen sich warmes Wasser befindet. Kalkablagerungen und Korrosionsvorgänge in Wassererwärmern und Rohrleitungen können sich bei höheren Wassertemperaturen verstärken. Deshalb sollten die Warmwassertemperaturen nicht höher sein, als es für den jeweiligen Verwendungszweck erforderlich ist.

Hygienische Gründe sprechen jedoch dafür, die Warmwassertemperatur, insbesondere in größeren Warmwasserspeichern und ausgedehnten Rohrleitungssystemen, auf mindestens 60 °C anzuheben. Detaillierte Anforderungen und Hinweise enthält das DVGW-Arbeitsblatt W551 „Trinkwassererwärmungs- und Trinkwasserleitungsanlagen; Technische Maßnahmen zur Verminderung des Legionellenwachstums; Planung, Errichtung, Betrieb und Sanierung von Trinkwasser-Installationen" (April 2004). Eine hohe Warmwassertemperatur ist bei Elektro-Wassererwärmern und brennstoffbeheizten Systemen immer möglich. Bei der Wassererwärmung mit Sonnenkollektoren oder Wärmepumpen hat die Höhe der Warmwassertemperatur einen erheblichen Einfluss auf die energetische Effizienz. Der Energiegewinn aus der Umwelt ist umso größer, je niedriger die gewünschte Warmwassertemperatur ist. Trotzdem muss aus hygienischen Gründen und unter Beachtung des DVGW-Arbeitsblattes W551 ggf. das Warmwasser nachgeheizt werden. Als Alternative bieten sich Warmwassersysteme an, bei denen die Speicherung über Heizungspuffer anstelle der Warmwasserspeicher erfolgt und die Wassererwärmung möglichst nah an der Zapfstelle vorgenommen wird.

2 Warmwasserversorgung

Mit einer Warmwasserversorgung wird erwärmtes Trinkwasser an den Entnahmestellen bereitgestellt[1]. Zu einer Warmwasserversorgung gehören die **Wassererwärmung**, häufig eine **Warmwasserspeicherung** und die **Warmwasserverteilung** zu den Entnahmestellen. Hierfür wurden verschiedene Geräte und Systeme entwickelt, die spezifische Merkmale und Vorteile haben. Für Planer und Bauherren kommt es darauf an, aus den vorhandenen Möglichkeiten technische Lösungen auszuwählen, die die jeweiligen Anforderungen am besten erfüllen.

2.1 Zentralversorgung

Bei einer Zentralversorgung wird die Wassererwärmung an einer zentralen Stelle innerhalb oder außerhalb des zu

---

[1] Der Normbegriff „Trinkwasser" bezieht sich auf die Qualität des Leitungswassers. Das erwärmte Wasser wird hauptsächlich für andere Zwecke als zum Trinken verwendet. Deshalb sind auch die Bezeichnungen „Trinkwassererwärmung",„Brauchwassererwärmung" oder „Warmwasserbereitung" üblich.

versorgenden Gebäudes durchgeführt. Dadurch können auch mehrere Wohnungen oder Häuser an eine Zentralversorgung angeschlossen werden. Das erwärmte Wasser wird über ein ausgedehntes Verteilsystem zu den Warmwasserentnahmestellen geleitet. Eine Zentralversorgung wird in der Regel mit einer Warmwasserzirkulation ausgestattet, damit auch an weit entfernt liegenden Entnahmestellen innerhalb kurzer Zeit und ohne Wasserverluste warmes Wasser entnommen werden kann und hygienische Anforderungen eingehalten werden können.

2.2 Wohnungsversorgung

Eine Wohnungsversorgung ist dadurch gekennzeichnet, dass die Versorgung der Warmwasserentnahmestellen einer Wohnung oder eines Einfamilienhauses durch Wassererwärmer erfolgt, die verbrauchsnah in der Wohnung angeordnet sind. Hierdurch ist es möglich,

- den Energieverbrauch jeder Wohneinheit exakt zu erfassen und getrennt abzurechnen,
- die Warmwasserleitungen möglichst kurz zu halten, sodass sich eine Warmwasserzirkulation erübrigt,
- hygienische Probleme zu vermeiden,
- die Wärmeabgabe der Wassererwärmer und Warmwasserleitungen weitgehend für die Raumheizung zu nutzen.

Eine Wohnungsversorgung kann durch einen oder mehrere Wassererwärmer erfolgen.

2.3 Einzelversorgung

Eine Einzelversorgung liegt vor, wenn eine einzeln liegende Entnahmestelle mit einem Wassererwärmer ausgestattet ist, der nur diese Entnahmestelle versorgt. Sie kann auch innerhalb einer Wohnungsversorgung vorkommen.

3 Warmwasserbedarf und Warmwasserwärmebedarf

Wo, wann und wie viel warmes Wasser jeweils gebraucht wird, hängt von vielen Einflussgrößen ab. Messungen und Untersuchungen hierzu zeigen immer wieder, dass die individuellen Lebens- und Verbrauchsgewohnheiten im privaten Bereich recht unterschiedlich sind. Dementsprechend weichen auch die ermittelten spezifischen Warmwasserverbrauchswerte stark voneinander ab. Der Warmwasserverbrauch im Wohnbereich ist unter anderem abhängig von

- der Zusammensetzung des Benutzerkreises (Erwachsene, Kinder),
- den Lebensgewohnheiten bzw. dem Hygienebedürfnis der Benutzer (z. B. Bade-, Duschhäufigkeit),
- der sanitärtechnischen Ausstattung der Wohnung oder des Hauses (Bad, Dusche, Sauna),
- dem Wassererwärmungssystem und der Installation.

Der Warmwasserverbrauch eines Haushalts ändert sich von Tag zu Tag. Ein hoher Warmwasserverbrauch tritt insbesondere an Wochenendtagen auf, wenn mehrere Familienmitglieder innerhalb einer relativ kurzen Zeitspanne baden oder duschen. An anderen Tagen wird Befragungen zufolge deutlich weniger warmes Wasser entnommen. Die Planung und Auslegung einer Warmwasserversorgungsanlage erfolgt nach dem höchsten unter normalen Bedingungen auftretenden Warmwasserbedarf.

Der Warmwasserhöchstbedarf im Haushalt lässt sich ermitteln, indem die am Tag des höchsten Bedarfs für verschiedene Vorgänge benötigten Warmwassermengen zusammengestellt werden und – auf eine einheitliche Bezugstemperatur, z. B. 60 oder 45 °C, umgerechnet – zu einer Gesamtmenge zusammengefasst werden. Hierbei können für einzelne Entnahmestellen und Nutzungsvorgänge die in *Bild 15-1* angegebenen Warmwassermengen zugrunde gelegt werden.

Entnahmestelle	Wassermenge und -temperatur je Nutzung	Wassermenge bei Bezugstemperatur 60 °C	Wassermenge bei Bezugstemperatur 45 °C
Spüle	10… 20 Liter 50 °C	8…16 Liter	–
Badewanne	120…150 Liter 40 °C	72…90 Liter	103…129 Liter
Dusche	30… 50 Liter 40 °C	18…30 Liter	26… 43 Liter
Waschtisch	10… 15 Liter 40 °C	6… 9 Liter	9… 13 Liter
Handwaschbecken	2… 5 Liter 40 °C	1… 3 Liter	2… 4 Liter

15-1 Warmwassermengen im Haushalt

Für Verbrauchs- und Kostenberechnungen zur Warmwasserversorgung im Wohnbereich wird nicht der Höchstbedarf, sondern der über einen längeren Zeitraum gemessene **Warmwasserdurchschnittsbedarf** bzw. der **Jahresbedarf** zugrunde gelegt.

Der typische durchschnittliche Warmwasserbedarf in einem Mehrpersonenhaushalt beträgt

> 30 Liter / Person · Tag (45 °C) bzw. 20 Liter / Person · Tag (60 °C)

Das entspricht einer spezifischen Nutzwärme von

> 1,2 kWh / Person · Tag oder 400 kWh / Person · Jahr

Diese spezifischen Verbrauchswerte können bei Kostenberechnungen zugrunde gelegt werden. Nähere Hinweise zur Berechnung des Energiebedarfs für die Trinkwassererwärmung enthält VDI 2067-12 „Wirtschaftlichkeit gebäudetechnischer Anlagen – Nutzenergiebedarf für die Trinkwassererwärmung" (Juni 2000).

Die Energieeinsparverordnung **EnEV** definiert den Warmwasser-Nutzwärmebedarf nutzflächenbezogen. Als pauschaler **Nutzwärmebedarf für die Warmwasserbereitung Q_w für Wohngebäude** wird nach DIN V 4701-10 ein Betrag von 12,5 kWh/(m²a), nach DIN V 18599-10 hingegen ein differenzierter Betrag von 12 kWh/(m²a) für Ein-/Zweifamilienhäuser und von 16 kWh/(m²a) für Mehrfamilienhäuser festgesetzt, Kapitel 2-3.

4 Elektro-Wassererwärmer

Bei Wassererwärmern wird allgemein unterschieden zwischen Durchfluss-Wassererwärmern und Speicher-Wassererwärmern. **Durchfluss-Wassererwärmer** sind Wärmeübertrager, in denen das Wasser während des Durchströmens erwärmt wird. **Speicher-Wassererwärmer** sind wärmegedämmte Behälter, in denen das Wasser erwärmt und für eine spätere Entnahme gespeichert wird. Beide Systeme haben spezifische Eigenschaften und Vorteile.

Im Folgenden werden die verschiedenen elektrisch betriebenen Wassererwärmer behandelt. Eine Übersicht der verschiedenen Geräte mit ihren wesentlichen Daten und Anwendungen enthält *Bild 15-2*. Öl- und gasbeheizte Wassererwärmer sind in Kapitel 16-25.3, Wärmepumpenlösungen in Kapitel 16-12, Kapitel 14-10.5, Kapitel 14-11.5 und die solare Wassererwärmung mit Kollektoren in Kapitel 17-4 bis 17-10 beschrieben.

4.1 Kochendwassergerät

Das Kochendwassergerät enthält als wesentliches Bauteil einen temperaturbeständigen Spezialbehälter mit bis zu 5 Liter Fassungsvermögen, meist aus Glas, Chromnickelstahl oder Kunststoff, dessen Bodenplatte mit einem Heizelement versehen ist, *Bild 15-3*. Unmittelbar an der Bodenplatte befinden sich auch die Fühler des eingebauten Temperaturwählbegrenzers und eines Trockengehschutzes. Mit einer Spezialarmatur wird das Gerät direkt an den Wasserleitungsstutzen auf der Wand oberhalb des Spülbeckens montiert. Der elektrische Anschluss erfolgt durch eine Anschlussleitung mit Schutzkontaktstecker. Eine Füllstandsanzeige erleichtert Teilfüllungen.

Zur Benutzung wird das Gerät mit der jeweils benötigten Wassermenge gefüllt, und der Temperaturwählbegrenzer wird auf die gewünschte Endtemperatur eingestellt. Nach Einschalten der Leistung wird der Wasserinhalt aufgeheizt.

Elektro-Wassererwärmer	Nenninhalt in Liter	Nennaufnahme in kW	Höhe × Breite × Tiefe Max. Außenabm. in cm	Leergewicht in kg	Besonders geeignet für
Expresskocher	1…2	1…2,2	25 × 15 × 25	0,5…1	kleine Kochendwassermengen in Küche
Kochendwassergerät	5	2	40 × 30 × 20	5	Einzelversorgung
Warmwasserspeicher offen	5	2	40 × 25 × 20	5	Waschtisch, Küchenspüle
	10	2	50 × 35 × 30	10	Waschtisch, Küchenspüle
	15	2,4	60 × 35 × 30	10	Küchenspüle
	30	4	85 × 40 × 35	25	Dusche
	50	6	85 × 50 × 50	25	Dusche
	80	6	105 × 50 × 50	30	Badewanne
	100	6	120 × 50 × 50	50	Badewanne
Warmwasserspeicher geschlossen	10	2	50 × 35 × 30	10	Doppelwaschtisch, Spüle
	15	2,4	60 × 35 × 30	15	Küchenspüle
	30	4	85 × 40 × 35	25	Waschtisch u. Dusche
	50	6	85 × 50 × 50	40	Waschtisch u. Dusche
	80	6	105 × 50 × 50	45	
	100	6	120 × 50 × 50	55	Badversorgung, Wohnungsversorgung
	120	6	125 × 55 × 50	60	
	150	6	140 × 55 × 55	70	
Durchlauferhitzer hydraulisch	–	18, 21, 24, 27	50 × 30 × 20	15	Badversorgung
Durchlauferhitzer elektronisch	–	18, 21, 24, 27	50 × 30 × 20	15	Badversorgung, Küchenversorgung
Elektro-Standspeicher	200	2, 4, 6	160 × 60 × 70	100	Wohnungsversorgung, Einfamilienhaus
	300	3, 6	180 × 70 × 80	110	
	400	4, 6	190 × 80 × 90	130	
	600	6, 9	200 × 80 × 100	160	Zentralversorgung, Haushalt, Gewerbe, Landwirtschaft
	1000	9, 18	250 × 100 × 100	250	
Warmwasser-Wärmepumpe mit Speicher	200…400	0,3…0,6		120…200	Wohnungsversorgung, Einfamilienhaus

15-2 Übersicht Elektro-Wassererwärmer

15 Warmwasserversorgung: Elektrosysteme

Offener Warmwasserspeicher

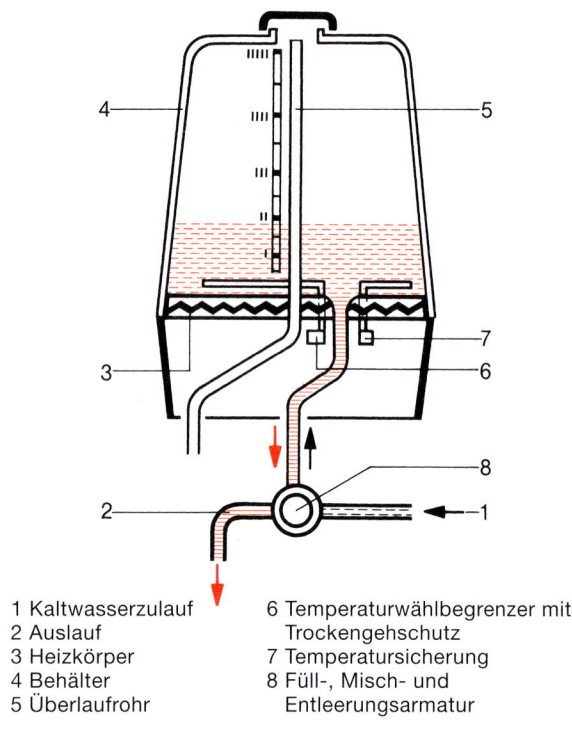

1 Kaltwasserzulauf
2 Auslauf
3 Heizkörper
4 Behälter
5 Überlaufrohr
6 Temperaturwählbegrenzer mit Trockengehschutz
7 Temperatursicherung
8 Füll-, Misch- und Entleerungsarmatur

15-3 Kochendwassergerät

Es gibt Geräte mit **Fortkochstufe**, bei denen die Beheizung auch nach Erreichen des Kochpunktes eingeschaltet bleibt, bis sie von Hand abgeschaltet wird. Bei Geräten mit **Kochpunktabschaltung** schaltet sich die Beheizung bei Erreichen des Kochpunktes automatisch aus. Geräte mit **Kochautomatik** geben bei Erreichen des Kochpunktes ein akustisches Signal. Durch den eingebauten Temperaturregler wird die Beheizung des Geräts am Kochpunkt ständig ein- und ausgeschaltet.

Kochendwassergeräte kommen zur Einzelversorgung insbesondere für Kleinküchen sowie dann in Betracht, wenn sich keine andere Lösung (z. B. Untertischspeicher) anbietet. Für die schnelle Erwärmung kleiner Kochendwassermengen, z. B. zum Aufbrühen von Tee, haben sich **Expresskocher** durchgesetzt, die als Kleingeräte mit Wasserkanne eine variable Platzierung und Anwendung ermöglichen.

4.2 Offener Warmwasserspeicher

Ein offener Warmwasserspeicher, *Bild 15-4*, besitzt einen drucklos, d. h. ohne Leitungswasserdruck betriebenen Innenbehälter. Im unteren Teil des Innenbehälters befinden sich die Elektroheizkörper und die Temperaturfühler der zugehörigen Schalt- und Regelorgane. Der Innenbehälter ist wärmegedämmt. Der Speicher ist ständig mit Wasser gefüllt. Der eingebaute Temperaturwählregler wird auf die gewünschte Wassertemperatur (zwischen 35 und 85 °C) eingestellt. Das Gerät arbeitet automatisch und das erwärmte Wasser steht ohne Wartezeit zur Verfügung.

Bei Warmwasserentnahme drückt das einfließende kalte Wasser eine entsprechende Menge warmen Wassers durch das Auslaufrohr (Überlaufrohr) heraus. Die Temperatur des ausfließenden warmen Wassers ist nahezu gleichbleibend, da sich kaltes und warmes Wasser im Speicher kaum miteinander vermischen. Die Geräte werden an der Wand befestigt, und zwar jeweils möglichst in der Nähe der zu versorgenden Entnahmestelle, z. B. im Schrank unterhalb des Spülbeckens als Untertischspeicher, Abschnitt 4.5.

Bei einem offenen Warmwasserspeicher besitzt der Innenbehälter eine ständig offene Verbindung zur Außenluft. Dieses wird dadurch erreicht, dass das Warmwasserentnahmeventil im Kaltwasserzulauf angeordnet ist. Der Innenbehälter besteht aus dünnwandigem Kupferblech oder innen emailliertem Stahlblech, bei kleinen Speichern wird auch Kunststoff verwendet. Der drucklose Betrieb ermöglicht eine kostengünstige Bauweise.

Bei offenen Warmwasserspeichern erfolgt die Wasserentnahme grundsätzlich über spezielle Mischarmaturen, die auch als **Überlaufmischbatterien** bezeichnet wer-

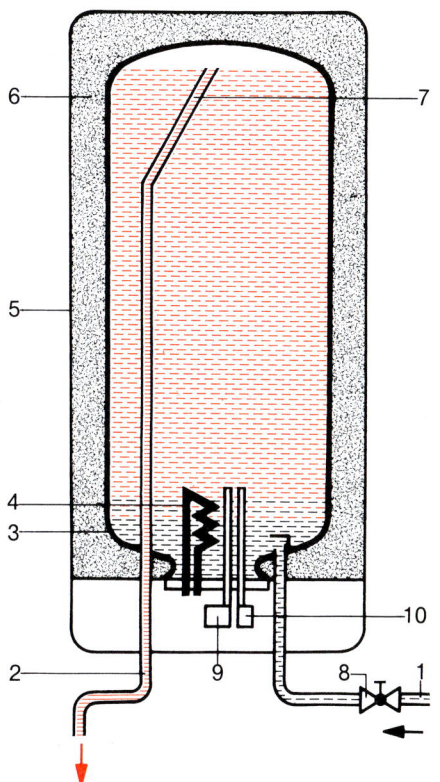

1 Kaltwasserzulauf
2 Warmwasserauslauf
3 Innenbehälter
4 Heizkörper
5 Außenmantel
6 Wärmedämmung
7 Überlaufrohr
8 Warmwasserentnahmeventil
9 Temperaturwählregler
10 Temperatursicherung

15-4 Warmwasserspeicher offen

den. Diese Armaturen unterscheiden sich in Aufbau und Funktion wesentlich von den bei der Zentralversorgung üblichen Druckarmaturen. Während des Aufheizens tropft Ausdehnungswasser durch die Mischbatterie aus. Ein Sicherheitsventil wird nicht benötigt. **Ein offenes Ge-** rät kann nur zur Versorgung einer Entnahmestelle eingesetzt werden. Offene Warmwasserspeicher gibt es mit Nenninhalten von 5 bis zu 100 Litern.

4.3 Geschlossener Warmwasserspeicher

Ein geschlossener Warmwasserspeicher, *Bild 15-5*, ist so konstruiert, dass er dem Leitungswasserdruck (im Allgemeinen bis 6 bar) ausgesetzt werden kann. Der druckfeste Innenbehälter besteht aus Kupfer-, Edelstahl- oder Stahlblech. Letzteres ist innen korrosionshemmend beschichtet (Email, Kunststoff), eine Verzinkung ist erfahrungsgemäß als Korrosionsschutz nicht ausreichend. Ein geschlossenes Gerät besitzt neben dem Temperaturwähler einen Sicherheitstemperaturbegrenzer.

Nach den Technischen Regeln für Trinkwasserinstallation (DIN 1988) sind für den Anschluss geschlossener Wassererwärmer je nach Wasserinhalt verschiedene Armaturen erforderlich. Hierzu gehört ein **baumustergeprüftes Sicherheitsventil**, das bei Überschreiten eines bestimmten Betriebsüberdrucks automatisch öffnet und Wasser oder Dampf entweichen lässt. Im normalen Betrieb tropft während des Aufheizens auch das Ausdehnungswasser durch das Sicherheitsventil aus, wenn kein spezielles Ausdehnungsgefäß installiert wird. Deshalb muss am Installationsort eines geschlossenen Wassererwärmers ein Wasserabfluss vorhanden sein. Zwischen dem Wassererwärmer und dem Sicherheitsventil, das immer am Kaltwasserzulauf installiert wird, darf sich keine Absperrmöglichkeit befinden.

Bis auf die Druckfestigkeit des Innenbehälters und die Sicherheitseinrichtungen entspricht der geschlossene Warmwasserspeicher in Aufbau und Funktion dem offenen Warmwasserspeicher. Durch seine Anschlussweise kann er im Gegensatz zu diesem zur **Versorgung mehrerer Entnahmestellen** benutzt werden. Die Entnahmeventile befinden sich hinter dem Warmwasserauslauf. Geschlossene Warmwasserspeicher werden zur Warmwasserversorgung eines Bades, einer Wohnung oder eines ganzen Hauses eingesetzt.

15 Warmwasserversorgung: Elektrosysteme — Zweikreisspeicher, Übertisch-, Untertischspeicher

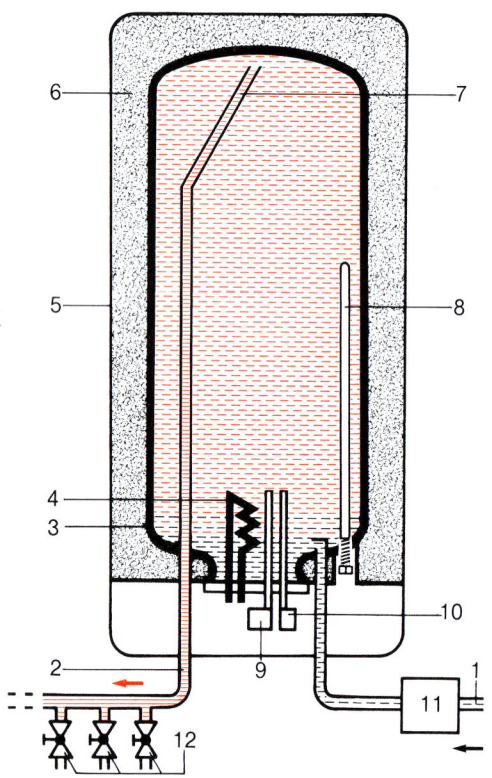

1 Kaltwasserzulauf
2 Warmwasserauslauf
3 Innenbehälter
4 Heizkörper
5 Außenmantel
6 Wärmedämmung
7 Überlaufrohr
8 Schutzanode (bei emailliertem Innenbehälter)
9 Temperaturwählregler
10 Sicherheitstemperaturbegrenzer
11 Sicherheitsventilkombination
12 Warmwasserentnahmeventile

15-5 Warmwasserspeicher geschlossen

Bei geschlossenen Warmwasserspeichern können alle handelsüblichen Entnahmearmaturen einschließlich Einhandmischbatterien und Thermostat-Mischbatterien verwendet werden, wie sie auch bei zentraler Warmwasserversorgung üblich sind.

Geschlossene Warmwasserspeicher gibt es mit Nenninhalten von zehn Litern bis zu mehreren tausend Litern.

Abwandlungen geschlossener Warmwasserspeicher sind Durchlaufspeicher, Zweikreisspeicher und Elektro-Standspeicher. Darüber hinaus gehören geschlossene Warmwasserspeicher zu den wesentlichen Bestandteilen von Wassererwärmungsanlagen, die mit Heizkesseln, Sonnenkollektoren und Wärmepumpen beheizt werden.

4.4 Zweikreisspeicher

Ein Zweikreisspeicher hat einen zweiten Elektro-Heizkörper mit kleiner Heizleistung, mit der innerhalb der Niedertarifzeit – z. B. nachts – der Speicherinhalt kostengünstig aufgeheizt wird. Dieser Speicherinhalt kann dann am folgenden Tag verbraucht werden. Reicht die mit Nachtstrom aufgeheizte Warmwassermenge einmal nicht aus, hat der Benutzer die Möglichkeit, durch Schalterbetätigung am Gerät den Warmwasserspeicher erneut aufzuheizen – während des Tages zum Normaltarif. Nachts erfolgt die Aufheizung selbsttätig. Zweikreisspeicher erfordern eine etwas aufwendigere Elektroinstallation und einen Zweitarifzähler.

Zweikreisspeicher haben für die Benutzer den Vorteil niedrigerer Energiekosten, da sie überwiegend mit Niedertarifstrom und nur bei Bedarf mit Normaltarifstrom aufgeheizt werden. In Verbindung mit einer geeigneten Steuerung (Smart Meter) sind derartige Speicher für die Nutzung von überschüssigem Strom aus erneuerbaren Energien prädestiniert.

4.5 Untertischspeicher, Übertischspeicher

Ein hoher Warmwasserkomfort und niedrige Energieverluste ergeben sich bei verbrauchsnaher Wassererwärmung. Dabei werden Wassererwärmer in unmittelbarer

15 Warmwasserversorgung: Elektrosysteme — Durchlauferhitzer

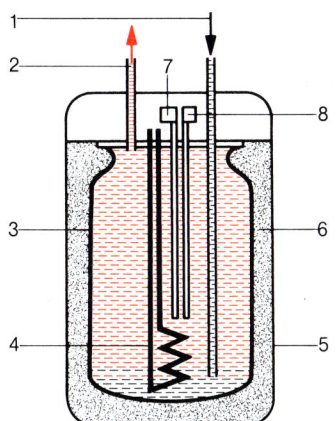

1 Kaltwasserzulauf
2 Warmwasserauslauf
3 Innenbehälter
4 Heizkörper
5 Außenmantel
6 Wärmedämmung
7 Temperaturwählregler
8 Temperatursicherung

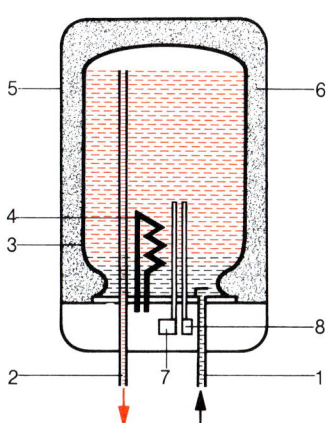

1 Kaltwasserzulauf
2 Warmwasserauslauf
3 Durchflußmessung
4 Strömungsschalter
5 Stufenschalter
6 Sicherheitsbegrenzer
7 Heizblock
8 Abdeckhaube

15-6 Untertischspeicher (oben), Übertischspeicher (unten)

Nähe der zu versorgenden Entnahmestellen installiert. Elektro-Warmwassergeräte lassen sich ohne Rücksicht auf bauliche Gegebenheiten überall installieren.

Eine verbrauchsnahe Versorgung setzt voraus, dass sich die Geräte in Form und Größe den jeweiligen Verhältnissen am Nutzungsort anpassen. Hierfür eignen sich besonders Elektro-Warmwasserspeicher mit 5, 10 oder 15 Liter Inhalt, die es in offener (druckloser) und geschlossener (druckfester) Bauweise gibt, Abschnitt 4.2 und 4.3.

Vor allem im Bereich der Warmwasserversorgung von Küche, Hausarbeitsraum, Gästezimmer und WC werden diese Geräte bevorzugt eingesetzt. Dazu gibt es, entsprechend *Bild 15-6*, zwei unterschiedliche Ausführungen, nämlich Untertischspeicher mit den Wasseranschlüssen auf der Oberseite des Geräts und Übertischspeicher mit den Wasseranschlüssen an der Unterseite.

Da die meisten kleineren Warmwasserspeicher nur eine Entnahmestelle zu versorgen haben, werden sie überwiegend als offene Geräte installiert. Für den Anschluss stehen entsprechende Überlaufmischbatterien für Untertisch- und Übertischmontage zur Verfügung. Neue Konstruktionen vermeiden das Tropfen des Ausdehnungswassers durch die Mischbatterie beim Aufheizen.

4.6 Durchlauferhitzer

Ein Durchlauferhitzer ist ein kompakt gebauter Elektro-Wassererwärmer mit einer relativ hohen Anschlussleistung. Das Wasser wird während des Durchströmens erwärmt. Es befindet sich nur sehr wenig Wasser im Inneren des Geräts, das sich in den Betriebspausen wieder abkühlt. Deshalb ist bei diesem System keinerlei Gefährdung durch Legionellen gegeben. Durchlauferhitzer für die Trinkwassererwärmung sind geschlossene Geräte, an die mehrere Entnahmestellen angeschlossen werden können. Die Warmwasserleistung ist in ihrer Höhe begrenzt. Sie reicht jedoch für die Anwendungsfälle im Wohnbereich im Allgemeinen aus.

4.6.1 Hydraulischer Durchlauferhitzer

Der hydraulische Durchlauferhitzer, *Bild 15-7*, besitzt anstelle eines Temperaturreglers einen **Strömungsschalter**, der die Heizleistung des Geräts einschaltet, wenn eine Mindest-Wassermenge durch das Gerät fließt. Der Strömungsschalter schaltet wieder aus, wenn die Mindestdurchflussmenge unterschritten wird. Die Ein- und Ausschaltung der Leistung kann in einer oder zwei Stufen erfolgen. Für diese Schaltvorgänge ist am Geräteanschlussort ein bestimmter **Mindestfließdruck** erforderlich.

Beim Durchlauferhitzer kommt es darauf an, eine relativ große Wärmemenge innerhalb kurzer Zeit in das durchströmende Wasser zu übertragen. Hierzu werden je nach Fabrikat unterschiedliche Heizkörpertechniken angewendet. Die klassische Beheizungsart ist ein druckfester Metallbehälter, in dem eine Reihe von **Rohrheizkörpern** untergebracht ist. Ein anderes häufig vorkommendes System ist die **Blankwiderstandsheizung**, bei der die Strom führenden Heizleiter sich unmittelbar im aufzuheizenden Wasser befinden, Näheres hierzu siehe Abschnitt 4.6.2.

Hydraulische Durchlauferhitzer für die Warmwasserversorgung sind weit verbreitet. Wesentliche Vorteile dieser Geräte sind die niedrigen Gerätekosten, ihre kompakte Bauweise und die einfache Installation. Nachteilig ist die Tatsache, dass hydraulische Durchlauferhitzer nicht in Verbindung mit Einhandmischern eingesetzt werden sollten, da prinzipbedingt bestimmte Mischwassertemperaturen nicht eingestellt werden können.

Wichtigste Voraussetzung für den Einsatz hydraulischer Durchlauferhitzer ist ein **ausreichender Fließdruck des Wassers am Anschlussort**. Dieser beim Durchströmen des Wassers entstehende Fließdruck wird benötigt, um über eine im Durchlauferhitzer erzeugte Druckdifferenz den Strömungsschalter des Geräts einzuschalten. Der hierfür erforderliche Fließdruck liegt je nach Hersteller und Gerätetyp zwischen 0,5 und 1,5 bar. Er ist der kleinste im Wassereinlauf direkt am Rohrstutzen des Durchlauferhitzers gemessene Wasserdruck, bei welchem die größte Leistung des Geräts einschaltet und eingeschaltet bleibt. Im praktischen Einsatz sind dem Durchlauferhitzer Warmwasserleitungen, Armaturen und

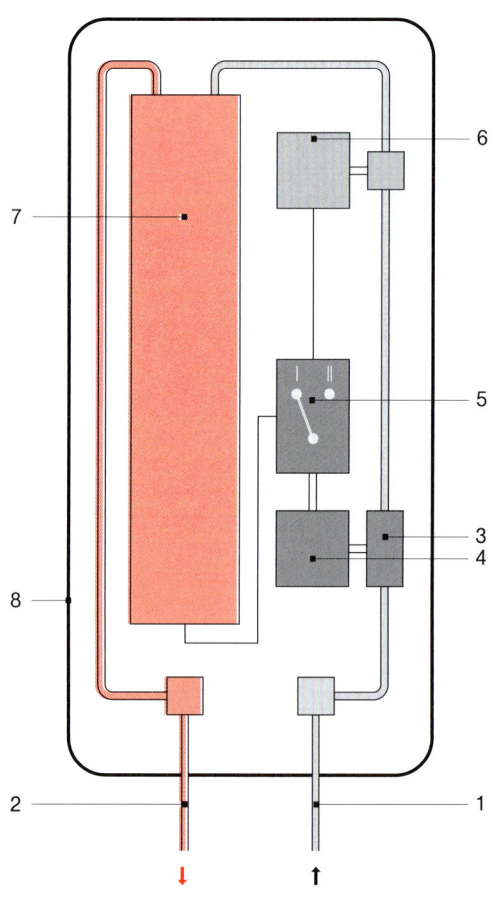

1 Kaltwasserzulauf
2 Warmwasserauslauf
3 Durchflussmessung
4 Strömungsschalter
5 Stufenschalter
6 Sicherheitsbegrenzer
7 Heizblock
8 Abdeckhaube

15-7 Hydraulischer Durchlauferhitzer

Auslaufgarnituren nachgeschaltet, die zusätzliche Fließdruckabfälle verursachen. Um sicherzustellen, dass ein hydraulischer Durchlauferhitzer am Anschlussort einwandfrei funktioniert, muss der im Wasserversorgungsnetz für den benötigten Durchfluss anstehende Fließdruck höher sein als der gesamte Druckverlust aller vorhandenen Leitungselemente. Dieses ist im Zweifelsfall durch eine Kontrollrechnung zu überprüfen.

Die **hydraulische Leistungssteuerung** bei Durchlauferhitzern schaltet die Heizleistung des Geräts durchflussabhängig ein und aus, und zwar meistens in zwei Stufen. So wird bei einem Wasserdurchfluss von etwa 4 Litern pro Minute die erste Stufe, z. B. die halbe Nennleistung, eingeschaltet. Bei Überschreiten einer Durchflussmenge von etwa 6 Litern pro Minute kann dann die zweite Stufe – also die Nennleistung – eingeschaltet werden.

Die hydraulische Leistungssteuerung ist mit ihren Ein- und Ausschaltwerten so justiert, dass sich bei der Warmwasserentnahme die häufig benötigten Wassertemperaturen zwischen 30 und 60 °C gut erreichen lassen. Die Steuerung erfasst die Temperatur des ausfließenden Wassers dabei nicht. Diese kann also entsprechend den jeweiligen Bedingungen sehr unterschiedlich sein. So ändert sich die Auslauftemperatur insbesondere entsprechend dem jeweiligen Durchfluss. Da die Heizleistung praktisch konstant ist, wird das ausfließende Wasser wärmer, wenn der Durchfluss gedrosselt wird. Das Wasser wird weniger warm, wenn der Durchfluss größer wird. Merkbare Temperaturschwankungen können sich auch ergeben, wenn größere Druck- oder Durchflussänderungen im Wasserleitungsnetz auftreten, manchmal verursacht durch in der Nähe installierte Druckspüler. Um diese Temperaturänderungen zu reduzieren, sind die meisten Durchlauferhitzer mit **Wassermengenreglern** ausgestattet. Es wird auch ein Gerät mit elektronisch geregeltem Stellmotor angeboten. Dies passt die Durchflussmenge so an, dass eine einstellbare Temperatur eingehalten wird.

4.6.2 Elektronischer Durchlauferhitzer

Eine besonders vorteilhafte Weiterentwicklung ist der elektronische Durchlauferhitzer, *Bild 15-8*. Bei diesem Gerät wird die Heizleistung der jeweiligen momentanen Warmwasserentnahme schnell und exakt angepasst. Hierfür werden elektronische Leistungsregler eingesetzt, die durch Durchlassen bzw. Sperren einzelner Halb- oder Vollwellen des sinusförmigen Wechselstroms die Heizleistung fast stufenlos auf den jeweils erforderlichen Wert einstellen. Dabei kann durch ständiges Erfassen der herrschenden Bedingungen wie Durchfluss, Kaltwassertemperatur und Netzspannung sowie durch Anpassen der jeweils erforderlichen Geräteleistung die Auslauftemperatur des warmen Wassers konstant gehalten werden.

Hauptbauteile der Elektronik sind Leistungsthyristoren, sogenannte Triacs. Das sind Halbleiter-Schaltelemente, die durch einen Steuerimpuls in beiden Richtungen stromdurchgängig gemacht werden können. Das geschieht ohne bewegte Teile, also vollelektronisch. Die Triacs lassen sich mit den Steuerimpulsen exakt schalten, unterliegen keinem Verschleiß und ermöglichen eine praktisch unbegrenzte Schaltspielzahl.

Für die Einhaltung der jeweils gewählten Warmwassertemperatur sorgt ein Mikroprozessor. Er erfasst alle wichtigen Einflussgrößen wie Kaltwassertemperatur, Warmwassertemperatur, Durchfluss, Netzspannung und ermittelt daraus die Steuerimpulse für die Triacs. Als Ergebnis stellt sich am Auslauf des Durchlauferhitzers die gewünschte Warmwassertemperatur ein. Jede Änderung der Einflussgrößen wird sofort erfasst und über den Mikroprozessor wird die Geräteleistung angepasst. Auf diese Weise ergibt sich für den Benutzer eine gleichbleibende Warmwassertemperatur unabhängig von den auftretenden Einflussgrößen.

Voraussetzung für eine gute Funktion der elektronischen Warmwassertemperatursteuerung ist eine schnell reagierende Heizung. Deshalb werden für elektronische Durchlauferhitzer ausschließlich **Blankwiderstandsheizelemente** verwendet, bei denen die stromdurchflossenen

erhitzern eingesetzt. Hier haben sie sich seit Jahrzehnten hervorragend bewährt. Die Heizwendeln befinden sich in den Kanälen eines Kunststoffblocks. Dieser sogenannte Heizblock enthält zusätzliche Vor- und Nachschaltkanäle, die ebenfalls vom aufzuheizenden Wasser durchströmt werden. Die vor- und nachgeschalteten Wasserkanäle sorgen durch ihren hohen elektrischen Isolationswiderstand dafür, dass die an den Heizwendeln und dort auch im Wasser vorhandene elektrische Spannung nicht nach außen gelangt.

Der elektronische Durchlauferhitzer hat einen **Temperaturwähler**, an dem der Benutzer die gewünschte Warmwassertemperatur einstellen und jederzeit verändern kann. Der Einstellbereich liegt im Allgemeinen zwischen 30 und 60 °C. Die Warmwassertemperatur bleibt auf dem eingestellten Wert, auch wenn der Durchfluss verändert wird. Einige Hersteller bieten Fernwähler an, mit denen aus der Dusche die Temperatur verändert werden kann, ohne dass eine Mischung von Wasser erforderlich wird.

Die **Warmwasserleistung** – das ist die innerhalb einer bestimmten Zeit bereitgestellte Warmwassermenge – ist durch die Nennaufnahme des Durchlauferhitzers begrenzt (z. B. 18 kW, 21 kW, 24 kW, 27 kW). Sie reicht für die üblichen Anwendungsfälle im Wohnbereich gut aus. Wird ein Durchlauferhitzer hinsichtlich seiner Warmwasserleistung überfordert, sinkt die Auslauftemperatur unter den eingestellten Wert.

Elektronische Durchlauferhitzer benötigen ebenso wie hydraulische einen ausreichend hohen **Fließdruck**. Sind Fließdrücke von mindestens 2 bis 3 bar vorhanden, kann auch bei niedrigen Temperatureinstellungen die Geräteleistung vollständig genutzt werden. Wenn bei geringem Fließdruck die Wassermenge zu stark abnimmt, kann durch Einstellung einer höheren Temperatur und Beimischen kalten Wassers eine größere Warmwassermenge mit der gewünschten Temperatur erreicht werden.

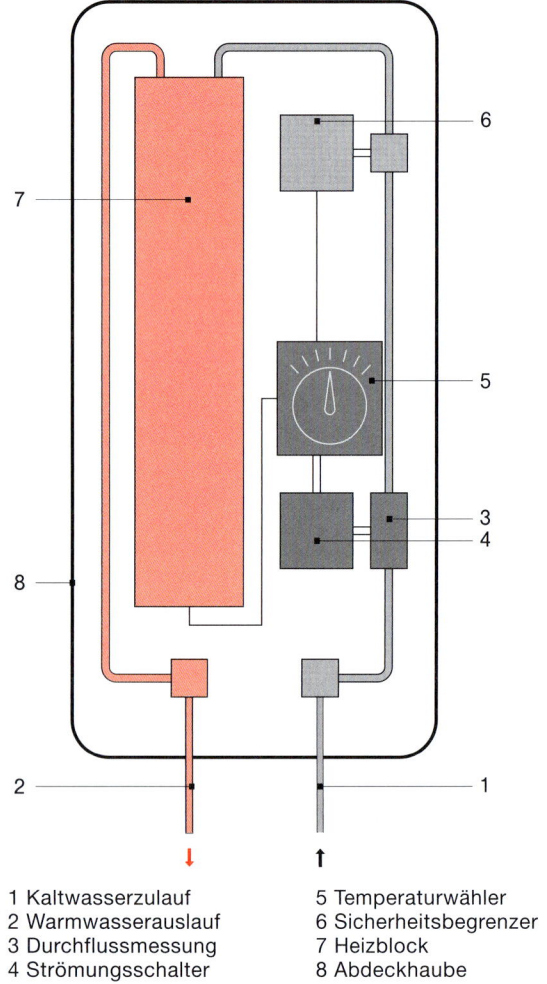

1 Kaltwasserzulauf
2 Warmwasserauslauf
3 Durchflussmessung
4 Strömungsschalter
5 Temperaturwähler
6 Sicherheitsbegrenzer
7 Heizblock
8 Abdeckhaube

15-8 Elektronischer Durchlauferhitzer

Heizdrähte direkt vom zu erwärmenden Wasser umspült werden, *Bild 15-9*. Blankwiderstandsheizelemente werden von vielen Herstellern auch in hydraulischen Durchlauf-

4.6.3 Vergleich der Warmwasserbereitstellung von hydraulischen und elektronischen Durchlauferhitzern

Die **Auslaufkurven** von hydraulischen und elektronischen Durchlauferhitzern zeigen wesentliche Unterschiede, *Bild 15-10*. Während beim hydraulischen Gerät durch die in Stufe ① und ② jeweils gleichbleibende Heizleistung die Auslauftemperatur mit größer werdender Auslaufmenge zurückgeht, bleibt beim elektronischen Gerät die Auslauftemperatur auf dem eingestellten Wert (waagerechte Geraden). Erst wenn die Auslaufmenge so hoch eingestellt wird, dass die Leistung des Durchlauferhitzers nicht mehr ausreicht, sinkt die Auslauftemperatur entsprechend der rechten Begrenzung der waagerechten Kennlinien ab.

Da beim elektronischen Durchlauferhitzer die Auslauftemperatur zwischen 30 und 60 °C einstellbar ist, ergibt sich statt einer Auslaufkurve ein Kennlinienfeld, innerhalb dessen jeder beliebige Betriebspunkt möglich ist. Dieses wird durch die stufenlos geregelte Heizleistung erreicht.

Auch wenn an einem elektronischen Durchlauferhitzer mehrere Entnahmestellen angeschlossen sind, zum Beispiel Waschtisch, Dusche, Badewanne, Bidet und eventuell noch die Küchenspüle, wird in den meisten Fällen jeweils nur an einer Stelle warmes Wasser entnommen. Falls es vorkommt, dass zwei Entnahmestellen gleichzeitig geöffnet werden, wird die im Durchlauferhitzer vorhandene Elektronik die Geräteleistung erhöhen, um die am Gerät eingestellte Auslauftemperatur möglichst konstant zu halten.

Durch die Möglichkeit der exakten stufenlosen Leistungsanpassung bei elektronischen Durchlauferhitzern ergeben sich für den Anwender weitere Vorteile. So können Tätigkeiten, die normalerweise unter fließendem Warmwasser ausgeführt werden, zum Beispiel Duschen, Händewaschen und Geschirrspülen, auch mit verminderter Auslaufmenge erfolgen. Durch die gleichbleibende Auslauftemperatur lässt sich auch die gewünschte Mischwassertemperatur an den Entnahmearmaturen schneller und leichter einstellen, denn auch bei Durch-

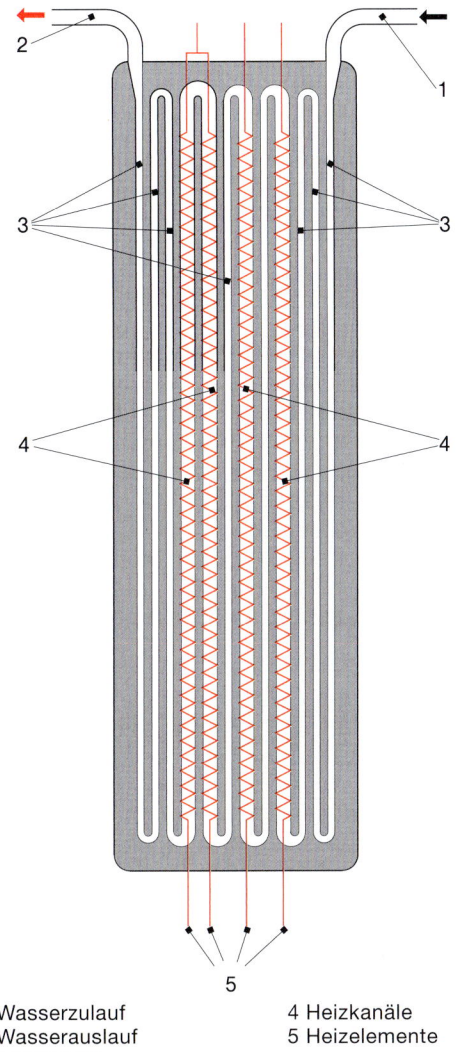

1 Wasserzulauf
2 Wasserauslauf
3 Leerkanäle
4 Heizkanäle
5 Heizelemente

15-9 Heizblock eines Elektro-Durchlauferhitzers mit Blankwiderstandsheizelementen

15 Warmwasserversorgung: Elektrosysteme — Durchlauferhitzer

flussänderungen oder -unterbrechungen bleibt die vom Gerät angebotene Warmwassertemperatur im Gegensatz zum hydraulischen Durchlauferhitzer konstant.

4.6.4 Austausch hydraulischer Durchlauferhitzer durch elektronische Durchlauferhitzer

Elektronische Durchlauferhitzer entsprechen in ihrer Gerätegröße und ihrer Installationstechnik weitgehend den hydraulischen Durchlauferhitzern. Sie lassen sich deshalb problemlos an deren Stelle einsetzen. Hierdurch können Anlagen, in denen hydraulische Durchlauferhitzer aufgrund ihrer technischen Eigenschaften nicht zufriedenstellend arbeiten, durch den Einsatz elektronischer Durchlauferhitzer erheblich verbessert werden. Elektronische Durchlauferhitzer haben eine wesentlich aufwendigere Technik als hydraulische Durchlauferhitzer. Sie sind deshalb auch deutlich teurer, jedoch preisgünstiger als vergleichbare Warmwasserspeicher. Darüber hinaus sind sie einfacher und kostengünstiger zu installieren.

4.6.5 Anschlussleistung von Elektro-Durchlauferhitzern

Die relativ hohe Anschlussleistung von Elektro-Durchlauferhitzern führt bei Interessenten manchmal zu der Vermutung, dass hierdurch ein größerer Stromverbrauch und damit höhere Energiekosten verursacht werden. Eine solche Befürchtung ist jedoch unberechtigt, da der Energiebedarf nur von der genutzten Wassermenge und deren Temperatur abhängt. Ein Durchlauferhitzer ist mit seiner relativ hohen Leistung nur in der kurzen Zeit der Warmwasserentnahme in Betrieb, während das Wasser in einem Speicher zwar mit geringerer Leistung, aber über eine viel längere Zeit aufgewärmt wird. Zweckmäßigerweise wird für Durchlauferhitzer die höchstmögliche Geräteleistung gewählt. Die Kostendifferenz zwischen einem 18-kW- und einem 27-kW-Gerät beträgt nur wenige Euro. Somit bestimmt die Ausführung der Elektroinstallation die maximal einsetzbare Leistung. Sie ist beim Neubau entsprechend zu dimensionieren, Kapitel 12-7. Beim Altbau begrenzen allerdings häufig die vorhandenen Stromleitungen die Leistung des Geräts.

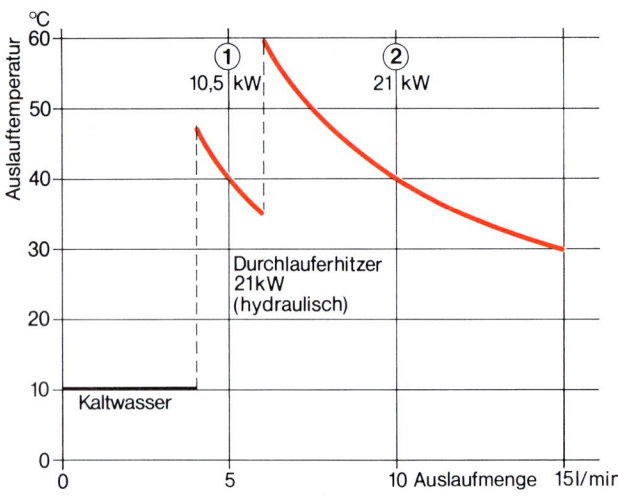

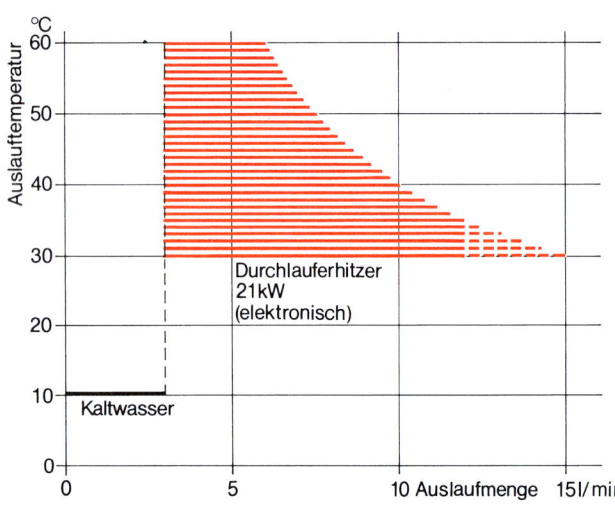

15-10 Auslauftemperatur beim hydraulischen (oben) und elektronischen Durchlauferhitzer (unten)

Durch die vorwählbare und genau eingehaltene Warmwassertemperatur elektronischer Durchlauferhitzer werden die an den Entnahmestellen üblichen Warmwassertemperatureinstellungen wesentlich vereinfacht und verkürzt. Auch die Möglichkeit, in Verbindung mit elektronischen Durchlauferhitzern alle Armaturenarten wie Einhandmischer und Thermostatventile ohne Einschränkungen nutzen zu können, macht zusätzliche Energieeinsparungen möglich. Den Benutzern, die sich gezielt auf eine energie- und wassersparende Betriebsweise ihrer Warmwassergeräte einstellen wollen, wird dieses mit elektronischen Durchlauferhitzern wesentlich erleichtert.

4.6.6 Zusammenfassung der Vorteile von Elektro-Durchlauferhitzern

Die wesentlichen Vorteile von Elektro-Durchlauferhitzern, sowohl hydraulisch als auch elektronisch, lassen sich wie folgt zusammenfassen:

- Kompakte, platzsparende Geräte, die sich überall verbrauchsnah unterbringen lassen.
- Einfache Installation, weil kein Sicherheitsventil und kein Druckminderer erforderlich sind.
- Übertisch- und Untertischmontage möglich.
- Mehrere Entnahmestellen können angeschlossen werden.
- Das Wasser wird unmittelbar während des Durchströmens erwärmt, also ist keine Warmwasserspeicherung und keine längere Aufheizzeit erforderlich.
- Hohe Energienutzung, weil die Geräte während der Bereitschaftszeit vollkommen ausgeschaltet sind und keine Verluste der Wärmespeicherung und -verteilung auftreten.
- Niedrige Geräte- und Installationskosten im Vergleich mit anderen Warmwassersystemen.
- Durch eine fortschrittliche Heizkörpertechnik ergeben sich auch bei Kalk bildenden Wasserarten keine Kalksteinablagerungen in den Geräten.
- Keine Gesundheitsgefährdung durch Legionellenvermehrung.

Elektronische Durchlauferhitzer haben darüber hinaus weitere wichtige Vorteile:

- Die gewünschte Warmwassertemperatur kann am Durchlauferhitzer eingestellt und jederzeit verändert werden.
- Die stufenlose Leistungsanpassung ermöglicht ein exaktes Einhalten der gewünschten Warmwassermenge und -temperatur.
- Das Gerät kann mit der Leistungsaufnahme betrieben werden, die dem jeweiligen Verwendungszweck entspricht.
- Die eingestellte Warmwassertemperatur bleibt gleich, auch bei Änderung der momentanen Wassermenge und bei Druck- oder Temperaturschwankungen im Wasserleitungssystem.
- Es können auch mehrere Entnahmestellen gleichzeitig mit warmem Wasser versorgt werden, ohne dass es zu gegenseitiger Beeinträchtigung – insbesondere Änderungen der Warmwassertemperatur – kommt. Dabei darf die Leistungsanforderung nicht größer sein als die Nennaufnahme des Durchlauferhitzers.
- Beim Einsatz elektronischer Durchlauferhitzer kann auf thermostatische Mischarmaturen verzichtet werden.
- Elektronische Durchlauferhitzer sind bei unterschiedlich hohen Temperaturen des zulaufenden Wassers einsetzbar, manche können noch bis zu 40 °C Zulauftemperatur ergänzend betrieben werden. **Sie eignen sich deshalb sehr gut, um beispielsweise durch Solarkollektoren vorgewärmtes Wasser dezentral auf die gewünschte und konstante Temperatur nachzuwärmen.** Damit lassen sich insbesondere in der Übergangszeit höhere Solargewinne realisieren. Darüber hinaus wird der Speicher vollständig für die Speicherung von Solarenergie genutzt.

4.6.7 Kleindurchlauferhitzer

Kleindurchlauferhitzer sind hydraulische Durchlauferhitzer mit geringen Nennaufnahmen zwischen 2 und 9 kW. Sie werden meistens an Wechselstrom (230 V) oder an zwei Außenleiter des Drehstromnetzes angeschlossen.

Kleindurchlauferhitzer werden in erster Linie eingesetzt, weil sie sich einfach installieren lassen. Für Geräte bis zu 3,6 kW Nennaufnahme reicht eine Wechselstromsteckdose, die mit 16 A abgesichert ist. Ein Kleindurchlauferhitzer mit 3,6 kW Nennaufnahme kann bei einer Wassererwärmung von 10 auf 40 °C etwa 1,8 Liter Warmwasser pro Minute bereitstellen, bei Erwärmung auf 60 °C nur etwa 1 Liter pro Minute. Diese geringen Durchflüsse werden in der Praxis durch spezielle Armaturen und Duschen mit sogenanntem Feinstrahlkopf optisch aufgewertet. Das Füllen einer Küchenspüle mit Warmwasser von 60 °C dauert jedoch rund 10 Minuten. Für diesen Anwendungsfall sind Elektro-Kleinspeicher wesentlich besser geeignet.

Für die Versorgung einer Dusche werden Kleindurchlauferhitzer mit Anschlussleistungen bis zu 9 kW angeboten. Die Warmwasserleistung dieser Geräte ist jedoch deutlich geringer als bei jeder anderen Versorgung und reicht für komfortables Duschen im Allgemeinen nicht aus.

Kleindurchlauferhitzer sollten wegen der auf 2 bis 9 kW begrenzten Anschlussleistung nur dort eingesetzt werden, wo selten und nur sehr wenig warmes Wasser benötigt wird, z. B. in Gartenhäusern, Wohnwagen usw. Hier bieten sie wegen des beschränkten Platzangebots und der besonderen Versorgungsbedingungen manchmal die einzige Möglichkeit, fließendes Warmwasser bereitzustellen.

4.7 Elektro-Standspeicher

Ein Elektro-Standspeicher, *Bild 15-11*, ist ein Warmwasserspeicher mit mindestens 200 Liter Inhalt, der seinen

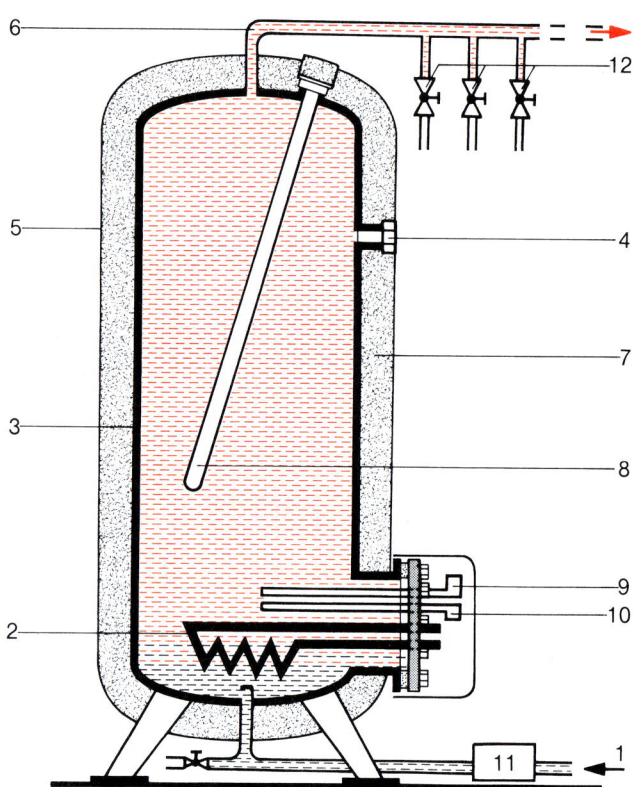

1 Kaltwasserzulauf
2 Heizkörper
3 Innenbehälter
4 Anschlussmöglichkeit für Zirkulation
5 Außenmantel
6 Warmwasserauslauf
7 Wärmedämmung
8 Schutzanode (bei emailliertem Innenbehälter)
9 Temperaturwählregler
10 Sicherheitstemperaturbegrenzer
11 Sicherheitsventilkombination
12 Warmwasserentnahmeventile

15-11 Elektro-Standspeicher

Energiebedarf während der vom Stromversorger angebotenen Freigabezeit (Schwachlastzeit) deckt. Hierzu muss das Gerät so bemessen sein, dass der höchste zwischen zwei Freigabezeiten vorkommende Warmwasserbedarf aus dem Speicherinhalt bereitgestellt werden kann. Meistens erfolgt die Aufheizung – wie bei der Elektro-Speicherheizung – ausschließlich nachts.

Für Elektro-Standspeicher, die ihren Heizstrom ausschließlich während der Freigabezeit beziehen, bietet ein Teil der Stromversorger Sonderpreisregelungen mit besonders günstigen Strompreisen an. Hierdurch ergeben sich niedrigere Energiekosten als bei anderen Elektro-Warmwassergeräten. Die notwendigen Ein- und Ausschaltungen der Elektro-Standspeicher erfolgen – wie bei der Elektro-Speicherheizung – automatisch. Hierzu benötigte Schalteinrichtungen werden gegen Gebühr zur Verfügung gestellt.

Zu den wesentlichen Vorteilen des Elektro-Standspeichers gehört sein hoher Benutzungskomfort. Die Speicherwassertemperatur, die in der Regel auf 60 °C eingestellt ist, bleibt unabhängig von Entnahmezeitpunkt und Entnahmemenge nahezu konstant. Es können beliebig viele Entnahmestellen angeschlossen und auch gleichzeitig benutzt werden. Der Inhalt des Elektro-Standspeichers ist so zu wählen, dass er für den Höchstbedarf ausreicht. Es muss also immer – auch bei steigendem Warmwasserverbrauch – ein gewisser Warmwasservorrat im Standspeicher vorhanden sein.

Der Aufstellort sollte so gewählt werden, dass sich möglichst kurze Warmwasserleitungen ergeben und sich eine Warmwasserzirkulation dadurch erübrigt. Erfahrungsgemäß ergibt sich nämlich bei der Warmwasser-Zirkulation, auch wenn sie eingeschränkt betrieben wird, durch die Rohrleitungsverluste ein wesentlich höherer Energiebedarf. Elektro-Standspeicher, die ihren Energiebedarf ausschließlich während der täglich angebotenen Freigabezeiten decken, müssen deshalb, wenn sich eine Warmwasser-Zirkulation nicht vermeiden lässt, entsprechend größer ausgelegt werden. Bei Ein- und Zweifamilienhäusern ist die Speicherkapazität um mindestens 50 % zu erhöhen. Im Hinblick auf Energie- und Kosteneinsparung ist es in jedem Fall empfehlenswert, eine Warmwasser-Zirkulation durch günstige Anordnung des Speichers und kurze Warmwasserleitungen zu vermeiden (siehe auch DVGW-Arbeitsblatt W551).

4.8 Wassererwärmung mit Wärmepumpen

Auch bei dem zunehmend verbesserten Wärmeschutz von Neubauten ist die Warmwasserbereitung weiter energetisch hinter der Raumheizung „nur" der zweitgrößte Energieverbraucher im Hausbereich. Doch auch hier ist der Einsatz von Wärmepumpen sinnvoll, um einen großen Teil der benötigten Wärme aus der Umwelt oder aus Abwärme zu gewinnen. Dafür stehen zum einen spezielle Wärmepumpen kleiner Leistung, etwa 300 bis 600 W elektrischer Antriebsleistung, zur Aufwärmung gespeicherten Wassers zur Verfügung, die für diese Anwendung entwickelt und optimiert wurden. Zum anderen kann alternativ auch die Heizungswärmepumpe die Warmwasserbereitung übernehmen.

Von der erstgenannten Lösung existieren verschiedene Varianten. Die größte Marktbedeutung haben mit etwa 300 000 in Deutschland in Betrieb befindlichen Geräten die sogenannten **Warmwasser-Wärmepumpen**, im Jahr 2013 wurden 12 100 neue Geräte installiert. Diese Luft-Wasser-Wärmepumpen, in Deutschland meist im Keller aufgestellt, entziehen der Luft des Aufstellraums die benötigte Wärme. Sie besteht zu großen Teilen aus Abwärme von Heizkessel, Waschmaschine, Wäschetrockner und Kühlgeräten, der Rest strömt aus dem Erdreich über die Umschließungsflächen des Kellers oder aus dem beheizten Erdgeschoss nach, Kapitel 16-12.

Derzeit gewinnen technisch ähnliche **Wärmepumpen** an Bedeutung, die **in Lüftungsanlagen** integriert sind. Sie entziehen der Abluft, bevor sie als Fortluft das Haus verlässt, einen großen Teil der enthaltenen Wärme. Bei Abluftanlagen ohne Einrichtung zur Wärmerückgewinnung stellen sie eine energetisch sehr sinnvolle Ergänzung dar, Kapitel 14-10.5.

In Zu-/Abluftanlagen mit Wärmerückgewinnung werden sie häufig als dem Wärmeübertrager nachgeschaltetes Gerät zum zusätzlichen Wärmeentzug aus der Fortluft eingesetzt, Kapitel 14-11.6. Bei **Haustechnik-Kompaktaggregaten** wird die kleine Lüftungswärmepumpe zusammen mit dem Lüftungszentralgerät und dem Warmwasserspeicher in ein gemeinsames Gehäuse integriert. Die Wärmepumpe deckt die Warmwasserbereitung ab und stellt zum Teil noch zusätzliche Wärme für die Zuluft der Lüftungsanlage bereit.

Neu werden **Wasser-Wasser-Wärmepumpen kleiner Leistung** zur Warmwasserbereitung angeboten, **die als Wärmequelle den Rücklauf der Heizung nutzen**, Bild 16-18. Sie sind sinnvoll in Häusern mit Wärmepumpenheizung einzusetzen, weil ein großer Teil der Heizwärme aus der Umwelt stammt. Wenn die Heizung in Betrieb ist, brauchen sie die Rücklaufwärme nur über eine geringe Temperaturdifferenz auf Warmwasser-Nutztemperatur zu bringen. Die energetische Effizienz der Geräte ist deshalb vergleichsweise hoch und auch die Gesamteffizienz unter Einschluss der Heizungswärmepumpe rechtfertigt den Einsatz. In der heizungsfreien Zeit des Jahres wird während der Betriebszeiten der Heizungskreislauf mit vermindertem Durchfluss umgewälzt, das System entzieht dann den Räumen die notwendige Wärme. Die Geräte sind sehr kompakt und können mit dem Warmwasserspeicher unabhängig von der Heizzentrale am Schwerpunkt des Warmwasserbedarfs untergebracht werden.

Selbstverständlich kann die **Heizungswärmepumpe**, welche Wärmequelle sie auch nutzt, **auch die Warmwasserbereitung** übernehmen. Als noch eine deutlich größere Wärmeleistung der Wärmepumpe zur Raumheizung nötig war, war diese insbesondere im Sommer für die Warmwasserbereitung zu groß. Es kam häufig zu technischen Problemen. Jetzt sind die Leistungen im Neubau oder im adäquat modernisierten Gebäudebestand deutlich geringer, sodass sie problemlos über den Wärmeübertrager des Warmwasserspeichers abgegeben werden können.

Weit verbreitet ist die hydraulische Umschaltung zwischen Raumheizung und Erwärmung des Wassers im Speicher. Es befinden sich aber auch wieder Systeme in Entwicklung, die die hohen Temperaturen des Heißgases nach dem Verdichter der Heizungswärmepumpe direkt zur Wassererwärmung nutzen und dadurch eine höhere Effizienz erzielen.

Ausführliche Informationen zur Wärmepumpe allgemein und auch zur Warmwasserbereitung mit Wärmepumpen sind in Kapitel 16 enthalten.

4.9 Wassererwärmung mit Solarenergie

Der Wunsch nach Nutzung der Sonnenenergie steht heutzutage häufig im Vordergrund. Während für die Raumheizung Angebot und Bedarf ganz offensichtlich in krassem Gegensatz stehen und damit der Sonnenenergienutzung ohne aufwendige Speicherung Grenzen gesetzt sind, ist die Nutzung zur Warmwasserversorgung relativ günstig, da Warmwasser über das ganze Jahr hin benötigt wird. Unterstützt von Förderprogrammen und dem von allem für Neubauten geltenden Erneuerbare-Energien-Wärmegesetz (EEWärmeG) haben solarthermische Kollektoren inzwischen einen festen Platz im technischen Ausbau von Ein- und Zweifamilienhäusern. Dabei ist eine Kombination von Solaranlage und herkömmlicher Warmwasserbereitung notwendig. Ausführliche Erläuterungen zu diesem Thema enthält Kapitel 17.

5 Übersicht Armaturen

Kalt- und Warmwasser werden in getrennten Rohrleitungssystemen den angeschlossenen Entnahmestellen zugeleitet. Sobald an einer Entnahmestelle ein Ventil geöffnet wird, kann durch den im System vorhandenen Überdruck eine entsprechende Wassermenge ausfließen. In geschlossenen Anlagen und Systemen können an beliebig vielen Stellen Entnahmeventile vorgesehen werden.

Ist an einer Entnahmestelle sowohl Kaltwasser als auch Warmwasser vorhanden, werden meistens sogenannte **Mischbatterien** eingesetzt. Sie bieten die Möglichkeit, Kalt- und Warmwassermengen unabhängig voneinander einzustellen. Innerhalb der Armatur vermischen sich die beiden Wasserströme und entsprechend den jeweils eingestellten Mengen an Kaltwasser und Warmwasser ergibt sich am gemeinsamen Auslauf eine Mischwassertemperatur. Auf diese Weise lässt sich mit zwei vorgegebenen Wassertemperaturen, z. B. kalt 10 °C und warm 60 °C, jede Wassertemperatur zwischen 10 und 60 °C am Auslauf der Armatur einstellen.

Klassische Armaturen haben zwei Ventile, das eine für Kaltwasser, das andere für Warmwasser, die getrennt eingestellt werden können. Die betreffenden Griffe der Ventile sind meistens farblich – blau und rot – gekennzeichnet. **Zweigriffarmaturen** dieser Art werden für Waschtisch, Bidet oder Spüle häufig als Standbatterie in Einlochmontage eingesetzt, für Brause oder Badewanne sind Ausführungen zur Wandmontage üblich.

Einhandmischer haben einen Hebel oder Griff, mit dem sowohl die Wassermenge als auch das Mischungsverhältnis Kaltwasser/Warmwasser eingestellt wird. Zum Einstellen der Wassermenge wird der Hebel nach oben oder unten bewegt. Das Mischungsverhältnis Kaltwasser/Warmwasser lässt sich verändern, indem der Hebel nach links oder rechts geschwenkt wird. Diese Einstellvorgänge können gleichzeitig durchgeführt werden.

Einhandmischer für Brause oder Badewanne können auf der Wand angebracht oder in einen dafür vorgesehenen Hohlraum innerhalb der Wand eingebaut werden, sodass nur noch der Bedienungshebel oder Knopf zugänglich ist. Sie sind technisch aufwendiger und teurer als klassische Armaturen.

Einhandmischer sollen nicht in Verbindung mit herkömmlichen hydraulischen Durchlauferhitzern eingesetzt werden, weil sich hier Funktionsmängel ergeben können, die eine Einstellung bestimmter Mischwassertemperaturen nicht zulassen.

Thermostatbatterien haben zwei Griffe, einen zur Einstellung der Mischwassertemperatur, mit dem die gewünschte Temperatur im Bereich zwischen Kaltwassertemperatur und 60 °C vorgewählt werden kann. Mit dem zweiten Griff lässt sich die ausfließende Wassermenge regulieren. Während der Entnahme wird durch einen eingebauten Thermostaten die Mischwassertemperatur automatisch auf dem eingestellten Wert gehalten, auch wenn Kalt- oder Warmwassertemperatur sich ändern oder die Durchflussmenge verstellt wird. Thermostatbatterien für Bidet, Brause oder Badewanne können auch innerhalb der Wand – also unter Putz – installiert werden. Sie gehören zu den aufwendigsten, aber auch komfortabelsten Entnahmearmaturen im Wohnbereich. Sie müssen am Einsatzort bei der Inbetriebnahme einjustiert und ggf. auch gewartet werden.

Elektronische Armaturen steuern als sogenannte Selbstschlussarmaturen automatisch die Wasserabgabe. Sie kommen vor allem im öffentlichen Bereich zur Anwendung. Die Wasserabgabe wird durch ein Magnetventil freigegeben und beendet. Die Betätigung erfolgt mit einem Drucktaster oder berührungslos optoelektronisch.

6 Planung und Ausführung von Warmwasserversorgungsanlagen

6.1 Allgemeine Kriterien

Bei der Planung von Warmwasserversorgungsanlagen sind für den Wohnbereich folgende Anforderungen zu berücksichtigen:

– sofort warmes Wasser,

– Warmwasser gleichbleibender Temperatur,

– gleichzeitige Nutzung mehrerer Entnahmestellen,

– zeitlich uneingeschränkte Nutzungsmöglichkeit,

- Verwendungsmöglichkeit von Thermostatventilen u. Ä.,
- möglichst unauffällige Geräteunterbringung,
- niedrige Investitionskosten,
- niedrige verbrauchsabhängige Kosten,
- Wartungs- und Instandsetzungsfreundlichkeit,
- hohe Lebensdauer,
- kostengünstige, problemlose Erweiterungsmöglichkeit.

Von Bauträgern und Wohnungsverwaltungsgesellschaften, die Warmwasserversorgungsanlagen erstellen lassen, sie aber anderen zur Nutzung überlassen, werden zusätzlich folgende Forderungen erhoben:
- hohe Wertschätzung beim Käufer oder Benutzer,
- niedrige Wartungs- und Instandhaltungskosten,
- geringer Verwaltungsaufwand,
- einfache Art und Weise der verbrauchsabhängigen Abrechnung.

Mit jedem Energieeinsatz ergeben sich Umweltbeeinträchtigungen, die so gering wie möglich sein sollen. Sie führen bei Interessenten und Benutzern zu einem mehr und mehr steigenden Energiebewusstsein. Das wirkt sich auch bei Überlegungen zur Warmwasserversorgung im Wohnbereich aus. Nachstehende Merkmale sollten deshalb bei Entscheidungen mit bewertet werden:
- Nutzung energiesparender Techniken,
- möglichst geringe Umweltbeeinträchtigung,
- niedriger Endenergiebedarf,
- niedriger Primärenergiebedarf,
- langfristig sichere Energiebereitstellung.

Die Warmwasserversorgung im Wohnbereich ist durch extreme Verbrauchsschwankungen gekennzeichnet. Kurzzeitige hohe Spitzenentnahmen wechseln sich mit Verbrauchspausen ab, die oft viele Stunden betragen. Diese Bedarfsunterschiede können durch einen Warmwasserspeicher ausgeglichen werden. Die Größe des Warmwasserspeichers soll für den höchsten vorkommenden Momentanbedarf ausreichend sein, während die Heizleistung nach der zur Verfügung stehenden Ladedauer zu bemessen ist.

Die Warmwasserversorgung im Wohnbereich kann als **Wohnungsversorgung** oder **Zentralversorgung** geplant und ausgeführt werden, Abschnitt 2.1 und 2.2. Für einzelne Entnahmestellen bietet sich eine **Einzelversorgung** an. Von besonderer Bedeutung für den Komfort, den Energiebedarf und die Wirtschaftlichkeit einer Warmwasserversorgungsanlage ist neben der richtigen Wahl des Wassererwärmers das Warmwasserverteilsystem. Eine gute Planung hat zum Ziel, die Wassererwärmung verbrauchsnah durchzuführen, damit die Warmwasserleitungen möglichst kurz sind. Das erspart Installationskosten, Energie und Wartezeiten bei der Warmwasserentnahme.

Bestimmte Techniken der Wassererwärmung lassen sich nur in Verbindung mit einer zentralen Warmwasserversorgung nutzen. Das gilt insbesondere für Ein- bzw. Zweifamilienhäuser. Hierzu gehören die Wassererwärmung mit der zentralen Heizungsanlage, aber auch Wärmepumpen- und Sonnenkollektoranlagen sowie größere zentrale Warmwasserspeicher, die mit Schwachlaststrom betrieben werden (Elektro-Standspeicher).

Hauptbestandteil einer zentralen Warmwasseranlage ist ein Warmwasserspeicher, der alle Entnahmestellen des Hauses mit warmem Wasser versorgt. Der Warmwasserspeicher ist erforderlich, damit Wärmeerzeugung und Wärmeentnahme zeitlich weitgehend unabhängig voneinander erfolgen können. Bei der Sonnenenergienutzung beispielsweise treten große tages- und jahreszeitliche Schwankungen der Wärmeeinspeisung auf. Bei einer Warmwasser-Wärmepumpe ist es im Hinblick auf die erforderliche Gerätegröße und die Wärmequelle vorteilhaft, die Wärme möglichst gleichmäßig über längere Zeit zu erzeugen. Der Warmwasserverbrauch im Haushalt und sein zeitlicher Verlauf sind von den jeweiligen Nutzungsgewohnheiten abhängig. Hier ist erfahrungsgemäß mit einem relativ hohen Warmwasserbedarf morgens, abends und an Wochenenden zu rechnen. Der zentrale Warmwasserspeicher muss so ausgelegt werden, dass jederzeit eine ausreichende Warmwasserversorgung sichergestellt ist.

Bei zentralen Warmwasserversorgungssystemen sind längere Warmwasserrohrleitungen häufig nicht zu vermeiden. Um Nachteile zu mindern, werden bei ausgedehnten Anlagen häufig Zirkulationssysteme vorgesehen, bei denen das warme Wasser in einem Kreislauf ständig an den zu versorgenden Entnahmestellen vorbeigeführt wird. Die hierdurch verursachten Wärmeverluste der Rohrleitungen sind erfahrungsgemäß sehr groß, insbesondere wenn sich die Leitungen teilweise im Keller außerhalb der thermischen Gebäudehülle und in Außenwänden befinden. Die Wärmeverluste der Warmwasserverteilung können dann in der gleichen Größenordnung liegen wie der Warmwasser-Nutzwärmebedarf, siehe *Bild 2-18*. In Ein- und Zweifamilienhäusern sollte deshalb möglichst von einer Warmwasserzirkulation abgesehen werden.

Lange Wasserrohrleitungen lassen sich vermeiden, indem statt eines Wassererwärmers im Keller mehrere Wassererwärmer in der Nähe der zu versorgenden Entnahmestellen vorgesehen werden (verbrauchsnahe Versorgung). Mehrere Einzelgeräte sind unter Umständen kostengünstiger als ein Zentralgerät.

Im Folgenden werden anhand von Planungsbeispielen die zentrale Versorgung sowie die Einzelversorgung dargestellt.

6.2 Zentrale Versorgung

Bild 15-12 zeigt als Beispiel 1 für ein Einfamilienhaus die zentrale Versorgung mit einem Elektro-Standspeicher. Diese Geräte werden ausschließlich oder zumindest weit überwiegend mit gegenüber Normaltarif preisreduziertem Schwachlaststrom (Nachtstrom) betrieben, dadurch ergeben sich niedrigere Energiekosten. Warmwasser

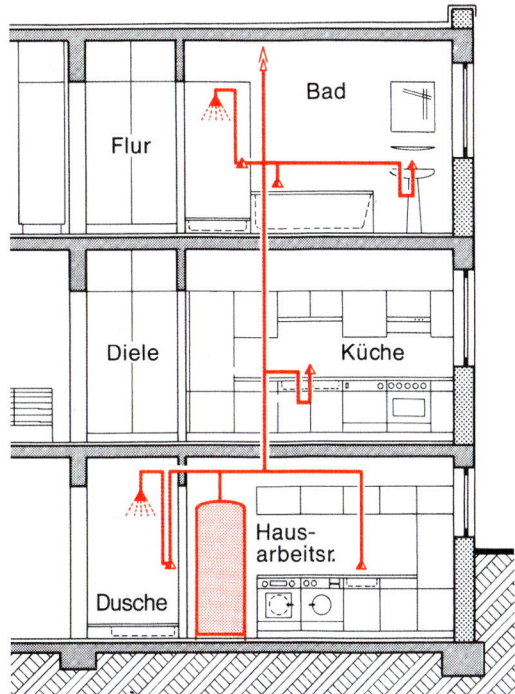

15-12 Beispiel 1: Einfamilienhaus, Versorgung durch einen Elektro-Standspeicher

kann bei entsprechender Auslegung selbst für außergewöhnliche Belastungsfälle, wie Körperduschen mit mehreren Duschköpfen und sehr große Badewannen, bereitgestellt werden. Das Volumen des Speichers ist so zu bemessen, dass der Tagesbedarf sicher gedeckt werden kann. Bei reinem Schwachlastbetrieb sollten etwa 100 Liter Inhalt je Person, mindestens 300 Liter vorgesehen werden. Bei zusätzlicher Nachlademöglichkeit am Tage kann der Inhalt kleiner gewählt werden. Diese Angaben gelten für eine Warmwasserspeichertemperatur von 60 °C. Der Aufstellort sollte so gewählt werden, dass sich möglichst kurze Rohrleitungen ergeben, auf eine Warmwasser-Zirkulation sollte verzichtet werden, sie ist bei entsprechender Grundrissplanung im Einfamilienhaus auch meist nicht erforderlich.

Im Bild ist eine energetisch günstige Lösung zur Aufstellung dargestellt, der Speicher steht im Hausarbeitsraum innerhalb der thermischen Gebäudehülle. Die Wärmeverluste über die Oberfläche können somit in der Heizzeit zur Raumheizung beitragen. Der Aufstellort hat mit der Bilanzierung nach EnEV erheblich an Bedeutung gewonnen, denn bei der Ermittlung des Primärenergiebedarfs wird das Ausnutzen von Abwärme innerhalb der thermischen Gebäudehülle als Heizwärmegutschrift berücksichtigt, siehe *Bild 2-10*.

Das gleiche Schema gilt prinzipiell auch für andere zentrale Versorgungsvarianten mit Speichern. Ein mit Haushaltsstrom beheizter Speicher ist üblicherweise wandhängend ausgeführt. Je nach Ausstattung des Bades ist ein Inhalt zwischen 80 und 120 Litern zu wählen. Dieses Gerät kann platz- und energiesparend im beheizten Gebäudebereich, zum Beispiel im Hausarbeitsraum, in der Küche, oder auch in Schränken installiert werden. Dadurch ergeben sich sehr kurze Warmwasserleitungen, wodurch Installationskosten, Wärmeverluste und Kaltwasservorlauf zu Beginn der Zapfung gering bleiben.

Im Kapitel 16-12.2, *Bild 16-17*, ist als weiteres Beispiel einer zentralen Versorgung die Aufstellung einer Warmwasser-Wärmepumpe im Keller gezeigt.

6.3 Einzelversorgung

Eine Einzelversorgung mit mehreren Wassererwärmern zeigt das Beispiel 2, *Bild 15-13*. Die Hauptbedarfsstellen im Bad werden mit einem hydraulisch oder, komfortabler, elektronisch gesteuerten Durchlauferhitzer, hier unter dem Waschtisch installiert, versorgt. Aus dem vielfältigen Angebot an Elektro-Warmwassergeräten wird das jeweils am besten geeignete ausgewählt. Im Hausarbeitsraum hängt ein geschlossener Warmwasserspeicher mit 30 Liter Inhalt für diesen Bereich und die daneben liegende Dusche. Für die Küche bietet ein Untertischspeicher genug Warmwasser, da ein Geschirrspüler vorhanden ist. Die Stromversorgung der Kleinspeicher kann jeweils über eine Steckdose erfolgen. Die Wärmeverluste aller Geräte entstehen zeitweise nutzbar im beheizten Bereich, die Warmwasserleitungen sind extrem kurz. Insgesamt sind die Investitionskosten für die Geräte niedriger als für ein Zentralgerät mit entsprechendem Verteilsystem.

Für ein Mehrfamilienhaus zeigt das Beispiel 3, *Bild 15-14*, ebenfalls die verbrauchsnahe Versorgung mit mehreren Geräten. Neben den bereits genannten Vorteilen fallen hier die niedrigen Investitionen sowie die sozusagen „automatisch" wohnungsweise Abrechnung der Warmwasserkosten ohne zusätzlichen Mess- und Kostenverteilaufwand ins Gewicht.

Dieses System ist besonders für die Modernisierung zu empfehlen, denn bei Altbaumodernisierungen und Erweiterungen lassen sich einzelne Warmwassergeräte besonders einfach und kostengünstig nachrüsten. Stromleitungen zu den Geräten lassen sich nachträglich wesentlich leichter installieren als Warmwasserleitungen

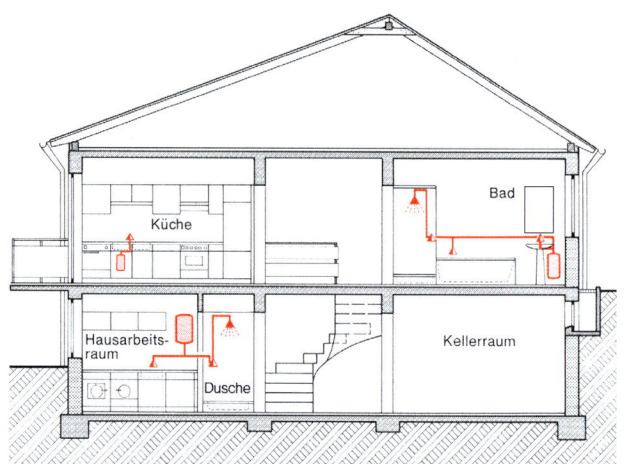

15-13 Beispiel 2: Einfamilienhaus, Versorgung durch mehrere Wassererwärmer, Einzelversorgung

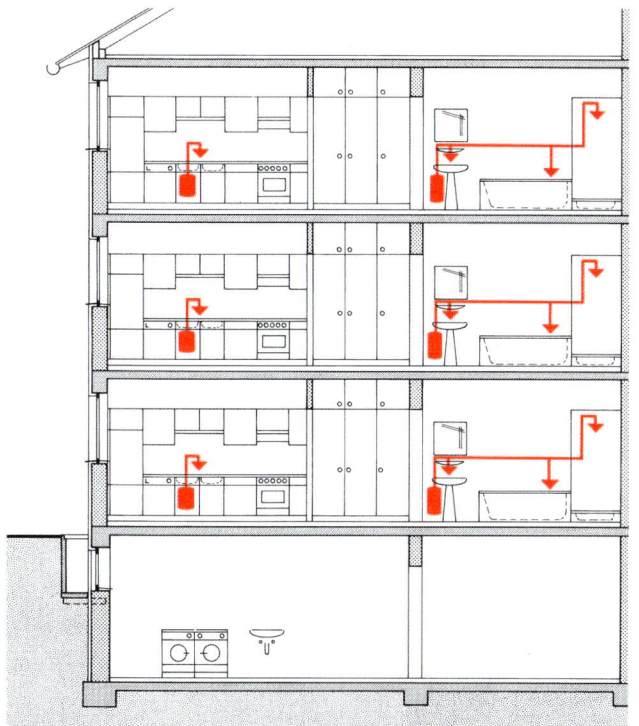

15-14 Beispiel 3: Mehrfamilienhaus, Versorgung durch mehrere Wassererwärmer, Einzelversorgung

für eine zentrale Versorgung. Neben der Überprüfung oder gegebenenfalls Installation des Elektro-Anschlusses muss vor der Realisierung zusätzlich geprüft werden, ob der erforderliche Mindestfließdruck für Durchlauferhitzer verfügbar ist, Abschnitt 4.6.1.

Bei Neubauten, Umbauten und Erweiterungen sowohl im Wohnbereich als auch in gewerblichen, landwirtschaftlichen oder industriellen Gebäuden kommt es häufig vor, dass für einzelne Waschtische eine Warmwasserversorgung gewünscht wird. Eine solche Einzelversorgung lässt sich problemlos und kostengünstig mit einem klei-

nen Warmwasserspeicher einrichten. Hierzu wird ein offener Warmwasserspeicher mit 5 oder 10 Liter Inhalt unterhalb des Waschtisches aufgehängt, *Bild 15-15*. Als Entnahmearmaturen lassen sich geeignete Einloch-Mischbatterien in verschiedenen Ausführungen verwenden. Der elektrische Anschluss ist über eine normale Steckdose möglich. Eine solche verbrauchsnahe Einzelversorgung spart Installationskosten, Wasser und Energie.

Für Gästezimmer, Wohnkeller, Gartenhäuser und private Schwimmbäder oder Saunaanlagen wird oft eine zusätzliche Dusche gewünscht. Diese lässt sich als Reinigungsdusche nur dann richtig nutzen, wenn auch warmes Wasser zur Verfügung steht. Die Warmwasserbereitstellung kann durch einen Elektro-Wassererwärmer verbrauchsnah erfolgen. Hierzu eignen sich je nach den bestehenden Platzverhältnissen und Versorgungsmöglichkeiten offene und geschlossene Warmwasserspeicher oder Durchlauferhitzer.

Ein besonders guter Warmwasserkomfort lässt sich mit einem elektronischen Durchlauferhitzer erreichen, *Bild 15-16*. In Verbindung mit diesem Gerät sind alle Armaturenarten einsetzbar. Bemerkenswert ist auch hier die besonders kurze Warmwasserleitung.

6.4 Betriebshinweise

Wassererwärmer sind vor der ersten Inbetriebnahme durchzuspülen und zu entlüften. Erst nach Füllen des Geräts darf der Strom eingeschaltet werden. Das erste Ansprechen des Temperaturreglers bzw. Temperaturbegrenzers ist vom Fachmann zu überwachen und die erzielte Wassertemperatur auf ihre Übereinstimmung mit den Angaben zu prüfen. Der Fachmann soll dafür sorgen, dass die Gebrauchsanweisung dem Benutzer übergeben wird.

Elektrische Warmwasserversorgungsanlagen, die den Bestimmungen und technischen Regeln entsprechend geplant und errichtet wurden, sollten bei ständiger Be-

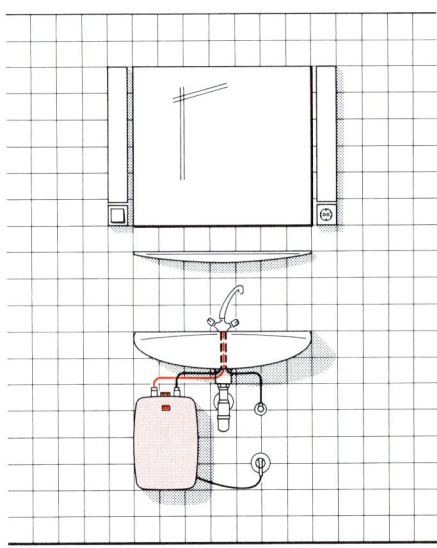

15-15 Beispiel 4: Einzelversorgung eines Waschtisches

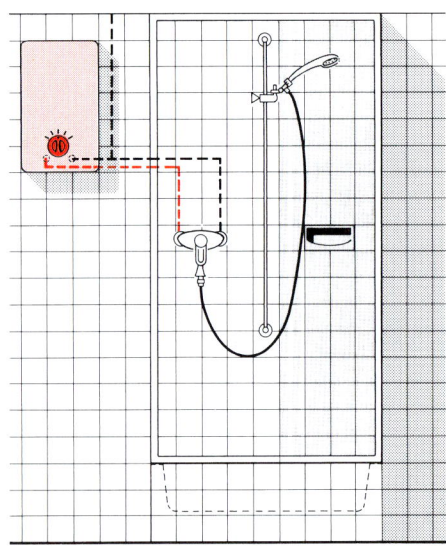

15-16 Beispiel 5: Einzelversorgung einer Dusche

triebsbereitschaft automatisch und über viele Jahre wartungsfrei arbeiten. Funktionssicherheit, Lebensdauer und Energieverbrauch derartiger Anlagen lassen sich in vorteilhafter Weise beeinflussen, wenn bei der Benutzung nachstehende Hinweise beachtet werden:

– Bei Elektro-Wassererwärmern mit einstellbaren Temperaturwählern sollte die Warmwassertemperatur nicht höher eingestellt werden als erforderlich, im Haushalt z. B. auf höchstens 60 °C, möglichst niedriger. Das gilt besonders für Einzelgeräte, die nur für einen bestimmten Zweck benutzt werden, z. B. Duschspeicher oder Waschtischspeicher. Hier kann die Aufheiztemperatur so eingestellt werden, dass direkt die Nutztemperatur angeboten wird, z. B. 40 °C, und das Zumischen von kaltem Wasser entfällt.

– Bei hydraulischen Durchlauferhitzern ist die gewünschte Warmwassertemperatur möglichst allein am Warmwasserventil – also ohne Zumischen von Kaltwasser – einzuregeln. Dabei ist zu beachten, dass die Auslauftemperatur am Gerät umso niedriger wird, je weiter das Warmwasserventil geöffnet wird und umgekehrt.

– Warmwasserspeicher sollten vor längeren Bedarfspausen (z. B. Urlaubsabwesenheit o. Ä.) ganz abgeschaltet werden. Dabei ist es – vor allem bei größeren Speichern – vorteilhaft, sie so rechtzeitig abzuschalten, dass das warme Wasser noch entnommen wird.

– Kochendwassergeräte und Expresskocher sollten nur so weit gefüllt und aufgeheizt werden, wie es für den jeweiligen Bedarfsfall erforderlich ist. Das aufgeheizte Wasser ist möglichst sofort zu entnehmen. Längeres Sieden des Wasserinhalts sollte vermieden werden.

– Bei stark kalkhaltigem Wasser sind die Geräte von Zeit zu Zeit zu entkalken. Der Benutzer ist vom Fachmann auf diese und gegebenenfalls andere Notwendigkeiten besonders hinzuweisen.

7 Energiebedarf, Wirtschaftlichkeit

7.1 Energiebedarf

Der Energiebedarf der Warmwasserversorgung setzt sich aus dem Bedarf für den Nutzen „warmes Wasser" und die damit verbundenen Bedarfswerte für die Verluste der Verteilung, gegebenenfalls Zirkulation, der Speicherung und der Erwärmung des Wassers (Wärmeerzeugung) zusammen.

Die Nutzenergiemenge wird hauptsächlich vom Nutzer und seinen Gewohnheiten bestimmt. Natürlich haben auch die verwendeten Armaturen einen Einfluss, die angebotenen Wassersparundamit Energiespararmaturen sind jedoch je nach Einsatzfall im Hinblick auf ihre Gebrauchstauglichkeit kritisch zu prüfen.

Auf die Bedeutung der Wärmeverluste von Verteilung und Zirkulation wurde bereits hingewiesen. Das Verteilsystem hat einen wesentlichen Einfluss auf den Energiebedarf. Leitungen geben abhängig von ihren Abmessungen (wichtig ist vor allem die Länge, der Durchmesser spielt nur eine untergeordnete Rolle), ihrer Wärmedämmung und der Temperaturdifferenz zur Umgebung Wärme ab. Sie sollten deshalb so kurz wie möglich sein. Der Planer sollte daher die Entnahmestellen möglichst nah zueinander platzieren. Eine Zirkulation bietet zwar sehr hohen Komfort, kann den Energiebedarf aber leicht verdoppeln, die Betriebszeiten sollten deshalb auf alle Fälle eingeschränkt werden.

Eine Speicherung des Warmwassers ist bei zentralen Systemen unvermeidlich. Die Bereitschaftswärmeabgabe des Speichers wird durch dessen Größe, durch die Warmwassertemperatur und die Qualität der Wärmedämmung bestimmt. Letztere kann der Nutzer durch Kauf eines günstigen Geräts beeinflussen. In einer Norm sind die Höchstwerte für die Verluste festgelegt, zukünftig werden die Anforderungen europäisch einheitlich in der Ökodesign-Richtlinie (ErP-Richtlinie) festgelegt. Die Werte gelten für 24-stündigen Betrieb bei einer Wassertemperatur von 65 °C und einer Umgebungstemperatur

Elektro-Warmwasserspeicher Nenninhalt in Litern	Maximale Wärmeabgabe*) in 24 Stunden bei einer Umgebungstemperatur von 20 °C in kWh	
	Warmwassertemperatur 65 °C	Warmwassertemperatur 45 °C
5	0,45	0,25
10	0,55	0,31
12	0,58	0,32
15	0,60	0,33
30	0,75	0,42
50	0,90	0,50
60	1,1	0,61
100	1,3	0,72
120	1,4	0,78
150	1,6	0,89
200	2,1	1,17
300	2,6	1,44
400	3,1	1,72

*) Die tatsächlichen Werte können bis zu 40 % niedriger liegen. Sie sind den Geräteinformationen der Anbieter oder Hersteller zu entnehmen.

15-17 Maximale Wärmeabgabe von Elektro-Warmwasserspeichern

von 20 °C. Sie lassen sich auf andere Betriebsbedingungen umrechnen. Um aufzuzeigen, welche Einsparungen ein Nutzer durch den Betrieb des Speichers mit niedrigerer Temperatur erzielen kann, zeigt *Bild 15-17* sowohl die Normwerte der Verluste bei 65 °C als auch die bei 45 °C Betriebstemperatur auf.

Die tatsächlichen Werte für die Wärmeabgabe von Elektro-Warmwasserspeichern liegen bei den meisten Geräten niedriger. Sie sind in den Geräteinformationen der Hersteller angegeben. Es ist zu berücksichtigen, dass alle Angaben für den stationären Betrieb ohne Warmwasserentnahme gelten. Werden Warmwasserspeicher normal benutzt, d. h. von Zeit zu Zeit warmes Wasser entnommen, dann vermindert sich die Wärmeabgabe, weil ein Teil des Speicherinhalts vorübergehend Kaltwassertemperatur annimmt. Dieses wirkt sich vor allem bei größeren Elektro-Warmwasserspeichern, die nur während der Schwachlastzeiten aufgeheizt werden, verlustmindernd aus.

Hydraulische und elektronische Durchlauferhitzer benötigen praktisch keine Bereitschaftsenergie, weil ihre Beheizung nur während der Warmwasserentnahme eingeschaltet ist. Allerdings ist bei einer primärenergetischen Gesamtbetrachtung zu beachten, dass der Primärenergiefaktor für Elektroenergie (EnEV 2014: 2,4) deutlich höher als für andere Energieträger wie z. B. Erdgas oder Heizöl (EnEV 2014: 1,1) ausfällt. Mit der durch die EnEV ab 01.01.2016 vorgegebenen Absenkung des Primärenergiefaktors für Netzstrom auf 1,8 verringern sich die primärenergetischen Nachteile deutlich.

7.2 Wirtschaftlichkeit

Eine exakte Wirtschaftlichkeitsberechnung erfolgt zum Vergleich unterschiedlicher technischer Lösungen üblicherweise auf Basis der VDI-Richtlinie 2067 Blatt 1 „Wirtschaftlichkeit gebäudetechnischer Anlagen – Grundlagen und Kostenberechnung". Danach wird unterschieden in kapitalgebundene, verbrauchsgebundene und betriebsgebundene Kosten. Die Bauherren von neuen (kleinen) Häusern, im Fall bestehender Häuser deren Besitzer, stellen jedoch erfahrungsgemäß keine exakten Wirtschaftlichkeitsberechnungen an. Ihr zu lösendes Problem ist es, für ihr Haus eine „optimale" Warmwasserversorgung zu erhalten. Sie wissen meist wenig über die zur Verfügung stehenden Techniken und deren Eigenschaften, verlassen sich vielmehr auf Architekten und Fachhandwerker als Berater. Befragungen haben immer wieder gezeigt, dass sie wie bei der Heizung an einer bequem zu handhabenden, störungsfrei arbeitenden Anlage mit gutem ökologischem Image und niedrigen Kosten interessiert sind.

Dabei hängt das ökonomische Denken des Kunden von seiner jeweiligen Situation ab. Während er sein Haus baut, interessiert er sich vorwiegend für die Investitionskosten, denn das verfügbare Geld ist immer begrenzt und er bevorzugt „schöne Dinge". Auch im Umfeld der Warmwasserversorgung werden für Bad und Küche viele beeindruckend schöne und teure Einrichtungsgegenstände angeboten.

Für die zu vergleichenden Systeme müssten für eine exakte Wirtschaftlichkeitsberechnung die entsprechenden Fakten zusammengetragen werden. Bereits die Investitionen streuen in weiten Grenzen, wesentlich beeinflusst von Ästhetikansprüchen. Andere Punkte wie Platzbedarf, Zugänglichkeit oder Wartungsmöglichkeit finden kaum Aufmerksamkeit, zumal sie nur schwer monetär bewertet werden können.

Später, wenn das Haus bewohnt ist, konzentriert sich das Augenmerk des Nutzers auf die laufenden Kosten, hauptsächlich auf die für Energie und Wasser. Die weiteren mit dem Betrieb der jeweiligen Anlage verbundenen Kosten werden meist nicht berücksichtigt, zumal sie bei konventionellen Systemen meist mit der Heizung gemeinsam anfallen.

Als ganz grobe Richtung ist anzugeben, dass Brennstoffsysteme höhere Investitionen als Elektro-Systeme mit Einzelgeräten verursachen. Die niedrigeren Brennstoffpreise lassen entsprechend niedrige Energiekosten erwarten. Das trifft jedoch nicht immer zu, weil Zentralsysteme aufgrund zusätzlicher Verluste bei der Wärmeerzeugung, -speicherung und -verteilung einen höheren Endenergiebedarf verursachen. Da die Energiekosten für Warmwasser jedoch nur in der Größenordnung von jährlich 50 bis 100 Euro pro Person liegen und die erzielbaren Ersparnisse entsprechend noch niedriger sind, werden meist andere als Wirtschaftlichkeitsargumente die Entscheidung über das zu wählende Warmwassersystem beeinflussen.

16 Heizsysteme

HEIZSYSTEME:
WÄRMEPUMPENHEIZSYSTEME, GAS- UND ÖLHEIZSYSTEME, ELEKTROHEIZSYSTEME

1	**Einführung** S. 16/3	**12**	**Warmwasserversorgung mit Wärmepumpen** S. 16/23
2	**Heizwärmeverteilsysteme** S. 16/3	12.1	Allgemeines
2.1	Wärmeverteilung mit Heizkörpern	12.2	Warmwasser-Wärmepumpe mit Luft als Wärmequelle
2.2	Wärmeverteilung mit Fußbodenheizungen	12.3	Warmwasser-Wärmepumpe mit Heizungsrücklauf als Wärmequelle
		12.4	Warmwasser mit der Heizungswärmepumpe

WÄRMEPUMPENHEIZSYSTEME

3   **Allgemeines** S. 16/5

4   **Funktionsweise einer Wärmepumpe** S. 16/7

5   **Leistungszahl, Arbeitszahl, Aufwandszahl** S. 16/8

6   **Betriebsweisen von Wärmepumpen** S. 16/9

7   **Dimensionierung von Wärmepumpen** S. 16/10

8   **Energieeinsparung durch Wärmepumpen** S. 16/12

9   **Effiziente Erdgasnutzung durch Wärmepumpen** S. 16/13

10   **Wärmequellen** S. 16/15
10.1   Erdreich
10.1.1   Erdwärmekollektoren
10.1.2   Erdwärmesonden
10.1.3   Energiepfähle
10.2   Grundwasser
10.3   Umgebungsluft
10.4   Eisspeicher

11   **Wärmeverteilsystem** S. 16/21
11.1   Allgemeines
11.2   Heizwasserdurchflussmenge
11.3   Pufferspeicher
11.4   Sauerstoffdiffusion bei Fußbodenheizungen

13   **Regelung von Wärmepumpenheizungsanlagen** S. 16/28
13.1   Allgemeines
13.2   Selbstoptimierende Regler
13.3   Wärmepumpen mit Leistungsregelung

14   **Stromversorgung von Wärmepumpen** S. 16/29
14.1   Allgemeines
14.2   Anmeldeverfahren
14.3   Elektroinstallation

15   **Aufstellung von Wärmepumpen** S. 16/31
15.1   Innenaufstellung
15.2   Außenaufstellung
15.3   Splitaufstellung

16   **Wirtschaftlichkeit von Wärmepumpen** S. 16/31

17   **Wärmepumpeneinsatz im Gebäudebestand** S. 16/33

GAS- UND ÖLHEIZSYSTEME

18   **Die Brennstoffe Erdgas und Heizöl** S. 16/34
18.1   Erdgas
18.2   Heizöl

19	**Energiekennwerte** S. 16/35		**26**	**Nachrüstung von Heizkesseln im Gebäudebestand** S. 16/57
19.1	Heizwert/Brennwert			
19.2	Kesselverluste und Kesselwirkungsgrad		26.1	Anforderungen der 1. BImSchV
19.3	Kesselnutzungsgrad und Kesselauslastung		26.2	Forderungen der Energieeinsparverordnung
20	**Kesselbauarten** S. 16/38		26.3	Merkmale alter Heizkessel
20.1	Niedertemperaturkessel		26.4	Austausch eines Altkessels
20.2	Brennwertkessel		26.5	Brenneraustausch
			26.6	Maßnahmen am Schornstein
21	**Brennwertnutzung** S. 16/39		**27**	**Kraft-Wärme-Kopplung mit BHKW** S. 16/61
21.1	Brennwertgerechte Rücklauftemperaturen		27.1	Allgemeines
21.2	Brennwertnutzung im Gebäudebestand		27.2	Verfügbare Technologien
21.3	Brennwertgerechte Kesselkonstruktion		27.3	Besonderheiten
21.4	Öl-Brennwertnutzung		27.4	Bewertung im Rahmen der EnEV
21.5	Kondensatbehandlung			
21.5.1	Direkte Einleitung			
21.5.2	Neutralisation			

ELEKTROHEIZSYSTEME

22	**Brennerbauarten** S. 16/47			
22.1	Erdgasbrenner		**28**	**Allgemeines** S. 16/64
22.2	Heizölbrenner		**29**	**Erfahrungswerte des Energieverbrauchs** S. 16/65
23	**Verbrennungsluftzufuhr und Abgassysteme** S. 16/50			
23.1	Raumluftunabhängiger Betrieb		**30**	**Elektro-Speicherheizungen** S. 16/66
23.2	Raumluftabhängiger Betrieb		30.1	Gerätespeicherheizung
23.3	Abgassysteme für konventionelle Anlagen		30.2	Lüftungs-Speicherheizgeräte
23.4	Abgassysteme für Brennwertkessel		30.3	Fußbodenspeicherheizung
			30.4	Zentralspeicherheizung
24	**Regelungstechnik zur bedarfsangepassten Wärmebereitstellung** S. 16/53		30.5	Steuerung und Regelung von Speicherheizgeräten
24.1	Wärmebedarfsgeführte Regelung		30.5.1	Aufladesteuerung
24.2	Witterungsgeführte Regelung		30.5.2	Entladesteuerung
24.3	Anforderungen an eine moderne Heizungsregelung		**31**	**Elektro-Direktheizung** S. 16/73
25	**Anlagentechnik für Heizung und Warmwasser** S. 16/55		**32**	**Elektroheizungen außerhalb des Gebäudes** S. 16/73
25.1	Zentralheizung/Etagen- oder Wohnungsheizung		32.1	Außenflächenheizungen
25.2	Wärmeverteilung		32.2	Dachrinnenheizungen
25.3	Warmwasserbereitung mit dem Heizkessel			

HEIZSYSTEME:
WÄRMEPUMPENHEIZSYSTEME, GAS- UND ÖLHEIZSYSTEME, ELEKTROHEIZSYSTEME

1 Einführung

Außer der Bautechnik und der Lüftungstechnik bietet auch die Heizungstechnik erhebliche Potenziale zur Verminderung des Energieverbrauchs und der Emissionen. Durch die Energieeinsparverordnung wird neben den energetischen Auswirkungen bautechnischer Maßnahmen auch die Energieeffizienz der Anlagentechnik quantitativ bewertet, Kapitel 2-4.

Bei den konventionellen Wärmeerzeugern sind die Energieverluste in der Vergangenheit erheblich verringert und durch die Einführung der Gas- und Ölbrennwerttechnik minimiert worden. Wärmepumpen ermöglichen durch Nutzung regenerativer Energie oder Abwärme eine beträchtliche zusätzliche Senkung des End- und Primärenergieverbrauchs. Der Primärenergiebedarf ist dabei nicht nur von der Effizienz der Wärmepumpe selbst, sondern auch stark von der Erzeugung des Stroms abhängig. Durch die Energiewende ergeben sich hier deutliche Vorteile für Wärmepumpen.

Möglichst niedrige Temperaturen im Wärmeverteilsystem reduzieren die Wärmeverluste der Heizungsanlage und ermöglichen es, die Vorteile der Brennwert- und Wärmepumpentechnik sowie der Solarthermie voll zu nutzen.

Dezentrale Elektroheizungen, bei denen Wärmeverteilsysteme entfallen und die auf die zeitlich und räumlich sehr unterschiedlichen Wärmeanforderungen in Niedrigenergiehäusern flexibler reagieren könnten als zentrale Anlagen, ermöglichen in Verbindung mit Lüftungswärmerückgewinnung ebenfalls einen sparsamen Energieeinsatz, haben jedoch durch die Vorgaben von EnEV und EEWärmeG am Markt nur noch eine geringe Bedeutung.

Das vorliegende Kapitel gibt einen Überblick über die unterschiedlichen Systeme.

2 Heizwärmeverteilsysteme

In Deutschland werden Wohnungen überwiegend durch Warmwasserzentralheizungen mit Heizkörpern oder Fußbodenheizungen beheizt.

2.1 Wärmeverteilung mit Heizkörpern

Je nach Konstruktion des Heizkörpers gibt er die Wärme in unterschiedlichen Anteilen durch Konvektion (Erwärmung der Luft) und Strahlung (Erwärmung von Gegenständen, Wänden usw.) ab. Heute werden vorrangig Plattenheizkörper verwendet. Sie haben im Vergleich zu Gliederheizkörpern den Vorteil der etwas kompakteren Bauweise und sind vor allem preisgünstiger.

Heizkörper mit hohem Konvektionsanteil erwärmen überwiegend die Luft, die dann im Raum aufsteigt und damit eine Zirkulation auslöst. Diese Heizkörper sollten so angebracht werden, dass eine ungestörte Luftzirkulation möglich ist. Aus Sicht der thermischen Behaglichkeit sind jedoch Heizkörper mit hohem Strahlungsanteil günstiger.

Die Normleistungsangaben von Heizkörpern beziehen sich auf eine Vorlauftemperatur von 75 °C und eine Rücklauftemperatur von 65 °C – also eine mittlere Wassertemperatur von 70 °C – und eine Raumtemperatur von 20 °C. Bei anderen Heizwassertemperaturen sind die Heizkörperflächen entsprechend *Bild 16-1* anzupassen.

Auslegungstemperaturen von 75/65 °C, so wie von der europäischen Normung vorgegeben, sind in Deutschland ungebräuchlich. In der Tabelle werden die Zahlen daher auf die im Bestand üblichen 70/55 °C bezogen. Im Neubau geht die EnEV-Referenz von 55/45 °C aus.

mittlere Heizwasser- temperatur in °C	Wärmeleistung eines auf 70/55 °C ausgelegten Heizkörpers	erforderliche Heizflächengröße bei gleicher Heizleistung
40 °C	38 %	2,7
45 °C	50 %	2,0
50 °C	64 %	1,6
55 °C	78 %	1,3
60 °C	92 %	1,1
62,5 °C	100 %	1,0
65 °C	108 %	0,9
70 °C	124 %	0,8
75 °C	140 %	0,7
80 °C	157 %	0,6

16-1 Erforderliche Heizflächenvergrößerung in Abhängigkeit von der mittleren Heizwassertemperatur bei 20 °C Raumtemperatur und einem Heizkörperexponent von 1,3

2.2 Wärmeverteilung mit Fußbodenheizungen

Fußbodenheizungen benötigen keine Stellflächen im Raum und verbessern die Behaglichkeit aufgrund des hohen Strahlungsanteils der Wärmeabgabe. Die Vorteile führen zu einem steigenden Marktanteil. Der Absatz von Flächenheiz- und Kühlsystemen in Wohngebäuden ist von 2005 bis 2012 um etwa 75 % gestiegen, während der Absatz von Heizkörpern um fast 20 % zurückging.

Abhängig von der Lage der Heizwasser führenden Rohre im Fußboden sind zwei Bauarten zu unterscheiden:

– Bild 16-2: Die Heizrohre sind mittels spezieller Befestigungssysteme oberhalb der Trittschall- und Wärmedämmung fixiert und unmittelbar in den Estrich eingebettet (**Nasseinbettung**).

– Bild 16-3: Die Heizrohre sind beweglich in profilierten Dämmplatten verlegt, die zum Estrich hin mit Blechen abgedeckt sind (**Trockenverlegung**). Zur Verbesserung der Wärmeableitung befinden sich in den Dämmstoffrillen Profilbleche.

Als Heizrohre kommen vorwiegend Kunststoffrohre aus vernetztem Polyethylen (PE-X, PE-MDX), Polypropylen (PP) und Polybuten (PB) zum Einsatz. Zur Vermeidung von Korrosion werden seit längerem sog. sauerstoffdiffusionsdichte Rohre eingesetzt. Wenn mit Sauerstoffeintrag gerechnet werden muss, werden der Wärmeerzeuger und andere Stränge durch eine Systemtrennung mittels Wärmeübertrager geschützt. Im Bereich der Fußbodenheizung müssen korrosionsbeständige Komponenten eingesetzt werden.

Bei der Trockenverlegung werden für die gleiche Wärmeabgabeleistung höhere Heizwassertemperaturen benö-

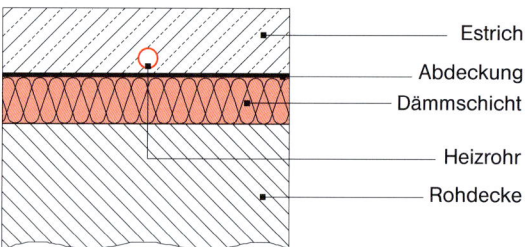

16-2 Warmwasser-Fußbodenheizung; Heizrohr oberhalb der Wärmedämmung im Estrich

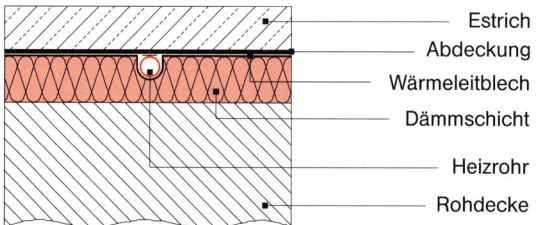

16-3 Warmwasser-Fußbodenheizung; Heizrohr in der Dämmschicht unterhalb des Estrichs

tigt. Deshalb sollte bei Wärmepumpen-, Brennwert- und Solarheizungen zumindest im Neubau der Nasseinbettung der Vorzug gegeben werden. Ein geringer Verlegeabstand der Rohre von 10 bis 15 cm ermöglicht eine niedrige Vorlauftemperatur von maximal 35 °C. Besonders niedrige Vorlauftemperaturen und eine verbesserte Regelbarkeit können durch Flächenheizsysteme mit geringer Überdeckung, sog. Dünnschichtsysteme, realisiert werden. Durch geeignete konstruktive Maßnahmen zur Last- und Wärmeverteilung wird die Aufbauhöhe über den Rohren minimiert. Wegen der daraus folgenden geringen Gesamtaufbauhöhe lassen sich diese Systeme gut im Sanierungsfall einsetzen.

Um die niedrige Auslegungstemperatur der Fußbodenheizung zur Effizienzverbesserung der Wärmeerzeugung bei Wärmepumpen und Brennwertkesseln voll nutzen zu können, sollte im gesamten Gebäude eine Fußbodenheizung installiert werden. Bei den Fußbodenbelägen ist auf einen niedrigen Wärmedurchgangswiderstand des Belages zu achten, damit die zur Übertragung der benötigten Wärmeleistung erforderliche Heizwassertemperatur nicht wesentlich erhöht wird. Am günstigsten hierfür sind Fliesen und Natursteinplatten.

Detailinformationen über Flächenheizungen sind verfügbar beim Bundesverband Flächenheizungen unter www.flaechenheizung.de.

WÄRMEPUMPENHEIZSYSTEME

3 Allgemeines

Etwa 75 % der im Haushalt benötigten Energie (abgesehen von Kraftfahrzeugen) entfallen auf den Bereich Raumwärme und werden überwiegend mit Heizöl oder Erdgas gedeckt.

Durch die verschiedenen Wärmeschutzverordnungen ist der Transmissionswärmeverlust neuer Gebäude erheblich gesenkt worden. Anforderungen an die Haustechnik, zur Energieeinsparung gleichgewichtig beizutragen, wurden dagegen nur eingeschränkt in der Heizungsanlagenverordnung erhoben. Erst die seit 2002 gültige Energieeinsparverordnung, in Kapitel 2 ausführlich erläutert, geht hier neue Wege. Sie ermöglicht eine integrale Planung des Energiekonzepts von Neubauten, es können die Möglichkeiten des Wärmeschutzes und der Anlagentechnik zur Wärmeversorgung durch quantitative Bewertung optimierend aufeinander abgestimmt werden. Aber auch weiterhin wird der Anteil der Raumheizung am Energiebedarf von Haushalten dominieren. Durch den zunehmenden Anteil erneuerbarer Energien an der Stromerzeugung verringert sich der Primärenergiefaktor für Strom kontinuierlich. In der EnEV 2009 wurde der Primärenergiefaktor für Strom auf 2,6 festgelegt. Mit der EnEV 2014 wird der Wert auf 2,4 abgesenkt, ab 1. 1. 2016 beträgt der Faktor nur noch 1,8. Der verringerte Primärenergiefaktor führt – bei unveränderten Wärmepumpen – zu einem deutlich geringeren Primärenergiebedarf. Damit lassen sich die Anforderungen der EnEV mit elektrischen Wärmepumpen immer leichter erfüllen.

Den Vorteilen in der EnEV-Bewertung stehen allerdings steigende Stromtarife für Wärmepumpen entgegen. Neben der EEG-Umlage und allgemein steigenden Stromtarifen ist hier ein zunehmend geringerer Abstand zwischen Wärmepumpen- und Normaltarifen zu beobachten.

In der Summe hat es in den letzten Jahren einen moderaten Anstieg des Absatzes von Wärmepumpen in Deutschland gegeben. In 2013 wurden etwa 60 000 Heizungswärmepumpen abgesetzt, davon ca. 65 % mit Wärmequelle Luft. Der Anteil der Erdreichwärmepumpen ist auf 35 % gesunken und weiter rückläufig. Stark ansteigend ist der Absatz der Splitanlagen, bei denen die Wärmepumpe im Hausinneren installiert und Ventilator, Verdampfer und Kompressor getrennt von der Wärmepumpe außen aufgestellt werden. Man kann davon ausgehen, dass Wärmepumpen ab 2016 in neuen Wohngebäuden die am häufigsten eingesetzte Heizungsart darstellen, da hier die Anforderungen an den Primärenergiebedarf auch mit vergleichsweise einfachen und preiswerten Split-Luft-Wasser-Wärmepumpen bereits mit dem baulich geforderten Mindestwärmeschutz erreicht werden.

Auch das seit 1. 1. 2009 geltende Erneuerbare-Energien-Wärmegesetz erkennt Wärmepumpen als Maßnahme zur Nutzung erneuerbarer Energie an und fördert damit den Einbau von Wärmepumpen, vor allem im Neubau. Allerdings werden im EEWärmeG recht hohe Anforderungen an die Jahresarbeitszahlen gestellt. Nach allgemeiner Rechtsauffassung sind diese Arbeitszahlen ausschließlich rechnerisch nachzuweisen. I. d. R. wird dazu die VDI 4650 herangezogen. Ein Vergleich zwischen rechnerisch prognostizierter Jahresarbeitszahl und real gemessener Arbeitszahl hat nur dann juristische Konsequenzen, wenn dies vorher zwischen dem Bauherrn und dem Hersteller/Planer/Errichter der Wärmepumpenanlage rechtlich verbindlich vereinbart worden ist.

Die Nutzung der Sonnenenergie, beispielsweise mit Kollektoren, ist für den Anwendungsbereich der Raumheizung nur mit gewissen Schwierigkeiten realisierbar, da das Angebot an Sonnenstrahlung zeitlich nicht mit dem Bedarf an Raumwärme zusammenfällt. Trotzdem steigen die Absatzzahlen bei solaren Heizungsunterstützungen deutlich, es gibt einen Trend zu sog. Sonnenenergiehäusern. Die Speicherung von sommerlicher Sonnenwärme auf einem für die Raumheizung im Winter direkt nutzbaren Temperaturniveau ist nur mit sehr aufwendigen und kostspieligen saisonalen Speichern möglich.

Im Gegensatz dazu ist die Nutzung der in der Umwelt ganzjährig gespeicherten Sonnenwärme mit einer Wärmepumpe in vielen Anwendungsfällen technisch problemlos, wirtschaftlich vertretbar und marktüblich.

Die **Elektrowärmepumpe**, die hierzulande unabhängig von der Wärmequelle (Luft, Wasser oder Erdreich) die erzeugte Wärme i. d. R. an ein Wasserheizsystem abgibt, ist wegen der Nutzung der in der Umgebung zwischengespeicherten Sonnenenergie eine der effektivsten technischen Lösungen zur Energieeinsparung. Sowohl der Bedarf an Primärenergie als auch der an Endenergie und importierter Energie wird bei einer energieeffizienten Wärmepumpenheizung gegenüber einer Brennstoffheizung entscheidend verringert. Infolge unsachgemäßer Installation oder unsachgemäßem Betrieb kann die Arbeitszahl einer Wärmepumpe jedoch deutlich verringert werden, wie aktuelle Feldtests belegen. Einbau und Inbetriebnahme einer Wärmepumpe erfordern daher besondere Sorgfalt. Die Elektrowärmepumpe hat sich als ein in unseren Breiten aussichtsreiches System zur Nutzung regenerativer Energie zur Raumheizung erwiesen und ist, wie die Erfahrungen aus mehr als 30 Jahren beweisen, heute technisch ausgereift.

Mit den durch technische Entwicklungsfortschritte immer weiter verbesserten Leistungszahlen ist die Elektrowärmepumpe heute eine anerkannte Technik zur Energieeinsparung und Minderung von CO_2-Emissionen.

Auch der Einsatz **brennstoffbetriebener Wärmepumpen** führt, wie in Abschnitt 9 dargestellt, zu beachtlichen Energieeinsparungen. Geräte mittlerer Leistung (ab ca. 30 kW) nach dem Absorptionsprinzip sind seit einigen Jahren in kleiner Stückzahl eingesetzt worden.

Für den Ein- und Zweifamilienhausbereich sind seit kurzem Adsorptionswärmepumpen marktverfügbar, an der Entwicklung nochmals effizienterer Absorptionswärmepumpen wird gearbeitet.

Gasmotor-Wärmepumpen, in der Vergangenheit in geringer Stückzahl für große Gebäude verwirklicht, werden für Ein- und Zweifamilienhäuser auf absehbare Zeit keine Bedeutung erlangen, weil der technische Aufwand relativ groß und die Wartungskosten recht hoch sind. Die Effizienz ist zudem wegen der erreichbaren Wirkungsgrade der sehr kleinen Verbrennungsmotoren gering. Im mittleren Leistungsbereich werden gasmotorische Wärmepumpen vor allem für industrielle Kunden angeboten, da hier das für die Wartung erforderliche qualifizierte technische Personal ohnehin vorhanden ist.

4 Funktionsweise einer Wärmepumpe

Die Funktionsweise der Wärmepumpe entspricht der des allseits für seine Zuverlässigkeit bekannten Kühlschranks, lediglich der Zweck ist ein anderer. Beim Kühlschrank wird dem Kühlgut über den **Verdampfer** Wärme entzogen und über den **Verflüssiger** an der Rückseite des Geräts an den Raum abgegeben. Bei der Wärmepumpe wird der Umwelt (Wasser, Erdreich, Umgebungsluft) Wärme entzogen und dem Heizsystem zugeführt.

Der Kreisprozess des Aggregats erfolgt nach einfachen physikalischen Gesetzmäßigkeiten. Das Arbeitsmittel, eine schon bei niedriger Temperatur siedende Flüssigkeit (im allgemeinen Sprachgebrauch als Kältemittel bezeichnet), wird in einem Kreislauf geführt und dabei nacheinander verdampft, verdichtet, verflüssigt und entspannt. *Bild 16-4* zeigt den Prozess für das „natürliche" Arbeitsmedium Propan R 290, das gute energetische Ergebnisse erzielt, aber in letzter Zeit aus Gründen der Produkthaftung (Brennbarkeit) weniger eingesetzt wird.

Wärmeaufnahme aus der Umwelt

Im Verdampfer befindet sich das flüssige Arbeitsmittel bei niedrigem Druck. Die Umgebungstemperatur des Verdampfers ist höher als die dem Druck entsprechende Siedetemperatur des Arbeitsmittels. Dieses Temperaturgefälle bewirkt eine Wärmeübertragung von der Umgebung auf das Arbeitsmittel. Das Arbeitsmittel wird daher sieden und verdampfen. Die dazu erforderliche Verdampfungswärme wird der Wärmequelle entzogen.

Wärmeaufwertung im Kompressor

Der Arbeitsmitteldampf wird ständig vom Verdichter aus dem Verdampfer abgesaugt und verdichtet. Dadurch steigt der Druck des Dampfes und dessen Temperatur.

Wärmeabgabe an die Heizung

Danach gelangt der Arbeitsmitteldampf in den Verflüssiger, der vom Heizwasserstrom umspült wird. Die Temperatur dieses Wassers ist niedriger als die Verflüssigungstemperatur des Arbeitsmittels, sodass der Dampf wieder verflüssigt wird.

Die im Verdampfer aufgenommene Wärme und die durch das Verdichten zugeführte Wärme werden im Verflüssiger durch Kondensieren wieder frei und an den Wasserstrom abgegeben.

Der Kreislauf schließt sich

Anschließend wird das Arbeitsmittel über ein Expansionsorgan in den Verdampfer zurückgeführt. Das Arbeitsmittel wird vom hohen Druck des Verflüssigers auf den niedrigen Druck des Verdampfers entspannt. Beim Eintritt in den Verdampfer sind der Anfangsdruck und die Anfangstemperatur wieder erreicht. Der Kreislauf ist geschlossen.

Mit einer Wärmepumpe kann die Wärme der sonst nicht nutzbaren Wärmequellen Umgebungsluft, Grundwasser, Erdreich durch Zufuhr mechanischer Energie aufgewertet und auf eine höhere, nutzbare Temperatur gebracht werden. Die sinnvoll erreichbaren Warmwasservorlauf-

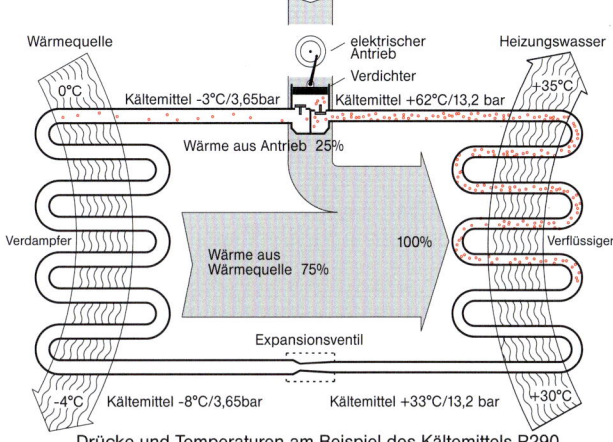

Drücke und Temperaturen am Beispiel des Kältemittels R290

16-4 Funktionsschema des Kältemittelkreislaufs einer Wärmepumpe

temperaturen betragen 55 bis 65 °C. Die zum Antrieb des Verdichters erforderliche mechanische Energie kann durch einen Elektro- oder einen Verbrennungsmotor erzeugt werden.

Der größere Teil der Energiemenge, die z. B. einer Heizungsanlage zugeführt wird, stammt nicht aus der Antriebsenergie des Verdichters, sondern ist hauptsächlich Sonnenenergie, die auf natürliche Weise in der Luft, im Erdreich und im Wasser gespeichert ist. Die Umweltwärme (genauer: die innere Energie der Umgebung) wird im Allgemeinen als wertlos betrachtet, da sie nicht die Fähigkeit besitzt, Arbeit zu verrichten.

Dieser Anteil kann je nach Art der Wärmequelle – abhängig insbesondere von deren Temperaturbedingungen – zwei- bis fünfmal so groß sein wie die dem Verdichter zugeführte Energie.

5 Leistungszahl, Arbeitszahl, Aufwandszahl

Das Verhältnis von nutzbarer Wärmeleistung zur aufgenommenen elektrischen Antriebsleistung des Verdichters wird als **Leistungszahl** ε (epsilon), englisch cop (coefficient of performance) bezeichnet:

$$\varepsilon = \frac{\dot{Q}_{WP}}{P_{el}}$$

$\dot{Q}_{WP}$ vom Verflüssiger abgegebene Wärmeleistung (kW)
P_{el} vom Elektromotor aufgenommene elektrische Leistung (kW)

Die Leistungszahl wird bei definierten Bedingungen, insbesondere der Temperaturen auf der Wärmequellen- und Heizungsseite, z. B. nach DIN EN 255, nach DIN EN 14511 oder nach DIN EN 14825 auf Prüfständen gemessen.

Diese Bedingungen werden nach einem bestimmten Schema angegeben, beispielsweise „W10/W35". Dabei bedeutet die erste Angabe die Art der Wärmequelle und deren Eintrittstemperatur in die Wärmepumpe in °C bei der Messung. Die Angabe nach dem Schrägstrich beschreibt entsprechend die Art der Wärmesenke mit der zugehörigen Austrittstemperatur, z. B. der des Heizungsvorlaufs. Als Kürzel für die Medien dienen „W" für Wasser (water), „A" für Luft (air) und „B" für Sole (brine). Das angegebene Beispiel bedeutet entsprechend den Messpunkt einer Wasser-Wasser-Wärmepumpe bei 10 °C Grundwassereintritts- und 35 °C Heizungswasservorlauftemperatur. Mit diesen Leistungszahlen ist ein überschlägiger Vergleich unterschiedlicher Wärmepumpenfabrikate möglich.

Eine sehr wichtige naturgesetzliche Vorgabe gilt für jede Wärmepumpe:

Je geringer der Temperaturunterschied zwischen der Wärmequelle (Umgebung) und der Wärmenutzungsanlage (Heizungsanlage), desto höher (besser) ist die Leistungszahl.

Die **Jahresarbeitszahl** β (beta), englisch spf (seasonal performance factor) der Wärmepumpenanlage ist der Quotient der von der Wärmepumpenanlage abgegebenen Jahresnutzwärme und der gesamten von der Wärmepumpenanlage aufgenommenen elektrischen Jahresarbeit:

$$\beta = \frac{Q_{WP}}{W_{el}}$$

Q_{WP} von der Wärmepumpenanlage innerhalb eines Jahres abgegebene Wärmemenge (kWh)
W_{el} von der Wärmepumpenanlage innerhalb eines Jahres aufgenommene elektrische Arbeit (kWh)

Nach der heutigen Vorgehensweise zur energetischen Bewertung unterschiedlicher Techniken nach der EnEV und der DIN V 4701-10 bzw. der DIN V 18599 werden auch bei der Wärmepumpentechnik sog. **Aufwandszahlen** e verwendet, die den Aufwand an nicht erneuerbarer Energie zur Erfüllung einer Aufgabe wiedergeben, Kapitel 2-4.4. Bei den hier behandelten elektrisch angetriebenen

Wärmepumpen ist die Erzeuger-Aufwandszahl e_g der Wärmepumpe einfach der reziproke Wert der Arbeitszahl.

Mit der VDI-Richtlinie 4650 steht ein Verfahren zur Verfügung, mit dem die Leistungszahlen der Prüfstandsmessungen unter Berücksichtigung der verschiedenen Betriebsparameter überschlägig auf die Jahresarbeitszahl für den praktischen Betrieb mit dessen konkreten Bedingungen umgerechnet werden können. Deren Blatt 1, das sich mit Elektrowärmepumpen zur Raumheizung befasst, ist im Jahr 2009 neu erschienen. Im Jahr 2013 erschien das Blatt 2 der VDI 4650, das einen analogen Berechnungsansatz für Sorptions-Gaswärmepumpen zur Raumheizung und Warmwasserbereitung enthält.

DIN V 4701-10 nennt für den EnEV-Nachweis nach dem Tabellenverfahren die in *Bild 16-5* angegebenen Wärmeerzeuger-Aufwandszahlen für Elektrowärmepumpen. Im ausführlichen Verfahren der Norm können auch produktspezifische Kennwerte verwendet werden.

Das in DIN V 18599 : 2011 enthaltene Verfahren zur energetischen Bewertung von Elektro-Wärmepumpen ist wesentlich detaillierter und ermöglicht beispielsweise die Abschätzung realistischer Bivalenzpunkte oder die Berücksichtigung von Sperrzeiten oder einer Überdimensionierung.

6 Betriebsweisen von Wärmepumpen

Wärmepumpen zur Raumheizung können je nach den Randbedingungen des Einsatzortes in unterschiedlicher Art und Weise betrieben werden.

Diese sog. Betriebsweise von Wärmepumpen richtet sich vor allem nach dem im Gebäude vorhandenen oder geplanten Wärmeverteilsystem. Ist bei bestehenden Gebäuden eine Vorlauftemperatur von mehr als 55 bzw. 65 °C erforderlich, so kann die Wärmepumpe nur mit einem weiteren Wärmeerzeuger gemeinsam betrieben werden. Aber auch für die Wärmequelle können ggf. Einschränkungen gelten, die eine alternative Wärmeerzeugung notwendig machen.

Die Bezeichnungen der Betriebsweise richten sich definitionsgemäß nach den insgesamt für die Heizung eingesetzten Endenergieträgern und der Zahl der Wärmeerzeuger. „**Monovalent**" bedeutet dementsprechend, dass die gesamte Wärme von einem Erzeuger bereitgestellt wird. Mitunter werden jedoch Wärmepumpen, insbesondere aus Gründen einer ungenügenden Wärmequelle oder zu hoher Heizungsvorlauftemperatur, zusammen mit einer elektrischen Zusatzheizung betrieben; hierfür wurde der Begriff „**monoenergetisch**" geprägt. Diese Betriebsweise ist auch bei Gaswärmepumpen üblich, monoenergetisch, d. h. in diesem Fall, nur Gas wird von der Anlage eingesetzt.

	Wärmeerzeuger-Aufwandszahl e_g							
	Wasser/Wasser		Erdreich/Wasser		Abluft/Wasser (ohne WRG)		Luft/Wasser	
Heiztemperatur in °C	55/45	35/28	55/45	35/28	55/45	35/28	55/45	35/28
Heizung	0,23	0,19	0,27	0,23	0,30	0,24	0,37	0,30
Warmwasserbereitung	0,23		0,27		0,29		0,30	

16-5 Aufwandszahlen e_g der Wärmeerzeugung für Elektrowärmepumpen/Tabellenwerte der DIN V 4701-10, Tabellen C3-4c und C1-4d

Bei „**bivalenten**" Anlagen werden z. B. eine Elektrowärmepumpe und ein Ölheizkessel gemeinsam betrieben. Zur exakten Beschreibung des jeweiligen Betriebskonzepts muss dann noch die Art des Zusammenwirkens benannt werden. „**Alternativ**" bedeutet, dass jeweils nur ein Wärmeerzeuger in Betrieb ist, bei „**parallelem**" Betrieb arbeiten sie gemeinsam, bei teilparallelem Betrieb nur zeitweise gemeinsam.

Im Sektor der bestehenden Ein- und Zweifamilienhäuser hatte der bivalente Betrieb vor Jahren eine große Bedeutung, weil er eine energiewirtschaftlich geradezu ideale Kombination von leitungsgebundenem Energieträger Strom und lagerbarem Heizöl ermöglichte und gleichzeitig die Fragen der hohen Vorlauftemperatur und der relativ schlechten Wärmequelle Außenluft löste. Für den Betreiber ergaben sich jedoch Akzeptanzprobleme dadurch, dass er zwei Wärmeerzeuger benötigte. Meist wollte er in bestehenden Gebäuden bei der Umstellung des Heizsystems vom Öl und dem nötigen Lagertank gänzlich loskommen. Für Neubauten waren zwei Wärmeerzeuger ohnehin nicht zumutbar.

Für die Umstellung von bestehenden Heizungen auf energiesparende Wärmepumpen wäre ein bivalentes Konzept auch heutzutage prinzipiell gut geeignet. Die Notwendigkeit dazu ist allerdings teilweise entfallen, da zwischenzeitlich vorgenommene Wärmedämmmaßnahmen (zumindest die Fenster wurden ersetzt) auch zu einer Absenkung der notwendigen Temperatur des Wärmeverteilsystems führen. Der Einsatzmarkt für die Wärmepumpentechnik vergrößert sich dadurch.

Somit sind derzeit zwei Betriebsweisen von praktischer Bedeutung:

– Überwiegend werden *monovalente* Wärmepumpen eingesetzt. Sie übernehmen die Bedarfsdeckung über die gesamte Heizperiode. Als Wärmequellen werden Erdreich und, falls möglich, Grundwasser, seltener Außenluft verwendet.

– Bei *monoenergetischen* Anlagen – weit überwiegend nutzen sie Außenluft als Wärmequelle – wird an wenigen kalten Tagen die Wärmepumpe durch einen Elektroheizwiderstand unterstützt. Dieser trägt aber nur zu etwa 5 bis maximal 10 % zur Deckung des Jahreswärmebedarfs bei.

Bei beiden Systemen ist auf eine niedrige Vorlauftemperatur der Wärmeverteilung zu achten, bei entsprechend ausgelegten Fußbodenheizungen, die aus Komfortgründen in diesem Marktsegment einen hohen Anteil erreicht haben, sind 35 °C am kältesten Tag ausreichend, wenn das Gebäude gut gedämmt ist. Außerdem ist darauf zu achten, dass bei den aus Sicht der Heizlastabdeckung oft kritischen Bädern zusätzliche Heizflächen (z. B. Wand oder Heizkörper) installiert werden, damit auch diese Räume mit den niedrigen Vorlauftemperaturen versorgt werden können.

Bereits in der Planungsphase sollte beim Stromversorgungsunternehmen angefragt werden, zu welchen Preisen und Bedingungen die elektrische Energie geliefert wird. Die meisten bieten für Wärmepumpen, deren Stromzufuhr für wenige Stunden täglich unterbrochen werden kann („**unterbrechbarer Betrieb**") Sonderverträge mit günstigen Preisen an.

7 Dimensionierung von Wärmepumpen

Bei neu zu errichtenden Heizungsanlagen ist es für die Ermittlung der erforderlichen Heizleistung wichtig, die Norm-Gebäudeheizlast gemäß DIN EN 12831 zu berechnen. Diese Berechnung wird vom Heizungsinstallateur oder Planer durchgeführt.

Monovalent betriebene Wärmepumpenanlagen müssen so dimensioniert sein, dass sie auch am kältesten Wintertag die gesamte Gebäudeheizlast decken können. Bei der Bemessung der hierfür erforderlichen Heizleistung müssen gegebenenfalls Zuschläge für die Warmwasserversorgung, sofern sie über die Heizwärmepumpe erfolgen soll, und für Unterbrechungszeiten durch das Elektrizitätsversorgungsunternehmen berücksichtigt werden.

Wärmepumpen für monovalenten Betrieb in neuen Häusern sollten schon aus Kostengründen möglichst genau auf die berechnete Heizlast ausgelegt werden. Damit ergibt sich auch ein günstiger Betrieb für das Gerät, weil die erforderliche Mindestlaufzeit je Einschaltung auch nahe der Heizgrenztemperatur bei mildem Wetter sozusagen „von selbst" eingehalten wird. Ist monoenergetischer Betrieb vorgesehen, kann die Leistung der Wärmepumpe etwas niedriger gewählt werden, weil eventuell auftretende Leistungsdefizite durch den zusätzlich vorhandenen Heizwiderstand leicht ausgeglichen werden. Eine deutlich zu geringe Leistung führt dagegen zu einem unerwünscht hohen Arbeitsanteil der Zusatzheizung, das heißt zu einem höheren Stromverbrauch und einer geringeren energetischen Effizienz.

Bild 16-6 stellt dar, welchen Anteil an der Jahresheizarbeit die Wärmepumpe abhängig von der Dimensionierung, vom Verhältnis Wärmepumpen-Heizleistung $\dot{Q}_{WP}$ zur Norm-Gebäudeheizlast $\dot{Q}_N$ und der Betriebsweise in einem „Normaljahr" übernehmen kann. Die Witterungsverhältnisse beeinflussen diese Werte jedoch relativ stark, sodass die Ergebnisse für ein konkretes Jahr nur nach exakten Berechnungen anhand der Gradtagzahlen nachträglich ermittelt werden können.

Die gestrichelte rote Linie zeigt, dass eine auf 70 % der Norm-Heizlast ausgelegte Wärmepumpe einen Anteil von 97,5 % an der Jahresarbeit eines normalen Jahres erreicht. Eine kleinere Wärmepumpe ist nicht zu empfehlen, da der Direktheizanteil insbesondere in ungünstigen Jahren zu groß würde. Anhaltswerte über den zu erwartenden Deckungsanteil können in Abhängigkeit vom Leistungsanteil bzw. der Bivalenztemperatur und Betriebsart der Tabelle 5.3-4 der DIN V 4701-10 entnommen werden.

Bei bestehenden Gebäuden, bei denen keine Berechnung der Norm-Gebäudeheizlast vorliegt oder bei denen nachträglich eine Reduzierung des Wärmebedarfs durch Wärmedämmung vorgenommen wurde, kann die Ermittlung der Wärmepumpen-Heizleistung auch anhand des zurückliegenden durchschnittlichen Jahresöl- oder -gasverbrauchs vorgenommen werden. Im Mai 2012 ist dazu das Beiblatt 2 zur DIN EN 12831: Vereinfachtes Verfahren zur Ermittlung der Gebäude-Heizlast und der Wärmeerzeugerleistung erschienen. Es sollte darauf geachtet werden, dass für diese Mittelwertbildung der Verbrauch mehrerer Jahre herangezogen wird, da andernfalls der Fehler wegen der möglicherweise starken meteorologischen Unterschiede groß ist. Außerdem ist eine solche Verfahrensweise nur möglich, wenn von einem unveränderten Nutzerverhalten ausgegangen werden kann.

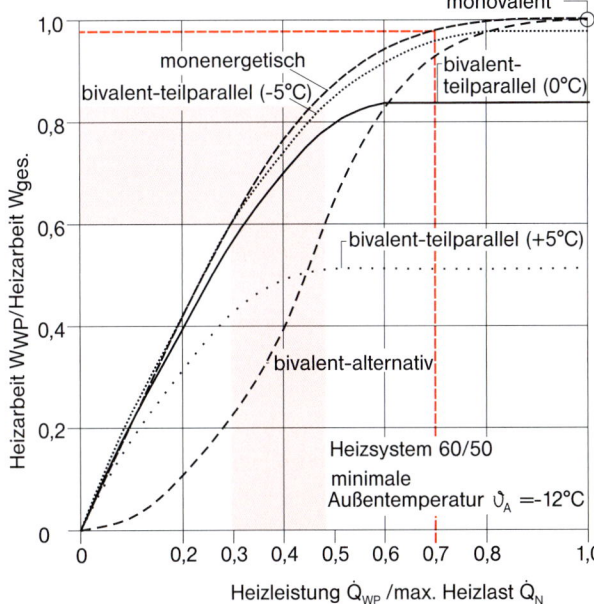

16-6 Wärmepumpenanteil an der Heizarbeit in Abhängigkeit von der Dimensionierung der Wärmepumpe und ihrer Betriebsweise

Ist die bisherige Heizungsanlage mit einer zentralen Warmwasserversorgung (z. B. Kombikessel) ausgerüstet, so sind erfahrungsgemäß für die Bestimmung der Gebäudeheizlast auf der Grundlage des Öl- oder Gasbedarfs rund 10 bis 15 % von der jährlichen Brennstoffmenge für die Wassererwärmung abzuziehen.

8 Energieeinsparung durch Wärmepumpen

Die energetische Bewertung der Anlagentechnik durch DIN V 4701-10 ermöglicht eine normative Darstellung der Energiebedarfsminderung durch Wärmepumpen. Anhand eines konkreten Beispiels wird im Folgenden unter identischen Randbedingungen mit dem Tabellenverfahren der DIN V 4701-10 eine Gasbrennwertheizung mit einer Elektrowärmepumpenheizung verglichen. Wie auch bei der energetischen Bewertung von Lüftungsanlagen (Kapitel 14-12) und solarthermischen Anlagen (Kapitel 17-10.3) wird ein Wohnhaus mit 150 m² Nutzfläche und einem Niedrigenergie-Heizwärmebedarf von 60 kWh/(m²a) zugrunde gelegt. Die sonstigen identischen Randbedingungen lauten: Fensterlüftung, Betrachtung allein der Heizung ohne Warmwasserbereitung, Aufstellung des Wärmeerzeugers innerhalb der beheizten Gebäudehülle, Fußbodenheizung mit der Auslegung 35/28 °C, gesamte Verteilung innerhalb der thermischen Hülle mit geregelter Pumpe, kein Pufferspeicher.

Als Aufwandszahlen der Wärmeerzeugung gelten nach den Tabellen C 3-4b und C 3-4c der DIN V 4701-10 (siehe auch Kapitel 2, *Bild 2-13*):

– Brennwertkessel verbessert $e_g = 0{,}95$
– Luft-Wasser-Wärmepumpe $e_g = 0{,}30$.

In den *Bildern 16-7* und *16-8* sind die Ergebnisse der energetischen Bewertung nach dem Tabellenverfahren einschließlich der Hilfsenergie für die beiden unterschiedlichen Anlagen in Form von Energieflussbildern dargestellt. Einem auf den Wärmebedarf von 60 kWh/(m² Jahr) bezogenen Primärenergiebedarf von 123,5 % beim Brennwertkessel steht ein Primärenergiebedarf von nur 86,3 % bei der Wärmepumpe gegenüber.

Bei einem umfassenden Vergleich zwischen Wärmepumpen und Brennwertkesseln müssen jedoch einige Randbedingungen berücksichtigt werden, die von dem voranstehenden Berechnungsbeispiel abweichen:

– Die Mehrzahl der Wärmeerzeuger versorgt neben der Heizung auch die Trinkwassererwärmung.

– Die primärenergetische Bilanz der Wärmepumpen verbessert sich dadurch, dass die Energieeffizienz der Stromerzeugung steigt – vgl. Abschnitt 3. Im Beispiel ist mit einem Primärenergiefaktor von 2,4 für Strom gerechnet.

– Brennwertsysteme werden im Neubau wegen des EEWärmeG in der Regel in Verbindung mit solarthermischen Kollektoren eingebaut. Das macht die Systemlösung energieeffizienter, aber auch teurer. Ab 2016 müssen Neubauten mit Brennwertsystemen außerdem einen gegenüber Wärmepumpen verbesserten baulichen Wärmeschutz aufweisen, dies verringern den Primärenergiebedarf dieser Lösung.

– Etwa 50 % der Neubauten werden weiterhin mit Heizkörperheizungen gebaut. Im Bestand ist der Anteil deutlich höher.

– Sole-Wärmepumpen sind energieeffizienter, aber kostenintensiver als Luft-Wasser-Wärmepumpen.

Berücksichtigt man die genannten Aspekte, dann kann man folgende Einschätzung treffen:

– Wärmepumpen können zu einer erheblichen Verringerung des Primärenergiebedarfs gegenüber Brennwertheizungen führen, insbesondere dann, wenn umweltfreundlich erzeugter Strom eingesetzt wird.

– Der Endenergiebedarf der Wärmepumpe ist immer deutlich geringer, als bei allen brennstoffbetriebenen Heizungen. Dabei ist allerdings im Auge zu behalten, dass die Endenergie Strom mit höheren Umweltbelastungen bereitgestellt wird und je kWh deutlich teurer ist.

- Im Bestand ist das energetische Verhältnis stark von den Randbedingungen – wie Systemtemperaturen oder der Nutzung von Solarthermie bei Brennwerttechnik – abhängig.
- Das primärenergetische Einsparpotenzial von Luft-Wärmepumpen ist deutlich geringer als bei Sole-Wärmepumpen.
- Infolge der spürbar werdenden Klimaveränderung, steigender Komfortansprüche und der im Neubau verstärkt auftretenden Problematik zu hoher sommerlicher Innentemperaturen wächst auch im Bereich der Wohngebäude der Wunsch nach aktiven Kühlmöglichkeiten. Durch einen reversiblen Betrieb oder eine Nutzung der Wärmequelle als sommerliche Wärmesenke kann bei Wärmepumpen eine Kühlfunktion oft mit sehr überschaubarem Kosten- und Energieaufwand realisiert werden.

9 Effiziente Erdgasnutzung durch Wärmepumpen

Die bisherigen Betrachtungen zeigten auf, welche Einsparungen im Vergleich zur Brennstoffheizung durch Elektrowärmepumpen erzielt werden, die mit Strom ent-

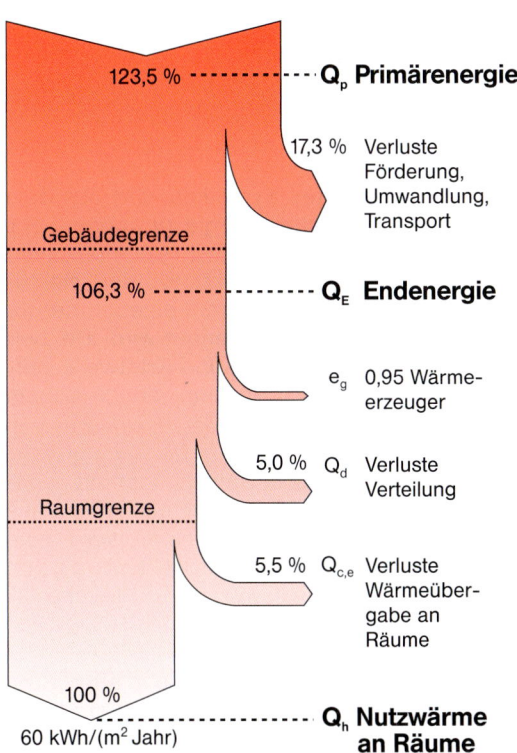

16-7 Energiefluss einer Brennwertkesselheizung

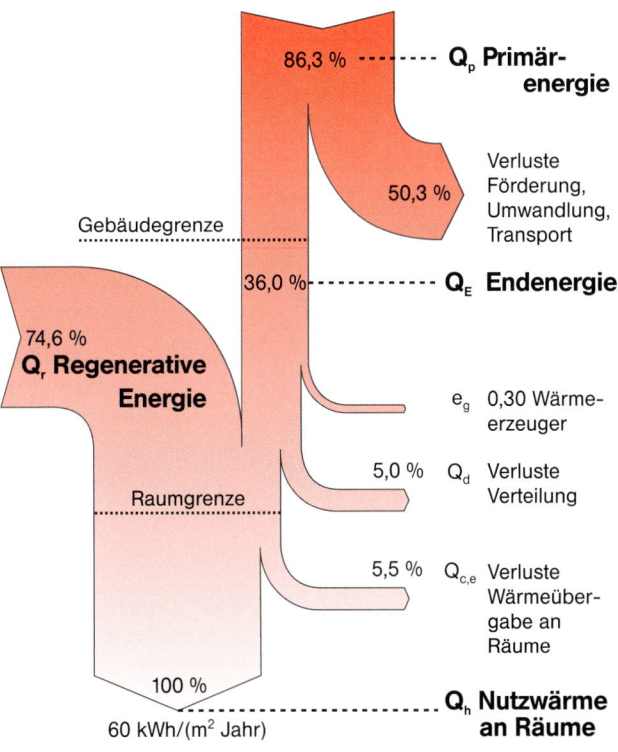

16-8 Energieflussbild Luft-Wasser-Wärmepumpe (fp = 2,4)

sprechend dem derzeitigen Stromerzeugungsmix betrieben werden. Wegen der verschiedenen bei der Stromerzeugung beteiligten Primärenergieträger wird hieraus nicht deutlich, welche Effizienzsteigerungen durch Verwendung von Erdgas für Wärmepumpenprozesse im Vergleich zur Verbrennung im Heizkessel möglich sind.

In *Bild 16-9* werden diese energetischen Verbesserungspotenziale im Vergleich zur Gas-Brennwerttechnik, die bei Heizkesseln zur maximal möglichen Energieausnutzung führt, aufgezeigt. Auf der linken Ordinate ist die Ausbeute an Heizwärme, die aus 100 Teilen eingesetztem Erdgas durch unterschiedliche Techniken bereitgestellt werden kann, aufgetragen. Die rechte Ordinate gibt die Primärenergie- bzw. CO_2-Einsparung im Vergleich zum Einsatz des Erdgases im Brennwertkessel an.

Für den Brennwertkessel als Bezugssystem wurde angesetzt, dass aus 100 Teilen Erdgas 105 Teile Wärme an die Heizung abgegeben werden, das ist das in der Praxis erreichbare Maximum; das theoretische Maximum liegt bei 111 Teilen. In Entwicklung befindliche Gaswärmepumpen nach dem Absorptions- oder Adsorptionsprinzip für den Einfamilienhausbereich erreichen auf Prüfständen eine Wärmeabgabe von 120 bis 150 Teilen Heizwärme, dies ist links im Bild als vertikaler Bereich angegeben. Größere Gaswärmepumpen erreichen etwas bessere Werte und sind bereits marktverfügbar, auch wenn die Absatzzahlen bisher gering sind. Sorptions-Gaswärmepumpen sind eine wichtige Option für zukünftige Effizienzsteigerungen bei Gasheizungen, da das Potenzial bei reiner Verbrennung mit den Brennwertkesseln weitgehend ausgeschöpft ist.

Bei den anderen dargestellten Systemen wird aus dem Erdgas zunächst mechanische Energie gewonnen. Sie wird im Fall der motorbetriebenen Wärmepumpe direkt zum Antrieb des Verdichters eingesetzt. Bei der „elektrischen Lösung" wird im Kraftwerk Strom erzeugt, der für den Antrieb der Wärmepumpe verwendet wird. Bei beiden Prozessen, Verbrennungsmotor und Kraftwerk, entsteht Abwärme, die genutzt werden kann, jedoch nicht in jedem Fall genutzt wird.

Im Folgenden wird anhand runder Zahlen, aber mit genügender Genauigkeit ein Überblick über die Ergebnisse gegeben. Für Kompressionswärmepumpen wird eine Wärmeerzeuger-Aufwandszahl inklusive Hilfsenergie von 0,25 zugrunde gelegt, ein Praxiswert von Erdreichanlagen in Neubauten.

Aus 100 Teilen Erdgas zur Stromerzeugung in alten Gaskraftwerken mit einem elektrischen Nutzungsgrad von 40 % stellt die Wärmepumpe 160 Teile Wärme bereit. Moderne Gaskraftwerke mit kombiniertem Gas-Dampf-Prozess erreichen fast 60 % Stromausbeute, daraus

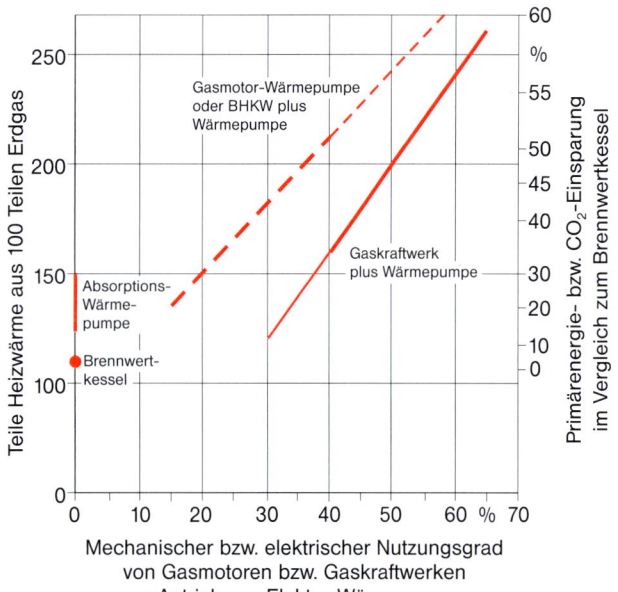

16-9 Heizwärmebereitstellung aus Erdgas durch unterschiedliche Systeme: erzielbare Primärenergie- bzw. CO_2-Einsparung im Vergleich zum Brennwertkessel

werden mit Wärmepumpen nahezu 240 Teile Wärme. Die Primärenergieeinsparung beträgt 56 %.

Gasmotoren erzielen je nach Leistungsgröße mechanische Nutzungsgrade zwischen 20 und 40 %, deshalb können brennstoffbetriebene Wärmepumpen etwa 80 bis 160 Teile Wärme über den Prozess gewinnen. Zuzüglich der genutzten Abwärme von 70 bzw. 50 Teilen werden also insgesamt 150 bis 210 Teile Wärme an das Heizsystem abgegeben.

Konventionelle kleine BHKW-Anlagen mit nur wenigen kW elektrischer Leistung schaffen nur 20 % Stromausbeute, daraus können in Verbindung mit Wärmepumpen nur 150 Teile Heizwärme werden, wesentlich weniger als über den „Umweg" mit modernen Gaskraftwerken und Wärmepumpen. Moderne Mini-KWK erreichen höhere Stromwirkungsgrade, sodass der ökologische Vorteil größer wird. Die Politik unterstützt den Einsatz dezentraler KWK-Systeme massiv durch verschiedene Förderinstrumente.

10 Wärmequellen

Der besondere Vorteil von Wärmepumpen im Gegensatz zu herkömmlichen Wärmeerzeugern ist, dass sie die kostenlos zur Verfügung stehende Umweltwärme nutzbar machen.

Für eine sinnvolle Nutzung der Umgebungswärme stehen die Wärmequellen Erdreich, Wasser und Umgebungsluft zur Verfügung. Sie alle sind Speicher der Sonnenenergie, sodass mit diesen Wärmequellen Sonnenstrahlung indirekt genutzt wird.

Für die praktische Nutzung dieser Wärmequellen sind nachstehende Kriterien von Bedeutung:
– ausreichende Verfügbarkeit,
– möglichst hohe Speicherfähigkeit,
– möglichst hohes Temperaturniveau,
– ausreichende Regeneration,
– kostengünstige Erschließung.

Sie zeigen die Vor- und Nachteile auf, daraus ergibt sich eine Rangfolge in der Nutzung.

10.1 Erdreich

Das Erdreich hat die Eigenschaft, Sonnenwärme saisonal, also über einen längeren Zeitraum, zu speichern, was zu einer über das ganze Jahr relativ gleichmäßigen Temperatur der Wärmequelle und somit zu einem Betrieb mit guten Aufwandszahlen führt.

Der Anteil der geothermischen Energie, d. h. der Wärme, die vom Erdinnern zur Erdoberfläche strömt, ist nahe der Oberfläche so gering, dass er vernachlässigbar ist. Erdreichwärmepumpen nutzen somit ausschließlich die Sonnenenergie.

Erdreichwärmepumpen werden heute als kleine Kompaktanlagen ausgeführt, die in jedem Wohnhaus ohne Schwierigkeiten eingebaut werden können. Die Geräte haben etwa die Abmessungen eines Kühlschranks und können deshalb nicht nur, wie traditionell für Heizungen üblich, im Keller, sondern auch beispielsweise im Hausarbeitsraum aufgestellt werden. Auch wandhängende Geräte sind verfügbar, jedoch vergleichsweise ungebräuchlich.

Der **Erdwärmetauscher** wird entweder als flächig unterhalb der Erdoberfläche verlegter Erdwärmekollektor oder in Form von vertikal installierten Erdwärmesonden ausgeführt. Die vom Erdwärmetauscher gewonnene Umgebungswärme wird mit einem Gemisch aus Wasser und Frostschutzmittel („Sole") transportiert, dessen Gefrierpunkt bei etwa −15 °C liegen sollte (Herstellerangaben beachten). Damit ist gewährleistet, dass die Sole im Betrieb nicht einfriert.

10.1.1 Erdwärmekollektoren

Bei Erdwärmekollektoren erfolgt der Wärmeentzug aus dem Erdreich über großflächig parallel zur Erdoberfläche verlegte Kunststoffrohrsysteme. In *Bild 16-10* ist eine solche Anlage schematisch dargestellt. Die Kunststoffrohre werden in einer Tiefe von 1,20 bis 1,50 m unter der Erdoberfläche in einem Abstand ca. 0,50 bis 0,70 m parallel zueinander eingebracht, sodass je m² Wärmeentzugsfläche ca. 1,5 bis 2 m Rohr verlegt sind. Die Rohrstränge sollten eine Länge von 100 m nicht überschreiten, da die aufzubringende Pumpenergie sonst zu hoch würde. An ihren Enden sind die Rohre in Vor- und Rücklaufsammlern zusammengefasst, die etwas höher als die Rohre selbst liegen sollten, damit das gesamte Rohrsystem entlüftet werden kann. Vor dem Verfüllen der Wärmeentzugsfläche mit dem Erdreich sollte auf jeden Fall eine Druckprobe vorgenommen werden, um rechtzeitig etwaige Undichtigkeiten beseitigen zu können. Es empfiehlt sich, die Rohre beim Aufbringen des Erdreichs unter Druck stehen zu lassen, um Beschädigungen sofort zu erkennen.

Die Sole wird mit einer Umwälzpumpe durch die Kunststoffrohre gepumpt; sie nimmt dabei die im Erdreich gespeicherte Wärme auf. Mithilfe der Wärmepumpe wird die Wärme für die Raumheizung nutzbar gemacht.

Eine zeitweilige Vereisung des Erdreichs im direkten Bereich um die Rohre – meistens in der zweiten Hälfte der Heizperiode – hat auf die Funktion der Anlage und auf den Pflanzenwuchs keine nachteiligen Folgen. Nach Möglichkeit sollten jedoch besonders tief wurzelnde Pflanzen nicht im Bereich der Solerohre angepflanzt werden.

Die Regeneration des entwärmten Erdreichs beginnt bereits in der zweiten Hälfte der Heizperiode durch zunehmende Sonneneinstrahlung, steigende Lufttemperatur und Niederschläge, wodurch sichergestellt ist, dass zur kommenden Heizperiode der Wärmespeicher Erdreich wieder für Heizzwecke zur Verfügung steht.

Die notwendigen Erdreichbewegungen lassen sich bei einem Neubau zum Teil ohne große Mehrkosten ausführen, wenn ein geeignetes Grundstück zur Verfügung steht.

Welche Wärmeleistung dem Erdreich entzogen werden kann, hängt von verschiedenen Faktoren ab. Nach bisher vorliegenden Erkenntnissen eignet sich ein stark mit Wasser angereicherter Lehmboden besonders gut als Wärmequelle. Es kann erfahrungsgemäß mit einer **Wärmeentzugsleistung** (Kälteleistung) von q_E = 20 bis 40 Watt je m² Erdreichfläche als Jahresmittelwert für ganzjährigen (monovalenten) Betrieb gerechnet werden. Bei stark sandigem Boden sei zur Vorsicht geraten. Hier sollte im Zweifelsfall ein Bodengutachter hinzugezogen werden.

In *Bild 16-11* ist die erforderliche Erdreichnutzungsfläche in Abhängigkeit des spezifischen Wärmebedarfs für monovalente Betriebsweise dargestellt.

Die Anhaltswerte für die Dimensionierung gelten nur für Anlagen mit maximal 2000 Vollbenutzungsstunden pro

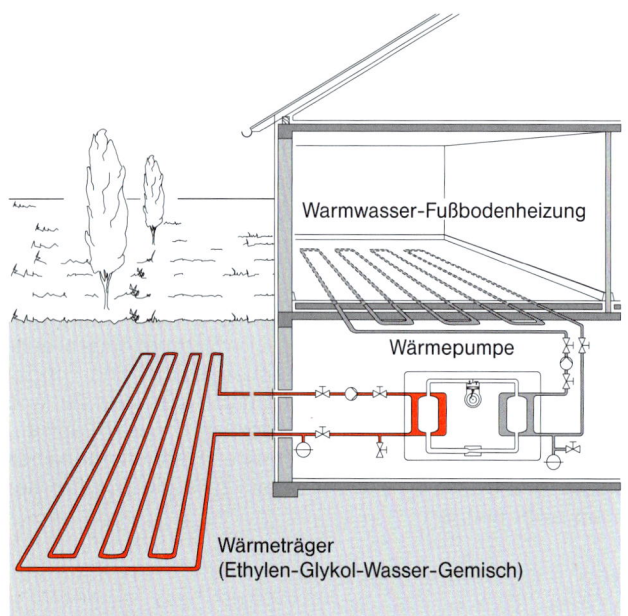

16-10 Schematische Darstellung einer Erdwärmekollektor-Wärmepumpenanlage

Wohnfläche in m²	spezifische Heizlast q_N in W/m²					
	30	40	50	60	70	80
	erforderliche Erdreichfläche in m²					
100	70	100	120	140	170	190
125	90	120	150	180	210	240
150	110	140	180	210	250	290
175	130	170	210	250	290	330
200	140	190	240	290	330	380

16-11 *Erforderliche Erdreichfläche in Abhängigkeit von der spezifischen Heizlast für monovalent-unterbrechbare Betriebsweise*

Jahr, also für normalen Heizbetrieb. Werden höhere Vollbenutzungsstunden geplant, z. B. Schwimmbadbeheizung, muss dies bei der Dimensionierung berücksichtigt werden.

10.1.2 Erdwärmesonden

Vor allem wegen des großen Flächenbedarfs für horizontal verlegte Erdwärmekollektoren ist eine Realisierung selbst bei gut gedämmten Neubauten oft aus Platzgründen nicht möglich. Insbesondere in Ballungsräumen mit sehr kleinen Grundstücksflächen sind hier schnell Grenzen erreicht.

Aus diesem Grunde werden heute zunehmend vertikale Wärmeübertrager, sog. Erdwärmesonden, *Bild 16-12*, die bis in Tiefen von 30 bis 100 m reichen, eingesetzt. Erdwärmesondenanlagen werden seit Anfang der achtziger Jahre von einigen Firmen in Deutschland angeboten. Es werden verschiedene technische Ausführungen und Installationsverfahren angewendet. Die Sonden bestehen i. d. R. aus Polyethylen-(PE)Rohr. Die Umlenkung am Fußpunkt erfolgt über einen aus PE-Vollmaterial gefrästen „Sondenfuß". Es werden meist vier Rohre parallel eingesetzt. Die Sole strömt in zwei Rohren vom Verteiler aus nach unten und wird durch zwei weitere Rohre wieder nach oben und zum Sammler zurückgeführt. Eine andere Variante besteht aus koaxialen Rohren mit einem inneren Rohr aus Kunststoff für die Zuleitung und einem äußeren Rohr aus Stahl oder Kunststoff für die Rückführung der Sole in den Sammler. Allerdings sollte man bei der Verwendung von Stahl mögliche Korrosionsprobleme nicht außer Acht lassen.

Die Erdwärmesonden werden mit Bohr- oder Rammgeräten eingebracht. Für diese Anlagen muss eine wasserrechtliche Erlaubnis eingeholt werden.

Zahlreiche Erdwärmesonden-Wärmepumpenanlagen arbeiten bereits seit vielen Jahren ohne jegliche Störung.

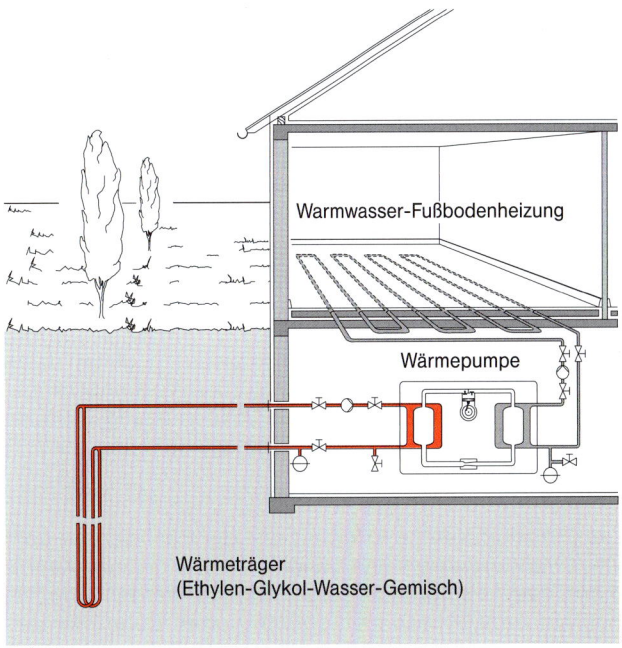

16-12 *Schematische Darstellung einer Erdwärmesonden-Wärmepumpenanlage*

Durchgeführte Messungen zeigen, dass bei guten hydrogeologischen Bedingungen, vor allem bei Vorhandensein von „fließendem" Grundwasser, ein monovalenter Wärmepumpenbetrieb mit hohen Wärmeentzugsleistungen möglich ist.

Voraussetzung für die Planung und Einbringung von Erdwärmesonden ist die genaue Kenntnis der Bodenbeschaffenheit, der Schichtenfolge, des Bodenwiderstands sowie des Vorhandenseins von Grund- oder Schichtenwasser mit Wasserstands- und Fließrichtungsbestimmung.

Für Nordrhein-Westfalen hat der geologische Dienst speziell für diesen Zweck alle für Planung und Ausführung notwendigen Informationen, insbesondere die zu erwartenden Wärmeentzugsleistungen zusammengestellt und auf zwei CD-Rom mit unterschiedlichem Spezialisierungsgrad herausgegeben.

Bei einer Erdwärmesondenanlage kann bei normalen hydrogeologischen Bedingungen von einer mittleren **Sondenleistung** von 50 bis maximal 100 W/m Sondenlänge ausgegangen werden. Befindet sich die Sonde in einem ergiebigen Grundwasserleiter, können eventuell auch noch höhere Wärmeentzugsleistungen realisiert werden.

Die Anhaltswerte für die Dimensionierung gelten auch hier nur für Anlagen mit maximal 2000 Vollbenutzungsstunden pro Jahr. Sind höhere Vollbenutzungsstunden vorgesehen, muss dies bei der Dimensionierung berücksichtigt werden.

Die Dimensionierung erfordert wie die Realisierung sehr viel Erfahrung und sollte daher nie ohne genaue Kenntnisse des Untergrunds vorgenommen werden, die bei den auf Erdwärmesonden spezialisierten Bohrunternehmen meist vorhanden sind. Liegen hier keine Erfahrungen vor, sollten z. B. die geologischen Landesämter um Rat gefragt werden.

10.1.3 Energiepfähle

Werden Neubauten aus statischen Gründen mit einer Tiefgründung versehen, bietet sich eine zusätzliche Nutzung der Tiefgründung als Wärmequelle an. In die ohnehin erforderliche Pfahlgründung werden dafür üblicherweise Kunststoffrohre eingebaut, die Mehrkosten sind moderat.

10.2 Grundwasser

Die Nutzung von Grundwasser (durch Entnahme aus einer Brunnenanlage und Wiedereinleitung in die Grundwasser führende Schicht, *Bild 16-13*) als Wärmequelle ist wegen der über das gesamte Jahr nahezu konstanten

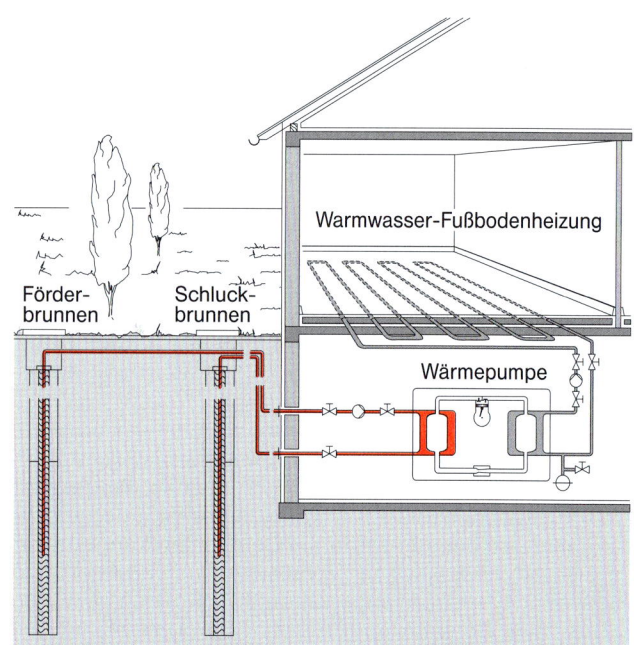

16-13 Schematische Darstellung einer Grundwasser-Wärmepumpenanlage

Wassertemperatur aus energetischer Sicht für den Wärmepumpeneinsatz besonders günstig. Praktische Erfahrungen zeigen jedoch, dass die erreichten mittleren Arbeitszahlen etwa mit denen von Sole-Wasser-Wärmepumpen vergleichbar sind. Dem Hilfsenergiebedarf für die Wasserförderung ist allerdings besondere Aufmerksamkeit zu widmen. Falls das Grundwasser aus zu großer Tiefe gefördert werden muss, ist diese Wärmequelle nicht mehr so vorteilhaft. Negative Erfahrungen mit Grundwasserwärmepumpen beruhen fast immer auf unzureichender Wasserqualität, die zu Störungen an der Brunnenanlage, meist dem Sickerschacht, führt.

Daher sollte die Entscheidung für den Einsatz einer Grundwasserwärmepumpe besonders gründlich überlegt werden. Folgende Aspekte müssen dabei unbedingt beachtet werden:

– Als erstes muss überprüft werden, ob in dem betreffenden Gebiet Grundwasser in einer Tiefe bis maximal 20 m zur Verfügung steht. Anhaltswerte über die zu erwartende Tiefe und Menge können bei der zuständigen Unteren Wasserbehörde, den zuständigen Stadtwerken oder bei ortskundigen Brunnenbauern eingeholt werden.

– Liegen diese ersten Erkenntnisse vor, so ist bei der zuständigen Unteren Wasserbehörde eine Erlaubnis über die Entnahme und Wiedereinleitung von Grundwasser für Heizzwecke einzuholen.

– Für die Wasserförderung und Wiedereinleitung sind ausreichend bemessene und den Erfordernissen entsprechende Brunnenanlagen zu errichten. Diese Arbeiten bedürfen einer großen Sorgfalt und sollten auf jeden Fall von einem erfahrenen Brunnenbauunternehmen durchgeführt werden, da es bei unsachgemäßer Ausführung speziell im Schluckbrunnen im Laufe der Jahre durch Ablagerungen zu einer sog. Verockerung kommen kann. Dies bedeutet, dass sich der Schluckbrunnen zugesetzt hat und kein Wasser mehr aufnehmen kann. Eine Behebung des Schadens ist – wenn überhaupt möglich – mit beträchtlichem Aufwand und erheblichen Kosten verbunden. Tritt bei monovalenten Anlagen ein solcher Schaden auf, so ist für den Zeitraum der Schadensbeseitigung keine Beheizung des Gebäudes gewährleistet.

– Die Qualität des geförderten Wassers ist durch eine Wasseranalyse festzustellen und dem späteren Lieferanten der Wärmepumpe mitzuteilen. Allerdings kann sich die Zusammensetzung des Grundwassers im Laufe von Jahren besonders bei intensiver Förderung von Grundwasser ändern.

– Die Temperatur des Grundwassers beträgt in der Regel ca. +10 °C. Werden deutlich andere Temperaturen gemessen (+ oder –), so ist wahrscheinlich ein hoher Anteil an Oberflächenwasser vorhanden. Hier ist Vorsicht geboten, da im Winter unter Umständen Wassermenge und Temperatur nicht mehr ausreichend sein können.

Eine Probebohrung sowie ein 48-stündiger Pumpversuch sind zwar empfehlenswert, der Aufwand hierfür ist insbesondere bei Anlagen für Einfamilienhäuser jedoch unvertretbar hoch, sodass diese Brunnenanlagen regional nur dort installiert werden, wo gute Erfahrungen mit Brunnen bereits vorliegen.

10.3 Umgebungsluft

Umgebungsluft, häufig wird auch der Begriff Außenluft verwendet, ist besonders leicht zu erschließen und überall und in unbegrenzter Menge verfügbar. Die Nutzung des Wärmeinhalts der Fortluft von Wohnungslüftungsanlagen in Gebäuden findet unter dem Begriff Abwärmenutzung in letzter Zeit wachsende Verbreitung. Ausführungen dazu sind im Kapitel Wohnungslüftung, Kapitel 14-10.5 und 14-11.6, enthalten.

Bei **Umgebungsluftwärmepumpen**, *Bild 16-14*, wird die Dimensionierung der Wärmequelle durch Auslegung und Konstruktion bzw. Größe des Geräts bereits im Werk vom Hersteller vorgegeben. Die erforderliche Luftmenge wird mittels eines Ventilators, der im Gerät eingebaut ist, über den Verdampfer gefördert und dabei abgekühlt.

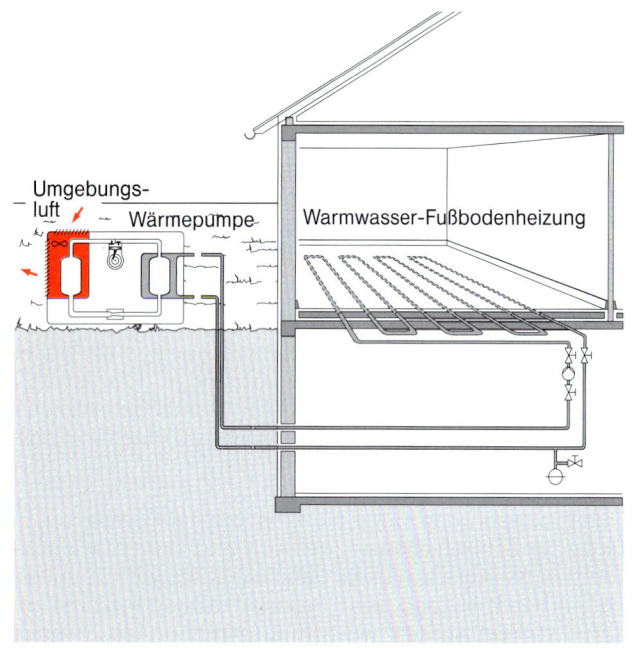

16-14 Schematische Darstellung einer Außenluft-Wärmepumpenanlage in Außenaufstellung

Luft-Wasser-Wärmepumpen können ebenso wie die Erdreich- und Grundwasserwärmepumpen aus technischer Sicht in monovalenten Anlagen ganzjährig betrieben werden.

Sowohl die Heizleistung als auch die Leistungszahl einer Luft-Wärmepumpe verändern sich jedoch beträchtlich wegen der stark wechselnden Temperaturen von Wärmeverteilsystem und insbesondere Wärmequelle. Die Wärmequellentemperatur variiert je nach Standort von −10 bis −18 °C am kältesten Tag bis +15 °C an der Heizgrenze. Die gesamte Wärmeerzeugung muss natürlich auf den kältesten Tag dimensioniert werden, was dazu führen würde, dass die Leistung einer monovalenten Luft-Wärmepumpe an allen anderen Tagen zu groß bis viel zu groß ist. Bei Temperaturen nahe der Heizgrenze kann es sogar Probleme beim ordnungsgemäßen Betrieb geben. Abhilfe schaffen hier verschiedene technische Möglichkeiten wie ein monoenergetischer Betrieb oder eine Leistungsregelung. Wärmepumpen werden beispielsweise mit zwei Verdichtern ausgestattet, die je nach Bedarf einzeln oder zusammen in Betrieb sind. Auch elektronische Frequenzumformer zur Drehzahlregelung des Antriebsmotors des Verdichters und die Zylinderabschaltung zur stufenweisen Regelung werden angeboten. Nähere Ausführungen hierzu sind im Abschnitt 13.3 zu finden.

Neben den technischen spielen auch die wirtschaftlichen Gesichtspunkte eine gewichtige Rolle. Eine leistungsstärkere Wärmepumpe verursacht auch höhere Investitionskosten. Deshalb wird häufig die monoenergetische Konzeption gewählt. Dabei übernimmt das Wärmepumpengerät den größten Anteil an der Jahresheizarbeit, die Spitzenlast an den sehr kalten Tagen wird von einer elektrischen Zusatzheizung geliefert. Luft-Wasser-Wärmepumpen werden vor allem im Neubau von Ein- und Zweifamilienhäusern eingesetzt. In Bestandsgebäuden sind die erreichbaren Arbeitszahlen wegen der meist erforderlichen höheren Systemtemperaturen begrenzt. Die Wirtschaftlichkeit eines Austauschs ist gerade bei alten Gaskesseln oft nicht gegeben.

10.4 Eisspeicher

Eine innovative Wärmequelle für Wärmepumpen stellen Eisspeichersysteme dar. Dabei handelt es sich um eine mit normalem Leitungswasser gefüllte Zisterne, die in unmittelbarer Umgebung des Gebäudes, z. B. im Garten, eingegraben wird. Eine Wärmepumpe entzieht der Zisterne über einen eingebauten Wärmeübertrager bei Bedarf die zum Heizen und zur Trinkwassererwärmung benötigte Energie. Dabei können Temperaturen unter dem Gefrierpunkt erreicht werden, das in der Zisterne befindliche Wasser gefriert (teilweise), daher der Begriff Eisspeicher.

Über einen zweiten eingebauten Wärmeübertrager wird die Zisterne durch spezielle Solar-Luft-Absorber mit Solarwärme sowie Wärme aus der Umgebungsluft gespeist. Weitere Wärme strömt in die ungedämmte Zisterne direkt aus dem umgebenden Erdreich. Über ein gesamtes Jahr wird damit eine ausgeglichene Energiebilanz erreicht.

Durch den Eisspeicher kann auf eine Erdbohrung verzichtet werden: Genehmigungen entfallen, die Kosten sind unabhängig von geologischen Verhältnissen und klar kalkulierbar.

Eisspeichersysteme können im Sommer auch zur Kühlung verwendet werden. Sie werden sowohl für den Wohnungsbau als auch für Nichtwohngebäude angeboten.

11 Wärmeverteilsystem

11.1 Allgemeines

Wie bereits dargestellt, ist das Betriebsergebnis von Wärmepumpen wegen des mit steigender Temperaturdifferenz wachsenden Energieaufwands sehr stark von der Temperaturdifferenz zwischen Wärmeverteilsystem und Wärmequelle abhängig. Die Temperatur der genutzten Wärmequelle ist nicht zu beeinflussen, die des Wärmeverteilsystems ist dagegen bei Neubauten innerhalb gewisser Grenzen wählbar. Das heißt, es sollten immer möglichst niedrige Vorlauftemperaturen gewählt werden, um eine hohe energetische Effizienz der Wärmepumpenanlage zu erzielen. Dieser Zusammenhang besteht analog bei solarer Heizungsunterstützung und in vermindertem Maß auch bei Brennwertkesseln.

Prinzipiell kann mit unterschiedlichen Systemen – Radiatoren-, Flächen- und Luftheizung – diese Anforderung erfüllt werden. Insbesondere aus Gründen des Komforts aber auch der freien Gestaltung der Stellflächen hat die **Fußbodenheizung** in den letzten Jahren im Sektor der Einfamilienhäuser einen Marktanteil von etwa 50 % erreicht. Ihre Vorlauftemperatur ist bei einem vertretbaren Aufwand bei 35 °C am kältesten Tag zu halten. Als vernünftige Auslegung wird allgemein eine Rücklauftemperatur von 28 °C gewählt. Bei dem durch immer bessere Wärmedämmung der Gebäude stark gesunkenen Wärmebedarf wären sogar noch geringfügig niedrigere Werte möglich, sie bringen aber nur noch geringe Verbesserungen der Jahresaufwandszahl.

Dieses Wärmeverteilsystem hat bei Wärmepumpen die höchste Verbreitung, Bild 16-15. Als technischer Vorteil bietet der Fußbodenaufbau eine so große Speichermasse, dass auf einen zusätzlichen Pufferspeicher aus Sicht der Raumtemperaturen (Schwankungen) verzichtet werden kann, unabhängig davon kann jedoch die Wärmepumpe, beispielsweise durch einen Mindestvolumenstrom, einen Pufferspeicher erfordern. Eine Fußbodenheizung passt sich durch ihren Selbstregeleffekt vergleichsweise gut an den wechselnden Wärmebedarf der

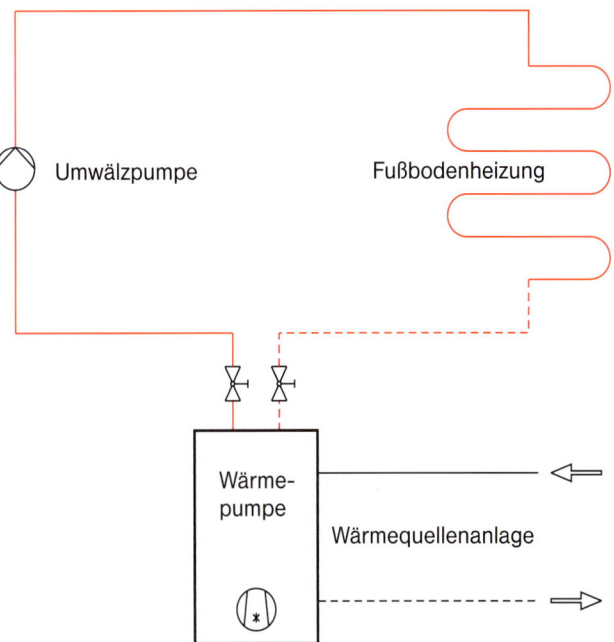

16-15 Schema einer Wärmepumpenheizung mit Fußbodenheizung ohne Pufferspeicher

Räume an. Wegen der niedrigen Oberflächentemperaturen des Fußbodens von 23 bis maximal 27 °C am kältesten Tag geht die Wärmeabgabe bei einem Ansteigen der Raumlufttemperatur sehr stark zurück, im Extremfall bis auf null, wenn Raum- und Oberflächentemperatur des Fußbodens übereinstimmen. Das geschieht beispielsweise in der Übergangszeit bei Sonneneinstrahlung durch die Fenster. Die Wärmepumpe wird von der Geräteregelung abgeschaltet, die Wärme zur zeitweisen „Überheizung" des Raumes ist somit passiv genutzte Sonnenenergie ohne zusätzlichen Energieverbrauch.

Trotz des Selbstregelungseffektes favorisieren die meisten Hersteller von Fußbodenheizungen eine raumweise selbsttätige Regelung. Wenn eine neue Anlage installiert wird, dann fordert die EnEV den Einbau einer solchen Regelung, sofern der Raum größer als 6 m² ist.

Der Verzicht auf einen Pufferspeicher kann erhebliche negative Auswirkungen auf die Arbeitszahl und die Lebensdauer einer Wärmepumpe haben und sollte daher mit dem Hersteller und/oder geeigneten Fachleuten besprochen werden.

In letzter Zeit werden auch Wandheizungen angeboten, die gleiche Ergebnisse mit sich bringen, in manchen Räumen, beispielsweise Bädern, sogar einen höheren Komfort ermöglichen, weil größere Flächen zur Belegung zur Verfügung stehen.

Grundsätzlich sollte aus thermodynamischen Gründen bei Wärmepumpenheizungen auf alle Einrichtungen verzichtet werden, die zu einer unnötigen Erhöhung der Vorlauftemperatur führen können, wie z. B. Mischer oder zusätzliche Wärmeübertrager.

11.2 Heizwasserdurchflussmenge

Nur wenn die vom Hersteller vorgegebene Heizwasserdurchflussmenge eingehalten wird, ist die Wärmepumpe in der Lage, die geforderte Heizleistung und die optimale Leistungszahl zu erbringen.

Wird der Heizwasserdurchfluss unterschritten, so vergrößert sich die Temperaturdifferenz zwischen Ein- und Ausgang der Wärmepumpe. Dies kann im Extrem dazu führen, dass die Wärmepumpe über ihre Sicherheitsorgane (Hochdruckschalter) abgeschaltet wird. Es liegt dann eine Störung vor, eine Wärmelieferung findet nicht mehr statt. Eine Entstörung muss dann meist durch einen Handwerker erfolgen.

Die häufigsten Ursachen für diese Störungen sind:

– eine zu klein bemessene Umwälzpumpe,
– der Heizwasserdurchfluss des Wärmeverteilsystems wird durch geschlossene Ventile vermindert.

Werden in einem Wärmeverteilsystem automatisch wirkende Thermostatventile zur Haltung unterschiedlicher Temperaturen in den verschiedenen Räumen verwendet, so wie es von der EnEV für neue Anlagen gefordert wird, ist durch geeignete technische Einrichtungen für den ordnungsgemäßen Volumenstrom im Wärmepumpengerät zu sorgen. Theoretisch genügt hierfür eine geregelte Bypassstrecke oder eine hydraulische Weiche, in der Praxis führen diese jedoch zu deutlich sinkenden Arbeitszahlen. Ein hydraulisch sinnvoll angeschlossener Pufferspeicher entkoppelt den Volumenstrom der Wärmepumpe vom Heizungsnetz und verhindert gleichzeitig ein ungewolltes häufiges Takten der Wärmepumpe.

11.3 Pufferspeicher

Die Verwendung von Pufferspeichern hatte sich in der Vergangenheit bei bivalenten Heizungsanlagen immer mehr durchgesetzt. Dies war notwendig, da die Wärmepumpe in ein bestehendes Wärmeverteilsystem integriert werden musste, wobei die genauen hydraulischen Eigenschaften des Heizsystems nicht bekannt waren.

Pufferspeicher haben jedoch Nachteile:

1. Die Trägheit des Heizsystems wird erhöht.

2. Wird der Puffer als Trennspeicher eingesetzt, kommt es zu einer Durchmischung des Speicherinhalts beim Betrieb der Wärmepumpe. Dadurch wird die Vorlauftemperatur am Ausgang der Wärmepumpe unnötig erhöht, was zu einer höheren Jahresaufwandszahl führt.
3. Pufferspeicher bestehen in der Regel aus Normalstahl und damit werden die Probleme durch die Sauerstoffdiffusion bei Fußbodenheizungen aus Kunststoffrohren wieder akut.

Den Nachteilen stehen die schon genannten Vorteile

– hydraulische Entkopplung,
– geringere Anzahl der Schaltspiele sowie die
– zeitliche Entkopplung von Wärmebereitstellung und Wärmeabgabe

entgegen. Letzter Aspekt erlangt mit dem steigenden Anteil fluktuierender erneuerbarer Energiequellen im Strommarkt und mit dem zukünftigen Smart-Metering eine größere Bedeutung, Wärmepumpen sind – gerade in Verbindung mit Pufferspeichern – hervorragend für eine Stabilisierung des Stromnetzes geeignet. Bei einem Überangebot von Strom können die Wärmepumpen in Betrieb genommen werden, momentan nicht benötigte Wärme wird im Puffer zwischengespeichert. Bei einer Unterversorgung der Stromnetze können Wärmepumpen zeitweise abgeschaltet werden, Puffer und thermische Trägheit einer Fußbodenheizung sorgen dafür, dass es trotzdem zu keiner Komforteinschränkung kommt. Eine intelligente Regelung der Wärmepumpe kann außerdem die Energiekosten reduzieren, in dem der benötigte Strom vorzugsweise in Zeiten niedriger Strompreise bezogen wird. Voraussetzung dafür sind ein intelligenter Stromzähler (Smart Meter) und eine kommunikationsfähige Wärmepumpe. Eine Vielzahl der am Markt angebotenen Wärmepumpen verfügt bereits über das Label „Smart grid ready" und ist damit grundsätzlich für eine derartige Regelung geeignet. Vergleichbare Vorteile ergeben sich auch bei einer Kombination von PV-Anlage und Wärmepumpe. Eine intelligente Regelung kann hier den Bezug von teurem Netzstrom durch selbsterzeugten PV-Strom substituieren.

Die Größe des Pufferspeichers sollte so gewählt werden, dass die Wärmepumpe ohne Wärmeabnahme durch das Heizsystem mindestens 5 bis 10 Minuten in Betrieb bleibt. Der Inhalt sollte deshalb etwa 10 bis 30 l je kW Heizleistung betragen, bei heutigen Einfamilienhäusern wird er damit im absoluten Minimum bei 50 l, besser jedoch bei deutlich höherem Volumen liegen.

11.4 Sauerstoffdiffusion bei Fußbodenheizungen

In Fußboden- und anderen Flächenheizungen aus Kunststoffmaterial kam es in der Vergangenheit häufig zu Problemen beim Durchfluss. Grund dafür war, dass Sauerstoff durch die Kunststoffrohre in das Heizungswasser diffundierte und an Eisenbestandteilen des Systems Korrosion verursachte. Die Korrosionsprodukte lagerten sich in den Leitungen ab und verminderten den Durchfluss bis zur vollkommenen Verstopfung einzelner Heizkreise.

Als Abhilfemaßnahme wurden dem Heizungswasser bei bestehenden Anlagen sog. Inhibitoren beigemischt. Diffusionsdichte Metallrohre wurden wegen der hohen Kosten und schwierigeren Verarbeitung nur vereinzelt eingesetzt, ebenso spezielle durch Metallfolien möglichst diffusionsdicht gemachte Kunststoffrohre. Inzwischen wird grundsätzlich der Einsatz sauerstoffdichter Rohre nach DIN 4726 bevorzugt. In diesem Fall sind weitere Maßnahmen wie die Verwendung von Inhibitoren oder eine Systemtrennung nicht erforderlich.

12 Warmwasserversorgung mit Wärmepumpen

12.1 Allgemeines

Wie bei der Heizung kann ein großer Teil des Energiebedarfs für die Warmwasserversorgung durch Wärmepumpen energiesparend aus der Umwelt gewonnen werden. Die Warmwasserversorgung stellt dabei grundlegend andere Anforderungen:

- Sie wird ganzjährig mit etwa gleich bleibenden Anforderungen an Menge und Temperatur betrieben.
- Das benötigte Temperaturniveau ist mit 45 bis 65 °C erheblich höher als das einer modernen Fußbodenheizungsanlage. Bei Warmwassernetzen mit Speicherinhalten > 400 l bzw. Rohrleitungsinhalten zwischen Speicher und entferntester Zapfstelle > 3 l sind die Anforderungen des DVGW Arbeitsblattes W 551 zu berücksichtigen. Dies bedeutet, dass die Temperatur am Speicheraustritt immer mindestens 60 °C betragen und der gesamte Speicherinhalt einmal am Tag auf 60 °C aufgeheizt werden muss.

Technisch kommen für die Warmwasserbereitung mittels Wärmepumpe verschiedene Lösungen infrage. Zum einen speziell entwickelte Luft-Wasser-Wärmepumpen mit Heizleistungen von etwa 2 kW, die Wärme aus dem Aufstellraum beziehen. Eine ähnliche Konzeption entnimmt als Wasser-Wasser-Gerät die Wärme dem Heizungsrücklauf. Bei Anlagen zur mechanischen Wohnungslüftung wird häufig die Abwärme als Wärmequelle genutzt (siehe Kapitel 14-10.5 und 14-11.6).

Ebenso kann die Heizungswärmepumpe mit den unterschiedlichen Wärmequellen zusätzlich zur Heizung auch die Warmwasserbereitung übernehmen. Die Entscheidung über die günstigste Technik ist bei der Planung in Abstimmung mit dem Betreiber zu treffen.

Statt einer Zentralversorgung mit Wärmepumpe kann auch eine verbrauchsnahe Versorgung errichtet werden. Hierzu werden in der Regel mehrere Elektrowarmwassergeräte in unmittelbarer Nähe der Entnahmestellen installiert. Moderne, elektronisch geregelte Durchlauferhitzer bieten einen mit einer zentralen Warmwasserversorgung vergleichbaren Komfort, sind vergleichsweise kostengünstig zu installieren und vermeiden die in zentralen Systemen häufig hohen Speicher- und Verteilungsverluste. Bei einer primärenergetischen Betrachtung sind die dezentralen Elektrosysteme jedoch häufig den zentralen brennstoffgespeisten Systemen unterlegen. Weitere Ausführungen hierzu siehe Kapitel 15.

12.2 Warmwasser-Wärmepumpe mit Luft als Wärmequelle

Die sogenannte Warmwasser-Wärmepumpe entzieht Wärme aus der Luft des Aufstellungsraums, bringt sie auf die erforderliche Temperatur (die meisten Geräte erreichen 65 °C) und führt sie dem ausreichend dimensionierten Warmwasserspeicher zu. Es handelt sich um einen geschlossenen Behälter mit 200 bis < 400 Liter Inhalt. Dies geschieht in einem üblichen Wärmepumpenkreislauf. Hauptbestandteil ist ein gekapselter Verdichter, wie er auch in Kühl- und Gefriergeräten eingesetzt wird. Für den Einsatz in Warmwasser-Wärmepumpen werden sie speziell angepasst, um eine noch bessere Energienutzung zu erzielen.

In Deutschland wird das Gerät in den meisten Fällen in einem Kellerraum aufgestellt. Die Warmwasser-Wärmepumpe ist zusammen mit dem Speicher in ein gemeinsames Gehäuse integriert, *Bild 16-16*. Zur Sicherstellung, auch bei extremem Warmwasserverbrauch schnell wieder genügend Warmwasser in Bereitschaft zu haben, verfügen die meisten über eine elektrische Zusatzheizung im Speicher, die in aller Regel jedoch nicht benötigt wird, in vielen Installationen auch gar nicht eingeschaltet ist.

Die Aufstellung sollte, wie im Kapitel 15 „Warmwasserversorgung" ausführlich dargelegt, nahe den Warmwasserzapfstellen erfolgen, um kurze Warmwasserleitungen zu erhalten. *Bild 16-17* zeigt das Installationsschema einer Warmwasser-Wärmepumpe mit sehr kurzer Leitungsführung in einem Einfamilienhaus. Wegen der geringen Wärmeleistung sollten keine Warmwasseranlagen mit Zirkulation oder extrem hohem Verbrauch mit diesem System versorgt werden.

Die Luft des Aufstellraums wird am Verdampfer der Wärmepumpe abgekühlt, dabei fällt – je nach Lufttemperatur und Luftfeuchtigkeit – unterschiedlich viel Kondenswasser an, im Sommer mehr als im Winter. Da Kondenswassermengen bis zu mehreren Litern pro Tag möglich sind, muss ein Ablauf vorhanden sein. Dieser kann beispielsweise mit der Ableitung des Ausdehnungswassers der Sicherheitsgruppe des Warmwasserspeichers verbunden sein. Die Geräte führen zu einer geringen Absenkung der Raumtemperatur, was häufig als Nebeneffekt genutzt wird, um Vorratsräume etwas kühler zu halten.

Wärme in Kellerräumen stammt teilweise aus dem umgebenden Erdreich, ist häufig jedoch auch Abwärme des Heizkessels, Tiefkühlgeräts, Kühlgeräts und von anderen Geräten, die sonst nicht nutzbar wäre. Auch die Wärmeverluste des Warmwasserspeichers werden wieder genutzt. Auf dem Markt angebotene Geräte ermöglichen es, zwei Drittel der für die Warmwasserversorgung benötigten Energie ohne lokale Emissionen zu gewinnen.

Kritiker dieser Technik führen häufig aus, diese Konzeption würde auch Wärme aus beheizten Räumen entziehen. Natürlich ist ein Wärmeabfluss nicht gänzlich zu vermeiden, weil durch jede Kellerdecke Wärme in den unbeheizten Keller fließt. Es ist deshalb nur über den durch die abgesenkte Temperatur zusätzlich verursachten Wärmefluss zu diskutieren. Untersuchungen haben erwiesen, dass diese Verluste wegen der nur wenig erniedrigten Kellerraumtemperatur, maximal 3 bis 4 K, nur etwa 200 bis 300 kWh$_{th}$ jährlich erreichen, also einen nur geringen Wert. Die Berechnungen ergaben für Niedrigenergiehäuser mit ungedämmtem Keller keine Probleme bezüglich der Verfügbarkeit kostenloser Umgebungswärme. Aus dem umgebenden Erdreich kann der geringe Wärmestrom problemlos nachfließen, der Verlust aus dem beheizten Bereich wird aufgrund der sehr gut gedämmten Kellerdecke im Vergleich zu den vorgenannten Zahlen deutlich geringer, wenn der Keller außerhalb der thermischen Hülle des Gebäudes liegt. Befindet sich der Keller innerhalb der thermischen Hülle, ist die Aufstellung einer derartigen Wärmepumpe problematisch.

12.3 Warmwasser-Wärmepumpe mit Heizungsrücklauf als Wärmequelle

Eine relativ neue technische Variante mit geringer Marktbedeutung, die insbesondere Installationsvorteile ver-

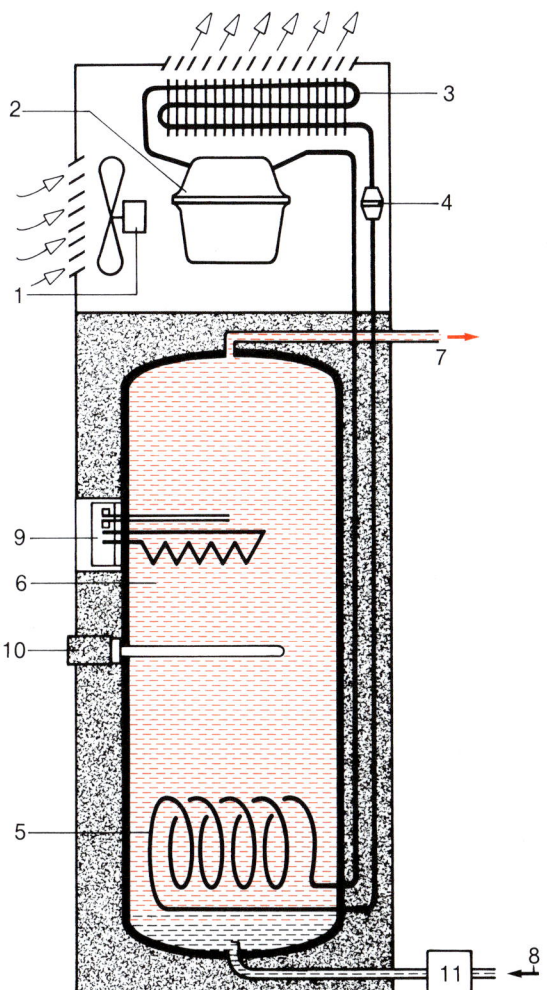

16-16 Warmwasser-Wärmepumpe
(Wärmepumpe auf den Speicher aufgesetzt)

spricht, ist eine ähnlich aufgebaute kleine Wasser-Wasser-Wärmepumpe mit ebenfalls etwa 2 kW Heizleistung, die **Wärme aus einem Teilstrom des Heizungsrücklaufs** entnimmt und auf das notwendige Temperaturniveau bringt, *Bild 16-18*. Diese Lösung ist selbstverständlich nur dann sinnvoll, wenn die Heizenergie von einer Wärmepumpe oder durch Solarwärme bereitgestellt wird. Im Sommer, wenn keine Heizwärme benötigt wird, kommt es zu einer geringen Abkühlung des umgewälzten Heizungswassers und damit zu einer geringen, kaum spürbaren Kühlung des Gebäudes.

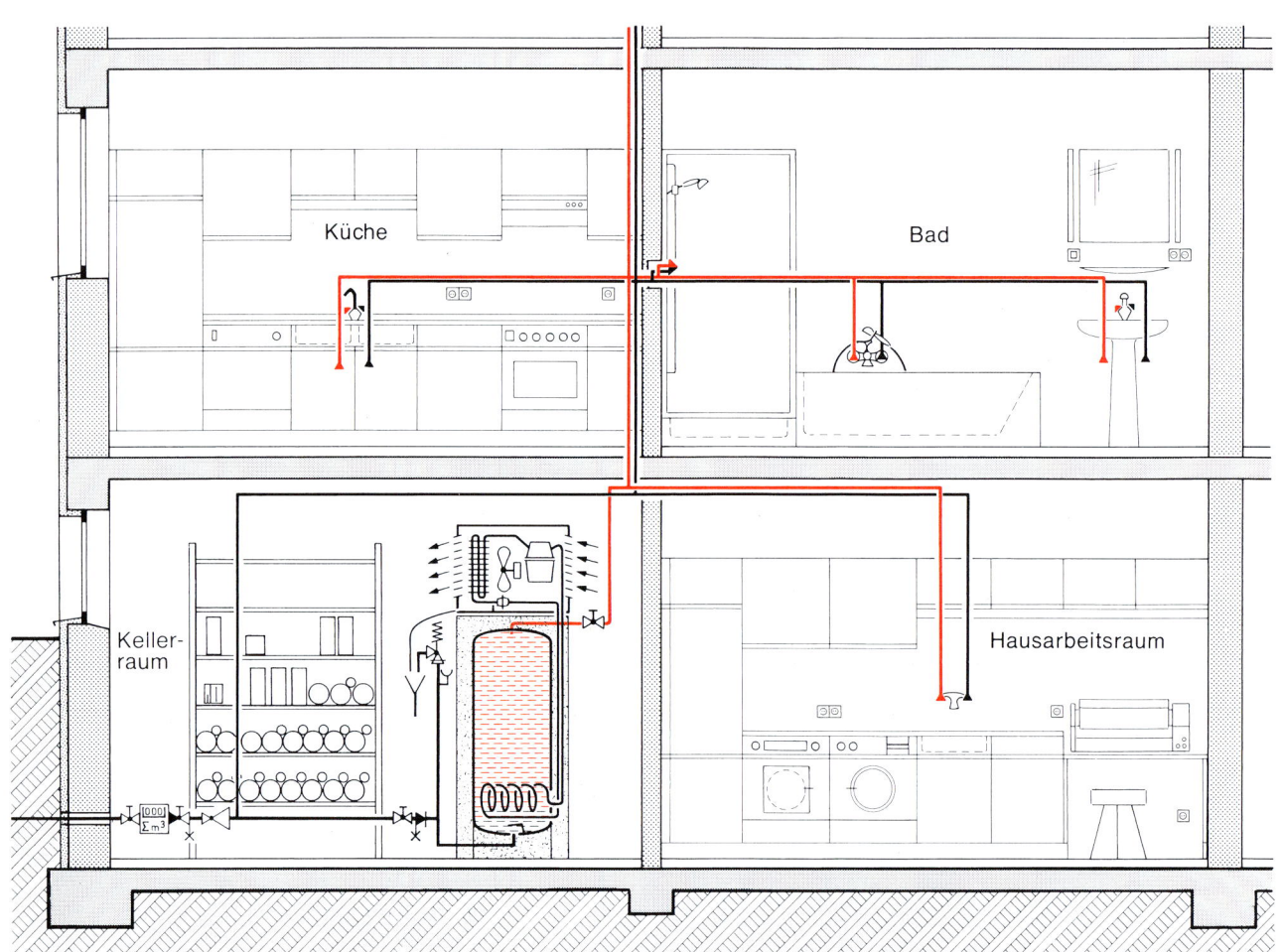

16-17 Installationsschema einer Wasserversorgung mit Warmwasser-Wärmepumpe

12.4 Warmwasser mit der Heizungswärmepumpe

Die Warmwasserbereitung kann auch mit der Heizungswärmepumpe erfolgen. Früher war diese Lösung bei Luft als Wärmequelle häufig fehlerbehaftet, weil die Heizleistung der Wärmepumpe im Sommer zu groß für den im Warmwasserspeicher untergebrachten Wärmetauscher wurde. Inzwischen sind die Heizleistungen der Wärmepumpen durch den gesunkenen Heizwärmebedarf der Häuser deutlich geringer und damit ist die Wärmeabgabe unproblematisch geworden.

Technisch am meisten gebräuchlich ist die hydraulische Umschaltung mittels automatischer Stellventile oder zusätzlicher Pumpe mit Rückschlagventilen im Heizsystem und Wärmetauscherkreis, *Bild 16-19*. Anstelle der im *Bild 16-19* dargestellten zwei Ventile wird i. d. R. ein Dreiwegeventil eingesetzt.

Die **Aufwandszahlen** der Heizungswärmepumpe im Betrieb zur Warmwasserbereitung liegen recht nahe an denen des Heizbetriebs, siehe *Bild 16-5*, denn bei einer Aufheizung des Trinkwassers von ca. 10 °C Kaltwasserzulauf auf beispielsweise 55 °C ergibt sich eine relevante Mitteltemperatur von 32,5 °C, das ist nur wenig höher als im mittleren Heizbetrieb. Deshalb erreichen Erdreichwärmepumpen auch bei der Wassererwärmung günstige Aufwandszahlen nur wenig über 0,25. Aus ökologischer Sicht ist daher die Trinkwassererwärmung mit einer Heizungswärmepumpe einer dezentralen elektrischen Trinkwassererwärmung immer vorzuziehen.

Wird die Warmwasserversorgung mit der Heizungswärmepumpe kombiniert, ist ein speziell **für den Wärmepumpenbetrieb konzipierter Warmwasserspeicher** erforderlich, da die maximale Vorlauftemperatur nur rund 55 °C beträgt. Dabei sind folgende Aspekte zu beachten:

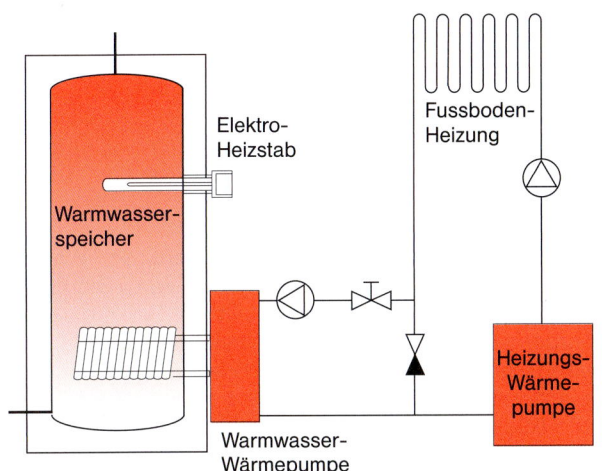

16-18 Prinzipschaltbild einer Wärmepumpenheizungsanlage mit einer zusätzlichen Warmwasser-Wärmepumpe, die den Heizungsrücklauf als Wärmequelle nutzt

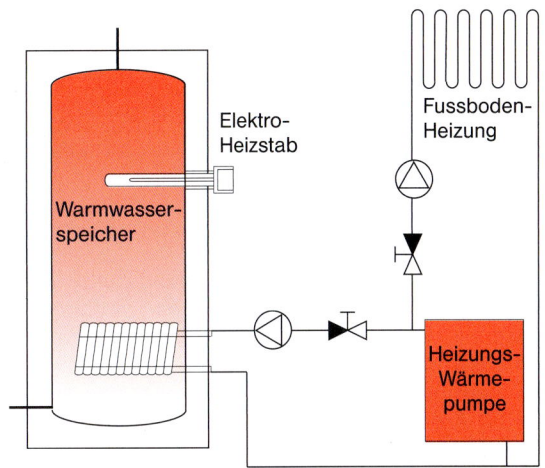

16-19 Prinzipschaltbild einer Heizungswärmepumpenanlage, die auch die Warmwasserversorgung übernimmt

- Es sollte ein stehender Warmwasserspeicher mit guter Wärmedämmung eingesetzt werden. Hierbei sind die Empfehlungen des Wärmepumpenherstellers unbedingt zu berücksichtigen.

- Je nach Hersteller kann der für die Wärmeübertragung erforderliche Wärmetauscher inner- oder außerhalb des Speichers angeordnet sein. Die Wärmetauscherfläche sollte mindestens 0,25 m^2 pro kW Heizleistung der Wärmepumpe betragen. Es handelt sich hierbei lediglich um einen Anhaltswert, da die Wärmeübertragungsleistung des Wärmetauschers nicht nur von dessen Fläche, sondern auch von seiner Anordnung innerhalb des Speichers abhängig ist. Als erforderliche Wärmeübertragungsleistung ist die maximal auftretende Heizleistung der Wärmepumpe im Sommer anzusetzen.

- Es sollte möglichst ein größerer Heizwasserdurchfluss als im Raumheizbetrieb gewählt werden (keinesfalls geringer!), um dadurch eine höhere Wärmeübertragungsleistung und damit eine höhere Speichertemperatur zu erreichen. Die Speicherladepumpe muss hierfür ausgelegt sein.

- Um eine gegenseitige negative Beeinflussung der beiden Kreise (Warmwasserversorgung/Wärmeverteilsystem) zu unterbinden, sind besonders dicht schließende Rückschlagklappen auszuwählen. Damit wird – insbesondere im Sommer – ein unerwünschtes rückwärtiges Aufheizen des Wärmeverteilsystems verhindert.

- Es sollte eine zusätzliche Nacherwärmung durch einen Elektroheizstab im Speicher möglich sein, um eine aus hygienischen Gründen in gewissen Zeitabständen empfehlenswerte Aufheizung des Wassers auf über 60 °C zu ermöglichen. Dabei sind die Anforderungen des DVGW Arbeitsblattes W 551 zwingend zu berücksichtigen.

Die **Größe des Warmwasserspeichers** ist vom Warmwasserbedarf des Haushalts abhängig. Erfahrungsgemäß ist für einen 4-Personen-Haushalt ein Speicherinhalt von 150 bis 200 Liter ausreichend. Auf eine Warmwasserzirkulation sollte in Ein- und Zweifamilienhäusern nach Möglichkeit verzichtet werden, da der erzielbare Komfortgewinn und die Wassereinsparung mit einem spürbaren energetischen Mehrverbrauch einhergehen. Falls auf die Zirkulation nicht verzichtet werden kann, ist ein zeitlich eingeschränkter Betrieb zu verwirklichen.

13 Regelung von Wärmepumpenheizungsanlagen

13.1 Allgemeines

Wie bei jedem anderen Wärmeerzeuger wird auch bei einer Wärmepumpe die der Wärmeverteilung zuzuführende Wärmemenge durch eine Regelung der jeweiligen Heizlast des Hauses angepasst. Das erfolgt bei den meisten Geräten kleiner und mittlerer Leistung wie bei konventionellen Kesseln durch intermittierenden Betrieb, das heißt durch Ein- und Ausschalten. Die Laufdauer wird der aktuellen Heizlast angepasst, Führungsgröße ist die Vorlauf- oder Rücklauftemperatur. Modernere Wärmepumpen verfügen über eine Leistungsregelung. Mit der sog. Invertertechnologie wird die Drehzahl des Kompressors stufenlos geregelt. So wird zum einen die Leistungsaufnahme des Kompressors beeinflusst und zum anderen die Heizleistung der Wärmepumpe an den Bedarf angepasst.

Für die Lebensdauer und Energieeffizienz der Wärmepumpe positiv ist eine Mindestlaufdauer von 5 bis 10 Minuten. Sie kann durch eine einstellbare Schaltdifferenz sichergestellt werden. In vielen Installationen hat sich bewährt, den Temperaturfühler der Regelung im Rücklauf zu platzieren. Die Regelstrecke wird dadurch vergrößert, da die Rückmeldung der Temperaturerhöhung verzögert wird. Die Entscheidung, welche Maßnahme angewendet wird, fällt im Allgemeinen der Installateur aufgrund seiner Erfahrungen.

Die Hersteller bieten ihren Geräten angepasste Regelungen an. Die Anforderungen der Stromversorgungsunternehmen – Einschaltverzögerung, Schalthäufigkeitsbegrenzung und gegebenenfalls Unterbrechungszeiten –, die Mindestlaufdauer, die Steuerung der Warmwasserbereitung und der Nachtabsenkung sowie interne Sicherheitsfunktionen sind ebenfalls bereits integriert.

Wärmepumpen haben unmittelbar nach dem Einschalten relativ geringe Leistungszahlen, da der thermodynamische Kreisprozess erst „in Gang kommen" muss. Durch geeignete regelungstechnische und hydraulische Maßnahmen sollte daher die Anzahl der Schaltspiele möglichst gering gehalten werden.

13.2 Selbstoptimierende Regler

Zunehmend werden heute sog. selbstoptimierende Regler von Wärmepumpenherstellern angeboten. Diese Regler haben speziell für den Wärmepumpenbetrieb besondere Vorteile, da die Heizkurve für das Gebäude vom Regler selbst ermittelt wird und so sichergestellt werden kann, dass wirklich nur mit der erforderlichen Heizwassertemperatur geheizt wird. Bei diesen Reglern wird neben der Außentemperatur und der Vor- bzw. Rücklauftemperatur noch die Raumtemperatur in einem Pilotraum (Raum mit der höchsten benötigten Raumtemperatur, z. B. Wohnraum) erfasst. In diesem Pilotraum muss sichergestellt werden, dass alle Heizkreise voll geöffnet sind, um eine möglichst niedrige Vorlauftemperatur für die benötigte Raumtemperatur zu erreichen.

13.3 Wärmepumpen mit Leistungsregelung

Leistungsstarke Anlagen sowie Anlagen, die sich sehr stark wechselnden Betriebsbedingungen anpassen müssen, sind häufig mit einer Leistungsregelung ausgestattet. In großen Anlagen sind meist mehrere Wärmepumpen zusammengeschaltet, **Modulbauweise** genannt, die dann entsprechend dem Wärmebedarf zu- und abgeschaltet werden.

Es besteht auch die Möglichkeit, im Kältemittelkreislauf der Wärmepumpe **mehrere Verdichter** einzusetzen, meist sind es zwei mit unterschiedlicher Leistung, sodass insgesamt drei unterschiedliche Wärmeleistungen zur Verfügung stehen. Damit sind beispielsweise Luftwärmepumpen sehr gut an die unterschiedliche Außentemperatur und den davon abhängigen Wärmebedarf anzupassen. Neuerdings bietet ein Verdichterhersteller einen **Verdichter mit Leistungsregelung** 50/100 % an. Dazu wird ein Kolben nahezu verlustlos abgeschaltet. Das dürfte zu einer deutlichen Verbesserung des Wärmepumpenprozesses führen, da in der kleinen Stufe die Wärmetauscher nur die halbe Leistung zu übertragen haben. Eine Verringerung der Temperaturdifferenzen und eine Verbesserung der Leistungszahl ist die Folge.

Eine relativ neue Möglichkeit der Leistungsregelung ist die **Drehzahlregelung des Verdichters** mit einem Frequenzumformer für den Elektromotor. Dies ist erst seit der kostengünstigen Verfügbarkeit der entsprechenden Leistungselektronik zu verwirklichen. Der Marktanteil leistungsgeregelter Geräte entwickelt sich dynamisch.

Bei allen Leistungsregelungen ist vom Hersteller darauf zu achten, dass der Anteil der Hilfsenergie für Soleumwälzpumpe oder Brunnenpumpe oder Ventilator zur Luftförderung nicht zu groß wird. Der energetische Vorteil einer Leistungsregelung ginge sonst verloren, es könnte sogar ein größerer Energieverbrauch entstehen.

14 Stromversorgung von Wärmepumpen

14.1 Allgemeines

Der Stromverbrauch für Wärmepumpen wird meist nach einer **Sonderregelung** abgerechnet, jedoch ist auch die Verrechnung nach den allgemeinen Tarifen möglich. Sonderverträge sind an bestimmte Anforderungen geknüpft. Die Stromversorgungsunternehmen erhalten die Möglichkeit, die Stromlieferung durch geeignete technische Einrichtungen in Spitzenzeiten des allgemeinen Bedarfs zu unterbrechen. Normalerweise geschieht das durch

Tonfrequenz-Rundsteuerung, eine seit Jahren bewährte Eingriffs- und Steuerungstechnik der EVU. Hilfsweise werden auch Schaltuhren eingesetzt, wenn noch keine größere Zahl von Anlagen zu steuern ist. Zukünftig wird diese Aufgabe im Rahmen des Smart-Metering übernommen. Wärmepumpen werden damit sozusagen zu jederzeit einsetzbaren „Reservekraftwerken". Die Strompreise liegen deshalb im Gegenzug deutlich niedriger als die der allgemeinen Tarife. Häufig ist zusätzlich die Messung mittels sog. **Doppeltarifzähler** möglich, bei der sich die Strompreise noch je nach Tageszeit unterscheiden. Jedoch ist zu überprüfen, ob sich der erhöhte Installationsaufwand für die erforderliche separate Messung und die Einrichtung zur Unterbrechung lohnt. Die Bereitstellungspreise für die Mess- und Steuereinrichtungen müssen als jährlich anfallende Kosten berücksichtigt werden. Insbesondere bei Häusern mit sehr niedrigem Wärme- und Warmwasserbedarf kann die Messung des Wärmepumpenstroms zusammen mit dem Haushaltsstrom trotz des höheren Strompreises insgesamt wirtschaftlicher sein.

Bei der Entscheidung für eine Wärmepumpe sollte mit dem Stromversorger frühzeitig Kontakt aufgenommen werden. Im Allgemeinen steht der Zustimmung nichts im Wege, wenn die Bestimmungen zum Betrieb von Wärmepumpen nach den zurzeit gültigen Technischen Anschlussbedingungen eingehalten werden.

14.2 Anmeldeverfahren

Zur Beurteilung der Auswirkungen des Wärmepumpenbetriebs auf das Versorgungsnetz des EVU werden neben der Anschrift des Betreibers und dem Einsatzort folgende Angaben benötigt:

- geplante Betriebsweise der Wärmepumpe (unterbrechbar oder durchlaufend),
- Hersteller der Wärmepumpe,
- Typ der Wärmepumpe,
- elektrische Nennanschlussleistung in kW bezogen auf die vorgesehene Betriebsweise,
- maximaler Anzugstrom ohne Anlaufhilfe in Ampere (Herstellerangabe),
- maximaler Anzugstrom mit Anlaufhilfe in Ampere (Herstellerangabe, falls vorhanden).

14.3 Elektroinstallation

Für die Errichtung von Elektroinstallationsanlagen sind die jeweils gültigen VDE-Vorschriften und DIN-Normen sowie die Niederspannungsanschlussverordnung (NAV) und die Technischen Anschlussbedingungen (TAB) des zuständigen Elektrizitätsversorgungsunternehmens (EVU) zu beachten.

Bei einer Versorgung nach Sondervertrag sind zur Erfassung der elektrischen Arbeit der Wärmepumpe und deren zeitweiliger Unterbrechung zwei zusätzliche Zählerplätze erforderlich:

- ein Platz zur Aufnahme des Elektrizitätszählers (Ein- oder Zweitarifzähler),
- ein Platz für einen Tonfrequenz-Rundsteuerempfänger (TRE) bzw. eine Schaltuhr.

Für den Anschluss der Wärmepumpe werden bei Betrieb mit Sondervertrag zwei separate Stromkreise benötigt:

- ein **„gesteuerter Hauptstromkreis"** am Wärmepumpenzähler für den Verdichter und den Antrieb der Wärmequellenanlage (Ventilator, Sole- bzw. Grundwasserpumpe). Für die Steuerung dieses Stromkreises ist ein plombierbares Freigabeschütz, das vom Rundsteuerempfänger geschaltet wird, im oberen Anschlussraum über dem Wärmepumpenzähler anzubringen;
- ein **„ungesteuerter Stromkreis"** am Stromkreisverteiler des Haushaltzählers für den Anschluss von Hilfseinrichtungen, die auch bei abgeschaltetem Hauptstromkreis weiterbetrieben werden müssen:
  - Regelung der gesamten Heizungsanlage,
  - Umwälzpumpen für Heizung und Warmwasser.

Bei Einsatz eines Doppelzählers für den Wärmepumpenstrom wird die Umschaltung von Hochtarif auf Niedertarif und umgekehrt ebenfalls vom Rundsteuerempfänger oder von einer Tarifschaltuhr durchgeführt. Die Schalteinrichtung wird vom EVU gestellt und auf dem dafür vorgesehenen Platz montiert.

15 Aufstellung von Wärmepumpen

15.1 Innenaufstellung

Die Aufstellung von Wärmepumpen ist an keine besonderen Anforderungen gebunden. Es kann jeder nicht zu reinen Wohnzwecken verwendete Raum, Kellerraum, Abstellraum, Hausarbeitsraum, Hobbyraum oder auch die Garage genutzt werden. Der Platzbedarf für die Wärmepumpe ist nicht größer als für einen konventionellen Heizkessel. Zusätzlicher Platzbedarf ist gegebenenfalls für einen Pufferspeicher und/oder einen Warmwasserspeicher zu berücksichtigen. Die Geräuschemissionen moderner Wärmepumpen mit Scrollverdichtern sind vergleichsweise gering, sodass es aus Sicht des Schallschutzes keine größeren Probleme gibt.

Bei der Wahl des Aufstellorts spielt die Wärmequelle eine Rolle. Während Wasser- oder Soleleitungen ohne größeren Aufwand verlegt werden können, ist das wegen der erheblich größeren Abmessungen der Kanäle für Außenluft nicht ohne Schwierigkeiten möglich. Daher bietet sich eine Außenaufstellung an, Abschnitt 15.2. Wärmequellenanlage und Wärmepumpe sollten nicht weit voneinander liegen, um lange Leitungswege zu vermeiden. Bei allen Leitungen ist eine diffusionsdichte Wärmedämmung vorzusehen. Da die Temperatur der Wärmequelle unter der der Innenräume liegt, muss die Kondensation von Luftfeuchtigkeit an den Leitungen vermieden werden.

15.2 Außenaufstellung

Speziell für die Außenaufstellung konzipierte Geräte werden vor allem als Luft-Wasser-, aber auch als Sole-Wasser-Wärmepumpen angeboten. Dabei ist zu beachten, dass das Gehäuse in ausreichender Form gegen Korrosion geschützt ist (Herstellerangaben beachten, sich eventuell Garantie geben lassen).

Bei dichter Bebauung müssen bei außen aufgestellten Wärmepumpen Luftschallemissionen beachtet werden, die vor allem bei Luft-Wasser-Wärmepumpen als Strömungsgeräusche oder Ventilatorgeräusche auftreten können. Hier ist es wichtig, bereits im Vorfeld den Geräuschemissionspegel vom Hersteller zu erfragen. Auch in diesem Punkt kann eine entsprechende Garantie des Herstellers hilfreich sein.

15.3 Splitaufstellung

Eine Mischung zwischen Innen- und Außenaufstellung stellt die Splitaufstellung dar. Bei dieser für Luft-Wasser-Wärmepumpen zunehmend gebräuchlichen Aufstellungsart werden Teile der Wärmepumpe (i. d. R. Ventilator, Verdampfer und Kompressor) außen aufgestellt, die übrigen Komponenten befinden sich innerhalb des Gebäudes.

16 Wirtschaftlichkeit von Wärmepumpen

Bei fast allen technischen Systemen zur Energieeinsparung und zur Nutzung regenerativer Energie wird Energie durch Kapital ersetzt. Dies trifft prinzipiell auch für Wärmepumpenanlagen zur Raumheizung und/oder Wassererwärmung zu. Aus volkswirtschaftlicher Sicht ist dabei zu bedenken, dass auch Kapital ein nur begrenzt verfügbares „Gut" ist. Das Einbeziehen von Folgekosten durch Umweltschädigung und gegebenenfalls Klimabeeinflussung ergibt allerdings meist schwierig zu beurteilende Zusammenhänge.

Von wirtschaftlichem Betrieb aus Nutzersicht wird dann gesprochen, wenn die erhöhten Kapitaldienstaufwendungen innerhalb der rechnerischen Nutzungsdauer der Anlage durch Energiekostenvorteile aufgefangen werden.

Bei Vergleichsrechnungen mit konventionellen Systemen ist immer eine Gesamtkostenbetrachtung durchzuführen.

Eine exakte **Wirtschaftlichkeitsberechnung** erfolgt nach der VDI-Richtlinie 2067, danach wird unterschieden in kapitalgebundene, verbrauchsgebundene und betriebsgebundene Kosten. Zunächst werden für die zu vergleichenden Systeme die Investitionen ermittelt. Dabei sind deren Geräte- und Installationskosten sowie die Kosten aller notwendigen Nebeneinrichtungen zu berücksichtigen. Bei der Wärmepumpe zum Beispiel ist die Wärmequellenerschließung ein bedeutender Kostenfaktor. Auch bauliche Maßnahmen wie die Errichtung eines Schornsteins oder eines Heizöllagerraums bei konventionellen Systemen müssen ebenso betrachtet werden wie Anschlusskosten für die Erschließung des Gebäudes mit einer Gasleitung. Bei Wärmepumpen werden die Investitionskosten wesentlich durch die Gerätekosten und die Erschließung der Wärmequelle (insbesondere bei Grundwasser- und Erdreichanlagen) bestimmt.

Im Zuge der verstärkten Bemühungen der Politik um Energieeinsparung und Klimaschutz wird der Einsatz von Wärmepumpen finanziell gefördert. Bundesweite Förderprogramme werden im Regelfall über die KfW bzw. das Bundesamt für Wirtschaft und Ausfuhrkontrolle (BAFA) abgewickelt. Dort (www.kfw.de bzw. www.bafa.de) kann man aktuelle Konditionen erfragen. Daneben gibt es eine Reihe regionaler oder lokaler Förderprogramme.

Unter Berücksichtigung der zum Teil sehr unterschiedlichen Nutzungsdauern der Gebäudeteile und technischen Einrichtungen sowie des geltenden Zinssatzes werden aus den Investitionen die kapitalgebundenen Kosten errechnet. Aus den vorausberechneten Energieverbräuchen für die Wärmebereitstellung inklusive der Hilfsenergie und den anzusetzenden Energiepreisen sowie gegebenenfalls den Grund- oder Leistungspreisen werden die jährlichen Energiekosten ermittelt. Sie liegen als größter Teil der verbrauchsgebundenen Kosten von Wärmepumpen bei den derzeitigen Brennstoff- und Strompreisen etwa im Bereich moderner Gas-Brennwertheizungen. Gegenüber Ölheizungen ergeben sich deutliche Vorteile.

Vor allem die EEG-Umlage sorgt – auch im Bereich der Wärmepumpen – für deutlich ansteigende Energiekosten. Ob eine derartige Umlage auch für eine Technik, die selbst überwiegend erneuerbare Energien nutzt, gelten sollte, wird kontrovers diskutiert. Es ist jedoch nicht damit zu rechnen, dass Wärmepumpen von der EEG-Umlage befreit werden.

Auch die mit dem Betrieb der Anlage verbundenen Kosten sind zu berücksichtigen. Das sind im Wesentlichen Kosten für Wartung und Instandhaltung, bei konventionellen Systemen zusätzlich auch die für Schornsteinfeger und Abgasmessung. Kosten für Wartung und Instandhaltung fallen bei Wärmepumpen in viel geringerem Umfang als bei Brennstoffheizungen an.

Die Bauherren von neuen Häusern, im Fall bestehender Häuser sind es deren Besitzer, stellen erfahrungsgemäß keine exakten Wirtschaftlichkeitsrechnungen an. Sie kennen meist wenig von den zur Verfügung stehenden Techniken und deren Eigenschaften, sondern verlassen sich auf Architekten und Fachhandwerker als Berater. Befragungen haben immer wieder gezeigt, dass sie an einer bequem zu handhabenden, störungsfrei arbeitenden Heizung mit gutem ökologischen Image und niedrigen Kosten interessiert sind.

Die Betreiber von Wärmepumpen sind weit überwiegend mit ihren Anlagen zufrieden und würden sie wieder wählen.

Das ökonomische Denken des Kunden hängt von seiner jeweiligen Situation ab. Während er sein Haus baut, interessiert er sich ausschließlich für die Investitionskosten, denn das verfügbare Geld ist begrenzt und er bevorzugt Einrichtungen mit gutem Image in seinem Haus und möchte kein Geld ausgeben für Technik, die fast immer unsichtbar im Keller steht. Später, wenn er sein Haus bewohnt, richtet sich sein Augenmerk auf die laufenden Kosten, hauptsächlich die für Energie.

Genaue Berechnungen können natürlich nur für ein konkretes Objekt angestellt werden, für das die Kosten der infrage stehenden Varianten exakt ermittelt wurden. **Tendenziell liegen derzeit die Investitionskosten von Wärmepumpenanlagen über denen von Brennstoffheizungen, bei Gebäuden mit geringer Heizlast gehen die Mehrkosten der Wärmepumpenheizung insbesondere für die Splitgeräte zurück. Ab 2016 ergeben sich im Neubau zusätzliche Investitionskostenvorteile durch verringerte Anforderungen an den baulichen Wärmeschutz im Rahmen der EnEV. Wesentlichen Einfluss auf die Gesamtwirtschaftlichkeit hat die zukünftige Energiepreisentwicklung, die leider nicht prognostiziert werden kann.**

17 Wärmepumpeneinsatz im Gebäudebestand

Geht man von den Zielen der Bundesregierung zur Minderung des Primärenergiebedarfs und der CO_2-Emission im Gebäudesektor aus, kann nur der Wohnungsbestand nennenswert zu Verminderungen beitragen, der Neubau bringt in aller Regel zusätzliche Emissionen, denn nur selten werden alte Häuser ersetzt. Insofern verringern auch gut wärmegedämmte neue Gebäude allein den Zuwachs des Energiebedarfs. Erst auf sehr lange Sicht werden die alten, energetisch schlechten Häuser durch bessere ersetzt.

Im Sektor der bestehenden Häuser sind jedoch die technischen und organisatorischen Schwierigkeiten für den Wärmepumpeneinsatz größer, da die neue Anlage an die bestehende Technik angepasst werden muss. Bei älteren Gebäuden wurden überwiegend Radiatorensysteme installiert, die Vorlauftemperatur war theoretisch auf 90 °C ausgelegt. Meist wurden die Heizflächen jedoch überdimensioniert, sodass im Betrieb niedrigere Temperaturen ausreichen. Wärmedämmmaßnahmen an den Häusern – mindestens wurden die Fenster durch wesentlich bessere ersetzt – führen zu einer weiteren Senkung. Das Wärmeverteilsystem stellt deshalb in den meisten Fällen keine fundamentale Einschränkung für den Einsatz von Wärmepumpen mehr dar, wirkt sich aber negativ auf die erzielbaren Arbeitszahlen aus.

Die Verfügbarkeit der Wärmequelle ist ein deutlich gewichtigerer Faktor, Erdreichkollektoren werden nur in ganz vereinzelten Fällen zum Einsatz kommen können. Etwas besser sind die Chancen der Erdwärmesonden einzuschätzen, der Platzbedarf für die Arbeiten ist nicht sehr groß. Doch wird diese günstige Wärmequelle in seit Jahren benutzten Gärten sicher nicht problemlos zu installieren sein. Deshalb wird die Außenluft als Wärmequelle erheblich an Bedeutung gewinnen.

Eine vergleichende Betrachtung des Einsparpotenzials an Primärenergie und CO_2-Emissionen der Wärmepumpe bei bestehenden Gebäuden, wie sie für Neubauten in Abschnitt 8 angestellt wurde, zeigt selbst bei Ansatz einer höheren Aufwandszahl für Luft als Wärmequelle interessante Werte.

Auf die Randbedingungen – Energiepreise, Förderprogramme, Anforderungen an den Wärmeschutz bestehender Häuser, staatliche Ziele zum Energiesparen und Klimaschutz – wird es ankommen, ob sich die Wärmepumpe in diesem Sektor einen Marktanteil erobern kann. Die immens große Zahl von etwa 18,5 Millionen Wohngebäuden lässt trotz aller Einschränkungen ein sehr großes, Erfolg versprechendes Potenzial für Wärmepumpen übrig.

GAS- UND ÖLHEIZSYSTEME

18 Die Brennstoffe Erdgas und Heizöl

Erdgas und Heizöl haben in Deutschland mit 49 und 29 % die größten Anteile bei den beheizten Wohneinheiten im Gebäudebestand. Der Marktanteil von Erdgas im gesamten Gebäudebestand ist dabei in den letzten Jahren kontinuierlich gestiegen. Auch im Neubau ist Erdgas mit ca. 50 % der Energieträger Nummer 1, allerdings ist hier in den letzten Jahren der Anteil der alternativen Versorgungskonzepte (vor allem Wärmepumpen) deutlich gestiegen.

Erdgas und Heizöl bestehen überwiegend aus Verbindungen von Kohlenstoff (C) und Wasserstoff (H). Die Heizwärme entsteht bei der Verbrennung aus der Reaktion des Kohlenstoffs und des Wasserstoffs mit dem Sauerstoff (O_2) der Verbrennungsluft. Dabei bildet sich hauptsächlich Kohlendioxid (CO_2) und Wasserdampf (H_2O).

18.1 Erdgas

Erdgas ist ein vergleichsweise umweltfreundlicher Brennstoff. Es enthält rd. 90 % Methan (CH_4) und ist damit wasserstoffreicher sowie kohlenstoffärmer als Erdöl. Dadurch entsteht bei der Verbrennung von Erdgas weniger Kohlendioxid. Unter Einbeziehung der Vorketten werden in Deutschland pro kWh Erdgas aktuell 227 g Kohlendioxid bilanziert, bei Heizöl sind es 308 g/kWh.

Die in der Vergangenheit übliche Kopplung des Erdgaspreises an den Heizölpreis ist inzwischen aufgehoben. Das reichhaltige Angebot von Erdgas auf dem Weltmarkt hat zu einer moderaten Preisentwicklung für Erdgas-Endkunden geführt. Erdgas ist in Deutschland pro kWh deutlich preiswerter als Heizöl. Zusätzlich zum Energiepreis ist der Leistungs- bzw. Grundpreis der Gasversorgung zu berücksichtigen. Es entfällt dafür aber die Notwendigkeit der Lagerung. Außerdem sind die Investitionskosten für Gasheizungen zumindest im kleinen Leistungsbereich deutlich geringer als bei Ölheizungen.

Für Anlagen unter 50 kW Gesamtnennwärmeleistung wird kein separater Heizungsraum benötigt. Die Wärmeerzeuger können z. B. im Dachgeschoss, in Nischen, in Abstell-, Hobbyräumen und in der Küche installiert werden. Damit bietet sich die Möglichkeit, durch Fortfall des Heizungsraums, der Brennstofflagerung und durch kürzere Wärmeverteilungs- und Abgasleitungen Investitionskosten zu sparen. Die Unterbringung der gesamten Wärmeerzeugungs-, Warmwasserbereitungs- und Wärmeverteilungsanlage innerhalb der wärmegedämmten Gebäudehülle reduziert außerdem den Energiebedarf, da die Wärmeverluste der Anlagenkomponenten zum großen Teil zur Erwärmung des beheizten Gebäudevolumens beitragen, siehe z. B. Kapitel 2-9.

Um die **Sicherheit der Erdgasanlagen** zu gewährleisten, hat das Gasfach umfangreiche Prüf- und Überwachungsmethoden für die mit Erdgas betriebenen Geräte und Materialien entwickelt. Auch das Verlegen von Leitungen, die Installation und das Aufstellen von Gasgeräten ist in Richtlinien streng reglementiert. In der DVGW-TRGI 2008 „Technische Regeln für Gasinstallation" werden die Voraussetzungen für das Aufstellen und Betreiben von Gasfeuerstätten aufgezeigt. Details zum Anschluss neuer Kunden an das Gasnetz werden in der Niederdruckanschlussverordnung (NDAV) geregelt; bis 2006 waren dafür die AVBGasV heranzuziehen. Während bis zur Hauptabsperreinrichtung der Gasversorger zuständig ist, beginnt danach die Zuständigkeit des Kunden. Aber Achtung: In den Kundenanlagen dürfen Neuinstallationen, Veränderungen und Erweiterungen nur durch zugelassene Installateure ausgeführt werden!

Zukünftig soll ein wesentlicher Anteil des „Erdgases" auf Erdgasqualität aufbereitetes Biogas sein, das in das vorhandene Erdgasnetz eingespeist wird. Dies ist jedoch in wesentlichem Maße von den politischen Rahmenbedingungen abhängig.

18.2 Heizöl

Der Vorteil der Nutzung von Heizöl liegt aus gegenwärtiger Sicht in der Möglichkeit zu individueller Bevorratung und der Unabhängigkeit von einem Versorgungsnetz.

Die gravierenden weltmarktbedingten Preiserhöhungen der letzten Jahre haben zu deutlichen Mehrkosten gegenüber Erdgas geführt. Nachteilig wirkt sich auch die Notwendigkeit aus, den Brennstoff Heizöl selbst bevorraten zu müssen, entsprechend ist ein Tank und ein geeigneter Raum im Haus vorzusehen. Bis zu einem Vorrat von 5000 Litern können sich Kessel und Lagertanks in einem Raum befinden. Auch für den Brennstoff Heizöl ist inzwischen eine Brennwerttechnik verfügbar, siehe Abschnitt 21.4. Bei Nutzung der Öl-Brennwerttechnik ist es i. d. R erforderlich, das inzwischen am Markt überall verfügbare schwefelarme Heizöl zu verwenden, um den Anteil von Schwefelsäure im Kondenswasser zu senken und damit die Korrosion und Verschmutzung des Wärmeübertragers zu verhindern. Infolge der steuerlichen Ungleichbehandlung sind die Preise für konventionelles Heizöl und schwefelarmes Heizöl inzwischen praktisch gleich.

Mit den TRÖl (Technische Regeln Ölanlagen) liegt ein ausführliches und praxisgerechtes Fachbuch für die Einrichtung von Ölheizungsanlagen vor.

19 Energiekennwerte

19.1 Heizwert/Brennwert

Der Energieinhalt von Brennstoffen wird in zwei Formen beschrieben, dem Heiz- und dem Brennwert:

– Der Heizwert (H_i) gibt die nutzbare (fühlbare = sensible) Energie (Wärme) eines Brennstoffes an, ohne die im entstehenden Wasserdampf enthaltene Energie zu berücksichtigen. Bei dieser Betrachtung wird vorausgesetzt, dass die Abgastemperatur oberhalb der Kondensationstemperatur des Wasserdampfes liegt.

– Der Brennwert (H_s) berücksichtigt zusätzlich den Energieinhalt des Wasserdampfes, der bei der Verbrennung durch Oxidation des Wasserstoffs im Brennstoff entsteht. Diese latente Energie kann als zusätzliche Wärme genutzt werden, wenn das Abgas unter die Kondensationstemperatur des Wasserdampfes abgekühlt wird.

Beide Werte werden in kWh/m^3 bzw. kWh/l angegeben.

Zur Erklärung: Bei der Verbrennung von Erdgas oder Heizöl entsteht durch Reaktion des im Brennstoff enthaltenen Wasserstoffs mit dem Sauerstoff der Luft Wasserdampf. Sinkt die Temperatur der heißen Verbrennungsgase aufgrund ihrer Abkühlung an den Kesselheizflächen unter die Taupunkttemperatur, bildet sich aus dem Wasserdampf Kondenswasser. Die Kondensationswärme wird auf den kühleren Heizwasserstrom übertragen, der sich dadurch zusätzlich erwärmt.

Der **theoretische maximale Wärmegewinn** allein durch Wasserdampfkondensation gegenüber der konventionellen Verbrennung beträgt **bei Erdgas 11 %**. Dies setzt jedoch ein Abkühlen des Abgases auf das Temperaturniveau der Ausgangsgase (Luft und Erdgas) voraus. Im Kessel wird die Abkühlung durch die Rücklauftemperatur der Heizanlage begrenzt, eine vollständige Kondensation des Wasserdampfes ist damit nicht möglich. Da jedoch neben der latenten Kondensationswärme auch der sensible Abgasverlust durch eine stärkere Auskühlung aller Abgasbestandteile verringert wird, brauchen Gas-Brennwertkessel in der Praxis etwa 10 ... 15 % weniger Brennstoff als NT-Kessel. **Bei Heizöl** kann aufgrund des niedrigeren Wasserstoffgehalts und der dadurch geringeren Entstehung von Wasserdampf nur ein **maximaler theoretischer Latent-Wärmegewinn von 6 %** erzielt werden; auch hier liegt die praktische Energieeinsparung wegen der zusätzlichen Verringerung der sensiblen Verluste etwas höher.

Aufgrund der unterschiedlichen Zusammensetzung von Erdgas und Heizöl ergeben sich auch unterschiedliche Temperaturen, bei denen der Wasserdampf im Heizgas kondensiert. Hier spielt noch zusätzlich eine Rolle, welche Luftmenge für die Verbrennung zugeführt wird. Ist die Luftmenge so eingestellt, dass die Verbrennung ohne wesentlichen Sauerstoffüberschuss erfolgt (nahstöchiometrischer Bereich), liegt die **Wasserdampf-Taupunkttemperatur für Erdgas** bei **ca. 57 °C, für Heizöl-EL** bei **ca. 47 °C**. Bei einer Verbrennung mit Luftüberschuss sinkt die Taupunkttemperatur aufgrund des niedrigeren CO_2-Gehalts im Verbrennungsgas ab, d. h. das Abgas muss im Kessel für eine Nutzung der Kondensationswärme zusätzlich abgekühlt werden, siehe *Bild 16-35*.

Bild 16-20 gibt eine Übersicht über die Eigenschaften von Heizöl und Erdgas, die für die Brennwertnutzung wichtig sind. Bei Erdgas werden in Deutschland zwei unterschiedliche Qualitäten angeboten, die sich durch ihren Energieinhalt unterscheiden.

Die Kondensationswärme konnte früher nicht genutzt werden, da die Brennwerttechnik noch nicht existierte. Für alle Nutzungsgrad-Berechnungen wurde daher der Heizwert (H_i) als Bezugsgröße gewählt. Da sich H_i auf den Energieinhalt ohne Kondensation bezieht, ergibt sich das Kuriosum, dass Brennwertgeräte einen **Nutzungsgrad über 100 %** erreichen können, weil bei ihnen durch die Kondensation auch die latente Wärme zum großen Teil genutzt wird.

19.2 Kesselverluste und Kesselwirkungsgrad

Jegliche Energieumwandlung bedingt Verluste. Diese treten beim Heizen nicht nur am Heizkessel, sondern auch in der weiteren Prozesskette auf: beim Wärmetransport über die Heizungsrohre und bei der Wärmeabgabe in den Räumen. Um die Verluste zu minimieren, genügt es nicht, den besten Heizkessel zu installieren. Auf das Zusammenspiel aller Bauteile einer Heizungsanlage kommt es an. Ist dieses optimal, können auch der Wirkungs- und der Nutzungsgrad hohe Werte annehmen.

Die Verluste von Heizkesseln setzen sich zusammen aus dem Abgasverlust und dem Oberflächenverlust, *Bild 16-21*. Wenn der Brenner nicht läuft, treten weiterhin Stillstands- bzw. Bereitschaftsverluste auf.

Der **Oberflächenverlust** beinhaltet alle Verluste, die der Kessel über seine Oberfläche durch Wärmeabstrahlung und -konvektion an den Aufstellraum abgibt. Sie treten sowohl bei Brennerbetrieb als auch während der Stillstandszeiten (Bereitschaftsverlust) auf. Der Oberflächenverlust ist abhängig von der Kesselwassertemperatur sowie der Qualität der Wärmedämmung des Kessels. Bei alten Anlagen können die Oberflächenverluste bis zu 20 % betragen. Bei modernen Anlagen sind sie mit 1 bis 2 % sehr gering.

	Heizöl EL	Erdgas LL	Erdgas E
Heizwert H_i	10,08 kWh/l	8,83 kWh/m³	10,35 kWh/m³
Brennwert H_s	10,68 kWh/l	9,78 kWh/m³	11,46 kWh/m³
Brennwert/ Heizwert	1,06	1,11	1,11
theor. Taupunkttemperatur	47 °C	57 °C	57 °C
theor. Kondenswassermenge	0,88 l/l	1,53 l/m³	1,63 l/m³

16-20 Brennstoffeigenschaften von Heizöl und Erdgas

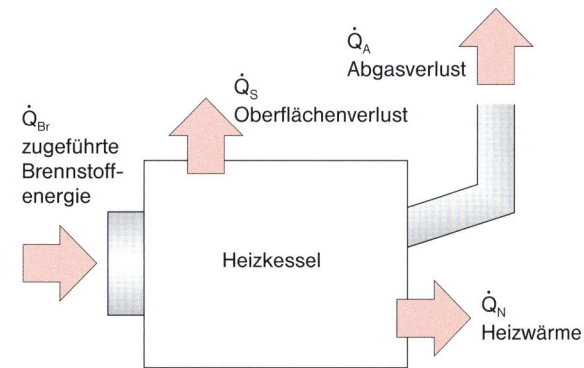

16-21 Energieströme beim Heizkessel

Der **Abgasverlust** tritt nur dann auf, wenn der Brenner in Betrieb ist. Er ist im Wesentlichen davon abhängig, wie gut die Umsetzung von Brennstoff in Wärme funktioniert und wie viel Wärme die Wärmetauscherflächen des Kessels dem Abgas entziehen. Der Schornsteinfeger ermittelt diesen Verlust durch Abgastemperatur- und CO_2-Messung. Bei neuen, kleinen Anlagen dürfen die Abgasverluste nicht höher als 11 % der eingesetzten Brennstoffenergie sein (1. BImSchV).

Hohe Oberflächen- und Abgasverluste sind kennzeichnend für ältere „Konstanttemperaturkessel", die zur Vermeidung von Korrosion im Inneren des Kessel ganzjährig mit einer Kesselwassertemperatur von 70 °C und mehr betrieben werden müssen.

Der **Wirkungsgrad** zeigt an, wie viel nutzbare Wärme momentan aus dem eingesetzten Brennstoff durch den Kessel gewonnen wird. Der Schornsteinfeger bestimmt jährlich den Abgasverlust und den daraus abgeleiteten feuerungstechnischen Wirkungsgrad des Kessels bei Volllast im Beharrungszustand. Damit bewertet er dessen Verbrennungs- und Wärmeübertragungsgüte für den Zeitpunkt der Messung. Über einen längeren Zeitraum der Nutzung sagt der Wirkungsgrad nichts aus. Die Effizienz eines Heizkessels wird deshalb mit dem feuerungstechnischen Wirkungsgrad nur sehr grob beschrieben.

19.3 Kesselnutzungsgrad und Kesselauslastung

Der Nutzungsgrad gibt die tatsächliche Effizienz eines Heizkessels an. Er drückt aus, wie viel Heizwärme in einem Zeitabschnitt, meist ein Jahr, aus dem Brennstoff bereitgestellt wird. Im Nutzungsgrad werden u. a. die unvollständige Verbrennung bei Brennerstarts, die Oberflächenverluste bei Stillstand, die Verluste durch den Abgasweg bei Brennerstillstand und der Teillastbetrieb berücksichtigt.

Für den Nachweis der Energieausnutzung von modernen Heizkesseln wird generell der nach DIN 4702 Teil 8 festgelegte **Norm-Nutzungsgrad** herangezogen. Er ist definiert als das Verhältnis der innerhalb eines Jahres abgegebenen Nutzwärmemenge des Kessels zu der dem Wärmeerzeuger zugeführten Energiemenge (bezogen auf den Heizwert des Brennstoffes). In der DIN 4702 wurde ein Verfahren festgelegt, das auf Basis von standardisierten Prüfstandsmessungen zu vergleichbaren Daten führt.

Dazu wurden entsprechend den Klimaverhältnissen in Deutschland typische Kesselauslastungen und deren Dauer während der Heizperiode entsprechend *Bild 16-22* definiert. Für jede Auslastungsstufe errechnet sich die gleiche Heizarbeit (Flächeninhalt). Für die fünf nach DIN 4702 festgelegten Auslastungsintervalle werden am Prüfstand die Teillast-Nutzungsgrade für zwei unterschiedliche Heizwassertemperaturpaare ermittelt: für eine Radiatorenheizung mit der Auslegung 75/60 °C und eine Fußbodenheizung mit der Auslegung 50/30 °C nach EN 677.

Für die Berechnung des Norm-Nutzungsgrades werden die gemessenen Teillast-Nutzungsgrade der fünf Betriebsintervalle gemittelt. Das Ergebnis spiegelt den realen Be-

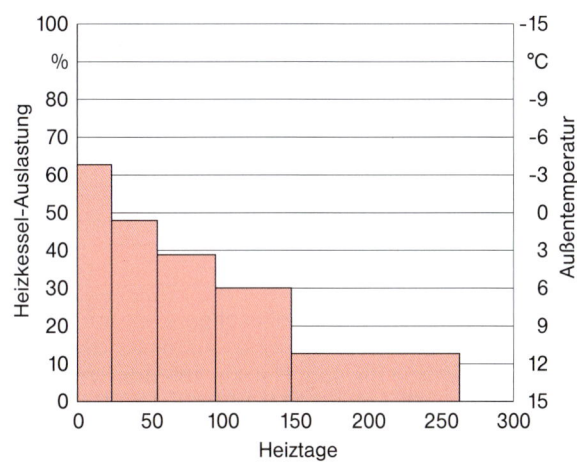

16-22 Heizkessel-Auslastungsstufen während der Heizperiode nach DIN 4702

trieb eines Heizkessels in Deutschland nur annähernd wieder, da mehrere zentrale Annahmen der DIN 4702-8 in der Praxis oft nicht zutreffen. Dies sind:

- Kesselleistung gleich Heizlast (oft ist der Kessel erheblich überdimensioniert, in kleinen Gebäuden meist wegen der angeschlossenen Trinkwassererwärmung);
- keine inneren und solaren Wärmegewinne;
- ganzjährige vollständige Beheizung des Gebäudes.

Bei Feldtests ermittelte Nutzungsgrade liegen daher meist um 5 ... 15 % unter den Norm-Nutzungsgraden.

Die **Auslegung eines Heizkessels** erfolgt so, dass bei der tiefsten auftretenden Außentemperatur der Wärmebedarf vollständig gedeckt werden kann. Die Auslegungstemperaturen liegen für Deutschland bei –10 bis –16 °C. So geringe Temperaturen werden allerdings nur höchst selten erreicht, sodass der Heizkessel nur an wenigen Tagen im Jahr seine volle Leistung bereitstellen muss. In der übrigen Zeit werden nur Bruchteile der Nennwärmeleistung benötigt.

Über ein Jahr betrachtet, liegt der Schwerpunkt der benötigten Heizwärme bei Außentemperaturen von 0 bis 5 °C, *Bild 16-23*. Daraus ergibt sich, dass die **mittlere Auslastung** von Heizkesseln – über ein Jahr betrachtet – **theoretisch bei etwas weniger als 30 %** liegt.

Aus den voranstehenden Gründen ist die reale Kesselauslastung oft deutlich geringer.

20 Kesselbauarten

Eines der übergeordneten politischen Ziele im Bereich der EU ist die Energieeinsparung. Als eines der Instrumente hierzu wurde die sog. Heizkessel- oder Wirkungsgrad-Richtlinie (Richtlinie 92/42/EWG des Rates) geschaffen. Sie definiert die Kesselbauarten und legt Mindestanforderungen an die Energieausnutzung (Wirkungsgrade) fest. Der Geltungsbereich umfasst Heizkessel bis 400 kW.

Die Bauarten Standard-, Niedertemperatur- und Brennwertkessel sind wie folgt definiert:

- **Standardheizkessel** (Konstanttemperatur-Heizkessel) sind Heizkessel, bei denen die durchschnittliche Betriebstemperatur durch ihre Auslegung beschränkt sein kann. Derartige Kessel werden in Deutschland praktisch nicht mehr angeboten.

- **Niedertemperatur-Heizkessel** (NT-Kessel) sind Heizkessel, die kontinuierlich mit einer Eintrittstemperatur von 35 bis 40 °C betrieben werden können und in denen es unter bestimmten Umständen zur Kondensation des in den Abgasen enthaltenen Wasserdampfes kommen kann.

- **Brennwertkessel** sind Heizkessel, die für die Kondensation eines Großteils des in den Abgasen enthaltenen Wasserdampfes konstruiert sind.

Die Heizkesselrichtlinie wird durch die Ökodesign-Richtlinie 2009/125/EG abgelöst, in welcher im Lot 1 Anforderungen an Heizkessel und Kombiheizkessel gestellt werden.

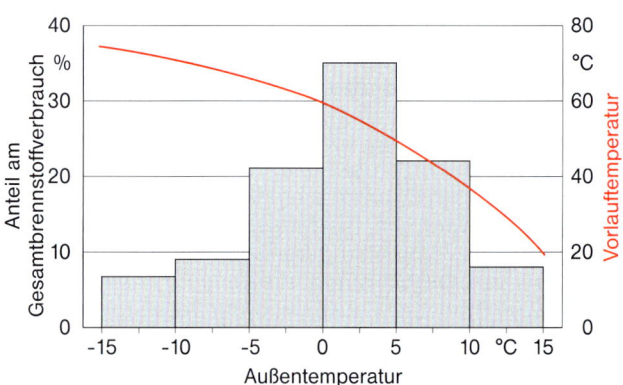

16-23 Aufteilung des Jahres-Brennstoffverbrauchs auf Außentemperaturintervalle

20.1 Niedertemperaturkessel

Niedertemperaturkessel werden mit gleitend abgesenkter, d. h. einer der Vorlauftemperatur entsprechenden Kesselwassertemperatur betrieben, die der aktuellen Heizlast des Gebäudes angepasst wird. Die hohen Nutzungsgrade moderner Niedertemperaturkessel von über 90 % werden dadurch erreicht, dass die Oberflächenverluste nur 1 bis 3 % betragen. Entscheidend für die geringeren Verluste ist das gleitend abgesenkte Temperaturniveau des Heizkessels, zusätzlich wirkt sich die hochwirksame Wärmedämmung moderner Heizkessel positiv aus.

Ein Betrieb mit bedarfsgerecht abgesenkter Kesselwassertemperatur setzt den Einsatz einer modernen Regelung voraus, um den jeweils aktuellen Wärmebedarf zu ermitteln und als Führungsgröße für die Kesselwassertemperatur einzusetzen.

Eine länger anhaltende Kondensation des Wasserdampfes in der Anlage ist bei modernen Niedertemperaturkesseln unerwünscht, da Heizkessel und Schornstein feucht würden. Deshalb ist bei Niedertemperatursystemen eine Mindestabgastemperatur einzuhalten, die oberhalb des Taupunktes liegt (Beginn der Wasserdampfkondensation bei Erdgasverbrennung: ca. 57 °C).

20.2 Brennwertkessel

Einen noch günstigeren Nutzungsgradverlauf weisen Brennwertkessel, insbesondere Gas-Brennwertkessel auf. Bei diesen Geräten steigt der Nutzungsgrad gerade bei geringen Auslastungen nochmals deutlich an, *Bild 16-24*.

Bei der Interpretation von *Bild 16-24* ist zu berücksichtigen, dass mit sinkender Auslastung eine Verringerung der Vor- und Rücklauftemperatur unterstellt ist.

Während bei Niedertemperaturkesseln ein Kondensieren der Heizgase und damit eine Korrosion der Heizflächen vermieden werden muss, ist die Kondensation bei der Brennwerttechnik ausdrücklich beabsichtigt, um im Wasserdampf enthaltene latente Energie zusätzlich zur sensiblen, fühlbaren Wärme des Verbrennungsprozesses nutzbar zu machen. Zusätzlich wird die über den Schornstein abgeführte sensible Restwärme deutlich reduziert, da die Abgastemperatur gegenüber der Niedertemperaturtechnik erheblich gesenkt werden kann.

Heizkessel und Schornsteinanlage besitzen deshalb spezielle Konstruktionsmerkmale und sind werkstoffseitig angepasst, sodass das Kondenswasser keinen Schaden anrichten kann. Damit besteht die Möglichkeit, die latente Wärme, die im Wasserdampf des Heizgases steckt, durch Kondensation innerhalb des Heizkessels zurückzugewinnen.

21 Brennwertnutzung

Seit mehr als 25 Jahren haben Gerätehersteller in Europa „Brennwertgeräte" entwickelt, um die speziell im Erdgas vorhandene latente Energie für die Heizung zu nutzen. Die

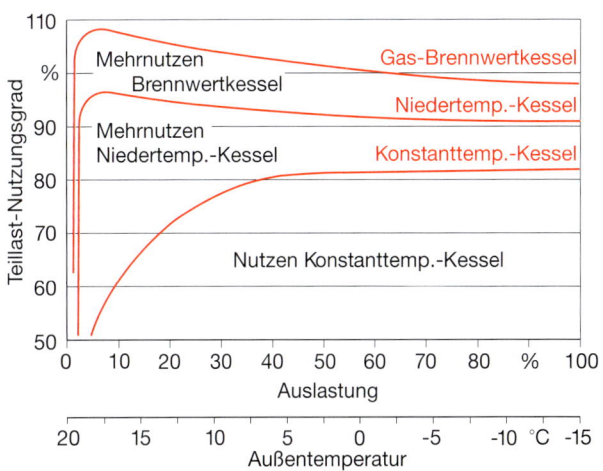

16-24 Kessel-Nutzungsgrade in Abhängigkeit der Kesselauslastung für NT- und Gas-BW-Kessel sowie für veraltete Konstanttemperaturkessel

Gas-Brennwerttechnik hat inzwischen einen hohen Marktanteil, Gas-NT-Geräte werden nur noch im Bereich der wohnungsweisen Gas-Umlaufwasserheizer in nennenswerten Stückzahlen eingesetzt, da hier die Abgasabführung bei Brennwertkesseln problematisch ist. Die erst in den letzten Jahren verfügbare Öl-Brennwerttechnik hat in jüngster Zeit einen rasanten Aufschwung genommen. Im Folgenden wird ein Überblick über die speziellen Anforderungen der Brennwertnutzung gegeben.

21.1 Brennwertgerechte Rücklauftemperaturen

Es liegt auf der Hand, dass die Kondensation umso besser abläuft, je niedriger die Kesselwasser- bzw. Rücklauftemperatur ist. Daraus ergibt sich ein höherer Nutzungsgrad bei geringen Kesselauslastungen bzw. niedrigen Rücklauftemperaturen.

Brennwertgeräte sind sowohl für Radiatoren als auch für Fußbodenheizungen geeignet. Da der Taupunkt für die Bildung von Kondenswasser bei der Erdgasverbrennung bei ca. 57 °C liegt, lässt sich auch für konventionelle Heizsysteme (Auslegung 90/70 °C) bei Außentemperaturen bis weit unter den Gefrierpunkt ein Brennwertnutzen erzielen, *Bild 16-25*. Damit werden auch für diese Anwendungen Teillast-Nutzungsgrade deutlich über 100 % möglich. Bei einer Fußbodenheizung mit einer Auslegung von 40/30 °C, *Bild 16-25*, liegt die Rücklauftemperatur stets weit unterhalb der Taupunkttemperatur.

Seitens der **Hydraulik** muss sichergestellt werden, dass Rücklauftemperaturen deutlich unter der Taupunkttemperatur des Heizgases erreicht werden, um das Heizgas zur Kondensation zu bringen. Eine wesentliche Maßnahme dazu besteht darin, eine **Anhebung der Rücklauftemperatur** durch direkte Verbindungen mit dem Vorlauf zu **vermeiden**. Aus diesem Grunde sollten in Anlagen mit Brennwertkesseln keine 4-Wege-Mischer, Überströmventile und auch keine 3-Wege-Thermostatventile an den Heizkörpern eingesetzt werden, *Bild 16-26*, da sie zu einer direkten Verbindung von Vor- und Rücklauf und damit zu einer Rücklauftemperaturanhebung führen. Als Alternative können 3-Wege-Mischer zum Einsatz kommen, die Rücklaufwasser direkt dem Vorlauf beimischen, ohne die Kesselrücklauftemperatur anzuheben.

Modulierende Umwälzpumpen passen die Fördermenge durch Drehzahländerung automatisch den Anforderungen des Systems an, verhindern dadurch eine

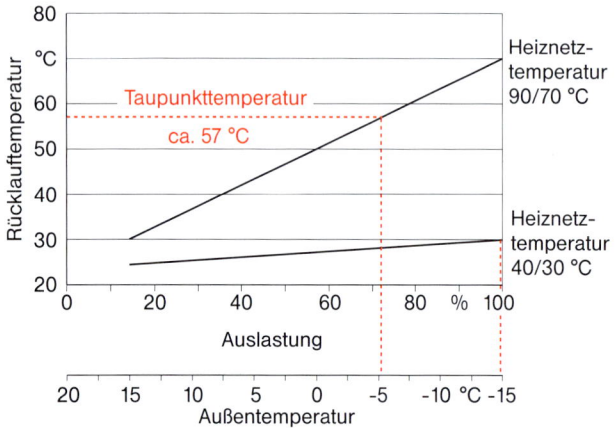

16-25 Brennwertnutzung mit Erdgas bei verschiedenen Heiznetztemperaturen

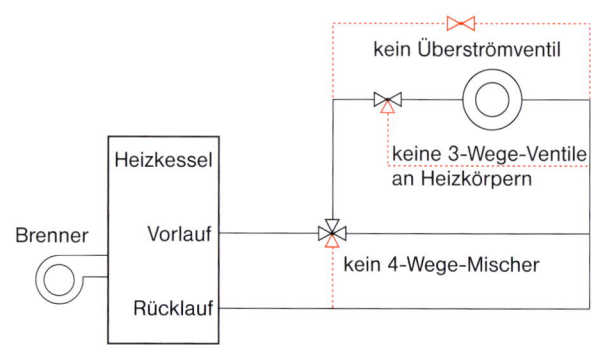

16-26 Anforderungen der Brennwerttechnik an die Hydraulik

unnötig hohe Rücklauftemperatur und unterstützen so die Brennwertnutzung.

In einigen Anlagenkonstellationen kann auf einen differenzdrucklosen Verteiler oder eine **hydraulische Weiche** nicht verzichtet werden. Früher lag der Grund für hydraulische Weichen darin, eine Mindestumlaufwassermenge im Wärmeerzeuger zu garantieren. Für moderne Brennwertgeräte ist dies zum Teil nicht mehr notwendig. Eine direkte Rückführung von Vorlaufwasser durch die Weiche in den Rücklauf sollte also bei einer geeigneten Geräteauswahl entfallen.

Es kann allerdings der Fall auftreten, dass die maximal zulässige Durchflussmenge durch den Wärmeerzeuger geringer ist als die erforderliche Umlaufmenge im Heizkreis, z. B. bei Fußbodenheizungen. Dann muss Rücklaufwasser des Heizkreises z. B. mit einer hydraulischen Weiche in den Vorlauf geleitet werden, Bild 16-27. Die Förderströme der Kesselkreis- und Heizkreispumpe sind so abzustimmen, dass im Heizkreis der größere Volumenstrom umgewälzt wird, um ein Beimischen von warmem Vorlaufwasser in den Rücklauf zuverlässig zu verhindern. Der Vorlauftemperatursensor muss hinter der hydraulischen Weiche eingebaut werden, um die für das Wärmeverteilsystem relevante Temperatur nach der Zumischung des kälteren Rücklaufwassers zu erfassen und die Kesselwassertemperatur abhängig von dieser Führungsgröße möglichst niedrig zu halten.

Ist der Einsatz einer hydraulischen Weiche nicht zu vermeiden, so ist eine sorgfältige Auslegung und Einregulierung notwendig, um den größtmöglichen Brennwerteffekt zu erzielen.

Sofern ein **Speicher-Wassererwärmer** in das System integriert wird, sollte dieser vor der hydraulischen Weiche angeschlossen werden, da dort im Vorlauf die höchsten Systemtemperaturen herrschen und hierdurch Ladezeiten verkürzt werden. Ein Anschluss hinter der Weiche würde bei Verzicht auf einen Mischer dazu führen, dass sich der Heizkreis zu stark erwärmt. Außerdem müsste dann der Sekundärkreis hinter der Weiche auch im Sommer, wenn keine Heizwärme benötigt wird, in Betrieb bleiben, um den Speicher zu laden.

Der Brennwertnutzen wird zusätzlich auch durch die Auslegung der Förderströme bzw. der **Spreizung im Wärmeverteilsystem** beeinflusst, Bild 16-28: Bei Halbierung des Förderstroms ist die Vorlauftemperatur so anzuheben, dass sich wieder die gleiche mittlere Heizkörpertemperatur, d. h. die gleiche Wärmeabgabe des

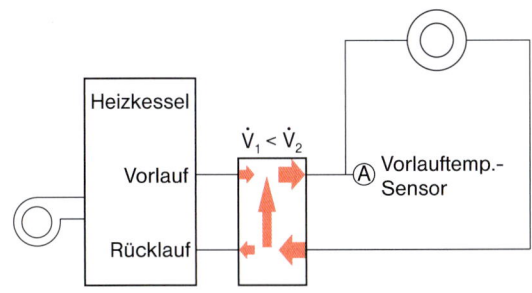

16-27 Einsatz einer hydraulischen Weiche

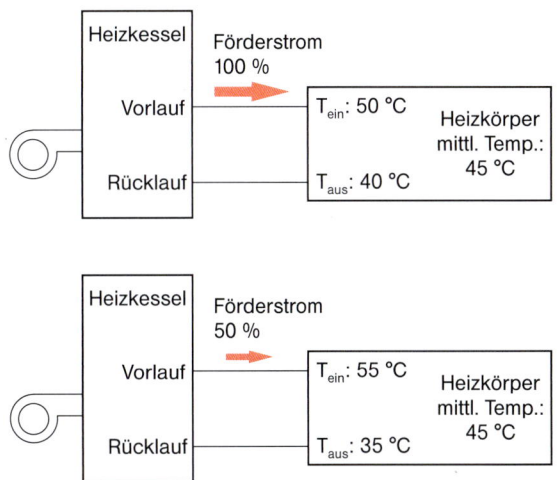

16-28 Einfluss der Spreizung auf die Rücklauftemperatur

Heizkörpers einstellt. Der halbierte Förderstrom führt zu einer Verdoppelung der Spreizung, die Rücklauftemperatur sinkt entsprechend ab. So kann der Brennwerteffekt etwas verbessert werden. Dafür ist in dieser Konstellation mit höheren Verteilverlusten der wärmeren Vorlaufleitungen und mit einem Anstieg der Wärmeabgabe an den Raum zu rechnen. Außerdem steigt der Volumenstrom über einen eventuell vorhandenen Bypass im Kessel. In der Summe führt eine höhere Vorlauftemperatur fast immer zu steigendem Energieverbrauch, entsprechende Regelungen haben sich daher in der Praxis nicht durchgesetzt.

21.2 Brennwertnutzung im Gebäudebestand

Selbst bei einem Heizsystem der Auslegung 90/70 °C wird bei Auslastungen bis zu etwa 70 % bzw. Außentemperaturen bis herunter zu –5 °C die Taupunkttemperatur im Rücklauf so weit unterschritten, dass Wasserdampf im Heizgas kondensieren kann, *Bild 16-29*. Damit wird die Anlage auch bei der hohen Auslegungstemperatur von 90/70 °C zu mehr als 65 % im Brennwertbereich betrieben.

Erfahrungsgemäß sind aber in Altbauten oft viel zu große Heizkörper installiert. Diese Überdimensionierung ergibt sich zum einen aus einer großzügigen Auslegung bei der Erstinstallation, zum anderen aus den im Laufe der Jahre durchgeführten Wärmedämmmaßnahmen: Durch nachträglich eingebaute Isolierglasfenster, Fassaden- und Dach-Wärmedämmungen wurde der Heizwärmebedarf erheblich gesenkt. So können Vor- und Rücklauftemperatur gegenüber der ursprünglichen Auslegung von z. B. 90/70 °C erheblich niedriger sein.

Um wie viel eine auf 90/70 °C ausgelegte Anlage überdimensioniert ist, lässt sich vor Ort durch Messung der Vorlauf-, Rücklauf- und Außentemperatur und eine Auswertung anhand von *Bild 16-30* abschätzen: Während der Heizperiode sollten alle Heizkörperventile abends geöffnet und am nächsten Nachmittag die Vor- und Rücklauftemperaturen abgelesen werden. Voraussetzung ist, dass die Kessel- oder Mischerregelung so eingestellt ist, dass sich die Raumtemperaturen bei vollständig geöffne-

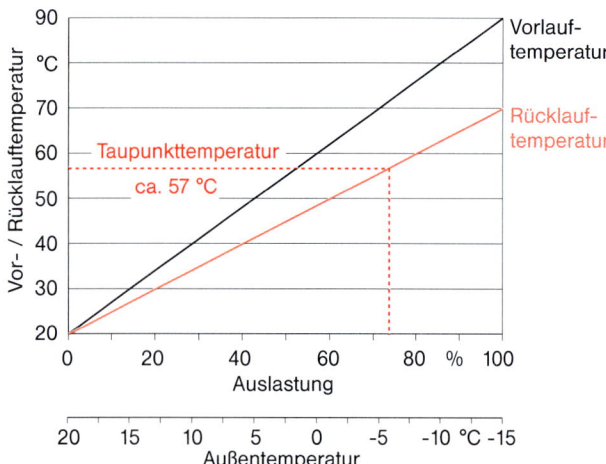

16-29 Vorlauf- und Rücklauftemperatur in Abhängigkeit von der Außentemperatur bei einer Systemauslegung 90/70 °C. Im Rücklauf eines Gas-Brennwertkessels wird die Taupunkttemperatur bei Außentemperaturen oberhalb –5 °C unterschritten

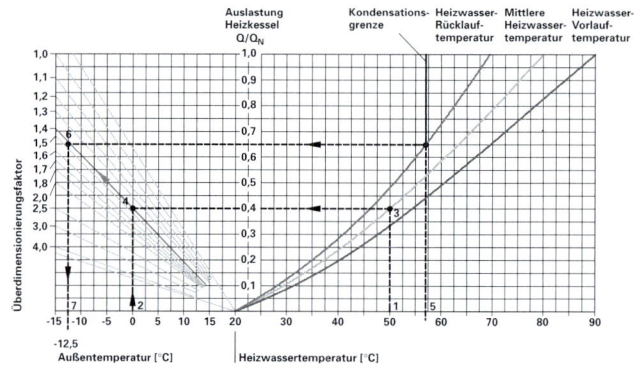

16-30 Ermittlung der Heizflächen-Überdimensionierung im System 90/70 °C

ten Heizkörperventilen im gewünschten Bereich (20 bis 23 °C) bewegen. Der Mittelwert von Vor- und Rücklauftemperatur (mittlere Heizwassertemperatur, z. B. [54 + 46 °C]/2 = 50 °C) dient als Eingangsgröße (1) in das Diagramm. Eingangsgröße (2) ist die aktuelle Außentemperatur (hier 0 °C).

Aus dem Schnittpunkt mit der mittleren Heizwassertemperaturkennlinie für das System 90/70 (3) ergibt sich die aktuelle Auslastung des Heizkessels Q/Q_N (im Beispiel 0,40 = 40 %). Für diese Auslastung ergibt sich am Schnittpunkt mit der Außentemperatur (4) der sog. Ausnutzungsfaktor (im Beispiel 1,4). Die Heizflächen sind damit um den Faktor 1,4 überdimensioniert. Das heißt, bei der tiefsten angenommenen Außentemperatur (z. B. – 15 °C) würde die mittlere Heizwassertemperatur nicht, wie ausgelegt, 80 °C betragen müssen, sondern lediglich knapp 65 °C.

Die Kondensationsgrenze für die Heizgase bei der Erdgasverbrennung liegt bei etwa 57 °C (5). Diesen Wert muss die Rücklauftemperatur unterschreiten, um eine Teilkondensation der Heizgase herbeizuführen und damit Brennwertnutzen zu erreichen. Im dargestellten Beispiel mit einer Überdimensionierung von 1,4 (6) wird diese Rücklauftemperatur bei Außentemperaturen bis zu –12,5 °C (7) unterschritten. Auf einen Gas-Brennwertnutzen muss also im dargelegten Beispiel nur an Tagen verzichtet werden, an denen die Außentemperatur weniger als –12,5 °C beträgt! An diesen Tagen ist ein Brennwertgerät aber immer noch energiesparender als ein Niedertemperaturkessel. Bei Heizöl ergibt sich wegen der niedrigeren Kondensationsgrenze von ca. 47 °C ein Brennwertnutzen im vorliegenden Beispiel bei Außentemperaturen oberhalb 0 °C.

21.3 Brennwertgerechte Kesselkonstruktion

Bei konventionellen NT-Kesseln ist die Heizgasführung so gestaltet, dass die Kondensation der Heizgase im Kessel vermieden wird. Die Heizgase entweichen über Züge nach oben, die Führung erfolgt im Gleichstrom mit dem Heizwasser im Kessel, um die kondensationsgefährdeten Heizgase nicht in die Nähe des kalten Rücklaufwassers zu bringen, *Bild 16-31*.

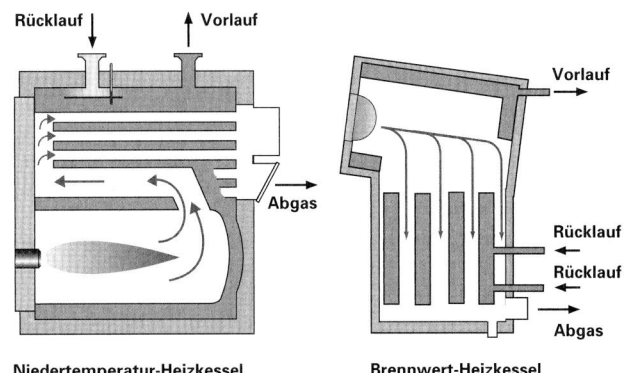

16-31 Heizgas- und Heizwasserführung im Niedertemperatur- und Brennwert-Heizkessel

Anders bei der brennwertgerechten Konstruktion: Die Heizgase werden nach unten möglichst nahe zum Rücklaufanschluss geleitet, so wird eine maximale Abkühlung erreicht. Der **Heizgas- und der Heizwasserstrom** im Wärmeerzeuger ist **im Gegenstrom geführt**, um das tiefe Temperaturniveau des eintretenden Rücklaufwassers für eine maximale Abkühlung des austretenden Heizgases zu nutzen. Es sollten **modulierende Brenner** mit einer entsprechend intelligenten Regelung verwendet werden, **um die Wärmeleistung des Brennwertkessels an den aktuellen Heizwärmebedarf automatisch anzupassen**. Bei verringerter Leistung des Brenners werden die Heizgase an den Wärmetauscherflächen stärker abgekühlt, sodass ein höherer Anteil von Wasserdampf kondensieren kann.

Der Austritt der Heizgase aus dem Wärmetauscher ist in der Regel unten angeordnet, da Heizgas und Kondenswasser in gleicher Richtung abströmen sollten, um eine Rückströmung des Kondenswassers in den Verbrennungsraum zu vermeiden. So unterstützt die Heizgasströmung das Abfließen der Kondenswassertropfen nach unten.

Durch eine geschickte Wärmetauscherkonstruktion und die Wahl geeigneter Werkstoffe muss sichergestellt werden, dass das entstehende Kondenswasser keine Korrosionsschäden am Wärmeerzeuger verursachen kann. Aus Bestandteilen des Brennstoffs (Heizöl oder Erdgas) und der Verbrennungsluft entstehen bei der Verbrennung Verbindungen, die den **pH-Wert** (Gradmesser des Säure- oder Laugengehalts) **des Kondenswassers** hin zur Säure verschieben, *Bild 16-32*. Aus dem bei der Verbrennung entstehenden CO_2 kann sich Kohlensäure bilden, der in der Luft enthaltene Stickstoff N_2 reagiert zu Salpetersäure. Besonders aggressiv kann das Kondenswasser bei der Heizölverbrennung sein, da der Schwefelanteil im Heizöl für die Bildung von schwefliger Säure und Schwefelsäure verantwortlich ist. Deshalb ist in Brennwertkesseln der Einsatz von schwefelarmem Heizöl ratsam oder sogar erforderlich.

Außerdem müssen alle Wärmetauscherflächen, die von Kondenswasser berührt werden, aus besonderen Materialien bestehen, die unempfindlich sind gegen den chemischen Angriff der Kondenswasserbestandteile. Hierfür haben sich insbesondere **Edelstahl** und spezieller Aluminium-Guss bewährt. Für die Brennstoffe Heizöl bzw. Erdgas werden unterschiedlich legierte Edelstahlvarianten (Legierungselemente u. a. Chrom, Nickel, Molybdän, Titan), abgestimmt auf die Kondenswassereigenschaften, eingesetzt. Die Kondensatseigenschaften von Erdgas und schwefelarmem Heizöl unterscheiden sich nur geringfügig, sodass bei Kesseln, die ausschließlich mit schwefelarmem Heizöl betrieben werden, die gleichen Materialien wie bei Gas-Brennwertkesseln zum Einsatz kommen können. Geeignete Edelstahlqualitäten widerstehen ohne weitere Oberflächenbehandlung dauerhaft den Korrosionsangriffen des Kondenswassers.

Durch Verwendung von Edelstahl besteht die Möglichkeit, die Wärmetauscherflächen geometrisch optimal zu gestalten. Damit die Wärme des Heizgases effizient auf den Heizwasserkreis übertragen werden kann, muss sichergestellt werden, dass ein **intensiver Kontakt des Heizgases mit der Heizfläche** stattfindet. Dazu bestehen grundsätzlich zwei Möglichkeiten:

Die Heizflächen können so gestaltet werden, dass das Heizgas ständig verwirbelt wird und so die Heizflächen intensiv berührt, um die Wärme bestmöglich zu übertragen. Dazu sind glatte Rohre nicht geeignet, sondern es

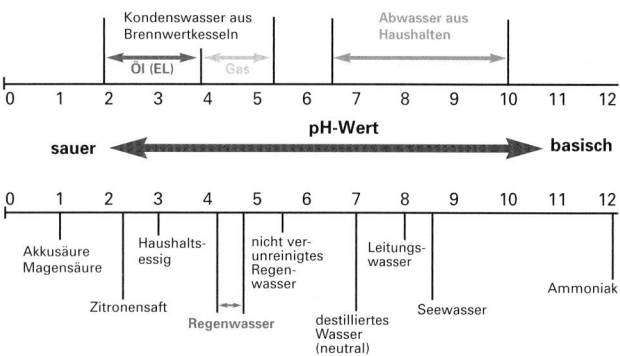

16-32 *Bereich des pH-Werts des Kondensats von Brennwertkesseln auf der pH-Wert-Skala*

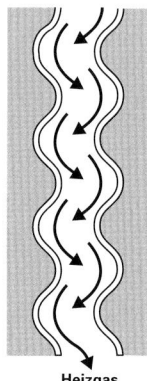

16-33 *Effiziente Wärmeübertragung durch Heizgasverwirbelung zwischen den Heizflächen*

müssen Umlenkungstellen und Querschnittsänderungen geschaffen werden. *Bild 16-33* zeigt beispielhaft eine Heizfläche, die für eine gute Wärmeübertragung sorgt. Durch die gegeneinander geneigten Einpressungen werden ständige Umlenkungen des Heizgases erreicht, die die Ausbildung einer heißen Kernströmung zuverlässig verhindern.

Eine andere Möglichkeit besteht darin, anstelle einer stark verwirbelten Heizgasströmung ein laminares Wärmeübertragungsprinzip zu realisieren. Hierzu wurde z. B. eine Heizfläche konzipiert, die aus einem spiralförmig gewickelten Vierkant-Edelstahlrohr besteht. Zwischen den einzelnen Windungen wird durch spezielle Einpressungen ein Abstand von nur 0,8 mm eingehalten, *Bild 16-34*. Dieser auf die speziellen Strömungsverhältnisse des Heizgases abgestimmte Spalt sorgt dafür, dass sich eine laminare Strömung ohne Grenzschicht ausbildet, die für eine hervorragende Wärmeübertragung sorgt. Die ca. 900 °C heißen Heizgase können auf einer Spaltlänge von nur 36 mm auf unter 50 °C abgekühlt werden! Im günstigsten Fall erreicht das Heizgas am Kesselaustritt eine Temperatur, die nur ca. 3,5 K über der Rücklauftemperatur des Heizkreises liegt, im normalen Betrieb werden 5 bis 10 K Temperaturdifferenz erreicht.

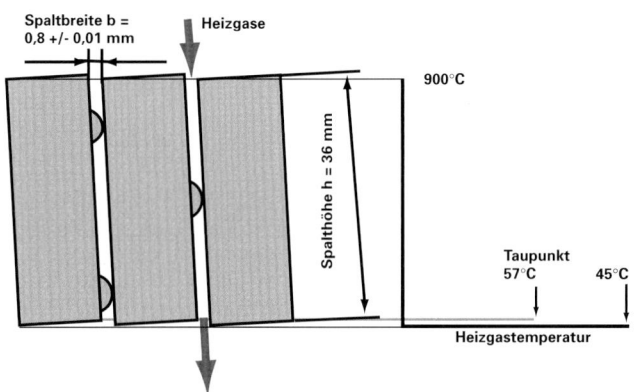

16-34 Effiziente Wärmeübertragung durch laminare Strömung zwischen den Heizflächen

Als preisattraktive Alternative zu Edelstahl bieten sich **Aluminiumlegierungen** an. **Aluminiumwärmetauscher aus Guss** sind korrosionsbeständig, wenn die Oberfläche (Gusshaut) mit korrosionsresistentem Silizium angereichert ist. Auch fertigungstechnisch bietet Aluminium eine Reihe von Vorteilen, sodass dieses Material von vielen Kesselherstellern erfolgreich verwendet wird.

21.4 Öl-Brennwertnutzung

Die Öl-Brennwerttechnik ist erst in den letzten Jahren entwickelt worden, die Absatzzahlen gehen jedoch stark nach oben. Haupthindernis für eine frühere Verbreitung von Öl-Brennwertheizungen war der Brennstoff Öl selbst. Herkömmliches Heizöl EL darf laut DIN 51603-1 bis zu 2000 ppm Schwefel enthalten, also 2000 mg/kg. Zwar werden in der Praxis 1300 bis 1400 ppm bei Heizöl EL erreicht, doch auch bei diesem **Schwefelgehalt** entstehen durch die Verbrennung erhebliche Mengen an Schwefeloxiden (SO_2 und SO_3). Zum Vergleich: Erdgas hat im Durchschnitt nur 30 ppm Schwefel je kg Gas.

Brennstoffbedingt unterscheidet sich die Öl-Brennwertnutzung von der Gas-Brennwertnutzung in folgenden Punkten:

– Der Taupunkt der Öl-Heizgase liegt ca. 10 K niedriger als bei Gasfeuerung, die Kondensation beginnt daher erst bei niedrigeren Rücklauftemperaturen, *Bild 16-35*.

– Die Differenz zwischen unterem und oberem Heizwert beträgt bei Heizöl 6 % gegenüber 11 % bei Gas. Das brennstoffbedingte Potenzial zur zusätzlichen Energienutzung ist damit geringer als bei Erdgas. In der Praxis wird im Vergleich zum Niedertemperatur-Ölheizkessel ein zusätzlicher Wärmegewinn durch Wasserdampf-Kondensation (latente Wärme) von ca. 3 % und durch die Abgastemperatur-Reduzierung (sensible Wärme) von 1 bis 2 % erzielt, also insgesamt 4 bis 5 %.

Mit der deutschlandweiten **Verfügbarkeit von schwefelarmem Heizöl EL** mit einem Schwefelgehalt von lediglich 50 ppm, das entspricht 50 mg/kg, ist nun der Weg für die Öl-Brennwerttechnik endgültig frei geworden. Der DIN-

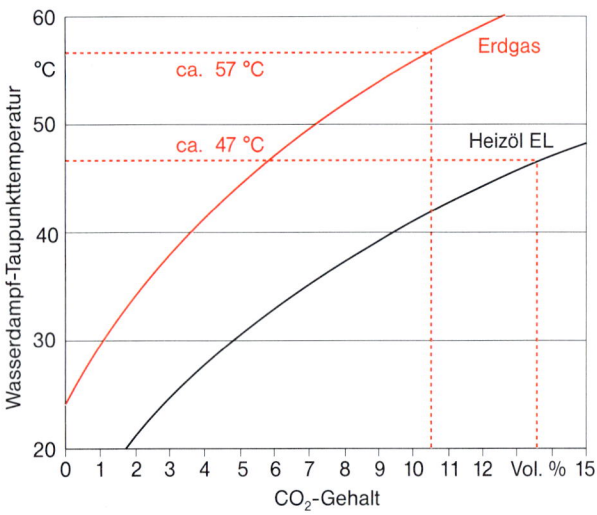

16-35 *Wasserdampf-Taupunkttemperatur für Heizöl und Erdgas in Abhängigkeit vom CO_2-Gehalt der Verbrennungsgase*

Fachausschuss „Mineralöl- und Brennstoffnormung" hat sich auf diese neue Heizölqualität geeinigt und diese im März 2002 in den Entwurf zur DIN 51603-1 aufgenommen. Wichtig ist, dass diese neue Heizölqualität im Juni 2002 in die dritte Verordnung zur Durchführung des Bundes-Immissionsschutzgesetzes (3. BImSchV) aufgenommen wurde. Dort ist festgelegt, dass Heizöl EL nur dann als „schwefelarm" bezeichnet werden darf, wenn es nicht mehr als 50 ppm Schwefel enthält.

Die Mineralölwirtschaft hat sich freiwillig zu einer flächendeckenden Versorgung mit schwefelarmen Heizöl verpflichtet. Dieses Ziel ist inzwischen erreicht. Die höhere Besteuerung (1,5 ct/l) für konventionelles Heizöl ist ein weiterer Anreiz zum Umstieg auf schwefelarmes Heizöl.

Voraussetzung für die sichere und effiziente Öl-Brennwertnutzung sind entsprechend geeignete Abgas-Wärmetauscher. Auch die Abgasanlagen müssen aus geeigneten Materialien gefertigt werden. Bei der hydraulischen Einbindung gelten die gleichen Bedingungen wie bei Gasfeuerung, Abschnitt 21.1.

21.5 Kondensatbehandlung

Das während des Heizbetriebs im Wärmeerzeuger und in der Abgasleitung anfallende Kondenswasser muss abgeleitet werden. Bei einem Gasverbrauch von 3000 m^3/a in einem durchschnittlichen Einfamilienhaus können immerhin rund 3000 bis 3500 l/a entstehen. Die Abwassertechnische Vereinigung ist im Arbeitsblatt ATV A-251 auf die Einleitungsbedingungen eingegangen, die inzwischen den meisten kommunalen Abwasserordnungen zugrunde liegen.

21.5.1 Direkte Einleitung

Für Gas-Brennwertkessel unter 25 kW bestehen normalerweise keine Bedenken gegen eine direkte Einleitung. Der Kondenswasseranteil am gesamten Abwasseraufkommen ist so gering, dass eine ausreichende Verdünnung gewährleistet ist.

Auch bei höheren Nennleistungen bis 200 kW kann das Kondenswasser von Gas-Brennwertanlagen ohne Neutralisation eingeleitet werden, wenn die Randbedingungen gemäß *Bild 16-36* erfüllt werden. Diese Randbedingungen sind so formuliert, dass mindestens eine Verdünnung mit normalen Abwässern im Verhältnis 1 : 25 erreicht wird.

Für die **Genehmigung zur Einleitung** ist bei allen Brennwertgeräten die örtliche Untere Wasserbehörde zuständig, die aufgrund der örtlichen Gegebenheiten entscheidet. Außerdem ist zu beachten, dass die häuslichen Entwässerungssysteme aus Werkstoffen bestehen, die gegenüber dem sauren Kondenswasser beständig sind. Dies sind neben Kunststoffrohren auch Steinzeug-, Edelstahl- und Borosilikatrohre sowie beschichtete Guss- und Stahlrohre. Sofern von der Einleitungsstelle bis zum Kanalanschluss eine Leitung ausschließlich für Kondenswasser genutzt wird und keine Verdünnung stattfindet, müssen besondere Werkstoffe gewählt werden. Der Kon-

	Feuerungsleistung in kW	25	50	100	150	< 200
Wohn-häuser	jährliche maximale Kondenswassermenge in m³	7	14	28	42	56
	Mindestanzahl der Wohnungen	1	2	4	6	8
gewerbliche Bauten	jährliche maximale Kondenswassermenge in m³	6	12	24	36	48
	Mindestanzahl der Beschäftigten	10	20	40	60	80

16-36 Bedingungen für die Kondenswassereinleitung bei Gaskesseln

denswasserablauf zum Kanalanschluss muss einsehbar sein und sollte mit einem Geruchsverschluss versehen werden.

21.5.2 Neutralisation

Eine Neutralisationseinrichtung bewirkt eine pH-Wert-Verschiebung des Kondenswassers in Richtung „neutral". Dazu wird das Kondenswasser durch die Neutralisationsanlage geleitet. Diese besteht im Wesentlichen aus einem mit Granulat gefüllten Behälter. Ein Teil des Granulats (Magnesiumhydrolit) löst sich im Kondenswasser, reagiert hauptsächlich mit der Kohlensäure unter Bildung eines Salzes und verschiebt so den pH-Wert auf 6,5 bis 9. Wichtig ist, dass die Anlage im Durchlauf, d. h. ohne Anstauung des Kondensats betrieben wird, damit in Stillstandsphasen nicht übermäßige Granulatmengen in Lösung gehen. Das Behältervolumen muss auf den erwarteten Kondenswasseranfall angepasst und so bemessen werden, dass eine Füllung zumindest für eine Heizperiode ausreicht. Nach Installation der Anlage sollte aber in den ersten Monaten gelegentlich eine Kontrolle vorgenommen werden. Außerdem ist eine jährliche Wartung vorzusehen.

Eine gemeinsame Untersuchung der Deutschen Wissenschaftlichen Gesellschaft für Erdöl, Erdgas und Kohle (DGMK), des Instituts für wirtschaftliche Ölheizung (IWO), der Mineralölwirtschaft, der Heizungsanlagenhersteller und des DIN-Fachausschusses zeigte, dass bei Schwefelgehalten des Heizöls unter 100 ppm die Kondensate aus Öl-Brennwertkesseln ähnliche Zusammensetzungen aufweisen wie die Kondensate aus Gas-Brennwertgeräten. Die Voraussetzungen für eine Befreiung von der Neutralisationspflicht sind damit aus technischer Sicht gegeben.

Seit August 2003 liegt deshalb eine Novelle des Arbeitsblattes ATV-DVWK-A 251 vor, nach der **bei** ausschließlicher Verwendung von **schwefelarmem Heizöl EL** in Heizungsanlagen **bis zu einer Leistung von 200 kW auf eine Neutralisation des Kondensats verzichtet werden kann**. Voraussetzung ist, dass die Grenzwerte des Arbeitsblattes eingehalten werden, was einmalig durch den jeweiligen Hersteller des Brennwertkessels nachgewiesen werden muss.

22 Brennerbauarten

22.1 Erdgasbrenner

Im Laufe der Entwicklung haben sich in den letzten Jahren drei verschiedene Brennersysteme für Erdgas etabliert:

– atmosphärischer Brenner,

– Gas-Gebläsebrenner,

– Gas-Flächenbrenner (kleinstflammige Verbrennung).

Atmosphärische Brenner sind wegen ihres einfachen Aufbaus kostengünstig und wartungsarm. Durch den Schornsteinzug wird Verbrennungsluft aus der Umgebung angesaugt. Hierzu sind keine Hilfsaggregate notwendig. Trotz des einfachen Aufbaus erzielen diese Brenner inzwischen recht gute Wirkungsgrade und geringe Emissionswerte. Atmosphärische Gasbrenner sind heute voll vormischend.

Aufgrund des Markterfolgs von Gas-Brennwertkesseln werden **die atmosphärischen Brenner** der Gas-Spezialheizkessel zunehmend **durch Gas-Flächenbrenner mit Gebläse abgelöst**. Bei dieser Brennerbauart sorgt das Gebläse für die Zufuhr der Verbrennungsluft. Dieses gewährleistet eine optimale Verbrennung und bietet die Möglichkeit einer modulierenden Leistungsregelung. Entsprechend der variablen Gasmenge wird mithilfe des Gebläses die richtige Menge Verbrennungsluft zugeführt.

Gebläsebrenner spielen auch für die Brennwertnutzung eine wesentliche Rolle. Wichtig für eine effiziente Brennwertnutzung ist es, die Feuerungen mit einem hohen CO_2-Gehalt bzw. einem niedrigen Luftüberschuss zu betreiben, da die Taupunkttemperatur durch den CO_2-Gehalt des Heizgases beeinflusst wird, *Bild 16-35*. Die Wasserdampf-Taupunkttemperatur sollte möglichst hoch gehalten werden, um auch bei Heizsystemen mit hohen Heizwassertemperaturen noch eine Kondensation zu erreichen. Deshalb muss ein möglichst hoher CO_2-Anteil – also wenig Luftüberschuss – im Heizgas angestrebt werden. Der CO_2-Gehalt ist in erster Linie abhängig von der Brennerkonstruktion. Aus diesem Grund werden atmosphärische Brenner in Brennwertgeräten nicht eingesetzt, weil sie wegen des hohen Luftüberschusses zu geringeren CO_2-Werten und damit zu niedrigeren Kondensationstemperaturen im Heizgas führen.

Die **Leistungsregelung bei modulierenden Geräten** erfolgt über die Veränderung der Gebläsedrehzahl, die Gasmenge wird über den Gas-Luft-Verbund nachgeregelt. Sehr moderne Geräte haben eine Lambdaregelung. Nur so kann der hohe CO_2-Gehalt auch im Teillastbetrieb eingehalten werden.

Das Gebläse ist außerdem notwendig, um die vergleichsweise kalten Abgase durch das Abgassystem zu befördern. Bei Abgastemperaturen von 50 °C oder weniger reicht teilweise der thermische Auftrieb nicht mehr aus, um die Abführung der Abgase über den natürlichen Zug sicherzustellen. Die Energieaufnahme eines entsprechenden Gebläses liegt unter 50 kWh/a.

Als Folge der Emissionsdiskussion sind die **Vormischbrenner** entwickelt worden. Sie erzielen die besten Wirkungsgrade bei geringen Emissionswerten und verursachen minimale Stickoxid-Emissionen, da aufgrund der flächigen Verbrennung die Flammentemperaturen niedriger gehalten werden können, *Bild 16-37*. Verbrennungsluft und Erdgas werden bereits vor der Verbrennung optimal gemischt. Das entstandene große Gasvolumen wird nicht mehr so hoch erhitzt. Zusätzlich wird die Verweilzeit des Verbrennungsgases in der Flamme durch die große Brennerfläche aus Metall oder Keramik verkürzt.

Voll vormischende Brenner in Gas-Brennwertgeräten arbeiten inzwischen durchgehend modulierend bzw. stu-

16-37 Gas-Flächenbrenner

fenlos. Anlagen, mit denen ein solcher Teillastbetrieb möglich ist, haben im Vergleich zu konventionellen Brennern Vorteile:

- Die Anzahl der Brennerstarts wird reduziert. Dadurch werden die Brennerkomponenten geschont und die bei einem Start üblichen höheren Emissionswerte vermieden.
- Der Nutzungsgrad wird zusätzlich gesteigert, da im Teillastbetrieb dem Verbrennungsgas die große, für den Volllastbetrieb ausgelegte Wärmetauscherfläche zur Verfügung steht.
- Der Teillastbetrieb ist mit einer Reduzierung der Geräuschentwicklung verbunden.

22.2 Heizölbrenner

Heizöl muss vor der Verbrennung so aufbereitet werden, dass sich zumindest ein Teil der Flüssigkeit mit Luftsauerstoff mischen kann. Das Heizöl wird dazu entweder verdampft oder zerstäubt. Der Druck der Verbrennungsluft wird über ein Gebläse erzeugt, die Zuführung erfolgt in der Regel verdrallt, um durch Verwirbelung den Mischungsprozess mit dem Ölnebel zu erleichtern. Im Folgenden wird auf die für die Gebäudeheizung gebräuchlichen Brennerbauarten eingegangen.

Verdampfungsbrenner werden nur für kleine Leistungen eingesetzt. Das Heizöl wird zur Verdampfung auf den Boden eines seitlich belüfteten Topfbrenners geleitet und über Wärmezufuhr (z. B. elektrisch) verdampft, *Bild 16-38*. Das dabei entstehende Öl-Luft-Gemisch wird bei Temperaturen über 360 °C gezündet und verbrennt oberhalb des Topfbodens. Die weitere Verdampfung des Öls erfolgt aufgrund der Strahlungswärme der brennenden Flamme. Anwendung finden Verdampfungsbrenner vor allem bei Einzelraumheizöfen.

Für die Beheizung von Wohngebäuden werden überwiegend **Druckzerstäubungsbrenner** eingesetzt. Bei der Druckzerstäubung wird das Heizöl mithilfe einer Ölpumpe auf hohen Druck (7 bis 30 bar) gebracht und von einer Düse in feine Tröpfchen zerstäubt, *Bild 16-39*. Über die Gestaltung der Düse (Wirbelkammer) und der Düsenbohrung kann die Flammengeometrie beeinflusst werden. Die Verbrennungsluft wird mit einem Gebläse zugeführt. Eine Mischeinrichtung sorgt für die gute Durchmischung von Öltröpfchen und Luft und damit für eine rückstandsfreie Verbrennung.

Bei Brennern kleinerer Leistung wird angestrebt, eine vollständige Vorvergasung des Öls (Verdampfung der Tröpfchen) zu erreichen. Dies führt zu einer schadstoff-

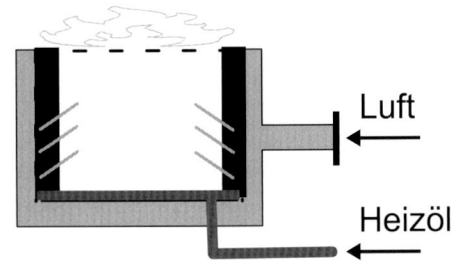

16-38 Heizöl-Verdampfungsbrenner

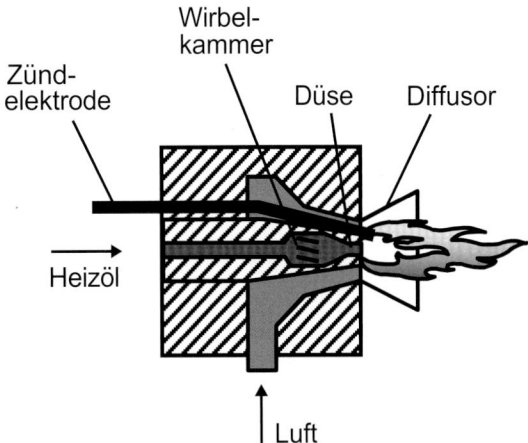

16-39 Heizöl-Druckzerstäubungsbrenner

ärmeren Verbrennung und zu einem blauen Flammenbild – deshalb werden diese Brennertypen **Blaubrenner** genannt, *Bild 16-40*. Die Vorvergasung wird dadurch erreicht, dass heißes Verbrennungsgas in den Flammenbereich geleitet wird (Rezirkulation) und dem Ölnebel Wärme zuführt. Die Rezirkulation wird durch eine besondere Strömungsführung der Verbrennungsluft erreicht, die für einen Unterdruck im Ringspalt zwischen Mischerrohr und Brennerrohr sorgt.

Meist findet vor der Zerstäubung eine **Ölvorwärmung** auf 50 bis 80 °C statt, um die Viskosität zu senken. Nach Durchmischung der Tröpfchen mit der eingeblasenen Luft erfolgt die Zündung durch einen Hochspannungsfunken. Die Flamme brennt im Kessel meist horizontal, bei vertikal von oben nach unten brennenden Flammen spricht man von einem Sturzbrenner.

In der Regel saugen Ölbrenner ihre Verbrennungsluft über ein Gebläse direkt aus dem Aufstellraum an. Inzwischen gibt es aber auch bei Ölbrennern Systeme, die raumluftunabhängig betrieben werden können.

Für Kesselleistungen ab 70 kW ist der **Einsatz mehrstufiger Brenner** ratsam. Dieses war nach der inzwischen ungültigen Heizungsanlagenverordnung sogar vorgeschrieben. Damit lässt sich die Feuerungsleistung an den tatsächlichen Wärmebedarf anpassen. Bei kleineren Leistungen ab ca. 15 kW besteht ebenfalls die Möglichkeit, mehrstufige (in der Regel zweistufige) Ölbrenner einzusetzen.

Die Leistung eines Druckzerstäubungsbrenners lässt sich durch Auswechslung der Düse und Veränderung der Luftklappenstellung im Ansaugtrakt des Gebläses variieren. Um eine bestmögliche Anpassung der Brennereigenschaften an den Kessel zu erreichen, haben sich insbesondere im Leistungsbereich bis etwa 100 kW sog. **Unitbrenner** durchgesetzt, die vom Hersteller bereits mit dem Kessel vormontiert und warm geprüft geliefert werden und ein abgestimmtes System darstellen.

Besondere Verfahren wie die Ultraschallzerstäubung oder vormischende Öl-Flächenbrenner befinden sich noch im Entwicklungsstadium und haben bisher noch keine Marktbedeutung.

23 Verbrennungsluftzufuhr und Abgassysteme

Für die Gas- oder Ölverbrennung ist eine ausreichende Luftzufuhr wichtig. Sie ist entscheidend für eine saubere Verbrennung mit geringen Emissionen und hohen Wirkungsgraden. Die Heizungsanlage saugt die Verbrennungsluft entweder aus dem umgebenden Raum an und ist damit von der Raumluft abhängig (raumluftabhängiger Betrieb) oder die Luft wird aus dem Freien direkt zum Brenner herangeführt (raumluftunabhängiger Betrieb).

23.1 Raumluftunabhängiger Betrieb

In Deutschland geht der Trend bei steigenden Quadratmeterpreisen im Neubau und abnehmendem Wärmebedarf aufgrund der immer besser werdenden Wärmedämmung zu platzsparenden und anschlussfertigen Kompaktkesseln. Viele Bauherren verzichten heute auf

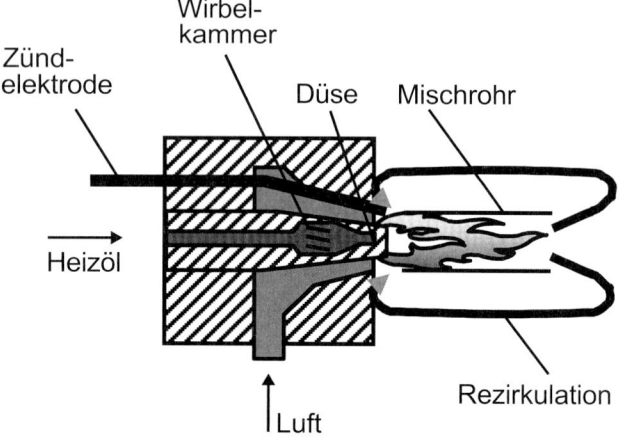

16-40 Heizöl-Blaubrenner

den Keller, die Heizungsanlage wird dann wohnraumnah installiert.

Für Gaswandgeräte (Brennwertgeräte und Thermen) ist der Betrieb in der Küche oder im Badezimmer heute weit verbreitet, die raumluftunabhängige Betriebsweise über ein entsprechendes **Luft-Abgas-System** ist Stand der Technik, Bild 16-41. Auch Ölkessel werden heute für raumluftunabhängigen Betrieb angeboten.

Damit kann der **Heizkessel innerhalb der thermischen Hülle des Gebäudes**, z. B. im Technikraum oder Hauswirtschaftsraum, aufgestellt werden. Die Wärme, die über die Oberfläche des Kessel abgegeben wird, kommt dann der Beheizung dieses Raumes zugute.

Von der Raumluft unabhängige Anlagen sind vor allem für Neubauten sinnvoll, denn mit der EnEV wird für Gebäude eine luftdichte Gebäudehülle gefordert. (Die Bedeutung der Luftdichtheit wird in Kapitel 9-1 behandelt.) Bei einem raumluftabhängigen Wärmeerzeuger würden sich Probleme mit der Verbrennungsluftversorgung ergeben oder es müsste hierfür eine Öffnung ins Freie geschaffen werden, was aber wiederum dem Ziel der luftdichten Gebäudehülle widersprechen und zu hohen zusätzlichen Lüftungswärmeverlusten führen würde. Deshalb wird die Verbrennungsluft nicht dem Raum, sondern durch das Luft-Abgas-System direkt dem Wärmeerzeuger zugeführt. In einem doppelwandigen, koaxialen Rohr strömen innen die Abgase ins Freie und in dem äußeren Mantel wird Frischluft angesaugt. Bei Einbau der Heizungsanlage direkt unter dem Dach ist dies wegen der Kürze des Luft-Abgas-Systems eine kostengünstige Möglichkeit. Diese Lösung ist aber auch für längere Abgassysteme – z. B. bei Aufstellung des Kessels im Technikraum eines Einfamilienhauses – möglich.

Zur Ansaugung der Verbrennungsluft wird entweder der freie Querschnitt des Schachtes genutzt, in dem die Abgasleitung verlegt ist, Bild 16-42, oder es wird ebenfalls

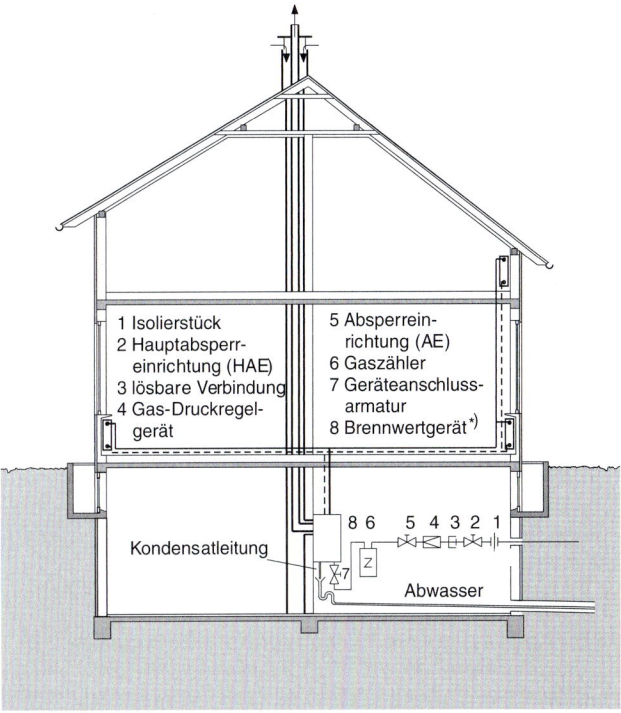

*) raumluftunabhängiges wandhängendes Brennwertgerät im Keller

16-42 Raumluftunabhängiges Brennwertgerät im Keller mit getrennter Luft- und Abgasführung im Schornstein

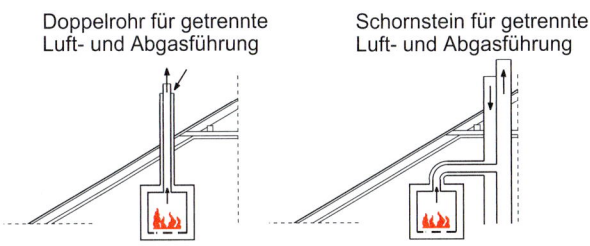

16-41 Luft-Abgas-Systeme für raumluftunabhängigen Betrieb

ein koaxiales Rohr eingesetzt, in dessen Innerem der Abgasstrom abgeführt wird, während im Hüllrohr Verbrennungsluft einströmt. Das im Aufstellraum verlegte Abgasrohr (Abgas-Verbindungsstück) ist in jedem Fall von einem Hüllrohr umgeben und von Verbrennungsluft umspült.

23.2 Raumluftabhängiger Betrieb

Für eine von der Raumluft abhängige Anlage muss der Aufstellraum mindestens eine Tür ins Freie oder ein Fenster, das geöffnet werden kann, haben und er muss eine gewisse Mindestgröße aufweisen. Ist der Aufstellraum kleiner als gefordert, sind zwei Öffnungen für den Luftaustausch mit einem Nachbarraum zu schaffen. Eine ist unten über dem Fußboden und eine oben in einer Mindesthöhe von 1,80 m vorzusehen. Die so miteinander verbundenen Räume müssen zusammen den geforderten Rauminhalt (in der Regel 4 m^3/kW) haben. Der Querschnitt einer Öffnung soll mindestens 150 cm^2 betragen. Kann eine Verbindung ins Freie geschaffen werden, genügen zwei Öffnungen mit einem Querschnitt von je 75 cm^2 oder eine mit 150 cm^2. Die Öffnungen sind stets frei zu halten.

Saubere Luft notwendig: Um eine übermäßige Korrosion der Abgasanlage und des Kessels zu vermeiden, sind von der Raumluft abhängige Wärmeerzeuger außerhalb eines Waschraums oder eines Werkraums aufzustellen. Dies ist nicht durch die TRGI vorgeschrieben, doch sollten keine Dämpfe aus Lösungsmitteln, Waschmitteln, Weichspülern etc. angesaugt werden können.

23.3 Abgassysteme für konventionelle Anlagen

Das Verbrennungsabgas muss über einen Schornstein oder eine Abgasanlage mit allgemeiner bauaufsichtlicher Zulassung ins Freie geführt werden. Ihre Funktion basiert auf dem Auftrieb durch die Temperaturdifferenz zwischen dem warmen Abgas und der kühlen Außenluft.

Zuständig für die Abgasanlage, den Abgas-Luftverbund und für die Genehmigung der Auslegung oder einer Änderung ist der Bezirksschornsteinfegermeister. Von seiner Zustimmung ist die Inbetriebnahme abhängig. Deshalb empfiehlt es sich, ihn sowohl bei Neubauten als auch bei Modernisierungsarbeiten frühzeitig in die Planungsüberlegungen einzubinden.

Energiesparende Heizkessel mit geringen Abgastemperaturen stellen neue Anforderungen an den Schornstein. Die Schornsteininnenwand erwärmt sich kaum noch und das Abgas kann im Schornstein kondensieren. Es stellt sich eine schädliche Durchfeuchtung des herkömmlichen Schornsteins und des angrenzenden Mauerwerks ein. Deshalb sollte bei einer Erneuerung einer Feuerstätte – im Neubau ohnehin – **ein feuchteunempfindliches Abgasrohr oder ein FU-Schornstein** eingebaut werden.

Für Abgasanlagen gelten darüber hinaus folgende Regeln:

– Gasfeuerstätten sind innerhalb desselben Geschosses an die Abgasanlage anzuschließen.

– Bei raumluftunabhängigen Gasfeuerstätten mit Gebläse mit einer Gesamt-Nennwärmeleistung von unter 50 kW genügt ein Abstand zwischen der Mündung und der Dachfläche von mindestens 40 cm, *Bild 16-43*.

– Verbindungsstücke sowie Abgasleitungen außerhalb von Schächten müssen zu Bauteilen aus brennbaren Baustoffen einen Mindestabstand von 20 cm einhalten. Es genügt ein Abstand von 5 cm, wenn die Abgasleitungen mindestens 2 cm dick mit nichtbrennbaren Dämmstoffen ummantelt werden oder die Abgastemperatur bei Nennwärmeleistung nicht mehr als 160 °C betragen kann.

– Allerdings ist der vorgenannte Sicherheitsabstand nicht erforderlich, wenn an den Bauteilen der Feuerstätte keine höhere Temperatur als 85 °C bei Nennwärmeleistung auftreten kann.

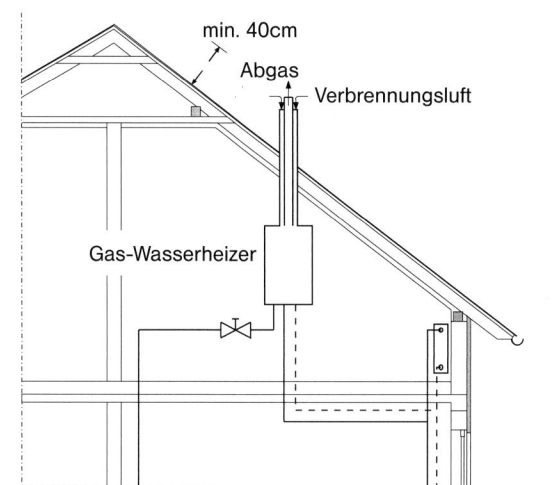

16-43 Mindestabstand der Luft-Abgas-Anlage zur Dachfläche

23.4 Abgassysteme für Brennwertkessel

Das Abgas des Brennwertkessels ist besonders weit abgekühlt und ein Auftrieb wie bei konventionellen Anlagen stellt sich nicht ein. Deshalb müssen die Abgase den Brennwertkessel mit einem Überdruck verlassen. Dafür sorgt das im Brennwertkessel eingebaute Gebläse. Im Abgassystem kondensiert durch die Abkühlung weiterer Wasserdampf. Deshalb muss das Abgassystem für den Überdruck und zusätzlich feuchtebeständig ausgelegt sein, *Bild 16-41.*

Als Materialien werden vor allem preiswerte Kunststoffsysteme, aber auch Aluminium, Edelstahl und Glas bzw. Keramik verwendet. Die nachträgliche Sanierung eines vorhandenen Schornsteins mit einem Kunststoffabgassystem kann üblicherweise problemlos realisiert werden.

24 Regelungstechnik zur bedarfsangepassten Wärmebereitstellung

Heizungsanlagen müssen ein sehr genau umrissenes Anforderungsprofil aufweisen. Einerseits müssen die Komfortansprüche der Anlagennutzer erfüllt werden, andererseits soll der Energieverbrauch auf ein Minimum reduziert werden. In diesem Zusammenhang spielt die Regelungstechnik eine entscheidende Rolle. Mit einer intelligenten Regelelektronik kann durch eine bedarfsangepasste Wärmebereitstellung ein wesentlicher Beitrag zur Energieeinsparung bei gleichzeitig hohem Komfort geleistet werden.

Aus energetischer Sicht bietet sich der gleitend abgesenkte Heizungsbetrieb an, da durch die so realisierbare niedrigere Kesseltemperatur Strahlungsverluste verringert werden können. Außerdem kann nur bei gleitender Absenkung ein Brennwertbetrieb erreicht werden, da sonst die Rücklauftemperaturen für die Ausnutzung der Kondensationswärme zu hoch sind.

24.1 Wärmebedarfsgeführte Regelung

Soll für den gleitend abgesenkten Kesselbetrieb eine wärmebedarfsgeführte Regelung genutzt werden, so stehen der Elektronik keine Daten über die äußeren Temperaturbedingungen zur Verfügung. Als Führungsgröße dient die Raumtemperatur. Im einfachsten Fall löst der Raumthermostat bei Unterschreitung der Solltemperatur eine Wärmeanforderung aus, sodass der Kessel arbeitet. Diese Wärmeanforderung enthält allerdings keine Information über die angeforderte Wärmemenge, der Kessel wird also mit Nennleistung so lange laufen, bis durch den Raumthermostaten das Abschaltsignal (Solltemperatur erreicht!) gegeben wird. Während des Kesselbetriebs stellt sich eine konstant hohe Vorlauftemperatur ein, die in Bezug auf eine Energieeinsparung nicht erwünscht ist. Es ist leicht nachvollziehbar, dass die Vorlauftemperatur bei einer Außentemperatur von +15 °C niedriger liegen kann als bei −15 °C, um in beiden Fällen die Raum-Solltemperatur zu erreichen und zu halten.

Deshalb wird bei wärmebedarfsgeführten Regelungen teilweise eine sog. **Fuzzy-Logik** eingesetzt. Die Fuzzy-Logik bezeichnet man auch als „unscharfe Logik", weil sie nicht nur mit klaren Abgrenzungen wie „heiß" oder „kalt", sondern auch mit Zwischenwerten wie „warm" arbeitet. Bei der Heizungsregelung zieht die Fuzzy-Logik Schlüsse aus dem zeitlichen Verlauf der Kesselwassertemperatur:

- Der Durchschnitt der Wärmeabnahme des Vortages beschreibt die allgemeine Situation.

- Die aktuelle Wärmeabnahme beschreibt die augenblickliche Situation.

- Der Raumtemperaturverlauf gibt Aufschlüsse über die Tendenz der Witterung.

- Kurzzeitige Temperaturänderungen deuten auf aktuelle Einflüsse wie Lüften.

- Außerdem sind ein Tages- und ein Jahresbelastungsprofil in die Regelung eingespeichert.

Damit lässt sich auch ohne direkte messtechnische Erfassung des Witterungszustands ein Betrieb mit gleitend abgesenkter Kesselwassertemperatur erreichen, da die obere Grenze der Vorlauftemperatur über die Fuzzy-Logik ermittelt werden kann.

Moderne bedarfsgeführte Regelungskonzepte basieren auf einer Informationsvernetzung zwischen dem Wärmeerzeuger und den zu versorgenden Räumen. Wenn eine raumweise Information über Ist- und Solltemperaturen vorliegt, kann der Wärmeerzeuger eine situationsabhängige und bedarfsangepasste Vorlauftemperatur bereitstellen. Natürlich kann auch der Volumenstrom ins Heizungsnetz angepasst werden. Durch eine derartige Informationsvernetzung lassen sich gegenüber heute üblichen Regelungen weitere erhebliche Energiesparpotenziale erschließen.

24.2 Witterungsgeführte Regelung

Witterungsgeführte Systeme verwenden im Gegensatz zu wärmebedarfsgeführten Systemen grundsätzlich die gemessene Außentemperatur als Führungsgröße. Da dann allerdings meist keine aktuellen Raumtemperaturen gemessen werden, wird mit Korrelationskurven (Heizkurven) gearbeitet, die über den einstellbaren Parameter „Gebäude-Wärmedämmung" und die Sollvorgabe der Raumtemperatur aus der gemessenen Außentemperatur die aktuelle Heizlast ableiten und die Heizungsanlage (Kesselwassertemperatur, Vorlauftemperatur, Mischerstellung, Umwälzpumpe) entsprechend regeln, *Bild 16-44*.

Da in hochwärmegedämmten Gebäuden der Einfluss von solaren und inneren Wärmelasten auf den durch Trans-

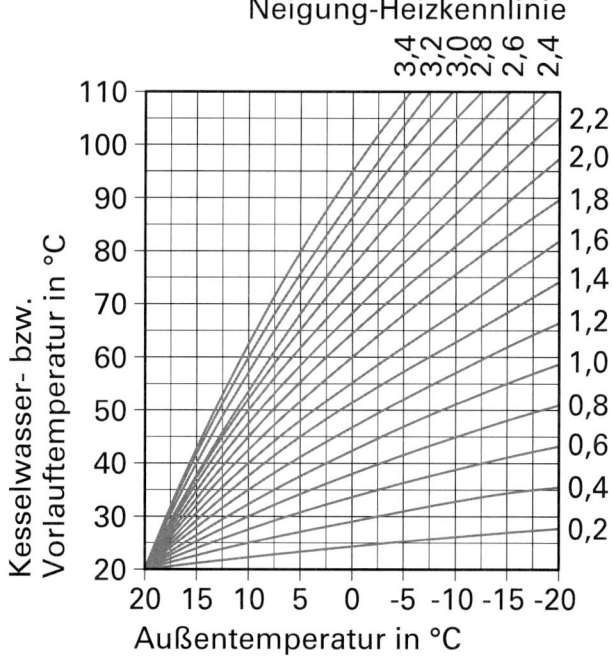

16-44 Kennlinien für eine witterungsgeführte Regelung

missions- und Lüftungsverluste bedingten Wärmebedarf stark zunimmt, werden witterungsgeführte Regelungen in derartigen Gebäuden zweckmäßigerweise durch eine Raumtemperaturaufschaltung ergänzt.

24.3 Anforderungen an eine moderne Heizungsregelung

Durch die moderne Digitaltechnik ergeben sich Möglichkeiten, auch weitere Funktionen kostengünstig in die Heizungsregelung zu integrieren und damit in erster Linie den Wartungs- und Bedienungskomfort zu erhöhen. Allerdings birgt die verstärkte Digitalisierung auch Gefahrenpotenziale. So können sich Entwickler und Softwarespezialisten gelegentlich nur schwer der Verlockung entziehen, vorhandene Prozessorleistungen möglichst umfassend auszunutzen. Dabei geht der Blick für das Wesentliche gelegentlich verloren. Die Folge können unnötige oder sogar verwirrende Funktionen, überfrachtete Displayanzeigen und „verkomplizierte" Bedienabläufe sein.

Was sind nun aus heutiger Sicht neben der Forderung, für eine wirtschaftliche, energiesparende und komfortable Wärmeerzeugung zu sorgen, die wesentlichen Anforderungen an eine moderne Heizungsregelung? Hierfür ergibt sich die Rangfolge:

1. anwenderorientierte Bedienphilosophie,
2. Montagefreundlichkeit und einfache Inbetriebnahme,
3. Wartungs- und Servicefreundlichkeit,
4. kommunikationsfähige und „offene Systeme".

25 Anlagentechnik für Heizung und Warmwasser

25.1 Zentralheizung/Etagen- oder Wohnungsheizung

Heute erfolgt in Mehrfamilien- und Einfamilienhäusern die Wärmeversorgung für Heizung und Warmwasser üblicherweise durch eine zentrale Anlage. Im Mehrfamilienhaus bietet sich auch eine zweite Möglichkeit an: die Etagen- oder Wohnungsheizung. Dezentrale Geräte in einzelnen Räumen (Raumheizer) werden nur noch in Ausnahmefällen eingesetzt.

Im Hinblick auf eine ausreichende Luftzufuhr sind die Aufstellungsorte in den Technischen Regeln für die Gasinstallation (TRGI) reglementiert. Darin ist u. a. vermerkt, dass Anlagen mit einer Nennwärmeleistung bis 50 kW keinen separaten Heizungsraum benötigen. Kleinanlagen können, sofern die Verbrennungsluftzuführung ausreichend ist, in Küche, Flur oder Bad eingebaut werden. Ab 50 kW sind die Landesfeuerungsanlagenverordnungen zu beachten.

Die zentrale Anlage wird in einem Raum, z. B. im Keller oder Dachboden, aufgestellt und versorgt alle Wohnungen des Hauses mit Heizwärme. Gegebenenfalls übernimmt sie auch die Warmwasserversorgung der Wohnungen. Die zentrale Versorgung hat folgende Vorteile: Im Mehrfamilienhaus ist für den Wärmeerzeuger nur ein Schornstein erforderlich und der Wartungsaufwand wird reduziert. Dies verringert auch die Nebenkosten, denn Schornsteinfegerkosten, Wartungsvertrag und Reparaturaufwendungen fallen nur einmal an. Durch die größere Abnahmemenge ergibt sich meist ein günstigerer Energiepreis, bei leitungsgebundenen Energieträgern verringert sich der Grundpreis. Allerdings entsteht für die in Mehrfamilienhäusern vorgeschriebene Heizkostenabrechnung zusätzlicher Installations-, Organisations- und Kostenaufwand.

Die Etagen- oder Wohnungsheizung kann in Küche, Badezimmer oder Flur integriert werden; ein Heizraum ist nicht notwendig. Von Vorteil ist der direkte Einfluss des Nutzers auf die Anlage. Sobald er einen Bedarf an Wärme hat, kann er die Heizung einschalten, die Regelung kann individuell erfolgen. Ist der Nutzer an der Kontrolle des Gasverbrauchs interessiert, kann er diesen an seinem Gaszähler ablesen und durch sein Verhalten beeinflussen, er kann auch direkt die Kosten errechnen. Mit der Etagen- oder Wohnungsheizung kann auch die Warmwasserversorgung kombiniert werden.

Diese dezentrale Lösung bietet für die Modernisierung von alten Mehrfamilienhäusern einen zusätzlichen Vorteil. Jeweils bei Mieterwechsel kann der Einbau des neuen Heizgeräts erfolgen und so ein Haus wohnungsweise auf den neuesten Stand der Technik gebracht werden.

25.2 Wärmeverteilung

Werden zentrale Wärmeerzeuger eingesetzt, muss die Wärme an die einzelnen Räume weitergeleitet und dort an die Umgebung abgegeben werden. Hierzu wird als Wärmeträgermedium in Deutschland in aller Regel Wasser eingesetzt, für die Abgabe in den einzelnen Räumen kommen Heizkörper oder im Fußboden verlegte Rohrschleifen infrage.

Heizkörper besitzen eine vergleichsweise geringe Abstrahlungsfläche, sodass zur Übertragung der für die Raumbeheizung notwendigen Wärme eine relativ hohe Heizkörpertemperatur erforderlich ist. Dadurch entsteht im Raum eine Luftbewegung, da die erwärmte Luft über dem Heizkörper aufsteigt und kühlere Luft vom Boden nachströmt. Durch eine geeignete Aufstellung in der Nähe von kühlen Flächen wie Fenstern können unangenehme Kältestrahlungen ausgeglichen werden. Infolge der geringen thermischen Trägheit sind Heizkörper gut regelbar.

Eine Alternative zu Heizkörpern stellt die **Fußbodenheizung** dar. Im Boden verlegte, wasserdurchströmte Rohrschleifen erwärmen den Fußboden. Aufgrund der großen Fläche, die mit dem Fußboden zur Verfügung steht, kann die Temperatur auf einem niedrigen Niveau gehalten werden, was sich als Vorteil für die Brennwerttechnik erweist. Da wegen der beträchtlichen Leitungslänge im System eine große Wassermenge vorhanden ist und zusätzliche, beachtliche Massen (umgebender Estrich und Fußbodenbelag) aufgeheizt werden müssen, besitzt eine Fußbodenheizung eine erhebliche Trägheit. Ein abgesenkter Betrieb während der Nachtstunden ist in vielen Fällen kaum sinnvoll.

25.3 Warmwasserbereitung mit dem Heizkessel

Der Leistungsbedarf von Niedrigenergiehäusern für Heizung und Lüftung liegt bei etwa 20 bis 40 W/m^2, nach WSVO '95 sind es 50 W/m^2. Für die Beheizung eines Hauses mit 150 m^2 Wohnfläche wäre für den kältesten Tag eine Heizleistung von 5 kW bzw. 7,5 kW bereits ausreichend. Die Leistung des Heizkessels sollte sich jedoch nicht allein am Gebäude-Wärmebedarf, sondern auch am Bedarf für eine komfortable Warmwasserversorgung orientieren.

Der Warmwasserbedarf liegt durchschnittlich zwischen 30 und 50 Litern pro Tag und Person. Der Energieverbrauch hierfür beträgt im Gebäudebestand 10 bis 20 % des Heizenergieverbrauchs, bei Niedrigenergiehäusern kann er bis zu 30 % ausmachen.

Hinsichtlich des Komforts interessieren vor allem eine schnelle Verfügbarkeit von warmem Wasser und kurze Füllzeiten für ein Wannen-Vollbad. Werden zum Beispiel einem Speicher-Wassererwärmer für ein Vollbad 150 l mit 40 °C Auslauftemperatur entnommen und soll er in ca. 25 Minuten wieder aufgeheizt sein, ist dazu eine Kesselleistung von ungefähr 15 kW erforderlich. Deshalb sollte in der Praxis der Heizkessel eines Einfamilien-Niedrigenergiehauses in Abhängigkeit von der Größe des Warmwasserspeichers über eine Nennwärmeleistung von mindestens 10 bis 15 kW verfügen.

Die **Verwendung eines zentralen Speicher-Wassererwärmers**, *Bild 16-45*, stellt sowohl in Ein- als auch in Mehrfamilienhäusern meist die wirtschaftlichste Lösung zur Trinkwassererwärmung dar. Speicher-Wassererwärmer unterliegen Bestimmungen in Bezug auf Hygiene und Betriebssicherheit: Sie sollen im Betrieb einer Keimbildung vorbeugen und einen guten Korrosionsschutz bieten. Der Stand der Technik erlaubt es, zur Erwärmung und Bevorratung sowohl emaillierte als auch Edelstahlbehälter einzusetzen. Wichtig ist, dass emaillierte Speicher einen zusätzlichen kathodischen Korrosionsschutz mit Verzehranode oder alternativ mit Fremdstromanode erfordern, dessen Wirksamkeit regelmäßig überprüft werden muss. Für den Austausch der Verzehranode bzw. für den Betrieb der Fremdstromanode fallen Betriebskosten an. Speicher aus Edelstahl dagegen sind wartungsfrei und verursachen im Betrieb keine zusätzlichen Kosten, weisen dafür aber höhere Investitionskosten auf.

Für das Einfamilienhaus besteht die Möglichkeit, ein wandhängendes Gerät mit Speicher-Wassererwärmer oder mit integriertem Durchlauferhitzer (**Kombigerät**) einzusetzen. Ein derartiges Gerät kann raumluftabhängig oder -unabhängig mit Gas oder Öl betrieben werden, die Montage kann im Dachgeschoss, in bewohnten Räumen oder im Keller erfolgen. Als Alternative kann im Keller ein bodenstehender Brennwertkessel mit separatem Speicher-Wassererwärmer installiert werden.

Für **Mehrfamilienhäuser** kann eine dezentrale oder eine zentrale Lösung gewählt werden. Bei einer dezentralen Wärmeerzeugung werden in der Regel **wandhängende Gasgeräte in jeder Wohneinheit** platziert. Die Warmwasserversorgung erfolgt dann über einen nebenhängenden, unter- oder nebengestellten Speicher oder einen in das Brennwertgerät integrierten Plattenwärmetauscher im Durchflussprinzip (Kombigerät). Für eine **zentrale Lösung** kann ebenfalls auf Wandgeräte zurückgegriffen werden, die ggf. als Kaskade geschaltet werden. Es kann aber auch ein bodenstehender Gas-Brennwertkessel mit nebengestelltem Speicher Verwendung finden.

Eine Hilfe für die Entscheidung zwischen wandhängenden Gas-Kombigeräten (mit Bereitschafts-Durchlauferhitzer) und Gas-Heizgeräten mit separatem Speicher-Wassererwärmer unter dem Aspekt der Warmwasserversorgung befindet sich in *Bild 16-46*.

26 Nachrüstung von Heizkesseln im Gebäudebestand

26.1 Anforderungen der 1. BImSchV

Die Kleinfeuerungsanlagenverordnung 1. BImSchV schreibt Grenzwerte für die Abgasverluste von Heizkesseln vor. Diese werden aus der bei Volllast gemessenen Abgastemperatur und dem im Abgas enthaltenen Restsauerstoff- bzw. Kohlendioxidgehalt ermittelt. Bei neuen Geräten sind die Hersteller sowohl zur Einhaltung des Abgasverlust-Grenzwerts als auch eines Grenzwerts für die Emission von Stickoxiden verpflichtet.

Bestehende Anlagen müssen ab dem 1. 11. 2004 folgende Grenzwerte für die maximalen Abgasverluste einhalten:

Nennwärmeleistung in Kilowatt	zulässige Höchstwerte für die Abgasverluste
über 4 bis 25	11 %
über 25 bis 50	10 %
über 50	9 %

Die Überprüfung aller Heizungsanlagen erfolgt durch die Bezirksschornsteinfegermeister. Bei Nichteinhaltung der Grenzwerte wird die Modernisierung der Altanlage zwingend erforderlich.

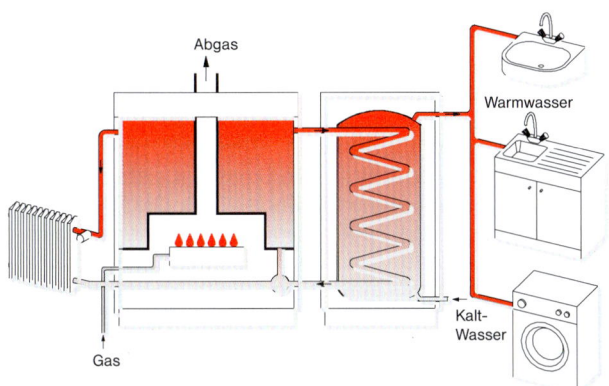

16-45 Zentralheizung mit Speicher-Wassererwärmer

Anforderung		Gas-Kombigerät mit Bereitschafts-Durchlauferhitzer	Gas-Heizgerät mit separatem Speicher-Wassererwärmer
Warmwasserbedarf, Komfort	Warmwasserbedarf für eine Wohnung	+	+
	Warmwasserbedarf für ein Einfamilienhaus	0	+
	Warmwasserbedarf zentral für ein Mehrfamilienhaus	–	+
	Warmwasserbedarf dezentral für ein Mehrfamilienhaus	+	+
Nutzung der verschiedenen angeschlossenen Zapfstellen	eine Zapfstelle	+	0
	mehrere Zapfstellen, nicht gleichzeitige Nutzung	+	0
	mehrere Zapfstellen, gleichzeitige Nutzung	–	+
Komfort bei Entfernung der Zapfstelle vom Gerät	bis 7 m (ohne Zirkulationsleitung)	0	0
	mit Zirkulationsleitung	–	+
Modernisierung	Speicher-Wassererwärmer vorhanden	–	+
	Austausch eines vorhandenen Kombigeräts	+	–
Platzbedarf	gering (Aufstellung in einer Nische)	+	0
	ausreichend (Aufstellraum)	+	+

+ empfehlenswert, 0 bedingt empfehlenswert, – nicht empfehlenswert

16-46 Auswahlkriterien für die Warmwasserversorgung mit Bereitschafts-Durchlauferhitzer oder mit separatem Speicher

Die vorgenannte Messung erfasst lediglich den Abgasverlust; der Oberflächenverlust während des Brennerbetriebs und im Stillstand wird dabei nicht erfasst. Deshalb ist der Messwert in Bezug auf den Nutzungsgrad des alten Kessels nicht aussagefähig.

Eine erneute Novellierung der 1. BImSchV ist am 22. 3. 2010 in Kraft getreten. Mit der neuen Verordnung soll ein wesentlicher Beitrag zur Reduzierung der Feinstaubemissionen aus Kleinfeuerungsanlagen mit festen Brennstoffen erreicht werden. Dafür sind deutlich verschärfte Anforderungen an Neuanlagen, aber auch Nachrüstverpflichtungen für Bestandsanlagen aufgenommen worden. Die zulässigen Abgasverluste für Öl- und Gasfeuerungen sind nicht verändert worden.

26.2 Forderungen der Energieeinsparverordnung

Die Energieeinsparverordnung forderte für Kessel, die vor dem 1. 10. 1978 eingebaut worden sind, unabhängig von den Anforderungen der 1. BImSchV, bis auf einige Ausnahmen (NT- oder Brennwertkessel, Leistung > 4 kW) eine Außerbetriebnahme bis Ende 2006. Die Frist verlängerte sich bis Ende 2008, wenn der Brenner nach dem 1. 11. 1996 erneuert wurde. Ausgenommen von der Nachrüstungspflicht sind Eigentümer selbst genutzter Wohngebäude mit nicht mehr als zwei Wohnungen, die das Gebäude schon vor dem 1. 2. 2002 bewohnten. Mit der EnEV 2014 wird die Austauschverpflichtung ab dem 1. 1. 2015 auf alle Standard-Heizkessel, die älter als 30 Jahre sind, ausgedehnt.

In vielen Fällen ist der Austausch eines veralteten Heizkessels eine besonders wirtschaftliche Maßnahme der Gebäudemodernisierung und Energieeinsparung und sollte deshalb unabhängig von den gesetzlichen Anforderungen vorgenommen werden.

Weiterhin fordert die EnEV die nachträgliche Dämmung von bisher ungedämmten, zugänglichen Heizungs- und Warmwasserleitungen in unbeheizten Räumen. Diese Maßnahme sollte, ebenso wie ein hydraulischer Abgleich und der Einbau einer neuen Heizungspumpe, nach Möglichkeit mit dem Kesselwechsel verbunden werden.

26.3 Merkmale alter Heizkessel

Eine Altanlage ist in der Regel durch folgende Merkmale gekennzeichnet:

- Es handelt sich um einen Wechsel- oder Umstellbrandkessel. Die Installation erfolgte oft in den Jahren der Ölkrise, in denen aus Unsicherheit über die zukünftige Energieversorgung die Umstellmöglichkeit auf feste Brennstoffe vorgesehen war.
- Der Heizkessel wird mit konstanter Kesselwassertemperatur von mehr als 70 °C betrieben.
- Heizkessel, Warmwasserspeicher und Armaturen haben nur eine geringe Wärmedämmung, sodass der Aufstellraum durch Oberflächenverluste stark aufgeheizt wird.
- Neben hohen Oberflächenverlusten weist der Kessel auch große Abgasverluste auf. Die Abgastemperatur liegt deutlich über 200 °C (Angabe im Schornsteinfeger-Messprotokoll).
- Der Heizkessel ist erheblich überdimensioniert. Dies kann sowohl aus einer großzügigen Auslegung bei der Installation resultieren als auch aus zwischenzeitlich durchgeführten Maßnahmen zur Verbesserung der Gebäudewärmedämmung.
- Die Anlage weist nur eine einfache Steuerung auf, ein witterungsgeführter Betrieb mit programmierbaren Absenkphasen und zeitweiser Abschaltung der Pumpen (Stromeinsparung) ist nicht möglich.

Heizkessel mit diesen Merkmalen erreichen durchschnittliche Nutzungsgrade zwischen 60 und 70 %. Dies liegt neben den hohen Abgasverlusten vor allem an den großen Bereitschaftsverlusten, die durch die Wärmeabgabe der Kesseloberfläche entstehen. Der Anteil der Bereitschaftsverluste wird umso größer, je geringer die Auslastung des Heizkessels ist. Und gerade bei Altanlagen ist die Auslastung häufig sehr gering, weil sie bis zu dreifach überdimensioniert sind und dementsprechend geringe Brennerlaufzeiten zur Bereitstellung des Gebäudewärmebedarfs aufweisen.

Typische Auslastungen für Altanlagen liegen bei 10 bis 20 % der Heizzeit, entsprechend hoch ist der Verlustanteil während der Bereitschaftszeiten. Werden am Gebäude zusätzliche Wärmedämmmaßnahmen durchgeführt, verringert sich der Wärmebedarf weiter. Damit sinkt die Auslastung der Heizungsanlage noch mehr. Bei alten Anlagen führt dies dazu, dass der dadurch ansteigende Anteil der Bereitschaftsverluste den Einspareffekt baulicher Wärmeschutzmaßnahmen teilweise wieder aufzehrt.

26.4 Austausch eines Altkessels

Nach der Statistik des Schornsteinfegerhandwerks gab es im Jahr 2012 in Deutschland mehr als 2,5 Millionen Öl- und Gasfeuerungsanlagen, die älter als 21 Jahre waren. 900 000 Anlagen sind sogar älter als 29 Jahre. In diesen Altanlagen steckt ein enormes Energiesparpotenzial.

Werden beispielsweise in einem Einfamilienhaus mit mittlerem Wärmeschutz und altem NT- oder Standardkessel die anlagentechnischen Maßnahmen

- neuer Brennwertkessel,
- neuer Warmwasserspeicher,

Altanlage	NT-Kessel 70/55 °C	NT-Kessel 90/70 °C	Standardkessel 70/55 °C	Standardkessel 90/70 °C
Neuanlage	BW-Kessel 70/55 °C, WW-Speicher, Dämmung Kellerverteilung, neue TRV, hydraulischer Abgleich			
Primärenergieeinsparung	26 %	31 %	32 %	36 %

16-47 *Energieeinsparpotenziale beim Austausch eines Altkessels*

– Dämmung der Kellerverteilung,
– Einbau neuer Thermostatventile und einer neuen Heizungspumpe sowie ein
– hydraulischer Abgleich

durchgeführt, dann ergeben sich die in *Bild 16-47* dargestellten Energieeinsparpotenziale.

Die dafür erforderlichen Investitionen von etwa 7000 € sind bei einem Gas-Brennwertkessel bei aktuellen Energiepreisen von 7,2 ct/kWh in 4 bis 6 Jahren amortisiert.

Bauliche Wärmeschutzmaßnahmen weisen demgegenüber meist Amortisationszeiten im Bereich von 30 oder 40 Jahren auf, wenn nicht aus anderen Gründen ohnehin Maßnahmen an der Gebäudehülle erforderlich sind.

Der Einsatz eines NT-Kessels kann aus heutiger Sicht bei Erdgas generell nicht mehr empfohlen werden, hier sollten bis auf ganz wenige Spezialfälle immer Brennwertkessel zum Einsatz kommen. Auch bei Heizöl stellt der Einbau eines neuen Brennwertkessels im Regelfall die sinnvollere Maßnahme dar. Sowohl bei Öl- als auch bei Gasheizungen sollte die zusätzliche Installation einer solarthermischen Anlage geprüft werden.

26.5 Brenneraustausch

Unter „Heizungsmodernisierung" wurde früher nur der Austausch des Brenners verstanden. Der Einspareffekt ist allerdings, verglichen mit einer kompletten Modernisierung der Anlage, gering. Dies ist verständlich: Es findet lediglich eine Anpassung der Feuerungsleistung an den realen Bedarf statt, ggf. steigt dadurch die Auslastung. Die Abgas- und Bereitschaftsverluste sind allerdings bei konstant hoher Kesselwassertemperatur durch die Kesselbetriebsart bedingt und bleiben praktisch unverändert. Eine wesentlich größere Einsparung ist durch den Übergang auf Brennwerttechnik zu erreichen. Ein Brenneraustausch ist deshalb, gerade bei Kesseln kleinerer und mittlerer Leistung, die im Regelfall als Unit angeboten werden, unüblich.

26.6 Maßnahmen am Schornstein

Die bestehenden Schornsteinanlagen besitzen für moderne Niedertemperatur- und Brennwertkessel häufig zu große Querschnitte. Außerdem kann die oft schlechte Wärmedämmung des Schornsteins in Verbindung mit den niedrigen Abgastemperaturen des neuen Heizkessels dazu führen, dass der Taupunkt des Abgases im Schornstein unterschritten und dadurch der Schornstein innen feucht wird.

Um eine Modernisierung der Heizungsanlage auch ohne Schornsteinsanierung durchführen zu können, bietet sich für Öl- oder Gas-NT-Kessel der **Einsatz einer kombinierten Nebenluftvorrichtung** an. Über eine Öffnung mit Regelscheibe wird bei Bedarf Nebenluft aus dem Heizraum in den Schornstein gesogen. Dadurch wird der Förderdruck im Schornstein konstant gehalten. Die inneren Auskühlverluste des Heizkessels werden reduziert, da der Schornsteinzug bei Brennerstillstand über die angesaugte Nebenluft aufrechterhalten wird und somit keine kühle Raumluft durch den Heizkessel strömt.

Von Fall zu Fall ist jedoch zu entscheiden, ob die Nebenluftvorrichtung ausreicht oder ob eine Sanierung des Schornsteins durch **Einbau einer neuen Abgasanlage** in den Schornstein erforderlich wird, Abschnitte 23.3 und 23.4. Beim Einbau eines neuen Brennwertkessels sind vorhandene alte Schornsteine fast ausnahmslos zu sanieren, im Regelfall wird eine Kunststoffabgasleitung eingezogen.

27 Kraft-Wärme-Kopplung mit BHKW

27.1 Allgemeines

Unter Kraft-Wärme-Kopplung (KWK) wird die zeitgleiche Erzeugung von Strom (früher Kraft) und Wärme verstanden. Anders als bei der zentralen Stromerzeugung, bei der die in erheblichem Maße anfallende Abwärme weitgehend ungenutzt an die Umgebung abgegeben wird, werden bei der Kraft-Wärme-Kopplung beide Produkte verwendet.

Große KWK-Anlagen werden meist in Fernwärmenetzen genutzt, dabei werden Anlagenleistungen bis zu mehreren hundert MW realisiert.

Dezentrale KWK erfolgt mit Blockheizkraftwerken (BHKW), diese werden üblicherweise zur Versorgung eines Gebäudes oder mehrerer Gebäude in einem Nahwärmenetz eingesetzt.

Bild 16-48 gibt einen Überblick über die gebräuchlichen Bezeichnungen für BHKW im Gebäudebereich und die zugehörigen Leistungsgrößen sowie Technologien. KWK-Anlagen für Ein- und Zweifamilienhäuser bezeichnet man auch als stromerzeugende Heizungen.

27.2 Verfügbare Technologien

Otto- und Dieselmotoren

Die klassische Technik zur Kraft-Wärme-Kopplung im BHKW sind Otto-Motoren für gasförmige Brennstoffe (meist Erdgas oder Biogas) oder Dieselmotoren für flüssige Brennstoffe (Heizöl, Bioöl). Es kommen entweder speziell für den BHKW-Anwendungsfall entwickelte Motoren oder aber angepasste Kraftfahrzeugmotoren zum Einsatz. Das Verbrennungsprinzip ist aus dem Kfz-Bereich bestens bekannt.

Stirling-Motor

In einem Stirling-Motor findet die Verbrennung extern, also außerhalb des Zylinders statt. Damit kommen

Bezeichnung	Elektrische Leistung	Einsatzgebiet	Technologien
Mikro-KWK	≤ 2 kW_{el}	EFH/ZFH	Stirling-Motor, Gas-Ottomotor, Brennstoffzellen
Mini-KWK	≤ 30 kW_{el}	Mehrfamilienhäuser, Gewerbe	Otto-/Dieselmotor
KWK-Anlagen	> 30 kW_{el}	Große Wohngebäude, Nahwärmenetze, Industrie	Otto-/Dieselmotor Gasturbinen

16-48 Bezeichnungen und Leistungsbereiche von KWK-Anlagen

grundsätzlich weitaus mehr Brennstoffe für die Nutzung in Stirling-Motoren infrage. Bis auf wenige Ausnahmen wird jedoch auch bei Geräten mit Stirling-Motoren Erdgas als Brennstoff verwendet, insbesondere bei Geräten im für EFH/ZFH geeigneten Leistungsbereich wird praktisch ausschließlich Erdgas eingesetzt.

Durch die Zufuhr von Wärme wird ein Arbeitsgas (z. B. Helium) innerhalb eines geschlossenen Zylinders erwärmt. Dadurch dehnt es sich aus und setzt einen Arbeitskolben in Bewegung, der wiederum einen Generator antreibt. Der Prozess verläuft kontinuierlich durch ständig abwechselndes Erwärmen und Abkühlen des Arbeitsgases.

Das Prinzip des Stirling-Motors ist – ebenso wie die wesentlichen Vorteile wie niedrige Geräuschemissionen und überschaubarer Wartungsaufwand – seit Jahrzehnten bekannt. Trotzdem sind Mikro-KWK mit Stirling-Motor erst seit kurzem marktverfügbar. Die Absatzzahlen entwickeln sich durch das Engagement großer Heiztechnikhersteller dynamisch.

Nachteilig ist die im Vergleich mit anderen KWK-Erzeugern niedrige Stromausbeute. Dies wird jedoch im Bereich der für das EFH ausgelegten Stirling-Geräte nicht als Einschränkung angesehen, da hier die Stromerzeugung auf den Eigenbedarf ausgerichtet ist. Dafür werden meist elektrische Leistungen von etwa 1 kW bereitgestellt, dazu ergibt sich eine thermische Leistung von 5 bis 7 kW.

Gasturbinen

Sogenannte Mikro-Gasturbinen werden im Leistungsbereich von einigen 10 kW angeboten, sind also deutlich größer als Mikro-KWK. Die Geräte sind damit für industrielle Wärme- und Stromverbraucher oder Wärmenetze geeignet, in Wohngebäuden kommen sie kaum zum Einsatz.

Brennstoffzellen

Eine auf dem Markt sehr junge KWK-Technologie stellen die Brennstoffzellen dar, ihnen wird jedoch ein großes Potenzial zugeschrieben. Im Ergebnis von inzwischen Jahrzehnte andauernden F&E-Aktivitäten stehen die ersten Geräte zum Kauf bereit, allerdings zu noch recht hohen Kosten. Anders als bei den motorischen BHKW findet in einer Brennstoffzelle eine elektrochemische Energieumwandlung statt, der Strom wird also direkt – ohne die Zwischenstufen Wärme und mechanische Arbeit – erzeugt.

Bild 16-49 zeigt typische elektrische und thermische Wirkungsgrade verschiedener KWK-Erzeuger. Bei allen Technologien werden meist Gesamtwirkungsgrade zwischen 80 und 100 % erzielt, die Nutzungsgrade sind etwas geringer.

27.3 Besonderheiten

KWK-Anlagen stellen höhere Anforderungen an die Planung und Installation als Heizkessel. Neben den sonstigen Anschlüssen ist eine Verbindung zum Elektronetz für den erzeugten Strom einschließlich möglicher zusätzlicher Zähler sicherzustellen. Die Abgasabführung erfolgt (bis auf die Stirling-Geräte) in aller Regel in einem separaten Abgasweg.

Die Wirtschaftlichkeit ist stark von den individuellen Randbedingungen abhängig. Allen KWK-Lösungen ge-

Bezeichnung	Elektrischer Wirkungsgrad	Thermischer Wirkungsgrad
Otto-/Diesel-Motor	20 % – 35 %	50 % – 75 %
Stirling-Motor	10 % – 15 %	70 % – 90 %
Brennstoffzellen	25 % – 60 %	30 % – 70 %

16-49 Thermische und elektrische Wirkungsgrade verschiedener KWK-Erzeuger

mein sind die vergleichsweise hohen Investitionskosten, auch die Wartung ist (außer bei Stirling-Geräten) deutlich aufwendiger als bei Kesseln. Als Grundvoraussetzung für einen wirtschaftlichen Betrieb gilt daher eine möglichst hohe Auslastung der Geräte. Für übliche BHKW strebt man mindestens 4000 bis 5000 Betriebsstunden an, sie werden daher als Grundlasterzeuger in Verbindung mit einem Spitzenlastkessel betrieben. Ein wesentlicher wirtschaftlicher Vorteil ergibt sich durch die Eigennutzung des erzeugten Stroms. Pro kWh selbstgenutzten Stromes werden durch vermiedenen Netzbezug und KWK-Zuschlag etwa 30 ct bilanziert (Stand Frühjahr 2014), bei einer Netzeinspeisung entsteht nur ein Vorteil von etwa 10 ct/kWh.

KWK-Anlagen weisen aus ökologischer Sicht viele Vorteile auf, sie tragen zur CO_2-Emissionsminderung und zur Primärenergieeinsparung bei. Durch die bei dem üblichen wärmegeführten Betrieb auftretende Betriebscharakteristik sind BHKW ideal zur Kompensation wärmebedarfsabhängiger Stromverbraucher (z. B. Wärmepumpen) geeignet. Aus den genannten Gründen ist die Kraft-Wärme-Kopplung Bestandteil der politischen Energiewendebeschlüsse und wird durch Fördermaßnahmen, Steuererleichterungen und garantierte Einspeisevergütungen unterstützt.

27.4 Bewertung im Rahmen der EnEV

KWK-Anlagen werden in der EnEV-Bilanz mit der Stromgutschriftmethode bewertet. Für jede kWh erzeugten Stroms gibt es eine primärenergetische Gutschrift. Diese wird mit dem sog. Verdrängungsmixfaktor errechnet. Der Verdrängungsmixfaktor gibt an, welche Menge Primärenergie im Netz je kWh KWK-Strom eingespart wird. KWK-Strom verdrängt keinen Strom aus erneuerbaren Quellen, da dieser entsprechend der gesetzlichen Vorgaben vorrangig ins Netz eingespeist werden darf. Vielmehr wird Strom entsprechend der Merit-Order aus den Kraftwerken mit den höchsten Grenzkosten verdrängt. Der Primärenergiefaktor dieser Kraftwerke darf nach EnEV 2014 mit 2,8 angesetzt werden.

Für reale BHKW errechnet man mit dieser Methode in Abhängigkeit von der Stromkennzahl und dem Deckungsanteil von KWK und Spitzenlasterzeuger PE-Faktoren zwischen 0,0 und 0,9 für die gelieferte Wärme. Damit sind insbesondere KWK-Lösungen mit guten Stromkennzahlen bzw. elektrischen Wirkungsgraden gut zur Erfüllung der EnEV- bzw. von KfW-Effizienzhausanforderungen geeignet.

Für Bilder des Unterkapitels Gas- und Ölheizsysteme wurden Vorlagen der Viessmann Werke, Allendorf, mit deren freundlicher Genehmigung verwendet.

ELEKTROHEIZSYSTEME

28 Allgemeines

In den sechziger Jahren standen viele Wohnungen und Einfamilienhäuser zur Modernisierung an, insbesondere die weit verbreitete Einzelraumheizung mit Kohle- und Ölöfen entsprach nicht mehr den gewachsenen Ansprüchen an den Komfort.

Als technisch sehr einfach zu verwirklichende Lösung bot sich die **Elektro-Speicherheizung** an. Diese Lösung entspricht jedoch nicht mehr den aktuellen umweltpolitischen Vorgaben und Bedürfnissen des Wohnungsmarktes, zwischenzeitlich waren Nachtspeicherheizungen durch die EnEV praktisch verboten. Die zur Raumheizung benötigte Wärme wird nachts durch Strom bereitgestellt, sie wird bis zum „Verbrauch" auf Vorrat gespeichert. Die Geräte überzeugten ihre Benutzer durch automatischen, wie bei einer Zentralheizung entsprechend der Außentemperatur geregelten Betrieb und durch ihre lange Lebensdauer.

Manche Geräte waren bis zu 40 Jahre in Betrieb, ein sehr großer Teil mehr als 25 Jahre, das ist weit mehr, als üblicherweise technische Geräte im Heizungssektor erreichen. So positiv dies zu bewerten ist, kommen auch Nachteile zum Tragen, denn viele technische Weiterentwicklungen sind an diesen alten Geräten vorbeigegangen. Beispielsweise ist inzwischen eine bedeutend wirksamere Wärmedämmung der Speicherheizgeräte (Mikrotherm) entwickelt worden, sie reduzierte die Außenabmessungen der Geräte, häufig ein wichtiger Gesichtspunkt bei der Raumausstattung. Die Entwicklung führte auch zu besseren Regelgeräten, durch elektronische Bauteile wurden die Handhabung vereinfacht und der Komfort erhöht. **Es ist deshalb ratsam, alte Geräte gezielt und nicht nur im Störungsfall auszutauschen.**

Die Stromversorger sahen in der Speicherheizung eine Möglichkeit zum Eintritt in den Raumheizungsmarkt, ohne infolge der niedrigen Vollbenutzungsstunden, die für die Raumheizung in unserem Klima typisch sind, zu hohe Preise für den Strom nehmen zu müssen. Das Konzept verfolgte das Ziel, die Heizung weit überwiegend, möglichst sogar vollständig mit **Schwachlaststrom in den Nachtstunden** zu versorgen. In dieser Zeit waren Kraftwerke und Übertragungsnetze nicht ausgelastet und konnten zu sehr geringen Zuwachskosten genutzt werden, denn die höchste Last wird unter den Bedingungen der Stromversorgung in Deutschland am Tag benötigt. Dieses Konzept erwies sich als richtig und traf die Interessen der Kunden, sodass sich in kurzer Zeit ein großer Markt entwickelte. Wegen der Vorteile wurden auch in Neubauten Speicherheizungen mit großen Zuwachsraten installiert, weshalb die EVU schließlich die Zulassungen stoppen mussten, um mit den vorhandenen Lasttälern auszukommen; ein Neubau von Kraftwerksleistung und Leitungen wäre kostenmäßig nicht vertretbar gewesen. Dadurch verringerte sich wie gewünscht der Zuwachs.

Art und Menge der eingesetzten **Primärenergie** sowie die **CO_2-Emissionen** im Hinblick auf den vorbeugenden Klimaschutz spielten zu dieser Zeit weder in der Klimaforschung noch in der öffentlichen Diskussion eine Rolle. Die Speicherheizung verursachte am Anwendungsort keine Emissionen, sie verringerte insbesondere durch den Ersatz von Einzelöfen die Schadstoffemissionen in den Ballungszentren beträchtlich. Bei der Stromerzeugung wurde auf kostengünstige, minderwertige, anderweitig nicht einsetzbare Energieträger geachtet. Ein wichtiger Gesichtspunkt der Energiepolitik war die Verringerung der Abhängigkeit von Energieimporten.

Derzeit dagegen liegt in der politischen Diskussion der Schwerpunkt in der Vermeidung klimaschädlicher Emissionen. In der Energieeinsparverordnung wird allerdings die Beurteilung unterschiedlicher Wärmeversorgungssysteme auf den Primärenergiebedarf und nicht auf die CO_2-Emissionen bezogen. Der Bewertungsthematik der EnEV folgend, werden alle Heizungssysteme bei einheitlichem thermischen Komfort verglichen. Unter diesen Randbedingungen ergeben sich für die Elektrosysteme sehr hohe Primärenergiebedarfswerte. Zumindest im Vergleich mit Gasheizungen sind die Nachteile der E-Speicher- und E-Direktheizsysteme noch größer, wenn die CO_2-Emissionen als Bezugswerte gewählt werden. In das Integrierte Energie- und Klimaprogramm der Bundesregierung ist daher ein Austausch bestehender Nachtspeicherheizungen aufgenommen worden. Die Umsetzung wurde mit der EnEV 2009 vollzogen, durch den Bundestag allerdings im Mai 2013 wieder außer Kraft gesetzt. Der Druck des Marktes führt jedoch im Bereich vermieteter Wohngebäude dazu, dass viele der alten Speicherheizungen gegen umweltfreundlichere Heizsysteme mit geringeren Energiekosten ausgetauscht werden. Eine Renaissance der Elektrospeicherheizung infolge der durch die Energiewende bedingten großen Anteile zeitlich stark schwankenden erneuerbaren Stroms wird kontrovers diskutiert, erscheint jedoch wenig wahrscheinlich.

29 Erfahrungswerte des Energieverbrauchs

Auswertungen des Verbrauchs von mehr als 500 Wohnungen, die die Forschungsstelle für Energiewirtschaft, FfE, München durchgeführt hat, zeigen, dass der Endenergieverbrauch bezogen auf die Wohnfläche bei der Elektro-Gerätespeicherheizung nur etwa 50 % desjenigen von Öl- und Gaszentralheizungen betrug. Daraus errechnet sich ein Mehrverbrauch an Primärenergie von etwa 40 %. Das ist bedeutend weniger als das immer wieder genannte Dreifache, das von den Gegnern des Systems angegeben wird. Dieser Vorteil der dezentralen, raumweisen Heizung wird übrigens auch von früher üblichen dezentralen Gas-Raumheizgeräten bestätigt. *Bild 16-50* zeigt die Ergebnisse der genannten statistischen Auswertung. Die Zahlenwerte beziehen sich auf etwa 25 Jahre alte Wohnungen, die gegenüber derzeitigem Standard schlecht wärmegedämmt sind, das muss bei der Beurteilung der absoluten Verbräuche beachtet werden. Interessant ist die große Streubreite des Verbrauchs, eine Tatsache, die sich auch bei anderen Wärmeversorgungssystemen immer wieder bestätigt hat. Sie ist nicht

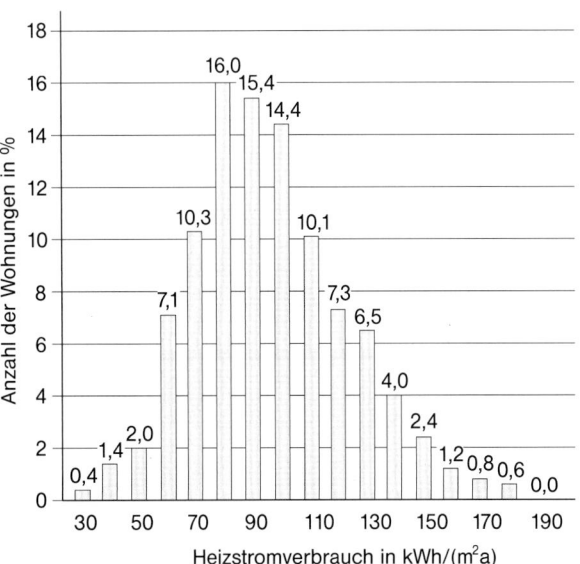

16-50 Prozentuale Verteilung des jährlichen Heizstromverbrauchs von 506 Wohnungen in Essener Mehrfamilienhäusern

nur durch die unterschiedliche Lage der jeweiligen Wohnung im Mehrfamilienhaus, z. B. Eckwohnung unter dem Dach oder mittig liegende Wohnung, sondern maßgeblich auch durch die Nutzergewohnheiten bedingt.

Neuere Untersuchungen des ITG Dresden im Auftrag des Bundesministeriums für Verkehr, Bau und Stadtentwicklung bestätigen mit einem mittleren Heizenergieverbrauch von 83,6 kWh/m²a die Verbrauchsdaten der FfE für mit Nachtspeicherheizungen beheizte Gebäude. Nach einer Umstellung der Heizungen in 42 Gebäuden auf Gas-Brennwert- oder Fernwärmeheizungen wurden allerdings ähnliche Energieverbräuche gemessen, sodass die alte These der stark unterschiedlichen Verbräuche nicht aufrechtzuerhalten scheint.

30 Elektro-Speicherheizungen

30.1 Gerätespeicherheizung

Das mit über 90 % Anteil am meisten verbreitete System der Elektro-Speicherheizung ist die Gerätespeicherheizung. Ein Speicherheizgerät ist jeweils für die Beheizung eines Raumes vorgesehen, *Bild 16-51* zeigt den Aufbau. Das zentrale Element ist der **Speicherkern**, der aus Magnesit oder ähnlichem, gut wärmespeichernden und hitzebeständigen Material besteht. Darin sind die zur Aufheizung auf bis zu 600 °C notwendigen Elektro-Heizwiderstände eingelegt.

Die Wärmeabgabe des Kerns wird durch eine hochwertige Wärmedämmung so weit vermindert, dass das Gerät auch nach 16 Stunden Standzeit noch 40 % des Wärmeinhalts enthält. Im Gehäuse des Geräts sind weiterhin ein Ventilator zur Luftförderung durch die Speichersteine,

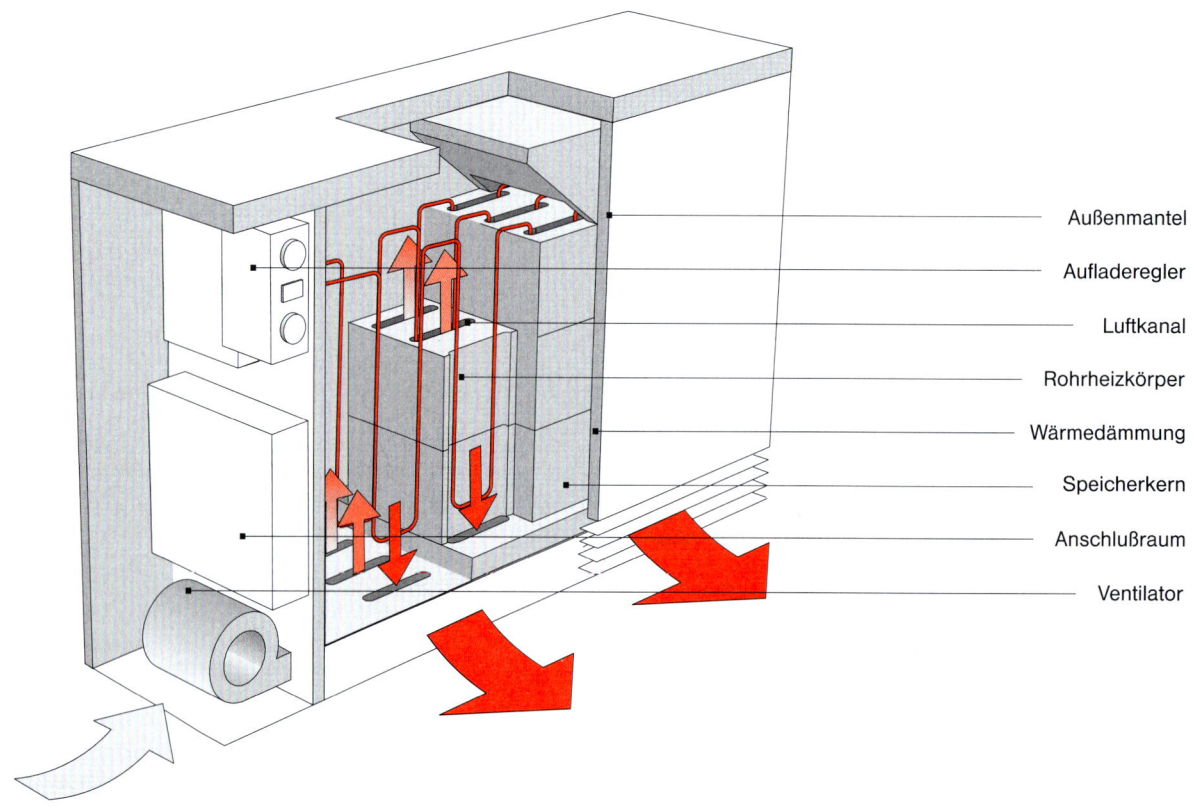

16-51 Speicherheizgerät mit dynamischer Entladung und steuerbarer Wärmeabgabe

ein Luftfilter und die erforderlichen Steuerungs- und Regelungseinrichtungen untergebracht. Die äußere Verkleidung besteht meist aus lackiertem Stahlblech, es werden aber auch Verkleidungen aus Keramik und Abdeckplatten aus anderen Natursteinen angeboten.

Aus der berechneten Heizlast des Raums ergibt sich der erforderliche nutzbare Wärmeinhalt des Geräts, seine „Größe". Er bestimmt die Masse des Speicherkerns und dessen höchste Temperatur. Der elektrische Anschlusswert berechnet sich aus dem Wärmeinhalt und der maximalen Ladedauer, die durch die Freigabezeiten des Stromversorgungsunternehmens bestimmt ist. Die Auslegung des Speicherheizgeräts erfolgt durch den Elektroinstallateur, die Herstellerfirma oder ein Ingenieurbüro entsprechend den Berechnungsvorschriften, die in DIN 44570 und 44572 festgelegt sind. Prüfbestimmungen und Qualitätsmerkmale, die in Normen festgelegt sind, sorgen für hohe und gleich bleibende Gebrauchstauglichkeit.

Die heutzutage angebotenen Geräte sind in ihren Abmessungen vor allem flacher als früher, die Bautiefe beträgt 16 bis 25 cm, sie können bodenfrei auf Wandkonsolen montiert werden.

Die **Aufladung** des Speichers erfolgt gesteuert durch eine Aufladeautomatik. Sie passt die zu speichernde Wärmemenge dem jeweiligen Wärmebedarf in Abhängigkeit sowohl von der Witterung als auch von der noch im Gerät enthaltenen Restwärme sowie den Freigabezeiten des Stromversorgers an. Handeingriffe in die Regelung sind möglich. Manche Stromversorger bieten als Dienstleistung eine zentrale Steuerung an.

Die **Wärmeabgabe** erfolgt zum geringeren Teil durch Strahlung und Konvektion über die Oberfläche des Geräts. Diese Wärmeleistung hängt von der Aufladung des Speichers bzw. seiner Temperatur ab, sie reicht nicht zur vollen Beheizung des Raums aus. Hauptsächlich wird die Wärme durch eine sogenannte dynamische Entladung über den Luftstrom ausgetragen, den der eingebaute Ventilator aus dem Raum durch den Speicherkern und in den Raum zurück fördert. Ein Thermostat, am Gerät selbst oder separat möglichst in der Nähe der Eingangstür angebracht, sorgt, durch den Nutzer leicht einstellbar, für die Einhaltung der gewünschten Temperatur im jeweiligen Raum.

Die Geräte verursachen nur geringe Schallemissionen, lediglich die Ein- und Ausschaltung des Ventilators durch den Thermostaten kann als störend empfunden werden. Moderne Geräte werden deshalb häufig mit Ventilatoren ausgeführt, deren Drehzahl entsprechend dem Wärmebedarf vom Thermostaten geregelt wird. Damit sind störende Geräusche nicht mehr zu erwarten, da keine Unterbrechung des Betriebs stattfindet.

Wenngleich bei sehr hohem Wärmedämmstandard des Gebäudes und der Fenster eine Aufstellung der Geräte an jedem Platz im Raum ohne Einschränkungen möglich wäre, ist es noch immer sinnvoll, das Speicherheizgerät unterhalb des Fensters aufzustellen, schon weil dieser Platz am wenigsten für die Möblierung verplant wird.

30.2 Lüftungs-Speicherheizgeräte

Die EnEV honoriert technische Lösungen, die den Energieverbrauch reduzieren. Eine solche Lösung ist die mechanische Wohnungslüftung mit Wärmerückgewinnung, sie gestattet die Wiederverwendung des größten Teils der Lüftungswärmeverluste, Kapitel 14-11. Die Hersteller von Speicherheizgeräten haben bereits vor den neuen gesetzlichen Rahmenbedingungen die Weiterentwicklung der Geräte betrieben. In einem gemeinsamen Gehäuse ist zusätzlich zum Speicherkern ein dezentrales Lüftungsgerät enthalten, *Bild 16-52*.

Der von außen kommende Luftstrom wird zunächst in einem Wärmetauscher durch die Abluft vorgewärmt und bei Bedarf durch den Wärmespeicher, der wie bisher witterungs- und restwärmeabhängig aufgeladen wird, zusätzlich erwärmt. Bei niedrigen Außentemperaturen wird fehlende Heizwärme durch Umluftbetrieb des Wärmespeicherteils ergänzt. Der technische Aufwand für die

16 Elektroheizsysteme — Elektro-Speicherheizungen

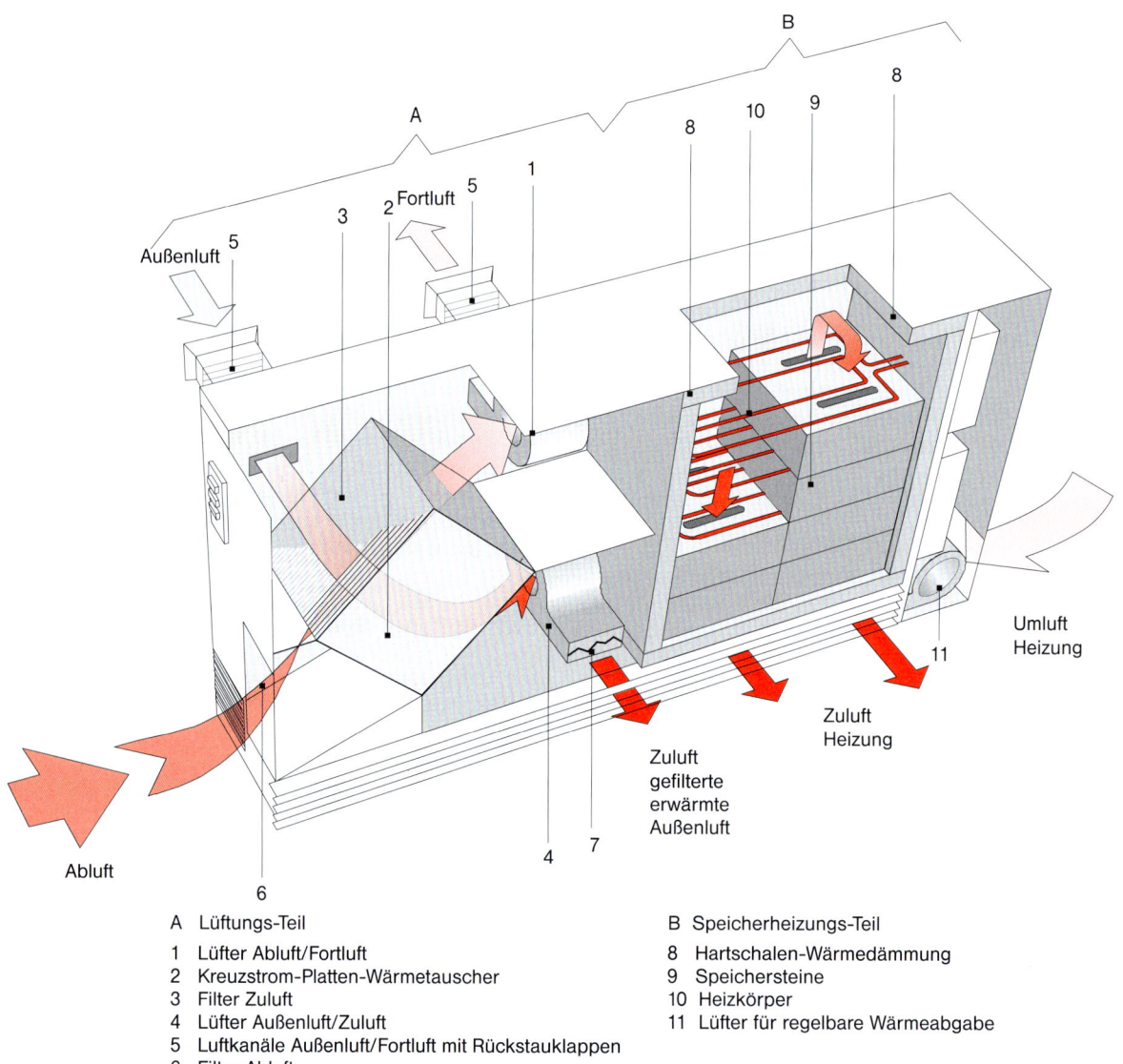

A Lüftungs-Teil
1 Lüfter Abluft/Fortluft
2 Kreuzstrom-Platten-Wärmetauscher
3 Filter Zuluft
4 Lüfter Außenluft/Zuluft
5 Luftkanäle Außenluft/Fortluft mit Rückstauklappen
6 Filter Abluft
7 Elektrische Zusatzheizung für Nacherwärmung

B Speicherheizungs-Teil
8 Hartschalen-Wärmedämmung
9 Speichersteine
10 Heizkörper
11 Lüfter für regelbare Wärmeabgabe

16-52 Lüftungs-Speicherheizgerät, Einzelraumlüftungsgerät mit Wärmerückgewinnung und integriertem Speicherheizgerät

Wohnungslüftung, dezentral je Raum, ist dabei relativ gering und wird bereits bei der Fertigung der Geräte beim Hersteller fehlerfrei erledigt. In der Gebäudeaußenwand sind bei der Installation lediglich je nach Konzept ein oder zwei Öffnungen von etwa 5 bis 10 cm Durchmesser für die Außen- und die Fortluft zu erstellen.

Diese Lüftung ist zwar mittlerweile auch aus Gründen des Energieverbrauchs zu empfehlen, auf ihre Bedeutung aus bauphysikalischen und insbesondere hygienischen Gründen kann nicht deutlich genug hingewiesen werden, Kapitel 14-1.

In bestehenden Gebäuden, deren Wärmebedarf bei Modernisierungsmaßnahmen verringert wurde, werden Speicherheizgeräte mit einer geringeren Wärmekapazität benötigt. Deshalb können die Lüftungs-Speicherheizgeräte auch bei Erneuerung von Speicherheizungen in Altbauten eingesetzt werden, sie führen zu weiter verringertem Energiebedarf, sicherer Abführung von Feuchtigkeit und deutlich verbesserter Raumluftqualität.

30.3 Fußbodenspeicherheizung

Wegen ihrer niedrigen Investitionskosten ist die Elektro-Fußbodenspeicherheizung insbesondere für neue Einfamilienhäuser ein interessantes System gewesen, wurde durch die EnEV jedoch weitgehend vom Markt verdrängt. Wie bei der Geräteheizung ist nach EnEV eine Wohnungslüftung mit Wärmerückgewinnung, Kapitel 14-11, Vorbedingung für ihren Einsatz. Grundlage für Planung und Bemessung einer Fußbodenspeicherheizung ist DIN 44576 Teil 1 bis 4, Ausgabe 1987.

Unter Ausnutzung der Wärmespeicherfähigkeit einer auf gut 8 cm Dicke verstärkten Estrichschicht wird der Wärmebedarf durch die Aufladung des Speicherestrichs in den Ladezeiten während der Nacht und der Tagnachladung weitestgehend gedeckt. Die Feineinstellung der Raumtemperatur erfolgt durch das Zuschalten einer Ergänzungs-Direktheizung über einen Raumthermostaten. Voraussetzung für Funktion und wirtschaftlichen Betrieb sind ein guter Wärmeschutz des Gebäudes und die Gewährung einer mindestens 2-stündigen Nachladedauer während der Tageszeit durch den Stromversorger.

Bedingt durch die geringe Fußbodenoberflächentemperatur von höchstens 24 bis 26 °C ergibt sich eine maximale Wärmeabgabe vom Fußboden an den zu beheizenden Raum von ca. 70 W/m^2, ein Wert, der bei modernen Bauten nicht mehr überschritten, häufig jedoch weit unterschritten wird.

Die **Heizleitungen**, teilweise zu Heizelementen vorgefertigt, werden heutzutage weit überwiegend direkt in den Estrich eingebettet, *Bild 16-53*. Wichtige Hinweise bezüglich Temperaturbeständigkeit der Baumaterialien und der Heizleiter, Ausführung des Estrichs, der Bewegungs- und Scheinfugen, des Abbinde- und Aushärtungsprozesses, der Vorgehensweise beim erstmaligen Aufheizen, verwendbarer Kleber und Bodenbeläge sowie deren fachgerechte Verarbeitung sind in den Informationsblättern des Bundesverbandes Flächenheizung, BVF, enthalten (www.flaechenheizung.de).

Estrichverlegung und die Verlegung der Heizleitungen müssen sorgfältig ineinander greifen. Sie sollten, obgleich ganz verschiedene Gewerke, möglichst vom selben Unternehmen ausgeführt werden; zumindest unter fachkundiger Aufsicht der Fußbodenheizungsfirma. Eine sorgfältige Terminabstimmung zwischen ausführenden Unternehmen, Architekten und Bauherrn ist im Hinblick

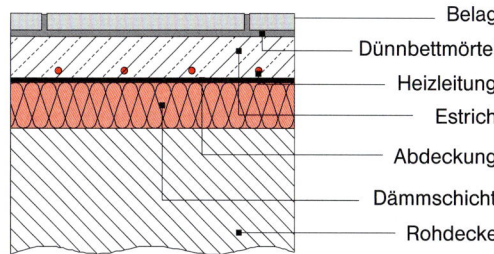

16-53 Fußbodenspeicherheizung mit Heizleitungen im Estrich

auf die vier bis sechs Wochen langen Abbinde- und Trockenzeiten wesentliche Voraussetzung für eine fehlerfreie Montage.

Die Gewährleistung für die fachgerechte Ausführung sollte unbedingt in einer Hand, beim Lieferanten der Fußbodenheizung, liegen und nicht zwischen den verschiedenen beteiligten Firmen, wie Estrichleger, Elektroinstallateur und Heizungsfirma, aufgeteilt werden.

Über den Fußboden wird der Grundwärmebedarf bis zu einer Raumtemperatur von etwa 18 bis 20 °C gedeckt. Für die Feinregulierung der gewünschten Raumtemperatur und eine Anpassung an momentane Wärmegewinne (z. B. Sonneneinstrahlung oder Beleuchtung) und Wärmeverluste (z. B. Lüftung) ist in jedem Hauptraum ein flink regelbarer **Direktheizungsanteil** zu installieren. Dies ist in der Regel eine Randzonenheizung oder auch ein Unterflurkonvektor.

Eine ausreichende Regelleistung ist gesichert, wenn ein Direktheizanteil von etwa 20 W/m² Wohnfläche vorgesehen wird.

Eine zusätzliche Direktheizung ist außerdem erforderlich, wenn die beheizbare Fläche zu klein ist oder die Temperaturanforderung von der üblichen Raumheizung unterschiedlich ist; beides ist beispielsweise bei Bädern der Fall. Diese Zusatzheizung gestattet dann auch eine Beheizung in der Jahreszeit, in der die normale Heizung ausgeschaltet ist. Es kann sich um eine zusätzliche, unter dem Bodenbelag installierte, direkt wirkende Fußbodenheizung, *Bild 16-54*, oder um Konvektoren handeln.

Bedingt durch die ausschließlich statische Wärmeabgabe über die Fußbodenoberfläche, stellt dieses relativ träge Heizsystem besondere Anforderungen an die **Laderegelung**. Die Aufladung der Speicherschicht zur Deckung des Grundwärmebedarfs wird durch die Ladedauer während der Freigabezeiten beeinflusst. Eine witterungsgeführte Aufladeautomatik, mit Verschiebung der jeweils notwendigen Aufladedauer an das Ende der tariflichen Freigabezeit, ist heute als Regelorgan selbstverständlich. Jedem Hauptraum sollte ein eigener Regelkreis zugeordnet werden. Vorteilhaft ist in jedem Fall ein separater Regelkreis für die Bodenheizung in Bädern, um hier auch im Sommer unabhängig von der übrigen Heizung den Boden erwärmen zu können.

Bei Beheizung von Wohnflächen soll der flächenbezogene **Anschlusswert** der Fußbodenspeicherheizung nicht größer als 180 W/m² sein, der der Randzonen nicht mehr als 250 W/m² betragen. Dies sind technisch bedingte Grenzwerte, die nicht überschritten werden sollen. Die Bemessung erfolgt nach DIN 44576.

In der Praxis erweist sich heute ein flächenbezogener Anschlusswert von 120 W/m² als ausreichend; geringere Anschlusswerte, auch unter 100 W/m², werden durch die EnEV möglich. In den Randzonen wird der Wert von 200 W/m² heute kaum noch erreicht. Da das Problem Kälteeinfall an großflächigen Fenstern durch hochwer-

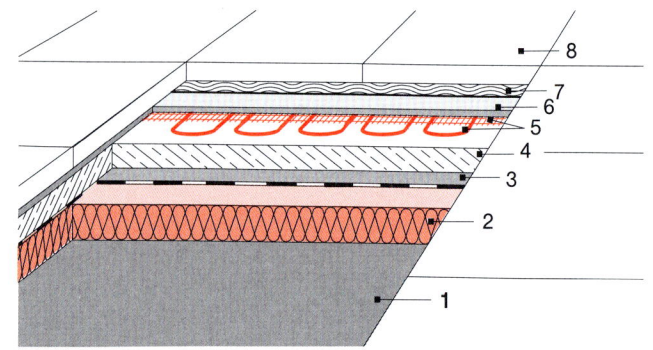

1 tragender Untergrund 5 Heizmatte
2 Dämmschicht 6 Fließspachtel
3 Abdeckung 7 Dünnbett-Klebemörtel
4 Estrich 8 Bodenbelag

16-54 Fußboden-Direktheizung mit Heizleitung im Dünnbett-Klebemörtel des keramischen Bodenbelags

tige Wärmeschutzverglasungen gering geworden ist, ist auch der Energieverbrauch für die Randzonenheizung gering.

Die Zahl der **Schäden an Heizleitungen** ist sehr gering, soweit hochwertige und wärmebeständige Heizleitungswerkstoffe verwendet werden, der Estrich fachgerecht eingebracht und das System sorgfältig montiert wird. Dennoch ist es für den Architekten und den Bauherrn beruhigend zu wissen, dass mit einer Infrarot-Fehlerortungseinrichtung eine schadhafte, im Estrich eingebettete Leitungsstelle in kurzer Zeit exakt gefunden werden kann. Die Reparatur im Boden beschränkt sich auf eine kleine Öffnung zum Einbau einer Leitungsmuffe.

30.4 Zentralspeicherheizung

In der Vergangenheit bestand bei manchen Kunden der Wunsch, eine elektrische Speicherheizung zu wählen, sie jedoch wie eine Warmwasser-Zentralheizung betreiben zu können. Als Speicher wurden Feststoffspeicher, Anlagen mit dem prinzipiellen Aufbau eines Speicherheizgeräts, nur wesentlich größer, eingesetzt. Bei der zweiten Bauart von Zentralspeichern wurde das Wärmeverteilungsmedium Wasser auch gleichzeitig als Speichermedium verwendet, in geringer Stückzahl werden sie noch heute eingesetzt.

Nachteilig an Zentralspeichersystemen sind die vergleichsweise hohen Kosten und der ebenfalls hohe Installationsaufwand. Außerdem sind die Energiekosten deutlich höher als bei fossilen Brennstoffen. Deshalb haben sich die Systeme in Deutschland nicht durchsetzen können. Von Vorteil ist, dass das zentrale Verteilsystem es ermöglicht, auch auf andere Wärmeerzeuger umstellen zu können, und beispielsweise durch Wärmepumpen aus der Abluft von Wohnungslüftungsanlagen oder durch Solarkollektoren gewonnene Wärme zu nutzen.

30.5 Steuerung und Regelung von Speicherheizgeräten

Die Steuer- und Regeleinrichtungen von Elektro-Speicherheizungsanlagen sollen

– dem Wunsch des Nutzers nach einfacher Bedienung entsprechen, die automatisch eine bedarfsgerechte Wärmespeicherung und Wärmeabgabe bewirkt,

– den elektrizitätswirtschaftlichen Anforderungen des jeweiligen Elektrizitätsversorgungsunternehmens Rechnung tragen.

Bei Elektro-Speicherheizungen sind zwei unterschiedliche Regelungs- und Steuerungsfunktionen notwendig. Entsprechend der vom Witterungsfühler erfassten Außentemperatur wird vom Zentralsteuergerät und dem Aufladeregler die **bedarfsgerechte Ladung** unter Berücksichtigung der noch vorhandenen Restwärme gesteuert, um für den folgenden Tag genügend Wärme einzuspeichern. Die nötigen Fühler für die Speichertemperatur sind im Speicherkern angeordnet. Unterschiede im Wärmebedarf der zu beheizenden Räume und der installierten Geräteleistung sind mit der Steuerung an den Geräten auszugleichen.

Die **Entladung** entsprechend dem momentanen Wärmebedarf, um eine gewünschte Raumtemperatur einzuhalten, wird durch einen meist im Gerät eingebauten Thermostaten gesteuert. Dieser kann durch einen Schalter unterbrochen werden, dadurch kann bei Abwesenheit der Lüfter einfach ausgeschaltet und die Raumtemperatur abgesenkt werden, ein geringerer Energieverbrauch ist die Folge.

Zukünftig werden die Anforderungen an die Regelung von Speicherheizgeräten wesentlich durch die veränderten Bedingungen im Stromnetz geprägt. Durch die Kommunikation mit einem intelligenten Stromzähler (Smart Meter) können sich energiewirtschaftliche und kostenmäßige Vorteile für Speicherheizgeräte ergeben.

30.5.1 Aufladesteuerung

Um die Aufladung auf die Schwachlastzeit zu begrenzen, werden von den Elektrizitätsversorgungsunternehmen Steuereinrichtungen eingesetzt, die die Aufladung nur während bestimmter Zeiten freigeben. Hierfür haben sich zwei Systeme bewährt:

– Freigabe durch Schaltuhren,

– Freigabe durch Tonfrequenz-Rundsteuerempfänger.

Ziel der Freigabezeit und -dauer ist es, am kältesten Tag des Jahres eine möglichst gleichmäßige Netzbelastung zu erreichen. Beim System mit Schaltuhren ist die einmal eingestellte Freigabesteuerung starr. In den übrigen Wintermonaten, insbesondere in der Übergangszeit, ändert sich die Belastungscharakteristik, und eine größere Flexibilität für das EVU wäre wünschenswert. Mit der Tonfrequenz-Rundsteuerung kann dieser Forderung entsprochen und eine Staffelung der Ein- und Ausschaltzeiten der am EVU-Netz installierten Anlagen vollzogen werden.

Über diese Schalteinrichtung erfolgt gleichzeitig die Ansteuerung des Doppeltarifzählers, d. h. die Umschaltung der Zählwerke für Niedrig- und Hochtarif.

Für die Aufladung von Speicherheizungseinrichtungen ordnet die zentrale Aufladesteuerung einer Witterungsgröße (Außentemperatur) einen entsprechenden Wärmeinhalt in der Speicherheizungseinrichtung zu, der innerhalb einer bestimmten Freigabedauer erreicht werden soll, wobei der Restladezustand der Speicherheizungseinrichtung berücksichtigt wird. Dieses Ziel und eine gleichmäßige Belastung des Stromnetzes können durch unterschiedliche Ladecharakteristiken erreicht werden.

Wegen der Vielzahl der Fabrikate und Typen von Aufladereglern sind die detaillierten **Einstellhinweise** den jeweiligen fabrikatbezogenen Bedienungsanleitungen zu entnehmen. Folgende grundsätzliche Hinweise sind jedoch von allgemeiner Bedeutung:

– Die richtige Einstellung der Aufladung am Gerät ist zu finden, indem von Vollaufladung in kleinen Schritten nach jeweils mindestens einem Tag heruntergestellt wird, bis das Gerät abends gegen 22 Uhr mit eingeschaltetem Ventilator noch genügend Wärme zur Heizung liefert. Danach den Knopf nur noch verstellen, wenn es nicht ausreichend warm oder zu warm wird.

– Eine Einstellkorrektur für die Lademenge macht sich bei der Speicherheizung erst am nächsten Tag bemerkbar. Sinnvoll ist es deshalb, die Auswirkung über zwei oder drei Tage zu beobachten, ehe eine erneute Korrektur vorgenommen wird.

– Wenn nach einer plötzlichen Außentemperaturänderung die Raumtemperatur nicht ganz den Benutzervorstellungen entspricht, sollte die Reglereinstellung nicht sofort geändert werden. Die Automatik hat sicher am nächsten Tag auf die Veränderung reagiert.

– Werden Räume über einen längeren Zeitraum nicht genutzt, z. B. während des Urlaubs, so sollte die Heizung nicht ganz abgestellt, sondern durch Verstellen der Ladeeinsteller abgesenkt betrieben werden, um eine Mindesttemperatur der Wohnung sicherzustellen.

30.5.2 Entladesteuerung

Die Entladung wird über die Raumtemperaturregler der Geräte gesteuert:

– Mit dem Thermostaten wird die gewünschte Raumtemperatur eingestellt, die bei freigegebenen Ventilator automatisch gehalten wird. Sinkt die Temperatur unter den eingestellten Wert, schaltet der Ventilator ein, bei Erreichen des eingestellten Sollwerts wieder aus.

– Ein Kippschalter dient zur Freigabe bzw. zum Sperren des automatischen Ventilatorbetriebs. Die Freigabe aktiviert den Raumthermostaten, der seinerseits entsprechend der gewünschten Raumtemperatur den Ventilator ein- und ausschaltet. Die günstigste Nutzung der Speicherheizung ergibt sich bei gesperrtem Ventilatorbetrieb, wenn sich niemand im Raum aufhält.

– Ein Betrieb gänzlich ohne den Ventilator ist jedoch ungünstig. Insbesondere kann die Raumtemperatur schlecht geregelt werden, da der Raumthermostat nicht wirken kann. Für eine Heizung ausschließlich über die Geräteoberfläche ist eine stärkere Aufladung (höhere Temperatur) erforderlich; nachts und morgens wird dann zu viel Wärme abgegeben. Die Raumtemperatur steigt zu hoch, Wärme wird häufig durch geöffnete Fenster weggelüftet. Abends ist dadurch unter Umständen zu wenig Wärme im Gerät.

– Schlafräume sollten immer mit dem auf Stellung 1 gestellten Regler am Gerät beheizt werden, ein „Heizen" abends mit offener Tür aus dem wärmeren Wohnbereich führt zu Feuchteproblemen!

31 Elektro-Direktheizung

Die elektrische Direktheizung wird in Deutschland für Gebäude mit normalen Innentemperaturen nicht als ganzjährige Heizung konzipiert, sie bietet jedoch als Ergänzungs-, Übergangs- oder Zusatzheizung wegen ihrer schnellen Wirkung und guten Regelbarkeit viele Vorteile. Insbesondere die Investitionskosten liegen weit unter denen anderer Techniken. Bei Berücksichtigung der Kapital- und Energiekosten – Privatleute führen diese Rechnung in aller Regel allerdings nicht exakt durch – sind die Wärmekosten in Bestandsgebäuden deutlich höher als bei „normalen" Heizungen. In Neubauten mit sehr niedrigem Energiebedarf wirken sich die hohen Energiepreise für Direktstrom weniger stark aus, trotzdem sind auch hier Elektro-Direktheizungen ungebräuchlich.

Eine Elektro-Direktheizung ist ideal regelbar, sie wird nur zu Zeiten und direkt am Ort des Bedarfs betrieben. Außerdem sind die hohen spezifischen Energiekosten zusätzlicher Antrieb zum sparsamen Umgang mit der „Edelenergie" Strom.

In Bädern und anderen nur kurzzeitig genutzten Räumen mit nur zeitweilig im Komfortbereich benötigter Temperatur bieten **elektrische Schnellheizer** als Radiatoren, Konvektoren oder Heizstrahler kostengünstige Zusatzwärme zu allen anderen Heizsystemen, auch Brennstoffsystemen. Auch in diesen Räumen direkt unter den Fliesen eingebrachte Fußboden-Direktheizungen, *Bild 16-54*, wirken zur Temperierung des Fußbodens fast sofort und vermitteln ein besonders komfortables Gefühl.

Ebenso dienen die sehr kostengünstigen transportablen Heizlüfter in der Übergangszeit außerhalb der eigentlichen Heizperiode praktisch in jedem Haushalt als Zusatzwärmeerzeuger. Infrarot-Quarzstrahler ermöglichen an kühlen Sommerabenden einen Aufenthalt auf Terrasse oder Balkon. Auch **Frostschutz-Kleinheizgeräte** sind hier zu erwähnen, die bei strengem Frost in unbeheizten Räumen das Einfrieren von Leitungen verhindern, indem sie die Raumtemperatur über dem Gefrierpunkt halten.

Bei Passivhäusern, Gebäuden mit durch extremen Wärmeschutz und Wärmerückgewinnung bei der Wohnungslüftung sehr stark vermindertem Wärmebedarf, kann auf ein Heizsystem im üblichen Sinn verzichtet werden. Als Wärmeerzeuger für den sehr niedrigen Bedarf wird teilweise eine **Elektro-Direktheizung ergänzend zu einer Abluft-Wärmepumpe** eingesetzt. Die zusätzlichen Investitionskosten für diese Ergänzungsheizung sind minimal. Eine physikalisch korrekte Bewertung muss jedoch zeigen, ob die bei Passivhäusern mit erheblichem baulichen Aufwand erreichte Energieeinsparung bei primärenergetischer Bewertung nicht durch Direktheizsysteme mit Strom zunichte gemacht wird.

32 Elektroheizungen außerhalb des Gebäudes

Im Gebäudebereich finden in der Winterzeit mitunter Wärmeanwendungen statt, um spezielle Probleme zu lösen. Meist handelt es sich um das Verhindern von Eis, um Störungen einer Nutzung zu vermeiden oder die

Sicherheit beim Begehen und Befahren zu gewährleisten. Energetisch sind diese Anwendungen meist nicht relevant, ihr Nutzen ist jedoch groß. Der Definition nach sind es Direktheizungen, allerdings mit bedeutend weniger Nutzungsstunden als bei der Raumheizung.

32.1 Außenflächenheizungen

Außenflächenheizungen werden dazu eingesetzt, Gehwege, Bahnsteige, Treppen, Rampen, Terrassen, Brücken, Straßen von Schnee und Eis freizuhalten. Es sind Direktheizungen mit sehr geringen Betriebsdauern.

Bei der Bemessung einer Außenflächenheizung sind die jeweiligen klimatischen und baulichen Verhältnisse zu berücksichtigen, wie:

– niedrigste Außentemperatur,

– Windgeschwindigkeit,

– Schneefallmenge,

– Lage des Objekts (windgeschützt oder frei),

– Belagkonstruktion und Baustoffe.

Als Richtwerte für die erforderliche Heizleistung gelten für Gehwege, Straßen, Treppen, Rampen, Brücken 250 bis 300 W/m^2.

Sowohl für die Minimierung der Energiekosten als auch für eine sichere Funktion ist eine geeignete Regelung wichtig. Eine Außenflächenheizung soll sich einschalten, wenn Schnee fällt oder die Gefahr von Glatteisbildung besteht. Ist die Rutschgefahr beseitigt, soll wieder ausgeschaltet werden. Die elektrischen Heizleitungen sind im Hinblick auf eine kurze Reaktionszeit nahe unter der Oberfläche des Geh- oder Fahrbelags, jedoch mit einer Überdeckung von mindestens 3 cm anzuordnen.

32.2 Dachrinnenheizungen

Sie werden zur **Schnee- und Eisfreihaltung** von Dachrinnen, Shedrinnen, Ablaufrohren eingesetzt.

Das durch Sonneneinstrahlung oder bei älteren Gebäuden durch Gebäudewärme entstehende Tauwasser kann bei Frost in den Rinnen und Abläufen gefrieren und in ungünstigen Fällen dem Schmelzwasser den Weg versperren. Dadurch können Schäden wie gesprengte Abläufe, Eindringen von Wasser in das Gebäude, Beschädigung der Rinnen durch Schneeräumung entstehen. Dies wird durch eingelegte Heizleitungen verhindert, wenn die Anlage richtig geplant, fachgerecht ausgeführt und rechtzeitig eingeschaltet ist. Die durch die Heizleitung erzeugte Wärme hält – auch unter einer hohen Schneedecke – auf der ganzen Länge einen Rinnkanal frei, sodass das entstehende Schmelzwasser ungehindert abfließen kann.

Richtwerte für die Heizleistung von Dachrinnenheizungen:

Höhe über Meer m	Leistung Dachrinne W/m	Leistung Shedrinne W/m
400	35	55
600	40	60
800	45	65
1000	50	70
1500	60	80
2000	65	100
2500	70	120

Der Leistungsbedarf von Dachrinnenheizungen gilt gleichermaßen auch für Ablaufrohre bei Terrassen-, Dach- und Sammelrohren.

Dachrinnenheizungen sind Direktheizungen. Die jährliche Betriebsdauer beträgt klima- und witterungsabhängig 100 bis 300 h/a. Durch konstruktive Maßnahmen am Gebäude, z. B. die Vermeidung von Dachrinnen innerhalb einer Dachfläche, sollte die Notwendigkeit des Einsatzes von Rinnenheizungen möglichst umgangen werden. In schneereichen Gebieten ist sie jedoch häufig unverzichtbar.

SONNENENERGIE

1	**Einführung** *S. 17/4*	
2	**Möglichkeiten und Systeme zur Nutzung der Sonnenenergie** *S. 17/4*	
2.1	Passive Nutzung der Sonnenenergie	
2.2	Aktive Nutzung der Sonnenenergie	
2.3	Der Markt für solarthermische Anlagen	
3	**Solares Strahlungsangebot** *S. 17/5*	
3.1	Astronomische und meteorologische Grundlagen	
3.2	Der Einfluss von Orientierung und Neigung auf den Strahlungsempfang	

SOLARWÄRMESYSTEME

4	**Komponenten solarthermischer Anlagen** *S. 17/9*
4.1	Wie funktioniert die Standardkollektoranlage?
4.2	Kollektoren
4.2.1	Flachkollektoren
4.2.2	Wirkungsweise des Flachkollektors
4.2.3	Unverglaste Kollektoren, Solarabsorber
4.2.4	Vakuumkollektoren
4.2.5	Luftkollektoren
4.2.6	Hybridkollektoren
4.2.7	Kollektor- und Anlagenkennwerte
4.2.8	Wirkungsgradkennlinien und Einsatzbereiche von Kollektoren
4.3	Wärmespeicher
4.3.1	Standardsolarspeicher
4.3.2	Kombispeicher
4.3.3	Schichtenspeicher
4.3.4	Speicher-Kessel-Wärmepumpe-Kombination
4.3.5	Das Legionellenproblem
4.4	Solarkreis
4.5	Regelung
4.5.1	Vorbemerkungen
4.5.2	Schaltprinzip der Temperaturdifferenzregelung
5	**Systeme für kleine und mittlere Anlagen** *S. 17/24*
5.1	Vorbemerkungen
5.2	Speicherbeladung und -entladung
5.2.1	Speicherbeladung mit Solarenergie
5.2.2	Nachheizung
5.2.3	Speicherentladung
5.3	Systeme zur Trinkwassererwärmung
5.4	Systeme zur Trinkwassererwärmung und Heizungsunterstützung (Kombianlagen) im EFH-/ZFH
5.5	Systeme zur Lufterwärmung
5.5.1	Vorbemerkungen
5.5.2	Solar unterstützte Wohnungslüftung
5.5.3	Solare Luftheizung mit Speicher
5.5.4	Solare Luftheizung und Trinkwassererwärmung
5.5.5	Solare Trocknung
6	**Großanlagen** *S. 17/30*
7	**Planung und Auslegung** *S. 17/33*
7.1	Vorbemerkungen
7.2	Anlagen zur Trinkwassererwärmung
7.3	Anlagen zur Trinkwassererwärmung und Heizungsunterstützung
8	**Sonnenhäuser** *S. 17/35*
9	**Montage** *S. 17/36*
9.1	Vorbemerkungen
9.2	Kollektormontage
9.2.1	Schrägdachmontage
9.2.2	Flachdachmontage
9.2.3	Blitzschutz
9.2.4	Fassadenmontage
9.3	Montage des Solarkreises
9.4	Speichermontage
9.5	Fühler- und Reglermontage
9.6	Inbetriebnahme, Wartung und Service

9.6.1	Spülen des Solarkreises	**15**	**Speichersysteme ergänzen die Photovoltaikanlage** S. 17/57
9.6.2	Dichtigkeitsprüfung	15.1	Blei-Akkumulatoren
9.6.3	Befüllen mit Solarflüssigkeit und Entlüftung	15.2	Lithium-Ionen-Akkumulatoren
9.6.4	Einstellen von Pumpe und Regelung	**16**	**Am Anfang steht die Planung** S. 17/59
9.6.5	Wartung	16.1	Wie viel Energie liefert die Sonne?
10	**Kosten und Wirtschaftlichkeit** S. 17/44	16.2	Vorbereitung und Gebäudebegutachtung
10.1	Förderung	16.3	Licht und Schatten
10.2	Trends	16.4	Anlage und Komponenten richtig dimensionieren
10.3	Energetische Bewertung solarthermischer Anlagen durch die Energieeinsparverordnung 2014 – Wohngebäude	16.4.1	Leistung, Flächenbedarf und Wirkungsgrad
		16.4.2	Die Leistung in Abhängigkeit von Einstrahlung und Temperatur
11	**Literaturverzeichnis** S. 17/48	16.4.3	Schatten: Problem und Lösung
		16.4.4	Besonderheiten von Dünnschichtmodulen
NETZGEKOPPELTE PHOTOVOLTAIK-ANLAGEN		16.4.5	Hin zu großen Flächen: der Solargenerator
		16.4.6	Der Wechselrichter als Anlagenzentrale
		16.4.6.1	Konzepte
12	**Der Markt in Deutschland** S. 17/48	16.4.6.2	Installation
13	**Netzgekoppelte und autarke Photovoltaikanlagen** S. 17/49	16.4.7	Solargenerator und Wechselrichter aufeinander abstimmen
13.1	Netzgekoppelte Anlagen	16.4.8	Anforderungen zur Netzintegration an Wechselrichter
13.2	Autarke Photovoltaikanlagen (Inselanlagen)	16.5	Ertragsabschätzung und Simulation
13.3	Netzgekoppelte Photovoltaikanlagen mit Batteriespeicher (Back-up-Systeme)	16.6	Planung von PV-Systemen für den Eigenverbrauch
14	**Der PV-Generator: von der Zelle zum System** S. 17/53	16.7	Checkliste zur erfolgreichen Planung
		16.8	Was ist bei Statik und Konstruktion zu beachten?
14.1	Die Solarzelle: das Prinzip	16.9	Anforderungen für den Brandschutz
14.2	Solarzelltypen	**17**	**Baurecht und Normen** S. 17/79
14.2.1	Mono- und polykristalline Si-Zellen	17.1	Baugesetzgebung und Baugenehmigung
14.2.2	Hochleistungszellen	17.2	Photovoltaik als elektrische Anlage
14.2.3	Dünnschichtzellen	**18**	**Qualität und Solarerträge** S. 17/81
14.2.3.1	Amorphe Siliziumzellen (a-Si)	18.1	Module: Prüfung und Garantien
14.2.3.2	Mikromorphe Solarzellen	18.1.1	Was sagen Zertifikate aus?
14.2.3.3	Kupfer-Indium-Diselenid-Zellen (CIS)	18.1.1.1	Leistungstoleranz
14.2.3.4	Cadmium-Tellurid-Zellen (CdTe)	18.1.1.2	Welche Garantien geben die Modulhersteller?
14.3	Das Solarmodul	18.2	Wechselrichter: Qualität und Zuverlässigkeit

17 Sonnenenergie — Inhaltsübersicht

18.3	Energieerträge	
19	**Wartung und Instandhaltung**	*S. 17/83*
20	**Ökologie und Nachhaltigkeit**	*S. 17/84*
20.1	Energetische Amortisationszeiten	
20.2	Recyclingkonzepte für Module	
21	**Kosten und Erlöse**	*S. 17/84*
21.1	Das Erneuerbare-Energien-Gesetz (EEG)	
21.2	Einspeisemanagement	
21.3	Wirtschaftlichkeit	
21.3.1	„Rechnen sich" Photovoltaikanlagen?	
21.4	Ausblick	

Weiterführende Literatur

Im Netz

Software

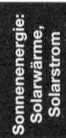

SONNENENERGIE

1 Einführung

Die Verbrennung fossiler Energieträger schädigt in zunehmendem Maße unsere Umwelt. Durch den Treibhauseffekt werden die mittleren Temperaturen global immer weiter nach oben getrieben (die CO_2-Emissionen als wesentliche Verursacher stiegen in den letzten 200 Jahren von ca. 200 ppm auf heute etwa 400 ppm). Dies führt zu vermehrten katastrophalen Ereignissen wie z. B. Überschwemmungen sowie Stürmen, Taifunen und Tornados. Die hierdurch hervorgerufenen Schäden steigen von Jahr zu Jahr. Eine Nebenwirkung dieser Entwicklung ist u. a. der häufig auftretende massive Smog in chinesischen und anderen Städten. Auch ist zu beobachten, dass weltweit Gletscher und die Eispanzer an Nord- und Südpol abschmelzen, eine existenzielle Bedrohung für viele Küstenländer (z. B. Bangladesh) und Inseln. Die Wissenschaft ist sich einig, dass dieser Trend gestoppt werden muss.

Eine weltweite Erwärmung um 2 °C wäre noch tolerierbar. Um dies zu erreichen, müssen die globalen Emissionen gegenüber 1990 bis zum Jahre 2050 im Mittel um ca. 50 % gesenkt werden. Wie soll das geschehen?

In den meisten Ländern der Erde, besonders in den Schwellenländern, steigen der spezifische und der absolute Energieverbrauch stark an. Deshalb sind die Industrieländer, in denen der spezifische Verbrauch hoch ist, besonders in der Pflicht, um das oben formulierte Ziel zu erreichen. Dazu gehört auch Deutschland.

Die Bundesregierung will bis zum Jahre 2050 die CO_2-Emissionen um 80 % senken. In allen drei betroffenen Bereichen (Industrie; Verkehr und Haushalte; Gewerbe, Handel, Dienstleistungen) müssen hierzu zwei gleichberechtigte Pfade beschritten werden: Energieeffizienz und Einsatz erneuerbarer Energien. Die folgenden Teilkapitel „Solarwärmesysteme" und „Netzgekoppelte Photovoltaikanlagen" geben einen Überblick über Systeme und Techniken, die die Solarenergie direkt und aktiv nutzen: Solarwärmeanlagen (auch solarthermische Anlagen genannt) und photovoltaische Anlagen (Solarstromanlagen).

2 Möglichkeiten und Systeme zur Nutzung der Sonnenenergie

Gerade im Gebäudebereich kann mit der überall verfügbaren Sonnenenergie ein Beitrag zu einer nachhaltigen und immer preiswerter werdenden Wärme- und Stromversorgung geleistet werden. Grundsätzlich unterscheidet man die direkte (aktive) und die indirekte Nutzung. Während zu der indirekten Nutzung der Einsatz von Wärmepumpen, Windkraftanlagen und Biomasse zählt, wird bei der direkten Nutzung zwischen passiver und aktiver Nutzung unterschieden (s. u. a. die Kapitel 4-18, 14-11.7, 15-4.8/4.9 und 16.3 in diesem Buch).

2.1 Passive Nutzung der Sonnenenergie

Die passive Solarenergienutzung beinhaltet den Einsatz gezielter baulicher Maßnahmen zur Sammlung, Speicherung und Verteilung von auf Gebäuden eingestrahlter Sonnenenergie zum Zwecke der Raumtemperierung unter weitgehendem Verzicht auf technische Einrichtungen (Geräte, Leitungen, Pumpen, Ventilatoren usw.).

Dazu gehören Fenster, Wintergärten und die transparente Wärmedämmung.

2.2 Aktive Nutzung der Sonnenenergie

Hierunter versteht man den Einsatz von Systemen, bei denen die Aufnahme, Verteilung und ggf. Speicherung der Sonnenenergie mit technischen Mitteln erfolgt und gesteuert wird. Grundsätzlich wird dabei zwischen solarthermischen Anlagen und Photovoltaik-, d. h. Solarstromanlagen unterschieden.

Bei der Planung von Solaranlagen sollten an erster Stelle sehr eingehende Überlegungen über Möglichkeiten zur Verringerung des Energiebedarfs stehen. Für viele Maßnahmen ist der Aufwand zur Energieeinsparung geringer als der, den unverminderten Bedarf durch Sonnenenergie zu decken. Je nach Ausgangssituation können im Wärmebereich durch einen verbesserten Wärmeschutz, kontrollierte Lüftung und eine energieeffiziente Heizungstechnik meist größere Energieeinsparungen und finanzielle Entlastungen als durch eine thermische Solaranlage erzielt werden. Hierzu enthalten die einschlägigen Kapitel dieses Handbuchs detaillierte Ausführungen.

2.3 Der Markt für solarthermische Anlagen

Der Markt für solarthermische Anlagen hat sich in den letzten vier Jahren konsolidiert, *Bild 17-1*. Nach starken Schwankungen in den Jahren 2006 bis 2009 scheint es so, dass sich die pro Jahr verkaufte Kollektorfläche bei etwa 1 Mio. m² einpendelt. Dies entspricht einer Leistung von ca. 700 MW thermisch. Die kumulierte installierte Fläche beträgt Ende des Jahres 2013 17,5 Mio. m². Mehr als die Hälfte der zuletzt pro Jahr gebauten Solaranlagen sind Anlagen zur Heizungsunterstützung. In Gewerbe und Industrie sind thermische Solaranlagen eher selten anzutreffen.

3 Solares Strahlungsangebot

Die Sonne strahlt jährlich ein Vielfaches des Weltenergiebedarfs, ja sogar ein Vielfaches aller bekannten fossilen Energiereserven auf die Erde ein. In Zahlen ausgedrückt sind dies **$2{,}55 \cdot 10^{17}$ kWh/a = 255 Millionen Milliarden Kilowattstunden jährlich**. In weniger als vier Stunden strahlt die Sonne so viel Energie auf die Landflächen der Erde, wie die Menschheit in einem Jahr verbraucht, *Bild 17-2*.

Das Strahlungsangebot ist darüber hinaus nach menschlichen Maßstäben zeitlich unbegrenzt verfügbar; die Strahlungsdauer der Sonne wird auf weitere 5 Mrd. Jahre geschätzt.

3.1 Astronomische und meteorologische Grundlagen

Allein aufgrund der astronomischen Gegebenheiten ist das Sonnenenergieangebot auf der Erde sehr unterschiedlich. Dies ist nicht nur abhängig von der geografischen Breite, sondern auch von der Jahres- und Tageszeit. Wegen der Neigung der Erdachse sind die Tage im Sommer länger als im Winter, und die Sonne erreicht höhere Sonnenstände im Sommer- als im Winterhalbjahr (*Bild 17-3*).

Man unterscheidet diffuse und direkte Sonnenstrahlung (Leistung). Die diffuse Strahlung kommt ziemlich gleichmäßig aus dem gesamten Himmelshalbraum. Dies gilt auch bei klarem wolkenlosem Himmel. Zur diffusen Strahlung zählt auch die an der Erdoberfläche reflektierte Strahlung.

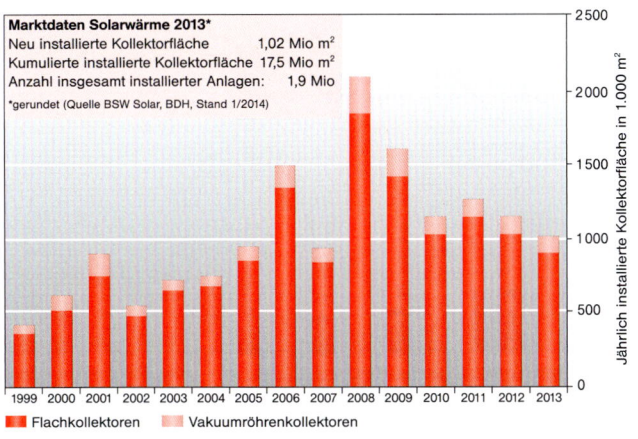

17-1 Entwicklung des deutschen Solarthermiemarktes (Quelle: BSW)

Die ohne Richtungsänderung von der Sonne auftreffende Strahlung ist die direkte Strahlung E_{dir}. Die Summe aus direkter und diffuser Strahlung ist die **Globalstrahlung** E_G.

$$E_G = E_{dir} + E_{dif} \ [W/m^2]$$

Beide Arten der Sonnenstrahlung werden von solarthermischen und Photovoltaikanlagen genutzt.

Der zweite entscheidende Faktor, der neben den astronomischen Rahmenbedingungen Einfluss auf das Strahlungsangebot hat, ist das Wetter. So können je nach Bewölkungszustand sowohl die Strahlungsleistung als auch der Anteil an direkter und diffuser Strahlung stark variieren (*Bild 17-4*).

Drei Viertel des jährlichen Sonnenenergieangebots in Deutschland entfallen auf das Sommerhalbjahr, wobei der Anteil von direkter bzw. diffuser Strahlung an der Globalstrahlung (Energie) im Jahresdurchschnitt jeweils etwa 50 % beträgt.

Summiert man die Leistung der Strahlung über einen bestimmten Zeitraum – z. B. einen Tag oder ein Jahr – auf, erhält man die Energie, die von der Sonne auf eine horizontale Fläche (meist 1 m²) in diesem Zeitraum geliefert wird. *Bild 17-5* zeigt die regionale Verteilung der jährlichen Globalstrahlung in Deutschland. Die tatsächlichen Jahressummen der Einstrahlung können von den hier dargestellten langjährigen Mittelwerten je nach Wetterverlauf um bis zu ±12 % abweichen.

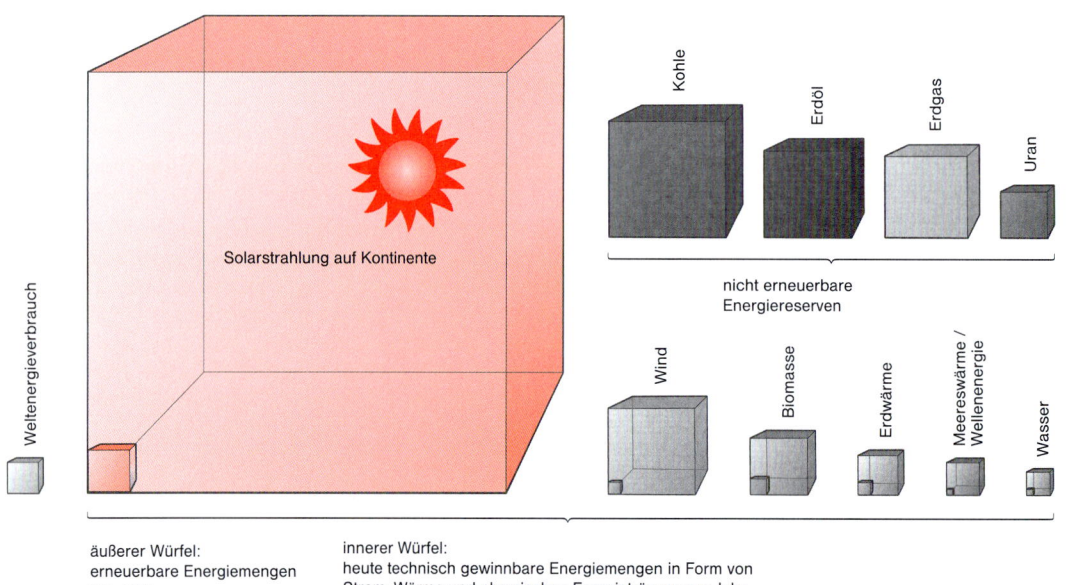

17-2 Natürliches Angebot erneuerbarer Energien und ihr technisch-wirtschaftlich nutzbares Potenzial, BMU 2006

17 Sonnenenergie — Solares Strahlungsangebot

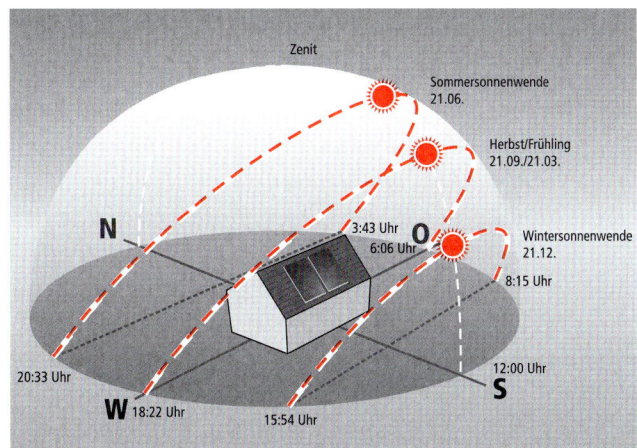

17-3 Die Sonnenbahnen zu unterschiedlichen Jahreszeiten (Berlin)

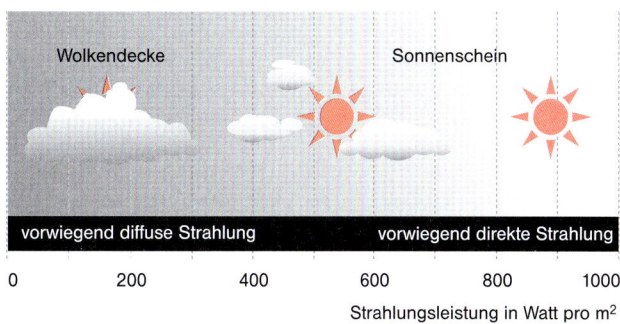

17-4 Die Globalstrahlung und ihre Komponenten bei unterschiedlichen Himmelszuständen

3.2 Der Einfluss von Orientierung und Neigung auf den Strahlungsempfang

Die bislang genannten Größen bzw. Zahlen bezogen sich jeweils auf eine horizontale Empfangsfläche, z. B. ein Flachdach. Aufgrund der unterschiedlichen Einfallswinkel der Sonne im Laufe des Jahres ergibt sich in unseren Breiten eine maximale Energie, wenn die Empfangsfläche um ca. 30° gegenüber der Horizontalen nach Süden geneigt ist.

Bild 17-6 zeigt die aus Messwerten für den Standort Berlin berechneten mittleren Jahressummen der Globalstrahlung für beliebig orientierte Flächen. Abgebildet sind Linien gleicher Strahlungssummen in kWh/m² und Jahr. Auf der horizontalen Achse ist der Azimutwinkel[1] α und auf der vertikalen der Neigungswinkel β einer Empfangsfläche abzulesen.

Ort: Berlin	21. März/ 21. Sept.	21. Juni	21. Dezember
Tageslänge	12,0 h	16,7 h	7,6 h
max. Sonnenhöhe	37,7°	60,8°	13,8°
max. Tagessumme Globalstrahlung kWh/m²	3,9	8,0	0,7

Astronomische Kenngrößen für Berlin

[1] Der Azimutwinkel gibt die Abweichung der Normalen einer Kollektorfläche zur Südrichtung an: Azimutwinkel $\alpha = 0°$ → Süden, $\alpha = 90°$ → Westen.

17 Sonnenenergie

Solares Strahlungsangebot

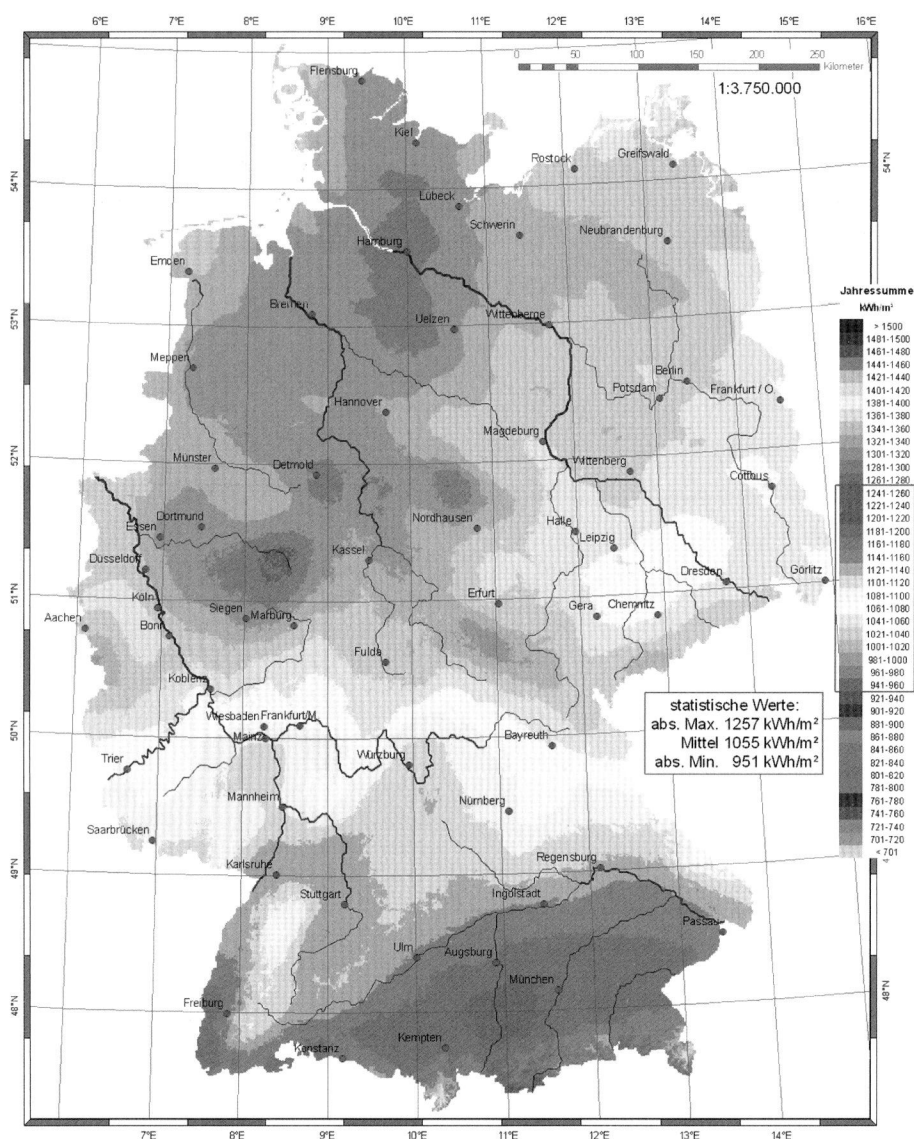

17-5 Jahressummen der Globalstrahlung in Deutschland 1981 bis 2010, Quelle DWD

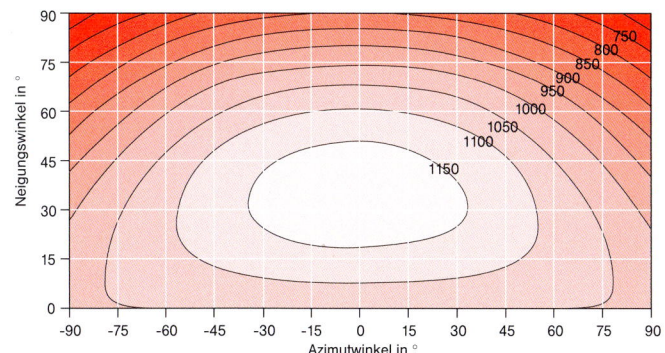

17-6 Jahressumme der Globalstrahlung auf verschieden orientierte Empfangsflächen in Berlin [kWh/(m² · a)]

SOLARWÄRMESYSTEME

4 Komponenten solarthermischer Anlagen

4.1 Wie funktioniert die Standardkollektoranlage?

Der auf dem Dach installierte Sonnenkollektor (*Bild 17-7*) wandelt das durch seine Glasscheibe hindurchgehende und auf den Absorber auftreffende Licht (kurzwellige Strahlung) in Wärme um. Mit ihm wärmeleitend verbunden sind Kupferrohre, die mit einem Wärmeträgermedium gefüllt sind. Sie sind über Sammelleitungen zu einem Rohrstrang zusammengefasst, durch den das erwärmte Wärmeträgermedium zum Warmwasserspeicher gepumpt wird (Vorlauf). Dort wird die Wärme über einen Wärmetauscher unten im Speicher an das Speicherwasser übertragen. Das abgekühlte Medium fließt in einem zweiten Rohrstrang (Rücklauf) zum Kollektor zurück. Vor- und Rücklaufleitung bilden den Solarkreis. Das erwärmte Speicherwasser steigt nach oben. Entsprechend seiner Dichte bzw. Temperatur entsteht im Speicher eine Schichtung: Das wärmste Wasser befindet sich oben, dort, wo gezapft wird. Das kälteste Wasser befindet sich unten, dort, wo kaltes Wasser eingespeist wird.

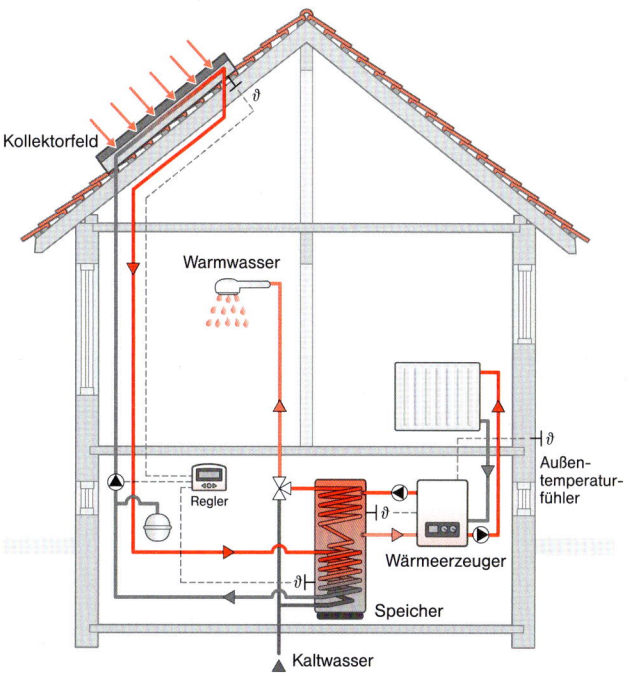

17-7 Die Standardsolaranlage zur Warmwasserbereitung

Die meisten thermischen Solaranlagen, die in Mitteleuropa installiert werden, arbeiten mit einer frostsicheren Wärmeträgerflüssigkeit, einem Wasser-Propylenglykol-Gemisch, das in einem geschlossenen Kreis umgewälzt wird (Zwangsumlauf). Dieses System mit einem vom Speicherwasserkreis getrennten Solarkreis wird Zweikreissystem genannt.

Die Regelung setzt die Pumpe des Solarkreises immer dann in Betrieb, wenn die Temperatur im Kollektor einige Grad über der Temperatur im unteren Speicherbereich liegt. Dadurch gelangt die von der Sonne erwärmte Wärmeträgerflüssigkeit vom Kollektor in den unteren Wärmetauscher des Speichers.

Die Wärme wird dort aufgrund der höheren Temperatur des Wärmeträgermediums an das Speicherwasser abgegeben. Bei unzureichender Erwärmung des Speicherwassers aufgrund eines nicht ausreichenden Solarenergieangebots wird die noch fehlende Wärme durch den Heizkessel geliefert (Nachheizung).

4.2 Kollektoren

Der Sonnenkollektor ist ein Bauteil, das Sonnenstrahlung absorbiert, in Wärme umwandelt und diese an ein Wärmeträgermedium abgibt. Der Teil des Kollektors, in dem die Energieumwandlung und Wärmeübertragung stattfindet, wird **Absorber** genannt. Für die Einsatzgebiete Trinkwassererwärmung, Heizungsunterstützung, Schwimmbadwasser- und Lufterwärmung kommen unter unseren Wetterbedingungen mit hohem diffusem Strahlungsanteil praktisch nur Kollektoren infrage, die keine Konzentration der Sonnenstrahlung[1] bewirken.

Man unterscheidet verschiedene Kollektorbauformen (*Bild 17-8*). Im Folgenden wird auf die wichtigsten eingegangen.

---

[1] Ausnahme: CPC-Vakuum-Röhrenkollektoren.

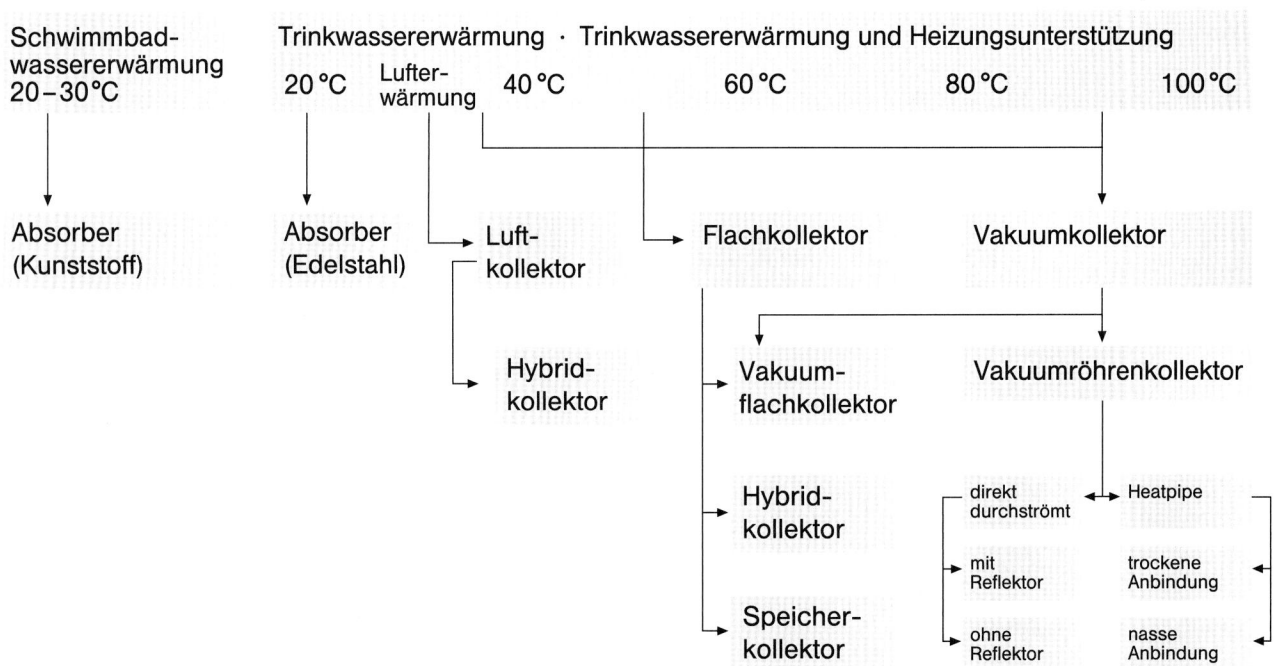

17-8 Übersicht Kollektorbauformen

4.2.1 Flachkollektoren

Alle marktgängigen Flachkollektoren bestehen aus einem Absorber aus Metall in einem flachen, rechteckigen Gehäuse. Es ist zur Rückseite und zu den schmalen Seiten wärmegedämmt und an der Oberseite, welche der Sonne zugewandt ist, mit einer transparenten Abdeckung versehen. Zwei Rohranschlüsse für den Zu- und Abfluss des Wärmeträgermediums befinden sich meist seitlich am Kollektor (Bild 17-9).

Flachkollektoren wiegen etwa 15 bis 30 kg/m² Kollektorfläche. Sie werden in verschiedenen Größen bis zu 12,5 m² Fläche hergestellt. Die gängige Größe beträgt ca. 2 m², d. h. solch ein Kollektor wiegt ca. 40 kg.

Das Kernstück eines Flachkollektors ist der Absorber. Er besteht aus einem gut Wärme leitenden Metallblech (z. B. aus Kupfer oder Aluminium, vollflächig oder in Streifen) mit einer dunklen Beschichtung und mit ihm leitend verbundenen Wärmeträgerrohren, i. d. R. aus Kupfer. Durch die Absorption von Licht entsteht Wärme, die im Blech an die Wärmeträgerrohre oder -kanäle geleitet wird. Dort wird sie von der Wärmeträgerflüssigkeit aufgenommen und über den Solarkreis zum Speicher transportiert. Daneben gibt es auch Bauformen des vollflächig durchströmten sog. Kissenabsorbers.

Aufgabe eines Sonnenkollektors ist es, eine möglichst hohe Wärmeausbeute zu erzielen. Deshalb wird u. a. angestrebt, dem Absorber ein hohes Absorptionsvermögen für Sonnen- und ein niedriges Emissionsvermögen für Wärmestrahlung zu geben. Dies erreicht man durch die **Selektivbeschichtung** (Bild 17-10). Diese hat gegenüber schwarzen Lacken eine andere Schichtstruktur, durch welche einerseits die Sonnenstrahlung sehr gut absorbiert wird, aber andererseits die Wärmeabstrahlung so gering wie möglich gehalten wird.

4.2.2 Wirkungsweise des Flachkollektors

Die kurzwellige Sonnenstrahlung (E_0) trifft auf die Glasabdeckung (Bild 17-11). Hier wird noch vor Eintritt in den Kollektor ein kleiner Teil der Strahlung (E_1) an der Außen- und Innenfläche der Scheibe reflektiert bzw. vom Glas absorbiert. Die selektiv beschichtete Oberfläche des Absorbers reflektiert auch einen geringen Teil des Lichtes (E_2) und wandelt die restliche auftreffende Strahlung in Wärme um. Durch gute Wärmedämmung auf der Rückseite des Kollektors und an den Schmalseiten mit marktüblichen, nicht brennbaren Dämmstoffen wie z. B. Mineralwolle werden die Energieverluste durch Wärmeleitung (Q_1) so weit wie möglich reduziert.

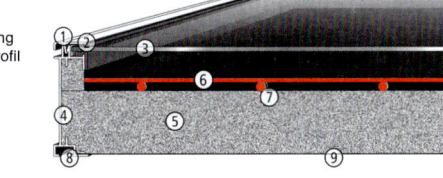

1 Rahmen
2 Dichtung
3 transparente Abdeckung
4 Rahmen Seitenwandprofil
5 Wärmedämmung
6 Flächenabsorber
7 Wärmeträgerkanal
8 Befestigungsnut
9 Rückwand

17-9 Schnittdarstellung eines Flachkollektors

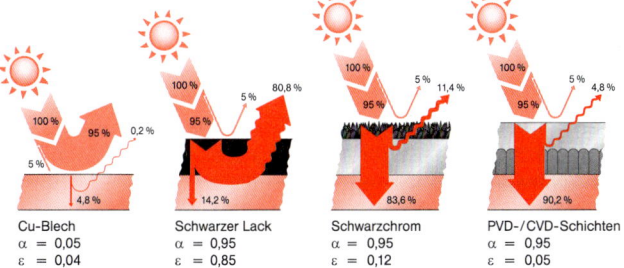

17-10 Absorptions- und Emissionsgrad verschiedener Oberflächen

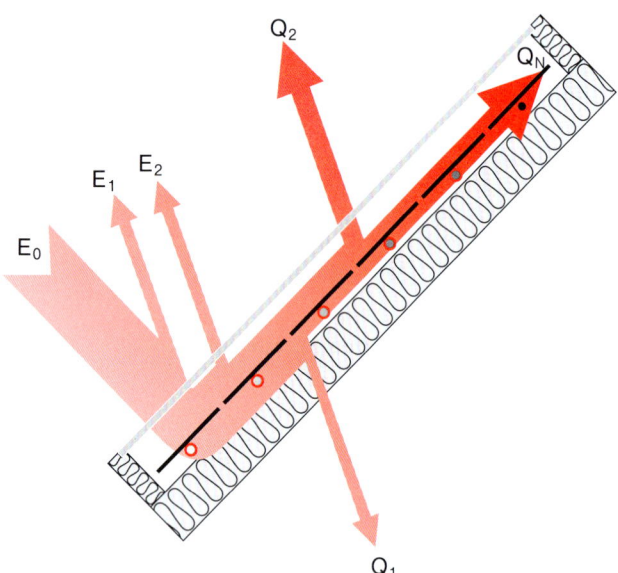

17-11 Energieflüsse am Kollektor

Die lichtdurchlässige Abdeckung an der Frontseite des Kollektors (normalerweise Antireflexglas) hat die Aufgabe, möglichst viel Licht hineinzulassen und die Verluste durch langwellige Wärmestrahlung und Konvektion (Q_2) von der Absorberfläche gering zu halten.

Von der eingestrahlten Sonnenenergie (E_0) wird schließlich die Wärme (Q_N) vom Kollektor an das Leitungssystem geliefert.

Der **Wirkungsgrad** η eines Kollektors ist definiert als das Verhältnis von nutzbarer Wärmeleistung Q_N [W/m²] zu eingestrahlter Sonnenenergie E_0 [W/m²]:

$$\eta = Q_N / E_0$$

Der Wirkungsgrad wird durch die Bauart des Kollektors beeinflusst, genauer durch die optischen (E_1, E_2) und die thermischen (Q_1, Q_2) Verluste.

Die optischen Verluste (Intensitätsverluste) quantifizieren den Anteil der Sonnenstrahlung, der durch den Absorber nicht aufgenommen werden kann (*Bild 17-12*). Sie sind abhängig von der Durchlässigkeit der Glasabdeckung (Transmissionsgrad τ) und von der Absorptionsfähigkeit der Absorberfläche (Absorptionsgrad α) und werden durch den **optischen Wirkungsgrad** η_0 beschrieben:

$$\eta_0 = \tau \cdot \alpha$$

Die thermischen Verluste sind von der Temperaturdifferenz zwischen Absorber und Außenluft ΔT und von der Konstruktion des Kollektors abhängig. Bei höheren Temperaturen steigen die thermischen Verluste nicht mehr nur linear zur Temperaturdifferenz, sie nehmen infolge zunehmender Wärmeabstrahlung sogar stärker (quadratisch) zu. Die Kennlinie erfährt dadurch eine Krümmung und lässt sich wie folgt darstellen:

$$\eta = \eta_0 - a_1 \cdot \Delta T/E_0 - a_2 \cdot \Delta T/E_0$$

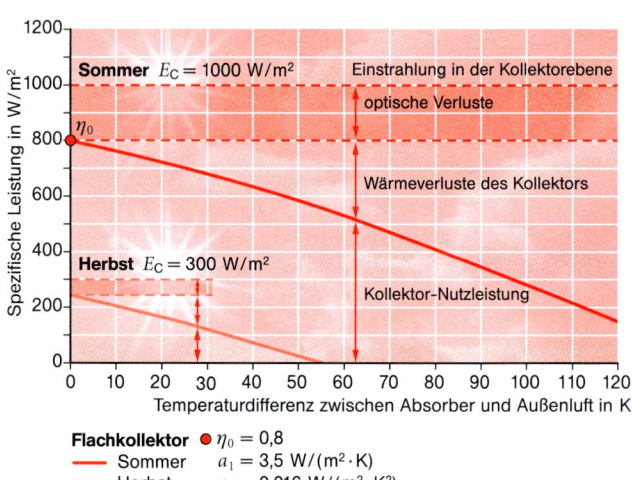

17-12 Leistungskennlinien eines Flachkollektors bei unterschiedlicher Einstrahlung

Wird dem Kollektor trotz anhaltender Sonneneinstrahlung keine Nutzleistung entzogen, so steigt die Absorbertemperatur auf die sog. **Stagnationstemperatur**, bei der die gesamte absorbierte Strahlung in Form von Verlustwärme wieder an die Umgebung abgegeben wird.

4.2.3 Unverglaste Kollektoren, Solarabsorber

In der einfachsten Form besteht der Kollektor lediglich aus einem schwarzen Absorber. Lichtdurchlässige Abdeckung, Wärmedämmung und Gehäuse fehlen. Freiliegende Absorber werden bevorzugt für die Erwärmung von Schwimmbeckenwasser in Freibädern verwendet. Dies funktioniert, weil die Temperaturdifferenz zwischen Absorber und Außenluft nicht groß wird. Zum Einsatz gelangen vorwiegend Absorber aus Kunststoffen wie EPDM[1] oder PP[2]. Sie lassen sich kostengünstiger als Metallabsorber herstellen und können aufgrund ihrer Beständigkeit gegen Chemikalien wie Chlor direkt vom Beckenwasser durchströmt werden. Die Kunststoffabsorber werden bis auf wenige Sonderbauformen entweder als Rohrabsorber oder als Flächenabsorber angeboten.

4.2.4 Vakuumkollektoren

Beim Vakuumkollektor werden die Konvektions- und Wärmeleitungsverluste durch Evakuierung der Luft auf Drücke bis zu 10^{-5} bar zwischen dem Absorber und der Außenhülle des Kollektors deutlich reduziert. Die Strahlungsverluste werden durch diese Maßnahme nicht verringert.

Man unterscheidet zwischen Vakuum-Röhren- und Vakuum-Flachkollektoren, wobei Vakuum-Flachkollektoren einen nur sehr geringen Marktanteil haben und deshalb nicht weiter beschrieben werden.

---

[1] EPDM: Ethylen-Propylen-Dien-Monomere (Kunstkautschuk)
[2] PP: Polypropylen

Beim **Vakuum-Röhrenkollektor** ist der Absorber in eine evakuierte Glasröhre eingebaut. In einem Kollektormodul werden 6 bis 30 Vakuumröhren (Durchmesser 6,5 bis 10 cm) nebeneinander angeordnet. Der Übergang von den Glasröhren auf den Solarkreis wird konstruktiv durch einen wärmegedämmten Anschlusskasten gelöst. Der Wärmetransport in den Röhren erfolgt entweder durch Direktdurchströmung des Absorbers oder nach dem Heatpipe-Prinzip.

Im ersten Fall durchströmt die Wärmeträgerflüssigkeit des Solarkreises die Absorber der einzelnen Vakuumröhren. In der Bauausführung nach *Bild 17-13* dient hierzu ein koaxiales Doppelrohr, bei dem der Wärmeträger im Innenrohr in den Absorber hineinströmt (Rücklauf) und im äußeren Rohr wieder zurückströmt (Vorlauf). Eine spezielle Verschraubung ermöglicht es, die Vakuumröhre mitsamt dem Absorber zu drehen, sodass eine von der Installationsebene des Kollektors abweichende Ausrichtung der Absorberflächen möglich ist. Dies erweist sich als Vorteil, wenn die örtlich verfügbare Installationsebene des Kollektors weniger günstig zur Sonne orientiert ist (z. B. West- oder Ostdach).

Eine Bauart des direkt durchströmten Vakuum-Röhrenkollektors ist der Sydney-Kollektor. Hier besteht die Kollektorröhre aus einem vakuumdichten Doppelrohr (Unterdruck im Ringspalt). So wird das Vakuum über lange Zeiträume gehalten, ein Vorteil gegenüber den „normalen" Röhrenkollektoren. Der innere Glaskolben ist außen mit einer selektiven Beschichtung auf Kupfergrund ausgestattet. In den inneren Glaskolben wird ein Wärmeleitblech in Verbindung mit einem U-Rohr eingesteckt, an das die Wärme übertragen wird. Zur Erhöhung des Strahlungsgewinns wird der Kollektor in der Schrägdachversion mit außenliegenden Reflektoren aus eloxiertem Aluminium ausgestattet.

Bei dieser Bauform (Heatpipe) steckt entweder in der evakuierten Glasröhre ein selektiv beschichteter Absorberstreifen, der mit einem Wärmerohr metallisch wärmeleitend verbunden ist, *Bild 17-14*, oder das Wärmerohr ist

17 Solarwärmesysteme

Komponenten solarthermischer Anlagen

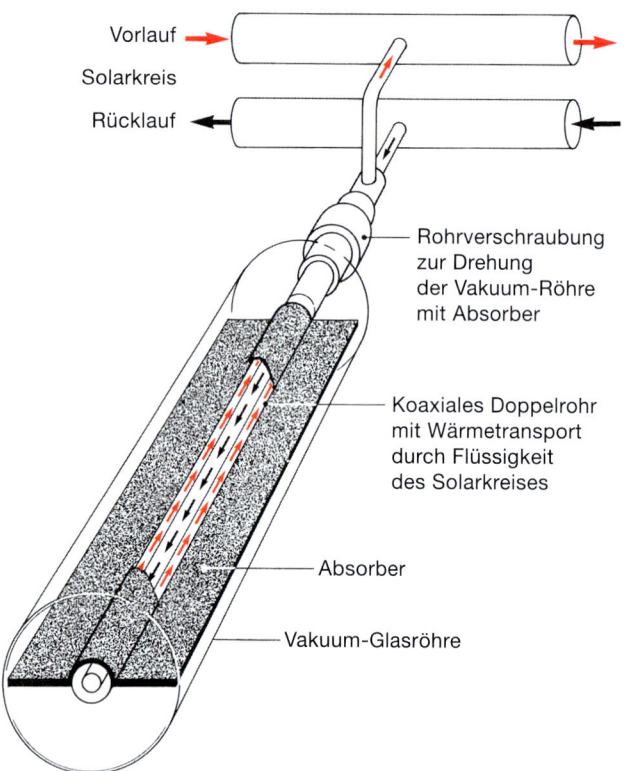

17-13 Schematische Darstellung einer direkt durchströmten Vakuumröhre mit koaxialem Doppelrohr

nach unten. Der Heatpipe-Kollektor muss deshalb eine Mindestneigung von 25° haben (Ausnahme: Viessmann Heatpipe Kollektor 200-T), während der direkt durchströmte Vakuum-Röhrenkollektor auch waagerecht montiert werden kann. Der Energietransport durch Verdampfen und Kondensieren bleibt so lange bestehen, wie Solarwärme vom Absorberstreifen in das Wärmerohr gelangt und diese durch einen kühleren Wärmeträgerstrom im Solarkreis abgenommen wird.

In Bild *17-14* erfolgt die Anbindung des Kondensators an den Solarkreis auf „trockenem Wege" mit Hilfe eines Wärmeübergangsblocks. Die Vorteile bestehen darin, dass im Gegensatz zu einer nassen Anbindung, bei der der Kondensator in das vorbeiströmende Wärmeträgermedium eintaucht, keine Abdichtung zwischen Wärmerohr und Solarkreis erforderlich und ein Austausch einzelner Röhren bei laufendem Betrieb der Anlage möglich ist.

Der Vakuum-Röhrenkollektor hat einen höheren Wirkungsgrad als der Flachkollektor, er erreicht höhere Temperaturen und hat einen geringeren Flächenbedarf bei gleichem Ertrag. Er unterstützt die Heizung effektiver und er lässt sich in Systemen einsetzen, in denen Wasser als Solarfluid verwendet wird. Allerdings ist er deutlich teurer und nicht für die Indachmontage einsetzbar.

4.2.5 Luftkollektoren

Luft hat als Wärmeträgermedium von Kollektoranlagen den Vorteil, dass sie direkt für die Trocknung von z. B. Agrarprodukten wie Tabak oder Kräutern oder für die Raumheizung verwendet werden kann. Die Solaranlage kann einfach aufgebaut sein, da kleine Undichtigkeiten die Funktion nicht gefährden und keine Einfriergefahr besteht. Maßnahmen zum Druckausgleich entfallen komplett. Dadurch ist eine Größenskalierung nach oben oder unten vollkommen unproblematisch. Solare Großanlagen mit mehreren Hundert m² Fläche bleiben mit Luft betrieben technisch sehr einfach und dauerhaft unanfällig genauso wie Kleinstanlagen mit Flächen unter 1 m².

in einem Sydney-Kollektor integriert. Das Wärmerohr ist mit Alkohol oder Wasser mit Unterdruck gefüllt, der/das schon bei geringen Temperaturen verdampft (ca. 25 °C). Der erwärmte Dampf steigt zum oberen Ende des Wärmerohrs (Kondensator), welches durch den Solarkreis gekühlt wird. Dies führt zur Kondensation des Dampfes und zur Abgabe der Wärme an den Wärmeträger des Solarkreises. Das Kondensat fließt wieder im Wärmerohr

17 Solarwärmesysteme Komponenten solarthermischer Anlagen

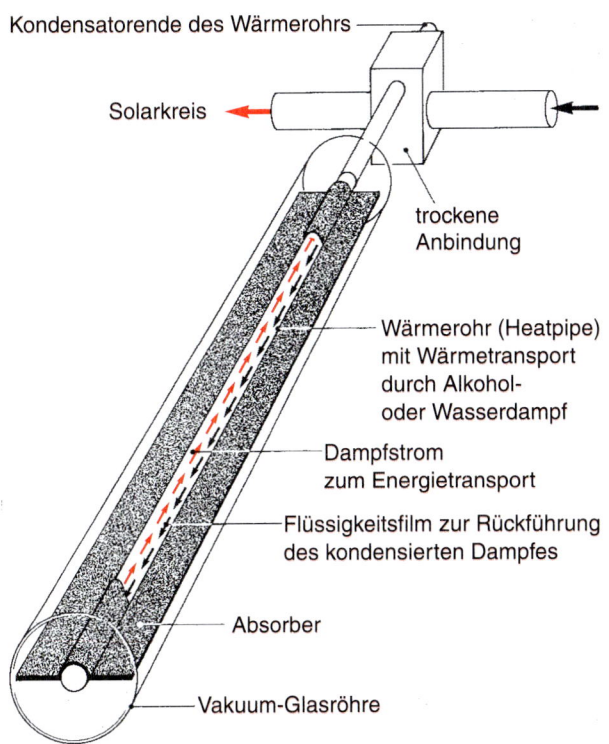

17-14 Schematische Darstellung einer Vakuumröhre mit Wärmerohr (Heatpipe) und trockener Anbindung

Wegen der im Vergleich zu Wasser um den Faktor 3 400 geringeren Wärmekapazität[1]) sind jedoch relativ große Luftmengen sowie entsprechend große Kanalquerschnitte und Antriebsleistungen für die Ventilatoren erforderlich. Zur Verbesserung der Wärmeübertragung auf die durchströmende Luft ist die Rückseite des Absorbers mit rippenförmigen Wärmeleitblechen ausgestattet, *Bild*

---

[1]) Volumenbezogene Wärmekapazität von Luft: 0,31 Wh/(m³·K), von Wasser: 1 160 Wh/(m³·K).

17-15. Die Systemtechnik von Luftheizungsanlagen wird in Abschnitt 5.5 beschrieben.

4.2.6 Hybridkollektoren

Hybridkollektoren können als Kombination von Solarmodulen (Photovoltaik) mit flüssigkeitsführenden Kollektoren sowie Luftkollektoren oder als Kombination von

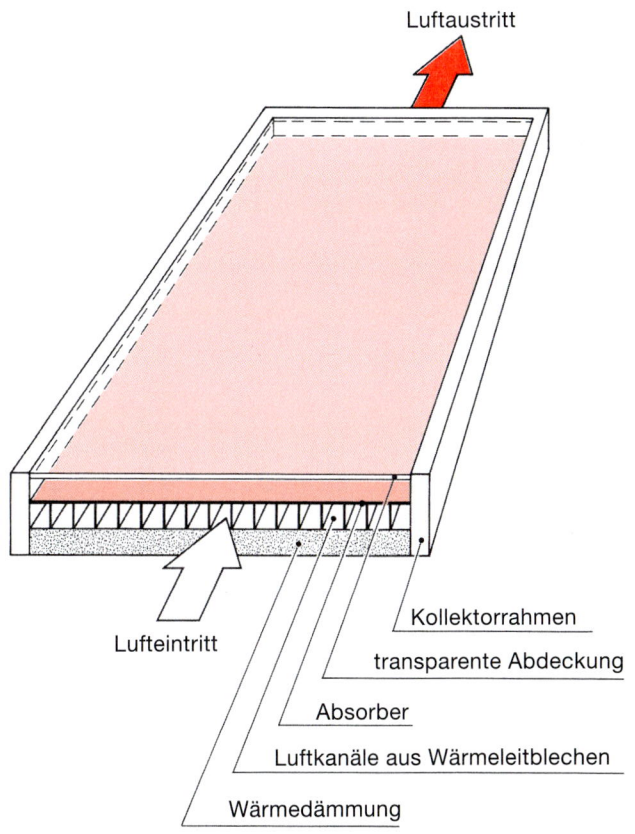

17-15 Schematischer Aufbau eines Luftkollektors

flüssigkeitsführenden Kollektoren und Luftkollektoren realisiert werden. Die Kombination mit PV-Modulen ist sinnvoll, da bei der solaren Stromwandlung im Modul nur etwa 16 % der Strahlung (kristalline Siliziumzellen) in elektrische Energie umgesetzt wird. Der Rest steht mit mehr als der Hälfte für die Erwärmung des Absorbers zur Verfügung. Die Solarzellen befinden sich bei einigen Produkten elektrisch isoliert auf der Oberfläche eines flüssigkeits- (oder luft-)gekühlten Absorbers, mit dem sie thermisch leitend verbunden sind. Die elektrischen Erträge liegen etwa im Bereich konventioneller PV-Anlagen, die thermischen Erträge im Bereich von Kollektoren ohne selektive Beschichtung.

Hybridkollektoren konnten sich bisher am Markt nicht durchsetzen.

4.2.7 Kollektor- und Anlagenkennwerte

Die nachfolgende Tabelle fasst Kenngrößen von Kollektoren zusammen:

	Absorber	Flachkollektor	Vakuum-Röhrenkollektor	Luftkollektor
Gewicht kg/m^2	1,5	20	7	20
Optischer Wirkungsgrad η_0	0,93	0,8 – 0,85	0,7	0,8
Wärmeverlustkoeffizient a1 W/(m^2·K)	20	3,5	1,5	9
Energieertrag kWh/(m^2·a)	150	350 – 500	350 – 500	150 – 500
Kollektorpreis €/m^2	80	200 – 350	500 – 1000	300 – 350

4.2.8 Wirkungsgradkennlinien und Einsatzbereiche von Kollektoren

Je nach Anwendungsgebiet und dem dadurch vorgegebenen Temperaturbereich werden an die Kollektoren unterschiedliche Anforderungen gestellt. Zur Veranschaulichung zeigt *Bild 17-16* charakteristische Wirkungsgradkennlinien der gebräuchlichsten Kollektorbauformen bei einer Einstrahlung von 1000 W/m^2. Die Wirkungsgrade geben an, welcher Anteil der Bestrahlungsstärke als Wärmeleistung der Kollektoren über den Wärmeträger abgeführt werden kann. Die Unterschiede kommen im Wesentlichen durch die Güte der Wärmedämmung (Wärmeverlustkoeffizient a1) der Kollektoren zustande.

Bei nur geringen Temperaturdifferenzen zwischen Absorber und Außenluft spielen die Wärmeverluste eine weniger dominante Rolle (bei einer Temperaturdifferenz von $\Delta T = 0$ K hat der jeweilige Kollektor den höchsten Wirkungsgrad η_0). Bei größeren Temperaturdifferenzen dagegen bestimmt die Güte des Schutzes vor Wärmever-

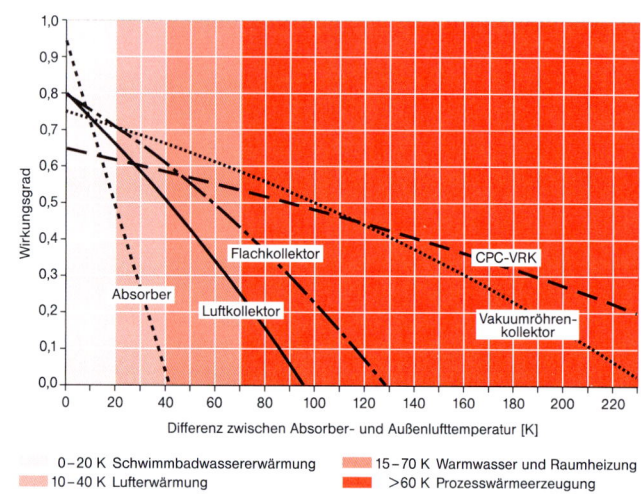

17-16 Wirkungsgradvergleich und Arbeitstemperaturbereiche unterschiedlicher Kollektorbauformen

lusten die Leistungsabgabe erheblich. Bei der Maximaltemperatur (Stagnationstemperatur) ist der Wirkungsgrad gleich null.

Aus diesen Zusammenhängen ergeben sich wichtige Folgerungen für die richtige, dem Anwendungsfall angepasste Auswahl des Kollektortyps:

Für die **Beckenwassererwärmung von Freibädern** beträgt die erforderliche Temperaturdifferenz des Absorbers gegenüber der Außenluft ca. 10 K. Bei den Solarabsorbern wirken sich in diesem niedrigen Temperaturbereich geringe optische Verluste (fehlende Glasabdeckung) vorteilhaft aus, sodass gegenüber diesen einfachen Solarabsorbern die wesentlich aufwendigeren verglasten Kollektoren kaum Wirkungsgradvorteile besitzen, aber erheblich höhere Kosten verursachen.

Bei der **Trinkwassererwärmung** beginnt die Arbeitstemperatur der Kollektoren für die Aufwärmung des Leitungswassers bei etwa 20 °C und erstreckt sich bis ca. 60 °C. Für diesen Bereich erzielen die heute üblichen Flachkollektoren mit selektiver Absorberbeschichtung günstige Wirkungsgrade, die nicht wesentlich unter denen von Vakuumkollektoren liegen. Einfache Solarabsorber erreichen wegen ihrer zu hohen Verluste bei diesen Temperaturen keine ausreichende Leistung.

Bei der **Raumheizung** muss der Absorber eine Temperatur von 40 bis 60 °C erreichen, um nutzbare Wärme an das Wärmeverteilungssystem bzw. den Speicher abgeben zu können. Die niedrigere Außentemperatur während der Heizperiode führt zu höheren Temperaturdifferenzen zwischen Absorber und Außenluft als bei der Trinkwassererwärmung, die hauptsächlich in den Sommermonaten arbeitet. Hier bieten die Vakuumkollektoren Vorteile.

Für die Erzeugung von **Prozesswärme**, z. B. zur Flaschenreinigung in Brauereien oder für die Nutzung in Autowaschanlagen und Trocknungsanlagen, werden teilweise noch höhere Temperaturen benötigt. Für diese Anwendungsgebiete können Vakuumkollektoren wegen ihrer im Vergleich zu den anderen Kollektoren geringeren Wärmeverluste eingesetzt werden.

4.3 Wärmespeicher

Das Energieangebot der Sonne ist nicht beeinflussbar und stimmt selten mit den Zeiten des Wärmebedarfs überein. Deshalb muss die solar erzeugte Wärme gespeichert werden. Ideal wäre eine Speicherung vom Sommer in den Winter (Saisonspeicher), um mit dieser Wärme heizen zu können. In der Schweiz wird dies schon seit Jahren praktiziert, in Niedrigenergiehäusern mit Warmwasserspeichern von mehreren zehn m^3 Volumen und Kollektorflächen von mehreren zehn m^2 (www.jenni.ch). In Deutschland sind Konzepte des Sonnenhaus-Institutes (www.sonnenhausinstitut.de) und anderen Anbietern in diesem Bereich führend. Auf das Sonnenhaus wird in Abschnitt 8 näher eingegangen.

Nach physikalischen Prinzipien lässt sich die Wärmespeicherung in thermische und chemische Speicher einteilen. Chemische Speicher haben die höchsten Energiedichten, Wasserspeicher die geringsten. Allerdings ist der Entwicklungsstand bei Wasserspeichern am weitesten fortgeschritten, sodass sie sich in der Solarthermie durchgesetzt haben. Auch sind sie sehr viel preiswerter als chemische Speicher.

Bild 17-17 zeigt eine Übersicht verschiedener Speicherarten und ihre Einsatzgebiete.

4.3.1 Standardsolarspeicher

Standardsolarspeicher zur Trinkwassererwärmung sind entweder trinkwassergefüllte bivalente Speicher oder mit Heizungswasser gefüllte Pufferspeicher. Aus hygienischen Gründen wie auch aufgrund der verstärkten Kalkausfällung oberhalb von 60 °C werden zunehmend Pufferspeicher als Trinkwasserspeicher eingesetzt. Die Trinkwassererwärmung erfolgt dann entweder mittels internem Rohrwärmetauscher im Durchlaufprinzip oder über einen externen Wärmetauscher in einer sog. Frischwasserstation.

In *Bild 17-18* ist ein Standardsolarspeicher (Kurzzeitspeicher) für die Trinkwassererwärmung dargestellt.

Es gibt eine Reihe von Konstruktionsmerkmalen, die die Eignung des Speichers hinsichtlich der Nutzung der Sonnenenergie entscheidend beeinflussen:

- Schlankheit des Warmwasserspeichers:
  schmale, aufrecht stehende Bauform wegen der erforderlichen Temperaturschichtung.
- Gestaltung des Kaltwassereingangs zur Vermeidung von Durchmischung.
- Warmwasserentnahme seitlich am Speicher herausgeführt:
  kein Durchbruch der Wärmedämmung im heißen Speicherbereich und Vermeidung von Verlusten durch Schwerkraftzirkulation im senkrecht nach oben gehenden Rohr (Einrohrzirkulation).
- Wärmetauscher, -anschlüsse:
  Ausreichend dimensionierter Solarkreiswärmetauscher bis zum Speicherboden herabgeführt, Nachheizwärmetauscher im oberen Drittel angeordnet.
- Dämmung des Speichers lückenlos und eng anliegend, möglichst geringe Wärmeverluste.

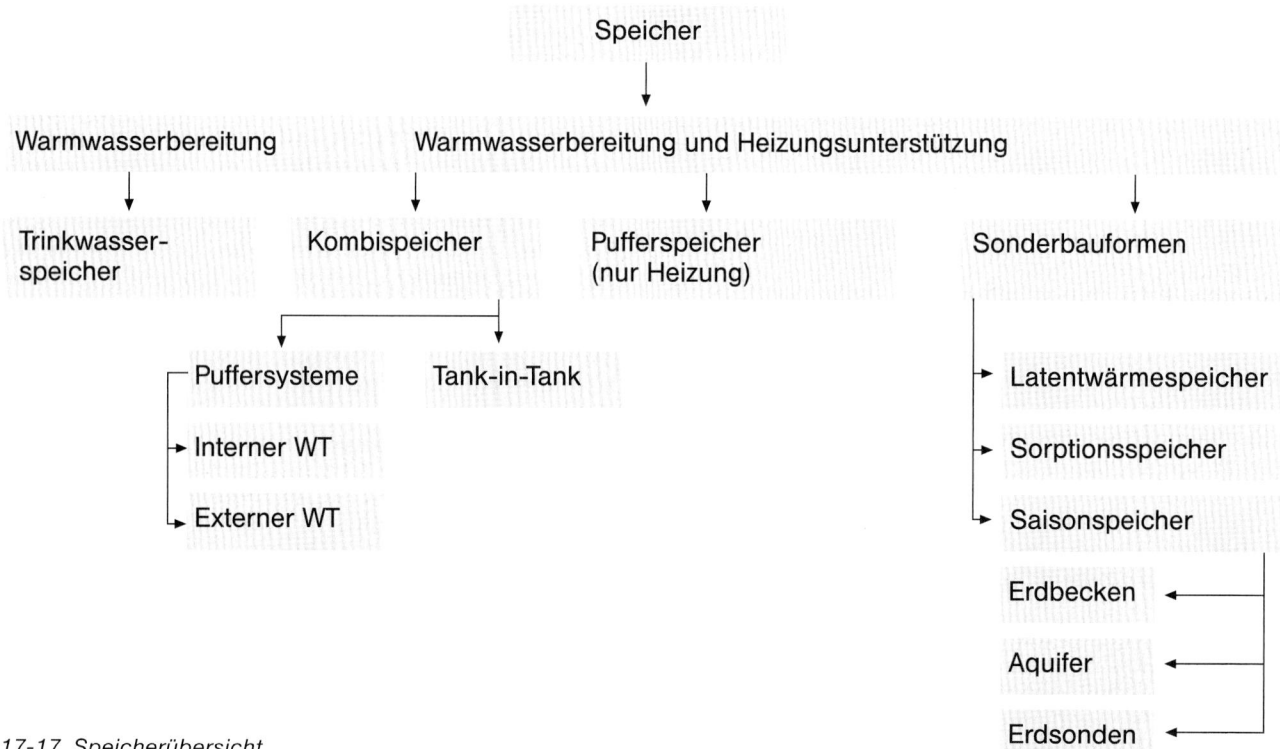

17-17 Speicherübersicht

- Speichertemperaturfühler solar:
  Messung der Speicherwassertemperatur auf der Höhe des Solarkreiswärmetauschers.
- Speichertemperaturfühler Nachheizung:
  Messung der Speicherwassertemperatur im oberen Drittel auf der Höhe des Nachheizwärmetauschers.

4.3.2 Kombispeicher

Kombispeicher sind Speicher, die sowohl zur Trinkwassererwärmung als auch zur Heizungsunterstützung eingesetzt werden können. Man unterscheidet Pufferspeicher und Tank-in-Tank-Speicher. Anders als trinkwasserführende Speicher können Kombispeicher auf max. 95 °C aufgeheizt werden, da kein Verkalkungsrisiko besteht.

Pufferspeicher sind mit Heizungswasser gefüllte Stahlspeicher (Druckspeicher) oder drucklose Kunststoffspeicher. Die in ihnen bevorratete Wärme kann direkt ins Heizungssystem eingespeist (Heizungsunterstützung) oder über einen internen oder externen Wärmetauscher (Frischwasserstation) an das Trinkwasser übertragen werden. Der interne Wärmetauscher erwärmt das Trinkwasser im Durchflussprinzip. Bei der Frischwasserstation wird die Wärme über einen externen Wärmetauscher im Gegenstrom übertragen. Das Trinkwarmwasser lässt sich so mit einem gewünschten Temperaturwert zapfen. Die im Speicher vorhandene Wärmeenergie wird optimal ausgenutzt, die Wärmeverluste in der Verteilungsleitung werden reduziert. Allerdings benötigt man eine zusätzliche Pumpe im Entladekreis.

Beim **Tank-in-Tank-Speicher** (*Bild 17-19*) ist in einen Pufferspeicher im oberen, warmen Bereich ein kleinerer Trinkwasserspeicher eingebaut, der bei einigen Produkten bis in den kälteren Speicherbereich unten reicht und dessen Oberfläche als Wärmetauscher fungiert. Er eignet sich für den Einsatz in Solaranlagen zur Trinkwassererwärmung ohne und mit Heizungsunterstützung. Durch die Zusammenlegung von zwei Speichern in einem ist die Anschlussverrohrung übersichtlich und die Regelung unkompliziert. Sämtliche Wärmeerzeuger (Sonnenkollektoren, Heizkessel) sowie alle Wärmeverbraucher (Warmwasser, Heizung) arbeiten auf denselben Puffer. Das Heizungssystem ist einmal im oberen Bereich an den Pufferspeicher angeschlossen und heizt dort das Trinkwasser nach. Der mittlere Bereich ermöglicht eine Rücklauftemperaturanhebung des Heizungswassers durch in den Speicher eingespeiste Solarwärme. Im unteren Bereich befindet sich der Wärme-

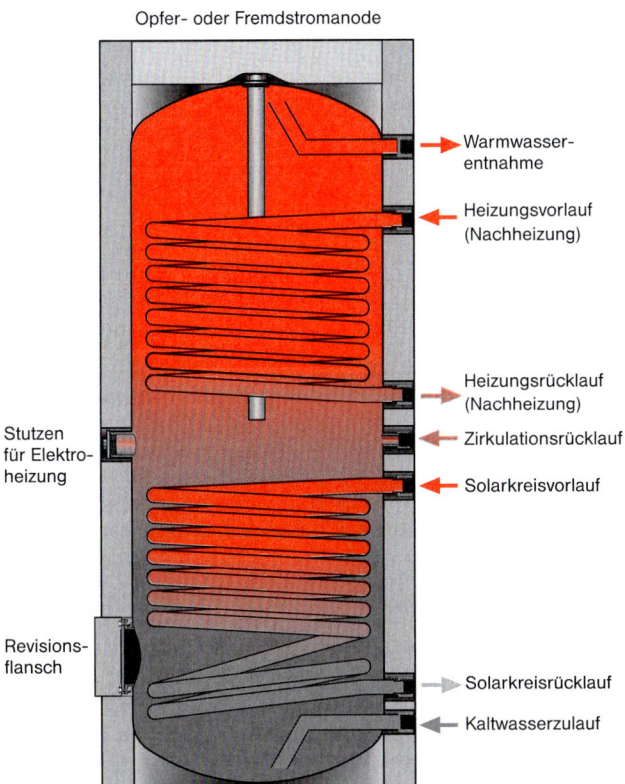

17-18 Standardsolarspeicher

tauscher für die Solarenergieeinspeisung. Allerdings ist die Temperaturschichtung fragwürdig. Auch besteht das Risiko von Bakterienbildung (Legionellen) im Warmwasserbereich.

4.3.3 Schichtenspeicher

Um heißes Wasser nutzen zu können ohne zunächst den ganzen Speicher zu erwärmen, wurden für die Beladung von Speichern ≥300 Liter besondere Speicherladesysteme entwickelt. **Selbstregelnde Ladevorrichtungen** sorgen hierbei für eine variable Einleitung des solar erwärmten Wassers. Diese erfolgt jeweils in der Höhe, in der die Temperatur des zufließenden Wassers gleich der Speichertemperatur in dieser Schicht ist. Dadurch entsteht eine gute Temperaturschichtung innerhalb des Speichers und die Nutztemperatur im oberen Speicherbereich wird schnell erreicht. Die Einschalthäufigkeit der Nachheizung wird deutlich verringert.

Neben der internen schichten- bzw. temperaturorientierten Beladung des Kombispeichers werden auch Konzepte zur externen Beladung in unterschiedlichen Höhen angeboten. Dazu wird der Speicher z. B. mit einem externen Plattenwärmetauscher in zwei Ebenen geladen.

Auf dem Markt werden verschiedene Ausführungen von Schichtenspeichern angeboten (z. B. www.solvis.de, www.buderus.de, www.ichbin2.de, www.energie-depot.com).

Pufferspeicher müssen nicht unbedingt eine schlanke zylindrische Bauform haben. Die Firma FSAVE Solartechnik (www.fsave.de) bietet einen Speicher an, der eine kubische Form hat und in Einzelteilen angeliefert und problemlos in jedem Raum errichtet werden kann. Dadurch kann der Bauraum optimal genutzt werden.

4.3.4 Speicher-Kessel-Wärmepumpe-Kombination

Mittlerweile gibt es mehrere Hersteller, die einen in einem Pufferspeicher integrierten Heizkessel[1] oder eine integrierte Wärmepumpe anbieten. Diese Kombination besitzt verschiedene Vorteile: einen geringeren Platzbedarf, weniger Verrohrungs- und Verkabelungsaufwand, geringere Wärmeverluste.

4.3.5 Das Legionellenproblem

Im Wasser befinden sich immer Mikroorganismen. Solange sie bestimmte Konzentrationen nicht überschreiten, sind sie keine Gefahr für die menschliche Gesundheit.

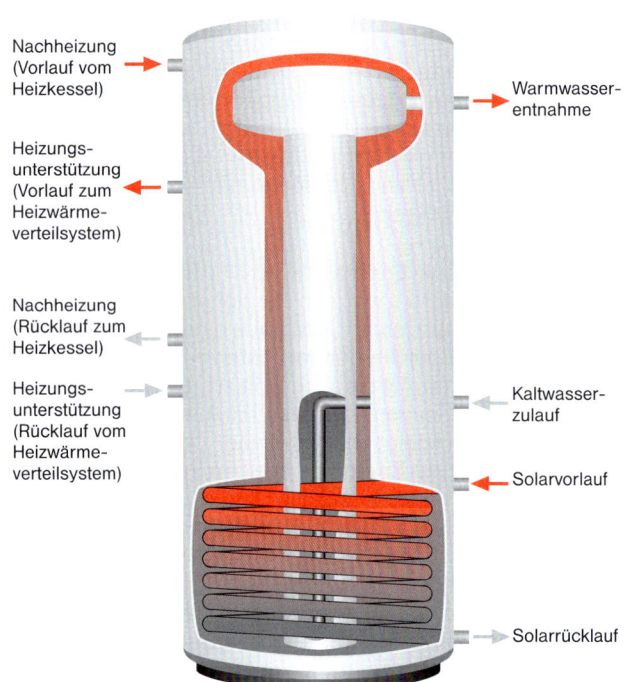

17-19 Tank-in-Tank-Speicher

---

[1] Gas-Brennwertkessel, Öl-Niedertemperaturkessel, Holzpelletkessel.

Wenn aber der Wasseraustausch gering ist und das Wasser Temperaturen zwischen 25 und 50 °C aufweist, vermehren sie sich rapide.

Legionellen sind stäbchenförmige Bakterien im Wasser, die bei hohen Konzentrationen zu einer speziellen Art von Lungenentzündung besonders bei geschwächten und alten Personen führen können.

Entscheidend für die Gefahr einer Infektion sind:
- die Art der Aufnahme der Bakterien:
  Solange sie über den Magen-Darm-Trakt aufgenommen werden, also durch Wasserschlucken, sind sie harmlos. Eine Infektionsgefahr besteht erst, wenn sie in die Lunge geraten, durch Einatmen von fein verteilten Wassertröpfchen in der Luft (Aerosol), beispielsweise beim Duschen.
- die Konzentration der Bakterien:
  In gefährlicher Konzentration können Legionellen in Klimaanlagen mit Luftbefeuchtern, in Whirlpools und in großen Warmwasseranlagen auftreten, wo warmes Wasser bei Temperaturen kleiner als 55 °C längere Zeit steht, z. B. in Hotels oder Krankenhäusern;
- die Aufenthaltsdauer in der belasteten Umgebung;
- die persönliche Widerstandskraft gegen Krankheiten.

An den inneren Oberflächen der Leitungen bilden sich auch sogenannte Biofilme aus, in denen die Mikroorganismen leben und sich vermehren.

Aus diesen Gründen hat der Deutsche Verein des Gas- und Wasserfachs (DVGW) eine Richtlinie ausgearbeitet, die für Großanlagen, d. h. Anlagen mit Warmwasserspeichern über 400 Liter Inhalt und Warmwasserleitungen mit über 3 Liter Inhalt, Folgendes vorschreibt.

- Am Warmwasseraustritt von Trinkwassererwärmern muss stets eine Temperatur von 60 °C herrschen.
- Vorwärmstufen müssen einmal täglich auf 60 °C erwärmt werden.
- Eine systematische Unterschreitung von 60 °C im Speicher ist nicht zulässig.
- Zirkulationssysteme dürfen sich um nicht mehr als 5 K gegenüber der Warmwasseraustrittstemperatur abkühlen.

Für bivalente Solarspeicher <400 Liter im Einfamilienhaus/Zweifamilienhaus bestehen keine Anforderungen, aber Empfehlungen.

Weiterhin schreibt die Trinkwasserverordnung vor, dass Anlagen regelmäßig untersucht werden müssen, wenn

- Trinkwasser im Rahmen einer öffentlichen (z. B. in Kindergärten) oder gewerblichen (z. B. bei der Vermietung von Wohnungen) Nutzung abgegeben wird,
- die Anlage eine Großanlage ist,
- die Anlage Duschen oder andere Einrichtungen enthält, in denen es zu einer Vernebelung des Trinkwassers kommt (also nicht das Handwaschbecken in der Toilette von Restaurants).

Bei Trinkwasserabgabe an die Öffentlichkeit muss einmal pro Jahr untersucht werden. Sonst beträgt das Intervall drei Jahre.

Anlagen in Ein- und Zweifamilienhäusern unterliegen nicht der regelmäßigen Untersuchungspflicht.

Das Legionellenrisiko wird durch die Trinkwassererwärmung außerhalb des Solarspeichers stark vermindert. Bei Frischwassersystemen mit internen oder externen Wärmetauschern fließt bei einer Warmwasserzapfung die entsprechende Menge kaltes Trinkwasser hindurch, wird erwärmt und sofort verbraucht. Die Gefahr der Bildung eines Biofilms ist aufgrund der extrem kurzen Verweildauer des warmen Wassers sehr gering. Damit entfällt auch die Anforderung, eine Speichertemperatur von >60 °C einzuhalten. Mit dem Einsatz von Frischwassersystemen muss das Trinkwasser nur auf die für den Verbrauch gewünschte Temperatur von z. B. 45 °C erwärmt werden.

4.4 Solarkreis

Über den Solarkreis wird die im Kollektor erzeugte Wärme in den Solarspeicher transportiert.

Der Solarkreis besteht aus folgenden Elementen:

Element	Funktion/Bestandteile
Rohrleitungen	verbinden die Kollektoren auf dem Dach mit dem meist im Keller untergebrachten Speicher
Solarflüssigkeit	transportiert die Wärme vom Kollektor zum Speicher
Solarpumpe, Schwerkraftbremse	Die Pumpe lässt die Solarflüssigkeit im Solarkreis kontrolliert zirkulieren, die Schwerkraftbremse verhindert den Wärmetransport vom Speicher zum Kollektor (natürliche Konvektion) z. B. in der Nacht
Solarkreiswärmetauscher	überträgt die gewonnene Wärme an das Wasser im Speicher
Armaturen	zum Befüllen, Entleeren, Absperren und Entlüften
Sicherheitseinrichtungen	Ausdehnungsgefäß und Sicherheitsventil schützen die Anlage vor Schäden (Leckagen) durch Volumenausdehnung
Anzeigeinstrumente	Manometer, zwei Thermometer (Vor- und Rücklauf), Durchflussmesser (Tacosetter) ermöglichen die Kontrolle von Druck, Temperatur und Volumenstrom

Heute werden im Solarkreis meist vormontierte **Solarstationen** mit folgenden Bauteilen eingesetzt (*Bild 17-20*):

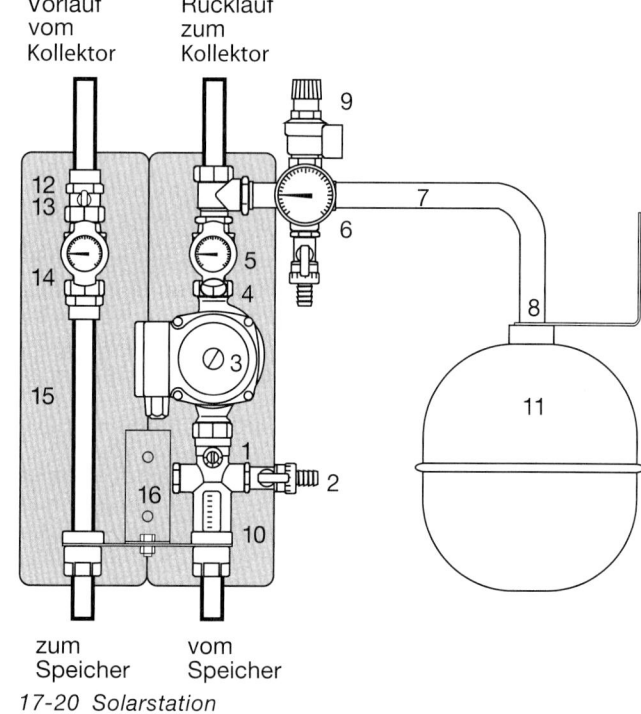

17-20 Solarstation

Bauteile im Rücklauf:

1 Absperrorgan, 2 KFE-Hahn, 3 Umwälzpumpe,
4 Schwerkraftbremse, 5 Thermometer, 6 Manometer,
7 Panzerschlauch, 8 Gefäßanschlusskupplung,
9 Sicherheitsventil, 10 Durchflussmesser,
11 Ausdehnungsgefäß mit Wandhalterung

Bauteile im Vorlauf:

12 Klemmringverschraubung, 13 Absperrorgan,
14 Thermometer, 15 Vorlaufrohr mit Halterung zum Rücklauf

Außerdem enthält die Baugruppe eine Wandhalterung (16) und Wärmedämmschalen.

Solarstationen verkürzen die Installationszeit der Anlage und verringern die Möglichkeit für Montagefehler.

Für die Leitungen des Solarkreises, aber auch für Zirkulationsleitungen gilt: Eine lückenlose Wärmedämmung nach EnEV 2014, Anlage 5, ist unerlässlich, um die Verluste zu minimieren. Die Kollektoren können noch so gute Erträge liefern; eine schlechte Dämmung der Leitungen macht alles zunichte.

4.5 Regelung

4.5.1 Vorbemerkungen

Die Regelung einer solarthermischen Anlage hat grundsätzlich die Aufgabe, die Umwälzpumpe zur optimalen „Ernte" der Sonnenenergie zu steuern. In den meisten Fällen handelt es sich um einfache elektronische Temperaturdifferenzregelungen.

Zunehmend kommen Regler auf den Markt, die als einzelne Geräte verschiedene Systemschaltungen steuern können und darüber hinaus mit zusätzlichen Funktionen wie Wärmemengenmessung, Datalogging[1] und Fehlerdiagnosefunktionen ausgestattet sind. Es gibt:

Ein- und Zweikreisregler für Warmwassersolaranlagen,

Drei- und Mehrkreisregler für Solaranlagen mit Heizungsunterstützung und

Systemregler.

4.5.2 Schaltprinzip der Temperaturdifferenzregelung

Zur Standard-Temperaturdifferenzregelung gehören mindestens zwei Temperaturfühler. Ein Fühler misst die Temperatur der heißesten Stelle des Solarkreises vor dem Kollektorfeldausgang, der zweite misst die Temperatur im Speicher auf der Höhe des Solarkreiswärmetauschers. Die Temperatursignale der Fühler (Widerstandswerte) werden im Regler verglichen. Die Pumpe wird über ein Relais eingeschaltet, wenn die **Einschalttemperaturdifferenz** erreicht ist (Bild 17-21).

Die Höhe der Einschalttemperaturdifferenz hängt von verschiedenen Faktoren ab. Standardeinstellungen liegen bei 5 bis 8 K.

Prinzipiell gilt: Je länger die Rohrleitung vom Kollektor zum Speicher, desto größer ist die Temperaturdifferenz einzustellen. Die **Ausschalttemperaturdifferenz** liegt normalerweise bei 3 K. Ein dritter Fühler kann für die Temperaturmessung im oberen Speicherbereich angeschlossen werden, dadurch ist die Angabe der Entnahmetemperatur am Regler möglich.

Eine weitere Funktion ist die Abschaltung der Anlage bei Erreichen der **Speichermaximaltemperatur** (Trinkwasserspeicher ca. 60 °C, Pufferspeicher ca. 90 °C).

Die Regelung für Großanlagen ist per se komplexer. Die Konfiguration und Programmierung der Regler erfordert eine intensive Auseinandersetzung mit der Arbeitsweise. Ungünstige Regelparameter bzw. Regelstrategien sind

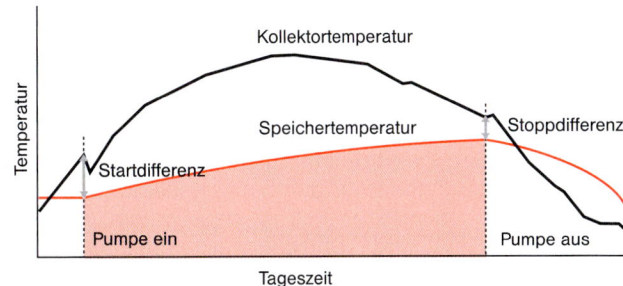

17-21 Funktion einer Temperaturdifferenzregelung, dargestellt am Verlauf von Kollektor- und Speichertemperatur (schematisch)

---

[1] Zwischenspeicherung von Anlagemesswerten.

häufig Ursache für unbefriedigende Erträge. Es ist empfehlenswert, bereits zu Beginn der Planungen die Anforderungen an die Regelung zu definieren.

5 Systeme für kleine und mittlere Anlagen

5.1 Vorbemerkungen

Man unterscheidet normalerweise zwischen kleinen und großen solarthermischen Anlagen (siehe VDI 6002 – Teil 1 oder DIN SPEC 12977). Die Grenzen sind allerdings fließend. Bei der Kollektorfläche wird die Grenze i. d. R. zwischen 15 und 30 m^2 gezogen. Kleinanlagen werden häufig als standardisierte oder sogar vorkonfektionierte Komplettpakete angeboten und als Set auf die Baustelle geliefert. Diese Anlagen werden meist mit 4 bis 12 m^2 Kollektorfläche und Speichern zwischen 300 und 1000 Liter Inhalt ausgestattet. Demgegenüber müssen die meisten Großanlagen individuell geplant werden.

Grundsätzlich zu unterscheiden sind:

- **Thermosiphonanlagen**, die ohne Pumpen auskommen, da bei ihnen die Schwerkraft zum Solarwärmetransport eingesetzt wird, und **Anlagen mit Zwangsumlauf**, die Umwälzpumpen benötigen.
- **Offene und geschlossene Systeme**: Offene Systeme besitzen am höchsten Punkt des Solarkreises einen offenen Behälter, der die temperaturbedingte Volumenausdehnung der Flüssigkeit aufnimmt. In geschlossenen Systemen übernimmt das Membranausdehnungsgefäß diese Funktion.
- **Einkreis- und Zweikreisanlagen**: Im ersten Fall zirkuliert das Speicherwasser durch den Kollektor und wieder zurück. Im zweiten Fall ist das System in einen Solarkreis und einen Speicherwasserkreis getrennt. Der Solarkreis wird von einem Wasser-Frostschutzmittel-Gemisch durchströmt.

In diesem und dem folgenden Abschnitt werden ausschließlich **geschlossene Zweikreisanlagen mit Zwangsumlauf** behandelt. Die anderen Systeme haben im kommerziellen Solaranlagenbau und für mitteleuropäische Witterungsbedingungen (Frost im Winter) keine Bedeutung.

5.2 Speicherbeladung und -entladung

5.2.1 Speicherbeladung mit Solarenergie

Folgende Varianten kommen zum Einsatz, *Bild 17-22*:

a) Interner/externer Solarwärmetauscher

Der interne Wärmetauscher ist i. d. R. als Rippenrohr- oder Glattrohrwendel ausgeführt und im unteren Speicherbereich angeordnet. Die Wärmeabgabe an das Speicherwasser erfolgt durch Wärmeleitung und als Folge entsteht Konvektion: Das erwärmte Wasser steigt aufgrund geringerer Dichte nach oben. Für höhere Übertragungsleistungen kann auch ein externer Wärmetauscher (Plattenwärmetauscher) eingesetzt werden. Dies erfordert eine zweite Pumpe.

b) Schichtenladung mit Aufströmrohr

Kernstück dieser Speicherbeladung ist ein Steigrohr mit zwei oder mehr Ausströmöffnungen in unterschiedlichen Höhen und einem unten eingebauten Wärmetauscher. Der Wärmetauscher erwärmt das ihn umgebende Was-

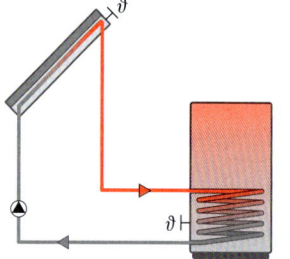 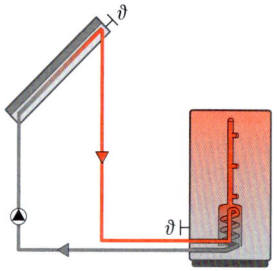

17-22 Verschiedene Arten der Speicherbeladung mit Solarenergie

ser, welches im Steigrohr nach oben steigt und in der Höhe austritt, in der die Temperatur des ausströmenden Wassers mit der des Speicherwassers in der entsprechenden Schicht übereinstimmt. So entsteht eine ausgeprägte Temperaturschichtung und im oberen Bereich wird rasch ein nutzbares Temperaturniveau erreicht. Der Vorteil von Schichtenladesystemen (schnelles Erreichen nutzbarer Temperaturen im Bereitschaftsbereich) lässt sich nur in Verbindung mit dem Low-Flow-Konzept voll ausschöpfen.

5.2.2 Nachheizung

Für die Nacherwärmung von Trinkwasser- oder Pufferspeichern bei nicht ausreichender Solarstrahlung gibt es im Wesentlichen folgende Möglichkeiten, *Bild 17-23*:

a) Nachheizung über internen Nachheizwärmetauscher oder über Einströmrohr

Über den oberen Wärmetauscher wird der Bereitschaftsbereich des Speichers bei Bedarf mithilfe einer Nachheizung (Öl-, Gas-, Pelletkessel etc.) mit Speichervorrangschaltung nachgeheizt. Die Nachheizung kann auch über einen externen Wärmetauscher bzw. über ein Einströmrohr erfolgen.

b) Trinkwasserspeicher mit elektrischer Nachheizung

Dies geschieht mittels eines in den Speicher eingebauten, thermostatisch geregelten Elektroheizstabs. Bei Verwendung von Ökostrom ist eine zu 100 % regenerative Warmwasserbereitung möglich. Dies kann z. B. über eine Photovoltaikanlage realisiert werden.

c) Nachheizung im Durchfluss (seriell)

Die Leistung des Durchlauferhitzers muss temperaturgesteuert sein, d. h. er heizt nur so viel nach, wie erforderlich ist, um eine eingestellte Austrittstemperatur zu erreichen. Vorteile: Der gesamte Speicherinhalt steht für die Solarenergie zur Verfügung. Es fallen keine Speicherverluste und bei Anordnung der Durchlauferhitzer in der Nähe der Zapfstellen nur geringe Verteilverluste für die Nachheizung an. Die Nachheizung geht nur zum Zeitpunkt des tatsächlichen Bedarfs in Betrieb. Für die gradgenaue Nacherwärmung von solar vorgeheiztem Wasser stehen spezielle elektronische Durchlauferhitzer zur Verfügung.

5.2.3 Speicherentladung

Folgende Arten der Speicherentladung sind zu unterscheiden:

a) Trinkwasserspeicher

Die Entnahme erfolgt oben im heißesten Teil des Speichers (Bereitschaftsbereich). Unten strömt kaltes Wasser in entsprechender Menge nach. Nahezu der gesamte Vorrat an warmem Wasser kann entnommen werden.

b) Pufferspeicher mit internem bzw. externem Wärmetauscher im Durchflussprinzip

Der Entladewärmetauscher durchzieht den Speicher von unten nach oben. Während der Zapfung wird Trinkwasser über diesen Wärmetauscher vom umgebenden Speicherwasser erwärmt. Diese Aufgabe kann auch ein externer Wärmetauscher übernehmen. Nachteil dieses Systems

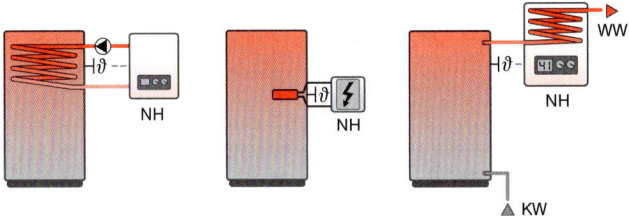

17-23 Verschiedene Arten der Speicherbeladung mit Nachheizenergie

ist, dass die Temperaturschichtung stark gestört werden kann.

c) Pufferspeicher mit Entladung durch internen Wärmeübertrager und Abströmrohr

Das abgekühlte Speicherwasser fällt in einem Abströmrohr nach unten und schiebt außerhalb des Rohres das wärmere Wasser gleichmäßig nach oben. Dadurch steht oben immer das heißeste Wasser zur Verfügung. Die Schichtung wird auf diese Weise kaum beeinträchtigt.

Vorteile der Pufferspeichersysteme:

– aufgrund des Durchflussprinzips geringe Verweildauer des erwärmten Trinkwassers, somit keine Legionellenvermehrung;
– durch höhere Speichermaximaltemperatur um 30 % höhere thermische Speicherkapazität im Vergleich zu Trinkwasserspeichern[1);
– Heizungsunterstützung möglich (bei vorhandenen Anschlüssen);
– Pufferspeicher sind preiswerter als Trinkwasserspeicher.

d) Tank-in-Tank Speicher

Kaltes Wasser tritt sehr weit unten in den innen liegenden Trinkwasserspeicher ein, wärmt sich entsprechend der Schichtung des Pufferspeichers auf und wird aus dem oberen heißen Bereich entnommen (*Bild 17-19*).

5.3 Systeme zur Trinkwassererwärmung

Das **Standardsystem**, *Bild 17-24*, hat sich für Kleinanlagen weitgehend durchgesetzt. Es handelt sich um ein Zweikreissystem mit einem internen Wärmetauscher für die Solarwärmeeinspeisung und einem zweiten für die Nachheizung durch den Heizkessel. Im Speicher befindet sich Trinkwasser, das durch einen thermostatischen Dreiwegemischer bei der Zapfung auf eine einstellbare Maximaltemperatur begrenzt wird (Verbrühungsschutz). Die hydraulische Schaltung ist einfach. Die Solarkreispumpe wird eingeschaltet, sobald die Temperatur am Kollektor um 5 bis 8 K höher ist als im unteren Speicherbereich. Wenn die am Kesselregler eingestellte Temperatur (z. B. 45 °C) im Bereitschaftsbereich des Speichers unterschritten wird, heizt der Kessel entsprechend nach. Während dieser Zeit ist die Heizkreispumpe abgeschaltet (Warmwasservorrangschaltung).

Als Standardsystem kann ebenfalls das in *Bild 17-25* dargestellte System bezeichnet werden. Die Trinkwassererwärmung erfolgt hier im Durchflussbetrieb mit Vorteilen für die Hygiene, da das Kaltwasser erst bei der Zapfung erwärmt wird (Frischwassersystem).

Durch die Verwendung eines **Schichtenspeichers** (Abschnitt 4.3.3) entweder als Trinkwasserspeicher oder als Pufferspeicher wird die bei Low-flow-Betrieb[1) auf hohem

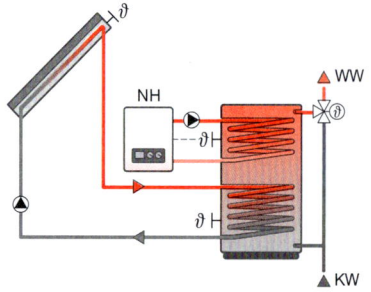

17-24 Standardsolaranlage zur Warmwasserbereitung

[1) Trinkwasserspeicher sollten wegen der Gefahr des Kalkausfalls auf 60 °C begrenzt werden, Pufferspeicher können auf 90 °C aufgeheizt werden.

[1) Volumenströme im Solarkreis: Low-flow ca. 15 l/(m²·h), High-flow ca. 40 l/(m²·h), siehe Abschn. 7.5.4.

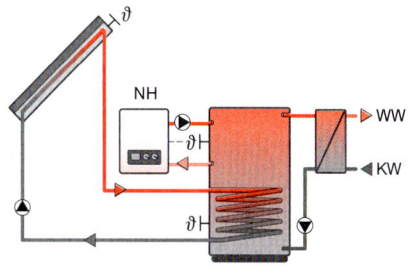

17-25 Trinkwassererwärmung im Durchflussbetrieb

Temperaturniveau erzeugte Wärme aus dem Kollektor gezielt in eine passende Temperaturschicht im Speicher eingelagert. In Verbindung mit der deutlich verminderten Durchmischung führt dies schneller zu einem verwertbaren Temperaturniveau als bei allen anderen hier aufgeführten Systemen. Die Häufigkeit des Nachheizens wird reduziert. Wenn der Schichtenspeicher mit Pufferwasser arbeitet, wird die Wärme für das Trinkwasser über einen externen Wärmetauscher im Direktdurchlauf ausgekoppelt. Mitentscheidend für die Leistungsfähigkeit dieses Systems ist die gute Abstimmung der Entladeregelung auf die verschiedenen Zapfraten.

Bild 17-26 zeigt ein sog. Drain-Back-System. Hier erfolgt die Trinkwassererwärmung wie bei einer Standardsolaranlage über den Wärmeübertrager im Solarkreis. Allerdings läuft hier der Kollektor sowie ein Teil der Vor- und Rücklaufleitungen bei ausgeschalteter Solarpumpe leer. Die Solarflüssigkeit befindet sich dann in einem geschlossenen Auffangbehälter. Bei Bedarf und einem entsprechenden Strahlungsangebot drückt die Pumpe den Wärmeträger in die Leitungen und den Kollektor sowie die Luft in den Auffangbehälter zurück. Deshalb besteht keine Frost- bzw. Verdampfungsgefahr, sodass für den Wärmeträger Wasser eingesetzt werden kann. Damit das System einwandfrei funktioniert, müssen die Vor- und Rücklaufleitung mit einem ausreichenden Gefälle verlegt werden. Diese Voraussetzung ist nicht mit jedem Kollektortyp realisierbar und erfordert äußerste Sorgfalt bei der Montage.

5.4 Systeme zur Trinkwassererwärmung und Heizungsunterstützung (Kombianlagen) im EFH-/ZFH

Wird eine Solaranlage bereits bei der Planung der Heizung oder einer notwendigen Kesselsanierung berücksichtigt, bietet es sich an, sie auch zur Unterstützung der Heizung einzusetzen. Der verringerte Wärmebedarf im Neubaubereich (Niedrigenergiehäuser) und die höheren Leistungen der modernen Solaranlagen begünstigen den Trend, Solarsysteme mit Heizungsunterstützung zu installieren.

Ein hoher solarer Deckungsanteil kann aber nur dann erreicht werden, wenn die energetische Qualität des zu beheizenden Gebäudes sehr gut ist. Im nichtsanierten Gebäudebestand mit einem spezifischen Heizwärmebedarf von ca. 200 kWh/($m^2 \cdot a$) und mehr kann eine hohe Abdeckung mit solarer Wärme nur mit einem nicht zu vertretenden technischen und finanziellen Aufwand erfolgen. Deshalb ist die Minimierung des Wärmebedarfs eine grundlegende Voraussetzung für eine solare Wärmeversorgung mit hohem Deckungsanteil.

Die Kenntnis des Wärmebedarfs für Raumheizung und Trinkwarmwasser ist für die Dimensionierung der Solar-

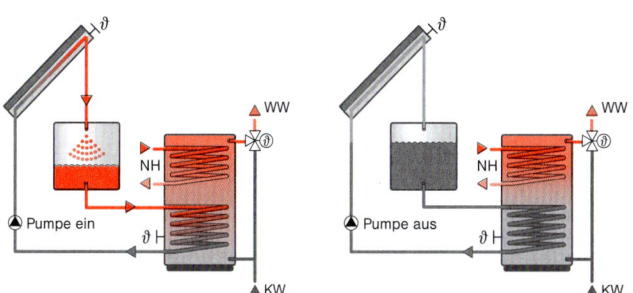

17-26 Trinkwassererwärmung mit dem Drain-Back-System

anlagen von entscheidender Bedeutung. Auf der Grundlage dieser Bedarfs- bzw. Verbrauchswerte sollte zunächst beurteilt werden, ob eine solare Heizungsunterstützung überhaupt Sinn hat.

Je nach Höhe des Jahresheizwärmebedarfs können folgende solare Deckungsanteile erreicht werden:

- im Bestand 10 bis 20 %
- im Neubau 20 bis 50 %
- im Passivhaus >50 %

Sogenannte Sonnenhäuser werden weiter unten gesondert betrachtet, Abschnitt 8.

Durch die größere Kollektorfläche ergeben sich bei diesen Systemen erhebliche Überschüsse im Sommer. Um diese zumindest teilweise zu nutzen, ist der Anschluss von zusätzlichen Wärmeverbrauchern wie Geschirrspüler, Waschmaschine und Swimmingpool, wenn vorhanden, empfehlenswert.

Es gibt diverse Konzepte von Anlagenschaltungen zur Heizungsunterstützung wie z. B. Anlagen mit Kombispeicher als Pufferspeicher für die Heizung, Anlagen mit Rücklaufanhebung oder Tank-in-Tank-Systeme.

Als Beispiel wird hier eine Speicher-Kessel-Kombination vorgestellt, *Bild 17-27*. Der Wärmeerzeuger ist direkt in den Kombispeicher eingebaut. Wärmeerzeuger können Erdgas-, Heizöl-, Pelletfeuerungen oder Wärmepumpen sein. Die Auskopplung der Wärme zur Trinkwassererwärmung erfolgt entweder über einen durch den gesamten Speicher gezogenen internen Wärmeübertrager oder über einen externen Wärmeübertrager mit drehzahlgesteuerter Pumpe.

Aufgrund der kompakten Bauweise ist der Montageaufwand für einen Kombispeicher mit eingebautem Wärmeerzeuger deutlich geringer als beim Einsatz eines externen Wärmeerzeugers. Ähnliches gilt für den Platzbedarf und auch für die Wärmeverluste.

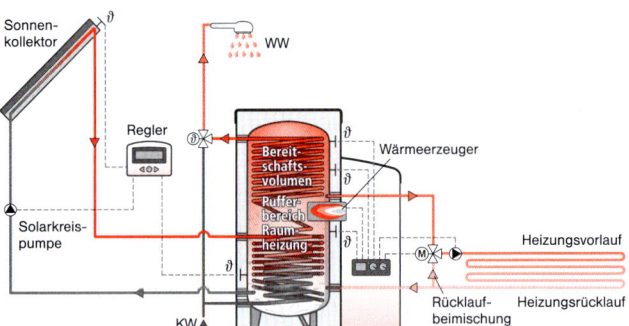

17-27 Beispiel für eine Speicher-Kessel-Kombination

5.5 Systeme zur Lufterwärmung

5.5.1 Vorbemerkungen

Die Komponenten eines solaren Luftsystems entsprechen im Wesentlichen denen einer Lüftungsanlage. Bei den meisten Anwendungen wird die durch den Kollektor strömende Luft direkt dem Gebäude als Raumluft zugeführt. Solarluftsysteme können für verschiedene Anwendungen eingesetzt werden wie z. B. zur

– Lüftung,
– Heizung (Winter) und Warmwasserbereitung (Sommer),
– Entfeuchtung,
– Kühlung,
– Trocknung.

Luftkollektoranlagen sind immer dann von Vorteil, wenn die Luft ohnehin als Medium zum Trocknen oder Heizen verwendet wird. Die wesentlich geringere Wärmekapazität im Vergleich zu Wasser bewirkt eine schnelle Erwärmung, Einstrahlungsänderungen werden zeitnah weitergegeben. Für Lüftungsanlagen reicht eine geringe Temperaturerhöhung gegenüber der Außenluft für einen sinnvollen Betrieb aus. So bleiben die Kollektortemperaturen niedrig, was den Wirkungsgrad erhöht. Eine Luftfilterung ist aus hygienischen Gründen immer vorzusehen. Eine Kopplung mit der konventionellen Heizungsanlage erfolgt i. d. R. nicht. Dadurch können Solarluftanlagen gut in Altbauten nachgerüstet werden, wenn das konventionelle Heizsystem für wassergeführte Anlagen nicht geeignet ist.

Zur Reduzierung des Energiebedarfs in Gebäuden werden einerseits der bauliche Wärmeschutz verbessert und andererseits die Gebäudehülle immer stärker abgedichtet. Deshalb werden mechanische Lüftungsanlagen im Neubau und bei einer Generalsanierung zunehmend standardmäßig eingesetzt. Solare Frischluftsysteme stellen in diesem Zusammenhang eine interessante Lösung dar. Während mechanische Lüftungsanlagen durch Wärmerückgewinnung den Lüftungswärmeverlust in Gebäuden reduzieren, lüften solare Frischluftsysteme das Gebäude sogar mit Energiegewinn (bei entsprechender Wetterlage). In Altbauten, insbesondere in nur temporär genutzten Gebäuden (Wochenendhäusern), schützt ein solares Luftsystem effektiv vor zu viel Feuchtigkeit und Schimmelbildung.

Im Folgenden werden einige Systeme vorgestellt, die im Wohnungsbau eingesetzt werden.

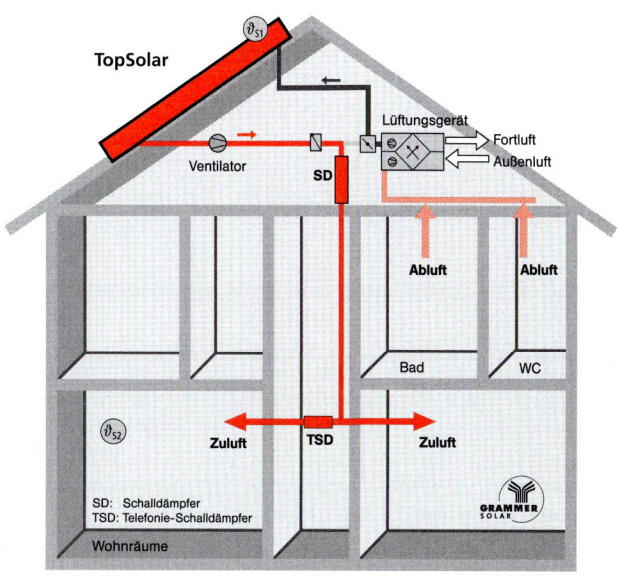

17-28 Prinzipschema einer Solarluftanlage mit Wärmerückgewinnung

5.5.2 Solar unterstützte Wohnungslüftung

Bei diesem System, *Bild 17-28*, wird die zur Wohnungslüftung notwendige Frischluft zunächst durch eine Wärmerückgewinnungsanlage vorgewärmt und bei entsprechendem solaren Strahlungsangebot durch die Kollektoren temperaturgesteuert nachgeheizt (Umluftsystem). Diese Variante ist regelungstechnisch einfach, die Einbindung einer Trinkwassererwärmung ist relativ leicht zu realisieren.

5.5.3 Solare Luftheizung mit Speicher

Um eine solare Beheizung eines Gebäudes auch zeitversetzt zum solaren Angebot zu realisieren, muss Wärme gespeichert werden. Vor allem in Wohngebäuden spielt dies eine große Rolle, da ein Heizwärmebedarf auch in den Abend- und Morgenstunden bestehen kann.

Prinzipiell kommen für die Wärmespeicherung Kies- oder Gesteinsspeicher infrage. Dabei werden aber große Volumina benötigt, welche zusammen mit den hohen Kosten den Einsatz solcher Systeme einschränken.

Eine vergleichsweise günstige Zwischenspeicherung der solar erzeugten Wärme ist mit sog. Hypokausten- oder

Murokaustensystemen möglich. Hier wird der warme Luftstrom im Umluftbetrieb durch Teile des Gebäudes geführt, z. B. durch Wände (Murokauste) oder Fußböden und Decken (Hypokauste). Die Wärme wird an das Bauteil übertragen und zeitverzögert an die angrenzenden Räume abgegeben. Auch die notwendige konventionelle Heizung kann über dieses System betrieben werden, um ein zusätzliches Wärmeverteilungssystem zu vermeiden.

5.5.4 Solare Luftheizung und Trinkwassererwärmung

Eine sinnvolle Erweiterung des Solarluftsystems ist die Abgabe von Überschusswärme in den Sommermonaten über einen Luft-Wasser-Wärmetauscher für die Trinkwassererwärmung. Zwischen Mai und September kann die solar erwärmte Luft fast ausschließlich zur Warmwasserbereitung verwendet und das vorhandene System somit auch in diesem Zeitraum genutzt werden.

In den übrigen Monaten wird die Warmwasserbereitung im Nachrang betrieben, da die Luftkollektoren bei der Raumluftbeheizung effektiver arbeiten und größere solare Erträge erzielen.

5.5.5 Solare Trocknung

Die solare Trocknung ist wirtschaftlich gesehen besonders in Ländern mit hoher solarer Einstrahlung in den Sommer- bzw. Herbstmonaten interessant, da in diesen Zeiten das Trocknen von Obst, Gemüse, Kräutern oder Tabak nach der Ernte notwendig ist. I. d. R. wird hierbei Zuluft solar erwärmt und dann kontrolliert der zu trocknenden Biomasse zugeführt. Dabei kann die Biomasse in festen Vorrichtungen gelagert sein oder sie wird durch einen kontinuierlichen Vortrieb (z. B. auf Bändern oder in Rollwagen) durch den Trocknungsraum geführt.

Auch kann die Solaranlage zu Vorwärmung effektiv eingesetzt werden.

6 Großanlagen

Kleine solarthermische Anlagen sind im Markt eingeführt. Große Anlagen, z. B. für Mehrfamilienhäuser, Wohnheime, Sporteinrichtungen, aber auch für Gewerbebetriebe wie Hotels, Wäschereien, Galvanikbetriebe etc., sind bis heute eher selten anzutreffen, wobei das Potenzial groß ist.

Bei großen solarthermischen Anlagen werden mit Heizungswasser befüllte Kombispeicher oder Pufferspeicher zur Aufnahme der Solarwärme eingesetzt. Das macht die Systeme deutlich komplexer. Man unterscheidet Durchflusssysteme und Speicherladesysteme. Ein weiteres Unterscheidungskriterium ist die Art der Einbindung der Nachheizung: in den Pufferspeicher, seriell oder in den Trinkwasserspeicher. Auch sind die Möglichkeiten der Zirkulationseinbindung und der Heizungsunterstützung selbst vielfältig.

Als ein Beispiel ist in *Bild 17-29* eine Anlage mit Speicherentladung und Nachheizung in den Nachheizspeicher mit zusätzlichem Vorwärmspeicher dargestellt. Die Vorteile einer solchen Schaltung sind:

- Die Regelung ist unkompliziert;
- der Entladewärmetauscher kann klein und damit kostengünstig ausgelegt werden, da er nicht für einen Spitzenzapfwert ausgelegt werden muss;
- der Fließdruck in der Warmwasserleitung wird nicht nachteilig beeinflusst.

Allerdings sind solche Anlagen etwas teurer als Durchflusssysteme. Auch muss für den Vorwärmspeicher ein zusätzlicher Legionellenschutz vorgesehen werden.

Dezentrale Wärmeübertrager gewinnen neben den üblichen zentralen Systemen auch in Deutschland an Bedeutung. Dabei handelt es sich um eine zentrale Wärmeversorgung für ein Gebäude, wobei die Trinkwassererwärmung bei den Verbrauchern z. B. in den einzelnen Wohneinheiten stattfindet (mit Durchflussprinzip als dezentrales Frischwassersystem). Vorteile sind ein ein-

17 Solarwärmesysteme — Großanlagen

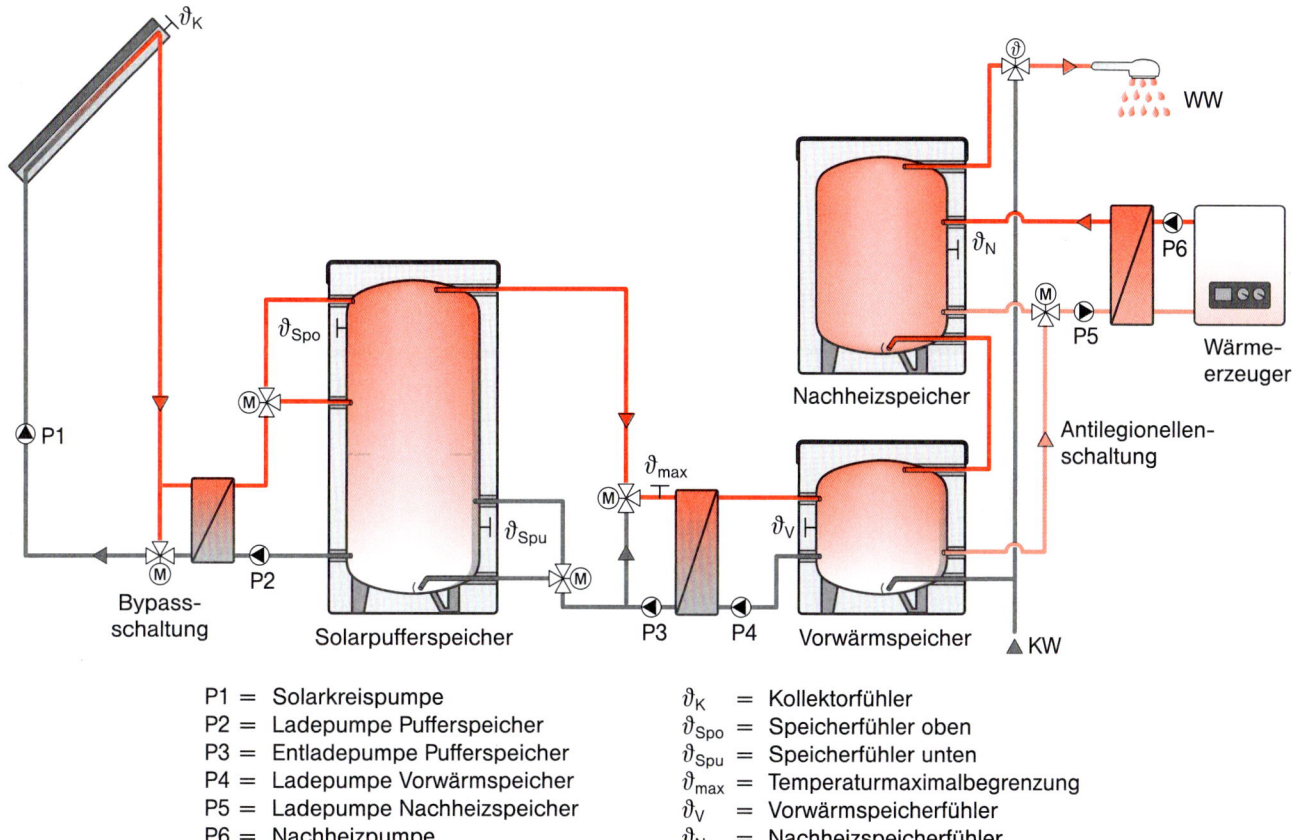

P1	= Solarkreispumpe		ϑ_K	= Kollektorfühler
P2	= Ladepumpe Pufferspeicher		ϑ_{Spo}	= Speicherfühler oben
P3	= Entladepumpe Pufferspeicher		ϑ_{Spu}	= Speicherfühler unten
P4	= Ladepumpe Vorwärmspeicher		ϑ_{max}	= Temperaturmaximalbegrenzung
P5	= Ladepumpe Nachheizspeicher		ϑ_V	= Vorwärmspeicherfühler
P6	= Nachheizpumpe		ϑ_N	= Nachheizspeicherfühler

17-29 Anlage mit Speicherentladung und Nachheizung in den Nachheizspeicher mit zusätzlichem Vorwärmspeicher

faches kostengünstiges Zweileiternetz, geringe Speicherverluste, geringe Trinkwasservolumina und damit gute Wasserqualität. Der hydraulische Abgleich ist aber schwierig, auch muss man höhere Verluste im Wärmeverteilnetz in Kauf nehmen.

Solare Prozesswärmeanlagen stellen Wärme mit Temperaturen bis 100 °C für industrielle Prozesse bereit. In Mitteleuropa sind diese Temperaturen mit herkömmlichen Komponenten ohne weiteres zu erreichen. Die Wirtschaftszweige, in denen das Potenzial hierfür in Deutschland am größten ist, sind Chemische Industrie,

Ernährung, Papier, Automobile, Metallerzeugnisse und Maschinenbau.

Für eine Realisierung solcher Anlagen ist vorab eine umfangreiche Datenerhebung und Darstellung des energetischen Ist-Zustandes unabdingbar. Auch muss eine Reduktion des Prozesswärmeverbrauchs durch Effizienzmaßnahmen geprüft werden. Die Solaranlage sollte intelligent mit der bestehenden Wärmeversorgung kombiniert werden.

Bild 17-30 zeigt ein Beispiel für eine realisierte solare Prozesswärmeanlage. Es handelt sich um eine Vorwärmanlage zur Erwärmung von (Brau-)Wasser der Hütt-Brauerei Bettenhäuser in Baunatal, Nordhessen, die im Mai 2010 in Betrieb ging. Das Kollektorfeld hat eine Fläche von 155 m², der Solarpufferspeicher ein Volumen von 10 m³. Die Anlage wurde über das Programm „Solarthermie2000plus" des Bundesumweltministeriums zu 50 % gefördert.

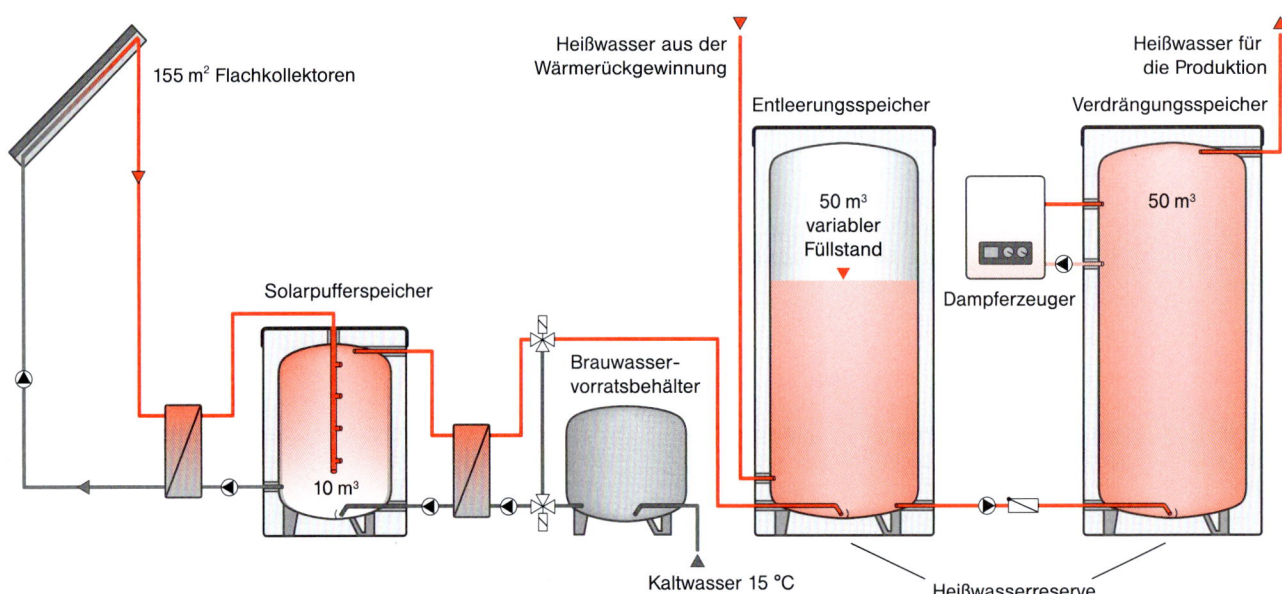

17-30 Solare Prozesswärmeanlage der Hütt-Brauerei in Baunatal, Nordhessen

7 Planung und Auslegung

7.1 Vorbemerkungen

Die Leistungsfähigkeit einer thermischen Solaranlage hängt nicht nur von der fachgerechten Installation, sondern auch von einer sorgfältigen Anlagenplanung und -dimensionierung ab. Die im Zusammenhang mit der Anlagenplanung verwendeten Begriffe sind der solare Deckungsanteil f_{sol} und der Systemnutzungsgrad $\eta_{sys,sol}$ des Solarsystems.

Als **solaren Deckungsanteil** f_{sol} bezeichnet man das Verhältnis von abgegebener solarer Wärmemenge zum Gesamtwärmebereitstellungsbedarf des Systems zur Trinkwassererwärmung bzw. Trinkwassererwärmung plus Heizungsunterstützung:

$$f_{sol} = [Q_{sol} / (Q_{sol} + Q_{aux,net})] \cdot 100$$

f_{sol} = solarer Deckungsanteil in %

Q_{sol} = vom Kollektor an den Speicher abgegebene Energie in kWh

$Q_{aux,net}$ = Nachheizungswärmemenge, die zum Zusatzheizgerät an den Speicher oder direkt an das Wärmeverteilungssystem abgegeben wird (kWh)

Je höher der solare Deckungsanteil einer Solaranlage ist, desto weniger Energie muss für die Nachheizung eingesetzt werden, im Extremfall (f_{sol} = 100 %) gar keine. *Bild 17-31* zeigt die monatlichen solaren Deckungsanteile einer solarthermischen Anlage zur Trinkwassererwärmung. Man erkennt, dass sich eine zu 100 % solare Deckung des Wärmebereitstellungsbedarfs in den strahlungsreichen Monaten Mai bis August ergeben kann. Der Jahresdeckungsanteil liegt bei etwa 60 %.

Der solare **Systemnutzungsgrad des Solarsystems** $\eta_{sys,sol}$ gibt das Verhältnis von der an den Speicher übertragenen solaren Wärmemenge Q_{sol} zur auf den Kollektor

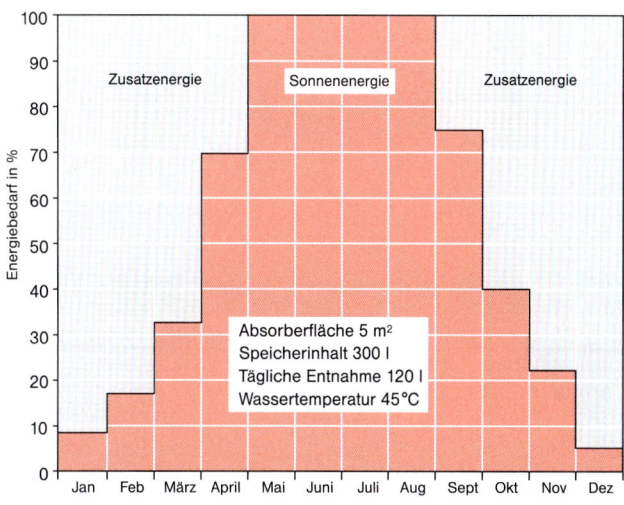

17-31 Solarer Deckungsanteil in den einzelnen Monaten

eingestrahlten Sonnenenergie, bezogen auf einen bestimmten Zeitraum, z. B. 1 Jahr, an:

$$\eta_{sys,sol} = [Q_{sol} / (H_{sol} \cdot A_A)] \cdot 100$$

$\eta_{sys,sol}$ = solarer Systemnutzungsgrad in %

Q_{sol} = solarer Wärmeertrag in kWh/a

H_{sol} = solare Einstrahlung auf die Kollektorebene in kWh/m²·a

A_A = Absorberfläche in m²

Der Systemnutzungsgrad beschreibt die Effizienz des gesamten Kollektorkreises. Sind die Absorberfläche, die Einstrahlung und der solare Wärmeertrag (gemessen durch einen Wärmemengenzähler) bekannt, lässt sich der Systemnutzungsgrad bestimmen:

Beispiel für ein Einfamilienhaus:

Absorberfläche $A_A = 6\ m^2$
Solare Einstrahlung $H_{sol} = 1\ 000\ kWh/m^2 \cdot a$
Solarer Wärmeertrag $Q_{sol} = 2\ 100\ kWh/a$

$$\eta_{sys,sol} = \frac{2\ 100\ kWh \cdot m^2 \cdot a}{1\ 000\ kWh \cdot a \cdot 6\ m^2} \cdot 100 = 35\ \%$$

Wird der solare Deckungsanteil durch Vergrößerung der Absorberfläche erhöht, sinkt der Systemnutzungsgrad des Solarsystems durch größer werdende nicht nutzbare Überschüsse. Diese Gegenläufigkeit der beiden Größen veranschaulicht Bild 17-32.

Zur Dimensionierung von thermischen Solaranlagen können eingesetzt werden:

– auf Erfahrungswerten beruhende Faustformeln,

– herstellerspezifische Nomogramme oder

– Computer-Dimensionierungsprogramme.

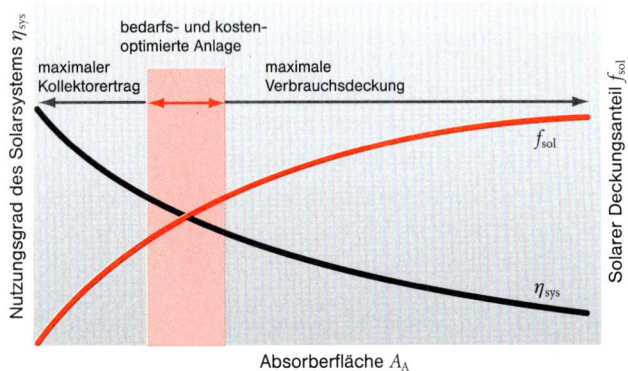

17-32 Solarer Deckungsanteil und Nutzungsgrad des Solarsystems

7.2 Anlagen zur Trinkwassererwärmung

I. d. R. verfolgt die Auslegung einer thermischen Solaranlage zur Trinkwassererwärmung im Ein- und Zweifamilienhausbereich das Ziel, den Energiebedarf der Trinkwassererwärmung während der Sommermonate Mai bis August zu 100 % über die Solaranlage abzudecken. Der Heizkessel wird während dieser Zeit nur in seltenen Ausnahmefällen benötigt. Dadurch werden nicht nur die Umwelt und der Geldbeutel entlastet, auch der Heizkessel wird geschont. In den übrigen Monaten, in denen der Heizkessel ohnehin läuft, muss er durch Nachheizung die fehlende Wärme liefern.

Wichtigste Voraussetzung für die richtige Dimensionierung der Anlage ist eine möglichst genaue Kenntnis des tatsächlichen Warmwasser-Wärmebedarfs bzw. Warmwasserverbrauchs. Aufgrund der individuell sehr stark schwankenden Verbrauchswerte (20 bis 80, in Extremfällen sogar bis 150 Liter Warmwasser pro Person und Tag) ist eine vorausgehende Messung dieses Verbrauchs wünschenswert, i. d. R. aber nicht gegeben.

Bei der Ermittlung des Warmwasserbedarfs ist ggf. der Anschluss von Waschmaschine und Geschirrspüler zu berücksichtigen.

Aufgrund jahrzehntelanger Erfahrung lässt sich unter den Voraussetzungen

– mittlerer Warmwasserbedarf V_{WW} = 35–55 Liter (45 °C) pro Person und Tag,

– günstige Einstrahlungsbedingungen (H_{sol} = 1 000 kWh/m²·a ± 10 %),

– Dachausrichtung Südost bis Südwest, Neigung bis 50°,

– keine bis geringe Verschattung,

für die Erreichung eines solaren Deckungsanteils von 60 % als erste Abschätzung für die wesentlichen Anlagekomponenten angeben:

Absorberfläche:
- ca. 1,5 m² bei Flachkollektoren pro Person,
- ca. 1 m² bei Vakuum-Röhrenkollektoren pro Person.

Um ein paar sonnenlose Tage im Sommer ohne Nachheizung zu überbrücken, sollte das Speichervolumen dem Warmwasserverbrauch von 2 Tagen entsprechen. Bei 4 Personen ergibt sich somit ein Volumen von ca. 400 Litern.

7.3 Anlagen zur Trinkwassererwärmung und Heizungsunterstützung

Insbesondere in den Übergangszeiten kann eine Solaranlage einen Beitrag für die Raumheizung leisten. Man unterscheidet zwischen Anlagen mit geringem solaren (f_{sol} max. 35 %) und solchen mit hohem solaren Deckungsanteil (f_{sol} >35 %) am gesamten Wärmebereitstellungsbedarf für Heizung und Warmwasser. Für letztere Anlagen ist es notwendig, in einem Langzeitspeicher oder einem saisonalen Speicher Sonnenenergie des Sommers einzuspeichern und im Winter zu entnehmen.

Um eine solarthermische Anlage sinnvoll zur Unterstützung der Raumheizung einsetzen zu können, sind folgende Eigenschaften des Gebäudes bzw. des Heizungssystems von Vorteil:

ein möglichst geringer Heizwärmebedarf (<100 kWh/(m²·a),

möglichst niedrige Vor- und Rücklauftemperaturen (z. B. 40/32 °C),

günstige Orientierung der Kollektorfläche (Neigungswinkel mind. 45° und Ausrichtung Süden).

Für eine erste grobe Dimensionierung von Anlagen mit f_{sol} <35 % lassen sich folgende Faustformeln angeben.

Absorberfläche:

0,8 bis 1,1 m² Flachkollektoren pro 10 m² beheizte Wohnfläche

0,5 bis 0,8 m² Vakuum-Röhrenkollektoren pro 10 m² beheizte Wohnfläche

Speichervolumen:

mind. 50 Liter pro m² Kollektorfläche oder 100 bis 200 Liter pro kW Heizlast.

Eine genaue Auslegung von Kollektorfläche und Speichervolumen für Solaranlagen zur Warmwasserbereitung und Heizungsunterstützung ist nur mithilfe von Simulationsprogrammen möglich. Hierfür haben sich die Programme T*SOL, getSolar, polysun und TRNSYS etabliert (s. Abschnitt 11).

Insbesondere bei der Berechnung von Kombianlagen wirken sich die passiven solaren Gewinne durch die Fensterflächen und die inneren Wärmequellen (Menschen, Geräte, Beleuchtung) mit zunehmendem Dämmstandard eines Gebäudes in der Gesamtenergiebilanz immer stärker aus, sodass hier der Einsatz von Simulationsprogrammen unerlässlich ist.

8 Sonnenhäuser

In den letzten Jahren sind in vielen Ländern zahlreiche Häuser entstanden, die 50 bis 100 % ihres sehr niedrigen Wärmebedarfes für Heizung und Warmwasser mithilfe von solarthermischen Anlagen decken, sog. **Sonnenhäuser**. Die restliche benötigte Wärme wird durch Gas- und Holzkessel bereitgestellt, wobei der Trend zur Nutzung von Wärmepumpen stärker wird (Nutzung von Umgebungswärme).

Voraussetzungen hierfür sind:

Ein Sonnenhaus mit hohem solaren Deckungsanteil muss ein Niedrigenergie- oder Passiv- oder Plusenergiehaus sein.

Das Solarsystem sollte möglichst einfach sein; Details müssen konsequent beachtet, die Arbeiten sorgfältig ausgeführt werden.

Als Kollektoren eignen sich am besten Großflächenkollektoren, die als anschlussfertige Module mit dem Kran montiert werden. Um den hohen solaren Deckungsanteil zu erreichen, sind i. d. R. Kollektorflächen von ca. 30 bis 70 m² erforderlich. Die Speichervolumina liegen meistens zwischen 250 und 1 000 Liter pro m² Kollektorfläche.

In *Bild 17-33* ist der solare Deckungsanteil in Abhängigkeit von Kollektor- und Speichergröße bei Sonnenhäusern dargestellt. Randbedingungen sind Einfamilienhaus mit 200 m² Nutzfläche, Standort München, Ausrichtung Süden, Neigung 45°, Dämmstandard KFW 70. Man erreicht einen solaren Deckungsanteil von 67 %, wenn die Kollektorfläche 40 m² beträgt und der Speicher ein Volumen von 7 m³ hat.

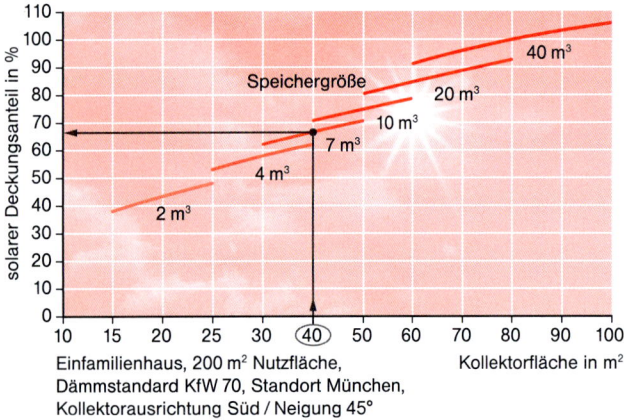

17-33 Solarer Deckungsanteil in Abhängigkeit von Kollektor- und Speichergröße

9 Montage

9.1 Vorbemerkungen

Die Installation von thermischen Solaranlagen berührt die Gewerke des Dachdeckers bzw. Fassadenbauers, des Heizungs- bzw. Gas-Wasser-Installateurs und des Elektrikers.

Der Bereich, in dem sich der Heizungsinstallateur auf Neuland begibt, ist das Dach. Bei der Installation auf dem Dach wird immer in die Dachkonstruktion eingegriffen. Es ist daher essentiell, die jeweiligen Regeln und die verwendeten Materialien zu kennen. Aus Platzgründen kann im Folgenden nicht auf die Sicherheitsvorschriften eingegangen werden. Informationen sind aber jederzeit bei den staatlichen Arbeitsschutzbehörden und den Berufsgenossenschaften zu finden.

9.2 Kollektormontage

9.2.1 Schrägdachmontage

Der Einbau der Kollektoren kann bei den meisten Fabrikaten wahlweise auf das Dach oberhalb der Dacheindeckung oder in das Dach anstelle der Dacheindeckung erfolgen:

Aufdachmontage

Bei der Aufdachmontage werden die Kollektoren etwa 5 bis 10 cm über der Dachdeckung installiert.

Die Haltepunkte werden durch Dachhaken oder Sparrenanker gebildet, die auf die Sparren, bei Wellplatten auf die Wellen aufgeschraubt oder bei Zinkdächern auf einen Stehfalz aufgeklemmt werden. Zur Montage eines Dachhakens siehe *Bild 17-34*. Dachhaken sind in den verschiedensten Ausführungen erhältlich.

Daneben gibt es eigens für die Aufdachmontage von Kollektoren und Photovoltaik-Modulen entwickelte Spezialdachziegel.

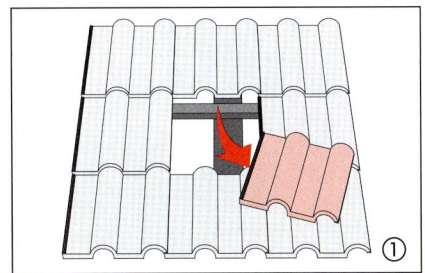 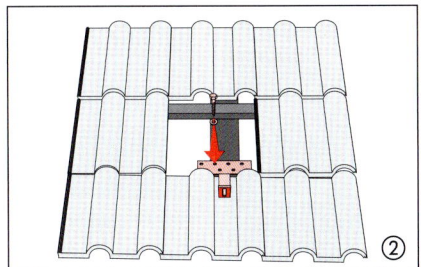 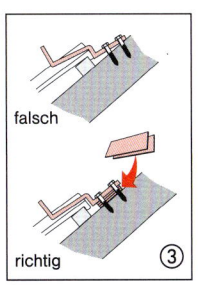 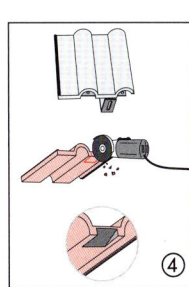

17-34 Montage des Dachhakens

Für die Rohrdurchführungen ins Dach werden Lüfterziegel eingesetzt.

Die Tragkonstruktion des Daches muss in der Lage sein, die zusätzliche Belastung durch das Gewicht der Kollektoren und des Befestigungssystems (ca. 25 kg/m^2) aufzunehmen. Sowohl Flachkollektoren als auch Vakuum-Röhrenkollektoren lassen sich in Aufdachmontage realisieren.

Vorteile der Aufdachmontage:

- schnelle, einfache und dadurch preiswertere Montage,
- die Dachhaut bleibt geschlossen,
- größere Flexibilität bei der Montage (man kann näher an Gratsteine, Blecheinfassungen, Fenster usw. heranbauen).

Nachteile der Aufdachmontage:

- zusätzliche Dachlast (ca. 20–25 kg/m^2 für Flachkollektoren und 15–20 kg/m^2 für Vakuum-Röhrenkollektoren),
- optisch nicht so ansprechend wie die Indachmontage,
- Rohrführung zum Teil über Dach (Witterungseinflüsse, Vogelfraß bei der Wärmedämmung).

Indachmontage

Bei der Indachmontage wird die Dacheindeckung an der entsprechenden Stelle entfernt und die Kollektoren werden direkt auf die Dachlatten montiert. Die Abdichtung an den Übergängen zur Dachhaut und zwischen den Kollektoren wird durch eine überlappende Konstruktion erreicht. Dabei wird der Kollektor mittels spezieller Eindeckrahmen aus Aluminium oder Zink und Blei in die Dachdeckung eingebunden (ähnlich wie Dachflächenfenster, siehe *Bild 17-35*). Die auftretenden Wärmedehnungen müssen möglich sein, ohne dass Schäden entstehen. Die Einbindung in ein Schrägdach ist meist die architektonisch elegantere Lösung.

Vorteile der Indachmontage:

- es werden keine zusätzlichen Dachlasten aufgebracht,
- optisch ansprechender (Dacheindeckrahmen können bei einigen Herstellern gegen Aufpreis in verschiedenen Farben bezogen werden),
- die Rohrführung befindet sich unterhalb der Dacheindeckung,
- Dachpfannen werden eingespart (Neubau) oder man behält Reservepfannen übrig (Altbau).

Nachteile der Indachmontage:

- sie ist teurer, da material- und montageaufwendiger,

 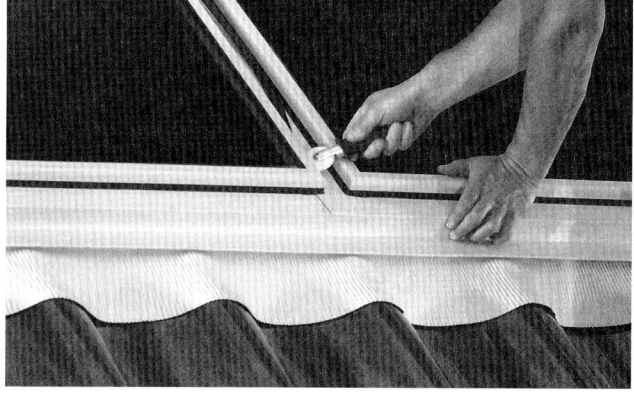

17-35 Indachmontage eines Flachkollektors

- die Dachdeckung wird „unterbrochen", dadurch ergibt sich eine mögliche Schwachstelle,
- eventuell Abtransport von überschüssigen Dachpfannen (Kosten),
- die Montagemöglichkeiten sind eingeschränkt (durch Eindeckrahmen ergeben sich größere Abstände zu Gratsteinen, Fenster- und Schornsteineinfassungen).

9.2.2 Flachdachmontage

Grundsätzlich müssen Kollektoren auf Flachdächern schräg angestellt werden (20 bis 45° für die Trinkwassererwärmung, möglichst steiler für die Heizungsunterstützung). Ausnahme: direkt durchströmte Vakuum-Röhrenkollektoren (s. unten). Für die Schrägstellung gibt es Flachdachständer aus verzinktem Stahl oder Aluminium in entsprechenden Anstellwinkeln. Aufgrund der auftretenden Windkräfte müssen die Kollektoren gegen Gleiten, Abheben und Herabstürzen gesichert werden.

Dafür gibt es drei Möglichkeiten:

Gegengewichte auf Bautenschutzmatte

Betonschwellen, Wannen oder Trapezbleche, die mit Kies als Ballast gefüllt bzw. bedeckt werden (100 bis 250 kg/m^2 Kollektorfläche bei Flachkollektoren und 70 bis 180 kg/m^2 bei Heatpipe-Kollektoren und 49 bis 70 kg/m^2 bei waagerecht montierten Vakuum-Röhrenkollektoren, bis max. 8 m Montagehöhe über Gelände). Bei höheren Gebäuden sind größere Lasten erforderlich.

Abspannen der Kollektoren

Mit dünnen Drahtseilen werden die Kollektoren gesichert. Voraussetzung hierfür ist das Schaffen von Befestigungspunkten am Gebäude.

Verankerung mit dem Flachdach

Es wird eine ausreichende Anzahl von Stützen mit der Unterkonstruktion des Daches verschraubt und eingedichtet. Darüber werden Träger gespannt, auf denen die Flachdachständer montiert werden, die die Kollektoren aufnehmen.

Direkt durchströmte Vakuum-Röhrenkollektoren (Abschnitt 4.2.4) können auch waagerecht liegend montiert werden: Zunächst werden nach Herstellerangaben Gehwegplatten auf Bautenschutzmatten ausgelegt, darauf Fußschienen und Kollektoranschlusskasten (Sammler) geschraubt und dann die Röhren eingesetzt. Die Absorberstreifen werden entweder waagerecht ausgerichtet oder, wenn es ohne gegenseitige Verschattung möglich ist, mit einem Neigungswinkel von ca. 25° zur Sonne montiert.

In jedem Fall ist im Vorfeld die Tragfähigkeit des Daches zu prüfen.

Gegenseitige Verschattung

Werden die Kollektoren in Reihen hintereinander aufgestellt, so muss der Abstand zwischen den Reihen so groß sein, dass im Winter keine oder eine möglichst geringe Verschattung auftritt.

Mithilfe der für *Bild 17-36* gültigen Formel

$$x = \frac{\sin \beta \cdot h}{\tan \gamma_s} + \cos \beta \cdot h$$

lässt sich der Abstand zwischen den Kollektorreihen bestimmen.

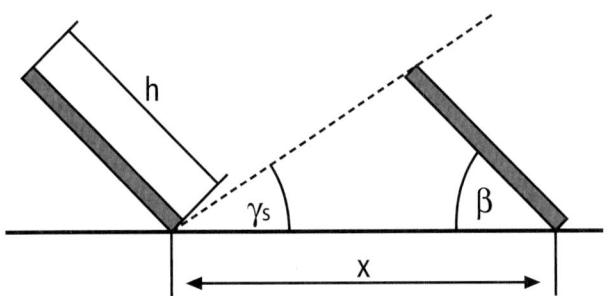

17-36 Winkel und Abmessungen zur Abstandsberechnung bei der Flachdachmontage

Beispiel:

Als Sonnenhöhenwinkel γ_s, bei dem noch keine Verschattung auftreten soll, wird 17° gewählt, der Neigungswinkel β beträgt 45° und die Breite h des Kollektors 1,5 m. Damit ist der erforderliche Abstand zwischen den Kollektorreihen

$$x = \frac{0,707 \cdot 1,5 \text{ m}}{0,306} + 0,707 \cdot 1,5 \text{ m} = 4,5 \text{ m}.$$

9.2.3 Blitzschutz

Die Art der Einbeziehung der solarthermischen Anlage in den Blitzschutz ist vom Vorhandensein einer Blitzschutzanlage abhängig. Für Wohngebäude bis zu einer Firsthöhe von 20 m wird kein Blitzschutz vorgeschrieben.

Ist keine Blitzschutzanlage vorhanden, muss nach VDE 0100 Teil 540 im Keller der Vor- und Rücklauf der Solaranlage mit Kupferkabel (Mindestquerschnitt 6 mm^2) am Hauptpotenzialausgleich geerdet werden.

Besteht eine Blitzschutzanlage, sollte darauf geachtet werden, dass sich die solarthermische Anlage im Schutzbereich der äußeren Blitzschutzanlage befindet und dass der Trennungsabstand eingehalten wird.

9.2.4 Fassadenmontage

Grundsätzlich lassen sich Flachkollektoren und Vakuum-Röhrenkollektoren auch an Fassaden montieren. Vor dem Hintergrund möglichst hoher Deckungsanteile im Winter in Verbindung mit einer starken Reduktion der Stagnationszeiten im Sommer und außerdem als architektonisches Gestaltungselement (z. B. als farbige Absorber) ist diese Art der Installation durchaus sinnvoll.

Senkrecht montierte Flachkollektoren, in eine Pfosten-Riegel-Konstruktion integriert, können entweder als Standardgroßflächenkollektor oder als maßgeschneiderte Lösung installiert werden. Besondere Anforderungen sind an das Glashalteprofil zu stellen: Es muss verschraubt sein.

Schräg vor der Fassade angestellte Flachkollektoren sind ähnlich zu montieren wie auf dem Flachdach. Sie werden häufig mit den gleichen Flachdachständern an die Wand geschraubt. Vakuum-Röhrenkollektoren werden mit ihren Sammlern und ihren Fußschienen an der Wand befestigt, entweder als quer liegende Röhre mit geneigtem Absorber oder mit senkrecht stehenden Röhren. Bei der Fassadenmontage ist auf folgende Punkte zu achten:

- Verschattung durch Nachbargebäude oder Bäume,
- Tragfähigkeit der Wand,
- Rohrführung auf der Wand,
- Wanddurchführung,
- Anschluss der Wärmedämmung und des Putzes an das Kollektorfeld,
- Optik.

9.3 Montage des Solarkreises

Die im Heizungs- und Sanitärhandwerk bewährten Werkstoffe und Verbindungstechniken können auch bei der Verlegung des Solarkreises eingesetzt werden, wenn sie die folgenden zusätzlichen Anforderungen erfüllen:

- Beständigkeit gegen Temperaturen von über 100 °C,
- Beständigkeit gegen die Wärmeträgerflüssigkeit (Wasser-Propylenglykol-Gemisch).

Hinweise zur Montage:

- Bei hohen Temperaturen können Kunststoffrohre wegen mangelnder Temperaturbeständigkeit nicht verwendet werden.
- Glykol in Verbindung mit Zink (verzinktes Rohr, Zinkbehälter) führt zur Schlammbildung. Die Verwendung von Stahlrohren ist möglich, sie sind aber aufwendig zu verarbeiten und werden nur bei größeren Solaranlagen eingesetzt.

- Meist wird Edelstahlwellrohr verwendet, da es im Vergleich zum bei Kupfer erforderlichen Löten einfacher zu verarbeiten und zu verlegen ist. Allerdings ist es teurer als Kupferrohr.
- Wird im Kleinanlagenbereich Kupferrohr eingesetzt, sind die gängigen Verbindungsarten das Hart- und Weichlöten. Mehr und mehr werden auch Verbindungen mit Presswerkzeugen hergestellt.
- Das Doppelrohr (Vorlauf und Rücklauf) aus weichem Kupfer von der Rolle mit umhüllender Wärmedämmung und integriertem Fühlerkabel erleichtert die Montage.

Möglichkeiten der Rohrführung:

- Verlegung im Installationsschacht, im stillgelegten Schornstein oder Lüftungsschacht;
- Verlegung unterhalb der Dachdeckung, an der Fassade herab (z. B. in einem Regenfallrohr), durch die Außenwand in den Keller;
- Verlegung durch die einzelnen Etagen, Aufputz oder Unterputz. Hier sind Deckendurchbrüche erforderlich, die Schalldämmung und Luftdichtheit der Durchbrüche ist zu beachten, besondere Vorsicht ist bei einer Fußbodenheizung geboten.

Wärmedämmung der Rohre

Die mit einigem Investitionsaufwand gewonnene Wärme soll möglichst verlustarm in den Speicher transportiert werden. Dafür sind zunächst die Rohrlänge und der Rohrdurchmesser auf unbedingt erforderliche Abmessungen zu begrenzen. Bezüglich der Wärmedämmung ist Folgendes zu beachten:

- ausreichende Dämmschichtdicke, die Anforderungen der EnEV sind einzuhalten, siehe Kapitel 13-2,
- Lückenlosigkeit der Dämmung, auch Armaturen, Speicheranschlüsse usw. sind zu dämmen,
- richtige Dämmstoffwahl (Temperaturbeständigkeit),

– UV- und Witterungsbeständigkeit bei Verlegung der Rohre im Außenbereich durch Metallummantelung herstellen.

Drain-Back-Anlagen bilden ein geschlossenes System mit Lufteinschluss. Somit sind alle im Solarkreis vorgesehenen Materialien in korrosionsbeständiger Ausführung zu installieren. Für die Rohrleitung ist ausschließlich Kupfer zu verwenden.

9.4 Speichermontage

Am häufigsten werden Warmwasserspeicher im Heizungskeller in der Nähe des Heizkessels aufgestellt, bei Dachheizzentralen auch im Dachgeschoss. Dort ist auf die Belastbarkeit der Decke zu achten (Speichergewicht inkl. Füllung). In diesem Anwendungsfall sind die Solarleitungen sehr kurz, dadurch entstehen geringere Kosten und geringere Wärmeverluste. Auch der Speicher hat gegenüber der Aufstellung im unbeheizten Keller geringere Wärmeverluste, da er sich im Dachgeschoss innerhalb der beheizten Gebäudehülle befindet.

Beim Weg zum Aufstellort begrenzt die schmalste Tür den Durchmesser des Speichers. Vorteilhaft ist eine abnehmbare Wärmedämmung, der Speicher wird dadurch schlanker und lässt sich besser transportieren. Die Speicherhöhe wird durch die freie Höhe am Aufstellort bestimmt, denn Abwasser- oder Heizungsrohre unter der Kellerdecke können die Aufstellhöhe verringern. Außerdem ist das Kippmaß des Speichers zu beachten.

9.5 Fühler- und Reglermontage

Die korrekte Installation der Messfühler ist eine wesentliche Voraussetzung für das einwandfreie Funktionieren einer thermischen Solaranlage. Dabei kommt es zum einen auf die richtige Platzierung und zum anderen auf guten thermischen Kontakt (fester Sitz, Wärmeleitpaste) an.

– Der **Kollektortemperaturfühler** ist als Flachanlegefühler direkt auf dem Absorber zu befestigen. Meist ist er werkseitig vormontiert, oder er wird in eine Tauchhülse in den Kollektorvorlauf an der heißesten Stelle eingesetzt. Bei der Verlegung der Fühlerleitung ist zu beachten, dass diese nicht mit heißen Rohren in Kontakt kommt.

– Der **Speichertemperaturfühler** ist auf der Höhe des Solarkreiswärmetauschers anzubringen. Dies erfolgt entweder mithilfe einer Klemmleiste, die außen auf der Speicherwandung befestigt ist und von der Wärmedämmung des Speichers bedeckt wird, oder mittels einer Tauchhülse, die in das Speicherwasser hineinragt.

Fühlerleitungen dürfen nicht gemeinsam mit 230/400-V-Leitungen in einem Rohr oder Leitungskanal verlegt werden, da die elektromagnetischen Felder Einfluss auf die Messwerte haben. Zusätzlich sollte eine Fühleranschlussdose mit Überspannungsschutz (Blitzschutzdose) installiert werden.

9.6 Inbetriebnahme, Wartung und Service

Die notwendigen Schritte zur Inbetriebnahme einer thermischen Solaranlage sind:

– Spülen des Solarkreises,
– Dichtigkeitsprüfung,
– Befüllen mit Solarflüssigkeit und Entlüften der Anlage,
– Befüllen des Speichers,
– Einstellen von Pumpe und Regelung.

9.6.1 Spülen des Solarkreises

Ein gründliches Spülen mit Wasser entfernt Schmutz und Flussmittelreste aus dem Solarkreis. Das Spülen sollte nicht bei Sonnenschein oder Frost erfolgen, da sonst die Gefahr der Verdampfung bzw. des Einfrierens besteht.

Beim Spülen müssen Entlüfter/Luftabscheider geschlossen sein. Der Spülvorgang (*Bild 17-37*) erfolgt zunächst über die KFE-Hähne 1 und 2. An den KFE-Hahn 1 wird über einen Schlauch die Kaltwasserleitung angeschlossen, an den KFE-Hahn 2 ein weiterer Schlauch zum Abfluss gelegt. Sämtliche Armaturen im Solarkreis sind auf Durchfluss zu stellen (Schwerkraftbremse, Absperrhähne). Abschließend wird zum Spülen des Wärmetauschers KFE-Hahn 2 geschlossen und nach Anschluss eines Schlauches KFE-Hahn 4 geöffnet, Ventil 3 geschlossen. Der Spülvorgang sollte ca. 10 Minuten dauern.

9.6.2 Dichtigkeitsprüfung

Nach dem Spülen erfolgt die Druckprobe. Diese Druckprobe hat nach EN 12976-1 mit dem 1,5-Fachen des maximalen Betriebsdrucks zu erfolgen. Der Druck darf über die Prüfzeit (10 Minuten) nicht abfallen. Hierfür wird der KFE-Hahn 4 geschlossen und über den KFE-Hahn 1 bei geöffnetem Entlüftungsventil die Anlage mit Wasser befüllt. Der Anlagendruck wird dabei bis kurz unterhalb des Ansprechdrucks des Sicherheitventils erhöht, max. auf 6 bar. Anschließend wird der KFE-Hahn 1 geschlossen, die Pumpe manuell in Betrieb gesetzt und der Solarkreis über den Entlüfter und die Pumpe über ihre Entlüftungsschraube entlüftet. Fällt der Druck als Folge des Entlüftens stark ab, wird er durch Nachfüllen wieder erhöht. Die Anlage ist nun auf Undichtigkeiten zu prüfen. Eine Dichtigkeitskontrolle über das Manometer ist infolge von einstrahlungsbedingten Druckschwankungen tagsüber nicht möglich. Am Ende der Dichtigkeitsprüfung kann durch weitere Druckerhöhung die Funktion des Sicherheitsventils geprüft werden. Anschließend wird der Solarkreis durch Öffnen von Hahn 1 und 4 vollständig entleert.

9.6.3 Befüllen mit Solarflüssigkeit und Entlüftung

Nach dem Mischen des Frostschutzkonzentrats mit Wasser zum Erreichen des gewünschten Frostschutzes[1] wird die Solarflüssigkeit mithilfe einer Pumpe über den KFE-Hahn 1 in den Solarkreis gedrückt. Da die Solarflüssigkeit gegenüber Wasser bedeutend kriechfreudiger ist, sollte bei der Gelegenheit erneut die Dichtigkeit der Anlage per Hand geprüft werden. Um die Anlage zu entlüften, wird folgendermaßen vorgegangen:

– Zunächst werden beide Schlauchenden in den Behälter mit Frostschutzgemisch gelegt, bis sie vollständig bedeckt sind. Durch Umpumpen der Solarflüssigkeit mit einer Befüllpumpe durch die Anlage und den Mischbehälter wird bereits der größte Teil der Luft entfernt, der Rest entweicht durch die Automatikentlüfter. Wenn keine Luftblasen im Mischbehälter mehr aufsteigen, kann der KFE-Hahn 4 geschlossen werden.

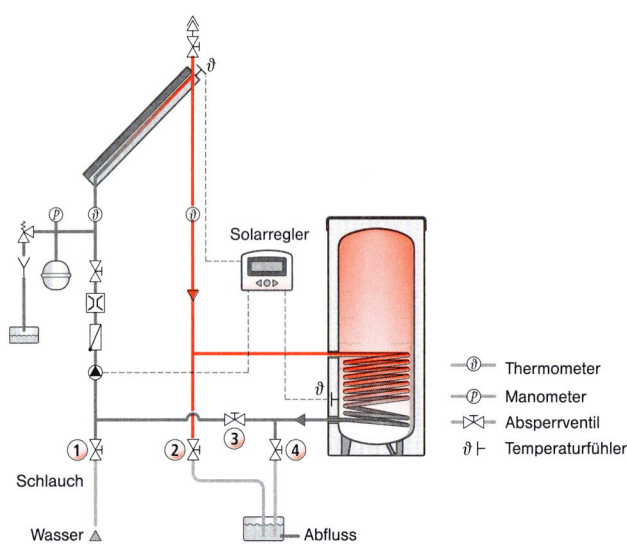

17-37 Solarkreis mit Armaturen 1 bis 4 zum Spülen und Befüllen

---

[1] Meist 40 % Frostschutz (Propylenglykol) und 60 % Wasser.

- Druckaufbau bis auf Anlagendruck (= statischer Druck + 0,5 bar) plus Zuschlag für Druckabfall durch weiteres Entlüften.
- KFE-Hahn 1 schließen.
- Einschalten der Umwälzpumpe. Am besten ist mehrfaches Ein- und Ausschalten in 10-Minuten-Abständen.
- Zur Entlüftung der Umwälzpumpe wird die Entlüftungsschraube an der Stirnseite aufgedreht.

Der Entlüftungsvorgang sollte mindestens 1 Stunde dauern. Fällt der Druck infolge der Entlüftung unter den Anlagendruck, ist entsprechend Solarflüssigkeit nachzufüllen.

9.6.4 Einstellen von Pumpe und Regelung

Der Volumenstrom im Solarkreis von Kleinanlagen beträgt meist etwa 40 Liter pro m² Kollektorfläche und Stunde (**High-Flow-Betrieb**), in Anlagen mit Schichtenspeichern 15 Liter pro m² und Stunde (**Low-Flow-Betrieb**). Die Pumpe sollte in ihrem mittleren Leistungsbereich den hierfür notwendigen Druck erzeugen können. Dies führt bei voller Sonneneinstrahlung dazu, dass sich zwischen Vor- und Rücklauf im High-Flow-Betrieb eine Temperaturdifferenz von etwa 10 bis 15 K, im Low-Flow-Betrieb von 30 bis 50 K einstellt.

An der Regelung wird die **Einschalttemperaturdifferenz**, Abschnitt 4.5.2, auf **5 bis 10 K** bzw. die **Ausschalttemperaturdifferenz** auf etwa **3 K** eingestellt.

9.6.5 Wartung

Solarthermische Anlagen sind wartungsarm, eine regelmäßige Überprüfung ist jedoch empfehlenswert.

Die Überprüfungsarbeiten sollten in einem Abstand von etwa 2 Jahren möglichst jeweils im Frühjahr an einem sonnigen Tag durchgeführt werden. Im Rahmen der Überprüfung sollte auch der Nutzer nach seiner Zufriedenheit mit dem Betrieb seiner Anlage befragt werden.

Die Arbeiten sind nach den Vorgaben eines Wartungsprotokolls durchzuführen und beinhalten im Einzelnen:

Sichtprüfung der Kollektoren und des Solarkreises auf optische Veränderungen:
- Kollektoren:
  Verschmutzung, Befestigung, Verbindungen, Leckagen, Glasbruch, beschlagene Scheiben/Glasröhren.
- Solarkreis und Speicher:
  Zustand der Wärmedämmung, Leckagen, eventuell vorhandenen Schmutzfänger prüfen/säubern, Anlagendruck prüfen, Füllstand des Kanisters unter dem Sicherheitsventil kontrollieren.

Überprüfung des Frostschutzes mit einem Dichtemessgerät (Refraktometer).

Überprüfung des Korrosionsschutzes:
- Solarkreis:
  Sinkt der pH-Wert der Solarflüssigkeit auf unter 7, sollte die Frostschutzmischung gewechselt werden.
- Speicher:
  Edelstahlspeicher sind wartungsfrei. Bei emaillierten Speichern erfolgt die Prüfung der Magnesiumopferanode durch Messung des Stromflusses zwischen gelöstem Kabel und Anode mittels Amperemeter. Bei mehr als 0,5 mA ist ein Austausch nicht erforderlich. Ist eine Fremdstromanode vorhanden, reduziert sich das Überprüfen des Korrosionsschutzes auf die Kontrolle der grünen Leuchtdiode.

Kontrolle der Anlagenparameter:

Die Anlagengrößen Druck, Temperatur sowie die Reglereinstellungen sind zu prüfen. Im Betrieb schwankt der Anlagendruck in Abhängigkeit von der Temperatur. Nach vollständiger Entlüftung darf er vom bei der Abnahme eingestellten Wert bei gleicher Temperatur um nicht mehr als max. 0,3 bar abweichen. Keinesfalls darf er unter den Vordruck des Membranausdehnungsgefäßes (MAG) sinken. Die Temperaturdifferenz zwischen Vor- und Rücklauf sollte bei voller Sonneneinstrahlung in High-Flow-

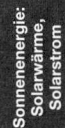

Anlagen nicht über 20 K (→ Luft im Solarkreis, Verstopfung durch Schmutz) und nicht unter 5 K liegen (→ Verkalkung Wärmetauscher). Die Reglereinstellungen (Abnahmeprotokoll) und Funktionen sind zu prüfen.

Wärmemenge (bei vorhandenem Wärmemengenzähler):

Im Mittel liegt die jährlich vom Solarkreis eingespeiste Wärmemenge einer solarthermischen Anlage zur Trinkwassererwärmung mit Flachkollektoren bei etwa 350 bis 400 kWh (Kombianlage 250 bis 300 kWh), mit Vakuumröhren bei etwa 450 bis 500 kWh (Kombianlage 300 bis 400 kWh) je installiertem m² Kollektorfläche.

10 Kosten und Wirtschaftlichkeit

Die spezifischen Investitionskosten einer thermischen Solaranlage sinken mit der Systemgröße. Dies macht sich aber erst bei größeren Systemen bemerkbar.

Eine gebräuchliche Vergleichsgröße verschiedener Solarsysteme ist der solare Wärmepreis (Kosten pro kWh solar bereitgestellter Wärme). Die Berechnung erfolgt gemäß VDI 2067 bzw. VDI 6025 nach der Annuitätenmethode. Wird eine Anlage etwa für ein Mehrfamilienhaus geplant, kann aus den anteiligen Kosten für die fossile und die solare Wärme ein Mischpreis zur Abrechnung ermittelt werden.

Die kapitalgebundenen Kosten haben bei Solaranlagen den größten Anteil. Sie setzen sich aus dem Investitionsbetrag und zu einem geringen Teil aus Kosten für Instandhaltung und Wartung zusammen. Die verbrauchsgebundenen Kosten bestehen aus den Zahlungen für Strom für die Regelung und die Pumpen. Übliche Ansätze in kWh liegen im Bereich von 2 bis 5 % des Solarertrags.

Betriebsgebundene Kosten sind Kosten für Versicherung, da Bedienpersonal nicht benötigt wird.

Beispielhaft zeigt die nachstehende Tabelle die solaren Wärmekosten für zwei Mehrfamilienhäuser mit 15 bzw. 70 Wohneinheiten (WE). Die Randbedingungen sind:

Ausrichtung Süden, Neigung 30°, Einstrahlung 1000 kWh/(m2·a), Absorberfläche 1,5 m²/WE, Investkosten bei 15 WE inkl. MWSt. 18 000 Euro, bei 70 WE 63 000 Euro.

Förderung BAFA bei 70 WE 18 900 Euro, Lebensdauer 25 Jahre, Zinssatz 4 %.

	Einheit	15 WE	70 WE
Kapitalkosten	€/a	1.152	2.823
Betriebskosten	€/a	94	418
Spezifischer Energieertrag	kWh/m²·a	400	400
Energiegewinn pro Jahr	kWh/a	9.000	42.000
Kessel-Nutzungsgrad Warmwasser	%	70	70
Einsparung Energieträger	kWh/a	12.857	60.000
Kosten Energieträger	€/kWh	0,09	0,09
Energiepreissteigerung	%	5	5
Energiekosteneinsparung	€/a	2.102	9.810
Gesamtkosten (Kapital- und Betriebskosten) über 20 Jahre	–	31.144	81.011
Energiekosteneinsparung über 20 Jahre	–	52.552	245.243
Gesamtkosten über 20 Jahre	–	–21.408	–164.232
Amortisationszeit dynamisch	Jahre	9,0	5,6
Solare Wärmegestehungskosten	€/kWh	0,13	0,08

Große solarthermische Anlagen können also durchaus betriebswirtschaftlich rentabel sein.

Bei kleinen Anlagen im EFH-/ZFH-Bereich muss man mit etwa den doppelten Wärmegestehungskosten rechnen.

10.1 Förderung

Da die Förderbedingungen sich schnell ändern und regionale Unterschiede bestehen, ist das Internet eine hilfreiche Informationsquelle. Unter folgenden Adressen finden sich die aktuellen Förderbedingungen:

- www.kfw.de
- www.solartechnikberater.de
- www.bafa.de
- www.dgs.de
- www.solarserver.de

10.2 Trends

Weitere Entwicklungen im Bereich der solarthermischen Nutzung stehen in engem Zusammenhang mit der Erkenntnis, dass trotz verschärfter Anforderungen an den Wärmeschutz der Gebäude die Bereitstellung von Warmwasser und Raumwärme auch in der strahlungsarmen Jahreszeit sichergestellt werden muss. Neben Lösungen zur saisonalen Wärmespeicherung werden hier zunehmend Hybridsysteme angeboten, bei denen die thermische Solaranlage mit Wärmeerzeugern gekoppelt wird wie z. B. Wärmepumpen und Stirlingmotoren oder die Kombination von Wärmepumpe, Gasheizgerät und solarthermischer Anlage.

Künftig sollen verstärkt Mehrfamilienhäuser und Nichtwohngebäude mit thermischen Solaranlagen ausgerüstet werden. Zunehmend rückt die solare Prozesswärmeerzeugung in den Fokus der Branche, und auch solarunterstützte Nahwärmeversorgungen von Wohnsiedlungen werden an Bedeutung gewinnen.

10.3 Energetische Bewertung solarthermischer Anlagen durch die Energieeinsparverordnung 2014 – Wohngebäude

Die Hauptanforderung der Energieeinsparverordnung ist die Begrenzung des Jahresprimärenergiebedarfs auf maximal zulässige Höchstwerte. Diese ergeben sich aus dem jeweiligen Referenzgebäude, s. Kapitel 2-4. Die Berechnung erfolgt auf Basis der DIN V 4701-10 oder der DIN V 18599.

In DIN V 4701-10 sind die verschiedenen Verfahren zur energetischen Bewertung unterschiedlicher Techniken der Heizung, Trinkwassererwärmung und Lüftung beschrieben, s. Kapitel 2-7.4. Diese Norm enthält auch Berechnungsalgorithmen und Kennwerte zur Bewertung von solarthermischen Anlagen innerhalb von haustechnischen Systemen zur Trinkwassererwärmung und Heizungsunterstützung.

Im Beiblatt 1 zur DIN V 4701-10 sind die Ergebnisse der energetischen Bewertung für eine Vielzahl von marktüblichen Standard-Anlagensystemen in Diagramm- und Tabellenform dargestellt. Hieraus können der Primärenergiebedarf, der Endenergiebedarf (Gas, Öl, Strom) und die Anlagenaufwandszahl e_P (Kapitel 2-4.4) in Abhängigkeit des Heizwärmebedarfs q_h und der beheizten Nutzfläche A_N abgelesen werden. Diese Ergebnisse ermöglichen einen schnellen Vergleich unterschiedlicher Anlagenvarianten.

In *Bild 17-38* sind für ein Beispielgebäude die Ergebnisse der energetischen Bewertung nach DIN V 4107-10 für verschiedene Systemvarianten mit/ohne Solaranlage als Primärenergiebedarf einschließlich Hilfsenergie dargestellt. Dem Beispielgebäude liegen folgende Daten zugrunde:

Gebäudetyp	freistehendes Einfamilienhaus, 2 Vollgeschosse
Kompaktheit	$A/V_e = 0{,}88\ m^{-1}$
Beheizte Nutzfläche	$A_N = 140\ m^2$
Maximal zulässiger Primärenergiebedarf (Referenzgebäude)	$Q''_{p,max} = 94{,}77\ kWh/(m^2 \cdot a)$
spez. Heizwärmebedarf	$q_h = 72{,}6\ kWh/(m^2 \cdot a)$
Warmwasserwärmebedarf (EnEV, Anlage 1, Abschn. 2.2)	$q_{tw} = 12{,}5\ kWh/(m^2 \cdot a)$

Für Standard-Solaranlagen liegen den Berechnungen bei einer Gebäudenutzfläche von 140 m² folgende Werte zugrunde:

Solaranlage zur Warmwasserbereitung

– Flach- bzw. Vakuum-Röhrenkollektoren (Aperturflächen)	5 bzw. 3,6 m²
– Bivalenter Trinkwasserspeicher	400 l
– Solarer Deckungsanteil am Wärmebereitstellungsbedarf der Trinkwassererwärmung	0,51 (außerhalb thermischer Hülle, mit Zirkulation) 0,64 (innerhalb thermischer Hülle, ohne Zirkulation)

Solaranlage mit zusätzlicher Heizungsunterstützung

– Flach- bzw. Vakuum-Röhrenkollektoren (Aperturflächen)	9 bzw. 6,5 m²
– Bivalenter Kombispeicher	820 l
– Solarer Deckungsanteil am Wärmebereitstellungsbedarf der Heizungsanlage	0,1

Bild 17-38 lässt den Beitrag zur Senkung des Jahresprimärenergiebedarfs erkennen, den eine Solaranlage zur Unterstützung der Warmwasserbereitung und ggf. zur Unterstützung der Heizung leisten kann. Neben einer Endenergieeinsparung sind als zusätzlicher Effekt die Grenzwerte zur Erfüllung der EnEV oder für die Effizienzhausanforderungen der KfW leichter erreichbar.

Hieraus lassen sich folgende Empfehlungen ableiten:

- Konventionelle Wärmeerzeuger und -speicher sollten zumindest im Neubau innerhalb der thermischen Gebäudehülle untergebracht werden. Die damit verbundene Verringerung der Wärmeverluste senkt den Primär- und Endenergiebedarf in ähnlicher Größenordnung wie der Einsatz einer Solaranlage zur Trinkwassererwärmung.

- Wenn eine Kessel-Neuinstallation ansteht, sollte der Einsatz eines Brennwertkessels möglichst in Verbindung mit einem Niedertemperatur-Wärmeverteilsystem und mit einer solarthermischen Anlage mindestens zur Trinkwassererwärmung erfolgen.

- Im EFH-Bereich sollte eine Warmwasserzirkulation aufgrund der zusätzlichen Wärmeverluste möglichst vermieden werden. Es empfiehlt sich eine Grundrissgestaltung, die kurze Leitungswege ermöglicht. Eine Mindestdämmung der Rohrleitungen ist durch die EnEV vorgeschrieben (Anlage 5 EnEV). Kann auf eine Warmwasserzirkulation nicht verzichtet werden, so ist eine Zeitsteuerung der Zirkulationspumpe vorzusehen (§ 14 Absatz 4 EnEV).

17 Solarwärmesysteme — Energetische Bewertung solarthermischer Anlagen durch die EnEV - 2013/14

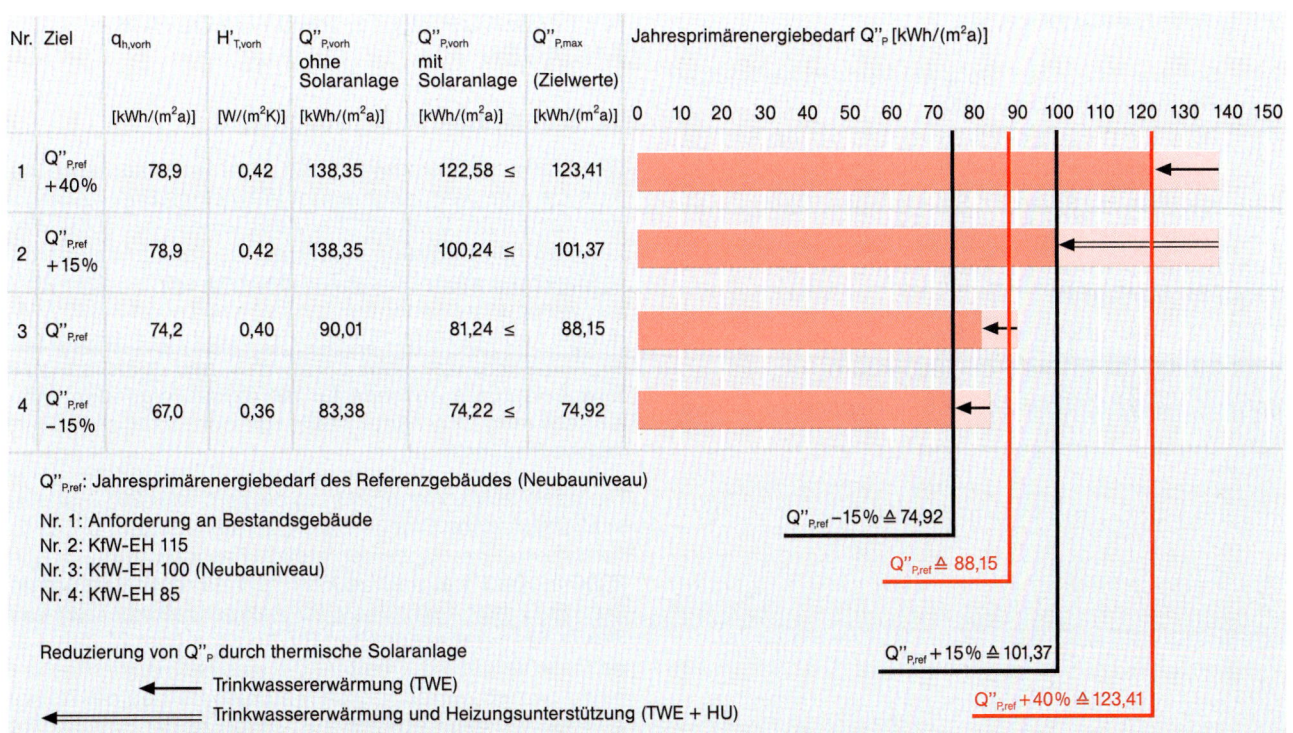

17-38 Möglichkeiten der Sonnenenergienutzung

Den in Bild 17-38 dargestellten Ergebnissen (nach DIN V 4701-10) liegen entsprechend der Systematik des Diagramm-/Tabellenverfahrens der Norm (Kapitel 2-7.4.2) Standard-Anlagenkomponenten zugrunde, deren energetische Qualität dem unteren Marktdurchschnitt entspricht. Deshalb sind verbesserte Ergebnisse sowohl durch Einsatz leistungsfähigerer konventioneller als auch solarer Komponenten möglich. Hierzu ist auf Diagramme bzw. Tabellen der Hersteller zurückzugreifen, die auf der Basis von Kennwerten nach den Berechnungsalgorithmen der Norm erstellt wurden.

In der EnEV 2014 ist eine Verschärfung der Anforderungswerte ab 2016 vorgesehen, insbesondere eine Reduzierung des Jahresprimärenergiebedarfs um 25 %. Mit dem Einsatz von Brennwertkesseln ist es dann nicht mehr möglich, die von der EnEV geforderten Neubauwerte einzuhalten, es sei denn, es wird übermäßig wärmegedämmt.

Die Ausführungen machen deutlich, dass die Planung von Solaranlagen nicht losgelöst von der Gebäudehülle und der weiteren Gebäudetechnik betrachtet, sondern in ein Gesamtkonzept zur Gebäudeenergieeffizienz eingebunden werden sollte.

11 Literaturverzeichnis

[1] Schreier, N. u. a.: Solarwärme optimal nutzen, Wagner & Co, Cölbe, 2007
[2] DGS LV Berlin-Brandenburg: DGS-Leitfaden „Solarthermische Anlagen", 9. Auflage, Berlin, 2012
[3] Ladener, H., Späte, F.: Solaranlagen, Ökobuch Verlag, 10. Auflage, Staufen, 2008

Computerprogramme zur Dimensionierung von thermischen Solaranlagen:

T*SOL, Dr. Gerhard Valentin, Berlin

getSolar, Ing.-Büro Axel Horn, Sauerlach

Polysun, Institut für Solartechnik SPF, Rapperswil, Schweiz

Für Bilder dieses Unterkapitels wurden Vorlagen der DGS, Landesverband Berlin-Brandenburg e.V. mit deren freundlicher Genehmigung verwendet. Die Urheber behalten sich alle Rechte vor.

NETZGEKOPPELTE PHOTOVOLTAIK-ANLAGEN

12 Der Markt in Deutschland

Der Markt für netzgekoppelte Photovoltaikanlagen hat sich bis zum Jahr 2012 rasant entwickelt (*Bild 17-39*). In den Jahren 2010 bis 2012 wurden jeweils ca. 7500 MW$_p$ Leistung neu installiert. Damit war Deutschland der größte Markt der Welt. Dieser Trend kehrte sich im Jahr 2013 um; Anlagen mit einer Leistung von nur noch 3 600 MW$_p$ gingen neu ans Netz. Für 2014 ist damit zu rechnen, dass eine Leistung von etwa 2 000 MW$_p$ neu installiert wird. Eine belastbare Aussage für die darauf folgenden Jahre ist schwierig und hängt stark von den politischen Rahmenbedingungen ab.

Die positive Marktentwicklung bis zum Jahr 2012 ist ausschließlich dem Erneuerbare-Energien-Gesetz (EEG) zu verdanken, das in seiner ersten Fassung zum 1. April 2000 in Kraft trat und seitdem fünfmal novelliert wurde. Das EEG legt fest, dass PV-Anlagenbetreiber für den Strom aus netzgekoppelten PV-Anlagen über 20 Jahre eine feste Vergütung erhalten, die eine Refinanzierung und einen betriebswirtschaftlich rentablen Betrieb der Anlage ermöglicht (siehe Abschnitt 21, auch zu der Entwicklung seit August 2012). Damit gibt es Planungssicherheit für Produzenten, Planer, Handwerker und Eigentümer.

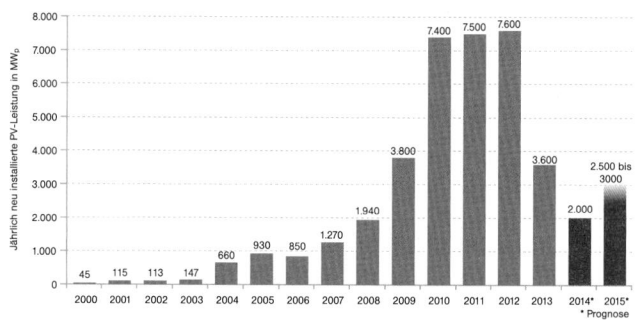

17-39 Der Markt für netzgekoppelte Photovoltaikanlagen in Deutschland

Aufgrund des Erfolges des EEG in Deutschland haben mehr als 80 Länder weltweit in den letzten Jahren ähnliche Gesetze auf den Weg gebracht.

Die Verteilung der Marktsegmente nach Leistung im Jahr 2013 in Deutschland lässt sich wie folgt darstellen: ca. 70 % Anteil von kleinen Anlagen bis 10 kW$_p$, ca. 28 % Anteil von Anlagen mit einer Leistung zwischen 10 und 100 kW$_p$ und nur ca. 2,5 % Anteil von großen Anlagen mit Leistungen größer als 100 kW$_p$ (Quelle Bundesnetzagentur). Diese Verteilung hat sich im Vergleich zu den Vorjahren stark zu kleineren Anlagen hin verschoben, eine Folge der Novellierung des EEG im Jahre 2012. Mehr dazu in Abschnitt 21.

Photovoltaische Anlagen tragen heute ca. 5 % zur gesamten Stromerzeugung in Deutschland bei (Bild 17-40). Prognosen diverser Verbände sagen, dass im Jahr 2020 mit einem Anteil von mehr als 8 % zu rechnen ist.

13 Netzgekoppelte und autarke Photovoltaikanlagen

13.1 Netzgekoppelte Anlagen

Eine netzgekoppelte Photovoltaikanlage besteht aus den folgenden wesentlichen Komponenten (Bild 17-41):

– PV-Generator (1),
– DC-Verkabelung (3),
– Generatoranschlusskasten (2),
– Montagesystem,
– Batterie (4), optional,
– Wechselrichter (5),
– AC-Verkabelung,
– Zähleinrichtungen (6),
– Anschluss an das Netz (7).

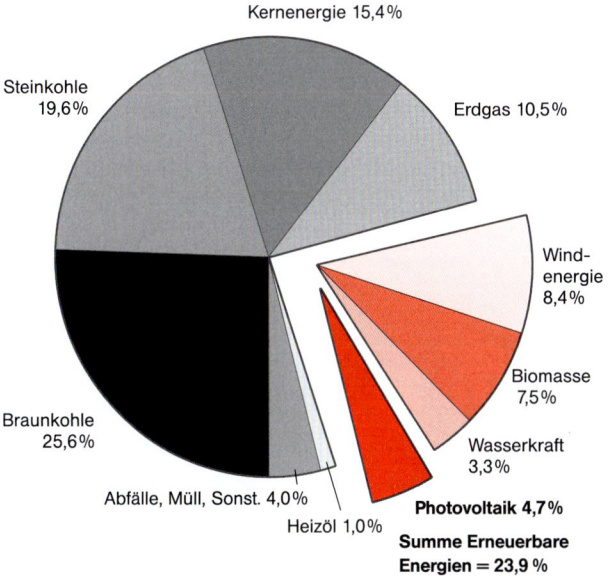

17-40 Strommix in Deutschland 2013 (Quellen: BMU, AEE, BEE)

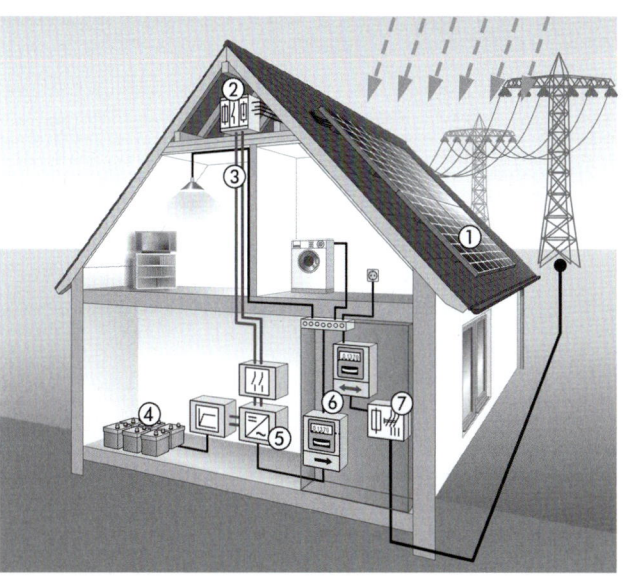

17-41 Netzgekoppelte PV-Anlage

17 Photovoltaikanlagen — Netzgekoppelte und autarke Photovoltaikanlagen

Netzgekoppelte Anlagen stellen in Deutschland praktisch 100 % des Marktes. Dies gilt in allen Ländern mit flächendeckender Stromversorgung der Bevölkerung. Hier ist es kein Problem, die PV-Anlage mit dem Netz zu verbinden und den gesamten PV-Strom einzuspeisen.

In den meisten Fällen werden PV-Anlagen auf Dächer installiert oder in die Gebäudehülle (z. B. die Fassade) integriert (*Bilder 17-42* bis *17-44*). Das ist ein großer Vorteil gegenüber anderen Techniken zur Stromwandlung mit erneuerbaren Energien: Sie können zum Bestandteil von Gebäuden werden und übernehmen Aufgaben wie Wetter- und Lärmschutz.

17-43 *PV-Anlage auf einem Einfamilienhaus mit Schrägdach (Aufdachmontage)*

17-42 *Fassadenintegrierter PV-Generator*

17-44 *Dachintegrierter PV-Generator als komplette Dachabdeckung*

PV-Anlagen werden allerdings auch auf Freiflächen gebaut (*Bild 17-45*). Dies kann sinnvoll sein auf Mülldeponien, ehemals militärisch genutzten Flächen oder Brachen. In Ländern mit Wüstencharakter sind solche Brachen natürlich besonders geeignet und vorhanden.

Auch kommen auf Freiflächen nachgeführte Systeme zum Einsatz (einachsig oder zweiachsig der Sonne nachgeführt), die zwar höhere Systemkosten beinhalten, aber auch höhere Erträge liefern. Dies kann Vorteile in Regionen mit einem hohen Anteil an Direktstrahlung bieten.

Im Weiteren werden diese Systeme nicht näher betrachtet.

17-45 Freiflächenanlage bei Leipzig [Quelle Geosol]

13.2 Autarke Photovoltaikanlagen (Inselanlagen)

Autarke PV-Anlagen (im Folgenden Inselanlagen genannt, *Bild 17-46*) werden in solchen Regionen der Welt eingesetzt, in denen es keine flächendeckende Versorgung der Bevölkerung mit Strom gibt. Sie sind heute schon im Allgemeinen betriebswirtschaftlich rentabler als z. B. eine Stromversorgung über einen Dieselgenerator.

Inselanlagen bestehen aus folgenden wesentlichen Komponenten:

– PV-Generator,
– DC-Verkabelung,
– Generatoranschlusskasten,
– Montagesystem,
– Laderegler,
– Batterie,
– u. U. Wechselrichter.

Inselanlagen werden so ausgelegt, dass sie für einen oder mehrere Tage die Versorgung der Verbraucher mit Strom sicherstellen. In den meisten Fällen werden Netze aufgebaut, die mit Gleichstrom arbeiten. Es können aber auch Systeme mit Wechselstrom aufgebaut werden, die dann einen Wechselrichter benötigen.

In vielen Ländern der dritten Welt sind PV-Inselanlagen die sinnvollste Möglichkeit, Strom bereitzustellen. Da sie in Deutschland nicht markrelevant sind, werden sie im Folgenden nicht näher betrachtet.

13.3 Netzgekoppelte Photovoltaikanlagen mit Batteriespeicher (Back-up-Systeme)

Vor dem Hintergrund weiter sinkender Einspeisevergütungen auf Basis des EEG und der Mindesteigenverbrauchforderung (Marktintegrationsmodell) von 10 % für Anlagen zwischen 10 kW_p und 1 MW_p gewinnen Konzepte, die die beiden zuvor genannten Anlagentypen verbinden, zunehmend an Bedeutung.

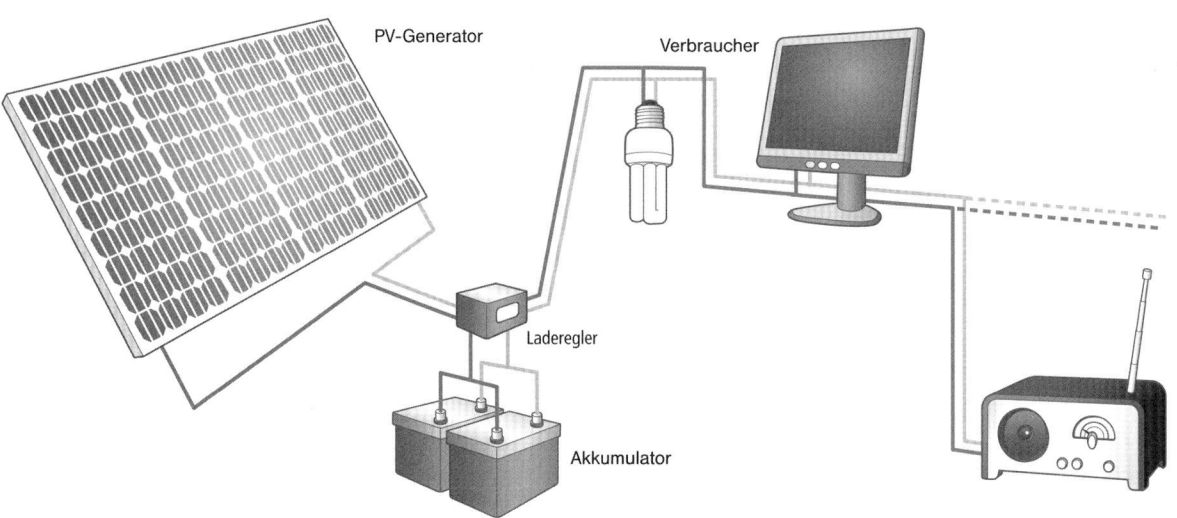

17-46 Inselsystem

Zusätzlich zu den Komponenten einer netzgekoppelten Anlage verfügen diese Systeme über Batteriespeicher und Laderegler bzw. Wechselrichter mit Ladereglerfunktion.

In Kombination mit PV-Anlagen besitzen Speichersysteme zwei entscheidende Vorteile: Zum einen lässt sich der Solarstromeigenverbrauch erhöhen und somit ggf. die Wirtschaftlichkeit verbessern, zum anderen wird der Anlagenbesitzer etwas unabhängiger von der öffentlichen Stromversorgung und von Strompreissteigerungen. Ein Speichersystem für netzgekoppelte PV-Anlagen besteht aus den Batteriemodulen mit Entlade- und Lademanagement, Laderegler, Wechselrichter, Überwachungseinheiten (Messtechnik, Eigenstromzähler, Datenlogger, Datenübertragungsschnittstellen etc.). Als Speicher kommen meist Blei- bzw. Lithium-Ionen-Akkumulatoren zum Einsatz. Einige Speichersysteme können Energiemanagementfunktionen übernehmen. So können sie Verbraucher wie Geschirrspüler oder Waschmaschine gezielt zuschalten, wenn die Sonne scheint, um den Eigenverbauch zu erhöhen.

14 Der PV-Generator: von der Zelle zum System

14.1 Die Solarzelle: das Prinzip

In der Solarzelle findet die direkte Umwandlung von Licht (*Photo-* von griechisch: Licht) in elektrische Energie (-*voltaik* von Volt, Einheit der elektrischen Spannung) statt. Der photovoltaische Effekt wurde 1839 vom französischen Physiker Alexander Bequerel entdeckt. Solarzellen bestehen aus Halbleitern, in den meisten Fällen aus Silizium. Halbleiter sind Stoffe, deren elektrische Leitfähigkeit zwischen der eines Metalls und eines Isolators liegt. Halbleiter können durch Energiezufuhr leitend werden.

In der Zelle grenzen zwei elektrisch verschieden dotierte[1] und damit unterschiedlich leitfähige Halbleiterschichten aneinander. Zwischen der positiv dotierten (p-) und der negativ dotierten (n-) Schicht entsteht ein inneres elektrisches Feld.

Trifft nun Licht auf die Solarzelle, kann die Strahlungsenergie der Photonen[2] Elektronen aus ihren Bindungen im Atomgitter des Halbleiters herauslösen. Die Photonen werden dabei absorbiert. Die (negativ geladenen) herausgelösten Elektronen sind dann frei beweglich und lassen an ihrem ursprünglichen Platz eine positive Ladung, ein sog. Loch, zurück. Das innere elektrische Feld der Solarzelle bewirkt, dass die beiden beweglichen Ladungen (Elektronen und Löcher) in unterschiedliche Richtungen bewegt werden. Die Ladungen gehen getrennte Wege: Die negativen Ladungen wandern zur Frontseite der Zelle, die positiven zur Rückseite. Aus der unterschiedlichen Polarität von Front- und Rückseite resultiert ein Potenzialunterschied, der als elektrische Spannung gemessen werden kann. Diese Leerlaufspannung liegt bei kristallinen Solarzellen üblicherweise zwischen 0,6 und 0,7 Volt. Wird der Stromkreis geschlossen, fließt ein Strom über einen Verbraucher.

Die klassische kristalline **Silizium-Solarzelle** setzt sich aus zwei unterschiedlich dotierten Silizium-Schichten zusammen. Die dem Sonnenlicht zugewandte Schicht ist mit Phosphor negativ dotiert, die darunter liegende Schicht ist mit Bor positiv dotiert. Um der Solarzelle Strom entnehmen zu können, werden auf Front- und Rückseite metallische Elektroden als Kontakte aufgebracht.

An der Zelloberfläche sollte das Licht möglichst wenig reflektiert werden, sodass möglichst viele Photonen absorbiert werden. Dazu wird auf die Zelloberfläche eine

---

[1] Dotierung: Der Einbau von Fremdatomen in einen Halbleiter, um dessen elektrische Leitfähigkeit und Eigenschaften gezielt zu verändern.
[2] Photon: ... auch Lichtquant, in der Quantenphysik werden so die kleinsten Energieteilchen der elektromagnetischen Strahlung bezeichnet.

Antireflexschicht aufgebracht, welche den grauen Siliziumzellen ihre typische schwarze Farbe bei monokristallinen (= einkristallinen) Zellen bzw. blaue Farbe bei polykristallinen (= mehrkristallinen) Zellen gibt.

14.2 Solarzelltypen

Es gibt eine Vielzahl von Materialien und Konzepten für Solarzellen. Sie unterscheiden sich in Form und Farbe sowie in ihren Eigenschaften und Leistungsdaten. Im Folgenden werden wichtige Solarzellentypen vorgestellt.

Solarzellen auf Basis von kristallinem Silizium (Si) dominieren mit 90 % den heutigen Markt. Silizium ist ein ungiftiges und in der Elektronik bekanntes und erprobtes Material. Nach Sauerstoff ist Silizium das zweithäufigste Element auf der Erde und damit reichlich verfügbar. Es kommt jedoch nicht in Reinform vor, sondern muss aus eingeschmolzenem Quarzsand unter hohen Temperaturen gewonnen werden. In chemischen Prozessen wird das Rohsilizium weiter gereinigt, bis ein nahezu 100prozentiger Reinheitsgrad erreicht ist. Das hochreine Silizium kann auf verschiedene Arten zu monokristallinen oder polykristallinen Solarzellen weiterverarbeitet werden.

14.2.1 Mono- und polykristalline Si-Zellen

Monokristalline Silizium-Zellen sind meist quadratisch oder quadratisch mit abgerundeten Ecken (= semiquadratisch). Das Kantenmaß der quadratischen Zellen beträgt 12,5 oder 15 Zentimeter. Weil das Zellmaterial aus nur einem Kristall besteht, ist die Oberfläche der Zellen homogen dunkelblau bis schwarz. Die elektrische Qualität von monokristallinen Solarzellen ist sehr hoch. Sie erreichen Wirkungsgrade von 15 bis 19 %.

Polykristalline Zellen sind leicht an ihrer unterschiedlich blau schimmernden Kristallstruktur zu erkennen. Sie sind quadratisch mit einer Kantenlänge von ca. 10, 12,5, 15 oder 15,6 cm. Die üblichen Wirkungsgrade liegen zwischen 14 und 17 %. Polykristallines Silizium ist einfacher und kostengünstiger herzustellen als monokristallines Silizium.

14.2.2 Hochleistungszellen

Hersteller und Forschungsinstitute arbeiten kontinuierlich an der Verbesserung von Solarzellen. Heben sich die Wirkungsgrade deutlich von der Masse ab, werden die Zellen Hochleistungszellen genannt. Hochleistungszellen basieren beispielsweise auf dem Einsatz hochreinen Siliziums in Verbindung mit einer Rückseitenkontaktierung. Dadurch werden Zellwirkungsgrade von über 22 % erreicht (SunPower). Andere Hersteller kombinieren verschiedene Technologien. So beschichtet Panasonic (ehemals Sanyo) die monokristallinen Wafer seiner HIT-Zellen zusätzlich mit einer amorphen Siliziumschicht und erreicht so Zellwirkungsgrade von über 21 %.

14.2.3 Dünnschichtzellen

Der hohe Material- und Energieverbrauch sowie die aufwendige Herstellung verursachten früher hohe Produktionskosten kristalliner Siliziumzellen. Der Kostendruck führte in den 1990er-Jahren zur verstärkten Entwicklung und Produktion von Dünnschichtzellen, bei denen der produktionstechnische Aufwand und der Material- und Energieeinsatz sehr viel geringer war.

Der Marktanteil von Dünnschichtmodulen lag 2012 bei etwa 10 %. Damit ist der Anteil der Dünnschichttechnologien seit dem Höchststand im Jahr 2009 um die Hälfte gesunken. Wurde in der Vergangenheit davon ausgegangen, dass der Marktanteil von Dünnschichttechnologien kontinuierlich steigen würde, ist aufgrund der realisierten Kosteneinsparungen im kristallinen Bereich mittelfristig nicht mit einer Technologiewende zu rechnen. Dennoch fasziniert die Dünnschichttechnologie technisch und in der Anwendung durch vielfältige Eigenschaften. Hierzu zählen geringere Temperatur- und Verschattungsempfindlichkeit, Flexibilität, bessere Ausnutzung des spektralen Angebots der Sonne, geometrische Freiheit, mögliche

Transparenz des Materials, homogenes Erscheinungsbild, Integrationsfähigkeit und Kunstlichteinsatz.

Dem Anwender fällt insbesondere die Optik der Dünnschichtmodule auf. Sie wirken im Gegensatz zur typischen Rasterstruktur kristalliner Module aus größerer Entfernung homogen. Dadurch sehen Dünnschichtanlagen auf Dächern oft unauffälliger aus und können besser an die Architektur des Hauses angepasst werden. Darüber hinaus zeichnen sich die meisten Dünnschichttechnologien durch ein, verglichen mit kristallinen Technologien, besseres Temperatur- und Schwachlichtverhalten aus. Dafür muss jedoch meist eine höhere Degradation in Kauf genommen werden.

14.2.3.1 Amorphe Siliziumzellen (a-Si)

Der Klassiker der Dünnschichttechnik ist das amorphe Silizium. Amorphe Kleinmodule sind millionenfach in Taschenrechnern, Uhren, Taschenlampen etc. im Einsatz. Nachdem sich Vorbehalte bezüglich ihrer Stabilität und ihres Alterungsverhaltens durch Langzeit-Testergebnisse als unbegründet erwiesen haben, etablieren sich amorphe Module zunehmend auch bei größeren Photovoltaikanlagen.

Das amorphe Silizium bildet keine regelmäßige Kristallstruktur, sondern ein ungeordnetes Netzwerk. Ein Nachteil der amorphen Zellen ist der geringe Wirkungsgrad zwischen 5 % und 7 %. Die Entwicklung von Stapelzellen führte aber zu höheren Wirkungsgraden. Bei Tandem-Zellen werden zwei und bei Tripel-Zellen drei Strukturen übereinander abgeschieden.

Amorphe Siliziumzellen verfügen über ein ausgezeichnetes Temperaturverhalten. Auch bei hohen Zelltemperaturen sinkt die Leistung vergleichsweise wenig. Module mit Zellen dieser Art eignen sich daher besonders für die Gebäudeintegration, bei der häufig die Hinterlüftung eingeschränkt ist. Für diesen Einsatzzweck spricht auch die homogene rötlichbraune bis schwarze oder blau-violette Farbe der Zellen.

Das sehr dünne Zellmaterial ermöglicht des Weiteren die Herstellung flexibler Module. Dafür wird auf das Deckglas verzichtet, stattdessen wird das Zellmaterial in einer Fluorpolymer- und EVA-Verbindung auf einer flexiblen Metallfolie abgeschieden. Derartige Module wurden in der Vergangenheit beispielsweise vom Kunststoffdachbahnhersteller Alwitra direkt auf Dachbahnen aufgebracht. So konnten auch statisch für Standardmodule nicht geeignete Dächer wie Leichtbau-Flachdächer genutzt werden. Die Verlegung und Verklebung der Dachbahnen erfolgte wie bei normalen Flachdächern, die elektrische Verbindung wurde über Steckverbinder hergestellt.

14.2.3.2 Mikromorphe Solarzellen

Mikromorphe Solarzellen sind eine Kombination von mikrokristallinem und amorphem Silizium in Tandem-Zellen. Im Vergleich zu amorphen erreichen mikromorphe Zellen einen deutlich höheren Wirkungsgrad von bis zu 12 %. Darüber hinaus fällt die Anfangsdegradation sehr viel geringer aus. Optisch unterscheiden sich die beiden Technologien kaum. Viele Hersteller von amorphen oder kristallinen Siliziummodulen versuchten seit 2008 den Einstieg in diese Technologie. Da jedoch die erwarteten Wirkungsgradsteigerungen und Produktionskostensenkungen im Vergleich zur konkurrierenden kristallinen Technologie bisher ausblieben, stellten viele Hersteller (zum Beispiel Sharp, Inventux, Bosch etc.) die Produktion zunächst wieder ein und verstärkten ihre Forschung sowie Entwicklung in diesem Bereich.

14.2.3.3 Kupfer-Indium-Diselenid-Zellen (CIS)

Die CIS-Technik erreicht mit derzeit bis 14,5 % Modulwirkungsgrad die höchsten Wirkungsgrade unter den Dünnschichttechnologien. Mit einer dunkelgrauen bis schwarzen Zellfarbe sind die Module auch optisch sehr ansprechend. Wie bereits bei amorphem Silizium beschrieben, bieten verschiedene Hersteller flexible CIS-Module an.

14.2.3.4 Cadmium-Tellurid-Zellen (CdTe)

Die dunkelgrün spiegelnden bis schwarzen Cadmium-Tellurid-(CdTe)-Solarzellen erreichen mit derzeit bis zu 13,5 % ebenfalls höhere Modulwirkungsgrade als amorphe Zellen. Von allen Dünnschichttechnologien konnten mit CdTe-Modulen in der Vergangenheit die größten Kostenreduktionen erzielt werden. Der Einsatz des Schwermetalls Cadmium wird immer wieder diskutiert. Da Cadmium bei der Zinkgewinnung ohnehin als Abfallprodukt anfällt, kann die Weiterverarbeitung zur ungiftigen CdTe-Verbindung als ökologisch unbedenklich angesehen werden. Nur im Brandfall bei hohen Temperaturen könnte giftiges Cadmium im Rauchgas freigesetzt werden.

14.3 Das Solarmodul

Übliche kristalline Solarzellen zeigen derzeit Leistungswerte von ca. 4 Watt mit einer typischen Zellspannung von 0,5 Volt. Um größere Einheiten mit gängigen Spannungen als anschlussfertiges Bauteil bereitzustellen, werden viele Solarzellen zu einem „Solarmodul" zusammengefasst. Übliche Solarmodule – die Standardmodule – besitzen heute meist 54, 60 bzw. 72 Zellen, die zumeist in einem, mitunter in zwei Zellsträngen (Strings) elektrisch hintereinander (in Reihe) geschaltet sind.

Für die Herstellung eines Moduls werden meist sechs Zellreihen nebeneinander gelegt und dann verkapselt. Es ergeben sich somit rechteckige Modulabmessungen, die von der Zellgröße bestimmt werden. Die fertigen Strings werden zwischen einer Glasscheibe auf der Vorderseite und einer Kunststofffolie (z. B. Tedlar) auf der Rückseite zu dem Solarmodul verkapselt. Dabei werden die Solarzellen beidseitig in Ethylen-Vinyl-Acetat (EVA) eingebettet. Auf diese Weise sind die Zellen vor Witterungseinflüssen, mechanischen Beanspruchungen und Feuchtigkeit geschützt (*Bild 17-47*).

EVA ist transparent und isoliert die Zellen elektrisch. Unter Wärme und Druck werden die Zellen mit dem Glas und der Folie zu einem wetterfesten und bruchsicheren Verbund zusammengebacken oder laminiert. Als Frontglas dient ein spezielles gehärtetes Solarglas, das eisenoxidarm und daher besonders lichtdurchlässig ist. In vielen Fällen bekommen die Module einen Rahmen aus Aluminium, der die empfindlichen Glaskanten schützt und zur Montage genutzt wird. Rahmenlose Module werden meist Laminate genannt.

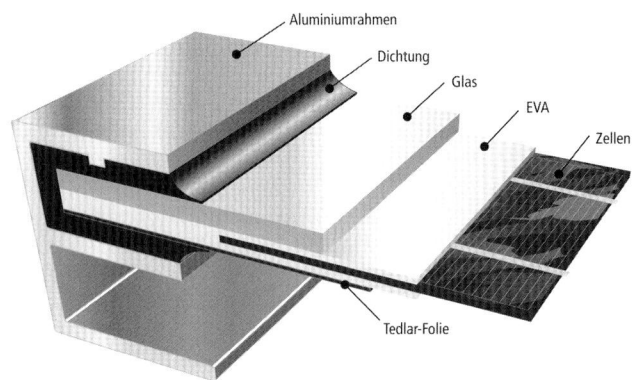

17-47 Aufbau eines PV-Moduls mit kristallinen Solarzellen

Das Herausführen der elektrischen Kontakte wird üblicherweise mit rückseitig aufgeklebten Anschlussdosen realisiert. Diese sind standardmäßig mit Anschlussleitungen mit verpolungs- und berührungssicheren Steckern versehen.

Solarmodule können nach Standardmodulen, Spezialmodulen oder Sondermodulen unterschieden werden. Standardmodule werden „von der Stange" in großen Stückzahlen preisgünstig für solche Photovoltaikanlagen hergestellt, die keine speziellen Anforderungen an die Module stellen. Sie werden mit Standard-Montagesystemen auf dem Dach oder auf Freiflächen installiert. Ein übliches kristallines Standardmodul hat eine Leistung zwischen 150 und 300 Watt bzw. eine Fläche von 1,2 bis 2 m^2 und kann mit 15 bis 25 kg Gewicht gerade noch von einer Person gehandhabt werden.

15 Speichersysteme ergänzen die Photovoltaikanlage

Speichersysteme lassen sich unterscheiden in Systeme mit DC-Kopplung der Batterien über einen Gleichstromwandler (*Bild 17-48*) sowie in Systeme mit AC-Kopplung über einen zusätzlichen Wechselrichter, *Bild 17-49*.

Bei DC-Systemen übernimmt ein separater Gleichstromwandler das MPP-Tracking. Parallel zu einem Netzwechselrichter wird dann je nach Solarstromangebot und Ladezustand die Spannungsversorgung der Akkumulatoren gewährleistet. Ein intelligenter Laderegler übernimmt die Steuerungs- und Regelungsfunktion, um die optimale Ladung zu gewährleisten. Bei einem Back-up-System übernimmt er neben dem Laden und der Überwachung der Batteriesätze gegebenenfalls auch das Abschalten von Verbrauchern bei Bedarf. DC-Kopplungssysteme können prinzipiell höhere Wirkungsgrade erreichen und Herstellungskosten sparen, weil sie keinen zweiten Wechselrichter benötigen.

Bei AC-gekoppelten Speichersystemen ist die PV-Anlage so aufgebaut wie bei netzgekoppelten PV-Anlagen ohne Speicher. Der einzige Unterschied ist, dass im Verbraucherstromkreis ein zusätzlicher Verbraucher, das AC-gekoppelte Speichersystem, angeschlossen wird. Somit kann eine bestehende netzgekoppelte Anlage relativ einfach mit einem Speichersystem mit AC-Kopplung nachgerüstet werden. Das System besteht aus einem Wechselrichter mit Ladereglerfunktion und der Batteriebank. Wenn Wechselrichter mit hohen Wirkungsgraden eingesetzt werden, ist der Wirkungsgradunterschied zum DC-System gering.

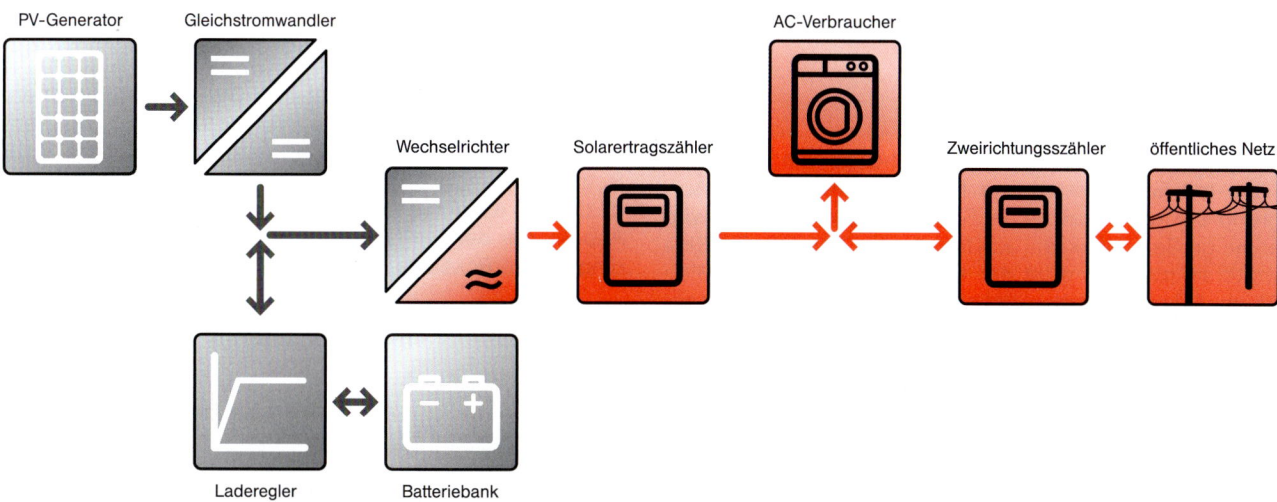

17-48 Speichersystem mit DC-Kopplung über einen Gleichstromwandler

17 Photovoltaikanlagen

Speichersysteme ergänzen die Photovoltaikanlage

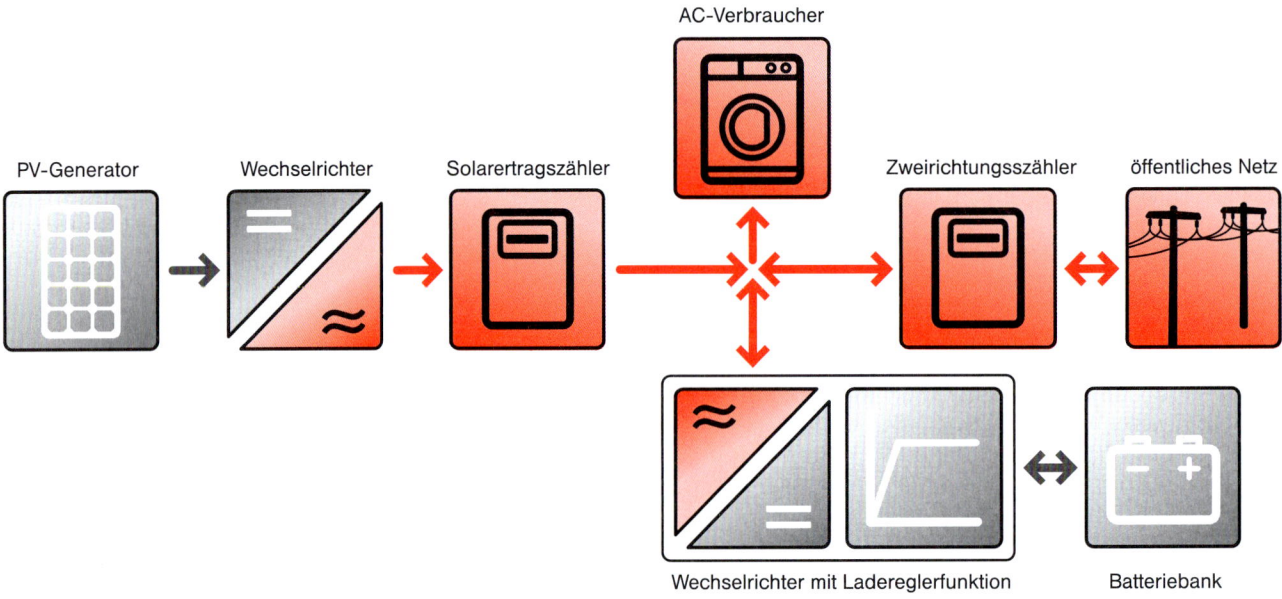

17-49 Speichersystem mit AC-Kopplung über einen zusätzlichen Wechselrichter

15.1 Blei-Akkumulatoren

Der gebräuchlichste Akkutyp ist bisher der einfache Blei-Akku mit Gitterplatten und flüssigen Elektrolyten. Aufgrund seines Einsatzes als Starterbatterie in Autos wird er in großer Stückzahl kostengünstig hergestellt. Eine weitere Anwendung ist der klassische Solarakku. Blei-Säure-Akkus erreichen üblicherweise nur eine Lebensdauer unter 2 000 Zyklen. Sie müssen etwa alle 6 Monate gewartet werden. Dabei wird u. a. der Elektrolytpegel kontrolliert und ggf. destilliertes Wasser nachgefüllt, Spannungen und Zellsäuredichten werden gemessen und der Akku wird vollgeladen.

Eine Weiterentwicklung des klassischen Blei-Akkus mit Gitterplatten ist der wartungsfreie Blei-Gel-Akku. Die Säure ist hier durch Zusätze zu einem Gel eingedickt worden. Deshalb besitzt der Blei-Gel-Akku eine höhere Entnahmekapazität bis 80 % und eine höhere Zyklenfestigkeit bis 3 000 Zyklen. Das bedeutet, dass man bei einer Betriebsdauer des Speichersystems von 20 Jahren mindestens dreimal die Akkumulatoren wechseln muss – ein Aspekt, der bei der Wirtschaftlichkeitsbetrachtung unbedingt zu berücksichtigen ist.

15.2 Lithium-Ionen-Akkumulatoren

Gegenüber dem Blei-Akkumulator hat der Lithium-Ionen-Akkumulator einige Vorteile. Insbesondere seine deutlich höhere Zahl möglicher Ladezyklen sowie die höhere Energiedichte bei gleichzeitig größerer Entladetiefe machen ihn attraktiv für den Einsatz als Speicher bei PV-Anlagen. Aktuelle Entwicklungen und neue Angebote vermitteln den Eindruck, dass sehr wartungsarme Systeme mit einer Lebensdauer von 20 Jahren umsetzbar sind. Jedoch stützen sich die Herstellerangaben zur Lebensdauer und Zyklenfestigkeit im Allgemeinen lediglich auf beschleunigte Alterungstests mit nicht klar definierten Parametern. Insbesondere wenn keine Garantien vorliegen, sollten die Herstellerangaben daher kritisch betrachtet werden.

Lithium-Ionen-Akkumulatoren können eine hohe Zyklenzahl von über 10 000 Zyklen erreichen, wenn sie nicht unter die Hälfte ihrer Kapazität entladen werden. Für den Einsatz in netzgekoppelten PV-Anlagen geben die meisten Hersteller von Speichersystemen Werte zwischen 5 000 bis 7 000 Zyklen an. Zudem besitzen sie im Vergleich zu Blei-Akkus eine um 50 bis 80 % niedrigere Selbstentladung. Eine zu tiefe Entladung und ein Laden über die Ladeschlussspannung müssen unbedingt vermieden werden, da sonst der Akkumulator irreversibel zerstört werden kann. Batteriemanagementsysteme überwachen daher die Spannung jeder einzelnen Zelle. Auch Betriebs- und Lagertemperatur haben Einfluss auf die Lebensdauer, daher kommen zum Teil zusätzlich Temperaturmanagementsysteme zum Einsatz. Durch intelligentes Lademanagement und einen Betrieb bei konstanter Temperatur kann eine Lebensdauer von 20 Jahren erreicht werden.

Bei der Errichtung von Speichersystemen sind die normativen Anforderungen, Sicherheitskonzepte und Netzanschlusskriterien, Schutzkonzepte, Schutztechnik, Transport (EU-Transportvorschrift für Lithium-Ionen-Batterien: UN-Manual „Test and Criteria" III, 38.3), Lagerung, Handling, bauliche Anforderungen und Brandschutz zu beachten. Für Lithium-Ionen-Batterien sind allgemein anerkannte Normen für den Einsatz im stationären Bereich derzeit in der Entwicklung. Grundlegende Sicherheits- und Prüfanforderungen für Lithium-Ionen-Batterien im Elektromobil- und Fahrzeugbereich, die derzeit realisiert werden, sind in den internationalen Standards UL1642 „Standard for Safety for Lithium-Batteries" sowie „BATSO-Manual for evaluation of energy system for Light Electric Vehicle (LEV) – Secondary Lithium Batteries" beschrieben. Beim Einsatz von Lithium-Ionen-Zellen sind ein abgestimmtes Batteriemanagement sowie Segmentierungen der Zellen und angepasste Schutzeinrichtungen sicherheitsrelevant. Das übergeordnete Ladesystem muss die Vorgaben des Batterieherstellers einhalten. Nur typgleiche Batterien dürfen entsprechend den Herstellervorgaben verschaltet werden. Bei Nichtbeachten der Sicherheitsanforderungen wie z. B. beim Einsatz ungeeigneter Laderegler etc. kann es zur thermischen Überlastung bei Lithium-Ionen-Batterien kommen. Mitte 2014 wird ein VDE-Normentwurf „Anwendungsregel für stationäre elektrische Energiespeichersysteme am Niederspannungsnetz" veröffentlicht, um den Herstellern, Planern, Installateuren und Betreibern Hilfe bei der normgerechten und sicheren Planung, der Errichtung, dem Betrieb sowie der Demontage und dem Recycling zu geben. Um hohe Qualitäts- und Sicherheitsanforderungen zu erfüllen, wurde 2013 vom Zentralverband des Elektrohandwerkes (ZVEH), dem Bundesverband der Solarwirtschaft (BSW) und der Deutschen Gesellschaft für Sonnenenergie (DGS) ein Speicherpass entwickelt, mit dem der Installateur dem Kunden die ordnungsgemäße Installation und Funktion des Systems dokumentiert.

16 Am Anfang steht die Planung

Photovoltaik lässt sich auf Altbauten nachträglich installieren und in Neubauten hervorragend integrieren.

Beim Neubau sollte der Fachplaner der Photovoltaikanlage möglichst frühzeitig vom Architekten in die Gesamtplanung einbezogen werden. So kann die Anlage sowohl architektonisch in den Gebäudeentwurf integriert als auch energetisch-technisch optimiert werden. Wird der Fachplaner zu spät hinzugezogen, werden oft suboptimale Lösungen erreicht – mit zu geringen Energieerträgen oder unnötigen Zusatzkosten für spezielle Anpassungsdetails.

Für Bauherren, Architekten, Fachplaner oder Installateure gibt es eine Vielzahl von Rahmenbedingungen, die von allen Beteiligten möglichst frühzeitig erkannt, abgestimmt und in der Konzeption der Anlage entsprechend berücksichtigt werden sollten.

Bauherr und Architekt definieren:
- Lage und Ausrichtung des Gebäudes sowie Dachorientierung und Neigung,
- Anlagendesign mit Zellmaterial, Modulart, Größe und Anordnung der Solarmodule (Solargenerator), Befestigung und Gebäudeintegration,
- Statik, Dachanschlüsse, Leitungsführung, evtl. Deckendurchbrüche,
- Stromverbrauch am Tag, wenn PV-Eigenstromnutzung geplant ist,
- Investitionsvolumen und Wirtschaftlichkeit.

Fachplaner oder Installateur sind verantwortlich für:
- Anordnung der Module,
- Lage und Zuordnung der Stränge,
- Verschaltungskonzept,
- Wechselrichterkonzept,
- Montagesystem,
- Anschlüsse,
- Leitungsführung,
- Blitz- und Überspannungsschutz,
- Materialwahl,
- Installationsort: Wechselrichter, Zählerschrank ...,
- Energieertragsoptimierung.

16.1 Wie viel Energie liefert die Sonne?

Die Einstrahlungsleistung sowie die **jährliche Einstrahlungsenergie** (Energie = Leistung × Zeit) werden auf die besonnte Fläche bezogen und auf einen Quadratmeter normiert.

Bei sonnigem Wetter erreicht die **Strahlungsintensität** auf der Erdoberfläche um die Mittagszeit Spitzenwerte von 1 000 W je m^2, relativ unabhängig vom Standort. Dieser Einstrahlungswert wird als Referenzwert zum Bestimmen der Nennleistung von Solarmodulen benutzt (Näheres siehe unter Standardtestbedingungen in Abschnitt 16.4.1).

Die Solarstrahlung auf der Erde setzt sich aus einem diffusen und einem direkten Anteil zusammen. An klaren Tagen überwiegt die direkte Strahlung, die ohne Ablenkung aus Richtung der Sonne kommt und scharfe Schatten wirft. Bei bedecktem Wetter hingegen, wenn die Sonne am Himmel nicht sichtbar ist, wird das Sonnenlicht zumeist in den Wolken oder im Nebel, aber auch in Dunst-, Ozon- oder Staubschichten gefiltert und abgelenkt. Es trifft dann nahezu vollständig als diffuse Strahlung ohne vorgegebene Richtung auf. Solaranlagen nutzen sowohl direktes und als auch diffuses Sonnenlicht.

Summiert man den Energiegehalt der direkten und diffusen Solarstrahlung aller Sonnenstunden über ein Jahr, erhält man die jährliche Sonneneinstrahlung, die sog. Globalstrahlung in Kilowattstunden pro m^2 Fläche und Jahr. Dieser Wert ist regional sehr unterschiedlich und wird für die horizontale Fläche angegeben. In Deutschland kann mit einer jährlichen Sonneneinstrahlung von 950 bis 1 250 kWh/m^2 gerechnet werden (*Bild 17-5*).

In unseren Breiten entfallen mehr als ¾ der eingestrahlten Sonnenenergie auf das Sommerhalbjahr von April bis September.

16.2 Vorbereitung und Gebäudebegutachtung

Zu Beginn der Planung sollten bei einer Aufnahme des Standortes alle notwendigen Informationen und Rahmenbedingungen für die Photovoltaikanlage ermittelt werden. Eine gründliche Besichtigung hilft, Planungs- und Installationsfehler sowie Fehlkalkulationen zu vermeiden. Der Montageaufwand für die Solarmodule, der Installationsort z. B. für den Wechselrichter, die Leitungswege, die Leitungsverlegung sowie die Erweiterung bzw. Änderung des

Zählerschrankes können eingeschätzt und abgestimmt werden.

Folgende Punkte sollten bei der Standortaufnahme geklärt werden:
- Modulart, Anlagenkonzept, Montageart ...,
- finanzieller Rahmen unter Beachtung der jeweiligen Förderbedingungen,
- Stromverbrauch (möglichst monatlich), Lastprofile oder Übersicht elektrische Verbraucher,
- nutzbare Dach-, Fassaden- bzw. Freifläche,
- Ausrichtung und Neigung,
- Erwartungen an Photovoltaikleistung und Energieertrag,
- Dachform, Dachaufbau, Dachunterkonstruktion und Art der Dacheindeckung,
- nutzbare Dachdurchführungen (z. B. Lüftersteine, freie Schornsteinzüge),
- Angaben zur Verschattung, ggf. Verschattungsaufnahme,
- Montageorte für Generatoranschlusskasten, Freischalteinrichtung und Wechselrichter,
- Zählerschrank und Platz für weiteren Zähler,
- Leitungslängen, Leitungswege und Verlegeart,
- Zufahrt, besonders wenn für die Aufbringung der Solarmodule Hilfsmittel wie Kran, Gerüst etc. nötig sind.

Die folgenden Unterlagen erleichtern die Planung:
- Lageplan des Hauses zur Ermittlung der Ausrichtung,
- Baupläne des Hauses zur Ermittlung der Dachneigung, der nutzbaren Fläche und der Leitungslängen, Dachstatik,
- Fotografien von Dach, Gebäude und Zählerplatz.

Wichtig für die **Wahl des Standortes** für den Solargenerator[1] ist die Ausrichtung zur Sonne und eine möglichst verschattungsfreie Fläche. Bei bestehenden Gebäuden ist die Wahl des Standortes von vornherein auf die Dach- und Fassadenflächen eingeschränkt. Ein Flachdach bietet meist sämtliche Freiheiten, während z. B. ein Nord-Süd-Giebelhaus nur eine Ost- und Westdachfläche und eine Südfassade bietet.

Um die Flächen in ihrer **Ausrichtung** einschätzen zu können, wird die Einstrahlungserhöhung bzw. -minderung bei verschieden geneigten Flächen verglichen. Wenn eine Fläche senkrecht zur bevorzugten Einfallsrichtung der Sonnenstrahlung steht, trifft auf sie eine höhere Einstrahlungsleistung. Da sich der Sonnenstand im Laufe eines Tages und auch während des Jahres ändert, variiert der Einfallswinkel der Solarstrahlung ständig. Um abzuschätzen, ob bestimmte Dachflächen für die Nutzung der Sonnenenergie geeignet sind, müssen die Einstrahlungsverhältnisse über das ganze Jahr betrachtet werden. Als Hilfsmittel dienen Einstrahlungsdiagramme, aus denen die Jahreseinstrahlung für jede beliebige Ausrichtung und Neigung[2] einer Fläche abgelesen werden kann (*Bild 17-6*).

Die maximale Einstrahlung über das Jahr erhalten wir in Deutschland auf Süddächern mit ca. 30° Neigung. Der Einstrahlungsgewinn gegenüber einer horizontalen Fläche beträgt etwa 13 %. Überdies lagern sich auf horizontalen Flächen Staub, Schnee und Laub ab. Nur durch regelmäßiges Reinigen kann die Anlage vor größeren Verlusten bewahrt werden. Bei Flächen, die mehr als ungefähr 12° geneigt sind, ist der Selbstreinigungseffekt durch den Regen und die Schwerkraft ausreichend, sodass auf ein manuelles Reinigen verzichtet werden kann.

---

[1] Wie bei herkömmlichen Kraftwerken wird das zentrale Element, das den Strom erzeugt, als Generator bezeichnet. Ein Solargenerator besteht aus mehreren Solarmodulen, die meist auf Hausdächern installiert und zusammengeschaltet werden.

[2] Der Neigungswinkel beschreibt den Winkel zwischen dem Solarmodul und der Horizontalen. Der optimale Neigungswinkel für Photovoltaikanlagen ist abhängig vom Breitengrad des Standortes.

Verschattung durch Schnee tritt in ganz Deutschland auf. Allerdings ist die Anzahl der Tage im Jahr mit einer geschlossenen Schneedecke auf geneigten Anlagen meist relativ gering. Der Schnee taut auf Photovoltaikanlagen schneller ab als in ihrer Umgebung.

Eine Abweichung von Süden von ±10° und eine Abweichung der Neigung von ±5° lassen keinen merklichen Unterschied in der jährlichen Einstrahlung erkennen. Der „optimale" Standort bezogen auf die Einstrahlung kommt auf unseren Dächern selten vor. Aber wie in Bild 17-6 dargestellt, ist die Abweichung vom Einstrahlungsoptimum der Dachausrichtung nicht gravierend und beträgt zwischen Südwest und Südost bzw. einer Dachneigung zwischen 10° und 50° maximal 10 %. Selbst Ost- oder Westdächer und andere Dachneigungen bis hin zu Fassaden bieten geeignete Standorte für Solaranlagen.

16.3 Licht und Schatten

Neben einer günstigen Ausrichtung ist auch ein möglichst schattenfreier Standort eine Grundvoraussetzung für einen guten solaren Energieertrag.

Nachbargebäude und Bäume, aber auch weiter entfernte hohe Gebäude können die Anlage verschatten oder zumindest zur Horizontverdunklung führen. Besonders negativ wirken nahe Schatten, z. B. Freileitungen, die über das Haus führen und die einen schmalen, aber wirksamen wandernden Schatten werfen. Je näher ein Schatten werfendes Objekt ist, umso kritischer ist seine Wirkung. Zu achten ist insbesondere auf Schornsteine, Antennen, Blitzableiter, Satellitenschüsseln, Dach- bzw. Fassadenvorsprünge, versetzte Baukörper, Dachaufbauten usw. Einige Verschattungen können durch Verschieben des Photovoltaikgenerators oder des verschattenden Objektes (z. B. Antenne) vermieden werden. Ist das nicht möglich, kann die Wirkung der Verschattung mit einer abgestimmten Zell- und Modulverschaltung und mit einem speziell angepassten Anlagenkonzept minimiert werden (siehe Abschnitt 16.4.3).

Zur Bestimmung der Einstrahlungsverluste wird eine Verschattungsanalyse erstellt. Dazu wird, bezogen auf einen Punkt der Anlage, meistens auf den Mittelpunkt des Solargenerators, die Horizontlinie im 180°-Winkel von Ost über Süd nach West aufgenommen. Bei größeren Anlagen oder falls eine höhere Genauigkeit erwünscht wird, sollte die Verschattungsanalyse für mehrere Punkte durchgeführt werden. Die Bestimmung der Horizontlinie kann mit Lageplan und Sonnenbahndiagramm erfolgen (Bild 17-50).

Immer mehr Planer und Handwerker nutzen zur Verschattungsanalyse spezielle Geräte oder Computerprogramme. Geräte wie der HORIcatcher (www.meteotest.ch) oder das SunEye (www.solmetric.com) erstellen mittels eines konvexen Spiegels oder eines Fischaugenobjektivs eine 360°-Aufnahme, aus der eine Horizontlinie generiert wird. Die Ergebnisse können entweder direkt abgelesen oder in Simulationsprogramme exportiert werden. In mehreren Simulationsprogrammen besteht des Weiteren die Möglichkeit, die PV-Anlage und ihre Umgebung in einem 3D-Editor abzubilden und so die Verluste sehr exakt zu bestimmen.

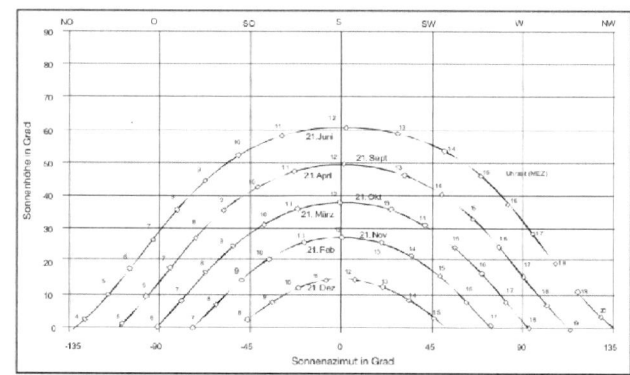

17-50 Sonnenbahndiagramm von Berlin
(Quelle: Volker Quaschning: SUNDI Simulationsprogramm zur Ertragsberechnung und Verschattungsanalyse)

16.4 Anlage und Komponenten richtig dimensionieren

16.4.1 Leistung, Flächenbedarf und Wirkungsgrad

Solarstrom wurde in Deutschland zunächst zum größten Teil ins öffentliche Stromnetz eingespeist und gemäß dem Erneuerbare-Energien-Gesetz (EEG) vergütet. Wie groß die Photovoltaikanlage sein soll, hängt bei Anlagen zur Volleinspeisung dann nicht vom Strombedarf des Gebäudes ab, sondern vielmehr von der verfügbaren Fläche und den finanziellen Möglichkeiten. Allerdings ist es mit der sinkenden Einspeisevergütung, die seit 2012 unter dem Haushaltsstrompreis liegt, zunehmend attraktiv, den Solarstrom selber zu verbrauchen. Bei Anlagen über 10 kW müssen nach dem EEG mindestens 10 % des Solarstroms im Gebäude selbst verbraucht oder vom Anlagenbetreiber selbst vermarktet werden. Folglich spielen bei der Dimensionierung von PV-Anlagen zunehmend der Elektroenergieverbrauch und dessen zeitliche Verteilung (Lastgang) eine gewichtige Rolle. Im Abschnitt 16.6 (Planung von PV-Systemen für den Eigenverbrauch) wird auf diese Thematik detailliert eingegangen.

Für eine Abschätzung der möglichen zu installierenden Leistung auf der zur Verfügung stehenden Dachfläche kann als Faustwert für kristalline Module pro Kilowatt mit einer Fläche von 8 m² gerechnet werden. Zu beachten ist, dass meist nicht die ganze Fläche genutzt werden kann, weil Abstände zu den Dachrändern, Dachaufbauten, Dachfenstern, Blitzableitern etc. eingehalten werden müssen. *Bild 17-51* verdeutlicht, dass der Flächenbedarf von Photovoltaikanlagen von der Effizienz der Energieumwandlung abhängt. Hierbei spielt der Wirkungsgrad der Solarmodule eine wesentliche Rolle. Der Wirkungsgrad einer Solarzelle oder eines Moduls[1] bestimmt die maximale elektrische Leistung, die eine bestimmte Zell- bzw. Modulfläche unter Sonnenlicht erzeugen kann. Da die Intensität der Sonneneinstrahlung wetterbedingt schwankt, wurde eine definierte Einstrahlung von 1 000 W/m² als Referenzwert für die Bestimmung des Wirkungsgrades festgelegt. Die Leistung der Solarzellen

Solarzellenmaterial	Modulwirkungsgrad	Benötigte Fläche für 1 Kilowattpeak
Silizium-Hochleistungszellen (rückseitenkontaktiert, HIT)	17–20 %	5–6 m²
Monokristallines Silizium	11–17 %	6–9 m²
Polykristallines Silizium	10–16 %	6–10 m²
Dünnschicht:		
Kupfer-Indium-Diselenid (CIS)	7–14 %	7–12,5 m²
Cadmiumtellurid (CdTe)	7–13 %	9–17 m²
Mikromorphes Silizium	7–12 %	8,5–15 m²
Amorphes Silizium	4–7 %	15–26 m²

17-51 Wirkungsgrad und Flächenbedarf von verschiedenen Solarzellenmaterialien nach Herstellerdaten (2009)

---

[1] Der Wirkungsgrad η von Solarzellen ergibt sich aus dem Verhältnis der durch die Solarzelle abgegebenen Leistung und der durch die Sonne eingestrahlten Leistung. Somit berechnet er sich aus der elektrischen Leistung im Punkt maximaler Leistung P_{MPP}, der solaren Einstrahlung e (in W pro m²) und der Fläche A der Solarzelle wie folgt:

$$\eta = \frac{P_{MPP}}{A \cdot e} = \frac{U_{MPP} \cdot I_{MPP}}{e \cdot A}$$

Bei Solarmodulen wird für A die Modulfläche angesetzt. Auf den Datenblättern wird der Wirkungsgrad immer bei Standardtestbedingungen (STC) angeben: $\eta_n = \eta_{STC}$

Daraus folgt der Nennwirkungsgrad von Solarzellen bzw. Modulen:

$$\eta_n = \frac{P_{MPP\,(STC)}}{A \cdot 1\,000\ W/m^2}$$

hängt zudem vom Sonnenspektrum und von der Temperatur ab. Entsprechend wurden diese Werte definiert: Die sog. Standardtestbedingungen (engl.: Standard Test Conditions, STC) zur Bestimmung der elektrischen Kennwerte in der Photovoltaik legen neben der Einstrahlung von 1 000 W/m² eine Zell- bzw. Modultemperatur von 25 °C und ein Spektrum bei AM (Air Mass) = 1,5 fest.

Auf dem Typenschild eines Moduls werden die maximale Leistung P_{max} oder P_{MPP} mit der dazugehörigen MPP-Spannung U_{MPP} und dem MPP-Strom I_{MPP} angegeben, außerdem die beiden charakteristischen Maximalwerte Leerlaufspannung U_L und Kurzschlussstrom I_K. Diese Nennwerte unterliegen einer produktionsbedingten Toleranz von bis zu ±10 %.

Die Modulkennlinie veranschaulicht das Zusammenwirken der Kenngrößen. Die Strom-Spannungs-Kennlinie zeigt alle Betriebspunkte, die sich je nach Belastungszustand des Solarmoduls unter STC-Bedingungen einstellen können.

Multipliziert man jeweils Strom und Spannung, ergibt sich die entsprechende Modulleistung, die in *Bild 17-52* als orange Linie gezeigt ist. An dieser Kennlinie kann der Betriebspunkt mit der größten Leistung deutlich abgelesen werden: der MPP (englisch: Maximum Power Point).

16.4.2 Die Leistung in Abhängigkeit von Einstrahlung und Temperatur

Alle elektrischen Kennwerte von Solarzellen und Solarmodulen werden im Labor unter definierten Licht- und Temperaturverhältnissen gemessen. Diese Messergebnisse sind als Nenngrößen festgelegt. So lassen sich unterschiedliche Module unabhängig von Wetter und Standort miteinander vergleichen.

Im Gegensatz zu anderen technischen Geräten arbeiten Photovoltaikanlagen nur selten im Nennbetrieb, da die STC-Bedingungen in der Realität nicht oft auftreten. Strom, Spannung und Leistung verändern sich im Laufe eines Tages ständig – abhängig von Temperatur und Einstrahlung (*Bilder 17-53* und *17-54*).

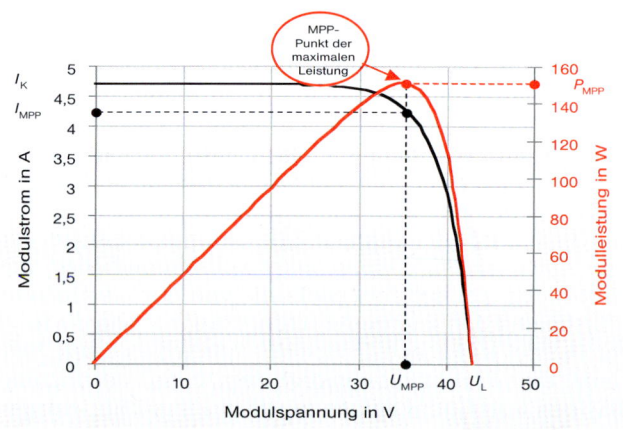

17-52 *Kennlinien eines Standardmoduls mit 72 Zellen*

Die Einstrahlungsstärke wirkt sich direkt auf den Modulstrom aus. Halbiert sich die Lichtintensität, liefert das Modul nur noch die Hälfte des Stroms. Die Modulspannung wird hauptsächlich durch die Modultemperatur beeinflusst. Die Spannung steigt bei niedrigen Temperaturen (*Bild 17-54*). Im Winter kann sie dadurch bis zu 20 % über den Nennwert klettern. Dementsprechend sinken der Wirkungsgrad und damit das Leistungsvermögen bei Modulerwärmung. An einem sonnigen Sommertag kann die Betriebstemperatur von Modulen auf dem Dach leicht auf über 50 °C steigen. Je Grad Temperaturerhöhung verlieren kristalline Module durchschnittlich 0,4 bis 0,5 % ihrer Nennleistung. Trotzdem erbringen Solarmodule im Sommer aufgrund der deutlich höheren Sonneneinstrahlung fast 80 % mehr Energie als im Winter. Eine gute Hinterlüftung des Solargenerators sorgt für Kühlung – und gute Stromerträge.

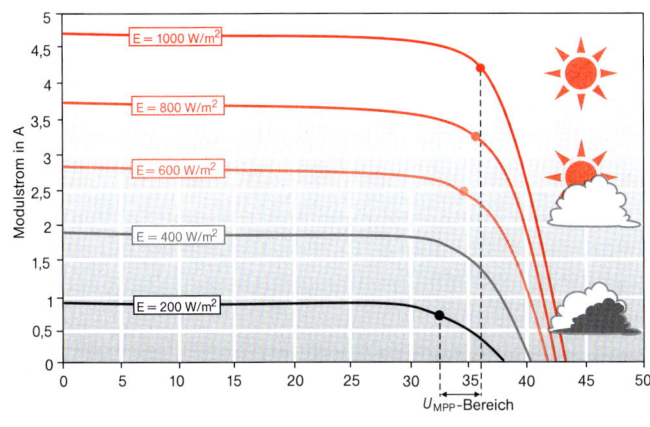

17-53 Strom-Spannungs-Kennlinien eines PV-Moduls bei unterschiedlichen Bestrahlungsstärken

16.4.3 Schatten: Problem und Lösung

Da in den meisten Standardmodulen viele Zellen in Reihe geschaltet werden (Strings zu 60 oder 72 Zellen), sind Solarmodule sehr empfindlich gegenüber partiellen Abschattungen. Sind z. B. durch eine Teilverschattung unterschiedlich beleuchtete Module in Reihe verschaltet, liefert der ganze Modulstrang so viel Strom wie das am wenigsten beleuchtete Modul. Wenn eine einzelne Zelle zum Beispiel durch ein Blatt abgedeckt wird, erzeugt diese Zelle keinen Strom mehr. Die anderen voll beleuchteten Zellen des Strings sind weiter aktiv und treiben den vollen Modulstrom durch die dunkle Zelle, in der die Energie in Wärme umgesetzt wird. Im schlimmsten Fall entsteht dort ein heißer Punkt (Hot Spot), der ein Loch in das Zellmaterial schmelzen und das Modul zerstören kann. Um dies zu verhindern, werden Bypassdioden eingesetzt, die den Strom an der ausgefallenen Zelle vorbeiführen. Meist überbrückt eine Bypassdiode 18 bis 20 Solarzellen (*Bild 17-55*).

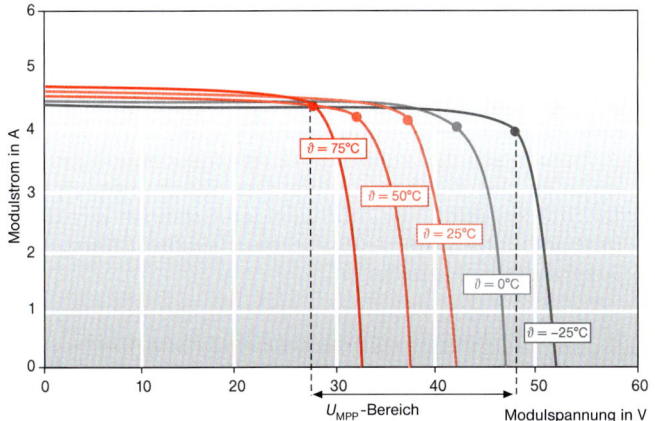

17-54 Modulkennlinien kristalliner Solarzellen bei unterschiedlichen Temperaturen

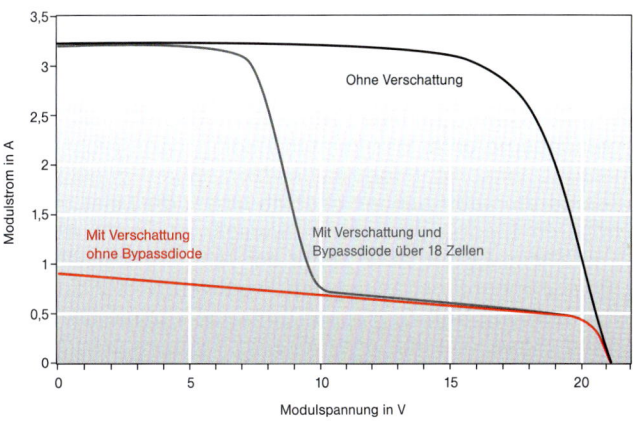

17-55 Kennlinien eines Standardmoduls mit zwei Bypassdioden, bei dem eine Zelle zu drei Vierteln verschattet ist (Grafik: Volker Quaschning)

16.4.4 Besonderheiten von Dünnschichtmodulen

Kristalline und Dünnschichtmodule unterscheiden sich nicht allein im Wirkungsgrad und im optischem Eindruck, sondern auch in der Einstrahlungs- und Temperaturabhängigkeit, der spektralen Empfindlichkeit sowie in der Verschattungstoleranz. Der geringere Wirkungsgrad von Dünnschichtmodulen führt zu einem höheren Flächenbedarf pro Leistungseinheit, hat jedoch keine Auswirkung auf den spezifischen Energieertrag pro Kilowatt installierte Leistung.

Bei kristallinen Modulen werden Abmessungen und Spannung durch die Siliziumzellen bestimmt. Die Spannung ergibt sich als Vielfaches der in Reihe geschalteten Zellen. Dünnschichtmodule sind flexibler in den geometrischen Abmessungen. Mit der Vergrößerung der Modulfläche kann die Leistung nahezu stufenlos erhöht werden.

Im Vergleich fällt die höhere Verschattungstoleranz der Dünnschichtmodule auf. Eine komplette Verschattung von einer Zelle führt bei kristallinen Standardmodulen mit zwei Bypassdioden i. d. R. zum Ausfall eines Drittels des Moduls. Im Gegensatz dazu erschweren die streifenförmigen Zellen von Dünnschichtmodulen die Vollverschattung einer ganzen Zelle. Die Leistung vermindert sich deshalb meist nur proportional zur verschatteten Fläche.

Trotz des relativ geringen Wirkungsgrades kann die Energieausbeute unter bestimmten Bedingungen recht hoch sein. Dünnschichtmodule besitzen einen günstigeren Temperaturkoeffizienten, deshalb nimmt die Leistung bei höheren Modultemperaturen weniger stark ab als bei kristallinen Zellen. Auch steigt der Temperaturkoeffizient mit sinkender Einstrahlung von negativen Werten zu Werten Richtung Null. So können amorphe Module bei niedrigen Einstrahlungen und höheren Temperaturen sogar einen größeren Wirkungsgrad als bei der Normtemperatur von 25 °C erreichen.

Einige Dünnschichtzellen nutzen das energieschwächere Licht bei bewölktem Himmel besser aus als kristalline Solarzellen. Amorphe Siliziumzellen können kurzwelliges Licht optimal absorbieren, mikrokristalline, CdTe- und CIS-Zellen dagegen die mittleren Wellenlängen. Dadurch erreichen Dünnschichtmodule in geringen Einstrahlungsklassen höhere Wirkungsgrade. In Stapelzellen, die vor allem bei amorphen Zellen üblich sind, werden die übereinander liegenden Einzelzellen für unterschiedliche Wellenlängenbereiche optimiert. Wenn solche Stapelzellen verwendet werden, kann der Wirkungsgrad bei Schwachlicht gegenüber dem STC-Wirkungsgrad um bis zu 30 % gesteigert werden.

Die Stärken der Dünnschichttechnik liegen also vor allem bei der gebäudeintegrierten Bauweise. Sie ist immer dann günstig, wenn eine gute Hinterlüftung der Module oder eine minimierte Verschattung nicht realisierbar sind.

16.4.5 Hin zu großen Flächen: der Solargenerator

Die Module werden über die Modulanschlussleitungen miteinander elektrisch verbunden. Alle Module, die jeweils mit dem Plus- auf den Minusanschluss des nächsten Moduls in Reihe zusammengeschaltet werden, bilden einen Strang (engl. String). Die Spannung der einzelnen Module summiert sich zur Systemspannung, der Strom bleibt gleich. Die geometrische Anordnung der Module in Reihen weicht oft von denen elektrischer Reihen ab. Gleichlange Stränge werden parallel zu dem Solargenerator verschaltet. Dabei addieren sich die Ströme. Wie viele Module parallel oder in Reihe geschaltet werden, ergibt sich aus den zulässigen Eingangsspannungen und -strömen des Wechselrichters. Das Zusammenschalten der Stränge erfolgt bei nur wenigen Strängen direkt am Wechselrichter (*Bild 17-56*), bei mehr als drei Strängen im Generatoranschlusskasten.

16.4.6 Der Wechselrichter als Anlagenzentrale

Der Wechselrichter ermöglicht die Verbindung zwischen Solargenerator und Wechselstromnetz bzw. Wechselstromverbraucher. Er wandelt den vom Solargenerator erzeugten Gleichstrom (DC) in Wechselstrom (AC) um und passt diesen an Frequenz und Spannungshöhe des

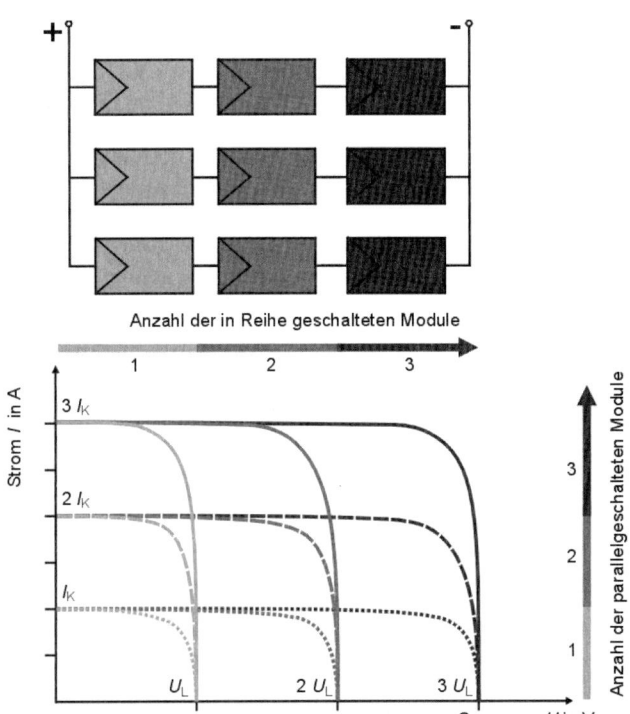

17-56 Solargenerator mit mehreren parallel geschalteten Strängen (Grafik: DGS)

Stromnetzes an. Mit Hilfe moderner Leistungselektronik erfolgt die Umwandlung in Wechselstrom mit nur geringen Verlusten (ca. 2 bis 4 %).

Bei netzgekoppelten Photovoltaikanlagen ist der Wechselrichter direkt mit dem öffentlichen Stromnetz verbunden. Bis zu einer Leistung von 5 kW$_p$ bzw. einer Modulfläche von ca. 50 m^2 wird meist einphasig in das Niederspannungsnetz (230 V) eingespeist. Größere Anlagen speisen möglichst gleichmäßig in alle drei Phasen des Stromnetzes ein, zumeist mit zentralen 3-phasigen Wechselrichtern.

Um die maximale Leistung in das Stromnetz einzuspeisen, muss der Wechselrichter im Maximum Power Point (MPP) des Solargenerators arbeiten. Durch die wechselnden Einstrahlungen und Temperaturen ändert sich die Leistung des Solargenerators. Im Wechselrichter gleicht ein MPP-Regler den Arbeitspunkt durch Spannungsanpassung mit dem MPP des Solargenerators ab. Moderne Wechselrichter ermöglichen zudem eine Anlagenüberwachung per Betriebsdatenerfassung und besitzen Display und PC-Schnittstelle. In den meisten Wechselrichtern sind verschiedene DC- und AC-Schutzeinrichtungen wie z. B. Verpolungs-, Überspannungs- und Überlastschutz, eine Isolationsüberwachung sowie Netzschutzeinrichtungen eingebaut.

Nach ihrem Aufbau können die Wechselrichter in Geräte mit Niederfrequenz(NF)-Transformator, mit Hochfrequenz-(HF)-Trafo und ohne Transformator sowie mit bzw. ohne Tief- oder Hochsetzsteller eingeteilt werden.

Durch den NF-Trafo werden relevante Leistungsverluste verursacht. Außerdem erhöht der Transformator die Baugröße, die Schallemission und das Gewicht sowie die Kosten der Geräte. Ein HF-Trafo ist kleiner, leichter und effizienter. Wechselrichter mit HF-Trafo brauchen jedoch eine aufwendigere Leistungselektronik. Beiden Konzepten ist die galvanische Trennung zwischen der DC- und der AC-Seite gemein.

Wegen ihrer hohen Wirkungsgrade haben sich in den letzten Jahren trafolose Wechselrichter mehr und mehr durchgesetzt.

16.4.6.1 Konzepte

Wechselrichter können entsprechend ihrer Größe und in Abhängigkeit des angeschlossenen PV-Generators in verschiedene Konzepte unterteilt werden (Bild 17-57).

Strangwechselrichter sind Geräte, an denen alle Module von einem oder max. 2 Strängen angeschlossen werden. Bei kleineren Anlagen ist der Einsatz dieser Geräte als

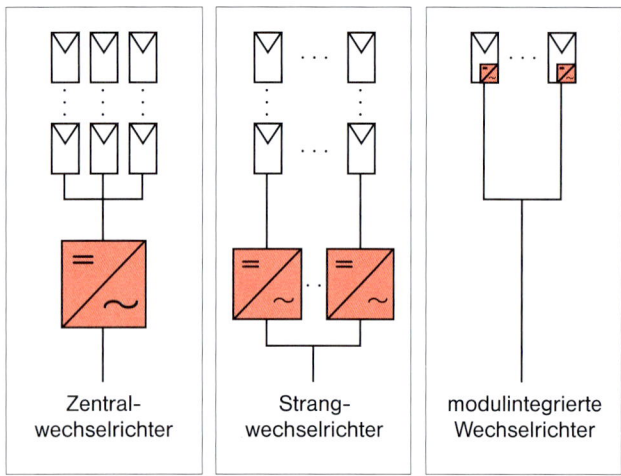

17-57 Verschiedene Wechselrichterkonzepte für netzgekoppelte PV-Anlagen

einziger quasi „zentraler" Wechselrichter Standard. Doch auch bei größeren Anlagen werden Strangwechselrichter genutzt, sofern es die Gegebenheiten erforderlich machen. Gründe dafür können unterschiedliche Ausrichtungen, partielle Verschattungen oder eine räumliche Trennung einzelner Teile des PV-Generators sein. Der Einsatz von Strangwechselrichtern kann die gleichstromseitige Installation erleichtern, die Leitungslängen reduzieren und dadurch die Installationskosten senken.

Werden mehrere Stränge mit einem Wechselrichter verbunden, werden die Geräte Zentralwechselrichter genannt. Zentralwechselrichter sind in Leistungsklassen zwischen wenigen Kilowatt und mehr als 1 Megawatt erhältlich. Bei der Planung ist zu beachten, dass die einzelnen Stränge die gleiche Modulanzahl beinhalten und möglichst gleich ausgerichtet sind. Es gibt jedoch auch Geräte mit mehreren MPP-Reglern (Multi-MPPT), die eine Unterteilung des Generators in Teilanlagen mit unterschiedlicher Ausrichtung, Stranglänge und Verschattungssituation erlauben.

Bei besonders kleinen Anlagen oder in Situationen, in denen es sinnvoll erscheint, jedes Modul mit einem eigenen MPP-Regler auszustatten (z. B. starke Verschattung), können Modulwechselrichter zum Einsatz kommen. Dabei erhält jedes Modul einen eigenen Wechselrichter. Dadurch steigt der Materialaufwand bei den Wechselrichtern. Die Anlage ist dafür sehr tolerant gegenüber Verschattung und zusätzlich einfach erweiterbar.

16.4.6.2 Installation

Für die Wahl des Installationsortes ist entscheidend, dass die vom Hersteller geforderten Umgebungsbedingungen (im Wesentlichen Feuchte und Temperaturbereich) eingehalten werden. Der ideale Installationsort von Wechselrichtern ist kühl, trocken, staubfrei und innen (Indoor). Sinnvoll ist die Installation neben dem Zählerschrank oder in dessen Nähe.

Die Lüftungsschlitze und Kühlkörper müssen frei sein, damit eine **optimale Kühlung** sichergestellt ist. Aus demselben Grund sollten die Geräte möglichst nicht dicht übereinander montiert werden. Auch die Geräuschentwicklung des Wechselrichters sollte bei der Wahl des Installationsortes beachtet werden. Vor aggressiven Dämpfen, Wasserdampf und feinen Stäuben sollten die Geräte geschützt werden. So können z. B. in Scheunen oder Ställen Ammoniakdämpfe entstehen, die Schäden am Wechselrichter hervorrufen können. Größere zentrale Wechselrichter werden oft in einen separaten Wechselrichterschrank eingebaut – zusammen mit Schutz-, Zähler- und Schalteinrichtungen.

In sämtlichen Leistungsbereichen werden Wechselrichter auch für den Außeneinsatz angeboten. Diese Geräte sind mit dem Schutzgrad IP 54 auf die Outdoor-Witterungsbedingungen vorbereitet. In solchen Fällen empfiehlt es sich, die Wechselrichter zumindest vor direkter Sonneneinstrahlung und Regen zu schützen, um deren Lebensdauer positiv zu beeinflussen.

16.4.7 Solargenerator und Wechselrichter aufeinander abstimmen

Solargenerator und Wechselrichter müssen in ihren Leistungswerten optimal aufeinander abgestimmt werden. Die AC-Nennleistung von Wechselrichtern kann ±20 % der Solargeneratorleistung (STC) betragen – je nach Wechselrichter- und Modultechnologie und abhängig von den örtlichen Gegebenheiten wie z. B. Orientierung der Module. Ertragsreiche Anlagen zeigen oft ein Leistungsverhältnis von 1 : 1.

Damit der Wechselrichter optimal auf den Solargenerator abgestimmt werden kann, ist es wichtig, die Temperatur- und Einstrahlungsabhängigkeit der Module zu kennen. Die Generatorspannung ist stark von der Temperatur abhängig. Der MPP-Regelbereich des Wechselrichters sollte die MPP-Punkte der Generatorkennlinie bei unterschiedlichen Temperaturen einschließen.

16.4.8 Anforderungen zur Netzintegration an Wechselrichter

Früher übernahmen ausschließlich die konventionellen Großkraftwerke mit ihren rotierenden Synchrongeneratoren die Aufgaben, Spannung und Frequenz im Stromnetz möglichst konstant zu halten, benötigte Blindleistung zu erzeugen sowie im Fehlerfall einen „Blackout" von Netzbereichen oder ganzen Netzen zu verhindern. Diese Aufgaben bezeichnet man als Netzmanagement. Netzmanagementsysteme überwachen und steuern die Stromnetze, damit Energie kontinuierlich fließt und das Gleichgewicht zwischen Erzeugung und Verbrauch gehalten wird. Je mehr allerdings PV-Anlagen und andere dezentrale Stromerzeuger zur Stromversorgung Deutschlands im Niederspannungsnetz beitragen, desto mehr Aufgaben zum Netzmanagement müssen diese übernehmen. Seit 2012 müssen sie sich ähnlich wie Kraftwerke in höheren Spannungsebenen (Mittel-, Hoch- und Höchstspannungsnetz) gemäß der FNN-Anwendungsregel VDE 4105 beteiligen an:

1. der statischen Spannungshaltung,
2. der Blindleistungsbereitstellung im Normalbetrieb,
3. der Begrenzung der Wirkleistung in Abhängigkeit der Frequenz sowie
4. der Wirkleistungsbegrenzung bei temporären Überlastungen des Netzes.

Die meisten Netzmanagementfunktionen finden im Wechselrichter statt. Die statische Spannungshaltung nach VDE 4105 wird über Blindleistungsregelung durch die Wechselrichter im Normalbetrieb geleistet. Entsprechend der Kennlinienvorgabe durch den Netzbetreiber werden dazu bestimmte Verschiebefaktoren cos φ abhängig von der Anlagenleistung eingestellt. Die Wechselrichter sollten wegen dieser Blindleistungsbereitstellung auf eine PV-Generatorleistung von 110 % dimensioniert werden. Andernfalls könnten sie die Wirkleistung des Generators nicht vollständig aufnehmen, wenn Blindleistung im Netz benötigt wird. Die Folge wären vermeidbare Ertragsverluste.

Die Wechselrichter müssen außerdem zur Frequenzhaltung durch eine stufenlose Wirkleistungsreduzierung von 50,2 Hz bis 51,5 Hz mit 40 % pro Hz beitragen.

Darüber hinaus ist seit 2012 nach § 6 EEG 2011 vorgeschrieben, dass sich alle PV-Anlagen am Einspeisemanagement beteiligen müssen, um eine Überlastung des Verteilnetzes zu vermeiden. Für Anlagen unter 30 kW kann das „vereinfachte" Einspeisemanagement eingesetzt werden, welches eine maximale Wirkleistungseinspeisung von 70 % der installierten Leistung am Netzverknüpfungspunkt zulässt, oder es wird eine vom Netzbetreiber ferngesteuerte Einrichtung zur Leistungsabregelung eingesetzt. Es haben sich dabei die Stufen 0, 30, 60 und 100 % etabliert. Die Abregelung der Wirkleistung sowie die Blindleistungsbereitstellung werden durch die Ansteuerung der Halbleiterschalter der Wechselrichter realisiert. Bei Anlagen mit Leistungen über 30 kW ist prinzipiell eine vom Netzbetreiber ferngesteuerte Einrichtung zur Leistungsabregelung einzusetzen.

Ab 100 kW müssen eine Messeinrichtung zur Ermittlung von mindestens der Viertelstundenleistung sowie eine automatische Einrichtung zur Leistungsreduzierung vorgesehen werden.

Die Kommunikation mit dem Netzbetreiber erfolgt meist über Funkrundsteuersignalempfänger. Diese Lösung ist eigentlich technisch veraltet und kostenaufwendig. Außerdem können die Signale nur in Richtung Empfänger geschickt werden. In zukünftigen Netzen werden bidirektionale Schnittstellen benötigt, um z. B. auch Lasten zu regeln. Auf dieser Basis könnten sich deshalb bei der Entwicklung von „intelligenten Stromnetzen" (Smart Grids) künftig internetbasierte Lösungen (Protokoll IEC 61850) durchsetzen. Diese würden zudem kostengünstiger zu realisierbar sein. Die technische Richtlinie BSI TR – 03109 des Bundesamtes für Sicherheit in der Informationstechnik wird die Entwicklung und den Einsatz von Smart-Grid-Netzschnittstellen und -Zählern ermöglichen. Gegebenenfalls macht diese Entwicklung in Zukunft eine Nachrüstpflicht von Bestandsanlagen nötig. Mit dem Energiewirtschaftsgesetz wird nach § 21d für Neuanlagen größer als 7 kW künftig eine Smart-Grid-Schnittstelle verpflichtend. Deshalb empfiehlt es sich, nur wenn der Netzbetreiber ausdrücklich darauf besteht und bestätigt, dass er tatsächlich Netzmanagement im Niederspannungsnetz mit Funkrundsteuerung vornimmt, die Anlagen mit Rundsteuersignalempfänger auszurüsten. Ansonsten ist lediglich die meist schon im Wechselrichter integrierte Einrichtung zur Leistungsreduzierung mit Schnittstelle vorzuhalten.

Die netzbedingte Abregelung von PV-Anlagen kommt bisher nur selten vor. Die Abregelung von Windparks oder die Phasenverschiebung von großen konventionellen Kraftwerken reichen meist aus.

16.5 Ertragsabschätzung und Simulation

Zur Erstellung einer Ertragsprognose müssen die Standortqualität (Sonneneinstrahlung) und die Anlagengüte der Anlage eingeschätzt werden. *Bild 17-58* zeigt die ver-

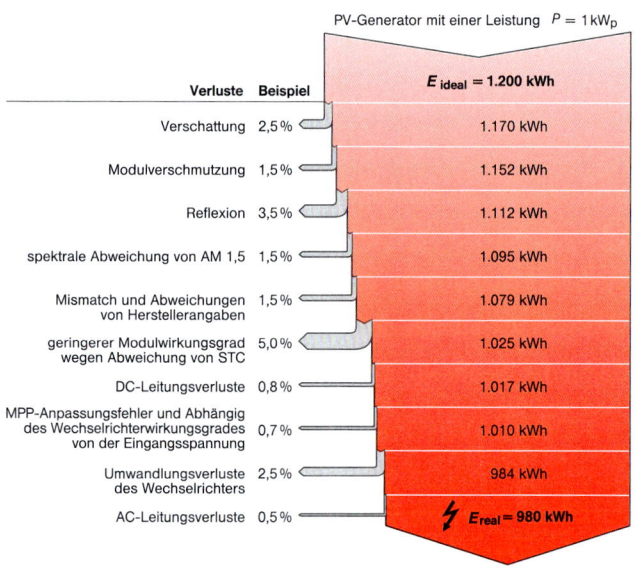

17-58 Energiefluss und Verluste an einer netzgekoppelten Photovoltaikanlage

schiedenen Verlustfaktoren einer beispielhaften Photovoltaikanlage.

Um die Anlagengüte einzuschätzen wird eine weitgehend standortunabhängige Kennzahl benutzt, die sog. **Performance Ratio, PR**. Sie ergibt sich aus dem Verhältnis des realen Energieertrags E_{real} zu der theoretisch zu erwartenden Energieausbeute E_{ideal} des Photovoltaikgenerators:

$$PR = \frac{E_{real}}{E_{ideal}}$$

E_{ideal} berechnet sich hierbei aus dem Produkt der solaren Einstrahlung e in kWh pro m² auf die Generatorfläche A_{PV} und den Nennwirkungsgrad der Solarmodule:

$$E_{ideal} = A_{PV} \cdot e \cdot \eta_{STC}$$

Für die Performance Ratio ergeben sich bei Dachanlagen Werte zwischen 70 und 85 %.

Eine gezielte Anlagenoptimierung wird durch Programme erleichtert, die Optimierungsfunktionen oder Variantenvergleiche ermöglichen. Obwohl die meisten Programme wie PV*SOL oder PVsyst eine Plausibilitätskontrolle wichtiger Eingabeparameter durchführen, lassen sich nicht alle Eingabe- oder Auslegungsfehler ausschließen.

Hilfreich ist immer der kritische Vergleich der Ergebnisse mit Erfahrungswerten: Bei netzgekoppelten Anlagen liefern die Performance Ratio PR oder der leistungsbezogene Jahresertrag E in kWh/kW$_p$ sehr gute Anhaltspunkte. Die meisten Programme kalkulieren diese Beurteilungsparameter.

16.6 Planung von PV-Systemen für den Eigenverbrauch

Je mehr die Erzeugungskosten für Solarstrom unter die Strombezugskosten sinken, umso sinnvoller ist es für den Anlagenbetreiber, seinen erzeugten Strom selbst zu verbrauchen, statt ihn ins öffentliche Stromnetz einzuspeisen und die niedrigere EEG-Einspeisevergütung zu erhalten (siehe Abschnitt 21).

Der Eigenverbrauchsanteil steigt, wenn die Solarstromerzeugung zeitlich gut mit dem Verbrauch übereinstimmt. Der überschüssige Strom wird ins öffentliche Stromnetz eingespeist und mit der EEG-Einspeisevergütung vergütet. Setzt man den Solarstromeigenverbrauch zum gesamten Solarstromertrag eines Jahres ins Verhältnis, ergibt sich der Eigenverbrauchsanteil:

$$\text{Eigenverbrauchsanteil [\%]} = \frac{\text{Solarstromeigenverbrauch [kWh/a]}}{\text{Solarstromertrag [kWh/a]}}$$

Wird der eigengenutzte Solarstrom auf den Stromverbrauch im Gebäude bezogen, ergibt sich die solare Deckung (auch Autarkie- bzw. Autonomiegrad oder Eigenbedarfsdeckungsquote genannt).

$$\text{Solare Deckung [\%]} = \frac{\text{Solarstromeigenverbrauch [kWh/a]}}{\text{Stromverbrauch [kWh/a]}}$$

Je größer die Deckung des Strombedarfs ohne zusätzliche Investitionsmaßnahmen wie z. B. in Speichersysteme ist, umso wirtschaftlicher ist das PV-System. Da der Stromverbrauch nicht immer zeitlich mit der solaren Stromerzeugung übereinstimmt, sollte die Leistung der PV-Anlage gut auf die zu erwartende Last am Tag abgestimmt sein. Deshalb sollte man zur genaueren Planung den Stromverbrauch sowie den Lastgang des Betreibers und/oder von „Dritten in räumlicher Nähe" (EEG), die versorgt werden sollen, über den Tag, die Woche und die Monate kennen. Die Versorgung von Dritten in unmittelbarer räumlicher Nähe darf dabei nicht über das öffentliche Stromnetz erfolgen.

Da im Haushaltsbereich selten Lastgänge gemessen werden, könnte man auf ein Standardlastprofil H0 des BDEW zurückgreifen und damit für verschiedene PV Anlagengrößen Eigenverbrauchsanteile und solare Deckungen bestimmen. Allerdings ist dieses Profil H0 ein über viele Haushalte gemitteltes und damit geglättetes Profil mit ¼-Stunden-Leistungswerten. Somit stimmt es nicht mit dem tatsächlichen Lastprofil des konkreten Haushaltes überein. Ein so ermittelter Eigenverbrauchsanteil kann bis zu 50 % über dem tatsächlichen Eigenverbrauch liegen.

Eine genauere Auslegung und Prognose des Eigenverbrauchs kann nur erfolgen, wenn zeitlich hochaufgelöste Wetter- und Verbrauchswerte benutzt werden. Die Schwierigkeit liegt jedoch darin, diese Daten zu erhalten. Die Firma SMA hat Lastmessungen in verschiedenen Haushalten vorgenommen und diese zusammen mit Messungen des Solarertrages analysiert. Durch die Verwendung von Minutenwerten werden das Verhalten der PV-Anlage insbesondere bei Wolkenzug sowie auch das Kurzzeitverhalten der einzelnen Verbraucher berücksichtigt.

Bei diesen Untersuchungen wurde für verschiedene Haushaltsgrößen der typische Eigenverbrauch in Abhängigkeit von der Anlagengröße ermittelt. Bei üblichen Anlagengrößen zwischen 4 und 7 kW$_p$ werden 30 bis 50 % des Solarstroms im Haushalt verbraucht. Bei sehr kleinen Anlagen können Werte über 80 % erreicht werden. Der Eigenverbrauchsanteil lässt sich um 10 bis 20 % steigern, wenn ein Lastmanagement vorgenommen wird. Ein einfaches Lastmanagement stellt ein Lastrelais dar, das vom Solarwechselrichter gesteuert bestimmte Verbraucher wie Geschirrspüler oder Waschmaschine immer dann automatisch zuschaltet, wenn genügend Solarstrom anliegt.

Durch den Einsatz von Energiesparhaushaltsgeräten lässt sich der Deckungsanteil um ca. 5 Prozentpunkte erhöhen. In *Bild 17-59* sind die Verbrauchsanteile der Haushaltsgeräte eines durchschnittlichen Privathaushaltes übers Jahr dargestellt [Energieagentur NRW 2012]. Mit Simulationsprogrammen wie PV-Sol können die Einzelverbraucher mit ihrem zeitlichen Verlauf eingegeben werden. Damit lässt sich eine gute Ertrags- und Eigennutzungsprognose abgeben.

Mit dem durchschnittlichen Stromverbrauch von Haushalten mit und ohne elektrische Warmwasserbereitung lassen sich Eigenverbrauchsanteile bei unterschiedlichen PV-Anlagengrößen abschätzen, *Bild 17-60*. Es wurde hierfür von einem mittleren jährlichen Solarertrag von 900 kWh/kW$_p$ und einer solaren Deckung (SD) von 20 % ohne bzw. von 40 % mit elektrischer Warmwasserbereitung ausgegangen. Bei der elektrischen Warmwasserbereitung wurde das Vorhandensein oder Nachrüsten eines ausreichend großen Warmwasserspeichers mit elektrischem Heizstab unterstellt. Die Steigerung der solaren Deckung ist von der Größe des Warmwasserspeichers abhängig. Bei elektrischen Durchlauferhitzern oder Boilern mit geringem Speicherinhalt hängt die solare Deckung viel stärker vom Nutzerverhalten ab, sodass 40 % nicht erreicht werden.

Wenn Batteriespeicher eingesetzt werden, lassen sich Eigenverbrauchs- und solarer Deckungsanteil noch weiter steigern. Akkumulatoren (üblich sind Blei-Gel- oder Lithium-Ionen-Batterien) können überschüssigen Solarstrom zwischenspeichern und dann bei Bedarf wieder den eigenen Stromverbrauchern zur Verfügung stellen. So kann der Akkumulator den Solarstrom vom Tag in den Abend- oder Nachstunden nutzbar machen. Dabei entspricht der Eigenverbrauch den rötlichen Flächen in *Bild 17-61*.

Standardsysteme für optimierte PV-Eigenstromversorgung mit Speichern werden von vielen Systemanbietern oder Fachhändlern angeboten. Nach dem Aufbau lassen sie sich in Speichersysteme mit DC-Kopplung der Batterien über einen Gleichstromwandler oder in Systeme mit AC-Kopplung über einen zusätzlichen Wechselrichter unterscheiden (siehe auch Abschnitt 15). DC-Kopplungssysteme können höhere Wirkungsgrade erreichen, da sie keinen zweiten Wechselrichter benötigen.

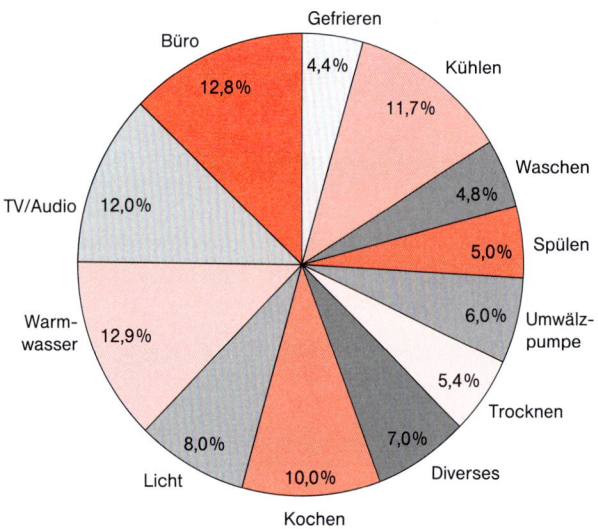

17-59 *Verbrauchsanteile der Haushaltsgeräte eines durchschnittlichen Privathaushalts*

Haushaltsgröße	Stromverbrauch*		Eigenverbrauchsanteil ohne WW und 20% SD						Eigenverbrauchsanteil mit WW und 40% SD					
	mit WW	ohne WW	2 kW$_p$	4 kW$_p$	5 kW$_p$	6 kW$_p$	8 kW$_p$	10 kW$_p$	2 kW$_p$	4 kW$_p$	5 kW$_p$	6 kW$_p$	8 kW$_p$	10 kW$_p$
1 Person	2818	1798	20%	10%	8%	7%	5%	4%	63%	31%	25%	21%	16%	13%
2 Personen	3843	2850	32%	16%	13%	11%	8%	6%	85%	43%	34%	28%	21%	17%
3 Personen	5151	3733	41%	21%	17%	14%	10%	8%	100%	57%	46%	38%	29%	23%
4 Personen	6189	4480	50%	25%	20%	17%	12%	10%	100%	69%	55%	46%	34%	28%
5 Personen	7494	5311	59%	30%	24%	20%	15%	12%	100%	83%	67%	56%	42%	33%
6 Personen	8465	5816	65%	32%	26%	22%	16%	13%	100%	94%	75%	63%	47%	38%

* Daten zum durchschnittlichen Jahresstromverbrauch von Haushalten in kWh/a mit und ohne elektrischer Warmwasserbereitung nach Ermittlungen der Energieagentur NRW 2011

17-60 Eigenverbrauchsanteile bei unterschiedlichen PV-Anlagengrößen mit und ohne Warmwasserzubereitung

Die Größe des Batteriespeichers wird durch die wirtschaftlichen Rahmenbedingungen (Investitionskosten, Strompreis und Einspeisevergütung) sowie von Nutzerprofil und solarer Deckung stark beeinflusst. Bei einem Vierpersonenhaushalt mit 3- bis 5 kW$_p$-Anlage wird ein solarer Deckungsanteil von ca. 60% ab einer Speicherkapazität von 5 kWh erreicht. Wenn die Speicherkapazität 10 kWh übersteigt, kann ein Deckungsanteil von über 70% realisiert werden [IÖW11].

Mit den Bildern *17-62* und *17-63* können bei Batterienutzung die solare Deckung und der Eigenverbrauchsanteil von Haushalten mit jährlichen Stromverbräuchen zwischen 2 500 und 7 500 kWh abgeschätzt werden.

Bei einem durchschnittlichen Jahresverbrauch von 4 000 kWh ergibt sich danach mit einer Anlagengröße von 4 kW$_p$ und einer nutzbaren Batterieenergie von 2 000 Wh eine solare Deckung von etwa 40% und ein Eigenverbrauchsanteil von 50%. Schon mit einer relativ kleinen Batteriekapazität lässt sich somit der Eigenverbrauch bei den betrachteten Haushalten deutlich erhöhen. Eine weitere Steigerung erfordert dann verhältnismäßig hohe Batteriekapazitäten.

Die Kosten für Speichersysteme mit Blei-Gel-Akkumulatoren liegen 2014 bei ca. 1 000 Euro je kWh Nennspeicherkapazität und mit Lithium-Ionen-Akkumulatoren bei ca. 2 000 Euro je kWh Nennspeicherkapazität. Unter den derzeitigen Rahmenbedingungen sind Speichersysteme noch nicht wirtschaftlich. Vorteilhaft ist aber die zuneh-

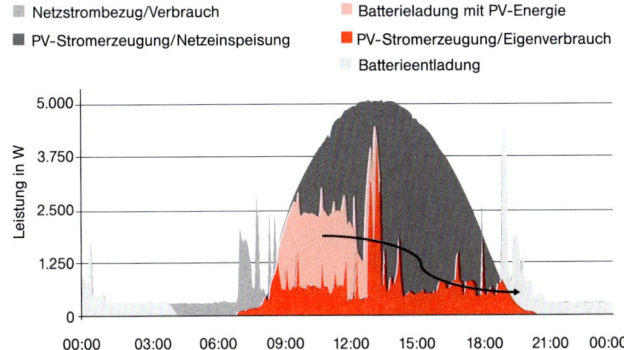

> Durch den Energiespeicher wird PV-Energie vom Tage in Abend und Nacht geschoben
> Zusätzliche Erhöhung des Eigenverbrauchs unabhängig von Verbrauchsverschiebung
> Der Eigenverbrauch entspricht den beiden rötlichen Flächen

17-61 Verschiebung der Solarstromnutzung in die Abend- oder Nachtstunden mithilfe eines Batteriespeichers

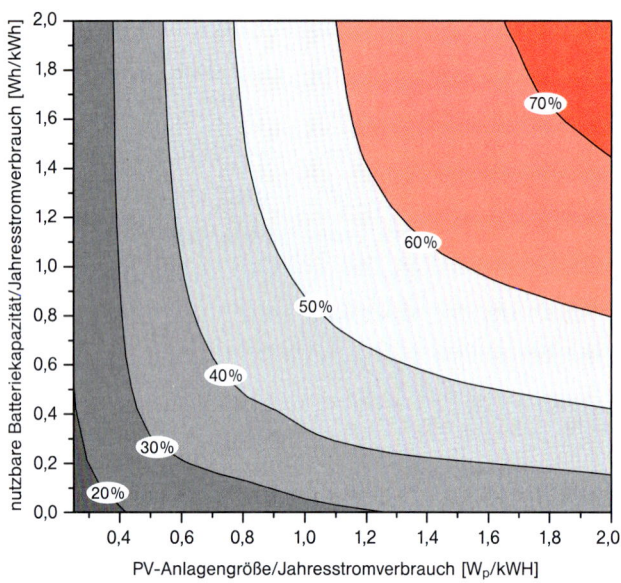

17-62 Solare Deckung durch Anlagen mit Batteriespeicher bei jährlichen Stromverbräuchen zwischen 2500 und 7500 kWh

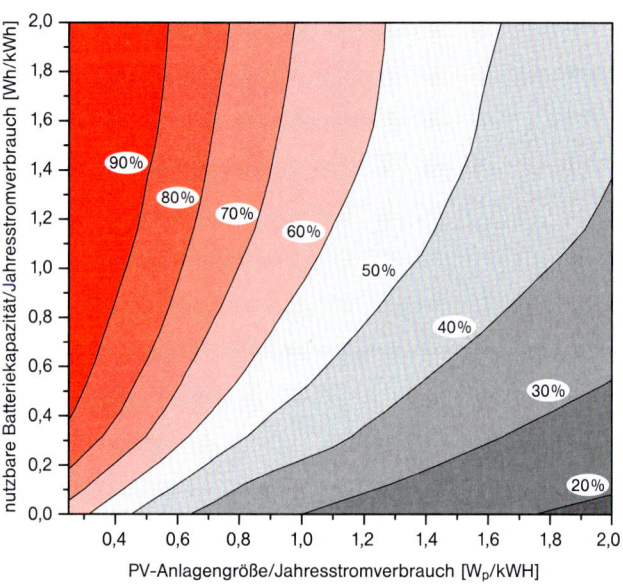

17-63 Eigenverbrauchsanteile bei Anlagen mit Batteriespeicher und jährlichen Stromverbräuchen zwischen 2500 und 7500 kWh

mende Autarkie des Nutzers. So kann das Speichersystem bei Stromausfall auch als Back-up-System fungieren.

Ideal ist die Kombination mit der Elektromobilität. Durch Elektromobile lässt sich ein hoher Eigenverbrauchsanteil erreichen, ohne dass die Kosten für einen zusätzlichen Speicher steigen. Je mehr Elektroautos auf den Markt kommen, umso öfter wird diese Option genutzt werden. Dabei bietet sich die Dachnutzung von Carport oder Garage für den PV-Generator sowie die Kopplung mit der Ladestation des Elektroautos an. Einige Firmen bieten ihren Mitarbeitern photovoltaisch betriebene Elektrotankstellen auf mit PV-Modulen überdachten Parkplätzen an.

Die bisher erwähnten Speicherlösungen können keine saisonale Speicherung gewährleisten. Eine großtechnische Option zur saisonalen Speicherung für die Zukunft ist die Methanisierung oder Wasserstofferzeugung mittels Wind- und Solarstrom (Elektrolyse, Methanisierung über H_2/CO_2). Erste Pilotanlagen laufen, größere Anlagen zur Methanerzeugung befinden sich in Planung. Mit dem Gasverteilungsnetz steht ein sehr großer saisonaler Speicher zur Verfügung. Das so gewonnene regenerative Methan kann vielfältig genutzt werden: Mobilität in Automobilen, Wärme in Gaskesseln und BHKWs, Strom in Gasturbinen und BHKWs.

Größere Dachanlagen werden häufig an Industrie- und Gewerbestandorten gebaut. Bisher sind bei Industriegroßverbrauchern die Strombezugspreise im Vergleich zu den solaren Gestehungskosten noch recht günstig. Aber die Entwicklung der Strompreise sowie der PV-Anlagenkosten werden bewirken, dass auch hier der Eigenverbrauch mittelfristig wirtschaftlich wird. Bei einem geringen und mittleren Stromverbrauch und mit einem ausgeglichenen Lastprofil am Tage ist dieses schon jetzt der Fall. Günstig wirkt sich auch ein Wochenendbetrieb auf die Wirtschaftlichkeit aus.

Bei Stromverbräuchen über 100 MWh bzw. über 50 kW Anschlussleistung erfolgt zur Stromverbrauchsabrechnung meist zusätzlich eine Lastmessung. Wird die Speicherung und Übermittlung der meist ¼-Stunden-Werte vorgenommen oder beim Netzbetreiber beauftragt, liegen somit Lastgänge für die Planung vor. Ist das nicht der Fall, können ebenfalls die Standardlastprofile vom BDEW benutzt werden. Neben dem durchschnittlichen Haushaltlastprofil H0 gibt es verschiedene Lastprofile für Gewerbe G0 bis G6 und für Landwirtschaftsbetriebe L0 bis L2. Wird das geeignete Lastprofil gewählt, beschreibt es den tatsächlichen Lastverlauf oft mit ausreichender Genauigkeit und liefert so die Basis für die Planung der Anlage.

16.7 Checkliste zur erfolgreichen Planung

1. Standortaufnahme Photovoltaikgenerator
2. Standortaufnahme Wechselrichter, Leitungsführung, Zählerschrank und möglicher Einspeisepunkt
3. Verschattungsanalyse
4. Bestimmung von Lage und Größe der nutzbaren Dachfläche
5. Zelltyp, Modultyp und Montageart festlegen
6. Überschlägige Auslegung der Generatorfläche, ungefähre Leistungsbestimmung
7. Modultyp auswählen und Kennwerte heraussuchen
8. Anlagenkonzept und Anzahl der Wechselrichter festlegen
9. Auswahl und Auslegung Wechselrichter

   Leistungsdimensionierung, Wechselrichter auswählen und Kennwerte heraussuchen

   Installationsort des Wechselrichters bei Leistungsdimensionierung beachten

   Photovoltaikgenerator und Wechselrichter abstimmen

   Spannungsanpassung, Anzahl der Module pro Strang bestimmen

   Stromanpassung, Anzahl der Stränge bestimmen

10. Blockschaltbild entwerfen
11. Montagesystem auswählen
12. Dachskizze mit Anordnung der Module und des Montagesystems entwerfen
13. Anzahl der Dachhaken und Längen der Montageschienen bestimmen
14. DC-Leitungsdimensionierung
15. Generatoranschlusskasten und DC-Hauptschalter auswählen und dimensionieren
16. Blitzschutz, Erdung und Überspannungsschutz auswählen und dimensionieren
17. Netzeinspeisepunkt wählen und prüfen, Dimensionierung Netzanschluss
18. AC-Schutztechnik (ggf. Leitungsschutzschalter und FI-Schalter) und NA-Schutz
19. AC-Leitungsdimensionierung
20. Kalkulation und Angebotserstellung
21. Ertragsberechnung, Simulation
22. Fördermöglichkeiten prüfen (z. B. www.energiefoerderung.info, www.solartechnikberater.de/foerderberatung etc.)
23. Steuerliche Möglichkeiten prüfen
24. Wirtschaftlichkeitsberechnung
25. Planung Bauablauf, Modulbestellung etc.
26. Bauüberwachung
27. Erstellung der Dokumentation
28. Bauabnahme und Inbetriebsetzung

16.8 Was ist bei Statik und Konstruktion zu beachten?

Entscheidend für die Eignung eines Gebäudes ist neben den Einstrahlungsverhältnissen, ob das Dach und die gewählte Montagelösung geeignet sind, die Lasten und Kräfte aufzunehmen, die am Solargenerator auftreten können. Oft wird dieses Thema unterschätzt: So wird allein die geringe Eigenlast der PV-Module von z. B. 15 kg/m^2 als unproblematisch für den massiven Dachstuhl angesehen. Doch im Winter kommen zusätzlich zum Eigengewicht die Schneelasten hinzu, die auf den Solargenerator wirken und die sich sonst gleichmäßig auf das Dach verteilt hätten.

Bei einer Aufdachanlage werden die Kräfte des Solargenerators nur punktweise über Dachhaken, die die Montageschienen tragen, auf den Dachstuhl übertragen. Neben Eigengewicht, Wind- und Schneedruck wirken zusätzlich durch Wind verursachte Sogkräfte auf den Solargenerator. Die auftretenden Lasten hängen somit vor allem von Witterungsbedingungen am Standort, den möglichen Wind- und Schneebelastungen, ab. Aber auch die Höhe des Gebäudes, die Dachneigung, die Montageart und der Abstand von der Dachdeckung sowie den Dachrändern beeinflussen die wirkenden Lasten stark. Die Grundlage für die Lastberechnung an Gebäuden liefert die europäische Normenreihe DIN EN 1991 „Einwirkungen auf Tragwerke", insbesondere Teil 1-3: „Schneelasten" und Teil 1-4: „Windlasten". Nach den nationalen Anhängen dieser Norm wird Deutschland in bestimmte Wind und Schneelastzonen eingeteilt.

Montagesysteme und Befestigungen müssen die Lasten, die auf das PV-Modul einwirken, sicher und dauerhaft aufnehmen und in das Gebäude, andere bauliche Anlagen oder den Baugrund weiterleiten. Durch detaillierte Systemstatik des Montagesystems sowie die Angabe der Auslegungsdaten (Anzahl der Dachhaken, Stützenabstände etc.) kann oft eine aufwendige Einzeltypstatik vermieden werden. Für die Standsicherheit gelten dabei die technischen Regeln der Liste der technischen Baubestimmungen. So sind bei der Ausführung von Stahl- und Aluminiumkonstruktionen die in dieser Liste aufgeführten Eurocodes DIN EN 1993-1 und DIN EN 1999-1 einschließlich ihrer nationalen Anhänge und die Ausführungsnorm DIN EN 1090-2 und DIN EN 1090-3 zu beachten. Da die Standsicherheit und die Ausführung von Tragkonstruktionen aus nichtrostendem Stahl derzeit nicht durch die geltenden technischen Baubestimmungen geregelt sind, ist die allgemeine bauaufsichtliche Zulassung Nr. Z-30.3-6 zu beachten. Sofern die Tragfähigkeit von Metallkonstruktionen durch Versuche ermittelt wurde, ist für den Nachweis der Standsicherheit und Dauerhaftigkeit eine allgemeine bauaufsichtliche Zulassung erforderlich. Wurde die Tragfähigkeit auf Basis einer technischen Baubestimmung rechnerisch nachgewiesen, wird keine bauaufsichtliche Zulassung benötigt. Bestehen relevante Teile des Montagesystems aus Kunststoffbauteilen oder sind die Montageträger oder Aussteifungselemente des PV-Moduls geklebt, ist ebenfalls eine allgemeine bauaufsichtliche Zulassung erforderlich.

Für die Verankerung und Befestigung von Solaranlagen am Gebäude, an anderen baulichen Anlagen oder auf dem Fundament bzw. für die Verbindung an der Unterkonstruktion sind Verankerungs-, Befestigungs- und Verbindungselemente (Schrauben, Dübel, Ankerschienen etc.) zu verwenden, die den technischen Baubestimmungen entsprechen oder die aufgrund europäischer technischer Spezifikationen die CE-Kennzeichnung tragen und eine Kennzeichnung der in der Baureglliste B Teil 1 festgelegten Klassen und Leistungsstufen aufweist. Für alle anderen Verankerungs-, Befestigungs- und Verbindungselemente ist der Verwendbarkeitsnachweis durch eine allgemeine bauaufsichtliche Zulassung zu erbringen. Nicht geregelte Verankerungs- und Befestigungsmittel für Beton und Mauerwerk müssen europäischen technischen Zulassungen oder allgemeinen bauaufsichtlichen Zulassungen entsprechen.

In *Bild 17-64* sind die verschiedenen Montagearten von PV-Systemen auf Dächern dargestellt, während *Bild 17-65* die Möglichkeiten für Fassaden zeigt.

17 Photovoltaikanlagen — Am Anfang steht die Planung

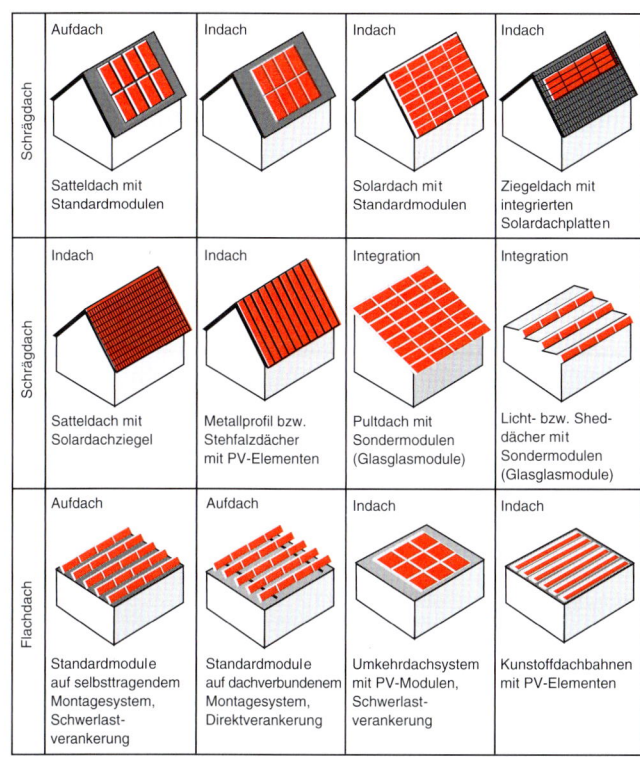

17-64 Übersicht: die verschiedenen Montagemöglichkeiten auf Dächern

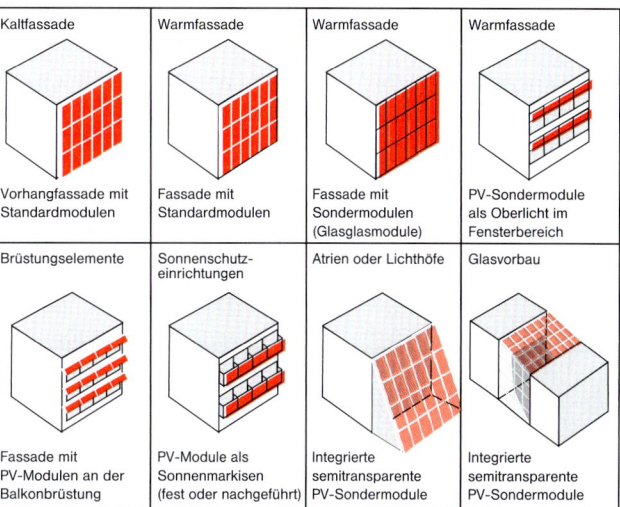

17-65 Fassadensysteme

16.9 Anforderungen für den Brandschutz

Die VDE-Anwendungsregel VDE-AR-2100-712 „Mindestanforderungen an den DC-Bereich einer PV-Anlage im Falle einer Brandbekämpfung oder technische Hilfeleistung" 05/2013 ist prinzipiell bei der Installation von PV-Anlagen zu beachten.

Da am PV-Generator am Tage eine nicht abschaltbare Spannung bis zu 1 000 V anliegt, kann der Einsatz der Feuerwehr bei der Brandbekämpfung erschwert werden. Die Feuerwehreinsatzkräfte müssen beim Einsatz auf die Sicherheitsregeln beim Löschen von elektrischen Anlagen, festgelegt in VDE 0132, achten. Danach sind entsprechende Sicherheitsabstände von 1 m bzw. 5 m beim Löschen mit Sprührohr bzw. Strahlrohr einzuhalten. Außerhalb des Gebäudes kann dieser Löschabstand zur PV-Anlage in der Regel problemlos eingehalten werden. Dagegen ist bei einem Feuerlöschangriff oder bei einer Personenrettung im Gebäude die Einhaltung des Sicherheitsabstandes nicht immer möglich, z. B. bei eingeschränkter Sicht durch Rauchentwicklung. Deshalb legt die VDE-AR-2100-712 entsprechende Maßnahmen fest und schreibt als Schutzziel bei der Planung und Installation von PV-Anlagen die Vermeidung von gefährlichen berührbaren DC-Spannungen im Gebäude im Brandfall vor, sodass die Personenrettung und Brandbekämpfung sicher durchgeführt werden kann. Deshalb müssen die im Schema (Bild 17-66) genannten technischen oder baulichen Maßnahmen ergriffen werden.

Kennzeichnung und Dokumentation	
1. Kennzeichnung der PV-Anlage am Hausanschlusskasten bzw. Gebäudehauptverteilung durch ein Hinweisschild (s. Bild rechts) 2. Übersichtspläne für Einsatzkräfte 3. Ergänzung bestehender Feuerwehrpläne	
***und** bauliche Installationsmaßnahmen*	***oder** technische Installationsmaßnahmen*
1. gegen Feuer geschützte Verlegung der nichtabschaltbaren DC-Leitungen im Gebäude **oder** 2. Verlegung des DC-Bereichs einer PV Anlage außerhalb des Gebäudes **oder** 3. Gegen Berührung geschützte und feuerwiderstandsfähige Verlegung von DC-Leitungen im Gebäude	1. Einrichtungen zum Trennen des Strangs oder des PV-Generators)* **oder** 2. Einrichtungen zum Abschalten des PV – Moduls)*

* Anmerkung: Anforderungen an die Einrichtungen müssen noch in Produktnormen festgelegt werden.

17-66 Übersichtsschema der Brandschutzmaßnahmen der Anwendungsregel VDE-AR-2100-712

Im Falle eines Gebäudebrandes müssen Feuerwehr-Einsatzkräfte schnell und sicher an den Brandherd gelangen. Bei einigen Einsätzen ist es unumgänglich, direkt vom Dach aus in den darunterliegenden Dachstuhl zu gelangen und dort zu löschen. In diesem Fall könnte eine elektrische spannungsführende Anlage, wie sie eine PV-Anlage darstellt, hinderlich sein. Dies gilt insbesondere dann, wenn sie die gesamte Dachfläche beansprucht, was somit vermieden werden sollte. In vielen Fällen kann der Feuerwehrmann über die zweite, nicht durch einen PV-Generator bedeckte Dachhälfte (oft Nordhälfte) in den Dachstuhl gelangen und von dort aus die Brandbekämpfung mit ausreichendem Abstand zu spannungsführenden Anlagenteilen vornehmen. Wenn beide Dachhälften belegt sind, wie es bei Ost-/Westdächern der Fall ist, muss es möglich sein, andere Dachzugangsmöglichkeiten wie Gaubenfenster oder giebelständige Fenster zu nutzen.

Grundsätzlich darf die Installation von PV-Anlagen die Schutzfunktion von Dächern und Brandwänden nicht mindern. Damit sich ein Gebäudebrand nicht auf andere Gebäude oder Gebäudeteile ausbreitet, sind durch die jeweiligen Bauordnungen der Länder (LBO) sowie in der Musterbauordnung (MBO) verschiedene Anforderungen an Gebäude und Dächer festgelegt. Dazu zählen insbesondere die Anforderung der „Harten Bedachung" für Indachlösungen sowie die Verwendung von Materialien mit einer Einstufung von mindestens Baustoffklasse B2 „Normalentflammbar" (DIN 4102 alt) oder Klasse E (DIN EN 13501 neu) bei Aufdachlösungen. Die meisten PV-Module mit Glas können in Klasse B2 bzw. E eingeordnet werden. Die Modulanbieter müssen dieses gemäß der Bauregelliste mit einer Übereinstimmungserklärung des Herstellers (ÜH) nachweisen.

Nach der MBO muss eine Brandweiterleitung durch Flugfeuer oder durch Wärmestrahlung verhindert werden. So schreibt die MBO in § 32 u. a. vor, dass Dachaufbauten aus brennbaren Baustoffen (z. B. PV-Module und PV-Leitungen) mind. 1,25 m von der Brandwand entfernt sein müssen. Die PV-Leitungen, die über Brandabschnitte verlegt werden, sind laut den Brandschutzfachregeln entsprechend der Musterleitungsanlagenrichtlinie (MLAR) geschottet auszuführen. Anderenfalls besteht die Gefahr der Weiterleitung eines Brandes durch den sog. Zündschnureffekt des Isolationsmaterials.

Mehr Informationen zum Brandschutz sind in den Fachregeln zur „Brandschutzgerechten Planung, Errichtung und Instandhaltung von PV-Anlagen" (Download unter www.dgs-berlin.de oder als Broschüre beim BSW-Solar zu bestellen) zu finden. Diese wurden März 2011 gemeinsam vom Bundesverband Solarwirtschaft (BSW), der Deutschen Gesellschaft für Sonnenenergie (DGS), dem Zentralverband der Deutschen Elektro- und Informationstechnischen Handwerke (ZVEH), der Berufsfeuerwehr München und der Bundesvereinigung der Fachplaner und Sachverständigen im vorbeugenden Brandschutz e. V. (BFSB) herausgegeben.

17 Baurecht und Normen

17.1 Baugesetzgebung und Baugenehmigung

Eine PV-Anlage ist eine bauliche Anlage im Sinne des Baurechts. Bei der Errichtung müssen die allgemein anerkannten Regeln der Technik eingehalten und insbesondere neben den elektrotechnischen Normen auch Statik, Regendichtigkeit und Brandschutz beachtet werden. Eine gewöhnliche Anlage in der typischen Auf-Dach-Montage auf einem Eigenheim ist baurechtlich entsprechend der Landesbauordnungen (LBO) der Bundesländer zumeist ein genehmigungsfreies Bauvorhaben. Der Bauherr benötigt also keine Bauvorlagen, braucht keinen Antrag zu stellen oder eine Bauanzeige bei Behörden zu erstatten: Er kann sofort anfangen zu bauen, die baurechtliche Zulässigkeit wird von Behörden nicht überprüft.

Allerdings sind der Bauherr und seine Beauftragten dafür verantwortlich, dass das Baurecht und die Bauregeln und -normen sowie die weiteren Vorschriften beachtet und eingehalten werden. Ist die Anlage rechtswidrig, könnte es passieren, dass sie auf Anordnung der Behörde wieder beseitigt werden muss und zudem noch ein Bußgeld zu zahlen ist. Zum Beispiel wäre das der Fall bei einer Anlage ohne ausreichende Standfestigkeit der Montagesysteme, insbesondere wenn ein öffentlicher Weg dadurch gefährdet wird (*Bild 17-67*).

Je nach Bauordnung des jeweiligen Bundeslandes können neben der schlichten Genehmigungsfreiheit drei weitere Verfahren infrage kommen:

- das Freistellungs-, Anzeige- bzw. Kenntnisgabeverfahren,
- das vereinfachte Baugenehmigungsverfahren,
- das herkömmliche Baugenehmigungsverfahren.

Die Bauordnung unterscheidet zwischen geregelten Bauprodukten und nichtgeregelten Bauprodukten. PV-Module wurden im November 2012 in die Bauregelliste B Teil 2 aufgenommen (*DIBt 11/2012: DIBt: „Bauregellisten Ausgabe 2012/2", Berlin 9. November 2012; www.dibt.de*). Danach sind PV-Module mit mechanisch gehaltenen Glasdeckflächen mit einer maximalen Einzelglasfläche bis 2,0 m² beim Einsatz im Dachbereich mit einem Neigungswinkel ≤75° und bei gebäudeunabhängigen Solaranlagen im öffentlich unzugänglichen Bereich geregelt. PV-Module müssen dann die Europäische Niederspannungsrichtlinie 2006/95/EG einhalten und dieses mit dem CE-Zeichen nachweisen. Das Konformitätszeichen CE erfordert die Prüfung und Zertifizierung nach IEC 61215 für kristalline Siliziummodule bzw. IEC 61646 für Dünnschichtmodule sowie jeweils nach IEC 61730, der Sicherheitsnorm für PV-Module. Die Prüfprozedur dieser internationalen Normen enthält auch verschiedene mechanische und klimatische Belastungstests. Im Juli 2012

Keine schlichte Genehmigungsfreiheit für Ausnahmefälle:
bei denkmalgeschützten Gebäuden
in einem Gebiet mit Ensembleschutz
bei besonders großen Anlagen
bei besonders hohen Anlagen
auf besonders hohen Gebäuden
bei besonders großen Wohngebäuden
bei Fassadenanlagen
bei Überkopfverglasungen
wenn die Anlage aus der Gebäudehülle herausragt (z. B. Solarmarkisen …)
bei kompletten Dächern mit Doppelglas- oder Glas-Folienmodulen
auf öffentlichen Gebäuden oder Veranstaltungsgebäuden
im Geltungsbereich eines Bebauungsplans mit Gestaltungssatzung oder Festlegung der maximalen Höhenentwicklung
im Außenbereich (außerhalb von bebauten Bereichen)

17-67 Übersicht über die wichtigsten „Ausnahmefälle", bei denen keine sog. „schlichte" Genehmigungsfreiheit gilt

wurde eine DIBt-Informationsschrift „Hinweise für die Herstellung, Planung und Ausführung von Solaranlagen" veröffentlicht. Ziel der Informationsschrift ist es, insbesondere Bauämtern und Planern bei der formellen Einordnung der Solartechnik und der Festlegung der baulichen Anforderungen zu helfen. Diese Hinweise sollten von Planer und Installateur eingehalten werden (DIBt 2012).

17.2 Photovoltaik als elektrische Anlage

Beim Bau einer Photovoltaikanlage ist eine Vielzahl an elektrotechnischen Normen unterschiedlicher Normungsgremien und -werke zu beachten. Die Normen für die Komponenten von Photovoltaikanlagen, die Bauartzulassung sowie die Zertifizierung und Prüfung von Solarmodulen oder Wechselrichtern usw. sind zum größten Teil international harmonisiert und werden von der Internationalen Elektrotechnischen Kommission (IEC) herausgegeben. Darüber hinaus werden vom Europäischen Komitee für elektrotechnische Normung (CENELEC) weitere PV-spezifische Normen veröffentlicht. In Deutschland werden PV-Normungsarbeiten durch das Gremium DKE/K373 der Deutschen Kommission Elektrotechnik Elektronik Informationstechnik (DKE) im DIN und VDE wahrgenommen.

Wesentliche Normen

Die Errichtung von Photovoltaikanlagen und deren Installation ist nach den bestehenden VDE-Bestimmungen auszuführen, insbesondere gemäß der Normenreihe VDE 0100 „Errichten von Starkstromanlagen mit Nennspannungen bis 1.000 Volt" (alle zutreffenden Teile), VDE 0105 (Teil 100 „Betrieb von elektrischen Anlagen") und VDE 0298 (Teil 4 „Empfohlene Werte für die Strombelastung von Kabeln und Leitungen für feste Verlegung in und an Gebäuden und von flexiblen Leitungen"). Spezielle Anforderungen für die Installation von Photovoltaikanlagen formulieren VDE 100 Teil 712 „Photovoltaik-Versorgungssysteme" und die VDE 0126-23 (EN 62446) „Netzgekoppelte PV-Systeme – Mindestanforderungen an Systemdokumentation, Inbetriebnahmeprüfung und wiederkehrende Prüfungen". Für den Blitz- und Überspannungsschutz muss die Norm VDE 0185-305 Teile 1 bis 4 beachtet werden. Die technischen Regeln für den Netzanschluss u. a. für PV-Anlagen werden durch die „Anwendungsregel VDE-AR-N 4105 für den Anschluss und

Parallelbetrieb von Eigenerzeugungsanlagen am Niederspannungsnetz festlegt.

18 Qualität und Solarerträge

18.1 Module: Prüfung und Garantien

18.1.1 Was sagen Zertifikate aus?

Etwa 50 % der Investitionskosten einer Photovoltaikanlage stecken in den Modulen. Bei sehr großen Anlagen kann der Anteil noch höher sein. Deshalb sind Qualität und Langlebigkeit bei den Modulen besonders wichtig. Prüfinstitute ermitteln die Parameter der Module mit diversen elektrischen, thermischen und mechanischen Tests und erteilen darüber Zertifikate. Die Modulprüfungen basieren auf verschiedenen Normen. Die wichtigsten sind die Normen zur Bauarteignung und Bauartzertifizierung für Module aus kristallinen Zellen (IEC 61215/EN 61215) und Dünnschichtzellen (IEC 61646/EN 61646). Für die Anerkennung schicken die Hersteller acht Module aus der Serienproduktion zu einem anerkannten Prüfinstitut. Ein Modul wird als Referenz verwendet, während die anderen sieben Module den verschiedenen Prüfverfahren unterworfen werden (*Bild 17-68*).

Diese beiden Zertifikate haben sich in Europa und nahezu weltweit als Nachweis der Modulqualität etabliert. Die meisten Bewilligungsstellen für nationale und internationale Fördermaßnahmen fordern entsprechende Nachweise für die Modulqualität. Bei den geringen Produktionsvolumina von Spezial- und Sondermodulen ist deren Zertifizierung – wegen der hohen Kosten für die Prüfungsprozedur – eher ungewöhnlich.

Darüber hinaus müssen PV-Module, die in der europäischen Union vertrieben werden, über eine CE-Kennzeichnung verfügen. Damit wird garantiert, dass die Module den Anforderungen der IEC 61730 Teile 1 und 2 (EN 61730-1 und -2) „PV-Module – Sicherheitsqualifikation" entsprechen.

Sichtprüfung
Ströme und Spannungen unter verschiedenen Bedingungen: bei STC, bei NOCT[1] und bei einer Temperatur von 25° sowie einer Einstrahlung von 200 W/m²
Prüfung der Isolationsfestigkeit
Messung der Temperaturkoeffizienten
Dauertest unter Freilandbedingungen
Hot-Spot-Dauerprüfung
Temperaturwechselprüfung und UV-Test
Luftfeuchte/Frost-Prüfung
Feuchte/Wärme-Prüfung
Festigkeitsprüfung der Anschlüsse
Prüfung der mechanischen Belastbarkeit und Verwindungstest
Hageltest

---

[1] Neben den in Abschnitt 16.4.1 erläuterten STC-Bedingungen, sind die Testbedingungen für die Bestimmung der normalen Betriebstemperatur der Module (NOCT, englisch: Nominal Operating Cell Temperature) festgelegt. Da die Bedingungen nach STC sehr selten im normalen Betrieb einer Photovoltaikanlage auftreten, sind die NOCT-Bedingungen (Einstrahlung von 800 W/m², Umgebungstemperatur von 20 °C und Windgeschwindigkeit von 1 m/sec) eher aussagekräftig für den Normalbetrieb von Modulen.

17-68 Prüfverfahren nach der Norm IEC 61215

18.1.1.1 Leistungstoleranz

Die produktionsbedingte Leistungstoleranz der Module ist ein oft unterschätzter Aspekt. Sie wird üblicherweise als Plus/Minus-Toleranz oder in Form von positiven Leistungsklassen angegeben. Während in der Vergangenheit auch hohe Toleranzen von ±10 %, die bei langen Strängen zu hohen Mismatch-Verlusten führen konnten, nicht ungewöhnlich waren, ist die Positivsortierung in Leistungsklassen heute bei kristallinen Modulen Standard. Dennoch kann es aufgrund von Messunsicherheiten in der Produktion und der Anfangsdegradation zu einem Unterschreiten der Nennleistung kommen. Bei großen Anlagen wird daher häufig eine stichprobenartige Kontrolle durch eine unabhängige Instanz durchgeführt.

18.1.1.2 Welche Garantien geben die Modulhersteller?

Die Qualität eines Moduls zeigt sich auch in den Garantiefristen. Die **Produktgarantie** gewährleistet dem Bauherren, dass das Modul frei von Material- und Verarbeitungsfehlern ist sowie die Produkteigenschaften nach Datenblatt oder Werbung erfüllt. Die Hersteller bieten Produktgarantien zwischen zwei Jahren (gesetzlich vorgeschriebene Mindestgarantie) und zehn Jahren an.

Die Leistungsgarantie sichert dem Kunden eine bestimmte Modulleistung über einen längeren Zeitraum zu. Die Garantiezeit beträgt für gewöhnlich 25, in Ausnahmen auch 30 Jahre. Dabei wird die garantierte Leistung entweder als fester prozentualer Wert, gestaffelt für die ersten 10 bis 12 Jahre und den Rest der Garantiezeit, oder in Form einer linearen jährlichen Leistungsreduktion angegeben. Wichtig ist, auf welchen Leistungswert sich die Garantie bezieht: auf die Nennleistung oder die Mindestleistung (untere Grenze der Modulleistungstoleranz bzw. Nennleistung abzüglich Messunsicherheit). Denn eine Garantie von 90 % auf die Mindestleistung ergibt bei einer Leistungstoleranz von 3 % und einer zusätzlichen Messtoleranz im Prüflabor von ±2 % eine Garantie von nur 85,5 % auf die Nennleistung. Ein intensives Studium des „Kleingedruckten" in den Garantiebedingungen wird empfohlen.

18.2 Wechselrichter: Qualität und Zuverlässigkeit

Wie bereits für PV-Module beschrieben, müssen alle in Deutschland auf den Markt gebrachten Wechselrichter die Bestimmungen zur Elektrosicherheit (insbesondere nach der Norm DIN EN 62109) einhalten und mit einer CE-Kennzeichnung versehen sein sowie für den Netzanschluss die Anwendungsregel VDE-AR-N 4105 einhalten. Die Angabe der technischen Daten muss nach der Norm DIN EN 50524 „Datenblatt- und Typschildangaben von PV-Wechselrichtern" und die Messung der Wirkungsgrade entsprechend der Norm DIN EN 50530 „Gesamtwirkungsgrad von Photovoltaik-Wechselrichtern" erfolgen. Aktuelle Wechselrichter sind zuverlässig und verfügen über eine hohe Effizienz. Dennoch stellt der Wechselrichter als das Bauteil einer PV-Anlage mit der höchsten Komplexität ein erhöhtes Ausfallrisiko dar. In einer zunehmend digital vernetzten Welt ist eine Fernüberwachung der Wechselrichterfunktion und des Betriebsverhaltens jedoch kein Problem.

18.3 Energieerträge

Übers Jahr folgt der Energieertrag der Photovoltaikanlage naturgemäß dem monatlichen Einstrahlungsverlauf der Sonne. So erreicht eine nach Süden orientierte geneigte Anlage im Sommerhalbjahr bis zu 70 % des Jahresertrages (*Bild 17-69*).

Der Anlagenertrag ist zuerst einmal abhängig von der Sonneneinstrahlung am Standort. Zur Standorteinschätzung werden langjährige Mittelwerte der Sonneneinstrahlung auf die Horizontale benutzt. Der Einstrahlungsunterschied zwischen dem süddeutschen München mit 1173 kWh/m² und dem norddeutschen Hamburg mit 970 kWh/m² beträgt fast 18 % (*Bild 17-70*).

Einen guten Vergleich bieten Ertragsübersichten im Internet. In der bundesweiten Ertragsübersicht von Photovoltaikanlagen des Solarfördervereins Deutschland liegt der langjährige Mittelwert aller erfassten Anlagen bei 917 kWh/kW$_p$[1]. Dieser Wert spiegelt vor allem den Durch-

---

[1] Mittelwert gebildet aus den Ertragsdaten der Jahre 1999 bis 2013 der Photovoltaik-Anlagendatenbank des SFV Deutschland: www.pv-ertraege.de

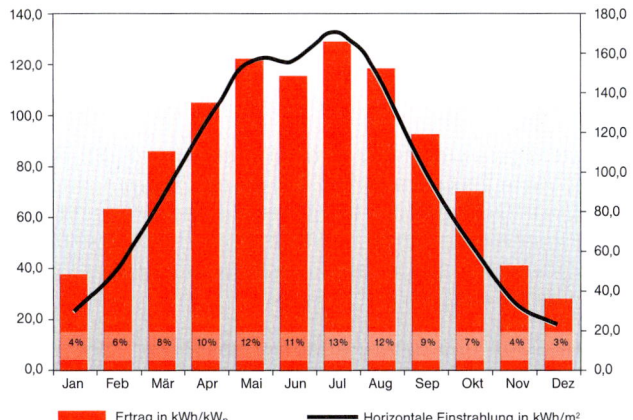

17-69 Jahresverlauf des solaren Ertrages und der Einstrahlung bei einer optimal ausgerichteten Photovoltaik-Anlage in München mit einem spezifischen Jahresertrag von 1014 kWh/kW$_p$

schnittswert der vielen Kleinanlagen auf Ein- und Zweifamilienhäusern wider. Größere Anlagen erreichen oft höhere, dachintegrierte Photovoltaikanlagen oder Fassadenanlagen niedrigere Erträge.

Mittelwert der Sonneneinstrahlung (bei 30° Neigung und Südausrichtung)		Jahresertrag bei PR = 80 %
Norddeutschland (nördlich Braunschweig)	1 140 kWh/m²	912 kWh/kW$_p$
Mitteldeutschland (zwischen Braunschweig und Frankfurt)	1 200 kWh/m²	960 kWh/kW$_p$
Süddeutschland (südlich Frankfurt)	1 290 kWh/m²	1032 kWh/kW$_p$

17-70 Langjährige Mittelwerte der Einstrahlung und Erträge von unverschatteten und optimal ausgerichteten Photovoltaikanlagen

19 Wartung und Instandhaltung

Turnusmäßige Wartungsroutinen durch den Anlagenbetreiber oder die Installationsfirma helfen, Störungen und längere Ausfallzeiten zu vermeiden. Wichtig für Wartung und Instandhaltung sind ganz einfache Dinge: eine Betriebsanleitung (insbesondere für den Wechselrichter), Wartungsempfehlungen und eine gute Anlagendokumentation. Die Störungsanzeige des Wechselrichters sollte möglichst täglich überprüft werden. Parallel dazu sollten die Betriebsergebnisse mindestens einmal im Monat abgelesen, notiert und kontrolliert werden.

Die Module sollten auf Verschmutzungen hin kontrolliert werden. Verschattungen durch Laub, Vogelexkremente, Luftverschmutzung oder sonstige Verschmutzungen bewirken Ertragsverluste. Die Module sollten nicht trocken gewischt oder gefegt werden, damit die Oberfläche nicht zerkratzt wird.

Eine regelmäßige Sichtkontrolle ist zu empfehlen: Sind alle Module noch korrekt befestigt, steht die Generatorfläche unter mechanischer Spannung (z. B. weil sich der Dachstuhl verzogen hat) etc.?

Die Strangsicherungen im Generatoranschlusskasten oder Gerätesicherungen im Wechselrichter sollten bei Verdacht überprüft werden.

Einmal im Jahr ist eine optische Kontrolle der elektrischen Installation sinnvoll. Hinweise dazu kann die Installationsfirma geben. Das Prüfen der Kabelbefestigungen und -verbindungen oder der Modulbefestigung wird oft durch einen unzugänglichen Dachstandort erschwert, sollte aber trotzdem so gut es geht erfolgen. Gleiches gilt für das Prüfen der Kabel und Leitungen auf Schmorstellen, Isolationsbruch oder sonstige Beschädigung.

Wenn Überspannungsableiter vorhanden sind, sollten diese insbesondere nach einem Gewitter überprüft werden. Überspannungsableiter lösen aus, wenn in der näheren Umgebung ein Blitz einschlägt.

Generatoranschlusskästen sollten auf eventuell eingedrungene Feuchtigkeit oder Insekten kontrolliert werden. In einen Wechselrichter im Außenbereich kann – trotz Eignung für den Außenbereich – Feuchtigkeit eindringen.

20 Ökologie und Nachhaltigkeit

20.1 Energetische Amortisationszeiten

Der Energieaufwand für die Herstellung von Photovoltaikanlagen ist eine Vorleistung, die mit Solarstrom wieder zurückgezahlt wird. Wie lange dauert die solare Tilgung? Setzt man eine gute Anlagenperformance von 1 000 kWh pro kW_p und Jahr an und wertet den erzeugten Solarstrom primärenergetisch gewichtet (35 % Kraftwerkswirkungsgrad), so ergibt sich eine jährliche Primärenergieeinsparung von 2 860 kWh pro kW_p. So werden energetische Amortisationszeiten zwischen 0,9 Jahre für Anlagen mit Dünnschichtmodulen (CdTe) und 2,4 Jahre für Anlagen mit monokristallinen Si-Zellen erreicht. Bei doppelter solarer Einstrahlung (z. B. in Südeuropa oder Nordafrika mit bis zu 1 900 $kWh/(kW_p\,a)$) wird etwa doppelt soviel Solarstrom erzeugt, die energetischen Amortisationszeiten verkürzen sich entsprechend auf 0,6 bzw. 1,9 Jahre. Diese Werte sind sehr konservativ, da der angenommene Kraftwerkwirkungsgrad zu niedrig angesetzt ist, die Wirkungsgrade heutiger Module höher liegen und neue Recyclingprozesse für das Silizium, das beim Sägen der Wafer entsteht, eingeführt wurden. Dünnschichtmodule schneiden am besten ab, da zu ihrer Herstellung relativ wenig Energie benötigt wird.

20.2 Recyclingkonzepte für Module

PV-Module enthalten wie andere elektrische und elektronische Geräte gefährliche Stoffe. In Europa regelt die sog. RoHS-Richtlinie (Restriction of the Use of Certain Hazardous Substances) den Einsatz solcher Stoffe. Zum Beispiel dürfen Blei, Cadmium, 6-wertiges Chrom und Quecksilber in der Produktion nicht verwendet werden.

Anfang 2012 wurde die Novelle der RoHS in nationales Recht umgesetzt. Damit sind im Prinzip auch PV-Module betroffen. Allerdings wurde für diese eine Ausnahmeregelung bis zum 21. Juli 2016 formuliert.

Die wichtigere Neuerung ist die Novelle der WEEE-Richtlinie (Waste Electrical and Electronical Equipment) vom Juni 2012. Sie regelt das fachgerechte Recycling und dessen Finanzierung durch die Hersteller. Beide Richtlinien sind in Deutschland im sog. Elektrogesetz (ElektroG) seit 2013 umgesetzt.

Im Juli 2007 gründeten Modulhersteller den Verein „PV Cycle", um ein Rücknahme- und Wiederverwertungssystem aufzubauen. Zurzeit sind mehr als 250 Unternehmen Mitglied und repräsentieren ca. 90 % des europäischen Marktes. 257 zertifizierte Rücknahmestellen sind in Europa eingerichtet. Die Abholung der Module ist kostenfrei. Demontage und Verpackung sind vom Betreiber zu leisten. Ziel ist es, eine Sammelrate von 85 % der „End of Life Module" zu erreichen sowie eine Recyclingrate von 85 % bis 2020.

21 Kosten und Erlöse

21.1 Das Erneuerbare-Energien-Gesetz (EEG)

Seit dem 1. April 2000 sorgt das Erneuerbare-Energien-Gesetz (EEG) als wesentlicher Baustein der Bundesregierung für den Aufbau einer nachhaltigen umweltverträglichen Energieversorgung. Das Gesetz garantiert den vorrangigen Netzanschluss der stromerzeugenden Anlage durch den nächstgelegenen Netzbetreiber sowie die Abnahme und die Vergütung des erzeugten elektrischen Stroms. Dadurch wurde ein sicherer Rechtsrahmen für Investitionen in Anlagen zur Nutzung von erneuerbaren Energien geschaffen. Die Anlagenbetreiber erhalten nach Energieträgern differenzierte Vergütungssätze für den eingespeisten Strom. Die Mehrkosten der Einspeisevergütung werden über eine Umlage auf den Strompreis finanziert. Somit ist die Förderung gemäß EEG vollständig unabhängig vom Staatshaushalt. Zugleich wurde die Einspeisevergütung für den regenerativ erzeugten Strom degressiv (monatliche Absenkung) angelegt.

Die letzte Novelle des EEGs wurde am 27. Juni 2014 vom Bundestag beschlossen und ist am 1. August 2014 in Kraft getreten. Die auffälligsten Veränderungen betreffen den Zubaukorridor und den Degressionsmechanismus, den Förderrahmen selbst (Einspeisevergütung und Marktprämie), die Eigenversorgung mit Solarstrom und den künftigen Rechtsrahmen für PV-Freiflächen anlagen.

Die bisherige feste Einspeisevergütung gibt es seit dem 1. August 2014 nur noch für sog. Kleinanlagen. Dies sind alle neu installierten Anlagen (Stichtag 1. August 2014) bis 499 kW$_p$ (max. 499 kW$_p$) sowie ab dem 1. Juni 2016 alle neuen Anlagen bis 100 kW$_p$ (max. 99 kW$_p$). Betreiber von Solaranlagen mit Leistungen, die größer als die oben genannten sind, müssen dann den Solarstrom direkt vermarkten. Gleichzeitig wird das Marktintegrationsmodell gestrichen, bei dem Dachanlagen zwischen 10 und 1 000 kW$_p$ Leistung nur für max. 90 % der erzeugten Strommenge den normalen Einspeisetarif erhalten. Somit werden bei Neuanlagen bis 500 kW$_p$ bzw. 100 kW$_p$ je nach Inbetriebnahmezeitpunkt künftig 100 % der erzeugten Strommenge vergütet. Für PV-Anlagen, die im Zeitraum vom 1. April 2014 bis zum 31. Juli 2014 in Betrieb genommen wurden, bleiben die bisherigen Anforderungen erhalten.

Betreiber neuer Anlagen, die ab 1. August 2014 die Schwelle von 500 kW$_p$ bzw. ab 1. Januar 2016 die Schwelle von 100 kW$_p$ überschreiten, müssen sich einen Direktvermarkter suchen. Dieser übernimmt die Vermarktung des produzierten und eingespeisten Stroms. Zusätzlich zu dem Erlös aus der Vermarktung erhalten die Anlagenbetreiber künftig eine sog. Marktprämie. Die Höhe dieser Prämie ist die Differenz zwischen der hypothetischen Einspeisevergütung der PV-Anlage und dem Durchschnittspreis an der Strombörse für den jeweiligen Monat.

Im Zuge des Übergangs von der Einspeisevergütung zur verpflichtenden Direktvermarktung für große Anlagen wird die bisher gezahlte Managementprämie ersatzlos gestrichen. Es findet aber eine Kompensation von 0,4 ct/kWh über den anzulegenden Wert der Marktprämie statt. Für den Fall, dass Anlagenbetreiber, die der Direktvermarktungspflicht unterliegen, ihren Strom nicht selbst am Markt verkaufen können (z. B. weil sie keinen Direktvermarkter finden), gibt es die Möglichkeit, vorübergehend eine sog. Ausfallvergütung zu erhalten. Diese beträgt 80 % der Marktprämie. Will der Anlagenbetreiber die Marktprämie oder die Ausfallvergütung erhalten, muss die Solarstromanlage fernsteuerbar sein. Diese Bedingung muss aber erst einen Monat nach Inbetriebnahme erfüllt sein. Bestandsanlagen, die den Anspruch auf die Marktprämie geltend machen, müssen ab dem 31. März 2015 ebenfalls fernsteuerbar sein.

Für Bestandsanlagen ändert sich bezüglich der Einspeisevergütung nichts. Es gilt Bestandsschutz: Die Stromeinspeisung wird weiterhin nach dem Fördersatz vergütet, der zum Zeitpunkt der Inbetriebnahme gültig war. Für Neuanlagen ergeben sich neue Registrierungspflichten für die Betreiber. Die Bundesnetzagentur hat hierzu Formulare zur Verfügung gestellt.

Für bis zum 31. Juli 2014 in Betrieb genommene Freiflächenanlagen ändert sich hinsichtlich der Vergütung und der Vergütungsfähigkeit der einzelnen Flächenkategorien (Flächen längs von Autobahnen und Schienenwegen im Abstand von 110 m zur Fahrbahn bzw. Schiene, versiegelte Flächen, Konversionsflächen aus wirtschaftlicher, verkehrlicher, wohnungsbaulicher oder militärischer Nutzung ausgeschlossen Naturschutzgebiete und Nationalparks) nichts. Spätestens im Jahre 2017 sollen Freiflächenanlagen über Ausschreibungen errichtet und vergütet werden. Dazu wird im Jahre 2015 eine Pilotausschreibung in der Größenordnung von 400 MW durchgeführt. Die Bundesnetzagentur ist für das Verfahren zuständig.

Die Vergütungsfähigkeit neuer Freiflächenanlagen ändert sich bis zur vollständigen Umstellung auf Ausschreibungsmodelle nicht.

Die genaue Förderhöhe zum Inbetriebnahmezeitpunkt für alle Anlagen ist wie bisher abhängig vom in den jeweiligen Vormonaten realisierten PV-Zubau. Überschreitet oder unterschreitet der Zubau den Zielkorridor von 2,4 bis 2,6 GW pro Jahr, wird die Basisdegression automatisch angepasst. Der Bezugszeitraum für die Messung des Zubaus beträgt wie bisher 12 Monate. Die Basisdegression beträgt ab dem 1. August 2014 0,5 % statt 1 % pro Monat. Bei Unterschreitung des Zielkorridors um bis zu 900 MW verringert sich die Degression auf monatlich 0,25 %. Bei Unterschreitung des Zielkorridors zwischen 900 MW und 1 400 MW greift keine Degression mehr. Wird in einem Bezugszeitraum eine Leistung von weniger als 1 000 MW installiert, erhöhen sich im anschließenden Quartal die Vergütungssätze einmalig um 1,5 %.

Umgekehrt bleibt die Degression bei einem Überschreiten des Zielkorridors um bis zu 900 MW bei 1 % pro Monat. Bei einem Zubau zwischen 3 500 und 4 500 MW beträgt die Degression 1,4 % pro Monat. Bei einer weiteren Überschreitung steigt die Degression auf max. 2,8 % pro Monat an.

Zum Beispiel gelten die folgenden festen Vergütungssätze für Dachanlagen, die im Dezember 2014 errichtet werden und keine Erlöse aus der Direktvermarktung erzielen, wenn die Degression in den Monaten September bis Dezember bei 0,5 % liegt, also der Zubau im Zielkorridor:

Leistung bis 10 kW$_p$: 12,50 ct/kWh

Leistung zwischen 10 kW$_p$ und 40 kW$_p$: 12,16 ct/kWh

Leistung zwischen 40 kW$_p$ und 500 kW$_p$: 10,88 ct/kWh

Die Kompensation für Eigenverbrauchsbelastung in Höhe von 0,3 ct/kWh ist hier enthalten.

Die Erlösobergrenzen im Sinne des Marktprämienmodells für Dachanlagen, die Erlöse aus der Direktvermarktung erzielen und im Dezember 2014 errichtet werden, stellen sich wie folgt dar (Zubau ebenfalls im Zielkorridor):

Leistung bis 10 kW$_p$: 12,90 ct/kW

Leistung zwischen 10 kW$_p$ und 40 kW$_p$: 12,56 ct/kWh

Leistung über 40 kW$_p$: 11,28 ct/kWh

Für Dachanlagen auf Nichtwohngebäuden im Außenbereich, Dachanlagen zwischen 1 MW$_p$ und 10 MW$_p$ Leistung und Freiflächenanlagen bis 10 MW$_p$ Leistung, die im Dezember 2014 installiert werden, ist die Vergütung unter den oben genannten Voraussetzungen 9,05 ct/kWh.

In diesen Vergütungssatz (Direktvermarktung) ist die Kompensation für Eigenverbrauchsbelastung in Höhe von 0,3 ct/kWh sowie die Kompensation für Managementaufwand in Höhe von 0,4 ct/kWh eingeflossen.

Eine wesentliche Änderung im neuen EEG betrifft die Eigenversorgung mit Solarstrom. Diese war bisher von der EEG-Umlage (2014: 6,24 ct/kWh) befreit. Für Bestandsanlagen ändert sich hieran nichts.

Wenn eine Personenidentität zwischen Anlagenbetreiber und Verbraucher besteht, gilt seit 1. August 2014 für neue Anlagen, dass die Eigenversorgung nur teilweise von der Umlage befreit ist. Es muss eine verminderte Umlage von 40 % der jeweils geltenden EEG-Umlage gezahlt werden. Allerdings soll der Einstieg gleitend sein. Dies bedeutet, dass für alle Anlagen, die zwischen dem 1. August 2014 und dem 31. Dezember 2015 in Betrieb gehen, der Umlagesatz nur bei 30 % der zu diesem Zeitpunkt gültigen EEG Umlage liegt. Im Kalenderjahr 2016 gilt ein Umlagesatz von 35 %. Ab dem 1. Januar 2017 gilt dann für alle nach dem 1. August 2014 in Betrieb genommenen PV-Anlagen der Umlagesatz von 40 %. Die reduzierten Prozentsätze gelten nur in den jeweiligen Jahren und nicht über die gesamte Vergütungsdauer.

Um die wirtschaftliche Schlechterstellung der PV-Anlagen durch die oben beschriebene Umlage „auszugleichen", erfolgt ein Aufschlag auf die Vergütung der Überschusseinspeisung in Höhe von 0,3 ct/kWh für alle Anlagen mit Leistungen zwischen 10 kW$_p$ und 1 MW$_p$.

Ausgenommen von der Belastung beim Eigenverbrauch sind Anlagen, die unter die Bagatellgrenze fallen. Diese liegt bei 10 kW$_p$ bzw. 10 MWh/a selbst verbrauchter Strommenge. Eine Messung der Eigenversorgung ist bei diesen Kleinanlagen entbehrlich.

Das solare Grünstromprivileg, nach dem die abzuführende EEG-Umlage um 2 ct/kWh reduziert wurde, wenn der Strom in unmittelbarer räumlicher Nähe zur Anlage verbraucht und nicht durch ein Netz geleitet wird, wurde komplett gestrichen und entfällt ab dem 1. August 2014.

Reine (also nicht mit dem Netz verbundene) „Inselanlagen", der Kraftwerkseigenverbrauch und Eigenversorger, die sich vollständig mit Strom aus erneuerbaren Energien versorgen und für den Strom aus ihren Anlagen, den sie nicht selbst verbrauchen, keine finanzielle Förderung erhalten, sind von der Eigenverbrauchsbelastung ausgenommen.

Im EEG ist definiert, was unter „technischer Inbetriebnahme" zu verstehen ist. Die Anlage muss dauerhaft und fest an ihrem bestimmungsgemäßen Ort und dauerhaft mit dem für die Erzeugung von Wechselstrom erforderlichen Zubehör installiert worden sein. Darüber hinaus muss die Anlage Strom produziert und abgegeben haben. Dieser Strom muss aber nicht in ein Stromnetz eingespeist werden, sondern kann auch für den Eigenverbrauch (Batterie, Lampe) genutzt werden.

Anträge für den Netzanschluss werden beim zuständigen Netzbetreiber gestellt. Dieser ist zum Anschluss und zur Zahlung der Einspeisevergütung nach dem EEG verpflichtet.

21.2 Einspeisemanagement

Je mehr PV-Anlagen (im Jahr 2014 mehr als 1,7 Mio. Anlagen mit mehr als 37 GW$_p$ Leistung) und andere regenerative Stromerzeuger zur Stromversorgung Deutschlands im Niederspannungsnetz beitragen, umso mehr Netzmanagementaufgaben müssen diese übernehmen. Neben der Spannungshaltung sowie der Blindleistungs- und Frequenzregelung durch den Wechselrichter ist seit 2012 außerdem vorgeschrieben, dass sich alle PV-Anlagen am Einspeisemanagement beteiligen, um eine Überlastung des Stromnetzes zu vermeiden. Solche netzbedingten Abregelungen kommen bisher äußerst selten vor.

Die Abregelung von Windparks oder die Phasenschiebung von großen konventionellen Kraftwerken reichen oft aus.

Beim Einspeisemanagement von PV-Anlagen haben sich die Stufen 0, 30, 60 und 100 % der Nennleistung etabliert, die zumeist durch den Wechselrichters realisiert werden. Die Kommunikation mit dem Netzbetreiber erfolgt oft über Rundsteuersignalempfänger. Für Anlagen <30 kW$_p$ kann das „vereinfachte" Einspeisemanagement eingesetzt werden, welches eine maximale Wirkleistungseinspeisung von 70 % der installierten Leistung am Netzverknüpfungspunkt zulässt. Natürlich kann auch eine vom Netzbetreiber ferngesteuerte Einrichtung zur Leistungsabregelung eingesetzt werden. Dabei wird die Abregelung durch einfaches Abschalten des Wechselrichters oder mehrerer Wechselrichter einer Anlage realisiert. Um Verluste zu vermeiden, wird bei größeren Anlagen eine gestufte Abregelung eingesetzt (siehe oben).

Die Begrenzung der maximalen Wirkleistungseinspeisung eines Wechselrichters auf 70 % kann Ertragsverluste zwischen 1 und 8 % übers Jahr hervorrufen (DGS11, Gie12, App12). Vergleicht man diese Verluste mit den zusätzlichen Kosten einer ferngesteuerten Leistungsabregelung, ist diese Option nur für Anlagen <5 kW$_p$ sinnvoll.

Eine andere Variante, die 70-%-Wirkleistungsbegrenzung zu erfüllen, besteht darin, die überschüssige Leistung bzw. Energie selbst zu verbrauchen, z. B. durch Speicher oder andere Stromverbraucher. Beim Eigenverbrauch ist es sinnvoll, die Erfassung der Isteinspeisung am Netzeinspeisepunkt vorzunehmen. So kann das nach dem EEG geforderte Einspeisemanagement (ESM) effektiv realisiert werden. Der Wechselrichter wird in diesem Fall sehr viel weniger häufig abgeregelt, da die Batterie oder die Stromverbraucher die Leistung/Energie, die über der 70-%-Marke liegt, oft abnehmen.

Bei Anlagen mit Leistungen über 30 kW$_p$ ist prinzipiell eine vom Netzbetreiber ferngesteuerte Einrichtung zur

Leistungsabregelung einzusetzen. Ab 100 kW$_p$ müssen eine Messeinrichtung zur Ermittlung von mindestens der ¼-Stunden-Leistung und eine automatische Einrichtung zur Leistungsreduzierung vorgesehen werden.

Bei PV-Anlagen mit Speichern, die nach dem KfW-Programm gefördert wurden, darf die Netzeinspeisung max. 60 % der Wirkleistung betragen. Somit wird dann eine 60-%-Regelung beim Einspeisemanagement realisiert.

21.3 Wirtschaftlichkeit

Ist die Solaranlage erst einmal finanziert, fallen keine Kosten für Brennstoff an. Allerdings sind zunächst die Investitionskosten für die Anlage zu erbringen. Hier unterstützt der Staat mit zinsgünstigen Krediten.

Die Investitionskosten werden vor allem durch Modulkosten bestimmt: So entfallen bei einer kleinen Auf-Dach-Anlage unter 10 kW$_p$ knapp die Hälfte der gesamten Investitionskosten auf den Photovoltaikgenerator (Stand 07/2014). Werden Solardachziegel oder Sondermodule eingesetzt, wird der Anteil noch höher.

Die Systemkosten einer PV-Anlage, die auf einem Dach installiert wird, liegen 2014 bei 1000 bis 1500 Euro pro kW$_p$ netto. Dazu gehören die Kosten für die Module, den Wechselrichter, das Befestigungssystem, die Verkabelung, sonstige Komponenten sowie die Montage selbst. Große Freiflächenanlagen sind unter Umständen preiswerter. In naher Zukunft sind keine wesentlichen Kostenreduktionen zu erwarten.

Gemessen an den Investitionskosten sind die Betriebskosten von Photovoltaikanlagen sehr gering. Zu den Betriebskosten zählen:

– Versicherung,
– Zählermiete oder turnusmäßige Zählereichung,
– Rückstellungen für Reparaturen,
– Wartung und Instandhaltung,
– ggf. Betriebsdatenüberwachung und Betriebsführung,
– ggf. Verwaltung oder Abrechnung,
– ggf. Pacht/Flächennutzung.

Für eine typische Auf-Dach-Anlage mit einer Leistung von 2 bis 5 kW$_p$ werden für Wartung und Instandhaltung sowie Rückstellungen für Reparaturen zwischen 1 und 2 % der Investitionskosten angesetzt. Diese Kosten sind allerdings unregelmäßig über die Jahre verteilt: Eine größere Wechselrichterreparatur (mit Kosten von ca. 1000 Euro) könnte vielleicht im 10. Jahr erfolgen)

Die Zählermiete liegt inkl. Abrechnungskosten durch den Netzbetreiber bei ca. 30 Euro pro Jahr. Eine Allgefahrenversicherung kostet jährlich etwa 40 Euro. Weitere Betriebskosten fallen nicht an. Die Betriebsdaten werden vom Anlagenbetreiber erfasst. Das Ablesen des Zählers und ggf. auch das Auswerten der Wechselrichterbetriebsdaten kann mittels PC-Schnittstelle am heimischen PC erfolgen. Bei größeren Photovoltaikanlagen sinken die prozentualen Betriebskosten, allerdings muss mit höheren Betriebsüberwachungs- und Verwaltungskosten und ggf. auch mit Mietkosten für die Fläche gerechnet werden.

21.3.1 „Rechnen sich" Photovoltaikanlagen?

Die Investition in eine gut geplante und installierte PV-Anlage stellt eine sehr sichere langfristige Anlagenform dar. Legt man der Planung einen 20-Jahres-Mittelwert der solaren Einstrahlung zugrunde, ist die Wetterunsicherheit zu vernachlässigen. Besonders im süddeutschen Raum ist ein wirtschaftlicher Anlagenbetrieb möglich. Dies umso mehr, wenn zinsgünstige Kredite und Steuereffekte genutzt werden können.

Besonders interessant für die Wirtschaftlichkeit von PV-Anlagen ist die Eigennutzung des Solarstromes. In *Bild 17-71* ist die Entwicklung des Haushaltsstrompreises und der Einspeisevergütung für PV-Anlagen mit einer Leistung kleiner als 10 kW$_p$ seit 2004 dargestellt (ct/kWh).

Das Bild zeigt deutlich, dass es seit 2012 betriebswirtschaftlich sinnvoll sein kann, möglichst viel des Solarstromes im eigenen Haushalt zu verbrauchen. Das Einsparpotenzial beträgt im Jahr 2014 schon ca. 15 ct/kWh als Differenz von Haushaltsstrompreis und PV-Stromgestehungskosten (28 ct/kWh abzüglich 13 ct/kWh). Selbst bei Berücksichtigung der 40 % EEG-Umlage auf den eigengenutzten Strom bleibt noch ein erheblicher Vorteil, zumal sich die Haushaltsstrompreise in Zukunft eher weiter nach oben entwickeln werden.

Für Gewerbe und Industrie ist die Situation mit der Einführung der 40 % EEG-Umlage auf eigengenutzten Strom schwieriger, da der konventionelle Strompreis weit unter dem Haushaltsstrompreis liegt und somit die Margen per se geringer sind. Hier muss eine detaillierte betriebswirtschaftliche Rechnung durchgeführt werden (dazu gehört natürlich auch die Messung der Lastgänge), um zu entscheiden, ob die Errichtung einer PV-Anlage sinnvoll ist. In der Vergangenheit haben viele Betriebe wie z. B. Supermärkte und Möbelhäuser PV-Anlagen auf ihren Gebäuden errichtet und bis zu 90 % des PV-Stroms eigengenutzt.

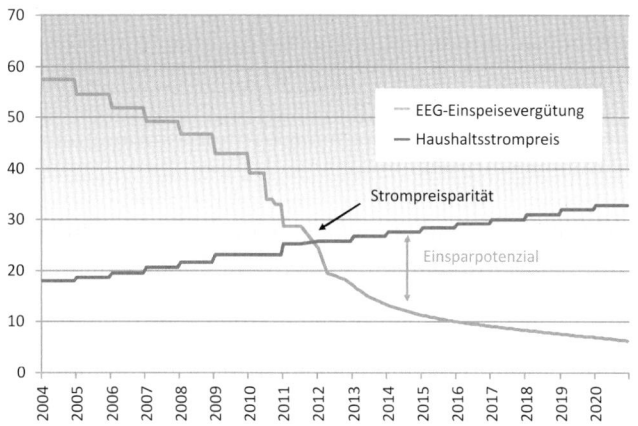

17-71 Entwicklung des Haushaltsstrompreises und der Einspeisevergütung seit 2004

21.4 Ausblick

Zurzeit (2014) sind weltweit etwa 100 GW_p Photovoltaikleistung installiert. Wie dynamisch sich der Markt künftig entwickeln wird, hängt vor allem von den Rahmenbedingungen in den jeweiligen Ländern ab (Netzzugang, Einspeiseregelungen, Informationsvermittlung, Aufbau von Handels- und Installationsstrukturen). Es kann davon ausgegangen werden, dass mittelfristig netzgekoppelte Photovoltaikanlagen weltweit einen wesentlichen Anteil an der Stromversorgung übernehmen werden. China, Indien, die USA, Japan sowie Südostasien werden hierbei die entscheidende Rolle spielen.

Durch die kontinuierliche Erhöhung der Produktionsmengen sind in der Vergangenheit die Herstellungskosten besonders für PV-Module drastisch gesunken. Allerdings ist mittelfristig damit zu rechnen, dass die Systemkosten von PV-Anlagen (weltweit zwischen 1 000 $ und 2 000 $ pro kW_p) nicht weiter stark sinken werden. Wenn aber Technologiesprünge, z. B. bei der organischen PV-Technologie, stattfinden sollten, sind weitere Kostenreduktionen nicht auszuschließen.

Fazit ist, dass aufgrund der Einführung des EEG im Jahre 2000 in Deutschland Strom aus Photovoltaikanlagen weltweit konkurrenzfähig geworden ist.

Weiterführende Literatur

Leitfaden Photovoltaische Anlagen, 5. Auflage (Januar 2013), DGS Berlin, 500 Seiten mit ca. 600 Abbildungen und DVD, www.dgs-berlin.de

Volker Quaschning: Regenerative Energiesysteme, 8. Auflage 2013, Hanser Verlag, mit DVD

Heinrich Häberlin: Photovoltaik, 2. Auflage 2010, AZ Verlag

Ralf Haselhuhn: Photovoltaik, Gebäude liefern Strom, 7. Auflage 2013, Fraunhofer IRB Verlag, BINE INFO Dienst

Im Netz

www.dgs.de, Deutsche Gesellschaft für Sonnenenergie

www.bsw-solar.de, Bundesverband Solarwirtschaft

www.kfw.de, Kreditanstalt für Wiederaufbau

www.ise.fhg.de, Fraunhofer Institut für Solare Energiesysteme, Freiburg

www.epia.org, European Photovoltaic Industry Association

www.sfv.de, Solarenergieförderverein Deutschland

www.bmu.de, Bundesministerium für Umwelt, Naturschutz und Reaktorsicherheit

www.bmwi.de, Bundesministerium für Wirtschaft und Energie

www.photovoltaik.de, Zeitschrift für Photovoltaik

www.neue-energie.de, Zeitschrift für Erneuerbare Energien

www.sonnenenergie.de, Zeitschrift für Erneuerbare Energien

Software

PV SOL, Dr. Valentin Energie Software GmbH, Berlin

Greenius, HTW Berlin, Prof. Dr. Volker Quaschning

PVSYST, Universität Genf

INSEL, Universität Oldenburg

Solar Pro, Laplace System Co. Inc., Japan

KÜCHE, HAUSARBEITSRAUM UND DEREN GERÄTEAUSSTATTUNG

DIE KÜCHE

1	**Küchenkonzepte – Entwicklungen und Trends** S. 18/3	**5**	**Das Küchenmöbelangebot** S. 18/18
1.1	Die Arbeitsküche	5.1	Der Küchenblock
1.2	Die Essküche	5.2	Die Einbauküche
1.3	Die integrierte Küche	5.3	Die Modulküche
1.4	Die Kleinstküche	5.4	Die Kofferküche

2 **Die Küche innerhalb der Bauplanung** S. 18/4
2.1 Die Lage
2.2 Die Zuordnung zum Hausarbeitsraum und zu den Sanitärräumen
2.3 Die baulichen Voraussetzungen
2.4 Die Checkliste für Architekten und Bauherren

3 **Die Planungsgrundlagen** S. 18/8
3.1 Die Normen für die Planung
3.2 Die Ergonomie in der Planung
3.3 Die Arbeitsbereiche der Küche
3.3.1 Arbeitsbereich Nahrungszubereitung
3.3.2 Arbeitsbereich Spülen und Aufbewahren des Geschirrs
3.3.3 Arbeitsbereich Vorbereitung
3.3.4 Arbeitsbereich Vorratshaltung
3.3.5 Aufbewahren von Bodenpflegegeräten, Putz- und Hilfsmitteln
3.4 Die Küchenformen
3.4.1 Einzeilige Küche
3.4.2 Zweizeilige Küche
3.4.3 L-Küche
3.4.4 U-Küche
3.4.5 Küche in Halbinselform (G-Küche)
3.4.6 Küche mit Kochinsel

4 **Abmessungen von Küchenmöbeln und Geräten, Stell- und Bewegungsflächen für Küchen und Essplätze** S. 18/17

6 **Grundriss und Perspektivansicht** S. 18/21

7 **Die Auswahl der Küchenmöbel** S. 18/21
7.1 Die Materialien von Küchenfronten und Arbeitsplatten
7.2 Die Materialien von Spülen
7.2.1 Edelstahl
7.2.2 Keramik
7.2.3 Email
7.2.4 Verbundwerkstoffe
7.2.5 Granit
7.3 Die Innenausstattung der Küchenmöbel
7.3.1 Varianten von Küchenschränken
7.3.2 Mülltrennsysteme
7.4 Die Kriterien für die Qualität von Küchenmöbeln

8 **Die gerätetechnische Ausstattung: Stand-, Unterbau- und Einbaugeräte** S. 18/27
8.1 Die Herde
8.1.1 Elektro-Kochstellen
8.1.2 Elektro-Backöfen
8.1.3 Sonderausstattungen bei Elektro-Backöfen
8.1.4 Gas-Kochstellen
8.1.5 Gas-Backöfen
8.1.6 Sonderausstattungen bei Gas-Backöfen
8.1.7 Kochen mit Strom oder Gas
8.2 Spezielle Geräte für die Nahrungszubereitung
8.3 Die Mikrowellengeräte
8.3.1 Sonderausstattungen bei Mikrowellengeräten

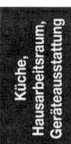

8.4	Die Kühlgeräte		11	**Die Hausarbeitsraumformen** S. 18/53
8.4.1	Sonderausstattungen bei Kühlgeräten		12	**Die gerätetechnische Ausstattung:**
8.5	Die Gefriergeräte			**Standgeräte, Unterbaugeräte und**
8.5.1	Sonderausstattungen bei Gefriergeräten			**integrierbare Geräte** S. 18/55
8.6	Die Geschirrspülmaschinen		12.1	Die Waschmaschinen
8.6.1	Sonderausstattungen bei Geschirrspül-		12.2	Die Wäschetrockner
	maschinen		12.2.1	Ablufttrockner
8.7	Die Dunstabzugshauben		12.2.2	Kondensationstrockner
8.7.1	Sonderausstattungen bei Dunstabzugshau-		12.2.3	Steuerung von Wäschetrocknern und weitere
	ben			Ausstattungen
8.7.2	Dunstabzugshauben in Energiesparhäusern		12.3	Der Waschtrockner
8.8	Informationen über den Energieverbrauch,		12.4	Die Bügelgeräte
	die Qualität und die Sicherheit von		12.4.1	Dampfbügelstationen
	Elektrogeräten		12.4.2	Dampfbügelsysteme
9	**Die Heizung, Warmwasserversorgung,**		12.4.3	Bügelmaschinen und Dampfbügelmaschinen
	Beleuchtung und Elektroinstallation der		13	**Die Heizung, Warmwasserversorgung,**
	Küche S. 18/46			**Beleuchtung und Elektroinstallation des**
9.1	Die Heizung			**Hausarbeitsraums** S. 18/61
9.2	Die Warmwasserversorgung		14	**Literatur und Arbeitsunterlagen sowie**
9.3	Die Beleuchtung			**weitere Möglichkeiten der Informations-**
9.4	Die Elektroinstallation			**beschaffung** S. 18/61
9.4.1	Ausstattungsumfang der Elektroinstallation			
9.4.2	Elektro-Installationsplan			

DER HAUSARBEITSRAUM

10	**Die Vorteile des Hausarbeitsraums** S. 18/51
10.1	Die Arbeitsbereiche des Hausarbeitsraums
10.1.1	Arbeitsbereich Waschen
10.1.2	Arbeitsbereich Trocknen
10.1.3	Arbeitsbereich Bügeln und Nähen
10.1.4	Arbeitsbereich Reinigen, Pflegen und Aufbewahren
10.1.5	Nutzung des Hausarbeitsraumes für Vorräte

KÜCHE, HAUSARBEITSRAUM UND DEREN GERÄTEAUSSTATTUNG

DIE KÜCHE

1 Küchenkonzepte – Entwicklungen und Trends

Wie sehr sich die Vorstellungen vom Leben, Wohnen und Arbeiten in den eigenen vier Wänden im Laufe der Jahre gewandelt haben, spiegelt sich ganz besonders bei den Wünschen und Anforderungen an die Ausstattung einer modernen Küche wieder.

Im Kapitel Küche und Hausarbeitsraum werden verschiedene Küchenkonzepte erläutert, Planungsgrundlagen vermittelt, ein Überblick über das Küchenmöbel- und Geräteangebot gegeben und unterschiedliche Lösungsmöglichkeiten aufgezeigt. Außerdem wird über die Vorteile eines Hausarbeitsraumes informiert, dessen Arbeitsbereiche werden beschrieben und die Möglichkeiten der gerätetechnischen Ausstattung dem Bedarf entsprechend vorgestellt.

Ein Rückblick auf den Beginn des 20. Jahrhunderts zeigt, dass der aktuelle Trend zur Küche als zentralem Arbeits- und Kommunikationszentrum keine Erfindung von heute ist, sondern noch bis in die 50er Jahre des vergangenen Jahrhunderts in vielen Haushalten die Regel war; Wohnen und Arbeiten fanden damals in der sogenannten Wohnküche statt.

1.1 Die Arbeitsküche

Die Küche als eigenständiger, vom Wohnbereich abgetrennter Arbeitsplatz, bei dem alle benötigten Möbel und Geräte unter dem Gesichtspunkt des effizienten Arbeitens ergonomisch optimal angeordnet wurden, ist eine Erfindung des 20. Jahrhunderts. Als Urtyp der funktionalen Arbeits- und Einbauküche wurde 1927 die „Frankfurter Küche" von der Architektin Margarete Schütte-Lihotzky entworfen. Ursprünglich aus Gründen der Platz- und damit Kostenersparnis für den öffentlichen Wohnungsbau geplant, kam sie später auch für das private Einfamilienhaus in Mode.

Der Vorteil der reinen Arbeitsküche liegt im ungestörten Arbeiten. Arbeitsgeräusche und Kochgerüche bleiben im Wesentlichen in der Küche und gelangen nicht in die übrige Wohnung. Wer in der Küche arbeitet, ist jedoch von der Kommunikation mit der Familie oder mit Gästen ausgeschlossen. Dieses ist insbesondere dann der Fall, wenn der Essplatz sich nicht in unmittelbarer Küchennähe befindet. Weil die Arbeitsküche rein funktional ist, bietet sie für kleinere Kinder kaum Möglichkeiten, dort kreativ tätig oder auch nur beaufsichtigt zu werden.

1.2 Die Essküche

Wenn es die Raumgröße zulässt, wird die Arbeitsküche durch die Einrichtung eines Essplatzes zum Zentrum des Familienlebens. Dabei weicht der traditionelle Essplatz mit Eckbank und Stühlen sowohl optisch attraktiveren Lösungen als auch solchen, die sich am konkreten Bedarf der im Haushalt lebenden Personen orientieren.

Ein einladendes Ambiente schaffen runde oder ovale Tische mit bequemen Stühlen im zur Küche passenden Design. Allerdings können auch durch den bewussten Kontrast des Essplatzes zu den Küchenmöbeln interessante Akzente gesetzt werden. In einer solchen Küche fühlen sich auch Gäste wohl.

Wem die optische Trennung der Küche vom Essplatz besser gefällt, für den bieten sich folgende Lösungen an:
– eine den Raum abgrenzende Küchenzeile mit wahlweise von beiden Seiten zu öffnenden Unter- oder Hochschränken,

- ein Regal oder eine Theke,
- ein kurzer oder niedriger Wandvorsprung.

Die unterschiedliche Gestaltung der Wände und des Fußbodens sowie entsprechende Dekorationen sorgen ebenfalls für eine optische Abgrenzung von Arbeits- und Essbereich.

Wer den Arbeitsbereich der Küche je nach Situation vom Essplatz trennen will, für den ist eine großzügige Schiebetür zwischen Arbeits- und Essbereich die geeignete Lösung. Hinter ihr verschwinden bei Bedarf Kochgerüche, Lärm und schmutziges Geschirr. Geöffnet vermittelt sie einen großzügigeren Eindruck und schafft einen einfacheren Zugang zum Essplatz als eine herkömmliche Tür.

Ist nur wenig Platz vorhanden, so sollte zumindest für zwei Personen ein Essplatz für das Frühstück oder einen Imbiss eingerichtet werden. Hierzu werden verschiedene Lösungen angeboten:

- ein aus einem Unterschrank herausziehbarer Ausziehtisch,
- ein an der Wand befestigter Klapptisch,
- eine Essbar in Form einer verbreiterten oder verlängerten Arbeitsplatte, die sich an eine Küchenzeile anschließt,
- ein sogenannter Ansatztisch, der gerade oder über Eck in Essplatzhöhe an die Rückwand einer Küchenzeile oder Kochinsel angesetzt wird.

Bild 18-11 Teil 1 und 2 zeigt verschiedene Möglichkeiten der Essplatzgestaltung.

Wer keinen Essplatz in der Küche haben möchte, sollte darauf achten, dass der Essplatz im Wohnzimmer oder in einem separaten Esszimmer direkt von der Küche aus zu begehen ist.

1.3 Die integrierte Küche

Anders als bei der Essküche sind Essplatz und Kommunikationsbereich bei dieser Küche nicht an den Arbeitsbereich angegliedert. **Die Küche ist vielmehr integrierter Bestandteil eines Raumkonzeptes, welches Wohnen, Kommunizieren und Arbeiten miteinander vereint** und somit der Wohnküche früherer Zeiten wieder sehr nahe kommt. Hier spielt sich das gesamte Familienleben ab.

Diese Küchenform erfordert einen großzügigen, zentral gelegenen Raum, bei dem eine gute Belüftung gewährleistet sein sollte. Auf Wunsch können optische Akzente den Eindruck der Trennung der verschiedenen Bereiche einer integrierten Küche erzeugen.

1.4 Die Kleinstküche

In kleinen Wohnungen, z. B. in Appartements oder Ferienwohnungen, ist häufig der für die Küche vorgesehene Platz auf wenige Quadratmeter begrenzt. Hier sind die wichtigsten Geräte mit einigen Schränken und kleinen Arbeitsflächen auf engstem Raum untergebracht. In der Regel ist diese Küche in einer Nische dem Wohn- oder Wohn-/Schlafraum zugeordnet oder befindet sich im Flur.

Bei der **Kochnische** sind das zweckmäßige Aneinanderreihen der einzelnen Elemente und die rechts und links für das Arbeiten innerhalb der Nische benötigte Ellbogenfreiheit von Bedeutung.

2 Die Küche innerhalb der Bauplanung

Schon bei den ersten Grundrisszeichnungen für die Planung eines Hauses sollten Architekt und Bauherr gemeinsam überlegen, welche Erwartungen an die Küche gestellt werden. Je präziser die Vorstellungen von den Lebensgewohnheiten und Vorlieben der Hausbewohner, desto größer die Chance, die Küche den Bedürfnissen anzupassen und sie optimal in die Gesamtplanung einzufügen. Durch frühzeitige Überlegungen können unnötige Baukosten vermieden werden. Das gilt auch für die Küche in einer Eigentumswohnung. Oft lassen sich im frühen Planungsstadium Raumzuordnung und -aufteilung noch beeinflussen.

2.1 Die Lage

Für die Lage der Küche sind die zweckmäßige Platzierung im Wohnungsgrundriss und – soweit möglich – die gewünschte Himmelsrichtung für das Tageslicht und den Sichtkontakt nach außen ausschlaggebend. Wurde die Arbeitsküche der früheren Jahre meist nach Norden ausgerichtet, so sollte die Ausrichtung der Küche heute danach erfolgen, ob die Hausbewohner in diesem Raum lieber die Morgen- oder die Abendsonne genießen wollen. Kurze Wege von der Haustür oder Garage her erleichtern den Transport der eingekauften Lebensmittel. Ist in der Küche selbst kein Essplatz vorgesehen, so sollte der Essplatz, wie in Abschnitt 1.2 beschrieben, direkt von der Küche aus begehbar sein. Zweckmäßig sind auch ein unmittelbarer Zugang zur Terrasse sowie die Möglichkeit, den Hauseingang durch ein Küchenfenster ins Blickfeld zu nehmen.

2.2 Die Zuordnung zum Hausarbeitsraum und zu den Sanitärräumen

Zum haushaltstechnischen Zentrum eines Hauses oder einer Wohnung gehören aus installationstechnischer Sicht Küche, Bad und WC sowie gegebenenfalls ein Hausarbeitsraum. Soll dieser separate Raum zum Waschen, Trocknen und Bügeln der Wäsche, für die Pflege von Bekleidung und Schuhen sowie für Näharbeiten eingeplant werden, dann liegt er am zweckmäßigsten neben der Küche.

Liegen Küche und Bad oder auch Küche und Hausarbeitsraum Wand an Wand, so braucht die Wasserinstallation nur in einer Wand vorgesehen zu werden, z. B. mit einer Unterputz-Vorwand. Dadurch verringern sich aufgrund kurzer Leitungswege die Installationskosten und die Verteilungsverluste der Warmwasserversorgung.

Bild 18-1 zeigt Beispiele für eine optimale Anordnung der zum haushaltstechnischen Zentrum gehörenden Räume. Eine möglichst verbrauchsnahe Warmwasserversorgung spart Energie und Kosten.

2.3 Die baulichen Voraussetzungen

Zu den grundlegenden Überlegungen in der Planungsphase gehört die Frage nach dem **Hauptarbeitsplatz** innerhalb der Küche. Idealerweise liegt er unter dem Fenster. Deshalb sollte die Brüstungshöhe mindestens 95 cm, besser aber 100 cm betragen. Sie sollte in jedem Fall so hoch sein, dass Möbel und Geräte durchgängig eingeplant werden können. Die Unterkante des Fensterflügels sollte mindestens einen Abstand von 1 cm zur Arbeitshöhe haben.

Soll die Spüle unter dem Fenster platziert werden, so sollte die Brüstungshöhe 120 cm betragen, damit sich das Fenster trotz Armatur noch öffnen lässt. Alternativ kann ein Fenster mit fest stehendem unteren Teil, ein Schwenkfenster oder eine entsprechende Armatur gewählt werden. Es werden auch abnehmbare Armaturen angeboten, die ein Öffnen des Fensterflügels für die Scheibenreinigung ermöglichen.

Sind an der Fensterseite Oberschränke vorgesehen, so muss der Abstand vom Oberschrank zum Fenster ca. 40 cm betragen. Dadurch ist die Betätigung des Rollladengurtes gewährleistet.

Damit die Möblierung und dadurch der Arbeitsablauf nicht unterbrochen wird, sollte der Heizköper möglichst in einer Nische liegen, die unten das Ein- und oben das Ausströmen von Luft ermöglicht. Soll über dem Heizkörper eine Arbeitsplatte angeordnet werden, muss der Heizkörper 10 cm niedriger als die Arbeitsplatte installiert werden. Bei Wärmeschutzverglasungen mit Wärme-

18 Küche — Die Küche innerhalb der Bauplanung

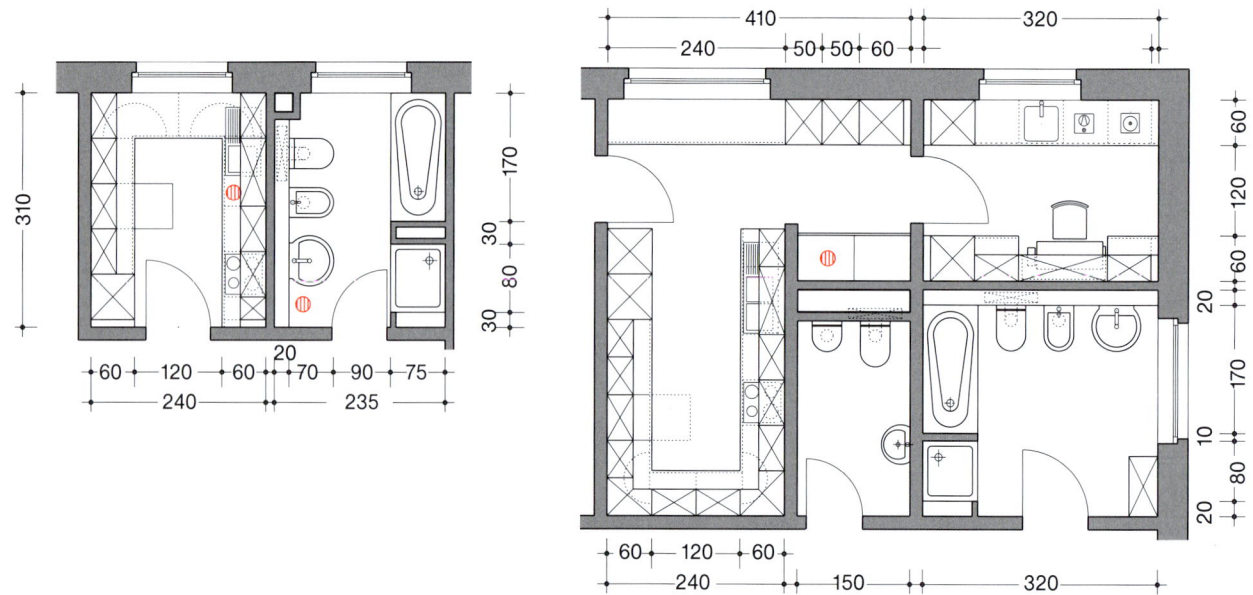

18-1 Beispiele für die Zuordnung der Küche zum Bad, Hausarbeitsraum, WC

durchgangskoeffizienten kleiner als 1,4 W/m²K braucht der Heizkörper wegen der stark reduzierten Kaltluftströmung nicht mehr unterhalb des Fensters installiert zu werden. Kapitel 5 gibt Erläuterungen hierzu.

Der Seitenabstand von Fenstern und Türen zu den Küchenmöbeln muss so bemessen sein, dass die Küchenmöbel und Geräte in der geplanten Weise aufgestellt werde können. **Das gilt auch für den Abstand der Küchenmöbel und Geräte zwischen zwei gegenüberliegenden Zeilen, der mindestens 120 cm betragen sollte. Bei einer Schranktiefe von 60 cm ergibt sich eine Küchenbreite von 240 cm, die nicht unterschritten werden sollte, damit Möbel- und Gerätetüren ohne Behinderung geöffnet werden können.**

Der Abstand zur Türzarge sollte aus der Ecke heraus gemessen mindesten 75 cm betragen, *Bild 18-2*. Dadurch lassen sich Unterschränke und Hochschränke in der Ecke aufstellen und der Lichtschalter neben der Tür ist problemlos erreichbar.

Zwischen Wand und Spüle muss ausreichend Platz für eine Spülmaschine oder Abstellfläche gewährleistet sein. **Deshalb sollten die Wasserzuläufe und Wasserabläufe einen Mindestabstand von 90 cm zur Ecke haben.**

Die Elektro- und Gasinstallation gehört ebenso zu den Vorüberlegungen wie die Frage nach dem Abführen des Küchenwrasens senkrecht über einen Abluftschacht oder waagrecht über einen Kanal durch die Außenwand nach außen. Damit die Abluftleitung möglichst kurz ist, sollte sich der Lüftungsschacht oder der Mauerdurchbruch hinter der Dunstabzugshaube oder in unmittelbarer Nähe hierzu befinden.

 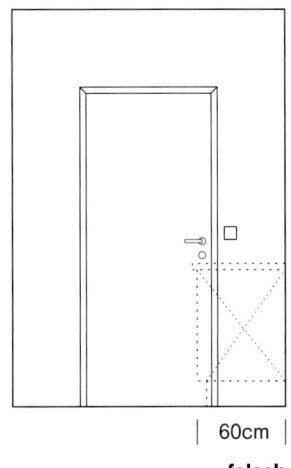

|mind. 75cm| |60cm|
richtig   **falsch**

18-2 Der Abstand der Türzarge aus der Ecke heraus sollte mindestens 75 cm betragen

Für den **Fußboden der Küche** sollte der Belag den Anforderungen an Rutschsicherheit, Härte und Säurebeständigkeit entsprechend gewählt werden. Er sollte durchgängig von Wand zu Wand und nicht nur bis zum Küchensockel verlegt werden. Als Materialien, die den besonderen Anforderungen der Küche gerecht werden, haben sich glasierte Fliesen mit rutschfester Oberfläche und sogenannte Flex-Fliesen aus PVC bewährt. Darüber hinaus gibt es eine Reihe von Fußbodenbelägen, die ausgesprochen dekorativ wirken, bei denen jedoch ein höherer Pflegeaufwand einzukalkulieren ist oder die die Anforderungen an Rutschfestigkeit und Säurebeständigkeit nicht erfüllen.

Werden die Küchenwände gefliest, so ist ein **Fliesenplan** zu erstellen. Hierfür gilt: Die Fliesen sind so zu verlegen, dass die Unterkante der Oberschränke mindestens 5 cm des oberen Randes der Fliesen verdeckt. Ebenso sollen sie 5 cm hinter einem anschließenden Hochschrank aufhören. Darüber hinaus gibt es eine Reihe anderer Gestaltungsmöglichkeiten, wie in Abschnitt 7.1 erläutert wird.

2.4 Die Checkliste für Architekten und Bauherren

Als Vorlage für die exakte Planung einer Küche dient ein Auszug aus der Bauzeichnung im Maßstab 1:50, aus dem die Türen und der Türanschlag, die Fenster und die Fensterbanktiefen sowie die Fensterbankhöhen, die Wandvorsprünge und gegebenenfalls die Wandkonstruktion hervorgehen. Folgende Fragen sollten zu Beginn der Planung geklärt werden:

– Wie soll die Küche vorwiegend genutzt werden?
– Soll die Küche einen Essplatz haben und wo soll der Essplatz angeordnet sein?
– Für wie viele Personen soll der Essplatz Sitzmöglichkeiten bieten?
– Welche Geräte sind vorgesehen?
– Sind vorhandene Küchenmöbel zu berücksichtigen?
– Sind vorhandene Geräte einzuplanen?
– Sollen Einbau- oder Unterbaugeräte vorgesehen werden?
– Sollen Einbaugeräte hoch eingebaut werden?
– Wie sollen die Warmwasserversorgung und die Beleuchtung der Küche erfolgen?
– Welche Be- und Entlüftung soll die Küche haben?
– Welche Installationsarbeiten für Strom, Gas und Wasser sind erforderlich?
– Sollen Wandfliesen verlegt werden?
– Welcher Fußbodenbelag ist vorgesehen?
– Wird bei der Küche zunächst mit einer Grundausstattung begonnen, die später erweitert werden kann, oder soll die Einrichtung vollständig sein?
– Ist ein Sitzarbeitsplatz vorgesehen?
– Welche Höhe soll die Arbeitsplatte haben?
– Arbeitet in der Küche hauptsächlich ein Rechts- oder ein Linkshänder?

- Soll die Spüle ein Becken, anderthalb Becken oder zwei Becken haben?
- Wie sollen die Schränke innen ausgestattet sein?
- Welche Form der Müllsortierung ist vorgesehen?
- Welche Ansprüche werden an die Materialien und die Verarbeitung der Küchenmöbel gestellt?
- Wie sollen Küchenfronten und Arbeitsflächen gestaltet sein?
- Welcher Kostenrahmen ist geplant?

3 Die Planungsgrundlagen

In einem Vier-Personen-Haushalt werden zwischen 40 und 50 % des wöchentlichen Zeitaufwandes für die Hausarbeit in der Küche benötigt. Deshalb ist es ausgesprochen sinnvoll, die Küche mit System zu planen. Hierzu sollten sowohl die für die Küchenplanung geltenden Normen als auch die Erkenntnisse aus der Ergonomie, die die Arbeit erleichtern, herangezogen werden.

3.1 Die Normen für die Planung

Für Küchenmöbel und Elektrogeräte gibt es eine Reihe von Normen des Deutschen Instituts für Normung **(DIN)** bzw. der Europäischen Normungsorganisationen CEN, CENELEC, ETSI **(EN)**. Hierbei handelt es sich um technische Empfehlungen, die auf der Grundlage von Forschungsergebnissen, Erfahrungen und Vereinbarungen zwischen Industrie, Handel, Behörden und Verbraucherverbänden entstehen. Die maßgebliche Leistung der Normung war die Standardisierung der wichtigsten Möbel- und Gerätemaße. Obwohl die Normen nicht in jeder Hinsicht mit der Entwicklung Schritt gehalten haben – die Menschen sind z. B. in den letzten Jahrzehnten immer größer geworden –, dienen sie immer noch der grundsätzlichen Orientierung bei der Küchenplanung. Insbesondere für die Abmessungen von Arbeits- und Stellflächen und deren Koordination sollten sie herangezogen werden. Eine Auflistung der Stellflächen zeigt *Bild 18-3*. Außerdem sind die Anforderungen an die verschiedenen Materialien von Küchenmöbelfronten und Arbeitsflächen nach DIN festgelegt.

Folgende Normen des Deutschen Instituts für Normung (DIN) bzw. der Europäischen Normungsorganisationen (EN) können für die Küchenplanung herangezogen werden:

DIN EN 1116 Küchenmöbel – Koordinationsmaße für Küchenmöbel und Küchengeräte

DIN EN 14749 Wohn- und Küchenmöbel – Schränke, Regale und Arbeitsplatten – Sicherheitstechnische Anforderungen und Prüfverfahren

DIN 18015 Elektrische Anlagen in Wohngebäuden
Teil 1: Planungsgrundlagen
Teil 2: Art und Umfang der Mindestausstattung
Teil 3: Leitungsführung und Anordnung der Betriebsmittel

DIN 18022 Küchen, Bäder und WCs im Wohnungsbau – Planungsgrundlagen (2007 ersatzlos gestrichen; in der Praxis wird jedoch z. T. weiterhin nach dieser Norm geplant)

DIN 66354 Kücheneinrichtungen/Formen, Planungsgrundsätze.

Im Falle eines Rechtsstreits können die Normen von Sachverständigen zur Orientierung herangezogen werden.

Wie umfangreiche Studien belegen, lassen sich durch zweckmäßige Anordnung der Küchenmöbel und Geräte bis zu zwei Drittel an Arbeitszeitaufwand sparen. *Bild 18-4* verdeutlicht den Wegeaufwand für die Zubereitung von drei Mahlzeiten am Tag. In der unzweckmäßig eingerichteten Küche werden hierfür durch die falsche Anordnung von Spülbecken, Abtropffläche und Arbeitsflächen und die Platzierung der Spüle direkt neben dem Herd 336 m/Tag zurückgelegt, in der zweckmäßig eingerichteten nur 186 m/Tag.

Einrichtungen	Stellflächenbreite in cm	
	lt. ehemaliger DIN 18022	Empfehlung
Schränke für Geschirr, Töpfe, Arbeitsgeräte, Vorräte, Mülltrennung usw.		
Unterschrank	30 bis 150	30 bis 120
Hochschrank	60	30 bis 60
Oberschrank [1]	30 bis 150	30 bis 120
Kühl- und Gefriergeräte		
Kühlschrank/Gefrierschrank	60	50 bis 70
Kühl-Gefrier-Kombination	60	60 bis 70
Gefriertruhe	≥90	≥60
Weinkühl- und Weinklimagerät		60 bis 70
Arbeits- und Abstellflächen		
Kleine Arbeitsfläche zwischen Herd, Glaskeramik-Kochfeld, Einbaukochmulde und Spüle [2]	≥60	60 bis 90
Große Arbeitsfläche [2]	≥120	120 bis 180
Fläche zum Aufstellen von Küchenmaschinen und Elektrokleingeräten [2]	≥60	>60
Abstellfläche neben Herd, Glaskeramik-Kochfeld, Einbaukochmulde (rechts)	≥30	>30
Abstell- und Abtropffläche neben Spüle	≥60	>60
Koch- und Backeinrichtungen		
Elektro-Glaskeramikochfeld bzw. -kochmulde und Backofen (darüber Dunstabzugshaube)	60	60 bis 90
Elektro-Einbauglaskeramik-Kochfeld oder Elektro-Einbaukochmulde mit Unterschrank (darüber Dunstabzugshaube)	60 bis 90	60 bis 120
Elektro-Einbaubackofen mit Schrank [3]	60	60 bis 90
Gas-Kochmulde bzw. Glaskeramikochfeld und Backofen (darüber Dunstabzugshaube)	60	60 bis 90
Gas-Glaskeramikochfeld, Einbau-Kochmulde mit Unterschrank (darüber Dunstabzugshaube)	60 bis 90	50 bis 120
Gas-Einbaubackofen mit Schrank	60	60 bis 90
Mikrowellengerät mit Schrank [3]	60	60
Mikrowellengerät mit Oberschrank	60	50 bis 60
Dampfgargerät mit Schrank [3]	–	50 bis 60
Dampfgargerät mit Unterschrank	–	50 bis 60
Einbaumodule z. Komb., z. B. Fritteuse, Grill, Elektro- und Gaskochstelle, Wasserzapfstelle	–	30 bis 40
Einbaumodul Edelstahl-Grillplatte	–	60 bis 80
Einbau-Geschirrwärmer [3]	–	60
Einbau-Kaffeeautomaten [3]	–	60
Spüleinrichtungen		
Einbeckenspüle mit Abtropffläche, Unterschrank und Geschirrspülmaschine	≥90	45 bis 100
Doppelbeckenspüle mit Abtropffläche [4]	≥120	90 bis 150
Geschirrspülmaschine	60	45/60
Spülzentrum (Einbeckenspüle mit Abtropffläche, Unterschrank und Geschirrspülmaschine)	≥90	100

[1] Empfohlene Schranktiefe 30 bis 35 cm
[2] Gegebenenfalls mit ausziehbarer oder ausschwenkbarer Fläche zum Arbeiten im Sitzen
[3] Wahlweise übereinander kombinierbar
[4] Empfohlene Abmessungen nur für Spülbecken, ohne Abtropffläche

18-3 Kücheneinrichtungen und ihre Stellflächen

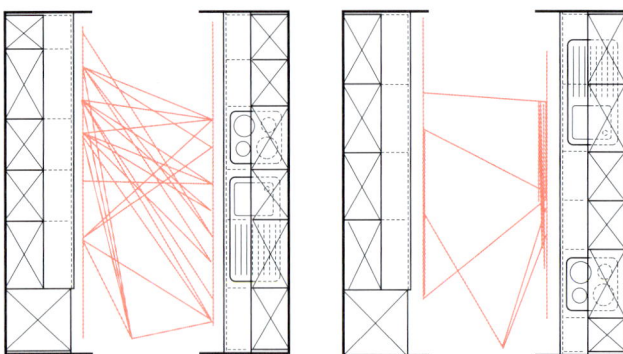

18-4 Wegeaufwand bei unzweckmäßiger Anordnung (links) und zweckmäßiger Anordnung (rechts) von Küchenmöbeln und Geräten

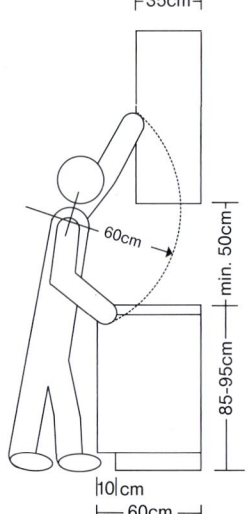

18-5 Ergonomische Gestaltung von Arbeitsplätzen

3.2 Die Ergonomie in der Planung

Der REFA Verband für Arbeitsstudien definiert als Ziel der Ergonomie, den jeweiligen Arbeitsplatz so zu gestalten, dass der dort arbeitende Mensch seine Fähigkeiten unter Berücksichtigung seiner natürlichen Grenzen optimal nutzen kann. Die Erkenntnisse der Ergonomie, ursprünglich bei der Gestaltung von industriellen Arbeitsplätzen eingesetzt, gehören seit den Tagen der „Frankfurter Küche" zu den Grundvoraussetzungen einer qualifizierten Küchenplanung, *Bild 18-5*. Hierzu sollte die Küche so geplant werden, dass die Person, die in der Küche die meisten Arbeiten verrichtet, die Arbeiten in einer ihrer Größe angemessenen günstigen Körperhaltung, mit einfachen, fließenden Bewegungsabläufen durchführen kann. Wer locker und entspannt arbeitet, ermüdet nicht so schnell. Dazu gehört auch ein Platz für das Arbeiten im Sitzen. Durch die richtige Körperhaltung werden Rückenschmerzen und Schädigungen der Wirbelsäule verhindert. Außerdem können Unfälle vermieden werden.

Von zentraler Bedeutung für die Körperhaltung ist die **optimale Arbeitshöhe** von Möbeln und Geräten. Bei zu geringer Höhe muss eine nach vorn gebeugte Haltung eingenommen werden, die die Rückenmuskulatur und Bandscheiben statisch belastet. Zu große Höhen erfordern einen größeren Kraftaufwand bei schwereren Arbeiten, z. B. beim Kneten eines Brotteiges auf der Arbeitsfläche. Das gilt auch für das Herausnehmen schwerer Gegenstände aus großer Höhe, z. B. aus einem Vorratsschrank. Alle benötigten Arbeitsmittel sollen mit ausgestrecktem Arm erreichbar sein. Man unterscheidet zwischen horizontalem und vertikalem Griffbereich. Die optimale Arbeitshöhe liegt 10 bis 15 cm unterhalb der Ellenbogenhöhe, hat eine Ergonomiestudie im Auftrag der Arbeitsgemeinschaft „Die Moderne Küche e. V." (AMK) ergeben. Der Optimalwert kann um eine Toleranz von 5 cm nach unten und 10 cm nach oben erweitert werden, wenn zwei unterschiedlich große Personen in der Küche arbeiten wollen. Ergonomische Anforderungen an den individuellen Bedarf der Arbeitshöhe können durch die Korpushöhe der Unterschränke oder durch Anpassen des Küchenmöbelsockels erreicht werden. Damit die arbeitende Person bequem stehen kann, sollte der Sockelrücksprung mindestens 4 cm betragen. Das Angebot geht bis zu 10 cm Sockelrücksprung.

Für Vorbereitungsarbeiten, wie das Putzen und Schneiden von Gemüse und Obst, oder Feinarbeiten mit hohem Arbeitszeitaufwand, z. B. das Garnieren von Gebäck, sollte in jeder Küche eine Arbeitsplatte für eine Arbeitshöhe im Sitzen vorhanden sein. Die Unterkante der Arbeitsplatte soll sich ca. 5 cm über dem Oberschenkel befinden, sodass der Unterarm mit der Hand auf der Platte aufliegen kann. In dieser Höhe ist bei guter Sitzhaltung auch über längere Zeit unbelastetes Arbeiten möglich. Größenunterschiede verschiedener Personen können innerhalb eines begrenzten Rahmens durch einen höhenverstellbaren Stuhl ausgeglichen werden.

Laut ehemaliger DIN 18022 sollte die **Tiefe der Arbeitsfläche** 60 cm betragen. Dem entsprechen die handelsüblichen Arbeitsplatten, die in der Regel 3 bis 4 cm über den Schrankkorpus bzw. über das Gerät hinausragen. Die Arbeitsplatte wird bei der Arbeit in zwei Bereichen genutzt: im inneren und im äußeren Griffbereich, *Bild 18-6*. In den letzten Jahren werden auch Arbeitsflächen von 70 cm Tiefe oder mehr eingesetzt. Diese können mit Aufsatzschränken bestückt oder es können darauf Elektro-Kleingeräte griffbereit aufgestellt werden.

Häufig benutzte Arbeitsmittel gehören in den inneren Griffbereich, damit hauptsächlich im Bereich der leicht erreichbaren Fläche gearbeitet werden kann. Das Arbeiten im äußeren Griffbereich ist nur mit ausgestrecktem Arm möglich und deswegen anstrengend. Hier sollten die seltener benutzten Arbeitsmittel platziert werden.

Bei einer Arbeitsplattentiefe des Hauptarbeitsplatzes von 60 cm ist es nicht empfehlenswert, den äußeren Griffbereich mit Geräten zuzustellen oder die Nische zwischen Unter- und Oberschrank mit einem Nischenschrank zu verschließen. Nischenschränke sind nur bei einer Arbeitsplatte ab 70 cm Tiefe zweckmäßig. Ansonsten behindern sie die Arbeitsplatzgestaltung.

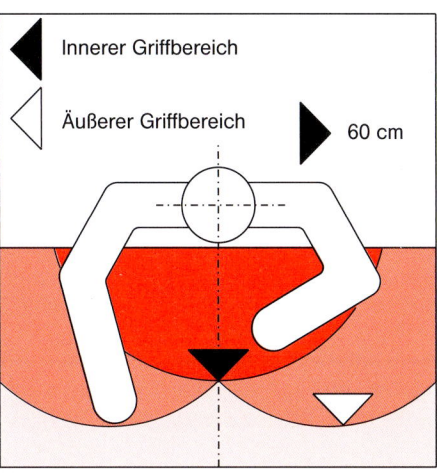

18-6 Arbeiten im inneren und äußeren Griffbereich

Im **Arbeitsbereich Nahrungszubereitung** sind die Kochstellen der Hauptarbeitsplatz. Eine Absenkung des Kochbereichs um 25 cm unterhalb der Ellenbogenhöhe ist aus ergonomischer Sicht empfehlenswert.

Bei der **Spüle** ist eine Anhebung der Arbeitshöhe sinnvoll. Ist die Arbeitshöhe der Spüle zu niedrig, kommt es zu einer statisch belastenden Körperhaltung. Das gilt insbesondere, wenn besonders tiefe Spülbecken gewählt werden, die ausgesprochen praktisch für das Reinigen großer Töpfe, Bräter, Backbleche oder Fettpfannen sind.

Bei der Festlegung der Höhen spielen neben dem Beugen des Rückens auch die Reich- und Sichtweite der arbeitenden Person eine Rolle. **Der Abstand zwischen Arbeitsplatte und Oberschrank sollte mindestens 50 cm betragen.** Hierdurch ist sowohl genügend Bewegungsspielraum gewährleistet als auch ein noch problemloser Zugriff auf die darüber hängenden Oberschränke. Mit einer Oberschranktiefe von 35 cm ist für genügend Kopffreiheit beim Arbeiten gesorgt. In den verschiedenen Küchenprogrammen der Hersteller werden Oberschränke in unterschiedlichen Höhen angeboten. Daraus resultieren Gesamthöhen der Küchenzeile zwischen etwa 200 und 240 cm, gemessen von der Oberkante des Fußbodens bis zur Oberkante des Oberschranks. Auch der Einbau vom Fußboden bis zur Decke ist möglich.

Aus ergonomischer Sicht kann die Höhe der Ober- und Hochschränke rund 35 cm mehr als die Körpergröße der in der Küche hauptsächlich tätigen Person betragen. Darüber hinaus muss in der Küche eine Trittleiter vorhanden sein, die ein gefahrloses Erreichen der oberen Schrankfächer ermöglicht. Die Trittleiter kann zusammengeklappt im Küchensockel verstaut werden.

Die Beachtung der empfohlenen Höhen gilt auch für den Einbau der Geräte, *Bild 18-7*. Der Kühlschrank als das Gerät, welches am häufigsten geöffnet und wieder geschlossen wird, sollte möglichst benutzerfreundlich in einen Hochschrank eingebaut werden. Falls hierdurch die verfügbare Arbeitsfläche nicht zu stark reduziert wird, gilt dieses auch für die Geschirrspülmaschine und evtl. den Backofen.

Das Mikrowellengerät kann sowohl in einen Hoch- als auch in einen Oberschrank eingebaut werden. Kleine, flache Mikrowellengeräte können auch an die Unterseite des Oberschrankes montiert werden. Einbau-Dampfgargeräte, Einbau-Geschirrwärmegeräte und Einbau-Kaffeeautomaten sollten ebenfalls in Hochschränke eingebaut werden. Bei optimaler Sicht- und Greifhöhe können die Geräte bequem bedient werden.

3.3 Die Arbeitsbereiche der Küche

Bei der Planung einer Küche spielt die Arbeitsorganisation eine wichtige Rolle. Je besser die Zuordnung von Arbeitsmitteln, Möbeln und Geräten durchdacht ist, umso leichter und schneller kann die Arbeit erledigt werden, *Bild 18-8*.

Körpergröße in cm	Einbauhöhe in cm	
	Kühl-/Gefriergerät	Backofen/Mikrowellengerät
135	65 – 130	60 – 135
140	65 – 140	65 – 135
145	60 – 150	70 – 140
150	60 – 155	75 – 145
155	55 – 160	80 – 150
160	55 – 165	85 – 155
165	55 – 170	90 – 155
170	55 – 175	95 – 165
175	55 – 180	95 – 165
180	55 – 185	100 – 170
185	55 – 190	105 – 175
190	55 – 195	110 – 180
195	60 – 200	110 – 185
200	60 – 205	115 – 190

18-7 Empfohlene Einbauhöhe der Geräte in Abhängigkeit von der Körpergröße
Quelle: AMK-Küchenhandbuch

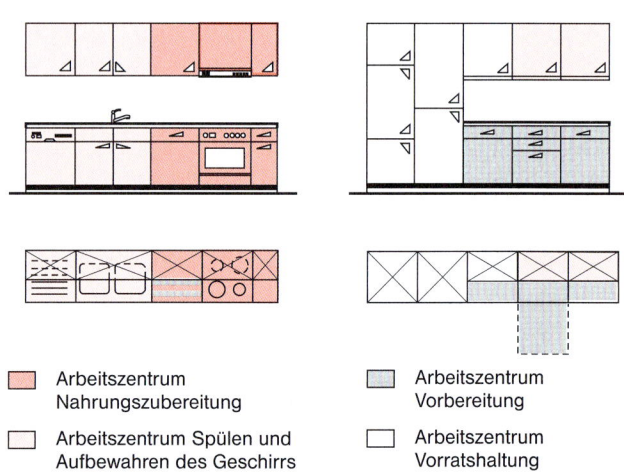

18-8 Die Arbeitsbereiche in der Küche

Zu den Grundfunktionen einer Küche gehören

- die Nahrungszubereitung,
- das Spülen und Aufbewahren des Geschirrs,
- die Nahrungsvorbereitung,
- die Vorratshaltung.

Den Grundfunktionen entsprechend sollen vier Schwerpunkte für die Organisation der Arbeit gebildet werden, die in der Fachliteratur als Arbeitsbereiche oder auch als Arbeitszentren bezeichnet werden, *Bild 18-8*.

3.3.1 Arbeitsbereich Nahrungszubereitung

Den Mittelpunkt des Arbeitsbereiches Nahrungszubereitung bildet der Elektro- oder Gasherd. Er kann als **Standherd**, **Unterbau-** oder **Einbauherd** in die Küchenzeile installiert werden und wird in Breiten von 50 bis 120 cm angeboten. Daneben besteht die Möglichkeit, Kochstellen und Backofen getrennt voneinander einzubauen. Hierzu sind **Kochfelder** oder **Kochmulden** mit einem separaten Schaltkasten oder sogenannte autarke Kochfelder und -module geeignet. Kochfelder und Kochmulden werden meist in 30 bis 90 cm Breite angeboten. Der Backofen kann in diesem Fall in ergonomisch günstiger Arbeitshöhe, eventuell auch als Doppelbackofen eingebaut werden. Backöfen werden in 60 bis 90 cm Breite angeboten.

Über den Kochstellen wird eine **Dunstabzugshaube** mindestens in der Breite des Kochfeldes oder der Kochmulde angebracht, alternativ eine **Kochstellenentlüftung** neben den Kochstellen oder eine **Direktentlüftung**, die mittels eines Schwenkarms direkt über der Kochstelle positioniert wird.

Ein **Mikrowellengerät** wird entweder einzeln bzw. in Kombination mit einem hochgebauten Backofen in einen Hochschrank oder separat in einen Oberschrank eingebaut. Wenn das Mikrowellengerät nicht eingebaut werden soll, empfiehlt sich die Montage unter einen Oberschrank, damit die Arbeitsfläche frei bleibt. Hierfür werden entsprechende Geräte angeboten. Wird der Backofen in einem Haushalt seltener genutzt, kann stattdessen ein Mikrowellen-Kombinationsgerät eingebaut werden. Hierfür wird ein 60 cm breiter Unterschrank oder Hochschrank eingesetzt.

Rechts neben der Kochstelle sollte in jedem Fall eine **Abstellfläche** von mindestens 30 cm Breite angeordnet sein. Links von der Kochstelle wird eine **Arbeitsfläche** von mindestens 60 cm, besser von 90 cm Breite benötigt. Die ausreichende Breite dieser Arbeitsfläche ist besonders wichtig, weil sie eine Doppelfunktion in Bezug auf die Arbeitsbereiche Nahrungszubereitung und Spülen zu erfüllen hat. Der Kochstelle unmittelbar zugeordnet sollen Ober- und Unterschränke für die Unterbringung von Kochgeschirr und -geräten sowie von Gewürzen und anderen Zutaten sein, die häufig für die Nahrungszubereitung benötigt werden.

Neben den bereits genannten Geräten, die heute zur Grundausstattung einer Küche gehören, werden seit einigen Jahren Geräte mit speziellen Funktionen für die Nahrungszubereitung angeboten. Dazu gehören **Dampfgargeräte**, die je nach Geräteart wie ein Backofen, oft auch in Kombination mit diesem, in einen Unter- oder Hochschrank eingebaut werden. Einige der Geräte benötigen einen Wasseranschluss.

Weitere Informationen hierzu in Abschnitt 8.

Ebenfalls zur Gruppe der innovativen Geräte im Arbeitsbereich Nahrungszubereitung gehören der **Einbau-Kaffeeautomat** und der **Einbau-Geschirrwärmer**, der **Induktionswok** und die **Edelstahl-Grillplatte**.

Die **Kombination verschiedener Module** macht eine individuelle Zusammenstellung des Arbeitsbereiches Nahrungszubereitung möglich. Dazu zählen die ca. 30 cm breiten Elektro- oder Gaskochstellen, die Fritteuse, der Grill, die Wasserzapfstelle und die Abstellfläche.

Diese speziellen Geräte werden ebenfalls in Abschnitt 8 behandelt.

3.3.2 Arbeitsbereich Spülen und Aufbewahren des Geschirrs

Der Arbeitsbereich Spülen und Aufbewahren des Geschirrs schließt sich unmittelbar für Rechtshänder links, für Linkshänder rechts an den Arbeitsbereich Nahrungszubereitung an. Bei sehr geringen Stellflächen wird mindestens eine **Einbeckenspüle** von 45 cm Breite mit einer flexiblen, rechts oder links an das Spülbecken anlegbaren Abtropffläche benötigt. Ist eine Geschirrspülmaschine eingeplant, genügt eine Einbeckenspüle mit Abtropffläche von zusammen 90 cm Breite. Daneben werden auch **Eineinhalb-** und **Doppelbeckenspülen**, wahlweise auch mit integriertem Durchwurfschacht zum Entsorgen der organischen Küchenabfälle in den darunter befindlichen Müllbehälter angeboten. Diese sind einschließlich Abtropffläche bis zu 150 cm breit.

Ist keine Geschirrspülmaschine vorgesehen, sollte der Abstand zwischen Spülenoberkante und der Unterkante des darüber hängenden Oberschranks 80 cm betragen, damit ungehindertes Arbeiten möglich ist. Im Spülenunterschrank kann ein **Kleinspeicher** für die Warmwasserversorgung der Spüle und bei ausreichendem Platz ein **Mülltrennsystem** untergebracht werden. Letzteres kann auch im Schrank neben dem Spülenunterschrank angeordnet werden.

Die **Geschirrspülmaschine** wird optimal links neben der Spüle, häufig auch unter der Abtropffläche platziert. Falls nur ein Platz rechts neben der Spüle möglich ist, sollte sich das Mülltrennsystem links von der Geschirrspülmaschine unter der Spüle befinden, mit dem Türanschlag nach rechts.

Wie in Abschnitt 3.3.1 angegeben, wird die Arbeitsfläche zwischen Spüle und Herd auch als Abstellfläche für benutztes Geschirr benötigt. Damit das saubere Geschirr problemlos aus der Geschirrspülmaschine entnommen oder abgetrocknetes Geschirr abgestellt werden kann, sollte links neben der Abtropffläche eine Abstellfläche von mindestens 30 cm, besser jedoch von 60 cm vorhanden sein. Bei der Entscheidung für eine hochgebaute Geschirrspülmaschine sollte zwischen Hochschrank und Ablauffläche eine Abstellfläche von mindestens 60 cm vorhanden sein.

In der Küche benötigtes Geschirr kann in Oberschränke über der Spüle direkt eingeräumt werden. Falls dieses nicht möglich ist, sollte der Weg zu anderen Aufbewahrungsschränken kurz sein.

3.3.3 Arbeitsbereich Vorbereitung

Nach Möglichkeit sollte jede Küche zusätzlich zu der Arbeitsfläche zwischen Kochstelle und Spüle eine zweite Arbeitsfläche haben, auf der platzaufwändige Vorbereitungsarbeiten ohne Behinderung durchgeführt werden können. Der Arbeitsbereich Vorbereiten sollte mindestens 90 cm, besser noch 120 bis 180 cm breit sein. Hier können z. B. Teige hergestellt und ausgerollt oder Speisen auf Geschirr dekorativ angerichtet werden. Dieser Arbeitsbereich sollte eine **herausziehbare Arbeitsfläche zum Arbeiten im Sitzen** haben. In großen Küchen kann statt der herausziehbaren Arbeitsfläche ein herausziehbarer Esstisch eingebaut werden, an dem das Frühstück oder ein schneller Imbiss eingenommen werden können. In den zum Arbeitsbereich gehörenden Ober- und Unterschränken können die zugehörigen Arbeitsgeräte, z. B. Elektrokleingeräte, und Hilfsmittel wie Schneidbretter oder Backformen untergebracht werden.

3.3.4 Arbeitsbereich Vorratshaltung

Weil die Vorratsbeschaffung teilweise bei wöchentlichen Großeinkäufen erledigt wird, will gerade die Gestaltung dieses Bereichs gut überlegt sein, insbesondere was den Platzbedarf betrifft. Für leicht verderbliche Lebensmittel ist ein **Kühlgerät** vorzusehen, dessen Fassungsvermögen der Personenzahl und den Einkaufsgewohnheiten gerecht wird. Ebenso ein **Gefriergerät** zum Einfrieren und zur Lagerung von Tiefkühlprodukten. Beide Geräte werden meist übereinander, gelegentlich aber auch nebeneinander als Kombination angeordnet.

Ist im Keller bereits ein Gefriergerät vorhanden, kann in der Küche aus Energiespargründen auf ein kleines Gefrierteil in einem **Kühlgerät** verzichtet werden.

Lagerzonen mit Temperaturen nahe 0 °C verlängern die Lebensdauer z. B. von Fleisch- und Wurstwaren, Fisch, Obst und Gemüse bis auf das 3-Fache. Immer öfter möchten Weinliebhaber auf einen **Wein-Klimaschrank** oder **Wein-Temperierschrank** in Essplatznähe nicht verzichten und sich den Gang in den Keller ersparen. Ist die Küche groß genug, bietet sie sich hierfür als Standort an.

Weil Häuser und Wohnungen heute in der Regel nicht mehr über eine Speise- oder Vorratskammer für Lebensmittel, die nicht im Kühl- oder Gefriergerät gelagert werden müssen, verfügen, sollte entsprechender Schrankraum vorgesehen werden. Hierfür wird mindestens ein 60 cm breiter Hochschrank, eventuell noch ein zusätzlicher Oberschrank benötigt.

3.3.5 Aufbewahren von Bodenpflegegeräten, Putz- und Hilfsmitteln

Das Aufbewahren von Utensilien für die Wohnungspflege gehört zwar funktional nicht zu den Arbeitsbereichen der Küche. Ist jedoch kein separater Hausarbeitsraum oder kein Putzmittelschrank in Küchennähe vorhanden, so kann hierfür ein 60 cm breiter Hochschrank in der Küche eingerichtet werden.

3.4 Die Küchenformen

Bestand noch die „Frankfurter Küche" lediglich aus zwei sich gegenüber liegenden Zeilen, so gibt es heute diverse Möglichkeiten, die verschiedenen Arbeitsbereiche zu einer Küchenform so zusammenzusetzen, dass Funktionalität sich mit attraktiver Gestaltung verbindet. Weil die räumlichen Gegebenheiten ausschlaggebend für die Größe und Form der Küche sind, sollte die spätere Küchenform bereits bei der Planung des Grundrisses festgelegt werden. Demnach kann unterschieden werden zwischen

– der einzeiligen Küche,
– der zweizeiligen Küche,
– der L-Küche,
– der U-Küche,
– der G-Küche (Küche in Halbinselform),
– der Küche mit Kochinsel.

Bei den aufgeführten Formen handelt es sich ausnahmslos um Einbauküchen. Alternativen hierzu sind

– die Modulküche,
– die Fertigküche,
– die Küche im Koffer.

Während die Modulküche dem Trend zu mehr Individualität entgegenkommt, bietet die Fertigküche in Form eines Küchenblocks eine preiswerte Lösung. Bei der Küche im Koffer handelt es sich um eine Miniküche in einem rollbaren Schrankkoffer. Nähere Informationen hierzu werden in Abschnitt 5 gegeben. Im Folgenden werden anhand von *Bild 18-9* die aufgeführten Küchenformen näher behandelt.

3.4.1 Einzeilige Küche

Bei der einzeiligen Küche sind Schränke und Geräte in einer Reihe angeordnet. Sie besteht im Wesentlichen aus den Arbeitsbereichen Nahrungszubereitung, Vorbereitung, Spülen und Aufbewahren des Geschirrs sowie einem Kühlschrank oder einer Kühl-Gefrier-Kombination für die Vorratshaltung. Das Planungsbeispiel in *Bild 18-9* zeigt ein Minimum von Arbeits- und Abstellfläche. Die Küchenzeile sollte jedoch, wie dort dargestellt, nicht über 300 cm Stellfläche hinaus verlängert werden, da sonst innerhalb der Arbeitsbereiche zu weite Wege entstehen. Die einzeilige Küche ist geeignet für Appartements, Ferien- oder Seniorenwohnungen.

3.4.2 Zweizeilige Küche

Im Vergleich zur einzeiligen Küche sind Arbeitsplätze und Stauraum wesentlich großzügiger bemessen. Auf der einen Küchenseite sind die Arbeitsbereiche Nahrungszubereitung und Vorbereitung sowie Spülen und Aufbewahren des Geschirrs angeordnet. Auf der gegenüberliegenden Seite ist deutlich mehr Schrankraum für die Vorratshaltung und ein zweiter größerer Bereich für die Vorbereitung eingerichtet. Diese Küchenform eignet sich für rechteckige Räume, an deren Schmalseiten sich Fenster und Türen befinden. Die Raumbreite muss, wie in *Bild 18-9* dargestellt, mindestens 240 cm betragen.

3.4.3 L-Küche

Bei der L-Küche werden die Arbeitsbereiche an zwei im rechten Winkel zueinander stehenden Wänden angeordnet. Weil die Arbeitsbereiche Nahrungszubereitung sowie Spülen und Aufbewahren des Geschirrs diagonal zueinander stehen, sind die Wege kurz. Diese Küchenform bietet viele Gestaltungsmöglichkeiten, wozu auch, wie in *Bild 18-9* dargestellt, die Einrichtung eines Essplatzes gehört.

3.4.4 U-Küche

Bei der U-Küche werden zwei Küchenzeilen mit Schränken verbunden. Durch die dabei entstehende U-Form ist bei richtiger Zuordnung der Arbeitsbereiche ein fließender Arbeitsablauf ohne Unterbrechungen gewährleistet. Die Raumausnutzung ist maximal. Um Wege zu sparen, sollten die Arbeitsbereiche Nahrungszubereitung sowie Spülen und Aufbewahren des Geschirrs auf einer Seite oder, wie in *Bild 18-9* dargestellt, über Eck angeordnet werden. Für die U-Küche ist ebenfalls eine Mindestbreite von 240 cm erforderlich.

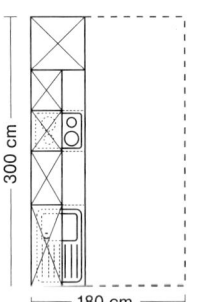
Einzeilige Küche

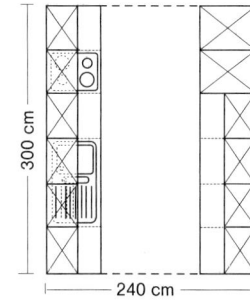
Zweizeilige Küche

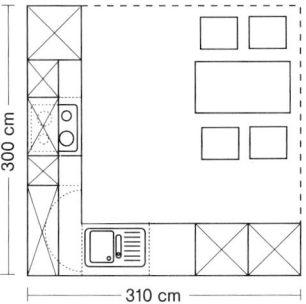
L-Küche

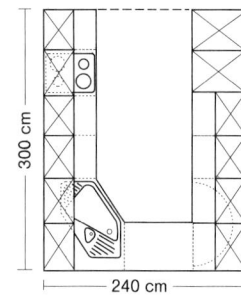
U-Küche

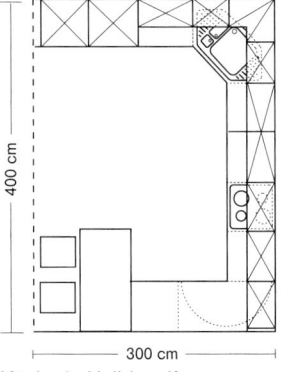
Küche in Halbinselform

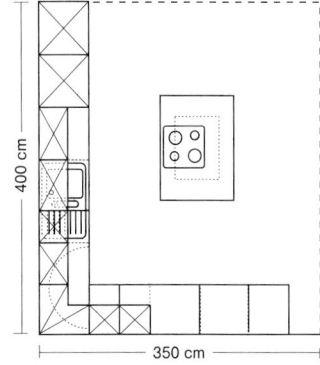
L-Küche mit Kochinsel

18-9 Küchenformen

3.4.5 Küche in Halbinselform (G-Küche)

Bei der G-Küche wird an die nach dem Prinzip der U-Küche angeordneten Arbeitsbereiche ein quer zur Küchenzeile stehender Essplatz angeordnet. Die dadurch entstehende Halbinsel übernimmt häufig die Funktion eines optischen Raumteilers, bei dem Wohn- und Essbereich nicht räumlich getrennt sind, sondern fließend ineinander übergehen. Wie *Bild 18-9* zeigt, ist hierzu ein großer, nahezu quadratischer Raum erforderlich.

3.4.6 Küche mit Kochinsel

Bei der Küche mit Kochinsel handelt es sich in der Regel um eine L-Küche, bei der der Arbeitsbereich Nahrungszubereitung aus dem normalen Arbeitsablauf herausgenommen und manchmal auch mit den Arbeitszentren Vorbereiten und Spülen als Insel in die Mitte des Raumes gesetzt wird. Dazu ist ein mindestens 12 bis 14 m² großer, möglichst quadratischer Raum erforderlich. Die Installation der Dunstabzugshaube erfolgt mitten in der Küche über der Kochinsel, *Bild 18-9*. Diese Küchenform wird meist dann gewählt, wenn die Küche ein besonders professionelles Ambiente haben soll. Wer die Platzierung einer Kochinsel wegen der mitten in der Küche zu installierenden Dunstabzugshaube scheut, kann die Insellösung auf den Vorbereitungsbereich beschränken.

4 Abmessungen von Küchenmöbeln und Geräten, Stell- und Bewegungsflächen für Küchen und Essplätze

Wie die Auflistung in *Bild 18-3*, Abschnitt 3.1 zeigt, sind Küchenmöbel und Geräte mit ihren Maßen aufeinander abgestimmt. Damit der Raum für die Küche optimal genutzt werden kann, haben die gängigen Einbauküchenprogramme Schrankbreiten mit **Rastermaß**.

Am häufigsten wird das 10er-Rastermaß mit Schrankbreiten von 20, 30, 40, 60, 80, 90, 100 und 120 cm eingesetzt. Beim 15er-Rastermaß werden Schrankbreiten von 30, 45, 60, 90 und 120 cm angeboten. Darüber hinaus gibt es Sondermaße. Aufgrund der vorgegebenen Normen ergeben sich für Küchenmöbel und Geräte Stellflächen von 60 cm Tiefe. Oberschränke sind in der Regel 35 cm tief.

Die Höhenmaße von Korpus und Sockel sind je nach Küchenmöbelprogramm variabel, sodass unterschiedliche Arbeitshöhen sowie unterschiedliche Nutzenvolumina der Unter- und Hochschränke realisiert werden können.

Wie bei den verschiedenen Küchenformen in Abschnitt 3 bereits angegeben, ist ein reibungsloser Arbeitsablauf nur bei einer Bewegungsfläche von mindestens 120 cm Breite gewährleistet. Eine einzeilige Küche sollte deshalb 180 cm breit sein, eine zweizeilige 240 cm, *Bild 18-10*. Diese Bewegungsfläche ist auch bei allen anderen Küchenformen einzuhalten.

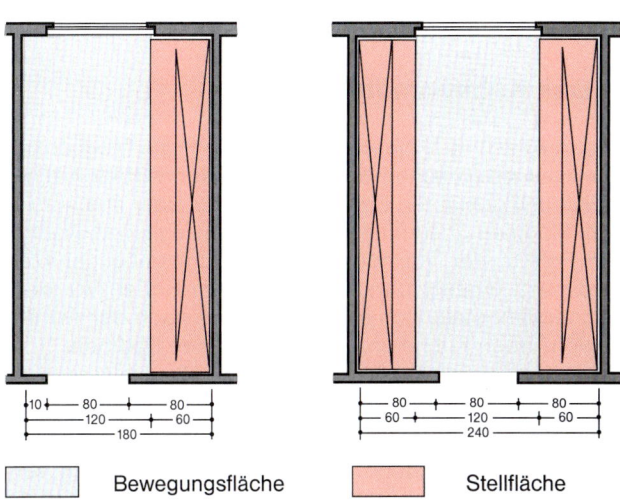

18-10 Stell- und Bewegungsflächen einer einzeiligen und einer zweizeiligen Küche

Für die Planung eines **Essplatzes in der Küche** zeigte bereits *Bild 18-9* zwei grundlegend verschiedene Konzepte: einen Essplatz mit separatem Tisch innerhalb des Raumes und einen Essplatz als Ansatztisch an eine Küchenzeile.

Für diese Grundkonzepte gibt es unterschiedliche Varianten. Hierzu zeigt *Bild 18-11 Teile 1 und 2* verschiedene Formen der Essplatzgestaltung und die dafür benötigten Stell- und Bewegungsflächen. Grundsätzlich gilt als Stellfläche für einen Stuhl eine Breite von 45 cm und eine Tiefe von 50 cm. In der Praxis bestehen jedoch designbedingte Abweichungen. Der jeweilige Abstand zwischen zwei Stühlen und zur Wand, also die Bewegungsfläche, sollte mindestens 20 cm und zum Tisch mindestens 10 cm betragen. Die Tischfläche je Person sollte 65 cm in der Breite und 40 cm in der Tiefe betragen. Wird ein runder Tisch gewünscht, ist für vier Personen mit einer Stell- und Bewegungsfläche von 250 cm im Durchmesser bei einem Tischdurchmesser von 90 cm wie in *Bild 18-11 Teil 2* zu rechnen. Eine Eckbank mit Tisch und drei zusätzlichen Stühlen benötigt ca. 6 m^2 Stell- und Bewegungsfläche.

5 Das Küchenmöbelangebot

Wie in Abschnitt 3 beschrieben, besteht die Möglichkeit der Auswahl zwischen einem fertigen Küchenblock, einer individuell geplanten Einbauküche oder einer aus einzelnen Modulen zusammengestellten beweglichen Küche. Die Palette der individuellen Gestaltungsmöglichkeiten wird noch ergänzt durch die Küche im Koffer. Vor dem Küchenkauf stellt sich daher die Frage nach der Art der gewünschten Küche und dem finanziellen Rahmen.

5.1 Der Küchenblock

Beim fertigen Küchenblock sind Größe und Form vorgegeben und nicht variabel. Es gibt meist nur wenig Designvarianten. Der Block beinhaltet Unter- und Oberschränke, Arbeitsplatte und Spüle mit Abtropffläche. Die Geräteausstattung besteht in der Regel aus Herd mit Dunstabzugshaube sowie Kühlschrank oder Kühl-Gefrier-Kombination. Küchenblöcke werden in großen Stückzahlen hergestellt und zu Preisen ab 1000 € in Möbelhäusern oder Baumärkten angeboten.

Wegen des günstigen Preises können Qualität und Haltbarkeit eines Küchenblocks nicht wie bei einer herkömmlichen Einbauküche erwartet werden. Es werden zumeist einfache Scharniere und Schubladenführungen verwendet. Auch die Ausstattung der Geräte ist einfach.

Die Anschaffung eines Küchenblocks kann sinnvoll sein, wenn nur selten gekocht oder eine vorübergehende, preiswerte Lösung gesucht wird. Selbst dann sollte man auf eine zweckmäßige Arbeitsplatzgestaltung und einen fließenden Arbeitsablauf innerhalb des Blocks achten. Manchmal werden für die Erweiterung von Küchenblöcken Zusatzteile angeboten. Diese sollten möglichst zusammen mit dem Küchenblock gekauft werden, da die passende Ausführung meist nur kurz im Handel ist.

5.2 Die Einbauküche

Einbauküchen sind die Favoriten der Küchenkäufer. Sie lassen mit ihren individuellen Gestaltungsmöglichkeiten keine Wünsche offen. Mit einer gut geplanten Einbauküche kann der Raum bis in die letzten Zentimeter genutzt werden. Hochschränke, Ober- und Unterschränke sowie Geräte werden dem Arbeitsablauf entsprechend angeordnet und mit einer durchgehenden Arbeitsplatte verbunden. Kleine Lücken werden verblendet. Dadurch entsteht ein einheitliches, geordnetes Bild. Qualitativ hochwertige Einbauküchen haben eine Lebensdauer von mindestens 20 Jahren und überstehen auch einen Umzug mit einem erneuten Wiedereinbau, bei dem allerdings die Arbeitsplatte in der Regel erneuert werden muss.

Bei sogenannten **offenen Einbauküchen** wird großteils auf Oberschränke verzichtet. Diese Küchenart ist profes-

18 Küche

Das Küchenmöbelangebot

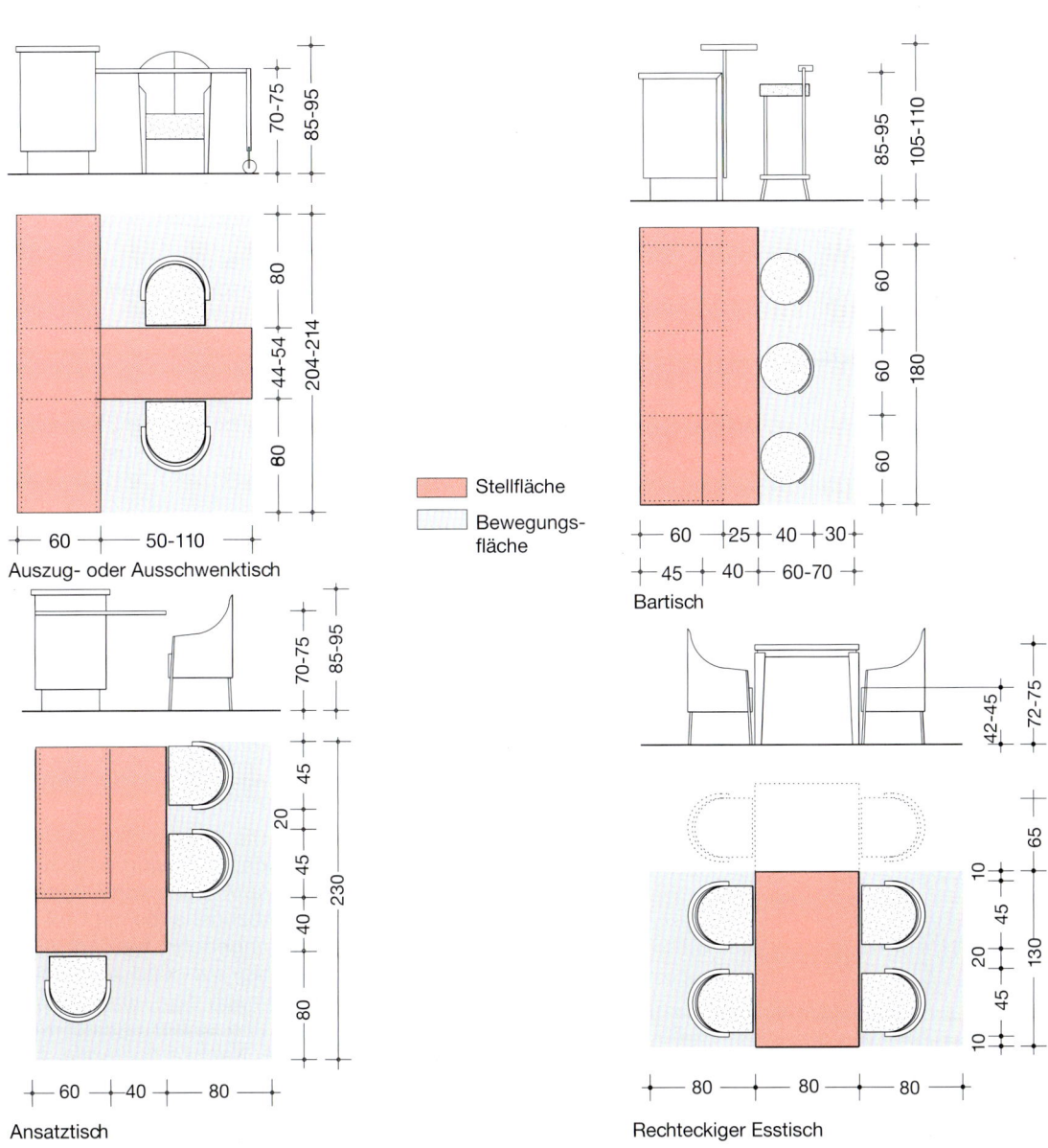

18-11 Teil 1 Formen der Essplatzgestaltung mit den benötigten Stell- und Bewegungsflächen

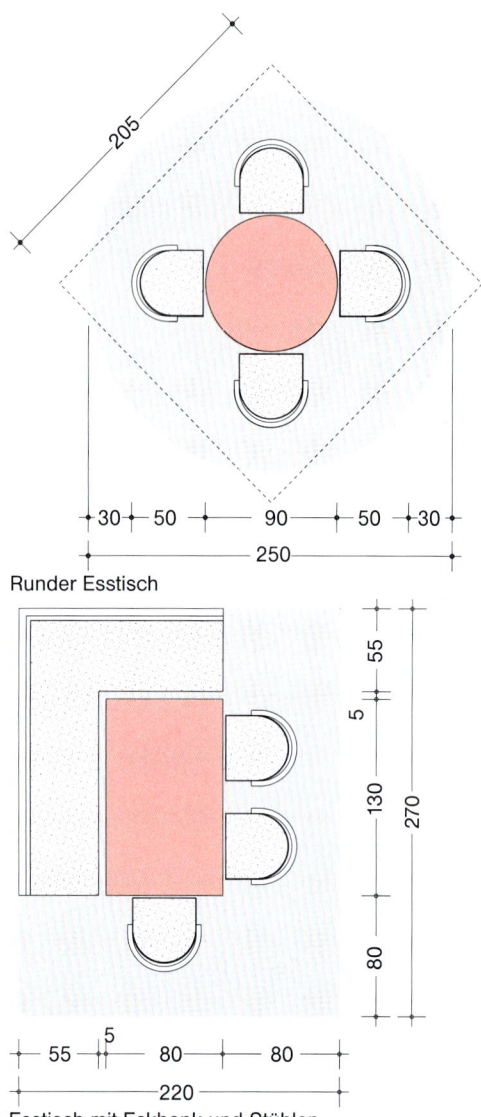

18-11 Teil 2 Formen der Essplatzgestaltung mit den benötigten Stell- und Bewegungsflächen

sionellen Köchen abgeschaut. Auf Regalen, Ablagebrettern und Relings sollten nur solche Arbeitsmittel offen und sofort greifbar angeordnet werden, die häufig verwendet werden. Der direkte Zugriff auf die benötigten Utensilien ist zwar praktisch, von Nachteil sind jedoch Staub und Küchendünste, die sich auf alle offen aufbewahrten Dinge legen.

Der **Preis einer Einbauküche** richtet sich nach der Qualität der Verarbeitung und den Ansprüchen an die Ausstattung. Auch im Vergleich zu einem fertigen Küchenblock gleicher Ausstattung ist die Einbauküche in jedem Fall teurer. Für eine drei Meter lange Küchenzeile mit einfacher Ausstattung muss mit Kosten von 2000 bis 4000 € gerechnet werden. Dieselbe Küchenzeile kann bei aufwendiger Ausstattung deutlich mehr kosten.

5.3 Die Modulküche

Das Konzept einer Modulküche ist einfach. Die Arbeitsbereiche Nahrungszubereitung, Vorbereitung, Spülen und Aufbewahren des Geschirrs sowie Vorratshaltung werden nicht mehr mit einer durchgehenden Arbeitsplatte verbunden. Stattdessen sind sie als **eigenständige, teils auf Rollen bewegliche Elemente** ausgeführt. Zu einigen Modellen werden Arbeitsplatten angeboten, mit denen die Arbeitsbereiche bei Bedarf verbunden werden können.

Zu den Küchenmodulen passende, rückseitig befestigte Paneelwände ermöglichen das Aufhängen von Regalen, Oberschränken und einer Dunstabzugshaube mit Umluftbetrieb, ohne dass die Wände angebohrt werden müssen. Die Module können beliebig auf- und umgestellt werden. Sie können einzeln und nach dem momentanen Bedarf und Geldbeutel gekauft und später ergänzt werden. Die Hersteller geben eine Nachkaufgarantie von mehreren Jahren. Der Umzug mit einer Modulküche ist unproblematisch, da sich die einzelnen Elemente einschließlich der Arbeitsplatte einfach ab- und wieder aufbauen lassen.

Trotz der großen Flexibilität und Variabilität muss sich der Aufbau einer Modulküche wie die jeder anderen Küche an den Gegebenheiten des Raumes und an den Anschlüssen für Strom, Gas und Wasser orientieren. Bei der Anordnung der Module sollte in jedem Fall der ergonomisch günstigste Arbeitsablauf berücksichtigt werden.

Wenn auch der Kauf einer Grundausstattung von Modulen sich besser dem momentanen Geldbeutel anpasst und die Küche nach und nach ergänzt werden kann, so ist der Preis für die vollständige Kücheneinrichtung durchaus dem einer hochwertigen Einbauküche wie in Abschnitt 5.2 vergleichbar.

In Anlehnung an die Modul-Idee werden zur Auflockerung von Einbauküchen frei stehende Einzelgeräte angeboten. Als sogenannte **Solitärgeräte** ziehen z. B. große, in auffallenden Farben lackierte Kühlschränke oder aufwändig gestaltete Herde aus Edelstahl im Profi-Design die Blicke auf sich. Ebenfalls im Trend ist die Einbindung eines alten Möbelstückes, z. B. eines großen Holz-Esstisches mit Korbstühlen. Hier wird bewusst auf Kontraste gesetzt.

5.4 Die Kofferküche

Bei dieser Küche lebt man buchstäblich aus dem Koffer. Dabei handelt es sich um einen rollbaren Schrankkoffer, der mit ein bis zwei Kochplatten, einer kleinen Spüle, einem 5-Liter-Untertischspeicher für warmes Wasser und einem Kühlschrank ausgestattet ist. Die Kofferküche ist nicht für eine normale Wohnung, sondern z. B. für ein Büro, einen Schrebergarten oder eine Jagdhütte gedacht.

6 Grundriss und Perspektivansicht

Um zu einer ersten Einschätzung zu kommen, ob die Anforderungen und Wünsche, die an die Küche gestellt werden, mit den räumlichen Gegebenheiten in Einklang zu bringen sind, helfen Planungsskizzen. Wie in Abschnitt 2.4 erwähnt, dient als Vorlage ein Auszug aus der Bauzeichnung im Maßstab 1:50, der alle notwendigen Informationen beinhaltet. Auf Millimeterpapier kann daraus der Küchengrundriss, in der Regel im Maßstab 1:20 oder 1:25, übertragen und eine Skizze der gewünschten Anordnung von Küchenmöbeln und Geräten, eventuell mit dazugehörigem Essplatz, angefertigt werden.

Die Skizze ermöglicht dem Küchenfachmann erste Gestaltungsvorschläge. Er kann auf ihrer Basis, meist mit Hilfe eines speziellen Computerprogramms, einen genauen Grundriss und am besten auch gleich eine Perspektivansicht der Küche anfertigen, die Aufschluss über die Wirkung der Küche im Raum gibt. Ein Beispiel zeigt *Bild 18-12*. Diese ersten Vorschläge sollten sorgfältig diskutiert und durchdacht werden. Erst wenn genügend Informationen hinsichtlich der Ausstattung und der Kosten von Küchenmöbeln und Geräten vorliegen, sollte in einem zweiten Schritt die Planung konkret werden. Dadurch lassen sich Fehlentscheidungen vermeiden.

7 Die Auswahl der Küchenmöbel

Zur konkreten Planung gehört der Vergleich verschiedener Küchenmöbelprogramme hinsichtlich der für Möbelkorpus, Möbeloberflächen, Arbeitsplatten und Spülen verwendeten Materialien sowie der Innenausstattung der Schränke.

Die Basis bei der Herstellung von Küchenmöbeln bilden meistens Holzwerkstoffe. Als Trägerschicht werden in der Regel **Mehrschicht-Spanplatten** eingesetzt, deren mittlere Schicht aus groben Holzspänen besteht. An den Außenseiten bestehen sie aus sehr feinen Holspänen. Dadurch ist die Spanplatte außen hart und kann ohne abzusplittern abgerundet werden. Je höher die Dichte der Spanplatte, desto besser die Qualität. Die Spanplatten können zwischen 8 und 38 mm dick sein.

Neben Spanplatten werden aus Holzfasern bestehende mitteldichte Faserplatten (**MDF-Platten**) eingesetzt. Hier-

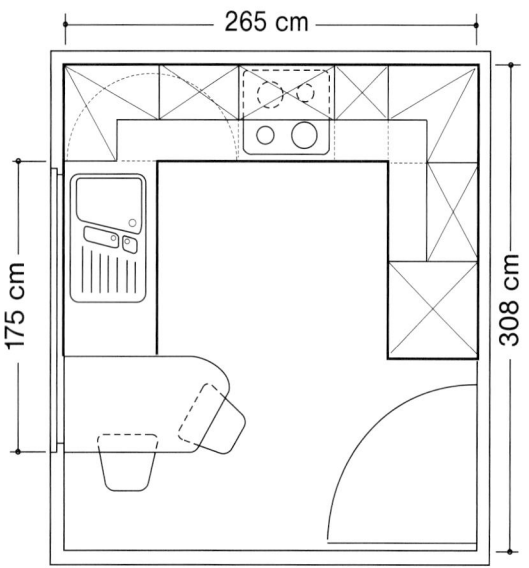

für werden feine Holzfasern mit einem Bindemittel zu einer Platte geformt und bei hohen Temperaturen unter Druck gepresst. Faserplatten sind stabiler als Spanplatten und werden meist für Fronten, Kantenprofile und Lichtleisten eingesetzt.

Ebenfalls werden Holz-, Furnier- und Tischlerplatten beim Küchenmöbelbau verwendet. Für Arbeitsplatten werden in der Regel Spanplatten als Trägermaterial eingesetzt.

Neben Materialien auf Holzbasis werden auch Massivholz, Glas, Platten aus Naturstein und Edelstahl verwendet. Letzteres insbesondere in Küchen mit Profi-Charakter. Bei Massivholz sind in der Regel nur Küchenfront und Arbeitsplatte hieraus gefertigt, nicht jedoch der Möbelkorpus. Holz ist von Natur aus wasserempfindlich. Deshalb werden die Oberflächen von Massivholzküchen zum Schutz vor Feuchtigkeit mit Wachs oder Öl behandelt.

Es werden auch farbig lackierte Massivholzküchen angeboten.

7.1 Die Materialien von Küchenfronten und Arbeitsplatten

Das Design der Küchenoberfläche, insbesondere der Möbelfronten und Arbeitsplatten, spielt oft die Hauptrolle beim Küchenkauf. Die meisten Käufer wissen schnell, was ihnen gefällt. Aber woran lässt sich die Gebrauchstauglichkeit der für die Küchenfronten und Arbeitsplatten verwendeten Materialien erkennen? Die Anforderungen hierzu sind in DIN-Normen und durch Prüfzeichen festgelegt. Die in Abschnitt 7.4 aufgeführten Prüfzeichen erlauben dem Küchenfachmann eine Beurteilung für den jeweiligen Planungsfall. Küchenoberflächen und Arbeitsplatten werden nach folgenden Kriterien geprüft:

– chemische Beanspruchung, d. h. Fleckenunempfindlichkeit,

– Kratzfestigkeit,

– Lichtechtheit,

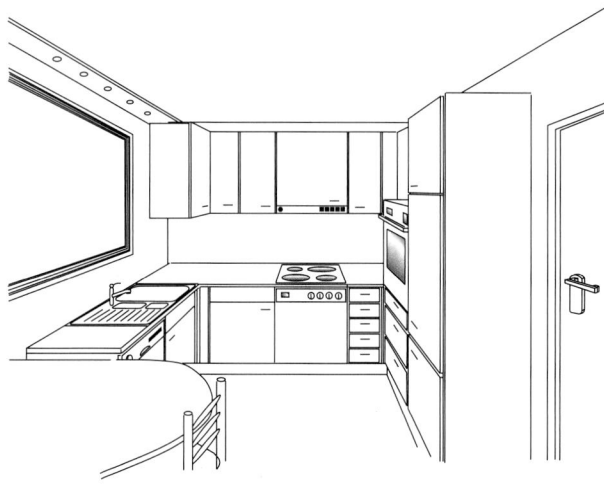

18-12 Beispiel für einen Küchengrundriss und die zugehörige Perspektivansicht der Küche

- Wasserbeständigkeit,
- Hitzebeständigkeit,
- Wasserdampfbeständigkeit,
- Abriebfestigkeit.

Die Tabellen in *Bild 18-13* und *18-14* sollen eine Orientierung bei der Auswahl der Küchenmöbelfront und Arbeitsplatte geben.

Alle Werkstoffe, die für Arbeitsplatten geeignet sind, können grundsätzlich auch als Wandverkleidung zwischen Arbeitsflächen, Geräten und Oberschränken verwendet werden.

7.2 Die Materialien von Spülen

Bei der Auswahl der Spüle spielt neben den in Abschnitt 3.2 beschriebenen Anforderungen das Material die entscheidende Rolle. Es muss ganz besonders strapazierfähig und leicht zu reinigen sein. Gleichzeitig muss es hygienischen Aspekten genügen. Es muss hitze- und kältebeständig sowie schlagfest sein. Säuren, Fette und Laugen dürfen ihm nicht schaden und das Material sollte auch nach jahrelangem Gebrauch möglichst wie neu aussehen.

Folgende Materialien halten diese hohe Belastung aus und haben sich bewährt:

7.2.1 Edelstahl

Edelstahl ist wohl das bekannteste Material mit dem höchsten Marktanteil, das zur Spülenherstellung verwendet wird. Qualitativ hochwertige Edelstahlspülen werden in der Legierung Chrom/Nickel 18/10 gefertigt. Chrom sorgt dafür, dass die Spüle nicht rostet und säurebeständig ist. Nickel gibt die ausreichende Elastizität, damit Geschirr nicht so leicht zu Bruch geht. Edelstahlspülen sind fast unverwüstlich, dabei elastisch, hitze- und säurebeständig, hygienisch, schlagfest und pflegeleicht. Die Edelstahlspüle passt zu den meisten Küchenstilen.

Durch Polieren glänzt ihre Oberfläche. Kratzspuren lassen sich allerdings nicht immer beseitigen.

7.2.2 Keramik

Dem Trend zu natürlichen Materialien entspricht die Keramikspüle. Durch den Brennvorgang bei 1200 °C ist die Spüle unempfindlich gegen heiße Töpfe und Pfannen. Sie ist sowohl stoß- und kratzfest als auch leicht zu reinigen und hygienisch einwandfrei. Im Haushalt vorkommende Chemikalien, Säuren und Laugen können ihr nichts anhaben. Keramikspülen werden in großer Farbauswahl angeboten und sind daher variabel zu kombinieren.

7.2.3 Email

Email ist eine Beschichtung aus geschmolzenem Glas, welches als Deckmaterial für die Oberfläche von Stahlblech verwendet wird. Für die Qualität einer Emailspüle ist nicht nur die Güte des Emails entscheidend, sondern auch der verwendete Spezialstahl und die Verarbeitungstechnik. Eine hochwertige Emailspüle sollte aus einem Stück Spezialstahl tiefgezogen sein. Die Becken dürfen nicht geschweißt worden sein, denn an den Nahtstellen kann es sehr leicht zum Abplatzen des Emails kommen. Die Oberfläche ist absolut hitzebeständig. Obwohl das Emailverfahren in den letzten Jahren ständig verbessert wurde, hat Email eine geringere Schlagfestigkeit als andere Materialien.

7.2.4 Verbundwerkstoffe

Unter verschiedenen Markennamen, z. B. Corian, werden Spülen aus hochwertigen Verbundwerkstoffen angeboten. Sie bestehen zumeist aus formbarem Acryl in Verbindung mit natürlichen Materialien wie Silikatquarz, Granit oder Aluminiumhydroxyd. Diese Werkstoffe bieten eine Vielfalt an Formen und Farben. Verbundwerkstoffe sind unempfindlich gegen Hitze, Schläge, Kratzer, Farbstoffe, Säuren und Laugen.

	Oberfläche			
Prüfung	Kunststoff abhängig von der Qualität	Lack	Fenster	Massivholz
Fleckenunempfindlichkeit	hoch	niedrig	mittel	niedrig
Kratzfestigkeit	mittel bis hoch	niedrig	mittel	niedrig
Lichtechtheit	hoch	mittel	niedrig	niedrig
Wasserbeständigkeit	hoch	hoch	niedrig	niedrig
Hitzebeständigkeit	mittel bis hoch	mittel	niedrig	niedrig
Wasserdampfbeständigkeit	hoch	mittel	niedrig	niedrig
Abriebfestigkeit	mittel bis hoch	mittel	mittel	gering

Bewertungsstufen: hoch – mittel – niedrig – gering

18-13 Entscheidungshilfe für die Auswahl der Küchenmöbelfront

7.2.5 Granit

Insbesondere in Küchen mit professionellem Design wird seit einigen Jahren auch Granit eingesetzt. Granit ist ein Naturstein von sehr hoher Dichte und Härte und fällt durch seine kristalline Punktstruktur auf. Er ist unempfindlich gegen Schläge und Kratzer, jedoch empfindlich gegen Säuren. Nach längerer Benutzung kann Granit Feuchtigkeit aufnehmen und sich dadurch verfärben.

7.3 Die Innenausstattung der Küchenmöbel

Wie in Abschnitt 3 ausführlich dargestellt, bietet das Schrankangebot für jeden Küchengrundriss und die verschiedenen Arbeitsbereiche passgenaue Lösungen. Weil zu einer zweckmäßigen Arbeitsplatzgestaltung unbedingt die Zuordnung der Arbeitsgeräte und Hilfsmittel und die Entsorgung der Abfälle gehört, sollte die Innenausstattung der Küchenschränke gut durchdacht werden.

Materialien für Oberflächen von Arbeitsplatten						
Prüfung	Kunststoff (Melamin)	Massivholz	Edelstahl	Granit/Marmor	Verbundwerkstoffe (Corian/Askilan)	Fliesen
Fleckenunempfindlichkeit	hoch	niedrig	mittel	mittel	hoch	hoch
Kratzfestigkeit	mittel	gering	mittel	sehr hoch	mittel	sehr hoch
Lichtechtheit	hoch	gering	hoch	hoch	hoch	hoch
Wasserbeständigkeit	hoch	gering	hoch	hoch	hoch	hoch
Hitzebeständigkeit/trockene Hitze	mittel	mittel	hoch	hoch	hoch	hoch
Hitzebeständigkeit/feuchte Hitze	hoch	mittel	hoch	hoch	hoch	hoch
Abriebfestigkeit	mittel	gering	mittel	hoch	hoch	hoch

Bewertungsstufen: sehr hoch – hoch – mittel – niedrig – gering

18-14 Entscheidungshilfe für die Auswahl der Arbeitsplatte

7.3.1 Varianten von Küchenschränken

Küchenschränke mit festen oder variablen Einlegeböden bei Unter- und Hochschränken sind überholt. Sie werden durch **Front- oder Innenauszüge mit Teleskopschienen** verdrängt. Hiermit kann der Schrankinhalt nach außen gezogen werden, sodass ein vollständiger Überblick gewährleistet ist, der gesamte Platz genutzt und das Gewünschte einfach von oben entnommen werden kann.

Frontauszüge funktionieren nach dem Schubladenprinzip, Innenauszüge werden erst nach dem Öffnen der Schranktür herausgezogen. Als **Apothekerschränke** werden Hochschränke mit Frontauszug, die als Vorratsschränke genutzt werden, bezeichnet. Ein Beispiel hierfür ist links in *Bild 18-15* dargestellt.

Durch Dämpfungs- und Einzugssysteme schließen Möbeltüren lautlos, Schubsysteme und Auszüge werden nach leichtem Anschieben sanft in ihre Ausgangsposition gezogen. Durch das sanfte Schließen wird nicht nur Lärm vermieden, auch empfindliches Geschirr wird geschont.

Um ungenutzte Ecken zu vermeiden und in der Küche mehr Stauraum zu schaffen, werden verschiedene Eckschranklösungen angeboten:

- Bei **Karussell-Eckschränken** bieten kreisförmige Ablageböden einen guten Zugriff auf den Schrankinhalt. Die rechtwinklige Ecktür ist dabei häufig fest mit den Ablageböden verbunden, die sich beim Öffnen der Tür um eine Mittelachse drehen.

- Als **Tablarschränke** werden Eckschränke mit halbkreisförmigen Einlegeböden bezeichnet. Bei ihnen ist nur der untere Boden mit der Tür verbunden, sodass er beim Öffnen der Tür herausgeschwenkt wird. Weil der obere Boden besser einsehbar ist, wird er nur bei Bedarf von Hand herausgeschwenkt.

- **Diagonal-Eckschränke** verbinden die angrenzenden Küchenmöbel mit einer diagonal verlaufenden Front. Durch ausgeklügelte Systeme kann das Schrankinnere besser zugänglich gemacht werden. *Bild 18-15* zeigt rechts einen Diagonal-Eckschrank mit Fachböden als Hochschrank für Vorräte.

Außerdem wird eine Vielzahl von Spezialausstattungen angeboten. So können z. B. Küchenmaschinen und Allesschneider mit Hebevorrichtungen herausgezogen und auf Arbeitshöhe gebracht werden.

Zusätzlichen Stauraum bieten:

- **Nischenschränke** für den Raum zwischen Unter- und Oberschrank. Hier können z. B. ElektroKleingeräte wie Kaffeemaschine und Handrührgerät jederzeit griffbereit verstaut werden,

- **Aufsatzschränke**, die den Oberschrank ersetzen, weil sie von der Arbeitsplatte bis zur Gesamthöhe der Küche reichen,

- **Sockelschubladen**, z. B. zum Verstauen einer Trittleiter, für Backformen oder Einkaufstaschen.

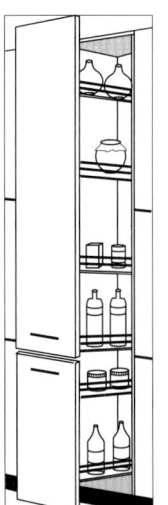

18-15 „Apothekerschrank" und Eck-Vorratsschrank

Beim Einbau von Nischen- und Aufsatzschränken ist zu bedenken, dass nur der vordere Teil der Arbeitsplatte genutzt werden kann.

Neben den herkömmlichen Türen zum Verschließen der Küchenmöbel werden **Falttüren** angeboten, durch die die Türbreite senkrecht geteilt wird. Falttüren verbessern die Bewegungsfreiheit, weil sie geöffnet nicht so weit in den Raum hineinragen. Bei Oberschränken können auch sogenannte **Lifttüren** eingebaut werden. Beim Öffnen werden sie nach oben geschwenkt und bieten dadurch Kopffreiheit. Das gilt auch für **Hochfalt-, Schwenk- und Klapptüren**. Spezialbeschläge sorgen dafür, dass sich z. B. Lifttüren mühelos nach oben bewegen lassen, in jeder gewünschten Position arretieren und sich durch integrierte Dämpfungssysteme auf leichten Druck wieder sanft schließen.

7.3.2 Mülltrennsysteme

Pro Person und Jahr werden durchschnittlich rund 450 kg Haushaltsabfälle verursacht. Dabei handelt es sich hauptsächlich um Hausmüll, Wertstoffe wie z. B. Glas, Verpackungen, Papier, organische Abfälle und einen geringen Anteil Sperrmüll. Dank des gestiegenen Umweltbewusstseins ist die Mülltrennung heute in den meisten Haushalten selbstverständlich geworden. Weil der meiste Abfall in der Regel im Arbeitsbereich Vorbereitung zwischen Herd und Spüle anfällt, ist der **Einbau eines Mülltrennsystems im Spülenunterschrank** am zweckmäßigsten. Alternativ auch im Unterschrank daneben.

Für die Mülltrennung werden unterschiedliche Systeme angeboten:

– Behälter, die beim Öffnen einer Unterschranktür herausgeschwenkt werden,
– Behälter, die hinter- oder nebeneinander angeordnet nach dem Auszugprinzip hervorgeholt werden, wie in *Bild 18-16* dargestellt.

Ein **Durchwurfschacht** für die Beseitigung organischer Abfälle, der in die Spüle oder Arbeitsplatte eingelassen wird, ist eine praktische Einrichtung, sollte jedoch aus hygienischen Gründen regelmäßig gereinigt werden. Das gilt natürlich auch für den darunter befindlichen Behälter, der den organischen Müll auffängt.

Das Fassungsvermögen des Mülltrennsystems sollte auf die Haushaltsgröße und die Anzahl und Art der regelmäßig zubereiteten Mahlzeiten ausgelegt sein und möglichst für das differenzierte Sammeln von Bio-, Kunststoff-, Papier- und Restmüll ausgestattet sein.

7.4 Die Kriterien für die Qualität von Küchenmöbeln

Je aufwendiger und spezieller die Ausstattung der Küchenschränke, desto teurer wird die Küche. Wer nicht so viel Geld ausgeben möchte, sollte überlegen, welche Ausstattung zunächst den größten Nutzen bringt. Gute Küchenspezialisten können den Innenraum eines Schrankes auch nach Jahren noch verändern.

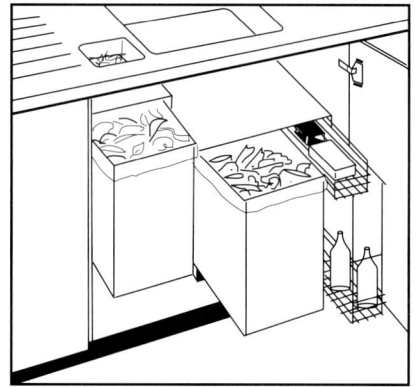

18-16 Mülltrennsystem mit Auszugeimern und Durchwurfschacht

Konkretisiert sich die Kaufabsicht für ein bestimmtes Küchenmodell, gibt es neben den in Abschnitt 3.1 bereits beschriebenen Normen weitere Möglichkeiten zur Information über die Qualität:

- Das **RAL-Gütezeichen** für ein Küchenmöbelprogramm in Form eines goldenen M garantiert eine Qualität, die weit über die Gesetzesauflagen und Normen hinausgeht. Mitglieder der Gütegemeinschaft lassen die Möbel bei anerkannten Prüfinstituten nach strengen Qualitätsrichtlinien testen. Der Käufer erhält einen sogenannten Möbelpass mit genauen Informationen.
- Das **GS-Zeichen** steht ebenfalls für die von autorisierten Prüfinstituten, z. B. dem TÜV, testierte „Geprüfte Sicherheit". Es wird für technische Arbeitsmittel vergeben. Das GS-Zeichen ist eine freiwillige deutsche Kennzeichnung und soll durch eine neue, innerhalb der Europäischen Union gültige ersetzt werden.

Neben den beschriebenen Gütezeichen hat der Käufer auch selbst die Möglichkeit, die Qualität der Küchenmöbel anhand der nachstehenden Merkmale zu erkennen:

- Schließen die Schranktüren selbsttätig und leise?
- Lassen sich Schubladen und Auszüge auch bei großer Belastung leicht und ohne zu verkanten herausziehen?
- Haben die Türen Clipscharniere? Schranktüren können dadurch z. B. zum Auswischen des Schranks ohne Werkzeug und ohne anschließende Justierung abgenommen und wieder angebracht werden.
- Haben Auszüge und Schubladen einen Vollauszug, der einen 100%igen Einblick ermöglicht, sowie eine Einziehautomatik, die in jeder gewünschten Position stehen bleibt und die letzten Zentimeter selbsttätig schließt?

Bei hochwertigen Küchenmöbeln sollten alle genannten Anforderungen erfüllt werden.

8 Die gerätetechnische Ausstattung: Stand-, Unterbau- und Einbaugeräte

Für die Zweckmäßigkeit und Funktionstüchtigkeit einer Küche ist es von untergeordneter Bedeutung, ob Stand-, Unterbau oder Einbaugeräte gewählt werden. Alle Geräte haben wie die Küchenmöbel Normmaße. Eine Ausnahme macht hier lediglich die Breite von Standgeräten, die nicht genormt ist.

Die Gerätearten, ihre Stellflächen und ihre Zuordnung zu den Arbeitsplätzen sind in den Abschnitten 3.1 bis 3.4 schon beschrieben worden. In den folgenden Abschnitten geht es um die richtige Auswahl aus einem großen Angebot an technischen Ausstattungsmöglichkeiten.

Standgeräte können frei aufgestellt oder an andere Küchenmöbel und Geräte angestellt werden. Sie sind 85 cm hoch und 60 cm tief. Kühl- und Gefriergeräte gibt es mit unterschiedlichen Gerätetiefen, z. B. 63/65 cm. Die Mehrzahl der Standgeräte bietet im Vergleich zu Unterbau- und Einbaugeräten eine begrenzte Ausstattung.

Unterbaugeräte sind Standgeräte ohne Abdeckung. Sie werden unter eine durchgehende Arbeitsfläche geschoben, sind 82 cm hoch und 57 cm tief. Die Breite der Geräte liegt zwischen 45 und 120 cm. Im Sockelbereich höhen- und tiefenverstellbare Geräte gewährleisten die Anpassung an den Möbelsockel. Unterbaugeräte sind dekorfähig, d. h. ihre Front lässt sich mit einer zur Küchenmöbelfront passenden Dekorfläche verkleiden. Es werden auch integrierbare Unterbaugeräte angeboten.

Einbaugeräte müssen in einen Umbauschrank, den jeder Küchenhersteller serienmäßig liefert, eingebaut werden. Sie bieten die umfangreichste Ausstattung. Durch den Umbauschrank können Einbaugeräte in optimaler Arbeitshöhe angeordnet werden. Dieses ist besonders bei Kühlgeräten, Geschirrspülmaschinen und Mikrowellengeräten sinnvoll und bietet sich auch für Backöfen, Dampfgargeräte, Geschirrwärmer und Kaffeeautomaten an. Einbaugeräte werden in Breiten von 50 bis 120 cm angeboten. Sie sind dekorfähig oder integrierbar.

Integrierbare Geräte haben eine geringere Tiefe, weil die Gerätetür mit der Schranktür des Umbauschranks verbunden wird. Beide Türen werden zusammen geöffnet. Auf diese Weise verschwinden Geräte hinter Möbelfronten und es ergibt sich ein einheitliches Gesamtbild. Es gibt integrierbare Einbau- und Unterbaugeräte.

Bild 18-17 zeigt die verschiedenen Bauformen der Geräte am Beispiel der Geschirrspülmaschine.

8.1 Die Herde

Kaum ein Gerät wird in einer derartigen Ausstattungsvielfalt angeboten wie der Herd. Das beginnt schon mit der Frage, ob ein Elektro- oder ein Gasherd die geeignete Lösung bietet. Das Angebot umfasst Stand-, Einbau- und Unterbauherde. Letztere werden nur noch für den Ersatzbedarf angeboten.

8.1.1 Elektro-Kochstellen

Elektro-Kochstellen werden hinsichtlich ihres verwendeten Materials in Kochplatten und Kochzonen unterschieden.

Kochplatten bestehen aus Gusseisen und werden mit einem auf der Unterseite eingelassenen Heizleiter beheizt. Sie sind in eine **Kochmulde** eingebaut und werden als Normal-, Blitz- und Automatikkochplatten mit einem Durchmesser von 14,5, 18 oder 22 cm angeboten.

Als **Kochzonen** werden die gekennzeichneten **Felder eines Glaskeramik-Kochfeldes** bezeichnet, unter denen die Beheizung angeordnet ist. Glaskeramik-Kochfelder sind in der Regel teurer als Kochmulden. Wegen ihrer glatten Oberfläche sind sie jedoch einfacher zu reinigen. So wie die Größen der Elektro-Kochstellen variieren, so unterschiedlich sind auch die Leistungen.

Kochzonen werden mit einem Durchmesser von 10 bis 32 cm angeboten. Das Angebot umfasst neben Einkreis- auch Zweikreis- und Dreikreiszonen, die sich in verschiedenen Größen nutzen lassen, sowie Bräter- und Warmhaltezonen. Kochzonen werden durch Strahlungsheizkörper oder Induktion beheizt, selten durch Halogenheizkörper. Die Wärmeübertragung zum Kochgeschirr erfolgt bei Kochplatten durch Wärmeleitung, bei Strahlungsheizkörpern und Halogenheizkörpern durch Wärmestrahlung und Wärmeleitung. Weil der Anteil an Wärmestrahlung bei Halogenheizkörpern höher ist als bei Strahlungsheizkörpern, sind die Ankochzeiten bei Halogenheizkörpern geringfügig kürzer als bei Strahlungsheizkörpern oder Kochplatten.

Bei **Induktions-Kochstellen** entsteht im Gegensatz zu den vorgenannten Kochstellenarten die Wärme, wie in

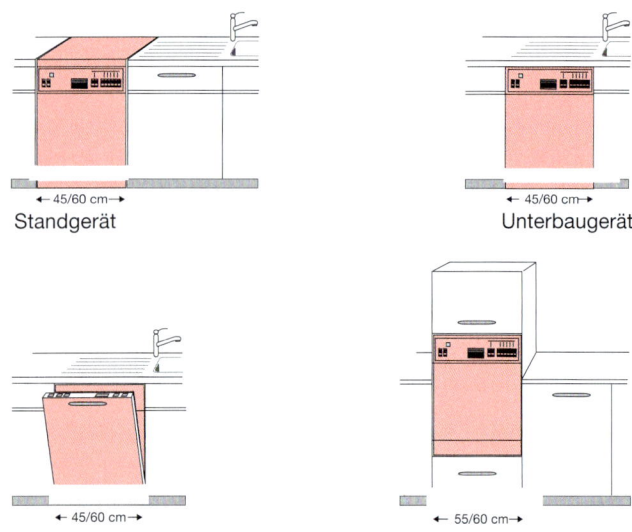

18-17 Geräte-Bauformen am Beispiel der Geschirrspülmaschine

Bild 18-18 dargestellt, durch ein elektromagnetisches Wechselfeld direkt im Kochtopfboden. Dadurch verkürzen sich die Ankochzeiten deutlich. Die Induktionskochstelle reagiert schneller auf Leistungsveränderungen und wird lediglich durch die Eigenwärme des Kochgeschirrs erwärmt. Deshalb brennen Verschmutzungen auf der Glaskeramik nicht ein und sind leicht zu reinigen.

Für das Kochen auf Induktions-Kochstellen eignet sich nur Geschirr aus magnetisierbarem Material, z. B. emaillierter Stahl oder Gusseisen. Daneben gibt es auch spezielle Edelstahlgeschirre aus Chromstahl. Aktuell erhältliches Marken-Edelstahlgeschirr ist in der Regel für Induktions-Kochstellen geeignet. Steht kein induktionsfähiges Kochgeschirr auf der eingeschalteten Kochstelle, findet keine Erwärmung statt. So werden Verbrennungen vermieden und versehentliches Einschalten bleibt ohne Folgen.

Neben den herkömmlichen induktionsbeheizten Kochfeldern gibt es auch **induktionsbeheizte Module** und einen **Induktions-Wok**. Beide können mit anderen Modulen zu einem individuell gestalteten Kochzentrum zusammengestellt werden.

Zu den Innovationen bei Elektro-Kochstellen gehören auch Kochstellen mit **Infrarot-Koch- und -Bratsensoren**. Als Weiterentwicklung der herkömmlichen Automatik-Kochstellen erfassen sie die Temperatur am Kochgeschirr und erreichen dadurch eine noch größere Regelgenauigkeit der Kochstelle.

Autarke Kochfelder sind eigenständige Geräte, können unabhängig von einem Backofen eingebaut werden und benötigen keinen Schaltkasten. Die Bedienelemente sind direkt in das Kochfeld integriert, *Bild 18-19*.

Die **Bedienelemente** liegen meist an der Vorder- oder rechten Seitenkante.

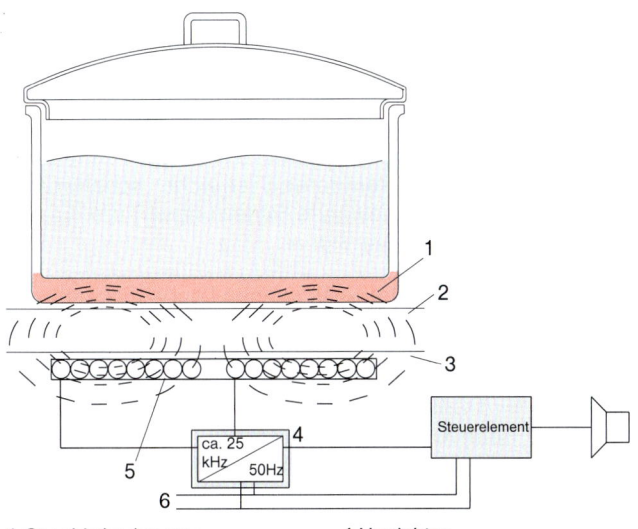

1 Geschirrboden aus magnetisierbarem Material
2 Glaskeramik
3 elektromagnetisches Wechselfeld
4 Umrichter
5 Induktionsspule
6 Netz

18-18 Funktionsschema einer Induktionskochstelle

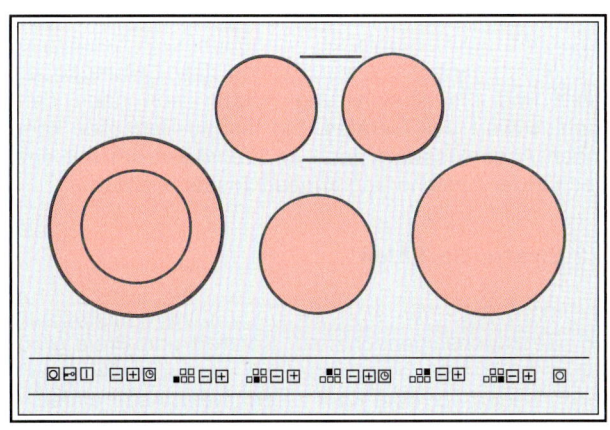

18-19 Autarkes Kochfeld

Angeboten werden

- befestigte Drehschalter für Kochmulden und -felder,
- magnetische Aufsätze in Form eines Drehschalters für Kochfelder,
- Sensorbedienung in Form von Sensortasten oder -slidern (nur für Kochfelder). Beim Slider kann die gewünschte Leistungsstufe durch Entlangführen eines Fingers oder Tippen an der Leistungsskala ausgewählt werden, teilweise in Kombination mit einem Farbdisplay.

Topferkennung und **Topfgrößenerkennung** sind bei Induktionskochfeldern konstruktionsbedingt vorhanden: Die Kochzone heizt nur auf, wenn geeignetes Kochgeschirr darauf steht. Die Topfgrößenerkennung ermöglicht bei Mehrkreiszonen zusätzlich ein automatisches Einschalten der passenden Zahl an Heizkreisen.

Restwärmeanzeigen und andere optische Anzeigen, Kindersicherungen, Inbetriebnahmesperren, **automatische Sicherheitsausschaltungen**, Timerfunktionen, Schutzgitter und -bügel kommen dem Kundenbedürfnis nach Sicherheit entgegen.

Den Festanschluss eines Elektroherdes darf nur ein zugelassener Elektroinstallateur vornehmen. Im Neubau ist ein Drehstromanschluss vorzusehen. Der Leitungsquerschnitt und die Absicherung richten sich nach dem Anschlusswert des Gerätes. Ein Einbau-Backofen kann je nach Anschlusswert auch an Wechselstrom mit entsprechender Absicherung angeschlossen werden.

8.1.2 Elektro-Backöfen

Bei Elektro-Backöfen sind die Unterschiede in Ausstattung, Gebrauchseigenschaften, Komfort und Preis groß. Deshalb ist es hier von besonderem Interesse, den individuellen Bedarf vor dem Kauf zu ermitteln. Auch einfache Elektro-Backöfen bieten mittlerweile die Wahl zwischen mehreren Beheizungsarten.

Ist der Backofen mit **Ober- und Unterhitze** ausgestattet, kann **auf einer Ebene gebraten oder gebacken** werden. Dabei gibt es durchaus die Möglichkeit, mehrere Backformen nebeneinander oder beim Garen eines Menüs sogar mehrere Kochgeschirre übereinander zu stellen. Bei den meisten Geräten können Ober- und Unterhitze auch getrennt geschaltet werden. Letzteres ist z. B. beim Einmachen im Backofen zweckmäßig.

In Backöfen mit **Umluftbetrieb** kann **auf mehreren Ebenen gleichzeitig gegart werden**. Ein Ventilator in der Backofenrückwand sorgt für eine schnellere Wärmeübertragung auf das Gargut. Deshalb kann die Backofentemperatur in der Regel niedriger eingestellt werden als beim Garen mit Ober- und Unterhitze.

Für spezielle Anforderungen, wie z. B. das Erreichen einer krossen Kruste beim Backen von Brot oder für einen besonders knusprigen Braten, ist die **Intensiv-Backstufe** geeignet. Dafür wird der Umluftbetrieb mit Unterhitze bzw. mit Ober- und Unterhitze kombiniert.

Bei Backöfen mit **Schnellaufheizung** werden in der Aufheizphase mehrere Beheizungsmöglichkeiten gleichzeitig geschaltet. Dadurch verkürzt sich die Aufheizzeit. Ist die eingestellte Temperatur erreicht, schaltet das Gerät auf die vorher gewählte Beheizungsart um. Es gibt Geräte mit akustischem Signal.

In Backöfen mit **Flächengrill** können flache Fleisch- oder Fischportionen gegrillt sowie Toasts und Gratins überbacken werden. Die Wärme wird durch einen Infrarot-Grill erzeugt, dessen Heizleistung heute meist regelbar ist. Dadurch wird Grillen bei unterschiedlichen Temperaturen möglich. Beim **Umluftgrillen** wird der Ventilator zugeschaltet, was das Gargut noch knuspriger werden lässt. Es werden auch Backöfen mit **Dreh-Grillspieß** angeboten.

8.1.3 Sonderausstattungen bei Elektro-Backöfen

Bei **Elektro-Backöfen mit integrierter Mikrowellenfunktion** kann diese einzeln oder, wie *Bild 18-20* zeigt, in

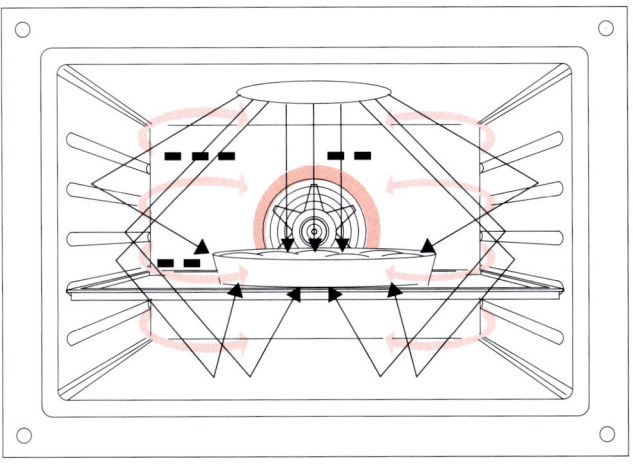

18-20 Elektrobackofen mit Kombinationsbetrieb von Umluftbeheizung und Mikrowellenfunktion

Kombination mit den vorhandenen Beheizungsarten genutzt werden. Bei sehr kleinen Küchen kann bei dieser Geräteausstattung auf das Mikrowellengerät verzichtet werden. Allerdings sollte bedacht werden, dass bei dieser Lösung eine parallele Nutzung von Backofen und Mikrowellengerät nicht möglich ist. Bei Haushalten, die häufig den Backofen nutzen, sind daher zwei getrennte Geräte empfehlenswert, wenn die Küche groß genug ist. Werden Gerichte mit langer Garzeit, z. B. Kartoffelgratin, im Kombinationsbetrieb gegart, lassen sich bis zu 40 % Zeit und bis zu 15 % Energie sparen.

Den Kochprofis abgeschaut sind **Elektro-Backöfen mit Dampfgarsystem**. Darin kann separat mit Dampf (Dämpfen) oder in Kombination mit anderen Beheizungsarten gegart werden. Mittels Dampfgarfunktion kann zwischen den Garverfahren Dünsten, Dämpfen, Blanchieren, Auftauen und Wiedererwärmen gewählt werden. Mit Dampfeinspeisung können Braten, Aufläufe, Gebäcke, Kuchen, Brot und vollständige Menüs gegart werden. Für einige Geräte ist ein fester Wasserzu- und -ablauf erforderlich.

Je nach Gerät werden **weitere Sonderausstattungen** angeboten, wie

– Bratautomatik,
– Bratthermometer,
– Zeitschaltautomatik,
– Abschaltautomatik,
– Programmautomatik,
– elektronische Temperaturregelung,
– Vorschlagstemperaturen,
– Farbdisplay mit Einstellhinweisen und Infotexten.

Außerdem sind **Zusatzausstattungen** lieferbar, wie

– Brotback- oder Pizzabackstein,
– Grillplatte,
– maßgenauer Bräter für die Einschubleisten,
– Einhängeauflagen zum Einschieben der Backbleche,
– Teleskopauszüge,
– Backmobil oder Backwagen, teils mit Softeinzug,
– seitlich öffnende Drehtür.

Das **Kundenbedürfnis nach Sicherheit** erfüllen

– versenkbare Schalterknebel,
– Hauptschalter zur Freigabe der Stromzufuhr,
– Verriegelungsschalter für den Backofen,
– automatische Sicherheitsabschaltung,
– niedrige Oberflächentemperaturen,
– Restwärmeanzeigen.

Die **Reinigung des Elektro-Backofens** wird erleichtert durch

– besonders glatte, porenlose Emailoberflächen im Backofeninnenraum und auf den Backblechen sowie Email mit spezieller Oberflächenbehandlung,

- einen abklappbaren Grillheizkörper,
- eine glatte Backofentür (innen und außen), ohne Werkzeug herausnehmbare Scheiben,
- leicht herausnehmbare Einhänge- und Einschubgitter.

Daneben werden spezielle Reinigungssysteme angeboten:

- Die **katalytische Reinigungshilfe** besteht aus einem Spezialemail, das wahlweise auf Decke, Rückwand oder Seitenblechen innerhalb des Backofens aufgebracht ist. Hierdurch werden Fettverschmutzungen während des Bratens oder Backens ab einer Temperatur von ca. 200 °C abgebaut. Wenn die Reinigungswirkung nachlässt, können die betroffenen Teile ausgetauscht werden.
- Als **pyrolytische Selbstreinigung** wird ein Reinigungsprogramm bezeichnet, bei dem alle Verschmutzungen bei Temperaturen bis zu 500 °C verschwelen. Die Rückstände lassen sich einfach mit einem feuchten Tuch auswischen. Der Energieverbrauch für den Reinigungsvorgang wird bei der sonstigen Nutzung durch die im Vergleich zum herkömmlichen Backofen erforderliche bessere Wärmedämmung kompensiert.

8.1.4 Gas-Kochstellen

Gas-Kochstellen werden hinsichtlich ihrer Konstruktion in **Kochstellenbrenner** und **Kochzonen** unterschieden. Bei Kochstellenbrennern wirken die offenen Gasflammen direkt auf das Kochgeschirr ein. Dagegen sind bei den Kochzonen die Gasbrenner verdeckt unter den gekennzeichneten Feldern einer Glaskeramikplatte angebracht. Aufgrund der indirekten Wärmeübertragung ist hierbei der Energieverbrauch höher. Bei der erstgenannten Variante sind je nach Geräteausstattung ein bis fünf Kochstellenbrenner in einer Kochmulde angeordnet. Es gibt auch Kochstellenbrenner auf einer pflegeleichten Glasoberfläche. Auf der Mulde liegt ein einteiliger oder zweiteiliger Rippenrost, teilweise spülmaschinenfest, auf den das Kochgeschirr aufgesetzt wird. Die Gasbrenner haben unterschiedliche Größen und Leistungen. Gasherde und Gas-Einbaukochmulden mit vier Kochstellenbrennern haben in der Regel einen **Starkbrenner**, zwei **Normalbrenner** und einen **Sparbrenner**. Dadurch kann die Leistung der Topfgröße und dem Gargut entsprechend angepasst werden. Vermehrt im Angebot sind Wok-Brenner mit einer hohen Leistung. Die Brenner bestehen aus Brennerfuß, -kopf und -deckel. Der Brennerfuß liegt unterhalb der Kochmulde. Der Brennerkopf und der runde darauf liegende Brennerdeckel sind dagegen sichtbar.

Variobrenner machen den Einsatz eines Bräters möglich. Es handelt sich hierbei um Starkbrenner, bei denen der runde Brenneraufsatz gegen einen ovalen ausgetauscht werden kann. **Zweikranzbrenner** können nach Bedarf sowohl für Kochgeschirr mit kleinerem als auch mit größerem Durchmesser verwendet werden.

Moderne Gaskochstellen verfügen über eine integrierte **Zündautomatik**. Es werden zwei Systeme angeboten. Geräte mit einer **elektrischen Funkenzündung** müssen an das Stromnetz angeschlossen werden. Beim Eindrücken des Schalterknebels erfolgt die Zündung durch einen zwischen zwei Elektroden erzeugten Funken.

Bei Geräten mit **Piezozündung** ist die Funkenzündung unabhängig vom Stromnetz. Der Zündfunke entsteht durch die Erzeugung einer elektrischen Spannung mittels eines Druckimpulses auf einen piezoelektrischen Kristall. Der Druckimpuls wird durch Zweihandbedienung ausgelöst. Dieses System wird nur noch selten eingesetzt.

Alle angebotenen Gasherde müssen mit einer **Zündsicherung** ausgestattet sein. Als Zündsicherung werden entweder die Thermoelement-Zündsicherung oder die Ionisations-Flammenüberwachung eingesetzt.

Bei der **Thermoelement-Zündsicherung** ist neben dem Brenner ein Thermoelement angeordnet, von dem durch Wärmeausdehnung ca. 5 Sekunden nach dem Zünden der Gasflamme die Gaszufuhr mechanisch freigegeben wird, sodass der Schalterknebel nicht weiter gedrückt werden muss. Verlöscht die Flamme, so kühlt das Thermoelement ab und bewirkt innerhalb von 45 Sekunden das Schließen der Gasleitung.

Die **Ionisations-Flammenüberwachung** verhindert ebenfalls ein ungehindertes Ausströmen von Gas. Hierbei wird durch in der Gasflamme enthaltene Ionen eine Stromkreisbrücke zwischen zwei Elektroden gebildet, die in die Gasflamme ragen. Es entsteht ein geschlossener Stromkreis, der bewirkt, dass die Gaszufuhr geöffnet wird. Verlöscht die Flamme, so wird der Stromkreis unterbrochen und die Gasleitung wird innerhalb von wenigen Sekunden geschlossen.

Es gibt auch Brenner mit einer automatischen Wiederzündung. Diese erkennen, wenn die Flamme z. B. durch Zugluft oder Übergekochtes erloschen ist.

Zu den Innovationen bei Gas-Kochstellen zählen Module, z. B. der separate Wokbrenner, und Kochmulden bzw. Glaskeramik-Kochfelder mit zwei Kochstellenbrennern. Diese lassen sich zu einem individuell gestalteten Kochzentrum, beispielsweise auch in Kombination mit elektrisch beheizten Kochstellen, Fritteuse oder Grill, anordnen.

Wer das Kochen auf einer ebenen Fläche dem Kochen auf der offenen Gasflamme vorzieht, für den bietet sich als pflegeleichtere Lösung das **Glaskeramik-Kochfeld** mit darunter liegenden Strahlungsbrennern an, *Bild 18-21*. Je nach Modell ist das Glaskeramik-Kochfeld im vorderen Bereich mit ein oder zwei Infrarot-Strahlungsbrennern ausgestattet, die ihre Wärme an die dahinter liegenden Kochzonen abgeben. Diese können als Fortkoch- und Warmhaltezonen genutzt werden. Das setzt allerdings voraus, dass die vorderen Kochzonen in Betrieb sind. Die Strahlungsbrenner werden elektronisch gezündet und gesteuert.

Es werden auch Glaskeramik-Kochfelder mit Zweikreis-Kochzonen angeboten, bei denen je nach Hersteller über eine Drucktaste oder einen Schalterknebel die höhere Leistung zugeschaltet werden kann.

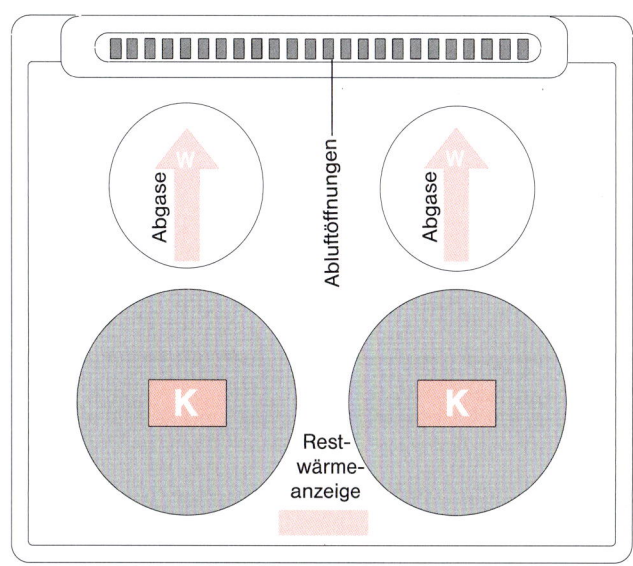

 = Warmhalte- bzw. Fortkochzone   K = beheizte Kochzone

18-21 Gas-Glaskeramikkochfeld

Bei einigen Geräten warnen Restwärmeanzeigen vor Verbrennung.

Die Gas-Kochstelle hat ihren größten Wirkungsgrad, wenn auf der offenen Flamme gekocht wird, d. h. als Gasbrenner in einer Kochmulde. Hier erfolgt die Wärmeübertragung in Form von Wärmeleitung und Konvektion direkt an das Kochgeschirr.

8.1.5 Gas-Backöfen

Gas-Backöfen werden mit unterschiedlichen Beheizungsarten angeboten: mit konventioneller Beheizung, mit Umluft oder mit kombinierter Ausstattung.

Ist der Gas-Backofen mit **konventioneller Beheizung** ausgestattet, wird die vom Brenner unter dem Bodenblech erzeugte Wärme so verteilt, dass der Innenraum des Backofens möglichst gleichmäßig erwärmt wird. In Backöfen mit konventioneller Beheizung kann auf **einer Ebene** gebraten oder gebacken werden. Dabei besteht die Möglichkeit, mehrere Backformen oder Kochgeschirre nebeneinander zu stellen.

In Gas-Backöfen mit **Umluftbetrieb** kann auf **mehreren Ebenen** gleichzeitig gegart werden. Ein Ventilator in der Backofenrückwand sorgt für eine schnellere Wärmeübertragung auf das Gargut. Deshalb kann die Backofentemperatur in der Regel niedriger als beim Garen mit konventioneller Beheizung eingestellt werden.

Backöfen mit **kombinierter Ausstattung** können je nach Bedarf konventionell oder mit Umluft betrieben werden.

In den letzten Jahren konnte bei Gas-Backöfen die Regelbarkeit der Gasbrenner im unteren Temperaturbereich verbessert werden. Geräte mit gehobener Ausstattung sind heute auf Temperaturen ab 50 °C einstellbar, während früher die niedrigste Einstelltemperatur mehr als 100 °C betrug.

Moderne Gas-Backöfen verfügen über eine integrierte **elektrische Funkenzündung**. Deshalb sind die Geräte an das Stromnetz anzuschließen. Je nach Modell erfolgt die elektrische Funkenzündung durch Einhand- oder Zweihandbedienung. Geräte mit vom Stromnetz unabhängiger Piezozündung werden nur noch selten angeboten. Der Gas-Backofen heizt immer mit höchster Leistung auf. Ist die gewählte Temperatur erreicht, verringert sich die Größe der Gasflammen und die Backofentemperatur wird durch einen Temperaturregler konstant gehalten.

Bei Gas-Backöfen werden unterschiedliche Grillarten angeboten:

Beim **Gasglühgrill** heizt ein Gasbrenner das Metallgitter des Grills auf. Dieses gibt Infrarotstrahlen an das auf dem Grillrost liegende Gargut. Die Backofentür bleibt beim Grillen mit dem Gasbrenner geöffnet.

Vorwiegend werden jedoch **Gas-Backöfen mit Elektrogrill** angeboten. Dabei kann der Grill fest eingebaut sein oder in die dafür in der Backofenrückwand vorgesehene Grillsteckdose eingesteckt werden. Bei diesen Geräten wird überwiegend bei geschlossener Backofentür gegrillt.

Daneben gibt es auch Gas-Backöfen mit Umluftsystem und Elektrogrill, in denen ebenfalls bei geschlossener Tür gegrillt werden kann. Weil der Ventilator die Wärme gleichmäßig verteilt, wird das auf dem Rost liegende Gargut rundum gebräunt.

8.1.6 Sonderausstattungen bei Gas-Backöfen

Zu den gerätetechnischen **Sonderausstattungen** bei Gas-Backöfen gehören

– Abschaltautomatik,
– Zeitschaltautomatik,
– Bratautomatik.

Darüber hinaus werden **Zusatzausstattungen** angeboten, wie

– Einhängeauflagen zum Einschieben der Backbleche,
– Teleskopauszüge,
– Backmobil.

Die **Reinigung des Gas-Backofens** kann durch die Wahl eines Gerätes mit folgender Ausstattung erleichtert werden:

– besonders glatte, porenlose Emailoberflächen im Backofeninnenraum und auf den Backblechen,
– leicht herausnehmbare Einhänge- und Einschubgitter,
– eine zum Reinigen herausnehmbare Bodenplatte.

Als Sonderausstattung bietet ein Hersteller einen herausziehbaren Backofeninnenraum an, der ohne Werkzeug zerlegt und in der Geschirrspülmaschine gereinigt werden kann.

Eine Besonderheit ist für den Einbau eines Gasherdes zu beachten: Neben dem Gasherd muss immer ein mindestens 15 bis 20 cm breiter Schrank ohne Rückwand oder ein Schrank mit einer dementsprechenden Öffnung in der Rückwand eingeplant werden. Er wird wie in *Bild 18-22* dargestellt für die Installation des Gasanschlusses und der Elektro-Steckdose benötigt.

Neben reinen Gasherden werden auch **Kombinationen aus Gas- und Elektroherd** angeboten. Hierbei sind die gasbeheizten Kochstellen mit einem Elektro-Backofen kombiniert.

8.1.7 Kochen mit Strom oder Gas

Eine Entscheidung, ob dem Kochen mit Strom oder Gas der Vorzug gegeben werden sollte, ist zunächst davon abhängig, mit welchem der beiden Energieträger bisher gekocht wurde. **Die Handhabung ist so unterschiedlich, dass ein Wechsel in beiden Fällen mit einer größeren Umstellung verbunden ist.** In Deutschland wird in 85 % der Haushalte elektrisch gekocht.

Elektroherde werden in wesentlich größerer **Ausstattungsvielfalt** als Gasherde angeboten. Bei der Anschaffung eines Gasherdes sind zusätzlich die **Kosten für den Gasanschluss in der Küche** zu berücksichtigen. Dagegen sind die Energiekosten beim Kochen mit Erdgas niedriger als beim Kochen mit Strom. Bei einem durchschnittlichen Stromverbrauch eines Vier-Personen-Haushaltes zum Kochen von 580 kWh im Jahr fällt der Unterschied jedoch nicht gravierend aus, sodass die Gesamtkosten sich kaum unterscheiden.

Auch bezüglich des **Primärenergiebedarfs** bestehen zwischen beiden Varianten wegen der wesentlich höheren Wärmeverluste der Gas-Kochstellen keine so gravierenden Unterschiede, dass aus ökologischen Gründen das Kochen mit Gas bevorzugt werden sollte.

8.2 Spezielle Geräte für die Nahrungszubereitung

Neben dem Herd haben sich seit einigen Jahren Geräte mit speziellen Funktionen für die Nahrungszubereitung etabliert. Dazu zählen

– verschiedene Dampfgarer für das Garen von Lebensmitteln in Wasserdampf (mit und ohne Druck),

– eine Edelstahl-Grillplatte für das schnelle Braten und Dünsten klein geschnittener Lebensmittel, Fisch oder Fleisch,

– der Induktions-Wok, dessen Einsatzschwerpunkt die asiatische Küche ist,

– elektro- oder gasbeheizte Module als Einzel- oder Doppelkochstellen, Grill und Fritteuse für die Zusammenstellung eines individuellen Kochzentrums,

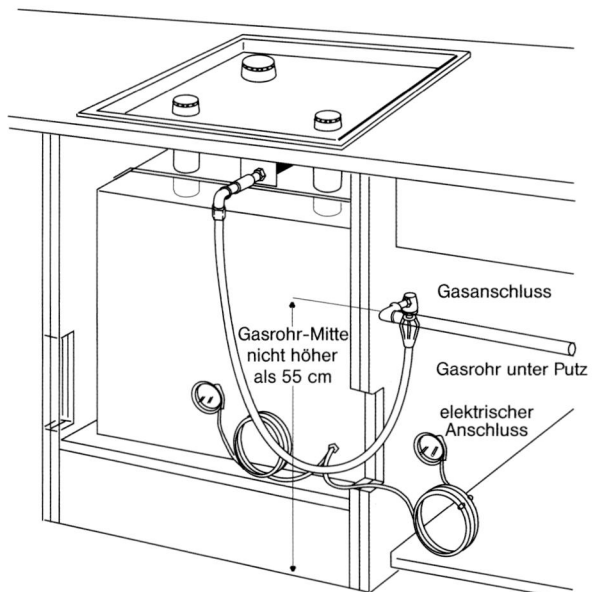

18-22 Der Anschluss eines Gasherdes mit Küchenmöbel-Ausschnitten

- Einbau-Geschirrwärmer, die für vorgewärmte Teller und Serviergeschirr sorgen,
- Einbau-Kaffee- bzw. Espressoautomaten.

Ausführungen zum Platzbedarf und zur Anordnung dieser Geräte werden in Abschnitt 3.3.1 und in *Bild 18-3* gemacht.

8.3 Die Mikrowellengeräte

Immer wenn bei der Nahrungszubereitung Schnelligkeit gefragt ist, bietet sich das Mikrowellengerät als die ideale Ergänzung zum Elektro- oder Gasherd an. In zwei von drei Küchen steht ein Mikrowellengerät. Das ist vor allem auf das umfangreiche Angebot an preiswerten Geräten mit mehreren Leistungsstufen und Zusatzbeheizungen zurückzuführen.

Häufig werden Mikrowellengeräte als **Tischgeräte** auf die Arbeitsfläche gestellt. In den meisten Fällen ist dieses keine günstige Lösung, da Arbeitsfläche verloren geht und der Arbeitsablauf behindert werden kann. Wird der Einbau eines Mikrowellengerätes bei der Küchenplanung berücksichtigt, kann das Gerät optimal in den Arbeitsbereich Nahrungszubereitung integriert werden. Entsprechende Ausführungen für den Einbau werden in Abschnitt 3.3.1 gemacht. **Einbaugeräte** werden entweder direkt einbaufähig oder als Tischgeräte mit entsprechendem Zubehör geliefert. Beide Formen garantieren eine gute Belüftung des Gerätes. Eine spezielle Lösung bietet die Kombination einer Dunstabzugshaube mit einem oberhalb des Flachschirms angeordneten Mikrowellengerät.

Das Geräteangebot umfasst

- Mikrowellengeräte mit reiner Mikrowellenfunktion, auch Sologeräte genannt,
- Mikrowellengeräte mit Grillbeheizung,
- Mikrowellen-Kombinationsgeräte mit Ober- und Unterhitze und/oder Umluft und/oder Grill, selten mit Dampffunktion.

Mikrowellengeräte eignen sich zum Auftauen, Erwärmen und Garen von Speisen. **Als besonders günstig erweist sich das zeitsparende Auftauen tiefgefrorener Lebensmittel sowie das zeit- und energiesparende Garen und Erwärmen kleiner Lebensmittelmengen.** Damit das Mikrowellengerät vielseitig einsetzbar ist, sollte es mindestens vier Leistungsstufen haben. Es werden auch Geräte angeboten, in denen auf zwei Ebenen gegart werden kann.

Weil die Erwärmung durch Mikrowellen nicht über die herkömmlichen Formen der Wärmeübertragung funktioniert, sondern die Mikrowellen Wasser- und Fettmoleküle in Lebensmitteln zum Schwingen bringen und somit über Reibung Wärme erzeugen, muss das verwendete Geschirr so beschaffen sein, dass es von Mikrowellen durchdrungen wird. Deshalb sind Porzellan, Glas und mikrowellengeeignete Kunststoffe geeignet, nicht jedoch Metall, weil es die Mikrowellen reflektiert. Ebenfalls nicht geeignet ist Steingut, weil es wie Lebensmittel die Mikrowellen absorbiert und sich dabei stark erwärmt.

Die Vorteile der Kombination der Mikrowellenfunktion mit anderen Beheizungsarten liegen insbesondere in der Zeitersparnis bei gewohntem Bräunungsergebnis. So werden z. B. Braten und Gratins in nur 40 % der üblichen Zeit gar. In Haushalten, in denen nur selten der Backofen genutzt wird, ist zu überlegen, ob das Mikrowellen-Kombinationsgerät eine geeignete Alternative darstellt.

8.3.1 Sonderausstattungen bei Mikrowellengeräten

Zu den gerätetechnischen Sonderausstattungen bei Mikrowellengeräten gehören:

- Auftauautomatik,
- gewichts-, feuchtigkeits- oder temperaturabhängige Automatikprogramme,

- Gewichtssensoren zur Ermittlung der Gardauer,
- speicherbare Zeit-/Leistungseingabe für ständig wiederkehrende Vorgänge,
- Pizza- und Snack-Automatikprogramme,
- Crisp-, Crust-, Gourmet- oder Crunch-Funktionen für das Bräunen auf speziellem Geschirr,
- Schnell-Vorheizfunktion,
- Warmhaltefunktion.

Weil in Sologeräten nichts anbrennen kann und sie nur feucht ausgewischt werden müssen, brauchen sie keine Reinigungsfunktion. Anders sieht das bei Mikrowellen-Kombinationsgeräten aus. Hier empfiehlt sich die katalytische Reinigungshilfe oder die pyrolytische Selbstreinigung (s. Abschnitt 8.1.3).

8.4 Die Kühlgeräte

In nahezu 100 % aller Haushalte steht ein Kühlgerät, teilweise sind sogar zwei oder mehr Kühlgeräte vorhanden. Das hat, wie in Abschnitt 3.3.4 beschrieben, mit den veränderten Einkaufsgewohnheiten und Lagermöglichkeiten zu tun. Dementsprechend ist das Marktangebot an Kühlgeräten außerordentlich vielseitig. Neue Kühlgeräte sind nicht nur funktionell optimiert und schön, sondern auch **sparsam im Energieverbrauch**.

Kühlgeräte ohne Gefrierfach (Verdampferfach) können in Haushalten eingesetzt werden, in denen auch ein Gefriergerät innerhalb des Arbeitsbereichs Vorratshaltung eingeplant ist. Sie bieten mehr Platz zum Lagern von Lebensmitteln und verbrauchen weniger Energie. Als Richtwert für die Größe gelten 120 bis 140 Liter Nutzinhalt für einen Ein- bis Zweipersonenhaushalt bzw. 60 Liter Nutzinhalt je Person für einen Mehrpersonenhaushalt.

Kühlgeräte mit Gefrierfach (Verdampferfach) haben ein vom Kühlraum getrenntes Fach mit eigenem Temperaturbereich, dessen Temperaturen je nach Geräteart zwischen −1 und −18 °C und noch niedriger liegen.

Die **Sternekennzeichnung** von Ein- bis Vier-Sterne gibt Auskunft über die Mindesttemperatur im Verdampferfach und über die Lagermöglichkeit für Lebensmittel. Angeboten werden meist Vier-Sterne-Fächer, denn nur in ihnen können frische Lebensmittel eingefroren werden und nicht nur bereits gefrorene gelagert werden. In der Regel sind Kühlgeräte mit **automatischer Abtauvorrichtung** ausgestattet.

Geräte mit **Umluft-Kältesystem** haben einen Ventilator. Dadurch sind die Temperaturen auf allen Ebenen gleich und die Wärme wird den eingelagerten Lebensmitteln schnell entzogen.

Zu den Geräten mit Umluft-Kältesystem gehören auch **Mehrzonen-Kühlgeräte**. Sie bieten sich für alle an, die seltener einkaufen und auf Frische Wert legen. Ebenso wie Profi-Kühlsysteme haben Mehrzonen-Kühlgeräte unterschiedliche Temperatur- und Klimabereiche. Kälteunempfindliche, verpackte Lebensmittel werden in einem separaten Fach bei einer Temperatur von knapp oberhalb 0 °C und einer relativen Luftfeuchte von 50 % gelagert. Hier sind z. B. Fleisch, Aufschnitt, Milch und Milchprodukte oder Fisch gut aufgehoben. Unverpackte, kälteempfindliche Lebensmittel, die rasch an Feuchtigkeit verlieren und deshalb welken, werden ebenfalls in einem separaten Fach bei einer Temperatur knapp oberhalb 0 °C, jedoch bei 90 % relativer Luftfeuchte gelagert. Dazu zählen z. B. Blattsalate, Beeren, Pilze und Kohlsorten. Die in den 0°-Zonen gelagerten Lebensmittel bleiben bis zu dreimal länger frisch als in herkömmlichen Kühlgeräten bei einer Temperatur von 6 bis 8 °C. Es werden auch Mehrzonen-Kühlgeräte mit zusätzlichem **Vier-Sterne-Gefrierfach** und **Kühl-Auszugwagen** zum Lagern von Lebensmitteln bei +3 °C bis +11 °C angeboten. Darin können z. B. Getränke, Butter oder Käse bevorratet werden.

Häufig werden Kühlgeräte mit einem Gefriergerät zu einer **Kühl-Gefrier-Kombination** verbunden. Sind die Geräte übereinander angeordnet, wird nur die Stellfläche eines Gerätes benötigt. Beide Geräte können über einen oder zwei Kältemittelkreisläufe versorgt werden. Bei Letzteren können die gewählten Temperaturen in Kühl- und Gefrierteil unabhängig voneinander eingehalten werden und das Kühlteil, z. B. bei längerer Abwesenheit, abgeschaltet werden.

In **Wein-Klimaschränken** mit Umluftkühlung kann Wein ohne Qualitätseinbuße bei einer konstanten Temperatur von ca. +5 °C bis +22 °C langfristig gelagert werden. Die Luftfeuchtigkeit im Gerät wird durch Frischluftzufuhr bei permanenter dynamischer Kühlung ebenfalls konstant gehalten.

Außerdem werden **Wein-Temperierschränke** mit verschiedenen Temperaturzonen angeboten. Hierin können Weine auf die jeweils optimale Trinktemperatur gebracht werden.

8.4.1 Sonderausstattungen bei Kühlgeräten

Seit einiger Zeit werden statt der üblichen übereinander angeordneten Kühl- und Gefriergeräte nebeneinander stehende Großraumgeräte als sogenannte **Side-by-Side-Geräte** angeboten, *Bild 18-23*. Sie ermöglichen eine umfangreiche Vorratshaltung. Diese Geräte können – ganz im Stil der amerikanischen Lebensart – mit einem Eiswürfelbereiter ausgestattet sein, der direkt an die Wasserleitung angeschlossen ist. Ohne die Gerätetür zu öffnen, können jederzeit gekühltes, gefiltertes Trinkwasser, Eiswürfel oder zerstoßenes Eis für Getränke entnommen werden.

Ein Barfach in der Tür ermöglicht z. B. die Getränkeentnahme, ohne die gesamte Kühlschranktür öffnen zu müssen.

Die **Innenausstattung** der Kühlgeräte besteht heute zumeist aus bruchsicheren Glasablageflächen, die sich leicht reinigen lassen. Manche Geräte bieten auch runde Ablagemöglichkeiten speziell für Flaschen oder teilbare Ablageflächen. Die 0°-Zone ist meistens mit Schubladen auf Teleskopschienen ausgestattet. Die Geräte-Innentür lässt sich häufig durch sogenannte Clip-Systeme variabel aufteilen.

Kühlgeräte werden auch in puncto Design immer attraktiver. Weiche Designlinien, neue Formen, Außengehäuse aus Edelstahl, Aluminium oder auffallende farbige Lackierungen machen gerade Standgeräte, in dieser anspruchsvollen Form auch Solitärgeräte genannt, zum Blickfang in der Küche.

18-23 Großraum-Kühl-Gefrier-Kombination als Side-by-Side-Gerät

8.5 Die Gefriergeräte

Das Marktangebot an Gefriergeräten bietet für jeden Bedarf etwas: für den Haushalt, der nur gelegentlich kleine Mengen Tiefkühlkost einlagert, und für den Haushalt mit umfangreicher Vorratshaltung. Grundsätzlich sind alle Geräte mit einem **Vier-Sterne-Symbol** für das Einfrieren und Lagern von Lebensmitteln geeignet. In ihnen werden Temperaturen von −18 °C und niedriger erreicht. Neben den Einkaufs- und Essgewohnheiten spielt der Platzbedarf die Hauptrolle bei der Auswahl eines Gefriergerätes. Als Richtwerte pro Person gelten 50 bis 80 l Nutzinhalt für Haushalte, die nur kleine Vorräte einfrieren möchten. Bei umfangreicher Vorratshaltung sind 100 bis 130 l pro Person angebracht. Gefriergeräte werden als Gefriertruhen, Gefrierschränke oder Kühl-Gefrier-Kombinationen angeboten.

Gefriertruhen haben einen größeren Nutzinhalt und benötigen mehr Stellfläche als Gefriergeräte oder Kühl-Gefrier-Kombinationen. Sie werden in der Regel nicht in der Küche aufgestellt. Ist ein separater Vorratsraum vorhanden oder gegebenenfalls ein Hausarbeitsraum, kann die Gefriertruhe dort aufgestellt werden; häufig erfolgt die Aufstellung im Keller.

Gefriergeräte in Schrankform haben wechselbare Türanschläge, einige Geräte sind mit Frontauszügen versehen. Einbaugeräte sind dekorfähig oder integrierbar. In den Abschnitten 8.4 und 8.4.1 werden die verschiedenen Kombinationen mit Kühlgeräten hinsichtlich Technik und Design ausführlich beschrieben.

Gefrierschränke mit No-Frost-Kältesystem machen das Abtauen überflüssig. Sie müssen nur noch feucht ausgewischt werden. Bei Gefriertruhen reduzieren spezielle Anti-Reif-Systeme die Eis- und Reifbildung um bis zu 80 %.

Durch gerätetechnische Verbesserungen wurde der **Energieverbrauch** bei Gefriergeräten innerhalb der letzten Jahre massiv gesenkt. Eine Marktübersicht zeigt jedoch große Unterschiede im Stromverbrauch. Im Extremfall kann ein energetisch günstiges Gerät bei vergleichbarer Größe und Ausstattung mit einem Viertel des Stromverbrauchs eines ungünstigen Gerätes auskommen. In der Regel schneiden hier Billiggeräte im Vergleich zu Energiespargeräten deutlich schlechter ab. Eine einfache Orientierungsmöglichkeit über den Energieverbrauch der verschiedenen Gefriergeräte gibt das in *Bild 18-26* als Beispiel dargestellte Energielabel.

8.5.1 Sonderausstattungen bei Gefriergeräten

Zu den gerätetechnischen Sonderausstattungen bei Gefriergeräten gehören:

– integrierte Öffnungsmechanik zum Öffnen der Gerätetür ohne Kraftaufwand,
– variabler Innenraum durch unterschiedliche Schubladenhöhen und Großraumboxen,
– verbesserte Übersicht durch transparente Schubladen und Klappen, teilweise auf Teleskopschienen ausziehbar,
– exaktes Einhalten der Temperatur durch elektronische Steuerung,
– Innenbeleuchtung,
– automatischer Eiswürfelbereiter,
– Raumteiler für den Gefrierschrank oder Sparschaltung für die Gefriertruhe bei nicht gefüllten Geräten, um Energie zu sparen,
– integrierte Kälteakkus; sie schaffen eine Kältereserve bei Stromausfall und sind auch für Kühltaschen nutzbar,
– Ablaufstutzen im Sockel des Gerätes zum einfachen Auffangen des Tauwassers,
– Griffe an der Rückwand für den einfachen Transport von Standgeräten,
– Rollen unter dem Standgerät erhöhen die Beweglichkeit.

Ausführungen zum Platzbedarf und zur Anordnung von Gefriergeräten werden in Abschnitt 3.3.4 und in *Bild 18-3* gemacht.

8.6 Die Geschirrspülmaschinen

Wie viel Geschirr in einem Haushalt täglich anfällt, ist abhängig von der Haushaltsgröße sowie den Gewohnheiten bzw. den Ansprüchen der Haushaltsmitglieder. Dabei kommt es auch darauf an, ob alle oder nur ein Teil der Mahlzeiten zu Hause eingenommen werden. Der durchschnittliche Zeitaufwand für das Geschirrspülen von Hand liegt in einem Drei-Personen-Haushalt bei 160 Stunden im Jahr. Wird das Geschirr hingegen von einer Geschirrspülmaschine gespült, verringert sich der Arbeitszeitaufwand um 75 %, weil das Geschirr nur noch ein- und ausgeräumt werden muss. Zwei Drittel aller Haushalte nutzen die Geschirrspülmaschine zur Entlastung von unangenehmer und zeitraubender Arbeit. Hinzu kommt, dass die Küche immer aufgeräumt ist, weil schmutziges Geschirr sofort in der Geschirrspülmaschine verschwindet.

Moderne Geschirrspülmaschinen kommen mit weniger Wasser und Energie aus, als beim Spülen von Hand benötigt werden. Für ein Standard-Spülprogramm, z. B. mit 50 °C, verbraucht eine Geschirrspülmaschine mit 14 Maßgedecken nur 10 Liter Wasser und 0,85 kWh Strom. Würde dieselbe Geschirrmenge von Hand gespült, läge der Wasserverbrauch bei 85 Litern und der Stromverbrauch bei 2,1 kWh.

Das Fassungsvermögen von Geschirrspülmaschinen wird nach EN DIN 50242 in Maßgedecken festgelegt. Je nach Hersteller und Bauform haben die Geräte ein Fassungsvermögen von 4 bis 15 Maßgedecken. 10 bis 14 Maßgedecke entsprechen dem täglichen Geschirranfall eines 3- bis 4-Personen-Haushaltes.

Wird eine neue Küche geplant, stellt sich die Frage nach dem richtigen Platz für die Geschirrspülmaschine. Hierauf wird in Abschnitt 3.3.2 sowie in *Bild 18-3* eingegangen.

Ist wenig Stellfläche vorhanden, bietet sich ein **Gerät in Schmalbauweise** von 45 cm an. Daneben gibt es **Kompaktgeräte**, die entweder auf die Arbeitsfläche gestellt oder mit einem Einbausatz in einen Küchenhoch- oder Unterschrank eingebaut werden können. Alle weiteren Bauformen sind in Abschnitt 8, *Bild 18-17* beschrieben.

Geschirrspülmaschinen benötigen einen eigenen Stromkreis mit einer Absicherung von 10 Ampere. Für den Wasserzulauf ist ein Absperrventil mit einem Anschlussgewinde von ¾ Zoll erforderlich. Die Geräte können an Kalt- oder an Warmwasser bis max. 60 °C angeschlossen werden. Sie haben einen Ablaufschlauch von ca. 1,50 m Länge, der an den Wasserabfluss angeschlossen wird. Die Förderhöhe der Pumpe beträgt etwa 1 m. Sie kann sich durch die Verwendung eines längeren Abflussschlauches verringern. Zum Schutz vor Wasserschäden sind die meisten Geschirrspülmaschinen mit Wasserschutzsystemen ausgestattet. Angeboten wird neben einem Basisschutz auch ein Komplettschutz vor Wasserschäden mit Herstellergarantie ein Geräteleben lang.

8.6.1 Sonderausstattungen bei Geschirrspülmaschinen

– Höhenverstellbarer Oberkorb zur Anpassung an verschiedene Tellergrößen,

– bedarfsgerechte Spülkorbgestaltung durch herausnehmbare oder klappbare Einsätze, Halterungen für langstielige Gläser,

– Sonderkörbe und -einsätze für Gläser, Tassen oder Flaschen,

– spezielle Einordnungsmöglichkeiten für Bestecke, z. B. Besteckschublade, Besteckaufsatz oder Besteckablage,

– leiser Betrieb, vorteilhaft insbesondere bei einer Wohnküche oder offenen Küche.

– Multi-Tab-Funktionen: Bei Verwendung von kombinierten Reinigertabletten (3-in-1, 4-in-1, 5-in-1 usw.) kann – je nach ortstypischer Wasserhärte – in der Regel auf

Salz und Klarspüler verzichtet werden. Bei Anwahl der Zusatzfunktion für Multi-Tab-Reiniger wird die Klarspülerdosierung automatisch auf ein Minimum reduziert bzw. herstellerabhängig komplett ausgeschaltet. Ebenso herstellerabhängig werden die Kontrolllampen für Salz- und Klarspülermangel z. T. automatisch deaktiviert.

Einige Geschirrspüler mit elektronischer Steuerung passen den Programmablauf automatisch an, um die Tabs in ihrer Wirkung zu unterstützen,

– Restlaufzeitanzeige,
– eine Zeitverkürzungsfunktion verkürzt die Programmlaufzeit um bis zu 66 %, der Energie- und Wasserverbrauch ist meist höher,
– Backblechsprühdüse im Unterkorb zum Reinigen von Backblechen oder Metallfiltern von Dunstabzugshauben,
– Innenbeleuchtung,
– Nachfüll-Anzeigen für Salz und Klarspüler; Siebkontrollanzeige zur Erinnerung an die Reinigung der Siebkombination,
– besonders sparsam arbeitende Automatikprogramme, bei denen Sensoren Geschirrmenge, Geschirrart und Verschmutzungsgrad erfassen und Wassermenge, Temperatur und Programm darauf abstimmen.

Durch die variable Korbgestaltung der Geschirrspülmaschine lassen sich nahezu alle im Haushalt verwendeten Geschirr- und Besteckteile sowie Kochtöpfe reinigen.

8.7 Die Dunstabzugshauben

Beim Kochen entstehen meist angenehme und appetitanregende Gerüche, die abgekühlt eher unangenehm sind. Daneben bildet sich auch Dampf aus siedendem Wasser und Fettdunst aus heißem Fett. Dieses Gemisch wird als **Wrasen** bezeichnet. Der Wrasen verbreitet sich in der Küche und schlägt sich dort abgekühlt als Kondensat auf Wänden, Möbeln und Geräten nieder. Er kann auch in die angrenzenden Wohnräume gelangen. Die Folge davon sind Geruchsbelästigung und Fettablagerungen und daraus resultierende Reinigungsarbeiten. Durch den Wrasen können Feuchteschäden entstehen. Eine fachkundig geplante Be- und Entlüftung der Küche vermeidet diese negativen Erscheinungen.

In der Küche ist eine gerichtete und kontrollierte Be- und Entlüftung, bei der auch Fette aufgenommen werden, nur mit einer Dunstabzugshaube möglich.

Die Breite der Dunstabzugshaube sollte mindestens der Breite der Kochstelle entsprechen. Dunstabzugshauben saugen den Wrasen ab und filtern das Fett heraus. Bei **Abluftbetrieb** führen sie die Luft nach außen, bei **Umluftbetrieb** wird die Luft über einen Fett- und zusätzlich einen Aktivkohlefilter gereinigt und wieder in die Küche zurückgeführt. Beide Verfahren werden als dynamische Lüftung, Fenster- und Türlüftung dagegen als statische Lüftung bezeichnet.

Dunstabzugshauben sind fast immer für den Abluftbetrieb konstruiert. Durch den Einbau eines Aktivkohlefilters können sie für den Umluftbetrieb umgerüstet werden.

Weil beim **Umluftbetrieb** die gereinigte Luft wieder in den Raum zurückgeführt wird, findet kein Luftaustausch durch Außenluft statt, *Bild 18-24*. Man spricht von einem geschlossenen Kreislauf, bei dem weder Unter- noch Überdruck entsteht. Bei dieser Betriebsart kann die Feuchtigkeit nicht aus dem Raum entfernt werden; hierfür ist zusätzliche Fensterlüftung erforderlich. Die Luftfördermenge bei Umluftbetrieb ist durch den Aktivkohlefilter reduziert. Umlufthauben werden häufig in geschlossenen Küchen, Niedrigenergie- und Passivhäusern sowie in Häusern mit nicht ausreichender Zuluft bei gleichzeitigem Betrieb eines raumluftabhängigen Heizungssystems eingesetzt. Da Umlufthauben nicht so effizient arbeiten wie Ablufthauben, ist die Planung einer Umlufthaube bei gleichzeitigem Einsatz von Grill, Fritteuse oder Wok nicht empfehlenswert.

Wie in Abschnitt 2.3 beschrieben, wird der Wrasen bei **Abluftbetrieb** der Dunstabzugshaube über eine **Abluftleitung** und einen **Mauerkasten** durch die Außenwand, eine Dachentlüftung oder über einen Abluftschacht nach außen geführt, *Bild 18-25*. Weil Abluft grundsätzlich immer Zuluft benötigt, muss die abgeführte Luft durch Frischluft, möglichst von oben einströmend, ersetzt werden.

Wie in Kapitel 9-3.1 beschrieben, kann wegen der notwendigen Luftdichtheit der Gebäudehülle, die durch § 6 (1) der Energieeinsparverordnung gefordert wird und deren Ausführung heute durch die in Kapitel 9-3.2 aufgeführte DIN 4108-7 genormt ist, die erforderliche Außenluftmenge nicht über Leckagen der Gebäudehülle angesaugt werden. Für die **Zuführung** des benötigten **Außenluftstroms** gibt es folgende Möglichkeiten:

– Kippstellung eines Küchenfensters, wenn hierdurch eine geeignete Luftführung zustande kommt, evtl. kombiniert mit einem elektrischen Sicherheitsschalter. Die Dunstabzugshaube kann nur in Betrieb genommen werden, wenn das Fenster gekippt ist.

– Lüftungsgitter in der Küchentür und Kippstellung eines Fensters im angrenzenden Raum,

– spezieller Zuluft-Mauerkasten,

– Zuluft-Abluft-Mauerkasten in der Küche mit geeigneter Luftführung.

Die Be- und Entlüftung der Küche in einer Wohnung mit mechanischer Entlüftungsanlage wird in den Kapiteln 14-10.2 und 14-11.4 behandelt.

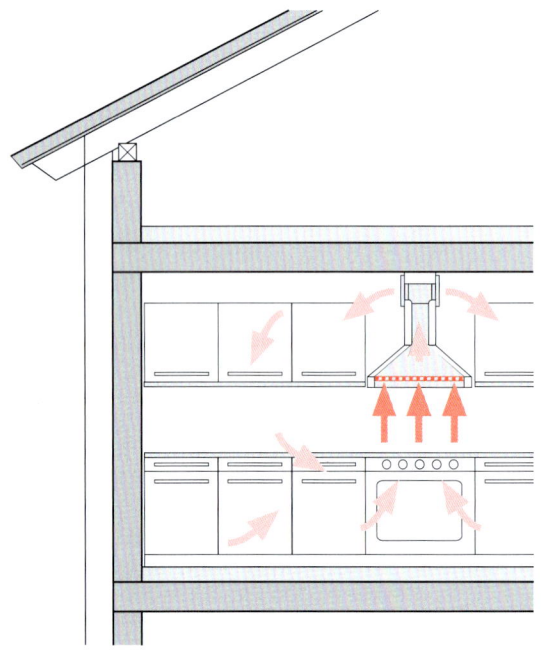

18-24 Luftbewegung in der Küche bei Umluftbetrieb

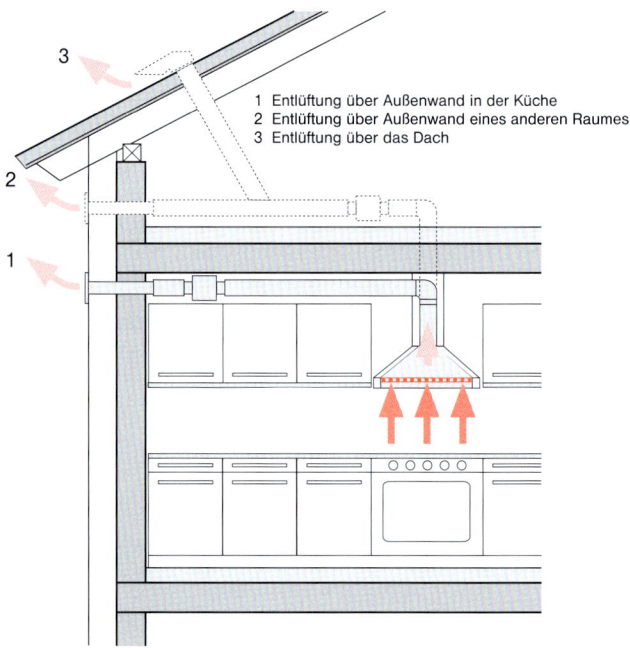

1 Entlüftung über Außenwand in der Küche
2 Entlüftung über Außenwand eines anderen Raumes
3 Entlüftung über das Dach

18-25 Unterschiedliche Abluftführungen

Die **Luftfördermenge** wird nach neuer AMK-Empfehlung auf der Basis eines zwei- bis achtfachen Luftwechsels in der Küche je Stunde berechnet. Das heißt, dass die Raumluft in m^3 zwei bis acht Mal pro Stunde umgewälzt oder erneuert werden muss.

Für eine **offene Küche** von 12 m^2 Grundfläche und 2,5 m Höhe bedeutet das:

– bei zweifachem Luftwechsel pro Stunde als geräuscharmen Dauerbetrieb: 160 m^3/h

– bei sechsfachem Luftwechsel pro Stunde als maximalen Dauerbetrieb: 330 m^3/h

– bei achtfachem Luftwechsel pro Stunde als maximalen Kurzzeitbetrieb: 440 m^3/h.

Bei einer **geschlossenen Küche** erfolgt ein Abzug von 20 % für die Küchenmöbel.

Bei diesen Luftfördermengen kommt es nicht zu Zugerscheinungen im Raum. Die berechnete Luftfördermenge der Dunstabzugshaube im Dauerbetrieb sollte beim Einschalten einer niedrigen Leistungsstufe erreicht werden. Dadurch ist ein vergleichsweise geräuscharmer Dauerbetrieb mit einer ausreichenden Leistungsreserve für einen kurzzeitigen Maximalbetrieb, z. B. beim Anbraten, gegeben.

Es werden **unterschiedliche Bauformen** von Dunstabzugshauben angeboten:

– Unterbaugeräte,
– Unterbaugeräte mit Kaminset,
– Einbaugeräte,
– Zwischenbaugeräte,
– Einbaugeräte mit Flachschirm,
– Lüfterbausteine,
– Dekorhauben als Wandhauben,
– Dekorhauben als Inselhauben,
– Designhauben als Kaminhauben,
– Teleskophauben,
– Kochmuldenentlüftung,
– Schräge Wandhauben,
– Versenkbare Dunstabzüge/Tischabzüge,
– Deckenlüftung.

Die Geräte unterscheiden sich hinsichtlich Design, Abmessungen und Kosten deutlich voneinander. Dunstabzugshauben gewinnen zunehmend an Bedeutung als dekoratives Element, insbesondere in Küchen mit professionellem Charakter. Dennoch funktionieren die vorgenannten Bauformen ausnahmslos nach den Betriebsarten Abluft- oder Umluftbetrieb.

Die meisten Dunstabzugshauben werden mit internem Gebläse verkauft, d. h. der Ventilator (das Gebläse) befindet sich im Gehäuse der Dunstabzugshaube. Bei **externen Gebläsen** werden Haube und Gebläse räumlich getrennt eingebaut. Voraussetzung ist der Abluftbetrieb. Es werden verschiedene Arten von externen Gebläsen angeboten, die alle den Vorteil einer deutlich höheren Luftfördermenge haben. Sie eignen sich für Kochsituationen, in denen hohe Luftaustauschmengen benötigt werden (z. B. bei starken Gasbrennern) und verlagern die Ventilatorengeräusche aus dem Kochbereich an den Installationsort. Sie können wie folgt installiert werden:

– innen liegend als Gebläse in der Abluftleitung in einem anderen Raum oder auf dem Dachboden,

– außen liegend als Dachgebläse, Außenwandgebläse oder Wandeinbaugebläse.

Dunstabzugshauben sind mit einer **Beleuchtung** ausgestattet. Diese ist z. T. dimmbar bzw. farbig und ermöglicht neben einer blendungsfreien Ausleuchtung des Kochfeldes während des Kochvorgangs auch eine stimmungsvolle Beleuchtung. Es werden Leuchtstofflampen, Halogenlampen, Kompakt-Leuchtstofflampen und LEDs eingesetzt.

Für den Umluftbetrieb werden als **Geruchsfilter** regenerierbare oder nichtregenerierbare Aktivkohlefilter verwendet. Nichtregenerierbare Aktivkohlefilter müssen – nach Herstellerangaben – nach 3 bis 12 Monaten ausgetauscht werden. Für Abluft- und Umluftbetrieb werden **Fettfilter** als Vlies- oder Metallfilter eingesetzt. Vliesfilter sind Wegwerffilter, Metallfilter sind Dauerfilter, die je nach Fettanteil im Wrasen oder nach einer bestimmten Betriebsstundenzahl am besten in der Geschirrspülmaschine gereinigt werden. Die meisten Dunstabzugshauben zeigen den anstehenden Fettfilterwechsel an.

8.7.1 Sonderausstattungen bei Dunstabzugshauben

Dunstabzugshauben werden mit folgenden Zusatzausstattungen angeboten:

- Intensivstufe für kurzzeitigen Betrieb,
- automatischer Gebläsenachlauf von 5 bis 20 Minuten nach Ausschalten des Gerätes,
- Memoryschaltung für eine vorgegebene Stufe,
- Betriebsstundenzähler für den Filterwechsel,
- Anzeige für den Filterwechsel,
- Sensorautomatik aktiviert selbsttätig das Gebläse der eingeschalteten Dunstabzugshaube und passt die Luftfördermenge an den Bedarf an,
- Funksteuerung,
- Fernsteuerung,
- Höhenverstellbarkeit,
- Sicherheitsausschaltung nach langer Betriebsdauer.

Kopffreiheit, insbesondere für große Menschen, bieten Dunstabzugshauben mit schräggestelltem oder verstellbarem Schirm.

Die vielseitige Ausstattung und die große Modellauswahl haben die Dunstabzugshaube zu einem Gerät mit zahlreichen individuellen Lösungen gemacht.

8.7.2 Dunstabzugshauben in Energiesparhäusern

Die meisten Energiesparhäuser werden mit einer Lüftungsanlage ausgestattet (Details dazu in Kapitel 14). Sie bringt frische Luft in alle Räume und transportiert die verbrauchte Luft wieder ins Freie. Für den Abtransport des Kochwrasens im Küchenbereich ist die Hauslüftung nicht geeignet, da hier eine deutlich höhere Luftwechselzahl als für die Raumbelüftung erforderlich ist. Der Anschluss einer Dunstabzugshaube an die Wohnraumlüftungsanlage ist ebenfalls nicht möglich, da sich Fette und Feststoffe in den Luftkanälen ablagern und so zur Beeinträchtigung der Lüftungsanlage und zu erhöhter Brandgefahr führen würden.

Da eine Dunstabzugshaube im Abluftbetrieb die hauseigene Lüftungsanlage beeinflusst, wird bei energieeffizienten Gebäuden häufig eine Dunstabzugshaube im Umluftbetrieb empfohlen. Eine Umlufthaube kann aber die beim Kochen entstehende Feuchtigkeit nicht abtransportieren, sodass der Anfall an Feuchtigkeit im Küchenraum zum Problem werden könnte. Hier ist regelmäßiges Stoßlüften unabdingbar.

Grundsätzlich ist der Betrieb einerAblufthaube in Häusern mit interner Lüftungsanlage nicht verboten, aber viele Planer und Institute, wie z. B. das Passivhaus-Institut in Darmstadt halten im Passivhaus „eine direkte Rohrdurchführung nach draußen für absolut ungeeignet."

Soll eine Dunstabzugshaube im Abluftbetrieb eingesetzt werden, muss dies mit dem zuständigen Architekten und dem Lüftungsbauer abgesprochen und ein Lüftungskonzept angefertigt werden. Für die Durchführung der Abluftleitung nach draußen gibt es z. B. Mauerkästen mit Blower-Door-Zertifikat.

8.8 Informationen über den Energieverbrauch, die Qualität und die Sicherheit von Elektrogeräten

Um zu erkennen, wie viel Energie ein Gerät verbraucht, gibt es eine einfache Orientierungsmöglichkeit, das

Energielabel. Es handelt sich dabei um eine gesetzlich vorgeschriebene Verbraucherinformation der Europäischen Union. Nach den EU-Regelungen müssen alle in Verkaufsräumen ausgestellten Geräte das Energielabel tragen. Außerdem müssen die entsprechenden Daten in den Geräteprospekten enthalten sein. Die Verordnung gilt inzwischen für Kühl- und Gefriergeräte, Waschmaschinen, Wäschetrockner, Waschtrockner, Geschirrspülmaschinen, Lampen, Elektro-Backöfen, Raumklimageräte, Fernseher und Weinkühlschränke. Ab September 2014 wird das Energielabel auch für Staubsauger, ab Januar 2015 für Dunstabzugshauben und Gas-Backöfen sowie ab Ende September 2015 für Warmwassergeräte eingeführt. *Bild 18-26* zeigt das Energielabel eines besonders sparsamen Kühl- und Gefriergerätes mit der Energieeffizienzklasse: A+++.

Seit 2012 wird – mit Ausnahme bei Elektro-Backöfen – das überarbeitete, neue Energielabel verwendet. Durch die Nutzung von Piktogrammen ist es sprachneutral und europaweit einheitlich. Es informiert über wichtige, umweltrelevante Daten wie den Jahresstrom- und Wasserverbrauch. Außerdem enthält es wesentliche Angaben über die Gebrauchseigenschaften, z. B. die Geräuschentwicklung, die Nutzinhalte und Sternenkennzeichnungen bei Kühl- und Gefriergeräten, die Schleuderleistung bei Waschmaschinen, die Trockenwirkung bei Geschirrspülmaschinen. Um die Energieeffizienz der Geräte einfach vergleichen zu können wird diese in Form von sieben Energieeffizienzklassen dokumentiert und mit den Buchstaben A+++ bis D gekennzeichnet. Dabei steht A+++ für den niedrigsten, D für den höchsten Energieverbrauch. Diese Energieklassifizierung erfolgt ab Januar 2015 dann auch für die Elektro-Backöfen, zeitgleich mit den Gas-Backöfen.

Die sparsamsten Kühl-und Gefriergeräte in der **Energieeffizienzklasse A+++** verbrauchen **50 % weniger Energie** als Geräte der **Energieeffizienzklasse A+**.

Im Rahmen der EU-Ökodesign-Richtlinie ist mittlerweile ein Vermarktungsverbot für Geräte der Energieeffizienz-

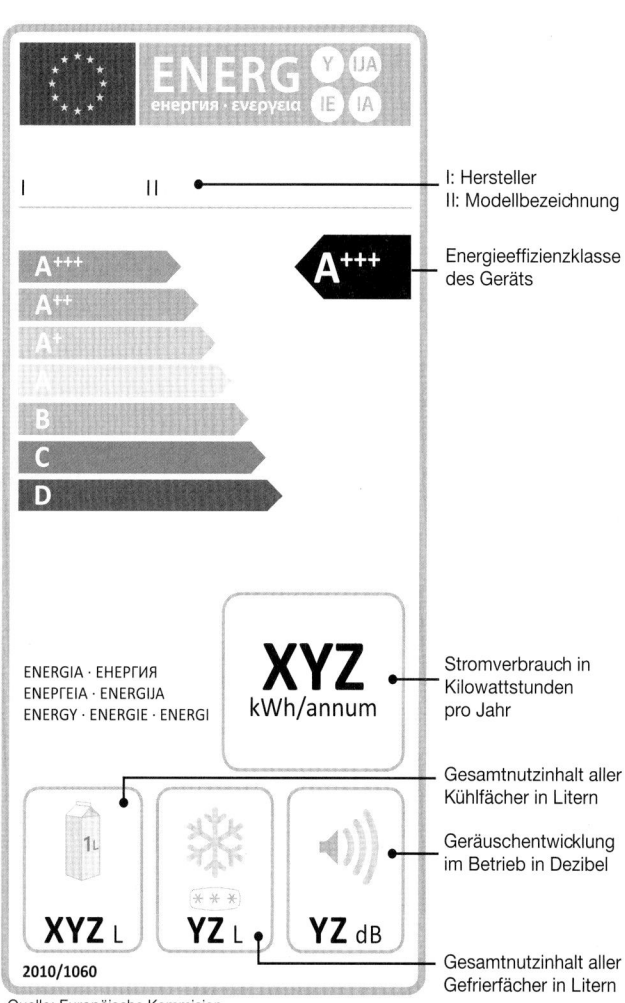

18-26 Energielabel für ein Kühl- und Gefriergerät

klassen A und schlechter wirksam geworden. Dies gilt für Kühl- und Gefriergeräte, Waschmaschinen und 60 cm breite Geschirrspülmaschinen. Wäschetrockner dürfen maximal die wenig effiziente Energieeffizienzklasse C und ab November 2015 Kondensationswäschetrockner maximal die Energieeffizienzklasse B aufweisen. Bei den 45 cm breiten Geschirrspülmaschinen dürfen ab Dezember 2016 nur noch Geräte der Energieeffizienzklassen A^+, A^{++} und A^{+++} verkauft werden.

Das Energielabel ermöglicht dem Käufer einen schnellen Vergleich der Verbrauchs- und in Teilen Nutzendaten zwischen verschiedenen ausgestellten Geräten.

Das **GS-Zeichen** für Geprüfte Sicherheit wird wie in Abschnitt 7.4 beschrieben ebenfalls bei Elektrohaushaltsgeräten eingesetzt.

Das **VDE-Zeichen** ist ein deutsches Sicherheitszeichen für elektrische Betriebsmittel. Die Einhaltung der geltenden Bestimmungen wird durch die Vergabe dieses Zeichens durch den Verband der Elektrotechnik, Elektronik und Informationstechnik e.V. (VDE) belegt.

Das **EMV-Zeichen** belegt, dass das gekennzeichnete Produkt durch ein VDE-Prüfinstitut geprüft wurde und die Normen für elektromagnetische Verträglichkeit erfüllt.

Das **CE-Zeichen** der Communautée Européenne (EU) wurde für technische Produkte innerhalb der EU-Länder eingeführt. Die Kennzeichnung erfolgt eigenverantwortlich durch den Hersteller oder ein von ihm beauftragtes Prüfinstitut. Es sagt für den Käufer nichts über die Sicherheit oder Qualität eines Produktes aus; seine Adressaten sind vielmehr Behörden.

Der **„Blaue Engel"** als deutsches Umweltzeichen wird von der Jury Umweltzeichen an Produkte vergeben, die im Vergleich zu anderen wasser- und energiesparender sind, Ressourcen bei der Herstellung sparen und keine für die Umwelt oder die Gesundheit schädlichen Substanzen enthalten. Die Vergabekriterien werden von der Jury in Zusammenarbeit mit dem Umweltbundesamt und dem Deutschen Institut für Gütesicherung und Kennzeichnung e. V. (RAL) festgelegt.

Bei dem **EU-Umweltzeichen** sind die Vergabekriterien weiter gefasst als beim „Blauen Engel".

Der **„Grüne Punkt"** ist kein Umweltzeichen, sondern weist lediglich darauf hin, dass Verpackungen mit diesem Zeichen gesammelt, getrennt und der Wiederverwertung zugeführt werden können.

Neben den beschriebenen Kennzeichen hat der Käufer eine Reihe anderer Möglichkeiten der Informationsbeschaffung:

– Kundenzeitschriften, Schriften und das Internetangebot der Energieversorgungsunternehmen,

– Prüfberichte der Stiftung Warentest,

– Informationen der Hersteller und

– Informationen des Fachhandels

helfen, hinsichtlich des individuellen Bedarfs, der Qualität, des Energieverbrauchs und der Sicherheit die richtige Entscheidung zu treffen.

9 Die Heizung, Warmwasserversorgung, Beleuchtung und Elektroinstallation der Küche

Das Thema Heizung wird in Kapitel 16 ausführlich behandelt, die Warmwasserversorgung in den Kapiteln 15 und 16, die Beleuchtung in Kapitel 20 und die Elektroinstallation in Kapitel 12. Deshalb wird in den folgenden Abschnitten nur auf einige Besonderheiten für den Bereich Küche eingegangen.

9.1 Die Heizung

Eine ausreichende Beheizung muss in jeder Küche eingeplant werden. Je nach Heizsystem ist der entsprechende Platzbedarf zu berücksichtigen. Hinweise hierzu werden auch in Abschnitt 2.3 gegeben. Wenn es in einer zweizeiligen Küche nicht möglich ist, den Heizkörper in einer Fensternische unterzubringen, empfiehlt sich die

Installation eines Flachheizkörpers an der Wand. Wegen der beträchtlichen, zeitlich stark variierenden Wärmequellen (Kochstellen, Backofen, Kühl- und Gefriergeräte) sollte die Beheizung der Küche hierauf schnell reagieren.

Verdeckt oder in Nischen eingebaute Heizkörper benötigen ein Thermostatventil mit Fernfühler. Heizrohre einer Fußbodenheizung sollten in den Stellflächen der Küchenmöbel und -geräte nicht installiert werden.

9.2 Die Warmwasserversorgung

Weil in der Küche in unterschiedlicher Häufigkeit warmes Wasser, oft nur in kleinen Mengen, benötigt wird, sollte bei einer zentralen Warmwasserversorgung der Warmwasserbereiter möglichst in Küchennähe eingeplant werden, da sonst die Wärmeverluste einer langen Zuleitung ähnlich hoch oder sogar noch höher wie der Nutzwärmeinhalt des gezapften Warmwassers sein können.

Soll die Wassererwärmung dezentral erfolgen, bietet sich, wie in Abschnitt 3.3.2 beschrieben, ein **Elektro-Kleinspeicher** für die Versorgung der Küchenspüle an. Hierzu ist ein 5- oder 10-Liter-Untertischspeicher geeignet. Bei der Planung sind die Abmessungen des Gerätes zu berücksichtigen, damit der Anschluss nicht hinter dem Gerät liegt und das Mülltrennsystem nicht mit dem Warmwasserspeicher kollidiert.

Ein **Kochendwassergerät** oberhalb der Spüle sollte wegen des damit verbundenen Verlusts an Schrankraum und der nicht sofortigen Verfügbarkeit von Warmwasser nur dann in Betracht kommen, wenn sich keine andere Lösung anbietet. Die Geräte haben ein Fassungsvermögen von bis zu 5 Liter. Wer kleine Wassermengen, z. B. zum Aufbrühen von Tee, schnell zum Kochen bringen will, für den genügt ein **Expresskocher**. Hierbei handelt es sich um ein Kleingerät mit einer Wasserkanne von 1 bis 2 Liter Fassungsvermögen, welches nicht wie das Kochendwassergerät fest installiert werden muss, sondern auf der Arbeitsfläche steht.

9.3 Die Beleuchtung

An die Beleuchtung in der Küche werden ganz besondere Anforderungen gestellt. Gute Beleuchtung bei der Arbeit in der Küche hat einen positiven Einfluss auf das Arbeitsergebnis, erhöht die Sicherheit und wirkt vorzeitiger Ermüdung entgegen. Außerdem wird die Beleuchtung als gestalterisches Element genutzt.

Eine gute Allgemeinbeleuchtung ist Grundvoraussetzung für die Orientierung in einem Raum, in dem 40 bis 50 % der Hausarbeiten verrichtet werden, wo man sich gegebenenfalls auch zum Essen, Schulaufgabenmachen und Spielen aufhält. Eine einzige Deckenleuchte erfüllt diese Anforderungen auf keinen Fall. Als Allgemeinbeleuchtung sollten deshalb mindestens zwei Deckenleuchten oder über die gesamte Decke verteilte, deckenintegrierte Leuchtstofflampen oder sogenannte Downlights angebracht werden.

Die Bedeutung einer guten Ausleuchtung der Arbeitsflächen ist besonders groß. Um sowohl Blendung als auch harte Schattenbildung zu vermeiden, muss das Licht aus der richtigen Richtung kommen. Große Leuchtdichteunterschiede sind im Arbeitsbereich störend.

Deshalb ist es günstig, unter den Oberschränken Leuchtstoff-, Halogen- oder LED-Lampen blendfrei zu installieren. Ungünstig sind Strahler, die an Decken oder Regalen angebracht sind. Durch die Wahl matter Oberflächen der Arbeitsplatten wird die störende Reflexion vermieden. Insgesamt sind in der Küche 300 bis 500 Lux Beleuchtungsstärke erforderlich. Es ist zweckmäßig, Gesamtbeleuchtung und Arbeitsplatzbeleuchtung getrennt voneinander schalten zu können. Darüber hinaus ist eine zentrale Ein- und Ausschaltung der gesamten Küchenbeleuchtung durch einen Schalter neben der Küchentür praktisch. Ausführliche Informationen zum Thema Beleuchtung werden in Kapitel 20 gegeben.

In Küchen mit separatem Essplatz ist die Beleuchtung gesondert zu betrachten. Vorschläge hierfür werden in Kapitel 20-6.5 gemacht.

9.4 Die Elektroinstallation

Die vorab erforderliche Installation von Elektro-, Gas- und Wasseranschlüssen ist einer der Hauptgründe, die Küchenplanung schon zu einem sehr frühen Zeitpunkt der Bauplanung durchzuführen, siehe Abschnitte 2.3 und 2.4.

Für die Elektroinstallation, die Absicherung der Geräte und Leitungen müssen die Anschlusswerte der Geräte und Leitungen bekannt sein, *Bilder 18-27* und *18-28*. Damit es nicht zu Leitungsüberlastungen kommt, sollten alle Geräte mit einem Anschlusswert ab 2000 W einen eigenen Stromkreis haben. Das gilt auch dann, wenn die Geräte über eine Steckdose angeschlossen werden. Für Elektroherd und je nach Anschlusswert auch für Backofen und Dampfgarer sind Festanschlüsse mit Geräte-Anschlussdosen vorzusehen. Alle anderen Elektrogeräte können an Steckdosen angeschlossen werden, deren Leitungen mit 16 Ampere abgesichert sind.

9.4.1 Ausstattungsumfang der Elektroinstallation

Die Mindestausstattung an Steckdosen, Stromkreisen, Auslässen und Anschlüssen für Geräte bis 2000 W und mehr ist in der DIN 18015 Teil 1 festgelegt. Diese Mindestausstattung entspricht dem von der HEA – Fachgemeinschaft für effiziente Energieanwendung im Rahmen der Anforderungen an die Ausstattung festgelegten Ausstattungswert 1. Sind mehr Steckdosen, Auslässe und Anschlüsse vorgesehen, muss auch die Zahl der Stromkreise entsprechend erhöht werden. Eine solche, gehobenen Ansprüchen genügende Elektroinstallation wird als HEA-Ausstattungswert 2 oder 3 bezeichnet. Die Anforderungen hierfür sind in der RAL-RG 678 vorgegeben; Kapitel 12-8.2 und 12-8.3 enthalten Erläuterungen hierzu. Für Küchen mit einer zeitgemäßen Geräteausstattung wird eine Elektroinstallation entsprechend dem Ausstattungswert 2 oder höher empfohlen.

Gerät	Anschlusswert in Watt, ca.
Elektroherd	bis 14 500
Elektro-Einbaukochmulde/-feld	bis 10 800
Elektro-Einbaubackofen	bis 6 800
Einbau-Modul Fritteuse	bis 2 700
Einbau-Modul Grill	bis 3 400
Einbau-Modul Induktionskochstellen	bis 3 700
Einbau-Edelstahl-Grillplatte	bis 2 600
Einbau-Dampfgargerät	bis 5 600
Einbau-Geschirrwärmer	bis 1 000
Einbau-Kaffeeautomat	bis 2 700
Mikrowellengerät	bis 1 850
Mikrowellengerät mit Grill	bis 2 400
Mikrowellen-Kombinationsgerät	bis 3 600
Dunstabzugshaube	bis 450
Geschirrspülmaschine	bis 2 400
Kleinspeicher 10 l	bis 2 200
Kühlschrank	bis 180
Gefriergerät	bis 160
Kühl-Gefrier-Kombination	bis 300

18-27 Anschlusswerte von Elektro-Großgeräten

Gerät	Anschlusswert in Watt
Kaffee-, Tee- oder Espressomaschine	bis 2 300
Expresskocher	bis 3 000
Brotbackautomat	bis 950
Toaster	bis 1 700
Eierkocher	bis 400
Entsafter	bis 800
Zitruspresse	bis 100
Allesschneider	bis 170
Handrührgerät oder Schnellmixstab	bis 750
Standküchenmaschine	bis 1 500
Raclette, Wok, Barbecue oder Fondue	bis 2 300
Waffeleisen	bis 1 600
Fritteuse	bis 2 700
Dampfgarer oder Reiskocher (Kleingerät)	bis 950
Allesschneider	bis 200
Elektromesser	bis 180

18-28 Anschlusswerte von Elektro-Kleingeräten für die Küche

9.4.2 Elektro-Installationsplan

Damit die Elektrogeräte in der Küche dem Arbeitsablauf entsprechend eingesetzt werden können, wird ein Installationsplan erstellt, sobald die Küchenplanung fertig und der Standort der Geräte klar ist. Geräteanschlussdosen und Steckdosen können jetzt eingeplant werden. Die Schaltzeichen für die Erstellung eines Installationsplans zeigt *Bild 18-29*.

Wie in Kapitel 12-11 aufgeführt, sind die Höhen für Festanschlüsse und Steckdosen genormt. *Bild 18-30* zeigt die Installationszonen und Vorzugsmaße für Räume mit Arbeitsflächen (Küchen, Hausarbeitsräume, Hobbyräume).

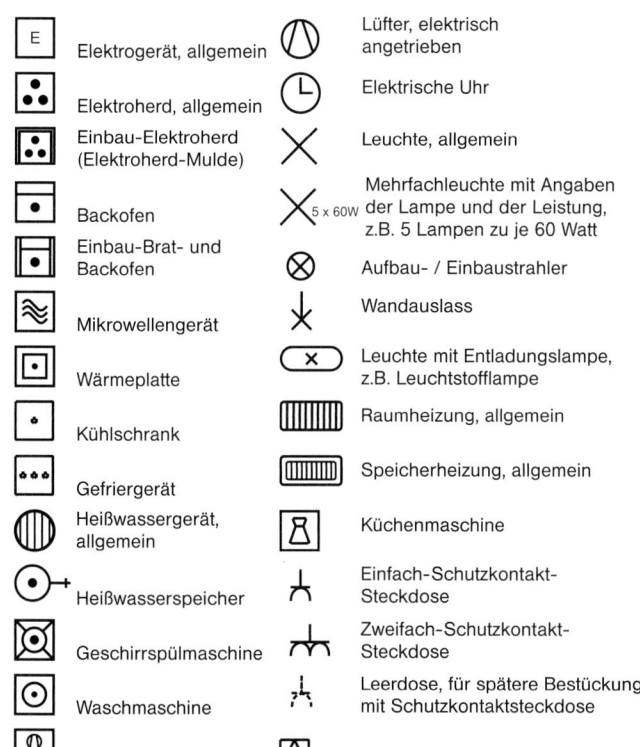

18-29 *Schaltzeichen der Elektroinstallation für Küche und Hausarbeitsraum*

18 Küche — Elektroinstallation

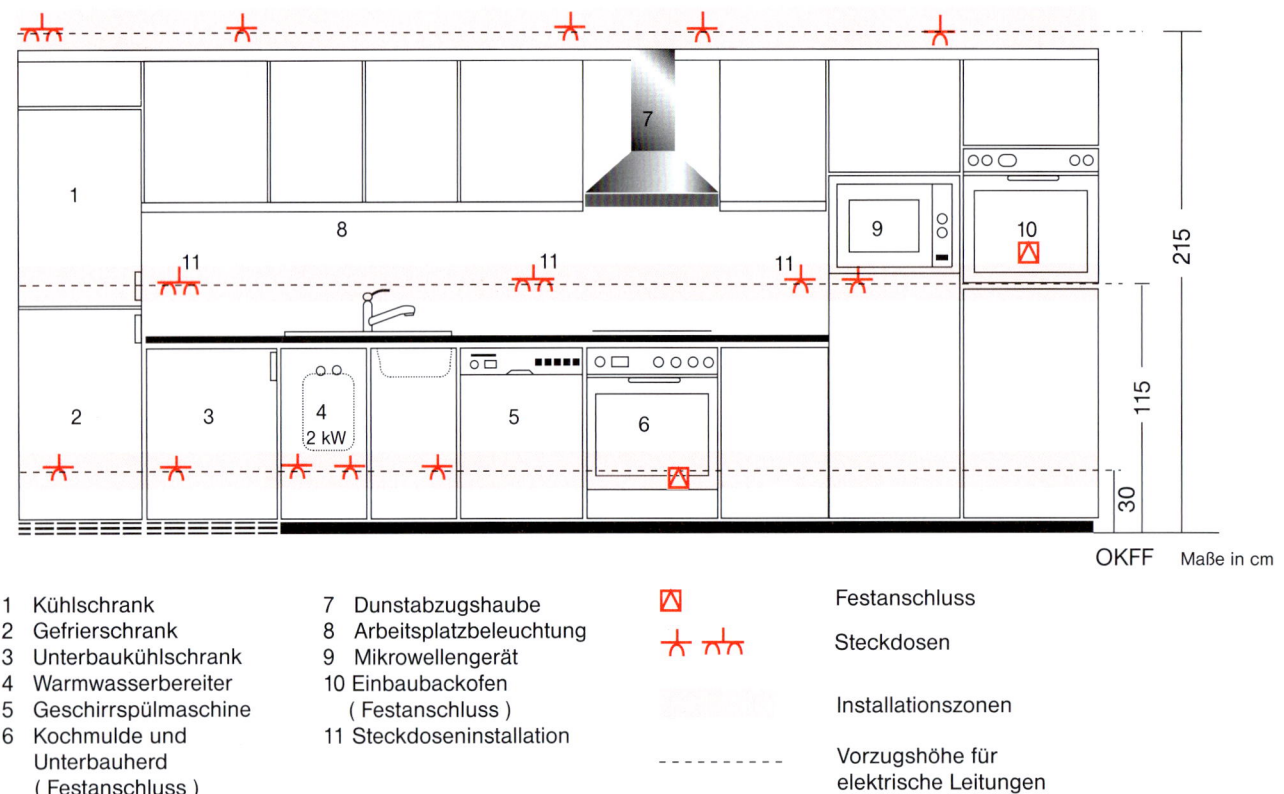

1 Kühlschrank
2 Gefrierschrank
3 Unterbaukühlschrank
4 Warmwasserbereiter
5 Geschirrspülmaschine
6 Kochmulde und
  Unterbauherd
  (Festanschluss)
7 Dunstabzugshaube
8 Arbeitsplatzbeleuchtung
9 Mikrowellengerät
10 Einbaubackofen
   (Festanschluss)
11 Steckdoseninstallation

- Festanschluss
- Steckdosen
- Installationszonen
- Vorzugshöhe für elektrische Leitungen

18-30 Installationszonen und Vorzugsmaße der Elektroinstallation in Räumen mit Arbeitsflächen

DER HAUSARBEITSRAUM

10 Die Vorteile des Hausarbeitsraums

Wie bereits in Abschnitt 2.2 aufgeführt, sollte überlegt werden, ob es möglich ist, im haushaltstechnischen Zentrum eines Hauses oder einer Wohnung einen Hausarbeitsraum einzuplanen. Dieser separate Raum wird zum Waschen, Trocknen und Bügeln der Wäsche, für die Pflege von Bekleidung und Schuhen sowie für Näharbeiten genutzt. Gegebenenfalls kann ein Teil der Vorräte hier untergebracht werden.

Der zusätzlich zur Küche vorhandene Raum hat den Vorteil, dass dort Arbeiten, die sonst an verschiedenen Orten im Haushalt durchgeführt werden, zentral und unter arbeitswirtschaftlich optimalen Gesichtspunkten erledigt werden können. Ein sorgfältig geplanter Hausarbeitsraum, mit der Konzentration mehrerer Funktionen auf einen Raum, kann fehlende Kellerräume ersetzen und die Baukosten reduzieren.

Obwohl der Hausarbeitsraum in der ehemaligen DIN 18022 nicht mehr berücksichtigt wird, passen die Planungsgrundlagen, die darin für die Küche festgehalten sind, auch für den Hausarbeitsraum. Das gilt genauso für die anderen in Abschnitt 3.1 aufgeführten Normen. Ebenfalls für den Hausarbeitsraum gültig sind die Ausführungen zu den Grundlagen der Ergonomie in Abschnitt 3.2 und zu den Möbeln in Abschnitt 7.

10.1 Die Arbeitsbereiche des Hausarbeitsraums

Der Hausarbeitsraum setzt sich wie die Küche aus **mehreren Arbeitsbereichen** zusammen. Diese sind

– das Waschen,
– das Trocknen,
– das Bügeln und Nähen,
– das Reinigen, Pflegen und Aufbewahren sowie evtl.
– ein Teil der Vorratshaltung.

10.1.1 Arbeitsbereich Waschen

Der Mittelpunkt des Arbeitsbereichs Waschen ist, wie in *Bild 18-31* oben links dargestellt, die Waschmaschine. Rechts davon sollte ein Waschbecken für die Handwäsche von z. B. speziell empfindlichen Wäschestücken angeordnet sein. Im Unterschrank unterhalb des Waschbeckens befindet sich ein Elektro-Kleinspeicher mit 10 Litern Fassungsvermögen oder ein Warmwasseranschluss bei zentraler Versorgung. Wird rechts neben dem Waschbecken ein Unterschrank mit Sortiervorrichtung für die Schmutzwäsche untergebracht, ist ein fließender Arbeitsablauf von rechts nach links möglich. Die Arbeitsfläche über dem Schmutzwäschebehälter kann zum Wäschesortieren, zum Ausbürsten von Bekleidung und für die Fleckentfernung genutzt werden.

10.1.2 Arbeitsbereich Trocknen

Zum Trocknen der Wäsche wird, wie in *Bild 18-31* unten links dargestellt, ein Wäschetrockner eingesetzt. Diese Möglichkeit nutzen über 40 % aller Haushalte. Durch den Einsatz eines Wäschetrockners kann auf einen separaten Raum zum Wäschetrocknen verzichtet werden. Dadurch können sich die Baukosten reduzieren. Informationen dazu werden in Abschnitt 12.2.1 gegeben. Oberhalb des Waschbeckens sollte eine Vorrichtung zum Aufhängen tropfnasser Wäsche vorgesehen werden. Bei geringer Stellfläche kann der Wäschetrockner mit Hilfe eines Zwischenbausatzes über der Waschmaschine angebracht werden.

10.1.3 Arbeitsbereich Bügeln und Nähen

Für den Arbeitsbereich Bügeln, der in *Bild 18-31* oben rechts dargestellt wird, bietet sich eine Reihe von Geräten an, auf die in Abschnitt 12.4 eingegangen wird. In jedem Fall wird ein Bügelbrett mit der dafür erforderlichen Stellfläche von 120 bis 160 cm Länge benötigt. Die technisch anspruchsvollere Lösung ist ein komplettes Dampfbügelsystem, bei dem dieselbe Stellfläche zu berücksichtigen ist. Die Geräte sollten ständig einsatzbereit aufgebaut sein, können aber, wenn der Platz auch ander-

18 Hausarbeitsraum

Vorteile des Hausarbeitsraums

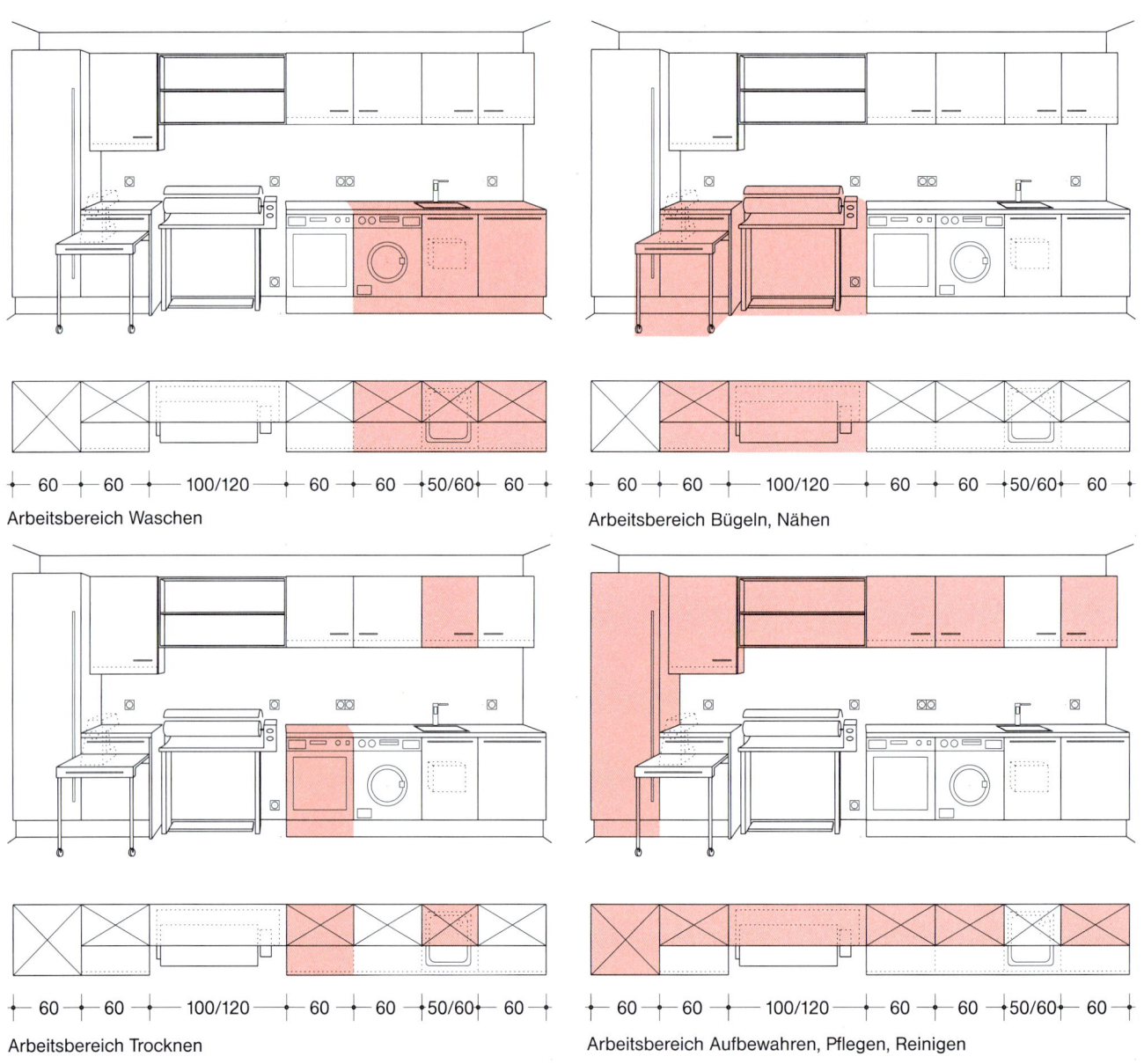

18-31 Die Arbeitsbereiche des Hausarbeitsraums

weitig benötigt wird, wie herkömmliche Bügelbretter zusammengeklappt werden. Soll trotz dieser Ausstattung nicht auf eine Bügelmaschine verzichtet werden, so sind die heute angebotenen Bügelmaschinen ausnahmslos zusammenklappbar. Sie lassen sich in eine Nische von ca. 60 cm Breite schieben. Ihre Stellfläche beträgt dann lediglich 0,2 m². Für die betriebsfähige Bügelmaschine ist eine Stellfläche von 100 bis 120 cm Breite und ca. 40 cm Tiefe vorzusehen. Dazu kommen die Stellflächen für Wäschekorb und Stuhl wie in *Bild 18-33* dargestellt.

Zum Zusammenlegen den Bügelwäsche sollte eine Arbeitsfläche von 120 cm Breite, möglicherweise in Form eines Ausziehtisches, der in einen 60 cm breiten Unterschrank eingebaut ist, vorhanden sein. In dem Unterschrank können Bügeleisen und Hilfsmittel zum Bügeln sowie Nähzeug untergebracht werden. Der Ausziehtisch kann auch für Näharbeiten mit der Nähmaschine und andere Arbeiten im Sitzen benutzt werden. Ist der Platz für diese Arbeitsfläche nicht gegeben, kann die Bügelwäsche auf der Arbeitsfläche über Waschmaschine und Wäschetrockner zusammengelegt werden. Alternativ kann der Unterschrank rechts neben dem Waschbecken mit einem Sitzarbeitsplatz ausgestattet werden.

10.1.4 Arbeitsbereich Reinigen, Pflegen und Aufbewahren

Bei dem Arbeitsbereich Reinigen, Pflegen und Aufbewahren handelt es sich um Stauraum für Wasch-, Reinigungs- und Putzmittel sowie die dazugehörigen Hilfsmittel, z. B. Putztücher, Bürsten und Kleingeräte. Hier kann auch im Haushalt benötigtes Werkzeug untergebracht werden. Zum Aufbewahren sind, wie in *Bild 18-31* unten rechts dargestellt, ein 60 cm breiter Hochschrank und mehrere Hängeschränke vorgesehen. Für die Durchführung der Arbeiten werden die in Abschnitt 10.1.3 beschriebenen Arbeitsflächen benutzt.

Die in den Abschnitten 10.1.1 bis 10.1.4 beschriebene Ausstattung der Arbeitsbereiche erfordert eine Stellfläche von mindestens 3,50 m bis 4,80 m Länge.

10.1.5 Nutzung des Hausarbeitsraumes für Vorräte

Wenn kein entsprechender Kellerraum zur Verfügung steht und der Hausarbeitsraum über genügend Stellfläche verfügt, kann er mit Einrichtungen für die Vorratshaltung ausgestattet werden.

Im Hausarbeitsraum können untergebracht werden:

– Tiefkühlkost in Gefrierschränken und -truhen,

– Wein in Spezialkühlgeräten,

– Gemüse- und Obstkonserven in Vorratsschränken.

Für die Lagerung von Trockenprodukten ist der Hausarbeitsraum wegen der relativ hohen Luftfeuchte nicht geeignet.

11 Die Hausarbeitsraumformen

Wie bei der Küche sind die räumlichen Gegebenheiten auch ausschlaggebend für die Größe und Form des Hausarbeitsraums. Deshalb sollte beides schon bei der Grundrissplanung festgelegt werden.

Für den Hausarbeitsraum bietet sich die Anordnung der Arbeitsbereiche zu folgenden Formen an:

– die einzeilige Form,

– die zweizeilige Form,

– die L-Form,

– die U-Form.

Bild 18-32 zeigt den Grundriss und die Ansichten eines zweizeiligen Hausarbeitsraums mit entsprechender Möbel- und Geräteausstattung.

Bild 18-33 zeigt die verschiedenen Formen mit Angabe der Stellflächen und Bewegungsflächen.

18 Hausarbeitsraum

Hausarbeitsraumformen

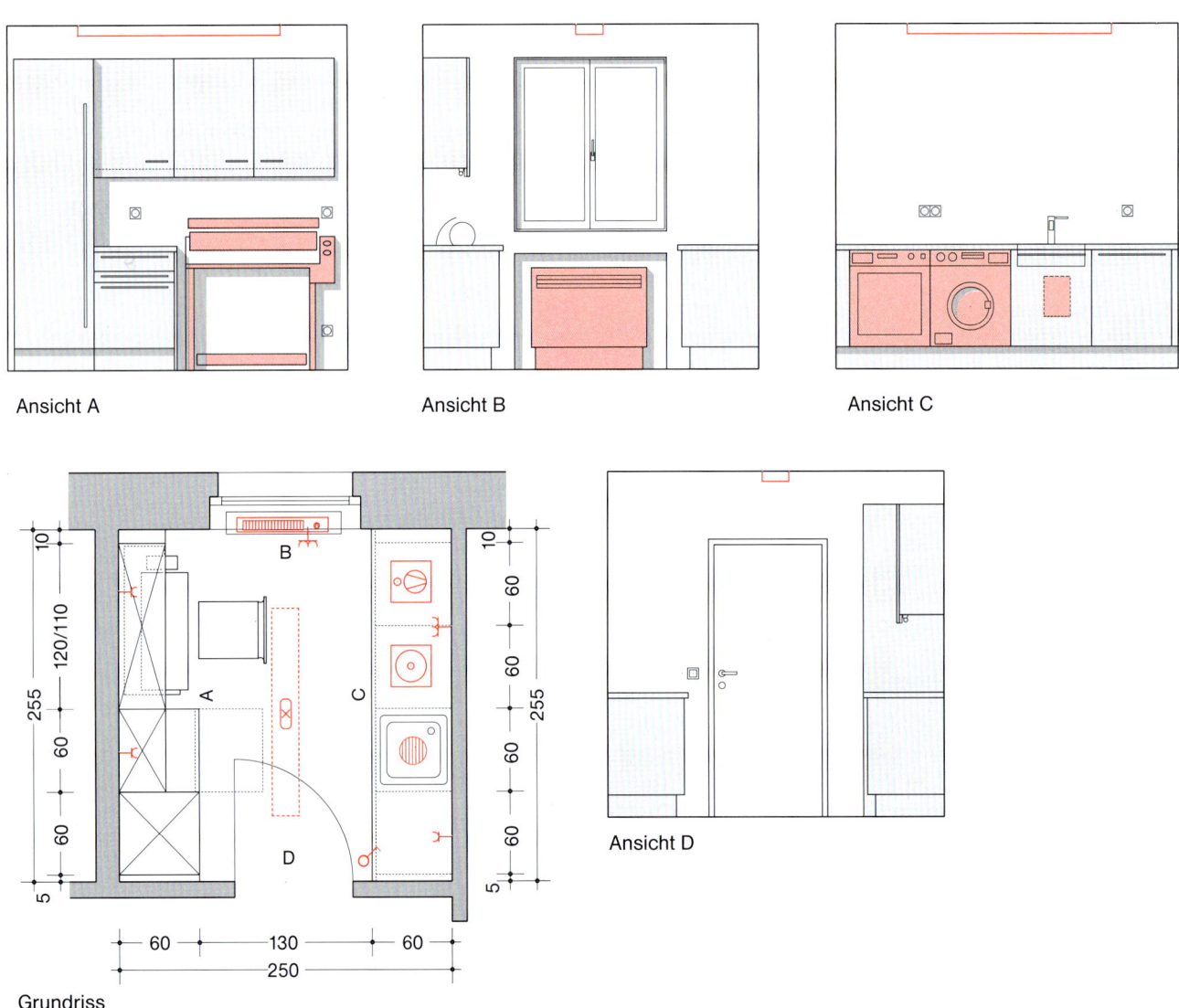

18-32 Grundriss und Ansichten eines zweizeiligen Hausarbeitsraums

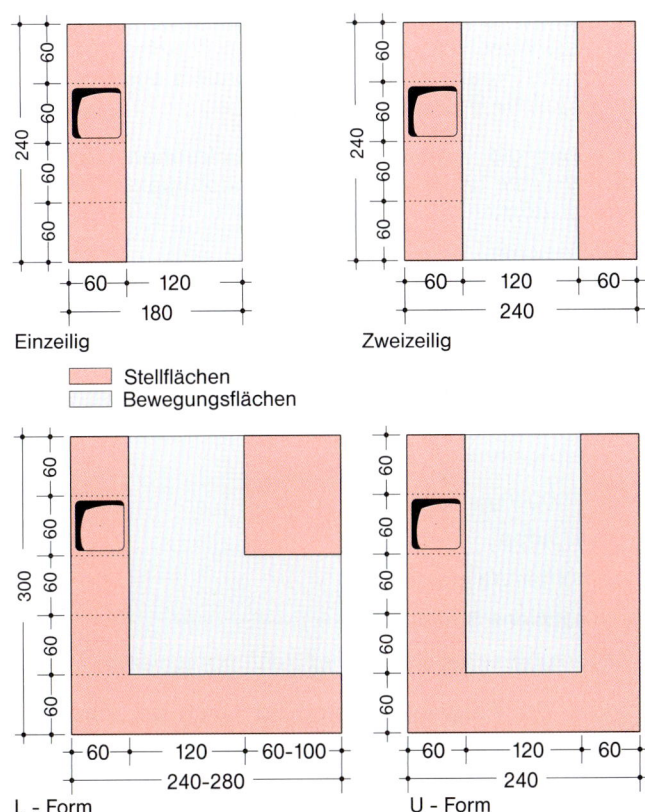

18-33 Hausarbeitsraumformen mit Angabe der Stell- und Bewegungsflächen

12 Die gerätetechnische Ausstattung: Standgeräte, Unterbaugeräte und integrierbare Geräte

Wie in der Küche ist es auch für die Arbeitsabläufe im Hausarbeitsraum von untergeordneter Bedeutung, ob Stand-, Unterbau- oder integrierbare Geräte gewählt werden. Einbaugeräte, die wie in Küchen in einen Umbauschrank eingebaut werden müssen, werden bei Waschmaschinen, Wäschetrocknern, Waschtrocknern und Bügelgeräten nicht angeboten. Ausführungen hierzu werden in Abschnitt 8 gemacht.

12.1 Die Waschmaschinen

Fast jeder Haushalt besitzt heute eine Waschmaschine. Die Vergabe der Wäsche an eine Wäscherei wird von Privathaushalten kaum in Anspruch genommen. In einem durchschnittlichen Drei-Personen-Haushalt werden jährlich rund 200 Waschmaschinenfüllungen gewaschen. Das Geräteangebot ist entsprechend groß. Häufig bestimmt der Standort die Auswahl von Bauform und Abmessungen einer Waschmaschine.

Frontlader sind von vorn zu beschicken. Es gibt sie als Standgerät, unterbaufähiges Standgerät mit abnehmbarer Arbeitsplatte sowie als Unterbaugerät ohne Arbeitsplatte. Unterbaugeräte sind überwiegend vollintegrierbar oder integrierbar. Weil die Einfüllöffnung für die Wäsche, die Bedienelemente und die Waschmitteleinspülkammern sich an der Frontseite befinden, bieten sie zusätzliche Arbeits- und Abstellfläche. Durch einen Zwischenbausatz – wahlweise mit ausziehbarer Arbeitsplatte – sind sie mit einem Wäschetrockner zu einer Wasch-Trocken-Säule kombinierbar.

Toplader sind von oben zu beschicken und zu bedienen. Weil sie schmaler – 40 bis 46 cm breit – sind, werden sie insbesondere dann eingesetzt, wenn die vorhandene Stellfläche keinen Frontlader zulässt. Toplader stehen heute den großen Frontladern in Ausstattung, Technik und Waschergebnis in nichts nach.

Kompaktgeräte werden mit verringerten Abmessungen, auch mit verringerter Tiefe angeboten.

Wäscheschleudern werden kaum noch nachgefragt.

Der typische Verbrauch moderner Waschmaschinen für ein Programm Buntwäsche 60 °C bei einer Füllmenge von 6 kg Trockenwäsche beträgt nur noch rd. 50 Liter Wasser und 0,7 kWh Strom. Geräte mit Füllmengen bis zu 11 kg werden angeboten.

Waschmaschinen werden üblicherweise an Kaltwasser angeschlossen. Bei Geräten mit **zusätzlichem Warmwasseranschluss** kann der Energieverbrauch noch weiter gesenkt werden, wenn die Leitungswege kurz sind und das Warmwasser über eine Wärmepumpe oder eine Solarkollektoranlage erwärmt wird.

Waschmaschinen mit **elektronischen Bedienelementen im Dialogbetrieb** fragen individuelle Faktoren wie Beladungsmenge oder Verschmutzungsgrad ab. Ein verschlossener Wasserzulauf oder eine offene Tür werden von der Maschine gemeldet. Bei Geräten mit **Bedienelektronik** können häufig benötigte Programme fest einprogrammiert werden. Ist ein Gerät mit Zeitvorwahl ausgestattet, kann der Programmstart programmiert werden.

Neben den herkömmlichen Programmen gibt es eine **Reihe spezieller Programme**, z. B. das Programm Handwäsche, mit dem handwaschbare Wolle und Seide in der Waschmaschine gewaschen werden können. Das Programm Mischwäsche ist für den leicht verschmutzten, gemischten Wäscheposten geeignet, das Leichtbügelprogramm verringert die Knitterbildung.

Es gibt eine Vielzahl von Programmen, die in ihrem Ablauf auf die jeweilige Textilart abgestimmt sind, für eine optimale Pflege, z. B. Outdoor, Sportswear, Funktionsbekleidung, Fashion (für Cellulose und Trend-Textilien), Dessous, Synthetic, Mikrofaser, Jeans/Dunkle Wäsche, Blusen/Hemden/Business, Gardinen, Daunen/Kopfkissen.

Allergiker-/Hygiene-/Sensitive-Programme sind ideal für Menschen mit empfindlicher Haut. Durch verlängerte Temperaturhaltezeit und/oder zusätzliche Spülgänge wird die Wäsche noch intensiver von Waschmittelresten und z. B. Pollen befreit sowie besonders geschont, um empfindliche Haut nicht weiter zu reizen.

Daneben gibt es weitere **Zusatzfunktionen** und Programme, die unabhängig vom Grundprogramm gewählt werden können:

– Einweichen,
– Vorwäsche,
– Intensiv oder Flecken,
– Dampf/Dampfglätten,
– Energiesparen,
– Waschzeitverkürzung,
– Schongang,
– Spülstopp,
– erhöhter Wasserstand,
– zusätzliche Spülgänge,
– Stärken/Extraspülen/Feinspülen/Imprägnieren.

Neben der Programmausstattung spielt die maximale **Schleuderdrehzahl** beim Kauf einer Waschmaschine eine entscheidende Rolle. Es werden Geräte mit bis zu 1600 Umdrehungen/Minute angeboten. Wird ein Wäschetrockner eingesetzt, sollte die Schleuderdrehzahl mindestens 1000, besser 1400 Umdrehungen/Minute betragen, damit die Betriebszeiten für den Trockner kurz sind und der Energieverbrauch dadurch um 15 % niedriger ist.

Es gibt zusätzliche Funktionen und Programme für

– Kurzschleudern,
– Schonschleudern,
– Extraschleudern.

Waschmaschinen haben eine maximale Anschlussleistung von 2,3 kW. Sie benötigen einen eigenen Stromkreis mit einer Absicherung von 10 Ampere. Zum Schutz vor Wasserschäden sind die meisten Waschmaschinen mit Wasserschutzsystemen ausgestattet.

12.2 Die Wäschetrockner

Der Wäschetrockner bietet für viele Haushalte die Möglichkeit, auf den Trockenraum zu verzichten. Er macht unabhängig von Wetter, Luftverschmutzung und in Mehrfamilienhäusern auch von der Hausordnung. Richtig eingesetzt, verringert er den Aufwand für die Wäschepflege, spart Zeit und Kraft. **Das Marktangebot umfasst Ablufttrockner, Kondensationstrockner und Waschtrockner.** Ausschlaggebend für die Auswahl des Trocknersystems ist häufig der Standort. Neben **Trommeltrocknern** gibt es auch **Schranktrockner**.

Wäschetrockner werden meist als **Frontlader** angeboten, die von vorne beschickt werden. Die Geräteabmessungen und Bauweisen sind wie bei Waschmaschinen. Daneben gibt es auch **Toplader**, die von oben zu beschicken und lediglich 45 cm breit sind.

Frontlader können mit einer Waschmaschine durch einen Zwischenbausatz zu einer **Wasch-Trocken-Säule** verbunden werden. Ergonomisch günstiger ist die Anordnung der beiden Geräte nebeneinander. Unterbaugeräte sind wie bei Waschmaschinen integrierbar.

Wäschetrockner haben ein Fassungsvermögen von 5 bis 9 kg, sodass sie eine Waschmaschinenfüllung aufnehmen können. Die Ausnahme bilden Kompaktgeräte in verringerter Größe mit einem maximalen Fassungsvermögen von 4 kg, welche auch für die Wandmontage gedacht sind. Die Montage zur Wasch-Trocken-Säule ist auch mit diesem Gerät möglich.

Unabhängig vom System muss ein Wäschetrockner in einem trockenen, gut belüfteten Raum stehen. Hinweise zum Einsatz eines Wäschetrockners in einer mechanisch belüfteten Wohnung enthält Kap. 14-10.2 und 14-11.4.

Die Leistungsaufnahme von Wäschetrocknern liegt zwischen 0,9 und 3,3 kW. Deshalb ist der Stromkreis mit 10 oder 16 Ampere abzusichern.

12.2.1 Ablufttrockner

Ablufttrockner benötigen eine Vorrichtung, welche die feuchte und warme Luft aus dem Gerät nach draußen führt, *Bild 18-34*. Dazu wird ein Abluftschlauch oder -rohr mit einem Festanschluss, z. B. an einen Teleskop-Mauerkasten, verwendet. Alternativ kann die Abluft auch über einen Lüftungskamin oder einen Fensteranschluss nach draußen transportiert werden. Der Teleskop-Mauerkasten oder der Fensteranschluss benötigen an der Außenseite einen Gitterrahmen mit aufgestecktem Wind- und Regenschutz. Es besteht auch die Möglichkeit, den Abluftschlauch aus dem Fenster zu hängen. Dieses ist

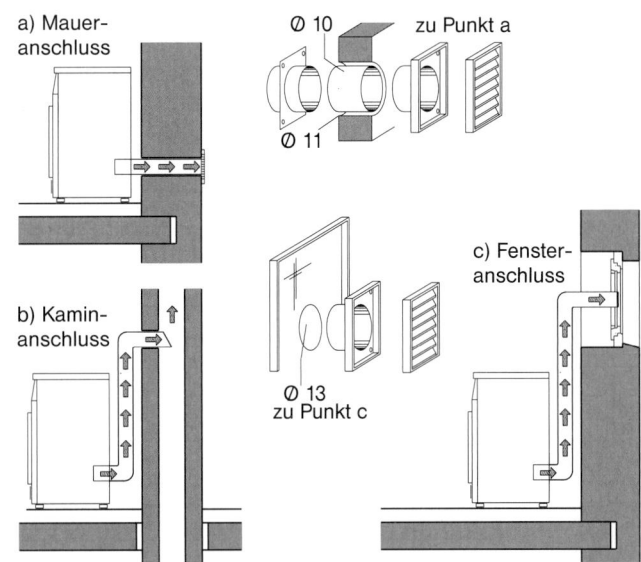

18-34 Möglichkeiten der Abluftführung für einen Ablufttrockner

jedoch aus energetischer Sicht nicht sinnvoll, da Wärme zusätzlich aus dem Raum entweicht. Je nach Windrichtung kann auch Feuchtigkeit durch die Fensteröffnung zurück in den Raum gelangen.

Ablufttrockner sind günstiger in der Anschaffung als Kondensationstrockner. Da beim Ablufttrockner die Raumluft zum Trocknen genutzt wird und wieder durch Außenluft ersetzt werden muss, ist dieses Gerät im Gesamtenergieverbrauch ungünstiger als ein Kondensationstrockner.

Ablufttrockner werden fast ausschließlich als Trommeltrockner nachgefragt. Daneben gibt es Schranktrockner, in denen die Wäscheteile, einzeln auf Bügel oder Trockenstäbe gehängt oder auf Einlegeböden gelegt, von kalter oder warmer Luft umströmt werden.

12.2.2 Kondensationstrockner

Kondensationstrockner können eingesetzt werden, wenn keine Möglichkeit besteht, die Abluft nach außen zu führen. Sie benötigen keinen Abluftschlauch und sind daher flexibel positionierbar. In diesen Geräten wird die feuchte und warme Luft aus der Trommel innerhalb des Gerätes über einen mit Raumluft gekühlten Kondensator geführt. Dabei kondensiert die Luftfeuchtigkeit und das Kondenswasser wird entweder von einem Behälter aufgefangen, der von Hand entleert werden muss, oder mit einem Schlauch in den Abwassersiphon geleitet.

Beim Kondensationstrockner sind die Anschaffungskosten höher als beim Ablufttrockner.

Der **Kondensationstrockner mit Wärmepumpentechnologie** kommt mit über 50 % weniger Energie aus als ein konventioneller Kondensationstrockners aus. Während bei Letzterem die für den Trockenvorgang erzeugte Wärme mit dem Kühlluftstrom in den Raum befördert wird und deshalb zur Nutzung im Trockner nicht mehr zur Verfügung steht, wird beim Kondensationstrockner mit Wärmepumpentechnologie die austretende Wärme für den Trockenvorgang erneut genutzt. Die Anschaffungskosten für den Kondensationstrockner mit Wärmepumpentechnologie liegen über denen eines herkömmlichen Kondensationstrockners. Da die Betriebskosten deutlich niedriger sind, lohnt sich die Mehrausgabe bei häufigem Betrieb.

Der **Energieverbrauch eines Wäschetrockners** hängt, wie in *Bild 18-35* dargestellt, vom Trocknersystem ab. Der sparsamste Wäschetrockner ist der Kondensationstrockner mit Wärmepumpentechnologie.

	Ablufttrockner	Kondensations-trockner	Kondensationstrockner mit Wärmepumpentechnologie		
Energieeffizienzklasse	C	B	A^+	A^{++}	A^{+++}
Energieverbrauch pro Trocknung in kWh (im Programm „Baumwolle schranktrocken")	4,8	4,6	2,1	1,8	1,4
Jahresenergieverbrauch in kWh (laut Energielabel, 160 Trocknungszyklen bei unterschiedlichen Beladungen)	580	560	265	230	175

18-35 Beispiele für den Energieverbrauch von Wäschetrocknern für das Trocknen von 8 kg Wäsche (geschleudert mit 1000 Umdrehungen pro Minute)

12.2.3 Steuerung von Wäschetrocknern und weitere Ausstattungen

Bei der **Zeitsteuerung** wird die Trockendauer anhand von Erfahrungswerten vorgewählt. Nach Programmende schaltet der Trockner automatisch ab.

Bei der **elektronischen Steuerung** ist der Trockengrad über ein Programm wählbar. Die Elektronik des Gerätes erfasst die Feuchtigkeit und schaltet das Gerät beim Erreichen des gewünschten Trockengrades ab. Die Textilien werden schonend, zielgenau und energiesparend getrocknet.

Wäschetrockner können folgende **zusätzliche Ausstattungen** haben:

- Knitterschutz durch Trommelbewegung bei ausgeschalteter Heizung,
- Kurzprogramm für temperaturunempfindliche Textilien,
- Lüften, Auffrischen oder Entknittern getragener Bekleidung, teilweise durch Dampf,
- Antrocknen und Auflockern von Wolle bei niedrigen Temperaturen und geringer Trommelbewegung,
- Woll-/Seideprogramm zum kompletten Trocknen,
- Programm für trocknergeeignete Bettdecken und Kopfkissen mit z. B. Feder-, Daunen- oder Synthetikfüllung.

12.3 Der Waschtrockner

Waschtrockner sind eine Lösung für kleine Haushalte, die keinerlei Möglichkeit haben, einen Wäschetrockner zusätzlich zur Waschmaschine aufzustellen. In diesen Geräten kann sowohl gewaschen als auch getrocknet werden. Eine Trommelfüllung gewaschener Wäsche wird im Waschtrockner in zwei Partien nacheinander getrocknet.

Waschtrockner werden in der Regel als Frontlader angeboten, die von vorne beschickt werden. Die Geräteabmessungen und Bauweisen sowie die Geräteausstattungen für das Waschen entsprechen denen von Waschmaschinen.

Waschmaschinen und Waschtrockner sind für den Anschluss an 230 Volt Wechselstrom vorgesehen. Die meisten Waschmaschinen haben eine elektrische Anschlussleistung von ca. 2,3 kW, Waschtrockner von max. 3,3 kW. Liegt der Anschlusswert bei 2,3 kW und darunter, benötigen die Geräte keinen eigenen Stromkreis; eine Absicherung des Stromkreises von 10 A ist ausreichend. Bei höheren Anschlusswerten ist ein separater Stromkreis mit einer Absicherung von 16 A erforderlich.

12.4 Die Bügelgeräte

Erfahrungswerte zeigen, dass etwa eine Hälfte der im Haushalt anfallenden Wäschemenge nach dem Trocknen glattgestrichen und zusammengelegt, die andere Hälfte gebügelt wird. Dafür werden in einem Drei-Personen-Haushalt im Jahr rund 200 Stunden aufgewendet. Durch Bügeln werden die Textilien wieder glatt, was sich nicht nur auf das gepflegte Aussehen auswirkt, sondern auch die Anschmutzung hinauszögert, weil die Faseroberfläche geglättet ist. Das Bügelergebnis wird von vier Faktoren beeinflusst:

- Temperatur,
- Anpressdruck,
- Kontaktdauer,
- Feuchtigkeit.

In fast allen Haushalten ist heute ein **Dampfbügeleisen** vorhanden. Trockenbügeleisen werden nur noch selten eingesetzt. Das Bügeln mit Dampf hat sich bewährt und zu einem umfangreichen Geräteangebot geführt, bis hin zu Geräten, wie sie von Profis genutzt werden. **Durch die Auswahl des richtigen Gerätes kann der Arbeitsaufwand für das Bügeln um ein Drittel verringert und das Bügelergebnis deutlich verbessert werden,** wenn

- die erzeugte Dampfmenge des verwendeten Bügelgerätes mindestens 30 g je Minute beträgt, besser jedoch mit ca. 50 g je Minute so groß ist, dass auf Einfeuchten der Wäsche grundsätzlich verzichtet werden kann,

- doppellagig gebügelt werden kann, z. B. bei Hosen und Bettwäsche,
- die Textilien schon nach kurzem Überbügeln knitterfrei sind,
- die Handhabung des Gerätes einfach ist.

Im Folgenden werden die dafür angebotenen unterschiedlichen Geräte behandelt.

Als genereller Hinweis zum Dampfbügeln ist noch anzumerken, dass eine gute Belüftung des Bügelraumes zur Abfuhr der Luftfeuchtigkeit erforderlich ist. Zum Beispiel reichen bereits 0,3 Liter verdampfendes Wasser aus, die Feuchte von rund 50 m^3 Luft bei 20 °C Lufttemperatur von 50 % auf 80 % zu erhöhen.

12.4.1 Dampfbügelstationen

Dampfbügelstationen werden alle Dampfbügeleisen mit externem Wassertank genannt. Im Vergleich zu herkömmlichen Dampfbügeleisen kann durch die größere Füllmenge des Wassertanks länger gebügelt werden, ohne Wasser nachzufüllen. Es gibt **zwei verschiedene Systeme**: Bei dem einen erfolgt die Dampferzeugung im Bügeleisen, das andere hat einen externen Dampferzeuger, der zusammen mit dem Wassertank von einem Kunststoffgehäuse oder einem emaillierten Stahlgehäuse umschlossen ist. Der externe Wassertank dient gleichzeitig als Abstellfläche für das Bügeleisen.

Bügelstationen mit externem Dampferzeuger verfügen über genügend Dampf, um auf dem Bügel hängende Kleidungsstücke mit dem Bügeleisen in vertikaler Stellung aufzufrischen.

12.4.2 Dampfbügelsysteme

Dampfbügelsysteme werden Geräte genannt, deren Technik professionellen Büglern abgeschaut ist. Sie bestehen aus einem Bügeltisch, einem Bügeleisen und einer am Fußgestell des Bügelbretts befestigten Wassertank-Dampferzeugungseinheit, *Bild 18-36*. Teilweise sorgen Laufrollen für müheloses transportieren. Der Wassertank wird als Einkammersystem (mit Druck) oder als Zweikammersystem (ohne Druck) angeboten. Der Wassertank fasst je nach Gerät eine Füllmenge von bis zu 2,5 Litern. Die Dampfmenge ist variabel regelbar von 0 bis 120 g in der Minute. Die Heizleistung des Dampf-

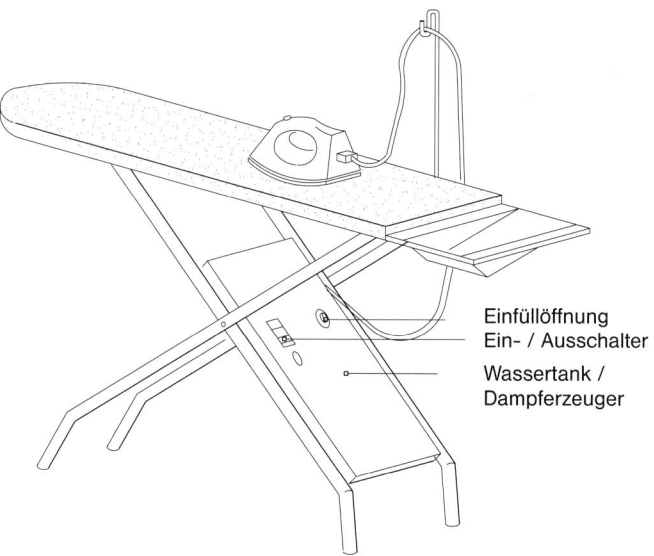

18-36 Dampfbügelsystem, ausgestattet mit
  – Dampfbügeleisen
  – Bügelbrett
  – externem Wassertank
  – Dampferzeuger mit Ein- oder Zweikammersystem, evtl. zusätzlich mit Bügelflächenbeheizung
  – Dampfabsaugung
  – Bügelflächengebläse

erzeugers kann bis zu 2,6 kW betragen, die des Bügeleisens bis zu 2,4 kW. Einige Geräte haben eine **beheizte Bügelfläche**, die das Bügelergebnis positiv beeinflusst.

Bei Geräten mit **Bügelflächenabsaugung** wird der Dampf unterhalb der Bügelfläche mit einem Ventilator abgesaugt, sodass sich die Feuchtigkeit nicht niederschlagen kann. Weil der Ventilator eine Sogwirkung erzeugt, bleiben besonders leichte, dünne Textilien auf der Bügelfläche liegen. Durch Umschalten kann der Ventilator bei einem Gerätetyp auch als Gebläse zum Erzeugen eines **Luftpolsters** unter den aufgelegten Textilien genutzt werden. Dadurch lassen sich druckempfindliche Textilien einfach glätten.

12.4.3 Bügelmaschinen und Dampfbügelmaschinen

Bügelmaschinen sind eine Überlegung wert, wenn im Haushalt viele große, glatte Wäschestücke anfallen, z. B. Bett- oder Tischwäsche oder der Anfahrweg zu einer gewerblichen Heißmangel weit ist. Standgeräte werden heute als Klappbügelmaschinen angeboten. Es empfiehlt sich die Anschaffung einer Dampfbügelmaschine, obwohl auch hier wie beim Bügeleisen immer noch beide Systeme angeboten werden.

Sie besteht aus einer Bügelmaschine mit beheiztem Wassertank. Der Anschlusswert des Gerätes beträgt 3,1 bis 3,5 kW. Die Bügelwalze hat eine Breite von 83 cm. Ihre Drehzahl wird elektronisch geregelt. Bügelmaschinen sind immer für einen Arbeitsablauf von links nach rechts konstruiert.

Angaben zu Stell- und Bewegungsflächen für den Arbeitsbereich Bügeln werden in Abschnitt 10.1.3 gemacht.

13 Die Heizung, Warmwasserversorgung, Beleuchtung und Elektroinstallation des Hausarbeitsraums

Das Thema Heizung wird in Kapitel 16 ausführlich behandelt, die Warmwasserversorgung in den Kapiteln 15 und 16, die Beleuchtung in Kapitel 20 und die Elektroinstallation in Kapitel 12. Zusätzlich werden in Abschnitt 9 bei der Küchenplanung Besonderheiten aufgeführt, die auch für die Planung eines Hausarbeitsraumes gültig sind.

14 Literatur und Arbeitsunterlagen sowie weitere Möglichkeiten der Informationsbeschaffung

AMK: Das große Küchenhandbuch, Arbeitsgemeinschaft Die moderne Küche, 68163 Mannheim, 2004, www.amk.de

AMK: Ratgeber Küche, Arbeitsgemeinschaft Die moderne Küche, 68163 Mannheim, 2012, www.amk.de

HEA-Fachwissen (Bilderdienst)
Planung einer neuen Einbauküche, Elektroherde, Mikrowellen, Kühl- und Gefriergeräte, Waschmaschinen, Dunstabzugshauben, Wäschetrockner

Online-Datenbank auf www.hea.de

Kundenzeitschriften, Schriften und das Internetangebot der Energieversorgungsunternehmen

Prüfberichte der Stiftung Warentest

Informationen der Hersteller

Informationen des Fachhandels

BAD, DUSCHE UND WC

1	**Sanitärräume – Trends und Anforderungen** S. 19/2		**11**	**Wand- und Bodenbeläge** S. 19/27
1.1	Grundflächen für Sanitärräume		11.1	Materialauswahl
1.2	Räumliche Anordnung von Sanitärräumen		11.2	Rutschsicherheit
			11.3	Abriebfestigkeit
2	**Größe und Abstandsmaße von Sanitärobjekten** S. 19/5		11.4	Verlegeplan
2.1	Mindest- und Richtmaße der Objekte		**12**	**Normen und Richtlinien** S. 19/32
2.2	Abstandsflächen der Badobjekte		**13**	**Hinweise auf Literatur und Arbeitsunterlagen** S. 19/33
2.3	Einbauhöhen und vertikale Abstände von Badobjekten			
2.4	Planung von Bädern im Dachgeschoss			

3 **Planungsbeispiele** S. 19/11
3.1 Grundrissbeispiel einer Wohnung
3.2 Lösungsvorschläge für ein Bad
3.3 Grundrissbeispiel eines Einfamilienhauses

4 **Sanitärtechnik** S. 19/13
4.1 Anforderungen an die Leitungsverlegung
4.2 Vorwandinstallation mit Vormauerung
4.3 Vorwandinstallation mit Montagerahmen
4.4 Vorwandinstallation mit vorgefertigten Bausteinen
4.5 Bodenbündige Duschen
4.6 Armaturen

5 **Schallschutz bei Sanitäranlagen** S. 19/19

6 **Abdichtungen in Feuchträumen** S. 19/19
6.1 Anforderungen
6.2 Ausführungen der Abdichtungen

7 **Heizung und Warmwasserversorgung** S. 19/23

8 **Lüftung** S. 19/25

9 **Elektroinstallation** S. 19/25

10 **Beleuchtung** S. 19/25

BAD, DUSCHE UND WC

1 Sanitärräume – Trends und Anforderungen

In der Vergangenheit dienten die Sanitärräume vorwiegend der Körperhygiene. Seit einigen Jahren entwickelt sich in diesem Bereich ein Wellness-Trend, der die ehemaligen „Feuchträume" in Wohlfühloasen für Körper- und Gesundheitspflege verwandelt. Die Bad-, Wasch-, Dusch- und WC-Räume haben im modernen Wohnungsbau einen wesentlich höheren Stellenwert erhalten. Dabei ist nicht nur der repräsentative Charakter des Gäste-WCs gestiegen, auch in den Bädern zeigt sich ein Trend zu mehr Ausstattungsqualität und Größe. Als Grund für diese Veränderung gilt das Bedürfnis nach Steigerung des privaten Wohlbefindens.

In den Landesbauordnungen ist gesetzlich festgelegt, dass jede Wohnung mind. ein Bad mit Badewanne oder Dusche sowie eine Toilette mit Wasserspülung haben muss. Fensterlose Bäder und Toilettenräume sind zulässig, wenn eine wirksame Lüftung gewährleistet ist. Toilettenräume für Wohnungen müssen innerhalb der Wohnung liegen.

Im Einfamilienhaus oder in größeren Wohnungen ist es üblich, neben dem Baderaum mit WC ein separates Gäste-WC im Eingangsbereich oder an einer dem Besucher gut zugänglichen Stelle bei der Planung zu berücksichtigen. Je nach Größe der Wohnung bzw. des Hauses und Anzahl der Bewohner (ab drei Personen) sind mehrere Bäder mit größeren (Doppel-)Waschtischen bzw. weitere Toilettenräume vorzusehen. **Grundsätzlich ist es sinnvoll, Bad- und WC-Räume zu trennen, um so eine optimale Nutzung des Bades zu gewährleisten und eine Geruchsbelästigung für nachfolgende Nutzer zu vermeiden.** Das Bad sollte in unmittelbarer Nähe der Schlafräume angeordnet sein und vom Flur aus erschlossen werden. Ist das Bad nur vom Schlafzimmer aus erreichbar, sollte mind. ein weiteres WC vom Flur aus zugänglich sein. In kleineren Appartements oder Wohnungen ist ein Bad mit einem – möglichst separaten – WC ausreichend.

1.1 Grundflächen für Sanitärräume

Die ersatzlos gestrichenen Normen DIN 18011 „Stellflächen, Abstände und Bewegungsflächen im Wohnungsbau" sowie DIN 18022 „Küchen, Bäder und WCs im Wohnungsbau" gaben in den 80er- und 90er-Jahren eine **Mindestfläche** von 4 bis 5 m^2 für Bäder und 1,5 m^2 für Toilettenräume vor. In der Praxis gelten die zurückgezogenen Normen weiterhin als Planungsgrundlage, auch wenn die VDI-Richtlinie 6000 und DIN 18040-2 viele Themen aktuell aufgreifen. Je nach Wohnungs- bzw. Gebäudegröße, Anzahl der Bewohner, dem gewünschten Ausstattungsniveau sowie den persönlichen Bedürfnissen sollten folgende Grundflächen für Sanitärräume eingeplant werden:

– Gäste-WC ca. 1,5 bis 2,8 m^2
– Duschbad mit integriertem WC ca. 3,0 bis 6,0 m^2
– Duschbad ohne WC ca. 2,3 bis 4,0 m^2
– Familienbad ca. 6,0 bis 15,0 m^2
– Kinder- oder Gästebad ca. 3,0 bis 8,0 m^2
– Wellnessbad, ggf. in Verbindung mit Sauna, Whirlpool, Schwimmbad etc. ab ca. 12,0 m^2
– Zusätzliches Duschbad in Verbindung mit Nebeneingang als Schmutzschleuse ca. 2,5 m^2

Die zuvor angegebenen Flächen sagen jedoch wenig über die wirtschaftliche Nutzungsfähigkeit aus. Funktionelle Planung und intelligente Zuordnung der einzelnen Räume unter Berücksichtigung der Türanschläge und Fenster sind in Verbindung mit der Anordnung von Sanitärobjekten ausschlaggebend für die optimale Raumausnutzung.

Auch wenn hier nicht auf alle Aspekte von barrierefreien oder seniorengerechten Bädern (vgl. hierzu DIN 18040 und VDI 6000) im Einzelnen eingegangen werden kann, so sind dennoch vorausschauend bereits bei der Neuplanung eines solchen Raumes bestimmte Faktoren zu beachten.

Falls es der Grundriss zulässt und der Bedarf der Benutzer es fordert, sind spätere behinderten- und altengerechte Umbauten bereits im Vorfeld zu berücksichtigen, um aufwendige Arbeiten im Nachhinein zu vermeiden. Dies bezieht sich nicht nur auf die Raumgröße/Türmaße (einberechnete Bewegungsfreiheit z. B. für einen Rollator oder eine betreuende Person) oder die größeren Abstände der Sanitärobjekte zueinander, sondern auch auf Befestigungsmöglichkeiten an der Wand für erforderliche Griffe oder Duschsitze. Div. Armaturen, Zubehör und unterfahrbare Becken, behindertengerechte Toiletten u. Ä. sind ggf. nachzurüsten. Eine zu hohe Duschtasse ohne die – für eine bodenbündige Dusche geforderte – geeignete Bodenabdichtung oder Bodenablaufsituation ist im Nachhinein dagegen schwer zu verändern. Auch eine kontrastreiche, spiegelungsfreie Farbgebung/Materialwahl und ertastbare Texturen können sehbehinderten und älteren Menschen den Alltag erleichtern. Mit einer geschickten Gestaltung unterscheidet sich ein solches Bad unwesentlich vom Standard. *Bild 19-1* zeigt Beispiele moderner Sanitärraum-Grundrisse für unterschiedliche Anforderungen.

1.2 Räumliche Anordnung von Sanitärräumen

Sowohl die Architektur von Bädern und WC-Räumen als auch die Positionierung der Sanitärobjekte werden im Wesentlichen von der Größe und dem Zuschnitt des Raumes sowie von der Lage der Ver- und Entsorgungsleitungen bestimmt. **Aus wirtschaftlichen Gesichtspunkten sollte eine Anordnung der Räume, die Zu- und Abwasserleitungen benötigen, innerhalb eines Gebäudes so durchdacht werden, dass möglichst kurze Leitungswege entstehen.** Es ist sinnvoll, diese Räume zu bündeln und, soweit möglich, über- oder nebeneinander zu planen. Das erspart umfangreiche Leitungsnetze und verringert die Wärmeverteilungsverluste bei einer zentralen Warmwasserversorgung.

Innerhalb eines Sanitärraumes können die Objekte mithilfe eines Versorgungsblocks vor der Wand individuell montiert werden (siehe 19-4.2 bis 19-4.4 Vorwandinstallation), jedoch ist hierfür ein zusätzlicher Platzbedarf von 15–20 cm in der Tiefe zu berücksichtigen.

Bei kleineren Wohneinheiten ist nicht immer ein Hausarbeits- oder Kellerraum für die Wäschepflege vorhanden. Sollte in solch einem Fall keine Platzierung in der Küche vorgesehen sein, so sind im Bad zusätzliche **Stellflächen** für Waschmaschine und Trockner mit den entsprechenden **Arbeits- und Bewegungsflächen** vorzusehen. Soweit der Grundriss es zulässt, sind bei der Detailplanung des Weiteren Ablagen und Schränke für Handtücher, Kosmetik, Toilettenpapier bzw. Reinigungs- und Arzneimittel einzuplanen.

19 Bad, Dusche und WC

Sanitärräume – Trends und Anforderungen

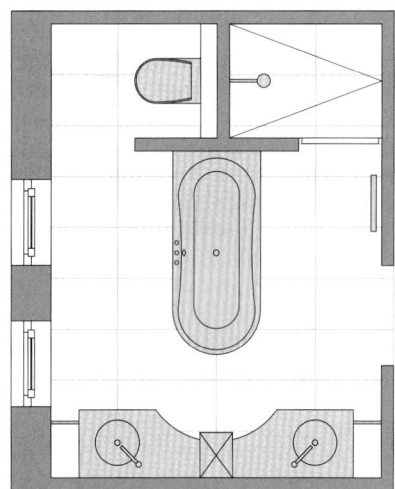

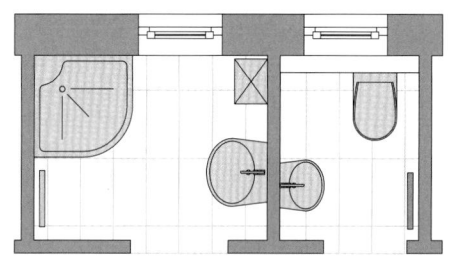

Duschbad 3,45 m² mit separatem WC 1,85 m²

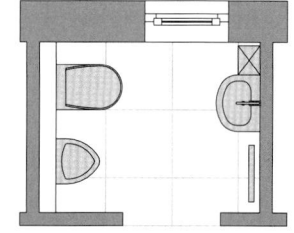

Gäste WC 2,80 m²

Familienbad 11,64 m²

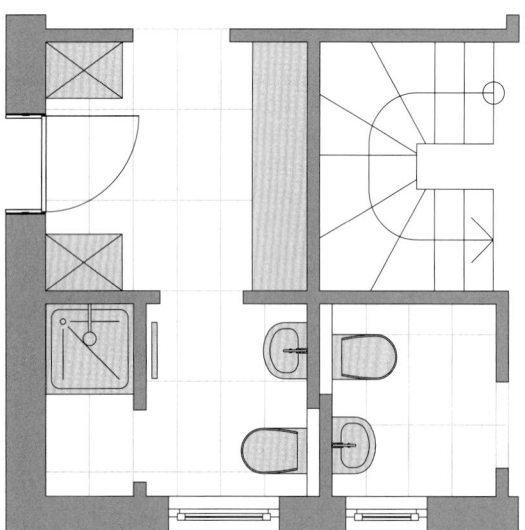

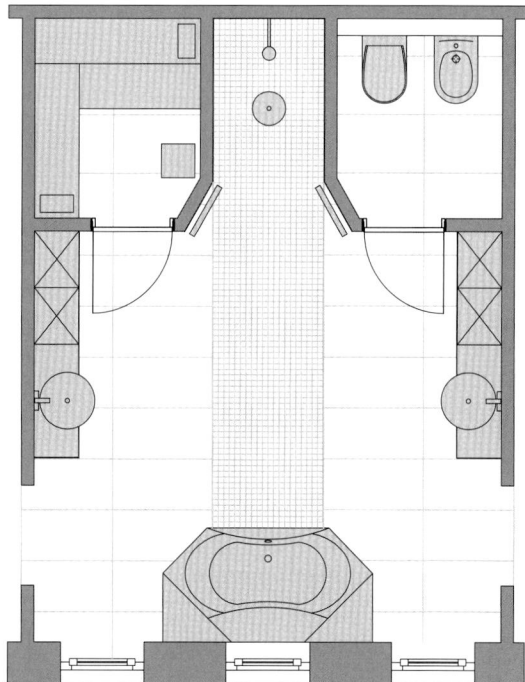

Duschbad mit Schmutzschleuse 9,25 m² und räumlich zugeordnetem Gäste WC 2,55 m²

Wellnessbad 20,90 m²

19-1 Beispiele moderner Sanitärraum-Grundrisse für unterschiedliche Anforderungen

2 Größe und Abstandsmaße von Sanitärobjekten

2.1 Mindest- und Richtmaße der Objekte

Um Sanitärräume funktional zu gestalten, sind bestimmte Mindestgrößen für Waschbecken und -tische gemäß DIN 18022 bzw. VDI 6000 vorgegeben. Ferner sind hier auch andere Einrichtungsgegenstände für Bad und WC maßlich festgelegt, *Bild 19-2.* Darüber hinaus sind zahlreiche Variationen in Bezug auf rutschhemmende oder hygienetechnisch ausgereifte Beschichtungen und Formen der einzelnen Objekte zu erwähnen. Beispielsweise spülrandlose WCs, beheizte WC-Brillen, Duschfunktion in WCs und fugenlos eingebundene Waschbecken etc.

Während es sich bei den Waschtischen und Handwaschbecken um geforderte Mindestmaße handelt, sind die Maße für WC, Bidet und Urinal als Richtmaße anzusehen und können je nach Fabrikat variieren. Darüber hinaus bietet die Industrie mittlerweile Waschbecken, WCs, Bade- oder Duschwannen unterschiedlicher Größe und Formgebung an, welche eine maximale Funktionalität auch auf kleinstem Raum ermöglichen.

Nicht normiert oder genauer beschrieben ist die unendliche Vielfalt an angebotenem Sanitärzubehör wie etwa Abfallbehälter, WC-Bürste, Papierrollenspender, Duschkörbe, Ablagen, Haken etc. Hier gilt es, praktikable und leicht zu reinigende Objekte zu finden, die sich in die Gesamtanmutung einfügen, um dem Bedarf der Nutzer in Form, Größe und Anzahl gerecht zu werden. Die Positionierung richtet sich nach den Gewohnheiten und Körpermaßen der Bediener.

2.2 Abstandsflächen der Badobjekte

Abstandsflächen sind einzuhalten, um Mindestanforderungen einer bequemen Nutzung zu erfüllen und die fachgerechte Installation unterschiedlicher Sanitärartikel zu ermöglichen. Sie dürfen in engen Bestandsgebäuden im Privatbereich leicht abweichen. Die Bewegungsflächen dürfen sich nur überschneiden, wenn nicht mit einer zeitgleichen Benutzung der Einrichtungsgegenstände durch mehrere Personen zu rechnen ist. Die seitlichen Mindestabstände zwischen den Ausstattungs- und Einrichtungselementen sind in *Tabelle 19-3* aufgeführt.

Um eine ungehinderte Benutzung der Ausstattung und Einrichtung sicherzustellen, ist ein minimaler Abstand von der Vorderkante der Einrichtungsgegenstände zu den gegenüberliegenden Wänden, Sanitärartikeln oder Schränken von 75 cm erforderlich, *Bild 19-4.* Vor Waschmaschinen und Wäschetrocknern wird eine Arbeitsfläche von mind. 90 cm Tiefe benötigt. Vor der Längsseite von Badewannen muss eine Bewegungsfläche von 75 cm auf einer Breite von 90 cm gesichert sein. *Bild 19-5* zeigt Beispiele für die Sanitärraumplanung unter Berücksichtigung der nötigen Abstands- und Bewegungsflächen.

2.3 Einbauhöhen und vertikale Abstände von Badobjekten

Detaillierte Angaben über Einbauhöhen von Sanitärartikeln wurden bisher in einer zusammengefassten Übersicht kaum veröffentlicht. In der DIN 68935 (Koordinationsmaße für Badmöbel, Geräte und Sanitärobjekte) gibt es zwar einige Angaben bezüglich Waschtisch- und Schrankhöhen, ansonsten wird jedoch auf Herstellerangaben verwiesen. Während die Höhenangaben für WC und Bidet durchaus als verbindliche Richtmaße angesehen werden können, handelt es sich bei den anderen Objekten um Durchschnittsangaben, die je nach räumlichen Gegebenheiten (z. B. Fliesenraster sowie Größe der Benutzer) mehr oder weniger variieren und mit dem Planer bzw. Nutzer abzusprechen sind. Sollte ein Bad extra für Kinder eingerichtet werden, so sind die entsprechenden Höhenmaße von Objekten, Armaturen und Zubehör der VDI-Richtlinie 6000-6 zu entnehmen. *Bild 19-6* zeigt Aufrisse mit Sanitärobjekten und die entsprechende Bemaßung der Höhen. In *Tabelle 19-8* sind Richtmaße und

Handwaschbecken

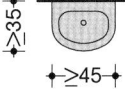

Badmöbel

Das kleine Handwaschbecken ist z. B. für WC-Räume geeignet. Die in der VDI 6000 vorgegebenen Mindestmaße für Badmöbel sind sehr pauschal; besser ist es, die Schränke individuell den räumlichen Gegebenheiten anzupassen.

Einzelwaschbecken

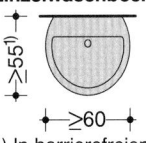

Doppelwaschbecken

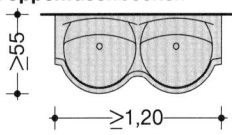

1) In barrierefreien Bädern ca. 50 cm

Die Bezeichnung Waschtisch weist darauf hin, dass es sich um ein Waschbecken mit Ablagefläche handelt. Bei Doppelwaschtischen ist darauf zu achten, dass der Abstand und die Zuordnung der beiden Becken genügend Bewegungsfläche zulässt.

Einbauwaschtisch mit einem Becken und Unterschrank

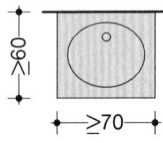

Einbauwaschtisch mit zwei Becken und Unterschrank

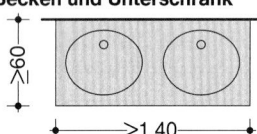

Um genügend Beinfreiheit zu erlangen, müssen Unterschränke oder deren Sockel im Benutzungsbereich des Waschtisches, bezogen auf die Vorderkante des Waschtisches, mind. 5 cm zurückspringen.

Sitzwaschbecken (Bidet)

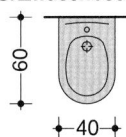

Urinalbecken

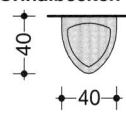

Bei der Anordnung von Bidet und WC unterhalb von Dachschrägen ist eine ausreichende Kopffreiheit oberhalb der Sanitärartikel zu berücksichtigen. Urinale werden im Privatbereich mit Deckel ausgestattet.

19-2 Mindest- und Richtmaße von Badobjekten

Klosettbecken mit Spülkasten/ o. Druckspüler vor der Wand

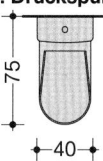

Klosettbecken mit Spülkasten/ o. Druckspüler für Wandeinbau

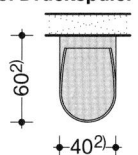

2) In barrierefreien Bädern bemisst sich das WC auf ca. 40 x 70 cm

Klosettbecken mit Spülkasten oder Druckspüler vor der Wand haben bei heutigen Neubau- oder Modernisierungsmaßnahmen kaum noch Bedeutung, da in der Regel Vorwandinstallationsblöcke eingesetzt werden. Diese sind zusätzlich mit einer Tiefe von ca. 15 - 25 cm einzuplanen. Die angegebenen Maße beziehen sich auf das reine Klosettbecken. Unterarten von WCs bilden die Flach- oder Tiefspüler. Es existieren Sonderlösungen mit kurzen WCs für kleine Räume.

Duschwanne

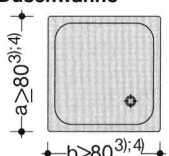

Badewanne

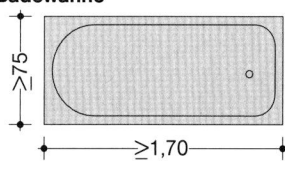

3) Bzw. in Verbindung a $\geq$75; b $\geq$ 90
4) Bei Eckduschwannen min. 90 x 90 cm

Es gibt unterschiedlichste Formen und Größen von Dusch- und Badewannen auf dem Markt. Die Raumausnutzung vorhandener Bäder kann somit optimiert und dem Trend nach individueller Planung gerecht werden. In barrierefreien Bädern sind ebenerdige Wannen, bzw. solche mit Einstiegshilfe einzuplanen.

Waschmaschine

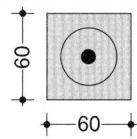

Wäschetrockner

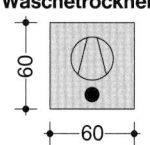

Je nach baulichen Gegebenheiten können Waschmaschinen und Wäschetrockner nebeneinander (ggf. auf einen Sockel) oder mittels eines Zwischenbausatzes übereinander gestellt werden. Elektro-, Wasser- und ggf. Ablaufanschlüsse sind dementsprechend anzuordnen. Für Ablufttrockner ist die Abluftleitung planerisch zu berücksichtigen, Kondensationstrockner benötigen keine Abluftführung.

19 Bad, Dusche und WC — Größe und Abstandsmaße von Sanitärobjekten

Abstandsflächen in cm zwischen:	Wasch-tischen	Einbau-wasch-tischen	Hand-wasch-becken	Sitz-wasch-becken/ Bidets	Bade-/Dusch-wannen	Klosett-becken, Urinalen	Wäsche pflege-geräten	Bad-möbeln	Wänden, Dusch-abtrennungen
Waschtischen	20			25	20[1]	20	20	5	20
Einbauwaschtischen		0		25	15[1]	20	15	0	0
Handwaschbecken			20	25	20	20	20	20	20
Sitzwaschbecken/Bidets	25	25	25	25	25	25/20	25	25	25
Bade-/Duschwannen	20[1]	15[1]	20	25	0[2]	20	3/6[4]	3	0
Klosettbecken/Urinalen	20	20	20	25/20	20	20[3]	20/3	20/3	20/25[3]
Wäschepflegegeräten	20	15	20	25	3/6[4]	20/3	3/6[4]	3/6[4]	3/6[4]
Badmöbeln	5	0	20	25	3	20/3	3/6[4]	0	3
Wänden/Duschabtrennungen	20	0	20	25	0	20/25[4]	3/6[4]	3	0

[1] Abstand kann bis auf null verringert werden, wenn Handtuchhalter/weiteres Zubehör an anderer Stelle Platz findet
[2] Abstand zwischen Bade- und Duschwanne; bei Anordnung der Versorgungsarmaturen in der Trennwand zwischen den Wannen sind 15 cm erforderlich
[3] Abstand zwischen Klosett und Urinal
[4] Bei Wänden auf beiden Seiten

19-3 Seitliche Abstände von Stellflächen in Bädern und WCs, Tabelle gemäß VDI 6000 Blatt 1 : 2008-02

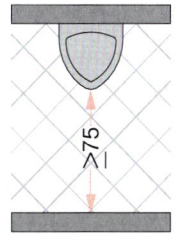 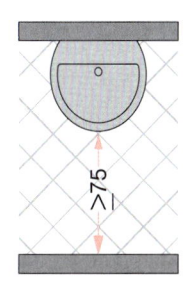 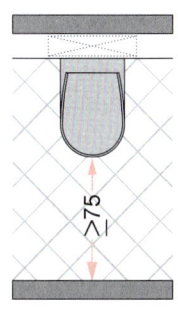 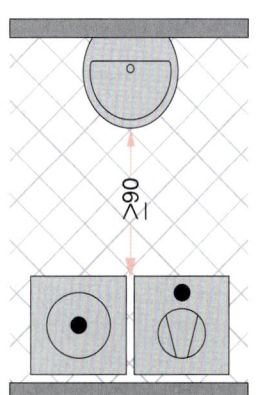 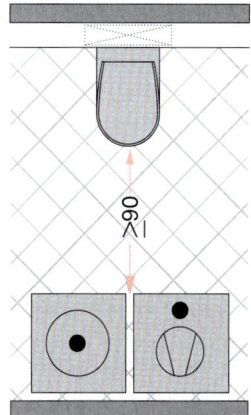

19-4 Erforderliche Bewegungsflächen vor Einrichtungselementen

19 Bad, Dusche und WC — Größe und Abstandsmaße von Sanitärobjekten

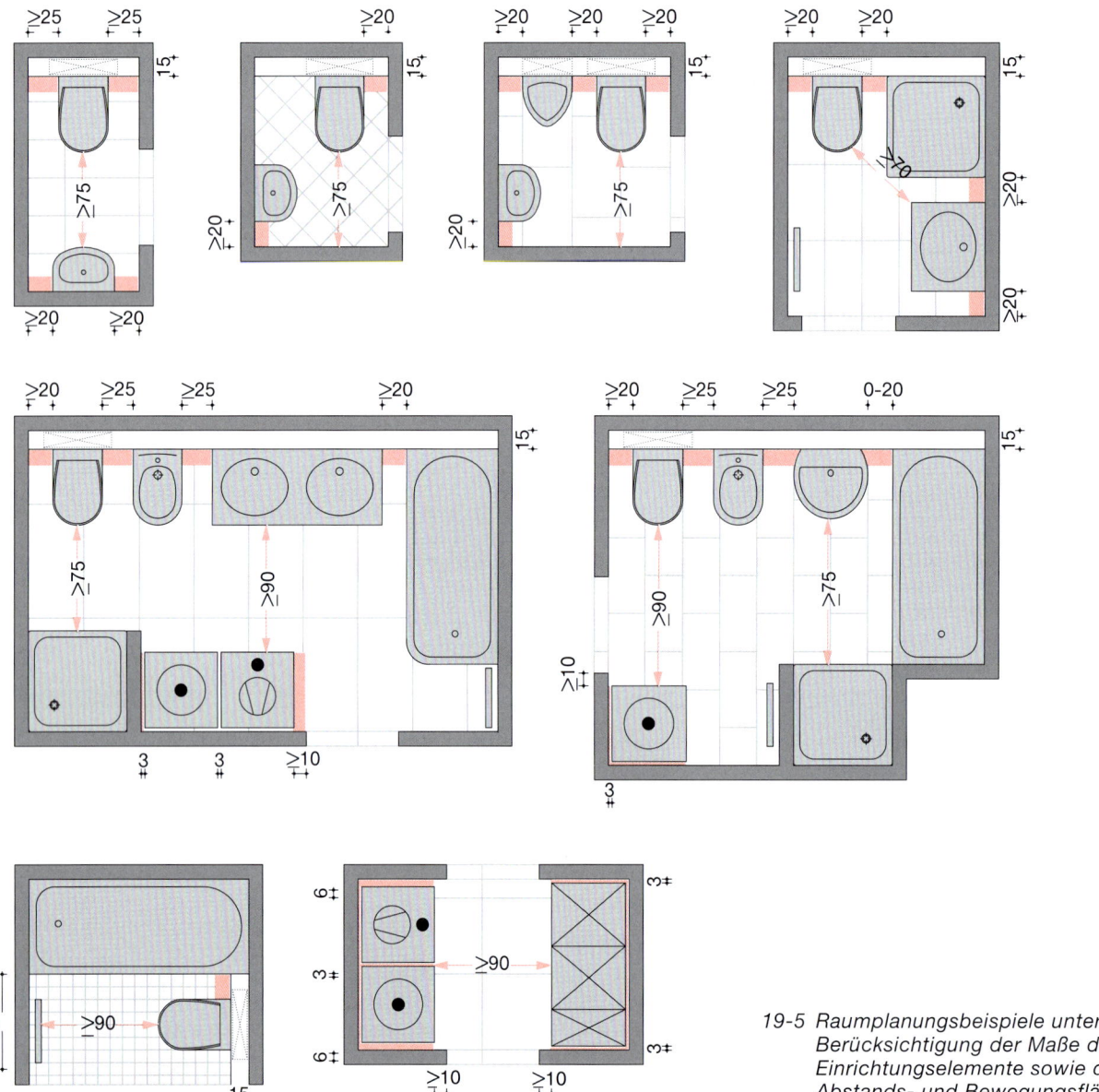

19-5 Raumplanungsbeispiele unter Berücksichtigung der Maße der Einrichtungselemente sowie der Abstands- und Bewegungsflächen

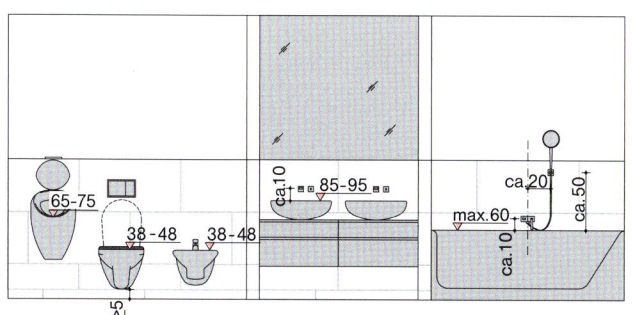
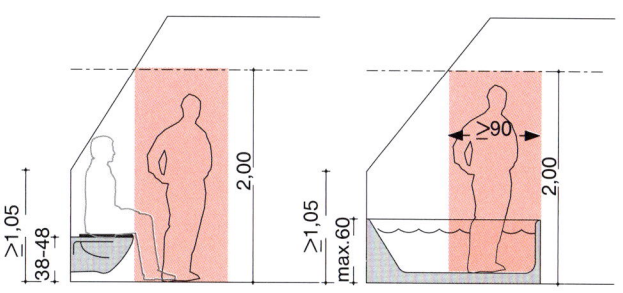

19-6 Aufrisse mit Sanitärobjekten und Bemaßung der Höhen

empfohlene Maße für Einbauhöhen (ab Oberkante Fertigfußboden) und vertikale Abstände von Badobjekten aufgelistet. Zu beachten ist, dass bei industriell vorgefertigten Vorwandinstallationen oder diversen Unterputzarmaturen evtl. festgelegte relative Abstandsmaße zwischen Drücker und Toilette oder Duscharmaturen existieren. Außerdem sind gerade im Sanitärbereich wandhängende Objekte und Zubehör (WCs, Schränke usw.) den bodenstehenden Elementen vorzuziehen, um die Räume leichter reinigen zu können und Feuchteschäden zu vermeiden.

2.4 Planung von Bädern im Dachgeschoss

Besondere Aufmerksamkeit gilt der Planung von Bädern im Dachgeschoss. **WC, Bidet und Wanne sollten so angeordnet sein, dass man unter Dachschrägen aufrecht vor den Objekten stehen kann.** Die erforderliche Kopffreiheit wird bei geringer Dachneigung durch Abmauerungen im hinteren Bereich der Dachschräge erzielt, siehe *Bild 19-7*.

Sinnvoll ist es, die Badewanne so zu platzieren, dass zumindest in Teilbereichen der Wanne ausreichend Kopfhöhe vorhanden ist.

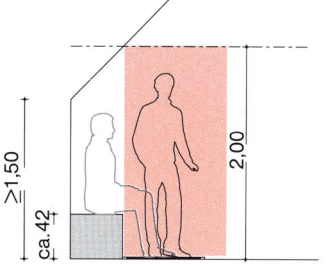

19-7 Erforderliche Kopffreiheit unter Dachschrägen

Wenn die Raumsituation es zulässt, kann die Wanne im 90°-Winkel zur Dachschräge angeordnet werden. Zusätzliche Kopffreiheit über Toilette und Badewanne wird erreicht durch den Einbau eines Dachflächenfensters.

Der Einbau eines Dachflächenfensters über der Badewanne besitzt jedoch den Nachteil, dass es durch die niedrigere Oberflächentemperatur der Fensterscheibe, in Verbindung mit dem aufsteigenden Wasserdampf des Badewassers, zu einem Tauwasserausfall auf der Innenseite des Fensters kommen kann. Auch ist so der Zugang des Fensters bei der Benutzung sowie Reinigung erschwert. In der Dusche sollte über dem Kopf mind. ein Freiraum von 20 cm verbleiben. Daraus resultieren rückseitig zu den Sanitärobjekten unter der Dachschräge Mindesthöhen, die je nach gegebener Dachneigung unterschiedlich sind.

Bad, Dusche und WC — Größe und Abstandsmaße von Sanitärobjekten

Sanitärartikel	Höhe* in cm	Empfehlungen
Oberkante Waschbecken/Waschtisch	85 bis 95	In der DIN 68935 werden als Höhe 85, 90 oder 95 cm angegeben. Die Standardhöhe lt. Herstellerangabe ist seit Langem 82 bis 85 cm. Sinnvoll ist es, abhängig von der Körpergröße der Benutzer die Beckenhöhe anzupassen, wie es z. B. bei Küchenarbeitsplatten seit Jahren üblich ist. Für Kinder- oder barrierefreie Bäder gibt es höhenverstellbare Waschtische im Handel.
Unterschrank mit Unterbau	mind. 82[1]	Sollen Geräte, Unterschränke u. Ä. untergebaut werden, muss der lichte Abstand zwischen Oberkante des fertigen Fußbodens und Unterkante der Waschtischabdeckplatte lt. DIN dem genannten Minimalmaß entsprechen. Der Sockel sollte min. 5 cm zurückspringen und 10 cm hoch ausgebildet sein.
Oberschrank über Waschtisch	25[1]	Die lichte Höhe zwischen Oberkante Waschtisch und Unterkante Oberschrank soll im Waschtischbereich lt. DIN mind. 25 cm betragen, um genügend Bewegungsfreiraum zu gewährleisten.
WC/Bidet	38 bis 48	Die Maßangaben beziehen sich auf die Oberkante der Sanitärkeramik (ohne WC-Sitz) gemäß den jeweiligen Herstellerangaben. Die verbreitete Meinung, das WC aus orthopädischen Gesichtspunkten höher anzuordnen, ist nachweislich für die Darmentleerung nachteilig. Vielmehr ist die „Hockstellung" optimal. Lediglich bei barrierefreien Einbauten ist eine abweichende Montage mit dem erleichterten Setzen und Aufstehen zu rechtfertigen bzw. zu empfehlen. Die Höhe ist auf die jeweiligen Hauptnutzer abzustimmen.
Urinal	65 bis 75	Dies entspricht der Vorderkante Urinalöffnung, je nach Modell, Herstellerangabe und Absprache mit dem Hauptnutzer.
Badewannenrand (Einstiegshöhe)	max. 60	Je nach Wannenmodell und Montage ist die Höhe unterschiedlich. Das angegebene Maß sollte aber nicht überschritten werden, um den Einstieg auch für ältere Menschen oder Kinder zu ermöglichen.
Duschwannenrand (Einstiegshöhe)	max. 28 (2)	Je nach Wannenmodell und Montage ist die Höhe unterschiedlich, sollte aber das angegebene Maß nicht überschreiten. Der Trend geht zu flacheren bis bodenbündigen Duschbereichen. Bei barrierefreien Bädern dürfen die Übergänge max. 2 cm betragen.
Kopfbrause über Duschwanne	210 bis 250	Das Maß bezieht sich auf die Standfläche in der Dusche bis zur Unterkante Kopfbrause und ist von der jeweiligen Personengröße abhängig. In Luxusbädern geht der Trend zu großzügigen Kopfbrausen (Regenduschen), welche auch in Deckenkonstruktionen integriert werden können.
Handbrause mit Wandstange	210 bis 220	Ausschlaggebend ist das Maß zwischen der Standfläche in der Dusche und der Wandstangenoberkante.

[1] Wenn die Möbel nicht unmittelbar auf dem Boden stehen, sollte lt. DIN 68935 ein durchgehend freier Raum unter Unter- und Hochschränken von mind. 15 cm vorhanden sein, um eine problemlose Reinigung zu ermöglichen.

* nicht oder nur in Teilbereichen zutreffend für barrierefreie Bäder

19-8 Einbauhöhen und vertikale Abstände von Sanitärobjekten

3 Planungsbeispiele

Bereits bei der Rohbauplanung ist die Festlegung der Raumgrößen unter Berücksichtigung der erforderlichen Mindestmaße unabdingbar. Vor der Detailplanung ist so zunächst der Bedarf zu klären, anschließend ist es ratsam, die in DIN 18022/VDI 6000 und ggf. DIN 18040 geforderten Stellflächen, Abstände, Bewegungs- und Installationsflächen zu berücksichtigen.

3.1 Grundrissbeispiel einer Wohnung

Die Grundrissgestaltung im Wohnungsbau muss dem Bedarf der Nutzer entsprechen und ebenso zweckmäßig wie attraktiv sein. **Neben den gestalterischen sind die bauphysikalischen Anforderungen, z. B. der Schall- und Brandschutz, zu beachten. Um die Steig- und Fallleitungen möglichst zentral anordnen zu können, sollten alle Räume, die Zu- und Abwasserleitungen erhalten, neben- bzw. übereinander liegen. Dadurch werden kurze, wirtschaftliche Leitungswege ermöglicht.**

Der in *Bild 19-9* dargestellte Grundriss umfasst ca. 80 m² und entspricht einer modernen, kleinen Stadtwohnung mit gehobener Ausstattung für ein bis zwei Personen. Diese ist unterteilt in drei Zonen: Eingang mit Flur, Garderobe und Gäste-WC, mittig ist der Koch-, Ess- und Wohnbereich angeordnet, im hinteren Teil befinden sich Bad, Ankleide- und Schlafraum. Die großzügige Ausstattung des Bades wird in dieser Form oft gewünscht und entspricht den heutigen Vorstellungen.

3.2 Lösungsvorschläge für ein Bad

In *Bild 19-10* sind für ein Bad mit einer relativ kleinen Grundfläche (2,90 m × 2,40 m = ca. 7 m²) Planungsvarianten mit unterschiedlicher Sanitärausstattung und Raumaufteilung dargestellt. Die Lösungsvorschläge verdeutlichen, dass je nach individuellem Bedarf und Stil ausgesprochen unterschiedliche Entwürfe entstehen können.

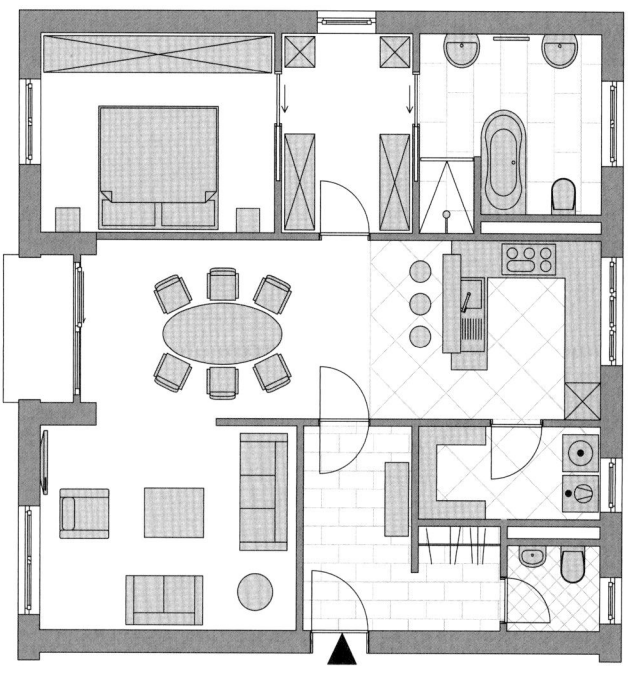

19-9 Planungsbeispiel für eine Wohnung

3.3 Grundrissbeispiel eines Einfamilienhauses

Bild 19-11 zeigt die Erd- und Dachgeschossgrundrisse eines Hauses unter besonderer Berücksichtigung der Sanitärräume. Hierbei könnte es sich sowohl um ein Einfamilienhaus als auch, bei geringfügig anderer Fensterteilung, um eine Doppelhaushälfte handeln. Von dem großzügigen Wohnraum im Erdgeschoss ist bei Bedarf neben der Diele noch ein Arbeitsraum abtrennbar.

Das Gebäude besitzt einen Nebeneingang mit direkter Anbindung an den Hausarbeitsraum. Dieser Bereich dient zugleich als Schmutzschleuse (wenn z. B. Kinder nach dem Spielen aus dem Garten kommen) und hat Zugang zu einem kleinen Bad mit Dusche und Toilette. Das

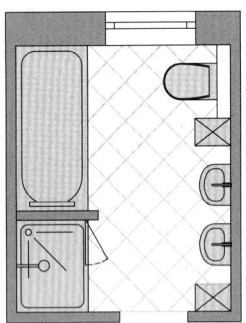

Ausstattung:
- Dusche 80 x 100 cm
- Wanne 80 x 180 cm
- WC mit Vorwandinstallation
- Zwei Waschtische
- Stauraum
- Handtuchwärmer

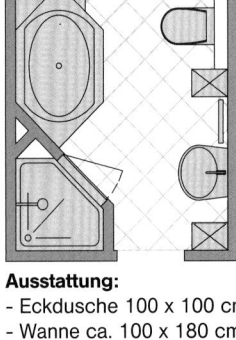

Ausstattung:
- Eckdusche 100 x 100 cm
- Wanne ca. 100 x 180 cm
- WC mit Vorwandinstallation
- Waschtisch
- Stauraum
- Handtuchwärmer

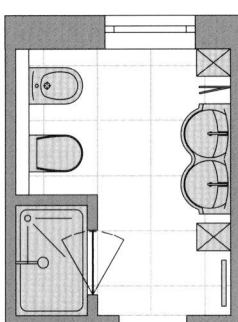

Ausstattung:
- Dusche 80 x 120 cm
- Bidet
- WC mit Vorwandinstallation
- Doppelwaschtisch
- Stauraum
- Handtuchwärmer

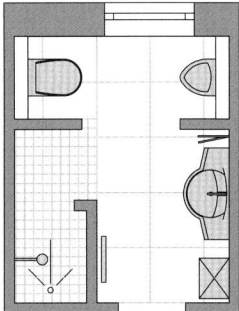

Ausstattung:
- Dusche 80 x 100 cm
- Urinal
- WC mit Vorwandinstallation
- Waschtisch
- Stauraum
- Handtuchwärmer

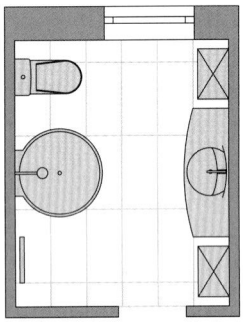

Ausstattung:
- Dusche Ø 90 cm
- WC mit Spülkasten
- Waschtisch
- Stauraum
- Handtuchwärmer

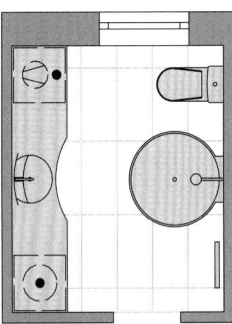

Ausstattung:
- Dusche Ø 100 cm
- WC mit Spülkasten
- Einbauwaschtisch
- Stauraum
- Handtuchwärmer
- Waschmaschine
- Wäschetrockner

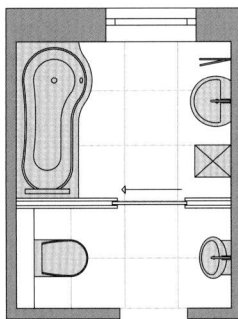

Ausstattung:
- Wanne 85 x 170 cm
- WC mit Vorwandinstallation
- Waschtisch
- Stauraum
- Handtuchwärmer
- Schiebetür
- Handwaschbecken

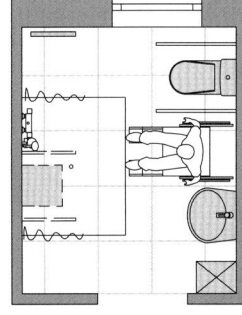

Ausstattung:
- Dusche barrierefrei, ebenerdig mit Klappsitz und Duschvorhang
- Barrierefreies WC mit Spülkasten
- Waschtisch unterfahrbar
- Stauraum
- Handtuchwärmer
- Klappgriffe
- Spiegel klappbar

19-10 Planungsbeispiele für ein Bad mit einer Grundfläche von 2,90 m × 2,40 m

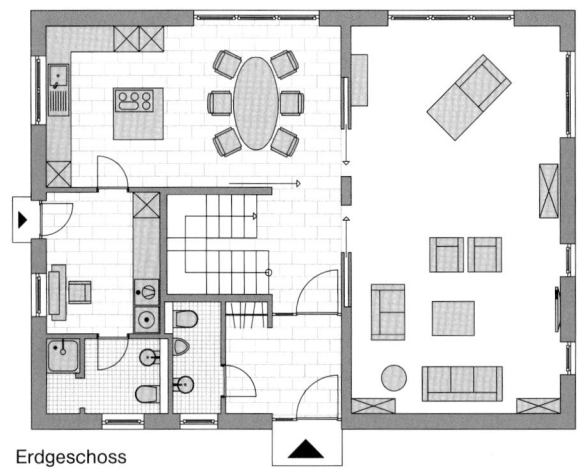

Erdgeschoss

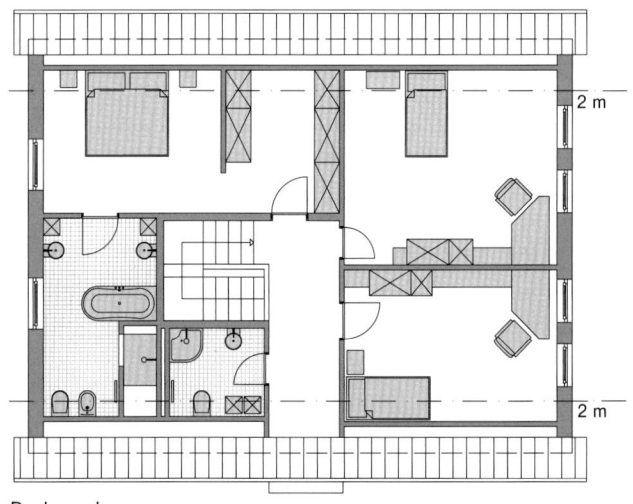

Dachgeschoss

19-11 Planungsbeispiel für ein Einfamilienhaus

Gäste-WC ist von der Diele aus zugänglich und dem Treppenhaus sowie dem Wohn-/Essbereich vorgelagert. Im Dachgeschoss befinden sich drei Schlafräume und zwei Bäder. Ein Bad ist ausschließlich vom Elternschlafzimmer aus erreichbar. Das Kinderbad ist dagegen für alle vom Flur aus zugänglich. Die Dimensionierung und Anordnung der Badeinrichtung ist natürlich austauschbar.

4 Sanitärtechnik

4.1 Anforderungen an die Leitungsverlegung

Bereits vor Beginn der Rohbauarbeiten sind die **Grundleitungen für die Entwässerung** unterhalb der Sohle zu verlegen. Anschließend ist eine möglichst zentrale, zusammengefasste Anordnung der **Steig- und Fallleitungen** anzustreben. Dabei sind die Anforderungen an den Wärmeschutz von Wasserversorgungsleitungen, den Schall- und Brandschutz sowie die Luftdichtheit bei Durchdringungen der Luftdichtungsebene des Gebäudes bzw. zwischen Wohnungen zu beachten.

Die **Leitungsführung** muss rechtwinklig bzw. lotrecht zu Wand und Decke erfolgen. Rohrleitungen dürfen wegen ihrer Spannungsfreiheit im Bereich der Deckendurchbrüche und zur Erzielung der Luftdichtheit zwischen den Geschossen nur unter Beachtung besonderer Maßnahmen einbetoniert werden.

Die einzelnen Rohre sollten von einer Dämmschicht (die Mindestschichtdicken sind in DIN 1988-200 beschrieben) umgeben sein. Diese verringert zum einen die Wärmeabgabe von Warmwasserleitungen, aber auch die Körperschallübertragung auf den Baukörper oder andere Leitungen. Zum anderen verhindert sie die Tauwasserbildung auf Kaltwasserleitungen und dadurch Außenkorrosion.

Die Warmwasserverteilung sollte innerhalb der thermischen Hülle des Gebäudes erfolgen, da hierbei der für den EnEV-Nachweis laut DIN V 4701-10 zu berücksichtigende Wärmeverlust geringer und die Heizwärmegutschrift größer ist. Auch wird auf diese Weise einem Frostschaden vorgebeugt.

In großzügigen Duschen geht der Trend dahin, neben dem üblichen Brauseset aus Wandstange mit höhenverstellbarer Handbrause eine zusätzliche Kopfbrause zu installieren und so einen (stark-)regenähnlichen Guss zu simulieren. Die Hersteller haben in der Vergangenheit unterschiedliche Produktvarianten auf den Markt gebracht. Bei der Installation ist zu beachten, dass die Zu- und Abwasserleitungen dem erhöhten Wasserbedarf bzw. -verbrauch entsprechen. Gleiches gilt für die Warmwasseraufbereitung.

Bestimmungen des Schallschutzes, Anforderungen an die Standsicherheit von Gebäuden und die Beachtung des Brandschutzes bei gleichzeitiger Einhaltung der Mindestdämmdicken von wasserführenden Rohrleitungen lassen die herkömmliche Leitungsinstallation in Wandaussparungen oder Schlitzen oft nicht oder nur unter normgerechten Bedingungen zu. **Bei den heutigen Installationsmethoden wird deshalb die Vorwandinstallation** in drei unterschiedlichen Varianten **bevorzugt**, *Bild 19-12*. Die Vorwandinstallation mit den jeweiligen Ausmauerungen/Ständern sollte aus statischen Gründen auf die Rohdecke aufgebaut werden, um die Lastabtragung zu gewährleisten. Zu beachten ist hierbei, dass die vorgesetzten Wandelemente für die aufzunehmende Gewichtsbelastung der Gegenstände selbst und deren Benutzung ausgelegt sind. So sollten für ein wandbefestigtes WC bspw. mind. 400 kg, für ein Waschbecken mind. 150 kg, ein Urinal mind. 100 kg und für Haltegriffe in Dusche, Badewanne oder am WC mind. 100 kg gerechnet werden. Dies ist zu beachten, auch wenn einzelne Elemente ggf. später nachgerüstet werden sollten. Der schwimmende Estrich muss durch Verwendung geeigneter Randstreifen sorgfältig von der Vorwandinstallation getrennt werden. Gleiches gilt für die nachfolgend genannten Vorwandinstallationen.

4.2 Vorwandinstallation mit Vormauerung

Alle Rohrleitungen sowie die Sanitärblöcke werden körperschallisoliert an der vorhandenen Wand/auf dem Boden befestigt. Diese Installationswand muss eine flächenbezogene Masse von 220 kg/m^2 haben. Alternativ ist die Eignung bezüglich des Schallverhaltens durch einen Prüfbericht bzw. ein allgemeines bauaufsichtliches Prüfzeugnis einer anerkannten Prüfstelle nachzuweisen. Die Anlage wird zwischen den Sanitärblöcken wahlweise bis zur Oberkante des Sanitärblocks oder geschosshoch im Nassbau ausgemauert. Halbhohe Abkastungen sind so ebenfalls als zusätzliche Ablage oder als Fallschutz durch die Ausbildung mit einer Griffrinne nutzbar.

Diese Art der Vorwandinstallation ist bei unsachgemäßer Ausführung gegenüber den folgenden Methoden sehr empfindlich hinsichtlich der Bildung von Körperschallbrücken, welche die Geräusche der Sanitärinstallation auf das Gebäude und damit die benachbarten Räume übertragen.

Zur Vermeidung der Schallübertragung sind zwischen den Sanitärblöcken sowie der Vormauerung und der Installationswand Mineralfaserplatten einzustellen, deren Wirkung nicht durch Mörtel oder andere Schallbrücken aufgehoben werden darf.

4.3 Vorwandinstallation mit Montagerahmen

Montagerahmen für die Vorwandinstallation bestehen aus stabilen, korrosionsbeständigen Metallprofilen, die als Bausatz zugeschnitten und dann als freie Rahmenkonstruktion mittels Verbindungsstücken und Halterungen örtlich aufgebaut werden. Sie können als Trockenbau sowohl an der Wand befestigt als auch frei im Raum aufgestellt werden. Bei der Wand-/Deckenbefestigung sind ggf. Verstärkungen einzuplanen, um die anfallende Last besser verteilen zu können. Diese Stoßstellen sind zu dämmen, um die Übertragung von Körperschall zu verhindern. In das Montagegerüst, *Bild 19-12*, werden sämtliche Rohrleitungen sowie Unterputzarmaturen vor Ort integriert. Der Zwischenraum wird aus Schallschutz-

19 Bad, Dusche und WC — Sanitärtechnik

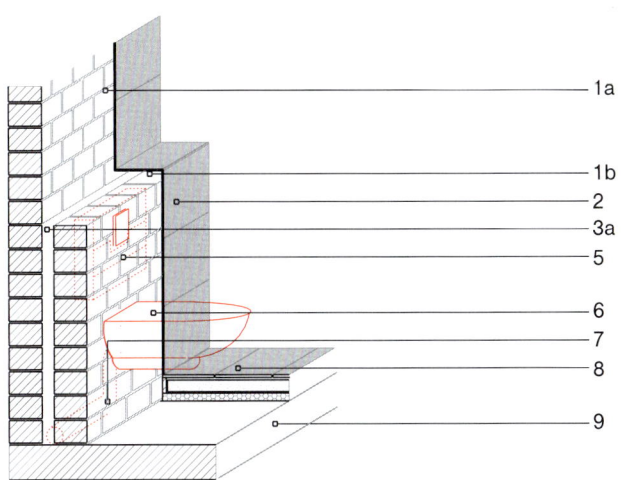

Vorwandinstallation mit Vormauerung

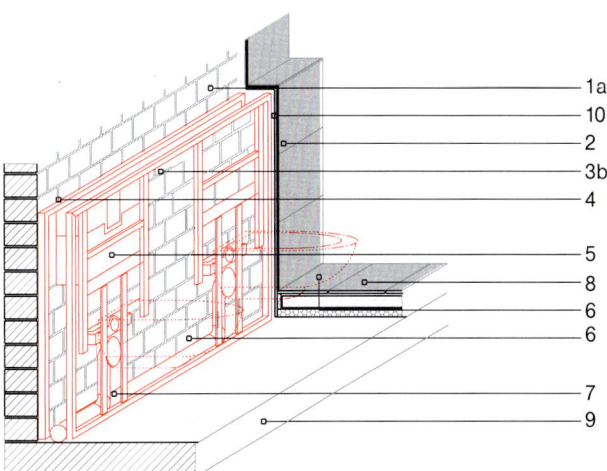

Vorwandinstallation mit vorgefertigten Bausteinen

1a massives Mauerwerk verputzt
1b Ausmauerung
2   Wandfliese
3a Mineralfaserdämmplatte
3b Hohlräume mit Dämmstoff
4   Körperschallisolierter Montagerahmen
5   Sanitärblock
6   WC / Bidet
7   Rohrleitung
8   Bodenfliese
9   Geschossdecke
10 Feuchtraum-Gipskarton

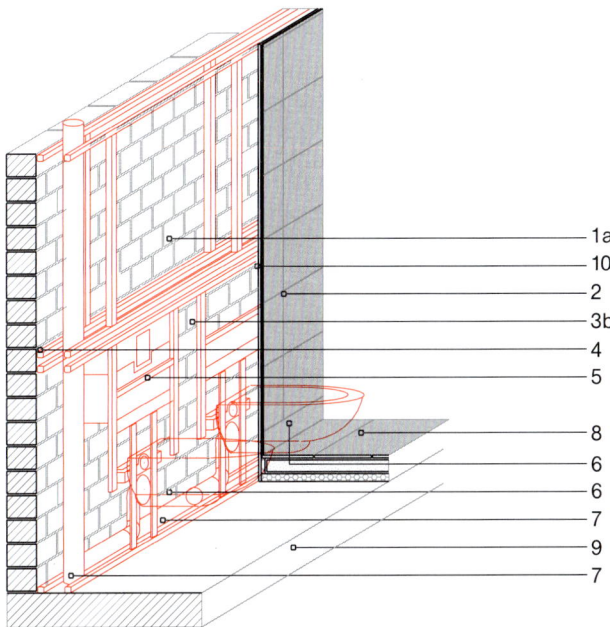

Vorwandinstallation mit Montagerahmen

19-12 Varianten der Vorwandinstallation

19/15

gründen mit Dämmstoff verfüllt. Die Frontverkleidung erfolgt mit feuchtebeständigen Gipskarton-, Hartschaum- oder Faserzementplatten; darauf werden die Oberbeläge verklebt. Die Montagerahmen sind so stabil ausgelegt, dass Sanitärartikel, z. B. Waschbecken oder Toilette, ohne Weiteres vorgehängt werden können.

4.4 Vorwandinstallation mit vorgefertigten Bausteinen

Vorgefertigte Vorwandinstallationsbausteine sind Montagerahmen, die ab Werk bereits alle Unterputzelemente wie z. B. Spülkästen inkl. der Ver- und Entsorgungsleitungen sowie Befestigungen und Anschlüsse enthalten. Sie müssen lediglich örtlich mit den Frisch- und Abwasserleitungen verbunden und mit der Frontbeplankung versehen werden. Anschließend kann direkt der Oberbelag, z. B. Fliesen, aufgebracht werden. Auch hier sind ggf. vorhandene Befestigungspunkte mit Wand und Boden gegen Körperschall zu dämmen.

4.5 Bodenbündige Duschen

Während in der Vergangenheit bodenbündige Duschen überwiegend in barrierefreien Bädern eingesetzt wurden, sind diese heute auch vermehrt im privaten Wohnungsbau gewünscht, um ein großzügiges Raumgefühl zu erlangen. Neben ultraflachen, vorgefertigten Duschtassen, die sich flächenbündig in dem Boden integrieren, gibt es technische Möglichkeiten der Abdichtung und Abwasserführung, um den Duschbereich mit dem Bodenbelag auszulegen. Die klassische Installation flächenbündiger Duschen erfolgt mittels Einbringung eines ca. 2 % (bei höherem Stauwasseraufkommen bis zu 4 %) Gefälleestrichs. Der gesamte Badezimmerboden und die Wände, insbesondere die des Duschbereiches, werden in Verbindung mit dem Bodenablauf nach der Aushärtung des Estrichs und der Wandunterschichten mit verschiedenen Abdichtungsebenen (gemäß DIN 18195-5 und [1], [2], [3]) abgedichtet. Alternativ zu einem Gefälleestrich bieten diverse Hersteller vorgefertigte Hartschaumplatten mit Gewebeeinlage und integriertem Abfluss ab Werk in unterschiedlichen Größen bis hin zur individuellen Maßanfertigung an. Diese Hartschaumplatten sind aufgrund ihres Vorfertigungsgrades (mit entsprechender Wärme- und Trittschalldämmung) deutlich schneller in der Montage bzw. Weiterverarbeitung (schwimmende Verlegung) als solche Baustoffe, deren Restfeuchte vor den Bodenbelagsarbeiten erst entweichen muss. Allerdings liegen sie preislich auch höher als die Einbindung in herkömmliche Estricharten und bedürfen einer besseren Vorarbeit. So treten immer wieder Schwachpunkte bei den Übergängen der einzelnen Platten auf. Infolge von Bodenbewegungen oder starker Belastung von oben werden Fugen mit einer mehrlagigen Abdichtung strapaziert.

Für die Bodenentwässerung gibt es punktuelle und lineare Entwässerungssysteme. In beiden Fällen ist der notwendige Gesamtbodenaufbau abhängig von dem ausgewählten Produkt. Ein Gesamtbodenaufbau von ca. 12 cm ist erforderlich, um bei entsprechendem Gefälle noch den Abfluss inklusive Geruchsverschluss setzen zu können. In jedem Fall ist bei der Wahl des Abflusses und dessen Abdichtung besonderes Augenmerk auf die zu erwartende Abwassermenge und die daraus resultierende Anstauhöhe zu richten, um Defizite bei den Übergängen zwischen Boden und Wand sowie zum Bodeneinlauf hin zu vermeiden, Bild 19-13.

4.6 Armaturen

Bei der Auswahl von Armaturen sind je nach Rohranschlüssen unterschiedliche Varianten möglich. Die genannten Elemente unterscheiden sich sowohl gestalterisch als auch funktional. Bei der Positionierung und Bemusterung gilt es eine Reihe von Punkten zu beachten. Je nach Art und Form der Waschbecken ist die Auslauflänge bzw. Form der Armatur so zu wählen, dass der Wasserstrahl möglichst mittig ins Becken trifft. Die Betätigung der Armaturen in Dusche und Wanne sollte außerhalb des Wasserstrahls zu erreichen sein. Ein Verbrühschutz empfiehlt sich bei Armaturen in barrierefreien

19 Bad, Dusche und WC — Sanitärtechnik

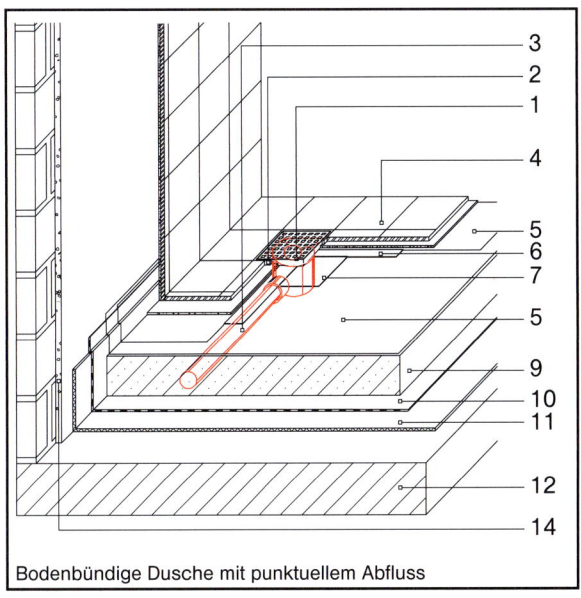

Bodenbündige Dusche mit punktuellem Abfluss

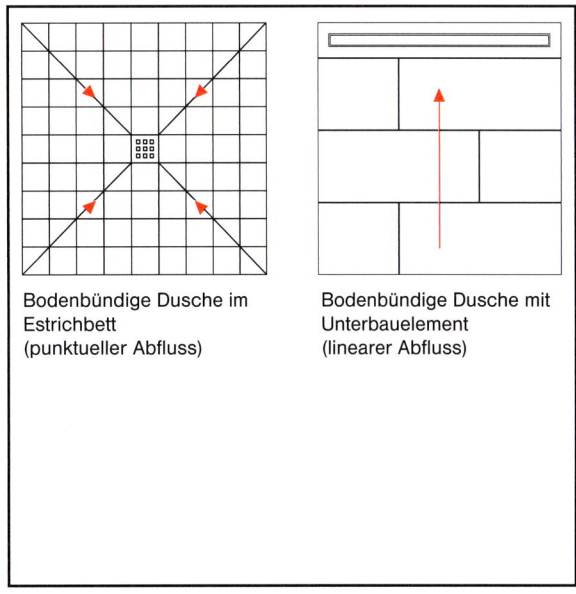

Bodenbündige Dusche im Estrichbett (punktueller Abfluss)

Bodenbündige Dusche mit Unterbauelement (linearer Abfluss)

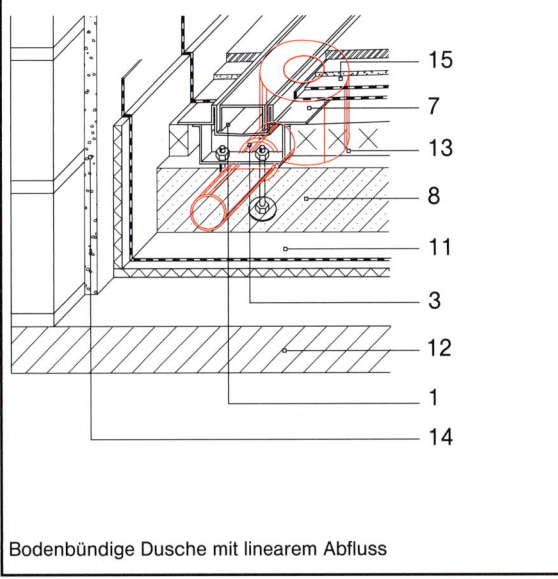

Bodenbündige Dusche mit linearem Abfluss

1 Rinnenkörper inkl. Abdeckung (Fliese oder Edelstahl)
2 Elastische Fuge
3 Flachsiphon mit Geruchsverschluss
4 Fliese inkl. Kleber
5 Isolieranstrich (Dichtungsebene)
6 Dichtmanschette
7 Eingebetteter Isolierflansch
8 Estrich
9 Gefälleestrich
10 PE-Folie
11 Schallschutzmatte
12 Stahlbetondecke
13 Gefälledämmung (z. B. Hartschaum)
14 Putzlage/Mörtelbett
15 Abdichtschicht

19-13 Bodenbündige Duschen

Bädern oder bspw. Bidets bzw. einer als Dusche genutzten Wanne.

In diesem Zusammenhang sei auch an den Aspekt des Wassersparens gedacht (VDI 6000). Denn nicht nur durch ein umweltbewusstes Verhalten, sondern bereits mit der richtigen Auswahl von Objekten lässt sich mit den Ressourcen haushalten. WCs und Urinale neuerer Bauart werden heute mit kleineren Wassermengen gespült als früher und können – im Falle von WCs – zusätzlich mit einer Zwei-Wege Spülung bzw. Spül-Stopp-Taste je nach tatsächlichem Bedarf gesäubert werden.

Der heutige Trend zu kleinen Wellnessoasen mit vielen Attraktionen wie großen Wannen, Regenduschen, Seitenbrausen etc. ist nicht wassersparend. Zumindest bei der Duschhandbrause und der Waschtischarmatur ist es sinnvoll, Durchflussmengenregler einzusetzen, welche dem Nutzer noch genügend Komfort lassen und dennoch in der Anwendung Wasser sparen. Der Einsatz von Zirkulationspumpen, welche durch dauernde Umwälzung in den Rohrleitungen immer direkt warmes Wasser an den Zapfstellen bieten, ist nur sinnvoll bei häufigem Verbrauch warmen Wassers. Der Einbau von Thermostaten oder vollautomatischen Armaturen kann der Wasserverschwendung entgegenwirken. Jede Maßnahme ist im Einzelfall zu prüfen. Im direkten Kostenvergleich lohnen die höheren Anschaffungskosten solcher Techniken gegenüber der erzielten Wassereinsparung nicht immer, unter umwelttechnischen Gesichtspunkten jedoch schon.

Einloch-Armatur

Für die Einloch-Armatur ist nur ein Hahnloch oder Wandauslass erforderlich. Wasserauslauf und Bedienelement bilden eine Einheit, die auf den Waschtisch oder als Unterputzarmatur an die Wand montiert werden kann. Vorteile dieser Einhebelmischer sind die einhändige Steuerung der Wassermenge und der Regelung von kaltem sowie warmem Wasser. Alternativ sind Griffe und Auslauf für einen reinen Kaltwasseranschluss oder elektronisch gesteuerte Sensorwasserhähne mit einer voreingestellten Temperatur erhältlich.

Zweiloch-Armatur

Hiervon existieren zwei Arten:

1. Im Unterschied zur Einloch-Armatur sind hier Wasserauslauf und Bedienelement voneinander getrennt. Daher werden zwei Auslässe benötigt. Die Zweiloch-Armatur kann ebenfalls auf den Waschtisch oder als Wandarmatur in (unter Putz) bzw. auf die Wand (auf Putz) montiert werden. Sie ist mit einem Hebel oder Griff bedienbar.

2. Zur Wandmontage werden Zweiloch-Armaturen mit Mischbatterie und zwischengelagertem Auslauf für separate Schlauchanschlüsse angeboten, z. B. Wanneneinlauf kombiniert mit Schlauchbrause. Der Wasserzulauf für einen der beiden Verbraucher muss über einen Umsteller händisch geregelt werden.

Dreiloch-Armatur

Bei der Dreiloch-Armatur sind der Wasserauslauf sowie die Kalt- und Warmwasserregelung separat angeordnet. Es gibt spezielle Sanitärartikel, die drei Auslassöffnungen für diese Armaturen vorsehen. Bei der Unterputzmontage sind drei Wandauslässe vorzusehen. Dreiloch-Armaturen sind optisch ansprechend, jedoch wegen der zweihändigen Regulierung von Kalt- und Warmwasserzuführung nicht sehr bedienerfreundlich.

Vier- oder Mehrloch-Armatur

Die Vierlocharmatur findet – wenn überhaupt – nur bei Badewanne und Dusche Verwendung. Wasserauslauf, Kalt- bzw. Warmwasserregulierer sowie die Handbrause werden häufig an vier Auslässen getrennt voneinander installiert. Dabei gibt es als zusätzliches Bedienelement einen Umsteller für die Wasserversorgung von Handbrause und Wanneneinlauf. Auch ist bei Duschen eine Umstellung auf die verschiedenen Duschattraktionen wie Handbrause, Seitenbrausen, Regendusche, Schwallbrause etc. möglich. Die Vierloch-Armatur kann auf dem Wannenrand oder als Unterputzarmatur montiert werden.

5 Schallschutz bei Sanitäranlagen

Geräusche, die aufgrund mangelnden Schallschutzes bei Sanitärinstallationen entstehen, werden als besonders unangenehm empfunden und führen häufig zu Beanstandungen. Die Geräusche entstehen bei der Benutzung und Betätigung der Sanitärgegenstände und werden im eigenen Wohnbereich vorwiegend durch Luftschall übertragen, in angrenzenden Räumen oder Wohnungen überwiegend durch Körperschall weitergeleitet und von Decken und Wänden als Luftschall abgestrahlt.

Besonderes Augenmerk ist auf schutzbedürftige Räume (Schlaf- und Wohnräume) fremder, angrenzender Wohnungen zu richten. Die Änderungen, Berichtigungen und Beiblätter zur DIN 4109 : 1989-11 stellen erhöhte Anforderungen an den Mindestschallschutz fremder schutzbedürftiger Räume (z. B. bei Hotels, Altersheimen, anderen Wohnungen etc.). Um diese Empfehlungen als verbindliche Anforderungen für ein Einfamilienhaus ausführen zu lassen, ist jedoch die werkvertragliche Vereinbarung eines erhöhten Schallschutzes erforderlich.

Nachstehend werden einige wesentliche Grundsätze des Schallschutzes kurz beschrieben.

Gemäß VDI 4100 und 4109 werden die einzelnen Schallschutzstufen mit den zulässigen Dezibel-Werten für Häuser und Wohnungen allgemein und bei kurzzeitiger Betätigung festgelegt und innerhalb der Bauteile geregelt. So besitzt die **Grundrissplanung** beim Schallschutz gegen Geräusche aus Sanitärinstallationen eine besondere Bedeutung. Installationswände und -schächte sollten nicht an fremde, schutzbedürftige Räume grenzen. Für den Schallschutz günstig sind Grundrisse, bei denen zwischen Installationswand und schutzbedürftigem Raum ein weiterer Raum mit einer niedrigeren Schutzbedürftigkeit (z. B. Abstellraum, Küche oder Bad) liegt.

Der **Ruhedruck der Wasserversorgung** darf nicht mehr als 5 Bar betragen und muss bei höherem Druck durch Einbau eines Druckminderers verringert werden. Es sollten ausschließlich mit einem Prüfzeichen versehene, **geräuscharme Armaturen** mit den zugehörigen Auslaufvorrichtungen zum Einsatz kommen. Durchgangsarmaturen (Absperr-, Eckventile u. Ä.) müssen bei Betrieb voll geöffnet sein; sie dürfen nicht zum Drosseln des Durchflusses verwendet werden. Sämtliche Rohrleitungen und Armaturen sind bei der **Montage körperschallgedämmt** zu montieren.

Bei den **Fallleitungen** unterschiedlicher Wohngeschosse sollten keine Richtungsänderungen oder Verzüge vorgenommen werden. Ferner sind die WC-Anschlüsse strömungsgünstig anzuordnen und alle Abwasserleitungen körperschallgedämmt zu montieren. Schallbrücken zu den Schachtwänden sind zu vermeiden.

Auch alle Sanitärgegenstände müssen körperschallgedämmt montiert werden. Dies gilt besonders bei Dusch- und Badewannen (einschließlich deren Schürzen, *Bild 19-14*), Klosettbecken, Spülkästen und Waschbecken.

6 Abdichtungen in Feuchträumen

6.1 Anforderungen

Bei Bädern muss der Schutz gegen Feuchtigkeit bereits während der Planung besonders beachtet werden. Dies gilt insbesondere bei privaten Bädern mit feuchtigkeitsempfindlichen Umfassungsbauteilen (z. B. Holzbau, Trockenbau, Stahlbau).

Flächen oder Elemente, die einer Feuchtigkeitsbeanspruchung unterliegen, werden in der Regel mit feuchtigkeitsresistenten Bekleidungen oder Belägen wie z. B. Fliesen versehen, welche beständig und wasserabweisend sind. Bedingt durch Faktoren wie etwa den Fugenanteil kann dennoch immer Wasser in den Untergrund dringen. Im modernen Wohnungsbau sowie bei barrierefreien Bädern werden häufig bodenbündige Duschflächen angestrebt, die komplett gefliest/ausgelegt sind. Hierbei sind die Abdichtungsarbeiten von besonderer Relevanz, speziell im Bereich des Bodeneinlaufs und der

19 Bad, Dusche und WC — Abdichtungen in Feuchträumen

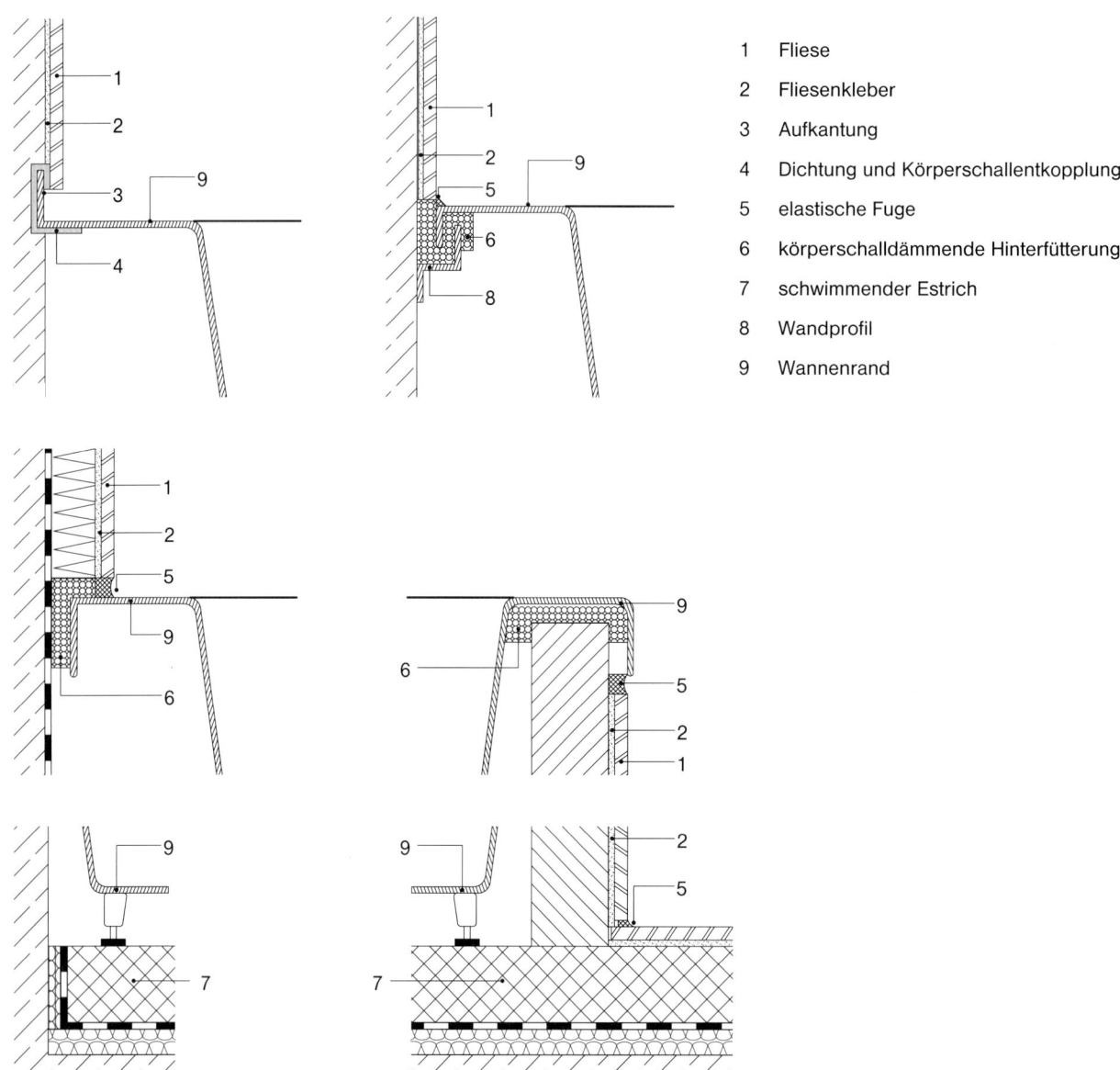

1 Fliese
2 Fliesenkleber
3 Aufkantung
4 Dichtung und Körperschallentkopplung
5 elastische Fuge
6 körperschalldämmende Hinterfütterung
7 schwimmender Estrich
8 Wandprofil
9 Wannenrand

19-14 Körperschallentkoppelte Aufstellung von Badewannen und Duschtassen gemäß VDI 6000 Blatt 1 : 2008-02

Übergänge zwischen Wand und Boden. Die Übergänge bzw. Flächen von Wand und Boden, insbesondere auch Durchdringungen wie Abläufe oder Rinnen, stellen in ihrer Abdichtung eine besondere Herausforderung dar. Es gilt das Zusammenspiel von Gewerken und den zu verwendenden Materialien entsprechend den jeweiligen Beanspruchungsklassen vorausschauend zu planen. Gesundheitliche Nachteile für den Nutzer und Bauschäden sind langfristig zu vermeiden. Die Art und Weise der Abdichtung steht hier in direkter Abhängigkeit von den zu erwartenden nutzungs- und konstruktionsbedingten sowie mechanischen und thermischen Einwirkungen. Da auch der Untergrund und die klimatischen Bedingungen eine Rolle spielen, ist die Frage, welche Art der Abdichtung gewählt werden muss, nicht pauschal zu beantworten.

Geregelt sind Abdichtungsarbeiten in DIN 18195, Bauwerksabdichtungen. Darüber hinaus gibt es aussagekräftige Merkblätter, die von den Fachverbänden (u. a. vom Zentralverband des Deutschen Baugewerbes e. V. [1; 3] oder dem Bundesverband Estrich und Belag e. V. [2]) herausgegeben werden.

Je nach Art und Funktion der Abdichtung, ihrem Schutzziel sowie dem Ausmaß der auf die Abdichtung einwirkenden Beanspruchungen durch Verkehr, Temperatur und Wasser wird in der DIN zwischen mäßig und hoch beanspruchten Flächen in den verschiedenen Teilbereichen des Bades unterschieden.

Zu den mäßig beanspruchten Flächen zählen u. a. unmittelbar spritzwasserbelastete Fußboden- und Wandflächen in Nassräumen des Wohnungsbaus, z. B. Bäder ohne Bodenablauf mit Duschtasse und Badewanne. Zu den hoch beanspruchten Flächen zählen bodenbündige Duschen sowie alle durch Brauch- oder Reinigungswasser stark geforderten Fußboden- und Wandflächen in Nassräumen, bspw. Bodeneinläufe für Waschküchen.

Laut DIN ist durch bautechnische Maßnahmen dauerhaft dafür zu sorgen, dass auf die Abdichtung einwirkendes Wasser wirksam abgeführt wird. Bei der Planung der abzudichtenden Bauteile sind die Voraussetzungen für eine fachgerechte Anordnung und Ausführung der Abdichtung zu schaffen. Das Entstehen von Rissen im Bauwerk, welche durch die Abdichtung nicht dauerhaft überbrückt werden können, ist durch konstruktive Maßnahmen wie Bewehrung, Wärmedämmung oder Dehnungsfugen zu verhindern. Dämmschichten, auf die Abdichtungen unmittelbar aufgebracht werden sollen, müssen für die jeweilige Nutzung geeignet sein.

6.2 Ausführungen der Abdichtungen

Die Abdichtung gemäß DIN 18195-5 erfolgt bei **mäßiger Beanspruchung** durch eine vollflächige Lage z. B. von Bitumen- oder Polymerbitumenbahnen, falls erforderlich mit Vor- und Deckanstrich. Alternativ kann diese auch durch eine mind. zweifach aufgebrachte kunststoffmodifizierte Bitumendickbeschichtung erfolgen. Die Mindesttrockenschichtdicke darf bis zu 3 mm betragen. An Kehlen und Kanten sind Gewebeverstärkungen einzubauen, die auch für horizontale Flächen empfohlen werden, um die Mindestschichtdicke sicherzustellen. Bei **hoher Beanspruchung** ist die Abdichtung aus mind. zwei Lagen Bitumen- oder Polymerbitumenbahnen mit Gewebe-, Polyestervlies- oder Metallbandeinlage mittels Bürstenstreich-, Gieß- oder Flämmverfahren herzustellen.

Die Abdichtung von waagerechten oder schwach geneigten Flächen ist an anschließenden, höher gehenden Bauteilen im Regelfall 150 mm über die Oberfläche des Bodenbelages hochzuführen und zu sichern. Hierbei sind auch (Tür-)Öffnungen und Verkleidungen nicht zu vernachlässigen. Abdichtungen von Wandflächen müssen im Bereich von Wasserentnahmestellen mind. 200 mm über diese hochgeführt werden. Flächen in der Dusche oder hinter/unterhalb der Badewanne sind komplett abzudichten.

Die Abdichtungsebene liegt zwischen der Wand und der Vorsatzschale (z. B. Putz und Fliese) bzw. im Bodenbereich zwischen Untergrund (Schutz- oder Ausgleichsestrich) und Bodenaufbau (Fliese im Mörtelbett). Bei

19 Bad, Dusche und WC — Abdichtungen in Feuchträumen

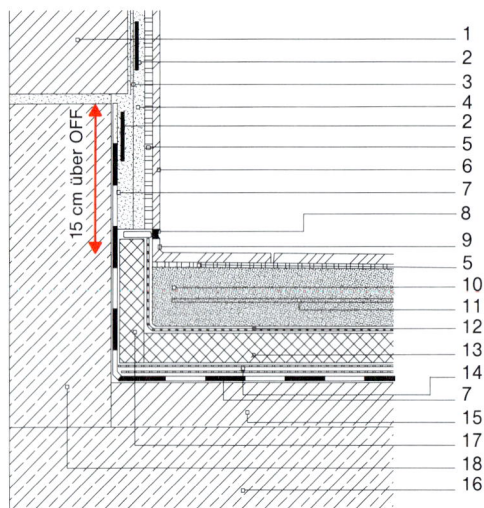

Abdichtung unter Mörtelbett und Estrich nach DIN 18 195-5

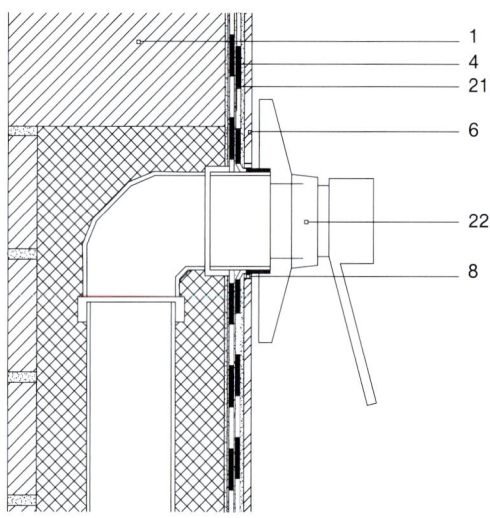

Verbundabdichtung eines Wandinstallationsdurchbruches nach (4)

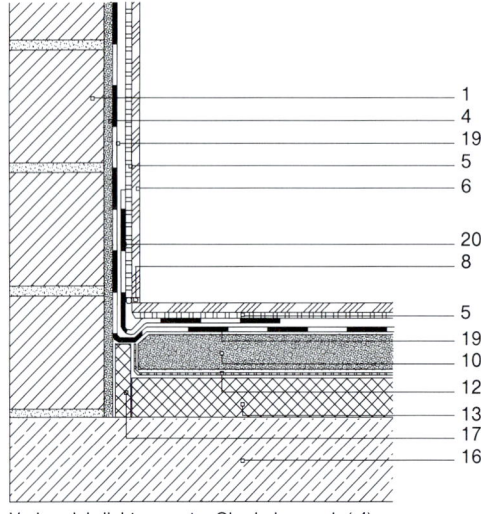

Verbundabdichtung unter Oberbelag nach (4)

1	Mauerwerk
2	Metallbandbefestigung (z. B. Alu-Lochblech)
3	Armierungsgewebe
4	Putzlage/Mörtelbett
5	Dünnbettmörtel/Klebstoff
6	Wand-/Sockel-/Bodenfliese
7	Bitumen-Dichtungsbahnen mit Quarzsandeinpressung, Gittergewebe, Kunststoffdichtungsbahn o. Ä.
8	Bewegungsfuge (Fugenfüllprofil mit Dichtmasse)
9	Kehlsockel (liegend/stehend, Radius 60 mm)
10	(Zement-)Estrich/Lastenverteilungsschicht
11	Bewehrung (verzinkte Betonstahlmatte)
12	Abdeckung (z. B. PE-Folie, einlagig)
13	feuchtigkeitsunempfindliche Wärme-/Trittschalldämmschicht
14	Gleitschicht/Dampfbremse (z. B. PE-Folie, zweilagig)
15	Verbundestrich/schwimmender Gefälleestrich (außerhalb der Norm) 2 - 4 % je nach Bodenbelag; Mindestschichtdicken beachten
16	Geschossdecken
17	Randdämmstreifen
18	Aufbetonstreifen (Wandrücksprung)
19	Verbundabdichtung zweischichtig
20	Dichtbandeinlage mit Schlaufe
21	Abdichtung mit Manschette
22	Armatur

19-15 Möglichkeiten der Abdichtung

alternativen Abdichtungen, den sog. Verbundabdichtungen [1, 2, 3], welche heute im modernen Wohnungsbau vorrangig verwendet werden, liegt die Abdichtungsebene direkt unter den Oberbelägen. Dies hat den Vorteil, dass Wandputz oder Estrich nicht durchfeuchtet werden, siehe *Bild 19-15*. Es gibt verschiedene Gruppen von Abdichtungsstoffen für Verbundabdichtungen, die für die Verbindung mit entsprechenden Untergründen und die jeweilige Feuchtigkeitsbeanspruchung geeignet und geprüft sind. In der Regel handelt es sich um streichfähige Dichtschlämme, die auf Kunststoffdispersionsbasis, als Kunststoff-Zement-Kombination oder als Reaktionsharz auf dem Markt sind. In den Merkblättern des Zentral- und des Bundesverbandes [1, 2, 3] werden diese Möglichkeiten detailliert aufgezeigt. Entscheidend für eine korrekte Abdichtung sind vor allem die Eckübergänge zwischen zwei Wänden sowie zwischen Boden und Wand. Für die Eindichtung von Installationsdurchbrüchen gibt es entsprechende Gewebematten, Dichtbänder und -manschetten, welche in die Flächenabdichtung eingebunden (entweder geklebt, geklemmt oder werkseitig abgedichtet) werden, *Bild 19-15*. Nach mehrmaligem Auftragen der Dichtschlämme unter Berücksichtigung der Trocknungszeiten werden unmittelbar darauf bspw. im Dünnbettverfahren die Fliesen verklebt. Wandanschlussfugen zwischen Objekten (z. B. Waschbecken, WCs, Bidets etc.) und Wandbelag werden in der Regel elastisch mit einem bakterienhemmenden Material verfugt. Bei Duschen und Badewannen empfehlen sich zur Schallentkopplung sowie zur dauerhaften Abdichtung Wandanschlussprofile gemäß *Bild 19-14*.

Um auch zukünftig einen störungsfreien Betrieb der Installationen, Übergänge sowie Fugen und eine schadensfreie Abdichtung zu erhalten, ist die Ausführung durch geschultes Fachpersonal und eine regelmäßige Wartung und Pflege für die Instandhaltung unerlässlich.

7 Heizung und Warmwasserversorgung

Heizkörper, Warmwasserbereiter, Heizgeräte und Leitungen sind so anzuordnen, dass die Aufstellung Wartung und Nutzung der anderen Einrichtungen sowie der Objekte selbst nicht beeinträchtigt wird. Sie dürfen nicht in den erforderlichen Bewegungsflächen liegen oder in diese hineinragen. Es muss gewährleistet sein, dass die Wärmeabgabe entsprechend dem System unbeeinträchtigt möglich ist.

Optimalerweise erfolgt die Beheizung von Bädern mittels einer **Fußbodenheizung,** um den in der Regel kalten (Stein-)Belag angenehm fußwarm zu halten. Sie bietet eine der VDI-Richtlinie 6000-1 gerecht werdende Oberflächentemperatur von 20 bis 26 °C für die unterschiedlichen Sanitärräume und eine nahezu konstante Raumlufttemperatur vom Boden bis zur Decke. Im Bereich der fest auf dem Boden installierten Sanitärteile, z. B. unterhalb der Badewanne, darf keine Heizung verlegt werden. Ist im Gebäude eine Warmwasserheizung allein mit Radiatoren oder Konvektoren vorhanden, kann die elektrische Fußboden-Direktheizung für das Bad eine komfortable Ergänzung sein. Die Elektro-Heizmatte lässt sich problemlos unmittelbar unter den keramischen Belägen verlegen und heizt den Boden schneller auf als herkömmliche Fußbodenheizsysteme, die jeweils den Estrich mit erwärmen. Die Fußbodenheizung bietet im Vergleich zu den meisten anderen an der Wand befestigten Heizkörpern eine hygienisch glatte und korrosionssichere Oberfläche. *Bild 19-16* zeigt als Beispiel zur möglichen Beheizung die Wohnung von *Bild 19-9* mit den dazugehörigen Heizflächen.

Um bei einem plötzlichen Kälteeinbruch oder in der Übergangszeit kurzfristig den Raum schnell erwärmen zu können, empfiehlt sich zusätzlich ein Heizkörper, der gleichzeitig als **Handtuchwärmer** bzw. Handtuchhalter ausgelegt sein kann. Dieser lässt sich entweder an das zentrale Heizsystem anschließen oder elektrisch betreiben. Letzteres besitzt den Vorteil, in Übergangszeiten das Bad unabhängig von der Zentralheizung temperieren

19 Bad, Dusche und WC — Heizung

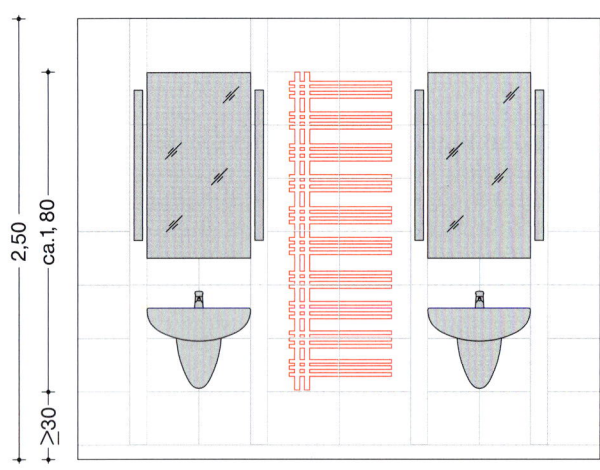

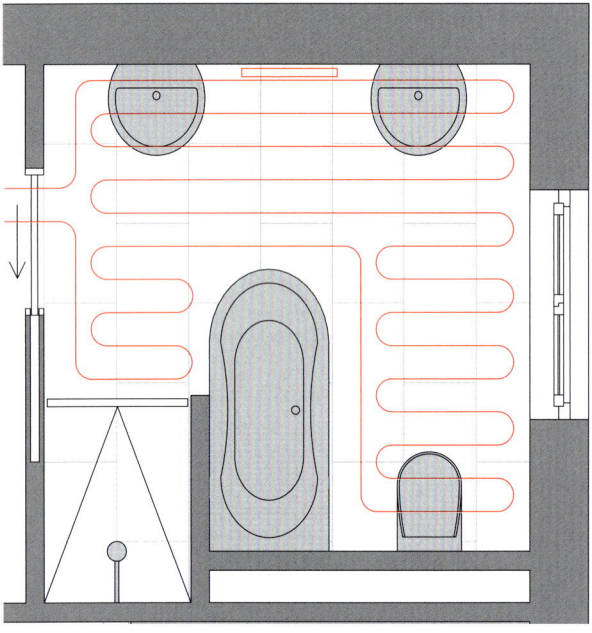

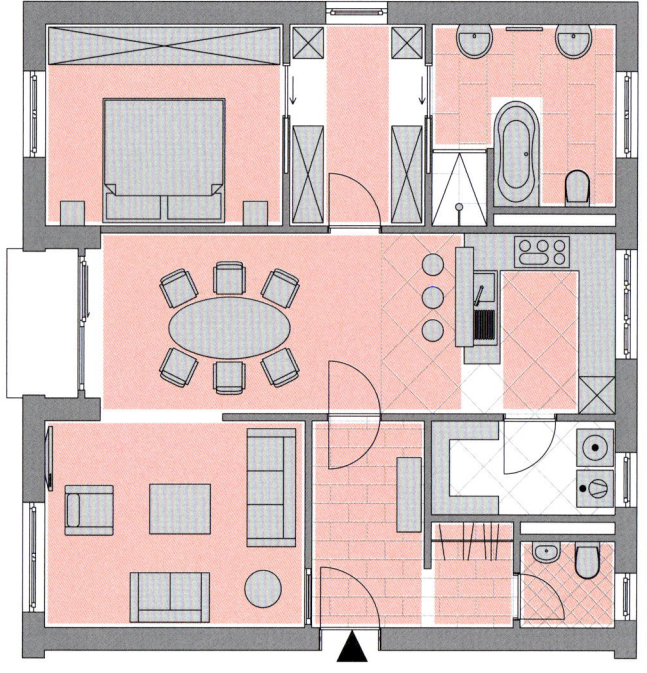

links oben: Heizkörper als Handtuchwärmer
rechts oben: Heizflächen einer Fußbodenheizung
links unten: Heizrohre der Fußbodenheizung

19-16 Vorschläge zur Beheizung des Planungsbeispiels von Bild 19-9

zu können. Gleich welches Heizgerät zum Einsatz kommt, dieses ist immer außerhalb des Spritzwasserbereiches zu installieren.

8 Lüftung

Bäder und Toilettenräume sollten möglichst über Fensterflächen natürlich belichtet und auch belüftet werden. Ist eine **Lüftungsanlage** im Haus vorhanden, werden auch die Sanitärräume darüber in einem getrennten Kreislauf be- und entlüftet.

Innen liegende Bäder ohne Außenfenster und barrierefreie Sanitärräume müssen entsprechend DIN 1946-6 und DIN 18017 belüftet werden, um eine Geruchsbelästigung zu vermeiden und einen Mindestluftwechsel gewährleisten zu können. Dieses kann als sog. freie Lüftung mit Zuluftkanal und Abluftschacht ohne Ventilatoren erfolgen, was aber dem heutigen Standard kaum mehr entspricht. Üblicherweise wird aber die moderne Lüftung mit Ventilatoren betrieben. Die Bedarfssteuerung des Ventilators funktioniert zweckmäßigerweise mit einem ausschaltverzögernden Zeitrelais, z. B. in Kombination mit dem Lichtschalter, und in Feuchträumen zusätzlich mit einem Hygrostatrelais. Die Lüftungsanlage muss vor Korrosion geschützt sein und den Brandschutzrichtlinien genügen.

9 Elektroinstallation

Die Elektroinstallationen im Bad erfordern gründliche Vorüberlegungen. Während früher die Beleuchtung von außen betätigt wurde und das Badezimmer von Elektroanschlüssen, mit Ausnahme der Deckenleuchte und Rasiersteckdosen, so gut wie frei blieb, sind die Anforderungen heutzutage enorm gestiegen. So sind aktuell unterschiedliche Lichtquellen, diverse ortsveränderliche Elektrogeräte, ggf. auch eine Whirlpoolanlage standardmäßig zu berücksichtigen. Die erforderlichen Schutzbereiche und Fehlerstrom-Schutzeinrichtungen sowie die Anforderungen an den Potenzialausgleich sind in Kapitel 12-8.5 ausführlich beschrieben.

Zu beachten ist, dass für Steckdosen, Schalter und Auslässe aufgrund der Gefahr von auftretendem Spritzwasser ein Mindestabstand von 60 cm zur Badewanne und zur Duschwanne eingehalten werden muss, *Bild 12-46,* was auch Niedervolt- oder LED-Beleuchtung mit einschließt. Angaben zur Mindestausstattung für die Elektroinstallation in Bädern und WC-Räumen enthält DIN 18015-2, *Tabelle 19-17*.

Je nach Größe der Waschtischanlage sind ausreichend Steckdosen zu installieren. Sinnvoll sind mind. zwei frei zugängliche Steckdosen oberhalb des Waschbeckens, um Munddusche oder elektrische Zahnbürste anschließen und auf dem Waschtisch abstellen zu können. Weitere Steckdosen können im Schrank oder in Auszügen installiert sein, sodass Fön oder Rasierer nicht ständig erneut eingesteckt werden müssen. Hierbei ist konstruktiv darauf zu achten, dass bei der Nutzung keine Beschädigung der beweglichen Anschlussleitungen auftreten kann. *Bild 19-18* zeigt in Grundriss und Ansicht beispielhaft die Symbole für den Ausstattungsumfang der Elektroinstallation eines Badezimmers mit erhöhtem Standard. Zu bedenken sind hier ebenfalls Anschlüsse für die immer komplexer werdenden Netzwerke in Wohnungen, die z. B. das Musikhören über eingebaute Lautsprecher oder WLAN-fähige Endgeräte auch im Badezimmer ermöglichen und dadurch das klassische Radiogerät ablösen oder das Fernsehschauen von der Badewanne aus erlauben.

10 Beleuchtung

Die richtige Beleuchtung ist gerade im Badezimmer besonders wichtig. Bei der Grundbeleuchtung sollte das Bad im Allgemeinen und der Waschtisch im Besonderen ausgeleuchtet werden, um alltägliche Tätigkeiten wie Schminken, Frisieren oder Rasieren zu erleichtern. Die „Wohlfühl"-Atmosphäre wird jedoch erst durch eine effektvolle Kombination verschiedener Lichtquellen mit separaten Schalt- und Steuermöglichkeiten erreicht. Letzteres ist besonders für Wellnessbäder mit einem hohen Anspruch an Ästhetik und Funktion von großer Bedeutung.

Art des Verbrauchsmittels	Bad	WC-Raum
Steckdosen allgemein	3 [5) 6)]	1 [6)]
Beleuchtungsanschlüsse	2 [6)]	1 [6)]
Anschluss für Lüfter [1)]	1	1
Waschmaschine [2) 3)]	1	
Wäschetrockner [2) 3)]	1	
Warmwassergerät [2) 4)]	1	1
Heizgerät [2) 4)]	1	

[1)] Sofern eine Einzellüftung vorgesehen ist. Bei fensterlosen Bädern oder WC-Räumen ist die Schaltung über die Allgemeinbeleuchtung mit Nachlauf zu versehen
[2)] Anschluss für besondere Verbrauchsmittel mit eigenem Stromkreis
[3)] In einer Wohnung nur jeweils einmal erforderlich
[4)] Sofern die Heizung/Warmwasserversorgung nicht auf andere Weise erfolgt
[5)] Davon eine Steckdose in Kombination mit der Waschtischleuchte zulässig
[6)] Die VDI-Richtlinie 6000 Blatt 1 sieht je nach gewünschtem Ausstattungsstandard weitere Installationen vor.

19-17 Mindestausstattung für die Elektroinstallation in Bädern und WC-Räumen gemäß DIN 18015-2 : 2010-11

Die Grundbeleuchtung sollte sowohl freundlich als auch hell sein und insbesondere am Waschtisch eine gleichmäßige, blendfreie Ausleuchtung ohne Schattenbildung bewirken. Dies wird durch die klassische Spiegelbeleuchtung von beiden Seiten (evtl. zusätzlich von oben) erzielt, Bild 19-18. Stattdessen werden fälschlicherweise häufig nur Strahler oberhalb des Spiegels montiert, was zur Schattenbildung in den Augenhöhlen und der Kinnpartie führt. In diesem Zusammenhang ist auch die Beleuchtungsstärke und Lichtfarbe bzw. der Farbwiedergabewert in den einzelnen Sanitärbereichen wichtig, um z. B. die Hautfarbe realistisch und das eigene Erscheinungsbild unverzerrt sehen zu können. Jedoch sollte die Behaglichkeit z. B. beim Baden mit einer warmweißen, evtl. dimmbaren Beleuchtungsquelle nicht zu kurz kommen. Im Bereich des Spiegels, an dem frisiert, geschminkt und rasiert wird, ist eine Beleuchtungsstärke von 500–750 lx sowie eine warm- bis neutralweiße Ausleuchtung mit einem sehr hohen Farbwiedergabewert ($R_a \geq 90$ bei Farbcode 927/930) und einer Farbtemperatur von ca. 3000–4000 K angebracht. Im übrigen Bad und im WC genügen auch 300 lx, die durch die erwähnte, zugeschaltete Spiegelbeleuchtung ergänzt werden kann.

Eindrucksvolle Effekte lassen sich durch den Ein- oder Aufbau von Deckenstrahlern in Verbindung mit Wandleuchten als Deckenflutern oder Lichtvouten erzielen. Während die Strahler gerichtetes Licht von oben werfen, wirkt dagegen die diffuse Beleuchtung der Deckenfluter sehr harmonisierend und ist als indirekte, blendfreie Leuchtenart optimal für ein gemütliches Wannenbad. Ausführlich wird das Thema Innenraumbeleuchtung in Kapitel 20 behandelt.

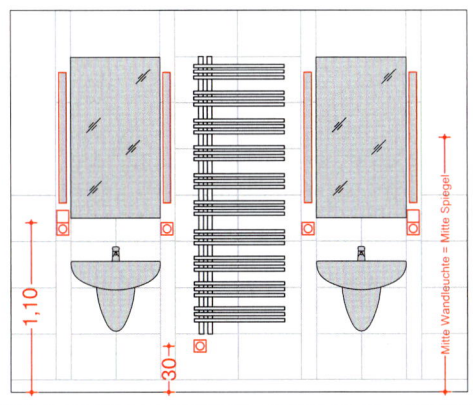

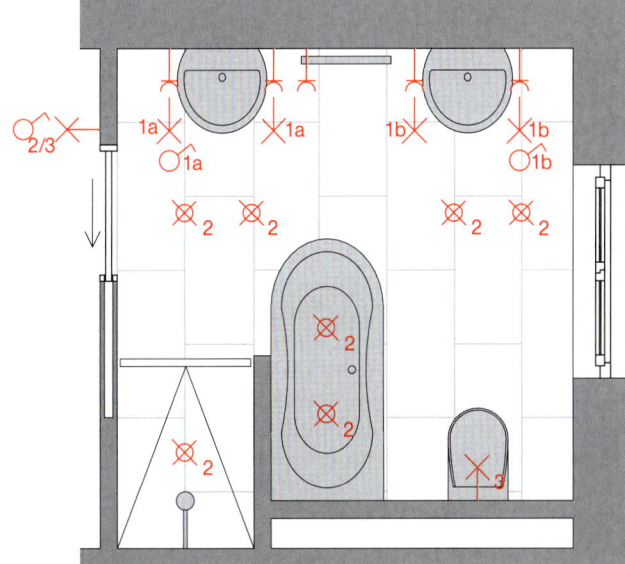

1a Wandleuchte Spiegel
1b Wandleuchte Spiegel
2 Deckenleuchte/ Ein- oder Aufbaustrahler
3 Wandleuchte/ Deckenfluter

19-18 Beispiel für die Ausstattung der Elektroinstallation des Bades aus Bild 19-16
(Symbolerläuterung siehe auch Kapitel 12-19)

11 Wand- und Bodenbeläge

11.1 Materialauswahl

Entscheidend für die Materialwahl der Wand- und Bodenbeläge in Bädern und WC-Räumen ist neben ihrer Funktionalität die ästhetische Wirkung. Dabei ist die persönliche Einstellung zu den unterschiedlichen Materialien von großer Bedeutung. Zu den technischen Anforderungen gehören u. a. die Beständigkeit im Hinblick auf die zu erwartende Beanspruchung, Reinigungsfähigkeit, Dichtigkeit gegenüber Feuchtigkeit und die Rutschsicherheit.

Wurden in der Vergangenheit vielfach Bad- und WC-Räume aus vermeintlich hygienischen Gründen komplett raumhoch gefliest, geht heute der Trend eindeutig dahin, Wände nur in den Bereichen mit Plattenbelägen zu schützen, die unmittelbar von Feuchtigkeit oder Schmutz betroffen sind. Ästhetische Gründe sprechen dafür, die restlichen Wand- und Deckenflächen auf andere Weise zu gestalten und z. B. mit einem diffusionsoffenen Kalkzementputz zu versehen und zu streichen.

Als Wand- und Bodenbeläge halten keramische Fliesen aufgrund ihres günstigen Preis-Leistungsverhältnisses und der in der Regel unkomplizierten Pflegemöglichkeit den größten Marktanteil. Auch Natursteine sind nach wie vor beliebt. Während früher großzügige Plattenbeläge nur aus Unmaßtafeln der Natursteine hergestellt wurden, gibt es heute bei nahezu allen Fliesenherstellern groß- bis überformatige Fliesen. Die Stärke großflächiger Beläge liegt in ihrem geringen Fugenanteil, was sowohl optische als auch hygienische Vorteile hat. Aber auch verschiedene kleinteilige Mosaike, Muster und Riemchen sind erhältlich und lockern die Optik eines Bereiches auf bzw. strukturieren den Raum. Zudem bieten Mosaike, bedingt durch den erhöhten Fugenanteil, einen größeren Rutschwiderstand. Neben den üblichen Wand- und Bodenbelägen sind auch Tafeln und Platten aus Glas, Mineralverbundwerkstoffen oder ähnlichen Materialien, zumindest in Teilbereichen, mittlerweile üblich. In jedem Fall ist darauf zu achten, dass das gewählte Material, der Kleber, die Verfugungsmaterialien sowie die abschließende Fugenabdichtung aufeinander abgestimmt sind und den Herstellerrichtlinien entsprechend verarbeitet werden. Normgerechte Untergründe, Bewegungsfugen und Randabschlüsse beugen außerdem möglichen Schäden vor.

Erwünscht sind langlebige Werkstoffe mit geringen Verschleißerscheinungen, die möglichst resistent gegen jegliche Außeneinflüsse sind. Eine leichte Pflege resultiert nicht nur aus den Eigenschaften des Materials selbst, sondern ebenfalls aus dessen Verlegeart. So spielen einerseits die Fugenanteile, die Struktur des Produktes usw. eine entscheidende Rolle, aber auch Ecken und Kanten sollten so ausgebildet sein, dass diese leicht zu reinigen sind (z. B. leichte Hohlkehle). Künstlich hergestellte Materialien sind in der Regel strapazierfähiger als Naturwerkstoffe, haben aber nicht deren natürliche Anmutung. **Bei der Auswahl ist zu beachten, dass die Materialqualität der jeweiligen Beanspruchung standhält und das Material die gewünschten Eigenschaften nicht verliert.** Beispielsweise ist der Duschbereich mit dauernder Feuchtigkeit in Verbindung mit evtl. kalkhaltigem, stehendem Wasser, Shampoos oder Seifen einer wesentlich höheren Beanspruchung ausgesetzt als andere Flächen.

Entscheidend für die Langlebigkeit der Materialien ist die **richtige Pflege.** Dies gilt insbesondere für Naturwerkstoffe oder für die neuartigen Beschichtungstechniken der Sanitärkeramik. Zu scharfe, für die Oberflächen ungeeignete Putzmittel und -werkzeuge oder gar eine mangelnde Reinigung und **Wartung** verursachen Beschädigungen.

Textile Bodenbeläge und Holzwerkstoffe eignen sich aufgrund ihrer Reinigungsfähigkeit und Empfindlichkeit gegenüber Feuchtigkeit nur sehr bedingt für Sanitärräume und werden lediglich in wenigen Fällen partiell auf dem Boden oder an der Wand verlegt. Dementsprechend sollte Holz konstruktiv und chemisch so vorbereitet werden, dass es der Belastung, zumindest in den nicht direkt dem Wasser ausgesetzten Bereichen, standhalten kann. Textile Stoffe sollten nicht fest mit dem eigentlichen Untergrund verbunden sein, um diese ggf. reinigen und trocknen zu können.

Während der Deckengestaltung (Putz, Lackspanndecke, Fliesen, hinterlüftete Holzverkleidung u. v. m.) eigentlich nur konstruktionsbedingte Grenzen gesetzt sind, haben sich verschiedene Materialien für Boden und Wandbereiche der von Spritzwasser betroffenen Bereiche durchgesetzt. Nachfolgend werden die gängigen Belagmaterialien kurz beschrieben:

Steingutfliese/Terrakotta

Keramikfliesen aus natürlichem Tonwerkstoff werden in der Regel trocken gepresst und bei ca. 1000 °C gebrannt. Die offenporige Oberfläche der relativ weichen Fliesen wird in einem zweiten Brenndurchgang durch eine Glasur versiegelt bzw. im Falle von Terrakotta imprägniert. Die Fliese ist nicht frostfest und besitzt nur eine bedingte Abriebfestigkeit, eignet sich aber hervorragend als Wandfliese in Küchen und Bädern.

(Fein-)Steinzeugfliese

Solche oft unter dem Namen Feinsteinzeug bekannten Platten werden bei höheren Temperaturen als Steingut gebrannt (ca. 1200 °C) und erhalten so ein dichtes Materialgefüge mit einem hohen Härtegrad. Sie besitzen einen großen Anteil an farbigen Tonsorten und zeichnen sich durch einen niedrigen Wasseraufnahmegrad aus. Diese besitzen klassischerweise keine Oberflächenglasur und bestehen vielmehr aus einem durchgängig gefärbten Grundstoff, welcher in unterschiedlichen Ausführungen (poliert, matt, strukturiert usw.) angeboten wird. Aber auch glasierte Fliesen sind erhältlich. Sie ist strapazierfähig und daher ideal geeignet für alle Böden und Wände im Innen- wie Außenbereich. Reine Steinzeugfliesen dagegen sind nicht so belastbar, da sie bei einer niedrigeren Temperatur (ca. 950–1100 °C) gebrannt wurden und ihr porenreduzierender Anteil an Feldspat kleiner ist als der des Feinsteinzeugs. Für den Gebrauch als Bodenfliese oder bei stärkerer Belastung ist glasiertes Steinzeug mit seinen unterschiedlichen Beanspruchungsklassen oder Feinsteinzeug vorzuziehen.

Mosaikfliese

Grundmaterialien der kleinformatigen Plättchen, Stäbchen und Bruchsteine (quadratisch, vieleckig, rund usw.) sind Steingut, Steinzeug, Glas, (in z. B. Acryl eingegossene) Naturmaterialien, Metall oder Naturstein. Die Mosaikfliese wird z. B. in Bereichen mit Gefälle und als rutschhemmender Belag, etwa in der Dusche, verlegt. Aber auch als dekorativer Wandbelag, Fries oder Bordüre werden die je nach Einsatzort auf Gewebematten oder Papier geklebten Steinchen verwendet.

Naturstein

Bedingt durch die Vielzahl unterschiedlichster Gesteinsarten und deren geologischer Beschaffenheit kann eine generelle Aussage über die Tauglichkeit von Natursteinen in Bädern nicht getroffen werden. Steine von großer Oberflächenhärte und -dichte (z. B. Granit, Gneis, Gabbro, Basalt) nehmen weniger Feuchtigkeit auf und sind abriebfester als Weichgesteine wie Kalkstein oder Marmor. Die kalkhaltigen Steine sind säureempfindlich und keinesfalls mit bspw. Essig- oder Zitronenreiniger zu pflegen. Je nach Gesteinsart und Nutzungsbereich ist es ratsam, die Oberfläche mit einem sog. „Fleckstopp" zu imprägnieren, um unschöne Ausblühungen und partielle Farbveränderungen zu verhindern. Nachteilig gegenüber den anderen Fliesenmaterialien sind hier der höhere Materialaufbau, (häufig) deren Gewicht und der Preis.

Kunststoffbodenbeläge

Der Einsatz dieser fast komplett wasserundurchlässigen Schicht ist empfehlenswert bei flexiblen und feuchteempfindlichen Unterböden (z. B. Holzbalkendecken). Diese werden auf eine erhärtete Abdichtung aufgebracht. Es gibt eine breite Palette von Produkten mit unterschiedlichsten Farben, Strukturen und Qualitäten. Die Fugen werden zwar verschweißt, bilden aber Schwachstellen, die von Zeit zu Zeit überprüft werden müssen.

Kunstharzböden

Solche, meist im Industriebereich üblichen, Böden werden heute teilweise auch in Trendbädern eingesetzt. Es handelt sich dabei um Reaktionsharze, die als dünne Schicht flüssig aufgebracht werden und nach ihrer Aushärtung sehr strapazierfähig sind. Diese sind in vielen Farbnuancen erhältlich und problemlos zu reinigen, sollten jedoch imprägniert bzw. versiegelt werden.

Mineralwerkstoffplatten

Gerade wegen ihrer Resistenz gegenüber Chemikalien sowie ihrer porenlosen und somit hygienischen Oberfläche und leichten Verarbeitungs-/Reparaturfähigkeit erfreut sich diese Mischung aus Acryl und gefärbten Mineralien einer immer größer werdenden Beliebtheit. Immer mehr werden nicht nur Waschtische und Möbel aus diesem fugenlos zusammenfügbaren Material geformt, sondern auch z. B. Rückwände für Duschen oder gar ganze Wannen inkl. deren Verkleidungen.

Glas/Acrylglas

Partiell werden solche Flächen nicht nur als Duschabtrennungen oder Raumtrenner eingesetzt, sondern z. B. auch als hinterlackiertes, foliertes, satiniertes oder strukturiertes, ggf. sogar hinterleuchtetes Element an der Wand. Vorteile liegen hier vor allem in der leichten Reinigung und der Schaffung eines großzügigen Raumgefühls durch Lichtspiegelungen und Transparenz.

11.2 Rutschsicherheit

Für den Privatbereich gibt es keine bindenden Vorschriften hinsichtlich der Rutschsicherheit von Bodenbelägen. Es empfiehlt sich aber, je nach Nutzungsumstand und dem persönlichen Sicherheitsbedürfnis auf eine angemessene Trittsicherheit zu achten. Die rutschhemmenden Eigenschaften unterschiedlicher Bodenbeläge werden nach DIN 51130 ermittelt. Dabei wird der Belag auf unterschiedlich schiefen Ebenen mit einem öligen Gleitmittel bestrichen und mit einem definierten Schuh begangen. Je nach Neigungswinkel und Rutschverhalten werden Beläge demnach in Bewertungsklassen eingeteilt.

Das Maß der **Rutschsicherheit** wird durch die fünf Bewertungsklassen R9 bis R13 gekennzeichnet. Den geringsten Anforderungen entspricht R9, entsprechend steigert sich die Rutschfestigkeit bis R13. Für „nass belastete Barfuß-Bereiche" wie Bad, Dusche, Sauna oder Schwimmbecken gibt es zusätzlich eine Klassifizierung der Bodenbeläge in Gruppen von A (geringe Rutschhemmung) bis C (hohe Rutschhemmung).

Während für den privaten Haushalt R9 durchaus in den WCs und Zwischenbereichen ausreichend ist, sollte bspw. in bodengleichen Duschen und barrierefreien Bädern mind. ein Material mit R10 verwendet werden. Zu erwähnen ist hierbei noch, dass die Reinigung bei steigender Rutschwiderstandsklasse, aufgrund der rauen Oberfläche und des evtl. höheren Fugenanteils, immer schwieriger wird.

11.3 Abriebfestigkeit

Die Abriebfestigkeit in Verbindung mit dem Verschleiß von Fliesen wird in fünf unterschiedliche Bereiche eingeteilt, welche durch Schleif- und Sandstrahlprüfungen ermittelt werden. Während Beläge mit der Abriebklassifizierung „eins" lediglich für sehr leichte Beanspruchungen (z. B. für Wände) geeignet sind, können Fliesen der Abriebklasse „fünf" für höchste Beanspruchungen mit extremer Belastung (z. B. in Garagen), verwendet werden.

Die Bodenfliesen in Bädern und WC-Räumen sollten mind. einer Abriebfestigkeit von „zwei", besser „drei" oder „vier" entsprechen.

11.4 Verlegeplan

Ist die Materialentscheidung getroffen, empfiehlt es sich, einen genauen Verlegeplan der Wand- und Bodenbeläge anzufertigen, bei dem das exakte **Fugenraster** sowie die Position der Armaturen und Sanitärgegenstände gemäß der gewünschten Gesamtanmutung, Oberflächeneigenschaften und geplanten Nutzung festgelegt wird. Besonders im Bereich von WCs, Urinalen und Waschplätzen sollte ein leicht zu reinigendes Material in ausreichendem Umkreis um das Objekt selbst verlegt sein. Der **Fugenschnitt** zwischen Wand- und Bodenbelägen ist bei Pfeilern und vorspringenden Ecken ebenso zu beachten wie bei den Sanitärgegenständen. *Bild 19-19* zeigt beispielhaft den Verlegeplan der Wandbeläge für die symmetrische Einbindung von Objekten wie Waschbecken, WC und Auslässen für das (Ab-)Wasser der Sanitärelemente und Oberflächen im Raum zum in *Bild 19-16* dargestellten Bad.

Vertikale Natursteinstreifen werden in der dargestellten Wandabwicklung eingearbeitet, um innerhalb des Fliesenrasters eine Ausgleichsfläche und Abgrenzung zu schaffen. Ferner kaschieren diese senkrechten Lisenen den Übergang für die unterschiedlichen Verlegehöhen.

19 Bad, Dusche und WC — Wand- und Bodenbeläge

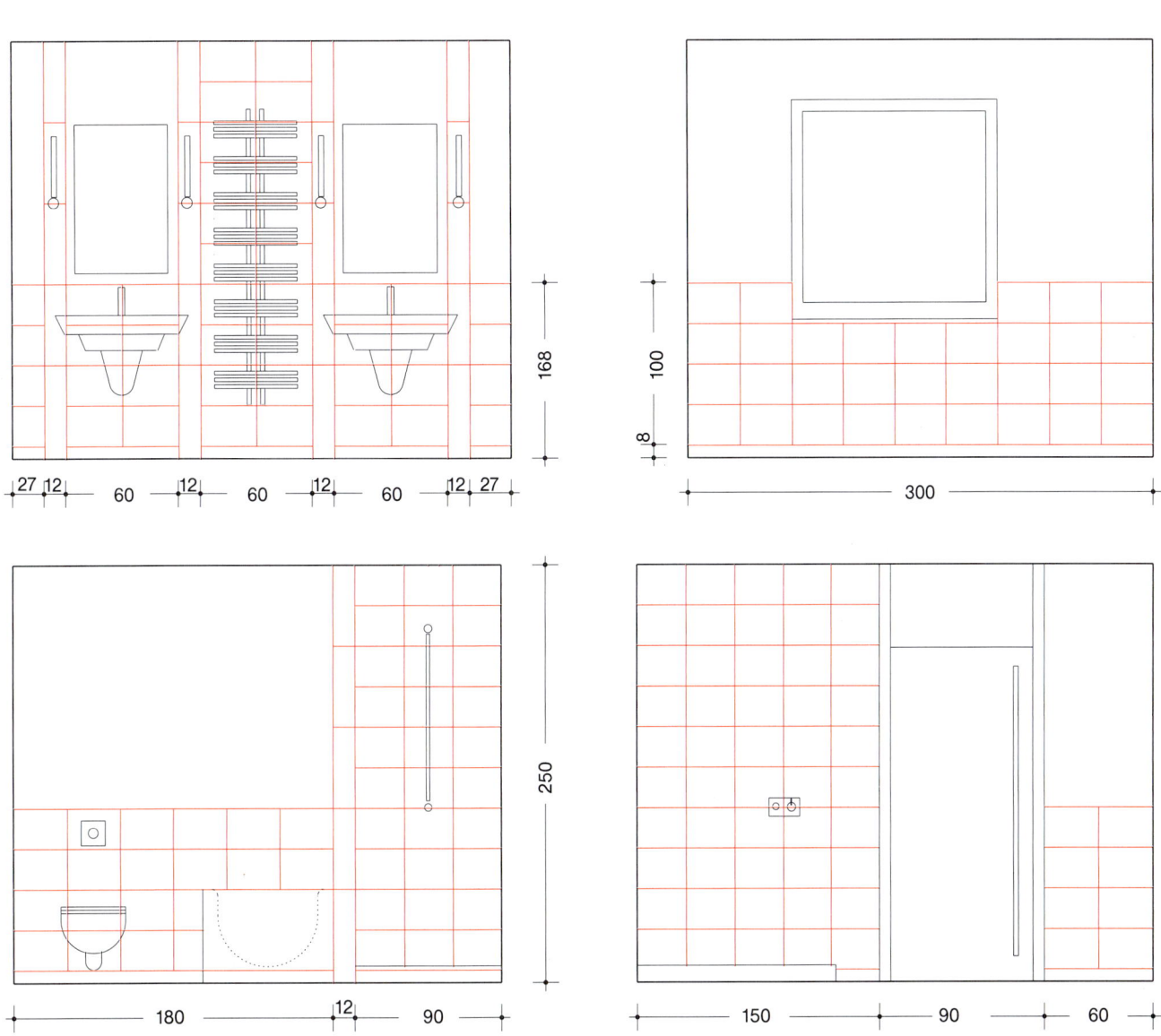

19-19 Verlegeplan der Wandbeläge zum Bad von Bild 19-16

12 Normen und Richtlinien

Bei der Planung von Bädern und WC-Räumen sind unter anderem folgende Normen und Bestimmungen, jeweils in ihrer aktuell gültigen Form, zu beachten:

DIN 1946-6	Raumlufttechnik – Teil 6: Lüftung von Wohnungen
DIN 1988-200	Technische Regeln für Trinkwasser
DIN 3509	Armaturen für Trinkwasseranlagen in Gebäuden
DIN 4109	Schallschutz im Hochbau – Anforderungen und Nachweise
DIN V 4701-10	Energetische Bewertung heiz- und raumlufttechnischer Anlagen – Heizung, Trinkwassererwärmung
DIN 18011	Grundflächen für Sanitärräume
	[DIN 18011 wurde ersatzlos gestrichen. Da in ihr jedoch allgemeingültige Begriffe für die Planung definiert sind, wird in der Praxis weiterhin nach dieser Norm geplant.]
DIN 18015-2	Elektrische Anlagen in Wohngebäuden – Art und Umfang der Mindestausstattung
DIN 18017-3	Lüftung von Bädern und Toilettenräumen ohne Außenfenster – Lüftung mit Ventilatoren
DIN 18022	Küchen, Bäder und WC im Wohnungsbau
	[DIN 18022 wurde 2007 ersatzlos gestrichen. Da in ihr jedoch allgemeingültige Begriffe für die Planung wie z. B. Einrichtungen, Stellflächen, Abstände sowie Bewegungsflächen definiert sind, wird in der Praxis weiterhin nach dieser Norm geplant.]
DIN 18040-2	Barrierefreies Bauen Planungsgrundlagen – Teil 2 Wohnungen
DIN 18195	Bauwerksabdichtungen
DIN 33402-1/-2	Ergonomie – Körpermaße des Menschen
DIN 51130	Prüfung von Bodenbelägen – Bestimmung der rutschhemmenden Eigenschaft
DIN 68935	Koordinationsmaße für Badmöbel, Geräte und Sanitärobjekte
DIN VDE 0100	Sichere Ausführung der Elektro-Installationen
VDI 6000 Bl. 1/5	Ausstattung von und mit Sanitärräumen
VDI 6008 Bl. 2	Barrierefreie Lebensräume – Möglichkeiten der Sanitärtechnik
VDI 6024 Bl. 1	Wassersparen in Trinkwasser-Installationen – Anforderungen an Planung, Ausführung, Betrieb und Instandhaltung

Landesbauordnungen der jeweiligen Bundesländer

13 Hinweise auf Literatur und Arbeitsunterlagen

[1] Hinweise für die Planung und Ausführung von Abläufen und Rinnen in Verbindung mit Abdichtungen im Verbund (AIV)
Ausgabe: August 2012

Hrsg.: Fachverband Fliesen und Naturstein im Zentralverband Deutsches Baugewerbe e. V., 10117 Berlin, Kronenstr. 55–58,
Tel. 030/2031 4-0, Fax 030/2031 4-420,
Internet: www.zdb.de,
E-Mail: info@zdb.de

In Zusammenarbeit mit: Zentralverband Sanitär Heizung Klima; Deutsche Bauchemie e. V.; Industrieverband Klebstoffe e. V.; Technischer Arbeitskreis Verbundabdichtung/Bodenabläufe vertreten durch die Firmen Aco Passavant GmbH, Dallmer GmbH & Co. KG, Kessel AG sowie Viega GmbH & Co. KG

Verlagsgesellschaft Rudolf Müller GmbH & Co. KG, Köln

[2] Abdichtungsstoffe im Verbund mit Bodenbelägen
Ausgabe: August 2010

Hrsg.: Bundesverband Estrich und Belag e. V. (BEB), 53842 Troisdorf-Oberlar, Industriestraße 19, Tel. 0 22 41/3 97 39 60, Fax 0 22 41/3 97 39 69,
Internet: www.beb-online.de,
E-Mail: info@beb-online.de

Erarbeitet vom Arbeitskreis „Abdichtungen" des Bundesverbandes Estrich und Belag e. V.

[3] Hinweise für die Ausführung von flüssig zu verarbeitenden Verbundabdichtungen mit Bekleidungen und Belägen aus Fliesen und Platten für den Innen- und Außenbereich
Ausgabe: August 2012

Hrsg.: Fachverband Fliesen und Naturstein im Zentralverband Deutsches Baugewerbe e. V., 10117 Berlin, Kronenstr. 55–58,
Tel. 030/2031 4-0, Fax 030/2031 4-420,
Internet: www.zdb.de, E-Mail: info@zdb.de

In Zusammenarbeit mit: Altmühltaler Kalksteine e. V. Industrievereinigung, Solnhofen; Bundesfachgruppe Estrich und Belag im Zentralverband Deutsches Baugewerbe e. V., Berlin; Bundesverband Deutscher Steinmetze, Frankfurt/Main; Bundesverband Estrich und Belag e. V. (BEB), Troisdorf-Oberlar; Deutscher Naturwerkstein-Verband e. V., Würzburg; Deutsche Bauchemie e. V., Frankfurt/Main; Deutsches Institut für Bautechnik, Berlin; Industrieverband Klebestoffe e. V., Düsseldorf; Industrieverband Keramische Fliesen + Platten e. V., Berlin; Säurefliesner-Vereinigung e. V., Burgwedel

Verlagsgesellschaft Rudolf Müller GmbH & Co. KG, Köln

[4] Frick/Knöll, Baukonstruktionslehre 1, Kapitel 11. Ulf Hestermann, Ludwig Rongen, Dietrich Neumann, Ulrich Weinbrenner
35. vollst. überarb. u. akt. Auflage 2010,
Vieweg+Teubner Verlag
Internet: www.springer.com

INNENRAUMBELEUCHTUNG

1	**Aufgaben der Beleuchtung** S. 20/2		**5**	**Berechnung der Beleuchtungsstärke** S. 20/24
2	**Kriterien der Beleuchtung** S. 20/2		5.1	Punktweise Berechnung der Beleuchtungsstärke
2.1	Erstes Gütemerkmal: Beleuchtungsniveau und Lichtverteilung			
2.2	Zweites Gütemerkmal: Blendungsbegrenzung		**6**	**Licht im Wohnbereich** S. 20/26
2.3	Drittes Gütemerkmal: Lichtrichtung und Schattigkeit		6.1	Verkehrswege
			6.2	Küche
2.4	Viertes Gütemerkmal: Lichtfarbe und Farbwiedergabeeigenschaften		6.3	Schreibtischarbeit
			6.4	Lesen und Arbeiten im Sessel
2.4.1	Lichtfarbe		6.5	Essen
2.4.2	Farbwiedergabeeigenschaften		6.6	Spielen
2.5	Licht und Gesundheit – Biologische Licht-Wirkung		6.7	Kommunikation
			6.8	Schlafzimmer
			6.9	Körperpflege
3	**Bauelemente der Beleuchtung** S. 20/8		**7**	**Kosten der Beleuchtung** S. 20/34
3.1	Lampen			
3.1.1	Glühlampen		**8**	**Energieklassifizierung** S. 20/35
3.1.2	Halogenglühlampen		8.1	Energie-Label für haushaltsübliche Lampen
3.1.3	Leuchtstofflampen		8.2	Glühlampenverbot
3.1.4	Kompaktleuchtstofflampen mit integriertem Vorschaltgerät und Schraubsockel (Energiesparlampen)		**9**	**Beleuchtungstechnische Begriffe** S. 20/37
			10	**Hinweise auf Literatur und Arbeitsunterlagen** S. 20/38
3.1.5	LED			
3.2	Leuchten			
3.2.1	Lichttechnische Kennzeichnung von Leuchten			
3.2.2	Sicherheitstechnische Kennzeichen an Leuchten			
3.2.3	Leuchten für Kleinspannung			
4	**Raumgestaltung und Tageslichtnutzung** S. 20/20			
4.1	Beschaffenheit der Raumflächen			
4.2	Bedeutung des Tageslichts			
4.3	Eigenschaften des Tageslichts			
4.4	Mindestfenstergrößen			

INNENRAUMBELEUCHTUNG

1 Aufgaben der Beleuchtung

Die Beleuchtung soll zum physischen und psychischen Wohlbefinden des Menschen beitragen. Sie soll gute Sehbedingungen schaffen und helfen, Unfälle zu verhüten.

In stimmungsbetonten Räumen, im Wohnbereich sowie in repräsentativen Räumen hat die Beleuchtung in besonderem Maße die Architektur zu unterstützen und den Anspruch an die Ästhetik zu berücksichtigen.

In Arbeitsräumen ist gute Beleuchtung die Voraussetzung für eine einwandfreie, sichere und leichte Erledigung der gestellten Aufgaben. Sie unterstützt die volle Leistungsbereitschaft und wirkt vorzeitiger Ermüdung entgegen. Damit beeinflusst sie das Arbeitsergebnis.

In Eingängen, Fluren und Treppenhäusern muss die Beleuchtung vor allem zum gefahrlosen und sicheren Verkehrsablauf beitragen.

Es ist vorteilhaft, Beleuchtung bereits im frühen Planungsstadium zu berücksichtigen. Eine zu späte Beleuchtungsplanung zieht häufig erheblichen baulichen und finanziellen Aufwand nach sich.

Viel Licht ist nicht gleichbedeutend mit guter Beleuchtung. Es gibt mehrere Merkmale, die abhängig vom Anwendungsgebiet gleich wichtig oder noch wichtiger sind.

2 Kriterien der Beleuchtung

In Anlehnung an die Norm DIN EN 12464 [1] sind allgemein vier Kriterien aufzuführen, nach denen die Güte einer Beleuchtung zu beurteilen ist. Zusätzlich zu diesen Kriterien sind noch die Anforderungen zu berücksichtigen, die sich aus dem Zusammenhang zwischen dem über das Auge aufgenommen Licht und dessen biologischen Wirkungen ergeben.

2.1 Erstes Gütemerkmal: Beleuchtungsniveau und Lichtverteilung

Das Niveau der Beleuchtung wird durch die mittlere, vorzugsweise horizontale **Beleuchtungsstärke*** im beurteilten Raumbereich und durch deren Gleichmäßigkeit beschrieben. Während im gewerblichen Bereich die Norm, die Arbeitsstättenregel sowie Schriften der Berufsgenossenschaften bestimmten Tätigkeiten konkrete Mindest-Beleuchtungsstärken verbindlich zuordnen, können für den Wohnbereich lediglich Erfahrungswerte empfohlen werden, häufig in Analogie zu den Normwerten für vergleichbare Tätigkeiten, *Bild 20-1*.

Empfohlene Beleuchtungsstärke in Lux	Charakterisierung der Sehaufgabe	Zuordnung von Räumen und Tätigkeiten im Wohnbereich	Größe der beleuchteten Fläche
10 – 50	Orientierung	Garderobe, Diele, Flure und Treppen	Ganzer Raum
50 – 300	Leichte Sehaufgaben; große Details mit hohen Kontrasten	Allgemeinbeleuchtung, Schlafraum, Wohnraum, Kinderzimmer, Bad	Ganzer Raum
300 – 1000	Normale Sehaufgaben; kleine Details mit mittleren Kontrasten	Küche, Hausarbeiten, Körper-, Wäschepflege, Schreiben, Lesen, Basteln	Arbeits-Bereich/-Tisch
1000 – 2000	Schwierige Sehaufgaben; kleine Details mit geringen Kontrasten	Nähen, feine Hand- und Bastelarbeiten, Zeichnen	Kleiner Arbeitsbereich

20-1 Empfohlene Beleuchtungsstärken im Wohnbereich

---

* Definition der beleuchtungstechnischen Begriffe siehe Abschnitt 9.

Da unser Auge nicht unmittelbar die Beleuchtungsstärke, sondern nur das von den Gegenständen reflektierte Licht bewerten kann, spielt das Reflexionsverhalten der beleuchteten Flächen ebenfalls eine große Rolle. Dunkle Flächen erfordern höhere Beleuchtungsstärken als helle Flächen, damit das Auge einen vergleichbaren **Helligkeitseindruck** (**Leuchtdichte**[*]) wahrnimmt.

Die erforderliche Beleuchtungsstärke steigt mit der Schwierigkeit der Sehaufgabe. Diese ist von der Größe des betrachteten Details, des Kontrastes (Leuchtdichteunterschied) und der Geschwindigkeit des Sehvorgangs abhängig. Zu berücksichtigen sind außerdem die Dauer der Seharbeit, das Alter der beteiligten Personen, die Tageslichtverhältnisse sowie der Einfluss auf die Leistung und Leistungsbereitschaft, auch bei sehunabhängigen Tätigkeiten, *Bilder 20-2 bis 20-4*.

Eine zweckmäßige **Allgemeinbeleuchtung** mit einer gleichmäßigen Lichtverteilung ermöglicht gleich gute Sehverhältnisse im gesamten Raum und ist somit in Räumen oder Raumzonen mit anspruchsvollen Sehaufgaben

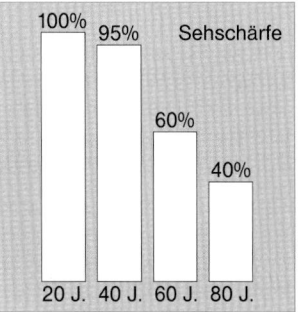

20-3 Die Schriftgröße beeinflusst die Schwierigkeit der Sehaufgabe. Kleine Details verlangen eine besonders gute Beleuchtung.

20-4 Ältere Menschen brauchen eine bessere Beleuchtung als jüngere, da die Sehschärfe mit dem Alter nachlässt.

> Von der Schwierigkeit der Sehaufgabe hängen die Anforderungen an die→Güte der Beleuchtung ab, insbesonders auch das Beleuchtungsniveau.
> Die Sehaufgabe ist desto schwieriger, je geringer der →Kontrast ist, je kleiner das Sehobjekt ist und je schneller das Sehobjekt wahrgenommen werden muß.
> So ist eine schwarze Schrift auf weißem Papier leichter lesbar als eine gleiche Schrift auf grauem Untergrund. Mit höherem Beleuchtungsniveau kann man nachhelfen.

> Von der Schwierigkeit der Sehaufgabe hängen die Anforderungen an die→Güte der Beleuchtung ab, insbesonders auch das Beleuchtungsniveau.
> Die Sehaufgabe ist desto schwieriger, je geringer der →Kontrast ist, je kleiner das Sehobjekt ist und je schneller das Sehobjekt wahrgenommen werden muß.
> So ist eine schwarze Schrift auf weißem Papier leichter lesbar als eine gleiche Schrift auf grauem Untergrund. Mit höherem Beleuchtungsniveau kann man nachhelfen.

20-2 Auf weißem Grund ist die Schrift leichter zu lesen als auf grauem. Ein geringerer Kontrast erfordert daher eine höhere Beleuchtungsstärke.

---

[*] Definition der beleuchtungstechnischen Begriffe siehe Abschnitt 9.

(Küche, Büroarbeitsplätze, Bad) unverzichtbar. Aber auch in fast allen anderen Räumen ist sie zumindest temporär als Putz- und Aufräumbeleuchtung notwendig. Eine zu gleichmäßige Lichtverteilung kann einen monotonen und u. U. flachen Raumeindruck erzeugen. Daher sollte insbesondere in stimmungsbetonten Räumen (Wohn- und Schlafzimmer) immer auch mit zusätzlichen Leuchten eine gezielt abwechslungsreiche Lichtverteilung gestaltet werden. Hierzu bieten sich Spots für die Akzentbeleuchtung sowie Wand-, Steh- und Tisch-Leuchten an, mit denen sich durch Schaltung und/oder Dimmung unterschiedliche Raumstimmungen erzeugen lassen. Sehr große Leuchtdichteunterschiede im Gesichtsfeld infolge schlecht abgeschirmter Lampen, heller Fensterflächen oder Spiegelungen sind allerdings hierbei zu vermeiden (s. 2.2 Blendungsbegrenzung).

Die Anpassung des Sehsinns an stark abweichende Beleuchtungsniveaus benötigt Zeit und Energie. Für abwechselnd betretbare, benachbarte Räume (Arbeitsraum, angrenzenden Flur) und insbesondere für solche, die ins Freie führen, ist daher eine geeignete, ggf. automatische Anpassung der Lichtverhältnisse zu empfehlen.

2.2 Zweites Gütemerkmal: Blendungsbegrenzung

Blendung, erzeugt durch sehr hohe Leuchtdichteunterschiede im Raum, kann die Erkennbarkeit von Sehdetails und Kontrasten deutlich herabsetzen (physiologische Blendung). Dieses Phänomen kann häufig bei fehlendem Sonnenschutz erlebt werden.

Aber auch geringere Leuchtdichteunterschiede können als störende Ablenkung empfunden werden, die Konzentrationsfähigkeit vermindern und so das Wohlbefinden herabsetzen (psychologische Blendung).

Nach Art ihrer Ursache unterscheidet man zwischen Direktblendung und Reflexblendung.

Beim unmittelbaren Blick auf selbstleuchtende Flächen, z. B. unzureichend abgeschirmte Lampen, kann eine **Direktblendung** auftreten. Die Blendungsempfindlichkeit steigt mit den Leuchtdichten und der Größe der im Blickfeld befindlichen leuchtenden Flächen. Sind deren Hintergrund und die Umgebung dunkel, wird die Blendwirkung verstärkt. Außerdem ist die Lage der leuchtenden Flächen im Gesichtsfeld von Bedeutung. Bei der üblichen horizontalen Blickrichtung liegt der kritische Blickwinkelbereich zwischen 0 und 55 Grad.

In besonderen Fällen, z. B. bei der Beleuchtung festlicher Räume oder Eingangsbereiche, können höhere Leuchtdichten und Kontraste zur Umgebung auch akzeptiert oder erwünscht sein, wenn sie nicht von einer Aufgabe ablenken, sondern als brillantes und belebendes Element dienen (z. B. beim Kronleuchter).

Reflexblendung wird durch störende Reflexe auf blanken Oberflächen verursacht, z. B. auf Tischplatten, Bildern, Glasscheiben oder anderen glänzenden Materialien. Sie lässt sich oftmals durch Festlegen einer geeigneten Lichteinfallsrichtung vermeiden, *Bild 20-5*.

Arbeitsflächen, Papier, Schriften, Bildschirme, Tastaturen von Schreibmaschinen oder Computern und dergleichen sollen möglichst matte Oberflächen haben. Sind Leuchten so angeordnet, dass sie störende Lichtreflexe erzeugen können, sollen sie in den betreffenden Ausstrahlungsbe-

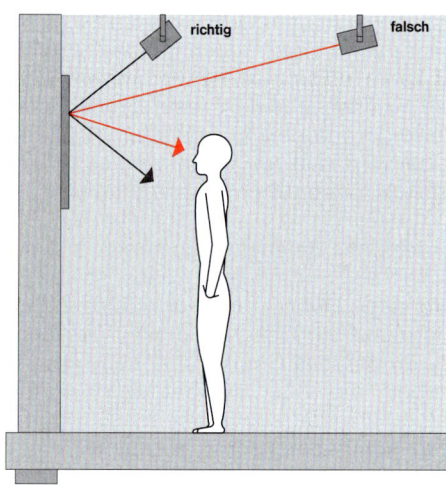

20-5 *Beispiel für Reflexblendung und ihr Vermeiden durch richtiges Anordnen der Leuchte*

reichen möglichst geringe Leuchtdichten haben. Häufig wird unbewusst versucht, die Reflexblendung durch Änderung der Blickrichtung und der Körperhaltung zu vermeiden. Kurzfristig kann dies zu Verspannungen und Kopfschmerzen, langfristig zu Haltungsschäden führen.

2.3 Drittes Gütemerkmal: Lichtrichtung und Schattigkeit

Die Oberflächenbeschaffenheit und die körperlichen Formen von Gegenständen lassen sich meist nur mit Hilfe von Schattenbildung erkennen. Eine gleichförmige Beleuchtung von allen Seiten oder eine sehr gleichmäßige Indirektbeleuchtung lassen keine oder nur geringe Schattenbildung zu. Die Oberflächen wirken dann glatt und strukturlos; Gegenstände und auch der gesamte Raum werden als flach und eintönig erlebt. Um dies zu vermeiden ist eine Hauptlichtrichtung anzustreben, *Bild 20-6*.

20-6 Dieselbe Oberfläche kann abhängig von der Lichtrichtung sehr unterschiedlich erscheinen (Quelle: licht.de).

Der Verlauf der Schattenränder soll in der Regel weich sein. Die Qualität der Schattenränder wird wesentlich durch die Größe der Lampe bzw. der leuchtenden Teile der Lampe und Leuchte bestimmt. Bei gleichem Beleuchtungsabstand erzeugt die Wendel einer klaren Niedervolt-Halogenlampe oder einer LED ohne Streulinse einen sehr harten Schatten, die leuchtende Oberfläche einer Kompaktleuchtstofflampe einen weicheren Schatten und eine opale Kugelleuchte einen sehr weichen Schatten, der u. U. nicht mehr erkennbar ist. Tiefe und harte Schlagschatten können die Erkennbarkeit und Sicherheit, z. B. in Gängen und auf Treppen, beeinträchtigen.

2.4 Viertes Gütemerkmal: Lichtfarbe und Farbwiedergabeeigenschaften

Die Farbe des Lichts und die Farben der Körper und Flächen im Raum tragen zum Erkennen unserer Umwelt bei. Sie haben aber zugleich psychophysische Wirkungen und beeinflussen die Stimmung des Menschen. Es sind die beiden Merkmale Lichtfarbe und Farbwiedergabeeigenschaft, deren richtige Beurteilung Voraussetzung für Behaglichkeit und einwandfreies Farberkennen ist.

2.4.1 Lichtfarbe

Die Lichtfarbe lässt sich als Sinneseindruck beschreiben, mit dem ein weißes Objekt vom Betrachter wahrgenommen wird. Die für allgemeine Beleuchtungszwecke verwendeten Lichtfarben lassen sich in drei nicht scharf voneinander trennbare Gruppen einteilen. Jeder Lichtfarbe wird eine sog. ähnlichste Farbtemperatur zugeordnet, die jedoch allgemein nicht mit der tatsächlichen Temperatur der Lichtquelle identisch ist.

Warmweiße zu Gelb/Rot tendierende Lichtfarben, ww (ähnlichste Farbtemperatur <3300 K)

Neutralweiße Lichtfarben, nw (ähnlichste Farbtemperatur im Bereich 3300 K bis 5300 K)

Tageslichtweiße zu Blau tendierende Lichtfarben, tw (ähnlichste Farbtemperatur >5300 K)

Die Lichtfarbe der Lichtquellen ist für den jeweiligen Anwendungsbereich nach verschiedenen Gesichtspunkten wählbar. Es wird jedoch empfohlen, folgende Beziehung zu beachten:

Warmweiße Lichtfarben sind vorzugsweise am Abend und bei niedrigen Beleuchtungsstärken (bis 300 lx) angebracht. Sie gehören vorwiegend in Räume, die der Entspannung dienen oder festlichen Charakter haben. Entsprechend der Lichtfarbe von Glühlampen werden sie im Wohnbereich bevorzugt.

Neutralweiße Lichtfarben sind für höhere Beleuchtungsstärken vornehmlich zur Unterstützung von Arbeiten geeignet (ab etwa 300 lx). Sie sollten in Arbeitsräumen verwendet werden und lassen sich auch besser mit Tageslicht kombinieren als warmweiß.

Tageslichtweiße Lichtfarben sollten in erster Linie zur Ergänzung des Tageslichtes bei hohen Beleuchtungsstärken (mehr als 500 lx) eingesetzt werden. Sie unterstreichen eine kühle Arbeitsatmosphäre. Nach dem momentanen Erkenntnisstand wirken Lichtfarben mit hohem Blauanteil aktivierend und sind geeignet, unsere innere

Uhr zu beeinflussen. Tageslichtweiße aber auch neutralweiße Lichtfarben sollten daher nicht leichtfertig in Räumen eingesetzt werden, die am Abend und in der Nacht genutzt werden – z. B. Bad, Flure und Schlafräume, s. a. 2.5 Licht und Gesundheit.

Allein die Wahl der Lichtfarbe reicht nicht aus für „gutes" Licht. Das Licht muss zusätzlich über angemessene Farbwiedergabeeigenschaften verfügen.

2.4.2 Farbwiedergabeeigenschaften

Die Farbwiedergabeeigenschaften einer Lichtquelle beschreiben deren Fähigkeit, Farben möglichst „natürlich" erscheinen zu lassen. Das farbige Aussehen beleuchteter Objekte wird nicht allein durch deren Materialeigenschaften, sondern in gleicher Weise durch die spektrale Strahlungsverteilung der beleuchtenden Lichtart beeinflusst. Farbanteile, die im Spektrum des Lichts nicht enthalten sind, können auch die entsprechende Körperfarbe nicht zur Geltung bringen. Die Farbe eines Objektes wirkt dann unnatürlich oder ungewohnt.

Tageslicht und Glühlampen haben von Natur aus sehr gute Farbwiedergabeeigenschaften, weil in ihnen nahezu alle Farbkomponenten vertreten sind. Andere künstliche Lichtquellen wie Leuchtstofflampen oder LEDs haben zumeist etwas schlechtere Farbwiedergabeeigenschaften, da einzelne Farbanteile überproportional vertreten sind und andere fast fehlen. Man spricht in diesem Zusammenhang von einem „diskontinuierlichem Spektrum", *Bild 20-7*.

Die Farbwiedergabeeigenschaften von Lichtquellen werden auf der Basis von acht Testfarben durch einen Farbwiedergabe-Index R_a gekennzeichnet und in Stufen eingeteilt, *Bild 20-8*.

Die erste Ziffer des Farbwiedergabe-Index R_a und die ersten beiden Ziffern der ähnlichsten Farbtemperatur werden zur Kennzeichnung der Farbeigenschaften von künstlichen Lichtquellen vor oder hinter der Wattangabe genutzt, *Bild 20-9*. Eine Leuchtstofflampe mit dem Aufdruck 36W/840 hat z. B. einen Farbwiedergabe-Index >80 (hoch) und eine ähnlichste Farbtemperatur von 4000 K (neutral-weiß).

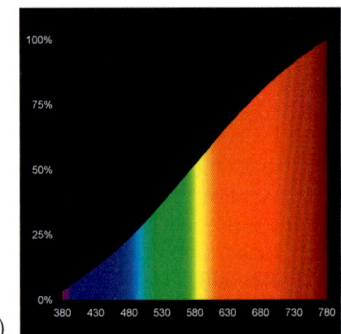 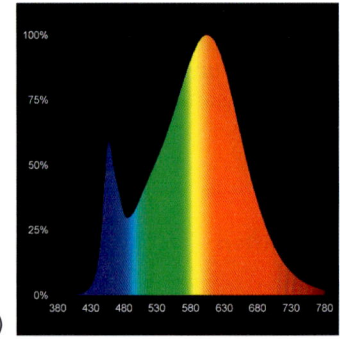 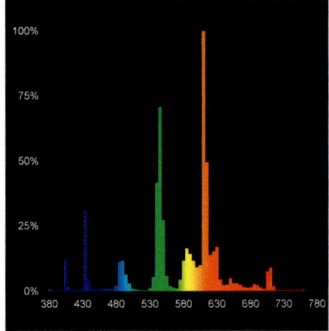

20-7 Beispiel für Lichtquellen (Leuchtstofflampen) gleicher Lichtfarbe, aber unterschiedlicher Farbwiedergabeeigenschaft infolge der Strahlungsverteilung (Quelle: Osram)
  a) Halogen-Glühlampe, Farbwiedergabeindex $R_a \simeq 100$
  b) LED, Farbwiedergabeindex $R_a >80$
  c) Leuchtstofflampe warmweiß $R_a >80$

R_a	Anspruch	Anwendung	Lampenbeispiel
>90	Sehr hoch	Esstisch, Anstrahlung von Gemälden	Halogenlampe, (R_a = 100) deLuxe Leuchtstofflampe (mit R_a <90), LED
>80	Hoch	Arbeiten	Leuchtstofflampe, Kompaktleuchtstofflampe, LED
>70	mittel	Außenbereich, Technik- und Lagerräume	LED

20-8 Kennzeichnung von Farbwiedergabeeigenschaften durch den Farbwiedergabe-Index

Bei Leuchtstofflampen, deren Farbkennzeichnung mit einer Zahl <8 beginnt, handelt es sich um alte sog. Standardlampen mit minderer Farbwiedergabe und Lichtausbeute, die seit dem 13. April 2010 nicht mehr in den Vertrieb gebracht werden dürfen.

LED-Lampen und -Leuchten können sehr unterschiedliche Farbwiedergabeeigenschaften aufweisen. Beim Kauf ist daher neben der Lichtfarbe immer auch auf den Farbwiedergabe-Index R_a zu achten. Dieser ist entweder, ähnlich wie bei Leuchtstofflampen, in der oben beschriebenen Weise mit der Wattangabe verknüpft oder wird explizit als R_a-Wert ausgewiesen. Fehlt die Angabe ist zu befürchten, dass es sich um eine Produkt mit einem Farbwiedergabeindex <70 handelt.

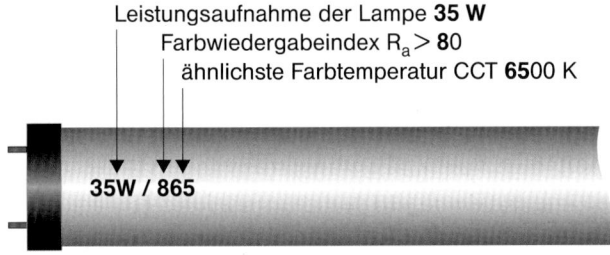

20-9 Kennzeichnung der Farbeigenschaften am Beispiel Leuchtstofflampe

2.5 Licht und Gesundheit – Biologische Licht-Wirkung

Neben dem leichten und raschen Sehen bei der Arbeit, der Orientierung sowie der Unterstützung der Atmosphäre kommt der Wahl des richtigen Lichtes noch eine zusätzliche Aufgabe im Wohnraum zu.

Das direkt über unsere Augen aufgenommene Licht taktet die „innere Uhr" des Menschen. Unter der inneren Uhr können wir uns ein komplexes Steuerungssystem vorstellen, das alle Körperfunktionen über den Tag koordiniert und das dafür sorgt, dass wir tagsüber wach und aktiv sein können und in der Nacht erholsam schlafen. In unseren Augen verfügen wir über nichtvisuelle Rezeptoren, d. h. lichtempfindliche Zellen, die nicht für das Sehen genutzt werden, sondern als Signalgeber für unsere innere Uhr funktionieren. Vereinfacht ausgedrückt: Hell bedeutet „es ist Tag" und dunkel „es ist Nacht". Jede Abweichung von diesem Schema kann die innere Uhr stören. Der Einfluss des Lichtes auf den Schlaf ist hierbei besonders gut untersucht. Ist es am Abend zu hell – insbesondere ab ca. zwei Stunden vor dem Schlafengehen –, so kann der natürliche erholsame Schlafablauf verzögert und gestört werden. Geschieht dies regelmäßig, können gar langfristig chronische Schlafstörungen und weitere gesundheitliche Schäden auftreten.

Die gleichen Grundmechanismen sind vermutlich auch dafür verantwortlich, dass wir bei zu wenig Licht am Tage nicht richtig „in Schwung" kommen und vermehrt müde und wenig aktiv sind – wie dies oft an grauen Novembertagen der Fall ist.

Die besagten nichtvisuellen Rezeptoren reagieren sehr viel stärker auf bläuliches Licht und nur wenig auf rötliches. Der Zusammenhang zwischen der Spektralverteilung des Lichtes und ihrer hier angesprochenen biologischen Wirkung ist in DIN V 5031-100 [13] beschrieben.

Es ist bei der Planung der Beleuchtung darauf zu achten, dass durch die richtige Wahl der Beleuchtung und ggf. der Schaltung bzw. Steuerung

- am Abend eine weniger helle, warmweiße Beleuchtung möglich ist und
- am Tage, insbesondere in Räumen, die keine gute Tageslichtversorgung haben, eine helle, neutralweiße oder ggf. tageslichtweiße Beleuchtung vorherrscht.

So kann das richtige Licht zur richtigen Zeit das Wohlbefinden steigern und negative Auswirkungen auf die Gesundheit verringern. Weitere Planungsempfehlungen finden sich in DIN SPEC 67600 [14].

3 Bauelemente der Beleuchtung

3.1 Lampen

Lampen dienen der Lichterzeugung. Zur Beleuchtung von Innenräumen werden (noch) Glühlampen, Halogenglühlampen, Leuchtstofflampen in kompakter und in Röhren-Form sowie in immer größerem Umfang LEDs eingesetzt. Wo das Licht täglich über mehrere Stunden benötigt wird, sollten aus Gründen der Energie- und Kosteneinsparung LEDs und Leuchtstofflampen bevorzugt werden, wenn nicht gute Gründe dagegen sprechen. Sie erzeugen bei gleicher Leistung etwa vier- bis achtmal so viel Licht wie Glühlampen. Für kleinflächige Beleuchtungsaufgaben (z. B. Schreibtischleuchte) empfehlen sich LEDs. Bei großflächigen Beleuchtungsaufgaben (z. B. Arbeits- und Hobbyräume) sprechen der niedrige Anschaffungspreis verbunden mit den geringen Betriebskosten i. d. R. noch für Leuchten mit Leuchtstofflampen.

Wichtige Größen zum energetischen Vergleich von Lampen sind die aufgenommene elektrische Leistung in Watt (W) und der abgegebene Lichtstrom* in Lumen (lm). Die **Lichtausbeute***, das Verhältnis des Lichtstroms zur elektrischen Leistung, kennzeichnet die Effizienz einer Lampe. Einige Lampen (z. B. röhrenförmige Leuchtstofflampen, Niedervolt-Halogenlampen) benötigen Vorschaltgeräte oder Transformatoren, die selber ebenfalls Strom verbrauchen. Diese Verlustleistung ist bei der Ermittlung der Lichtausbeute dem Stromverbrauch der Lampe hinzuzurechnen. Man spricht dann von der Systemleistung bzw. von der Systemlichtausbeute. Falls der Stromverbrauch der Vorschaltgräte nicht leicht zu ermitteln ist, kann dieser auch grob mit 10 % der Lampenleistung abgeschätzt werden.

Bei Reflektorlampen wird das Licht zum großen Teil innerhalb eines angegebenen Ausstrahlungsbereichs gebündelt. Dieser Bereich wird durch den Öffnungswinkel gekennzeichnet, bei dem die Lichtstärke noch die Hälfte des maximalen Wertes in der Lampenachse beträgt. Dieser Öffnungswinkel wird zumeist zusammen mit der maximalen **Lichtstärke*** in **Candela** (cd) in Ausstrahlungsrichtung angegeben. Aus diesem Wert kann sehr einfach die maximale **Beleuchtungsstärke*** in Lux (lx) in einem bestimmten Abstand ermittelt werden, siehe auch Abschnitt 5.1. Aus der maximalen Lichtstärke lässt sich nicht unmittelbar auf die Lichtausbeute der Lampe schließen.

Von wesentlicher Bedeutung sind auch die Lichtfarbe und die Farbwiedergabeeigenschaften der genannten Lichtquellen.

Schließlich hängt die Wirtschaftlichkeit einer Lampe von deren „Lebensdauer" ab. Leider ist der Begriff Lebensdauer nicht einheitlich definiert. Die sog. Mittlere Lebensdauer gibt die Betriebsdauer an, nach der unter festgelegten Prüfbedingungen von einer genügend hohen Anzahl Lampen 50 % nicht mehr funktionsfähig sind. Im Einzelfall kann die Lampenlebensdauer aber deutlich

---

* Definition der beleuchtungstechnischen Begriffe siehe Abschnitt 9.

davon abweichen. Neben der mittleren Lebensdauer wird insbesondere bei LED-Lampen (und -Leuchten) sowie Leuchtstofflampen die Nutzlebensdauer angegeben, bei der im Mittel der Lichtstrom der Lampe auf 70 % oder 80 % des ursprünglichen Anfangswertes abgesunken ist. Diese Lebensdauer wird entsprechend gekennzeichnet mit F_{70} bzw. mit F_{80}.

Bei allen Lampen, die wie die Glühlampe direkt an das Stromnetz über eine geeignete Fassung (z. B. die Schraubfassung E14 oder E27) angeschlossen werden, sind die elektrotechnischen Daten inkl. der Leistungsaufnahme (in W) auf der Lampe und auf der Verpackung angegeben. Außerdem sollten immer auch die Lichtfarbe in K, die Farbwiedergabe über den Wert des Farbwiedergabe-Index R_a sowie die Lebensdauer auf der Verpackung angegeben sein.

3.1.1 Glühlampen

Die Erfindung der Glühlampe liegt beinahe 150 Jahre zurück. Dass sie bis vor wenigen Jahren noch die wichtigste Lampe in der Wohnraumbeleuchtung war, hatte sie nicht zuletzt den vielfältigen Qualitäten ihres Lichtes zu verdanken. Die Glühlampentechnologie hat allerdings eine entscheidende Schwachstelle: Die Lampe strahlt viel Wärme, aber nur relativ wenig Licht ab. Aufgrund der schlechten Lichtausbeute werden in Europa bis 2016 viele Ausführungsformen der Glühlampe schrittweise aus dem Beleuchtungsmarkt verschwinden.

Funktionsweise: Glühlampen beruhen auf dem Prinzip der thermischen Lichterzeugung. Ein gewendelter Wolframdraht wird durch die elektrische Stromwärme auf möglichst hohe Temperatur gebracht.

Lichttechnische Daten: Sehr geringe Lichtausbeute von 9 bis 16 lm/W; warmweiße Lichtfarbe, ähnlichste Farbtemperatur 2500 K bis 2700 K; sehr gute Farbwiedergabeeigenschaften (R_a = 100). Aufgrund der niedrigen ähnlichsten Farbtemperatur werden blaue Körperfarben vernachlässigt und rote betont.

Elektrotechnische Daten: Anschlussleistung typischerweise 25 W bis 200 W; für Deutschland wurden Glühlampen für die Netzspannung 230 V hergestellt, *Bild 20-10*.

Lampen-Nennleistung in Watt	Durchmesser in mm	Länge in mm	Lichtstrom in Lumen	Lichtausbeute in lm/W	Energieeffizienzklasse
25	60	105	230	9,2	E
40	60	105	415	10,4	E
60	60	105	710	11,8	E
75	60	105	935	12,4	E

20-10 Daten für Glühlampen (230 V) der Hauptreihe mit E27-Schraubsockel

Bauformen: Neben der Standardlampe gab es zahlreiche Sonderausführungen wie Kerzen-, Tropfen-, Globe-, Reflektor- und stabförmige Lampen, Sockel mit Edisongewinde E14 (z. B. Kerzenlampe) und E27 (z. B. konventionelle Glühlampe). Einige Sonderformen – insbesondere für historische Leuchten und Sonderanwendungen – sind von dem „Glühlampenverbot" nicht betroffen und dürfen auch weiterhin vertrieben werden.

Mittlere Lebensdauer: Allgebrauchslampen 1000 Stunden, einige Sonderbauformen 2000 Stunden.

Anwendungsbereich: Beleuchtung in der Wohnung; stimmungsbetonte Räume.

Achtung: Aufgrund des „Glühlampenverbotes" wird das Angebot der unterschiedlichen Varianten bis 2016 immer stärker reduziert (s. Abschnitt *8.2*).

3.1.2 Halogenglühlampen

Halogenglühlampen zeichnen sich durch besonders hohe Lichtqualität, verlängerte Lebensdauer und geringen Lichtstromrückgang während der Lebensdauer aus. Sie erzeugen bei gleicher Leistung etwa 1,5-mal so viel Licht wie gewöhnliche Glühlampen.

Funktionsweise: Die Funktionsweise der Halogenglühlampe ist im Prinzip identisch mit der einer Allgebrauchsglühlampe. Die Lampenkolben bestehen jedoch aus Quarzglas, sind deutlich kleiner als bei Allgebrauchsglühlampen und werden während des Betriebs stärker erwärmt. Das Füllgas ist zusätzlich mit Halogenen (Brom, Jod) angereichert. Von der Wendel abdampfendes Wolfram bildet ein Halogenid, das sich bei Temperaturen um 250 °C nicht auf dem Lampenkolben, sondern nur unter Freigabe des Wolframs wieder auf der Wendel ablagern kann. Dieser sog. Halogen-Kreisprozess ermöglicht eine höhere Lichtausbeute und ist der Grund für die erhöhte Lebensdauer von Halogenglühlampen. Aufgrund der speziellen Temperatur weist die Halogenglühlampe eine sehr kleine Bauform auf, die wiederum die Möglichkeit kleinerer Leuchten und besserer Lichtlenkoptiken eröffnet.

Wegen der geringen Oberfläche kann auch die kostenintensive IRC-Technik hier sinnvoll eingesetzt werden. Hierbei wird auf kugel- oder zylinderförmige Lampenkolben eine Infrarot reflektierende Schicht aufgedampft (**I**nfa **R**ed **C**oating: **IRC**). Diese Beschichtung lässt das sichtbare Licht weitgehend unvermindert durch, während die IR-Wärmestrahlung auf die Glühwendel zurück reflektiert wird und diese zusätzlich aufheizt. Durch diese sinnvolle Rückführung der Wärmeenergie kann die Leistungsaufnahme der Lampe reduziert werden. IRC-Lampen werden von den Lampenherstellern mit unterschiedlichen Bezeichnungen als besonders energiesparend angeboten und verbrauchen bei gleichem Lichtstrom nur ca. ⅔ der elektrischen Energie wie eine konventionelle Halogenglühlampe.

Lichttechnische Daten: Geringe Lichtausbeute von 12 bis 22 lm/W (28 lm/W bei IRC); warmweiße Lichtfarbe, Farbtemperatur 3000 K bis 3200 K, gute Farbwiedergabeeigenschaften. Im Vergleich zum Licht gewöhnlicher Glühlampen werden blaue Körperfarben etwas besser wiedergegeben. Der abgegebene Lichtstrom ist spannungsabhängig.

Elektrotechnische Daten: Zu unterscheiden sind Lampen mit einer Netzspannung von 230 V und Lampen, die mit Kleinspannung (typisch 12 V) betrieben werden. Die Kleinspannung wird mit Sicherheitstransformatoren oder elektronischen Konvertern erzeugt.

Zweiseitig gesockelte Lampen in Röhrenform für Netzspannung decken den Leistungsbereich von 48 W bis 500 W ab; Auswahl einiger Daten siehe *Bild 20-11*.

Stiftsockellampen zum Betrieb an Netzspannung von 230 V und 12 V Kleinspannung zeichnen sich durch eine besonders kompakte Bauform aus, *Bilder 20-12* und *20-13*.

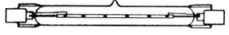

Lampen-Nennleistung in Watt	Durchmesser in mm	Länge in mm	Lichtstrom in Lumen	Lichtausbeute in lm/W	Energieeffizienzklasse
48	12	75	750	15,6	C
80	12	75	1400	17,5	C
120	12	75	2250	18,8	C
120	12	115	2250	18,8	C
150	12	115	2400	16,0	D
160	12	115	3100	19,4	C
200	12	115	3500	17,5	D
230	12	115	5000	21,7	C
300	12	115	5000	16,7	D
400	12	115	9000	22,5	C
500	12	115	9000	18,0	D

20-11 Daten zweiseitig gesockelter Halogenglühlampen in Röhrenform (230 V)

Auf dem Wohnraumleuchtenmarkt haben sich Leuchten für Typen mit G9-Sockel durchsetzen können. Da sie mit Netzspannung von 230 V betrieben werden, benötigen sie keinen Transformator und verringern so die Investitionskosten. Sie sind allerdings nicht so effizient wie die Lampen für Niederspannung und eignen sich auch nicht so gut für die Akzentbeleuchtung, da ihre Wendel größer sind und so die Möglichkeit einer präzisen Lichtlenkung einschränkt ist.

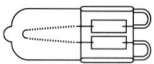

Lampen-Nenn-leistung in Watt	Durch-messer in mm	Länge in mm	Lichtstrom in Lumen	Lichtaus-beute in lm/W	Energie effizienz klasse
20	14	43	235	11,8	C
25	14	43	260	10,4	D
33	14	43	460	14,0	C
40	14	43	450	11,3	E
48	14	43	740	15,4	C
60	14	51	980	16,3	C

20-12 Daten Stiftsockel-Halogenglühlampen mit G9-Sockel (230 V)

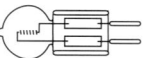

Lampen-Nenn-leistung in Watt	Durch-messer in mm	Länge in mm	Lichtstrom in Lumen	Lichtaus-beute in lm/W	Energie effizienz klasse
5	10	33	55	12,0	B
10	10	33	130	13,0	C
20	10/12	33/44	290	15,0	C
35	10/12	33/44	580	17,1	C
50	12	44	900	18,2	C
75	12	44	1450	19,3	C
90	12	44	1800	20,0	C
IRC 7	10	33	105	15,0	B
IRC 14	12	33	240	17,1	B
IRC 25	12	44	500	20,0	B
IRC 35	12	44	860	25,7	B
IRC 50	12	44	1200	25,0	B
IRC 65	12	44	1650	26,2	B

20-13 Daten einiger Halogenglühlampen (12 V) mit Stiftsockel. Die Lichtausbeute enthält nicht die Konverter- oder Transformatorverluste, die zwischen 5 % und 15 % der Lampenleistung liegen.

Entsprechendes gilt für **Halogen-Reflektorglühlampen**, die ebenfalls in den Ausführungen für Netzspannung von 230 V und für Kleinspannung erhältlich sind. Ihr Licht wird zum großen Teil innerhalb eines angegebenen Ausstrahlungsbereichs gebündelt. Je nach Ausstrahlungswinkel werden die Lampen als **Engstrahler (Spot)** oder **Breitstrahler (Flood)** bezeichnet.

Besonders zu erwähnen sind hierbei die **Typen mit Kaltlicht-Reflektoren (cool beam)**. Sie reduzieren die Wärmestrahlung in Lichtausbreitungsrichtung um bis zu 70 %.

Die typischen Halogen-Reflektorglühlampen für 12 V Kleinspannung und 51 mm Reflektordurchmesser sind mit sehr unterschiedlichen Ausstrahlungswinkeln verfügbar. Auswahl einiger Daten siehe Bilder 20-14, 20-15.

Mittlere Lebensdauer: Typisch 2000 Stunden, Lampen zum Betrieb an Kleinspannung auch 3000 Stunden. Die Lebensdauer ist spannungsabhängig: Sie verdoppelt

Ausstrah-lungs-winkel	Bezeich-nung	Leistungsaufnahme		
		20 W	35 W	50 W
		Max. Lichtstärke in cd		
8°	Spot	12000	17000	20000
10°		5000/5500	9500/11000	12500/15000
12°		3400	7400	10000
24°	Flood	–/2000	–3100/4100	–4400/5300
36°		780/1000	1500/2200	2200/2850
60°		350/450	700/1050	1100/1430

20-14 Daten für Halogen-Reflektorglühlampen (12 V)
Lichtstärken in Standard-Technik/IRC-Technik

(halbiert) sich, wenn die Versorgungsspannung 5 % unter (über) der Betriebsspannung liegt. Entsprechend führt Dimmung zu einer Verlängerung der Lebensdauer. Wichtig fürs Energiesparen: Die Lebensdauer hängt nicht von der Schalthäufigkeit ab.

Anwendungsbereich: Repräsentative, dekorative und akzentuierte Beleuchtung.

Anwendungshinweise: Halogenglühlampen für 230 V können – wie gewöhnliche Glühlampen – mit „Dimmer" betrieben werden. Transformatoren für Kleinspannungslampen erfordern in der Regel spezielle „Dimmer". Bei Ersatzbestückungen dürfen keine leistungsstärkeren Lampen verwendet werden als vorgegeben. Da bei Kleinspannung üblicherweise hohe Ströme fließen, sind besondere Sicherheitsanforderungen zu beachten (Abschnitt 3.2.3).

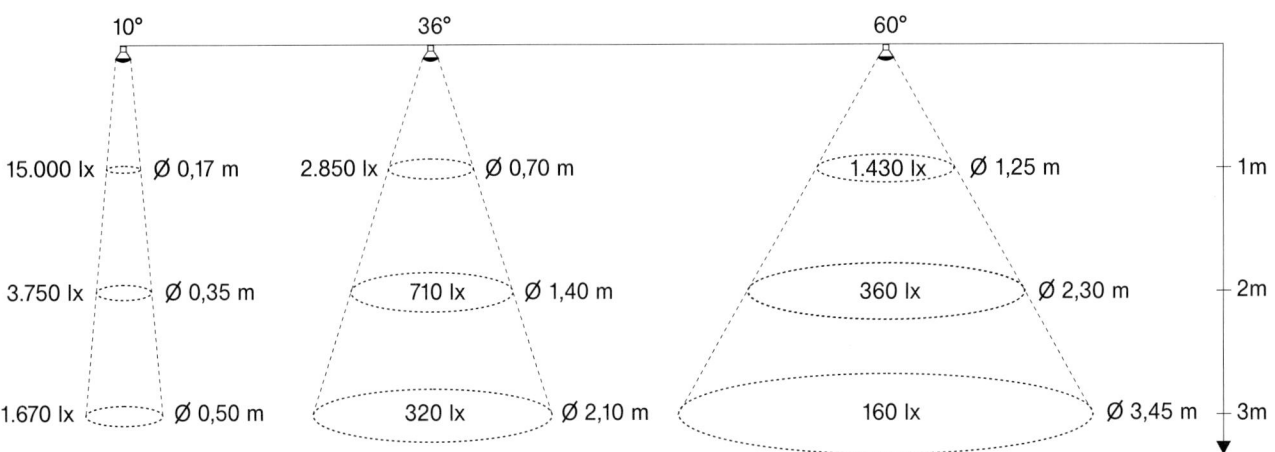

20-15 Vereinfachte Angabe der Beleuchtungsstärke von IRC-Halogen-Reflektorglühlampen für unterschiedliche Abstände und Ausstrahlungswinkel. Am Rand der angegebenen Kreisfläche beträgt die Beleuchtungsstärke nur noch die Hälfte des Maximalwertes. Zahlenwerte gelten für 50 W/12 V Lampen Ø 51 mm.

3.1.3 Leuchtstofflampen

Leuchtstofflampen sind besonders energieeffiziente und – richtig genutzt – wirtschaftliche Lichtquellen. Entsprechend ihrer Bauform wird zwischen stabförmigen Leuchtstofflampen und Kompaktleuchtstofflampen unterschieden [4].

Funktionsweise: Leuchtstofflampen bestehen aus einem geschlossenen und unter geringem Druck mit Edelgas gefüllten Glasrohr, an dessen Enden jeweils eine heizbare Elektrodenwendel eingebaut ist. Das Gas enthält wenige Milligramm Quecksilber und wird über die Elektroden mit einem Spannungsimpuls des Vorschaltgeräts ionisiert. Es entsteht ein kontinuierlicher Stromfluss durch das Gas, der durch das Vorschaltgerät auf einen definierten Wert begrenzt wird. Die dabei einsetzende Gasentladung erzeugt überwiegend unsichtbare UV-Strahlung, die durch auf die Innenseite des Glasrohres aufgebrachte fluoreszierende Leuchtstoffe (Phosphore) in sichtbares Licht umgewandelt wird. Durch Wahl der Leuchtstoffe können die Lichtfarbe, die Farbwiedergabeeigenschaften und die Lichtausbeute verändert werden.

Lichttechnische Daten: Hohe Lichtausbeute bis 100 lm/W, abhängig von der Art des Vorschaltgeräts; Lichtfarbe und Farbwiedergabeeigenschaften in weitem Bereich durch unterschiedliche Leuchtstoffe wählbar; geringe Spannungsabhängigkeit des abgegebenen Lichtstroms.

Elektrotechnische Daten: Zum Betrieb ist ein Vorschaltgerät erforderlich. Bei Leuchtstofflampen mit 26 mm Durchmesser können noch verlustarme Vorschaltgeräte (VVG) mit Glimmzünder eingesetzt werden. Alle anderen Leuchtstofflampen werden zumeist an elektronischen Vorschaltgeräten (EVG) betrieben. Elektronische Vorschaltgeräte sind besonders energiesparend und zeichnen sich u. a. durch folgende Anwendungseigenschaften aus: flimmerfreies Licht, geräuschloser Betrieb, automatisches Abschalten defekter Lampen, keine zusätzliche Startvorrichtung (Glimmzünder) erforderlich. Spezielle EVG bieten eine einfache Möglichkeit der Lichtstromregulierung (Dimmen) zwischen 1 % und 100 %. Im Fall der Leuchtstofflampe führt die Dimmung nicht zur Verlängerung der Lebensdauer. Der Betrieb im stark gedimmten Zustand (<50 %) über einen längeren Zeitraum kann die Lebensdauer sogar reduzieren. Neue Lampen sollten zunächst 100 Stunden bei Volllast (100 %) betrieben werden, wenn ihr Einsatz in einer dimmbaren Beleuchtungsanlage vorgesehen ist [4].

Lebensdauer: Stabförmige Leuchtstofflampen ca. 16 000 Stunden bis zu 24 000 Stunden (Betrieb an Warmstart EVG); Kompaktleuchtstofflampen ca. 8 000 Stunden bis zu 20 000 Stunden.

Jeder Schaltvorgang reduziert die Lampenlebensdauer. Ob Energiesparen durch Ausschalten von Leuchtstofflampen wirtschaftlich vorteilhaft ist, hängt im Einzelfall vom Lampentyp und von den Lampen- und Energiekosten ab. Eine Ausschaltzeit unter 5 Minuten ist nicht sinnvoll. EVG mit optimiertem Startvorgang (Warmstart) schonen die beim Startvorgang besonders belasteten Elektroden und wirken so dem Lebensdauerverlust entgegen.

Bauformen: Stabförmige Leuchtstofflampen bzw. Kompaktleuchtstofflampen sind in sehr unterschiedlichen Längen, Bauformen und Leistungsstufen verfügbar. Auswahl einiger Daten siehe *Bild 20-16*.

Anwendungsbereich: Jegliche Art der Allgemeinbeleuchtung in Arbeitsräumen, aber auch in Wohnräumen als Grundbeleuchtung oder indirekte Beleuchtung.

Anwendungshinweise: Kompaktleuchtstofflampen mit Stecksockel bieten durch ihre Bauform gestalterische Vorteile, energetisch und wirtschaftlich betrachtet sind sie den stabförmigen Leuchtstofflampen jedoch unterlegen. Der Rohrdurchmesser stabförmiger Leuchtstofflampen beträgt im Bereich der Innenraumbeleuchtung üblicherweise 16 mm. Bei Umgebungstemperaturen unter 10 °C zeigen diese Lampen aber einen ausgeprägten Lichtstromrückgang. Lampen mit 26 mm Rohrdurchmesser sind für niedrige Temperaturen etwas besser geeig-

Lampe	Lampenleistung (W)	Systemleistung in Watt EVG/VVG	Länge (mm)	Farbwiedergabe gut R_a >80		Farbwiedergabe sehr gut R_a >90	
				Lichtstrom in lm tageslichtweiß	Lichtstrom in lm warmweiß/neutral	Lichtstrom in lm tageslichtweiß	Lichtstrom in lm warmweiß/neutral
Leuchtstofflampe Stabform 16 mm	14	16	549	1100	1200		
	21	23,5	849	1750	1900		
	28	30,5	1149	2400	2600		
	35	38	1449	3500	3300		
	24	27	549	1600	1750	1400	1400
	39	42	849	2850	3100		
	49	54	1449	4100	4310	3450	3500
	54	61	1149	4100	4450	3800	3800
	80	85	1449	5700	6150		
Leuchtstofflampe Stabform 26 mm	18	19/24	590	1300	1350	1150	1200
	36	35/42	1200	3350	3350	2850	2900
	58	55/65	1500	5000	5200	4450	4600
Kompaktleuchtstofflampe Typ S für elektronische Vorschaltgeräte	7	9	124		400		
	9	12	150		600		
	11	14	220		900		
Kompaktleuchtstofflampe Typ D für elektronische Vorschaltgeräte	10	12	103		600		
	13	15	138		900		
	18	20	153	1140	1200		
	26	28	172	1710	1800		
Kompaktleuchtstofflampe Typ T für elektronische Vorschaltgeräte	13	15	106		900		
	18	20	116		1200		
	26	29	126		1800		
	32	35	142		2400		
	42	46	163		3200		
Kompaktleuchtstofflampe Typ L	18	19/24	217		1200		950
	24	26/30	320		1800		1500
	36	28/43	415	2750	2900		2350
	55	61/–	535	4550	4800		4000
	80	87	565	6500			

20-16 Leuchtstofflampen, Auswahl einiger Daten; Energieeffizienzklassen für alle aufgeführten Lampen: A oder B

net. Werden Leuchtstofflampen häufiger bei niedrigen Temperaturen betrieben (z. B. in ungeheizten Kellern oder Gartenhäusern), sind spezielle temperaturkonstante Leuchtstofflampen zu bevorzugen oder Thermo-Schutzrohre zu verwenden. Entsprechendes gilt auch für Kompaktleuchtstofflampen.

Beim Einsatz in Fluren, Treppenhäusern oder anderen Räumen, in denen die Beleuchtung häufig ein- und ausgeschaltet wird, sollten ausschließlich EVG mit Warmstart eingesetzt werden.

3.1.4 Kompaktleuchtstofflampen mit integriertem Vorschaltgerät und Schraubsockel (Energiesparlampen)

Kompaktleuchtstofflampen mit integriertem Vorschaltgerät und Schraubsockel wurden als energiesparender Ersatz für Glühlampen entwickelt und werden daher oft als „Energiesparlampen" bezeichnet. Bei vergleichbarem Lichtstrom benötigen sie nur etwa ¼ der Glühlampenleistung. Die höheren Anschaffungskosten können durch die reduzierten Energiekosten und eine längere Lampenlebensdauer ausgeglichen werden [5].

Funktionsweise: Das Funktionsprinzip der Kompaktleuchtstofflampen ist das Gleiche wie bei den stabförmigen Leuchtstofflampen.

Lichttechnische Daten: Lichtausbeute 40 bis 65 lm/W; Lichtfarbe extra warmweiß; bedingt gute Farbwiedergabeeigenschaften. Die Temperaturabhängigkeit des Lichtstroms ist vergleichbar mit Kompaktleuchtstofflampen.

Elektrotechnische Daten: Die Anschlussleistungen liegen – mit geringfügigen Ausnahmen – unter 25 W und entsprechen dem auf der Lampe angegebenen Wert. Die Lampen enthalten üblicherweise eine elektronische Schaltung als Vorschalt- und Zündgerät. Häufig können Kompaktleuchtstofflampen mit integriertem Vorschaltgerät nicht gedimmt werden.

Bauformen: Kompaktleuchtstofflampen mit E14- oder E27-Schraubsockel sind in sehr unterschiedlichen Bauformen und Leistungsstufen verfügbar. Ring- oder kugelförmige Lampen können beleuchtungstechnische bzw. gestalterische Vorteile bieten. Auswahl einiger Daten siehe *Bild* 20-17.

Mittlere Lebensdauer: Etwa 8000 Stunden. Für den Einsatz in Treppenhäusern eignen sich jedoch ausschließlich entsprechend gekennzeichnete Typen mit hoher Schaltfestigkeit und stark erhöhter Lebensdauer. Die Spannungsabhängigkeit der Lebensdauer ist gering.

Anwendungsbereich: Jegliche Art der Allgemeinbeleuchtung, in Arbeitsräumen, eingeschränkt auch in Wohnräumen (nicht oder nur eingeschränkt dimmbar!).

Anwendungshinweise: Zum erfolgreichen Einsatz müssen die besonderen, z. T. von der Glühlampe abweichenden Eigenschaften bekannt sein. Empfehlenswert ist das Testen verschiedener Lampen.

Lampen Nennleistung in Watt	Lichtstrom in Lumen	Lichtausbeute in lm/W
7	430	61,4
11	600	54,5
15	890	59,3
17	950	55,9
20	1220	61,0
23	1400	60,9
27	1820	67,2
30	1910	63,7
33	2250	68,2

20-17 Daten für Kompaktleuchtstofflampen mit integriertem elektronischen Vorschaltgerät und E27-Schraubsockel, Energieeffizienzklasse A. Länge und Durchmesser variieren je nach Hersteller.

Aufgrund von Größen- und Gewichtsunterschieden passt nicht jede Lampe in jede Leuchte; damit verbunden kann die direkte Sicht auf das Leuchtmittel aufgrund unvollständiger Abschirmung zu störender Blendung führen.

Die Lichtstärkeverteilung ist anders als bei der Glühlampe, sodass sich in wichtigen Raumbereichen eventuell eine geringere Beleuchtungsstärke ergibt. Als Ersatz für weitgehend frei strahlende klare Glühlampen, z. B. in Kronleuchtern, ist die Kompaktleuchtstofflampe aus gestalterischen Gründen ungeeignet.

Die Farbwiedergabeeigenschaften sind – trotz ähnlicher Lichtfarbe – weniger gut als die der Glühlampe.

3.1.5 LED

Licht **e**mittierende **D**ioden, sog. LED, sind seit gut 50 Jahren als farbige Anzeige- und Signallampen von Haushaltsgeräten, Radios und Fernsehern vertraut. Seit gut 10 Jahren haben sie auch als Quellen für weißes Licht Ihren Einzug in die Beleuchtungstechnik angetreten. Hier eröffnen sie aufgrund ihres sehr kleinen und sehr hellen Lichtpunktes neue Möglichkeiten in der Gestaltung von Licht und Leuchten. Ständige Verbesserungen der Effizienz, Farbwiedergabe und die fast unbegrenzte Farbwahl ließen die LED zur „Lichtquelle der Zukunft" avancieren.

Funktionsweise: Die LED besteht aus einem Halbleiterkristall mit zwei unterschiedlich leitenden Bereichen. Legt man zwischen dem n-leitenden Bereich mit Elektronen-Überschuss und dem p-leitenden Bereich mit Elektronen-Mangel eine Gleichspannung an, so kommt es an der Trennschicht zwischen den beiden Bereichen zu einem Ausgleich. Bei diesem Rekombinationsprozess wird elektromagnetische Strahlung im sichtbaren Bereich erzeugt. Diese Strahlung wird nur in einem schmalen Wellenlängenbereich abgegeben; dies bedeutet, dass die LED Licht in einer intensiven, stark gesättigten Farbe abgibt. Hierbei bestimmt das eingesetzte Halbleitermaterial den Farbton: rot, grün, blau, gelb oder orange. Alle anderen Farben, auch weiß, lassen sich durch die Kombination mehrerer LED erzeugen. Die unterschiedlichen Weißtöne können aus RGB (Rot, Grün, Blau) oder RGBY (Rot, Grün, Blau, Gelb) erzeugt werden. Da jedoch die einzelnen LED-Typen während ihrer Lebensdauer einen unterschiedlichen Rückgang ihrer Lichtausbeute aufweisen, bleibt der einmal eingestellte Farbton nicht stabil und muss unter Umständen aufwendig nachgeregelt werden. Zur Erzeugung von weißem Licht mit LED hat sich daher ein anderes Verfahren, die Konversionsmethode, etabliert. Ähnlich wie bei der Leuchtstofflampe wird hier ein Teil des Lichtes einer blauen LED mit einem Leuchtstoff in breitbandiges gelbrötliches Licht umgewandelt. Zusammen mit der restlichen blauen Ausgangsstrahlung ergibt sich weißes Licht, *Bild 20-18*. Je mehr blaue Ausgangsstrahlung mit dem Leuchtstoff umgewandelt wird, umso rötlicher ist der Weißton und umso geringer kann die Lichtausbeute ausfallen.

Der LED-Halbleiterkristall ist aufgrund seiner geringen Größe nur in der Lage, eine sehr kleine elektrische Leistung aufzunehmen. Begrenzend wirkt hierbei u. a. die

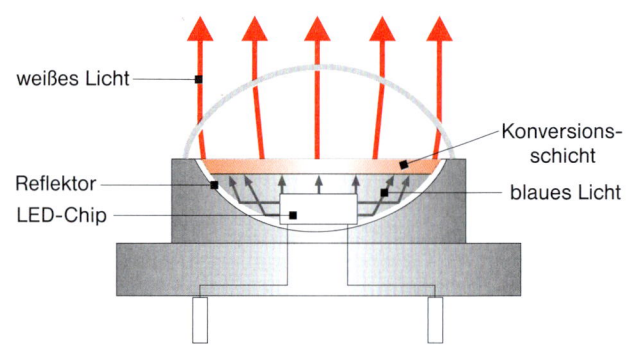

20-18 LED-Modul mit blauer LED und Konversionsschicht für weißes Licht.
Die gelbe Konversionsschicht kann direkt auf der LED aufgetragen sein oder mit Abstand über ihr verlaufen. Es gibt LED-Module mit einem und mehreren LED (multichips).
Manche LED-Module besitzen, wie hier dargestellt, als Schutz eine optisch wirksame klare Abdeckung.

Wärme. Da mit steigender Temperatur an der Sperrschicht sowohl die Lichtausbeute wie auch die Lebensdauer sinken, ist gerade bei LED im oberen Leistungssegment eine sehr schnelle Ableitung der Wärme wichtig. Obwohl der Licht abstrahlende Halbleiterkristall sehr klein ist, braucht die LED für die Wärmeableitung einen relativ großen Kühlkörper, der zu einer manchmal überraschend großen Bauform führt.

Lichttechnische Daten: Die Lichtausbeute ist eines der ständigen Optimierungsziele. Bei Drucklegung sind Werte zwischen 60 und 90 lm/W im Betriebszustand typisch. Es ist zu erwarten, dass sich die Lichtausbeute in absehbarer Zeit merklich über 100 lm/W steigern lässt und damit die der Leuchtstofflampe hinter sich lässt.

Die LED ist das einzige Leuchtmittel, dass aufgrund seiner Technik das Licht nicht in alle Richtungen abstrahlt, sondern nur in einen Halbraum. Dies kann bei einseitig abstrahlenden Leuchten, wie z. B. Strahlern zu weiteren Einsparungen führen, da es kein in den hinteren Halbraum abgestrahltes Licht gibt, welches durch eine Reflektor mit Verlusten umgelenkt werden muss.

Elektrotechnische Daten: Für den Betrieb von LED ist eine Gleichstromversorgung über Konverter nötig. Diese sind in der Regel auf die zugehörige LED-Leuchte oder das LED-Modul-System abgestimmt. Prinzipiell wird zwischen Konstantstrom- und Konstantspannungs-Versorgung unterschieden.

Glühlampen-Ersatz-Lampen auf LED-Basis (Retrofits) und LED-Leuchten verfügen in der Regel bereits über einen integrierten Konverter, sodass der Netzbetrieb möglich ist.

Viele LED lassen sich dimmen. Hierfür sind allerdings spezielle, auf das jeweilige System abgestimmte Steuermodule nötig.

Bauformen: Die Entwicklung der LED als Quelle weißen Lichtes ist noch relativ jung und führte in den vergangenen Jahren zu einem sehr großen und ständig wechselnden Angebot an Bauformen sowohl im Bereich Retrofit wie auch bei den in Leuchten verbauten LED-Modulen. Typische Bauformen, die von mehreren Herstellern angeboten werden, haben sich bislang noch nicht etablieren können. *Bild 20-41* zeigt einige bei der Drucklegung beispielhafte LED-Retrofits

Anwendungsbereich: Aufgrund ihres kleinen Lichtpunktes lässt sich die LED leicht mit effektiven Linsen und Reflektoren versehen und so sehr gut in der Akzentbeleuchtung für Bilder, Skulpturen und Vitrinen einsetzen. Unter dem Aspekt der energieeffizienten Beleuchtung ist die LED inzwischen auch beim Einsatz in der Allgemeinbeleuchtung von Arbeits- und Wohnräumen der Leuchtstofflampentechnik überlegen oder zumindest gleichwertig. Allerdings sprechen zurzeit noch die merklich höheren Anschaffungskosten gegen eine komplette Ausführung der Wohnungsbeleuchtung mit LED.

In allen Fällen ist auf die Lichtfarbe und die Farbwiedergabe zu achten. Fehlen auf der Lampe bzw. auf der Verpackung die Angaben für Lichtfarbe und Farbwiedergabe (Farbwiedergabeindex $R_a \geq 80$ im Wohnbereich), sollte besser ein anderes Produkt gewählt werden.

3.2 Leuchten

In der Regel können die Licht erzeugenden Lampen nur mit einer Leuchte angewendet werden. Diese hat zunächst die Aufgabe, das Lampenlicht wirksam zu lenken und die Blendung zu begrenzen. Weiterhin nimmt die Leuchte die erforderlichen Schalt- und Verbindungselemente sowie Vorschaltgeräte auf und sie schützt die Lampe vor Beschädigung, vor Staub und vor Feuchtigkeit. Die äußere Form wird durch den Platzbedarf von Lampe, Vorschaltgerät und Reflektoren, Blendschutz und ggf. Wärmeleitern vorbestimmt. Im Rahmen der technischen Vorgaben kommen der Form und den eingesetzten Materialien immer auch gestalterische Funktionen zu, die bei der Auswahl zu beachten sind.

3.2.1 Lichttechnische Kennzeichnung von Leuchten

Die **Lichtstärkeverteilungskurve** (LVK) einer Leuchte beschreibt sehr anschaulich die Verteilung des Lichts im Raum. Fünf typische Kurven sind mit ihren Wirkungen im Raum dargestellt, *Bild 20-19*. Grundsätzlich wird hierbei zwischen direkter und indirekter Beleuchtung unterschieden. Eine direkt strahlende Leuchte gibt ihren Lichtstrom in den unteren Halbraum ab, ihr Licht strahlt also direkt in die Richtung einer unterhalb der Leuchte angenommenen horizontalen Fläche. Wird der Lichtstrom teilweise oder ganz in den oberen Halbraum abgestrahlt, so kann diese Fläche nur indirekt, d. h. nach einer oder mehreren Reflexionen an Wand oder Decke beleuchtet werden.

Von dem Lichtstrom, den eine Lampe erzeugt, verlässt nur ein Teil die Leuchte; der Rest wird absorbiert. Außerdem kann sich bei Leuchtstofflampen und LED durch Temperaturänderung in der Leuchte auch der Lichtstrom ändern. Die Effizienz einer Leuchte wird durch den **Leuchtenbetriebswirkungsgrad** η_{LB} beschrieben. Er beträgt typischerweise 60 bis 90 %.

3.2.2 Sicherheitstechnische Kennzeichen an Leuchten

Leuchten mit dem VDE- oder -Zeichen sind von einem anerkannten Zertifizierungsinstitut gemäß den gültigen Normen (z. B. DIN EN 60 596, VDE 0711) geprüft worden. Zudem gilt für Leuchten auch das Gesetz für technische Arbeitsmittel, genannt Gerätesicherheitsgesetz. Daher ist auf geprüften Leuchten auch das -Zeichen zu finden. Wichtig: Zeichen allein auf dem Stecker beziehen sich nicht auf das ganze Gerät.

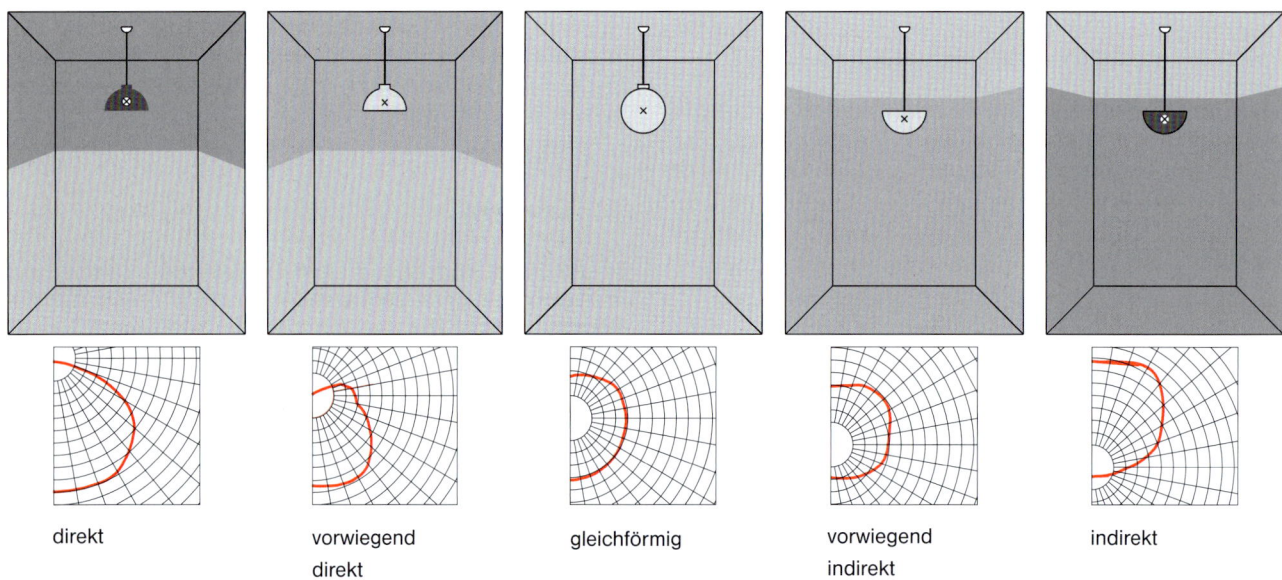

20-19 *Beispiele typischer Lichtstärkeverteilungen und ihre Wirkung im Raum*

Seit dem 1. 1. 1997 müssen Leuchten ein CE-Zeichen tragen, mit dem der Hersteller eigenverantwortlich dokumentiert, dass das Produkt bestimmten EU-Richtlinien unterliegt und diese erfüllt.

Mit F gekennzeichnete Leuchten sind zur direkten Befestigung auf nichtbrennbaren, schwer oder normal entflammbaren Baustoffen nach DIN 4102 Teil 1 geeignet.

Mit dem Zeichen M oder M/M versehene Produkte sind speziell für die Montage an Einrichtungsgegenständen (z. B. Möbel) vorgesehen. Die Ein- und Ausbauhinweise des Herstellers sind zu beachten.

Das Zeichen M erlaubt die Befestigung auf nichtbrennbaren, schwer oder normal entflammbaren Materialien; ausgenommen sind Leuchten mit Glühlampen.

Das Zeichen M/M erlaubt die Befestigung auf nichtbrennbaren, schwer oder normal entflammbaren Materialien und auf Materialien mit unbekannten Entflammungseigenschaften.

Nichtbrennbare Stoffe sind z. B. Metalle; schwer oder normal entflammbare Stoffe sind z. B. Holz oder Holzwerkstoffe, auch wenn sie lackiert, beschichtet oder furniert sind.

Das Zeichen gibt den Mindestabstand zu angestrahlten Flächen an.

Das Zeichen warnt vor dem Verwenden von Kaltlicht-Reflektorlampen (cool beam).

Zeichen für Schutzklasse: ⊕ Schutzklasse I, □ Schutzklasse II, ⟨III⟩ Schutzklasse III.

Zeichen für Schutzarten siehe Kapitel 12.

In bestimmten Halogenglühlampen tritt während des Betriebs ein vergleichsweise hoher Druck auf und es kann – wenngleich äußerst unwahrscheinlich – zum Platzen einer Lampe kommen. Um die Sicherheit zu gewährleisten, werden in diesem speziellen Fall gemeinsame Anforderungen an die Kombination aus Lampe und Leuchte gestellt.

Mit diesem Piktogramm gekennzeichnete Lampen sind für den Betrieb in offenen oder geschlossenen Leuchten zugelassen.

Die Sicherheit von Beleuchtungseinrichtungen betreffend sei besonders auf die Richtlinien VdS Schadenverhütung hingewiesen [6].

3.2.3 Leuchten für Kleinspannung

Leuchten oder Leuchtensysteme für Halogenglühlampen erfreuen sich zunehmender Beliebtheit und werden in vielfältiger Art angeboten. Halogenglühlampen mit geringer Netzspannung, die physikalisch bedingt kurze Glühwendeln besitzen, können in besonders kompakter Bauform hergestellt werden und bieten interessante Gestaltungsmöglichkeiten.

Aufgrund der geringen Versorgungsspannung (üblich sind 12 V Wechselspannung) wird oft irrtümlicherweise angenommen, der Selbstbau von Leuchten bzw. das Errichten von Anlagen durch Laien sei unproblematisch und zulässig. Vielmehr sind aber fundierte Fachkenntnisse erforderlich, um z. B. die Forderungen zum Schutz gegen elektrischen Schlag, zum Brandschutz und zum Schutz von Kabeln und Leitungen bei Überstrom zu erfüllen [7]. Ausführliche beleuchtungs- und sicherheitstechnische Erläuterungen zu diesem aktuellen Thema finden sich in [8].

Wichtig: Elektrotechnische Laien sollten nur Leuchten in Betrieb nehmen, die nach den Regeln der Technik hergestellt wurden und die über eine normgerechte Steckvorrichtung mit der vorhandenen Elektroinstallation verbunden werden. Individuelle Beleuchtungsanlagen dürfen nur von Elektrofachkräften eines bei einem Energieversorgungsunternehmen eingetragenen Elektrobetriebs unter Beachtung der DIN-VDE-Bestimmungen errichtet werden.

Zum besseren Verständnis soll auf folgende Besonderheiten hingewiesen werden:

Bei 12 V Versorgungsspannung fließt – eine bestimmte Lampenleistung vorausgesetzt – ein etwa 20-mal so großer Strom durch die Leitungen wie beim Betrieb mit 230 V. Die Leiterquerschnitte müssen daher deutlich größer dimensioniert, die Verbindungstechniken geeignet gewählt und ggf. Einrichtungen zum Überstromschutz in den Kleinspannungsleitern vorgesehen werden.

Vielfach werden direkt berührbare, metallisch blanke Leiter in das Leuchtendesign einbezogen, was zulässig und für den Menschen gefahrlos ist, sofern der Betrieb mit sog. Schutzkleinspannung erfolgt. Zu den Bedingungen für die Schutzkleinspannung gehört aber nicht allein „geringe Spannung". Um einen wirksamen Schutz gegen einen elektrischen Schlag zu erreichen, muss die Schutzkleinspannung auch auf bestimmte Art und Weise aus der öffentlichen Versorgung erzeugt werden. So dürfen nur geeignete Sicherheitstransformatoren bzw. elektronische Konverter eingesetzt werden, und die Schutzkleinspannung führenden Leiter müssen sicher von der öffentlichen Versorgung (auch dem Schutzleiter) getrennt sein.

Wenn nicht mindestens ein aktiver Kleinspannung führender Leiter isoliert ist, sind ggf. spezielle lastabhängige Schutzeinrichtungen gegen brandgefährliche Leiterschlüsse erforderlich.

In Räumen mit Badewanne oder Dusche gelten besondere Bedingungen. In der Norm [9] wird u. a. der zulässige Raumbereich beschrieben, in dem Stromquellen für Schutzkleinspannung angeordnet werden dürfen.

Das nachträgliche Erhöhen der angeschlossenen Lampenleistung ist nur dann möglich, wenn ein Überlasten der Stromquelle und der Leitungen ausgeschlossen ist. Zur Beurteilung sollte eine Elektrofachkraft hinzugezogen werden.

4 Raumgestaltung und Tageslichtnutzung

4.1 Beschaffenheit der Raumflächen

Um die in Abschnitt 2.1 geforderte zweckmäßige Helligkeitsverteilung im Raum zu erreichen, sind die lichttechnischen Stoffkennzahlen der beleuchteten Flächen von praktischer Bedeutung, da sie das Reflexionsverhalten der Oberflächen im Raum beschreiben. Je nach Beschaffenheit der Oberflächen kann das auftreffende Licht gerichtet, gestreut oder gemischt reflektiert werden, *Bild 20-20*.

Die gerichtete, spiegelnde Reflexion an den Flächen der Innenräume kann in manchen Fällen unerwünscht sein, Abschnitt 2.2 „Reflexblendung". Bei der vollkommen gestreuten Reflexion ist der vom Auge wahrgenommene Helligkeitseindruck nur von der Beleuchtungsstärke und dem Reflexionsgrad abhängig. Dies gilt näherungsweise auch für die in der Praxis häufig auftretende gemischte Reflexion. Beispiele für den Reflexionsgrad einiger Baustoffe und Anstriche sind in *Bild 20-21* zusammengestellt.

Helle Wände bzw. Decken mit Reflexionsgraden über 0,5 bzw. 0,7 tragen erheblich zur Aufhellung des Raumes bei und verbessern die Gleichmäßigkeit der Beleuchtung. Im Zusammenhang mit Tageslicht hat der Reflexionsgrad des Fußbodens, besonders bei großen Räumen, entscheidenden Einfluss auf die Raumhelligkeit.

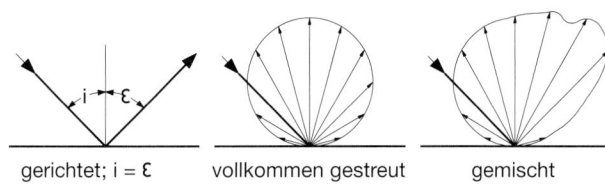

20-20 Reflexion an ideal spiegelnden, völlig matten und gemischt reflektierenden Oberflächen

weiß, lichtcreme	70–80 %
hellgelb	55–65 %
hellgrün, rosa	45–50 %
himmelblau, hellgrau	40–45 %
beige, ockergelb, hellbraun, olivgrün	25–35 %
orange, zinnoberrot, mittelgrau	20–25 %
dunkelgrün, dunkelblau, dunkelrot, dunkelgrau	10–15 %
marineblau	5–10 %
schwarz	4 %
Ahorn, Birke	50–60 %
Eiche, hell	30–40 %
Nussbaum	15–20 %
Verputz, Gips	80 %
Kacheln, weiß	60–75 %
Ziegel, gelb	35–40 %
Beton	20–40 %
Ziegel, rot	10–25 %
Email, weiß	65–75 %
Aluminium, matt	55–60 %
Glas, klar	6–10 %

20-21 Reflexionsgrade verschiedener Anstrich- und Textilfarben und von Baumaterialien

4.2 Bedeutung des Tageslichts

Tageslicht beeinflusst direkt den menschlichen Organismus und trägt wesentlich zum psychischen Wohlbefinden bei. Tageslicht ist der beste Taktgeber für die innere Uhr.

Fehlendes Tageslicht über längere Zeit führt zum Gefühl des Eingeschlossenseins und kann eine erhebliche psychische Belastung darstellen. Daher kommt der Forderung nach ausreichendem Tageslicht in Innenräumen sehr hohe Bedeutung zu, s. auch Abschnitt 2.5.

Charakteristisch für das Tageslicht sind die tages- und jahreszeitlich schwankende Beleuchtungsstärke und Lichtfarbe. Damit für die im Innenraum zu erfüllenden Sehaufgaben jederzeit gute Lichtverhältnisse verfügbar sind, ist ein Sonnenschutz gegen störende Blendung durch direkte Sonneneinstrahlung ebenso erforderlich wie die künstliche Beleuchtung.

Tageslicht ist zwar kostenlos verfügbar, es erlaubt jedoch keine kostenlose Beleuchtung von Innenräumen. Mit zunehmender Fensterfläche erhöhen sich die Anschaffungs-, Reinigungs- und Instandhaltungskosten für Fenster und für Sonnenschutzeinrichtungen. Im Allgemeinen steigen auch die Kosten für die Raumheizung, da mit Ausnahme von südorientierten Fenstern die Wärmebilanz in der Regel ungünstiger ist als bei gut gedämmten Außenwänden (*Bild 1-8*). Die Mehrkosten können im Wohnbereich nicht durch Einsparungen bei der künstlichen Beleuchtung ausgeglichen werden.

Da der positive Einfluss des Tageslichts auf das menschliche Wohlbefinden im Vordergrund steht, sollte in Absprache zwischen dem Bauherrn und den Fachleuten ein Entwurf erstellt werden, welcher eine optimale Tageslichtversorgung sicherstellt. Die Norm DIN 5034 Teil 1 [10] enthält dazu allgemeine Anforderungen.

4.3 Eigenschaften des Tageslichts

Der Tageslichtanteil ist für Innenräume ein wichtiges Qualitätsmerkmal. Das Spektrum des Tageslichts enthält alle Farben (Wellenlängen) nahezu gleichmäßig; es besitzt sehr gute Farbwiedergabeeigenschaften, *Bild 20-22*.

Um den beleuchtungstechnischen Nutzen des Tageslichts abschätzen zu können, ist zunächst festzustellen, welche Tageslichtverhältnisse aufgrund astronomischer und meteorologischer Gegebenheiten im Außenbereich zu erwarten sind.

Wie hoch der Anteil des Tageslichts im Innenraum ist, wird durch den sog. **Tageslichtquotienten** angegeben. Er kennzeichnet das Verhältnis der horizontalen Beleuchtungsstärke an einem Punkt im Innenraum zur horizontalen Beleuchtungsstärke im Freien bei vollständig bedecktem Himmel und unverbauter Lage. Direktes Sonnenlicht ist gesondert zu berücksichtigen. Typische Werte des Tageslichtquotienten sind:

1 % gering
2 % mäßig
5 % hoch
10 % sehr hoch

Da es vom Verwendungszweck eines Raums abhängt, ob und wann eine Besonnbarkeit erwünscht oder unerwünscht ist, sollte die Lage des Raums innerhalb des Gebäudes – soweit möglich – geeignet gewählt werden. Bei der Planung ist die Kenntnis des Sonnenstands zu einer bestimmten Tages- und Jahreszeit hilfreich. Der Norm DIN 5034 Teil 2 [11] können entsprechende Angaben entnommen werden, *Bild 20-23*.

Zum Abschätzen der Beleuchtungsstärke im Freien werden die Tagesgänge am kürzesten und längsten Tag des Jahres nach [11] angegeben, *Bild 20-24*.

Die Beleuchtungsstärke beträgt im Juni bei gleichmäßig bedecktem Himmel maximal ca. 20 000 lx. Bei klarem Himmel, d. h. direktem Sonnenlicht, bis zu 90 000 lx. Im Dezember wird dagegen nur etwa ein Viertel davon erreicht.

Erkennbar ist das Tageslichtniveau im Freien zumeist um ein Vielfaches höher als für normale Sehaufgaben erforderlich (Abschnitt 2.1). Somit können auch zunächst gering erscheinende Tageslichtanteile im Innenraum genutzt

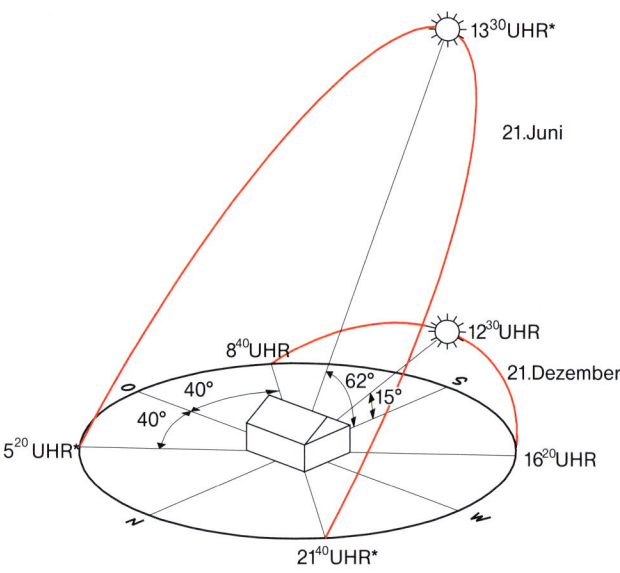

20-23 *Tageszeitabhängiger Sonnenstand am 21. Juni und 21. Dezember (Ort: Essen, MEZ/MESZ: Mitteleuropäische (Sommer-)Zeit)*

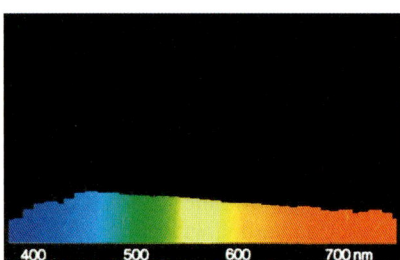

20-22 *Spektrum des Tageslichts mit sehr guten Farbwiedergabeeigenschaften*

werden. Gleichermaßen lässt sich die Zeitspanne, in der ausschließlich mit Tageslicht beleuchtet werden kann, mit zunehmender Fensterfläche deutlich verlängern.

4.4 Mindestfenstergrößen

Um ein angenehmes Helligkeitsniveau im Innenraum durch Tageslicht zu erhalten und eine ausreichende Sichtverbindung nach außen zu gewährleisten, sind bestimmte Mindestfenstergrößen erforderlich. Nach den Landesbauordnungen muss das Rohbaumaß der Fensteröffnungen in der Regel mindestens $1/8$ oder ein $1/10$ der Grundfläche des Raums betragen. In der Norm DIN 5034 Teil 4 [12] werden mittels einer differenzierten Betrachtung Mindestfenstergrößen für unterschiedlich große, einseitig mit Fenstern ausgestattete Wohnräume aufge-

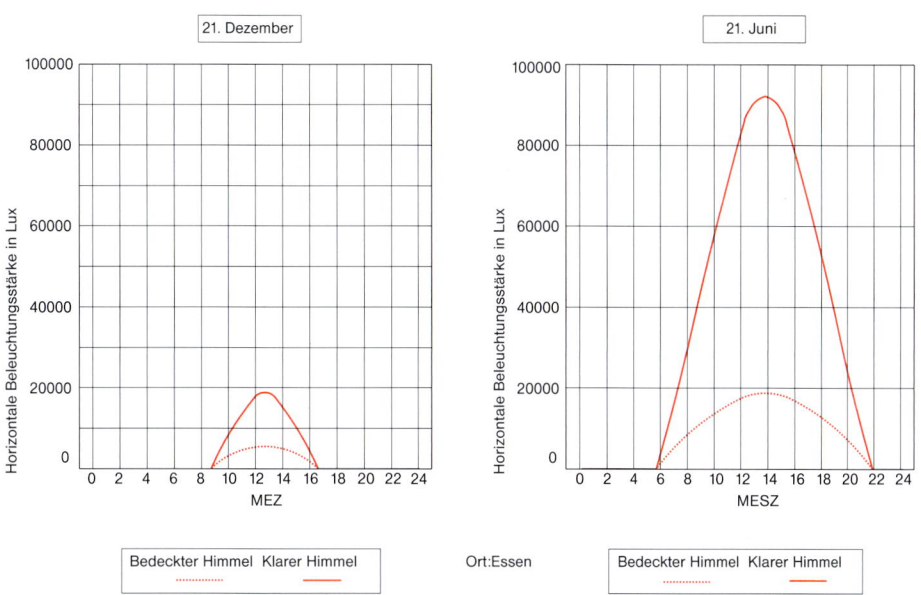

20-24 Tageslichtabhängige Beleuchtungsstärke im Freien bei bedecktem und klarem Himmel am 21. Juni und 21. Dezember (Ort: Essen, MEZ/MESZ: Mitteleuropäische (Sommer-)Zeit)

führt. Die empfohlenen Fenstergrößen sind so berechnet, dass die Anforderungen nach DIN 5034 Teil 1 erfüllt sind. Ausschlaggebend sind zwei Punkte in halber Raumtiefe, die sich in 0,85 m Höhe und jeweils im Abstand von 1 m von den Wänden senkrecht zum Fenster befinden *(Bild 20-25)*. Für die horizontale Beleuchtungsstärke in diese Punkte wird verlangt, dass bei vollständig bedecktem Himmel mindestens der Mittelwert 0,9 % und der Mindestwert 0,75 % von der im Freien vorhandenen Horizontalbeleuchtungsstärke erreicht wird.

Die Norm enthält in Tabellenform Mindestfensterbreiten für Raumtiefen von 3 m bis 8 m und Raumbreiten von 2 m bis 8 m. Eine Begrenzung des Lichteintritts, z. B. durch benachbarte Gebäude, wird durch den sog. Verbauungswinkel (Bezugspunkt Fenstermitte) berücksich-

tigt. Noch nicht vorhandene, aber baurechtlich mögliche Gebäude sollten vorausschauend in die Planung einbezogen werden. Die Brüstungshöhe beträgt 0,85 m, die Oberkante des Fensters liegt 0,30 m unter der Raumhöhe aber mindestens 2,20 m über dem Fußboden. Eine Fensterposition in Wandmitte erhöht die Gleichmäßigkeit der Beleuchtung. Lichtschwächend wird Doppelverglasung mit hellem Flachglas angenommen.

Im Folgenden wird ein Überblick für eine typische Wohnraumsituation bei einer Raumhöhe von 2,50 m und einer Fensterhöhe von 1,35 m gegeben. Die Angaben der relativen Mindestfensterbreite sind vereinfacht dargestellt; die exakten Werte sind der Norm zu entnehmen, *Bild 20-26*.

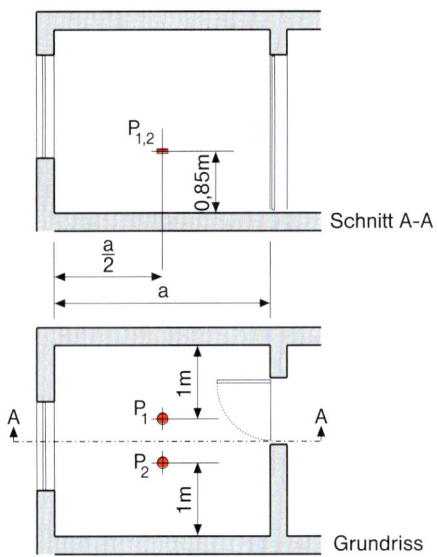

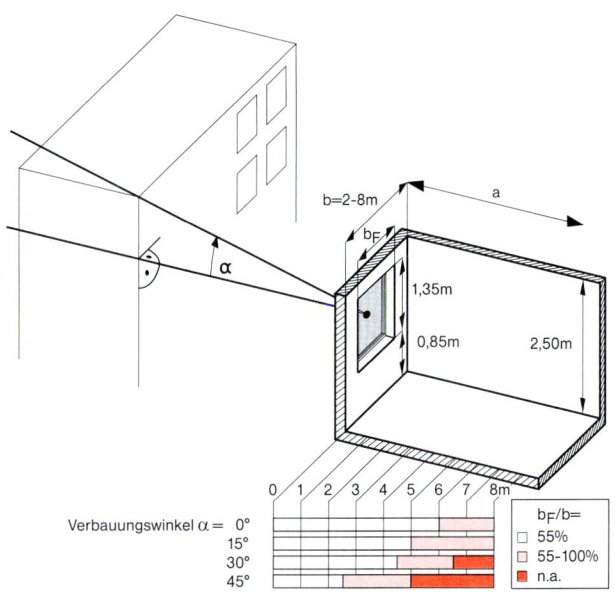

20-25 Lage der Bezugspunkte in DIN 5034 Teil 1

Beispiel 1: Bei 0° Verbauungswinkel ist bis zu einer Raumtiefe von a = 6 m eine relative Fensterbreite von 55 % ausreichend.

Beispiel 2: Bei 30° Verbauungswinkel genügt eine relative Mindestfensterbreite von 55 % nur, wenn der Raum nicht tiefer als 4,5 m ist. Bei Raumtiefen oberhalb von 6,5 m wäre sogar eine Fensterbreite von 100 % nicht mehr ausreichend. Die Mindestfensterbreiten für Raumtiefen zwischen 4,5 m und 6,5 m sind der Norm zu entnehmen.

Um eine angemessene **Sichtverbindung ins Freie** zu gewährleisten, soll der prozentuale Anteil der Fensterbreite an der Raumbreite nicht weniger als 55 % betragen. Dabei wird praxisgerecht angenommen, dass nach Einbau der Fensterrahmen und -flügel einschließlich Versprossung eine durchsichtige Fläche von 70 % verbleibt. Die Maße für Fensterhöhe und -breite beziehen sich auf den Rohbau.

20-26 Beispiel für Mindestfensterbreiten nach DIN 5034 Teil 4. Die prozentuale Mindestfensterbreite für Wohnräume soll im Rohbau nicht weniger als 55 % der Raumbreite betragen. Bei großer Raumtiefe und hohem Verbauungswinkel kann gegebenenfalls sogar eine Fensterbreite von 100 % nicht mehr ausreichend (n. a.) sein.

5 Berechnung der Beleuchtungsstärke

Lichtplaner können auf Berechnungsverfahren zurückgreifen, wenn in einem bestimmten Raumbereich eine vorgegebene Beleuchtungsstärke (Definition siehe Abschnitt 9) eingehalten werden soll. Die Lampen- und Leuchtenhersteller stellen für ihre Produkte die dazu erforderlichen Angaben zur Verfügung. Für die Wohnraumbeleuchtung werden solche Berechnungen in aller Regel nicht durchgeführt; für Zweckbauten, z. B. Bürogebäude, sind sie häufig unumgänglich. Dem professionell tätigen Planer stehen hierfür Rechenprogramme zur Verfügung.

20 Innenraumbeleuchtung — Berechnung der Beleuchtungsstärke

Das nachfolgend vorgestellte Rechenverfahren soll lediglich einen Einblick in die beleuchtungstechnische Planung geben.

5.1 Punktweise Berechnung der Beleuchtungsstärke

Mit der punktweisen Berechnung wird die Beleuchtungsstärke auf einem Punkt im Raum ermittelt. Berücksichtigt wird jedoch nur das direkt auftreffende Licht der Leuchte. Der Anteil des reflektierten Lichts im Raum wird vernachlässigt. Die Rechnung setzt voraus, dass die größte Ausdehnung der Leuchte klein ist gegenüber ihrer Entfernung r zum beleuchteten Punkt P.

Diese Berechnungsart wird bevorzugt für Punktstrahler oder Reflektorleuchten (z. B. Halogenglühlampen mit Reflektor) bei größerem Abstand zur Leuchte angewendet. Mehrere Einzelwerte geben Aufschluss über die Gleichmäßigkeit der Beleuchtungstärke in einem beleuchteten Feld. So lässt sich z. B. der richtige Abstand mehrerer Leuchten voneinander finden, wenn der Abstand zwischen Leuchte und zu beleuchtender Fläche und die Lichtstärkeverteilung (LVK) der Leuchte gegeben sind. Die LVK stellt der Leuchtenhersteller z. B. im Katalog zur Verfügung.

Einer maßstäblichen Zeichnung können die Einfallswinkel des Lichts und Abstände entnommen werden. Die Beleuchtungsstärke E ergibt sich dann aus der Formel

$$E = \frac{I_\varepsilon \cdot \cos \varepsilon}{r^2}$$

Dabei ist I_ε die Lichtstärke der Lichtquelle in Richtung des Raumpunkts P, r bezeichnet den Abstand zwischen Lichtquelle und Raumpunkt und ε ist der Einfallswinkel des Lichts zur Senkrechten der Nutzebene. **Die Gleichung verdeutlicht, dass die Beleuchtungsstärke mit dem Quadrat der Entfernung zur Leuchte abnimmt**. Die prinzipielle Vorgehensweise soll für eine 50-W/60°-Halogen-Reflektorglühlampe beispielhaft erläutert werden, *Bild 20-27*.

Die Beleuchtungsstärke in den Punkten P1, P2 und P3 berechnet sich nach obiger Formel wie folgt:

$E_1 = 1000\ cd/1{,}91\ m^2 \cdot \cos 30° = 237\ lx$ (horizontale Nutzebene)

$E_2 = 830\ cd/1{,}96\ m^2 \cdot \cos 40° = 166\ lx$ (vertikale Nutzebene)

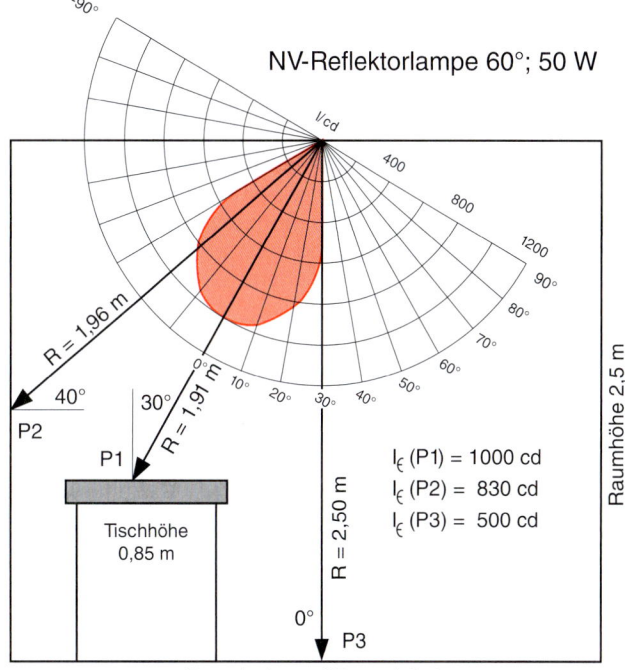

$$E = \frac{I_\varepsilon}{r^2} \cdot \cos \varepsilon$$

$E_1 = 237\ lx$
$E_2 = 166\ lx$
$E_3 = 80\ lx$

20-27 In der Deckenmitte befindet sich eine um 30° geneigte 50-W-Halogen-Reflektorglühlampe. Die Beleuchtungsstärke E wird an drei Raumpunkten auf horizontaler und vertikaler Nutzebene bestimmt.

E3 = 500 cd/2,50 m² · cos 0° = 80 lx (horizontale Nutzebene)

Für die überschlägige Berechnung bieten manche Hersteller von Strahlern auch Diagramme im Katalog/Internet oder Beipackinformationen an, *Bild 20-15*. Mit diesen auch Tannenbaum-Diagramm genannten Rechenhilfen lassen sich für feste Abstände die maximale Beleuchtungsstärke im Zentrum des Öffnungswinkels sowie der Durchmesser der ausgeleuchteten Fläche ablesen. Allerdings gehen diese Angaben immer von der Annahme aus, dass der Strahler senkrecht auf die Fläche ausgerichtet wird, wie dies zum Beispiel bei einem Strahler im Flur der Fall ist, der direkt senkrecht auf den Boden strahlt und dort eine weitgehend kreisrunde Lichtkontur erzeugt. Wenn der Strahler hingegen wie im Beispiel *Bild 20-27* unter einem Winkel auf eine horizontale oder vertikale Fläche fällt, wird die Beleuchtungsstärke geringer als angegeben ausfallen und die Lichtkontur eine ovale Form annehmen.

6 Licht im Wohnbereich

Die Beleuchtung in der Wohnung hat zwei Aufgaben:

- Die ausgewählte Leuchte und das von ihr ausgestrahlte Licht sollen mit ihrer Lichtverteilung und ihren formalen Qualitäten die Gestaltung der Wohnräume unterstützen und zu einer angenehmen Umgebung beitragen.
- Gegenstände, Personen, Bewegungsflächen und Arbeitsgut sollen so beleuchtet werden, dass sie schnell, sicher und deutlich erkannt werden.

Für die einzelnen Zonen der Wohnung haben diese beiden Aufgaben unterschiedliche Bedeutung. Dort wo die gestalterische und atmosphärische Wirkung von Licht und Leuchte im Vordergrund stehen soll, kann sich der individuelle Geschmack frei entfalten. Die Ausstellungen und Anwendungsbeispiele der Leuchtenhersteller und Leuchtenhändler bieten hierfür eine Fülle von interessanten Anregungen (s. auch www.licht.de).

Für die Bereiche, in denen es vor allem auf das sichere und schnelle Erkennen oder die leichte Orientierung ankommt, muss dieses Ziel bei der Beleuchtungsplanung – insbesondere bei der Auswahl von Lampen und Leuchten und deren Positionierung – immer beachtet werden.

Auf diese funktionelle Seite der Wohnungsbeleuchtung soll hier anhand einiger Beispiele eingegangen werden.

6.1 Verkehrswege

Die Eingänge, die Flure und die Treppen sind Quellen vieler Unfälle im Haushalt. Durch gute Beleuchtung können die Gefahren wesentlich verringert werden.

Gefahrenzonen sind durch eine ausreichende, aber auch blendfreie Beleuchtung mit der richtigen Schattenwirkung erkennbar zu machen. Am Eingang eignen sich Leuchten in mehr als 2 m Höhe mit tiefbreit strahlender Lichtverteilung, die im Vordach oder an Wänden angebracht sein können.

Wandleuchten, die in Augenhöhe angebracht sind, sollten immer gut entblendet sein und möglichst keinen direkten Blick auf das Leuchtmittel zulassen, *Bild 20-28*.

Besondere Aufmerksamkeit ist Treppen, z. B. in Treppenhäusern, zum Keller, aber auch im Wohnbereich zu schenken. Die richtige Beleuchtung muss die einzelnen Stufen insbesondere von oben her erkennbar machen, so dass selbst ein flüchtiger Blick ein schnelles und sicheres Orientieren ermöglicht, *Bild 20-29*.

Deshalb ist die Beleuchtung vom oberen Treppenabsatz her richtig, wobei durch kurze Schatten die einzelnen Trittstufen gut zu unterscheiden sind. Lange und scharfe Schlagschatten, wie sie durch einen einzelnen Strahler mit punktförmigen Lichtquellen (z. B. Halogenlampen oder LED) ohne lichtstreuende Abdeckung entstehen, sind zu vermeiden. Gute Ergebnisse liefern über dem Treppenabsatz angebrachte Leuchten mit größerer Aus-

20-28 *Für müheloses Erkennen des Eingangsbereiches braucht man eine blendfreie Grundbeleuchtung. (Quelle: Albert Leuchten)*

dehnung, z. B. Leuchten für Leuchtstofflampen oder LED mit lichtstreuender Abdeckung.

Helle Wände und Decken tragen zur richtigen Wirkung bei. Im Blickfeld des Hinabsteigenden dürfen keine Blendquellen angebracht werden!

Im Eingangsbereich, in Fluren und bei Treppen werden die Lampen häufig ein und ausgeschaltet. Es kann sinnvoll sein, hierfür einen Bewegungsmelder einzusetzen. In jedem Fall muss darauf geachtet werden, dass die eingesetzten Lampen „schaltfest" sind und schnell ihre maximale Helligkeit erreichen. Robuste LED-Lampen erfüllen diese Anforderungen. Bei Kompaktleuchtstofflampen – „Energiesparlampen" – muss darauf geachtet werden, dass eine entsprechende Kennzeichnung auf der Verpackung sie als „Treppenhausgeeignet" ausweist. Standard-Kompaktleuchtstofflampen fallen häufig aufgrund ihrer geringen Schaltfestigkeit frühzeitig aus und brauchen mehrere Minuten, bevor sie 60 % ihres Lichtstroms erreicht haben – sie sind also für die Beleuchtung von Verkehrswegen nicht geeignet.

6.2 Küche

Selbstverständlich müssen die Arbeitsbereiche in der Küche oder in der Küchenzone gleichmäßig und hell beleuchtet sein. Gute Beleuchtung erhöht die Sicherheit beim Umgang mit den Küchengeräten.

Die **zweckmäßigste** Grundbeleuchtung erreicht man z. B. **durch Deckenleuchten**, *Bild 20-30*.

Für die Küche eignen sich die Lichtfarben „Neutralweiß" oder „Warmweiß" mit guter Farbwiedergabe. Die Beleuchtungsstärke sollte 500 lx – im Hauptarbeitsbereich – bzw. 300 lx – im Umfeld – betragen. Das lässt sich beim Einsatz von LED- bzw. Leuchtstofflampen-Leuchten mit etwa 10 bis 15 W Lampenleistung je m^2 Küchenfläche meist gut erreichen. Durch die Grundbeleuchtung sind alle Arbeitsplätze, ebenso das Innere der Wandschränke und auch der Fußboden übersichtlich beleuchtet.

Zusätzlich sollten **Leuchten unter den Oberschränken** und ggf. der Abzugshaube montiert werden. Diese müssen jedoch, um Blendung zu vermeiden, nach vorn abgeschirmt sein. Geeignet hierfür sind Leuchten mit punktförmigen Leuchtmitteln (Halogenlampen oder LED). Sie sollten breitstrahlend sein und eine streuende Abdeckung besitzen. Der Abstand zwischen diesen Leuchten kann ca. 40 cm und die Leistung 10 bis 20 W (Halogen) oder 5 bis 10 W (LED) betragen. In vielen Fällen sind auch in Blickrichtung abgeschirmte Leuchtstofflampen niedriger Leistung mit einem Durchmesser <16 mm unter den Oberschränken gut einsetzbar.

20-29 Ohne Schattenbildung sind manche Treppenstufen nicht zu erkennen

… lange und harte Schlagschatten sind jedoch gefährlich und zu vermeiden

… kurze, weiche Schatten setzen die Treppenstufen gegeneinander ab.

Wenn die Küchenzone Teil eines großen Wohnbereichs ist, sollten sowohl die Deckenleuchte wie auch die an den Oberschrank angebrachten Leuchten über separate Schalter bzw. Dimmer verfügen.

6.3 Schreibtischarbeit

Für Büroarbeiten oder ähnliche Schreib-/Lese-Aufgaben, für Schularbeiten und alle anderen Schreibtischarbeiten ist eine Arbeitsplatzbeleuchtung notwendig. Diese gibt es als Schreibtischleuchten in unterschiedlichen Ausführungen. Zweckmäßig ist es, wenn sie sich in alle Richtungen verstellen lassen. Eine Schreibtischleuchte sollte immer so ausgerichtet sein, dass die Tischfläche in den Arbeitsbereichen (Arbeitspapiere, Tastatur etc.) gleichmäßig gut mit wenigstens 500 lx ausgeleuchtet ist. Bei normaler Arbeitshaltung dürfen keine Reflexbilder auf glänzenden Oberflächen (Bildschirm, Tastatur, Tablet) zu sehen sein. Dies lässt sich meistens durch eine seitliche Anordnung gut vermeiden, *Bild 20-31*.

Die Schreibtischleuchte soll eine tiefbreit strahlende Lichtverteilung haben und das eigentliche Arbeitsfeld gleichmäßig ausleuchten. Die Lampe (z. B. Halogen-Glühlampe 12 V/50 W oder Kompaktleuchtstofflampe 18 bis 26 W oder LED 8 bis 12 W) sollte gegen den direkten Einblick abgeschirmt sein – z. B. durch einen Schirm, eine Blende oder durch eine geeignete Linsenoptik.

Für länger dauernde intensive Tätigkeiten am Schreibtisch sollte dessen Oberfläche matt und weder zu hell noch zu dunkel sein. Mit einem Reflexionsgrad zwischen etwa 30 und 60 % lässt sich ein günstiger Kontrast zwischen dem weißen Papier und der umgebenden Arbeitsfläche erzielen.

Auch die weitere Umgebung sollte nicht zu dunkel oder gar völlig unbeleuchtet sein. Die Adaptationsvorgänge im Auge bei der Arbeit am Bildschirm und beim Umherblicken lassen sich so erleichtern, unnötiger Ermüdung wird vorgebeugt.

20-30 Gute Küchenbeleuchtung setzt sich zusammen aus separater Grundbeleuchtung und Arbeitsflächenbeleuchtung. (Quelle: Brumberg)

20-31 Durch ungünstigen Lichteinfall bleiben Teile der Lektüre im Dunkeln …

… und die Lesbarkeit wird schlechter bei spiegelnden Oberflächen. (Quelle: licht.de)

6.4 Lesen und Arbeiten im Sessel

Von der Beleuchtung ist zu verlangen, dass sie das Lesen und Betrachten leicht und mühelos ermöglicht. Neben der Wahl der richtigen Beleuchtungsstärke (500 bis 750 lx) ist die Richtung des Lichteinfalls hier von besonderer Bedeutung.

Am besten wird die **Lektüre seitlich von hinten beleuchtet**, zum Beispiel durch eine geeignete Stehleuchte rechts oder links hinter dem Sessel. Aber auch Wandleuchten oder Deckenleuchten in der entsprechenden Anordnung leisten gute Dienste.

Es ist auch hier nicht zu empfehlen, das Licht ausschließlich auf das Buch zu konzentrieren und die Umgebung völlig dunkel zu lassen.

Stehleuchten mit lichtstreuendem Schirm sind zwar grundsätzlich für diese Aufgabe gut geeignet, benötigen allerdings eine sehr hohe Lichtleistung.

6.5 Essen

Um dem Essbereich eine intime Atmosphäre zu geben, sollte man ihn nicht zu gleichförmig beleuchten. Wenn der Esstisch einen festen Platz im Raum hat, ist ein konzentriertes Licht auf den Essplatz vorzuziehen. Hierzu gut geeignet sind an der Decke hängende **Pendelleuchten**. Eine gleichmäßige Ausleuchtung der Tischfläche schafft die notwendige Übersicht, *Bild 20-32*.

Die Pendelleuchte – bei großen Tischen können es mehrere sein – sollte über der Tischmitte gerade so niedrig

20-32 Gut entblendete Pendelleuchten geben geeignetes Licht beim Essen und schaffen eine private Gesprächsatmosphäre. (Quelle: licht.de)

angebracht sein, dass sie Gegenübersitzende nicht verdeckt.

Liegt die Leuchtenunterkante etwa 60 cm über dem Tisch, ist im Allgemeinen auch der Einblick in die Lampe abgeschirmt. Damit ist schon gesagt, dass die Leuchte selbstverständlich einen nicht oder nur gering lichtdurchlässigen Schirm haben muss, sodass niemand geblendet wird, *Bild 20-33.*

Das richtige Beleuchtungsniveau wird mit Halogenglühlampen (35 oder 50 W pro Lichtpunkt) oder mit LED-Leuchten (10 bis 15 W pro Lichtpunkt) erzielt. Bei LED-Leuchten ist unbedingt auf eine sehr gute Farbwiedergabe zu achten (Ra ≥90). Bei dunkler Innenseite des Leuchtenschirms und für eine etwas breitere Lichtverteilung sind Reflektorlampen, z. B. Halogen-Kaltlichtspiegellampen mit Ausstrahlwinkel 60° oder 30° geeignet. Die 30°-Variante sollte dann gewählt werden, wenn die Leuchte über ein lichtstreuendes Abschlussglas verfügt. Größere Abmessungen des Essplatzes lassen auch größere mehrlampige Leuchten zu. Häufig ist der Esstisch auch nach dem Essen der Mittelpunkt einer geselligen Runde. In diesem Fall lässt sich die Beleuchtungsstärke mit Hilfe eines Dimmers auf ein angemessenes Niveau reduzieren.

20-33 Kleine Pendelleuchten, die weder blenden noch die Sicht versperren, geben dem gemeinsamen Gespräch ein Zentrum. (Quelle: licht.de)

6.6 Spielen

Kinder brauchen beim Spielen optimale Sehbedingungen und Eltern bzw. Aufsichtspersonen hilft ein guter Überblick, um potenzielle Gefahren rechtzeitig zu entdecken. Ein Spielzimmer sollte daher über eine helle und relativ gleichmäßige Beleuchtung verfügen. Harte Schlagschatten sind ebenso zu vermeiden wie der Einblick in Blendlichtquellen.

Für die Grundbeleuchtung geeignet sind **Deckenleuchten mit lichtstreuender Abdeckung**, die das Lampenlicht gut verteilen. Halogenglühlampen und LED können ebenso als Lampen eingesetzt werden wie warmweiße Leuchtstofflampen mit guter Farbwiedergabe, letztere vornehmlich als indirekte Beleuchtung. Im Kinderzimmer ist die elektrische und mechanische **Sicherheit** sorgfältig zu **beachten**. Die Leuchten sind in dieser Hinsicht besonders kritisch zu überprüfen. **Leuchtstofflampen und Kompaktleuchtstofflampen enthalten Quecksilber. Glasbruch bei diesen Lampen ist grundsätzlich, besonders aber im Kinderzimmer, zu vermeiden.** Wenn es doch passieren sollte:

- zunächst die Kinder aus dem Raum begleiten.
- Türen schließen; Fenster öffnen und mindestens 30 Minuten lüften.
- Nehmen Sie dann die Bruchstücke vorsichtig mit einem angefeuchteten Papiertuch auf – kein Staubsauger!
- Verpacken Sie diese dann luftdicht in eine Plastiktüte oder ein Einmachglas und entsorgen Sie dieses bei der örtlichen Müllsammelstelle.

6.7 Kommunikation

Die Beleuchtung von Sitzgruppe oder Wohnlandschaften sollte der Raumstimmung angepasst und ggf. auch veränderlich sein mittels Schalten und/oder Dimmen der eingesetzten Leuchten.

Die funktionale Hauptforderung ist aber der **ungehinderte Blickkontakt zu allen Gesprächspartnern**, Bild 20-33.

Keine Pendelleuchte darf in der Gesprächsrunde als „Raumteiler" wirken. Die Gesichter dürfen weder als Silhouetten im Dunkeln liegen noch bühnengerecht angestrahlt werden. Gebündeltes Streiflicht mit langen, entstellenden Schlagschatten ist ebenso unangenehm wie ein steriles, flach machendes, völlig diffuses Licht.

Eine gute Mischung aus weicher, diffuser und gerichteter Beleuchtung ist auch bei der Kommunikation die richtige Lösung.

Zum Beispiel ergeben mehrere **Steh- oder Pendelleuchten** mit auf die Einrichtung abgestimmten Entblendmaßnahmen durch Schirme, Gläser o. Ä. die gewünschte Helligkeitsverteilung. Derartige Leuchten sollten auch dann nicht fehlen, wenn die Sitzgruppe vorwiegend durch Downlights von der Decke her beleuchtet wird.

Auch Wand- oder Stehleuchten mit hoher **Indirektbeleuchtung** unterstützen die ausgewogene Hell-Dunkel-Verteilung, Bild 20-33.

Unabgeschirmte Lichtquellen oder andere blendende Effektleuchten im Blickfeld sind zu vermeiden! Spots, insbesondere eng strahlende, sollten nur sparsam eingesetzt werden und sorgfältig so ausgerichtet sein, dass sie ein Objekt oder ein Bild angemessen beleuchten und aus keiner Beobachterposition blenden.

6.8 Schlafzimmer

Zum Zu-Bett-Gehen oder Aufstehen ist eine ausreichende **Orientierungsbeleuchtung** erforderlich. Zum Aufräumen und Reinigen hingegen wird eine helle Grundbeleuchtung gebraucht, die ggf. auch den Inhalt des Kleiderschranks übersichtlich beleuchtet. Schließlich ist die **Lesebeleuchtung** unverzichtbar.

Für die allgemeine Raumbeleuchtung und für die **Beleuchtung des Schrankinhalts** ist der meist vorhandene Deckenauslass in Raummitte gut geeignet. Hierfür ist eine Leuchte angebracht, die das Licht möglichst gleichmäßig in alle Richtungen abstrahlt; eine großflächige Pendel- oder Deckenleuchte erfüllt diese Aufgabe. In Räumen mit abgehängter Decke empfehlen sich auch eine Anordnung von breitstrahlenden Downlights die aber nie unmittelbar oberhalb der Bett-Kopfenden angebracht werden sollten.

Vor der Schrankwand können eine Downlight-Leuchtenreihe mit asymmetrischer Lichtverteilung oder ausrichtbare Strahler sehr nützlich sein.

Eine **Spiegelbeleuchtung** soll keineswegs den Spiegel, sondern die Person davor beleuchten. Neben dem Spiegel angebrachte Wandleuchten mit lichtdurchlässigen Schirmen sind hierfür gut geeignet.

Angenehm, da nicht blendend, ist eine **indirekte Raumbeleuchtung**. Dazu müssen Decke und Wand gut reflektieren.

Zum Lesen sind verstellbare Reflektorleuchten zweckmäßig. Eine solche Leuchte ist so anzubringen, dass ein Einblick in die Lampe nicht möglich ist, *Bild 20-34*.

Um den nächtlichen Schlaf nicht negativ zu beeinflussen, sollte eine separat schaltbare Orientierungsbeleuchtung eingeplant werden (s. Abschnitt 2.5). Hierzu eignen sich niedrig angebrachte Wandleuchten, die den Weg zum Bad gleichmäßig ausleuchten, mit Licht geringer Helligkeit (<20 lx) und möglichst warmer Lichtfarbe. Auf LED-Basis werden hier nur wenige Watt gebraucht. Als einfache Lösung empfehlen sich Orientierungslampen auf LED-Basis, die direkt in bodennahe Steckdosen eingesetzt werden können.

6.9 Körperpflege

Weil zum Beispiel bei der Gesichtspflege – beim Rasieren oder Make-up-Auftragen – kleinste Details wahrgenommen werden müssen, ist eine gute Spiegelbeleuchtung im Bad von besonderer Bedeutung.

So sieht die **richtige Spiegelbeleuchtung** aus: längliche gut entblendete Leuchten mindestens rechts und links des Spiegels, besser auch noch darüber, *Bild 20-35*. Um eine gute Wiedergabe der Haut- und Make-up-Farben zu erzielen, sollten vornehmlich warmweiße Lampen mit sehr guter Farbwiedergabe gewählt werden (R_a >90).

Eine Deckenleuchte oder ein Downlight über dem Spiegel reicht keineswegs aus. Downlights können überdies lange harte und unschöne Schlagschatten auf dem Gesicht erzeugen. Ebenso falsch sind auf das Gesicht gerichtete Strahler in Spiegelnähe, weil die dadurch erzeugte Blendung das Sehen erschwert. Da für das hell adaptierte Auge die besten Sehbedingungen bestehen, ist es besser, die Wände im Badezimmer hell zu fliesen oder zu streichen. Durch eine Deckenleuchte oder ein

20-34 Eine Reflektorleuchte am Bett erfüllt alle Anforderungen an eine gute Lesebeleuchtung. (Quelle: licht.de)

Einbaudownlight mit lichtstreuender Abdeckung ist leicht die notwendige Allgemeinbeleuchtung im Raum zu erzielen.

Für die abendliche und nächtliche Nutzung des Bades kann es unter dem Aspekt „Licht und Gesundheit" (Abschnitt 2.5) hilfreich sein, wenn ein Teil der Beleuchtung separat schaltbar ist. Dieser Teil sollte nur so hell sein, dass gute Orientierung möglich ist und eine sehr warme Lichtfarbe (<3000 K) besitzen.

20-35 Beidseitige Anordnung lang gestreckter Leuchten ergibt eine völlig gleichmäßige Beleuchtung (Quelle: licht.de)

7 Kosten der Beleuchtung

Jeder Haushalt sollte seine Ausgaben – also auch die der Beleuchtung – kritisch prüfen. Dabei gehören zu den Gesamtkosten der Beleuchtung nicht nur die Energiekosten, sondern auch die Lampenkosten.

Von besonderem Interesse ist der **Vergleich der Energie- und Lampenkosten** verschiedener Lichtquellen.

Anmerkung: Ein objektiver Kostenvergleich würde identische Eigenschaften der Lampen voraussetzen. Allein bei der Lichtfarbe und den Farbwiedergabeeigenschaften ist dies meist nicht der Fall. Solche **Kriterien** sind daher **gesondert zu betrachten**.

Der nachfolgende Vergleich berücksichtigt Glühlampen, IRC-Halogenglühlampen, Kompaktleuchtstofflampen mit integriertem Vorschaltgerät (umgangssprachlich, wenngleich erklärungsbedürftig, als „Energiesparlampen" bezeichnet), LED und stabförmige Leuchtstofflampen, deren Lichtstromabgabe, typische Lebensdauern und Lampenpreise. Der Vergleich wurde unter der Voraussetzung erstellt, dass jede Lampenart den Lichtstrom der stabförmigen 35-W-Leuchtstofflampe erzeugt. Als spezifischer Energiepreis wurden 20 Cent/kWh angenommen. Aufgeführt sind die **Energie- und Lampenkosten je Betriebsstunde**, Bild 20-36.

Selbstverständlich können die Kosten im Einzelfall von diesem Vergleich abweichen. Die Grafik verdeutlicht die **besondere Wirtschaftlichkeit der stabförmigen Leuchtstofflampen und der LED-Lampen**. Von Letzteren sind in naher Zukunft weitere Kostensenkungen aufgrund steigender Effizienz und Lebensdauer bei fallenden Lampenkosten zu erwarten.

Mit Beleuchtungskosten von wenigen Cent je Betriebsstunde ist ausreichende Beleuchtung kein Luxus. Vielmehr trägt sie zur Lebensqualität und zu erhöhter Sicherheit bei. Energie und Kosten sparen durch effiziente Beleuchtungstechnik ist anzustreben, Kosten sparen durch „Licht sparen" wäre der falsche Weg.

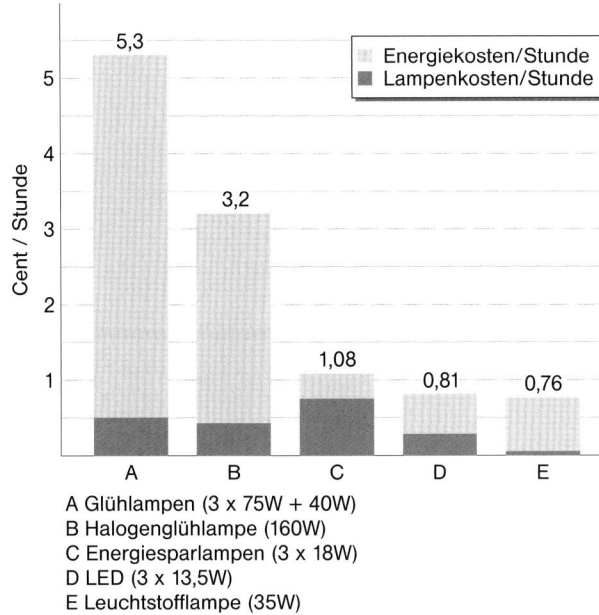

20-36 Vergleich der Energie- und Lampenkosten verschiedener Lichtquellen je Betriebsstunde. Die Lampenkombinationen A bis E erzeugen jeweils einen Lichtstrom von ca. 3300 lm.

8 Energieklassifizierung

Bereits im Sommer 1992 wurde die europäische Richtlinie 92/75/EWG mit dem Ziel erlassen, den Energieverbrauch bestimmter Haushaltsgeräte so zu klassifizieren, dass anhand eines sog. Energie-Labels besonders energieeffiziente Produkte ausgewählt werden können. Die ersten kennzeichnungspflichtigen Geräte waren Haushaltskühl- und -gefriergeräte, Haushaltswaschmaschinen und Haushaltswäschetrockner. Für licht- und beleuchtungstechnische Produkte existieren seit 1999 nationale Vorschriften.

8.1 Energie-Label für haushaltsübliche Lampen

Die europäische Durchführungsrichtlinie für Haushaltslampen 98/11/EG vom 27. Januar 1998 wurde mit der „Ersten Verordnung zur Änderung der Energieverbrauchskennzeichnungsverordnung (EnVKV)" vom 26. November 1999 in deutsches Recht umgesetzt. Aufgrund dieser Verordnung gelten seit dem 1. Juli 1999 **Kennzeichnungspflichten für Haushaltslampen**, die seit September 2013 auch auf Reflektorlampen erweitert wurden. Die Einteilung und Kennzeichnung der Energieeffizienz haushaltsüblicher Lampen erfolgt unter Berücksichtigung bestimmter Leistungs- und Lichtstromgrenzen mit den Buchstaben „A++" (sehr hohe Energieeffizienz) bis „E" (geringe Energieeffizienz), *Bilder 20-37* und *20-38*.

Der Handel ist verpflichtet, alle in Verkaufsräumen ausgestellten Lampen mit dem Energieetikett zu versehen und die technischen Daten in den Verkaufsunterlagen tabellarisch aufzulisten. Die dafür nötigen Informationen müssen vom Lieferanten zur Verfügung gestellt werden.

Beispiele für die Energieeffizienzklassen verschiedener Lampen sind in *Bild 20-39* aufgeführt.

8.2 Glühlampenverbot

Mit der Unterzeichnung des Kyoto-Protokolls hat sich die EU 1997 auf einen Fahrplan zur Reduzierung der CO_2-Emissionen festgelegt. In der EU-Richtlinie 2005/32/EC „Eco-Design Requirements for **E**nergy **U**sing **P**roduct, kurz EuP-Richtlinie, werden u. a. auch Umsetzungsmaßnahmen für den häuslichen Bereich (Implementing Measures for Domestic Lighting) geregelt. Letztere sind bekannt geworden als „Glühlampenverbot". Gestartet am 9. September 2009, verfolgen diese das Ziel einer Energie- und CO_2-Emmisions-Reduktion über eine Anhebung der Effizienz der im Haushalt betriebenen Lampen. Hiernach dürfen im Gebiet der Mitgliedstaaten der Europäischen Union von den Lampenherstellern nur noch Lampen in den Vertrieb gebracht werden, die der jewei-

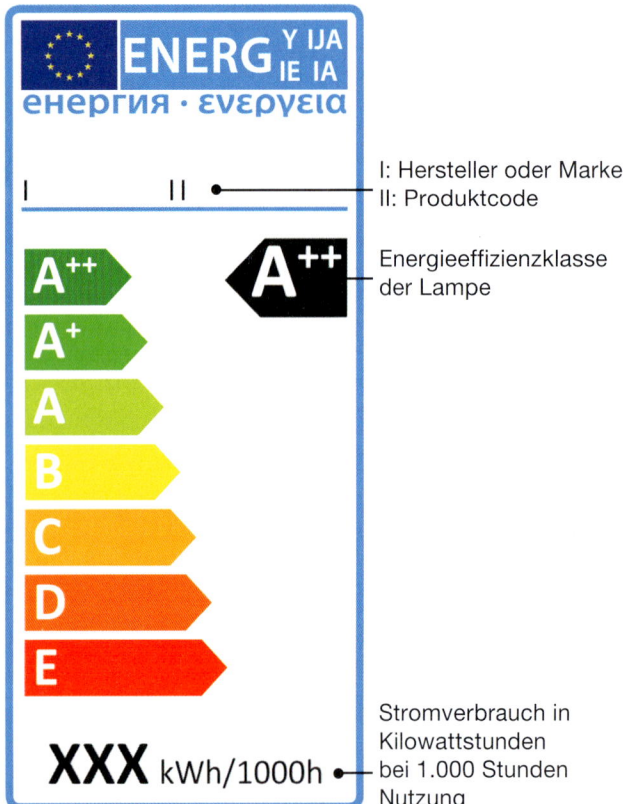

20-37 Energielabel zur Lampenkennzeichnung (EU-Richtlinie)

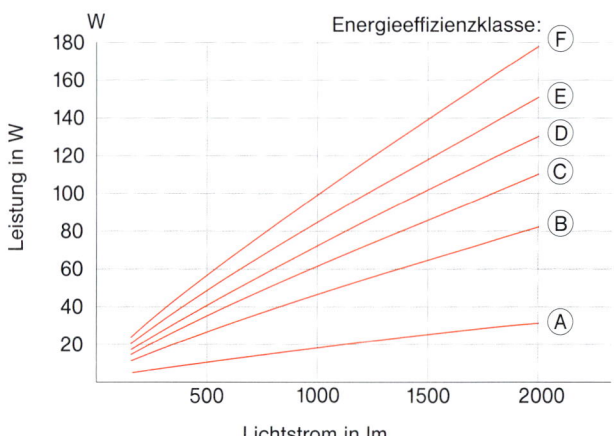

20-38 Einteilung in Energieeffizienzklassen für Glühlampen (Quelle: we lite)

ligen in den Umsetzungsmaßnahmen geforderten Energieeffizienzklasse (s. 8.1) entsprechen.

Bis 2012 wurde in vier Zeitstufen in Abhängigkeit von Watttagen und Typ die Zulassungsgrenze für alle Glühlampen auf Energieeffizienzklasse C angehoben (*Bilder 20-37* und *20-38*). Ausgenommen von der Regelung waren und bleiben ausschließlich Speziallampen, wie sie z. B. in Haushaltsgeräten zum Einsatz kommen.

Lampentyp	Effizienzklasse
Kompakt-Leuchtstofflampen mit integriertem Vorschaltgerät	A
Dreibanden-Leuchtstofflampen, stabförmig, Lichtfarbe 827	A-B
Dreibanden-Kompakt-Leuchtstofflampen, Lichtfarbe 827	A-B
Mehrbanden-Leuchtstofflampen, stabförmig, Lichtfarbe 927	B
Standard-Leuchtstofflampen, Farbwiedergabe R_a < 80 ab 04.2010 nicht mehr im Vertrieb	B
Halogenglühlampen, Kleinspannung (12 V)	B-C
Halogenglühlampen, Hochvolt (230 V)	C-E
Standard-Glühlampen (230 V)	E-F

20-39 Energieklassifizierung verschiedener Lampen

Eine weitere Verschärfung auf Klasse B ist für 2016 geplant (Ausnahmen: Halogenglühlampen mit G9- und R7s-Sockel bleiben weiterhin im Vertrieb, wenn sie die Energieeffizienzklasse C besitzen; Halogenglühlampen mit R7s-Sockel werden als längliche „Halogenstäbe" mit hohen Lichtströmen mit 1000 bis 5000 lm häufig in indirekt strahlenden Stehleuchten eingesetzt. Mit G9-Halogenlampen mit niedrigen Lichtströmen bis zu 1000 lm werden zumeist kleinvolumige Leuchten und Strahler in der Wohnraumbeleuchtung bestückt).

Da Allgebrauchsglühlampen mit wirtschaftlich vertretbaren Maßnahmen bereits die Energieklasse C nicht erreichen, wurde ihr „In-Vertrieb-Bringen" seit 2012 für faktisch alle Leistungsstufen untersagt. Halogenniedervolt-Glühlampen in den Stiftsockelausführungen G4 und GY6.35 sowie als Reflektorlampen erfüllen zumeist die Klasse C und in den technisch hochwertigen Ausführungen (z. B. mit IRC-Technik, s. Abschnitt 3.1.2) teilweise auch die Klasse B.

Seit 2013 sind auch die Reflektorlampen beim „Glühlampenverbot" berücksichtigt. Auf Basis der Nutzlichtströme, die im Hauptausstrahlungswinkel zum Einsatz kommen, werden sie ebenfalls in Energieklassen eingestuft und müssen entsprechend gekennzeichnet werden. Ab September 2014 dürfen die meisten 230-V-Reflektorlampen auf Glühlampenbasis ebenfalls nicht mehr in den Vertrieb gebracht werden, da sie den Effizienzanforderungen nicht mehr entsprechen. Als Ersatz bieten sich Substitute auf LED-Basis an.

Die *Bilder 20-40* und *20-41* zeigen einige der von der Lampenindustrie angebotenen Lampen in Leuchtstoff- und LED-Technik, die als wirtschaftliches Substitut der Glühlampe angeboten werden. Neben der doch anderen optischen Erscheinung ist beim Ersatz darauf zu achten, dass diese Lampen teilweise eine abweichende Lichtverteilung, mindere Farbwiedergabe und auch ein höheres Gewicht besitzen. D. h. nicht jede dieser Ersatzlampen kann für jeden Zweck und für jede Leuchte auch tatsächlich genutzt werden. Einsatztipps werden in Abschnitt 6 gegeben.

20-40 Kompaktleuchtstofflampen (Energiesparlampen) als Allgebrauchs-Glühlampenersatz (Quelle: Osram, Philips)

20-41 LED-Lampen als Allgebrauchs-Glühlampenersatz (Quelle: Osram)

9 Beleuchtungstechnische Begriffe

Die beleuchtungstechnischen Begriffe führen erfahrungsgemäß – sicherlich nicht zuletzt wegen ihres ähnlich klingenden Wortlauts – zu Schwierigkeiten im Verständnis und in der Anwendung. Deshalb werden diese Begriffe hier anschaulich beschrieben. Für weitergehende Informationen wird auf die einschlägige Fachliteratur hingewiesen.

Lichtstrom: Der Lichtstrom Φ gibt die von einer Lichtquelle in alle Raumrichtungen insgesamt abgegebene Lichtleistung in der Einheit „Lumen" (lm) an.

Lichtausbeute: Die Lichtausbeute charakterisiert die Energieeffizienz einer Lampe. Sie ist das Verhältnis aus erzeugtem Lichtstrom zur elektrischen Leistung und wird in Lumen je Watt (lm/W) angegeben. Je größer die Lichtausbeute einer Lampe ist, umso energieeffizienter ist sie.

Beleuchtungsstärke: Die Beleuchtungsstärke E ist das Verhältnis aus dem Lichtstrom, der auf eine zu beleuchtende Fläche auftrifft, und der Größe dieser Fläche. Die physikalische Einheit ist „Lux" (lx; entspricht lm/m^2). Trifft beispielsweise ein Lichtstrom von 1000 lm auf eine 2 m^2 große Fläche, dann beträgt die mittlere Beleuchtungsstärke 500 lx. Die Beleuchtungsstärke kann mit handlichen Geräten (Luxmetern) gemessen werden, um beispielsweise zu überprüfen, ob Mindestanforderungen an die Beleuchtungsstärke erfüllt werden. Für die im Wohnhaus anfallenden orientierenden Messungen sind preiswerte Luxmeter der Klasse C ausreichend genau.

Leuchtdichte: Die Leuchtdichte L wird in Candela je Quadratmeter (cd/m^2) angegeben und entspricht in vielen Fällen dem Helligkeitseindruck, den eine leuchtende oder beleuchtete Fläche in Richtung des Betrachters erzeugt. So lässt sich erklären, dass beispielsweise eine weiße Schreibtischplatte trotz gleicher Beleuchtungsstärke heller erscheint als dunkles Holz. Dies führt in der Praxis dazu, dass der visuelle Raumeindruck – trotz gleich bleibender Beleuchtungssituation – durch die Reflexionseigenschaften der Raumausstattung (z. B. durch die Farbwahl der Raumbegrenzungsflächen) erheblich verändert werden kann.

Lichtstärke: Mit der Lichtstärke I wird der Lichtstrom innerhalb eines bestimmten geometrischen Raumwinkels in der Einheit „Candela" (cd) angegeben. Es ist leicht nachvollziehbar, dass die Lichtstärke einer Lampe in eine Raumrichtung erhöht werden kann, indem der von der Lampe abgegebene Lichtstrom mittels eines Reflektors in diese Richtung gebündelt wird. Dadurch erhöht sich aber nicht die Energieeffizienz der Lampe, denn ihr Lichtstrom wird ja lediglich anders im Raum verteilt.

10 Hinweise auf Literatur und Arbeitsunterlagen

[1] DIN EN 12464-1
Beleuchtung mit künstlichem Licht

[4] Handbuch für Beleuchtung, Verlag ecomed, 86899 Landsberg am Lech, ISBN 978-3-609-75650-9

[5] Deutsche Lichttechnische Gesellschaft e. V. (LiTG) Publikation Nr. 16: Energiesparlampen – Ein Kompendium zu Kompaktleuchtstofflampen mit integriertem Vorschaltgerät, ISBN 3-927787-17-5

[6] Elektrische Leuchten,
Richtlinien zur Schadenverhütung, VdS 2005
VdS Schadenverhütung, 50735 Köln

[7] Niedervoltbeleuchtungsanlagen und -systeme,
Richtlinien zur Schadenverhütung, VdS 2324
VdS Schadenverhütung, 50735 Köln

[8] Halogenbeleuchtungsanlagen mit Kleinspannung,
VDE-Schriftenreihe Band 75, VDE-Verlag,
10591 Berlin, ISBN 3-8007-2666-1

[9] DIN VDE 0100-701 (VDE 0100 Teil 701)
Errichten von Niederspannungsanlagen,
Anforderungen für Betriebsstätten, Räume und Anlagen besonderer Art – Räume mit Badewanne oder Dusche

[10] DIN 5034
Tageslicht in Innenräumen
Teil 1: Allgemeine Anforderungen

[11] DIN 5034
Tageslicht in Innenräumen
Teil 2: Grundlagen

[12] DIN 5034
Tageslicht in Innenräumen
Teil 4: Vereinfachte Bestimmung von Mindestfenstergrößen für Wohnräume

[13] DIN V 5031-100
Strahlungsphysik im optischen Bereich und Lichttechnik –
Teil 100: Über das Auge vermittelte, nichtvisuelle Wirkung des Lichts auf den Menschen – Größen, Formelzeichen und Wirkungsspektren

[14] DIN SPEC 67600
Biologisch wirksame Beleuchtung – Planungsempfehlungen.

Bezugsquellen für DIN-Normen mit VDE-Klassifikation (VDE-Bestimmungen und -Leitlinien):

VDE-Verlag GmbH
Bismarckstraße 33
10625 Berlin

Deutsche Elektrotechnische Kommission im DIN und VDE (DKE)
Stresemannallee 15
60596 Frankfurt a. M.

Bezugsquellen für DIN-Normen ohne VDE-Klassifikation:

Beuth-Verlag GmbH
Burggrafenstraße 6
10772 Berlin

Beuth-Verlag GmbH
Kamekestraße 2–8
50672 Köln

GESETZE, VERORDNUNGEN, NORMEN, VERBÄNDE

1	**Gesetze und Verordnungen**	S. 21/2
2	**Normen**	S. 21/3
3	**Merkblätter und Richtlinien**	S. 21/13
4	**Verbände und Beratungsstellen**	S. 21/15
4.1	Baustoffe: Steine + Erden	
4.2	Elektrotechnik	
4.3	Keramik	
4.4	Metall	
4.5	Dämmstoffe	
4.6	Halbzeuge	
4.7	Kunststoffe	
4.8	Holz; Holzwerkstoffe	
4.9	Farben; Lacke; Holzschutz	
4.10	Bauindustrie + Baugewerbe	
4.11	Handwerk	
4.12	Normung; Gütesicherung	
4.13	Auskunfts- und Beratungsstellen	
4.14	Sonstige	

GESETZE, VERORDNUNGEN, NORMEN, VERBÄNDE

1 Gesetze und Verordnungen

Das **Bundesbaugesetz** regelt die allgemeinen Grundlagen des Bauens. Durch die Baunutzungsverordnung, Verkehrswertverordnung und Planzeichenverordnung werden vor allem die baulichen Maßnahmen des Bundes und der Länder und ihre Auswirkungen auf die Beteiligten (Entschädigung, Enteignung usw.) geregelt.

Die **Bauordnungen** der einzelnen Bundesländer stimmen in weiten Bereichen überein. Hier werden die Anforderungen an das Grundstück und seine Bebauung, die Baugestaltung, Bauausführung und Baustoffe für die verschiedenen Baumaßnahmen festgelegt. Besonders geregelt ist hier das bauaufsichtliche Verfahren.

Die **Verdingungsordnung für Bauleistungen (VOB)** dient als Grundlage von Bauverträgen zwischen Auftraggebern und Auftragnehmern. Die öffentlichen Auftraggeber sind zur Anwendung der VOB durch haushaltrechtliche Vorschriften verpflichtet. Der Teil A regelt die Vergabe von Bauleistungen. Die Teile B und C ergänzen das Werkvertragsrecht des Bürgerlichen Gesetzbuches (BGB).

Das **Gesetz zur Einsparung von Energie in Gebäuden (EnEG)** vom 22. Juli 1976, zuletzt geändert am 4. Juli 2013, schreibt den energiesparenden Wärmeschutz vor und stellt besondere Anforderungen an heizungs- und raumlufttechnische Anlagen sowie an Brauchwarmwasseranlagen. Weiterhin wird für zu errichtende Gebäude die verbindliche Nutzung von regenerativen Energien geregelt. Die Ausführungen werden durch Verordnungen geregelt.

Die derzeit geltende **Energieeinsparverordnung (EnEV)** trat am 1. Mai 2014 in Kraft. Die EnEV geht über den ehemaligen in der Wärmeschutzverordnung vorgeschriebenen Nachweis des Heizwärmebedarfs hinaus, indem **für Neubauten** von Wohn- und Nichtwohngebäuden eine Berechnung des Jahres-Heizenergiebedarfs und des dafür benötigten Jahres-Primärenergiebedarfs verlangt wird. Die gesetzliche Hauptforderung ist die **Begrenzung des Jahresprimärenergiebedarfs** neben der **Einhaltung maximal zulässiger Werte des spezifischen Transmissionswärmeverlusts**. Für Außenbauteile **bestehender Gebäude**, sofern diese erstmalig eingebaut, ersetzt oder erneuert werden, gibt die EnEV **maximal zulässige Werte der Wärmedurchgangskoeffizienten U** vor. Weiterhin wird eine **Nachrüstung** von verschiedenen Gebäude- und Anlagenteilen gefordert. Die Energieeinsparverordnung EnEV wird in Kapitel 2 ausführlich erläutert. Der Wortlaut der Energieeinsparverordnung befindet sich als Anhang zu Kapitel 2 auf der CD-ROM. Literaturhinweise zur Beschaffung zusätzlicher Informationen enthält Kapitel 2-13.

Die EnEV fordert für zu errichtende Wohn- und Nichtwohngebäude einen sog. **Energiebedarfsausweis**. Dieser muss eine Objektbeschreibung, die wesentlichen energetischen Kennwerte sowie eventuelle weitere energiebezogene Merkmale (z. B. durchgeführter Luftdichtheitstest) beinhalten. Der Energiebedarfsausweis ist nicht nur der Baubehörde vorzulegen, sondern sowohl Käufer als auch Mieter haben ein Einsichtsrecht. Weiterhin muss bei Vermietung und Verkauf einer Immobilie oder Wohnung im Bestand ein **Energieausweis** vorgelegt werden, siehe Kapitel 2-11.

Seit dem 1. April 2000 sorgt das **Erneuerbare-Energien-Gesetz (EEG)** für den Aufbau einer nachhaltigen umweltverträglichen Energieversorgung. Das Gesetz garantiert den vorrangigen Netzanschluss der stromerzeugenden Anlage durch den nächstgelegenen Netzbetreiber sowie die Abnahme und die Vergütung des erzeugten elektrischen Stroms. Dadurch wurde ein sicherer Rechtsrahmen für Investitionen in Anlagen zur Nutzung von erneuerbaren Energien geschaffen. Die Anlagenbetreiber erhalten nach Energieträgern differenzierte Vergütungssätze für den eingespeisten Strom. Die Mehrkosten der Einspeisevergütung werden über eine Umlage auf den Strompreis finanziert. Somit ist die Förderung gemäß EEG vollständig unabhängig vom Staatshaushalt. Zugleich wurde die Einspeisevergütung für den regenerativ erzeugten Strom degressiv (monatliche Absenkung) angelegt.

Die letzte Novelle des EEGs wurde am 27. Juni 2014 vom Bundestag beschlossen und ist am 1. August 2014 in Kraft getreten. Die auffälligsten Veränderungen betreffen den Zubaukorridor und den Degressionsmechanismus, den Förderrahmen selbst (Einspeisevergütung und Marktprämie), die Eigenversorgung mit Solarstrom und den künftigen Rechtsrahmen für PV-Freiflächenanlagen, siehe Kapitel 17-20.

Das **Erneuerbare-Energien-Wärmegesetz (EEWärmeG)** fordert einen Mindestanteil erneuerbarer Wärmeenergie in Neubauten ab 1. Januar 2009 (letzte Änderung des Gesetzes am 22. Dezember 2011), alternativ durch:

- mindestens 15 Prozent des Wärmebedarfs durch solarthermische Anlagen oder
- mindestens 50 Prozent des Wärmebedarfs durch feste Biomasse (z. B. Pelletheizung), flüssige Biomasse (Bioöl im Brennwertkessel), Umweltwärme (Wärmepumpe) oder
- mindestens 30 Prozent des Wärmebedarfs durch Biogas in Anlagen mit Kraft-Wärme-Kopplung.

Pauschale Erfüllung bei Nutzung von Solarthermie:

- Bei Ein-/Zweifamilienhäusern: mind. 0,04 m^2 Kollektorfläche je m^2 Nutzfläche
- Bei größeren Wohngebäuden: mind. 0,03 m^2 Kollektorfläche je m^2 Nutzfläche

Kombination verschiedener Technologien möglich.

Die Planung und Ausführung von Elektroinstallationen werden u. a. in den folgenden Gesetzen, Verordnungen und Vorschriften geregelt:

EnWG — Gesetz über die Elektrizitäts- und Gasversorgung (Energiewirtschaftsgesetz); www.gesetze-im-internet.de

NAV — Verordnung über Allgemeine Bedingungen für den Netzanschluss und dessen Nutzung für die Elektrizitätsversorgung in Niederspannung (Niederspannungsanschlussverordnung); www.gesetze-im-internet.de

MLAR — Muster-Leitungsanlagen-Richtlinie; www.gesetze-im-internet.de

RAL-RG 678 — Elektrische Anlagen in Wohngebäuden – Anforderungen; www.beuth.de

BGV A1 — Unfallverhütungsvorschrift, Grundsätze der Prävention; www.arbeitssicherheit.de

BGV A3 — Betriebsärzte und Fachkräfte für Arbeitssicherheit; www.arbeitssicherheit.de

TAB 2007 — Aktualisierung 2011; Technische Anschlussbedingungen für den Anschluss an das Niederspannungsnetz; www.ew-online.de

T-COM 731 TR 1 — Rohrnetze und andere verdeckte Führungen für Telekommunikationsanlagen in Gebäuden; T-Com

2 Normen

Vom Normenauschuss Bauwesen (NA Bau) im DIN, Deutsches Institut für Normung e. V., werden Normen für das Bauwesen erarbeitet. Diese Normen stellen Arbeitsunterlagen für Planung, Berechnung und Konstruktion von baulichen Anlagen dar. Sie sind über den Beuth Verlag GmbH, Burggrafenstraße 6, 10787 Berlin, oder online unter www.beuth.de zu beziehen. Die nachfolgende Zusammenstellung bietet eine Auswahl von Normen zum bautechnischen Themenbereich dieses Handbuchs. Weitere Hinweise finden sich in folgenden Fachkapiteln:

Kap. 5-14   Fenster und Außentüren
Kap. 9-6   Luftdichtheit von Gebäuden

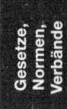

Kap. 10-8 Wärmebrücken
Kap. 11-27 Schallschutz
Kap. 11-28 Bauproduktenormung
Kap. 11-29 Baustoffkennwerte
Kap. 13-4 Haustechnischer Wärme-/Schallschutz
Kap. 14-6 Wohnungslüftung
Kap. 14-19 Wohnungslüftung
Kap. 20-10 Innenraumbeleuchtung

Zusammenstellung bautechnischer Normen:

DIN 105 Mauerziegel;
T5 06.13 Leichtlanglochziegel und Leichtlangloch-Ziegelplatten
T6 06.13 Planziegel
T100 01.12 Mauerziegel mit besonderen Eigenschaften

DIN V 106 Kalksandsteine;
10.05 Kalksandsteine mit besonderen Eigenschaften

DIN EN 206 Beton;
T1 03.12 Festlegung, Eigenschaften, Herstellung und Konformität

DIN 277 Grundflächen und Rauminhalte von Bauwerken im Hochbau;
T1 02.05 Begriffe, Ermittlungsgrundlagen

DIN EN 303 Heizkessel;
T1 12.03 Heizkessel mit Gebläsebrenner; Begriffe, Allgemeine Anforderungen, Prüfung und Kennzeichnung

DIN EN 806 Technische Regeln für Trinkwasser-Installationen;
T2 06.05 Planung
T4 06.10 Installation
T5 04.12 Betrieb und Wartung

DIN 1045 Tragwerke aus Beton, Stahlbeton und Spannbeton;
T2 08.08 Beton – Festlegung, Eigenschaften, Herstellung und Konformität – Anwendungsregeln zu DIN EN 206-1
T3 03.12 Bauausführung – Anwendungsregeln zu DIN EN 13670
07.13 Berichtigung 1 zu Teil 3

DIN 1053 Mauerwerk;
T1 11.96 Berechnung und Ausführung
T4 04.13 Fertigbauteile

DIN EN 1992-1-1 Eurocode 2: Bemessung und Konstruktion von Stahlbeton- und Spannbetontragwerken – Teil 1-1:
01.11 Allgemeine Bemessungsregeln und Regeln für den Hochbau

DIN EN 1996-1 Eurocode 6: Bemessung und Konstruktion von Mauerwerksbauten;
T1 02.13 Allgemeine Regeln für bewehrtes und unbewehrtes Mauerwerk
T2 04.11 Allgemeine Regeln – Tragwerksbemessung für den Brandfall
T3 12.10 Vereinfachte Berechnungsmethoden für unbewehrte Mauerwerksbauten

DIN EN 1991-1 Eurocode 1: Einwirkungen auf Tragwerke;
T1 12.10 Allgemeine Einwirkungen auf Tragwerke – Wichten, Eigengewicht und Nutzlasten im Hochbau
T2 12.10 Verkehrslasten auf Brücken
T3 12.10 Einwirkungen infolge von Kranen und Maschinen
08.13 Berichtigung 1 zu Teil 3
T4 10.12 Einwirkungen auf Silos und Flüssigkeitsbehälter
08.13 Berichtigung 1 zu Teil 4
T5 12.10 Allgemeine Einwirkungen – Temperatureinwirkungen
T6 12.10 Allgemeine Einwirkungen – Einwirkungen während der Bauausführung
08.13 Berichtigung 1 zu Teil 6
T7 12.10 Allgemeine Einwirkungen – Außergewöhnliche Einwirkungen

DIN 1946		Raumlufttechnik;	T6	09.77	Lüftungsleitungen; Begriffe, Anforderungen und Prüfungen
T6	05.09	Lüftung von Wohnungen – Allgemeine Anforderungen, Anforderungen zur Bemessung, Ausführung und Kennzeichnung, Übergabe/Übernahme (Abnahme) und Instandhaltung	T7	07.98	Bedachungen; Begriffe, Anforderungen und Prüfungen
			T8	10.03	Kleinprüfstand
			T9	05.90	Kabelabschottungen; Begriffe, Anforderungen und Prüfungen
DIN 1986		Entwässerungsanlagen für Gebäude und Grundstücke;	T11	12.85	Rohrummantelungen, Rohrabschottungen, Installationsschächte und -kanäle sowie Abschlüsse ihrer Revisionsöffnungen; Begriffe, Anforderungen und Prüfungen
T4	11.12	Verwendungsbereiche von Abwasserrohren und -formstücken verschiedener Werkstoffe			
T100	05.08	Bestimmungen in Verbindung mit DIN EN 752 und DIN EN 12056	T12	11.98	Funktionserhalt von elektrischen Kabelanlagen; Anforderungen und Prüfungen
DIN 1988		Technische Regeln für Trinkwasser-Installation (TRWI);	T13	05.90	Brandschutzverglasungen; Begriffe, Anforderungen und Prüfungen
T200	05.12	Installation Typ A (geschlossenes System) – Planung, Bauteile, Apparate, Werkstoffe; Technische Regel des DVGW	T14	05.90	Bodenbeläge und Bodenbeschichtungen; Bestimmung der Flammenausbreitung bei Beanspruchung mit einem Wärmestrahler
			T15	05.90	Brandschacht
DIN 3509		Armaturen für Trinkwasseranlagen in Gebäuden	T16	05.98	Durchführung von Brandschachtprüfungen
	10.06		T17	12.90	Schmelzpunkt von Mineralfaser-Dämmstoffen; Begriffe, Anforderungen, Prüfung
DIN 4095	06.90	Baugrund; Dränung zum Schutz baulicher Anlagen; Planung, Bemessung und Ausführung	T18	03.91	Feuerschutzabschlüsse; Nachweis der Eigenschaft „selbstschließend" (Dauerfunktionsprüfung)
DIN 4102		Brandverhalten von Baustoffen und Bauteilen;	**DIN 4108**		Wärmeschutz und Energie-Einsparung in Gebäuden;
T1	05.98	Baustoffe, Begriffe, Anforderungen und Prüfungen	T2	02.13	Mindestanforderungen an den Wärmeschutz
T2	09.77	Bauteile, Begriffe, Anforderungen und Prüfungen	T3	07.01	Klimabedingter Feuchteschutz; Anforderungen und Hinweise für Planung und Ausführung
T3	09.77	Brandwände und nichttragende Außenwände; Begriffe, Anforderungen und Prüfungen			
T4	03.94	Zusammenstellung und Anwendung klassifizierter Baustoffe, Bauteile und Sonderbauteile	T4	02.13	Wärme- und feuchteschutztechnische Bemessungswerte
			T6	06.03V	Berechnung des Jahresheizwärme- und des Jahresheizenergiebedarfs
	11.04	Änderung 1 zu Teil 4		03.04	Berichtigung 1 zu DIN V 4108-6
T5	09.77	Feuerschutzabschlüsse, Abschlüsse in Fahrschachtwänden und gegen feuerwiderstandsfähige Verglasungen; Begriffe, Anforderungen und Prüfungen	T7	01.11	Luftdichtheit von Gebäuden, Anforderungen, Planungs- und Ausführungsempfehlungen sowie -beispiele
			T10	06.08	Anwendungsbezogene Anforderungen

		an Wärmedämmstoffe – Werkmäßig hergestellte Wärmedämmstoffe
Bbl. 2	03.06	Wärmebrücken; Planungs- und Ausführungsbeispiele

DIN 4109 — Schallschutz im Hochbau; Anforderungen und Nachweise;
- 08.92 Berichtigungen zu DIN 4109
- 01.01 Schallschutz im Hochbau – Anforderungen und Nachweise; Änderung A1
- T1 06.13E Anforderungen an die Schalldämmung
- T11 05.10 Nachweis des Schallschutzes; Güte- und Eignungsprüfung
- Bbl. 1 11.89 Ausführungsbeispiele und Rechenverfahren
- 08.92 Berichtigung
- 09.03 Änderung A1
- 02.10 Änderung A2
- Bbl. 2 11.89 Hinweise für Planung und Ausführung; Vorschläge für einen erhöhten Schallschutz; Empfehlungen für den Schallschutz im eigenen Wohn- oder Arbeitsbereich
- 08.92 Berichtigung
- Bbl. 3 06.96 Berechnung von $R'_{w,R}$ für den Nachweis der Eignung nach DIN 4109 aus Werten des im Labor ermittelten Schalldämm-Maßes R_w

DIN 4165 V — Porenbetonsteine;
- T100 10.05 Plansteine und Planelemente mit besonderen Eigenschaften

DIN 4166 — Porenbeton-Bauplatten und Porenbeton-Planbauplatten
- 10.97

DIN 4226 — Gesteinskörnungen für Beton und Mörtel;
- T100 02.02 Rezyklierte Gesteinskörnungen

DIN 4701 — Energetische Bewertung heiz- und raumlufttechnischer Anlagen;
- T10 08.03V Energetische Bewertung heiz- und raumlufttechnischer Anlagen – Teil 10: Heizung, Trinkwassererwärmung, Lüftung
- Bbl. 1 02.07 Anlagenbeispiele
- T12 02.04V Wärmeerzeuger und Trinkwassererwärmung
- 06.08 Berichtigung 1

DIN SPEC 4701-10
- A1 07.12 Energetische Bewertung heiz- und raumlufttechnischer Anlagen – Teil 10: Heizung, Trinkwassererwärmung, Lüftung; Änderung A1

DIN 4702 — Heizkessel;
- T4 03.90 Heizkessel für Holz, Stroh und ähnliche Brennstoffe; Begriffe, Anforderungen, Prüfungen
- T8 03.90 Ermittlung des Norm-Nutzungsgrades und des Norm-Emissionsfaktors

DIN EN 14394 — **Heizkessel – Heizkessel mit Gebläsebrennern – Nennwärmeleistung kleiner oder gleich 10 MW und einer maximalen Betriebstemperatur von 110 °C**
- 12.08

DIN 4710 — Meteorologische Daten;
- 01.03 Statistiken meteorologischer Daten zur Berechnung des Energiebedarfs von heiz- und raumlufttechnischen Anlagen in Deutschland
- 06.11 Berichtigung 1

DIN 4719 — Lüftung von Wohnungen;
- 07.09 Anforderungen, Leistungsprüfungen und Kennzeichnung von Lüftungsgeräten

DIN 4726 — Warmwasser-Flächenheizungen und Heizkörperanbindungen;
- 10.08 Kunststoffrohr- und Verbundrohrleitungssysteme

DIN 5034 — Tageslicht in Innenräumen;
- T1 07.11 Allgemeine Anforderungen
- T2 02.85 Grundlagen
- T3 02.07 Berechnung

T4	09.94	Vereinfachte Bestimmung von Mindestfenstergrößen für Wohnräume
T5	10.11	Messung
T6	02.07	Vereinfachte Bestimmung zweckmäßiger Abmessungen von Oberlichtöffnungen in Dachflächen

DIN 18011 Grundflächen für Sanitärräume
(DIN 18011 wurde ersatzlos gestrichen. Da in ihr jedoch allgemeingültige Begriffe für die Planung definiert sind, wird in der Praxis weiterhin nach dieser Norm geplant.)

DIN 18012
05.08 Haus-Anschlusseinrichtungen – Allgemeine Planungsgrundlagen

DIN 18013
11.10 Nischen für Zählerplätze (Zählerschränke) für Elektrizitätszähler

DIN 18014
03.14 Fundamenterder – Allgemeine Planungsgrundlagen

DIN 18015 Elektrische Anlagen in Wohngebäuden;
T1	09.13	Planungsgrundlagen
T2	11.10	Art und Umfang der Mindestausstattung
T3	09.07	Leitungsführung und Anordnung der Betriebsmittel
	01.08	Berichtigung 1 zu Teil 3
T4	05.14	Gebäudesystemtechnik
T5	10.14	Luftdichte und Wärmebrückenfreie Elektroinstallation (Entwurf)

DIN 18017 Lüftung von Bädern und Toilettenräumen ohne Außenfenster;
| T3 | 09.09 | Lüftung mit Ventilatoren |

DIN 18022 Küchen, Bäder und WC im Wohnungsbau
(DIN 18022 wurde 2007 ersatzlos gestrichen. Da in ihr jedoch allgemeingültige Begriffe für die Planung wie z. B. Einrichtungen, Stellflächen, Abstände sowie Bewegungsflächen definiert sind, wird in Praxis weiterhin nach dieser Norm geplant.)

DIN 18040 Barrierefreies Bauen – Planungsgrundlagen;
T1	10.10	Öffentlich zugängliche Gebäude
T2	09.11	Wohnungen
T3	05.13	Öffentlicher Verkehrs- und Freiraum

DIN 18055
10.81 Fenster; Fugendurchlässigkeit, Schlagregendichtheit und mechanische Beanspruchung; Anforderungen und Prüfung

DIN 18151 Hohlblöcke aus Leichtbeton;
T100 10.05V Hohlblöcke mit besonderen Eigenschaften

DIN 18152 Vollsteine und Vollblöcke aus Leichtbeton;
T100 10.05V **Vollsteine und Vollböcke mit besonderen Eigenschaften**

DIN 18153 Mauersteine aus Beton (Normalbeton);
T100 10.05V Mauersteine mit besonderen Eigenschaften

DIN 18162
10.00 Wandbauplatten aus Leichtbeton, unbewehrt

DIN 18195 Bauwerksabdichtungen;
T1	12.11	Grundsätze, Definitionen, Zuordnung der Abdichtungsarten
T2	04.09	Stoffe
T3	12.11	Anforderungen an den Untergrund und Verarbeitung der Stoffe
T4	12.11	Abdichtungen gegen Bodenfeuchte (Kappillarwasser, Haftwasser) und nichtstauendes Sickerwasser an Bodenplatten und Wänden, Bemessung und Ausführung
T5	12.11	Abdichtungen gegen nichtdrückendes Wasser auf Deckenflächen und in Nassräumen; Bemessung und Ausführung
T6	12.11	Abdichtungen gegen von außen drückendes Wasser und aufstauendes Sickerwasser; Bemessung und Ausführung
T7	07.09	Abdichtung gegen von innen drückendes Wasser; Bemessung und Ausführung
T8	12.11	Abdichtungen über Bewegungsfugen
T9	05.10	Durchdringungen, Übergänge, An- und Abschlüsse
T10	12.11	Schutzschichten und Schutzmaßnahmen
Bbl.1	03.11	Beispiele für die Anordnung der Abdichtung

DIN 18421		VOB Vergabe und Vertragsordnung für Bauleistungen – Teil C: Allgemeine Technische Vertragsbedingungen für Bauleistungen (ATV) – Dämm- und Brandschutzarbeiten an technischen Anlagen	DIN 33402-1/2		Ergonomie: Körpermaße des Menschen (bei Sonderbauteilen);
	12.09		T1	03.08	Begriffe, Messverfahren
			T2	12.05	Werte
			T2	05.07	Berichtigung Werte
DIN 18530	03.87	Massive Deckenkonstruktionen für Dächer; Planung und Ausführung	DIN V 44570-60531	04.08	Elektrische Raumheizgeräte für den Hausgebrauch; Verfahren zur Messung der Gebrauchseigenschaften
DIN 18531		Dachabdichtungen – Abdichtungen für nicht genutzte Dächer;	DIN 49400	06.99	Elektrisches Installationsmaterial – Haushalt- und Kragensteckvorrichtungen; Übersicht
	T3 05.10	Bemessung, Verarbeitung der Stoffe, Ausführung der Dachabdichtungen			
DIN 18540	12.06	Abdichten von Außenwandfugen im Hochbau mit Fugendichtstoffen	DIN 51130	02.14	Prüfung von Bodenbelägen – Bestimmung der rutschhemmenden Eigenschaft – Arbeitsräume und Arbeitsbereiche mit Rutschgefahr – Begehungsverfahren – Schiefe Ebene
DIN 18550V	04.05	Putz und Putzsysteme; Ausführung			
DIN 18558	01.85	Kunstharzputze; Begriffe, Anforderungen, Ausführung			
DIN 18560		Estriche im Bauwesen;	DIN 51603		Flüssige Brennstoffe – Heizöle –;
T1	09.09	Allgemeine Anforderungen, Prüfung und Ausführung	T1	09.11	Heizöl EL, Mindestanforderungen
T2	09.09	Estriche und Heizestriche auf Dämmschichten (schwimmende Estriche)	T3	05.12	Heizöl S; Mindestanforderungen
	05.12	Berichtigung 1 zu Teil 2	T5	05.12	Heizöl SA; Mindestanforderungen
T3	03.06	Verbundestriche	T6	06.11	Heizöl EL A, Mindestanforderungen
T4	06.12	Estriche auf Trennschicht			
DIN 18599V		Energetische Bewertung von Gebäuden;	DIN 52210		Bauakustische Prüfungen;
T1 bis T11	11.12	Berechnung des Nutz-, End- und Primärenergiebedarfs für Heizung, Kühlung, Lüftung, Trinkwarmwasser und Beleuchtung siehe auch die Berichtigungen für die Teile 1, 5, 8, 9 (05.13)	T6	07.13	Luft- und Trittschalldämmung; Bestimmung der Schallpegeldifferenz
			DIN 52221	01.06	Bauakustische Prüfungen – Körperschallmessungen bei haustechnischen Anlagen
			DIN 52612		Wärmeschutztechnische Prüfungen;
			T2	06.84	Bestimmung der Wärmeleitfähigkeit mit dem Plattengerät; Weiterbehandlung der Meßwerte für die Anwendung im Bauwesen
DIN 43870		Zählerplätze;			
T1, inkl. A1	02.91/01.06	Maße auf Basis eines Rastersystems	DIN 68121		Holzprofile für Fenster und Fenstertüren;
T2, inkl. A1	03.91/01.06	Funktionsflächen	T1	09.93	Maße, Qualitätsanforderungen
T3, inkl. A1	06.85/01.06	Verdrahtungen	T2	06.90	Allgemeine Grundsätze

DIN 68800 T1	10.11	Holzschutz im Hochbau; Allgemeines		
DIN 68935	10.09	Koordinationsmaße für Badmöbel, Geräte und Sanitärobjekte		
DIN EN 308	06.97	Wärmeaustauscher; Prüfverfahren zur Bestimmung der Leistungskriterien von Luft/Luft- und Luft/Abgas-Wärmerückgewinnungsanlagen		
DIN EN 410	04.11	Glas im Bauwesen – Bestimmung der lichttechnischen und strahlungsphysikalischen Kenngrößen von Verglasungen		
DIN EN 673	04.11	Glas im Bauwesen – Bestimmung des Wärmedurchgangskoeffizienten (U-Wert) – Berechnungsverfahren		
DIN EN 771 T1 T2	07.11 07.11	Festlegungen für Mauersteine; Mauerziegel Kalksandsteine		
DIN EN 1264 T4	11.09	Raumflächenintegrierte Heiz- und Kühlsysteme mit Wasserdurchströmung; Installation		
DIN EN 12354 T1 bis T5	10.09	Bauakustik – Berechnung der akustischen Eigenschaften von Gebäuden aus den Bauteileigenschaften		
DIN EN 12831	08.03	Heizungsanlagen in Gebäuden – Verfahren zur Berechnung der Norm-Heizlast		
DIN EN 12859	05.11	Gips-Wandbauplatten – Begriffe, Anforderungen und Prüfverfahren		
DIN EN 13363 T1	09.07 09.09	Sonnenschutzeinrichtungen in Kombination mit Verglasungen – Berechnung der Solarstrahlung und des Lichttransmissionsgrades; Vereinfachtes Verfahren Berichtigung zu Teil 1		

DIN EN 13779	09.07	Lüftung von Nichtwohngebäuden; Allgemeine Grundlagen und Anforderungen für Lüftungs- und Klimaanlagen und Raumkühlsysteme
DIN SPEC 13779	12.09	Lüftung von Nichtwohngebäuden; Allgemeine Grundlagen und Anforderungen für Lüftungs- und Klimaanlagen und Raumkühlsysteme, Nationaler Anhang zu DIN EN 13779 : 2007-09
DIN EN ISO 13790	09.08	Energieeffizienz von Gebäuden; Berechnung des Energiebedarfs für Heizung und Kühlung
DIN EN 13829	02.01	Wärmetechnisches Verhalten von Gebäuden – Bestimmung der Luftdurchlässigkeit von Gebäuden – Differenzdruckverfahren
DIN EN 13986	03.05	Holzwerkstoffe zur Verwendung im Bauwesen – Eigenschaften, Bewertung der Konformität und Kennzeichnung
DIN EN 14351-1 T1	08.10	Fenster und Türen – Prokuktnorm, Leistungseigenschaften – Fenster und Außentüren ohne Eigenschaften bezüglich Feuerschutz und/oder Rauchdichtheit
DIN EN 14511 T1 T2 T3 T4	12.13 12.13 12.13 12.13	Luftkonditionierer, Flüssigkeitskühlsätze und Wärmepumpen mit elektrisch angetriebenen Verdichtern für die Raumbeheizung und Kühlung; Begriffe und Klassifizierung Prüfbedingungen Prüfverfahren Betriebsanforderungen, Kennzeichnung und Anleitung
DIN EN 15251	12.12	Eingangsparameter für das Raumklima zur Auslegung und Bewertung der Energieeffizienz von Gebäuden – Raumluftqualität, Temperatur, Licht und Akustik

DIN EN 15316-4-6 07.09	Heizungsanlagen in Gebäuden – Verfahren zur Berechnung der Energieanforderungen und Nutzungsgrade der Anlagen – Teil 4-6: Wärmeerzeugungssysteme, photovoltaische Systeme; Deutsche Fassung EN 15316-4-6:2007	DIN EN 50524; VDE 0126-13 04.10	Datenblatt- und Typschildangaben von Photovoltaik-Wechselrichtern
		DIN EN 50530; VDE 0126-12 12.13	Gesamtwirkungsgrad von Photovoltaik-Wechselrichtern
DIN EN 16147 04.11	Wärmepumpen mit elektrisch angetriebenen Verdichtern – Prüfungen und Anforderungen an die Kennzeichnung von Geräten zum Erwärmen von Brauchwarmwasser	DIN EN 60529 (VDE 0470-1)	Schutzarten durch Gehäuse (IP-Code)
		DIN EN 60598 (VDE 0711-1)	Leuchten
		DIN EN 60617	Graphische Symbole für Schaltpläne
DIN EN 60728-11 (VDE 0855) 06.11	Kabelnetze für Fernsehsignale, Tonsignale und interaktive Dienste – Sicherheitsanforderungen	DIN EN 61215; VDE 0126-31 02.06	Terrestrische kristalline Silizium-Photovoltaik-(PV)-Module – Bauarteignung und Bauartzulassung (IEC 61215:2005); Deutsche Fassung EN 61215:2006
DIN EN 61386-1 (VDE 0605-1) 03.09	Elektroinstallationsrohrsysteme für elektrische Energie und für Informationen – Allgemeine Anforderungen	DIN EN 61646; VDE 0126-32 03.09	Terrestrische Dünnschicht-Photovoltaik(PV)-Module – Bauarteignung und Bauartzulassung (IEC 61646:2008); Deutsche Fassung EN 61646:2008
DIN EN 61385-22 (VDE 0605-22) 12.11	Elektroinstallationsrohrsysteme für elektrische Energie und für Informationen – Besondere Anforderungen für biegsame Elektroinstallationsrohrsysteme	DIN EN 61724 04.99	Überwachung des Betriebsverhaltens photovoltaischer Systeme – Leitfaden für Messen, Datenaustausch und Analyse (IEC 61724:1998); Deutsche Fassung EN 61724:1998
DIN EN 50173	Informationstechnik – Anwendungsneutrale Kommunikationskabelanlagen	DIN EN 61730-1; VDE 0126-30-1 10.07	Photovoltaik(PV)-Module – Sicherheitsqualifikation – Teil 1: Anforderungen an den Aufbau (IEC 61730-1:2004, modifiziert); Deutsche Fassung EN 61730-1:2007
DIN EN 50174 (VDE 0800)	Informationstechnik – Installation von Kommunikationsverkabelung		
DIN EN 50380 09.03	Datenblatt- und Typschildangaben von Photovoltaik-Modulen; Deutsche Fassung EN 50380:2003	DIN EN 61730-1/A1; VDE 0126-30-1/A1 09.12	Photovoltaik(PV)-Module – Sicherheitsqualifikation – Teil 1: Anforderungen an den Aufbau
DIN EN 50521; VDE 0126-3 10.09	Steckverbinder für Photovoltaik-Systeme – Sicherheitsanforderungen und Prüfungen	DIN EN 61730-2E;	Photovoltaik(PV)-Module – Sicherheitsqualifikation – Teil 2:

VDE 0126-30-2 11.12	Anforderungen an die Prüfung	
DIN CLC/TS 61836; VDE V 0126-7 04.10	Photovoltaische Solarenergiesysteme – Begriffe, Definitionen und Symbole	
DIN EN 61853-1; VDE 0126-34-1 12.11	Prüfung des Leistungsverhaltens von photovoltaischen (PV) Modulen und Energiebemessung – Teil 1: Leistungsmessung in Bezug auf Bestrahlungsstärke und Temperatur sowie Leistungsbemessung	
DIN EN 62093; VDE 0126-20 12.05	BOS-Bauteile für photovoltaische Systeme – Bauarteignung natürliche Umgebung (IEC 62093:2005); Deutsche Fassung EN 62093:2005	
DIN EN 62109-1; -2 VDE 0126-14-1; -2	Sicherheit von Wechselrichtern zur Anwendung in photovoltaischen Energiesystemen – Teil 1: Allgemeine Anforderungen: 04-2011; Teil 2: Besondere Anforderungen an Wechselrichter: 12-2014	
DIN EN 62305; VDE 0185-305-3 T 3 Bbl. 5 02.14	Blitzschutz – Schutz von baulichen Anlagen und Personen – Beiblatt 5: Blitz- und Überspannungsschutz für Photovoltaik-Stromversorgungssysteme	
DIN EN ISO 140	Akustik – Messung der Schalldämmung in Gebäuden und von Bauteilen;	
T4	12.98	Messung der Luftschalldämmung zwischen Räumen in Gebäuden
T5	12.98	Messung der Luftschalldämmung von Fassadenelementen und Fassaden an Gebäuden
	10.08	Berichtigung 1 zu Teil 5
T7	12.98	Messung der Trittschalldämmung von Decken in Gebäuden
DIN EN ISO 3822 T1 bis T4		Akustik – Prüfung des Geräuschverhaltens von Armaturen und Geräten der Wasserinstallation im Laboratorium
DIN EN ISO 6946 04.08		Bauteile-Wärmedurchlasswiderstand und Wärmedurchgangskoeffizient – Berechnungsverfahren
DIN EN ISO 7730 05.06		Ergonomie der thermischen Umgebung; Analytische Bestimmung und Interpretation der thermischen Behaglichkeit durch Berechnung des PMV- und des PPD-Indexes und Kriterien der lokalen thermischen Behaglichkeit
	06.07	Berichtigung 1 zu DIN EN ISO 7730
DIN EN ISO 9488 03.01		Sonnenenergie – Vokabular (ISO 9488:1999); Dreisprachige Fassung EN ISO 9488:1999
DIN EN ISO 10077		Wärmetechnisches Verhalten von Fenstern, Türen und Abschlüssen – Berechnung des Wärmedurchgangskoeffizienten
T1	05.10	Allgemeines
T2	06.12	Numerische Verfahren für Rahmen
	10.12	Berichtigung 1 zu Teil 2
DIN EN ISO 10140		Akustik – Messung der Schalldämmung von Bauteilen im Prüfstand;
T1	05.12	Anwendungsregeln für bestimmte Produkte
T2	12.10	Messung der Luftschalldämmung
T3	12.10	Messung der Trittschalldämmung
T4	12.10	Messverfahren und Anforderungen
T5	12.10	Anforderungen an Prüfstände und Prüfeinrichtungen
	11.12E	Änderung 1 zu Teil 5
DIN EN ISO 10211 04.08		Wärmebrücken im Hochbau – Wärmeströme und Oberflächentemperaturen – Detaillierte Berechnungen

DIN EN ISO 10456 05.10	Baustoffe und Bauprodukte – Wärme- und feuchtetechnische Eigenschaften – Tabellierte Bemessungswerte und Verfahren zur Bestimmung der wärmeschutztechnischen Nenn- und Bemessungswerte		-520	06.13	Auswahl und Errichtung von elektrischen Betriebsmitteln – Kapitel 52: Kabel- und Leitungsanlagen
		Bbl. 2	10.10	Bbl. zu -520: Schutz bei Überlast, Auswahl von Überstrom-Schutzeinrichtungen, maximal zulässige Kabel- und Leitungslängen zur Einhaltung des zulässigen Spannungsfalls und der Abschaltzeiten zum Schutz gegen elektrischen Schlag
DIN EN ISO 11654 07.97	Akustik – Schallabsorber für die Anwendung in Gebäuden – Bewertung der Schallabsorption			
DIN EN ISO 13789 04.08	Wärmetechnisches Verhalten von Gebäuden – Spezifischer Transmissions- und Lüftungswärmedurchgangskoeffizient – Berechnungsverfahren	-540	06.12	Auswahl und Errichtung elektrischer Betriebsmittel – Erdungsanlagen und Schutzleiter
	-600	06.08	Prüfungen
DIN EN 62446; **VDE 0126-23** 07.10	Netzgekoppelte Photovoltaik-Systeme – Mindestanforderungen an Systemdokumentation, Inbetriebnahmeprüfung und wiederkehrende Prüfungen	-701	08.10	Anforderungen für Betriebsstätten, Räume und Anlagen besonderer Art – Räume mit Badewanne oder Dusche
	-703	02.06	Anforderungen für Betriebsstätten, Räume und Anlagen besonderer Art – Räume und Kabinen mit Saunaheizungen
DIN SPEC 13779 12.09	Lüftung von Nichtwohngebäuden – Allgemeine Grundlagen und Anforderungen für Lüftungs- und Klimaanlagen und Raumkühlsysteme – Nationaler Anhang zu DIN EN 13779:2007-09	-704	10.07	Anforderungen für Betriebsstätten, Räume und Anlagen besonderer Art – Baustellen
	-712	06.06	Anforderungen für Betriebsstätten, Räume und Anlagen besonderer Art – Solar-Photovoltaik(PV)-Stromversorgungssysteme
DIN VDE 0100	**Errichten von Niederspannungsanlagen:**			
-100	06.09	Allgemeine Grundsätze, Bestimmungen allgemeiner Merkmale, Begriffe		
-200	06.06	Begriffe	-732	07.95	Hausanschlüsse in öffentlichen Kabelnetzen
-410	06.07	Schutzmaßnahmen – Schutz gegen elektrischen Schlag		
-430	10.10	Schutzmaßnahmen – Schutz bei Überstrom	-737	01.02	Feuchte und nasse Bereiche und Räume und Anlagen im Freien
-510	03.11	Auswahl und Errichtung elektrischer Betriebsmittel – Allgemeine Bestimmungen	**DIN VDE 0105-100** 10.09	**Betrieb von elektrischen Anlagen; Allgemeine Festlegungen**

DIN VDE 0126-5; VDE 0126-5 02.12 01.14 02.14E	Anschlussdosen für Photovoltaik-Module Änderung 1 zu DIN VDE 0126-5 Änderung 2 zu DIN VDE 0126-5	DIN VDE 0800 DIN VDE 0833-3 09.09	Fernmeldetechnik/ Informationstechnik Gefahrenmeldeanlagen für Brand, Einbruch und Überfall –
DIN VDE 0126-21E; VDE 0126-21 07.07	Photovoltaik im Bauwesen		Festlegungen für Einbruch- und Überfallmeldeanlagen
DIN VDE 0276-1000 06.95	Starkstromkabel – Strom- belastbarkeit, Allgemeines; Umrechnungsfaktoren	VDE-AR-N 4101 08.11	Anforderungen an Zählerplätze in elektrischen Anlagen im Niederspannungsnetz
DIN VDE 0293-308 01.03	Kennzeichnung der Adern von Kabeln/Leitungen und flexiblen Leitungen durch Farben	VDE-AR-E 2100-712 05.13	Anwendungsregel: Maßnahmen für den DC-Bereich einer Photo- voltaikanlage zum Einhalten
DIN VDE 0298-4 06.13	Verwendung von Kabeln und isolierten Leitungen für Stark- stromanlagen – Empfohlene Werte für die Strombelastbarkeit von Kabeln und Leitungen für feste Verlegung in und an Gebäuden und von flexiblen Leitungen		der elektrischen Sicherheit im Falle einer Brandbekämpfung oder einer technischen Hilfe- leistung
		VDE-AR-N 4105 08.11	Anwendungsregel: Erzeugungs- anlagen am Niederspannungs- netz – Technische Mindestan- forderungen für Anschluss und Parallelbetrieb von Erzeugungs- anlagen am Niederspannungs- netz
DIN VDE 0603-1 10.91	Installationskleinverteiler und Zählerplätze AC 400 V		
DIN VDE 0606-1 10.00	Verbindungsmaterial bis 690 V – Teil 1: Installationsdosen zur Aufnahme von Geräten und/oder Verbindungsklemmen		

3 Merkblätter und Richtlinien

Von den Berufs- und Fachverbänden werden Fachregeln für die Bauausführung herausgegeben. Diese berücksichtigen die Normung und geben darüber hinaus dem Handwerker Regelmaßnahmen zur fachlich einwandfreien Bauausführung. Sie sind teilweise durch jahrelange Anwendung zu anerkannten Regeln der Technik geworden. Die nachfolgende Zusammenstellung bietet eine Auswahl von technischen Regelwerken der wichtigsten Herausgeber.

DIN VDE 0606-200 08.13	Installationssteckverbinder für dauernde Verbindung in festen Installationen
DIN VDE 0660-600-4 09.13	Niederspannungs-Schalt- gerätekombinationen – Besondere Anforderungen für Baustromverteiler (BV)
DIN VDE 0710-1 03.69	Vorschriften für Leuchten mit Betriebsspannungen unter 1 000 V: Allgemeine Vorschriften

Bundesverband Estrich und Belag e. V.

– Abdichtungsstoffe im Verbund mit Bodenbelägen, 08/2010

Bundesverbände Glaserhandwerk, Metallhandwerk, Holz und Kunststoff

- Richtlinie: Visuelle Prüf- und Bewertungsgrundsätze für Verglasungen, 2009
- Richtlinie: Einbau und Anschluss von Fenstern und Fenstertüren, 2002

Deutsches Institut für Bautechnik (DIBt)

- „Bauregellisten", www.dibt.de
- DIBt-Informationsschrift „Hinweise für die Herstellung, Planung und Ausführung von Solaranlagen", 7/2012

Fachverband des Deutschen Fliesengewerbes im Zentralverband des Deutschen Baugewerbes e. V.

- Hinweise für die Ausführung von flüssig zu verarbeitenden Verbundabdichtungen mit Bekleidungen und Belägen aus Fliesen und Platten für den Innen- und Außenbereich; Ausgabe: 08/2012
- Hinweise für die Planung und Ausführung von Abläufen und Rinnen in Verbindung mit Abdichtungen im Verbund (AIV); Ausgabe: 08/2012

Institut für Fenstertechnik e. V., ift, Rosenheim

Das Institut für Fenstertechnik e. V. hat diverse Richtlinien und Empfehlungen herausgegeben, u. a.

- Richtlinie: WA-08/1 Wärmetechnisch verbesserte Abstandshalter
- Richtlinie: FE-05/2 Einsatzempfehlungen für Fenster und Außentüren
- Richtlinie: WA-02/3 U_f-Werte für Kunststoffprofile aus Fenstersystemen
- Richtlinie: WA-04/1 Verfahren zur Ermittlung von U_w-Werten für Holzfenster

VDI-Gesellschaft Technische Gebäudeausrüstung – Heizungs-, Klima-, Haustechnik

- VDI 2719 08.87 Schalldämmung von Fenstern und deren Zusatzeinrichtungen
- VDI 3807 Verbrauchskennwerte für Gebäude
  - Bl. 1 06.13 Grundlagen
  - Bl. 2 11.12 Verbrauchskennwerte für Heizenergie, Strom und Wasser
- VDI 2055 Wärme- und Kälteschutz von betriebstechnischen Anlagen in der Industrie und in der Technischen Gebäudeausrüstung
- VDI 2055 Blatt 1 09.08 Wärme- und Kälteschutz von betriebstechnischen Anlagen in der Industrie und in der Technischen Gebäudeausrüstung – Berechnungsgrundlagen
- VDI 2067 Wirtschaftlichkeit gebäudetechnischer Anlagen;
  - B1   09.12 Grundlagen und Kostenberechnung
  - B10 09.13 Energiebedarf von Gebäuden für Heizen, Kühlen, Be- und Entfeuchten
  - B12 06.00 Nutzenergiebedarf für die Trinkwassererwärmung
  - B20 08.00 Energieaufwand der Nutzenübergabe bei Warmwasserheizungen
- VDI 2566 Blatt 1 04.11 Schallschutz bei Aufzugsanlagen mit Triebwerksraum
- VDI 2566 Blatt 2 05.04 Schallschutz bei Aufzugsanlagen ohne Triebwerksraum
- VDI 2715 11.11 Lärmminderung an Warm- und Heißwasseranlagen
- VDI 4100 10.12 Schallschutz im Hochbau – Wohnungen – Beurteilung und Vorschläge für erhöhten Schallschutz

- VDI 4650
  B1   03.09   Berechnungen von Wärmepumpen; Kurzverfahren zur Berechnung der Jahresarbeitszahl von Wärmepumpenanlagen – Elektro-Wärmepumpen zur Raumheizung und Warmwasserbereitung

- VDI 6000/1 02.08   Ausstattung von und mit Sanitärräumen – Wohnungen

- VDI 6000/5 11.04   Ausstattung von und mit Sanitärräumen – Seniorenwohnungen, Seniorenheime, Seniorenpflegeheime

- VDI 6002/1 04.13   Solare Trinkwassererwärmung; Allgemeine Grundlagen, Systemtechnik und Anwendung im Wohnungsbau

- VDI 6008/2 12.12   Barrierefreie Lebensräume – Möglichkeiten der Sanitärtechnik

- VDI 6024/1 09.08   Wassersparen in Trinkwasser-Installationen – Anforderungen an Planung, Ausführung, Betrieb und Instandhaltung

Zentralverband des Deutschen Baugewerbes ZDB

- ZDB-Merkblatt: Toleranzen im Hochbau 07.07

Zentralverband des Deutschen Dachdeckerhandwerks – Fachverband Dach-, Wand- und Abdichtungstechnik – e. V.

- Fachregel für Abdichtungen – Flachdachrichtlinie, 10.08
- Fachregeln für Dachdeckungen, 04.86 bis 12.12
- Fachregeln für Außenwandbekleidungen, 07.87 bis 03.02
- Fachregeln für Metallarbeiten im Dachdeckerhandwerk, 01.03 bis 03.11
- Merkblatt Solartechnik für Dach und Wand, 04.11

4 Verbände und Beratungsstellen

4.1 Baustoffe: Steine + Erden

Bundesverband **Baustoffe – Steine und Erden** e. V.
10969 Berlin, Kochstraße 6–7
Tel. 0 30/72 61 99 9-0, Fax 0 30/72 61 99 9-12
Internet: www.bvbaustoffe.de
E-Mail: info@bvbaustoffe.de

Bundesverband **Betonbauteile** Deutschland e. V.
10969 Berlin, Kochstraße 6–7
Tel. 0 30/25 92 29 2-10, Fax 0 30/25 92 29 2-19
Internet: www.betoninfo.de
E-Mail: gf@betoninfo.de

Verband der Deutschen **Feuerfest-Industrie** e. V.
56204 Höhr-Grenzhausen, Rheinstraße 58
Tel. 02 62 4/94 33-100, Fax 02 62 4/94 33-155
Internet: www.vdffi.de
E-Mail: info@vdffi.de

Bundesverband der Deutschen **Kalkindustrie** e. V.
50968 Köln, Annastraße 67–71
Tel. 02 21/93 46 74-0, Fax 02 21/93 46 74-10/-14
Internet: www.kalk.de
E-Mail: information@kalk.de

Bundesverband **Kalksandsteinindustrie** e. V.
30419 Hannover, Entenfangweg 15
Tel. 05 11/27 95 4-0, Fax 05 11/27 95 4-54
Internet: www.kalksandstein.de
E-Mail: info@kalksandstein.de

Bundesverband **Leichtbeton** e. V.
56564 Neuwied, Sandkaulerweg 1
Tel. 0 26 31/35 55 50, Fax 0 26 31/3 13 36
Internet: www.leichtbeton.de
E-Mail: info@leichtbeton.de

Deutsche Gesellschaft für **Mauerwerksbau** e. V.
10969 Berlin, Kochstraße 6–7
Tel. 0 30/25 35 96-40, Fax 0 30/25 35 96-45
Internet: www.dgfm.de
E-Mail: mail@dgfm.de

Bundesverband **Mineralische Rohstoffe** e. V.
50968 Köln, Annastraße 67–71
Tel. 02 21/93 46 74-60, Fax 02 21/93 46 74-64
Internet: www.bv-miro.org
E-Mail: info@bv-miro.org

Deutscher **Naturwerkstein Verband** e. V.
97070 Würzburg, Sanderstraße 4
Tel. 09 31/1 20 61, Fax 09 31/1 45 49
Internet: www.natursteinverband.de
E-Mail: info@natursteinverband.de

Bundesverband **Porenbetonindustrie** e. V.
10969 Berlin, Kochstraße 6–7
Tel. 0 30/25 92 82-14, Fax 0 30/25 92 82-64
Internet: www.bv-porenbeton.de
E-Mail: info@bv-porenbeton.de

Bundesvereinigung **Recycling-Baustoffe** e. V.
47051 Duisburg, Düsseldorfer Straße 50
Tel. 02 03/99 23 9-0, Fax 02 03/99 23 9-98
Internet: www.recyclingbaustoffe.de
E-Mail: info@recyclingbaustoffe.de

Schiefer-Fachverband in Deutschland e. V.
47051 Duisburg, Düsseldorfer Straße 50
Tel. 02 03/99 23 9-43, Fax 02 03/99 23 9-58
Internet: www.schiefer-fachverband.de
E-Mail: info@schiefer-fachverband.de

Bundesverband
der Deutschen **Transportbetonindustrie** e. V.
10969 Berlin, Kochstraße 6–7
Tel. 0 30/2 59 22 92-0, Fax 0 30/2 59 22 92-39
Internet: www.transportbeton.org
E-Mail: info@transportbeton.org

Industrieverband **WerkMörtel** e. V.
47051 Duisburg, Düsseldorfer Straße 50
Tel. 02 03/99 23 9-0, Fax 02 03/99 23 9-98
Internet: www.iwm.de
E-Mail: info@iwm.de

Verein Deutscher **Zementwerke** e. V.
10969 Berlin, Kochstraße 6–7
Tel. 0 30/2 80 02-0, Fax 0 30/2 80 02-250
Internet: www.vdz-online.de
E-Mail: vdz@vdz-online.de

Bundesverband der Deutschen **Ziegelindustrie** e. V.
53113 Bonn, Schaumburg-Lippe-Straße 4
Tel. 02 28/91 49 3-0, Fax 02 28/91 49 3-28
Internet: www.ziegel.de
E-Mail: info@ziegel.de

4.2 Elektrotechnik

ZVEI – Zentralverband
der **Elektrotechnik- und Elektronikindustrie** e. V.
60528 Frankfurt am Main, Lyoner Straße 9
Tel. 0 69/63 02-0, Fax 0 69/63 02-3 17
Internet: www.zvei.org
E-Mail: zvei@zvei.org

ZVEH – Zentralverband der Deutschen
Elektro- und Informationstechnischen Handwerke
60487 Frankfurt am Main, Lilienthalallee 4
Tel. 0 69/24 77 47-0, Fax 0 69/24 77 47-19
Internet: www.zveh.de
E-Mail: zveh@zveh.de

HEA – Fachgemeinschaft
für **effiziente Energieanwendung** e. V.
10117 Berlin, Reinhardtstraße 32
Tel. 0 30/30 01 99-0, Fax 0 30/30 01 99-43 90
Internet: www.hea.de
E-Mail: info@hea.de

BDEW – Bundesverband
der **Energie- und Wasserwirtschaft** e. V.
10117 Berlin, Reinhardtstraße 32
Tel. 0 30/30 01 99-0, Fax 0 30/30 01 99-39 00
Internet: www.bdew.de
E-Mail: info@bdew.de

RAL – Deutsches Institut
für **Gütesicherung** und Kennzeichnung e. V.
53757 Sankt Augustin, Siegburger Straße 39
Tel. 0 22 41/1 60 50, Fax 0 22 41/16 05 11
Internet: www.ral.de
E-Mail: ral-institut@ral.de

FNN – Forum **Netztechnik/Netzbetrieb** im VDE
10625 Berlin, Bismarckstraße 33
Tel. 0 30/3 83 86 87 0, Fax 0 30/38 38 68 77
Internet: www.vde.com/fnn
E-Mail: fnn@vde.com

GDV – Gesamtverband
der Deutschen **Versicherungswirtschaft** e. V.
10117 Berlin, Wilhelmstraße 43/43 G
Tel. 0 30/20 20-50 00, Fax 0 30/20 20-60 00
Internet: www.gdv.de
E-Mail: berlin@gdv.de

4.3 Keramik

Industrieverband **Keramische Fliesen + Platten** e. V.
10117 Berlin, Luisenstraße 44
Tel. 0 30/27 59 59 74-0, Fax 0 30/27 59 59 74-99
Internet: www.fliesenverband.de
E-Mail: info@fliesenverband.de

BVKI – Bundesverband **Keramische Industrie** e. V.
95090 Selb, Postfach 1624
Tel. 0 92 87/80 8-20, Fax 0 92 87/7 04 92
Internet: www.keramverbaende.de
E-Mail: holler@keramverband.de

Bundesverband
Keramische Rohstoffe und Industrieminerale e. V.
56564 Neuwied, Engerser Landstraße 44
Tel. 0 26 31/9 56 04 05, Fax 0 26 31/9 53 59 70
Internet: www.bkr-industrie.de
E-Mail: info@bkri.de

Fachverband **Steinzeugindustrie** e. V.
50226 Frechen, Alfred-Nobel-Straße 17
Tel. 0 22 34/5 07-271, Fax 0 22 34/5 07-79-271
Internet: www.fachverband-steinzeug.de
E-Mail: info@fachverband-steinzeug.de

4.4 Metall

Fachverband **Eisenhüttenschlacken** e. V.
47229 Duisburg, Bliersheimer Straße 62
Tel. 0 20 65/99 45-0, Fax 0 20 65/99 45-10
Internet: www.fehs.de/verbaende/fvehs/
E-Mail: fvehs@fehs.de

Deutscher **Stahlbau-Verband** DSTV
40042 Düsseldorf, Postfach 10 51 45
40237 Düsseldorf, Sohnstraße 65
Tel. 02 11/67 07 8-00, Fax 02 11/67 07 8-20
Internet: www.stahlbauverband.de
E-Mail: dstv@deutscherstahlbau.de

Wirtschaftsvereinigung **Stahlrohre** e. V.
40474 Düsseldorf, Kaiserswerther Straße 137
Tel. 02 11/45 64-131/-132, Fax 02 11/45 64-134
Internet: www.wv-stahlrohre.de
E-Mail: info@wv-stahlrohre.de

Fachverband **Verbindungs- und Befestigungstechnik**
40885 Ratingen, An der Pönt 48
Tel. 0 21 02/1 86-250, Fax 0 21 02/1 86-255
Internet: www.vbt-online.com
E-Mail: kristina.sajonz-rynek@vbt-online.com

4.5 Dämmstoffe

Gesamtverband **Dämmstoffindustrie** GDI
10117 Berlin, Friedrichstraße 95
Tel. 0 30/20 61 89 79-0, Fax 0 30/28 04 19 56
Internet: www.gdi-daemmstoffe.de
E-Mail: info@gdi-daemmstoffe.de

Fachverband **Mineralwolleindustrie** e. V.
10117 Berlin, Friedrichstraße 95
Tel. 0 30/27 59 44 52, Fax 0 30/28 04 19 56
Internet: www.fmi-mineralwolle.de
E-Mail: info@fmi-mineralwolle.de

Industrieverband **Hartschaum** e. V.
69123 Heidelberg, Maaßstraße 32-1
Tel. 0 62 21/77 60 71, Fax 0 62 21/77 51 06
Internet: www.ivh.de
E-Mail: info@ivh.de

Verband **Holzfaser Dämmstoffe** e. V.
42287 Wuppertal, Heinz-Fangman-Straße 2
Tel. 02 02/7 69 72 73-6, Fax 02 02/7 69 72 73-7
Internet: www.holzfaser.org
E-Mail: info@holzfaser.org

Industrieverband **Polyurethan-Hartschaum** e. V.
70191 Stuttgart, Im Kaisemer 5
Tel. 07 11/29 17 16, Fax 07 11/29 49 02
Internet: www.ivpu.de
E-Mail: ivpu@ivpu.de

Fachverband **Schaumkunststoffe** und Polyurethane e. V.
70435 Stuttgart, Stammheimer Straße 35
Tel. 07 11/99 37 51-0, Fax 07 11/99 37 51-11
Internet: www.fsk-vsv.de
E-Mail: fsk@fsk-vsv.de

Fachverband **Wärmedämm-Verbundsysteme** e. V.
76530 Baden-Baden, Fremersbergstraße 33
Tel. 0 72 21/30 09 89-0, Fax 0 72 21/30 09 89-9
Internet: www.fachverband-wdvs.de
E-Mail: info@fachverband-wdvs.de

4.6 Halbzeuge

Verband **Fenster + Fassade** e. V.
60594 Frankfurt/Main, Walter-Kolb-Straße 1–7
Tel. 0 69/95 50 54-0, Fax 0 69/95 50 54-11
Internet: www.window.de
E-Mail: vff@window.de

Bundesverband der **Gipsindustrie** e. V.
10969 Berlin, Kochstraße 6–7
Tel. 0 30/31 16 98 22-0, Fax 0 30/31 16 98 22-9
Internet: www.gips.de
E-Mail: info@gips.de

Bundesverband **Rollladen + Sonnenschutz** e. V.
53177 Bonn, Hopmannstraße 2
Tel. 02 28/9 52 10-0, Fax 02 28/9 52 10-10
Internet: www.rs-fachverband.de
E-Mail: info@rs-fachverband.de

RAL-Gütegemeinschaft
Kunststoff-Fensterprofilsysteme e.V.
53113 Bonn, Am Hofgarten 1-2
Tel. 02 28/7 66 76 54, Fax 02 28/7 66 76 50
Internet: http://www.gkfp.de
E-Mail: info@gkfp.de

4.7 Kunststoffe

Deutscher **Asphaltverband** e. V.
53123 Bonn, Schieffelingsweg 6
Tel. 02 28/97 96 5-0, Fax 02 28/97 96 5-11
Internet: www.asphalt.de
E-Mail: dav@asphalt.de

Industrieverband
Bitumen-, Dach- und Dichtungsbahnen e. V.
60329 Frankfurt/Main, Mainzer Landstraße 55
Tel. 0 69/25 56-13 15, Fax 0 69/25 56-16 02
Internet: www.derdichtebau.de
E-Mail: info@derdichtebau.de

Fenster-Recycling-Service Rewindo GmbH
53113 Bonn, Am Hofgarten 1 - 2
Tel. 02 28/92 12 83-0, Fax 0228/5 38 95 94
Internet: info@rewindo.de
E-Mail: www.rewindo.de

pro-K Industrieverband
Halbzeuge und Konsumprodukte aus Kunststoff e.V.
60596 Frankfurt am Main, Städelstraße 10
Tel. 0 69/271 05-31, Fax 069 23 98 37
E-Mail: info@pro-kunststoff.de

Wirtschaftsverband
der Deutschen **Kautschukindustrie** e. V.
60443 Frankfurt/Main, Postfach 90 03 60
60487 Frankfurt/Main, Zeppelinallee 69
Tel. 0 69/79 36-0, Fax 0 69/79 36-140
Internet: www.wdk.de
E-Mail: info@wdk.de

Industrieverband **Kunststoffbahnen** e. V.
60439 Frankfurt/Main, Emil-von-Behring-Straße 4
Tel. 0 69/3 05-71 48, Fax 0 69/3 05-1 60 39
Internet: www.ivk-europe.com
E-Mail: info@ivk-europe.com

Kunststoffrohrverband e. V.
53175 Bonn, Kennedyallee 1–5
Tel. 02 28/9 14 77-0, Fax 02 28/9 14 77-19
Internet: www.krv.de
E-Mail: kunststoffrohrverband@krv.de

Arbeitsgemeinschaft **PVC und UMWELT** e.V.
53113 Bonn, Am Hofgarten 1–2
Tel. 02 28/9 17 83-0, Fax 02 28/5 38 95 94
E-Mail: agpu@agpu.com

4.8 Holz; Holzwerkstoffe

Absatzförderungsfonds
der deutschen **Forst- und Holzwirtschaft**
53179 Bonn, Deichmanns Aue 29
Tel. 02 28/93 39 95 88, Fax 02 28/93 39 96 40
Internet: www.holzabsatzfonds.de
E-Mail: info@holzabsatzfonds.de

Studiengemeinschaft **Holzleimbau** e. V.
42287 Wuppertal, Heinz-Fangman-Straße 2
Tel. 02 02/76 97 27 32, Fax 02 02/76 97 27 33
Internet: www.brettschichtholz.de
E-Mail: info@studiengemeinschaft-holzleimbau.de

Verband der Deutschen **Parkettindustrie** e. V.
53604 Bad Honnef, Flutgraben 2
Tel. 0 22 24/93 77-0, Fax 0 22 24/93 77-77
Internet: www.parkett.de
E-Mail: info@hdh-ev.de

4.9 Farben; Lacke; Holzschutz

Deutsche **Bauchemie** e. V.
60329 Frankfurt/Main, Mainzer Landstraße 55
Tel. 0 69/25 56-13 18, Fax 0 69/25 56-13 19
Internet: www.deutsche-bauchemie.de
E-Mail: info@deutsche-bauchemie.de

Deutscher **Holz- und Bautenschutzverband** e. V.
50858 Köln, Hans-Willy-Mertens-Straße 2
Tel. 0 22 34/4 84 55, Fax 0 22 34/4 93 14
Internet: www.dhbv.de
E-Mail: info@dhbv.de

Verband
der deutschen **Lack- und Druckfarbenindustrie** e. V.
60329 Frankfurt/Main, Mainzer Landstraße 55
Tel. 0 69/25 56-1411, Fax 0 69/25 56-1358
Internet: www.lackindustrie.de
E-Mail: vdl@vci.de

Verband der **Mineralfarbenindustrie** e. V.
60329 Frankfurt/Main, Mainzer Landstraße 55
Tel. 0 69/25 56-13 51, Fax 0 69/25 30 87
Internet: www.vdmi.de
E-Mail: info@vdmi.vci.de

4.10 Bauindustrie + Baugewerbe

Bundesarbeitskreis **Altbauerneuerung** e. V.
13187 Berlin, Elisabethweg 10
Tel. 0 30/48 49 078-55, Fax 0 30/48 49 078-99
Internet: www.bakaberlin.de
E-Mail: info@bakaberlin.de

Zentralverband Deutsches **Baugewerbe** e. V.
10117 Berlin, Kronenstraße 55–58
Tel. 0 30/2 03 14-0, Fax 0 30/2 03 14-420
Internet: www.zdb.de
E-Mail: info@zdb.de

Hauptverband der Deutschen **Bauindustrie** e. V.
10785 Berlin, Kurfürstenstraße 129
Tel. 0 30/2 12 86-0, Fax 0 30/2 12 86-240
Internet: www.bauindustrie.de
E-Mail: info@bauindustrie.de

Bundesverband Deutscher **Fertigbau** e. V.
53604 Bad Honnef, Flutgraben 2
Tel. 0 22 24/93 77-0, Fax 0 22 24/93 77-77
Internet: www.fertigbau.de
E-Mail: info@bdf-ev.de

Fachverband **Schloss- und Beschlagindustrie** e. V.
42503 Velbert, Postfach 10 03 70
42551 Velbert, Offerstraße 12
Tel. 0 20 51/95 06-0, Fax 0 20 51/95 06-25
Internet: www.fvsb.de
E-Mail: info@fvsb.de

Arbeitsgemeinschaft für **zeitgemäßes Bauen** e. V.
24103 Kiel, Walkerdamm 17
Tel. 04 31/6 63 69-0, Fax 04 31/6 63 69-69
Internet: www.arge-sh.de
E-Mail: mail@arge-sh.de

4.11 Handwerk

Zentralverband
des Deutschen **Dachdeckerhandwerks** e. V.
– Fachverband **Dach-, Wand- und Abdichtungstechnik** –
50946 Köln, Postfach 51 10 67
50968 Köln, Fritz-Reuter-Straße 1
Tel. 02 21/39 80 38-0, Fax 02 21/39 80 38-99
Internet: www.dachdecker.de
E-Mail: zvdh@dachdecker.de

Zentralverband der Deutschen
Elektro- und Informationstechnischen Handwerke
60487 Frankfurt/Main, Lilienthalallee 4
Tel. 0 69/24 77 47-0, Fax 0 69/24 77 47-19
Internet: www.zveh.de
E-Mail: zveh@zveh.de

Verband Freier **Energieberater** e. V.
47791 Krefeld, Prinz-Ferdinand-Straße 95
Tel. 0 21 51/15 22 99, Fax 0 21 51/15 22 91
Internet: www.verband-energieberatung.de
E-Mail: info@verband-energieberatung.de

Europäischer Verband
der **Energie- und Umweltschutzberater** e. V.
82049 Pullach im Isartal, Wolfratshauser Straße 9a
Tel. 0 89/79 36 73 04, Fax 089/79 36 73 05
Internet: www.eveu.de
E-Mail: info@eveu.de

Bundesverband **Estrich und Belag** e. V. (BEB)
53842 Troisdorf-Oberlar, Industriestraße 19
Tel. 0 22 41/3 97 39 60, Fax 0 22 41/3 97 39 69
Internet: www.beb-online.de
E-Mail: info@beb-online.de

Bundesverband **Farbe, Gestaltung, Bautenschutz**
60486 Frankfurt/Main, Gräfstraße 79
Tel. 0 69/6 65 75-300, Fax 0 69/6 65 75-350
Internet: www.farbe.de
E-Mail: bvfarbe@farbe.de

Gütegemeinschaft **Fenster und Haustüren** e.V.
60594 Frankfurt/Main, Walter-Kolb-Str. 1–7
Tel. 0 69/95 50 54-0, Fax 0 69/95 50 54-11
Internet: www.window.de
E-Mail: ral@window.de

Fachverband **Fliesen und Naturstein** im Zentralverband
Deutsches Baugewerbe e. V.
10117 Berlin, Kronenstraße 55–58
Tel. 0 30/20 31 4-0, Fax 0 30/20 31 4-420
Internet: www.zdb.de
E-Mail: info@zdb.de

Bundesvereinigung
der Firmen im **Gas- und Wasserfach** e. V.
50968 Köln, Marienburger Straße 15
Tel. 02 21/3 76 68-20, Fax 02 21/3 76 68-60
Internet: www.figawa.de
E-Mail: info@figawa.de

Bundesverband **Gerüstbau**
51107 Köln, Rösrather Straße 645
Tel. 02 21/8 70 60-60, Fax 02 21/8 70 60-90
Internet: www.geruestbauhandwerk.de
E-Mail: info@geruestbauhandwerk.de

Bundesinnungsverband des **Glaserhandwerks**
65589 Hadamar, An der Glasfachschule 6
Tel. 0 64 33/9 13 30, Fax 0 64 33/57 02
Internet: www.glaserhandwerk.de
E-Mail: biv@glaserhandwerk.de

Zentralverband des Deutschen **Handwerks**
10117 Berlin, Mohrenstraße 20/21
Tel. 0 30/2 06 19-0, Fax 0 30/2 06 19-460
Internet: www.zdh.de
E-Mail: info@zdh.de

Bundesverband
Metall – Vereinigung deutscher Metallhandwerke
45138 Essen, Huttropstraße 58
Tel. 02 01/8 96 19-0, Fax 02 01/8 96 19-20
Internet: www.metallhandwerk.de
E-Mail: info@metallhandwerk.de

Zentralverband **Parkett und Fußbodentechnik**
53842 Troisdorf, Industriestraße 19
Tel. 0 22 41/9 43 69 70, Fax 0 22 41/9 43 69 71
Internet: www.zv-parkett.de
E-Mail: info@zv-parkett.de

Bundesverband
Flächenheizungen und Flächenkühlungen e. V.
58095 Hagen, Hochstraße 115
Tel. 0 23 31/20 08 50, Fax 0 23 31/20 08 17
Internet: www.flaechenheizung.de
E-Mail: info@flaechenheizung.de

Zentralverband **Sanitär Heizung Klima**
53757 Sankt Augustin, Rathausallee 6
Tel. 0 22 41/92 99-0, Fax 0 22 41/2 13 51
Internet: www.zentralverband-shk.de
E-Mail: info@zvshk.de

Bundesverband des **Schornsteinfegerhandwerks**
– Zentralinnungsverband –
53757 Sankt Augustin, Westerwaldstraße 6
Tel. 0 22 41/34 07-0, Fax 0 22 41/34 07-10
Internet: www.schornsteinfeger.de
E-Mail: ziv@schornsteinfeger.de

Bundesverband Deutscher **Steinmetze**
Bundesinnungsverband des
Deutschen **Steinmetz- und Steinbildhauerhandwerks**
60439 Frankfurt/Main, Weißkirchener Weg 16
Tel. 0 69/5 76 09-8, Fax 0 69/5 76 09-0
Internet: www.biv-steinmetz.de
E-Mail: info@biv-steinmetz.de

4.12 Normung; Gütesicherung

DIN Deutsches **Institut für Normung** e. V.
10787 Berlin, Burggrafenstraße 6
Tel. 0 30/26 01-0, Fax 0 30/26 01-12 31
Internet: www.din.de

RAL – Deutsches Institut
für Gütesicherung und Kennzeichnung e. V.
53757 Sankt Augustin, Siegburger Straße 39
Tel. 0 22 41/16 05-0, Fax 0 22 41/16 05-11
Internet: www.ral.de
E-Mail: ral-institut@ral.de

Gütegemeinschaft **energieeffiziente Gebäude** e. V.
88400 Biberach, Am Schnellbäumle 16
Tel. 0 73 51/57 89-488, Fax 0 73 51/57 89-489
Internet: www.effiziente-gebaeude.de
E-Mail: info@effiziente-gebaeude.de

RAL Gütegemeinschaft **Solarenergieanlagen** e. V.
76139 Karlsruhe, Marie-Curie-Straße 6
Tel. 0178/774 0000, Fax 0721/3 84 18 82
Internet: www.ralsolar.de
E-Mail: dobelmann@ralsolar.de

4.13 Auskunfts- und Beratungsstellen

Gesamtverband der **Aluminiumindustrie** e. V.
40474 Düsseldorf, Am Bonneshof 5
Tel. 02 11/47 96-0, Fax 02 11/47 96-408
Internet: www.aluinfo.de
E-Mail: information@aluinfo.de

Verband **Baubiologie**
53474 Bad Neuenahr, Margarethenweg 7
Tel. 0 26 41/9 11 93 94, Fax 0 26 41/9 11 93 95
Internet: www.verband-baubiologie.de
E-Mail: info@verband-baubiologie.de

Informationsstelle **Edelstahl Rostfrei**
40237 Düsseldorf, Sohnstraße 65
Tel. 02 11/67 07-835, Fax 02 11/67 07-344
Internet: www.edelstahl-rostfrei.de
E-Mail: info@edelstahl-rostfrei.de

HEA – Fachgemeinschaft
für **effiziente Energieanwendung** e. V.
10117 Berlin, Reinhardtstraße 32
Tel. 0 30/30 01 99-0, Fax 0 30/30 01 99-4390
Internet: www.hea.de
E-Mail: info@hea.de

Institut **Feuerverzinken** GmbH
40237 Düsseldorf, Graf-Recke-Straße 82
Tel. 02 11/69 07 65-0, Fax 02 11/69 07 65-28
Internet: www.feuerverzinken.com
E-Mail: info@feuerverzinken.com

Beratungsstelle für **Gussasphaltanwendung** e. V.
53129 Bonn, Dottendorfer Straße 86
Tel. 02 28/23 98 99, Fax 02 28/23 93 99
Internet: www.gussasphalt.de
E-Mail: info@gussasphalt.de

Deutsche **Keramische** Gesellschaft e. V.
51147 Köln, Am Grott 7
Tel. 0 22 03/9 66 48-0, Fax 0 22 03/6 93 01
Internet: www.dkg.de
E-Mail: info@dkg.de

bauforumstahl e. V.
40237 Düsseldorf, Sohnstraße 65
Tel. 02 11/67 07-828, Fax 02 11/67 07-829
Internet: www.bauforumstahl.de
E-Mail: zentrale@bauforumstahl.de

Wirtschaftsvereinigung **Stahl**
40237 Düsseldorf, Sohnstraße 65
Tel. 02 11/67 07-0, Fax 02 11/67 07-310
Internet: www.stahl-info.de
E-Mail: info@stahl-info.de

vero – Verband der **Bau- und Rohstoffindustrie** e. V.
47051 Duisburg, Düsseldorfer Straße 50
Tel. 02 03/9 92 39-0, Fax 02 03/9 92 39-97
Internet: www.vero-baustoffe.de
E-Mail: info@vero-baustoffe.de

Zinkberatung Ingenieurdienste GmbH
40479 Düsseldorf, Vagedesstraße 4
Tel. 02 11/35 08 67, Fax 02 11/35 08 69
Internet: www.zinkberatung.de
E-Mail: zinkberatung@t-online.de

4.14 Sonstige

Bundesindustrieverband
Technische Gebäudeausrüstung e. V.
53129 Bonn, Hinter Hoben 149
Tel. 02 28/9 49 17-0, Fax 02 28/9 49 17-17
Internet: www.btga.de
E-Mail: info@btga.de

Fachverband **Gebäude-Klima** e. V.
74321 Bietigheim-Bissingen, Danziger Straße 20
Tel. 0 71 42/78 88 99-0, Fax 0 71 42/78 88 99-19
Internet: www.fgk.de
E-Mail: info@fgk.de

Deutsche **Lichttechnische Gesellschaft** e. V.
10787 Berlin, Burggrafenstraße 6
Tel. 0 30/26 36-9524, Fax 0 30/26 55-7873
Internet: www.litg.de
E-Mail: info@litg.de

Fachverband **Luftdichtheit** im Bauwesen e. V.
12489 Berlin, Kekuléstraße 2–4
Tel. 0 30/63 92-5394, Fax 0 30/63 92-5396
Internet: www.flib.de
E-Mail: info@flib.de

Bundesverband für **Wohnungslüftung** e. V.
60385 Frankfurt, Bornheimer Landwehr 39
Tel. 0 69/2 69 12 80 43, Fax 0 69/2 69 12 80 48
Internet: www.wohnungslueftung-ev.de
E-Mail: info@wohnungslüftung-ev.de

ANHANG

Stichworte A – Z

Hinweise zur CD-ROM

Stichworte — A – B

A

A/V$_e$-Verhältnis	1/7
Abdichtung	
Bauwerk	11/43
Feuchträume	7/26, 19/19
Abgassysteme	16/50
für Brennwertkessel	16/53
für konventionelle Anlagen	16/52
Abgasverlust	16/37
Abluftanlagen	9/4, 14/38
Abwärmenutzung	14/47
Komponenten	14/40
Regelkonzepte	14/48
Abluftdurchlässe	14/44
Abluftwärmepumpe	14/67
Abluftzone	14/32
Abriebfestigkeit	19/30
Abwärmenutzung	14/47, 14/67
Aerogel	3/9
Allergien	14/6
Milben	14/6
Pollen	14/7
Schimmelpilze	14/6
Allgemeinbeleuchtung	20/3
Alte Außenwandkonstruktionen	4/48
Amorphe Siliziumzellen	17/55
Antennenanlagen	12/82
Arbeitszahl β	16/8
Armaturen	13/11, 19/16
Armaturen der Wasserinstallation	15/18
atmosphärischer Brenner	16/48
Aufputz-Installation	12/57
Aufwandszahl	2/10
Anlagenaufwandszahl	2/27
Wärmeerzeuger-Aufwandszahl	2/30
Ausgebaute Dachgeschosse	6/16
Ausgleichsschicht	7/13
Ausrichtung	17/61
Außendämmung	4/29, 4/48
Außenflächenheizung	16/74
Außenlärmpegel, maßgeblicher	11/59
Außenluftdurchlässe	14/40
Außenputze	4/12
Außenwände	4/8
Außendämmung	4/29
einschalig	4/13, 4/23, 4/29
gegen Erdreich	4/46
hinterlüftet	4/37
im Bestand	4/48
Innendämmung	4/34
Kenndaten	4/18
Konstruktionen	4/13, 4/18
Leichtbauweise	4/43
Luftdichtheit	4/9
Materialien	4/10
Preise	4/18
Schallschutz	4/9
Übergangsbereiche	4/22
Verbesserung des Wärmeschutzes	4/48
Wärmeschutz	4/8
zweischalig	4/16, 4/37, 4/39
Autarke Photovoltaikanlagen	17/52

B

Back-up-Systeme	17/52
Bad, Dusche und WC	
Abdichtung	19/19
Abstandsmaße	19/5
Beleuchtung	19/25
Elektroinstallation	12/41, 12/47, 19/25
Grundflächen	19/2
Heizung	19/23
im Dachgeschoss	19/9
Lüftung	19/25
Normen und Richtlinien	19/32
Planungsbeispiele	19/11
räumliche Anordnung	19/3
Schallschutz	19/19
Schutzmaßnahmen, Elektroinstallation	12/43
Vorwandinstallation	19/14
Wand- und Bodenbeläge	19/27
Warmwasserversorgung	16/56, 19/23
Balkonplatte	7/20
Batteriespeicher	17/53
Bauphysik	11/4
Bauproduktengesetz	11/66
Bauproduktenrichtlinie	11/66
Bauregelliste	5/36, 11/66
Bauschäden	
durch Erdfeuchtigkeit	4/49
durch Luftundichtheit	9/3
durch Wärmebrücken	10/2
Baustellenanschluss	12/4
Baustoffkennwerte	11/66, 11/69
Baustoffklasse	3/4
Baustromversorgung	12/5
Schutzmaßnahmen	12/5
Bauwerksabdichtungen	11/43
Behaglichkeit	14/9
Luftfeuchte	14/10
Beleuchtung im Wohnbereich	20/26
Essen	20/30
Kommunikation	20/32
Körperpflege	20/33
Küche	20/27
Lesen und Arbeiten im Sessel	20/30
Schlafzimmer	20/32
Schreibtischarbeit	20/28
Spielen	20/32
Verkehrswege	20/26
Beleuchtung mit Tageslicht	20/21
Tageslichtquotienten	20/21
Beleuchtungselemente	20/8
Energieklassifizierung	20/35
Glühlampen	20/9
Halogenglühlampen	20/10
Kompaktleuchtstofflampen	20/15
Lampen	20/8
Lebensdauer	20/8
Leuchten	20/17
Leuchten für Kleinspannung	20/19
Leuchtenbetriebswirkungsgrad	20/18
Leuchtstofflampen	20/13
Lichtstärkeverteilungskurve	20/18
lichttechnische Kennzeichnung	20/18
sicherheitstechnische Kennzeichen	20/18
Vorschaltgeräte	20/13
Beleuchtungs-Gütemerkmale	20/2
Beleuchtungsniveau	20/2
Beleuchtungsstärke	20/2
Blendungsbegrenzung	20/4
Farbwiedergabeeigenschaften	20/6

Stichworte — B – D

Helligkeitsverteilung	20/2
Lichtfarbe	20/5
Lichtrichtung	20/4
Schattigkeit	20/4
Beleuchtungskosten	20/34
Beleuchtungsstärke-Berechnung	20/24
punktweise Berechnung	20/25
Wirkungsgradverfahren	20/25
Beleuchtungstechnische Begriffe	20/37
Beleuchtungsstärke	20/8, 20/38
Blendung, physiologische	20/4
Blendung, psychologische	20/4
Direktblendung	20/4
Farbtemperatur	20/5
Farbwiedergabeeigenschaften	20/6
Leuchtdichte	20/3, 20/38
Lichtausbeute	20/8, 20/38
Lichtfarbe	20/5
Lichtstärke	20/8, 20/38
Lichtstrom	20/8, 20/38
Reflexblendung	20/4, 20/20
Reflexionsgrad	20/20
Belüftetes Flachdach (Kaltdach) mit	
Zusatzdämmung	6/30
Bemessungswerte	11/67
Bewegungsfugen	
Abstand	11/20
Dimensionierung	11/20
Blähglimmer	3/26
Blähton	3/10
Blankwiderstandsheizung	15/10, 15/11
Blaubrenner	16/50
Blei-Akkumulatoren	17/58
Blitzschutz	12/82, 17/39
äußerer Blitzschutz	12/83
Überspannungsschutz	12/84
Bodenbeläge	7/15, 19/27
Bodenbündige Duschen	19/16
Brandschutz	
von Dächern	6/4, 6/6
von Decken	7/15
von Wänden	8/5
Brenneraustausch	16/60
Brennerbauarten	16/47
Brennwert	16/35
Brennwertkessel	16/39
Brennwertnutzung	16/39
Abgassysteme	16/53
im Gebäudebestand	16/42
Kesselkonstruktion	16/43
Kondensatbehandlung	16/46
Öl-Brennwertnutzung	16/45
pH-Wert	16/44
Rücklauftemperatur	16/40
Wärmetauscherflächen	16/44
Bypassdiode	17/65

C

Cadmium-Tellurid-Zellen	17/56
CE-Kennzeichen	11/66, 12/8
CE-Zeichen	5/35

D

Dach	
begrünt	6/23
Belüftungsquerschnitt	6/11
Brandschutz	6/4, 6/6
Einbruchschutz	6/5
geneigt	6/5
Luftdichtheit	6/3, 6/6, 6/11
Luftschalldämmung	6/6
Mindestdachneigung	6/5
Nachträgliche Wärmedämmung	6/27, 6/29
Schallschutz	6/3
Unfallschutz	6/4
Untersparrendämmung	6/27
Wärmedurchgangskoeffizienten	6/2, 6/3, 6/14, 6/26, 6/27, 6/31
Wärmeschutz	6/25
Wärmeschutz bei baulichen Änderungen	6/27
Wartung und Instandhaltung	6/5
Dachbelüftung	6/7, 6/12
Dachdämmung	6/11
aufgelegt	6/29
außen liegend	6/16
im Bestand	6/25
über den Sparren	6/16
unter den Sparren	6/27
zwischen den Sparren	6/14, 6/28
zwischen und über den Sparren	6/14
zwischen und unter den Sparren	6/16
Dachdeckung und -lüftung	6/7
Dachentwässerungsanlagen	11/41
Dächer im Bestand	6/25
Dächer	
siehe Dach	
Dachflächenfenster	6/17
Dachgeschosse, ausgebaut	6/16
Dachrinnenheizung	16/74
Dachterrassen	6/23
Dämmschichtdicke	13/4, 13/5
Dampfbremse	11/41
Dampfsperre	11/41
Decken	7/2
alte Deckenkonstruktionen	7/29
auskragend	7/19
Brandschutz	7/15
Feuchteschutz	7/6
Luftdichtheit	7/4
Nachträgliche Wärmedämmung	7/31
Schalldämm-Maß	7/3
Schallschutz	7/3, 7/4, 7/6
Trittschallpegel	7/3
über Außenluft	7/8
über Erdreich	7/6
unter nicht ausgebauten Dachgeschossen	7/17
Wärmedurchgangskoeffizient	7/2, 7/8, 7/9, 7/11, 7/19, 7/30, 7/33
Wärmeschutz bei baulichen Änderungen	7/30
Wärmeschutz im Bestand	7/29
Deckenabschluss	4/24
Deckenauflager	4/23
DEGA-Empfehlung 103	13/25
Detailliertes Verfahren	2/31
Dezentrale Wärmeübertrager	17/30
Diagrammverfahren	2/27
Beispiel-Diagramm	2/28
Nachteile	2/28
Vorteile	2/28
Dichtheitsnachweis	9/22

Stichworte D – E

Diffusion	
siehe Wasserdampfdiffusion	
Direktheizung	16/73
Direktvermarktung	17/85
Drain-Back-System	17/27
Druckzerstäubungsbrenner	16/49
DSL und Netzwerkinstallationen	12/75
Dünnschichtmodul	17/66
Dunstabzugshauben	18/41
bei Wohnungslüftungs-	
anlagen	14/20, 14/38
Durchflussklassen	13/9
Durchlauferhitzer	15/9
Anschlussleistung	15/14
elektronische	15/11
hydraulische	15/10
Kleindurchlauferhitzer	15/16
Vorteile	15/15
DVB = Digital Video Broadcasting	12/80

E

Effizienzhaus	1/17, 1/18
EIB	12/87
Eigenverbrauch	17/72
Eigenverbrauchsanteil	17/71
Eigenverbrauchsbelastung	17/86
Einspeisemanagement	17/87
Einspeisevergütung	17/85
Einstrahlungsleistung	17/60
Elektrogeräte	12/32
Elektrogeräte, Anschlusswerte	12/32
Elektroheizsysteme	16/64
Außenflächenheizung	16/74
Dachrinnenheizung	16/74
Direktheizung	16/73
Elektro-Speicherheizung	16/66
Energieverbrauch	16/65
Elektroinstallation	
Aufputz-Installation	12/57
Ausführungspläne	12/10
Ausstattungsumfang	12/36
DIN-Normen	12/9
Erneuerung	12/85
im Abstellraum	12/48
im Bad	12/41
im Boden und Keller	12/50
im Flur	12/47
im Freisitz	12/50
im Hausarbeitsraum	12/39
im Hobbyraum	12/48
im Schlafraum	12/46
im WC-Raum	12/47
im Wohnraum	12/46
in der Küche	12/39
in Einzelgaragen	12/50
in Gemeinschaftsanlagen	12/54
in Wohnungen	12/36
Installationsformen	12/57
Installationszonen	12/59
Kanal-Installation	12/59
Leitungen	12/61
Planung	12/7
Prüfen elektrischer Anlagen	12/92
Rohr-Installation	12/58
Schaltzeichen	12/94
Schutzarten	12/68
Schutzbereiche	12/43
Unterputz-Installation	12/58
Verbindungsmaterial	12/67
von Elektroheizungen	12/52
Vorzugshöhen	12/60
Elektro-Installationskanäle	12/86
Elektroleitungen	
Strombelastbarkeit	12/63
Überstromschutz	12/63
Zulässiger Spannungsfall	12/66
Elektronischer Durchlauferhitzer	15/11
Elektro-Speicherheizung	16/66
Freigabezeiten	16/67
Fußbodenspeicherheizung	16/69
Gerätespeicherheizung	16/66
Lüftungs-Speicherheizgeräte	16/67
Zentralspeicherheizung	16/71
Elektro-Standspeicher	15/16
Elektro-Wassererwärmer	15/4
Betriebshinweise	15/23
Durchlauferhitzer	15/9
Expresskocher	15/6
geschlossener Warmwasser-	
speicher	15/7
Kochendwassergerät	15/4
offener Warmwasserspeicher	15/6
Standspeicher	15/16
Übertischspeicher	15/8
Untertischspeicher	15/8
Zweikreisspeicher	15/8
Energetische Amortisationszeiten	17/84
Energieausweis	2/10, 2/44
Energiebedarfsausweis	2/52
Energieverbrauchsausweis	2/53
Praxisbeispiel	2/55
Energiebedarf und Energieverbrauch	2/54
Energiebedarfsausweis	2/52
Ergebnisvarianten	2/57
Energiedurchlassgrad	5/15
Energieeffizienz	12/53
Energieeinsparverordnung	1/4
Anforderungen an bestehende	
Wohngebäude	2/15
Auslegungsfragen	2/58
Begrenzung des	
Transmissionswärmeverlusts	2/13
Begrenzung des	
Primärenergiebedarfs	2/13
Berechnungsverfahren	2/19
Energiebilanz	2/8, 2/35
EnEV 2009	2/3
Hauptanforderung	2/9, 2/13
Inhaltsübersicht	2/5
Luftdichtheit	2/23
Nachrüstverpflichtungen	2/18
Nebenanforderung	2/9, 2/13
Neuerungen	2/3
Nichtwohngebäude	2/40
Normen zur EnEV	2/6
Wärmebrücken	2/22
Warmwasserwärmebedarf	2/24
Energieeinsparverordnung 2014	17/45
Energieerträge (von PV-Systemen)	17/82
Energieklassifizierung	18/45
Lampen	20/35
Energie-Label	
siehe Energieklassifizierung	
Energiepfähle	16/18

E – G

Energiesparendes Bauen
  beim Altbau — 1/20
  beim Neubau — 1/15
  Mehrkosten — 1/20, 1/24
Energiesparhäuser — 1/16
Energieverbrauch in Wohngebäuden — 1/2
  Nutzereinfluss — 1/14
Energieverbrauchsausweis — 2/53
  Ergebnisvarianten — 2/58
EnEV-Nachweis — 2/19
  Berechnungsverfahren — 2/42
  Detailliertes Verfahren — 2/31
  Diagrammverfahren — 2/27
  für Nichtwohngebäude — 2/42
  Luftdichtheit — 2/23
  Monatsbilanzverfahren — 2/24
  Tabellenverfahren — 2/30
  Vorgehensweise — 2/31, 2/33
  Wärmebrücken — 2/22
  Wärmerückgewinn — 2/23
EPS Dämmstoff — 3/20
Erdfeuchtigkeit — 11/43
Erdgas — 16/34
Erdgasbrenner — 16/47
Erdreichwärmepumpen — 16/15
Erdreich-Wärmeübertrager — 14/68
Erdwärmekollektoren — 16/15
Erdwärmesonden — 16/17
Erdwärmetauscher — 14/70
  Auslegung — 14/71
  Entwässerung — 14/70
  Sole-Erdwärmetauscher — 14/70
Erneuerbare-Energien-Gesetz (EEG) — 17/84
Essplatz — 18/18
Estrich — 7/12
Etagenheizung — 16/55
Expresskocher — 15/6

F

Fachverband Luftdichtheit im
  Bauwesen — 9/10
Fachwerk — 4/50
Fassaden
  Beanspruchungen — 4/4
  Farbgebung — 4/3
  Resultierendes Schalldämm-Maß — 4/7
  Schalldämmung — 4/6

Fehlerstrom-Schutzschalter — 12/34
Fenster
  Anforderungen — 5/3
  Anstrich — 5/17
  Einbaulage — 5/22
  Einbruchhemmung — 5/11
  Fenstergröße — 5/9
  in Außenwand — 5/22
  Klassifizierung — 5/8
  Luftdurchlässigkeit — 5/7
  Lüftung — 5/11
  Mindestfenstergrößen — 20/22
  neue Entwicklungen — 5/41
  Normen — 5/49
  Passivhaus — 5/6, 5/42, 5/43
  Richtpreise — 5/35
  Schalldämm-Maß R_w — 5/33
  Schlagregendichtheit — 5/8
  Schutz gegen Außenlärm — 5/9
  Sonnenschutzvorrichtungen — 5/38
  Temporärer Wärmeschutz — 5/37
  Unfallschutz — 5/13
  Wärmeschutz sommerlich — 5/6
  Wärmeschutz winterlich — 5/3
  Windwiderstandsfähigkeit gegen
  Windlast — 5/7
Fensterbänke — 5/25
Fensterkonstruktionen — 5/16
  Aluminiumfenster — 5/20
  Aluminium-Holzfenster — 5/17
  Aluminium-Kunststofffenster — 5/19
  Dachflächenfenster — 5/31, 5/32
  Holzfenster — 5/17
  Instandhaltung — 5/21
  Kunststofffenster — 5/19
  neue Entwicklungen — 5/41
  Öffnungs- und Konstruktionsarten — 5/16
  Wartung — 5/21
Fensterlüftung — 14/28
  Rechtsprechung — 14/30
Fensterorientierung, Bedeutung — 1/9
Fensterrahmen
  Abdichtung — 5/24
  Anforderungen — 5/16
  Anschluss an Baukörper — 5/22

Befestigung — 5/23
Beispiele für Anschlüsse — 5/25
Fenstersturz — 4/26
Feuchtebedingte Bauschäden
  durch Erdfeuchtigkeit — 4/49
  durch Luftundichtheit — 9/3
  durch Wärmebrücken — 10/2
Feuchteschutz, Aufgaben — 11/33
Feuchträume — 7/26
  Abdichtung — 7/26, 19/19
Flachdach — 6/17
  belüftet — 6/18
  Durchlüftung — 6/20
  mit Zusatzdämmung — 6/30
  nicht belüftet — 6/20
  zweischalig — 6/18
Flachs — 3/11
Flankenübertragung — 11/48, 11/52
Freie Lüftung — 14/27
  Fensterlüftung — 14/28
  Fugenlüftung — 14/27
  Rechtsprechung — 14/30
Fundamenterder — 12/16
Funktionspotenzialausgleich — 12/22, 12/81
Fußbodenheizung — 7/24, 16/4, 16/56
  bauliche Elemente — 7/24
  Bodenbeläge — 7/26
  Nasseinbettung — 16/5
  Sauerstoffdiffusion — 16/23
  Trockenverlegung — 16/4
  Wärmedämmschicht — 7/26
  Wärmeschutz — 7/24
Fußbodenspeicherheizung — 16/69

G

Gebäudeorientierung — 1/11
Gebäudesystemtechnik — 12/87
  Funk KNX-Technik — 12/92
  Installations-BUS — 12/89
  Powerline EIB-Technik — 12/92
  zukünftige Nutzung — 12/91
Gebäudetrennwand — 8/10
Gebäude Wärmebilanz — 1/4
Gebäudezonierung — 1/11
Gebläsebrenner — 16/48

Stichworte G – K

Geneigte Dächer	6/5
Gesetze, Verordnungen	21/2
Glaser-Verfahren	11/40
Glaspaneele, TWD	4/58
Glühlampenverbot	20/35
Grundwasserwärmepumpen	16/19
GS-Zeichen	12/8, 18/46
Gütezeichen	5/37

H

Hartschaumplatten	3/20
Haupterdungsschiene	12/12, 12/22, 12/44, 12/81
Hauptpotenzialausgleich	
Potenzialausgleich, zusätzlicher	12/44
Hauptstromversorgung	12/23
Bemessung	12/25
Hauptleitungen	12/23
Überstromschutz	12/26
Zählerplätze	12/23, 12/27, 12/28
Zählerschränke	12/24, 12/27, 12/30
Hausanschluss	12/6, 12/11, 12/23
Hausanschlussnische	12/15
Hausanschlussraum	12/12
Hausanschlusswand	12/14
Kabelhausanschluss	12/16
Hausarbeitsraum	
Formen	18/53
Vorteile	18/51
Hausarbeitsraum, Arbeitsbereiche	18/51
Bügeln und Nähen	18/51
Nutzung für Vorräte	18/53
Reinigen, Pflegen und Aufbewahren	18/53
Trocknen	18/51
Waschen	18/51
Haustechnik	13/3, 13/7
Haustechnische Anlagen	
Schallschutz	13/7
Heizenergieverbrauch	
Einflussgrößen	1/4
Nutzereinfluss	1/14
Heizestrich	7/24
Heizkessel	
Abgasverlust	16/37
Auslastung	16/38
Merkmale alter	16/59
Nachrüstung	16/57
Nutzungsgrad	16/37
Oberflächenverlust	16/36
Heizlast	11/25, 16/10
Heizöl	16/35
schwefelarmes	16/45, 16/47
Heizölbrenner	16/49
Heizperiodenbilanzverfahren	2/20
Heizung	18/46
Heizungsunterstützung	17/10
Heizwärmebedarf	2/22
Berechnung	2/22
Heizwert	16/35
Hilfsenergiebedarf, Berechnung	2/27
Hinterlüftung	4/37
Holzbalkendecken	7/15, 7/18
Holzfaser	3/12
Holzwolle	3/12
h-x-Diagramm	14/16
Hydraulische Weiche	16/41

I

Infiltrationsluftwechsel	9/7
Innendämmung	4/15, 4/34, 4/48
Innenraumbeleuchtung	20/2
Innentüren	5/48
Innenwand	8/2, 8/5
Installations-BUS	12/89
Installationsschächte	13/14, 13/19
Installationszonen für Elektroleitungen	12/59

K

Kalksandsteine	4/10
Kalziumsilikat	3/14
Kanal-Installation	12/59
Kanzerogenitätsindex	3/16
Kellerdecken	7/8
Kerndämmung	4/14, 4/45
Kesselaustausch	16/59
Kesselnutzungsgrad	16/37
Kesselwirkungsgrad	16/36
KfW-Kredite	1/18, 1/21
Klimaanlagen	2/44
Energetische Inspektion	2/44
KNX	12/87
Kochen mit Strom oder Gas	18/35
Kochendwassergerät	15/4
Kollektoren	
siehe Solarkollektoren	
Kölner Lüftung	14/30
Kommunikationsanlagen	12/71
konventionelle Leitungsverlegung	12/77
Telekommunikationsanlagen	12/71, 12/75
Zweidraht-Bustechnik	12/77
Kompaktheit des Gebäudes	1/6
Konsolenauflager	7/20
Kork	3/15
Körperschalldämmung	13/15
Küche, Arbeitsbereiche	18/12
Aufbewahren	18/15
Nahrungszubereitung	18/13
Spülen und Aufbewahren des Geschirrs	18/14
Vorbereitung	18/14
Vorratshaltung	18/14
Küchenformen	18/15
einzeilige Küche	18/15
Halbinselform (G-Küche)	18/17
Küche mit Kochinsel	18/17
L-Küche	18/16
U-Küche	18/16
zweizeilige Küche	18/16
Küchengeräte	18/27
Anschlusswerte	18/48
Bauarten	18/27
Dunstabzugshauben	14/20, 14/38, 18/41
Elektro-Backöfen	18/30
Elektro-Kochstellen	18/28
Energielabel	18/45
Energieverbrauch	18/44
Gas-Backöfen	18/33
Gas-Kochstellen	18/32
Gefriergeräte	18/39
Geschirrspülmaschinen	18/40
Herde	18/28
Kühlgeräte	18/37

Mikrowellengeräte	18/36	Leistungstoleranz	17/81	Luftkühlung	
Qualität	18/44	Leistungszahl α	16/8	aktive	14/83
Sicherheit	18/44	Leitungsschutzschalter	12/33, 12/63, 12/86	Funktionsprinzip	14/83
Küchenkonzepte	18/3	Licht		passive	14/83
Arbeitsküche	18/3	siehe Beleuchtung		Luftleitungen	14/45
Essküche	18/3	Lithium-Ionen-Akkumulatoren	17/58	Luftmengen	14/34
integrierte Küche	18/4	Low-flow-Betrieb	17/26	Luftwechsel	14/14
Kleinstküche	18/4	Luft-Abgas-System	16/51	Volumenstrom	14/14
Kochnische	18/4	Luftbefeuchter	14/89	Luftqualität	14/8
Küchenmöbel	18/18, 18/21	Verdampfer	14/90	Luftschalldämmung	7/10, 11/46, 13/15
Einbauküche	18/18	Verdunster	14/91	Decken	7/10
Innenausstattung	18/24	Zerstäuber	14/90	Hinweise und Beispiele	11/49
Kofferküche	18/21	Luftdichtheit	4/9, 4/29, 6/3	Luftschallminderung	13/14
Küchenblock	18/18	Zu- und Abluftanlagen	14/53	Lüftung, bedarfsgerechte	1/8
Materialien	18/21	Luftdichtheit der Gebäudehülle	9/2	Lüftungs-Speicherheizgeräte	16/67
Modulküche	18/20	Anforderungen	9/10, 9/11	Lüftungswärmeverluste	14/75
Qualitätskriterien	18/26	Ausführung	9/12	Luftwechsel	14/14
Küchenmöbelmaße	18/17	Bedeutung	9/2	Luftwechsel bei 50 Pascal n_{50}	9/5
Rastermaß	18/17	Behaglichkeit	9/5	Luftwechsel n	9/7
Küchenplanung	18/4	Energieeinsparverordnung	9/10	Luftzustandsänderung	14/16
Anschlusswerte	12/32, 18/48	Lüftungswärmeverluste	9/4, 9/11	Enthalpie h	14/17
Beleuchtung	18/47, 20/27	Vermeidung von Bauschäden	9/3	Kondensation	14/18
Checkliste	18/7	Luftdichtheitsschicht		Luftbefeuchtung	14/19
Elektroinstallation	12/39, 18/48	bei konstruktiven Durchdringungen	9/20	Luftentfeuchtung	14/19
Ergonomie	18/10	flächiger Bauteile	9/12	Lufterwärmung	14/17
Grundriss	18/21	linienförmige Anschlüsse	9/16	Luftkühlung	14/19
Normen	18/8	Luftdichtungshülle	9/12		
Perspektivansicht	18/21	Luftdichtungsprodukte (nur auf CD-Rom)	9/25	**M**	
Raumzuordnung	18/5	Luftdurchlässigkeit q_{50}	9/7	Markt für solarthermische Anlagen	17/5
Warmwasserversorgung	15/9, 18/47	Luftdurchlässigkeitsmessung	9/5	Marktprämie	17/85
Kühlung	17/68	Dienstleisteradressen	9/9	Marktprämienmodell	17/86
Kupfer-Indium-Diselenid-Zellen	17/55	Gebäudevorbereitung	9/9	Mauermörtel	4/11
		Luftwechsel bei 50 Pascal n_{50}	9/5	Mauerwerk	4/11, 4/12
L		Messkosten	9/9	Abmessungen	4/12
Längenänderung, thermische	11/19	Messprotokoll	9/9	leichtes	4/13
Längenausdehnungskoeffizient	11/19	Messprotokoll (nur auf CD-Rom)	9/29	monolithisches	4/52
Leckagestrom V_{50}	9/5	Messzeitpunkt	9/7	Naturstein	4/49
LED	20/16	Luftentfeuchter	14/91	schweres	4/14
Legionellen	17/21	Luftfeuchtigkeit	11/35	Wärmeleitfähigkeit	4/11
Leichtbauplatten	3/13, 4/29	absolute	14/4	Maximum Power Point	17/64
Leichtbauwand/-weise	4/15, 4/43	relative	14/4	Merkblätter und Richtlinien	21/13
Leichtbetonelemente	4/10	Luftfilter	14/54	Mikromorphe Solarzellen	17/55
Leichtbetonsteine	4/10	Luftheizung	14/63	Mindestdachneigung	6/5, 6/7
Leichtziegel	4/10	Luftkanäle	14/63	Mindestwärmeschutz	11/22
Leistungsgarantie	17/82			Vermeidung von Tauwasserbildung	11/24

Stichworte

M – S

Mineralfaser	3/16
Mineralschaum	3/17
Monatsbilanz-Verfahren	
Detailliertes Verfahren	2/21
Diagrammverfahren	2/21
Tabellenverfahren	2/21
Monatsbilanzverfahren	2/19, 2/20, 2/24
Mörtel	4/11

N
Nachhallzeit T	11/56
Nachheizung	17/25
Nachträgliche Wärmedämmung	4/49
Auswirkungen	4/57
Fertighäuser	4/55
von Fachwerk	4/50
von Mauerwerk mit Luftschicht	4/53
von monolithischem Mauerwerk	4/52
von Natursteinmauerwerk	4/49
von Vorhangfassaden	4/54
Wärmedämm-Verbundsystem	4/54
Nebenluftvorrichtung	16/60
Netzintegration	17/69
Netzmanagement	17/69
Neubaufeuchte	11/34
Niederschlagsfeuchtigkeit	11/41
Niedertemperatur-Heizkessel	16/38
Niedrigenergiehaus	1/16
Normen	21/3

O
Oberflächentemperatur	14/12
Oberflächenverlust	16/43

P
Passivhaus	1/18
Frischluftheizung	14/64
Pendellüfter	14/51
Performance Ratio	17/70
Perimeterdämmung	3/21, 4/48, 7/6
Perlite	3/18
PF-Dämmstoff	3/19
Phenolharz	3/19
pH-Wert	16/44
Polystyrol, expandiert	3/20
Polystyrol, extrudiert	3/21
Polyurethan	3/22
Porenbeton-Plansteine	4/10
Potenzialausgleich	12/16
Primärenergiebedarf	2/25, 2/36, 2/38
Berechnung	2/25
Einfluss Anlagentechniken	2/39
Einfluss Aufstellung Heizungsanlage	2/36
Einfluss Nachweisführung beim Reihenhaus	2/40
Einfluss Solaranlage	17/45
Einfluss Wärmebrücken-/Luftdichtheitsnachweis	2/38
Primärenergiefaktor	2/26
Prozesswärme	17/17
PUR-Dämmstoff	3/22
Putze	4/12
PV-Systeme	
Baurecht	17/79
Brandschutz	17/77
Statik	17/76

Q
Querlüftung	14/32

R
RAL-Gütezeichen	5/35, 5/37
Raumklimageräte	14/84
fest installiert	14/88
fest installierte	14/88
Funktionsprinzip	14/84
kompakte	14/85
mobile	14/87
Splitgeräte	14/85, 14/87
Raumluftabhängiger Betrieb	16/52
Raumluftunabhängiger Betrieb	16/50
Raumtemperatur	14/11
Raumtrennwand	8/5
Recyclingkonzepte	17/84
Referenzgebäude	
Vorgaben	2/12
Ringbalken	4/27
Rohr-Installation	12/58
Rollläden	5/40
Rollladenkasten	4/25, 5/41
Rückfeuchtzahl	14/57
Rückwärmzahl	14/50, 14/57
Rutschsicherheit	19/29

S
saisonale Speicherung	17/74
Sanitäreinrichtungen	13/21
Sanitärinstallationen	
Schallschutz	13/7, 13/16, 19/19
Sanitärobjekte	
Einbauhöhen	19/5
Größe und Abstandsmaße	19/5
Sanitärtechnik	
Leitungsverlegung	19/13
Vorwandinstallation	19/14
Schafwolle	3/23
Schallabsorption	7/28, 11/54
Hinweise und Beispiele	11/56
Schallabsorptionsfläche A	11/55
Schallabsorptionsgrad α_s	11/55
Schalldämm-Maß	4/9, 7/12, 11/46
Auswahl geeigneter Bauteile	11/60
Decken	7/12
R bzw. R'	11/46, 11/47
$R'_{w,res}$	11/49, 11/60
R_w bzw. R'_w	11/48
Schalldämmung	4/29
Schalldruckpegel	13/8
Schallschutz	4/9, 7/28, 11/46, 13/7
Abwasserleitungen	13/7, 13/19
Anforderungen	11/57
erhöhter Schallschutz	11/58, 11/61, 11/63
in der Haustechnik	13/7
Mindestschallschutz	11/58
nachträgliche Verbesserung	7/28
normaler Schallschutz	11/58
Sanitäreinrichtungen	19/19
von Innenwänden	8/6
von Trennwänden	8/3
von Wohnungstrennwänden	8/6
Schallschutzverglasungen	5/15
Schalter	12/68
Schaltzeichen	12/94
Schaumglas	3/24

S – T

Schimmelbildung	11/37
Schlagregenschutz	11/41
Schutzarten	12/68
Schutzbedürftige Räume	13/12
Schutzpotenzialausgleich	12/12, 12/16, 12/22, 12/44
Selektive Haupt-Leitungsschutz-schalter	12/30
Sicherheitsverglasungen	5/15
Silizium-Solarzelle	17/53
Simulation	17/70
Solarabsorber	17/13
Solare Trocknung	17/30
Solarer Deckungsanteil	17/33
solarer Deckungsanteil	17/33
Solarkollektoren	17/10
Absorber	17/11
Aufdachmontage	17/36
Fassadenmontage	17/39
Flachdachmontage	17/38
Flachkollektoren	17/11
Heatpipe	17/13
Hybridkollektoren	17/15
Indachmontage	17/37
Kennlinien	17/12, 17/16
Kennwerte	17/16
Luftkollektoren	17/14
Selektivbeschichtung	17/11
Vakuumkollektoren	17/13
Verschattung	17/39
Solarspeicher	17/17
Kombispeicher	17/19
Montage	17/41
Pufferspeicher	17/26
Schichtenspeicher	17/26
Speicherbeladung	17/24
Speicherentladung	17/25
Standardspeicher	17/18
Tank-in-Tank-Speicher	17/19
Solarstromanlagen siehe netzgekoppelte Solarstromanlagen	17/4
Solarthermische Anlagen	17/9
Energetische Bewertung EnEV	17/45
Heizungsunterstützung	17/27, 17/35
Inbetriebnahme	17/41
Kollektoren	17/10
Kosten, Wirtschaftlichkeit	17/44
Lufterwärmung	17/28
Luftheizung	17/29
Montage	17/36
Regelung	17/23
Solarflüssigkeit	17/42
Solarkreis	17/22, 17/40
Solarspeicher	17/17
Solarstation	17/22
Standardkollektoranlage	17/9
Trinkwassererwärmung	17/34
Wartung	17/43
Solarwand	4/57
Solarwärmesysteme siehe solarthermische Anlagen	
Sommer-Klimaregionen	11/27
Sommerlicher Wärmeschutz	2/15
Anforderungen	2/15
Gesamtenergiedurchlassgrad	11/29
Nachweis	11/27
Sommer-Klimaregionen	11/27
Sonneneintragskennwert	11/29
Sonneneintragskennwert, zulässiger	11/29
Sonnenenergie	
Solarstromsysteme	17/48
Solarwärmesysteme	17/9
Strahlungsangebot	17/5
Sonnenenergieangebot	17/5
beliebig orientierte Flächen	17/7
diffuse Strahlung	17/5
direkte Strahlung	17/5, 17/6
Globalstrahlung	17/6
Sonnenenergienutzung	17/4
aktive	17/4
direkte	17/4
indirekte	17/4
passive	1/9, 17/4
Sonnenhaus	17/17
Sonnenkollektor siehe Solarkollektoren	
Sonnenschutzverglasungen	5/13
Sonnenschutzvorrichtung	
Abminderungsfaktor F_c	11/28
Sonnenschutzvorrichtungen	5/38
Sonnenstand	20/22
Speicherheizgeräte	16/66
Aufladesteuerung	16/72
Aufladung	16/67
Entladesteuerung	16/72
Regelung	16/71
Wärmeabgabe	16/67
Speicher-Wassererwärmer	16/41, 16/56
Stagnationstemperatur	17/13
Standardheizkessel	16/38
Standardtestbedingungen	17/63
Standortwahl	17/61
Strahlungsintensität	17/60
Stromkreisverteiler	12/31
Strom-Spannungs-Kennlinie	17/64
Styropor	3/20
Systemnutzungsgrad	17/33

T

Tabellenverfahren	2/30
Tageslicht	20/21
Taupunkttemperatur der Luft	11/36
Tauwasserberechnung	11/40
Tauwasserbildung	
auf Oberflächen	11/36
im Inneren von Bauteilen	11/38
Vermeidung	11/37
Technische Anschlussbedingungen	12/9
technische Inbetriebnahme	17/87
Telekommunikationsanlagen	12/71, 12/75, 12/71
Bestandteile	12/72
für mehrere Teilnehmer	12/71, 12/75
Temperaturdifferenzregelung	17/23
Temperaturen von Bauteilen	
Oberflächentemperatur	11/16
rechnerische Ermittlung	11/16
Trennschichttemperatur	11/16
Temperaturfaktor f_{RSi}	5/22
Terrassentüren	5/25
Thermische Behaglichkeit	
Lokale Bewertung	14/12

Stichworte — T – W

Raumtemperatur	14/11
Summative Bewertung	14/13
Wärmehaushalt des Menschen	14/9
Thermografie	
zur Ermittlung von Wärmebrücken	10/22
zur Lecksuche	9/8
Thermostatbatterien	15/19
Transmissionswärmeverlust	1/5, 2/14, 2/16
Höchstwerte	2/14, 2/16
Transparente Wärmedämmung	3/8, 3/28, 3/29, 4/57
Trennwand	
Brandschutz	8/5
im Bestand	8/13
Luftdichtheit	8/5
Nachträgliche Wärmedämmung	8/15
Schallschutz	8/3
Wärmeschutz	8/2
Treppenpodest	7/21, 7/22
Treppenräume	7/21
Trinkwassererwärmung	17/10
Trittschalldämmung	7/12, 11/50
Decken	7/12
Hinweise und Beispiele	11/54
Trittschallminderung (Trittschallverbesserungsmaß)	
ΔL bzw. ΔL_w	11/50, 11/53
Trittschallpegel	7/13
L_n bzw. L'_n	11/52
$L_{n,w}$ bzw. $L'_{n,w}$	11/50, 11/53
$L_{n,w,eq}$	11/50
$L_{n0,w}$	11/53
Messung	11/50
Türen	
für Wohnungstrennwände	8/8
Türkonstruktionen	5/43
Anforderungen	5/43
Bodendichtungen	5/44
Innentüren	5/48
U_D-Werte	5/43
TWD	4/57
Glaspaneele	4/58
Tageslichtsystem	4/58
Wärmedämm-Verbundsystem	4/60

U

Übereinstimmungszeichen (Ü-Zeichen)	5/37
Überspannungsschutz	12/84
Überströmdurchlässe	14/42
Überstromschutz	12/63
Überwachungszeichen (Ü-Zeichen)	11/66
Umgebungsluftwärmepumpen	16/19
Umkehrdach	6/21
Unitbrenner	16/50
Unterdach	6/10
Unterdeckung	6/10
Unterputz-Installation	12/58
Unterspannung	6/7
U-Wert	1/5, 11/11

V

Vakuumdämmung	3/25
Vakuumisolationspaneel	3/25
VDE-Vorschriften	12/7
VDE-Zeichen	12/8
Ventilatoren	14/43, 14/49, 14/58
Verbände, Beratungsstellen (Bautechnik)	21/15
Verdampfungsbrenner	16/49
Verglasungen	5/13
Begriffe	5/13
Beschichtungen	5/13
Dreifach-Wärmedämmgläser	5/41
Gesamtenergiedurchlassgrad	5/15, 5/33
Herstellung	5/13
Schallschutzverglasung	5/15
Scheibenzwischenraum	5/13
Sicherheitsverglasung	5/15
Sonnenschutzverglasung	5/13
Vakuum-Isolier-Gläser	5/41
Vermikulit	3/26
Verschattungsanalyse	17/62
Voice over IP	12/76
Vorhangfassade	4/39, 4/54
Vormischbrenner	16/48
Vorwandinstallation	13/22
mit Montagerahmen	19/14
mit vorgefertigten Bausteinen	19/16
mit Vormauerung	19/14

W

Wandscheiben	7/19
Warmdach mit Zusatzdämmung und neuer Abdichtung	6/29
Warme Kante	5/41
Wärmebedarf DIN 4701	11/25
Wärmebedarfsgeführte Regelung	16/53
Wärmebereitstellungsbedarf	2/27
Wärmebrücken	2/22, 10/2
Anforderungen aus Normen	10/24
Arten	10/3, 10/4
Auswirkungen	10/6
bei Wohngebäuden	10/20
Beispiele	10/2
Berechnung	10/6
EnEV-Nachweis	10/10
Ermittlung durch Thermografie	10/22
Feuchteschäden	10/2
häufige Problemstellen	10/21
Mindestanforderungen an den Wärmeschutz	10/8
Schimmelpilzbildung	10/6
Transmissionswärmeverluste	2/22
Wärmebrückenverlustkoeffizient	10/9
Wasserdampfkondensation	10/6
Zuschlag zum Wärmedurchgangskoeffizienten	10/10
Wärmebrückenberechnung	10/6
energetische Sanierung	10/16
Wärmebrückenkatalog	10/9, 10/11
Wärmebrückenverlustkoeffizient	10/10
Ermittlung	10/14
Wärmebrückenvermeidung/-reduzierung	
allgemeine Regeln	10/25
Anforderungen	10/24
Beispiele	10/25
Verarbeitungsfehler	10/34
Wärmedämmputz	4/12, 4/51
Wärmedämmstoffe	3/2, 9/2, 13/6
Bemessungswerte	11/68
Blähton	3/10
Datenblätter	3/7
EPS Dämmstoff	3/20
Flachs	3/11
Holzfaser	3/12

Stichworte — W

Holzwolle	3/13
Kalziumsilikat	3/14
Kork	3/15
Kurzzeichen	3/3
Mineralfaser	3/16
Ökologische Aspekte	3/6
Perlite	3/18
PF-Dämmstoff	3/19
Phenolharz	3/19
PIR-Dämmstoff	3/22
Polystyrol, expandiert	3/20
Polystyrol, extrudiert	3/21
Polyurethan	3/22
PUR-Dämmstoff	3/22
Rohstoffbasis	3/6
Schafwolle	3/23
Schaumglas	3/24
Typ-Kurzzeichen	3/3
Vakuumisolationspaneel	3/25
Vermikulit	3/26
Wärmeleitfähigkeit	3/2
Wärmeleitfähigkeitsstufen	3/3
XPS-Dämmstoff	3/21
Zellulosefasern	3/27
Wärmedämmung	4/54
in der Haustechnik	13/3
nachträgliche	4/50
transparente	4/57
Wärmedämm-Verbundsystem	4/29, 4/54, 4/60
Wärmedurchgangskoeffizient	11/6, 11/11
längenbezogener	10/9
Wärmedurchgangskoeffizient U	1/5
Wärmedurchgangswiderstand	11/7
Bauteil aus homogenen Schichten	11/10
Bauteil aus homogenen und inhomogenen Schichten	11/11
Wärmedurchlasswiderstand	
von Baustoffschichten	11/8
von Luftschichten	11/9
von unbeheizten Räumen	11/10
Wärmeerzeugung	1/13
Wärmeleitfähigkeit	11/5, 11/7
Wärmepumpen	
alternativ betriebene	16/10
Arbeitszahl	16/8
Aufstellung	16/31
Aufwandszahl	16/8, 16/27
bivalent betriebene	16/10
brennstoffbetriebene	16/6
Dimensionierung	16/10
Elektroinstallation	16/30
Energieeinsparung	16/12
Erdgasnutzung	16/13
Funktionsweise	16/7
Heizwasserdurchflussmenge	16/22
im Gebäudebestand	16/33
Leistungszahl	16/8
monoenergetisch	16/9
monovalent betriebene	16/9
parallel betriebene	16/10
Pufferspeicher	16/22
Regelung	16/28
Stromversorgung	16/29
Verdampfer	16/7
Verflüssiger	16/7
Wärmequelle Erdreich	16/15
Wärmequelle Grundwasser	16/18
Wärmequelle Umgebungsluft	16/19
Wärmeverteilsystem	16/21
Warmwasserversorgung	16/23
Wirtschaftlichkeit	16/31
Wärmepumpenheizsysteme	16/5
Wärmerückgewinnung	14/18
Wärmeschutz	1/5, 7/30, 11/4, 11/22
Anforderungen nach EnEV	11/25
Aufgaben	11/4
bei baulichen Änderungen	4/48
sommerlicher	11/4, 11/26
unbeheizte/zeitweise beheizte Räume	8/2
Vermeidung von Tauwasserbildung	11/24
winterlicher	11/22
Wärmespeichermasse, Bedeutung	1/11
Wärmespeicherung	11/20
Wärmeträgerflüssigkeit	17/9
Wärmetransportarten	11/5
Wärmekonvektion	11/5
Wärmeleitung	11/5
Wärmestrahlung	11/6
Wärmeübergangswiderstand	11/6, 11/8
Wärmeübertrager	14/56
Frostschutz	14/59
Gegenstrom-Wärmeübertrager	14/57
Kondenswasser	14/59
Kreuzstrom-Wärmeübertrager	14/57
regenerative Wärmeübertrager	14/57
rekuperative Wärmeübertrager	14/56
Rotationswärmeübertrager	14/58
Rückfeuchtzahl	14/57
Rückwärmzahl	14/50, 14/57
Sommerbetrieb	14/60
Umschaltspeicher	14/58
Wärmebereitstellungsgrad	14/60
Wärmerohre	14/57
Wärmeverteilung	1/14, 16/3, 16/21, 16/56
Fußbodenheizung	16/4, 16/21, 16/56
Heizkörper	16/3, 16/56
Warmwasserbedarf	15/4
Warmwasserspeicher	
geschlossener	15/7
offener	15/6
Warmwasserversorgung	16/23, 16/27, 16/56
Einzelversorgung	15/22
Energiebedarf	15/25
Kombigerät	16/57
mit dem Heizkessel	16/56
mit Heizungswärmepumpe	16/27
mit Warmwasser-Wärmepumpen	16/23
Planung und Ausführung	15/19
Speicher-Wassererwärmer	16/56
Wirtschaftlichkeit	15/26
Wohnungsversorgung	15/3
Zentralversorgung	15/21
Warmwasserwärmebedarf	2/24, 15/3
Warmwasser-Wärmepumpen	16/24, 16/25
Warmwasser-Wärmepumpen	15/17
Wasch-, Trocken- und Bügelgeräte	18/55
Bügelgeräte	18/59
Wäschetrockner	18/57
Waschmaschinen	18/55
Waschtrockner	18/59

Stichworte — W – Z

Wasserdampfdiffusion	11/38, 14/6	
Wasserdampfdiffusionsäquivalente Luftschichtdicke	11/39	
Wasserdampf-Diffusionswiderstandszahl	11/39	
Wasserdampfdruck der Luft	11/35	
Wasserdampfgehalt der Luft	11/36, 14/5	
Wasserdampfsättigungsdruck	11/35, 11/40	
Wassererwärmer		
Durchfluss-Wassererwärmer	15/4	
Speicher-Wassererwärmer	15/4	
Wechselrichter	17/66	
Winddichtung	9/13	
Windlastzone	5/8	
Windschutzkoeffizient e	9/7	
Wintergarten	1/9	
Wirkleistungsbegrenzung	17/87	
Wirkungsgrad (Kollektor)	17/12	
Witterungsgeführte Regelung	16/54	
Wohnkomfort	1/3	
Wohnungsklimatisierung	14/82	
Luftbefeuchter	14/89	
Luftentfeuchter	14/91	
Luftkühlung	14/83	
Luftreiniger	14/89	
Raumklimageräte	14/84	
Wohnungslüftung		
Abluftanlagen	14/38	
allergene Belastungen	14/6	
Aufgaben	14/3	
Außenluftdurchlässe	14/40	
Begrenzung Kohlendioxid	14/3	
Begrenzung Luftfeuchte	14/4	
Bewertung nach EnEV	14/79	
energetische Aspekte	14/75	
Energieeinsparverordnung	14/25	
Erfahrungen	14/81	
Hilfsstromeinsatz	14/78	
Luftheizung	14/63	
Luftkanäle	14/63	
Luftkühlung	14/67	
Luftleitungen	14/45	
Musterfeuerungsverordnung	14/20	
Normen	14/20	
Nutzung regenerativer Energie	14/70	
Raumluftqualität	14/8	
Schallschutz	14/25, 14/35	
sommerliche	14/8	
Sommerliche Wärmeabfuhr	14/7	
Thermische Behaglichkeit	14/9	
Ventilatoren	14/43	
Zu- und Abluftanlagen	14/49	
Zuluftdurchlässe	14/60	
Wohnungstrennwände	8/6	

X

XPS-Dämmstoff	3/21	

Z

Zählerplätze	12/23, 12/27	
Zellulosefasern	3/27	
Zentralspeicherheizung	16/71	
Zu- und Abluftanlagen	14/49	
Balance	14/74, 14/77	
Hilfsenergiebedarf	14/78	
Luftdichtheit	14/53	
Luftfilter	14/54	
Luftheizung	14/63	
Luftleitungen	14/63	
Regelkonzepte	14/73	
Ventilatoren	14/58	
Wärmebereitstellungsgrad	14/60	
Zentralgerät	14/56	
Zuluftanlagen	14/37	
Zuluftdurchlässe	14/60	
Zuluftzone	14/32	

Hinweise zur CD-ROM

Jedem Bau-Handbuch liegt eine CD-ROM mit dem Inhalt der Druckfassung sowie ergänzenden Informationen in Form von PDF-Dateien bei. Die Nutzung dieser elektronischen Fassung ist sowohl mit Windows- als auch mit Macintosh-Rechner möglich. Da die Lauffähigkeit der elektronischen Fassung eine Mindestausstattung des Rechners erfordert, kann für die Nutzbarkeit der CD-ROM im Einzelfall keine Gewähr übernommen werden. Die CD-ROM unterliegt ebenfalls den Regelungen des Urheberrechts und des Copyrights.

Für Ihre Notizen

Für Ihre Notizen

„Ist es verrückt, nicht nur das Haus, sondern auch gleich die Kosten zu dämmen?"

Jetzt mit RWE Ihre Immobilie sanieren und Energiekosten senken.

Informieren Sie sich: www.rwe.de/daemmen, Telefon 0231 438-6272, E-Mail daemmung@rwe.de